H. Salmang · H. Scholze

Keramik

H. Salmang · H. Scholze

Keramik

7., vollständig neubearbeitete und erweiterte Auflage

Herausgegeben von Rainer Telle

Mit 551 Abbildungen und 132 Tabellen

Springer

Professor Dr. Rainer Telle
RWTH Aachen
Institut Gesteinshüttenkunde,
Lehrstuhl für Keramik und Feuerfeste Werkstoffe
Mauerstraße 5
52064 Aachen

Bibliografische Information der Deutschen Nationalbibliothek
Die Deutsche Nationalbibliothek verzeichnet diese Publikation in der Deutschen Nationalbibliografie; detaillierte bibliografische Daten sind im Internet über <http://dnb.ddb.de> abrufbar.

ISBN-10 3-540-63273-5 Springer Berlin Heidelberg New York
ISBN-13 978-3-540-63273-3 Springer Berlin Heidelberg New York

Springer ist ein Unternehmen von Springer Science+Business Media

springer.de

Satz: bearbeitet nach digitaler Vorlage des Herausgebers
Herstellung: LE-TeX, Jelonek, Schmidt & Vöckler GbR, Leipzig
Umschlaggestaltung: medionet AG, Berlin

Gedruckt auf säurefreiem Papier 68/3100/ LeTeX YL – 5 4 3 2 1 0

Vorwort zur siebenten Auflage

Anläßlich eines Besuches eines Mitarbeiters des Springer-Verlages in Salmangs Institut für Gesteinshüttenkunde in Aachen ergab sich die Frage, ob und wann *der* „Salmang-Scholze“ wieder erscheine. Zu viel Zeit war seit der letzten Edition im Jahre 1982 vergangen; die Hochleistungskeramiken waren zu einer nie vorhergesehenen Reife entwickelt und ihre breite mechanische Anwendung bereits wieder in Zweifel gezogen worden; völlig neue Werkstoffklassen hatten sich hervorgetan, andere waren wieder in den Hintergrund gerückt. Der Schnellbrand klassischer Erzeugnisse war schon beinahe Stand der Technik; die elektronische Datenverarbeitung hatte Millimeterpapier und Tusche verdrängt. Es war an der Zeit, so herrschte Einigkeit, und es lag nahe, die Angelegenheit wieder an der traditionsreichen Forschungsstelle voranzutreiben. Daß seither nochmals acht Jahre bis zum Erscheinen vergehen mußten, ahnte niemand: Als Textvorlagen gab es nur das Buch, alte Bildvorlagen waren verloren. Allein die Erstellung der elektronischen Textvorlage auf der Basis der 1982er Auflage verschlang viel Mühe und Zeit, zumal man mit den ständig wechselnden Neufassungen der Textverarbeitungsprogramme und der dazu benötigten Rechnerkapazität Schritt halten mußte. Neben dem Aufbau neuer Kapitel und der fachlichen Anpassung wichtiger Themen an den Stand der Technik galt es auch, alte, aber bewährte Abschnitte einer sprachlichen Überarbeitung zu unterziehen. Es wurde dabei bewußt auf die ausführliche Schilderung von Fachdiskussionen mit Namensnennung der Autoren verzichtet, wie das zu Zeiten Salmangs, Scholzes, Hennickes und anderer schon aus Gründen des Selbstschutzes dienlich war. Die siebente Auflage ist sowohl als Lehrbuch als auch als Nachschlagewerk für eine schnelle Information gedacht. Sie soll detaillierter informieren, wo Routine eingetreten ist, und weiterführende Hinweise auf umfassendere oder speziellere Literatur geben, soweit man den Forschungsstand der letzten zwanzig Jahre überhaupt verantwortlich aufarbeiten kann. Leider konnten nicht alle Kapitel komplett überarbeitet werden. Fehler, Unterlassungen und Ungenauigkeiten im Detail sind also unvermeidbar, wie bereits Salmang in seinem Vorwort zur ersten Auflage anklingen ließ. Es gibt aber heute ein Hilfsmittel, dessen sich der Herausgeber gerne im Hinblick auf weitere Editionen bedienen möchte:

salmangscholze@ghi.rwth-aachen.de

heißt der „Kummerkasten“ bzw. die Anlaufstelle für Anregungen und Hinweise, aber auch für konstruktive Kritik. Der Leser ist eingeladen, sich seiner zu bedienen.

Dem Springer-Verlag ist der Herausgeber aus zahlreichen Gründen zu besonderem Dank verpflichtet: Die neue Auflage erscheint wieder als ein einziger Band und zu einem erschwinglichen Preis. Was fast wichtiger ist, der Herausgeber hat zugestimmt, von einer „Übersetzung" in die sog. neue deutsche Rechtschreibung abzusehen. Dieser Entschluß hat nicht nur einen zeitlichen Vorteil gebracht, sondern sicherlich auch entscheidend zur Verständlichkeit des Textes beigetragen. Den neuen wie den alten Mitautoren sei für die wertvollen Fachbeiträge und – wie auch dem Verleger – für die Geduld ganz herzlich gedankt. Dank gebührt ferner den Mitarbeiterinnen und Mitarbeitern des Instituts für Gesteinshüttenkunde, Aachen, die namentlich zu nennen den Rahmen eines Vorwortes sprengen würde. Nicht zuletzt sei auch Frau Gisela Scholze, Würzburg, herzlich gedankt für die Bereitstellung persönlicher Daten ihres Gatten und die wohlwollende Förderung der Neuauflage.

Aachen, im Mai 2006 R. Telle

Aus dem Vorwort zur ersten Auflage

Das vorliegende Buch entstand aus dem Bedürfnis heraus, dem Praktiker und dem Studierenden der Keramik eine kritische Darstellung der Ergebnisse der keramischen Forschung zu geben. Dieses Bedürfnis wurde seit vielen Jahren stark empfunden und dem Verfasser von verschiedenen Seiten gegenüber geäußert, da die Verästelung der Forschung die Übersicht über ihre Ergebnisse immer mehr erschwert.

Da es an guten Büchern und Monographien über die keramische Technik nicht fehlt, sind alle Ausführungen über die keramische Technologie sehr kurz gehalten und die Beschreibung der Apparatur, Maschinerie und Ofenanlagen vollständig fortgelassen worden. Der Forderung des Tages ist weiterhin dadurch Rechnung getragen worden, daß gegenüberstehende Anschauungen nur dann eingehend behandelt wurden, wenn sie noch nicht geklärt waren oder die unterlegene Anschauung hohen wissenschaftlichen Wert hatte. Im übrigen hat sich der Verfasser bemüht, nur die obsiegende Ansicht anzuführen. Die selbst auferlegte Beschränkung brachte es mit sich, daß längere geschichtliche Übersichten über die Entstehung der modernen Anschauung meist vermieden werden mußten. So kam es dazu, daß manche Arbeiten unserer Altmeister nicht entsprechend den Anregungen, die sie gaben, behandelt werden konnten. Mögen die Manen von Seger und anderer Meister dies dem Verfasser vergeben.

Aachen, im September 1933 H. Salmang

Prof. Dr.-Ing. Hermann Salmang

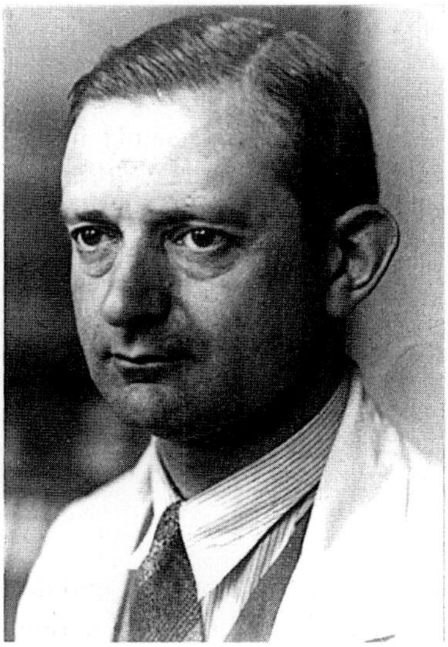

Geboren 1890 in Aachen, Studium der Chemie in Aachen und Berlin, Abschluß 1913; 1914 Promotion in Aachen im Fach Chemische Technologie über Kohlevergasung, Assistent am selben Institut, 1918 Heirat, 1925 Habilitation mit der Schrift „Über die Feuerfestigkeit der Tone“; Venia legendi in „Technische Silikatchemie“, 1926 Dozent und Leiter des Silicatabteilung am Institut für Eisenhüttenkunde, RWTH Aachen, 1928 Gründung des zunächst privaten Institutes für Gesteinshüttenkunde, 1930 Berufung zum außerordentlichen Professor, 1932 Ernennung zum Wissenschaftlichen Mitglied des Kaiser-Wilhelm-Institutes für Silikatforschung. 1933 Aberkennung der Lehrbefugnis, 1935 Abschiedsgesuch und Übersiedlung nach Maastricht, Leiter des Labors der Firma „De Sphinx“; Ablehnung des Rückrufes an die RWTH Aachen, ab 1953 Lehrtätigkeit am Institut für Gesteinshüttenkunde als o. Professor em.; 1954 Ernennung zum Auswärtigen Wissenschaftlichen Mitglied der Max-Planck-Gesellschaft; 1955 Verleihung der Seger-Plakette der Deutschen Keramischen Gesellschaft; 1960 Verleihung der Otto-Schott-Denkmünze der Deutschen Glastechnischen Gesellschaft; verstorben 1962 durch Unfall. Arbeitsgebiete: Bildsamkeit der Tone, Feuerfestigkeit von Tonen, Verschlackung feuerfester Stoffe, Konstitution von Silicatschmelzen, feuerfeste Werkstoffe für die Eisenmetallurgie, Hochtemperatureigenschaften feuerfester Erzeugnisse, insbesondere Wärmedehnung; keramische Schlicker; 70 Veröffentlichungen und zwei Bücher, seit 1933 Herausgabe des Werkes „Die physikalischen und chemischen Grundlagen der Keramik“, Übersetzungen ins Französische und Spanische.

Prof. Dr.rer.nat. Horst Scholze

Geboren 1921 in Sohland an der Spree, 1946-1951 Studium der Chemie in Würzburg, 1953 Promotion zum Dr.rer.nat. bei Prof. Brieglab, Heirat 1955 in Würzburg; Habilitation 1959 mit dem Thema „Einbau des Wassers in Gläsern“, Venia legendi in „Physikalischer Chemie der Silikate“, 1953-1961 Wissenschaftlicher Assistent am Max-Planck-Institut für Silikatforschung in Würzburg, 1962-1963 Dozent für Glas und Keramik an der TU Clausthal, 1963-1971 Ordentlicher Professor und Direktor des neuen Institutes für Silikattechnik, später Institut für Glas, Keramik und Bindemittel an der TU Berlin; 1971-1986 Direktor des neu gegründeten Fraunhofer-Institutes für Silikatforschung in Würzburg; 1972-1988 Vorstandsmitglied der Deutschen Glastechnischen Gesellschaft, 1972 Fellow der American Ceramic Society, 1978-1984 Vizepräsident und Präsident der International Commission on Glass, 1986 Honorary Fellow der Society of Glass Technology, 1988 Verleihung der Otto-Schott-Denkmünze der Deutschen Glastechnischen Gesellschaft; verstorben 1990 in Würzburg.
Arbeitsgebiete: Grundlagen der Strukturen und Eigenschaften von Glas, Keramik und Bindemitteln, u.a. Einfluß von Gasphasen auf den keramischen Brand, Glasurbildung unter Wasserdampfeinfluß, erste Forschung über die Herstellung von Festkörpern nach der Sol-Gel-Methode (1962), erste Einführung organischer Komponenten und damit Begründung der Ormosil-Forschung; 130 Veröffentlichungen, vier Bücher; seit 1968 Betreuung der Herausgabe des Werkes H. Salmang, H. Scholze, Die physikalischen und chemischen Grundlagen der Keramik.

Autorenliste Salmang, Scholze, Telle: Keramik; 7.Auflage

Dr. ir. V.A.M. Brabers
Technische Universiteit Eindhoven, MB Eindhoven (Niederlande):
Abschnitte 5.4, 10.3

Dr.-Ing. Fred Brunk
Dr. C. Otto Feuerfest GmbH, Bochum:
Abschnitte 9.3.1.1, 9.3.1.2

Dr.-Ing. I. Elstner
ehemals Didier Werke AG Forschungsinstitut, Wiesbaden:
Kapitel 9

PD Dr.-Ing. Horst Fischer
RWTH Aachen, Institut für Gesteinshüttenkunde, Lehrstuhl für Keramik und Feuerfeste Werkstoffe:
Abschnitt 10.4

Prof. em. Dr. Hans Hausner
Garmisch-Partenkirchen:
Abschnitt 10.5.1

Prof. Dr. Jürgen Heinrich
TU Clausthal, Institut für Nichtmetallische Werkstoffe:
Abschnitt 7.3

Prof. Dr. Michael Hoffmann
Universität Karlsruhe, Institut für Keramik im Maschinenbau:
Abschnitt 10.5.3

Dr.-Ing. Rolf Janßen
TU Hamburg-Harburg, AB Technische Keramik:
Abschnitte 11.1, 11.2

Dr. rer.nat. A. Kaiser
RWTH Aachen, Institut für Gesteinshüttenkunde, Lehrstuhl für Keramik und Feuerfeste Werkstoffe:
Abschnitt 3.3.4.2

Dr. rer.nat. H. Leistner
ehemals Didier Werke AG Forschungsinstitut: Wiesbaden
Kapitel 9

Dr. rer.nat. Peter Quirmbach
Deutsches Institut für Feuerfest und Keramik GmbH, Bonn:
Abschnitte 5.6, 6.3 (unter Mitarbeit von: W. Geist, M. Hülzgen, W. Weiand, Zschimmer und Schwarz GmbH&CoKG, Lahnstein)

Prof. Dr. Gerold Schneider
TU Hamburg Harburg, Institut für Keramische Hochleistungswerkstoffe:
Abschnitt 10.1.3 (unter Mitarbeit von R. Telle)

Prof. em. Dr. K.-H. Schüller
Georg-Simon-Ohm Fachhochschule Nürnberg, Fachbereich Werkstofftechnik:
Kapitel 8

Prof. Dr. Rainer Telle
RWTH Aachen, Institut für Gesteinshüttenkunde, Lehrstuhl für Keramik und Feuerfeste Werkstoffe:
Kapitel 4, Abschnitte 5.2.5, 6.1, 6.2, 7.1, 7.2, 7.5, 10.1.1, 10.1.4, 10.5.2, 10.5.4

Prof. Dr. Rainer Waser
RWTH Aachen, Lehrstuhl für Werkstoffe der Elektrotechnik II und Institut für Werkstoffe der Elektrotechnik
Abschnitte 5.3, 10.2

Inhaltsverzeichnis

1 Einführung

Die exakte wissenschaftliche Forschung auf dem Gebiet der Keramik hat erst zum Ende des 19. Jahrhunderts eingesetzt. Die dabei gewonnenen Erkenntnisse dienten nicht nur der Verbesserung der bekannten Produkte oder Verfahren, sondern auch der Entwicklung neuer Werkstoffe und Herstellungsmethoden. Erfolge waren nur dadurch möglich, indem man auf breiteren Grundlagen aufbaute. Diese beginnen bereits bei der chemischen Bindung und den Strukturen der Festkörper. Der Weg vom Rohstoff zum Endprodukt wird einerseits durch die möglichen Gleichgewichte, andererseits durch die Reaktionsgeschwindigkeiten, also die Kinetik bestimmt. Wichtige Aussagen dazu sind durch die Thermodynamik möglich. Damit ergibt sich zugleich die Anlage dieses Buches. Erst nach Behandlung dieser physikalisch-chemischen Grundlagen und einiger Eigenschaften kann näher auf die Vorgänge bei der Herstellung von Massen und deren Weiterverarbeitung eingegangen werden, um im einzelnen die verschiedenen Typen keramischer Werkstoffe zu erörtern.

Im Rahmen eines Buches ist es nicht möglich, alle Fragen bis in die letzten Einzelheiten zu behandeln. Auch kann aus dem zahlreichen Schrifttum nur eine Auswahl zitiert werden, die als Anregung zu einem vertieften Studium dienen soll. Hier seien eingangs nur die drei Werke von Eitel [1], Hinz [2] und Kingery u. M. [3] erwähnt, die sich vorzugsweise den Grundlagen widmen, während speziellere Monographien oder Artikel bei den jeweiligen Kapiteln genannt werden. Eine Bibliographie mit etwa 1000 Büchern bis 1974, die sich mehr oder weniger direkt mit Keramik befassen, haben Hench und McEldowney [4] vorgelegt. Danach sind einige empfehlenswerte enzyklopädische Werke oder Lose-Blatt-Sammlungen erschienen wie Kriegesmann [5], Brook [6], Cahn [7], Heuschkel [8] und anderer Autoren. Daneben sei auf die zahlreichen Fachzeitschriften verwiesen, in denen man den Fortschritt der Keramik verfolgen kann und die regelmäßig einige größere Themengebiete zusammenfassend im Überblick behandeln oder didaktisch gut aufgemachte Jahrbücher herausgeben (z.B. [9]). Stark gestiegen ist der Anteil an „grauer Literatur“ in Form von Vortragssammlungen von Tagungen mit bestimmten Themen, die mehr oder minder regelmäßig sowohl auf nationaler als auch auf internationaler Ebene erscheinen, z.B. seit 1964 die „Proceedings of the British Ceramic Society“ oder seit 1962 „Science of Ceramics“, seit 1981 „Science of Hard Materials“, letztere beiden leider jeweils mit verschiedenen Herausgebern und bei verschiedenen Verlagen. Seit 1996 gibt es in Form der „Werkstoffwoche“ eine Tagungsreihe mit umfangreichen aktuellen Beiträgen zur Keramikforschung.

1.1 Definitionen

Der Begriff „*Keramik*“ kann einerseits einem Werkstoff zugeordnet werden, genauer gesagt, einer Werkstoffklasse, die gegenüber den Metallen oder den Kunststoffen abgegrenzt werden kann, oder einer ganzen Technologie, einem Wirtschaftszweig, der sich im weitesten Sinne mit der Keramik befaßt.

Nach Haase [11] versteht man unter „Keramik“ diejenigen Werkstoffe, „die dadurch zustande kommen, daß ein Pulver geformt und die Form durch Einwirkung hoher Temperaturen verfestigt wird“. Diese Definition legt den sog. „*keramischen Prozeß*, nämlich die Folge von Formgebung und anschließender Verfestigung durch Temperaturbehandlung, als Wesensmerkmal zugrunde und schließt dabei auch Werkstoffe mit metallischem Charakter ein wie z.B. Hartmetalle oder Cermets, die ebenso wie Keramiken nicht durch den „*metallurgischen Prozeß*“, nämlich die Wärmebehandlung (Schmelzen) und nachfolgende Formgebung (Guß), hergestellt werden. In Bezug auf metallische Werkstoffe wird der keramische Prozeß in der Regel allerdings als „*pulvermetallurgischer Prozeß*“ bezeichnet. Aus der Metallkunde stammen nämlich auch die wesentlichen Grundlagen, die zum wissenschaftlichen Verständnis der Formgebung und des Sinterbrandes beigetragen haben. Hennicke [12] präzisiert daher: „Keramische Werkstoffe sind anorganisch, nichtmetallisch, in Wasser schwer löslich und zu wenigstens 30 % kristallin. In der Regel werden sie bei Raumtemperatur aus einer Rohmasse geformt und erhalten ihre typischen Werkstoffeigenschaften durch eine Temperaturbehandlung meist über 800°C. Gelegentlich geschieht die Formgebung auch bei erhöhter Temperatur oder gar über den Schmelzfluß mit anschließender Kristallisation.“

Der Nomenklaturausschuß der Deutschen Keramischen Gesellschaft definiert „Keramik“ nach Hennicke [12] als einen „Zweig der chemischen Technologie oder Hüttenkunde, der sich mit der Herstellung keramischer Werkstoffe und Weiterverarbeitung bis zum keramischen Erzeugnis befaßt“.

Die Ausführlichkeit dieser technologisch orientierten Definitionen ist ein Zeichen für die Vielfalt der Keramik, die eine kurze und eindeutige Beschreibung nicht zuläßt. Sie umfassen aber alle wesentlichen Merkmale, wobei man beachten muß, daß der wissenschaftliche und technische Fortschritt sich auch in der Keramik auswirkt, wodurch neue Möglichkeiten erschlossen und die bisherigen Grenzen oft zu fließenden Übergängen werden.

Hennickes Definition kennzeichnet die keramischen Werkstoffe nicht nur als nichtmetallische anorganische Festkörper, sondern weist auch darauf hin, daß sie ganz oder teilweise kristallin sind. Das am Schluß genannte Kriterium gilt nicht für den im amerikanischen Sprachgebrauch verwendeten Begriff „*Ceramics*“ nach Kingery [3]: „Wir definieren „Ceramics“ als die Fertigkeit und das Fachwissen, feste Produkte herzustellen und anzuwenden, die als wesentliche Komponente und Hauptbestandteil anorganische nichtmetallische Werkstoffe aufweisen.“ Es ist sicherlich für manche Aspekte vorteilhaft, die herkömmliche Keramik mit Glas und anorganischen Bindemitteln (Zement, Kalk, Gips) gemeinsam zu betrachten.

1.2 Historisches

Keramik ist ein Kulturgut der Menschheit. Die ersten verwendeten Werkzeuge bestanden aus natürlichen Werkstoffen wie Holz, Knochen oder Stein. Vor etwa 30.000 Jahren wurde jedoch erkannt, daß sich einige Erden gut formen und anschließend durch einen Brand verfestigen lassen. Damit war der *erste künstliche Werkstoff*, Keramik, geschaffen. Die älteste heute bekannte gebrannte Keramik ist eine Kultfigur, ein „Idol", die sog. Venus von Dolne Vestoniče, Tschechien, die aus dem 25. Jahrtausend v.Chr. stammt. Wesentlich später trug neben dem Ackerbau und der ortständigen Viehhaltung die Keramik wesentlich zur Seßhaftwerdung und zur Gründung großer Ansiedlungen bei. Die ältesten bekannten *Tongefäße* stammen aus Nasunahara, Japan, und werden dem 11. Jahrtausend. v.Chr., der sog. Jomon-Kultur, zugeordnet. Etwa im 6. Jahrtausend v.Chr. tritt in Jericho die erste gebrannte Keramik auf, nachdem luftgetrocknete Ziegel bereits seit über 2000 Jahren im Einsatz waren. Im 5. Jahrtausend v.Chr. finden *Gebrauchs- und Kunstgegenstände* über die Hochkulturen am Indus, Euphrat, Tigris und Nil weite Verbreitung im Nahen Osten, von wo sie später nach Europa gelangen. Keramik wird zum Alltagsgegenstand, aber auch zum Statussymbol. Ihre weitere Entwicklung wurde wesentlich dadurch mitbestimmt, daß gut verformbare „Erden" bzw. Rohstoffe mit einem günstigen Brennverhalten relativ weit verbreitet sind. Nicht ohne Grund waren also die frühen bedeutenden Hochkulturen an großen schlammführenden Strömen wie Nil, Euphrat, Tigris und Indus angesiedelt, die im Zuge jährlich wiederkehrender Überschwemmungen neue „Rohstoffe" ablagerten.

Etwa um 3.500 v.Chr. leitet die Verwendung keramischer Gefäße und Ofenausmauerungen in Jordanien und im Irak weltweit das Zeitalter der Kupfer- und Bronzemetallurgie ein. Die *feuerfeste Keramik* ist damit zum Schlüsselwerkstoff einer ganzen Kulturstufe geworden. Mit der Entwicklung der *Baukeramik* (gebrannte Ziegel) wurde die Errichtung stabiler und „wärmegedämmter" mehrstökkiger Gebäude auch in regenreichen und kalten Klimazonen ermöglicht, was den Städtebau und die soziale Struktur gemeinschaftlichen Lebens revolutionierte.

Bis heute gibt es in der Entwicklung der Keramik als Kulturgut keinen Stillstand. Seit mehr als zweihundert Jahren beeinflußt die Entwicklung der „*Technischen Keramik*" entscheidend den technischen Fortschritt und den Lebensstandard. So ermöglichte isolierendes Elektroporzellan die allgemeine Verbreitung der Elektrizität; korrosionsbeständiges Steinzeug erlaubte die Herstellung und Handhabung von Säuren und Laugen in großem Maßstab; hochtemperaturbeständige Keramiken mit hoher Resistenz gegenüber Gasen, Metall- oder Glasschmelzen und Schlacken („*feuerfeste Werkstoffe*") sind die Voraussetzung für den Betrieb von Aggregaten der Schmelzmetallurgie, von Wärmekraftwerken, Anlagen der Keramik-, Glas-, Zementherstellung, der thermischen Entsorgung und der chemischen Industrie. Moderne „*Hochleistungskeramiken*" mit definierten mechanischen, thermischen, chemischen, elektronischen und biologischen Eigenschaften eröffnen seit etwa 1970 als Schlüsselwerkstoffe neue Felder in der Energietechnik (Brennstoffzelle, Wärmetauscher), der Elektrotechnik und Elektronik (Gehäuse, Kondensatoren, Mikrochipträger, Sensoren, Aktoren, Varistoren, Leistungsschalter), der Medizintechnik (Hüftgelenksprothese, Zahnimplantate, Knochenersatz), Verkehrstechnik (Katalysatorträger, Dieselrußfilter, Kipphebelbeläge, Portliner, Turbolader, Auslaßventil), der Fertigungstechnik (Schneidwerkstoffe, Schleifstoffe) und dem Maschinenbau (Gleitlager, Piezostellglieder), um nur einige Gebiete und Beispiele zu nennen. Man unterscheidet heute spezieller zwischen „*Strukturkeramiken*", deren besondere mechanischen Eigenschaften wie Härte, Steifigkeit, Festigkeit und Zähigkeit genutzt werden, und „*Funktionskeramiken*", die hinsichtlich der anderen oben genannten Eigenschaften (Funktionen) optimiert sind (Bild 1). In beiden Werkstoffgruppen finden zunehmend „*Verbundwerkstoffe*" (Komposite) Verwendung, in welchen keramische Komponenten mit Metallen oder Kunststoffen in definierter Weise kombiniert sind. Spätestens hier verlieren die zuvor genannten Definitionen ihre scharfen Grenzen.

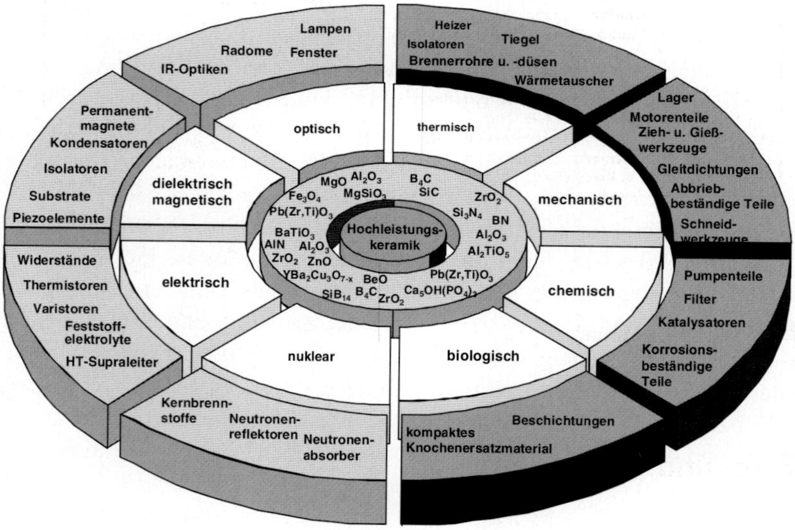

Bild 1: Stoffe und Anwendungsfelder technischer Keramiken (Quelle: MPI Metallforschung, Stuttgart)

Aufgrund der Vielfalt keramischer Produkte und ihrer Einsatzmöglichkeiten hat das *Berufsbild* des „Keramikers" heute einen starken Wandel erfahren. Er befindet sich sowohl im traditionellen als auch im High-Tech-Bereich in Konkurrenz mit Naturwissenschaftlern (vor allem Chemikern und Mineralogen) und den Ingenieuren des Maschinenbaus, der Fertigungs- und Verfahrenstechnik sowie den Werkstoffwissenschaftlern, die ihr Betätigungsfeld werkstoffübergreifend verstehen. Andererseits dringt der Keramiker auch immer mehr in das Aufgabengebiet dieser Disziplinen vor (Bild 2). Entsprechend haben sich heutzutage zumindest in

Deutschland auch die Ausbildungsschwerpunkte eher weg von der klassischen Silicatkeramik verschoben.

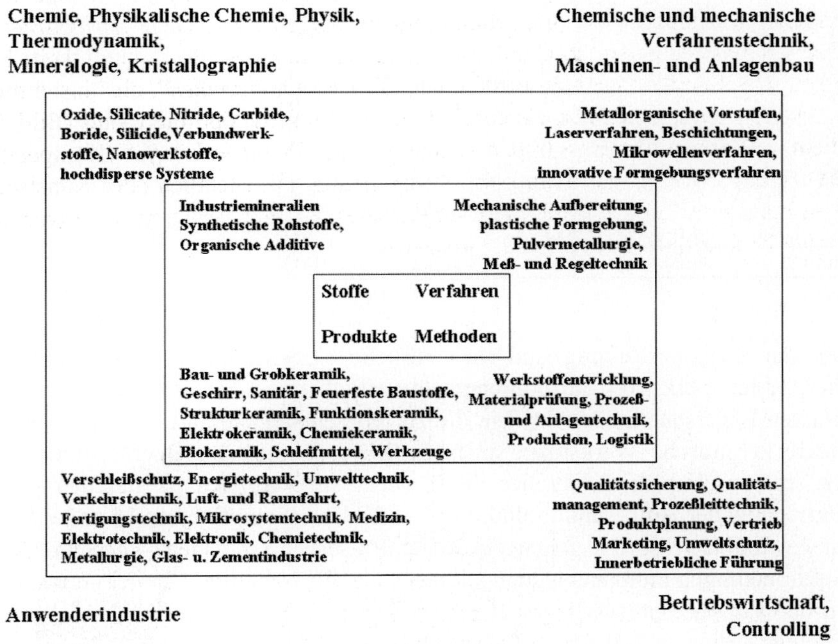

Bild 2: Berufsbild des Keramikers

1.3 Roh- und Werkstoffe

Die schnelle und weite Verbreitung sowie die reichliche Verfügbarkeit der klassischen Silicatkeramik in der Geschichte bis heute spiegelt sich in ihrer Zusammensetzung wider, wenn man z.B. die eines Ziegels mit der der Erdrinde vergleicht (Tabelle 1). Es besteht zwar zwischen beiden Zusammensetzungen kein unmittelbarer Zusammenhang, Tabelle 1 sagt aber aus, daß zur Herstellung eines Ziegels keine relativ seltenen Elemente notwendig sind, was auch für sehr viele andere keramische Produkte gilt.

Tabelle 1: Häufigste Elemente der Erdkruste, im Granit und Ton im Vergleich zur Analyse eines Ziegels

Element	Anteil in Gew.-%			
	Erdkruste	Granit	Ton	Ziegel
O	49,4	49,7	53,3	48,8
Si	25,8	35,3	29,6	30,3
Al	7,5	6,9	13,9	11,3
Fe	4,7	0,9	0,6	2,1
Ca	3,4	0,1	0,1	3,3
Na	2,6	3,5	0,9	0,5
K	2,4	3,0	0,7	2,0
Mg	1,9	0,5	0,1	1,1
H	0,9	0,1	0,8	--
Ti	0,6	0,1	0,1	0,6
Summe	99,2	100,1	100,1	100,0

Tone zur Ziegelherstellung sind als natürliche Verwitterungsprodukte magmatischer Gesteine ebenso nahezu unbegrenzt verfügbar wie Feldspat oder Quarz aus primären Lagerstätten oder Sanden, die zur Porzellanherstellung benötigt werden. Andere keramische Werkstoffe, auch die Komponenten der Hochleistungskeramik, sind aus Industriemineralien direkt oder - im Vergleich zu Metallen - nach relativ einfacher Aufbereitung und chemischer Umsetzung in ausreichender Reinheit gewinnbar. Insofern gelten die Rohstoffreserven als nahezu unerschöpflich. Einschränkungen muß man jedoch aufgrund der Wirtschaftlichkeit der Gewinnung und der Verarbeitungsverfahren machen. So ist z.B. Zirconium in der Form des Minerals Zirkon in fast allen Tiefengesteinen, Eruptivgesteinen und Sedimenten vorhanden; nennenswerte Anreicherungen, die wirtschaftlich gewinnbar sind, sind jedoch relativ selten. Im Falle des Bauxites ist Aluminium-Metall das Haupterzeugnis, das die Qualitätsansprüche an die Rohstoffe bestimmt, so daß trotz großer Ressourcen weltweit das Volumen abbauwürdiger Vorkommen beschränkt und als Nebeneffekt die Al_2O_3-Produktion nicht langfristig gesichert ist [10]. Umgekehrt können jedoch auch Nebenprodukte wie Edelmetalle oder andere Industriemineralien die Abbauwürdigkeit von Lagerstätten deutlich verbessern. Von geradezu strategischer Bedeutung waren in den 70er und 80er Jahren die Elemente Wolfram und Titan, deren Hauptlagerstätten in politisch problematischen Ländern lagen. Hier war die unsichere Verfügbarkeit sogar ein Antrieb für eine verstärkte Forschung und Entwicklung von Cermets bzw. Hartmetallen aus anderen Komponenten wie Molybdän, Niob, Tantal, Vanadium usw.

Sieht man von der Vielfalt der Tonmineralien ab, so bestehen die traditionellen Silicatkeramiken nur aus wenigen Rohstoffen, im wesentlichen aus „Ton“, Quarz (SiO_2) und Feldspäten (Na-K-Ca-Alumosilicaten). Mit den Hochleistungskeramiken hat sich die Palette der Werkstoffe vervielfacht. Je nach Zielanwendung werden äußerst komplexe Oxide entwickelt, deren besondere Eigenschaften durch geringfügige Dotierungen in weiten Bereichen verändert werden können. Beispiele hierfür sind Ionenleiter, Elektronenleiter, Supraleiter, Piezokeramiken und Dielektrika. Für mechanische und thermische Anwendungen sind Nichtoxidkeramiken auf der Basis von Carbiden, Nitriden, Boriden und Siliciden entwickelt worden, die hohe Schmelz- bzw. Zersetzungstemperaturen, extreme Härten und sehr gute Festigkeiten aufweisen. Tabelle 2 zeigt eine chemische Einteilungsmöglichkeit keramischer Werkstoffe. Die Reihung einiger Beispiele erfolgt etwa nach ihrer industriellen Bedeutung. Eine andere Art der Einteilung nimmt die DIN EN 60 672 vor, die die keramischen Werkstoffe der Elektrotechnik ihrem Stoffbestandteilen und ihrem Eigenschaften gemäß in C-Klassen (C für ceramics) gliedert (Tabelle 3). Die DIN EN 12 212 hingegen erlaubt durch Kurzbezeichnungen der Werkstoffe wie z.B. HIPSN für heißisostatisch grepreßtes Siliciumnitrid eine größere Vielfalt an Materialien, die dann aber wiederum schwieriger zu ordnen sind.

Tabelle 2: Einteilung keramischer Werkstoffe nach chemischen Gesichtspunkten

Klasse		Beispiele
Oxide		
	Einfache Oxide	Al_2O_3, SiO_2, ZrO_2, MgO, ZnO, CaO....Y_2O_3, ThO_2, BeO
	Mischoxide	$MgAl_2O_4$, $BaTiO_3$, Al_2TiO_5, ...$YBa_2Cu_3O_{7-x}$
	Silicate	$Al_6Si_2O_{13}$, Mg_2SiO_4, $Mg_2Al_4Si_5O_{18}$, ...$LiAlSi_2O_6$
	Phosphate	$Ca_{10}(PO_4)_6(OH)_2$, $Ca_{10}(PO_4)_6F_2$, $Ca_3(PO_4)_2$.................
Nichtoxide		
	Carbide	SiC, B_4C, WC, TiC, TaC
	Nitride	Si_3N_4, BN, AlN, TiN
	Boride	TiB_2, ZrB_2, SiB_6,............................MgB_2, Mo_2FeB_2
	Silicide	$MoSi_2$, $TiSi_2$, Ti_3Si_4

Tabelle 3: Einteilung elektrokeramischer Werkstoffe nach DIN EN 60 672

Silicatkeramik	
Alkali-Alumosilicate	C 100
Quarzporzellane, plastische Formgebung	C 110
Quarzporzellane, gepresst	C 111
Cristobalitporzellane, plastische Formgebung	C 112
Tonerdeporzellane	C 120
Tonerdeporzellane, hochfest	C 130
Lithiumporzellane	C 140
Magnesiumsilicate	C 200
Niederspannungssteatite	C 210
Standardsteatite	C 221
Steatite mit niedrigem Verlustwinkel	C 222
Poröse Steatite	C 230
Forsterite, porös	C 240
Forsterite, dicht	C 250
Erdalkali-Alumosilicate	C 400
Cordierite	C 410
Celsiane, dicht	C 420
Basis Calciumoxid, dicht	C 430
Basis Zirkon, dicht	C 440
Poröse Alumosilicate und Magnesium-Alumosilicate	C 500
Aluminiumsilicatbasis	C 510
Magnesium-Aluminiumsilicatbasis	C 511
Magnesium-Aluminiumsilicatbasis	C 512
Cordieritbasis	C 520
Aluminiumsilicatbasis	C 530
Mullit-Keramik mit niedrigem Alkaligehalt	C 600
Mullit-Keramik mit 50 % bis 65 % Al_2O_3	C 610
Mullit-Keramik mit 65 % bis 80 % Al_2O_3	C 620
Oxidkeramik	
Titanate und andere Keramiken hoher Permittivitätszahl	C 300
Basis Titandioxid	C 310
Basis Magnesiumtitanate	C 320
Titandioxid und andere Oxide	C 330
Titandioxid und andere Oxide	C 331
Basis Calcium- und Strontiumwismuttitanat	C 340
Basis ferroelektrische Perowskite	C 350
Basis ferroelektrische Perowskite	C 351
Keramikwerkstoffe mit hohem Aluminiumoxidgehalt	C 700
Hoch Al_2O_3-haltige Keramik; > 80 % bis 86 % Al_2O_3	C 780
Hoch Al_2O_3-haltige Keramik; > 86 % bis 95 % Al_2O_3	C 786
Hoch Al_2O_3-haltige Keramik; > 95 % bis 99 % Al_2O_3	C 795
Hoch Al_2O_3-haltige Keramik; > 99 % Al_2O_3	C 799

2 Strukturen

Festkörper treten in kristalliner und nichtkristalliner (amorpher) Form auf. Bei einheitlich aufgebauten, homogenen Körpern, die also keine Korngrenzen im Inneren zeigen, liegen dann entweder Einkristalle oder Gläser vor. In Festkörpern sind die enthaltenen Elemente in ihren Lagen räumlich fixiert und haben nur wenig Bewegungsmöglichkeiten (z.B. Schwingung, Diffusion). Die Art der chemischen Bindung bestimmt dabei wesentlich die Wechselwirkung zwischen den Elementen, deren räumliche Anordnung die Struktur dieser Einzelkörper darstellt.

Keramische Produkte sind fast ausschließlich heterogen, d.h. aus vielen einheitlichen oder verschiedenen Kristallen aufgebaut, die oft von Glas umgeben sind. Daneben enthalten sie manchmal noch Poren. Die Menge und Art dieser Bestandteile und ihre gegenseitige Anordnung wird als Gefüge oder Mikrostruktur (Kapitel 2.6) bezeichnet. Sie hat einen deutlichen Einfluß auf viele physikalische und chemische Eigenschaften des Körpers.

2.1 Bindungsarten

Die Materie ist aus Atomen aufgebaut. Die Atome bestehen aus einem positiv geladenen Kern, der von den negativen Elektronen umgeben ist. Die Zahl der Ladungen des Kerns entspricht der Zahl der Elektronen und ist die Ordnungszahl des Atoms. Die Elektronen befinden sich in bestimmten, unterscheidbaren („diskreten“) Energiezuständen, die anschaulich durch das Bohr´sche Atommodell dargestellt werden können. Die Quantenmechanik hat dieses Modell im wesentlichen bestätigt, in Einzelheiten aber verfeinert. Danach ist es nur möglich, für die Elektronen Aufenthaltswahrscheinlichkeiten anzugeben. Die folgende kurze Darstellung ist deshalb stark vereinfacht.

Die Elektronen können sich auf verschiedenen Schalen um den Kern befinden, die von innen beginnend mit den Buchstaben K, L, M, N,... bezeichnet werden und denen die Hauptquantenzahlen n = 1, 2, 3, 4,... zugeordnet sind. Für die chemische Bindung ist der Bahndrehimpuls wichtig, der durch die beiden Nebenquantenzahlen l = 0, 1, 2,..., (n-1) und $m = -l, (-l+1),..., (+l-1), +l$ bestimmt ist. Diese Zustände werden als Orbitale bezeichnet. Sie können jeweils mit zwei Elektronen mit entgegengesetztem Spin besetzt werden. Elektronen mit l = 0, 1, 2, 3, 4,... werden als s-, p-, d-, f-, g-, ... Elektronen bezeichnet. Danach hat jede Schale nur ein s-Orbital, und damit ist die K-Schale schon besetzt. Von der L-Schale ab kommen noch 3 p-Orbitale, von der M-Schale 5 d-Orbitale usw. hinzu. Die vollständigen K-, L- und M-Schalen enthalten demnach 2, 8 und 18 Elektronen und werden auch als Helium-, Neon- und Argonschale bezeichnet, weil diese Elemente derartig aufgefüllte Schalen aufweisen. Die Elektronenkonfiguration der Elemente wird so beschrieben, daß nach der Hauptquantenzahl n der Buchstabe der Nebenquantenzahl l und daran als hoch gestellter Index die Anzahl der Elektronen geschrieben wird, die sich im jeweiligen Orbital befindet. Für das Kalium ergibt sich damit $1s^2\ 2s^2\ 2p^6\ 3s^2\ 3p^6\ 4s$, d.h. es hat je zwei s-Elektronen in der K-, L- und M-Schale, ein s-Elektron in der N-Schale und je sechs p-Elektronen in der L- und M-Schale.

Der Aufbau der Elektronenschalen bei den Elementen des periodischen Systems unterliegt mehreren Regeln, die in den Lehrbüchern der Chemie und Physik erläutert werden. Es ist immer ein Bestreben vorhanden, möglichst stabile Elektronenkonfigurationen auszubilden, wobei oft ein Elektronenoktett angestrebt wird. Das chemische Verhalten bestimmen die Elektronen der äußeren Schale oder Schalen, die sog. Valenzelektronen. Die Alkalien sind durch ein äußeres s-Elektron, die Erdalkalien durch zwei äußere s-Elektronen charakterisiert, während die Edelgase vollständig aufgefüllte Orbitale zeigen. Das erklärt die hohe Reaktionsfreudigkeit der Alkali- oder Erdalkalielemente und die Stabilität der Edelgase.

Die Bindungsarten, die den Zusammenhalt der Atome untereinander bestimmen, werden eingeteilt in chemische (primäre) Bindungen und physikalische Wechselwirkungen (sekundäre Bindungen). In Tabelle 4 sind die Energien und die Reichweiten der verschiedenen Bindungstypen aufgelistet. Allerdings bestehen die meisten Bindungen selten nur aus einer der Komponenten alleine.

Tabelle 4: Interatomare und intermolekulare Bindungen

Wechselwirkungstyp	Bindungsenergie [kJ/mol]	Reichweite [10^{-12} m = pm]
Primäre Bindungen		
kovalent	60- 700	100-200
ionisch	600-1100	bis zu 300
metallisch	110- 350	100-200
Sekundäre Bindungen		
Van der Waals-Bindungen		300-500
Dipol-Dipol-Wechselwirkung	4-20	
Dipol-induzierter Dipol	< 2	
Dispersionskräfte	0,08-40	
Lewis-Säure-Base-Wechselwirkung	< 80	< 300
Wasserstoffbrückenbindung	< 40	< 200

2.1.1 Kovalente Bindung (Atombindung)

Wenn Elemente für sich allein keine energetisch günstige Elektronenkonfiguration besitzen, haben sie das Bestreben, diese durch Ausbildung von Bindungen zu erreichen, indem Elektronen zweier Atome gemeinsame Elektronenpaare ausbilden. Diese Art der chemischen Bindung wird als Atombindung oder kovalente oder homöopolare Bindung bezeichnet. Die Ausbildung einer kovalenten Bindung setzt voraus, daß die zur Überlappung kommenden Orbitale jeweils mit nur einem einzigen Elektron besetzt sind. Die Reichweite der kovalenten Bindung ist entsprechend auf den jeweiligen Atomabstand begrenzt. Das s-Orbital ist kugelsymmetrisch und kann prinzipiell nach jeder Richtung eine Bindung ausbilden. Dagegen stehen die drei p-Orbitale rechtwinklig zueinander und spannen ein Koordinatensystem auf, bilden also gerichtete Bindungen aus. Vielfach werden dann Bindungswinkel von 90° beobachtet, jedoch sind die genauen Winkelverhältnisse auch durch die abstoßende Wirkung von Valenzelektronen und den Raumbedarf der Atome festgelegt. So beträgt z.B. beim H_2O-Molekül der Winkel zwischen den Wasserstoffatomen 104,5°.

Die reine kovalente Bindung wird vor allem bei organischen Verbindungen beobachtet. Das C-Atom hat in der Valenzschale im Grundzustand je zwei 2s- und 2p-Orbitale, das s-Orbital ist also doppelt besetzt. Im allgemeinen liegt aber das C-Atom nicht im Grundzustand vor, sondern ein Elektron aus dem 2s-Orbital ist in ein 2p-Orbital angehoben worden. Die Elektronenkonfiguration ist dann $1s^2$ 2s $2p^3$. Quantenmechanische Berechnungen haben für einen solchen Zustand ergeben, daß die größten Bindungsstärken dann erreicht werden, wenn alle vier Orbitale energetisch gleichwertig werden und aufgrund der gegenseitigen Abstoßung in die Ecken eines Tetraeders zeigen. In solchen Fällen spricht man von Bastardisierung oder Hybridisierung, hier vom sp^3-Hybrid. Dieser spielt auch beim Silicium eine wichtige Rolle (Abschnitt 2.3.1).

2.1.2 Ionenbindung

Das Natriumatom hat in seiner äußersten Elektronenschale nur ein Elektron, während z.B. dem Chloratom zur Auffüllung seiner äußersten Elektronenschale ein Elektron fehlt. Ein energetisch günstigerer Zustand tritt also ein, wenn durch den Übergang des einzelnen Elektrons vom Natrium- zum Chloratom beide Atome Elektronenschalen vom Edelgastyp erhalten. Dadurch entsteht das einfach positiv geladene Natriumion (Na^+) mit einer Elektronenschale vom Neontyp und das einfach negativ geladene Chlorion (Cl^-) mit einer Elektronenschale vom Argontyp. Auf diese Art können auch mehrwertige Ionen entstehen. Die positiven Ionen nennt man Kationen, die negativen Anionen.

Durch den Elektronenaustausch bilden sich entgegengesetzt geladene Ionen, die sich infolge des Coulomb´schen Potentials elektrostatisch anziehen. Dadurch entsteht die Ionenbindung, die auch als heteropolare Bindung bezeichnet wird. Das Kraftfeld um ein einzelnes Ion ist kugelsymmetrisch aufgebaut, so daß die Ionenbindung nicht gerichtet ist. Die Reichweite der Ionenbindung geht über die Ionenabstände hinaus, allerdings klingt die Feldstärke mit $1/x^2$ ab. Im Kristall treten daher die Ladungsfelder miteinander in Wechselwirkung, so daß je nach Ionenumgebung komplexe Verzerrungen der Kugelsymmetrie möglich sind.

2.1.3 Metallische Bindung

Während die Atom- und Ionenbindung unabhängig vom Aggregatzustand behandelt werden können, ist die metallische Bindung an den kondensierten Zustand gebunden. Kennzeichnend dafür ist, daß die Valenzelektronen nicht bestimmten Atomen zugeordnet werden können, sondern mehr oder weniger frei im Metallgitter beweglich sind. Das Gitter wird dann aus entsprechend ionisierten Metallatomen gebildet, und die Bindung wird durch die gemeinsamen Elektronen (Elektronenwolke) bewirkt. Auch diese Bindung ist ungerichtet.

In der Keramik spielt diese Art der Bindung kaum eine Rolle. Die frei beweglichen Elektronen machen aber die hohe elektrische Leitfähigkeit der Metalle gegenüber den Isolatoreigenschaften der üblichen keramischen Produkte verständlich. Zwischen beiden stehen die Halbleiter, die wieder für die Keramik wichtig sind.

2.1.4 Mischbindungen

Die bisher genannten Bindungsarten sind Grenzformen, die allein in reiner Form selten oder gar nicht auftreten. Normalerweise sind Anteile mehrerer Bindungsarten, also Mischbindungen vorhanden. Man spricht dann von einer *Resonanz* der beteiligten Bindungsarten, wobei eine Resonanzenergie auftritt, die das System stabiler, d.h. energieärmer macht. Die Mischbindungen werden auch als Hybride der Grenzbindungen bezeichnet. Im allgemeinen ist dieser Übergang kontinuierlich, wobei in der Keramik besonders der Übergang von der Ionen- zur Atombindung interessiert, bei Übergangsmetallcarbiden, -boriden und -nitriden aber auch eine Mischung aller drei Bindungstypen realisiert wird.

Die Ionen bestehen aus einem positiv geladenen Kern, der von der kugelförmigen Elektronenschale umgeben wird. Befindet sich aber in der Nachbarschaft eines Ions ein anderes Ion mit einem starken positiven Feld, dann wird die Elektronenhülle des ersteren Ions etwas zu diesem hingezogen, sie wird deformiert oder *polarisiert*. Anionen sind leichter polarisierbar sind als die Kationen. Die Polarisierbarkeit der Anionen ist dabei um so größer, je größer das Anion ist. Dagegen ist die polarisierende Wirkung der Kationen um so stärker, je höher geladen und je kleiner sie sind. Im allgemeinen ist die Polarisationskraft der Kationen mit Edelgasschale kleiner als die der Kationen mit unvollständig besetzter äußerer Schale.

Bei reiner Ionenbindung liegen die Ionen in Kugelgestalt vor, sind also nicht deformiert. In dem Maße wie die Deformation ansteigt, nimmt auch der Anteil an Atombindung zu, bis bei der reinen Atombindung gemeinsame Elektronenpaare vorliegen. Dadurch ist eine anschauliche Darstellung der Mischbindung geschaffen worden. Bild 3 zeigt dies am Beispiel der Sauerstoffbindung durch vierwertige Kationen. Die Strichdicke soll dabei den jeweiligen Anteil symbolisieren. Bei der Th-O-Bindung liegt praktisch reine Ionenbindung vor. Mit abnehmendem Kationenradius wird die Deformation immer stärker, bis bei der C-O-Bindung praktisch reine Atombindung vorhanden ist.

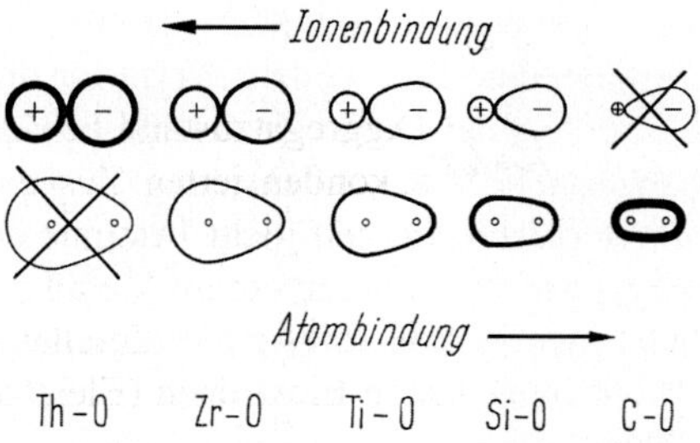

Bild 3: Schematische Darstellung des Übergangs zwischen Atom- und Ionenbindung

1 H 2.1																	2 He —
3 Li 1.0	4 Be 1.5											5 B 2.0	6 C 2.5	7 N 3.0	8 O 3.5	9 F 4.0	10 Ne —
11 Na 0.9	12 Mg 1.2											13 Al 1.5	14 Si 1.8	15 P 2.1	16 S 2.5	17 Cl 3.0	18 Ar —
19 K 0.8	20 Ca 1.0	21 Sc 1.3	22 T 1.5	23 V 1.6	24 Cr 1.6	25 Mn 1.5	26 Fe 1.8	27 Co 1.8	28 Ni 1.8	29 Cu 1.9	30 Zn 1.6	31 Ga 1.6	32 Ge 1.8	33 As 2.0	34 Se 2.4	35 Br 2.8	36 Kr —
37 Rb 0.8	38 Sr 1.0	39 Y 1.2	40 Zr 1.4	41 Nb 1.6	42 Mo 1.8	43 Tc 1.9	44 Ru 2.2	45 Rh 2.2	46 Pd 2.2	47 Ag 1.9	48 Cd 1.7	49 In 1.7	50 Sn 1.8	51 Sb 1.9	52 Te 2.1	53 J 2.5	54 Xe —
55 Cs 0.7	56 Ba 0.9	57–71 La–Lu 1.1–1.2	72 Hf 1.3	73 Ta 1.5	74 W 1.7	75 Re 1.9	76 Os 2.2	77 Ir 2.2	78 Pt 2.2	79 Au 2.4	80 Hg 1.9	81 Tl 1.8	82 Pb 1.8	83 Bi 1.9	84 Po 2.0	85 At 2.2	86 Rn —
87 Fr 0.7	88 Ra 0.9	89– Ac– 1.1–1.7															

Bild 4: Elektronegativitäten der Elemente nach Pauling [13] und Mortimer [2274]

Tabelle 5: Elektronegativitätsdifferenz Δx und Ionencharakter von Einfachbindungen

Δx	Anteil an ionischer Bindung in %	Δx	Anteil an ionischer Bindung in %
0,2	1	1,8	55
0,4	4	2,0	63
0,6	9	2,2	70
0,8	15	2,4	76
1,0	22	2,6	82
1,2	30	2,8	86
1,4	39	3,0	89
1,6	47	3,2	92

Ein einfaches Hilfsmittel zur Berechnung des Anteils an Ionenbindung stellen die von Pauling [13] abgeleiteten Elektronegativitäten dar (Bild 4). Die Werte für die Übergangsmetalle liegen zwischen 1,1 und 2,4. Aus der Differenz der Elektronegativitäten Δx erhält man nach Tabelle 5 den *Ionencharakter* der Bindung. Auf die interessante Erscheinung, daß die Si-O-Bindung etwa je zur Hälfte aus Atom- und Ionenbindung besteht, wird später noch eingegangen (Kapitel 2.3.1).

Die Pauling´schen Elektronegativitäten sind mehrfach modifiziert worden, wobei sich ergab, daß bei einer Differenz der Elektronegativitäten von > 2,0 der Ionencharakter meist deutlich größer ist als Tabelle 5 angibt, was auch schon von Pauling erwähnt wird.

2.1.5 Van der Waals-Bindung

Die Ladungen in Atomen, Ionen oder Molekülen sind nicht streng lokalisiert. Bei ihrer gegenseitigen Annäherung kann es zu Ladungsverschiebungen (*Polarisierung*, s.o.) kommen, so daß die positiv geladene Seite stets der negativ geladenen des Nachbarmoleküls zugewandt ist. Dadurch werden Dipole induziert und eine Bindung durch Induktionskräfte aufgebaut. Enthalten Moleküle von vornherein Dipole, dann spricht man von *Dipol-Dipol-Wechselwirkung* (*Keesom-Kräfte* [2203]). Induktionskräfte werden auch dann wirksam, wenn sich ein Dipol in einem benachbarten unpolaren Molekül nähert und einen Dipol induziert (*Debye-Kräfte* [2204]). Infolge der Elektronenbewegungen um die Kerne entstehen selbst aus kugelsymmetrischen Ladungsverteilungen oszillierende Dipole. Es kommt daher ganz allgemein zu einer Wechselwirkung zwischen benachbarten Atomen, Ionen oder Molekülen. Die sich daraus ergebenden Anziehungskräfte werden als *Dispersionskräfte* bezeichnet (*London-Kräfte* [2205]).

Alle diese Bindungen, die also auch zwischen neutralen Atomen oder Molekülen auftreten, werden unter dem Begriff der Van der Waals-Bindung zusammengefaßt. Gegenüber den bisher behandelten Bindungen sind die Kräfte allerdings sehr klein. Ein Zeichen dafür sind die tiefen Schmelztemperaturen von entsprechenden Kristallen, z.B. den Edelgasen oder vielen organischen Verbindungen.

2.1.6 Wasserstoffbrückenbindung

Unter den Ionen nimmt das Wasserstoffion H^+, das Proton, eine Sonderstellung ein, da es keine eigene Elektronenschale besitzt. Es kann deshalb in die Elektronenschale eines anderen Atoms aufgenommen werden. Ist letzteres stark elektronegativ, wie z.B. Sauerstoff oder Fluor, dann hat die Bindung einen wesentlichen Anteil an Ionenbindung, und das Wasserstoffion hat die Möglichkeit, noch zu einem weiteren stark elektronegativen Atom eine Bindung einzugehen. Diese besondere Bindungsart wird als Wasserstoffbrückenbindung bezeichnet. Das Wasserstoffatom befindet sich im allgemeinen näher bei einem seiner Partner, was durch die Schreibweise O-H....O symbolisiert wird. Meist ist diese Bindung linear.

Die auftretenden Bindungsenergien für die Reaktion

X-H + Y $\rightarrow$ X-H....Y

sind mit etwa 20 kJ/mol recht schwach, spielen aber in vielfacher Hinsicht eine wichtige Rolle. So sind z.B. sie dafür verantwortlich, daß das Wasser H_2O bei Zimmertemperatur flüssig ist. Weiterhin vermitteln sie den Zusammenhalt vieler OH-gruppenhaltiger Kristalle und bestimmen auch oft das Adsorptionsverhalten von H_2O-Dampf. Diese Art der Bindung ist ein spezieller Fall der sog. Lewis-Säure-Base-Wechselwirkung. Lewis (1938) hat als *Base* eine Verbindung mit einem freien Elektronenpaar definiert, mit dem sie eine Bindung zu einem anderen Atom, Ion, Molekül etc. herstellen kann und damit als *Elektronendonor* wirkt, während der andere Ligand als *Elektronenakzeptor* bezeichnet wird und eine *Lewis-Säure* darstellt. Mit dieser Bindungstheorie, die von Kitaura und Morokuma [2206] sowie Pearson [2207] verfeinert worden ist, lassen sich Reaktionen und Bindungskräfte zwischen Molekülen bzw. im Flüssigen, aber auch zwischen Festkörpern gut beschreiben. Sie ist ein wesentlicher Bestandteil der Deutung der Haftung (Adhäsion) zwischen Materialien.

2.1.7 Ionenradien - Koordinationszahlen

Entgegengesetzt geladene Ionen ziehen sich infolge der Coulomb´schen Wechselwirkung an, wobei die *Energie* proportional zu $1/r$ zunimmt und die Anziehungs*kraft* mit $1/r^2$, wenn r den Ionenabstand darstellt. Dieser Anziehung überlagert sich aber eine Abstoßungsenergie, wenn sich die Elektronenschalen der beiden Ionen zu berühren beginnen. Letztere Energie ist proportional zu $1/r^m$, d.h. sie nimmt mit abnehmendem Ionenabstand stärker zu als die Anziehungsenergie, wobei der Born´sche Abstoßungskoeffizient m zwischen 5 und 12 liegt und aus der Kompressibilität der Struktur ermittelt werden kann. Dadurch ergibt sich ein bestimmter Gleichgewichtsabstand r_0, bei dem die Summe der anziehenden und abstoßenden Energien ein Minimum ist bzw. sich Anziehung und Abstoßung die Waage halten, wie in Bild 5 zu erkennen ist. Für jedes Ionenpaar wird sich dann dieser Gleichgewichtsabstand r_0 einstellen, der die Summe der beiden Ionenradien $r_A + r_K$ darstellt.

Die Größe der Ionenradien spielt eine entscheidende Rolle beim Aufbau der Festkörperstrukturen, weshalb man nach Möglichkeiten zu ihrer Bestimmung gesucht hat. Einen Weg dazu eröffnen einfache Kristallgitter, z.B. das Steinsalzgitter (NaCl-Typ). Nimmt man an, daß Kristalle aus Ionen in Form sich berührender, starrer Kugeln aufgebaut sind, dann kann man aus den kristallographischen Daten die Ionenabstände berechnen, wenn der Ionenradius von mindestens einem Ion bekannt ist. Diesen Weg hat V.M. Goldschmidt 1926 beschritten, der die Werte 133 pm für das F^--Ion und 132 pm für das O^{2-}-Ion von J. A. Wasastjerna übernommen hat.

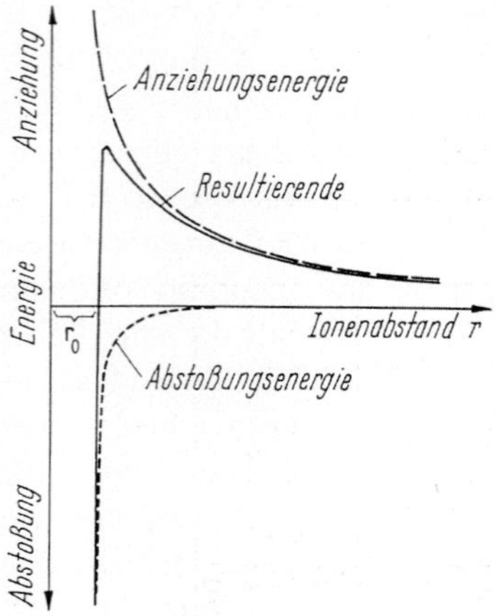

Bild 5: Energieschema zur Deutung des Ionenabstandes

Pauling hat 1927 die Ionenabstände aus quantenmechanischen Berechnungen ermittelt. Mit steigender Anzahl von Elektronenschalen wird der Ionenradius größer. Bei gleichen Elektronenschalen wird aber der Ionenradius um so kleiner, je größer die Ordnungszahl *Z* ist. Dabei macht sich noch eine Abschirmung *S* durch die anderen Elektronen des Ions bemerkbar, so daß sich insgesamt für den Ionenradius $r = C_n/(Z\text{-}S)$ ergibt, worin die Konstante C_n durch die Hauptquantenzahl *n* der äußersten Elektronen bestimmt ist. In Tabelle 6 sind diese Ionenradien für die wichtigsten Ionen aufgeführt. Im internationalen Einheitensystem (SI) ist das für die Angabe von Ionenradien früher übliche Ångström Å nicht mehr enthalten. An seiner Stelle wird oft das Nanometer nm verwendet; hier empfiehlt sich jedoch die Angabe in Pikometern pm. Es gilt 1 nm = 10^{-9} m = 1000 pm = 10 Å oder 1 Å = 100 pm.).

Diese Werte lassen einige Gesetzmäßigkeiten erkennen. So nehmen in einer waagerechten Reihe des periodischen Systems (Na^+-Mg^{2+}-Al^{3+}-Si^{4+}-P^{5+}-S^{6+}) die Ionenradien wegen der steigenden Kernladungszahlen ab. In einer senkrechten Gruppe steigen sie dagegen mit der Ordnungszahl, wie es z.B. die Alkalien zeigen.

Eine Ausnahme machen die Elemente nach dem Lanthan wegen der sog. Lanthanidenkontraktion, die durch die Auffüllung innerer Elektronenschalen bedingt ist. Deshalb haben z.B. Mo^{6+} und W^{6+} die gleichen Ionenradien. Schließlich kann man noch erkennen, daß beim gleichen Element mit zunehmender Zahl an Elektronen, also mit abnehmender Ladung, der Ionenradius ansteigt, wie es deutlich z.B. beim Mangan oder beim Vergleich von S^{6+} mit S^{2-} zu sehen ist. Die Anionen sind daher größer als die Kationen.

Tabelle 6: Radien einiger Ionen nach Goldschmidt (G.), Pauling (P.) und Shannon und Prewitt (S.u.P.) (Werte in pm; 1Å = 100 pm)

Ion	KZ	G.	P.	S. u.P.
Li^{+}	6	78	60	74
Na^{+}	6	98	95	102
	8	--	--	116
K^{+}	6	133	133	138
	8	--	--	151
	12	--	--	160
Rb^{+}	6	149	148	149
	8	--	--	160
	12	--	--	173
Cs^{+}	6	165	169	170
	12	--	--	188
Be^{2+}	4	--	--	27
	6	34	31	--
Mg^{2+}	4	--	--	49
	6	78	65	72
Ca^{2+}	6	106	99	100
	8	--	--	112
Sr^{2+}	6	127	113	116
	8	--	--	125
Ba^{2+}	6	143	135	136
	8	--	--	142
	12	--	--	160
B^{3+}	3	--	--	2
	4	--	--	12
	6	--	20	--
Al^{3+}	4	--	--	39
	6	57	50	53
Ga^{3+}	6	62	62	62

Ion	KZ	G.	P.	S. u.P.
C^{4+}	6	20	15	--
Si^{4+}	4	--	--	26
	6	39	41	40
Ge^{4+}	4	--	--	40
	6	44	53	54
Sn^{4+}	6	74	71	69
Pb^{4+}	6	84	84	78
	8	--	--	94
Pb^{2+}	6	132	121	116
	8	--	--	129
	12	--	--	149
N^{5+}	6	15	11	--
P^{5+}	4	--	--	17
	6	35	34	--
As^{5+}	4	--	--	34
	6	--	47	50
Sb^{5+}	6	--	62	61
Bi^{5+}	6	--	74	--
Bi^{3+}	6	--	--	102
O^{2-}	2	--	--	135
	3	--	--	136
	4	--	--	138
	6	132	140	140
	8	--	--	142
S^{2-}	6	174	184	--
S^{6+}	4	--	--	12
	6	34	29	--
	6	34	29	--

Ion	KZ	G.	P.	S. u.P
Se^{6+}	4	--	--	29
	6	35	42	--
F^{-}	2	--	--	129
	3	--	--	130
	4	--	--	131
	6	133	136	133
Cl^{-}	6	181	181	--
Br^{-}	6	196	195	--
J^{-}	6	220	216	--
Cu^{+}	6	--	96	--
Cu^{2+}	6	--	--	73
Ag^{+}	6	113	126	115
Au^{+}	6	--	137	--
Zn^{2+}	4	--	--	60
	6	83	74	75
Cd^{2+}	6	103	97	95
Hg^{2+}	6	112	110	102
Sc^{3+}	6	83	81	73
Y^{3+}	6	106	93	89
La^{3+}	6	122	115	106
Ce^{3+}	6	118	--	103
Ce^{4+}	6	102	101	80
Ti^{4+}	6	64	68	61
Zr^{4+}	6	87	80	72
	8	--	--	84
Hf^{4+}	6	84	--	71
	8	--	--	83
Th^{4+}	6	110	102	100

Ion	KZ	G.	P.	S. u.P
	8	--	--	106
V^{5+}	6	40	59	54
Nb^{5+}	4	--	--	32
	6	69	70	64
Ta^{5+}	6	68	--	64
	8	--	--	69
Cr^{3+}	6	64	--	62
Cr^{4+}	6	--	--	55
Cr^{6+}	4	--	--	30
	6	35	52	--
Mo^{6+}	4	--	--	42
	6	--	62	60
W^{6+}	4	--	--	41
	6	--	62	58
U^{6+}	6	--	--	75
U^{4+}	6	105	97	--
	8	--	--	100
Mn^{2+}	6	91	80	82
Mn^{4+}	6	52	50	54
Mn^{7+}	4	--	--	26
	6	--	46	--
Fe^{2+}	4	--	--	63
	6	82	80	77
Fe^{3+}	4	--	--	49
	6	67	--	65
Co^{2+}	6	82	72	73
Ni^{2+}	6	78	69	70

Beim Vergleich der experimentell ermittelten Ionenabstände mit den von Goldschmidt bzw. Pauling berechneten Werte haben sich geringe Abweichungen ergeben. Sie erklären sich dadurch, daß die berechneten Werte nur für eine ganz bestimmte gegenseitige Anordnung von Ionen gelten, bei der immer sechs Ionen einer Sorte ein Ion der anderen Sorte umgeben, also die *Koordinationszahl* (KZ) 6 vorliegt (z.B. NaCl-Gitter). Je größer die Zahl der Nachbarn eines Ions ist, desto größer wird auch der Ionenradius des Zentralions sein. Die mögliche genaue Umrechnung auf eine andere KZ erfordert spezielle Kenntnisse über das vorliegende System. So nimmt der Ionenradius beim Übergang zur KZ 8 im Durchschnitt um 3 bis 4 % zu, zur KZ 12 sogar um 8 bis 10 %, während er sich bei der KZ 4 um 4 bis 6 % verkleinert. Mit diesen Korrekturen erhält man gute Übereinstimmung mit den kristallographischen Daten.

Bei der weiteren Überprüfung der experimentellen Werte durch Shannon und Prewitt [14] hat sich darüber hinaus ergeben, daß die Ionenradien der Kationen auch von der Koordination der Anionen abhängen. Dadurch ergaben sich Korrekturen an den bisherigen Werten, die ebenfalls in Tabelle 6 enthalten sind. Auch sind Shannon und Prewitt bei ihren Berechnungen von einem Sauerstoffionenradius für KZ = 6 von 140 pm ausgegangen. Auch hier ergeben sich Änderungen mit größerer oder kleinerer Koordinationszahl, die jedoch nicht so ausgeprägt sind wie bei den Kationen. Die Werte von Shannon und Prewitt erlauben recht genaue Abstandsangaben, wie einige Beispiele in Tabelle 7 zeigen.

Tabelle 7: Vergleich von experimentellen und nach Tabelle 6 berechneten Ionenabständen (Werte in pm)

Mineral	Formel	Kation		Anion		Ionenabstand	
		KZ	Radius	KZ	Radius	berechn.	experim.
Korund	Al_2O_3	6	53	4	138	191	191
Fluorit	CaF_2	8	112	4	131	243	237
Periklas	MgO	6	72	6	140	212	211
Quarz	SiO_2	4	26	2	135	161	161
Stishovit	SiO_2	6	40	3	136	176	177
Rutil	TiO_2	6	61	3	136	197	196
Baddeleyit	ZrO_2	8	84	4	138	222	226

Die energetisch günstigste Packung von Anionen und Kationen bestimmen nun den Aufbau der Ionenkristalle. Es gilt dabei die Regel, daß Kationen nur Anionen als nächste Nachbarn haben sollten und umgekehrt, um die abstoßenden Kräfte zwischen gleichsinnig geladenen Ionen zu minimieren. Ferner sollte die Raumerfüllung maximal sein, die Ionen sollten sich gerade berühren. Geht man von regulären Polyedern aus, sind die in Bild 6 dargestellten Koordinationen möglich; man spricht dann von *Koordinationspolyedern*, die aus einem *Zentralatom* mit der Koordinationszahl KZ *N* und *N* umgebenden *Liganden* bestehen. Eine Kristallstruktur kann mit Hilfe einer dreidimensionalen Verknüpfung solcher Koordinationspolyeder über gemeinsame Liganden oder Brückenatome beschrieben werden. Allerdings liegen in realen Strukturen meist verzerrte Polyeder vor.

Abgesehen von linearen Anordnungen ist die einfachste Koordination durch drei Ionen gegeben, deren Mittelpunkt ein gleichseitiges Dreieck aufspannen. In der so gebildeten zentralen Lücke hat ein Ion Platz, dessen Radius allerdings sehr klein ist. In idealer Größe beträgt das Verhältnis des Radius r_i des inneren Ions zum Radius r_a des äußeren Ions $r_i : r_a = 0{,}155$. Das innere Ion hat dann drei nächste Nachbarn, d.h., KZ = 3. Ist das Zentralion etwas größer, so werden die Lagen der äußeren Ionen aufgeweitet. Das geschieht in steigendem Maße bis das Radienverhältnis so groß geworden ist, daß die nächste Koordination stabil wird, indem bei dieser das Zentralion gerade die äußeren Ionen berührt. Nach Bild 6 ist das bei $r_i : r_a = 0{,}225 = (\frac{1}{2}\sqrt{6} - 1)\, r_a$ der Fall, wobei dann die äußeren Ionen einen Tetraeder mit KZ 4 aufspannen. Ab $r_i : r_a = 0{,}414 = (\sqrt{2} - 1)\, r_a$ bildet sich ein Oktaeder (KZ 6), ab $0{,}732 = (\sqrt{3} - 1)\, r_a$ ein Hexaeder (oder Würfel, KZ 8) und ab 0.904 ein Ikosaeder (= Zwanzigflächner, KZ 12). Als Randbedingung für die Stabilität der Polyeder gilt, daß die Zentralionen eher etwas zu groß sein dürfen als zu klein.

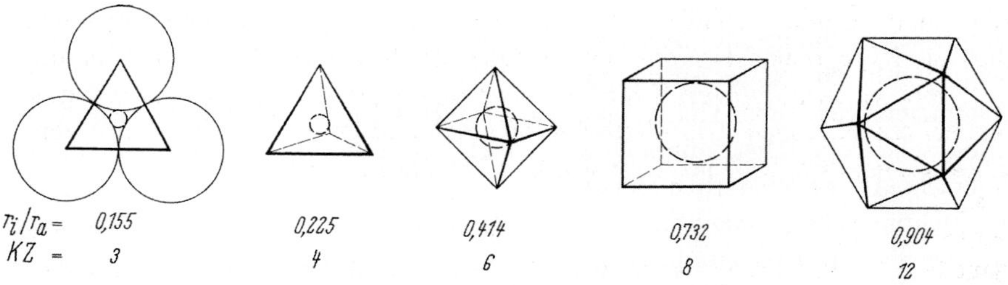

Bild 6: Koordinationspolyeder. Alle Eckpunkte stellen die Mittelpunkte von Kugeln gleicher Größe dar, die sich auf den Kantenmitten berühren.

Die Größe der Ionen läßt damit bereits eine Aussage über die Art der sich aufbauenden Polyeder zu. Da im allgemeinen die Anionen größer als die Kationen sind, werden die Polyeder meist von den Anionen, also z.B. O^{2-} aufgebaut. Zur Lückenbesetzung kommen dann nur bestimmte Ionen mit „passenden" Radien und Wertigkeitsstufen in Frage (Tabelle 8).

Tabelle 8: Ionenradienverhältnisse und Koordinationen

r_i/r_a	Koordinations-polyeder	KZ	Ideales Radienverhältnis	Kationenbeispiele für Sauerstoff als äußeres Ion
< 0,225	Dreieck	3	0,155	B^{3+}
0,225-0,414	Tetraeder	4	0,225	Si^{4+}, Al^{3+}
0,414-0,732	Oktaeder	6	0,414	Mg^{2+}, Ca^{2+}, Al^{3+}, Fe^{2+}, Fe^{3+}
0,732-0,904	Hexaeder	8	0,732	(Zr^{4+})
> 0,904	Ikosaeder	12	0,904	(K^+, Na^+, Ba^{2+})

Dabei ergeben sich manchmal Fälle, die an den Grenzen der verschiedenen Koordinationen liegen, was oft zur Folge hat, daß die betreffenden Kationen in mehreren Koordinationszahlen vorkommen können. So kennt man viele Verbindungen mit der $[BO_3]$-Gruppe, aber auch solche mit der $[BO_4]$-Gruppe, während das Al^{3+}-Ion dem O^{2-}-Ion gegenüber in KZ 4 und in KZ 6 auftreten kann. Ein Koordinationswechsel kann durch weitere Eigenschaften beeinflußt werden, z.B. durch die Bindungsart, Polarisationseinflüsse, Temperatur oder Druck.

Abschließend sei zum gesamten Abschnitt nochmals betont, daß nur in den seltensten Fällen reine Bindungen auftreten. In der Keramik herrscht oft der Ionencharakter vor, aber es ist auch mit beträchtlichen Anteilen anderer Bindungsarten zu rechnen. Zum einfacheren Sprachgebrauch ist es jedoch üblich, meist nur von Ionen zu sprechen. Das wird auch im folgenden geschehen, wobei auf diese Vereinfachung hier ausdrücklich hingewiesen sei.

2.2 Kristalle

Die Ausbildung von Bindungen führt zu einem Zusammenlagern der Ionen nach energetischen und geometrischen Gesichtspunkten. Es bildet sich eine periodische, meist dreidimensionale Anordnung aus, die als *Kristall* bezeichnet wird. Zur Abgrenzung gegenüber Gläsern oder Schmelzen wird der Kristall als real homogenes, anisotropes Diskontinuum bezeichnet, wobei die *„reale" Homogenität* den Unterschied zur statistischen Homogenität der Gläser aufzeigt, die *Anisotropie* auf die Richtungsabhängigkeit der meisten physikalischen Eigenschaften hindeutet und der Begriff *Diskontinuum* auf die sich in atomarer Dimension sprunghaft ändernden lokalen Verhältnisse hinweist. Einer solchen Anordnung wirkt die Wärmeschwingung der einzelnen Ionen entgegen, die mit steigender Temperatur immer stärker wird. Kristalle sind deshalb nur bis zu einer bestimmten Temperatur stabil, oberhalb der sie in die Schmelzphase übergehen oder sich unter Neubildung stabilerer Kristallstrukturen und Schmelze zersetzen.

Im vorangehenden Abschnitt wurde gezeigt, daß es verschiedene Bindungsarten gibt und daß die Größe der Ionen stark variiert. Die Folge davon ist, daß eine große Anzahl von Kristallstrukturen existiert, die darüber hinaus noch von den äußeren Bedingungen, vor allem von Temperatur und Druck, beeinflußt werden. Es ist aber möglich gewesen, diese Vielfalt nach mehreren Gesichtspunkten zu ordnen. Anschließend können nur einige Grundlagen angeführt werden, die für die wichtigsten keramischen Produkte von besonderem Interesse sind. Näheres ist den einschlägigen Lehr- und Fachbüchern der Mineralogie, Kristallographie, Kristallchemie und -physik zu entnehmen.

2.2.1 Grundlagen der Kristallographie

Einen Kristall kann man als ein dreidimensionales Punktgitter auffassen, in dem die einzelnen Bausteine (Atome, Ionen, Moleküle) die einzelnen Gitterpunkte darstellen. Zur näheren Beschreibung legt man in das Raumgitter ein Koordinatensystem, dessen Ursprung sich in einem Gitterpunkt befindet.

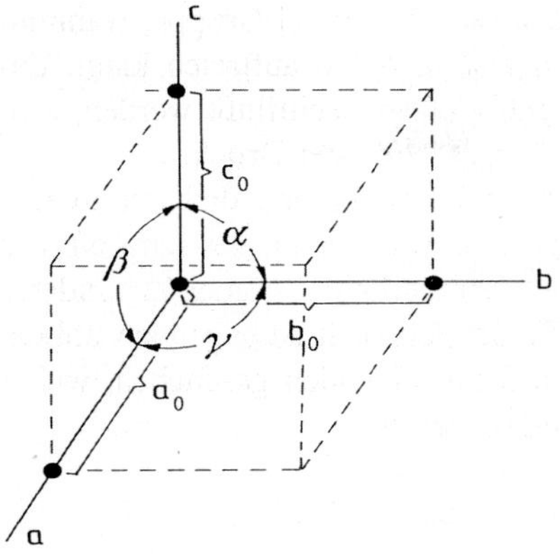

Bild 7: Schema der Gitterkonstanten

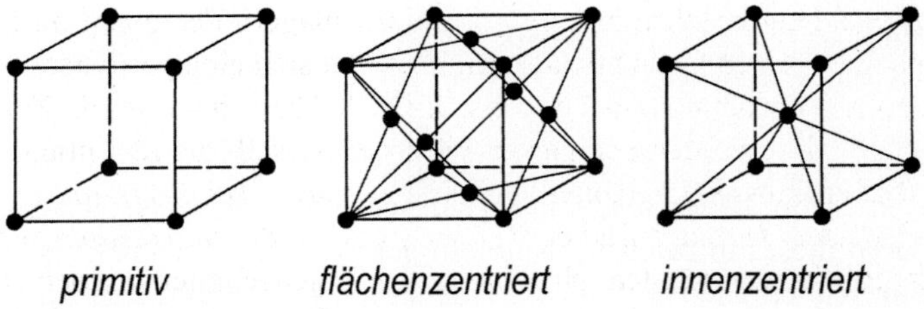

Bild 8: Kubische Translationsgitter

Die Lage der Achsen *a*, *b* und *c* wird so gewählt, daß ein möglichst einfaches, z.B. rechtwinkliges System entsteht. Durch Verschiebung (Translation) auf jeder Achse bis zum nächsten gleichwertigen Gitterpunkt erhält man die Gitterkonstanten a_o, b_o und c_o, die die Elementarzelle aufspannen. Durch diese drei Werte und die Winkel zwischen den Achsen nach Bild 7 wird ein Kristall bestimmt. Insgesamt gibt es sieben verschiedene *Kristallsysteme*, die mit ihren Bezeichnungen in Tabelle 9 aufgeführt sind.

Aus diesen Betrachtungen läßt sich bereits eine wichtige Folgerung ableiten: Im allgemeinen Fall sind die Abstände in den verschiedenen Richtungen nicht gleich, d. h., auch einige Eigenschaften werden in verschiedenen Richtungen unterschiedliche Werte haben. Kristalle sind daher im allgemeinen anisotrop, nur in wenigen Fällen sind gewisse physikalische Eigenschaften isotrop.

Durch Translation in den sieben Kristallsystemen entlang der Flächen- oder Raumdiagonalen ergeben sich nach Bravais insgesamt 14 Translationsgitter (*Bravais-Gitter*). Bild 8 enthält diese für das kubische System.

Durch die einzelnen Gitterpunkte kann man Ebenen legen, die die Achsen in bestimmten Vielfachen der Gitterkonstanten a_0, b_0 und c_0 schneiden, z.B. in Bild 9 bei $2a_0$, $3b_0$, $1c_0$ oder $4a_0$, $6b_0$, $2c_0$ oder allgemein ma_0, nb_0, pc_0. Solche Ebenen werden auch *Netzebenen* genannt. Den Netzebenen im atomaren Gitter entsprechen die Flächen am makroskopischen Kristall. Flächen und Netzebenen gleicher Neigung haben immer dasselbe Verhältnis $m{:}n{:}p$. Es genügt deshalb zur Kennzeichnung einer Fläche, dieses Verhältnis anzugeben, wobei es in der Kristallographie üblich ist, nicht die Vielfachen *m*, *n* und *p* direkt, sondern deren reziproken Wert anzugeben, umgerechnet auf ganze und teilerfremde Zahlen.

Tabelle 9: Die sieben Kristallsysteme

Bezeichnung	Elementarzelle		Zur Kennzeichnung sind notwendig
	Achsen	Winkel	
triklin	$a_0 \neq b_0 \neq c_0$	$\alpha \neq \beta \neq \gamma$	a_0, b_0, c_0; α, β, γ
monoklin	$a_0 \neq b_0 \neq c_0$	$\alpha = \gamma = 90° \neq \beta$	a_0, b_0, c_0; β
orthorhombisch	$a_0 \neq b_0 \neq c_0$	$\alpha = \beta = \gamma = 90°$	a_0, b_0, c_0
hexagonal/trigonal	$a_0 = b_0 \neq c_0$	$\alpha = \beta = 90°$, $\gamma = 120°$	a_0, c_0
tetragonal	$a_0 = b_0 \neq c_0$	$\alpha = \beta = \gamma = 90°$	a_0, c_0
rhomboedrisch	$a_0 = b_0 = c_0$	$\alpha = \beta = \gamma \neq 90°$	a_0, α
kubisch	$a_0 = b_0 = c_0$	$\alpha = \beta = \gamma = 90°$	a_0

Dann erhält man nach

$$\frac{1}{m} : \frac{1}{n} : \frac{1}{p} = h : k : l$$

das Zahlentripel *h*, *k*, *l*, die *Miller´schen Indizes* einer Fläche bzw. Netzebene. Eine Fläche wird durch dieses in runden Klammern gesetzte Tripel, das Flächensymbol (hkl) gekennzeichnet. Die Normale auf eine solche Fläche gibt eine Richtung im Kristall an, die durch in eckige Klammern gesetzte Indizes symbolisiert wird: [hkl]. Im obigen Beispiel ist

$$h : k : l = \frac{1}{2} : \frac{1}{3} : \frac{1}{1} = \frac{3}{6} : \frac{2}{6} : \frac{6}{6} = 3 : 2 : 6 .$$

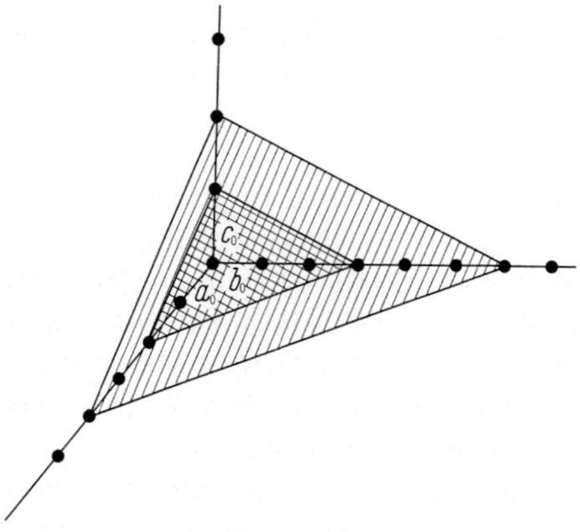

Bild 9: Schema zur Kennzeichnung von Kristallflächen

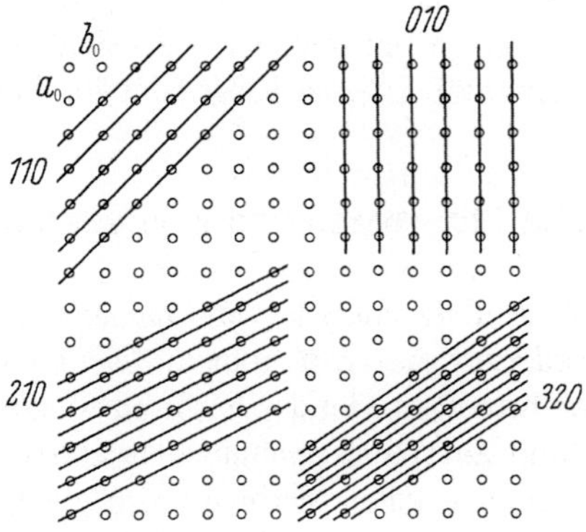

Bild 10: Zweidimensionale Darstellung der Abhängigkeit der Besetzungsdichte und des Netzebenenabstandes von den Miller´schen Indizes

Flächen, die parallel einer Achse liegen, schneiden diese im Unendlichen; für die *c*-Achse z.B. ergibt sich $p = \infty$ oder $l = 0$, also allgemein (*hk*0). Flächen parallel zu zwei Achsen haben dann z.B. das Flächensymbol (100).

Bei Kristallen des trigonalen oder hexagonalen Systems ist es praktischer, in die Ebene senkrecht zur Hauptachse (= *c*-Achse) drei gleichwertige Achsen mit einem Winkel von 120° zu legen. Die Flächen werden dann durch die vier Indizes (*hkil*) gekennzeichnet. Zwischen den ersten drei Indizes besteht der Zusammenhang $h + k + i = 0$. Es treten dabei negative Indizes auf, die durch einen Querstrich über der Zahl bezeichnet werden, z.B. $(10\bar{1}1)$.

Die Miller´schen Indizes lassen auch Aussagen über die Besetzung einer Netzebene mit Gitterpunkten und den Abstand einzelner Netzebenen zu, weshalb sie auch zur Kennzeichnung von Röntgendiagrammen dienen. Aus Bild 10 wird verständlich, daß Netzebenen mit hoher Besetzungsdichte kleine Indizes haben. Sie treten deshalb auch oft als makroskopische Kristallflächen auf. Weiterhin ist aus Bild 10 zu entnehmen, daß die Indizes um so größer werden, je kleiner der Abstand zwischen zwei benachbarten Netzebenen wird.

In den Kristallen herrschen bestimmte Symmetriebeziehungen. Es gibt eine Reihe von *Symmetrieoperationen*, nach deren Durchführung wieder vollständige Deckung makroskopischer Kristallflächen bzw. von Netzebenennormalen erreicht wird (Richtungsäquivalenz). Jede Symmetrieoperation wird mit einem Symmetrieelement durchgeführt: Drehungen um Drehachsen oder Spiegelung an einer Symmetrieebene (Spiegelebene) oder an einem Symmetriezentrum (Inversion). Die möglichen Kombinationen aller Symmetrieoperationen führen zu den 32 *Kristallklassen*, die den sieben Kristallsystemen zugeordnet werden können. Bei Anwendung dieser und weiterer Symmetrieoperationen wie Gleitspiegelung und Drehung um Schraubenachsen auf einzelne Gitterpunkte kann wiederum Punktdeckung (Punktäquivalenz) erreicht werden. Man kann danach 230 *Raumgruppen* unterscheiden, die durch bestimmte Symbole nach Schoenflies, Hermann/Mauguin oder Pearson gekennzeichnet werden. Jede Kristallstruktur gehört zu nur einer der Raumgruppen, jeder Kristall zu nur einer der 32 Kristallklassen.

2.2.2 Gittertypen und Kristallstrukturen

Der Aufbau eines Gitters aus Ionen wird bestimmt durch die Bindungsart, die Forderung nach Elektroneutralität auf kleinstem Raum und die Größenverhältnisse der beteiligten Ionen. Es hat sich gezeigt, daß bestimmte Strukturen besonders häufig auftreten, weshalb diese oft nach einem charakteristischen Vertreter bezeichnet werden. Verbindungen mit gleicher Struktur bezeichnet man als isotyp. Manchmal wird der Begriff der Isotypie auf Verbindungen gleicher Summenformeln beschränkt und bei Unterschieden in der Summenformel von Homöotypie gesprochen.

Da Gitter aus nur einem Element in der Keramik eine untergeordnete Rolle spielen, sollen hier nur Gitter aus mehreren Elementen näher behandelt werden, und zwar als wichtigste Beispiele die Typen AX, AX_2, ABO_3 und AB_2O_4 (A und

B = Kationen, X = Anion, O = Sauerstoff). Auf die Silicatstrukturen wird in Kapitel 2.3 und in Kapitel 4 eingegangen werden.

Im allgemeinen sind die Anionen größer als die Kationen. Die Raumerfüllung wird deshalb meist durch die Anionen bestimmt. Da diese als kugelförmig angenommen werden können, werden durch die Anionen bestimmte Kugelpackungen ausgebildet. Wird dabei die maximal mögliche Packungsdichte erreicht, spricht man von *dichtesten Kugelpackungen*.

Bei der einfachsten Art der Kugelpackung besetzen die Kugeln die acht Ecken eines Würfels; es entsteht eine einfache „primitive" kubische Packung, in der alle Kugeln von sechs nächsten Nachbarn umgeben sind (Bild 8). In der Mitte entsteht ein Hohlraum mit acht nächsten Nachbarn. Insgesamt beträgt das Hohlraumvolumen 48 %, die *Packungsdichte* also 52 %.

Dichtere Packung erreicht man, wenn man die Kugeln zunächst in einer Ebene so anordnet, daß eine hexagonale Symmetrie entsteht, indem eine Kugel immer von sechs anderen umgeben ist (Bild 11a). Auf diese Kugelschicht läßt sich eine gleiche Schicht am dichtesten packen, wenn die Kugeln der zweiten Schicht gerade über den von drei Kugeln der ersten Schicht gebildeten Zwickeln liegen (Bild 11b). Baut man die weiteren Schichten analog auf (Bild 11c), dann entspricht die vierte Schicht wieder vollständig der ersten Schicht. Damit wird ein Gitter aufgebaut, das dem kubisch flächenzentrierten Gitter aus Bild 8 vollkommen entspricht, nur daß in Bild 11 die Ebenen der dichtesten Packung die (111)-Netzebene darstellen, d.h. senkrecht zur Raumdiagonale der Elementarzelle stehen. Diese Art der Packung bezeichnet man als kubisch dichteste Kugelpackung.

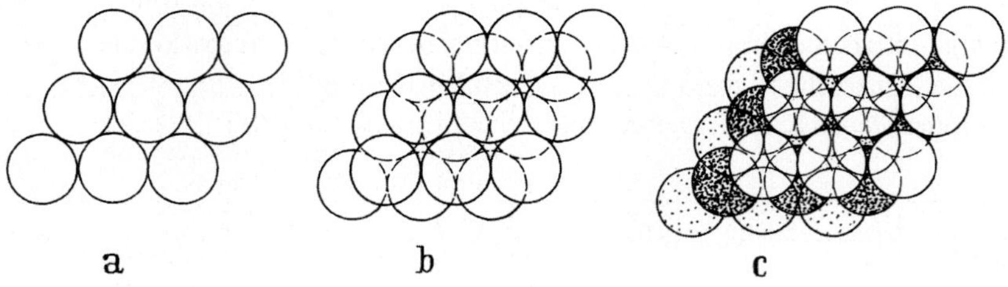

Bild 11 a-c: Aufbau der kubisch dichtesten Kugelpackung

Eine dichteste Kugelpackung erhält man auch, wenn man nicht wie in Bild 11 die dritte Schicht nach weiterer Verschiebung aufbaut, sondern die Verschiebung der zweiten Schicht wieder rückgängig macht, so daß bereits die dritte Schicht wieder der ersten Schicht entspricht. Dann entsteht die hexagonal dichteste Kugelpackung. Die Kugelebenen entsprechen dann den (0001)-Netzebenen. Während bei der kubisch dichtesten Kugelpackung die Stapelfolge *ABCABCA*... ist, zeigt die hexagonal dichteste Kugelpackung die Stapelfolge *ABABA* ...

In beiden dichtesten Kugelpackungen ist jede Kugel von zwölf nächsten Nachbarn umgeben. Zwischen den Kugeln sind Hohlräume vorhanden, die insgesamt einen Volumenanteil von 26 %, entsprechend einer Packungsdichte von

74 % ergeben. Je nach Lage ist aber zwischen tetraedrischen und oktaedrischen Lücken zu unterscheiden. In Bild 11b kann man erkennen, daß links unten die drei Kugeln der unteren Schicht mit der darüber liegenden Kugel der oberen Schicht eine tetraedrische Lücke bilden. Dagegen bilden die drei Kugeln nach der ersten Kugel der unteren Schicht mit den drei ersten Kugeln der oberen Schicht eine oktaedrische Lücke. Je Kugel gibt es eine oktaedrische und zwei tetraedrische Lücken. In der kubisch dichtesten Kugelpackung sind demnach in der Elementarzelle vier oktaedrische und acht tetraedrische Lücken enthalten, denn die Elementarzelle enthält insgesamt vier Atome (acht in jeder Ecke, die jeweils acht Elementarzellen gleichzeitig angehören und sechs in jeder Fläche, jeweils zwei Elementarzellen zugehörig, also $8 \cdot \frac{1}{8} + 6 \cdot \frac{1}{2} = 4$).

Art und Grad der *Lückenbesetzung* der oktaedrischen und tetraedrischen Positionen erlauben eine weitere Einteilungsmöglichkeit der Strukturen. Für die Oxide hat Flörke [15] sich dieser Methode bedient (Tabelle 10). Bezeichnet man die Positionen der Dichtestpackung mit großen Buchstaben *A*, *B* und *C*, die der oktaedrischen Lücken entsprechend mit kleinen und die der tetraedrischen Lücken mit griechischen Buchstaben, lassen sich viele Strukturen mit Folgen aus besetzten und nicht besetzten Schichten □ beschreiben, wobei der Besetzungsgrad als Index eingetragen wird. Besonders hilfreich ist diese Beschreibung zur Diskussion dreidimensionaler Gittermodelle. Für das Zinkblendegitter heißt die Schichtfolge beispielsweise $A\beta\square B\gamma\square C\alpha\square$...

Tabelle 10: Gittertypeneinteilung nach Anionenpackung und Lückenbesetzung mit oxidischen Beispielen

Lücke	Besetzungsgrad	Formel	Dichteste Anionenpackung	
			Kubisch	hexagonal
tetraedrisch	1 (alle)	AX_2	Antifluorit (LiO_2), Fluorit (CaF_2)	nicht existent
	3/4	A_2X_3	Mn_2O_3	nicht existent
	1/2		Zinkblende (ZnS), metastabiles ZnO	Wurtzit (ZnS) BeO
	1/4	A_2X	Cuprit (Cu_2O)	β-$ZnCl_2$
oktaedrisch	1 (alle)	AX	Steinsalz (NaCl), Periklas (MgO)	nicht existent
	2/3	A_2X_3	nicht existent	Korund Al_2O_3
	1/2	AX_2	Anatas (TiO_2), $CdCl_2$	Rutil (TiO_2), CdJ_2
kombiniert			nicht existent	nicht existent
	1/8 tetr., 1/2 okt.	AB_2O_4	Spinell ($MgAl_2O_4$)	Olivin (Mg_2SiO_4)

AX-Gitter. Zwei Elemente A und X lassen sich auf vielfältige Art zu einem Gitter zusammenfügen. Die vier wichtigsten Typen zeigt Bild 12.

Im *Steinsalz-(NaCl-)Gitter* (Bild 12a) sind die beiden Ionen immer abwechselnd angeordnet. Jedes Ion für sich zeigt ein kubisch flächenzentriertes Gitter, das um eine halbe Würfelkante gegenüber dem anderen Gitter verschoben ist. Dadurch ist jedes Ion von sechs Ionen der anderen Sorte in gleichem Abstand umgeben, so daß die Koordinationszahl 6 vorliegt. In diesem Gitter bilden im allgemeinen die großen Anionen eine kubisch dichteste Kugelpackung (siehe oben), in der die kleineren Kationen alle oktaedrischen Lücken besetzen. Solche Strukturen werden dann zu erwarten sein, wenn das für die KZ 6 günstige Ionenradienverhältnis von 0,414 bis 0,732 vorliegt. Diese Bedingung ist bei den Oxiden MgO, MnO, FeO, CoO und NiO erfüllt. CaO, SrO, BaO und CdO mit einem größeren Radienverhältnis kristallisieren auch noch im NaCl-Gitter, haben dann aber eine stark aufgeweitete Sauerstoffpackung. Beispiele für nichtoxidische Werkstoffe sind TiC und TiN.

Ein größeres Ionenradienverhältnis fordert in der Regel eine größere Koordinationszahl, die mit KZ 8 beim kubisch innenzentrierten *Cäsiumchlorid-(CsCl-)Gitter* (Bild 12b) gegeben ist. Dieses Gitter läßt sich aus zwei einfachen kubischen Gittern aufbauen, indem das Gitter der einen Ionensorte in der Raummitte der Elementarzelle des anderen beginnt.

Bei kleineren Ionenradienverhältnissen ist die KZ 4 bevorzugt. Diese wird im *Zinkblende-(ZnS-)Gitter* erreicht, in dem nach Bild 12c die großen S^{2-}-Ionen wieder ein kubisch flächenzentriertes Gitter als dichteste Kugelpackung bilden. Die Zn^{2+}-Ionen besetzen abwechselnd die Mitten der Achtelwürfel, also die Hälfte der tetraedrischen Lücken. Dadurch ist jedes Zn-Atom von vier S-Atomen, aber auch jedes S-Atom von vier Zn-Atomen umgeben. Ein wichtiger keramischer Vertreter dieses Gittertypes ist das kubische β-SiC.

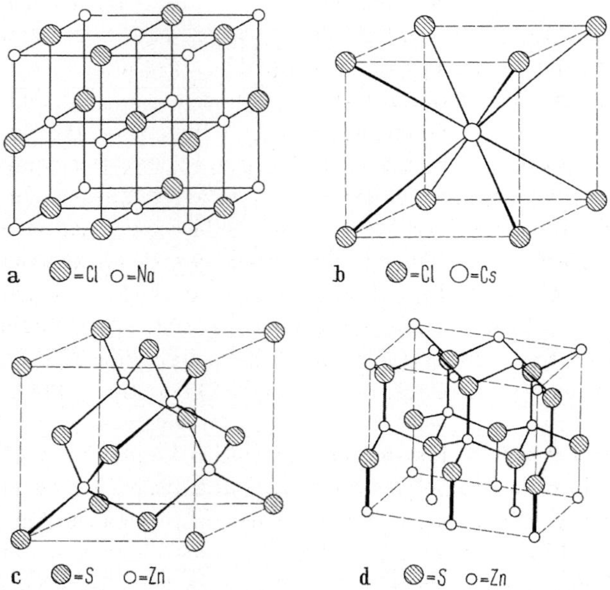

Bild 12: Elementarzellen von AX-Gittern. a) Steinsalz NaCl, b) Cäsiumchlorid CsCl, c) Zinkblende ZnS, bzw. Diamant, d) Wurtzit ZnS

Tetraedrische Koordination tritt auch im *Wurtzit-(ZnS-)Gitter* auf (Bild 12d), das mit dem Zinkblendegitter sehr verwandt ist, nur daß hier die Anionen eine hexagonal dichteste Kugelpackung bilden. Auch beim Wurtzitgitter haben beide Ionenarten die KZ 4. ZnS kann also in zwei verschiedenen Stapelvarianten auftreten, was man als Polytypie bezeichnet. Bei den Oxiden findet man das Wurtzitgitter beim BeO und ZnO, bei den Carbiden das α-SiC als Polytyp zum o.g. β-SiC.

Es bestehen zwischen den Gittertypen und den Bindungsarten bestimmte Zusammenhänge. Mit abnehmendem Ionenradienverhältnis nimmt im allgemeinen der Anteil an Atombindung zu, also auch in der Reihe Cäsiumchlorid-, Steinsalz-, Zinkblendegitter. Im letzteren Gittertyp findet man im Diamanten sogar einen Vertreter mit reiner Atombindung.

AX_2-Gitter. Auch wenn das Verhältnis Kation:Anion = 1:2 ist, wird für das Ionenradienverhältnis eine bestimmte Koordinationszahl ausschlaggebend sein. Die KZ 8 ist nach Bild 13a im *Fluorit-(CaF_2-)Gitter* vorhanden, in dem die Kationen ein kubisch flächenzentriertes Gitter bilden und die Anionen alle Achtelwürfel besetzen. Damit ergibt sich für die Anionen eine einfach kubische Packung, die für die Kationen die KZ 8 ermöglicht. Aber nur jede zweite dieser Lücken ist durch die Kationen besetzt, so daß noch große Hohlräume vorhanden sind. Von den Oxiden kristallisieren in diesem Gittertyp ThO_2, TeO_2, UO_2 und CeO_2 sowie die kubische Hochtemperaturmodifikation des ZrO_2.

Beim *Antifluoritgitter* sind gegenüber dem Fluoritgitter die Anionen- und die Kationenplätze vertauscht, so daß es zu einer kubisch dichtesten Anionenpackung kommt. Diese Struktur zeigt das Li_2O, bei dem die Li-Ionen alle tetraedrischen Lücken besetzen. Da aber das Li-Ion für die tetraedrische Koordination etwas zu groß ist, zeigt die Sauerstoffpackung beim Li_2O eine deutliche Aufweitung.

TiO_2 bildet drei verschiedene Modifikationen, von denen hier nur neben dem Rutil mit tetragonal deformierter hexagonal dichtester Sauerstoffpackung noch der Anatas erwähnt sei, der eine stark deformierte kubisch dichte Sauerstoffpackung mit teilweiser Besetzung der oktaedrischen Lücken durch Ti-Ionen aufweist. Im *Rutil-(TiO_2-)Gitter* tritt das Kation in KZ 6 auf. Nach Bild 13b bilden die Kationen ein tetragonales raumzentriertes Gitter, in das eine etwas gestörte hexagonal dichteste Anionenpackung so eingebaut ist, daß jedes Kation von sechs Anionen in fast gleichen Abständen umgeben ist, während jedes Anion drei Kationen als nächste Nachbarn hat. Die Kationen besetzen die Hälfte der oktaedrischen Lücken. Neben TiO_2 findet man in dieser Struktur u. a. die Oxide GeO_2, PbO_2, SnO_2, TeO_2, MoO_2 und MnO_2.

Unter die allgemeine Formel AX_2 fällt auch SiO_2, das, wie in Kapitel 2.3.2.4.1 noch gezeigt werden wird, in mehreren polymorphen Formen auftritt. Hier sei es nur als Beispiel für solche Verbindungen erwähnt, in denen das Ionenradienverhältnis die KZ 4 fordert. Bild 13c zeigt die Struktur des *Hoch-Cristobalits,* in dem die Si-Atome ein kubisch flächenzentriertes Gitter bilden, in dem sich gleichzeitig noch abwechselnd angeordnet in Achtelwürfeln vier Si-Atome befinden. Alle Si-Atome sind tetraedrisch von O-Atomen umgeben, so daß letztere die KZ 2 haben. Insgesamt enthält dann die Elementarzelle acht Si- und sechzehn

O-Atome. Die O-Atome für sich bilden eine Art dichteste Kugelpackung, bei der aber nur die Hälfte aller Lagen besetzt ist, so daß ein locker gepacktes Gerüst entsteht.

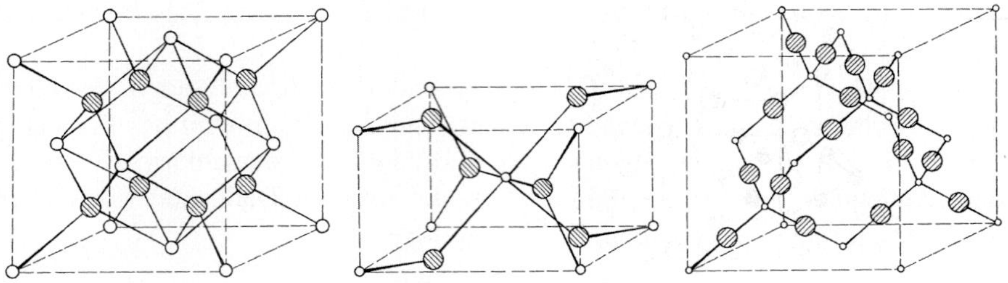

Bild 13: Elementarzellen von AX_2-Gittern. a) Fluorit CaF_2, b) Rutil TiO_2, c) Hoch-Cristobalit SiO_2

Die bisher besprochenen AX_2-Gittertypen stellen echte dreidimensionale Koordinationsgitter dar. Abhängig von der Art des Anions wird aber ein Übergang zu einem *Schichtengitter* beobachtet, wovon das *CdJ_2-Gitter* ein Beispiel ist. Hier bilden jeweils zwei dicht übereinander liegende Anionenschichten ein Schichtpaket, in dessen Lücken sich die Kationen einlagern. Durch Stapeln solcher Schichtpakete baut sich das Gitter auf, in dem dann die Anionen eine sehr asymmetrische Koordination haben; denn die Kationen befinden sich jeweils nur auf einer Seite der Anionen. Die Schichtfolge lautet: *AcB□AcB...* Solche Gitter werden deshalb nur dann entstehen, wenn die Anionen stark polarisierbar sind oder - hier interessanter - die Bindung der Schichtpakete durch Wasserstoffbrükkenbindungen erfolgen kann, also bei den Hydroxiden. Bekannte Beispiele sind Brucit $Mg(OH)_2$ und Bayerit $Al(OH)_3$. In beiden Verbindungen befindet sich das Kation in der Oktaederlücke. Beim $Mg(OH)_2$ sind also alle, beim $Al(OH)_3$ nur 2/3 der oktaedrischen Lücken besetzt. Man bezieht diese Besetzung jeweils auf drei mögliche oktaedrische Lücken und bezeichnet dann die Schichtstruktur des $Al(OH)_3$ als *dioktaedrisch* und die des $Mg(OH)_2$ als *trioktaedrisch.*

A_2X_3-Gitter. Die sogenannten *Sesquioxide* (sesqui, lat. anderthalb) umfassen keramisch besonders wichtige Verbindungen. Die Struktur des *Korund* (α-Al_2O_3) repräsentiert eine hexagonal verzerrte Sauerstoffpackung, in der 2/3 der oktaedrischen Lücken geordnet mit Al-Ionen besetzt sind. Das Al-Ion liegt also im Korund in KZ 6 vor.

Nach Tabelle 10 und der o.g. Nomenklatur lautet die Schichtfolgenbezeichnung: $Ac_{2/3}Bc_{2/3}Ac_{2/3}Bc_{2/3}$..., wobei *A* und *B* die Sauerstoffpositionen und c die des Aluminium bezeichnen. Isotyp mit dem Korund sind z.B. α-Fe_2O_3, Cr_2O_3 und α-Ga_2O_3 .

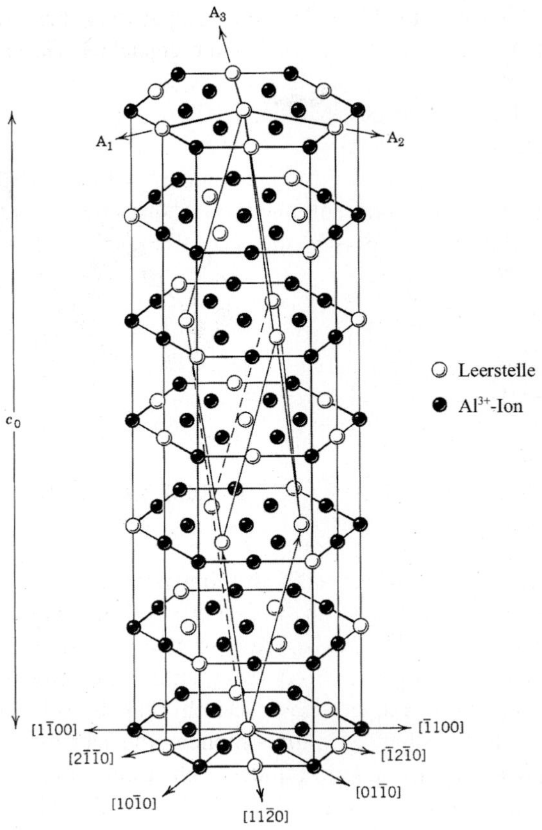

Bild 14: Korundstruktur. Es sind nur die Kationenpositionen gezeigt.

$A_xB_yO_z$-Gitter. Die Anzahl der möglichen Strukturen mit drei verschiedenen Elementen ist sehr groß. Hier sollen nur zwei Gittertypen behandelt werden, die in der Keramik häufiger auftreten. Nach dem *Perowskit $CaTiO_3$* wird ein Gittertyp ABO_3 bezeichnet, der nach Bild 15 ein kubisch flächenzentriertes Gitter zeigt und somit auch eine dichteste Kugelpackung hat, die aber jetzt aus Anionen (O^{2-}) und Kationen (Ca^{2+} = A) aufgebaut ist. Raumzentriert in der Mitte der Würfel sitzt das relativ kleine Ti^{4+}-Ion (= B). Die Kationen A und B haben dann gegenüber Sauerstoff die KZ 12 bzw. 6. Das Kation A muß deshalb relativ groß sein. Die Wertigkeiten von A und B spielen eine untergeordnete Rolle, nur muß ihre Summe gleich 6 sein. Dadurch kristallisiert eine große Zahl von Verbindungen im Perowskit-Gitter, z.B. neben $CaTiO_3$ auch $SrTiO_3$, $BaTiO_3$, $CaZrO_3$, $PbZrO_3$, $KNbO_3$, $LaAlO_3$ und $YAlO_3$.

Schließlich sei das *Spinellgitter AB_2O_4* noch erwähnt. Hier ist wieder eine kubisch dichteste Sauerstoffpackung vorhanden. Eingangs dieses Abschnittes wurde gezeigt, daß sich in der einfachen Elementarzelle, die kubisch flächenzentriert ist, vier oktaedrische und acht tetraedrische Lücken befinden. Durch die Kationen A und die B werden jetzt jeweils die Hälfte der oktaedrischen (also zwei) und 1/8 der tetraedrischen Lücken (also eine) gefüllt, die neue Elementarzelle enthält dann 31 O-, 16 B- und 8 A-Ionen (Bild 16).

Geschieht die Besetzung der Lücken (Bild 16) so, daß alle zweiwertigen Kationen A^{2+} in tetraedrischen und alle dreiwertigen Kationen B^{3+} in oktaedrischen Lücken sitzen und eine geordnete Verteilung vorliegt, dann spricht man von *normalen Spinellen*. Das klassische Beispiel ist der Magnesiumaluminium-Spinell $Mg^{2+}Al^{3+}{}_2O_4$. Schreibt man die Koordinationszahl als römischen Exponenten, dann hat der Normalspinell den Gittertyp $A^{IV}B^{VI}{}_2O_4$ und das Mineral Spinell die Form $Mg^{IV}Al^{VI}{}_2O_4$.

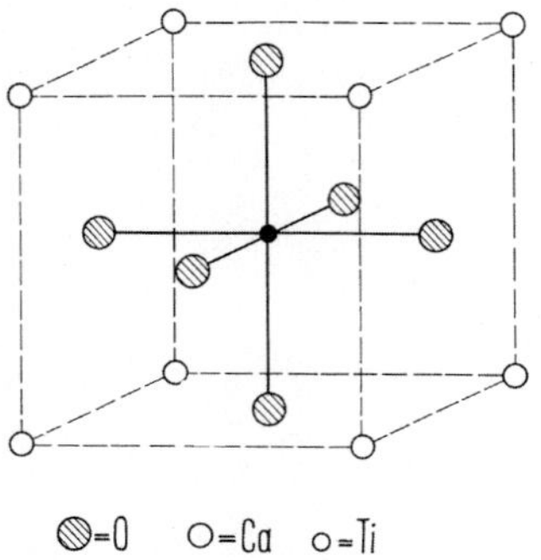

Bild 15: Elementarzelle des Perowskitgitters $CaTiO_3$

In einer anderen Variante besetzt die Hälfte der Kationen B^{3+} tetraedrische Lükken, während die andere Hälfte und die Kationen A^{2+} sich in statistischer Verteilung in oktaedrischen Lücken vorfinden. Solche Gitter mit der Form $B^{IV}(AB)^{VI}O_4$ werden *Inversspinelle* (oder statistische Spinelle oder Austauschspinelle) genannt. Reine Typen beider Spinellarten treten selten auf, meist wird ein Zwischenstadium beobachtet. Bezeichnet man den Grad der Inversion mit x, dann gilt die allgemeine Form $(A_{1-x}B_x)^{IV}(A_xB_{2-x})^{VI}O_4$, in der $x = 0$ den reinen Normalspinell und $x = 1$ den reinen Inversspinell darstellt. Zum Normalspinell tendieren u. a. $ZnAl_2O_4$, $MnAl_2O_4$, $Fe^{2+}Al_2O_4$ und $ZnFe^{2+}O_4$, zum Inversspinell $NiAl_2O_4$, $MgFe^{3+}{}_2O_4$, $MgGa_2O_4$ und Fe_3O_4 (= $Fe^{2+}Fe^{3+}{}_2O_4$). Für $ZnAl_2O_4$ wurde von Cooley und Reed [16] bei 905°C $x = 0{,}04$ gemessen, das auf $x = 0{,}06$ bei 1197°C anstieg. Beim $NiAl_2O_4$ wurde bei 595°C $x = 0{,}93$ und bei 1391°C $x = 0{,}74$ gefunden, also eine Abnahme. Mit steigender Temperatur besteht die Tendenz zu mittleren Inversionsgraden oder, anders ausgedrückt, die Tendenz des Übergangs von der Ordnung zur Unordnung, was auf Entropieeinflüsse zurückgeführt werden kann. Die Art der Besetzung ist für die ferromagnetischen Spinelle (Kapitel 5.4 und 10.3) sehr wichtig.

Die Mannigfaltigkeit der möglichen Spinelle wird noch dadurch vermehrt, daß die bisher genannten Wertigkeiten (A = zweiwertig und B = dreiwertig) nicht notwendig sind, sondern daß nur die Summe aller Wertigkeiten der drei Kationen gleich 8 sein muß. Solche Typen findet man vor allem bei den Inversspinellen, z.B. $Mg^{2+}{}_2Ti^{4+}O_4$, $Fe^{2+}{}_2Ti^{4+}O_4$, $Zn^{2+}{}_2Sn^{4+}O_4$ oder $Ni^{2+}{}_2Ge^{4+}O_4$. Entsprechend ist noch zusätzlich der Einbau von Leerstellen im Sauerstoffuntergitter möglich, um einen Ladungsausgleich herbeizuführen.

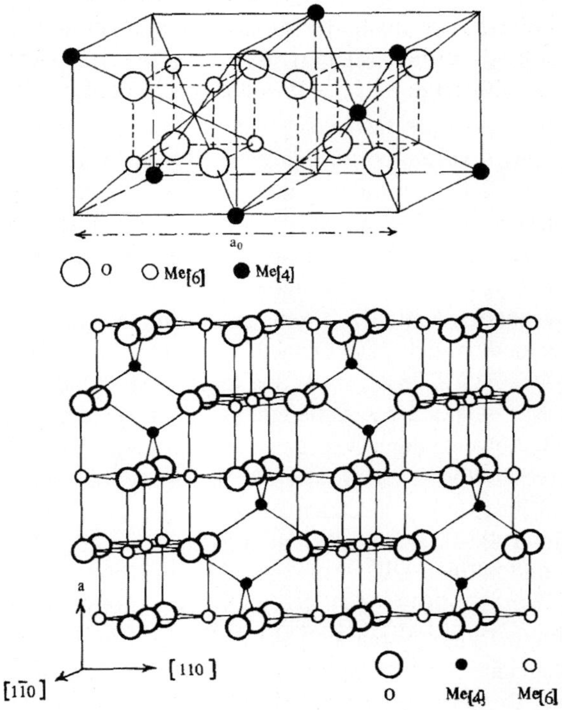

Bild 16: Elementarzelle des Spinellgitters $A^{IV}B^{VI}{}_2O_4$

Eine zum Spinell analoge Besetzung findet man im *Olivingitter* mit hexagonal dichtester Kugelpackung. So ist beim Forsterit Mg_2SiO_4 1/8 der tetraedrischen Lücken mit Si-Ionen und die Hälfte der oktaedrischen Lücken mit den Mg-Ionen besetzt. Dabei wird die Sauerstoffpackung etwas deformiert und aufgeweitet. Durch die Verteilung der Kationen entsteht orthorhombische Symmetrie. Die Olivine gehören ebenfalls zum $A^{IV}B_2{}^{VI}O_4$-Typ und zeigen eine ähnliche Vielfalt wie die Spinelle. Ganguli [17] hat in einer Übersicht einige Regeln herausgearbeitet, z.B. das bevorzugte Auftreten von Li^+, Na^+, Ca^{2+} oder Mg^{2+} in der B^{VI}-Position. Die Schichtfolge des Olivingitters lautet: $A\beta_{1/8}c_{1/2}\alpha_{1/8}B\alpha_{1/8}c_{1/2}\beta_{1/8}$...

Eng verwandt mit dem Spinellgitter sind auch die Strukturen der Sesquioxide γ-Al_2O_3 und γ-Fe_2O_3, bei denen dieselbe Sauerstoffpackung vorliegt, die Kationen aber auf die Plätze von A und B statistisch verteilt sind. Zum Ausgleich der Wertigkeit ist dann 1/9 aller entsprechenden Plätze des reinen Spinells nicht besetzt.

Absehen von der eher geometrischen (topologischen) Beschreibung von Kristallstrukturen nach Kugelpackungen oder Koordinationspolyedern sind es natürlich in erster Linie energetische Gründe, die die Stabilität einer Struktur bestimmen. Pauling hat 1928/29 beide, energetische und topologische Gesichtspunkte in seinen berühmten *Paulingschen Regeln* zu Axiomen verknüpft, die heute noch trotz ihrer Einfachheit als unverletzbare Voraussetzung für stabile Strukturen gelten. Sie fassen auch die Inhalte der vorangegangenen Kapitel nochmals anschaulich zusammen:

1. Regel: »Um jedes Kation bildet sich ein Koordinationspolyeder; der Abstand zwischen Kation und Anion ist bestimmt durch die Summe der Radien; die Koordinationszahl ist bestimmt durch das Radienverhältnis.«

2. Regel: »In einem stabilen Ionengitter ist die Wertigkeit eines jeden Anions mit umgekehrtem Vorzeichen exakt oder fast gleich der Summe der Stärke der elektrostatischen Bindungen, die vom Anion zu den benachbarten Kationen gehen.« Diese Regel beinhaltet das Gebot der Ladungskompensation, d.h. der Ionenkristall muß insgesamt neutral sein. Die Bindungsstärke zwischen Kation und Liganden ist demzufolge der Quotient aus Kationenwertigkeit und Koordinationszahl, die Ladung des Anions (Ligandenladungssumme) gleich der Summe aller Bindungsstärken zu den benachbarten Kationen. Ein Sauerstoffion beispielsweise, welches ein $[SiO_4]$-Tetraeder und zwei $[AlO_6]$-Oktaeder miteinander verknüpft, besitzt die Ladung $Z_O = Z_{Si}/KZ_{Si} + 2\ Z_{Al}/KZ_{Al} = 4/4 + 2\cdot(3/6) = 2{,}0$. Aber bereits die Verknüpfung mit einem Me^{2+}-Oktaeder anstelle eines $[AlO_6]$-Oktaeders führt zu einem Ladungsunterschuß. Abweichungen von ganzzahligen Ladungssummen sind aber Hinweise auf Polyederdeformationen oder auf weitere Verknüpfungen der nächsten Polyeder, so daß Bruchteile von Ladungen über weite Gitterbereiche verschoben werden. Auf dieser Basis erfuhr die Paulingsche Valenzregel eine Verfeinerung durch Donnay und Allman [292], Brown und Kang Kun Wu [2232] sowie Brown [2238], die in verschiedenen Modellen eine Abstandsabhängigkeit der Bindungsstärken einführten. Damit waren Polyederdeformationen berechenbar, gleichzeitig können lokal unterschiedliche Ionenradien und Abweichungen von der Kugelform modelliert werden. Keller [2033] zeigte schließlich mit Hilfe von Ladungsbilanzen für alle Ionen einer Struktur für zahlreiche Mineralien, daß die Paulingsche *Valenzregel stets exakt erfüllt* ist. Auf diese Weise konnte in vielen Fällen die Existenz von Wasserstoffbrückenbindungen bzw. die Position von H^+-Ionen in Kristallen bestimmt werden, die röntgenographisch nicht nachweisbar waren. Heute sind die Modellierungsmethoden rechnerunterstützt verfeinert worden [295], [2235], [2237] wodurch die Berechnung der Bildungsenthalpie von Silicaten [2234] bzw. die Simulation von Gitterkonstanten, Gitterspannungen sowie elektrostatischen Feldern in Kristallen ermöglicht werden [2236].

3. Regel: »Gemeinsame Kanten und Flächen vermindern die Stabilität eines Koordinationsgitters. Die Wirkung ist um so größer, je größer die Kationenwertigkeit und je kleiner die Koordinationszahl des Kations ist.« Diese Regel bezieht sich auf die gegenseitige Abstoßung hochgeladener Ionen und ihre Abschirmung durch Liganden. Es wurde schon darauf hingewiesen, daß $[SiO_4]$-Tetraeder stets über Ecken verknüpft sind und daß kantenverknüpfte Anordnungen instabil sind. Der Grund für das Verbot der Flächenverknüpfung ist auch in der dann vorliegenden Überlappung von Kationenorbitalen zu sehen. Bei Oktaedern hingegen ist die Kantenverknüpfung häufig und die Flächenverknüpfung grundsätzlich möglich, aber selten. Die 4. Regel drückt diesen Sachverhalt nochmals aus:

4. Regel: »In Kristallen mit verschiedenen Kationen vermeiden diejenigen mit hoher Wertigkeit und kleiner Koordinationszahl die Bildung von Polyedern mit gemeinsamen Kanten und Flächen.«

5. Regel: »Die Anzahl wesentlich verschiedener Bausteine einer Struktur ist meist gering.« Diese Regel ist rein empirischer Natur.

2.2.3 Gitterenergie

Die Stabilität eines Kristallgitters ist durch die Energie bestimmt, die aus der Überlagerung der abstoßenden und anziehenden Potentiale aller beteiligten Atome bzw. Ionen resultiert (s.h. 2.1.6). Die *Gitterenergie U* stellt diejenige Wärmemenge dar, die aufgewendet werden muß, um ein Mol der kristallinen Verbindung in ihre Ionen aufzuspalten und in den gasförmigen Zustand zu überführen. Dieser Vorgang, z.B. für eine binäre Verbindung (eckige Klammer = kristalline Phase) mit einwertigen Ionen nach

$$[AX]^{+U} \rightarrow A^{+} + X,$$

ist der direkten Berechnung nicht zugänglich. Man schlägt deshalb einen Umweg ein. Ausgehend vom Ionengas führt man die Ionen zunächst in Atome über. Dabei wird beim Kation die Ionisationsenergie *I* frei, während beim Anion, dem ein Elektron entfernt werden muß, die Elektronenaffinität *E* aufzuwenden ist. Die Anionen treten dann unter Abgabe der Dissoziationsenergie *D* zu Molekülen zusammen, während die Kationen unter Abgabe der Sublimationswärme *S* kondensieren. Beide bilden schließlich den Kristall, wobei die Reaktionswärme *Q* auftritt.

Diese Vorgänge ergeben den Born-Haberschen Kreisprozeß:

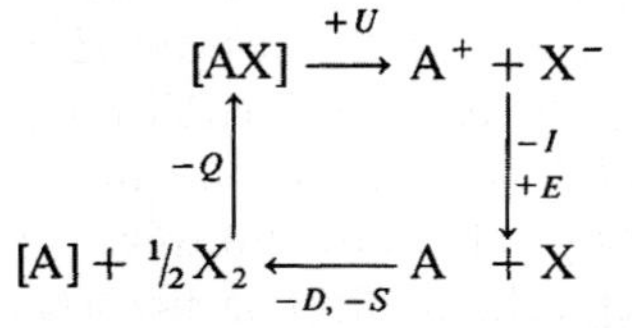

In einem solchen Kreisprozeß ist die Summe aller auftretenden Energien gleich Null, so daß folgt:

$$U = Q + S + D + I - E \tag{1}$$

Oft sind die einzelnen Glieder bekannt und können den verschiedenen Tabellenwerken entnommen werden.

Nimmt man an, daß in den Kristallen Ionenbindung vorliegt, kann man auch über die elektrostatische Anziehung der Ionen zur Gitterenergie kommen. Diesen Weg hat Born bereits 1918 beschritten, wobei er zu folgender Gleichung für die Gitterenergie kam:

$$U = \frac{\alpha Z_{\mathrm{A}} Z_{\mathrm{K}} e^{2} N_{L}}{(r_{\mathrm{A}} + r_{\mathrm{K}})} \left(1 - \frac{1}{m}\right), \tag{2}$$

mit α = Madelung-Faktor, Z_i = Wertigkeiten, e = Elementarladung, N_L = Loschmidtsche Zahl, r_i = Ionenradien und m = Bornscher Abstoßungsexponent, der aus der Kompressibilität des Kristalls zu berechnen ist.

Gleichung (2) hat zwei Glieder, von denen das erste die Anziehung, das zweite die begrenzte Annäherung zweier Ionen durch die Abstoßung sich berührender Elektronenhüllen berücksichtigt, welches die Gitterenergie um etwa 10 % verringert. Durch den Madelung-Faktor wird der Einfluß der gegenseitigen Abschirmung der Ionen aufgrund ihrer relativen Lage zueinander, also der Einfluß des Gittertyps, auf die Gitterenergie berücksichtigt. Der Madelung-Faktor gibt das Verhältnis der Energien von einem Ion in einem Gitter zu dem in einem isolierten Ionenpaar an. Er ist für viele Gittertypen berechnet worden und kann nach Hoppe [2208] auch aus partiellen Madelung-Faktoren ermittelt werden. Sein Wert beträgt z.B. für das Steinsalzgitter 1,748, das Zinkblendegitter 1,638, das Fluoritgitter 5,038 und das Korundgitter 4,17.

Tabelle 11: Gitterenergien und Schmelztemperaturen einiger Oxide

Gittertyp	Oxid	Gitterenergie in kJ/mol berechnet nach			Schmelztemperatur in °C	
		Kreisprozeß Gl. (1)	Born Gl. (2)	Kaputinsky Gl. (3)	berechnet	experim.
Steinsalz	MgO	3810	3920	3880	2813	2840
	CaO	3435	3475	3435	2512	2580
	SrO	3270	3285	3300	--	2440
	BaO	3150	3100	3070	--	1910
	NiO	4030	4055	3835	--	1980
Wurtzit	BeO	4465	4520	4420	--	2570
	ZnO	3990	4115	3375	--	1960
Rutil	TiO_2	12020	--	11590	1902	1830
	SnO_2	12190	11450	11430	--	1800
Quarz	SiO_2	12940	--	12860	1570	(1600)
Korund	Al_2O_3	15210	15580	15460	2027	2050
	Cr_2O_3	15010	15390	14770	--	2200

Nach Kapustinsky ist der Quotient aus Madelung-Faktor und Anzahl der Ionen in einer Formeleinheit (= n) in erster Näherung konstant. Seine vereinfachte Gleichung zur Berechnung der Gitterenergien, die nicht mehr den Madelung-Faktor enthält, lautet:

$$U = 287,2 \frac{nZ_A Z_K}{(r_A + r_K)} \left[1 - \frac{0,345}{(r_A + r_K)} \right]. \qquad (3)$$

Einige der nach diesen Gleichungen für wichtige Oxide berechneten Gitterenergien sind in Tabelle 11 wiedergegeben [18]. Die Übereinstimmung nach den verschiedenen Methoden ist recht gut. Tabelle 11 enthält gleichzeitig noch die Schmelztemperaturen, die danach nicht allgemein mit den Gitterenergien parallel laufen. Sie sind jedoch unter bestimmten Voraussetzungen aus ihnen berechenbar [19]. Man erkennt, daß im gleichen Strukturtyp die Schmelztemperaturen mit den

Gitterenergien zunehmen. Verständlich wird diese Erscheinung, wenn man bedenkt, daß beim Schmelzen der Übergang fest → flüssig eintritt, während die Gitterenergien den Übergang fest → Ionengas darstellen. Ferner läßt zunehmende Aufweitung der Strukturen die Schmelztemperaturen sinken. So nimmt in der Reihe MgO-CaO-SrO-BaO die Raumerfüllung der Sauerstoffionen von 52 % über 35 % und 28 % nach 23 % ab, während die Schmelztemperaturen in der gleichen Reihenfolge 2840-2580-2440-1910°C betragen. Schließlich wirkt sich auch die Art der Bindung auf die Schmelztemperatur aus. Führt die reine Atombindung zur Bildung von Molekülen wie bei CO_2, dann wird der Kristallverband nur durch die schwachen van der Waalsschen Kräfte vermittelt und ist deshalb nur bei tiefen Temperaturen stabil. Mit steigendem Anteil an Ionenbindung kann man im allgemeinen mit einem Anstieg der Schmelztemperaturen rechnen, z.B. bei den Oxiden des Bild 7 in der Reihe CO_2-SiO_2-TiO_2-ZrO_2-ThO_2 von -78°C über 1723-1830-2690 bis 3300°C. Jedoch kann auch bei reiner oder überwiegender Atombindung mit geeigneter Koordination eine hohe Schmelztemperatur auftreten, wofür Diamant und B_4C (2450°C) deutliche Beispiele sind. Auch SiC (2540°C) und Si_3N_4 (1850°C) zersetzen sich erst bei sehr hohen Temperaturen.

2.2.4 Gitterfehler

Der bisher geschilderte Aufbau der Kristalle führt zu einer Idealstruktur, die nur in den seltensten Fällen erreicht wird. Meist treten beim Wachstum der Kristalle Störungen ein. Dem Idealkristall ist deshalb der Realkristall gegenüberzustellen. Dadurch können einige Eigenschaften beeinflußt werden.

Bei jedem Idealkristall kann man bereits die Oberfläche als Störstelle auffassen; denn die Ionen in der Oberfläche besitzen eine andere Koordination als die im Innern des Kristalls. Auf diese Erscheinung wird später gesondert eingegangen (Kapitel 2.4).

Einen wirklich idealen Kristall kann man nur am absoluten Nullpunkt erwarten. Mit steigender Temperatur bewirken die thermischen Schwingungen bereits ein Abweichen von der idealen Struktur. Die dabei auftretenden Gitterschwingungen sind quantentheoretisch beschrieben worden. In Analogie zu den Photonen der Lichtwellen werden die gequantelten Gitterwellen als Phononen bezeichnet. Ihre Verwendung erleichtert z.B. die Behandlung der Wärmeleitfähigkeit.

Weiter können Elektronen aus ihrer normalen Lage in ein höheres Energieniveau angeregt werden, wobei eine Elektronenleerstelle hinterbleibt. Gleichzeitig bildet sich dabei ein angeregtes Ion, das auch als Exziton bezeichnet wird. Solche angeregten Zustände können durch ein Gitter wandern.

Sind beim Kristallwachstum noch *Fremdionen* vorhanden, so können diese unter bestimmten Bedingungen einzelne Gitterbausteine ersetzen, ohne daß sich der Gittertyp ändert. Man spricht dann von *Substitution.* Folgende zwei Faktoren sind dafür maßgebend:

1. Der Ersatz erfolgt um so leichter, je mehr sich die Ionen in ihrer Größe gleichen *(Diadochie).* Bei Größenunterschieden von mehr als 15 % wird der Ersatz immer begrenzter möglich.

2. Gleiche Wertigkeiten der auszutauschenden Ionen begünstigen den Ersatz, sind aber nicht Vorbedingung. Es muß jedoch immer für einen Wertigkeitsausgleich gesorgt werden, indem entweder z.B. ein zusätzliches Kation auf einem Zwischenplatz (= additiv) mit eingebaut wird ($Si^{4+} \rightleftharpoons Al^{3+}+Na^{+}$) oder ein paarweiser Austausch (*gekoppelter Ersatz*) erfolgt ($Si^{4+}+Na^{+} \rightleftharpoons Al^{3+}+Ca^{2+}$). Es können auch zur Ladungskompensation Leerstellen im Anionenuntergitter gebildet werden.

Bei diesen Vorgängen bilden sich *Mischkristalle* aus. Es gibt begrenzte Mischbarkeit und auch lückenlose Mischkristallreihen zwischen zwei verschiedenen Verbindungen gleicher Kristallstruktur (*Isotypie*). Bei einer lückenlosen Mischkristallreihe spricht man von einer *Isomorphie* der Kristallarten. Mischkristalle mit einer geordneten Verteilung der Ionen werden *Doppelsalze* oder *Ordnungsphasen* genannt im Gegensatz zu Unordnungsphasen mit statistischer Verteilung.

Die Mischkristallbildung tritt in der Keramik häufig auf. Sehr ausgeprägt findet man sie bei den Spinellen (Kapitel 2.2.2); weitere Beispiele sind die Mischkristallreihen der Olivine (Forsterit Mg_2SiO_2 - Fayalit Fe_2SiO_4) und der Plagioklase (Albit $NaAlSi_3O_8$ - Anorthit $CaAl_2Si_2O_8$). Die einander substituierenden Spezies werden in eine gemeinsame runde Klammer geschrieben; die allgemeine Formel für den Olivin lautet demnach $(Mg,Fe)_2SiO_4$ und für die Plagioklase entsprechend $(Na,Ca)(Si,Al)Si_3O_8$. Leerstellen werden mit v_O (engl. vacancy, hier mit Index O für einen Sauerstoffplatz) oder mit □ gekennzeichnet.

Neben der Mischkristallbildung durch Substitution besteht noch die Möglichkeit einer Additions-Mischkristallbildung durch zusätzlichen Einbau. Kleine Bausteine treten dabei in die Lücken des Gitters (*Zwischengitterplätze*). Da sie mit einer lokalen Deformation des Gitters verbunden sind, beobachtet sie deshalb besonders häufig bei Strukturen mit größeren Hohlräumen, z.B. bei den Zeolithen.

In Kristallen können *dreidimensionale Defekte* auftreten, etwa in Form eingeschlossener oder durch Wärmebehandlungen ausgeschiedener anderer Kristallite gleicher Struktur und ungefähr passenden Gitterparametern. Es entstehen sog. kohärente oder teilkohärente Zonen, in welchen das umgebende Gitter lediglich verzerrt ist. Durch Vertauschen von Liganden, z.B. Kationen und Anionen, auf ihren Plätzen (meist bei Salzen oder Legierungen) entstehen Antiphasendomänen. Bild 17 zeigt schematisch solche Gitterfehler.

Daneben treten auch *zweidimensionale Baufehler*, zu denen Oberflächen und Grenzflächen gehören. Innere Grenzflächen können einmal Korngrenzen sein, also „Flächen", an welchen sich einzelne Kristalle mit unterschiedlicher Orientierung berühren. Bild 17 zeigt anschaulich, daß bei großen Kippwinkeln (Großwinkelkorngrenzen, siehe 2.4) derartig viel Verzerrungen mit Leerstellen und Zwischengitterplatzbesetzungen vorhanden sind, daß man bereits von einer dreidimensionalen Ausdehnung der Korngrenze sprechen kann. Weitere Grenzflächen sind Zwillingsgrenzen, im Prinzip also Kristallitgrenzen, an welchen ein Gitter mit einer bestimmten Symmetrieoperation (Spiegelung, Drehung) in das Nachbargitter überführt werden kann, und ferner die bereits genannten Antiphasengrenzen.

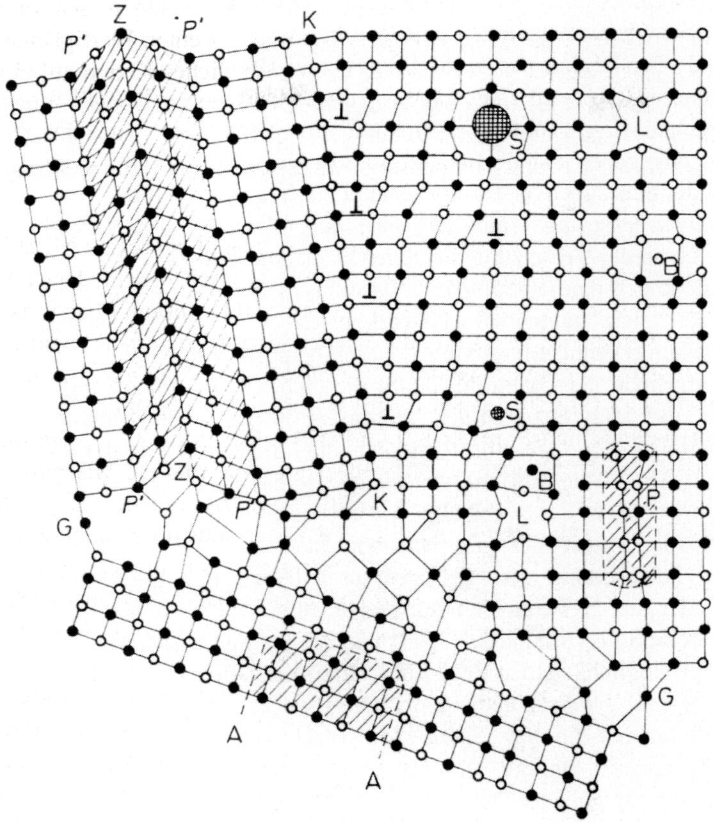

Bild 17: Schematische Darstellung von Gitterdefekten und Grenzflächen L: Leerstelle; B: Zwischengitteratom; S: Fremdatom; A: Antiphasengrenze; Z: Zwillingsgrenze; K: Kleinwinkelkorngrenze mit Versetzungen; G: Großwinkelkorngrenze; P: kohärente Phasengrenze (Entmischung, z.B. Guinier-Preston-Zone); P`: kohärente Phasengrenze durch Scherung.

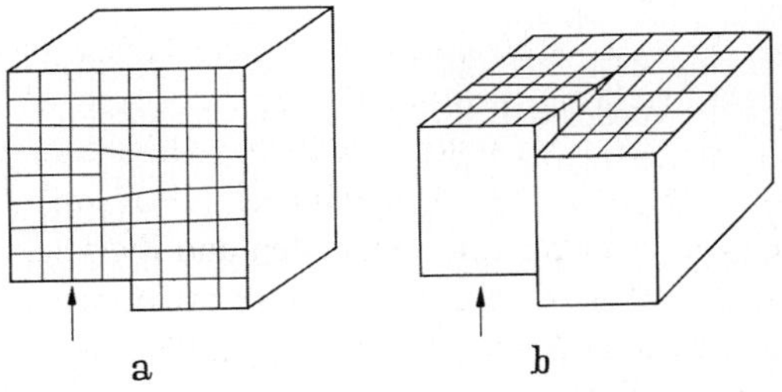

Bild 18: Schematische Darstellung der Stufenversetzung (a) und der Schraubenversetzung (b)

Beim Wachstum oder durch mechanische Beanspruchungen von Kristallen entstehen oft verschobene Gitterbereiche, die als Versetzungen bezeichnet werden und zu den *eindimensionalen Gitterfehlern* gehören. Man unterscheidet dabei Stufen- und Schraubenversetzung, deren Mechanismen in Bild 18 schematisch dargestellt sind. Der Beginn der Versetzung, der in Bild 18 jeweils in der Mitte einer Oberfläche des Kristalls liegt und sich durch den ganzen Kristall fortsetzt, wird Versetzungslinie genannt. Die Richtung der Versetzung wird durch den Burgersvektor angegeben (Pfeile in Bild 18). Er liegt bei der Stufenversetzung senkrecht, bei der Schraubenversetzung parallel zur Versetzungslinie.

Die *Schraubenversetzung* ermöglicht eine besondere Art des Kristallwachstums, indem sich an der Versetzung die neuen Bausteine anlagern. Der Aufbau des Kristalls vollzieht sich dann spiralförmig, weshalb man auch von Spiralwachstum spricht. Es läßt sich manchmal makroskopisch an Wachstumsspiralen auf Kristalloberflächen erkennen, besonders deutlich beim SiC oder NaCl.

Das Strukturprinzip der Oxidgitter ist oft die dichteste Kugelpackung (Kapitel 2.2.2), bei der zwei Möglichkeiten der Anordnung der einzelnen Schichten bestehen. Die Stapelfolge *ABABAB...* führt zur hexagonal dichtesten Kugelpackung, die Stapelfolge *ABCABC...* zur kubisch dichtesten Kugelpackung. Treten Störungen in diesem Rhythmus ein, z.B. *ABCABABC...*, dann wird die Ordnung in einer Richtung gestört: Es liegt auch hier eindimensionale Fehlordnung vor (*Stapelfehler*). Diese Art der Fehlordnung wird bei Strukturen beobachtet, die aus einzelnen Schichtlagen oder aus größeren Schichtpaketen aufgebaut sind. Sie spielen eine größere Rolle beim SiO_2 (Kapitel 2.3.2.4.1) und bei Tonmineralien.

Eine weitere Möglichkeit der Realstruktur der Kristalle sind die *Punktfehler,* also *nulldimensionale Fehler*. Die beiden wichtigsten Typen zeigt Bild 19. Bei der Frenkelfehlordnung hat ein Ion seinen Platz verlasssen und ist auf einen Zwischengitterplatz getreten. Bei der Schottky-Fehlordnung bilden sich Anionen- und Kationenleerstellen in gleicher Anzahl (entsprechend den jeweiligen Wertigkeiten). Beide Arten der Fehlordnung nehmen exponentiell mit der Temperatur zu, doch macht sich diese Fehlordnung bei den Oxiden erst bei sehr hohen Temperaturen bemerkbar. Unter Anti-Schottky-Fehlordnung versteht man das Auftreten von Zwischengitterkationen und -anionen in gleichen Konzentrationen und unter Antistrukturfehlordnung das Auftreten von Kationen auf Anionenplätzen sowie von Anionen auf Kationenplätze in gleicher Menge.

Die verschiedenen Baufehler wurden zur Deutung von physikalischen Messungen, vor allem aber von Röntgen- oder Elektronenbeugungsaufnahmen theoretisch abgeleitet. Eine Direktabbildung gelang erst, als die Transmissionselektronenmikroskopie (TEM) so weit entwickelt wurde, daß ihr Auflösungsvermögen 0,1 nm erreichte. Die Leistungsfähigkeit dieser Methoden zeigen Gruehn und Mertin besonders am Beispiel von Niobaten [20] oder Recnik et al. [21], die an Zwillingsgrenzen von Bariumtitanatkeramik nachweisen konnten, daß Titan dort dreiwertig auftreten muß.

Verwandt mit diesen beiden Fehlordnungstypen sind die nichtstöchiometrischen oder Defektstrukturen. Man beobachtet sie bei Verbindungen mit Ionen, die leicht ihre Wertigkeit wechseln können. Bild 20 zeigt zwei Beispiele. Beim Wüstit FeO wird in Luft leicht ein Teil der Fe^{2+}-Ionen zu Fe^{3+}-Ionen oxidiert. Der Ladungsausgleich im Gitter erfolgt, indem einige Kationenplätze frei bleiben, also Kationenleerstellen entstehen, die in Bild 20a mit □ gezeichnet wurden. Die so entstehende Verbindung hat gegenüber der reinen Verbindung FeO einen Sauerstoffüberschuß, ist daher eine nichtstöchiometrische Verbindung.

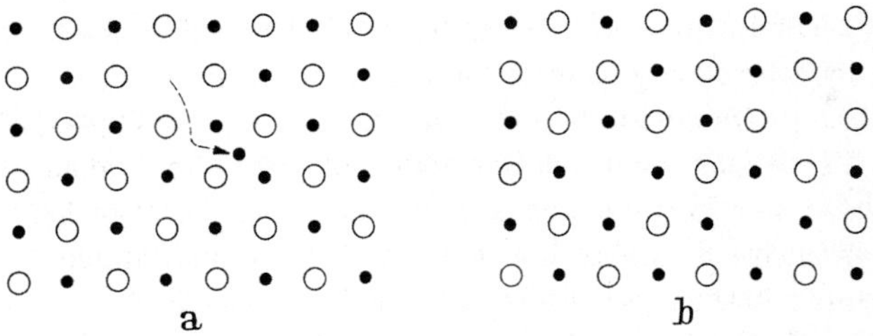

Bild 19: Schematische Darstellung der Fehlordnungstypen nach Frenkel (a) und Schottky (b)

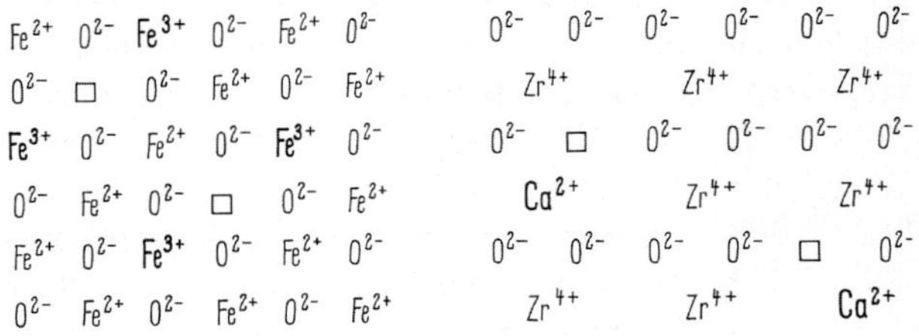

Bild 20: Schematische Darstellung der Strukturen von nichtstöchiometrischem FeO (a) und CaO-stabilisiertem ZrO_2 (b)

Den umgekehrten Fall eines Sauerstoffdefizits beobachtet man beim TiO_2, wo unter reduzierenden Bedingungen ein Teil der Ti^{4+}-Ionen als Ti^{3+}-Ionen auftreten kann. Der Ladungsausgleich wird dann durch Sauerstoffleerstellen erreicht. In Bild 20b ist der ganz entsprechende Fall skizziert, nur daß bei diesem CaO-stabilisierten ZrO_2 die Ionen geringerer Wertigkeit Fremdkationen sind.

Die Stellen des Ladungsausgleiches kann man auch als Elektronendefektstellen auffassen. Die fehlenden oder überschüssigen Elektronen sind nicht an ein bestimmtes Ion gebunden, haben daher eine gewisse Beweglichkeit, was den elektrischen Widerstand solcher Verbindungen erniedrigt. Diese Erscheinungen spielen deshalb bei den elektrischen Eigenschaften eine wichtige Rolle (Kapitel 5.3). Zu beachten ist dabei, daß die Konzentrationen der höher- oder geringerwertigen Kationen und damit die Zahl der Leerstellen vom Sauerstoffpartialdruck abhängen, der dann also auch die elektrischen Eigenschaften beeinflußt.

Zur eindeutigen Kennzeichnung nulldimensionaler Fehlstellen in Ionenkristallen und zur Beschreibung ihrer elektronischen Reaktionen miteinander hat sich die *Kröger-Vink-Notation* durchgesetzt. Sie setzt sich aus drei Elementen zusammen: Mit dem Hauptsymbol wird festgelegt, ob eine Leerstelle V gemeint ist oder ein Ion einer Spezies, z.B. Mg. Ein Subskript kennzeichnet den Platz der Leerstelle oder des Ions. So bedeutet Mg_{Mg}, daß das Magnesiumion auf einem regulären Magnesiumgitterplatz sitzt, das Subskript i, z.B. Mg_i, weist auf einen interstitiellen Platz (Zwischengitterplatz) hin. Das Superskript bezeichnet die effektive oder relative Ladung der Position in Bezug auf ein perfektes Kristallgitter. Hochgesetzte Punkte ($^{\cdot}$) zeigen positive, Striche negative Effektivladungen ($'$) an. Für neutrale Verhältnisse wird manchmal ein Kreuz (^{x}) verwendet. Die Vorgehensweise sei in Beispielen verdeutlicht: V_{Mg}'' bedeutet eine Magnesiumleerstelle, die nun eine zweifach negative Raumladung hinterläßt, da ein Mg^{2+}-Ion mit neutraler Umgebung fehlt. $Fe_i^{\cdot\cdot\cdot}$ ist entsprechend ein interstitielles dreiwertiges Eisenion mit dreifach positiver Raumladung. Defektstellen können sich unter Energieerniedrigung zusammenlagern und so sehr stabil sein. $(V_{Na}'-V_{Cl}^{\cdot})^{x}$ stellt z.B. einen ladungsneutralen Cluster aus einer Natriumleerstelle und einer Chlorleerstelle dar. Im Yttrium-stabilisierten Zirconiumdioxid gibt es trimere Fehlstellen vom Typ $(Y_{Zr}'-V_{O}^{\cdot\cdot}-Y_{Zr}')^{x}$, d.h. zwei Y^{3+}-Ionen belegen jeweils einen Zr^{4+}-Platz und halten zur Ladungsneutralität eine Sauerstoffleerstelle fest. Zur Bezeichnung von Defektkonzentrationen werden eckige Klammern verwendet, z.B. $[V_{Mg}'']$. Da bei Defektreaktionen auch Elektronen freigesetzt werden oder neutrale Löcher entstehen können, werden als Abkürzungen noch e' und $h^{\cdot}$ bzw. n und p verwendet. In Aluminiumoxid sind die in Tabelle 12 angegebenen Reaktionen möglich.

Tabelle 12: Defektreaktionen in Korund

Reaktion	Bildungsenergie pro Defekt [eV]
null $\leftrightarrow 2\,V_{Al}''' + 3\,V_{O}^{\cdot\cdot}$	4,2 – 5,2
$Al_{Al}^{x} \leftrightarrow Al_i^{\cdot\cdot\cdot} + V_{Al}'''$	5,2 – 7,1
$O_{O}^{x} \leftrightarrow O_{O}'' + V_{O}^{\cdot\cdot}$	3,8 – 8,3

2.3 Kristallchemie der Silicate

Die meisten Roh- und Werkstoffe der klassischen Keramik bestehen aus Silicaten. Ihnen soll daher ein eigener Abschnitt gewidmet werden, zumal die Vielfalt ihrer Erscheinungsformen ein Ordnungsprinzip verlangt, ohne das ein Verständnis ihrer Eigenschaften kaum erreicht werden kann. Ausgehend von den Bindungsverhältnissen um das Silicium und der daraus resultierenden Systematik der Strukturtypen sollen diejenigen Silicate genauer behandelt werden, die für die Keramik von Bedeutung sind. Dabei soll gezeigt werden, daß auch die moderne Hochleistungskeramik in die Silicatkeramik hineinreicht, z.B. wo bei der Entwicklung von Siliciumnitrid-Werkstoffen Oxinitride des Siliciums und der Seltenen Erden auftreten, die Strukturen natürlicher Silicate aufweisen. Wegen einer ausführlicheren Behandlung der Silicatchemie muß allerdings auf die zahlreichen mineralogischen und kristallchemischen Werke verwiesen werden.

2.3.1 Bindungsverhältnisse am Silicium

Aus den Bindungsverhältnissen des Siliciums mit Sauerstoff und den Verknüpfungsmöglichkeiten der Koordinationspolyeder lassen sich fast alle Eigenschaften der Silicate ableiten. Für das Si^{4+} ergeben sich nach Kapitel 2.1.6 gegenüber dem O^{2-} folgende Radienverhältnisse: nach Goldschmidt 0,295, nach Pauling 0,293 und nach Shannon und Prewitt 0,193 (unter Verwendung der Werte von Quarz nach Tabelle 7). Damit liegt dieses Verhältnis nahe dem idealen Wert für das Tetraeder, d.h. in Silicaten sind $[SiO_4]^{4-}$-Tetraeder die wichtigsten strukturaufbauenden Koordinationspolyeder. Dabei wird die Art der Bindung nicht näher berücksichtigt. Wie bereits erwähnt, stellt die Si-O-Bindung keine reine Ionenbindung dar. Man kann den ionischen Anteil mit Hilfe der Elektronegativitäten ermitteln. Nach Tabelle 5 ergibt sich eine Differenz von $\Delta x = 1{,}7$, was zu einem Ionencharakter von etwa 50 % führt.

Die Art der wirksamen Atombindung wird nach Kapitel 2.1.1 durch die Elektronenkonfiguration bestimmt. Beim Silicium hat die äußerste Schale im Grundzustand zwei s- und zwei p-Elektronen. Ähnlich wie früher beim C-Atom angeführt, wird beim Si-Atom zur Erniedrigung der Gesamtenergie ebenfalls ein Elektron in ein anderes Orbital angehoben, hier vom 3s- in das 3p-Orbital. Damit bildet sich ein sp^3-Hybrid aus, dessen vier Orbitale energetisch gleichwertig sind und aufgrund der gegenseitigen Abstoßung nach den vier Ecken eines Tetraeders ausgerichtet sind. Somit ergibt sich auch auf der Basis der kovalenten Bindung die Tetraederanordnung.

Beim Sauerstoffatom wird die Bindung durch zwei p-Orbitale vermittelt. Die sich dann ausbildende Atombindung wird auch als σ-Bindung bezeichnet. Daraus folgen die beiden folgenden Grenzformen, in denen wie üblich die Valenzelektronenpaare durch Striche gekennzeichnet wurden:

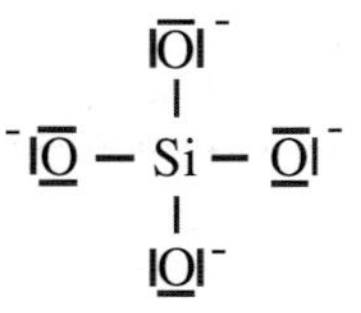

Atombindung

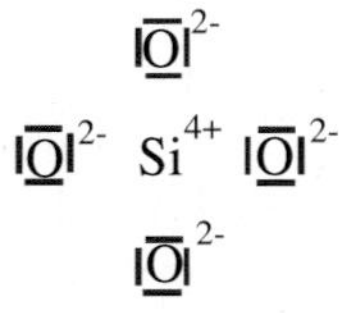

Ionenbindung

Untersuchungen von Pauling [22] legen die Vermutung nahe, daß außer der σ-Bindung noch eine schwache Überlappung der Si_{3d}-Orbitale mit O_{2p}-Orbitalen wirksam ist und einen geringen Anteil an π-Bindung beisteuert, was den etwas geringeren experimentell ermittelten Si-O-Abstand erklärt (Hill und Gibbs [23]). Echte Doppelbindung um das Silicium sind jedoch nur von metallorganischen Molekülen geringer Stabilität bekannt.

In den Silicaten sind neben Si^{4+}- und O^{2-}-Ionen noch weitere Kationen R vorhanden, die den Si-O-Abstand beeinflussen. Dieser zweite Partner hat oft eine geringere Elektronegativität als das Si-Atom und neigt mehr zur Ionenbindung, da er leichter ein Elektron abgibt. Er wirkt als Elektronendonator, so daß sich - wie aus den Paulingschen Regeln (Kapitel 2.2.2) folgt - der Si-O-Abstand im Tetraeder noch mehr verkürzen kann. Gleichzeitig kann dadurch der Abstand einer der anderen Si-O-Bindungen im selben Tetraeder vergrößert werden. In Silicaten ist deshalb kein einheitlicher Si-O-Abstand vorhanden. Es müssen stets die Koordinationspolyeder in der nächsten Nachbarschaft mitberücksichtigt werden. Eine statistische Auswahl ergab folgende Mittelwerte [24]:

in Silicaten	Si-O (→R) = 158 pm,
	Si-O (→Si) = 161-164 pm,
in SiO_2-Modifikationen	Si-O (→Si) = 160 pm.

Für die Al-O-Abstände in $[AlO_4]$-Tetraedern gelten ähnliche Zusammenhänge. Dies ist von Bedeutung, da Al^{3+} das Si^{4+} in Silicaten in tetraedrischer Koordination ersetzen kann. Nach Jones [25] ist es möglich, den Anteil an solchen Tetraedern in einem $[SiO_4]$-Netzwerk aus den (Si,Al)-O-Bindungslängen zu ermitteln. Die Si-O-Si-Bindung ist gewinkelt, wobei in den Silicaten die Bindungswinkel nicht einheitlich sind und um den Wert 145° schwanken. Ein Bindungswinkel am O-Atom kommt dadurch zustande, daß das O-Atom zur Bindung jeweils p-Orbitale aktiviert, die im Idealfall der reinen Atombindung einen Bindungswinkel von 90° zueinander ausbilden. Die beobachteten Winkel sind also Kompromisse.

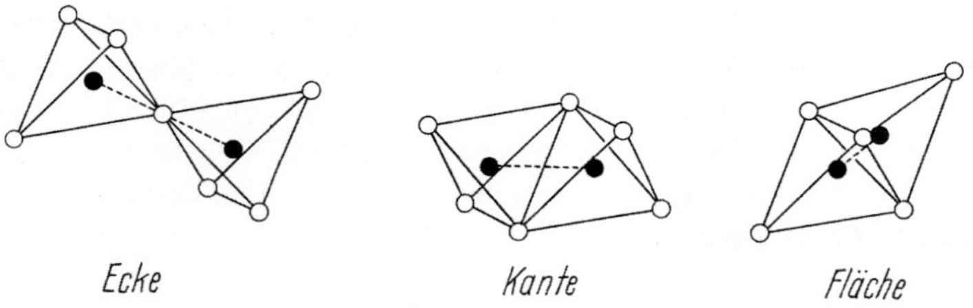

Bild 21: Möglichkeiten der Verknüpfung von $[SiO_4]$-Tetraedern (• = Si^{4+}, o = O^{2-})

Der Aufbau von Gerüststrukturen aus $[SiO_4]$-Tetraedern gelingt nur, wenn zumindest einige O-Atome mehreren Tetraedern gemeinsam angehören. Die gegenseitige Verknüpfung von $[SiO_4]$-Tetraedern ist auf die drei Arten denkbar, die in Bild 21 dargestellt sind. Energetisch besonders ungünstig ist die Flächenverknüpfung, da sich hier die hochgeladenen Si^{4+}-Ionen zu sehr abstoßen. Am stabilsten wird die Verknüpfung über eine gemeinsame Ecke sein, bei der die Si^{4+}-Ionen den größten Abstand haben. Im reinen SiO_2 gehören dann alle O-Ionen jeweils zwei benachbarten $[SiO_4]$-Tetraedern an. Alle O^{2-}-Ionen bilden also Brücken zwischen benachbarten Tetraedern und besitzen die Koordinationszahl 2. Die Formel entspricht also der Struktur $[SiO_{4/2}]^{\pm 0}$ = SiO_2. Aus dieser Eckenverknüpfung ergibt sich neben der Ladungsneutralität zugleich die Bildung eines Raumnetzwerks, da die vier O-Ionen eines Tetraeders in die Ecken dieses Tetraeders zeigen.

Für den Aufbau der Silicate ergeben sich also zwei Grundregeln:
1. Es bilden sich $[SiO_4]$-Tetraeder, d.h., das Silicium hat die Koordinationszahl 4.
2. Die Verknüpfung der $[SiO_4]$-Tetraeder erfolgt über die Ecken.

Bei beiden Regeln gibt es allerdings vereinzelte Ausnahmen. Es ist seit längerem bekannt, daß mit organischen Partnern das Silicium in der KZ 6 auftreten kann, wobei die Stabilität solcher Verbindungen von der Art des Partners abhängt und besonders dann groß ist, wenn dieser an einem aromatischen Kern ortho-ständige Sauerstoffe hat. Es lagern sich dann drei dieser Moleküle um das Silicium. Anorganische Verbindungen mit Si in KZ 6 sind z.B. $Na_2[SiF_6]$ oder SiP_2O_7. In der $[SiO_6]$-Konfiguration ist der Si-O-Abstand größer als im $[SiO_4]$-Tetraeder. Bei der KZ 6 sind andere Verknüpfungen der Polyeder möglich, so daß insgesamt eine dichtere Packung erreicht wird. So ist es Stishov und Popova [26] gelungen, durch hohen Druck eine SiO_2-Modifikation mit Si in KZ 6 zu erhalten, Stishovit genannt, die eine Dichte von 4,27 g/cm^3 hat. Sie hat Rutilstruktur, der kleinste Si-O-Abstand beträgt etwa 172 pm. Das Si^{4+}-Ion liegt dann als sp^3d^2-Hybrid vor (Spackman et al. [27]).

Als eine Ausnahme bei der Verknüpfung wird ein faseriges SiO_2 („Silica W") beobachtet, das im praktischen Ofenbetrieb an kälteren Stellen als weiße Beschläge aus dem gasförmigen SiO kondensiert und aus kantenverknüpften $[SiO_4]$-Tetraedern besteht [28]. Seine Dichte beträgt nur etwa 1,98 g/cm^3. Dieselbe Struktur ist schon beim SiS_2 bekannt. Das faserige SiO_2 ist allerdings sehr instabil und wandelt sich schnell in stabile Modifikationen um, wobei aber der Habitus erhalten bleibt.

2.3.2 Systematik der Silicate

Zum Erkennen der Ordnungsprinzipien in Silicatstrukturen dienen geeignete Betrachtungsweisen. Als solche haben sich in den vorangegangenen Abschnitten die Kugelpackungen aus Sauerstoffionen bewährt. In Anlehnung an Liebau [29] sind z.B. für den Forsterit Mg_2SiO_4 in Bild 22a aus der entsprechenden Packung zwei Sauerstofflagen dargestellt. Jede zweite oktaedrische Lücke ist mit Mg^{2+} -Ionen und jede achte tetraedrische Lücke mit Si^{4+} -Ionen besetzt.

Eine andere Betrachtungsweise geht vom oben beschriebenen Grundbaustein, dem $[SiO_4]$-Tetraeder, aus und beschreibt die Verknüpfungen der Koordinationspolyeder. In Bild 22b ist deren Anordnung im Mg_2SiO_4 schematisch dargestellt. Jedes Tetraeder ist vierfach negativ geladen. Der Ladungsausgleich erfolgt durch die Kationen, hier zwei pro Tetraeder, die sich in den Lücken befinden und ihrerseits Kationen-Sauerstoff-Polyeder, nämlich $[MgO_6]^{10-}$-Oktaeder, ausbilden. Bei Silicaten mit weniger Kationen können sich die $[SiO_4]$-Tetraeder über die ebenfalls schon beschriebene Eckenverknüpfung zu größeren Verbänden zusammenlagern.

Schließlich kann man auch die eben erwähnten Kationen-Sauerstoff-Oktaeder als Ausgangspunkt nehmen, wie es in Bild 22c gezeichnet ist. Der Zusammenhalt erfolgt durch die Siliciumionen.

a b c

Bild 22a-c: Verschiedene Betrachtungsweisen von Silicatstrukturen, dargestellt am Beispiel des Forsterits, $Mg_2[SiO_4]$. Kleine Kreise = Silicium, mittlere Kreise = Magnesium, große Kreise = Sauerstoff. Die Dicke der Linien ist proportional der Höhe der betreffenden Atome über der Zeichenebene.

Von diesen Betrachtungsweisen hat sich die mittlere Form als sehr anpassungsfähig erwiesen, weshalb sie meist verwendet wird, gelegentlich ergänzt durch die Kationen-Sauerstoff-Polyeder. In beiden Fällen ist die Art der Polyederverknüpfung gut zu erkennen: Beim Forsterit liegen die $[SiO_4]$-Tetraeder isoliert vor, die $[MgO_6]$-Oktaeder sind über gemeinsame Kanten verknüpft und bilden verzahnte Ketten. Teilweise stellt man die $[SiO_4]$-Gruppen als kleine Tetraeder dar, manchmal - bei einfacheren Strukturen - zeichnet man alle Ionen. Letztere Methoden werden auch hier eingesetzt werden.

Die ersten Gesetzmäßigkeiten beim Aufbau der Silicate erkannte Machatschki [30]. Kurze Zeit später konnte Bragg [31] eine Systematik vorlegen, die sich lange Jahre gut bewährt hat. Die häufig recht komplizierten chemischen Formeln können entweder in Oxidschreibweise notiert werden, woraus die Molverhältnisse der beteiligten Oxide gut ersichtlich werden, oder in einer kristallchemischen Schreibweise, wobei der strukturaufbauende Silicatteil (sog. *silicatische Anion*) in eckigen Klammern geschrieben wird.

Das $[SiO_4]^{4-}$-Tetraeder kann isoliert auftreten, wenn noch genügend andere Kationen R zur Valenzabsättigung vorhanden sind (Bild 23a). Die Zusammensetzung würde dann z.B. den Formeln $2R_2^+O \cdot SiO_2$ (= R_4^+ $[SiO_4]$) oder $2R^{2+}O \cdot SiO_2$ (= R_2^{2+} $[SiO_4]$) entsprechen. Dabei ist das O:Si-Verhältnis V= 4. Solche Strukturen gehören zur Gruppe der *Inselsilicate*. Ein kleineres Verhältnis führt zu einer Verknüpfung (Kondensation) über gemeinsame Sauerstoffatome, die im einfachsten Fall aus zwei Tetraedern besteht (Bild 23b). Es entsteht die $[Si_2O_7]^{6-}$-Gruppe (*Gruppensilicate*) aus mit V = 3,5 mit einem gemeinsamen Brückensauerstoff. Beispiel ist eine Verbindung des Typs $3R^{2+}O \cdot 2SiO_2$ (= R_3^{2+} $[Si_2O_7]$). Noch kleinere O:Si-Verhältnisse bedingen weitere Verknüpfungen über zwei Sauerstoffe, wobei sich zunächst Ringe (*Ringsilicate*, Bild 23c bis e) bilden. Den Struktureinheiten der Insel-, Gruppen- und Ringsilicate ordnet man die Dimensionszahl 0 zu, da sie nur endlich groß und in sich abgeschlossen sind. Vernetzungen über zwei Sauerstoffe führen auch zu Einfachketten (*Kettensilicate*, Bild 23f). Die zugehörigen Anionen und *V-Werte* sind in Tabelle 13 aufgeführt. Die weitere Verknüpfung läßt Doppelketten (*Bandsilicate*, Bild 23g) entstehen, die sich durch Zusammenlagerung zweier Ketten bilden. Ketten- und Bandsilicateinheiten werden als eindimensional unendlich bezeichnet, da sie sich in einer Richtung beliebig lange fortsetzen. Das silicatische Anion wird dann als $[SiO3]^{2-}_{\infty}$ geschrieben. Lagern sich auf dieselbe Art weitere Ketten an, dann entstehen Schichtstrukturen (*Schicht- oder Blattsilicate*, Bild 23h, die zweidimensional unendlich sind ($[Si_4O_{10}]^{4-}_{2\infty}$) . Von allen bisher genannten Typen kennt man Einfach- und Doppelformen, wovon in Bild 23 die Paare a-b und f-g zeugen. Nicht gezeichnet sind die Doppelringe und die Doppelschichten. Jede Verdoppelung führt zu einer Verringerung des O: Si-Verhältnisses, das bei den Einfachschichten $V = 2{,}5$ und bei den Doppelschichten nur noch $V = 2{,}0$ beträgt, wenn sich die Schichten mit den Tetraederspitzen zueinander verknüpfen.

Durch Übereinanderstapeln der Tetraederschichten gelangt man schließlich zu einem dreidimensional unendlichen Raumnetzwerk mit einer Gerüststruktur (*Gerüstsilicate*). Formal ergibt sich mit $V = 2{,}0$ die Strukturformel $[SiO_2]^{0}_{3\infty}$, also ein elektroneutrales Gerüst. Stabilisierende Kationen sind nicht erforderlich, jedes Sauerstoffatom des Tetraeders ist mit einem benachbarten Tetraeder verknüpft. Zur Einbindung weiterer Kationen in die Struktur muß ein Teil der Siliciumatome durch ein anderswertiges Ion, z.B. Al^{3+} ersetzt werden, damit das Tetraeder wieder geladen wird. Wenn ein Viertel aller Si-Plätze besetzt ist, lautet die Baueinheit $[AlSi_3O_8]^-$, wodurch nun ein weiteres einwertiges Kation, z.B. K^+, in einer höheren Koordination eingebaut werden kann. In Viererkoordination findet man auch noch andere Kationen, z.B. P^{5+}, B^{3+}, Be^{2+} oder Li^+. Liebau setzt in seiner Systematik diese Kationen nur dann dem Si^{4+}-Ion gleich, wenn der Ersatz von Silicium in bestimmten Punktlagen der Struktur statistisch erfolgt. Dagegen schließt Zoltai [32], der eine ähnliche Systematik entworfen hat, alle $[MeO_4]$-Gruppen in den Anionenverband ein, wodurch seine Systematik über die Silicate hinausgeht.

Die bisher abgeleitete Systematik unterteilt die Silicate in verschiedene Haupttypen. Innerhalb dieser Typen ist aber eine weitere Unterteilung möglich, wenn man die gegenseitige Verknüpfung und Orientierung der Tetraeder genauer betrachtet (Liebau [29], [33]). So ist in Bild 24 zu erkennen, daß Einfachketten unterschiedliche Identitätsperioden aufweisen können. In Kettenrichtung fortschreitend wird nach einer unterschiedlichen Anzahl von Tetraedern wieder die Lage des Ausgangstetraeders erreicht. Nach der Größe der Identitätsperiode bezeichnet Liebau diese Typen z.B. mit Zweiereinfachkette (Bild 24a) oder Siebenereinfachkette (Bild 24e). Diese Bezeichnungen haben sich auch im englischen Sprachgebrauch durchgesetzt. Von den keramisch wichtigeren Silicaten haben die Pyroxene, z.B. Enstatit $MgSiO_3$, Zweiereinfachketten und Wollastonit $CaSiO_3$ Dreiereinfachketten. Alle Einfachketten haben das O:Si-Verhältnis $V = 3$. Die Periodizitätsabstände erklären sich aus der Größe der stabilisierenden Kationen. In Bild 25 ist nach Liebau [29] der Einfluß solcher Polyeder auf Einfachketten dargestellt. Im Enstatit z.B. fügt sich je ein $[MgO_6]$-Oktaeder an jedes $[SiO_4]$-Tetraeder, während beim Wollastonit zwei $[CaO_6]$-Oktaeder mit der Länge einer Dreierkette übereinstimmen. Die $[BaO_6]$-Oktaeder in Bild 25c sind noch größer; sie sind mit zwei $[SiO_4]$-Tetraedern verträglich, wenn die Zweierkette des Enstatits gestaucht wird. Für noch feinere Unterscheidungen muß man noch den jeweiligen Bindungscharakter berücksichtigen.

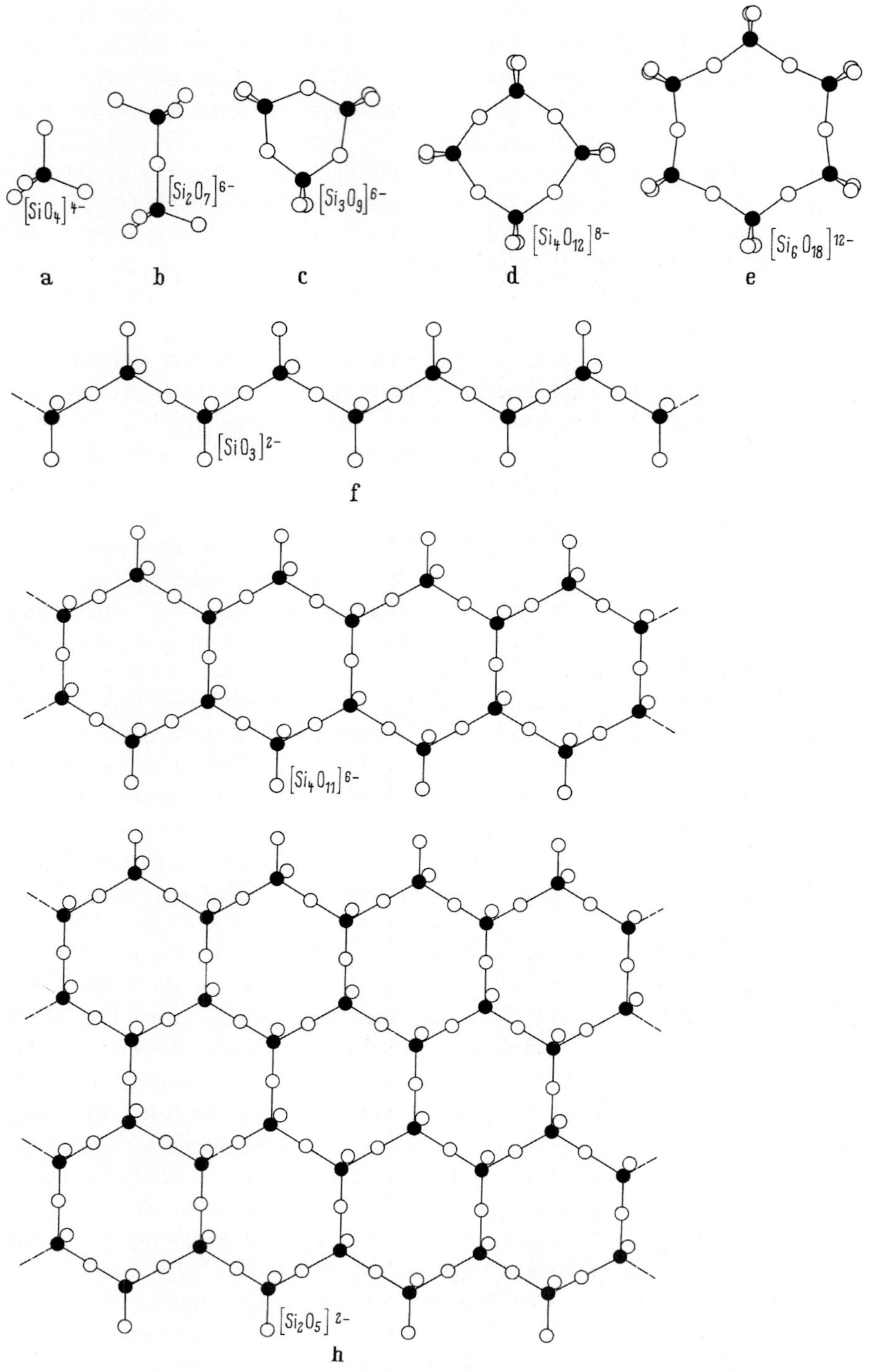

Bild 23 a-h: Verknüpfungen von [SiO_4]-Tetraedern (• = Si, o = O)

Tabelle 13: Systematik der Silicate

Typ	Form	Name	Dimensionszahl	Silicatanion	O:Si-Verhältnis	Beispiel Name	Formel
Tetraeder	einfach	Inselsilicate	0	$[SiO_4]^{4-}$	4,0	Forsterit	$Mg_2[SiO_4]$
	doppelt	Gruppensilicate	0	$[Si_2O_7]^{6-}$	3,5	Rankinit	$Ca_3[Si_2O_7]$
Ringe	Dreierring, einfach	Ringsilicate	0	$[Si_3O_9]^{8-}$	3,0	Benitoit	$BaTi[Si_3O_9]$
	Viererring		0	$[Si_4O_{12}]^{8-}$	3,0	Axinit	$Ca_2MgAl_3[BO_3/OH/Si_4O_{12}]$
	Sechserring, einfach		0	$[Si_6O_{18}]^{12-}$	3,0	Beryll	$Al_2Be_3[Si_6O_{18}]$
	Sechserring, doppelt		0	$[Si_{12}O_{30}]^{12-}$	2,5	Milarit	$KCa_2AlBe_2[Si_{12}O_{30}]\cdot 1/2H_2O$
Ketten	einfach	Kettensilicate	1	$[SiO_3]^{2-}$	3,0	Enstatit	$Mg[SiO_3]$
	doppelt	Bandsilicate	1	$[Si_4O_{11}]^{6-}$	2,75	Tremolit	$Ca_2Mg_5[Si_4O_{11}]_2(OH)_2$
Schichten	einfach	Schichtsilicate	2	$[Si_4O_{10}]^{4-}$	2,5	Kaolinit	$Al_4[Si_4O_{10}](OH)_8$
Gerüste	–	Gerüstsilicate	3	$[SiO_2]^0$	2,0	Quarz	SiO_2
			3	$[AlSi_3O_8]^-$	O:(Al+Si)=2,0	Orthoklas	$K[AlSi_3O_8]$

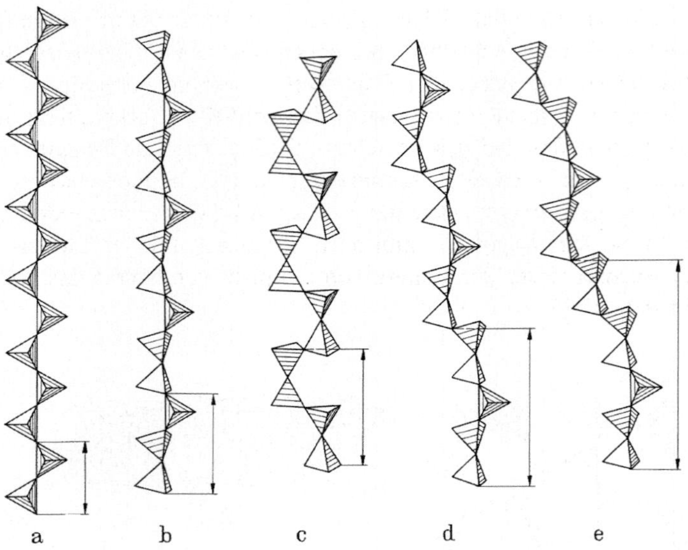

Bild 24: Bisher bekannte Typen von Einfachketten. (a) Zweier- (b) Dreier-, (c) Vierer-, (d) Fünfer-, (e) Siebenereinfachkette

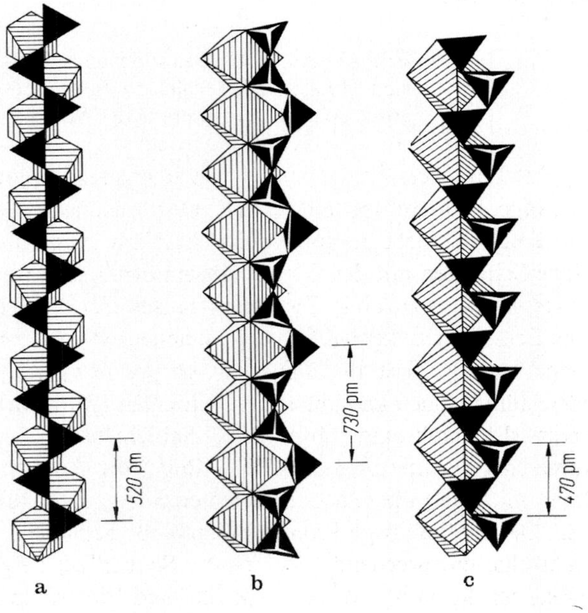

Bild 25: Anpassung von Silicat-Einfachketten an Säulen von $[MeO_6]$-Oktaedern:
(a) Gestreckte Zweiereinfachkette in Enstatit $Mg_2[Si_2O_6]$, $r_{Mg} = 72$ pm
(b) Dreiereinfachkette in Wollastonit $Ca_3[Si_3O_9]$, $r_{Ca} = 99$ pm
(c) Gestauchte Zweiereinfachkette in $Ba_2[Si_2O_6]$, $r_{Ba} = 136$ pm

Entsprechend den Einfachketten hat Liebau auch die anderen Strukturtypen unterteilt. Im Gegensatz zu den Einfachketten, bei denen alle [SiO_4]-Tetraeder zwei Brückensauerstoffe haben, treten bei den Doppelketten verschiedene Typen mit $V = 2{,}5$ bis 2,83, d.h. mit einfacher bzw. mehrfacher seitlicher Verknüpfung auf. Ähnlich liegen die Verhältnisse bei den Schichten. Bild 26 zeigt als Beispiel eine Zweiereinfachschicht, die u.a. in den Tonmineralen auftritt. Bemerkenswert ist dabei, daß sie eine hexagonale Symmetrie hat und daß alle freien Tetraederspitzen nach einer Seite der Schicht zeigen. Es gibt auch Strukturen solcher Zweiereinfachschichten mit wechselweiser Anordnung von Gruppen von Tetraederspitzen; sie sind aber nicht so häufig.

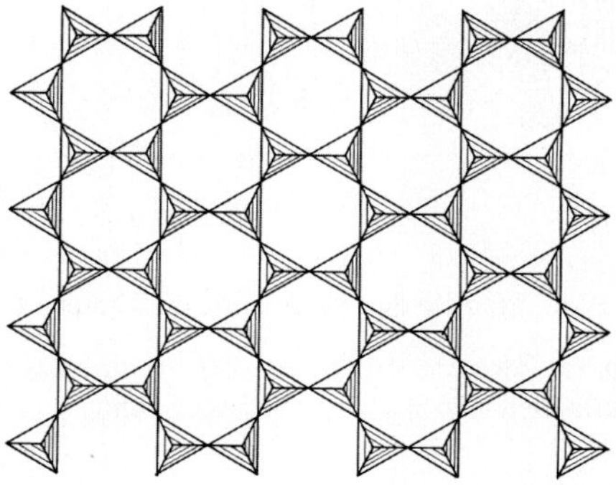

Bild 26: Zweiereinfachschicht

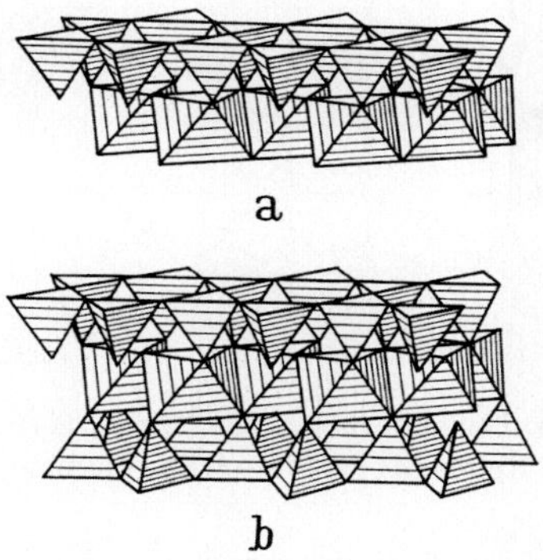

Bild 27: Durch Oktaederschichten stabilisierte Zweiereinfachschichten: (a) kaolinitartige Schicht. (b) glimmerartige Schicht

Die gleichseitige Ausrichtung der Tetraederspitzen hat dort eine starke Anhäufung von negativen Ladungen zur Folge, während die andere Schichtseite keine freien Ladungen enthält, so daß eine solche Schicht instabil ist. Die Stabilisierung wird erreicht, wenn sich zwei solche Schichten mit den Spitzen zusammenlagern, was aber sehr selten ist. Häufig werden dagegen diese Zweiereinfachschichten durch Verknüpfung mit hexagonalen Schichten aus [$Me(O,OH)_6$]-Oktaedern stabilisiert, wobei Me meist Al^{3+} oder Mg^{2+} ist. Die Zusammenlagerung von je einer [SiO_4]- und einer [$Me(O,OH)_6$]-Schicht führt zu den kaolinitartigen Schichten (Bild 27a), während zwei [SiO_4]-Schichten, die durch eine [$Me(O,OH)_6$]-Schicht verbunden sind, die Grundlage der glimmerartigen Strukturen darstellen (Bild 27b). Bezeichnet man die Tetraederschichten mit *t* und die Oktaederschichten mit *o*, so lassen sich Stapelvarianten benennen. Der kaolinitartige Schichtaufbau hieße dann *t-o...t-o...*, die glimmerartige Schichtfolge entsprechend *t-o-t...t-o-t...* Schließlich zeigt Bild 28 einige Grundstrukturen, bei denen u.a. Zweier-, Dreier- und Viererraumnetze auftreten. Auch hierfür findet man zahlreiche keramisch wichtige Minerale.

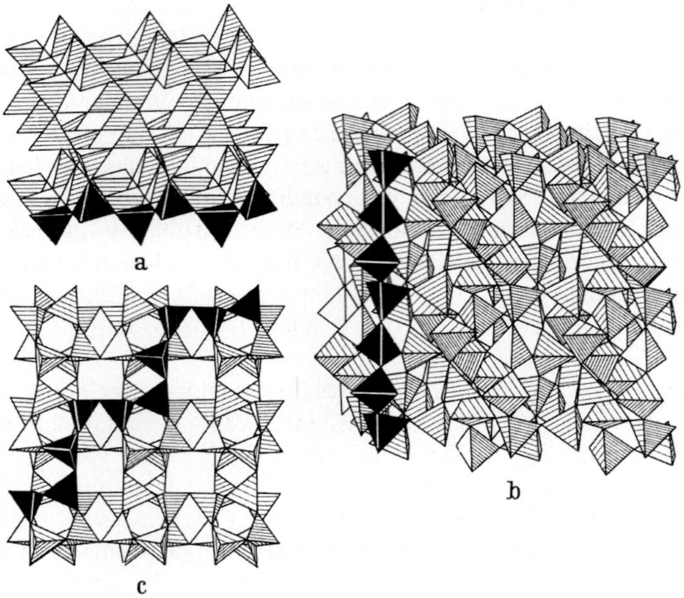

Bild 28: Einige Typen von Tetraedergerüsten. (a) Zweier-, (b) Dreier-, (c) Viererraumnetz (je eine Kette, aus denen sich das Raumnetz aufbauen läßt, ist schwarz eingezeichnet)

So gibt es Zweierraumnetze beim Cristobalit und Tridymit (Bild 28a), Dreierraumnetze beim Quarz und Keatit (Bild 28b) und Viererraumnetze beim Coesit und den Feldspäten (Bild 28c). Die Struktur des Quarzes kann z.B. als aus spiralartig gewundenen Dreierketten aufgebaut gedacht werden.

Die im vorangegangenen Kapitel angedeutete Vielfalt der Silicatstrukturen ist auf den ersten Blick überraschend, kann aber auf kristallchemische Gründe zurückgeführt werden, die im wesentlichen auf den Paulingschen Regeln basieren. Zunächst seien nochmals die drei bereits erklärten Grundregeln angeführt und um zwei erweitert:

1. Der Grundbaustein ist das $[SiO_4]$-Tetraeder.
2. Die Verknüpfung der $[SiO_4]$-Tetraeder erfolgt über die Ecken.
3. Die Si-O-Si-Bindung ist bestrebt, einen Valenzwinkel am Brückensauerstoff von etwa 145° auszubilden.
4. Bei gegebenem Si:O-Verhältnis werden diejenigen Tetraederverknüpfungen bevorzugt, die die höchste Dimensionszahl aufweisen.
5. Die Tetraederverbände müssen sich möglichst spannungsfrei und ohne wesentliche Verzerrung an die Kationen-Sauerstoff-Polyeder anpassen (Belov [34]).

In den folgenden Kapiteln sind die Strukturen derjenigen Silicate genauer beschrieben, die für das Verständnis der keramischen Roh- und Werkstoffe von Bedeutung sind. Die Einteilung wird sich dabei im wesentlichen nach der Systematik der Silicate richten.

2.3.2.1 Insel- und Ringsilicate

Olivin. Zu den *Inselsilicaten* gehört der *Olivin*, auch Peridot genannt, $(Mg,Fe)_2[SiO_4]$, der ein Glied der lückenlosen Mischkristallreihe mit den Endgliedern Forsterit $Mg_2[SiO_4]$ und Fayalit $Fe_2[SiO_4]$ darstellt. Die Struktur besteht aus isolierten Tetraedern, wobei die Sauerstoffe eine pseudohexagonale, annähernd dichte Sauerstoffpackung bilden, in deren Tetraederlücken sich die Si-Ionen befinden, während die Mg-Ionen Oktaederlücken besetzen (Tabelle 10). Insgesamt ergibt sich eine orthorhombische Symmetrie. Isotyp mit Olivin, aber aufgrund des erheblich größeren Ionenradius des Ca^{2+} monoklin verzerrt ist die Struktur des *Monticellit* $CaMg[SiO_4]$, einem Reaktionsprodukt feuerfester Werkstoffe.

Zirkon. Beim tetragonalen *Zirkon* $Zr[SiO_4]$ ist der Ionenradius des Zr^{4+}-Ions mit 84 pm zu groß zur Besetzung von Oktaederlücken. In der Struktur sind deshalb die einzelnen $[SiO_4]$-Tetraeder so angeordnet, daß ein Zr^{4+}-Ion von 8 Sauerstoffen umgeben ist (Bild 29). Aufgrund der Lückengröße können anstelle von Zr^{4+} andere Elemente treten wie Th^{4+} und U^{4+}, weshalb der natürliche Zirkon stets schwach radioaktiv ist. Strukturgleich sind eine Vielzahl von Germanaten, Phosphaten und Vanadaten der Seltenen Erden, bei welchen Ge^{4+}, P^{5+} und V^{5+} die Tetraederpositionen des Si^{4+} besetzen. Beispiel ist der ebenfalls technisch bedeutsame Xenotim (YPO_4). Zu den Inselsilicaten gehört auch der *Eukryptit* $LiAl[SiO_4]$, isotyp mit Phenakit $Be_2[SiO_4]$, bei dem $[BeO_4]$-Tetraeder vorliegen, die aber nicht mit den $[SiO_4]$-Tetraedern gleichwertig sind, so daß diese Strukturen formal nicht zu den Gerüstsilicaten zu zählen sind.

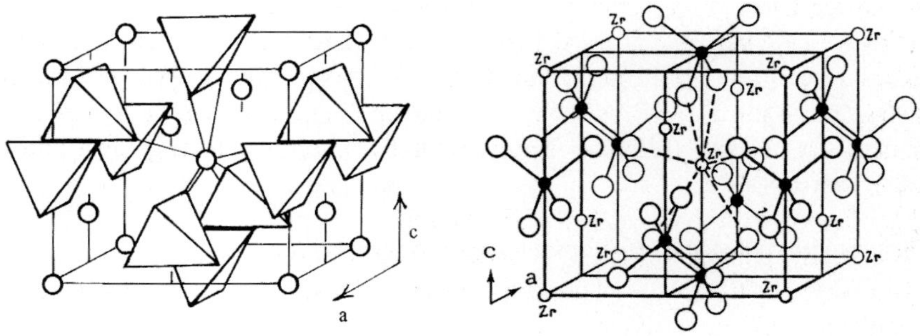

Bild 29: Zirkonstruktur in zwei Darstellungsweisen

Sillimanit, Disthen, Andalusit. Das Aluminiumsilicat $Al_2O_3 \cdot SiO2$ ist trimorph. Es tritt in Form der Mineralien Sillimanit, Disthen (Kyanit) und Andalusit auf. Bei allen drei Strukturen ist die Hälfte aller Aluminiumionen oktaedrisch von Sauerstoff umgeben (KZ = 6, Al^{VI}), die andere Hälfte beim Sillimanit in Viererkoordination (Al^{IV}), beim Disthen in Fünfer- (Al^{V}) und beim Andalusit wieder in Sechserkoordination. Da das Al^{IV} im Sillimanit nicht durch Si^{4+} substituierbar ist, wird diese Mineralfamilie nach der kristallchemischen Systematik von Strunz unter den Inselsilicaten eingeordnet. Andererseits ist werden unter Einbeziehung der $[AlO_4]$-

Tetraeder Einerdoppelketten sichtbar, die eine gelegentliche Eingruppierung unter den Kettensilicaten zur Folge hat. In Bild 30a ist die Struktur des *Sillimanits* $Al_2[SiO_5]$ bzw. $Al^{VI}Al^{IV}[O/SiO_4]$ dargestellt, der häufigsten natürlichen Modifikation. Parallel zur *c*-Achse (senkrecht zur Zeichenebene) liegen an den Ecken und in der Mitte der Elementarzelle jeweils Ketten aus $[AlO_6]$-Oktaedern, die gemeinsame Kanten haben [35]. Sie sind durch weitere Ketten aus $[SiO_4]$- bzw. $[AlO_4]$-Tetraedern verknüpft, von denen in Bild 30a jeweils nur die obersten Tetraeder durch Striche hervorgehoben wurden. An der rechten Seite wurde noch ein weiteres Tetraeder eingezeichnet, um die Lage der Doppelkette besser erkenntlich zu machen. In Richtung der *c*-Achse wechseln sich in den Tetraedern die Si- und Al-Ionen ab.

Der *Andalusit* $Al^{VI}Al^{V}[O/SiO_4]$ besitzt ebenfalls parallel zur *c*-Achse Ketten von $[AlO_6]$-Oktaedern, die jetzt aber nicht nur durch $[SiO_4]$-Tetraeder, sondern auch durch $[AlO_5]$-Gruppen verknüpft sind (Burnham 1961 [36]). Hier liegt also der seltene Fall der KZ 5 für das Al vor (Bild 30b). Beim *Disthen* (Kyanit) sind alle Al-Ionen in KZ 6 koordiniert (Bild 29). Die Struktur kann als eine triklin verzerrte kubisch dichteste Sauerstoffpackung mit Al in Oktaederlücken angesehen werden. In beiden Strukturen sind die $[SiO_4]$-Tetraeder isoliert. Nach der Strukturverfeinerung von Winter und Ghose [37] dehnen sich mit steigender Temperatur vorzugsweise die $[AlO_6]$-Oktaeder aus, beim Andalusit vorzugsweise die längste der fünf Al-O-Bindungen.

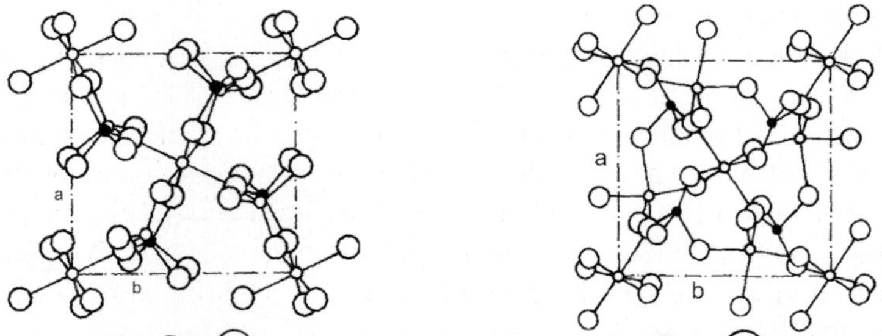

Bild 30: Einheitszellen von (a) Sillimanit und (b) Andalusit

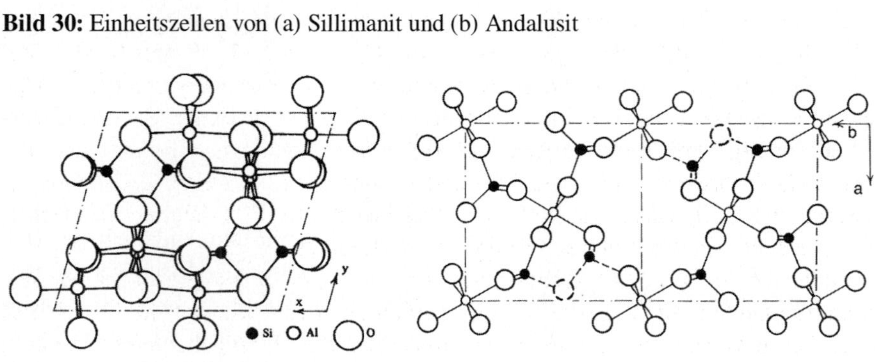

Bild 31: Einheitszellen von (a) Disthens und (b) Mullit (zwei Elementarzellen, zur Verdeutlichung der Ähnlichkeit an (010) gespiegelt; weiter besetzbare Atompositionen gestrichelt)

Mullit. Strukturell noch näher verwandt mit dem Sillimanit ist der Mullit, der wichtigste kristalline Bestandteil der gebrannten silicatkeramischen Produkte und eine vielseitige Hochleistungskeramik. Seine Zusammensetzung ist allerdings anders und schwankt zwischen $3Al_2O_3{\cdot}2SiO_2$ und $2Al_2O_3{\cdot}SiO_2$ (3:2-Mullit, 2:2-Mullit; Kapitel 3.3.2.1). Nach Taylor [38] (Bild 29b) enthält die Mullitstruktur ebenfalls $[AlO_6]$-Oktaederketten, aber in den $[SiO_4]$-Tetraedern ist ein Teil der Si-Ionen durch Al-Ionen ersetzt: $2Si^{4+} + O^{2-} \leftrightarrow 2Al^{3+} + v_O$, d.h., zum Wertigkeitsausgleich entsteht eine Sauerstoffleerstelle v_O, was zur Folge hat, daß eine benachbarte Tetraederkette teilweise andere Lagen einnimmt. In Bild 30b ist eine solche Anordnung oben rechts eingezeichnet.

Die (verdoppelte) Strukturformel des Sillimanits lautet $Al_2^{VI}[Al_2^{IV}Si_2O_{10}]$. Durch den Ersatz Si-Al muß sie für den Mullit modifiziert werden zu $Al_2^{VI}[Al_{2+2x}^{IV}Si_{2-2x}O_{10-x}]$, worin x die Zahl der Sauerstoffleerstellen darstellt. Für den Sillimanit ist also $x = 0$, für den 3:2-Mullit $x = 0{,}25$, entsprechend $Al_2[Al_{2.5}Si_{1.5}O_{9.75}]$, und für den 2:1-Mullit $x = 0{,}4$, entsprechend $Al_2[Al_{2.8}Si_{1.2}O_{9.6}]$. Zwischen beiden Mulliten besteht eine lückenlose Mischkristallreihe, die nach Cameron [39] die Grenzen von $x = 0{,}17$ bis 0,49 kaum überschreitet. Beim Sillimanit hat man Al_2O_3-reiche Proben mit höchstens $x = 0{,}04$ gefunden, d.h. zwischen $x = 0{,}04$ und $x = 0{,}17$ liegt eine Mischungslücke. Auf der anderen Seite würde man mit $x = 1$ zu $Al_2[Al_4O_9] = 3\ Al_2O_3$, d.h. einem reinen Al_2O_3 kommen. Saalfeld [40] und andere Autoren haben tatsächlich eine solche Modifikation als Al_2O_3 mit Sillimanitstruktur gefunden (Kapitel 3.3.1.2). Cameron [39] bezeichnet den Mullit sogar als substituiertes Al_2O_3.

Die Si-Al-Verteilung in den Tetraedern des Sillimanits ist geordnet, die im Mullit statistisch verteilt, wodurch sich die Gitterkonstante c_o (Tabelle 14) halbiert. Die Beobachtung von diffusen Reflexen bei Röntgenaufnahmen an Einkristallen von 3:2-Mulliten spricht aber für eine gewisse Ordnung [41]. Aufgrund solcher Beobachtungen wurden die Mullite mit verschiedenen Bezeichnungen belegt (D-Mullit bzw. S-Mullit); nach Saalfeld [42] sind die beim 2:1-Mullit auftretenden Satellitenreflexe auf eine Domänenstruktur dieses Mullits in der Größe von 20 Elementarzellen zurückzuführen, bedingt durch das Auftreten einer speziellen Tetraederdoppelkette.

Eine genaue Bestimmung der Wärmekapazität durch Bildmann und Schneider [43] belegt einen stufenförmigen Anstieg von C_p zwischen 1100 und 1300°C, der einem Glasübergang ähnelt. Diese Anomalie wird als Phasenübergang gewertet, der auf einen Wechsel von einer statischen zu einer dynamischen Sauerstoffleerstellenordnung zurückgeführt wird. Andere Erklärungen wie eine Rotation der $[(Al,Si)O_4]$-Tetraeder und $[AlO_6]$-Oktaeder oder eine teilweise Zersetzung in Korund und SiO_2-Glas, was auf der Oberfläche von Einkristallen beobachtet wurde, erscheinen den Autoren weniger wahrscheinlich.

Der unterschiedliche Al_2O_3-Gehalt wirkt sich auch auf einige Eigenschaften aus, indem die Dichte mit steigendem Al_2O_3-Gehalt abnimmt, wie in Bild 32 zu sehen ist. Dabei muß man natürlich berücksichtigen, daß die oft eingebauten schwereren Fremdionen Fe oder Ti diese Werte verfälschen können. Auch die Gitterkonstanten werden beeinflußt, am meisten a_o, (Bild 33).

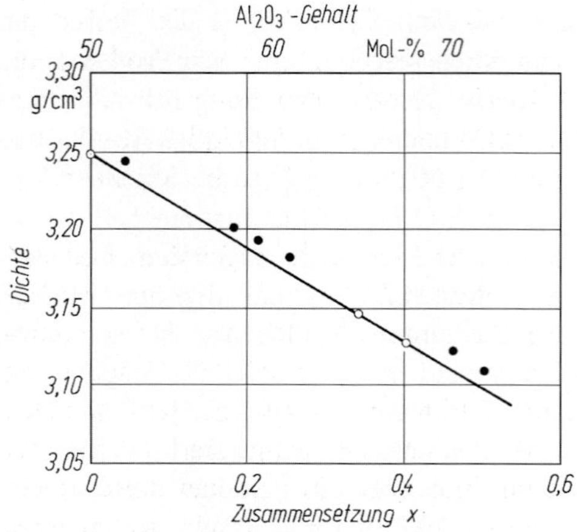

Bild 32: Abhängigkeit der Dichte von Sillimanit und Mullit vom Al_2O_3-Gehalt gemäß $Al^{VI}_2[Al^{IV}_{2+2x}Si_{2-2x}O_{10-x}]$; nach Cameron [39], o = Proben mit (Fe_2O_3 + TiO_2)-Gehalten < 0,5 Gew.-%, • = Proben mit (Fe_2O_3 + TiO_2)-Gehalten > 0,5 Gew.-%

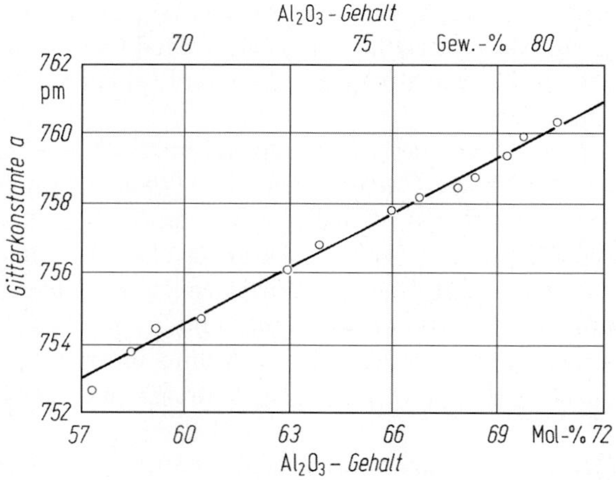

Bild 33: Abhängigkeit der Gitterkonstante a_o von Mullit vom Al_2O_3-Gehalt; nach Cameron [46]

Daraus kann man die Abhängigkeit der Gitterkonstante a_o (in pm) vom Al_2O_3-Gehalt p in Mol-% nach

$$a_o = 722{,}6 + 0{,}533\,p$$

ableiten. Die so ermittelten Werte liegen etwas höher als die, die nach einer ähnlichen Gleichung von Durovic [44] zu berechnen sind. Berücksichtigt man jedoch, daß die in Bild 33 oberhalb der Ausgleichsgeraden liegenden Werte von Proben stammen, die relativ hohe Fe_2O_3- oder TiO_2-Gehalte hatten, dann ergeben sich für die reinen Mullite niedrigere Werte und eine Angleichung. Obige Abhängigkeit läßt sich nicht nur zur angenäherten Bestimmung des Al_2O_3-Gehalts der Mullite verwenden, sondern auch zur Unterscheidung zwischen Mullit und Sillimanit anhand der (hk0)-Reflexe. Zur Unterscheidung von Sillimanit und Mullit kann auch die Infrarotspektroskopie herangezogen werden. Die IR-Spektren beider Minerale sind ähnlich, nur sind nach Tarte [45] beim Mullit durch den Si-Al-Austausch und die damit verknüpfte Verzerrung des Gitters die Banden verbreitert.

Ringsilicate. Von den *Ringsilicaten* seien nur einige Vertreter genannt. Der sehr seltene *Benitoit* $(BaTi)[Si_3O_9]$ besteht aus isolierten *Dreierringen*, die in Richtung der *c*-Achse übereinander liegen und über Ba^{2+}- bzw. Ti^{4+}-Ionen in KZ 6 miteinander verknüpft sind. Die $[SiO_4]$-Tetraeder sind in einer solchen Gruppierung stark verspannt. Eine gewisse Entspannung tritt bei *Viererringen* ein, die den *Axinit* $Ca_2(Fe,Mg,Mn)Al_2[BO_3/OH/Si_4O_{12}]$ aufbauen. Die Ringe sind mit $[BO_3]^{3-}$-Gruppen parallel zur *c*-Achse gestapelt und nur über die Kationen miteinander verknüpft. Fünferringe existieren nicht, da mit fünfzähligen Symmetrieelementen keine dreidimensional unendlichen Strukturen aufgebaut werden können.

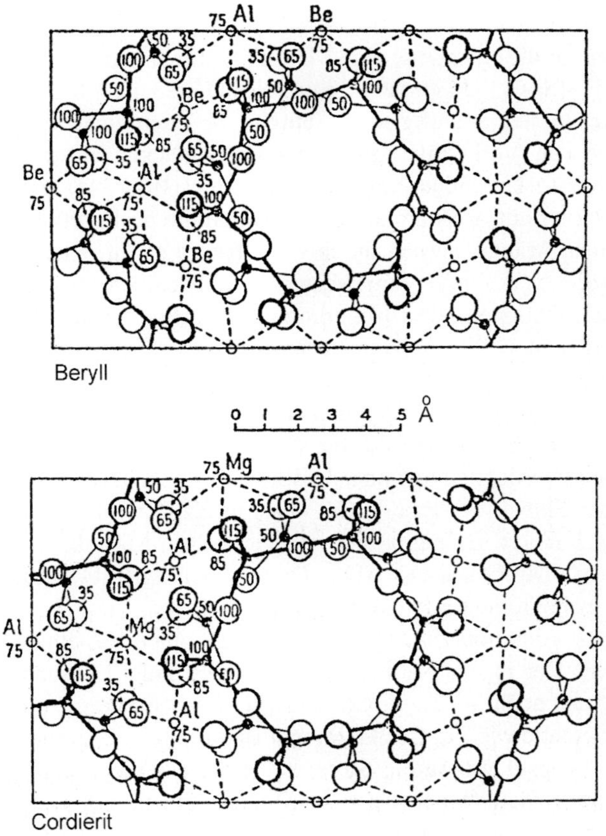

Bild 34: Ausschnitt aus der Beryll- bzw. Cordierit-Struktur.

Strukturen mit *Sechserringen* sind relativ häufig, da in ihnen die Si-O-Si-Bindungen wieder entspannt sind. Vertreter sind der hexagonale *Beryll* $Al_2Be_3[Si_6O_{18}]$, bei welchem jeweils zwei benachbarte Ringe über ein $[BeO_4]$-Tetraeder und drei Ringe über Al^{3+} in Sechserkoordination verbunden werden. Die Ringe selbst sind mit einer Verdrehung von 30° - wiederum verknüpft über Be^{2+} und Al^{3+} - parallel zur *c*-Achse übereinandergestapelt. Dadurch entstehen in der Struktur große Kanäle (Innenräume der Ringe), die bis zu 7 % Alkalielemente als Oxide, Hydroxide oder Halogenide aufnehmen können. Große Ähnlichkeit mit der Struktur des Berylls weist der *Cordierit* $Mg_2Al_3[AlSi_5O_{18}]$ auf, bei welchem ein Si im Ring durch Al ersetzt ist. Die anderen Al-Ionen besetzen die Be-Positionen des Berylls in KZ 4, das Mg befindet sich in KZ 6 anstelle des Al im Beryllgitter. Bild 31 zeigt eine Gegenüberstellung der beiden Strukturen. Aufgrund der geringen Wärmedehnung ist der Cordierit ein sehr thermoschockbeständiger Werkstoff. Die großen Kanäle in der Struktur lassen jedoch den Einbau von Alkalien und anderer Verunreinigungen zu, was die Hochtemperatureigenschaften wieder verschlechtert.

2.3.2.2 Ketten- und Bandsilicate

Zu den *Kettensilicaten* gehören die *Pyroxene*, eine Mischkristallreihe von *Enstatit* $Mg_2[Si_2O_6]$ und Ferrosilit $Fe_2[Si_2O_6]$, deren magnesiumreiche Glieder als Mineralien basischer magmatischer Gesteine häufig sind, während die eisenreichen Verbindungen als Bestandteile von Verbrennungsaschen oder Schlacken auftreten. Die in Richtung der *c*-Achse verlaufenden Zweiereinfachketten (Bild 24a) spannen ein orthorhombisches Gitter auf, weshalb diese Mineralfamilie auch Orthopyroxene heißen. Die einzelnen Stränge werden durch Mg^{2+} bzw. Fe^{2+} in oktaedrischer Koordination paarweise verknüpft. Vom Magnesium-Metasilicat $MgSiO_3$ gibt es noch weitere Modifikationen, den orthorhombischen Protoenstatit als Hochtemperaturform und den monoklinen Klinoenstatit als Tieftemperaturform, über deren Stabilitätsbedingungen in Kapitel 4.2.3 berichtet wird. Ihre Strukturen lassen sich durch geringe Verschiebungen (Scherung) einiger Atomlagen reversibel ineinander umwandeln. Tabelle 14 zeigt, daß die Gitterkonstanten dieser Modifikationen sehr nahe liegen (Verdoppelung von a_0 des Enstatits gegenüber Proto- und Klinoenstatit). Mit dem Einbau des großen Ca^{2+}-Ions in KZ 8 wird die monokline Strukturvariante stabilisiert. Es ergibt sich die lückenlose Mischkristallreihe der Klinopyroxene $Ca(Mg,Fe)[Si_2O_6]$ vom *Diopsid* $CaMg[Si_2O_6]$ zum *Hedenbergit* $CaFe[Si_2O_6]$, wobei reine Endglieder selten sind.

Durch die vergrößerte Koordinationszahl können zahlreiche andere Elemente auf den Platz des Ca treten. Der in der Natur als „Elementesammler" bekannte magmatische *Augit* enthält u.a. noch Sr, Ti, V, Cr, und Mn; aus Schlacken ist ein Augit bekannt, der Schwermetalle wie Zn, Cd, Tl, Pb und Bi aufnimmt. *Spodumen* $LiAl[Si_2O_6]$ hat eine dem Diopsid verwandte Struktur. Tief-Spodumen wandelt sich oberhalb 600°C in die beiden Hochtemperatur-Modifikationen des *Hoch-Eukryptits* und des Hoch-Spodumens um, die wegen ihrer sehr geringen Ausdehnungskoeffizienten von Bedeutung für die Keramik geworden sind (Kapitel 8 Glaskeramik). Der hexagonale Hoch-Eukryptit besitzt eine ähnliche Struktur wie

Hoch-Quarz, nur ist die Gitterkonstante c_0 verdoppelt (Tabelle 14). Die Hälfte der Sauerstofftetraeder enthält Al-Ionen, während die den Ladungsausgleich bewirkenden Li-Ionen sich in den Hohlkanälen der Quarzstruktur befinden. Auch der Struktur des orthorhombischen Hoch-Spodumens liegt nach Saalfeld [47] das Tetraedergerüst des Hoch-Quarzes zugrunde, wobei der Unterschied durch die Art der Verteilung der Li-, Al- und Si-Ionen bedingt ist. Die Mischkristallbildung dieser Modifikationen wird später erörtert (Kapitel 3.3.3.3).

Ein Beispiel für Dreiereinfachketten (Bild 24b) ist das reine Calciummetasilicat, der trikline *Wollastonit* $Ca[SiO_3]$, in seiner Tieftemperatur-Modifikation und ist daher eher als $Ca_3[Si_3O_9]$ zu schreiben. Aufgrund der Kettenstruktur bildet Wollastonit lange dünne nadelige bis faserige Kristalle aus. Bei hohen Temperaturen wandelt er sich in den Pseudowollastonit um, der Dreierringe enthält.

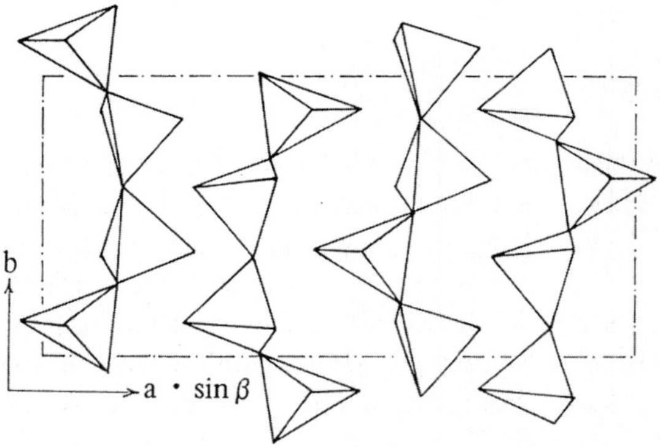

Bild 35: Ausschnitt aus der Wollastonit-Struktur (J. Tolliday [48])

Die Verknüpfung von Ketten zu Bändern führt zur Mineralfamilie der *Hornblenden (Amphibole)*, die eine noch größere Vielfalt aufweisen als die Pyroxene. Sie enthalten noch zusätzlich OH-Gruppen bzw. Fluor im Gitter. Die Bruttoformel kann mit $A_{0\text{-}3}B_{2\text{-}0}C_{5\text{-}4}[(OH,F)/Al_xSi_{4\text{-}x}O_{11}]_2$ angegeben werden. Dabei werden die Plätze A von großen Kationen wie Na^+, K^+, Rb^+, Sr^{2+} und Ba^{2+} in KZ 8 und 12 eingenommen, die Plätze B mit großen bis mittelgroßen Kationen wie Na^+, Mg^{2+}, Ca^{2+}, Fe^{2+}, Fe^{3+}, und Mn^{2+} in KZ 6 und 8 besetzt, während die Position C von mittelgroßen bis kleinen Kationen wie Li^+, Al^{3+}, Mg^{2+}, Fe^{2+}, Fe^{3+}, Mn^{2+}, Ti^{3+}, Cr^{3+} u.a. in KZ 6 belegt wird. Damit sind Amphibole ebenso wie die Pyroxene „Elementesammler“. Zu ihnen gehören faserig ausgebildete Mineralien wie *Anthophyllit* $(Mg,Fe)_7[OH/Si_4O_{11}]_2$ (Anthophyllit-Asbest) und das Calcium-Analogon *Aktinolith* $Ca_2(Mg,Fe)_5[(OH,F)/Si_4O_{11}]_2$ (Aktinolith-Asbest). Die $[SiO_4]$-Tetraederbänder sind über die in einer Ebene liegenden Kationen so verknüpft, daß immer Bandgruppen mit zueinander gerichteten Tetraederspitzen entstehen.

Tabelle 14: Eigenschaften einiger binärer Silicate

Mineral	Formel	Kristall-system	Gitterkonstanten a_0 pm	b_0 pm	c_0 pm	α	β	γ	Dichte (20°C) g/cm³	Brechungsindex n_α	n_β	n_γ	Linearer Ausdehnungs-koeffizient α $10^{-6}K^{-1}$
Forsterit	$Mg_2[SiO_4]$	orthorhom.	599	478	1026				3,21	1,636	1,651	1,669	$\alpha_{20/1000} = 11$
Fayalit	$Fe_2[SiO_4]$	orthorhom.	617	481	1061				4,35	1,824	1,864	1,875	
Zirkon	$Zr[SiO_4]$	Tetragonal	659	-	594				4,6	1,94	1,99		$\alpha_{20/1000} = 4,5$
Enstatit	$Mg_2[Si_2O_6]$	orthorhom.	1822	881	520				3,18	1,650	1,653	1,658	
Protoenstatit	$Mg_2[Si_2O_6]$	orthorhom.	925	874	532				3,10	ähnlich	Enstatit		$\alpha_{20/1000} = 11$
Klinoenstatit	$Mg_2[Si_2O_6]$	monoklin	961	882	520		71°40´		3,18	1,651	1,654	1,660	$\alpha_{20/600} = 8,9$
Wollastonit	$Ca_3[Si_3O_9]$	triklin	794	732	707	90°02´	95°22´	103°26´	2,92	1,620	1,632	1,634	$\alpha_{20/800} = 12$
Sillimanit	$Al[AlSiO_5]$	orthorhom.	748	767	577				3,25	1,657	1,658	1,677	$\alpha_{25/900} = 6,0$
Andalusit	$Al_2[O/SiO_4]$	orthorhom.	779	790	556				3,14	1,632	1,638	1,643	$\alpha_{25/900} = 11,9$
Kyanit	$Al_2[O/SiO_4]$	triklin	710	774	557	90°05´	101°02´	105°44´	3,67	1,717	1,722	1,729	$\alpha_{25/900} = 9,5$
Mullit (3:2)	$Al[Al_{1,25}Si_{0,75}O_{4,875}]$	orthorhom.	754	767	283				3,16	1,642	1,644	1,654	$\alpha_{20/1000} = 4,5$
Mullit (2:1)	$Al[Al_{1,4}Si_{0,6}O_{4,8}]$	orthorhom.	757	768	289				3,17	1,650	-	1,663	

2.3.2.3 Schichtsilicate

Die geschichtlich so frühzeitige Entwicklung der Keramik ist auf die leichte Formbarkeit der in der Natur häufig vorkommenden Tone und Kaoline zurückzuführen. Diese Eigenschaft ist eng mit der Struktur der Tonminerale verbunden. Die Tonminerale gehören zur Gruppe der Schichtsilicate und sollen hier in diesem Zusammenhang gemeinsam mit den anderen wichtigen Schichtsilicaten, den Glimmern, behandelt werden. Ausführlicher sind sie in den Monographien von Jasmund [49], Jasmund und Lagaly [50], Grim [51] und Grimshaw [52] beschrieben. Nicht ganz einheitlich ist die Verwendung der Begriffe Kaoline und Tone. Im allgemeinen bezeichnet man primäre Vorkommen als Kaoline, sekundäre als Tone. Beide enthalten Tonminerale, von denen das wichtigste der Kaolinit ist. Mit den Schwierigkeiten der Begriffsbestimmung haben sich Kromer und Schüller [53] auseinandergesetzt.

In Kapitel 2.3.2 wurde bereits erwähnt, daß in den meisten Schichtsilicate in Zweiereinfachschichten (Bild 26) auftreten, die eine hexagonale Symmetrie haben. Die Ausrichtung aller freien Tetraederspitzen nach einer Seite macht eine solche Schicht instabil.

Meist wird eine Stabilisierung dadurch erreicht, daß eine Verknüpfung mit hexagonalen Schichten aus $[Me(O,OH)_6]$-Oktaedern (o) erfolgt. Lagert sich nur eine Tetraederschicht (t) an, so spricht man von Schichtsilicaten vom 1:1-Typ (Zweischichtminerale, Schichtfolge t-o...t-o), während bei beidseitiger Anlagerung von Tetraederschichten an die Oktaederschicht Schichtsilicate vom 2:1-Typ (Dreischichtminerale, Schichtfolge t-o-t...t-o-t) entstehen.

In der Oktaederschicht tritt als Kation Me meist Al^{3+} oder Mg^{2+} auf. Aus Gründen der Elektroneutralität sind dann mit Al^{3+} nur 2/3 der Oktaederlücken besetzt, dagegen mit Mg^{2+} 3/3, d.h. alle. Die ersten Strukturen bezeichnet man deshalb als *di*oktaedrisch, die letzteren als *tri*oktaedrisch. Die Vielfalt der Möglichkeiten wird noch dadurch vergrößert, daß das Si der Tetraederschicht durch Al^{3+} sowie das Al^{3+} oder Mg^{2+} der Oktaederschicht durch andere drei- oder zweiwertige Kationen ersetzt werden kann, wodurch die Schichtpakete zusätzlich negative Ladungen erhalten können, die durch weitere ein- oder zweiwertige Kationen zwischen den einzelnen Schichtpaketen ausgeglichen werden. Je nachdem, ob diese Kationen geordnet oder statistisch verteilt eingebaut sind, ergeben sich unterschiedliche Strukturen und Stapelvarianten. In einer Übersicht zeigt Bailey [54], daß in den Oktaederschichten der geordnete Ersatz häufiger zu beobachten ist als in den Tetraederschichten. Die Verteilung der freien Plätze in den Oktaederschichten ist bei den dioktaedrischen Schichtsilicaten immer geordnet.

Dies ergibt eine außerordentliche Vielfalt an möglichen Strukturen, wobei noch weitere Varianten zu berücksichtigen sind, indem bei einigen Schichtsilicaten zwischen die Schichtpakete entweder H_2O-Moleküle als Zwischenschichtwasser oder Hydroxidschichten als Zwischenschichten eintreten können. Daraus resultiert eine Ordnung, die sich nach obigen Prinzipien richtet [54], [2256]. In Tabelle 15 werden zunächst den Schichttypen bestimmte Gruppennamen zugeordnet, die sich beim 2:1-Typ zusätzlich nach der Ladung der Schichtpakete richten, bedingt durch unterschiedlichen Austausch von Kationen in den Schichten.

Tabelle 15: Gliederung der Schichtsilicate

Typ	Gruppenname	Ladung pro Formeleinheit[a]	Untergruppe dioktaedrisch: Gruppenname	Untergruppe dioktaedrisch: Minerale	Untergruppe trioktaedrisch: Gruppenname	Untergruppe trioktaedrisch: Minerale
1:1	Kaolinit-Serpentin-Gruppe	≈ 0	Kaolinite	Kaolinit Halloysit[b]	Serpentine	Chrysotil Antigorit
2:1	Pyrophyllit-Talk-Gruppe	≈ 0	Pyrophyllite	Pyrophyllit	Talke	Talk
	Smektite[b]	0,2-0,6	Montmorillonite	Montmorillonit Beidellit	Saponite	Saponit Hectorit
	Vermiculite[b]	0,6-0,9	Vermiculite		trioktaedrische Vermiculite	
	Glimmer	≈ 1	dioktaedrische Glimmer	Muskovit Paragonit	trioktaedrische Glimmer	Biotit Phlogopit
	Sprödglimmer	≈ 2	dioktaedrische Sprödglimmer	Margarit	trioktaedrische Sprödglimmer	Clintonit
2:1:1	Chlorite	Variabel	dioktaedrische Chlorite[c]	Donbassit	trioktaedrische Chlorite[d]	Klinochlor Prochlorit
					di-trioktaedrische Chlorite[e]	Cookeit Sudoit

[a] Bezogen auf die Grundeinheit der Tetraederschicht $[SiO_4]$

[b] Enthalten Zwischenschichtwasser

[c] d.h. dioktaedrisch in der 2:1-Schicht und in der Hydroxid-Zwischenschicht, Grundtyp: $Al_2[(OH)_2/Si_4O_{10}]\cdot Al_2(OH)_6$

[d] d.h. trioktaedrisch in der 2:1-Schicht und in der Hydroxid-Zwischenschicht, Grundtyp: $Mg_3[(OH)_2/Si_4O_{10}]\cdot Mg_3(OH)_6$

[e] d.h. dioktaedrisch in der 2:1-Schicht aber trioktaedrisch in der Hydroxid-Zwischenschicht, Grundtyp: $Al_2[(OH)_2/Si_4O_{10}]\cdot Mg_3(OH)_6$

Untergruppen mit eigenen Namen bilden dann die di- und die trioktaedrischen Schichtsilicate, bei denen beispielhaft einige spezielle Minerale genannt werden. Man beobachtet bei den Schichtsilicaten fast alle im Kapitel 2.2.4 erwähnten Kristallbaufehler. Einige dieser Minerale werden mit besonderen Namen belegt. Da aber die strukturellen Ähnlichkeiten sehr groß sind, faßt man sie oft zu Gruppen zusammen, denen meist das bekannteste Mineral zugleich den Namen liefert.

Kaolinitgruppe. Die theoretische Zusammensetzung des Kaolinits in oxidischer Schreibweise lautet $Al_2O_3{\cdot}2SiO_2{\cdot}2H_2O$, was 46,53 Gew.-% SiO_2, 39,49 Gew.-% Al_2O_3 und 13,98 Gew.-% H_2O entspricht. Eine $[SiO_4]$-Tetraederschicht ist mit einer dioktaedrischen $[AlO_6]$-Schicht verbunden, wobei in der Oktaederschicht mehrere der Sauerstoffe durch OH-Gruppen ersetzt sind (Pauling [55]). Schematisch ist ein solches Schichtpaket in Bild 36a dargestellt. Aus der sich wiederholenden Hälfte dieser Darstellung folgt:

Oktaederschicht	$3(OH)^-$	
	$2Al^{3+}$	$Al_2O_3 \cdot 2SiO_2 \cdot 2H_2O$ (Oxidformelschreibweise) bzw.
	$2O^{2-}, (OH)^-$	$Al_2[(OH)_4 / Si_2O_5]$ (Strukturformelschreibweise)
Tetraederschicht	$2Si^{4+}$	
	$3O^{2-}$	

Letztere Schreibweise entspricht besser der Struktur. In der eckigen Klammer stehen die Anionen, davor die Kationen, d.h., das Al tritt hier in der KZ 6 auf.

Zur Ausbildung eines Kristalls, d.h. einer Translationssymmetrie, müssen sich die Schichtpakete bedingt durch verschiedene Bindungsarten in einer bestimmten Weise übereinanderlagern. Der einfachste Fall ist die Ausbildung von van der Waalsschen Bindungen. Zeigt eine Schichtoberfläche OH-Gruppen, dann werden Wasserstoffbrückenbindungen zum nächsten Schichtpaket möglich. Schließlich ist mit partieller Ionenbindung zu rechnen, wenn die Schichtpakete nicht neutral sind, sondern Überschußladungen aufweisen. Je nach kompensierendem Kation und seiner Polarisierbarkeit können die Bindungskräfte verstärkt werden.

Bei den Kaoliniten werden nach Bild 36a Wasserstoffbrücken der OH-Gruppen der äußeren Oktaederschicht zu benachbarten O-Atomen der nächsten Tetraederschicht ausgebildet. Insgesamt sind vier verschiedene solche Brücken möglich, wovon jedoch eine in eine Lücke der Oktaederschicht ragt, für die Zwischenschichtbindung also nicht in Frage kommt.

Für den Nachweis von Wasserstoffbrückenbindungen eignet sich besonders die Infrarotspektroskopie (abgekürzt: IR). Die O-H-Valenzschwingung hat eine sehr intensive IR-Absorption im Bereich um 3700 cm^{-1}. Bildet sich eine Wasserstoffbrücke O-H...O aus, dann wird der eigentliche O-H-Abstand größer, die Bindungsenergie also geringer und damit auch die Schwingungsfrequenz. Eine starke Wasserstoffbrückenbindung läßt sich folglich durch eine Frequenzerniedrigung der OH-Bande nachweisen.

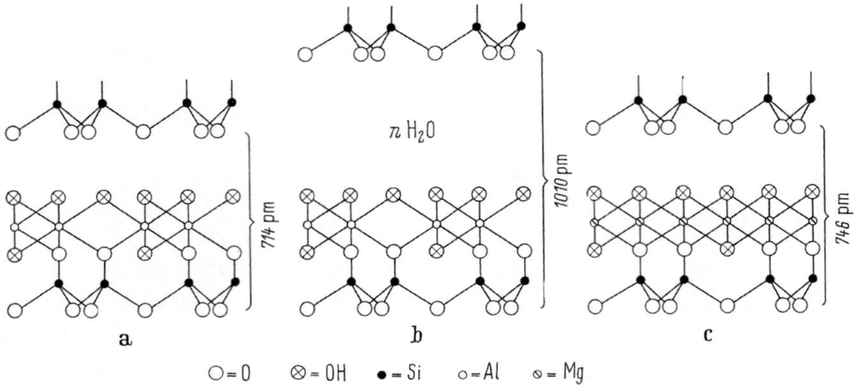

Bild 36: Schematische Darstellung der Strukturen von Schichtmineralen vom 1:1-Typ. (a) Kaolinit, (b) Halloysit, (c) Antigorit

In Bild 37 kann man nach den Aufnahmen von Serratosa u. M. [56] im Kaolinit vier Banden erkennen, von denen die mit der geringsten Frequenz dem OH innerhalb des Schichtpakets zuzuordnen ist. Wenn man berücksichtigt, daß die freie OH-Gruppe eine Wellenzahl von 3742 cm^{-1} besitzt, dann wird die Zwischenschichtbindung beim Kaolinit durch zwei verschiedene OH-Gruppen bewerkstelligt, die senkrecht zur benachbarten Tetraederschicht Wasserstoffbrückenbindungen ausbilden, während die restliche OH-Gruppe einen flachen Winkel zur Schichtebene bildet und zur Bindung kaum beiträgt. Nach Wieckowski und Wiewióra [58] beträgt die Bildungsenergie der letzten OH-Gruppe nur 2,6 kJ/mol, die der beiden anderen OH-Gruppen ist mit 16,7 bzw. 19,6 kJ/mol recht beträchtlich.

Die verschiedenen Minerale der Kaolinite unterscheiden sich nun in der Art der Zwischenschichtbindung, indem nach Giese [58] beim Dickit nach IR-Spektren alle drei OH-Gruppen zur Zwischenschichtbindung beitragen, beim Nakrit dagegen nur zwei OH-Gruppen eine Wasserstoffbrücke ausbilden, während die dritte OH-Gruppe nur eine schwache H-Bindung zeigt. Damit ergibt sich auch, daß der Dickit die stabilste Form der Kaolinite ist. Die unterschiedlichen H-Bindungen haben noch kristallographische Folgerungen, indem die Schichtpakete gegeneinander in der Richtung der *a*- bzw. *b*-Achse verschoben sind, nämlich beim Kaolinit und Dickit um jeweils 2/3 a_0 [59]. Während beim Kaolinit die Besetzung der Oktaederschichten in allen Schichtpaketen gleich ist, variiert diese beim Dickit in jedem zweiten Schichtpaket, so daß eine Überstruktur entsteht. Schließlich findet beim Nakrit eine Verschiebung um 1/3 b_0 mit gleichzeitiger Drehung von 180° statt. Tabelle 16 zeigt einige kristallographische Daten, Bild 38 den Vergleich der Strukturen.

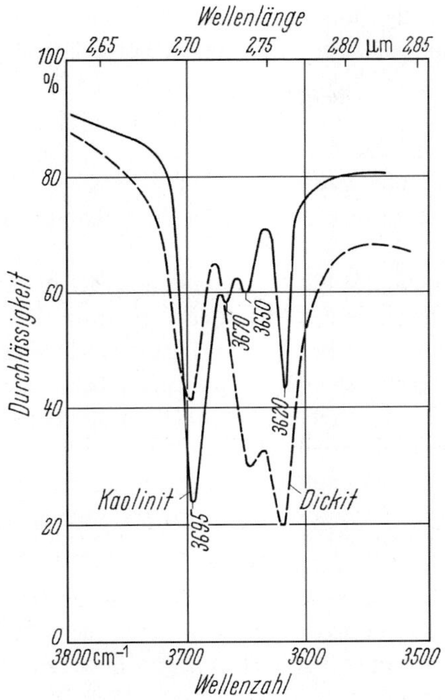

Bild 37: Ausschnitt aus dem IR-Spektrum (OH-Bandenbereich) von Kaolinit (—) und Dickit (-----)

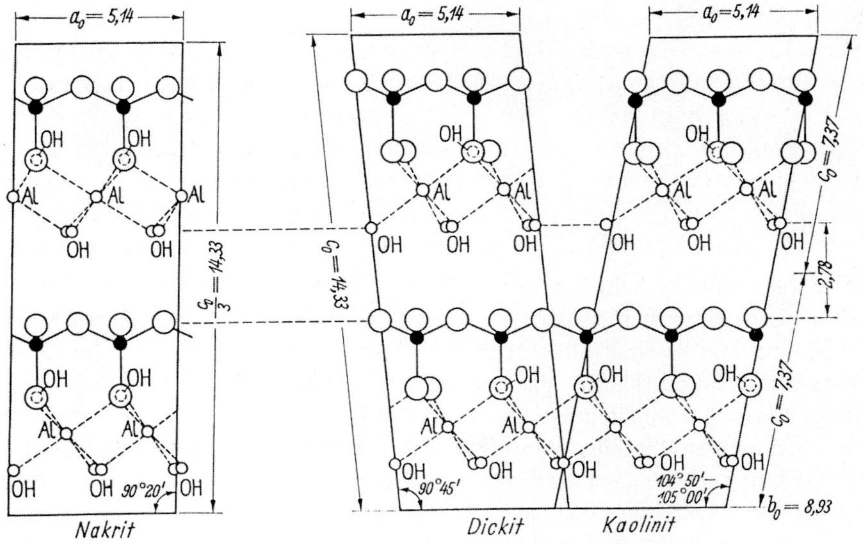

Bild 38: Kristallstrukturen von Kaolinit, Dickit und Nakrit im Vergleich

Die Tetraeder- und die Oktaederschicht des Kaolinits weisen geringfügige Abweichungen in den lateralen Abmessungen auf, was zur Spannungen Folge hat, die das Wachstum der Kristalle senkrecht zu den Schichten auf maximal 30 Schichtpakete begrenzen. Man bezeichnet solche Bereiche mit ungestörter Struktur auch als *Domänen*. Ein realer Kristall, der mehrere 100 nm dick sein kann, besteht aus vielen solcher Domänen, die durch Stapelfehler getrennt sind. Letztere sind als besonders strukturierte dünne Schichtpakete zu beschreiben, die die Spannungen ausgleichen.

Aus der Struktur kann man die Morphologie des Kaolinits verstehen, der in der Natur in Form von kleinen dünnen pseudohexagonalen Plättchen vorkommt (Bild 39). Die Durchmesser der Täfelchen liegen meist bei 0,2 bis 1 µm, die Dicken unter 0,1 µm. In der Struktur ist die hexagonale Form durch die [SiO_4]-Tetraederschicht vorgegeben. Das Wachstum in der Plättchenebene, d.h. in Richtung der *a*- und *b*-Achsen, unterliegt keinen besonderen Hemmungen, wohl aber senkrecht dazu, da dann neue Schichtpakete in der richtigen Lage aufgebaut werden müssen. Dadurch und durch die Spannungen ist das Dickenwachstum begrenzt. Die günstigeren Wasserstoffbrückenbindungen beim Dickit führen im allgemeinen zu Plättchen mit größeren Durchmessern (Bild 39).

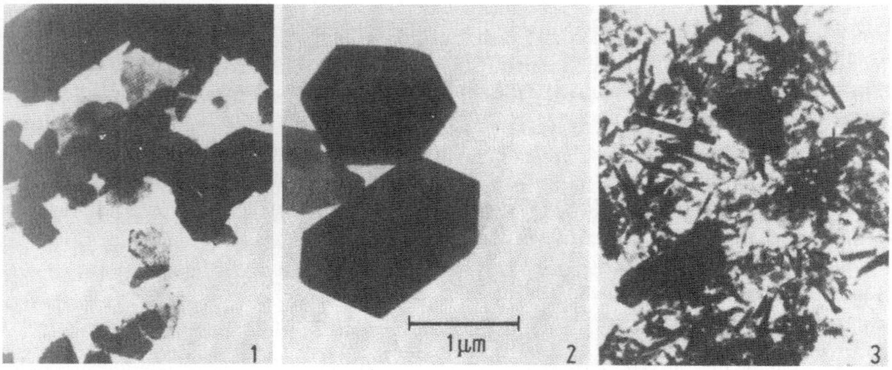

Bild 39: Transmissionselektronenmikroskopische Aufnahmen von (1) Kaolinit, (2) Dickit und (3) Halloysit

Eine unregelmäßigere Schichtenfolge liegt dagegen beim *Fireclay* vor, der ebenfalls für die Keramik von großer Bedeutung ist. Einige seiner Eigenschaften werden von Neal und Worrall [60] beschrieben. Trotz seiner Fehlordnung zeigt er im Elektronenmikroskop häufig gut ausgebildete Plättchen, die allerdings mit Durchmessern < 0,1 mm deutlich kleiner als die vom Kaolinit sind.

Neben diesen strukturellen Abweichungen findet man auch solche in der Zusammensetzung. Das hat seinen Grund darin, daß der Ersatz von Kationen in den Tetraeder- oder Oktaederschichten viel allgemeiner sein kann als er beim Übergang von den di- zu den trioktaedrischen Mineralen vorhanden ist, wo im Idealfall entweder Al- oder Mg-Ionen in der Oktaederschicht auftreten. Sehr oft beobachtet man, daß auch noch andere als die bisher erwähnten Kationen in das Gitter eingebaut werden.

Tabelle 16: Kristallographische Daten von Schichtsilicaten

Zahl der Einzelschichten (Typ)	Besetzung di- oktaedrisch	Besetzung tri- oktaedrisch	Mineralname	Formel (idealisiert)	a_0 pm	b_0 pm	c_0 pm	β[a]
2 (1:1)	×		Kaolinit	$Al_2[(OH)_4/Si_2O_5]$	514	893	714	104°30′
	×		Dickit	$Al_2[(OH)_4/Si_2O_5]$	515	894	2×714	96°44′
	×		Nakrit	$Al_2[(OH)_4/Si_2O_5]$	514	894	6×720	90°20′
	×		Halloysit	$Al_2[(OH)_4/Si_2O_5]\cdot nH_2O$	515	890	1010	100°12′
		×	Antigorit	$Mg_3[(OH)_4/Si_2O_5]$	530	920	746	91°24′
3 (2:1)	×		Pyrophyllit	$Al_2[(OH)_2/Si_4O_{10}]$	515	892	2×920	99°55′
	×		Montmorillonit	$Al_2[(OH)_2/Si_4O_{10}]\cdot nH_2O$	515	894	1520	90°
		×	Talk	$Mg_3[(OH)_2/Si_4O_{10}]$	529	918	950	98°55′
		×	Saponit	$Mg_3[(OH)_2/Si_4O_{10}]\cdot nH_2O$	533	921	2×1540	97°
	×		Muskovit	$KAl_2[(OH)_2/AlSi_3O_{10}]$	519	904	2×1000	95°30′
		×	Phlogopit	$KMg_3[(OH)_2/AlSi_3O_{10}]$	533	923	1030	100°30′
	×	×	Illit	$(K, H)\ Al_2[(OH)_2/AlSi_3O_{10}]$	519	899	2×1010	94°40′
		×	Vermiculit	$Mg_{0,33}(Mg, Al)_3[(OH)_2/AlSi_3O_{10}]\cdot nH_2O$	533	920	2×1440	97°
4 (2:1:1)		×	Chlorit	$3Mg(OH)_2 \cdot Mg_3[(OH)_2/Si_4O_{10}]$	530	920	1430	97°

[a] Alle hier angeführten Minerale zeigen monokline Symmetrie mit Ausnahme des triklinen Kaolinits, bei dem $\alpha = 91°48'$ und $\gamma = 90°$ und des triklinen Talks, bei dem $\alpha = 90°34'$ und $\gamma = 90°$

Wesentlich ist dabei, daß die Ionenradien der neuen Kationen ähnlich sind und daß ein Wertigkeitsausgleich geschaffen wird. Besonders häufig findet man auf Al^{3+}-Plätzen das Fe^{3+}-Ion, auf Mg^{2+}-Plätzen die zweiwertigen Ionen Fe^{2+} oder Mn^{2+} und als Zwischenschichtkationen (s. folgenden Text) neben K^+ auch Na^+, Ca^{2+} oder Mg^{2+}. Die Zahl der möglichen Strukturen wird dadurch wesentlich erhöht. Oft sind für bestimmte Minerale neue Namen verwendet worden, weswegen aber auf die einschlägigen Bücher verwiesen werden muß. Hier kann nur auf einige keramisch wichtige Erscheinungen eingegangen werden.

Die chemische Analyse von Kaolinen zeigt meist einen Alkali- plus Erdalkalioxidgehalt von etwa 1 Gew.-%. Diese Ionen sind verhältnismäßig locker gebunden; denn sie lassen sich in wäßrigen Suspensionen gegen andere Kationen austauschen. Das hohe Kationenaustauschvermögen ist für alle Tonminerale typisch und keramisch von großer Bedeutung. Es wird in mval bezogen auf 100 g gemessen (1 val = 1 Mol eines einwertigen Ions). Statt mval findet man auch die Bezeichnung mäq = Milliäquivalente). Zur quantitativen Bestimmung gibt es mehrere Vorschläge, z.B. die Ammonacetat- und die Ammonchloridmethode (Weiss [61]). Wegen weiterer Methoden und der experimentellen Durchführung muß auf die einschlägige Literatur verwiesen werden.

Die Tabelle 17 bringt eine Übersicht über die bei den wichtigsten Tonmineralen gemessenen Werte.

Tabelle 17: Austauschvermögen von Tonmineralen

Tonmineral	Kationen- austauschvermögen mval/100g	Anionen- austauschvermögen mval/100g
Kaolinit	0- 15	7- 20
Halloysit	5- 50	80
Montmorillonit	60-150	20- 30
Vermiculit	100-150	4
Chlorit	3- 40	
Illit	10- 40	

Das Vorliegen der leicht austauschbaren Kationen bedeutet, daß die restliche Struktur ein Defizit an positiver Ladung haben muß. Das kann zwei Gründe haben, nämlich Ersatz von Si^{4+} in der Tetraederschicht durch Al^{3+} oder Ersatz von Al^{3+} in der Oktaederschicht durch Mg^{2+} (oder andere Ionen mit gleichen Wertigkeiten). Weiss und Russow [62] konnten beweisen, daß nur der Ersatz von Si^{4+} durch Al^{3+} von Bedeutung ist. In einem Kristall tritt dieser Ersatz aber nicht in jedem, sondern nur in dem äußersten Schichtpaket ein.

Neben dem Kationen- gibt es auch ein Anionenaustauschvermögen, das Weiss u. M. [63] anhand des OH^--F^--Austausches untersucht haben. Einige Zahlenwerte sind in Tabelle 17 enthalten. Die Versuche ergaben, daß bei den Mineralen, die in ihrer Struktur an den Außenseiten der Schichtpakete OH-Gruppen besitzen (z.B. Kaolinit), die äußere Basisfläche ausgetauscht wird. Dagegen zeigen die Dreischichtminerale Anionenaustauschvermögen nur an den Rändern der Oktaederschichten, wo freie OH-Gruppen an der Oberfläche des Kristalls liegen können.

Halloysit. Von der Kaolinitstruktur lassen sich leicht andere Strukturen ableiten. So ist in Bild 36b die Struktur des Halloysits dargestellt, die der des Kaolinits gleicht, nur daß jetzt zwischen benachbarten Schichtpaketen keine direkten Wasserstoffbrückenbindungen auftreten, sondern sich sogenanntes Zwischenschichtwasser eingelagert hat. Die Art des Einbaues ist noch nicht ganz geklärt. Wahrscheinlich ist eine gewisse Ordnung vorhanden, die aber nicht streng festgelegt ist, so daß die Zahlenangaben für die Menge dieses Zwischenschichtwassers schwanken; in der Formel $Al_2O_3 \cdot 2SiO_2 \cdot nH_2O$ mit n bis 2. Durch das Zwischenschichtwasser wird die Struktur in Richtung der c-Achse bis 1010 pm aufgeweitet. Die lokkere Bindung des Wassers läßt bereits ab 50°C eine Entwässerung zu, die bis n=0 getrieben werden kann (Churchman und Carr [64]). Dabei verringert sich die Höhe der Stapelfolge bis auf 720 pm, und es entsteht eine dem Kaolinit sehr verwandte Struktur. Spezielle Namen für einen bestimmten Zustand werden nicht verwendet. Will man die Grenzfälle besonders charakterisieren, dann wird z.B. Halloysit (0,7) bzw. Halloysit (1,0) für die Minerale mit n = 0,7 bzw. n = 1,0 geschrieben.

Während beim Kaolinit benachbarte Schichten durch die Wasserstoffbrückenbindungen relativ fest miteinander verbunden werden, ist die Bindung beim Halloysit weitgehend aufgehoben. Dadurch erhalten die einzelnen Schichtpakete eine gewisse Beweglichkeit und können den unterschiedlichen Dimensionen der Oktaeder- und Tetraederschicht nachgeben. Da die Oktaederschicht etwas kleiner als die Tetraederschicht ist, rollen sich die Schichten ein, so daß man im Elektronenmikroskop stäbchenförmige Teilchen erkennt (Bild 39), die hohle Röhrchen mit Innen- bzw. Außendurchmessern um 40 bzw. 70 nm darstellen.

Serpentine. Ersetzt man in der Oktaederschicht die Al^{3+}- durch Mg^{2+}-Ionen, dann müssen zum Wertigkeitsausgleich drei Mg^{2+} an die Stelle von zwei Al^{3+} treten, d.h. aus den di- werden trioktaedrische Strukturen. Ähnlich wie bei den dioktaedrischen Schichten sind die Dimensionen der Oktaeder- und Tetraederschicht verschieden, wobei jetzt wegen des größeren Radius des Mg-Ions und der besseren Raumerfüllung die Oktaederschicht größer als die Tetraederschicht ist. Das führt wieder zur Biegung der Schichten, so daß der *Chrysotil* (= Faserserpentin, Asbest) nach Jagodzinski und Kunze [65] eine Röllchenstruktur aufweist, während nach Kunze [66] der Antigorit (= Blätterserpentin) eine wellblechartige Struktur hat. Bild 36c zeigt von letzterer Struktur nur das wichtigste Bauprinzip, aus dem sich folgende Formeln ableiten lassen:

$$\left.\begin{array}{ll} \text{Oktaederschicht} & \left\{\begin{array}{l} 3(OH)^- \\ 3Mg^{2+} \\ 2O^{2-}, (OH)^- \end{array}\right. \\ \text{Tetraederschicht} & \left\{\begin{array}{l} 2Si^{4+} \\ 3O^{2-} \end{array}\right. \end{array}\right\} \begin{array}{l} 3MgO \cdot 2SiO_2 \cdot 2H_2O \text{ oder} \\ Mg_3[(OH)_4/Si_2O_5] \end{array}$$

Pyrophyllit. Ist die Oktaederschicht beidseitig mit je einer Tetraederschicht verbunden, wie es Bild 27b zeigt, dann kommt man zur Gruppe der Dreischichtsilicate. Nach Tabelle 15 leitet sich auf diese Weise vom Kaolinit direkt der Pyrophyllit ab, dessen Struktur Bild 40a zeigt.
Daraus ergibt sich:

Tetraederschicht	$3O^{2-}$ $2Si^{4+}$	
Oktaederschicht	$2O^{2-}, (OH)^-$ $2Al^{3+}$ $2O^{2-}, (OH)^-$	$Al_2O_3 \cdot 4SiO_2 \cdot H_2O$ oder $Al_2[(OH)_2 / Si_4O_{10}]$
Tetraederschicht	$2Si^{4+}$ $3O^{2-}$	

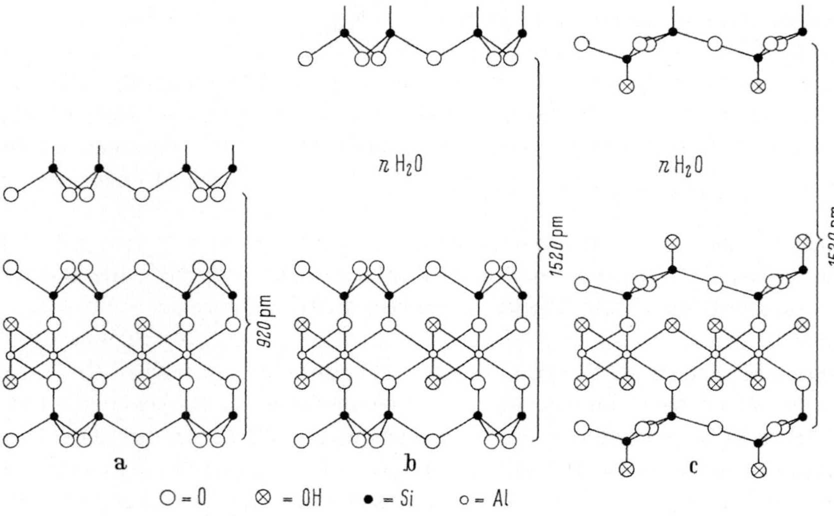

Bild 40: Schematische Darstellung der Strukturen von Pyrophyllit und Montmorillonit. (a) Pyrophyllit, (b) Montmorillonit nach Hofmann u. M., (c) Montmorillonit nach Edelman u. M.

Die Ähnlichkeit der Strukturen ergibt sich auch aus der guten Übereinstimmung der Gitterkonstanten a_0 und b_0 von Pyrophyllit und Kaolinit in Tabelle 16 Die *c*-Achse ist natürlich vergrößert und in Tabelle 16 noch verdoppelt, da hier ebenfalls eine Überstruktur ähnlich wie beim Dickit vorhanden ist. Die Bindung zwischen den einzelnen Schichtpaketen geschieht durch van der Waalssche Kräfte.

Montmorillonite. Analog dem Übergang Kaolinit → Halloysit (Bild 36) kommt man beim Dreischichttyp vom Pyrophyllit zur Gruppe der Montmorillonite (Bild

40), bei der durch das Zwischenschichtwasser das Gitter in Richtung *c*-Achse erheblich aufgeweitet ist (Tabelle 16). Wie die natürlichen Rohstoffe mit Kaolinit als Kaoline oder Tone bezeichnet werden, so werden Rohstoffe, die hauptsächlich aus Montmorillonit bestehen, *Bentonite* genannt. Bild 27 enthält zwei Strukturvorschläge für den Montmorillonit, wovon sich der von Hofmann u.M. [67] (Bild 40b) allgemein durchgesetzt hat. Demgegenüber nehmen Edelman und Favejee [68] an, daß einige der Tetraeder eine inverse Stellung haben (Bild 40c). Obwohl dieser Strukturvorschlag keinen großen Anklang gefunden hat, haben Grim und Kulbicki [69] zeigen können, daß sich bei einem kleinen Teil der Montmorillonite das Reaktionsverhalten beim Brennen besser durch die Struktur von Bild 40c erklären läßt, so daß es möglich ist, daß in geringem Maße auch inverse Tetraeder vorliegen.

Die in Bild 40 angegebenen Strukturen sind stark idealisiert, was beim Montmorillonit besonders auch für die Zusammensetzung gilt; denn alle natürlichen Montmorillonite zeigen einen deutlichen Gehalt an weiteren Kationen, die sich zwischen den Schichtpaketen befinden und das sehr hohe Kationenaustauschvermögen (Tabelle 17) bedingen. Bei jeder dritten Formeleinheit kann ein Zwischenschichtkation ausgetauscht werden.

Das Auftreten von positiven Ionen in dieser Menge in den Zwischenschichten bedeutet, daß die Schichtpakete selbst eine negative Überschußladung besitzen müssen. Diese wird durch einen teilweisen Ersatz von Al^{3+}-Ionen der Oktaederschicht durch Mg^{2+}-Ionen hervorgerufen. Die genauere Formel muß daher lauten

$$(Al_{2-x}Mg_x)[(OH)_2/Si_4O_{10}]^{x-}\cdot xNa^+\cdot nH_2O,$$

wobei Na^+ als austauschfähiges Kation angegeben wurde, wie es auch oft in der Natur neben Ca^{2+}-Ionen beobachtet wird. Man spricht dann auch von Na- bzw. Ca-Montmorillonit. Nach Tabelle 15 rechnet man derartige Schichtsilicate mit Schichtladungen von $x = 0{,}2$ bis $0{,}6$ zu den Montmorilloniten. Diese negativen Überschußladungen der Schichtpakete sind der eigentliche Grund für das Auftreten von Zwischenschichtwasser. Die zur Ladungskompensation benötigten Kationen haben in Gegenwart von Wasser die Tendenz zur Hydratation, was zur Aufnahme des Zwischenschichtwassers führt. Der Abstand der Schichtpakete wird dabei vergrößert. Die Zwischenschichtkationen sind meist nur locker gebunden, daher leicht austauschbar, was das hohe Kationenaustauschvermögen der Montmorillonite erklärt.

Das Verhalten des Zwischenschichtwassers des Montmorillonits unterscheidet sich deutlich von dem des Halloysits, indem die obere Grenze des Wassergehaltes variieren kann. Im lufttrockenen Zustand beträgt der H_2O-Gehalt etwa 20 Gew.-%, was ungefähr der Formel $Al_2O_3\cdot 4SiO_2\cdot 5H_2O$ entspricht. Nach Tabelle 16 hat dann die Gitterkonstante c_0 den Wert 1,52 nm. Lagert man Montmorillonit unter Wasser, nimmt er unter Vergrößerung des c_0-Wertes noch mehr Zwischenschichtwasser auf, während durch Trocknen und Erhitzen der Wassergehalt geringer wird und fast die Werte des Pyrophyllits erreicht werden. Nach bis maximal etwa 550°C wird das abgegebene Wasser reversibel wieder aufgenommen, so daß der Montmorillonit die Eigenschaften der eindimensionalen innerkristallinen Quellung zeigt. Bezüglich der Anordnung und der Eigenschaften des Wassers und der Kationen darin ist mit einer gewissen Ordnung in der Zwischenschicht zu rechnen, die von der Ladung der Schichtpakete, der Art der Zwischenschichtkationen und der Menge des Zwischenschichtwassers abhängt. Auch die eindimensionale innerkristalline Quellung ist davon abhängig. Mit Alkaliionen als Zwischenschichtkationen tritt eine sehr große Quellung ein, die bis zur völligen Trennung der einzelnen Schichtpakete führen kann, während die Quellung mit Erdalkaliionen nur bis etwa c_0 = 2 nm geht. Nicht alle Minerale der Montmorillonitgruppe zeigen diesen Effekt. Innerkristalline Quellung ist nur bei Mineralen mit austauschbaren Kationen möglich (Hofmann [70]). Deshalb findet man sie unter den anderen Dreischichtmineralen nicht beim Pyrophyllit und Talk, auch nicht beim Muskovit, in dem die K^+-Ionen zu fest gebunden sind, wohl aber beim *Vermiculit.* Ausnahmen werden, besonders bei den größeren Kationen K^+, NH_4^+ und Cs^+ beobachtet, was zu bestimmten Schichtabständen führen kann [71].

Die austauschfähigen Kationen können ihre Ursache auch in einem teilweisen Ersatz des Si^{4+} der Tetraederschicht durch Al^{3+} haben. Das ist der Fall beim *Beidellit*

$$Al_2[(OH)_2/Al_{0,5}Si_{3,5}O_{10}]^{0,5-}\cdot 0{,}5Na^+\cdot nH_2O$$

und gilt auch für den *Nontronit*, bei dem aber die Oktaederschicht anstatt Al^{3+}- überwiegend Fe^{3+}-Ionen enthält und mit Montmorillonit eine lückenlose Mischkristallreihe mit dem Endglied

$$Fe_2^{3+}[(OH)_2/Al_{0,33}Si_{3,67}O_{10}]^{0,33-}\cdot 0{,}33\ Na^+\cdot nH_2O$$

bildet.

In beiden Formeln wurde der Austausch idealisiert; die wahren Zusammensetzungen dieser Minerale kann man Tabelle 18 entnehmen. Meist haben die Beidellite eine höhere Schichtladung als die Montmorillonite, was man auch an den Werten für y in Tabelle 18 erkennt. Die Ladungen liegen darüber hinaus näher an der Schichtpaketoberfläche, so daß die Zwischenschichtkationen fester gebunden sind als bei den Montmorilloniten, wo die Überschußladungen diffuser über ein Schichtpaket verteilt sind.

Talk. Der Ersatz von zwei Al^{3+} durch drei Mg^{2+} im Pyrophyllit führt zum Talk, der auch das Mineral des Specksteins ist. Nach Bild 28a baut sich folgende Struktur auf:

$$\left.\begin{array}{ll}
\text{Tetraederschicht} & \left\{\begin{array}{l} 3O^{2-} \\ 2Si^{4+} \end{array}\right. \\
\text{Oktaederschicht} & \left\{\begin{array}{l} 2O^{2-},(OH)^- \\ 3Mg^{2+} \\ 2O^{2-},(OH)^- \end{array}\right. \\
\text{Tetraederschicht} & \left\{\begin{array}{l} 2Si^{4+} \\ 3O^{2-} \end{array}\right.
\end{array}\right\}
\begin{array}{l} 3MgO\cdot 4SiO_2\cdot H_2O \text{ oder} \\ Mg_3[(OH)_2/Si_4O_{10}] \end{array}$$

Tabelle 18: Formelmäßige Zusammensetzung einiger quellfähiger Tonminerale nach Hofmann [70]

Mineral	Herkunft	Typ	Besetzung der Oktaederschicht	$(Mg_r\,Al_s\,Fe_t^{3+})\;[(OH)_u\,/Al_v\,Si_w\,O_x\,]\cdot Na_y\cdot nH_2O$							
				r	*s*	*t*	*u*	*v*	*w*	*x*	*y*
Montmorillonit	Geisenheim	dioktaedrisch	2,03	0,37	1,49	0,17	2,00	0,14	3,86	9,97	0,34
Montmorillonit	Cypern	dioktaedrisch	2,03	0,45	1,46	0,12	2,00	0,10	3,90	10,00	0,40
Beidellit I	Unterrupsroth	dioktaedrisch	2,02	0,19	1,82	0,01	2,00	0,45	3,55	9,92	0,58
Beidellit II	Unterrupsroth	dioktaedrisch	2,04	0,27	1,76	0,01	2,00	0,44	3,56	10,00	0,42
Nontronit	Untergriesbach	dioktaedrisch	2,02	0,11	0,15	1,76	2,00	0,50	3,50	10,00	0,52
Saponit	Großschlattengrün	trioktaedrisch	3,00	2,95	0,03	0,02	2,00	0,62	3,38	9,99	0,57
Vermiculit	Südamerika	trioktaedrisch	3,00	2,61	0,29	0,10	2,00	1,05	2,95	10,00	0,65

Die Gitterdimensionen a_0 und b_0 sind nach Tabelle 16 denen des Antigorits sehr ähnlich, nur der c_0-Wert ist größer. Eine genauere Strukturbestimmung von Rayner und Brown [72] hat ergeben, daß die $[SiO_4]$-Tetraeder leicht verzerrt sind, damit sie besser an die $[MgO_6]$-Oktaeder passen.

Saponite. Ähnlich wie bei Pyrophyllit kann sich zwischen die Schichtpakete des Talks Zwischenschichtwasser lagern, wodurch das Mineral Saponit entsteht, dessen Gitterkonstanten a_0 und b_0 denen des Talks, aber c_0 dem Montmorillonit nahekommen. Wie man Montmorillonit als expandierten Pyrophyllit betrachten kann, so kann man beim Saponit vom expandierten Talk sprechen. Wie beim Montmorillonit spielen auch beim Saponit Überschußladungen der Schichtpakete und Kationen in der Zwischenschicht eine wichtige Rolle, wobei ein Si-Al-Ersatz in der Tetraederschicht vorliegt:

$$Mg_3[(OH)_2/Al_{0,5}Si_{3,5}O_{10}]^{0,5-}\cdot 0{,}5Na^+\cdot nH_2O$$

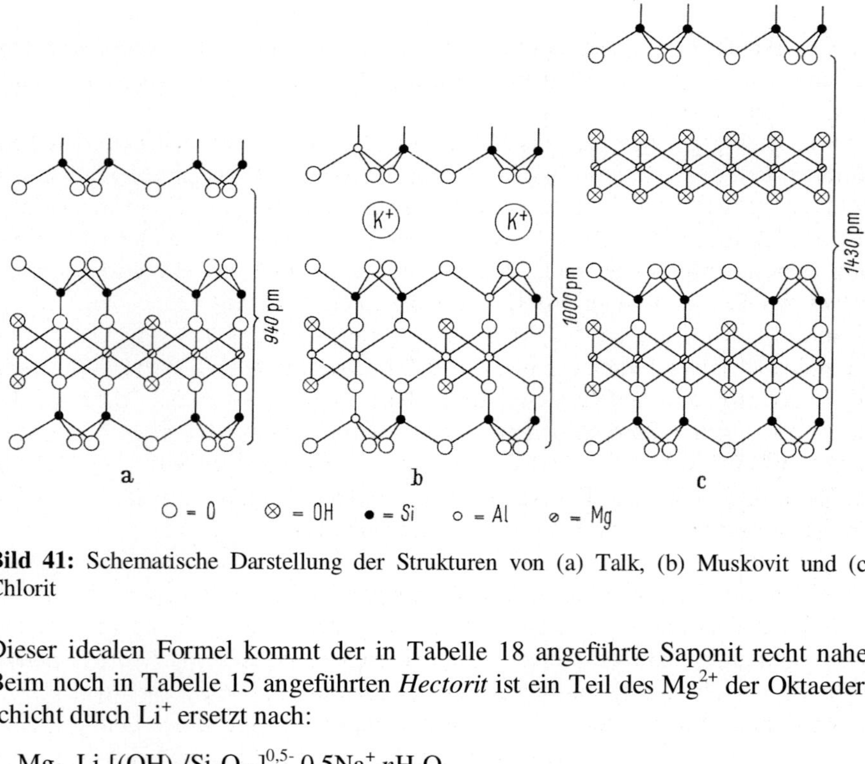

Bild 41: Schematische Darstellung der Strukturen von (a) Talk, (b) Muskovit und (c) Chlorit

Dieser idealen Formel kommt der in Tabelle 18 angeführte Saponit recht nahe. Beim noch in Tabelle 15 angeführten *Hectorit* ist ein Teil des Mg^{2+} der Oktaederschicht durch Li^+ ersetzt nach:

$$Mg_{3-x}Li_x[(OH)_2/Si_4O_{10}]^{0,5-}\ 0{,}5Na^+\cdot nH_2O$$

Glimmer. Der regelmäßige Ersatz jedes vierten Si^{4+}-Ions durch ein Al^{3+}-Ion (als $[AlO_4]$-Tetraeder) gemeinsam mit einem K^+-Ion in der Zwischenschicht führt zur großen Mineralgruppe der Glimmer. Auf diese Weise leitet sich vom Pyrophyllit der *Muskovit* ab, dessen Struktur in Bild 41b aufgeführt ist. Dem Kalium kommt gegenüber Sauerstoff die Koordinationszahl 12 zu, die beim Kalium ganz allgemein zu sehr stabilen Verbindungen führt. Benachbarte Schichtpakete erhalten deshalb über die van der Waalssche Bindung noch einen zusätzlichen Bindungsmechanismus. Die Glimmer zeigen deshalb praktisch kein Kationenaustauschvermögen und keine innerkristalline Quellung. Bild 41b läßt folgende Anordnung erkennen:

Zwischenschicht	K^+	
Tetraederschicht	$6O^{2-}$ $Al^{3+}, 3Si^{4+}$ $4O^{2-}, 2(OH)^-$	
Oktaederschicht	$4Al^{3+}$	$K_2O \cdot 3Al_2O_3 \cdot 6SiO_2 \cdot 2H_2O$ oder $KAl_2[(OH)_2 / AlSi_3O_{10}]$
Tetraederschicht	$4O^{2-}, 2(OH)^-$ $Al^{3+}, 3Si^{4+}$ $6O^{2-}$	
Zwischenschicht	K^+	

Die Gitterkonstanten a_0 und b_0 verändern sich dabei kaum, während c_0 durch den Einbau der K^+-Ionen vergrößert wird (Tabelle 16). Der *Paragonit* ist ein Na-haltiger Glimmer $NaAl_2[(OH)_2/AlSi_3O_{10}]$.

Ganz analog gelangt man vom Talk zum *Phlogopit*, einem trioktaedrischen Glimmer der Formel $KMg_3[(OH)_2/AlSi_3O_{10}]$. Zu letzterer Untergruppe gehört auch noch der *Biotit*, ein häufig vorkommender eisenhaltiger Glimmer $K(Mg, Fe^{2+})_3[(OH)_2/(Al,Fe^{3+})Si_3O_{10}]$, sowie der *Lepidolith*, bei dem die Oktaederbesetzung nicht aus Mg^{3+}- oder Mg^{2+}- und Fe^{2+}-Ionen, sondern aus Li^+- und Al-Ionen besteht und der als Lithiumrohstoff eine Rolle spielt. *Sericit* ist kein eigenes Mineral, sondern feinschuppiger *Muskovit* in sehr geringer Korngröße.

Bei den normalen Glimmern war in der Tetraederschicht jedes vierte Si^{4+} durch Al^{3+} ersetzt worden. Geht der Ersatz weiter bis zu jedem zweiten Si^{4+}, dann spricht man von den Sprödglimmern, z.B. dem dioktaedrischen *Margarit* $CaAl_2[(OH)_2/Al_2Si_2O_{10}]$ oder dem trioktaedrischen *Clintonit* $CaMg_3[(OH)_2/Al_2Si_2O_{10}]$. Die zahlreichen weiteren Glimmer sollen hier nicht näher beschrieben werden, da sie keramisch keine Bedeutung haben.

Illite. Von den Glimmern läßt sich noch eine weitere Mineralgruppe ableiten, die durch deren Verwitterung entsteht, indem in die Struktur H_3O^+-Ionen vorwiegend an die Stelle der Alkaliionen treten. Man bezeichnet sie auch als *Hydroglimmer.* Sie haben oft sehr geringe Korngröße und werden dann Illite genannt, die wieder zu den Tonmineralen gehören. Wegen der geringen Korngröße und dem gemeinsamen Vorkommen mit anderen Tonmineralen hat man bis jetzt keine genauere Strukturbestimmung durchführen können. Die große Vielfalt der Glimmer, die u.a. di- und trioktaedrisch auftreten, ergibt eine ebensolche der Illite.

Für die Struktur der Illite gibt es drei Vorschläge:
(a) Die K^+-Ionen werden durch Hydronium-Ionen $(H_3O)^+$ ersetzt.
(b) Ein K^+-Ion wird gemeinsam mit einer $(OH)^-$-Gruppe der Oktaederschicht durch zwei H_2O-Moleküle ersetzt.
(c) Ein Si^{4+}-Ion wird durch vier H^+-Ionen ersetzt.

Letzterer Mechanismus ist nicht mehr auf Verwitterung zurückzuführen, sondern kann bei direkter Bildung der Illite eintreten. Damit ergeben sich folgende Formeln:

Muskovit: $KAl_2[(OH)_2/AlSi_3O_{10}]$ oder $K_2O{\cdot}3Al_2O_3{\cdot}6SiO_2{\cdot}2H_2O$
(a) $(K,H_3O)_{0,5}Al_2[(OH)_2/AlSi_3O_{10}]$ oder $\frac{1}{2}K_2O{\cdot}3Al_2O_3{\cdot}6SiO_2{\cdot}3\frac{1}{2}H_2O$
(b) $(K,H_3O)_{0,5}Al_2[(H_2O)_{0,5}(OH)_{1,5}/AlSi_3O_{10}]$ oder $\frac{1}{2}K_2O{\cdot}3Al_2O_3{\cdot}6SiO_2{\cdot}3\frac{1}{2}\,H_2O$
(c) $KAl_2[(OH)_2/AlSi_2H_4O_{10}]$ oder $K_2O{\cdot}3Al_2O_3{\cdot}4SiO_2{\cdot}6H_2O$.

Daraus kann man erkennen, daß sich die Illite in ihrer Zusammensetzung dem Kaolinit, in ihrer Struktur aber dem Montmorillonit nähern. Nur haben sie einen größeren Al-Gehalt in der Tetraederschicht und damit eine größere Menge K^+-Ionen als Zwischenschichtkationen, so daß keine innerkristalline Quellung eintritt und eine feste c_0-Gitterkonstante gemessen wird (Tabelle 16). Das Kationenaustauschvermögen ist deshalb auch wesentlich geringer als beim Montmorillonit (Tabelle 17), aber im Gegensatz zu den Glimmern doch zu beobachten. Ein Unterschied gegenüber den Glimmern besteht auch noch darin, daß die Stapelfolge der Schichtpakete bei den Illiten oft gestört ist.

Vermiculite. Das Strukturprinzip der Vermiculite (Tabelle 16) kann man von der Phlogopitstruktur ableiten, indem in der Oktaederschicht jedes neunte Mg^{2+} durch Al^{3+} ersetzt wird. Dadurch verringert sich entsprechend die Menge der Zwischenschichtkationen, die jetzt aber Mg^{2+}-Ionen sind. Die Struktur wird damit der der Saponite sehr ähnlich, was sich auch in den Eigenschaften, insbesondere nach Tabelle 17 im Kationenaustauschvermögen zeigt.

Aus Tabelle 18 kann man erkennen, daß der dort angeführte Vermiculit eisenhaltig ist. Das eisenfreie, mehr der idealen Formel der Tabelle 16 entsprechende Mineral heißt *Batavit*. Die meisten Vermiculite haben eine trioktaedrische Struktur. Vermiculite haben die besondere Eigenschaft, beim Erhitzen sehr stark aufzublähen und sich dabei meist wurmförmig zu krümmen (*Blähglimmer*).

Chlorite. Die Zwischenschicht der Vermiculite enthält hydratisierte Mg^{2+}-Ionen. Man kennt aber auch Schichtsilicate, bei denen eine wohlgeordnete Zwischenschicht aus $Mg(OH)_2$ in Form einer Brucitschicht vorliegt. Auch findet man zwischen den Schichtpaketen Hydrargillitschichten $Al(OH)_3$. Liegen $Mg(OH)_2$-Schichten vor, dann spricht man von Chloriten, deren sehr idealisierte Struktur in Bild 41c skizziert ist.

Daraus ergibt sich:

$$\left.\begin{array}{ll}
\text{Zwischenschicht} & \left\{\begin{array}{l} 3(OH)^- \\ 3Mg^{2+} \\ 3(OH)^- \end{array}\right. \\
 & \\
\text{Tetraederschicht} & \left\{\begin{array}{l} 3O^{2-} \\ 2Si^{4+} \\ 2O^{2-}, (OH)^- \end{array}\right. \\
\text{Oktaederschicht} & \left\{\begin{array}{l} 3Mg^{2+} \end{array}\right. \\
\text{Tetraederschicht} & \left\{\begin{array}{l} 2O^{2-}, (OH)^- \\ 2Si^{4+} \\ 3O^{2-} \end{array}\right.
\end{array}\right\}
\begin{array}{l} 6MgO \cdot 4SiO_2 \cdot 4H_2O \text{ oder} \\ 3Mg(OH)_2 \cdot Mg_3[(OH)_2 / Si_4O_{10}] \end{array}$$

Die Summenformel entspricht der des Antigorits, auch die Gitterkonstanten sind nahezu gleich, nur die c_0-Achse ist vergrößert und erreicht fast den doppelten Wert (Tabelle 16). Dadurch wird eine röntgenographische Unterscheidung von anderen Zweischichtmineralen erschwert.

Es gibt eine größere Zahl von verschiedenen Chloriten, da nach demselben Bauprinzip nicht nur Talkschichten, sondern auch viele glimmerartige Schichten mit $Mg(OH)_2$-Schichten kombiniert sind, wobei darüber hinaus letztere in ihrer Zusammensetzung noch sehr variabel sind, indem Mg^{2+} durch z.B. Al^{3+} oder Fe^{2+} ersetzt sein kann.

Wechsellagerungsstrukturen. Bisher wurden bestimmte einzelne Minerale bzw. Mineralgruppen behandelt, deren Strukturen zwar gestört sein können, die aber trotzdem einheitlich aufgebaut sind. Die große Ähnlichkeit der Strukturen und Gitterkonstanten läßt vermuten, daß sich innerhalb eines einzelnen Kristalls verschiedene Strukturelemente abwechseln können. Man spricht dann von Wechsellagerungsstrukturen oder Mixed-layer-Strukturen. In solchen Strukturen findet man vor allem die Bauelemente von Illit, Montmorillonit, Chlorit und andere. Die Vielfalt ist sehr groß und wird dadurch noch größer, daß geordnete und ungeordnete Wechsellagerungen auftreten können.

Einlagerungsverbindungen (Intercalationsverbindungen). Die eindimensionale innerkristalline Quellung des Montmorillonits tritt nicht nur mit Wasser, sondern auch mit vielen organischen Verbindungen ein. Eine Ausnahme machen praktisch nur gesättigte Kohlenwasserstoffe. Man kennt etwa 10000 organische Derivate des Montmorillonits, so daß man von einer Chemie der Tonminerale mit organischen Verbindungen sprechen kann, die Theng [73] behandelt hat. Solche Einlagerungsverbindungen können auch zur Strukturaufklärung herangezogen werden, vor allem, wenn man anstelle der anorganischen Zwischenschichtkationen organische Oniumionen, z.B. Alkylammoniumionen einführt. Der Schichtabstand zwischen den einzelnen Paketen nimmt dann im Rhythmus der Anzahl der C-Atome der Alkylkette zu. Man kann nach Lagaly und Weiss [74] dies nicht nur zur Bestimmung der Schichtladungen, sondern auch zum quantitativen Nachweis quellungsfähiger Dreischichttonminerale verwenden.

Die Möglichkeiten zur Bildung organischer Derivate von Kaolinit sind wesentlich geringer. Weiss u. M. [75] haben sie in vier Gruppen geteilt. In der ersten entstehen Einlagerungsverbindungen mit organischen Molekülen, die eine starke Tendenz zur Wasserstoffbrückenbindung haben, wie z.B. Harnstoff, Formamid oder Hydrazin; die *c*-Achse wird dadurch auf 0,95 bis 1,1 nm aufgeweitet. Weiterhin lagern sich leicht viele Salze der niederen Fettsäuren ein, z.B. Kaliumacetat. Die Lösungen der Verbindungen dieser beiden Gruppen können als Schlepper dienen, weitere organische Verbindungen einzuführen. Schließlich gelingt es noch, bereits eingelagerte Moleküle mit anderen zu verdrängen. Weiss und Russow [76] konnten auf diese Weise die Wasserstoffbrückenbindung im Kaolinit aufheben und dann durch Reiben eine Aufteilung der größeren Schichtpakete erreichen. Die so erhaltenen äußerst dünnen Kaolinitplättchen zeigten dann ein deutliches Einrollen, bedingt durch die unterschiedlichen Dimensionen der Tetraeder- und Oktaederschicht.

Auf die wichtige praktische Bedeutung der Einlagerungsverbindungen wird später noch eingegangen, aber auch für Strukturuntersuchungen haben sie ihren Wert. So sei nur erwähnt, daß Kaolinit leicht Einlagerungsverbindungen bildet, Fireclay mit gestörtem Gitter aber nicht mehr.

Nachweis der Schichtsilicate. Wegen der strukturellen Verwandtschaft bedürfen der Nachweis und die Unterscheidung der verschiedenen Schichtsilicate besonderer Sorgfalt. Auf einige chemische und thermische Methoden wird im Kapitel 6.1.1.5 eingegangen. Die einfache Lichtmikroskopie ist wegen der meist zu geringen Teilchengröße nur selten geeignet. Außerdem schwankt die Brechzahl nur gering um 1,56. Mit dem Elektronenmikroskop kann man die einzelnen Teilchen gut sichtbar machen (Bild 39), eine genaue Identifizierung ist aber nur zusammen mit einer energiedispersiven röntgenspektroskopischen (EDX) Untersuchung und Elektronenbeugung möglich. Die Ermittlung der b_0-Werte läßt, die Unterscheidung zwischen den di- und trioktaedrischen Gruppen zu (Tabelle 16). Man muß dabei allerdings berücksichtigen, daß durch im Gitter eingebaute Fe-Ionen die b_0-Werte vergrößert werden können. Für eine quantitative Bestimmung sind diese Verfahren allerdings kaum geeignet.

Die Röntgenbeugung wurde schon frühzeitig nicht nur zur qualitativen, sondern auch zur quantitativen Bestimmung der Tonminerale herangezogen, wobei trotz der großen prinzipiellen Schwierigkeiten gute Erfolge erzielt werden konnten. Die wesentlichen Schwierigkeiten liegen einmal in den z.T. beträchtlichen Fehlordnungen im Gitter und zum anderen in der Plättchengestalt der Teilchen, die beim Präparieren der Proben sehr leicht zu einer Textur führt. Durch beide Effekte werden die Intensitäten der Röntgenreflexe oder deren Verhältnisse beeinflußt. Zur quantitativen Bestimmung kann man sich deshalb nicht allein auf die stärksten Reflexe beziehen, die die Basisreflexe (001) darstellen. Es hat sich bewährt, zusätzlich noch den Reflex (060) zu verwenden.

Brindley und Kurtossy [77] konnten zeigen, daß das Verhältnis der Reflexintensitäten (001):(060), das sie als Orientierungsindex bezeichnen, nur dann dem theoretischen Wert entspricht, wenn die Proben keine Texturen zeigen. Der Orientierungsindex ist bei normal hergestellten Röntgenpräparaten um so größer, je größer die Teilchen sind, was einer abnehmenden Halbwertsbreite der (001)-Reflexe entspricht. Man soll sich deshalb bei solchen Aufnahmen eines der Verfahren zur Herstellung texturfreier Präparate bedienen, wie sie z.B. von Scott [78] zusammengestellt wurden.

Entsprechend Tabelle 16 unterscheiden sich die wasserfreien Schichtsilicate vom 1:1-Typ von den anderen Schichtsilicaten im c_0-Wert, d.h. der Basisreflex (001) ist zu einer Unterscheidung gut geeignet. Der Übergang von den dioktaedrischen zu den trioktaedrischen Schichtsilicaten läßt den b_0-Wert ansteigen. Hier verwendet man den Röntgenreflex (060), um Überschneidungen zu vermeiden, zumal dieser Reflex sehr intensiv ist. Weitere Unterscheidungen sind durch bestimmte Behandlungen möglich, z.B. durch Entfernen des Zwischenschichtwassers durch Trocknen bei 110°C oder durch Entfernen des Strukturwassers des Kaolinits durch Erhitzen auf 450°C, wobei sich der Illit noch nicht ändert. Montmorillonite lassen sich durch ihre innerkristalline Quellung erkennen, außerdem durch Tränken mit Ethylenglycol bzw. Glycerin, wobei sich feste Schichtabstände von 1,70 bzw. 1,78 nm einstellen.

Der Einsatz der Infrarotspektroskopie wurde in diesem Abschnitt schon am Beispiel der Unterscheidung zwischen Kaolinit und Dickit anhand der OH-Banden bei 3700 cm^{-1} erwähnt. Diese Methode ist auch auf andere analoge Fälle anwendbar und nach Flehmig und Kurze [79] auch zur quantitativen Phasenanalyse geeignet. Man muß jedoch beachten, daß auch die Intensität der IR-Banden durch die Kristallgröße und die Fehlordnung beeinflußt werden kann, wie Hlavay u. M. [80] am Beispiel des Kaolinits zeigten.

Neben den OH-Gruppen kann in einigen Mineralen auch H_2O auftreten, z.B. als Zwischenschichtwasser oder als adsorbiertes Wasser. H_2O selbst hat seine stärkste Bande bei 3500 cm^{-1}, so daß eine einfache Unterscheidung nicht möglich ist. Die Deformationsschwingung des H_2O-Moleküls bei 1650 cm^{-1} ist oft durch andere Banden überdeckt. Zur Unterscheidung von OH und H_2O eignet sich aber gut die Kombinationsschwingungsbande aus Valenz-(OH)- und Deformationsschwingung (R-OH), die beim H_2O-Molekül bei 5130 cm^{-1}, aber bei OH-Gruppen bei 4540 cm^{-1} liegt [81].

Trotz der verschiedenen Meßmethoden hat man noch nicht alle Fragen klären können, die mit dem Wassereinbau zusammenhängen, wozu u.a. die Anordnung und Eigenschaften des Zwischenschichtwassers gehören. Es ist zu erwarten, daß neue Methoden bessere Antworten zulassen. So haben Graham u. M. [82] mit Hilfe der magnetischen Protonenresonanz feststellen können, daß beim Montmorillonit oder Vermiculit geringe H_2O-Gehalte bei tiefen Temperaturen geordnet in die Zwischenschicht eingebaut werden, während mit steigender Temperatur und Quellung die Beweglichkeit der H_2O-Moleküle zunimmt, bis schließlich die Struktur des normalen flüssigen Wassers erreicht wird. Andere neuere Methoden lassen andere Aussagen zu, z.B. die Mössbauerspektroskopie über die Art des Einbaues der Eisenionen. Jefferson u. M. [83] fanden z.B. bei einem Kaolin drei verschiedene Formen des anwesenden Eisens, wobei zwei als Verunreinigungen vorhanden waren, aber die dritte Form Fe^{3+} anstelle von Al^{3+} in der Oktaederschicht darstellte.

2.3.2.4 Gerüstsilicate

Von der Gruppe der Gerüstsilicate sollen zunächst die SiO_2-Modifikationen besprochen werden, danach die Feldspäte und die SiO_2-ärmeren Feldspatvertreter. Als Beispiele für großvolumige Raumnetze werden abschließend die Zeolithe behandelt.

2.3.2.4.1 SiO_2-Modifikationen

Die einfachste kieselsäurehaltige Verbindung, SiO_2, tritt in sieben natürlichen kristallinen Strukturtypen, insgesamt in 22 Modifikationen sowie einer Reihe amorpher oder durch Fehl- oder Mischordnung gekennzeichneter Varianten auf. Die Stabilitätsbereiche der wichtigsten Modifikationen werden in Kapitel 3.3.1.1 über das Einstoffsystem SiO_2 erörtert. Hier sollen nur diejenigen Strukturen behandelt werden, die technische Bedeutung besitzen. Der Kenntnisstand der 60er Jahre ist in den beiden Monographien von Frondel [84] und Sosman [85] und in mehreren zusammenfassenden Arbeit von Flörke [86] beschrieben. Neue und genauere Verfahren der Strukturbestimmung haben das Wissen heute sehr verfeinert. Heaney et al. [87] und Flörke [88] geben die umfassendsten Übersichten. Über chemische Eigenschaften informiert Iler [89].

Die unterschiedlichen Modifikationen wandeln sich je nach Temperatur und Druck ineinander um. Bei großer struktureller Ähnlichkeit ist dann meist nur eine Verschiebung von Atomlagen mit Änderung der Si-O-Si-Bindungswinkel nötig, was z.B. der Vergleich der Bild 42a und b für den Tief- und Hochquarz erkennen läßt. Nach Buerger bezeichnet man solche Umwandlungen als *displaziv*. Sie laufen reversibel und schnell in einem engen Temperaturintervall ab. Dem stehen die *rekonstruktiven* Umwandlungen gegenüber, bei denen Bindungen aufgebrochen werden müssen, daß heißt, die Struktur des Eduktes vollständig aufgelöst wird. Letzteres tritt z.B. bei der Umwandlung von Quarz in Cristobalit oder Tridymit ein, über die später (Kapitel 3.3.1.1) berichtet wird. Solche Umwandlungen laufen über Diffusionsprozesse ab und sind entsprechend langsam bzw. kinetisch gehemmt. Hochtemperaturphasen sind daher leicht unterkühlbar oder können durch Abschrecken metastabil erhalten werden bzw. wandeln beim Abkühlen eher displaziv in andere Modifikationen um.

Quarz. Die wichtigste natürliche SiO_2-Modifikation ist der Quarz. Er geht beim Erhitzen bei 573°C in eine andere Modifikation über. Die Namensgebung α- und β-Quarz für diese beiden Modifikationen erfolgt im deutschen Sprachgebrauch aufgrund einer Verwechslung durch Ramdohr leider mit unterschiedlicher Zuordnung zur Tief- oder Hochtemperatur-Modifikation. Nach internationaler Nomenklatur steht α für die Tieftemperaturmodifikation und β für die Hochtemperaturmodifikation. Es ist dennoch besser, die klaren Begriffe „Tief-Quarz“ und „Hoch-Quarz“ zu verwenden.

Der Strukturtyp des Tief-Quarzes wurde bereits in Bild 28b gezeigt. Tief-Quarz besitzt eine trigonal-rhomboedrische Symmetrie. Die Einheitszelle, deren Gitterkonstanten in Tabelle 19 aufgeführt sind, enthält drei Formeleinheiten SiO_2 und hat den Aufbau von Bild 42a. Die eingeschriebenen Zahlen, multipliziert mit der Gitterkonstante c_0, bezeichnen die Höhenlagen in Richtung der c-Achse. In der Mitte ist ein [SiO_4]-Tetraeder deutlicher markiert worden. Von dort ausgehend bildet der punktierte Linienzug einen Sechserring, der aber nicht geschlossen ist, sondern in Form einer Schraube in Richtung der c-Achse, also senkrecht zur Blattebene, an Höhe gewinnt. Aufgrund dieser dreizähligen Schraubenachse hat die darauf senkrecht stehende Gitterrichtung a polare Eigenschaften. Hierauf beruht der piezoelektrische Effekt des Quarzes, der technisch zur Stabilisierung von Schwingungen genutzt wird. Auch die Eigenschaft des Quarzes, polarisiertes Licht in seiner Ebene zu drehen, ist auf die Schraubenachse zurückzuführen. Da die Drehrichtung im Uhrzeigersinn oder dagegen laufen kann, sind rechtsdrehende und linksdrehende Quarze optisch, aber auch an bestimmten Kristallflächen zu unterscheiden. Dieser Effekt wird als *Enantiomorphie* bezeichnet.

Der Übergang des Tief-Quarzes in den Hoch-Quarz ist reversibel und displaziv, d.h. es findet nur eine geringe Verschiebung der Atomlagen statt, die aufgrund der Streckung der Bindungswinkel in einer Ebene zu einer höheren, der hexagonalen Symmetrie führt. Die dreizählige Schraubenachse wird zu einer sechszähligen. Umgekehrt stellt der Tief-Quarz eine verzerrte Variante des Hoch-Quarzes dar. Deshalb zeigen die Gitterkonstanten in Tabelle 19 nur geringe Unterschiede, die noch geringer werden, wenn man sie auf gleiche Temperaturen bezieht [90]. Die Umwandlungstemperaturen sind von Verunreinigungen abhängig. Quarze sedimentärer Herkunft (sog. authigene Quarze wandeln aufgrund von Verunreinigungen bei niedrigeren Temperaturen und statistisch in einem weiteren Bereich um als hydrothermal entstandene Quarze.

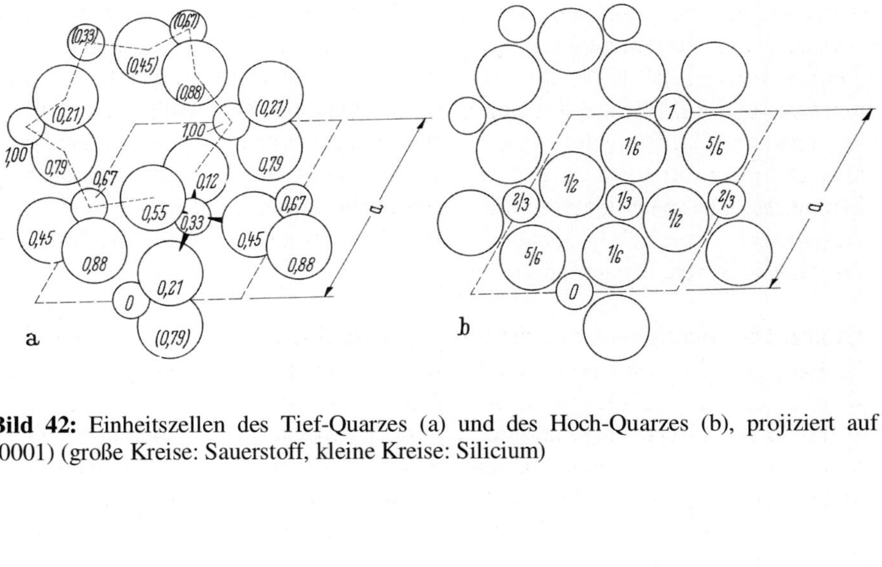

Bild 42: Einheitszellen des Tief-Quarzes (a) und des Hoch-Quarzes (b), projiziert auf (0001) (große Kreise: Sauerstoff, kleine Kreise: Silicium)

Tabelle 19: Eigenschaften von SiO_2-Modifikationen

Modifikation	Kristallsystem	Gitterkonstanten pm	Bei Temperatur °C	SiO-Abstand pm	Si-O-Si-Winkel °	Dichte (20°C) g/cm³	Brechzahlen n_D	Linearer Ausdehnungskoeffizient $\alpha_{0/100} \cdot 10^{-6} K^{-1}$
Tief-Quarz (< 573°C)	trigonal	a_0 = 491 c_0 = 541	25	161	144	2,651	n_O = 1,5533 n_E = 1,5442	12,3
Hoch-Quarz (>573°C)	hexagonal	a_0 = 500 c_0 = 546	575	162	147	2,53		-
Tief-Cristobalit (< ≈ 270°C)	tetragonal	a_0 = 497 c_0 = 692	20	160-161	147	2,33	n_O = 1,484 n_E = 1,487	10,3
Hoch-Cristobalit (> ≈ 270°C)	kubisch	a_0 = 713	300	161	147-148	2,20-2,23		-
Tief-Tridymit (< ≈ 100°C)	monoklin	a_0 = 1848 b_0 = 499 c_0 = 2383 β = 105°39′	20	158-161	143-157	2,27	n_X = 1,470 n_Z = 1,474	21,0
(≈100°C bis 400°C)	ortho-rhombisch	a_0 = 874 b_0 = 504 c_0 = 824	220	154-156	165-179	2,24		-
Hoch-Tridymit (> ≈ 400°C)	hexagonal	a_0 = 505 c_0 = 827	460	156-165	147-152	2,22		-
Keatit	tetragonal	a_0 = 746 c_0 = 859	25	157-161	149-156	2,50	n_O = 1,522 n_E = 1,513	-
Coesit	monoklin	a_0 = 717 b_0 = 717 c_0 = 1238 β_0 = 120°	25	159-164	139-148 und 180	2,92	n_X = 1,594 n_Z = 1,599	-
Stishovit	tetragonal	a_0 = 418 c_0 = 267	25	172-187		4,29	n_O = 1,799 n_E = 1,826	-
Melanophlogit	kubisch	a_0 = 1320	20	-	-	2,05	1,425	
faseriges SiO_2 („Silica-W“)	ortho-rhombisch	a_0 = 470 b_0 = 520 c_0 = 840	20	187	-	1,98	-	-
Kieselglas	amorph	-	20	≈ 160	≈ 145	2,20	1,458	0,5
> 350 kbar	hexagonal	a_0 = 256 c_0 = 411	25	-	-	4,26	-	-

Cristobalit. Die Struktur des technisch wichtigen Hoch-Cristobalits wurde bereits in Bild 13c gezeigt und läßt sich aus der Zinkblende-Struktur ableiten (Bild 12c), indem Si sowohl die Zn- als auch die S-Positionen belegt, während der Sauerstoff zwar mittig, aber etwas abseits der Si-Si-Verbindungslinien liegt. Anders ausgedrückt, bildet Si etwa abseits der gedachten geraden Si-Si-Verbindungslinien ein kubisch-flächenzentriertes Gitter, bei dem die Hälfte aller tetraedrischen Lücken, also vier Achtelwürfel, mit $[SiO_4]$-Tetraedern besetzt sind. Dadurch entsteht ein Raumnetz wie durch Übereinanderlagern von Zweiereinfachschichten (Bild 28a). Eine solche Schicht ist auch in Bild 23h dargestellt, nur daß jetzt die Spitzen der Tetraeder abwechselnd nach oben und unten aus der Blattebene herausragen. Eine direkte senkrechte Überlagerung ist dann nicht möglich, sondern es bedarf gleichzeitig einer Verschiebung parallel einer Sechseckkante um einen Si-Si-Abstand. Der Bindungswinkel Si-O-Si beträgt 147°, wobei das Sauerstoffatom in einer Kreisbahn um die gedachte Si-Si-Linie schwingt (Bild 43 nach Wright und Leadbetter [91]). Verfeinerte Strukturbestimmungen haben ergeben, daß die $[SiO_4]$-Tetraeder etwas verdreht sind, wodurch eine tetragonale Symmetrie entsteht. Dies gilt jedoch nur in kleinen Bereichen, sog. Domänen, so daß durch Mittelung eine kubische Symmetrie erscheint. Dieser Strukturtyp hat nach O'Keeffe und Hyde [92] allgemeinere Bedeutung.

Beim Abkühlen geht der Hoch-Cristobalit je nach Verunreinigungen und Kristallinität zwischen 275 und 200°C reversibel und displaziv in den tetragonalen Tief-Cristobalit über, dessen Struktur ähnlich wie beim Übergang von Hoch- in Tief-Quarz von der des Hoch-Cristobalits durch eine geringe Verschiebung der Atomlagen und Bindungswinkel entsteht [93]. Unterhalb 240°C „friert" die Sauerstoffschwingung ein, was zur Symmetrieerniedrigung beiträgt. Bemerkenswert ist die negative Querkontraktionszahl (ν_{23} = -0.5) dieser Modifikation [94].

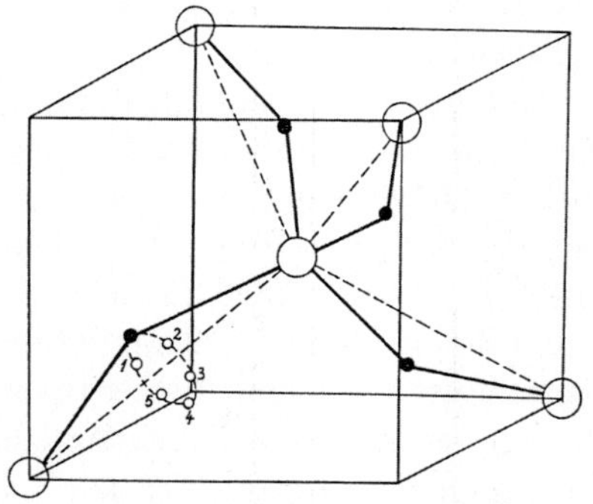

Bild 43: Ausschnitt aus der Elementarzelle des Cristobalit mit Darstellung der Rotation des Sauerstoffes um die Si-Si-Achse.

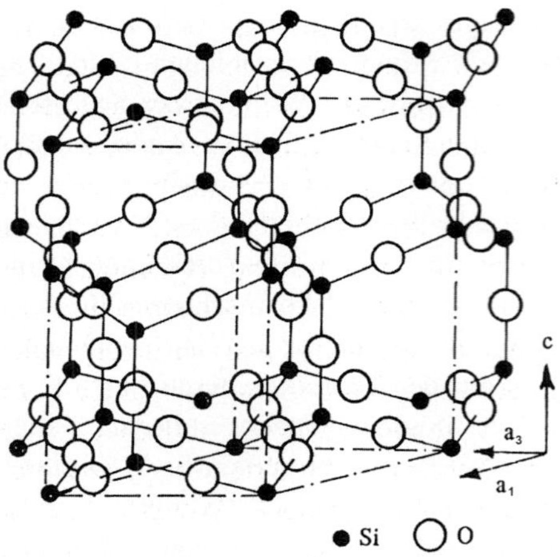

Bild 44: Elementarzelle des Hoch-Tridymits nach Gibbs.

Tridymit. Neben der oben erwähnten Dreischichtstruktur des Cristobalits ist auch eine Zweischichtstruktur denkbar, wenn auf die erste Schicht *A* eine zweite Schicht *B* folgt, die 60° um die *c*-Achse verdreht ist. Dann kann dieser als weitere Schicht sofort die Ausgangslage *A* folgen. Bezeichnet man die verdrehten Schichten mit einem Strichindex, dann ergibt sich die Schichtenfolge *AB'AB'*..., die das Bauprinzip des Hoch-Tridymits nach Gibbs [95] darstellt. Wie bei den Kugelpackungen ergibt sich daraus eine hexagonale Symmetrie. Dieser Darstellung äquivalent ist die Beschreibung mit Hilfe von Schichten aus gewellten Si_6O_6-Ringen (Bild 44). Bald erhoben sich jedoch Zweifel an dieser idealen Struktur mit einem Si-O-Si-Bindungswinkel von 180°, der doch sehr unwahrscheinlich ist. Erst relativ spät konnte wirklich eine hexagonale Form synthetisiert werden, die nach Kihara [96] nur oberhalb 420°C auftritt, wobei der Si-O-Si-Bindungswinkel im Mittel 149° beträgt. Die anderen Daten enthält Tabelle 19.

Die Verhältnisse bei tieferen Temperaturen sind nicht ganz einfach; denn oft werden bei röntgenographischen Untersuchungen solcher Proben verbreiterte und diffuse Reflexe beobachtet. Flörke [97] hat sie als Folge einer eindimensionale Fehlordnung (Kapitel 2.2.4) in der Anordnung der Schichten gedeutet. Er fand weiterhin, daß die ideale kubische Dreischichtfolge des Cristobalits durch langes Tempern bei hohen Temperaturen erreichbar ist, während idealer Tridymit mit der hexagonalen Zweischichtfolge noch nicht hergestellt werden konnte. Immer ist ein gewisser Anteil an Dreischichtfolgen in der Struktur enthalten. Steigende Anteile an den anderen Schichtenfolgen bedingen zunehmende Fehlordnung. Das kann so weit gehen, daß eine Unterscheidung zwischen Cristobalit und Tridymit sinnlos wird. Die Ergebnisse und Folgerungen von Flörke haben viele weitere Versuche ausgelöst (z.B. Hill und Roy [98]). Flörke [86] konnte zeigen, daß stabiler Tridymit-S dem geordneten Tridymit entspricht, während der metastabile Tridymit-M fehlgeordnet ist. Da es zwischen beiden alle möglichen Übergänge gibt, ist es seiner Meinung nach nur sinnvoll, von geordnetem bzw. fehlgeordneten Cristobalit bzw. Tridymit zu sprechen. Die Auswirkung der Fehlordnung auf einige Eigenschaften wird später (Kapitel 3.3.1.1) besprochen.

Diese verschiedenen Formen machen es verständlich, daß sich die reinen Strukturbestimmungen schwierig gestalten und manchmal auch unterschiedliche Ergebnisse liefern. In der Zwischenzeit hat sich aber die Ansicht gefestigt, daß der Tridymit bei tieferen Temperaturen in mehreren Modifikationen auftritt. Bei Raumtemperatur ist der monokline Tief-Tridymit stabil. Er hat nach Tabelle 19 recht große Gitterkonstanten. Von Konnert und Appleman [99] wird einem natürlich vorkommenden Tieftemperatur-Tridymit eine trikline Symmetrie mit Zehnschichtfolge zugeschrieben. Ab etwa 100°C tritt eine orthorhombische Form auf, die nach Tabelle 19 Gitterkonstanten hat, die ähnlich denen der hexagonalen Form sind. Dollase [100] faßt sie deshalb auch als eine pseudo-hexagonale Form auf, an der allerdings die großen Si-O-Si-Bindungswinkel auffallend sind. Daneben wird noch über zwei weitere orthorhombische Modifikationen berichtet, die nach Nukui u. M. [101] ähnliche Zelldimensionen zeigen. Weitere Untersuchungen von Flörke ergaben, daß sich Tridymit nur in Gegenwart von Fremdionen bildet, die auch für die relativ großen Schwankungen in den Röntgendiagrammen verantwortlich sind. Tridymit ist also möglicherweise keine gar keine SiO_2-Modifikation im thermodynamischen Sinn. Daraus ergeben sich wichtige Folgerungen für das Einstoffsystem SiO_2 (Kapitel 3.3.1.1).

Hochdruckmodifikationen. Die bisher genannten SiO_2-Modifikationen sind zwar bei verschiedenen Temperaturen, aber einheitlich bei normalem Druck stabil. In Tabelle 19 sind daneben noch einige Hochdruckmodifikationen aufgeführt. Die Struktur des monoklinen Coesit ist in Bild 28c und in Bild 45 dargestellt, die die Ketten aus $[SiO_4]$-Tetraeder-Viererringen parallel zur *b*-Achse zeigen (Zoltai und Bürger [102]). Die Struktur des in der Natur nicht bekannten und nur synthetisch hergestellten kubischen Keatits ist in Bild 28b und Bild 46 gezeigt (Shropshire et al. [103]).

Als Abweichung vom üblichen Schema der Silicatstrukturen sei hier nochmals der Stishovit mit $[SiO_6]$-Oktaedern und Rutilstruktur (Bild 13b) erwähnt, dem Liu [104] eine weitere, bei noch höheren Drücken stabile Modifikation gegenübergestellt hat, die eine ungestörte hexagonal dichteste Sauerstoffkugelpackung mit Si-Ionen in der Hälfte der oktaedrischen Lücken aufweist.

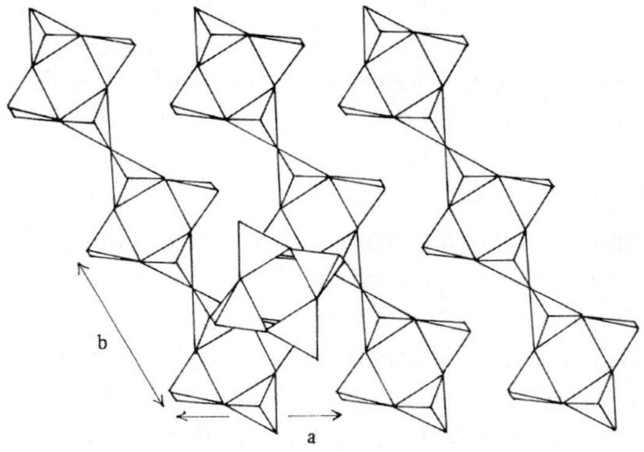

Bild 45: Struktur des Coesit, Projektion parallel [010].

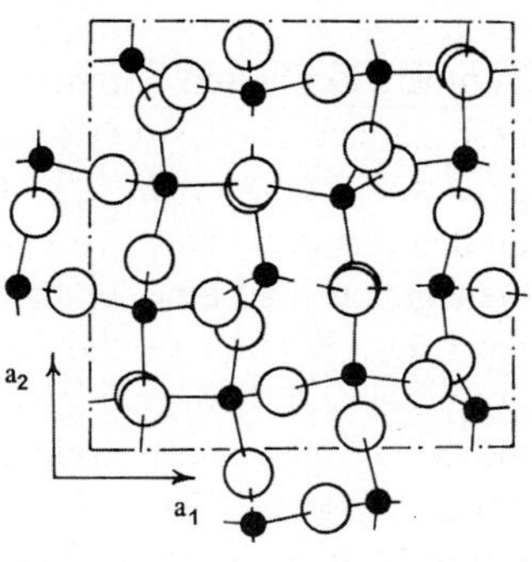

Bild 46: Struktur des Keatit

Weitere SiO_2-Modifikationen. Neben dem ebenfalls schon erwähnten faserigen SiO_2 mit der Kantenverknüpfung der $[SiO_4]$-Tetraeder ist noch der seltene kubische Melanophlogit zu nennen, dessen geringe Dichte von 2,05 g/cm^3 auf eine sehr lockere Struktur hinweist. Er enthält immer organische Verbindungen (mindesten 6 Gew.-%), die wahrscheinlich in den Hohlräumen einer sehr weiten Struktur aus $[SiO_4]$-Tetraedern eingelagert sind. Seine Formel wird daher oft als $46SiO_2 \cdot C_{2.2}H_{17.3}O_{5.4}S_{0.1}$ angegeben. Solche Einlagerungsverbindungen, sog. Klathrate, kennt man u.a. vom H_2O z.B. mit CH_4 (Methanhydrat) oder Cl_2 der Form $6X \cdot 46H_2O$. Nach Kamb [105] sind Ähnlichkeiten dieser und anderer Eis-Strukturen mit der des Melanophlogits und der anderen SiO_2-Modifikationen vorhanden.

Isotype Strukturen. Ersetzt man das Si^{4+}-Ion durch ein dreiwertiges Kation und erzielt man den Wertigkeitsausgleich durch den gleichzeitigen Austausch eines zweiten Si^{4+}-Ions durch ein fünfwertiges Kation, so kommt man zu einer großen Klasse von Verbindungen, die wegen ihrer strukturellen Verwandtschaft oft isotyp mit den Modifikationen des SiO_2 oder anderen Silicaten sind.

Das klassische Beispiel hierfür ist der *Berlinit* $AlPO_4$, der Tief-Quarzstruktur aufweist. Tabelle 20 bringt eine Übersicht nach Roy u. M. [106] und Kosten und Arnold [107], wonach $AlPO_4$ in allen SiO_2-Modifikationen auftritt und das Ausmaß der Isotypie von den Ionenradien abhängt. Trotz der großen kristallographischen Verwandtschaft, die beim $AlPO_4$ nach Wright und Leadbetter [108] sogar bis zu dem SiO_2 ähnlichen Fehlordnungserscheinungen geht, tritt nach Flörke [109] im System $AlPO_4$-SiO_2 eine nur sehr begrenzte Mischkristallbildung ein, was nach Horn und Hummel [110] auch für das System BPO_4-SiO_2 gilt, während das System BPO_4-$AlPO_4$ unbegrenzte Mischkristallbildung zeigt.

Tabelle 20: Strukturen von $A^{3+}B^{5+}O_4$-Verbindungen

$A^{3+}B^{5+}O_4$	Mittlerer Ionenradius	Radien-verhältnis	Strukturen					
	$\frac{1}{2}(r_A + r_B)$	$\frac{1}{2}(\frac{r_A + r_B}{r_0})$	Quarz		Tri-dymit	Cristobalit		andere
	pm	pm	Tief	Hoch		Tief	Hoch	
BPO_4	29	0,21	+			+		
$BAsO_4$	34	0,24	+			+		
BVO_4	41	0,29						unbekannt
$SiSiO_4$	42	0,30	+	+	+	+	+	
$AlPO_4$	43	0,31	+	+	+	+	+	
$AlAsO_4$	48	0,34	+					
$GaPO_4$	48	0,34	+			+	+	
$FePO_4$	49	0,35	+	+				
$CrPO_4$	49	0,35						unbekannt
$MnPO_4$	50	0,36	+			+	+	
$GaAsO_4$	54	0,38	+					
$FeAsO_4$	55	0,39						unbekannt
$CrAsO_4$	55	0,39						wie $CrPO_4$
$AlVO_4$	55	0,39						unbekannt
$AlSbO_4$	56	0,40						Rutil
$MnAsO_4$	56	0,40						unbekannt
$GaVO_4$	60	0,43						unbekannt
$GaSbO_4$	62	0,44						Rutil

Auch bei den Silicaten gibt es Beispiele dieser Art, von denen hier nur die Isotypie zwischen Forsterit $Mg_2[SiO_4]$, Triphylin $Li_3(Mn,Fe)[PO_4]$ und Chrysoberyll $Al_2[BeO_4]$ erwähnt sei. Ersetzt man im SiO_2 das Si^{4+}-Ion durch ein Be^{2+}-Ion, dann kann man den Wertigkeitsausgleich auch durch einen zusätzlichen Austausch der O^{2-}- gegen F^--Ionen erreichen und kommt zum BeF_2. Goldschmidt [111] hat gezeigt, daß mit der Halbierung der Wertigkeiten bei fast gleichen Ionenradien das BeF_2 in den Strukturen der verschiedenen SiO_2-Modifikationen (außer Tief-Tridymit) vorkommt. Ähnliche Analogien zeigen folgenden Paare: MgO-LiF, CaO-NaF, SrO-KF, BaO-RbF, TiO_2-MgF_2 und ThO_2-CaF_2. Die Fluoride mit ihren wesentlich tieferen Schmelztemperaturen stellen die Modelle der entsprechenden Oxide dar. Es lag nahe, daraus Modellsysteme herzustellen und zu untersuchen. Dabei wurde u.a. eine überraschende Ähnlichkeit der Systeme NaF-BeF_2 und CaO-SiO_2 gefunden, die bis in die verschiedenen Modifikationen des Ca_2SiO_4 bzw. Na_2BeF_4 geht.

Eine andere Art der Analogie erhält man, wenn man bei konstanten Wertigkeiten die Ionenradien vergrößert, also vom SiO_2 zum GeS_2 geht, das in einer Modifikation vorkommt, die dem Hoch-Cristobalit entspricht. So kennt man auch GeO_2 in einer Tief- und Hoch-Quarzstruktur, wie überhaupt in vielen Fällen eine Verwandtschaft zwischen den Germanaten und den Silicaten besteht (O'Keeffe und Hyde [92]).

2.3.2.4.2 Feldspäte

Andere Silicatgerüststrukturen außer den SiO_2-Modifikationen kommen zustande, wenn ein gewisser Anteil an Si^{4+}-Ionen durch Al^{3+} ersetzt wird. Die negative Überschußladung des betreffenden Tetraeders gibt Anlaß zur Anlagerung weiterer Kationen in anderer Koordination. Das einfachste Beispiel einer solchen Substitution sind die Feldspäte, bei denen der Wertigkeitsausgleich durch Na^+-, K^+-, Ca^{2+}- oder Ba^{2+}-Ionen erfolgt, die sich in den Hohlräumen des Netzwerks aus $[SiO_4]^{4-}$- und $[AlO_4]^{5-}$-Tetraedern befinden. Das Bauprinzip (Bild 47) besteht aus Tetraeder-Viererringen, welche über gemeinsame Sauerstoffe zu Zick-Zack-Bändern in Form von Doppelketten verknüpft sind. Diese Doppelketten durchziehen die Struktur in *a*-Richtung und bilden in *b*-Richtung Bänderschichten aus parallelen Strängen [112]. In die Verknüpfungszonen der Bänder sind nun große Kationen eingelagert, so daß ein dreidimensionales Tetraederfachwerk mit anisotroper Festigkeit entsteht, was die richtungsabhängige Spaltbarkeit der Feldspäte erklärt.

Die Feldspäte unterscheiden sich allerdings nicht nur in der Art des ein- oder zweiwertigen Kations, sondern auch darin, ob die Al/Si-Verteilung geordnet oder ungeordnet ist. Bei tiefen Temperaturen ist die geordnete, bei hohen die ungeordnete Verteilung stabil, was zugleich die Symmetrie beeinflußt. Geordnete Feldspatstrukturen besitzen trikline, ungeordnete monokline Symmetrie.

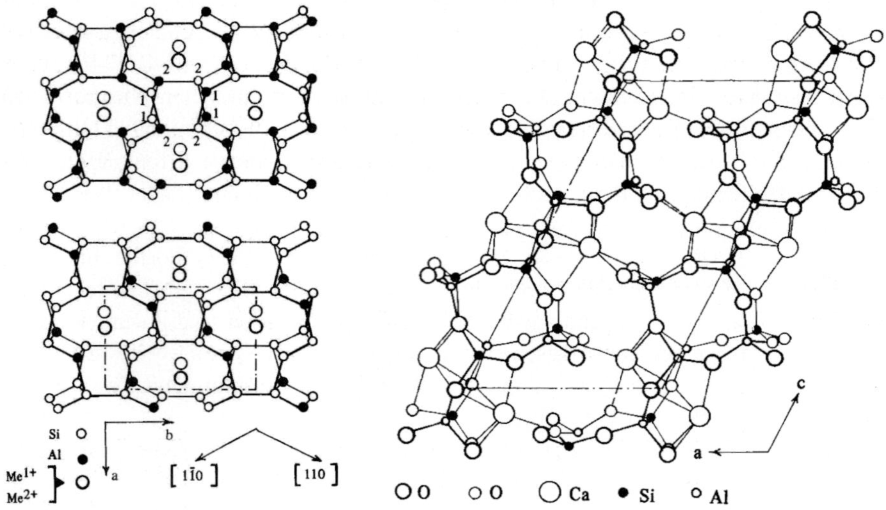

Bild 47: Struktur des Sanidins (links) und des Anorthits (rechts) nach [112]

Die stabile Hochtemperatur-Modifikation des *Kalifeldspats* K[$AlSi_3O_8$] ist der monokline *Sanidin*, die stabile Tieftemperatur-Modifikation der trikline *Mikroklin.* Das bekannte Mineral *Orthoklas* derselben Zusammensetzung repräsentiert einen teilgeordneten Übergangszustand zwischen beiden Phasen. Die Umwandlung des geordneten in den ungeordneten Zustand oder umgekehrt kann nur über Diffusion von Al- und Si-Ionen erfolgen, benötigt deshalb lange Zeit. Zwischenzeitlich bilden sich Bereiche mit monokliner und trikliner Symmetrie aus. Der Grad der Umwandlung wird mit der Triklinität ausdrückt, die anhand der Reflexaufspaltung im Röntgenbeugungsdiagramm bestimmt werden kann.

Beim *Natronfeldspat* Na[$AlSi_3O_8$] ist die geordnete stabile Tieftemperatur-Modifikation der trikline *Albit*, die ungeordnete stabile Hochtemperatur-Modifikation der monokline *Monalbit*. Die Umwandlung zwischen beiden Modifikationen verläuft ebenfalls langsam, doch ist es nicht möglich, den Monalbit auf Raumtemperatur abzukühlen, da während der Abkühlung eine spontane Umwandlung in den triklinen *Analbit* stattfindet, der demnach eine ungeordnete Al/Si-Verteilung aufweist und bei allen Temperaturen instabil ist. Die beiden stabilen Modifikationen werden auch mit Tief- bzw. Hoch-Albit bezeichnet.

Da aufgrund der ähnlichen Ionenradien von Na^+ und K^+ Natronfeldspäte und Kalifeldspäte bei Temperaturen zwischen 1000 und 1100°C vollständig und unterhalb 680°C stark beschränkt mischbar sind, existieren zahlreiche Entmischungsformen. Entmischungen von Natronfeldspat in Kalifeldspat werden *Perthit* genannt, von Kalifeldspat in Natronfeldspatmatrix entsprechend *Antiperthit.* Die Entmischungsphasen treten - manchmal makroskopisch sichtbar - in Form feiner schnurartiger Lamellen auf. Die Gleichgewichtsverhältnisse sind allerdings noch nicht abschließend geklärt, da die Natrium- und Kaliumdiffusion wesentlich schneller vonstatten geht als die Si- und Al-Diffusion. In Kapitel 3.3.4.1 wird auf die Phasensysteme noch genauer eingegangen.

Zur Familie der *Erdalkalifeldspäte (Plagioklase)* gehört der *Anorthit* $Ca[Al_2Si_4O_8]$. Seine Struktur entspricht etwa derjenigen der Alkalifeldspäte; die Atompositionen sind nur geringfügig verschoben. Das Verhältnis Al:Si = 1 unterstützt allerdings das Ordnungsbestreben, so daß die geordnete trikline Form bei allen Temperaturen stabil ist. Außerdem wird in *c*-Richtung die Elementarzelle verdoppelt. Entsprechendes gilt für den Bariumfeldspat *Celsian* $Ba[Al_2Si_4O_8]$, nur daß er monoklin ist.

Tabelle 21: Eigenschaften einiger Feldspäte

Mineral	Formel	Kristall-system	Gitterkonstanten		Dichte (20°C)	Brech-zahlen	Bemer-kungen
			a_0	α		n_α	
			b_0 pm	β		n_β	
			c_0	γ	g/cm³	n_γ	
Mikroklin	$K[AlSi_3O_8]$	triklin	857	90°41′	2,57	1,514	stabile
			1298	115°59′		1,518	Tiefform,
			722	87°30′		1,521	geordnet
Sanidin	$K[AlSi_3O_8]$	monoklin	856	--	2,57	1,521	stabile
			1303	115°59′		1,527	Hochform,
			718	--		1,527	ungeordnet
Albit	$Na[AlSi_3O_8]$	triklin	814	94°19′	2,62	1,531	stabile
			1279	116°34′		1,532	Tiefform,
			716	87°39′		1,538	geordnet
Analbit	$Na[AlSi_3O_8]$	triklin	823	94°03′	2,62	1,527	instabile
			1300	116°20′		1,532	Form,
			725	88°09′		1,534	ungeordnet
Monalbit	$Na[AlSi_3O_8]$	monoklin	752			1,523	stabile
			1298			1,528	Hochform,
			641			1,529	ungeordnet
Oligoklas	$(Na,Ca)[AlSi_3O_8]$	triklin	817	93°49′	2,64	1,538	10-30 %
			1284	116°27′		1,546	Anorthit
			713	88°59′		1,544	
Andesin	$(Na,Ca)[AlSi_3O_8]$	triklin	817	93°24′	2,67	1,549	40-50 %
			1288	116°27′		1,554	Anorthit
			711	90°24′		1,556	
Labradorit	$(Ca,Na)[AlSi_3O_8]$	triklin	816	93°34′	2,70	1,560	50-70 %
			1286	116°06′		1,562	Anorthit
			1420	89°47′		1,567	
Bytownit	$(Ca,Na)[AlSi_3O_8]$	triklin	817	93°22′	2,73	1,570	70-90 %
			1287	115°58′		1,572	Anorthit
			1418	90°31′		1,578	
Anorthit	$Ca[AlSi_3O_8]$	triklin	818	93°10′	2,77	1,576	geordnet
			1288	115°51′		1,585	< 10 %
			1417	91°13′		1,588	Albit
Celsian	$Ba[AlSi_3O_8]$	monoklin	865	--	3,8	1,587	geordnet
			1313	115°02′		1,593	
			1460	--		1,600	

Zwischen Anorthit und Natronfeldspat existiert wiederum eine Mischbarkeit, die jedoch aufgrund der geforderten geordneten Si-Al-Verteilung der calciumreichen Phasen bei Temperaturen unterhalb 600°C zu Mischungslücken führt (Smite [113]). Je nach Anorthitanteil sind die in der Natur auftretenden Hochtemperaturmischkristalle mit eigenen Mineralnamen belegt.

Tabelle 21 enthält die kristallographischen Daten der Feldspäte, die sehr ähnlich sind. Man beachte die Verdoppelung der Elementarzelle in *c*-Richtung ab etwa 50 % Anorthit-Anteil, die mit einer Erniedrigung der Symmetrie verbunden ist. Näheres zu den Strukturen und zu der leider nicht immer einheitlichen Nomenklatur findet man in der Monographie von Smith [114].

2.3.2.4.3 Feldspatvertreter

Neben den Feldspäten gibt es noch eine Reihe ähnlicher Verbindungen, die sich aus SiO_2 durch den Ersatz von Si^{4+} gegen $Al^{3+} + Me^{+}$ ableiten. Während die Feldspäte eine eigene Struktur aufweisen, findet man bei anderen Verbindungen die Strukturelemente des SiO_2 wieder, indem die zusätzlichen Kationen in den Hohlräumen des Gitters untergebracht sind. Da diese beim Quarz kleiner als beim Tridymit oder Cristobalit sind, werden die Verbindungen mit kleinen Kationen (Li^+) zur Quarz-, die mit größeren Kationen (Na^+, K^+) zur Tridymit- oder Cristobalitstruktur tendieren. Buerger [115] spricht in diesem Zusammenhang von "stuffed derivatives", d.h. von aufgefüllten Derivaten der SiO_2-Strukturen.

So hat der *Nephelin* $Na_2O \cdot Al_2O_3 \cdot 2SiO_2$ eine dem Hoch-Tridymit entsprechende Struktur, also die Strukturformel $Na[AlSiO_4]$. Der Vergleich der Tabelle 19 und Tabelle 22 zeigt, daß beim Nephelin der a_0-Wert verdoppelt ist. Bei hohen Temperaturen wandelt sich Nephelin langsam in den Carnegieit um, der dann die Struktur des Hoch-Cristobalits aufweist. Beide Modifikationen zeigen außerdem spontane Tief-Hoch-Umwandlungen (Tabelle 22). Die Struktur des Hoch-Tridymits hat auch die entsprechende Kaliumverbindung $K[AlSiO_4]$, der metastabile *Kaliophilit*, dessen a_0-Gitterkonstante allerdings stark vergrößert ist. Bei hohen Temperaturen geht er in eine orthorhombische Modifikation über. Zwischen diesen Modifikationen und dem Kaliumfeldspat liegt in seiner Zusammensetzung der *Leucit* $K[AlSi_2O_6]$, ebenfalls mit einer Gerüststruktur, der bei tiefen Temperaturen eine kubische, dem Hoch-Cristobalit analoge Symmetrie hat (Tabelle 22). Diese Silicate werden Feldspatvertreter genannt, da sie sich beim inkongruenten Schmelzen der Feldspäte unter Abspaltung von SiO_2 bzw. aus SiO_2-armen („untersäuerten“) Schmelzen bilden.

Tabelle 22: Eigenschaften einiger ternärer Alumosilicate

Mineral	Formel	Kristallsystem	Gitterkonstanten a_0; b_0; c_0; β [pm]	Dichte (20°C) g/cm³	Brechzahlen n_α; n_β; n_γ	Bemerkungen
Tief-Nephelin	$Na[AlSiO_4]$	hexagonal	1001; -; 841	2,62	1,533; -; 1,537	bei 850°C →Hochform
Hoch-Nephelin	$Na[AlSiO_4]$	orthorhombisch	1020; 1760; 850	2,47		bei 1254°C →Hoch-Carnegieit
Tief-Carnegieit	$Na[AlSiO_4]$	triklin		2,51	1,509; 1,514; 1,514	bei 690°C →Hochform
Hoch-Carnegieit	$Na[AlSiO_4]$	kubisch	732	2,34	1,51	
Tief-Leucit	$K[AlSi_2O_6]$	tetragonal	1304; -; 1385	2,47	1,508; -; 1,509	bei 620°C →Hochform
Hoch-Leucit	$K[AlSi_2O_6]$	kubisch	1343	2,47	1,509	
Kaliophilit	$K[AlSiO_4]$	hexagonal	2706; -; 861	2,60	1,532; -; 1,527	metastabil
Kalsilit	$K[AlSiO_4]$	hexagonal	518; 869	2,59	1,542; -; 1,539	metastabil
synthetisch	$K[AlSiO_4]$	orthorhombisch	901; 1567; 857	2,60	1,528; 1,536; 1,537	stabil
Petalit	$Li[AlSi_4O_{10}]$	monoklin	1176; 514; 762; 112°24´	2,42	1,504; 1,510; 1,516	beständig nur < 900°C
Tief-Spodumen	$LiAl[Si_2O_6]$	monoklin	952; 832; 525; 110°28´	3,15	≈1,72	bei 700°C Hochform
Hoch-Spodumen	$LiAl[Si_2O_6]$	orthorhombisch	1838; 1061; 1068	2,44	≈1,52	
Tief-Eukryptit						
Hoch-Eukryptit	$LiAl[SiO_4]$	trigonal	1353; -; 904	2,67	1,572; -; 1,587	bei 970°C Hochform
	$LiAl[SiO_4]$	hexagonal	524; -; 1113	2,33	1,524; -; 1,520	

2.3.2.4.4 Zeolithe

Setzt man eckenverknüpfte SiO_4-Tetraeder zu noch weitmaschigeren Gerüsten zusammen, so gelangt man zu der Mineralfamilie der Zeolithe. In ihren strukturellen Hohlräumen haben große Kationen wie Na^+, K^+, Ca^{2+} oder Ba^{2+} sowie Wasser und andere kleinere Moleküle Platz. Aufgrund der kanalartigen Anordnung solcher Hohlräume lassen sich die Ionen und Moleküle leicht austauschen. Aufgrund ihrer Eigenschaft, Wasser zu speichern, zu filtern und zu entkalken wurden sehr bald synthetische Zeolithe mit maßgeschneiderten Kanalstrukturen hergestellt. Die heutige Definition der Zeolithe umfaßt daher über die Silicate hinaus auch Strukturen, in denen auch andere Elemente wie z.B. Phosphor als Gerüstbildner wirken können: Nach Coombs et al. [116] sind „Zeolithe kristalline Substanzen mit einer Gerüststruktur aus verknüpften Tetraedern aus Sauerstoff, die sich um ein beliebiges Zentralion konfigurieren. Dieses Gerüst enthält offene Hohlräume in Form von Kanälen oder Käfigen, welche gewöhnlich mit Wassermolekülen und austauschbaren Kationen besetzt sind. Das Austreiben des Wassers geschieht bei Temperaturen unterhalb 400°C und ist weitgehend reversibel. Das Gerüst kann durch OH- oder F-Gruppen unterbrochen sein, die an der Spitze eines Tetraeders sitzen und keine Verknüpfung zum nächst benachbarten Tetraeder eingehen" (zitiert nach Armbruster [117]). Nach dieser Definition ist z.B. auch das Phosphat Weinebeneit $Ca_4[Be_{12}P_8O_{32}(OH)_8] \cdot 16\ H_2O$ zu den Zeolithen zu rechnen.

Strukturell lassen sich Zeolithe weiter untergliedern in Faserzeolithe (hauptsächlich pseudotetragonal), Blätterzeolithe (pseudohexagonal) und Würfelzeolithe (kubisch oder pseudokubisch). Die Bezeichnung weist dabei sowohl auf den Kristallhabitus als auch auf die Struktur hin. Zu den *Faserzeolithen* gehören Natrolith $Na_2[Al_2Si_3O_{10}]\cdot 2H_2O$, Mesolith $Na_2Ca_2[Al_2Si_3O_{10}]_3\cdot 8H_2O$, Skolezit $Ca[Al_2Si_3O_{10}]\cdot 3H_2O$ und Thomsonit $NaCa_2[Al_5Si_5O_{20}]\ 6H_2O$. Die Strukturen bestehen aus Viererringen aus $Al_2Si_2O_{10}$, die parallel Basalfläche liegen und über ein gemeinsames Si^{4+} zum nächsten Viererring zu unendlichen Ketten $[Al_2Si_3O_{10}]^{2-}{}_{\infty}$·verknüpft sind, die parallel zur *c*-Achse verlaufen (Bild 48). Große Kanäle in Richtung der *c*-Achse lassen sich erreichen, wenn mehr als vier SiO_4-Tetraeder einen basalen Ring bilden. So gibt es Ketten aus Fünfer- und Sechserringen, die seitlich über 8-, 10- und 12-gliedrige Ringe verknüpft sind. Mordenit $(Ca,K_2,Na_2)[AlSi_5O_{12}]\cdot 7H_2O$ ist z.B. abwechselnd aus Vierer- und Fünferringen aufgebaut, die sich um einen zwölfeckigen Kanal herum gruppieren (Bild 49). Heulandit $Ca[Al_2Si_7O_{18}]\cdot 6H_2O$ (Bild 50) besteht demgegenüber aus Netzwerksstapeln von Sechserringen, in welchen die Tetraeder gegeneinander verkippt sind. Die Bindung zum nächsten Stapel ist dadurch geschwächt. Er kristallisiert daher gelegentlich in schuppigen Aggregaten, weshalb er zu den Blätterzeolithen gerechnet wird.

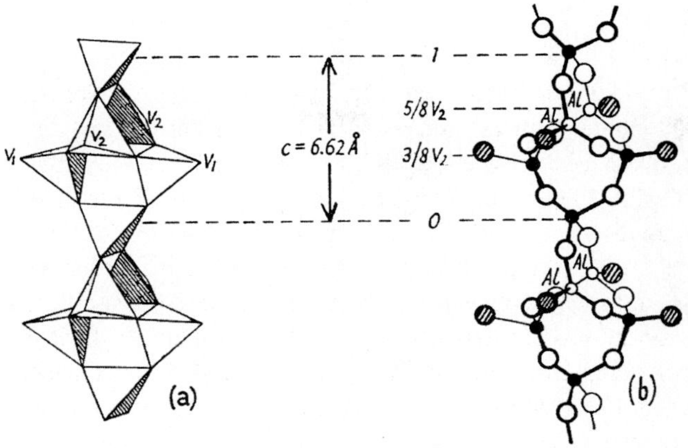

Bild 48: Struktureller Aufbau der Faserzeolithe, hier Ausschnitt aus der Natrolith-Struktur

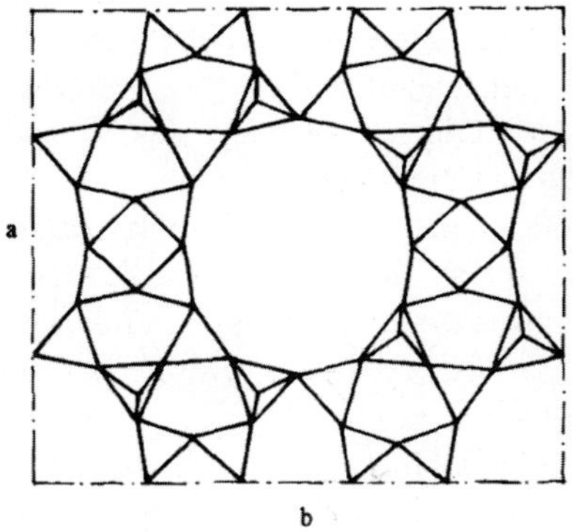

Bild 49: Struktur des Mordenits

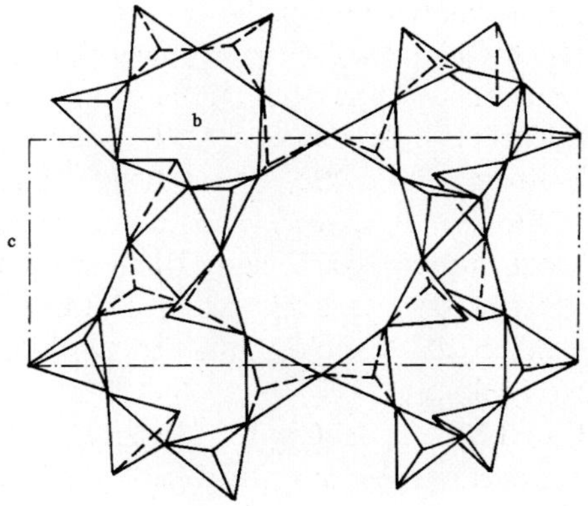

Bild 50: Struktur des Heulandits

Die *Würfelzeolithe* lassen sich von der Struktur des kubischen Sodaliths $Na_8[Cl|(AlSiO_4)_6]$ ableiten, dessen SiO_4-Tetraeder in Vierer- und Sechserringen dreidimensional so vernetzt sind, daß ein Kuboktaeder entsteht (Bild 51). Diese Sodalith-Zellen können sich untereinander mit Brücken aus Viererringen vereinigen und so sehr große Kanäle und Hohlräume ausbilden. So besteht der Faujasit $Na_2Ca[Al_2Si_4O_{12}]_2 \cdot 16H_2O$ aus gewellten Sechserringen aus Sodalith-Einheiten (Bild 52). Weitere Anordnungsmöglichkeiten der Soldalith-Einheit sind in synthetischen Zeolithe verwirklicht worden. Durch primitiv-kubische oder niedriger symmetrische Anordnungen der Kuboktaeder ist die Größe der Kanäle in weiten Bereichen variierbar, so daß Zeolithe heute eine beachtliche Bedeutung als Molekularsiebe [118] erlangt haben (Bild 53). Jährlich werden neue Typen hergestellt; einen Überblick über die Eigenschaften und Nutzung der Zeolithe geben [119], [120] sowie [121].

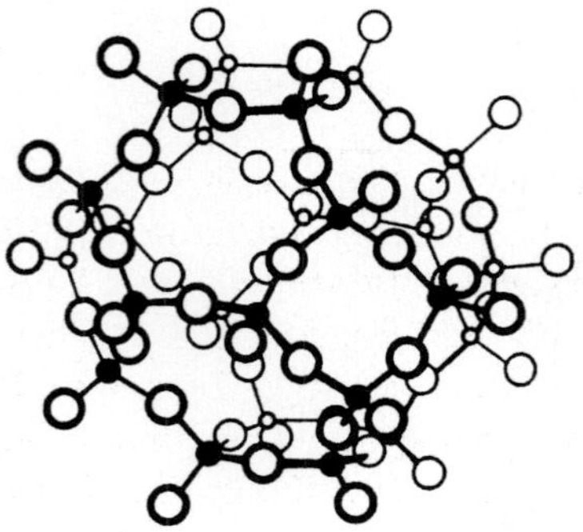

Bild 51: kuboktaedrische Sodalith-Einheit aus SiO_4-Tetraedern

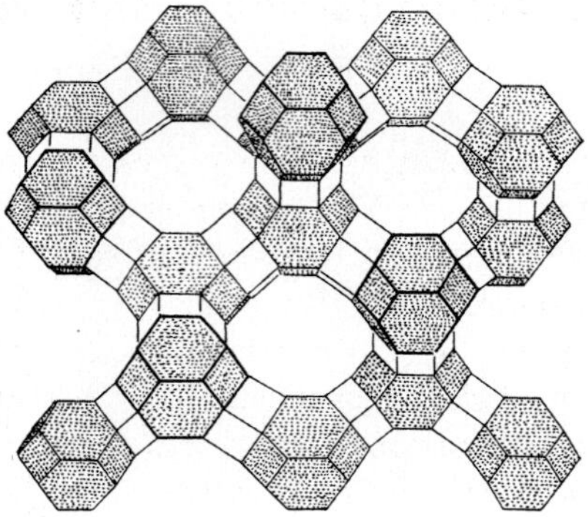

Bild 52: Faujasit-Struktur

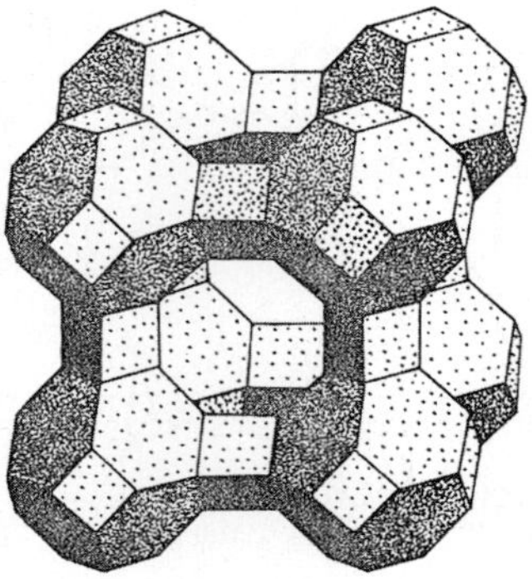

Bild 53: a) Elementarzelle des Zeoliths A

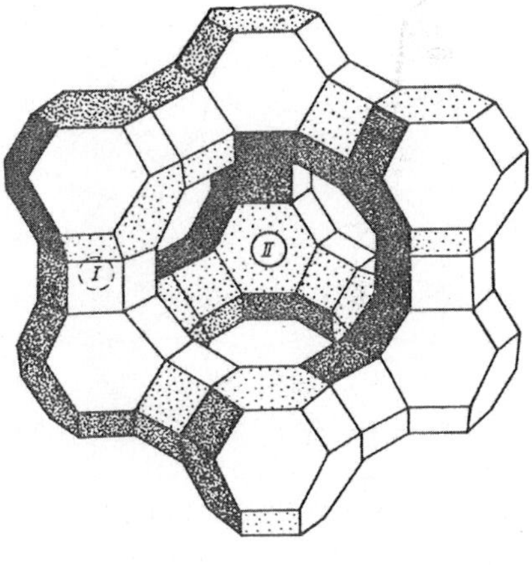

b) 1/8 Elementarzelle des Zeoliths

2.4 Nichtkristalline Festkörper

Die im vorangegangenen Kapitel besprochenen Kristalle lassen in ihrer atomaren Struktur eine *Nahordnung* erkennen, die sich streng und regelmäßig in alle drei Raumrichtungen periodisch fortsetzt, so daß auch eine *Fernordnung* auftritt. Diese Fernordnung ist aber nicht die Voraussetzung dafür, daß ein Festkörper vorliegt, d.h. ein Körper, in dem die einzelnen Bauelemente in ihrer Lage fixiert sind. Es gibt nämlich auch nichtkristalline Festkörper, die durch Fehlen einer Fernordnung in der Struktur gekennzeichnet sind. Während der Kristall in Kapitel 2.2 als real homogenes, anisotropes Diskontinuum definiert wurde, verhalten sich nicht kristalline Festkörper statistisch homogen und damit isotrop. Das bedeutet, daß in allen beliebigen Raumrichtungen alle Materialkomponenten gleichmäßig, aber nicht strikt geometrisch angeordnet auftreten. Somit sind auch alle Stoffeigenschaften in allen Raumrichtungen dieselben, das Material also isotrop. Die Nomenklatur für diese Stoffklasse ist allerdings nicht einheitlich, da es nicht möglich ist, scharfe Grenzen für diese Stoffklassen anzugeben und die Bearbeitung von verschiedenen wissenschaftlichen Disziplinen her erfolgt. Es soll daher zunächst versucht werden, die vorliegenden Erscheinungen zu ordnen, um dann den wichtigsten nichtkristallinen Festkörper, das Glas, mit seinen Eigenschaften zu besprechen.

2.4.1 Nahordnung und Fernordnung

Der Nachweis einer kristallinen Struktur eines Festkörpers erfolgt üblicherweise mit Röntgen- oder Elektronenbeugungsverfahren oder der Durchlichtpolarisationsmikroskopie. Umgekehrt folgert man beim vollständigen Fehlen diskreter Röntgenreflexe oder bei optischer Isotropie - von kubisch kristallisierenden Materialien abgesehen - auf das Fehlen einer Fernordnung. Es stellt sich also die Frage, wie ein Festkörper ohne Fernordnung erhalten wird.

Der bekannteste Weg geht von der Flüssigkeit bzw. Schmelze aus, die durch das Fehlen der Fernordnung gekennzeichnet ist, da die an ihrem Aufbau beteiligten Atome oder Moleküle gegeneinander verschiebbar sind. Wenn es beim Abkühlen gelingt, ohne Kristallisation zu einem Festkörper zu kommen, dann muß dieser ebenfalls eine Struktur ohne Fernordnung besitzen. Dies ist bei vielen silicatischen und anderen Schmelzen der Fall. Die so erhaltenen Festkörper bezeichnet man als Gläser. Da sie sich nicht im stabilen Zustand befinden, besitzen sie eine höhere Energie als entsprechende Kristallisate gleicher Zusammensetzung. Die Klassifikation der nichtkristallinen Festkörper von Roy [122] wurde in Bild 54 weiterentwickelt.

Ein weiterer Weg zum nichtkristallinen Festkörper über die Lösung besteht in der Herstellung eines Gels mit einer z.B. oxidischen Zusammensetzung, die der eines Glases entspricht, aber noch entwässert werden muß. Dadurch bildet sich eine hohe Porosität aus, d.h., diese Produkte haben zwar eine dem Glas verwandte Nahordnung, aber eine große Oberfläche. Keine Fernordnung haben auch die

Gase. Durch deren schnelle Kondensation kann ebenfalls ein nichtkristalliner Niederschlag entstehen, wobei jedoch durch das sofortige Einfrieren der Bewegungsmöglichkeiten der Atome auch deren Nahordnung gestört ist, also diese Kondensate eine noch höhere Energie besitzen als die Gläser.

Andere Wege gehen vom kristallinen Festkörper aus, den man im einfachsten Fall nur so weit zu zerkleinern braucht, bis die Fernordnung durch Anhäufung mehrdimensionaler Gitterfehler verlorengeht. Die Nahordnung ist dabei im wesentlichen erhalten geblieben, jedoch bedeutet die große Oberfläche und die hohe Dichte an Gitterdefekten einen hohen Energieinhalt. Man kann aber auch die Fernordnung ohne Zerkleinerung durch energiereiche z.B. radioaktive Strahlung stören, wobei aber gleichzeitig auch mit einer Beeinträchtigung der Nahordnung zu rechnen ist. Ferner kann durch Diffusion bestimmter Atome oder Ionen zwischen kristallinen Festkörpern unterschiedlicher Zusammensetzung deren Nahordnung verlorengehen.

Damit ergibt sich folgende Gliederung der nichtkristallinen Festkörper:

glasige Festkörper, d.h. Gläser mit einer ungeordneten Struktur bei vorhandener Nahordnung und geringer Oberfläche, mit einer im Vergleich zum Kristall höheren Energie,

amorphe Festkörper mit noch höherer Energie, bedingt durch eine große Oberfläche bei vorhandener Nahordnung

metamikte Festkörper, charakterisiert durch eine gestörte Nahordnung bei geringer Oberfläche.

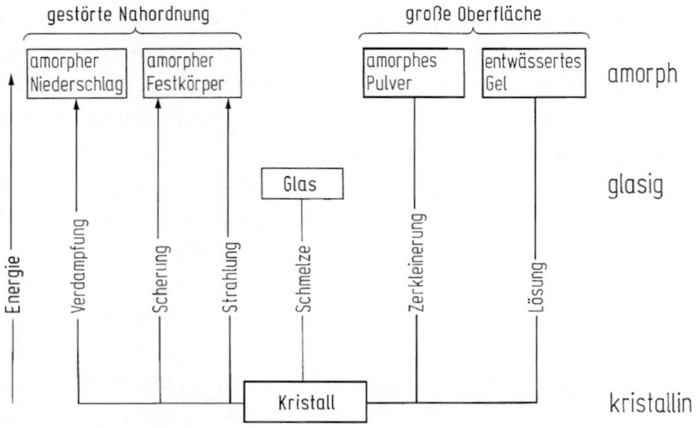

Bild 54: Wege zur Herstellung von nichtkristallinen Festkörpern. Unterschied glasig-amorph

Es wird nochmals darauf hingewiesen, daß sich diese Gruppen nicht scharf abgrenzen lassen, sondern daß es viele Übergänge gibt. Auch sind die in Bild 54 angeführten Herstellungswege nicht spezifisch. So ist es ist z.B. nach Dislich [123] möglich, auch unter Umgehung der Schmelze zu einem Glas zu kommen.

Auf der anderen Seite zeigt Bild 54, daß eine Substanz verschiedene Arten eines glasigen oder amorphen Festkörpers bilden kann, d.h., es gibt auch hier eine Art „Polymorphie“, wofür nach Roy [122] das SiO_2 ein besonders gutes Beispiel ist.

Entsprechend ist es nicht möglich, eine scharfe Grenze zwischen kristallinen und nichtkristallinen Festkörpern zu ziehen, da dies von der Anzahl der Gitterdefekte bzw. von der Größe der gestörten und nicht gestörten Bereiche abhängt. Man kann aber Grenzfälle charakterisieren, wozu Weyl und Marboe [124] Energieprofile verwenden, die anschaulich in Bild 55 dargestellt sind. Im idealen Kristall ist die Energie aufgrund der fehlenden Absättigung der Bindungen und der Oberflächenspannung nur an der Oberfläche erhöht, während sie im Innern konstant ist, wenn man die Potentiale um die einzelnen Atome außer Betracht läßt. Der amorphe Festkörper zeigt dagegen durch die zahlreichen inneren Oberflächen ein ganz ungeordnetes Energieprofil. Im fehlgeordneten Kristall (Bild 55c) treten nur vereinzelte Energieerhöhungen bei Gitterdefekten auf. Gitterdefekte können in diesem Sinn auch Korngrenzen sein, in welchen sich keine Nahordnung ausbilden kann, wenn die aneinander grenzenden Kristalle eine bestimmte Art der Fehlorientierung zueinander aufweisen (Großwinkelkorngrenzen). Solche amorphen Korngrenzenbereiche sind in der Regel nur wenige Nanometer dick. Sie bestimmen jedoch ausschlaggebend die Festkörpereigenschaften, wenn die Kristallite selbst sehr klein (einige Nanometer) sind. Bei sogenannten nanokristallinen Werkstoffen kann das Korngrenzenvolumen über 60 % betragen. Der Zustand solcher Korngrenzenmaterialien kann eher mit dem eines kondensierten Gases als mit dem eines Glases beschrieben werden.

Die Unterschiede im inneren Aufbau der Festkörper machen sich auch in den experimentellen Nachweisverfahren bemerkbar. So liefert die Röntgenbeugung bei Pulveraufnahmen ein scharfes Linienspektrum, wie Bild 56a am Beispiel des Cristobalits zeigt. Mit abnehmender Teilchengröße, deutlich bemerkbar ab 0,1 µm, tritt eine Verbreiterung der Röntgeninterferenzen ein, bis schließlich beim SiO_2-Gel in Bild 56b nur noch die Hauptinterferenz des Cristobalits zu erkennen ist, die jetzt durch die Nahordnung der $[SiO_4]$-Tetraeder hervorgerufen wird. Die kleinsten Teilchen oder Poren bedingen aber einen zusätzlichen Effekt, den Anstieg der Intensität in der Nähe des Nullpunkts, die Kleinwinkelstreuung. Sie tritt immer bei dieser Art der amorphen Festkörper auf.

2.4.2 Gläser

Oben wurde bereits erwähnt, daß man zu einem Glas kommt, wenn man eine Flüssigkeit so abkühlt, daß keine Kristallisation einsetzt und der Zustand der Flüssigkeit ohne Fernordnung erhalten bleibt. In Bild 55 sind die Energieprofile verglichen. Das Diagramm c zeigt einen fehlgeordneten Kristall, bei dem jeder Defekt zu einer lokalen Anhebung der Energie führt. Im Glas ist aber nur noch Fehlordnung vorhanden, so daß die Stellen konstanter Energie gänzlich fehlen. Entsprechend zeigt das Röntgendiagramm in Bild 56c nur noch die breite Interferenz der Nahordnung, aber keine Kleinwinkelstreuung mehr, da die Struktur sich zwar ungeordnet, aber trotzdem kontinuierlich fortsetzt.

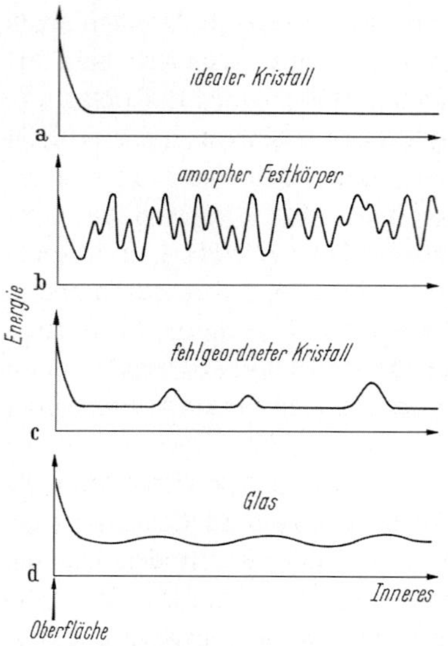

Bild 55: Energieprofile von Festkörpern

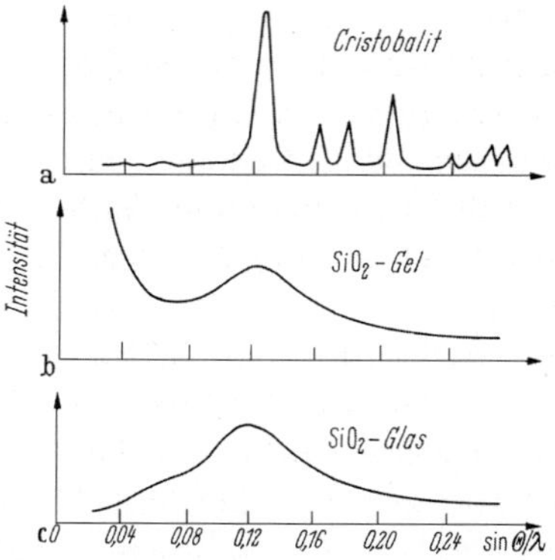

Bild 56: Pulver-Röntgenaufnahmen von Cristobalit, SiO_2-Gel und SiO_2-Glas

2.4.2.1 Struktur der Gläser

Wenn Gläser durch Abkühlen von Flüssigkeiten bzw. Schmelzen erhalten werden können, dann müssen auch strukturelle Verwandtschaften zwischen diesen bestehen. Leider sind die heutigen Kenntnisse über die Struktur von Flüssigkeiten und Gläsern noch begrenzt. Für die folgenden Betrachtungen genügt es zunächst einmal festzustellen, daß in Flüssigkeiten keine Fernordnung vorhanden ist und ihre Viskosität so gering ist, daß sich bei Anlegen eines äußeren Zwanges in kürzester Zeit eine Verformung einstellt, d.h., die Materiebausteine sofort eine neue Position einnehmen. Ihre Relaxationszeit ist also sehr klein. Diese läßt sich aus der Viskosität berechnen und beträgt bei Flüssigkeiten und Schmelzen nur Bruchteile von Sekunden.

Während des Abkühlens ändern sich einige Eigenschaften der Flüssigkeiten. So verringern normale Flüssigkeiten ihr Volumen, wie schematisch in Bild 57 dargestellt ist. Bei einer bestimmten Temperatur wird der Schmelzpunkt T_s erreicht, bei dem normalerweise Kristallisation unter Volumenabnahme eintritt. Unterhalb T_s ist dann der Kristall stabil. Es gibt nun einige Flüssigkeiten oder Schmelzen, die man unterkühlen kann. Die *V*-*T*-Kurve in Bild 57 setzt sich dann kontinuierlich in den Bereich der unterkühlten Schmelze fort. Während die Schmelze und der Kristall sich im stabilen thermodynamischen Gleichgewicht befinden, befinden sich unterkühlte Schmelzen nur im metastabilen thermodynamischen Gleichgewicht.

Die Unterkühlung erfolgt um so leichter, je höher die Viskosität der Schmelze ist. Hohe Viskositäten werden besonders bei silicatischen Schmelzen beobachtet. Auch in der Schmelze sind die früher besprochenen Polyeder, vor allem die äußerst stabilen SiO_4-Tetraeder vorhanden, die das Bestreben haben, sich miteinander zu verbinden. Bei hohen Temperaturen wird dies durch die Wärmeschwingungen gestört. Mit sinkender Temperatur können sich aber immer größere Einheiten ausbilden, die im allgemeinen eine regellose Struktur haben. Dadurch wird die Beweglichkeit der Schmelze verringert, die Viskosität steigt an. Bild 58 zeigt die Viskositätskurve eines handelsüblichen Fensterglases. Die Einheit der Viskosität η ist 1 dPa·s, früher 1 Poise = 1 dyn·s/cm^2. Wegen der großen Viskositätsunterschiede trägt man meist lg η gegen T auf. Mit sinkender Temperatur wird der Anstieg der Viskosität immer größer, bis bei etwa 550°C ein Wendepunkt erreicht wird. Ein derartiges Verhalten zeigen im Prinzip alle Gläser, nur daß die Temperaturen und die Steilheit der Kurven variieren. Einheitlich liegt aber der Wendepunkt bei $\lg\eta = 13$. Bei dieser Viskosität beträgt die Relaxationszeit etwa 1 min und wird damit so lang, daß sich ein Körper normalerweise wie ein Festkörper verhält.

Dieses Verhalten macht sich auch bei anderen Eigenschaften bemerkbar, so auch im V-T-Diagramm vonBild 57. Die Viskosität ist dann so hoch, daß bei weiterer Abkühlung keine strukturellen Umordnungen mehr stattfinden und die Struktur der Schmelze „eingefroren“ wird. Diese Temperatur wird als *Transformationstemperatur* T_g bezeichnet. T_g leitet sich von dem früher verwendeten Begriff Glasbildungstemperatur (Glastransformationstemperatur) ab. Unterhalb T_g liegt das „feste“ Glas vor. Bei weiterer Abkühlung ist dessen Volumenabnahme geringer als die der Schmelze, so daß sich in der V-T-Kurve bei T_g die Steigung ändert. Die Lage von T_g ist abhängig von der Abkühlgeschwindigkeit. Kühlt man schnell ab, wird ein Zustand höherer Temperatur eingefroren; bei langsamer Abkühlung kann man die Anfangssteigung der η-T-Kurve noch bis zu längeren Relaxationszeiten, also höheren Viskositäten als $\lg\eta = 13$ verfolgen. Exakt sollte man deshalb von einem Transformationsbereich sprechen. Außerdem folgt daraus, daß einige Eigenschaften der Gläser von deren Vorgeschichte abhängig sind.

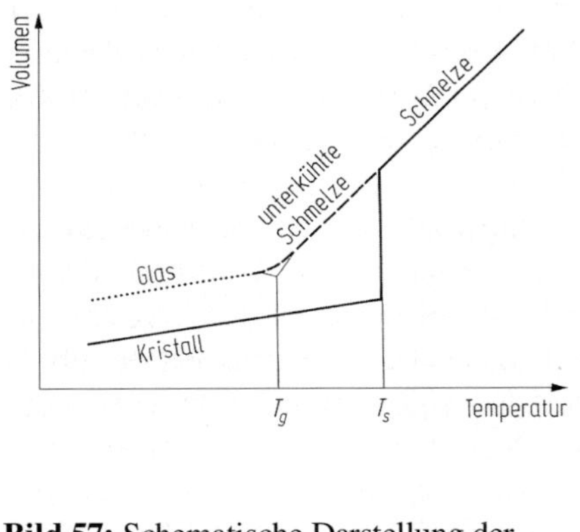

Bild 57: Schematische Darstellung der Temperaturabhängigkeit des Volumens

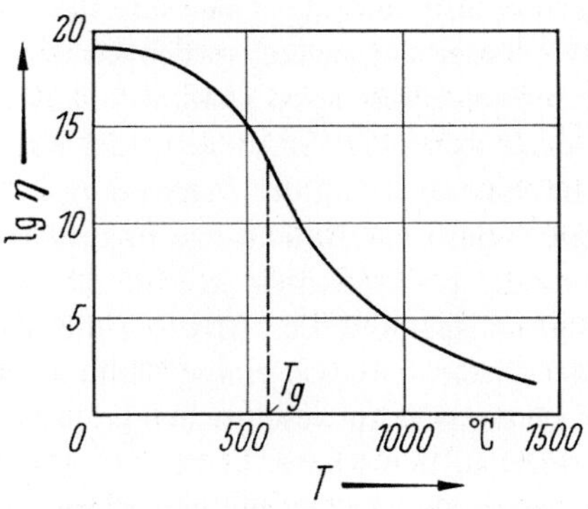

Bild 58: Viskositäts-Temperatur-Verlauf eines Natronkalkglases

Da diese Betrachtungen unabhängig von der Glaszusammensetzung sind, kann man definieren: „Im physikochemischen Sinn ist Glas eine eingefrorene unterkühlte Schmelze bzw. Flüssigkeit.“

Der Transformationsbereich ist für ein Glas eine sehr wichtige Größe, denn unterhalb verhält es sich wie ein Festkörper, oberhalb wie eine Schmelze. In diesem Zusammenhang soll auf seine experimentelle Bestimmung eingegangen werden, die sich an das *V-T*-Diagramm von Bild 57 anlehnt, aber nicht die Veränderung des Volumens, sondern die der Länge verwendet. Diese dilatometrische Methode ist in DIN 52 324 [125] genormt. Bild 59 zeigt eine Meßkurve. Man erkennt deutlich den Transformationsbereich beim Übergang vom festen Glas zur unterkühlten Flüssigkeit. In obiger Norm sind die Versuchsbedingungen festgelegt. T_g selbst wird aus dem Schnittpunkt der Tangente an die jeweiligen Abschnitte der Wärmedehnungskurven bestimmt. Oberhalb T_g, in Bild 59 etwa bei 680°C kommt es zum viskosen Fließen unter dem Anpreßdruck der Dilatometerstempel bzw. Schwerkraft.

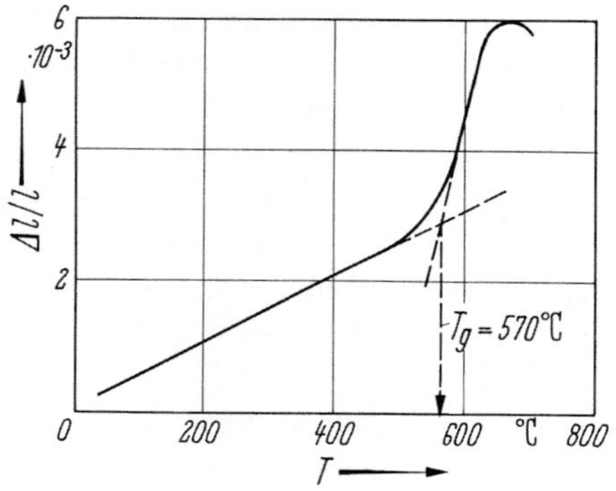

Bild 59: Beispiel der Bestimmung der Transformationstemperatur T_g

Für die Struktur eines Glases existieren verschiedene Vorschläge, die alle nur als Hypothesen angesehen werden können. Die bekannteste und zugleich erfolgreichste dieser Hypothesen stammt von Zachariasen [126], der annimmt, daß z.B. in Silicatgläsern die [SiO_4]-Tetraeder ein unregelmäßiges Netzwerk ausbilden, weshalb man auch von der *Netzwerkhypothese* spricht. Für das SiO_2-Glas ergibt sich schematisch ein Aufbau wie in Bild 60a, den man mit der regelmäßigen Anordnung einer SiO_2-Schicht in Bild 23h vergleichen kann. Warren [127] konnte unter Zugrundelegen dieses Modells die Röntgenaufnahmen von SiO_2-Glas deuten. Zachariasen hat noch einige Bedingungen für die Bildung von Oxidgläsern abgeleitet, die sich im wesentlichen bestätigt haben. Es werden dabei bestimmte Forderungen an das Kation in den Sauerstoffpolyedern gestellt. Man bezeichnet alle Kationen, die zur Glasbildung führen, als *Netzwerkbildner*. Neben dem Si gehören dazu z.B. noch B, Ge oder P.

Nicht nur bei diesen Oxiden, sondern auch in Gegenwart anderer Oxide tritt Glasbildung ein, jedoch unter Änderung der Struktur des Glases. Den Einfluß von Alkalioxiden kann man leicht erkennen, wenn man aus der Struktur des SiO_2-Glases den kleinen Bereich ≡Si-O-Si≡ herausgreift und diesem Na_2O zufügt:

Im reinen SiO_2-Glas sind alle O^{2-}-Ionen an zwei Si^{4+}-Ionen gebunden (Bild 60a). Da sie Brücken zwischen benachbarten Si^{4+}-Ionen darstellen, werden sie auch als *Brückensauerstoffe* bezeichnet. Die Einführung von Na_2O sprengt aufgrund des großen Ionenradius und der fehlenden Möglichkeit zur Ausbildung kovalenter Bindungen den geschlossenen Verband, indem O^{2-}-Ionen auftreten, die nur noch an ein Si^{4+}-Ion gebunden sind. Es bilden sich zwischen benachbarten $[SiO_4]$-Tetraedern Trennstellen aus, weshalb man die nur an ein Si^{4+}-Ion gebundenen O^{2-}-Ionen auch als *Trennstellensauerstoffe* bezeichnet, deren überschüssige negative Ladung von Na^+-Ion kompensiert wird. Die Struktur eines solchen Glases zeigt Bild 60b.

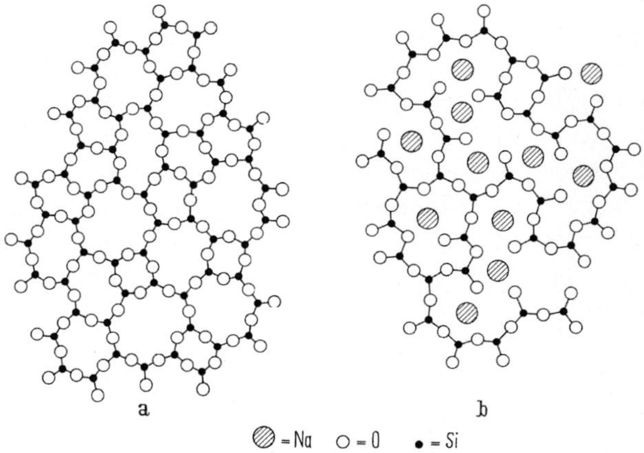

Bild 60: Schematische zweidimensionale Darstellung der Strukturen eines unregelmäßigen SiO_2-Netzwerks (a) und eines Natriumsilicatglases (b) nach Zachariasen und Warren

Kationen, die das Netzwerk wie das Na^+-Ion im obigen Beispiel verändern, nennt man *Netzwerkwandler*. Zu ihnen gehören neben den Alkali- u.a. auch die Erdalkaliionen.

Zwischen den Netzwerkbildnern und den Netzwerkwandlern gibt es keine scharfe Grenze. Darüber hinaus hängt bei einigen Kationen die Art des Einbaues in die Glasstruktur von der restlichen Zusammensetzung des Glases ab. Ein für die Keramik besonders wichtiges Kation dieser Art ist das Al^{3+}-Ion. Wie früher erwähnt (Kapitel 2.1.7), hat es die Möglichkeit, sowohl in KZ 4 als auch in KZ 6 aufzutreten. Geht man von einem Natriumsilicatglas aus, dann werden die ersten Al^{3+}-Ionen in KZ 4 in das Netzwerk eingebaut, wie es in Bild 61 dargestellt ist. Jedem Al^{3+}-Ion ist zum Wertigkeitsausgleich ein Na^+-Ion benachbart, das dann keine Trennstelle mehr bildet. Der Ersatz von SiO_2 durch Al_2O_3 schließt also Trennstellen. Diese Art des Einbaus ist aber nur solange möglich, wie diese Kationen zum Wertigkeitsausgleich zur Verfügung stehen, also bis zum Molverhältnis Al_2O_3: Na_2O = 1. Wird dieses Verhältnis > 1, dann umgeben sich die überschüssigen Al^{3+}-Ionen mit KZ 6 und wirken als Netzwerkwandler. In Kapitel 2.4.2.2 wird gezeigt werden, wie sich das auf einige Eigenschaften auswirkt.

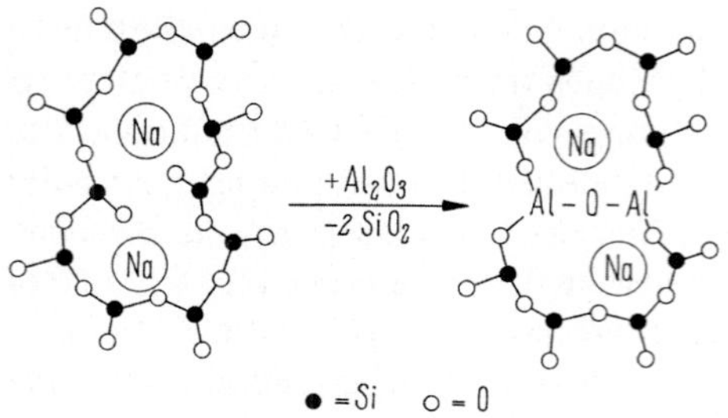

Bild 61: Schematische zweidimensionale Darstellung des Ersatzes von SiO_2 durch Al_2O_3 in einem Natriumsilicatglas

Eine besondere Stellung als Netzwerkbildner hat das B^{3+}-Ion. In geringen Mengen verhält es sich in alkalihaltigen Silicatgläsern wie das Al^{3+}-Ion, d.h., es wird in KZ 4 in das Netzwerk eingebaut, schließt also Trennstellen und verbessert damit alle die Eigenschaften, die von der Zahl der Trennstellen abhängen. Daneben hat es aber auch die Möglichkeit, in KZ 3 als $[BO_3]$-Gruppe in das Netzwerk einzutreten, besonders bei Gläsern mit geringen SiO_2- und/oder Alkaligehalten bzw. hohen B_2O_3-Gehalten. Dann wird keine Trennstelle mehr geschlossen, und der Einfluß auf die Glaseigenschaften ist unterschiedlich. Diese Änderungen im Verlauf der Zusammensetzung werden als Borsäureanomalie bezeichnet. Diese ist besonders deutlich bei den binären R_2O-B_2O_3-Gläsern zu erkennen.

Bisher wurde bei den Strukturbetrachtungen von der Annahme von Zachariasen ausgegangen, daß die eingebauten Netzwerkwandler statistisch verteilt sind. Das ist in weiten Grenzen der Fall, doch gibt es aus den Phasendiagrammen Hinweise (Kapitel 3.2.2), daß es bereits in der Schmelze zu Schwarmbildung sogenannter *Assoziate*, d.h. von lokalen Anhäufungen chemisch oder strukturell ähnlicher Polyederverbände kommen kann, die bis zur Flüssig-flüssig-Entmischung gehen können.

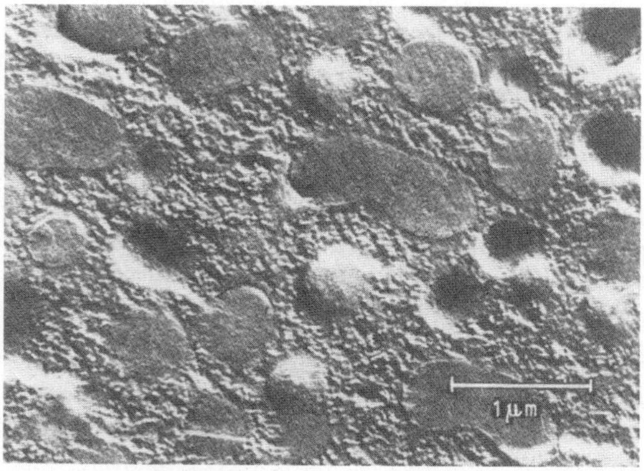

Bild 62: Elektronenmikroskopische Aufnahme eines Na_2O-B_2O_3-SiO_2-Glases (7-20-73 Mol-%) nach Tempern 96 h bei 700°C

Solche Fälle kennt man auch beim Glas, wenn es eine dafür geeignete Zusammensetzung hat und entsprechend langsam abgekühlt wurde. Ein klassisches Beispiel dafür sind Gläser aus dem System Na_2O-B_2O_3-SiO_2, wie Bild 62 nach Kühne und Skatulla [128] zeigt. Natürlich sind nach dem Abkühlen die einzelnen Bereiche fest. In Bild 62 sind die großen Tropfen SiO_2-reich. Sie sind in eine B_2O_3-reiche Matrix eingebettet, die kleine natriumboratreiche Tröpfchen enthält. Die Art des dabei entstehenden Gefüges kann unterschiedlich sein. Hier bildet die SiO_2-reiche Phase ein kontinuierliches Durchdringungsgefüge, das stabil bleibt, wenn die leichter löslichen Boratphasen herausgelöst werden.

Das Einfrieren der Struktur der Schmelze ist ein kinetischer Prozeß, der von der Abkühlgeschwindigkeit abhängt. In dem Maße, wie man die Abkühltechnik verbessert hat, konnte man immer mehr Substanzen glasig darstellen, so z.B. auch glasige Metalle mit den Elementen B und P als Netzwerkbildner. Hierzu sind allerdings Abkühlraten von 10^4 bis $>10^6$ K/s erforderlich. Umgekehrt kann man auch gezielt Teilkomponenten aus Gläsern kristallisieren und kommt so zu glaskeramischen Produkten.

Eine ausführlichere Darstellung der Glasstrukturen findet man z.B. in [129].

2.4.2.2 Eigenschaften der Gläser

Die Glasphase spielt in der Keramik in mehrfacher Hinsicht eine wichtige Rolle. Dabei ist nicht nur an die Glasuren zu denken, sondern auch in vielen Scherben tritt beim Brand eine Schmelzphase auf, die häufig beim Abkühlen glasig erstarrt. So hat z.B. das übliche Porzellan einen Anteil von etwa 60 % Glasphase. Es ist deshalb wichtig, die Eigenschaften dieser Glasphase zu kennen. Hier können allerdings nur wenige behandelt werden: Nähere Ausführungen kann man z.B. in [129] finden.

Auf die *Viskosität* η wurde schon oben eingegangen. Charakteristisch ist ihre starke Temperaturabhängigkeit, die oberhalb T_g am besten durch die sog. *Vogel-Fulcher-Tammann-Gleichung* (VFT-Gleichung) erfaßt werden kann:

$$\lg \eta = A + \frac{B}{T - T_0} \tag{4}$$

Diese Gleichung hat drei Konstanten *A, B* und T_0 zu deren Bestimmung man mindestens drei Wertepaare benötigt, wozu man sich meist einiger Fixpunkte bedient. Einer davon ist die Transformationstemperatur T_g. Für Kieselglas ergibt sich z.B.

$$\lg \eta = -2{,}487 + \frac{15004}{T - 253} \quad \text{(mit } T \text{ in °C).} \tag{5}$$

T_g liegt danach bei etwa 1200°C, also sehr hoch. Die hohe Viskosität des SiO_2-Glases hat ihre Ursache in der trennstellenfreien Struktur des Glases. Jede Einführung von Trennstellen, also durch Zusatz von z.B. Alkali- oder Erdalkalioxiden, hat eine beträchtliche Erniedrigung der Viskosität zur Folge. Man bezeichnet deshalb solche Zusätze als Flußmittel. Umgekehrt führt die Beseitigung von Trennstellen, beispielsweise durch den oben beschriebenen Ersatz von SiO_2 durch

Al_2O_3 in einem Alkalisilicatglas, zu einer Erhöhung der Viskosität. Beim Molverhältnis Al_2O_3:R_2O = 1 sind ebenfalls keine Trennstellen vorhanden, was die hohe Viskosität der Feldspatschmelzen erklärt. Bild 63, in dem nach Gl. (4) lg η gegen $1/T$ aufgetragen wurde, bringt einige Viskositätskurven. Man kann darin die großen Unterschiede zwischen den verschiedenen Substanzen erkennen.

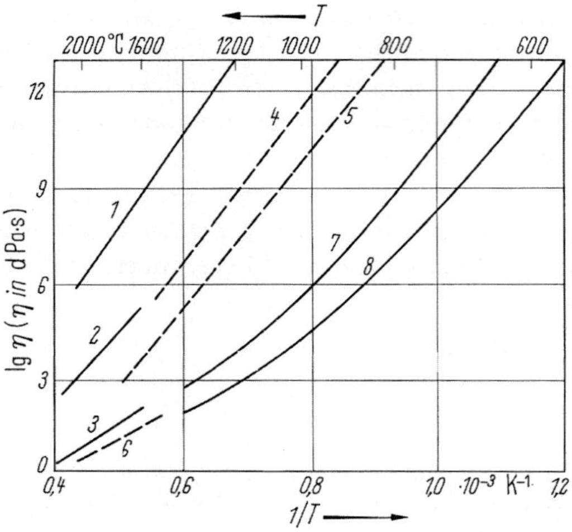

Bild 63: Temperaturabhängigkeit der Viskositäten η (in dPa·s) von Kieselglas (1), SiO_2 + Al_2O_3 mit 90:10 Gew.-% (2) und 50:50 Gew.-% (3), Schmelzen von K-Feldspat (4), Na-Feldspat (5) und Ca-Feldspat (6), Hartporzellanglasur (7) und Natronkalkglas (8)

Für das Verhalten der Glasphase in der Keramik, wo sie immer mit anderen Komponenten auftritt, ist auch ihre Wärmedehnung wichtig. Zu große Unterschiede können zu mikroskopischen oder auch makroskopischen Brüchen führen. Die Wärmedehnung wird gekennzeichnet durch den mittleren Längenausdehnungskoeffizienten α (linearer Ausdehnungskoeffizient) oder den mittleren Volumenausdehnungskoeffizienten β (kubischer Ausdehnungskoeffizient):

$$\alpha_{\Delta T} = \frac{1}{l_0}\frac{\Delta l}{\Delta T} \text{ oder } \beta_{\Delta T} = \frac{1}{V_0}\frac{\Delta V}{\Delta T} \tag{6}$$

Dabei gilt näherungsweise $\beta \approx 3\alpha$. Die Angabe erfolgt in 10^{-6} K^{-1}. Strukturell ist die Wärmedehnung durch die Schwingungen der Einzelteilchen infolge der thermischen Energie bedingt. Letztere wird mit steigender Temperatur größer, was auch die Schwingungsamplitude vergrößert. Zwei miteinander durch (anharmonische) Kräfte verbundene Atome vergrößern dadurch ihren Abstand, d.h., es findet eine Ausdehnung statt. Beim Kieselglas ist die Wärmedehnung mit etwa $0{,}5\cdot10^{-6}$ K^{-1} sehr gering. Die Einführung von Alkalioxiden vergrößert die Anharmonizität, weshalb die Wärmedehnung stark ansteigt und beim üblichen Fensterglas bei $9\cdot10^{-6} K^{-1}$ liegt. Der Ersatz von SiO_2 durch Al_2O_3 ändert die Anharmonizität nur wenig, so daß sich auch α wenig ändert.

Schon frühzeitig hat man versucht, aus der Zusammensetzung die Wärmedehnung zu berechnen und jeder Komponente einen bestimmten Beitrag zuzuordnen. Von den vielen Vorschlägen Tabelle 23 nur die Faktoren von Appen [130], die sich am besten bewährt haben. Die Berechnung erfolgt nach der Formel

$$\alpha = \alpha_1 p_1 + \alpha_2 p_2 + ... + \alpha_n p_n = \Sigma \alpha_i p_i \ [10^{-8} K^{-1}], \quad (7)$$

in der α_i die für jedes Oxid charakteristischen Beiträge zur Wärmedehnung und p_i die Anteile der einzelnen Oxide in Mol-% darstellen. Für einige Komponenten hängen die Faktoren von der Zusammensetzung des Glases ab. Strukturell bedeutet das, daß der Einfluß dieser Komponenten nicht linear von ihrer Konzentration abhängt, sondern von den sonst noch vorhandenen Partnern beeinflußt wird. Dies gilt auch für einige in Glasuren übliche Oxide.

Als Berechnungsbeispiel sei deshalb eine Glasur mit der folgenden *Segerformel* ausgewählt, deren Zustandekommen genau in Kapitel 7.6.2.1 geschildert wird:

$$\left.\begin{matrix} 0,056\,Na_2O \\ 0,166\,K_2O \\ 0,430\,CaO \\ 0,136\,ZnO \\ 0,212\,PbO \end{matrix}\right\} \quad 0,259\,Al_2O_3 \quad \left\{\begin{matrix} 2,400\,SiO_2 \\ 0,304\,B_2O_3 \end{matrix}\right.$$

Tabelle 24 bringt die entsprechenden Berechnungen, wobei aus Tabelle 23 die Faktoren α_i, entweder direkt entnommen oder nach den Bemerkungen berechnet wurden. φ berücksichtigt dabei das Verhältnis von einwertigen und zweiwertigen Oxiden minus Al_2O_3 zu B_2O_3. Danach ist

$$\varphi = \frac{(1,41+4,19)+(10,86+3,43+5,35)-6,53}{7,66} = \frac{18,71}{7.66} = 2,44 \quad (8)$$

also $\alpha_{B_2O_3}$ = -1,25·2,44 = -3,05. Insgesamt ergibt sich ein berechneter Ausdehnungskoeffizient $\alpha = 6,66 \cdot 10^{-6} K^{-1}$, der sehr gut mit dem experimentell ermittelten Wert übereinstimmt. Es ist daher zu erwarten, daß auch in anderen Fällen die berechneten Werte richtig sein werden.

Tabelle 23: Faktoren zur Berechnung der linearen Ausdehnungskoeffizienten α (20-400°C) von Gläsern aus der Zusammensetzung in Mol-% nach Appen [130]. (Nach Gl. (7) ergibt sich α in 10^{-8} K^{-1})

Oxid	α_i	Bemerkung	Oxid	α_i	Bemerkung
Li_2O	27 (27)	1)	B_2O_3	- 5,0 bis 0,0	3)
Na_2O	39,5 (41)	1)	Al_2O_3	- 3,0	
K_2O	46,5 (50)	1), 2)	SiO_2	0,5 bis 3,8	4)
BeO	4,5		TiO_2	- 1,5 bis + 3,0	5)
MgO	6,0		ZrO_2	- 6,0	
CaO	13		P_2O_5	14,0	
SrO	16		ZnO	5,0	
BaO	20		PbO	13 bis 19	6)

Bemerkungen zur Tabelle 23:

1) Die Werte in den Klammern gelten für die binären R_2O-SiO_2-Gläser

2) Der Faktor 46,5 gilt nur für Gläser, die mehr als 1% Na_2O enthalten; andernfalls gilt 42,0

3) $\alpha_{B_2O_3} = -1,25\varphi$ mit $\varphi = \dfrac{\sum p_{R_2O} + \sum p_{RO} - p_{Al_2O_3}}{p_{B_2O_3}}$

$= -5,0$ für $\varphi > 4$.

4) $\alpha_{SiO_2} = 10,5 - 0,1 p_{SiO_2}$ für $100 \geq p_{SiO_2} \geq 67$,

$= 3,8$ für $p_{SiO_2} \geq 67$.

5) $\alpha_{TiO_2} = 10,5 - 0,15 p_{SiO_2}$ für $80 \geq p_{SiO_2} \geq 50$.

6) $\alpha_{PbO} = 13,0$ für (a) alkalifreie Gläser,

(b) Alkalibleisilicatgläser mit $\sum p_{R_2O} < 3$,

(c) andere Gläser mit $\dfrac{\sum p_{RO} + \sum p_{R_mO_n}}{\sum p_{R_2O}}$,

$= 11,5 + 0,5 \sum p_{R_2O}$, wenn die Bedingungen (a) bis (c) erfüllt sind.

Tabelle 24: Beispiel der Berechnung des Ausdehnungskoeffizienten einer Glasur nach Tabelle 23

Zusammensetzung		Faktor α_i	$\alpha_i \cdot p_i$
Oxid	p_i [in Mol-%]		
Na_2O	1,41	39,5	55,7
K_2O	4,19	46,5	194,8
CaO	10,86	13,0	141,2
ZnO	3,43	5,0	17,2
PbO	5,35	13,0	69,5
Al_2O_3	6,53	- 3,0	-19,6
B_2O_3	7,66	- 3,05	-23,4
SiO_2	60,57	3,8	230,2
			$\Sigma = 665,6$

So ergibt die Berechnung des Ausdehnungskoeffizienten einer Glasphase der Zusammensetzung (in Mol-%) $7K_2O$, $7Al_2O_3$, $86SiO_2$, wie sie im Porzellan auftreten kann, einen Wert von $\alpha = 4,4 \cdot 10^{-6} K^{-1}$.

Das Bild von der Struktur des Glases erlaubt auch, den Einfluß der Zusammensetzung auf andere Eigenschaften zu diskutieren. Oft ist die Trennstellenbildung durch die Netzwerkwandler wichtig, die - wie bereits mehrfach erwähnt - durch Einführung von Al_2O_3 wieder aufgehoben werden kann. Leider sind systematische Messungen an Gläsern mit hohen Al_2O_3-Gehalten, wie sie oft in der Keramik auftreten, bisher nur vereinzelt ausgeführt worden. Es ist deshalb nicht immer möglich, die strukturellen Überlegungen mit den entsprechenden Meßergebnissen zu vergleichen. Eine Möglichkeit besteht bei der *Brechzahl*, wo Schairer und Bowen [383] Messungen im System Na_2O-Al_2O_3-SiO_2 durchgeführt haben, die Bild 64 zeigt. Ohne hier auf die Deutung einzugehen, sei nur auf die Umkehrung der Wirkung des Al_2O_3 beim Molverhältnis Al_2O_3:Na_2O = 1 hingewiesen, die oben schon erwähnt wurde. Man muß immer berücksichtigen, daß das Al^{3+}-Ion in

KZ 4 (beim Molverhältnis $Al_2O_3:R_2O \leq 1$) als Netzwerkbildner, in KZ 6 aber als Netzwerkwandler wirkt.

Von praktischem Interesse ist auch die *chemische Beständigkeit* der Gläser, in der Keramik vor allem im Hinblick auf die Glasuren. Sind einfache wäßrige Lösungen die angreifenden Medien, dann sind es vorwiegend zwei Mechanismen, die die chemische Beständigkeit von Gläsern bestimmen.

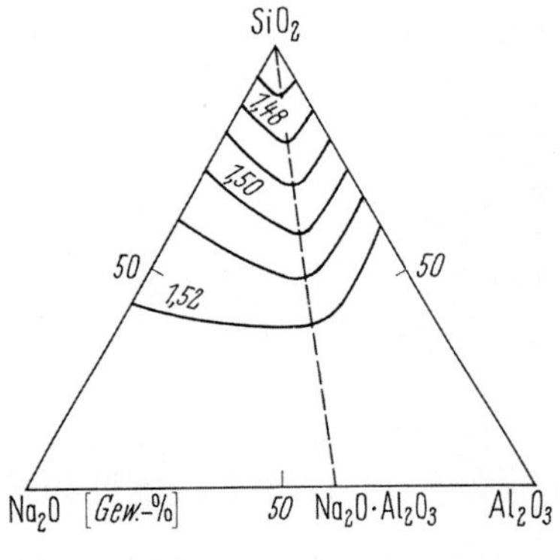

Bild 64: Linien gleicher Brechzahlen n_D von Gläsern des Systems Na_2O-Al_2O_3.-SiO_2

Im sauren Medium wird das Si-O-Netzwerk nicht angegriffen, aber die im Glas enthaltenen leichter beweglichen Netzwerkwandler diffundieren nach außen in die Lösung, während gleichzeitig die Protonen H^+ in das Glas einwandern. Sie werden von H_2O-Molekülen begleitet, deren Menge von der Glasstruktur abhängt. Es findet also ein Ionenaustauschprozeß statt, dessen Ausmaß von der Glaszusammensetzung und der Temperatur bestimmt wird. Im allgemeinen sind die Umsätze dabei sehr gering und werden infolge des Diffusionsmechanismus mit der Zeit immer geringer. Man kann daher sagen, daß gegenüber sauren wäßrigen Lösungen das Glas mit der Zeit immer beständiger wird.

Ganz anders ist die Natur des Angriffs durch Laugen. Nach dem Schema

$$\equiv Si - O - Si \equiv + OH^- \rightarrow \equiv Si - OH + {}^-O - Si \equiv$$

führen die OH^--Ionen zum Aufbrechen von Si-O-Si-Bindungen, so daß schließlich eine vollkommene Auflösung des Glases eintreten kann. Das ist aber nur dann der Fall, wenn die Struktur des Glases von vornherein recht locker ist, also viele Trennstellen enthält, und die Lauge sehr stark ist. Bei den normalen Gläsern ist der Angriff gering, aber deutlich feststellbar.

Reines Wasser zeigt einen kombinierten Mechanismus. Im Wasser sind sowohl H^+- als auch OH^--Ionen enthalten. Im allgemeinen ist zunächst der Ionenaustausch durch die H^+-Ionen am schnellsten, was eine Verarmung an H^+-Ionen zur Folge hat, d.h., der *p*H-Wert steigt an. Damit beginnt der Abtragungsmechanismus durch die OH^--Ionen. Die Stärke des Angriffs ist von der Struktur des Glases, d.h. von der Zusammensetzung, der Temperatur und auch von der Versuchszeit abhängig. Gläser mit hohen SiO_2-, Al_2O_3- und gewissen B_2O_3-Gehalten haben insgesamt eine sehr gute chemische Beständigkeit. In der Keramik hat man es meist mit Gläsern oder Glasuren solcher Zusammensetzung zu tun, so daß meist die chemische Beständigkeit sehr gut ist.

Abschließend soll noch auf die mechanische Festigkeit von Gläsern eingegangen werden, der auch bei der mechanischen Festigkeit keramischer Produkte (Kapitel 5.2.2) eine wichtige Rolle zukommt. Schon lange ist bekannt, daß die Druckfestigkeit von Gläsern wesentlich höher als deren Zugfestigkeit ist. Auf verschiedenen Wegen hat man versucht, die Zugfestigkeit theoretisch zu berechnen, wobei man übereinstimmend zu einem Wert von 1 bis $3 \cdot 10^{10}$ N/m^2 bzw. 10 bis 30 GN/m^2 gekommen ist. Ein solcher Ansatz für die Festigkeit σ geht von der Griffith-Gleichung

$$\sigma = \sqrt{2E\gamma / \pi \cdot l} \tag{9}$$

aus, die die Abhängigkeit von Elastizitätsmodul E ($7 \cdot 10^{10}$ N/m^2), Oberflächenenergie γ (0,3·N/m) und Rißlänge l darstellt. Setzt man für letztere den molekularen Abstand, also $l = 1{,}6 \cdot 10^{-10}$ m, dann erhält man mit den anderen angegebenen Werten $\sigma_{theor} = 0{,}91 \cdot 10^{10}$ N/m^2. Letzterer Wert ist etwa 1/8 E. Überschlagsmäßig kann man sagen, daß die theoretischen Festigkeiten von Gläsern bei l/10 bis 1/5 ihres E-Moduls liegen.

Die praktischen Festigkeiten von Gläsern liegen aber um Größenordnungen tiefer, meist bei 50 bis $200 \cdot 10^6$N/m^2. Nur unter ganz besonderen Meßbedingungen werden höhere experimentelle Werte erreicht, die bis 1/3 der theoretischen Festigkeiten betragen. Für die restliche Differenz macht man Fehler in der Glasstruktur verantwortlich.

Zur Aufklärung der vielfältigen Meßergebnisse hat man sich verstärkt den Vorgängen beim Bruch des Glases zugewandt und sich der Bruchmechanik bedient. Als Materialkenngrößen ergeben sich die kritischen Spannungsintensitätsfaktoren, die K_{Ic}-Faktoren. Versieht man eine ebene Platte mit einer Kerbe der Tiefe a und tritt der Bruch bei der kritischen Spannung σ_c ein, dann ist $K_{Ic} = \sqrt{\pi \cdot a}$. Der Vergleich mit Gl. (9) unter der Bedingung, daß $a = l$ ist, führt zur kritischen spezifischen Bruchenergie $G_{Ic} = K_{Ic}^2/E = 2\gamma$. Die letztere Abhängigkeit, nämlich daß $G = 2\gamma$ ist, gilt nur bei einem ideal spröden Material. Es hat sich jedoch gezeigt, daß bei Gläsern $G > 2\gamma$ ist, bedingt dadurch, daß beim Bruch noch zusätzliche Energiebeiträge für plastische Verformungen an der Bruchspitze aufgebracht werden müssen. In Tabelle 25 sind einige Daten nach Messungen von Wiederhorn [2279] aufgeführt. Sie zeigen, daß die G-Werte etwa das 30fache der aus den Oberflächenspannungen abzuschätzenden Oberflächenenergien betragen, daß also für den Bruch des Glases nicht nur die reine Oberflächenenergie ausschlaggebend ist.

Weitere Untersuchungen haben ergeben, daß bei langsamen Brüchen auch eine Abhängigkeit von der relativen Feuchte der Umgebung derart besteht, daß mit steigendem Feuchtigkeitsgehalt die Bruchgeschwindigkeit zunimmt (s. Bild 253 in Kapitel 5.2.2). Dieser Einfluß verschwindet, wenn die Bruchgeschwindigkeit so groß wird, daß die H_2O-Moleküle nicht mehr schnell genug zur Bruchspitze gelangen können.

Tabelle 25: Bruchmechanische Daten einiger Gläser für Raumtemperatur nach Wiederhorn [492]

Glas	Elastizitätsmodul E GN/m^2	Bruchenergie G N/m	K_{Ic}-Faktor MN/m$^{3/2}$
Aluminosilicatglas	89,1	9,30	0,910
Kieselglas	72,1	8,74	0,794
Natronkalkglas	69,1	7,74	0,754
Alkalisilicatglas	65,3	7,04	0,680
Borosilicatglas	63,7	9,26	0,768

Man kann diese Erscheinung mit der *Spannungsrißkorrosionstheorie* von Charles [2280] erklären, die davon ausgeht, daß H_2O eine Korrosion hervorruft. Diese erfolgt üblicherweise gleichmäßig, so daß die in Bild 65a gezeichnete Kerbe ihren Krümmungsradius an der Spitze des Risses vergrößert, was zu einer Erhöhung der Festigkeit führt. Man kann Gl. (9) so umformen, daß statt der Rißtiefe im Nenner der Krümmungsradius im Zähler steht. Man bezeichnet diese Erscheinung als Alterung. Steht der Riß dagegen unter Spannung, wie z.B. beim Zugversuch, dann setzt die Korrosion bevorzugt am Ort der höchsten Spannung, also an der Rißspitze ein. Nach Bild 65b wird dadurch der Riß länger, und nach Gl. (9) erniedrigt sich die Festigkeit. Daraus folgt, daß mit zunehmender Belastungszeit die Festigkeit geringer wird.

Aus diesen und weiteren Versuchen hat sich ergeben, daß es vor allem die Oberflächenfehler sind, die für die geringe Festigkeit des normalen Glases verantwortlich sind. Man kann diese Fehler unterteilen und in das Schema des Bild 66 gliedern [2253]. Damit werden auch die Wege aufgezeigt, die Festigkeit von Glas zu erhalten oder zu verbessern. Die erste Möglichkeit besteht im Schutz der frischen Oberfläche, was aber wenig praktischen Erfolg gehabt hat. Das gilt auch für das Beseitigen von Oberflächenfehlern, was z.B. durch Abätzen mit HF möglich ist, aber eben leider keine dauerhafte Wirkung zeigt.

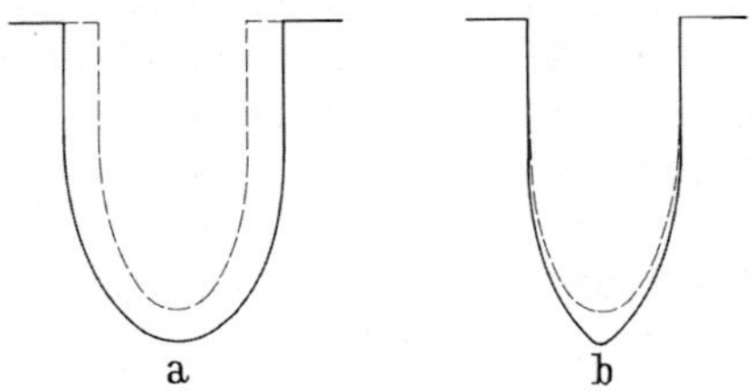

Bild 65: Schematische Darstellung der Korrosion von Rissen (a) ohne und (b) mit Spannungen nach Charles (gestrichelte Kurve: Ausgangszustand)

Bild 66: Festigkeit von Glas und Ursachen der Festigkeitserniedrigung

Man verfährt daher meist indirekt, indem die dem Glas gefährlich werdenden Zugspannungen in der Oberfläche dadurch gemildert werden, daß man die Glasoberfläche unter Druckspannung setzt, was man auch mit dem Begriff der *Härtung* bezeichnet. Am bekanntesten ist die thermische Härtung, bei der das Glas abgeschreckt wird. Dabei wird die Oberfläche des Glases zuerst fest, während sich das Glasinnere noch auf höherer Temperatur befindet. Beim Abkühlen des Glasinneren kann die Oberfläche nicht mehr nachgeben, so daß das Innere unter Zug-, das Äußere unter Druckspannung kommt. Weiterhin kann man die Zusammensetzung der Glasoberfläche so ändern, daß sie einen geringeren Ausdehnungskoeffizienten hat. Auch dann entstehen in der Oberfläche Druckspannungen. Näheres über den Mechanismus siehe bei den Glasuren, Kapitel 7.6. Letztere Methoden beinhalten ein Abkühlen des Glases von oberhalb T_g. Eine weitere Methode arbeitet unterhalb T_g, indem durch Ionenaustausch kleinere Ionen des Glases gegen größere einer Schmelze ausgetauscht werden, z.B. Na^+ gegen K^+. Dadurch kann man sehr hohe Druckspannungszonen in der Glasoberfläche und damit sehr hohe Festigkeiten erreichen. Diese und andere Ionenaustauschmethoden gehören zur Gruppe der chemischen Härtung.

Es konnte hier nur ein sehr gestraffter Überblick über die vielen interessanten Einzelheiten der Festigkeit des Glases gegeben werden. Nähere Angaben kann man finden in den Monographien von Bartenev [2281], Bradt u.M. [2282] und Kerkhof [2283] sowie in einigen Übersichtsartikeln z.B. von Charles [2284] und Wiederhorn [2285].

2.5 Oberflächen - Grenzflächen

Oberflächen stellen physikalisch betrachtet eine Diskontinuität zwischen einem Feststoff oder einer Flüssigkeit und der Gasphase der Umgebung dar. Man kann dies verallgemeinern für alle Berührungsflächen von zwei verschiedenen Phasen gleichen oder unterschiedlichen Aggregatszustand, wofür man meist den Begriff Grenzflächen verwendet. Die Ober- bzw. Grenzflächen spielen in weiten Bereichen der Keramik eine wichtige Rolle, z.B. bei allen Reaktionen zwischen festen und flüssigen Partnern und bei Benetzungs- und Adsorptionserscheinungen.

2.5.1 Bindungsverhältnisse und Eigenschaften

Die bisher betrachteten Strukturen waren in ihrer Ausdehnung unbegrenzt, so daß in ihrem Inneren die Wirkung der Umgebung auf ein bestimmtes Ion bzgl. der chemischen Bindung überall dieselbe ist, da sich die Anzahl der nächsten Nachbarn, die Koordinationszahl, nicht ändert. Betrachtet man aber ein Ion in der Oberfläche, dann fehlen diesem einige Nachbarn, d.h., sein Bindungszustand und damit auch seine Eigenschaften werden sich gegenüber einem Ion im Inneren ändern. Insgesamt ergibt sich daraus, daß Oberflächen andere Eigenschaften als der massive Körper haben werden.

Bild 67 soll die Verhältnisse schematisch darstellen. Das Ion 1 wird allseitig von Nachbarn gebunden, in der ebenen Darstellung von Bild 67 von sechs Nachbarn. Die Oberflächenionen 2 und 3 haben dagegen nur drei oder vier nächste Nachbarn, d.h., sie sind nach außen nicht abgesättigt, weshalb nach innen gerichtete Anziehungskräfte resultieren. Die Oberfläche befindet sich daher in einem Zustand höherer Energie. Diese Energie kann auf verschiedene Weise abgebaut werden. In Flüssigkeiten, die leicht beweglich sind, stellt sich diejenige geometrische Form ein, die pro Volumen die kleinste Oberfläche hat, die Kugel. Das ist in Bild 67 auf der rechten Seite bei 5 durch die ungeordnete Lage der Ionen dargestellt. In Festkörpern ist eine solche starke Bewegung der Ionen nicht möglich. Hier werden sich die äußeren Ionen deformieren, was bei 4 in Bild 67 skizziert ist. Ionen mit großer Polarisierbarkeit lassen sich leichter deformieren, weshalb bei Oxiden meist das leichter deformierbare O^{2-}-Ion in der Oberfläche liegt. In Kristallen ist die Lage der Ionen nicht beliebig. So erkennt man auch in Bild 67 Unterschiede der Packung in der Oberfläche bei 2 und 3. Wenn ein Kristall wächst oder sich auflöst, wird er immer Oberflächen mit der geringsten Energie ausbilden.

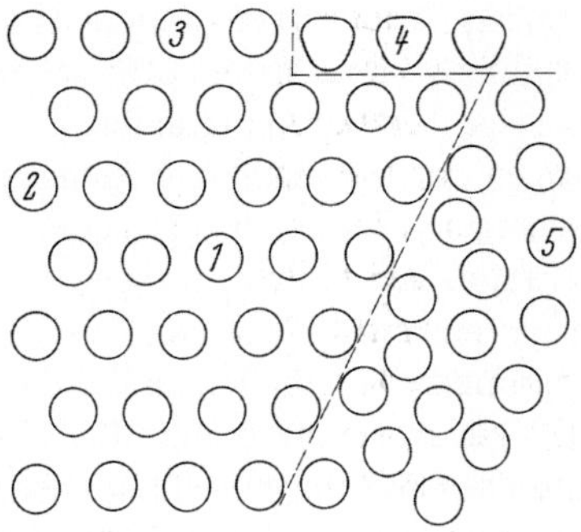

Bild 67: Schematische Darstellung eines Festkörpers mit Ionen in geordneter Umgebung (1), in der Oberfläche (2,3), dort deformiert (4) und in einer kugelförmigen Oberfläche einer ungeordneten Struktur (5)

Oberflächen kann man auch durch Spalten von Festkörpern herstellen. Unmittelbar nach dem Bruch müssen in der frischen Bruchfläche freie Bindungen offenliegen, die ein sehr starkes Bestreben zur Absättigung haben. Dieses wird dadurch befriedigt, daß die oberflächennahen Atome versuchen, durch Umlagerung eine günstigere, d.h. energieärmere Lage zu erhalten. Das ist aber wegen der begrenzten Bewegungsmöglichkeiten in einem Festkörper nur bedingt und dann auch nur langsam möglich. Viel schneller findet daher meist eine Absättigung durch Anlagerung von Bestandteilen der umgebenden Atmosphäre statt. Damit ist zwar der erste Bedarf an fehlenden Koordinationspartnern gedeckt, aber trotzdem befindet sich die Oberfläche in einem Zustand erhöhter Energie. Dies führt zu einer weiteren Anlagerung von Gasmolekülen, vor allem von den meist vorhandenen H_2O-Molekülen. Treffen diese auf eine noch nicht abgesättigte Oberfläche, bilden sich

OH-Gruppen aus, die mit Si^{4+} als Kation als Silanolgruppen bezeichnet werden. Ein Bruch in einem SiO_4-Tetraederverbund ist chemisch wie folgt zu skizzieren:

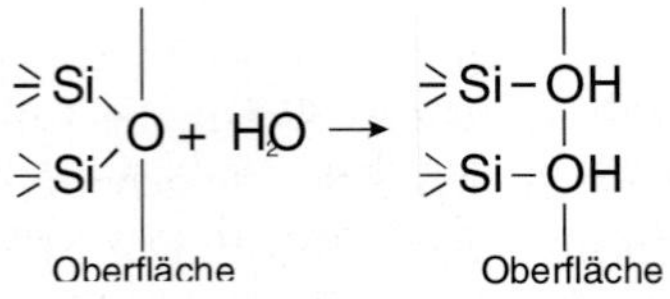

Ein ähnlicher Mechanismus läuft auch bei Sauerstoffionen in der Oberfläche ab, die an zwei Siliciumionen gebunden sind:

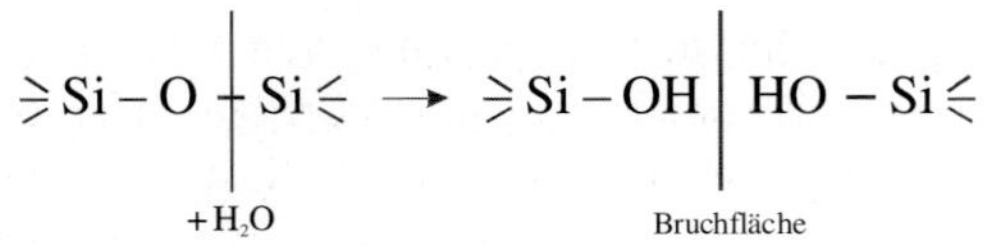

In beiden Fällen besitzt das Oxid lokal den Charakter eines Hydroxides. An diesen und den sonst noch vorhandenen Oberflächensauerstoffen können weitere H_2O-Moleküle adsorbiert werden, was wegen der Ausbildung von Wasserstoffbrückenbindungen sehr leicht erfolgt. Das ist dann eine reine Adsorption (Kapitel 2.5.5) von H_2O-Dampf, während obige Reaktionen wegen der Verbindungsbildung als Chemisorption anzusprechen sind. Ähnliche Erscheinungen sind auch mit anderen Gasen möglich, doch ist deren Affinität zum Sauerstoff wesentlich geringer. Ganz allgemein kann man sagen, daß an Oberflächen mit einer Anreicherung von Verunreinigungen zu rechnen ist. Es gibt viele experimentelle Möglichkeiten, diese nachzuweisen. Hier sei nur erwähnt, daß die IR-Spektroskopie empfindlich auf OH-Gruppen anspricht, und daß es möglich ist, diese OH-Gruppen durch chemische Reaktionen oder Oberflächenladungen (siehe Kapitel 7.3.1.1.1) zu erkennen. Für die Praxis ergibt sich die Folgerung, daß wirklich wasserfreie Oberflächen nur unter den sorgfältigsten Bedingungen hergestellt werden können. Adsorbiertes H_2O ist durch gründliches Evakuieren zu entfernen, während man zur Beseitigung der oberflächlichen OH-Gruppen zusätzlich bis etwa 400°C erhitzen muß.

2.5.2 Oberflächenspannung - Oberflächenenergie

Die Tendenz kleiner Tropfen, eine Kugelgestalt anzunehmen, wurde früher einer Spannkraft parallel der Oberfläche zugeschrieben, woraus sich der noch jetzt übliche Ausdruck der Oberflächenspannung für diese Erscheinung entwickelt hat. Die Oberflächenspannung kann experimentell als die Arbeit bestimmt werden, die zur Vergrößerung der Oberfläche um eine Flächeneinheit erforderlich ist, also in J/m^2 oder N/m. In älteren Arbeiten findet man meistens diese Werte in erg/cm^2 oder dyn/cm. Zur Beibehaltung der Zahlenwerte ist es jetzt üblich, Oberflächenenergien oder -spannungen in mJ/m^2 oder mN/m anzugeben, da $1\ mJ/m^2 = 1\ erg/cm^2 = 1\ dyn/cm = 1\ mN/m$ ist.

Aus dem vorangegangenen Abschnitt ging hervor, daß die Atome in der Oberfläche eine höhere Energie als im Innern haben. Um ein Atom vom Innern in die Oberfläche zu bringen, bedarf es daher einer bestimmten Energie. Bezogen auf die Flächeneinheit der neu gebildeten Oberfläche ist dies die freie Oberflächenenergie in J/m^2.

Einheiten- und zahlenmäßig sind bei Flüssigkeiten Oberflächenspannung und freie Oberflächenenergie gleich. Das gilt nicht notwendigerweise für Festkörper, wenn z.B. der Bruch wegen plastischer Verformungen nicht reversibel verläuft oder wenn nach einem Bruch die Beweglichkeit der Atome in der neuen Oberfläche so gering ist, daß sich keine neue Gleichgewichtslage einstellen kann. Bei erhöhter Temperatur werden aber die Oberflächenatome bald so beweglich, daß auch bei Festkörpern Oberflächenspannung und freie Oberflächenenergie gleich werden.

Für die experimentelle Bestimmung der Oberflächenspannung von Flüssigkeiten gibt es viele Methoden, von denen z.B. die Blasendruckmethode (Kapitel 2.5.4) oder die Methode des liegenden Tropfens auch bei höheren Temperaturen mit Schmelzen anwendbar sind (Kapitel 2.5.3). Weiterhin gibt es Modelle zur Berechnung der Oberflächenspannung von Silicatschmelzen. Wegen genauerer Angaben muß auf die Fachbücher verwiesen werden [129]. Tabelle 26 bringt eine Zusammenstellung einiger Werte.

Tabelle 26: Oberflächenspannungen von Schmelzen

Substanz	Temperatur °C	Oberflächenspannung mN/m
H_2O	25	72
B_2O_3	900	80
Al_2O_3	2150	550
SiO_2	1800	307
Natronkalkglas (Na_2O:CaO:SiO_2=16:10:74 Gew.-%)	1000	316
Natriumborosilicatglas (Na_2O:B_2O_3:SiO_2=20:10:70 Gew.-%)	1000	265
Porzellanglasphase	1000	320
Glasuren	1000	250-280
NaCl	1080	94
Na_2SO_4	1080	184
KCl	1080	75
Hg	0	480
Al	700	840
Pb	350	450
Polyethylen	275	22
Polyurethan	260	27
Polystyrol	260	18

Tabelle 27: Freie Oberflächenenergie einiger Festkörper

Substanz	Fläche	Temperatur °C	Freie Oberflächenenergie mJ/m^2	Art der Bestimmung
MgO	(100)	-273,16	1090-1460	berechnet
		-196	1200	experimentell
		25	1390	berechnet
CaO	(100)	-273,16	820-1030	berechnet
		25	980	berechnet
BaO	(100)	-273,16	510-640	berechnet
		25	650	experimentell
Al_2O_3	(0001)	1400	724	berechnet
	$(10\bar{1}4)$	1400	759	experimentell
	polykristallin	1850	905	experimentell
Quarz	$(101\bar{1})$	-196	410	experimentell
	$(10\bar{1}1)$	-196	500	experimentell
	$(10\bar{1}0)$	-196	1030	experimentell
Natronkalkglas	-	20	1210	experimentell
		20	73	experimentell
		20 (nach Ausheizen)	260	experimentell

In starker Näherung entspricht bei der Schmelztemperatur T_s der Zahlenwert der Oberflächenspannung von Metallen $\approx T_s$ in K, während er bei den Oxiden nur $\approx 1/6\ T_s$ beträgt.

Nach Tabelle 26 haben silicatische Schmelzen Oberflächenspannungen um 300 mN/m, während die Werte der Al_2O_3- und B_2O_3-Schmelzen davon stark abweichen. Die geringe Oberflächenspannung der B_2O_3-Schmelze ist dadurch bedingt, daß sich in einer solchen Schmelze $[BO_3]$-Gruppen ausbilden, die eben sind und sich deshalb parallel der Oberfläche anordnen können. Der Energieunterschied zwischen dem Inneren und der Oberfläche ist dabei gering. Grundsätzlich zeigen Mischungen aus zwei Komponenten in der Oberflächenspannung nicht additives Verhalten, sondern die Komponente mit geringerer Oberflächenspannung reichert sich in der Oberfläche an, so daß schon geringe Zusätze eine starke Erniedrigung hervorrufen können. Hierauf beruht auch die Wirkung der Netzmittel, aber auch die Wirkung von Verunreinigungen, die manchmal die Meßwerte erheblich erniedrigen können. B_2O_3 ist daher eine häufige Komponente von Glasuren, wo es ebenfalls die Oberflächenspannung stark herabsetzt. Ähnlich wirkt die Glasurkomponente PbO, wobei hier die Ursache in der großen Polarisierbarkeit des Pb-Ions liegt.

Die meisten silicatischen Schmelzen haben einen negativen Temperaturkoeffizienten der Oberflächenspannung, d.h., mit steigender Temperatur nimmt die Oberflächenspannung ab, bei Fensterglasschmelzen etwa um 4 mN/m pro 100 K. Anders verhalten sich dagegen die Schmelzen, die von vornherein eine geringe Oberflächenspannung haben. Mit steigender Temperatur wird bei diesen die Orientierung oder Anreicherung bestimmter Komponenten in der Oberfläche gestört, so daß die Oberflächenspannung ansteigt, also ein positiver Temperaturkoeffizient vorliegt. Dies gilt besonders für B_2O_3-, PbO- oder K_2O-haltige Schmelzen. Allgemein sind die Änderungen mit der Temperatur gering.

Die experimentelle Bestimmung der Oberflächenenergie von Festkörpern ist schwierig. Als Methoden eignen sich u.a. die direkte Messung der Energie bei der Bildung neuer Oberflächen, also die Bruchenergie, die Abhängigkeit der Löslichkeit von der Korngröße (Kapitel 2.5.4), die Bestimmung von Lösungswärmen oder die von Wawra [131] eingeführte Ultraschallmethode. Als indirektes Verfahren wird die Bestimmung des Benetzungswinkels mit inerten Edelstahlschmelzen herangezogen. Zahlreicher sind die Versuche zur Berechnung der freien Oberflächenenergie von Festkörpern ausgehend von der Kristallstruktur und den Gitterenergien. Die meisten dieser Berechnungen beziehen sich auf die Alkalihalogenide und auf den absoluten Nullpunkt.

Die Ergebnisse verschiedener Autoren in Tabelle 27 lassen starke Unterschiede erkennen. Ganz allgemein ordnet man den natürlichen, d.h. gestörten Oberflächen eine um etwa 20 % erniedrigte Oberflächenenergie zu. Dann ist die Übereinstimmung gut. Unterschiedliche Werte sind für verschiedene Kristallflächen (siehe beim Quarz) zu erwarten, da die Flächen auch unterschiedlich mit Atomen besetzt sind. In Kapitel 3.4.5 wird dies anhand der Wulff´schen Konstruktion beschrieben. Beim Glas sind die Streuungen sehr groß. Der hohe Wert 1210 mJ/m^2 wird auf Meßfehlern beruhen, während der geringe Wert von nur 73 mJ/m^2 dadurch vorgetäuscht wird, daß bei diesen Versuchen die Glasoberfläche noch eine adsorbierte H_2O-Schicht enthielt, so daß die Oberflächenspannung unter Einfluß von Wasser gemessen wurde. Erst nach sorgfältigem Ausheizen erhält man den vernünftigen Wert 260 mJ/m^2.

2.5.3 Grenzflächenenergie

Bisher wurden die Oberflächen nur gegenüber dem Vakuum oder ihrem eigenen Dampf betrachtet. Es wurde aber bereits eingangs dieses Kapitels erwähnt, daß Oberflächen dazu neigen, fremde Substanzen zur Erniedrigung ihrer Oberflächenenergie anzulagern. Dies gilt noch mehr, wenn zwei oder mehr kondensierte Phasen gleichzeitig vorliegen. Die Berührungsflächen dieser Phasen werden meist als Grenzflächen bezeichnet, denen eine bestimmte Grenzflächenenergie (manchmal wird auch von Grenzflächenspannung gesprochen) zuzuordnen ist.

Die Anlagerung von Gasmolekülen an eine feste oder flüssige Oberfläche wird als Adsorption bezeichnet. Diese Erscheinungen werden weiter unten etwas ausführlicher behandelt. Hier sei nur erwähnt, daß Parikh [132] bei Gläsern in verschiedenen Atmosphären sehr große Unterschiede der Oberflächenspannung gefunden hat. Ein einfaches Natronkalkglas zeigt im Vakuum bei 600°C eine Oberflächenspannung von 315 mN/m, dagegen in Gegenwart von H_2O-Dampf mit einem Druck von 20 mbar nur noch 205 mN/m.

Noch wichtiger als die Systeme fest-gasförmig sind in der Keramik die Systeme fest-flüssig. Ebenso wie Moleküle aus der Gasphase können auch die Komponenten einer flüssigen Phase zur besseren Absättigung einer Oberfläche dienen. Allgemein bezeichnet man die Erscheinung mit Benetzung, wobei das Ausmaß der Benetzung von der Art der Partner abhängt. Benedicks [133] hat die Dehnung von Kieselglasfasern gemessen. In trockener Atmosphäre ergab sich ein geringer Wert. Sobald eine Flüssigkeit zugegeben wurde, trat eine deutliche Verlängerung der Fasern ein, die am größten beim Wasser war. Diese Versuche zeigen, daß durch die Anwesenheit einer zweiten Phase die Oberflächenatome abgesättigt werden und dadurch die gegenseitige Bindung der Oberflächenatome geringer werden kann, so daß eine Ausdehnung der Faser beobachtet wird.

Diese Erscheinung wird als *Liquostriktion* bezeichnet. Man beobachtet ähnliche Effekte auch bei der Adsorption von Gasen an porösen Körpern, doch sind dabei die Erscheinungen nicht so einfach zu deuten.

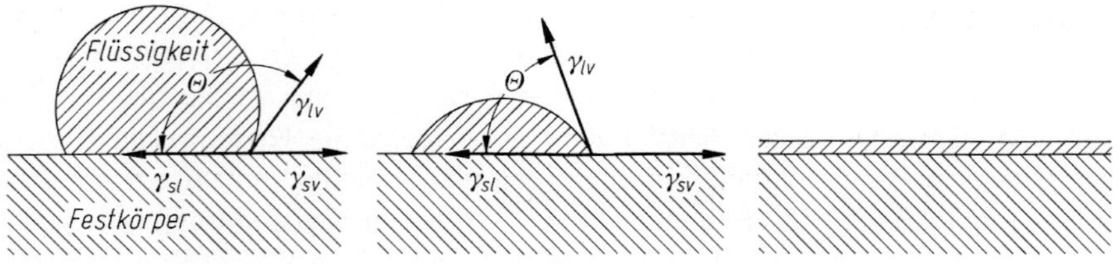

Bild 68: Beispiele für das Benetzungsverhalten von Flüssigkeiten auf Festkörpern. (a) nicht benetzend Θ>90°), (b) benetzend (Θ<90°), (c) spreitend

Die eben geschilderten Effekte kann man nur bei Proben beobachten, bei denen das Verhältnis Oberfläche zu Volumen groß ist. Bei anderer Versuchsanordnung, z.B. beim Auftragen eines Flüssigkeitstropfens auf eine feste Oberfläche, erkennt man das Ausmaß der Wechselwirkung am Verhalten des Tropfens, der je nach System verschiedene Formen annehmen kann. Bild 68 zeigt einige Beispiele. Dabei liegen mehrere Oberflächen- bzw. Grenzflächenenergien nebeneinander vor:

γ_{lv} = Oberflächenenergie der Flüssigkeit gegenüber der eigenen Dampfphase, wobei angenommen wird, daß der Dampfdruck des Festkörpers vernachlässigt werden kann, γ_{sv} = Grenzflächenenergie des Festkörpers gegen die Atmosphäre und γ_{sl} = Grenzflächenenergie des Festkörpers gegen die Flüssigkeit. In Anlehnung an den englischen Sprachgebrauch bedeuten die Indizes s = fest (solid), l = flüssig (liquid) und v = gasförmig (vapor). Die verschiedenen Systeme des Bildes 47 können durch den sich ausbildenden Randwinkel Θ (auch Kontaktwinkel genannt) gekennzeichnet werden. Zwischen diesem und obigen Größen gilt die Young`sche Beziehung für den Zustand minimaler Energie

$$\gamma_{sl} - \gamma_{sv} + \gamma_{lv} \cos\Theta = 0 \qquad (10)$$

oder

$$\cos\Theta = \frac{\gamma_{sv} - \gamma_{sl}}{\gamma_{lv}} \qquad (11)$$

Darin ist γ_{lv} durch andere Methoden bestimmbar. γ_{sv} hat nur dann den Wert der Oberflächenenergie des Festkörpers, wenn der Dampfdruck der Flüssigkeit zu vernachlässigen ist und eine vorhandene Atmosphäre keinen Einfluß ausübt. Schließlich ist γ_{sl} unbekannt. Der Randwinkel läßt sich daher nicht voraussagen und muß von Fall zu Fall gemessen werden.

Die Messung des Randwinkels bedarf großer Sorgfalt. Oft wird eine Hysterese bei Be- und Entnetzungsversuchen gemessen, die durch eine Rauheit der Oberfläche bedingt sein kann. Weiterhin wird eine zusätzliche Änderung des Randwinkels beobachtet, wenn zwischen den beiden Partnern Reaktionen eintreten, auch wenn sie nur sehr gering sind, z.B. wenn sich Spuren des Festkörpers in der Flüssigkeit lösen und dabei die Oberflächenspannung nennenswert beeinflussen. Ferner variieren die Benetzungswinkel für unterschiedliche kristallographische Begrenzungsflächen.

Tabelle 28: Randwinkel Θ und Grenzflächenenergien γ einiger Systeme

Flüssige Phase	Feste Phase	Temp. °C	Atmosphäre	Θ °	γ_{lv} mJ/m^2	γ_{sv} mJ/m^2	γ_{sl} mJ/m^2
$Na_2Si_2O_5$	Ag	900	He oder H_2	70	275	1140	1045
			Luft	0			
	Cu	900	He oder H_2	60	275	1650	1510
			Luft	0			
SiO_2:Na_2O:CaO =74:16:10 Gew.-%	Pt	1080	N_2+H_2	64			
			Luft	25 oder 0			
Al_2O_3	W	2150	Vakuum	50			
			N_2	36			
			H_2	17			
Ag	Al_2O_3	1100	N_2	115	920	800	1170
		1150	Luft	95			

Nach Bild 68 spricht man bei Randwinkeln $\Theta > 90°$ von nicht benetzend, obwohl noch eine gemeinsame Grenzfläche vorhanden ist, bei $\Theta < 90°$ von benetzend und bei $\Theta = 0°$ von spreitend. Aus Gl. (9) folgt, daß die Voraussetzung für Benetzung $\gamma_{sv} > \gamma_{sl}$ ist, daß also die Grenzflächenenergie γ_{sl} gering ist. Das ist immer dann zu erwarten, wenn der Chemismus bzw. die Bindungsarten beider Partner verwandt sind. Deshalb zeigen Silicatschmelzen auf Oxiden meist nur geringe Randwinkel oder vollständige Benetzung. Im umgekehrten Fall, bei geringer Verwandtschaft, ist die Grenzflächenenergie groß, und bei $\gamma_{sv} < \gamma_{sl}$ wird nach Gl. (11) $\Theta > 90°$. Dieses Verhalten beobachtet man meist bei den Systemen Metallschmelze-Oxid.

Aus Gl. (11) folgt weiterhin, daß abnehmende Randwinkel, also bessere Benetzungsverhältnisse dann zu erreichen sind, wenn γ_{sl} kleiner und γ_{sv} größer wird, während der Einfluß von γ_{lv} unterschiedlich ist. Abnehmende γ_{lv}-Werte erniedrigen Θ in benetzenden Systemen ($\gamma_{sv} > \gamma_{sl}$), aber erhöhen Θ in nicht benetzenden Systemen ($\gamma_{sv} < \gamma_{sl}$). Voraussetzung für diese Überlegungen ist, daß γ_{sv} und γ_{sl} durch die Änderung nicht beeinflußt werden, was nur selten genau, aber oft annähernd erfüllt ist. Aus den zahlreichen Messungen wurden für Tabelle 28 nur wenige Werte nach den Angaben verschiedener Autoren ausgewählt. Sie lassen erkennen, daß der Einfluß der Atmosphäre sehr stark ist, vor allem bei den angeführten Systemen mit metallischen Festkörpern. In Luft ist anzunehmen, daß sich auf dem Metall ein Oxidfilm bildet, der zu der guten Benetzung führt. Die nach Gl. (10) berechneten Grenzflächenenergien γ_{sl} zeigen die erwartet hohen Werte bei diesen Systemen.

Wenn der Randwinkel gegen 0° geht, geht cos Θ gegen 1. Beim Erreichen der vollständigen Benetzung gilt:

$$\gamma_{sl} - \gamma_{sv} + \gamma_{lv} = 0 \tag{12}$$

Damit wird der Grenzfall der beginnenden *Spreitung* erreicht. Spreitung wird nur dann eintreten, wenn dadurch Energie gewonnen wird. Bei diesem Vorgang verschwindet die Grenzflächenenergie γ_{sv}, während neu die Grenzflächenenergie γ_{sl} und auch die Oberflächenenergie γ_{lv} aufgebracht werden muß. Für die Spreitung muß diese Differenz positiv sein, also

$$\begin{aligned} &\gamma_{sv} > \gamma_{sl} + \gamma_{lv} \quad \text{oder} \\ &\gamma_{sv} - (\gamma_{sl} + \gamma_{lv}) \equiv p_{sp} > 0 \end{aligned} \tag{13}$$

sein, wobei als Begriff Spreitungsdruck p_{sp} eingeführt wurde, der dieses Verhalten kennzeichnet.

Die Spreitung oder vollständige Benetzung wird in der Keramik u.a. beim Glasieren und beim Flüssigphasensintern benötigt. Da die Oberflächenenergie des Festkörpers kaum beeinflußbar ist, muß man also dafür sorgen, daß die Grenzflächenenergie γ_{sl} und/oder die Oberflächenenergie γ_{lv} erniedrigt werden. Ersteres kann man dadurch erreichen, daß man verwandte Komponenten nimmt, letzteres durch Zusatz von Komponenten, die die Oberflächenspannung von Gläsern erniedrigen, wie z.B. B_2O_3 oder PbO.

Für andere Zwecke ist es wichtig zu wissen, wie stark die Haftung einer Schmelze auf der Unterlage ist. Diese Größe, die durch die *Adhäsionsarbeit W* (= Haftarbeit) gekennzeichnet wird, ergibt sich aus der Überlegung, daß beim Trennen zwei neue Oberflächen mit γ_{sv} und γ_{lv} entstehen, während die Grenzfläche mit γ_{sl} verschwindet also

$$\begin{aligned} W &= \gamma_{sv} + \gamma_{lv} - \gamma_{sl} \\ W &= \gamma_{lv}(\cos\Theta + 1) \end{aligned} \tag{14}$$

Auch hier ist normalerweise nur γ_{lv} bekannt. Die Differenz der restlichen beiden Größen (γ_{sv}-γ_{sl}) wird als Benetzungs- bzw. Haftspannung bezeichnet. Die Adhäsionsarbeit ist also um so größer, je größer diese Benetzungsspannung ist.

Zum Erzielen einer guten Spreitung und großer Adhäsionsarbeit verwendet man in der Praxis oft chemisch verwandte Systeme, bei denen es während des Brandes zu Reaktionen kommen kann. Dabei ändern sich nicht nur die Werte der Grenzflächenenergie, sondern meist tritt noch eine Aufrauhung der Unterlage ein. Dadurch wird aber die Haftung wesentlich beeinflußt; wenn die Schmelze alle

Unebenheiten der Unterlage ausfüllt, tritt neben die obige Adhäsion noch eine mechanische Haftung durch das gegenseitige Verzahnen.

Für zwei Flüssigkeiten gelten im Prinzip ähnliche Folgerungen. Eine Besonderheit zeigen zwei gegeneinander nicht vollständig mischbare Flüssigkeiten. Werden die Oberflächenspannungen der jeweils gesättigten Flüssigkeiten mit γ_1, und γ_2 bezeichnet, dann gilt für die Grenzflächenenergie $\gamma_{1,2}$ die *Antonowsche Regel*

$$\gamma_{1;2} = \gamma_1 - \gamma_2 \tag{15}$$

d.h., die Grenzflächenenergie ist hier leicht zu bestimmen. Diese Regel hat sich bei vielen Flüssigkeitspaaren bestätigt, gilt allerdings nicht uneingeschränkt. Aus ihr folgt mit der entsprechend angewandten Gl. (13), daß bei solchen Systemen der Spreitungsdruck gleich Null ist.

Eine weitere Besonderheit wird beim Zusammenbringen von mischbaren Flüssigkeitspaaren beobachtet, bei denen das Verhältnis der Differenzen der Oberflächenspannungen zu den Dichten negativ ist. Bei geeigneter Wahl der Versuchsbedingungen tritt eine starke Wirbelerscheinung auf. Jebsen-Marwedel [134] hat solche Flüssigkeitspaare als dynaktiv bezeichnet. Von Brückner [135] wurden diese Erscheinungen näher untersucht. Sie haben sich zur Deutung einiger Effekte in Silicatschmelzen als sehr wertvoll erwiesen.

Bisher wurden nur Systeme mit einem Festkörper betrachtet. Sehr oft berühren sich aber Körner, und dann sind zwischen diesen Körnern ebenfalls Grenzflächenenergien vorhanden, die man auch als Korngrenzenenergien bezeichnet. Am Durchstoßpunkt der Korngrenze nach außen ist eine Dreiphasengrenze vorhanden, für die nach Bild 69 a folgende Beziehung gilt:

$$\gamma_{ss} = 2\gamma_{sv} \cdot \cos\left(\frac{\psi}{2}\right) \tag{16}$$

In Gl. (16) stellt γ_{ss} die Korngrenzenenergie dar, und man kann annehmen, daß bei sehr großer Ähnlichkeit der Körner der Wert von γ_{ss} im Vergleich zu γ_{sv} gering sein wird. Für $\gamma_{ss}/\gamma_{sv} < 1$ liefert Gl. (16) für den Winkel $\Psi > 120°$. Die Einstellung dieses Winkels oder besser gesagt einer Furche zwischen zwei Körnern bedarf des Transports von Materie, ist also normalerweise bei Festkörpern verzögert. Wenn allerdings die Temperaturen so hoch sind, daß dieser Materietransport durch Oberflächendiffusion oder über Verdampfung und Kondensation eintreten kann, dann kann man anschließend diese Furchen und damit die Korngrenzen gut erkennen. Dieser Vorgang wird bei der Herstellung von Gefügebildern durch thermisches Ätzen verwendet.

Befinden sich die Körner im Kontakt mit einer Flüssigkeit, dann gilt nach Bild 69b eine ganz analoge Beziehung

$$\gamma_{ss} = 2\gamma_{sl} \cdot \cos\left(\frac{\Phi}{2}\right) \tag{17}$$

Der wesentliche Unterschied ist jetzt jedoch, daß der Winkel Φ durch γ_{sl}, d.h. durch die Art der Flüssigkeit bestimmt wird. Ist das Verhältnis $\gamma_{ss}/\gamma_{sl} < 1$, dann stellt sich zwischen den beiden Körnern ein Winkel $\Phi > 120°$ ein. Mit steigendem γ_{ss}/γ_{sl}-Verhältnis wird Φ kleiner, erreicht

bei γ_{ss}/γ_{sl}	$= 1$	den Wert	$\Phi = 20°$,
	$= \sqrt{3}$		$\Phi = 60°$ und
	$= 2$		$\Phi = 0°$.

In dem Maße wie γ_{sl} kleiner und damit die Benetzung besser wird, wird der Winkel immer spitzer, was schließlich zur Folge hat, daß die Flüssigkeit beginnt, zwischen die Korngrenzen einzudringen, um sie schließlich ganz zu trennen (Infiltration, Desintegration). Will man letzteres bewußt erreichen, dann muß man eine Flüssigkeit wählen, die eine kleine Grenzflächenenergie aufweist.

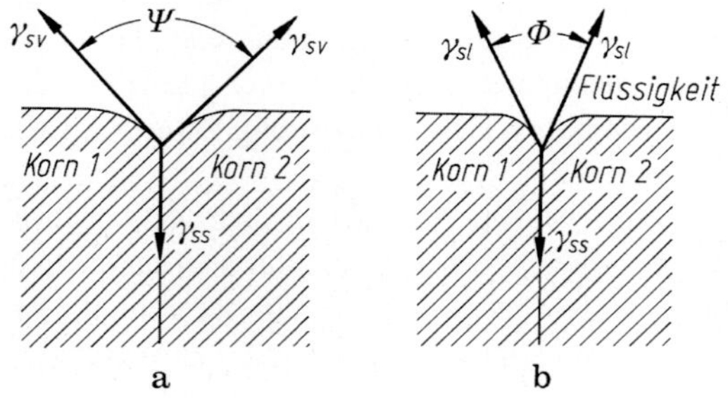

Bild 69: Grenzflächengleichgewichte zwischen einem Festkörper aus zwei Körnern und (a) dem eigenen Dampf oder (b) einer Flüssigkeit

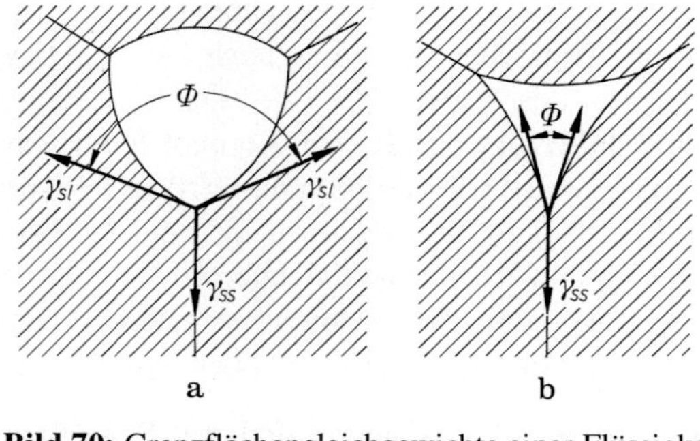

Bild 70: Grenzflächengleichgewichte einer Flüssigkeit innerhalb eines Festkörpers aus drei Körnern mit großem (**a**) und (**b**) kleinem Dihedralwinkel

Die eben behandelte Kombination von Körnern mit Flüssigkeit ist beim keramischen Brand oft vorhanden, nur daß die Flüssigkeit bzw. Schmelze sich innerhalb des Körpers befindet (Flüssigphasensintern). Bild 70 zeigt zwei Beispiele im Schnitt. Im Bild 70a ist der Furchenwinkel oder Dihedralwinkel Φ größer als

120°, wodurch sich die Flüssigkeit in isolierten Bereichen an den Berührungsstellen der Körner ansammelt. Beim Bild 70b liegt ein kleiner Dihedralwinkel Φ vor, der die Tendenz anzeigt, daß sich die Flüssigkeit entlang der Korngrenzen ausdehnen will. Auf die große praktische Bedeutung dieser Erscheinungen hat besonders White [136] aufmerksam gemacht.

Einen besonderen Zustand hat man bei $\Phi = 120°$, da dann $\gamma_{ss} = \gamma_{sl}$ ist. Überträgt man dies auf ein System, das nur aus Körnern besteht, wo also alle drei Grenzflächen Korngrenzen sind, dann ist diese Beziehung im Prinzip erfüllt, d.h., ein solches System wird vorzugsweise Winkel von 120° ausbilden.

Betrachtet man die Gleichungen (10), (16) und (17), dann treten in diesen die Größen γ_{lv}, γ_{sv}, γ_{ss}, Θ, Ψ, und Φ auf, von denen γ_{lv} und die drei Winkel experimentell einfach zugänglich sind. Man hat dann drei Gleichungen zur Verfügung, um die drei Grenzflächenenergien γ_{sv}, γ_{sl} und γ_{ss} zu ermitteln. Diese und andere Methoden hat Rhee [137] zusammengestellt und dabei auf die Voraussetzung hingewiesen, daß die Grenzflächen isotrop sind, und daß γ_{sv} nicht durch die verwendete Flüssigkeit beeinflußt wird.

2.5.4 Gekrümmte Oberflächen

Die Oberflächenspannung wird oft nach der *Blasendruckmethode* bestimmt. Diese Methode soll hier nicht im einzelnen beschrieben werden, sondern dazu dienen, den Einfluß von gekrümmten Oberflächen kennenzulernen. Bild 71 zeigt eine Skizze der Versuchsanordnung, bei der eine Kapillare in eine Flüssigkeit mit der Oberflächenspannung γ taucht. Durch Aufwenden eines bestimmten Druckes p entsteht am Ende der Kapillare eine Blase mit dem Radius r. Will man diesen Radius um Δr vergrößern, dann muß durch den um Δp erhöhten Druck das Volumen um ΔV erhöht werden. Diese Arbeit $\Delta p \cdot \Delta V$ ist gleich der Arbeit zur Vergrößerung der Oberfläche $\gamma \cdot \Delta A$, woraus folgt:

$$\Delta p = \frac{2\gamma}{r} \tag{18}$$

Aus Gl. (18) ergibt sich, daß in kleinen Blasen ein merkbarer Überdruck herrschen muß. So beträgt z.B. in einer Silicatschmelze mit $\gamma = 300$ mN/m = 0,3 N/m bei einem Blasenradius von 0,1 mm = 10^{-4}m

$$\Delta p = \frac{2 \cdot 0{,}3\,\mathrm{N/m}}{10^{-4}\,\mathrm{m}} = 6000\,\mathrm{N/m^2} = 60\,\mathrm{mbar}$$

Taucht eine Kapillare in eine Flüssigkeit, dann bildet sich im Fall der Benetzung durch das Aufsteigen der Flüssigkeit an der Wand eine konkav gekrümmte Oberfläche aus. Der sich nach Gl. (18) einstellende Unterdruck wird dadurch ausgeglichen, daß die Flüssigkeit in die Kapillare eingesaugt wird, bis der hydrostatische Druck der Flüssigkeitssäule damit im Gleichgewicht steht (Bild 72).

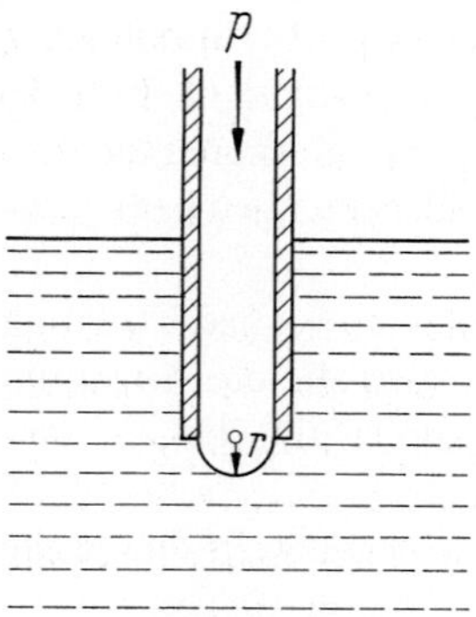

Bild 71: Skizze zur Bestimmung der Oberflächenspannung von Flüssigkeiten nach der Blasendruckmethode

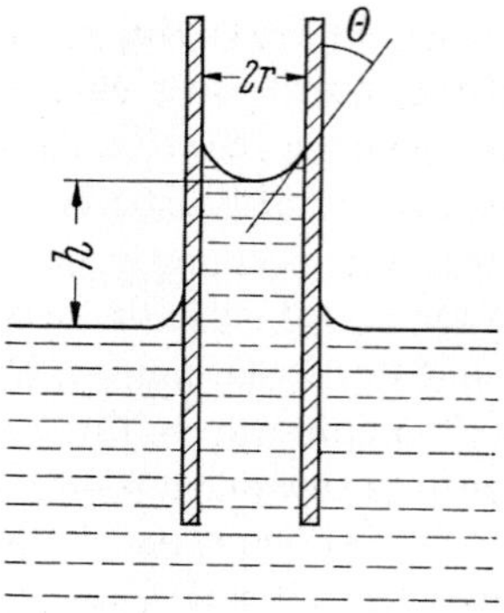

Bild 72: Skizze zur Deutung des Aufsteigens von Flüssigkeiten in Kapillare

Mit dem Randwinkel Θ gilt dann:

$$\Delta p = \frac{2\gamma \cdot \cos\Theta}{r} = \rho g h \tag{19}$$

mit ρ = Dichte der Flüssigkeit und g = Erdbeschleunigung (9,81 m/s^2). Für Randwinkel $\Theta > 90°$, also für einen konvex gekrümmten Meniskus, wird der Kapillardruck Δp negativ, d.h. die Flüssigkeit in der Kapillare sinkt unter den normalen Flüssigkeitsspiegel. In einer Kapillare mit r = 1 mm (= 10^{-3}m) steigt obige Silicatschmelze bei vollständiger Benetzung (cos Θ = 1) nach der umgeformten Gl. (19) mit ρ = 2200 kg/m^3

$$h = \frac{2\gamma}{rg\rho} = \frac{2 \cdot 0{,}3 \cdot \text{N/m}}{10^{-3}\ \text{m} \cdot 2200\ \text{kg/m}^3 \cdot 9{,}81\ \text{m/s}^2} \approx 0{,}03\ \text{m} = 3\ \text{cm}.$$

Aus dem Verhalten von Flüssigkeiten in Kapillaren ergibt sich weiterhin, daß konvex gekrümmte Oberflächen einen höheren, konkav gekrümmte Oberflächen einen geringeren Dampfdruck p als die ebene Oberfläche (p_0, r = ∞) haben müssen. Dafür gilt die Beziehung:

$$V \cdot \Delta p = \text{R}T \cdot \ln\frac{p}{p_0} \tag{20}$$

mit V = Molvolumen = M/ρ (M = Molgewicht, ρ = Dichte) und R = Gaskonstante = 8,317 J/(mol K). Mit Gl. (15) erhält man die Kelvin-Gleichung

$$\ln\frac{p}{p_0} = \frac{2M\gamma}{\rho \text{R} T}\frac{1}{r} \tag{21}$$

Tropfen haben eine konvex gekrümmte Oberfläche; in Gl. (21) ist r dann positiv einzusetzen. Die Dampfdruckerhöhung wird erst bei sehr kleinen Tropfen deutlich, die in der Praxis selten vorkommen. Für Tropfen mit r = 0,1 μm beträgt sie etwa 1 %. Wichtiger ist, daß man eine Beziehung zur Löslichkeit herstellen kann, für die ganz analog Gl. (21) gilt, nur muß statt des Druckes p die Löslichkeit L eingesetzt werden (man spricht dann auch von *Lösungsdruck*). Kleine Teilchen mit $r < 0{,}1$ µm kommen oft vor, und die höhere Löslichkeit macht sich deutlich bemerkbar. Allerdings muß man dann in Gl. (21) auch statt der Oberflächenspannung die Grenzflächenspannung γ_{sl} einsetzen.

Vom Dampfdruck abhängig ist auch die Schmelztemperatur, indem diese mit steigendem Dampfdruck abnimmt. Kleine Kristalle haben nach Gl. (21) ebenfalls einen höheren Dampfdruck, zeigen also eine Schmelzpunktserniedrigung. Formelmäßig kann man das durch Kombination der Clausius-Clapeyronschen Gleichung (67) mit Gl. (21) erfassen. Für eine Berechnung ist die Grenzflächenspannung γ_{sl} zwischen Kristall und Schmelze einzusetzen.

Gleichung (21) muß noch in Bezug auf konkav gekrümmte Oberflächen diskutiert werden. Dann ist r negativ, und der Dampfdruck wird verringert. Für Wasser ergeben sich mit Krümmungsradien von z.B. 1...0,1...0,01 µm relative Dampfdrücke p/p_0 von 0,999...0,990...0,900. Sind in einer Substanz Kapillaren oder Poren mit solch geringen Radien vorhanden, tritt in diesen die Kondensation bereits bei geringeren als den normalen Sättigungsdrücken ein. Man spricht dann von *Kapillarkondensation*. Poren mit z.B. 0,01 µm = 10 nm Durchmesser sind in vielen keramischen Produkten keine Seltenheit. In diesen findet also Kondensation schon bei einem relativen Dampfdruck von $p/p_0 = 0{,}9$ statt. Im nächsten Abschnitt wird gezeigt, daß die Adsorption von der Kapillarkondensation beeinflußt werden kann.

2.5.5 Oberflächencharakterisierung

Bei der großen Bedeutung der Oberfläche von Teilchenhaufwerken für z.B. deren Sinteraktivität oder das Verhalten in Suspensionen ist es erforderlich, die Art und vor allem die Größe der Oberfläche zu kennen. Die wichtigsten Methoden dazu sollen hier erwähnt werden, wobei die zur Bestimmung der Größe im Vordergrund stehen.

Bei Kenntnis der geometrischen Form von Teilchen und deren Zahl ist es möglich, die Oberfläche zu berechnen. Häufig kennt man von einem Pulver nur die Dichte. Nimmt man z.B. kreisförmige Plättchen mit einem Durchmesser von $2r$ und einer Dicke h an, dann beträgt das Volumen eines Plättchens $\pi\, r^2\, h$ und sein Gewicht $\pi\, r^2\, h\, \rho$. Die Anzahl n der Plättchen in 1 g Pulver ist der reziproke Wert davon. Die Oberfläche S ergibt sich dann zu $S = n\,(2\,\pi\, r^2 + 2\,\pi\, r\, h) = 2\,\pi\, r\,(r + h)/(\pi\, r^2\, h\, \rho) = 2\,(r + h)/(r\, h\, \rho)$. Nimmt man an, daß $r = 1$ µm $= 1 \cdot 10^{-4}$ cm, $h = 0{,}1\, r$ und $\rho = 2{,}5$ g/cm^3 sei, dann ist in diesem Beispiel $S = 2 \cdot 1{,}1 \cdot 10^{-4}/2{,}5 \cdot 10^{-9}$cm^2/g = 8,8 m^2/g. Hier besteht ein enger Zusammenhang mit der im nächsten Abschnitt zu besprechenden Korngrößenbestimmung. Meist interessiert die Oberfläche mikroskopisch kleiner Teilchen. Unter dem Mikroskop kann man die Projektion der Teilchen ausmessen. Wenn dabei keine besonderen Orientierungseffekte auftreten, ergibt sich die Oberfläche angenähert aus der mit 4 multiplizierten Projektionsfläche. Voraussetzung bei solchen Berechnungen ist eine glatte Oberfläche. Bei rauher Oberfläche und einspringenden Formen treten Unterschiede zwischen wahrer und berechneter Oberfläche auf, die durch den Formfaktor berücksichtigt werden, der gesondert zu bestimmen ist. Es gibt mehrere Methoden, Teilchen auszumessen. Diese Verfahren entsprechen denen zur Untersuchung von Gefügen und werden dort erwähnt (Kapitel 2.6.2).

Die am meisten angewandten Methoden zur Oberflächenbestimmung beruhen auf der *Adsorption.* Voraussetzung dazu ist die Kenntnis, wie viele Moleküle zur Bedeckung der Oberfläche mit einer Schicht (monomolekulare Schicht) benötigt werden und wie groß die Moleküle sind. Letzteren Wert, den spezifischen Oberflächenbedarf S_0, erhält man aus geometrischen Überlegungen unter der Annahme einer dichten Packung zu

$$S_0 = 0{,}0154\left(\frac{M}{\rho}\right)^{2/3} \quad [\mathrm{nm}^2]$$

mit M = Molgewicht des zu adsorbierenden Gases und ρ dessen Dichte (in g/cm^3) als Flüssigkeit bei der Meßtemperatur. Der wichtigste Wert ist der spezifische Oberflächenbedarf des N_2-Moleküls mit 0,162 nm^2 bei -196°C. Argon benötigt 0,138 nm^2 und Krypton 0,202 nm^2. Leider schwanken die Wertangaben für das ebenfalls sehr wichtige H_2O-Molekül sehr stark. Man hat bei Raumtemperatur den theoretischen Wert 0,106 nm^2 gemessen, aber auch Werte bis zu 0,20 nm^2. Dies beruht darauf, daß die Adsorption des H_2O-Moleküls über Wasserstoffbrückenbindungen erfolgt und deshalb an bestimmten Stellen der Oberfläche (z.B. an OH-Gruppen) bevorzugt eintreten kann.

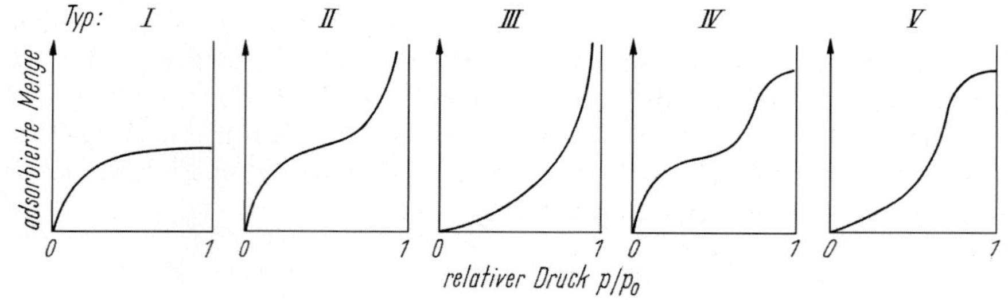

Bild 73: Typen der Adsorptionsisothermen

Durch Messen der adsorbierten Menge in Abhängigkeit vom relativen Druck bei konstanter Temperatur erhält man eine Kurve, die als *Adsorptionsisotherme* bezeichnet wird. Diese Kurven können verschiedene Formen haben. Brunauer, Emmett und Teller [138] haben sie in die fünf Typen von Bild 73 eingeteilt. Im allgemeinen wird dabei der Druck auf den Sättigungsdampfdruck p_0 der Dampfphase bezogen. Typ I zeigt nur eine monomolekulare Adsorption, ist aber relativ selten. Im allgemeinen wird Typ II beobachtet, der erkennen läßt, daß die Adsorption mit steigendem Druck nicht bei der monomolekularen Schicht beendet ist, sondern daß sich darüber noch weitere Schichten aufbauen. Typ III ist ein weiterer Sonderfall, während die Typen IV und V dann auftreten, wenn zusätzlich zu Typ II oder III Kapillarkondensation eintritt.

Brunauer, Emmett und Teller [138] haben für diese Isothermen eine Theorie entwickelt, die nach ihnen *BET-Theorie* bezeichnet wird. Sie ist die Grundlage für die Auswertung der Adsorptionsisothermen. Danach beträgt das adsorbierte Volumen beim Druck p

$$v = \frac{v_m c p}{(p_0 - p)\left[1 + (c-1)\dfrac{p}{p_0}\right]}, \tag{22}$$

worin c eine Konstante ist, die mit der Adsorptionswärme in Zusammenhang steht, und v_m das adsorbierte Volumen der monomolekularen Schicht darstellt. Aus diesem Wert kann man mit dem spezifischen Oberflächenbedarf die gesuchte Oberfläche berechnen.
In Gl. (22) tritt noch die zunächst unbekannte Größe c auf. Zu deren Ermittlung formt man Gl. (22) um in

$$\frac{p}{c(p_0 - 1)} = \frac{1}{v_m c} + \frac{c-1}{v_m c}\frac{p}{p_0}, \tag{23}$$

Auf der linken Seite stehen jetzt nur bekannte Meßgrößen. Trägt man diesen Ausdruck gegen p/p_0 auf, dann kann man aus der Steigung und dem Ordinatenabschnitt die beiden Größen v_m und c berechnen. Es hat sich herausgestellt, daß die Adsorptionsisothermen im Bereich $0{,}05 < p/p_0 < 0{,}35$ dieser Gleichung genügen. Bild 74 zeigt als Beispiel die Adsorption von N_2 bei –196°C an einem Kaolin. Die Auswertung des rechten Diagramms ergibt v_m = 107 cm^3, woraus sich bei einer Einwaage von genau 1 g eine spezifische Oberfläche von 20,5 m^2/g berechnet. Die Verwendung von N_2 als adsorbierendes Gas hat sich sehr bewährt, denn es verhält sich relativ inert, wodurch es gleichmäßig adsorbiert wird, unabhängig davon, ob das Adsorbens besonders aktive Stellen hat oder nicht. Die BET-Auswertung setzt eine solche überall gleichartige Adsorption voraus, weiterhin u.a. noch, daß die adsorbierten Moleküle keine seitliche Wechselwirkung zeigen, und daß das adsorbierte Volumen gegen unendlich geht für $p/p_0 \to 1$.

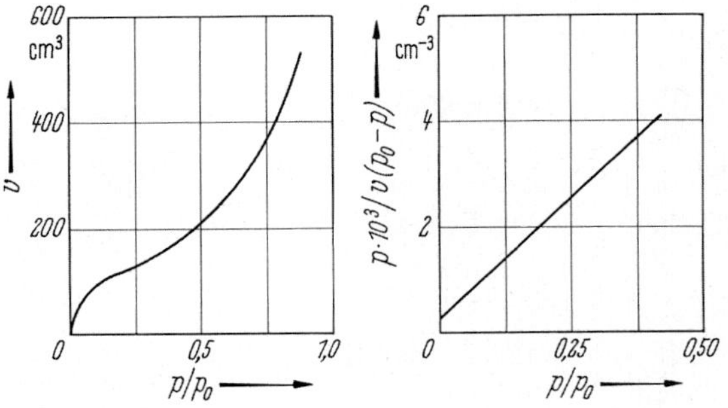

Bild 74: N_2-Adsorptionsisotherme für 1 g Kaolin (links) und Auswertung nach Gl. (23) (rechts)

Nicht immer ist die Adsorption reversibel, manchmal tritt eine Hysterese ein. Diese Erscheinung hängt mit Kapillarkondensation in feinen Poren zusammen und kann zu deren Bestimmung herangezogen werden (Kapitel 2.5.4).

Die Meßeinrichtung ist schematisch in Bild 75 dargestellt. Zu Beginn jeder Messung wird die Probe im Adsorptionsgefäß bei 200-400°C und < 10^{-4} Pa Umgebungsdruck vollständig entgast. Danach wird der freie Raum des Adsorptionsgefäßes („Totraum") mit Hilfe von Helium bestimmt, das nur wenig adsorbiert und wieder abgepumpt wird. Im nächsten Schritt wird das Meßgas (also z.B. N_2) in die Bürette eingeleitet und aus Druck und Temperatur sein Volumen bestimmt. Das Meßgas wird dann durch Ventil A in das Probengefäß geleitet, wo es teilweise an der Pulveroberfläche adsorbiert. Man mißt nun erneut Temperatur und Druck im System und kann aus zugeführter Gasmenge, bekanntem Totraum und Druck- und Temperaturverlust das adsorbierte Gasvolumen bestimmen. Durch Ablassen von Quecksilber und wiederholtes Einleiten von Gas lassen sich Volumina und Druck verändern und neue Meßpunkte auf der BET-Funktion bestimmen.

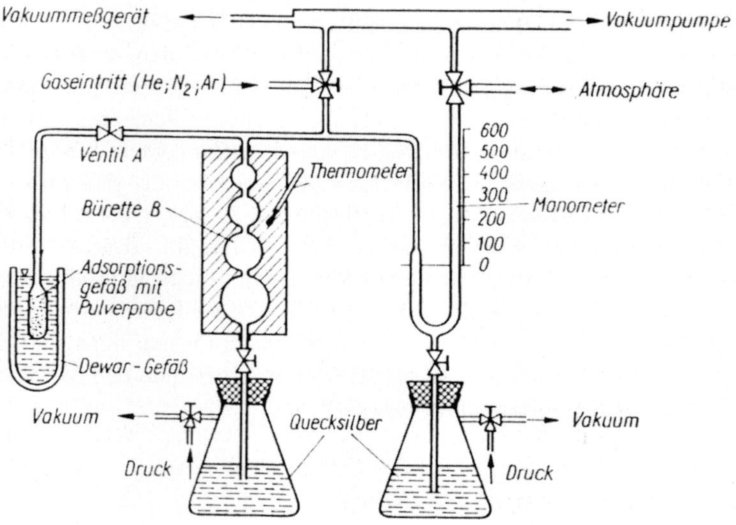

Bild 75: Schematischer Aufbau einer BET-Apparatur nach Batel [18]

Oberflächenbestimmungen nach der BET-Methode erfordern eine relativ große Oberfläche, um noch genügend genau meßbare Druckabnahmen zu erhalten. Die untere Grenze der Anwendbarkeit liegt bei spezifischen Oberflächen von 1 m^2/g, d.h., die Teilchen müssen möglichst kleiner als 20 µm sein. Oft interessieren aber auch kleine Oberflächen, wenn z.B. die Teilchen größer sind oder nicht soviel Probenmaterial vorhanden ist. Genauer kann man mit einem Gas messen, das einen geringeren Sättigungsdruck als N_2 hat. Zu diesem Zweck wurde die Verwendung von Krypton oder Xenon vorgeschlagen. Dann kann man sogar einige

Quadratzentimeter bestimmen. Einige weitere Angaben findet man in DIN 66131 [139].

Die BET-Methode hat mehrere Erweiterungen erfahren. Erwähnt sei hier nur die t-Methode, die die Beurteilung von Poren ermöglicht und in Kapitel 2.6.4 beschrieben wird. Sie erlaubt aber auch, die Größe der Oberfläche zu bestimmen, die evtl. vorhandene Mikroporen nicht berücksichtigt, also die sog. äußere Oberfläche. Letztere kann man direkt messen, wenn man Moleküle adsorbiert, die größer als die Mikroporen sind.

Bisher wurde nur die Adsorption aus der Gasphase betrachtet. Aber schon viel länger wurde die Adsorption aus der flüssigen Phase zur Oberflächenbestimmung verwendet. Diese Methode wird gelegentlich auch als *Sorption* bezeichnet. Man ging dabei von der Annahme aus, daß die verwendeten organischen Moleküle nur eine monomolekulare Schicht ausbilden. Voraussetzung dazu ist, daß dieses organische Molekül zum adsorbierenden Stoff eine wesentlich größere Affinität hat als das Lösungsmittel. Die Messung der adsorbierten Menge ist bei Anwendung von Farbstoffen (z.B. Methylenblau) leicht kolorimetrisch möglich, während bei Säuren (z.B. Stearinsäure) titriert werden kann. Die Ergebnisse sind aber besonders bei kleinen Teilchen nicht immer befriedigend. Besseren Erfolg, u.a. an Kaolinen und Tonen, hatten Boehm und Gromes [140] mit der Adsorption von Phenol (Oberflächenbedarf = 0,402 nm^2) aus unpolaren Lösungsmitteln (z.B. Dekan). Die Adsorption geht dabei über die monomolekulare Schicht hinaus und wird durch die BET-Gleichung erfaßt.

Alle Adsorptionsmethoden benötigen zur Auswertung den Oberflächenbedarf der adsorbierten Moleküle, wodurch eine gewisse Unsicherheit vorhanden ist. Die *Absolutmethode* von Harkins und Jura [141] ist von solchen Annahmen frei. Bei ihr wird die zu untersuchende Substanz zunächst in gesättigten Dampf gebracht, wodurch eine so dicke adsorbierte Schicht entsteht, daß deren Oberflächenenergie gleich der der Flüssigkeit wird. Bringt man die so vorbehandelte Substanz in diese Flüssigkeit, dann wird nur die Wärme frei, die durch das Verschwinden der Oberfläche erzeugt wird. Diese Oberfläche ist aber gleich der Oberfläche der Substanz, wenn man annimmt, daß durch die adsorbierte Schicht keine wesentliche Änderung der Geometrie eintritt. Im Kalorimeter bestimmt man diese Wärme Q und berechnet daraus die Oberfläche S. Mit der Oberflächenspannung γ beträgt sie unter Berücksichtigung der Temperaturänderung ΔT

$$Q = S\left(\gamma - T\frac{\Delta\gamma}{\Delta T}\right) \tag{24}$$

Für H_2O zwischen 20 und 30°C beträgt $\Delta\gamma/\Delta T$ = -0,155 mN/(m·K), womit sich nach Gl. (21) für 1 cm^2 Oberfläche bei 25°C ergibt:

$$Q = 11{,}8 \cdot 10^{-6}\,\mathrm{J}\,.$$

Die Wärmeeffekte sind also klein, d.h., man benötigt ein empfindliches Kalorimeter und eine recht große Oberfläche. Weiterhin ist zu bedenken, daß mit Fehlern dann zu rechnen ist, wenn in kleinen Poren Kapillarkondensation eintreten kann.

Nach einem ganz anderen Prinzip arbeitet die Durchlässigkeits- oder *Permeabilitätsmethode.* Dabei wird ein Haufwerk mit der Höhe h (in cm) und dem Querschnitt F (in cm^2) unter dem Einfluß einer Druckdifferenz Δp (in mbar ≈ cm WS) von einer Gasmenge V (in cm^3/s) durchströmt. Nach der Kozeny-Carman-Gleichung kann man daraus die Oberfläche S (in cm^2/g) berechnen nach

$$S = \frac{K}{\rho(1-P)}\sqrt{\frac{P^2 F \Delta p}{\eta h V}} \tag{25}$$

worin ρ = Dichte des Pulvers (in g/cm^3), P = Porosität des Haufwerks und η = Viskosität des Gases (in dPa·s) bedeuten. Verwendet man die angegebenen Einheiten, dann hat für Luft die Konstante den Wert $K = 14$.

Im allgemeinen verwendet man diese Methode in einem wesentlich vereinfachten Prinzip, dem in Bild 76 skizzierten *Blaine-Gerät.* Man erzeugt mit dem Gummibalg einen Unterdruck und mißt die Absinkzeit im Manometer zwischen zwei bestimmten Marken. Beträgt diese Zeit t_0 bei einer Substanz mit bekannter Oberfläche S_0, dann ergibt sich die gesuchte Oberfläche nach

$$S_x = S_0\sqrt{\frac{t_x}{t_0}} \tag{26}$$

Die Anwendbarkeit des Blaine-Gerätes setzt etwa dort ein, wo für die normale BET-Methode die spezifischen Oberflächen zu klein werden, also bei Korngrößen über 10 µm. Wenn man die möglichen Fehlerquellen ausschließt, dann kann man gute Meßergebnisse erzielen, vor allem sehr schnell messen [142]. Auf demselben Prinzip beruht die Korngrößenbestimmung mit dem *Fisher-Sub-Sieve-Sizer*, mit dem Korngrößen im Bereich von 0,2 bis 50 µm zu ermitteln sind.

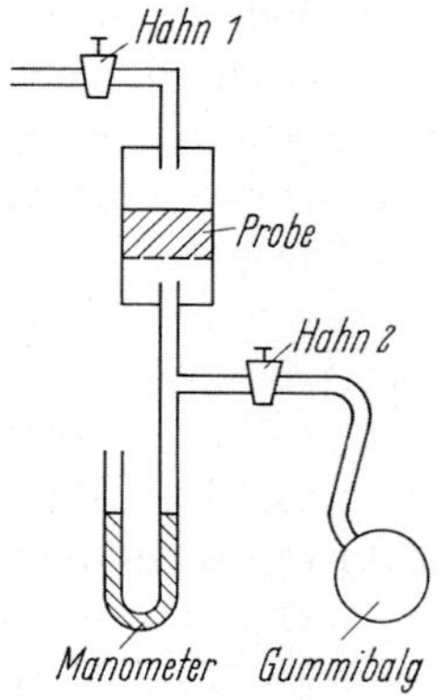

Bild 76: Prinzip des Blaine-Gerätes

Ausführlichere Angaben über weitere Möglichkeiten zur Bestimmung der Größe von Oberflächen findet man in mehreren Monographien, z.B. bei Gregg und Sing [143]. Eine kürzere Orientierung erlaubt ein Übersichtsartikel von Orr [144]. Weitere Untersuchungen an Oberflächen sind mit Hilfe der Lichtmikroskopie bzw. Rasterelektronenmikroskopie möglich. Aussagen über den Chemismus der Oberfläche ergeben spektroskopische Verfahren, z.B. Reflexionsmessungen oder die Methode der mehrfachen inneren Reflexion im Infrarotbereich. Die Röntgenfluoreszenzmethode leitet zu Verfahren über, wo die Anregung ebenfalls mit Röntgenstrahlen erfolgt, dann aber nur die aus der Oberfläche austretenden Röntgenstrahlen oder Elektronen analysiert und ausgewertet werden.

2.5.6 Teilchencharakterisierung

Da die Korngröße in der Keramik eine sehr wichtige Rolle spielt, sollen ihre Bestimmungsmethoden in den folgenden näher beschrieben werden. So beeinflussen die Korngrößenverteilungen in Pulverhaufwerken die Bildsamkeit, die entsprechenden Formgebungsverfahren, die Sinterkinetik und schließlich insbesondere die Gefügeausprägung. Die Kornform beeinflußt die Rieselfähigkeit eines Schüttgutes, wiederum die Fließeigenschaften bei der Formgebung und die Rohbruchfestigkeit (Grünfestigkeit) des Formkörpers. Ausführliche Darstellungen über die Teilchencharakterisierung finden sich in den Monographien und Übersichtsartikel, z.B. von Batel [145], Irani und Callis [146], Stockham und Fochtman [147], Rumpf u. M. [148], Leschonski u. M. [149] und Schubert [150], [2209].

2.5.6.1 Begriffsbestimmungen und Prinzipien

Unter *Teilchen, Partikeln* oder *Körnern* sollen im folgenden kleinste Festkörper verstanden werden, die amorph, einkristallin oder polykristallin sein können. Kohärente, einkristalline Bereiche, werden als *Kristallite* bezeichnet, sei es in loser (also einkristalliner) Form oder zu *Aggregaten* gebunden (also in polykristalliner Form). Lockere, mehr oder minder rieselfähige (fließfähige) Ansammlungen einzelner Teilchen werden *Pulver* (Pulverhaufwerk) genannt; festere, aber noch verformbare Zusammenballungen von mechanisch gebundenen Partikeln heißen *Agglomerat*e, falls sie regellos geformt sind, bzw. *Granulate* (Granalien), wenn sie eine kugelige äußere Gestalt aufweisen (Bild 77).

Von besonderer Bedeutung sind neben der Korngröße die *Kornform* und der *Habitus*, d.h. das Verhältnis von Höhe, Breite und Tiefe. Sie sind charakteristisch für die Herstellungsverfahren bzw. das Zerkleinerungsverhalten des Materials (Spaltbarkeit). Aus den Geowissenschaften stammen beschreibende, jedoch subjektive Begriffe für die Kornform wie faserig, nadelig, leistenförmig, dendritisch, tafelig, linsenförmig, würfelig, kantig, rundlich, kugelig, idiomorph (eigengestaltig, d.h. mit Kristallflächen), hypidiomorph (teilweise Kristallflächen sichtbar), xenomorph (keine Kristallflächen sichtbar) usw., die Eingang in die Werkstoffwissenschaften gefunden haben und in DIN 30 900 erläutert sind. Der Habitus wird mit Begriffen wie elongiert, gestreckt, plattenförmig, isomorph, äquiaxial beschrieben.

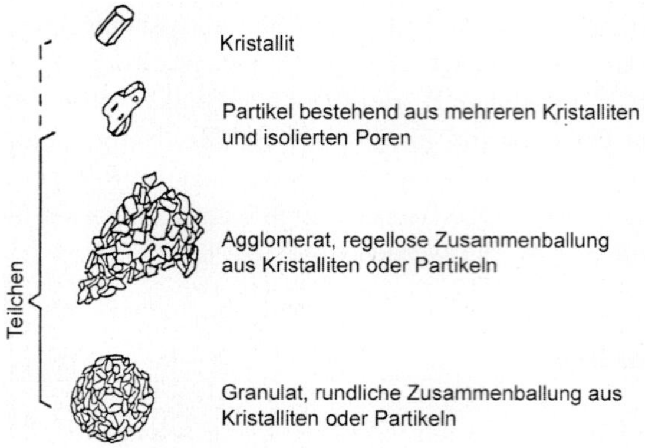

Bild 77: Begriffsbestimmungen: Kristallit-Agglomerat-Granulat

Zur Erfassung der *Korngröße* reichen ein bestimmter Begriff oder eine Zahl, z.B. der durchschnittliche Korndurchmesser, eigentlich nicht aus. Jede Korngrößenanalyse mißt nicht nur ein einzelnes, sondern viele Körner, die in ihrer Größe nicht einheitlich sind, sondern mit einer Verteilung zu beschreiben sind. Dennoch sind auch hier Begriffe aus den Geowissenschaften in die Umgangssprache der Rohstoffproduzenten und gelegentlich auch Werkstoffwissenschaften eingeflossen. Bild 78 zeigt eine Darstellung verschiedener deutscher und englischer Nomenklaturschemata in Verbindung mit den Größenbereichen.

Als vorteilhaft hat sich die logarithmisch äquidistante Klassenteilung erwiesen, die hier als Funktion des Logarithmus auf der Basis 2 aufgetragen ist. Man beachte, daß der Begriff „Ton" hier nicht als Name einer Mineralfamilie gebraucht wird, sondern als Bezeichnung einer Korngrößenklasse, ebensowenig wie der Begriff „Sand" hier Quarzsand bezeichnet.

Zur Auswertung und Beschreibung gibt es verschiedene Methoden, deren Grundlagen in DIN 66141[151] beschrieben sind. Sie gehen davon aus, daß man als Maß für die Feinheit eines Korns ein Feinheitsmerkmal wählt. Dies können irgendwelche Teilcheneigenschaften sein, z.B. der *Äquivalentdurchmesser d*. Die normierte Verteilungssumme $Q(z)$ wird auf die Gesamtmenge bezogen und beinhaltet die Teilmenge von der untersten bis zur i-ten Klasse, also

$$Q_{(z_i)} = \frac{Teilmenge\left(z_{\min}\ bis\ \ z_i\right)}{Gesamtmenge\left(z_{\min}\ bis\ \ z_{\max}\right)} \tag{27}$$

Die Fraktionen ΔQ_i stellen den Mengenanteil einer Kornklasse dar. Das Verhältnis dieser Fraktion zur Klassenbreite ist die Verteilungsdichte $q(z)$. Weiterhin ist es üblich, diejenigen Verteilungen mit Indizes zu versehen, die die Potenzen der Länge der entsprechenden Mengenart sind, also für Anzahl-, Längen-, Flächen- bzw. Volumenverteilung Q_0, Q_1, Q_2 bzw. Q_3. Massenverteilungen erhalten noch ein Sternchen: $Q_3^*(z)$ oder $q_3(z)$. Tabelle 29 enthält ein Beispiel einer Siebanalyse nach DIN 66141. Hier wurde für die Massenverteilungssumme Q_3^* der Durchgang D verwendet und für das Feinheitsmerkmal der Äquivalentdurchmesser d.

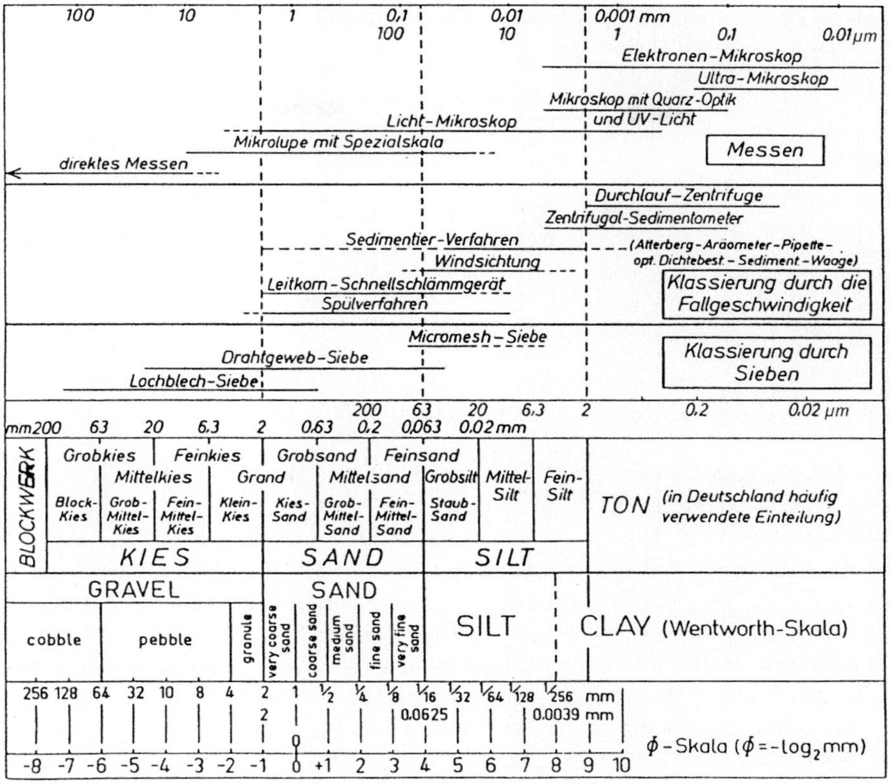

Bild 78: Vergleich verschiedener Einteilungen von Korngrößenklassen

Die Darstellung von Kornverteilungen geschieht am einfachsten in Form einer Tabelle, wie z.B. in Tabelle 29. Anschaulicher sind graphische Darstellungen. Dabei ist es üblich, als Abszisse das Feinheitsmerkmal zu wählen, z.B. die Kornklasse i in Bild 79. Die Verteilungssummen werden auf der Ordinate aufgetragen, in Bild 79 der Durchgang D (*Summenkurve*). Man kann aber auch dafür die Fraktionen wählen, am besten in Säulenform als *Histogramm*. Insbesondere bei rechnerunterstützter Auswertung muß dabei darauf geachtet werden, daß die kleinste Korngrößenklasse genügend klein gewählt wird, so daß der Anstieg der Verteilungskurve sichtbar wird (in Bild 79 also mindestens 1 µm). Ansonsten werden nämlich alle registrierten kleineren Körner in der ersten dargestellten Klasse aufsummiert, so daß hier ein scheinbares Maximum auftreten kann. Ganz analog kann man mit der *Verteilungsdichte* verfahren. Die eben beschriebenen Darstellungen nennt man die Grundnetze, bei denen die Abszisse auch in wirklichen Maßen von z oder im logarithmischen Netz als lg z verwendet wird. Im allgemeinen gelingt es nicht, aus den Darstellungen in den Grundnetzen bestimmte Kennwerte zu ermitteln, die das Kornhaufwerk eindeutig beschreiben. Man hat daher einige Sondernetze geschaffen, die für die Verteilungskurven bestimmte mathematische Funktionen annehmen.

Tabelle 29: Werte einer Siebanalyse, normiert auf 1, und deren Auswertung

Maschen-weite	Durch-Gang	Kornklasse			Breite der Kornklasse	Fraktion	Verteilungs-dichte
w mm	D	lfd.Nr. i	$> d_u$ bis mm	d_o mm	$\Delta d = d_o - d_u$ mm	ΔD	$q_3^* = \Delta D / \Delta d$ mm^{-1}
0,05	0,000	} 1	0,05	0,09	0,04	0,001	0,025
0,09	0,001	} 2	0,09	0,125	0,035	0,0009	0,026
0,125	0,0019	} 3	0,125	0,18	0,055	0,0016	0,029
0,18	0,0035	} 4	0,18	0,25	0,07	0,0025	0,0236
0,25	0,006	} 5	0,25	0,355	0,105	0,005	0,048
0,355	0,011	} 6	0,355	0,5	0,145	0,011	0,076
0,50	0,022	} 7	050	0,71	0,21	0,018	0,086
0,71	0,040	} 8	0,71	1,0	0,29	0,037	0,128
1,0	0,077	} 9	1,0	1,4	0,4	0,061	0,153
1,4	0,138	}10	1,4	2,0	0,6	0,102	0,17
2,0	0,240	}11	2,0	2,8	0,8	0,160	0,200
2,8	0,400	}12	2,8	4,0	1,2	0,210	0,175
4,0	0,610	}13	4,0	5,6	1,6	0,240	0,150
5,6	0,850	}14	5,6	8,0	2,4	0,125	0,052
8,0	0,975	}15	8,0	11,2	3,2	0,024	0,0075
11,2	0,999	}16	11,2	16,0	4,8	0,001	0,0021
16,0	1,000						

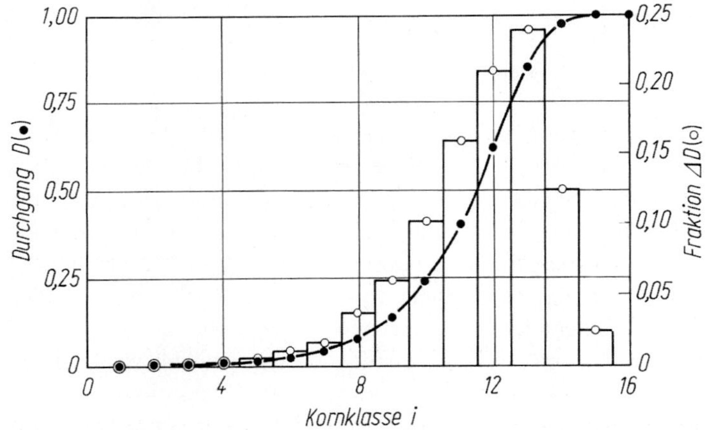

Bild 79: Graphische Darstellung der Durchgangskurve (•) und der Fraktionen (o) der Siebanalyse von

Die Netze sind so gestaltet, daß sich bei Erfüllung dieses mathematischen Ansatzes eine Gerade ergibt, die dann durch zwei Feinheitsparameter beschrieben werden kann. Beim Potenznetz nach DIN 66143 [152] lautet der Ansatz $D(d) = (d/d_{max})^m$, beim logarithmischen Normalverteilungsnetz nach DIN 66144 [153] wird die Gauß'sche Normalverteilung zugrunde gelegt, und beim RRSB-Netz (nach Rosin, Rammler, Sperling und Bennett) gilt $D(d)=l\text{-}exp[-(d/d')^m]$ nach

DIN 66145 [154]. Wegen weiterer Einzelheiten muß auf obige Normen bzw. auf die einschlägigen Fachbücher verwiesen werden.

Bild 80 zeigt eine Gegenüberstellung von Häufigkeitsverteilungen und dazugehörenden Summenkurven, wobei zwischen breiten und engen Gaußverteilungen sowie monomodaler und bimodaler Verteilung unterschieden wird.

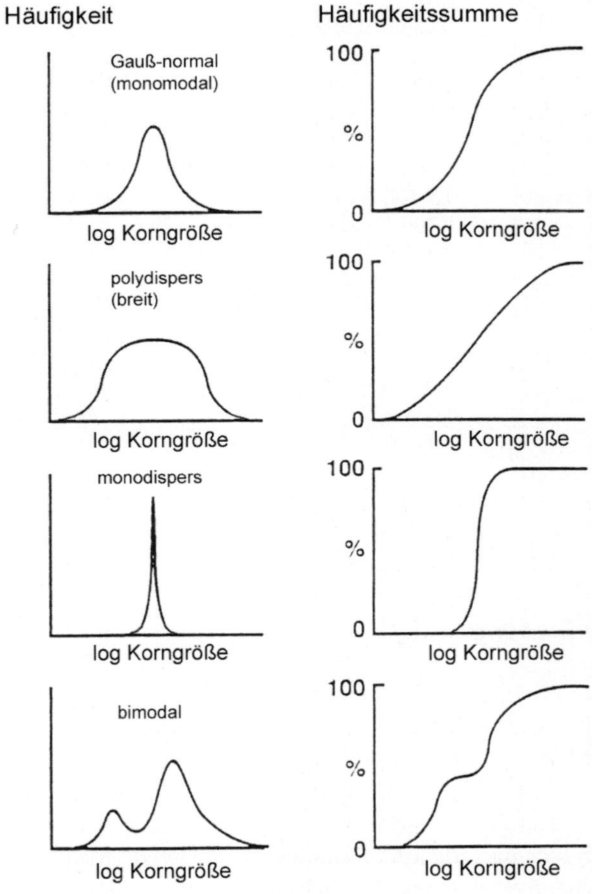

Bild 80: Beispiele für Häufigkeitsverteilungen und dazu gehörenden Summenkurven (nach R. German)

2.5.6.2 Methoden der Korngrößenanalyse und –separation: Klassieren und Sichten

Die hier behandelten wichtigsten Methoden zur Bestimmung und Abtrennung von Kornfraktionen und ihre Wirk- bzw. Meßbereiche sind in Tabelle 30 zusammengefaßt. Es werden dabei *Trenn-, Sedimentations- und Zählverfahren* unterschieden. Je nach Behandlungsweise unterscheidet man ferner zwischen der *Trocken-*

klassierung rieselfähiger, trockener Schüttgüter und der *Naßklassierung* fließfähiger, im allgemeinen verdünnter Feststoffsuspensionen.

Tabelle 30: Methoden der Korngrößenanalyse

Methode	Meßbereich [µm]
Trockensiebung	>60
Naßsiebung	>20
Luftstrahlsieb	10-40
Sichten in Flüssigkeiten	5-100
Mikrosieben	5-100
Schwerkraftsichten in Luft	5-60
Fliehkraftsichten in Luft	1-60
Sedimentation	1-100
Photo-, Röntgen-, Gammasedigraph	0,5-500
Lichtmikroskopie	1-100
Coulter-Counter	0,4-100
Permeation	0,2-50
Streulicht-Zähler	0,1-10
Zentrifuge	0,05-10
Kernporenfilter	0,05-8
Rasterelektronenmikroskop	0,01-100
Ultrazentrifuge	0,005-0,5
Elektrooptische Bestimmung	0,002-0,2
Transmissionselektronenmikroskop	0,001-10
Röntgenkleinwinkelstreuung	< 0,05
Röntgenbeugung	< 0,05
Elektronenbeugung	< 0,01

2.5.6.2.1 Trennen durch Siebung

Die einfachste Methode, das *Trennverfahren*, beruht auf einer Klassierung durch Siebung. Die Maße der Siebböden sowie deren Anforderungen und Prüfung ist in DIN ISO 4188, 4497 und 66165 [155] festgelegt. Die Maschenweiten umfassen in der Hauptreihe den Bereich von 0,045 bis 125 mm, in der Nebenreihe ab 0,020 mm. Die Siebung kann mit Hand oder Maschine, trocken oder naß durchgeführt werden. Die Auswahl richtet sich nach dem Material und dem gewünschten Siebgütegrad. Horizontale Schleuderbewegungen der Siebsätze werden in *Rüttelsiebmaschinen* oder *Plansiebmaschinen* erreicht, Vertikalbewegungen führen *Schwingsiebe* und *Wurfsiebmaschinen* aus. Beim *Mogensen-Sizer* (Bild 81) werden die Bewegungen des leicht geneigten, fächerförmig angeordneten Siebsatzes durch einen Exzentermotor angetrieben. Die abgetrennte Fraktion wird gemäß der Schwerkraft randlich über den Siebboden ausgetragen. Einen recht guten Siebgütegrad erhält man mit dem *Luftstrahlsieb* (Bild 82), bei dem ein Luftstrom von unten gegen den Siebboden gerichtet ist, wodurch der Siebboden immer wieder frei geblasen und das Siebgut gleichzeitig durchwirbelt wird. Den Vorteilen der kurzen Siebzeiten und der hohen Siebgütegrade stehen die Nachteile gegenüber, daß pro Einwaage nur eine Korntrennung durchgeführt werden kann, und daß das Feingut mit einem Filter abgeschieden wird, wodurch die Rückgewinnung schwierig wird. Es ist daher von Wahler [2239]ein Luftstrahlsieb für mehrere Fraktionen entwickelt worden.

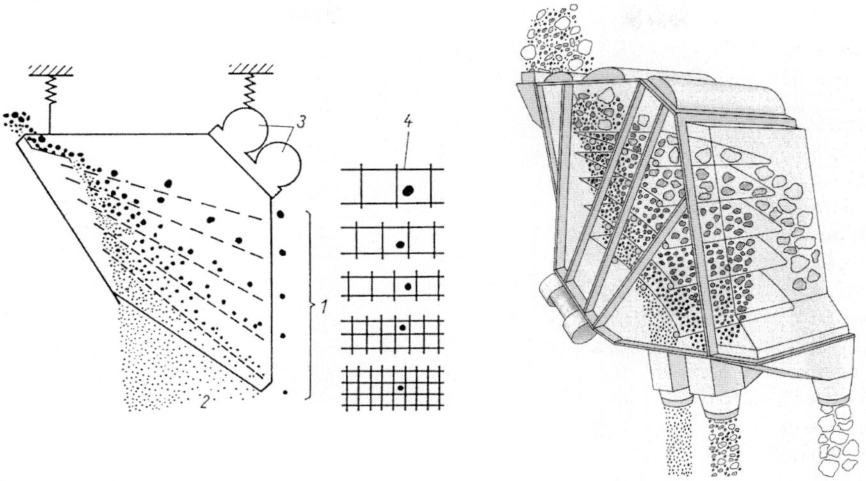

Bild 81: Mogensen-Sizer [150]. 1) Siebböden, 2) Feinaustrag, 3) Exzentermotor, 4) Ansicht des Siebdurchganges. Rechts: Werkszeichnung mit freundlicher Genehmigung.

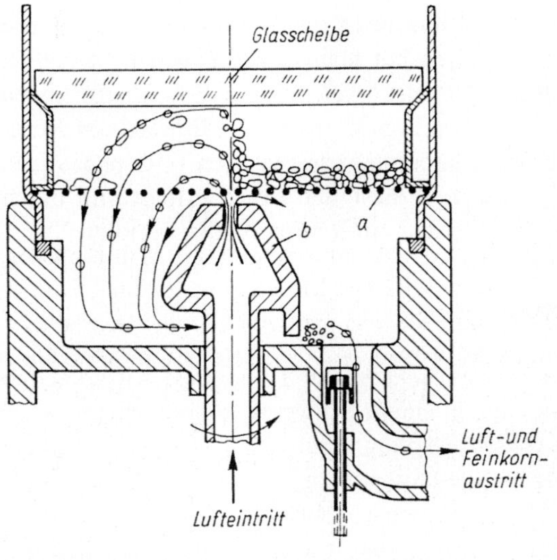

Bild 82: Luftstrahlsieb nach W. Batel [145]

Die Siebmaschenweite wird in der Regel in Millimetern oder Mikrometern angegeben und richtet sich nach dem Logarithmus auf der Basis 2 (s.h. Bild 78). Vor allem im angelsächsischen Raum werden daneben Siebklassen in *Mesh* angegeben, was die Anzahl der Maschen pro Inch bezeichnet, wobei die Drahtstärke hinzu addiert werden muß. Tabelle 31 gibt die Korrelation zwischen Mesh-

Bezeichnung und Durchgangsweite in Millimetern an. In Anlehnung an diese Definition sind auch die Korngrößenklassen von Schleifkörnungen aufgebaut. Meshklassen von über 1200 sind in Vorbereitung.

Tabelle 31: Mesh-Bezeichnung und Siebdurchgangsweite nach ASTM E11

Siebklasse in Mesh	Sieböffnungsweite	
	mm	inch
4	4,76	0,187
6	3,36	0,132
10	2,00	0,0787
12	1,68	0,0661
16	1,19	0,4969
20	0,84	0,0331
40	0,42	0,0165
80	0,177	0,0070
120	0,125	0,0049
170	0,088	0,0035
200	0,074	0,0029
230	0,063	0,0025
270	0,053	0,0021
325	0,044	0,0017
400	0,037	0,0015

Die Siebung ist nach kleinen Korngrößen hin durch die Maschenweite der Siebe begrenzt. Mit anderen Herstellungsverfahren hat man jetzt Siebböden herstellen können, deren Maschenweiten mit guter Genauigkeit bis herab zu 2 μm liegen [157]. Zu noch feineren Trennmöglichkeiten kommt man beim Einsatz von Kernporenfiltern nach Fautz [158] mit Porendurchmessern zwischen 0,05 und 8 μm. Die Arbeitsweise entspricht einer *Filtration*, die unter Druck erfolgt und durch Ultraschall gefördert wird. Die Mengen werden mit Radionukliden verfolgt.

2.5.6.2.2 Trennen durch Sichtung

Zu den Trennverfahren zählt man auch das *Sichten*. Der Trenneffekt wird dadurch erreicht, daß die Bewegung der Teilchen in einem Schwerefeld kompensiert wird, daß das umgebende Medium eine Gegenströmung erhält (DIN 66118). Entspricht diese Geschwindigkeit gerade der Fallgeschwindigkeit einer bestimmten Teilchengröße (*Trennkorngröße*), dann bleiben diese in Schwebe.

Feinere Teilchen werden mit der Strömung ausgetragen, gröbere Teilchen setzen sich ab. Die einfachsten Geräte dieser Art (*Gonellsichter*) sind senkrecht stehende Steigrohre mit unten einströmender Sichtluft (Bild 83).

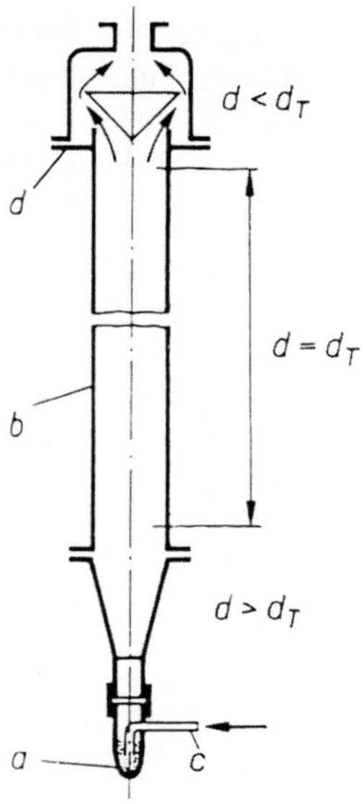

Bild 83: Gonellsichter (aus Schatt u. Wieters [156]) a) Pulverdepot, b) Trennrohr, c) Sichtluftzuführung, d) Glasglocke; *d* Teilchendurchmesser, d_T Trennteilchendurchmesser

Auch beim Sichten lassen sich durch Anwendung der Zentrifugalkraft die Zeiten verkürzen. Beim Gustavson-Fliehkraft-*Gegenstromsichter* (DIN 66 120) wird das Sichtgut axial auf eine Schleuderradplatte aufgegeben, gegen die radial von außen Luft geblasen wird (Bild 84). Die Luftgeschwindigkeit wird durch Veränderung des Ringspaltes eingestellt.

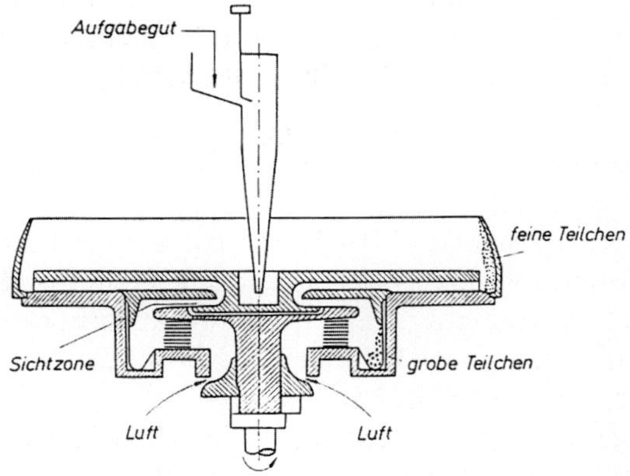

Bild 84: Fliehkraft-Gegenstromsichter nach Gustavson (aus Schatt u. Wieters [156])

Großtechnisch wird das Sichten in kontinuierlich arbeitenden *Streusichtern* oder *Umluftsichtern* (Bild 85) durchgeführt. Das axial zugeführte Sichtgut fällt auch hier auf einen rotierenden Streuteller bzw. Schleuderrat, wodurch es radial im Sichtraum verteilt wird. Durch Ventilatoren, die entweder saugend oberhalb des

Streutellers oder blasend unterhalb desselben angebracht sind, wird eine vertikale Luftströmung verursacht, die das Feinmehl in die äußere Hülle eines doppelwandigen Behälters austrägt, während das Grobgut in den inneren Teil zurückfällt. Über die Rotationsgeschwindigkeit von Teller und Ventilator lassen sich die Korngrößen eng einstellen.

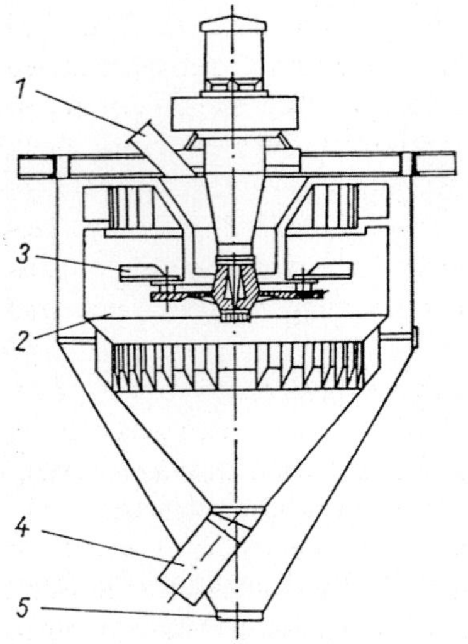

Bild 85: Umluftsichter (nach Krause [930]). 1) Sichtgutaufgabe, 2) Sichtraum, 3) Ventilator mit Scheuderrad, 4) Grobgutaustrag, 5) Feingutaustrag

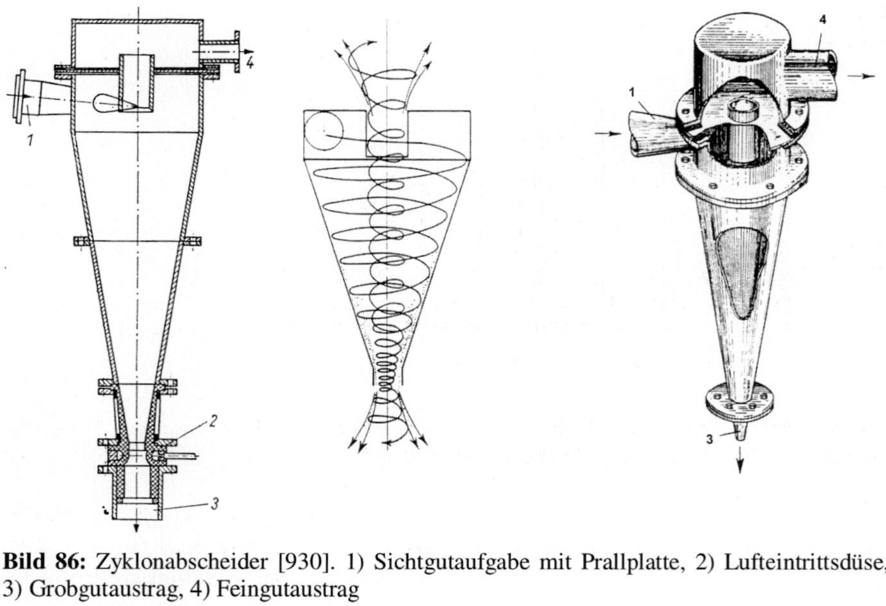

Bild 86: Zyklonabscheider [930]. 1) Sichtgutaufgabe mit Prallplatte, 2) Lufteintrittsdüse, 3) Grobgutaustrag, 4) Feingutaustrag

Meistens sind den Streusichtern noch *Zyklone* nachgeschaltet, in welchen eine weitere Kornfraktionierung nach dem Fliehkraftprinzip erfolgt (Bild 86). Hierbei wird ein schnell strömender teilchenbeladener Luftstrom – beim sog. *Hydrozyklon* auch eine Teilchensuspension – radial in einen Standbehälter eingeblasen, der sich nach unten hin konisch verjüngt. Durch die abwärts gerichtete Spiralbewegung wird die Strömung teilweise auf über Schallgeschwindigkeit beschleunigt. Grobgut wird aufgrund der Fliehkräfte nach außen getragen und unten abgezogen. Im Inneren der rotierenden Strömungssäule entsteht ein Unterdruck, der das Feinmehl nach innen und dann aufwärts saugt, wo es z.B. in einen zweiten nachgeschalteten Zyklon gelangt. Die Lufteintrittsdüse am Sockel dient zur Belüftung der aufsteigenden Strömungssäule. Solche Zyklone sind üblicherweise auch Sprühtrocknern, Wirbelschichttrocknern, Trockenmühlen und Entstaubungsaggregaten nachgeschaltet. Sie werden ferner in einer ineinander verschachtelten Bauweise in modernen Haushaltsstaubsaugern eingesetzt, die dann ohne Staubfangbeutel auskommen. Da auf diese Weise auch die Fest-Flüssigtrennung erfolgen kann, sind Zyklone universell anwendbar.

Das Sichten kann auch im flüssigen Medium durchgeführt werden; man spricht dann oft von *Schlämmen*. Insbesondere Korngrößen < 63 μm sollten geschlämmt werden. Nach diesem Prinzip arbeitet z.B. die Apparatur nach Schultze-Harkort [159]. Im *Mehrkammerhydrozyklon* setzen sich die entsprechenden Feststofffraktionen je nach Korngröße im Wassergegenstrom in nacheinander geschalteten Kammern ab, die von unten her mit nachlassender Geschwindigkeit angeströmt werden, während das Feingut durch den Überlauf in die nächste Kammer getragen wird (Bild 87). Die Kammern werden zyklisch entleert, wenn die Wassereindüsung behindert ist.

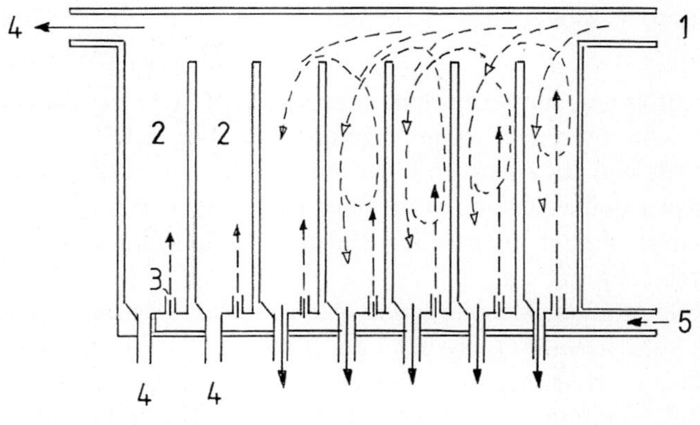

Bild 87: Mehrkammerhydrozyklon; 1) Suspensionseinlauf, 2) Absetzkammern, 3) Gegenstromdüse, 4) Fraktionsaustrag, 5) Druckwassereinlauf

2.5.6.2.3 Sedimentationsverfahren

Bei den Sedimentationsverfahren ist das umgebende Medium in Ruhe, d.h., die Teilchen unterliegen dem freien Fall. Für deren Fallgeschwindigkeit v gilt dann die Stokes´sche Gleichung

$$v = \frac{(\rho_T - \rho_M)d^2 g}{18\eta} \qquad (28)$$

mit ρ_T = Dichte des Teilchens, ρ_M = Dichte des Mediums, d = Durchmesser des Teilchens, g = Erdbeschleunigung und η = Viskosität des Mediums. Wird in der Zeit t die Höhe h durchlaufen, ergibt sich der Teilchendurchmesser zu

$$d = \sqrt{\frac{18\eta h}{(\rho_T - \rho_M)gt}} \qquad (29)$$

Bei der Anwendung dieser Methoden bzw. Gleichungen muß man sich der Voraussetzungen und Beeinflussungen bewußt sein. So wird laminare Umströmung des Teilchens vorausgesetzt. Außerdem ist Gl. (28) für kugelförmige Teilchen abgeleitet. Ist die wirkliche Teilchenform anders, dann ergibt die Berechnung den Wert für eine Kugel, die die gleiche Fallgeschwindigkeit hat, den sog. Äquivalentradius. Weiterhin muß der Fall frei sein, d.h., die Teilchen dürfen sich gegenseitig nicht beeinflussen. Bei höheren Konzentrationen können deshalb Ungenauigkeiten entstehen. Schließlich macht sich noch bei Teilchen < 1 µm die Brown'sche Molekularbewegung bemerkbar, die zu einer Begrenzung dieser Methode führt.

Nach Gl. (29) beträgt die Fallgeschwindigkeit für ein Teilchen mit ρ_T = 2,5 g/cm³ und d = 1 µm in Wasser (η = 0,01 dPa·s):

$$v = \frac{1{,}5 \cdot 10^{-8} \cdot 981}{18 \cdot 0{,}01} \approx 8 \cdot 10^{-5}\,\frac{\text{cm}}{\text{s}} \approx 0{,}3\,\frac{\text{cm}}{\text{h}} \qquad (30)$$

Für die praktische Durchführung der Sedimentationsmethode hat sich in der Keramik vor allem das Verfahren von *Andreasen* eingeführt, das auch in DIN 51033 [160] aufgenommen wurde und mit einem Zylinder mit Pipette arbeitet (Bild 88). Zu beachten ist dabei, daß sich die einzelnen Teilchen nicht aufgrund von Oberflächenladungen (siehe Kapitel 7.3.1.1.1) zusammenballen, was die Wahl eines geeigneten Dispergiermittels erfordert.

Hier hat sich *n*/100 Ammoniaklösung oder 0,002 molare Tetranatriumpyrophosphatlösung (0,8922 g $Na_4P_2O_7 \cdot 10\ H_2O$ zu 1000 ml Lösung) bewährt. Nach gutem Durchschütteln werden nach bestimmten Zeiten je 10 ml entnommen und die darin enthaltene Festkörpermenge nach Trocknen bestimmt. Die Analysenzeit ist zu verkürzen, wenn man mit einer beweglichen Pipette arbeitet, die im Verlauf der Sedimentation angehoben werden kann; z.B. mit dem Gerät nach Andreasen-Börner, das von Lehmann [161] beschrieben wird. Auswertebeispiele sind in DIN 51033 angeführt.

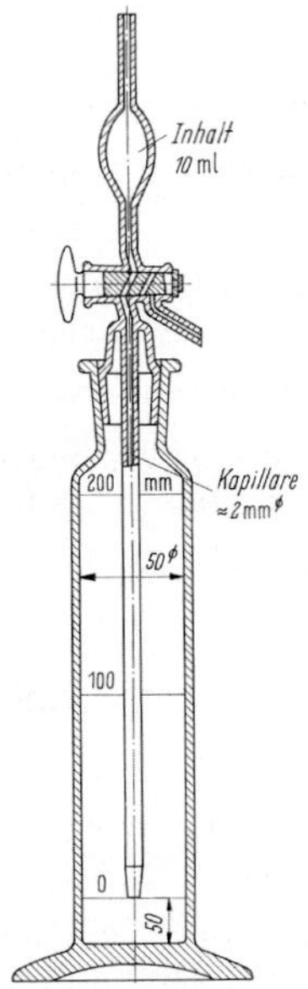

Bild 88: Sedimentierzylinder mit starrer Pipette nach Andreasen

Der Verlauf der Sedimentation läßt sich auch in anderer Weise verfolgen. Die sich dabei ändernde Dichte der Suspension kann mit einem Tauchkörper (*Aräometer*) gemessen werden. Bestimmt man den absorptions- oder streuungsbedingten Intensitätsverlust eines durch die Suspension gehenden Lichtstrahls, so erhält man die zeitliche Änderung der Konzentration. Dasselbe kann man erreichen durch Messen der Absorption von Röntgen- oder Gammastrahlen, z.B. mit dem *Sedigraph*. Die Intensitätsmessung des durchgehenden Strahls wird mittels Photodioden, Röntgen- und Gammastrahlendetektoren örtlich und zeitlich aufgelöst durchgeführt. Wegen der hohen Empfindlichkeit kann nur mit hochverdünnten Suspensionen (0,1-0,2 Vol.-% Feststoffanteil) gearbeitet werden.

Die durch die Suspension hindurchtretende und gemessene Intensität I läßt sich aus der Ausgangsintensität I_o, der Suspensionsschichtdicke x und dem Extinktionskoeffizienten ε nach dem Lambert-Beer´schen Gesetz berechnen:

$$\mathrm{d}I = -\,\varepsilon\, I\, \mathrm{d}x \qquad (31)$$

Durch Integration erhält man

$$I = I_o \mathrm{e}^{-\varepsilon x} \qquad (32)$$

Der negative Logarithmus des Quotienten I/I_o, der die Durchlässigkeit D angibt, wird als Extinktion E bezeichnet und ist der Teilchenzahl n im Strahl und der Schichtdicke x proportional:

$$-\ln I/I_o = -\ln D = E = \varepsilon\, n\, x \qquad (33)$$

Der Extinktionskoeffizient beschreibt die charakteristische medien- und wellenlängenabhängige Schwächung des einfallenden Strahles. Die Reflexion des einfallenden Strahles an Küvettenoberfläche und Fest-Flüssiggrenzflächen sowie die Absorption des Suspensionsmittels müssen durch Kalibriermessungen berücksichtigt werden.

Schließlich kann man mit der *Sedimentationswaage* die in bestimmten Zeiten aussedimentierten Mengen als Bodensatz feststellen. Weitere Angaben bringen DIN 66111, 66115 und 66116 [162]-[164]. Die verschiedenen Sedimentationsverfahren benötigen bei Korngrößen < 1 µm lange Zeiten und werden wegen der bereits erwähnten Brown'schen Molekularbewegung ungenau. Man kann beide Grenzen überwinden, wenn man in Gl. (28) die Schwerkraft erhöht, was durch Anwendung von Zentrifugen oder Ultrazentrifugen möglich ist. Bei einer Winkelgeschwindigkeit ω ergibt sich für Gl. (29) zur Berechnung des Korndurchmessers

$$d = \frac{6}{\omega}\sqrt{\frac{\eta \cdot \ln\frac{h_2}{h_1}}{2(\rho_t - \rho_M)t}}, \qquad (34)$$

wenn das Teilchen den Abstand h_1 bis h_2 (von der Drehachse aus) zurückgelegt hat. Bei der praktischen Durchführung wird teils das Einschichtverfahren angewendet, bei dem man wie beim Andreasen-Verfahren von einer homogenen Suspension ausgeht, teils das Zweischichtverfahren, bei dem eine zunächst reine Sedimentationsflüssigkeit mit einer dünnen Schicht der Suspension überschichtet wird. Die Auswertung ist bei letzterem Verfahren einfacher. Man muß aber bestimmte Anforderungen an die Flüssigkeit einhalten, wie sie z.B. von Roosen und Hausner [165] beschrieben werden.

Eine praktische Anwendung des Sedimentationsverfahrens zur Abtrennung größerer Mengen an Tonfraktionen ist das *Schlämmen*. In einer Schlämmtrommel wird die das Gut mit Wasser dispergiert und gelangt nach Absieben des Grobsandes in mehrere Absetzbecken, wobei die Feinfraktion jeweils in der Überlauftrübe verbleibt und in das nächste Becken läuft. Zuletzt ist die Sedimentation des Feststoffanteiles so langsam, daß mehrere Becken gleichzeitig gefüllt werden müssen.

2.5.6.2.4 Zählverfahren

Bei den *Zählverfahren* wird jedes Teilchen einzeln direkt oder anhand seiner Abbildung gemessen. Im ersten Fall spricht man auch von unmittelbaren, im letzteren Fall von mittelbaren Zählverfahren.

Die direkteste Methode der unmittelbaren Verfahren ist die mechanische Zählung, die jedoch auf relativ grobe Teilchen beschränkt ist. Üblich ist sie noch bei der Schwermineralanalyse von Sedimenten unter dem Mikroskop (Fraktion < 0,2 mm) oder bei der Bewertung von Kieslagerstätten (Fraktion 3-30 mm) und wird dann als *Klaubung* bezeichnet. Die automatisierte Zählung durch einzelne Teilchen hervorgerufener Feldstörungen hat dagegen allgemeinere Verbreitung gefunden. Im *Coulter-Counter* wird ein elektrisches Strömungsfeld gestört. Die Wirkungsweise beruht darauf, daß eine Suspension durch Zusatz eines Elektrolyten, z.B. von z.B. NaCl, elektrisch leitend gemacht wird. Eine Vergleichslösung befindet sich in einem anderen Gefäß. Zwischen beiden Gefäßen, die als Elektroden geschaltet und durch eine Kapillare (Zähldüse) getrennt sind, wird der Widerstand gemessen. Eine Pumpe saugt die Suspension durch die Kapillare. Beim Durchtritt jedes Teilchens erhöht sich der Widerstand, was elektronisch registriert wird. Außerdem kann man nach Bril und Dinet [166] aus der Höhe der Widerstandsänderung auf die Korngröße schließen. Die bestimmbaren Teilchendurchmesser liegen zwischen 0,4 und 1200 µm. Auch wenn für eine hinreichend genaue Statistik 200.000 bis 300.000 Teilchen gezählt werden müssen, ist das Verfahren durch die Automatisierung relativ schnell. Es können ferner mehrere Meßzellen parallel oder in Serie geschaltet werden, um den Mengenumsatz oder das Korngrößenspektrum auszudehnen Berg [167].

Das Prinzip, den Durchtritt eines Teilchens durch eine Meßstrecke zu verfolgen, wird auch von anderen Verfahren eingesetzt, z.B. vom *Streulicht-Zähler*, wobei das gestreute Licht nach dem Prinzip der *Mie-Streuung* für Teilchendurchmesser in der Größenordnung der eingestrahlten Wellenlänge λ den Meßeffekt ergibt. In einem solchen *Laser-Granulometer* wird eine stark verdünnte Pulversuspension mit einem niederenergetischen Laserstrahl durchstrahlt, wobei das kohärente Licht an jedem Partikel gestreut wird, das nicht abgeschattet (Bild 89). Je nach Partikelgröße ergibt sich ein Streukegel mit einem charakteristischen Öffnungswinkel φ. Aufgrund der Kohärenz des Lichtes gelangen alle Kegel zur Interferenz. Die Interferenzintensitäten (Mie´sche Streufunktion $\sigma_M(\varphi)$) werden mit einem winkelauflösenden Photodetektor registriert und unter Annahme idealer Kugelgestalt in eine virtuelle Korngrößenverteilung zurückgerechnet, die eine Äquivalentdurchmesserhäufigkeit (Wirkdurchmesser gleichgroßer Kugeln) angibt. Nach der Mie´schen Theorie ergibt sich der Kugelradius r aus dem Streuquerschnitt $K(\alpha)$ mit $\alpha = 2\pi r/\lambda$ zu:

$$d_M = 2\pi \int_0^{\pi} \sigma_M \sin\varphi \,\mathrm{d}\varphi = \pi r^2 K(\alpha) \tag{35}$$

Die Vorteile des Verfahrens liegen in der schnellen Meßzeit von wenigen Sekunden und in der Absolutgenauigkeit. Probenmengen von wenigen Gramm sind ausreichend, müssen aber repräsentativ sein. Das Meßintervall reicht von 0,1 µm bis 2000 µm.

Als Nachteile sind der große Interpretationsbedarf der Ergebnisse und die sorgfältige Pulvervorbehandlung zu nennen. Um sichere Rückschlüsse auf das reale Pulverhaufwerk zu ermöglichen, ist eine optimale Partikeldispergierung z.B. mit Ultraschall, einem Rührer, durch ausreichende Verdünnung oder Zugabe von Verflüssigern sicherzustellen. Auf Flockung der Partikel (siehe Kapitel 7.3.1.1), Quellung oder Lösung im Suspensionsmittel ist entsprechend zu achten. Am besten führt man mehrere Messungen mit verschiedenen Pulvervorbehandlungen durch und achtet auf mögliche Agglomerate, die sich durch separate Maxima bei auffällig großen scheinbaren Kornklassen bemerkbar machen.

Bild 90 zeigt beispielsweise ein gefälltes ZrO_2-Pulver mit einem realen Korngrößenmaximum bei 0,4-0,5 µm sowie zwei Agglomeratgrößen bei 5-6 µm und 12-18 µm, die nach einer Ultraschallbehandlung von 5-10 min verschwinden. Die mitgelieferten Auswerteprogramme erlauben die Rückrechnung von Korngrößenklassen, Durchschnittswerten und einer fiktiven spezifischen Oberfläche (siehe Kapitel 2.4.3) unter Annahme der Kugelform. Bei nichtäquiaxialen Teilchenformen (Platten, Fasern) müssen die Resultate stereologisch nachbearbeitet werden, um den Einfluß der Teilchenorientierung im Laserstrahl zu erfassen.

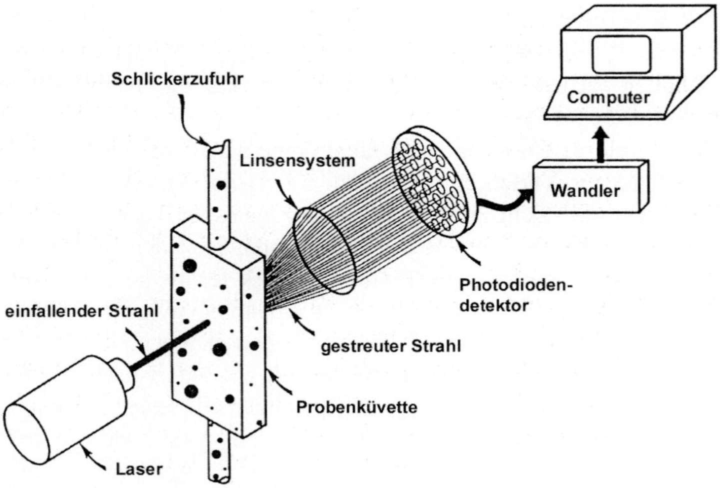

Bild 89: Prinzip des Laser-Granulometers (nach R. German)

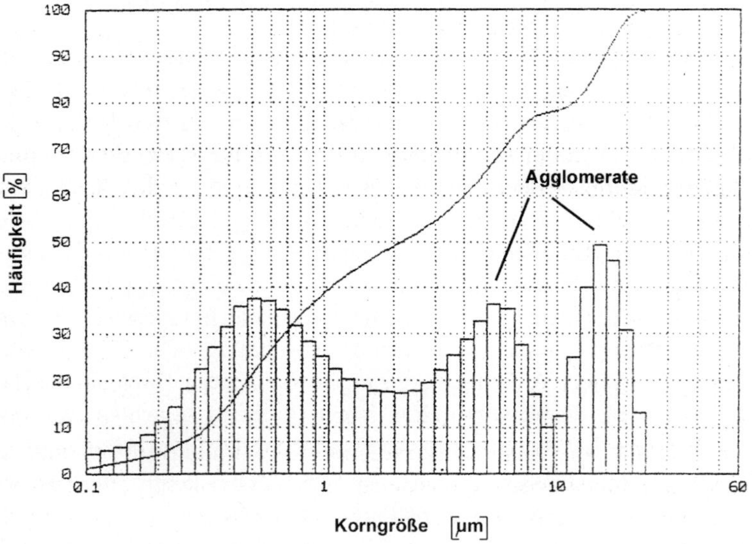

Bild 90: Lasergranulometrische Korngrößenanalyse von ZrO_2-Pulver ohne Ultraschalldispergierung

Mit Hilfe der ähnlich funktionierenden *Laseranemometrie* können auch Staub- und Aschepartikel oder Schlacketröpfchen bei hohen Temperaturen bezüglich Form, Größe und Strömungsgeschwindigkeit charakterisiert werden.

Bei den mittelbaren Zählverfahren steht an erster Stelle das *Mikroskop*. Mit ihm kann man kleine Korngrößen nicht nur erkennen, sondern es ist auch eine Korngrößenanalyse möglich, die aber die Ausmessung einer genügend großen Anzahl von Teilchen (> 1000) erfordert. Ist die Teilchengröße kleiner als 1 µm, kann das Elektronenmikroskop herangezogen werden. Wichtig ist dabei ein Präparationsverfahren, das Agglomerate gut trennt [168], [169]. Die recht zeitaufwendige manuelle Arbeit wird heute durch automatische Bildanalysengeräte durchgeführt, bei denen entweder eine entsprechende Aufnahme oder das mikroskopische Bild direkt elektronisch ausgewertet werden. Dabei ist es nicht nur möglich, die einzelnen Teilchen zu zählen, sondern auch deren Umfang, Durchmesser und Umriß zu erfassen. Voraussetzung dazu ist, daß das Bild einwandfrei ist, d.h., die Teilchen müssen getrennt vorliegen und sich ausreichend im Kontrast vom Untergrund abheben. Zur Auswertung solcher Bilder sei auf die Fachliteratur verwiesen, im Zusammenhang mit der quantitativen Gefügebeschreibung (Stereologie) werden in Kapitel 2.6.3 aber weitere Einzelheiten geschildert. Hier seien für ein beliebig orientiertes und unregelmäßiges Teilchen nur einige Meßmöglichkeiten für Durchmesser genannt (Bild 108): Der *Feret-Durchmesser* (b) stellt den Abstand zwischen den beiden Tangenten dar, die senkrecht zur Zählrichtung das Teilchen an beiden Seiten einschließen. Der maximale horizontale Durchmesser (a) ist der größte Durchmesser des Teilchens in ebendieser Richtung, und der *Martin-Durchmesser* (d) teilt das Teilchen in zwei gleichgroße Flächen, wieder in dieser Richtung. Manchmal wird auch der Durchmesser angegeben, der einem Kreis mit gleicher Fläche entspricht (e). Weitere Beschreibungsmöglichkeiten sind die Hauptachsenlängen ein- oder umbeschriebener Ellipsen.

Eine weitere Methode zur Korngrößenbestimmung ist die *Röntgenbeugung*. So beobachtet man bei Röntgenaufnahmen von Pulvern, deren Korngröße über 10 µm liegen, eine zunehmende Auflösung der Debye-Ringe in kleine Einzelreflexe und bei Korngrößen unter 0,1 µm in zunehmendem Maße diffuse Reflexverbreiterung, die in die durchschnittliche Teilchengröße D umgerechnet werden kann. Nach Scherrer ist die Linienbreite in Höhe der halben Maximalintensität $\beta_{1/2}$ (*Halbwertsbreite*) gegeben durch:

$$\beta_{1/2} = 57{,}3 \frac{K\lambda}{D \cos\theta} \tag{36}$$

mit K = Formfaktor (0,89-1,39, näherungsweise 1,0), θ = Beugungswinkel, λ = Röntgenwellenlänge. Die Größe 57,3 entsteht durch die Umrechnung der Halbwertsbreite in Winkelgrade. Vor der Verwendung der Linienverbreiterung zur Teilchengrößenbestimmung müssen allerdings Gitterverzerrungen aufgrund von z.B. inneren Spannungen eliminiert werden, die ebenfalls eine *Linienverbreiterung* bewirken. Dies kann durch Glühung erfolgen, durch weitere geometrische Operationen der Probe (Kippung um φ, Rotation um ψ) oder durch entsprechende Auswerteverfahren, die üblicherweise in die Software der Anlage schon einbezogen sind. Die Methode spricht jedoch nur auf das Kristallgitter an und ergibt bei einem Korn aus mehreren Kristalliten nur die Kristallitgröße [170]. Die eben erwähnte Linienverbreiterung kann auch durch Beugungsaufnahmen mit dem *Transmissionselektronenmikroskop* verfolgt werden.

Bei der *Kleinwinkelstreuung* wird die Verbreiterung eines Röntgenstrahles bei ganz flachem Einfallswinkel auf eine Oberfläche bestimmt. Diese Partikel können auf der Oberfläche befindliche Kristalle, amorphe Teilchen, Aggregate, Fasern oder große Moleküle sein. Voraussetzung hierfür ist die Intensitätsmessung in der Nähe des Primärstrahles, weshalb spezielle Kleinwinkelkameras zum Einsatz kommen. Ebenfalls sehr kleine Korngrößen lassen sich nach [171] bestimmen, wenn man die Frequenz- und Feldstärkeabhängigkeit der elektrooptischen Effekte entsprechender Suspensionen mißt. Man kann damit den Bereich von 0,005 bis 0,2 µm erfassen.

2.6 Gefüge

Ein gebrannter keramischer Körper ist aus vielen kleinen Kristallen einer oder mehrerer chemischer Verbindungen, Poren und eventuell noch Glas, resultierend aus einer erstarrten (Rest-) Schmelze, aufgebaut.

Die Art und Menge dieser Phasen und Poren, sowie deren Größe, Form, Orientierung und Verteilung wird als *Gefüge* (engl.: microstructure) bezeichnet. Auf atomistischem Maßstab rechnet man ferner noch null-, ein-, zwei- und dreidimensionale Kristallbaufehler zu den Gefügebestandteilen, also auch z.B. Zwischengitteratome, Versetzungen und Korngrenzen. Das Gefüge bestimmt wesentlich viele wichtige Eigenschaften keramischer Werkstoffe. Die Ausprägung des Gefüges hängt von vielen Parametern ab, z.B. der Art, Menge, Korngröße und Reinheit der Rohstoffe, dem Mischvorgang, der Formgebung, der Trocknung und den Brennbedingungen. In zahlreichen Kapiteln wird auf die material- oder prozeßspezifischen Gefügemerkmale noch gesondert eingegangen. Im folgenden wird vom vorliegenden Gefüge ausgegangen und aufgezeigt, welche Möglichkeiten zur Charakterisierung bestehen. Auf Spezialliteratur sei hingewiesen (z.B. [172]-[177]). Die Bedeutung der Phasengleichgewichte (Kapitel 3.2 und 3.3), der Reaktionskinetik (Kapitel 3.4) und der Grenzflächenerscheinungen (Kapitel 2.4.3) für die Ausbildung des Gefüges sei hervorgehoben.

2.6.1 Begriffe und Grundlagen

Für den oben definierten Begriff des Gefüges findet man gelegentlich noch andere Ausdrücke. Auf das im angloamerikanischen Sprachgebrauch übliche Wort „microstructure", unter dem die Struktur zu verstehen ist, die mikroskopisch beobachtet werden kann, geht der irreführende Ausdruck „Mikrostruktur" zurück. Er ist nicht günstig gewählt, da hierunter im Deutschen eigentlich der atomistische Aufbau der einzelnen Phasen (Kristallstruktur, Feinstruktur) gemeint ist (vgl. auch Kapitel 2.2.2 und 2.2.4). Von der Petrographie her kommt der Vorschlag, das

Wort „Gefüge" als Oberbegriff zu wählen und zu gliedern in die Gefügegattungen Struktur, d.h. Art, Größe und Menge der Phasen, und *Textur*, d.h. räumliche Anordnung der Phasen zueinander. Auch für diesen Vorschlag gilt, daß man vermeiden sollte, dem Wort „Struktur" eine Doppelbedeutung zuzuordnen. Außerdem ist der Begriff der Textur der Anisotropie des Gefüges vorbehalten.

Die zur Beschreibung von Gefügen erforderlichen Parameter kann man gliedern in solche der Geometrie, nämlich Größe und Form, und solche der Anordnung, nämlich Anzahl, Orientierung und Verteilung. Man benötigt also zur Beschreibung fünf Kenngrößen: Größenfaktor, Formfaktor, Anzahl von Partikeln pro Volumeneinheit (= Teilchendichte), Orientierungsfaktor und Verteilungsfaktor. Jeder dieser Faktoren kann durch einen *Mittelwert* angegeben werden; besser ist allerdings die Darstellung einer *Verteilungsfunktion.*

In Anlehnung an den Begriff „Metallographie" in der Metallkunde hat sich das Wort *Keramographie* für die Gefügebeschreibung keramischer Werkstoffe bewährt. Ziel dieser Untersuchungsmethode ist die qualitative und quantitative Beschreibung des Gefüges zur Korrelation mit den Herstellungsverfahren und Gebrauchseigenschaften [173], [178], [179].

Das Gefüge besteht aus einer dreidimensionalen Anordnung seiner Komponenten. Es gibt aber nur wenige Methoden, die eine direkte dreidimensionale Charakterisierung erlauben. Die meisten Methoden, vor allem die Mikroskopie mit ihren Erweiterungen, ergeben mit der Beobachtung einer Oberfläche, einer Bruchfläche oder eines Schnittes eines Werkstoffs nur ein zweidimensionales Bild. Die Methode, anhand dieser zweidimensionalen Bilder den dreidimensionalen Raum zu beschreiben, nennt man *Stereologie.* Sie ist insofern eine geometrische Extrapolation vom zwei- in den dreidimensionalen Raum. Wenn diese Beschreibung durch mathematische Ausdrücke erfolgt, spricht man auch von *Stereometrie.*

2.6.2 Untersuchungsmethoden

Geeignete Hilfsmittel zur Gefügecharakterisierung sind Mikroskope. Die Anwendung des Mikroskops in der Keramik ist in mehreren Büchern ausführlich behandelt, z.B. von Insley und Frechette [180], Freund [181], Hornbogen und Skrotzky [176], Telle und Petzow [182], Amelinckx u. M. [183], während Schüller [184] allgemein mineralogische Methoden beschreibt. Einen Vergleich zwischen lichtmikroskopischen und elektronenmikroskopischen Verfahren gibt Tabelle 32.

2.6.2.1 Lichtmikroskopie

Mit dem *Lichtmikroskop* kann man Auflösungen bis zu 0,3-0,5 µm erreichen. Vorteilhaft für nicht allzu feinkörnige keramische Werkstoffe ist die *Durchlichtmikroskopie* von *Dünnschliffen,* da viele Gefügebestandteile transparent sind und die Betrachtung im *polarisierten Licht* weitere Aussagen über Gefügespannungen, Orientierungen, Texturen [185], Korngrenzenphasen und sogar Phasenidentifizierungen zulassen [182]. Allerdings erfordert die Dünnschliffmikroskopie neben reichlicher Erfahrung auch die Herstellung von Präparaten mit einer Dicke von höchstens 1-2 Korndurchmessern, was besonders bei feinkörnigen technischen Keramiken sehr schwierig ist. Anhand der optischen Daten sind häufig neben der qualitativen Bestimmung der vorliegenden Phasen auch quantitative Bestimmungen durch geeignete Zählverfahren möglich. Wichtige optische Eigenschaften wie *Brechungsindex*, *Doppelbrechung*, *Dispersion*, *Absorption* usw. sind in Kapitel 5.5 angesprochen.

Tabelle 32: Mikroskopierverfahren im Vergleich

	Lichtmikroskopie		*Elektronenmikroskopie*	
	Auflicht	Durchlicht	REM	TEM
max. Vergrößerung	1000x	1000x	> 50.000x	> 500.000x[a)]
Auflösung[b)]	0,3-0,5 μm	0,3-0,5 μm	100-<10 nm[c)]	< 0.1 nm
max. untersuchbare Fläche	1-10 cm^2	1-10 cm^2	1- > 10 cm^2	2-3x10^{-3} cm^2
Informationen über				
Textur	bedingt	viel	wenig	bedingt
Phasen	bedingt	viel	bedingt[d)]	viel
Strukturen	nein	viel	nein	sehr viel
Korngrenzen	nein	bedingt	bedingt	sehr viel
Gitterdefekte	nein	nein	nein	sehr viel
Spannungen	nein	ja	nein	viel
Präparationsaufwand	gering	mittel	gering	hoch
Routinebetrieb	ja	ja	ja	nein
Personalbedarf	keiner	keiner	1 Techniker	1 Wissensch. 1 Techniker
Anschaffungskosten (T€)	10-25[e)]	4-50[e)]	25-250	>> 250
Wartungskosten	sehr gering	sehr gering	mittel	hoch

[a)] ohne elektronische oder lichtoptische Nachvergrößerung
[b)] abhängig von Wellenlänge und Auflösungskriterium
[c)] abhängig von Kathodenart
[d)] ohne Analytikeinrichtung wie EDX, WDX
[e)] abhängig von Polarisations- u.a. Zusatzeinrichtungen

2.6.2.1.1 Durchlicht-Polarisationsmikroskopie

Die Polarisationsmikroskopie im Durchstrahlungsmodus basiert auf den fundamentalen Gesetzen der Lichtausbreitung von Snellius (1591-1662), Huygens (1629-1695), Newton (1643-1727), Fresnel (1788-1827) und anderen. Mit der Umsetzung dieser Erkenntnisse in die Praxis durch Schott (Spezialglasherstellung), Abbé (Linsenberechnung) und Zeiss (Mikroskopbau) gingen ab etwa 1890 die ersten wissensbasierten und qualitativ hochwertigen Mikroskope in die Serienfertigung.

Prinzipiell bestehen Durchlichtmikroskope aus der Beleuchtungseinrichtung (meist im Stativ untergebracht), dem Kondensor- und Blendensystem, dem meist drehbaren Präparatetisch mit Schliffhalterung, dem Objektivlinsensystem und dem Beobachtungstubus mit Irisblende und Okular (Bild 91).

Der in der Durchstrahlung des Präparates auftretende Kontrast entsteht durch *Absorption* bestimmter Lichtwellenlängen (Farbe) und durch *Brechung*, d.h. durch

Ablenkung des Strahlenganges beim Durchlaufen von optisch unterschiedlich dichten Medien (hier Festkörper) mit unterschiedlichen Geschwindigkeiten nach dem Gesetz von Snellius. So lassen sich auch opake Gefügebestandteile von transparenten unterscheiden. An günstig orientierten Grenzflächen kann ferner *Reflexion* erfolgen; schließlich ergibt sich bei nichtkubischen kristallinen Phasen

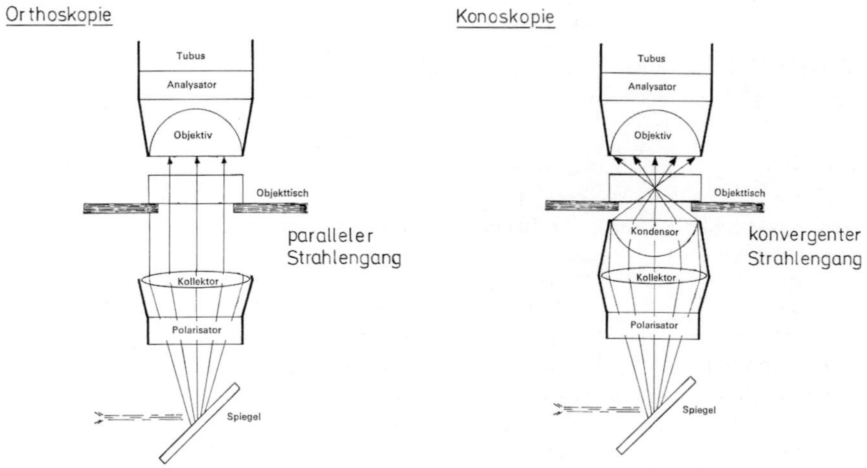

Bild 91: Schematischer Aufbau eines Durchlichtmikroskopes: Links: Orthoskopischer Strahlengang mit Fokus auf das Präparat. Rechts: Konoskopie mit konvergentem Strahlengang (Fokus im Unendlichen) zur Vermessung der optischen Achsen.

eine Aufspaltung des Lichtes in zwei, mit unterschiedlicher Lichtgeschwindigkeit wandernde polarisierte Wellen, die nach dem Verlassen des Kristalls miteinander in Interferenz treten können. Beschränkt man sich auf diese Betrachtungsweise, spricht man von *Hellfeldbeleuchtung*. Gerade der Effekt der Lichtaufspaltung läßt sich jedoch bei Verwendung polarisierten Lichtes sehr gut zur Charakterisierung von Phasen und deren Orientierungen im Gefüge nutzen. Polarisationsmikroskope besitzen entsprechend zwischen der Beleuchtungseinrichtung und dem Kondensorsystem noch einen Polarisationsfilter (*Polarisator*), der nur vertikal schwingende Lichtwellen hindurch läßt, und im Tubus einen weiteren Filter (*Analysator*), der nur horizontal polarisiertes Licht durchtreten läßt. In nichtkubischen kristallinen Phasen wird nun das vom Polarisator kommende Licht in zwei senkrecht zueinander schwingende Strahlen aufgespalten, die sich je nach Kristallorientierung mit unterschiedlichen Geschwindigkeiten fortpflanzen (*Doppelbrechung*). Nach dem Austritt aus dem Kristall kommt es zur Interferenz beider Strahlen, so daß Schwingungsebene und Wellenlänge verändert werden. Im Analysator wird aus dieser zusammengesetzten Welle nun der vertikal schwingende Anteil herausgefiltert, während der horizontal polarisierte Anteil passieren kann und im Okular als charakteristische Interferenzfarbe beobachtet wird (Bild 92 und Bild 93). Ist die Dicke des Präparates bekannt, läßt sich aus der *Michel-Lévy-Karte* anhand der Interferenzfarbe die Doppelbrechung ablesen. Umgekehrt sind bei bekannter Doppelbrechung Schliffdicken berechenbar.

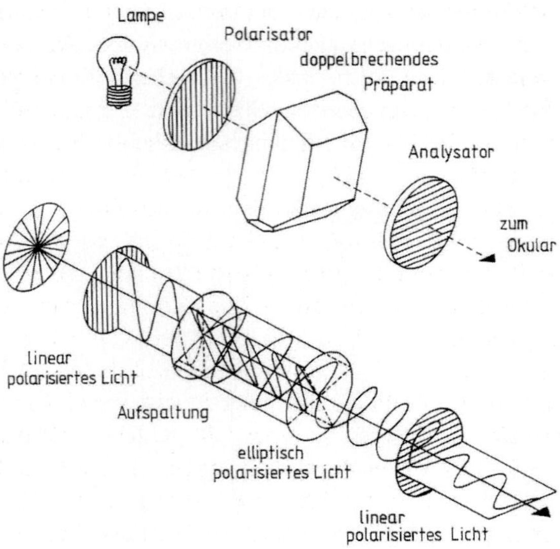

Bild 92: Aufspaltung (Doppelbrechung) und Polarisation von Licht in einem nichtkubischen Kristall (oben). Wirkungsweise von Polarisator und Analysator im Strahlengang (unten)

Bild 93: Vektordarstellung der Schwingungsebenen hinter Polarisator (P), im doppelbrechenden Kristall (Schwingungsvektoren Kr_1 und Kr_2) und Projektion in Analysatorebene (A)

In den Strahlengang lassen sich noch weitere optische Hilfsmittel einschieben, mit denen der Gangunterschied zwischen den beiden Wellen verstärkt oder geschwächt werden kann (*Kompensatoren*), was zu einem Wechsel der resultierenden Interferenzfarben führt. Man unterscheidet Hilfspräparate, die einen konstanten (λ/4-Platten, Gips-Platte Rot I. Ordnung) oder veränderbaren (Berek-Kompensator, Quarzkeil) Gangunterschied einstellen. Mit Hilfe von Kompensatoren lassen sich weitere optische Eigenschaften bestimmen, aber auch besonders gut Texturen beobachten [182], [186]. Weitere einklappbare Linsensysteme (Amici-Bertrand-Linse) ermöglichen eine sog. *konoskopische Betrachtung* des Probe in konvergentem Strahlengang (Bild 91), d.h. die Fokusebene des Lichtes wird auf Unendlich gestellt, und man kann das Präparat gleichzeitig aus unterschiedlichen Blickrichtungen betrachten. Hierdurch entsteht ein virtuelles Bild, wobei im polarisierten Licht zusätzliche Interferenzerscheinungen, sogenannten Achsenbilder, erzielt werden, die Hinweise auf den *optischen Charakter* eines Kristalls ergeben und z.B. die Bestimmung von Kristallsystemen ermöglichen (siehe Kapitel 5.5).

Die Herstellung von Dünnschliffen entspricht zu Beginn derjenigen von Anschliffen. Nach dem Abtrennen einer ebenen Fläche aus der Probe wird eine Seite geschliffen, geläppt und poliert. Danach erfolgt ein zweiter planparalleler Schnitt im Abstand von 1-3 mm. Die vorliegende Platte mit einer Fläche von 1-10 cm^2 wird mit der polierten Seite auf ein leicht angeschliffenes Glasplättchen (Präparateträger) aufgeklebt. Als Kleber kommen Kunstharze (Epoxy-Harz) oder Canada-Balsam (ein Naturharz) in Frage. Kunstharze haben eine stärkere Klebwirkung, kristallisieren aber nach einigen Jahren, so daß der Schliff unbrauchbar wird, während sich Naturharze im Laufe der Zeit verfärben und verspröden, aber transparent bleiben. Die Probe wird dann in speziellen Schleifgeräten oder von Hand von der Oberseite der Platte her gedünnt. Zunächst kann mit einer Topfscheibe grob geschliffen werden, ab einer Restdicke von etwa 200 µm empfiehlt sich ein Feinschleifen mit abnehmender Korngröße. Ab etwa 50 µm Restdicke sollte man von Hand fertigschleifen, wobei im Mikroskop zwischendurch auf Planparallelität kontrolliert werden muß.

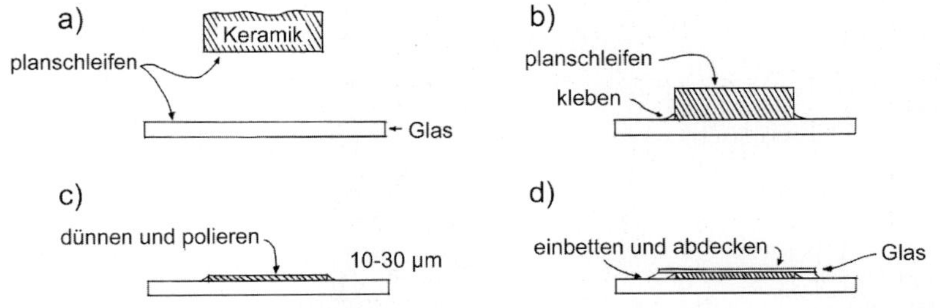

Bild 94: Präparation eines Dünnschliffes

In den Geowissenschaften sind die Schliffdicken auf 30 µm genormt; hierfür sind viele optische Erkennungsmerkmale tabelliert, z.B. bei Tröger [187], v. Philipsborn [188], oder in typischen Abbildungen dokumentiert, z.B. [189].

Die empfohlene Schliffdicke erfordert jedoch, daß nicht mehr als zwei, höchstens drei Körner übereinander liegen, damit die beobachteten Kontraste noch interpretierbar sind. Dies ist bei feinkörnigen Hochleistungskeramiken nicht der Fall. Hier muß die Schliffdicke entsprechend geringer sein. Ab etwa < 10 µm werden auch SiC und B_4C lichtdurchlässig. Bei Korngrößen < 1-2 µm ist die

Durchlichtpolarisationsmikroskopie nicht mehr sinnvoll, da die Doppelbrechungskontraste zu gering werden. Nach der Dünnung wird der Schliff mit einem Glasplättchen abgedeckt und der Zwischenraum mit einer den Kleber enthaltenden Lösung (z.B. Canada-Balsam in Xylol) blasenfrei infiltriert (Bild 94). In manchen Fällen verzichtet man auf das Abdecken, um die Schliffoberfläche auch der Untersuchung mit Rasterelektronenmikroskopie oder Mikrosonde zugänglich zu lassen. Neuere Hinweise auf Anwendungsmöglichkeiten der Dünnschliffmikroskopie liefern [190], [191].

2.6.2.1.2 Auflichtmikroskopie

Die physikalischen Grundlagen der *Auflichtmikroskopie* (Reflexionsmikroskopie) sind im Zusammenhang mit der Charakterisierung von Erzen und metallischen Werkstoffen insbesondere von Berek [192]-[194] quantitativ beschrieben worden. Seitdem im Jahre 1910 Bereks „Erzmikroskop“ von Zeiss in Serie verfügbar war, erschienen zahlreiche Monographien zum optischen Verhalten opaker Roh- und Werkstoffe z.B. von Schneiderhöhn [195], Cameron [196], Ramdohr [197], Galopin [198] und anderen [182].

Auflichtmikroskope gibt es in zwei Bauweisen. Beim aufrecht arbeitenden Gerät wird die Probe exakt senkrecht zum einfallenden Lichtstrahl mit der polierten Fläche nach oben auf einem Drehtisch positioniert. Die Beleuchtung erfolgt dann von oben. Der sog. Opak-Illuminator wird seitlich am Beobachtungstubus angeflanscht; der Lichtstrahl wird durch einen halbtransparenten Spiegel oder ein Berek-Prisma in den reflektierten Strahlengang eingekoppelt (Bild 95).

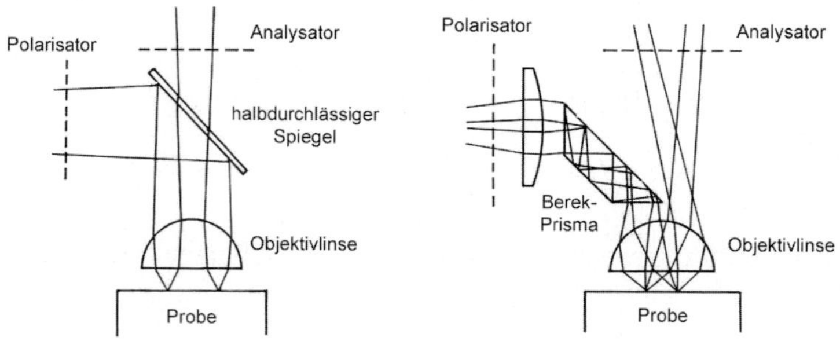

Bild 95: Beleuchtungseinrichtungen für Auflichtmikroskope. Links: Strahlengang mit halbdurchlässigem Spiegel. Rechts: Berek-Prisma.

Beim „gestürzten“ Mikroskop erfolgt die Beleuchtung von unten aus dem Stativ heraus, so daß die Probe mit der polierten Seite nach unten auf den Drehtisch gelegt werden kann. Hierbei entfällt die Justage, auch können große, schwere und unregelmäßig geformte Probekörper sicher positioniert werden. Entsprechend sind die Objektive auch unter dem Objekttisch angebracht; eine Umlenkung führt das reflektierte Licht seitlich in den Beobachtungstubus. Neben der Hellfeldabbildung gibt es auch die Möglichkeit zur Beobachtung unter geringfügig schiefem Lichteinfall zur Verstärkung von Reliefs, ferner die Dunkelfeldabbildung, die Phasenkontrastmikroskopie und die Verwendung polarisierten Lichtes. Neben der Erkennung der im allgemeinen nur schwachen Anisotropie-Effekte erlaubt die Polarisationsauflichtmikroskopie noch die Verstärkung sehr geringer Reliefunterschiede (z.B. aufgrund unterschiedlicher Schleifhärte der Phasen) mit Hilfe des *Nomarski-Prismas*. Treffen einfallende polarisierte Lichtstrahlen in unterschiedlicher Höhe auf die Schliffoberfläche, haben sie nach der Reflexion die Möglichkeit zur Interferenz. Das Nomarski-Prisma besteht aus zwei keilförmigen, seitlich und damit in ihrer Dicke verschiebbaren Teilprismen mit unterschiedlichen Brechungsindizes und Polarisationsmoden, die transparent miteinander verklebt sind (Bild 96). In diesen Prismen wird der Gangunterschied zwischen beiden reflektierten Strahlen je nach Position vergrößert oder verkleinert; im Analysator werden beide Teilstrahlen zur Interferenz gebracht. Es resultiert ein Farbkontrast, der die Probenoberfläche insgesamt sehr plastisch erscheinen läßt.

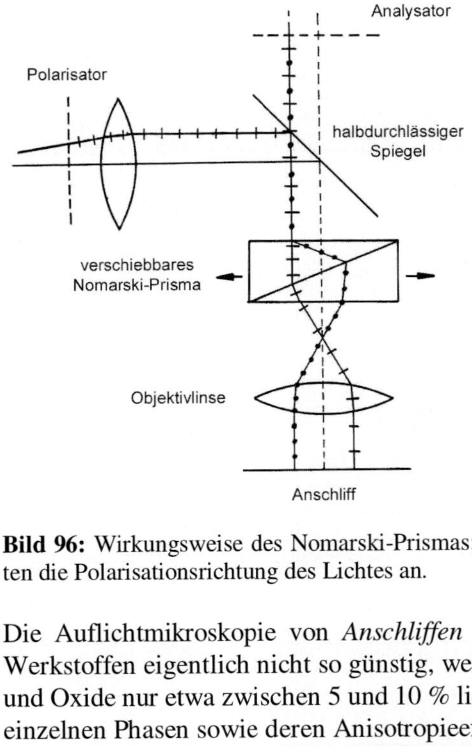

Bild 96: Wirkungsweise des Nomarski-Prismas; Punkte und Striche im Strahlengang deuten die Polarisationsrichtung des Lichtes an.

Die Auflichtmikroskopie von *Anschliffen* ist vom Prinzip her bei keramischen Werkstoffen eigentlich nicht so günstig, weil das Reflexionsvermögen der Silicate und Oxide nur etwa zwischen 5 und 10 % liegt und die Unterschiede zwischen den einzelnen Phasen sowie deren Anisotropieeffekte nicht besonders ausgeprägt sind. Allerdings lassen sich durch Nachbehandlung der Anschliffoberfläche bessere Kontraste erreichen, so daß die Auflichtmikroskopie heute ein Standardverfahren zur Betrachtung technischer Keramiken darstellt. Ein Nachbehandlungsverfahren ist das *Anätzen*. Hierbei lassen sich besonders die Korngrenzen durch Einfurchung besser erkennen, was man durch nachträgliches *Bedampfen* mit einer sehr dünnen Metallschicht, meist Gold oder Platin, weiter verbessern kann. Eine umfassende

Beschreibung der Effekte sowie Ätzrezepte wurde von Petzow publiziert [179]. Die Zeitschrift für Praktische Metallographie und ihre Sonderbände liefert zusätzlich zahlreiche Hinweise, z.B. [199]-[207]. In Tabelle 33 sind einige dieser Methoden genannt [178], [179]. Man erkennt, daß zum Ätzen sowohl chemische und elektrochemische Reaktionen als auch thermische Verfahren ausnutzt werden. Die Grundlagen des thermischen Ätzens waren schon in Kapitel 2.5.3 beschrieben worden. Typischerweise wählt man für diesen Ätzprozeß eine Temperatur im Bereich von 80-90 % der Sintertemperatur, um die ursprünglichen Gefüge nicht durch weiteres Kornwachstum zu verändern. Die Haltezeiten sind mit 10-30 min auch entsprechend kurz. Dennoch sind Verdampfungsreaktionen oder gar lokales Aufschmelzen nicht immer zu vermeiden. Solche Artefaktbildung muß entsprechend bei der Interpretation der Schliffe berücksichtigt werden. Von besonderer Bedeutung für flüssigphasengesinterte Nitride (Si_3N_4, AlN) und Carbide (LP-SiC) ist das Plasmaätzen mit einem CF_4-O_2-Gemisch in Verhältnis 2:1 [208], [209]. Hierbei wird die kristalline Phase herausgelöst, während die Glasphase in Form dünner Stege erhalten bleibt. Solche Oberflächen erscheinen insbesondere im Rasterelektronenmikroskop sehr kontrastreich (siehe Kapitel 10.4.3).

Tabelle 33: Methoden zum Ätzen keramischer Anschliffe

Werkstoff	Ätzmittel	Ätzbedingung
Porzellan, Steingut	2%ige Flußsäure	5 bis 20 min, Raumtemperatur
Aluminiumoxid		
rein	thermisches Ätzen an Luft	20 min 1400°C bzw. 150 K unterhalb der Sintertemperatur
mit MgO-Dotierung		20 min 1350°C, MgO dampft teilweise ab
mit silicat. Glasphase		15 min 1400°C, Glasphase schmilzt auf und benetzt teilweise die Oberfläche
	Borax-Schmelze	15 bis 30 s, 900°C
	Phosphorsäure 85%ig	5 s - 3 min, 250°C
ZrO_2 stabilisiert	thermisches Ätzen an Luft	einige Minuten bis 1 h bei 1300-1400°C
	Phosphorsäure 85%ig	3 s - 2 min, 250°C
	Flußsäure 40 %	2 s - 6 min, kochend
Si_3N_4	NaOH-Schmelze	20 s - 3 min, 300-350°C
	Flußsäure 40%ig	10-15 min
	Plasmaätzen mit CF_4/O_2	3-5 min, ätzt kristalline Phase, Glasphase bleibt weitgehend erhalten.
SiC (SSiC, SiSiC u.a.)	thermisches Ätzen im Vakuum < $1.33x10^{-3}$ mbar	1-3 h, 1300-1500°C
	Natrium- bzw. Kaliumbicarbonatschmelze	10 min
	Murakami-Ätzung: 20-80 ml dest. Wasser 10 g Natriumhydroxid 10 g Kaliumferricyanid	5 - 30 min, je nach Dotierung des SiC und der gewünschten Effekte nach [179] zu modifizieren.
SiC tongebunden	2%ige HF	5 bis 20 min, Raumtemperatur
Borcarbid	100 ml dest. Wasser, 1 g KOH	elektrolytisch, 30-60 s, 40 V, 3 A/cm^2, V2A-Kathode

2.6.2.2 Elektronenmikroskopie

Die im Vergleich zum sichtbaren Licht höhere Energie von beschleunigten Elektronen bedingt kleinere Wellenlängen und damit ein besseres Auflösungsvermögen. Daher haben sich für die Oberflächencharakterisierung von Werkstoffen Rasterelektronenmikroskope im Routinebetrieb durchgesetzt. Transmissionselektronenmikroskope mit atomarer Auflösung erfordern spezifische physikalische Fachkenntnisse und einen hohen apparativen und präparativem Aufwand. Möglichkeiten und Grenzen der Elektronenmikroskopie beschreiben z.B. Rühle [213], [214], Joy [210], Amelinckx [211], Hall [212], Hornbogen und Skrotzki [176], Williams [215], Goldstein und Yakowitz [216] und andere. Einen Vergleich zur Lichtmikroskopie zieht Tabelle 33.

2.6.2.2.1 Rasterektronenmikroskopie

Das Rasterelektronenmikroskop (REM) liefert eine Abbildung von Oberflächen, ohne Linsensysteme zu verwenden. Hierfür werden Elektronen im Beleuchtungssystem aus einer Kathode (im allgemeinen ein Faden aus Wolfram oder Lanthanhexaborid) durch Erhitzung extrahiert, gebündelt und durch eine Spannung von 10-50 kV beschleunigt. Der Strahl rastert mit Hilfe eines Systems von Ablenkmagneten die Probenoberfläche zeilenweise ab (Bild 97). Dabei werden von der Probenoberfläche Elektronen zurückgestreut (*Rückstreuelektronen*) oder aus dem Material herausgelöst (*Sekundärelektronen*). Ferner wird eine elementspezifische Röntgenfluoreszenzstrahlung angeregt, die in energie- oder wellenlängendispersiven Spektrometern zur Analytik verwendet werden kann. Ein Teil der Elektronen gelangt in einen Detektor. Dort löst jedes Elektron in einem Szintillatorkristall ein Lichtsignal aus, welches in einem Photomultiplier verstärkt und wiederum in ein elektrisches Signal umgewandelt wird. Mit diesem Signal wird die Intensität einer Kathodenstrahlröhre gesteuert, die synchron mit der Abrasterung der Probe zeilenweise einen Bildschirm beschreibt. Das beobachtete Bild ist also nur eine indirekte Information über die Probenoberfläche.

Die Positionierung des Detektors relativ zur Probe ergibt bei rauhen Oberflächen einen künstlichen Schattierungseffekt, der eine sehr plastisch erscheinende Abbildung des Reliefs mit großer Schärfentiefe liefert. Für solche topographischen Aufnahmen werden hauptsächlich Sekundärelektronen verwendet, da sie aus etwa 5-50 nm Tiefe stammen und ihre Austrittswahrscheinlichkeit von der Oberflächenbeschaffenheit abhängt. Die Intensität der Rückstreuelektronen ist dagegen eine Funktion der Elektronendichte des beobachteten Materials und damit der Ordnungszahl der enthaltenen Elemente.

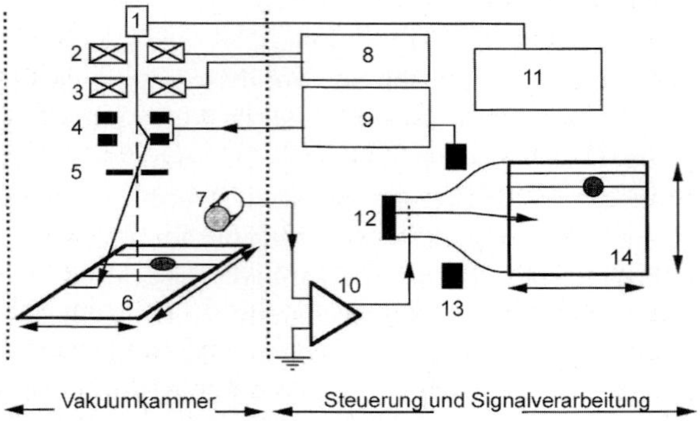

Bild 97: Schematische Darstellung der Bildentstehung im REM [210]: 1) Kathode, 2) Kondensorlinse, 3) Objektivlinse, 4) Ablenkmagnete, 5) Aperturblende, 6) Probe, 7) Detektor, 8) Linsensteuerung, 9) Zeilengenerator, 10) Verstärker, 11) Hochspannungsquelle, 12) Kathodenstrahlröhre, 13) Ablenkspulen, 14) Bildschirm.

Insbesondere bei polierten Anschliffen ergeben die Rückstreuelektronen aufgrund fehlender Topographieeinflüsse einen *Massenkontrast*, korrekter: Ordnungszahlkontrast, der bei mehrphasigen Werkstoffen zu materialspezifischen Graustufen führt und zur qualitativen Phasenidentifizierung herangezogen werden kann. Bild 98 zeigt die Abhängigkeit der Elektronenintensität von der Ordnungszahl.

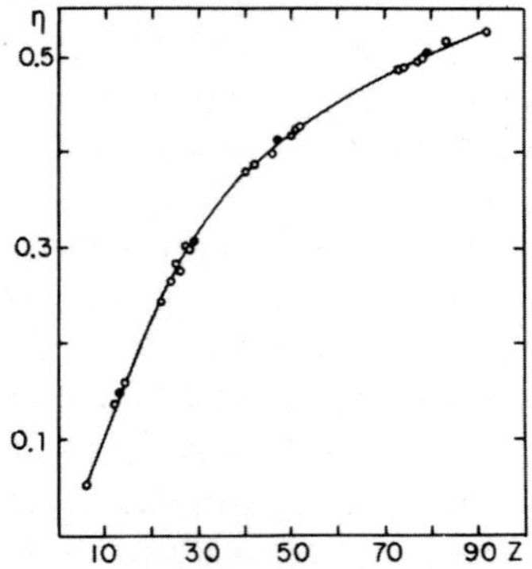

Bild 98: Abhängigkeit der Rückstreuelektronenintensität η von der Ordnungszahl des streuenden Elementes. Beschleunigungsspannung 30 kV [215]

Dabei bedeutet η das Verhältnis der Intensitäten von gestreutem Strahl und einfallendem Strahl. Bei der Interpretation ist zu beachten, daß für homogene chemische Verbindungen die durchschnittliche Ordnungszahl $\overline{z}$ maßgebend ist. Al_2O_3 liefert beispielsweise einen Kontrast, der der Ordnungszahl $\overline{z}$ = (2x13 + 3x8)/5 = 10 entspricht; ZrO_2 streut mit $\overline{z}$ = (40 + 2x8)/3 = 18,67, erscheint also in einer Al_2O_3-Matrix heller als diese.

Je nach Beschleunigungsspannung und Kathode besitzt das REM eine Auflösung von < 50 bis < 10 nm bei der bereits genannten großen Schärfentiefe, die auf das Fehlen von Linsensystemen zurückzuführen ist. Fehlerquellen sind jedoch in lokalen Aufladungen und Magnetisierungen der Probe zu sehen, die zu nicht materialspezifischen Kontrasten bzw. zum Astigmatismus führen können. Keramiken müssen daher mit einer dünnen leitfähigen Schicht von wenigen Nanometern Dicke überzogen werden, was durch Absputtern von Gold oder Kohlenstoff von einem Target und nachfolgendes Aufdampfen auf die Probenoberfläche geschieht. Wegen der Elektronenstreuung durch das schwere Element Gold hat sich für die Analytik Kohlenstoff als Leitschicht bewährt; Gold verwendet man, um gute Topographieaufnahmen zu erhalten. Zur Vermeidung des Astigmatismus durch Magnetisierung werden die Proben zuvor oberhalb der Curie-Temperatur getempert. Unschärfen bei Anschliffen ergeben sich auch daraus, daß der Elektronenstrahl eine gewisse Eindringtiefe in die Probe aufweist, so daß die Sekundärelektronen auch aus einem Volumen unterhalb der Oberfläche stammen können. So ergeben sich an der Grenze von Phasen mit leichten bzw. schweren Elementen diffuse Kontraste. Auf diese Problematik wird noch einmal eingegangen, wenn die analytische Elektronenmikroskopie in Kapitel 2.6.2.2.3 behandelt wird.

Aufgrund der problemlosen Probenpräparation findet die Rasterelektronenmikroskopie in der Keramik routinemäßig Verwendung in der Charakterisierung von Pulvern, Grünkörpern, Gefügen, insbesondere von Gefügefehlern, Bruchflächen und Versagensursachen durch korrosive, thermische und mechanische Einflüsse. Moderne Anlagen erlauben das Arbeiten unter nur geringfügig abgesenktem Atmosphärendruck, weshalb auch feuchte Proben im sogenannten ESEM (engl.: Environmental Scanning Electron Microscope) untersucht werden können. Mit Hilfe von Kryokammern lassen sich auch Suspensionen und andere feuchte Proben schockfrieren und charakterisieren.

2.6.2.2.2 Transmissionselektronenmikroskopie

Das *Transmissionselektronenmikroskop* (TEM) liefert Bilder elektronentransparenter Objekte auf einem fluoreszierenden Leuchtschirm. Die Kontraste entstehen durch Streu- und Beugungsvorgänge des Elektronenstrahls am kristallinen Gitter der Probe. Durch die sehr kurze Wellenlänge des Elektronenstrahls von 0,00197 nm bei 300 kV (zum Vergleich: sichtbares Licht 400–800 nm), läßt sich eine Auflösung bis auf atomare Größenordnung erreichen (< 0,3 nm). Die mit modernen Geräten erzielbare *Hochauflösung* erweist sich als sehr wertvoll für die Grundlagenforschung in der Materialwissenschaft.

Mittels TEM-Untersuchungen können nicht nur wichtige Aussagen zur Charakterisierung von Phasen und Korngrenzen gemacht werden, sondern auch zu atomaren Defekten und zur chemischen Zusammensetzung kleinster Analysebereiche von wenigen Nanometern Durchmesser. Gleichzeitig ermöglicht die Elektronenbeugung auf einfachem Wege die Unterscheidung kristalliner und amorpher Phasen sowie die Bestimmung der Kristallstruktur.

Präparationstechnik für die Transmissionselektronenmikroskopie. Die Herstellung elektronentransparenter Proben bedarf einer speziellen Technik. Die zu untersuchende Stelle der Proben wird zunächst mit einer Diamanttrennsäge als Streifen abgetrennt und konventionell als Anschliff präpariert. Danach wird mit Hilfe eines Ultraschallkernbohrers ein runder Kern von 3 mm Durchmesser aus der Probe herausgebohrt. Der Kern wird anschließend von der rückwärtigen Seite her planparallel auf eine Dicke von ca. 400 µm geschliffen. Die weitere Dünnung der Probe bis auf eine Dicke von ca. 120 µm erfolgt auf Diamantfolie (Körnung 15 µm), wobei eine Seite der Probe abschließend noch poliert (Körnung 2–4 µm) wird. Mit Hilfe eines Muldenschleifgerätes (Dimpler) wird eine Mulde in die Probe eingebracht (Restdicke in der Muldenmitte ca. 35 µm). Die Fertigdünnung der Probe erfolgt durch Ionenstrahlätzen bis zur Elektronentransparenz. Dabei wird die Probe von beiden Seiten mit Ar^+-Ionen bestrahlt.

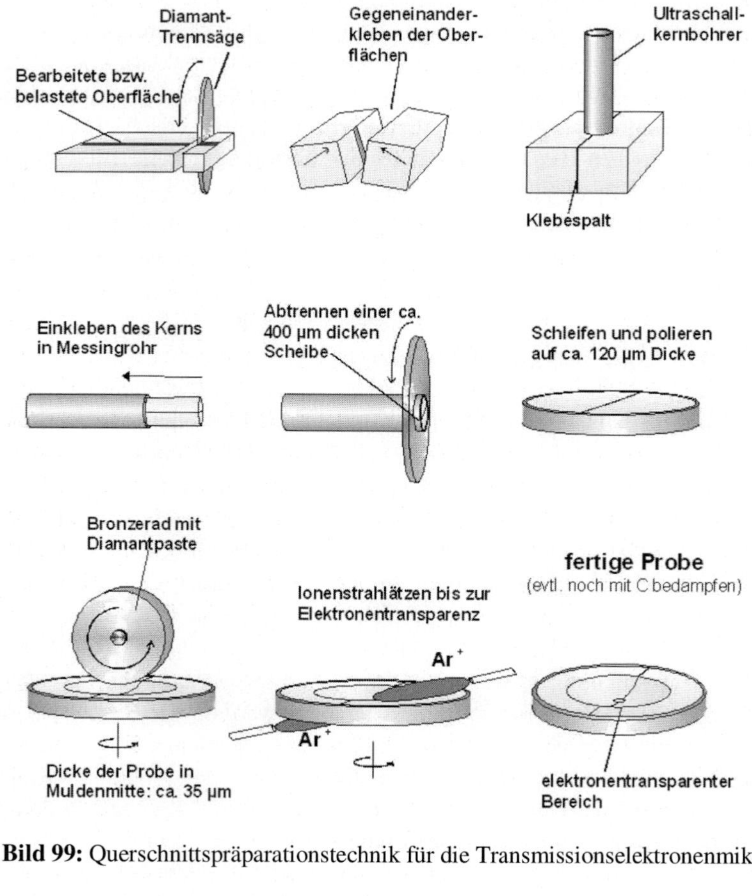

Bild 99: Querschnittspräparationstechnik für die Transmissionselektronenmikroskopie.

Eine abschließend aufgedampfte dünne Kohlenstoffschicht gewährleistet die elektrische Leitfähigkeit der üblicherweise nichtleitenden Keramikproben und verhindert ihre elektrostatische Aufladung und somit eine eventuelle

Beeinflussung des Elektronenstrahls während der TEM-Untersuchungen. Bild 99 zeigt die genannten Präparationsschritte für den Querschnitt einer beschichteten, korrodierten oder tribologisch beanspruchten Probe. Hierzu werden am besten zwei Proben mit der zu untersuchenden Fläche aufeinandergeklebt und ausgebohrt.
Mit dieser Präparationstechnik ist es möglich, Schichtübergänge zum Substratkörper oder die plastische Verformung bzw. Randzonenveränderung unter einer Oberfläche nach einer tribologischen Belastung zu untersuchen. An die Qualität der TEM-Proben werden hohe Anforderungen gestellt. Insbesondere müssen mögliche Veränderungen der chemischen Zusammensetzung oder der atomaren Struktur während der Präparation ausgeschlossen werden, gleichzeitig sind die Proben aber nur bis zu einer Dicke von einigen 10 nm elektronentransparent.

Aufbau des Transmissionselektronenmikroskopes. In einem konventionellen TEM wird eine dünne Folie (Probe, Dicke < 100 nm) mit einem Elektronenstrahl gleichmäßiger Dichte durchstrahlt, auf dem Leuchtschirm hinter dem Objekt entsteht die Abbildung der elektronentransparenten Probe infolge Streuung der einfallenden Elektronen an den Atomen der Probe. Bild 100 zeigt den typischen Aufbau eines TEM mit der Elektronenquelle (oben), dem System der magnetischen Linsen und dem Beobachtungsschirm mit Kamera.

Für die Erzeugung des Elektronenstrahls wird neben dem Verfahren der thermischen Emission, bei dem ein Wolframdraht oder ein LaB_6-Kristall auf Temperaturen von 1500-2300°C aufgeheizt wird, auch das Verfahren der Feldemission eingesetzt. Hierbei kommt es durch das Anlegen einer sehr hohen Spannung bei gleichzeitiger Verwendung einer Kathode mit kleinem Krümmungsradius der Spitze von 0,1 µm zu einer sehr hohen elektrischen Feldstärke, die ein Austreten der Elektronen ermöglicht. Die Verwendung eines Wehneltzylinders als dritte Elektrode dient der Erzeugung eines störungsfreien Elektronenstroms und erlaubt, den Strahlstrom unabhängig von Kathodentemperatur und Anodenspannung zu variieren. Durch das Anlegen einer Spannung (meist 100-300 kV) zwischen Anode und Kathode werden die Elektronen in einem elektrischen Feld beschleunigt. Um die Elektronenwolke nun für die Mikroskopie nutzen zu können, muß sie mit Hilfe elektromagnetischer Linsen (Spulen) und Blenden (Kondensorsystem) zu einem Elektronenstrahl geformt werden. Das *Kondensorsystem* (Bereich zwischen Kathode und Objekt) besitzt zum einen die Aufgabe, den Elektronenstrahl auf das Objekt zu fokussieren, um auch bei hohen Vergrößerungen eine ausreichende Bildschirmhelligkeit zu erreichen. Hierbei muß auch eine homogene Verteilung der Intensität gegeben sein. Zum anderen sind aber auch Strahldurchmesser von wenigen Nanometern für die Mikroanalyse erforderlich (EDX), die auch mittels des Kondensorsystems erzeugt werden. Weiterhin sollten nur kleine Objektbereiche bestrahlt werden, um so etwaige Objektveränderungen, bzw. -schädigungen infolge Erwärmung zu minimieren. Moderne Mikroskope sind häufig mit zwei Kondensorlinsen ausgestattet, wobei die Kondensorblende der ersten Linse meist fest vorgegeben ist und die zweite Blende den Beleuchtungserfordernissen angepaßt werden kann. Die wichtigsten Beleuchtungsmethoden eines Zwei-Linsen-Kondensorsystems, Hellfeldbeleuchtung und Beugung, zeigt Bild 101.

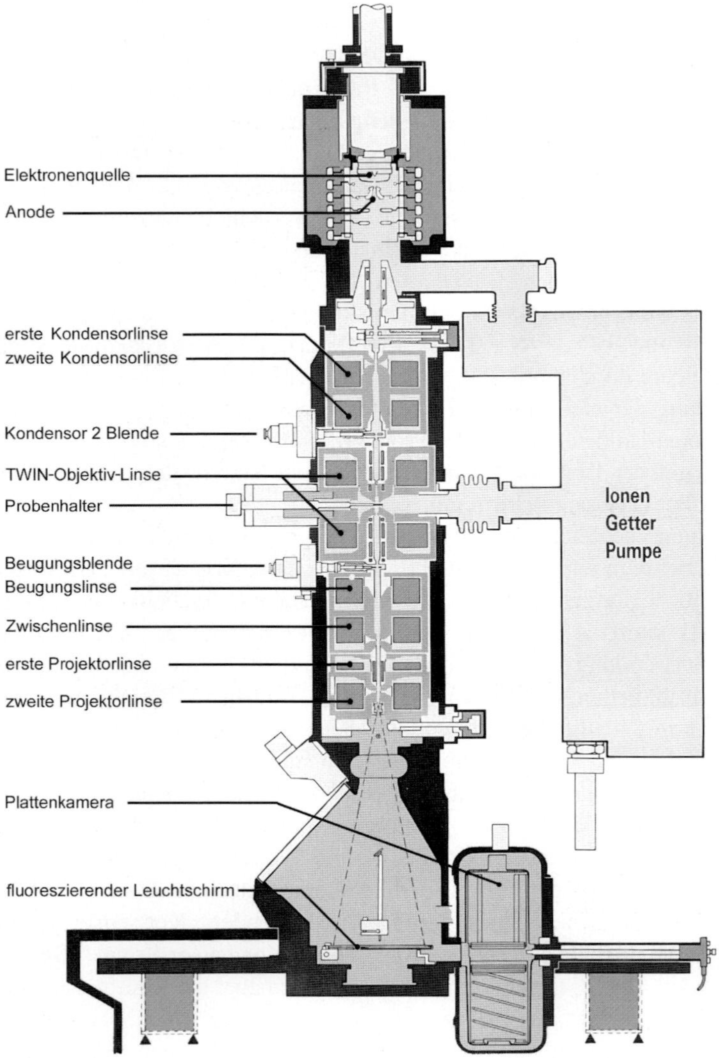

Bild 100: Aufbau eines Transmissionselektronenmikroskopes (Quelle: Siemens)

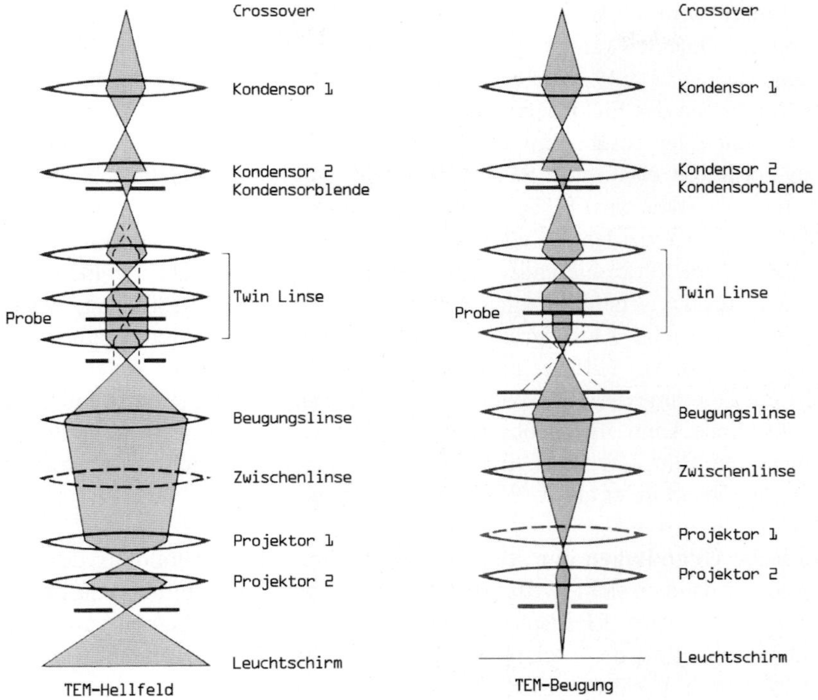

Bild 101: Der Elektronenstrahlengang in einem Transmissionselektronenmikroskop [219]

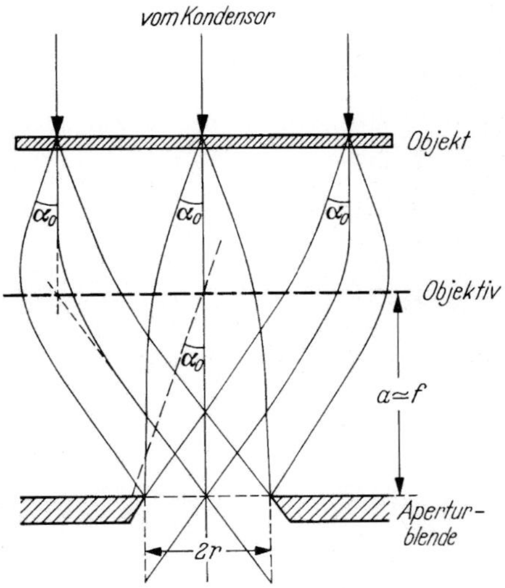

Bild 102: Anordnung der Objektivblende (Aperturblende) nach [219].

Je kleiner der Blendendurchmesser ist, um so mehr gestreute Elektronen werden zurückgehalten. Dies führt zu einem Kontrastanstieg des Endbildes. Mit Hilfe weiterer Linsen wird letztendlich die gewünschte Vergrößerung erreicht, und die Abbildung des Objektes kann auf einem fluoreszierenden Leuchtschirm beobachtet werden.

Beim Auftreffen des Elektronenstrahls auf die Probe kommt es zu Wechselwirkungen zwischen den beschleunigten Elektronen und den Atomen des Probenmaterials in Form von elastischer Streuung, welche durch die Anziehungskraft der Atomkerne verursacht wird [176]. Mit Hilfe eines nachfolgenden Linsensystems (Abbildungssystem) werden die entstandenen Kontraste bis zu 500.000-fach vergrößert auf einem fluoreszierenden Leuchtschirm abgebildet. Die *Objektivlinse* liefert ein erstes Zwischenbild mit einer nur 20-50facher Vergrößerung, wobei jedoch eine sehr hohe Anforderung an die Fehlerfreiheit (Astigmatismus) der Linse gestellt wird. Mit Hilfe von Objektivblenden (auch als Aperturblenden bezeichnet) mit Durchmessern zwischen 10 und 100 µm in der hinteren Brennebene der Objektivlinse kann die Beobachtungsapertur α_0 variiert werden. Wie der Strahlengang in Bild 102 zeigt, läßt die Blende an dieser Stelle alle Strahlen durch, die im Objekt unter einem Winkel $\upsilon \leq \alpha_0$ gestreut werden.

Physikalische Grundlagen der Abbildungsverfahren. Eine Abbildung des Objektes wird nur dann erreicht, wenn die Intensitätsverteilung im Endbild durch das Objekt modifiziert wird. Elastische Streuprozesse an den Atomkernen sowie unelastische Streuung an der Elektronenhülle führen zu Richtungsänderungen der Elektronen. Durch Verwendung einer geeigneten Aperturblende können die gestreuten Elektronen aus dem modifizierten Primärstrahl abgefangen werden. Neben diesem Kontrast durch diffuse Streuung kommt es in kristallinen Objekten zu Kontrastbildung durch *Braggsche Reflexion* des Elektronenstrahls an den Netzebenen. Beide Effekte werden unter dem Begriff des *Streukontrastes* zusammengefaßt.

Einem Elektron mit der Masse m_e und der Geschwindigkeit v_e kann nach de Broglie eine Wellenlänge λ_e zugeordnet werden (h: Planck'sches Wirkungsquantum):

$$\lambda_e = \frac{h}{m_e v_e}. \tag{37}$$

Die Geschwindigkeit eines Elektrons läßt sich unter Berücksichtigung der relativistischen Massenzunahme (die Elektronen erreichen bei U_0 = 300 kV ca. 80 % der Lichtgeschwindigkeit) bestimmen nach:

$$v_e = c\sqrt{1-\left(\frac{1}{1+\frac{eU_0}{m_0 c^2}}\right)^2}. \tag{38}$$

Hierin bedeuten c: Vakuumlichtgeschwindigkeit, e: Elementarladung des Elektrons, m_o: Ruhemasse des Elektrons, U_o: Beschleunigungsspannung. Aus diesen beiden Gleichungen läßt sich die Wellenlänge der beschleunigten Elektronen berechnen. Elektronen, welche mit 300 kV beschleunigt werden, besitzen eine Wellenlänge von $\lambda_{e,\,300\,\mathrm{kV}}$ = 0,00197 nm und werden an den Netzebenen des kristallinen Objektes unter einem Winkel 2Θ nach der *Bragg'schen Gleichung* reflektiert.

$$\sin\Theta = \frac{n\lambda}{2d} \tag{39}$$

Da die Beugungswinkel gegen die Objektapertur groß sind, werden in der Hellfeldabbildung (Bild 103) die abgebeugten Strahlen durch die Aperturblende zurückgehalten. Kristallite in Bragg-Lage erscheinen dann dunkler als solche, bei denen keine oder nur schwache Beugung auftritt. Diese Abbildungsmethode ist besonders für kontraststarke Objektbereiche wie Korngrenzen und Versetzungen geeignet. Durch Verschieben der Aperturblende auf den abgebeugten Strahl wird mit dessen Intensität abgebildet, der Primärstrahl bleibt abgedeckt. Dadurch erscheinen Bereiche des Objektes dunkel, die der Primärstrahl ohne Wechselwirkungen durchläuft. Daher wird diese Methode *Dunkelfeldabbildung* bezeichnet und ist hilfreich bei der eindeutigen Zuordnung zwischen den Indizes der reflektierenden Netzebenen und dem entsprechenden Objektort. Die Untersuchung von Kristalldefekten (z.B. Bestimmung des Burgersvektors von Versetzungen) ist somit möglich. Umfassende Darstellungen der Transmissionselektronenmikroskopie sind bei z.B. bei Williams [218] und Reimer [219], [220] zu finden.

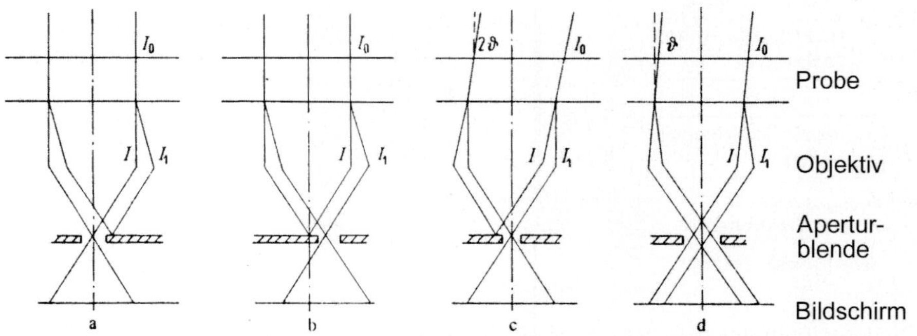

Bild 103: Möglichkeiten der Erzeugung von Abbildungen, a) Hellfeld (HF), b) Dunkelfeld durch Verschieben der Aperturblende, c) Dunkelfeld durch Verkippen der Strahlenquelle, d) Abbildung durch Interferenz zweier Strahlenbündel (HRTEM) [176].

2.6.2.2.3 Elektronenmikroskopische Analytik

Das Bestrahlen eines Werkstoffes mit einem Primärstrahl (wie z.B. Elektronen-, Ionen- oder Röntgenstrahlung) führt aufgrund von Wechselwirkungen zwischen Primärstahl und bestrahlter Materie sowohl zu einer modifizierten Primärstrahlung als auch zur Auslösung von Sekundärstrahlung.

Die elektronenmikroskopische Analytik erfaßt Orts-, Energie- und Impulsverteilung der den Werkstoff verlassenden primären und sekundären Intensität und stellt somit wichtige Informationen über die Mikrostruktur des Werkstoffs bereit [215], [216], [221]. Bild 104 zeigt schematisch die zahlreichen Möglichkeiten der Wechselwirkung und ihren Informationsgehalt.

Ein häufig eingesetztes Verfahren stellt die *energiedispersive Röntgenfluoreszenzspektroskopie (EDX)* dar. Hierbei wird die Energieverteilung der Röntgensekundärstrahlung in einem Si(Li)-Detektor unter Anwendung elektrischer Felder in eine zeitliche Abfolge von Impulsen umgewandelt und ausgewertet. Die Röntgenemission entsteht infolge der Ionisation einer inneren Elektronenschale eines Atoms durch Stoß eines eingestrahlten Elektrons. Die Wiederbesetzung des Energieniveaus durch ein Außenelektron ist mit einem Gewinn an Energie verbunden, die in Form charakteristischer, elementspezifischer Röntgenstrahlung emittiert wird. In der Regel können Elemente mit Ordnungszahlen > 11 (Na) ab etwa einer Konzentration von 0,1 at.-% detektiert werden; fensterlose Detektoren erlauben auch die Bestimmung von Bor.

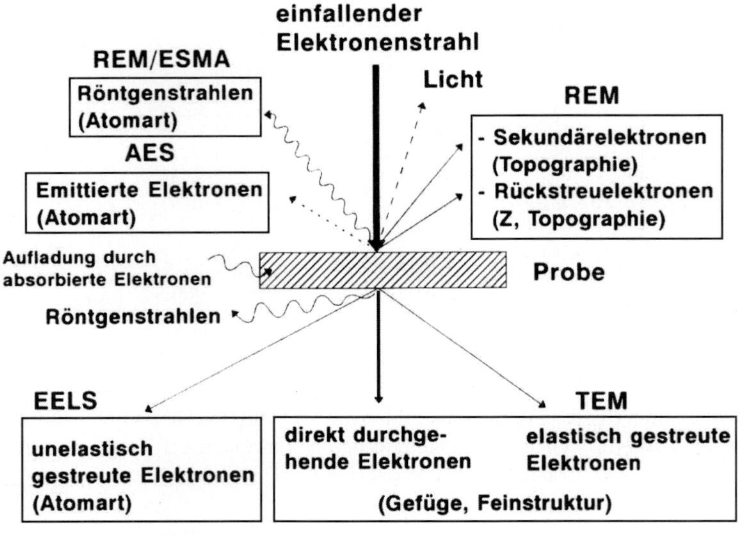

Bild 104: Wechselwirkung zwischen Elektronenstrahl und Materie [176]

Die Röntgenfluoreszenzstrahlung kann auch über *wellenlängendispersive Verfahren (WDX)* analysiert werden. Das Prinzip beruht auf der Bragg'schen Beugung an einem Analysatorkristall definierter Gitterkonstante. Üblicherweise enthalten die

Anlagen mehrere solcher Kristalle, die eine besonders empfindliche Auflösung für spezielle Bereiche aus dem Periodensystem aufweisen. Mit der WDX lassen sich vor allem leichte Elemente bis Beryllium und Konzentrationen ab 0,01 at.-% bestimmen. Verwendet man die Röntgensignale zur bildlichen Darstellung, lassen sich Elementverteilungskarten oder Linienanalysen z.B. über Korn- oder Phasengrenzen hinweg anlegen. Allerdings muß berücksichtigt werden, daß auch bei Verwendung sehr kleiner Elektronenstrahlquerschnitte das analysierte Volumen wesentlich größer ist als der Brennfleck. Einerseits dringen die Elektronenstrahlen je nach Beschleunigungsspannung und Elementgehalt der Probe mehrere Mikrometer in die Probe ein, erzeugen also auch in der Tiefe noch Röntgenfluoreszenzstrahlung. Eine Simulation des Elektronenweges für Gold bzw. Aluminium bei 30 keV Elektronenenergie ergibt, daß insgesamt ein etwa birnenförmiges Volumen von 0,5 bzw. 6 µm Tiefe und 0,7 bzw. 5 µm Breite aktiviert wird [217], aus welchem Röntgenstrahlung freigesetzt wird. Andererseits tritt diese emittierte Strahlung ihrerseits in Wechselwirkung mit benachbarten Atomen und löst weitere Röntgenstrahlung aus. Das bedeutet, daß die analysierte Information aus einem Volumen von mehreren Kubikmikrometern stammt.
Bild 105 zeigt einen Querschnitt durch das angeregte Volumen. Insbesondere bei der Charakterisierung kleiner Körner ist also aufgrund der chemischen Informationen aus der Umgebung nur qualitativen Aussagen zu rechnen. Der Einfluß von Ordnungszahl Z, Absorption *A* und Sekundärfluoreszenz *F* wird bei der quantitativen Elementanalyse durch die sogenannte *ZAF-Korrektur* weitgehend berücksichtigt. Damit sind unter günstigen Bedingungen relative Fehler von nur 2-6 % zu erzielen.

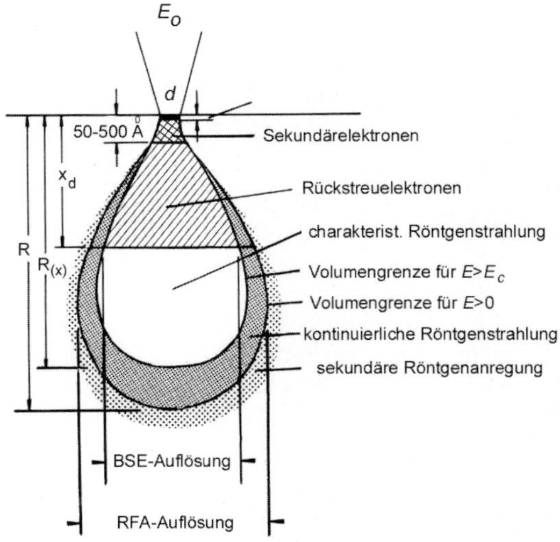

Bild 105: Schematische Darstellung des angeregten Volumens unter einem einfallenden Elektronenstrahl der Energie E_0 und der Strahlbreite *d*. Schraffiert: Verhältnisse in einer TEM-Probe der Dicke x_d. E_c: kritische Energie zum Auslösen von charakteristischer Röntgenfluoreszenzstrahlung,

Bei TEM-Proben entfallen diese Volumenprobleme aufgrund der geringen Präparatedicke teilweise. Es gibt jedoch seitlich zur Probe angebrachte EDX-Detektoren, bei denen die Röntgenstrahlung einen relativ langen Weg durch die Probe zurücklegen muß und dabei wiederum Wechselwirkungen eingeht.

Während EDX- oder WDX-Detektoren sowohl im REM als auch im TEM (Bild 106) eingebaut werden können, gibt es die Möglichkeit zur Analytik mittels durchstrahlter Elektronen nur beim TEM. Hier kann der in der Probe elementspezifische, durch inelastische Streuung hervorgerufene Energieverlust spektroskopiert werden. Dieses Verfahren der *Elektronen-Energieverlustspektroskopie* (EELS) ist ein wertvolles Werkzeug zur quantitativen Bestimmung leichter Elemente. Mit Hilfe selektiver Filter gelingt auch die Abbildung der Probe mit den Absorptionsbanden der einzelnen Elemente. Man erhält also eine - eventuell hochauflösende - elementspezifische Abbildung des Materials. Bild 106 zeigt den Strahlengang im TEM für EDX- und EELS-Analyse sowie die Lage des Detektors für die Rückstreuelektronen (BSD). Über weitere Charakterisierungsmöglichkeiten von Gefügen und der chemischen Analytik informiert der Anhang.

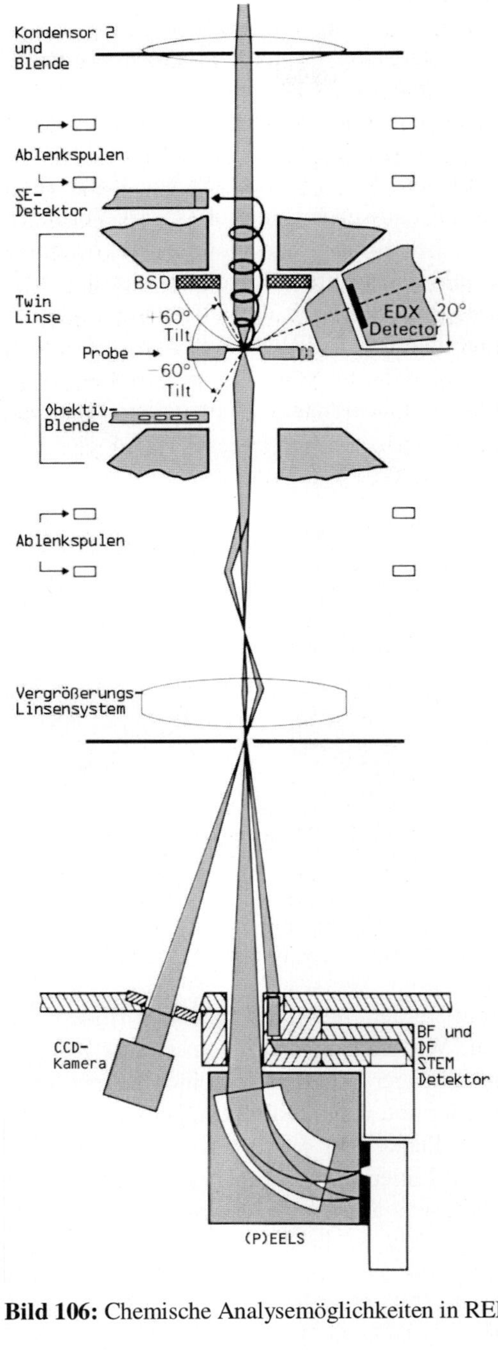

Bild 106: Chemische Analysemöglichkeiten in REM und TEM

2.6.3 Quantitative Bildanalyse (Stereometrie)

Die Auswertung der dokumentierten Gefügebilder ist meist sehr zeitaufwendig. Hier kann man sich der *automatischen Bildanalyse* bedienen, bei der das Mikroskopbild bzw. der Fotoabzug von einer Digitalkamera aufgenommen bzw. in einen Scanner eingelesen wird. Die Bildinformation liegt dann in Form von Punkten mit einem bestimmten Grau- oder Farbwert vor, der zur elektronischen Unterscheidung, Messung und Auswertung dient. Voraussetzung hierfür ist das Vorliegen eines eindeutig erkennbaren, kontrastreichen Bildes. Man muß deshalb oft einen großen Aufwand für die Probenpräparation, die Aufnahmetechnik oder die Bildnachbearbeitung am Computer treiben. Bild 107 zeigt die Digitalisierung einer REM-Aufnahme eines flüssigphasengesinterten SiC-Werkstoffes zur Korngrößenbestimmung. Die Plasmaätzung legt die Glasphase frei. Massenkontraste zwischen primärem SiC und den aufgrund von Mischkristallbildung helleren Randzonen müssen unterdrückt werden.

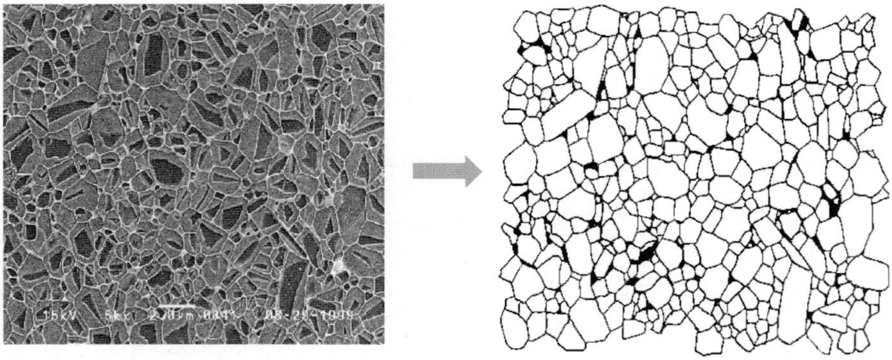

Bild 107: REM-Aufnahme von LP-SiC (links), Digitalisierungsergebnis zur Korngrößenanalyse, rechts. (Probe/Bild: K.A. Schwetz und D. Saldsieder, Kempten)

Bei der Auswertung muß berücksichtigt werden, daß die anfallenden Bilder eine zweidimensionale Darstellung eines in Wirklichkeit dreidimensionalen Körpers sind. Es ist leicht vorstellbar, daß ein beliebiger Schnitt durch einen Körper jedes Teilchen bzw. Korn als eine Fläche wiedergibt, in Spezialfällen, wenn der Schnitt ein Teilchen nur berührt, sogar nur als Punkt oder Linie. Ganz analog werden Oberflächen im Schnitt nur als Linie und Linien nur als Punkte erscheinen, wenn man die Spezialfälle außer acht läßt. Es findet also eine Erniedrigung der Dimensionen statt. Es ist die Aufgabe der *Stereologie*, diese Dimensionserniedrigung wieder rückgängig zu machen, d.h., von der zweidimensionalen Fläche auf den dreidimensionalen Raum zu extrapolieren. Die Grundlagen dazu hat Underwood [222], [224] zusammengestellt, weitere Überlegungen bzw. Beschreibungen findet man u.a. bei Ondracek [225], Gahm [226] und Exner [223].

Es wurde bereits früher erwähnt, daß man zur vollständigen Beschreibung eines Gefügebestandteils dessen Menge, Größe, Form, Orientierung und Verteilung kennen muß. Relativ einfach ist die Beschreibung der Größe einer Kugel, die eindeutig durch deren Durchmesser gegeben ist. Man muß dabei allerdings berücksichtigen, daß man bei einem statistischen Schnitt einen beliebigen Wert zwischen dem wahren Durchmesser und Null mißt. Auf Auswertemöglichkeiten wird unten hingewiesen.

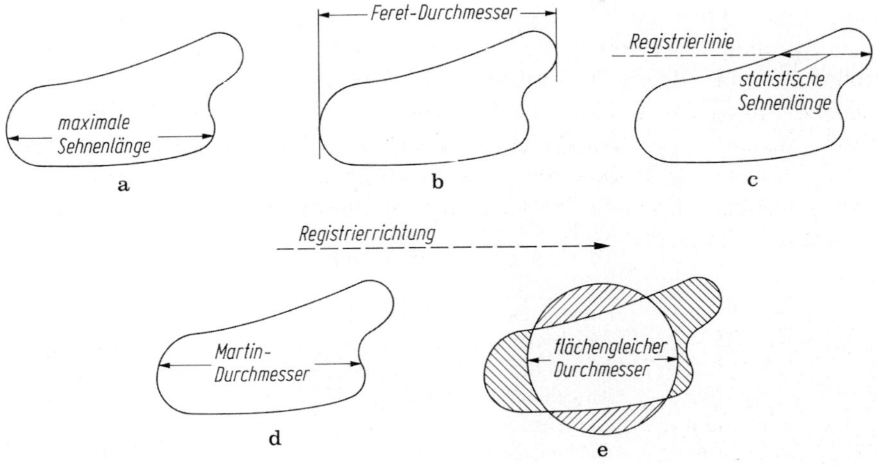

Bild 108a-e: Möglichkeiten der Korngrößenbeschreibung

Bei einem irregulären Teilchen gibt es verschiedenen Möglichkeiten der Wahl eines Durchmessers. Einige davon sind in Bild 108 dargestellt. Meistens sind durch die Meßanordnung Vorzugsrichtungen für die Registrierung vorgegeben. Die größte Ausdehnung in einer solchen Richtung ist die maximale *Sehnenlänge* (Bild 108a), während man die gesamte Projektionslänge auf diese Richtung als *Feret-Durchmesser* bezeichnet (Bild 108b). Häufig wird aber nur die statistische Sehnenlänge verwendet (Bild 108c). Der *Martin-Durchmesser* (Bild 108d) teilt das Teilchen in zwei flächengleiche Hälften, und der Durchmesser eines flächengleichen Kreises spricht für sich (Bild 108e). Bei der *Linearanalyse* werden Meßstrecken gewonnen, die längs einer Meßlinie über die zu untersuchende Phase laufen. Die Meßlinie wird dabei z.B. mäanderförmig oder zeilenweise über das Bild bewegt. Bei der *Punktanalyse* wird über das gesamte Bild ein Netz von Rasterpunkten gelegt und die Anzahl derjenigen Punkte festgestellt, die auf eine bestimmte Phase fallen. Man bezeichnet dies auch mit Treffermethode. Hier erhält man Aussagen über Flächenanteile einer Phase bzw. die Kornschnittflächenverteilung. Die weitere Verwendung dieser Daten setzt voraus, daß eine ausreichende Zahl von Messungen erfolgt ist. Für eine statistisch aussagekräftige Gefügebeschreibung müssen mindestens 300, besser 1000 Körner und mehr pro Probe ausgewertet werden. Moderne Rechenprogramme liefern neben den üblichen Statistikangaben auch Verteilungskurven der gewünschten Gefügeparameter.

Für die Bezeichnung der Parameter bzw. die Auswertung hat sich eine Nomenklatur bewährt, die von Underwood [224] zusammengestellt wurde. Einige dieser

Symbole enthält Tabelle 34. Um die Meßwerte unabhängig von der Meßfeldgröße zu machen, erfolgt eine Normierung, indem die einzelnen Meßparameter durch die jeweilige Bezugsgröße dividiert werden. So ergibt sich z.B. der Punktanteil bei der Treffermethode aus dem Verhältnis Anzahl der Trefferpunkte zur Anzahl der Gesamtpunkte, also $P_{\mathrm{Treffer}}:P_{\mathrm{Gesamt}}$. Zur Vereinfachung wird der Bruchstrich nicht geschrieben, und der Nenner, d.h. die Bezugsgröße, wird nur als Index angeführt, also in diesem Beispiel P_{P}.

Tabelle 34: Einige Grundsymbole der Stereologie

Symbol	Einheit	Definition
P	-	Anzahl der gemessenen bzw. gesamten Punkte
L	mm	gemessene bzw. gesamte Länge einer Meßlinie
A	mm^2	gemessene bzw. gesamte Fläche, eben
S	mm^2	Ober- oder Grenzfläche
V	mm^3	Teilchen- oder Gesamtvolumen
N	-	Zahl der Teilchen
P_{P}	-	Punktanteil = Anzahl der Meßpunkte pro Gesamtpunktzahl
P_{L}	mm^{-1}	Anzahl der Schnittpunkte pro Gesamtlänge
P_{A}	mm^{-2}	Anzahl der Meßpunkte pro Gesamtfläche
L_{L}	mm/mm	Längenanteil = Meßlänge pro Gesamtlänge
L_{A}	mm/mm^2	Länge der gemessenen Kurve pro Gesamtfläche
A_{A}	mm^2/mm^2	Flächenanteil = Meßfläche pro Gesamtfläche
S_{V}	mm^2/mm^3	Oberfläche pro Gesamtvolumen
V_{V}	mm^3/mm^3	Volumenanteil = Volumen der Teilchen pro Gesamtvolumen
N_{L}	mm^{-1}	Anzahl der geschnittenen Teilchen pro Gesamtlänge
N_{A}	mm^{-2}	Anzahl der Schnittflächen pro Gesamtfläche
N_{V}	mm^{-3}	Anzahl der Teilchen pro Gesamtvolumen
$\overline{L}$	mm	mittlere Sehnenlänge $= L_{\mathrm{L}}/N_{\mathrm{L}}$
$\overline{A}$	mm^2	mittlere Schnittfläche $= A_{\mathrm{A}}/N_{\mathrm{A}}$
$\overline{S}$	mm^2	mittlere Oberfläche $= S_{\mathrm{V}}/N_{\mathrm{V}}$
$\overline{V}$	mm^3	mittleres Volumen $= V_{\mathrm{V}}/N_{\mathrm{V}}$

Tabelle 35: Einige abgeleitete Beziehungen der Stereologie

Lfd. Nr.	Beziehung	Bemerkung
1	$V_{\mathrm{V}} = P_{\mathrm{P}} = L_{\mathrm{L}} = A_{\mathrm{A}}$	Volumen einer Phase
2	$S_{\mathrm{V}} = 2P_{\mathrm{L}} = 4L_{\mathrm{A}}/\pi$	Spezifische Oberfläche einer Phase
3	$\lambda = (1-V_{\mathrm{V}})/N_{\mathrm{L}}$	mittlerer freier Abstand zwischen zwei Teilchen einer Phase
4	$N_{\mathrm{V}} = N_{\mathrm{A}}\ \overline{A}/\overline{V} = N_{\mathrm{L}}\overline{L}/\overline{V}$	Anzahl der Teilchen einer Phase pro Gesamtvolumen
5	$r = 0{,}637\ N_{\mathrm{L}}/N_{\mathrm{A}}$	wahrer Radius von kugelförmigen Teilchen
6	$a = N_{\mathrm{L}}/N_{\mathrm{A}}$	wahre Kantenlänge von würfelförmigen Teilchen
7	$a = 0{,}136\ N_{\mathrm{L}}/N_{\mathrm{A}}$	wahre Kantenlänge von oktaedrischen Teilchen

Tabelle 34 enthält neben eigentlichen Meßgrößen bereits einige abgeleitete Beziehungen, so die unten angeführten mittleren Werte. Weitere abgeleitete Beziehungen bringt Tabelle 35. Man erkennt, daß sich das Volumen einer Phase sehr einfach nach Beziehung Nr. 1 ergibt. Auch die spezifischen Oberflächen und die Anzahl der Teilchen lassen sich ermitteln (Nr. 2 und 4). Auf die Möglichkeiten der Bestimmung der wahren Größen weisen die Beziehungen Nr. 5 bis 7 als Beispiele hin. Damit ist bereits die Frage der Form angeschnitten, für die verschiedene *Formfaktoren* vorgeschlagen wurden. Dabei werden meist dimensionslose Größen abgeleitet, die bei Kugelgestalt 1 ergeben. Je mehr der Meßwert von 1 abweicht, desto komplexer ist dann die Gestalt der Teilchen. Bei komplexen Gestalten besteht die Möglichkeit der Orientierung, d.h. der Ausbildung einer Textur. Von besonderer Bedeutung für bruchmechanische Effekte (Faser- oder Plättchenverstärkung) ist die Angabe des Verhältnisses von Teilchenlänge c zu Teilchenhöhe a (engl.: aspect ratio), auch als c/a-Verhältnis bezeichnet. Werte >> 1 weisen dann auf prismatische, leistenförmige oder nadelige bzw. tafelförmige Partikel hin. Unter Verwendung einfacher Ersatzmodellkörper wie Quader, Zylinder oder Ellipsoide können aus den stereologischen Daten die entsprechenden Korngrößen und Formfaktoren zurückgerechnet werden.

Schließlich sei noch die räumliche Verteilung von Teilchen erwähnt. Beziehung Nr. 3 der Tabelle 35 erlaubt es, den Abstand zwischen zwei Teilchen einer bestimmten Phase anzugeben und gibt damit Auskunft über die Nachbarschaftsverhältnisse. Mit der sogenannten *Clusteranalyse* gelingt es, Teilchenanhäufungen oder Texturen zu charakterisieren. Hierzu wertet man Vektoren bezüglich ihrer Winkellage und Länge aus, die von einem beliebigen Ursprung aus, üblicherweise von einer Bildecke, auf den Mittelpunkt oder Schwerpunkt eines Teilchens oder auf ein Korngrenze zeigen. Aus der Analyse können auch weitere Beziehungen wie z.B. Homogenitäts- oder Dispersionsgrad z.B. bei Verbundwerkstoffen oder Gradientenwerkstoffen ermittelt werden. Auf die Möglichkeiten einer fraktalen Gefügebeschreibung sei nur hingewiesen.

2.6.4 Porosität

Ein häufiger Gefügebestandteil keramischer Werkstoffe sind die Poren. Ihre Ursache kann vielfältig sein. Oft sind sie die Folge eines zu niedrigen und zu kurzen Brandes, so daß noch kein dichter Körper entstehen konnte. Aber auch Gasentwicklung in einem bereits dichten Körper aufgrund von innerer Oxidation oder Verdampfung kann zu Poren führen.

Zum Nachweis der Poren eignet sich eine Reihe der im Kapitel 2.6.2 genannten *Mikroskopiemethoden*. Hierbei muß jedoch beachtet werden, daß bei Anschliffen Poren durch die plastische Verformung der Randzone mit Abrieb zugeschmiert werden können und dadurch kleiner erscheinen [207]. Eine weitere Verfälschung kann durch fehlinterpretierte präparationsbedingte Kornausausbrüche eintreten. Ferner weitet das thermische Ätzen Poren randlich auf. Bei kleinen Poren kann man die *Röntgenkleinwinkelstreuung* erfolgreich einsetzen. Nachfolgend werden spezielle Untersuchungsmethoden für Poren beschrieben.

Für die Keramik interessant ist nicht nur die Gesamtporosität, sondern in vielen Fällen ist die Kenntnis der Porenform, der Porengrößen und der Verteilung wichtig. Hier besteht vor allem bei kleinen Poren eine thematische Berührung mit dem Gebiet der porösen Stoffe, die besonders als Adsorbentien Einsatz finden und worüber es eine umfangreiche Literatur gibt, z.B. von Gregg und Sing [143], [227], Unger [228], Orr [144], Boucher [229] und Zagar [230].

Die eingangs dieses Kapitels erwähnten Methoden erfassen alle Poren, also die Gesamtporosität P_{ges}, die als Verhältnis des Volumens der Poren zu dem des gesamten Körpers definiert ist. Als zusätzliche Methode sei noch die Berechnungsmöglichkeit aus der Dichte ρ des porenfreien Körpers und der Rohdichte ρ_R eines Werkstücks nach $P_{ges} = 1-\rho_R/\rho$ genannt. Dem gegenüber stehen die Poren, die von außen zugänglich und durchgängig sind, also die *offene Porosität*. Vor allem ihr gelten die folgenden Betrachtungen.

Grundsätzlich hat man nach der Form zwischen den geschlossenen und den offenen Poren zu unterscheiden, wie Bild 109 zeigt. Darüber hinaus können die offenen Poren in durchströmbare und undurchströmbare unterteilt werden. Weiterhin ist es üblich, die Poren nach ihrer Größe einzuteilen:

Makroporen: Durchmesser > 50 nm
Mesoporen: Durchmesser von 2 bis 50 nm
Mikroporen: Durchmesser < 2 nm.

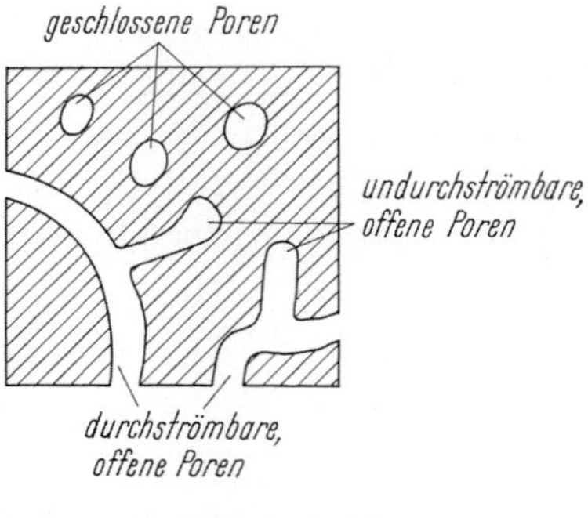

Bild 109: Schematische Darstellung von Poren

Die offene Porosität P_o kann in einfachen Fällen bestimmt werden, indem man die in den offenen Poren befindliche Luft durch Wasser oder eine andere Flüssigkeit bekannter Dichte ρ_l verdrängt und erneut auswiegt. Einige Verfahren dazu sind in DIN 51056 [231] festgelegt. Ist G_{tr} das Gewicht der trockenen Probe und G_s das Gewicht der flüssigkeitsgesättigten Probe, dann ergibt sich:

$$P_0 = \frac{\rho_R \cdot (G_S - G_{tr})}{\rho_1 \cdot G_{tr}} \qquad (40)$$

Durch Multiplikation mit 100 erhält man den Wert in Vol.-%. Die offene Porosität bestimmt die technisch wichtige *Gasdurchlässigkeit*, abgesehen von Unsicherheiten aufgrund undurchströmbarer Poren. Für die Messung der Gasdurchlässigkeit gibt es mehrere Verfahren, eines davon ist in DIN 51058 [232] beschrieben. Dabei wird durch die Poren eine bestimmte Gasmenge gesaugt. Wenn man darauf achtet, daß eine laminare Strömung eingehalten wird, ergibt sich die spezifische Gasdurchlässigkeit D_s nach

$$D_s = \frac{\eta h V}{F \Delta p t} \tag{41}$$

mit η = dynamische Viskosität des Gases, h = Höhe oder Dicke der durchströmten Schicht, V = Gasmenge, F = Querschnitt der Probe, Δp = Druckunterschied des Gases bei Ein- und Austritt und t = Versuchsdauer. In obiger Norm wird als Einheit für D_s das Perm (Pm) vorgeschlagen (nach Permeabilität). In den früheren Einheiten hat ein Körper die spezifische Gasdurchlässigkeit von 1 Perm, wenn in $1\,\text{s} \cdot 1\,\text{cm}^3$ eines Gases mit der dynamischen Viskosität 1 Poise (= 1 dPa·s) bei einem Druckunterschied von 1 dyn/cm^2 (= 1 dPa) durch einen Querschnitt von 1 cm^2 in senkrechter Richtung auf einer Länge von 1 cm hindurchströmt. Da die Meßergebnisse oft in der Größenordnung von 10^{-8} Perm liegen, wird für die praktische Anwendung die Einheit 1 Nanoperm (nPm) = 10^{-9} Pm empfohlen. Im angloamerikanischen Schrifttum findet man als Einheit oft das Darcy, das allerdings nicht einheitlich verwendet wird (1 Nanoperm = 0,1013 Darcy). Dabei wird in Gl. (41) der Druck in Atmosphären und die Viskosität in Poise oder in Zentipoise eingesetzt. Die Umrechnung in die SI-Einheiten ergibt

$$\left[D_s\right] = 1\text{Perm} = \frac{0{,}1 \cdot 0{,}01 \cdot 10^{-4}}{10^{-4} \cdot 0{,}1 \cdot 1} \; \frac{\text{Pa} \cdot \text{s} \cdot \text{m} \cdot \text{m}^3}{\text{m}^2 \cdot \text{Pa} \cdot \text{s}} = 10^{-4}\,\text{m}^2 . \tag{42}$$

Mit Hilfe von Messungen in verschiedenen Richtungen eines Körpers ist es möglich, Texturen festzustellen, aber für die Porengröße läßt sich nur ein Mittelwert angeben. Vielfach interessiert jedoch die *Porengrößenverteilung*. Deren Bestimmung durch Licht- oder Elektronenmikroskopie ist recht mühsam. Andere Methoden beruhen auf dem Kapillargesetz der Gl. (19) (Kapitel 2.5.4)

$$\Delta p = \frac{2\gamma}{r} \cos\Theta , \tag{43}$$

wobei Δp die Druckdifferenz darstellt, γ die Oberflächenenergie, Θ den Benetzungswinkel und r den Kapillar- bzw. Porenradius.

Zagar [233] hat daraus ein *Wasser-Luft-Verdrängungsverfahren* entwickelt, bei dem die Probe zunächst mit Wasser gesättigt und dann einem stufenweise erhöhten Luftdruck zum Herausdrücken des Wassers ausgesetzt wird. Dabei vereinfacht sich obige Gl. (19), weil Wasser die keramischen Stoffe meist sehr gut benetzt, also $\Theta = 0°$ und $\cos \Theta = 1$ wird. Bei jedem Druck stellt sich eine bestimmte Gasdurchlässigkeit ein. Diese Methode ist für Poren > 1 µm anwendbar.

Stellt man einen trockenen porösen Körper in Wasser, so haben obiges Gesetz und die gute Benetzung zur Folge, daß das Wasser in die Poren eingesogen wird. Für genormte Probekörper kann man die *Steighöhe* als Maß für den Porenradius verwenden. Bewährt hat sich dieses schnelle Verfahren bei der Qualitätsprüfung von Schlickergußformen aus Gips. Anders verhält sich dagegen flüssiges Quecksilber (Hg), das mit keramischen Körpern einen Randwinkel von etwa 135-145, im Durchschnitt 140° bildet, sie also nicht benetzt. Dann ist ein äußerer Druck notwendig, um das Quecksilber in die Poren zu drücken, der um so größer ist, je kleiner die Poren sind. Ritter und Drake [234] haben als erste dieses *Quecksilberporosimeter* verwendet und Porengrößenverteilungen bestimmt. Die Methode fand bald routinemäßig Eingang in die Untersuchung keramischer Produkte. Mit einem Druck von 1000 bar werden nach Gl. (19) Poren mit einem Radius von 7,5 nm gefüllt (mit γ_{Hg} = 0,48 N/m). Beim Arbeiten bei solch hohen Drücken muß man darauf achten, daß die Probe z.B. durch Bersten von Trennwänden keine Schädigung erfährt. Auch ist noch zu erwähnen, daß man mit der Hg-Methode nur einen Äquivalentporenradius erhält und nicht feststellen kann, ob an den Porenkanälen seitliche Porensäcke angeschlossen sind. Diese werden dann als ein Porenvolumen mit dem Öffnungsradius des Porensackes angezeigt. Die Hg-Methode erfaßt also die ganze offene Porosität, während das oben erwähnte Luft-Wasser-Verdrängungsverfahren nur die durchströmbaren Poren erfaßt, d.h. beide Methoden ergänzen sich.

Mehrere andere Methoden haben Adsorptionsmessungen nach dem *BET-Verfahren* zur Grundlage, wovon Sing [235] die wichtigsten gegenüberstellt. Die im Kapitel 2.5.5 (Oberflächencharakterisierung) erwähnten Adsorptionsisothermen von Bild 73 werden dann Besonderheiten zeigen, wenn das zu untersuchende Produkt feine Poren enthält, die bei entsprechenden Drücken zur Kapillarkondensation neigen. Damit erkennt man zugleich die Grenzen dieser Methoden; denn sie können nur die offenen Poren erfassen, sind nur für Mikro- bis Mesoporen einsetzbar und setzen die Anwendbarkeit der Kapillarkondensation voraus. Kritische Diskussionen hierzu gibt es u. a. von Everett [236].

Lippens und DeBoer [237] machen einen weiteren Vorschlag zur Auswertung von Adsorptionsisothermen: So kann man das adsorbierte Volumen v_{ads} in eine Schichtdicke t umrechnen, wenn man annimmt, daß die adsorbierte Substanz die Dichte der Flüssigkeit bei der betreffenden Temperatur habe und damit das Volumen v_l. Berechnet man für gleiche p/p_0-Werte die betreffenden t-Werte und trägt v_l über t auf, dann muß sich für eine Substanz mit ungestörter Adsorption eine Gerade ergeben. Jede Abweichung von dieser Geraden zeigt besondere Erscheinungen an, indem z.B. bei der Kapillarkondensation v_l überproportional ansteigt.

Bild 110 zeigt das Beispiel von Silica-Gel [238]: Die übliche Adsorptionsisotherme (a) besitzt hier als Besonderheit eine Hysterese, d.h. die Desorptionskurve liegt über der Adsorptionskurve. Solche Hysteresen treten bei besonderen Porenformen auf, z.B. bei beidseitig offenen zylindrischen Poren oder bei Poren, die nach einem engen Hals einen weiten Raum bilden (sog. Ink-bottle-Form). Daraus ergibt sich aber zugleich eine weitere Einschränkung bzw. der Hinweis, daß eine Auswertung solcher Kurven nur dann eindeutige Ergebnisse liefert, wenn man das richtige Porenmodell anwendet, worüber man sich durch geeignete Methoden, z.B. durch Mikroskopie, informieren muß.

Die Auswertung nach der t-Methode zeigt Bild 110b. Man erkennt, daß nach einer normalen Adsorption eine Abweichung nach oben eintritt, die durch Poren hervorgerufen wird. Die weitere Auswertung nach Porenradien sieht man in Bild 110c, wonach dieses Silica-Gel Poren mit Durchmessern um 4 nm enthält.

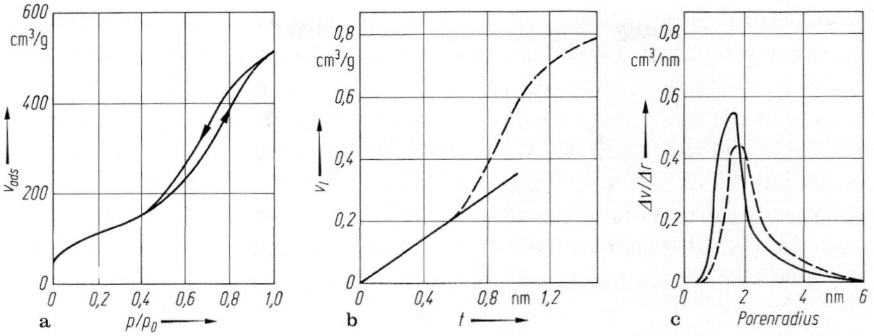

Bild 110: Auswertung von N_2-Adsorptionsmessungen an einem Silica-Gel nach (a) Isotherme, (b) t-Kurve und (c) Porenradienverteilung. *Ausgezogene Kurve*: Annahme zylindrischer Poren; *gestrichelte Kurve*: Annahme Parallel-Platten-Poren)

Man erkennt weiterhin den Unterschied der Auswertung je nach Porenmodell. Es sei außerdem noch erwähnt, daß die t-Methode sich vor allem für Mesoporen eignet, und daß man die t-Kurve der entsprechenden porenfreien Substanz kennen muß.

Die bisher angeführten Methoden eignen sich kaum für die Bestimmung der Mikroporen. Diese sind so eng, daß man bei ihnen nach Dubinin [239], [240], nicht von einer Kapillarkondensation sprechen kann, da die BET-Methode die Adsorption als ein Wachsen von Schichten betrachtet, während man in den Mikroporen mit einer Füllung des Volumens rechnen muß, indem auch die gegenüberliegende Wand auf das eintretende Molekül wirkt. Diese Überlegungen, die auch als *TVFM-Methode* (theory of volume filling of micropores) bezeichnet werden, haben zur sog. *Dubinin-Raduschkewitsch-Gleichung* geführt:

$$\lg v_{ads} = \lg \frac{v_p}{v_l} - D\left(\lg \frac{p_0}{p}\right)^2, \tag{44}$$

in der v_p das Volumen der Mikroporen, V_l das Molvolumen des flüssigen Adsorbats und D eine Konstante darstellen. Diese Gleichung hat sich bei der Bestimmung von Mikroporen im p/p_0-Bereich $\leq 0{,}2$ gut bewährt. Es gibt allerdings einen Übergangsbereich zu den Mesoporen, wo man mit der Schichtadsorption bessere Ergebnisse erhält, weshalb Dubinin zwischen beiden Porenklassen noch die neue Klasse der Supermikroporen mit Porendurchmessern von etwa 0,7 bis 1,5 nm einführt.

Vergleiche der Adsorptionsmethode mit der Quecksilbermethode durch Unger u. M. [241] haben ergeben, daß man bei Messungen über den ganzen Porenbereich mit einer Übereinstimmung von ± 20 % rechnen kann, bei nur einem Porentyp von ± 10 %.

Eine sehr einfache qualitative Methode wird von Salmang [242] angegeben. Dabei wird der Körper in eine 2-%ige $KMnO_4$-Lösung getaucht. Nach einer bestimmten Zeit, die sich nach der vorhandenen Porosität richtet, wird der Körper gebrochen und anhand der Farbverteilung die Porosität und deren Verteilung beobachtet. Texturen sind ebenso erkennbar. Die Infiltration mit Fuchsin oder einem fluoreszierenden organischen Lösungsmittel ist auch heute noch zur schnellen Charakterisierung poröser oder rißbehafteter Keramikkörper anzutreffen.

Tabelle 36: Einige Methoden der Porengrößenanalyse

Methode	Meßbereich in μm
Lichtmikroskopie	1-100
Wasser-Luft-Verdrängung	1-100
Wasserdurchtritt	0,1-50
Rasterelektronenmikroskop	0,01-100
Quecksilberporosimetrie	0,005-1000
Elektronenmikroskopie	0,001-5
Ausschluß-Chromatographie	0,001-0,4
Röntgenkleinwinkelstreuung	< 0,05
Adsorption	0,0005-0,04

Zum Nachweis von Porentexturen eignet sich auch das Verfahren von Dietzel und Saalfeld [243], bei dem der Durchtritt einer verdünnten NaCl-Lösung durch den Körper in verschiedenen Richtungen mit entsprechend angelegten Elektroden gemessen wird. Verwandt damit ist das von Astbury [244] entwickelte Verfahren, bei dem die Widerstandsänderung beim Durchtritt von Wasser gemessen wird, das durch geringe Salzzusätze ausreichend leitfähig gemacht wurde. Man kann solche Messungen auch in Richtung einer Porengrößenverteilung auswerten. Zu erwähnen sind schließlich noch die Methoden der Porenuntersuchung durch Bestimmung der Gasdiffusion, die Zagar [245] beschreibt, und die *Ausschluß-Chromatographie*, auch *Gel-Filtration* oder *Molekularsieb-Chromatographie* genannt. Ihr Grundprinzip, die Bestimmung der Molekulargewichtsverteilung an einer stationären Phase mit bekanntem Porengefüge, kann man nach Halász und Martin [246] umkehren und dann zur Ermittlung von Porengrößen und deren Verteilung einsetzen. Die Meßbereiche von einigen dieser Methoden sind in Tabelle 36 aufgeführt.

3 Thermochemie

Keramische Produkte durchlaufen bei ihrer Herstellung einen Brennprozeß, in dessen Verlauf durch verschiedene Vorgänge aus den Rohstoffen das Endprodukt entsteht. Dabei ist es wichtig zu wissen, welche Produkte entstehen, wie schnell das geschieht und welcher Wärmebedarf dafür erforderlich ist. Berechnungen sind mit Hilfe der Thermodynamik möglich, die allerdings immer Gleichgewichtszustände voraussetzt. Das Erreichen dieser Gleichgewichte wird durch die Kinetik bestimmt, die Aussagen über die Geschwindigkeit des Ablaufs eines Prozesses zuläßt. Diese und eine Reihe weiterer Erscheinungen sollen hier unter dem Begriff Thermochemie dargestellt werden. Die Grundlagen dazu fallen in das Gebiet der Physikalischen Chemie. Im folgenden werden nur die wichtigsten Ergebnisse gebracht werden, mit denen es möglich sein wird, die wesentlichen Vorgänge in der Keramik zu verfolgen. Die Einteilung der folgenden Abschnitte ist nicht ganz frei von Überschneidungen, faßt aber so in sich geschlossene Gebiete besser zusammen.

3.1 Thermodynamik

Die Thermodynamik untersucht die Wechselwirkungen zwischen Wärme und anderen Energieformen. Die dabei abgeleiteten Gesetzmäßigkeiten lassen sich auf chemische Prozesse anwenden, setzen dabei aber Gleichgewichte voraus. Damit werden die Anwendungsmöglichkeiten der Thermodynamik begrenzt, doch gibt sie eine Antwort auf die Frage, in welcher Richtung ein Prozeß ablaufen wird. In zahlreichen Arbeiten werden die Anwendungen der Thermodynamik behandelt, von denen hier nur die Bücher von Mcedlov-Petrosjan [247], Kubaschewski und Evans [248] oder Schmalzried und Navrotsky [249] und die Artikel von Kingery und Wygant [250] oder Hennicke [251] erwähnt seien.

3.1.1 Grundlagen

Eine der Grundgleichungen der Thermodynamik für chemische Reaktionen, die bei konstantem Druck ablaufen, ist die Gibbs-Helmholtz-Gleichung:

$$\Delta G = \Delta H - T \cdot \Delta S \tag{45}$$

Darin ist ΔG = Freie Enthalpie des Prozesses, ΔH = Reaktionswärme oder Enthalpie und ΔS = Entropieänderung des Prozesses (für ΔG, das im angloamerikanischen Schrifttum oft als ΔF geschrieben wird, sind auch noch andere Bezeichnungen üblich, z.B. Gibbssches Potential, thermodynamisches Potential oder maximale Nutzarbeit.).

Die Größe des Wertes von ΔG ist ausschlaggebend für den Ablauf einer Reaktion. Ist $\Delta G > 0$, dann läuft die Reaktion nach allgemeinen Vereinbarungen in einer Reaktionsgleichung von rechts nach links, bei $\Delta G < 0$ von links nach rechts, und bei $\Delta G = 0$ herrscht Gleichgewicht. Man benötigt also zur Beurteilung einer bestimmten Reaktion deren Freie Enthalpie ΔG. Ist diese nicht bekannt, kann man sich bei Kenntnis der ΔH- und ΔS-Werte der Gl. (45) bedienen, jedoch findet man nur selten solche Werte. Man muß dann auf die entsprechenden Werte der beteiligten Komponenten zurückgreifen. Wenn bei der Reaktion

$$m\mathrm{M} + n\mathrm{N} \leftrightarrow x\mathrm{X} + y\mathrm{Y} \tag{46}$$

die Freien Enthalpien der Komponenten G_M, G_N, G_X und G_Y, die Bildungswärmen H_M, H_N, H_X und H_Y und die Entropien S_M, S_N, S_X und S_Y betragen, dann ergeben sich die entsprechenden Reaktionswerte als Differenz der Summen der rechten und linken Seiten, also

$$\Delta G = (\mathrm{x}G_\mathrm{X} + yG_\mathrm{Y}) - (mG_\mathrm{M} + nG_\mathrm{N}), \tag{47}$$
$$\Delta H = (xH_\mathrm{X} + yH_\mathrm{Y}) - (mH_\mathrm{M} + nH_\mathrm{N}) \text{ und} \tag{48}$$
$$\Delta S = (xS_\mathrm{X} + yS_\mathrm{Y}) - (mS_\mathrm{M} + nS_\mathrm{N}). \tag{49}$$

Daten für die Komponenten findet man oft tabelliert (s. folgende Kapitel), vor allem für die auf einen Druck von p = 1 atm = 1,01325 bar und 25°C = 298,15 K bezogenen Werte, was im Index nur mit 298 gekennzeichnet und als Standard-Zustand bezeichnet wird. Die Bildungswärmen H_{298} der Elemente werden definitionsgemäß gleich Null gesetzt. Für die Temperaturabhängigkeit liefert die Thermodynamik die Beziehungen

$$H_T^0 = \int_0^T C_p dT = H_{298}^0 + \int_{298}^T C_p dT \quad \text{und} \tag{50}$$

$$S_T^0 = \int_0^T \frac{C_p}{T} dT = S_{298}^0 + \int_{298}^T \frac{C_p}{T} dT \tag{51}$$

Darin ist C_p die Molwärme bei konstantem Druck mit der Einheit J/(mol·K) bzw. früher cal/(mol·K), aus der sich durch Division durch das Molgewicht die spezifische Wärme c_p (mit der Einheit J/(g·K) bzw. früher cal/(g·K)) ergibt.

Für die Temperaturabhängigkeit von C_p gibt es theoretische Ableitungen. Den Angaben in Tabellenwerken liegt jedoch meist die empirische Gleichung

$$C_\mathrm{p} = a + b \cdot T + c \cdot T^{-2} \tag{52}$$

zugrunde, die man für eine Reaktion auch

$$\Delta C_\mathrm{p} = \Delta a + \Delta\, b \cdot T + \Delta c \cdot T^{-2} \tag{53}$$

formulieren kann, worin die Δ-Werte analog den Gln. (47) bis (49) gebildet werden. Die Anwendung von Gl. (52) auf die Gln. (50) und (51) führt für die Temperatur T zu

$$H_T^0 = H_{298}^0 + a(T-298) + \frac{1}{2}b\left(T^2 - 298^2\right) - c\left(\frac{1}{T} - \frac{1}{298}\right) \tag{54}$$

und

$$S_T^0 = S_{298}^0 + a(\ln T - \ln 298) + b(T-298) - \frac{1}{2}c\left(\frac{1}{T^2} - \frac{1}{298^2}\right). \tag{55}$$

Manchmal tritt beim Erhitzen eine Umwandlung mit einer Umwandlungswärme ΔH_{Tu}^0 und einer Umwandlungsentropie ΔS_{Tu}^0 auf, die hier bei der Temperatur T_u erfolgen soll. Dann ist Gl. (50) entsprechend zu erweitern, wobei zu berücksichtigen ist, daß die Temperaturabhängigkeit der Molwärmen unterhalb und oberhalb T_u verschieden ist:

$$H_T^0 = H_{298}^0 + \int_{298}^{Tu} C_p dT + \Delta H_{Tu}^0 + \int_{Tu}^{T} C_p dT \tag{56}$$

Ganz analog ist Gl. (51) zu behandeln. Gleichung (56) gilt entsprechend für das Schmelzen, nur daß anstelle der Umwandlungs- die Schmelzwärme einzusetzen ist.

Die bisher angegebenen Gleichungen bezogen sich immer auf den Standardzustand, setzen also u.a. beim Vorliegen eines Gases voraus, daß dieses einen Druck von 1 atm aufweist. Die alte Einheit atm wurde hier beibehalten, weil sich damit der Druckeinfluß leichter darstellt, besonders bei p = 1 atm mit ln p = 0. Das grenzt die Anwendungsmöglichkeiten erheblich ein. Zu allgemeineren Berechnungen kann man sich der Gleichung

$$\Delta G_T = \Delta G_T^0 + \mathrm{R}T \ln K_p \tag{57}$$

bedienen, worin R die Gaskonstante (8,314 J/(mol·K)= 1,986 cal/(mol·K) ist und die Gleichgewichtskonstante K_p den Quotienten aus dem Produkt der Konzentrationen der Komponenten der rechten Seite und der linken Seite einer Reaktionsgleichung darstellt. Für die Gl. (46) ergäbe sich dann

$$K_p = \frac{[X]^x + [Y]^y}{[M]^m + [N]^n} \tag{58}$$

wobei die eckigen Klammern die Konzentrationen kennzeichnen. Für reine Feststoffe und Flüssigkeiten sind diese immer gleich Eins, entfallen also. Bei flüssigen und festen Lösungen ist mit den Aktivitäten a zu rechnen, die über die Aktivitätskoeffizienten γ nach $a = \gamma \cdot c$ mit den Konzentrationen c verbunden sind. Nur in verdünnten Lösungen ist $\gamma = 1$, also auch $a = c$. Schließlich ist bei Gasen der jeweilige Partialdruck einzusetzen und bei genaueren Berechnungen das nichtideale Verhalten der Gase zu berücksichtigen.

Wenn bei der Reaktion der Gl. (46) die Komponenten M, N und X fest sind und nur Y gasförmig ist, dann ist $K_p = p_Y{}^y$, und aus Gl. (57) wird

$$\Delta G_T = \Delta G_T^0 + RTy \ln p_Y , \tag{59}$$

woraus zu erkennen ist, daß sich bei den Berechnungen auch der Druck der Gase berücksichtigen läßt. Auch mit letzterer Gleichung kann man bei vorgegebenen Bedingungen (T und p) den Wert von ΔG_T berechnen und damit feststellen, in welcher Richtung die Reaktion ablaufen wird. Liegen die Bedingungen so, daß das Gleichgewicht erreicht ist, dann gilt auch hier $\Delta G_T = 0$, woraus folgt:

$$0 = \Delta G_T^0 + RT \ln K_p \quad \text{oder} \quad \ln K_p = -\frac{\Delta G_T^0}{RT} = \frac{\Delta S_T^0}{R} - \frac{\Delta H_T^0}{RT} \tag{60}$$

Daraus ergibt sich bei einer Reaktion fest → gasförmig die Dampfdruckgleichung

$$\ln p = A - \frac{\Delta H_V}{RT} \tag{61}$$

mit A = const und ΔH_V = Verdampfungswärme.

Aber nicht nur bei reinen Verbindungen, sondern auch bei Reaktionen ist es durch analoge Anwendung dieser Gleichungen möglich, die Höhe der auftretenden Drücke unter gegebenen Bedingungen zu berechnen. Der folgende Abschnitt bringt dazu einige Beispiele.

Mit den oben dargestellten relativ einfachen thermodynamischen Gleichungen kann man auch nur einfache Systeme erfassen und berechnen. Die Thermodynamik ist aber auch auf kompliziertere Systeme anwendbar. Dann muß man sich allerdings der statistischen Thermodynamik bedienen, wie es z.B. Schmalzried und Navrotsky [249] zeigen. Die spezielle Anwendung auf nichtstöchiometrische Oxide behandelt Sörensen [252]. Ferner kann man mittels unterschiedlicher Ansätze Mischungsregeln einbeziehen und auf höherkomponentige Mehrstoffsysteme extrapolieren.

Tabelle 37: Thermodynamische Daten einiger Elemente und Verbindungen

Substanz	Aggr.-zustand	$-\Delta H_{298°}$ kcal/mol	$S_{298°}$ cal/(mol·K)	Umwandlungs-temp. T_u K	Umwandlungs-wärme ΔH_u kcal/mol	Schmelz-temp. T_s K	Schmelz-wärme ΔH_m kcal/mol	Verdampfungs-temp. T_V K	Verdampfungs-wärme ΔH_V kcal/mol	Konstanten a	Konstanten $b \cdot 10^3$	Konstanten $c \cdot 10^{-5}$	Für Temp.-bereich K
Al	s	0	6,77	-	-	932	2,57	-	-	4,94	2,96	-	298- 932
	l			-	-			2600	67,9	7,00	-	-	932-1273
α-Al_2O_3	s	400,4	12,17	-	-	2300	28,3	-	-	24,82	6,278	-6,95	298- 800
	l			-	-	-	-	-	-	28,80	2,197	-11,56	800-2300
				-	-	-	-	-	-	34,62	-	-	>2300
γ-Al_2O_3	s	384,8	12,19	-	-	-	-	-	-	16,37	11,1	-	-
$Al_2O_3 \cdot 3H_2O$ (Gibbsit)	s	613,7	33,51	-	-	-	-	-	-	14,63	100,2	-	298- 700
$Al_2O_3 \cdot SiO_2$ (Andalusit)	s	619,5	22,28	-	-	-	-	-	-	41,71	5,847	-12,69	298-2000
$Al_2O_3 \cdot SiO_2$ (Kyanit)	s	620,1	20,03	-	-	-	-	-	-	42,21	5,939	-13,51	298-2000
$Al_2O_3 \cdot SiO_2$ (Sillimanit)	s	618,2	22,99	-	-	-	-	-	-	40,36	7,015	-11,95	298-2000
$3Al_2O_3 \cdot SiO_2$ (Mullit)	s	1629,8	65,7	-	-	-	-	-	-	120,33	8,39	-55,0	298-2023
$Al_2O_3 \cdot 2SiO_2 \cdot 2H_2O$ (Kaolinit)	s	964,47	48,5	-	-	-	-	-	-	65,49	33,17	-14,90	298- 700
$Al_2O_3 \cdot 2SiO_2$ (Metakaolinit)	s	792,7	32,8	-	-	-	-	-	-	54,85	8,8	-3,48	-
C(Graphit)	s	0	1,372	-	-	-	-	-	-	5,84	0,104	-7,56	1100-4400
CO	g	26,40	47,3	-	-	-	-	-	-	6,79	0,98	-0,11	298-2500
CO_2	g	94,05	51,1	-	-	-	-	-	-	10,55	2,16	-2,04	298-2500
Fe	s	0	6,49	1033	0,41	-	-	-	-	4,18	5,92	-	298-1033
				1180	0,22	-	-	-	-	9,0	-	-	1033-1180
				1673	0,15	-	-	-	-	1,84	4,66	-	1180-1673
				-	-	1808	3,86	-	-	10,5	-	-	1673-1808
	l			-	-	-	-	3010	85	14,5	-	-	>1808
FeO	s	63,5	14,2	-	-	1641	7,5	-	-	11,66	2,0	-0,67	298-1641
	l			-	-	-	-	2700	55	16,3	-	-	1641-1800
Fe_3O_4	s	268,0	35,0	900	0	1870	33,0	-	-	12,38	1,62	-0,38	298- 900
Fe_2O_3	s	197,3	20,9	-	-	-	-	-	-	23,49	18,6	-3,55	298- 953
H_2	g	0	31,21	-	-	-	-	-	-	6,52	0,78	0,12	298-3000
H_2O	l	68,32	16,75	-	-	273	1,436	373	9,82	11,2	7,17	-	273- 373
	g	57,80	45,13	-	-	-	-	-	-	7,17	2,56	0,08	298-2500
N_2	g	0	45,77	-	-	-	-	-	-	6,66	1,02	-	298-2500
O_2	g	0	49,02	-	-	-	-	-	-	7,16	1,0	-0,4	298-3000
Si	s	0	4,5	-	-	1685	12,0	-	-	5,46	0,922	-0,85	298-1685
	l			-	-	-	-	2750	71	6,5	-	-	1685-3500
SiO	g	22,2	50,55	-	-	-	-	-	-	-	-	-	-
SiO_2 (Quarz)	s	217,7	9,91	847	0,17	-	-	-	-	10,5	9,28	-2,31	298- 847
				-	-	-	-	-	-	14,08	2,4	-	847-1696
SiO_2 (Tridymit)	s	216,1	10,4	390	-	-	-	-	-	3,27	24,8	-	298- 390
				-	-	-	-	-	-	13,64	2,64	-	390-2000
SiO_2 (Cristobalit)	s	217,1	10,37	543	0,32	1996	1,4	-	-	11,21	7,53	-2,41	298- 543
				-	-	-	-	-	-	17,12	0,45	-9,34	543-1996
	l			-	-	-	-	-	-	20,5	-	-	>1996
SiO_2	Glas	216,2	11,2	-	-	-	-	-	-	13,38	3,68	-3,45	298-2000
SiC (kubisch)	s	17,5	3,97	-	-	-	-	-	-	12,14	0,47	-10,6	298-3250
Si_3N_4	s	178,0	27,0							18,25	26,06	-1,56*)	298-2150

*) $- 6.47 \cdot 10^{-6} \cdot T^2$

3.1.2 Anwendungsbeispiele

Die Anwendung der im vorangegangenen Kapitel angeführten Gleichungen setzt die Kenntnis der entsprechenden Größen in Abhängigkeit von der Temperatur oder der betreffenden Konstanten voraus. Man kann diese an vielen Stellen finden, auch in den eingangs des Kapitels 3.1 erwähnten Publikationen. Besonders erwähnt seien die von Stull und Prophet [253] herausgegebenen JANAF-Tables und das Tabellenwerk von Barin und Knacke [254], worin man nicht nur die Konstanten zur Temperaturabhängigkeit von C_p findet, sondern für viele Temperaturen die bereits ausgerechneten Werte von C_p, H, S und G.

Viele Literaturquellen geben die betreffenden Wärmen in cal bzw. kcal an; die Umrechnung in die SI-Einheit Joule (1 J = 0,2388 cal; 1 cal = 4,1868 J) ist nicht immer erfolgt. Um den Anschluß an diese Daten zu ermöglichen, wird in diesem Abschnitt ebenfalls noch mit den bisherigen Einheiten gearbeitet. Dies gilt meist auch für den Druck mit 1 atm = 1,01325 bar.

Tabelle 37 bringt die wichtigsten grundlegenden thermodynamischen Daten einer Auswahl von Elementen und Verbindungen, die für die Keramik interessant sind, während in Tabelle 38 die Freien Enthalpien für einige Temperaturen angeführt sind.

Zunächst soll die einfache Reaktion der Bildung von SiC aus den Elementen als Beispiel berechnet werden. Für Raumtemperatur liefert die Reaktion

$$\mathrm{Si+C} \rightleftharpoons \mathrm{SiC} \tag{62}$$

$$\Delta G_{298} = [-18684 - (-1341 - 409)]\ \mathrm{cal/mol} = -16934\ \mathrm{cal/mol},$$

d.h. SiC wird sich bilden. Analog ergibt sich z.B. für 1600K

$$\Delta G_{1600} = [-36926 - (-15037 - 7369)]\ \mathrm{cal/mol} = -14520\ \mathrm{cal/mol},$$

also auch dann SiC-Bildung. Sind die G-Werte nicht vorhanden, dann muß man sie berechnen. Das sei am Beispiel des Si für 1600 K gezeigt. Nach den Gln. (54) und (55) und Tabelle 37 erhält man

$$H^0_{1600} = [0 + 5{,}46\,(1600 - 298) + 0{,}461 \cdot 10^{-3}\,(1600^2 - 298^2)$$
$$+ 0{,}85\,10^5\,(1600 - 298)]\ \mathrm{cal/mol} = 8016\ \mathrm{cal/mol},$$

$$S^0_{1600} = [4{,}50 + 5{,}46\,(\ln 1600 - \ln 298) + 0{,}922 \cdot 10^{-3}\,(1600 - 298)$$
$$+ 0{,}425 \cdot 10^5\left(\frac{1}{1600^2} - \frac{1}{298^2}\right)]\ \mathrm{cal/(mol\,K)} = 14{,}41\ \mathrm{cal/(mol\,K)}\ \text{und}$$

$$G^0_{1600} = [8016 - 14{,}41 \cdot 1600]\ \mathrm{cal/mol} = -15040\ \mathrm{cal/mol}$$

in guter Übereinstimmung mit den entsprechenden Werten in Tabelle 38.

Tabelle 38: Freie Enthalpien G (in cal/mol) einiger Elemente oder Verbindungen

Substanz	Aggr.-Zustand	Bei T (in K)						
		298	1000	1200	1400	1600	1800	2000
α-Al_2O_3 (Korund)	s	− 404030	− 424807	− 433972	− 444162	− 455249	− 467134	− 479740
$Al_2O_3 \cdot SiO_2$ (Sillimanit)	s	− 625664	− 660733	− 675738	− 692348	− 710378	− 729688	− 750170
$3Al_2O_3 \cdot 2SiO_2$ (Mullit)	s	−1649418	−1745585	−1786320	−1831261	−1879872	−1931741	−1986545
C (Graphit)	s	− 409	− 3035	− 4305	− 5757	− 7369	− 9124	− 11008
CO	g	− 40497	− 77298	− 88658	− 100284	− 112144	− 124213	− 136473
CO_2	g	− 109275	− 150445	− 163544	− 177078	− 190997	− 205265	− 219854
H_2	g	− 9305	− 34750	− 42830	− 51160	− 59708	− 68451	− 77370
H_2O	g	− 71243	− 107198	− 118508	− 130161	− 142122	− 154365	− 166871
N_2	g	− 13646	− 49407	− 60461	− 71780	− 83330	− 95088	− 107035
O_2	g	− 14611	− 52780	− 64567	− 76633	− 88944	− 101474	− 114202
Si	s/l	− 1341	− 7264	− 9646	− 12245	− 15037	− 18818	− 23351
SiC (kubisch)	s	− 18684	− 25893	− 29186	− 32880	− 36926	− 41284	− 45923
α-Si_3N_4	s	− 186050	− 219412	− 232859	− 247646	− 263633	− 280704	− 298757
SiO	g	− 37264	− 77632	− 89147	− 100953	− 113043	− 125399	− 137991
SiO_2 (Quarz)	s	− 220655	− 234591	− 240450	− 246876	− 253802	—	—
SiO_2 (Cristobalit)	s	− 220192	− 234550	− 240489	− 246998	− 254002	− 261444	− 269283

Anhand von Tabelle 38 soll im nächsten Beispiel die Frage der Umwandlung von Sillimanit in Mullit geprüft werden nach

$$3(Al_2O_3 \cdot SiO_2) \rightleftharpoons 3Al_2O_3 \cdot 2SiO_2 + SiO_2.$$

Sillimanit Mullit Cristobalit

Dafür erhält man bei 1000 K: [-1745585 - 234550+ 3·(660733)] cal/mol = +2064 cal/mol, also einen positiven ΔG-Wert, der aussagt, daß bei 1000 K Sillimanit im obigen Sinn nicht reagiert. Für die Temperaturen (in K) 298/1000/1200/1400/1600 ergeben sich entsprechend die Freien Reaktionsenthalpien ΔG (in kcal/mol) zu +7,38 / +2,06 / +0,41 / -1,22 /-2,74. Daraus folgt, daß bei höheren Temperaturen die ΔG-Werte negativ werden, also obige Reaktion eintreten wird. Eine Interpolation zeigt, daß das ab etwa 1250 K der Fall sein wird, wo dann $\Delta G = 0$ ist.

Auf entsprechende Weise wurden weitere Reaktionen berechnet und die Ergebnisse graphisch in Bild 111 und Bild 112 dargestellt. Einige davon sind für die Keramik besonders interessant, sie sollen etwas näher erläutert werden. Beim Boudouardgleichgewicht $CO_2 + C \leftrightarrow 2\ CO$ ist bei $T = 978$ K = 705°C $\Delta G_T^0 = 0$, d.h. dort herrscht wirklich Gleichgewicht. Bei höheren Temperaturen ist CO stabil, während sich bei tieferen Temperaturen aus einer CO-Atmosphäre unter CO_2-Bildung C abscheidet. Diese Reaktion kann beim keramischen Brand zu Fehlern führen, wenn die Atmosphäre reduzierend eingestellt wird, ehe diese Temperatur überschritten ist.

Weiterhin ist Bild 112 zu entnehmen, daß die Reduktionsreaktionen des SiO_2 über den ganzen Temperaturbereich fast ausschließlich positive ΔG-Werte besitzen, daß also die Reaktionen der angegebenen Gleichungen nicht ablaufen, d.h. SiO_2 ist stabil. Hier ist aber die Einschränkung zu machen, daß allen diesen Gleichungen die Standardbedingungen zugrunde gelegt wurden. Es wird gleich gezeigt werden, daß bei Verringerung der Drücke der Komponenten der rechten Seiten die ΔG-Werte stark verringert werden können.

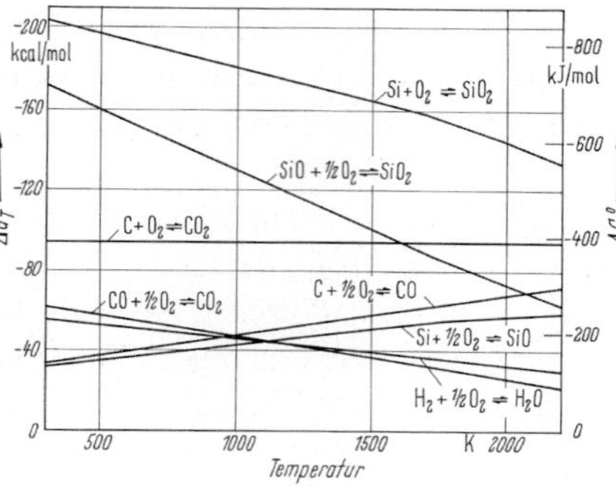

Bild 111: Freie Reaktionsenthalpien einiger Oxidationsreaktionen

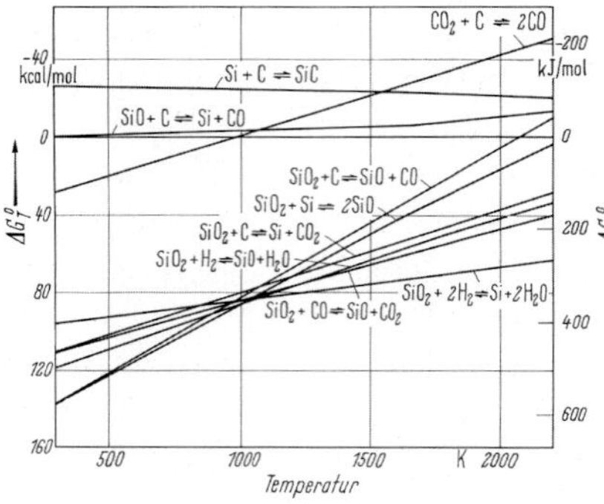

Bild 112: Freie Reaktionsenthalpien einiger Reduktionsreaktionen

Dann kann die Reihenfolge des Angriffs der Partner bei tiefer Temperatur eine andere als bei hoher Temperatur sein. Schließlich sei noch auf die Reaktion SiO + C $\rightleftharpoons$ Si + CO hingewiesen, die im ganzen Bereich negative ΔG-Werte besitzt, also nach rechts abläuft. Unter reduzierenden Bedingungen wird daher bevorzugt Si auftreten. Wirklich beobachtet man bei durch reduzierenden Brand schwarz verfärbten Produkten als Ursache der Schwarzfärbung oft Si. Dieses kann außerdem durch Zersetzung des SiO entstehen, das im ganzen Temperaturbereich instabil ist und sich nach 2 SiO_2 $\rightleftharpoons$ SiO_2 + Si zersetzt. Das ist die Umkehrung einer Reaktion von Bild 112, die dort immer positive ΔG-Werte zeigt, so daß die jetzt angeführte Reaktion immer negative ΔG-Werte hat.

Nur in seltenen Fällen liegen die gasförmigen Reaktionspartner unter dem Druck von 1 atm vor, so daß obige Angaben auch nur selten direkt anwendbar sind. Meist muß man auf Gl. (57) zurückgreifen. Als Beispiel sei die eben erwähnte Reaktion

$$SiO_2 + Si \rightleftharpoons 2SiO$$

betrachtet. Dann gilt nach den früheren Ausführungen

$$\Delta G_T = \Delta G_T^0 + RT\ln(p_{SiO})^2 = \Delta G_T^0 + 9{,}15T \lg p_{SiO}\,. \qquad (63)$$

Für einen vorgegebenen Druck von SiO kann man ΔG_T berechnen. Man kann aber auch fragen, welcher SiO-Druck sich bei verschiedenen Temperaturen einstellt. Da das ein Gleichgewicht voraussetzt, ist dann $\Delta G_T = 0$. und es gilt

$$\lg p_{SiO} = -\frac{\Delta G_T^0}{9{,}15T} \qquad (64)$$

Tabelle 39 bringt einige Werte. Danach ist bereits bei 1600 K (1327°C) mit einem deutlichen Dampfdruck von SiO zu rechnen. Ist bei dieser Temperatur der SiO-Druck in der Atmosphäre kleiner als 1,2 mbar, dann ergibt sich nach Gl. (57) oder Gl. (63) ein negativer Wert von ΔG_T, und die Reaktion läuft nach rechts zur Seite der SiO-Bildung. Wird der Druck ständig klein gehalten, z.B. durch Anlegen eines Vakuums oder durch Kondensation des SiO an einer kälteren Stelle der Apparatur oder des Ofens, dann läuft die Reaktion bis zum Verbrauch einer der beiden Ausgangskomponenten weiter. Für andere Reduktionsmittel kann man analoge Berechnungen durchführen. Immer ergibt sich, daß SiO_2 bei höheren Temperaturen relativ leicht reduziert werden kann.

Wie verhält sich demgegenüber SiO_2 allein bei hohen Temperaturen? Diese Frage stellt zugleich die Frage nach dem Dampfdruck von SiO_2 dar. Nach Gl. (61) läßt sich der Dampfdruck berechnen, wenn die thermodynamischen Daten für die feste, flüssige und gasförmige Phase bekannt sind. Für letztere ist das leider nicht der Fall. Schick [255] hat den Dampfdruck von SiO_2 bei 2000 K zu 10^{-7} bar und bei 3000 K zu 10^{-1} bar abgeschätzt.

Tabelle 39: SiO-Gleichgewichtsdrücke der Reaktion $SiO_2 + Si \rightleftharpoons 2SiO$

Temperatur K	lg p_{SiO}	p_{SiO} atm	p_{SiO} Pa
1000	-9,459	$3,5 \cdot 10^{-10}$	$3,5 \cdot 10^{-5}$
1200	-6,543	$2,9 \cdot 10^{-7}$	$2,9 \cdot 10^{-2}$
1400	-4,476	$3,3 \cdot 10^{-5}$	3,4
1600	-2,934	$1,2 \cdot 10^{-3}$	118
1800	-1,789	$1,63 \cdot 10^{-2}$	1650
2000	-0,910	$1,23 \cdot 10^{-1}$	12500

Diese Drücke sind so klein, daß sich bei den hohen Temperaturen die Dissoziationsreaktionen $SiO_2 \rightleftharpoons 2SiO + \frac{1}{2}O_2$ und auch $O_2 \rightleftharpoons 2O$ viel stärker bemerkbar machen. Aus diesen Reaktionen ist gleichzeitig zu entnehmen, daß eine Abhängigkeit vom vorgegebenen O_2-Partialdruck bestehen muß; denn mit steigendem O_2-Druck verschiebt sich die Reaktion $SiO_2 \rightleftharpoons SiO + \frac{1}{2}O_2$ nach links. Bild 113a zeigt die sich über SiO_2 einstellenden Partialdrücke, ausgehend vom Vakuum, während Bild 113b die Verhältnisse in Luft darstellt. Man kann die Unterschiede deutlich feststellen. Der Druck von 1,013 bar, d.h. die Siedetemperatur wird über SiO_2 bei etwa 3100 K erreicht. Diese Angaben zeigen, daß SiO_2 zur Anwendung bei höchsten Temperaturen nicht geeignet ist. Man muß dann andere Materialien verwenden.

Ein interessanter Werkstoff ist das Siliciumnitrid Si_3N_4. Im Hinblick auf obige Überlegungen erhebt sich auch hier die Frage nach seiner thermischen Stabilität bzw. seiner Dissoziationstendenz nach

$$Si_3N_4 \rightleftharpoons 3Si + 2N_2.$$

Mit den Werten der Tabelle 38 erhält man für 1000 K eine Freie Enthalpie von +98,8 kcal/mol, die gute Stabilität verspricht. Aber bei 2000 K ist die Freie Enthalpie bereits auf +13,6 kcal/mol abgesunken, d.h., der Gleichgewichtspartialdruck von N_2 ist schon auf etwa 180 mbar angestiegen. Weitere Diskussionen des

Verhaltens von Si_3N_4 aufgrund thermodynamischer Daten findet man bei Colquhoun u. M. [256] und Singhal [257].

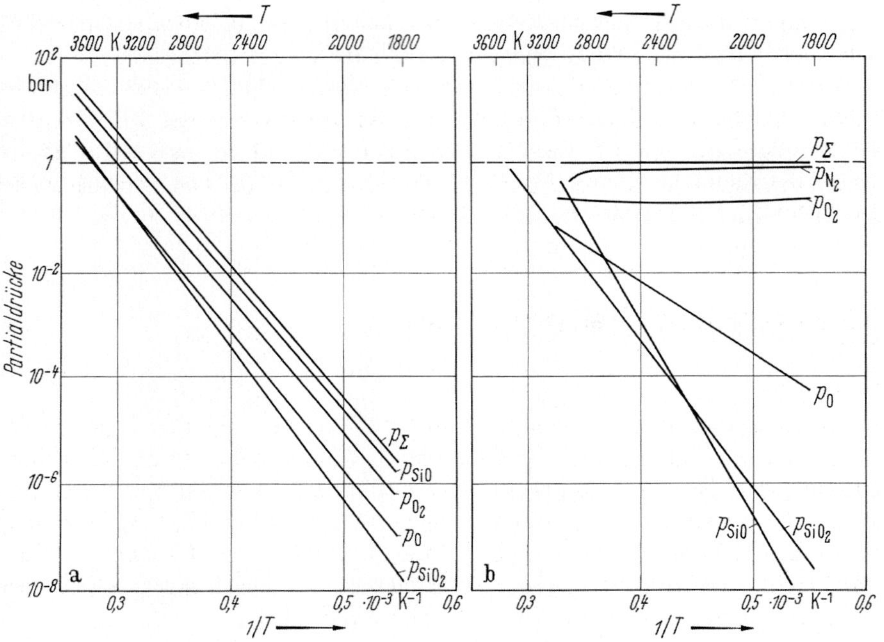

Bild 113: Partialdrücke über (a) reinem SiO_2 und (b) über SiO_2 in Luft von 1,013 bar nach Schick [255]

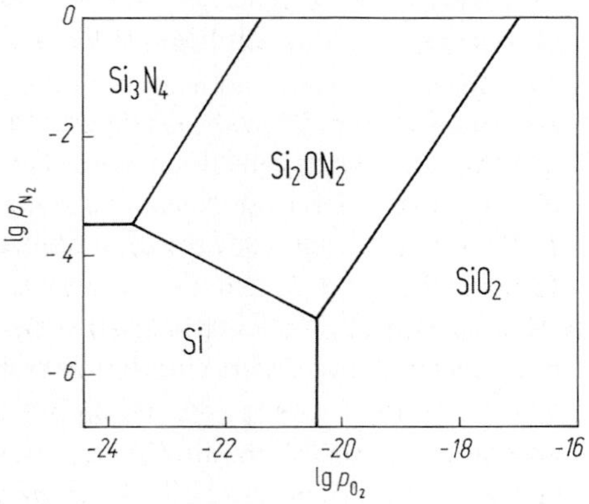

Bild 114: Stabilitätsdiagramm des Systems Si-N-O bei 1600 K (p in bar)

Besonders aufschlußreich ist das Stabilitätsdiagramm von Bild 114, aus dem sich eine geringe Widerstandsfähigkeit des Si_3N_4 gegenüber O_2 ergibt. Das wesentlich andere Verhalten in der Praxis beruht auf der Ausbildung von Schutzschichten aus SiO_2, die eine weitere Reaktion hemmen.

Die Möglichkeiten, weitere Auskünfte aus thermodynamischen Berechnungen zu erhalten, sind sehr groß. Die sinnvolle Anwendung der angeführten Gleichungen kann oft darüber Auskunft geben, ob geplante Versuche Aussicht auf Erfolg haben, oder auf welche Reaktionen Schadensfälle zurückzuführen sind.

An einigen späteren Stellen dieses Buches werden weitere Anwendungsmöglichkeiten aufgezeigt. Hier sei nochmals auf die Arbeit von Kingery und Wygant [250] verwiesen, wo z.B. berechnet wird, ob man Nickel in Al_2O_3-Gefäßen schmelzen kann oder wie groß das H_2/H_2O-Verhältnis in der Ofenatmosphäre bei der Reduktion von CuO in Glasuren sein muß.

3.2 Heterogene Gleichgewichte

In den vorangegangenen Abschnitten wurde mehrfach erwähnt, daß die thermodynamischen Gleichungen nur auf Gleichgewichte anwendbar sind. Ein stabiles Gleichgewicht liegt dann vor, wenn sich die Konzentrationen der beteiligten Substanzen bei gegebenen äußeren Bedingungen (Temperatur und Druck) in beliebig langer Zeit nicht mehr ändern. Es ist jedoch zu prüfen, ob ein Gleichgewichtszustand nicht durch eine sehr geringe Reaktionsgeschwindigkeit vorgetäuscht wird, wie es bei einigen keramischen Systemen beobachtet wird.

Die an einem Gleichgewicht beteiligten Substanzen können in mehreren Phasen vorkommen. Ist ein System vollkommen einheitlich, hat also überall gleiche physikalische Eigenschaften und gleiche chemische Zusammensetzung, dann spricht man von einem homogenen Gleichgewicht. Das tritt auf, wenn nur Gasphase oder nur eine flüssige Phase, z.B. eine Schmelze, vorhanden ist. Im anderen Fall, bei Anwesenheit mehrere chem. Verbindungen oder *Aggregatzustände* einer Verbindung, spricht man von einem heterogenen Gleichgewicht.

Bei den thermodynamischen Betrachtungen der Reaktionen im vorangegangenen Kapitel wurde gezeigt, daß das Gleichgewicht erreicht ist, wenn die Freie Reaktionsenthalpie verschwindet, also $\Delta G = 0$ wird. Erweitert man diese Betrachtungen auf Systeme, an denen flüssige Phasen, d.h. Schmelzen beteiligt sind, dann bedeutet dies, daß man auch deren Freie Enthalpie in Abhängigkeit von der Zusammensetzung kennen muß. Zu ihrer Berechnung gibt es einige Ansätze. Besonders interessant und wichtig ist der individuelle Beitrag, den eine bestimmte Komponente i zum Gesamtwert liefert. Man erhält diese sog. partiellen molaren Größen, die mit einem Querstrich gekennzeichnet werden, durch Bildung des Differentials bei Konstanthaltung der übrigen Zustandsgrößen. Im Falle der Freien Enthalpie wird diese Größe als chemisches Potential μ bezeichnet. Es gilt also:

$$\left(\frac{\partial G}{\partial n_i}\right)_{p,T,n} = \bar{G}_i = \mu_i \qquad (65)$$

Es läßt sich damit sehr einfach zeigen, daß Gleichgewicht zwischen zwei Komponenten dann vorliegt, wenn deren chemische Potentiale gleich sind, also z.B. $\mu_A = \mu_B$ ist.

Zur Beurteilung und Untersuchung von Gleichgewichten wendet man die *Gibbssche Phasenregel* an. Sie ist auch eine große Hilfe bei der Aufstellung und Auswertung von Phasendiagrammen. In den nächsten Abschnitten wird das im einzelnen erörtert, wobei hier im wesentlichen auf die allgemeinen Gesichtspunkte eingegangen wird, während spezielle Anwendungen in späteren Kapiteln zu finden sind.

3.2.1 Phasenregel

Die Materie kann in die *Aggregatzustände* gasförmig, flüssig und fest gegliedert werden. Da Gase in allen Verhältnissen mischbar sind, gibt es immer nur eine Gasphase, dagegen können mehrere flüssige und feste Phasen gleichzeitig vorhanden sein. Ganz allgemein spricht man von einer *Phase*, wenn dieser Anteil in sich chemisch und im Aggregatzustand homogen ist, aber von anderen Anteilen durch Grenzflächen räumlich getrennt ist, so daß im Prinzip eine mechanische Abtrennung möglich ist.

Im Gleichgewicht können nicht beliebig viele Phasen nebeneinander vorliegen. Thermodynamische Ableitungen führten Gibbs zu der nach ihm benannten Phasenregel

$$P + F = K + 2, \tag{66}$$

die den Zusammenhang zwischen Anzahl der Phasen P, Anzahl der Freiheitsgrade F und Anzahl der Komponenten K angibt. Die Anzahl der Freiheitsgrade F ist gleich der Anzahl der veränderlichen *Zustandsfaktoren* Temperatur, Druck und Konzentration der Komponenten. Durch willkürliche Festlegung dieser Größen wird der Zustand des Systems vollständig bestimmt. K ist die Anzahl der voneinander unabhängigen Komponenten des Systems, die mindestens zum Aufbau des Systems notwendig sind. Es ist noch wichtig, darauf hinzuweisen, daß in die Phasenregel zwar die Konzentrationen, aber nicht die absoluten Mengen der Phasen eingehen. Kommt man in atomare Größenordnungen, in denen die Eigenschaften von der Größe der Phasen abhängig werden, dann erreicht man auch die Grenzen der Anwendbarkeit der Phasenregel.

Aus der Gibbsschen Phasenregel leitet sich ab, daß in einem System mit K Komponenten die Anzahl der gleichzeitig anwesenden Phasen P höchstens $K + 2$ sein kann. Es ergibt sich ferner, daß die Anzahl der verfügbaren Freiheitsgrade F um so geringer wird, je größer die Anzahl der Phasen ist.

Nach der Anzahl der verfügbaren Freiheitsgrade kann man in verschiedene Systeme gliedern. Ist $F = 0$, dann spricht man von einem invarianten oder nonvarianten System. Ist $F = 1$, 2 oder 3 usw., dann werden die Systeme als uni-, di- oder trivariant usw. bezeichnet. Häufiger ist die Gliederung nach der Anzahl der Komponenten, indem man Systeme mit $K = 1, 2, 3, \ldots$ Ein-, Zwei-, Drei-, ...-stoffsysteme oder unäre, binäre, ternäre, ... Systeme nennt.

Als einführende Werke über die Phasenregel seien die von Findlay [258] und von Eitel [259] angeführt. Übersichtsartikel findet man in der von Alper [260] herausgegebenen Reihe, in der Rao [261] die Thermodynamik behandelt. Auf letztere gehen auch Schmalzried und Navrotsky [249] ein; die nun schon über hundert Jahre alte Entwicklung der Phasenregel erörtern Petzow und Henig [262].

Für Systeme mit einer Komponente (unäre oder Einstoffsysteme) vereinfacht sich die Phasenregel zu

$$P + F = 3.$$

Da mindestens eine Phase vorhanden ist, sind höchstens zwei Freiheitsgrade vorhanden: Temperatur und Druck. Die Gleichgewichtsbedingungen lassen sich am besten in einem Diagramm mit diesen Freiheitsgraden als Koordinaten darstellen, wie es in Bild 115 geschehen ist. Man bezeichnet ein derartiges Diagramm, das das Verhalten einer bestimmten Zusammensetzung darstellt, auch als *isoplethes Diagramm.*

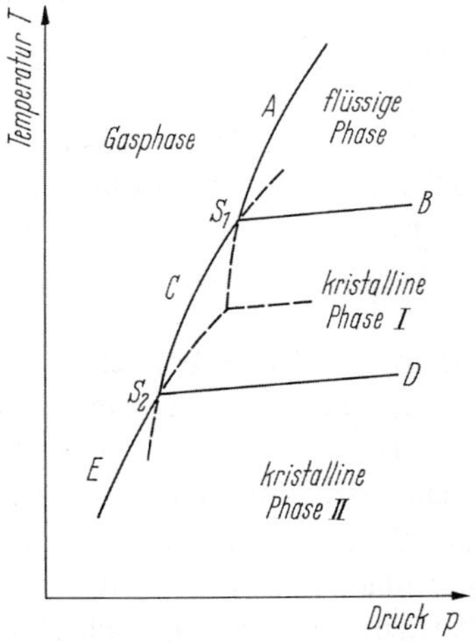

Bild 115: Zustandsdiagramm eines Einstoffsystems

Wählt man eine beliebige Temperatur und einen beliebigen Druck, dann hat man zwei Freiheitsgrade festgelegt, und mit $F = 2$ wird $P = 1$, d.h., es ist nur eine Phase stabil. In Bild 115 befindet man sich dann innerhalb der Fläche einer der Phasen. Will man gleichzeitig zwei Phasen nebeneinander vorliegen haben, z.B. flüssige und Gasphase, darf man nur einen Freiheitsgrad festlegen, entweder den Druck oder die Temperatur. Der andere Freiheitsgrad wird dann durch die Kurve *A* bestimmt, die die Gleichgewichte zwischen Flüssigkeit und Gasphase angibt, also die Dampfdruckkurve darstellt. Das gilt auch für das Gleichgewicht zwischen kristalliner und flüssiger Phase, die Kurve *B*, auf der die Schmelzpunkte liegen. Danach ist die Schmelztemperatur druckabhängig. In Bild 115 steigt die Schmelztemperatur mit zunehmendem Druck. Diese Erscheinung ist die Regel. Eine Ausnahme bildet z.B. H_2O, wo die Kurve *B* nach unten geneigt ist, die Schmelztemperatur daher mit steigendem Druck sinkt (Kapitel 3.3.1.3). Schließlich stellt Kurve *C* eine Sublimationskurve dar.

In dem Schnittpunkt S_I der Kurven *A*, *B* und *C* sind alle drei Phasen nebeneinander stabil. Mit $P = 3$ wird $F = 0$, so daß dieser Fall nur bei einer bestimmten Temperatur und einem bestimmten Druck gegeben ist. Man nennt diesen in- oder nonvarianten Punkt auch Tripelpunkt. Jede Abweichung von dieser Temperatur oder diesem Druck führt zwangsläufig zum Verschwinden einer Phase.

Die verschiedenen Kurven in Bild 115 werden quantitativ durch die *Clausius-Clapeyronsche Gleichung*

$$\frac{\mathrm{d}p}{\mathrm{d}T} = \frac{\Delta H}{T\left(V_2 - V_1\right)} \tag{67}$$

erfaßt, in der ΔH die Verdampfungs-, Schmelz- oder Sublimationswärme und *V* die Molvolumina der beteiligten Phasen darstellen. Beim Übergang von einer kondensierten (festen oder flüssigen) Phase in die Gasphase kann man das Volumen der ersteren Phase vernachlässigen. Da nach dem Gasgesetz $V = \mathrm{R} \cdot T/p$ ist, wird damit aus Gl. (67)

$$\frac{\mathrm{d}p}{\mathrm{d}T} = \frac{p\Delta H}{\mathrm{R}T^2} \quad \text{oder} \quad \ln p = K - \frac{\Delta H}{\mathrm{R}T} \tag{68}$$

die bereits aus Gl. (61) bekannte Dampfdruckgleichung. Beim Übergang fest → flüssig kann man diese Vernachlässigung nicht anwenden, aber die Volumendifferenz beider Phasen ist meist gering, so daß im allgemeinen die Druckabhängigkeit der Schmelztemperatur ebenfalls gering ist.

In Bild 115 wurde eine Modellsubstanz gewählt, die im festen Zustand bei tieferen Temperaturen eine *polymorphe Umwandlung* in eine andere Modifikation zeigt. Die Umwandlungstemperaturen liegen auf der Kurve *D*, während das Gleichgewicht der kristallinen Phase II mit der Gasphase die Sublimationskurve *E* zeigt. Die beiden kristallinen Phasen bilden mit der Gasphase den weiteren Tripelpunkt S_2. Nach der Phasenregel ist es nicht möglich, daß alle vier Phasen gleichzeitig auftreten. Bild 115 zeigt, daß im stabilen Gleichgewicht kristalline Phase II, flüssige und Gasphase nicht gemeinsam vorliegen können. Letzteres ist aber bei metastabilen Gleichgewichten möglich, die durch die gestrichelten Kurvenzüge gekennzeichnet sind. Danach kann es vorkommen, daß man beim Abkühlen aus der flüssigen Phase sofort die kristalline Phase II erhält.

Ganz allgemein kann man feststellen, daß diejenige kondensierte Phase bei einer bestimmten Temperatur die stabile Phase ist, die den geringsten Dampfdruck hat.

Die in Bild 115 dargestellte Umwandlung der kristallinen Phasen ist reversibel. Sie wird als *enantiotrope Umwandlung*, die Erscheinung als *Enantiotropie* bezeichnet. Es gibt aber noch eine andere Art der Umwandlung, indem die zweite kristalline Phase im ganzen Temperaturbereich einen höheren Dampfdruck hat, also metastabil ist. Die Verlängerung dieser Kurve schneidet sich mit der verlängerten Sublimationskurve der stabilen Modifikation erst oberhalb der Schmelztemperatur. Dann ist nur der Übergang kristalline Phase II → I möglich, nicht umgekehrt. Die Umwandlung ist also *irreversibel* und wird als *monotrope Umwandlung* bezeichnet.

Das Auftreten metastabiler Phasen ist in der Praxis meist durch eine geringe Bildungsgeschwindigkeit der neuen, eigentlich stabilen Phase bedingt, also eine Frage der Kinetik (Kapitel 3.4). Besteht bei gegebenen Bedingungen die Möglichkeit, daß sich z.B. zwei feste Phasen bilden können, dann wird oft beobachtet, daß sich zunächst die energiereichere metastabile Phase bildet. Dieses Verhalten wird als *Ostwaldsche Stufenregel* bezeichnet, ist aber kein Gesetz.

Umwandlungserscheinungen beobachtet man in vielen keramisch wichtigen Systemen. Es sind meist enantiotrope Umwandlungen. Die Umwandlungsgeschwindigkeiten sind manchmal sehr langsam, was meist strukturbedingt ist. So führen rekonstruktive Umwandlungen (Kapitel 2.3.2.4.1) leicht zu metastabilen Phasen, während displazive Umwandlungen immer sofort ablaufen.

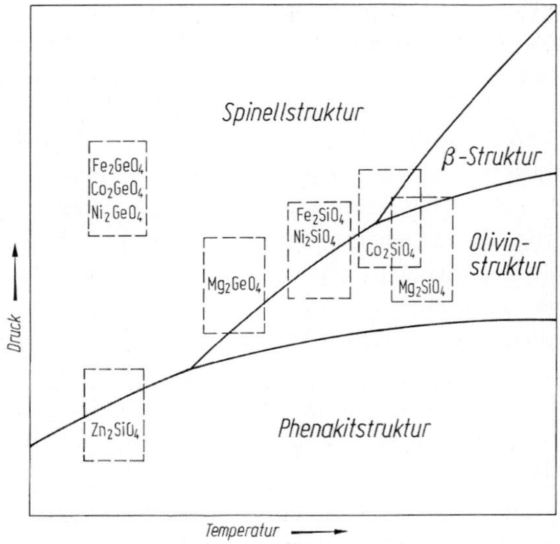

Bild 116: *p-T*-Diagramm einer hypothetischen Substanz AB_2O_4 relativ zum Verhalten einiger Silicate und Germanate nach Schmalzried und Navrotsky [249]

Bei sehr hohen Drücken treten oft neue kristalline Phasen auf, so daß Bild 115 erweitert werden muß. Nach der Phasenregel können aber auch dann höchstens drei Phasen gleichzeitig stabil sein, was durch neue Tripelpunkte gekennzeichnet wird.

Das Arbeiten mit hohen und höchsten Drücken hat nach den klassischen Experimente von Bridgman rasche Fortschritte gemacht. Man kann ganz allgemein sagen, daß mit steigendem Druck diejenige Modifikation stabil wird, die eine größere Dichte hat, wobei sich oft die Koordinationszahl erhöht. In Bild 116 ist das Verhalten einiger Orthosilicate bzw. -germanate dargestellt (Phenakit = Be_2SiO_4, β-Struktur = modifizierte Spinellstruktur). Bei der Umwandlung von der Phenakit- in die Spinellstruktur findet eine Volumenabnahme von etwa 12

cm^3/mol statt, in die Olivinstruktur von etwa 3,5 cm^3/mol. Das gesamte Diagramm zeigt das mögliche Verhalten einer hypothetischen Substanz AB_2O_4. Weiterhin beeinflußt hoher Druck auch die Fehlordnung und damit alle die Eigenschaften, die davon abhängen [263].

3.2.2 Phasendiagramme

Das im vorangegangenen Abschnitt erläuterte Einstoffsystem bereits ein sogenanntes *Zustands-*, *Gleichgewichts-* oder *Phasendiagramm* dar. Die Phasenregel dient dabei als Grundlage der nachfolgend zu besprechenden Systeme mit mehreren Komponenten.

In der Keramik sind besonders die Schmelzgleichgewichte wichtig. Zu ihrer Bestimmung bedient man sich meist der Abschreckmethode, indem man die Probe bis zur Gleichgewichtseinstellung auf der Versuchstemperatur beläßt und dann sehr schnell auf eine so tiefe Temperatur abschreckt, daß das Gleichgewicht der hohen Temperatur eingefroren wird. Anschließend erfolgt die mikroskopische und/oder röntgenographische Untersuchung. Diese Methode hat sich vor allem bei silicatischen Systemen bewährt, bei denen eine flüssige Phase nach dem Einfrieren als Glasphase erscheint. Ist ein Einfrieren nicht möglich, dann kann die thermische Analyse herangezogen werden. Beim Abkühlen von Schmelzen kann man aus den Haltepunkten oder dem Verlauf der Temperaturkurve Rückschlüsse auf das Phasendiagramm ziehen. Weiterhin sind alle die Methoden anwendbar, die bei höheren Temperaturen bestimmte Eigenschaften messen, wie z.B. Hochtemperaturröntgenographie, -mikroskopie, -zentrifugieren oder Differentialthermoanalyse. Diese und weitere Methoden beschreiben ausführlich MacChesney und Rosenberg [264].

In der Keramik wird meist bei Atmosphärendruck gearbeitet, so daß bereits ein Freiheitsgrad vorgegeben ist. Bei den geringen Dampfdrücken der keramischen Systeme heißt das, daß keine Gasphase mehr vorhanden ist. Die Phasenregel wird dadurch modifiziert zu

$$P + F' = K + 1, \tag{69}$$

worin F' die Anzahl der Freiheitsgrade ohne dem Druck darstellt. Nach Gl. (69) ist in binären Systemen ($K = 2$) die maximale Zahl der Phasen im Gleichgewicht $P = 3$, oder beim Vorliegen nur einer Phase hat man zwei Freiheitsgrade (Temperatur und Konzentration). In ternären Systemen ($K = 3$) können vier Phasen in einem invarianten Punkt auftreten, also Schmelze mit drei kristallinen Phasen im Gleichgewicht stehen. Hat man hier nur eine Phase, dann stehen drei Freiheitsgrade zur Verfügung: Temperatur und die Konzentration zweier Komponenten, womit auch die Konzentration der dritten Komponente festgelegt ist.

Tabelle 40: Beziehungen in Mehrkomponentensystemen auf Grundlage der Gl. (69)

Anzahl Freiheitsgrade	Geometrische Darstellung	Anzahl an festen Phasen im Gleichgewicht mit Schmelze in Systemen mit				
		2 binär	3 ternär	4 quaternär	5 quinär	*n*-Komponenten
0 invariant	Punkt	2	3	4	5	*n*
1 univariant	Kurve	1	2	3	4	*n*-1
2 divariant	Fläche	0	1	2	3	*n*-2
3 trivariant	Volumen	-	0	1	2	*n*-3
4 tetravariant	4-dimensional	-	-	0	1	*n*-4
5 pentavariant	5-dimensional	-	-	-	0	*n*-5

Entsprechende Folgerungen kann man für Systeme mit mehr Komponenten ziehen. Tabelle 40 bringt eine Übersicht in Anlehnung an Levin u. M. [265], aus der sich u. a. ergibt, daß mit einer Zunahme der Freiheitsgrade die Zahl der Phasen abnimmt. Hilfreich können die senkrechten und diagonalen Zusammenhänge sein. Findet man z.B. in einem ternären System eine (Liquidus-)Fläche, so ist diese nach Tabelle 40 divariant, und neben der Schmelze ist eine feste Phase im Gleichgewicht. Zwei solcher Flächen bilden die darüber stehende univariante Kurve mit zwei festen Phasen. Diese Kurve mündet am Rande in den in Tabelle 40 schräg links oben liegenden Punkt, der jetzt invariant ist, da im Randsystem eine Komponente weniger vorhanden, das System also nur noch binär ist.

Ausführliche Darstellungen findet man in der Buchreihe von Alper [260], dort vor allem in der Übersicht von Yeh [266], sowie bei Hinz [2], während Hinweise auf die Anwendung u.a. Tiller [267] und White [175] geben. Didaktisch modernere Einführungen in die Phasenregel und Diskussionen keramischer und mineralogischer Phasendiagramme präsentieren Berard [268], Hummel [269], Bergeron [270] und Rath [271].

Zweistoffsysteme. Systeme mit zwei Komponenten werden graphisch meist so dargestellt, daß in einem rechtwinkligen Koordinatensystem auf der Ordinate die Temperatur und auf der Abszisse die Zusammensetzung aufgetragen wird. Letztere wird als Gew.-%, Mol-% (jeweils von 0 bis 100) oder als Molenbruch x (von 0 bis 1) einer Komponente angegeben. Will man noch den dritten Freiheitsgrad, den Druck, berücksichtigen, dann muß man zu einem räumlichen Koordinatennetz übergehen.

Damit befinden sich die Schmelztemperaturen der beiden reinen Komponenten auf den Ordinaten. Für die Abhängigkeit der Schmelztemperatur der Komponente A bei Zugabe der Komponente B gilt die Beziehung

$$\frac{dT}{dx_A} = \frac{\mathrm{R}T^2}{\Delta H_S x_A} \qquad (70)$$

oder aufgelöst

$$\frac{1}{T_x} = \frac{1}{T_S} - \frac{R \ln x_A}{\Delta H_S} \tag{71}$$

mit x_A = Molenbruch der Komponente A, T_s = Schmelztemperatur der reinen Komponente A, T_x = Schmelztemperatur der Zusammensetzung x_A und ΔH_S = Schmelzwärme der reinen Komponente A. Mit steigendem Gehalt an B, also mit abnehmendem x_A, wird T_x kleiner, d.h., es tritt eine Schmelzpunkterniedrigung ein.

Ebenso wird auch die Schmelztemperatur von B durch Zugabe von A herabgesetzt. In einem binären System A-B werden sich im einfachsten Fall die Kurven der Schmelztemperaturen an einem bestimmten Punkt treffen, dem *Eutektikum*. Bild 117a zeigt ein solches einfaches System. Die Schmelztemperaturen der reinen Komponenten sind $T_{s,A}$ und $T_{s,B}$. Die von diesen Temperaturen ausgehenden Kurvenzüge zeigen die Temperaturen an, bei denen eine Schmelze bestimmter Zusammensetzung bei der Abkühlung die ersten Kristalle zeigt oder beim Aufheizen die letzten Kristalle gerade verschwinden. Diese Temperaturen werden als *Liquidustemperaturen*, deren Abhängigkeit von der Zusammensetzung als Liquiduskurven bezeichnet (in Bild 117a die Kurven $T_{s,A}$-E und $T_{s,B}$-E). Beide Liquiduskurven treffen sich im Eutektikum E.

Die Anwendbarkeit von Gl. (70) setzt ideales Verhalten voraus, was nur bei geringen Konzentrationen an B erfüllt ist. Trotzdem kann man bei Kenntnis der Schmelzwärmen danach binäre Systeme theoretisch berechnen, wie Knapp [272], Reichelt und Gross [273] und Barron [274] an einigen Beispielen gezeigt haben. Umgekehrt verwendet man Gl. (70) oft zur Bestimmung der Schmelzwärme.

Die Ausscheidungsfolge innerhalb eines binären Systems soll am Beispiel der Zusammensetzung Z in Bild 117a erläutert werden. Bei T_1 ist die Temperatur so hoch, daß nur Schmelze vorliegt. Nach der modifizierten Phasenregel der Gl. (48) für binäre Systeme $P + F' = 3$ sind Temperatur und Zusammensetzung beliebig wählbar. Erniedrigt man die Temperatur bis zum Erreichen der Liquiduskurve bei T_2, dann ist ein Freiheitsgrad festgelegt, d.h., die Zahl der Phasen erhöht sich auf zwei; es beginnt die Kristallisation von A. Durch diese Kristallisation verarmt die Schmelze an A, d.h., sie wird B-reicher, wobei die Liquidustemperatur weiter erniedrigt wird. Mit sinkender Temperatur bewegt sich die Zusammensetzung der Schmelze entlang der Liquiduskurve $T_{s,A}$-E. Schließlich wird das Eutektikum E erreicht, bei dem die Temperatur und die Zusammensetzung feste Werte sind, also ein invarianter Punkt vorliegt. Hier kristallisiert die Restschmelze unter zusätzlicher Ausscheidung von B. Damit sind bei E die drei Phasen A, B und Schmelze miteinander im Gleichgewicht. Bei noch tieferen Temperaturen verschwindet die flüssige Phase, und es sind nur noch die beiden kristallinen Phasen A und B nebeneinander vorhanden. Sie bilden ein Gemisch, keine Verbindung. In einem binären System ist flüssige Phase beim Abkühlen bis zur oder beim Aufheizen ab der eutektischen Temperatur T_E vorhanden. Bei diesem Aufheizen treten obige Vorgänge in umgekehrter Reihenfolge auf. Das Gemisch aus A und B der Zusammensetzung *Z* bildet bei T_E die erste Schmelzphase, die die Zusammensetzung E hat. Erst wenn sich bei weiterer Wärmezufuhr alles B aufgelöst hat, steigt die

Temperatur weiter an, wobei der Anteil der festen Phase A immer geringer und die Schmelze immer A-reicher wird. Bei T_2 ist schließlich alles aufgeschmolzen.

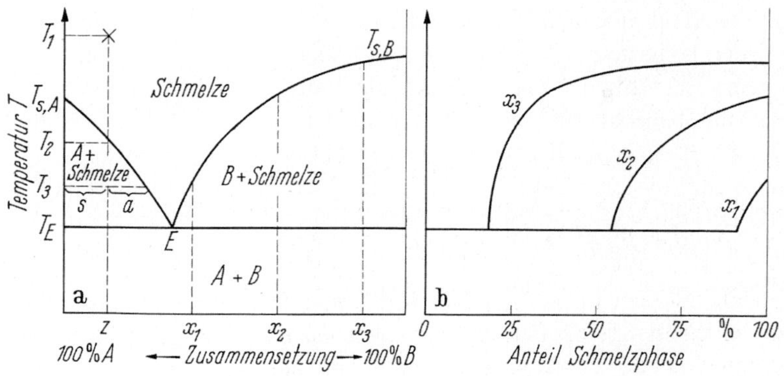

Bild 117: (a) Einfaches binäres System mit einem Eutektikum und (b) Temperaturabhängigkeit des Schmelzphasenanteils einiger Zusammensetzungen

Die im Gleichgewicht vorliegenden Phasen für einen bestimmten Zustand kann man aus einem solchen Diagramm ablesen, wenn man diesen Zustand in dem System aufsucht. So befindet man sich z.B. mit der Zusammensetzung Z bei der Temperatur T_3 im Zweiphasengebiet A + Schmelze. Ganz allgemein findet man diese Phasen, wenn man von dem Zustandspunkt links und rechts die nächstliegenden Phasen sucht, die die Feldergrenzen darstellen. In diesem Beispiel sind es links die feste Phase A (gekennzeichnet durch die Ordinate A) und rechts die Schmelze auf der Liquiduskurve $T_{s,A}$-E, deren Zusammensetzung durch den Schnittpunkt mit der von T_3 ausgehenden Waagerechten gegeben ist.

Zur Bestimmung des Anteils der Phasen dient die *Hebelregel*

$$a : s = \% \text{ A} : \% \text{ Schmelze}, \tag{72}$$

deren Anwendung für eine beliebige Temperatur T_3 aus Bild 117a zu entnehmen ist. Für die drei Zusammensetzungen x_1, x_2 und x_3 wurden danach die Anteile an Schmelzphase berechnet. Aus Bild 117b kann man erkennen, daß der Anteil an Schmelzphase um so größer ist, je näher die Zusammensetzung am Eutektikum liegt und daß die Zunahme an Schmelzphase mit steigender Temperatur um so stärker ist, je flacher die Liquiduskurve verläuft. Eine einfachere Berechnungsweise wird bei den unten folgenden ternären Systemen gezeigt werden.

In vielen binären Systemen treten binäre Verbindungen auf, wie Bild 118 am Beispiel des Systems K_2O-SiO_2 zeigt. Obwohl hier noch die binären Verbindungen $K_2O{\cdot}SiO_2$, $K_2O{\cdot}2SiO_2$ und $K_2O{\cdot}4SiO_2$ vorhanden sind, bleibt doch die Zahl der Komponenten $K = 2$, da diese Verbindungen aus den beiden Komponenten K_2O und SiO_2 aufgebaut werden können. Aus Bild 118 ist zu erkennen, daß alle drei Verbindungen bei der Liquidustemperatur mit der Schmelze gleicher Zusammensetzung im Gleichgewicht sein können. Man spricht dann von einem *kongruenten Schmelzpunkt*. Kongruent schmelzende Verbindungen verhalten sich wie ein

Einstoffsystem; ihre Schmelztemperaturen stellen im binären System invariante Punkte dar.

Dies ist in Übereinstimmung mit der Phasenregel; denn jede Verbindung ist durch ihre Zusammensetzung festgelegt, wodurch über diesen Freiheitsgrad bereits verfügt ist und nur noch ein Freiheitsgrad wie bei einem Einstoffsystem übrig bleibt. Mit jeder kongruent schmelzenden Verbindung erscheint im Phasendiagramm ein neues Eutektikum. Aus den Phasendiagrammen und aus der Phasenregel folgt, daß nur benachbarte Verbindungen im Gleichgewicht stehen können, also in Bild 118 z.B. SiO_2 mit $K_2O{\cdot}4SiO_2$, aber nicht SiO_2 mit $K_2O{\cdot}2SiO_2$.

Man kann binäre Systeme mit kongruent schmelzenden Verbindungen in Teilsysteme aufteilen, die von benachbarten Verbindungen begrenzt werden und jeweils ein Eutektikum zeigen. Die Behandlung der Ausscheidungsfolge beim Abkühlen entspricht dann vollkommen der bei den einfach eutektischen binären Systemen.

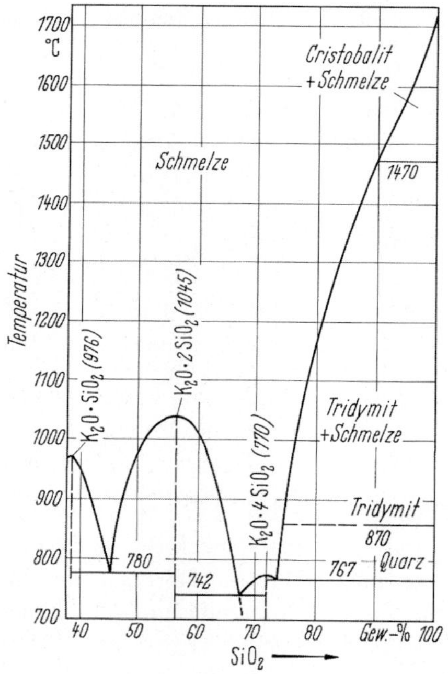

Bild 118: System K_2O-SiO_2 nach Kracek u. M. [275]

In einigen Systemen gibt es eine vollständige Mischbarkeit beider Komponenten, also eine *Mischkristallbildung*. Bild 119 zeigt als Beispiel das System Mg_2SiO_4 (Forsterit) - Fe_2SiO_4 (Fayalit), deren Mischkristalle als Olivine bezeichnet werden. Durch die Mischkristallbildung steigt die Liquiduskurve mit höheren Konzentrationen an der höher schmelzenden Komponenten stetig an; es tritt also gegenüber dem bisher betrachteten System keine Schmelzpunktserniedrigung ein, so daß auch kein Eutektikum auftritt. Neben der Liquiduskurve (oben) zeigt Bild 119 noch eine weitere Kurve, die *Soliduskurve*. Sie gibt die Zusammensetzung der

Mischkristalle an, die mit den Schmelzen bei den jeweiligen Temperaturen im Gleichgewicht stehen. Die Geraden, die die im Gleichgewicht befindlichen Phasen verbinden, nennt man *Konoden.*

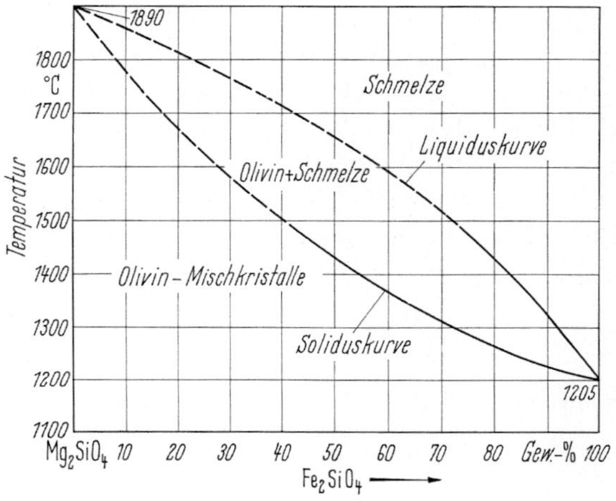

Bild 119: System Mg_2SiO_4-$FeSiO_4$ nach Bowen und Schairer

Geht man z.B. von einer Schmelze mit 80 Gew.-% Fe_2SiO_4 aus, dann wird nach Bild 119 beim Abkühlen bei 1425°C die Liquiduskurve getroffen. Es beginnt sich ein Mischkristall auszuscheiden, der 50 Gew.-% Fe_2SiO_4 enthält, was durch die 1425°C-Konode auf der Soliduskurve angezeigt wird. Dadurch verarmt die Schmelze an Mg_2SiO_4, ihre Zusammensetzung ändert sich mit sinkender Temperatur entlang der Liquiduskurve. Gleichzeitig ändert sich aber auch die Zusammensetzung des mit der Schmelze im Gleichgewicht befindlichen Mischkristalls, bis letzterer schließlich die Zusammensetzung der Ausgangschmelze erreicht hat. Das ist der Fall, wenn die Soliduskurve die 80 Gew.-%-Senkrechte schneidet, also bei 1260°C. Der letzte Rest an Schmelze, der damit noch im Gleichgewicht war, hatte 95 Gew.-% Fe_2SiO_4.

Bei diesem Beispiel wurde vorausgesetzt, daß sich auch in der festen Phase immer Gleichgewicht einstellt, das heißt, daß sie ständig ihre Zusammensetzung ändert. Im praktischen Fall erfordert das meist lange Zeiten, die nur selten vorliegen. Dann treten aber Ungleichgewichte auf. Man kann sie so behandeln, daß man dann die jeweilige Restschmelze als neue Ausgangsschmelze betrachtet. Dadurch verschiebt sich die Endkristallisation zu tieferen Temperaturen. Die entstehenden Kristalle zeigen oft *Zonarbau.* In Systemen nach Bild 119 sind maximal zwei Phasen im Gleichgewicht, d.h. innerhalb des Systems ist kein invarianter Punkt vorhanden.

Wenn die beiden Randkomponenten nur *begrenzte Mischkristallbildung* zeigen, dann kann ein Zustandssystem vorliegen, wie es in Bild 120 schematisch dargestellt ist. Mit α ist darin die B-haltige feste Phase A bezeichnet, mit β die A-haltige feste Phase B.

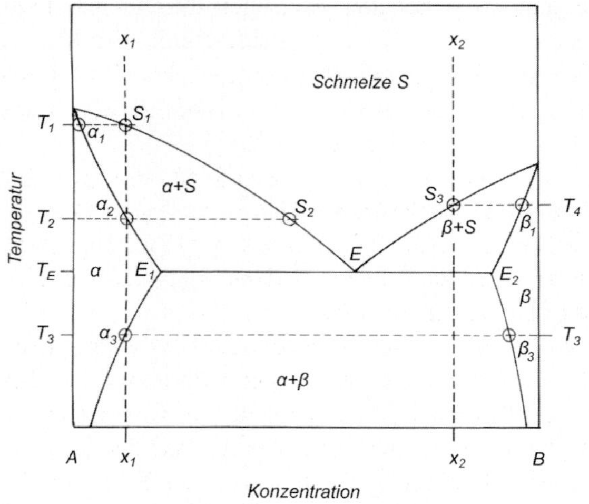

Bild 120: Eutektisches Zweistoffsystem mit begrenzter Mischkristallbildung beider Komponenten

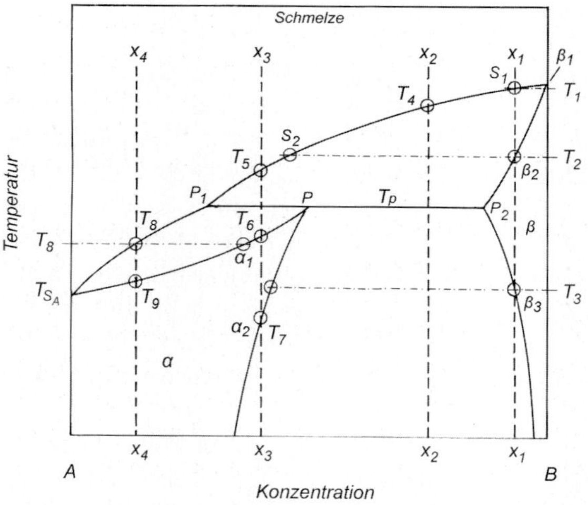

Bild 121: Peritektisches Zweistoffsystem mit sich überschneidender begrenzter Mischkristallbildung

Will man die Ausscheidungsfolge einer Zusammensetzung feststellen, dann empfiehlt es sich, zuerst eine senkrechte Hilfsgerade zu ziehen. Das ist in Bild 120 für x_1 mit der gestrichelten senkrechten Gerade geschehen. Bei T_1 beginnt die Ausscheidung des Mischkristalls α mit der Zusammensetzung α_2. Die Schmelze ändert ihre Zusammensetzung von S_1 in Richtung auf S_2, α in Richtung auf α_2. Ab hier ist alles kristallisiert, α hat die Zusammensetzung x_1. Es erfolgt weitere Abkühlung bis T_3 ohne Änderungen, dann tritt eine Entmischung im festen Zustand ein, indem β mit Zusammensetzung $β_2$ gebildet wird. Mit weiterer Abkühlung verarmt α an B und β an A.

Neu ist in diesem System die *Entmischung im festen Zustand*. Sie wird oft bei praktischen Systemen beobachtet. In der Regel nimmt wie in Bild 120 die Breite der begrenzten Mischkristallbildung mit sinkender Temperatur ab.

Die Ausscheidungsfolge von x_2 unterscheidet sich vom obigen Beispiel dadurch, daß eutektische Endkristallisation bei E eintritt. Neben der festen Phase β mit der Zusammensetzung E_2 tritt auch noch die feste Phase α mit der Zusammensetzung E_1 auf. Beide Mischkristalle verändern beim weiteren Abkühlen ihre Zusammensetzung in Richtung der reinen Komponenten.

Bild 121 zeigt einen weiteren Typ eines binären Systems, bei welchem ebenfalls drei Phasen miteinander im Gleichgewicht stehen. Charakteristisch ist, daß eine Phase einen breiten Mischkristallbereich besitzt, hier α, dessen Schmelzpunkt mit zunehmender Anreicherung an B ansteigt. Dies hat zur Folge, daß der B-reichste Mischkristall nicht mehr kongruent schmilzt, sondern sich bei P in eine A-reiche Schmelze und B bzw. deren A-reichen Mischkristall β zersetzt. Man spricht dann auch von *inkongruentem Schmelzen*. Umgekehrt erfolgt beim Abkühlen einer Schmelze zunächst die Kristallisation der höher schmelzenden Komponente B bzw. der mit der Restschmelze im Gleichgewicht stehenden Mischkristalle β, bis bei der Temperatur T_P die Restschmelze der Zusammensetzung P_1 den Mischkristall der Zusammensetzung P_2 auflöst (resorbiert) und gleichzeitig α mit der Zusammensetzung P ausscheidet. Beim Abkühlen reagiert also Schmelze mit β zu α. Eine solche Reaktion nennt man *peritektisch*, den Punkt *P Peritektikum* oder in der älteren Literatur auch Übergangspunkt. Anhand einiger Schmelzezusammensetzungen sollen die jeweiligen Ausscheidungsfolgen bei der Abkühlung erläutert werden.

Eine Schmelze der B-reichen Zusammensetzung x_1 kühlt bis T_1 ab, um dann einen sehr B-reichen Mischkristall der Zusammensetzung $β_1$ auszuscheiden. Dabei verarmt die Schmelze zunehmend an B, so daß sich bei weiterer Temperaturerniedrigung A-reichere β-Mischkristalle bilden. Im Gleichgewichtsfall wird dabei $β_1$ wieder aufgelöst, was in der Praxis kaum erfolgt. Hat die Schmelze die Temperatur T_2 und die Zusammensetzung S_1 erreicht, so ist sie vollständig zu Mischkristall $β_2$ erstarrt. Das System kühlt weiter ab, bis bei T_3 die Löslichkeit von A in β soweit abgenommen hat, daß nun Mischkristall α der Zusammensetzung $α_1$ aus dem übersättigten $β_3$ über Festkörperdiffusion ausgeschieden wird. Die Verarmung von β an A und α an B geht bis Raumtemperatur weiter, allerdings wird die Kinetik für eine solche Phasenseparation mit sinkenden Temperaturen sehr langsam.

Eine Schmelze der Zusammensetzung x_2 kühlt zunächst bis T_4 ab, um dann ganz entsprechend wie x_1 Mischkristalle β mit steigender Konzentration an A auszuscheiden, bis T_P erreicht ist. Hier steht Restschmelze der Zusammensetzung P_1 mit β der A-reichsten Zusammensetzung P_2 und dem neu zu bildenden Mischkristall α der Zusammensetzung P im Gleichgewicht. Das System kühlt dann weiter ab, wenn alle Schmelze erstarrt ist. Beim weiteren Abkühlen verarmt β immer mehr an A, um A-reicheres α zu bilden.

Besitzt die Schmelze die Zusammensetzung x_3, so erfolgt ebenfalls zunächst Kristallisation eines sehr A-reichen Mischkristalls β, bis T_P erreicht ist und die Bildung von α beginnt. Im Gegensatz zu oben wird aber dabei die Schmelze nicht aufgebraucht, vielmehr verschwindet β vollständig. Die weitere Abkühlung bringt die Kristallisation von A-reicherem α, bis bei T_6 alles erstarrt ist. Bis T_7 ist nur Mischkristall α der Zusammensetzung x_3 existent. Bei tieferen Temperaturen beginnt wieder wie bei x_2 eine Phasenseparation, diesmal die Ausscheidung von β aus α-Mischkristall, der folglich an B verarmt.

Der Erstarrungsprozeß einer Schmelze der Zusammensetzung x_4 schließlich führt bei T_8 zur Bildung eines B-reichen α-Mischkristalls, bis bei T_9 alles erstarrt ist. Im Gegensatz zum eutektischen System erfolgt bis hierher mit zunehmender Annäherung an die reine Phase A eine Schmelzpunktserniedrigung.

Wie im Falle eutektischer Systeme gibt es auch intermediäre Phasen A_xB_y, die sich inkongruent zersetzen. Da diese jeweils mit A-reicheren und B-reicheren Phasen im Gleichgewicht stehen, kann man solche Systeme allerdings nicht einfach in Subsysteme unterteilen, sondern muß immer das ganze System A-B betrachten. In älteren Ausgaben dieses Buches wurde an dieser Stelle immer das System ZrO_2-SiO_2 mit der Phase $ZrSiO_4$, dem Zirkon, näher beschrieben. Nach heutigen Erkenntnissen schmilzt $ZrSiO_4$ nicht mehr inkongruent, sondern zerfällt in einer Festkörperreaktion in ZrO_2 und Cristobalit. Eine solches Festphasengleichgewicht wird dann als *Peritektoid* bezeichnet. Das System wird in Kapitel 3.3.2.5 nochmals aufgegriffen. Analog gibt es *Eutektoide*, bei denen zwei feste Phasen beim Aufheizen eine neue feste Phase bilden. Letzteres ist bei den Systemen ZrO_2-MgO, ZrO_2-Y_2O_3 usw. der Fall und hat besondere technische Bedeutung (siehe Kapitel 10.1.3, Bild 478, Bild 481, Bild 482).

Einen weiteren Typ eines binären Systems bringt Bild 122 am praktischen Beispiel des Systems TiO_2-SiO_2. Es ist einfach eutektisch ohne intermediäre Verbindung, aber oberhalb 1780°C findet in einem bestimmten Zusammensetzungsbereich eine Entmischung der Schmelze in zwei flüssige Phasen statt, es tritt also eine Phasentrennung, eine *Mischungslücke*, auf.

Eine Schmelze der Zusammensetzung Z trennt sich z.B. bei 1900°C in die beiden Schmelzen mit den Zusammensetzungen A' und B', deren Anteile auch nach der Hebelregel bestimmt werden können. Verbindungslinien der Art A'—B' werden *Konoden* genannt. Bei weiterer Abkühlung findet beim Auftreffen auf die Liquiduskurve A—B Ausscheidung von TiO_2 statt, wobei eine Schmelze der Zusammensetzung B zurückbleibt. Bei A und B stehen jeweils zwei flüssige Phasen mit TiO_2 im Gleichgewicht; sie sind daher ebenfalls invariante Punkte.

Mit steigender Temperatur wird das Entmischungsgebiet meist enger, bis es bei einer bestimmten Temperatur am *kritischen Punkt* ganz verschwindet.

Das Ausmaß der Mischungslücken hängt vom jeweiligen System ab. Sie werden mit sinkender Temperatur zwar durch die Liquiduskurve begrenzt, jedoch können sie sich als metastabile Bereiche noch nach tieferen Temperaturen ausdehnen. Weiterhin besteht die Möglichkeit, daß Mischungslücken vollkommen unterhalb der Liquiduskurve liegen, also nur metastabil sind. Man erkennt solche Fälle meist an einer ausgesprochenen S-Form der Liquiduskurve, wie später noch gezeigt wird (Kapitel 3.3.2.2). Diese Erscheinung ist insofern wichtig, als sie die an einigen Gläsern beobachtete Phasentrennung im Mikrobereich erklärt, da man bei Gläsern leicht ohne Kristallisation in den metastabilen Mischungslückenbereich gelangen kann.

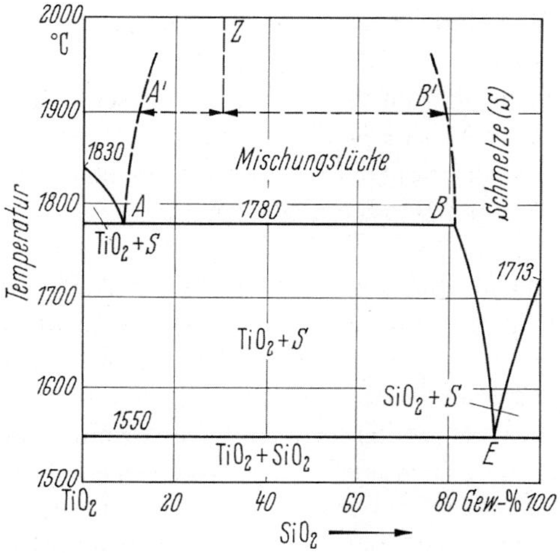

Bild 122: System TiO_2-SiO_2 nach De Vries u. M. 1931

Zum besseren Verständnis dieser Erscheinungen soll wieder an die Gleichgewichtsbedingung mit der Gleichheit der chemischen Potentiale μ erinnert werden. Für eine feste Verbindung A ist $\mu_{A,s} = \Delta G_A$, für die Schmelze M gilt für die Komponente A darin $\mu_{A,l} = \partial G_M/\partial n_A$. Letzterer Ausdruck bedeutet geometrisch die Steigung einer Tangente an die G_M, x_A-Kurve. Die Bedingung $\mu_{A,s} = \mu_{A,l}$ ist also dann erfüllt, wenn man vom darstellenden Punkt der Freien Enthalpie ΔG_A eine Tangente an die ΔG_M-Kurve legt. Der Berührungspunkt gibt die Zusammensetzung der Schmelze an, die bei dieser Temperatur mit der festen Phase im Gleichgewicht ist. In Bild 123 sind die entsprechenden Konstruktionen für mehrere Temperaturen in einem binären System mit einer stabilen Mischungslücke durchgeführt, wobei in den ΔG-Diagrammen die Freien Enthalpien der Randkomponente B als Kreuze enthalten sind. Beginnend mit der höchsten Temperatur T_{10} erhält man durch die Tangente von ΔG_B aus an die ΔG_M-Kurve den markierten Berührungspunkt, der die Zusammensetzung für die Liquidustemperatur T_{10} angibt. Bei T_9 liegt gerade die kritische Entmischungstemperatur; bei T_8 ist schon Entmischung eingetreten, was sich in der ΔG_M-Kurve durch zwei Wendepunkte bemerkbar macht. Die Bereiche zwischen den beiden Minima sind thermodynamisch nicht stabil, jede Zusammensetzung dazwischen entmischt in zwei Flüssigkeiten mit den Zusammensetzungen der Minima. Während aber zwischen den Minima und Wendepunkten statistische Schwankungen der Konzentration energetisch ungünstiger sind und damit sich von selbst wieder auflösen, ist das im Bereich zwischen den Wendepunkten selbst umgekehrt, d.h., jede eingetretene Schwankung führt spontan zu einer weiteren Entmischung. Dies bezeichnet man als *spinodale Entmischung*.

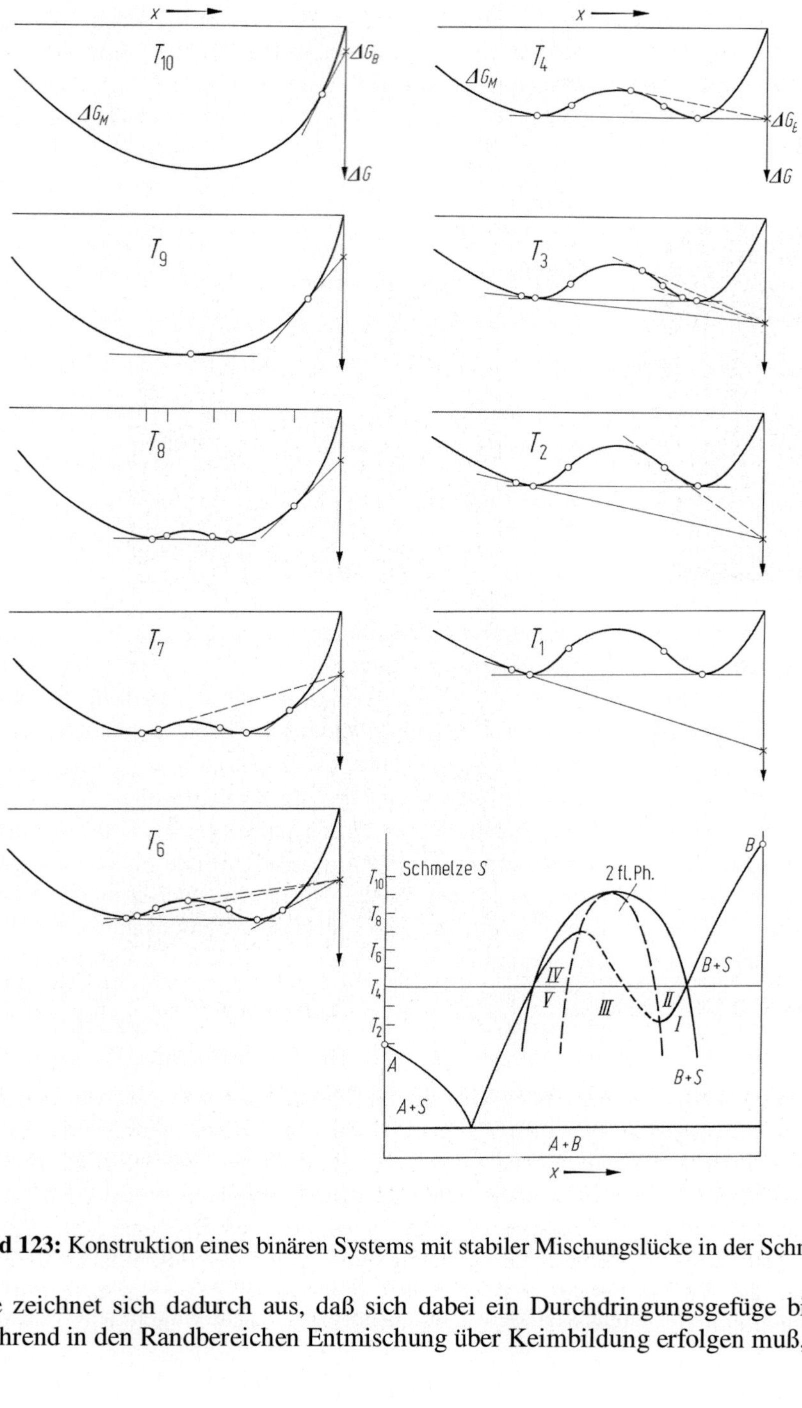

Bild 123: Konstruktion eines binären Systems mit stabiler Mischungslücke in der Schmelze

Sie zeichnet sich dadurch aus, daß sich dabei ein Durchdringungsgefüge bildet, während in den Randbereichen Entmischung über Keimbildung erfolgen muß, was sich meist in kugelförmigen Tröpfchen zu erkennen gibt. Die Grenze des Bereichs der spinodalen Entmischung wird als *Spinodale* bezeichnet, die des gesamten Entmischungsbereichs *Binodale*. In Bild 123 ist der spinodale Bereich mit III gekennzeichnet. Die sich ergebenden Folgerungen für Keimbildung und Kristallisation solcher Schmelzen hat Cahn [276] diskutiert. Das Bild 124 zeigt die eben erwähnten Entmischungsgefüge an Beispielen aus dem System BaO-SiO_2, bei dem eine metastabile Mischungslücke vorhanden ist (Kapitel 3.3.2.3). Ausführlicher werden die Erscheinungen von Levin [277] und Jantzen und Herman [278] dargelegt.

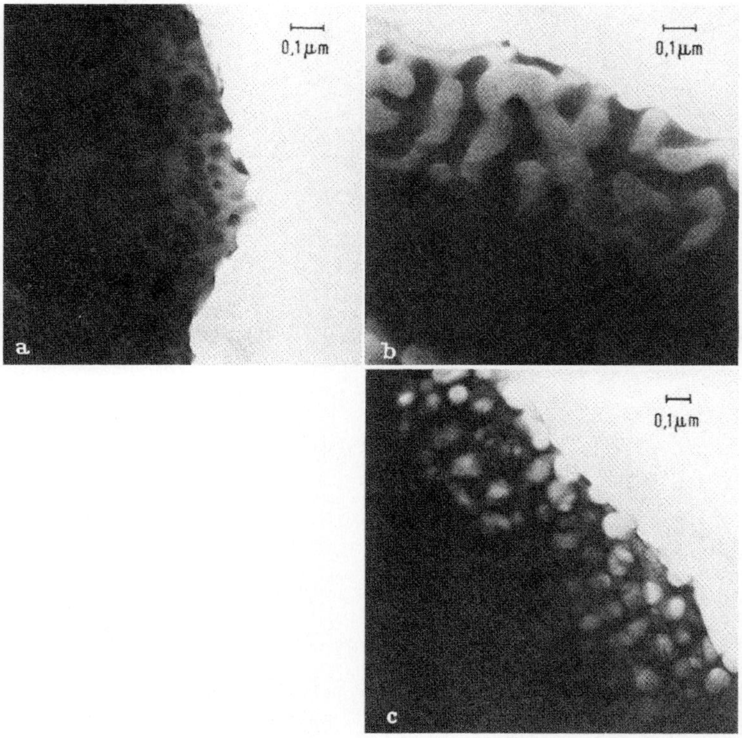

Bild 124: Elektronenmikroskopische Durchlichtaufnahmen von entmischten Gläsern des Systems BaO-SiO_2 nach Seward u. M. [279]. BaO-Gehalte in Mol- % bei a = 6, b = 10 und c = 23

Dreistoffsysteme. Die bisher gewählte Art der Darstellung muß erweitert werden, wenn man zu ternären Systemen übergeht. Oben wurde bereits gezeigt, daß dann nach der modifizierten Phasenregel die maximale Zahl der Freiheitsgrade $F' = 3$ ist. Man benötigt daher drei Koordinaten. In einem ternären System A-B-C sind als Randsysteme die drei binären Systeme A-B, A-C und B-C enthalten. Es ist naheliegend, diese Systeme als Begrenzung eines gleichseitigen Dreiecks zu verwenden und die Temperatur senkrecht dazu aufzutragen. Man kommt damit zu einer räumlichen Darstellung, wie sie für einen einfachen Fall in Bild 125 zu sehen ist. In Systemen mit mehreren Verbindungen wird diese Art der Darstellung bald unübersichtlich. Man projiziert deshalb das System auf die ABC-Ebene (Bild 126). Punkte gleicher Liquidustemperaturen werden durch *Isothermen* verbunden. In Bild 126 erscheinen dann Ausscheidungsfelder (auch Primärfelder genannt, z.B. $AE_1E_tE_3$ für die Komponente A), die durch *Feldergrenzen* (z.B. E_lE_t, und E_3E_t) begrenzt werden. Jede kongruent schmelzende Verbindung liegt innerhalb ihres Ausscheidungsfeldes.

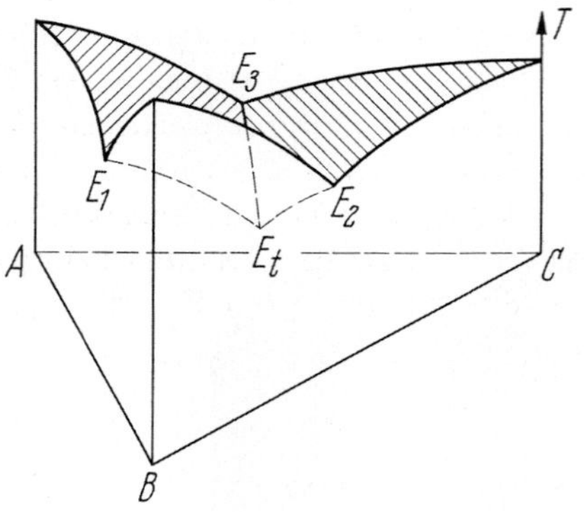

Bild 125: Räumliche Darstellung eines ternären Systems mit Eutektikum

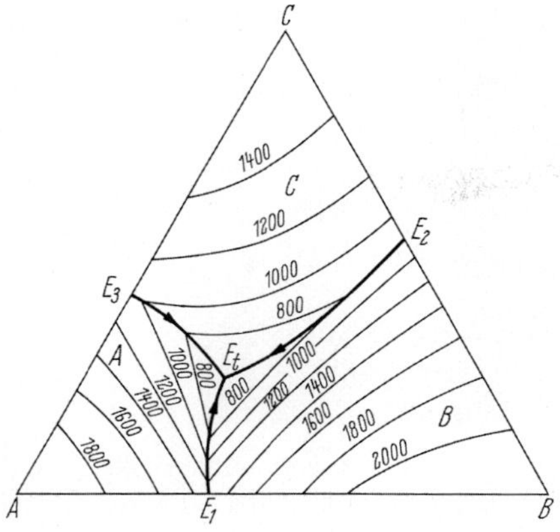

Bild 126: Ebene Dreiecksdarstellung eines ternären Systems

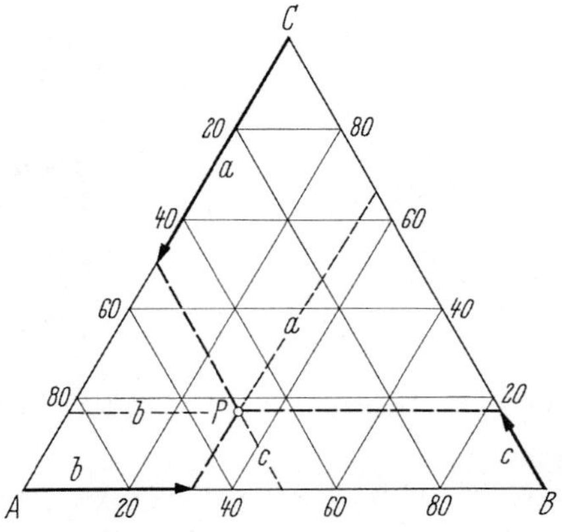

Bild 127: Bestimmung der Zusammensetzung eines Punktes im ternären System

Häufig werden die Feldergrenzen, sog. *Schmelzrinnen*, mit Pfeilen versehen, die die Richtung fallender Temperatur anzeigen. Allgemein gilt dabei die Regel von Roozeboom, wonach die Temperatur in Richtung der Geraden ansteigt, die die beiden Punkte verbindet, die die Zusammensetzung der Phasen beiderseits der Feldergrenze darstellen. Diese Regel ist sehr nützlich, wenn Phasendiagramme nicht vollständig ausgezeichnet sind.

Entlang der Feldergrenzen sind jeweils zwei feste Phasen mit der Schmelze im Gleichgewicht, d.h., die Feldergrenzen kennzeichnen monovariante Zustände. Ausgangspunkte der Feldergrenzen sind die binären Eutektika oder Peritektika. Im einfachsten Fall enden sie in einem ternären Eutektikum E_t, wo dann gleichzeitig vier Phasen vorhanden sind, so daß dieses ein invarianter Punkt ist.

Die Zusammensetzung eines Punktes P (Bild 127) findet man, indem man parallel zu den Dreiecksseiten Geraden durch den Punkt zieht. An den Seiten sind die %-Anteile abzulesen, die dort angegeben sind und deren Summe ($a + b + c$) sich zu 100 % ergänzen muß. Im folgenden werden einige typische Fälle behandelt, wobei zur Vereinfachung immer von einem System A-B-C ausgegangen wird. Im einfachsten System von Bild 128 beginnt eine Schmelze der Zusammensetzung P_0 beim Erreichen der Liquidustemperatur die kristalline Phase A auszuscheiden. Bei weiterer Temperaturerniedrigung verläuft die Kristallisationsbahn durch die Verarmung der Schmelze an A auf der über die Verbindungslinie AP_0 hinausgehenden Geraden bis zur Feldergrenze bei P_1, von wo unter zusätzlicher Ausscheidung von C dieser Feldergrenze gefolgt wird, bis schließlich im ternären Eutektikum E_t endgültige Erstarrung eintritt, an der auch B beteiligt ist.

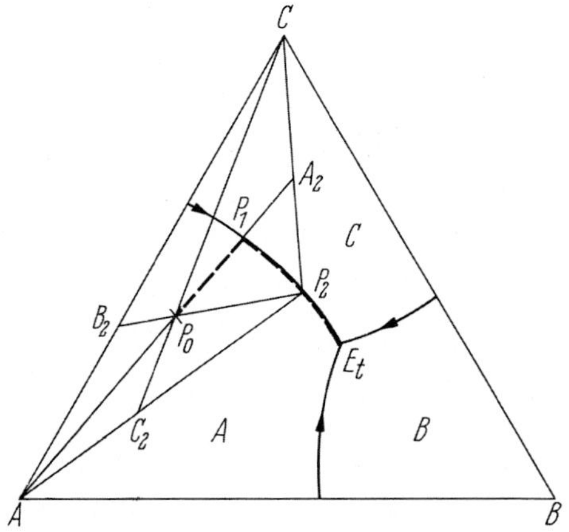

Bild 128: Ternäres System mit einem ternären Eutektikum

Enthält ein Randsystem eine kongruent schmelzende binäre Verbindung AB (Bild 129a), so kann man die beiden Teilsysteme A-AB-C und AB-B-C wie einfache ternäre Systeme behandeln. Längs der Linie AB-C hat die Liquidustemperatur im Vergleich zu Punkten senkrecht dazu ein Minimum. Eine solche Linie, die die darstellenden Punkte zweier Kristallarten verbindet, wird *Konjugationslinie* genannt. Schneidet sie eine gemeinsame Feldergrenze, so ist dieser Punkt M ein Temperaturmaximum dieser Feldergrenze und gleichzeitig ein binäres Eutektikum im binären Teilsystem AB-C.

Liegt der gemeinsame invariante Punkt dreier angrenzender verschiedener Ausscheidungsfelder (G in Bild 129b) außerhalb des Dreiecks, das durch die entsprechenden drei Komponenten (A, AB, C) aufgespannt wird, so ist er kein Eutektikum, sondern ein *Peritektikum* oder *Gabelpunkt*. Meistens treten Peritektika beim

Vorliegen von inkongruent schmelzenden Verbindungen auf. Liegt die Zusammensetzung einer Schmelze, z.B. P_1, im Dreieck A-AB-C, so erfolgt im gewählten Fall zuerst Ausscheidung von A, bis die Feldergrenze E_3G erreicht ist. Von hier folgt die Kristallisationsbahn unter zusätzlicher C-Ausscheidung dieser Feldergrenze bis zum Gabelpunkt G, wo sich außerdem noch AB ausscheidet und vollständige Erstarrung eintritt. Liegt dagegen die Schmelze einer Zusammensetzung des Ausscheidungsfeldes von A im Bereich AB-B-C, also im Gebiet AB-F-G-Ü, so findet die vollständige Erstarrung im ternären Eutektikum E_t mit den festen Phasen AB, B und C statt.

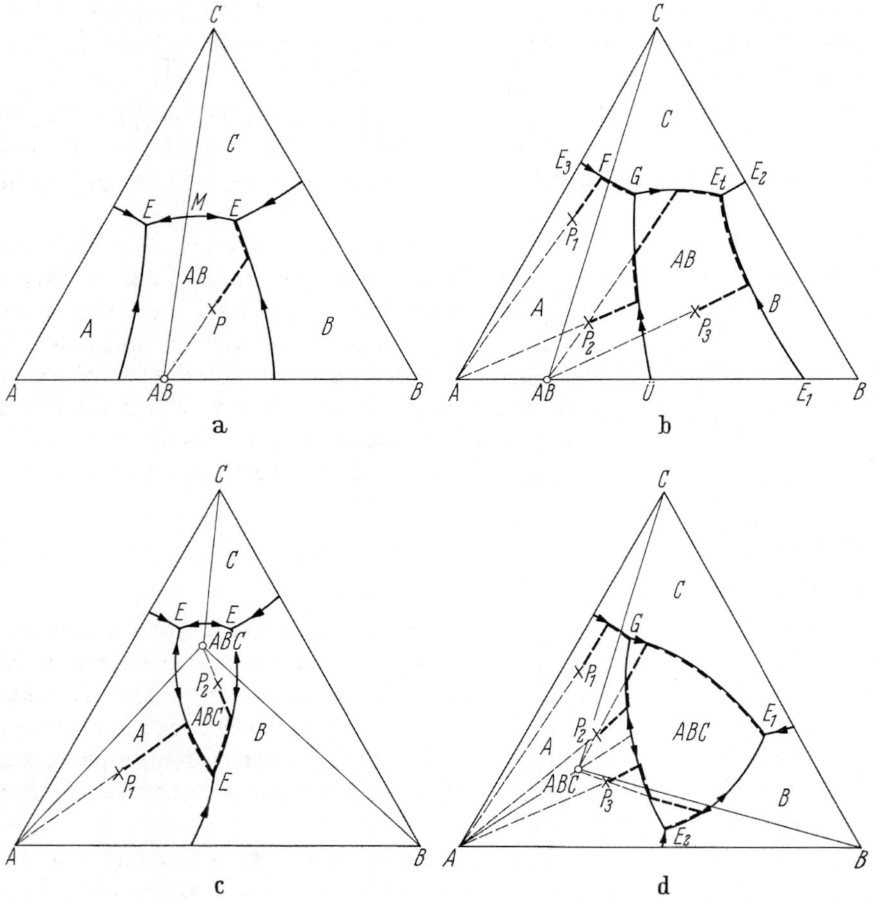

Bild 129: Kristallisationsbahnen in ternären Systemen. (a) Mit einer kongruent schmelzenden binären Verbindung, (b) mit einer inkongruent schmelzenden binären Verbindung, (c) mit einer kongruent schmelzenden ternären Verbindung, (d) mit einer inkongruent schmelzenden ternären Verbindung

Die Kristallisationsbahn von z.B. P_2 verläuft zunächst unter A-Ausscheidung bis zur Feldergrenze Ü-G und folgt dann dieser, wobei sich unter A-Resorption AB ausscheidet. Solche Feldergrenzen werden manchmal mit einem Doppelpfeil gekennzeichnet. Beim Schnittpunkt der Verlängerung der Geraden AB-P_2 mit der Feldergrenze Ü-G ist alles A resorbiert, und die Kristallisationsbahn verläuft entlang dieser Geraden im AB-Ausscheidungsfeld bis zur Feldergrenze G-E_t, wo als neue kristalline Phase C auftritt. Im ternären Eutektikum E_t kommt beim vollständigen Erstarren außerdem noch B hinzu.

Ganz allgemein gilt: Liegt die Zusammensetzung einer Schmelze in dem Dreieck, das durch die nächstliegenden (kongruent oder inkongruent schmelzenden) Verbindungen V_1, V_2 und V_3 aufgespannt wird, so erfolgt die vollständige Erstarrung in dem gemeinsamen invarianten Punkt der drei angrenzenden Ausscheidungsfelder von V_1, V_2 und V_3.

Diese beiden eben besprochenen Typen können mehrfach und kombiniert auftreten, außerdem gibt es noch eine Reihe von Sonderfällen, die sich aber alle analog behandeln lassen.

Tritt eine *ternäre kongruent schmelzende Verbindung* ABC auf, so kann man im einfachsten Fall (Bild 129c) das Dreistoffsystem A-B-C anhand der Konjugationslinien in die einfachen ternären Teilsysteme A-ABC-B, B-ABC-C und C-ABC-A aufteilen und mit diesen wie oben arbeiten.

Inkongruent schmelzende ternäre Verbindungen liegen nicht in ihrem Ausscheidungsfeld, eine einfache Aufteilung in Teilsysteme ist daher nicht möglich. In Bild 129d sind die Kristallisationsbahnen für drei verschiedene Zusammensetzungen eingetragen, die zeigen, daß die Lage der Endkristallisation von der Lage der Zusammensetzung der Schmelze abhängig ist. Besonders interessant ist dabei die Kristallisationsbahn der Zusammensetzung P_3. Nach anfänglichem Ausscheiden von A wird es vollständig resorbiert, tritt aber am Ende in E_2 wiederum auf, was als *Rekurrenz* von A bezeichnet wird.

Zeigt eine Komponente mehrere Modifikationen, z.B. SiO_2, so stellen die Umwandlungsisothermen ebenfalls Feldergrenzen dar. Trifft eine solche Feldergrenze auf eine übliche Feldergrenze, so ergibt sich ein Umwandlungspunkt, der ebenfalls invariant ($P = 5$), jedoch kein Punkt für vollständige Erstarrung ist.

Neben diesen Fällen können auch noch Systeme mit Mischkristallbildung und mit Mischungslücken auftreten. Wegen näherer Angaben darüber muß auf die Spezialliteratur verwiesen werden.

Für die *Berechnung der Mengenverhältnisse* wurde oben bei den binären Systemen die Hebelregel erwähnt. Sie ist auch in Dreistoffsystemen anwendbar. In Bild 128 sei die Ausgangszusammensetzung der Schmelze P_0. Beim Abkühlen bewegt sich die Zusammensetzung der Schmelze unter Kristallisation von A zuerst bis P_1. Bis dahin gilt analog Gl. (72)

$$\frac{\text{Restschmelze}}{\text{Kristallphase}} = \frac{\overline{P_0 A}}{\overline{P_0 P_x}} \tag{73}$$

wenn P_x ein Punkt auf der Geraden P_0P_1 ist. Ab P_1 wandert die Zusammensetzung der Schmelze bei gleichzeitiger Kristallisation von C entlang der Feldergrenze in Richtung E_t. Ist z.B. P_2 erreicht, dann gilt

$$\frac{\text{Restschmelze}}{\text{Kristallphase}} = \frac{\overline{P_0 B_2}}{\overline{P_0 P_2}}$$

Die Mengenverhältnisse auch der verschiedenen kristallinen Phasen kann man mit der Schwerpunktsbeziehung bestimmen. Die Mengen (durch eckige Klammern gekennzeichnet) verhalten sich dann wie

$$[A]:[C]:[P_2] = \frac{\overline{P_0 A_2}}{\overline{AA_2}} : \frac{\overline{P_o C_2}}{\overline{CC_2}} : \frac{\overline{P_0 B_2}}{\overline{P_2 B_2}}.$$

Bei der Temperatur der Punktes P_2 sind also vorhanden

$\frac{\overline{P_0 A_2}}{\overline{AA_2}} \cdot 100$ % kristalline Phase A,

$\frac{\overline{P_0 C_2}}{\overline{CC_2}} \cdot 100$% kristalline Phase C und

$\frac{\overline{P_0 B_2}}{\overline{P_0 B_2}} \cdot 100$% Restschmelze der Zusammensetzung P_2.

Allgemeiner anwendbar, auch für Systeme mit einer beliebigen Anzahl an Komponenten, ist folgender Ansatz: Für jede einzelne Komponente muß deren Summe in den Ausgangsphasen gleich sein deren Summe in den betreffenden Gleichgewichtsphasen.

Geht man z.B. von einer homogenen Schmelze in einem binären System A-B aus, dann ergibt sich entsprechend der Zusammensetzung für die Ausgangsphasen

a_0 Gew.-% A und b_0 Gew.-% B.

Man kann entsprechend mit Mol-% oder Molenbrüchen arbeiten. Auf jeden Fall müssen die Summen aller $a_i + b_i$, für konstante i immer die Einheit ergeben, also z.B. 100 %.

Nach neuer Gleichgewichtseinstellung sollen die zwei Phasen 1 und 2 vorliegen mit den Zusammensetzungen für

Phase 1: a_1 Gew.-% A + b_1 Gew.-% B und für

Phase 2: a_2 Gew.-% A + b_2 Gew.-% B.

Gefragt ist, welche Anteile dann vorliegen. Der Anteil von Phase 1 betrage x, der von Phase 2 betrage y. Auch hier muß die Summe dieser Anteile die Einheit ergeben, d.h. in diesem Beispiel ist $x + y = 1$ oder $y = 1 - x$.

Jetzt wird jede Komponente für sich verglichen, wodurch sich folgende Bestimmungsgleichungen ergeben, indem auf der linken Seite der Gleichungen die Ausgangsmengen, auf der rechten die neuen Mengen stehen:

Komponente A: $a_0 = x\,a_1 + y\,a_2$

Komponente B: $b_0 = x\,b_1 + y\,b_2$

Hieraus werden x und y nach

$$x = \frac{a_0 - a_2}{a_1 - a_2} = \frac{b_0 - b_2}{b_1 - b_2} \quad \text{und} \quad y = \frac{a_0 - a_1}{a_2 - a_1} = \frac{b_0 - b_1}{b_2 - b_1} \quad \text{ermittelt.}$$

Nach Multiplizieren mit 100 erhält man die Anteile in Gew.-%.

Diese Berechnungsart kann, wie oben erwähnt, auch auf Mehrstoffsysteme angewandt werden. Dies soll an einem praktischen Beispiel näher erläutert werden, wozu der klassische Versatz für ein Porzellan aus 50 Gew.- % Kaolin, 25 Gew.-% Feldspat und 25 Gew.-% Quarz dienen kann. Nimmt man an, daß der Kaolin aus reinem Kaolinit $Al_2O_3{\cdot}2SiO_2{\cdot}2H_2O$ und der Feldspat aus reinem Kalifeldspat $K_2O{\cdot}Al_2O_3{\cdot}6SiO_2$ besteht, dann ergibt sich folgende Zusammensetzung in Gew.-%: 69,3 SiO_2, 26,2 Al_2O_3 und 4,5 K_2O. Den dafür wichtigen Ausschnitt des Systems K_2O-Al_2O_3-SiO_2 zeigt Bild 130.

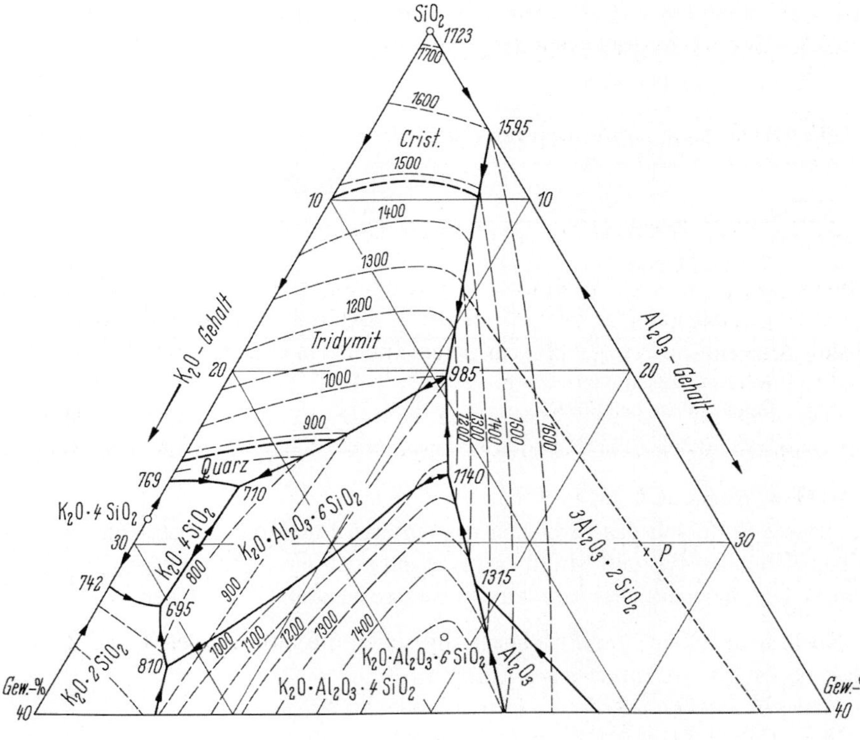

Bild 130: Teil des Systems K_2O-Al_2O_3-SiO_2 nach Schairer und Bowen [280] (Temperaturangaben in °C)

Obige Zusammensetzung ist als P eingetragen. Sie liegt im Ausscheidungsfeld des Mullits $3Al_2O_3{\cdot}2SiO_2$, die Liquidustemperatur ist >1700°C. Abkühlen von dieser Temperatur bringt zuerst Mullit-Kristallisation, bis bei 1280°C die Feldergrenze des Tridymits getroffen wird. Schließlich wird bei 985°C das ternäre Eutektikum erreicht, wo sich zusätzlich Kalifeldspat ausscheiden kann.

Die zur Berechnung notwendigen Daten sind in Tabelle 41 angeführt. Wenn man den Gehalt an Komponente K_2O mit a, an Al_2O_3 mit b und an SiO_2 mit c bezeichnet und beim Erreichen der Feldergrenze zum Tridymit x_1 Anteile an

Schmelze und y_1 Anteile an Mullit vorliegen, dann ergibt sich mit den drei Komponenten folgendes Gleichungssystem:

$$a_{s_0} = x_1 a_{s_1}$$
$$b_{s_0} = x_1 b_{s_1} + y_1 b_m$$
$$c_{s_0} = x_1 c_{s_1} + y_1 c_m$$

und mit den Zahlenwerten:

$$4{,}5 = x_1 \cdot 6{,}2$$
$$26{,}2 = x_1 \cdot 9{,}2 + y_1 \cdot 71{,}8$$
$$69{,}3 = x_1 \cdot 84{,}6 + y_1 \cdot 28{,}2,$$

zu $x_1 = 0{,}726$ und $y_1 = 0{,}274$ führt, d.h. beim Erreichen der Feldergrenze sind bereits 27,4 Gew.-% Mullit entstanden.

Tabelle 41: Daten zur quantitativen Berechnung der Phasenanteile einer Porzellanmasse

Phasen	Index	Gehalt an (in Gew.-%)		
		K_2O	Al_2O_3	SiO_2
fest:				
$3Al_2O_3 \cdot 2SiO_2$	m	-	71,8	28,2
SiO_2	t	-	-	100,0
$K_2O \cdot Al_2O_3 \cdot 6SiO_2$	f	16,9	18,3	64,8
flüssig (Schmelze):				
Ausgangszusammensetzung	s_0	4,5	26,2	69,3
Feldergrenze bei 1280°C	s_1	6,2	9,2	84,6
tern. Eutektikum bei 985°C	s_2	9,5	10,9	79,6

Als zweite Stufe soll das Erreichen des ternären Eutektikums betrachtet werden. Neben Schmelze (x_2) und Mullit (y_2) ist dann noch ein bestimmter Anteil an Tridymit (z_2) vorhanden. Dies führt zu den entsprechenden Gleichungen:

$$a_{s_0} = x_2 a_{s_2}$$
$$b_{s_0} = x_2 b_{s_2} + y_2 b_m$$
$$c_{s_0} = x_2 c_{s_2} + y_2 c_m + z_2 c_t$$

und

$$4{,}5 = x_2 \cdot 9{,}5$$
$$26{,}2 = x_2 \cdot 10{,}9 + y_2 \cdot 71{,}8$$
$$69{,}3 = x_2 \cdot 79{,}6 + y_2 \cdot 28{,}2 + z_2 \cdot 100,$$

Die Auflösung ergibt $x_2 = 0{,}474$, $y_2 = 0{,}293$ und $z_2 = 0{,}233$, d.h. der Mullitgehalt ist noch etwas auf 29,3 Gew.-% angestiegen, zusätzlich sind 23,3 Gew.-% Tridymit entstanden, der restliche Anteil der Schmelze beträgt 47,4 Gew.-%.

Letzterer Anteil kristallisiert unter Gleichgewichtsbedingungen, wobei die dritte feste Phase, der Kalifeldspat auftritt. Wenn man dessen Anteil mit x_3 bezeichnet, dann erhält man mit y_3 = Mullit- und z_3 = Tridymitanteil:

$$a_{s_0} = x_3 a_f$$
$$b_{s_0} = x_3 b_f + y_3 b_m$$
$$c_{s_0} = x_3 c_f + y_3 c_m + z_3 c_t$$

und

$$4,5 = x_3 \cdot 16,9$$
$$26,2 = x_3 \cdot 18,3 + y_3 \cdot 71,8$$
$$69,3 = x_3 \cdot 64,8 + y_3 \cdot 28,2 + z_3 \cdot 100.$$

Daraus folgt $x_3 = 0{,}266$, $y_3 = 0{,}297$ und $z_3 = 0{,}437$, d.h., der Tridymitanteil ist auf 43,7 Gew.-% angestiegen und 26,6 Gew.-% Kalifeldspat sind neu entstanden.

Das gesamte Abkühlverhalten ist in Bild 131 dargestellt. Man sieht, daß bei 1400°C neben Schmelze etwa 25 Gew.-% Mullit vorhanden sind. Bis zum ternären Eutektikum steigt dieser Anteil bis auf 30 % an. Daneben ist dort noch Tridymit vorhanden, und Feldspat kommt als dritte Kristallart hinzu. In der Praxis erstarrt aber die Restschmelze glasig, ohne daß Feldspat und Tridymit auftreten. Ein solches Porzellan besteht dann aus 30 % Mullit und 70 % Glasphase.

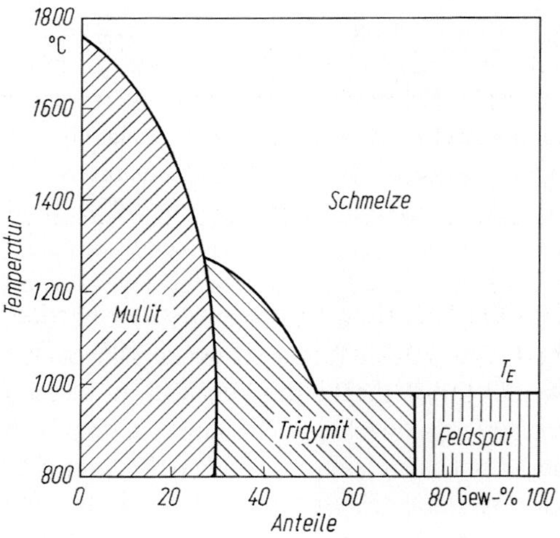

Bild 131: Temperaturabhängigkeit der Gleichgewichtsphasen einer Porzellanmasse aus 50 Gew.-% Kaolin, 25 Gew.- % K-Feldspat und 25 Gew.-% Quarz

Dieses Verhalten wird später noch ausführlicher diskutiert (Kapitel 8). Einige weitere Rechnungen dazu hat Tamás [281] durchgeführt.

Darstellung von Mehrstoffsystemen. Systeme mit mehr als drei Komponenten sind analog zu behandeln. Für die graphische Darstellung von Vierstoffsystemen kann man das regelmäßige Tetraeder wählen, das dann eine bestimmte Temperatur repräsentiert, doch geht die Übersichtlichkeit mit steigender Zahl von Verbindungen schnell verloren. Es ist bei diesem System und bei Systemen mit noch mehr Komponenten besser, jeweils nur drei Komponenten zu variieren und die anderen konstant zu halten, also Schnitte aus den höherkomponentigen Systemen zu wählen. Dann kann man für eine isotherme Betrachtung wieder die Dreiecksdarstellung oder Temperatur-Konzentrationsdiagramme verwenden. Probleme und Möglichkeiten der ebenen zweidimensionalen Darstellungen diskutieren Schmalzried und Navrotsky [249]. In Bild 132 ist eine Systematik der graphischen Darstellung von Phasengleichgewichten angegeben, in welcher bei Zweistoffsystemen die nonvarianten Dreiphasengleichgewichte schematisch als horizontaler Strich mit den angedeuteten Grenzen der Gleichgewichtsfelder dargestellt sind. Je nachdem ob die dritte Phase „oben", also bei höheren Temperaturen oder „unten", also bei niedrigeren Temperaturen angrenzt, kann ganz allgemein zwischen Eutektikum und Peritektikum unterschieden werden. Ist anstelle einer Schmelze (hier *L* für Liquid) ein weiterer Feststoff beteiligt, so spricht man von *Eutektoid* bzw. *Peritektoid.* Am Prinzip ändert sich dabei nichts. Im Dreistoffsystem ergeben sich aus den Linien Ebenen, die im isothermen Schnitt stets Dreiecke darstellen, bei denen die im Gleichgewicht stehenden Komponenten an den Eckpunkten angesiedelt sind. Gleichgewichtsgrenzen, die von höheren Temperaturen auf dieses Dreieck stoßen, werden als durchgehende Linien gezeichnet; gestrichelte Linien bedeuten gemäß Übereinkunft, daß die Gleichgewichte zu tieferen Temperaturen hin angrenzen. Ein ternäres Eutektikum weist daher eine Flüssigphase *L* im Inneren des Dreiecks auf, die mit den festen Phasen *A*, *B* und *C* jeweils ein Zweiphasengleichgewicht aufspannt. Wird *L* durch eine weitere feste Phase *D* ersetzt, spricht man von einem *ternären Eutektoid.* In jedem Fall wird das invariante Vierphasengleichgewicht in drei Dreiphasengleichgewichte unterteilt (kleine Dreiecke), die aus den binären Randsystemen kommen und dort zu einer Geraden entarten. Unterhalb des ternären Eutektikums sind dann die festen Phasen *A*, *B* und *C* zu tieferen Temperaturen hin im Gleichgewicht. Neben dem analog zu konstruierenden ternären Peritektikum bzw. Peritektoid gibt es zusätzlich die *Übergangsebene*, die als – in manchen Systemen sehr verzerrtes – Viereck auftritt, wobei eine Ecke durch die Konzentration der Schmelze *L*, die anderen durch die festen Phasen *A*, *B* und *C* festgelegt sind. Der durchgehende Strich macht deutlich, daß zu höheren Temperaturen hin die beiden Dreiphasengleichgewichte *A-B-L* und *A-C-L* existieren, zu tieferen Temperaturen hin die Dreiphasengleichgewichte *A-B-C* und *B-C-L.* Im Vierstoffsystem gibt es vier nonvariante Fünfphasengleichgewichte, die isotherm nur noch als Tetraeder darstellbar sind, davon wiederum ein Eutektikum, ein Peritektikum und zwei Sorten von Übergangsgleichgewichten.

Generell ergibt sich die Zuordnung der an die nonvarianten Gleichgewichte angrenzenden Gleichgewichte aus der einfachen Regel, daß beim Überschreiten einer Gleichgewichtsgrenze (Linie) nur eine einzige neue Phase hinzukommen oder weggenommen werden darf.

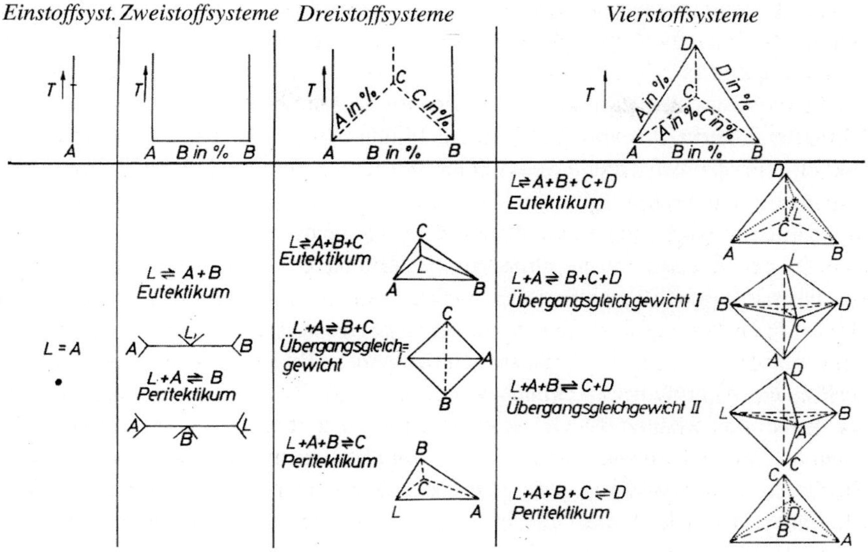

Bild 132: Schematische Darstellung von Gleichgewichten in heterogenen Systemen (nach Petzow und Henig, Stuttgart)

Eine sehr übersichtliche Darstellung der Verhältnisse in höherkomponentigen Mehrstoffsystemen ist gegeben, wenn die binären, ternären oder höheren Systeme in Form von Spalten in einer Tabelle dargestellt und die in ihnen existierenden Gleichgewichtsreaktionen nach der Temperatur gestaffelt eingetragen werden. Die nonvarianten Gleichgewichte werden durch Kästchen gekennzeichnet, während die univarianten oder höher varianten Gleichgewichte Verbindungslinien zwischen diesen Kästchen darstellen und so auch die Verknüpfung zwischen den einzelnen Spalten bilden. Die nonvarianten Gleichgewichte werden noch mit dem entsprechenden Symbol für die Art des Gleichgewichtes (*E* für Eutektikum, *P* für Peritektikum und *Ü* oder *T* für Übergangsebene (Transition Plane) sowie mit der Temperatur beschriftet. Als Übereinkunft werden hierfür kleine Buchstaben für Zweistoffsysteme und große Buchstaben für Gleichgewichte in Dreistoff- und höheren Systemen verwendet. Dieses sogenannte *Scheilsche Schema* [286] ist nach denselben einfachen Gesetzmäßigkeiten wie Bild 132 unter Zugrundelegung der Gibbs´schen Phasenregel zu konstruieren und erlaubt die Vorhersage von weiteren Gleichgewichtsreaktionen und deren Temperaturintervall. Bild 133 zeigt als Beispiel das Dreistoffsystem B-C-Si nach Rechnungen (gestrichelt) und experimentellen Ergebnissen [287]. Man beginnt mit den Schmelzgleichgewichten der beteiligten binären Systeme und zieht die univarianten Gleichgewichte in das ternäre System. Dort ergibt sich von selbst der Charakter der temperaturmäßig tiefer liegenden nonvarianten Gleichgewichte als ternäre Eutektika, Peritektika oder Übergangsebenen, je nachdem welche univarianten Gleichgewichte aus den Randsystemen ankommen. Die weitere Abfolge zu tieferen Temperaturen hin kann wieder in die Randsysteme zurückführen, im Ternären bleiben oder in höhere Systeme reichen. Unterstrichene univariante Gleichgewichte reichen bis mindestens Raumtemperatur herunter. Aufgrund der Verbindungsbildung in den binären Randsystemen ergeben sich in Bild 133 fünf ternäre Übergangsebenen und ein Eutektikum.

Kongruent schmelzende intermediäre Phasen werden, insofern sie mit den benachbarten Phasen quasibinäre Systeme bilden, als selbständige Komponenten gewertet und spannen eigene Subsysteme auf, die gegebenenfalls in eigene Spalten eingetragen werden können. Das Scheilsche Schema erlaubt eine schnelle Übersicht über Reaktionsfolgen, Erstarrungs- und Entmischungsvorgänge und ist daher für eine Ergänzung unvollständig beschriebener Systeme bestens geeignet. Allerdings ermöglicht es keine Feststellung von Konzentrationen. Die Darstellungsweise ist aber auch geeignet, die Abfolge von Ungleichgewichtsreaktionen, z.B. Sinterreaktionen beim Aufheizen, darzustellen. Bild 134 [287] stellt der vorhergehenden Abbildung den Sinterverlauf einer B_4C-B-Si-Pulvermischung gegenüber, wobei das System B-O(H) aufgrund der Sauerstoff- und Wasserkontaminationen der Pulver zusätzlich aufgeführt ist. Die Pfeile an den univarianten Verbindungslinien und ebenso die gerichteten Reaktionspfeile zeigen, daß dieses Diagramm nur für das Aufheizen gilt, bis Gleichgewichtsbedingungen erreicht sind.

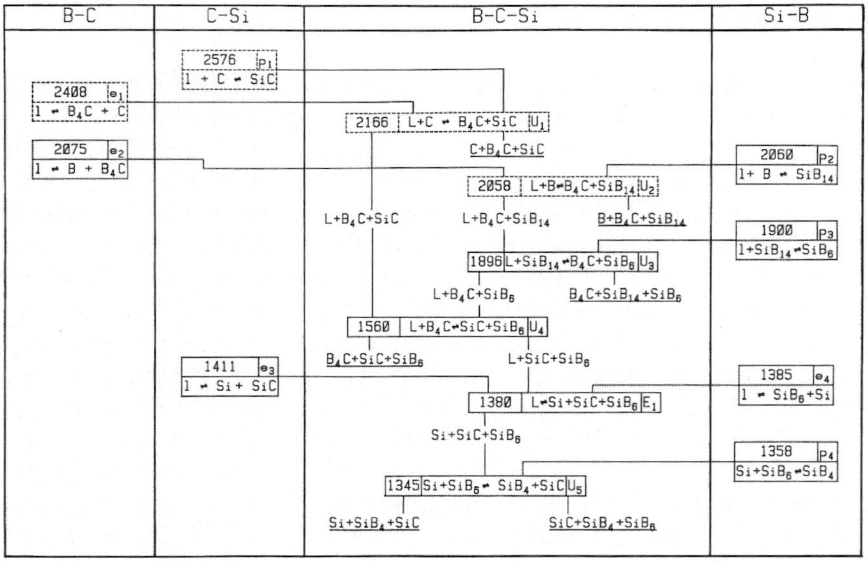

Bild 133: Scheilsches Schema der Gleichgewichte im System B-C-Si (gestrichelt: Rechnungen; durchgezogen: Experiment) [287]

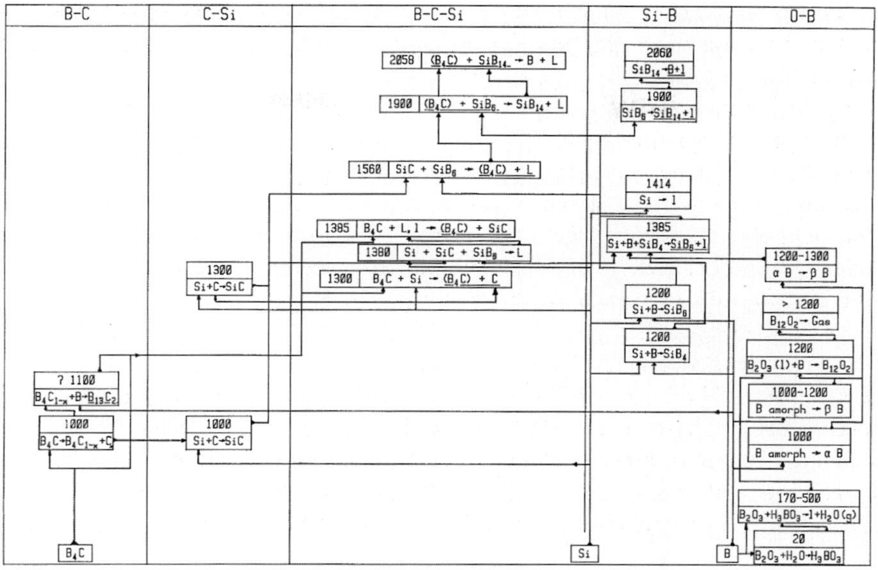

Bild 134: Reaktionsschema nach Scheil im System B-C-Si-O(H) zur Veranschaulichung von Sinterreaktionen einer B_4C-B-Si-Pulvermischung beim Aufheizen [287]

Weitere Darstellungsweisen sind z.B. *Phasenmengendiagramme*n, bei denen der Phasenanteil in Atom-%, Gewichts-%, Volumen-% oder bei gasförmigen Spezies als Logarithmus des Partialdruckes gegen die Temperatur aufgetragen wird. In der Summenauftragung ergibt die Diagrammhöhe bzw. -breite stets 100 %, so daß man einen schnellen Überblick über die Hauptanteile erhält. Nachteilig wirkt sich aus, daß sich durch Veränderungen im Phasenbestand alle Phasenfelder verschieben, so daß das Diagramm schnell unübersichtlich wird. Gleichgewichtsreaktionen erkennt man an sprunghaften Änderungen der Konzentrationen oder am Hinzukommen bzw. Verschwinden von Phasen. Bild 135 zeigt als Beispiel einen Temperatur-Phasenmengenschnitt aus dem Sechsstoffsystem Al-C-O-Si-Zr-Ar nach Lorenz u. M. [282]. Hierbei ist die Zusammensetzung der betrachteten Komponenten mit 30.8 at.-% Si, 26,9 at.-% C, 26,9 at.-% O, 7,7 at.-% Al, 3,85 at.-Zr und 3,85 at.-% Ar konstantgehalten und nur der mit der Temperatur veränderte Gehalt an stabilen Spezies aufgetragen. Technisch gesehen handelt es sich um das System Al_2O_3-ZrO_2-SiC-SiO_2. Das Edelgas Argon, das an Reaktionen eigentlich nicht teilnimmt, wird verwendet, um einen Umgebungsgasdruck von 1 bar einzustellen und zu zeigen, daß die Bildung der neuen Gasphasen CO und SiO unter Ausschluß von Luftsauerstoff durch innere Oxidation stattfindet. Bei Temperaturen unterhalb 2050°C sind zunächst Mullit, ZrO_2 und SiC neben wenig SiO und CO stabil; eine Reaktion bei etwa 2050°C leitet das Aufschmelzen der Oxide ein, worauf durch das Verschwinden von Mullit und ZrO_2 das SiC-Feld nach links rutscht. Bei 2130°C hat sich die Schmelze unter Neubildung von Al_2O_3 und der intermetallischen Phase Zr_2Al_3 zu SiO + CO umgesetzt. Begünstigt durch das Abdampfen dieser leichtflüchtigen Suboxide wird also ein Teil der Schmelze durch das SiC reduziert. Bei noch höheren Temperaturen reduziert SiC weiterhin auch das

Al_2O_3; Zr_2Al_3 und Al schmelzen auf, der CO-Gehalt steigt an. Welcher Art die Reaktionen sind, läßt sich aus dem Diagramm nicht ablesen. Weitere Anwendungsbeispiele zeigen z.B. Nickel u. M. im System Si_3N_4-SiC-Al_2O_3 auf, in welchem es um die Stabilität von SiC-Faser-verstärkten SiAlONen geht [1972]. Hilfreich sind auch Darstellungen der temperaturabhängigen Zusammensetzung von Schmelzen oder Mischkristallen, die sich nach dem gleichen Prinzip auftragen lassen.

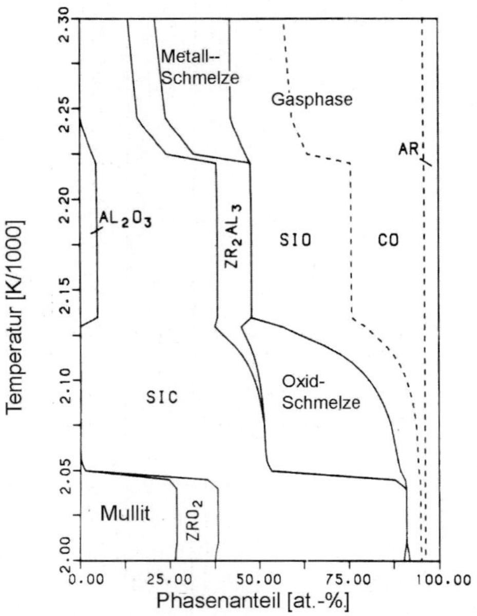

Bild 135: Phasenmengendiagramm für eine Zusammensetzung aus dem System Al-C-O-Si-Zr-Ar [282].

In sogenannten *Ellingham-* oder *Richardson-Diagrammen* werden Stabilitätsbereiche für Phasen angegeben, die bei einer bestimmten Temperatur und unter variierten Gaspartialdrücken koexistieren [283]. Diese Darstellungen werden häufig bei Korrosionsproblemen z.B. von feuerfesten Materialien in Brennraumatmosphären verwendet und erlauben Aussagen über das Redox-Verhalten von Festkörpern, Schmelzen und Gasen. Die Idee einer solchen Auftragung stammt ursprünglich von Wagner und wurde später für das System Si-O weiterentwickelt [284]. Auf der Abszisse werden der Sauerstoffpartialdruck als log p_{O_2} oder als $RT \log p_{O_2}$ auf der Ordinate die Temperatur angegeben. Als weitere Hilfsskalen können parallel zur Abszisse auch Verhältnisse von Gasspezies, z.B. CO_2/CO, angegeben sein. Die Stabilitätsbereiche der einzelnen Phasen ergeben Felder, die mit geraden Koexistenzlinien voneinander abgegrenzt sind. Für gasförmige Spezies sind isobare Linien eingetragen, die den Dampfdruck über einer festen Spezies kennzeichnen. In Bild 136 ist das System Si-O als Ellingham-Diagramm angegeben [285]. Kurve 1 zeigt den Übergang von festem Si zu festem SiO_2, Linie

2 die Oxidation von SiO zu SiO_2, Linie 3 schließlich von Si zu SiO. Das Kreuz (S) markiert den Schmelzpunkt von Silicium; die gestrichelten Linien geben die isomolaren Reaktionen wieder. Die randlich aufgetragenen Hilfsachsen müssen mit einem Lineal mit den entsprechenden Hilfspunkten auf der zusätzlichen Abszisse verbunden werden, also log p_{O_2} mit *O*, log (H_2O/H_2) mit *H* usw..

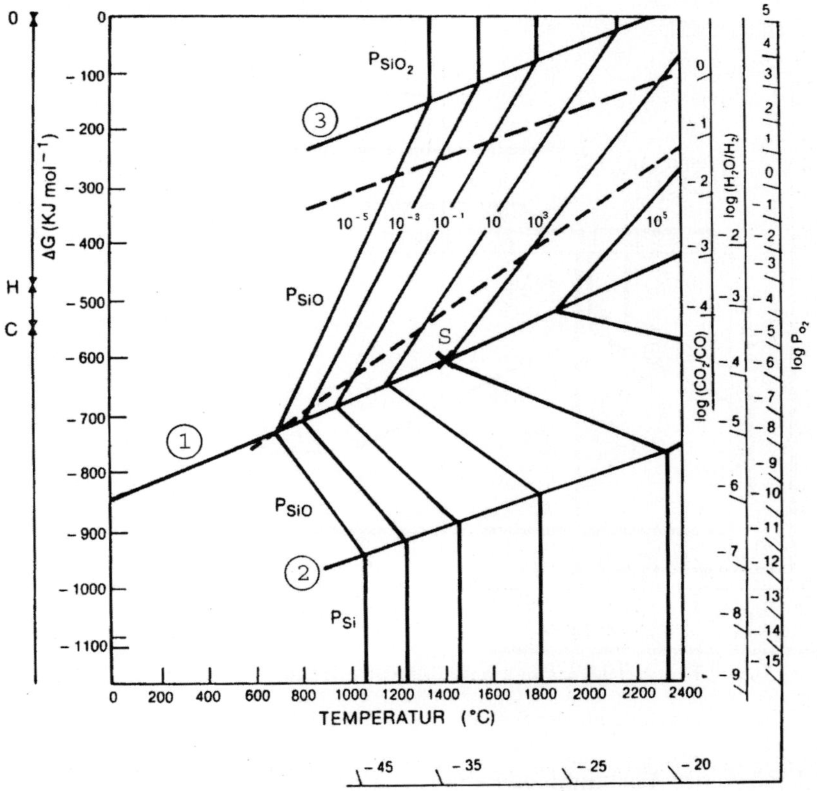

Bild 136: Ellingham-Diagramm für das System Si-O [285].

Sogenannte *Volatilitätsdiagramme* enthalten als Abszisse wiederum den Sauerstoffpartialdruck log p_{O_2} und als Ordinate die Konzentration des koexistierenden Elementoxides log $p_{M_xO_y}$ und werden für eine bestimmte Temperatur erstellt. Die Stabilitätsbereiche der einzelnen Oxide oder Elemente ergeben sich als Felder, die durch Geraden begrenzt sind. Aus dem Diagramm lassen sich dann die erforderlichen Sauerstoffpartialdrücke oder Elementkonzentrationen für die Stabilisierung bestimmter Oxide bzw. Wertigkeitsstufen ablesen. Zeichnet man die Stabilitätsfelder für mehrere Temperaturen in dasselbe Diagramm, entstehen Scharen von Kurven, die die temperaturabhängige Verschiebung eines Gleichgewichts kennzeichnen. Wie auch im Ellingham-Diagramm können am Rande weitere Hilfslinien zum Ablesen praxisrelevanter Randbedingungen angebracht werden, z.B. isomolare Linien, isobare Linien oder Linien konstanter H_2O/H_2- bzw. CO_2/CO-Verhältnisse. Durch Anlegen eines Lineals an diese randlich aufgetragenen Koordinatensysteme lassen sich die Phasenanteile für die Partialdrücke verschiedener Gasspezies bzw. ihrer Mischungen ablesen. In Bild 137 ist ein solches Zustandsdiagramm des Systems Si-C-O-H bei 1700 K (Kurve A) gezeigt [288], das 19 Gleichgewichtsreaktionen zwischen zwölf Phasen repräsentiert, die natürlich nicht alle unter den gewählten Bedingungen stabil sind. Dem Bild ist mit der Feldgrenze B noch das Phasengleichgewicht C/CO überlagert. Weitere Anwendungsbeispiele finden sich in [285].

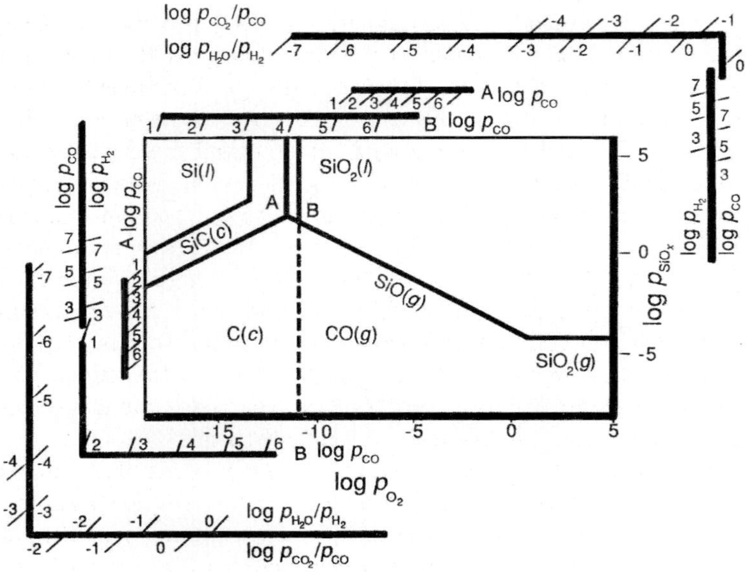

Bild 137: Volatilitätsdiagramm des Systems Si-C-O nach [288]

Anzahl möglicher Verbindungen eines Mehrstoffsystems. Oft interessiert die Frage, wieviel Verbindungen in einem bestimmten System auftreten und wie groß deren Stabilität ist.

Einen Anhaltspunkt kann man mit den von Dietzel [289], [290] eingeführten *Kationenfeldstärken* erhalten. Ausgangspunkt der Überlegungen ist, daß es eine Beziehung zwischen den Coulombschen Anziehungskräften zwischen den Kationen und den Anionen und den physikalischen und chemischen Eigenschaften wie Schmelzpunkt, Phasenstabilität, Entglasungsneigung, Korrosionsbeständigkeit usw. gibt. Die Berechnung der Coulombschen Anziehungskräfte ergibt sich nach

$$P = \frac{1}{4\pi\varepsilon}\frac{z_1 e \cdot z_2 e}{a^2} \tag{74}$$

mit a = Abstand zwischen Kation und Anion (Ionenschwerpunkte), z = Wertigkeit des Kations, e = Elementarladung, ε = Dielektrizitätskonstante und P = Coulomb-

Potential als Behelfsgröße anstelle der in den meisten Fällen unbekannten *Bindungsenergie*.

Für reine Oxidsysteme kann der Wert 2e als Ladung für das O^{2-}-Ion als konstant eliminiert werden, so daß für die *Dietzelsche Feldstärke F* des Kations im Schwerpunkt des Anions folgt:

$$F = \frac{z_{Kation}}{a^2} \tag{75}$$

In Tabelle 42 sind diese Werte enthalten. Die eingeklammerten Werte wurden gegenüber der Berechnung um 20 % erhöht, wodurch das höhere Polarisationsvermögen dieser Nebengruppenelemente auf die Anionen berücksichtigt wird. Kationen mit kleinen Werten der Feldstärken werden als schwache Kationen, solche mit hohen Werten als starke Kationen bezeichnet. Bezüglich der möglichen Verbindungsbildung gilt nach Dietzel das *Konkurrenzprinzip*: Wenn man SiO_2 mit einem Oxid R_mO_n zusammenschmilzt, so erhält man nur dann eine kristalline Verbindung, wenn die Feldstärke z/a^2 des Kations R genügend weit von derjenigen des Si^{4+} entfernt ist. Ursache ist das Bestreben jedes Kations, sich möglichst vollständig und symmetrisch mit Anionen zu koordinieren und zwar um so mehr, je höher die Feldstärke des Kations ist. Bei Verbindungen zwischen zwei Kationen mit vergleichbaren Feldstärken, aber unterschiedlichen Ionenradien (Si^{4+} und Ti^{4+}) bzw. stark unterschiedlicher Ladung (Si^{4+} und Mo^{6+}) stimmt das Ordnungsprinzip des einen Kations nicht mit dem des anderen Kations überein, was eine Entmischung zur Folge hat. Erst wenn der Unterschied der Kationenfeldstärken und damit des Koordinationsbestrebens genügend groß ist, kann eine stabile Verbindung entstehen. Dietzel konnte damit folgende Regeln aufstellen:

In binären oxidischen Systemen entstehen im allgemeinen nur dann binäre Verbindungen, wenn der Unterschied der Feldstärken der beteiligten Kationen größer als 0,3 ist. Die Zahl der Verbindungen ist dabei um so größer, je größer der Feldstärkenunterschied ist. Die Verbindung mit dem höchsten Schmelzpunkt ist um so reicher an dem Oxid mit dem schwächeren Kation, je geringer der Feldstärkenunterschied ist.

In ternären silicatischen Systemen bildet sich eine ternäre Verbindung nur dann, wenn der Unterschied der Feldstärken der beiden anderen Kationen größer als 0,06 ist. Die Zahl der ternären Verbindungen ergibt sich aus Bild 138, wobei inkongruent schmelzende Verbindungen nur halb gezählt werden. Das Oxid mit stärkerem Kation scheidet sich bevorzugt als Silicat oder als reines Oxid aus, so daß dessen Ausscheidungsfeld in die Seite des anderen Oxids hineinragt.

Tabelle 42: Feldstärken einiger Kationen nach Dietzel [289]

Kation	KZ	Feldstärke z/a^2	Kation	KZ	Feldstärke z/a^2
Li^+	6	0,23	N^{5+}	3	3,16
Na^+	6	0,19	P^{5+}	4	2,08
	8	0,17	As^{5+}	4	(2,13)
K^+	8	0,13	As^{3+}	4	(1,00)
Rb^+	8	0,12	Sb^{3+}	6	(0,73)
Cs^+	8	0,10			
			S^{6+}	4	2,60
Be^{2+}	4	0,86	Se^{6+}	4	2,25
Mg^{2+}	4	0,51	Te^{6+}	4	1,92
	6	0,45			
Ca^{2+}	6	0,35	Cu^{2+}	6	(0,53)
	8	0,33	Zn^{2+}	4	(0,59)
Sr^{2+}	8	0,27		6	(0,52)
Ba^{2+}	8	0,24	Ga^{3+}	6	(0,96)
			Ge^{4+}	4	(1,75)
B^{3+}	3	1,62	Sn^{4+}	6	(1,13)
	4	1,45	Pb^{4+}	6	(1,03)
Al^{3+}	4	0,97	Pb^{2+}	6	(0,34)
	6	0,84	V^{5+}	4	(1,85)
La^{3+}	8	0,43	Cr^{6+}	4	(2,40)
Ce^{3+}	8	0,45	Cr^{3+}	6	(0,94)
Ce^{4+}	8	(0,83)	Mn^{7+}	4	(3,00)
			Mn^{2+}	6	(0,48)
C^{4+}	3	2,4	Fe^{3+}	6	(0,91)
Si^{4+}	4	1,56	Fe^{2+}	6	(0,52)
Ti^{4+}	6	(1,25)			
Zr^{4+}	6	0,84			
	8	0,77			
Th^{4+}	8	0,63			

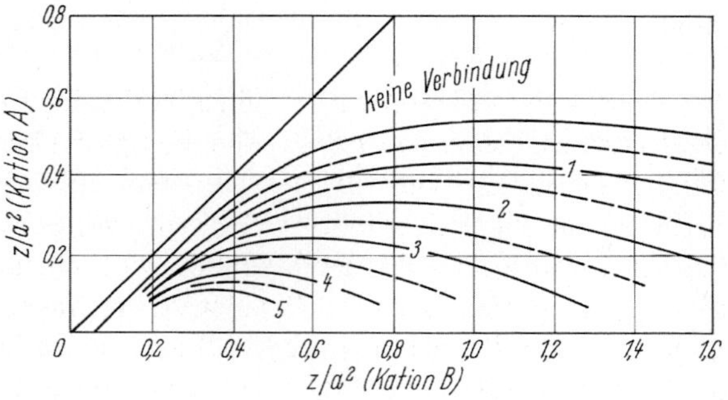

Bild 138: Zahl der ternären Verbindungen in Systemen A_mO_n-B_rO_s-SiO_2 in Abhängigkeit von der Kationenfeldstärke z/a^2 nach Dietzel [289]

In Bild 139 wurde für experimentell vollständig untersuchte ternäre Systeme die Anzahl der bekannten Verbindungen über der Differenz der Kationenfeldstärken

$\Delta(z/a^2)$ aufgetragen, um neben der Aussage, ob es zu einer Verbindungsbildung kommt oder nicht, zusätzlich eine Aussage über die Anzahl der zu erwartenden Verbindungen machen zu können. Auch hier wurden inkongruent schmelzenden Verbindungen nur halb gezählt.

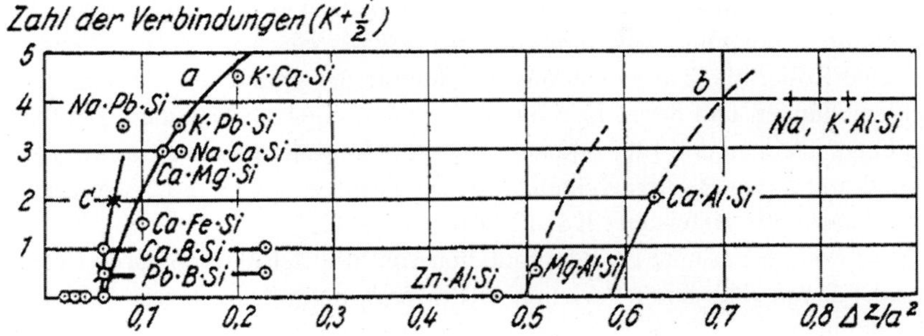

Bild 139: Anzahl möglicher Verbindungen in Silicatsystemen nach Dietzel

Kurve ***a*** zeigt für die ternären Silicatsysteme, daß mit steigendem $\Delta(z/a)^2$ die Zahl der Verbindungen stark zunimmt, was zumindest eine Abschätzung der Zahl der möglichen Verbindungen bzw. die Angabe eines oberen Grenzwertes gestattet. Stärkere Abweichungen werden nur für Pb-haltige Systeme beobachtet. Kurve *b* gilt für Alumosilicate und ist wegen fehlender experimenteller Informationen jedoch sehr unvollständig. Die Grenze für die Verbindungsbildung liegt hier bei ~0.6 und damit in der Nähe des Wertes für binäre SiO_2-Systeme. Für die Systeme MgO-Al_2O_3-SiO_2 und ZnO-Al_2O_3-SiO_2 liegen die entsprechende Kurve zwischen *a* und *b*, was auf eine gemischte Koordination des Al^{3+} schließen läßt. Die Kurven zeigen das hohe Bestreben schwacher Kationen (Alkalien) zur Bildung ternärer RO-Al_2O_3-SiO_2-Verbindungen. Mit steigender Kationenfeldstärke (Ca, Mg) nimmt die Neigung zur Verbindungsbildung ab. Für Zink, welches als Nebengruppenelement eine hohe Kationenfeldstärke besitzt, gibt es keine ternären Verbindungen.

Dietzel gibt allerdings zu bedenken, daß es nicht immer zu einer Verbindungsbildung in binären und ternären Systemen kommt, auch wenn diese aufgrund der vorliegenden Feldstärkendifferenz möglich ist. Dies führt er auf geometrische (räumliche) Vorraussetzungen zurück, die ebenfalls erfüllt sein müssen, und weist darauf hin, daß ein Phasendiagramm von zwei Faktoren bestimmt wird, einem energetischen Anteil (Feldstärkenzusammenhänge) und der Raumerfüllungsfrage.

Die Feldstärken haben sich auch bei der Betrachtung der Mischungslücken in silicatischen und verwandten Systemen bewährt, die vor allem dann auftreten, wenn der Unterschied der Feldstärken gering ist. Das läßt sich besonders deutlich an den Erdalkalisilicatsystemen erkennen (Kapitel 3.3.2.3). Weiterhin kann man damit gut die Abhängigkeit vieler Eigenschaften von Gläsern von der Zusammensetzung diskutieren. Schließlich konnte Dietzel [289] auch auf den Zusammenhang der Feldstärken mit der Bindungsart und den Schmelzpunkten von Oxiden hinweisen. Weitere Zusammenhänge mit den Phasendiagrammen hat Newnham [291] zusammengestellt.

Andere Verfahren zur Vorhersage von stabilen Phasen gehen von den Axiomen der Paulingschen Regeln aus (siehe Kapitel 2.2.2), wobei die Anzahl der möglichen Kationen-Polyederverknüpfungen anhand von topologischen Kenngrößen, Symmetrieregeln und mit Hilfe von Ladungsbilanzen eingegrenzt werden. Bei der Erstellung von Ladungsbilanzen spielen ebenfalls elektrostatische Bindungsstärken eine Rolle, die sich jedoch aus der Summe der Quotienten der einzelnen Ligandenladungen und deren Koordinationszahlen ergeben. Das darauf aufbauende Bindungsvalenzmodell [292]; [293] ist heute sehr weit entwickelt und vermag die Modellierung von Gitterdefekten, Gitterkonstanten sowie die Vorhersage von neuen Strukturen zu leisten [294]-[298].

Eine weitere Variante ist die Simulation von Silicatstrukturen durch sogenannte *lokale Cluster*, d.h. durch Variation örtlich begrenzter, festgelegter geometrischer Anordnungen von SiO_4-Tetraedern nach Verknüpfungsregeln, die einen periodisch fortlaufenden, d.h. kristallinen, oder aber einen divergenten, amorphen Aufbau von Strukturen am Computer erlauben [299]. Darüber hinaus gibt es für Oxide relativ einfache Polyederverknüpfungsregeln, die zwar zu einer Vielzahl möglicher Strukturvarianten führen, die aber wiederum mit Hilfe der Gruppen- oder Graphentheorie auf ein vernünftiges Maß reduziert werden können. So ist seit etwa 1990 die neue Wissenschaft der *Computational Crystallography* entstanden, die sich den Fragestellungen der Vorhersage von Kristallstrukturen widmet.

3.2.3 Ungleichgewichte

Am Ende dieses Abschnitts soll nochmals darauf hingewiesen werden, daß die Phasendiagramme immer Gleichgewichtszustände darstellen. Diese werden aber in der Keramik nicht immer erreicht, so daß dann Ungleichgewichte vorliegen.

Deren Lage ist im wesentlichen durch die Kinetik bestimmt, die im Kapitel 3.4 näher besprochen wird. Oft sind aber die Reaktionsgeschwindigkeiten so langsam, daß praktisch keine Änderungen des Systems zu beobachten sind. Es ist daher von Fall zu Fall zu prüfen, ob man wirklich das Gleichgewicht erreicht hat. Mit Hilfe der Thermodynamik und der Phasendiagramme kann man bestimmen, in welche Richtung sich das System bewegen müßte.

Neben den unvollständig abgelaufenen Reaktionen gehören zu den Ungleichgewichten auch die im Kapitel 2.4.2 besprochenen Gläser. Weiterhin wurden Ende des Kapitels 3.2.1 schon metastabile Phasen erwähnt, die sich zwar thermodynamisch behandeln lassen, aber nicht den energieärmsten Zustand darstellen. Schließlich werden auch bei den Ausscheidungsfolgen der Phasendiagramme manchmal Ungleichgewichte beobachtet, wenn z.B. eine bestimmte Verbindung nur schwer kristallisiert. Die Schmelze bleibt dann bei der Abkühlung flüssig, bis der verlängerte Ast der Liquiduskurve einer anderen Verbindung erreicht wird. Ein anderer oft beobachteter Fall ist die unvollständige Resorption einer Erstausscheidung, die einer unvollständigen Reaktion gleichgesetzt werden kann. Diese Erscheinung wurde im vorangegangenen Kapitel im Rahmen des binären Systems mit einer inkongruenten Verbindung beschrieben, denn in solchen Systemen treten derartige Ungleichgewichte besonders häufig auf.

3.2.4 Thermodynamische Berechnungen

Da die Anzahl aller Stoffsysteme auf der Basis von 86 technisch verwertbaren Elementen mit $7{,}7 \cdot 10^{25}$ sehr groß ist und die Komplexität mit zunehmender Anzahl der Komponenten sprunghaft ansteigt, ist es schwierig und zeitaufwendig, alle gewünschten Phasensysteme experimentell zu erschließen. Es ist daher erforderlich, über die bisher bekannten etwa 8500 Systeme hinaus Phasengleichgewichte rechnerisch zu ermitteln. Grundlagen hierfür sind die thermodynamischen Daten der beteiligten Phasen und deren Verlauf als Funktion von Temperatur, Druck und Konzentration, die aber ebenfalls schwierig zu beschaffen sind bzw. aus experimentellen Daten herausgelesen werden müssen.

Die ersten Berechnungsversuche binärer Systeme stammen von Van Laar aus dem Jahre 1908 [300]. Der Mangel an thermodynamischen Daten brachte aber keine wesentlichen Erfolge, bis Kaufman u. M. ab 1960 in zahlreichen Veröffentlichungen den Grundstein der computerunterstützten Simulation von binären und ternären Systemen legten. Die von Kaufman 1973 gegründete internationale CALPHAD-Gruppe (*cal*culation of *pha*se *d*iagrams) hat es sich seither zur Aufgabe gemacht, selbstkonsistente Datensätze zu erstellen und verfügbar zu machen [301]-[308].

Alle Rechenprogramme basieren auf Minimierungsmethoden der Freien Energie bzw. im isobaren Fall der Freien Enthalpie heterogener Stoffsysteme. Prinzipiell lassen sich alle Berechnungsstrategien auf vier Teilschritte zurückführen [282]:

- Die Freien Enthalpien aller Phasen eines Systems müssen in analytischer Form als Funktion der chemischen Zusammensetzung und Temperatur (und Druck) mit einer ausreichenden Zahl variabler Koeffizienten vorliegen. Hierzu werden Polynome erstellt und Korrekturglieder eingefügt, die Aussagen über kristallchemische Aspekte, Mischungsregeln oder anomales Mischungsverhalten beinhalten.
- Die Funktion der Freien Enthalpie wird mit Hilfe dieser Koeffizienten an experimentelle Ergebnisse durch statistische Methoden (kleinste Fehlerquadrate) oder „Versuch und Irrtum“ angepaßt. Das Ergebnis ist ein „optimierter Koeffizientensatz“.
- Die Gleichgewichte der beteiligten Phasen werden durch die Minima der Enthalpie-Funktionen oder durch die Gleichheit der chemischen Potentiale in Abhängigkeit von Konzentration, Temperatur und Druck festgelegt.
- Die Ergebnisse werden in Form von Tabellen oder Diagrammen dargestellt.

Die analytische Beschreibung geht davon aus, daß – im isobaren Fall – die Freie Enthalpie G eines heterogenen Systems in drei Terme aufspaltbar ist, von denen der erste den Enthalpieinhalt der reinen Komponenten, bedingt durch z.B. die Kristallstruktur, und ihrer mechanischen Mischung beschreibt, der zweite den Ansatz einer idealen Lösung, also die ideale Mischungsentropie, beinhaltet und der dritte Term sogenannte Überschuß- oder Exzess-Größen, z.B. ^{ex}G, umfaßt, die Abweichungen vom idealen Verhalten einbringen:

Gemäß der Gibbs-Helmholtz-Gleichung (siehe auch Kapitel 3.1.1) läßt sich die Freie Enthalpie als Funktion der Enthalpie H und der Entropie S schreiben:

$$G = H - T\Delta S, \tag{76}$$

wobei Enthalpie und Entropie als Funktionen der Molwärme C_p und der Temperatur darstellbar sind:

$$H_T^0 = \int_0^T C_\mathrm{p}\mathrm{d}T \tag{77}$$

$$S_T^0 = \int_0^T \frac{C_\mathrm{p}}{T}\mathrm{d}T \tag{78}$$

Da auch C_p eine Funktion der Temperatur ist, ergibt sich die Möglichkeit, für jede Phase sowohl H als auch S und damit G in Reihenentwicklungen der Temperatur, versehen mit anpaßbaren Koeffizienten m_i auszudrücken:

$$C_\mathrm{p} = \mathrm{m}_3 + \mathrm{m}_4\mathrm{T} + ... \tag{79}$$

$$H = \int_{T_0}^T C_\mathrm{p}\mathrm{d}T + H_0 = m_1 + m_3 T + m_4\frac{T^2}{2} + ... \tag{80}$$

$$S = \int_{T_0}^{T} \frac{C_\mathrm{p}}{T}\mathrm{d}T + S_0 = m_2 + m_3 \ln T + m_4 T + \ldots\ldots \tag{81}$$

$$\begin{aligned} G &= \int_{T_0}^{T} C_\mathrm{p}\mathrm{d}T + H_0 - \Delta T\left(\int_{T_0}^{T} \frac{C_\mathrm{p}}{T}\mathrm{d}T + S_0\right) \\ &= m_1 - m_2 T + m_3(T - T\ln T) - m_4 \frac{T^2}{2} + \ldots \end{aligned} \tag{82}$$

Die Konsistenz der Polynome ergibt sich aus der jeweiligen zahlenmäßigen Gleichheit der Koeffizienten m_1 bis m_4 in den Gln. (79) bis (82).

Die Abhängigkeit von G von der Zusammensetzung x einer Phase kann durch einfache mathematische Näherungsfunktionen in Form einer Exponentialfunktion oder durch ein physikalisches Modell beschrieben werden, das ideale oder reguläre Lösungen berücksichtigt oder Untergitter- und Fehlstellenmodelle einführt. So kann z.B. die Wechselwirkungsenthalpie zwischen einzelnen Atomen oder Atomverbänden im flüssigen Zustand ebenso berücksichtigt werden wie Leerstellencluster in Kristallen oder magnetische Domänen. Modelle hierzu stammen von Margules [309], Borelius [310], Redlich-Kister [311], Bale und Pelton [312] u.a..

Eine wesentliche Anwendung solcher Rechnungen ist die Extrapolation zu höherkomponentigen Systemen, die aus dem niederkomponentigen System mit Hilfe von Wichtungstermen und Exzess-Enthalpien vorgenommen wird:

$$G_{bin\ddot{a}r} = \sum{}_{un\ddot{a}r} + \mathrm{R}T \sum x_i \ln x_i + {}^{ex}G^{bin\ddot{a}r} \tag{83}$$

wobei ${}^{ex}G^{bin\ddot{a}r}$ durch Approximation oder eines der genannten Modelle den binären Meßdaten, falls vorhanden, angepaßt wird. Die Größe ${}^{ex}G^{bin\ddot{a}r}$ gibt dann an, ob sich aus der Mischung ein Energiegewinn ergibt oder ob Energie aufgewendet werden muß. Die Erweiterung des binären Systems in das ternäre erfolgt entsprechend durch Extrapolation

$$G_{tern\ddot{a}r} = \sum{}_{un\ddot{a}r} + \mathrm{R}T \sum x_i \ln x_i + \mathrm{Extrapolation}\left[\sum {}^{ex}G^{bin\ddot{a}r}\right] + {}^{ex}G^{tern\ddot{a}r} \tag{84}$$

usw. Solche reinen Extrapolationen erlauben natürlich nicht die Vorhersage neuer Phasen, sondern bauen lediglich auf Mischungsregeln auf. Experimentelle Untersuchungen in höherkomponentigen Systemen führen daher üblicherweise auch zu einer Präzisierung der Daten der niederkomponentigen Systeme, obwohl diese eventuell durch den vorhandenen Koeffizientensatz hinreichend genau beschrieben sind.

Die *Anpassung der Koeffizienten* an bekannte Meßergebnisse erfolgt durch iterative Extrapolation und Vergleich mit bekannten Phasendiagrammen zunächst unter Annahme einfachster Randbedingungen, z.B. einer idealen Lösung oder regulären Lösung. Allerdings lassen sich experimentelle Ergebnisse, z.B. Daten aus Diffusionspaaren oder entsprechenden Syntheseversuchen nur bedingt verwenden, da sie manchmal mit systematischen Fehlern oder großen Ungenauigkeiten behaftet sind. Kritische Untersuchungen der Konsistenz von experimentellen Daten unterschiedlicher Autoren zeigen erfahrungsgemäß immer wieder Abwei-

chungen auf, die nachzuvollziehen und zu erklären äußerst aufwendig ist. Daher kommt der Auswertung der ohnehin spärlichen Literaturinformationen eine wesentliche Bedeutung zu.
Aus solchen Berechnungen entstehen „optimierte" Datensätze, die den jeweiligen Stand der Forschung wiederspiegeln. Parallel zu den Berechnungen werden laufend Literaturrecherchen durchgeführt, um veröffentlichte Modelle oder neue Messungen in die existierenden Datensätze einzuarbeiten. Die Qualität der durchgeführten Berechnungen steht und fällt mit der Qualität der verfügbaren Datensätze, die in kommerziellen oder öffentlichen Datenbanken erhältlich sind. Teilweise sind sie in Form spezieller Datensammlungen für z.B. die Stahlindustrie oder Nichteisenmetallurgie bzw. Keramik niedergelegt; z.B. [313]-[318].

Da die Ansätze für die verschiedenen Anwendungsgebiete unterschiedlich sind, kann es zu Inkompatibilitäten bezüglich der Beschreibung von Mischungen im flüssigen und festen Zustand kommen. Sind z.B. Daten über das Verhalten von Metallegierungen in der Schmelze bekannt, kann nicht unbedingt daraus ein analoges Verhalten in Oxid- oder Silicatschmelzen abgeleitet werden. Der urheberrechtliche Schutz von Quelldaten erschwert ferner gelegentlich die wissenschaftliche Bearbeitung solcher Probleme.

Die verfügbaren *Programme* unterscheiden sich in ihren *Minimierungsstrategien.* So werden z.B. nach einer Vorgehensweise für eine gegebene Temperatur und Konzentration die Freien Enthalpien aller im System möglichen Phasenkombinationen ermittelt und miteinander verglichen. Die Phasenkombination mit der minimalen Freien Enthalpie wird als stabil angesehen und die Prozedur bei stufenweiser Erhöhung von Temperatur und Druck in vorgegebenen Konzentrationsschritten wiederholt. Die Minimumsuche erfolgt nach mathematischen Iterationsverfahren wie Gradientenverfahren oder der Newton-Raphson-Methode. Eine andere Vorgehensweise sucht koexistente Phasen, indem ausgehend von einem nonvarianten Gleichgewicht, z.B. einem bekannten Schmelzpunkt, die chemischen Potentiale möglicher koexistenter Phasen berechnet und bei Gleichheit die univarianten Gleichgewichte als Funktion der Temperatur, des Druckes und der Konzentration verfolgt werden. Der Vorteil dieses Verfahrens ist, daß Gleichgewichte auch in metastabile Bereiche extrapoliert werden können. Höherkomponentige Gleichgewichte werden durch Überschneidung der entsprechenden niederkomponentigen Gleichgewichte gefunden. Für die weitere Rechnung werden dann die höherkomponentigen Gleichgewichte verfolgt.

Mit Hilfe der thermodynamischen Berechnungsverfahren besteht sowohl die Möglichkeit zur Bestimmung thermodynamischer Zustandsgrößen und heterogener Phasengleichgewichte als auch zur Simulation keramischer und metallurgischer Prozesse sowie zur Vorhersage des Materialverhaltens bei hohen Temperaturen und korrosiven Umgebungsmedien. Zur Zeit sind drei leistungsfähige Berechnungsprogramme verfügbar, die auch wissenschaftlich dokumentiert sind [319]-[321].

3.3 Keramische Mehrstoffsysteme

Die heterogenen Gleichgewichte keramischer Mehrstoffsysteme sind meistens der Schlüssel für das Sinter-, Hochtemperatur- und Korrosionsverhalten der ihnen zugrunde liegenden Werkstoffe. Die Silicatkeramiken sind allerdings aufgrund ihrer Ableitung aus natürlichen Rohstoffen sehr viel komplexer aufgebaut als die Hochleistungskeramiken, die meist nur wenige und in der Regel gut verstandene Komponenten aufweisen. So enthalten die Ausgangsstoffe der Silicatkeramiken eine Vielzahl von Minoritätsphasen, Verunreinigungen und Spurenelementen (siehe Kapitel 6.1), die zwar von technischer Bedeutung sind, deren Einbeziehung in thermochemische Betrachtungen aber zu kompliziert ist. Vereinfachend ist zu berücksichtigen, daß nahezu alle Verbindungen als Silicate oder zumindest Oxide vorliegen, was eine Zurückführung auf einfachere Untersysteme ermöglicht, die dann die wichtigsten Abhängigkeiten besser erkennen lassen.
Demgegenüber bestehen die technischen Keramiken aus vergleichsweise wenig Komponenten, die in der Regel wenigen Sechs- oder Siebenstoffsystemen wie z.B. Al-Mg-Zr-Ti-Si-O oder Sr-Ba-Ti-Pb-Zr-O angehören. Allerdings erweitert sich die Auswahl auf nichtoxidische Phasen, also Nitride, Carbide und Boride, die wiederum typische keramische Systeme aufspannen wie z.B. Si-Al-Mg-SE-O-N (mit SE = Seltene Erden) oder Si-C-Al-B-SE-O-N. Hierin sind bereits auch Sinteradditive enthalten, deren Wirkung meistens bekannt ist.
Die Auswahl in diesem Buch soll die Aufmerksamkeit vor allem auf einige typische Probleme richten und damit Wege zeigen, wie andere, hier nicht zur Sprache kommende Systeme zu betrachten sind. Es sollen einige wichtige Phasendiagramme behandelt werden, wozu u.a. die Festlegung von Stabilitätsbereichen von Verbindungen und Modifikationen gehört. Für die Keramik ist dabei nicht nur die Lage der Umwandlungspunkte interessant, sondern auch die Umwandlungskinetik. Schließlich sollen einige Eigenschaften diskutiert werden, die entweder für die Praxis oder für den Nachweis bestimmter Substanzen wichtig sind.
Als Einteilungsprinzip für das Kapitel ergibt sich nach der Phasenregel die Gliederung in Ein-, Zwei-, Drei- und Mehrstoffsysteme. Entsprechend seiner Bedeutung für die klassische Keramik spielt dabei das SiO_2 die dominierende Rolle, so daß Silicatsysteme besonders berücksichtigt sind. Abschließend wird als Beispiel für eine Hochleistungskeramik das System Si-Al-O-N mit seiner Erweiterung um Nd erläutert.
Wichtige Informationen findet man in speziellen Handbüchern oder Zeitschriften, z.B. in „Phase Diagrams for Ceramists" [260], [265] oder [269]-[271] bzw. [308].

3.3.1 Einstoffsysteme

Das allgemeine Verhalten von Einstoffsystemen wurde bereits früher (Kapitel 3.2.1) behandelt. In der Keramik treten reine Einstoffsysteme vor allem in der Oxidkeramik auf. Aber auch zum Verständnis von Mehrstoffsystemen ist die Kenntnis der Einstoffsysteme Voraussetzung. Meist ist das Verhalten von Einstoffsystemen recht einfach, aber gerade SiO_2 bildet eine Ausnahme. Die Behandlung des SiO_2, des wichtigsten Einstoffsystems der Keramik, wird an erster Stelle stehen. Als weitere Beispiele sollen nur noch Al_2O_3 und H_2O gewählt werden; letzteres deshalb, weil es auch als ein wichtiger Rohstoff der Keramik betrachtet werden muß und viele Prozesse maßgeblich beeinflußt.

3.3.1.1 SiO_2

Bereits in Kapitel 2.3.2.4.1 wurden die Strukturen der wichtigsten Modifikationen behandelt. Ergänzend dazu muß jetzt festgestellt werden, unter welchen Bedingungen die verschiedenen Modifikationen auftreten und welche Eigenschaften sie haben. Nähere Angaben findet man bei Frondel [84], Sosman [85] oder Flörke [86]. Die quantitative Bestimmung der Phasen erfolgt am besten röntgenographisch. Patzak [322] gibt einige Hinweise dazu, u. a. zur Ermittlung der Fehlordnungsgrade und Glasanteile.

Quarz. SiO_2 tritt als solches in der Natur meist in der Modifikation des Tief-Quarzes auf, der die bei Raumtemperatur thermodynamisch stabile Modifikation ist. Einige Eigenschaften sind in Tabelle 19 enthalten. Danach ist Tief-Quarz anisotrop, was nicht nur seine Doppelbrechung bedingt, sondern auch bei vielen anderen Eigenschaften eine Richtungsabhängigkeit mit sich bringt, z.B. bei der Härte, Wärmedehnung oder Wärmeleitfähigkeit. Da aber in der Keramik der Quarz meist feinkörnig verwendet wird und die Körner regellos gelagert sind, rechnet man mit mittleren Werten. Im allgemeinen ist der Quarz farblos und hat sehr gute Lichtdurchlässigkeit, die im UV bis 175 nm, im IR bis 3 µm reicht. Die Härte beträgt 7 nach der Mohsschen Skala, der Bruch ist muschelig.

Für die Keramik am wichtigsten ist das Verhalten beim Erhitzen. In Bild 140 ist die Temperaturabhängigkeit des spezifischen Volumens (= Volumen von 1 g Substanz = reziproker Wert der Dichte) graphisch dargestellt. Man erkennt mit wachsender Temperatur eine Zunahme, die immer größer wird, um bei 573°C steil anzusteigen. Bei dieser Temperatur geht der Tief-Quarz in den Hoch-Quarz über. Letzterer zeigt keine weitere Volumenzunahme, sondern bei höheren Temperaturen sogar ein geringe Abnahme. Aus diesem Kurvenverlauf läßt sich leicht der kubische bzw. lineare Ausdehnungskoeffizient berechnen. Für 0 bis 100°C ist er in Tabelle 19 aufgeführt. Mit steigender Temperatur wird er größer, oberhalb 573°C, also im Stabilitätsbereich des Hoch-Quarzes, ist er schwach negativ. Der mittlere Ausdehnungskoeffizient von z.B. 20 bis 800°C ist natürlich immer noch positiv.

Dieser Kurvenverlauf ist reversibel, d.h., beim Abkühlen findet man dieselben Werte. Bei 573°C tritt der Quarzsprung ein, der eine beträchtliche Volumenkontraktion der Quarzkörner darstellt und zu erheblichen Spannungen im Gefüge führt.

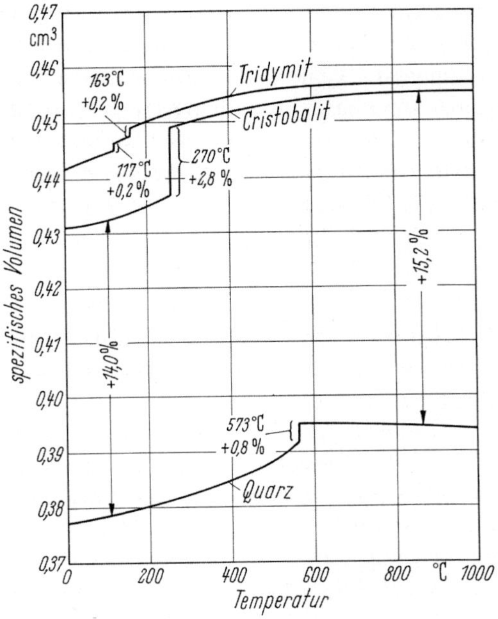

Bild 140: Temperaturabhängigkeit des spezifischen Volumens von Quarz, Cristobalit und Tridymit

In Bild 140 ist er bei 573°C mit 0,8 Vol.-% angegeben. Bis 500°C beträgt die Kontraktion bereits 1,7 Vol.-%, bis 400°C 2,6 Vol.-%. Quarzhaltige Produkte müssen deshalb über den Quarzsprung langsam abgekühlt werden.

Die Quarzumwandlung ist in ihrem Mechanismus mehrfach untersucht worden. Die *reversible* und schnelle Umwandlung zeigt an, daß keine größeren strukturellen Änderungen eintreten, also eine *displazive Umwandlung* vorliegt. Die strukturellen Vorgänge sind kompliziert. Röntgenographische Untersuchungen von Arnold [323] zeigen im Untergrund der Aufnahmen diffuse Reflexe, die bereits ab 400°C zu beobachten sind, die Umwandlung also schon bei tieferer Temperatur ankündigen. Es tritt dabei ein kooperativer Vorgang auf, d.h., die schon bei tieferer Temperatur umgeordneten Atome erleichtern die weitere Umwandlung der Struktur. Diese frühzeitige Ankündigung der Umwandlung deutet sich auch in der Ausdehnungskurve von Bild 140 an. Genauere Untersuchungen der Ausdehnung haben ergeben, daß der in Bild 140 eingezeichnete Sprung bei der Quarzumwandlung nicht vorhanden ist, sondern daß ein stetiger Übergang vorliegt. Man bezeichnet diesen Typ als Umwandlung II. Ordnung mit *Λ-Punkt*. Λ-Umwandlungen sind z.B. auch die Curiepunkte ferromagnetischer Stoffe. Bei solchen Umwandlungen durchläuft die spezifische Wärme ein knickförmiges Maximum, während sich die Entropie stetig ändert. Bei der Quarzumwandlung verändern sich vor allem die Si-O-Si-Bindungswinkel, wobei nach Arnold [324] Domänen und auch Verzwillingungen auftreten.

Der Nachweis der Tief-Hoch-Umwandlung erfolgt am besten dilatometrisch oder mit der DTA (Kapitel 3.3.3.5), wo sich bei der Umwandlungstemperatur ein endothermer Effekt zeigt. Beide Methoden dienen oft zum Nachweis des Quarzes, weshalb es wichtig ist zu bedenken, daß die Effekte unscharf werden können, da die Umwandlung bereits bei tieferer Temperatur beginnt. Außerdem können Verunreinigungen im Quarz zu einer Erniedrigung der Umwandlungstemperatur führen, die aber im allgemeinen gering ist.

In Bild 140 geht die Temperatur nur bis 1000°C. Erhitzt man weiter, kann man nach Mackenzie [325] ab etwa 1400°C ein Schmelzen des Quarzes beobachten, das immer an der Oberfläche oder an Grenzflächen einsetzt. Die Schmelzgeschwindigkeit ist allerdings sehr gering. Bei 1550°C beträgt sie nur 0,03 μm/min, bei 1750°C erst 6 μm/min. Man kann also den Quarz sehr weit überhitzen. Scherer u. M. [326] haben dies bestätigt und die Schmelztemperatur zu 1425°C bestimmt. Interessant ist, daß die Schmelzenthalpien und -entropien sehr ähnlich denen des Cristobalits sind.

Cristobalit. Das Schmelzen des Quarzes kann man nur dann feststellen, wenn man nicht zu langsam arbeitet. Tempert man Quarz längere Zeit bei Temperaturen oberhalb 1200°C, dann tritt eine weitere Modifikationsänderung, die zum Cristobalit auf. Da auch diese Umwandlung für die Keramik von großer Bedeutung ist, soll sie zunächst besprochen werden, ehe auf die Eigenschaften des Cristobalits eingegangen wird.

Viele Autoren haben die *Quarz-Cristobalit-Umwandlung* untersucht, die wegen der unterschiedlichen Strukturen eine *rekonstruktive Umwandlung* ist. Allgemein kann man feststellen, daß die Umwandlung um so schneller erfolgt, je geringer die Korngröße ist. Die Ursache liegt darin, daß auch diese Umwandlung an Ober- bzw. Grenzflächen beginnt, d.h., bei Proben mit größerer Oberfläche pro Gewichts- oder Volumenanteil schneller abläuft. Weiterhin wird, wie bei kinetischen Prozessen üblich, die Umwandlung durch steigende Temperaturen beschleunigt. So hat sich ein Quarzpulver mit einer mittleren Korngröße von 60 μm nach 24 h bei 1270°C zu 4 Gew.-% in Cristobalit umgewandelt, bei 1370°C zu 29 % und bei 1450°C zu 95 %. Bei reinem Quarz kann die Umwandlung ab 1000°C beobachtet werden.

Die Kinetik dieser Umwandlung ist mehrfach untersucht worden, wobei rasch erkannt wurde, daß bald eine Abnahme des Quarzgehaltes einsetzt, der zunächst keine gleiche Menge an Cristobalit entspricht. Die Differenz wird als Übergangsphase bezeichnet, ihre Struktur ist nicht bekannt. Man kann annehmen, daß es sich dabei je nach den Versuchsbedingungen um geschmolzenen Quarz oder um Quarz mit starker Temperaturfehlordnung handelt, der in einen ebenfalls stark fehlgeordneten Cristobalit übergehen könnte. Bild 141 zeigt ein Meßbeispiel von Mitra [327], aus dem man den hohen zwischenzeitlichen Anteil an der Übergangsphase erkennen kann. Mitra nimmt an, daß diese Bildung phasengrenzenkontrolliert ist, während die folgende Keimbildung des Cristobalits in der ganzen Schicht eintritt.

Damit ergeben sich theoretische Kurven, die in Bild 141 gestrichelt eingezeichnet sind und recht gut das Experiment erfassen.

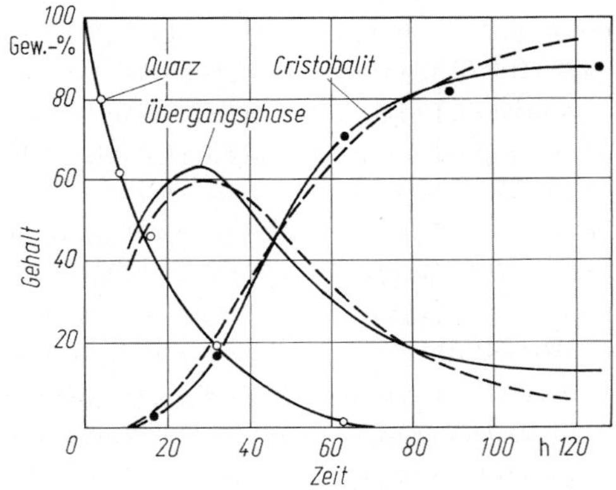

Bild 141: Umwandlung von Quarz (Korngröße 20 bis 40µm) beim Tempern bei 1400°C nach Mitra [327]

Bild 141 zeigt, daß die ersten Cristobalitkristalle erst nach einer gewissen Zeit erscheinen, d.h., es ist eine Induktionsperiode vorhanden. Diese Zeiten sind nach Leko und Komarova [328] stark umgebungsabhängig, was jedoch nicht der Fall ist für die sich aus deren Temperaturabhängigkeit ergebende Aktivierungsenergie. Beide Erscheinungen sind auch beim Kieselglas bekannt, und die entsprechenden Aktivierungsenergien haben denselben Wert von 535 kJ/mol.

Erhitzt man Cristobalit weiter, kommt man zur Schmelztemperatur des Cristobalits bei 1723°C. Ein Abkühlen der Schmelze führt zum Kieselglas, Tempern unterhalb 1723°C wieder zur Kristallisation von Cristobalit. Eine Umwandlung des Cristobalits in Quarz ist ohne besondere Hilfsmittel nicht zu erreichen.

Die Struktur des Cristobalits wurde früher beschrieben (Kapitel 2.3.2.4.1), einige Eigenschaften bringt Tabelle 19, das Ausdehnungsverhalten zeigt Bild 140. Aus dieser Abbildung ergibt sich zunächst deutlich, daß der Cristobalit ein wesentlich größeres Volumen bzw. eine geringere Dichte als der Quarz hat. So tritt z.B. bei der Umwandlung des Quarzes in den Cristobalit bei 1000°C eine Volumenzunahme von über 15 % auf. Ähnliche Werte gelten auch für höhere Temperaturen, was von großer praktischer Bedeutung für das Verhalten von quarzhaltigen Produkten bei hohen Temperaturen ist.

Weiterhin zeigt Bild 140, daß beim Cristobalit zwischen 120 und 272°C ebenfalls eine *Tief-Hoch-Umwandlung* eintritt, die auch reversibel und displaziv ist. Sie ist mit einer großen Volumenänderung verbunden. Die Darstellung dieser Umwandlung in Bild 140 ist idealisiert; denn in Wirklichkeit beobachtet man immer stetige Übergänge, oft auch tiefere Umwandlungstemperaturen und unterschiedliches Verhalten zwischen Aufheizen und Abkühlen, also eine Hysterese. Die Ursache ist in den früher geschilderten Fehlordnungserscheinungen zu suchen. Bild 142 zeigt einige Beispiele nach Flörke [329], der Cristobalit mit steigendem Ordnungsgrad bzw. fallendem Fehlordnungsgrad durch Tempern von Kieselglas mit steigender Temperatur herstellte. Denselben Effekt erzielt man durch längeres Tempern bei konstanter Temperatur. Die Dilatometermessungen zeigen deutlich, daß sich mit steigendem Ordnungsgrad die Umwandlungstemperatur erhöht und das Umwandlungsintervall verringert, aber die Hysteresebreite zunimmt. Jede Umwandlung erfordert eine Keimbildung, die durch die Fehlordnung begünstigt wird, so daß die Umwandlungstemperatur erniedrigt wird. Da die Keimbildung für die Tief-Hoch- und die Hoch-Tief-Umwandlung unterschiedlich ist, ergibt sich eine Hysterese, die bei geringen Keimbildungsschwierigkeiten, also großer Fehlordnung, nur klein ist. Nach Leadbetter u. M. [91] wirken sich dabei auch durch Fehlordnungen bedingte Spannungseffekte aus. Das Umwandlungsintervall ist die Folge der Untersuchung eines Pulvers mit Einzelkörnern unterschiedlichen Umwandlungsverhaltens. Einkristalle zeigen eine schlagartige Umwandlung bei einer bestimmten Temperatur in die Hoch-Cristobalitform und ebensolche schlagartige Rückumwandlung, die bei einer etwas tieferen Temperatur liegt. Es besteht aber bei den Einkristallen kein Zusammenhang zwischen der Umwandlungstemperatur und der Hysteresebreite. Für die Praxis wichtig ist die Beobachtung von Wright [330], daß beim ersten Abkühlen nach der Bildung des Cristobalits beim Übergang in den Tief-Cristobalit nur eine Kontraktion von 0,5 % eintritt, bedingt durch das Auftreten von Sprüngen, die der Kontraktion entgegenwirken. Beim folgenden Aufheizen ist dann aber die erste Dehnung mit 1,4 % außergewöhnlich groß, weil verschieden orientierte Kristalle zu einer Zerstörung des Gefüges führen. Erst anschließend wird das reversible Verhalten wie in Bild 142 gemessen. Frisch entstandener Cristobalit kann sich also beim Abkühlen und Wiedererhitzen anders verhalten.

Der Nachweis der Cristobalitumwandlung kann auch anders erfolgen, z.B. mit dem Heiztischmikroskop, da die Umwandlung des Tief- in den Hoch-Cristobalit die Kristallsymmetrie von tetragonal nach kubisch, also von anisotrop nach isotrop ändert. Oft wird die Umwandlungswärme ausgenützt, indem man die Umwandlung mit dem Kalorimeter oder mit der DTA verfolgt. Letztere Methode wird häufig auch zum Nachweis des Cristobalits verwendet. Quantitative Messungen erfordern aber die Beobachtung der Fehlordnung; denn entsprechend dem unterschiedlichen Ausdehnungsverhalten werden die DTA-Effekte bei der Umwandlung mit steigender Fehlordnung nach tieferen Temperaturen verschoben und nehmen an Intensität ab. Darauf hat Flörke [97] hingewiesen und zugleich [329] gezeigt, daß auch die quantitative röntgenographische Bestimmung des Cristobalits sehr vom Fehlordnungsgrad abhängig ist. Es sei bereits hier erwähnt, daß dieselbe Vorsicht bei der quantitativen Bestimmung von Tridymit am Platze ist.

Tridymit. Bei den Strukturen wurde der Tridymit als weitere Modifikation des SiO_2 behandelt, aber bereits dort schon darauf hingewiesen, daß der Tridymit nur durch geringe Gehalte an Fremdionen stabilisiert wird (Kapitel 2.3.2.4.1). Flörke [97] hat zeigen können, daß alle Tridymite strukturell fehlgeordnet sind, wobei der Grad der Fehlordnung und damit einige Eigenschaften stark variieren können.

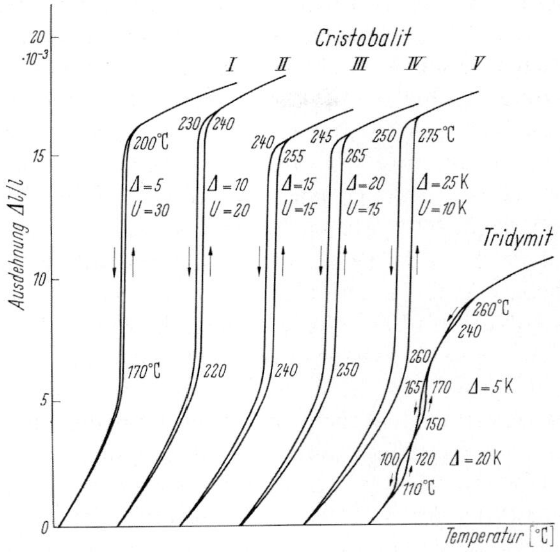

Bild 142: Dilatometerkurven von Cristobaliten mit von I bis V zunehmendem Ordnungsgrad und von einem relativ gut geordneten Tridymit. (U = Umwandlungsintervall, Δ = Hysteresebreite)

Die Angaben in Tabelle 19 sind daher Mittelwerte, und die Ausdehnungskurve in Bild 140 ist idealisiert. Letztere Kurve zeigt, daß der Tridymit eine noch geringere Dichte als der Cristobalit hat. Weiterhin kann man erkennen, daß im Bereich oberhalb 100°C zwei Unstetigkeiten sind, die Umwandlungen anzeigen, die ebenfalls reversibel und displaziv sind. Der angegebene Verlauf stellt aber nur das Verhalten einer bestimmten Tridymitprobe dar. Andere Proben zeigen anderes Verhalten, wobei nach Flörke und Müller-Vonmoos [331] drei und mehr Umwandlungen auftreten können, die im Temperaturbereich von 80 bis 270°C liegen (Bild 142). Tridymitkristalle mit Umwandlungen oberhalb 200°C zeigen röntgenographisch deutlich 3-Schicht-Anteile, kommen also in der Struktur dem Cristobalit nahe. Nicht nur Struktur und Fehlordnungsgrad bestimmen das Umwandlungsverhalten, sondern auch die Art und Menge der eingebauten Fremdionen.

Das stark unterschiedliche Verhalten erschwert auch den Nachweis von Tridymit, wobei man nicht nur im Dilatometer, sondern auch bei der DTA stark abweichende Ergebnisse erhält. Das Röntgenspektrum reagiert nicht ganz so empfindlich auf diese geringen strukturellen Unterschiede. Dagegen findet man Tridymite mit Dichten bis zu 2,37 g/cm^3, die ganz erheblich über die Angabe von 2,27 g/cm^3 in Tabelle 19 hinausgehen. Patzak und Konopicky [332] konnten zeigen, daß diese Tridymite bis fast 5 Gew.-% CaO und 1,5 Gew.-% Al_2O_3 enthalten, wodurch das Gitter kontrahiert wird.

Beim Brennen von Quarz sind meist genügend Verunreinigungen oder absichtlich zugefügte Komponenten vorhanden, die die Bildung des Tridymits begünstigen. Dabei hat sich herausgestellt, daß unter diesen Bedingungen Tridymit im Temperaturbereich von 867 bis 1470°C entsteht, wie es bereits Fenner [333] in seiner klassischen Arbeit über die SiO_2-Modifikationen beobachtet hat. Die Geschwindigkeit der Umwandlung ist stark abhängig von der Art und Menge der Fremdsubstanzen. In den Phasendiagrammen, die neben SiO_2 noch eine weitere Komponente enthalten, tritt damit als SiO_2-Modifikation im allgemeinen auch der Tridymit auf.

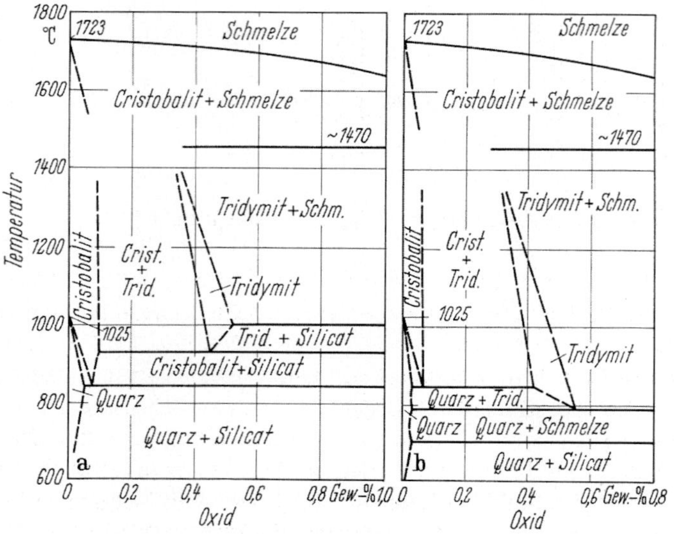

Bild 143: Angenommene Phasendiagramme für das SiO_2-reiche Gebiet mit benachbartem Eutektikum oberhalb (a) und unterhalb (b) 870°C

Zur Bestimmung der Phasengrenzen zum reinen SiO_2 hat Holmquist [334] Versuche in den Systemen SiO_2 mit Li_2O, Na_2O und K_2O durchgeführt und danach die beiden Diagramme von Bild 143a und b vorgeschlagen, in denen die gestrichelten Phasengrenzen nur vermutet werden. Für Systeme mit einer benachbarten eutektischen Temperatur über 870°C, also SiO_2-Li_2O, gilt Bild 143a, während andernfalls, also für SiO_2-Na_2O und SiO_2-K_2O, Bild 143 zutrifft. Wollast [335] konnte diesen Vorschlag bestätigen, wobei er auch fand, daß in diesen drei SiO_2 R_2O-Systemen in der Reihe Li-K-Na die Mengen abnehmen, bei denen zuerst der Tridymit auftritt. Oder anders ausgedrückt: Na_2O stabilisiert den Tridymit am meisten.

Phasendiagramm. Nach Bild 143 liegt im reinen SiO_2-System die Umwandlungstemperatur Quarz-Cristobalit bei 1025°C. Eine ähnliche Temperatur fand auch Flörke [336], als er aus Tridymit die Fremdionen im Gitter durch Elektrolyse entfernte. Oberhalb 1050°C bildete sich dabei Cristobalit.

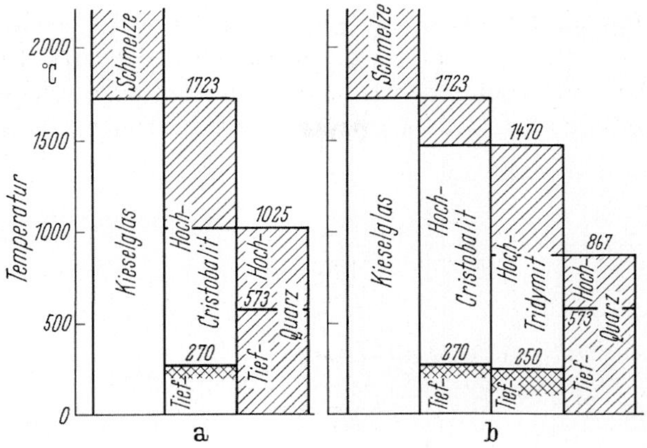

Bild 144: Einstoffsystem des (a) reinen und (b) Fremdionen enthaltenden SiO_2

Mit diesen Feststellungen ist es möglich, das Einstoffsystem des SiO_2 aufzustellen. Bild 144a zeigt die Verhältnisse beim reinen SiO_2 und Bild 144b in Gegenwart von Fremdionen. Die thermodynamisch stabilen Bereiche sind einfach schraffiert, die Umwandlungsbereiche von Cristobalit und Tridymit gekreuzt schraffiert.

Die Phasenbeziehungen von Bild 144 gelten für Normaldruck. Die relativ offenen Strukturen dieser SiO_2-Modifikationen lassen bei höheren Drücken dichtere Modifikationen entstehen. Die Stabilitätsbereiche von Coesit und Stishovit zeigt Bild 145. Einige Eigenschaften dieser Hochdruckmodifikationen sind in Tabelle 19 enthalten. Der dort noch erwähnte Keatit entsteht nur unter hydrothermalen Bedingungen.

Aus Bild 145 kann man zugleich die Veränderungen der bisher besprochenen Umwandlungstemperaturen mit steigendem Druck erkennen, die um so stärker sind, je größer die Differenz der spezifischen Volumina der beiden Modifikationen ist. So finden Cohen u. M. [337] bei einem Druck von 1 kbar eine Erhöhung der Quarzumwandlungstemperaturen um etwa 25 K, während derselbe Druck nach Cohen und Klement [338] die Cristobalitumwandlung um etwa 50 K erhöht. Einen Vergleich der Daten zur Quarzit-Coesit-Stishovit-Umwandlung bringen Weaver u. M. [339].

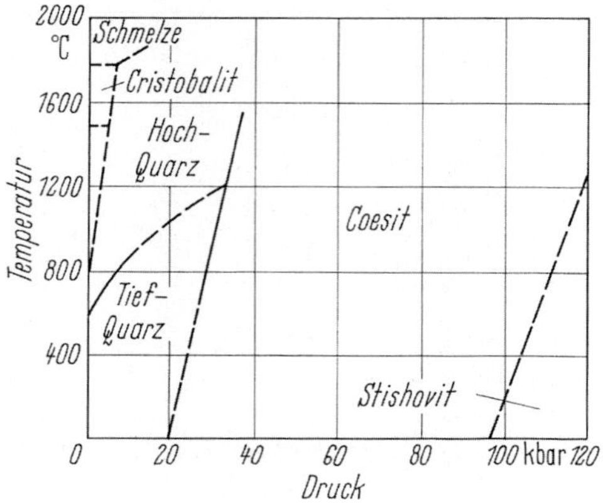

Bild 145: *p*-*T*-Phasendiagramm des SiO_2

Einfluß von Fremdstoffen. Es ist schon längere Zeit bekannt, daß geringe Mengen besonders von Alkalien die Umwandlung des Quarzes stark beschleunigen können. Aus systematischen Versuchen von Flörke [340] folgt, daß die Wirkung der Alkalien um so größer ist, je kleiner die betreffenden Kationen sind. Im Stabilitätsbereich des Tridymits von 867 bis 1470°C entsteht aber nicht sofort Tridymit, sondern erst Cristobalit, wobei die jeweiligen Verhältnisse von Restquarz zu gebildetem Cristobalit und Tridymit von der Art des Mineralisators, der Versuchszeit und -temperatur abhängen.

Mehrwertige Kationen haben eine nur geringe Mineralisatorwirkung. Nach DeKeyser und Cypres [341] hemmt CaO sogar den Einfluß der Alkalien bei der Tridymitbildung. Diese Autoren konnten auch zeigen, daß ein Zusatz von Feldspat kaum eine Wirkung hat, daß also die im Feldspat enthaltenen Alkaliionen darin recht fest gebunden sein müssen. Fügt man aber zusätzlich etwas CaO zu, dann findet man wieder eine deutliche Mineralisatorwirkung, da durch Ionenaustausch oder Reaktionen Alkaliionen freigesetzt werden. Bild 146 zeigt eine Gegenüberstellung einiger solcher Meßreihen, wobei zum Vergleich auch ein Versuch angeführt wurde, bei dem nur die Alkalimenge zugesetzt wurde, die dem Alkaligehalt des Feldspates entspricht. Ähnlich verhält sich Kaolin: Allein wirkt er nur wenig, aber in Gegenwart von CaO stark beschleunigend. Auch hier hat man anzunehmen, daß die im Kaolin enthaltenen Alkalien durch CaO beweglicher gemacht werden. Bild 146 läßt deutlich erkennen, daß bei der Quarzumwandlung zunächst Cristobalit entsteht, aus dem sich dann Tridymit bildet. Oberhalb 1470°C entsteht nur Cristobalit, aber auch bei tieferen Temperaturen beobachtet man wegen der langsamen Cristobalit-Tridymit-Umwandlung oft nur Cristobalit.

Von den zahlreichen Versuchen, den Einfluß verschiedener Bedingungen auf die Bildung von SiO_2-Modifikationen zu bestimmen, sollen hier nur noch einige von denen erwähnt werden, die von amorphem SiO_2 ausgehen. Das hat für die Keramik insofern Interesse, als beim Brand einiger Rohstoffe, wie z.B. Kaolin, zwischenzeitlich SiO_2 frei wird.

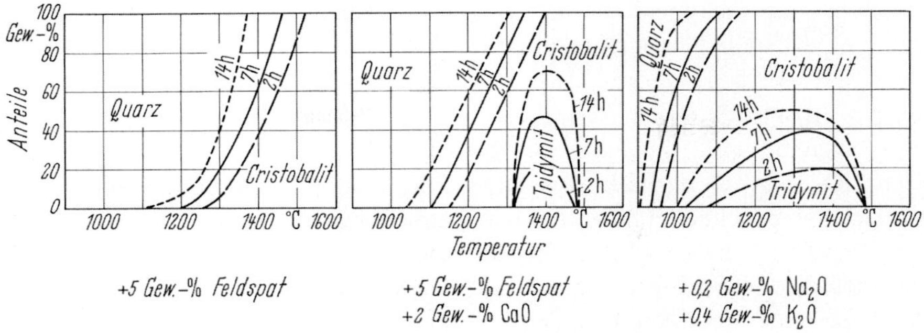

Bild 146: Einfluß von Zusätzen auf die Temperatur- und Zeitabhängigkeit der Quarzumwandlung nach DeKeyser und Cypres [341]

Neben der Temperatur wirken sich dabei ebenfalls Mineralisatoren auf die Art der entstehenden Modifikationen und deren Bildungsgeschwindigkeiten aus. Als ein Beispiel seien die Versuche von Flörke [340] erwähnt, der zu Kieselgel 1 Mol- % R_2O zufügte. Dabei ergab sich, daß das kleine Li-Ion die Gleichgewichtsphase am schnellsten bildet, während mit größer werdendem Ionenradius energiereichere Modifikationen entstehen. Außerdem wurde bei diesen und anderen Versuchen noch beobachtet, daß der Fehlordnungsgrad der sich bildenden Tridymite und Cristobalite mit steigendem Ionenradius des anwesenden Kations zunimmt. Als ausgeprägter Mineralisator wirkt auch H_2O, das in amorpher Kieselsäure meist in größeren Mengen vorhanden ist und nicht nur die Bildung von Cristobalit, sondern auch die von Quarz beschleunigt.

Siliciummonoxid. Am Schluß dieses Abschnittes soll noch kurz das Siliciummonoxid SiO erwähnt werden, obwohl man es eigentlich in ein Zweistoffsystem Si-SiO_2 oder Si-O_2 einordnen müßte. Es wurde bereits früher (Kapitel 3.1.2) gezeigt, daß bei sehr hohen Temperaturen SiO_2 verdampft, wobei vorwiegend eine Dissoziation in SiO und O_2 eintritt. Daneben entsteht SiO bei der Reduktion von SiO_2, Mullit und anderer Silicate, sowie bei der Oxidation von SiC und Si_3N_4 unter sehr geringen Sauerstoffpartialdrücken, z.B. in Verbrennungskraftwerken (Kapitel 5.6). Das dabei entstehende SiO ist gasförmig. An kälteren Stellen des Ofens oder einer Apparatur kondensiert es zu einem bräunlichen Produkt, dessen Struktur umstritten ist. Einerseits wird eine Verbindung der Zusammensetzung SiO, andererseits eine Disproportionierung zu Si + SiO_2 angenommen. Letzteres entspricht besser den thermodynamischen Berechnungen, aber Unterkühlungen instabiler Verbindungen treten auch oft ein. Wahrscheinlicher ist, besonders bei den Bedingungen in einem Brennofen der Technik, die Bildung von Si+SiO_2. Die Folgen davon können Verfärbungen sein. Das Kondensationsprodukt ist leicht oxidierbar, was noch mehr für das gasförmige SiO gilt. Letzteres neigt zur Bildung des faserigen SiO_2 (Kapitel 2.3.1), das sich leicht in eine stabilere Modifikation des SiO_2 umwandelt unter Beibehaltung der Faserform. Durch diese Reaktionen erklären sich die an kälteren Stellen von Brennöfen manchmal zu beobachtenden faserförmigen Kondensate. Weiterhin spielt SiO bei der Herstellung von SiC nach dem Acheson-

Verfahren eine wichtige Rolle bei Gastransportreaktionen, die zur Abscheidung reiner SiC-Kristalle führen (Kapitel 10.5.2.2).

3.3.1.2 Al_2O_3

Nach SiO_2 ist Al_2O_3 das nächst wichtige Oxid in der Keramik. Es hat bis zu seinem Schmelzpunkt bei 2050°C nur eine thermodynamisch stabile Phase: α-Al_2O_3 oder *Korund*. Seine trigonal-rhomboedrische Struktur wurde in (Kapitel 2.2.2) beschrieben, weitere Eigenschaften sind in Tabelle 43 enthalten. Bei erhöhtem Druck ist keine Modifikationsänderung bekannt. Bei Temperaturen oberhalb des Schmelzpunktes beginnt Korund zu verdampfen. Am Schmelzpunkt beträgt der Dampfdruck etwa $5 \cdot 10^{-7}$ bar, wobei in der Gasphase eine Dissoziation vor allem in $Al_2O + 2\ O$ eintritt. Weiterhin wurde AlO in der Gasphase beobachtet, möglicherweise existieren auch AlO_2 und Al_2O_2 [342]-[344].

Neben dem Korund gibt es noch eine Fülle weiterer, instabiler Al_2O_3-Formen, die sich je nach Temperatur und Ausgangsmaterial beim Entwässern von Aluminiumhydroxiden bilden (Kapitel 3.3.2.5). Diese sogenannten *Übergangstonerden* lassen sich strukturell in ein Schema einordnen, wenn man ihre Sauerstoffpackung betrachtet, die in Dreier- oder Zweierfolge angeordnet sein kann. Die verschiedenen Modifikationen unterscheiden sich darüber hinaus in der Art der Besetzung der Lücken und in der Fehlordnung. Tabelle 44 zeigt die wichtigsten Al_2O_3-Modifikationen in dieser Charakterisierung nach Saalfeld [40], Wefers [345] und Cook [346]. Die einzelnen Strukturen werden mit griechischen Buchstaben gekennzeichnet, deren Verwendung aber nicht einheitlich erfolgt. Entsprechendes gilt für die Hydroxide.

Beim Aufheizen von Gibbsit (Hydrargillit) γ-$Al(OH)_3$ entsteht zunächst Böhmit γ-AlO(OH) und dann meist bei etwa 450°C das γ-Al_2O_3, die bekannteste der Al_2O_3-Modifikationen nach dem Korund. In Tabelle 43 ist sie als kubisch angegeben, aber es gibt Hinweise für eine tetragonale Symmetrie. Unabhängig davon hat γ-Al_2O_3 eine Spinellstruktur, die sich auch aus der Packungsfolge der Tabelle 44 ergibt.

Tabelle 43: Eigenschaften von Al_2O_3-Modifikationen

Modifikation	Kristallsystem	Gitter-Konstanten pm	Dichte (20°C) g/cm³	Brechzahlen n_D	Lin. Ausdehnungskoeff. α $10^{-6}K^{-1}$
α-Al_2O_3 Korund	trigonal-rhomboedrisch	$a_o = 513$ $\alpha = 55°16'$	3,99	$n_o = 1{,}770$ $n_e = 1{,}762$	25/300: 6,9 25/1200: 9,5
θ-Al_2O_3	monoklin	$a_o = 562{,}0$ $b_o = 290{,}6$ $c_o = 1179{,}0$ $\beta = 103{,}79°$	3,56		
κ-Al_2O_3	hexagonal	$a_o = 558$ $c_o = 2245$	3,1-3,3		
δ-Al_2O_3	tetragonal	$a_o = 794{,}3$ $c_o = 2350$	3,2		
γ-Al_2O_3	kubisch (tetragonal)	$a_o = 792{,}4$	3,65 (3,47)	1,73 (1,70)	
ε-Al_2O_3	hexagonal	$a_o = 784{,}9$ $c_o = 1618{,}3$			
χ-Al_2O_3	hexagonal	$a_o = 554{,}4$ $c_o = 902{,}4$	3,0		
η-Al_2O_3	kubisch (Spinell)	$a_o = 790$	2,5-3,5		
ι-Al_2O_3	orthorhombisch (Sillimanit-Struktur)	$a_o = 773$ $b_o = 778$ $c_o = 292$	3,71		
„β-Al_2O_3"	hexagonal	$a_o = 558$ $c_o = 2245$	3,31	$n_o = 1{,}67$ $n_e = 1{,}64$	25/300: 4,0 25/1200: 6,3

Zum Wertigkeitsausgleich sind gegenüber dem Spinell einige Tetraederlücken nicht besetzt, so daß die Dichte geringer ist. Beim höheren Erhitzen geht γ-Al_2O_3 in Korund über, wobei größere Geschwindigkeiten erst oberhalb 1000°C beobachtet werden. Bild 147 zeigt Meßergebnisse von Cannon und White [347], die bei der Auswertung dieser Versuche fanden, daß die Umwandlung bei nicht zu großen Umsätzen durch eine Reaktion 1. Ordnung bestimmt wird. Über eine Umwandlung 0. Ordnung berichten dagegen Steiner u. M. [348]. Außerdem wandelt sich ihr γ-Al_2O_3 wesentlich schneller um; z.B. ist bei 1160°C die Umwandlung bereits nach 1 h nahezu abgeschlossen. Bedingt sind diese Unterschiede durch verschiedene Ausgangsmaterialien; so betrug die spezifische Oberfläche bei Cannon und White 0,2, dagegen bei Steiner u. M. 57 m^2/g. Aufgrund von Verunreinigungen kann die Umwandlung zum Korund über die instabilen Modifikationen δ- und θ-Al_2O_3 laufen. Durch die Art der Herstellung fällt γ-Al_2O_3 als ein sehr lockeres Pulver mit einer großen Oberfläche an, weshalb es auch als *reaktive Tonerde* bezeichnet wird. Die Angaben über die Eigenschaften schwanken (Tabelle 44), was vielleicht auch dadurch bedingt ist, daß die Präparate noch andere Modifikationen enthalten.

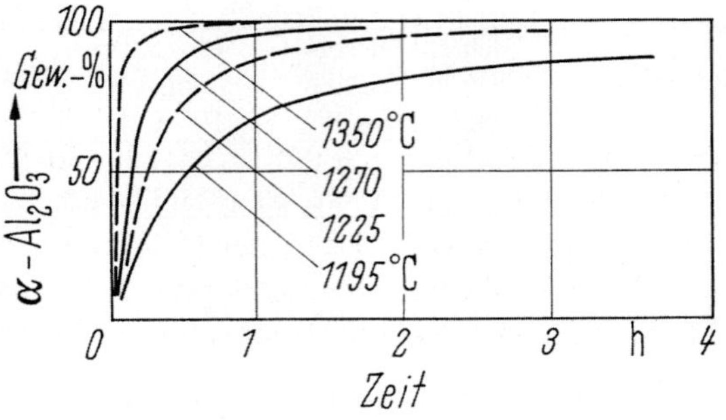

Bild 147: Temperatur- und Zeitabhängigkeit der Umwandlung von γ- in α- Al_2O_3

Wird feinkörniger Gibbsit schnell aufgeheizt und unterbleibt die stufenweise Wasserabspaltung über Böhmit, dann bildet sich bei 280-300°C auch direkt χ-Al_2O_3, welches bei etwa 750°C in κ-Al_2O_3 umwandelt und bei 1020°C in Korund übergeht. Die Entwässerung des synthetischen Bayerits α-$Al(OH)_3$ erfolgt entweder wieder über Böhmit als Zwischenprodukt und dann weiter über γ-Al_2O_3, oder aber oberhalb 250°C direkt zu η-Al_2O_3, welches dann bei etwa 900°C in θ-Al_2O_3 und bei 1020°C wiederum in Korund umwandelt. Über diesen Weg kann auch die Gibbsitentwässerung erfolgen, wenn als Zwischenphase statt χ-Al_2O_3 das ρ-Al_2O_3 gebildet wird. Der wasserärmere Diaspor wandelt im Gegensatz zu Böhmit direkt zwischen 400°C und 550°C in Korund um. Temperaturintervalle, Kinetik der Umwandlung, Morphologie, Kristallinität und Sinteraktivität der entstehenden Phasen hängen stark von den Verunreinigungen und Ausgangskorngrößen ab, weshalb der Herstellung der Übergangstonerden eine besondere verfahrenstechnische Bedeutung zukommt.

Interessant ist noch das Verhalten des Al_2O_3, wenn es aus der Schmelze entsteht. Im allgemeinen bildet sich dann α-Al_2O_3. Wenn aber kleine Tröpfchen abgeschreckt werden, wie sie beim Flammspritzen auftreten, dann entsteht nach McPherson [349] zunächst γ-Al_2O_3 über eine homogene Keimbildung, da γ-Al_2O_3 gegenüber der Schmelze eine geringere Grenzflächenenergie besitzt als α-Al_2O_3. Das weitere Verhalten ist von der Abkühlung abhängig. Erfolgt diese schnell, also bei kleinen Tröpfchen ($d < 10$ μm), dann bleibt das γ-Al_2O_3 bestehen, andernfalls wandelt es sich in α-Al_2O_3 um, was bei Durchmessern > 50 μm vollständig geschieht.

Abweichend vom Bauprinzip der Tabelle 44 konnte Saalfeld [40] eine Al_2O_3-Modifikation finden, die Sillimanitstruktur zeigt (Tabelle 43). Sie wurde bei der Herstellung von Al_2O_3/Ni-Cermets beobachtet und wird möglicherweise durch Ni-Ionen stabilisiert. Diese mit ι-Al_2O_3 bezeichnete Modifikation ist auch sonst beobachtet worden. Cameron [39] bringt sie mit dem Mullit in Zusammenhang.

Eine selbständige Phase stellt das sogenannte β-Al_2O_3 dar, das aber kein eigentliches Al_2O_3 ist, sondern Alkalioxide enthält, etwa der Formel $Na_2O{\cdot}11Al_2O_3$ bzw. $NaAl_{11}O_{17}$ entsprechend. Man kennt auch Verbindungen mit 5 bis $9Al_2O_3$, sowie weitere Verbindungen der Formel $CaO{\cdot}6Al_2O_3$ und $BaO{\cdot}6\ Al_2O_3$. DeVries und Roth [350] haben einige gegenübergestellt. Strukturmäßig bestehen sie aus spinellartigen Blöcken, die über lockere Sauerstoffschichten verbunden sind, in denen die Fremdkationen enthalten sind. Damit gehört β-Al_2O_3 nicht in das Einstoffsystem des Al_2O_3, sondern ist ein Alkali-Aluminat. Es ist aber für die Technologie insofern von Bedeutung, als Korund in alkalihaltiger Atmosphäre bei höheren Temperaturen in β-Al_2O_3 übergehen kann. Der Vergleich der Dichten in Tabelle 43 zeigt, daß dabei eine Volumenzunahme von etwa 25 % eintritt, die zu erheblichen Schäden führen kann. Umgekehrt gibt β-Al_2O_3 bei hoher Temperatur in alkalifreier Atmosphäre Alkalioxid durch Verdampfung ab und geht in Korund über. Die Alkali-β-Aluminate sind ferner als Ionenleiter in Batterien in Gebrauch.

Tabelle 44: Kristallchemische Charakteristik einiger Al_2O_3-Modifikationen

Modifikation	Schichtenfolge	Kationenbesetzung der	
		Oktaeder-	Tetraederlücken
α	ABAB...	+	-
β	ABC-ABC...	+	+
γ	ABCABC...	+	+ (unterbesetzt)
δ + θ	ABCABC...	+	+
χ	ABAB...(fehlgeordnet)	+	-
κ	ABAB-ABAB-...	+	+
η	ABCABC...	+ (fehlgeordnet)	+

3.3.1.3 H_2O

Es mag vielleicht überraschen, neben SiO_2 und Al_2O_3 hier auch das H_2O zu finden, doch das H_2O spielt in der Keramik eine wichtige Rolle. Man begegnet ihm u.a. eingebaut in vielen Strukturen, als flüssiges Wasser in Massen und Schlickern oder als Wasserdampf in der Umgebung, z.B. in der Ofenatmosphäre. Einige der wichtigsten Erscheinungen sollen in diesem Abschnitt besprochen werden.

Das H_2O-Molekül ist aufgrund der Elektronenanordnung des Sauerstoffs gewinkelt. Im isolierten Zustand (im Dampf) beträgt der H-O-H-Valenzwinkel 104,5°. Reiner H_2O-Dampf kondensiert bei einem Druck von 1,01325 bar bei genau 100°C, was natürlich gleichzeitig die Siedetemperatur ist. Weiter fallende Temperatur führt bei genau 0°C zur Kristallisation zum Eis, wenn der Druck bei 1.01325 bar belassen wird. Nach der Phasenregel sind dann, da man den Druck vorgegeben hat, nur die beiden Phasen Eis und flüssiges Wasser im Gleichgewicht; denn bei 0°C beträgt der Dampfdruck nur noch 6,104 mbar. Der Tripelpunkt des H_2O, also das Gleichgewicht zwischen allen drei Phasen Eis, flüssiges Wasser und Dampf liegt bei 0,0075°C und 6,106 mbar Wasserdampfdruck.

Ehe die Struktur des flüssigen Wassers betrachtet wird, empfiehlt es sich, die *Struktur des Eises* anzusehen. Maßgebend dabei sind Wasserstoffbrückenbindungen, die sich zu benachbarten O-Atomen in energetisch begünstigten Lagen ausbilden. Durch die Hybridisierung der p- und s-Elektronen (Kapitel 2.1.1) des Sauerstoffs im H_2O erfahren auch die beiden an den Bindungen nicht beteiligten Elektronenpaare eine räumliche Verschiebung, indem sie an der den H-Atomen entgegengesetzten Seite senkrecht zur H-O-H-Ebene heraustreten. Insgesamt entsteht damit am Sauerstoff eine tetraedrische Ladungsverteilung. Wenn nun die beiden H-Atome zu benachbarten H_2O-Molekülen und andere H_2O-Moleküle zu den beiden freien Elektronenpaaren Wasserstoffbrückenbindungen ausbilden, entsteht eine Viererkoordination der H_2O-Moleküle, wie sie in Bild 148 dargestellt ist. Damit besteht eine große Ähnlichkeit mit dem [SiO_4]-Tetraeder, dem Strukturelement der Silicate. Die Eis-I-Modifikation kristallisiert auch in der Tridymit-Struktur, was die geringe Dichte des Eises erklärt.

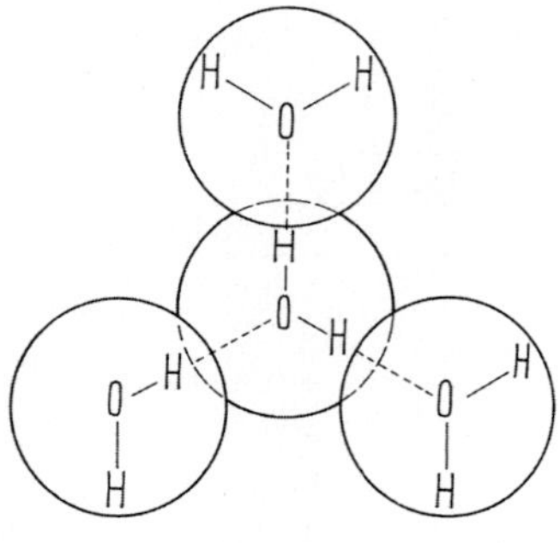

Bild 148: Viererkoordination von H_2O –Molekülen, --- Wasserstoffbrückenbindung

Der Übergang vom Eis zum flüssigen Wasser ist mit nur geringen Änderungen vieler Eigenschaften verknüpft, woraus sich ergibt, daß die Strukturänderungen beim Schmelzen ebenfalls gering sind. Man hat abgeschätzt, daß nur etwa 10 % der Bindungen aufgebrochen werden, was aber eine dichtere Packung ermöglicht. Die Dichte des flüssigen Wassers ist deshalb bei 0°C etwa 9 % höher als die des Eises. Damit ergibt sich bereits eine Aussage über die *Struktur des flüssigen Wassers*, ein Problem, dem sehr viele Arbeiten gewidmet wurden [351]-[354]. Man kann aber als gesichert annehmen, daß im Wasser größere, durch Wasserstoffbrückenbindungen zusammengehaltene Einheiten vorliegen, von denen es mindestens zwei Typen gibt, eine davon eisartig; mit zunehmender Temperatur haben sie unterschiedliche Existenzbereiche und Größen. Am Schmelzpunkt herrscht eine lockere, tridymitartige Struktur vor, die mit steigender Temperatur in eine andere, dichter gepackte Struktur übergeht. Weiter steigende Temperaturen führen zu einem Abbau dieser Einheiten und damit zu einer Abnahme der Dichte, so daß bei 4°C ein Maximum der Dichte auftritt.

Die Zunahme der Dichte beim Schmelzen des Eises hat zur Folge, daß erhöhter Druck die Schmelztemperatur senkt. Nach dem *p-T*-Phasendiagramm von Bild 149 wird bei einem Druck von 2070 bar eine Schmelztemperatur von -22°C erreicht. Noch höhere Drücke führen zu dichteren kristallinen H_2O-Modifikationen.

Im flüssigen Wasser ist ein geringer Teil der H_2O-Moleküle in H^+-Ionen (Protonen) und OH^--Ionen dissoziiert. Bei 25°C beträgt deren Konzentration fast genau je 10^{-7} mol/l, d.h., der *p*H-Wert, der negative dekadische Logarithmus der H^+-Ionenkonzentration, beträgt 7.

Unter erhöhtem Druck, z.B. in einem Autoklaven, ist flüssiges Wasser bis zu einer Temperatur von 374°C, der sogenannten kritischen Temperatur, beständig. Der zugehörige Gleichgewichtsdruck beträgt 221 bar. Die Dichte des Wassers hat dann bis auf 0,4 g/cm^3 abgenommen und gleicht der des Wasserdampfes bei diesem Druck. Oberhalb dieser kritischen Temperatur ist nur noch Wasserdampf existent.

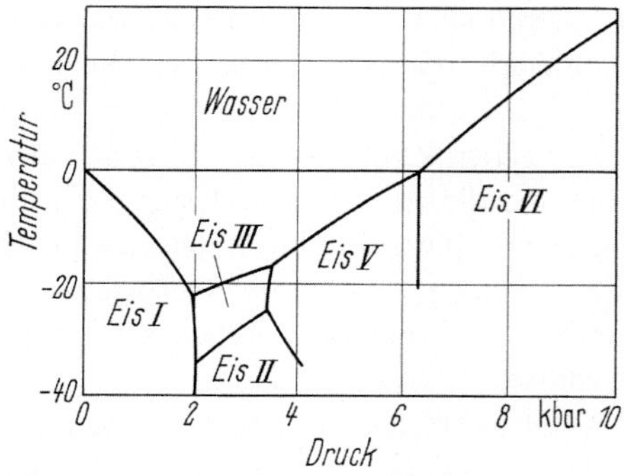

Bild 149: p,T-Phasendiagramm des H_2O

Im *Wasserdampf* sind nur isolierte H_2O-Moleküle vorhanden. Bei sehr hohen Temperaturen, ab etwa 1800°C, beginnt eine weitere Dissoziation, zunächst in H_2, O_2 und OH, später in die Atome H und O. Ab etwa 4000°C sind keine H_2O-Moleküle mehr vorhanden.

Bei hohen Temperaturen zeigt Wasserdampf eine sehr starke Reaktionsbereitschaft. Man kann das an der Flüchtigkeit vieler Oxide in Wasserdampf erkennen. Dieses Verhalten wird noch deutlicher, wenn man mit verdichtetem überkritischem Wasserdampf arbeitet, in dem eine überraschend große Löslichkeit für viele feste Stoffe besteht. So beträgt z.B. die Löslichkeit von SiO_2 in Wasserdampf bei 500°C und 1 kbar 0,26 %. Diese Erscheinungen bilden die Grundlage für viele hydrothermale Reaktionen.

Eine wichtige Eigenschaft des Wasserdampfes bei Raumtemperatur ist seine starke Neigung zur *Adsorption*. Bei der Besprechung der Adsorption (Kapitel 2.5.5) wurde gezeigt, daß die adsorbierte Menge durch den relativen Dampfdruck p/p_0 bestimmt wird. Monomolekulare Schichten werden bei etwa $p/p_0 = 0,2$ erreicht, was einer relativen Feuchtigkeit von 20 % entspricht. Da diese z.B. bei Tonen meist höher ist, wird man bereits aus diesem Grund mit einer Adsorption zurechnen haben. Darüber hinaus bilden die H_2O-Moleküle zu den in der Oberfläche der Festkörper liegenden O-Atomen bzw. OH-Gruppen Wasserstoffbrückenbindungen aus, so daß die Adsorptionstendenz verstärkt wird. Die H_2O-Adsorption an SiO_2 und Tonmineralen ist vielfältig untersucht worden. Allgemein kann man dazu sagen, daß man die BET-Gleichung in deren Gültigkeitsbereich anwenden kann. Die Auswertung nach der monomolekularen Schicht erlaubt wertvolle Aussagen über die Struktur der Oberfläche. Oft geht die physikalische Adsorption des H_2O in eine Chemisorption über, indem Reaktionen mit den Oberflächenatomen des Festkörpers eintreten, meist durch Ausbildung von OH-Gruppen. Dieses „Wasser“ ist dann fester gebunden, und zur Entfernung muß man auf höhere Temperaturen erhitzen, bei Gläsern z.B. bis auf etwa 400°C.

Adsorbiertes H_2O wird eine andere Struktur als flüssiges Wasser, also auch andere Eigenschaften haben. So gibt es für die Dichte des adsorbierten H_2O zwei Annahmen: Einmal ist eine dichtere Packung als in der relativ lockeren Struktur des flüssigen Wassers möglich, zum anderen, bedingt durch die Struktur der Festkörperoberfläche, der Aufbau der tridymitähnlichen Eisstruktur. Das würde entweder zu einer höheren oder zu einer geringeren Dichte des adsorbierten Wassers führen. Man findet auch beide Angaben für adsorbiertes H_2O an verschiedenen Tonen von nur 0,98 g/cm^3 bis zu 1,9 g/cm^3. Die Unterschiede sind so groß, daß man kaum Meßfehler dafür verantwortlich machen kann, sondern es ist anzunehmen, daß sie durch die adsorbierte Menge und die Art des Festkörpers, z.B. die Kationenbelegung bei den Tonen, bedingt sind. Diese Effekte treten nur in den ersten adsorbierten Schichten auf und verschwinden mit weiterer Adsorption immer mehr. Bei Wasserschichten mit Dicken über 1 nm ist in Poren die Kelvin-Gleichung (Gl. (21) in Kapitel 2.5.4) anwendbar.

Die vom flüssigen Wasser verschiedene Struktur des adsorbierten H_2O macht sich auch bei der Kristallisation zum Eis bemerkbar, bei der Gefrierpunktserniedrigungen bis zu über 80 K gemessen wurden. Rennie und Clifford [355] haben beim Schmelzen von Eis in porösem Kieselglas gefunden, daß für die Schmelzpunktserniedrigung ΔT näherungsweise $\Delta T \approx 40/r$ (mit r in nm) gilt, d.h., in Poren mit einem Radius von 10 nm schmilzt Eis bereits 4 K tiefer. Man könnte aber auch daran denken, daß in diesen Systemen das H_2O sehr weit unterkühlt werden kann, oder daß es glasig erstarrt. Versuche haben ergeben, daß man Wasser höchstens bis -40°C unterkühlen kann, und daß die Herstellung von glasig erstarrtem H_2O nur unter extremen Abkühlungsbedingungen gelingt. Es hat nach Rice [354] die Struktur eines statistisch ungeordneten Netzwerks, analog den Silicatgläsern. Oberhalb der Transformationstemperatur des glasigen H_2O bei etwa -130°C beginnt sofort Kristallisation.

Die besondere Struktur des flüssigen Wassers ist die Ursache für dessen hohe Permittivitätszahl von 78 bei 25°C. Adsorbiertes H_2O zeigt dagegen wesentlich niedrigere Werte, aus denen man wiederum Aussagen über die Art der Adsorption machen kann. Dieses Verfahren ist oft angewendet worden, häufig auch in Kombination mit anderen Methoden. So konnten Fripiat u. M. [356] aus der Gegenüberstellung von dielektrischen, elektrischen Leitfähigkeits- und Adsorptionsmessungen zeigen, daß die ersten adsorbierten H_2O-Moleküle auf der Oberfläche gebunden sind und erst ab einer bestimmten Belegung eine Beweglichkeit erhalten, wobei die Größe dieser Belegung vom System abhängt und z.B. bei SiO_2-Gel bei der monomolekularen Schicht, bei Montmorillonit aber schon darunter liegt. Zur Untersuchung der Art der H_2O-Adsorption sind noch die Methoden der magnetischen Kernresonanz und vor allem die Infrarotabsorption anwendbar.

Die hier beschriebenen Effekte werden sich besonders dann bemerkbar machen, wenn eine große Oberfläche, also ein feinkörniges Material vorliegt. Man muß sie auch beachten, wenn man die H_2O-Gehalte quantitativ bestimmen will, was in der keramischen Technologie oft nötig ist, z.B. bei Massen und Schlickern.

Hierfür gibt es viele Verfahren, von denen die Bestimmung des Gewichtsverlustes beim Trocknen oder Glühen am einfachsten ist. Obige Betrachtungen haben aber gezeigt, daß man beim Trocknen z.B. bei 110°C nicht immer alles H_2O erfassen kann, während beim Glühen durch die Abspaltung von OH-Gruppen ein zu hoher H_2O-Gehalt vorgetäuscht werden kann. Dieser Nachteil läßt sich umgehen, wenn man das Wasser erst aus der Probe extrahiert, wozu meist Dioxan verwendet wird, und anschließend im Extrakt den H_2O-Gehalt mit dem Dekameter bestimmt. Die Temperaturintervalle der Wasserabgabe lassen sich mittels Differential-Thermogravimetrie sehr gut bestimmen. Diese Methoden arbeiten aber nur diskontinuierlich. Den Erfordernissen der Praxis entsprechen besser kontinuierliche Verfahren, die durch Anwendung einiger physikalischer Verfahren erfüllt werden können, z.B. durch radioaktive Methoden, vor allem die Abbremsung schneller Neutronen durch Wasserstoffatome, deren Einsatz für keramische Zwecke mehrfach beschrieben worden ist.

3.3.2 Zweistoffsysteme

Die theoretische Behandlung der Zweistoffsysteme wurde früher mit einigen Beispielen gebracht (Kapitel 3.2.2). Meist betrachtet man diese Systeme unter Atmosphärendruck, so daß die Darstellung zweidimensional, Temperatur über Zusammensetzung, erfolgen kann. Auch hier sollten nur wenige Systeme erwähnt werden, obwohl der Kreis der keramisch interessanten Systeme viel größer ist. Bei der Berechnung der technischen Keramiken (Kapitel 10) werden z.B. noch einige Phasendiagramme vorgestellt.

3.3.2.1 SiO_2-Al_2O_3

Das System SiO_2-Al_2O_3 ist das wichtigste Zweistoffsystem der Keramik, das zugleich aber sehr umstritten ist. Müller-Hesse [357] hat in einer Übersicht acht verschiedene Diagramme gegenübergestellt, von denen die beiden wichtigsten Typen in Bild 150 enthalten sind. Die Ansichten unterscheiden sich vor allem hinsichtlich des Schmelzverhaltens der einzigen darin auftretenden stabilen binären Verbindung, dem Mullit. Lange Zeit galt das von Bowen und Greig [358] zuerst aufgestellte Diagramm mit einem inkongruenten Schmelzpunkt des Mullits bei 1810°C als gesichert. An der SiO_2-reichen Seite des Systems hat sich seitdem im Prinzip nichts geändert, nur findet man z.T. andere Angaben über die Temperatur und die Zusammensetzung des Eutektikums. Bald zeigte sich, daß die Zusammensetzung des Mullits nicht konstant ist, sondern daß der Al_2O_3-Gehalt zwischen 72 und 78 Gew.-% schwanken kann, was den Grenzformeln $3Al_2O_3 \cdot 2SiO_2$ und $2Al_2O_3 \cdot SiO_2$ entspricht, weshalb in Bild 150 ein Existenzbereich eingezeichnet ist. Die dazugehörigen strukturellen Probleme wurden bereits früher besprochen (Kapitel 2.3.2.1).

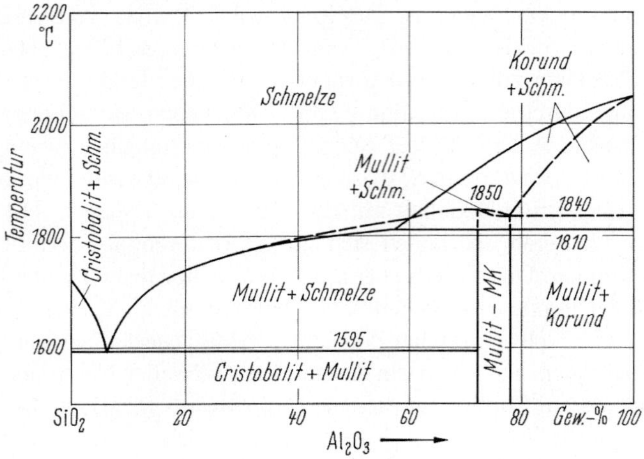

Bild 150: System $SiO_2 \cdot Al_2O_3$mit kongruent (-----) oder inkongruent (——) schmelzendem Mullit

Zahlreiche neue Versuche wurden unternommen, als Toropov und Galakhov [359] dem Mullit einen kongruenten Schmelzpunkt zuordneten, was später auch andere Autoren bestätigten. In Bild 150 ist dieses Verhalten gestrichelt eingetragen, wobei die Temperaturangaben auf Aramaki und Roy [360] zurückgehen.

Für diese unterschiedlichen Ergebnisse kann man zunächst die Art der Versuchsdurchführung verantwortlich machen, denn bei den notwendigen hohen Temperaturen treten oft Verdampfungsverluste ein. Weiterhin gibt es mehrere Hinweise sowohl auf verzögerte Reaktionen als auch auf metastabile Phasenbereiche. Diese Beobachtungen sind in Bild 151 zusammengefaßt.

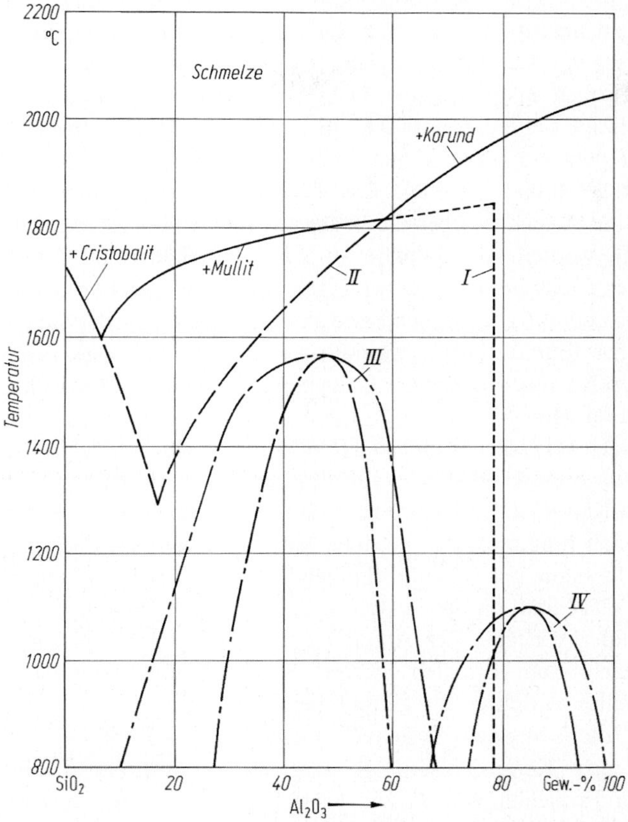

Bild 151: Stabile und metastabile Phasengrenzen im System SiO_2-Al_2O_3
——— stabile Liquiduskurven,
- - - - - - *I* = System SiO_2-Mullit (ohne Korund),
——— *II* = System SiO_2-Ko rund (ohne Mullit),
— - — - metastabile Mischungslücken (innere Kurven = Spinodale),
III = SiO_2-reich, *IV* = Al_2O_3-reich

Im System I tritt kein Korund auf, und der Mullit kann hier als eine Randkomponente des binären Systems SiO_2-Mullit aufgefaßt werden, der dann aber kongruent schmelzen würde. Aksay und Pask [361] deuten mit diesem Vorschlag einige Diffusionsversuche, nehmen aber sonst an, daß der 3:2-Mullit bei 1828°C inkongruent schmilzt. Abweichende Ergebnisse anderer Autoren werden mit Keimbildungsschwierigkeiten des Korunds begründet, dem aber Galakhov [362] energisch widerspricht. Weitere Versuche von Risbud und Pask [363] lassen sich mit der Annahme erklären, daß kein Mullit auftritt (Kurvenzug II in Bild 151). Dann erscheint ein bis herab zu 1300°C reichendes metastabiles Eutektikum, was mit dem gelegentlich beschriebenen Auftreten von amorphen Phasen bei Reaktionen in diesem System in Zusammenhang gebracht werden kann, wie überhaupt solche metastabilen Gleichgewichte in der Praxis eine größere Rolle spielen können, als bisher bekannt ist.

Bei der Besprechung der Phasendiagramme (Kapitel 3.2.2) wurde erklärt, daß flache Liquiduskurven auf metastabile Mischungslücken bei tieferen Temperaturen hinweisen. Eine derartige Vermutung wurde für die SiO_2-reiche Seite des Systems SiO_2-Al_2O_3 mehrfach ausgesprochen, bis sie von MacDowell und Beall [364] experimentell bestätigt werden konnte. Die in Bild 151 enthaltene metastabile Mischungslücke III geht auf thermodynamische Berechnungen von Risbud und Pask [365] zurück. Während die Lage dieser Mischungslücke einheitlich angegeben wird, gehen die Ansichten über die obere kritische Entmischungstemperatur auseinander, z.B. werden von Galakhov u. M. [366] dafür nur 1300°C angegeben. In Bild 151 erscheint auf der Al_2O_3-reichen Seite eine weitere metastabile Mischungslücke, die ebenfalls von Risbud und Pask berechnet wurde. Sie hat einen großen Abstand zur Liquiduskurve, weshalb sie sich nur bei stark abgeschreckten Proben bemerkbar machen kann, z.B. nach McPherson [367] bei plasmagespritzten amorphen Pulvern.

Der experimentelle Nachweis solcher metastabilen Mischungslücken zeigt, daß es im System SiO_2-Al_2O_3 gelingt, ohne Kristallisation zu festen Produkten oder Gläsern zu kommen. Im Kapitel 2.4.2.1 wurde auf den Zusammenhang zwischen Glasbildung und Viskosität hingewiesen. Die hohe Viskosität von SiO_2-Schmelzen, der einen Randkomponente, ist bekannt. Steigende Al_2O_3-Gehalte führen zu einer Erniedrigung der Viskosität, da das Al-Ion in der Koordinationszahl 6 und damit als Netzwerkwandler vorliegt. Der Abfall ist nach Bild 63 bei geringen Al_2O_3-Gehalten sehr stark. Zum Erhalten glasiger Produkte muß man daher schnell abkühlen. Schnelles Abschrecken gelingt beim Ziehen von Glasfasern, weshalb es möglich ist, solche aus dem System SiO_2- Al_2O_3 mit z.B. 50 Gew.-% Al_2O_3 herzustellen, die auch „Keramikfasern" genannt werden. Während des Erhitzens neigen sie beim Erreichen von T_g zur Kristallisation, die bei 900 bis 1000°C einsetzt. Solche Fasern oder auch Folien zeigen entsprechend dem Phasendiagramm oft Entmischungen.

Das System SiO_2-Al_2O_3 ist die Grundlage vieler feuerfester Steine und Keramikfasererzeugnisse. Obwohl diese in den Kapiteln 9.3.1.2 und 9.3.4 besprochen werden, sei bereits jetzt anhand von Bild 150 darauf hingewiesen, daß schon geringe Al_2O_3-Mengen die Schmelztemperatur der Silicaerzeugnisse stark herabsetzen. Die Schamottesteine erfüllen einen weiten Bereich des Systems SiO_2-Al_2O_3. Ihr wichtigster Mineralbestandteil ist der Mullit. Beim Erhitzen bildet sich bei der eutektischen Temperatur von 1595°C die erste Schmelzphase. Werden Steine mit höherer Beständigkeit benötigt, muß der Al_2O_3-Gehalt mindestens 72 Gew.-% betragen. Sie bestehen dann aus Mullit und - bei höheren Al_2O_3-Gehalten - aus Korund. Natürlich werden weitere Komponenten dieses Verhalten beeinflussen.

Nicht nur in diesem Zweistoffsystem, sondern auch in vielen SiO_2-Al_2O_3-haltigen Mehrstoffsystemen hat der Mullit ein großes Ausscheidungsfeld und ist daher in vielen keramischen Produkten ein wichtiger Bestandteil. Seine Bildung, Erscheinungsformen und sein Verhalten sind deshalb oft untersucht worden, was zusammenfassend von Grofcsik [368] in einer Monographie dargestellt wurde. Einige Eigenschaften des Mullits enthält Tabelle 14. Dabei ist zu beachten, daß der Mullit leicht Fremdoxide in sein Gitter einbaut, wodurch sich Gitterkonstanten, Lichtbrechung und Dichte ändern können. Meist tritt der Mullit in nadelförmigen Kristallen auf, an deren Ausbildung die Gegenwart von Schmelzphase wesentlichen Anteil hat. Bei der Mullitbildung durch Festkörperreaktionen oder durch thermische Zersetzung von Kaolinit ist die Kristallitgröße geringer. Im letzteren Fall bleibt die ursprüngliche Form der Kristalle erhalten. Diese Pseudomorphosen von Mullit nach Kaolinit, der sog. *Primärmullit*, verändern sich erst beim Auftreten von Schmelzphasen durch Umkristallisation in die Nadelform, den sog. *Sekundärmullit.* Diese Abgrenzung zwischen primärem, früher auch Schuppenmullit genanntem, und sekundärem Mullit haben Kromer und Schüller [369] beschrieben.

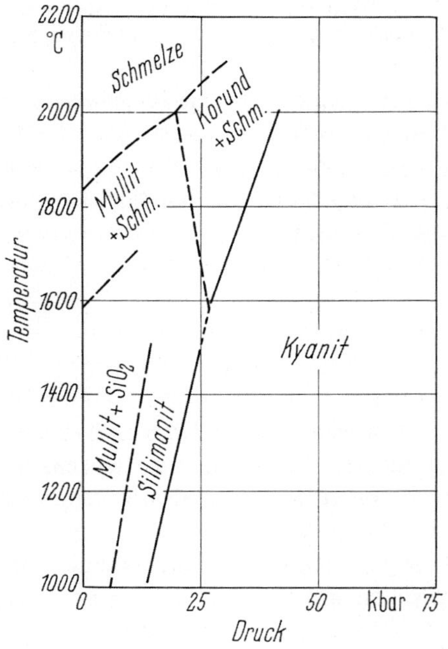

Bild 152: *p-T*-Phasendiagramm von Al_2SiO_5

Im Phasendiagramm SiO_2-Al_2O_3 treten die bei der Besprechung der Strukturen erwähnten natürlichen Aluminiumsilicate *Sillimanit*, *Andalusit* und *Kyanit* der Zusammensetzung Al_2SiO_5 nicht auf, sind also bei Normaldruck keine stabilen Verbindungen, aber wichtige natürliche Rohstoffe. Alle drei Al_2SiO_5-Modifikationen sind Hochdruckmodifikationen. Beim Erhitzen auf 1500, 1350 bzw. 1300°C wandeln sie sich in Mullit um. Die Umwandlungstemperaturen werden von den Begleitmineralen, Verunreinigungen und auch von der Korngröße beeinflußt. Im *p-T*-Diagramm von Bild 152 erscheinen nur Kyanit und Sillimanit, da Andalusit nur hydrothermal herstellbar ist. Dieses Diagramm ist kein echtes Einstoffsystem, denn bei geringen Drücken und hohen Temperaturen erscheinen Mullit und Korund als stabile Phasen.

3.3.2.2 SiO_2-R_2O

Die binären Systeme des SiO_2 mit den Alkalioxiden spielen in der Praxis der Keramik eine untergeordnete Rolle, verdienen aber trotzdem einige Beachtung. Als ein Beispiel wurde das System K_2O-SiO_2 bereits in Bild 118 gebracht. Der Einfluß geringer Alkaligehalte auf die Stabilität des Tridymits wurde im Zusammenhang mit dem Einstoffsystem SiO_2 besprochen (Kapitel 3.3.1.1). Bild 143 zeigte die sich daraus ergebenden Folgerungen für die SiO_2-reichen Seiten der binären Systeme.

Einen noch größeren Abschnitt dieser Seiten bringt in vereinfachter Darstellung Bild 153. Im Ausscheidungsbereich des SiO_2 erkennt man deutlich, daß in der Reihe vom Cs_2O zum Li_2O die Liquiduskurven immer stärker eine S-förmige Gestalt annehmen, die eine Entmischungstendenz in diesen Systemen andeutet mit einer metastabilen Mischungslücke unterhalb der Liquidustemperatur (Kapitel 3.2.2). Beim Abkühlen von Schmelzen aus diesen Zusammensetzungsbereichen erhält man im Gleichgewicht die entsprechenden kristallinen Phasen. Es ist aber leicht möglich, ohne Kristallisation in den Bereich der unterkühlten Schmelze und damit auch in das Gebiet der metastabilen Mischungslücke zu kommen, wo eine Phasentrennung in zwei flüssige Phasen eintreten kann. Sie läßt sich durch elektronenmikroskopische Untersuchung der weiter zu Gläsern erstarrten Proben nachweisen.

3.3.2.3 SiO_2-RO

Geht man von binären SiO_2-Alkalioxid- zu den SiO_2-Erdalkalioxid-Systemen über, dann wird nach Bild 153 beim System mit BaO die Entmischungstendenz im SiO_2-reichen Teil des Phasendiagramms noch stärker. Die folgenden Systeme mit SrO, CaO und MgO zeigen schließlich stabile Entmischung in zwei flüssige Phasen. Man erkennt dabei, daß die Entmischungstendenz bzw. die Breite der Mischungslücke mit steigender Feldstärke der Kationen zunimmt.

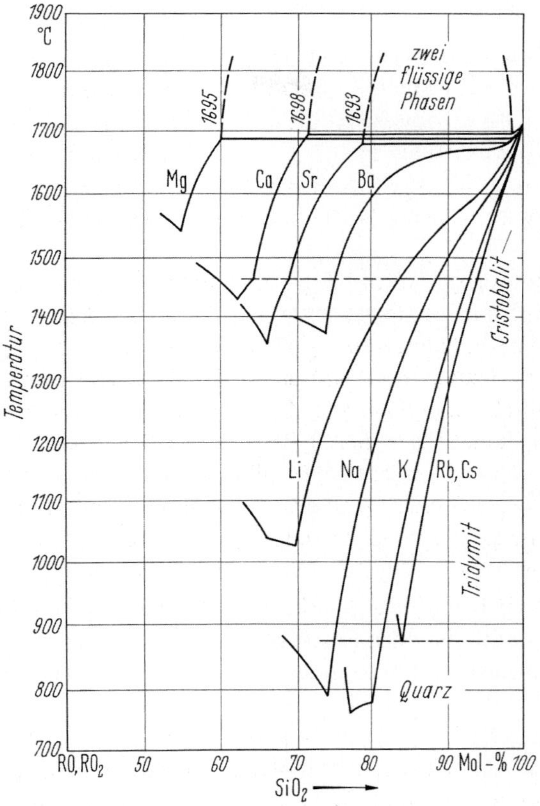

Bild 153: SiO_2-reiche Seiten der binären Systeme R_2O-SiO_2 und RO-SiO_2 nach Kracek

Von den Erdalkalisilicaten haben besonders die Magnesiumsilicate Eingang in die keramische Praxis gefunden. Bild 154 zeigt das System MgO-SiO_2. Der Forsterit Mg_2SiO_4 dient wegen seines hohen Schmelzpunktes als Feuerfestmaterial (Kapitel 9.3.1.4), während das Magnesiummetasilicat $MgSiO_3$ die Hauptkomponente des Steatits ist, siehe Kapitel 8.2.3.

$MgSiO_3$ tritt in mehreren Modifikationen auf, die untereinander strukturell verwandt sind (Kapitel 2.3.2.2). Die bei Raumtemperatur stabile Modifikation heißt Enstatit. Zur besseren Unterscheidung von den anderen Enstatitformen wird aufgrund der orthorhombischen Struktur auch die Bezeichnung Orthoenstatit verwendet. Nach dem Erhitzen und Abkühlen dieser Modifikation oder MgO- und SiO_2-haltiger Rohstoffe werden je nach den Brennbedingungen zwei weitere Modifikationen beobachtet, der Protoenstatit und der Klinoenstatit. Die Stabilitätsbereiche sind wegen des großen Einflusses von Mineralisatoren oder Verunreinigungen noch ungeklärt. Mit reinen Substanzen fand Schwab [370], daß bei Normaldruck und Raumtemperatur die Tieftemperaturform des Klinoenstatits die stabile Phase ist, die bei etwa 500°C in Enstatit übergeht.

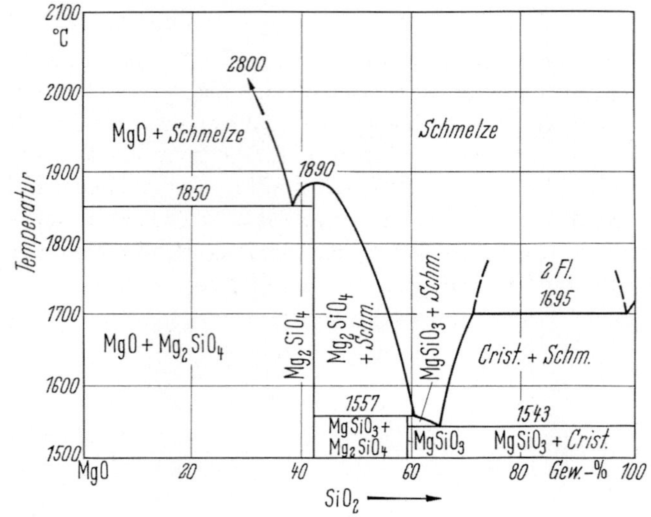

Bild 154: System MgO-SiO_2 nach [265]

Weiteres Erhitzen führt über Hoch-Klinoenstatit und Protoenstatit zum inkongruenten Schmelzen bei 1537°C. Die Bildung des Enstatits ist von beiden Seiten aus verzögert, so daß sich auch ein metastabiler Weg in dem folgenden Schema ergibt:

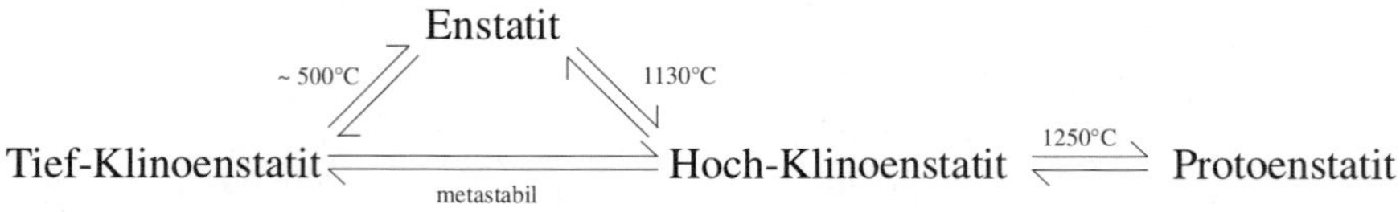

Die Rückumwandlung von Enstatit in Tief-Klinoenstatit erfolgt ebenfalls träge. Während des Abkühlens des Protoenstatits findet beim Übergang in den Klinoenstatit nach Tabelle 14 eine Zunahme der Dichte statt entsprechend einer Volumenabnahme um 2,6 %. Dadurch entsteht die sog. *Lagerporosität* oder die Proben zerfallen teils spontan.

Technische Steatite zeigen letzteres Verhalten nicht, da sie in der Regel aus Talk hergestellt werden (Kapitel 8.2.3) und deshalb zusätzliches SiO_2 enthalten, das den Protoenstatit stabilisiert. Es gibt noch weitere Stabilisatoren, u. a. wirkt in dieser Richtung auch eine Glasphase.

Alle Magnesiumsilicate zeigen wegen der ähnlichen Ionenradien von Mg^{2+} und Fe^{2+} Mischkristallbildung mit den entsprechenden Ferrosilicaten. Mit steigendem FeO-Gehalt erhöhen sich die Werte der Lichtbrechung und Dichte in Tabelle 14. Die Mischkristalle zwischen Forsterit Mg_2SiO_4 und Fayalit Fe_2SiO_4 werden als Olivine bezeichnet. Das Phasendiagramm dieses Systems ist in Bild 119 gezeigt worden. Im System Enstatit ($MgSiO_3$)-Ferrosilit ($FeSiO_3$) werden die Glieder mit 5 bis 15 Mol-% $FeSiO_3$ als Bronzit, mit 15 bis 50 Mol-% als Hypersthen bezeichnet. Sie haben ähnliches Verhalten wie $MgSiO_3$.

3.3.2.4 SiO_2-ZrO_2

Das quasibinäre System SiO_2-ZrO_2 mit seiner intermediären Verbindung $ZrSiO_4$, dem Zirkon, diente in früheren Ausgaben dieses Buches stets als Beispiel für eine peritektische Umwandlung. Nach Untersuchungen von Geller und Lang [2210] und dem Phasendiagramm von Levin u. M. [265] soll $ZrSiO_4$ beim Erhitzen bei 1775°C in festes ZrO_2 und Schmelze zerfallen (Bild 155). Verbindungen, die dieses Verhalten zeigen, werden als inkongruent schmelzend bezeichnet. Demzufolge wäre ein Eutektikum zwischen $ZrSiO_4$ und SiO_2 zu erwarten, das durch das Auftreten einer Schmelze bei 1675°C bestätigt zu werden scheint.

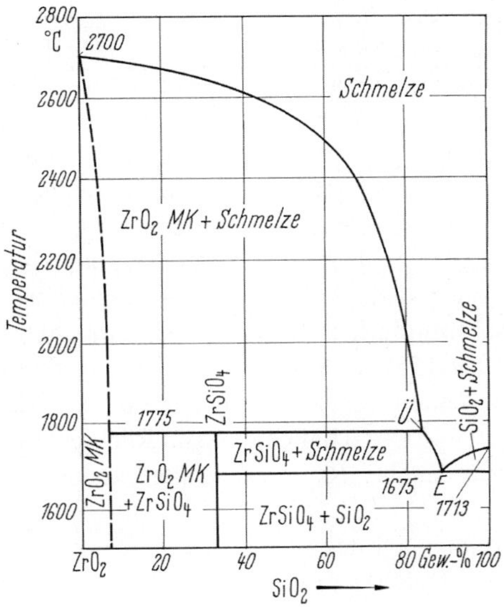

Bild 155: Das System SiO_2-ZrO_2 mit inkongruent schmelzendem $ZrSiO_4$ [292]

Allerdings war diese Auffassung nie unumstritten. Ein Überblick über wesentliche bisher durchgeführte Untersuchungen zur thermischen Stabilität von Zirkon ist in Tabelle 45 aufgelistet. Nach heutigen Erkenntnissen liegt eine Festkörperdissoziation bei einer Temperatur dicht unterhalb der Bildung einer eutektischen Schmelzphase vor, was häufig zur Annahme eines kongruenten bzw. inkongruenten Schmelzens des Zirkons geführt hat. Die stark abweichenden Ergebnisse zur Zersetzung des Zirkons verdeutlichen die Problematik, die mit dem Einfluß der Reaktionskinetik auf die experimentelle Untersuchung von Gleichgewichten verbunden ist, wie dies auch für die Mullitbildung im System SiO_2-Al_2O_3 zutrifft (Kapitel 3.3.2.1). Daher soll im folgenden auf weitere Details eingegangen werden, zumal der Zirkon bzw. das System SiO_2-ZrO_2 sowohl für Glasuren als auch für feuerfeste Werkstoffe von Bedeutung ist.

Tabelle 45: Literaturdaten zur $ZrSiO_4$-Umwandlung

Autor	Jahr	Art der Umwandlung	Temperatur	Literatur
Washburn und Libman	1920	kongruent schmelzend	2550°C	[2211]
Zhirnowa	1934	kongruent schmelzend	2430°C	[2212]
Geller und Lang	1945	inkongruent schmelzend	1775°C	[2210]
Curtis und Sowman	1953	Festkörperdissoziation	1540°C	[2213]
Cocco und Schromek	1958	inkongruent schmelzend	1720°C	[2214]
Butterman und Foster	1967	Festkörperdissoziation	1676°C	[2215]
Anseau, Biloque, Fierens	1976	Festkörperdissoziation	1525-1634°C	[2216]
Klute	1982	Festkörperdissoziation	1681±5°C	[2217]
Kanno	1989	Festkörperdissoziation	1650-1700°C	[2218]
Pavlik und Holland	2001	Festkörperdissoziation	1258°C	[2219]
Telle u.M.	2003	Festkörperdissoziation	1500-1550°C	[2220]
Kaiser und Telle	2005	Festkörperdissoziation	1673°C	[2221]

Eine der frühesten umfassenden Untersuchungen der Dissoziation und der Bildung des Zirkons ist die von Curtis Sowman von 1953 [2213]. In mehreren Versuchsreihen wurde dort der Beginn der Zirkonzersetzung bestimmt, indem Probekörper jeweils bei Temperaturen zwischen 1400°C und 2000°C zwei Stunden lang gehalten wurden. Die Proben wurden nach dem Abkühlen röntgenographisch untersucht. Des weiteren wurde auch der Einfluß der Haltezeit und der Abkühlrate bestimmt. Der Reaktionsbeginn wurden bei 1556°C ermittelt, wo die Zersetzung einsetzt und mit steigender Temperatur schnell zunimmt. Ein Abschrecken der Proben nach der Haltezeit führte zu höheren ZrO_2-Gehalten, da eine Rückreaktion zu Zirkon unterblieb. In allen Fällen wurden bei Raumtemperatur monoklines ZrO_2 und eine Glasphase gefunden.

Um auch die Rückreaktion zu beschreiben, wurden Gemische auf Temperaturen oberhalb der Dissoziationstemperatur aufgeheizt, in Luft abgeschreckt und der ZrO_2-Gehalt bestimmt. Dann wurden sie nach einer Aufheizperiode von vier Stunden auf verschiedene Temperaturniveaus gebracht und acht Stunden lang gehalten. Es wurde festgestellt, daß sich vorher dissoziierter Zirkon im Temperaturbereich zwischen 1278°C und 1556°C wieder zurückbildet, wobei das Reaktionsmaximum oberhalb von 1444°C liegt.

Bei einer Synthese von Zirkon aus den Ausgangsmaterialien ZrO_2 und SiO_2, wobei SiO_2 als Quarz, Cristobalit, Tridymit oder amorph vorlag, zeigten sich zum Teil geringe Abhängigkeiten von der Modifikation des Siliciumdioxids. Als unterste Temperatur, bei der die Reaktion abläuft, wird 1333°C angegeben. Diese liegt damit nur geringfügig höher, als die bei der Rückbildung gefundenen 1278°C. Diese und weitere Untersuchungen haben zu einer Korrektur des bis dahin verwendeten Phasendiagramms von Geller und Yavorsky geführt [2210], [2222]. Nach dem korrigierten Diagramm ist der Zirkonzerfall demnach eine Festkörperreaktion, die als *Peritektoid* bezeichnet wird. Die Schmelzebildung bei 1670°C ist auf das Eutektikum zwischen ZrO_2 und Cristobalit zurückzuführen. Butterman und Foster [2215] bestimmten die Zersetzungstemperatur, indem sie einerseits die höchste Temperatur, bei der die Ausgangsoxide noch Zirkon bildeten, und andererseits die niedrigste Temperatur, bei der sich Zirkon schon zersetzte, ermittelten. Beide Wege lieferten eine Temperatur von 1676 ± 7°C. Das Bild 156 zeigt alle in vorhergehenden Arbeiten anderer Autoren gefundenen Ergebnisse unter Berücksichtigung der geringeren Zerfallstemperatur und der verschiedenen ZrO_2- und SiO_2-Modifikationen. Hierbei wird deutlich, wie dicht die Temperatur der Festkörperreaktion an der eutektischen Schmelzebildung zwischen t-ZrO_2 und Cristobalit liegt. Bemerkenswert ist noch die Mischungslücke in der Schmelzphase zwischen 2250 und 2430°C, die niemals genauer untersucht worden ist.

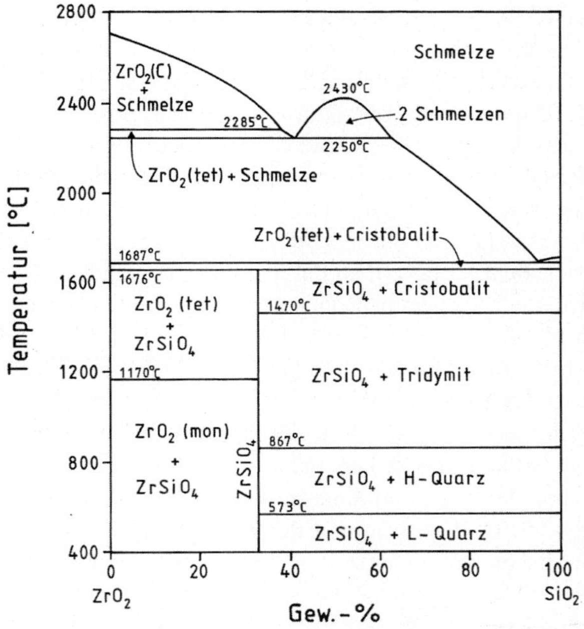

Bild 156: Phasendiagramm nach Butterman und Foster [2215]

Als besonders geeignetes Material zur Beschreibung der Bildungsreaktion ist auch plasma-dissoziierter Zirkon (PDZ) verwendet worden, der eine nahezu perfekte Mischung der Oxide darstellt [2223]. Zirconiumdioxid liegt durch das extrem schnelle Schmelzen und Erstarren beim Durchlaufen des Plasmareaktors als feinste monokline Dispersion in einer SiO_2-Glasmatrix vor. Die Zirkonbildung setzte hierbei sehr langsam bei 1500°C ein. Ein Aufmahlen des Materials führte zu einer wesentlichen Steigerung der Reaktionsrate, bedingt durch eine bessere Keimbildung an den Bruchflächen. Damit wird die Reaktionsgeschwindigkeit nicht von der Diffusion bestimmt, sondern von der Keimbildung. Dies wurde dadurch bestätigt, daß bei einem Zusatz von 1 % feinem Zirkonmehl (6 µm) eine gesteigerte Reaktionsrate beobachtet wurde. Ein schnell abgekühltes PDZ, bestehend aus tetragonalem ZrO_2 < 20 nm, reagierte dagegen schon bei ca. 1200°C. Eine vollständige Umwandlung zu Zirkon war bei ca. 1450°C erreicht.

Mori und Yamamura fanden die Bestätigung, daß der Bildungsmechanismus des Zirkons bei allen Temperaturen im Bereich zwischen 1200°C und 1400°C über heterogene Keimbildung abläuft [2224]. Ausgehend von einer ZrO_2-SiO_2-Mischung aus einem Sol-Gel-Prozeß tritt eine Bildung von Zirkon bei 1200°C erst nach mehr als dreizehnstündigem Auslagern auftritt. Die Autoren zeigten in Temperatur-Zeit-Umwandlungsdiagrammen weiter, daß die Zirkonbildung durch Impfung mit Zirkon-Keimkristallen beschleunigt werden kann.

Kanno untersuchte die Bildung und die Zersetzung des Zirkons unter thermodynamischen und kristallographischen Aspekten [2218]. An Zirkonpulvern wurde eine Zersetzungstemperatur zwischen 1600-1700°C gemessen. Der Beginn der Zirkonbildung bei ungemahlenen und gemahlenen ZrO_2-SiO_2-Pulvern aus einem Sol-Gel-Prozeß lag bei 1500 C, wobei sich bei dem gemahlenen Pulver aufgrund der mechanischen Aktivierung deutlich mehr Zirkon bildete. Die Bildungsreaktion verläuft nur sehr langsam ab, wenn monoklines ZrO_2 als Ausgangsmaterial verwendet wird. Erst wenn die Umwandlung monoklin→ tetragonal einsetzt, steigt die Reaktionsrate rasch an, was Kanno mit der erleichterten Verzerrung der Sauerstoffkoordination um das Zirconiumion zum Einbau der SiO_4-Tetraeder erklärt. Allerdings ist die tetragonale Modifikation ohnehin die einzig stabile im Bereich zwischen 1100°C und 2300°C, so daß nur sie mit SiO_2 zu Zirkon reagieren kann [2225]. Untersuchungen von Telle u.M. [2220] an Pulvern unterschiedlicher Korngröße und Reinheit mit der Hochtemperatur-Röntgenbeugungsanalyse ergaben, daß handelsübliches „reines" Zirkonsilicat schon bei einer Temperatur von 1500°C nach einer Haltezeit von zehn Stunden bzw. bei 1550°C nach einer Haltezeit von drei Stunden in Zirconiumdioxid und eine amorphe SiO_2-reiche Mischphase zu zerfallen beginnt. Die Zersetzungsreaktion des $ZrSiO_4$ läuft oberhalb von 1650°C beschleunigt ab. Die Bildung des Zirkonsilicats aus den Oxiden beginnt, abhängig von der Stabilisierung des Zirconiumdioxids, bei 1200°C, das Maximum liegt zwischen 1500°C und 1550°C, danach nimmt der $ZrSiO_4$-Anteil wieder ab. Bei Versuchen mit kontinuierlichen Aufheizraten von 3 bzw. 5 K/min ohne Haltezeiten wird mittels der Hochtemperatur-Röntgenbeugung eine Zerfallstemperatur gemessen, welche in Abhängigkeit von der Reinheit und Korngröße der eingesetzten Materialien zwischen 1450°C (99 % $ZrSiO_4$, <3µm) und 1600°C („100 %" $ZrSiO_4$, < 4µm) liegt. Nach REM-Untersuchungen liegt das ZrO_2 vorwiegend in Form von Kornagglomeraten vor, die von Glasphase umgeben sind. Die Beibehaltung der Gestalt der Zirkonteilchen durch das ZrO_2 (Pseudomorphosen) legt den Schluß nahe, daß bei der Zersetzungsreaktion das SiO_2 aus dem Zirkon herausdiffundiert. Dieser Mechanismus ist damit auch für die Rückreaktion bestimmend, so daß gebildetes ZrO_2 beim Abkühlen wieder von außen nach innen zu Zirkonsilicat zurückreagieren müßte, was allerdings nicht beobachtet wird. Bei den Proben konnte bis auf Spuren keine kristalline Modifikation des SiO_2 nachgewiesen werden, so daß die Produkte der Zersetzungsreaktion hauptsächlich monoklines ZrO_2 und amorphes SiO_2 darstellen.

Aus den unterschiedlichen Resultaten ist zu erkennen, daß die genaue *Zersetzungstemperatur* des Zirkons nur schwer festzulegen ist, da sie sowohl von der Korngröße und der Reinheit der Ausgangsmaterialen abhängt als auch von der Aufheizgeschwindigkeit und der Temperzeit bis zur Einstellung eines Gleichgewichtszustandes. So ergaben Untersuchungen von Kaiser und Telle [2221] mittels hochaufgelöster Gefügeanalytik, daß das gebildete SiO_2-Glas stets Spuren von Al_2O_3, TiO_2 oder Fe_2O_3 aufwies. Ausgangspunkt der Zirkonzersetzung in natürlichen Kristallen waren ebenfalls immer winzige Einschlüsse von Rutil, Apatit o.ä. Auch die kritische Durchsicht der früheren Arbeiten ergab stets Hinweise auf Spuren anderer Elemente. Es muß also gefolgert werden, daß bereits wenige ppm an Verunreinigungen die Cristobalitbildung unterdrücken und die Dissoziation des $ZrSiO_4$ in ZrO_2 und Schmelze bei deutlich geringeren Temperaturen als der peritektoiden Temperatur fördern. So führten Anseau u.M. [2216] Versuche zur Umwandlungskinetik mit einem australischen Zirkonsand mit einer Reinheit von 99,12 Gew.-% (0,32 Gew.-% Al_2O_3, 0,25 Gew.-% TiO_2, 0,15 Gew.-% Fe_2O_3) durch. Die Proben wurden mit 300 K/h auf Versuchstemperaturen zwischen 1400 und 1690°C gebracht und dort jeweils für 8 Stunden gehalten und mit 13 K/min abgekühlt. Der Grad der $ZrSiO_4$-Zersetzung wurde sowohl über die chemische Analyse des freien SiO_2 als auch über das röntgenograpisch bestimmte $ZrO_2/ZrSiO_4$-Verhältnis ermittelt. Die Ergebnisse (Bild 157) zeigen einen Beginn der Zersetzung des Zirkons bei 1525-1550°C, wobei oberhalb 1640°C ein starker Anstieg der Zersetzungsgeschwindigkeit beobachtet wird.

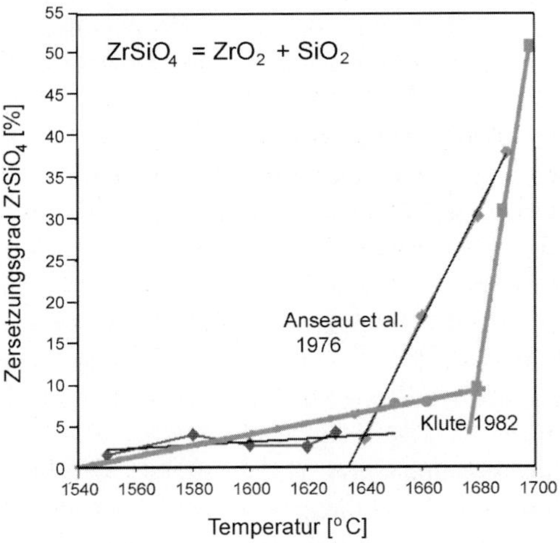

Bild 157: Zersetzungsgrad des $ZrSiO_4$ als Funktion der Temperatur; Meßreihen von Anseau [2216] und Klute [2217] neu ausgewertet nach [2220].

Klute [2217] verwendete das Heißpetroleumverfahren [2226] zur Synthese hochreiner und feinkörniger Zirkonpulver. Hierbei wurden Ethylsilicat und Zirconylsulfat in einer wäßrigen Lösung gemischt und anschließend durch Eintropfen in ein heißes Petroleumbad dehydriert. Die Fällungsprodukte wurden extrahiert und bei 1050°C zersetzt, so daß sich eine molekulare Oxidmischung ergab. Die Pulver wurden in Platinfolie 1-2 Tage bei unterschiedlichen Temperaturen gesintert und anschließend in Wasser abgeschreckt. Bild 156 zeigt das röntgenographisch ermittelte Intensitätsverhältnis eines Baddeleyit-Reflexes und eines Zirkon-Reflexes über der Auslagerungstemperatur aufgetragen. Aus dem Schnittpunkt der beiden über lineare Regression ermittelten Ausgleichsgeraden ergibt sich eine Temperatur von 1681 ± 5°C, die der Dissoziationstemperatur des $ZrSiO_4$ entspricht. Das Verschwinden von Cristobalit in den Röntgenbeugungsdiagrammen diente als Kriterium zur Bestimmung des binären Eutektikums bei 1699 ± 3°C. Die so bestimmte Zersetzungs- und eutektische Temperatur ist in guter Übereinstimmung mit den Werten von Bild 156.

Die *Bildung des Zirkons* aus den Oxiden beginnt bei steigender Temperatur, abhängig von der Stabilisierung des Zirconiumdioxids und der Dauer der Haltezeit, schon bei 1200°C. Die Röntgenbeugungsanalyse ergibt, daß sich beim Einsatz von amorphen SiO_2 ab 1200°C Cristobalit bildet. Wird als Ausgangsmaterial monoklines Zirconiumdioxid verwendet, findet unterhalb 1200°C eine Umwandlung in die tetragonale Modifikation des ZrO_2 statt. Die hier zitierten Arbeiten stimmend darin überein, daß der Anteil an gebildetem Zirkonsilicat bei ca. 1500°C sein Maximum erreicht. Das ZrO_2 wird von dem neu gebildete $ZrSiO_4$ umsäumt. Dies deutet darauf hin, daß das SiO_2 durch den Zirkon hindurch diffundieren muß, um weiteres Zirkonsilicat zu bilden. Die Feststoffreaktion $ZrO_2 + SiO_2 \leftrightarrow ZrSiO_4$ wird deshalb vermutlich von der Diffusionsgeschwindigkeit des SiO_2 durch das Zirkonsilicat bestimmt. Ist die Stabilitätsgrenze des Zirkons überschritten, liegt im Gefüge fein verteiltes ZrO_2 in einer Glasmatrix vor. Diese Partikel werden bei 1700°C noch von einer Zirkonschicht umsäumt, die während des Durchlaufens des Stabilitätsbereiches entstanden ist und nicht zersetzt wurde oder sich beim Abkühlen bildete.

Aus struktureller Sicht läßt sich die Umwandlung $ZrSiO_4 \rightarrow$ t-ZrO_2 + ß-Cristobalit beschreiben als Zusammenbruch des ZrO_8-Koordinationspolyeders (siehe Kapitel 2.3.2.1, Bild 29) aufgrund der zunehmenden Inkompatibilität der beiden verschiedenen Zr-O-Bindungen in den beiden sich durchdringenden ZrO_4-Tetraedern, d.h., sie entspricht einer strukturellen Umordnung des ZrO_8-Polyeders, welcher aufgrund der Wärmedehnung immer weniger zum SiO_4-Tetraeder paßt. Mit zunehmender Instabilität der ZrO_8-Untergruppe verringern sich die Spannungen, die auf die SiO_4-Tetraeder ausgeübt werden, so daß sich diese der idealen Tetraedergeometrie annähern können.

Röntgen- und Neutronenbeugungsaufnahmen von Mursic [2227] weisen bei 1627°C ZrO_2-Reflexe auf. Der Nachweis von Cristobalit gelang nicht. Die Autoren erklären dies mit einer möglichen Zeitabhängigkeit der Kristallisation der ß-Cristobalit-Phase, was eine Umordnung der SiO_4-Tetraeder erfordert [2229], [2230]. So deutet der diffuse Hintergrund in Beugungsaufnahmen auf sehr kleine bzw. fehlgeordnete Partikel des ß-Cristobalit hin. Hochauflösende TEM-Aufnahmen von wärmebehandelten Zirkon-Einkristallen [2221] zeigen in den Keimbildungsbereichen der Zersetzung ein um den Faktor 2 überhöhtes SiO_2:ZrO_2-Verhältnis, was auf eine mögliche Stufenreaktion über ein metastabiles $ZrSi_2O_6$ hinweist.

Unter Berücksichtigung der experimentellen Ergebnisse und der von [2228] mittels Hochtemperatur-Lösungskalorimetrie gemessenen Reaktionsenthalpie für die

Bildung von $ZrSiO_4$ aus den Oxid-Komponenten haben Kaiser u. M. [2221] das Zweistoffsystem ZrO_2-SiO_2 neu berechnet. Die Dissoziationstemperatur liegt demgemäß bei 1673±7°C. Das Eutektikum ZrO_2-Cristobalit liegt bei 1687±5°C. Auf der Basis weiterer experimenteller Daten ist die Erweiterung in Dreistoffsysteme mit Alkali- und Erdalkalioxide u.a. erfolgt. So konnte auch die von Anseau u.M. gefundene Temperaturerniedrigung mit den angegebenen Spurenelementen reproduziert werden.

Zusammen mit der Unsicherheit bezüglich der Mullitbildung im System Al_2O_3-SiO_2 bedeuten die Ergebnisse, daß alle bisher veröffentlichten Phasendiagramme im Dreistoffsystem Al_2O_3-SiO_2-ZrO_2 mit Vorbehalten zu deuten sind.

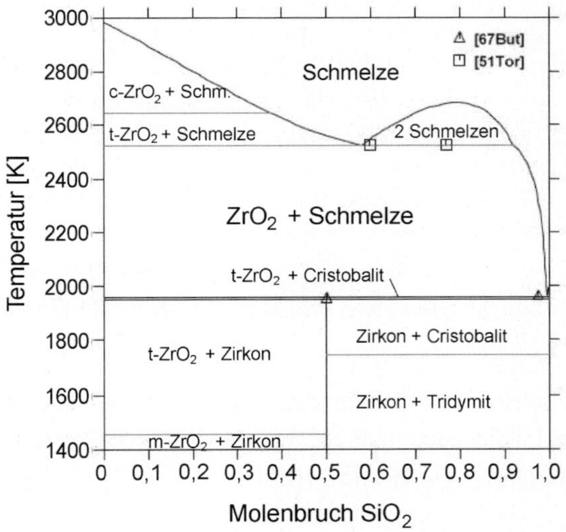

Bild 158: Berechnetes Phasendiagramm für das System ZrO_2–SiO_2 [2221]

3.3.2.5 H_2O-haltige binäre Systeme

Die große Reaktionsfreudigkeit des H_2O, besonders bei hohen Temperaturen und Drücken, wurde bereits früher erwähnt (Kapitel 3.3.1.3). Die hohe Löslichkeit vieler fester Stoffe in überkritischem Wasser ist bedingt durch dessen starkem Dipolcharakter mit einer Dielektrizitätskonstanten bis zu 20. Im System SiO_2-H_2O bildet sich dabei nach Wendtland Drücken bis zu 100 bar gasförmiges $Si(OH)_4$, das bei höheren Drücken in andere Siliciumhydroxidverbindungen übergeht. Das System SiO_2-H_2O ist oft untersucht worden, nicht zuletzt zur Festlegung der günstigsten Bedingungen der hydrothermalen Synthese von Quarz.

Hydrothermale Bedingungen beeinflussen auch stark das Schmelzverhalten, wie in Bild 159 am Beispiel des Systems SiO_2-H_2O zu sehen ist. Ein H_2O-Druck von 400 bar genügt, um die Schmelztemperatur des Cristobalits auf 1470°C zu erniedrigen, wo ein invarianter Punkt mit (nach der Phasenregel $P + F = K + 2 = 4$)

vier Phasen vorliegt: Cristobalit, Tridymit und zwei flüssige Phasen, von denen eine SiO_2-reich, die andere SiO_2-arm ist. Bei 1500 bar und 1160°C liegt ein weiterer invarianter Punkt, der auch als Schmelzpunkt des Quarzes bei diesem H_2O-Druck angesprochen werden kann. Dieser erniedrigt sich bei höheren H_2O-Drükken bis auf 1080°C. Bei 9700 bar liegt der kritische Endpunkt dieser Kurve, bei höheren Drücken ist nur noch eine flüssige Phase stabil.

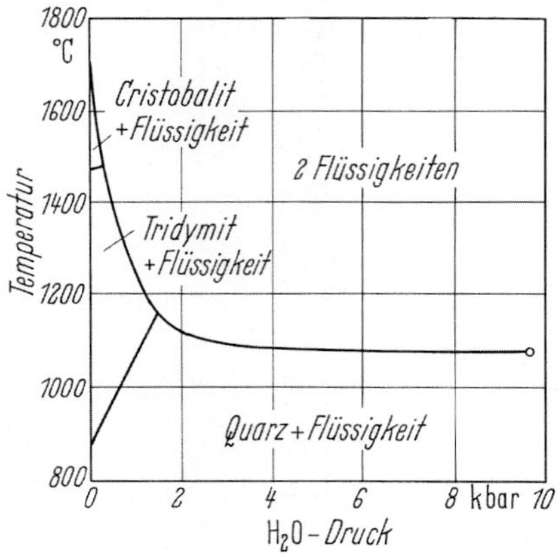

Bild 159: Druckabhängigkeit des Systems H_2O-SiO_2, projiziert auf die *p*-*T*-Ebene nach Kennedy u. M. [372]

SiO_2 ist in kaltem Wasser nur schwer löslich. Mit steigendem *p*H-Wert und steigender Temperatur nimmt die Löslichkeit stark zu, wie Bild 160 für 25°C und 250°C zeigt. Es bilden sich Komplexe wie H_4SiO_4, $H_3SiO_4^-$ und $H_2SiO_4^{2-}$. Dieser Vorgang wird von alkalihaltigen Lösungen noch unterstützt.

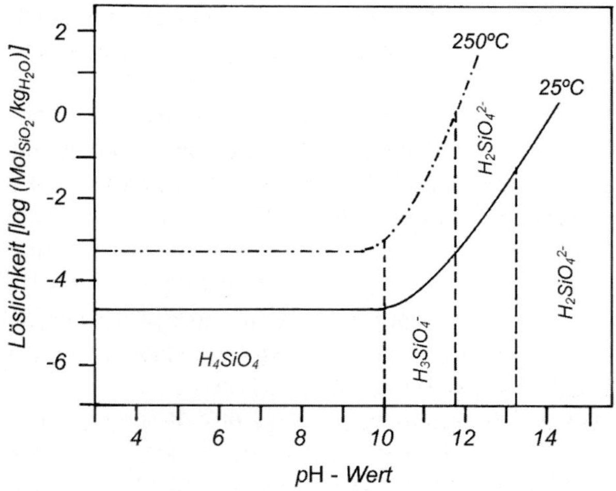

Bild 160: Löslichkeit *m* von SiO_2 in Mol/kg H_2O nach Volosev u.M. [373]

Die Löslichkeit von Al_2O_3 ist in noch stärkerem Maße abhängig vom *p*H-Wert. Während es bei *p*H 5-7 nahezu unlöslich ist, steigt seine Konzentration bei niedrigeren bzw. höheren *p*H-Werten rasch um einige Zehnerpotenzen an (Bild 161), wobei es bei *p*H <1 als Al^{3+} vorliegt und bei *p*H > 12,8 als AlO_2.

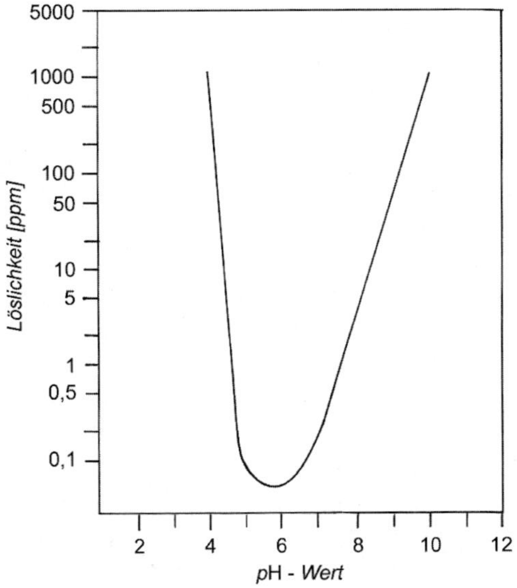

Bild 161: Löslichkeit *m* von Al_2O_3 in g/t H_2O nach Hofius.

Während im System SiO_2-H_2O keine festen wasserhaltigen Verbindungen auftreten, gibt es eine Reihe anderer binärer Oxid-H_2O-Systeme, in denen eine oder mehrere Verbindungen beobachtet werden. Von keramischem Interesse ist besonders das System Al_2O_3-H_2O, weniger wegen der Synthese dieser Verbindungen, sondern wegen des Mechanismus der Entwässerung beim Erhitzen. Viele Rohstoffe der Keramik sind wasserhaltige Verbindungen. Für die Vorgänge beim Brand ist der *Mechanismus der Entwässerung* wichtig, der an einem binären System einfacher darzustellen ist.

Das in festen Substanzen als H_2O-Molekül enthaltene Wasser entweicht schon beim Erhitzen auf 100 bis 200°C. Zum Entfernen des Wassers, das als OH-Gruppen in die Struktur eingebaut ist, sind meist höhere Temperaturen nötig, da zunächst eine Umlagerung eines Protons nach dem Schema

$$OH^- + OH^- \rightleftharpoons H_2O + O^{2-}$$

notwendig ist, ein Vorgang, der u.a. von Freund [374] näher diskutiert wird und durch Auffinden einer Protonenleitfähigkeit während der thermischen Zersetzung von $Mg(OH)_2$ durch Freund und Hösen [375] bekräftigt werden konnte. Befindet sich ein so gebildetes H_2O-Molekül in unmittelbarer Nähe der Oberfläche, dann kann es in die Atmosphäre entweichen. An seinem Platz hinterbleibt eine Leerstelle, die dem benachbarten H_2O-Molekül als Weg an die Oberfläche dient. Die Zahl der Leerstellen wird damit immer größer, bis das Restgitter instabil wird und sich umlagert, wobei auch die Temperatur eine Rolle spielt. Oft bestimmt der H_2O-Diffusionsmechanismus die weiteren Schritte.

Die bei Raumtemperatur stabile Verbindung des Systems Al_2O_3-H_2O ist der monokline *Gibbsit* γ-$Al(OH)_3$, auch *Hydrargillit* genannt. Man kann ihm beim Erhitzen keine feste Zersetzungstemperatur zuordnen, sondern die Wasserabgabe ist zeitabhängig und wird darüber hinaus noch vom H_2O-Dampfpartialdruck der Atmosphäre beeinflußt. In Luft kann man bereits ab 140°C eine Wasserabgabe und die Neubildung von *Böhmit* γ-AlO(OH) beobachten.

Die Angaben über die Gibbsitentwässerung und über die sich bildenden neuen Phasen sind recht unterschiedlich. Kristallographische Untersuchungen von Saalfeld [376] zeigten, daß die Sauerstoffpackungen bei den Umlagerungen häufig als Netze erhalten bleiben, die sich nur neu gegeneinander gruppieren. Man beobachtet deshalb auch oft einfache Zusammenhänge zwischen den Gitterkonstanten der verschiedenen Phasen.

Die Struktur des Gibbsits wird durch eine etwas verschobene hexagonal dichteste Sauerstoffpackung der Art ABBAAB... bestimmt. Erhitzt man ein feinkörniges Material in Luft, dann ist bei 300°C, nach anderen Angaben zwischen 220-240°C, χ-Al_2O_3 entstanden mit einer eindimensional fehlgeordneten Schichtenfolge. χ-Al_2O_3 enthält noch etwa 0,5 mol H_2O pro mol Al_2O_3. Dann erscheint bei 800°C χ-Al_2O_3 mit hexagonaler Schichtenfolge (Schichtpakete sind um 180° gedreht) und bei 1300°C Korund mit echter hexagonaler Sauerstoffpackung. Unter hydrothermalen Bedingungen bildet Gibbsit bei 300°C Böhmit γ-AlO(OH), dessen Struktur zwar keine ausgeprägte Schichtenfolge zeigt, aber durch Umlagerung von größeren Sauerstoffgruppen entstanden ist. Das spiegelt sich z.B. in der Gitterkonstante a_o wider, die beim Böhmit mit 286 pm fast genau 1/3 der des Gibbsits (864 pm) beträgt, ein Abstand, der in nur geringen Änderungen in allen hier erwähnten Phasen festzustellen ist. Beim weiteren Erhitzen in Luft liegt bei 450°C γ-Al_2O_3 und bei 900°C θ-Al_2O_3 vor, beide mit kubischer Sauerstoffpackung, die schließlich bei noch höherer Temperatur in die hexagonale des Korunds übergeht (siehe auch Tabelle 44).

Beide Entwässerungsreihen unterscheiden sich in der ersten Stufe. Hier liegen auch die Ursachen für die oben erwähnten unterschiedlichen Versuchsergebnisse. Feinkörniges Material in Luft entwässert über χ-Al_2O_3. In größeren Haufwerken oder bei größeren Kristallen ist es möglich, daß die ungestörte Abgabe des Wassers behindert wird, so daß hydrothermale Bedingungen eintreten, die zur Böhmitbildung führen.

Neben dem Gibbsit gibt es noch zwei weitere, metastabile $Al(OH)_3$-Modifikationen, die sich strukturell in der Art der Reihenfolge der Sauerstoffschichten unterscheiden. Beim monoklinen Bayerit α-$Al(OH)_3$ ist diese ABABAB..., beim triklinen *Nordstrandit* ist sie ähnlich der des Gibbsits, nur sind die Schichten stärker gegeneinander verschoben.

Oben wurde erwähnt, daß sich unter hydrothermalen Bedingungen Böhmit bildet. Bei Untersuchungen zur Aufstellung des p-T-Diagramms wurde gefunden, daß mit steigendem H_2O-Druck der Stabilitätsbereich des Gibbsits etwas größer wird, daß aber bei höheren Temperaturen der Böhmit nur eine metastabile Phase ist. Die stabile Phase ist dann der orthorhombische *Diaspor* α-AlO(OH), der mit

3,4 g/cm^3 gegenüber 3,0 g/cm^3 beim Böhmit eine größere Dichte hat. Bei Normaldruck ab etwa 370°C, bei H_2O-Drücken von 2 kbar ab 400°C, ist nach Perkins u. M. [377] schließlich der Korund stabil.

Nach diesen Ergebnissen ist der Korund bei Normalbedingungen gegenüber H_2O instabil. Aus wäßrigen Lösungen von $AlCl_3$ bildet sich nach Franz [378] bei *p*H 5 bis 7 Gibbsit, bei 7 bis 11 Bayerit und bei 11 bis 13 Nordstrandit. Stellt man den *p*H-Wert nicht durch NH_4OH sondern durch NaOH ein, dann erscheint bei *p*H > 11 wieder Gibbsit, der dem durch Na^+ im Gitter stabilisierten technischen Gibbsit entspricht. Die Reaktionsgeschwindigkeiten sind aber außerordentlich langsam, so daß man normalerweise nur eine geringe Chemisorption mit Ausbildung einer oberflächlichen OH-Schicht und daran eine physikalische Adsorption beobachtet. Frisch [379] konnte zeigen, daß bei längerem Mahlen von α-Al_2O_3 in H_2O die Reaktionsbereitschaft des Al_2O_3 erhöht wird, vor allem dann, wenn die Korngröße der Teilchen < 0,2 µm beträgt. Nach 600stündigem Mahlen hatten sich über 5 Gew.-% $Al(OH)_3$ gebildet, das nach röntgenographischen Untersuchungen die Struktur des Nordstrandits hatte. Diese Erscheinungen gehören zu den sog. mechano-chemischen Vorgängen, die auch in anderen Systemen beobachtet wurden.

Durch eine geeignete Führung der Entwässerung von Aluminiumhydroxiden (*Calcination*) kann man bestimmte Eigenschaften der Al_2O_3-Produkte wie Korngröße, damit spezifische Oberfläche, Kornform und Kristallinität kontrollieren, was besonders für die Sinteraktivität von Tonerden wichtig ist. So ist beispielsweise mit den Umwandlungsreaktionen eine Kornfeinung verbunden, wobei die neuen Phasen sog. Pseudomorphosen nach den alten bilden, d.h. der neue Kornverband die Morphologie der größeren früheren Kristalle nachbildet. Ferner kann über die Temperatur-Zeit-Führung die Kristallinität gezielt eingestellt werden [380]-[382]. Besonders sinteraktive Pulver zeichnen sich daher außer durch eine sehr geringe Korngröße auch durch einen hohen Anteil an gestörter Kristallstruktur aus. Andererseits rekristallisieren die Körner bei höheren Calcinationstemperaturen; es kommt auch zu Kornwachstum und zum Versintern. Durch Wachstumskontrolle kann so z.B. Tabulartonerde in großen Plättchen hergestellt werden. Auf die Calcination wird in Kapitel 10.1.1.2 noch genauer eingegangen.

3.3.3 Dreistoffsysteme

Die Analyse vieler keramischer Produkte zeigt, daß sie im wesentlichen aus drei Oxiden bestehen. Man kann deshalb ihr Verhalten in erster Näherung anhand der betreffenden Dreistoffsysteme diskutieren, die natürlich Ausschnitte aus den echten Vierkomponentensystemen unter Berücksichtigung der Metalle und des reinen Sauerstoffs darstellen. So gehört z.B. das Porzellan zum System K_2O-Al_2O_3-SiO_2, die Cordieritkeramik zum System MgO-Al_2O_3-SiO_2 und die Keramik mit geringsten Wärmeausdehnungskoeffizienten zum System Li_2O-Al_2O_3-SiO_2. Weiterhin bestehen die wichtigsten Minerale vieler Rohstoffe ebenfalls aus drei Oxiden, so daß deren Verhalten im Rahmen von Dreistoffsystemen erklärt werden kann. Als

Beispiel seien jetzt schon der Kaolinit aus dem System H_2O-Al_2O_3-SiO_2 und der Talk aus dem System H_2O-MgO-SiO_2 genannt.

Die eben erwähnten Systeme werden im folgenden näher behandelt, wobei nicht nur auf die Phasenbeziehungen, sondern auch auf einige Eigenschaften eingegangen wird. Die Strukturen vieler Verbindungen wurden schon früher besprochen (Kapitel 2.3).

3.3.3.1 K_2O-Al_2O_3-SiO_2

Das Dreistoffsystem K_2O-Al_2O_3-SiO_2 ist das bedeutendste System der klassischen Keramik, denn mit diesen drei Komponenten erfaßt man alle Mischungen der häufigsten Rohstoffe Kaolin (entwässert), Kalifeldspat und Quarz.

Der wichtigste Teil des Systems K_2O-Al_2O_3-SiO_2 wurde bereits in Bild 130 (Kapitel 3.2.2) gebracht. Dabei wurde auch an einem praktischen Beispiel die Ausscheidungsfolge erläutert. Bei der Besprechung der Vorgänge beim Brennen und der Schamottesteine (Kapitel 9.3.1.2) wird das System K_2O-Al_2O_3-SiO_2 erneut herangezogen.

Für technische Produkte wird eine gute chemische Beständigkeit und beim Brennen eine ausreichende Reaktionsgeschwindigkeit gefordert. Solche Zusammensetzungen mit einem K_2O/Al_2O_3-Molverhältnis < 1 liegen vor allem im Ausscheidungsfeld des Mullits. Die tiefste Liquidustemperatur dieses Bereiches liegt bei 985°C, dem ternären Eutektikum bei (in Gew.-%) 9,5 K_2O, 10,9 Al_2O_3 und 79,6 SiO_2, bei dem sich die Ausscheidungsfelder von Mullit, Tridymit und Kalifeldspat treffen.

Der *Kalifeldspat* $K_2O{\cdot}Al_2O_3{\cdot}6SiO_2$ schmilzt inkongruent bei 1150°C unter Bildung von Leucit $K_2O{\cdot}Al_2O_3{\cdot}4SiO_2$. Aus Bild 130 kann man entnehmen, daß vollständiges Schmelzen erst bei 1510°C erreicht wird.

Als weitere ternäre Verbindung in diesem System wurde eben der *Leucit* $K_2O{\cdot}Al_2O_3{\cdot}4SiO_2$ erwähnt, der bei 1686°C kongruent schmilzt. Weiterhin gibt es noch $K_2O{\cdot}Al_2O_3{\cdot}2SiO_2$ mit einem kongruenten Schmelzpunkt bei etwa 1800°C und die noch wenig untersuchte Verbindung $K_2O{\cdot}Al_2O_3{\cdot}SiO_2$.

Von besonderer Bedeutung ist das Verhalten der Schmelzen in diesem System. Bei der Besprechung der Struktur der Gläser (Kapitel 2.4.2.1) wurde gezeigt, daß in Alkalisilicatgläsern das Al^{3+}-Ion zunächst in der Koordinationszahl 4 eingebaut wird, während es bei einem Molverhältnis Al_2O_3:K_2O > 1 in KZ = 6 vorliegt. An dieser Grenze verändert sich auch die Viskosität. So erhöht der Einbau des Al^{3+}-Ions in KZ 4 die Viskosität stark, weshalb eine Kalifeldspatschmelze eine sehr hohe Viskosität aufweist, wie Bild 63 zeigt. Höhere Al_2O_3-Gehalte, also mit Al in KZ 6, erniedrigen die Viskosität. Ausgehend von der Feldspatzusammensetzung führt ein steigender SiO_2-Gehalt ebenfalls zu einer Erhöhung der Viskosität, so daß die Viskosität der oben erwähnten eutektischen Schmelze sehr hoch ist. Diese hohen Viskositäten von Feldspat- und eutektischen Schmelzen haben zur Folge, daß beim Abkühlen keine Kristallisation, sondern glasige Erstarrung erfolgt. Technische Produkte aus dem System K_2O-Al_2O_3-SiO_2 enthalten deshalb Glasphase, deren Anteil abhängig ist von Zusammensetzung, Brenntemperatur und -zeit.

3.3.3.2 Na_2O-Al_2O_3-SiO_2

Das Dreistoffsystem Na_2O-Al_2O_3-SiO_2, hat in seinem SiO_2-reichen Teil große Ähnlichkeit mit dem System K_2O-Al_2O_3-SiO_2 [383] und ist in Bild 162 in der Bearbeitung von Hinz [2] gezeigt. Das ternäre Eutektikum zwischen den Ausscheidungsfeldern Mullit, Tridymit und Natronfeldspat liegt bei 1050°C und der Zusammensetzung (in Gew.-%) 7,8 Na_2O, 13,5 Al_2O_3 und 78,7 SiO_2. An ternären Verbindungen treten nur der *Natronfeldspat* $Na_2O \cdot Al_2O_3 \cdot 6SiO_2$, dessen Hochtemperaturform, der Monalbit, bei 1118°C kongruent schmilzt, und der *Nephelin* $Na_2O \cdot Al_2O_3 \cdot 2SiO_2$ auf, letztere mit einem kongruenten Schmelzpunkt bei 1526°C. Zwischen diesen beiden Verbindungen und dem Ausscheidungsfeld des Korunds liegt ein weiteres ternäres Eutektikum bei 1063°C, also einer relativ niedrigen Temperatur, mit (in Gew.-%) 13,8 Na_2O, 23,8 Al_2O_3 und 62,4 SiO_2.

Bild 63 bringt die Viskositätskurve einer Natronfeldspatschmelze. Sie zeigt gegenüber der Kalifeldspatschmelze deutlich geringere Werte, was für die Technologie beim Ersatz von K- durch Na-Feldspäte wichtig ist. Das Verhalten mit steigendem Al_2O_3- und SiO_2-Gehalt entspricht dem des Kalifeldspats. Die Viskositäten sind bei diesen Zusammensetzungen so hoch, daß bei normaler Abkühlung ebenfalls glasige Erstarrung erfolgt.

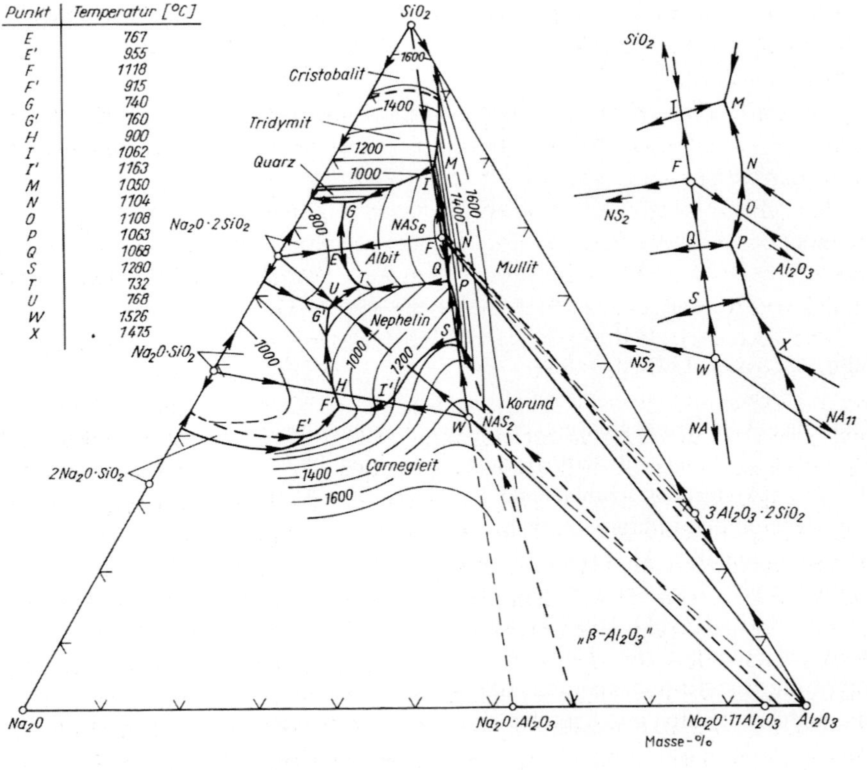

Bild 162: Das System Na_2O-Al_2O_3-SiO_2 [2]

3.3.3.3 Li_2O-Al_2O_3-SiO_2

Gegenüber den beiden oben behandelten Systemen zeigt das Dreistoffsystem Li_2O-Al_2O_3-SiO_2 einige bemerkenswerte Unterschiede. Bild 163 zeigt dieses System, das noch unvollständig erschlossen ist. Das ternäre Eutektikum zwischen den Ausscheidungsfeldern von Mullit, Tridymit und Spodumen $Li_2O \cdot Al_2O_3 \cdot 4SiO_2$ liegt bei 1350°C, also wesentlich höher als in den beiden anderen Systemen.

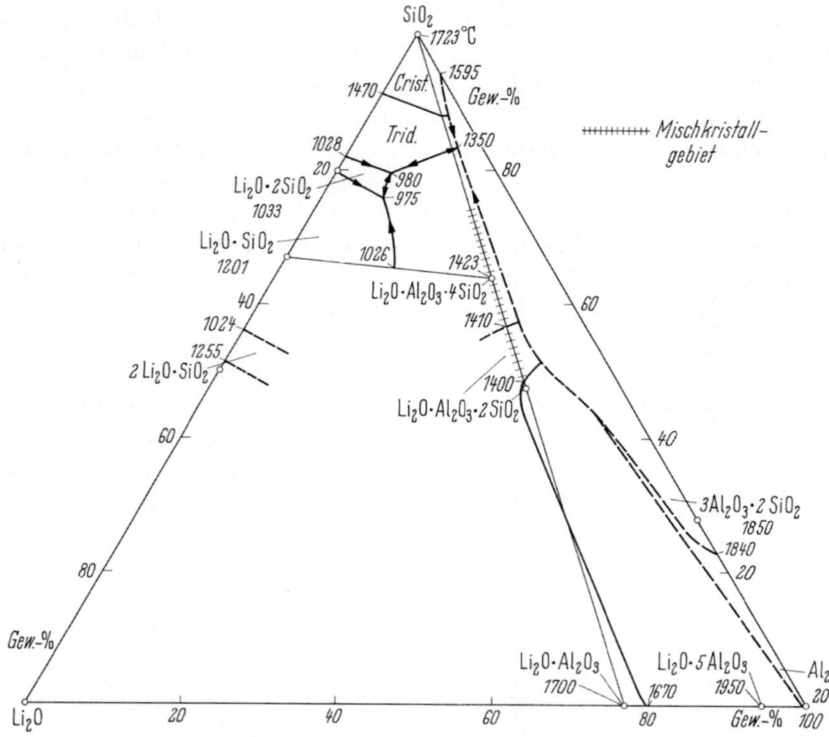

Bild 163: System Li_2O-Al_2O_3-SiO_2

Eine den Alkalifeldspäten entsprechende Verbindung tritt nicht auf, dagegen der bei 1423°C kongruent schmelzende *Spodumen* $Li_2O \cdot Al_2O_3 \cdot 4SiO_2$ und der bei 1400°C inkongruent schmelzende *Eukryptit* $Li_2O \cdot Al_2O_3 \cdot 2SiO_2$. Letzterer zersetzt sich dabei in den Lithiumaluminiumspinell $LiAl_5O_8$, dessen Struktur zwischen den beiden Grenzfällen $Al_8(Li_4Al_{12})O_{32}$ und $(Li_4Al_4)Al_{16}O_{32}$ liegt.

In Tabelle 22 sind einige Eigenschaften der ternären Verbindungen angegeben. Der Petalit $Li_2O \cdot Al_2O_3 \cdot 8SiO_2$ ist nur bei tiefer Temperatur beständig. Vom Spodumen und Eukryptit gibt es je eine Tief- und Hochtemperatur-Modifikation, wobei meist die Hochform als β-Form bezeichnet wird. Da diese Bezeichnung aber leider nicht einheitlich durchgeführt wird, wird hier davon abgesehen. Die Rückumwandlung der Hoch- in die Tiefformen ist nicht ohne weiteres möglich, so daß die Hochformen auch bei Raumtemperatur auftreten.

Die früher beschriebene Verwandtschaft der Strukturen dieser beiden Hochformen mit der des Quarzes macht es verständlich, daß der SiO_2-Gehalt variabel ist, das heißt, daß im Phasendiagramm Mischkristallgebiete auftreten, die in Bild 163 durch eine besondere Strichelung markiert wurden. Nach Bild 163 geht der hexagonale Mischkristallbereich bis etwa zur molaren Zusammensetzung $Li_2O:Al_2O_3:SiO_2$ = 1:1:3, nach Saalfeld [47] bei 1300°C bis etwa 1:1:3,75. Die folgenden Zusammensetzungen haben in ihrer Struktur eine andere Al-Si-Verteilung und ergeben deshalb einen orthorhombischen Mischkristallbereich, der sich bis zur Zusammensetzung 1:1:6 erstreckt.

Dieses Strukturverhalten hat praktische Bedeutung. Früher (Bild 140) wurde erwähnt, daß der Hoch-Quarz mit steigender Temperatur eine Abnahme des spezifischen Volumens zeigt, d.h. einen *negativen Ausdehnungskoeffzienten* hat. Dasselbe hat man auch beim Hoch-Eukryptit beobachtet. Das Wärmedehnungsverhalten des Hoch-Eukryptits ist jedoch stark anisotrop. So beträgt der lineare Ausdehnungskoeffizient senkrecht zur *c*-Achse + $8 \cdot 10^{-6}$ K^{-1}, dagegen parallel zur *c*-Achse $-16 \cdot 10^{-6}$ K^{-1}, was zu erheblichen Spannungen in keramischen Produkten führen kann. Bei pulverförmigen Produkten mißt man einen mittleren Ausdehnungskoeffizienten, der bei $-7 \cdot 10^{-6} K^{-1}$ liegt und wegen obiger Anisotropie von der Form und Packung der Kristalle abhängt. Bild 164 zeigt die mittleren Ausdehnungskoeffizienten von Verbindungen mit konstantem Molverhältnis $Li_2O:Al_2O_3$ = 1. Im hexagonalen Mischkristallbereich findet man negative, im orthorhombischen geringe positive Werte. Bei der Zusammensetzung von etwa 1:1:3,8 ist die Wärmedehnung gleich Null, was höchste Temperaturwechselbeständigkeit ermöglichen sollte [384]. Darauf wird im Kapitel 5.2.4 eingegangen. Kleiner und Buljan [384] haben gezeigt, welche Hilfe dazu die Phasendiagramme bieten können.

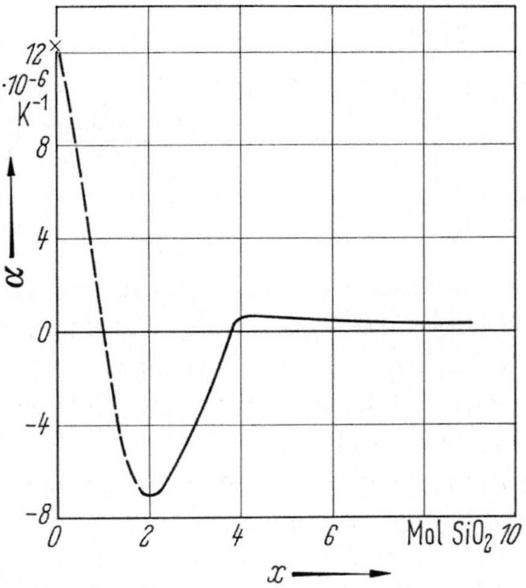

Bild 164: Lineare Ausdehnungskoeffizienten $a_{25/1200}$ von Verbindungen $Li_2O \cdot Al_2O_3 \cdot xSiO_2$

Gegenüber den entsprechenden Na_2O- oder K_2O-Zusammensetzungen ist die Viskosität Li-haltiger Schmelzen stark erniedrigt. Das verringert die Standfestigkeit solcher Produkte beim Brand. Weiterhin ist in diesem Zusammenhang wichtig, daß die Liquiduskurven einen flachen Verlauf haben. Zwischen dem Auftreten der ersten Schmelze und dem völligen Durchschmelzen ist der Temperaturunterschied gering, d.h., der Erweichungsbereich der Massen ist klein.

3.3.3.4 $MgO-Al_2O_3-SiO_2$

Das Dreistoffsystem $MgO-Al_2O_3-SiO_2$ ist in Bild 165 dargestellt [385]. Neben den bekannten binären Verbindungen treten zwei ternäre Verbindungen auf: *Sapphirin* $4MgO{\cdot}5Al_2O_3{\cdot}2SiO_2$ und *Cordierit* $2MgO{\cdot}2Al_2O_3{\cdot}5SiO_2$, die beide inkongruent schmelzen. Das Ausscheidungsfeld des Sapphirins ist sehr klein, weshalb diese Verbindung nicht näher betrachtet werden soll.

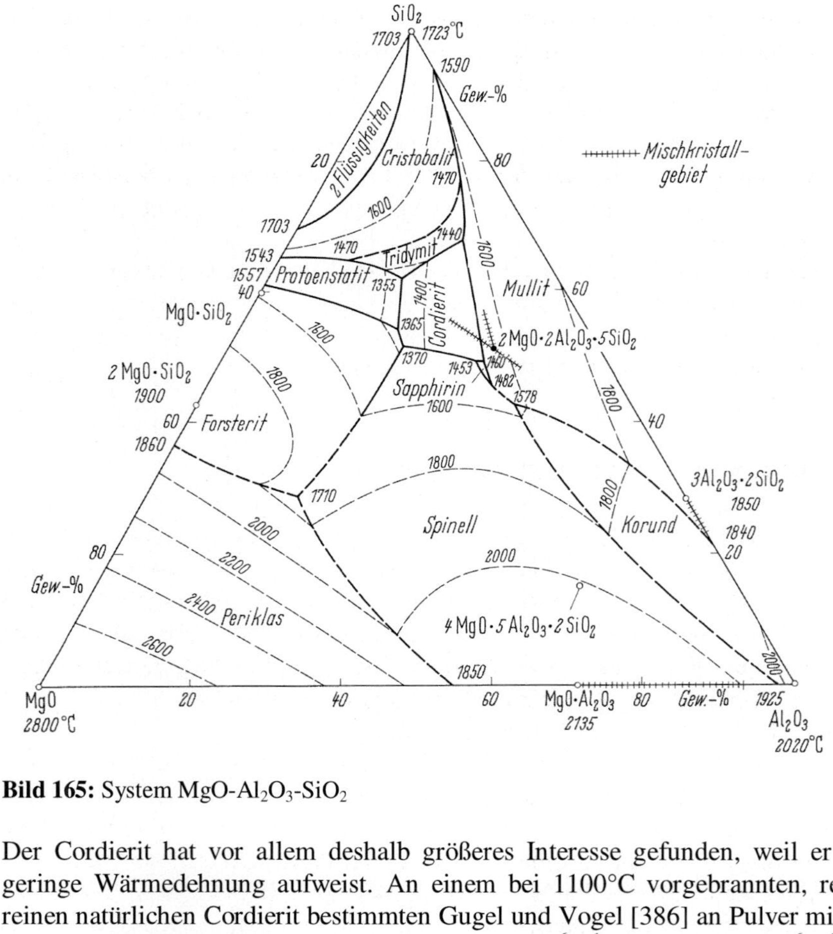

Bild 165: System $MgO-Al_2O_3-SiO_2$

Der Cordierit hat vor allem deshalb größeres Interesse gefunden, weil er eine geringe Wärmedehnung aufweist. An einem bei 1100°C vorgebrannten, relativ reinen natürlichen Cordierit bestimmten Gugel und Vogel [386] an Pulver mittlere lineare Ausdehnungskoeffizienten $\alpha_{20/100} = 0{,}6{\cdot}10^{-6}K^{-1}$, $\alpha_{20/400} = 1{,}8{\cdot}10^{-6}K^{-1}$ und

$\alpha_{20/800}$= 2,3·$10^{-6}K^{-1}$. An größeren Kristallen fanden sie eine starke Anisotropie der Wärmedehnung, die die Ursache für unterschiedliche Angaben in der Literatur sein kann. Beim Cordierit gibt es auch Hoch- und Tiefformen (hexagonal bzw. orthorhombisch), die sich - ähnlich wie bei den Feldspäten - durch Unordnung oder Ordnung der Al- und Si-Ionen unterscheiden. Die hexagonale Hochform wird auch als *Indialith* bezeichnet. Da die Umwandlung träge verläuft, können Zwischenstufen auftreten. Außerdem ist eine begrenzte Mischkristallbildung möglich, und zwar der Ersatz von $2Al^{3+}$ durch (Mg^{2+}+Si^{4+}) und umgekehrt, sowie von ($2Al^{3+}$+Mg^{2+}) durch $2Si^{4+}$. Die Mischkristallbildung kann gekoppelt eintreten und auch mit anderen Kationen erfolgen [z.B. Fe^{2+} oder Mn^{2+} für Mg^{2+} oder (Li^{+}+Si^{4+}) für (Mg^{2+}+Al^{3+})]. Da dies die Stabilitätsbereiche beeinflußt, erklärt sich damit das unterschiedliche Verhalten verschiedener Proben. Zusätzlich ist zu bedenken, daß diese synthetischen Cordierite nicht ohne weiteres mit den natürlichen Cordieriten verglichen werden dürfen, da letztere immer einen deutlichen Gehalt an H_2O und Alkalien besitzen.

Der beim keramischen Brand entstehende Cordierit ist ein Produkt, dessen Struktur von der Zusammensetzung der Masse und von der Temperatur- und Zeitbehandlung abhängt. Meist herrscht die hexagonale Hochtemperaturform vor.

Das Phasendiagramm zeigt, daß sich im Bereich des Cordierits und dessen Ausscheidungsfeldes die Liquidustemperaturen nur gering ändern, also zwischen dem Auftreten der Erstschmelze und dem vollkommenen Durchschmelzen nur ein geringer Temperaturunterschied liegt. Das Brennen von keramischen Produkten solcher Zusammensetzung erfordert deshalb genaueste Einhaltung einer bestimmten Temperatur.

Neben der Mischkristallbildung des Cordierits zeigt das System MgO-Al_2O_3-SiO_2 zwei weitere Mischkristallbereiche auf den binären Randsystemen. Beim Mullit wurde eines dieser Gebiete schon erwähnt. In Bild 165 kann man sehen, daß auch vom Spinell $MgO·Al_2O_3$ ein ausgedehnter Mischkristallbereich in Richtung Al_2O_3 geht.

3.3.3.5 H_2O-Al_2O_3-SiO_2, H_2O-MgO-SiO_2

Die meisten Tonminerale sind Verbindungen des Systems H_2O-Al_2O_3-SiO_2. Im Kapitel 2.3.2.3 wurde gezeigt, daß in ihnen das Wasser in Form von OH-Gruppen in der Struktur und bei einigen in Form von H_2O-Molekülen als Zwischenschichtwasser eingebaut ist. Alle derartigen Verbindungen geben mit steigender Temperatur das Wasser ab, wobei sich neue Verbindungen bilden. Dieser Vorgang ist für das Brennen von tonmineralhaltigen Massen sehr wichtig und soll hier am Beispiel des Kaolinits näher behandelt werden.

Beim Erhitzen von Kaolinit $Al_2O_3·2SiO_2·2H_2O$ entsteht zunächst unter H_2O-Abgabe ein Produkt der Zusammensetzung $Al_2O_3·2SiO_2$, das als Metakaolinit bezeichnet wird. Da es im binären System Al_2O_3-SiO_2 eine Verbindung dieser Zusammensetzung nicht gibt, muß daraus die in diesem Bereich stabile Verbindung, der Mullit $3Al_2O_3·2SiO_2$, entstehen. Der Mechanismus dieses Vorganges wird unten besprochen. Zunächst soll einmal die Frage der thermodynamischen Stabilität geklärt werden.

Von den vielen denkbaren Reaktionsmöglichkeiten seien nur drei ausgewählt: der Übergang des Kaolinits in die Oxide (Korund, Quarz und H_2O) (Gl. (1)), in Metakaolinit (Gl. (2)) und in Mullit (Gl. (3)), wofür folgende Reaktionsgleichungen gelten:

$$Al_2O_3{\cdot}2SiO_2{\cdot}2H_2O \rightleftharpoons Al_2O_3 + 2SiO_2 + 2H_2O \tag{1}$$

$$Al_2O_3{\cdot}2SiO_2{\cdot}2H_2O \rightleftharpoons Al_2O_3 \cdot 2SiO_2 + 2H_2O \tag{2}$$

$$Al_2O_3{\cdot}2SiO_2{\cdot}2H_2O \rightleftharpoons 1/3(3Al_2O_3{\cdot}2SiO_2) + 4/3SiO_2 + 2H_2O. \tag{3}$$

Mit den thermodynamischen Daten aus Tabelle 37 wurden die Freien Enthalpien ΔG^0 für verschiedene Temperaturen berechnet (Kapitel 3.1.1) und danach in Bild 166 eingetragen (H_2O gasförmig mit p = 1,013 bar). Man erkennt, daß im ganzen dargestellten Temperaturbereich die Reaktionen (1) und (3) negative ΔG-Werte aufweisen, also Kaolinit instabil ist. Am stabilsten ist der Mullit. Die Zersetzung in den Metakaolinit ist erst ab etwa 470°C möglich. Wie Bild 166 aber zeigt, muß dieser sehr instabil sein und die Tendenz haben, in Mullit überzugehen. Daß sich trotzdem erst Metakaolinit bildet, entspricht der Ostwaldschen Stufenregel, wonach Reaktionen oft über energiereichere Zwischenstufen laufen.

Die thermodynamischen Daten [377], [387], [388] erlauben auch, die für die Entwässerung des Kaolinits aufzubringende Reaktionswärme ΔH_T^0 abzuschätzen. Nach den Gln. (48) und (54) beträgt sie für Raumtemperatur 236 kJ/mol und erhöht sich für die Gleichgewichtstemperatur bei 470°C gering auf 241 kJ/mol (≈ 920 J/g Kaolinit). In der Praxis ergeben sich aufgrund der strukturellen Vielfalt der Tonmineralien abweichende Werte.

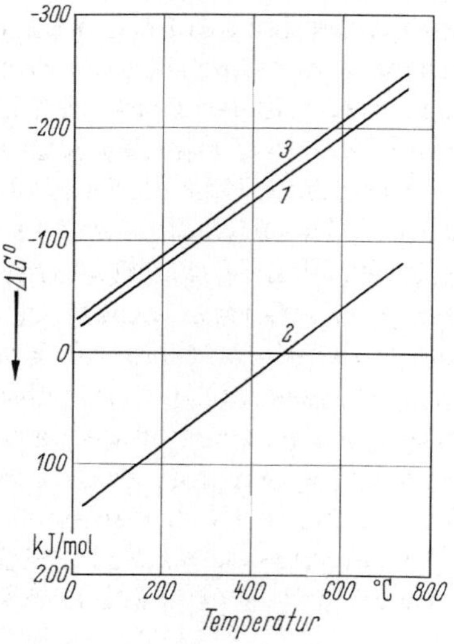

Bild 166: Freie Enthalpien ΔG^0 der Reaktionen

1: $Al_2O_3{\cdot}2SiO_2{\cdot}2H_2O$ (Kaolinit) $\rightleftharpoons$ Al_2O_3 (Korund) + $2SiO_2$ (Quarz) + $2H_2O$

2: $Al_2O_3{\cdot}2SiO_2{\cdot}2H_2O$ $\rightleftharpoons$ $Al_2O_3{\cdot}2SiO_2$ (Metakaolinit) + $2H_2O$

3: $Al_2O_3{\cdot}2SiO_2{\cdot}2H_2O$ $\rightleftharpoons$ 1/3 (3 $Al_2O_3{\cdot}2SiO_2$) (Mullit) + 4/3 SiO_2 (Quarz) + H_2O

Das thermische Verhalten der Tonminerale läßt sich am elegantesten mit der Differentialthermoanalyse, kurz DTA genannt, bestimmen. Das einfache Verfahren einer thermischen Analyse beruht im kontinuierlichen Aufheizen einer Probe und Verfolgen der Temperatur der Probe. Treten bei einer bestimmten Temperatur oder in einem Temperaturbereich Vorgänge auf, die Wärme verbrauchen, dann bleibt die Temperatur der Probe gegenüber der des Ofens etwas zurück. Man spricht dann von einem *endothermen Vorgang*. Der umgekehrte Fall, wenn Wärme frei wird, wird als *exothermer Vorgang* bezeichnet. Dieses Verfahren hat bereits 1887 LeChatelier [389] auf Tone angewandt. Es wurde dann zur Differentialthermoanalyse ausgebaut, indem man in den Ofen neben die zu untersuchende Substanz eine Vergleichssubstanz stellt, die sich im interessierenden Temperaturbereich inert verhält. In beiden befindet sich je eine Lötperle eines gegeneinander geschalteten Thermoelementpaares, so daß nur die Temperaturdifferenz zwischen beiden Substanzen angezeigt wird (Bild 167).

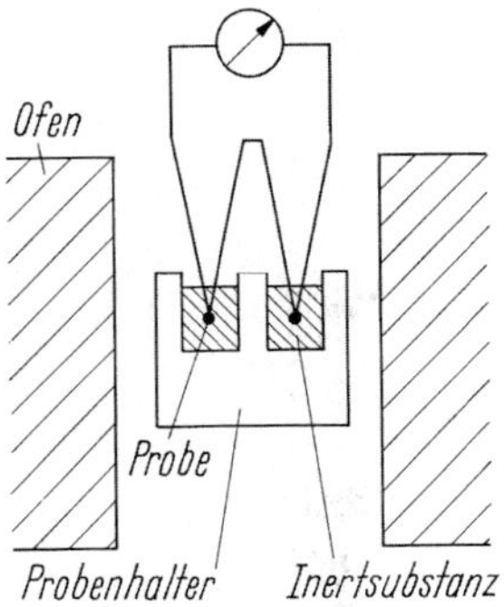

Bild 167: Prinzip der Differentialthermoanalyse (DTA)

Die Auswertung der DTA-Kurve zur Berechnung der Enthalpien erfordert große Sorgfalt in der Herstellung der Proben und der Einhaltung konstanter Versuchsbedingungen; denn die Lötstelle des Thermoelements registriert voll nur die Wärmeeffekte der Substanzmenge, die unmittelbar benachbart liegt. Die Effekte der Randzonen werden nur teilweise erfaßt; es besteht daher eine Abhängigkeit von der Probenform, die bei Änderungen zu Fehlern führen kann. Einfacher und genauer erhält man unmittelbar die Enthalpien mit Instrumenten, bei denen die notwendige Energie gemessen wird, um die Meßprobe immer auf gleicher Temperatur mit der Vergleichsprobe zu halten.

Bild 168 zeigt die DTA-Kurven der drei wichtigsten Tonminerale. Bei *a* wird das adsorbierte oder Zwischenschichtwasser, bei *b* das als OH-Gruppen eingebaute Strukturwasser abgegeben. Beides sind endotherme Effekte, benötigen also die Zufuhr von Wärme. Die Ursachen der exothermen Effekte werden später behandelt.

Aus diesen Kurven und den zahlreichen weiteren Messungen kann man mehrere Folgerungen ziehen, die sich vor allem auf die Lage und Form des endothermen Effektes *b* beziehen. Er liegt bei um so höheren Temperaturen, je stabiler eine

Verbindung ist und ist um so breiter, je gestörter das Gitter ist. Das Maximum des Effektes *b* liegt beim Kaolinit bei 580°C, beim Montmorillonit bei 700°C. Man kann das verallgemeinern und feststellen, daß Dreischichtminerale stabiler sind als Zweischichtminerale, was sich auch schon aus den oben erwähnten Beobachtungen ergeben hatte. Weiterhin wurde gefunden, daß bei diesen Typen die trioktaedrischen Minerale stabiler als die dioktaedrischen sind, also ist z.B. Antigorit stabiler als Kaolinit, oder Talk entwässert bei höheren Temperaturen als Pyrophyllit.

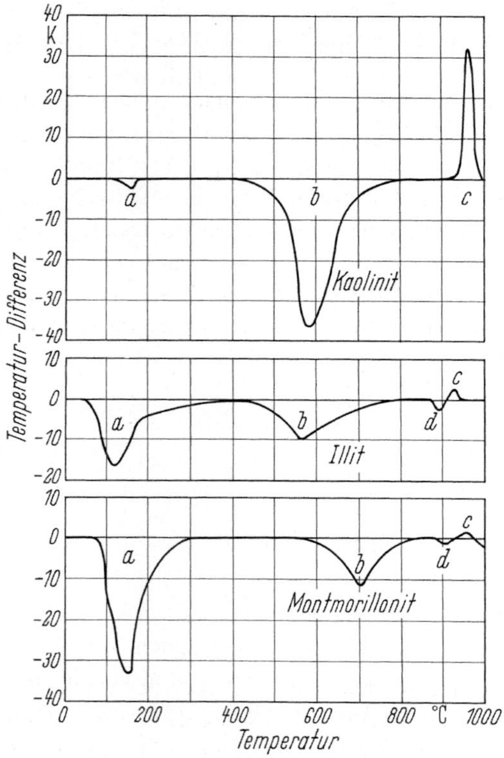

Bild 168: DTA-Kurven einiger Tonminerale

Es ist möglich, die DTA zur quantitativen Bestimmung von Verbindungen heranzuziehen. Man muß jedoch berücksichtigen, daß sich bei diesem Verfahren mit dem kontinuierlichen Aufheizen keine Gleichgewichte einstellen können, sondern die Kinetik bestimmend ist. Die Kinetik des Kaolinitzerfalls wird in den Kapiteln 6.1.1.6 und 7.5.2.1 behandelt, doch auch ohne diese Kenntnisse ist verständlich, daß mit steigender Aufheizgeschwindigkeit die Effekte nach höheren Temperaturen verschoben werden.

Im allgemeinen wird die DTA in Luft ausgeführt. Entstehen bei einer Reaktion Gase, dann steigt die Reaktionstemperatur mit dem Partialdruck des entsprechenden Gases in der Atmosphäre. Bei Tonmineralen wird sich mit fortschreitender

Zersetzung in einem Pulverbett, wie es bei der DTA verwendet wird, bald eine reine H_2O-Dampfatmosphäre einstellen, die von der umgebenden Atmosphäre wenig beeinflußt wird, so daß sich die Temperatur des Maximums des Effektes kaum ändert. Dagegen wirkt die Atmosphäre deutlich auf den Beginn der Entwässerung ein. Beim Kaolinit liegt dieser im reinen H_2O-Dampf bei 470°C, bei einem H_2O-Partialdruck von 7 mbar aber bereits bei 400°C. Erhöhter H_2O-Dampfdruck macht daher diesen Effekt kleiner. Die Unterschiede im H_2O-Partialdruck zwischen Atmosphäre und Probe kann man vermeiden, wenn man entweder im Vakuum oder unter erhöhten H_2O-Drücken arbeitet. Dann ist auch mit einer Verschiebung der Lage des Maximums des Entwässerungseffektes zu rechnen. So hat man mit der Vakuum-DTA eine Erniedrigung um etwa 100 K und mit der Überdruck-DTA eine Erhöhung um etwa 200 K bei einem H_2O-Druck von 30 bar festgestellt.

Zur Erklärung dieses Verhaltens und weiterer Erscheinungen beim Erhitzen von Tonmineralen ist es wichtig, sich ein Bild über den Entwässerungsmechanismus zu machen. Grundlegende Untersuchungen dazu stammen von Brindley und Nakahira [390], die durch Röntgeneinkristallaufnahmen fanden, daß im Metakaolinit die Si-O-Tetraederschicht im wesentlichen erhalten bleibt, während wegen der H_2O-Abspaltung aus der Al-O-Oktaederschicht in dieser eine Umorientierung stattfinden muß, wobei die Al-Ionen in 4er-Koordination übergehen, was mit Hilfe der Röntgenfluoreszenz bestätigt werden konnte. Schematisch ergibt sich damit für die Struktur der Schichtpakete:

$$\begin{array}{cccccc} & (OH)_6 & & O_2 & \\ & Al_4 & & Al_4 & \\ \text{Kaolinit} & O_4,\,(OH)_2 & \xrightarrow[\sim 500°C]{-H_20} & O_6 & \text{Metakaolinit} \\ & Si_4 & & Si_4 & \\ & O_6 & & O_6 & \end{array}$$

Eine solche Struktur muß sehr verspannt sein und zeigt nur sehr undeutliche Röntgenreflexe. Beim weiteren Erhitzen treten oberhalb 925°C wieder schärfere Röntgenreflexe auf, die die Bildung einer kubischen Phase anzeigen. Da eine Orientierung nach dem Ausgangskristall vorhanden ist, muß sich diese Phase aus dem Metakaolinit ableiten lassen. Zwei Metakaolinitschichtpakete lagern sich zusammen, wobei zwischenzeitlich in der mittleren O-Schicht acht Sauerstoffe vorhanden sind. Durch Abspaltung von SiO_2 wird wieder die übliche Anzahl von 6 Sauerstoffen in einer solchen Schicht erreicht. Damit ergibt sich das folgende Reaktionsschema:

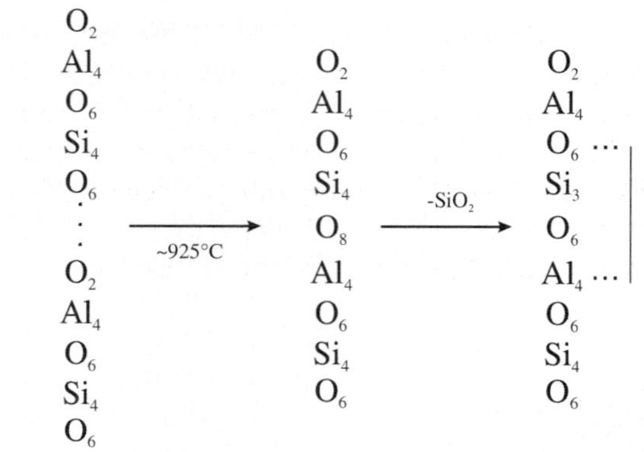

Metakaolinit — hypothetisches Zwischenprodukt — Al-Si-Spinell

Dieser Vorgang erstreckt sich über alle Schichtpakete, so daß eine Verbindung entsteht, die die oben markierte Zusammensetzung $Si_3Al_4O_{12}$ oder $2Al_2O_3{\cdot}3SiO_2$ hat. Strukturuntersuchungen ergaben, daß diese Verbindung die kubische Spinellstruktur aufweist, weshalb man sie als Al-Si-Spinell bezeichnet.

Spinelle haben die allgemeine Zusammensetzung AB_2O_4. Ihre Struktur (Kapitel 2.2.2) zeigt in der Einheitszelle 32 O-Ionen in dichtester Packung mit 8 Kationen in den tetraedrischen und 16 Kationen in den oktaedrischen Lücken. Bei den Defektspinellen sind nicht alle diese Plätze besetzt. Ein Beispiel dafür ist γ-Al_2O_3, dem die Struktur $\square_{2\frac{2}{3}}Al_{21\frac{1}{3}}O_{32}$ (oder $\square_8Al_{64}O_{96}$) zukommt, wenn man die Kationenleerstellen mit □ bezeichnet. Ersetzt man die 8 tetraedrischen Al-Ionen durch Si-Ionen, dann muß man zur Wahrung der Elektroneutralität die Zahl der Al-Ionen in oktaedrischer Koordination entsprechend reduzieren, wobei die Zahl der Kationenleerstellen ansteigt. Da 8 Si-Ionen in der Wertigkeit $10\frac{2}{3}$-Al-Ionen entsprechen, erhält man also $\square_{5\frac{1}{3}}Si_8Al_{10\frac{2}{3}}O_{32}$ (oder $\square_{16}Si_{24}Al_{32}O_{96} = 16Al_2O_3{\cdot}24SiO_2$ bzw. $2Al_2O_3{\cdot}3SiO_2$).

Der Al-Si-Spinell ist wegen der vielen Leerstellen recht instabil. Wenn durch ausreichende thermische Energie die Ionen beweglicher werden, findet der Übergang in die thermodynamisch stabile Phase, den Mullit, statt. Nach

$$\underset{\text{Al-Si-Spinell}}{3\left(2Al_2O_3\cdot 3SiO_2\right)} \xrightarrow{\approx 1050°C} \underset{\text{Mullit}}{2\left(3Al_2O_3\cdot 2SiO_2\right)} + \underset{\text{Cristobalit}}{5SiO_2}$$

wird dabei erneut SiO_2 frei, das Cristobalit bildet. Diese Umwandlung ist ab etwa 1050°C zu beobachten. Dabei ist röntgenographisch eine Orientierung festzustellen, die z.B. von von Gehlen [391] und Ünal und Krönert [392] näher untersucht wurde. Die Orientierung läßt sich auch sichtbar machen, wie Bild 169 zeigt. Der so in einer Festkörperreaktion entstandene Mullit wird auch als *Primärmullit* bezeichnet. Seine Abgrenzung vom *Sekundärmullit*, zu dessen Bildung Schmelzphase nötig ist, wird in den Kapiteln 3.3.2.1 und 7.5.2.1 behandelt.

Der oben beschriebene Mechanismus nach Brindley und Nakahira [390] läßt einige Fragen offen und war Anlaß zu mehreren weiteren Untersuchungen, wobei verschiedene Methoden angewandt wurden. So wurde sowohl IR-spektroskopisch anhand der OH-Banden bei 3 µm durch Fripiat und Toussaint [393] als auch röntgenographisch durch Range u. M. [394] gefunden, daß bereits vor der Entwässerung ab etwa 400°C Veränderungen im Kaolinitgitter eintreten. Für den eigentlichen Entwässerungsschritt ist mit Freund und Gentsch [395] eine Protonenumlagerung anzunehmen, bei der ein Proton einer OH-Gruppe zu einer benachbarten OH-Gruppe wandert und dort ein H_2O-Molekül bildet. Die Freisetzung von Ladungsträgern in diesem Temperaturbereich äußert sich in einem Maximum der elektrischen Leitfähigkeit [394].

Bild 169: Orientierte Bildung von Mullit aus einem Kaolinitkristall nach Comer (erwähnt bei Brindley und Nakahira [390])

Im Metakaolinit bleiben die SiO_4-Tetraederschichten im wesentlichen erhalten, zeigen jedoch in zunehmendem Maße Stapelfehler und Verbiegungen, bis sie bei 950 bis 980°C instabil werden, was sich durch einen ausgeprägten exothermen DTA-Effekt zu erkennen gibt. Der Annahme von Brindley und Nakahira, daß sich dabei ein Al-Si-Spinell bilden soll, wird nur teilweise zugestimmt. Recht überzeugend sind die Ergebnisse von Chakraborty [396], der über die Lösungsphase Gele mit verschiedenen Al:Si-Verhältnissen herstellte und erhitzte. Bei allen Proben trat der exotherme DTA-Effekt bei 980°C auf mit einem Maximum an Intensität beim Al_2O_3:SiO_2-Verhältnis = 3:2. Bei dieser Temperatur bildet sich ein Spinell, was röntgenographisch belegt wurde, aber mit der Zusammensetzung des Mullits, also ein Si-Al-Spinell der Formel $Si_{4,92}Al_{14,77}O_{32}$ (oder in der Schreibweise mit □ als Kationenleerstelle: $\square_{56}Si_{64}Al_{192}O_{416}$). Damit stimmt die Beobachtung überein, daß sich aus bis 950°C gebrannten Proben mit NaOH-Lösung nur wenig SiO_2 auslaugen läßt, aber nach dem Brand bei 98°C etwa 35 Gew.-% SiO_2 leicht löslich werden, was einer verbleibenden Zusammensetzung von $3Al_2O_3{\cdot}2SiO_2$ entspricht.

Aufgrund der Auswertung von IR-Diagrammen kommen Percival u. M. [397] zu dem Schluß, daß bei 950°C im wesentlichen γ-Al_2O_3 neben schlecht kristallisiertem Mullit entsteht, was von Chakraborty angezweifelt wird, aber möglicherweise durch unterschiedliches Probenmaterial bedingt ist. Für letzteres sprechen auch die Ergebnisse von Bulens u. M. [398], die die Lage der Al-K_α-Fluoreszenzbande auswerten und finden, daß Zusätze von Fremdoxiden zu unterschiedlichen Reaktionswegen führen können. Man wird diese Beobachtungen verallgemeinern müssen und zu berücksichtigen haben, daß in natürlichen Mineralen noch weitere Komponenten enthalten sind, die einen Einfluß auf den Mechanismus haben können. Neben den Kationen kommen dafür auch Anionen, vor allem F-Ionen in Frage, sowie äußere Bedingungen, wie vorzugsweise der H_2O-Dampfpartialdruck während der Entwässerung.

Das nach der Metakaolinitzersetzung bei 980°C entstehende Produkt stellt aber in der Keramik in der Regel nur einen Zwischenzustand dar, denn meist wird höher gebrannt. Ab etwa 1100°C ist in jedem Fall mit Mullit zu rechnen, dessen Bildung sich manchmal in der DTA-Kurve durch einen schwachen exothermen Effekt zu erkennen gibt. Darüber hinaus ist für die Keramik die Kinetik der Kaolinitentwässerung wichtig, die in Kapitel 7.5 mit den Vorgängen beim Brand behandelt wird.

Da der Kaolinit unter Normalbedingungen nicht stabil ist, gelingt eine Rehydratation des Metakaolinits unter solchen Umständen nicht, erst unter hydrothermalen Bedingungen wird der Kaolinit stabil. Hydrothermale Versuche mehrerer Autoren ergaben, daß die Rehydratation des Metakaolinits um so leichter gelingt, je niedriger die Brenntemperatur des Kaolinits war und je höher Temperatur und Druck beim Versuch sind, vorausgesetzt, daß man dabei nicht die Stabilitätsgrenze des Kaolinits überschreitet. Nach röntgenographischen Untersuchungen von Saalfeld [399] wird aber die Struktur des Ausgangskaolinits nicht vollkommen erreicht, sondern es entsteht ein gestörtes Gitter vom Fireclaytyp. Die Ursache dafür liegt in der starken Verspannung des Metakaolinitgitters, die auch zu einem Bruch größerer Kristalle in kleinere Stücke führen muß, so daß der rehydratisierte Metakaolinit eine geringere Korngröße als der Ausgangskaolinit hat. Die Folge davon ist, daß sich alle diejenigen Eigenschaften vom Ausgangskaolinit und rehydratisierten Metakaolinit unterscheiden, die vom Fehlordnungsgrad und von der Korngröße abhängen.

Nach der ausführlichen Behandlung des thermischen Verhaltens des Kaolinits sollen jetzt noch kurz einige weitere Tonminerale besprochen werden. Die Zweischichtminerale *Dickit* und *Halloysit* verhalten sich ähnlich wie Kaolinit, wenn man bei letzterem vom Zwischenschichtwasser absieht. Es wurde bereits erwähnt, daß die Dreischichtminerale eine höhere Entwässerungstemperatur (bezogen auf die OH-Gruppen) haben, wobei die trioktaedrischen Minerale eine höhere Zersetzungstemperatur als die dioktaedrischen zeigen.

Der *Pyrophyllit* ist bisher nur vereinzelt untersucht worden. Nach Hennicke und Niesel [400] beginnt die Zersetzung ab etwa 500°C unter Bildung eines Zwischenproduktes, in dem das Al-Ion in der KZ 4 vorliegt. Diese Umwandlung ist bei etwa 700°C beendet. Bei etwa 1000°C setzt die Bildung von Mullit ein, der ähnlich wie beim Kaolinit orientiert zum Ausgangspyrophyllit ist.

Der *Montmorillonit* geht infolge seiner Zusammensetzung bereits über das Dreistoffsystem H_2O-Al_2O_3-SiO_2 hinaus (Kapitel 2.3.2.3). Einmal sind im Gitter immer Mg^{2+}- und oft auch Fe^{2+}-Ionen enthalten, zum anderen sind noch die austauschbaren Kationen vorhanden. Trotzdem soll hier im Zusammenhang mit den bisher erwähnten Tonmineralen auch das thermische Verhalten von Montmorillonit und weiteren Dreischichtsilicaten behandelt werden.

Aus DTA- und Entwässerungskurven folgt, daß beim Erhitzen zwischen 100 und 200°C zunächst das Zwischenschichtwasser abgegeben wird. Wie früher schon erwähnt, ist dieser Vorgang reversibel, d.h., bei tieferen Temperaturen tritt in Gegenwart von H_2O-Dampf eine Wiederbewässerung ein. Nach Crowley und Roy [401] ist die Lage des Gleichgewichts fast unabhängig vom H_2O-Partialdruck, so daß man allgemeine Gleichgewichtstemperaturen angeben kann. Beim Na-Montmorillonit liegt diese bei ≈ 60°C, beim Ca-Montmorillonit bei ≈ 110°C, d.h. durch Kationen mit höherer Ladung wird das Zwischenschichtwasser fester gebunden. Letzteres wird auch in den trioktaedrischen Mineralen fester gebunden; denn die Gleichgewichtstemperaturen hydratisiert-dehydratisiert liegen z.B. beim Saponit etwa 80 K höher. Durch diese Abhängigkeiten wird es verständlich, daß man bei natürlichen Mineralen unterschiedliche Werte für die Abgabe des Zwischenschichtwassers finden kann. Quantitativ läßt sich der Einfluß der austauschbaren Kationen erfassen, wenn man die Hydratationsenergie der Kationen betrachtet. Mackenzie [402] konnte damit erklären, daß stark hydratisierte Kationen (z.B. Mg^{2+}) einen Teil des Zwischenschichtwassers erst bei höheren Temperaturen abgeben.

Die DTA-Kurven des Montmorillonits (Bild 168) zeigen bei etwa 700°C einen weiteren endothermen Effekt, der durch die Abspaltung der OH-Gruppen aus der Struktur bedingt ist. Mit empfindlichen Methoden, z.B. der IR-Spektroskopie, kann man aber erkennen, daß dieser Vorgang schon bei tieferen Temperaturen (unterhalb 500°C) einsetzt. Die genaue Lage dieses endothermen Effektes ist wieder abhängig von der Art der Substitution im Gitter und den Zwischenschichtkationen. Wie beim Metakaolinit ist eine Rehydratation unter Normalbedingungen nicht mehr möglich. Das entstehende Produkt ist röntgenamorph und einer näheren Bestimmung schwer zugänglich. Nur die Hauptinterferenzen, z.B. 001, sind noch bis etwa 900°C zu beobachten, um auch dann zu verschwinden. Man hat deshalb vorwiegend die Mineralneubildungen bei höheren Temperaturen untersucht [69]. Messungen an 42 Tonmineralen der Montmorillonitgruppe ergaben, daß aufgrund der Mineralneubildungen beim Erhitzen zwei Typen zu unterscheiden sind, die nach ihren Hauptvertretern als *Cheto-* und *Wyomingtyp* bezeichnet wurden. Bild 170 bringt das Verhalten dieser beiden Typen in einer Hochtemperaturröntgenkammer beim kontinuierlichen Aufheizen. Beim Chetotyp erscheint ab 900°C Quarz, der sich ab 1000°C in Cristobalit umwandelt, dessen Menge ab 1200°C abnimmt. Zwischen 950 und 1150°C ist eine kleine Menge Anorthit vorhanden, ab 1250°C tritt Cordierit auf. Gegen 1450°C sind alle kristallinen Phasen verschwunden, die Liquidustemperatur ist erreicht. Beim Montmorillonit vom Wyomingtyp ist als erste Neubildung ab 1150°C Mullit, dann ab 1200°C Cristobalit zu erkennen. Die Liquidustemperatur liegt hier erst oberhalb 1500°C. Ursache ist, daß die Montmorillonite vom Chetotyp im Gegensatz zum Wyomingtyp einen hohen MgO-Gehalt aufweisen (Bildung von Cordierit). Darüber hinaus hat in der Chetotyp-Struktur ein Teil der $[SiO_4]$-Tetraeder eine inverse Stellung, wodurch die Bildung von Quarz begünstigt wird.

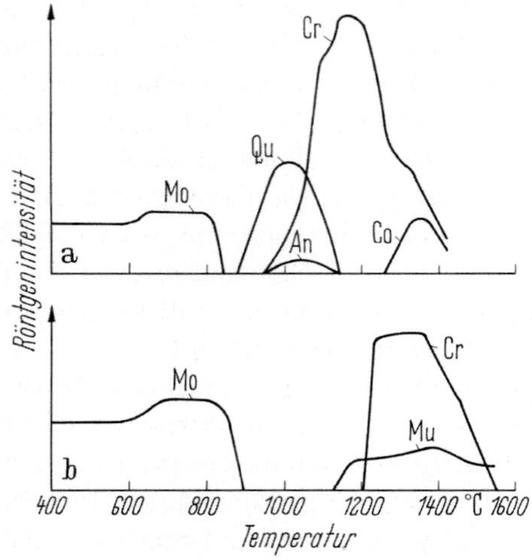

Bild 170: Phasenneubildungen beim Erhitzen von Montmorillonit (a) Cheto- und (b) Wyoming-Typ nach Grim und Kulbicki [69]. Mo = Montmorillonit, Qu = Hochquarz, Cr = Cristobalit, An = Anorthit, Mu = Mullit, Co = Cordierit

Der Einfluß der austauschbaren Kationen auf das thermische Verhalten von Montmorilloniten ist erheblich. Daraus muß man folgern, daß auch Verunreinigungen im Montmorillonit sein Verhalten stark beeinflussen werden. Da das in natürlichen Vorkommen häufig der Fall ist, können die Meßergebnisse sehr stark schwanken.

Die *Glimmerminerale* spalten die OH-Gruppen der Struktur bei recht hohen Temperaturen ab, deren Lage von der Zusammensetzung abhängt. Mit der DTA kann man beim Muskovit einen endothermen Effekt bei etwa 900°C feststellen. Mit statischen Methoden ist die Entwässerung schon ab 700°C nachweisbar. Die Stabilität der Schichten bleibt auch nach der Entwässerung weitgehend erhalten, bis ab etwa 1000°C Neubildungen einsetzen, die von der Zusammensetzung abhängen. Beim Muskovit bilden sich über γ-Al_2O_3 oder eine Spinellphase schließlich Leucit und Korund.

Die *Illite* zeigen in der DTA-Kurve endotherme Effekte bei ungefähr 100, 500 und 850°C. Der erste ist durch die Abgabe des adsorbierten Wassers bedingt. Die OH-Gruppen werden wegen der gestörten Struktur schon zwischen 450 und 550°C abgespalten, wobei die Geschwindigkeit bei den trioktaedrischen Mineralen viel geringer als bei den dioktaedrischen ist. Die Struktur des entwässerten Produkts bleibt bis etwa 850°C erhalten, wo dann die Phasenneubildung beginnt, die wiederum sehr variabel ist. Meist tritt zunächst eine Spinellphase auf, ab 1200°C wird häufig Mullit beobachtet. Je nach Zusammensetzung hat man noch viele andere Phasen finden können, z.B. Quarz, Cordierit oder Forsterit. Der größere Alkaligehalt der Illite bedingt einen größeren Anteil an Schmelzphase bei höheren Temperaturen, wodurch die Mineralneubildungen stark beeinflußt werden können.

Abschließend sei noch das thermische Verhalten einiger wasserhaltiger Magnesiumsilicate erwähnt, die also zum System H_2O-MgO-SiO_2 gehören. Nach Bild

154 ist bei diesen nach der Entwässerung mit den Verbindungen Mg_2SiO_4 und $MgSiO_3$ zu rechnen, deren Verhalten in Kapitel 3.3.2.3 beschrieben wurde. Im Dreistoffsystem mit H_2O sind daneben noch unter hydrothermalen Bedingungen bis etwa 500°C *Serpentin* $3MgO{\cdot}2SiO_2{\cdot}2H_2O$ und bis etwa 750°C *Talk* $3MgO{\cdot}4SiO_2{\cdot}H_2O$ stabil, wobei unter Normalbedingungen nach Bricker u. M. [403] der Talk einen geringeren Wert der Freien Enthalpie aufweist. Die Gleichgewichtsverhältnisse unter Normaldruck sind wegen der geringen Reaktionsgeschwindigkeit noch nicht untersucht, doch sind ähnliche Verhältnisse wie bei den analogen Mineralen Kaolinit und Pyrophyllit zu erwarten, nur daß die entsprechenden Temperaturen bei diesen trioktaedrischen Mineralen höher liegen.

In der DTA-Kurve zeigt Serpentin einen endothermen Effekt bei etwa 700°C, dem kurz darauf bei etwa 800°C ein exothermer Effekt folgt. Das deutet darauf hin, daß der Entwässerung bald eine Neubildung folgt, nämlich die von Forsterit, was sich aus der engen strukturellen Verwandtschaft beider Minerale erklärt; denn nach Brindley [404] bleibt dabei das Sauerstoffgerüst weitgehend erhalten, so daß ausgesprochene Orientierungen zu beobachten sind. Bei dieser Reaktion verbleibendes SiO_2 bildet eine amorphe Phase. Einige Autoren berichten, daß sie beim Erhitzen von Serpentin auch Enstatit $MgSiO_3$ gefunden haben. Nach Koltermann [406] entsteht dies aus der amorphen Zwischenstufe und wandelt sich oberhalb 1200°C in Protoenstatit um.

Beim Talk liegt nach der DTA-Kurve der endotherme Effekt der Entwässerung zwischen 800 und 1000°C. Dabei bilden sich nach Koltermann [405] röntgenamorphes SiO_2 und eine kristalline $MgSiO_3$-Phase unbekannter Struktur, woraus bei 1100°C Cristobalit und Protoenstatit entstehen. In der Zwischenphase müssen aber wesentliche Strukturelemente erhalten bleiben; denn schon frühzeitig konnte Kedesdy [407] elektronenmikroskopisch feststellen, daß Protoenstatit orientiert zum Ausgangskristall entsteht. Diese Beobachtung ist für den keramischen Brand talkhaltiger Massen wichtig. Wenn darin der Talk eine bestimmte Orientierung zeigt, kann diese auf den gebrannten Körper übertragen werden und dort zu Anisotropien führen. Für die Praxis ist darüber hinaus wichtig, daß die eben angegebene Reaktionsfolge von den Begleitkomponenten abhängt [408]. Möglicherweise bildet sich während des Entwässerns gleich Protoenstatit, allerdings stark fehlgeordnet. Sind die Talke Fe-haltig, dann entsteht aus dem zunächst vorliegenden amorphen SiO_2 bevorzugt Cristobalit und ab etwa 1400°C Klinoenstatit, dessen Auftreten daher auch bereits im Brand erfolgen kann [392].

Das thermische Verhalten des *Saponits* bei der Abgabe des Zwischenschichtwassers wurde schon oben erwähnt. Nach seiner Entwässerung bei 800°C wird eine stark fehlgeordnete $MgSiO_3$-Übergangsstufe gefunden, aus der ab 1100°C Enstatit und ab 1350°C Protoenstatit entstehen [409].

Vermiculit gibt das Zwischenschichtwasser ab 100°C in mehreren Stufen ab, nimmt es aber nach dem Erhitzen bis zu 700°C reversibel wieder auf. Das weitere thermische Verhalten ist ähnlich dem des Talkes. Vermiculit zeigt aber die Besonderheit, beim schnellen Erhitzen auf 800 bis 900°C durch den Druck des verdampfenden Zwischenschichtwassers sein Volumen bis auf das 30fache zu vergrößern, wobei wurmförmige Gebilde entstehen, die die Schichtstruktur gut erkennen lassen. Wegen des geringen Raumgewichtes dient dieser sog. expandierte oder exfoliierte Vermiculit als Wärmeisolierstoff.

3.3.4 Höherkomponentige Systeme

3.3.4.1 Feldspäte

Die in den Kapitel 3.3.3.1 und 3.3.3.2 erwähnten Verbindungen $K_2O{\cdot}Al_2O_3{\cdot}6SiO_2$ und $Na_2O{\cdot}Al_2O_3{\cdot}6SiO_2$ sind die wichtigsten Komponenten der natürlichen Feldspäte. Nach Kapitel 2.3.2.4.2 zeichnen sie sich durch ein einheitliches Strukturprinzip aus, zu dem neben dem Kali- und Natronfeldspat noch die Erdalkalifeldspäte $CaO{\cdot}Al_2O_3{\cdot}2SiO_2$ (Plagioklase mit dem Ca-Endglied Anorthit) und $BaO{\cdot}Al_2O_3{\cdot}2SiO_2$ (Celsian) gehören. Dieses Strukturprinzip ist u. a. dadurch gekennzeichnet, daß ein Teil der Si-Ionen durch Al-Ionen ersetzt ist. Dieser Ersatz erfolgt in geordneter Form, jedoch zeigen die Alkalifeldspäte Hochtemperaturformen mit ungeordneter Verteilung (Tabelle 21).

Die Art dieser Verteilung und die Ionenradien der Kationen bestimmen das Ausmaß der Mischkristallbildung der Feldspäte untereinander. Am bekanntesten ist die Reihe der Mischkristalle zwischen Albit und Anorthit, die als *Plagioklase* bezeichnet werden. Die Liquidustemperaturen steigen stetig von der Schmelztemperatur des Albits bei 1118°C bis zu der des Anorthits bei 1550°C an. Bild 171 zeigt einen Temperatur-Konzentrationsschnitt dieses Systems.

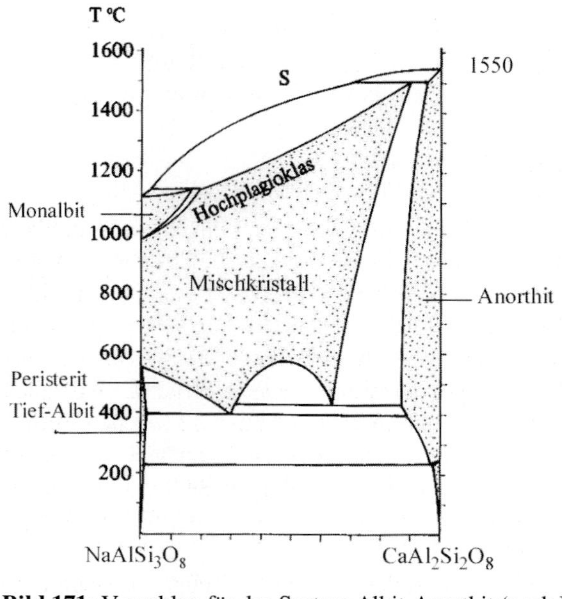

Bild 171: Vorschlag für das System Albit-Anorthit (nach Bambauer [112])

Die Mischkristallbildung wird hier durch die ähnlichen Ionenradien von Na^+ und Ca^{2+} begünstigt. Man hat einigen Gliedern besondere Namen gegeben: Bis 10 Mol-% Anorthitgehalt spricht man noch vom Albit, ab 90 % von Anorthit; die Zwischenglieder heißen bei 10 bis 30 Mol-% Anorthit Oligoklas, 30 bis 50 % Andesin, 50 bis 70 % Labradorit und 70 bis 90 % Bytownit. Bei höheren Temperaturen ist vollständige Mischbarkeit nachgewiesen, die schematisch im ternären Diagramm von Bild 172 dargestellt ist, das gleichzeitig noch den Kalifeldspat berücksichtigt.

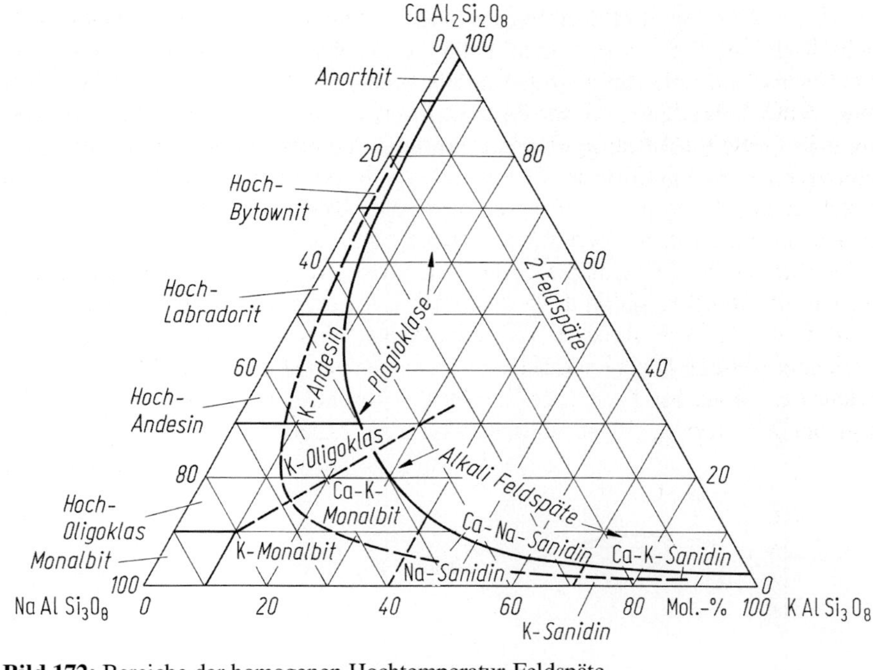

Bild 172: Bereiche der homogenen Hochtemperatur-Feldspäte

Die Plagioklase gehen mit sinkender Temperatur in eine Tieftemperaturform über, wobei eine Entmischung eintreten kann. Die Hoch-Tief-Temperaturübergänge bedeuten meist den Übergang von einer ungeordneten zu einer geordneten Al,Si-Verteilung, d.h., es muß ein erheblicher Umbau des Gitters stattfinden, der wegen der geringen Diffusionsgeschwindigkeiten der Al- und Si-Ionen nur langsam erfolgt. Infolgedessen sind die Hochtemperaturformen leicht einfrierbar, und auch die Entmischung schwankt in ihrem Ausmaß in weiten Grenzen zwischen Entmischung im atomaren Bereich über einige Einheitszellen und Domänen bis hin zu makroskopischer Trennung, wenn die Natur die notwendigen Bedingungen geliefert hatte. Natürliche Feldspäte können daher ein sehr unterschiedliches Gefüge haben, das sich auf das Schmelzverhalten auswirken kann.

Im System Kalifeldspat-Natronfeldspat findet man nur bei hohen Temperaturen Mischkristalle, also zwischen Sanidin und Monalbit. Die Schmelztemperatur des Na-Feldspats wird durch steigenden K-Feldspatgehalt gesenkt. Das Minimum der

Liquidustemperaturen liegt bei 1063°C und 35 Gew.-% K-Feldspat. Wegen des inkongruenten Schmelzens des K-Feldspats ist dieses System nur pseudobinär. Das Gleichgewicht zwischen Leucit, Feldspatmischkristall und Schmelze liegt bei 1078°C und 50 Gew.-% K-Feldspat. Bild 173 zeigt einen Vorschlag für ein Phasendiagramm nach Bambauer [112].

Die triklinen Modifikationen obigen Systems sind wegen der unterschiedlichen Ionenradien von Na^+ und K^+ nur begrenzt mischbar. Bei langsamer Abkühlung tritt Entmischung ein. Da man die entstehenden Produkte als *Perthite* bezeichnet, wird dieser Vorgang auch *Perthitisierung* genannt. Ist die Entmischung mikroskopisch fein, spricht man auch von Mikroperthit, bei submikroskopischer Entmischung von Kryptoperthit. Bei den Perthiten beobachtet man eine orientierte Albitentmischung. Den umgekehrten Fall, d.h. Albit mit Orthoklasschnüren, bezeichnet man auch als Antiperthit. Von den weiteren Bezeichnungen sei nur noch der Anorthoklas erwähnt, der für Zusammensetzungen von 60 bis 90 Mol-% Albit gebraucht wird, unabhängig von der Struktur. Weitere Hinweise gibt z.B. die Monographie von Smith [114].

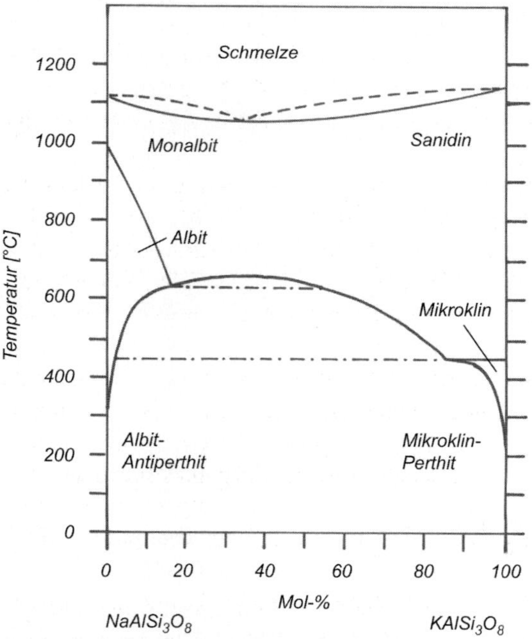

Bild 173: Vorschlag für das Phasendiagramm $NaAlSi_3O_8$-$KAlSi_3O_8$ [112].

Im System Kalifeldspat-Anorthit tritt keine nennenswerte Mischkristallbildung ein. Wegen des inkongruenten Schmelzens des Kalifeldspats ist auch dieses System nur pseudobinär. Durch den Anorthit wird der inkongruente Schmelzpunkt auf 1040°C erniedrigt.

Bild 63 brachte die Viskositäten von Feldspatschmelzen. In binären Na/K-Feldspatschmelzen beobachtet man einen Anstieg der Viskositäten vom Na- zum K-

Feldspat, der aber nicht ganz linear verläuft, sondern bei den mittleren Zusammensetzungen etwas flacher ist. Die Viskosität von Anorthitschmelzen ist demgegenüber wesentlich geringer.

3.3.4.2 Siliciumnitrid-Systeme

(Bearbeitet von A. Kaiser, Aachen)

Wie bereits bei den Feldspäten angedeutet, wird die Darstellung der Phasengleichgewichte schwieriger, wenn ausgedehnte Mischbarkeiten im festen Zustand existieren. Ein technisch wichtiges Beispiel für besonders gut untersuchte Phasendiagramme stellt das quaternäre System Si-Al-O-N dar, in welchem das Siliciumnitrid mit seiner komplexen Mischkristallbildung sowie die Gleichgewichte mit der Schmelze von Interesse für die Werkstoffentwicklung und das Flüssigphasensintern sind. Si_3N_4 selbst wird in Kapitel 10.4.3 genauer behandelt.

Den beiden Modifikationen des Siliciumnitrids, α-Si_3N_4 (P31c, $Z = 4$) und ß-Si_3N_4 ($P6_3$, $Z = 2$), ist der strukturelle Schichtaufbau aus über Ecken zu gewellten Sechserringen verknüpften (SiN_4)-Tetraedern gemeinsam. Die strukturellen Unterschiede ergeben sich aus der Stapelfolge der Schichten, *ABAB*... für ß-Si_3N_4 und *ABCDABCD*... für α-Si_3N_4, wobei die identischen Schichten *AB* und *CD* im α-Si_3N_4 über eine Gleitung in Richtung der *c*-Achse miteinander verknüpft sind. Der irreversible, rekonstruktive Phasenübergang α-$Si_3N_4 \rightarrow \beta$-$Si_3N_4$ erfolgt wegen des hohen kovalenten Bindungsanteiles in der Regel unter Beteiligung einer Flüssigphase.

In der Struktur des β-Si_3N_4 läßt sich Silicium durch Aluminium und Stickstoff durch Sauerstoff in Form einer gekoppelten Substitution $Si^{4+} + N^{3-} \rightleftharpoons Al^{3+} + O^{2-}$ auf den Tetraederpositionen ersetzen. Der resultierende β'-SiAlON-Mischkristall dehnt sich im quaternären System Si-Al-O-N entlang der Linie Si_3N_4-Al_3O_3N aus, wobei die Löslichkeitsgrenze entsprechend der Gleichung $Si_{6-z}Al_zO_zN_{8-z}$ bei $z = 4$ liegt.

Bei der Darstellung der Phasengleichgewichte des β'-SiAlON-Mischkristalls behandelten Gauckler, Lukas, Henig und Petzow [410] Siliciumnitrid-Metalloxidsysteme Me-Si-O-N als *reziproke Salzsysteme*, in denen die Komponenten (beispielsweise Si, Al, N und O) über die doppelte, reversible Austauschreaktion

$$Si_3N_4 + 2\,Al_2O_3 \rightleftharpoons 3\,SiO_2 + 4\,AlN \quad (85)$$

miteinander verknüpft sind.

Die Festlegung der Phasengleichgewichte nach der Gibbs´schen Phasenregel erfordert im betrachteten quaternären System fünf Variablen: drei Konzentrationen (dreidimensionale Form der Darstellung bei konstantem Druck und Temperatur), Temperatur und Druck.

Unter der Voraussetzung der konstanten Wertigkeit der Kationen (Si^{4+}, Al^{3+}) und Anionen (N^{3-}, O^{2-}) und der Erfüllung der Elektroneutralitätsbedingung liegen alle möglichen Kombinationen dieser Kationen und Anionen innerhalb des quasiquaternären Teilsystems Si_3N_4-SiO_2-AlN-Al_2O_3 des Vierkomponentensystems Si-Al-O-N (Bild 174) und ermöglichen so eine zweidimensionale Darstellung der Phasengleichgewichte.

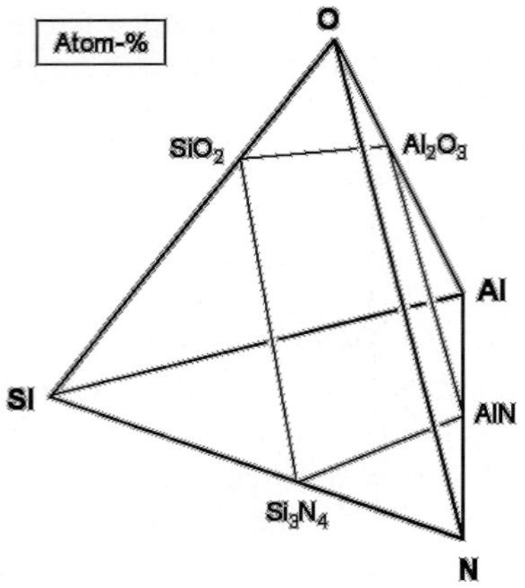

Bild 174: Lage des Subsystems Si_3N_4-SiO_2-AlN-Al_2O_3 im Si-Al-O-N Tetraeder in Atom-%

Die aus den unterschiedlichen Wertigkeiten der Kationen und Anionen resultierende Verzerrung dieser Ebene zum Trapezoid wird durch die Normierung der Konzentrationen von Atom- auf Äquivalent-Prozent korrigiert:

$$\begin{aligned} &Al_{Äq.} = \frac{3Al_{At.}}{3Al_{At.} + 4Si_{At.}};\; O_{Äq.} = \frac{2O_{At.}}{2O_{At.} + 3N_{At.}} \\ &Si_{Äq.} = 1 - Al_{Äq.};\; N_{Äq.} = 1 - O_{Äq.} \end{aligned} \qquad (86)$$

Hieraus ergibt sich die gewohnte quadratische Darstellung (Bild 175 und Bild 176) des Systems Si-Al-O-N, in der sich die Summe der Ladungen für die Komponenten an den Ecken und für jede elektroneutrale Kombination innerhalb des Quadrates zu zwölf positiven und zwölf negativen Ladungen addiert.

Entsprechend der reversiblen, doppelten Austauschreaktion Si_3N_4 + $2Al_2O_3$ $\rightleftharpoons$ $3SiO_2$ + 4AlN besitzt das System drei unabhängige und eine abhängige Variable, womit die maximale Zahl der im Subsolidusbereich und bei konstantem Druck (p = 0,1 MPa) koexistierenden Phasen festgelegter Zusammensetzung nach der Gibbs´schen Phasenregel gleich drei ist.

Das System Si-Al-O-N ist gekennzeichnet durch die zum Teil ausgedehnten Mischkristallbereiche des β-Si_3N_4 (β´-SiAlON, $Si_{6-z}Al_zO_zN_{8-z}$ mit $0 \leq z \leq 4$), des Si_2N_2O (O´-SiAlON, $Si_{2-x}Al_xN_{2-x}O_{1+x}$ mit $0 \leq x \leq 0{,}2$), der X-Phase ($Si_{12}Al_{24}O_{48}N_8$-$Si_{12}Al_{18}O_{39}N_8$-Mischkristall) und den polytypoiden Phasen (8H, 15R, 12H, 21R, 27R und $2H^{\delta}$) in der AlN-reichen Ecke des Systems.

Für die bei der Herstellung von flüssigphasengesinterten Siliciumnitrid-Keramiken gebräuchliche Verwendung zweier oxidischer Additivkomponenten wie beispielsweise Al_2O_3 in Kombination mit Seltenerdmetall-Oxiden bzw. Y_2O_3 (kurz Ln_2O_3) ergibt sich in analoger Weise die dreidimensionale Darstellung der Siliciumnitrid-Metalloxidsysteme als gleichseitiges, trigonales Prisma (sogenanntes *Jänecke–Prisma*), das sich bei festgelegter Wertigkeit der beteiligten Ionen und Einhaltung der Elektroneutralitätsbedingung aus drei reziproken Salzsystemen zusammensetzt.

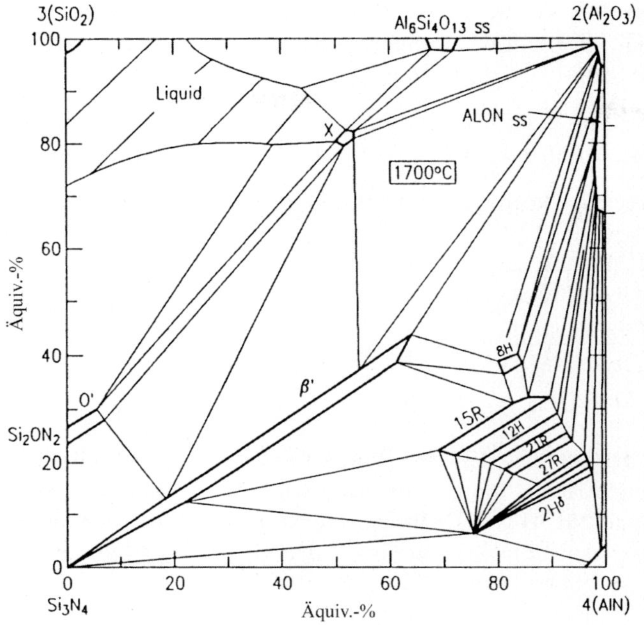

Bild 175: Si-Al-O-N System nach Jack bei 1700°C in Äquivalent-%

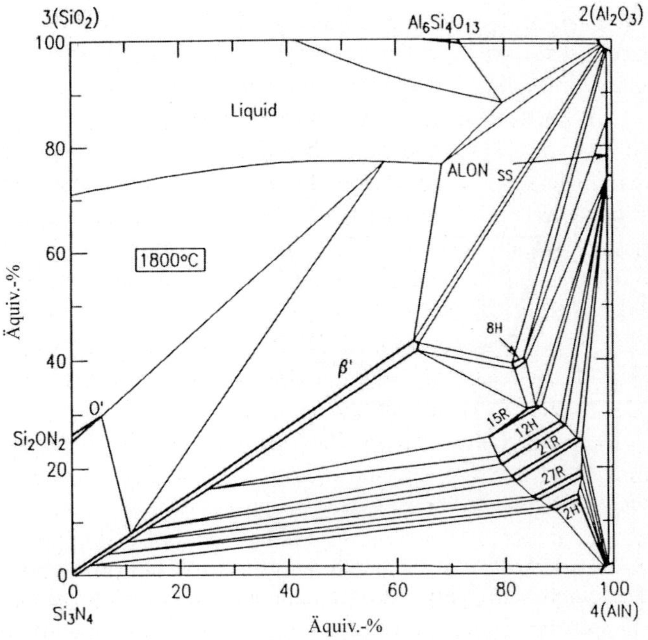

Bild 176: Si-Al-O-N System nach Jack bei 1800°C in Äquivalent-%

So ergibt die Kombination der doppelten, reziproken Austauschreaktion für das System Si-Al-O-N (Gl. (85)) mit einem Seltenerdmetall bzw. Y (Ln) als fünftem Element zwei weitere reziproke Salzsysteme

$$Si_3N_4 + 2\ Ln_2O_3 = 3\ SiO_2 + 4\ LnN \tag{87}$$

$$4\ AlN + 2\ Ln_2O_3 = 2\ Al_2O_3 + 4\ LnN \tag{88}$$

und somit die beiden restlichen Komponenten Ln_2O_3 und LnN:

$$\begin{aligned} Al_{\ddot{A}q.} &= \frac{3Al_{At.}}{3Al_{At.} + 3Ln_{At.} + 4Si_{At.}}; \\ Ln_{\ddot{A}q.} &= \frac{3Ln_{At.}}{3Al_{At.} + 3Ln_{At.} + 4Si_{At.}}; \\ Si_{\ddot{A}q.} &= 1 - Al_{\ddot{A}q.} - Ln_{\ddot{A}q.} \end{aligned} \tag{89}$$

In dem in Bild 177 dargestellten Jänecke-Prisma für das System Nd-Si-Al-O-N repräsentieren die Seitenflächen die drei oxinitridischen Stoffsysteme Si-Al-O-N (Basis), Nd-Si-O-N und Nd-Al-O-N, während die Stirnflächen dem Oxidsystem Nd_2O_3-Al_2O_3-SiO_2 bzw. dem Nitridsystem Si_3N_4-AlN-NdN entsprechen.

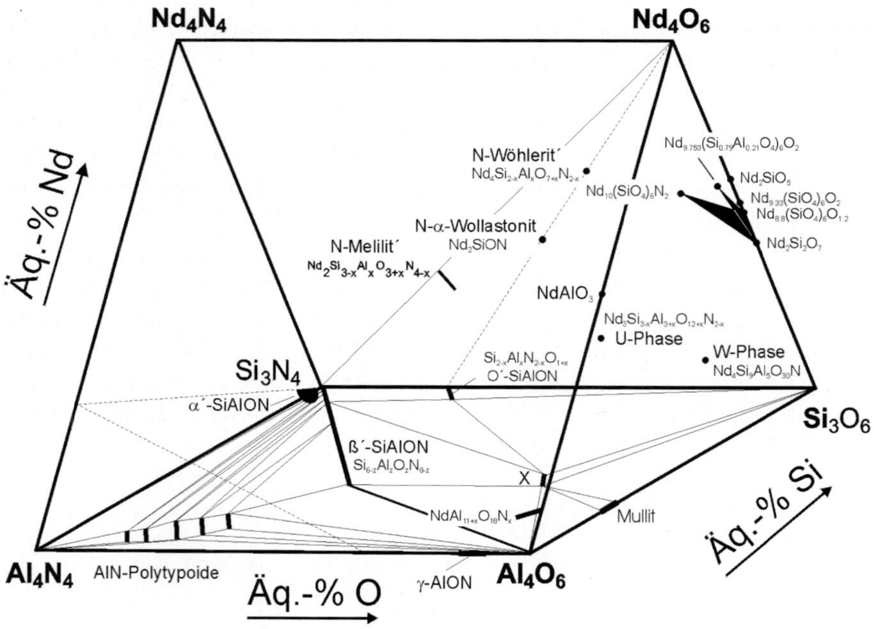

Bild 177: Jänecke-Prisma für das System Nd-Si-Al-O-N in Äquivalent-%

Das quinäre System Ln-Si-Al-O-N reduziert sich somit auf ein quasiquaternäres System mit vier unabhängigen Variablen, entsprechend einer maximalen Zahl von vier koexistierenden Phasen bei Subsolidustemperaturen und isobaren Bedingungen (p = 0,1 MPa). Entsprechend baut sich das Jänecke-Prisma aus Kompatibilitätspolyedern (vier koexistierende Phasen festgelegter Zusammensetzung) auf, die über Dreiphasengleichgewichte (Flächen) untereinander bzw. mit den quasiternären Randsystemen verknüpft sind. Bei Mischkristallbildung und der daraus resultierenden Phasenbreite einer der koexistierenden Phasen werden diese Flächen zu Dreiphasenräumen erweitert. Das Gleichgewicht zweier Mischkristalle variabler Zusammensetzung ebenso wie die Koexistenz einer Mischphase mit zweidimensionalem Homogenitätsbereich (α'-SiAlON) mit einer Verbindung festgelegter Zusammensetzung liefert einen Zweiphasenraum.

Die α-Si_3N_4-Modifikation des Siliciumnitrids tritt im System Si-Al-O-N Bild 175) nicht auf und wird im stickstoffreichen Teil des Systems Ln-Si-Al-ON (Bild 177) in Form eines komplexen Mischkristalls der allgemeinen Zusammensetzung $Ln_x(Si_{12-4.5x}Al_{4.5x})(N_{16-1.5x}O_{1.5x})$ stabilisiert [411]. Neuere Untersuchungen weisen allerdings darauf hin, daß die Homogenitätsbereiche des α'-SiAlONs auch kinetisch bedingt sein könnten.

Viele der in Metall-Si-O-N-Systemen stabilen Verbindungen lassen sich auf bekannte Silicatstrukturen zurückführen, in deren Tetraedergerüst eine teilweise Substitution von O^{2-} durch N^{3-} vorliegt. Beispiele hierfür sind der N-Melilith, $Ln_2Si_3O_3N_4$, der N-α-Wollastonit, $LnSiO_2N$, der N-Wöhlerit, $Ln_4Si_2O_7N_2$, oder der N-Apatit, $Ln_{10}(SiO_{3.67}N_{0.33})_6O_2$.

Beim Übergang vom quaternären Ln-Si-O-N-System in das quinäre Ln-Si-Al-O-N-System führt die für das Si-Al-O-N-System beschriebene gekoppelte Substitution von $Si^{4+} + N^{3-} \leftrightharpoons Al^{3+} + O^{2-}$ auf den Tetraederpositionen in gleicher Weise zur Bildung von zum Teil ausgedehnten Mischkristallreihen. Beispiele sind der N-Melilith-Mischkristall $Ln_2Si_{3-x}Al_xO_{3+x}N_{4-x}$ mit maximalen Al-Löslichkeiten von $x = 1$ für Ln = Nd, Sm und $x = 0{,}7$ für Ln = Dy und Y sowie die vollständige Mischkristallreihe ($0 \leq x \leq 2$) des N-Wöhlerit-Mischkristalls $Ln_4Si_{2-x}Al_xO_{7+x}N_{2-x}$ z.B. in den Systemen für die Seltenerdmetallionen höherer Ordnungszahl und für Y.

Reine quinäre Verbindungen unterschiedlicher Stabilität, die nicht als feste Lösungen aus den Randsystemen hervorgegangen sind, werden im wesentlichen für die sauerstoffreichen Bereiche der quinären Metall-Si-Al-O-N-Systeme beschrieben. Als Beispiele sind die S-Phase, $CaO \cdot 1.33Al_2O_3 \cdot 0.67Si_2ON_2$, die B-Phase, Y_2SiAlO_5N, die W-Phase, $LnSi_9Al_5O_{30}N$, und die U-Phase, $Ln_3Al_{3+x}Si_{3-x}O_{12+x}N_{2-x}$ ($0 \leq x \leq 1$), zu nennen, wobei für die letztere mit steigendem Ionenradius eine zunehmende Stabilität beobachtet wird.

3.4 Kinetik

Die Zeit bis zur Einstellung eines Gleichgewichts wird durch die Kinetik des Vorgangs bestimmt. Sie wird für die Praxis besonders dann wichtig, wenn die Vorgänge langsam ablaufen. Da in der Keramik oft mit solchen langsam ablaufenden Reaktionen zu rechnen ist, sollen im folgenden die Grundlagen der Kinetik an einigen wichtigen Beispielen behandelt werden. Ausführlichere Darstellungen von Einzelproblemen findet man in einem von Kingery [412] herausgegebenen Buch.

3.4.1 Triebkräfte

Unter der Triebkraft für den Ablauf eines Vorganges, z.B. einer chemischen Reaktion, einer Gefügeveränderung oder einer Formveränderung (Wachstum, Schwindung, Verformung) usw. versteht man den Energiegewinn, der mit der Überführung des Ausgangszustandes in den Endzustand verbunden ist. Ein sich auf diese Weise veränderndes System setzt also Energie frei, leistet Arbeit. Diese Energiedifferenz wird allgemein durch die Änderung der freien (Helmholtz-) Energie F als Funktion der inneren Energie U und der temperaturabhängigen Entropie S beschrieben:

$$\Delta F = \Delta U - T\Delta S \tag{90}$$

Wird ΔF null, dann befindet sich das System im Gleichgewicht und F hat einen Minimalwert erreicht. Unter isobaren und isothermen Bedingungen ist das Gleichgewicht gegeben durch das Minimum der freien Enthalpie G, die Triebkraft für eine Systemveränderungen also durch ΔG. Über diese Größe wurde schon in Kapitel 3.1.1 ausführlich berichtet.

Die innere Energie U ist nun gegeben durch die Summe der thermischen, chemischen, mechanischen, elektrischen und magnetischen Zustände eines Stoffes in seinem Inneren, seinen Grenzflächen und Oberflächen, letztendlich also der atomaren Bindungszustände. Als Triebkräfte kommen also in Frage:

Chemische Energie:	Veränderung des chemischen Potentials μ, z.B. durch chemische Reaktionen, Oxidation, Korrosion, Diffusion zum Konzentrationsausgleich (Kapitel 3.1.2, 3.4.2, 4.6, 5.6)
Verzerrungsenergie:	Veränderung des elastischen Potentials U_{el}, z.B. durch Gitterdefekte, Spannungs- und Dehnungszustände (Kapitel 2.2.4, 5.2)
Oberflächenenergie:	Veränderung der spezifischen Oberflächenenergie γ_{sv} oder Veränderung der Oberfläche A selbst (Kapitel 2.5, 4.1)

Grenzflächenenergie: Veränderung der spezifischen Grenzflächenenergie γ_{ss} oder Veränderung der Grenzfläche A selbst (Kapitel 2.5, 4.1)

Coulomb-Energie: Veränderung des elektrostatischen Potentials φ, z.B. durch Redox-Vorgänge, Elektronen- oder Ionentransport, Dipol-Wechselwirkungen (Kapitel 5.3 und 7.3.1)

Magnetische Energie: Veränderung des magnetischen Potentials U_{mag}, z.B. durch Spinpaarung, Ummagnetisierung, Domänenbildung (Kapitel 5.4)

Eigentlich lassen sich die genannten Triebkräfte ineinander überführen, da z.B. sowohl die Oberflächenzustände als auch die Grenzflächenzustände eine mechanische Verzerrung der Bindungen der beteiligten Atome und Ionen zur Folge haben, die sich unmittelbar auf deren Bindungsenergie und somit auf das chemische Potential auswirken,

$$\mu(\sigma) = \mu_o - V/3\ (\sigma_x + \sigma_y + \sigma_z) \tag{91}$$

mit V = Volumen, σ_i = Spannung; dies gilt insbesondere, wenn Oberflächen und Grenzflächen gekrümmt sind, was zu Partikelwachstum über z.B. Verdampfung und Kondensation oder Oberflächendiffusion oder zu Kornwachstum über Korngrenzenwanderung führt. Unter Berücksichtigung der örtlichen Krümmungsradien r_1 und r_2, dem Atom- bzw. Leerstellenvolumen Ω und der Oberflächen- bzw. Grenzflächenenergie γ ergibt sich ein lokaler Unterschied des chemischen Potenzials von

$$\Delta\mu = \Delta p\Omega = \gamma\Omega(1/r_1 + 1/r_2) = \mathrm{k}T\ln(c/c_0).$$

Auch die Beschreibung der elektrostatischen und magnetischen Energie führt letztendlich zu Ausdrücken, die einen Einfluß auf das chemische Potential zeigen, was zu den bekannten Gesetzmäßigkeiten im Kristallbau (Ionen- und Defektverteilung) führt oder Anlaß zur Polarisation oder Domänenbildung und damit zu elastischen Verzerrungen gibt.

Für die Keramik ist es nun wichtig, die Triebkräfte zu kennen und gezielt zu nutzen, die zu einer verbesserten Sinterung führen, oder diejenigen zu minimieren, die zu einer ungewollten Veränderung des Werkstoffs über Reaktionen wie Oxidation und Korrosion beitragen. So ist z.B. Siliciumcarbid nur dadurch drucklos sinterfähig zu machen, indem durch Dotierungsmittel (Al, B oder C) die Oberflächenenergie erhöht und die Korngrenzenenergie erniedrigt wird und somit Triebkraft zum Kornwachstum erhöht wird (Kapitel 10.5.2.3). Es wird weiterhin verständlich, warum eine Feinaufbereitung (Verkleinerung der Korngröße = Erhöhung der Oberfläche, Einbringung von Gitterdefekten = Erhöhung der Verzerrungsenergie) so wichtig für das Sintern ist. Auch wird deutlich, daß elektromagnetische Felder einen Einfluß auf die Verdichtung, das mechanische und korrosive Verhalten von Keramiken ausüben.

3.4.2 Diffusion

Die Diffusion ist die Grundlage aller atomaren oder molekularen Materialprozesse. Man kann die Diffusion allgemein als eine Beweglichkeit von Atomen, Ionen oder Molekülen auffassen, wobei man jedoch bedenken muß, daß in einem idealen Kristallgitter ein einzelnes Teilchen praktisch keine Bewegungsmöglichkeit hat. Es sind daher die Fehlstellen, die für die Diffusion wichtig sind.

Bei der Diffusion diskutiert man verschiedene Mechanismen; die wichtigsten sind in Bild 178 enthalten. Am einfachsten ist die Bewegung für ein Teilchen, das einer Leerstelle benachbart ist, wie in Bild 178a dargestellt. Dieser Leerstellenmechanismus beinhaltet gleichzeitig das Wandern einer Leerstelle in entgegengesetzter Richtung. Bild 178b veranschaulicht das Wandern von Teilchen über Zwischengitterplätze. Man bezeichnet dies auch als direkten Zwischengittermechanismus zur Unterscheidung vom indirekten Zwischengittermechanismus oder Zwischengitterstoßmechanismus, an dem nach Bild 178c ein Gitterbaustein beteiligt ist. Energetisch ungünstiger ist der Platzwechselmechanismus in Bild 178d.

Die Energie zu den eben beschriebenen Arten der Diffusion wird von der Wärme aufgebracht. Zum Verlassen eines Gitterplatzes müssen die Teilchen die Abstände ihrer nächsten Nachbarn vorübergehend verzerren, wie dies genauer in Bild 179 dargestellt ist. Bei einem Platztausch mit einer Leerstelle muß also eine Potentialbarriere überschritten werden Hierfür ist eine Aktivierungsenergie Q aufzubringen, die der thermischen Energie des Teilchens bzw. des Gitters entnommen wird. Nach Boltzmann beträgt die Wahrscheinlichkeit dafür, daß Atome eine Energie $E \geq Q$ besitzen

$$W = \mathrm{e}^{-Q/kT} \tag{92}$$

Die Anzahl der Platzwechsel z pro Sekunde ist gegeben durch die Anzahl der beteiligten Atome n, der Koordinationszahl KZ um die Leerstelle, d.h. die möglichen Atompositionen, in die sie springen kann, der Frequenz ω, mit welcher „Anläufe“ zum Verlassen der Potentialmulde versucht werden, und der Wahrscheinlichkeit W für Atome mit ausreichender Energie:

$$z = n\,\mathrm{KZ}\,\omega\,W \tag{93}$$

Die Diffusionsgeschwindigkeit ist somit proportional zur Anzahl der Platzwechsel z und der zur Verfügung stehenden Leerstellen, gegeben durch die Leerstellenkonzentration c_L.

Messungen mit markierten Atomen (*Tracern*), z.B. mit Hilfe radioaktiver Nuklide, haben ergeben, daß die so erhaltenen Tracerdiffusionskoeffizienten D^* von der Art des Mechanismus abhängig sind; denn z.B. nach einem Schritt gemäß dem Leerstellenmechanismus ist die Wahrscheinlichkeit für das Teilchen, die nächste Leerstelle hinter sich zu finden, größer als in einer anderen Richtung.

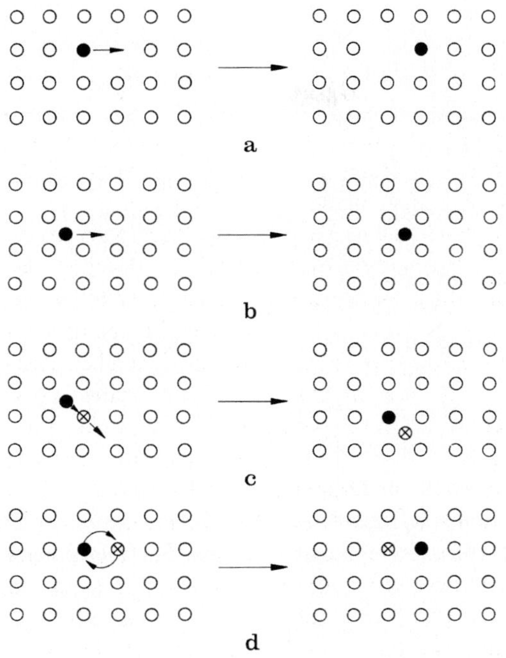

Bild 178: Schematische Darstellung von Diffusionsmechanismen: (a) Leerstellenmechanismus, (b) Zwischengittermechanismus, (c) Zwischengitterstoßmechanismus, (d) Platzwechselmechanismus

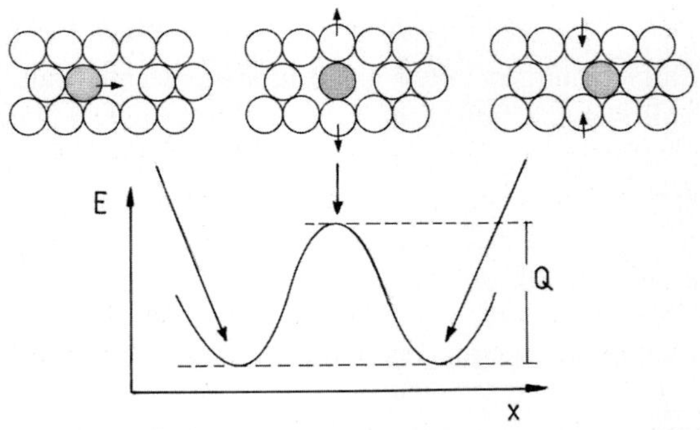

Bild 179: Temporäre Gitterdeformation und Potentialverlauf bei der Gitterdiffusion

Diese Abhängigkeit wird als Korrelationseffekt bezeichnet, quantitativ wird sie durch den Korrelationsfaktor f ausgedrückt, der auch vom Gittertyp abhängig ist. Experimentell ergibt er sich aus dem Zusammenhang mit der elektrischen Leitfähigkeit σ, die durch ein wanderndes Ion der Wertigkeit z, der Überführungszahl s und mit einem Tracerdiffusionskoeffizienten D^* nach

$$D^* = f \cdot \frac{\sigma s \mathrm{R} t}{c z^2 \mathrm{F}^2} \tag{94}$$

erreicht wird, worin noch R = Gaskonstante F = Faraday-Konstante und c = Konzentration des betreffenden Ions darstellen.

Da die bisher geschilderten Platzwechselmechanismen zufällig und statistischer Natur sind, ist hiermit in der Regel noch kein Stofftransport verbunden. Häufig sind aber Unterschiede im chemischen und elektrochemischen Potential, d.h., Konzentrationsgefälle, der Grund für eine gerichtete Bewegung von Teilchen, die dann mit einem Materietransport verknüpft ist. Nach dem *1. Fickschen Gesetz* beträgt dabei der Diffusionsstrom J (Menge pro Zeit- und Flächeneinheit):

$$J = -D\left(\frac{\partial c}{\partial x}\right) \tag{95}$$

worin c = Konzentration und x = Abstand in Diffusionsrichtung bedeutet. Der Proportionalitätsfaktor D, der Diffusionskoeffizient, hat die Einheit cm^2/s. In D sind der Temperatureinfluß nach Gl. (92) sowie die strukturellen Parameter nach Gl. (93) mit $D_0 \propto n\,\mathrm{KZ}\,\omega$ enthalten:

$$D = D_0 \mathrm{e}^{-Q/\mathrm{R}T} \tag{96}$$

Die Änderung der Konzentration mit der Zeit t wird durch das *2. Ficksche Gesetz* erfaßt:

$$\frac{\partial c}{\partial t} = D\left(\frac{\partial^2 c}{\partial x^2}\right) \tag{97}$$

Bei der Lösung dieser Differentialgleichungen treten Integrationskonstanten auf, die durch die jeweiligen Grenzbedingungen festgelegt sind. Für besondere Fälle kann man sich der einschlägigen Monographien bedienen. Man findet auch viele Lösungen bei Wärmeleitfähigkeitsproblemen, da dort zu den Gln. (96) und (97) analoge Gleichungen auftreten. So gilt für den Konzentrationsverlauf im Abstand x von der Oberfläche einer Platte, die unendlich dick sein soll, für die Aus- oder Eindiffusion

$$c(x,t) = c_p + (c_0 - c_p) \cdot \mathrm{erf}\,\frac{x}{2\sqrt{Dt}} \tag{98}$$

worin c_0 die Ausgangskonzentration für das diffundierende Teilchen in der Platte und c_p dessen Konzentration an der Phasengrenze sind. Die Funktion erf ξ (error function) ist die Gaußsche Fehlerfunktion, deren Werte man tabelliert findet.

Die Gesamtmenge Q, die bis zur Zeit t durch die Fläche F diffundiert, erhält man durch Integration über die Tiefe nach

$$\int_0^x c(x,t)dx = Q = 2 \cdot (c_p - c_0) \cdot F \cdot \sqrt{\frac{Dt}{\pi}}. \tag{99}$$

Nach Gl. (99) ist Q proportional $\sqrt{t}$, was oft zu beobachten ist. Es muß aber bemerkt werden, daß andere Randbedingungen zu anderen Zeitabhängigkeiten führen können, und daß nicht jede $\sqrt{t}$ -Abhängigkeit einfach einen Diffusionsvorgang beweist. So zeigt Bild 180 den Vergleich für eine Diffusion aus einer unendlichen und einer endlich dicken, einseitig undurchlässigen Platte. Für letztere gilt, wenn sie die Dicke d hat und am äußeren Rand immer die Konzentration Null herrschen soll:

$$c(x,t) = c_0 \left\{ 1 - \sum_{x=0}^{\infty} (-1)^n \left[\operatorname{erfc} \frac{(2n+2)d - x}{2\sqrt{Dt}} + \operatorname{erfc} \frac{2nd + x}{2\sqrt{Dt}} \right] \right\}$$

(mit erfcξ = 1 - erfξ). Die Gesamtmenge ergibt sich daraus zu

$$Q = f \cdot d \cdot c0 \left\{ 1 - \frac{8}{\pi^2} \sum_{n=0}^{\infty} \frac{1}{(2n+1)^2} \cdot \exp\left(-\left[\frac{(2n+1)\pi}{2d} \right]^2 Dt \right) \right\}$$

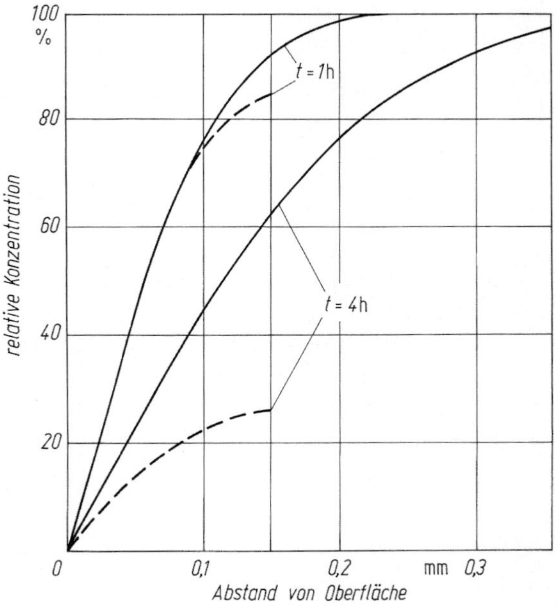

Bild 180: Konzentrationsverlauf für zwei Zeiten bei der Diffusion aus einer Platte für D = $1 \cdot 10^{-12}$ cm^2/s. Ausgezogene Kurven: unendlich dicke Platte; gestrichelte Kurven: einseitige Platte der Dicke 0,15mm

Für das Beispiel von Bild 180 erhält man mit $c_0 = 8 \cdot 10^{-3}$mol/cm^3 für die diffundierte Menge pro Flächeneinheit (cm^2)

für die unendliche Platte	nach 1 h =	$5{,}416 \cdot 10^{-5}$ mol/cm^2 und
	nach 4 h =	$10{,}832 \cdot 10^{-5}$ mol/cm^2,
für die Platte der Dicke 0,15mm	nach 1 h =	$5{,}415 \cdot 10^{-5}$ mol/cm^2 und
	nach 4 h =	$9{,}995\ 10^{-5}$ mol/cm^2,

d.h., die Mengen unterscheiden sich anfangs wenig, wenn auch schon deutliche Differenzen im Konzentrationsverlauf bemerkbar werden.

Obige Gleichungen gelten nur unter der Voraussetzung, daß der Diffusionskoeffizient unabhängig von der Konzentration ist. Ist das nicht der Fall, dann muß man die entsprechenden Abhängigkeiten von D bei der Lösung der Diffusionsgleichungen berücksichtigen. Einige Beispiele hat Haller [413] angeführt, woraus sich gleichzeitig ergeben hat, daß es manchmal recht schwierig werden kann, eine eindeutige Zuordnung zu treffen.

Für den umgekehrten Vorgang, die Meßwerte zu analysieren, hat sich vor allem die Methode von Boltzmann bzw. Matano [414] bewährt.

Bei der Bewegung von Teilchen müssen die Grundbedingungen der Erhaltung von Stöchiometrie und Elektroneutralität gewahrt bleiben. Das führt oft dazu, daß einem wandernden Ion eine andere Ionenart entgegenwandert, es findet eine Interdiffusion statt. Es stellt sich ein Interdiffusionskoeffizient $\tilde{D}$ (gesprochen: D Schlange) ein, der mit dem Tracerdiffusionskoeffizienten D^* und den Wertigkeiten z der wandernden Ionen nach

$$\tilde{D}_{12} = \frac{D_1^* D_2^* (z_1^2 x_1 + z_2^2 x_2)}{D_1^* z_1^2 x_1 + D_2^* z_2^2 x_2} \tag{100}$$

zusammenhängt, wobei in obiger Gleichung x_1 bzw. x_2 die Molenbrüche der Ionen 1 bzw. 2 darstellen ($x_i = c_i/\Sigma c_i$). Oft ist $z_1 = z_2$, wodurch sich Gl. (100) vereinfacht zu

$$\tilde{D}_{12} = \frac{D_1^* D_2^*}{D_1^* x_1 + D_2^* x_2} \tag{101}$$

Der Diffusionskoeffizient zeigt eine starke Temperaturabhängigkeit, die durch den bekannten Ansatz

$$D = A \exp\left(-\frac{Q}{RT}\right) \text{ oder } \ln D = A' - \frac{Q}{RT} \tag{102}$$

wiedergegeben wird, worin Q die Aktivierungsenergie der Diffusion darstellt.

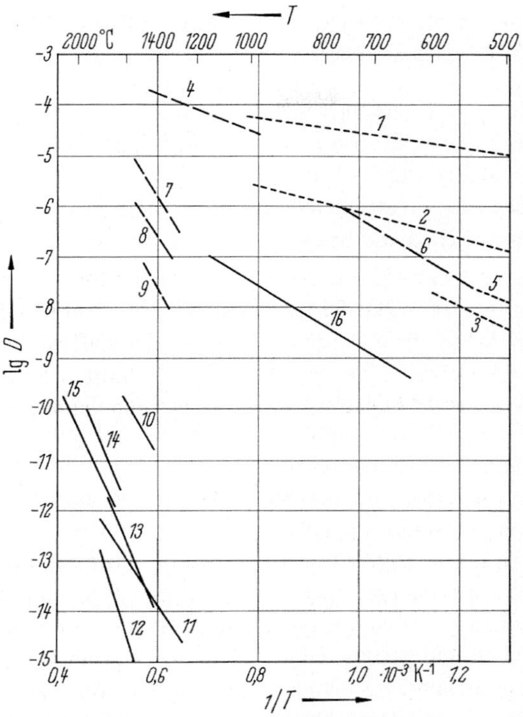

Bild 181: Diffusionskoeffizienten in Gläsern (- - -), Schmelzen (— — —), Kristallen (———), (*D* in cm^2/s)

Gerade Nr.	Diffundierende Spezies	Medium	Aktivierungsenergie der Diffusion kJ/mol
1	He	Kieselglas	- 28
2	Ne	Kieselglas	- 48
3	He	Natronkalkglas ($Na_2O:CaO:SiO_2$ = 16:10: 74 Gew.-%)	- 88
4	He	Natronkalksilicatschmelze (Zus. wie bei Nr. 3)	- 71
5	Na^+	Natronkalkglas (Na2O:CaO:SiO2 = 21:9:70 Gew.-%)	-113
6	Na^+	Natronkalksilicatschmelze (Zus. wie bei Nr. 5)	-113
7	O^{2-}	Calciumaluminosilicatschmelze ($CaO:Al_2O_3:SiO_2$ = 40:20:40 Gew.-%)	-400
8	Ca^{2+}	wie bei Nr. 7	-295
9	Si^{4+}	wie bei Nr. 7	-335
10	Mg^{2+}	MgO-Einkristall	-305
11	O^{2-}	MgO-Einkristall	-260
12	O^{2-}	Al_2O_3-Einkristall	-635
13	O^{2-}	Al_2O_3-Polykristall	-460
14	Al^{3+}	Al_2O_3-Polykristall	-440
15	Zr^{4+}	ZrO_2, stabilisiert mit 15 Mol-% CaO	-390
16	O^{2-}	wie bei Nr. 15	-113

Gl. (101) entspricht der Temperaturabhängigkeit der Viskosität (Kapitel 2.4.2.1). Zwischen Viskosität η und Diffusion besteht die *Stokes-Einstein-Gleichung*

$$D = \frac{kT}{6\pi\eta r}$$

mit k = Boltzmann-Konstante und r = Radius des wandernden Teilchens. Diese Beziehung ist für den einfachen Fall der Diffusion eines kugelförmigen Teilchens in einem homogenen Medium abgeleitet worden, so daß es nicht überrascht, daß ihre Anwendbarkeit auf silicatische oder oxidische Systeme sehr begrenzt ist. Es ist aber festzustellen, daß im wesentlichen die umgekehrte Proportionalität zwischen D und η richtig ist.

Diffusionsmessungen können auf verschiedene Weise durchgeführt werden: Man kann das Konzentrationsprofil oder die gesamte diffundierte Menge bestimmen. Besonders bewährt hat sich das Arbeiten mit Isotopen.

Aus der großen Zahl der Meßergebnisse vieler Autoren wurde in Bild 181 eine kleine Auswahl getroffen. Nach Gl. (102) trägt man meist lg$D$ gegen $1/T$ auf (sog. *Arrhenius-Diagramm*); die Steigung der Geraden ergibt die Aktivierungsenergie. Zur Deutung der Meßergebnisse muß man auf die Strukturen der betreffenden Substanzen zurückgehen. Eingangs wurde bereits der Einfluß der Fehlstellen erwähnt. Die Diffusion wird weiterhin um so größer sein, je offener eine Struktur und je kleiner das sich bewegende Spezies ist. Sie wird auch begünstigt werden, wenn zwischen der Substanz und dem Teilchen nur geringe Bindekräfte bestehen.

Offene Strukturen, kleine Teilchen und geringe Bindekräfte sind bei der Diffusion von He-Atomen in Kieselglas vorhanden (Gerade 1 in Bild 181). Die Diffusion wird verringert, wenn man zu den größeren Ne-Atomen (Gerade 2) oder zu dem dichter gepackten Natronkalkglas (Gerade 3) übergeht. In Schmelzen ist nicht nur eine offenere Struktur vorhanden, sondern auch die Eigenbeweglichkeit der Struktur fördert die Diffusion, so daß die Diffusion von He in Silicatschmelzen sehr schnell ist (Gerade 4).

In den üblichen Natronkalkgläsern hat das Na^+-Ion die größte Beweglichkeit und ist auch allein für die elektrische Leitfähigkeit dieser Gläser verantwortlich. Der Diffusionskoeffizient ist relativ groß und steigt in der Schmelze wegen der abnehmenden Viskosität stärker an (Geraden 5 und 6). Vergleichende Messungen der Diffusion verschiedener Ionen in einer Calciumalumosilicatschmelze zeigen die Geraden 7 bis 9. Im Vergleich zum Na^+-Ion ist die Diffusion der mehrwertigen Ionen geringer, da diese stärker in der Struktur gebunden und damit nicht so beweglich sind. So ist verständlich, daß $D_{Si^{4+}}$ über eine Größenordnung kleiner als $D_{Ca^{2+}}$ ist (Geraden 9 und 8). Überraschend ist allerdings, daß $D_{O^{2-}} > D_{Ca^{2+}}$ (Geraden 7 und 8); denn man würde wegen des Größenverhältnisses dieser Ionen umgekehrte Verhältnisse erwarten.

Aus Bild 181 ergibt sich außerdem, daß die Diffusion von Ionen in Kristallen (Geraden 10 bis 15) um mehrere Größenordnungen geringer als in Schmelzen oder Gläsern ist. Die regelmäßige und meist auch recht dichte Struktur der Kristalle setzt der Bewegung eines Ions des Gitters einen großen Widerstand entgegen. Die Diffusion in MgO-Einkristallen zeigen die Geraden 10 und 11, wobei das Mg^{2+}-Ion viel leichter beweglich ist als das O^{2-}-Ion. Bei höherwertigen Kationen wird auch die O^{2-}-Diffusion verringert, wie ein Vergleich der Geraden 11 und 12 zeigt. Aus der Lage der Geraden 13 und 14 kann man erkennen, daß im Korund $D_{Al^{3+}} > D_{O^{2-}}$ ist.

Ganz allgemein ist meist die O^{2-}-Diffusion geringer als die der Kationen. Mit steigender Wertigkeit der Kationen nehmen deren Diffusionskoeffizienten ab. Die Geraden 10, 14 und 15 ergeben die Reihe $D_{Mg^{2+}} > D_{Al^{3+}} > D_{Zr^{4+}}$. Gegenüber all diesen Werten macht die O^{2-}-Diffusion in mit CaO stabilisiertem ZrO_2 eine deutliche Ausnahme, da ihre Werte um mehrere Größenordnungen höher liegen (Gerade 16). Die Ursache liegt in der außerordentlich hohen Sauerstoffleerstellenkonzentration dieser Verbindung (Kapitel 2.2.4). Ähnliche Erscheinungen treten bei den nichtstöchiometrischen Verbindungen auf, bei denen demnach mit hohen Diffusionskoeffizienten zu rechnen ist.

In Bild 181 zeigt der Vergleich der Geraden 12 und 13, daß im Einkristall die Diffusion wesentlich langsamer als im Polykristall ist. Oben wurde gezeigt, daß die Beweglichkeit der Teilchen um so größer ist, je größer die Fehlordnung ist. Da jede Oberfläche eines Kristalls als fehlgeordnet angesehen werden kann (Kapitel 2.5.1), besteht dort eine größere Beweglichkeit. Ähnliches gilt für die Grenzflächen in Polykristallen. Man hat also zwischen *Gitter-* oder *Volumendiffusion* D_v, *Grenzflächendiffusion* D_g und *Oberflächendiffusion* D_o zu unterscheiden. Ihr Verhältnis hängt von den Substanzen und der Temperatur ab, kann aber mit z.B. $D_v : D_g : D_o = 10^{-14} : 10^{-10} : 10^{-7}$ cm²/s einige Größenordnungen betragen. In der Keramik hat man es meist mit polykristallinem Material zu tun. Der Einfluß der Grenzflächendiffusion wird dann um so größer, je größer der Gehalt an Grenzflächen, d.h. je geringer die Korngröße ist. Bei oxidkeramischen Produkten reichern sich die Verunreinigungen oft in den Grenzflächen an, was zu einer zusätzlichen Vergrößerung der Grenzflächendiffusion führen kann. Im allgemeinen gibt es aber nur wenige Versuche zur separaten Bestimmung der jeweiligen Diffusionskoeffizienten in Keramiken, weswegen ohne Kenntnis der tatsächlichen Diffusionspfade nur der *effektive Diffusionskoeffizient* als integrale Größe angegeben wird.

Bisher wurde nur die Diffusion von Spezies betrachtet, die eigene Gitter- oder Korngrenzenbestandteile derjenigen Phase sind, in der sie diffundieren, also z.B. Mg^{2+} und O^{2-} in MgO. Man spricht dann von *Eigendiffusion* oder *Selbstdiffusion*. Im Falle von Verunreinigungen, Dotierungen bzw. chemischem Angriff durch Umgebungsmedien (Korrosion) wird aber eine Diffusion von artfremden Atomen oder Ionen stattfinden, die als *Fremddiffusion* bezeichnet wird. In Bild 182 zeigt die Fremddiffusionskoeffizienten einiger Kationen im MgO-Gitter nach Kingery. Wie zuvor erwähnt, ist die Sauerstoffdiffusion um Größenordnungen geringer als die aller anderen Kationen. Daß chemisch ähnliche Spezies wie Ca^{2+}, Mg^{2+}, Ni^{2+} und Co^{2+} höchst unterschiedliche Diffusionskoeffizienten aufweisen, liegt u.a. an den unterschiedlichen Ionenradien, damit bei gleicher Wertigkeit an der Ionenstärke, am unterschiedlichen chemischen Potential und an der Sprungwahrscheinlichkeit.

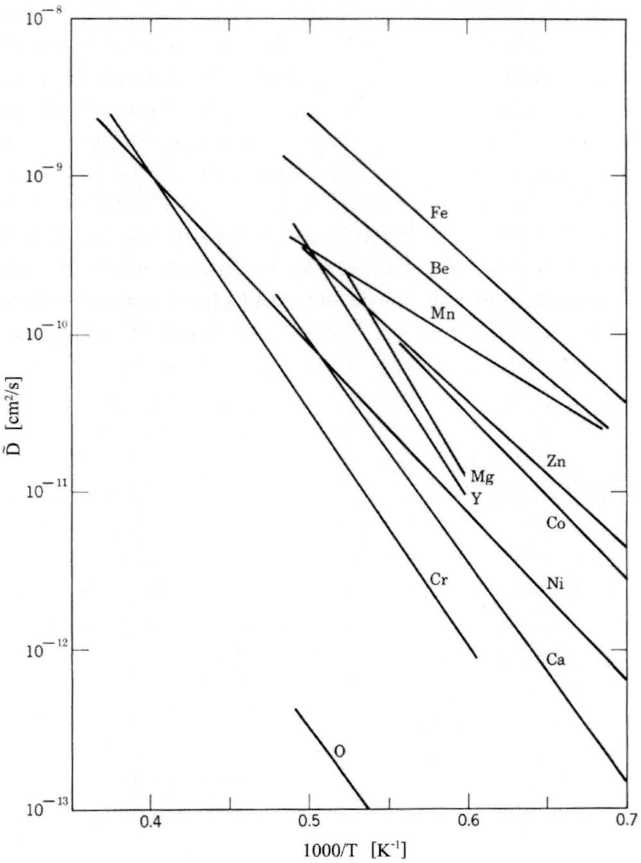

Bild 182: Tracer-Diffusionskoeffzienten von Fremdionen in MgO-Einkristallen nach Kingery [3].

Bei *allovalenten* Ionen, also solchen mit höheren oder niedrigeren Ionisierungsstufen als derjenigen der Wirtsgitterionen, bekommt die Forderung nach der Gesamtladungsneutralität des Kristalls eine besondere Bedeutung. So muß in näherer Umgebung der diffundierenden Spezies durch Leerstellenbildung im Kationen- oder Anionenuntergitter oder durch Zwischengitterplatzbesetzung ein Ladungsausgleich geschaffen werden (siehe auch Kapitel 2.2.4). In solchen Fällen ist eine Diffusion einer Spezies durch die erforderlichen Begleitmechanismen behindert bis bei Temperaturerhöhung eine Kopplung zwischen z.B. Kation und Sauerstoffleerstellenanhäufung überwunden wird. Dies ist z.B. bei CaO- oder Y_2O_3-dotiertem ZrO_2 der Fall, wie in Kapitel 10.1.3.6 erläutert wird. Wertigkeitswechsel bei artgleichen Ionen, z.B. aufgrund von wechselnden oxidierenden und reduzierenden Bedingungen, führen zu deutlichen Veränderungen der Ionenradien. So hat eine Oxidation von Fe^{2+} zu Fe^{3+} eine Verringerung des Ionenradius von etwa 80 pm auf 65 pm und damit eine Erhöhung der Diffusion zur Folge.

Die erforderliche Ladungsneutralität in Ionenkristallen führt dazu, daß Kationen und Anionen mit gleicher effektiver Geschwindigkeit diffundieren müssen, um wiederum ein gleichartiges Gitter bilden zu können. Diffundiert nun ein Ion, z.B. Mg^{2+} in MgO schneller als O^{2-} (Bild 181 und Bild 182), so ist die Beweglichkeit von Mg^{2+} aus diesen Gründen eingeschränkt. In Keramiken und anderen polykristallinen Werkstoffen kommt noch die beschleunigte Korngrenzendiffusion hinzu. Hier gilt, daß der Gesamtmaterialtransport durch das langsamste Ion auf seinem schnellsten Weg bestimmt wird. So bestimmt beim Sintern von MgO bei kleinen Korngrößen zunächst die Korngrenzendiffusion von Mg^{2+} die Verdichtungsrate, mit zunehmender Korngröße ist danach seine Gitterdiffusion ausschlaggebend. Wächst die Korngröße weiter, so wird die Korngrenzendiffusion des Sauerstoffes kleiner als die Mg^{2+}-Gitterdiffusion und kontrolliert somit das Sintern. Bei sehr großen Korngrößen ist dann die Gitterdiffusion des O^{2-}-Ions maßgeblich (Bild 183).

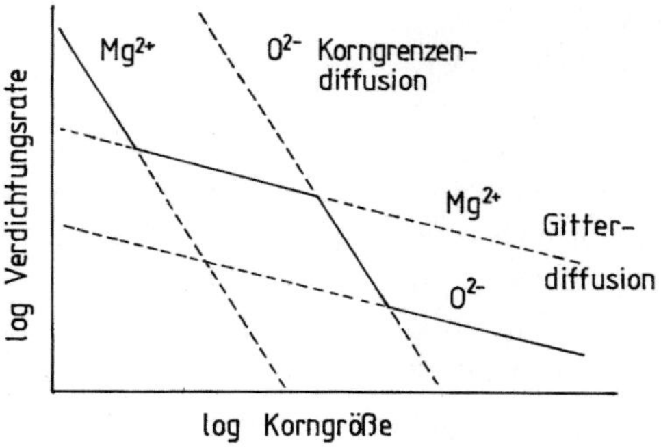

Bild 183: Beitrag einzelner Diffusionspfade zum Sintern von MgO

Volumendiffusionskoeffizienten können auch anisotrop sein, wenn in der Kristallstruktur besonders günstige Diffusionsrichtungen, z.B. durch Kanäle, vorgegeben sind. So besitzt die Cordieritstruktur (Bild 34, Kapitel 2.3.2.1) einen durchgehenden Hohlraum parallel zur *c*-Achse, in welchem auch große Ionen bzw. Moleküle nahezu ungehindert diffundieren können. Auch Mullit (Bild 31 in Kapitel 2.3.2.1) weist Kanäle auf, die große bewegliche Fremdionen in Zwischengitterposition beherbergen können.

Bei *Diffusionspaaren*, d.h. im Kontaktbereich zweier unterschiedlicher, nicht im Gleichgewicht befindlichen Phasen, die eine gegenseitige Löslichkeit oder sogar Reaktion aufweisen, macht sich die *Interdiffusion* der verschiedenen Spezies mit ihren unterschiedlichen Diffusionsgeschwindigkeiten im Gefüge bemerkbar. Besonders gut untersucht ist die Spinellbildungsreaktion aus Al_2O_3 und MgO, da hier auch noch allovalente Ionen beteiligt sind. Schmalzried schildert die verschiedenen Modelle [415], die insbesondere für die Herstellung von Ferriten und feuerfesten Erzeugnissen von Bedeutung sind.

Weitere Informationen zur Diffusion in Keramiken sind bei Cooper und Heuer [416] und bei Frischat [417] zu entnehmen der auch die Daten für die Diffusion in Gläsern zusammengestellt hat [418], während Diffusionsdaten von Oxiden bei Freer [419] zu finden sind.

3.4.3 Reaktionen

Bei allen keramischen Prozessen laufen Reaktionen ab, deren Mechanismen unterschiedlicher Art sein können, deren Geschwindigkeiten aber meist ausschlaggebend für die Führung der Prozesse sind. Man kann die Reaktionen in homogene und heterogene Reaktionen einteilen, je nachdem, ob sie sich in einer einheitlichen Phase oder zwischen mehreren Phasen abspielen. Die heterogenen Reaktionen laufen an Grenzflächen ab und sind in der Keramik vorherrschend. Grundsätzliche Voraussetzung dazu ist einmal das Vorhandensein einer treibenden Kraft, meist gegeben durch die Abnahme der Freien Enthalpie, also thermodynamisch bestimmt (Kapitel 3.1.1), aber auch durch den Wunsch nach Verringerung der Oberfläche möglich. Zum anderen wird ausreichende Bewegungsmöglichkeit der beteiligten Partner benötigt, denn Reaktionen sind mit Materietransport verbunden. Das erlaubt Rückschlüsse bezüglich der Einflüsse einer Struktur und anderer Eigenschaften von Festkörpern auf deren Reaktivität. In einer Monographie betrachtet Schmalzried [415] die Festkörperreaktionen, wobei er auf der Fehlstellentheorie und -thermodynamik sowie der Transporttheorie aufbaut. Diesem Thema sind auch internationale Symposien gewidmet, z.B. [420].

Anhand der *homogenen Reaktionen* lassen sich die Grundlagen leichter überschauen, weshalb dieser Typ von Reaktionen zunächst besprochen werden soll.

Für eine einfache Umwandlungsreaktion A→B oder Zersetzungsreaktion A→B+C sei c die Konzentration an A zur Zeit t. Die Abnahme von c mit der Zeit t ist dann proportional der noch vorhandenen Konzentration c:

$$-\frac{\mathrm{d}c}{\mathrm{d}t} = K_1 c \tag{103}$$

Die Lösung dieser Gleichung liefert

$$\ln\frac{c_0}{c} = K_1 t \tag{104}$$

wenn c_0 die Konzentration zur Zeit $t = 0$ ist. Oft wird die Halbwertszeit τ genannt, bei der gerade die Hälfte reagiert hat. Sie beträgt in diesem Fall

$$\tau = \frac{1}{K_1}\ln 2 = \frac{0{,}6931}{K_1}.$$

Sind an einer Reaktion zwei gleiche Partner beteiligt, z.B. bei A + A →B, dann gilt

$$-\frac{\mathrm{d}c}{\mathrm{d}t} = K_2 c^2 \tag{105}$$

woraus sich nach Integration ergibt

$$\frac{1}{c} - \frac{1}{c_0} = K_2 t \text{ und } \tau_2 = \frac{1}{c_0 K_2}. \tag{106}$$

Ganz allgemein kann man bei Beteiligung von n Partnern schreiben

$$-\frac{\mathrm{d}c}{\mathrm{d}t} = K_n c^n \tag{107}$$

Beteiligen sich verschiedene Partner an der Reaktion, dann sind diese Gleichungen entsprechend zu modifizieren. Es ist üblich, nach dem Exponenten n in Gl. (107) die *Reaktionsordnung* zu bezeichnen. Die Gl. (103) stellt also eine Reaktion erster Ordnung, die Gl. (105) eine solche zweiter Ordnung dar. Beim Auftragen der Meßergebnisse gegen $K \cdot t$ ist es möglich, diese Ordnungen zu erkennen und daraus Rückschlüsse auf den Reaktionsmechanismus zu ziehen. Meistens treten die Reaktionen erster und zweiter Ordnung auf. So wurde z.B. für die thermische Zersetzung von Kaolinit eine Reaktion erster Ordnung gefunden (Kapitel 3.3.3.5). Höhere Ordnungen als zwei sind selten. In besonderen Fällen, wenn z.B. eine starke Adsorption mitspielt, können auch Reaktionen nullter Ordnung ($-\mathrm{d}c/\mathrm{d}t = K_0$) auftreten. Aber auch Reaktionen mit gebrochenem Exponenten in Gl. (107) wurden beobachtet.

Letztere Erscheinung kann dann eintreten, wenn mehrere Reaktionen hintereinandergeschaltet sind und deren Geschwindigkeiten sich nur wenig unterscheiden. Das Nacheinander mehrerer Einzel- oder Zwischenreaktionen, z.B. die Ausbildung eines instabilen Zwischenproduktes, tritt öfter ein. Dann wird die Gesamtgeschwindigkeit der Reaktion durch die am langsamsten ablaufende Reaktion bestimmt.

Die in obigen Gleichungen auftretenden Proportionalitätsfaktoren K werden als *Geschwindigkeitskonstanten* bezeichnet. Ihre Größe bestimmt den Ablauf. Darüber hinaus sind sie nach der *Arrhenius-Gleichung*

$$K = A \exp\left(-\frac{Q}{\mathrm{R}T}\right) \quad \text{oder} \quad \ln K = A' - \frac{Q}{\mathrm{R}T} \tag{108}$$

für die Temperaturabhängigkeit der Reaktionsgeschwindigkeit bestimmend. In Gl. (108) ist Q die entsprechende Aktivierungsenergie und A der Häufigkeits- bzw. Stoßfaktor, der in besonderen Fällen der Berechnung zugänglich ist.

Ganz allgemein lassen sich aus einem Arrhenius-Diagramm Aktivierungsenergien für andere Prozesse ermitteln. Hierfür muß der Logarithmus einer Änderungsrate gegen die reziproke Temperatur aufgetragen werden. Änderungsraten können Kornwachstumsgeschwindigkeiten oder Schwindungsraten beim Sintern sein. Auch wenn eine atomistische Deutung der Mechanismen nicht immer möglich ist, so lassen sich doch Veränderungen in der Kinetik anhand von Knickpunkten den Geraden sehr gut sichtbar machen.

Ein Beispiel für eine *Homogenreaktion* in der Keramik ist das Verteilungsgleichgewicht der Kationen auf tetraedrische und oktaedrische Lagen in den Spinellen, das temperaturabhängig ist (Kapitel 2.2.2). Wird ein solcher Spinell auf eine andere Temperatur gebracht, dann stellt sich entsprechend Gl. (108) ein anderes Gleichgewicht ein, wobei die Reaktionsgeschwindigkeit durch die Freie Enthalpie nach $\ln K = -\Delta G^0/\mathrm{R}T$ bestimmt wird.

Bei *heterogenen Reaktionen* wird die Geschwindigkeit durch die Vorgänge an der Phasengrenze bestimmt. Der Mechanismus besteht aus einem Antransport der Reaktionspartner, der Reaktion in den Phasengrenzen und manchmal dem Abtransport der Reaktionsprodukte. Der erste und letzte Mechanismus wird durch die Diffusion, der mittlere durch die Phasengrenzreaktion kontrolliert. Immer wird der langsamste Schritt die Geschwindigkeit bestimmen. Vorteilhaft ist es, die entsprechenden Phasendiagramme zu berücksichtigen, wie es Schmalzried [421] bei der Diskussion der Rolle der Phasengrenzen zeigt.

Im folgenden sollen einige wichtige Beispiele behandelt werden, wobei im einzelnen auf eine Ableitung verzichtet werden muß. Zur besseren Auswertung ist es angebracht, alle Gleichungen auf den Bruchteil α zu beziehen, der bis zur Zeit t reagiert hat. Zur Zeit $t = 0$ ist dann $\alpha = 0$ und bei $t = \infty$ ist $\alpha = 1$. In dieser Form als $F(\alpha)$ sind auch die wichtigsten Gleichungen z.B. von Sharp u. M. [422] zusammengestellt worden.

Für den einfachen Fall einer ebenen Platte der Dicke d soll sich nur von einer Seite aus eine Reaktionsschicht bilden. Dazu ist es erforderlich, daß der eine Reaktionspartner durch diese Reaktionsschicht diffundiert. Das führt zur Gleichung

$$F(\alpha) = \alpha^2 = \frac{K_1}{d_2} t \tag{109}$$

Ist y die Dicke der sich bildenden neuen Phase, dann ist sie nach

$$y^2 = K_l' t \tag{110}$$

proportional der Wurzel der Zeit. Diese parabolische Abhängigkeit wird oft bei solch einfachen Diffusionsprozessen beobachtet. In der Konstante K_l, wie auch in den folgenden analogen Konstanten, ist der Diffusionskoeffizient D als Faktor enthalten.

Dasselbe Problem zweidimensional, d.h. Bildung einer Reaktionsschicht an einem Zylinder mit dem Radius r ergibt

$$F_2(\alpha) = (1-\alpha)\ln(1-\alpha) + \alpha = \frac{K_2}{r^2} t. \tag{111}$$

Wichtig für die Keramik ist die diffusionsbedingte Reaktion einer Kugel mit dem Radius r:

$$F_3(\alpha) = \left[1-(1-\alpha)^{1/3}\right]^2 = \frac{K_3}{r^2} t. \tag{112}$$

Gleichung (112) ist als *Jander-Gleichung* bekannt geworden. Für dasselbe Problem haben mit etwas anderen Annahmen Ginstling und Brounshtein die folgende, nach ihnen benannte Beziehung erhalten:

$$F_4(\alpha) = 1 - \frac{2}{3}\alpha - (1-\alpha)^{2/3} = \frac{K_4}{r^2} t. \tag{113}$$

Für den anderen Typ der Reaktionen, die durch Phasengrenzreaktionen bestimmt werden, ist eine konstante Geschwindigkeit u der Bewegung der Grenzfläche anzunehmen. Für eine ebene Platte der Dicke d, gilt

$$F_5(\alpha) = \alpha = \frac{u}{r}t. \tag{114}$$

Für einen Zylinder mit dem Radius r folgt

$$F_6(\alpha) = 1-(1-\alpha)^{1/2} = \frac{u}{r}t \tag{115}$$

und für eine Kugel mit dem Radius r

$$F_7(\alpha) = 1-(1-\alpha)^{1/3} = \frac{u}{r}t. \tag{116}$$

Bei diesen Reaktionen wird angenommen, daß die Reaktion von allen Teilen der Oberfläche aus sofort beginnen kann. Bestehen Keimbildungsschwierigkeiten, dann gilt die *Avrami-Gleichung*

$$F_8(\alpha) = \left[-\ln(1-\alpha)\right]^{1/2} = K_8 t \tag{117}$$

oder von Erofeev

$$F_9(\alpha) = \left[-\ln(1-\alpha)\right]^{1/3} = K_9 t. \tag{118}$$

In dieses Schema kann man auch die homogenen Reaktionen

$$\frac{\mathrm{d}\alpha}{\mathrm{d}t} = K\left(1-\alpha\right)^n$$

einbauen. Diese mit n = 1/2 integrierte Gleichung führt zu Gl. (115) und mit n = 1/3 zu Gl. (116). Für n = 1 erhält man

$$F_{10}(\alpha) = \ln(1-\alpha) = -K_{10}t. \tag{119}$$

Zur Auswertung kann man auf die erwähnte Arbeit von Sharp u. M. [422] zurückgreifen. Dabei empfiehlt es sich, eine reduzierte Zeitskala t/τ zu verwenden (mit der Halbwertszeit τ), bei der $\alpha = 0{,}5$ ist. Man erhält dann Gleichungen vom Typ

$$F_i(\alpha) = \mathrm{C}\frac{t}{\tau}. \tag{120}$$

Die Konstanten C sind in Tabelle 46 enthalten, die entsprechenden Kurven zeigt Bild 184. Man kann darin deutliche Unterschiede für die Funktion $F_i(\alpha)$ erkennen. Trägt man Meßergebnisse in dieser Form auf, kann man die Art der Reaktion finden und daraus auf den Mechanismus schließen.

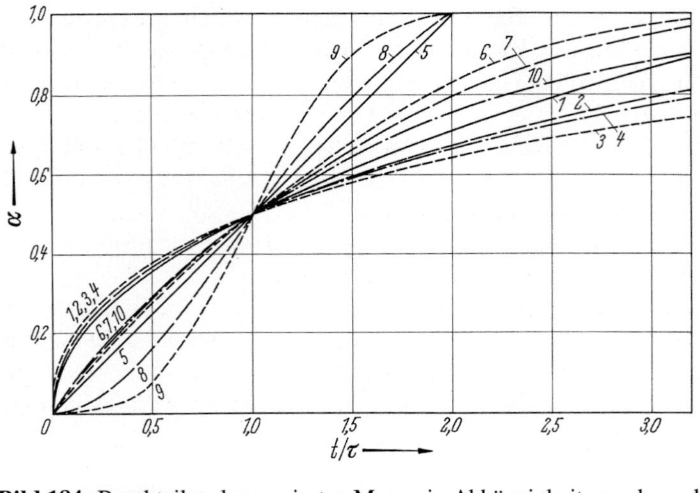

Bild 184: Bruchteil α der reagierten Menge in Abhängigkeit von der reduzierten Zeit t/τ für die verschiedenen Reaktionen F_1 bis F_{10}

Einfacher würde sich diese Auswertung gestalten, wenn man dafür Funktionen oder Auftragungsweisen fände, die Geraden ergeben. Hancock und Sharp [423] konnten zeigen, daß das mit dem Ansatz

$$\alpha = 1 - \exp(-\mathrm{B}t^m) \quad \text{oder}$$

$$\ln[-\ln(1-\alpha)] = \ln \mathrm{B} + m \cdot \ln t \qquad (121)$$

möglich ist; denn Gl. (121) liefert nicht nur direkt für die auf diesem Ansatz beruhenden Gln. (117) und (118) Geraden, sondern auch recht gut für die anderen Gleichungen im Bereich $0{,}15 < \alpha < 0{,}50$. In Gl. (121) ist B eine Konstante, während m die Art der Funktion charakterisiert. Diese Werte, erhalten mit $t_{0,5}$ = 100 min, sind ebenfalls in Tabelle 46 enthalten. Letztere Art der Auswertung hat den Vorteil, daß experimentelle oder methodische Anfangsschwierigkeiten nicht sehr ins Gewicht fallen.

Tabelle 46: Konstanten zur Auswertung der Gleichungen für Reaktionsgeschwindigkeiten

Gl. -Nr.	Konstante C nach Gl. (120)	Exponent m nach Gl. (121)	Reaktion bestimmt durch
(109)	0,2500	0,62	
(111)	0,1534	0,57	
(112)	0,0426	0,54	Diffusion
(113)	0,0367	0,57	
(114)	0,5000	1,00	
(115)	0,2929	1,11	Phasengrenzreaktion
(116)	0,2063	1,07	
(117)	0,8326	2,00	Keimbildung
(118)	0,8850	3,00	
(119)	-0,66931	-	Homogenreaktion

Man hat damit die Möglichkeit. einen tieferen Einblick in die Vorgänge zu erhalten, wobei sich nach Tabelle 46 Zuordnung zu reaktionsbestimmenden Mechanismen ergeben, während innerhalb einer Gruppe nur schwer zu differenzieren ist. Als Beispiel verweisen Hancock und Sharp auf neue Entwässerungsversuche an einem Kaolinit bei 427°C im Vakuum. Beim Auftragen von $\ln[\ln(1\text{-}a)]$ über $\ln t$ erhalten sie im Bereich $0{,}25 < \alpha < 0{,}6$ eine Gerade mit der Steigung $m = 0{,}56$, die zeigt, daß diese Entwässerung diffusionskontrolliert ist. Das steht nicht im Widerspruch zu der oben erwähnten Reaktion erster Ordnung, da nach Brindley u. M. [424] beides in Übereinstimmung gebracht werden kann.

Die eben erwähnte thermische Zersetzung wird oft von der Keimbildung bestimmt, da sich eine neue Phase bilden muß. Wenn N_K die Gesamtzahl an allen möglichen Keimen ist, die alle gleiche Bildungswahrscheinlichkeit haben sollen, und n_K die Zahl der bereits vorhandenen Keime, dann ist die Keimbildungsgeschwindigkeit

$$\frac{\mathrm{d}n_K}{\mathrm{d}t} = k_K(N_K - n_K) \quad \text{oder} \quad n_K = N_K\left[1 - \exp(-k_K t)\right] \tag{122}$$

mit k_K = Keimbildungsgeschwindigkeitskonstante. Für kleine Werte von $k_K \cdot t$ kann man die Reihenentwicklung von Gl. (122) nach dem ersten Glied abbrechen und erhält mit $n_K = k_K\, N_K\, t$ das lineare Keimbildungsgesetz. Ist $k_K\, t$ groß, dann führt Gl. (122) zu $n_K \approx N_K$, d.h., es tritt praktisch spontane Keimbildung ein. Außerdem ist manchmal mit einer Induktionsperiode zu rechnen, was im Zusammenhang mit anderen Problemen der thermischen Zersetzung von Jacobs [425] behandelt wird.

Bisher wurden die Verhältnisse bei konstanter Temperatur betrachtet. Häufig in der Praxis, aber auch bei vielen Labormethoden, verfolgt man das Verhalten bei variablen Temperaturen. Dies gilt besonders für die thermische Analyse. Obige Ansätze sind dann entsprechend zu modifizieren [426], [427].

3.4.4 Schmelzen und Kristallisieren

Im Kapitel 3.2 wurde gezeigt, daß der Übergang Kristall→Schmelze ein Gleichgewichtszustand ist und thermodynamisch festgelegt ist nach $\Delta G = \Delta H_s - T_s\, \Delta S_s = 0$, worin ΔH_s die Schmelzwärme und $\Delta S_s = \Delta H_s/T_s$ die Schmelzentropie darstellen. Beim Erhitzen eines Kristalls nimmt die Fehlordnung ständig zu, indem z.B. einige Atome auf Zwischengitterplätze (Kapitel 2.2.4) wandern. Bei einer bestimmten Temperatur wird dann die Fehlordnung so groß, daß das Gitter instabil wird, die Schmelztemperatur ist erreicht. Im allgemeinen ist eine Überhitzung von Kristallen als Pendant zur Unterkühlung von Schmelzen nicht möglich. Eine Ausnahme bilden Kristalle, die eine Schmelze sehr hoher Viskosität erzeugen. So läßt sich Albit $Na_2O \cdot Al_2O_3 \cdot 6SiO_2$ einige Tage 50 K über seinen Schmelzpunkt von 1118°C erhitzen, ohne daß er seine äußere Form ändert. Kinetische Gesichtspunkte spielen damit beim Schmelzen eine untergeordnete Rolle. Obige Darstellung des Schmelzens ist stark vereinfacht. Ausführlichere Angaben findet man bei Ubbelohde [426], wo besonders die Abhängigkeit von der Kristallstruktur diskutiert wird.

Den oben geschilderten Schmelzvorgang kann man nicht auf die festen Gläser übertragen, da sich diese nicht im thermodynamischen Gleichgewicht befinden, sondern eher als erstarrte unterkühlte Flüssigkeiten (Kapitel 2.4.2) zu beschreiben sind. Beim Erhitzen wird im Transformationsbereich dieser Zustand aufgehoben und geht in den der unterkühlten Flüssigkeit über, der aber dort die sehr hohe Viskosität von 10^{13}dPa·s hat. Mit weiter steigender Temperatur wird das Netzwerk immer mehr aufgespalten und dadurch die Viskosität verringert. Gläser zeigen deshalb keinen Schmelzpunkt, sondern ein langsames Erweichen.

Geht man von einer Schmelze aus und kühlt diese ab, dann muß nach der Thermodynamik bei der Schmelztemperatur (bzw. bei der Liquidustemperatur bei einer Mischung) Kristallisation eintreten. Die früheren Betrachtungen der Oberflächeneinflüsse (Kapitel 2.5.4) haben aber ergeben, daß kleine Kristalle andere Eigenschaften als große haben. Da jede Kristallisation mit kleinsten Kristallen beginnen muß, ist bei der Kristallisation im Anfangsstadium mit Schwierigkeiten zu rechnen. Die grundlegenden Arbeiten von Tammann und seiner Schule haben ergeben, daß zwei Prozesse maßgebend sind: die *Keimbildungsgeschwindigkeit* KB und die *Kristallisationsgeschwindigkeit* KG. Diese Ausdrücke kennzeichnen bereits, daß dabei der Kinetik eine entscheidende Rolle zukommt.

Bei der Behandlung der Kristallisation geht man am besten von der Freien Enthalpie ΔG aus. Die Freie Keimbildungsenthalpie ΔG_{KB} setzt sich zusammen aus dem Unterschied der Freien Enthalpien zwischen Kristall und Schmelze eines großen Volumens und der Freien Grenzflächenenthalpie des sich bildenden Keimes. Aus theoretischen Betrachtungen folgt, daß ein Kristallkeim eine bestimmte kritische Größe benötigt, um weiterwachsen zu können. Die dazu erforderliche Freie Enthalpie $\Delta G_{\mathrm{KBmax}}$ ist die *Keimbildungsarbeit.* Anhäufungen, die die kritische Größe nicht erreichen, die *Embryonen*, zerfallen wieder. Die kritische Kristallkeimgröße ist bei der Schmelztemperatur T_{s} unendlich groß und nimmt mit sinkender Temperatur ab. Im allgemeinen liegt sie in der Größenordnung von 10 bis 100 nm.

Zur Ausbildung eines Kristallkeimes dieser Größe müssen sich Atome oder Ionen in der benötigten Zahl und Lage zusammenfinden. Die Wahrscheinlichkeit dafür ist mit der Keimbildungsarbeit zu berechnen. Die Keimbildungsgeschwindigkeit KB ist weiterhin proportional zum Diffusionskoeffizienten D der Spezies. Daraus folgt, daß sowohl bei Annäherung von T an T_{s} ($\Delta G_{\mathrm{KB\,max}}$ wird sehr groß) als auch bei tiefen Temperaturen (D wird klein) die Keimbildungsgeschwindigkeit sehr gering ist, während dazwischen ein Maximum von KB liegt. Schematisch ist dieser Kurvenverlauf in Bild 185 dargestellt.

Für die Keimbildung aus Lösungen ist die Übersättigung von Bedeutung. Für kleine Werte der Übersättigung ist die Keimbildungsgeschwindigkeit praktisch Null. Von einem bestimmten Übersättigungswert an („metastabile Grenze") steigt die Keimbildungsgeschwindigkeit stark an.

Die hier erläuterte Art der Keimbildung wird *als homogene thermische Keimbildung* bezeichnet. Unterhalb T_{s} findet eine ständige Neubildung von Keimen statt. Dem steht die athermische Keimbildung gegenüber, bei der die Schmelze zunächst oberhalb T_{s} gehalten und dann auf eine Temperatur unterhalb T_{s} gebracht wird. Oberhalb T_{s} können sich keine Keime, aber Embryonen bilden, auch *Asso-*

ziate genannt, die beim Abschrecken erhalten bleiben und dann unterhalb T_s die Größe von Keimen haben können. Weiterhin haben genauere Untersuchungen ergeben, daß die homogene Keimbildung KB_0 zeitlich verzögert sein kann, da ihr eine *Inkubationszeit* τ vorgeschaltet ist. Es wird daher bei der Zeit t die Keimbildung

$$KB(t) = KB_0 \cdot \exp(-\tau / t)$$

festgestellt. Aus dieser Abhängigkeit erkennt man, daß bei kleinem τ der Einfluß gering und zu vernachlässigen ist. Aus der theoretischen Ableitung von τ folgt auch eine direkte Proportionalität mit der Viskosität, d.h., τ wird mit sinkender Temperatur immer größer und erhält dann mehr Einfluß. So beträgt beim Kieselglas bei 1300°C $\tau \approx 10^5$ s, d.h. etwa 1 d, was mit ein Grund für die Entglasungsbeständigkeit dieses Glases ist.

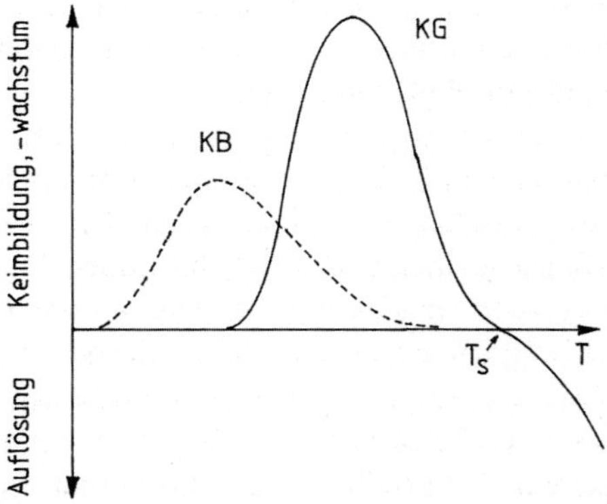

Bild 185: Schematische Darstellung der Temperaturabhängigkeit von Keimbildungsgeschwindigkeit KB und Kristallisationsgeschwindigkeit KG

Meist überwiegt in der Praxis jedoch die *heterogene Keimbildung*, die immer dann eintritt, wenn an oder in der Schmelze Grenzflächen vorhanden sind. Der Mechanismus ist wie oben zu beschreiben, nur daß dann die Grenzflächenenergie zwischen der Grenzfläche und dem Keim als neue Größe auftritt. Ist diese geringer als die Grenzflächenenergie zwischen Schmelze und Keim, dann wird die Keimbildung erleichtert.

Ein einmal gebildeter Keim hat die Möglichkeit, zu einem Kristall weiterzuwachsen. Zur Bestimmung der Kristallisationsgeschwindigkeit KG kann man ähnliche Überlegungen wie bei der KB anstellen, nur daß jetzt die Grenzflächenenergie vernachlässigt werden kann. Dafür wird neben der Heranführung der Teilchen durch die Diffusion auch die Anlagerung der Teilchen an bestimmte Kristalllagen wichtig. Weiterhin kann noch die Abführung der freiwerdenden Kristallisationswärme einen Einfluß haben. Verschiedene Autoren haben diese Einflüsse unterschiedlich berücksichtigt, so daß man in der Literatur mehrere Gleichungen für KG findet. Besonders bekannt geworden sind die Ansätze von Gibbs, Volmer, Kossel oder Stranski, die in Kapitel 3.4.5 weiter erläutert werden.

Betrachtet man KG im Falle unterkühlter Schmelzen und geht man ähnlich wie oben bei der Keimbildungsbildungsgeschwindigkeit KB vor, dann erhält man eine Gleichung für KG, aus deren Temperaturabhängigkeit folgt, daß sowohl bei $T \rightarrow T_s$ als auch bei tiefen Temperaturen KG sehr klein ist, also ebenfalls bei einer Temperatur dazwischen ein Maximum in KG auftritt. Schematisch zeigt dieses Verhalten Bild 185. Es ist charakteristisch, daß das Maximum von KB bei tieferen Temperaturen als das der KG liegt. Der Ast der KG-Kurve oberhalb T_s stellt die Kristallauflösungsgeschwindigkeit dar.

Die heterogene KB kann auch durch bewußtes Zufügen von Keimbildnern herbeigeführt werden. Zu diesem Zweck eignen sich u.a. Edelmetalle oder P_2O_5, ZrO_2 und TiO_2, wobei von letzteren Oxiden der Wirkungsmechanismus noch nicht genau bekannt ist. Einige Untersuchungen sprechen dafür, daß diese KB über einen vorgeschalteten Entmischungsschritt geht, jedoch bedarf jede Entmischung selbst einer Keimbildung. Die konsequente Anwendung dieser Kenntnisse und Erfahrungen, verbunden mit geeigneter Kristallisation, ist vor allem Stookey [428] zu verdanken, der damit die Werkstoffgruppe der Glaskeramik erschlossen hat.

Experimentell wird meist die lineare KG mit der Abschreckmethode bestimmt, indem nach bestimmten Temperzeiten die Kantenlängen der Kristalle ausgemessen werden. Für höhere KG eignet sich besser die direkte Beobachtung mit einem Heiztischmikroskop. Für handelsübliche Gläser liegt die maximale KG in der Größenordnung von 1 µm/min. Bei einigen feldspatähnlichen Schmelzen ist sie wesentlich geringer, bei den nichtsilicatischen Schmelzen meist um viele Zehnerpotenzen höher.

Bisher wurde nur das Kristallwachstum aus der Schmelze betrachtet. Kristallwachstum tritt aber auch unter anderen Bedingungen auf. Für die Keramik noch wichtig ist das Wachstum von Kristallen beim Sintervorgang, wo es näher besprochen wird (Kapitel 4), während das Wachstum aus verdünnten Lösungen bei Keramiken nur selten eine Rolle spielt. Wachstum über die Gasphase ist im Anfangsstadium des Sinterns bzw. bei der Herstellung offenporiger Werkstoffe aus bimodalen Korngrößenmischungen von Interesse. So erreicht man z.B. eine Sinterhalsbildung zwischen grobkörnigem SiC durch Verdampfung von feinkörnigen Partikeln (sog. rekristallisiertes SiC).

Eine besondere Form des Kristallwachstums ist die Bildung von nadelartigen Kristallen (im angloamerikanischen Schrifttum als „whisker“ bezeichnet). Man kennt dabei zwei Formen: das Wachstum an der Spitze (Nadelkristalle) und das an der Basis (Haarkristalle). Diese Kristalle, die es z.B. aus Al_2O_3 oder SiC gibt, zeichnen sich durch eine große mechanische Festigkeit aus. Für die Kinetik dieses Wachstums gibt es mehrere Deutungen, die in Kapitel 11.4 behandelt werden.

3.4.5 Kristallwachstum

Zur Betrachtung der Kristallwachstumskinetik ist es grundsätzlich ohne Bedeutung, ob die nährenden Spezies aus dem Dampf, einer Lösung oder einer Schmelze entstammen. Der Übersättigung einer Gasphase oder einer Lösung entspricht formal die Unterkühlung einer Schmelze, d.h., es existiert eine Triebkraft zum Übergang in den festen Zustand. Im folgenden werden die Vorgänge beim Kristallwachstum dargestellt.

Kristalle sind durch die Größen *Habitus* und *Tracht* gekennzeichnet. Unter Habitus versteht man das Verhältnis von Länge zu Breite und Dicke und vergibt Bezeichnungen wie „äquiaxial" bzw. „isometrisch" für Partikel ohne besondere Elongierung und „tafelförmig" bzw. „faserig" für Teilchen von zwei- oder eindimensionaler Vorzugsrichtung (siehe auch Kapitel 2.5.6). Die Tracht bezeichnet die Summe aller auftretenden Kristallflächen; hier unterscheidet man z.B. zwischen „würfelig", „oktaedrisch", „prismatisch", „pinakoidal" etc.. Habitus und Tracht eines Kristalls sind Hinweise auf anisotrope Wachstumsgeschwindigkeiten, die für technische Zwecke von besonderer Bedeutung sein können.

Wie zuvor dargestellt, hat ein einmal gebildeter Keim hat die Möglichkeit, zu einem Kristall weiterzuwachsen, indem Teilchen aus der umgebenden Lösung, Schmelze oder Gasphase an seiner Oberfläche adsorbiert werden. Aus der Beobachtung des Wachstums von Quecksilberkristallen folgerte Volmer 1921, daß die auf einen Kristall auftreffenden Teilchen nicht an allen Oberflächenplätzen gleich stark gebunden werden und über Diffusion an eine Stelle gelangen, wo sie unter Energiegewinn in das Gitter angelagert oder eingebaut werden können (*Volmer´sche Grenzschichttheorie*). Am meisten Energiegewinn bringt natürlich das Füllen einer Leerstelle im Inneren eines Kristalls, da somit alle Bindungen der umgebenden Atome oder Ionen abgesättigt werden. Betrachtet man nun die nachfolgenden energetisch günstigsten Möglichkeiten, so ergeben sich Positionen mit geringeren Koordinationszahlen, d.h. abnehmenden Bindungspartnern in nächster Umgebung. In Bild 186 sind die Verhältnisse schematisch an einem kubisch-primitiven Gitter verdeutlicht. Einen Energiegewinn von 65 % relativ zur Innenposition erbringt demnach eine Lage in einer sonst bereits vollständig besetzten Oberfläche, gefolgt von Kanten- und Eckpositionen. Am ungünstigsten mit 2,5 % ist die Position, die einer einfachen Adsorption an der Oberfläche eines Kristalls entspricht, weshalb die Oberflächendiffusion auch sehr schnell ist und zum Teilchentransport an die Stellen energetisch günstigeren Einbaus führt.

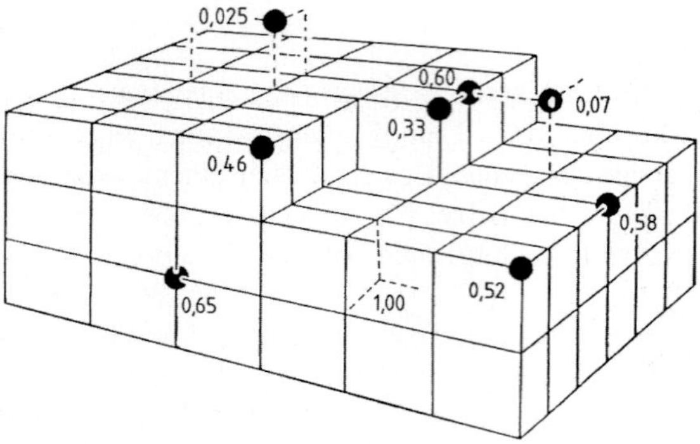

Bild 186: Energiegewinn bei der Anlagerung von atomaren Bausteinen an ein kubisch-primitives Gitter. Die Zahlen geben den relativen Energiegewinn bezogen auf eine Position im Inneren eines Kristalls = 1 an. Daten umgerechnet nach Kossel.

Das Kristallwachstum erfolgt infolgedessen netzebenenweise; eine jede neue Netzebene beginnt mit einer zweidimensionalen Keimbildung auf einer abgeschlossenen vorhergehenden Netzebene. Nach dieser von Kossel und Stranski in den Jahren 1927-1935 durch thermodynamische Größen exakter formulierten Kristallwachstumstheorie (*Kossel-Stranski-Theorie*) wächst ein Kristall im allgemeinen, indem sich energetisch günstige, d.h. besonders dicht mit Atomen und Ionen belegte, elektrostatisch neutrale bzw. möglichst ladungsarme Netzebenen übereinander stapeln [430], [431]. Dies ist in der Regel eine mit niedrigen Miller´schen Indizes bezeichnete Richtung. Die Netzebene selbst wächst im einfachsten Fall über die Verlängerung von Atomketten an einer Stufenkante. Nach Abschluß einer Reihe erfolgt nach eindimensionaler Keimbildung der Aufbau der nächsten Kante. Das Ende einer nicht abgeschlossenen Atomreihe ist die sogenannte *Halbkristall-Lage*, die mit 33 % relativem Energiegewinn den günstigsten Anlagerungspunkt von allen frei zugänglichen Lagen für das nächste Atom oder Ion bietet. Der Name bezieht sich auf die genau halb so große Anzahl der im Verhältnis zu einer Position im Kristallinneren absättigungsfähigen Bindungen, z.B. drei zu sechs im Diamantgitter, vier zu acht im kubisch-raumzentrierten und sechs zu zwölf im kubisch-flächenzentrierten Gitter. Die Anlagerung eines Teilchens erzeugt also wiederum eine Halbkristall-Lage, und die Prozedur wiederholt sich, bis die Kante abgeschlossen ist. Danach muß die nächste Reihe begonnen werden, nach Erreichen der Kante und Vollendung dieser Fläche die nächste Fläche usw. Das Kristallwachstum findet also gemäß Kossel und Stranski in *wiederholbaren Schritten* statt. Die hierfür in der Halbkristall-Lage dargebotene Fläche wird als *Anlagerungsquerschnitt* σ bezeichnet und stellt keine geometrische, sondern eine effektive Größe dar, die auch die zum Anlagern erforderliche Orientierung der ankommenden Teilchen berücksichtigt. Wenn das Umgebungsmedium, also Dampf, Lösung oder Schmelze, n Teilchen pro Kubikmeter enthält, die mit sich mit einer Geschwindigkeit v fortbewegen, so beträgt die mittlere Wartezeit τ_{an} bis zu einer Anlagerung in Analogie zur kinetischen Gastheorie

$$\tau_{\mathrm{an}} \approx 3/nv\sigma \qquad (123)$$

Zur Entfernung eines Teilchens aus dieser Halbkristall-Lage benötigt man eine *Abtrennenergie W*. Da es mit der Frequenz ω schwingt, existiert die Wahrscheinlichkeit $e^{-W/kT}$ dafür, daß es die Abtrennenergie aufbringt. Die mittlere Wartezeit zur Abtrennung ist also

$$\tau_{\mathrm{ab}} \approx \omega^{-1}\, e^{-W/kT}. \qquad (124)$$

Im Gleichgewicht herrscht also

$$\tau_{an} = \tau_{ab} \qquad (125)$$

und damit

$$n = \frac{3\varpi}{\sigma v} e^{-W/kT}. \qquad (126)$$

Deutliches Kristallwachstum ist damit nur bei Übersättigung bzw. Unterkühlung, Absublimation und Auflösung nur bei Untersättigung oder Überhitzung möglich. Der Energieinhalt der einzelnen Anlagerungspositionen kann nach der *Stranski-Kaischew-Methode* mit Hilfe der Abtrennarbeit bzw. der Energie berechnet werden, die bei Anlagerung aufgrund der Bindungsabsättigung frei wird.

Der Beginn einer neuen Fläche ist energetisch allerdings erschwert und bedarf einer neuen Keimbildung, falls keine Gitterdefekte vorliegen, die einen energetisch günstigen Anbau von Atomen ohne Keimbildung ermöglichen. Ein kontinuierliches Weiterwachsen über andauernde Stufenbildung wird durch eine *Schraubenversetzung* ermöglicht (siehe Kapitel 2.2.4, Bild 18), die immer wieder neue Halbkristall-Lagen generiert und damit ein Spiralwachstum anregt. Das Wachstum nach Schraubenversetzungen wird häufig an SiC im Laufe von Gasphasenreaktionen beobachtet, das nach dem Acheson-Prozeß hergestellt worden ist.

Die Anlagerungsgeschwindigkeit von Spezies an eine bestimmte kristallographische Begrenzungsfläche ist nicht nur eine Funktion der lokalen Sättigungsverhältnisse in der Umgebung und der Netzebeneneigenschaften. Auch beeinflussen Oberflächenkrümmungen und -spannungen die jeweiligen chemischen Potentiale und Bindungsenergien (siehe Kapitel 2.5). So sind grundsätzlich ebene Oberflächen energetisch am günstigsten; bei konkaven Kurvaturen erfolgt Materialanlagerung, bei konvexen wird Material abgebaut. Ist das Kristallwachstum unbehindert, d.h. erfolgt der Materiezustrom gleichmäßig und ist ausreichend Platz vorhanden, so wachsen die energetisch ungünstigen Facetten schneller und werden schließlich zu Kanten oder Ecken (Bild 187).

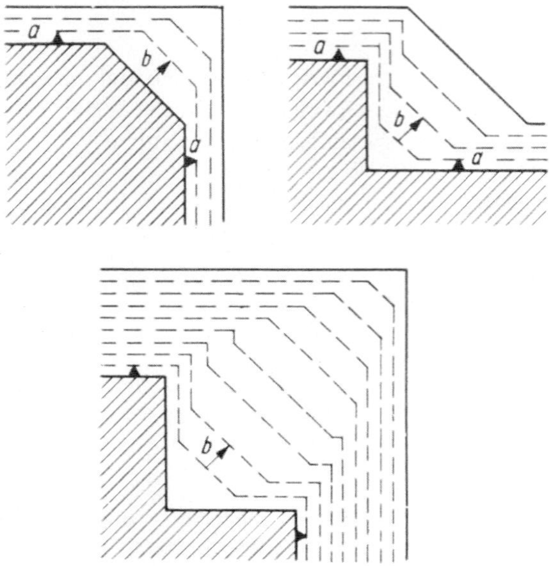

Bild 187: Verschiebung einer langsam (a) und einer schnell (b) wachsenden Kristallfläche nach [431]

Die *Kristalltracht* entspricht dann nach Gibbs der Summe aller Begrenzungsflächen mit der geringsten Verschiebungsgeschwindigkeit und der geringsten gesamten freien Grenzflächenenergie. Sie ist damit auch gleichzeitig Ausdruck für die Anisotropie des Kristallgitters. Diese sog. *Gleichgewichtsform* kann mit Hilfe der *Wulff´schen Konstruktion* ermittelt werden. Bei einer Anisotropie von γ_{sv} oder γ_{sl} ergibt sich die Kristallform aus der Minimierung der gesamten absoluten Grenzflächenenergie: $\Sigma A^{(hkl)} \cdot \gamma^{(hkl)} \rightarrow$ min., wobei $A^{(hkl)}$ die Größe der jeweiligen Fläche (*hkl*) ist. Entsprechendes gilt im übrigen auch für Poren [432]. Für eine Kristallmorphologie mit minimierter absoluter Oberflächenenergie gilt das *Wulff´sche Theorem*:

$$\gamma^{(hkl)} / l^{(hkl)} = \text{const.} = (\mu_{hkl} - \mu_{\infty})/2\,\Omega = \Delta\mu_0/2\Omega \qquad (127)$$

mit $l^{(hkl)}$ als dem Abstand zwischen Kristallmittelpunkt und der Fläche (*hkl*), μ_{hkl} dem chemischen Potential pro Molekül der Fläche (*hkl*), μ_{∞} dem chemischen Potential des unendlich großen Kristalls im Gleichgewicht mit einer gesättigten Lösung und Ω dem Volumen des Gitterbausteins. Wird nun $\gamma^{(hkl)}$ als Vektorgröße in die Richtung der Flächennormale $l^{(hkl)}$ aufgetragen, erhält man einen Schnitt durch den Gleichgewichtskörper entlang einer Zone (Bild 188). Da die Richtungen mit geringster Grenzflächenenergie am langsamsten wachsen, läßt sich mit einer Tangentenkonstruktion an die kleinsten Vektoren die Gleichgewichtsform ermitteln. Kanten und Ecken des Kristalls ergeben sich aus den Schnitten der Flächen. Da sich die Grenzflächenenergien benachbarter hochindizierter Netzebenen nicht sehr unterscheiden, bilden die Endpunkte ihrer Vektoren eine Einhüllende – je nach Kristallsymmetrie – etwa in Form eines Kleeblattes.

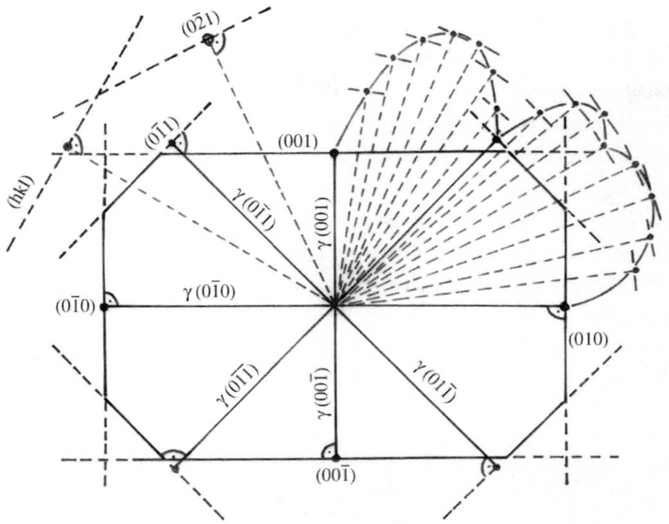

Bild 188: Wulff´sche Konstruktion zur Ermittlung der Gleichgewichtsmorphologie von Kristallen. Ausgezogene Geraden: Gleichgewichtsflächen und ihre Energievektoren; gestrichelt: Flächen und Vektoren außerhalb der Gleichgewichtstracht. Im rechten oberen Quadranten ist die Einhüllende aller Zwischenlagen dargestellt.

Unter realen Bedingungen wird die Gleichgewichtsform jedoch noch durch selektiv adsorbierte Verunreinigungen beeinflußt, die die energetischen Verhältnisse deutlich verändern können. So kann eine Monolage Sauerstoff auf nichtoxidischen Phasen deren Oberflächenenergie derart verringern, daß eine erneute Keimbildung unwahrscheinlich wird. Die unterschiedlichen Morphologien, die sich bei Al_2O_3 in verschiedenen Umgebungsmedien beobachten lassen, sind ähnlich zu erklären. Theoretische Berechnungen der Oberflächenenergien verschiedener Korundflächen zeigen, daß die Basalfläche (0001) eine hohe Energie aufweist, während die Rhomboederfläche ($10\bar{1}2$) die niedrigste Energie besitzt [433], [434]. In Kontakt mit Anorthitgläsern sind die Verhältnisse umgekehrt; die Korundkristalle treten in Form von Plättchen mit großen Basalflächen und kleinen Rhomboederflächen auf [435]-[438]. Das Verhältnis von Breite zu Höhe der Plättchen kann dabei Werte über 5 annehmen, was auf die große Anisotropie von γ_{sl} hinweist. Diese wird durch die Zugabe von MgO zum Anorthitglas verringert, was zu äquiaxialen Al_2O_3-Kristalliten führt [436], [439], [440]. Die Anisotropie von γ_{sl} führt also beim Sintern mit Korngrenzenphase zu anisotropem Kornwachstum.

In einem Gefüge, das amorphe Korngrenzfilme enthält, das aber einen zu geringen Anteil an zweiter Phase für das Flüssigphasensintern aufweist, können die Kristallite ihre Gleichgewichtsform jedoch nicht annehmen. Die Kristallflächen sind gekrümmt, und die Form wird durch die umgebenden Kristallite, Tripelpunkte und Poren und nicht durch das Wulff´sche Theorem bestimmt. Als Kompromiß ist es manchmal für kristallographische Flächen hoher Energie günstiger, sich stufenweise aus verschiedenen niederenergetischen Flächen aufzubauen

[433], [441]. Eine gute Beschreibung der Anwendung der Wulff´schen Konstruktion sowie eine quantitative Deutung der stufenweise facettierten Korngrenzen geben Kim und Blendell [442], [443]. Wird ein solcher Kristallit aber durch Infiltration der Korngrenzen durch eine Flüssigphase vereinzelt, dann stellt sich durch Umlösen (Lösung und Wiederausscheidung) die Gleichgewichtsform wieder ein. Bei einer freien Oberfläche erfolgt durch Oberflächendiffusion sowie Verdampfung und Kondensation ebenfalls eine Annäherung an den energetisch günstigsten Zustand. Einerseits ist das Korn bestrebt, unter der Oberflächenspannung bei Einfurchung der Korngrenzen eine rundliche Form auszubilden, andererseits entstehen durch selektives Verdampfen und Anlagern ebene kristallographische Begrenzungsflächen. Eine typische Terrassierung der Körner ist die Folge, die im ersten Sinterstadium oder bei zu intensive, thermischen Ätzen gelegentlich beobachtet werden kann. Bild 189 zeigt ZrO_2 und B_4C als Beispiel.

Bild 189: Links: Terrassenbildung durch thermisches Ätzen bei einer ZrO_2-Keramik, REM-Aufnahme (Quelle: Max-Planck-Institut für Metallforschung Stuttgart); rechts: Terrassierung an Borcarbid durch Verdampfung und Wiederkondensation im ersten Sinterstadium (Quelle: Telle, Aachen)

4 Sintern

(Bearbeitet von R. Telle, Aachen)

Unter Sintern versteht man die diejenigen Prozesse, die durch eine Temperaturbehandlung eine Verfestigung bzw. Verdichtung des aus kompaktierten Pulverteilchen bestehenden Grünkörpers zum mehr oder minder dichten Erzeugnis herbeiführen. Die zahlreichen verwendeten Definitionen für diesen Prozeß spiegeln die unterschiedlichen Betrachtungsweisen wieder: Oel und Tomandl definieren den Sinterprozeß beispielsweise als „*Verfestigung* von *Partikel*packungen durch Kornwachstum und *Poreneliminierung* bei hohen Temperaturen unter *Schwindung* und Beibehaltung der äußeren *Gestalt* (Form)“, während er von Schatt verstanden wird als „*Wärmebehandlungs*verfahren, während dessen ein nicht oder nur lose gebundenes *Pulver*haufwerk verdichtet wird, bzw. die Summe aller physikalischen und chemischen Vorgänge, die zu einer mehr oder minder vollständigen *Auffüllung von Porenraum* mit Materie führen.“ Hausner bezeichnet als Sintern die „*thermische Behandlung* eines *Pulvers* oder Körpers, die zu einer *Verfestigung* führt, bei einer *unterhalb der Schmelztemperatur* der Hauptkomponente liegenden Temperatur“ und erweitert damit die Prozesse um das Sintern mit flüssiger Phase. Allen Definitionen gemeinsam ist die Partikelpackung als Ausgangsform, die für einen chemischen Stofftransport erforderliche Wärmebehandlung und die dabei in der Regel auftretende Schwindung, welche auf die Auffüllung des Porenraumes zurückzuführen ist. Neben der Formveränderung der einzelnen Partikel durch Diffusion finden gegebenenfalls auch chemische Reaktionen statt.

4.1 Triebkräfte und Phänomene

Die *treibende Kraft* für das Sintern ist das Bestreben eines Systems, den Zustand geringster Freier Enthalpie einzunehmen. Pulver zeichnen sich besonders durch eine große Oberfläche und damit durch eine hohe Oberflächenenergie aus. Beim Sintern verringern sich die Oberflächen- und in späteren Stadien auch die Grenzflächenenergien durch Kornwachstum, wobei der Anteil an abgesättigten chemischen Bindungen erhöht wird und eine Verfestigung des Körpers eintritt. Insofern sind die Triebkräfte bereits im aufbereiteten Pulver „gespeichert“; die hohen Temperaturen werden lediglich zur Ermöglichung des Materialtransportes durch z.B. Diffusion benötigt. Man kann die treibenden Kräfte, zumindest teilweise, auch durch einen äußeren Druck (z.B. durch Verwendung einer Heißpresse) oder innere Spannungen in den Körnern (z.B. durch Intensivmahlung) verstärken. Konzentrationsgradienten in der chemischen Zusammensetzung oder miteinander reagierende Ausgangsstoffe können über das erhöhte chemische Potential eine weitere, chemische Triebkraft für das Sintern bereitstellen (*Reaktionssintern*). Bei Anwesenheit einer Schmelze können die dabei auftretenden Kapillarkräfte ebenfalls durch Teilchenumorientierung bzw. Lösung und Wiederausscheidung zu einer Verdichtung führen (*Flüssigphasensintern*), wobei auch chemische Reaktionen eine Rolle spielen können. Bild 190 gibt eine Übersicht über die möglichen Sinterprozesse.

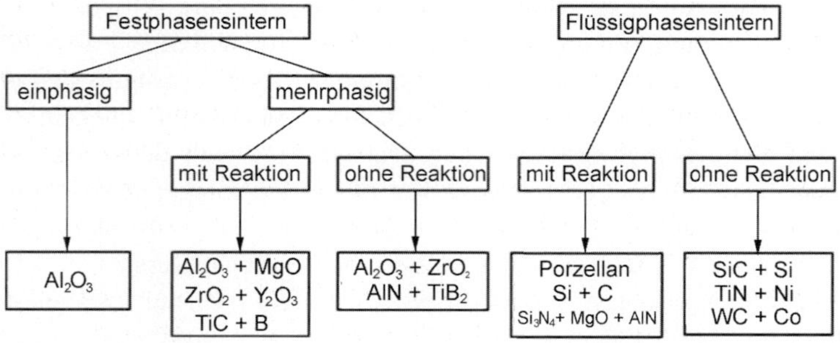

Bild 190: Einteilung der Sinterprozesse

Die Hauptphänomene des Sinterns sind also Poreneliminierung, welche zu einer Schwindung führt, ferner Kornwachstum und Porenwachstum, die mit keiner Dimensionsänderung des Teiles verbunden sind.

Obwohl das Sintern seit Erfindung der Keramik rein empirisch verwendet und in seiner Verfahrenstechnik verfeinert wird, hat seine eigentliche Erforschung erst um 1950 eingesetzt. Auslöser hierfür ist die Entwicklung der Pulvermetallurgie, die ebenfalls die Herstellung von Metallbauteilen aus Pulverformkörpern als Methodik verwendet. Da die chemischen Gegebenheiten bei Metallen einfacher sind als insbesondere bei Silicatkeramiken, konnten in Modellversuchen zahlreiche Phänomene grundlegend experimentell und theoretisch erschlossen und später auf Hochleistungskeramiken übertragen werden. Die systematische Erforschung der Sinterkinetik von Silicatkeramik ist eng mit der Entwicklung besonderer Erzeugniseigenschaften (z.B. bei Elektroporzellan) sowie des Schnellbrandes verbunden.

Klassische Veröffentlichungen, Bücher und Übersichtsartikel zum Sintern stammen von z.B. Bennison [444], Brook [445], Burke [446], Coble [447]-[449], Exner [450], Geguzin [451], German [452], Kaysser [453], Kingery [454], Kuczynski [455], Harmer [456], Oel und Tomandl [457], Palmour [458], Petzow [459]-[461], Prochazka [462], Schatt [463], Thümmler und Thomma [464] und White [465]. Daneben finden sich viele Einzelangaben in den Veröffentlichungsbänden von Tagungen, die dem Thema des Sinterns direkt oder indirekt gewidmet sind, z.B. in den von Kuczynski [466] und Palmour u. M. [467] herausgegebenen Bänden der Reihe „Material Science Research“, der Konferenzserie „Science of Sintering“, ferner auch in Bänden von Onoda und Hench [468] und Ristič [469].

Wesentliches Ziel der meisten Arbeiten ist die Aufklärung der Kinetik des Sinterns. Voraussetzung dazu ist die Kenntnis der *Materialtransportmechanismen*, die über den Porenschluß zur Verdichtung führen. Das können Partikelumordnungen und Formveränderungen sein. Für letztere kommen folgende Vorgänge in Frage: Viskoses und plastisches Fließen, Diffusion, Verdampfung und Kondensation oder Lösung und Wiederausscheidung. Einige dieser Mechanismen setzen die Anwesenheit von flüssiger Phase voraus.

Durch die Abhängigkeit der verschiedenen Sintermechanismen von der Aktivierung des Materialtransportes, z.B. von den Diffusionskoeffizienten, besteht eine starke Abhängigkeit von der Temperatur. Erst wenn die Diffusion genügend groß ist, wird man einen Effekt messen können. Die Diffusion einzelner Ionen wird in einem Kristall um so geringer sein, je stärker die Bindungskräfte sind; um so höher wird man zum Sintern erhitzen müssen. Starke Bindungen kann man aber auch hohen Schmelztemperaturen gleichsetzen. Es besteht somit eine Beziehung zwischen der Schmelztemperatur T_s und der Temperatur, ab der man Sintern beobachten kann, der sog. *Sintertemperatur* T_{Sint}. Frühere Erfahrungen haben ergeben, daß bei oxidischen Stoffen $T_{Sint} \approx 0{,}7$ bis $0{,}8\ T_s$ (jeweils in K) ist. Diese Beziehung kann aber nur als ein Anhalt dienen, da die Sinteraktivität von Pulvern von den Triebkräften, d.h. z.B. den jeweiligen Pulvereigenschaften abhängt.

Es hat sich bald gezeigt, daß es nicht möglich ist, das Sintern eines bestimmten Pulvers nur mit einem Mechanismus zu beschreiben. Man untergliedert den gesamten Verlauf deshalb meist in Anfangs- oder Frühstadium, Zwischen- und Endstadium, wobei das erste Stadium im allgemeinen eine Schwindung bis zu 5 % erfaßt und das letzte, d.h. das Endstadium, dann beginnt, wenn die zunächst durchgehenden Kanalporen in geschlossene Poren übergehen, was etwa bei 5-10 % Gesamtrestporosität eintritt. Geht man von einem Grünkörper mit 30-40 % Porosität aus, dann spielt sich der größte Teil der Schwindung im Zwischenstadium ab, weshalb man auch von Schwindungsstadium spricht. Im Endstadium schließlich verschwindet langsam die Restporosität, wobei aber mit zunehmender Temperatur stärkeres Kornwachstum und leider auch vereinzelt Porenwachstum eintritt. Bild 191 zeigt den schematischen Verdichtungsverlauf als Funktion der Temperatur, wobei eine gleichmäßige *Aufheizrate* vorausgesetzt wird.

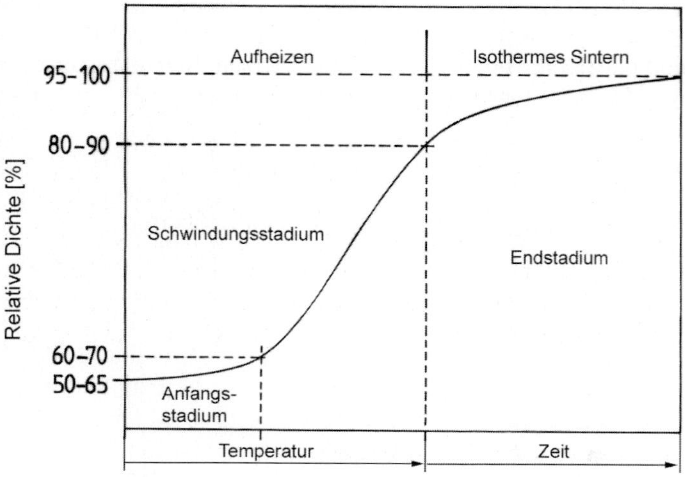

Bild 191: Schematischer Verdichtungsverlauf mit Sinterstadien

Da man in der Praxis nicht beliebig hohe Sintertemperaturen erreichen kann, wird die Temperatur innerhalb des Schwindungsstadiums im Bereich der höchsten Schwindungsrate oder zu Beginn des Endstadiums oft einige Zeit konstant gehalten, bis die Verdichtung hinreichend weit vorangeschritten ist. In manchen Lehrbüchern ist diese *isotherme Haltezeit* in das Sinterdiagramm einbezogen, so daß die Temperaturachse in eine Zeitachse übergeht. Man findet auch Diagramme mit einer zeitabhängigen Darstellung des Schwindungsverlaufes, wobei dann zusätzlich ein zeitlicher Temperaturverlauf in einer zweiten Kurve, manchmal auch die erste Ableitung der Schwindungskurve, also die Schwindungsrate in Prozent pro Minute, dargestellt ist. In beiden Fällen ist allerdings zu beachten, daß die Verknüpfung der temperaturabhängigen und der zeitabhängigen Verdichtungskurven streng genommen zu einer Unstetigkeit führt, da bei gegebener Maximaltemperatur die dort dominierende Kinetik des Materialtransportes unverändert bleibt und die Verdichtung nur noch einem reinen Zeitgesetz folgt.

Die Beschreibung der Sintervorgänge geht im Experiment und in der theoretischen Erfassung von Modellen aus, die meist einfach sind und zwei Kugeln gleichen Durchmessers und gleicher Zusammensetzung sowie strukturell und mechanisch isotrope Phasen voraussetzen, die sich bei konstanter Temperatur befinden (*Zwei-Kugel-Modell* oder *Zwei-Teilchen-Modell*). Die Annäherung an die Praxis versucht man durch Berücksichtigung mehrerer Körner, die dann auch unterschiedliche Größe und Form haben können, und verschiedener Temperaturen. Die Ergebnisse solcher einfacher Modelle sind nach Johnson [470] oder Exner und Petzow [471] nur unter großer Vorsicht auf reale Sinterkörper übertragbar, erlauben aber die Erklärung bestimmter Effekte sowie die näherungsweise Voraussage der Schwindung bzw. der Gestaltsänderung. Dies ist in den folgenden Kapiteln zu beachten, in welchen die grundlegenden Vorgänge aufgezeigt werden sollen.

4.2 Festphasensintern

Beim Festphasensintern geht man davon aus, daß auch bei Erreichen der maximalen Sintertemperatur keine Schmelze auftritt. Dies ist eigentlich nur bei sehr reinen Werkstoffen der Fall. In der Praxis wird auch bei typischen Festphasensintersystemen (z.B. ZrO_2-MgO) aufgrund der natürlichen oder aufbereitungsbedingten Verunreinigungen an den Korngrenzen lokal ein Schmelzphasenfilm beobachtet. Im folgenden Kapitel soll auch davon abgesehen werden, daß Großwinkelkorngrenzen nicht nur aufgrund von segregierten Fremdelementen, sondern auch wegen ihrer ungeordneten Struktur als eine Art „Glasphasen" wirken können.

4.2.1 Anfangsstadium des Festphasensinterns

Die Vorgänge lassen sich am besten an einfachen Modellen ableiten, z.B. an zwei sich berührenden Kugeln mit dem Radius r. Bild 192 zeigt ein solches Modell, bei dem sich zwischen den beiden Kugeln ein Hals mit dem äußeren, konkaven Radius ρ und einem Durchmesser von 2 x ausgebildet hat, Bild 193 eine REM-Aufnahme eines abgebrochenen Sinterhaltes zwischen zwei Wolframteilchen. Aus geometrischen Betrachtungen ergeben sich für kleine x/r-Verhältnisse folgende angenäherte Beziehungen für den Radius ρ, das Volumen V und die Oberfläche S des Halses:

$$\rho = \frac{x^2}{2r}, \quad V = \frac{\pi x^4}{2r} \text{ und } S = \frac{\pi^2 x^3}{r} \qquad (128)$$

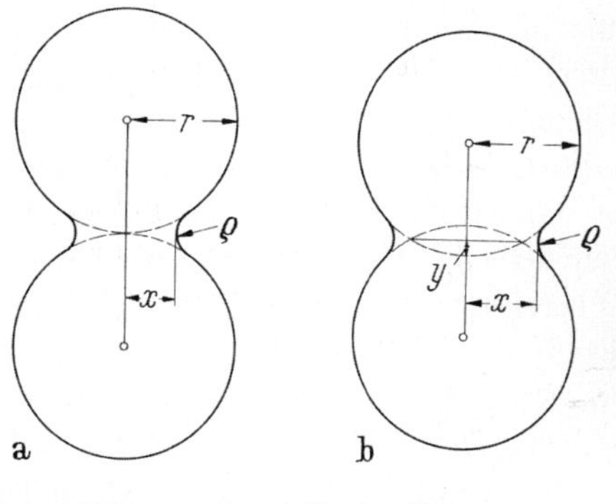

Bild 192: Kugelmodelle des Sinterns (a) ohne und (b) mit Schwindung

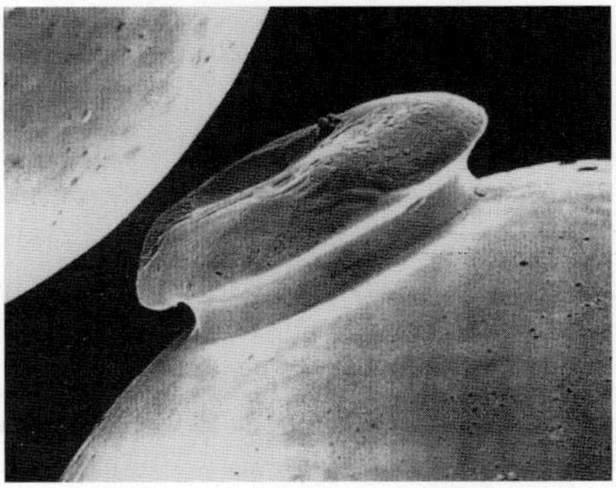

Bild 193: Abgebrochener Sinterhals zwischen zwei Wolframkugeln

Stofftransport und Zeitgesetze des Sinterhalswachstums. In Kapitel 2.5.4 wurde gezeigt, daß sich bei kleinen Krümmungsradien die Dampfdrücke ändern, indem bei konvex gekrümmten Oberflächen der Dampfdruck erhöht, bei konkav gekrümmten erniedrigt wird. Danach wird beim Modell von Bild 192 Substanz von der Kornoberfläche verdampfen und im Hals kondensieren, was als *Verdampfungs-Kondensations-Mechanismus* bezeichnet wird. Die Kombination der *Kelvingleichung* mit der von Langmuir gegebenen Beziehung für die Kondensationsgeschwindigkeit führt zu folgenden Gleichungen für die Ausbreitung des Halses (Sinterhalswachstum) nach der Zeit t:

$$x = \left(\frac{\pi}{2}\right)^{1/6} \left(\frac{M}{\mathrm{R}T}\right)^{1/2} \left(\frac{3\gamma_{sv} \cdot p_0 r t}{D^2}\right)^{1/3} \tag{129}$$

oder

$$\left(\frac{x}{r}\right)^3 = \frac{3\gamma_{sv} \cdot p_0}{r^2 D^2} \left(\frac{\pi}{2}\right)^{1/2} \left(\frac{M}{\mathrm{R}T}\right)^{3/2} t \tag{130}$$

mit M = Molekulargewicht, p_0 = Dampfdruck, γ_{sv} = Oberflächenenergie und D = Dichte.

Danach wird vor allem im ersten Stadium ein Wachstum des Halses eintreten, das aber wegen der $t^{1/3}$-Abhängigkeit bald abklingt. Nach Gl. (129) ist auch ein Anstieg des Halsradius mit der Korngröße r zu erwarten. Besser ist es, das Verhältnis x/r zu betrachten, das nach Gl. (130) mit steigender Korngröße abnimmt. In diesem Stadium ändert sich zwar die Gestalt der Zwischenräume oder Poren, ihr Gesamtvolumen bleibt jedoch konstant: Die Pulverteilchen werden schlanker, ihre Mittelpunkte nähern sich jedoch nicht an. Es tritt daher keine Schwindung auf. Aus diesen Gleichungen kann man überschlagen, daß für vernünftige Halswachstumsgeschwindigkeiten der Dampfdruck bei einer Korngröße von etwa 10 µm mindestens 10^{-3} mbar betragen muß. Da diese Drücke bei Keramiken im Gegensatz zu Metallen nur in wenigen Fällen und bei sehr hohen Temperaturen auftreten, spielt der hier geschilderte Mechanismus bei konventionellen Korngrößen nur eine untergeordnete Rolle. Magnesiumoxid ist ein solches Beispiel für ein stark verdampfendes Material, ebenso verlieren Si_3N_4 und SiC bei Temperaturen oberhalb 1850°C bzw. 2000°C deutlich Silicium durch Verdampfung. Bei Nanopulvern mit Radien von 5-50 nm kann das Sinterhalswachstum bei fehlender Schwindung einen wesentlichen Teil der Triebkräfte aufzehren. So liegt der Dampfdruck eines kugelförmigen Al_2O_3-Teilchens mit 10 µm Radius etwa 0,02 % und der eines Teilchens mit 0,1 µm Radius bereits 2 % über dem Gleichgewichtsdampfdruck über einer ebenen Fläche. Gezielt eingesetzt wird die Verdampfung und Wiederkondensation beim sog. *rekristallisierten SiC*, wobei man von einer stark bimodalen Korngrößenverteilung ausgeht. Um die Sinterhalsbildung sehr grober Partikel (> 20...50...200 µm) anzuregen, werden feine Partikel (<< 5 µm) bei Temperaturen oberhalb 2200°C „geopfert". Das Gefüge ist dann charakterisiert durch in der Regel idiomorphe, d.h. facettierte große Kristalle, die durch polykristalline Brücken mit ihren nächsten Nachbarn verbunden sind. Bei sehr langer Wärmebehandlung verschwinden auch diese Brücken zugunsten eines idiomorphen Kristallwachstums sehr großer Körner (Bild 194). Gemäß dem Wachstumsprozeß des wiederholbaren Schrittes nach Kossel und Stranski (siehe Kapitel

3.4.5) sind auf manchen dieser Kristallflächen typischerweise Wachstumsstufen oder gar Spiralversetzungen zu sehen, die natürlich auch durch Oberflächendiffusion entstehen können. Besonders schön sind solche Effekte an Acheson-SiC (siehe Kapitel 10.5.2) zu erkennen, wo Gastransportreaktionen das Kornwachstum beschleunigen. Bild 195 zeigt Riesenkristallwachstum von B_4C im Porenraum einer feinkörnigen B_4C-Keramik, wobei Bor über die Reaktion 3 BO $\rightleftharpoons$ B_2O_3 + B transportiert wird und Kohlenstoff über die bekannte Boudouard-Reaktion: 2 CO $\rightleftharpoons$ CO_2 + C.

Bild 194: Verdampfung und Kondensation: Gefüge von rekristallisiertem SiC; REM-Aufnahme

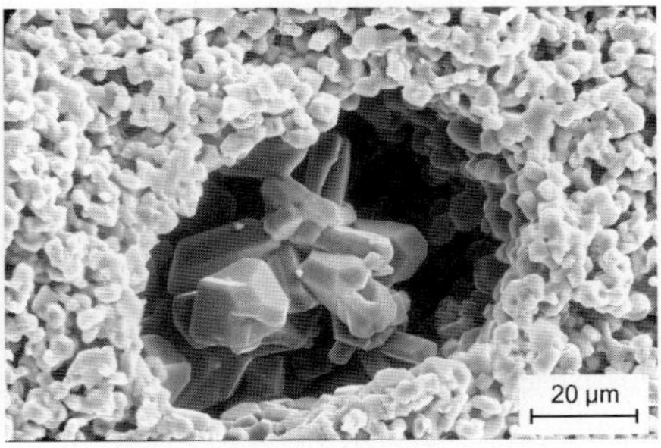

Bild 195: Verdampfung und Kondensation: B_4C-Grobkornwachstum in Pore, induziert durch Gasphasentransportreaktionen; REM-Aufnahme

In der Keramik herrscht meist die *Diffusion* als Materialtransportmechanismus gegenüber der Verdampfung-Kondensation vor. Die Diffusion ist um so größer, je mehr Leerstellen in einem Gitter vorhanden sind. Oberflächenenergetische Betrachtungen ergeben, daß unter einer konkav gekrümmten Oberfläche mit dem Radius ρ eine Anreicherung der Konzentration c an Leerstellen eintritt:

$$\Delta c = \frac{c_0 \gamma_{sv} \Omega}{\rho \mathrm{k} T} \tag{131}$$

worin Ω = Volumen einer Leerstelle $\approx a_0^3$ (a_0 = Gitterabstand), c_0 = Leerstellenkonzentration in einem Kristall mit ebener Oberfläche und k = Boltzmann-Konstante bedeuten.

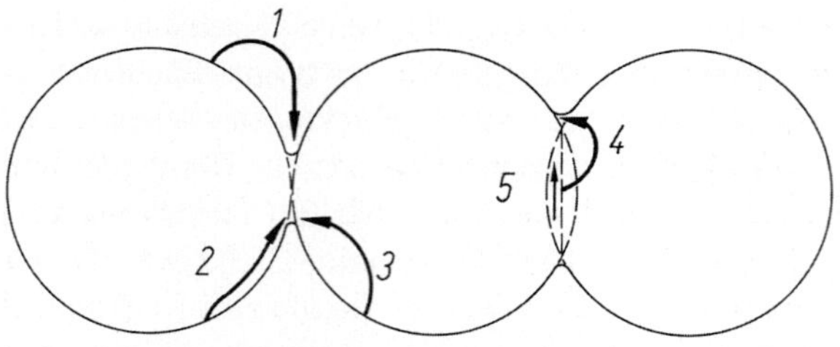

Bild 196: Schematische Darstellung der Transportwege von Materie zum Sinterhals über
1. Verdampfung-Kondensation
2. Oberflächendiffusion
3. Volumendiffusion, von Oberfläche ausgehend
4. Volumendiffusion, von Korngrenzen ausgehend } Schwindung
5. Grenzflächendiffusion entlang der Korngrenze } Schwindung

Damit besteht für solche Leerstellen gegenüber Positionen unter einer ebenen oder konvexen Oberfläche ein Konzentrationsgefälle, in welchen sie zu den Stellen mit geringerer Konzentration diffundieren. Dies ist aber gleichbedeutend mit einer Diffusion von Materie in entgegengesetzter Richtung, also an die konkav gekrümmte Oberfläche. Das Fortschreiten dieses Mechanismus verlangt, daß neben der Leerstellenbildung (*Leerstellenquellen*) auch Stellen vorhanden sind, wo diese wieder verschwinden (*Leerstellensenken*). Das setzt die Möglichkeit einer Umorientierung des Kristallgitters voraus, was an der Oberfläche der Kristalle, an Grenzflächen zwischen zwei Kristallen oder an Fehlstellen in Kristallen erfolgen kann. Bezüglich der Diffusionswege unterscheidet man Oberflächen-, Grenzflächen- oder Volumendiffusion (siehe Kapitel 3.4.2). Da diese sich in ihrer Geschwindigkeit unterscheiden, wird auch die Kinetik des Sinterns unterschiedlich sein. Die Transportwege für einige dieser Mechanismen sind in Bild 196 dargestellt. Dabei führt die reine Oberflächendiffusion zu einer Verschlankung der Partikel, da äquatorial Material abgetragen und an die Sinterhälse transportiert wird. Wie bei der Verdampfung und Wiederkondensation kommt es zu keiner Schwindung, ebenso, wenn Oberflächenatome auf dem Weg der Volumendiffusion abtransportiert werden. Erst Volumendiffusion und Korngrenzendiffusion, die Material aus der Korngrenze abführen, resultieren in einer Zentrumsannäherung der beiden Teilchen und somit in einer Schwindung.

Die Ableitung der Sintergeschwindigkeit erfolgt in ähnlicher Weise wie beim Verdampfungs-Kondensations-Mechanismus, wobei nur der entsprechende Diffusionsstrom anzusetzen und die Geometrie der beteiligten Teilchen zu beachten ist. Ist D_L der Diffusionskoeffizient für die Leerstellen, dann erhält man daraus den Selbstdiffusionskoeffizienten D_S des wandernden Teilchens nach

$$D_S = D_L \Omega c_0 . \tag{132}$$

Für die Oberflächendiffusion gilt das Modell von Bild 192. Substanz von der Oberfläche diffundiert zum Hals, ohne daß dabei eine Annäherung der Zentren der Teilchen eintritt. Es ist also keine Schwindung und auch keine Volumenänderung der Porosität zu beobachten.

Meist ist die Grenzfläche für das Verschwinden der Leerstellen verantwortlich. Der Diffusionsweg kann dabei entlang der Grenzfläche oder über das Volumen verlaufen. Das geometrische Modell dazu zeigt Bild 192, genauer noch das Bild 197. Da hinter den konkaven Oberflächen der Sinterhälse Zugspannungen herrschen, werden dort beim Halswachstum bevorzugt Leerstellen in das Kristallgitter eingebaut. Die Diffusion der Leerstellen zur Grenzfläche, d.h. die Gegendiffusion von Atomen oder Ionen zum Halsrand bewirkt eine Verringerung des Abstandes der Zentren der beiden Teilchen (*Zentrumsannäherung*), also eine Schwindung und eine Abnahme der Porosität. Veranschaulichen kann man sich dies durch die Vorstellung, daß an der Korngrenze eingeschobene Netzebenen, also Versetzungen, an ihren Enden Atome abgeben und allmählich durch Anlagerung von Leerstellen verschwinden (*Versetzungsklettern*). Das Volumen im Bereich der Korngrenze, in welchem sich diese Prozesse abspielen, hat die Dicke δ, die in die Schwindungsgleichungen eingeht.

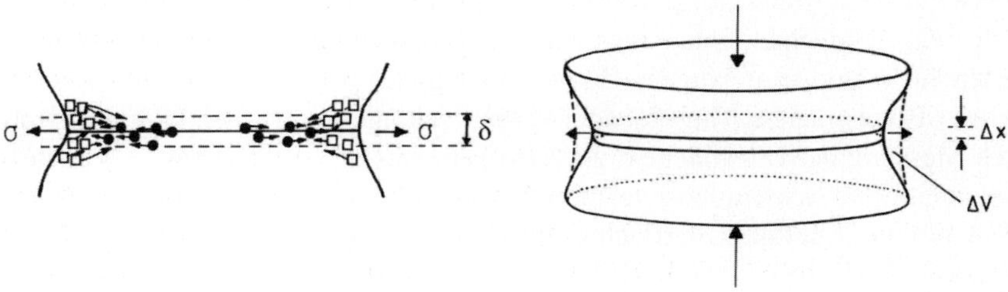

Bild 197: Entstehung und Vernichtung von Leerstellen □ im Bereich des Sinterhalses. Der Gegenstrom von Atomen oder Ionen ● bewirkt eine Schwindung um Δx zugunsten des Halswachstums um ΔV.

Für die Berechnungen des Radius, des Volumens und der Oberfläche des Halses sind angenäherte Gleichungen abgeleitet worden, die den Gln. (128) entsprechen, nur daß jeweils $2r$ anstelle von r tritt. Aus den sich ergebenden geometrischen Beziehungen (Volumenänderung des Sinterhalses $\Delta V = \pi(x - x_0)^4 / 2(r - r_0)$) und mit den entsprechenden Diffusionsgleichungen (1. Fick´sches Gesetz) erhält man Gleichungen vom Typ

$$x^n = K_1 \frac{\gamma \cdot \Omega D_S}{\mathrm{k}T} r^m t \tag{133}$$

für das Halswachstum. Daraus leitet sich die lineare Schwindung $\Delta l/l$ durch Zentrumsannäherung ab:

$$\left(\frac{\Delta l}{l}\right)^q = K_2 \frac{\gamma \cdot \Omega D_S}{\mathrm{k}T} r^s t \tag{134}$$

Die Exponenten *n, m, q* und *s* sowie die Konstanten K_1 und K_2 sind für die verschiedenen Mechanismen und geometrische Randbedingungen unterschiedlich, z.B. betragen sie nach Coble [447] in obiger Reihenfolge für die Volumendiffusion 4, 1, 2, -3, 32 und 2 und für die Grenzflächendiffusion 6, 2, 3, -4, 96 und 3. Bei Exner, Kingery, Herring und anderen Autoren finden sich entsprechend andere Werte. Die Konstante K_1 beträgt bei Verdampfung und Wiederkondensation $6\sqrt{2}/\pi$, für Oberflächendiffusion 46, für Grenzflächendiffusion 96 und für Volumendiffusion 32. K_2 beträgt für Grenzflächendiffusion 3 und für Volumendiffusion 2. Der Exponent *s* ist immer negativ, d.h., mit steigender Korngröße nimmt die Sintergeschwindigkeit ab.

Man kann die Gln. (133) und (134) verwenden, um aus den experimentellen Daten sowohl den Diffusionskoeffizienten D_S zu berechnen als auch aus den Werten für *n* und *m* bzw. *q* und *s* auf den Diffusionsmechanismus zu schließen. Letztere Werte ergeben sich am einfachsten aus doppellogarithmischen Darstellungen wie z.B. lg $\Delta l/l$ gegen lg *t*. Nur selten werden allerdings sichere Aussagen erhalten, was seine Ursachen nicht nur darin hat, daß Messungen mit ausreichender Genauigkeit großer Sorgfalt bedürfen, sondern auch daß verschiedene Autoren für denselben Mechanismus unter anderen geometrischen Annahmen zu anderen Werten für *n* und *m* gelangen. German und Lathrop [472], die sich kritisch mit solchen Berechnungen auseinandersetzen, schlagen vor, den Sinterfortschritt durch Messung der Oberfläche *S* zu verfolgen, was den Vorteil hat, daß auch Mechanismen ohne Schwindung verfolgt werden können. Beträgt anfangs die Oberfläche S_0, dann folgt die Oberflächenabnahme ΔS meist der Beziehung

$$\left(\frac{\Delta S}{S}\right)^u = Kt, \tag{135}$$

die der Gl. (134) in der Form $(x/r)^n = Kt$ entspricht. *u* variiert dabei von 1,5 bei der Verdampfung-Kondensation bis 3,5 bei der Oberflächendiffusion.

Eine solche Betrachtung sagt dann jedoch nichts über die Schwindung aus, sondern nur etwas über den Verlust an Triebkraft. Burke [473], DeHoff et al. [474], Greskovich und Rosolowski [475] sowie Prochazka [462] haben gezeigt, daß vor allem kovalent gebundene Keramiken zu Beginn des Sinterns viel Oberflächenenergie zum Kornwachstum aufbrauchen, ohne daß Schwindung eintritt. Den Verlust an Triebkraft kann man mit Hilfe eines *De-Hoff-Diagrammes* nachweisen, bei welchem die normierte spezifische Oberfläche (1 = spez. Oberfläche des Grünkörpers) gegen die Dichte in Prozent der theoretischen Dichte aufgetragen wird. Der Triebkraftverlust kann dann als Abfall der spez. Oberfläche für einzelne Temperaturintervalle oder Stufen der isothermen Haltezeit experimentell durch BET-Messungen verfolgt werden.

In Bild 198 nach [474] sind Kurven für einige SiC- und Al_2O_3-Pulverpreßlinge dargestellt, die sich in der Korngröße oder im Additivgehalt unterscheiden. Auffallend ist der jeweils starke Abfall der Kurven bei kleinen Dichten, d.h. bei niedrigen Temperaturen. So ist es erklärbar, daß sich manche Keramiken bei hohen Temperaturen und innerhalb sinnvoller Haltezeiten kaum noch weiter verdichten lassen und nur noch Kornwachstum erfolgt.

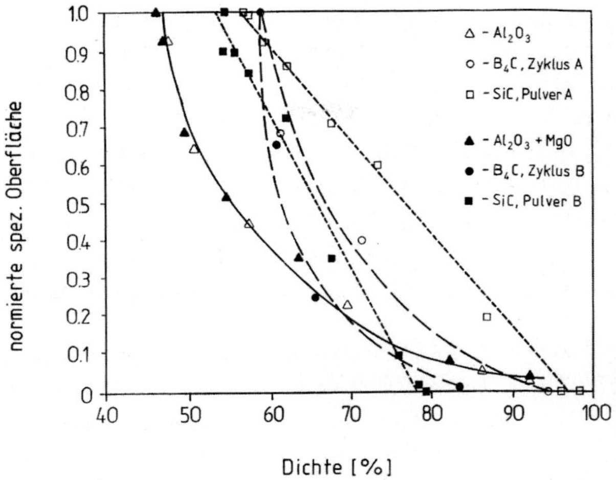

Bild 198: DeHoff-Diagramm; der Triebkraftverlust, ausgedrückt im Abfall der normierten spezifischen Oberfläche, ist gegen die erreichte Sinterdichte für SiC-, B_4C- und Al_2O_3-Pulver unterschiedlicher Eigenschaften aufgetragen (Daten nach [462]).

Auf eine nähere Diskussion der zuvor genannten Exponenten wird verzichtet, weil es sich immer mehr herausgestellt hat, daß das Zwei-Kugel-Modell zu einfach ist, um das Verhalten eines Pulvers zu erfassen, in dem sich nicht nur viele Körner mit sehr unterschiedlicher Geometrie befinden, sondern auch oft mehrere Mechanismen gleichzeitig wirken. Auch trifft die obige idealisierte Halsgeometrie kaum zu. Exner [450] und Coblenz u. M. [476] konnten zeigen, daß durch die Oberflächen- und z.T. auch Volumendiffusion Material bevorzugt von der Nähe des Halswinkelscheitels an diesen Scheitel selbst diffundiert, wodurch sich eine kugelförmige Spitze bildet und die anschließenden Winkelschenkel etwas unterschnitten sind. Ferner kann im Hals eine Korngrenze vorliegen, die nach Kapitel 2.5.3 die Tendenz hat, entsprechend der Grenz- und Oberflächenenergie den nach Gl. (16) zugehörigen Dihedralwinkel auszubilden, so daß die Länge des Sinterhalsradius nicht rotationssymmetrisch, sondern richtungsabhängig ist. Dies ist auch deshalb zu erwarten, da Sinterpulver in der Regel aus Kristalliten mit anisotropen Eigenschaften bestehen.

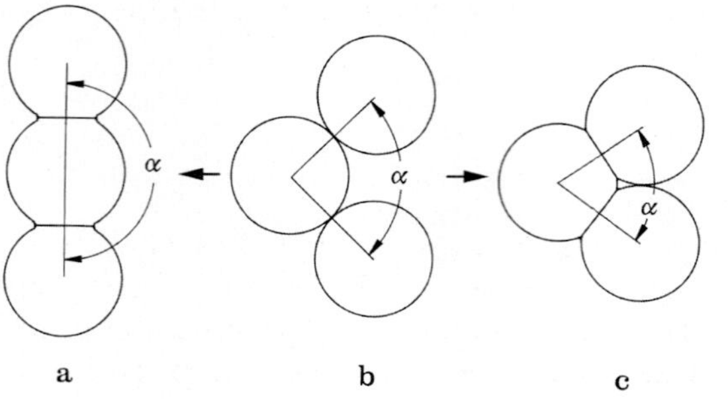

Bild 199: Drei-Kugel-Modell des Sinterns mit (a) Umordnung nach größerem Winkel α, (b) nichtlinearer Ausgangsanordnung, (c) Umordnung nach kleinerem Winkel α

Teilchenumorientierung. Neben dem Halswachstum muß noch die Teilchenumorientierung als wichtiger Sintermechanismus erwähnt werden, auf den besonders Petzow und Exner [461] hingewiesen haben. Geht man vom Zwei-Kugel-Modell zum *Drei-Kugel-Modell* von Bild 199 über, dann wird im allgemeinen die Anordnung der in (b) entsprechen, also mit einem Winkel $\alpha < 180°$. Beim Sintern bleibt dieser Winkel nur erhalten, wenn alle Halswinkel vollkommen gleich sind, was in der Praxis kaum der Fall ist. Die Folge ist dann, daß sich α ändert, wobei Experimente gezeigt haben, daß α meist größer wird, also eine Streckung in Richtung Bild 199a erfolgt; das hat seinerseits zur Folge, daß sich der Abstand der beiden äußeren Körner vergrößert und die Schwindung verringert wird. Tritt der gegenteilige Fall ein, daß α kleiner wird, dann kommt es in Bild 199c zu einer neuen Kontaktstelle, die nun zunächst einen sehr kleinen Halsradius ρ aufweist, wodurch die Sintertendenz verstärkt wird. Die äußeren Teilchen nähern sich dann schneller, und es bilden sich Spannungen aus. Hierbei ist auch von Bedeutung, ob Großwinkelkorngrenzen, teilkohärente Korngrenzen oder Kleinwinkelkorngrenzen entstehen.

Geht man von einkristallinen Pulverteilchen aus, so entsteht beim Grenzflächenwachstum zwischen zwei zufällig zueinander orientierten Kristallgittern eine Korngrenze, deren Energieinhalt durch ihre Struktur bestimmt ist und durch Kipp- und Drehbewegungen der Kristalle minimiert werden kann. Trägt man die Korngrenzenenergie einfacher Kristallgitter z.B. gegen den Kippwinkel φ auf, so ergibt sich ausgehend von der Gitterenergie bei $\varphi = 0$ ein parabolischer Anstieg, bis die Geometrie von Großwinkelkorngrenzen erreicht ist. Der kontinuierliche Anstieg der Grenzflächenenergie ist aber im Winkelbereich von Kleinwinkelkorngrenzen unterbrochen durch ausgeprägte Minima, die durch Teilkohärenzen oder periodische Koinzidenzen, etwa durch symmetrische Leerstellencluster, entstehen. Befindet sich die Zufallsorientierung der Partikel in der Nähe der Kipp- und Drehwinkel solcher Niederenergiekorngrenzen, so besteht eine Triebkraft zur Rotation in diese Richtung, da hiermit ein nicht unbeträchtlicher Energiegewinn verbunden ist (Bild 200). Dies ist insbesondere für Metalle gut dokumentiert, wobei anstelle des Zwei-Kugel-Modells mit einer Kugel-Platte-Anordnung gearbeitet wurde [477]-[479]. Die Kipp- und Drehwinkel, bei denen Niederenergiekorngrenzen existieren, hängen von den Symmetrien der Kristallgitter, den Gitterabständen und bei Ionenkristallen von der Ladungsverteilung ab. Nach Shewmon [480] beträgt die Abrollgeschwindigkeit durch solche Prozesse

$$\frac{\Delta\varphi}{\Delta t} \approx \frac{\Delta\gamma_g}{\Delta\varphi} \cdot \frac{8 \cdot \Omega D_v}{kT \cdot x^3} \tag{136}$$

wobei $\Delta\gamma_g$ die Differenz der Korngrenzenenergie der beiden Positionen und x den Halsradius darstellen. Shumaker [481] hat die Teilchenumorientierung von Carbonyl-Nickel-Preßlingen im Rasterelektronenmikroskop als Funktion der isothermen Haltezeit dokumentiert. Bild 201 zeigt die Superposition der Ausgangssituation und derselben Gefügestelle nach 200 min bei 1200°C.

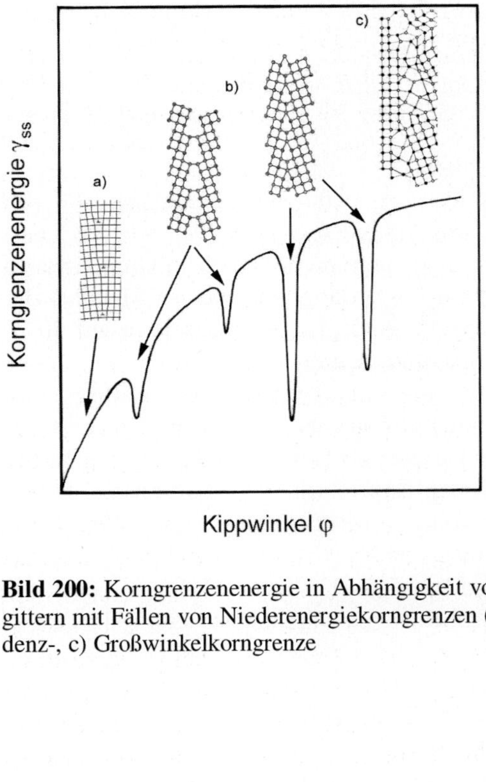

Bild 200: Korngrenzenenergie in Abhängigkeit vom Kippwinkel φ zwischen zwei Kristallgittern mit Fällen von Niederenergiekorngrenzen (schematisch) a) Kleinwinkel-, b) Koinzidenz-, c) Großwinkelkorngrenze

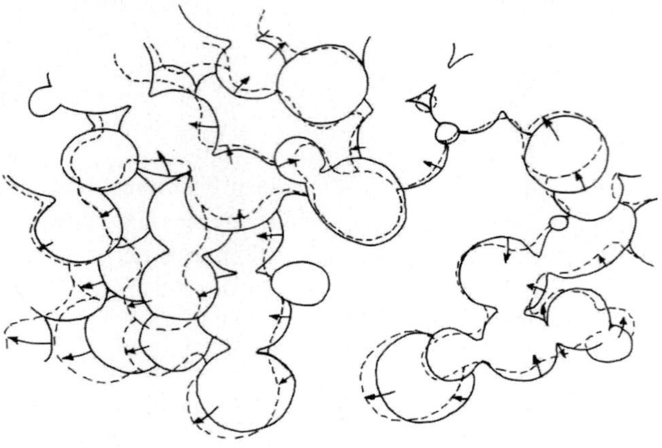

Bild 201: Umorientierung, Verschlankung und Halswachstum bei Carbonyl-Nickel-Teilchen nach 200 min bei 1200°C; durchgezogene Linie: Ausgangspositionen; gestrichelt: Endsituation. Pfeile geben Relativbewegungsrichtung an. Umgezeichnet nach Shumaker [481]

Allerdings ist die Ausbildung von Niederenergiekorngrenzen ungünstig für den weiteren Sinterverlauf, da die Anzahl von Gitterdefekten, an welchen sich Leerstellen anlagern können, drastisch sinkt und aufgrund der erhöhten Ordnung auch die Korngrenzendiffusion erschwert wird. So verlangsamt sich bei Metallen das Sinterhalswachstum bei Kornkontakten mit Niederenergiekorngrenzen auf 50-70 % des Wertes von Klein- bzw. Großwinkelkorngrenzen.

Die Erscheinungen der Teilchenumorientierung haben zur Folge, daß bei einer ebenen Kugelschüttung die kleinen Poren kleiner, aber die großen Poren größer werden. Insgesamt ist die Schwindung geringer als beim Zwei-Kugel-Modell. Bei einem solchen Modell ist die Übertragung der einfachen Ansätze nur bei geordneten dichtesten Packungen möglich, wobei zu berücksichtigen ist, daß die Partikel durch weitere Kontakte zu ihren nächsten Nachbarn in ihrer Bewegungsfreiheit eingeschränkt werden. Petzow und Exner [461] sowie Gessinger, Lenel und Ansell [482] begründen die unterschiedlichen Abrollrichtungen der Teilchen ferner durch inhomogenes Halswachstum, welches abweichend vom idealen Kugel-Modell durch irreguläre Partikelformen und Anisotropie-Effekte zustandekommt. Die statistischen Packungen realer Pulverteilchen zeigen daher Abweichungen von der Theorie, die anfangs das Schwinden beschleunigen und später, wenn sich die Umlagerungen in der Bildung größerer Poren auswirken, verlangsamen. Folgen einer solchen Partikelumlagerung mit typischen verschlankten Teilchenketten, Bereichen höherer Dichte bei gleichzeitig vergrößerten benachbarten Porenräumen zeigt Bild 202.

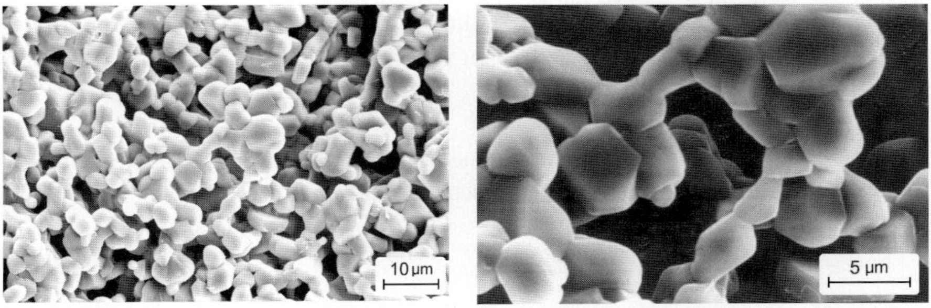

Bild 202: Anfangsstadium des Sinterns: Teilchenketten in Borcarbid-Keramik, drucklos gesintert bei 2050°C. REM-Aufnahme. Rechts: vergrößerter Ausschnitt

Temperatureinfluß. Bisher wurde noch nicht die Temperatur als Einflußgröße betrachtet. In den Gln. (133) und (134) steht sie im Nenner, d.h. mit steigender Temperatur müßte eine Abnahme der Schwindungsrate eintreten. Dieser Einfluß wird aber durch den gegenläufigen exponentiellen Einfluß der Temperatur auf den Diffusionskoeffizienten aufgehoben, so daß mit steigender Temperatur ein schnellerer Stofftransport und damit ein beschleunigtes Sintern eintritt. In Bild 203 sind isotherme Längenänderungen für das Sintern von Al_2O_3 im Anfangsstadium nach Coble and Burke gezeigt [449]. Es wird dabei deutlich, daß es für die Schwindung wesentlich wirksamer ist, die Sintertemperatur um wenige Grad zu erhöhen als die Sinterzeit zu verlängern. So erreicht man bei 1 min Sinterzeit bei 1350°C dieselbe Schwindung von etwa 1 % wie nach 10 min bei 1300°C bzw. nach 100 min bei 1250°C.

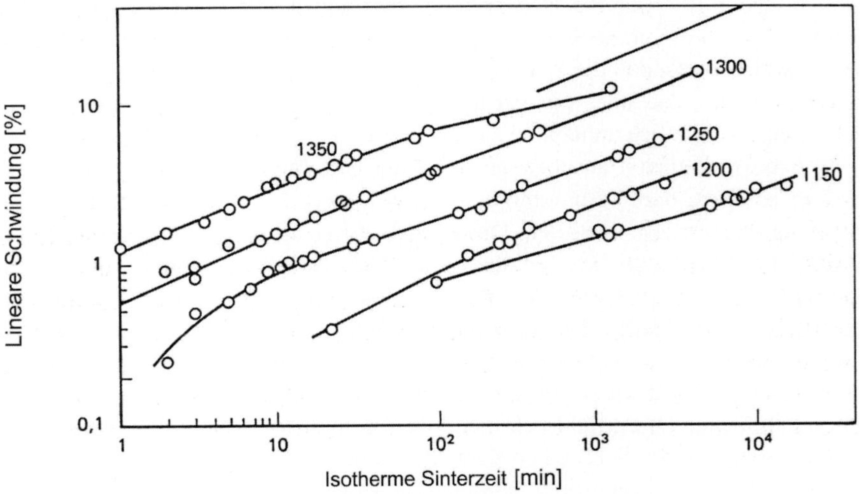

Bild 203: Isotherme Schwindung von Al_2O_3 nach [449].

Faßt man in den Gln. (133) und (134) alle bei einem Versuch konstanten Größen zusammen, dann erhält man Gleichungen vom Typ

$$Y^p = K \cdot t, \tag{137}$$

worin K eine Reaktionsgeschwindigkeitskonstante darstellt. Für deren Temperaturabhängigkeit gilt wie auch bei chemischen Reaktionen

$$\ln K = A + \frac{Q}{\mathrm{R}T}, \tag{138}$$

worin Q die Aktivierungsenergie des betreffenden Sinterprozesses ist. Meist liegen deren Werte bei Oxiden in der Größenordnung von 500 kJ/mol.

Zur Anwendung obiger Gleichung dienen Versuche, die bei verschiedenen, aber konstanten Temperaturen durchgeführt werden. Allerdings steht dies im Gegensatz zur Praxis, da das Aufheizprogramm vor den Haltezeiten unberücksichtigt bleibt. Young und Cutler [483] arbeiten daher mit konstanter Aufheizgeschwindigkeit $\Delta T/\Delta t = c$ unter Verwendung des einfachen Zwei-Kugel-Modells. Man erhält dann Gleichungen der Form

$$\frac{\Delta l}{l} \approx l \cdot \sqrt[n]{T} \cdot \exp\left(-\frac{Q}{n\mathrm{R}t}\right) \tag{139}$$

mit $n = 2$ für Volumen- und $n = 3$ für Grenzflächendiffusion. Man wendet Gl. (139) an, indem man die Meßwerte $ln\ (\Delta l/l)/T$ über $1/T$ aufträgt. Aus der Steigung erhält man $-Q/n$ R, d.h. nur eine „effektive" Aktivierungsenergie. Nach Woolfrey und Bannister [484] erlauben wenige zusätzliche Versuche, unmittelbar Q zu berechnen. Die Methode der Schwindungsmessung mit konstanter Aufheizgeschwindigkeit ist schneller und spricht empfindlich auf die Oberflächeneigenschaften und die Korngrößenverteilung des Ausgangspulvers an. Interessant ist dabei das Ergebnis, daß die Zugabe weniger gröberer Körner zu einem Pulver sich kaum auswirkt, daß aber ein geringer Anteil an feinen Körnern die Sintergeschwindigkeit deutlich anhebt.

Bisher wurde davon ausgegangen, daß nur eine reine Phase vorlag. Es ist seit langem bekannt, daß Verunreinigungen das Sintern beeinflussen können, wobei meist dieser Einfluß über den Diffusionskoeffizienten erfolgt, indem sie z.B. durch Bildung zusätzlicher Leerstellen die Diffusion erhöhen. Oft reichern sich Verunreinigungen an Grenzflächen an und begünstigen dadurch die Grenzflächendiffusion. Weiterhin ist die Atmosphäre zu beachten, die z.B. in Form von H_2O-Dampf durch Bildung leicht flüchtiger Hydroxide den Materialtransportmechanismus zugunsten der Verdampfung-Kondensation verschieben kann. Ein unterschiedlicher O_2-Partialdruck kann die Stöchiometrie und damit die Leerstellenzahl beeinflussen. Schließlich geht die Atmosphäre noch in die Oberflächenspannung γ_{sv} ein und beeinflußt damit den Dihedralwinkel.

Gefügemerkmale und Zusammenfassung. Das erste Sinterstadium führt zwar zu einer beginnenden Verfestigung des Formköpers, aber kaum zu einer Schwindung, ist jedoch mit einem starken Verlust an Triebkraft verbunden. Das Gefüge ist gekennzeichnet durch eine Verknüpfung der Pulverteilchen über Sinterhälse, Kontaktpunkte haben sich also zu kleinen Kontaktflächen erweitert. Die Teilchen bilden typischerweise kettenförmige Koordinationen oder lokal bereits eng zusammengelagerte Cluster, die von größeren Hohlräumen umgeben sind. Abhängig von der Ausgangsform und den wirksamen Materialtransportmechanismen weisen die Teilchen abgerundete Kanten und Ecken auf. Im Falle einer starken Verdampfung und Kondensation bzw. Oberflächendiffusion treten demgegenüber vor allem bei Phasen mit deutlich anisotropen Oberflächenenergien einzelne kristallographische Begrenzungsflächen in Erscheinung, was zu einer ausgeprägten Terrassierung mancher Flächen, manchmal sogar zum idiomorphen Wachstum von facettenreichen Kristallen führen kann. Der Materialtransport von der Oberfläche zu den Sinterhälsen führt im allgemeinen zu einer Verschlankung der Partikel.

4.2.1 Zwischenstadium des Festphasensinterns

Fortschreitendes Sintern führt zu einem weiteren Sinterhalswachstum und einer zunehmenden Annäherung der Körner. Dadurch treten deutliche Änderungen der Geometrien ein, die eine andere Behandlung als durch Zwei- oder Drei-Teilchenmodelle benötigen, was etwa ab 6 % linearer Schwindung zu berücksichtigen ist und im allgemeinen auch mit dem Zustand zusammenfällt, bei dem sich benachbarte Hälse zu treffen beginnen. Das Gefüge besteht dann aus vielen, in ihrer Form noch erkennbaren Körnern, die von einem Netz kanalförmiger Poren durchzogen sind. Es weist eine offene Porosität von etwa 20-30 % auf. Die Anzahl der Korn-Korn-Kontakte steigt, die Sinterhälse wachsen radial zu großen Kontaktflächen (Korngrenzen) aus (Bild 204 und Bild 205).

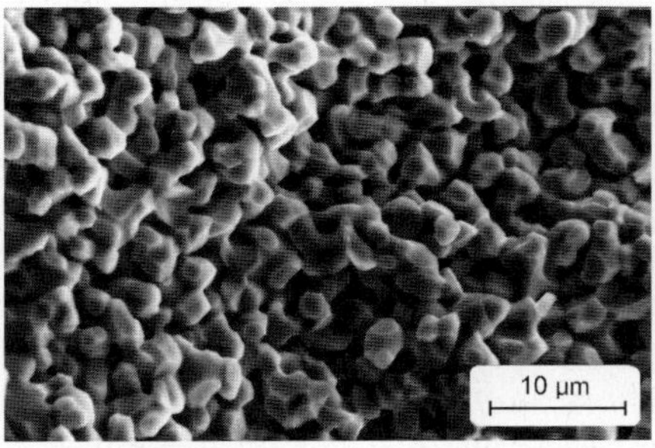

Bild 204: Gefüge im zweiten Sinterstadium: Bruchfläche von Titandiborid, drucklos 2 h bei 1500°C gesintert. REM-Aufnahme.

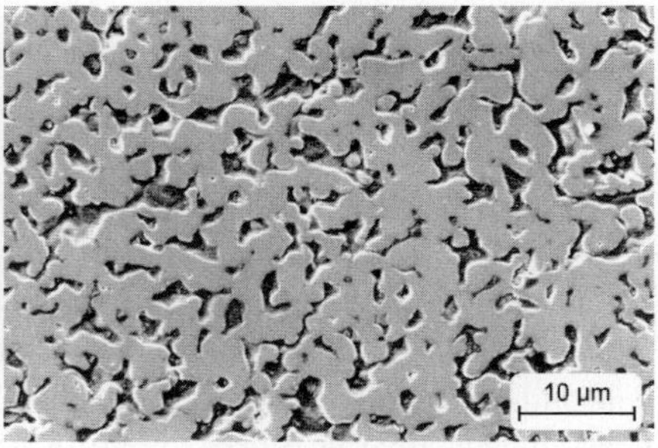

Bild 205: Gefüge im zweiten Sinterstadium: Anschliff von Titandiborid, drucklos 2 h bei 1500°C gesintert. REM-Aufnahme.

Während im Anfangsstadium die Porosität nahezu konstant bleibt und die Körner mit Ausnahme der Halsbildung und der Verschlankung ihre Gestalt nicht ändern, beobachtet man im Zwischenstadium ein Wachsen der Körner und eine Änderung der Porosität derart, daß die Poren sowohl schwinden, als auch in der Zahl abnehmen, wobei durch Porenvereinigung auch größere Poren entstehen können. Diese

Änderung im Porengefüge setzt sich fort, bis die immer enger werdenden Kanalporen instabil werden und sich zunächst in Bruchstücke und dann in einzelne isolierte Poren umformen. Nach Kuczynski [455] beträgt dafür die kritische Porosität $P_c = \pi/4 \approx 0{,}08 = 8\ \%$, was nach Budworth [485] auch gut mit praktischen Beobachtungen übereinstimmt, die eine Abnahme der offenen Porosität ab 15 % zeigen, bis ab etwa 5 % Porosität nur noch geschlossene Poren vorhanden sind, es erfolgt der Übergang zum Endstadium des Sinterns. Dieser Sachverhalt wird in Bild 206 am Beispiel von UO_2 verdeutlicht, das bei 1400°C unterschiedlich lange gesintert worden ist [486].

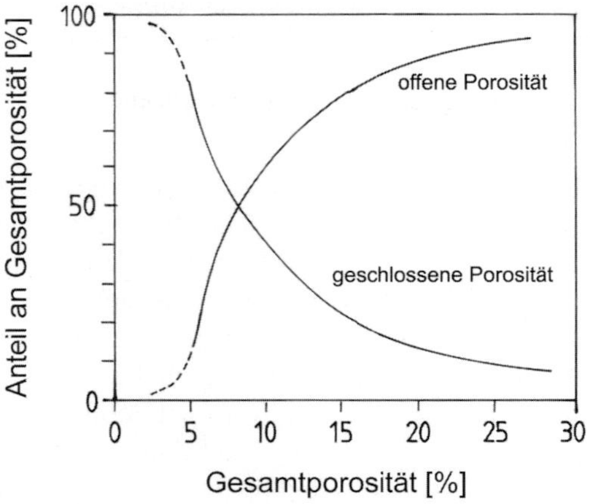

Bild 206: Abnahme der offenen und Zunahme der geschlossenen Porosität bei UO_2-Sinterkörpern [486]

Porengefüge und Sintermodelle. Zum Verfolgen des Sinterverlaufs im Zwischenstadium muß man auf jeden Fall ein Modell heranziehen, welches das gesamte Gefüge berücksichtigt, wobei man dann das Kornwachstum und/oder die Porositätsabnahme betrachtet. Im allgemeinen werden dazu reine Zeitgesetze formuliert, wobei die Sintertemperatur als konstant betrachtet wird. Dies entspricht dem verfahrenstechnischen Stadium des isothermen Sinterns.

Coble [448] hat ein Sintermodell unter Betrachtung der Porenstruktur entwickelt, indem er zunächst zylinderförmige *Schlauchporen* entlang der gemeinsamen Kanten benachbarter Körner annimmt, von deren Oberfläche aus Leerstellen an die Korngrenzen diffundieren. Bild 207 zeigt die Entstehung solcher Poren unter der Annahme, daß gleichgroße kugelförmige Teilchen dichtest gepackt sind und mit allen nächsten Nachbarn Sinterhälse ausgebildet haben. Bei fortgeschrittenem Halswachstum ergeben sich zum Ende des zweiten Sinterstadiums polygone Körper mit der Gestalt von Kuboktaedern bestehend aus sechs Würfelflächen und acht Oktaederflächen (daher auch Tetrakaidekaeder, griechisch für Vierzehnflächner, genannt). Das Kuboktaeder ist somit eine Kompromißform zwischen den Erfordernissen optimaler Raumerfüllung (dreidimensional ohne Zwischenräume unendlich stapelbar), ebener Grenzflächen und Dihedralwinkeln nahe 120° im Gleichgewichtsfall. Die Poren kommen dann an den Kanten der Körner zu liegen, wobei sie untereinander ein offenes, dreidimensionales Netzwerk bilden (Bild 208).

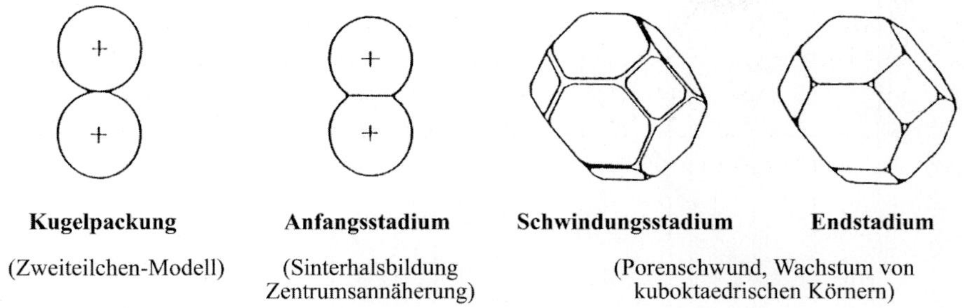

Bild 207: Entwicklung der Porenform bei Dichtestpackung gleichgroßer Kugeln.

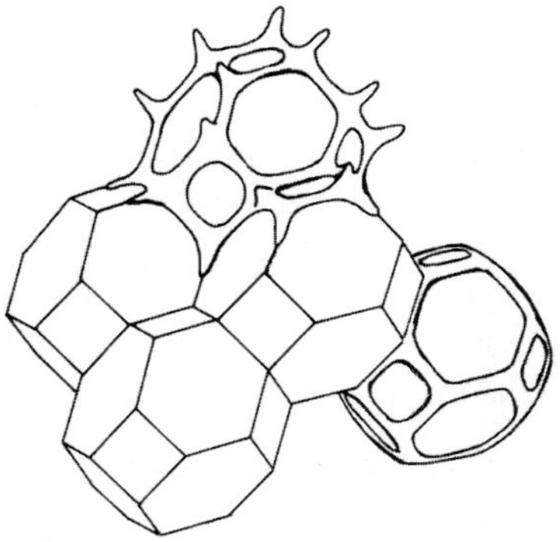

Bild 208: Schlauchporen an den Kanten kuboktaedrischer Körner (schematisch): Links unten: Idealisierte Kuboktaederpackung; oben: Netzwerk der Porenkanäle; rechts: resultierende reale Kornform (Quelle: Telle).

Bei Annahme identischer Schlauchporenradien sowie unter Berücksichtigung eines kubischen Zeitgesetzes für die Korngröße und einer mit der Sinterzeit proportionalen Abnahme der Porenzahl erhält Coble ausgehend von einer Porosität P_0 zum Zeitpunkt t_0 für die Porosität P zur Zeit t die Sintergleichung

$$P_0 - P = K \ln(t / t_0) \tag{140}$$

mit der Größe K, in der die materialspezifischen Konstanten wie Oberflächenenergie, Atomvolumen, Diffusionskoeffizient und Geschwindigkeitskonstante des Kornwachstums enthalten sind. Trotz ihrer starken Vereinfachungen bei der Ableitung hat sich Gl. (140) in vielen Fällen gut bewährt, wie das Beispiel in Bild 209 zeigt, wo sich für $K \approx 0{,}07$ ergibt. Eine Beziehung sehr ähnlicher Form wurde auch von Wong und Pask [487] erhalten, die etwas andere Voraussetzungen zugrunde legen.

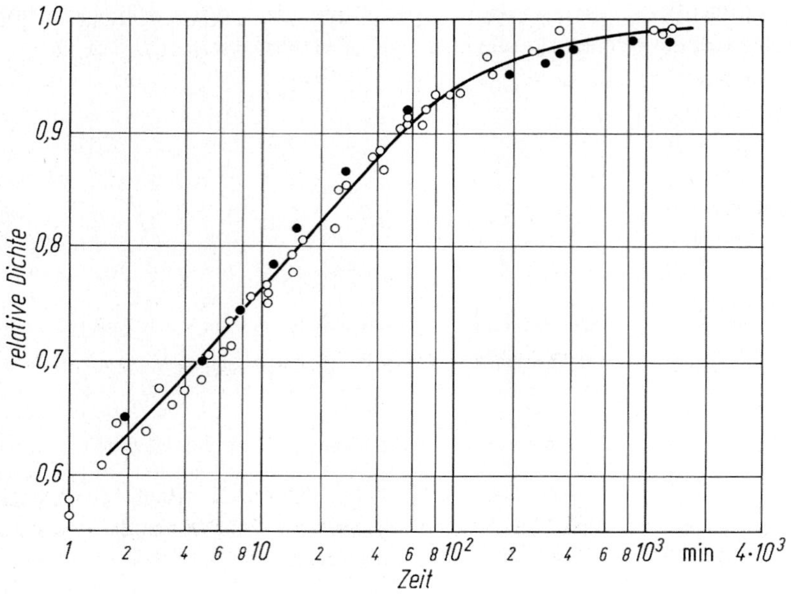

Bild 209: Zeitabhängigkeit der Schwindung von Al_2O_3-Pulverpreßlingen (ausgedrückt in relativer Dichte) bei 1480°C in Sauerstoff (•) bzw. in Wasserstoff (o) nach Coble

Kuczynski [455] geht bei seiner Ableitung von einer statistischen Anordnung zylindrischer Poren mit *beliebigen* Radien aus. Sein Ansatz beinhaltet, daß der durchschnittliche Porendurchmesser r_P von der Gesamtporosität P und der durchschnittlichen Korngröße r_K nach der Beziehung

$$r_P / r_K = K \cdot P \tag{141}$$

abhängt, wobei die Porenradienverteilungsfunktion $f(r_P/r_{Po})$ konstant sein soll. Hierin steckt die Beobachtung, daß mit abnehmender Porosität der Porenradius sinkt und/oder die Korngröße anwächst. Dies führt zu den Zeitgesetzen

$$\frac{1}{P^n} - \frac{1}{P_0^n} = Kt \text{ oder } \left(\frac{P_0}{P}\right)^n = 1 + Kt \text{ mit } K = 3\gamma_{sv}\Omega / kT \tag{142}$$

mit γ_{sv} = Oberflächenenergie, Ω = Atom- bzw. Leerstellenvolumen, K = Reaktionskonstante, k = Boltzmann-Konstante und T = absolute Temperatur. Der Exponent n in Gleichung (142) ist, wie schon beim Anfangsstadium beschrieben, von den Materialtransportmechanismen abhängig.

Die Korrelation der Porositätsveränderung nach Gl. (142) mit der gleichzeitigen Entwicklung der Poren- bzw. Korngrößen führt zu den *Zener-Beziehungen*:

$$\left(\frac{P_0}{P}\right)^n = \left(\frac{r_P}{r_{P_0}}\right)^{n/(m-1)} = \left(\frac{r_K}{r_{K_0}}\right)^{n/m} = 1 + Kt\,, \tag{143}$$

worin r_P und r_K die mittleren Radien der Poren bzw. Körner sind und der weitere Index 0 die jeweiligen Ausgangswerte zur Zeit $t = 0$ darstellt. n und m sind wiederum vom Materialtransportmechanismus abhängig, die Reaktionskonstante K entspricht derjenigen von Gl. (142). Die Gültigkeit der Beziehungen (143) haben Uskokovic u. M. [488] an verschiedenen Substanzen bestätigen können. Das praktische Verhalten einer Kornmischung zeigt Bild 210 nach Messungen von Oel [489]. Man erkennt eine Abnahme der kleinen Körner mit steigender Sinterdauer, aber auch eine Verbreiterung des Kornspektrums. Die mathematische Behandlung haben Tomandl und Stiegelschmitt [490] durchgeführt und festgestellt, daß sich die Kornverteilungsfunktion in ihrer Form laufend ändert.

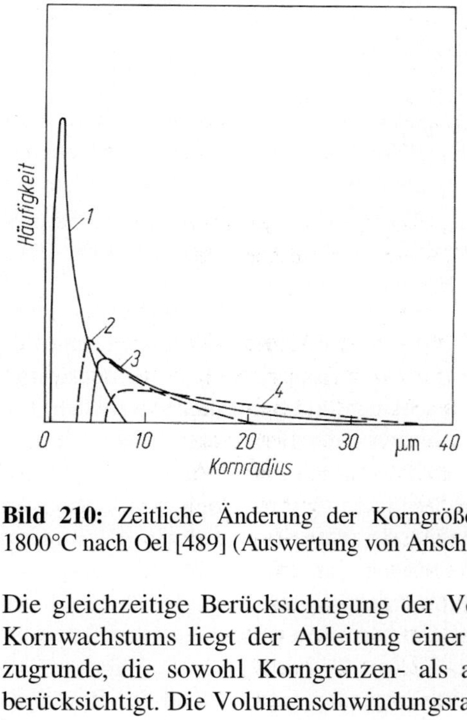

Bild 210: Zeitliche Änderung der Korngrößenverteilung beim Sintern von MgO bei 1800°C nach Oel [489] (Auswertung von Anschliffen; 1 = 0,5 h, 2 = 1 h, 3 = 3 h, 4 = 8 h)

Die gleichzeitige Berücksichtigung der Veränderung des Porengefüges und des Kornwachstums liegt der Ableitung einer Sintergleichung durch Johnson [491] zugrunde, die sowohl Korngrenzen- als auch Volumendiffusion (D_g bzw. D_V) berücksichtigt. Die Volumenschwindungsrate dV/dt beträgt danach

$$\frac{dV}{dt} \cdot \frac{1}{V} = \frac{8\gamma \cdot \Omega}{\mathrm{k}T} \cdot \frac{\bar{\psi}}{x} \left(D_V S_V + D_g S_g \right), \tag{144}$$

worin ψ = mittlerer Krümmungsradius der Halswinkel, x = mittlere halbe Halsbreite, S_V = Porenoberfläche je Einheitsvolumen und S_g = Differenz von Korngrenzenfläche und Porenfläche bedeuten. Die Anwendung dieser Beziehung ist recht aufwendig, weshalb sie wenig Anklang gefunden hat. Eine Bewertung dieser und weiterer Zeitgesetze hat Exner [492] vorgenommen.

Gefügemerkmale und Zusammenfassung. Im zweiten Sinterstadium findet die Hauptschwindung statt. Die Vermehrung der Kornkontakte sowie das Wachstum der Sinterhälse zu Korngrenzen führt zu einer raschen Kornformänderung und Polygonalisierung, die von der Anzahl und Anordnung der Nachbarkörner abhängt. Bereiche durchgehender Porosität werden lateral eingeengt, was zu schlauchförmigen, schwindungsfähigen Poren entlang der Kornkanten oder zu größeren Porenräumen führt, die manchmal nicht mehr zu schließen sind. Die dominierenden Materialtransportmechanismen sind Korngrenzendiffusion und, je nach Temperatur, Volumendiffusion. Im Inneren von Poren sind weiterhin Verdampfung und Wiederkondensation bzw. Oberflächendiffusion aktiv und prägen die Innenflächen der Poren. Die Bilder Bild 204 und Bild 205 zeigen typische Gefüge aus dem Schwindungsstadium.

4.2.2 Endstadium des Festphasensinterns

Das Endstadium ist durch geringe restliche Triebkräfte für die Verdichtung gekennzeichnet, da die freien Oberflächen im Zuge der Porenverkleinerung zugunsten der Grenzflächenbildung deutlich verringert worden sind. Nun stellen die Korngrenzen das Energiepotential dar, das noch zum Kornwachstum und zur Poreneliminierung zur Verfügung steht. Als Materialtransportmechanismus dominiert nun, höhere Temperaturen vorausgesetzt, die Volumendiffusion.

Porenschluß. Der Beginn des Endstadiums wird meistens am Übergang von offener zu geschlossener Porosität angesetzt, also zwischen 5-10 % Restporosität. Folgt man dem Coble-Modell mit seinen schlauchförmigen Poren, so entsteht die geschlossene Porosität durch lokale Abschnürung der Kanalporen, was nach dem Prinzip der *Rayleigh-Instabilität* [493] erklärt werden kann. Nachdem kugelförmige Poren bei gleichem Volumen eine geringere Oberflächenenergie aufweisen als zylindrische Poren, zur Verwirklichung der Kugelform jedoch viel Materie umgelagert werden muß, schnürt sich periodisch eine Vielzahl kleinerer Kugelporen ab, deren Oberflächenenergie in Summe immer noch geringer ist als die der Schlauchpore. Untersuchungen an linear durch Ätzung gefurchten Glasplattenstapeln [494]-[496] bestätigen die Rayleigh-Theorie für Festkörper, die eigentlich für Flüssigkeiten gedacht war. Es konnte ferner gezeigt werden, daß der Rayleigh-Zusammenbruch der Schlauchporen durch große Dihedralwinkel begünstigt wird.

Wird an Luft oder in Schutzgasatmosphäre gesintert, so werden beim Übergang von offener zu geschlossener Porosität Gasspezies in der Pore eingeschlossen. Bei weiterer Temperaturerhöhung wird dadurch ein innerer Gasdruck erzeugt, der dem Porenschwund entgegenwirkt. Der Porenschluß ist dann unter Umständen völlig behindert oder zumindest vom Abtransport der Moleküle über Korngrenzen- oder Volumendiffusion abhängig. Palmour, Huckabee und Hare [497]-[499], [458] haben daher ein Brennkonzept entwickelt, das der Porenentgasung am Übergang des Schwindungsstadiums zum Endstadium Rechnung trägt. Beim sogenannten „*Schwindungskontrolliertem Sintern*“ (auch „*RCS*“ nach engl. rate-controlled sintering) wird zunächst sehr schnell aufgeheizt, um den Verlust an Triebkraft im Anfangsstadium kleinzuhalten. Man erreicht dadurch, daß der Probekörper schnell in den Bereich dominierender Korngrenzen- und Volumendiffusion gelangt. Die Temperaturerhöhung setzt man fort, bis eine Restporosität von etwa 5-10 %, also der kritische Bereich des Porenschlusses erreicht ist. Danach wird die Temperaturerhöhung ausgesetzt oder sogar kurz gekühlt, um die Diffusionskinetik zu verlangsamen und Kornwachstum auszuschließen. Es folgt eine vorsichtige Entgasung im Zusammenhang mit der Abschnürung der Schlauchporen zu isolierten Poren durch Korngrenzendiffusion. Danach wird bei langsamer Temperaturerhöhung, d.h. bei minimaler Kornwachstumsgeschwindigkeit, fertig gesintert. Im Resultat sind die Gefüge homogener und feinkörniger als konventionell gesinterte, der Prozeß ist insgesamt auch günstiger im Energieverbrauch, da lange Verweilzeiten bei hohen Temperaturen vermieden werden. Andererseits ist die Erarbeitung der erforderlichen Temperatur-Zeit-Kurven, die in Zeit-Temperatur-Dichte-Karten mit den Gefügezuständen, insbesondere der Porenform, korreliert werden müssen, sehr aufwendig, das Heizprogramm später aber über Rechner gut steuerbar. Ein Problem bezüglich Thermoschock und Ofenspezifikation stellt in der Praxis natürlich die Forderung nach hoher Aufheizrate (> 30 K/min) und späterer Kühlung dar. Bild 211 zeigt den Temperaturverlauf eines RCS-Programmes im Vergleich zum konventionellen Sintern.

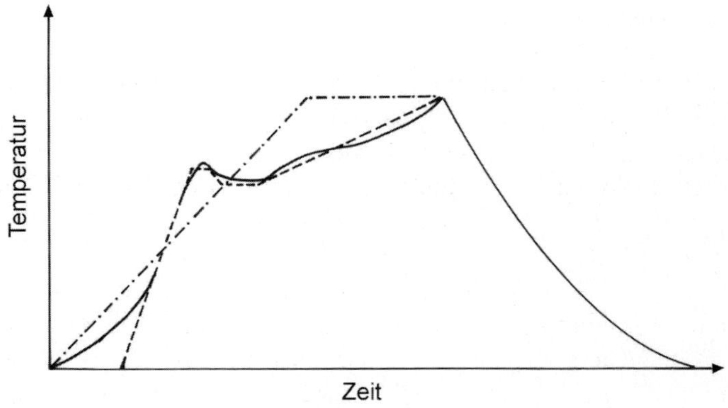

Bild 211: Temperaturprogramm nach dem Prinzip des Schwindungskontrollierten Sinterns: gestrichelte Linie: theoretischer Verlauf; durchgezogen: realer Verlauf (nach aktueller Schwindungsrate gesteuert), strichpunktiert: konventioneller Sinterzyklus.

Kornwachstum. Zur theoretischen Behandlung des Endstadiums des Sinterns ist es vorteilhaft, zunächst einmal das Verhalten eines dichten Körpers zu betrachten, der aus vielen Einzelkörnern besteht. Eine schematische Darstellung eines Schnittes durch einen solchen Körper zeigt Bild 212. Bei Körnern der gleichen Phase bilden sich am Berührungspunkt dreier Kristalle Dihedralwinkel von 120° aus, da im Gleichgewicht, Isotropie zur Vereinfachung vorausgesetzt, die Korngrenzenenergien gleich groß sind und sich die Waage halten:

$$\gamma_{BC}/\sin\alpha = \gamma_{AC}/\sin\beta = \gamma_{AB}/\sin\delta = 120^{\circ}, \qquad (145)$$

wobei α, β und δ die Dihedralwinkel an den Körnern A, B und C darstellen, γ_{XY} die Grenzflächenenergie zwischen den gegenüberliegenden Körnern. Ebene Grenzflächen können daher nur dann entstehen, wenn die Körner im Querschnitt sechs Seiten haben, was aber wiederum von der Anzahl der nächsten Nachbarkörner abhängt. Dabei haben überdurchschnittlich kleine Körner naturgemäß weniger angrenzende Körner als überdurchschnittlich große, so daß die Bedingung sechs nächster Nachbarkörner nur bei einer sehr engen Korngrößenverteilung für die Mehrheit aller Körner erfüllt ist.

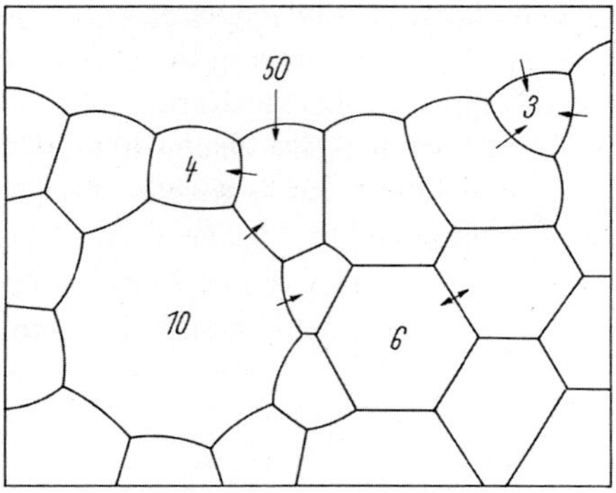

Bild 212: Schematische zweidimensionale Darstellung des kontinuierlichen Kornwachstums in einem Polykristall nach Coble und Burke [500]. Die Pfeile geben die Richtung der Korngrenzenwanderung an.

Ist die Zahl der Seiten geringer als sechs, bilden sich konvex gekrümmte Korngrenzen aus, ist sie größer, so entstehen konkave Korngrenzen, vom Innern des Kornes aus betrachtet (Bild 213). Da aber konkave Oberflächen eine höhere Grenzflächenenergie als konvexe besitzen und immer der Zustand geringster Energie angestrebt wird, werden sich die Korngrenzen in Richtung der Mittelpunkte der Krümmungsradien und damit zu den Zentren der kleineren Körner bewegen. Gleichbedeutend ist die Erklärung, daß an einer gekrümmten Grenzfläche stets eine Zugspannung in Richtung auf den Mittelpunkt des Krümmungsradius anliegt (*Laplace´sche Krümmungsspannung*) und somit Anlaß für eine Korngrenzenbewegung gibt. Die größeren Körner wachsen folglich auf Kosten der kleineren; es findet insgesamt ein *Kornwachstum* im Sinne einer Vergröberung der durchschnittlichen Korngröße statt, während die Anzahl der Körner geringer wird.

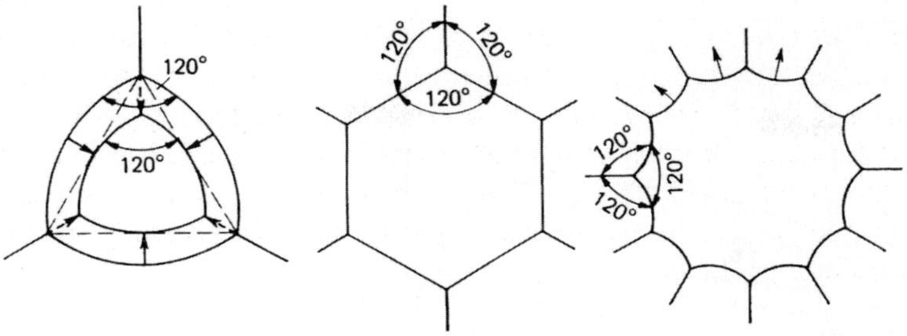

Bild 213: Zusammenhang zwischen Anzahl der Grenzflächen und Korngrenzenkrümmung [463]

Für jedes Korn ist der Grenzflächenkrümmungsradius direkt proportional dem Kornradius r. Da die Grenzflächenenergie als treibende Kraft umgekehrt proportional r ist, ergibt sich für die Wachstumsgeschwindigkeit

$$\frac{\mathrm{d}r}{\mathrm{d}t} = \frac{K'}{r}, \tag{146}$$

woraus man durch Integration erhält:

$$r^2 - r_0^2 = K \cdot t, \tag{147}$$

mit r_0 = mittlerer Kornradius zur Zeit $t = 0$. Im fortgeschrittenen Stadium wird $r^2 > r_0^2$, so daß man beim Auftragen von lg r gegen lg t eine Gerade mit Steigung 1/2 erhalten müßte. Meist wird jedoch experimentell eine geringere Steigung beobachtet, was auf kornwachstumshemmende Gründe, z.B. Verunreinigungen, zurückgeführt werden muß.

Nach diesem Mechanismus müßte eigentlich nach langer Zeit aus einem polykristallinen Ausgangskörper ein Einkristall entstehen. In der Praxis beobachtet man aber die Einstellung einer *Endkorngröße*. Die Ursachen dafür liegen in den praktisch immer vorhandenen Verunreinigungen und Fremdeinschlüssen, die die Korngrenzenwanderung behindern, an den geringer werdenden verbleibenden Triebkräften und der Abnahme der Entropie. Bild 214 zeigt das isotherme Kornwachstum von Borcarbid, das bei drei Temperaturen drucklos gesintert bzw. heißgepreßt wurde. In allen Fällen klingt das Kornwachstum nach einem $\sqrt[n]{t}$ -Gesetz ab, wobei beim Heißpressen durch die schnelleren Aufheizgeschwindigkeiten eine kleinere Ausgangskorngröße für $t = 0$ eingestellt wird. Auch hier ist der beschleunigende Einfluß einer höheren Temperatur offensichtlich.

Trifft eine Grenzfläche beim Wachsen auf einen Einschluß einer zweiten Phase, dann ist eine zusätzliche Energie notwendig, das Wachstum über den Einschluß hinaus fortzusetzen, die meist nicht vorhanden ist. Das Kornwachstum wird deshalb um so eher aufhören, je größer die Menge an Einschlüssen ist, d.h., auch die mittlere Endkorngröße r_e wird dann kleiner sein.

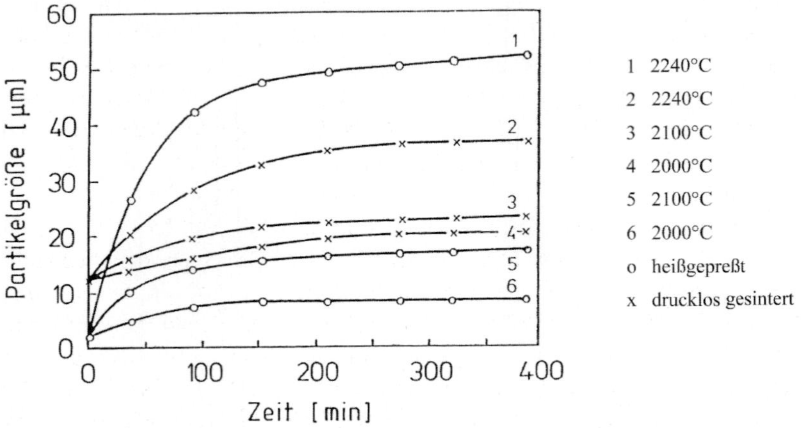

Bild 214: Isothermes Kornwachstum von drucklos gesintertem und heißgepreßtem Borcarbid nach [501].

Wenn r_E der durchschnittliche Radius der Einschlüsse ist und V_E deren Volumenanteil in der Probe, dann gilt

$$r_e = \frac{r_E}{V_E}. \qquad (148)$$

Dies ist ein Grund dafür, daß mehrphasige Gefüge grundsätzlich feinkörniger sind als einphasige. Bild 215 zeigt den isothermen Verlauf von Verdichtung und Korngröße für undotiertes Al_2O_3 bei 1550°C nach [448] sowie bei 1650°C für undotiertes, MgO-dotiertes und ZrO_2-verstärktes Al_2O_3 nach [502], wobei die Dispersion von 10 Vol.-% ZrO_2-Teilchen weitaus effektiver wachstumshemmend wirkt.

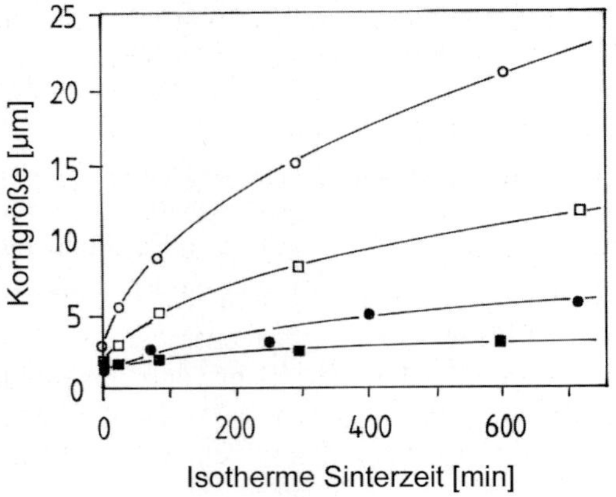

Bild 215: Isothermes Kornwachstum von reinem und dotiertem Al_2O_3. • undotiert, 1550°C, ○ undotiert, 1620°C, □ 250 ppm MgO, 1620°C, ■ 10 Vol.-% ZrO_2, 1620°C (Daten nach [448] und [502])

Als Einschlüsse wirken aber auch Poren, die daher ein weiteres Kornwachstum bremsen. Gelingt es nicht, durch eine besondere Führung des Prozesses die Poren zu vermeiden oder zu verringern (s.u.), kommt das Kornwachstum zum Stillstand, was bei einer Porosität von ebenfalls etwa 10 Vol.-% der Fall ist. Nach obiger Gleichung (148) beträgt dann der Kornradius das Zehnfache des Porenradius. Die Abhängigkeit des Kornwachstums von Einschlüssen und Poren wird später noch einmal aufgegriffen.

Beim zuvor geschilderten Vorgang wächst die mittlere Korngröße kontinuierlich an. Viele Beobachtungen der Praxis zeigen aber, daß manchmal einige Körner besonders stark wachsen. Dieser Vorgang wird als *diskontinuierliches Kornwachstum* oder *sekundäre Rekristallisation* bezeichnet. Er findet dann statt, wenn einzelne Körner so viele Seiten und damit mit einer Korngrenzenwanderung ein so hoher Energiegewinn verbunden ist, daß sie über Einschlüsse hinaus weiterwachsen können, während alle restlichen Körner von diesen gebremst werden. Die Folge ist, daß die Zahl der Seiten der wachsenden einzelnen Körner weiter erhöht wird, so daß der Vorgang beschleunigt wird. Dabei wird er um so schneller ablaufen, je größer der Krümmungsradius der Grenzfläche mit den angrenzenden Körner ist, d.h., je kleiner die Ausgangskorngröße war. Man kann hierdurch im Endzustand bei feinerem Ausgangsmaterial eine größere Korngröße erhalten als bei gröberem Ausgangsmaterial.

Dieser Effekt kann gefördert werden, wenn man zum Ausgangskorn absichtlich einige größere Körner hinzufügt und durch andere Additive das Matrixkornwachstum hemmt. Große Körner sind in einigen Fällen der Elektrokeramik und Optokeramik erwünscht. Bruchwiderstand und Kriechbeständigkeit bei hohen Temperaturen werden verbessert, während aber die Festigkeit ungünstig beeinflußt wird. Zur Erzielung eines feinkörnigen Gefüges hoher Festigkeit muß Grobkorn daher sehr sorgfältig aus dem Pulverhaufwerk entfernt werden („Überkornabtrennung"). Es ist aber auch gelungen, das diskontinuierliche Kornwachstum durch Additive zu unterdrücken. In dieser Richtung wirken Zugaben von MgO zu Al_2O_3 (Bild 215), wie Coble [448] fand, der auch einige Mechanismen dafür diskutiert. Spätere Untersuchungen von Harmer u. M. [503] führen die Wirkung von MgO im Hinblick auf die dadurch zu erreichende Beschleunigung des Sinterns auf eine Erhöhung des Diffusionskoeffizienten der Al-Ionen zurück, die über ihre Volumendiffusion den Prozeß bestimmen. Auf diese Weise wirken prinzipiell alle allovalenten Ionen, da sie die Bildung von Leerstellen im Untergitter des jeweils anders geladenen Partners hervorrufen, so auch TiO_2-Zusätze in Al_2O_3. Leichter ist eine Beschleunigung des Sinterns erreichbar, wenn die Korngrenzendiffusion maßgebend ist; denn diese läßt sich oft durch Zusätze fördern, die sich an den Korngrenzen anreichern. Diese Zusätze müssen selbst leichter sinterfähig sein, sie dürfen sich nur wenig im Grundmaterial lösen, dafür aber solches aufnehmen und müssen dessen Diffusion erhöhen. Manchmal wird dann von einem aktivierten Sintern gesprochen, was aber kein guter Ausdruck dafür ist, wie auch von Kuczinsky [504] dargelegt wird.

Porenschwund und Porenwachstum. Ein Unterscheidungsmerkmal zwischen dem kontinuierlichen und dem diskontinuierlichen Kornwachstum ist, daß nach ersterem Prozeß die Poren oder Einschlüsse in den Grenzflächen liegen, während sie sich nach letzterem Prozeß innerhalb der Körner befinden. Eine weitere Verringerung der Porosität ist dann sehr erschwert, da die eingeschlossenen Gasspezies aus der Ofenatmosphäre (O_2, N_2, Ar, CO_2,...) bzw. Leerstellen nur noch durch Volumendiffusion abgeführt werden können. Oben wurde darauf hingewiesen, daß in Korngrenzen Leerstellen verschwinden können. Poren dagegen wirken als Leerstellenquellen, d.h., es besteht ein Diffusionsstrom von Leerstellen von Poren zu Korngrenzen und entgegengesetzt von Materie von der Korngrenze zur Pore, der bei genügend großer Diffusionsgeschwindigkeit zu einer Abnahme der Poren im Innern der Körner führen kann. Das kann um so leichter erfolgen, je näher die Poren an einer Korngrenze liegen. Wenn nun eine Korngrenze langsam wandert wie beim diskontinuierlichen Kornwachstum, wird für alle auf dem Weg liegenden Poren der Abstand einmal sehr gering und sie können verschwinden. Bild 216 zeigt dies schematisch, wobei sich die Korngrenze von der gestrichelten Linie aus nach rechts bewegt hat.

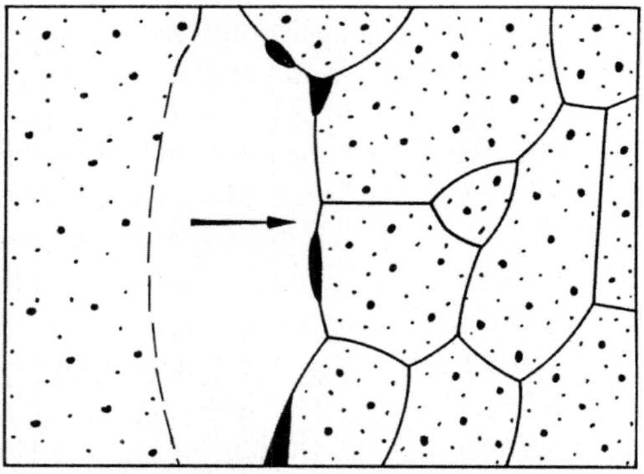

Bild 216: Schematische Darstellung der Porenentfernung beim diskontinuierlichen Kornwachstum. Der Pfeil zeigt die Wanderungsrichtung der Korngrenze an.

Damit ist gleich ein Hinweis gegeben, auf welche Art die Poren auch beim kontinuierlichen Kornwachstum verschwinden können, wenn sie alle in der Grenzfläche liegen. Das Material, das in die Poren diffundiert, muß aber nachgeliefert werden. Die normale Diffusion reicht dazu nicht aus, sondern die Materialverschiebungen werden bei diesem Vorgang nach dem Nabarro-Herring-Mechanismus (siehe Kapitel 4.5) durch diffusionsbedingtes Gleiten der Körner an den Grenzflächen ausgeglichen [505].

Der Porenschwund kommt durch eine von der Porenoberfläche ausgehenden Wegdiffusion von Leerstellen. Wenn sich nun eine kleine Pore in der Nachbarschaft einer großen Pore befindet, die näher als die nächste Korngrenze liegt, dann werden die Leerstellen von der kleinen Pore zur größeren diffundieren, d.h., die kleine Pore schwindet wie üblich, die große Pore aber wächst, was man auch als *parasitäres Porenwachstum* bezeichnet. Erklären läßt sich dieses Phänomen auch mit den unterschiedlichen Krümmungsradien der Poren, da die kleinere Pore gemäß Laplace eine größere Krümmungsspannung (*Porenbinnendruck*, nicht zu verwechseln mit innerem Gasdruck, siehe unten) besitzt als die größere Pore. Statistisch gesehen sendet also die kleinere Pore mehr Leerstellen aus als die größere. Der Sachverhalt ist prinzipiell der gleiche wie bei der Verdampfung und Kondensation von Materie von zwei Kugeln mit unterschiedlichem Radius. Gleichbedeutend ist auch die Erklärung unter Zuhilfenahme des unterschiedlichen Energiezustandes der Poren; die Zusammenlagerung vieler kleiner Poren zu einer größeren ist aufgrund des geringeren Verhältnisses von Oberfläche zu Volumen energetisch günstiger. Lifsic, Slesov und Wagner haben berechnet, daß das Porenwachstum auf diese Weise nach $r_P \sim t^{1/3}$ verlaufen muß.

Auch Poren an Tripelpunkten können diffusionsgesteuert wachsen. Ganz analog zum Wachsen oder Schwinden von Körnern mit mehr oder weniger als sechs Ecken bestimmt auch hier der Oberflächenkrümmungsradius, ob sich eine Pore vergrößern oder verkleinern wird. Zwischen der Grenzflächenenergie γ_{ss}^{AB} der Körner A und B und den Oberflächenenergien γ_{sv}^{A} und γ_{sv}^{B} wird im Gleichgewichtsfall gemäß der *Young´sche Gleichung* (siehe Gl. (10), Kapitel 2.5.3) der Dihedralwinkel θ aufgespannt nach

$$\cos\frac{\theta}{2} = \frac{\gamma_{ss}^{AB}}{\gamma_{sv}^{A} + \gamma_{sv}^{B}} . \tag{149}$$

Unter der Annahme, daß die beiden Körner A und B dieselbe Phase repräsentieren und diese isotrop ist, vereinfacht sich Gl. (149) zu

$$\cos\frac{\theta}{2} = \frac{\gamma_{ss}}{2\gamma_{sv}} . \tag{150}$$

Da die Zwickelporen in der Regel tetraedrische Umrisse haben, ergeben sich dreieckige Querschnitte und somit konkave Oberflächen für $\theta > 60^{\circ}$, ebene Oberflächen für $\theta = 60^{\circ}$ und konvexe für $\theta < 60^{\circ}$, wie Bild 217 verdeutlicht. Die Laplace´sche Krümmungsspannung ergibt dann, daß konkav gekrümmte Poren wachsen, während konvex gekrümmte schwinden und Poren mit ebenen Begrenzungsflächen stabil bleiben.

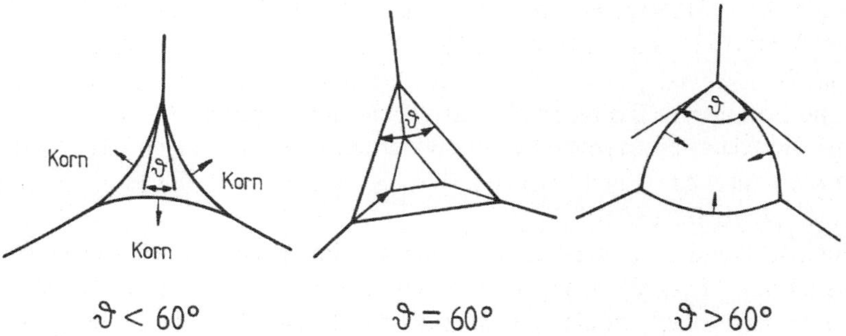

Bild 217: Geometrische Voraussetzungen für Porenschwund und Porenwachstum an Tripelpunkten

Da die Grenzflächen- und Oberflächenenergien Materialeigenschaften sind, verändert sich der Dihedralwinkel während dieses Vorganges nicht, es sei denn, der Ausgangsdihedralwinkel ist nicht der Gleichgewichtswinkel θ, sondern ein durch den geometrisch zufälligen Korn-Korn-Kontakt geprägter Ungleichgewichtswinkel θ', der während des Diffusionsprozesses auf den Wert von θ zustrebt. Setzt man $\theta = 60^{\circ}$ wieder in Gln. (150) ein, so erhält man als Voraussetzung für stabile Poren $\gamma_{ss} = \sqrt{3} \cdot \gamma_{sv}$. Um Porenschwund zu bewirken, muß also das Verhältnis von Korngrenzenenergie zu Oberflächenenergie kleiner $\sqrt{3}$ sein. Dieses Verhältnis kann durch Sinteradditive beeinflußt werden, indem z.B. bei Nichtoxiden die Oberflächenenergie durch Reduktion von Oxidschichten erhöht bzw. die Grenzflächenenergie durch Segregate verringert wird.

Ein weiterer Mechanismus der Porenvergrößerung beim Kornwachstum ist nach Kingery und Francois [506] dadurch gegeben, daß die Poren mit den Korngrenzen mitwandern und sich beim Verschwinden eines Kornes vereinigen (Bild 216 und Bild 218).

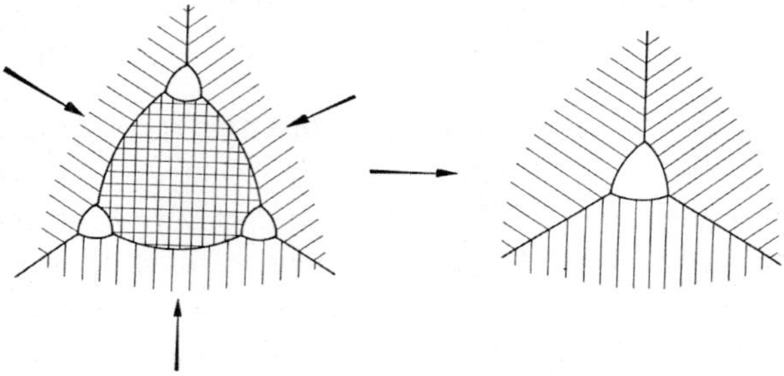

Bild 218: Schematische Darstellung der Porenvergrößerung durch Kornwachstum

Für das weitere Kornwachstum ist dann die Geschwindigkeit nicht nur umgekehrt proportional zum Kornradius r, sondern auch umgekehrt proportional dem Porenradius r_p. Statt Gl. (146) gilt dann

$$\frac{dr}{dt} = \frac{K'}{r}\frac{K''}{r_p} = \frac{K'''}{r^2}, \qquad (151)$$

wobei sich die rechte Seite durch die Annahme ergibt, daß r_p proportional r sei. Die Integration führt zu

$$r^3 - r_0^3 = Kt, \qquad (152)$$

was oft wirklich beobachtet wird.

Bezüglich des *Gasgehaltes* in den Poren ist zu erwähnen, daß sein Druck bei geschlossenen Poren mit abnehmendem Durchmesser oder zunehmenden Temperaturen ansteigen muß. Hat das Gas keine Möglichkeit, durch Diffusion zu entweichen, wird schließlich der Druck in der Pore so hoch, daß er die Wirkung der

Oberflächenspannung kompensiert, so daß der Sintervorgang zum Stillstand kommt. Solche Erscheinungen beobachtet man z.B. beim Sintern an Luft, in N_2 oder Ar, während man im Vakuum nie, in O_2 oder H_2 selten Einflüsse dieser Art bemerkt. Die Ursache für die schnellere Diffusion von O_2 und H_2 gegenüber N_2 oder Ar liegt darin, daß sich die ersten beiden Gase chemisch in den Oxiden gut zu lösen vermögen. Untersuchungen an ZrO_2, das an Luft gesintert wurde, haben aber auch gezeigt, daß Stickstoff in das Kristallgitter eingebaut wird und sich ein Zirconiumoxynitrid $Zr(O,N)_2$ bildet [507]. Quantitative Messungen des Gasinhalts der Poren beim Sintern von MgO in Ar haben Deacon u. M. [508] durchgeführt, die den erhöhten Druck in den Poren und auch die Porenvergrößerung mit der Zeit feststellen konnten. Bereits bei der Diskussion des Schwindungsstadiums wurde mit dem schwindungskontrolliertem Sintern eine Möglichkeit zur geregelten Porenentgasung dargelegt. Auf andere Einflüsse der Atmosphäre wurde ebenfalls schon hingewiesen: Änderung der Grenzflächenspannung oder des Materialtransportmechanismus. Weitere Einflüsse sind möglich, z.B. die Änderung der O^{2-}-Leerstellenkonzentration in reduzierender Atmosphäre, womit sich auch die Diffusionskonstante ändert. So konnten Recnik et al. [21] zeigen, daß sich durch Einstellung des Sauerstoffpartialdruckes beim Sintern von Bariumtitanat die Domänendichte verändern läßt, da das Titan in der Zwillingsgrenze dreiwertig vorliegt.

Wechselwirkungen zwischen Korngrenzen, Poren und Einschlüssen. Es wurde bereits mehrmals erwähnt, daß wandernde Korngrenzen mit Poren und eingelagerten Teilchen in Wechselwirkung treten, wobei das Kornwachstum behindert bzw. eine Pore mitgeschleppt werden kann. Die Verhältnisse hat Brook diskutiert [509], indem er der Korngrenze eine Wanderungsgeschwindigkeit v_{KG} zuschreibt, die von ihrer Mobilität M_{KG} und der Linienspannung σ als Triebkraft abhängt:

$$v_{KG} = \sigma \cdot M_{KG}. \tag{153}$$

Die Mobilität wird durch die wirksamen Materialtransportmechanismen und geometrische Randbedingungen bestimmt. Nähert sich nun eine Korngrenze einer Pore, so bilden sich zunächst unter Energiegewinn äquatorial um die Pore Dihedralwinkel nach Gl. (150) aus, und es wirkt auf die Korngrenze eine Haftkraft $F_P = \pi\, r_P\, \gamma_O$, die dafür verantwortlich ist, daß Pore und Korngrenze aneinanderhängen. Nun sind Poren keineswegs ortständig, sondern können durch Materialverlagerung mittels Volumen-, Grenzflächen- oder Oberflächendiffusion um den Hohlraum herum, oder aber durch Verdampfung und Kondensation durch die Pore durchaus wandern. Letzteres ist möglich, da der Oberflächenkrümmungsradius der Pore an der konkaven Seite der Korngrenze größer ist als an der konvexen und somit der Dampfdruck dort höher. Für die Wanderungsgeschwindigkeit einer Pore gilt dann entsprechend:

$$v_P = F_P \cdot M_P = \pi r_P \cdot \gamma_O \cdot \left(\frac{D_{eff}\,\delta\Omega}{\pi r_P^n \mathrm{R}T} \right), \tag{154}$$

mit dem Porenradienexponenten $n = 3$ für Verdampfung und Wiederkondensation, $n = 4$ für Oberflächendiffusion und $n = 5$ für Volumendiffusion; δ ist die Korngrenzendicke, r_P der Porenradius. Im Gleichgewicht halten sich Rückhaltekraft und Linienspannung die Waage:

$$\sigma \cdot l = F_P = 2\pi r_P \sin\theta \cdot \gamma_O \cos\theta = \pi r_P \cdot \gamma_O , \tag{155}$$

wobei l die Kontaktlinienlänge bedeutet und θ der Winkel zwischen Korngrenzentangente am Angriffspunkt der Pore und Richtung der Linienspannung ist. Die Rückhaltekraft ist somit bei $\theta = 45^\circ$ maximal, da dann der Ausdruck $\sin\theta\cos\theta$ mit 0,5 einen Maximalwert erreicht. Die Mobilität der Korngrenze wird dann von der Anzahl und der Mobilität der Poren M_P bestimmt:

$$v_{KG} = (\sigma \cdot NF_P) \cdot M_{KG} = v_P = F_P M_P = \left(\frac{M_{KG} M_P}{NM_{KG} + M_P} \right) \cdot \sigma \approx 1 / N\sigma M_P , \tag{156}$$

wobei N die Porendichte, also der Quotient aus der Anzahl der Poren an der Korngrenze und der normierten Korngrenzenlänge ist.

Bilanziert man nun das Gleichgewicht zwischen der Linienspannung als Triebkraft für die Korngrenzenbewegung und der Rückhaltekraft durch die Pore als hindernde Größe und trägt die Verhältnisse gegen den Porenradius r_P auf, so erhält man Kriterien für die Wechselwirkung zwischen Korngrenze und Pore (Bild 219 a,b). Während die Linienspannung der Korngrenze unabhängig von r_P ist, steigt die Rückhaltekraft linear mit r_P an. Bei einem Radius r_{P2} sind Rückhaltekraft und Linienspannung gerade gleichgroß (Bild 219a). Der Quotient aus Porenmobilität und Korngrenzenmobilität sinkt nach einem $-\sqrt[m]{r_p}$ -Gesetz, wobei der Exponent m durch die wirksamen Materialtransportmechanismen für die Porenwanderung und die Korngrenzenwanderung (z.B. nach Gl. (154)) bestimmt ist. Bis zu einem kritischen Porenradius r_{P1} ist nach Bild 219b die Porenmobilität größer als die Korngrenzenmobilität, und die Linienspannung ist größer als die Rückhaltekraft. Infolgedessen wandert die Korngrenze und schleppt die Pore mit. Bei größeren Porenradien überwiegt die Korngrenzenmobilität, die Linienspannung ist aber immer noch größer als die Rückhaltekraft. Es kommt daher bei Porenradien zwischen r_{P1} und r_{P2} zur Separation von Korngrenze und Pore: Die Korngrenze wandert weiter, während die Pore zurückbleibt. Bei $r_P > r_{P2}$ bestimmt nun die höhere Rückhaltekraft das weitere Geschehen: Eine große Pore hält die Korngrenze fest und behindert damit das Kornwachstum, bis sich die Linienspannung eventuell weiter erhöht.

Positiv für die Verdichtung wirkt es sich nun aus, wenn die Poren möglichst lange an der Korngrenze haften, das Kornwachstum verlangsamen und gleichzeitig die Gelegenheit haben, über Grenzflächendiffusion zu schwinden. Als nachteiliger Effekt kann dann allerdings Porenvereinigung auftreten. Kommt es zur Separation von Poren und Korngrenzen, ist das Gefüge durch Körner mit eingeschlossenen Poren gekennzeichnet, die nur noch über Volumendiffusion verschwinden können, so daß kaum vollständige Verdichtung erzielt werden kann. Nachdem Porengröße und Korngröße über die *Zener-Beziehungen* (Gl. (143)) korreliert sind, lassen sich nach Brook [509], Uematsu [510] Yan [511], u.a. Diagramme entwickeln, in welchen die Wechselwirkungen zwischen Korngrenzen und Poren abgelesen werden können.

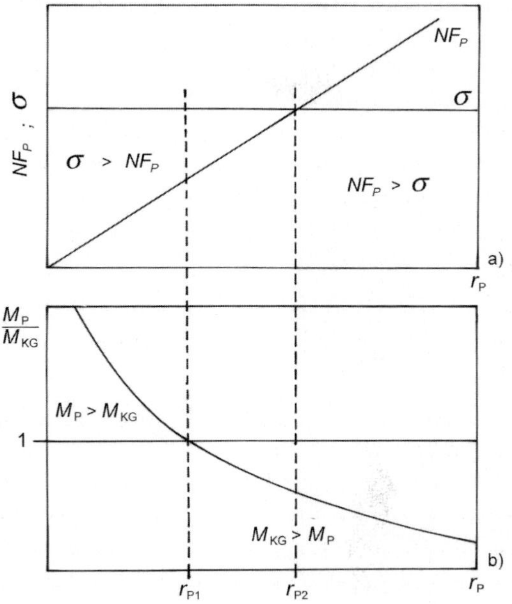

Bild 219: (a) Linienspannung von gekrümmten Korngrenzen und Rückhaltekraft von Poren in Abhängigkeit vom Porenradius. **(b)** Verhältnis von Porenmobilität und Korngrenzenmobilität in Abhängigkeit vom Porenradius.

Im allgemeinen ist hierbei das Porenseparationsgebiet für das Endstadium des Sinterns in einem log r_K /log r_P-Diagramm eingetragen (Bild 220a). Es gibt aber auch Koordinatensysteme mit linearer Korngröße gegen Anteil an theoretischer Dichte usw., wobei man auch vom ersten Sinterstadium ausgehen kann. Solche Diagramme erlauben die Vorhersage der Gefügeentwicklung, wenn man Korn- und Porengröße für verschiedene Verdichtungsstadien eines Materials einzeichnet und nachprüft, ob der Fahrstrahl der Gefügeentwicklung das Porenseparationsgebiet trifft oder unterläuft (Bild 220b). Weiterhin kann man Felder für die jeweilig wirksamen Materialtransportmechanismen für die Verdichtung (Porenschwund) D_P und das Kornwachstum D_K kennzeichnen und die Wirkung von Sinteradditiven oder Veränderungen der Ausgangskorngrößen auf die Ausdehnung und Lage des Porenseparationsgebietes sichtbar machen (Bild 220c). So bewirkt eine Reduktion der Korngrenzenbeweglichkeit eine Verschiebung des Porenseparationsgebietes zu größeren Kornradien hin. Die Reduktion der Oberflächendiffusion hat einen flacheren Verlauf der Gefügeentwicklung, gleichzeitig jedoch auch eine Ausdehnung des Porenseparationsgebietes in Richtung auf kleine Korngrößen zur Folge. Eine Erhöhung der Oberflächendiffusion führt zwar zur Verkleinerung des Porenseparationsgebietes, die stark erhöhte Steigung der Gefügeentwicklungskurve läßt aber erkennen, daß in keinem Fall eine vollständige Verdichtung erzielt werden kann. Besonders effektiv ist die Erhöhung der Volumendiffusion oder die Reduktion der Ausgangskorngröße, was die Gefügeentwicklungskurve flach hält, ferner eine enge Pulverkorngrößenverteilung, die zusätzlich noch das Porenseparationsgebiet schmal macht und zu größeren Gefügekorngrößen hin verschiebt. Rechenbeispiele und Fallstudien zur Wirkung von Additiven liefert Harmer [456], der ein Optimum der Korngröße von 0,5 µm für Al_2O_3 findet, da Nanopulver aufgrund ihrer großen spezifischen Oberfläche auch hohe Oberflächendiffusion zeigen.

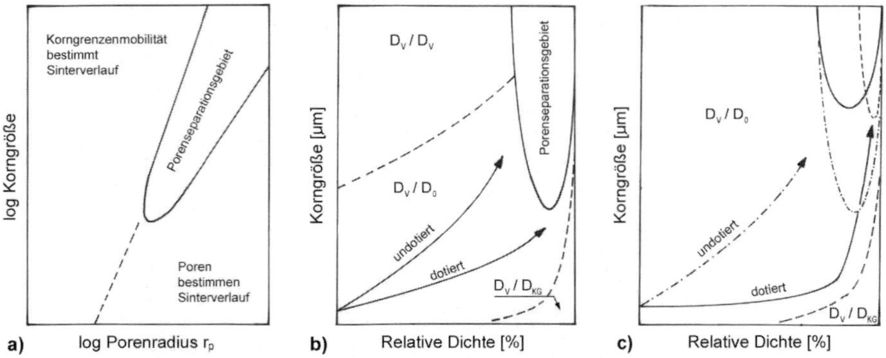

Bild 220: (a) Porenseparationsgebiet als Funktion von Korngröße und Porenradius (b) Gefügeentwicklungsdiagramm mit Porenseparationsgebiet und Bereichen wirksamer Materialtransportmechanismen, dargestellt als D_P/D_K mit den Indizes *V* für Volumendiffusion, *O* für Oberflächendiffusion und *KG* für Korngrenzendiffusion und getrennt durch gestrichelte Linien. (c) Wirkung von Sinteradditiven auf die Gefügeentwicklung und den Sinterfortschritt: Durchgezogene Kurve: Kornwachstumshemmende Additive, gestrichelt: enge Korngrößenverteilung des Ausgangspulvers; strichpunktiert: weite Korngrößenverteilung, undotiertes Pulver.

Die hier gezeigten Effekte mit Poren lassen sich analog auch auf dispergierte Teilchen einer zweiten Phase oder auf eine Mischkristallbildung in Korngrenzennähe bzw. auf Segregationen von Verunreinigungen in Korngrenzen übertragen. Im Englischen unterscheidet man demgemäß *pore drag, particle drag* und *solute drag* (von *to drag* = mitschleppen, auch: hinderlich sein). So können kleine Einschlüsse mit unterkritischem Radius an Korngrenzen hängenbleiben und mitwandern, was selten ist, oder von der Korngrenze überrannt werden, große Teilchen dagegen ebenfalls Korngrenzen festhalten. Randliche Mischkristallbildung kommt zustande, wenn sich Sinteradditive in den wachsenden Körnern lösen, es aber zu keinem Konzentrationsausgleich im gesamten Korn kommt, so daß die Kornränder eine geringere Freie Enthalpie aufweisen als das reinere Korninnere. So müssen die energetisch günstigeren Mischkristallränder ebenso wie Anreicherungen von Verunreinigungen oder Additive in der Korngrenze mitgeschleppt werden, wenn diese wandert. Auf diese Weise wird die Wirkung von MgO als Sinteradditiv für Al_2O_3 unterschiedlich diskutiert. So gibt es neben der Modell einer Erhöhung der Volumendiffusion aufgrund der allovalenten Dotierung und des Ladungsausgleichs durch Leerstellen [503] auch die Überlegung, daß eine Segregation von MgO in der Korngrenzen das Kornwachstum bremsen könnte [444], [512], [513]. Eine weitere Möglichkeit ist die Bildung eines $(Al,Mg)_2(O,\square)_3$-Mischkristalls in Korngrenzennähe oder – bei unvollständiger Reaktion die Bildung von Spinellteilchen $MgAl_2O_4$. Ferner verändert MgO das Verhältnis von Oberflächenenergie zu Korngrenzenenergie so, daß sich bei Poren der Dihedralwinkel verkleinert, eine Formabflachung eintritt und sich die Kontaktlänge mit wandernden Korngrenzen so vergrößert, daß die Haftkraft wirksamer ist. Schließlich erhöht MgO möglicherweise die Oberflächendiffusion, so daß die Mobilität der Poren steigt und sie im Laufe ihrer Wanderung mit der Korngrenze ausheilen können [514], [515].

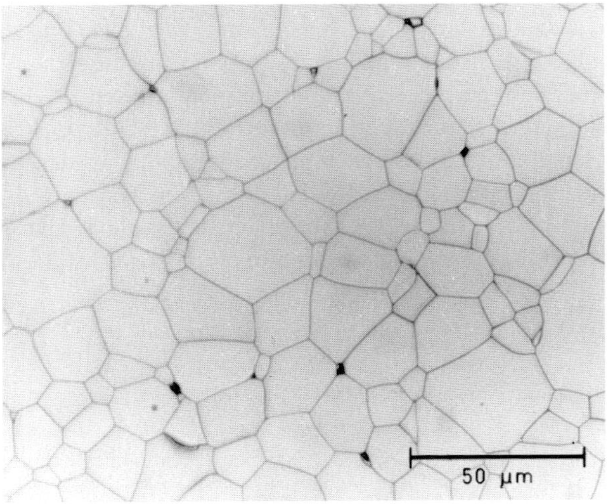

Bild 221: Typisches Gefügebild des dritten Sinterstadiums. Al_2O_3, 1700°C 2h, Anschliff, Lichtmikroskop-Aufnahme (Quelle: Täffner, MPI Stuttgart)

Bild 222: Typisches Gefügebild des dritten Sinterstadiums. Al_2O_3, 1600°C 2h, Bruchfläche, REM-Aufnahmen

Gefügemerkmale des Endstadiums. Im dritten Sinterstadium klingt die Schwindung ab, es dominiert Kornwachstum, Porenschwund und Porenwachstum. Als Folge davon haben die einzelnen Körner mehr oder minder polygone Formen, die sich von der Geometrie des Kuboktaeders ableiten lassen, was bei interkristallinem Bruch oft sehr gut zu sehen ist. Die Anzahl der Körner nimmt langsam ab. Triebkräfte für die weitere Verdichtung sind die Reduktion der Korngrenzenfläche und der noch restlichen freien Oberflächen von Poren. Die Poren sind geschlossen und befinden sich an den Korngrenzen, an Tripelpunkten oder im Korninneren. Aufgrund der Oberflächenspannung sind sie im Korninneren kugelförmig, an den Korngrenzen linsenförmig; an den Tripelpunkten bilden sie eine tetraederähnliche Gestalt mit konkav oder konvex gekrümmten Oberflächen aus. Mit fortschreitender Verdichtung begradigen sich Korngrenzen zunehmend, die Korngrenzenwanderung und damit das Kornwachstum kommt zum Erliegen, falls kein abnormes Kornwachstum weniger energetisch bevorzugter Kristallite vorkommt. Bild 221 und Bild 222 zeigen typische Gefüge aus dem Endstadium. Von *Übersintern* spricht man, wenn unnötiges Kornwachstum eingetreten ist, ohne daß die Restporosität deutlich reduziert wurde, oder eine Porenvergröberung eingetreten ist. Bei sehr hohen Temperaturen oder langen Sinterzeiten kann auch die Gesamtporosität aufgrund von Leerstellenagglomeration wieder zunehmen. Beobachtet worden ist auch die Entstehung von neuen Gasporen durch Verdampfung von Phasen (z.B. bei Apatit-Keramik, Nitriden usw.) in Nähe der Zersetzungstemperatur, durch innere Oxidation (Reaktion von Oxiden mit Nichtoxiden in Verbundwerkstoffen) oder durch Oxidation von Kohlenstoffeinschlüssen im Inneren von Körnern.

4.3 Sintern mit Additiven

Generell ergeben sich aus den zahlreichen, in diesem Kapitel zuvor geschilderten Einzelheiten folgende „Rezepte" zur Verbesserung der Sinterfähigkeit keramischer Pulver durch Additive. Einmal sollten diejenigen Diffusionsmechanismen gefördert werden, die auch tatsächlich zur Schwindung beitragen, also Korngrenzen- und Volumendiffusion; ferner sollten solche Mechanismen unterdrückt werden, die die Triebkräfte nur für das Kornwachstum verbrauchen, also Verdampfung/Wiederkondensation und Oberflächendiffusion, es sei denn, Porosität ist ausdrücklich erwünscht.

Zur *Erhöhung der Volumendiffusion* wird mit allovalenten Ionen dotiert, die die Anzahl der Leerstellen erhöhen. Beispiele sind Al_2O_3 mit MgO oder TiO_2, ZrO_2 mit MgO, CaO, Y_2O_3 usw., wobei diese Additive im letzteren Fall auch stabilisierend auf die Hochtemperaturmodifikationen wirken (siehe Kapitel 10.1.3). ZrO_2 kann auch mit TiO_2 dotiert werden, welches aber nur im Vakuum oder in reduzierender Atmosphäre zur Verdichtung beiträgt, da es dann dreiwertig als Ti_2O_3 oder zweiwertig als TiO vorliegt. Als Additive kommen auch gleichwertige Kationen mit abweichenden Ionenradien in Frage, die im Falle der Bildung eines Substitutionsmischkristalls nach der *Vegard´schen Regel* Gitterverzerrungen bewirken, ebenso wenn sie interstitiell eingebaut werden. Gitterspannungen erhöhen oder senken die Aktivierungsenergie für die Volumendiffusion. Beispiele sind Al_2O_3 mit Cr_2O_3; MgO mit CaO, ZnO, NiO oder Mg_2SiO_4 mit Ni_2SiO_4. Im Falle des MgO, welches mit ZnO dotiert ist, geht das Zink in eine interstitielle Position und erzeugt eine Mg^{2+}-Leerstelle. Als Nebeneffekt einer gezielten Einstellung der

Leerstellenkonzentration läßt sich die elektrische Leitfähigkeit in weiten Bereichen verändern. So kann man durch Dotierung von (Ba,Sr)TiO_3 mit Seltenen Erden die Leitfähigkeit um 16 Zehnerpotenzen verändern und sogar den Übergang von der Ionenleitung zur Elektronenleitung schaffen (siehe Kapitel 10.2).

Ein weiterer Beitrag zur verbesserten Schwindung kommt aus der *Erhöhung der Oberflächenenergie* durch Additive, da gemäß Gl. (150) das Verhältnis von Korngrenzenenergie zu Oberflächenenergie kleiner $\sqrt{3}$ sein muß, um Porenschwund zu bewirken. Insbesondere bei Nichtoxidkeramiken läßt sich γ_{sv} durch die Reduktion von Oxidschichten auf den Pulverteilchen erhöhen, da die Oberflächenoxidation eine Absättigung der Bindungen und eine Reduktion des chemischen Potentials gegenüber der umgebenden Luft herbeigeführt. So wirkt z.B. die Dotierung von SiC mit 0,2-Gew.% Kohlenstoff. Die weitere Zugabe von 0,3 Gew.-% Bor führt nach Prochazka [516]-[519] zu einer *Erniedrigung der Grenzflächenenergie* γ_{ss}, da sich Bor an der Korngrenze anreichert [520], [521]. Alternativ wird diskutiert [522]-[525], daß Bor sich elementar oder in Form von BN, B_4C oder $B_{12}(B,C,Si)_3$ an den Korngrenzen anreichert und das Kornwachstum von SiC hemmt. Das „dreiwertige" Bor kann ferner anstelle von Kohlenstoff bzw. Silicium als „allovalentes" Atom in das Gitter eingebaut werden und Leerstellen im Si- bzw. C-Untergitter erzeugen [517]. So führt die kombinierte Zugabe von 0.3 Gew.-% B and 0.2 Gew.-% C zu feinem β-SiC-Pulver zu einer 95-99%igen Verdichtung bei 2040°C. B kann als B_4C, BN, BP, AlB_4 oder SiB_6. $LiBH_4$ oder in Form von H_3BO_3-C-Mischungen hinzugegeben werden, wobei jedoch ein Gewichtsverlust durch Verdampfung von BH_3 und B_2O_3 eintritt. Kohlenstoff wird üblicherweise als Ruß, Phenolharz oder Novolak eingebracht. Das Zusammenwirken von Bor und Kohlenstoff ist in Bild 223 gezeigt, wobei der Borgehalt bei konstantem C-Gehalt (1 und 2 Gew.-%) verändert wird.

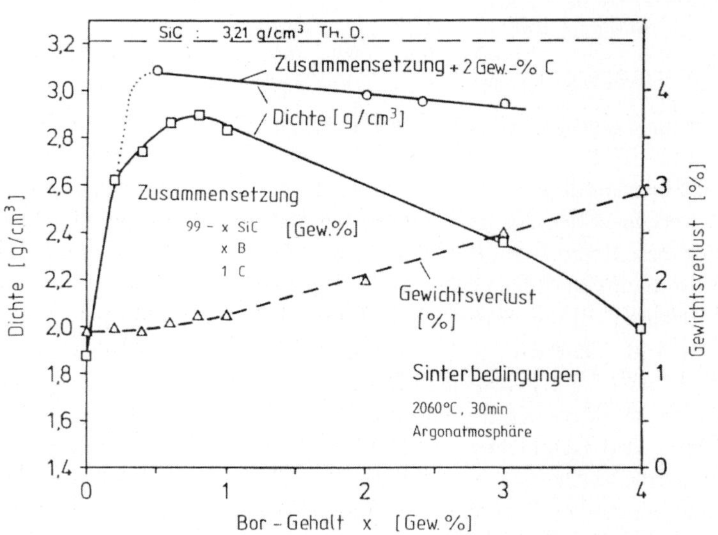

Bild 223: Verdichtung und Gewichtsverlust von SiC mit variierter B-Dotierung bei konstantem C-Gehalt [526]

Als weiteres Additiv für SiC wird ferner Aluminium in Kombination mit Bor und/oder Kohlenstoff verwendet [526]-[530]. Bereits ≤ 2.0 Gew.-% reichen aus, um Dichten über 97 % bei Temperaturen zwischen 2050 und 2250°C zu erhalten. Aluminium kann in elementarer Form oder als AlN, Al_4C_3, AlB_2, AlP oder Al_4SiC_4 eingesetzt werden. Al_2O_3 und $LiAlH_4$ erwiesen sich aufgrund von Verdampfungsreaktionen als weniger geeignet. Die Wirkung von Al beruht auf einer Löslichkeit von α-SiC für Al_4C_3 und AlN [530], [531], die nach dem Prinzip der allovalenten Dotierung die Volumendiffusion fördert. Im Vergleich zum Sintersystem SiC-B-C bewirken Al-Additive eine Temperaturerniedrigung für den Sinterbeginn und die maximale Schwindungsrate [526], [532] (Bild 224).

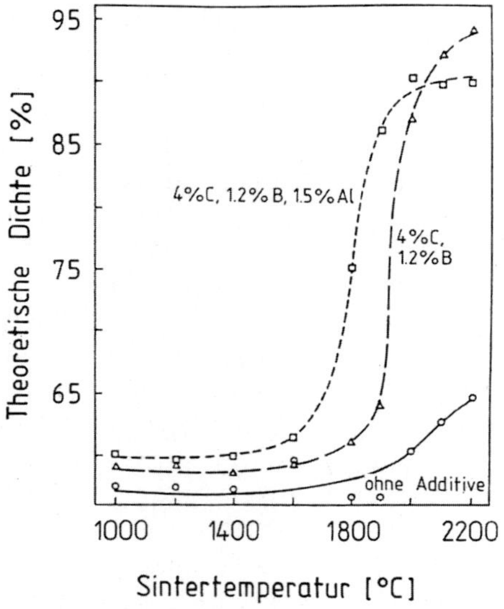

Bild 224: Verdichtungsverhalten von SiC mit Al-B-C-Mischdotierung nach [528]

Da die meisten Sinteradditive an den Pulveroberflächen bzw. den späteren Korngrenzen aktiv werden sollen, ist es sinnvoll, die Pulverteilchen mit den Dotierungsmitteln zu beschichten. Hierfür kommen Fällungsprozesse in Frage, bei welchen aus Lösungen von Salzen oder metallorganischen Vorstufen die entsprechenden Komponenten auf die dispergierten Partikel aufgefällt werden. Sind auch die Additive als feste Teilchen dispergiert, so wird ein unterschiedliches Zeta-Potential (siehe Kapitel 7.3.1.1) zwischen Hauptkomponente und Dotierungsmittel genutzt, um durch attraktive Kräfte eine oberflächliche Anlagerung zu erzielen. Weitere Verfahren sind Beschichtungen über die Gasphase oder Ionenimplantation, wobei letzteres Verfahren aufgrund der Energie der eingestrahlten Ionen auch Gitterschädigungen und somit eine mechanische Aktivierung der Pulver bewirkt, aber verfahrenstechnisch sehr aufwendig ist, da eine allseitige und gleichmäßige Bestrahlung der Pulver gewährleistet sein muß [533]-[535].

Additive, die zur Unterstützung der Volumendiffusion als feste Lösung in das Kristallgitter der zu sinternden Phase eingebracht werden sollen, werden am besten über Sol-Gel-Prozesse oder Kopräzipitation (gemeinsame Fällung) aus Lösungen auf molekularer Ebene mit den Hauptkomponenten homogen vermengt. Angaben über die Verteilung von Yttriumoxid in gefällten 3Y-TZP-Pulvern liefert z.B. Schubert [536]. Die Folge einer ungleichmäßigen Verteilung ist hier, daß die einzelnen Körner teilweise unstabilisiert, teilweise vollstabilisiert sind und ein individuelles Umwandlungsverhalten zeigen. Der klassische Weg der Aufbereitung von Pulvern, die nicht vollständig über die chemische Route hergestellt werden, führt jedoch über die Mischmahlung und die Eindiffusion während des Sinterns. Hierbei sind jedoch eventuell Ungleichmäßigkeiten in der Verteilung in Kauf zu nehmen. So sind in manchen Erzeugnissen noch unreagierte Reste der Additive im Gefüge zu finden.

4.4 Sintern mit flüssiger Phase

Bisher wurde nur das Sinterverhalten von festen Stoffen behandelt. Oft ist beim Sinterprozeß aber auch eine flüssige Phase beteiligt. So kann man unterscheiden zwischen Sintern mit ungewollter und gezielt eingesetzter flüssiger Phase. Im ersten Falle bewirken Verunreinigungen, inhomogen verteilte Sinteradditive und Segregationen an Korngrenzen eine unbeabsichtigte lokale Überschreitung der Schmelztemperatur, was zu örtlich begrenzten Phasenneubildungen, Riesenkorn- und Porenwachstum führen kann. Hier soll aber eher auf Sintersysteme eingegangen werden, die definierte niedrigschmelzende Komponenten neben einer höherschmelzenden aufweisen, sowie auf die Phänomene bei der Infiltration von porösen Formkörpern mit Flüssigphasen. Mit dem Flüssigphasensintern haben sich besonders Kingery [454] und Petzow und Huppmann [459], [460] befaßt. Grundlegende Arbeiten stammen ferner von Schatt (zusammengefaßt in [463]) und German (zusammengefaßt in [537]). Viele Veröffentlichungen sind den Hartmetallen, insbesondere dem klassischen Flüssigphasensintersystem WC-Co, intermetallischen Phasen oder Schwermetallen gewidmet, da sich hier die Mechanismen besonders gut studieren lassen und die technische Bedeutung für die Bauteilherstellung sehr groß ist. Dabei sind die meisten der beschriebenen Phänomene direkt auf keramische Werkstoff übertragbar. Es ist dabei jedoch zu beachten, daß die bei Keramiken in der Regel vorliegenden silicatischen Schmelzen eine sehr viel höhere Viskosität aufweisen als die metallischen.

4.4.1 Konstitutionelle Voraussetzungen

Von besonderer Bedeutung ist dann die Kenntnis des entsprechenden Phasendiagrammes, um den Sinterverlauf optimal zu steuern. Grundsätzlich eignen sich eutektische und peritektische Systeme. Schatt unterscheidet zwischen *Sintern mit permanenter Flüssigphase*, wenn man im Gleichgewichtsfall im Zweiphasengebiet fest-flüssig arbeitet, und *Sintern mit temporärer* oder *transienter Flüssigphase*, wenn die Schmelze aufgrund einer Ungleichgewichtsreaktion vorübergehend entsteht und nach einer gewissen Zeit oder bei Temperaturerhöhung auf dem Weg zum Gleichgewicht zu einem Feststoff weiterreagiert. Dies ist in Systemen mit durchgehender Mischkristallbildung der Fall, da die Schmelze sich mit der höherschmelzenden Komponente zu einem homogenen Mischkristall umsetzt, ferner in Systemen mit Randlöslichkeiten, wenn die Konzentration der niedrigschmelzenden Komponente innerhalb Löslichkeitsbereiches liegt, und in Systemen mit intermediären Phasen, die während des Sinterprozesses neu aus den Randkomponenten gebildet werden. In allen Fällen ist erforderlich, daß die Mischung möglichst schnell aufgeheizt wird, um die Gleichgewichtseinstellung bei Subsolidus-Temperaturen über Feststoffreaktionen zu vermeiden oder hinauszuzögern. Der Volumenanteil V_l an gebildeter Schmelze hängt dabei von der Konzentration der niedrigschmelzenden Komponente c_B und der Aufheizrate $\Delta T/\Delta t$ ab [537]:

$$1-\left[\frac{V_l}{K_1 c_B}\right]^{1/3} = K_2\left[\frac{T_S \Delta T}{\Delta t}\right]^{1/2}, \qquad (157)$$

mit den Konstanten K_1 und K_2 der Schmelztemperatur T_S. Das Sintern mit temporärer flüssiger Phase ist insbesondere für intermetallische Phasen und SiAlONe gut untersucht.

4.4.2 Halswachstum durch viskoses Fließen

Voraussetzung für eine Verdichtung ist immer eine gute Benetzung der festen Phase sowie ein ausreichender Volumenanteil an Schmelze. Wie bei festen Körpern sind auch hier die treibenden Kräfte zur Verdichtung die Minimierung der Oberflächenenergie und der Grenzflächenenergie. Im Falle einer gegenseitigen Löslichkeit von Festphase und Flüssigphase oder gar einer chemischen Reaktion kommt noch die Minimierung des chemischen Potentials hinzu und bewirkt u.a. Lösung und Wiederausscheidung, Kornformangleichung und ggf. Mischkristallbildung oder Phasenneubildung.

Betrachtet man zunächst die Verhältnisse bei einer *Schmelze* allein, z.B. bei zwei sich berührenden kugelförmigen Tropfen einer hochviskosen Glasschmelze, dann erfolgt eine Minimierung der Oberflächenenergie flüssig/gasförmig, γ_{lv}, durch viskoses Fließen (η = Viskosität), indem sich ein einzelner Tropfen durch Halswachstum bildet. Für den Modellfall zweier Kugeln mit Radius r hat Frenkel [538] für das Wachstum des Halsradius x abgeleitet:

$$x^2 = \frac{3\gamma_{lv}}{2\eta} rt \cdot \qquad (158)$$

Diese Beziehung konnte von Kuczynski [539] experimentell bestätigt werden, der zusammen mit Zaplatynskyj [540] auch die Verengung von Glaskapillaren als Modell für Poren untersucht hat, wofür die Gleichung gilt:

$$(r_0 - r) - (R_0 - R) = \frac{\gamma_{lv}}{2\eta} t \tag{159}$$

mit r bzw. R = Innen- bzw. Außenradius (Index 0 bei $t = 0$). Nach Bild 225 ergeben sich Geraden, aus deren Steigungen mit guter Übereinstimmung die Viskositäten des Glases berechnet werden kann. Gleiche Messungen [541] bei Viskositäten > 10^9 dPa·s ergaben allerdings Abweichungen, die auf eine Zeitabhängigkeit der Viskosität zurückgeführt werden konnten. Im Gegensatz zu festen Phasen besitzen natürlich Schmelztropfen keine gemeinsame Grenzfläche.

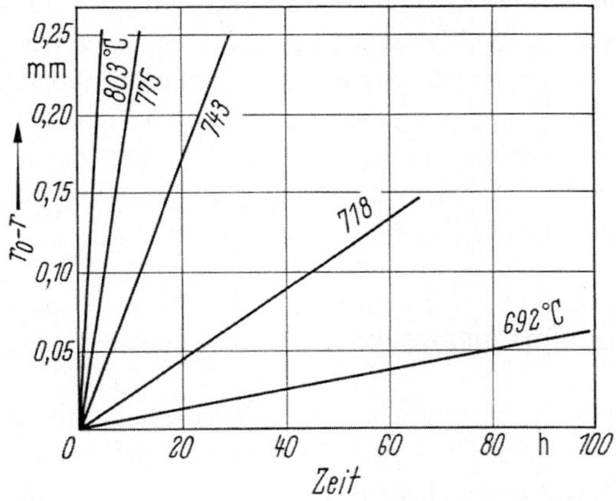

Bild 225: Abnahme des Innenradius r einer Kapillare aus Pyrexglas beim Tempern nach Kuczynski und Zaplatynskyj [540] (Außenradius R_0 = 5,53 mm, r_0 = 0,45 mm)

Aus Gl. (158) folgt für die lineare Schwindung von Kugeln

$$\frac{\Delta l}{l} = \frac{3\gamma_{lv}}{4\eta} \frac{1}{r} t, \tag{160}$$

was nur für das Anfangsstadium gilt. Recht schnell bilden sich isolierte Poren, wodurch sich die Kinetik ändert, der Mechanismus aber der gleiche bleibt. Mac Kenzie und Shuttleworth [542] haben dieses Problem untersucht und für die Verdichtung abgeleitet

$$\frac{\mathrm{d}\rho}{\rho_0 \mathrm{d}t} = \frac{3\gamma_{lv}}{2\eta} \frac{1}{r} \left(1 - \frac{\rho}{\rho_0}\right), \tag{161}$$

worin ρ/ρ_0 die relative Dichte darstellt. Für die Praxis folgt daraus, daß die Verdichtung um so schneller erfolgt, je geringer die Viskosität und die Ausgangskorngröße sind. Die Oberflächenflächenenergie kann man im allgemeinen wenig beeinflussen. In der Keramik kann Gl. (161) auch auf den Porzellanbrand angewandt werden, wo bei der Brenntemperatur hohe Anteile an Schmelzphase vorhanden sind. Wegen der erforderlichen Standfestigkeit kann man die Viskosität nicht beliebig erniedrigen, aber durch bessere Mahlung *r* verringern und eine Beschleunigung erreichen. Allerdings setzt die Anwendbarkeit von Gl. (161) voraus, daß die in den Poren befindlichen Gase nicht stören, d.h., daß in den Poren kein großer Überdruck entsteht. Von den Ofengasen kann man annehmen, daß CO_2, H_2O, H_2 und O_2 eine genügende Diffusionsgeschwindigkeit haben, während diese für N_2 langsam ist. Die Verdichtung kann dann zum Stillstand kommen.

Die eben genannten Mechanismen setzen ideales Verhalten voraus, das, ähnlich wie beim Sintern von kristallinen Phasen, nur selten gegeben ist. Beim Sintern von Glas macht sich besonders der Einfluß von benachbarten Partikeln bemerkbar, der zu Asymmetrien an den Kontakthälsen führt, was Teilchenumlagerungen zur Folge hat, wie sie schematisch bereits in 1 dargestellt wurden. Nach Exner und Petzow [543] entstehen zunächst durch solche Umlagerungen eine geringere Pakkungsdichte und größere Poren, was die Schwindung verringert, bis sich neue Kontaktstellen bilden, die wegen ihrer kleinen Halswinkel Anlaß zu einer schnelleren Schwindung geben. Diese Vorgänge sind abhängig von der Atmosphäre, was auf einen Einfluß auf die Oberflächenspannung des Glases schließen läßt. Besonders wirksam ist dabei Wasserdampf [544], bei dem zusätzlich seine erniedrigende Wirkung auf die Viskosität zu beachten ist [129].

4.4.3 Anfangsstadium des Flüssigphasensinterns

Bei der Betrachtung des Flüssigphasensinterns darf man nicht übersehen, daß die niedrigschmelzende Komponente vor dem Erreichen des Schmelzpunktes zunächst einen ganz normalen Festphasensinterprozeß mit den in Kapitel 4.1 näher beschriebenen Mechanismen durchläuft, wo gleichartige Pulverteilchen miteinander in Kontakt stehen. Die Schmelze entsteht beim weiteren Aufheizen immer an der Stelle, wo die Nachbarschaft unterschiedlicher Pulverteilchen gerade die Zusammensetzung der niedrigsten Schmelztemperatur ergibt, in der Regel also an den Kornkontakten der beteiligten Phasen. Von dort aus breitet sie sich je nach Benetzungsbedingungen nach allen Seiten rasch aus, wobei das Schmelzevolumen bei gegebener Löslichkeit für die feste Komponente schnell ansteigen kann.

Im weiteren Verlauf können drei Sinterstadien anhand ihrer Sintereffekte unterschieden werden: (1.) die *Teilchenumlagerung*, die sofort einsetzt und die der einzige wirksame Vorgang ist, wenn keine Löslichkeit der festen Phase in der Flüssigkeit besteht. Ist aber eine Löslichkeit vorhanden, wie in den meisten realen Systemen, dann folgt (2.) der *Lösungs- und Wiederausscheidungsprozeß*, dem noch (3.) das *Skelettsintern* folgen kann, wenn sich feste Kontakte zwischen benachbarten Teilchen gebildet haben. Parallel dazu kann ein *Kornwachstum* eintreten.

Die Sinterkurve für das Flüssigphasensintern, also die Auftragung der Dichteänderung gegen die Temperatur, ähnelt derjenigen für das Festphasensintern (Bild 191) mit der Ausnahme, daß das Schwindungsstadium unmittelbar sich an die Schmelzebildung anschließt und sehr schnell abläuft. In Bild 226 ist das Schwindungsverhalten schematisch dargestellt, wobei das Festphasensintern der niedrigschmelzenden Komponente (a) überbetont ist. Bei manchen Systemen findet sich ferner am Punkt der Schmelzebildung (b) noch eine kleine Schwellung (c), die dadurch bedingt ist, daß Flüssigkeit zwischen die Partikel eindringt und diese geringfügig auseinanderdrückt. Die Mechanismen der Teilchenumorientierung (d), der Lösung und Wiederausscheidung (e) und des Skelettsinterns mit Kornwachstum und Restporeneliminierung (f) überlappen sich stark.

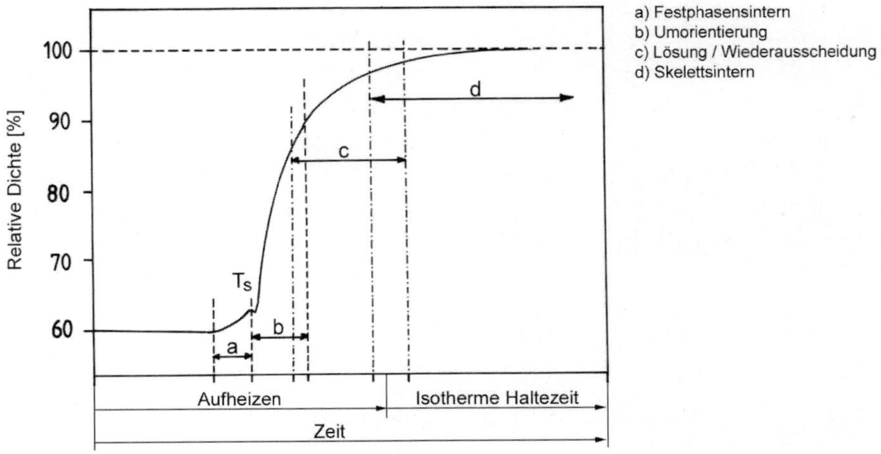

Bild 226: Verdichtungsverlauf beim Flüssigphasensintern

Benetzung und Teilchenumlagerung. Die Triebkraft für die Teilchenumlagerung ist wieder das Bestreben des Systems, die Summe aller Oberflächen- bzw. Grenzflächenenergien zu minimieren. Wesentlich ist der *Gehalt* an flüssiger Phase und der *Benetzungswinkel*. In keramischen Systemen ist meist gute bis vollständige Benetzung vorhanden, so daß die Grenzflächenenergie fest/fest, γ_{ss}, größer ist als die Summe der beiden bei der Benetzung neu gebildeten Grenzflächen fest/flüssig, γ_{sl}. Es muß also gelten:

$$\gamma_{ss} > 2\,\gamma_{sl}. \tag{162}$$

Beim ersten Aufschmelzen bildet sich dann um alle Körner ein dünner Film und je nach Gehalt ein Hals um diejenigen Körner, die miteinander in Kontakt stehen. Durch die Kapillarkräfte werden die Teilchen stärker zusammengehalten, ohne daß dabei eine wesentliche Verdichtung eintritt. Erst bei höheren Flüssigkeitsgehalten ist denkbar, daß eine Umorientierung der Teilchen in Richtung auf eine dichteste Packung erfolgt. Abschätzungen und Messungen haben ergeben, daß dieser Mechanismus etwa 30 Vol.-% flüssige Phase benötigt. Bei geringeren Gehalten nimmt die Verdichtung durch Umorientierung linear mit dem Flüssigkeitsanteil ab. Für die Kinetik der Schwindung gilt

$$\frac{\Delta l}{l} \sim t^x, \tag{163}$$

worin der Exponent x etwas größer als 1 ist.

Sieht man sich die Sinterkontakte im Zwei-Kugel-Modell näher an (Bild 227) dann ergibt sich zwischen den beiden Kugeln mit dem Radius r eine Kraft, die einmal von der Wirkung der Grenzflächenspannung γ_{sl}, die entlang der Berührungslinie zwischen Flüssigkeit und Festkörper auftritt, herrührt und vom Randwinkel Θ abhängt und die zum anderen vom Kapillardruck infolge der Krümmung der Flüssigkeit beeinflußt wird (Kapitel 2.5.3). Nach Cahn und Heady [545] läßt sie sich näherungsweise zu

$$F = \pi \gamma_{sl} \left[2\cos\Theta - \frac{r_z}{r} \right] \approx \pi r \gamma_{sl} \left[\cos\Theta - \left(\frac{8V_z}{3V_k} \right)^{1/4} \right] \qquad (164)$$

berechnen (mit V_z bzw. V_k = Volumina der Zwickelflüssigkeit bzw. einer Kugel). Je besser die Benetzung der Kugel durch die Flüssigkeit, d.h., je kleiner Θ (links im Bild 227) ist, um so größer wird der erste Term in obiger Gleichung und um so stärker ziehen sich die Kugeln an.

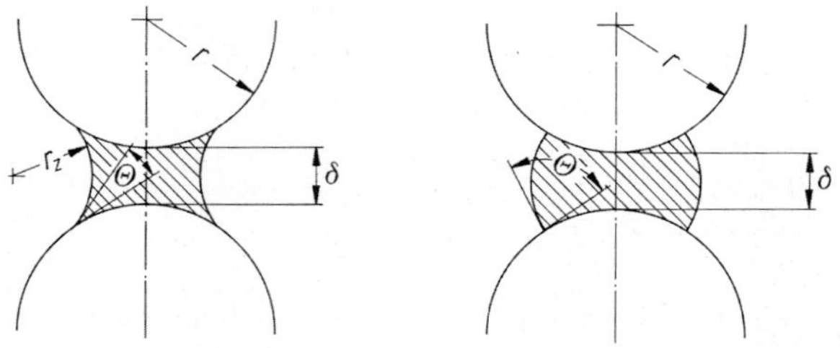

Bild 227: Schematische Darstellung von Flüssigkeitsbrücken zwischen zwei kugelförmigen Teilchen mit verschiedenen Benetzungswinkeln Θ

Dem wirkt der zweite Term, der *Kapillardruck*, entgegen, wobei diese Wirkung um so stärker wird, je größer der Abstand δ ist, weil sich dann r_z bzw. V_z erhöhen, d.h., die Anziehungskräfte F nehmen ab. Bei gering oder nicht benetzenden Systemen (rechts in Bild 227) geht der erste Term gegen Null oder wird negativ, die Anziehung schlägt in eine Abstoßung um. Dann kann jedoch r_z negativ und damit der zweite Term positiv werden, was sich um so mehr auswirkt, je größer δ ist. Es ergibt sich dann bei einem bestimmten δ der Wert $F = 0$. Dieses δ entspricht einem Gleichgewichtsabstand der Kugeln.

Die Folge davon ist, daß sich zwischen allen Teilchen eine Schmelzphase befindet, so daß sie sich leicht, da abgesehen von der Viskosität der Schmelze reibungsfrei, bewegen können, wobei man die Einstellung des Gleichgewichtsabstandes als treibende Kraft für die Umlagerungen ansprechen kann. Dabei kommt es nicht nur zu einer isotropen, d.h. in allen Richtungen gleichen Schwindung durch die Einregelung des Abstands der Teilchenmittelpunkte, sondern auch zu einem anisotropen Anteil, der auf dem Umklappen der Achse zwischen den Teilchen beruht. Diese Teilchenumordnung entspricht den Auswirkungen nach der Partikelumorientierung im ersten Sinterstadium des Festphasensinterns. Man beobachtet ebenfalls eine lokal hohe Verdichtung (Clusterbildung) bei gleichzeitiger Zunahme von größeren Poren, da die kleinen Kapillaren zuerst gefüllt werden und die größeren je nach Schmelzvolumen leer bleiben.

Bild 228 zeigt die Verhältnisse nach Huppmann u. M. [546] schematisch, Bild 229 den realen Fall eines B_4C-Si-Sinterkörpers [547].

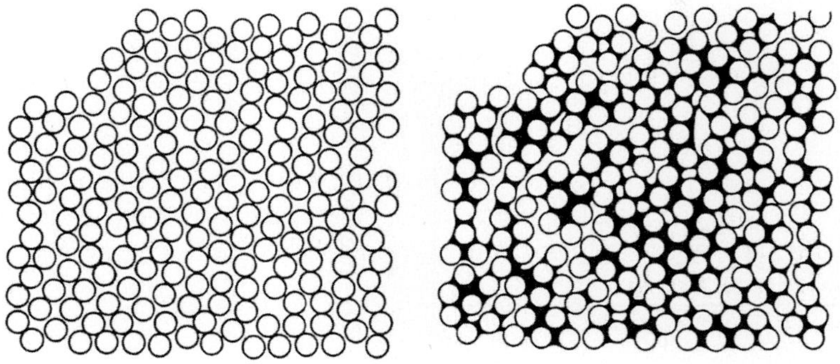

Bild 228: Teilchenumorientierung in Anwesenheit einer flüssigen Phase [546]

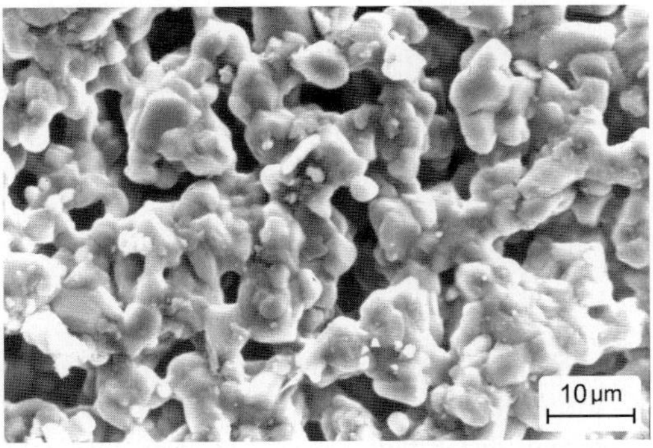

Bild 229: Teilchenumorientierung mit Clusterbildung im System B_4C-Si [547]. REM-Aufnahme einer Bruchfläche

Ein weiterer Grund für eine Umorientierung liegt darin, daß der lokale Benetzungswinkel ferner von der Anisotropie der Kristallstruktur des Feststoffpartikels abhängt, so daß eine Teilchenrotation ein Gewinn an Grenzflächenenergie erbringt. γ_{sl} und Θ sind insbesondere bei Metallschmelzen z.B. in Hartmetallen, Cermets und Verbundwerkstoffen durch Dotierungen und atmosphärische Einflüsse in weiten Bereichen veränderbar.

Der Teilchenumorientierungsprozeß läuft mitunter sehr schnell ab und bringt im Gegensatz zum Festphasensintern den größten Dichtezuwachs. Im Falle von Cermets aus ternären Boriden vom Typ Mo_2FeB_2 mit Fe-Matrix sind Schwindungsraten von 6-7 %/min dokumentiert worden [548], d.h., nach 5-10 min wird eine Enddichte von 99,6 % der theoretischen Dichte erreicht (Bild 230). Die vorausgehenden Dichtesprünge sind Festkörperreaktionen zuzuordnen, in denen sich das ternäre Borid erst aus Elementpulvern bildet [549].

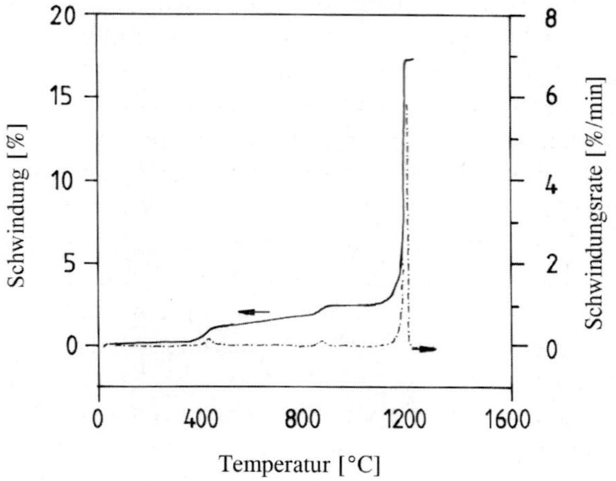

Bild 230: Verdichtungsverhalten einer Mo_2FeB_2-Fe-Mischung [548]: durchgezogene Linie: lineare Schwindung; strichpunktiert: Schwindungsrate

Bei hohen Flüssigkeitsgehalten ($V_l \approx$ 30-35 Vol.-%) treten nach der Umorientierung geschlossene Poren auf, die - wie oben gezeigt - die Tendenz zur Abnahme haben. Analog nach Gl. (19) in Kapitel 2.5.4 läßt sich ein *Porenbinnendruck* angeben, der formal einem äußeren hydrostatischen Druck entspricht:

$$\Delta p = \frac{2\gamma_{lv} \cdot \cos\Theta}{r_p}, \tag{165}$$

mit γ_{lv} als der Oberflächenspannung der Schmelze und r_P dem durchschnittlichen Porenradius. Man kann diese Kinetik weiter wie bei einer reinen Flüssigkeit behandeln, muß jedoch in Betracht ziehen, daß durch den hohen Anteil an Feststoff nicht mehr rein Newton´sches Fließen vorliegt. Nimmt man Bingham´sches Fließen an, wonach erst nach einem Anlaßwert τ_0 die Schergeschwindigkeit proportional der angelegten Scherspannung ist (siehe Kapitel 7.3.1.1.4), so erweitert sich Gl. (161) für die Verdichtung zu

$$\frac{d\rho}{\rho_0 dt} = \frac{3\gamma_{sl}}{2\eta}\left(1-\frac{\rho}{\rho_0}\right)\left[1-\frac{\tau_0 r}{\sqrt{2}\gamma_{sl}}\ln\left(\frac{1}{1-\frac{\rho}{\rho_0}}\right)\right] \tag{166}$$

worin jetzt η die Viskosität oberhalb des Anlaßwertes darstellt. Mit steigendem Anlaßwert wird die Verdichtungsgeschwindigkeit geringer und kann sogar Null werden, wenn der Wert der eckigen Klammer Null wird. Für eine möglichst weitgehende Verdichtung muß man r möglichst klein und γ_{sl} möglichst groß wählen.

Teilchendesintegration. Unter Desintegration versteht man die Infiltration von Korngrenzen durch eine Schmelze. Dieser Vorgang spielt insbesondere bei Teilchenagglomeraten eine Rolle, die herstellungsbedingt bereits versintert sind, z.B. während der Calcination, einer Reaktionssynthese oder einer anderen thermischen Vorbehandlung. Von entscheidender Bedeutung wird die Desintegration für das Korrosionsverhalten feuerfester Werkstoffe, wenn keramische Erzeugnisse in Kontakt mit Metall- oder Schlackeschmelzen gelangen und durch Infiltrationsvorgänge zerstört werden. Prinzipiell liegt beiden Vorgängen die Bedingung nach Gl. (162) zugrunde, nämlich daß die Bildung zweier Grenzflächen fest/flüssig energetisch günstiger ist als eine Korngrenze.

Die Desintegration von Pulverteilchen ist von Huppmann und Petzow [550] modellhaft am System W-Ni und von Kaysser u. M. am System Fe-Cu [551] untersucht worden. Die Folge ist eine deutliche Homogenisierung des Gefüges, da die Agglomerate zerfallen, und eine *sekundäre Teilchenumorientierung* eintritt. An Al_2O_3 mit Alkaliboratschmelze konnte der Mechanismus der Desintegration von der primären Teilchenumorientierung separiert werden, da erst mit höherer Temperatur die Löslichkeit von Al_2O_3 in der Schmelze zunimmt und eine Erniedrigung von $2\gamma_{sl}$ gegenüber γ_{ss} eintritt, die den erforderlichen Energiegewinn erbringt. Der Effekt äußert sich in zwei Schwindungsmaxima (Bild 231), wobei die Desintegration in Abhängigkeit von der jeweiligen Haltezeit zwischen 1450 und 1550°C eintritt [552].

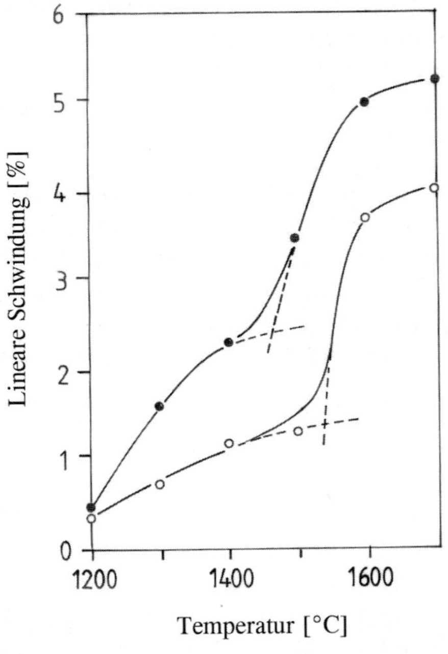

Bild 231: Primäre und sekundäre Teilchenumorientierung in Al_2O_3-Alkaliboratglas-Sinterkörpern. ● = Haltezeit 1 h, ○ = Haltezeit 1 min.

Gefügemerkmale und Zusammenfassung. Im ersten Stadium des Flüssigphasensinterns erfolgt zunächst das Aufschmelzen der niedrigschmelzenden Komponente mit nachfolgender Benetzung und Meniskusbildung. Im Elektronenmikroskop sind an Bruchflächen Schmelzfilme und Hälse insbesondere im Kontaktbereich der Körner gut zu erkennen. Anschliffe zeigen, ob die Teilchen allseitig gut benetzt sind. Unter dem Einfluß der Kapillarkräfte kommt es zu einer sehr schnellen Teilchenumorientierung, die den Hauptanteil an der Verdichtung ausmacht. Dabei können aber auch große Hohlräume aufreißen, die später nicht mehr mit Schmelze zu füllen sind. Die Teilchen besitzen noch ihre ursprüngliche Form und sind nur lokal dichter gepackt. Liegen polykristalline Pulverteilchen vor, kann es zur Desintegration kommen, d.h. zur Auftrennung und Infiltration der Korngrenzen. Dies führt zu einer Homogenisierung des Gefüges und zu einer sekundären Teilchenumorientierung.

4.4.4 Mittelstadium des Flüssigphasensinterns

Nach erfolgter Umorientierung liegt eine mehr oder minder dichte Teilchenpackung vor, deren Kapillaren mit Schmelze aufgefüllt sind. In Abhängigkeit vom Volumenanteil an flüssiger Phase gibt es geschlossene Poren innerhalb der Schmelze oder im Bereich ungefüllter Hohlräume. Bei weiterer Temperaturerhöhung beginnen nun diffusionsgesteuerte Prozesse zu wirken, die eine Formveränderung der Körner und chemische Vorgänge hervorrufen.

Lösung und Wiederausscheidung. In der Praxis besteht meist eine enge chemische Verwandtschaft zwischen der festen und flüssigen Phase, die nicht nur eine vollständige Benetzung, sondern auch eine *Löslichkeit* des Festkörpers in der Flüssigkeit bewirkt. Das ist z.B. immer dann der Fall, wenn sich eine Schmelze bildet, die nach dem Phasendiagramm ein Gleichgewicht mit dem Festkörper anstrebt. Aus dem Phasendiagramm kann die Löslichkeit abgelesen werden. Aber auch wenn sich die Gleichgewichte noch nicht eingestellt haben, geben die Phasendiagramme Auskunft über die möglichen Reaktionen. Für das Sintern sind die Triebkräfte wieder dieselben, hinzu kommt noch die Minimierung des chemischen Potentials. Als Mechanismus tritt jetzt aber die *Lösung* und *Wiederausscheidung* auf, die rein formal der Verdampfung und Wiederkondensation des Festphasensinterns entspricht.

Für diesen Mechanismus ist ausschlaggebend, daß konvex gekrümmte Oberflächen eine größere Löslichkeit zeigen als ebene oder konkave Oberflächen:

$$c = c_0\left(1+\frac{2\gamma_{\mathrm{sl}}\Omega}{\mathrm{k}Tr}\right), \tag{167}$$

wobei c die Löslichkeit der festen Komponente in der Schmelze und r der Krümmungsradius der Kontaktfläche fest/flüssig sind. c_0 stellt die Löslichkeit einer ebenen Fläche mit $r = \infty$ dar. Als Folge wird Material von kleinen Teilchen, die sich schließlich auflösen, zu größeren transportiert, die daher wachsen. Dieses Verhalten entspricht einer *Ostwald-Reifung* und wurde erstmals an Schwermetall-

Legierungen beschrieben [553], ist aber auch für Hartmetalle, Cermets und Keramiken beobachtet worden. In seiner Form ähnelt der Vorgang dem Porenschwund und Porenwachstum (siehe Kapitel 4.2.2), so daß nach der *Lifsic-Slesov-Wagner-Theorie* das Kornwachstum nach $r_K \sim t^{1/3}$ verläuft. Voraussetzung hierfür ist aber, daß die Teilchen hinreichend weit auseinander liegen und sich gegenseitig im Wachstum nicht behindern. Entsprechend der Triebkraft der Minimierung der Grenzflächenenergie γ_{sl} werden bei irregulären Teilchenmorphologien zunächst konvexe Oberflächenbereiche mit kleinen Krümmungsradien angelöst und die konkaven Oberflächen durch *Umfällung* aufgefüllt. Letztendlich sollte – wie beim viskosen Sintern von Glas – ein kugelförmiges Teilchen resultieren. Hierbei ist aber als weiteres Energieargument die Gleichgewichtsform der Partikel zu beachten, die sich aus den kristallchemischen Gegebenheiten ergibt. So ist die Grenzflächenenergie von der Art der begrenzenden Netzebenen (Symmetrie, Besetzungsdichte, Ladungsausgleich etc.) abhängig, wobei im allgemeinen gilt, daß mit niedrigen Miller´schen Indizes versehene Flächen energetisch günstiger sind als hoch indizierte. Die Kristallform mit minimaler Grenzflächenenergie kann über die *Wulff´sche Konstruktion* ermittelt werden (Kapitel 3.4.5). Im Endergebnis gibt es also eine Konkurrenz zwischen rundlichen Formen und idiomorphen Kristallformen. So nehmen die meisten Metalle (z.B. W in Ni-Schmelze) rundliche Gestalt an, in Hartmetallen und Cermets finden sich demgegenüber facettierte WC- bzw. TiC/TiN-Kristalle in der metallischen Bindematrix. Aluminiumoxid, Mullit und Spinell tendieren in silicatischen Schmelzen zu einer ausgeprägt idiomorphen Teilchenform und bilden bevorzugt Platten, Nadeln bzw. Oktaeder.

Im Zuge der Lösung und Wiederausscheidung kommt es auch zur Mischkristallbildung, wenn die flüssige Phase in der festen löslich ist oder von mehrkomponentigen Pulvermischungen ausgegangen wird. Die thermodynamisch instabilen Reinphasen werden dann an- oder aufgelöst und als Mischkristall epitaktisch, d.h., unter Fortführung des Kristallgitters und daher ohne Korngrenze, auf den Restkernen großer Primärpartikeln ausgefällt. Es entsteht eine sogenannte *Kern-Mantel-Struktur* (engl. core-shell structure), bei der das Innere eines Korns aus der unreagierten Reinphase und die äußere Hülle aus dem Mischkristall besteht. Ein solcher Gefügeaufbau ist typisch für Cermets, die aus mehreren Übergangsmetallcarbiden oder –nitriden gesintert werden. Eine schematische Darstellung des Mischkristallwachstums in WC-Mo_2C-Hartmetallen mit 10 % Co-Schmelze präsentieren Schmitt u. M. [554] in Bild 232: Ausgehend von einem reinen WC-Kern wächst Korn 1 auf Kosten der kleineren WC-Körner 5 und Mo_2C-Körner 6 in den Stadien 2, 3 und 4 unter Anreicherung von Mo.

Bild 233 zeigt das Beispiel von TiB_2, das in Anwesenheit von WC in Ni-Schmelze drucklos gesintert wurde. Auf zwei Riesenkörnern ist ein heller erscheinender (Ti,W)B_2-Mischkristall ausgefällt worden.

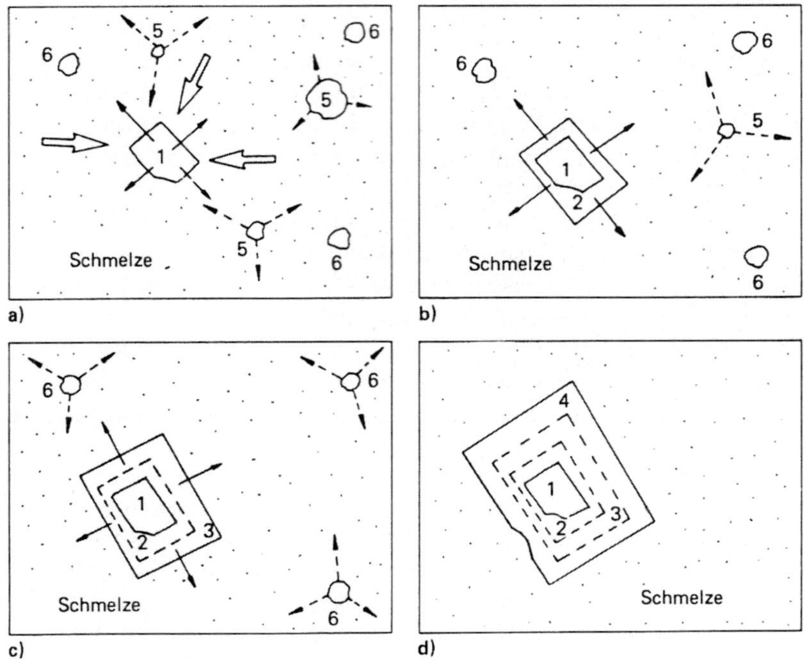

Bild 232: Ostwald-Reifung in $WC-Mo_2C-Co$-Hartmetall: Große idiomorphe WC-Körner wachsen stufenweise unter Mo-Einlagerung auf Kosten kleinerer unregelmäßiger Körner der Reinphasen [554].

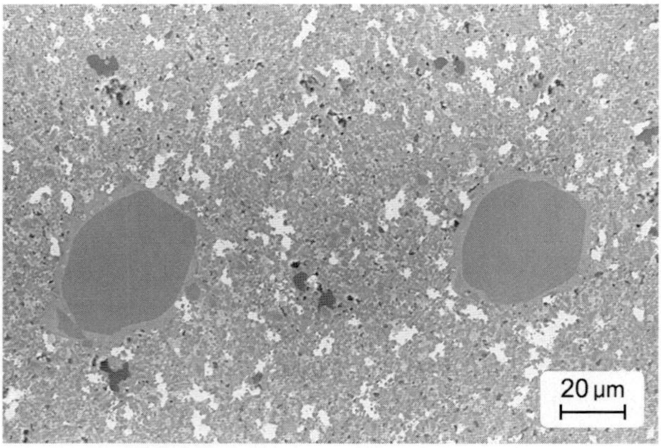

Bild 233: TiB_2-WC-Cermet in Ni-Schmelze gesintert; $(Ti,W)B_2$-Abscheidung auf Riesenkörnern.

Auch flüssigphasengesintertes SiC und Si_3N_4 weisen ein mehrschaliges Gefüge auf. In Bild 234 ist ein SiC-Gefüge dargestellt, dessen Körner im Randbereich zur Schmelze zu einem SiCAlON-Mischkristall umgewandelt sind. Die dunklen Kerne entsprechen dem Ausgangs-SiC.

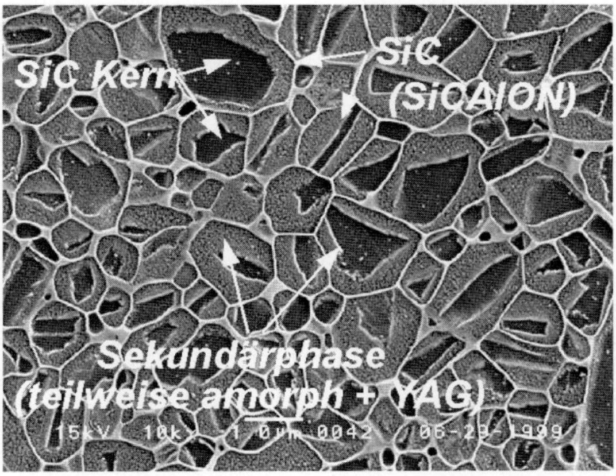

Bild 234: Mit Yttriumaluminatschmelze flüssigphasengesintertes SiC, plasmageätzt (nach Saldsieder).

Kontaktabflachung und Formangleichung. Ist der Volumenanteil an Schmelze klein, so ist das Kornwachstum nach dem Prinzip der Ostwald-Reifung durch mangelnden Platz und die Einstellung von lokalen Lösungs- und Fällungsgleichgewichten behindert. Eingangs wurde darauf hingewiesen, daß der Flüssigkeitsfilm zwischen zwei Partikeln anziehende bzw. abstoßende Kräfte auf diese ausübt, bis sich ein Gleichgewichtsabstand δ einstellt. Da dieser im allgemeinen aufgrund der Wechselwirkungen mit weiteren Nachbarkörnern nicht erreicht wird, verbleiben die Kontaktstellen unter einem Restdruck, der ebenfalls zu einer erhöhten Löslichkeit der festen Phase in der flüssigen Phase führt. Das chemische Potential μ ist proportional zum Laplace´schen Krümmungsdruck p nach

$$\Delta\mu = \Delta p\,\Omega = \gamma_{sl}\,\Omega\,(1/r_1 + 1/r_2) = kT \ln (c/c_0) \qquad (168)$$

mit c als dem Löslichkeit an der Kurvatur mit den Hauptkrümmungsradien r_1 und r_2 und der kapillardrucklosen Löslichkeit c_0 in einer ebenen Fläche, was formal wiederum mit der Verdampfung und Wiederkondensation übereinstimmt. Die Löslichkeit beträgt unter Kapillardruck dann:

$$c = c_0\left(1 + \frac{2\gamma_{sl}\Omega}{kT}\right)\cdot \Delta p. \qquad (169)$$

Die quantitative Behandlung ergibt für die Schwindung:

$$\left(\frac{\Delta l}{l}\right)^3 = K\frac{\gamma_{lv}\delta D c_0 V_0}{RT} r^{-4} t \qquad (170)$$

mit γ_{lv} = Grenzflächenspannung flüssig/gasförmig, δ = Dicke des Flüssigkeitsfilms zwischen den Körnern, D = Diffusionskoeffizient des gelösten Materials in der Flüssigkeit, c_0 = Löslichkeit des Festkörpers in der Flüssigkeit, V_0 = Molvolumen des gelösten Materials und K = geometrische Konstante ≈ 6.

Gleichung (170) hat große Ähnlichkeit mit Gl. (134). Die Diskussion und Auswertung kann analog erfolgen, z.B. durch Auftragen von lg $(\Delta\, l/l_0)$ gegen lg t, wie es Bild 235 für die Sinterung von MgO mit Kaolin zeigt. Zu Beginn ist die Steigung ≈1; es erfolgt die Verdichtung durch Umorientierung nach Gl. (163). Bei der Mischung mit den relativ groben MgO-Körnern schließt sich daran eine Verdichtung an, die proportional $t^{1/3}$ ist, wie es der eben geschilderte Mechanismus und Gl. (170) fordert.

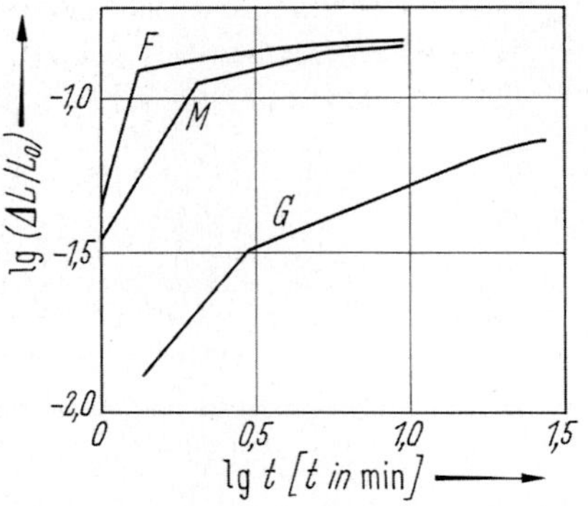

Bild 235: Sinterung von Mischungen aus MgO + 2 Gew.-% Kaolin bei 1750°C nach Kingery u. M. [555] (Ausgangskorngröße des MgO bei grob = 3, mittel = 1, und fein = 0,5 µm)

Weiterhin zeigt Bild 235, daß mit abnehmender Korngröße der Prozeß stark beschleunigt wird, daß dann aber auch die Steigung viel eher geringer wird, der Vorgang also gebremst wird. Hierfür können mehrere Ursachen verantwortlich gemacht werden. Die wichtigste davon ist, daß sich bei obigem Mechanismus geschlossene Poren bilden. Wenn die darin enthaltenen Gase nicht entweichen können, steigt der Druck in den Poren an und hebt die Wirkung der Oberflächenenergie auf, so daß das Sintern zum Stillstand kommt.

Zur Ableitung von Gl. (170) wurde angenommen, daß das aufgelöste Material nach außen diffundiert und sich dort an den Stellen niederschlägt, wo der Druck und damit die Löslichkeit wieder geringer sind. Dieser Vorgang führt zu einer *Abflachung der Kontaktstellen.* Es kann dabei eintreten, daß nicht die Diffusion, sondern die Lösungsreaktion an der Phasengrenze geschwindigkeitsbestimmend wird. Dann erhält Gl. (170) die Form

$$\left(\frac{\Delta l}{l}\right)^2 = const \cdot r^{-2} t. \tag{171}$$

Endergebnis der zuvor geschilderten Vorgänge der Kontaktabflachung ist ein Gefüge aus polygonalen Körnern, die gegenüber ihren nächsten Nachbarn ebene Begrenzungsflächen ausbilden, welche durch einen Schmelzefilm voneinander getrennt sind. Dabei kommt es zu einer besseren Raumausnutzung, der Sinterkörper schwindet durch *Zentrumsannäherung.* Geht man von einer Dichtestpackung aus, so lassen sich die Polyeder wieder von Kuboktaedern ableiten, wie dies auch für das Endstadium des Festphasensinterns charakteristisch war. Allerdings sind die Kanten und Ecken nicht scharf, sondern rundlich, da die Krümmungsradien nicht beliebig klein werden dürfen. Eindrucksvolle Nachweise der Formanpassung liefern Modellsysteme wie W-Ni und Mo-Ni, an denen die einzelnen Wachstumsstadien durch Farbätzung sichtbar gemacht werden können (Bild 236 [556], [557]).

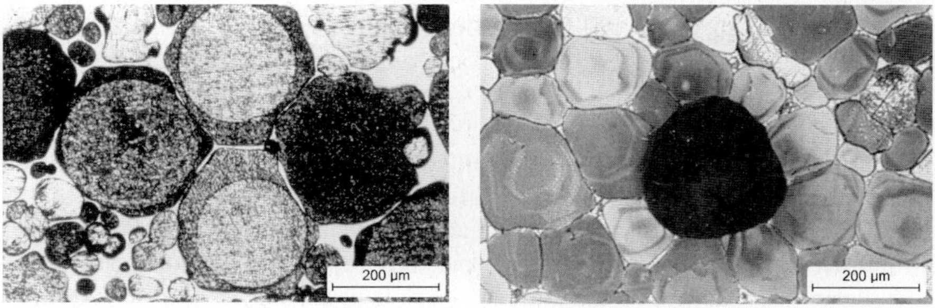

Bild 236: Formanpassung beim Flüssigphasensintern. Rechts: System W-Ni nach [557]; links: Kornformanpassung im Bereich einer Pore im System Mo-Ni nach [558]. Die Wachstumsstadien der Teilchen, entstanden durch zyklisches Aufheizen und Abkühlen, sind jeweils durch Farbätzung sichtbar gemacht.

Schematisch sind die Vorgänge zusammen mit der Teilchenumorientierung und der Zentrumsannäherung in Bild 237 nochmals verdeutlicht, wobei von einer monodispersen und einer polydispersen Korngrößenverteilung mit Mischkristallbildung ausgegangen wird (nach [559] aus [463]).

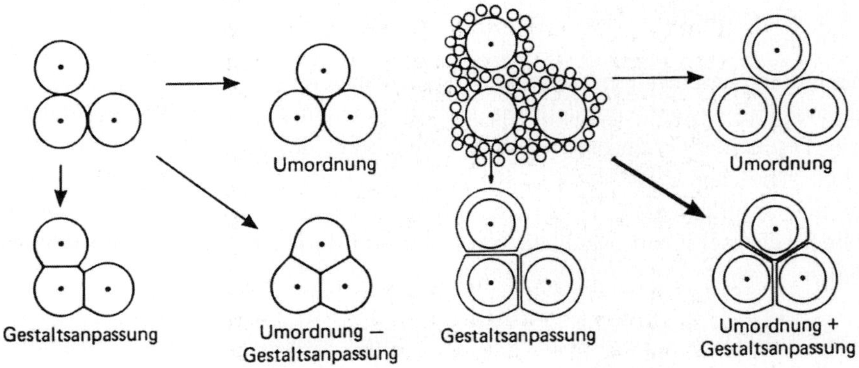

Bild 237: Teilchenumorientierung, Zentrumsannäherung und Formanpassung, schematisch nach [559]

Es muß bei der Polygonisierung der Körner darauf hingewiesen werden, daß die resultierenden ebenen Flächen in keiner Beziehung zur Kristallstruktur und Kornorientierung stehen. Es kann also sein, daß nach dem Mechanismus der Kontaktabflachung ebene Begrenzungsflächen stabil wären, die einer hochindizierten kristallographischen Ebene entsprächen, die energetisch ungünstig wäre. In einem solchen Fall tritt der Kompromiß ein, daß die ebene Grenzfläche eine sägezahnartige – oder dreidimensional gesprochen: stufenförmige – Substruktur aus Niederenergiegrenzflächen aufweist. Diese sogenannte *Facettierung* ist zwar mit einer Vergrößerung der Gesamtgrenzfläche verbunden, jedoch wird die absolute Grenzflächenenergie minimiert. Diverse TEM-Bilder von facettierten Fest-flüssig-Grenzflächen und von Facetten an Korngrenzen mit Glasphasenfilm wurden von [435], [442], [443], [560], [561], veröffentlicht. Dabei werden unterschiedlich dicke Schmelzeschichten gefunden. So kann die Dicke, die aufgrund der Stufen schwankt, bei einem, aber auch bei zehn Nanometern liegen [442].

Gefügemerkmale und Zusammenfassung. Das zweite Stadium des Flüssigphasensinterns ist gekennzeichnet durch diffusionsgesteuerte Prozesse wie Lösung und Wiederausscheidung und Formangleichung. Die unter Kapillardruck und dem Einfluß der Laplace´schen Krümmungsspannung lokal unterschiedlichen chemischen Potentiale kommen zum Ausgleich. Nach dem Prinzip der Ostwald-Reifung wachsen große Körner auf Kosten kleinerer, d.h., die Anzahl der Körner verringert sich bei gleichzeitigem Kornwachstum. Die zunächst unregelmäßigen Kornformen werden rundlicher, konkave Oberflächenbereiche werden aufgefüllt. Es kommt durch den Einfluß der nächsten Nachbarkörner zur Formangleichung, indem ebene Grenzflächen fest/flüssig ausgebildet werden, die im Idealfall durch einen Gleichgewichtsabstand von einem Schmelzefilm voneinander getrennt sind. Bei anisotropen festen Phasen erfolgt idiomorphes Kornwachstum, wobei manchmal bestimmte Kristallflächen unbenetzt bleiben, so daß hier Poren anhaften. Je nach Schmelzvolumen sind ansonsten nur die engen oder alle Kapillaren gefüllt.

4.4.5 Endstadium des Flüssigphasensinterns

Das Flüssigphasensintern zeigt noch weitere Phänomene, die von Huppmann und Petzow [460] zusammengestellt wurden. So findet am Ende des Flüssigphasensinterns Poreneliminierung und Kornwachstum statt, die besonderen Gesetzmäßigkeiten gehorchen. Eine wichtige Rolle spielen dabei die Benetzungsverhältnisse, die sich aufgrund einer Temperaturerhöhung sowie der damit verbundenen erhöhten gegenseitigen Löslichkeit von fester und flüssiger Komponente verändern können.

Skelettsintern. Bei den unter 4.4.4 geschilderten Vorgängen kann es vorkommen, daß die festen Teilchen bei zu geringem Anteil an Schmelze oder bei mangelnder Benetzung in direkten Kontakt kommen und Korngrenzen ohne trennende Flüssigphase bilden. Dann findet in diesen Bereichen im weiteren Festphasensintern statt. Das Gefüge besteht dann aus starren Teilchenbrücken, die von Schmelze umgeben sind, was einem Skelett ähnelt, weswegen man auch vom *Skelettsintern* spricht. Es wird im wesentlichen von der Korngrenzendiffusion bestimmt. Voraussetzung ist aber eine schlechtere Benetzung der entsprechenden Kontaktflächen der Körner, d.h. die Umkehrung der Bedingung (162) zu

$$\gamma_{ss} < 2\,\gamma_{sl}\,. \tag{172}$$

In Fällen mit ausgeprägter struktureller Anisotropie, z.B. in den Systemen TiB_2-Ni und TiB_2-Fe, beobachtet man aufgrund der deutlich anisotropen Benetzungsverhältnisse gleichzeitig Skelettsintern, Porenbildung und nahezu perfekte Benetzung (Bild 238). Heißpressen erzwingt letztendlich die vollständige Verdichtung (Bild 239).

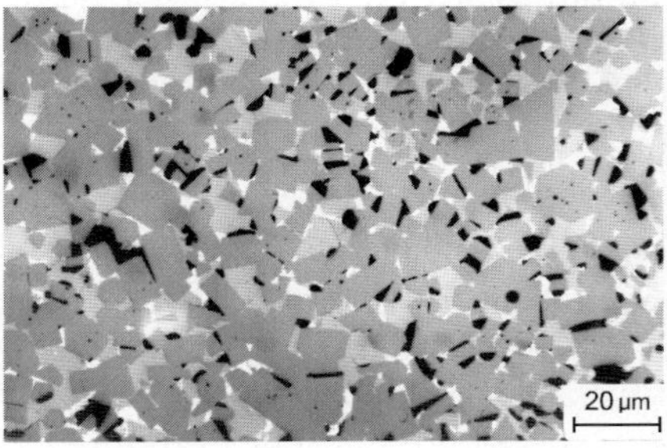

Bild 238: Anisotrope Benetzung im System TiB_2-Ni. An den Basalflächen wird TiB_2 sehr gut benetzt, an den Prismenflächen dagegen schlecht (Porenbildung). Drucklos gesintert (Quelle: Telle)

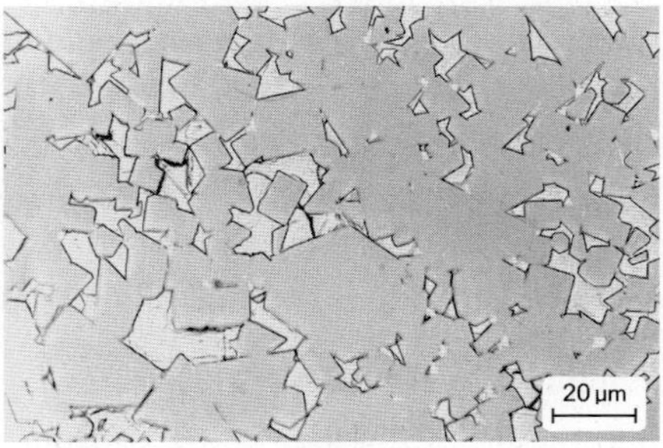

Bild 239: System TiB_2-Ni wie zuvor, heißgepreßt, Skelettbildung (Quelle: Telle)

Kornwachstum und Porenschwund. Öfter wird im Verlauf des Sinterns in Gegenwart von flüssiger Phase ein allgemeines *Kornwachstum* beobachtet. Man kann es am einfachsten mit der schon behandelten höheren Löslichkeit stärker gekrümmter Oberflächen erklären (Kapitel 2.5.3), wonach sich die kleineren Kristalle auflösen und die größeren wachsen. Für die Zeitabhängigkeit des Kornwachstums erhält man Beziehungen der Art

$$r^n - r_0^n = K(t - t_0), \tag{173}$$

worin $n = 3$ wird, wenn die Diffusion geschwindigkeitsbestimmend ist, und $n = 2$, wenn die Phasengrenzreaktion dominiert.

Der Poreneliminierung liegen dieselben Gesetzmäßigkeiten zugrunde wie beim Festphasensintern. So behindern eingeschlossene Gase in isolierten Poren deren Schwindung, falls sie in der Schmelze unlöslich sind. Die Schwindung kommt zum Stillstand, wenn der *Porenbinnendruck* (Kapillardruck) p_P mit dem Gasdruck p_G im Gleichgewicht steht:

$$p_G = p_P = 2\gamma_{lv} r_P. \tag{174}$$

Nach German [537] läßt sich damit die minimal erreichbare Restporosität P_{Rest} abschätzen:

$$P_{Rest} \approx 0{,}172(p_{G_o} P_0 / \gamma_{lv})^{3/2} N_P^{-1/2} = P_0 \left[p_{G_o} r_0 / (2\gamma_{lv}) \right]^{3/2}, \tag{175}$$

wobei p_G, P_0 und r_0 den Gasdruck, die Porosität und den durchschnittlichen Porenradius zum Zeitpunkt des Porenschlusses und N_P die Anzahl der Poren je Volumeneinheit darstellen.

Das Flüssigphasensintern wird - wie zuvor- meist isotherm betrachtet, während in der Praxis häufig der *Temperatureinfluß* interessiert. Betrachtet man die erwähnten Einflußgrößen, dann besteht die stärkste Temperaturabhängigkeit bei der Viskosität η der Schmelzphasen bzw. bei den Diffusionskoeffizienten D in den Schmelzen, die normalerweise umgekehrt proportional der Viskosität sind. Vereinfacht man stark mit dem Ansatz $t = c \cdot \eta$, wobei in c alle anderen Größen enthalten sein sollen, und verwendet die einfachste Temperaturabhängigkeit der Viskosität (Kapitel 2.4.2.1) mit $\eta = \eta_0 \cdot \exp(B/T)$, dann führt das Logarithmieren, Gleichsetzen und Umformen zum Ausdruck

$$T[\ln t - \ln(c\eta_0)] = B\,, \tag{176}$$

der sich gut bewährt hat. Für ein Quarzporzellan fand Kröckel [562] die Gleichung

$$T[\ln t + 76{,}4] = 119 \cdot 10^3\,. \tag{177}$$

Koaleszenz. Während bei Skelettsintern bestimmte Kornflächen unbenetzt bleiben und daher Fest-fest-Grenzflächen ausbilden, kann es im Zuge veränderter chemischer Schmelzezusammensetzung auch zu Entnetzungserscheinungen kommen. Dies ist z.B. dann der Fall, wenn sich feste Phasen beim Aufheizen peritektisch zersetzen und Schmelze freisetzen oder es zur Anreicherung von Komponenten in der Schmelze oder an Kornoberflächen kommt, die γ_{sl} erhöhen und/oder γ_{ss} erniedrigen, so daß die Bedingung (162) zu (172) wird [563]. In solchen Fällen kann es zur sogenannten *Koaleszenz* kommen, einer Zusammenballung von Teilchen unter Verdrängung der flüssigen Phase. Der Begriff der Koaleszenz wird allerdings nicht einheitlich verwendet.

Humenik und Parikh [564] fanden bei Hartmetallen ausgehend von gleichen Ausgangskorngrößen nach dem Sintern mit schlecht benetzenden Flüssigphasen (z.B. WC–Cu, $\Theta = 20°$) größere Endkorngrößen mit häufigeren Kornkontakten als bei vollständiger Benetzung (z.B. WC–Co, $\Theta = 0°$). Da das Wolframcarbid stark im Cobalt, nicht aber im Kupfer löslich ist, kann das unterschiedliche Wachstumsverhalten nicht mit Lösung und Wiederausscheidung erklärt werden, da eine höhere Löslichkeit der festen Phase in der flüssigen zu stärkerem Kornwachstum führt. Daher wird von den Autoren die direkte Kontaktbildung zwischen Kristalliten auf Grund der unvollständigen Benetzung als Wachstumsmechanismus vorgeschlagen [565]. Petzow und Huppmann [566] definieren die Koaleszenz nicht als Folge atomarer Transportprozesse, sondern als das Aneinanderlagern ganzer Teilchen, dem häufig ein Zusammenwachsen folgt. Der Ausschluß atomarer Transportmechanismen, also der Diffusion, bezieht sich aber nur auf den Teilchenkontakt, nicht auf das nachfolgende Zusammenwachsen, das als Migration der beim Kontakt entstehenden Korngrenze durch einen der Kristallite verstanden wird. Nach einem Zwei-Teilchenmodell [563] beginnt eines auf Kosten des anderen zu wachsen, wobei ein Flüssigphasenfilm durch das konsumierte Teilchen wandert. Der Flüssigphasenfilm hinterläßt einen direkt mit dem ersten Teilchen verbundenen Mischkristall aus der ursprünglichen Festphase (z.B. Wolfram) und der Flüssigphase (z.B. Nickel). Der Kontakthals wird durch W-Diffusion über die Schmelze aufgefüllt, so daß nach der Mischkristallbildung ein großes sphärisches Teilchen entsteht. Die Mischkristallbildung und die Formanpassung beruhen auf Lösung und Wiederausscheidung, also auf atomaren Transportmechanismen. Der gesamte Vorgang der Anlagerung und des folgenden Zusammenwachsens wird später von Huppmann [567], [568] wie auch bei Schatt *gerichtetes Kornwachstum* genannt. Während dieser Prozeß auf einem Energiegewinn durch Mischkristallbildung beruht, kann die Korngrenze auch spannungsinduziert durch ein defektreicheres Teilchen unter Abbau von mechanischen Spannungen wandern, was als *spannungsinduzierte Kontaktkorngrenzenmigration* bezeichnet wird.

Den Typ der entstehenden Korngrenze zieht Schatt [463] zur Definition heran. Er versteht unter Koaleszenz „im engeren Sinne“ die Vereinigung zweier in Bezug auf ein ortsfestes Achsenkreuz kristallographisch unterschiedlich orientierter Kristallite bei gleichzeitiger Eliminierung der sie trennenden Großwinkelkorngrenze. Die erweiterte Auslegung des Begriffes schließt auch das Zusammenwachsen unterschiedlich orientierter Volumina bei Bestehenbleiben einer Großwinkelkorngenze ein. Mit Bild 240 verdeutlicht Schatt den Zusammenhang zwischen dem Energieverhältnis γ_{ss}/γ_{sl} und der Gleichgewichtskontaktmorphologie von zwei koaleszierten Teilchen. Der zugehörige Dihedralwinkel Φ läßt sich aus dem Vektorgleichgewicht der Grenzflächenenergien berechnen (siehe Kapitel 2.5.3, Gl. (17) und Bild 60). γ_{ss}/γ_{sl} verläuft zwischen 0 und 2, entsprechend dem Kriterium $\gamma_{ss} < 2 \cdot \gamma_{sl}$.

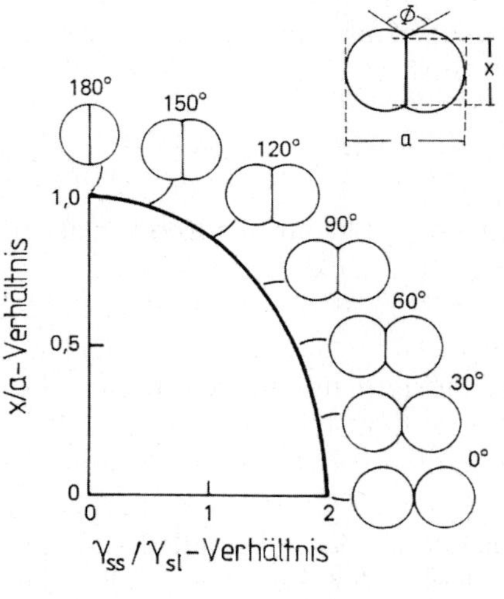

Bild 240: Zusammenhang zwischen γ_{ss}/γ_{sl}, dem Dihedralwinkel Φ und der Gleichgewichtskontaktmorphologie [463], [537].

γ_{ss} und γ_{sl} hängen außer von der Zusammensetzung beider Phasen auch von der Orientierung der beteiligten kristallographischen Netzebenen ab. Bei den meisten Materialkombinationen ist γ_{ss} nur bei Niederenergiekorngrenzen spezieller Orientierung klein genug, so daß γ_{ss}/γ_{sl} nur wenig größer als Null ist. Bei Großwinkelkorngrenzen kann der Wert von knapp < 2 bis > 2 betragen.

Die von Schatt genannten Koaleszenz-Mechanismen wie gerichtetes Kornwachstum, spannungsinduzierte Korngrenzenmigration und die direkte Bildung von Niederenergiekorngrenzen führen alle zur Eliminierung von Großwinkelkorngrenzen, also zur Koaleszenz im engeren Sinn. Niederenergiekontaktkorngrenzen entstehen zu einem geringen Anteil direkt in Pulververbänden dadurch, daß die beteiligten Kristallite zufälligerweise entsprechend zueinander orientiert sind. Ihr Anteil liegt nach [463] bei 3,4 %, nach German [452] bei 0,5-5 %. Niederenergiekontaktkorngrenzen können auch als Folge von Rotation zweier sich bereits berührender Teilchen entstehen (siehe Kapitel 4.2.1). German beschreibt die Koaleszenz als dreistufigen Prozeß, wobei sich zunächst ein Kontakt zwischen zwei Teilchen bildet. Daraufhin findet Kontakthalswachstum statt, und abschließend folgt einer von mehreren möglichen Mechanismen, der zur Vereinigung der Volumina zu einem Kristalliten führt. Als Mechanismen gibt er neben den von Schatt genannten zwei weitere an, die auf dem Kontakt eines großen mit einem kleineren Teilchen beruhen: Es sind dies die Migration der in dieser Anordnung gekrümmten Korngrenze durch das kleinere Teilchen und die Lösung des kleineren Teilchens mit folgender Wiederausscheidung am größeren Teilchen.

German ordnet im Gegensatz zu anderen Autoren, die das Skelettsintern im dritten Sinterstadium hervorheben, die Haupt-Koaleszenzaktivität dem Zeitraum nach der Flüssigphasenbildung und somit dem zweiten Sinterstadium zu, da hier die höchste Beweglichkeit der Partikel vorliegt. Er läßt außerdem Gravitationseinwirkung, Absetzen und thermische Bewegung als weitere Ursachen für die Kontaktbildung zu und verweist auf die Möglichkeit des Zusammenwachsens von Teilchen, deren Kontakt bereits aus dem Pulververband stammt. Die aufgrund dieser Ursachen auftretenden Kontakte werden meistens nicht dem Kriterium $\gamma_{ss} < 2 \cdot \gamma_{sl}$ entsprechen, d.h., daß zwei derart zusammengelagerte Teilchen erst durch einen der oben genannten, auf Teilchenrotation oder Diffusion beruhenden Mechanismen vereinigt werden. Bei der Teilchenrotation beschreibt German ausdrücklich die Möglichkeit, daß sich ein Teilchen so umorientiert, daß die Kristallgitter ungestört ineinander übergehen, γ_{ss} dabei zur Gitterenergie wird. Es ist also mit der Eliminierung der Korngrenze der größtmögliche Energiegewinn verbunden. Dieser Effekt ist auch vom Festphasensintern bekannt und wurde z.B. von Rankin [569] in situ mit Hilfe eines Heizhalters im Transmissionselektronenmikroskop an nanoskaligem ZrO_2 bei solchen Partikelpaaren verfolgt, bei denen nur noch geringe Rotationswinkel bis zur kohärenten Ausrichtung zu realisieren waren.

Die zitierte Literatur beruht in ihren Prinzipskizzen und Belegen für die Koaleszenzeffekte meistens auf runden Festphasenteilchen. Bei Materialkombinationen, bei denen γ_{sl} aber stark anisotrop ist, bilden sich in der Flüssigphase Kristallite mit ebenen Begrenzungsflächen mit einer Morphologie entsprechend der Wulff´schen Konstruktion. Bei der Koaleszenz solcher Teilchen, z.B. beim Kontakt zweier Würfelflächen eines kubischen Materials, müssen sich die Kristallite bereits während der Annäherung, also bei der Verdrängung der Flüssigphase, durch Rotation ausrichten. Beim Kontaktschluß der beiden Ebenen kann eine

Niederenergiekorngrenze entstehen oder die Kristallgitter gehen ungestört ineinander über.

Die Behandlung der Koaleszenz nimmt hier deshalb einen relativ großen Raum ein, weil die Zusammenlagerung ganzer Teilchen zu einem sehr schnellen Pseudowachstum von Partikeln um ein Vielfaches der durchschnittlichen Korngröße führt und somit zu bruchmechanisch bedenklichen Riesenkörnern führen kann. So finden sich z.B. in chemisch gefällten Al_2O_3-Pulvern gelegentlich lokale Anreicherungen von Additiven und Verunreinigungen, die, ausgehend von Pulverkorngrößen von etwa 100 nm, zu parkettierten Kristalliten von einigen hundert Mikrometern führen, die nur durch Koaleszenz bei lokaler Schmelzeanwesenheit zu erklären sind.

Weitere Beispiele stammen von Hartmetall- und Cermetsystemen, in welchen die Carbide gerne idiomorphe Kristalle bilden. Bei der Zusammenlagerung werden dann Poren oder Schmelzereste in eckigen Hohlräumen eingeschlossen, die ehemaligen Kornoberflächen markieren, während man bei diffusionsgesteuerten Wachstumsprozessen mit rundlichen Poren rechnen müßte. Bild 241 zeigt als Beispiel Modellversuche an TiB_2-Pulverdispergaten in dotierter Fe-Schmelze [570].

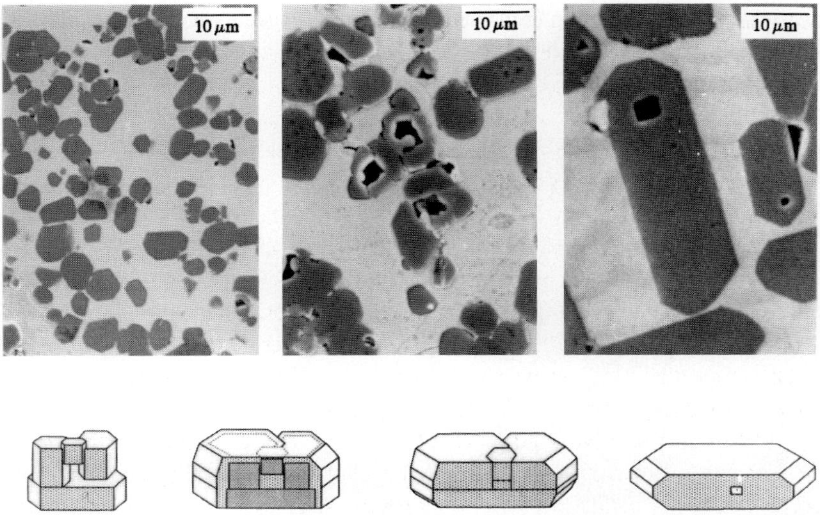

Bild 241: Koaleszenz bei TiB_2 in Fe-Schmelze nach 60, 120 und 240 min bei 1700°C [570]

Die Bildfolge zeigt das Kornwachstum mit zunehmender isothermer Haltezeit, dazu schematisch die Vereinigung von Körnern zu einem idiomorphen Einkristall mit eckigen Poren. Bild 242 zeigt ähnliche Gefügemerkmale in einem Sinterkorund-Einschluß in einem feuerfesten Stein. Hier liegen eckige Schmelzeeinschlüsse vor. Auffallend ist ferner die Parallelausrichtung von Kristallen, die nur über eine gemeinsame Fläche mit den Nachbarkörnern verbunden sind. Das umrissene Aggregat bildet demnach ein großes, möglicherweise einkristallines Korn;

allerdings konnte das Fehlen von Kleinwinkelkorngrenzen nicht nachgewiesen werden. Bild 243 zeigt ein eigentlich festphasengesintertes Al_2O_3 mit lokal deutlich idiomorphem Kornwachstum, wie es für das Flüssigphasensintern typisch ist. Verunreinigungen haben also zur Bildung einer Schmelze geführt. Der Pfeil weist auf mögliche Koaleszenzerscheinungen hin, die durch einspringende Winkel, eckige Poren und noch sichtbare, d.h. anätzbare Korngrenzen bei unvollständiger Rotation gekennzeichnet sind.

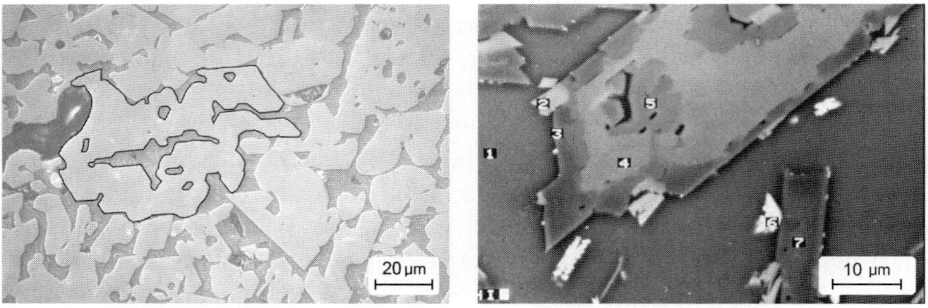

Bild 242: Orientierte Partikelzusammenlagerung unter dem Einschluß von Schmelze. Links: Korundstein mit skelettförmigen Al_2O_3-Körnern mit parallelen Kanten (Lichtmikroskopaufnahme); rechts Chromkorund-Korn in Kontakt mit flüssiger Kohleverbrennungsasche (1), Subkörner mit höherem (hell) und niedrigerem (dunkel) Chromgehalt im Massenkontrast des REM erkennbar. Quelle: Telle)

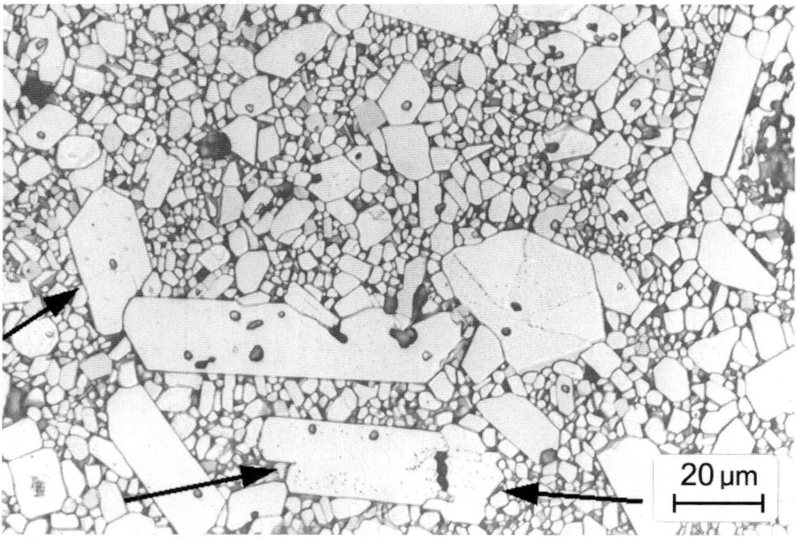

Bild 243: Flüssiggesintertes Al_2O_3 mit lokal deutlich idiomorphem Kornwachstum. Pfeile: Hinweise auf mögliche Koaleszenzerscheinungen. (Quelle: Täffner, MPI Stuttgart)

Gefügemerkmale und Zusammenfassung. Das letzte Stadium des Flüssigphasensinterns wird von Diffusionsvorgängen beherrscht, durch die Kornwachstum und Poreneliminierung zustandekommen. Die Körner zeigen bei Metallen eine eher rundliche, bei anisotropen keramischen Phasen bevorzugt eine idiomorphe Form. Ebene kristallographische Begrenzungsflächen in dichten Gefügen sind ohnehin das wichtigste Indiz für die Anwesenheit einer Flüssigphase. Typisch sind ferner Mantel-Kern-Strukturen, bei denen Mischkristallsäume epitaktisch auf Relikten unreagierter Körner ausgefällt sind. In der Schmelze liegen isolierte runde Poren vor, Schmelzeinseln weisen auf gefüllte ehemalige Porenräume hin. Eckige Poren, einspringende Winkel auf Kornoberflächen sowie Fest-fest-Korngrenzen sind ein Hinweis auf Teilchenumlagerungen durch Koaleszenz bis hin zur Skelettbildung, welche zu dreidimensional verästelten Feststoffbrücken führt, die von Schmelze umgeben sind. Insgesamt ausschlaggebend für die Gefügeentwicklung sind der Dihedralwinkel am Tripelpunkt fest/fest/flüssig und die gegenseitige Löslichkeit der Komponenten.

4.5 Drucksintern

Aus den bisher behandelten Erscheinungen ist verständlich, daß es sehr schwierig ist, durch Sintern ohne besondere Maßnahmen einen vollständig dichten Körper zu erhalten. Es sind vor allem die Poren, die die Sintervorgänge vor Erreichen der theoretischen Dichte zum Stillstand kommen lassen. Einerseits steigt der Gasdruck in den Poren an und wirkt der treibenden Kraft entgegen, zum anderen ist bei geschlossenen Poren im Inneren von Kristallen der Materialtransport nur durch Volumendiffusion möglich, die viel langsamer als die Grenzflächendiffusion ist. Ferner haben immer mehr Körner ebene Grenzflächen miteinander ausgebildet, so daß die Grenzflächenspannung und damit die Triebkraft zur Korngrenzenwanderung verschwunden ist. Damit ergeben sich zwei Wege, um den Sintervorgang weiter bis zur theoretischen Dichte voranzutreiben: das Sintern im Vakuum zur Vermeidung des Gases in den Poren oder das Sintern unter hohem äußeren Druck, um eine ständig wirkende externe Triebkraft aufrecht zu erhalten. Besonders der letztere Weg, das *Heißpressen* und *heißisostatische Pressen*, ist erfolgreich beschritten worden.

Die Vorgänge, die sich dabei abspielen, sind im wesentlichen auf die gleichen Mechanismen zurückzuführen wie beim drucklosen Sintern, nur daß man beim Aufbringen des Druckes in einer ersten Verdichtungsstufe eine rein mechanisch erzwungene Umlagerung der Teilchen erzielt, die bald abklingt. Die weiteren Stadien hat Coble [571] bei seiner Behandlung des Drucksinterns wie beim drucklosen Sintern in Anfangs-, Zwischen- und Endstadium gegliedert. Als Grundprozeß dient ihm ebenfalls das Konzentrationsgefälle der Leerstellen von den Hals- oder Porenoberflächen zu den Korngrenzen und dessen Beeinflussung durch die vorgegebenen Bedingungen. Aus dem Kugelmodell ergibt sich damit für das Anfangsstadium, daß die für das drucklose Sintern abgeleiteten Gleichungen nur derart modifiziert werden müssen, daß die treibende Kraft γ ersetzt werden muß durch $\gamma + p\, r/\pi$, worin p den angelegten äußeren Druck und r den Teilchenradius darstellt.

Bei der Betrachtung des Zwischen- und Endstadiums muß man berücksichtigen, daß Verdichtung auch durch *Kriechen* eintreten kann. Nach dem Modell von Nabarro und Herring (*Nabarro-Herring-Kriechen*) wirken die unter Zugspannung stehenden Kornbereiche als Leerstellenquellen und die unter Druckspannung stehenden als Leerstellensenken, wonach eine Leerstellendiffusion und gegensinnig ein Materialtransport über *Volumendiffusion* eintritt, was zu einer Verschlankung des Kornes senkrecht und zu einer Elongierung parallel zur Zugspannungsrichtung führt. Beim Modell von Coble ist die *Korngrenzendiffusion* maßgebend (*Coble-Kriechen*), der Verformungseffekt ist jedoch der gleiche (siehe auch Kapitel 5.2.3). Bei beiden Modellen ist zu beachten, daß durch den äußeren Druck p eine effektive Spannung einwirkt, um die dann die treibende Kraft zu erhöhen ist. Sie ergibt sich in ausreichender Genauigkeit zu p/ρ_{rel} mit $\rho_{rel} = \rho/\rho_0$ = relative Dichte. Für die Verdichtungsgeschwindigkeit im Endstadium gilt dann nach dem Nabarro-Herring-Modell (mit r_p, = Porenradius):

$$\frac{1}{\rho_{rel}} \cdot \frac{\mathrm{d}\rho_{rel}}{\mathrm{d}t} = \frac{40}{3} \cdot \frac{D_\mathrm{V}\Omega}{r^2\mathrm{k}T} \cdot \left(\frac{p}{\rho_{rel}} + \frac{2\gamma_\mathrm{sv}}{r_\mathrm{P}} \right) \tag{178}$$

bzw. nach dem Coble-Modell (mit δ = Dicke der Korngrenze):

$$\frac{1}{\rho_{rel}} \cdot \frac{\mathrm{d}\rho_{rel}}{\mathrm{d}t} = \frac{95}{3} \cdot \frac{D_\mathrm{g}\Omega\delta}{r^3\mathrm{k}T} \cdot \left(\frac{p}{\rho_{rel}} + \frac{2\gamma_\mathrm{sv}}{r_\mathrm{P}} \right). \tag{179}$$

Die Gleichungen für den Zwischenzustand entsprechen den obigen, nur steht in der rechten Klammer als zweiter Summand jeweils nur γ/r_z statt $2\gamma/r_\mathrm{p}$, worin r_z der Radius der zylinderförmigen Poren ist (Ω = Atomvolumen).

Obige Gleichungen für das Endstadium zeigen, daß die Verdichtungsgeschwindigkeit um so größer ist, je kleiner die Korngröße war, so daß es auch beim Drucksintern günstig ist, von einem sehr feinen Korn auszugehen. Dies hängt auch damit zusammen, daß mit geringerer Korngröße die Anzahl der Korngrenzen je Volumeneinheit (Korngrenzendichte) steigt und sich die Weglängen für die Korngrenzendiffusion nach dem energetisch günstigeren Coble-Mechanismus verkürzen. Die Gleichungen zeigen weiterhin in erster Näherung eine direkte Proportionalität zum Preßdruck. Nicht ganz befriedigend ist, daß mit abnehmender Porengröße r_p die Verdichtungsgeschwindigkeit durch den Oberflächenenergieterm sehr stark ansteigen müßte, was den praktischen Erfahrungen widerspricht [571]-[573]. Die umgekehrte Proportionalität der Verdichtungsrate mit der relativen Dichte läßt sich anschaulich mit einem rheologischen Ansatz erklären. Man kann die makroskopische Verformbarkeit des Preßkörpers einer Viskosität η im Sinne einer inneren Reibung aufgrund eines äußeren hydrostatischen Druckes zuschreiben, welche natürlich mit abnehmendem Porenvolumen zunimmt (K = Konstante):

$$\frac{\mathrm{d}P}{\mathrm{d}t} = K \cdot \frac{1}{\eta}. \tag{180}$$

Die Viskosität η kann nach der Stokes-Einstein-Gleichung gleichgesetzt werden:

$$\eta = \frac{kT}{6\pi D_{eff} r_p}, \tag{181}$$

wobei r_P eine Funktion der Zeit ist. Ein weiterer Mechanismus, der sich mit viskosem Fließen beschreiben läßt, ist die Teilchenumorientierung durch erzwungenes Korngrenzengleiten. Dies wird begünstigt, wenn sich Verunreinigungen oder ein Flüssigphasenfilm an den Korngrenzen befinden. Das Abgleiten von Körnern und Kornkollektiven kann von Kornformveränderungen über Korngrenzendiffusion oder Volumendiffusion begleitet sein (Kapitel 5.2.3).
Die Quantifizierung der Sintermechanismen ist erforderlich, wenn man voraussagen möchte, unter welchen Versuchsbedingungen ein bestimmter Sintermechanismus vorherrscht, welche Schwindung zu erwarten ist und wie lange ein Prozeß dauert. Wilkinson und Ashby [574] haben die Wirkungsbereiche der jeweiligen Sintermechanismen durch Gleichsetzen der Verdichtungsgeschwindigkeiten ermittelt. Sie stellen sog. *Sinterkarten* auf, aus welchen man aktive Mechanismen und Schwindungsraten in Abhängigkeit von z.B. Temperatur und Druck ablesen kann. Danach geht mit steigender Temperatur oder mit steigendem Druck der Mechanismus nach dem Coble-Modell in den nach dem Nabarro-Herring-Modell über.

In der Praxis hat sich die Anwendung des Druckes beim Sintern sehr bewährt. Man hat durch das Heißpressen bei einigen Werkstoffen die theoretische Dichte fast vollständig erreicht, wobei es z.B. beim Al_2O_3 nicht mehr nötig war, das sonst übliche MgO als Sinterhilfe einzusetzen. Peelen und Metselaar [575] berichten über ein solches Produkt mit einer Porosität von nur noch 0,1 %, das mit einer Lichtdurchlässigkeit von 75 % fast vollkommen durchsichtig ist. Für letztere Eigenschaft spielt vor allem die Porengröße eine wichtige Rolle (Kapitel 5.5), wie es auch bei der Transparenz der Porzellans der Fall ist. Aber auch auf die Korngröße ist zu achten, d.h., die Anzahl der Korngrenzen sollte gering sein (Lichtstreuung). Ein weiterer Vorteil des Heißpressens besteht in der Beeinflussung des Kornwachstums. Mit der Senkung der Sintertemperaturen, die z.B. beim MgO bis auf 1/3 T_s erniedrigt werden konnte, wird auch die Endkorngröße verringert. Andere Substanzen verhalten sich nicht ganz so günstig, aber man kann meist bei den gängigen Drücken bei 0,5 bis 0,6 T_s mit brauchbaren Sintergeschwindigkeiten rechnen. Andere Werkstoffe wie B_4C lassen sich überhaupt erst in reiner Form durch Heißpressen oder heißisostatisches Pressen verdichten.

Das Heißpressen macht aber nicht restlos unabhängig von Gasen, vor allem wenn diese sich erst während des Prozesses bei höheren Temperaturen durch Dissoziationen oder Reaktionen bilden. Bei der Oxidkeramik kommen dafür Hydroxide und Carbonate als Verunreinigungen in Frage. Die inneren Drücke können beträchtliche Werte annehmen und die gesinterten Körper aufblähen oder sogar explodieren lassen [576]. Darin mag ein wesentlicher Grund für die Beobachtung liegen, daß mit steigender Sintertemperatur die Festigkeiten der gesinterten Körper zunächst ansteigen, um nach Erreichen eines Maximums wieder zu fallen, bedingt durch innere Defekte infolge dieser Gase.

Gefügemerkmale. Aufgrund der Unterstützung der Triebkräfte durch äußeren axialen oder hydrostatischen Druck ist es möglich, Sinterkörper nahezu theoretischer Dichte aus undotierten oder gering dotierten Pulvern zu erhalten. Geringere Temperaturen werden benötigt, die Sinterzeiten verkürzen sich. Daraus resultieren relativ feinkörnige und homogene Gefüge, da noch kein abnormes Kornwachstum eintreten konnte. Die Körner weisen in der Regel noch gebogene Korngrenzen auf; ein Gleichgewicht hat sich noch nicht eingestellt. Gelegentlich reagieren Kristallite plastisch mit *polysynthetischer Zwillingsbildung*, z.B. B_4C (Bild 244) oder SiC mit Korngrößen über 5 µm. Mehrphasige Werkstoffe oder Keramiken, die aus elongierten Pulverteilchen hergestellt werden, zeigen nach dem axialen Heißpressen ein mehr oder minder texturiertes Gefüge, in welchem beispielsweise zerquetschte Agglomerate sichtbar sind oder senkrecht zur Preßrichtung eingeregelte Plättchen oder Fasern.

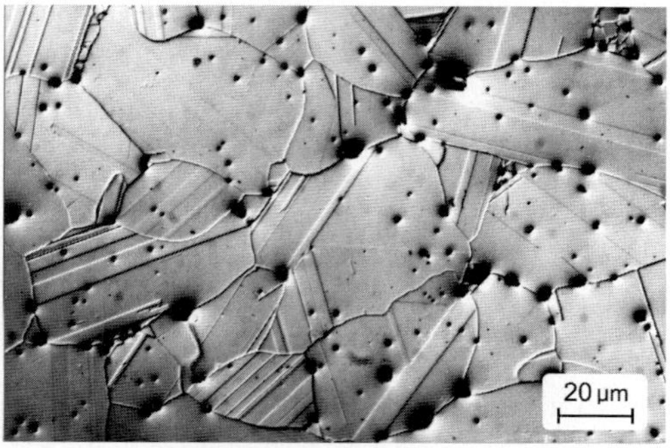

Bild 244: Heißgepreßtes B_4C mit polysynthetischer Zwillingsbildung und verzahnten Korngrenzen. Lichtmikroskopaufnahme mit Nomarsky-Interferenzkontrast, Anschliff mit KOH elektrolytisch geätzt (Quelle: Telle, Aachen)

4.6 Reaktionssintern

Bei den bisherigen Betrachtungen über das Sintern wurde kaum auf Reaktionen eingegangen, es sei denn, daß man die Auflösung und das Wiederausscheiden als eine Reaktion auffaßt, wobei natürlich in entsprechenden Systemen beim Wiederausscheiden bis dahin nicht vorhandene Verbindungen entstehen können. Hier ergibt sich ein fließender Übergang zum Brand silicatkeramischer Massen, wo im Prinzip ähnliche Vorgänge ablaufen.

Unter Reaktionssintern wird jedoch meist ein anderer Vorgang verstanden, nämlich die bewußte Überlagerung eines Sintervorgangs mit einer chemischen Reaktion. Neben den geschilderten Triebkräften der Minimierung der Oberflächen- und Grenzflächenenergie sowie der Reduktion von elastischen Spannungen kommt nun noch die Minimierung der chemischen Energie hinzu. Für eine kontrollierte Reaktion ist allerdings die Kenntnis der Phasendiagramme unabdingbar;

so kann man aus mehreren Komponenten ein einphasiges oder ein mehrphasiges Material synthetisieren und gleichzeitig unter Nutzung der Bildungswärme sintern. Es genügt bereits eine Mischkristallbildung aus den Randphasen des Systems oder die Entstehung einer intermediären Phase, um die Verdichtung zu unterstützen. Ein Beispiel für das Reaktionssintern unter Bildung einer neuen Phase ist Spinell aus

$$MgO + Al_2O_3 \rightarrow MgAl_2O_3, \qquad (182)$$

eine Reaktion, die Schmalzried [415] näher untersucht hat und die bei feuerfesten Werkstoffen von besonderer Bedeutung ist. Auch Aluminiumtitanat läßt sich nach

$$Al_2O_3 + TiO_2 \leftrightarrow Al_2TiO_5 \qquad (183)$$

herstellen. Allerdings ist diese Reaktion unterhalb 800°C reversibel. Fluorapatit ist aus Fluorit und Tricalciumphosphat nach

$$CaF_2 + 3\ \beta\text{-}Ca_3(PO_4)_2 \rightarrow 2\ Ca_5(PO_4)_3F \qquad (184)$$

synthetisierbar [577], [578]. Die Reaktionen beginnen in Pulverpreßlingen in der Regel am Korn-Korn-Kontakt der Ausgangsphasen *A* und *B*, wobei auf dem Weg zum Gleichgewicht alle möglichen intermediären Verbindungen oder Mischkristallzusammensetzungen schichtweise entstehen, wie dies von Diffusionspaaren bekannt ist. Sind die Temperaturen zu niedrig oder die Sinterzeiten zu kurz, um ein Gleichgewicht einzustellen, sind die Ausgangs- und Übergangsphasen teilweise im Gefüge noch zu erkennen. Es entstehen dann auch ohne Anwesenheit einer Flüssigphase meist durch Korngrenzendiffusion *Kern-Mantel-Strukturen* (siehe Kapitel 4.4.4) bestehend aus Körnern mit einem unreagierten Kern, der von einem Mischkristallsaum oder einer oder mehreren anderen Phasen umgeben ist. Bild 245 zeigt den Fall eines TiB_2-Kornes (rechts), das am Kontakt mit W_2B_5-Körnern (schwarz, links) sowie CrB_2 (aufgebraucht) einen epitaktisch aufgewachsenen $(Ti,W,Cr)B_2$-Mischkristallsaum ausgebildet hat, der aufgrund der größeren Gitterkonstanten mit dem Kern eine mit periodischen Versetzungen versehene Grenzfläche besitzt [579].

Reaktionssintersysteme mit Phasenneubildungen haben den Vorteil, daß mit dem Verschwinden der Ausgangsphasen stets eine Kornfeinung verbunden ist. Jedoch ist manchmal die freigesetzte Bildungswärme so groß, daß der Reaktionsprozeß geradezu explosiv ist. Solche Reaktionen werden abgemildert, indem man die entstehende Phase teilweise bereits in das Ausgangsmaterial als Moderator hinzugibt und den reagierenden Volumenanteil entsprechend verringert. Gerade im Bereich der Nichtoxide ist die sogenannte *Hochtemperatur-Reaktionssynthese* (auch *SHS*, von engl. self-propagating high-temperature combustion synthesis) weit entwikkelt worden [580], [581]. Dieses Verfahren wird erfolgreich auf Boride wie TiB_2, ZrB_2, NbB_2 und TaB_2 angewandt, indem man von den Elementen ausgeht oder von B_4C-Mischungen mit elementarem Ti, Zr, Cr oder Nb [582] oder Ti-B-TiB_2-Mischungen [584], [585]. Ebenso können Mischungen von Metalloxiden und Borcarbid oder Al-TiO_2-B_2O_3-Mischungen verwendet werden, bei denen die Oxide aluminothermisch reduziert werden [585]. Die Entstehung gasförmiger Reaktionsprodukte verhindert aber oft eine vollständige Verdichtung. Teile einfacher Geometrie können aus Si-C-Pulverpreßlingen durch diese stark exotherme Reaktion unter Verwendung eines äußeren Druckes von 3-5 GPa hergestellt werden, der eine Explosion verhindert [586]. Als Ergebnis wird ein β-SiC-Gefüge mit 5 μm durchschnittlicher Korngröße und 96,6 % theoretischer Dichte erhalten.

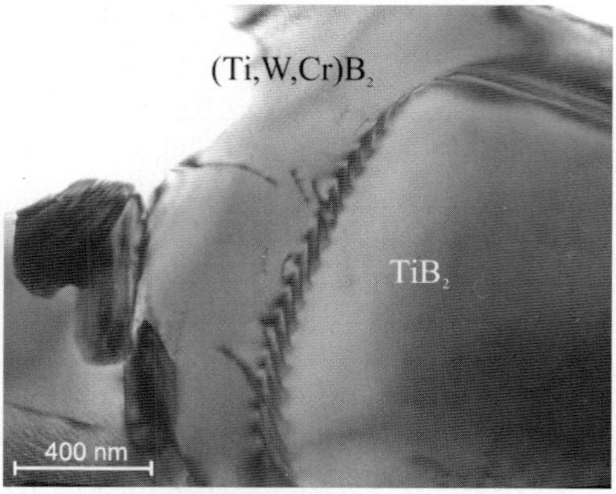

Bild 245: Kern-Mantel-Struktur von TiB_2 mit $(Ti,W,Cr)B_2$-Mischkristallsaum und periodischen Versetzungen an der Grenzfläche. TEM-Aufnahme [579].

Zur Durchführung der SHS wird ein Grünkörper an einem Ende lokal mit einem Funken oder einer Wärmequelle gezündet. Ausgehend vom Ort der Zündung läuft die Reaktion stoßwellenartig mit einer Geschwindigkeit von 5-10...30 mm/s durch den gesamten Formkörper. In der Reaktionszone erreicht das Gemisch je nach Bildungsenthalpie, Wärmekapazität und Wärmeleitfähigkeit des Produktes innerhalb von Zehntelsekunden Temperaturen von 1300°C (Si + C) bis über 2300°C (Ti + C oder B) (Bild 246). Die Kinetik solcher Reaktionen wurde von Holt u. M. genauer untersucht [588], [581]. Durch Anlegen eines elektrischen Niederspannungsfeldes senkrecht zur Laufrichtung der Reaktion läßt sich die Breite der zündenden Schicht und damit das Gefüge kontrollieren.

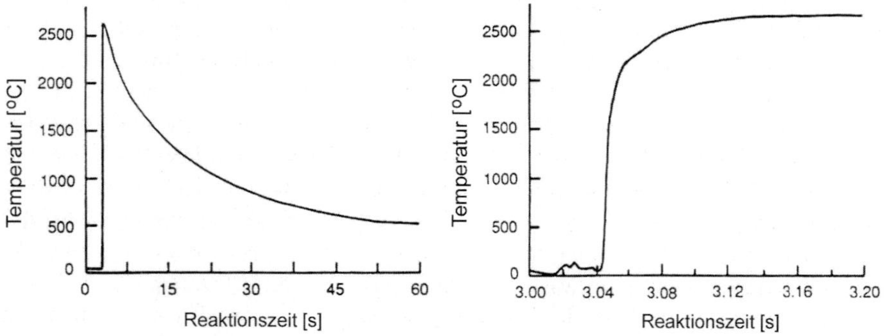

Bild 246: Temperaturprofil in einem gezündeten Pulverpreßling aus Zr + 1,5 Gew.-% B + 15 Gew.-% TiB_2, Dichte 52 %. Links: vollständiges Temperaturprofil; rechts: vergrößerter Ausschnitt des Temperaturanstiegs. Nach [588].

Durch die Verdampfung von Verunreinigungen ist das Endprodukt sehr rein. Bei lokaler Überhitzung kann jedoch Schmelze auftreten, insbesondere wenn mehrphasige Gefüge hergestellt werden sollen (Bild 247). Charakteristisch ist die außerordentlich geringe Korngröße. So wurden aus relativ groben Titancarbid/Wolframcarbid-Borcarbid-Bor-Pulvermischungen $TiB_2/WB_2/W_2B_5$-Dispersionskeramiken mit B_4C-Matrix mit Gefüge von 1 µm Korngröße hergestellt [589][590]. Die dabei ablaufenden Reaktionen lassen sich formal untergliedern in

$$2TiC+B_4C \xrightarrow{1000\text{-}1100°C} 2TiB_2+3C \tag{185}$$

$$TiC+6B \xrightarrow{900\text{-}1100°C} TiB_2+B_4C \tag{186}$$

$$4B+C \xrightarrow{>600°C} B_4C \tag{187}$$

die natürlich gleichzeitig ablaufen. Da das Borcarbid ebenfalls an der Reaktion teilnimmt, aber auch neu gebildet wird, kommt es zu einer Umsetzung aller beteiligten Phasen. Die Reaktion startet bei 900-1100°C und führt zu einer starken Volumendehnung, weshalb man den Prozeß in einer Heißpresse durchführt und bei Temperaturen um 1700°C auf 99,8 % der theoretischen Dichte fertig verdichtet. Bild 248 zeigt das Gefüge einer reagierten TiC-B-Pulvermischung, das noch Agglomerate aus TiB_2-B_4C mit der Ausgangskorngröße der TiC-Teilchen aufweist.

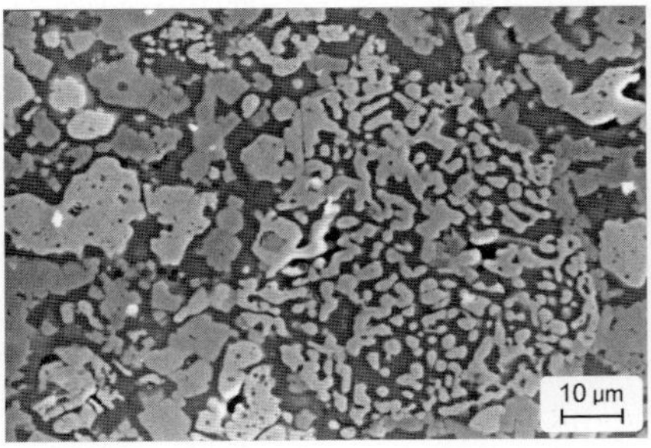

Bild 247: Reaktionsgesinterte Al-TiO_2-B_2O_3-Pulvermischung. Hell: TiB_2, mittelgrau: Al_2O_3, dunkel: B_2O_3. Lokale Schmelzebildung mit Eutektikum.

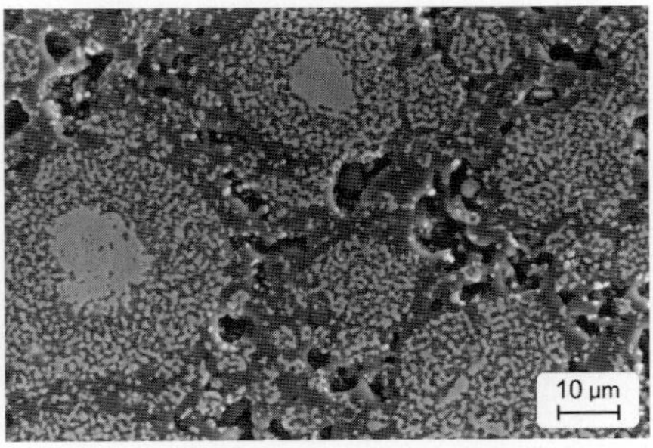

Bild 248: Reaktionsgesinterte TiC-B-Pulvermischung. Die TiB_2- (hell) und B_4C-Agglomerate (dunkel) geben die ursprüngliche TiC-Teilchengröße wieder.

Ein weiteres Beispiel für das Reaktionssintern ist das *reaktionsgebundene Si_3N_4, RBSN*, da sich reines Si_3N_4 allein wegen seines relativ hohen Dampfdruckes bei den benötigten Temperaturen nicht sintern läßt (siehe Kapitel 10.5.3). Man stellt deshalb einen Formkörper aus Si-Pulver her, den man vorsintert und anschließend in N_2- oder NH_3-Atmosphäre fertig sintert, wobei nach der Reaktion $3\ Si + 2\ N_2 \rightarrow Si_3N_4$ entsteht, das allerdings nur einen Teil der vorher vorhandenen Poren ausfüllt. Wichtig hierbei ist, daß die feste Ausgangssubstanz selbst ohne zu starke Schwindung sintert, damit die für die folgende Gasinfiltration und Reaktion benötigte offene Porosität erhalten bleibt, wie es beim Si der Fall ist.

Weitere Ausgangsstoffe zum Reaktionssintern sind *reziproke Salzpaare*, bei denen die Anzahl der Phasen erhalten bleibt und nur Kationen bzw. Anionen im gleichen Mengenverhältnis getauscht werden, z.B.

$$ZrB_2 + TiO_2 \rightarrow ZrO_2 + TiB_2. \qquad (188)$$

Diese Reaktion führt zu einem sehr feinen und homogenen Gefüge und – wenn es gelingt, das Kornwachstum zu unterdrücken – zu einem umwandlungsverstärkten Titanborid [591]-[593]. Allerdings reagieren beide Phasen bei Temperaturerhöhung unter Mischkristallbildung weiter nach:

$$ZrO_2 + TiB_2 \rightarrow (Zr,Ti)O_2 + (Ti,Zr)B_2, \qquad (189)$$

was zu einer Vollstabilisierung des tetragonalen ZrO_2 bzw. zur Bildung einer Zirconiumtitanatphase $ZrTiO_4$ führen kann. Di Rupo u. M. [594] haben das Sintern einer Mischung aus Zirkon und Tonerde verfolgt, bei der nach

$$2ZrSiO_4 + 3Al_2O_3 \rightarrow 2ZrO_2 + 3Al_2O_3 \cdot 2SiO_2 \qquad (190)$$

auch Mullit entsteht. Claussen und Jahn konnten zeigen, daß diese Reaktion schon unter relativ geringem Druck, z.B. beim Heißisostatpressen bei 200 MPa, reversibel verläuft [595].

5 Eigenschaften keramischer Werkstoffe

Bei der Aufbereitung, der Formgebung und dem Sintern keramischer Massen sowie beim Einsatz der keramischen Werkstoffe haben oft bestimmte Eigenschaften einen vorherrschenden Einfluß. Diese Eigenschaften sollen im folgenden in ihren Grundlagen behandelt werden, wenn sie eine allgemeinere Bedeutung haben. Eigenschaften, die im wesentlichen nur einem Verfahrensschritt (z.B. Bildsamkeit, Trockenfestigkeit, Trocken- und Brennschwindung) oder nur einem Werkstofftyp (z.B. Frostwiderstandsfähigkeit, Ausblühungen, Transparenz) anhaften, werden später bei den entsprechenden Werkstoffen oder Erzeugnisgruppen behandelt. Dort wird dann auch auf spezielle Auswirkungen oder Anwendungen eingegangen. Einzelne Daten findet man in den bekannten Nachschlagewerken, weitere Hinweise auf spezielle Quellen werden an den betreffenden Stellen gegeben.

5.1 Thermische Eigenschaften

Keramische Werkstoffe entstehen durch einen Brand. Aber nicht nur dabei, sondern oft auch im späteren Einsatz spielen die thermischen Eigenschaften eine wesentliche Rolle.

Eine wichtige Grundgröße stellt hier die spezifische Wärme c_p bzw. Molwärme C_p (= $M\,c_p$ mit M = Molgewicht) dar, wobei der Index p sich auf konstanten Druck bezieht, wie er in der Praxis im allgemeinen vorliegt. Die theoretische Ableitung der Temperaturabhängigkeit der Molwärme geht vom Verhalten bei konstantem Volumen, also von C_v aus. Am absoluten Nullpunkt ist C_v gleich Null; sie steigt an zunächst mit T^3 und dann nach einer anderen Funktion, in die die sog. charakteristische oder Debye-Temperatur $\Theta = h\nu/k$ eingeht (h = Planckscher Wirkungsquantum, k = Boltzmann-Konstante, ν = Frequenz der Eigenschwingung). Bei hohen Temperaturen erreichen alle Substanzen den einheitlichen Wert

$$C_v = n \cdot 3R = n \cdot 24{,}95\ \mathrm{J/(mol \cdot K)}$$

mit R = Gaskonstante und n = Zahl der Elemente in einer Verbindung. Da bei hohen Temperaturen der Unterschied der Werte von C_v und C_p zu vernachlässigen ist, ergibt sich also

$$C_p \approx n\ 25\ \mathrm{J/(mol \cdot K)}, \tag{191}$$

was auch als *Dulong-Petitsche Regel* bekannt ist.

Dieser Grenzfall wird um so früher erreicht, je kleiner Θ, je geringer also die Schwingungsfrequenz ν ist. Das ist um so eher gegeben, je schwerer die schwingenden Atome sind. So liegt Θ für Graphit bei 1700°C, für BeO bei 900°C und für Al_2O_3 bei 650°C. Im letzteren Fall müßte sich nach Gl. (191) $C_p \approx 125$ J/(mol K) ergeben. Aus den Werten der Tabelle 37 erhält man mit Gl. (52)

$$\begin{aligned} C_{p,Al_2O_3,923K} &= 28{,}80+2{,}197\cdot 0{,}923-11{,}56\cdot 10^5/(923)^2 \\ &= 29{,}27 \quad \text{cal/(molK)} \\ &= 123{,}4 \quad \text{J/(molK)} \end{aligned}$$

Für die meisten Oxide wird im Bereich um 1000°C die spezifische Wärme nahezu unabhängig von der Temperatur. Oft wird aber die mittlere spezifische Wärme $\overline{c}_p$ zwischen Raumtemperatur und einer anderen Temperatur T_i angegeben:

$$\overline{c}_p = \frac{1}{T_i - 298} \int_{298}^{T_i} c_p \mathrm{d}T$$

die dann mit steigender Temperatur anwächst. Solche Werte enthält Bild 249 für einige feuerfeste Erzeugnisse.

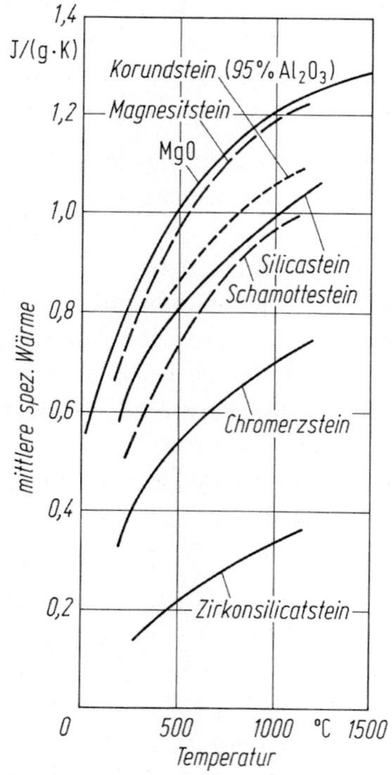

Bild 249: Mittlere spezifische Wärme einiger feuerfester Erzeugnisse

Die spezifischen Wärmen sind nur wenig von der Struktur und von Fehlstellen darin beeinflußt und damit auch kaum vom Gefüge. Ihr Wert hängt allein von der Masse ab, d.h., Poren wirken sich nicht aus. Bezieht man sich aber auf ein bestimmtes Volumen, dann benötigt ein poröser Körper zum Erhitzen auf eine bestimmte Temperatur entsprechend weniger Wärme.

5.1.1 Wärmedehnung

Im allgemeinen dehnt sich jeder Körper mit steigender Temperatur aus. Ursache dafür sind die anharmonischen Schwingungen der Atome, die zu einer Vergrößerung ihres Abstandes im Festkörper und damit zu einer Ausdehnung führen.

Hat ein Körper bei der Temperatur T_0 die Länge l_0, dann beträgt diese bei der Temperatur T

$$l_T = l_0\left[1+\alpha\left(T-T_0\right)\right], \qquad (192)$$

worin α den *Längenausdehnungskoeffizienten* darstellt:

$$\alpha = \frac{1}{l_0}\frac{\Delta l}{\Delta T}. \qquad (193)$$

In Gl. (193) ist der für den Temperaturbereich von T_0 bis T gültige *mittlere Ausdehnungskoeffizient* angegeben, der in dieser Form meist verwendet wird, wobei die betreffenden Temperaturen (in °C) als Indizes angeführt werden, z.B. in der Art $\alpha_{20/800}$. Die für eine bestimmte Temperatur jeweils gültigen wahren Ausdehnungskoeffizienten erhält man nach

$$\alpha_T = \frac{1}{l}\frac{dl}{dT} \qquad (194)$$

bzw. aus der Steigung der Ausdehnungskurve. Für die Volumenausdehnung gilt analog mit dem Volumenausdehnungskoeffizienten β:

$$\beta = \frac{1}{V_0}\frac{\Delta V}{\Delta T}. \qquad (195)$$

Die Näherung $\beta \approx 3\alpha$ gilt gut für ein $\Delta l/l_0 \leq 5$ %. Die experimentelle Bestimmung von α erfolgt meist mit einem Dilatometer. Nach [596] werden dabei folgende Genauigkeiten gefordert: 0,2 % in der Meßlänge l_0, 0,004 % in der Längenänderung und ± 5 K in der Temperaturmessung und -konstanz über die Probe. Wichtig ist, daß bei grobkörnigen Werkstoffen der Durchmesser der Probe mindestens das Dreifache des Durchmessers des größten Korns betragen muß. Die Wertangabe erfolgt in $10^{-6}K^{-1}$.

Es gibt daneben noch weitere Methoden, wobei man mit einem Interferometer höhere Genauigkeiten erzielen kann. Röntgenographisch lassen sich die Temperaturabhängigkeiten der einzelnen Gitterkonstanten ermitteln, die sich näherungsweise auf Ausdehnungskoeffizienten umrechnen lassen.

Die Wärmedehnung läßt sich mit Hilfe der *Grüneisen-Beziehung*

$$\beta = \gamma \cdot \frac{\kappa \cdot C_v}{V} \tag{196}$$

auf thermodynamische Daten zurückführen. In Gl. (196) ist κ = Kompressibilität, C_v = Molwärme, V = Molvolumen und γ = Grüneisen-Parameter, der für kristalline Stoffe etwa 2 beträgt. Da das Verhältnis κ/V nur wenig temperaturabhängig ist, folgt aus Gl. (196) $\beta \sim C_v$, d.h. nach den eingangs gebrachten Ausführungen über die spezifische Wärme, daß der Ausdehnungskoeffizient am absoluten Nullpunkt Null ist, dann ansteigt, um bei höheren Temperaturen konstant zu werden. Der Ausdehnungskoeffizient ist also temperaturabhängig. Setzt man in Gl. (196) die Werte für Korund ein, dann erhält man mit $\kappa = 0{,}37 \cdot 10^{-11}$ m^2/N, C_v = 85 J/(mol K) (= Nm/(mol K)) und V = 25,5 cm^3/mol (= 25,5 10^{-6} m^3/mol)

$$\alpha \approx \frac{2}{3} \cdot \frac{0{,}37 \cdot 10^{-11} \cdot 85}{25{,}5 \cdot 10^{-6}} = 8{,}2 \cdot 10^{-6} \mathrm{K}^{-1},$$

was gut mit den Werten in Tabelle 43 übereinstimmt. Weitere Werte für Ausdehnungskoeffizienten sind in den Tabelle 19 und Tabelle 14 enthalten. Bild 140 zeigte das Dehnungsverhalten von SiO_2, und in Kapitel 2.4.2.2 wurde dieses von Gläsern besprochen. Die hier angegebenen Werte sind allerdings Mittelwerte. Genauer betrachtet ist die Wärmedehnung eine Tensorgröße und damit bei kristallinen Stoffen immer richtungsabhängig.

Die α-Werte von Oxiden liegen im Bereich von 8 bis $15 \cdot 10^{-6}$ K^{-1}, und die Tief-Formen von SiO_2 haben ebenfalls Werte über $10 \cdot 10^{-6}$ K^{-1}. Binäre Silicate haben meist geringere Werte (5 bis $10 \cdot 10^{-6}$K^{-1}), ebenso Carbide (5 bis $7 \cdot 10^{-6}$K^{-1}) und Diamant sogar nur $1 \cdot 10^{-6}$K^{-1}. Es gibt also Zusammenhänge zwischen Wärmedehnung und Kristallstruktur. So ist eine Zunahme von α mit steigendem Ionenradius, höherer Raumerfüllung und schwächerem Bindungstyp zu beobachten. Nach Bayer [597] steigt α bei Oxiden auch mit abnehmender Wertigkeit der Kationen an. Die meisten Silicate besitzen eine relativ offene Struktur und eine geringe Wärmedehnung, weil steigende Temperatur ein Ausweichen der Tetraeder in die Hohlräume bewirken kann. Hohe Dehnungen treten nach Taylor [598] bei solchen Strukturen ein, die eine gestauchte Anordnung der Tetraeder haben, da diese mit steigender Temperatur eine idealere Anordnung zu erreichen suchen. Insgesamt kann man sagen, daß mit Veränderung der Temperatur eine Veränderung der Si-O-Si-Bindungswinkel eintritt, bedingt durch Änderung der Schwingungen der Sauerstoffionen.

Bei diesen Änderungen kann es in einigen Strukturen zur Verringerung von einzelnen Gitterkonstanten mit steigender Temperatur kommen, wodurch sich dann für das gesamte Volumen eine sehr geringe oder sogar negative Wärmedehnung einstellen kann. Solche Verbindungen sind praktisch sehr interessant, da Spannungen (Kapitel 5.2.1) und vor allem die Temperaturwechselbeständigkeit (Kapitel 5.2.4) vom α-Wert abhängen. Einige Beispiele wurden schon erwähnt, z.B. der Cordierit mit geringer Wärmedehnung (Kapitel 3.3.3.4) und der Hoch-Eukryptit mit negativem Ausdehnungskoeffizienten (Kapitel 3.3.3.3). Charakteristisch ist bei letzterer Verbindung die große Anisotropie der α-Werte mit +8 und -16·$10^{-6}K^{-1}$ senkrecht und parallel zur *c*-Achse.

Ein keramischer Werkstoff zeigt im allgemeinen ein Gefüge aus meist mehreren Phasen. Haben diese Phasen verschiedene Ausdehnungskoeffizienten, dann entstehen beim Abkühlen nach dem Sintern Spannungen. Solche können sich aber auch bilden, wenn nur eine Phase vorhanden ist, die die eben erwähnte Anisotropie der α-Werte zeigt.

Bei mehrphasigen Werkstoffen interessiert oft der *gemittelte Ausdehnungskoeffizient* $\bar{\alpha}$ des Gesamtsystems. Seine Berechnung aus der Phasenzusammensetzung wurde mehrfach unternommen. Lundin [599] hat einige dieser Gleichungen diskutiert und daraufhin eine verbesserte Gleichung entwickelt. $\bar{\alpha}$ ergibt sich für einen Werkstoff aus i Komponenten mit den Volumenanteilen V_i und den Kompressionsmoduln K_i nach

$$\bar{\alpha} = \frac{\sum \frac{\alpha_i K_i V_i}{3K_i + 4G_m}}{\sum \frac{K_i V_i}{3K_i + 4G_m}} \approx \frac{\sum \alpha_i K_i V_i}{\sum K_i V_i} . \qquad (197)$$

In Gl. (197) stellt G_m den Schubmodul der kontinuierlichen Matrix dar, in die die restlichen Komponenten eingebettet sind. Verzichtet man auf diese Betrachtung, dann erhält man als Näherung die in Gl. (197) rechts angeführte *Turnersche Beziehung*.

Im allgemeinen weichen die gemittelten Ausdehnungskoeffizienten $\bar{\alpha}$ nicht sehr stark vom einfachen linearen Ansatz $\bar{\alpha} = \sum V_i \alpha_i$ ab. Als Beispiel sei ein Porzellan herangezogen, dessen Daten in Tabelle 47 aufgeführt sind. 30 Gew.-% Mullit ergeben danach V_m = 0,235 und V_g= 0,765 (wobei die Indizes m = Mullit und g = Glas bedeuten). Der eben erwähnte lineare Ansatz führt zu

$$\bar{\alpha} = (0{,}235 \cdot 4{,}5 + 0{,}765 \cdot 3{,}0) \cdot 10^{-6}\ K^{-1} = 3{,}35 \cdot 10^{-6}\ K^{-1}.$$

Mit Gl. (197) erhält man nach dem Ansatz von Lundin $\bar{\alpha} = 3{,}42 \cdot 10^{-6}\ K^{-1}$ und nach der Turnerschen Näherung $\bar{\alpha} = 3{,}49 \cdot 10^{-6}\ K^{-1}$.

Wendet man Gl. (197) auf ein Gefüge an, bei dem neben einer festen Phase 1 nur noch Poren als Phase 2 vorhanden sind, dann folgt wegen $K_2 \to 0$, daß $\bar{\alpha} = \alpha$ wird, d.h., Poren haben keinen Einfluß auf die Wärmedehnung. Das gilt nicht mehr, wenn bei hoher Porosität Orientierungen auftreten [173].

Tabelle 47: Physikalische Daten von Mullit und einer Porzellanglasphase (aus K_2O:Al_2O_3:SiO_2 = 6,5:6,6:86,9 Gew.-%)

		Mullit	Glasphase
Dichte	g/cm³	3,16	2,27
Ausdehnungskoeffizient	$10^{-6}K^{-1}$	4,5	3,0
Elastizitätsmodul	GN/m²	100	70
Schubmodul	GN/m²	42	30
Kompressionsmodul	GN/m²	56	35
Poisson-Zahl		0,20	0,17

5.1.2 Wärmetransport

Für den Wärmetransport in keramischen Werkstoffen ist vor allem die Wärmeleitung verantwortlich. Bei höheren Temperaturen ist daneben die Wärmestrahlung zu berücksichtigen, während der Beitrag der Konvektion im allgemeinen zu vernachlässigen ist. Zusammenfassende Darstellungen findet man bei Kingery [600] und Flynn [601].

Herrscht in einem Medium das Temperaturgefälle $\mathrm{d}T/\mathrm{d}x$, dann fließt in der Zeit t senkrecht zur Fläche F die Wärmemenge Q nach

$$\frac{Q}{t} = \lambda \cdot F \cdot \frac{\mathrm{d}T}{\mathrm{d}x} . \tag{198}$$

In Gl. (98) stellt der Proportionalitätsfaktor λ die *Wärmeleitfähigkeit* dar. Die Einheit von λ ist W/(m·K). Die Umrechnung der früher verwendeten Einheit ist 1kcal/(m·h·K) = 1,163 W/(m·K)

Die experimentelle Bestimmung der Wärmeleitfähigkeit geht von Gl. (198) aus. Beim Einplattenverfahren wird eine plattenförmige Probe einseitig beheizt, während sich auf der anderen Seite ein Kühlkörper befindet. Aus der Temperaturdifferenz zwischen den beiden Oberflächen des Prüfkörpers und der übertragenen Wärmemenge läßt sich λ berechnen. Analog arbeitet das Zweiplattenverfahren, bei dem die Heizung zwischen zwei Prüfplatten eingebaut wird. Schneller arbeitet das Heißdrahtverfahren [602], das ein instationäres Verfahren ist; hierbei wird die Temperaturänderung eines Heißdrahtes, der sich in der Probe befindet, nach dem Einschalten des Heizstromes zur Berechnung von λ verwendet. Dieses Verfahren ist von DeBoer u. M. [603] zum Paralleldrahtverfahren erweitert worden, das die Bestimmung höherer λ-Werte (bis 25W/(m·K)) und auch die Erkennung von Anisotropien der Wärmeleitfähigkeit erlaubt. Aus einer exakten Analyse der Wärmeströme leiteten Skaar u. M. eine verbesserte Meß- und Auswertemethode ab [2231]. Anstelle eines Drahtes kann man nach Borkowetz auch einen Heizleiter verwenden und nähert sich damit dem Hohlzylinderverfahren. Schließlich sei noch die Laserflash-Methode nach Parker u. M. [604] erwähnt, bei der ein Impuls hoher Intensität auf eine Flachseite der Probe aufgegeben und deren Temperaturverhalten registriert wird. Einige Vergleichsmessungen findet man bei Provost [605].

Bei diesen Messungen erhält man meist einen Wert λ_{ges}, der sich aus den Beiträgen der reinen Wärmeleitfähigkeit λ_1 und der Wärmestrahlung ist zusammensetzt nach $\lambda_{\mathrm{ges}} = \lambda_1 + \lambda_{\mathrm{st}}$. Oft wird λ_{ges} vereinfachend als Wärmeleitfähigkeit bezeichnet.

In Gasen wird die Wärme durch gegenseitigen Stoß der Moleküle übertragen, woraus sich ergibt

$$\lambda_{\mathrm{gas}} = \frac{1}{3} c v l \tag{199}$$

mit c = spezifische Wärme pro Volumeneinheit, v = Geschwindigkeit der Moleküle und l = deren mittlere freie Weglänge. In Festkörpern sind die Teilchen nicht frei, führen aber Gitterschwingungen aus. Da diese anharmonisch sind, können sie die Wärme nach Debye in Form von Gitterwellen übertragen. Eine einfache Deutung der reinen Wärmeleitfähigkeit in Festkörpern ergibt sich, wenn man in Analogie zu den Photonen bei den elektromagnetischen Wellen die Gitterwellen als Phononen auffaßt. Dann erhält man eine der Gl. (199) entsprechende Gleichung

$$\lambda_{\text{l.fest}} = \frac{1}{3} c\, v_{\text{p}}\, l_{\text{p}} \tag{200}$$

in der jetzt v_{p} = Geschwindigkeit der Phononen und l_{p} = deren mittlere freie Weglänge ist. Mit Hilfe von Gl. (200) ist es möglich, die Temperaturabhängigkeit der Wärmeleitfähigkeit zu erklären, wobei zunächst der Einfluß der spezifischen Wärme c maßgebend ist, d.h., λ ist am absoluten Nullpunkt gleich Null. Der Anstieg erfolgt zuerst proportional T^{3}. Bei höheren Temperaturen läßt der Einfluß von c nach, da dann c einem konstanten Wert zustrebt. In diesem für die Praxis interessanten Bereich haben theoretische Betrachtungen ergeben, daß mit steigender Temperatur die Dichte der Phononen zunimmt und sich dadurch deren mittlere Weglänge l verringert, so daß l und damit auch λ proportional $1/T$ wird. Dazwischen muß ein Maximum von λ liegen, das z.B. für MgO bei 40 K liegt. Bei allen hier interessierenden Verbindungen befindet man sich oberhalb Raumtemperatur im Bereich der mit steigender Temperatur fallenden λ-Werte, wie es auch die meisten Kurven von Bild 250 zeigen.

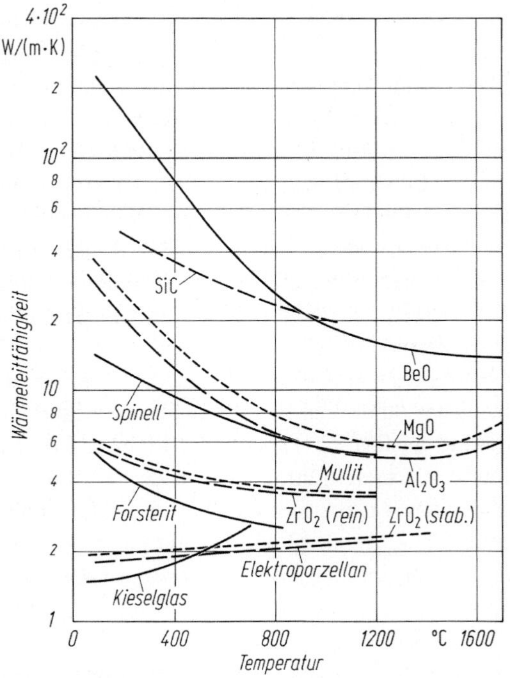

Bild 250: Wärmeleitfähigkeit von Kieselglas und einiger, auf 0 % Porosität korrigierter Werkstoffe

In Bild 250 treten einige bemerkenswerte Ausnahmen auf. Der Wiederanstieg von λ bei hohen Temperaturen für z.B. MgO und Al_2O_3 ist durch den beginnenden Strahlungseinfluß bedingt, der unten diskutiert wird. Die anderen Erscheinungen lassen sich mit der mittleren freien Weglänge l der Phononen erklären. Es wurde bereits gesagt, daß diese wegen der zunehmenden Phononendichte mit steigender Temperatur abnimmt, da dann mehr Stöße untereinander erfolgen. Überschlagsrechnungen von Kingery [600] haben für Raumtemperatur Werte von l in der Größenordnung von 5 nm ergeben. l kann aber höchstens bis zur Größe der Gitterdimension abnehmen, was bei etwa 1200°C erreicht ist, so daß dann λ unabhängig von der Temperatur wird. Daneben wird aber l noch durch Stöße an Kristallgrenzen und an Fehlstellen verringert, ein Effekt, der temperaturunabhängig ist. Eine hohe Fehlstellenkonzentration, wie sie im stabilisierten ZrO_2 vorliegt, hat geringe l-Werte und damit auch niedrigere λ-Werte zur Folge. Ähnliches gilt für das Kieselglas, das wegen der fehlenden Fernordnung in der Struktur nur eine geringe mittlere freie Weglänge der Phononen erlaubt (etwa 0,5 nm), so daß dessen Temperaturabhängigkeit von λ nur noch von der spezifischen Wärme bestimmt wird. Das Elektroporzellan in Bild 250 zeigt wegen des hohen Anteils an Glasphase ebenfalls steigende λ-Werte. Der Beitrag der *Wärmestrahlung* bei hohen Temperaturen wurde bereits erwähnt. Für ihn gilt

$$\lambda_{st} = \frac{16}{3}\sigma n^2 T^3 l_{st} \tag{201}$$

mit σ = Boltzmann-Konstante, n = Brechzahl und l_{st} = mittlere freie Weglänge, jetzt der Photonen. Dieser Beitrag steigt wegen der T^3-Abhängigkeit bei hoher Temperatur rasch an. Bei mittlerer Temperatur hängt er von der Brechzahl für die Wellenlänge der Temperaturstrahlung ab, die im infraroten Bereich liegt. Deshalb zeigt das Kieselglas den Anstieg von λ_{ges} oberhalb 500°C. Die sich aus Gl. (201) ergebenden l_{st}-Werte sind relativ groß. Lee und Kingery [606] haben sie für Al_2O_3-Einkristalle bei 750°C zu 10 cm abgeschätzt. Die Photonen können daher an Poren leicht gestreut werden, wodurch l_{st} erniedrigt wird und z.B. bei einer Porosität von 0,25 Vol.-% in Al_2O_3 bereits auf 0,04 cm absinkt. Die Folge ist, daß sich der Strahlungseinfluß bei nicht vollkommen dicht gesinterten Material erst bei höherer Temperatur bemerkbar machen kann und oft erst oberhalb 1200°C erkennbar wird. Bisher wurde das Verhalten eines einheitlichen Körpers behandelt, während die meisten keramischen Produkte aus mehreren Phasen bestehen, wobei diese Phasen kristallin, glasig und gasförmig (Poren) sein können. Für die bei einem solchen System resultierende Wärmeleitfähigkeit λ_r ist der Einfluß der kontinuierlichen Phase (mit λ_k) und der darin dispergierten Phase (mit λ_d) unterschiedlich. Bezeichnet man das Verhältnis λ_k/λ_d mit Q und beträgt der Volumenanteil der kontinuierlichen Phase V, dann ergibt sich nach der *Eucken-Gleichung* [607]

$$\lambda_\mathrm{r} = \lambda_\mathrm{k} \frac{1 + 2V \dfrac{1-Q}{2Q+1}}{1 - V \dfrac{1-Q}{2Q+1}} . \tag{202}$$

Unterscheiden sich die Werte von λ_k und λ_d nicht zu stark, dann ist die Abweichung zwischen λ_r und der Summe der mit den Volumenanteilen multiplizierten Einzelleitfähigkeiten nicht groß. Wenn allerdings die kontinuierliche Phase einen wesentlich geringeren λ-Wert hat, führen schon geringe Volumenanteile zu erheblicher Erniedrigung. Gleichung (202) kann man auch auf poröse Körper anwenden. V ist dann durch P, den Volumenanteil an Poren, zu ersetzen. Da $\lambda_\mathrm{gas} < \lambda_\mathrm{fest}$, also auch $\lambda_\mathrm{d} < \lambda_\mathrm{k}$, wird Q sehr groß, und Gl. (202) vereinfacht sich zu

$$\lambda_\mathrm{r} \approx \lambda_\mathrm{k} \frac{1-P}{1+0{,}5P} , \tag{203}$$

woraus man in grober Näherung erhält:

$$\lambda_\mathrm{r} \approx \lambda_\mathrm{k} (1-P) . \tag{204}$$

Die sich daraus ergebende lineare Abnahme der Wärmeleitfahigkeit mit steigender Porosität ist mehrfach bestätigt worden [608]. Weitere Untersuchungen haben ergeben, daß man auch noch die Orientierung der Poren und den Strahlungseinfluß durch die Poren berücksichtigen muß. Letzterer Einfluß ist bei kleinen Poren gering, wächst aber mit steigender Porengröße, vor allem, wenn längliche Poren in Richtung des Wärmeflusses liegen. In extremen Fällen kann der Wärmetransport in porösen Körpern größer als in dichten Körpern werden. Die verschiedenen Gefügeeinflüsse haben LeDoussal und Bisson [609] zusammengestellt.

Aus der Wärmeleitfähigkeit läßt sich die *Temperaturleitfähigkeit a* ermitteln nach

$$a = \lambda / (c_p \rho) \tag{205}$$

mit c_p = spezifische Wärme und ρ = Raumgewicht. a ist bestimmend für die Geschwindigkeit des Temperaturausgleichs. Die Einheit von a ist m^2/s.

Der *Wärmeübergang* zwischen einem festen Körper mit der Oberflächentemperatur T_K und einem strömenden Medium der Temperatur T_M wird mit dem Wärmeübergangskoeffizienten (oder -zahl) h beschrieben nach

$$\dot{Q} = h \cdot (T_\mathrm{K} - T_\mathrm{M}) \cdot F \tag{206}$$

worin Q die durch die Fläche F tretende Wärmemenge (auch Wärmestrom genannt) darstellt. Die Einheit von h ist $\mathrm{W/(K\,m^2)}$.

Für den *Wärmedurchgang* durch eine feste Wand, die an beiden Seiten von strömenden Medien der Temperaturen T_a und T_b umgeben ist, gilt

$$\dot{Q} = k \cdot (T_\mathrm{a} - T_\mathrm{b}) \cdot F$$

mit k = Wärmedurchgangskoeffizient (-zahl), mit gleicher Einheit wie h.

5.2 Mechanische Eigenschaften

Die guten Eigenschaften keramischer Werkstoffe können manchmal nicht in der gewünschten Weise genutzt werden, weil entsprechende Bauteile sich spröde verhalten und vorzeitig zu Bruch gehen. Durch intensive Forschung ist es gelungen, die wichtigsten Einflüsse auf die mechanische Festigkeit aufzuklären, wobei insbesondere das Gefüge eine wesentliche Rolle spielt. In den folgenden Kapiteln werden die Grundlagen und hauptsächlichen Abhängigkeiten dargestellt, während spezielle Anwendungen bei den betreffenden Werkstoffen zu finden sind, wie z.B. die Möglichkeiten der Faserverstärkung.

Wirken mechanische Kräfte auf einen Festkörper ein, dann findet eine Verformung statt, die reversibel ist und als Elastizität bezeichnet wird. Bei höheren Kräften kann eine bleibende Verformung eintreten, bedingt durch eine plastische Verformung oder ein Kriechen, was aber bei keramischen Werkstoffen bei Raumtemperatur nur eine untergeordnete Bedeutung hat (siehe die folgenden Abschnitte). Sehr wichtig ist dagegen die andere Art der Reaktion von keramischen Werkstoffen auf große Kräfte, nämlich der Bruch. Bei beiden eben genannten Vorgängen werden atomare Bindungen getrennt. Während sie sich aber bei der plastischen Verformung in neuer Anordnung wieder schließen können, ist das nicht mehr möglich, wenn die Trennung benachbarter Atome zu weit gegangen ist. Die dazu benötigten Kräfte bzw. der Widerstand gegenüber solchen Kräften kennzeichnet die Festigkeit des betreffenden Werkstoffs.

5.2.1 Elastische Eigenschaften

Es wurde eben erwähnt, daß beim Wirken einer mechanischen Kraft eine Verformung eintritt. Bei keramischen Werkstoffen ist diese Verformung proportional der wirkenden Kraft und geht nach Entlasten vollständig zurück. Körper, die dieses Verhalten zeigen, bezeichnet man als elastisch oder spröde. Die Proportionalität zwischen Kraft und Verformung ist die Aussage des *Hookeschen Gesetzes*. Bei einer Zugspannung σ bzw. Scherspannung τ ergibt sich eine Dehnung ε bzw. Verdrillung γ nach

$$\sigma = \varepsilon \cdot E \text{ bzw. } \tau = G \cdot \gamma \tag{207}$$

mit den Proportionalitätskonstanten E = Elastizitätsmodul (E-Modul oder Dehnungsmodul) bzw. G = Schubmodul (oder Gleit- oder Torsionsmodul). Allseitiger Druck führt zu einer Kompression, gekennzeichnet durch den Kompressionsmodul K, dessen reziproker Wert die Kompressibilität κ darstellt.

Bei der Dehnung tritt in der dazu senkrechten Richtung eine Querkontraktion ein. Beträgt die relative Dehnung $\Delta l/l$ und die relative Querkontraktion $\Delta d/d$, dann wird dieses Verhältnis $\Delta d/d$: $\Delta l/l$ = μ als Poisson-Zahl bezeichnet. Statt μ wird auch oft ν als Symbol verwendet.

Diese vier elastischen Konstanten E, G, K und μ sind Materialkonstanten. Sie sind durch folgende Gleichungen miteinander verbunden:

$$E = 2(1+\mu), \quad G = 3(1-2\mu), \quad K = 9KG/(3K+G) \tag{208}$$

Einige Werte findet man in Tabelle 48. Als Einheit wurde dort GN/m^2 gewählt. Folgende Umrechnungen gelten für andere im Schrifttum zu findende Einheiten:

$$1\ \text{GN/m}^2 = 10^9\ \text{N/m}^2 = 1\ \text{GPa} = 10\ \text{kbar}\ (\approx 104\ \text{kp/cm}^2 \approx 145000\ \text{psi}).$$

Die Werkstoffe der Tabelle 48 besitzen unterschiedliches Gefüge, teilweise sind sie aus mehreren Phasen aufgebaut. Der gemessene E-Modul setzt sich dann aus mehreren Anteilen zusammen. Aber auch bei Einkristallen muß man berücksichtigen, daß der E-Modul und die anderen elastischen Konstanten im allgemeinen anisotrop, d.h. richtungsabhängig sind, wobei letzteres auch für kubische Kristalle gilt. Es reicht jedoch in der Regel aus, mit mittleren Werten zu arbeiten, die sich auch aus den einzelnen Daten berechnen lassen.

Tabelle 48: Elastische Konstanten einiger keramischer Werkstoffe

Werkstoff	E GN/m²	G GN/m²	K GN/m²	μ
Al_2O_3	410	165	255	0,23
MgO	310	130	155	0,17
ZrO_2	190	75	140	0,27
Porzellan	76	32	38	0,17
Mullit	100	42	56	0,20
Glasphase	70	30	35	0,17
Quarz	90	40	42	0,14
Steatit	100	40	65	0,24
Silicastein	13	5	10	0,25
Schamottestein	32	13	20	0,25
Magnesitstein	120	50	60	0,18
SiC	480	200	240	0,17
Si_3N_4	295	115	235	0,29

Besteht ein Gefüge aus mehreren Phasen, dann resultiert ein gemeinsamer E-Modul E_g, der zwischen den Werten der reinen Komponenten E_i liegt und dessen Größe von den Volumenanteilen V_i und der Form der Komponenten abhängt. Bei einem zweiphasigen Werkstoff gibt es den Grenzfall der Parallelanordnung der Phasen und der Spannung, die zu gleicher Dehnung in beiden Phasen führt, woraus folgt:

$$E_g = V_1 E_1 + V_2 E_2. \tag{209}$$

Liegt dagegen die Spannung senkrecht dazu, hat man also eine Reihenanordnung der Phasen mit gleicher Spannung in jeder Phase, dann gilt für den anderen Grenzfall

$$E_{g\perp} = E_1 E_2 / (V_1 E_1 + V_2 E_2). \tag{210}$$

Für praktische keramische Werkstoffe liegt der E_g-Wert dazwischen, d.h., er ist immer etwas kleiner als der Mittelwert der Gl. (209). Genauere Berechnungen findet man bei Hashin [610] oder Ondracek [173].

Geht man von einem zunächst homogenen Material aus, dann wird sich dessen E-Modul um so stärker ändern, je mehr der E-Modul einer eingelagerten zweiten Phase von diesem abweicht. Für geringere Werte kommt man im Grenzfall zur Betrachtung des Einflusses von Poren auf den E-Modul. In Gl. (209) stellt dann $V_2 = P$ = Porosität dar, und mit $V_1 = 1\text{-}P$ und $E_2 = 0$ folgt bei in Spannungsrichtung orientierten stabförmigen Poren

$$E_{g||} = E_1\,(1\text{-}P), \tag{211}$$

also eine Art Verdünnung des Werkstoffs. Für mehr praxisnahe Geometrien ergeben sich recht komplizierte Gleichungen, die dann wieder für Spezialfälle vereinfacht werden können. So leitet Ondracek [173] für kugelförmige Poren ab:

$$E_g = E_1 \frac{3(3-5P)(1-P)}{9-P(9{,}5-5{,}5\mu_1)}. \tag{212}$$

Im allgemeinen bedient man sich empirischer Gleichungen, die zahlreich vorgeschlagen von Wachtman [611] gegenübergestellt werden. Sie ähneln oft der Form

$$E_g = E_1\left(1 - f_1 P + f_2 P^2\right), \tag{213}$$

worin die Konstanten f_1 von der Porenform abhängen und bei Kugelform $f_1 = 1{,}9$ und $f_2 = 0{,}9$ betragen. Nimmt man Porositäten von $P = 0{,}05$ - 0,1 - 0,2 oder 0,4 an, dann verringert sich der Ausgangs-E-Modul nach Gl. (212) um die Faktoren 0,911 - 0,823 - 0,649 oder 0,310 und nach Gl. (213) um 0,908 - 0,819 - 0,656 oder 0,384, d.h., Poren haben einen Effekt, der in grober Näherung ihrem doppelten Volumen entspricht. Bei genaueren Betrachtungen muß man noch evtl. inhomogene Verteilungen berücksichtigen [612]. Darüber hinaus besteht auch ein Temperatureinfluß auf den E-Modul, indem im allgemeinen pro 100 K eine Abnahme um 1 % eintritt. In Kapitel 10.1.1.4 sind entsprechende Diagramme für Al_2O_3 dargestellt.

Keramische Werkstoffe bilden nach dem Brand beim Abkühlen *Spannungen* aus, da im allgemeinen die einzelnen Phasen unterschiedliche Ausdehnungskoeffizienten α haben. Auf die Höhe dieser Spannungen sind neben diesem Unterschied und der Temperaturdifferenz ΔT, in der er wirkt, noch die elastischen Konstanten und die Geometrie von Einfluß. Ein einfacher Fall liegt bei einer Glasur (Index g) auf einem ebenen Scherben (Index s) vor. Hat erstere die Dicke d_g und letzterer eine solche von d_s, dann resultieren in Glasur und Scherben die Spannungen

$$\sigma_g = \frac{\left(\alpha_s - \alpha_g\right)\Delta T}{\frac{1-\mu_g}{E_g} + \frac{1-\mu_s}{E_s}\cdot\frac{d_g}{d_s}} \quad \text{und} \quad \sigma_s = \frac{\left(\alpha_g - \alpha_s\right)\Delta T}{\frac{1-\mu_s}{E_s} + \frac{1-\mu_g}{E_g}\cdot\frac{d_s}{d_g}}. \tag{214}$$

In diesem Beispiel ist ΔT die Differenz zwischen T_g der Glasur und Raumtemperatur. Positive Werte zeigen Druckspannungen, negative Zugspannungen an. Bei $\alpha_s > \alpha_g$ entstehen in der Glasur Druck- und im Scherben Zugspannungen, die um so kleiner werden, je größer das Verhältnis d_g/d_s und je kleiner die Werte von μ und E sind. Geht man zur Kugelsymmetrie über, indem als Modell für Porzellan ein kugelförmiger Kristall (Index k) in einer Glasphase (Index g) eingebettet ist, dann muß man zwischen Radial- und Tangentialspannungen (Indizes rad bzw. tan) unterscheiden. Diese betragen nach Ableitungen von Lundin [599]

$$\sigma_{\mathrm{k,rad}} = \sigma_{\mathrm{k,tan}} = -A\left(1 - \frac{R^3}{r^3}\right) \tag{215}$$

$$\sigma_{\mathrm{g,rad}} = -A\left(\frac{R^3}{x^3} - \frac{R^3}{r^3}\right) \text{ und } \sigma_{\mathrm{g,tan}} = \frac{1}{2}A\left(\frac{R^3}{x^3} + \frac{2R^3}{r^3}\right) \tag{216}$$

mit

$$A = \frac{(\alpha_g - \alpha_g)\Delta T}{\frac{1-2\mu_k}{E_k}\left(1 - \frac{R^3}{r^3}\right) + \frac{1}{E_g} \cdot \left[1 + \mu_g + 2\frac{R^3}{r^3}(1 - 2\mu_g)\right]}$$

und R = Radius des Kristalls, r = Radius des Gesamtsystems und x = Laufradius, beginnend in Kugelmitte. Danach sind im Innern des Kristalls die Spannungen konstant, in der darum befindlichen Glasphase nehmen sie mit wachsendem Abstand x ab. Obige Gleichungen vereinfachen sich bei unendlich ausgedehnter Glasphase, da dann $r \to \infty$ und $R^3/r^3 \to 0$ geht. An der Grenzfläche Kristall/Glas mit $x = R$ herrschen im Falle $\alpha_k > \alpha_g$ sowohl im Kristall als auch im Glas gleich große radiale Zugspannungen, im Kristall auch eine gleiche tangentiale Zugspannung, aber im Glas eine tangentiale Druckspannung halber Höhe.

5.2.2 Festigkeit

Wenn die eben behandelten Spannungen eine bestimmte Höhe erreichen, entstehen Risse, die zum Bruch führen können oder anderweitig die Festigkeit beeinflussen. Damit ergibt sich die Frage nach der Höhe der Spannungen, die in der Lage sind, einen als fehlerfrei angenommenen Festkörper zu zerstören, also die Frage nach der theoretischen Festigkeit.

Mit dieser Frage haben sich mehrere Autoren beschäftigt. Der Orowansche Ansatz geht davon aus, daß die bei einem Zugversuch zur Trennung eines Festkörpers aufgebrachte Energie eine solche Dehnung ermöglichen muß, daß benachbarte Ionen vom Abstand r_0 ständig getrennt werden, wobei mindestens die Energie γ zur Bildung der neuen Oberflächen benötigt wird. Dies führt mit dem Elastizitätsmodul E zur theoretischen Festigkeit

$$\sigma_{\text{th}} = \sqrt{E\gamma/r_0}\,. \tag{217}$$

σ_{th} ist also um so größer, je steifer der Werkstoff, je größer seine Oberflächenenergie und je geringer der Ionenabstand, d.h., je höher die Bindungsdichte ist.

Mit den durchschnittlichen Zahlenwerten $E = 10^{11}$ N/m^2, $\gamma = 1$ N/m und $r_0 = 3 \cdot 10^{-10}$m ergibt sich $\sigma_{\text{th}} = 1{,}8 \cdot 10^{10}$ N/m^2. Überschlagsmäßig kann man sagen, daß die theoretische Festigkeit eines Festkörpers bei l/5 bis 1/10 E liegt. Setzt man die Werte für Al_2O_3 ein mit $E = 4{,}1 \cdot 10^{11}$N/m^2, $\gamma = 1{,}2$ N/m und $r_0 = 2{,}7 \cdot 10^{-10}$m (O-O-Abstand), dann erhält man aus Gl. (217) $\sigma_{\text{th},Al_2O_3} = 4{,}3 \cdot 10^{10}$N/m^2. Die höchsten an Al_2O_3-Einkristallen gemessenen Festigkeiten liegen aber etwa eine Größenordnung tiefer.

Andere Betrachtungen gehen von den Vorgängen an einer Rißspitze aus, in der sich eine angelegte Spannung σ_a erhöht nach $\sigma = 2\sigma_a\sqrt{l/\rho}$, wenn l die halbe Länge eines Risses in Ellipsenform im Innern eines Körpers und ρ der Radius in der Rißspitze sei. Weitere energetische Betrachtungen führen zur *Griffith-Gleichung*

$$\sigma = \sqrt{2E\gamma/\pi \cdot l}\,, \tag{218}$$

die der Gl. (217) sehr ähnlich ist und aussagt, daß jeder Rißlänge l eine Spannung σ zugeordnet werden kann, bei der Bruch eintritt. Setzt man in Gl. (218) $l = r_0$, dem Atomabstand, dann ergibt sich ebenfalls die theoretische Festigkeit, die dann mit den obigen Werten für Al_2O_3 bei $3{,}4 \cdot 10^{10}$ N/m^2 liegen würde.

Es wurde bereits erwähnt, daß die experimentell bestimmten praktischen Festigkeiten deutlich unter den theoretischen Werten liegen. Dichte keramische Werkstoffe haben Zugfestigkeiten in der Größenordnung von 10^8 N/m^2 (= 100 MN/m^2 = 100 MPa $\approx$ 1000 kp/cm^2). Diese Werte sind jedoch nicht konstant, sondern hängen stark vom jeweiligen Gefüge und vom geprüften Volumen ab.

Besonders deutlich ist der Einfluß der Porosität, der sich dadurch zu erkennen gibt, daß nach den Gln. (212) und (213) der E-Modul erniedrigt wird, der im unmittelbaren Zusammenhang mit der Festigkeit steht. Diese Abhängigkeiten werden auch verwendet, um die Abnahme der Festigkeit mit wachsender Porosität quantitativ darzustellen. Gut bewährt hat sich der empirische Ansatz von Duckworth [613]

$$\sigma = \sigma_0 \cdot \exp(-bP), \tag{219}$$

in dem je nach Werkstoff die Konstante b zwischen 3 und 9 liegt, d.h., die Ausgangsfestigkeit σ_0 wird bei Porositäten zwischen $P = 0{,}08$ und $0{,}23$ auf die Hälfte verringert. Kröckel [614] hat diesen Ansatz etwas modifiziert und findet für Korundporzellan

$$\sigma = 238\left[\exp(-8P) - 0{,}0232\right]^{1/2} \text{ MN/m}^2$$

und für gesinterte Kaoline

$$\sigma = 137\left[\exp(-6P) - 0{,}050\right]^{1/2} \text{ MN/m}^2,$$

d.h., bei 20 % Porosität liegen die Biegefestigkeiten bei 100 bzw. 69 MN/m^2. Zu beachten ist, daß auch die Porenform einen Einfluß hat, indem kleine Poren die Festigkeit weniger reduzieren als große Poren [615]. Darüber hinaus gibt es Messungen, die bei sehr geringen Porengehalten von 0,1 bis 1 % im Gegensatz zu obigen Ausführungen zunächst einen Anstieg der Festigkeit zeigen, was seinen Grund in einem Abbau der Kerbspannungen in den Poren haben kann.

Das Gefüge wird weiterhin durch die *Korngröße* bestimmt. Man kann einen einzelnen Kristall als eine Kerbstelle im Sinne der Griffith-Gleichung (218) auffassen. Wird der Korndurchmesser mit d bezeichnet, dann müßte danach $\sigma \sim (1/d)^{0,5}$ sein, d.h., mit steigender Korngröße sollte die Festigkeit abnehmen. Das wird auch experimentell beobachtet, jedoch mit Abweichungen vom Exponenten 0,5, weshalb Knudsen [616] eine allgemeinere Gleichung für die Korngrößenabhängigkeit der Festigkeit vorschlägt:

$$\sigma = k \cdot d^{-a} \tag{220}$$

mit den Konstanten k und a. Diese Gleichung ist mehrfach variiert worden, Kröckel [614] findet eine bessere Übereinstimmung in der Form

$$\sigma = k_1 \cdot \left(k_2 + d\right)^{-0,5}, \tag{221}$$

z.B. für ein Korundporzellan mit

$$\sigma = 2360 \cdot \left(160 + d\right)^{-0,5} \text{ MN/m}^2 \quad (d \text{ in } \mu\text{m}),$$

und Rice [617] in der Form

$$\sigma = k_3 + k_4 \cdot d^{-0,5}, \tag{222}$$

z.B. für einen heißgepreßten Sinterkorund mit

$$\sigma = 100 + 5 \cdot d^{-0,5} \text{ MN/m}^2 \quad (d \text{ in cm}).$$

Mit d = 10 µm ergibt sich dann für das Korundporzellan σ = 185 MN/m^2 und für den Sinterkorund σ = 350 MN/m^2. Rice, der Meßwerte für viele Werkstoffe angibt, diskutiert auch die Bedeutung seiner Konstanten k_3 und k_4 und weist darauf hin, daß auch ein Einfluß der Anisotropie der Ausdehnungskoeffizienten besteht (Kapitel 5.1.1). Zu beachten ist weiterhin nach Singh u. M. [618] nicht nur das einzelne Korn, sondern seine Beziehungen zum Gesamtgefüge.

Meist variieren sowohl Porosität als auch Korngröße. Knudsen [616] hat dafür die Gln. (219) und (220) kombiniert zu

$$\sigma = k \cdot d^{-a} \cdot \mathrm{e}^{-bP}, \tag{223}$$

mit der viele Versuchsergebnisse mit einer Genauigkeit von ± 10 % erfaßt werden konnten.

Passmore u. M. [619] fanden bei ihren Versuchen an Sintertonerde eine bessere Übereinstimmung mit einer erweiterten Form

$$\sigma = k \cdot d^{-a+cP} \cdot \mathrm{e}^{-bP} . \tag{224}$$

Hier ist mit dem Glied $+c \cdot P$ berücksichtigt, daß die Festigkeit durch den bereits erwähnten Abbau von Spannungen in Poren erhöht wird, was aber im allgemeinen durch den Faktor exp $(-b \cdot P)$ überdeckt wird.

Es gibt zahlreiche *Meßmethoden* zur Festigkeitsbestimmung keramischer Werkstoffe. Mordfin und Kerper [620] geben einen Überblick, während Pabst [621], [622] mit seinen kritischen Bemerkungen auf die verschiedenen Fehlerquellen hinweist. Im Hinblick auf Aufwand und Genauigkeit ist der Vier-Punkt-Biegeprüfung der Vorzug zu geben.

Vergleichsmessungen nach der Drei- und Vier-Punkt-Methode ergeben in der Regel bei letzterer eine geringere Festigkeit. Ursache dafür ist, daß der Bruch meist seinen Beginn in der *Oberfläche* hat. Da bei der Vier-Punkt-Biegeprüfung eine größere Fläche beansprucht wird, ist auch die Wahrscheinlichkeit größer, dort einen größeren Fehler zu finden. Diese Fehler kann man in Zusammenhang bringen mit der Griffith-Gleichung (218) und sie als Risse bzw. Kerben der Länge l ansprechen. Wirklich konnten Passmore u. M. [619] an gesinterten und geschliffenen Al_2O_3-Körpern zeigen, daß l der Korngröße entspricht, die Kerben also durch das Herausbrechen von Körnern beim Schleifen entstanden sind. Durch Polieren kann man die Festigkeit erhöhen. Dann gilt das oben gesagte für das Volumen entsprechend.

Die schädliche Wirkung der Oberflächenfehler kann man auch verringern, indem man die Oberfläche unter eine Druckspannung setzt. Bei keramischen Körpern kann man das durch Glasuren erreichen, die immer dann die Festigkeit erhöhen, wenn sie eine kleinere Wärmedehnung als der Scherben haben. Von den vielen Messungen, die das bestätigen, seien hier nur die systematischen Versuche von Skarbye [623] erwähnt. Aber auch bei unglasierten polykristallinen Körpern gelingt eine Festigkeitserhöhung, wenn man in der Oberfläche Kristalle mit einem kleineren Ausdehnungskoeffizienten erzeugt. Kirchner u. M. [624] haben dazu die Mischkristallbildung von Korund (α = 8,4·$10^{-6}K^{-1}$) mit Cr_2O_3 (α = 7,4·$10^{-6}K^{-1}$) und von $MgAl_2O_4$ (α = 9,7·$10^{-6}K^{-1}$) mit $MgCr_2O_4$ (α = 6,9·$10^{-6}K^{-1}$) ausgenützt, indem sie diese Körper in einer Packung von Cr_2O_3-Pulver temperten. Bei einer geeigneten Schichtdicke der Mischkristalle (etwa 75 µm) konnte so die Biegefestigkeit von Korundkörpern um 25 % und die von Spinellkörpern um 15 % erhöht werden.

Die Auswertung von Festigkeitsmessungen kann nach den üblichen statistischen Methoden erfolgen. Besonders aussagefähig ist aber die *Weibull-Statistik*, die davon ausgeht, daß bei einer Kette das schwächste Glied deren Festigkeit bestimmt. Wenn W_1 die Überlebenswahrscheinlichkeit einer Kette 1 der Länge l_1 und W_2 die einer Kette 2 der Länge l_2 ist, dann beträgt die Überlebenswahrscheinlichkeit für eine Kette der Länge $l_1 + l_2$: $W_{1+2} = W_1 \cdot W_2$ mit W = 1-F und F = Bruchwahrscheinlichkeit. Das kann man analog auf ein Volumen V übertragen, das x-mal größer als das Einheitsvolumen V_0 ist:

$$W(V) = W(V_0)^x = \exp\left[x \cdot \ln W(V_0)\right]. \tag{225}$$

Die weitere Ableitung führte Weibull dann zur Form

$$W = \exp\left[-V \cdot \left(\frac{\sigma - \sigma_u}{\sigma_o}\right)\right]^m, \tag{226}$$

in der σ die gemessene Festigkeit darstellt und σ_u, σ_o und m als Materialkonstanten bezeichnet werden können. σ_u ist eine Spannung, bei der die Bruchwahrscheinlichkeit Null ist; sie wird bei keramischen Werkstoffen meist gleich Null gesetzt. σ_o hat keine physikalische Bedeutung, aber m, der *Weibull-Modul*, ist eine wichtige Größe. Je höher dessen Wert, desto geringer ist die Streubreite der Meßwerte. Bei keramischen Werkstoffen liegt m bei 5 bis 20.

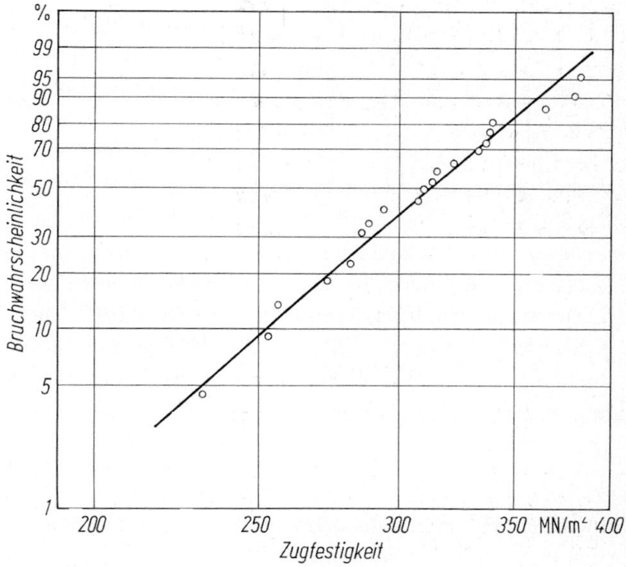

Bild 251: Zugfestigkeit von SiC nach der Weibull-Statistik

Für praktische Zwecke wird Gl. (226) umgeformt in

$$\ln\ln(1/W) = \ln V + m \cdot \ln(\sigma - \sigma_u) - m \cdot \ln \sigma_o. \tag{227}$$

Die Meßwerte werden dann der Größe nach geordnet, und ln σ wird gegen lnln(1/W) aufgetragen, wobei W bei N Meßwerten sich für den i-ten Wert nach $W = 1\text{-}i/(N+1)$ bzw. $F = i/(N+1)$ ergibt. Es werden dafür auch andere Berechnungen vorgeschlagen. Bild 251 bringt ein Beispiel nach Angaben von Davidge [625] mit 21 Meßwerten. Nach der üblichen Auswertung ergibt sich eine Zugfestigkeit von (309±40) MN/m^2. In Bild 251 liegt der 50 %-Wert bei 312 MN/m^2, und der Weibull-Modul, der sich aus der Steigung errechnen läßt, beträgt $m = 8{,}5$. Auf die weitere Aussagekraft von m wird später eingegangen werden. Hier sei nur noch erwähnt, daß man die Weibull-Statistik nach Batdorf und Sines [626] auch zur gemeinsamen Auswertung von verschiedenen Prüfungen an demselben Werkstoff anwenden kann.

Hat man aus einem Werkstoff Körper mit verschiedenen Volumina, z.B. V_1 und V_2 hergestellt, dann folgt aus Gl. (226) für gleiche Bruchwahrscheinlichkeit (mit $\sigma_u = 0$)

$$\frac{\sigma_1}{\sigma_2} = \left(\frac{V_2}{V_1}\right)^{1/m} .$$

In obigem Beispiel mit $m = 8{,}5$ würde sich bei einem fünffachen Volumen ($V_2/V_1 = 5$) der 50-%-Wert von 312 MN/m^2 auf 258 MN/m^2 erniedrigen. Überträgt man diese Betrachtungen auf die Festigkeitsprüfungen und deren unterschiedliche Beanspruchung der Prüfkörper, dann ergibt sich für den Vergleich von σ_z = Zug-, σ_{3B} = Drei-Punkt-Biege- und σ_{4B} = Vier-Punkt-Biegefestigkeit:

$$\frac{\sigma_{3B}}{\sigma_Z} = \left[2(m+1)^2\right]^{1/m} ; \quad \frac{\sigma_{4B}}{\sigma_Z} = \left[\frac{4(m+1)^2}{m+2}\right]^{1/m} ; \quad \frac{\sigma_{3B}}{\sigma_{4B}} = \left[0{,}5(m+2)\right]^{1/m} . \qquad (228)$$

Es ergeben sich dann die Verhältniszahlen 1,843, 1,516 bzw. 1,215.

Während bisher meist das Verhalten eines Werkstücks untersucht wurde, ist es das Anliegen der *Bruchmechanik*, das mechanische Verhalten eines Einzelrisses zu analysieren. Es gibt darüber eine umfangreiche Literatur. Keramische Belange werden u.a. von Lange [627] und in den Übersichtsartikeln [625]-[629] berücksichtigt. Die folgenden Betrachtungen lassen sich auf Gl. (218) zurückführen. Bruchmechanische Untersuchungen über die Verhältnisse an der Spitze eines Risses mit der Länge a haben ergeben, daß die Größe

$$K_I = \sigma \cdot \sqrt{a} \cdot Y \qquad (229)$$

eine Konstante darstellt, die *Spannungsintensitätsfaktor* genannt wird. Der Index I bezeichnet die Art der Belastung, nämlich eine reine Normalbeanspruchung (neben II = Scher- und III = Torsionsbeanspruchung). Davon und von der Riß- und Probengeometrie ist der Faktor Y abhängig. Zahlenwerte dafür findet man in der Fachliteratur, z.B. bei Evans [630]. Für den häufigsten Fall von Oberflächenrissen gilt $Y = \sqrt{\pi} = 1{,}7725$. Die Einheit für K_I ist MNm$^{-3/2}$ = 31,62 Nmm$^{-3/2}$ = MPa m$^{-1/2}$. K_I sagt aus, bei welcher Spannung σ sich ein Riß der Länge a sich erweitern wird.

Wird bei einer Belastung die Spannung σ so hoch, daß der katastrophale Bruch eintritt, dann ergibt sich aus dieser kritischen Spannung σ_c der K_{Ic}-Wert nach

$$K_{Ic} = \sigma_c \cdot \sqrt{\pi \cdot a} , \qquad (230)$$

der als *kritischer Spannungsintensitätsfaktor* (auch Bruch- oder Rißwiderstand) bezeichnet wird. Er zeigt also die Rißlänge an, bei der ein Werkstoff bei einer bestimmten Belastung zu Bruch geht. Für keramische Werkstoffe liegen die Zahlenwerte für K_{Ic} bei 0,5 bis über 10 MN m$^{-3/2}$. Einige Daten sind in Tabelle 49 enthalten. Für K_{Ic} = 1 MN m$^{-3/2}$ und einen angenommenen Riß von 1 µm = 10^{-6} m

Tiefe ergibt sich nach Gl. (230) σ_c = 564 MN/m^2. Methoden zur K_I-Messung, die sich im Prinzip von Gl. (229) ableiten, werden u.a. von Evans [630], Pabst [621] oder Davidge [625] beschrieben. Man muß dabei beachten, daß K_I und K_{Ic} auch vom Gefüge abhängen, was am Beispiel von Al_2O_3 durch Kirchner und Ragosta [631] dargestellt wird.

Tabelle 49: Bruchmechanische Daten einiger Werkstoffe

Werkstoff	Medium	K_{Ic} MN·m$^{-3/2}$	Konstanten der Gl. (232) n	lg A[a]
Al_2O_3		> 1,6	113	- 4,97
			67[b]	-18,3[b]
Al_2O_3-Polykristall[c]	Luft 50 % r.F.			
feinkörnig		3,84	51	-29,9
grobkörnig		5,4	33	-23,2
Porzellan	Wasser	> 1,26	37	- 3,20
Natronkalkglas	Vakuum, Luft	0,76	81[b]	+ 6,96[d]
	20 % r.F.	0,76	21	- 0,46

[a] berechnet mit v in m/s und K_I in MN/m$^{-3/2}$
[b] Bereich III
[c] mittlere Korngrößen 5 und 25 µm
[d] zugleich Bereich III

Setzt man in Gl. (218) $\sigma = \sigma_c$ und $l = a$ und führt dies in Gl. (230) ein, dann erhält man

$$K_{Ic} = \sqrt{2E\gamma_c}\,, \tag{231}$$

worin jetzt γ_c eine kritische Bruchenergie darstellt. Nimmt man Al_2O_3 als Beispiel mit $K_{Ic} \approx 2$ MN·m$^{-3/2}$ und $E = 4{,}1 \cdot 10^5$ MN/m^2, dann führt Gl. (231) zu γ_{c,Al_2O_3} = 4,9 N/m, was etwa der fünffachen Oberflächenenergie von Al_2O_3 entspricht. Für die Rißerweiterung und für den Bruch ist also eine höhere Energie nötig als die, nur zwei neue Oberflächen zu bilden. Man bezeichnet sie als spezifische Bruchenergie G (oder Brucharbeit oder Rißerweiterungskraft) beim laufenden Riß und als kritische spezifische Bruchenergie G_{Ic} beim katastrophalen Bruch. Es gilt dafür

$$G = K_I^2 / E = 2\gamma.$$

Es ist noch nicht im einzelnen bekannt, welche Prozesse dafür verantwortlich sind, daß beim Bruch zusätzlich Energie absorbiert wird. Diskutiert werden plastische Verformungen und Mikrorissbildung an der Rißspitze des laufenden Bruchs, Rißverzweigungen und Einflüsse von Verunreinigungen und Korngrenzen. Letzteres stimmt damit überein, daß die spezifische Bruchenergie bei Polykristallen den bis zu zehnfachen Wert wie beim Einkristall aufweisen kann.

Die eben genannten Einflüsse kann man aber bewußt herbeiführen, um die spezifische Bruchenergie zu erhöhen, was zu einem höheren K_{Ic}-Wert und damit auch zu einer höheren Festigkeit führen müßte. Nach Petzow und Claussen [632] kann man damit das spröde Verhalten keramischer Werkstoffe mildern und ihre Zähigkeit erhöhen. Besonders wirksam erscheint die Absorption von Bruchenergie durch plastische Verformung einer zweiten Phase, vor allem aber durch Bildung neuer Oberflächen. Bei letzteren darf es sich natürlich nur um Mikrorisse handeln, die so klein sein müssen, daß sie sich nicht zusammenlagern und nicht die Festigkeit erniedrigen. Man kann dies bei einer feinkörnigen polykristallinen Keramik erreichen, wenn die einzelnen Kristalle anisotrope thermische Eigenschaften haben. Sicherer geht es mit dem Einbau einer zweiten Phase, wie Claussen [633] am Beispiel von Al_2O_3 gezeigt hat, dem nicht stabilisiertes ZrO_2 zugesetzt wurde. Dieses ZrO_2 zeigt beim Abkühlen nach dem Sintern bei etwa 900°C eine Phasenumwandlung tetragonal → monoklin, die mit einer starken Dehnung verbunden ist (Kapitel 10.1.3), wodurch Risse um die Körner entstehen. Nach Bild 252 erhöht sich dadurch K_{Ic} wobei die Wirkung mit steigender Mikrorißdichte zunimmt, jedoch wieder fällt, wenn bei zu hohen ZrO_2-Gehalten eine Vereinigung eintritt, was bei größeren Körnern und damit größeren Mikrorissen eher eintritt.

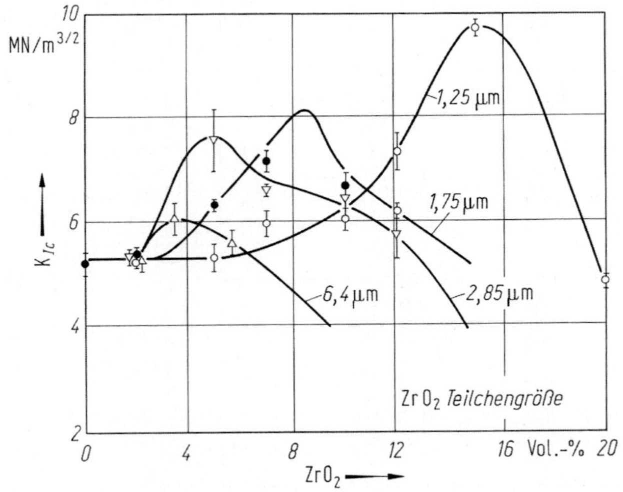

Bild 252: Rißwiderstand K_{Ic} von Al_2O_3-ZrO_2-Proben für verschiedene ZrO_2-Teilchengrößen

Es wurde bereits darauf hingewiesen, daß K_I aussagt, welche Spannung σ zur Erweiterung eines Risses notwendig ist. Für die Praxis ist es wichtig zu wissen, mit welcher Geschwindigkeit diese *Rißausbreitung* erfolgt, d.h., ob sie sehr groß ist und damit zum katastrophalen Bruch führt oder ob nur ein langsames und damit ungefährliches Rißwachstum eintritt. Man spricht im letzteren Fall auch von *unterkritischer Rißausbreitung*, jedoch ist deren Grenze nicht festgelegt. Oft versteht man darunter Bruchgeschwindigkeiten $v_B < 10^{-5}$ m/s.

Bruchgeschwindigkeiten v_B sind von mehreren Autoren gemessen worden; Bild 253 bringt eine Auswahl davon. Solche Messungen bedürfen großer Sorgfalt, worauf besonders Pabst [635] hinweist. In Bild 253 wurden die v_B-Werte über den

K_I-Werten in doppelt-logarithmischer Form aufgetragen, denn empirisch hat sich die Abhängigkeit ergeben:

$$v_B = A \cdot K_I^n \quad \text{oder} \quad \lg v_B = \lg A + n \cdot \lg K_I \tag{232}$$

Dies gilt aber meist nicht für den Kurvenverlauf, sondern es treten drei Bereiche auf. Bei geringen Bruchgeschwindigkeiten, im sog. Bereich I, besteht ein starker Umgebungseinfluß, vor allem durch H_2O oder anderer korrosiver Medien, woraus zu folgern ist, daß v_B durch die korrosive Einwirkung des H_2O bestimmt wird. Wiederhorn [635] und Richter [636] haben diesen Einfluß auf die unterkritische Rißausbreitung näher erörtert. Dies hat zur Folge, daß v_B mit wachsender relativer Feuchte ansteigt, wie auch der Vergleich der Werte beim Natronkalkglas in Vakuum und in Luft in Bild 253 zeigt. Unabhängig davon steigt v_B auch mit zunehmender Temperatur an.

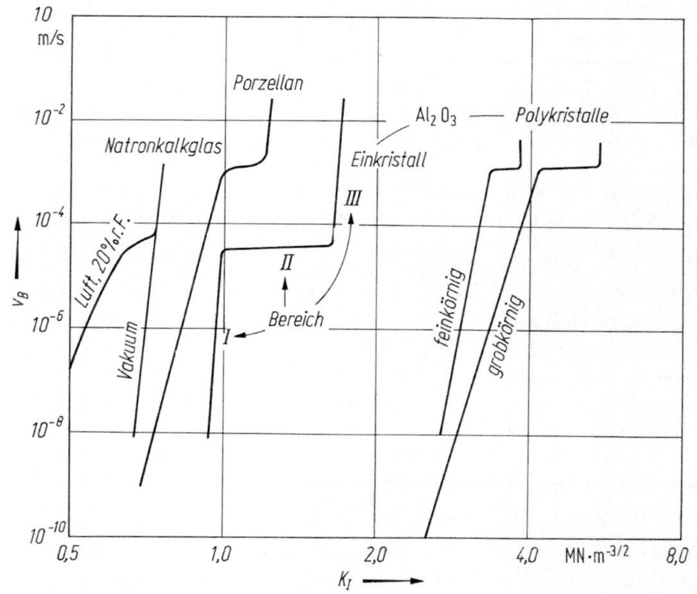

Bild 253: Abhängigkeiten der Bruchgeschwindigkeit v_B vom Spannungsintensitätsfaktor K_I bei einigen Werkstoffen.

An Bereich I schließt sich als Übergang der Bereich II an, in dem v_B nur noch langsam ansteigt. Für die Bruchgeschwindigkeit wird hier der Transport des korrosiven Mediums an die Rißspitze bestimmend. Mit weiter steigenden v_B-Werten münden diese in den Bereich III ein, der keinen Umgebungseinfluß mehr zeigt und meist sehr steil ist, so daß die entsprechenden K_I-Werte bereits die K_{Ic}-Werte darstellen. In Tabelle 49 sind die Werte n und A der Gl. (232) enthalten; sie stellen charakteristische Materialwerte dar, die im Bereich I umgebungsabhängig sind. Beim Vergleich mit Literaturwerten ist auf die Einheit von A in Gleichung 120 zu achten. In Tabelle 49 lautet sie $(MN)^{-n}\ m^{1,5n+1} s^{-1}$.

Das Vorhandensein einer unterkritischen Rißausbreitung hat zur Folge, daß bei jeder angelegten Spannung mit einem Rißwachstum zu rechnen ist, das bei hohen Spannungen oder tiefen Rissen, d.h. bei hohen K_I-Werten so groß wird, daß Bruch eintritt. Wenn die Belastung aber geringer ist, dann breitet sich der Riß zunächst langsam aus, bis er die kritische Tiefe erreicht, d.h., es tritt erst nach einer gewissen Belastungszeit Bruch ein. Solche verzögerten Erscheinungen bezeichnet man auch als *Ermüdung*. Man kann sie statisch, dynamisch oder zyklisch messen und behandeln und auf bruchmechanische Daten zurückführen. Pabst u. M. [637] sowie Jakus u. M. [638] weisen eindringlich darauf hin, daß die so erhaltenen Ergebnisse sehr empfindlich von der Genauigkeit dieser Daten abhängen, was bei weiteren Folgerungen zu beachten ist. Da früher gezeigt wurde, daß bei einer bestimmten Spannung bzw. einem bestimmten K_I-Wert v_B mit steigender Luftfeuchtigkeit größer wird, ergibt sich sofort, daß auch die Ermüdung um so eher eintritt, je mehr H_2O-Dampf bzw. korrosive Medien zugegen sind.

Zu einer quantitativen Behandlung kann man von Gl. (229) ausgehen und diese nach der Zeit differenzieren unter der Annahme, daß die angelegte Spannung σ_a konstant bleibt:

$$\frac{\mathrm{d}K_I}{\mathrm{d}t} = \frac{\sigma_a \cdot Y}{2\sqrt{a}} \cdot \frac{\mathrm{d}a}{\mathrm{d}t} = \frac{\sigma_a^2 \cdot Y^2}{2K_I} \cdot v_B \quad \text{mit} \quad v_B = \frac{\mathrm{d}a}{\mathrm{d}t} \tag{233}$$

Die Zeit t_F, bei der der Bruch (oder Fehler) eintritt, also die Lebensdauer, erhält man durch Auflösen nach dt und Integration über K_I/v_B von K_{Ia} (Wert bei Beginn der Beanspruchung) bis K_{Ic} Die Abhängigkeit von K_I von v_B ist durch Gl. (232) durch die beiden Konstanten n und A gegeben. Das führt dann mit σ_{Ic} = Festigkeit in inerter Umgebung zur Beziehung

$$t_F = \frac{2 \cdot \sigma_{I_C}^{n-2} \cdot \sigma_a^{-n}}{Y^2 \cdot (n-2) \cdot A \cdot K_{I_c}^{n-2}}, \tag{234}$$

die sich in mehreren Fällen bewährt hat. Sehr anschauliche Ergebnisse mit Glas beschreibt Richter [639]. Zur Verbesserung der Genauigkeit kann man Gl. (234) mit der Weibull-Statistik verknüpfen, was Jakus u. M. [638] am Beispiel von Natronkalkglas und Si_3N_4 zeigen.

Gleichung (234) sei an einem Beispiel demonstriert. Für das feinkörnige Al_2O_3 gilt nach Tabelle 49: K_{Ic}= 3,84 MN m$^{-3/2}$, n = 51 und lg A = -29,9. Nimmt man an, daß die σ_{Ic}-Festigkeit durch große ausgebrochene Körner der Tiefe 10 μm = a bestimmt wird, dann liefert Gl. (230) σ_{Ic} = 685 MN/m^2. Setzt man $Y = \sqrt{\pi}$, dann erhält man bei Dauerbelastungen mit 2/3 bzw. 1/2 der kritischen Festigkeit, also mit σ_a = 457 bzw. 343 MN/m^2 die Lebensdauern t_F = 473 s bzw. 37 a. Man kann aber auch die ursprüngliche Bruchspannung von 685 MN/m^2 beibehalten, den Probekörper aber so bearbeiten, daß die Oberflächenrisse z.B. auf 3 μm zurückgehen. Dann wird das neue σ_{Ic} = 1250 MN/m^2, und mit jetzt σ_a = 685 MN/m^2 ergibt sich eine Lebensdauer von 37 d.

Lebensdauervorhersagen bzw. -garantien lassen sich mit einer Vorprüfung (engl.: proof testing) erreichen [640]. Grundlage dazu ist eine gezielte Vorbeanspruchung mit einer Spannung σ_p, die höher liegt als die spätere Arbeitsspannung σ_a. Es werden dabei alle die Werkstücke zu Bruch gehen, für die $\sigma_p \cdot Y \cdot \sqrt{a_p} \geq K_{I_c}$ gilt. Die verbleibenden Stücke haben nur noch Risse mit $a < a_p$. Es gilt also $\sigma_p \cdot Y \cdot \sqrt{a} < K_{I_c}$. Da nun $\sigma_a < \sigma_p$ sein sollte und $\sigma_a \cdot Y \cdot \sqrt{a} = K_{I_a}$ gilt:

$$\frac{\sigma_p}{\sigma_a} < \frac{K_{I_c}}{K_{I_a}} \quad \text{bzw.} \quad \frac{1}{K_{I_a}} > \frac{1}{K_{I_c}} \cdot \frac{\sigma_p}{\sigma_a}. \tag{235}$$

Mit $\sigma_p = \sigma_{Ic}$ erhält dann die Gl. (234) die neue Form

$$t_F > \frac{2 \cdot \sigma_p^{n-2} \cdot \sigma_a^{-n}}{Y^2 \cdot (n-2) \cdot A \cdot K_{I_c}^{n-2}}. \tag{236}$$

Diese Beziehung kann man verwenden, um ($\lg t$-$\lg \sigma_a$)-Diagramme zu zeichnen und daraus abzulesen, wie hoch σ_p sein muß, damit eine gewünschte Lebensdauer gesichert ist. Nimmt man das obige Beispiel des feinkörnigen Al_2O_3, das später einer Belastung von $\sigma_a = 400$ MN/m^2 ausgesetzt sein soll, dann erreicht man mit einer Vorprüfung bei $\sigma_p = 600$ MN/m^2 eine Mindestlebensdauer $t_F > 630$ s und mit $\sigma_p = 800$ MN/m^2 $t_F > 26$ a.

5.2.3 Hochtemperatureigenschaften

Die bisher besprochenen mechanischen Eigenschaften ändern sich nur wenig mit steigender Temperatur, da die elastischen Konstanten ebenfalls nur wenig temperaturabhängig sind. So nimmt der Elastizitätsmodul von Al_2O_3-Einkristallen nach Wachtman und Lam [641] von rund $4 \cdot 10^5$ bei Raumtemperatur auf $3 \cdot 10^5$ MN/m^2 bei 1500°C ab (siehe auch Kapitel 10.1.1.4). Auch die Oberflächenenergien zeigen nur eine geringe Abnahme mit steigender Temperatur, so daß eine gute Festigkeit keramischer Werkstoffe resultiert. Dieses hervorragende Hochtemperaturverhalten keramischer Werkstoffe bleibt so lange erhalten, bis die einzelnen Gefügebestandteile sich verformen können. Dies betrifft in erster Linie die Glasphase, die oberhalb der Transformationstemperatur zu fließen beginnt, was sich beim Porzellan oder Schamottestein ab 800°C bemerkbar machen kann.

Aber auch bei polykristallinen Werkstoffen ohne Glasphase oder bei Einkristallen hat man bei Belastungsversuchen gefunden, daß nach einer rein elastischen Verformung vor dem Bruch eine *plastische Verformung* eintreten kann. Man charakterisiert dieses Verhalten durch Fließkurven, indem man z.B. stabförmige Proben kontinuierlich verlängert und die entstehenden Spannungen mißt. Hält man die Belastung konstant und stellt ebenfalls ein Fließen fest, dann bezeichnet man dieses Verhalten als *Kriechen*. Bild 254 zeigt schematisch eine solche *Kriechkurve*, bei der die Verlängerung ε über der Zeit t aufgetragen wurde. ε_0 stellt darin die elastische Dehnung dar, die einer *Fließgrenze* entspricht. Daran schließen sich die Bereiche I bis III an, die als primäres (oder Übergangs-), sekundäres (oder stationäres) und tertiäres Kriechen bezeichnet werden. Dann erfolgt schließlich der Bruch. Man erkennt aus Bild 254, daß im stationären Bereich eine konstante Verformungs- oder Kriechgeschwindigkeit $d\varepsilon / dt$ vorliegt. Mit steigender Temperatur oder höherer angelegter Spannung σ werden die Kriechkurven steiler. Für letzteres gilt $d\varepsilon / dt \sim \sigma^n$. Wilshire und Watkins [642] haben an polykristallinen Keramiken aus CaO bei 1000°C $n = 5$ und aus MgO bei 1700°C $n = 3$ beobachtet. Nähere Angaben über das Hochtemperaturverformungs-verhalten keramischer Werkstoffe findet man z.B. im schon erwähnten Buch von Davidge [625] oder in einem Übersichtsartikel von Terwilliger und Radford [643].

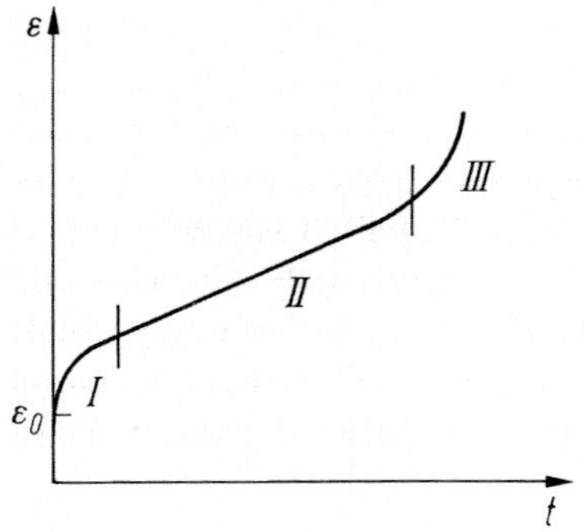

Bild 254: Schematische Darstellung einer Kriechkurve: ε_0 = Fließgrenze (= elastische Dehnung), I = primäres oder Übergangskriechen, II = sekundäres oder stationäres Kriechen, III = tertiäres Kriechen (bis Bruch)

Zunächst sei das Verhalten von Einkristallen erörtert. Nachdem die Verformbarkeit beim NaCl, einem kubischen Ionenkristall, schon seit längerer Zeit bekannt ist, wurde sie auch beim ebenfalls kubischen MgO festgestellt. So beobachteten Gorum u. M. [644] an Periklaseinkristallen bei Raumtemperatur nach Überschreitung einer kritischen Spannung von etwa 170 MN/m^2 eine Verlängerung bis zu 20 %. Die Ursache dieser Erscheinung liegt im Gleiten entlang bestimmter Gitterebenen. Diese sind meist dicht mit Ionen besetzt, beim kubischen Gitter also die Ebene {110}. Die Gleitrichtung wird dadurch bestimmt, daß bei der Bewegung jedes Ion möglichst schnell wieder seine richtige Lage findet und auf diesem Weg möglichst nicht direkt an gleichgeladenen Ionen vorbeikommt. Damit ergibt sich beim kubischen Gitter als Gleitrichtung $<1\bar{1}1>$. Gleitebene und Gleitrichtung bilden ein Gleitsystem. Der Mechanismus des Gleitens erfolgt durch Versetzungen (Kapitel 2.2.4). Meist sind genügend Versetzungen vorhanden, anderenfalls müssen sie erst gebildet werden, was eine höhere Energie, d.h. höhere Fließgrenze erfordert. Die Gleitgeschwindigkeit ist abhängig von der Zahl der Versetzungen und deren Wanderungsgeschwindigkeit. Somit ist das Gleiten stark strukturabhängig, und die Meßergebnisse können sehr variieren. Stokes und Li [645] konnten zeigen, daß MgO-Einkristalle mit sehr sauberer Oberfläche rein elastisches Verhalten bis über 1100 MN/m^2 Zugspannung zeigen, während bei Oberflächen mit Fehlstellen schon ab 70 MN/m^2 plastisches Fließen einsetzen kann. Die Fließgrenze nimmt mit steigender Temperatur ab, während steigender Gehalt an geringen Verunreinigungen die Fließgrenze erhöht, da an diesen die Versetzungen gebremst werden. Da ein Anstieg der Fließgrenze gleichbedeutend mit einem Anstieg der Festigkeit ist, können also geringe Verunreinigungen die Festigkeit erhöhen. Während des Fließens kann es ebenfalls zu einer Hemmung der Wanderungsgeschwindigkeit der Versetzungen, also zu einer Verfestigung kommen. Versetzungen lassen sich durch chemisches oder thermisches Ätzen der Oberfläche sichtbar machen.

Beim Al_2O_3 mit seiner trigonal-rhomboedrischen Struktur wird dem Gleiten durch die andere Anordnung der Ionen größerer Widerstand entgegengesetzt, so daß es einer gewissen thermischen Anregung bedarf. An Einkristallen wurde daher plastisches Fließen erst oberhalb 900°C beobachtet. Nach Kronberg [646] ist beim Saphir {0001} die Gleitebene und $<11\bar{2}0>$ die Gleitrichtung. Bild 255 zeigt einen seiner Versuche, bei dem ein etwa 5 cm langer Stab kontinuierlich gezogen und die dabei auftretende Verlängerung und Spannung gemessen wurden. Danach ist zunächst rein elastisches Verhalten zu beobachten, bis bei 70 MN/m^2 das Fließen einsetzt und die Spannung dadurch erniedrigt wird. Es stellt sich dann eine neue untere Fließgrenze ein, wobei das Verhältnis von oberer zu unterer Fließgrenze ≈ 2 ist. Mit sinkender Temperatur nehmen beide Werte zu, bis eine Temperatur erreicht wird, wo die obere Fließgrenze die Zugfestigkeit erreicht. Diese Temperatur hängt von der Ziehgeschwindigkeit ab.

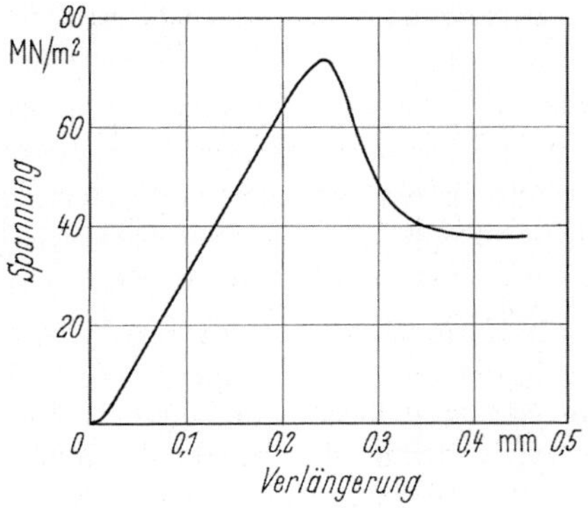

Bild 255: Fließkurve von einem Al_2O_3-Einkristall bei 1500°C bei kontinuierlicher Verlängerung von 0,5 mm/min

Entsprechendes Verhalten hat man nicht nur an Einkristallen, sondern auch an Polykristallen festgestellt. Voraussetzung für ein plastisches Fließen ist dann aber, daß mindestens fünf unabhängige Gleitsysteme vorhanden sind (*Von-Mises-Kriterium*), die beim MgO bei hohen Temperaturen (ab etwa 600°C) zur Verfügung stehen. Erst dann ist gewährleistet, daß jedes Korn in allen Richtungen verformbar ist und sich so den Verzerrungen der Nachbarkörner anpassen kann. Es gibt aber leider nur wenige keramische Phasen, die diese Bedingungen erfüllen, wie Tabelle 50 an einigen Beispielen im Vergleich zu Metallen zeigt. Die Verformung durch versetzungsbedingtes Gleiten tritt deshalb nur selten in Erscheinung, auf jeden Fall benötigt sie hohe Temperaturen zur Aktivierung der Gleitsysteme, wie Tabelle 51 für Al_2O_3 demonstriert.

Tabelle 50: Anzahl unabhängiger Gleitsysteme in einigen Werkstoffen

Kristallsystem (Gittertyp)	Verbindung	Anzahl der unabhängigen Gleitsysteme	
		niedrige Temperaturen	hohe Temperaturen
kubisch (NaCl)	MgO, LiF	2	5
kubisch (CaF_2)	ThO_2, UO_2	3	5
kubisch (flächenzentriert)	Ag, Au, Cu	5	5
tetragonal (TiO_2)	TiO_2	-	4
trigonal-rhomboedrisch	BeO, SiO_2	-	2

Tabelle 51: Gleitsysteme in Al_2O_3 (trigonal-rhomboedrisch)

Temperatur	Ebene	Richtung	Mechanismus
900°C	$\{0001\}$	$\langle 11\bar{2}0\rangle$	Versetzungen
1100°C	$\{0001\}$		basale Zwillinge
1200°C	$\{0001\}$	$\langle 10\bar{1}1\rangle$	Versetzungen
> 1420°C	$\{10\bar{1}1\}$		rhomboedrische Zwillinge
> 1500°C	$\{1\bar{1}02\}$	$\langle 10\bar{1}0\rangle$	Prismengleiten
1700°C	$\{1\bar{1}02\}$	$\langle 10\bar{1}1\rangle$	drei rhomboedrische Gleitsysteme

Experimentell hat sich aber ergeben, daß viele polykristalline keramische Werkstoffe eine plastische Verformung zeigen, die mit obigem Gleiten nicht erklärbar ist. Während bisher die Verformung von Bindungsart, Struktur und Gitterfehlern beeinflußt wurde, machen sich jetzt noch die Korngrenzen bemerkbar. An diesen entstehen unter Zugspannung im Kristall Leerstellen, die an die Stellen wandern, die unter Druck stehen, was gleichbedeutend mit einer Diffusion von Materie in entgegengesetzter Richtung ist. Dabei kann die Diffusion durch das Gitter (*Nabarro-Herring-Mechanismus*) oder entlang der Korngrenzen (*Coble-Mechanismus*) erfolgen, wobei jeweils die Diffusion der Kationen oder Anionen geschwindigkeitsbestimmend sein kann. Daneben hat man noch ein Korngrenzengleiten als Verformungsursache festgestellt, das durch Diffusion oder viskoses Fließen der Korngrenzenphase bedingt sein kann.

Diese Mechanismen kann man in einer allgemeinen Kriechgleichung zusammenfassen:

$$\dot{\varepsilon} = \frac{ADGb}{\mathrm{k}T} \cdot \left(\frac{b}{d}\right)^m \cdot \left(\frac{\sigma}{G}\right)^n, \tag{237}$$

in der D = Diffusionskoeffizient, G = Schubmodul, b = Größe des Burgers-Vektors, d = Korngröße, σ = angelegte Spannung, k = Boltzmann-Konstante, T = Temperatur und A, m und n = Konstanten sind. m und n charakterisieren den jeweiligen Mechanismus.

Da sich Versetzungen nur im Innern von Gittern befinden, besteht beim Versetzungsgleiten kein Korngrößeneinfluß und $m = 0$. Für den Spannungseinfluß gibt es einige Untertypen des Mechanismus, weshalb n von 3 bis 5 variiert. Dagegen ist das diffusionsbedingte Kriechen direkt proportional der Spannung, also $n = 1$.

Die Art der Diffusion wird vor allem von der Korngröße bestimmt, d.h. von der Konstanten m. Es gilt für die Gitterdiffusion (Nabarro-Herring-Mechanismus) $m = 2$, für die Korngrenzendiffusion (Coble-Mechanismus) $m = 3$ und für das Korngrenzengleiten $m = 1$ bis 2, je nach Untertyp.

Die eben angeführten Mechanismen treten nun meist nicht rein, sondern kombiniert auf. Es gibt aber Bedingungen, bei denen bestimmte Mechanismen vorwiegen, und man kann bei Kenntnis der Daten in Gl. (237) die Grenzen solcher Bereiche festlegen. Das hat Ashby [647] dazu geführt, Deformationsdiagramme vorzuschlagen, die die Abhängigkeit der Mechanismen von jeweils zwei Parametern zeigen bei Konstanthaltung der restlichen Parameter. Langdon [648] beschreibt einige Anwendungsmöglichkeiten. Bild 256 zeigt ein Deformationsdiagramm von Sinterkorund nach Cannon u. M. [649]. Man erkennt, daß mit steigender angelegter Spannung und wachsender Korngröße das Korngrenzengleiten über das Diffusionskriechen in das Versetzungsgleiten übergeht, wobei beim Diffusionskriechen zwischen Gitter- und Korngrenzendiffusion der Anionen und Kationen unterschieden werden kann.

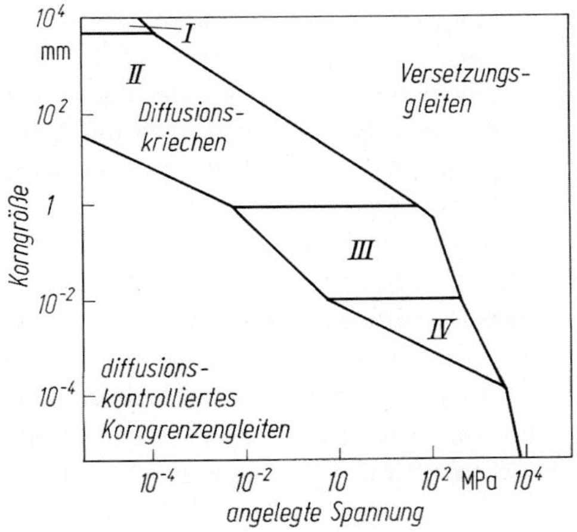

Bild 256: Deformationsdiagramm von MgO-dotierter polykristalliner Al_2O_3-Keramik bei 1500°C (geschwindigkeitsbestimmend bei I: Gitterdiffusion der O-Ionen, II: Korngrenzendiffusion der O-Ionen, III: Gitterdiffusion der Al-Ionen, IV: Korngrenzendiffusion der Al-Ionen)

Die Kriechgeschwindigkeit nimmt mit steigender Temperatur zu, da die entsprechende Temperaturabhängigkeit des Diffusionskoeffizienten in Gl. (237) überwiegt. Weiterhin wird die Kriechgeschwindigkeit durch eine Porosität erhöht. So fanden Coble und Kingery [650] an polykristallinem Al_2O_3, daß $\dot{\varepsilon}$ bei Zunahme der Porosität von 5 auf 50 Vol.-% um den Faktor 50 anstieg. Man kann dies auf eine Vergrößerung der effektiven Spannung des noch vorhandenen Gefüges zurückführen [651].

Es wurde oben bereits erwähnt, daß keramische Werkstoffe mit Glasphase als Gefügebestandteil in ihrem Hochtemperaturverhalten wesentlich durch diese Glasphase bzw. Schmelzphase bestimmt werden, d.h., ihr Einfluß wird erst oberhalb der Transformationstemperatur T_g bemerkbar. Dabei hat sich ergeben, daß im Hinblick auf die Festigkeit zunächst ein positiver Einfluß besteht, indem oberhalb T_g die Festigkeit ansteigt, um bei weiter erhöhter Temperatur dann deutlich abzusinken. Beim Porzellan beobachtet man diesen Effekt im Bereich um 800 bis 900°C, bei vielen feuerfesten Werkstoffen um 1000 bis 1100°C. Man kann die Ursache darin sehen, daß die zu erweichen beginnende Schmelzphase selbst noch eine hohe Festigkeit aufweist, aber in der Lage ist, kleine Risse im Gefüge auszuheilen.

Das Hochtemperaturverhalten hängt stark vom Anteil an Glasphase und deren Temperaturabhängigkeit der Viskosität ab. Wichtig ist daneben die Form der kristallinen Phasen, da nadelförmige Kristalle meist eine größere Standfestigkeit ergeben. Außerdem ist der Anteil an Poren zu berücksichtigen. Die letzteren Einflüsse treten aber mit wachsendem Anteil an Schmelzphase zurück [652], d.h., Schmelzphasen wirken vereinheitlichend auf das Hochtemperaturverhalten.

Eine besondere praktische Bedeutung hat das Dauerstandverhalten feuerfester Werkstoffe, denn es ist wichtig zur Beurteilung der Standfestigkeit eines Werkstücks oder einer Konstruktion unter dem eigenen Gewicht bei erhöhter Temperatur. Es gibt dazu eine Reihe von Prüfverfahren zur Bestimmung der Festigkeit bzw. des Erweichens bei Druck-, Biege-, Zug- oder Torsionsbeanspruchung, die teils genormt sind und im Kapitel 9.2 im Rahmen der feuerfesten keramischen Werkstoffe erörtert werden.

5.2.4 Temperaturwechselbeständigkeit

Es ist eine allgemeine Erfahrung, daß keramische Werkstoffe nur eine begrenzte Fähigkeit haben, schroffen Temperaturänderungen zu widerstehen. Diese als *Temperaturwechselbeständigkeit* (TWB) bezeichnete Eigenschaft wird in DIN 51068 [653] wie folgt beschrieben: „Der Begriff TWB kennzeichnet allgemein das Verhalten gegenüber der wiederholten Einwirkung von Wärmespannungen im veränderlichen Temperaturfeld. Dieses Verhalten wird vom Werkstoffgefüge sowie von Form und Volumen des Erzeugnisses beeinflußt und ist beanspruchungsabhängig.“ Es gibt darüber ein umfangreiches Schrifttum, woraus nur drei Übersichtsartikel von Hennicke und Kersting [654], Nakayama [655] und Hasselman [656] erwähnt seien.

Zunächst soll die einmalige Einwirkung einer Temperaturänderung betrachtet werden. Es können dabei thermische Spannungen aus unterschiedlichen Gründen auftreten. Früher (Kapitel 5.1.3) wurde bereits ein Grund erwähnt, nämlich das Nebeneinander von zwei oder mehreren Phasen mit verschiedenen Ausdehnungskoeffizienten. Typische Beispiele sind die Spannungen, die sich zwischen Glasur und Scherben oder um in Glasphase eingebettete Quarzkörner ausbilden können. Sie bleiben bestehen, wenn der Körper seine Endtemperatur erreicht hat.

In einem einheitlichen Körper können entsprechende Spannungen σ entstehen, wenn bei einer Temperaturänderung der Körper durch äußere Kräfte gehindert wird, entsprechend seinem Ausdehnungskoeffizienten α sich zu dehnen oder zu schwinden. Ist die Ausgangstemperatur T_0 und die Endtemperatur T, dann gilt mit dem Elastizitätsmodul E

$$\sigma = \alpha \cdot E \cdot (T_0 - T). \tag{238}$$

Für einen Al_2O_3-Körper mit $\alpha = 6{,}9 \cdot 10^{-6}$ K^{-1} und $E = 4{,}1 \cdot 10^5$ MN/m^2 ergibt sich beim Erhitzen um 300 K eine Druckspannung von $\sigma = 850$ MN/m^2. Beim Aufheben der äußeren Kräfte gehen diese Spannungen unter Dehnung auf Null zurück.

In den beiden soeben betrachteten Fällen hatten die Körper überall gleiche Temperatur. Eine größere praktische Bedeutung haben aber die Fälle, in denen ein Körper schnell auf eine andere Temperatur gebracht wird. Nimmt man z.B. den Fall an, daß eine Platte von der Ausgangstemperatur T_0 auf die tiefere Temperatur T abgeschreckt wird, dann möchte sich die Oberfläche um $\alpha \cdot \Delta T$ kontrahieren. Da aber das Innere noch seine ursprüngliche Temperatur und damit auch seine ursprüngliche Dimension hat, entstehen in der Oberfläche Zugspannungen nach

$$\sigma_Z = \frac{\alpha \cdot E}{1-\mu} \cdot (T_0 - T). \tag{239}$$

Umgekehrt erhält man beim schnellen Aufheizen Druckspannungen in der Oberfläche. Gleichung (239) kann sich für andere Geometrien ändern, was sich beim Ausdruck $(1-\mu)$ äußert. Diese und weitere Abhängigkeiten haben vor allem Kingery [658] und Buessem [657] untersucht.

Wenn in Gl. (239) $(T_0-T) = \Delta T$ größer wird, bis schließlich σ_Z die Zugfestigkeit erreicht, dann tritt Bruch ein. Damit ergibt sich die Temperaturdifferenz ΔT_{max}, die ein Körper gerade noch verträgt, zu

$$\Delta T_{max} = \frac{\sigma_Z \cdot (1-\mu)}{\alpha E} \equiv R \tag{240}$$

wobei man die Größe R als *ersten Wärmespannungsparameter* bezeichnet. Sie ist eine echte Materialkonstante. „Erster" deshalb, weil es noch weitere entsprechende Parameter gibt; sie sind von Hasselman [659] zusammengestellt worden.

Gleichung (239) ist nur gültig, wenn sich die Oberfläche sehr schnell erhitzt, aber das Innere mit der Temperatur nachhinkt, d.h., wenn die Wärmeübergangszahl h sehr groß und die Wärmeleitfahigkeit λ möglichst klein ist.

Beide Größen werden in der Biot-Zahl $\beta = b\, h/\lambda$ zusammengefaßt, in der b von der Geometrie abhängt und z.B. die halbe Dicke einer Platte oder den Radius eines Stabes bedeutet. Obiges Verhalten könnte nur bei $\beta = \infty$ beobachtet werden, was unrealistisch ist. Mit mittleren Werten von $b = 1$ cm, $h = 1000$ $W/(m^2\,K)$ und $\lambda = 10$ $W/(m\,K)$ erhält man z.B. $\beta = 1$. Niedrigere Biot-Zahlen haben zur Folge, daß die maximalen Spannungen in der Oberfläche geringer werden und erst nach einer gewissen Zeit auftreten. Dieses Verhalten zeigt Bild 257, in dem die Erniedrigung nach $\sigma_{real} = f\, \sigma_{ideal}$ durch den Faktor f dargestellt wird über einer relativen Zeit.

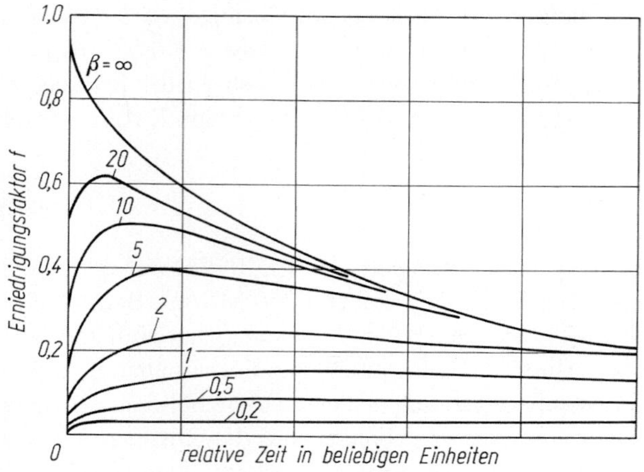

Bild 257: Spannungsausbildung in der Oberfläche bei Temperaturänderung, gekennzeichnet durch den Erniedrigungsfaktor *f*, in Abhängigkeit von Zeit und Biot-Zahl β

Bei kleinen *h*-Werten gilt für die maximale Spannung

$$\sigma_{\max} = \frac{\alpha \cdot E}{1-\mu} \cdot \frac{\Delta T}{3\beta}, \tag{241}$$

woraus sich die Abschreckfestigkeit nach Umformung und mit C = geometrischer Formfaktor zu

$$\Delta T_{\max} = \frac{\sigma_Z (1-\mu)}{\alpha E} \cdot \lambda \cdot \frac{C}{h} \equiv R' \cdot \frac{C}{h} \tag{242}$$

ergibt, worin R' (= $R\,\lambda$) den *zweiten Wärmespannungsparameter* darstellt. Danach sind zur Beschreibung eines Materials die beiden Größen R und R' notwendig. In Bild 258 sind die maximalen Abschrecktemperaturen für einige Stoffe angegeben. Man erkennt, daß bei hohen *h*-Werten die Kurven parallel der Abszisse laufen, also keine Abhängigkeit von der Form besteht. Bei geringen *h*-Werten ist dagegen auch eine Abhängigkeit von *b*, also von der Form vorhanden. Die $\Delta T_{\max}$-Werte sind aber in ruhender Luft so hoch, daß nur bei sehr dicken Gegenständen ein Reißen zu befürchten ist. Die Wärmeübergangszahl nimmt mit steigender Strömungsgeschwindigkeit der Luft zu und kann Werte bis zu h = 1250 W/(m^2·K) erreichen. Dadurch wird $\Delta T_{\max}$ stark erniedrigt. Aus Bild 258 ist außerdem zu erkennen, daß sich einige Kurven überschneiden. Man kann daher keine bestimmte Reihenfolge für die TWB verschiedener Stoffe angeben, da diese von der Art der Beanspruchung abhängt. Diese Folgerung ist gleichbedeutend mit obiger Aussage, daß zur Beschreibung der TWB eines Stoffes zwei Werte notwendig sind.

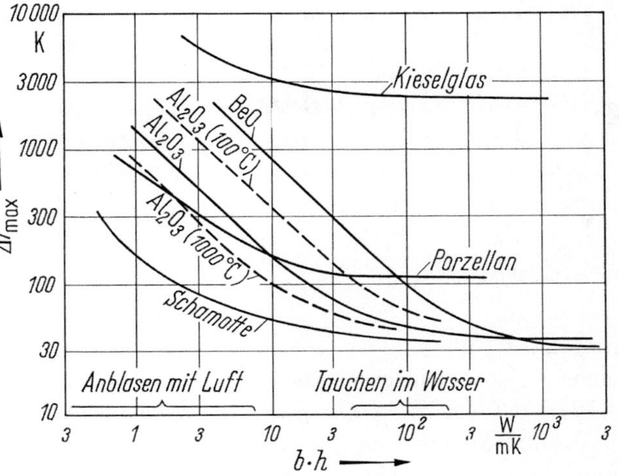

Bild 258: Maximale Abschrecktemperaturen einiger Werkstoffe in Abhängigkeit von der Wärmeübergangszahl h nach Kingery [658] (b = Abstand von Probenmitte; berechnet mit den Eigenschaften bei 400°C, für Al_2O_3 auch bei 100 und 1000°C)

Die meisten der in die Wärmespannungsparameter eingehenden Werte werden durch Poren erniedrigt. Coble und Kingery [660] haben diese Verhältnisse näher untersucht und gefunden, daß eine Porosität zu einer deutlichen Verringerung der Wärmespannungsparameter, also auch der TWB führt. Bei Versuchen mit Al_2O_3 fanden sie mit den Werten für 600°C eine Erniedrigung von R = 175K beim dichten Produkt auf 70 K bei 20 Vol.-% Porosität und auf 52 K bei 50 Vol.-% Porosität. Noch stärker sank R' ab: von 1610 auf 470 bzw. 200 W/m bei obigen Stufen.

In der Praxis beobachtet man allerdings oft bei etwa 20 Vol.-% Porosität ein Maximum der TWB, das aber seine Ursache darin hat, daß gefährliche Spannungen und Risse in den Poren abgefangen werden.

Bei der Abkühlung eines Körpers interessiert die Frage nach der maximalen Abkühlgeschwindigkeit, bei der gerade keine Risse auftreten. Dafür liefert die Theorie für eine Platte mit der Dicke $2b$

$$\left(\frac{dT}{dt}\right)_{max} = \frac{\sigma_Z(1-\mu)}{\alpha E}\frac{\lambda}{c\rho}\frac{3}{b^2}, \tag{243}$$

in der man alle materialeigenen Größen (c = spezifische Wärme, ρ = Raumgewicht) *zum dritten Wärmespannungsparameter*

$$R'' \equiv \frac{\sigma_Z(1-\mu)}{\alpha E}\frac{\lambda}{c\rho} \equiv Ra \tag{244}$$

zusammenfassen kann (a = Temperaturleitfähigkeit), so daß

$$\left(\frac{dT}{dt}\right)_{max} = R''\frac{3}{b^2}. \tag{245}$$

Für Al_2O_3 mit R = 175 K und R' = 1610 W/m beträgt R'' = 0,00038 m^2K/s, woraus sich recht hohe Abkühlgeschwindigkeiten ergeben, z.B. für eine Platte der Dicke $2b$ = 2 cm von 3,8 K/s.

Bisher wurde rein elastisches Verhalten angenommen. Bei hohen Temperaturen besteht die Möglichkeit des Abbaus der Spannungen durch Kriechen (Kapitel 5.2.3). Hasselman [661] hat diesem eine Viskosität η zugeordnet und kommt so zu den modifizierten Wärmespannungsparametern

$$R_{Kr} = \frac{\sigma_Z(1-\mu)}{\alpha\eta} \quad \text{und} \quad R_{Kr}{}' = R_{Kr} \cdot \lambda .$$

Die bisherigen Betrachtungen der TWB sind davon ausgegangen, daß beim Erreichen der kritischen Spannung ein oder mehrere Risse durch den Körper laufen, d.h., der Anfangsriß bestimmt das Verhalten. Oft sind aber schon Risse vorhanden, die - wenn die entstehenden Spannungen ausreichen - sich verlängern können. Die Bruchmechanik (Kapitel 5.2.2) hat gezeigt, daß dieses Rißwachstum langsam verlaufen kann, ehe es zum katastrophalen Bruch kommt. Die für einen Rißfortschritt notwendige kritische Temperaturdifferenz ΔT_c berechnet sich nach [662] zu

$$\Delta T_c = \left(1 + 2\pi \cdot N \cdot l_0^2\right) \cdot \left(\frac{2\gamma}{\pi\alpha^2 E_0 l_0}\right)^{1/2} \tag{246}$$

mit N = Zahl und l_0 = Anfangslänge der Risse, γ = Bruchflächenenergie und E_0 = E-Modul des rißfreien Körpers. (Gl. (246) gilt für eine einachsig belastete ebene Platte.) Als Materialkonstante bietet sich hier

$$\sqrt{\gamma / \alpha^2 E_0} \equiv R_{ts} \tag{247}$$

der Thermoschockwiderstandsparameter an. Über die Griffith-Gleichung ergibt sich eine Verknüpfung mit dem ersten Wärmespannungsparameter nach

$$R_{ts} \sim R\,(l_0)^{1/2}.$$

Bild 259 zeigt in graphischer Darstellung die Rißabhängigkeit nach der etwas umgeformten Gl. (246). Die durchgezogenen Kurven geben die ΔT_c-Werte an. Oberhalb werden die Risse instabil, weshalb sie sich spontan fortsetzen, während unterhalb der Bereich der stabilen Risse liegt. Beginnend mit sehr kleinen Rissen führt eine Rißverlängerung zu geringeren ΔT_c-Werten, d.h., zu einer abnehmenden TWB. Der Mindestwert von ΔT_c liegt bei der Rißlänge

$$l_m = (6\pi \cdot N)^{-1/2}. \tag{248}$$

Bei Rissen mit $l_0 > l_m$ steigt die kritische Abschrecktemperatur wieder an, d.h. die TWB nimmt zu, obwohl größere l_0-Werte eine geringere Festigkeit bedeuten. Auch ergibt sich, daß ΔT_c mit wachsender Zahl an Rissen größer wird. Das entspricht der praktischen Erfahrung, wonach rißbehaftete feuerfeste Steine eine höhere TWB besitzen.

Bei $l_0 > l_m$ hat der Anstieg von ΔT_c beim Rißfortschritt zur Folge, daß kein katastrophaler Bruch auftreten kann. Anders ist es aber, wenn die Rißlängen $l_0 < l_m$ sind. Aus Bild 259 ist zu erkennen, daß ein anlaufender Riß durchläuft, bis er den rechten Ast der Kurve erreicht hat. Er besitzt aber noch so viel kinetische Energie, daß er erst bei der gestrichelten Kurve zum Stehen kommt.

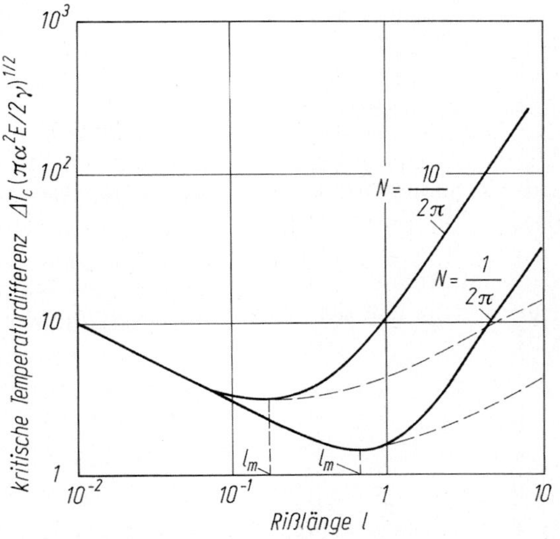

Bild 259: Rißbeständigkeit und Rißfortschritt in einer einachsig belasteten Platte mit N Rissen pro Einheitsfläche in Abhängigkeit von der Abschreckdifferenz ΔT nach Hasselman [656], —— kritische ΔT für Instabilität eines Risses, ----- = resultierende Rißlänge eines instabilen Risses mit $l_0 < l_m$.

Für Festigkeitsmessungen nach Abschreckversuchen bedeutet dies, daß bei schrittweiser Steigerung von ΔT bei Anfangsrissen von $l_0 > l_m$ die Restfestigkeit beim Erreichen von ΔT_c kontinuierlich abnimmt, dagegen für $l_0 < l_m$ schlagartig auf einen tieferen Wert abfällt, der bei weiterer Steigerung von ΔT_c konstant bleibt, da die Endrißlänge l_e unterhalb der Kurve für den stabilen Rißfortschritt liegt. l_e ist nach

$$l_e \sim \frac{1}{l_0 N} \tag{249}$$

umgekehrt proportional l_0, d.h. je geringer l_0, also je höher die Anfangsfestigkeit war, um so größer wird l_e also um so geringer die Endfestigkeit. Letzteres Verhalten zeigt Bild 260 am Beispiel von zwei Sinterkorundarten.

Man kann dieses Verhalten weiter auswerten und zu Vorhersagen über eine thermische Lebensdauer bzw. die Zahl der möglichen Abschreckungen kommen [663], [664].

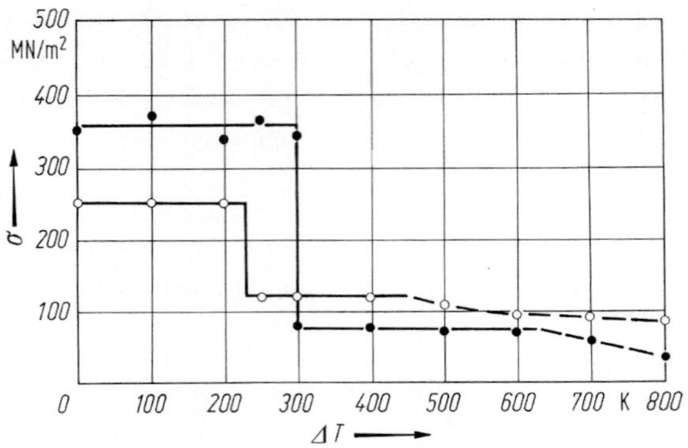

Bild 260: Festigkeiten σ von Stäben aus Sinterkorund zweier Qualitäten nach dem Abschrecken mit einer Temperaturdifferenz ΔT in Wasser [656]

Wenn man annimmt, daß sich beim Rißfortschritt die verschiedenen Eigenschaftswerte nicht wesentlich ändern, dann läßt sich aus der um die Temperaturabhängigkeit erweiterten Gl. (232).

$$\frac{\mathrm{d}l}{\mathrm{d}t} = AK_I^n \cdot \exp\left(\frac{Q}{\mathrm{R}T}\right) \tag{250}$$

eine Beziehung ableiten für die Temperaturdifferenz ΔT_M, bei der nach M Abschreckungen Bruch eintritt. Für eine andere Abschreckzahl M' oder eine andere Temperaturdifferenz ΔT_M gilt dann mit n aus obiger Gleichung:

$$\frac{M}{M'} = \left(\frac{\Delta T_M{}'}{\Delta T_M}\right)^n . \tag{251}$$

Diese Beziehung läßt sich weiter ausbauen unter Berücksichtigung der Weibull-Statistik. Man erhält dabei Aussagen, die denen zur Lebensdauer t_F gleichen, wobei t_F jetzt M und σ jetzt ΔT_M entspricht.

Untersuchungsmethoden. Zur experimentellen Bestimmung der TWB gibt es mehrere Methoden. Am einfachsten ist die Sichtprüfung auf Risse oder Bruch, wobei Abplatzungen durch Kontrolle des Gewichts ermittelt werden können. DIN 51068 [653] beschreibt die Abschreckung von feuerfesten Steinen von 950°C, wobei dieser Vorgang so oft wiederholt wird, bis Bruch eintritt oder eine Mindestbeanspruchung nicht mehr ertragen wird. Die Abschreckung kann dabei durch Tauchen in Wasser oder Anblasen mit Druckluft erfolgen. Mit Luft kühlt auch Bock [665] seine Proben aus sehr verschiedenen keramischen Massen, die in Tabelle 52 aufgeführt sind. Seine TWB resultiert als Restfestigkeit der von 800°C abgeschreckten Stäbe in Prozent der Anfangsfestigkeit. In Tabelle 52 sind außerdem noch die entsprechenden Eigenschafts- und R- und R'-Werte angegeben. Man erkennt daraus und aus Bild 261, daß die zweiten Wärmespannungsparameter R' am besten mit der TWB korrelieren, wozu man aber das Gefüge berücksichtigen muß. Große Streuungen sind oft durch die komplizierten Vorgänge während der Abschreckung bedingt. Neben Luft und Wasser werden auch Öle und Salzschmelzen eingesetzt. Eine statistische Auswertung ist daher wichtig [2254], [2255].

Tabelle 52: TWB-Werte und Wärmespannungsfaktoren einiger keramischer Werkstoffe nach Bock [665] σ = Biegefestigkeit, E = Elastizitätsmodul, $\alpha_{200/600}$ = Ausdehnungskoeffizient, λ = Wärmeleitfähigkeit

Werkstoff	Typ nach DIN 40685 [666]	σ MN/m²	E GN/m²	$\alpha_{200/600}$ $10^{-6}K^{-1}$	λ W/(m·K)	R K	R' W/m	TWB %
Hartporzellan	KER 110	90	82	6,2	1,5	142	213	9
Cordieritmasse	KER 410	140	101	2,9	2,2	382	840	93
Feinschamotte	KER 530	110	98	5,1	2,1	176	370	15
Mullitporzellan	KER 610	140	116	4,5	2,0	215	430	41
Al_2O_3, 85%ig	KER 706	320	297	7,6	7,7	113	870	67
Al_2O_3, 92%ig	KER 708	360	291	7,7	8,2	129	1058	80

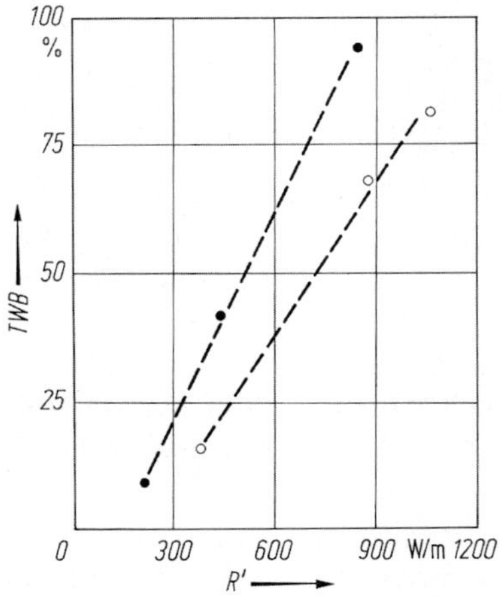

Bild 261: Abhängigkeit der TWB (mittels Luftabschreckung) vom Wärmespannungsfaktor R' ●: Werkstoffe mit viel Glasphase, ○: Werkstoffe mit wenig Glasphase

Beim Abschrecken in Wasser können Störungen durch die Bildung von Wasserdampfblasen eintreten, die den Wärmeübergang hemmen und sich besonders dann bemerkbar machen, wenn man die Rißbildung während des Abschreckens mit der Messung der Schallemission verfolgen will. Schillalies u. M. [667] konnten dies durch Abschrecken in eine Schmelze aus Wood-Metall vermeiden und dadurch feststellen, daß beim Abschrecken von Sinterkorund mit $\Delta T < \Delta T_c$ keine Risse entstehen. Ähnliche Methoden arbeiten mit der Messung der Resonanzfrequenz oder der Schallaufzeit; sie lassen aber nur den Zustand nach dem Abschrecken erkennen.

5.2.5 Härte

(Bearbeitet von R. Telle, Aachen)

Die Härte ist der Widerstand eines Materials gegenüber plastischer Verformung durch einen Prüfkörper definiert. Bei den Metallen liegt die Ursache für die Verformbarkeit in der Bildung und Bewegung von Versetzungen. Da die hierfür erforderliche Energie bei Keramiken jedoch sehr groß ist, zeichnen sich diese durch eine hohe Härte aus, aber auch durch eine geringe Elastizität und geringe Zähigkeit (Kap. 5.2.1 und 5.2.2). Die bruchmechanischen Zusammenhänge sind jedoch sehr kompliziert.

Prüfverfahren. Das einfachste Verfahren zur Härteprüfung ist die *Ritzhärte.* Sie gibt nach der *Mohsschen Härteskala* die Reihenfolge von Mineralen an, die vom nächst härteren geritzt werden können. So findet man für die Härte 6 = Orthoklas, 7 = Quarz, 8 = Topas, 9 = Korund und 10 = Diamant (Bild 263). Es handelt sich also nur um eine relative Reihung, die auch die Komplexität der Materialabtragsmechanismen beim Ritzen nicht berücksichtigt. Da diese Prüfmethode jedoch einfach anzuwenden ist, ist sie in den Geowissenschaften zur Mineralbestimmung im Gelände häufig und in der klassischen Keramik gelegentlich noch verbreitet. Hierfür wird die Skala erweitert, indem zwischen 9 und 10 die synthetischen Werkstoffe Siliciumcarbid, Borcarbid und kubisches Bornitrid eingetragen werden. Man erkennt die Tendenz, daß mit ansteigender Härte auch die Schmelztemperaturen ansteigen. Der Zusammenhang zwischen beiden Eigenschaften ist durch die Art der chemischen Bindung gegeben. Insofern ist es gerechtfertigt, die Werkstoffe mit Härten > 8 als *Hartstoffe* zu bezeichnen. Nicht zu verwechseln mit dieser Definition sind die Hartstoffe der tonkeramischen Versätze, unter denen lediglich die nichtplastischen Bestandteile verstanden werden wie Feldspäte, Quarz und Schamotte.

Gegenüber der Ritzhärte ist es allerdings wesentlich genauer und reproduzierbarer, die Härte über die Kraft zu messen, den ein Prüfkörper (*Indenter*) aufbringen muß, um einen bleibenden Eindruck zu hinterlassen (*Eindruckshärte*). In der Keramik werden als Eindringkörper vorzugsweise Diamantpyramiden mit bestimmter Form eingesetzt (Bild 262). Meßverfahren, Auswertung, Kalibrierung und Prüfung der Prüfmaschinen sind in verschiedenen Normen für die Prüfung von Metallen, Beschichtungen, Vergütungen, Lacken usw. festgelegt. Für technische Keramiken existieren nur wenige Normen; die Richtlinien müssen daher in manchen Fällen von der Metallprüfung übernommen werden (Tabelle 53).

Aus den ausgemessenen Diagonalen der Eindrücke ergeben sich die *Vickershärte HV* bzw. die *Knoophärte HK.* Bei dieser Methode treten neben elastischen und plastischen Verformungen auch Brucherscheinungen auf, die teils in die Tiefe, teils in Verlängerung der Eindrucksdiagonalen reichen. Das Meßergebnis in Deka-Newton, daN, oder kp/mm^2 ergibt sich aus der Rückrechnung der je erzeugter Abdrucksfläche A (in mm) benötigten Last P (in kp) sowie dem Faktor 0,102 (1 kp = 9,81 N). Für die einzelnen Meßverfahren gibt es daher eigene Formeln, die den Keilwinkel der Pyramide berücksichtigen (Tabelle 53).

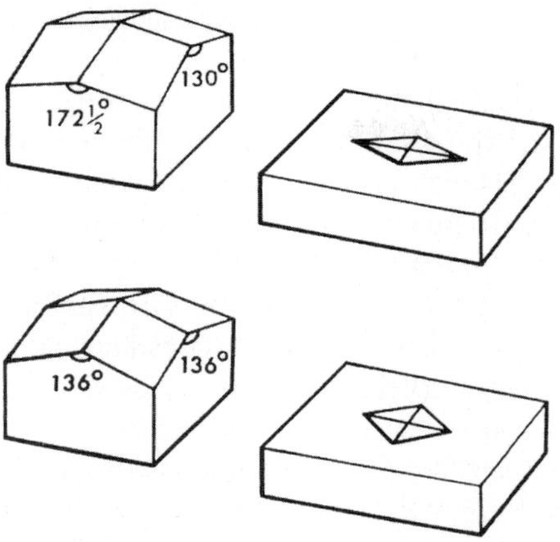

Bild 262: Härteprüfkörper und ihre Eindrücke. Oben: Knoop-Indenter, unten Vickers-Indenter, jeweils mit Winkelangaben.

Tabelle 53: Härteprüfverfahren

Prüf-verfahren	Vickers	Knoop	Brinell	Rockwell
Norm nach DIN EN ISO	6507-1 ff früher DIN 50 133	4545 ff für techn. Keramik: ISO 9385	6506-1 ff früher DIN 50 351	6508-1 ff für technische Keramik: DINV ENV 843-4, früher DIN 50 103
Prüf-körper	Diamant-pyramide quadratisch 136°	Diamantpyramide Keilform, 172,5° und 130° gemessen wird die längere Diagonale	Stahlkugel D=1;2,5;5;10 mm d = Eindrucks-durchmesser	Diamant- oder Stahl-Kegel D = 1,587 mm Winkel 120° Prüfkräfte z.B.: A, F: 588,4 N B: 980,7 N C:1471,0 N
Aus-wertung	$HV = 0{,}102 \cdot P/D^2 \cdot 2\sin(136°/2)$ $HV = 0{,}189\ P/D^2$	$HK = 0{,}102 \cdot P/D^2 \cdot [\sin(172{,}5°/2) + \cos(130°/2)]$ $HK = 0{,}145\ P/D^2$	$HB = 0{,}102 \cdot 2 \cdot P \cdot \frac{1}{\pi D(D - \sqrt{D^2 - d^2})}$	$HR = Z - t_b/x$ A,B,C: Z = 100 F : Z = 130 x = 0,002mm t_b = Eindringtiefe in mm
Einheit	[HV] 1 HV ≈ 1 daN	[HK] 1 HK ≈ 1 daN	[HB] 1 HB ≈ 1 daN	[HRA, HRB...] dimensionslos

D in mm, P in N

Ferner existieren Messvorschriften bezüglich der Eindringgeschwindigkeit (meistens im Messgerät selbst durch Dämpfer geregelt) und der Zeitdauer der vollständigen Belastung, in der Regel 15 Sekunden. Bei längerer Belastung besteht die Möglichkeit einer plastischen Verformung durch Kriecheffekte, die einen zu geringen Härtewert ergeben.

Das Härteprüfgerät ist bei älteren Geräten wie ein Lichtmikroskop aufgebaut und erlaubt die Belastung über die Auflage von Gewichtsscheiben. Die gewählte konstante Auflast wird in Kilopond oder Newton als Index zur Härteeinheit hinzugefügt, also z.B. HV_{10} = Vickershärte mit 10 kp Last. Je nach Last unterscheidet man *Makrohärte (Großlasthärte)* ($p > 5$ kp), *Kleinlasthärte* ($p = 0{,}2$-5 kp), *Mikrohärte* ($p = 0{,}01$-0,2 kp) und *Nanohärte* ($p \ll 0{,}01$ kp). Nach erfolgtem Eindruck und Entlastung wird der Eindringkörper herausgeschwenkt und ein Mikroskopobjektiv eingeschwenkt, mit dem mittels einer Meßlehre die Diagonalen des Eindrucks ausgemessen werden. Dabei ist zu berücksichtigen, daß Ausbrüche und Risse an den Kanten und Ecken des Eindrucks die Messung erschweren und den Härtewert verringern. Es ist außerdem wichtig, daß bei solchen Untersuchungen das Gefüge nicht zu grob oder zu inhomogen ist. Auch sind Poren zu berücksichtigen. Über die beobachteten Risse besteht jedoch ein Zusammenhang zwischen Härte und bruchmechanischen Kennwerten wie der Bruchenergie und dem Elastizitätsmodul. So kann man aus der Rißlänge den *Spannungsintensitätsfaktor* berechnen, was u.a. von Lawn u. M. [668] kritisch diskutiert wird. Hierfür wird oft der Knoop-Indenter verwendet, da er aufgrund seiner Keilform besonders günstig für die Rißentstehung ist. Andere Indentergeometrien, die vor allem in der Prüfung von keramischen Schichten, Hartmetallen oder Metallen Verwendung finden, sind der kugelförmige *Brinell*-Körper, der kegelförmige *Rockwell*-Körper sowie der *Berkovič*-Körper in Form einer dreiseitigen Pyramide mit einem Pyramidalwinkel von 141,9°. Letzterer wird gerne zur Vermeidung von Anisotropie-Effekten verwendet.

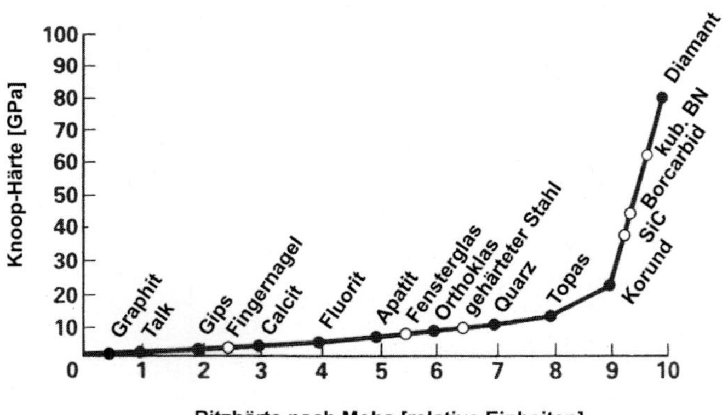

Bild 263: Korrelation zwischen Mohsscher Ritzhärte und Knoophärte. Es wird deutlich, daß die Ritzmethode keine linearen Zusammenhänge widerspiegelt, sondern nur ein Relativverfahren darstellt, da die Abstände auf der Abszisse willkürlich gleich groß gewählt worden sind. Schwarze Punkte: Mineralien, weiße Punkte: Vergleichsmaterialien bzw. synthetische Werkstoffe.

Moderne Anlagen arbeiten halb- oder vollautomatisch, zeigen die Eindrucksbilder auf einem Bildschirm und werten digital aus. Insbesondere die Nanohärte wird vollautomatisch mit dynamischer magnetischer Lasteinleitung mittels zylindrischer Eindringkörper gemessen, wobei die Eindringtiefe über Wegsensoren und nicht mehr über die Eindrucksbilder bestimmt wird. Der Übergang zwischen solchen *Nanoindentern* und *Rasterkraftmikroskopen* mit teilweise atomarer Auflösung ist heute fließend. Auch die Ritzhärte läßt sich mit solchen Anlagen in einer extrem hohen Auflösung bestimmen. Die Korrelation zwischen der Mohsschen Ritzhärte und der Knoophärte ist beispielhaft in Bild 263 gezeigt.

Aufgrund des Selbstähnlichkeitsgesetzes sollte der gemessene Härtewert eines bestimmten Materials eigentlich unabhängig von der Last sein, da die Abdrucksfläche mit zunehmender Last proportional größer wird, d.h. $H = P/A$ = konstant (siehe Tabelle 53). Allerdings bewirken erhöhte Lasten auch andere Verformungsmechanismen, so daß sich generell mit höherer Last ein sinkender Härtewert ergibt. *Last-Härte-Kurven* lassen sich in guter Näherung in zwei Bereiche einteilen, in einen Kleinlastbereich mit parabolischem Verhalten und ab einer kritischen Last P_c einen Großlastbereich mit annähernd linearem, im Idealfall lastunabhängigem Verhalten mit Härte H_0 (Bild 264).

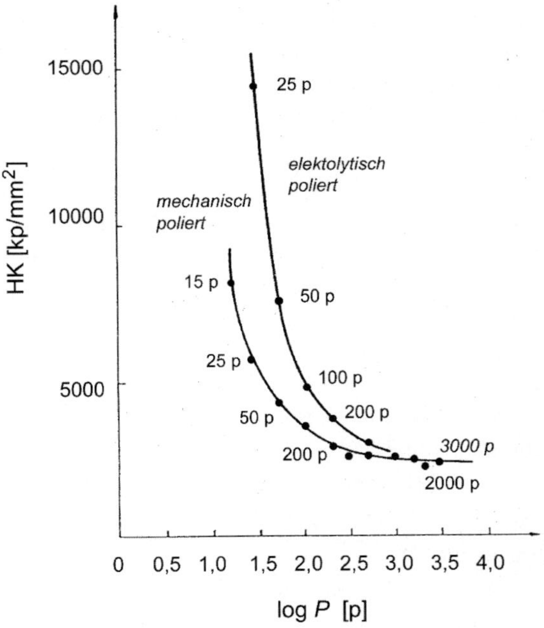

Bild 264: Last-Härte-Kurve von Borcarbid nach unterschiedlicher Oberflächenpolitur. Bei $P > 1$-2 kp wird eine annähernd konstante Härte gemessen, $H_0 \approx 2100 - 2400$ kp/mm^2. Nach [912].

Der Kleinlastbereich gehorcht dem sog. *Meyer-Gesetz*:

$$P \cdot D^{-n} = k, \qquad (252)$$

wobei D die Eindrucksdiagonale und k und n material- und methodenabhängige Größen darstellen. Li und Bradt haben dieses Verhalten umfassend diskutiert und geben Zahlenwerte für verschiedene Keramiken und Einkristalle an [911]. So liegt k bei polykristallinem Al_2O_3 bei 0,46±0,04 und n bei 1,74±0,08.
Zur Ermittlung eines vertrauenswürdigen Härtewertes bedarf es also zuerst der Anfertigung einer Last-Härte-Kurve, um den Lastbereich $P > P_0$ des lastunabhängigen Verhaltens festzustellen. Für Aluminiumoxid und andere Oxidkeramiken liegt dieser bei $P > 2$ kp. Insbesondere die Carbide und Boride reagieren sehr empfindlich auf eine Lastvariation und Oberflächenbehandlung (Bild 264), so daß hier große Abweichungen der Meßwerte in der Literatur zu finden sind.

Einflußgrößen. Die Härte der Materialien hängt von deren atomarem Aufbau ab. Atomphysikalisch gesehen ist die Härte eine Funktion der Kompressibilität κ und diese wiederum der atomaren Bindungslänge, die mit der Elektronenkonzentration am Atom und der Fermi-Energie verknüpft ist. Ist Härte kann daher nach Cohen aus den Molekülorbitaleigenschaften berechnet werden, was auch zur Vorhersage einer theoretischen Verbindung C_3N_4 mit Si_3N_4-Struktur geführt hat, die härter wäre als Diamant [913]-[915]. Generell sind Stoffe mit kovalenter oder ionischer Bindung härter als solche mit metallischer Bindung, d.h., sie besitzen eine größere Bindungsstärke und damit einen höheren Widerstand gegen die Verschiebung von Atomen. Hinzu kommen Aspekte der Kristallstruktur wie Symmetrie und Größe des Burgersvektors (Kap. 2.2.4). Die Härte ist daher eine *anisotrope Kristalleigenschaft*, d.h., auf unterschiedlichen Kristallflächen und in verschiedenen Gitterrichtungen werden auch unterschiedliche Härtewerte gemessen. Dies gilt prinzipiell für alle Prüfmethoden. Erst bei polykristallinen Keramiken mit einer Korngröße deutlich unterhalb der Eindrucksgröße werden integrale Eigenschaften bestimmt, die dann allerdings noch mit anderen Parametern zusammenhängen. So hängt die Härte von dem Elastizitätsmodul und damit von der Porosität ab sowie von den aktivierbaren Verformungsmechanismen. Sie ist somit über die *Versetzungsdichte* und die freie Weglänge für mobile Versetzungen mit der Korngrenzenfläche korreliert. Untersucht man die Härte von technischen Keramiken in Abhängigkeit von der Korngröße d, so gehorcht sie für Korngrößenintervall oberhalb etwa 1-1,5 µm annähernd der *Hall-Petch-Beziehung*, d.h. $H \sim 1/\sqrt{d}$ [1393]. Bei kleineren Korngrößen bleibt bei Al_2O_3 die Härte konstant oder nimmt leicht ab, da die Verfestigung an Korngrenzen eine Sättigung erreicht und damit alle weiteren Vorgänge eigentlich korngrößenunabhängig sind [1394]. Verformung findet dann jedoch über Korngrenzengleiten statt, d.h. über eine relative Verschiebung der Körner entlang der Korngrenzen. Dies tritt insbesondere bei nanokristallinen Werkstoffen ein (*Superplastizität*) oder bei glasphasenhaltigen bei höheren Temperaturen (*Kriechen*). Bild 265 zeigt dies für Al_2O_3-Keramiken identischer Reinheit und Porosität (> 99,6 %). Da bei kleinen Korngrößen auch keine besonderen bruchenergieabsorbierenden Mechanismen vorhanden sind, sinkt gleichzeitig der Bruchwiderstand.

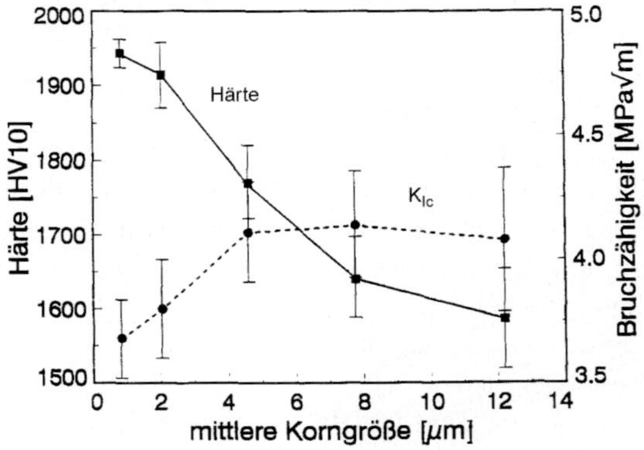

Bild 265: Korngrößenabhängigkeit der Härte und des Bruchwiderstandes bei hochreiner Al_2O_3-Keramik gleicher Sinterdichte [916].

Die *Porosität* eines Werkstoffs verringert die Härte, die Poren während der Belastung kollabieren. Empirische Ansätze berücksichtigen daher das Porenvolumen p nach dem Exponentialansatz

$$H \sim H_0 \cdot \mathrm{e}^{-ap}, \quad (253)$$

wobei H_0 die Härte des vollständig dichten Körpers, ersatzweise die des Einkristalls darstellt und a ein Korrelationsfaktor ist, der über Messungen bestimmt werden muß.

In Bild 469 (Kapitel 10.1.1) ist der Verlauf der *Hochtemperaturhärte* für verschiedene Dotierungen und Korngrößen von Al_2O_3-Keramiken im Vergleich zu einkristallinem Saphir dargestellt. Messungen von z.B. [1395]-[1397] zeigen, daß die Härte nahezu linear mit steigender Temperatur abfällt. In diesem Kapitel werden auch die Ursachen der plastischen Verformung für diesen Werkstoff genauer erläutert. In Bild 266 sind die Hochtemperaturhärten einiger Keramiken nach Literaturdaten verglichen. Dabei bedeuten Me-C bzw. Me-C-N und Me-B jeweils Übergangsmetallcarbid bzw. –nitride, –carbonitride und –boride, wobei die römischen Zahlen die Hauptgruppen angeben. Die Nichtoxide wurden jeweils unter Schutzgasatomsphäre gemessen. Die physikalischen Hintergründe für den generellen Härteabfall präsentiert neben umfangreichem Datenmaterial [1397].

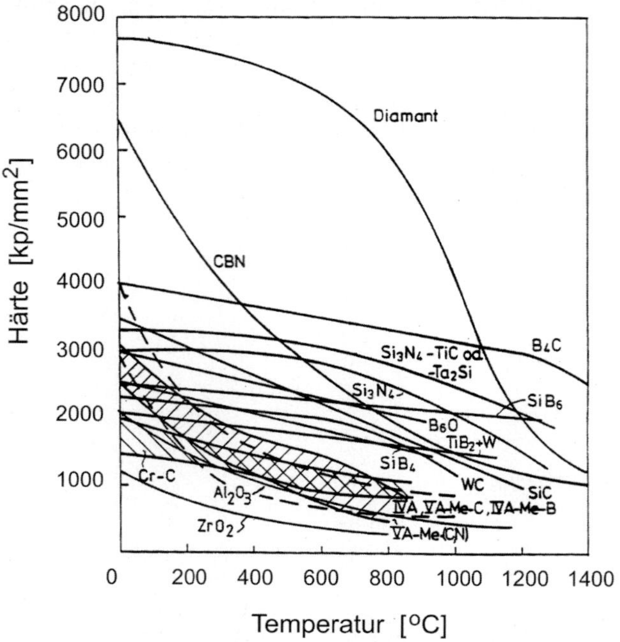

Bild 266: Hochtemperaturhärte einiger keramischer Werkstoffe

Wie oben bei den Meßmethoden bereits erwähnt, sind mit der Härtemessung auch noch Bruchprozesse verbunden. Bild 267 zeigt die Vorgänge beim Belasten und Entlasten der Probe mit einem Eindringkörper im Querschnitt. Zunächst erfolgt eine rein elastische Verformung, dann eine elastoplastische Verformung eines halbkugelförmigen Volumens (karierte Fläche). Die divergenten Druckspannungen an der Grenze zum unbelasteten Untergrund führen zu Zugspannungen senkrecht zur Lasteinleitung und damit zur Bildung eines Hertz´schen *Medianriß*-Systems, das je nach Indentergeometrie sternförmig (Vickers, Knoop) oder zufällig (Rockwell) in die Tiefe und zur Seite wächst. Gleichzeitig treten in Oberflächennähe Fließerscheinungen auf, die auf Versetzungsbewegungen, Zwillingsbildung, Korngrenzengleiten und ggf. Porenschluß zurückzuführen sind. Beim Entlasten relaxiert das elastisch verformte Volumen, die Medianrisse schließen sich. Aufgrund der bleibenden Verformung kann durch elastische Rückfederung die ursprüngliche Spannungsfreiheit nicht mehr erreicht werden. Es kommt zu Zugspannungen an der Grenzfläche zwischen plastisch verformten Volumen und unbeeinträchtigtem Gefüge. Es entstehen daher *Lateralrisse*, die sich bei fortschreitender Entlastung in Richtung Oberfläche ausbreiten und dort in Erscheinung treten. Beide Rißsysteme sind an der Oberfläche zu erkennen: Die Medianrisse gehen von den Ecken eines pyramidalen Indenterabdrucks aus, die Lateralrisse von den Kanten. Da die Medianrisse sehr definiert sind und scharfe Rißspitzen aufweisen, lassen sie sich zur Bestimmung der Bruchzähigkeit heranziehen, siehe z.B. [668], [917], [918] u.v.m. Die Lateralrisse entstehen gelegentlich auch einige Zeit nach der Entlastung. Das durch plastische Fließen verdrängte Volumen kann übrigens in seltenen Fällen als kleiner „Wall“ um den Eindruck herum nachgewiesen werden. Zur Erklärung der plastischen Verformbarkeit von Keramiken unter den Bedingungen der Härteprüfung muß noch berücksichtigt werden, daß aufgrund der Relativbewegung zwischen Indenterflächen und abgeprägter Keramikoberfläche starke Reibung und damit auch Wärmeentwicklung eintritt. Unter den multiaxialen Beanspruchungen mit extremen Flächenpressungen erscheint dann das beobachtete viskose Fließen plausibel.

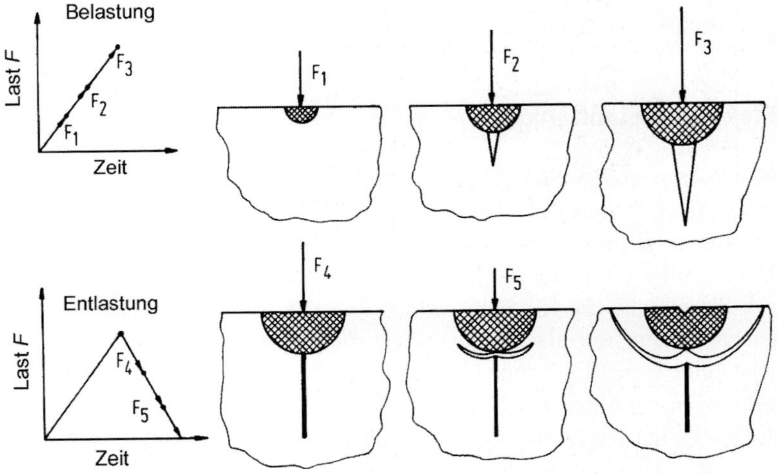

Bild 267: Vorgänge beim Be- und Entlasten eines Indenters im Querschnitt.

5.3 Elektrische Eigenschaften

(Bearbeitet von R. Waser, Aachen)

Mit der Entwicklung der Elektrotechnik zeigte es sich bald, daß für viele Zwecke keramische Werkstoffe mit Vorteil eingesetzt werden können. Während anfänglich dabei empirisch verfahren wurde, sind die neueren Werkstoffe ein Schulbeispiel für die gezielte Entwicklung aufgrund der Kenntnisse über die Abhängigkeit elektrischer und magnetischer Eigenschaften von der Kristallstruktur und dem Gefüge der keramischen Körper. In dem von Schaumburg herausgegebenen Werk [669], in Moulson und Herbert [670] sind die grundlegenden Eigenschaften elektronischer Keramiken und ihre Anwendungen ausführlich dargestellt.

5.3.1 Elektrische Leitfähigkeit

Ein Körper zeigt dann eine elektrische Leitfähigkeit, wenn Ladungsträger vorhanden und diese über große Distanzen beweglich sind. Die elektrische Leitfähigkeit σ ist um so höher, je größer die Zahl dieser Ladungsträger und deren Beweglichkeit ist. Die hohe Leitfähigkeit der Metalle ($\sigma_{\text{Ag } 20°\text{C}} = 6 \bullet 10^7$ S/m = $6 \cdot 10^5\ \Omega^{-1}\ \text{cm}^{-1}$) ist durch die metallische Bindung bedingt, bei der im Gitter leicht bewegliche Elektronen vorliegen, die als Ladungsträger fungieren. Keramische Stoffe enthalten meist keine freien Elektronen, so daß ihre elektrische Leitfähigkeit um viele Größenordnungen niedriger und beim Porzellan bei Raumtemperatur $\sigma < 10^{-9}$S/m ist. Für die restliche Leitfähigkeit sind häufig Ionen als Ladungsträger verantwortlich. Deren Beweglichkeit ist durch ihre Masse und durch den Einbau in die Struktur normalerweise erheblich geringer als die Elektronenbeweglichkeit.

Nach der *Nernst-Einstein-Beziehung* (Kapitel 3.4.2) ist die ionische Leitfähigkeit proportional dem Selbstdiffusionskoeffizienten. Über die Diffusion ergibt sich die Temperaturabhängigkeit entsprechend Gl. (102) zu

$$\sigma = A \cdot \exp\left(\frac{-Q}{\mathrm{R}T}\right) \quad \text{oder} \quad \ln \sigma = A' - \frac{Q}{\mathrm{R}T}, \qquad (254)$$

d.h., mit steigender Temperatur nimmt σ zu. Diese Eigenschaft unterscheidet Keramiken von Metallen, die eine negative Temperaturabhängigkeit der Leitfähigkeit aufweisen.

Die Temperaturabhängigkeit läßt Bild 268 deutlich erkennen. Außerdem bestätigt sich in Bild 268, daß σ in Isolatoren um so größer ist, je höher der Gehalt an Alkalien ist, wenn man z.B. Porzellan mit Steatit (Kurven 1 und 3), Schamotte- mit Silicastein (Kurven 7 und 8) oder β-Al_2O_3- mit α-Al_2O_3-haltigem Stein (Kurven 12 und 11) vergleicht.

In Bild 268 fällt besonders die hohe Leitfähigkeit des Feuerfeststeins auf β-Al_2O_3-Basis auf (Kurve 12), der zur Gruppe der Kationenleiter gehört. In Kapitel 3.3.1.2 wurde darauf hingewiesen, daß sich β-Al_2O_3 durch einen gewissen Na_2O-Gehalt auszeichnet. Die Na-Ionen sind in diesem Gitter recht leicht beweglich, so daß sich für Einkristalle bei Raumtemperatur eine elektrische Leitfähigkeit von σ

= 1,4 S/m ergibt. Die Na-Ionen im β-Al_2O_3 sind auch leicht durch andere Ionen ersetzbar, wie z.B. Li^+ oder K^+. Weitere Gesichtspunkte dieser β-Aluminate hat Kennedy [671] zusammengestellt.

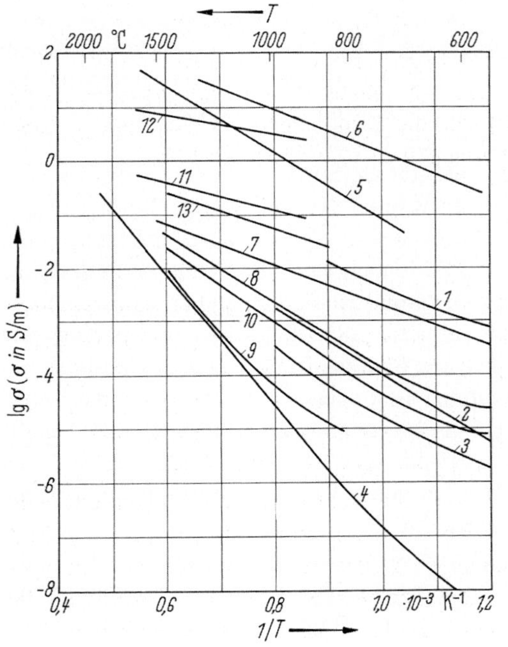

Bild 268: Temperaturabhängigkeit der elektrischen Leitfähigkeit σ (in S/m) einiger keramischer Werkstoffe. *Dichte feinkeramischer Werkstoffe*: Feldspatporzellan: Kurve *1*; Zirkonporzellan: Kurve *2*; Sondersteatit: Kurve *3*; *Oxidkeramische Werkstoffe*: Sinterkorund: Kurve *4*; $Zr_{0,85}Ca_{0,15}O_{1,85}$: Kurve *5*; $Zr_{0,85}Y_{0,15}O_{1,85}$: Kurve *6* *Poröse feuerfeste Werkstoffe*: Schamottestein, 40 Gew.-% Al_2O_3, 20 Vol.-% Porosität: Kurve *7*; Silicastein, 97 Gew.-% SiO_2, 26 Vol.-% Porosität: Kurve *8*; Magnesitstein, 93 Gew.-% MgO, 17 Vol.-% Porosität: Kurve *9*; Zirkonsilicatstein, 65 Gew.-% ZrO_2, 30 Vol-% Porosität: Kurve *10; Schmelzgegossene feuerfeste Werkstoffe*: Al_2O_3-Stein, 99,4 Gew.-% Al_2O_3, α-Al_2O_3: Kurve *11*; Al_2O_3-Stein, 94,5 Gew.-% Al_2O_3, β-Al_2O_3: Kurve *12*; Al_2O_3-ZrO_2-Stein: Kurve *13*

Festkörper mit hoher Ionenleitung haben interessante Anwendungsgebiete, wie z.B. in der Abgassensorik und in Brennstoffzellen [672]. Manchmal bezeichnet man solche Stoffe mit elektrischer Leitfähigkeit von mehr als 1 S/m als *Superionenleiter*. Das obengenannte β-Al_2O_3 fällt also in diese Klasse von Festkörpern, die vom durch Bradley und Greene [673] aufgefundenen $RbAg_4J_5$ mit σ = 12 S/m bei 20°C angeführt wird. Diese hohe Leitfähigkeit wird durch eine große Fehlordnung ermöglicht, wofür im AgJ ein besonderes Beispiel vorliegt. Diese Substanz zeigt bei 149°C eine Tief-Hoch-Umwandlung, bei der die J-Ionen ein neues Gitter bilden, aber die Ag-Ionen sich statistisch dazwischen verteilen. Die Folge davon ist, daß bei der Umwandlungstemperatur die Leitfähigkeit von 0,02 auf 100 S/m ansteigt. Weitere Beiträge zu diesem interessanten Gebiet findet man bei Steele [674] in dem von Mahan und Roth [675] herausgegebenen Buch sowie im Werk von West [676]. Man versucht, die Superionenleitung auf bestimmte strukturelle Merkmale zurückzuführen, z.B. nach Tretyakov [677] auf offene aber starre Strukturen mit leicht beweglichen Ionen.

Die eben angesprochene Fehlordnung ist verantwortlich für die hohe elektrische Leitfähigkeit der beiden Zirconiumdioxide (Kurven 5 und 6 in Bild 268). Dies steht in unmittelbarem Zusammenhang mit der hohen O^{2-}-Ionendiffusion in solchen Werkstoffen (s. Bild 181, Kurve 16), so daß jetzt hier eine *Anionenleitfähigkeit* auftritt. Der Grund dafür liegt in den Sauerstoffleerstellen im ZrO_2-Gitter, die durch CaO-Zugaben erzeugt werden. Im Kapitel 2.2.4 ist diese Art der Fehlordnung erwähnt. Bild 20b zeigt schematisch die Struktur, weitere Angaben über das ZrO_2 und sein Verhalten werden im Kapitel 10.1.3 erfolgen. Beim Anlegen eines elektrischen Feldes ist durch die Leerstellen eine leichtere Bewegung möglich, wobei beim Wüstit (Bild 20a) die Fe-Ionen zur Kathode und beim ZrO_2 die O-Ionen zur Anode wandern. Gleichzeitig wandern die Leerstellen in entgegengesetzter Richtung, d.h., beim Wüstit verhalten sich die Kationenleerstellen wie negative Ladungsträger und beim ZrO_2 die Sauerstoffleerstellen wie positive Ladungsträger. Solche Erscheinungen treten besonders bei nichtstöchiometrischen Verbindungen oder bei Substitution mit Ionen anderer Wertigkeit auf. Da die Wertigkeitsänderungen bei den nichtstöchiometrischen Verbindungen von der Atmosphäre abhängen, beobachtet man bei hohen Temperaturen eine signifikante Abhängigkeit von σ vom O_2-Partialdruck.

Die den Strom tragenden Ionen verhalten sich wie entsprechende Ionen in Flüssigkeiten, d.h., sie unterliegen den thermodynamischen Gesetzen und können sich an Reaktionen beteiligen. Diese festen Elektrolyte sind ein wichtiger Partner in der Elektrochemie geworden. In der Monographie von Rickert [678] und den von Geller [679] gesammelten Arbeiten werden auch Anwendungen geschildert.

Mit steigender Temperatur wächst die elektrische Leitfähigkeit. Dabei beobachtet man, daß sich neben der Ionenleitfähigkeit eine *elektronische Leitfähigkeit* bemerkbar macht. Das Gitter steht in Wechselwirkung mit dem O_2 der Umgebung, indem bei hohem Sauerstoffpartialdruck O^{2-}-Ionen ins Gitter eintreten können, in dem sie O-Leerstellen $V_O^{\cdot\cdot}$ besetzen, und bei niedrigem Sauerstoffpartialdruck O_2 unter Bildung weiterer Leerstellen in die Gasphase abgegeben wird. An dem Gleichgewicht sind Elektronen beteiligt gemäß $\frac{1}{2}O_O \rightleftharpoons \frac{1}{2}O_2 + V_O^{\cdot\cdot} + 2e^-$ (mit e^- = Elektron). Bezeichnet man die Konzentration der Defektelektronen als p und die der Überschußelektronen als n, dann erhält man

$$k_O = [V_O^{\cdot\cdot}] \cdot n^2 \cdot (p_{O_2})^{1/2} . \tag{255}$$

Mit dem Massenwirkungsgesetz für das elektronische Gleichgewicht folgt

$$\begin{aligned} k_e &= n \cdot p \\ k'_O &= [V_O^{\cdot\cdot}] \cdot p^{-2} \cdot (p_{O_2})^{1/2} . \end{aligned} \tag{256}$$

Wenn man die Konzentration an Leerstellenplätzen proportional n annimmt, dann wird $n \sim (p_{O_2})^{-1/6}$. Das würde für reine Oxide gelten. Sind aber bereits genügend Fehlstellen vorhanden, dann kann $[V_O^{\cdot\cdot}]$ als konstant angenommen werden und es gilt und n $\sim (p_{O_2})^{-1/4}$ bzw. $p \sim (p_{O_2})^{1/4}$.

Da p und n die Größe der elektronischen Leitfähigkeit bestimmen, wird diese, von reinem O_2 ausgehend, mit sinkendem p_{O_2} zunächst abnehmen, da p geringer wird, dann aber wieder ansteigen, wenn n wächst. Dieses Minimum der elektronischen Leitfähigkeit kann jedoch erst bei hohen Temperaturen beobachtet werden, wenn der Sauerstoffaustausch zwischen Oxid und Gasphase rasch genug erfolgt. Dies ist beim Al_2O_3 nach Kitazawa und Coble [680] ab 1450°C zu beobachten, wo nach Fischer und Ackermann [681] der Anteil der elektronischen Leitfähigkeit etwa 30 % beträgt. Das eben erwähnte Minimum tritt bei 1650°C deutlich hervor. Die Gesamtleitfähigkeit setzt sich also aus den Anteilen

$$\sigma_{ges} = \sigma_{ion} + \sigma_n + \sigma_p$$

zusammen. Das Auftreten der elektronischen Anteile wird auch bei den oben erwähnten O-Festelektrolyten beobachtet, wo es deren Einsatz stören kann [682]. In den undotierten Erdalkalititanaten wie z.B. $SrTiO_3$ und $BaTiO_3$ überwiegt die elektronische Leitfähigkeit bei hohen Temperaturen (etwa T > 600°C), so daß das Minimum die Gesamtleitfähigkeit $\sigma(p_{O_2})$ prägt Bild 269.

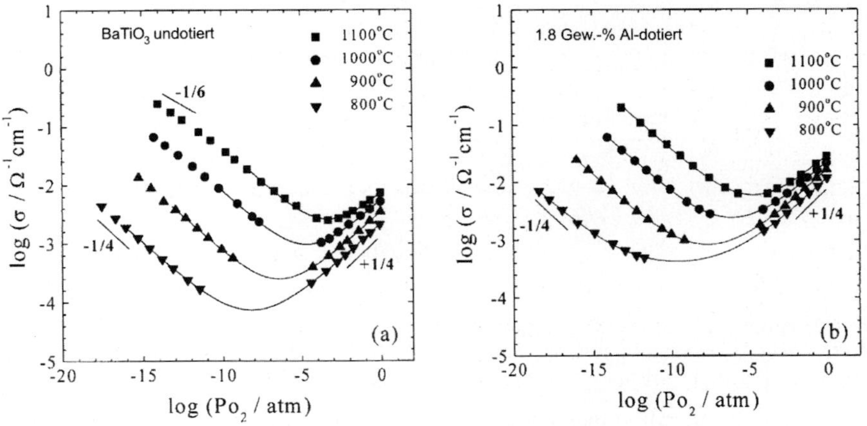

Bild 269: Elektrische Leitfähigkeit σ von $BaTiO_3$-Keramik in Abhängigkeit vom Sauerstoffpartialdruck der umgebenden Atmosphäre. Links: undotiert, rechts: mit 1,8 Gew.-% Al dotiert [683]

Die oben genannten Exponenten im Verhältnis zwischen den elektronischen Ladungsträgerkonzentrationen n bzw. p und dem Sauerstoffpartialdruck (p_{O_2}) lassen sich im doppeltlogarithmischen Diagramm Bild 269 direkt als Steigungen ablesen.

Bei sehr niedrigem Sauerstoffpartialdruck wird die Majoritätsfehlordnung durch $V_O^{\cdot\cdot}$ und Elektronen bestimmt (n ≈ 2 [$V_O^{\cdot\cdot}$]), so daß sich die Steigung -1/6 ergibt. Bei mittleren und höheren (p_{O_2}) bestimmt die Kompensation von akzeptorartigen Eigenfehlstellen (hier Kationenleerstellen) und $V_O^{\cdot\cdot}$ die Majoritätsfehlordnung, so daß sich die Steigung auf -1/4 bzw. +1/4 ändert.

Damit wurde bereits das Gebiet der *Halbleiter* angeschnitten. Die eben beschriebene Leitfähigkeit durch die Überschußelektronen e^- wird auch als Halbleitung vom n-Typ und die durch die Defektelektronen *h* als solche vom p-Typ bezeichnet.

Bei der üblichen Ionen- oder Atombindung sind die Valenzelektronen immer paarweise angeordnet, d.h., die mit zwei Elektronen besetzbaren Elektronenzustände sind voll aufgefüllt. In einem Gitter ist eine gegenseitige Beeinflussung der Elektronenzustände vorhanden, wobei sie sich in ihrer Energie etwas verändern, so daß mehrere, aber immer voll besetzte Elektronenzustände ein Band, das Valenzband ausbilden. Die volle Besetzung erlaubt beim Anlegen eines Feldes keine Bewegung der Elektronen, d.h., man hat es mit einem Isolator zu tun.

Für die Elektronen gibt es auch Zustände höherer Energie, die normalerweise frei sind. Wenn aber ein Elektron in einen solchen Zustand angehoben wird, dann hinterläßt es im Valenzband einen freien Zustand, und Elektronenleitfähigkeit wird möglich. Man bezeichnet die Zustände höherer Energie, die wiederum in Bandform auftreten, als Leitungsband.

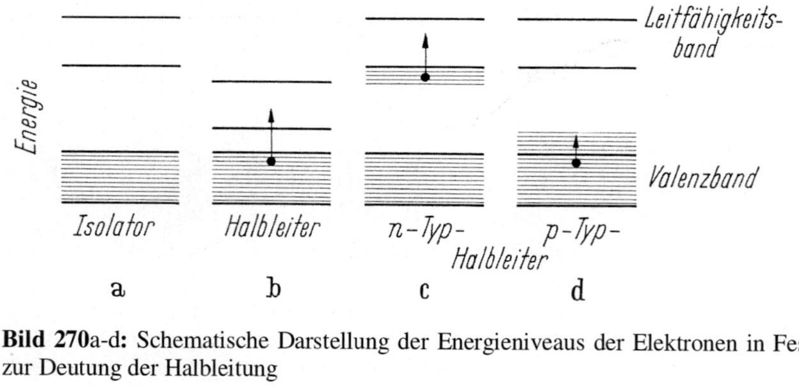

Bild 270a-d: Schematische Darstellung der Energieniveaus der Elektronen in Festkörpern zur Deutung der Halbleitung

Da nur bestimmte Energieniveaus möglich sind, tritt zwischen dem Valenz- und Leitungsband eine Lücke auf, die auch als „verbotene Zone" bezeichnet wird. Damit ergibt sich das Energieschema des Bild 270a.

Die Anhebung eines Elektrons aus dem Valenz- in das Leitungsband erfordert Energie, die durch die thermische Energie aufgebracht werden kann, d.h., bei hohen Temperaturen in einem Isolator kann Elektronenleitfähigkeit auftreten. Ist die energetische Breite der verbotenen Zone geringer wie in Bild 270b skizziert, kann diese Anhebung schon bei Raumtemperatur erfolgen, und man hat einen Halbleiter vorliegen, wofür PbS ein Beispiel ist.

Das Energieschema von Bild 270a wird beim Einbau von Fremdatomen in ein Gitter beeinflußt. Ersetzt man z.B. in SiC ein Si-Atom durch ein N-Atom, dann ist wegen der höheren Elektronenzahl des N ein Überschußelektron vorhanden, dessen Energieniveau knapp unterhalb des Leitungsbandes liegt (Bild 270c). Es kann leicht in das Leitungsband angehoben werden, weshalb man diese Zustände als *Donatohrniveau* bezeichnet; es liegen dann Halbleiter vom n-Typ oder *Überschußhalbleiter* vor.

Beim SiC kann man ein Si-Atom auch durch ein Al-Atom ersetzen. Man hat dann ein Elektron weniger und dadurch neue Zustände knapp oberhalb des Valenzbandes (Bild 270d). Diese können leicht Elektronen aufnehmen und werden deshalb *Akzeptorniveaus* genannt. Im Valenzband hinterbleiben dann freie Plätze, weshalb Elektronenleitung möglich wird. Da sich die freien Plätze hierbei wie positive Ladungsträger verhalten, nennt man solche Stoffe Halbleiter vom p-Typ oder *Defizit-* bzw. *Defekthalbleiter.*

Ähnliche Wirkung wie die Fremdionen haben Leerstellen im Gitter wie oben beschrieben. Es sind z.B. im TiO_2 oft einige Ti^{4+}-Ionen durch Ti^{3+}-Ionen oder im Fe_2O_3 einige Fe^{3+}- durch Fe^{2+}-Ionen ersetzt. Die fehlende Wertigkeit wird durch Sauerstoffleerstellen ausgeglichen. Die Ionen mit geringerer Wertigkeit kann man nach $Ti^{3+} = Ti^{4+} + e^-$ oder $Fe^{2+} = Fe^{3+} + e^-$ als *Donatoren* auffassen, so daß Halbleitung vom n-Typ resultiert. Umgekehrt sind bei Verbindungen, bei denen ein Teil der Kationen höhere Wertigkeiten hat, *Akzeptoren* vorhanden und p-Halbleitung tritt auf. Ein Beispiel ist NiO mit $Ni^{3+} + e^- = Ni^{2+}$.

Die Summenformel dieser Verbindungen weicht von der reinen Stöchiometrie ab, weshalb man von nichtstöchiometrischen Verbindungen spricht. Da das Gleichgewicht zwischen den verschiedenen Wertigkeiten außer von der Temperatur auch vom O_2-Partialdruck abhängt, beobachtet man auch eine Abhängigkeit der Halbleitereigenschaften von der Atmosphäre. Substanzen dieser Art mit genau definierten Eigenschaften erfordern eine präzise p_{O_2}-Kontrolle bei der Herstellung. Man kann aber die anderen Wertigkeiten durch Zugabe von Ionen mit der entgegengesetzten Wertigkeit stabilisieren, z.B. in der Art $\left(Fe^{3+}_{1-2x}Fe^{2+}_{x}Ti^{4+}_{x}\right)_2O_3$ oder $\left(Ni^{2+}_{1-2x}Ni^{3+}_{x}Li^{+}_{x}\right)O$, worin die Ladungen auch noch relativ frei sind. Ein Grenzfall dieser Art von Verbindungen ist Fe_3O_4, in dem von vornherein Fe^{2+}-neben Fe^{3+}-Ionen vorliegen, die in dieser Spinellstruktur gleichwertige Plätze einnehmen, so daß ein Wertigkeitswechsel leicht möglich ist. Die elektrische Leitfähigkeit beträgt daher bei Raumtemperatur etwa $1{,}5 \cdot 10^4$ S/m.

Zusammenfassend ergibt sich, daß es drei Gründe für das Auftreten der Halbleitung gibt: Anregung durch hohe Temperaturen, Einbau von Fremdionen (oder Verunreinigungen) und Wertigkeitswechsel bei nichtstöchiometrischen Verbindungen.

Die *Elektronenleitfähigkeit* der Metalle ist dadurch bedingt, daß entweder das Valenzband nur teilweise besetzt ist, oder daß sich Valenz- und Leitungsband überlappen. Dies tritt auch bei zahlreichen Übergangsmetalloxiden auf, in denen die Kationen ihre maximale Valenzzahl nicht erreichen. Übersichten geben z.B. Vest Honig in Tallan [684].

Bestimmte Verhältnisse der elektronischen und kristallographischen Struktur von Festkörpern können unterhalb einer kritischen Temperatur T_c zu einem völligen Verschwinden des Gleichstromwiderstandes führen. Dieses Verhalten wird *Supraleitung* genannt. Ist bei der Kühlung und Widerstandsbestimmung gleichzeitig ein magnetisches. Feld H am Ort des Materials vorhanden, so sinkt die kritische Temperatur T_c mit steigendem Magnetfeld auf einen Wert

$$T_{c,H} = T_c \cdot \sqrt{1 - H / H_0} \ .$$

Dabei ist H_0 die kritische Feldstärke bei $T = 0$ K. Ursache für das Auftreten der Supraleitung sind spezifische Elektron-Phonon-Wechselwirkungen, die im Falle der klassischen Supraleitung durch sog. *Cooper-Paare* beschrieben werden. Details sind u.a. in den Übersichtswerken von Buckel [685] sowie Kresin und Wolf [686] zu finden. Müller und Bednarz [687] fanden im Jahre 1986 Supraleitung in oxidischen Perowskiten mit ungewöhnlich hohen Werten für T_c. Die dadurch ausgelöste Suche nach weiteren, sog. Hochtemperatursupraleitern hat zu einer Vielzahl von Verbindungen auf der Basis schichtartiger, komplexer Perowskite geführt. Gemeinsames Merkmal sind CuO-Ebenen, die für die Ausbildung der Supraleitung verantwortlich sind (Bild 271).

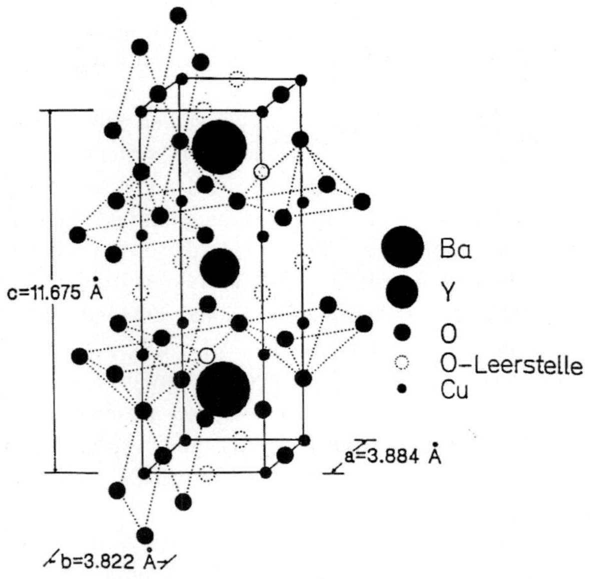

Bild 271: Struktur des Hochtemperatursupraleiters $YBa_2Cu_3O_{7-x}$

Bei mehrphasigen keramischen Werkstoffen muß man auf den Einfluß des *Gefüges* achten, da die Menge, Größe und Orientierung der Phasen eine Rolle spielt. Diese Abhängigkeiten sind bei entsprechenden Messungen zu beachten. Näheres über elektrische Meßmethoden kann man bei Hecht [688], Blumenthal und Seitz [689] und in DIN 40685 [666] finden.

5.3.2 Dielektrische Eigenschaften

Für das praktische Verhalten von Isolierstoffen sind neben der elektrischen Leitfähigkeit noch die dielektrischen Eigenschaften wichtig.

Die Ladung Q, die auf einem Kondensator gespeichert werden kann, hängt von der Kapazität C des Kondensators und der angelegten Spannung U ab.

$$Q = C \cdot U \tag{257}$$

Für einen Plattenkondensator mit dem Elektrodenabstand d und der Elektrodenfläche A gilt im Vakuum

$$C^{vak} = \varepsilon_0 \cdot \frac{A}{d}, \tag{258}$$

wobei ε_0 die elektrische Feldkonstante darstellt (ε_0 = 8,854$\cdot 10^{-12}$ C^2/m^2). Bringt man einen Stoff als Dielektrikum in einen Kondensator, so erhöht sich dessen Kapazität, was durch die Permittivitäts- oder Dielektrizitätskonstante ε_r gekennzeichnet wird.

$$C = \varepsilon_r \cdot C^{vak} \tag{259}$$

Die Materialgröße ε_r liegt z.B. für Porzellan bei ca. 6, für Al_2O_3 bei 10 und für TiO_2 bei 100 (Raumtemperatur, 10^6Hz), kann aber auch Werte > 1000 erreichen (s. u.).

Einsetzen der Gl. (259) in die Gl. (257) und Umstellen ergibt:

$$\frac{Q}{A} = \varepsilon_0 \cdot \varepsilon_r \cdot \frac{U}{d}. \tag{260}$$

Die Flächenladungsdichte auf den Kondensatorplatten Q/A läßt sich durch die sog. *dielektrische Verschiebung* $D = Q/A$ ausdrücken und der Quotient U/d repräsentiert das elektr. Feld E

$$D = \varepsilon_o \cdot \varepsilon_r \cdot E. \tag{261}$$

Diese Gleichung enthält keine Geometriegrößen mehr und gilt in ihrer allgemeinen vektoriellen Form

$$\vec{D} = \varepsilon_0 \cdot \varepsilon_r \cdot \vec{E}. \tag{262}$$

Die Ursache für die Kapazitätserhöhung durch Einfügen eines Dielektrikums in einen Kondensator liegt in der Verschiebung von Ladungen im Dielektrikum, d.h. einer *dielektrischen Polarisation* begründet. Im Gegensatz zum freien Ladungstransport, der zur elektrischen Leitfähigkeit beiträgt, ist die polarisationsbedingte Ladungsverschiebung lokal begrenzt. Die dielektrische Polarisation kann verschiedene Ursachen haben.

Für Keramiken ist am wichtigsten die *Ionenpolarisation*, bei der sich die Ionen im Feld etwas aus ihrer Gleichgewichtslage bewegen. Dazu kommt eine Deformation der Elektronenhülle gegenüber dem Kern, die *Elektronenpolarisation*.

Neben der feldinduzierten, dielektrischen Polarisation kann die Ladungsverschiebung in einigen Materialien auch durch mechanischen Druck bzw. Zug (*piezoelektrisches Verhalten*) oder durch Temperaturänderung (*pyroelektrisches Verhalten*) verursacht werden. Um die Polarisation $\vec{P}$ unabhängig von ihrer Ursache zu berücksichtigen, wird Gl. (262) verallgemeinert zu

$$\vec{D} = \varepsilon_0 \cdot \vec{E} + \vec{P}\,, \tag{263}$$

wobei $\varepsilon_0 \cdot \vec{E}$ den Vakuumanteil an der dielektrischen Verschiebung und $\vec{P}$ den Materialfluß beschreibt. Für den hier betrachteten Fall der dielektrischen Polarisation in Kondensatordielektrika ist die Polarisation, wie bereits erwähnt, feldinduziert. Man schreibt

$$\vec{P} = \varepsilon \cdot \chi \cdot \vec{E} \tag{264}$$

mit der elektrischen Suszeptibilität $\chi = \varepsilon_r - 1$. Einsetzen der Gl. (264) in Gl. (263) führt zurück zur Beziehung (262).

Im Wechselfeld wird mit steigender Frequenz die Fähigkeit der Ionen geringer, dem Feld zu folgen, so daß mit steigender Frequenz die Permittivitätszahlen abnehmen.

Im Kondensator mit Dielektrikum beobachtet man weiterhin eine gegenüber dem Vakuumkondensator um den sog. Verlustwinkel δ verschobene Phase. Dieser kennzeichnet die durch die Bewegung der Ladungen eintretenden Verluste, die proportional tan δ, dem *dielektrischen Verlustfaktor* sind. Hierfür sind ebenfalls mehrere Erscheinungen verantwortlich. Bei sehr geringen Frequenzen können sie durch Leitungsverluste bei der Bewegung der Ionen durch das Gitter entstehen, was aber bereits bei 100 Hz vernachlässigbar ist. Dann werden die dielektrischen Verluste vor allem durch nur kurze Ionensprünge oder Ionenschwingungen hervorgerufen. Dabei kann es zu höheren Werten kommen, aber im allgemeinen wird mit steigender Frequenz eine Abnahme von tan δ gefunden. So liegen die Verlustfaktoren für Raumtemperatur von Feldspatporzellan - Tonerdeporzellan - Sondersteatit für 50Hz bei (in derselben Reihenfolge) 0,02-0,003-0,001 und sinken für 10^6 Hz auf etwa 0,01-0,002-0,0004. Im GHz-Bereich (d.h. > 10^9Hz) steigen die Verluste häufig wieder an (Mikrowellenverluste), da hier die Ausläufer der Resonanz der Ionenschwingungen im Infraroten wirksam werden [669]. Mit steigender Temperatur bringt die Erleichterung der Ionenbeweglichkeit eine Erhöhung von tan δ. Bei Porzellan steigt dabei im Temperaturbereich von 20 bis 100°C bei 50Hz der tan δ-Wert um das 5- bis 10fache. Bei höheren Frequenzen ist der Anstieg geringer.

Bei der Untersuchung von Stoffen mit hoher Permittivitätszahl fand man beim (u.a.) $BaTiO_3$, daß die Polarisation mit steigendem Feld zunächst proportional ansteigt, der bald eine weitere spontane Polarisation folgt, die bei höherem Feld wieder abklingt (Bild 272). Nach Abschalten des Feldes bleibt eine Restpolarisation, die sog. *remanente Polarisation* P_r, zurück, die erst bei einem bestimmten Gegenfeld, der *Koerzitivfeldstärke* E_c, verschwindet. So entsteht eine Hysterese, wie sie ähnlich beim Ferromagnetismus beobachtet wird, weshalb man diese Erscheinung als *Ferroelektrizität* bezeichnet. Ferroelektrika sind allg. dadurch gekennzeichnet, daß die Polarisation von der elektrischen Vorgeschichte des Materials abhängt.

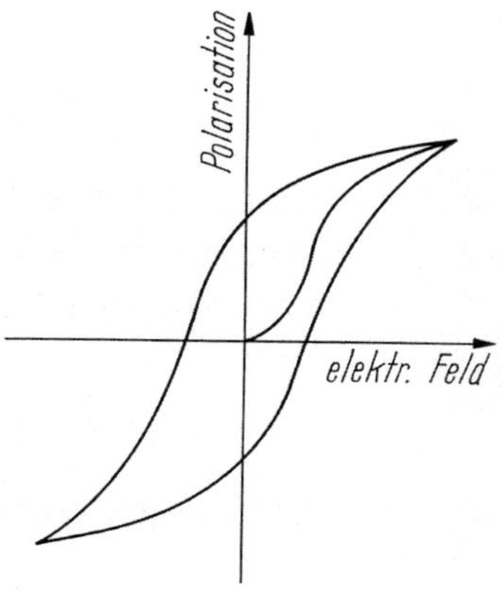

Bild 272: Ferroelektrische Hysterese

Die Ferroelektrizität ist eng mit der Kristallstruktur verbunden und wird besonders oft bei Verbindungen beobachtet, die ein Perowskitgitter (Bild 15) haben. Im Idealfall, wenn die Ionen A und B im Gitter ABO_3 das richtige Größenverhältnis haben, ergibt sich eine kubische Modifikation, z.B. beim $SrTiO_3$ bei Raumtemperatur. $BaTiO_3$ zeigt eine kubische Struktur nur oberhalb 120°C, während bei tieferen Temperaturen durch das zu große Ba-Ion eine Dehnung hervorgerufen wird, wobei bis 0°C eine tetragonale, darunter eine orthorhombische und schließlich eine monokline Struktur stabil ist. Dieses Verhalten zeigt Bild 273 nach McQuarrie [690], der die Angaben mehrerer Autoren zusammengefaßt hat, was auch für Bild 274 und Bild 275 gilt. Eine anschauliche Deutung der Ferroelektrizität kann man von der tetragonalen Struktur ableiten, in der in Richtung der verlängerten *c*-Achse im Ti-Ion zwei gleichwertige Lagen etwas außerhalb des Mittelpunkts zur Verfügung stehen. Durch das Feld findet eine Ausrichtung der Ti-Ionen statt, wobei in bestimmten Bereichen, sog. *Domänen* (Größenordnung 1 µm), durch eine gegenseitige Beeinflussung eine einheitliche Orientierung der induzierten Dipole hervorgerufen wird. Die hohe Polarisation ist die Ursache für die hohen ε-Werte. Sie ist jedoch an die Kristallstruktur gebunden. Beim Übergang in andere Strukturen beobachtet man Extremwerte von ε. Im kubischen $BaTiO_3$-Gitter ist Ferroelektrizität nicht mehr möglich. Wiederum in Analogie zum Magnetismus bezeichnet man die Grenztemperatur als *Curie-Temperatur*. Die Temperaturabhängigkeit der ε-Werte von $BaTiO_3$ bringt Bild 274. Danach gibt es Bereiche, in denen ε mit steigender Temperatur ab- bzw. zunimmt.

Ähnliche Erscheinungen hat man auch bei anderen Titanaten und bei den verwandten Zirconaten gefunden. Ebenfalls wurden sie bei Strukturen ABO_3 festgestellt, bei denen A und B andere Wertigkeiten als beim Perowskit haben, z.B. Niobate und Tantalate. Die Werte für ε und die Curie-Temperatur liegen dann anders. Eine weitere Variationsmöglichkeit ergibt sich durch Mischkristallbildung.

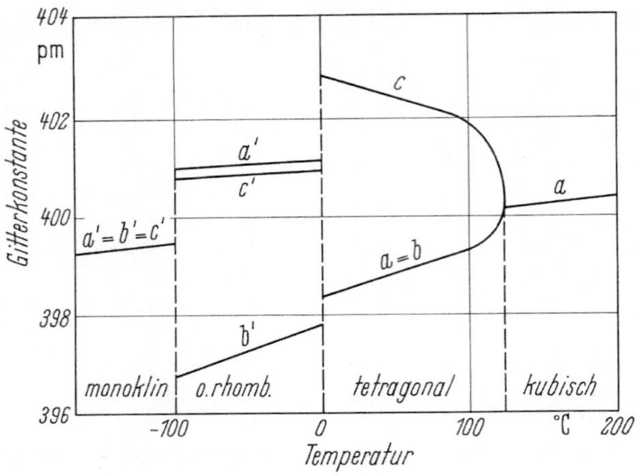

Bild 273: Temperaturabhängigkeit der Gitterkonstanten von $BaTiO_3$

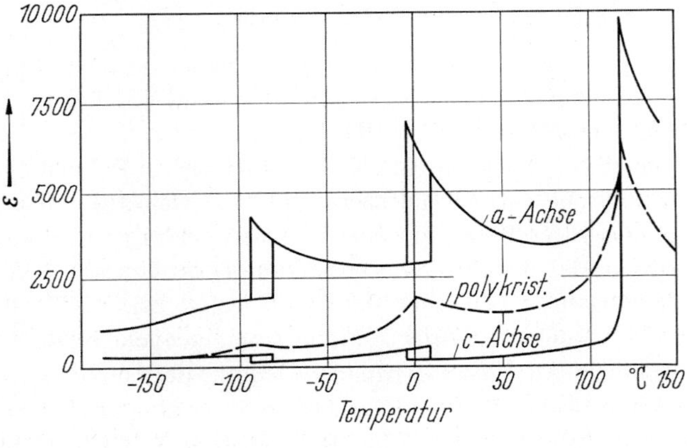

Bild 274: Temperaturabhängigkeit der Permittivitätszahl ε von $BaTiO_3$ als Einkristall (——) und polykristalline Keramik (-----)

Bild 275 zeigt, daß man dadurch bestimmte Curie-Temperaturen einstellen kann. Es gibt aber auch Verbindungen, in denen die Dipolmomente antiparallel ausgerichtet sind, so daß sich ihre Wirkungen aufheben. Dies wird als *Antiferroelektrizität* bezeichnet.

Eng verknüpft mit den ferroelektrischen Eigenschaften ist das Auftreten der *Piezoelektrizität*, die an Kristalle ohne Symmetriezentrum gebunden ist, z.B. Quarz, aber bei ferroelektrischen Substanzen besonders deutlich wird.

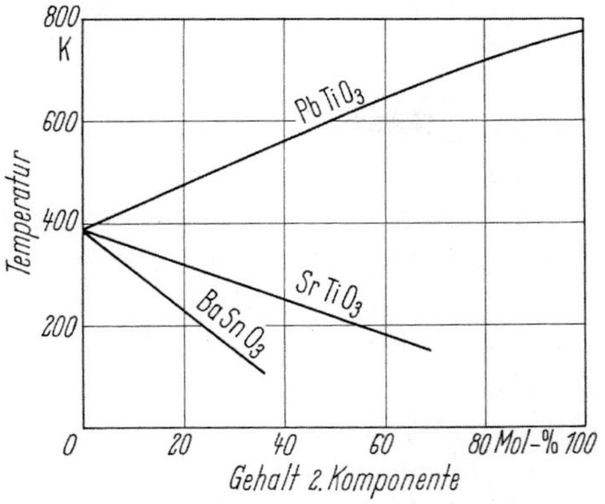

Bild 275: Änderung der ferroelektrischen Curie-Temperatur von $BaTiO_3$ -haltigen Mischkristallen

Sie beruht darauf, daß bei mechanischer Spannung σ_M (d.h. bei Druck oder Zug) in Richtung der polaren Achse entgegengesetzte Ladungen an den Enden des Kristalls auftreten. Für die piezoelektrisch bedingte Polarisation gilt

$$\vec{P} = d \cdot \vec{\sigma}_M \tag{265}$$

mit der tensoriellen piezoelektrischen Konstanten *d*.

Umgekehrt stellt man daher in einem elektrischen Feld eine Dehnung oder Stauchung fest. Ausgehend vom $BaTiO_3$ wurden piezoelektrische Keramiken entwickelt. Ein polykristallines Material hat zunächst keine Vorzugsrichtung. Sie kann aber erzeugt werden, wenn man in einem elektrischen Feld unter die Curie-Temperatur abkühlt. Besonders bewährt haben sich $Pb(Ti,Zr)O_3$-Mischkristalle, die auch als *PTZ-Keramik* bezeichnet werden. Durch die vielfältigen Möglichkeiten der Mischkristallbildungen lassen sich die Eigenschaften weit variieren.

Die Eigenschaften ferroelektrischer Werkstoffe sind stark vom *Gefüge* abhängig, wobei vor allem Korngrößen- und Korngrenzeneinflüsse bestehen, worauf u.a. Jonker [691], Heywang [692] und Arlt [693] hingewiesen haben. Dies ist leicht verständlich, wenn man bedenkt, daß die Ferroelektrizität an das Vorhandensein von Domänen gebunden ist. Bei sehr feinkörnigem Material verschwindet diese Eigenschaft während gleichzeitig die Permittivitätszahl ansteigt, z.B. beim $BaTiO_3$ von 1200 beim grobkristallinen Material bis auf über 4000 beim sehr feinkörnigen $BaTiO_3$. Mit abnehmender Korngröße sinkt die remanente Polarisation, die Hysterese (Bild 272) wird flacher.

Bei Berechnung der Permittivitätszahl ε eines Mehrkomponentenkörpers kann in guter Näherung nach der logarithmischen Mischungsregel

$$\lg \varepsilon = \sum_{\mathrm{i}} V_{\mathrm{i}} \lg \varepsilon_{\mathrm{i}} \tag{266}$$

erfolgen, in der V_i die Volumenanteile der Komponenten i sind. Daraus folgt, daß schon geringe Anteile einer Komponente mit geringem ε-Wert die Gesamt-Permittivitätszahl stark erniedrigen. Das gilt insbesondere für Poren, bei denen $\varepsilon = 1$

eingesetzt werden kann. Bei einer Substanz mit $\varepsilon = 100$ ruft eine Porosität von 1 Vol-% eine Erniedrigung auf $\varepsilon = 95{,}5$, von 5 Vol.-% auf $\varepsilon = 89$ und von 10 Vol.-% auf $\varepsilon = 63$ hervor.

Die dielektrischen Verluste werden wesentlich durch eine vorhandene Glasphase bestimmt, deren Alkaliionen sie deutlich erhöhen. Will man Produkte mit geringen dielektrischen Verlusten herstellen, muß man entweder den Gehalt an Glasphase gering halten und/oder die alkalihaltigen Flußmittel durch erdalkalihaltige ersetzen.

In glasphasenfreien keramischen Produkten reichern sich die meist nicht zu vermeidenden Verunreinigungen in den Korngrenzen an. Das kann bei Produkten mit geringer Leitfähigkeit zu deren Erhöhung führen, besonders bei höheren Temperaturen. Ist die Hauptphase ein Halbleiter, kann aber auch der gegenteilige Effekt eintreten. Im Wechselfeld können durch die Fremdsubstanz in den Korngrenzen Polarisationserscheinungen auftreten, die sich besonders bei Halbleitern mit einer Substanz geringerer Leitfähigkeit in den Korngrenzen bemerkbar machen können, indem bei niedrigen Frequenzen eine Erhöhung der Permittivitätszahl auftritt und der Verlustfaktor bei einer bestimmten Frequenz ein Maximum zeigt.

Die Abhängigkeit der Zusammensetzung der nichtstöchiometrischen Verbindungen von der Atmosphäre wurde schon erwähnt. Ähnliches gilt für die Ferrite. Jeder Temperatur entspricht ein bestimmter Gleichgewichtszustand, so daß ebenfalls eine Abhängigkeit der Eigenschaften von der Abkühlgeschwindigkeit besteht. Diese wirkt sich auf die Eigenschaften aus, die von bestimmten Orientierungen oder Ordnungs-Unordnungs-Erscheinungen in der Struktur abhängen.

5.4 Magnetische Eigenschaften

(Bearbeitet von V.A.M. Brabers, Eindhoven)

Wie eingangs bei der Erläuterung des Aufbaus der Atome im Kapitel 2.1 angeführt, kann jedes Elektronenniveau zwei Elektronen aufnehmen, deren Spins entgegengesetzt sind, so daß sich deren magnetische Momente kompensieren. Alle Substanzen, die aus Ionen aufgebaut sind, deren Elektronenzahl gerade ist und die paarig angeordnet sind, sind daher *diamagnetisch*. Dies gilt insbesondere für Ionen mit Edelgasschalen, z.B. Si^{4+}, Al^{3+}, Ca^{2+}, K^{+}, O^{2-}, weshalb die meisten keramischen Produkte diamagnetisch sind.

Ionen mit Elektronenniveaus, die nur von einem Elektron besetzt sind, zeigen in einem magnetischen Feld eine Ausrichtung der freien magnetischen Momente und sind daher *paramagnetisch*. Man findet sie unter den Übergangselementen, die nicht voll besetzte innere Schalen haben. Die Anzahl der ungepaarten Elektronen beträgt z.B. bei Cu^{2+} 1, Ni^{2+} 2, Co^{2+} und Cr^{3+} 3, Fe^{2+} 4 und Fe^{3+} und Mn^{2+} 5. Diese Anzahlen entsprechen also den jeweiligen Anzahlen an magnetischen Momenten bzw. *Bohrschen Magnetons*, wie sie auch genannt werden.

In einem magnetischen Feld ist bei paramagnetischen Stoffen die Magnetisierung M (bzw. magnetische Polarisation J, mit $J = \mu_0 \cdot M$) proportional der angelegten Feldstärke H:

$$\vec{H} = \chi_m \cdot \vec{M} = \mu_0 \cdot \chi_m \cdot \qquad (267)$$

In Gl. (267) ist χ_m die magnetische Suszeptibilität des Materials und μ_0 die magnetische Feldkonstante (μ_0= 1,26·10^{-6} Vs/Am). Gl. (267) entspricht formal Gl. (262) in der Beschreibung dielektrischer Materialien.

Man kennt einige Stoffe, Eisen z.B. schon seit langem, bei denen mit steigender magnetischer Feldstärke eine spontane Magnetisierung erfolgt, die dann mit weiterer Feldstärke in die Sättigungsmagnetisierung übergeht. Beim Abschalten des Feldes verbleibt eine gewisse Restmagnetisierung, die *Remanenz* M_r, zu deren Verschwinden man ein bestimmtes Gegenfeld, die *Koerzitivkraft* H_c, anlegen muß. Die dabei sich ergebende Hysterese entspricht der von Bild 272. Diese Erscheinung wird als *Ferromagnetismus* bezeichnet. Sie ist dadurch bedingt, daß in kleinen Kristallbereichen (Domänen = *Weißsche Bezirke*, Größenordnung 1 µm) durch gegenseitige Beeinflussung eine parallele Ausrichtung der magnetischen Momente erfolgt (sog. Austauschwechselwirkung). Im Feld tritt eine Orientierung dieser Bezirke ein, wobei sich die Übergangsbereiche zwischen den Weißschen Bezirken, die *Blochwände*, verschieben können.

Dieser Orientierung steht die thermische Bewegung entgegen, d.h., mit steigender Temperatur nimmt die Magnetisierung ab, um bei der Curie-Temperatur Null zu werden. Oberhalb ist dann nur noch Paramagnetismus vorhanden.

Nach der oben in vereinfachter Form geschilderten Ursache des Ferromagnetismus muß dieser nicht auf Metalle beschränkt bleiben, sondern wird immer dann auftreten, wenn zwischen den für den Magnetismus verantwortlichen Ionen eine Wechselwirkung derart möglich ist, daß eine gegenseitige Beeinflussung der magnetischen Momente erfolgt. Das erfordert eine bestimmte Lage der Ionen im Gitter, d.h., daß sie von der Struktur abhängig sein wird. Direkte Nachbarschaft dieser Ionen ist in keramischen Stoffen nicht möglich. Es besteht aber z.B. über ein O^{2-}-Ion, das den Koordinaten beider Ionen gleichzeitig angehört, eine gewisse Wechselwirkung, d.h., auch bei keramischen Stoffen ist mit Ferromagnetismus zu rechnen. Zusammenfassende Darstellungen haben Smit und Wijn [694], Blasse [695], Brockman [696], Standley [697] und Heimke [698] gegeben, wobei letzterer auch auf Meßmethoden hinweist.

Reiner Ferromagnetismus wird in Nichtmetallen relativ selten beobachtet. Ein Beispiel ist das in der Steinsalzstruktur kristallisierende Europiumoxid EuO. Die Ursache für das seltene Auftreten liegt in dem Wechselwirkungsmechanismus, der bei einfachen Strukturen meist zu einer antiparallelen Orientierung der Spinmomente führt. Diese Erscheinung bezeichnet man als *Antiferromagnetismus*. Sie ist zuerst beim MnO beobachtet worden, das Steinsalzstruktur hat, und tritt auch z.B. beim FeO und NiO mit derselben Struktur und in vielen anderen Strukturen auf. Auch hier gibt es eine Temperatur, oberhalb der nur noch Paramagnetismus vorliegt. Sie wird als *Néel-Temperatur* bezeichnet. Im Gegensatz zum Ferromagnetismus nimmt beim Antiferromagnetismus mit sinkender Temperatur die Magnetisierung ab.

Bild 276 zeigt schematisch in (a) und (b) die Spinanordnungen in ferro- und antiferromagnetischen Strukturen. Dazu kommt in (c) eine weitere Möglichkeit, die dann zu beobachten ist, wenn in der Struktur unterschiedliche Lagen für die Kationen vorhanden sind. Für solche Strukturen nimmt man nach Néel [699] an, daß die gegenseitige Wechselwirkung dazu führt, daß die Momente in jeweils gleichen Lagen in einem Untergitter parallel, aber die in verschiedenen Untergittern antiparallel orientiert sind. Wenn die Besetzungszahl der Untergitter unterschiedlich ist und/oder die Ionen verschiedene magnetische Momente haben, resultiert ein Gesamtmoment. Man bezeichnet diese Erscheinung im Gegensatz zum Ferromagnetismus als *Ferrimagnetismus*. Diese Bezeichnung hat keinen Zusammenhang mit der alten Benennung der Fe^{3+}- und Fe^{2+}-Ionen als Ferro- und Ferri-Ionen.

Eine typische Struktur mit unterschiedlichen Atomlagen für die Kationen ist das Spinellgitter AB_2O_4, bei dem auch die magnetischen Eigenschaften keramischer Stoffe am besten untersucht sind. Nach Kapitel 2.2.2 enthält die Elementarzelle 32 O-Ionen in dichtester Packung. Im normalen Spinell befinden sich die 16 B-Ionen in oktaedrischen und die 8 A-Ionen in tetraedrischen Lücken. Dies gilt z.B. für den klassischen Spinell $MgAl_2O_4$, der aber wegen der Edelgaskonfiguration aller Ionen diamagnetisch ist.

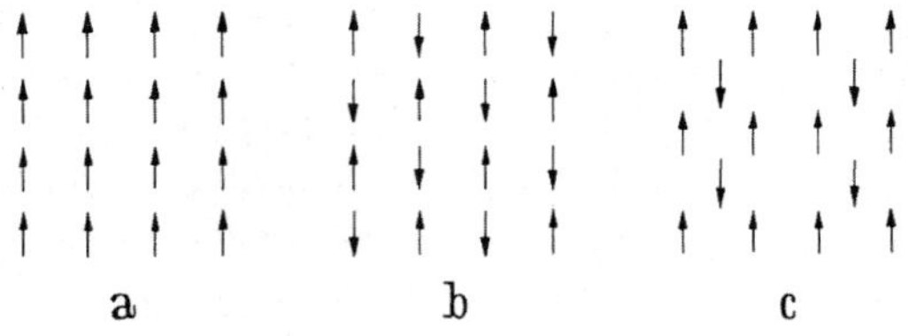

Bild 276: Schematische Darstellung der Orientierung der magnetischen Spinmomente in ferromagnetischen (a), antiferromagnetischen (b) und ferrimagnetischen (c) Strukturen

Bei anderen Spinellen beobachtet man einen Austausch eines Teils der dreiwertigen B-Ionen mit den zweiwertigen A-Ionen in ihren Lagen bis zum Grenzfall $B(AB)O_4$, wobei hier und im folgenden die zuerst stehenden Kationen sich in tetraedrischer, die danach stehenden in oktaedrischer Lage befinden. Diese Austauschspinelle werden auch Inversspinelle genannt. Die Inversionszahl λ ist dann das Verhältnis der B-Ionen in Tetraederkoordination zur Gesamtzahl der B-Ionen. Die Normalspinelle haben $\lambda = 0$, die reinen Austauschspinelle $\lambda = 0{,}5$. Dazwischen findet man alle Übergänge mit der allgemeinen Formel

$$(A_{1-x}B_x)(A_xB_{1-x})O_4\,, \quad \text{worin } x = 2\lambda.$$

Die Besetzung wird durch die Art der Kationen bestimmt. B = Al oder Cr, also Aluminate oder Chromite ergeben normale Spinelle, während bei B = Fe^{3+}, den Ferriten, eine Abhängigkeit vom Kation A besteht. Da der Ionenradius der betreffenden zweiwertigen Kationen meist größer als der der dreiwertigen Kationen ist, bevorzugen erstere die größere Oktaederlücke, d.h., die Austauschspinelle sind begünstigt. Man findet sie z.B. mit A = Fe^{2+}, Co^{2+} und Ni^{2+}, während teilweiser Austausch mit A = Mn^{2+} angenommen wird. Mit A = Mg^{2+} und Cu^{2+} hängt A von der Vorbehandlung ab. Normale Spinelle treten mit A = Zn^{2+} oder Cd^{2+} auf.

Wegen der hohen Zahl 5 der magnetischen Momente beim Fe^{3+} sind die Ferrite für die Keramik besonders interessant. Der Begriff „Ferrite" hat in der Zwischenzeit eine Erweiterung erlebt und wird jetzt allgemein für magnetische Oxide verwandt. Bei den Spinellen ist der Begriff Ferrospinelle klarer.

Die strukturellen Grundlagen erlauben jetzt Aussagen über die Art und Größe des Magnetismus, wenn man zugrunde legt, daß die Momente in den Untergittern jeweils parallel, aber in tetraedrischen und oktaedrischen Untergittern antiparallel orientiert sind. Einige Beispiele enthält Tabelle 54, deren erste Zeile den Normalspinell $ZnFe_2O_4$ bringt, in dem die Fe^{3+}-Ionen sich nur in den oktaedrischen Lagen befinden. Die magnetischen Momente orientieren sich dort antiparallel, d.h., es tritt Antiferromagnetismus auf, der allerdings die sehr tiefe Néel-Temperatur von nur 9 K zeigt. Die nächsten drei Zeilen der Tabelle 54 zeigen die Werte für vollkommene Austauschspinelle, während in den beiden folgenden Spinellen der Austausch nur teilweise erfolgt ist. Man kann erkennen, daß die Übereinstimmung zwischen berechneten und experimentellen magnetischen Momenten recht gut ist.

Neben diesen Spinellen mit nur zwei Kationen besteht eine große Vielfalt in der Bildung von Mischkristallen. Ein besonders interessantes Beispiel sind nach Guillaud [700] die Mischkristalle aus dem ferrimagnetischen $NiFe_2O_4$ mit dem nichtmagnetischen $ZnFe_2O_4$, die in den letzten Zeilen der Tabelle 54 angeführt sind. Die Bevorzugung der tetraedrischen Koordination durch das Zn-Ion hat zur Folge, daß die entsprechende Anzahl Fe^{3+}-Ionen in die oktaedrische Lage gedrängt wird, wodurch sich die Inversionszahl erniedrigt und das magnetische Moment erhöht. Die Einführung einer nichtmagnetischen Komponente kann daher die magnetischen Eigenschaften verbessern. Tabelle 54 zeigt aber, daß dieser Effekt nicht beliebig weit geht, sondern daß etwa ab dem Molverhältnis 1:1 die experimentellen Werte wieder absinken.

Die Eigenschaften der Spinelle wurden nach vielen Methoden untersucht. Wertvolle Aussagen erhält man aus der Temperaturabhängigkeit der magnetischen Momente. Da auch der Ferrimagnetismus an eine Ordnung in der Struktur gebunden ist und steigende Temperatur dieser entgegenwirkt, beobachtet man bei steigender Temperatur eine Abnahme der magnetischen Momente und kommt schließlich zu einer Temperatur, wo der Ferrimagnetismus verschwindet. Sie wird ebenfalls als Curie-Temperatur bezeichnet und hängt ab von der Wechselwirkung zwischen den Ionen und deren Verteilung. Sie liegt bei den Ferriten zwischen 300 und 700°C.

Magnetische keramische Stoffe hat man auch bei Verbindungen gefunden, die eine andere als Spinellstruktur haben. In der *Perowskitstruktur* ABO_3 fanden Jonker und van Santen [701] Ferromagnetismus bei den *Manganiten* mit B = Mn^{3+} oder Mn^{4+}, der auf einer parallelen Orientierung der Momente dieser Kationen beruht. Ihre Curie-Temperaturen sind allerdings sehr gering, kommen aber in Bereiche bis zu 100°C bei Mischkristallen von $La^{3+}Mn^{3+}O_3$ mit Erdalkalimanganiten des Typs $R^{2+}Mn^{4+}O_3$. Ähnliches gilt für die Cobaltite mit Co statt Mn.

Tabelle 54: Kationenverteilung und magnetische Momente von Ferriten mit Spinellstruktur

Ferrit	Kationenverteilung (Tetr.)(Okt.$_2$)O$_4$	Inversionszahl λ	Magnetische Momente der		Resultierendes magnetisches Moment	
			tetraedischen Ionen	oktaedrischen Ionen	theoretisch	beobachtet
$ZnFe_2O_4$	$ZnFe_2O_4$	0	0	0 (antiferromagnetisch)	0	0
Fe_3O_4	$Fe^{3++}(Fe^{2+}Fe^{3+})O_4$	0,5	5	4+5	4	4,1
$CoFe_2O_4$	$Fe^{3+}(Co^{2+}Fe^{3+})O_4$	0,5	5	3+5	3	3,7
$NiFe_2O_4$	$Fe^{3+}(Ni^{2+}Fe^{3+})O_4$	0,5	5	2+5	2	2,3
$MnFe_2O_4$	$(Mn^{2+}_{0,86}Fe^{3+}_{0,14})(Mn^{2+}_{0,14}Fe^{3+}_{1,86})O_4$	0,07	(0,86+0,14)·5	5	4,6	
$MgFe_2O_4$	$(Mg^{2+}_{0,1}Fe^{3+}_{0,9})(Mg^{2+}_{0,9}Fe^{3+}_{1,1})O_4$	0,45	0,9·5	1,1·5	1	1,1
$Ni_{0,8}Zn_{0,2}Fe_2O_4$	$(Zn^{2+}_{0,2}Fe^{3+}_{0,8})(Ni^{2+}_{0,8}Fe^{3+}_{1,2})O_4$	0,4	0,8·5	0,8·2+1,2·5	3,6	3,8
$Ni_{0,6}Zn_{0,4}Fe_2O_4$	$(Zn^{2+}_{0,4}Fe^{3+}_{0,6})(Ni^{2+}_{0,6}Fe^{3+}_{1,4})O_4$	0,3	0,6·5	0,6·2+1,4·5	5,2	5,1
$Ni_{0,4}Zn_{0,6}Fe_2O_4$	$(Zn^{2+}_{0,6}Fe^{3+}_{0,4})(Ni^{2+}_{0,4}Fe^{3+}_{1,6})O_4$	0,2	0,4·5	0,4·2+1,6·5	6,8	5,2

In den 90er Jahren haben die *Manganite* eine große Aufmerksamkeit erfahren aufgrund der außerordentlich großen Abhängigkeit des elektrischen Schichtwiderstandes von einem äußeren Magnetfeld (CMR-Effekt, engl.: CMR = Colossal Magneto Resistance).

In der kubischen Granatstruktur $A_3^{2+}B_2^{3+}C_3^{4+}O_{12}$ (z.B. Grossular $Ca_3Al_2[SiO_4]_3$) sind drei Untergitter vorhanden: A in KZ8, B in KZ6 und C in KZ4. Durch geeignete Substitution ist es möglich, Si-freie Granate herzustellen, von denen sich Yttriumeisengranat $Y_3Fe_5O_{12} = Y_3^{3+}Fe_2^{3+}Fe_3^{3+}O_{12}$ nach Bertaut und Forret [702] als ferrimagnetisch erwies. Während das Y^{3+}-Ion diamagnetisch ist, sind die Momente der Fe^{3+}-Ionen in den tetraedrischen und oktaedrischen Lagen antiparallel ausgerichtet. Das resultierende magnetische Moment ist in Übereinstimmung damit von Geller und Gilleo [703] zu 5 gemessen worden. Durch Substitution der Ionen dieser Verbindung kann man das magnetische Verhalten gezielt beeinflussen.

Eine weitere wichtige Gruppe sind die von Went u. M. [704] und Jonker u. M. [705] beschriebenen Ferrite aus dem System BaO-MeO-Fe_2O_3. Die wichtigsten Verbindungen davon werden wie folgt bezeichnet: $BaFe_{12}O_{19}$ = M, $BaMe_2Fe_{16}O_{27}$ = W, $Ba_2Me_2Fe_{12}O_{22}$ = Y und $Ba_3Me_2Fe_{24}O_4$ = Z. Ihre Strukturen bestehen aus Spinellschichten, die durch Ba-haltige Schichten getrennt sind. Da sich für M, W und Z eine hexagonale, für Y eine trigonale Struktur ergibt, bezeichnet man die ganze Gruppe auch als hexagonale Ferrite. Manchmal wird auch der Begriff *Magnetoplumbite* gebraucht, da die M-Struktur mit der des Minerals Magnetoplumbit übereinstimmt, das die ideale Formel $PbO{\cdot}6Fe_2O_3$ hat. In der Elementarzelle des Magnetoplumbits befinden sich 24 Fe^{3+}-Ionen, die, wenn sie einheitlich parallel ausgerichtet wären, $24{\cdot}5 = 120$ Bohrsche Magnetons ergeben müßten, während experimentell nur 40 gemessen wurden. Dies läßt sich strukturell erklären, denn die Fe^{3+}-Ionen haben fünf unterschiedliche Lagen, bilden also fünf Untergitter. Drei davon mit 2 + 2 + 12 Fe^{3+}-Ionen sind parallel, die anderen beiden mit 4 + 4 Fe^{3+}-Ionen antiparallel dazu ausgerichtet, so daß die magnetischen Momente von 8 Fe^{3+}-Ionen, also $8{\cdot}5 = 40$, resultieren. Durch geeignete Wahl von Me und weitere Substitutionen hat man ferromagnetische Verbindungen mit sehr hohen Sättigungsmagnetisierungen gefunden, die sich vor allem für Hartmagnete bewährt haben.

Unter *Hart- oder Permanentmagneten* versteht man solche Stoffe, die sich nicht leicht entmagnetisieren lassen, was gleichbedeutend mit einer hohen Koerzitivkraft ist. Weichmagnetische Stoffe lassen sich dagegen schon durch schwache Felder magnetisieren und verlieren beim Abschalten des Feldes ihre Magnetisierung spontan ganz oder weitgehend, d.h., ihre Hystereseschleife ist im Gegensatz zu der der Hartmagnete eng und ihre Magnetisierungsarbeiten sind gering. Für das harte bzw. weiche magnetische Verhalten sind im wesentlichen die *Kristallanisotropie* des Materials und die *Blochwandbeweglichkeit* maßgeblich. Die Kristallanisotropie beruht auf der Tatsache, daß ohne äußeres Magnetfeld der Magnetisierungsvektor in einem gegebenen Kristall nur bestimmte Gleichgewichtslagen in Bezug auf das Kristallgitter einnehmen kann (sog. *leichte Richtungen*, d.h. Kristallrichtungen der leichten Magnetisierung). Im hexagonalen Kristall ist meist die *c*-Achse die leichte Richtung. Um die Magnetisierung von einer gegebenen Richtung in die entgegengesetzte Richtung zu klappen, ist häufig eine erhebliche, materialspezifische Energie nötig. In kubischen Kristallen gibt es eine größere Anzahl kristallographisch äquivalenter Positionen, die Anisotropieenergien sind meist recht klein.

Die Vergrößerung und Verkleinerung von Weißschen Bezirken ist immer mit einer Verschiebung der Blochwände verbunden. Die Blochwandbeweglichkeit wird durch die Energie bestimmt, mit der Blochwände an Haftstellen (oder Pinningzentren) im Material festgehalten werden.

Weichmagnetisches Verhalten tritt in Keramiken auf, bei denen gleichzeitig die Anisotropieenergie niedrig und die Blochwandbeweglichkeit hoch ist. Dies ist typischerweise bei Ferriten vom kubischen Spinelltyp der Fall. Die Zusammensetzung kann in einigen Fällen dergestalt optimiert werden, daß der Materialkoeffizient der Anisotropie (für eine gegebene Temperatur) einen Nulldurchgang zeigt und demgemäß die Anisotropieenergie verschwindet.

Hartmagnetisches Verhalten findet man in Keramiken mit uniaxialen Kristallstrukturen (wie z.B. den hexagonalen Ferriten), in denen die Aniostropieenergie hoch ist. Die Blochwandbeweglichkeit kann durch die Einführung stabiler Pinningzentren (Ausscheidungen, Versetzungen, u.a.) verringert werden.

Das eben erwähnte Verhalten wird nicht nur von der Kristallstruktur bzw. vom Chemismus bestimmt, sondern auch von den Brennbedingungen und vom Gefüge. Hier sei kurz darauf verwiesen, daß wegen der Wichtigkeit der Wertigkeitsstufen ein Einfluß des Sauerstoffpartialdrucks beim Brennen sofort verständlich ist. Beim Gefügeeinfluß sind vor allem Korngröße, Korngrenzen und Porosität zu beachten, wozu Jonker [706] einige Hinweise gibt. Mit steigender Korngröße wächst die Anfangspermeabilität, was Röss und Hanke [707] und Stuijts [708] im Zusammenhang mit weiteren Gefügeeinflüssen herausstellen. Igarashi und Okazaki [709] zeigen am Beispiel des $Ni_{0,4}Zn_{0,6}Fe_2O_4$, daß gleichzeitig die Koerzitivkraft sinkt, während die Remanenz unverändert bleibt. Dieser Einfluß auf die Koerzitivkraft ist für die Herstellung von Hartmagneten wichtig, die eine hohe Koerzitivkraft, also kleine Korngröße benötigen. Wenn die Einzelkörner sehr klein (um 1 μm) werden, dann bestehen sie nur noch aus einem Weißschen Bezirk, und die leichte Entmagnetisierungsmöglichkeit durch Verschieben der Blochwände ist nicht mehr gegeben. Noch erwähnt sei, daß nach Igarashi und Okazaki [709] steigende Porosität die Anfangspermeabilität und die Remanenz absinken läßt, während die Koerzitivkraft davon unbeeinflußt bleibt.

Während der Magnetisierung tritt meist eine Längenänderung ein, die als *Magnetostriktion* bezeichnet wird und in den piezomagnetischen Stoffen genutzt wird. In der Regel werden die Kristalle etwas kürzer, bis zu etwa $\Delta l/l_0 = 100 \cdot 10^{-6}$, aber auch Dehnungen bis zu $50 \cdot 10^{-6}$ werden beobachtet. Bei letzterer Erscheinung tritt erneut die Verwandtschaft zwischen dielektrischem und magnetischem Verhalten hervor, bedingt durch verwandtes Verhalten der elektrischen und magnetischen Dipole. Es entsprechen damit die elektrische Feldstärke der magnetischen Feldstärke, die elektrische Verschiebung der magnetischen Induktion oder die Permittivitätszahl der Permeabilität. Die Ausrichtung der Momente in den Domänen findet man sowohl bei der Ferroelektrizität wie beim Ferromagnetismus. Es sind jedoch auch Unterschiede zu beachten, denn piezoelektrische Stoffe zeigen Ferroelektrizität, aber piezomagnetische Stoffe Ferrimagnetismus.

5.5 Optische Eigenschaften

Die optischen Eigenschaften eines Stoffes beruhen auf seiner Wechselwirkung mit dem Licht. Diese Wechselwirkungen können sich im ganzen Volumen oder nur an Ober- bzw. Grenzflächen abspielen, und es besteht eine starke Abhängigkeit von der Wellenlänge des Lichts.

Tritt ein Lichtstrahl aus der Luft, wo er angenähert die maximale Geschwindigkeit c_0 hat, in einen Körper ein, so verringert er seine Geschwindigkeit auf c infolge einer Wechselwirkung mit den den Körper aufbauenden Ionen. Bei senkrechtem Lichteinfall ändert sich der Strahlengang des Lichts dadurch nicht. Wenn aber der Einfall schräg erfolgt, z.B. mit einem Winkel α zur Normalen, dann erfolgt eine Ablenkung im Körper mit optisch dichterem Medium zum kleineren Winkel β. Nach dem *Brechungsgesetz* von Snellius (1662) ergibt sich daraus die Brechzahl (Brechungsindex) n zu

$$n = \frac{c_0}{c} = \frac{\sin\alpha}{\sin\beta} \,. \tag{268}$$

Gleichung (268) gilt auch für den Lichtaustritt aus einem Körper. Erfolgt dieser in Luft, kann α maximal 90° erreichen, wo dann Totalreflexion eintritt. Dafür ergibt sich aus Gl. (268) $\sin\beta_{total} = 1/n$.

Aber auch bei senkrechtem Einfall dringt nicht alles Licht in den Körper ein, sondern ein Teil davon wird reflektiert. Dieses *Reflexionsvermögen* R ergibt sich zu

$$R = \left(\frac{n-1}{n+2}\right)^2 \,. \tag{269}$$

Bei schrägem Lichteinfall ist R außerdem vom Einfallswinkel abhängig.

Die Wechselwirkung zwischen Licht und Stoff kann verschiedener Art sein. Aus der oben erwähnten Rolle der Ionen läßt sich ableiten, daß die Brechzahl nicht nur mit steigender Zahl an Ionen pro Volumen, sondern auch mit steigender Polarisierbarkeit der Ionen zunimmt. Daraus ergibt sich auch eine zunehmende Brechzahl bei größerer Energie des Lichts, d.h. mit steigender Frequenz bzw. sinkender Wellenlänge, was als *Dispersion* bezeichnet wird. Damit wird verständlich, daß anisotrope Kristalle in den unterschiedlichen Achsenrichtungen verschiedene Brechzahlen aufweisen, wie man aus den betreffenden Tabellen (z.B. Tabelle 14, Tabelle 19, Tabelle 21 oder Tabelle 22) entnehmen kann. Korund hat nach Tabelle 43 Brechzahlen von 1,76 bzw. 1,77, was nach Gl. (269) zu einem Reflexionsvermögen von etwa R = 0,08 = 8 % führt. Die Totalreflexion tritt bei 34,5° ein.

Die Lichtbrechung beeinflußt zwar Richtung und Geschwindigkeit eines Lichtstrahls, beeinträchtigt aber im allgemeinen nicht die Lichtdurchlässigkeit. Letzteres ist jedoch der Fall, wenn in einem Stoff freie Elektronen vorhanden sind, wie z.B. in den Metallen, die dann für das Licht vollkommen undurchlässig sind. Eine Wechselwirkung mit gebundenen Elektronen benötigt eine hohe Energie, die so groß ist, daß die entsprechenden Wellenlängen im ultravioletten Bereich liegen, weshalb Festkörper in diesem Bereich undurchlässig werden. Enthält ein solcher Körper aber Ionen, die leichter anregbare Elektronen haben, dann wird Absorption des Lichts auch im sichtbaren Bereich beobachtet; die Körper erscheinen gefärbt. In dieser Beziehung sind vor allem die Nebengruppenelemente (Fe, Mn, Cr, Co) zu nennen, die sich schon in sehr geringen Mengen bemerkbar machen können, wobei die Farbe auch umschlagen kann. Ein bekanntes Beispiel ist das Cr^{3+}-Ion, das üblicherweise grün färbt, aber sehr verdünnt im Korund das schöne Rubinrot liefert. Endl und Hausner [710] haben die Farbwirkung auf Al_2O_3 auch mit anderen Zusätzen verfolgt, wobei der Einfluß der Ofenatmosphäre beim Brennen berücksichtigt wurde. Im infraroten Bereich, also mit abnehmender Energie des Lichts, beobachtet man weitere Absorptionsbanden, die von der Wechselwirkung mit Schwingungen von Atomgruppierungen herrühren, z.B. der Si-O- oder O-H-Gruppierung.

Die Stärke einer solchen Absorption wird durch den Absorptionskoeffizienten ε gekennzeichnet. Das *Lambert-Beersche Gesetz* sagt aus, welche Intensität I eines Lichtstrahls mit anfänglicher Intensität I_0 durch einen Körper der Dicke d hindurchtritt, wenn die Konzentration der absorbierenden Komponente c beträgt:

$$I = I_0 \cdot 10^{-\varepsilon \cdot c \cdot d} \quad \text{oder} \quad \lg(I_0/I) = \lg(1/D) = \varepsilon \cdot c \cdot d \tag{270}$$

In Gl. (270) wurde die dekadische Form gewählt. Mit d in cm und c in mol/l hat ε die Einheit l/(mol cm). Das Verhältnis I/I_0 ist die Durchlässigkeit D.

Die meisten keramischen Werkstoffe sind aus den Ionen O^{2-}, Si^{4+}, Al^{3+} und den Alkali- und Erdalkaliionen aufgebaut, die im sichtbaren Bereich keine Absorptionsbanden haben und die daher gut durchsichtig sein müßten. Daß dies in Wirklichkeit aber nicht der Fall ist, beruht auf der Streuung an den zahlreichen Korngrenzen in keramischen Körpern und ist damit eine Folge von deren Gefüge. Für die Streuung durch kugelförmige Einschlüsse in einer Matrix gilt eine der Gl. (270) analoge Beziehung

$$I/I_0 = \exp(-S \cdot d) \tag{271}$$

worin d die Dicke einer Probe und S den Streukoeffizienten darstellt. Für letzteren gilt

$$S = Q \cdot N \cdot \pi \cdot a^2 = 3Q \cdot V / 4a \tag{272}$$

mit N = Zahl der Einschlüsse/Volumen, a = Einschlußradius, V = Volumenanteil der Einschlüsse und Q = Wirkungsfaktor. Q seinerseits hängt ab vom Verhältnis der Brechzahl beider Phasen und vom Verhältnis $\chi = 2\pi a/\lambda$ mit λ = Wellenlänge. Bei $\chi < 1$, also sehr kleinen Radien bzw. großer Wellenlänge befindet man sich im Bereich der *Rayleigh-Streuung*, in dem Q proportional χ^4 bzw. $1/\lambda^4$ ansteigt. Bei $\chi > 1$ wird Q konstant. Dazwischen liegt der Bereich der *Mie-Streuung*, in dem eine besonders große Streuung auftritt, wenn $2a = \lambda$ wird.

Keine Streuung kann beobachtet werden, wenn beide Phasen gleiche Brechzahlen haben. Eine polykristalline Keramik aus isotropen Kristallen müßte daher vollständig durchsichtig sein, unabhängig von der Korngröße. Meist reichern sich aber an den Korngrenzen die Sinterhilfen oder Verunreinigungen an, wodurch Streuerscheinungen eintreten. Man spricht dann von *Transluzenz*. Dann wird auch ein Einfluß der Korngröße bemerkbar, indem die Streuung mit sinkender Korngröße ansteigt, da dann mehr Korngrenzen vorhanden sind. Wenn die Korngröße allerdings im Nanometerbereich liegt, treten die Korngrenzen nicht mehr in Wechselwirkung mit Lichtwellen. Die Keramik wird *transparent*.

Die Gln. (271) und (272) lassen auch den Einfluß der Porosität P erkennen, wozu man nur $V = P$ zu setzen braucht. Nimmt man außerdem $Q = 2$ an, dann ergibt sich $I / I_0 = \exp(-1{,}5 \cdot P \cdot d / a) = D$. Eine Probe der Dicke 1 mm hat dann bei einer Porosität von 1 % ($P = 0{,}01$) und Porenradien $a = 10$ µm nur noch eine Durchlässigkeit von $D = \exp(-1{,}5 \cdot 0{,}01 \cdot 1000/10) = 0{,}22 = 22$ %. Sinkt die Porosität auf $P = 0{,}001$, erhöht sich D auf 86 %, werden aber bei $P = 0{,}01$ die Poren kleiner, z.B. mit Radien $a = 2$ µm, dann nimmt D auf 0,06 % ab, d.h., die Probe ist praktisch undurchlässig. Diese empfindliche Abhängigkeit von der Porosität ist in Experimenten oft bestätigt worden, z.B. von Peelen [711].

Damit zeigen sich die Wege auf, zu transparenten keramischen Körpern zu gelangen: Man muß vor allem darauf achten, die Porosität gering zu halten. Als beste Methode eignet sich das Heißpressen, das beim Al_2O_3 zunächst zu durchscheinenden, dann aber auch zu transparenten Körpern geführt hat, wie Peelen [712] beschreibt, der sich auch mit der Verwendung der Begriffe durchsichtig und durchscheinend auseinandersetzt. Auch transparentes MgO läßt sich nach dieser Methode herstellen, wobei Smethurst u. M. [713] aber einen Korngrößeneinfluß feststellen, der auf eine Streuung an den Verunreinigungen in den Korngrenzen zurückgeführt wird. Erst durch die Synthesemöglichkeiten nanokristalliner Pulver wurde transparentes Al_2O_3 herstellbar (Kapitel 10.1.1.4).

Das Durchscheinen ist ein besonderes Merkmal des Porzellans. Diese Eigenschaft wird dann meist fälschlicherweise als Transparenz bezeichnet. Sie wird im Kapitel 8.2.2 beim Porzellan besprochen werden wie auch die sog. „Weiße“ des Porzellans, die beeinträchtigt wird durch Verunreinigungen an Eisen- und Titanoxiden.

Eingangs dieses Kapitels wurde auf die Beziehung zwischen Brechzahl und Polarisierbarkeit der Ionen hingewiesen. Daraus folgt, daß alle Vorgänge, die die Polarisierbarkeit beeinflussen, auch zu einer Änderung der Brechzahl führen. Das ist z.B. der Fall bei mechanischen Spannungen, was zu den akustooptischen Effekten führt, oder beim Einwirken von elektrischen Feldern, die Anlaß der elektrooptischen Effekte sind. Diese Effekte werden besonders bei Niobaten und Tantalaten praktisch genutzt. Es ist dann wichtig, daß solche Körper transparent sind, was man ebenfalls durch Heißpressen erreichen kann [714].

Die meisten keramischen Werkstoffe sind nicht lichtdurchlässig; ihr optisches Verhalten wird von der Oberfläche bestimmt. Es resultiert aus einer Überlagerung von der bereits erwähnten Reflexion und Streuung, bedingt durch die Rauheit der Oberfläche. Im letzteren Fall würde sich bei einem idealen Verhalten eine vom Winkel und von der Richtung des einfallenden Lichts unabhängige Streuung nach dem Cosinusgesetz ergeben. Doerbecker und Oel [715], die solche Messungen durch Bestimmung der Streuindikatrix an Glasuren durchführten, berücksichtigen noch die Möglichkeit einer orientierten Rauheit, die sie Mattigkeit nennen.

5.6 Chemische Eigenschaften

(Bearbeitet von P. Quirmbach, Bonn)

Die hervorragende chemische Beständigkeit keramischer Werkstoffe ist nicht zuletzt ein Grund für ihre vielfältigen Einsatzmöglichkeiten bis hin zu höchsten Temperaturen. Dies ist bedingt durch die große thermodynamische Stabilität der wichtigsten keramischen Phasenbestandteile. Man kann anhand der thermodynamischen Daten, wie sie für einige Komponenten in Kapitel 3.1 angeführt sind, die verschiedenen Reaktionsmöglichkeiten berechnen. Dabei muß man jedoch berücksichtigen, daß man durch diese Rechnungen nur erkennen kann, in welcher Richtung eine Reaktion ablaufen wird, nicht aber, wie schnell oder auf welchem Wege das erfolgt. Es ist ein weiterer günstiger Umstand, daß meist auch die Reaktionsgeschwindigkeiten keramischer Werkstoffe in aggressiven Medien gering sind. Zu beachten ist aber ein oft vorhandener Gefügeeinfluß, indem ein angreifendes flüssiges oder gasförmiges Medium entlang der Poren oder der Korngrenzen in den Körper eindringt. Letzteres wird durch dort angereicherte Verunreinigungen oder Glasphase begünstigt. Zur Beschreibung dieser Vorgänge hat sich in Analogie zu den Metallen der Begriff der Korrosion durchgesetzt.

5.6.1 Grundlagen

Unter *Korrosion* versteht man die Überlagerung von zeitlich variablen, aber voneinander abhängig verlaufenden chemischen Reaktionen und Diffusionsprozessen, die von äußeren Faktoren beeinflußt werden und mit einer irreversiblen Änderung des chemischen als auch kristallinen Aufbaus einer Bauteiloberfläche und nachfolgend des Gefüges unter Bildung fester, gas- oder schmelzförmiger Reaktionsprodukte verbunden ist. Als äußere Faktoren gelten Systemvariablen der Umgebungsmedien, die entweder aus einer Atmosphäre, oder Festkörper(n), oder Schmelze(n) oder Flüssigkeit(en) oder einer Mischung derselben bestehen können. Die Systemvariablen sind Druck, Temperatur, Strömungsgeschwindigkeit, Konzentration, chemisches Potential, usw. sowie deren zeit- und ortsabhängige Veränderung. Der Korrosionsverlauf wird durch Reaktionsraten bestimmt, deren Größe immer als „Resultierende", d.h. als Summe sämtlicher Teilreaktionen definiert ist, die bis zur Erreichung eines endgültigen (stabilen) oder temporären (metastabilen) thermodynamischen Gleichgewichts ablaufen. Der Verlauf der Startreaktionen bei Korrosionsprozessen, die immer auf der Bauteiloberfläche beginnen, korrespondiert sehr stark mit den charakteristischen Oberflächeneigenschaften wie Planarität und Porosität. Folgende physikalisch-chemischen Größen oder Vorgänge beeinflussen im weiteren den Korrosionsverlauf: Oberflächenenergie, Benetzung, Löslichkeit, Absorption, Adsorption, Verdampfung und Kondensation. Als Folgeerscheinungen des Korrosionsreaktionsverlaufs stellen sich eine Änderung der Kornformen, die stoffliche und strukturelle Veränderung von Korngrenzenphasen, Phasenumwandlungen und Phasenneubildungen auch in Form von Reaktionsschichten ein. Die Reaktionsprodukte können während oder nach erfolgter Reaktion am Reaktionsort verbleiben, z.B. bei der Ausbildung von Oxidationsschutzschichten oder entfernt werden, wie z.B. bei einer Verdampfung der Reaktionsprodukte.

Die Beeinträchtigung der Funktionstüchtigkeit keramischer Produkte durch Korrosion ist insbesondere im Bereich der Hochleistungskeramik, der technischen Keramik oder feuerfester Werkstoffe kritisch, da hier Bauteile unter höchsten Belastungen thermischer, chemischer und mechanischer Art eingesetzt werden.

Aufgrund der Vielzahl der unterschiedlichen Prozesse bei der Korrosion und der Varianten keramischer Werkstoffe existiert kein umfassendes Modell, welches die Arten der Korrosion eindeutig charakterisiert und abgrenzt. Darüber hinaus bestimmen die Einflüsse der Werkstoffherstellung (Aufbereitung, Formgebung) das Eigenschaftsprofil keramischer Bauteile, so auch die Korrosionsbeständigkeit.

Die treibende Kraft bei der Korrosion ist die Verringerung der freien Enthalpie des gesamten Systems. Aus der Sicht der Thermodynamik ist der Reaktionsweg weniger entscheidend als Anfangs- und Endpunkt der Reaktionsabfolge. Bei praktischen Untersuchungen werden allerdings oftmals Zwischenprodukte oder metastabile Phasen identifiziert, die zeigen, daß sich das Gleichgewicht noch nicht eingestellt hat, z.B. bei einer zu langsamen Reaktionskinetik. Für den Fall der Gleichgewichtseinstellung sind Vorausberechnungen der Stabilität eines Werkstoffs auf Basis der Thermodynamik sowie die Modellierung der Reaktionsprodukte grundlegende Instrumente zur Beschreibung von Korrosionsverläufen.

Als Maß für die „Reaktionsfreudigkeit" von Stoffen gilt die freie Enthalpie, die die Enthalpie und die Entropie miteinander verknüpft. Die Änderung der freien Enthalpie bei einer isothermen Reaktion bei konstantem Druck lautet:

$$\Delta G = \Delta H - T \cdot \Delta S, \tag{273}$$

wobei gilt, daß das System freiwillig in den Zustand minimaler freier Enthalpie übergeht, wenn ΔG negativ ist, d.h., die Reaktion läuft spontan ab. Tabellenwerke [716], [717] geben Zahlenwerte der temperaturabhängigen Größen ΔH und ΔS wieder, woraus sich dann unter der Berücksichtigung von

$$\Delta H_{\text{Reaktion}} = \Sigma \Delta H_{\text{Produkte}} - \Delta H_{\text{Edukte}} \tag{274}$$

und

$$\Delta S_{\text{Reaktion}} = \Sigma \Delta S_{\text{Produkte}} - \Delta S_{\text{Edukte}} \tag{275}$$

die Werte für ΔG_T bei der Temperatur T berechnen lassen. Unter der vereinfachenden Annahme, daß sowohl Festkörper als auch Schmelzen bei mäßigen Drükken die Aktivität $a = 1$ besitzen, läßt sich jede beliebige chemische Reaktion in Abhängigkeit existenter Partialdrücke idealer Gasmischungen und einer Reaktionskonstante k ausdrücken, z.B. bei:

$$4 \cdot A_{\text{fest}} + B_{\text{gas}} \longrightarrow 2 \cdot C_{\text{fest}} \tag{276}$$

$$k = \frac{a_C^2}{a_A^4 \cdot p_B} \Rightarrow k = \frac{1}{p_B}. \tag{277}$$

Bei Betrachtung reiner Phasen im Gleichgewichtszustand $\Delta G = 0$ bei T wird aus:

$$\Delta G_T = \Delta G_T^0 + RT \cdot \ln k \tag{278}$$

in diesem Fall:

$$\Delta G_T^0 = -RT \cdot \ln k. \tag{279}$$

Unter Berücksichtigung von (5) ergibt sich hieraus:

$$p_B = \exp \frac{\Delta G_T^0}{RT}. \tag{280}$$

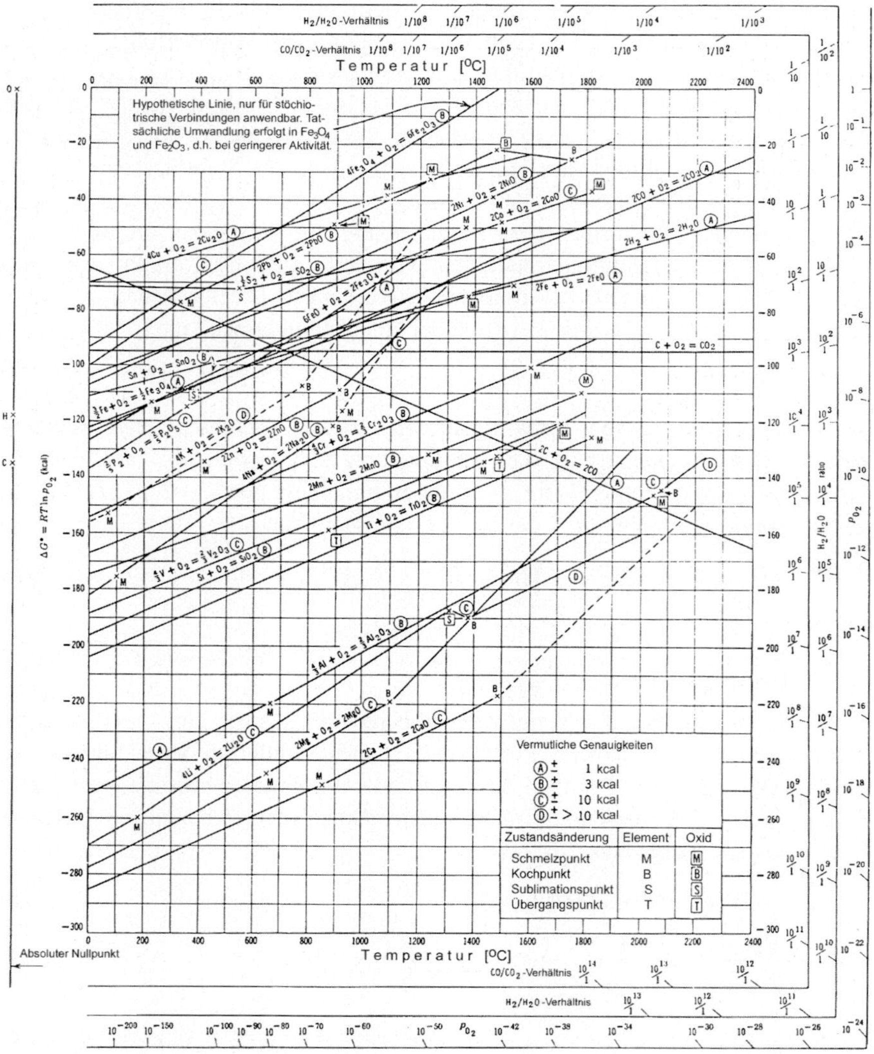

Bild 277: Jeffes-Richardson-Diagramm

Diese Gleichung gibt den Zusammenhang zwischen den Größen *p*, *T* und ΔG_T^0 wieder, was zeichnerisch in der Form von sogenannten *Jeffes-Richardson-Diagrammen* (Bild 277) dargestellt wird. Aus diesen Grafiken läßt sich direkt die z.B. thermodynamische Stabilität von Oxiden sowie die Triebkraft zu ihrer Entstehung, auch gegenüber anderen Oxiden, ablesen.

Für die Darstellung von Reaktionen zwischen keramischen Werkstoffen und Umgebungsmedien (fest, flüssig, gasförmig) eignen sich Stabilitätsdiagramme. Die bekannteste Form wäre ein Zustandsdiagramm, welches z.B. die thermodynamische Stabilität der unterschiedlichen Phasen (fest ↔ flüssig ↔ gasförmig) zweier Stoffe in Abhängigkeit von der Temperatur und des Mischungsverhältnisses wiedergibt (siehe Kapitel 3.2). Hierbei stellt die Soliduslinie im Hinblick auf Korrosionseinflüsse den Übergang zwischen einem „intakten" und einem sich infolge Aufschmelzung „zersetzenden" Werkstoff dar.

Der Übergang zwischen Festphasen in Abhängigkeit von Umgebungspartialdrücken wurde zuerst für die Darstellung von Oxiden aus ihren Metallen in Abhängigkeit von *T* und $p[O_2]$ beschrieben. Durch eine Modifizierung des Diagrammtyps (Bild 277) wird die Oxidstabilität auch in Abhängigkeit von H_2/H_2O- bzw. CO/CO_2-Verhältnissen einfach wiedergegeben, was speziell für die Verwendung von oxidkeramischen Werkstoffen innerhalb der anwendungsrelevanten Umgebungsatmosphären (Ofenatmosphären beim Sintern oder Einsatz innerhalb von Verbrennungsräumen) wichtige Hinweise bei der Bewertung der Stabilität gibt.

Ergeben sich z.B. bei einer Gaskorrosion gasförmige Reaktionsprodukte, so wird durch das *Kellogg-Diagramm* die Stabilität fester Phasen in Abhängigkeit der an der Reaktion beteiligten Gasphasen mittels einer *T*-*p*-Darstellung wiedergegeben. Hierdurch können die Einsatzgrenzen z.B. oxidkeramischer Feuerfestwerkstoffe in stark reduzierenden Umgebungen gut verdeutlicht werden.

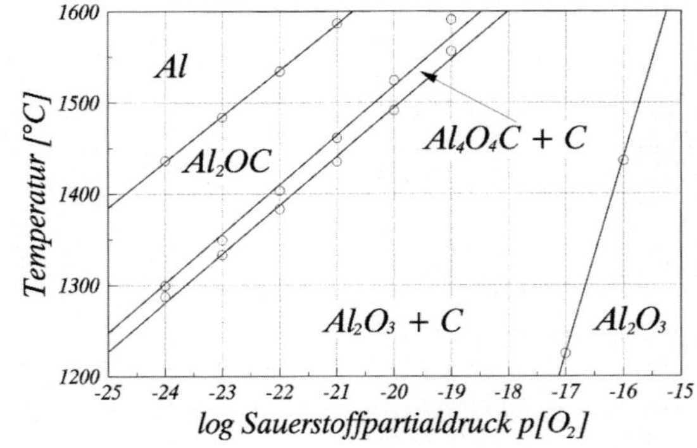

Bild 278: Berechnetes Stabilitätsdiagramm der festen Phasen im System Al_2O_3-Al_4C_3 nach [718]

Darüber hinaus werden andere Diagrammvarianten (*Pourbaix-Diagramm* für die Darstellung des Redox-Potentials gegenüber dem *p*H-Wert) bzw. Kombinationen oder Modifikationen der oben beschriebenen Typen zur Beschreibung komplexer korrosiver Reaktionen verwendet.

Die Einbeziehung der Kinetik in die Beschreibung von Korrosionsreaktionen basiert auf der Forderung von Anwendern keramischer Werkstoffe, die Lebensdauer von Bauteilen zuverlässig vorauszuberechnen. Die Schwierigkeit hierbei besteht darin, Beeinträchtigungen der Kinetik durch z.B. die Ausbildung von Diffusionsbarrieren, metastabilen Phasen, Änderungen im kristallinen Aufbau des Materials u.ä. so zu erfassen, daß Voraussagen zum Langzeitverhalten möglich werden. Durch die Ermittlung von Reaktionsraten bzw. -konstanten soll der zeitliche Verlauf der Korrosionsreaktionen in Abhängigkeit von der Temperatur und der Aktivierungsenergie nach der Gleichung

$$k = A \cdot \exp^{-Q/RT} \tag{281}$$

beschrieben werden.

Oftmals wird bei der grafischen Wiedergabe von Gl. (281) eine *Arrhenius-Darstellung* der Form ln k / ln $1/T$ gewählt. Darüber hinaus ist unabhängig von der Art der Korrosion zu unterscheiden, ob es sich um ein geschlossenes, zyklisches oder offenes System handelt (Bild 279).

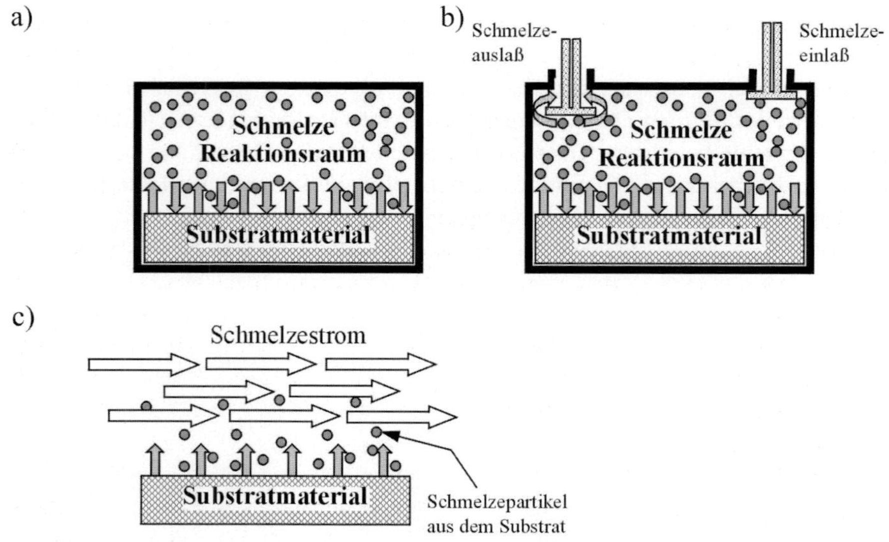

Bild 279: Prinzipskizze eines geschlossenen (a), zyklischen (b) und offenen Systems (c)

Die Zeitabhängigkeit bei Reaktionsabfolgen wird bestimmt durch den langsamsten aller Teilschritte. Mit Hilfe von Zeitgesetzen ist es möglich, Korrosionsvorgänge, die sowohl von chemischen Oberflächenreaktionen als auch von Transportvorgängen bestimmt werden, kinetisch zu beschreiben.

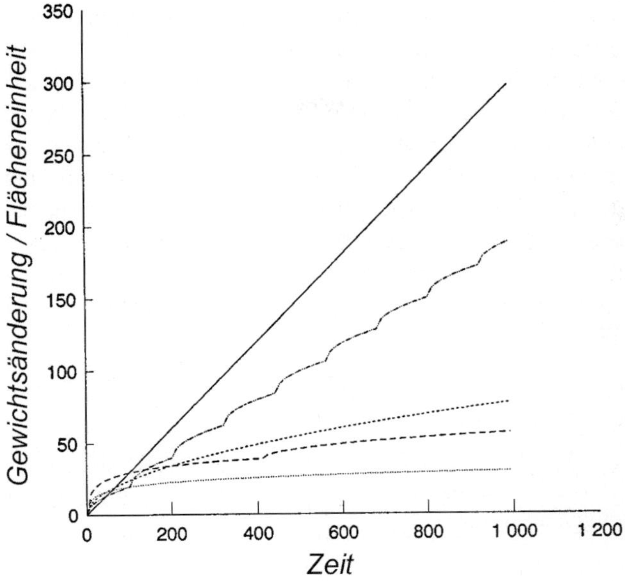

Bild 280: Schematische Darstellung einiger Zeitgesetze [719]

Zwischen den in Bild 280 dokumentierten einfachen Fällen einer Abhängigkeit der Massenänderung von der Zeit können bei komplizierten, zeitlich veränderlichen Systemen gekoppelte Verläufe bzw. Überlagerungen nachgewiesen werden. Dies ist u.a. der Fall, wenn oberflächlich gewachsene Oxidschutzschichten Risse bekommen und somit ihre passivierende, d.h. diffusionshemmende Wirkung verlieren. Die Umgebungsatmosphäre kann nun direkt, d.h. rein reaktionsgesteuert mit der Bauteiloberfläche reagieren, bis sich nach einer definierten Zeit die Schicht aufgrund der Entstehung neuer fester Reaktionsprodukte wieder regeneriert hat. Ein weiterer Aspekt ist das zeitlich indifferente Kristallisationsverhalten innerhalb der Oxidschicht, da sich entweder, bedingt durch entgegengerichtete Diffusionsströme, kristalline Substanzen bilden oder sich Teilbereiche in der Oxidschicht zu Gläsern umwandeln. In den Fällen solchen Materialverhaltens können Zeitgesetze nur auf der Basis intensiver experimenteller Arbeiten erfaßt und verifiziert werden.

Da die Korrosion keramischer Werkstoffe ihren Anfang immer auf der Bauteiloberfläche nimmt, hängt ihre Intensität von der spezifischen Oberfläche ab. Porosität und Dichte sowie die Rauhigkeit oder Krümmung der Oberfläche bestimmen die Ausprägung und Art der Korrosion. Hiermit verbunden ist der Einfluß der Oberflächenenergie, die ihrerseits in Abhängigkeit von der Porosität Benetzungs- oder Infiltrationsprozesse wie z.B. bei der Schmelzkorrosion von Metallen oder Schlacken gegenüber feuerfesten Keramiken entscheidend bestimmt. Nach der *Young-Dupré-Gleichung* (Kapitel 2.5.3) gilt für den Benetzungswinkel ϕ:

$$\cos \phi = (\gamma_{sg} - \gamma_{sl}) / (\gamma_{lg}). \quad (282)$$

Bei Unterschreiten des Grenzwerts $\phi = 90°$ tritt eine Infiltration von Poren oder Kapillaren ein, indem z.B. die Schmelze unter Austausch des in den Poren vorhandenen Gases ohne die Einwirkung äußerer Kräfte in die Kavitäten infiltriert. Im Bereich $\phi \geq 90°$ ist eine, dem Porenradius äquivalente äußere Kraft erforderlich, um eine Infiltration zu ermöglichen. Darüber hinaus besitzt die bereits erwähnte Benetzung, speziell in der Wechselwirkung zwischen Korngrenzen und korrosiven Schmelzen, eine Schlüsselrolle. Bei $\gamma_{ss} \geq 2\ \gamma_{sl}$ tritt eine Infiltration der Korngrenzen ein. Der Benetzungswinkel ϕ nimmt ebenso wie die Viskosität mit steigender Temperatur ab, vorausgesetzt, es treten keine stofflichen Änderungen ein. Weitere Einzelheiten sind dem Kapitel 2.5.3 zu entnehmen.

5.6.2 Medienkorrosion

In Abhängigkeit des korrosiven Mediums ergeben sich unterschiedliche Erscheinungs- und Verlaufsformen der Korrosion. Dies sind die Gas-, Flüssigkeits-, Schmelz-, Salzschmelzen- als auch Festkörperkorrosion. In den jeweils unterschiedlichen technologischen Anwendungsfällen können diese Typen entweder alleine oder in Überlagerungen auftreten.

5.6.2.1 Gaskorrosion

Die Korrosion hierbei wird durch die Reaktion des keramischen Materials mit mindestens einem gasförmigen Reaktionspartner hervorgerufen. Diese Vorgänge laufen ab in Aggregaten, in denen reaktive bzw. aggressive Gase transportiert bzw. gelagert werden oder in denen solche Gase infolge vorangegangener Prozesse (z.B. Verbrennungen) entstanden sind. Als häufige Vertreter solcher Gasspezies treten einzeln oder als Mischung auf: CO-CO_2, H_2-H_2O, SO_3-SO_2 oder H_2SO_4, Halogene (F- oder Cl-Verbindungen, z.B. HF, HCl), gasförmige Säuren und Laugen sowie Alkalimetalle (aus einer vorangegangenen Verdampfung von Salzen, z.B. NaCl).

Speziell bei Anwendungen im Bereich der technischen Keramiken werden nichtoxidische Materialien aus den Gruppen der Nitride, Carbide, Boride und Silicide eingesetzt. Bei der Korrosion solcher Nichtoxide stellt die Oxidation einen „Zwischenschritt" beim Zerstörungsprozeß dar. Hierbei wird unter dem Begriff der Oxidation nicht, wie z.B. in der Chemie, der Wertigkeitswechsel von Ionen zu höheren Stufen hin verstanden, sondern die reine Überführung eines Nichtoxids in ein Oxid. Dies bedeutet, daß der Sauerstoffpartialdruck $p[O_2]$ am Reaktionsort entscheidend den Verlauf der Oxidation bestimmt.

Es existieren zwei unterschiedliche Stadien der Oxidation, die passive und die aktive Form. Der Übergang zwischen beiden Formen ist festgelegt durch die Ausbildung der Reaktionsprodukte. Bei der *passiven Oxidation* bilden sich vorzugsweise feste oder flüssige oxidische Reaktionsprodukte im Unterschied zur *aktiven Oxidation*, bei der die Entstehung gasförmiger Reaktionsprodukte dominiert und damit immer neue Angriffsflächen für die weitere Oxidation zur Verfügung steht. Reaktionen, bei denen ein keramischer Werkstoff kongruent in die Gasphase überführt wird, werden als *Sublimation* bezeichnet. Inkongruentes Verhalten resultiert bei einer teilweisen Verdampfung und gleichzeitiger Entstehung einer neuartigen kondensierten Phase. In multikomponentigen Materialzusammensetzungen kommt es oftmals zu einer selektiven Verdampfung, entsprechend den unterschiedlichen Verdampfungswärmen der einzelnen Komponenten.

Beispiele für passive Oxidation (z.B. bei 1000°C) sind:

$$SiC_{(s)} + 2\,O_{2(g)} \longrightarrow SiO_{2(s)} + CO_{2(g)} \quad (283)$$
$$4\,AlN_{(s)} + 3\,O_{2(g)} \longrightarrow 2\,Al_2O_{3(s)} + 2\,N_{2(g)} \quad (284)$$
$$2\,ZrB_{2(s)} + 5\,O_{2(g)} \longrightarrow 2\,ZrO_{2(s)} + 2\,B_2O_{3(s)} \quad (285)$$
$$MoSi_{2(s)} + 2\,O_{2(g)} \longrightarrow 2\,SiO_{2(s)} + Mo_{(s)} \quad (286)$$

Aktive Oxidation tritt jedoch bei sehr hohen Temperaturen $T > 2000°C$ und geringen Sauerstoffpartialdrücken ein:

$$SiC_{(s)} + O_{2(g)} \longrightarrow SiO_{(g)} + CO_{(g)} \quad (287)$$
$$4\,AlN_{(s)} + O_{2(g)} \longrightarrow 2\,Al_2O_{(g)} + 2\,N_{2(g)} \quad (288)$$
$$ZrB_{2(s)} + 1.5\,O_{2(g)} \longrightarrow ZrO_{(g)} + 2\,BO_{(g)} \quad (289)$$
$$MoSi_{2(s)} + O_{2(g)} \longrightarrow 2\,SiO_{(g)} + Mo_{(g)}\,. \quad (290)$$

Der den Reaktionsverlauf bestimmende Sauerstoffpartialdruck $p[O_2]$ ist festgelegt durch die Umgebungsatmosphäre, in der das keramische Bauteil unter den jeweiligen technologischen Bedingungen eingesetzt wird, z.B. innerhalb von Ofenatmosphären, bei Sekundärlufteinspeisungen oder bei Zersetzungsreaktionen anderer Reaktionspartner. Verbrennungs- oder Schmelzvorgänge und deren begleitende Prozesse können oftmals nur bei einem definierten $p[O_2]$ ablaufen. Hieraus ergeben sich direkt die Einsatzbereiche keramischer Bauteile.

Der komplexe Zusammenhang zwischen der Einwirkung gasförmiger Korrosionsmedien und Bauteiloberflächen wurde modellhaft für den Fall rein passiver Oxidation [720], rein aktiver Oxidation [721] und dem Übergang zwischen beiden Formen [722] durch verschiedene Autoren grundlegend beschrieben, sowie im nachfolgenden durch eine Vielzahl von Untersuchungen experimentell überprüft und ggf. modifiziert [723]-[728].

Die eigentliche Gaskorrosion verläuft in den meisten Fällen nach folgendem Schema:

1. Transport gasförmiger Reaktanden aus der Umgebung hin zur Bauteiloberfläche;
2. Adsorption dieser Reaktionspartner;
3. Chemische Reaktion zwischen den ggf. aggressiven Gasen und den Komponenten des keramischen Gefüges (Körner, Korngrenzen- oder Sekundärphasen, Poren) unter Bildung entweder gas-, schmelzförmiger oder fester Reaktionsprodukte;
4. Desorption eines Teils der Reaktionsprodukte;
5. Voranschreitende Diffusion eines weiteren Teils der korrosiven Gase hinein ins keramische Gefüge.

Sämtliche dieser Schritte besitzen eine eigene Reaktionsgeschwindigkeit und tragen ihren Teil zur Gesamtkinetik des Korrosionsvorgangs bei. Nach einer kurzen Anfangsperiode laufen sämtliche Schritte nebeneinander ab, wobei der langsamste dieser Teilschritte geschwindigkeitsbestimmend ist.

5.6.2.2 Flüssigkeitskorrosion

Bei dieser Form der Korrosion kommt es zu einem direkten Kontakt zwischen einer umhüllenden Flüssigkeit und einer keramischen Bauteiloberfläche. Typische technologische Anwendungen sind: Lagerungsgefäße, Pumpenkomponenten wie z.B. Gehäuse, Lager oder Laufräder, Ventile, Dichtungen, Armaturen oder auch Laborausstattungen wie z.B. Waschtische, Abdeckflächen oder Tiegel. Als Flüssigkeiten kommen in Betracht: Wasser (normal oder hydrothermal, chemisch rein oder mineralisch verunreinigt), Säuren oder Laugen. Die am häufigsten in diesen Anwendungsfeldern verwendeten Werkstoffe sind chemisch-technisches Porzellan, Steinzeug, Al_2O_3, ZrO_2, Si_3N_4, SiC, usw.

Das Verhalten silicatkeramischer Werkstoffe ist gekennzeichnet durch die Hydrolyse von Si-O-Bindungen. Berechnungen haben ergeben, daß die Adsorption des Wassers an Si-OH- (Silanol-) Endgruppen stabiler ist als an Si-O...H-Brückengruppen. Bei einer thermischen Behandlung wandeln sich diese Wasserstoffbrükkengruppen um in Si-O-Si- (Siloxan-) Gruppen, was zu einer Hydrophobierung der Bauteiloberfläche führt. Das Auslaugungsverhalten eines silicatkeramischen Bauteils wird ferner bestimmt durch den Anteil weiterer Oxide wie die der Alkali- oder Erdalkalimetalle (z.B. Na_2O, MgO) oder die der Übergangsmetalle. Hierbei ist entscheidend, wie die Metallionen über die Anzahl und Art der Bindungen im Si-O-Tetraedernetzwerk verankert sind. Schwach gebundene Kationen werden schnell aus dem Verbund herausgelöst, während sich Kationen mit einem hohen Vernetzungsgrad stabiler verhalten. Bei einer Mischung mehrerer Oxidtypen kommt es zu einer selektiven Korrosion, d.h., die bestimmten Ionen gehen bevorzugt in Lösung.

Innerhalb der amorphen Phase des silicatkeramischen Gefüges, welche besonders korrosionsanfällig ist, verhält sich diese bei der Korrosion entsprechend wie ein Glas in Abhängigkeit des Vernetzungsgrads der SiO_4-Tetraeder. Bei einem Säureangriff dominiert der Ionenaustausch, d.h. H_3O^+/H^+-Ionen tauschen sich mit den mobilsten Kationen des Silicatglases aus. Dies sind hauptsächlich die als Netzwerkwandler fungierenden Na^+-Ionen. Dieser Prozeß verläuft nach den Gesetzmäßigkeiten der Diffusion, d.h., die Kinetik entspricht einem Wurzel-Zeitgesetz. Bei einem Laugenangriff spalten OH^--Ionen direkt die Struktureinheiten der Silicatgläser. Hierdurch werden die Siloxanbrücken zerstört und in der Folge das gesamte Glasnetzwerk, wobei die Kinetik reaktionsbedingt nach einem linearen Zeitgesetz verläuft:

$$\text{Si-O-Si} + \text{OH}^- \longrightarrow \text{Si-O}^- + \text{HO-Si}\,. \qquad (291)$$

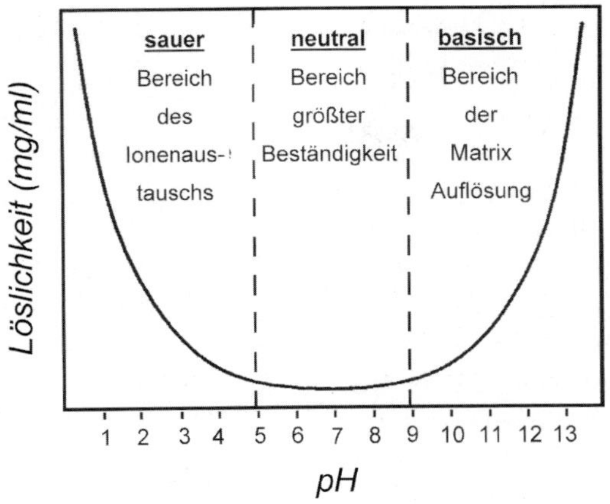

Bild 281: Einfluß des *p*H-Werts auf die Löslichkeit der amorphen Sekundärphase im keramischen Gefüge [731]

Der Wasserangriff verläuft nach einem kombinierten Mechanismus, wobei zunächst der Ionenaustausch mit dem Netzwerk eintritt, was zu einer Erhöhung der OH^--Ionenkonzentration im Wasser führt. Hierdurch wird im folgenden der Laugenangriff verstärkt eingeleitet, so daß die Kinetik des Wasserangriffs eine Kombination aus beiden oben erwähnten Fällen darstellt.

Der Einbau höherwertiger Ionen in ein Si-O-Netzwerk, z.B. von dreibindigem Stickstoff, führt zu einer „Verfestigung" des Netzwerks und somit zu einer Steigerung der Hydrolysebeständigkeit.

Das Verhalten oxidkeramischer Werkstoffe unter Flüssigkeitskorrosion wird beeinträchtigt durch die für die Herstellung technischer Keramiken notwendige Dotierung mit weiteren Oxiden oder durch die ungewollte Verunreinigung bei der Produktion. Ein sehr kritisches Oxid ist hierbei das SiO_2, welches schon in geringsten Mengen (ca. 500 ppm) z.B. auf Al_2O_3-Körnern einen Korngrenzenphasenfilm bildet, in dem sich die übrigen Verunreinigungsanteile des Gefüges sammeln. Das SiO_2 alleine ist bereits um einige Größenordnungen korrosionsanfälliger als Al_2O_3. Hat es aber mit z.B. in geringen Mengen an Na_2O aus dem Bayer-Prozess eine Mischoxidphase gebildet, so ist diese noch unbeständiger, was einer durch Korngrenzentransport voranschreitenden Korrosion Vorschub leistet und bei einem Laugenangriff zum Herauslösen ganzer Kornbereiche und nachfolgend zu einer starken Porositätssteigerung führt.

Beim Einsatz von ZrO_2-Bauteilen kann bei Temperaturen zwischen 100 und 300°C speziell beim TZP durch einen Wasserangriff die metastabile tetragonale Phase in die monokline umgewandelt werden, was zu einer katastrophalen Bauteilzerstörung führt.

Bei Nichtoxidkeramiken ruft die Einbringung in Wasser bzw. Wasserdampf bei hohen Temperaturen eine eigene Form der Korrosion hervor, die *hydrothermale Korrosion*. Es entstehen hierbei speziell bei den Nitriden (MN) und Carbiden (MC) im Gegensatz zur Oxidation in Sauerstoff Ammoniak und Methan:

$$MN_{x(s)} + y \cdot H_2O_{(g)} \longrightarrow MO_{y(s)} + x \cdot NH_{3(g)} + (y - 3/2\,x) \cdot H_{2(g)} \qquad (292)$$

$$MC_{x(s)} + y \cdot H_2O_{(g)} \longrightarrow MO_{y(s)} + x \cdot CH_{4(g)} + (y - 2\,x) \cdot H_{2(g)} \,. \tag{293}$$

Das Korrosionsschema bei den technischen Werkstoffen, die speziell im Falle des Si_3N_4 (und dort je nach Produktionsweg) mit mehr oder weniger großen Anteilen an Sinteradditiven (Oxiden) versetzt sind, wird durch das Korrosionsverhalten der Sekundär- oder Glasphase bestimmt. Hier ist entscheidend, welche Oxide, sei es in kristalliner oder amorpher Form vorliegen. Über Hydrolyse und der damit verbundenen Aufweitung bzw. Zerstörung des Sekundärphasennetzwerks kommt es zum reaktionsgesteuerten Fortschreiten der Korrosionsfront ins Gefüge. Bei der Anwendung von Si_3N_4-Werkstoffen in Säuren wurde experimentell bestimmt, daß sich in Abhängigkeit vom Kristallisationsgrad der Korngrenzenphase eine selektive Korrosion unterschiedlicher Metallionen ergibt.

5.6.2.3 Schmelzkorrosion und Salzschmelzkorrosion („Hot-Corrosion")

Diese Art der Korrosion findet zwischen keramischen Materialien und schmelzförmigen Medien, vorzugsweise Metall- oder Glasschmelzen statt, z.B. bei feuerfesten Auskleidungen von Schmelzaggregaten. Neuerdings spielt auch die Belastung schmelzförmiger Partikel sowie deren Schlackenbildung bei der thermischen Abfallentsorgung eine immer größere Rolle. Eine spezielle Art der Schmelzkorrosion stellt die Salzschmelzkorrosion oder die im internationalen Sprachgebrauch sogenannte „Hot-Corrosion" dar, bei der z.B. infolge einer Verbrennung entstandene gasförmige Reaktionsprodukte in kälteren Bereichen eines Aggregats als schmelzförmiges Salz kondensieren und äußerst korrosiv auf die keramische Bauteiloberfläche einwirken.

Bei der Schmelzkorrosion laufen die Transportvorgänge bei den Lösungs- und Infiltrationsprozessen diffusionsgesteuert bei gleichzeitiger Überlagerung eines Strömungsfeldes ab. Die Kinetik der Korrosion wird bestimmt durch die Wechselwirkung zwischen Diffusion und Konvektion (darin enthalten die Strömungsfeldgeschwindigkeit), die ihrerseits den Konzentrationsverlauf der Reaktionspartner in der Grenzschicht Schmelze-Keramikoberfläche bedingt. Es bilden sich charakteristische Grenzschichtphänomene aus wie z.B. die *Nernst´sche Diffusionsgrenzschicht,* die den örtlichen Konzentrationsgradienten der beteiligten Reaktionspartner beschreibt genauso wie die *Prandtl´sche Strömungsgrenzschicht*, die das örtliche Geschwindigkeitsgefälle wiedergibt (Bild 282).

Hierbei spielt die Viskosität der Schmelze eine entscheidende Rolle. Die Phänomene der *Grenzflächenkonvektion* (*Marangoni-Konvektion*) treten immer dann auf, wenn drei Phasen aufeinandertreffen und an den Kontaktflächen die Grenzflächenenergien minimieren wollen. Hierbei werden sowohl in vertikaler (*Lochfraß*, *Lochbohren*) als auch horizontaler Richtung (*Spülkantenbildung*) charakteristische Schadensbilder aufgrund der unterschiedlichen Oberflächenspannungen ausgeprägt.

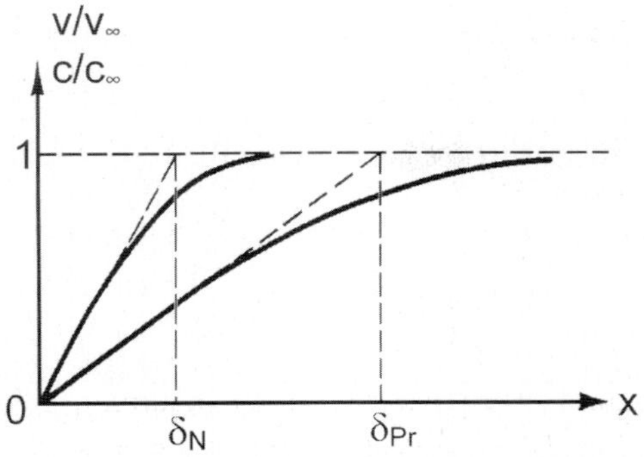

Bild 282: Verlauf der Nernst´schen Diffusionsgrenzschicht und Definition von δ_N, Verlauf der Prandtl´schen Strömungsgrenzschicht und Definition von δ_{Pr} durch lineare Extrapolation. x = Abstand von Festkörperoberfläche [729]

In Bild 283 nach [892] ist dieser Vorgang verdeutlicht. Die Oberfläche der Schmelze S_1 benetzt zunächst den Festkörper F (hier z.B. eine feuerfeste Ausmauerung einer Glaswanne) und bildet dann eine Dreiphasengrenze fest-flüssig-gasförmig mit der Atmosphäre G (Bilder links). Dabei löst die Schmelze Bestandteile aus dem Feststoff und verändert ihre chemische Zusammensetzung zu S_2. Die verschiedenen Schmelzezusammensetzungen führen zu unterschiedlichen Oberflächenspannungen σ_1 und σ_2 mit $\sigma_1 > \sigma_2$.

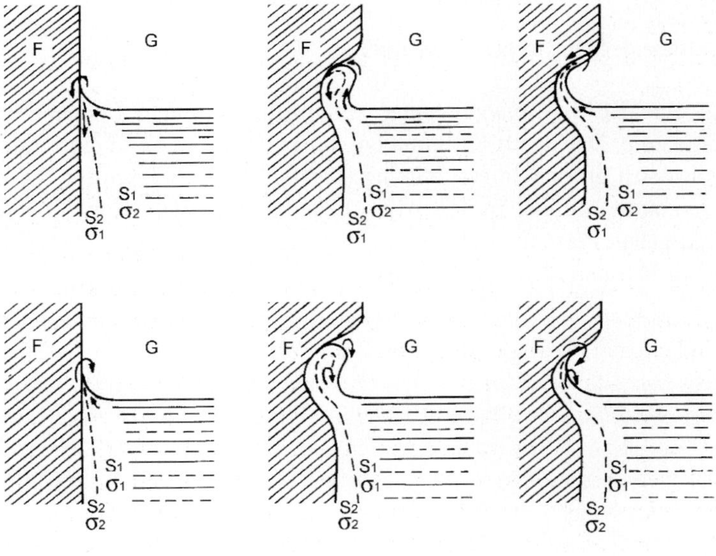

Bild 283: Schematische Darstellung der bevorzugten Korrosion durch Grenzflächenkonvektion in horizontaler Richtung in drei von links nach rechts zunehmenden Zeitstadien; nach [892].

Die Bildreihen oben und unten unterscheiden sich durch die umgekehrte Zuordnung der Oberflächenspannungen zu den Schmelzen. Sind die Differenz und der Gradient der Grenzflächenspannung genügend groß, kommt es an der Dreistoffgrenze zur Grenzflächenkonvektion (Bilder Mitte). Dadurch wird die Nernst´sche Diffusionsschicht (gestrichelt) dünner und die Auflösungsgeschwindigkeit schneller. Durch die veränderte Dichte der Lösung S_2 sinkt diese ab, neue Schmelze S_1 wird herangeführt und der Vorgang beginnt erneut (Bilder rechts). In der oberen Bildfolge ergibt sich aufgrund der Oberflächenspannungsverhältnisse ein Wirbel mit negativem Drehsinn, unten mit positivem. Entsprechendes gilt für das sog. *Blasenbohren* bzw. *Tropfenbohren* (Bild 284 unten), das ebenfalls in Glaswannen an den randlichen Palisadensteinen oder in den Böden beobachtet wird.

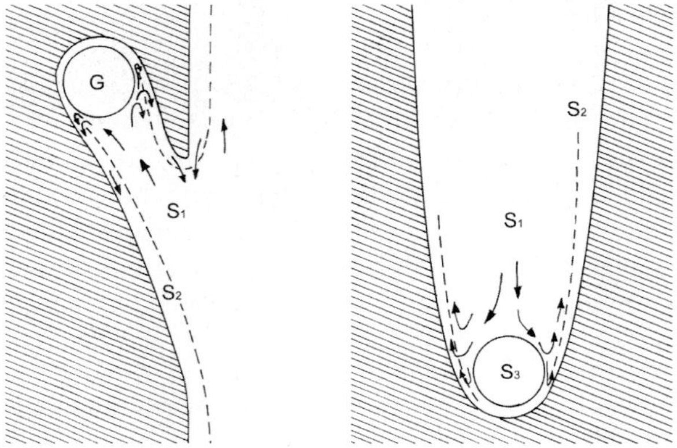

Bild 284: Links: Blasenbohren. Rechts Tropfenbohren

Bild 285 zeigt eine REM-Aufnahme eines Anschliffes aus dem Bodenbereich einer Rubinglaswanne. Der durch Koagulation von kolloidalem Gold entstandene Goldtropfen bohrt sich unter Schlierenbildung (rechts: EDX-Analysen für Na, Al, Au, Pb und K) in einen Mullitstein. Für Al_2O_3-Feuerbeton in Stahl-Kontakt sowie für Glas-Kontakt geben Pötschke u. M. Formeln zur Abschätzung des Verschleißfortschrittes durch Marangoni-Konvektion an [2245], [2246].

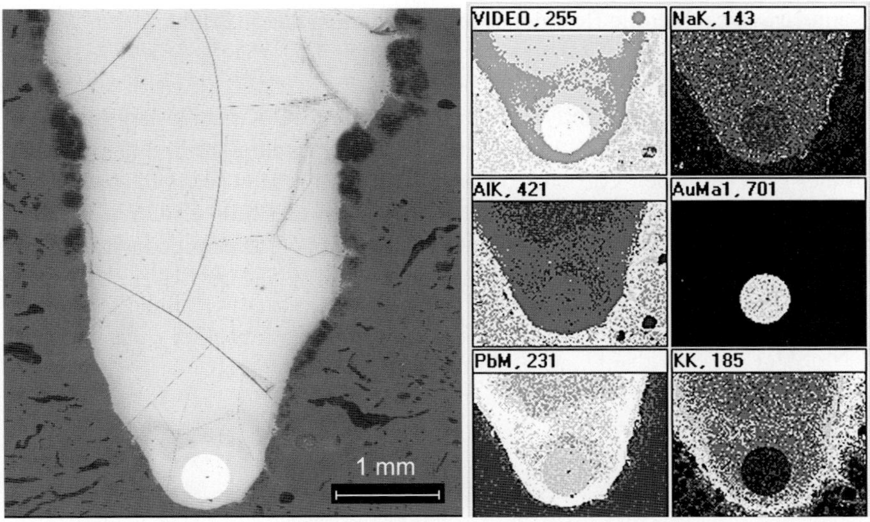

Bild 285: REM-Aufnahme und EDX-Flächenanalysen der Umgebung eines Goldtropfens am Kontakt zwischen Rubinglas und Mullitstein (Quelle: Telle/Thönnißen, RWTH Aachen).

In Bild 286 sind die vorherrschenden Strömungen als Funktion des Wandabstands dargestellt.

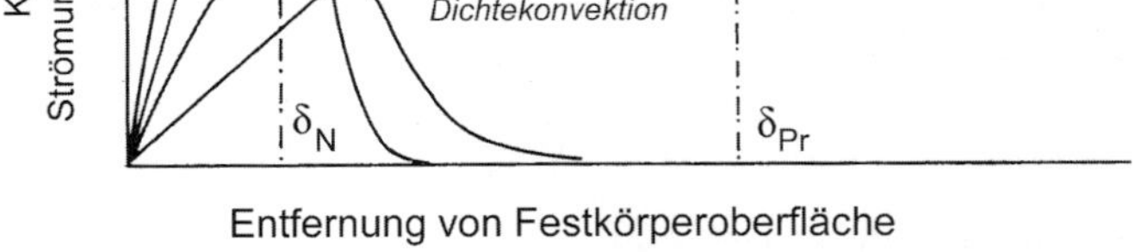

Bild 286: Wirkungsweise der einzelnen Teilprozesse bei der Schmelzkorrosion [729]

Im Bereich der Salzschmelzenkorrosion oder „Hot Corrosion" kommt es nach folgendem Schema zu z.T. überlagerten Prozeßabläufen:

1. Ablagerung einer Salzschmelze zwischen dem Schmelzpunkt und dem Taupunkt
2. Reaktion zwischen der Salzablagerung und der Keramikoberfläche;
3. Diffusionsvorgänge durch die korrosive Salzschmelzenablagerung;
4. Reaktionen zwischen der Umgebungsatmosphäre und der Salzschmelze.

Exemplarisch sei hier die Reaktionsabfolge zwischen einem Sulfat

$$SO_{2(g)} + {}^{1}/_{2}\, O_{2(g)} \longrightarrow SO_{3(g)} \qquad (294)$$

und der SiO_2-Oxidschicht auf der Oberfläche einer SiC-Keramik dargestellt. Anstelle des Sulfats als Rückstand der Verbrennung eines fossilen Brennstoffs könnten hier gleichermaßen Carbonate, Vanadate o.ä. eingesetzt werden. Andererseits könnten sämtliche anderen keramischen Materialien ebenfalls als Grundwerkstoff verwendet werden. Das Kochsalz NaCl kommt als Verunreinigung in der Luft immer vor, in Meeresnähe besonders stark:

$$2\,NaCl_{(g)} + SO_{3(g)} + H_2O_{(g)} \longrightarrow Na_2SO_{4(l)} + 2\,HCl_{(g)} \qquad (295)$$
$$Na_2SO_{4(l)} \longrightarrow Na_2O_{(s)} + SO_{3(g)} \qquad (296)$$
$$SiC_{(s)} + 1.5\,O_{2(g)} \longrightarrow SiO_{2(s)} + CO_{(g)} \qquad (297)$$
$$2\,SiO_{2(s)} + Na_2O_{(s)} \longrightarrow Na_2O{\cdot}2SiO_{2(l)} \qquad (298)$$

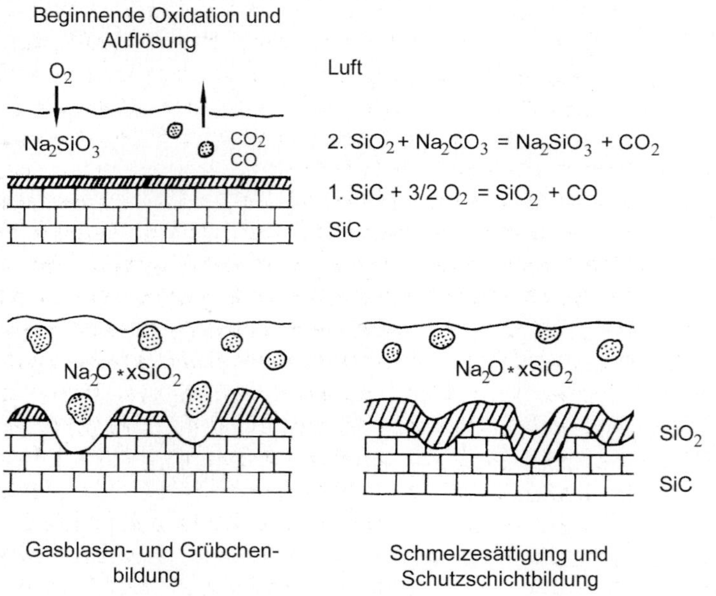

Bild 287: Mechanismus bei der SiC-Pit-Bildung [732]

Entscheidend für diesen korrosiven Vorgang (Bild 287) ist die Säure/Base-Reaktion zwischen dem basischen $Na_2SO_{4(l)}$ und dem sauren $SiO_{2(s)}$. Die Basizität des $Na_2SO_{4(l)}$ ist als Aktivität des $Na_2O_{(s)}$ aus Gl. (296) definiert, wobei diese direkt mit dem SO_3-Partialdruck $p[SO_3]$ im Zusammenhang steht. Die Auflösung des $SiO_{2(s)}$ aus Gl. (297) tritt bei Überschreitung eines temperaturabhängigen Grenzwerts für $a[Na_2O_{(s)}]$ bzw. $p[SO_3]$ ein. Somit beinhaltet Gl. (298) das Kriterium, ob die stabile $SiO_{2(s)}$-Oxidschicht weiter existiert oder in ein schmelzförmiges Na-Silicat überführt wird. Dabei entstehen zunächst kleine *Grübchen* (sog. *Pits*) auf den Keramikoberflächen, später regelrechte Auswaschungen z.B. an Fugen feuerfester Steine.

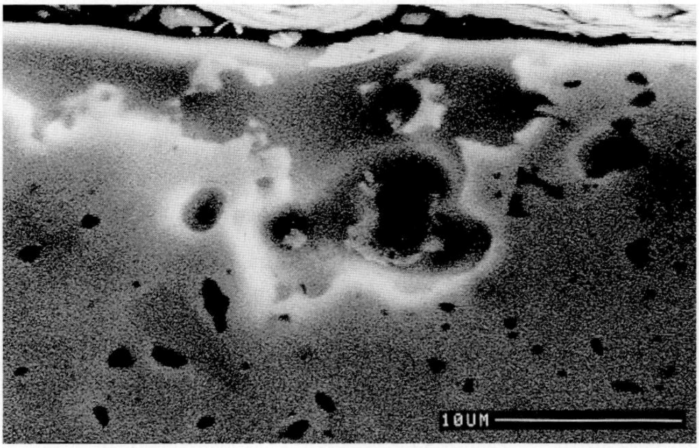

Bild 288: Pit-Bildung auf der Oberfläche eines SiC-Bauteils infolge der Einwirkung einer H_2/O_2-Atmosphäre bei $T = 1950°C$ [730]

5.6.2.4 Korrosion durch Festkörperkontakt

Diese Art der Korrosion ist bestimmt durch den direkten physikalischen Kontakt zweier Festkörper. Auch hier wird durch die chemische Reaktion beider Partner und die Bildung fester, gas- oder schmelzförmiger Reaktionsprodukte eine Zerstörung technischer Keramiken bewirkt. Die zeitliche und örtliche Veränderung der Reaktionspartner wird je nach Form durch Diffusionsgleichungen der Selbst- oder Interdiffusion beschrieben.

Hier treten alle bereits beschriebenen Formen der Volumen-, Korngrenzen- und Oberflächendiffusion auf, wenn die Temperaturen hoch genug sind. Bei der Beteiligung flüssiger und/oder gasförmiger Phasen verlaufen die Reaktionen z.T. um Größenordnungen schneller, da hier ein beschleunigter Materialfluß stattfindet.

Als Beispiel für die Korrosion durch einen Festkörper kann die Zersetzung von $SiO_{2(s)}$ durch anwesenden Kohlenstoff angeführt werden, wobei im Reaktionsablauf zwischenzeitlich SiC als intermediäre Phase gebildet wird:

$$SiO_{2(s)} + 3\,C_{(s)} \longrightarrow SiC_{(s)} + 2\,CO_{(g)} \qquad (299)$$

$$2\,SiO_{2(s)} + SiC_{(s)} \longrightarrow 3\,SiO_{(g)} + CO_{(g)} \qquad (300)$$

Dieses Fallbeispiel ist typisch für Anwendungen von feuerfesten Steinen in Bereiche der Verbrennung fossiler Brennstoffe und läuft vorzugsweise im Temperaturbereich $T \approx 1000°C$ ab.

5.6.3 Einfluß der Korrosion auf mechanische Eigenschaften

Da der Verlauf der Korrosion zeitabhängig vonstatten geht, rufen sämtliche Stadien gleichermaßen eine charakteristische Verschlechterung der mechanischen Eigenschaften hervor. Hierbei ist entscheidend, daß die Korrosion eine Prozeßabfolge ist, die ursprünglich auf der Oberfläche des Bauteils beginnt und dort die größten Schadensbilder hervorruft. Da sich bei Zug- oder Biegebeanspruchungen die maximale Belastung des Bauteils ebenfalls auf der Oberfläche wirkt, ist ein direkter Zusammenhang zwischen den beiden Belastungsformen gegeben. Zwei „Schadensbilder" der Korrosion sind in diesem Zusammenhang besonders zu erwähnen [730].

Die Grübchen- oder Pit-Bildung bewirkt auf der Bauteiloberfläche flächig tiefere, bis zu einigen Kornabständen ins Gefüge hineingehende Krater und ist somit Ausgangspunkt für eine Rißbildung unter mechanischer Belastung. Zum zweiten ist die Schädigung der Korngrenzenphase eine wesentliche Erscheinungsform, da in ihr die Transportprozesse zwischen Hineindiffusion des korrosiven Mediums und der Herausdiffusion der Reaktionsprodukte stattfindet. Dies bedeutet, daß die strukturelle Festigkeit eines Werkstoffes durch die über die Korrosion hervorgerufene Veränderung der Korngrenzenphase (Bildung von Poren bzw. Gasblasen, Bildung schmelzförmiger Reaktionsprodukte, Amorphisierung kristalliner Phasen, Lösungs- und Wiederausscheidungsprozesse) entscheidend verringert wird. Ein extremes Beispiel ist eine Al_2O_3-Keramik, die makroskopisch nach einem längeren Säureangriff keine Veränderung aufzeigte (augenscheinlich intakte Bauteiloberfläche, keine sichtbaren Anomalien), nach Biegebruchtests allerdings nur noch 10 % der ursprünglichen Biegefestigkeit aufwies. Die Korngrenzenphase des Bauteils war durch selektive Korrosion derart minimiert, daß ein Rißfortschritt durch das Bauteilgefüge problemlos möglich war.

5.6.4 Experimentelle Untersuchungsmöglichkeiten

In Feldversuchen können verschiedene potentielle Materialalternativen, deren Eignung in vorausgegangenen Auswahltests bestätigt wurde, innerhalb von aggressiven Umgebungen getestet werden, die dem später dauerhaften technologischen Einsatz entsprechen. Hierbei ist entscheidend, daß die gesamten Parameter, die auf ein Bauteil einwirken, als Datenbasis erfaßt werden, um negative Faktoren genau festzulegen.

Der Einfluß dieser Faktoren kann einzeln in parallelen Labortests erprobt, ausgewertet und dokumentiert werden. Dies ist z.T. möglich durch den Einsatz konventioneller Prüfapparaturen wie z.B. der Differentialthermoanalyse mit regelbaren Gasflüssen und eventueller Kopplung mit einem Massenspektrometer, von Autoklaven oder Schmelzöfen mit einer Einrichtung für Fingertests. Darüber hinaus empfiehlt es sich bei speziellen Anforderungen eine eigene Testeinrichtung wie z.B. einen Brennerstand aufzubauen.

Nach solchen Feldversuchen oder Labortests können eine Vielzahl analytischer, röntgenographischer sowie optischer Untersuchungen durchgeführt werden mit dem Hauptziel, chemische und kristallographische Veränderungen des Keramikgefüges zu identifizieren.

Im Bereich der Analytik werden physikalische Untersuchungen zur Dichte und Oberflächenbeschaffenheit der Bauteile bzw. deren Veränderungen genauso wie chemische Untersuchungen zur Charakterisierung der Ausgangszusammensetzungen von Bauteilen (gesamt oder selektiv) und Korrosionsmedien als auch deren Veränderungen durchgeführt.

Die Auswertung experimenteller Untersuchung wird neuerdings mit Hilfe computerunterstützter Modellierungen erweitert, indem z.B. thermochemische Abläufe während der Korrosionsvorgänge vorausberechnet [718] und grafisch dargestellt werden können, siehe auch Kapitel 3.2.3.

6 Rohstoffe

Rohstoffe sind Vorstufen von Werkstoffen. Sie können natürlicher oder synthetischer Herkunft sein. Für keramische Werkstoffe lassen sich die Rohstoffe nach den typischen Industriezweigen gliedern. In der technischen Keramik, insbesondere in der *Hochleistungskeramik* werden fast ausnahmslos synthetische Rohstoffe verwendet, die ihrerseits über chemische Prozesse aus natürlichen Rohstoffen hergestellt werden. So ist z.B. Aluminiumoxid in Form des Korundes aus der Natur bekannt, dort jedoch relativ selten und – von Edelsteinen abgesehen – stark verunreinigt. Gleiches gilt für den Baddeleyit (ZrO_2). Nichtoxide wie SiC und Si_3N_4 sind nur in Spuren aus Meteoriten bekannt. Der Syntheseprozeß garantiert hier die ausreichende Reinheit und ermöglicht darüber hinaus die Kontrolle der Korngröße und der Dotierungsstoffe. Qualität und Abnahmemenge bestimmen die Zielanwendung und damit den Preis.

Feuerfeste Werkstoffe bestehen meist aus sehr reinen oder definiert dotierten synthetischen Rohstoffen, wenn es um hochwertige Produkte geht, die korrosiven Medien ausgesetzt sind. Bei feuerfesten Baustoffen, die eher eine mechanische Stabilität bei hohen Temperaturen aufweisen müssen, greift man auf Naturstoffe zurück, die durch eine entsprechende Aufbereitung, Veredlung und Wärmebehandlung (Tempern, Sintern, Erschmelzen) in die Werkstoffe umgesetzt werden. Beispiele sind gebranntes Chromerz, Serpentin, Bauxit, Quarz, Sillimanit, Disthen, Andalusit, die sich in entsprechende Chromspinelle, Magnesiumsilicate, HT-Modifikationen des SiO_2 oder Mullit umsetzen. Durch Aufschmelzen und Erstarren einiger Rohstoffe erzielt man ferner eine chemische Reinigung (Verunreinigungen bleiben in Restschmelzen zurück). Natürliche Rohstoffe (z.B. Tone) werden ferner als Binder für Nichtoxid- und Oxidkeramiken verwendet, wobei sie beim Brand zu Mullit und Schmelze reagieren.

Die *Silicatkeramik* basiert fast ausschließlich auf natürlichen Rohstoffen wie Kaolin, Ton, Quarz, Feldspat, Calcit und Apatit (Calciumphosphat). Die Preise für diese Rohstoffe hängen ebenfalls von der Reinheit und Korngröße ab, liegen jedoch um einige Zehnerpotenzen unterhalb der der synthetischen Rohstoffe. Der Umsatz ist dafür allerdings auch einige Zehnerpotenzen größer als der der technischen Keramik. Die Menge bestimmt also den Erlös.

Nach der Gewinnung werden die natürlichen Rohstoffe meist einer Aufbereitung unterworfen, in der durch Sieben, Sichten, Schlämmen, Mahlen, Flotation und/oder magnetische Abscheidung der gewünschte Mineralbestand in geeigneter Korngröße abgetrennt wird. Oft bestehen die in den Handel kommenden Rohstoffe bewußt aus Mineralmischungen, die bekannt sein müssen, da sie das Verhalten des Rohstoffs in der Aufbereitung, Formgebung und im Brand bestimmten. Daneben ist auf Verunreinigungen zu achten, die entweder beigemengt oder in das

Kristallgitter eingebaut sein können. Weiterhin ist für die Beurteilung der Rohstoffe oft ihre Kristallform und die Ordnung bzw. Fehlordnung der Struktur wichtig. Es wird deshalb im Abschnitt über die natürlichen Rohstoffe auf einige Methoden zu deren Charakterisierung hingewiesen.

Eine ausführlichere Zusammenstellung der keramischen Rohstoffe findet man bei Reumann [2286]. In der Monographie von Singer und Singer [2287] kann man viele ältere Erfahrungen kennenlernen. Ein Werk in englischer Sprache stammt von Worrall [2288]. Werkstoffspezifische Probleme werden bei den betreffenden Werkstoffen behandelt.

6.1 Natürliche Rohstoffe

(Bearbeitet von R. Telle, Aachen)

Von natürlichen Rohstoffen macht überwiegend die Silicatkeramik direkten Gebrauch. Es handelt sich dabei um *Festgesteine* (z.B. Quarzit, Pegmatit) oder *Lokkergesteine* (Sand, Ton), in denen sich aufgrund ihrer Entstehung, dem Transport und der Ablagerung die nutzbaren Komponenten (*Industrieminerale*) zu abbauwürdiger Konzentration (*Lagerstätten*) angereichert haben. Vorgänge, die über der Erdoberfläche ablaufen wie Abtragung, Verwitterung, Transport, Zerkleinerung, Ablagerung (Sedimentation) und Verfestigung (Diagenese) rechnet man der sog. exogenen Dynamik zu. Prozesse, die unterhalb der Erdoberfläche wirksam sind, also in der Erdkruste und im Erdmantel, wie die Veränderung der Mineralbestandes durch hohe Temperaturen und Druck (Metamorphose) bis hin zum Aufschmelzen (Anatexis) und zum Aufstieg als Gesteinsschmelze (Magma) nebst Wiedererstarrung (Palingenese) zählt man zur endogenen Dynamik. Bei der Magmenerstarrung unterscheidet man zwei Prinzipien: Die langsame Kristallisation von Gesteinsschmelzen innerhalb der Erdkruste (Plutonismus) führt zu *Tiefengesteinen* (Magmatiten) wie z.B. Granit, Diorit, Gabbro und Syenit (mit sinkendem SiO_2-Gehalt); die Magmenerstarrung oberhalb der Erdkruste erfolgt sehr schnell eruptiv oder effusiv und führt zu *Ergußgesteinen* (Vulkaniten) wie z.B. Rhyolith, Quarzporphyr, Dazit, Andesit, Basalt und unzähliger anderer Gesteinsvarianten. Wie Bild 289 schematisch zeigt, sind alle Gesteine gleichermaßen der Verwitterung unterworfen, können aber auch durch Verlagerung in die Tiefe (z.B. in Meeresbecken oder Tiefseegräben) der Metamorphose ausgesetzt werden. Es entsteht so ein Kreislauf der Gesteine, wobei lediglich Material aus dem Erdmantel für eine gewisse „neue" Stoffzufuhr sorgt.

Die Lagerstätten der keramisch nutzbaren Rohstoffe stammen aus allen genannten geologischen Prozessen. Die Tiefengesteine liefern in einer spät differenzierten Form sog. Pegmatite, in welchen sehr große und reine Feldspat-, Quarz- und Apatitkristalle auftreten; alkalireiche Syenite werden für Flußmittel abgebaut. Die Metamorphite bieten z.B. Korund-, Spinell-, Disthen-, Sillimanit- und Andalusitlagerstätten, aus Vulkaniten lassen sich Tuffe, Lapilli oder Aschen als Porosierungs- oder Bindemittel gewinnen; in den Sedimenten finden sich letztendlich Sand-, Kaolin- und Tonlagerstätten, ferner Bauxit-, Kalk-, Gips- und Salzvorkommen.

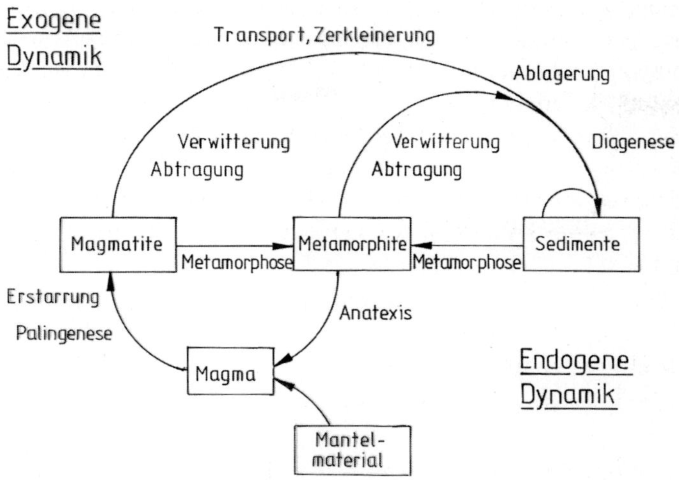

Bild 289: Kreislauf der Gesteine

Tabelle 55: Einteilung der Sedimente

Einteilung nach:	Mechanismus/Ablagerung	Beispiele
Entstehungsweise:		
Klastische Sedimente:	mechanischer Verschleiß	Sand, Kies, Geröll
Pyroklastische Sedimente:	Thermoschock	vulkanische Aschen, Tuffe
Chemische Sedimente:	Auflösung, Ausfällung	Salze, Gips, Tone, Kalke
Biogene Sedimente:	Ende von Lebenszyklen:	Muschelkalke, Riffkalke, Guano
Entstehungsort:		
Terrestrische Sedimente:	Festlandablagerungen	Moränen, Bauxit
Äolische Sedimente:	Windablagerungen	Dünensande, Löß, Tone
Limnische Sedimente:	Seeablagerungen, Moore	Eisenerze, Kaoline, Tone
Fluviatile Sedimente:	Flußsedimente, Mäander, Altwasserarme, Mündungen, Überschwemmungsbereiche	Sande, Seifen, Tone
Brackische Sedimente:	Deltaschüttungen, Lagunen, Watt	Watt, Sande, Tone
Marine Sedimente:	Meeresablagerungen, Watt, Kontinentalhänge, Tiefseeboden	Riffkalke, Sande, Seifen, Tone, Diatomeenerde, Kieselgur

Unter Seifenlagerstätten versteht man teilweise sehr konzentrierte Mineralanreicherungen nahezu unveränderter primärer Mineralien wie z.B. Korund, Spinell, Baddeleyit (ZrO_2), Zirkon ($ZrSiO_4$), Cassiterit (SnO_2) und Diamant, die aufgrund ihrer hohen Härte, Bruchzähigkeit und chemischen Beständigkeit die Verwitterung überdauern und sich nach der Korngröße und dem spezifischen Gewicht ablagern (Schwermineralseifen).

Die für die Keramik wichtigen Sedimentgesteine lassen sich einteilen nach der Art ihrer Entstehung und ihrer Ablagerung. Tabelle 55 zeigt ein Klassifizierungsschema mit Beispielen. Das Zusammenwirken von mechanischer und chemischer Verwitterung ist in Bild 290 dargestellt.

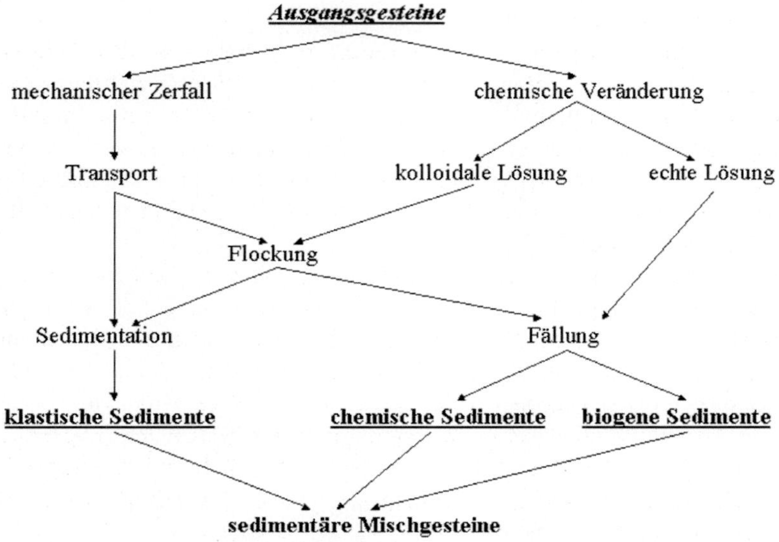

Bild 290: Schema der Gesteinsumwandlung bei der Verwitterung

Die Beschreibung der natürlichen Rohstoffe soll hier nach technologischen Gesichtspunkten erfolgen. Da die plastische Verformung von Massen ein typisches Formgebungsverfahren der klassischen Keramik ist, werden die Rohstoffe nach ihrem Verarbeitungsverhalten in plastische, gering plastische und nicht plastische Rohstoffe (Hartstoffe) eingeteilt und in den nächsten Kapiteln in dieser Reihenfolge behandelt.

6.1.1 Plastische Rohstoffe

Die Träger der Plastizität sind die Tonminerale Kaolinit, Illit und Montmorillonit neben einigen weiteren Tonmineralen, die aber eine untergeordnete praktische Bedeutung haben. Ihre Strukturen sind in Kapitel 2.3.2.3 behandelt. Im folgenden werden neben den Begriffsbestimmungen die Entstehungsbedingungen, Lagerstätten, Eigenschaften und Charakterisierungsverfahren besprochen.

6.1.1.1 Begriffsbestimmung für Tone und Kaoline

Kaolinitische Rohstoffe auf *primärer Lagerstätte* bezeichnet man im allgemeinen als *Kaoline*, auf *sekundärer Lagerstätte* als *Tone*. Durch den Transport vom Ort ihrer Entstehung ist die Korngröße der Tone in der Regel geringer als die der Kaoline. Die keramisch verwerteten Kaoline sind allerdings immer aufbereitet. Will man nicht aufbereitetes Material eindeutig kennzeichnen, empfehlen Kromer und Schüller [53] dafür die Bezeichnung *Rohkaolin*. Sie weisen außerdem auf Abgrenzungsschwierigkeiten zu den Tonen hin, denn es gibt sowohl primäre Vorkommen, in denen Kaolinit als Bestandteil in den Hintergrund tritt, als auch Kaoline auf sekundärer Lagerstätte. Mit Ausnahme dieser Einschränkungen hat sich obige Begriffsbestimmung bewährt.

Besonders im älteren Schrifttum wird für die ganze Gruppe dieser Rohstoffe oft nur die Bezeichnung Tone gebraucht. Davon leiten sich dann Unterteilungen ab, die sich u.a. nach der Korngröße (Grob-, Fein- oder Kolloidton mit Korngrößen 2 bis 20 µm, 0,2 bis 2 µm oder < 0,2 µm) oder dem Verwendungszweck richten. Hier gibt es z.B. die Bezeichnungen Töpfer-, Ziegel-, Steinzeug-, Steingut-, Engobe-, Glasur-, Kapsel- oder feuerfester Ton, obwohl es sich nicht immer um Tone in obigem Sinn handelt.

Die Ursache dieser Vielfalt liegt einmal in der Art der vorliegenden Tonminerale, zum anderen in der Art und Menge der sonstigen Bestandteile des betreffenden Rohstoffs. Die wichtigsten Begleitminerale in den Kaolinen und Tonen sind Quarz, Feldspat, Glimmer und Calcit. In letzterem Fall kennt man einen kontinuierlichen Übergang vom Ton zum Kalk. Bei Gehalten (in Gew.-%) bis zu 4 % Kalk spricht man noch von Ton; die weiteren Rohstoffe heißen bei Tongehalten von 4 bis 10 % mergeliger Ton, 10 bis 40 % Tonmergel, 40 bis 75 % Mergel, 75 bis 90 % Kalkmergel, 90 bis 96 % mergeliger Kalkstein und > 96 % Kalkstein. Natürlich sind die letzteren keine plastischen Rohstoffe mehr.

Recht häufig findet man auch einige englische Begriffe. *Fireclay* stellt ein kaolinitisches Mineral mit stark gestörtem Gitter dar (Kapitel 2.3.2.3). Fast immer sind die kaolinitischen Anteile in Tonen in diesem Zustand, also als Fireclay anzusprechen. Gelegentlich werden unter Fireclay aber auch feuerfeste Tone verstanden, die als harte Masse vorkommen und erst gemahlen werden müssen, um plastisch zu werden. *Ball Clays* sind sekundäre und damit feinkörnige kaolinitische Ablagerungen, die vor allem in Südengland abgebaut werden. Sie sind weißbrennend mit starker Fehlordnung der Kristalle und enthalten oft, manchmal bis zu 30 Gew.-%, organische Substanzen. Dies verleiht ihnen das hohe Kationenaustauschvermögen und ihre hohe Plastizität [733]. Die *China Clays* entsprechen den Kaolinen.

Bentonite können bereits in kleinen Anteilen mageren Massen plastische Eigenschaften verleihen. Sie verdanken diese herausragende Eigenschaft den Gehalten an Montmorillonit und dessen hoher Quellfähigkeit. In der Natur werden sie meist als Ca-Bentonite gefunden.

Art und Menge der *Begleitminerale und Verunreinigungen* hängen von der Entstehung der betreffenden Lagerstätte ab. Kaoline sind Verwitterungsprodukte feldspathaltiger Gesteine. Sie können demnach Reste von Feldspat sowie meist noch Quarz und manchmal Glimmer enthalten. Sie sind meist reiner als die Tone, wenn man als Maßstab für die Reinheit den für die Brennfarbe wichtigen Eisengehalt wählt, denn auf ihrem Transport sind die Tone oft von Verunreinigungen begleitet gewesen. Da letztere dabei ebenfalls feinkörnig gewesen sein müssen, sind Tone frei von Feldspat. Ihr in der chemischen Analyse meist nachzuweisender K_2O-Gehalt ist auf Illit zurückzuführen. Dieser braucht nicht als getrenntes Mineral vorzuliegen, sondern kann in Wechsellagerungsstrukturen mit Montmorillonit eingebaut sein. Mit solchen Strukturen ist auch bei Kaolinen zu rechnen [734]. Häufig findet man die Verunreinigungen in bestimmten Fraktionen angereichert, z.B. bei Kaolinen den Quarz und Feldspat meist in den gröberen, bei Tonen den Fe_2O_3-Gehalt in den feineren Fraktionen. Man sollte aber kleine Gehalte an fremden Mineralen nicht immer als Verunreinigung bezeichnen, da dieser Begriff auf eine Wertminderung schließen läßt; kleine Gehalte an Fremdstoffen können nämlich durchaus eine wichtige Wirkung entfalten [735].

Neben diesen Bestandteilen findet man manchmal in Tonen organische Beimengungen, wie Holz- oder Braunkohlenreste, meist aber Humusstoffe. Solche Tone sind sehr plastisch und haben eine intensive Färbung, wovon auch die manchmal verwendete Bezeichnung Blauton spricht. Die Humusstoffe sind in ihrer Zusammensetzung nicht konstant [736]. In gewissen Lagerstättenhorizonten sind auch Spuren von Dioxinen natürlicher Herkunft nachgewiesen worden. Es handelt sich jedoch nur um sehr gering toxische Molekülvarianten, die möglicherweise im Zuge von erdgeschichtlichen Waldbränden oder Vulkanaktivitäten entstanden sind [737], [738]. Neuerdings wird auch die natürliche Neubildung durch Tätigkeiten von Organismen diskutiert. So bildet der Schwamm Dysidea dendyi das bromierte Spongiadioxin A, und in den Torfsümpfen der kanadischen Provinz New Brunswick entsteht bei der Pflanzenzersetzung das Dioxin 1,3,6,8-TCDD [2272], [2273].

Wichtig für die Färbung der Kaoline und Tone ist das in ihnen enthaltene Eisen, das entweder in die Struktur eingebaut sein kann oder in Form von Eisenverbindungen vorliegt, z.B. als Pyrit bzw. Markasit (beides FeS_2), als Hämatit (Fe_2O_3) oder als Limonit (FeOOH) u.a. Hydroxide. Es beeinflußt beim späteren Brand wesentlich die Brennfarbe (Kapitel 7.5.2.3) besonders dann, wenn auch noch TiO_2 (z.B. in Form von Rutil, Anatas, Ilmenit, Perowskit oder als Ersatz von Eisen oder Aluminium im Gitter eingebaut) vorhanden ist.

6.1.1.2 Entstehung der Tonminerale

Tonminerale sind Neubildungen aus der mechanischen und chemischen Verwitterung primärer gesteinsbildender Silicate, deren Produkte mehr oder minder weit transportiert werden, bevor es zu Reaktionen und zur Ablagerung kommt. Je nach Entfernung des Entstehungsortes der Tonmineralien zum Liefergebiet und nach physikalisch-chemischer Umgebung lassen sich nach Millot [739] drei geologische Hauptreaktionsräume unterscheiden, der Verwitterungsreaktionsraum, der sedimentäre Reaktionsraum und der diagenetisch-hydrothermale Reaktionsraum, die von Jasmund ebenso wie die Thermodynamik der Umwandlungen und die Syntheseversuche zusammenfassend dargestellt worden sind [740].

Verwitterung. Der Vorgang der Verwitterung ist gekennzeichnet durch eine *chemische Auflösung* insbesondere magmatisch gebildeter Silicate wie Feldspäte, Hornblenden, Pyroxene oder Inselsilicate, wobei die *mechanische Zerkleinerung* aufgrund von Temperaturwechseln und verschleißender Einflüsse wie Erosion oder Abrasion die chemischen Prozesse durch die Schaffung größerer spezifischer Oberflächen beschleunigt. Als Liefergesteine (*Edukte*) lassen sich dabei zwei Gruppen mit chemisch unterschiedlichem Mineralbestand unterscheiden, die zur Bildung verschiedener Tonmineralien führen: Die „sauren" Magmatite enthalten bei hohem SiO_2-Anteil als Hauptkomponenten Feldspäte, Quarz und Glimmer (meist Muskovit und Biotit) und sind damit relativ arm an unterschiedlichen Kationen. Die „basischen" Vulkanite mit geringerem SiO_2-Anteil bestehen überwiegend aus Hornblenden, Pyroxenen, Olivin und Feldspatvertretern (Kapitel 2.3.2.4.3) und enthalten damit eine Vielzahl verschiedener Elemente. In beiden Fällen schreitet die Auflösung der Primärmineralien voran, indem zunächst die großen Kationen wie K^+ und Na^+ durch Angriff von Niederschlagswasser, Oberflächen-, Grundwasser oder aufsteigendes Thermalwasser mit Hydrathüllen umgeben und aus ihrem Gitterplatz entfernt werden (*Hydratisierung*). Sogar bei Feldspäten kann an ihrer Stelle kann H_3O^+ nach Gardner [741] in das Gitter eingebaut werden. Dies führt zu einer relativen Anreicherung von Al_2O_3 und SiO_2 und zu einer Schwächung der Struktur. Im Falle der elementreichen Mineralien kann die *Oxidation* durch Umgebungssauerstoff oder durch gelöste oxidierende Stoffe zu einer Wertigkeitserhöhung der Kationen führen und damit zu einer Abnahme der Ionenradien. So beträgt der Ionenradius von Fe^{3+} in oktaedrischer Koordination nur 84 % des Radius von Fe^{2+}. Das Ion wird zu klein für seinen Gitterplatz, wird leicht hydratisiert und wandert aus dem Kristallgitter aus. Eine typische Erscheinung dieser Abreicherung an färbenden Ionen ist die Bleichung von vulkanischen Gesteinen. Die verbliebenen Al_2O_3-SiO_2-Struktureinheiten sind dann je nach *p*H-Verhältnissen ebenfalls einer langsamen Auflösung durch *Hydrolyse* unterworfen, wobei sich das polare Wassermolekül an den Brückensauerstoff der Si-O-Si-Bindung anlagert und sie unter OH-Gruppenbildung trennt. Insbesondere bei der Verwitterung der Schichtsilicate können dabei Strukturteile erhalten bleiben. Die Neubildung von Tonmineralien erfolgt in nächsten Schritt in unmittelbarer Umgebung durch Ausfällung aus der Porenlösung der verwitternden Edukte. Ihre Struktur und Zusammensetzung bleiben allerdings nicht konstant, sondern sind einer sehr langsamen Anpassung an das wässerige Milieu unterworfen. Aus basischen Ausgangsgesteinen bilden sich bei geringen Niederschlagsmengen bevorzugt Smectite, die gelöstes Ca^{2+}, Mg^{2+}, Fe^{2+}, Na^+ u.a. in ihr Gitter aufnehmen. Untersuchungen von Barshard an 400 Tonproben der Sierra Nevada haben gezeigt, daß erhöhte Wassermengen unter sonst gleichen Bedingungen eher eine Bildung von Kaolinit und Halloysit zur Folge haben [742]. Verantwortlich für die Bildung der Smectite sind also erhöhte *p*H-Werte (8-10) und stagnierende Bedingungen, so daß auch $Mg(OH)_2$ und $Ca(OH)_2$ ausgefällt werden. Auch im Falle saurer Ausgangsgesteine ist nach diesen Untersuchungen die Bildung von Smectiten aus Feldspäten zunächst bevorzugt, solange keine *p*H-Werterniedrigung durch gelöstes CO_2 eintritt, so daß sich erst wieder vermehrt Halloysit und dann Kaolinit bilden. Kaolinit ist geprägt durch eine langsame Keimbildung und das Weiterwachsen auf Kosten des Halloysits, so daß Kaolinit schließlich überwiegt. Die Verwitterung von Glimmern (z.B. Muskovit) geschieht durch Hydratation des Kaliums, das aus der Zwischenschicht herausgelöst und durch H_3O^+ ersetzt wird.

Es bilden sich Illit, bei Veränderung der Oktaederschicht auch Vermiculitderivate [743], [744] und letztendlich wiederum Kaolinit. So ist der Kaolinit das stabile Verwitterungsprodukt der Feldspäte und Glimmer. Die Bruttoreaktion aus Orthoklas, die sich bei Anwesenheit von H_2CO_3 oder Huminsäuren um das Drei- bis Zehnfache beschleunigt, kann wie folgt formuliert werden:

$$\underset{\text{Orthoklas}}{2KAlSi_3O_8 + 8H_2O} \xrightarrow{pH4\text{–}5} \underset{\text{Hydroxidgel}}{2Al(OH)_3} + \underset{\text{Metakieselsäure in Lösung}}{2H_4Si_3O_8 + 2KOH}$$

$$2Al(OH)_3 + 2H_4Si_3O_8 + 2KOH \xrightarrow{pH > 5} \underset{\text{Kaolinit}}{\tfrac{1}{2}Al_4[(OH)_8Si_4O_{10}]} + \underset{\text{Kieselsäure in Lösung}}{4SiO_2 + 5H_2O + 2KOH}$$

Die Umwandlung von Illit in Kaolinit erfordert eine Kaliumabfuhr und erfolgt nach:

$$\underset{\text{Illit}}{4KAl_4[(OH)4Si_7AlO_{20}]} + 30H_2O + 2CO_2 \rightarrow \underset{\text{Kaolinit}}{5Al_4[(OH)_8Si_4O_{10}]} + \underset{\text{in Lösung}}{4KHCO_3 + 8H_4SiO_4}$$

Da andere gelöste Stoffe ebenfalls abtransportiert werden, entstehen durch die relative Anreicherung sogenannte *Residuallagerstätten* der Kaoline. Da auch Eisen in Form von gelösten Hydroxiden entfernt wird, sind solche Kaoline reinweiß.

Trotz zahlreicher Laborarbeiten zur Tonmineralbildung gelingt es bisher nicht, die geologischen Zeiträume zufriedenstellend nachzuvollziehen. Oftmals werden nur amorphe oder gelförmige Zwischenphasen beobachtet. Transmissions-elektronenmikroskopische Untersuchungen zur Verwitterungskinetik von Feld-späten und Muskovit liegen von Benfield and Eggleton [745] vor.

Sedimentärer Reaktionsraum. Während des Transportes und der Ablagerung (*Sedimentation*) findet nur in geringem Umfang Tonmineralneu- oder -umbildung statt. Die Tonmineralteilchen werden aus dem Verwitterungsreaktionsraum durch Oberflächenwasser wegtransportiert, werden an Flußläufen, in Seen oder im Meer abgelagert. Nur bei wechselnden *p*H-Werten und bei hoher Salinität wie im Meer findet ein erneuter Ionenaustausch statt, wobei bevorzugt Na^+ anstelle von Ca^{2+} eingebaut wird. Es bilden sich dann wechsellagige Montmorillonit-Illit-Phasen. Echte Neubildungen erfolgen möglicherweise durch Ausflockung von Aluminiumhydroxiden, Eisenhydroxiden und Kieselsäure beim Vermischen von Fluß- und Meerwasser [746]. Hierher gehören wahrscheinlich auch die Fe^{2+}-reichen Glaukonite [747], die in fossilen Deltaschüttungen beobachtet werden. Palygorskit und Sepiolith entstehen in hochsalinen, vom Wasseraustausch abgeschnürten Meeresbecken mit hoher Verdunstungsrate [739]. Ferner bilden sich Tonmineralien in Tiefseebecken neu, wo mit zunehmender Tiefe der im Meerwasser gelöste Sauerstoffanteil sinkt und die Ca^{2+}-Konzentration durch die Auflösung von biogenem Kalk ansteigt. Eine weitere Umbildung findet statt, wenn es am Meeresboden zu einer Vermischung des Meerwassers mit aufsteigenden magmatischen Thermen kommt, die meist elementreich und sauer sind.

Diagenetisch-hydrothermaler Reaktionsraum. Unter *Diagenese* versteht man die zunehmende Verfestigung von lockeren Sedimenten unter dem Druck der auflastenden Schichten mit zunehmender Temperatur. Durch das Schließen von Porenraum wird der Stoffaustausch verringert, es bilden sich lokale Lösungsgleichgewichte. *Hydrothermale Bedingungen* herrschen, wenn aufsteigende hochtemperierte Lösungen magmatischen Ursprungs poröses Gestein infiltrieren und dabei Mineralien beim Abkühlen ausscheiden. Dies kann auch in Reaktion mit dem umgebenden Gestein erfolgen. Eine Folge von Diagenese und hydrothermalem Einfluß ist die Umbildung von Smectit in Illit, die immer noch Gegenstand der Forschung ist [748], [749]. Zunächst erfolgt die K^+-Aufnahme in die Smectit-Zwischenschichten sowie eine Substitution von Si^{4+} durch Al^{3+}. Es folgen die Dehydratation der K^+-Ionen sowie ein Austausch von Mg^{2+} und Fe^{2+} durch Al^{3+} in der Oktaederschicht. Im Zuge der Reaktion bleibt Kieselsäure übrig. Eine ausführlichere Schilderung der Problematik gibt Jasmund [740].

6.1.1.3 Lagerstätten der Kaoline und Tone

Art, Aufbau und Gehalt an Mineralien und Elementen der Lagerstätten hängen in charakteristischer Weise von ihrer Entstehung ab. Hiermit sind nicht nur die Ablagerungsbedingungen der Tonmineralien bzw. die Art der verwitterten Ausgangsgesteine gemeint, sondern auch die Art und Weise des Transportes an den Sedimentationsort sowie die Bodenbildung. Im Zuge des Transportes finden nämlich Zerkleinerungs- und Sortiervorgänge statt, die über den Gehalt an weiteren Mineralien und deren Korngröße entscheiden. Über die Bodenbildung schließlich werden organische Bestandteile von Mikroben bis zu (fossilen) Wurzeln in den Rohstoff eingetragen, die maßgeblich die plastischen Eigenschaften beeinflussen können. Übersichtsdarstellungen über Lagerstättentypen geben Störr [750] und über den Beitrag zur Bodenbeschaffenheit Schwertmann und Niederbudde [751].

Kaolinlagerstätten. Kaoline können residualer, hydrothermaler oder sedimentärer Herkunft sein. Wie unter 6.1.1.2 diskutiert, entstehen *residuale Kaolinlagerstätten* durch relative Anreicherung von Umwandlungsprodukten der chemischen Verwitterung saurer Magmatite. Die Lagerstätten sind daher in der Regel mit dem Eduktgestein verzahnt, wobei die Kaolinitierung der Feldspäte je nach dessen Zerklüftung in die Tiefe fortgeschritten ist. Ihre Entstehung ist an feuchtwarme tropische bis subtropische Klimazonen gebunden. Die räumliche Erstreckung der Lagerstätten hängt von der Ausdehnung des Eduktgesteines, der Ausprägung der fossilen Verwitterungsfläche und ihrer Erosion bis zur Gegenwart ab. Üblicherweise sind die Körper von relativ geringer Flächenausdehnung und wannenförmig mit wechselnden Mächtigkeiten bis zu 30...50 m.

Zeitlich ist die Lagerstättenbildung an die Wenden von Kambrium/Silur, Karbon/Perm, Keuper/Lias und Kreide/Tertiär gebunden, wo Perioden der Sedimentation durch Abtragung unterbrochen wurden. In Mitteleuropa (im Tertiär tropischer Regenwald) werden über 100 Residuallagerstätten abgebaut. In der Umgebung von Kemmlitz/Sachsen, Halle und Meißen sitzen sie orthoklasreichen Rhyolithen auf und sind daher besonders hochwertig. Im Bereich Karlsbad lassen sie sich von

Graniten ableiten, bei Hirschau-Schnaittenbach (Oberpfalz) und Pilsen von Feldspatsandsteinen, die ihrerseits klastische Sedimente von nahen Granitmassiven (Naabgebirge) darstellen (Bild 291). Weitere Lagerstätten auf der Basis saurer Magmatite liegen im Westerwald, der Wetterau und im Bayerischen Wald. Auf der Verwitterung varistischer Gebirge basieren auch die Lagerstätten von Limoges und Echassieres (französ. Zentralmassiv), Ploemeur und Quessoy (armorikanisches Massiv) und Paranos, Burela und Lugo (iberisches Massiv).

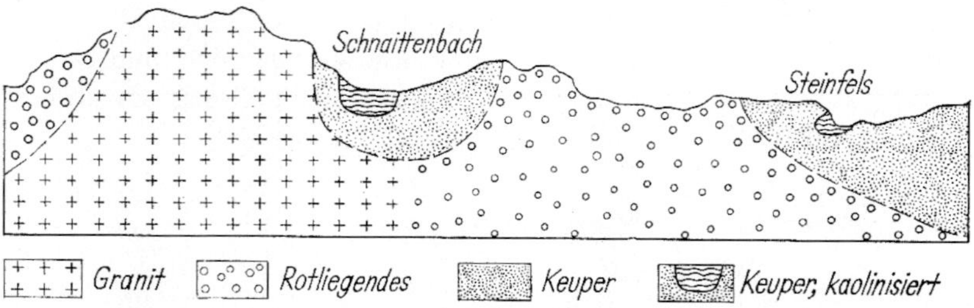

Bild 291: Querschnitt durch die Kaolinlagerstätte Hirschau-Schnaittenbach.

Hydrothermale Kaolinlagerstätten entstehen durch chemische Veränderung von meist sauren Tiefengesteinen durch Thermen, die als Restlösungen der erstarrenden Gesteinsschmelze aufsteigen. Die Reaktionen finden in Klüften und Spalten des primären Gesteins statt, so daß solche schlauchförmigen Vorkommen eine geringe Flächenerstreckung aufweisen, aber bis in große Tiefen verfolgt werden können. Hierher gehören die Lagerstätten von Cornwall, die auf die Kaolinitierung des St. Austell-Granitmassivs auch durch Oberflächenwässer zurückzuführen sind. Der Kaolin ist eng mit dem zersetzten Eduktgestein verzahnt (Bild 292) und wird in dieser Form selektiv mit Wasserstrahlkanonen gewonnen. Diese Schlämmung führt zu einer Aufkonzentration des Kaolinits, was den Rohstoff auch für die Papierindustrie nutzbar werden läßt. Im Tertiär waren die Lagerstätte im Zuge der Gebirgshebung der Erosion ausgesetzt, weshalb sich in der näheren Umgebung nach kurzem Transport Ablagerungen in sumpfigen Seen finden. Auch das von Böttger ausgebeutete Vorkommen von Aue/Erzgebirge ist eine primäre, aus der Granitpegmatitverwitterung heraus entstandene Kaolinit-lagerstätte (Bild 293).

Sedimentäre Kaolinlagerstätten bilden sich durch Umlagerung primärer Kaoline über kurze Distanzen. Die Orte der Ablagerung sind in Tabelle 55 aufgeführt. Kaolinit wird dabei im kontinentalen Süßwasserbereich ausgeflockt, während die Dreischichtmineralien erst in marinem Milieu ausfallen. Die Lagerstätten sind in der Regel mit anderen Sedimenten (Quarzsand, Feldspatsand) wechselgelagert und enthalten einen deutlichen Anteil an Schwermineralien. Sie sind linsenförmiger Gestalt, da sie ehemalige Bodensenken (Seen, Mulden, Mäanderbiegungen gefällearmer Flüsse) füllen.

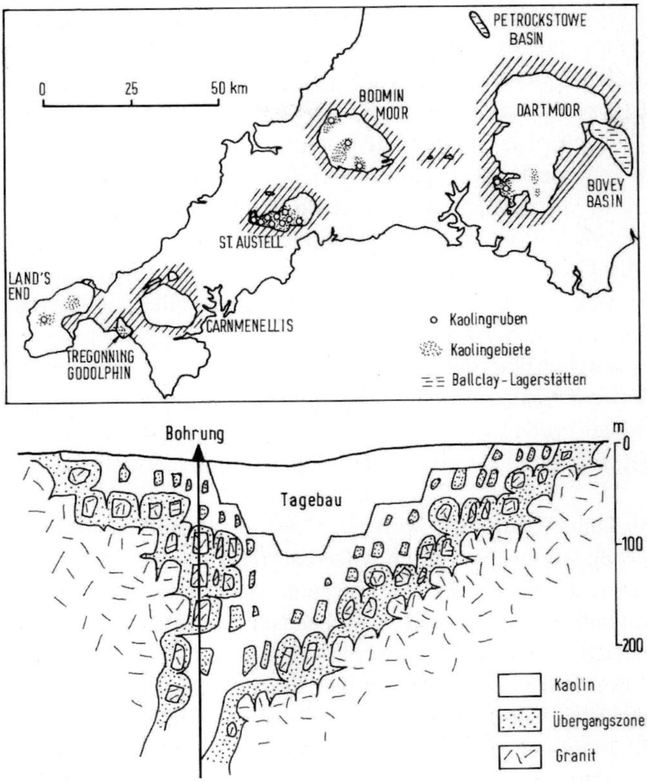

Bild 292: Querschnitt durch die Residuallagerstätte des St.Austell-Granits, Südwest-England [750]

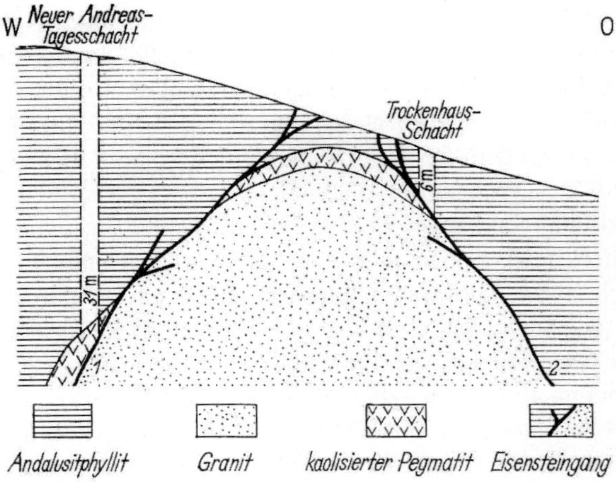

Bild 293: Querschnitt durch die Kaolinlagerstätte von Aue/Erzgebirge (nach Radczewski).

An Lagerstätten unterscheidet man Fire Clays bzw. Kaolinittone mit Smectit-Anteil, Illit, Glimmer, Quarz und Anatas (Westerwald, Sachsen, Lausitz, Aquitanien, Pariser Becken) und eisen- bzw. titanarme Ball Clays (Egerbecken, Oberpfalz, Westerwald). Flint Clays sind unplastische Kaolinittone, in der Entstehung den Ball Clay ähnlich, jedoch diagenetisch überprägt. Mineralneubildungen aus Aluminiumhydroxidgelen wie Boehmit, Gibbsit und Diaspor vernetzen die Tonteilchen miteinander und verursachen somit den Plastizitätsverlust, machen aber das Material für die Feuerfestindustrie interessant. Besonders reine sedimentäre Kaoline kommen an der Grenze von Georgia und South Carolina (Südosthang des Piedmont Plateaus/Appalachen) in Sandschichten von Oberkreide und Tertiär in Form ausgedehnter Linsen vor. Sie sind aus der Erosion des tiefgründig kaolinitisierten Granitmassivs durch Ablagerung an der ehemaligen Küstenlinie auf einer Fläche von 30x500 km entstanden. In Brackwasserseen und Lagunen haben sich mehrere Quadratkilometer große Linsen von bis zu 15 m Mächtigkeit mit mehr als 85 % Kaolinit gebildet. Fluviatile Kaoline finden sich im Amazonasgebiet.

Bentonitlagerstätten. Unter Bentoniten versteht man Mischsedimente aus Dreischichtsilicaten, überwiegend aus Smectiten (Montmorillonit, Nontronit und Beidellit). Sie entstehen *terrestrisch* aus der Verwitterung oder hydrothermalen Überprägung basischer Vulkanite (Primärsilicate, Aschen, Gesteinsgläser) oder bilden sich durch Ionenaustausch im marinen Bereich aus terrestrischen Schwemmtonen oder aus kolloidalen Festlandslösungen durch den Einfluß von Meerwasser neu. Bentonite, die mit (aktivem) Vulkanismus in Verbindung stehen, enthalten neben Glimmern (Biotit, Phlogopit) oft Cristobalit und Zeolithe. Die marinen Bentonite sind reich an Natrium (Wyoming-Typ), während die limnischen und fluviatilen Smectite oft calciumreich sind (Cheto-Typ).

Fluviatile Lagerstätten sind im Bereich mäandrierender, feststoffreicher Flüsse angesiedelt, wo sie sich die Tone an Leehängen oder in abgeschnittenen Altwasserarmen absetzen. Entsprechend hoch ist die Tonmineralschüttung in ihren Deltabereichen. In Überschwemmungsgebieten des Nils, des Euphrats und Tigris sowie des Indus waren die Sedimentablagerungen ausschlaggebend für die Besiedlung (Baumaterial, Ackerbau) und Entstehung der ersten Hochkulturen.

Marine Sedimente weisen etwa 70 % Tonfraktion auf. Voraussetzung für eine Ablagerung ist die Zulieferung aus dem Festlandsbereich und geringe Bodenströmungen. Man unterscheidet Ablagerungen im Wattbereich (Überschwemmungsgebiet), an Deltahängen von Flußmündungen, in Schwellenbereichen abgetrennter Meeresbecken, Sedimentation an Kontinentalhängen, Mittel- und Tiefseebereichen. Der Nil liefert jährlich etwa 110 Mio. Tonnen Sediment in das Mittelmeer, der Ganges etwa 1.5 Mrd. Tonnen in den Golf von Bengalen. Ähnliches gilt für Mississippi und Amazonas. Die Sedimentation an Kontinentalhängen ist bis 2000 m Tiefe durch eine ausgeprägte Korngrößengradierung gekennzeichnet. Im Tiefenbereich von 2000-5000 m herrschen biogene Sedimente vor (Globigerinenschlamm, Diatomeenerde), dennoch ist dieser Bereich wegen der Calcit-Auflösung trotz niedriger Sedimentationsraten das größte Tonreservoir der Meere. Ab 4000-5000 m Tiefe herrschen rote und braune Tiefseetone vor, die 40 % der Meeresböden bedecken. Da hier Calcit völlig der Auflösung unterliegt, sind diese

Tone bis zu 90 % rein. Marine Tone zeigen je nach Faziesbereich Mächtigkeiten von 0,5 bis 4 m, Tiefseetone bis 300...500 m und erreichen vor allem als ehemaliger Meeresboden Ausmaße von Tausenden von Quadratkilometern. Bild 294 zeigt die Verteilung ozeanischer Tonlagerstätten [752].

Bentonite gibt es in Deutschland im Gebiet von Moosburg-Landshut-Mainburg in Form paralleler linsenförmiger Flöze im obermiozänen Molassebecken. Sie werden bis zu 5 m dick und enthalten hochwertigen Ca-Montmorillonit. Ablagerungssenken waren Seen oder Altwasserarme. Weltwirtschaftlich von Bedeutung sind die Bentonitlagerstätten der USA (Western Bentonites der Oberkreide: Wyoming, South Dakota, Montana; Southern Bentonites aus Oberkreide und Tertiär: Florida, Mississippi, Texas, Cheto in Arizona, Amargosa-Tal in Nevada) und Canadas (Alberta, Saskatchewan). Allein die USA liefern etwa 50 % der Weltproduktion.

Eine Übersicht über die mitteleuropäischen Kaolin- und Bentonitlagerstätten gibt Bild 295 [750].

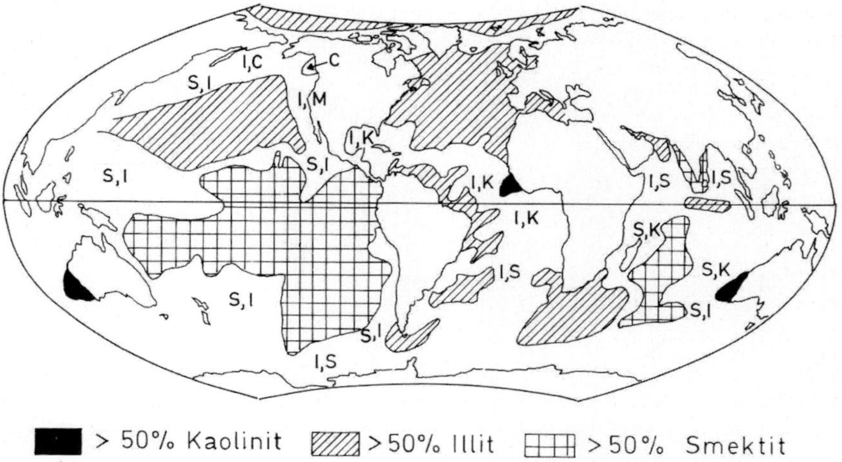

Bild 294: Verteilung der Tonmineralien in ozeanischen Böden. I = Illit, S = Smectit, C= Chlorit, K = Kaolinit. Die Reihenfolge kennzeichnet Häufigkeit. Aus Heim [752], umgezeichnet nach Seibold und Berger.

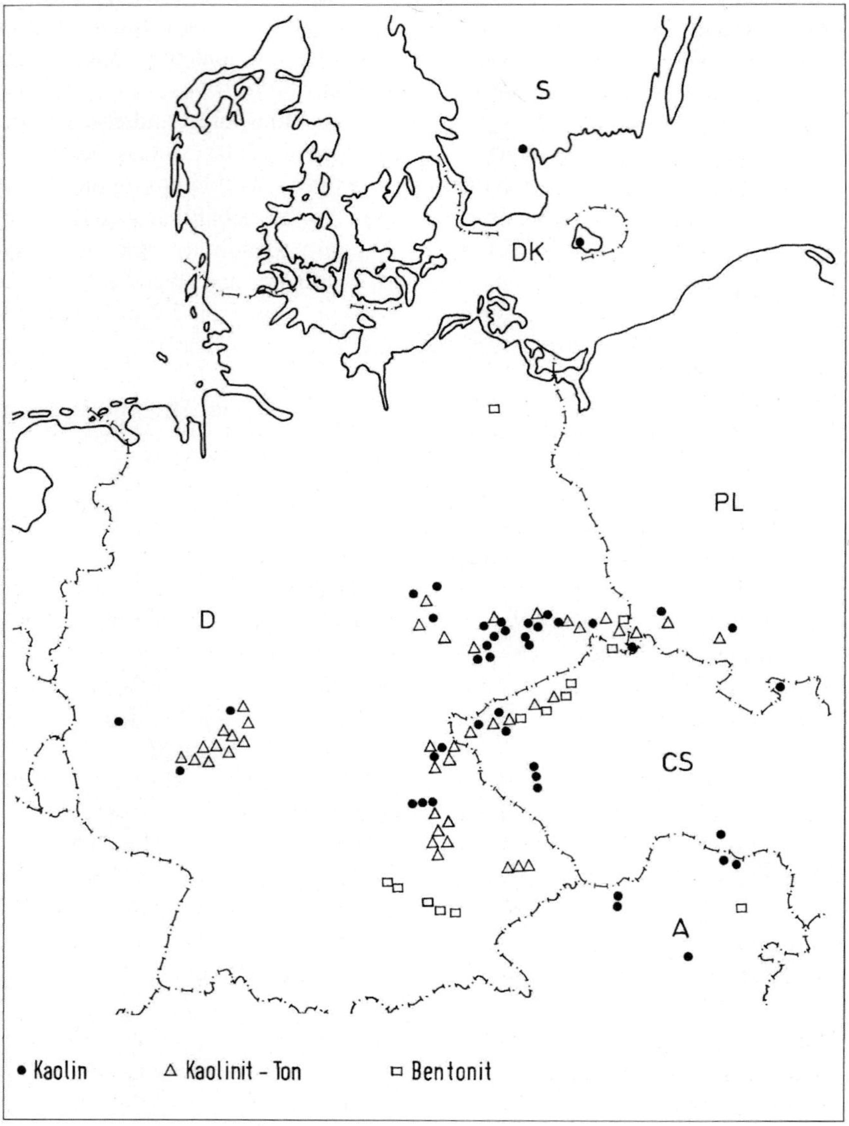

Bild 295: Tonminerallagerstätten in Mitteleuropa [nach Störr]

6.1.1.4 Nomenklatursystem

Die große Vielfalt der Zusammensetzungen der Kaoline und Tone erfordert eine Bezeichnungsmöglichkeit für jeden Rohstoff. Die alten Bezeichnungen wie z.B. Steingut oder Ziegelton sind viel zu ungenau. Ernst u. M. [753] haben ein Nomenklatursystem ausgearbeitet, das eine Kurzbezeichnung zuläßt, aber auch beliebig vervollständigt werden kann. Voraussetzung zur Anwendung dieses Systems sind genügend Daten über den Rohstoff. Ausgangspunkt ist die Aufteilung aller vorkommenden Minerale in Hauptgruppen, deren Bezeichnung mit einem großen Buchstaben Tabelle 56 zu entnehmen ist. In Analogie zur Bezeichnung „Kaolingruppe" werden hierbei die Smectite unter „Montmoringruppe" geführt. Die Reihenfolge dieser Hauptgruppensymbole richtet sich nach den Mengen, denen nach einem Bindestrich das Schlußwort folgt, z.B. KIQ-Ton = Ton mit Mineralen aus der Kaolin-, Glimmer- und SiO_2-Gruppe. Damit erhält man die Kurzbezeichnung für diese Rohstoffe. Die jeweiligen Mengen setzt man in Gew.-% in Klammern dahinter, z.B. $K(\overline{60})I(\overline{20})Q(\overline{20})$-Ton, wobei die Querstriche ungenaue Angaben kennzeichnen. Hauptgruppen mit Gehalten < 8 Gew.-% werden durch einen Bindestrich von den größeren Anteilen abgesetzt. Vor dem Bindestrich sollen höchstens vier Hauptgruppensymbole stehen, z.B. KIQ-Y-Ton.

Die nähere Kennzeichnung erfolgt durch Untergruppen oder Mineralsymbole als Indizes. Sie sind ebenfalls in Tabelle 56 enthalten. Treten Minerale auf, die in Tabelle 56 nicht erwähnt sind, so sind diese auszuschreiben. Durch K_{ka+K} (63+x) kennzeichnet man z.B. einen Kaolin mit 63 Gew.-% Kaolinit und einem unbekannten Anteil eines weiteren Minerals der Kaolingruppe.

In der Klammer mit dem Gewichtsanteil kann man noch weitere Angaben machen, z.B. über die Art der Kationenbelegung und die Größe des Kationenaustauschvermögens. Solche Angaben sind mit den entsprechenden Einheiten zu versehen, z.B. M_{mo}(55; Na^+; 95 mval/(100 g)). Bezieht sich die Angabe auf den ganzen Ton, dann wird sie dahintergesetzt, z.B. MIQ-Ton (Ca^{2+}, K^+; 65 mval/(100g)).

Die Korngrößen, die man meist nur für den gesamten Rohstoff kennt, setzt man vor den ganzen Ausdruck. Durch zwei Kennzahlen soll eine Aussage über die Korngrößenverteilung gemacht werden, indem die erste Zahl den Halbgewichtsdurchmesser in Mikrometern, d.h. denjenigen Korndurchmesser, für den 50 Gew.-% größer und 50 Gew.-% kleiner als dieser sind, angibt, während die zweite Zahl die direkt bestimmte spezifische Oberfläche in m^2/g bezeichnet. So ist z.B. beim 0,5/40 KQ1-Ton der Halbgewichtsdurchmesser 0,5 µm, und die spezifische Oberfläche beträgt 40 m^2/g.

Weitere Verfeinerungen dieses Nomenklatursystems sind der Originalarbeit zu entnehmen. Es ist sehr variabel und wird auch in den Rohstoffmerkblättern der Deutschen Keramischen Gesellschaft verwendet, die bis etwa 1980 erschienen sind und viele Daten über eine Reihe von Tonen und Kaolinen brachten. Einige Beispiele zeigen die Tabelle 57 und Tabelle 58 [754]. Durch die Kurzbezeichnung wird jedoch untergeordneten Bestandteilen zu wenig Aufmerksamkeit geschenkt, die einen wesentlichen technologischen Einfluß ausüben können. Dies gilt meistens bei Anteilen von Montmorillonit ≥ 1 %, Wechsellagerungsstrukturen ≥ 2 %, Feldspat ≥ 3 % und Eisenmineralen ≥ 3 %.

Tabelle 56: Symbole des „Vollständigen Nomenklatursystems der Tone" von Ernst, Forkel und v. Gehlen [753]

Hauptgruppensymbol		Untergruppensymbol		Mineralsymbol	
K	Kaolingruppe			ka	Kaolinit
				dc	Dickit
				fc	Fireclay-Mineral
		HL	Halloysit		
M	Montmoringruppe (Smectite) (Gitter quellfähig)			mo	Montmorillonit
				nt	Nontronit
				sa	Saponit
I	glimmerartige Minerale (Gitter nicht quellfähig)	IL	Tonminerale der Glimmergruppe	hm	HydroMuskovit
				il	Illit
				1d	Ledikit
				mu	Muskovit, Sericit
				bt	Biotit
				ph	Phlogopit
				gl	Glaukonit
X	übrige silicatische Tonminerale			tc	Talk
				pg	Palygorskit, Attapulgit
		ML	Wechsel-lagerungs-strukturen	co	Corrensit
				hb	Hydrobiotit
		VM	Vermiculitgruppe	vm	Vermiculit
		CH	Chloritgruppe		
		SP	Serpentingruppe		
A	Aluminiumoxide und -hydroxide			gi	Hydrargillit, Gibbsit
				di	Diaspor
				bo	Böhmit
Q	SiO_2-Minerale			qz	Quarz, Chalcedon
				cr	Cristobalit
				op	Opal
F	Feldspatgruppe			or	Orthoklas
				pl	Plagioklas
S	Salze, relativ leicht löslich	CL	Chloride		
		SF	Sulfate	gy	Gips
C	Carbonate			cc	Calcit
				do	Dolomit
				ak	Ankerit
				sd	Siderit
Y	sonstige Begleitminerale			fe	Goethit, Nadeleisenerz, Limonit
				hm	Hämatit, Eisenglanz
				mt	Magnesit
				il	Ilmenit
				ru	Rutil
				at	Anatas
				zr	Zirkon
				tm	Turmalin
				gr	Granat
				ap	Apatit, Phosphorit
				pr	Pyrit
O	organisches Material				
Z	ungetrennte Aggregate, Gesteinsfragmente, Fossilreste usw.				

Tabelle 57: Eigenschaften einiger Kaoline und Tone (Mittelwerte nach Rohstoff- Merkblättern der Deutschen Keramischen Gesellschaft)

Eigenschaft	Kaoline 1	2	3	4	Tone 5	6	7	8	9	10
Korngrößen in Gew.-%										
Kornklasse in µm >63	0,0	0,1	0	1,4	0,3	3,3	1,3	1,0	0,1	25,0
63 – 20	0,2	3,4	1	10,4	0,6	1,3	3,9	4,7	0,2	24,1
20 – 6,3	18,3	20,6	11	23,6	0,6	6,5	8,1	13,8	1,0	15,6
6,3 – 2,0	36,5	31,9	24	21,6	2,6	14,4	18,5	13,9	1,8	13,7
<2,0	45,0	44,0	64	43,0	95,9	74,5	68,2	66,6	96,9	21,6
Chem. Analyse (getrocknet bei 110 °C)										
Gew.-% SiO_2	48,5	47,1	46,9	51,9	50,4	57,7	57,0	55,5	44,6	71,8
Al_2O_3	36,0	37,3	37,3	34,3	31,1	24,6	26,0	23,3	36,0	18,6
TiO_2	0,4	0,5	0,3	0,1	1,3	1,9	1,4	0,9	0,7	1,1
Fe_2O_3	0,5	0,9	0,9	0,5	3,3	4,2	3,2	9,5	1,5	0,5
$CaO+MgO$	0,4	0,7	0,7	0,3	1,0	0,4	1,4	0,7	0,4	0,4
K_2O+Na_2O	2,1	1,5	1,1	1,0	1,5	2,6	0,9	2,5	0,6	4,3
Glühverlust	12,1	12,0	12,8	11,9	11,4	8,6	10,1	7,6	16,2	3,3
Mineralanalyse (nach verschiedenen Methoden)										
Gew.-% Kaolingruppe	80	90	90	72	76	48	62	32	85	7
glimmerartige Minerale	11	2–3	7	11	8	14	10	28	9	30
Montmoringruppe	–	–	–	1–2	5–8	12	5	Sp.	3	–
Quarz	2	2	2	14	6	19	20	27	3	55
Feldspatgruppe	6	5–6	–	1–2	1–2	3–4	–	1–2	Sp.	8
sonstige Minerale	Sp.	–	–	–	2–3	3	3	11	–	–
Anmachwasserbedarf in g H_2O/100 g getrockneter Rohstoff	42	–	47	49	45	41	31	34	54	24
Plastizitätszahl nach Pfefferkorn	44,7	33,6	33,2	52,1	48	44,5	33,2	35,6	58	26,2
Trockenschwindung in %	4,4	5,3	4,6	7,3	7,5	7,8	10,2	6,7	6,9	3,6
Trockenbiegefestigkeit in N/mm^2	1,6	1,4	1,2	1,0	3,9	3,9	5,0	1,9	0,9	0,4
Nach Brand bei 1200 °C										
% Brennschwindung	5,7	6,3	9,4	6,2	11,7	8,9	7,4	10,2	13,5	5,0
% offener Porenraum (Wasseraufnahme)	32,0	26,1	15,4	36,7	0,8	0,3	2,4	0	23,1	19
Segerkegelfallpunkt SK	35/36	36	36	34	32	27	28/29	26	35/36	23

Tabelle 58: Bezeichnungen der in Tabelle 57 enthaltenen Rohstoffe

Nr.	Name	Bezeichnung nach DKG-Merkblatt	Bezeichnung nach Kromer und Schüller [9]
1	Porzellankaolin 25	$K_{ka}(80)\ I_{mu+il}(11)\ F_{or+pl}(6)\ Q_{qz}(2)$ Y(Sp.)	K (80) I(11)-F(6)–Keramikkaolin
2	Reinkaolin S 113 F	$K_{ka+HL}(88+2)$-F(5)I(2)Q(2)	K (90)-F(5)-Keramikkaolin
3	Standard-Kaolin Ia von Zettlitz	$1{,}4\ /\ \overline{2{,}8}$ K(90)-IQ	K (90) Keramikkaolin
4	Burela-Kaolin 201	$K_{ka}(72)\ I_{il+mu}(\sim 11)\ X_{ML}(1\text{-}2)\ Q_{qz}(114)\ F_{or}(1)$	K(72) Q(14) I(11)-Keramikkaolin
5	Keramikton Kg	K(76) I(8)-M(5-8)	K(76) I(8)-M(5-8)–Keramikton
6	Ton Fr gelb	$K_{ka}(48)\ I_{il}(14)\ X_{ML}(12)\ Q_{pz}(19)\ F_{or}(4)$ Y(3)	K(48)Q(19) I(14)X(12)-F(4)Y(3)-Keramikton
7	Ton GFU	K(62) Q(20) I(10)-X(5) Y(3)	K(62) Q(20) I(10)-X(5) Y(3)–Keramikton
8	Ton KRBI rotbrennend	$K_{fc}(32)\ I_{il+mu}(28)\ Q_{qz}(27)\ F_{or}(1\text{-}2)\ Y_{fe}(11)$	K(32) I(28) Q(27) Y(11)-Keramikton
9	Ponholzer Hochfeuerfest-Ton VI	$K_{fc}(85)$ I(9)$X_{ML}(3)$ Q(3)	K(85) I(9)-X(3)–Keramikton
10	Kreuzton von Niederdresselndorf	$Q_{qz}(55)\ I_{mu,\ il}(30)\ F_{pl}(8)$ K(7)	Q(55) I(30)–F(8)–Keramikton

6.1.1.5 Untersuchungsmethoden

Voraussetzung für die Kennzeichnung eines tonmineralhaltigen Rohstoffs ist die Kenntnis der Art und Menge der darin enthaltenen Minerale und ihrer spezifischen Beiträge zum technologischen Verhalten einer Masse. Hierfür stehen viele Untersuchungsmethoden zur Verfügung, von denen jedoch nur wenige besonders aussagekräftig für einen bestimmten Verwendungszweck sind [50], [755]-[757]. Bei der qualitativen Bestimmung der Tonminerale kann man die Genauigkeit erhöhen, wenn man vorher die Nebenbestandteile entfernt. Nach Kohler und Wewer [758] gelingt dies schonend durch deren Auflösung mit einem chelatbildenden Komplexbildner wie Di- oder Trinatriumsalze der Ethylendinitrilotetraessigsäure (EDTE, engl.: EDTA).

Im Kapitel 2.3.2.3 wurde bereits über einige Nachweismöglichkeiten der Tonminerale berichtet. Wegen der geringen Korngröße eignet sich gut die *Elektronenmikroskopie* [12], die aber bei den Tonen oft auch ihre Grenzen hat [759]. Eine Möglichkeit zur Untersuchung der Mineralien in feuchter Atmosphäre bietet die ESEM (Environmental Scanning Electron Microscopy), mit der auch der Trocknungsprozeß verfolgt werden kann [891]. Mit der Elektronenstrahlmikrosonde (EPMA) oder der energiedispersiven Röntgenfluoreszenzanalytik (EDX) kann man die chemische Zusammensetzung bestimmen [760]. Die *Röntgenbeugung* hat den Vorteil, nahezu alle Bestandteile qualitativ und auch quantitativ zu erfassen, letzteres mit einer Genauigkeit von ± 5 %, womit sie die genaueste aller Methoden ist. Durch eine selektive Einlagerung von Dimethylsulfoxid (DMSO), Solvation mit Ethylenglykol, Glycerin oder KCl-Lösung lassen sich ferner die Schichtabstände so beeinflussen, daß die einzelnen Mineralphasen röntgenographisch unterscheidbar werden. Eine ausführlichere Beschreibung liefern Hofmann und Weiss [761], Moore and Reynolds [762], Brindley und Brown [763] und Wilson [756]. Zu den physikalischen Methoden ist auch die *Infrarotspektroskopie* zu rechnen, die auf den Quarzgehalt und den Kaolinitgehalt angewandt werden kann [764].

Die quantitative Bestimmung der Tonmineralien mit Hilfe *thermischer Verfahren* stützt sich dabei auf die unterschiedlichen Wassergehalte und Entwässerungstemperaturen der verschiedenen Minerale. Empfehlenswert sind dabei dynamische, d.h. mit ständig ansteigender Temperatur arbeitende Verfahren. Am einfachsten ist die *Bestimmung des Gewichtsverlustes mit einer Thermowaage*. Bild 296 zeigt einige dieser Thermogramme. Man kann dabei natürlich nur die Reaktionen erkennen, die mit einer Gewichtsänderung verbunden sind. Aus Kapitel 3.3.3.5 ist bekannt, daß Kaolinit ab 470°C zu Metakaolinit entwässert (Kurve 2). Dickit (Kurve 1) ist demgegenüber etwas stabiler. Montmorillonit erkennt man an der starken und frühzeitigen Gewichtsabnahme durch Abgabe des Zwischenschichtwassers (Kurve 3) und der bei etwas höheren Temperaturen liegenden Abgabe des Strukturwassers. Im Unterschied dazu beginnt beim Illit diese Stufe früher (Kurve 5).

Während des Aufheizens findet zunächst eine Dehnung, später - nach dem Einsetzen des Sinterns - eine Schwindung statt. Die Effekte sind nicht sehr unterschiedlich, aber man kann das Dilatometer gut einsetzen, um den Quarzgehalt an dessen Volumensprung bei 573°C (Kapitel 3.3.1.1) zu erkennen. Bild 297 zeigt die *Dilatometerkurven* der wichtigsten Bestandteile von tonmineralhaltigen Rohstoffen. Eine quantitative Auswertung bedarf jedoch großer Erfahrung; denn die Meßergebnisse werden durch den Feuchtigkeitsgehalt und die Korngröße stark beeinflußt. So ist der Quarzsprung um so geringer, je kleiner die Korngröße des Quarzes ist. Außerdem kann sich die Orientierung der Kaolinitblättchen bemerkbar machen, da die Schwindung zwischen 500 und 600°C senkrecht zur Blättchenebene größer als parallel dazu ist.

Die ebenfalls im Kapitel 3.3.3.5 beschriebene *Differentialthermoanalyse* (DTA) zeigt alle die Reaktionen an, die Wärme verbrauchen oder freisetzen, wodurch sich endotherme oder exotherme Effekte in den Diagrammen ergeben. Bild 168 im obigen Abschnitt vergleicht z.B. die Kurven von Kaolinit, Illit und Montmorillonit. Zum Nachweis eignet sich besonders der Strukturentwässerungsbereich bei 500 bis 700°C. Beispiele geben Köster und Schwertmann [764].

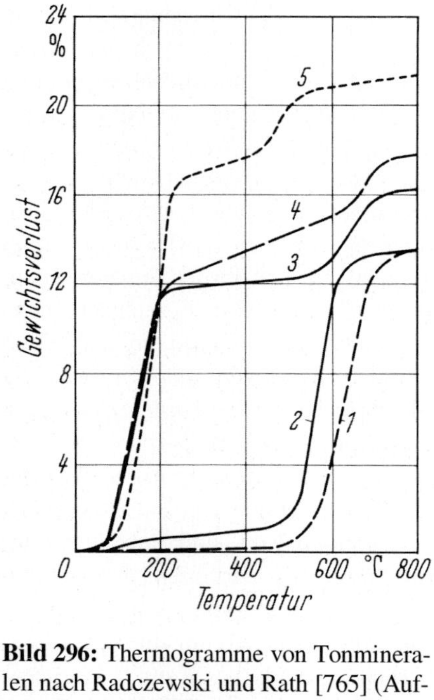

Bild 296: Thermogramme von Tonmineralen nach Radczewski und Rath [765] (Aufheizgeschwindigkeit 7 K/min), *1* Dickit von Neurode, *2* Kaolinit von Schnaittenbach (Fraktion < 2 μm), *3* Montmorillonit von Wyoming (Fraktion < 2 μm), *4* Nontronit von St. Andreasberg, *5* Illit von Sàrospatak (Fraktion < 2 μm)

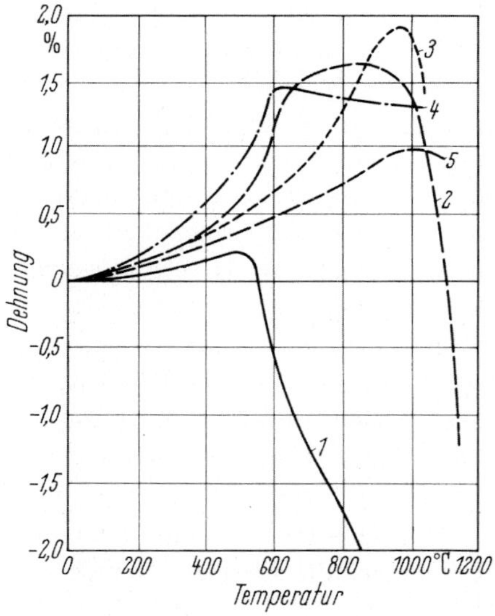

Bild 297: Dilatometerkurven einiger keramischer Rohstoffe nach Zwetsch [766]
1 Kaolin (Hirschau), *2* Illit (Sàrospatak), *3* Sericit (Le Boulou), *4* Quarzmehl (Dörentrup), *5* Feldspat (Skandinavien)

Wesentliche Aufschlüsse über die Rohstoffe erhält man auch durch die *chemische Analyse.* Man hat oft versucht, aus diesen Angaben den Mineralbestand zu berechnen, was als *rationelle Analyse* bezeichnet wird. Dabei wird zunächst der K_2O-Gehalt auf Feldspat umgerechnet. Das restliche Al_2O_3 wird als Kaolinit angesehen und das verbleibende SiO_2 dem Quarz zugeordnet. Da aber die Kaoline nur wenig und die Tone nie Feldspat enthalten, sollte der K_2O-Gehalt auf Glimmer bezogen werden. Auch dann sind die Ergebnisse noch fraglich, weil meist Illite vorliegen, die einen variablen K_2O-Gehalt haben. Man hat deshalb versucht, die Berechnungen mit anderen Messungen zu kombinieren.

Hofmann und Haacke [767] gehen davon aus, daß Kaolinit, Fireclay und Metahalloysit sowie die dioktaedrischen eisenarmen Glimmer nahezu den gleichen Al_2O_3-Gehalt von rund 38,5 Gew.-% besitzen, während der Glühverlust des Kaolinits etwa 14 Gew.-% und der des Glimmers etwa 4,5 Gew.-% beträgt. Bestimmt man den Glühverlust *GV* (in Gew.-%) durch Glühen der getrockneten Probe bei 700°C bis zur Gewichtskonstanz und den Al_2O_3-Gehalt *A* chemisch, dann ergeben sich die Kaolinit- und Glimmergehalte *K* bzw. *G* mit obigen Werten nach

$$K = \frac{1}{0{,}095}\left[GV - \frac{4{,}5}{38{,}5}A\right] \text{Gew.-\% und}$$
$$G = \frac{1}{0{,}095}\left[\frac{14}{38{,}5}A - GV\right] \text{Gew.-\%,} \qquad (301)$$

während der Rest als Quarz angesehen wird. Die Übereinstimmung dieser einfachen Methode mit anderen Verfahren ist recht gut, wenn der Eisengehalt gering ist und nur wenig andere Stoffe wie Montmorillonit oder Humusstoffe enthalten sind.

Das bekannteste Verfahren der rationellen Analyse ist das nach Kallauner und Matejka [768], das die Erscheinung ausnutzt, daß nach dem Glühen bei 700°C der Al_2O_3-Gehalt von Kaolinit in HCl löslich wird. Dieser Anteil wird auf Kaolinit, ein in der Lösung befindlicher K_2O-Gehalt auf Glimmer umgerechnet. Im Aufschluß des Rückstandes bestimmtes Al_2O_3 wird als Feldspat berechnet, der Rest wird wieder als Quarz angesehen. In einfachen Fällen erhält man gute Ergebnisse; zu falschen Ergebnissen können Illit- und Montmorillonitgehalte führen.

Kritisch ist bei diesen Verfahren der rationellen Analyse die Ermittlung des Quarzgehaltes, da er als Differenz bestimmt wird und somit mit allen anderen Fehlern behaftet ist. Hier hilft die direkte Quarzbestimmung nach Schmidt [769] weiter, bei der die Beobachtung von Hirsch und Dawihl [770] ausgenützt wird, daß sich die Tonminerale und Glimmer verhältnismäßig schnell und vollständig in wasserfreier Phosphorsäure auflösen, während der Quarz praktisch ungelöst zurückbleibt. Mit zunehmender Fehlordnung, d.h. bei sehr geringer Korngröße oder z.B. Opalen, ist aber auch die Löslichkeit des SiO_2 zu berücksichtigen. Mit Kenntnis des Quarzgehaltes kann man die rechnerische Bestimmung der Kaolinit- und Illitgehalte verbessern. Urban [771] erreicht unter einigen plausiblen Annahmen Fehler von weniger als 5 Gew.-%.

Wie erwähnt, lässt sich aus dem Metakaolinit das Al_2O_3 mit HCl leicht herauslösen. Die Abhängigkeit dieses Verhaltens von der Vorbehandlungstemperatur zeigt Bild 298 nach Messungen von Sokoloff [772] im Vergleich zur Wasserabgabe. Man erkennt, daß schon unterhalb 400°C eine deutliche Al_2O_3-Löslichkeit vorhanden ist. In dem Augenblick, in dem der Metakaolin in die stabilere Spinellphase übergeht, hier bereits etwas unterhalb 900°C, geht die Al_2O_3-Löslichkeit auf Null zurück. Die Löslichkeit von SiO_2 aus dem Metakaolin ist gering, auch in heißer Na_2CO_3-Lösung. Wenn man aber zunächst Al_2O_3 in Säure löst, kann man anschließend nach Colegrave und Rigby [773] in heißer Na_2CO_3-Lösung das restliche SiO_2 auflösen. Ein ähnliches Verhalten zeigen nach Mitra u. M. [774] auch Bentonite. Es macht sich dabei auch die Kationenbelegung bemerkbar, indem die Mg-Bentonite die höchsten Löslichkeiten zeigen.

Für die Charakterisierung der plastischen Rohstoffe ist weiterhin deren *Korngröße* sehr wichtig. Die verschiedenen Bestimmungsmethoden wurden bereits im Kapitel 2.5.6 beschrieben. Da meist der größte Anteil eine Korngröße < 2μm hat, haben die üblichen Sedimentationsanalysen nur eine begrenzte Aussagekraft. Manchmal erhält man zusätzliche Informationen über die Bestimmung der Oberfläche (Kapitel 2.5.4). Es bewähren sich dabei besonders die Adsorptionsmethoden, vor allem mit H_2O-Dampf. Letzteres ist allerdings experimentell schwierig zu handhaben. Keeling u. M. [775] empfehlen deshalb die Adsorption aus einer Atmosphäre mit 75 % relativer Feuchte, die man über einer NaCl-Lösung einstellen kann. Dabei entspricht eine Gewichtszunahme von 10 % einer spezifischen Oberfläche von etwa 330 m^2/g. Mit speziellen Ansätzen lassen sich Sonderprobleme lösen, so z.B. nach White und Michael [776] die Bestimmung von Smectit-Gehalten von 2 Gew.-% durch die Adsorption von Methylenblau.

Geringe Korngrößen bedingen eine große Oberfläche und damit ein großes Wasserbindevermögen der Haufwerke. Man mißt dieses Wasserbindevermögen nach Enslin [777], indem man die getrocknete Substanz auf eine Glasfritte mit angeschlossener Kapillare bringt, durch die von unten Wasser angesaugt wird.

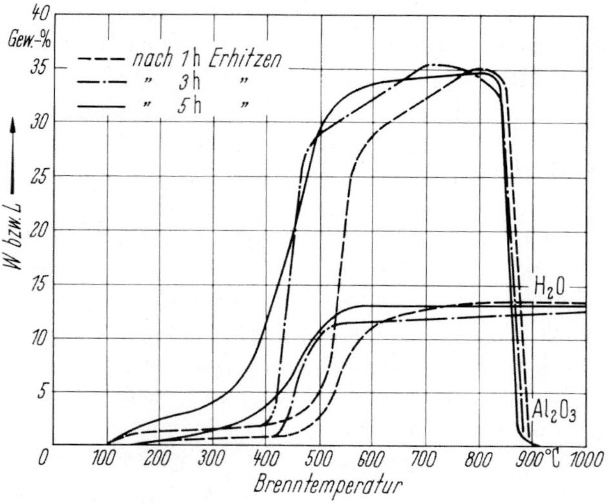

Bild 298: Wasserabgabe W und Al_2O_3-Löslichkeit L (2h in 6-%iger HCl auf dem Wasserbad) von bei verschiedenen Temperaturen gebranntem Kaolin

Das Volumen *V* der angesaugten Wassermenge läßt sich an der Kapillare ablesen. Mit der Einwaage *m* ergibt sich dann der *Enslin-Wert* zu $E = 100\ V/m$ (in cm^3/g). Bei einem körnigen Haufwerk werden bei dieser Methode durch die Kapillarwirkung die Porenräume gefüllt. Nimmt man ein relatives Porenvolumen von 50 % an, so ergibt sich bei einer Reindichte des Materials von 2,5 g/cm^3 ein Enslin-Wert von $E = 40$, der bei Sanden auch gefunden wurde. Die plastischen Rohstoffe zeigen dagegen höhere Werte, z.B. betragen nach Lehmann und Koltermann [778] die Enslin-Werte für Rohkaolin 60 bis 80, für geschlämmte Kaoline 80 bis 120 und für Bentonite über 500. Die Ursache für diesen hohen Wert sind die in den Bentoniten enthaltenen quellfähigen Tonminerale. Man kann sie deshalb mit dem Enslin-Gerät gut erkennen. Es ist mehrfach versucht worden, die Enslin-Werte zu anderen Eigenschaften der plastischen Rohstoffe in Beziehung zu setzen, was nur in wenigen Fällen gelungen ist [779].

Viele *weitere Prüfmethoden* bestimmen das technologische Verhalten der plastischen Rohstoffe, z.B. Plastizität, Kationenaustausch-, Trocken- und Brennverhalten, was in den entsprechenden Kapiteln behandelt wird. Hier sei nur kurz die *Ionenaustauschkapazität* angesprochen, die eng mit den Strukturen zusammenhängt und im Kapitel 2.3.2.3 bereits beschrieben ist. Aus der dortigen Tabelle 17 erkennt man, daß besonders der Montmorillonit hohe Werte aufweist. Aber auch Wechsellagerungsstrukturen können zu hohen Werten führen. Außerdem ist auf die organischen Beimengungen zu achten, die ebenfalls Kationenaustauschvermögen bis zu 100 mval/(100g) ergeben können.

Abschließend sei noch die *Brennfarbe* erwähnt. Im allgemeinen brennen Kaoline aufgrund der unterschiedlichen Eisen- und Titangehalte hell und Tone dunkel, weshalb heller brennende Tone wertvoller sind. Aber auch farbig brennende Tone sind als gute Rohstoffe für die Keramik zu betrachten. Kromer und Schüller [780] zeigen, daß sie durchaus Vorteile bringen können, denn sie brennen schon frühzeitig dicht und verbessern auch einige andere Eigenschaften. Weitere Informationen zur Brennfarbe bringt Kapitel 7.5.2.3.

6.1.2 Gering plastische Rohstoffe

Die Gruppe der gering plastischen Rohstoffe ist recht klein. Praktische Bedeutung haben der Pyrophyllit in geringem, der Talk in größerem Ausmaß erreicht. Die Strukturen dieser beiden Minerale sind im Kapitel 2.3.2.3 beschrieben.

Pyrophyllit mit der Zusammensetzung $Al_2O_3{\cdot}4SiO_2{\cdot}H_2O$ bzw. $Al_2[(OH)_2/Si_4O_{10}]$ kommt in der Natur in blättriger, strahlenförmiger und kompakter Form (Agalmatolith, Pagodit) vor. Seine Lagerstätten sind durch hydrothermale Umwandlung lokalmetamorph überprägter saurer, aluminiumreicher Gesteine (z.B. Rhyolithe, Dazite) entstanden. Sie sind linsenförmig und viele Meter mächtig oder aber gangförmig. Als Nebengemengteile finden sich Kaolinit, Dickit, Chlorit, Glimmer, Rutil, auch Korund, Diaspor, Andalusit und andere Mineralien der Metamorphose, nach denen Pyrophyllit auch Pseudomorphosen bildet. Etwa die Hälfte der Weltproduktion stammt aus Japan (Mitsuisi, Shokozan,

Goto), weitere Lagerstätten befinden sich in den USA (Arkansas, Georgia, North Carolina), Kanada, Südafrika, China (Agalmatolith), Korea und Indien.

Pyrophyllit zeichnet sich durch seine geringe Brennschwindung aus. Die Entwässerung beginnt bei 500°C, ohne daß in der DTA-Kurve deutliche Effekte auftreten. Die Hauptverunreinigung ist Quarz, der röntgenographisch gut erkannt werden kann. Pyrophyllit dient als Rohstoff für die Herstellung feuerfester Produkte. Als besondere Anwendung sei die Verwendung als Dichtungsmaterial in der Hochdrucktechnik erwähnt, da er unter mehreren Kilobar Umgebungsdruck sein Kristallwasser auch bei Temperaturen oberhalb 1200°C nicht verliert und plastisch wird. Ohne Pyrophyllit-Dichtungen wäre heute noch die Diamantsynthese undenkbar.

Der Ersatz von zwei Al-Ionen des Pyrophyllitgitters durch drei Mg-Ionen führt zum *Talk*, $3MgO{\cdot}4SiO_2{\cdot}H_2O$ bzw. $Mg_3[(OH)_2/Si_4O_{10}]$, der in der Natur als weiches, blättriges Material vorkommt und sich in typischer Weise fettig anfühlt. Die Edukte der ebenfalls lokalmetamorph entstandenen Lagerstätten sind Dolomite oder magnesiumreiche Ultrabasite. Erstere Vorkommen sind meist sehr rein und mehrere hundert Meter mächtig, z.B. Johanniszeche bei Göpfersgrün/Fichtelgebirge, Zöblitz/Erzgebirge, Steiermark, Lucena/französ. Pyrenäen, Madoc/Ontario, in Texas, Montana und Kalifornien. Begleitmineralien sind hier Magnesit, Calcit und Quarz. Die Umwandlung von Ultrabasiten führt demgegenüber eher zu inhomogenen, fremdmineralreichen Lagerstätten wie Vermont/USA, Quebec/Canada und Finnland. Der Talk findet sich hier in Gesellschaft von Chlorit, Tremolit, Diopsid, Serpentin, Antophyllit und Spinellen.

Im Talk (oder Talkum) liegen relativ große Kristalle vor, weshalb er beim Brennen zu Texturen neigt. Es gibt aber auch Vorkommen mit sehr kleinen regellos angeordneten Kristallen, die *Specksteine* oder *Steatite*. Sie werden in der Keramik bevorzugt, da sie weniger Texturen erzeugen. Diese Orientierung ergibt sich nach Schüller [781] auch bei dilatometrischen Messungen zu erkennen. Bei sehr feinkristallinen Specksteinen ist mit $\alpha_{20/600}$ = (3,8 bis 4,4) 10^{-6}/K nur eine geringe Anisotropie gegeben, dagegen bei grobkristallinen Specksteinen mit $\alpha_{20/600}$ = (6,2 bis 9,8) 10^{-6}/K eine große, wobei auch der Absolutbetrag der Wärmedehnung größer ist. Das weist auf zusätzliche strukturelle Unterschiede hin. Der in der Struktur eingebaute Wassergehalt ist mit theoretisch 4,7 Gew.-% sehr gering, was eine geringe Brennschwindung zur Folge hat. Die Härte ist mit 1 nach Mohs ebenfalls sehr gering, so daß sich Speckstein direkt mechanisch bearbeiten läßt und z.B. durch Abdrehen.

Die Hauptanwendungsgebiete des Talkes oder Specksteins liegen in der Herstellung von Steatitmassen (Kapitel 8.2.3). Dabei wird aber eine bestimmte Reinheit des Rohstoffes gefordert. Zum Nachweis der wichtigsten Begleitminerale wie Chlorit, Ca- und Mg-Carbonate und Quarz bietet die chemische Analyse einen Anhalt, reicht aber allein nicht aus. Die Durchschnittsanalyse eines Specksteins lautet in Gew.-% 61,0 % SiO_2, 31,4 % MgO, 1,1 % Al_2O_3, 1,0 % Fe_2O_3, 0,2 % CaO und 5,3 % Glühverlust, was etwas von der theoretischen Zusammensetzung abweicht, so daß Berechnungen ungenau werden. Besonders geeignet für den Nachweis von Chlorit sind die DTA (2) und Thermowaage (2), von Carbonaten das Mikroskop (<1), speziell von Magnesit auch die DTA (2) und Thermowaage

(1) und von Quarz das Mikroskop (2) (Nachweisgrenzen in Gew.- % in Klammern [782]). Die meist vorhandenen Eisengehalte bewirken, daß weißbrennende Talke selten sind.

6.1.3 Nicht plastische Rohstoffe

Die Gruppe der nicht plastischen Rohstoffe ist sehr groß. Es ist daher notwendig, auch hier eine Auswahl zu treffen, die sich auf die wichtigsten und interessantesten Rohstoffe beschränken muß.

Häufig wird in der Keramik von *Magerungsmitteln* und *Flußmitteln* gesprochen, wobei diese Bezeichnungen im ersteren Fall den Einfluß auf die Plastizität und im letzteren Fall den auf das Brennverhalten beinhalten. Eine Einteilung der Rohstoffe nach diesem Prinzip ist aber nicht eindeutig, weshalb hier der Chemismus in den Vordergrund gestellt werden soll. Quarz und Schamotte sind typische Magerungsmittel und Feldspäte typische Flußmittel. Außerdem ist es möglich, einigen unplastischen Substanzen, z.B. Al_2O_3, durch Mahlen in verdünnter HCl gewisse plastische Eigenschaften zu vermitteln, bedingt durch Veränderungen der Oberfläche.

Nach dieser Einteilung steht das *Siliciumdioxid*, SiO_2, am Anfang, das als Rohstoff in der Keramik eine wichtige Rolle spielt. Seine Modifikationen und Strukturen sind im Kapitel 2.3.2.4.1, sein Umwandlungsverhalten in den Kapiteln 3.3.1.1 und 9.3.1.1 beschrieben. Das Vorkommen von SiO_2 in der Natur ist äußerst vielseitig. Die größte Verwendung in der Keramik finden die Quarzite und Sande. Wichtig für ihren Einsatz ist einmal ihre Reinheit, vor allem in Bezug auf den Eisengehalt, zum anderen ihr Umwandlungsverhalten. Letzteres wird vorwiegend von der Korngröße und Kornform bestimmt. Damit ergeben sich zugleich als wichtigste Prüfverfahren die chemische Analyse und das Mikroskop. Bezüglich des Umwandlungsverhaltens sind oft Brennversuche notwendig. Eine Übersicht über Prüfverfahren und Rohstoffe hat Weiss [783], [784] vorgelegt.

Quarzite gibt es in mehreren Formen, die sich in der Art der Entstehung unterscheiden. Hydrothermal sind die *Gangquarzite* entstanden, die — wie ihr Name sagt — in Gängen oder Kluftfüllungen vorkommen. Wegen ihrer großen Reinheit und ihres guten Umwandlungsverhaltens finden sie in der Porzellanindustrie Verwendung. *Felsquarzite* haben sich aus Sanden unter der Einwirkung von hohem Gebirgsdruck (Diagenese, Metamorphose) gebildet. Sie enthalten immer geringe Beimengungen an Glimmer, oft auch an Feldspat. Ihre Umwandlungsgeschwindigkeit ist meist gering im Vergleich zu der der *Zementquarzite*. Diese ebenfalls aus Sanden hervorgegangenen Gesteine wurden durch kolloidal gelöste Kieselsäure des Grundwassers verfestigt. Ihr Haupteinsatzgebiet ist in der Feuerfestindustrie (Kapitel 9.3.1.1).

Quarzsande treten meist in Korngrößen von 0,1 bis 0,3 mm auf, werden aber oft vor dem Einsatz in Massen gemahlen. Ihr Vorzug ist die große Reinheit. Die häufig vorhandene gelblich-graue Färbung ist durch organische Verunreinigungen bedingt und verschwindet beim Brennen. Neben reinen Sandvorkommen gibt es noch solche, wo der Quarzsand vergesellschaftet mit Kaolin und Feldspat auftritt und erst aufbereitet werden muß.

Quarzmehle sind in unterschiedlicher Körnung im Handel. Bei den feinsten Quarzmehlen beträgt der Kornanteil 16 µm über 99 Gew.-%. Reine Quarzmehle haben SiO_2-Gehalte von 99,2 bis 99,8 Gew.-%. Die restlichen Bestandteile sind vor allem Al_2O_3 und Glühverlust neben deutlich geringeren Gehalten an Alkalien und Erdalkalien. Die Fe_2O_3-Gehalte liegen meist bei 0,02 %. Das Umwandlungsverhalten, bestimmt nach Brennen bei 1425°C, ist sehr unterschiedlich. Nach einstündigem Brennen sind noch 5 bis 70 % Restquarz vorhanden.

Während die Dichte der bisher genannten Rohstoffe mit 2,65 g/cm^3 der des reinen Quarzes entspricht, zeigt die Dichte der *Flinte* oder *Feuersteine* mit Werten bis herab zu 2,5 g/cm^3, daß Anteile aus amorpher Kieselsäure enthalten sind. Sie wandeln deshalb besonders schnell um. Bereits durch Brennen umgewandelte und gemahlene Quarzsande stellen die *Cristobalitmehle* dar, deren Dichte bei 2,32 g/cm^3 liegt. Ihr Einsatz liegt z.B. bei Steingutmassen. Da der Cristobalit erst durch einen Brennprozeß entsteht, zählen einige Autoren die Cristobalitmehle bereits zu den synthetischen Rohstoffen.

Eine weitere wichtige Gruppe stellen die *alkali- und erdalkalikaltigen Rohstoffe* dar. Mit ihnen führt man Komponenten in die keramischen Massen ein, die das Brennverhalten entscheidend beeinflussen. Bei der Besprechung der entsprechenden Systeme in den Kapiteln 3.3.3.1-2 wurde bereits gezeigt, daß Eutektika bei relativ tiefen Temperaturen auftreten, so daß bei höheren Temperaturen mehr oder weniger große Anteile an Schmelzphase entstehen. Dieses Verhalten wird oft beim keramischen Brand zur Flüssigphasensinterung und für chemische Reaktionen benötigt. Da aber bei der Herstellung der Massen die Rohstoffe meist mit Wasser in Berührung kommen, müssen die Alkalien in einer wasserunlöslichen Form vorliegen.

An erster Stelle stehen die *Feldspäte*, die nach Kapitel 3.3.4.1 in vielfältiger Form vorkommen können. Aufgrund ihrer Entstehung treten die Feldspäte in der Natur nie rein auf, was sowohl in Bezug auf die eigentlichen Feldspatminerale Orthoklas/Mikroklin, Albit und Anorthit und deren Mischkristalle als auch für das Vorhandensein von Begleitmineralien gilt, deren wichtigste Quarz und Glimmer (Muskovit, Biotit, Sericit) sind. Die Strukturen der Feldspäte wurden im Kapitel 2.3.2.4.2 behandelt. Weitere Angaben finden sich in [114], [785], [786].

In *Pegmatiten* kann man Feldspat neben Quarz in großen Kristallen hoher Reinheit antreffen. Eigentliche Pegmatite sind Bildungen aus Restschmelzen erstarrter Magmenkörper. Sie entstehen im Temperaturbereich zwischen 500 und 600°C und enthalten seltene Elemente und gelöste Gase. Das langsame Abkühlen und die Öffnung von Hohlräumen durch unter hohem Druck entweichender Gase führt zur Bildung von Kristallen mit manchmal mehreren Metern Länge. Ferner scheiden sich Elemente mit sehr kleinen oder sehr großen Ionenradien, die bisher in die Magmenkristallisate nicht eingebaut werden konnten, in Form von seltenen Erzen (Zinnstein, Wolframit, Niobit, Tantalit, Molybdänit) oder Edelsteinen (Turmalin, Topas, Beryll, Spodumen) aus. Weitere Begleitmineralien sind Muskovit oder Lepidolith (Li-Glimmer) in großen Tafeln oder feinschuppiger Sericit, Apatit und andere Phosphatmineralien. Die Pegmatitkörper sind in der Regel nach der Abkühlungreihenfolge zonar aufgebaut. Am Rande zum Nebengestein finden sich relativ feinkörnige Feldspat-Quarz-Verwachsungen, die nach innen in eine Plagioklas-reiche Zone übergehen; es folgt eine Eutektzone mit gerichtet verwachsenen Orthoklas-Quarz-Aggregaten mit sehr großen Kristallen; den Kern eines Pegmatits bildet häufig eine große dichte Quarzmasse, die an der Grenze zur Eutektzone mit den Erzen überzogen ist, so daß die genannten Industriemineralien selektiv gewonnen werden können. Typische auf Feldspat und Quarz abgebaute Lagerstätten sind in Deutschland Hagendorf und Pleystein/Oberpfalz sowie Zwiesel/Bayerischer Wald. Bei den Pegmatiten des Erzgebirges stand eher die Erzgewinnung im Vordergrund. Von hier stammen aber hochwertige Kaoline im Zusammenhang mit der hydrothermalen Zersetzung der Pegmatitkörper. Weitere wesentliche Vorkommen finden sich in Norwegen, Schweden, Südafrika, Namibia und Brasilien. Feinkörnigere Auskristallisationen der verschiedenen Pegmatit-Minerale nennt man *Aplite*.

In der Keramik werden unter Pegmatiten allerdings meist Feldspatsande verstanden, die durch Verwitterung von Gesteinen, z.B. Granit oder Gneis, entstanden sind. Dadurch kommt als weiteres häufiges Begleitmineral Kaolinit hinzu. Man findet sie auf primären und sekundären Lagerstätten, wobei letztere auch als *Arkosen* bezeichnet werden. Durch den Transport hat sich der Anteil an unerwünschten Begleitmineralen bei den Arkosen meist stark erniedrigt.

Die Anwendbarkeit dieser Rohstoffe wird häufig durch deren Eisengehalt begrenzt. Aus diesem Grund sind viele alkalihaltige Gesteine für keramische Zwecke nicht brauchbar. Man hat aber in den SiO_2-armen und alkalireichen *Nephelinsyeniten* ein Gestein gefunden, das oft den Anforderungen genügt. Sie bestehen meist aus etwa 50 Gew.-% Nephelin neben K- und Na-Feldspat und anderen Mineralen wie Aegirin, Titanit, Apatit, Zirkon und Erzen. Untergeordnet wurden früher auch eisenreichere syenitähnliche Gesteine wie der Nephelinshonkinit (Katzenbuckel/Odenwald) oder der Selbergit (Eifel) abgebaut. Als *Phonolith* (z.B. Kaiserstuhl/Baden) wird die Ergußgesteinsform des Nephelinsyenits bezeichnet.

Die chemischen Analysen einiger Rohstoffe bringt Tabelle 59. Dabei stellen einige bereits aufbereitete Produkte dar. An der Tabelle kann man erkennen, daß die eigentlichen Feldspäte relativ rein sind. Die Aussagefähigkeit der chemischen Analyse über das keramische Verhalten der Feldspäte ist jedoch begrenzt. Wichtige Elemente wie Bor, Phosphor und Beryllium, die in pegmatitischen Feldspäten im Gitter eingebaut sein können, werden nur selten erfaßt. Am ehesten ist noch eine Aussage über die Viskosität der Feldspatschmelzen möglich, wobei zu bedenken ist, daß sich Feldspatschmelzen durch eine hohe Viskosität auszeichnen, wie bei der Besprechung der Gläser im Kapitel 2.4.2.2 gezeigt wurde. Dabei zeigen die Kalifeldspäte deutlich höhere Werte als die Natronfeldspäte [787]. Die *Rinnenschmelzprobe* gehört bereits zu einer Gruppe von Untersuchungsmethoden, die in der Praxis leicht durchführbar sind und gute Aussagen über das Schmelzverhalten von Feldspäten erlauben [787].

Tabelle 59: Chemische Analysen (in Gew.-%) einiger alkalihaltiger Rohstoffe*

Rohstoff	SiO_2	Al_2O_3	Fe_2O_3	CaO	MgO	K_2O	Na_2O	GV
Theoretische Zusammensetzung								
Mikroklin	64,8	18,3	–	–	–	16,9	–	–
Albit	68,8	19,4	–	–	–	–	11,8	–
Anorthit	43,3	36,6	–	20,1	–	–	–	–
Nephelin	42,3	35,9	–	–	–	–	21,8	–
Feldspäte								
Feldspat 90/10	65,7	18,4	< 0,1	< 0,1	< 0,1	14,8	0,7	0,2
Feldspat 412	65,9	18,9	< 0,1	0,2	< 0,1	11,6	2,9	0,4
Feldspat K30	70,6	17,9	0,2	1,3	< 0,1	2,4	7,2	0,3
Feldspatsande								
Tirschenreuther Pegmatit	82,5	9,6	< 0,1	< 0,1	< 0,1	6,9	0,3	0,4
Weiherhammer Pegmatit	82,3	10,4	0,1	0,1	0,1	5,2	0,2	1,6
Nephelinsyenit M325	58,6	23,4	0,1	1,1	< 0,1	9,0	7,0	0,7
Nephelinsyenit, Låven	59,7	19,2	4,2	0,3	0,2	6,2	8,4	1,5
Vulkanische Rohstoffe								
Obsidian	74	13	1	< 1	< 1	5	4	2
Andesit	61	18	5	6	< 1	4	3	2

*z.T. den Rohstoff-Merkblättern der Deutschen Keramischen Gesellschaft unter Mittelwertbildung entnommen

Ferner wird in der Praxis die *Kegelschmelzprobe* durchgeführt, bei der nach dem Brand bei verschiedenen Temperaturen das Aussehen der Oberfläche, der Schmelzgrad, die Kegelform, die Transparenz und die Blasenbildung beurteilt werden. Im allgemeinen sind nach solchen Schmelzversuchen die Proben nicht klar, sondern je nach Probe mit mehr oder weniger feinen Blasen durchsetzt, so daß sie opak erscheinen. Einen wesentlichen Einfluß darauf hat das Gefüge und die Art der Entmischung der Feldspäte. Diese Gastrübung kann von eingeschlossener Atmosphäre, aber auch von einer Gasabgabe während des Brandes herrühren. Die hohe Viskosität der Feldspatschmelzen verhindert das Entweichen der kleinen Bläschen. Für die Gasabgabe sind Verunreinigungen im Feldspat verantwortlich, an erster Stelle die O_2-Abspaltung vom meist vorhandenen Fe_2O_3-Gehalt. Es sind in Feldspäten aber auch chemisch gelöster Stickstoff, Phosphor und Bor vorhanden [788], die in O_2-haltiger Atmosphäre bei höheren Temperaturen entgasen können. Diese Erscheinungen werden erst bei Temperaturen ab etwa 1300°C deutlich beobachtet. Sie können in extremen Fällen zu Aufblähungen der Proben führen. Als Untersuchungsmethode eignet sich dafür gut das *Erhitzungsmikroskop*, mit dem man den Schattenriß der zylindrischen Proben während des Aufheizens beobachten kann. Ab 1100 bis 1200°C setzt das Schmelzen ein, das zunächst eine deutliche Schwindung der Probe bewirkt. Hat sich genug Schmelzphase gebildet und ist deren Viskosität nicht mehr zu hoch, dann nimmt die Probe aufgrund der Oberflächenspannung eine Kugelform an. Bei noch höheren Temperaturen verbreitert sich die Probe auf der Unterlage, um schließlich ganz auszufließen (*Spreitung*).

Es wurde oben gezeigt, daß Na_2O die Viskosität der Schmelzphase stärker erniedrigt als K_2O. Noch mehr wird die Viskosität durch Li_2O herabgesetzt. Li_2O-haltige Rohstoffe sind deshalb sehr wirkungsvolle Flußmittel. In der Keramik haben als Rohstoffe Spodumen, Petalit und der lithiumhaltige Glimmer Lepidolith Eingang gefunden, die alle Alumosilicate sind, während der ebenfalls eingesetzte Amblygonit, $LiAl[PO_4]F$, ein Phosphat ist. Er enthält wie auch Lepidolith Fluor, was die Flußmittelwirkung noch erhöht.

Die wesentliche Wirkung der eben genannten Rohstoffe geht von deren Alkaligehalt aus, weshalb es naheliegt, noch *weitere Rohstoffe mit hohen Alkaligehalten* einzusetzen. Für diese Zwecke dienen vor allem die nach Vulkanausbrüchen glasig erstarrten *Obsidiane*. Tabelle 59 zeigt eine mittlere Analyse. Es gibt weitere Vorkommen mit ähnlicher Zusammensetzung jedoch höheren Wassergehalten von 3 bis 7 Gew.-%, die *Perlite*, die ebenfalls Verwendung in der Keramik finden können. Damit ist der Weg zu den Abfallscherben der üblichen Natronkalkgläser nicht weit. Für einige Zwecke haben sie aufgrund ihrer niedrigen Erweichungs- und damit auch niedrigen Dichtbrenntemperaturen interessante Einsatzmöglichkeiten. Wiegmann [789] beschreibt, daß man aus gemahlenem Glas mit nur Quarz gute Produkte erhalten kann.

Nicht nur die Alkalien, sondern auch die *Erdalkalien* wirken als Flußmittel. Als ein solches Mineral ist in Tabelle 59 der Anorthit angeführt, der aber als Rohstoff in dieser reinen Mineralform nicht zur Verfügung steht. Es gibt aber Gesteine, *Anorthosite* genannt, die zu wesentlichen Anteilen aus Plagioklas bestehen (siehe Kapitel 2.3.2.4.2). Die mittlere Zusammensetzung solcher Vorkommen beträgt (in Gew.-%) 54 SiO_2, 29 Al_2O_3, 13 CaO und 4 Na_2O und kann als Mischung aus Labradorit und Oligoklas aufgefaßt werden [790].

Das meiste CaO wird jedoch als $CaCO_3$ in Form von gemahlenem Kalkstein, Kreide oder Marmor in die Massen eingeführt. Daneben gibt es auch entsprechende tonmineralhaltige Rohstoffe. Ein besonderer, traditionsbehafteter Rohstoff zur Herstellung des *Knochenporzellans* (Kapitel 8.2.2.1) ist die *Knochenasche*. Sie besteht im wesentlichen aus $Ca_3(PO_4)_2$ neben geringen Gehalten an $CaCO_3$, $Mg_3(PO_4)_2$ und CaF_2. Man ersetzt sie jetzt durch den natürlichen Rohstoff Apatit, $Ca_5(PO_4)_3(OH,F,Cl)$, oder Calciumphosphat der chemischen Industrie. Neben Calciumphosphaten kommen auch Calciumsilicate in der Natur vor, wovon der Wollastonit, $CaSiO_3$, nur geringe Anwendung gefunden hat, da er aufbereitet werden muß und dann noch relativ hohe Fe_2O_3-Gehalte von über 0,2 Gew.-% zeigt. Deswegen ist auch bei diesem Rohstoff die Synthese üblich (Kapitel 6.2). Einen wesentlich preiswerteren Rohstoff für CaO stellt die Hochofenschlacke dar, die allerdings höhere Fe_2O_3-Gehalte (bis 3 Gew.-%) aufweist, aber bei der Herstellung von Fliesen und Spaltplatten eingesetzt werden konnte [791]. Bei einigen Werkstoffen wird MgO in der Masse benötigt. Hierzu können als Rohstoffe Dolomit $MgCa(CO_3)_2$ oder Magnesit $MgCO_3$ dienen.

6.2 Synthetische Rohstoffe

(Bearbeitet von R. Telle, Aachen)

Mit fortschreitender Entwicklung keramischer Werkstoffe bezüglich spezieller, vor allem mechanischer, korrosiver und elektronischer Eigenschaften wurden die Anforderungen an die Rohstoffqualität immer größer, so daß für einige Bereiche der Wunsch nach Homogenität, Reinheit und zuverlässiger, gleichbleibender Verfügbarkeit nicht immer erfüllt werden konnten. Darüber hinaus gibt es neue keramische Werkstoffe mit speziellen Eigenschaften, die auf Rohstoffen aufbauen, die sehr selten oder gar nicht in der Natur vorkommen bzw. nicht wirtschaftlich gewinnbar sind. In diesen Fällen ist es notwendig, die erforderlichen Rohstoffe synthetisch herzustellen.

Die Gliederung dieses Kapitels richtet sich nach den verschiedenen Synthesewegen. Es können allerdings nicht alle Rohstoffe behandelt werden, vor allem dann, wenn sie auf sehr spezielle Weise hergestellt werden, wie z.B. ZrO_2, SiC, das Si_3N_4, Carbide und Boride. Auf diese Synthesewege wird in den jeweiligen Kapiteln über diese Werkstoffe näher eingegangen. Andere Syntheseverfahren hängen unmittelbar mit dem Sinterprozeß zusammen und sind in Kapitel 4 genauer beschrieben, wie z.B. das Reaktionssintern mit und ohne flüssige Phase.

Der wesentliche Vorteil der synthetischen Rohstoffe ist ihre genau bekannte und gleichbleibende chemische Zusammensetzung, wobei bestimmte kleine Gehalte an Nebenbestandteilen prozeßbedingt möglich sind. Meist fallen die erhaltenen Pulver in geringer und gleichmäßiger Korngröße und Kornform an, so daß keine Mahlung erforderlich ist. Bei einigen keramischen Werkstoffen hängen spezielle Eigenschaften von den Herstellungsbedingungen dieser Rohstoffe ab, auf die besonders zu achten ist. Übersichtsartikel liegen u.a. von Inzenhofer [792], Hausner [793], Joger [794], Mazdiyasni [52], Gopalakrishnan u. M. [796], Yoshimura [797], Segal [798] und Corriu [799] vor, um nur einige zu nennen.

Wirtschaftlich gesehen hat die rasante Entwicklung der Hochleistungskeramiken zwischen 1980 und 1990 mit den darauf folgenden optimistischen Umsatzprognosen dazu geführt, daß sich die chemische Industrie mit der Synthese von Vorläuferverbindungen in großem Maßstab befaßte. Zeitweise wurde die Keramik daher auch als ein Teil der Chemiebranche verstanden. Es wurden viele Synthesewege erschlossen, die zuvor nicht rentabel erschienen; insbesondere hat die Molekülchemie schnelle Fortschritte erzielt und wesentlich zur Erschließung neuer und nanoskaliger Werkstoffsysteme beigetragen [800], [801].

6.2.1 Aufschluß natürlicher Rohstoffe, Raffination, Fällung und Umkristallisation

Keramische Massenprodukte wie Al_2O_3 sind in zahlreichen Varianten hinsichtlich Korngröße, Kornform und Reinheit erhältlich. Je nach Ansprüchen lohnt es sich, die natürlichen Rohstoffe auf chemischem Wege zu konzentrieren, zu reinigen (*Raffination*) oder über vollständige Auflösung (*Laugung*) der Industriemineralien und nachfolgende Fällung (*Präzipitation*) in Form von Pulvern definierter Reinheit zu synthetisieren. So beruht beispielsweise das *Bayer-Verfahren*, das in Kapitel 10.1.1.2 ausführlich behandelt wird, auf der steigenden Löslichkeit von mineralisch gebundenem Al_2O_3 bei hohen *p*H-Werten (Bild 161 in Kapitel 3.3.2.5), indem aus dem natürlichen Rohstoff Bauxit über einen wässerigen Druckaufschluß mit NaOH und nachfolgender Eindickung der Natriumaluminat-Lösung mittels Keimzugabe das Aluminiumhydroxid als *Bayerit*, α-$Al(OH)_3$, gefällt wird. Durch Calcinieren des Hydroxides entsteht Al_2O_3, das 0,02 bis 0,60 Gew.-% Verunreinigungen an Na_2O enthält. Die natürlichen Begleitmineralien wie Eisenoxide und -hydroxide, Quarz, Titanverbindungen, Carbonate und Silicate werden entweder als unlöslicher Rotschlamm abgetrennt oder verbleiben bei der Al-Hydroxidfällung in Lösung und werden vor der Rückführung der Lauge entfernt [802]-[807]. Der so gewonnene Bayerit läßt sich erneut lösen und nach weiterer Reinigung der Lauge fällen (*Umfällung*) und waschen, bis nach entsprechender Wiederholung des Vorganges ein Produkt gewünschter Reinheit entstanden ist.

Da mineralisch gebundenes Al_2O_3 bei niedrigen *p*H-Werten ebenfalls eine sehr gute Löslichkeit aufweist, läßt sich auch ein saurer Aufschluß, z.B. mit Salzsäure, Salpetersäure oder Schwefelsäure, durchführen. Neben dem Bauxit eignet sich hierfür auch Kaolinit als Rohstoff. Nach Abtrennung der Verunreinigungen liegen als Erzeugnis Aluminiumchlorid $AlCl_3{\cdot}6H_2O$ oder Aluminiumsulfat $Al_2(SO_4)_3{\cdot}18H_2O$ vor, welches nach weiterer Umkristallisation calciniert oder mit wasserfreiem Ammoniak zu Ammoniumalaun $NH_4Al(SO_4)_2{\cdot}12H_2O$ umgesetzt und dann calciniert wird (*Alum-Prozeß*). Zur Herstellung weniger reiner Pulver kann man auch „trocken" arbeiten, indem der saure Aufschluß in Anwesenheit von Natriumsulfat in einem Drehrohrofen bei 1100-1200°C durchgeführt wird. Bei diesem sog. *pyrogenen Aufschluß* entsteht ebenfalls Aluminiumsulfat, das zur Reinigung wiederum in Lösung gebracht und umgefällt wird. Der pyrogene Aufschluß läßt sich auch mit Soda, Na_2CO_3, im Alkalischen durchführen, wobei wiederum festes Natriumaluminat entsteht, das erneut gelöst und als Bayerit gefällt wird. Dieser Soda-Aufschluß wird auch auf Anorthosit, ein anorthitreiches Tiefengestein, angewandt.

Prinzipiell laufen also alle genannten Verfahren nach demselben Schema ab: Das im natürlichen Rohstoff enthaltene Metalloxid wird trocken oder naß in ein lösliches Salz überführt, das über die erwähnten Lösungs- und Fällungsprozesse einer Reinigung unterzogen wird. Auf ähnlichem Wege erhält man durch chemischen Aufschluß von Baddeleyit oder Zirkonsand Zirconiumtetrachlorid in der Form von $ZrCl_4{\cdot}2H_2O$ oder wasserfreiem $ZrCl_4$, das durch fraktionierte Destillation oder Sublimation gereinigt wird. Auch läßt sich aus einer Zirconiumoxiddichloridlösung ($ZrOCl_2$) durch alkalischen Sturz das Hydroxid $ZrO(OH)_2$ ausfällen, umkristallisieren, wiederholt waschen und zu ZrO_2 calcinieren.

Seewasser kann als natürliche Lösung einer Vielzahl von Metallsalzen angesehen werden. Da es in großen Mengen verfügbar ist, lassen sich diese Salze entweder durch Eindampfen gewinnen (Abtrennung von löslichen Chloriden, Sulfaten und Carbonaten erforderlich) oder durch Verdrängung von Rohstoffen höherer Löslichkeit aufkonzentrieren. So wird der sog. *Seewasser-Magnesit* durch langsame Reaktion von Meereswasser mit Kalk oder Dolomit gewonnen, indem das

Mg^{2+}-Ion aus der Lösung nach und nach das Ca^{2+}-Ion aus dem Carbonat verdrängt. Durch nachfolgende Calcination wird MgO synthetisiert. Auch Lithiumcarbonat wird auf diese Weise aus den Salzseen der Atacama-Wüste oder in Nevada gewonnen.

6.2.2 Festkörperreaktionen und Sinterverfahren

Die gleiche Methode, die zur Herstellung eines keramischen Werkstoffs dient, kann auch verwendet werden, um ein bestimmtes Zwischenprodukt herzustellen, das dann einen synthetischen Rohstoff darstellt. Man kann dabei nach der Art der beteiligten Phasen zwischen Reaktionen im festen und im flüssigen Zustand unterscheiden, wobei es auch hier fließende Übergänge gibt. In Kapitel 4.6 ist das *Reaktionssintern* in Einzelheiten abgehandelt. Die frei werdende Bildungsenthalpie des neuen Stoffes wird zur inneren Temperaturerhöhung der Sinterkörpers und als Triebkraft für die weitere Konsolidierung der Pulverpackung verwendet. Unter Reaktionssintern wird insofern die bewußte Überlagerung eines Sintervorgangs mit einer chemischen Reaktion verstanden.

Ein Beispiel für das Reaktionssintern unter Bildung einer neuen Phase ist Spinell, der nach $MgO + Al_2O_3 \rightarrow MgAl_2O_4$ hergestellt werden kann, eine Reaktion, die Schmalzried [405] näher untersucht hat und die bei feuerfesten Werkstoffen von besonderer Bedeutung ist. Auch Aluminiumtitanat läßt sich aus den Oxiden nach $Al_2O_3 + TiO_2 \leftrightarrow Al_2TiO_5$ herstellen. Die Reaktionen beginnen am Korn-Korn-Kontakt der Ausgangsphasen, wobei auf dem Weg zum Gleichgewicht alle intermediären Verbindungen oder Mischkristallzusammensetzungen nacheinander entstehen. Falls sich kein Gleichgewicht einstellen kann, sind die Ausgangs- und Übergangsphasen teilweise im Gefüge noch zu erkennen. Dies ist gelegentlich bei feuerfesten Erzeugnissen zu beobachten. Das thermodynamisch stabile Material bildet sich dann erst im Betrieb bei hohen Temperaturen aus. Auf Änderungen der physikalischen Eigenschaften (Dehnungen usw.) muß entsprechend geachtet werden. Sogenannte *Kern-Mantel-Strukturen* mit unreagierten Resten der Ausgangsphasen sind aber auch bei Hartmetallen und Cermets zu beobachten. Reaktionssintersysteme mit Phasenneubildungen sind aufgrund des Verschwindens der Ausgangsphasen üblicherweise mit einer Kornfeinung verbunden.

Im Bereich der Nichtoxide ist die sogenannte *Hochtemperatur-Reaktionssynthese* (auch *SHS*, von engl. self-propagating high-temperature combustion synthesis) entwickelt worden [580], [581]. Dieses Verfahren wird erfolgreich auf Carbide und Boride angewandt, indem man von den Elementen ausgeht [582]-[584]. Ebenso können Mischungen von Metalloxiden und Borcarbid oder Al-TiO_2-B_2O_3-Mischungen verwendet werden, bei denen die Oxide *aluminothermisch* reduziert werden [585]. Die Kinetik solcher Reaktionen, die oft zu einer Temperaturerhöhung auf über 2000°C führen, wurde von Holt u. M. genauer untersucht [587], [581]. Letztendlich sind diese Methoden aber nur Varianten des in der Chemie üblichen *Thermit-Prozesses* zur Synthese von Si aus SiO_2 durch Reduktion mit metallischem Aluminium.

Ein weiteres Beispiel für das Reaktionssintern ist das *reaktionsgebundene Si_3N_4, RBSN*, da sich reines Si_3N_4 allein wegen seines relativ hohen Dampfdruckes bei den benötigten Temperaturen nicht sintern läßt (siehe Kapitel 10.4.3.2). Man stellt deshalb einen schlickergegossenen oder vorgesinterten Formkörper aus Si-Pulver her, der anschließend in N_2- oder NH_3-Atmosphäre fertig gesintert wird, wobei nach der Reaktion $3\ Si + 2\ N_2 \rightarrow Si_3N_4$ entsteht.

Weitere Ausgangsstoffe zum Reaktionssintern sind *reziproke Salzpaare*, wie z.B. in den Reaktionen $ZrB_2 + TiO_2 \rightarrow ZrO_2 + TiB_2$ und $2\ ZrSiO_4 + 3\ Al_2O_3 \rightarrow 2\ ZrO_2 + 3Al_2O_3 \cdot 2SiO_2$. Durch solche Sinterreaktionen im festen Zustand werden auch andere Oxide (Bariumtitanate, Strontiumtitanate, Bleizirkonate, Ferrite, usw.), Silicate (Mullit, Wollastonit) und Carbide (WC-TiC-TaC-Mischkristalle) hergestellt. Im Falle der Mischoxide hat sich auch der Begriff *Mixed-Oxide-Process* eingebürgert.

Die genannten Reaktionen lassen sich natürlich auch unabhängig von einem Sintervorgang durchführen. Die entsprechenden Pulvermischungen werden dann geglüht, bis die Reaktion mehr oder minder vollständig abgelaufen ist. Gerade bei hochschmelzenden Oxiden ist dies aufgrund der geringen Diffusionsgeschwindigkeiten sehr zeitaufwendig und bedarf wegen der hohen Aktivierungsenergien hoher Temperaturen, wobei einzelne Komponenten wie z.B. PbO oder MgO verdampfen können. Man geht dann gerne von Chlorid-, Sulfat-, Hydroxid-, Carbonat- oder Nitratpulvern aus, die als chemische Produkte sehr rein erhältlich sind und teilweise aufgrund anderer Anwendungszwecke, z.B. in der Lebensmittel- oder Waschmittelindustrie sehr kostengünstig sind. Die leichtflüchtigen Anionengruppen werden durch Calcination oder während der Reaktion abgespalten. Resultat sind sehr feinkörnige Mischkristallpulver oder Verbundpulver, bestehend aus Phasenmischungen, die allerdings bei stark exothermen Prozessen teilweise versintert sind und daher nochmals aufgemahlen werden müssen. Ähnliche Reaktionen lassen sich auch in organischer oder wässeriger Lösung mit Salzen durchführen, wie weiter unten ausgeführt wird.

6.2.3 Schmelzverfahren

Wesentlich kürzere Reaktionszeiten als die diffusionskontrollierten Prozesse erlauben die *Schmelzverfahren*, z.B. für Mullit und Spinell. Oxidmischungen oder natürliche Rohstoffe werden als grobes Pulver oder stückig in feuerfesten Tiegeln im elektrischen Lichtbogen unter Plasmabedingungen aufgeschmolzen. Die Tiegelgrößen können bis zu einigen Kubikmetern betragen. Die Schmelze wird danach entweder in gekühlte Kokillen abgegossen, um großformatige Feuerfesterzeugnisse, z.B. Palisadensteine (ZrO_2) oder Gittersteine (Na-Aluminat) für Glaswannen bzw. Rekuperatoren herzustellen (*schmelzgegossene Erzeugnisse*, Kapitel 9.3.1.6). Hierbei entstehen die aus der Schmelzmetallurgie bekannten Erstarrungsgefüge mit einer feinkörnigen, da schnell erstarrten Randschicht, einer grobkristallinen Zwischenschicht und in Lunkern frei gewachsenen Kristallen im Zentrum des Gußstücks. Man kann auch den Schmelztiegel langsam abkühlen, wobei die

Schmelze erstarrt und sich Verunreinigungen in Form von eutektischen Restschmelzen in mehr oder minder großen Bereichen ansammeln, die separiert werden können. Das Material wird herausgebrochen, was bedingt durch die Schrumpfungsrisse nicht schwierig ist, und weiter zermahlen. Es kommen damit grobkristalline Stücke oder Pulver aus den synthetisierten Phasen in den Handel, die als *Schmelzmullit*, *Schmelzkorund*, *Schmelzzirkon* usw. bezeichnet werden. Anwender sind neben der Feuerfestindustrie die Schleifscheibenhersteller, aber nach entsprechend sorgfältiger Aufbereitung auch die Keramiker. Weitere auf diese Weise hergestellte Produkte sind CaO und MgO, Forsterit, Chromit und Magnesium-Spinell.

Eine Besonderheit der Tiegelschmelzverfahren stellt das *Skull-Melting* dar, das insbesondere zur Herstellung sehr hochschmelzender Erzeugnisse wie dotierter ZrO_2- oder HfO_2-Kristalle angewandt wird, die sowohl Edelsteinqualität besitzen als auch zermahlen als Pulver vermarktet werden. Die Rohstoffe werden als Pulvermischung oder stückig in einen korbähnlichen Behälter aus wassergekühlten Kupferrippen gefüllt. Die Beheizung erfolgt von außerhalb durch eine Hochfrequenzspule. Zur Ankopplung der an sich nicht metallisch leitenden Oxide wird im Zentrum der Schüttung Metallpulver (Zirconium usw.) plaziert. Nach Einschalten des Feldes erhitzt sich zuerst diese Metallseele, die über Konvektion und Wärmeleitung die Oxidpulver erwärmt. Als gute Ionenleiter koppeln die Oxide bei hoher Temperatur ebenfalls an, bis im Zentrum nach Oxidation der Metalle eine Schmelze entsteht. Die durch die randliche Kühlung bei niedrigen Temperaturen verweilenden Pulver versintern nach innen zunehmend und bilden auf diese Weise selbständig einen dichten Tiegel aus arteigenem Material, den „Skull" (Bild 299). Beim langsamen Abkühlen erstarrt die Schmelze, wobei von den Rändern und vom Boden aus mehrere Zentimeter große stengelige Kristalle wachsen. Diese werden herausgebrochen und weiterverarbeitet, während der Tiegel für die nächste Rohstoff-Füllung erhalten bleibt.

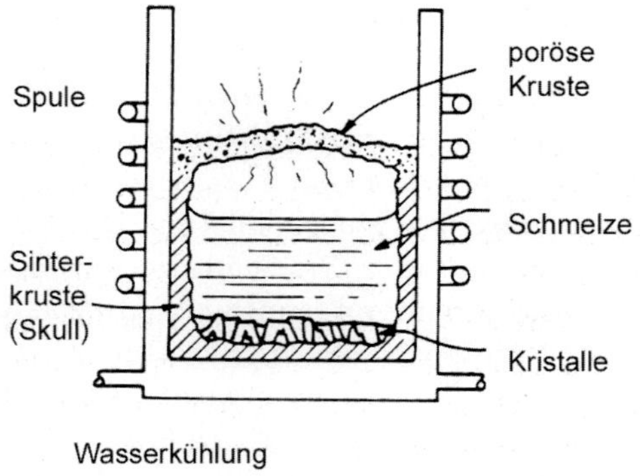

Bild 299: Der Skull-Melting-Prozeß

Zur Herstellung von *Glasuren*, die in Kapitel 7.6 behandelt werden, werden neben natürlichen Rohstoffen auch weitere Rohstoffe benötigt, vor allem um die häufig eingesetzten Komponenten B_2O_3 und PbO einzubringen. Es gibt einige Lagerstätten von Bormineralen, z.B. Colemanit, $2CaO{\cdot}3B_2O_3{\cdot}5H_2O$, oder Borax, $Na_2O{\cdot}2B_2O_3{\cdot}10H_2O$; reinere Verbindungen liefert jedoch die chemische Industrie. Als Bleirohstoff stehen die chemischen Produkte Bleiglätte, PbO, Mennige, Pb_3O_4, und Bleisilicat, $PbSiO_3$, neben einigen weiteren Verbindungen zur Verfügung. Zum Erschmelzen von Glasuren werden meist noch Alkalien benötigt, die in Form der Carbonate eingesetzt werden, was z.T. auch für einige Erdalkalien gilt, z.B. für $BaCO_3$, obwohl im letzteren Fall manchmal auch $BaSO_4$ verwendet werden kann.

Oft sind Glasuren getrübt und/oder gefärbt. Im letzteren Fall werden Farbkörper eingesetzt, die in großer Auswahl von der Industrie angeboten werden. Auch für die Trübungsmittel gibt es eine große Auswahl. Man kann sie gliedern in Oxide (SnO_2, ZrO_2, TiO_2), Fluoride (CaF_2, Na_3AlF_6, Na_2SiF_6) und Silicate ($ZrSiO_4$). Das Mineral Zirkon kann ist aufgrund seiner Aufnahmefähigkeit von Seltenen Erden in das Kristallgitter und seiner thermischen Stabilität besonders als stark färbendes Pigment bekannt.

Die Glasurrohstoffe werden in der Regel zusammen eingeschmolzen, abgeschreckt und vermahlen und kommen als fertige *Fritten* auf den Markt. Zur Einstellung einer bestimmten Reaktionskinetik werden auch unreagierte oder teilreagierte Mischungen der Rohstoffe angeboten.

Den Glasurrohstoffen ähnlich sind die keramischen Bindemittel für *Schleifscheiben*. Auch sie bestehen aus Mischungen glasiger oder kristalliner, teilweise natürlicher und synthetischer Rohstoffe.

6.2.4 Reduktions- und Oxidationsverfahren

Die *Reduktionsverfahren* spielen bei der Herstellung nichtoxidischer Rohstoffe, insbesondere bei Carbiden eine große Rolle. Das wichtigste Verfahren ist die *carbothermische Reduktion* und Aufkohlung von Quarzsand, SiO_2, mit Petrolkoks und elektrischer Energie zu SiC nach der Brutto-Gleichung:

$$SiO_2 + 3\,C \xrightarrow{1800-2500°C} SiC + 2\,CO \qquad (302)$$

Die tatsächlich ablaufenden Reaktionen sind wesentlich komplizierter. Produkte sind grobkristallines α-SiC, Graphit, flüchtiges Kohlenmonoxid und Schwefelverbindungen aus dem Petrolkoks. CO und S können aus den Abgasen wiedergewonnen werden. Dieses sog. *Acheson-Verfahren* wird wegen seiner Besonderheiten und technischen Bedeutung für diesen Werkstoff in Kapitel 10.5.2 ausführlich behandelt. Es wird aber auch in kleinerem Maßstab zur Synthese von Borcarbid B_4C aus Borsäure H_3BO_3 bzw. Boroxid B_2O_3 angewandt. Wiederum kommen Graphit oder Petrolkoks als Reduktionsmittel zum Einsatz:

$$2\,B_2O_3 + 7\,C \rightarrow B_4C + 6\,CO\uparrow \qquad (303)$$

Der Prozeß wird in großen Lichtbogenöfen oder Wiederstandsöfen bei Temperaturen zwischen 1500 und 2500°C durchgeführt und ist wie die SiC-Synthese stark endotherm. [808], [809]. Ähnlich, aber mit geringer Produktivität verläuft die Synthese von hochreinem B_4C mit definierter Stöchiometrie, wenn Borsäure mit Acetylen-Ruß, hochreinem Zucker oder Ethylenglykol bei 1600-1800°C in einem schutzgasgespülten Rohrofen umgesetzt wird [810]:

$$4\ H_3BO_3 + 7\ C \rightarrow B_4C + 6\ H_2O + 6\ CO \qquad (304)$$

Die Herstellung von Übergangsmetallcarbiden wie WC, TiC, TaC, NbC usw. und deren Mischkristallen, die wichtige Bestandteile der *Hartmetalle* darstellen, erfolgt aus dem sog. Rohoxid durch Vermahlung der Roherze, z.B. Wolframit, $(Fe,Mn)WO_4$, zusammen mit oxidiertem Hartmetallschrott, Laugung mit NaOH oder Soda im Autoklaven, Filtration der erzeugten Na-Wolframatlösung von festen Rückständen gefolgt von einer weiteren Raffination von Sb, Si, As, P und Mo. Die Wolframextraktion aus der Lösung wird mit organischen Ionenaustauschern durchgeführt, nach einer Aufkonzentration mit Ammoniak wird die Lösung zu Ammoniumwolframat, $(NH_4)_{10}W_{12}O_{41}\cdot 5H_2O$ eingedampft und in Drehrohröfen zu WO_3 calciniert. Es entstehen dabei gelbes Oxid, WO_3, sowie die grünen bis tiefblauen oder violetten „Blauoxide" WO_{3-x} mit einer Stöchiometrie von $WO_{2.98}$ über $WO_{2.90}$ zu $WO_{2.72}$. Diese werden nun in Wasserstoffatmosphäre bei 750-1200°C zum β-W-Metall reduziert. Das Metallcarbid wird über eine *Carburierung* mit Ruß unter H_2 in Kohledrehrohröfen oder unter Vakuum in Induktionsöfen bei 1400-1600°C erzeugt. Die je nach Temperatur stark versinterten Carbid-Kuchen werden aufgebrochen, gemahlen und gesiebt. Ungebundener Kohlenstoff wird aufoxidiert.

WC kann auch über eine Direktreduktion und gleichzeitige Carburierung der Oxide nach den Gleichungen

$$WO_3 + CH_4 + H_2 \rightarrow WC + 3\ H_2O \qquad (305)$$
$$W + 2\ CO \rightarrow WC + CO_2 \qquad (306)$$

oder nach einem an der Technischen Universität Wien entwickelten Verfahren aus dem Scheelit bei 1800°C in Induktionsöfen erfolgen:

$$CaWO_4 + 4\ C \rightarrow WC + CaO + 3\ CO \qquad (307)$$

CaO wird mit HCl herausgelöst. Die Synthese von TiC aus den Oxiden (TiO_2) erfolgt ebenfalls mit Ruß unter H_2 in Kohledrehrohröfen oder unter Vakuum in Induktionsöfen bei 2000-2200°C. Eine Abtrennung von Rest-Kohlenstoff ist danach wie zuvor erforderlich. Verbleibender Sauerstoff und Stickstoff lösen sich im TiC und bilden einen Ti(C,N,O)-Mischkristall.

Auch die Synthese von großen Mengen an Roh-ZrO_2 erfolgt in der Regel durch einen reduktionsunterstützten Prozeß. Grundlage für die Verhüttung von Zirkonsilicat, dem billigsten und best verfügbaren ZrO_2-Rohstoff, ist dessen thermische Zersetzung (*Dissoziation*) bei 2000°C im Lichtbogenofen nach der Brutto-Gleichung

$$ZrSiO_4 \rightarrow ZrO_2 + SiO_2 \quad (308)$$

Das SiO_2 liegt danach als erstarrtes Quarzglas vor, das chemisch oder durch mechanische Aufbereitung abgetrennt werden muß. Besser ist daher der Einsatz von Kohlenstoff, der das SiO_2 zu flüchtigem SiO reduziert, das absublimiert:

$$ZrSiO_4 + C \rightarrow ZrO_2 + SiO\uparrow + CO\uparrow \quad (309)$$

Ein weitere Herstellungsmöglichkeit von ZrO_2 ist die Umsetzung von $ZrSiO_4$ im Schachtofen bei 800-1200°C unter Chlorgas. Dabei läuft folgende Reaktion ab:

$$ZrSiO_4 + 3C + 4\,Cl_2 \rightarrow ZrCl_4\uparrow + SiCl_4\uparrow + 4CO\uparrow \quad (310)$$

Die flüchtigen Zirconium- bzw. Siliciumtetrachlorid lassen sich durch fraktionierte Sublimation trennen. Ebenfalls weitgehend abtrennbar sind Hafnium, Thorium und Seltene Erden, die immer als teilweise beträchtliche Verunreinigungen in den natürlichen Mineralien vorkommen.

Neben der carbothermischen Reduktion eines Oxides mit Kohlenstoff sind auch aluminothermische, silicothermische und magnesiothermische Reduktionsprozesse möglich, die auf der starken Sauerstoffaffininität dieser Elemente basieren. Nach diesen Prinzipien werden gerne Übergangsmetallcarbide oder -boride hergestellt, die einen entsprechend hohen Anteil an z.B. Magnesiumboriden enthalten. So kann Borcarbid aus Boroxid und Ruß bei 1000-1800°C synthetisiert werden [811]:

$$2B_2O_3 + 6\,Mg + C \rightarrow B_4C + 6\,MgO \quad (311)$$

Das Reaktionsgemisch wird, wie bei Thermit-Prozessen üblich, lokal elektrisch gezündet. Auch ist die Umsetzung unter Wasserstoff in einem Graphitrohrofen möglich. Ein Problem ist die Abtrennung von Magnesiumoxid, Magnesiumborid und unreagiertem metallischem Magnesium, die üblicherweise mit Salzsäure oder Flußsäure herausgelaugt werden, was jedoch nicht vollständig geschieht [812], [813].

Auch *Oxidationsprozesse* kommen zur Herstellung besonders reiner Oxidpulver aus Metallen zum Einsatz. So werden beispielsweise nach dem *Iwatani-Verfahren* metallische Aluminium-Pellets in einem Lichtbogen unter reinem Wasserdampf erschmolzen und verdampft. Dabei bildet sich Aluminiumhydroxid-Staub, der noch im Lichtbogen oder bei einer Nachbehandlung zu Al_2O_3 umgesetzt wird. Die Reinheit des Al_2O_3 richtet sich dabei ganz nach der Reinheit des eingesetzten Aluminiums, die nach der üblichen Herstellungsmethode über Schmelzflußelektrolyse über 99,999 % liegen kann. Auch Zirconiumdioxidpulver läßt sich so in nahezu beliebigen Reinheiten herstellen.

Schwindungsfreie, endkonturnahe Formkörper können durch Oxidation von Metallsilicid-Grünteilen hergestellt werden. Als Keramik erhält man entweder ein SiO_2-gebundenes ZrO_2 oder $ZrSiO_4$:

$$ZrSi_2 + 3\,O_2 \rightarrow ZrO_2 + 2\,SiO_2 \quad (312)$$

$$ZrSi_2 + 3\,O_2 \rightarrow ZrSiO_4 + SiO_2 \quad (313)$$

Die mit der Reaktion einhergehende Volumenvergrößerung um etwa 100 % kompensiert die porenbedingte Schwindung des Bauteils. Verwendet man Polymethylsilsesquioxan als in SiO_2 umwandelbaren Binder, kann der axial oder isostatisch gepreßte Grünkörper vor dem Oxidationssintern auch durch Drehen, Fräsen, Schleifen usw. bearbeitet werden [814], [2247].

6.2.5 Lösungs- und Fällungsprozesse aus wässeriger Lösung

Die bisher beschriebenen Verfahren gehen von einzelnen Körnern aus, die eine ideale, d.h. atomare Mischung der Ausgangskomponenten nicht erlauben, wodurch die Homogenität des gewünschten Produkts beeinträchtigt werden kann. Ferner sind Festkörperreaktionen diffusionsabhängig und benötigen daher hohe Temperaturen und eventuell lange Reaktionszeiten. Eine ideale Mischung und schnelle Synthesen bei geringen Temperaturen sind aber in Flüssigkeiten möglich, was voraussetzt, daß man die benötigten Komponenten in flüssiger oder gelöster Form zu Verfügung hat. Bei den naßchemischen Verfahren geht man oft von löslichen Salzen aus; auch metallorganische Verbindungen werden eingesetzt. Probleme bereitet häufig die Entfernung des Lösungsmittels, meist des Wassers, wobei keine Entmischung der vorgelegten Komponenten eintreten darf. Für diesen Zweck wurden einige Verfahren entwickelt, die unten angeführt sind.

Ein Vorteil dieser Verfahren liegt in der Möglichkeit, bestimmte chemische Zusammensetzungen, auch mit kleinen Anteilen, genau einzustellen, weshalb sie nach Stuijts [815] und Koppens [816] besonders Eingang in die Elektro- und Magnetokeramik (Kapitel 10.2 und 10.3) gefunden haben. Ein weiterer Vorteil liegt auch darin, sehr feindisperse und damit reaktive Pulver zu erhalten, die interessante Sintereigenschaften aufweisen [817].

Die älteste dieser Methoden ist die *Mischfällung* (*Kopräzipitation*). Das klassische und zugleich meist genutzte Beispiel sind die Ferrite. Man löst dazu z.B. Ni- und Fe-Nitrat oder -Chlorid und fällt gemeinsam durch Na_2CO_3 die entsprechenden Carbonate, die nach Filtration und Waschen zum Oxid verglüht werden. Auch Fällungen der Hydroxide oder Oxalate sind üblich. Wichtig dabei ist, daß die Fällungseigenschaften der eingesetzten Komponenten ähnlich sind, damit keine Phasentrennung eintritt. Am günstigsten ist die Fällung von Misch-kristallen. Der Prozeß wird darüber hinaus durch die Art des Lösungsmittels, *p*H-Wert und Temperatur bestimmt. Zur Erzielung besonders feiner Pulver muß die *p*H-Wert-Änderung möglichst schnell durchgeführt werden (*alkalischer* bzw. *saurer Sturz*). Hierzu wird die salzhaltige Lösung langsam in einen Behälter mit der *p*H-Flüssigkeit eingetropft, für den schnellen Mischungsprozeß verwendet man Hochgeschwindigkeitsrührer. Allerdings sollten möglichst keine sonstigen unerwünschten Ionen der Lösung mitgefällt werden, da dadurch die Eigenschaften der Produkte beeinflußt werden können. Beispiele für solche Fällungsreaktionen sind:

$$Al_2(SO_4)_3 + 6\ NH_4OH \xrightarrow{\Delta pH\uparrow} 2\ Al(OH)_3 + 3\ (NH_4)_2SO_4 \quad (314)$$

$$NaAlO_2 + HCl + H_2O \xrightarrow{\Delta pH\downarrow} Al(OH)_3 + NaCl \quad (315)$$

$$6\ NaAlO_2 + Al_2(SO_4)_3 + 12\ H_2O \xrightarrow{\Delta pH\uparrow} 8\ Al(OH)_3 + 3\ Na_2SO_4 \quad (316)$$

Eine andere Gruppe von Verfahren verdampft das Lösungsmittel, was den Vorteil hat, daß keine Fremdionen zur Fällung benötigt werden, was aber auch Probleme aufwerfen kann, wenn das Lösungsverhalten der Komponenten unterschiedlich ist. Besonders bewährt haben sich die Gefrier- und die Sprühtrocknung.

Die *Gefriertrocknung* ist ein Verfahren aus der Lebensmitteltechnik und kann ebenfalls zur Fällung keramischer Pulver herangezogen werden. Für die Herstellung eines homogenen keramischen Rohstoffs ist es erforderlich, eine Entmischung beim anfänglichen Gefrieren zu vermeiden. Schnettler u. M. [818] rühren deshalb ihre Lösung aus Al- und Mg-Sulfat in auf -60°C vorgekühltes Hexan ein, wobei einzelne Kügelchen mit Durchmessern um 0,3 mm entstehen. Die gefrorenen Kügelchen werden abgesiebt und im Vakuum gefriergetrocknet, wobei das H_2O absublimiert. Das verbleibende Gefüge ist durch viele Porenkanäle gekennzeichnet. Man erhält anschließend durch Tempern Spinell. Diese Methode eignet sich auch für Ferrite.

Die *Sprühtrocknung* (Kapitel 7.3.1.3.1) findet Einsatz bei der Trocknung von Nitrat- oder Chloridlösungen, wenn man für 10 bis 20 μm große Tröpfchen und eine rasche Verdampfung des Wassers sorgt. Dann tritt keine Entmischung ein, und es bilden sich meist Hohlkugeln in Größe der Tröpfchen. Ist im Sprühturm die Temperatur so hoch und die Verweilzeit so lang, daß sich die Salze zersetzen, dann entstehen bei diesem *Sprühröstverfahren* (oder Sprühbrennen) gleich die Oxide. Diese Methode findet ebenfalls bei der Herstellung von Ferriten Einsatz.

6.2.6 Hydrothermalverfahren

Bei der Hydrothermalsynthese keramischer Pulver handelt es sich im Prinzip um eine druckunterstützte Auflösung der eingebrachten Rohstoffe über Hydroxid-Zwischenstufen und die Ausfällung der unter den gewählten Druck- und Temperaturbedingungen stabileren neuen Phasen ebenfalls als Hydroxide. Bezüglich der Drucklaugung entspricht das Hydrothermalverfahren also der ersten Stufe des Bayer-Prozesses (Kapitel 6.2.1). Die Fällung des Reaktionsproduktes erfolgt entweder spontan oder im Zuge einer gezielten Druck-, Temperatur- oder *p*H-Wert-Änderung, die die Existenzbereiche der Phasen verschieben. Nach dem Abkühlen und Herunterfahren auf Normaldruck wird die Suspension filtriert, das Pulver mehrmals gewaschen, in Tunnel- oder Drehrohrtrockner bzw. durch Sprühtrocknen getrocknet und ggf. noch zum Oxid calciniert. Die Reinheit der Pulver ist je nach Rohstoffeinsatz und Fällungsbedingungen sehr hoch, die Kopräzipitation eng verwandter Ionenspezies kann allerdings nicht ausgeschlossen werden. Prinzipiell können jedoch minderwertigerer Rohstoffe eingesetzt werden, wenn die Verunreinigungen in Lösung bleiben.

Das Verfahren ist großtechnisch für die Herstellung von Quarz-Einkristallen für Piezo-Schwinger entwickelt worden, die sehr langsam in der Lösung bei etwa 375°C und 150 MPa Druck wachsen, während die Temperaturen am Bodensatz zur Sättigung der Lösung 425°C betragen. Die industrielle Übertragung des Verfahrens auf nichtmetallisch-anorganische Pulver wurde in der Waschmittelbranche durchgeführt, die auf diese Weise Zeolithe als Ionentauscher (Weichmacher) herstellt.

Nach diesem Prinzip läßt sich beispielsweise der feuerfeste Wollastonit, $CaSiO_3$, oder Diopsid, $CaO \cdot MgO \cdot 2SiO_2$, herstellen, indem man im Autoklaven eine feuchte Masse aus Weißfeinkalk oder gebranntem Dolomit und Quarzmehl 7 bis 16 h bei 200 bis 250°C behandelt [54]. Es bilden sich dann nach

$$6\ SiO_2 + 6\ Ca(OH)_2 \rightarrow 6CaO \cdot 6SiO_2 \cdot H_2O + 5\ H_2O \qquad (317)$$

oder

$$12\ SiO_2 + 6\ Ca(OH)_2 + 6\ Mg(OH)_2 \rightarrow$$
$$6CaO \cdot 6SiO_2 \cdot H_2O + 6MgO \cdot 4SiO_2 \cdot 4H_2O + 2\ SiO_2 + 7\ H_2O \qquad (318)$$

die Silicathydrate Xonotlit, C_6S_6H, oder Serpentin, $M_6S_4H_4$, wobei zuletzt für die Formeln die in der Zementchemie übliche Schreibweise mit folgenden Abkürzungen verwendet wurde: SiO_2 = S, Al_2O_3 = A, Fe_2O_3 = F, CaO = C, MgO = M und H_2O = H.

Für den Einsatz in der Keramik ist eine Entwässerung üblich, die bei Xonotlit schon ab 650°C einsetzt, aber meist durch Calcinieren bei 865...1150...1350°C durchgeführt wird, wobei nach

$$6CaO \cdot 6SiO_2 \cdot H_2O \rightarrow 6\ CaSiO_3 + H_2O \qquad (319)$$

direkt Wollastonit entsteht. Die Bildung von Diopsid erfordert nach der Entwässerung noch eine Festkörperreaktion nach

$$C_6S_6H + M_6S_4H_4 + 2\ S \rightarrow 6\ CMS_2 + 5\ H_2O, \qquad (320)$$

was aber wegen der hohen Feinkörnigkeit der Silicathydrate keine Schwierigkeiten bereitet. Ausreichende Reaktionsgeschwindigkeiten erreicht man bei 1200 bis 1250°C. Der Xonotlit selbst ist ein wichtiger Füllstoff in Pasten und Kunststoffen, aber auch ein Stabilisator für Schlicker.

Im Bereich der Hochleistungskeramiken können in großem Maßstab komplexe Mischkristallpulver für Elektrokeramiken hergestellt werden, zum Beispiel Titanate für Kondensatoren, Aktoren, Sensoren usw.. Gegenüber dem Mixed-Oxide-Weg (siehe Kapitel 6.2.2) besitzt das Hydrothermalverfahren den Vorteil einer besseren Kontrolle der Homogenität, Stöchiometrie, Korngröße und Kornform der Produkte, da die Diffusion und Vermischung der Spezies über die Lösung stattfindet. Die in der Regel geringere Korngröße und die manchmal amorphe oder schlecht kristallisierte Struktur der Hydrothermalpulver machen diese auch reaktiver im Sinterprozeß. Beispiele sind neben reinem $BaTiO_3$ auch Dotierungsvarianten mit SrO, CaO, ZrO_2, PbO oder Seltenen Erden [819], auch Niobate des Bleis, Zinks, Magnesiums und Bariums [820]. Ferner werden Ionenleiter wie Na-β-Aluminat und ZrO_2 aller Dotierungen gefällt, für optische Anwendungen Al_2O_3, Blei-Lanthan-Titanat-Zirkonat, für mechanische Anwendungen ebenfalls ZrO_2 (Y-TZP), Cordierit, Aluminiumtitanat, Mullit und vieles mehr.

Im Bereich der Pigmente werden mittels Hydrothermalverfahren feinstes Fe_2O_3 (rot), Fe_3O_4 (schwarz), Cr_2O_3 (grün), CrOOH (blaugrün), $ZnFe_2O_4$ (rotbraun), FeOOH (gelb), $CoAl_2O_4$ (blau) usw. synthetisiert.

Insofern die thermodynamischen Daten für die Stabilitätsbereiche der einzelnen Oxide und Hydroxide unter den gegebenen Bedingungen bekannt sind, lassen sich die Hydrothermalreaktionen mit rechnergestützten Methoden vorhersagen. Dies ist insbesondere für die Wahl geeigneter *p*H-Werte von Bedeutung [821], [822]. Nach dem Prinzip der heterogenen Gleichgewichte und dem Hebelgesetz (Kapitel 3.2) lassen sich die erzielbaren Ausbeuten berechnen.

6.2.7 Sol-Gel-Verfahren

Bei der *Sol-Gel-Methode*, englisch auch Colloidal Processing genannt, wird eine *hydrolytische Polykondensation* durchgeführt. Ausgangsstoffe sind lösliche Salze wie Halogenide, Sulfide, Nitride, Alkoxide oder metallorganische Verbindungen, sog. *Vorstufen* (lateinisch: Praecursores, engl.: Precursors), deren anionische Gruppen durch den Angriff von Wasser durch OH^--Gruppen ersetzt werden. Dabei entstehen zunächst Metallhydroxide, die über Homo- oder Heterokondensation unter Wasserabspaltung zu Metalloxidverbindungen vernetzen (Gln. (321)-(323)).

Hydrolyse:	$H_2O + R_nMR \rightarrow R_nM\text{-}OH + RH$	(321)
Homokondensation:	$R_nMOH + R_nMOH \rightarrow R_nM\text{-}O\text{-}MR_n + H_2O$	(322)
Heterokondensation:	$R_nMOH + R_nMR \rightarrow R_nM\text{-}O\text{-}MR_n + RH$	(323)

Der Buchstabe R bezeichnet dabei die anionischen bzw. organischen Restgruppen und M das Metall. Unter einer *Homokondensation* versteht man die Reaktion zwischen artgleichen Molekülen, bei einer *Heterokondensation* gehen verschiedene Partner eine Verbindung ein, hier die Ausgangssubstanz und ein bereits durch Hydrolyse entstandenes Hydroxid. Solche Reaktionen sind für Siliciumverbindungen gut untersucht [823], [824] und laufen selbst bei der einfachen SiO_2-Bildung über sehr komplizierte Zwischenstufen ab [825], die teilweise in Konkurrenz zueinander stehen. Bild 300 zeigt nach [799] am Silicium-Alkoxid $Si(RO)_4$ die Mechanismen der Hydroxidbildung an einer, zwei und drei Restgruppen, der Homokondensation zu Dimeren oder polymeren Ketten und Ringen. Ketten können sich weiterhin verzweigen, zwei- oder dreidimensional anlagern, Ringe können sich öffnen und Netzwerke ausbilden.

Werden die Moleküle größ er, so bilden sich *Kolloide* (griechisch: leimähnlich), also Aggregate oder Moleküle aus 1000 bis 10^9 Atomen und Durchmessern von 1-1000 nm. Die kolloidale Suspension wird *Sol* genannt. Durch Koagulation, d.h. weitere Vernetzung und Zusammenlagerung der Kolloide tritt unter weiterer Wasser- bzw. Restgruppenabspaltung eine Gelierung ein, es entstehen *Gele* und schließlich nach Entwässerung *Xerogele* (griechisch: xeros = trocken). Man erhält so feste, hochporöse amorphe oder teilkristalline Hydroxide, die durch Calcination in die entsprechenden Oxide überführt werden müssen, oder direkt die Metalloxide. Die Eigenschaften der Stoffe sind schwer vorhersagbar, da Reaktionsweg, Vernetzungsgrad usw. noch kaum zu kontrollieren sind. Auch ist es schwierig, die in der Literatur beschriebenen Experimente zu vergleichen, da die meisten Autoren den *p*H-Wert als Kriterium für die Säure- bzw. Basecharakter der Lösungsmedien verwenden, obwohl bekannt ist, daß in wässrig-organischen Medien nur die H_o-Funktionen von Bedeutung sind [826].

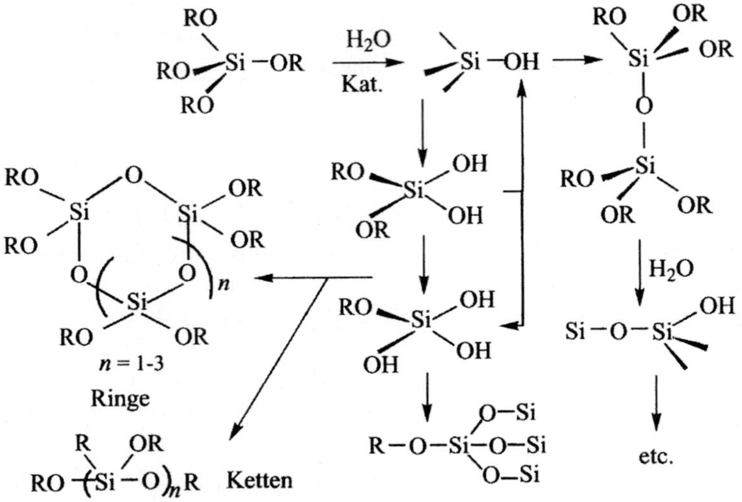

Bild 300: Polykondensation von Si-Alkoxiden [799]

In der Praxis werden die Sole z.B. durch Dispergieren frisch gefällter Hydroxide von Al, Mg, Fe, Si, Ti usw. hergestellt. Man kann das Sol auch direkt durch Hydrolyse der Chloride, z.B. von $AlCl_3$ oder $SiCl_4$, erhalten. Dieses Sol wird in ein festes Gel überführt, indem man es in eine Flüssigkeit tropft, die mit ihm wenig oder nicht mischbar ist. Nach dem anschließenden Trocknen erhält man das Produkt durch Calcinieren. Diese Methode ist vielseitig anwendbar. So kann ein sehr reines und feinkörniges Si_3N_4 hergestellt werden, indem in ein SiO_2-Sol feinkörniger Kohlenstoff zu einem homogenen Gel eingerührt wird, das dann sprühgetrocknet und im N_2-Strom bei 1500°C zu Si_3N_4 umgesetzt wird [827].

Für die eben geschilderte Methode finden in zunehmendem Maße organische Verbindungen der betreffenden Elemente Einsatz, meist die in Alkoholen leicht löslichen Ester, z.B. Si-Tetramethyl- oder -ethylester, $Si(OCH_3)_4$, oder Tetraethoxysilan (TEOS), $Si(OC_2H_5)_4$, oder Al-Triisopropylester $Al(OC_3H_7)_3$. Weitere oft verwendete Vorstufenverbindungen des Siliciums sind in ihrer Struktur in Bild 301 gezeigt. Alkalien oder Erdalkalien sind als Alkoholate, Acrylate oder im betreffenden Lösungsmittel lösliche Salze wie Nitrate einsetzbar. Die erhaltenen Xerogele sind so aktiv, daß ausgehend von obigem Al-Ester transparentes Al_2O_3 hergestellt werden kann [828]. Dabei ist die Prozeßführung sehr wichtig, um das notwendige feinkörnige Zwischenprodukt in Form von AlO(OH)-Partikeln mit Durchmessern von 20 bis 40 nm zu erhalten. Aus MgO- und Al_2O_3-Vorstufen bildet sich beim Sintern bereits ab 620°C Spinell [829].

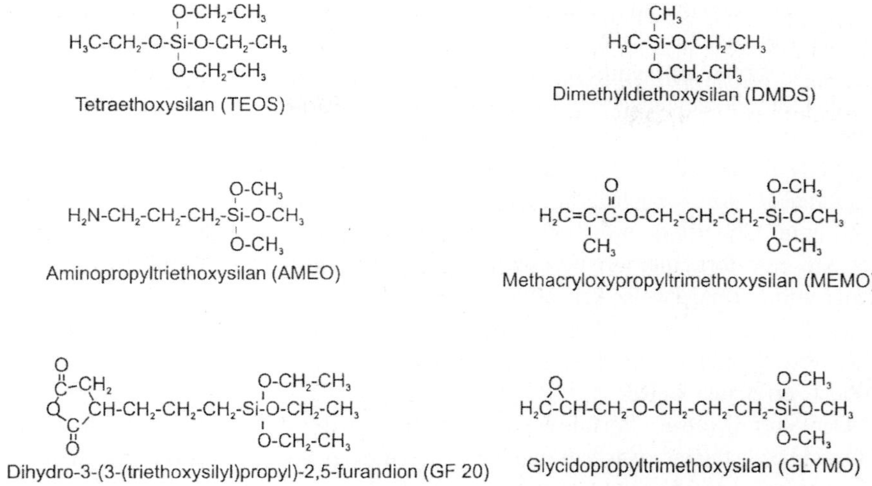

Bild 301: Beispiele für Vorstufenverbindungen auf der Basis von Silan-Derivaten

Die Variationsbreite der naßchemischen Verfahren ist sehr groß. Trotz der oft kostspieligen Verfahrensschritte zeigen diese synthetischen Rohstoffe wesentliche Vorteile und erlauben damit Fortschritte in der Herstellung von keramischen Werkstoffen mit besonderen Eigenschaften [830]. Von Vorteil ist z.B. die Verfahrenstechnik nach konventionellen chemischen Methoden bei Raumtemperatur. Ferner sind Beschichtungen oder die Herstellung von Fasern, die aus den Gelen unter Trocknung gezogen und gesponnen werden, möglich. Letztendlich stellt der Sol-Gel-Prozeß einen der wesentlichen und industriell sinnvoll beschreitbaren Wege zur Herstellung nanokristalliner Werkstoffe dar [831]-[835]. Der chemische Weg zur Pulversynthese wird wegen seiner Umweltfreundlichkeit auch als „*sanfte Chemie*" oder englisch soft solution processing bezeichnet [796], [798], [836].

Läßt man den Gelierungsprozeß weiter in einer Hohlform fortschreiten, so erhält man einen formstabilen Körper, der nach dem langsamen Trocknen als Grünkörper gesintert werden kann. Problem dieses *Gel-Casting*-Prozesses ist allerdings die hohe Schwindung [837], die Entstehung von Schwindungsrissen und die möglicherweise inhomogene Materialverteilung im Grünkörper, die wiederum zu Schwindungsrissen beim Sintern führt.

6.2.8 Synthese aus reaktiven Lösungen

In den letzten Jahren wurde die *Verbrennungssynthese* (engl.: combustion synthesis) zu einem Herstellungsprozess sehr feiner, homogener, kristalliner und unagglomerierter keramischer Pulver aus multikomponentigen Oxiden ohne die Zwischenaufspaltung und/oder das Calcinieren entwickelt. Die Methode stammt aus der Treibstoff- und Explosivmitteltechnik und nutzt eine exotherme, normalerweise sehr schnelle und sich selbst aufrechterhaltende chemische Reaktion [838]-[843].

Die Erwärmung, die zum Start der Reaktion benötigt wird, erfolgt dabei über eine externe Heizung.

Die Verbrennungssynthese wird mit einer gesättigten wässrigen Lösung durchgeführt, die die gewünschten Metallionen in Form von beispielsweise wasserlöslichen Nitraten sowie einen passenden organischen Kraftstoff, wie Harnstoff, ($CO(NH_2)_2$), enthält. Die richtige Stöchiometrie der Mischung kann aus den Wertigkeiten der Ionen nach bestimmten Regeln ermittelt werden [844]. Die Lösung wird unter Gelierung zum Kochen gebracht, bis sich die Mischung selbst entzündet und eine fortdauernde Verbrennungsreaktion stattfindet. Produkt ist ein trokkenes und normalerweise kristallenes, feines Oxidpulver, manchmal in Form eines Schwammes. Die großen Mengen der bei der Reaktion gebildeten Gase aus CO_2, H_2O und N_2 können zu einer Flamme führen, die Temperaturen im Bereich von 1000°C erreichen kann.

Der Vorteil dieses Verfahrens liegt einmal in der molekularen Mischung der Ausgangssubstanzen, was z.B. das Einbringen einer genau definierten Menge von Magnesium- bzw. Calciumionen und deren homogene Verteilung im ZrO_2-Pulver sicherstellt, sowie in seiner hohen spezifischen Oberfläche bzw. Korngrenzendichte, was für eine hohe Sinteraktivität und für eine schnelle heterogene Keimbildung bei Phasenumwandlungen sorgt.

Beispiele für wasserlösliche Salze sind $Ca(NO_3)_2 \cdot 4H_2O$, $Al(NO_3)_3 \cdot 9H_2O$ oder $Zr(NO_3)_4 \cdot 5H_2O$. Neben den Nitraten werden auch Metall-Carboxylate eingesetzt, SiO_2 kann entweder in Form von Metakieselsäuren, Tetraethoxysilan oder Mikrosilica mit hoher spezifischer Oberfläche eingebracht werden, was aber die Reaktionskinetik stark beeinflußt, da sich letzteres erst lösen muß. Als Brennstoffe kommen neben dem Harnstoff auch Carbohydrazin ($H_3N_2CON_2H_3$), Tetraformtriazin, Maleinsäure oder Zitronensäure in Frage.

So läßt sich beispielsweise Yttriumoxid-Pulver aus einer in Wasser aufgelösten Mischung aus Yttriumnitrat und Zitronensäure herstellen, indem man sie unter Rühren bei 85°C geliert und zur Reaktion bringt [845], [846]. Das entstandene Pulver besitzt eine Korngröße von etwa 20 nm und eine spezifische Oberfläche von etwa 55 m^2/g. Ein anderes Beispiel ist die Synthese von Bleimagnesiumniobat-Pulver aus Blei- und Niob-Carboxylat-Gelen. Die entstehenden Temperaturen müssen im Bereich von 700-750°C eingestellt werden, so daß sich der Niobat-Mischkristall direkt bildet, ohne daß Pyrochlor entsteht (Bildungstemperatur < 650°C) oder PbO verdampft (T > 800°C). Eine ausführliche kinetische Diskussion dieser Reaktion findet sich bei [847].

6.2.9 Lösungs- und Fällungsprozesse aus Schmelzen

Lösungs- und Fällungsprozesse aus Schmelzen gehorchen denselben physikalisch-chemischen Gesetzen wie diejenigen aus Lösungen, da Wasser ebenfalls eine Schmelze darstellt. Technisch gesehen laufen Schmelzreaktionen bei sehr viel höheren Temperaturen ab, so daß die Schmelzen nach dem Abkühlen erstarrt vorliegen. Beispiele für eine Werkstoffsynthese nach dem sog. *Hilfsbadverfahren* (engl.: auxiliary bath method) sind daher selten. So werden bestimmte Übergangsmetallcarbide und -boride in Pulverform synthetisiert, indem die meist metallischen Ausgangsstoffe in einer Metallschmelze auf der Basis von Aluminium-, Silicium-, Kupfer- , Zinn-, Blei- oder Eisenlegierungen aufgelöst werden und die neuen Substanzen entweder aufgrund der höheren thermodynamischen Stabilität spontan kristallisieren oder erst während der Verdampfung oder Abkühlung des Hilfsbades. Nach diesem Verfahren lassen sich komplexe Mischkristalle von (W,Ti,Ta,Nb...)-Carbiden oder (Ti,Zr,Cr,Ta...)-Boriden herstellen. Der Vorgang ist ferner gut für die Aufbereitung von Recycling-Material geeignet, das kaum separierbare Refraktärmetall-Zusammensetzungen aufweist. So werden z.B. Ferrotitan, Wolframschrott u. a. Übergangsmetalle in einer Fe-Ni-Schmelze unter Zugabe von Ruß gelöst, der Reaktor langsam abgekühlt und die Metallmatrix mit Säuren herausgelöst. Nach dem Prinzip der Ostwald-Reifung (Kapitel 4.4.4) wachsen die Körner als Funktion der Ausgangsgrößenverteilung, natürlich auch der Übersättigung und der Zeit, weshalb man die erwünschte Korngröße und Kornform gut einstellen kann. Durch entsprechende Dotierung ist es beispielsweise möglich, äquiaxiale oder plattenförmige TiB_2-Partikel zu züchten. Die Gewinnung der Pulver erfolgt durch Auflösen der erstarrten Schmelze auf chemischem Wege. Die freigelegten Partikel werden konventionell weiterverarbeitet.

6.2.10 Synthese durch Kondensation und Pyrolyse metallorganischer Vorstufen

Die Herstellung von Keramikfasern sowie die Abscheidung von metallorganischen Verbindungen aus der Gasphase sind die ersten Versuche, Materialien aus molekularen Vorstufen (lateinisch: Praecursores, engl.: Precursors) herzustellen. Verbeeck und Winter sowie Yajima et al. haben erstmals versucht, Materialien ausgehend von einem einzigen Molekül aufzubauen. So gelang die Synthese von Schichten und Fasern aus SiC und Si_3N_4 und ihrer Oxynitride [848]-[853].

6.2.10.1 Carbid-Synthesen

Nahezu alle SiC-Synthesen basieren auf dem Umstand, daß in der Vorstufe der Methylsilane, $(CH_3)_xSiH_{4-x}$, bzw. der Polycarbosilane, $[-(CH_3)_xSiCH_{4-x}-]_n$, Kohlenstoff bereits mit tetraedrischer Anordnung kovalent an Silicium gebunden ist. Nach Abspaltung von Restgruppen (je nach Molekülaufbau also Wasserstoffe, Chlor oder Methylgruppe) entsteht also gemäß Vernetzungsgrad eine Si-C-Si-C...-Kette bzw. ein zwei- oder dreidimensionales Si-C-Netzwerk mit einer Si:C-Stöchiometrie von nahezu 1:1, das gut zu SiC umgewandelt werden kann. Aufgrund der strukturellen Vielfältigkeit der chlorierten Methylsilane als Ausgangsstoffe ergeben sich allerdings unzählige Möglichkeiten zur Polykondensation zu Polycarbosilanen. Eine Übersicht geben Fritz und Matern [854], eine strukturelle Darstellung gibt Bild 302.

Geeignete Prozesse sind die direkte Pyrolyse von Di- oder Trichlormethylsilan in Wasserstoff, Inertgas oder Vakuum:

$$CH_3SiHCl_2 \xrightarrow{1000-1500°C} SiC + 2HCl + H_2 \qquad (324)$$

$$CH_3SiCl_3 \xrightarrow{>1100-1900°C} SiC+3HCl+H_2 \qquad (325)$$

Unterhalb 1400°C werden ein polykristallines Material oder Schichten erhalten, oberhalb dieser Temperatur können stöchiometrische Einkristalle oder Whisker gezüchtet werden [855]-[857]. Erfolgreich, allerdings mit sehr unterschiedlichen Ausbeuten, sind auch Pyrolysen von Silanen, die andere Restgruppen enthalten wie z.B. Phenyl-, Vinyl-, Propenylgruppen oder deren Kombinationen [858].

Die Herstellung von SiC-Fasern wurde mit der Entwicklung eines schrittweisen Syntheseverfahrens realisiert, bei dem von Dichlordimethylsilan, $(CH_3)_2SiCl_2$, ausgegangen wird (Bild 302). Das Polydimethylsilan lagert sich beim Erhitzen unter Kondensation und Abspaltung von Chlor zu Polycarbosilan um. Bei weiterer Erwärmung entsteht ein zähflüssiges Polymer, dessen rheologische Eigenschaften es ermöglichen, Fasern zu ziehen und durch Pyrolyse in Siliciumoxycarbidfasern umzuwandeln. Dieses Verfahren muß als großer Syntheseerfolg gewertet werden, da auf diese Weise ein Material in Faserform erhältlich ist, das thermomechanisch enorm stabil ist (*Nicalon-Fasern*, bis 1200°C stabil, siehe auch Kapitel 11.2.2). Aus chemischer Sicht liegt allerdings ein stöchiometrisches Verfahren vor, bei dem metallische Natrium- oder Kaliumschmelzen verwendet werden, die das Chlor als NaCl bzw. KCl binden.

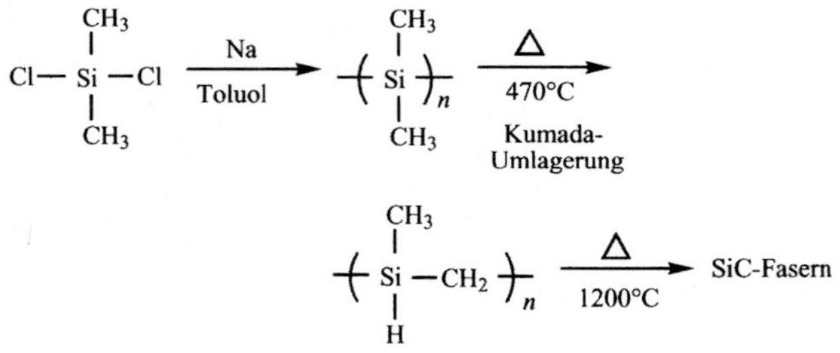

Bild 302: Yajima-Verfahren zur Herstellung von SiC-Fasern [799]

Die Synthese von SiC gelingt auch unter Verwendung katalytischer Reaktionen nach Bild 303. Das Polycarbosilan wird zunächst katalytisch hergestellt (Schritt a). Bei der direkten *Pyrolyse* dieses Polymers, d.h. der thermischen Abspaltung der restlichen Methylgruppen, kann die Ausbeute an SiC allerdings sehr gering sein [859]. Erst eine Quervernetzung (Schritt b) ergibt ein präkeramisches Polymer, das mit guter Ausbeute und mit kontrollierbarer Morphologie zu SiC-Schichten oder Fasern umgesetzt werden kann (Schritt c) [860].

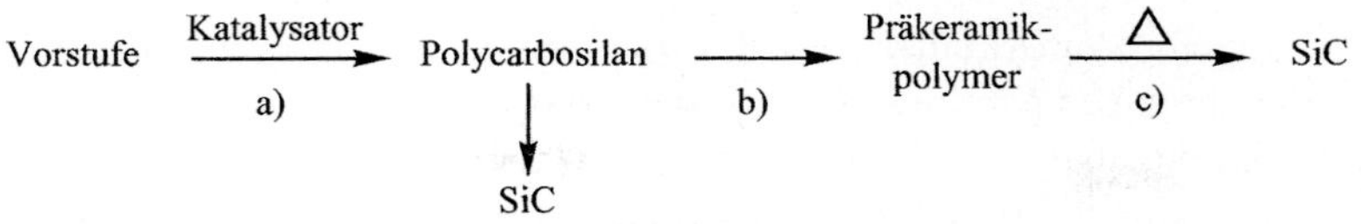

Schema 2. Allgemeiner katalytischer Zugang zu SiC.

Bild 303: Allgemeine katalytische Darstellung von SiC über Polycarbosilan

Weitere Syntheseverfahren beruhen auf der Vernetzung von Hydrosilanen (Bild 304). Bei den in (1) und (2) gezeigten Reaktionen läuft die Quervernetzung nicht separat, sondern während der Pyrolyse ab. Bei der Reaktion (1) entsteht ein teilweise quervernetztes Polymer, das eine Ausbeute von 77 % SiC ergibt. Bei der Reaktion (2) findet die Quervernetzung während der Mineralisierung statt, die Ausbeute an SiC beträgt 96 %. Als Katalysatoren kommen Platin-Komplexe oder Titanocen (Titancyclopentadienyldimethyl, Cp_2TiMe_2, sog. *Harrod-Katalysator*) zur Anwendung.

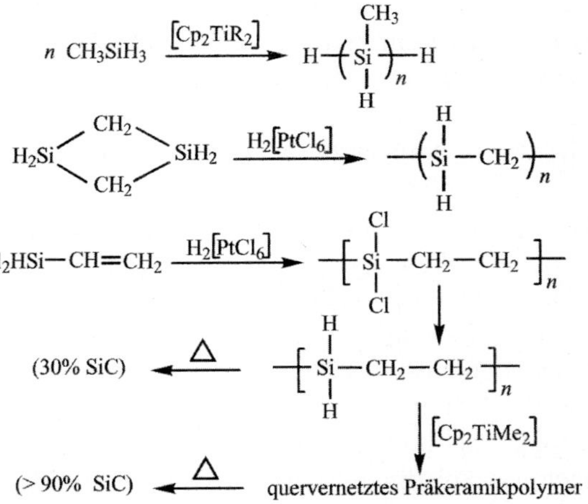

Bild 304: Katalytische Synthese von SiC [799]

Die Ausbeuten an SiC bei der Reaktion (3) unterscheiden sich hingegen deutlich in Abhängigkeit vom Quervernetzungsgrad während der Pyrolyse. Das Polymer $(SiH_2\text{-}CH_2CH_2)_n$ ist ein lösliches Polymer mit SiH_3- und $SiH_2CH{=}CH_2$-Endgruppen, die Polymerisationsgrade liegen je nach den experimentellen Bedingungen zwischen 20 und 95. Die Ausbeute an SiC ist nach der Pyrolyse mit etwa 30 % gering und noch niedriger, wenn keine Vinyl-Endgruppen vorliegen [861]. Lineare, nicht quervernetzbare Polymere zersetzen sich bei der Pyrolyse, ohne daß keramisches Material in akzeptablen Ausbeuten entsteht. Vernetzt man aber unter Verwendung des Harrod-Katalysators [862], wird reines SiC in guten Ausbeuten erhalten.

Außer Pulvern oder Schichten lassen sich über weitere Quervernetzung zähflüssige, aber gieß- oder extrudierfähige Polymere herstellen, deren weitere Erstarrung zu endkonturnahen pyrolysierbaren Formkörpern führt. Die Herstellung eines rißfreien keramischen Bauteils aus Polycarbosilan wurde mit Hilfe der Umsetzung von Dichlordimethylsilan und Dichlormethylvinylsilan in einer eutektischen Na-K-Schmelze bei 68°C mit 94 %iger Ausbeute erreicht. Das Erzeugnis besteht aus einem unlöslichen und unschmelzbaren Polycarbosilan mit vernetzten Vinylgruppen, das mechanisch nachbearbeitet werden kann und bei 1100°C nahezu schwindungsfrei pyrolysiert wird. Ergebnis ist ein monolithischer Formkörper aus amorphem SiC mit einer Vickershärte von HV_1 = 18.5 GPa [863]. Die gegenüber keramischem SiC geringere Härte weist auf einen Restgehalt an Kohlenstoff hin.

Eine andere Synthesemethode geht von Polysilylsesquioxanen aus mit der generellen Zusammensetzung $(RSiO_{1.5})_n$ mit R = H, CH_3, C_6H_5 oder $CH{=}CH_2$, die mit reaktiven Füllern wie metallischem Titan oder Siliciden versehen sind. Da solche Metalle mit Kohlenstoff zu Carbiden reagieren, wird somit der nach der SiC-Bildung übrige Restkohlenstoff abgebunden. Die Formkörperherstellung geschieht nach Vermengung des Polymers mit den Füllerpartikeln durch eine Vorformgebung bei 200°C, wobei innerhalb von 60 min die Vernetzung eintritt. Der Grünkörper ist porenfrei und kann leicht bearbeitet werden. Bei der Pyrolyse bei 900-1400°C entsteht innerhalb einer Stunde ein SiC-MC-Mischcarbid. Da außer leicht diffundierendem H_2 kaum gasförmige Reaktionsprodukte auftreten, sind die pyrolysierten Formkörper bereits dicht und lassen sich schwindungsarm keramisieren [864]. Weitere verstärkend wirkende Partikel wie Fasern oder Plättchen aus Übergangsmetallcarbiden oder -boriden lassen sich einlagern. Dieser Prozeß wurde „*Active-filler-controlled pyrolysis*“, AFCOP, genannt. Einen ähnlichen Syntheseweg für Übergangsmetallcarbide und -silicide beschreiben Seyferth u. M. [865].

Die Herstellung von Mischmetallcarbiden aus präkeramischen Polymeren über die *carbothermische Reduktion* von Oxiden nutzt ebenfalls den im Ausgangsmaterial im Überschuß vorhandenen Kohlenstoff [866]. SiC-Bildung und carbothermische Reduktion laufen bei deutlich unterschiedlichen Temperaturen ab, nämlich bei 450-750°C bzw. oberhalb von 1200°C. Nach [867] verläuft z.B. die Synthese von SiC-TiC-Mischungen aus Polydimethylsilylbisalkinylen und TiO_2-Pulver nach folgendem Schema. TiO_2-Pulver von 1-5 µm Korngröße wurde mit einer Tetrahydrofuran-Lösung (THF) des Polymers gemischt. Nach dem Verdampfen des Lösungsmittels wurde der Rückstand unter Argon pyrolysiert. Die exotherme Umwandlung läuft bei 210°C unter Bildung einer Kohlenstoffmatrix ab. Zwischen 450 und 800°C entstehen CH_4 und H_2. Diese Gasentwicklung weist auf die Bildung von SiC aus den $SiMe_2$-Gruppen hin, die kovalent an die Kohlenstoffmatrix gebunden sind. Oberhalb von 800°C entsteht SiC, während noch TiO_2 anwesend ist. Die Freisetzung von CO, die auf die carbothermische Reduktion hinweist, findet zwischen 1200 und 1400°C statt und damit bei viel niedrigeren Temperaturen als üblich (siehe Kapitel 6.2.4). Als Zwischenstufen der Reaktion lassen sich bei 1200°C TiO_2, Ti_3O_5 und Ti_2O_3 sowie wenig Titanoxycarbid ($Ti_xO_yC_z$) nachweisen. Nach der Pyrolyse entspricht das Erzeugnis einem

SiC/TiC-Mischcarbid, dessen Partikel alle dasselbe Si:Ti-Verhältnis von 3:4 aufweisen.

Solche carbothermischen Reduktionen laufen generell und unabhängig vom vorliegenden Oxid zwischen 1200 und 1400°C ab, sogar wenn besonders hochschmelzende Materialien wie ZrO_2 und HfO_2 als Ausgangsstoffe vorliegen, die sich gewöhnlich erst bei Temperaturen zwischen 2000 und 2500°C reduzieren lassen. Die Tabelle 60 zeigt einige Mischcarbidsynthesen aus Polydimethylsilylbisalkinylen und den entsprechenden Oxiden [799].

Tabelle 60: Beispiele für SiC-Metallcarbid-Synthesen durch Pyrolyse

Polymer $[SiMe_2C_4]$ (Äquivalent)	Metalloxid (Äquivalent)	Ausbeute an Keramik [%][a]	Stöchiometrie der Keramik [b] (MC in [%])
3	TiO_2 (4)	56 (56.5)	3 SiC/4TiC (66,7)
3	ZrO_2 (4)	62 (65.5)	3 SiC/4ZrC[c] (77.4)
3	HfO_2 (4)	71 (76.0)	3 SiC/4HfC[d] (86.4)
13	V_2O_5 (8)	52 (52.2)	13 SiC/4V_4C_3 (64.8)
7	Nb_2O_5 (4)	62 (62.1)	7 SiC/8NbC (74.9)
7	Ta_2O_5 (4)	72 (72.6)	7 SiC/8TaC (84.6)
7	MoO_3 (8)	59 (58.7)	7 SiC/4Mo_2C (74.4)
1	WO_3 (1)	69 (69.8)	SiC/WC (85.0)
7	B_2O_3 (8)	35 (38.6)	7 SiC/4B_4C (44.1)
3	SiO_2 (4)	49 (50.0)	SiC (-)

[a] Theoretische Werte in Klammern. [b] IR-spektroskopisch röntgendiffraktometrisch bestimmt. (MC = Metallcarbid-Analysenergebnis). [c] Nach 5 h Pyrolysezeit. [d] Nach 7 h Pyrolysezeit.

6.2.10.2 Nitrid-Synthesen

Die Synthese von Nitriden des Siliciums, Aluminiums, Titans und anderer Elemente gelingt prinzipiell nach denselben Verfahren wie die SiC-Darstellung durch Synthese von monomeren Vorstufen, deren Polykondensation und Pyrolyse zu keramischen Werkstoffen.

Als grundlegende Verfahrensvarianten zur Verknüpfung von Element-Stickstoff-Bindungen nennen Baldus und Jansen [801] folgende Reaktionen:

Dehydrohalogenierung: $E\text{-}X + 2\,HNRR' \rightarrow E\text{-}NRR' + H_2NRR'X$ (326)

Salzeliminierung: $E\text{-}X + LiNRR' \rightarrow E\text{-}NRR' + LiX$ (327)

Silazan-/Stannazanspaltung:
$E\text{-}X + Me_3Si(Sn)\text{-}N(R)M \rightarrow E\text{-}N(R)M + Me_3Si(Sn)X$ (328)

Wasserstoffabspaltung: $E\text{-}H + H\text{-}N(R)M \rightarrow E\text{-}N(R)M + H_2$ (329)

Transaminierung: $E\text{-}NR_2 + HNR'_2 \rightarrow E\text{-}NR'_2\ HNR_2$ (330)

Hierbei bedeuten E das Edukt, X Halogene, R und R´ unterschiedliche Restgruppen und M andere Metalle. Ausgangsstoffe sind meist chlorierte Silane, die durch *Ammonolyse* (Gl. (326)) in chlorierte Silazane, $(H_2SiCl)_2NH$, überführt werden, in denen die Siliciumatome über Stickstoff kovalent verknüpft sind. Die von

Verbeek und Seyferth u. M. [868]-[870] entwickelte Polymerisation zu Polysilazanen geschieht durch Abspalten von Chlor.

$$H_2SiCl_2 + NH_3 \rightarrow (\text{-}SiH_2\text{-}NH\text{-})_x \rightarrow Si_3N_4 \qquad (331)$$

Eine weitere Synthesemethode verwendet die vollständige *Aminolyse* von Siliciumtetrachlorid mit Methylamin zu Silazan sowie dessen Transaminierung mit Ammoniak zu einem chlorfreien, hochreinen Si_3N_4 [871] nach Gl. (332):

$$\begin{array}{l} SiCl_4 + 8MeNH_2 \rightarrow Si(NHMe)_4 + 4MeNH_3Cl \\ \qquad\qquad\qquad\qquad \downarrow \\ \qquad\qquad\qquad 3Si(NHMe)_4 + NH_3 \rightarrow Si_3N_4 + 12MeNH_2 \end{array} \qquad (332)$$

Je nach Reaktionsweg können aber auch Methylgruppen in den Oligomeren bzw. Polymeren erhalten bleiben, so daß eine Darstellung von Carbonitriden mit nahezu beliebigen N:C-Verhältnissen auf molekularer Ebene möglich wird. Die Vielfalt der Vorstufen und die daraus ableitbaren Polymere ist zu groß, als daß hier eine sinnvolle Übersicht gegeben werden könnte. Als Beispiel mag ein Prozeß dienen, nach welchem Riedel u. M. ein kommerzielles Polysilazan bei 350°C 3 h lang zu einem unschmelzbaren Polysilazan über Vernetzung hergestellt und keramisiert haben [872]. Das Zwischenprodukt wurde zu einem Pulver vermahlen, kaltisostatisch gepreßt und bei 1000°C in Argon zu einem amorphen Siliciumcarbonitrid der Zusammensetzung $Si_{1.5}N_{1..35}C_{1.0}$ pyrolysiert. In Ammoniakatmosphäre wird ein farbloses Si_3N_4 erhalten, das bei 1200°C kristallin wird.

Die Herstellung von AlN aus Trimethylsilazan beschreiben Riedel u. M. [873]. Das Silazan wird zunächst mit $AlCl_3$ zu einem zyklischen $(Me_3SiNHAlCl_2)_2$ umgesetzt, welches bei 300°C vollständig $ClSiMe_3$ abspaltet und zu $(ClAlNH)_n$ polymerisiert. Das $ClSiMe_3$ kann zur Darstellung von $(Me_3Si)_2NH$ wiederverwendet werden. Die Pyrolyse bei >1200°C erbringt nach HCl-Abtrennung reines AlN, allerdings mit einer Ausbeute von 18 %. Das AlN liegt als Pulver mit einer spezifischen Oberfläche von über 150 m^2/g vor und kann auf dem Pulverweg ohne Additive zu 99 % Dichte heißgepreßt werden. Ein AlN-Darstellungsverfahren aus anodisch in einer Propylamin-Acetonitrid-Tetrabutylammoniumbromid-Mischung aufgelöstem metallischem Aluminium stellen Rüssel u. M. vor. Als metastabiles Zwischenprodukt tritt wahrscheinlich Aluminiumaminoalan $Al(NHR)_3$ auf, das bereits bei Raumtemperatur unter Amin-Abspaltung polykondensiert [874], [875]. Das Produkt wird nach der Pyrolyse bei < 1400°C auf dem Pulverweg weiter aufbereitet und versintert.

6.2.10.3 Synthesen borhaltiger Verbindungen

Auch Borverbindungen lassen sich über den Weg der Pyrolyse metallorganischer Vorstufen herstellen. Dabei wird die Synthese reiner Boride wenig verfolgt, weil sowohl die Vorstufen als auch die erzeugten nanoskaligen Pulver extrem pyrophor sind und in Anwesenheit kleinster Sauerstoffmengen explosiv abbrennen. Boride wie TiB2 lassen sich ebenfalls aus den Chloriden in Umsetzung mit Lithiumboran zu Titan (III)triboran, $Ti(BH_4)_3$, und nachfolgende Diboran-Abspaltung in Xylen herstellen:

$$\begin{aligned} 2\,TiCl_4 + 8\,Li\,BH_4 \rightarrow\ & 2\,Ti(BH_4)_3 + 8\,LiCl + B_2H_6 + H_2) \\ & 2\,Ti(BH_4)_3 \rightarrow 2\,TiB_2 + B_2H_6 + 9\,H_2 \end{aligned} \qquad (333)$$

Eher von Interesse ist die Verknüpfung von Bor mit Kohlenstoff oder Stickstoff. So läßt sich Hexamethyldisilazan $(Me_3Si)_2NH$ in einer ersten Reaktionsstufe mit $SiCl_4$ unter Abspaltung von Me_3SiCl zu Trimethyltrichlordisilazan $(Me_3Si\text{-}SiCl_3)NH$ umsetzen, in einer zweiten Stufe wird mit Bortrichlorid wiederum unter Abspaltung von Me_3SiCl quantitativ ein Pentachlorborosilazan $(Cl_2B\text{-}SiCl_3)NH$ erzeugt [876]. Vorstufen zu $SiC\text{-}B_4C$-Mischungen auf molekularer Ebene sind Carboransiloxane mit 60-65 %iger Ausbeute oder Poly(borodiphenyl)siloxane (43 % Ausbeute) bzw. borhaltige Polysilane [877].

Über die Pyrolyse der vielfältigen Polymere erhält man bei 900-1500°C kristalline oder teilkristalline Si-B-C-, Si-B-N- oder Si-B-N-C-Verbundpulver unterschiedlichster Stöchiometrie. Ebenso ist die Herstellung von Beschichtungen oder Fasern möglich. Die thermische oder aminolytische Umwandlung von Aminoboranen führt zu Aminoborazinen, die bei 1000°C zu einer amorphen Masse und bei 1700°C zu teilkristallinem hexagonalen BN umgewandelt werden können [878], das als Beschichtung für Kohlefasern zur Anwendung kommt.

Auch thermisch bemerkenswert stabile amorphe Verbindungen der Zusammensetzung $Si_3B_3N_7$ oder $SiBN_3C$ wurden hergestellt. Letztere Verbindung, die aus Methylpolyborosilazan synthetisiert wird, zeigt bis 1900°C keinerlei Zersetzungs- oder Kristallisationsneigung. Erst nach 60 h Auslagerung in Stickstoff bei 1940°C bildet sich nanokristallines Si_3N_4, während sich keramisches Si_3N_4 bereits bei 1850°C in Si und N_2 zersetzt. Bei etwa 2000°C zerfällt das $SiBN_3C$ in SiC, N_2 und BN. Entgegen aller Erwartungen ist auch die Oxidationsbeständigkeit an Luft sehr gut, es ist sogar Si_3N_4 und BN bei 1550°C überlegen, was auf die Bildung einer 1-2 µm dicken Schutzschicht aus SiO_2, B und C zurückgeführt wird [876]. Die Herstellung von 8-14 µm dicken $SiBN_3C$-Fasern ist bereits im technischen Maßstab gelungen. Mit einer maximalen Einsatztemperatur von 1500°C, einer Zugfestigkeit von 3-4 GPa bei Raumtemperatur und 2,3 GPa bei 1500°C, einer Dichte von < 2 g/cm^3 und einem E-Modul von 200-350 GPa ist dieses Material besser als die bekannte Nicalon-Faser. Weitere Synthesewege und Eigenschaften von Si-B-N-C-Werkstoffen und Fasern bringt [879].

6.2.11 Synthese aus der Gasphase

Die Herstellung keramischer Schichten und Pulver aus der Gasphase bzw. über Gasphasenreaktionen ist eine alte und bewährte Technik, die zu sehr reinen und meist auch sehr feinen Partikeln führt. Im Falle von Schichten, die hier nicht weiter verfolgt werden sollen, gelingt die Darstellung thermodynamisch metastabiler oder gar instabiler Verbindungen mit großem Erfolg.

Ausgangsstoffe der Gasphasensynthese sind meistens leicht verdampfbare Metallchloride, die mit gasförmigen Kohlenstoffträgern zu Carbiden reagieren. Ein

Beispiel ist die Synthese von Titancarbid unter Wasserstoff bei 1600-2200°C nach:

$$TiCl_4 + CH_4 \rightarrow TiC + 4\,HCl \quad (334)$$
$$2\,TiCl_4 + C_2H_2 + 3\,H_2 \rightarrow 2\,TiC + 8\,HCl \quad (335)$$

Alle Reaktionen sind stark endotherm. Die Bildung der Carbide erfolgt über CH-Radikale aus der Methan- bzw. Acetylenpyrolyse. Die Reaktion des Tetrachlorids mit Bortrichlorid führt bei etwa 1500°C zum Diborid:

$$TiCl_4 + 2\,BCl_3 + H_2 \rightarrow TiB_2 + 10\,HCl \quad (336)$$

Über diese Reaktion werden üblicherweise die meisten Übergangsmetalldiboride in technischem Maßstab hergestellt.

Ein Weg zur Borcarbidsynthese ist die Umsetzung von Bortrichlorid mit Kohlenstoff in Wasserstoff bei 900-1800°C:

$$4\,BCl_3 + 6H_2 + C \rightarrow B_4C + 12\,HCl \quad (337)$$

Anstelle von festem Kohlenstoff läßt sich auch Methan verwenden und statt des Chlorides auch andere Halogenide. Eine Reaktion von Bortriiodid, BI_3, mit Tetraiodkohlenstoff, CI_4, liefert schon bei 900-1100°C reinstes B_4C, allerdings mit 20 % Ausbeute. Diese Synthesen sind vor allem deshalb interessant, weil die Stöchiometrie des Borcarbides von $B_{15.8}C$ bis $B_{3.9}C$ einstellbar ist [880], [881]. Bornitrid und Siliciumnitrid sind ebenfalls über Gasphasenreaktionen der Chloride mit Ammoniak bei 1500-1800°C bzw. bei 900°C in Elektroöfen darstellbar:

$$4\,NH_3 + BCl_3 \rightarrow BN + 3\,NH_4Cl \quad (338)$$
$$4\,NH_3 + SiCl_4 \rightarrow Si_3N_4 + 12\,HCl \quad (339)$$

Allerdings enthalten die Pulver stets eine geringe Menge an Chlor, die das Sintern und die mechanischen Eigenschaften der Bauteile negativ beeinflußt.

Üblicherweise werden die Synthese in Reaktoren unter Gasströmung durchgeführt, wobei sich die Pulver in kälteren Bereichen abscheiden. Keimbildung, Kornwachstum usw. lassen sich dann nur schlecht kontrollieren. Demgegenüber bietet das *Chemical-Vapor-Reaction-Verfahren* (CVR) den Vorteil, in einem Plasmabrenner mit strömungsdynamisch kontrollierter Zuführung die Verweildauer der Reaktanden bei der gewünschten Temperatur definiert einzustellen. So lassen sich bei Temperaturen bis zu 3000°C nanometergroße Partikel mit sehr enger Korngrößenverteilung in großen Mengen kontinuierlich herstellen. Neben Carbiden sind auch Nitride und Verbundpulver erzeugbar. Allerdings sind die entstehenden Pulver so pyrophor, daß sie unter Schutzgas gepackt und gehandhabt werden müssen.

6.3 Organische und anorganisch-polymere Additive

(Bearbeitet von P. Quirmbach, Bonn, W. Geis, M. Hölzgen und W. Weiand, Lahnstein)

In vielen Bereichen der keramischen Aufbereitung, Formgebung und Dekoration werden chemischer Additive eingesetzt, deren Aufbau und Wirkungsweise in diesem Kapitel beschrieben werden soll.

Prinzipiell können diese Hilfsmittel aus einem oder mehreren Funktionsträgern (d.h. uni-, bi-, tri- usw. funktionelle Additive) aufgebaut sein. Die Hilfsmittel werden chemisch grob in organische sowie anorganische unterteilt und können natürlich oder synthetisch sein. Ein weiteres Kriterium der Unterscheidung ist das für die optimale Funktionalität des Additivs notwendige Lösungsmittel, wobei hier zwischen wäßrigen und nichtwäßrigen Lösungsmittelsystemen (z.B. Alkohole, Ester, Ketone, Kohlenwasserstoffe usw.) differenziert wird. In den meisten Fällen ist der Einsatz von wäßrigen Systemen unter den Aspekten der Umweltverträglichkeit, Recyclierbarkeit, Arbeitsmedizin und Anlagenschonung zu bevorzugen. Ein weiteres Einsatzkriterium stellt das Ausbrennverhalten der Komponenten der Additive dar. Hierbei gibt es Typen, die schon bei niedrigen Temperaturen ($T \leq 250°C$) und kurzen Zeiten pyrolysieren bzw. depolymerisieren, sog. temporäre Hilfsmittel, ferner Typen, die sich erst bei höheren Temperaturen ($T \leq 600°C$) zersetzen, wie z.B. thermoplastische Spritzgußmedien [882], oder solche (z.B. carbonisierende Stärken), die gezielt Rückstände in Form von z.B. Kohlenstoffverbindungen im keramischen Gefüge hinterlassen, welche für weiterführende Prozeßschritte (z.B. in Funktion eines Sinteradditivs) hilfreich sind. Daneben werden anorganische Bindemittel (Silicate, Phosphate) verwendet, die nach erfolgter Dissoziation in die keramische Bindematrix eingebaut werden.

Im folgenden werden die am häufigsten eingesetzten Hilfsmittel im chemischen Aufbau, in der Wirkungsweise und anhand von Beispielen aus der industriellen Nutzung charakterisiert. Es gilt aber zu beachten, daß darüber hinaus eine Vielzahl von „Sonderlösungen“ existieren, indem für spezielle technologische oder werkstoffspezifische Anforderungen entsprechende Produkte maßgeschneidert wurden [883]-[886].

6.3.1 Additive für die Aufbereitung keramischer Massen

Verflüssigungsmittel. Dieser Additivtypus wird eingesetzt, um das rheologische Verhalten von Schlickern gezielt einzustellen. Eine Verflüssigung erfolgt nach den Prinzipien der Komplexierung und Ioneneinbau. Unter Komplexierung versteht man, daß ungebundene Ionen innerhalb der Suspension in einer chemischen Verbindung immobilisiert werden; Ioneneinbau bedeutet, daß über einen Ionenaustausch eine Ladungskompensation und hiermit verbunden Abstoßungseffekte zwischen den dispergierten Feststoffpartikeln erzielt werden. Eine Suspension gilt als verflüssigt, wenn sich die Feststoffteilchen entweder sterisch oder elektrostatisch derart abstoßen, daß sich unter Schwerkraftwirkung im optimalen Fall kein Dichtegradient über den Flüssigphasenquerschnitt bei längeren Standzeiten (mehrere Tage) aufbaut (Kapitel 7.3.1.1). Allerdings gibt es in der Realität keinen absolut langzeitstabilen Schlicker.

Die natürlichen anorganischen der verflüssigenden Additive Basisstoffe sind Carbonate, Phosphate und Silicate, die vor dem Einsatz einer speziellen Aufbereitung unterzogen werden, gleichermaßen wie die Huminate [887], die hier als Vertreter der natürlichen organischen Rohstoffe genannt seien. Bei den organischen Varianten werden als natürliche Basisstoffe Fischöle oder deren Raffinationsprodukte sowie als synthetische Ausgangsstoffe Acrylate, Citrate oder Kombinationen aus Carbonsäuren, die z.T. mit Ammonium oder Aminen neutralisiert wurden, angeboten. Hierunter fallen auch solche Typen, die völlig rückstandsfrei bei einer thermischen Nachbehandlung verbrennen.

Die verflüssigenden Additive werden hauptsächlich zur Schlickeraufbereitung für die Sprühkornherstellung eingesetzt und finden sowohl bei silicat- als auch oxid- und nichtoxidkeramischen Massen Anwendung [888]. Als Beispiele sei die Produktion von Trockenpreßgranulaten in der Baukeramik für das uniaxiale Pressen oder die Herstellung von Axial- und Isostatpreßmassen für Al_2O_3-Produkte genannt [889]. Die Dispergatoren oder Verflüssiger werden auch bei wäßrigen Formgebungsvarianten wie dem drucklosen Gießen, z.B. in der Zier- und Gebrauchskeramik oder bei der Geschirrproduktion, dem Druckguß in der Sanitärkeramik oder dem Vibrationsgießen für Feuerfesterzeugnisse mit hydraulischer Bindung, allerdings hier kombiniert mit Thixotropier- und Bindemittel, eingesetzt.

Netzmittel. Der Einsatz von Netzmitteln hat zum Ziel, eine Reduzierung der Oberflächenspannung des Wassers zu erreichen. Durch die Ausbildung einer monomolekularen Oberflächenschicht mit Anreicherung von Anionen wird eine verbesserte Benetzung der Partikeloberflächen erzielt, was es dem Wasser ermöglicht, leichter in die kapillaren Räume der Partikelhaufwerke einzudringen. Bedingt durch die Reduzierung der Oberflächenspannung bilden sich sehr leicht haltbare Schäume aus. Das in Suspensionen entstehende Schaumvolumen hängt dabei insbesondere von der eingetragenen Mischenergie ab. Der für einige Fertigungsverfahren störenden Schaumbildung wirkt der Zusatz von *Entschäumern* entgegen, welche eine nachträgliche Erhöhung der Oberflächenspannung bewirken. Eine weitere Anwendung finden Netzmittel als Zusatz zu teilplastischen keramischen Massen, indem sie durch die Reduktion der „inneren Reibung" eine verbesserte Plastifizierung hervorrufen.

Der chemische Aufbau dieser Additivtypen läßt sich in zwei Funktionsschwerpunkte gliedern. Das Hauptmolekül, auch bezeichnet als organischer Rest (z.B. Alkyl- oder Arylrest), bestimmt durch seine Primärkettenlänge die physikalisch-chemischen Eigenschaften des Additivs wie die Löslichkeit oder die Oberflächenaktivität. An dieses Molekül binden sich an bestimmten Stellen funktionelle Gruppen an. Entsprechend der chemischen Beschaffenheit der aufbereiteten Keramikpartikel wird zwischen kationischen (z.B. quaternäre Amingruppe), anionischen (z.B. COOH, HSO_3) und nichtionischen (z.B. Polyalkoholresten, Polyolen, Polyether) Gruppen ausgewählt. In Bild 305 ist die Entstehung eines Netzmittels aus einem Carboxyl durch Umsetzung mit Ammoniumhydroxid dargestellt. Nach der Verseifung der Carbonsäure mittels Neutralisation initiiert das sehr beweglichche H^+-Ion zwischen Carboxyl- und Ammoniak-Gruppe in Verbindung mit Wasser ein Hydrolysegleichgewicht, dessen Einfluß die Oberflächenspannung des Wassers reduziert.

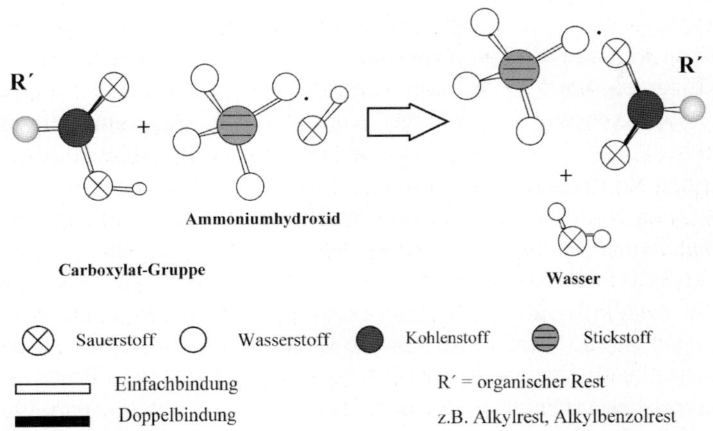

Bild 305: Entstehung eines Netzmittels durch die NH_4OH-Neutralisation einer Carboxylat-Gruppe

Das gleiche Prinzip wird in Bild 306 an der Verseifung einer Sulfo-Gruppe mit NaOH gezeigt.

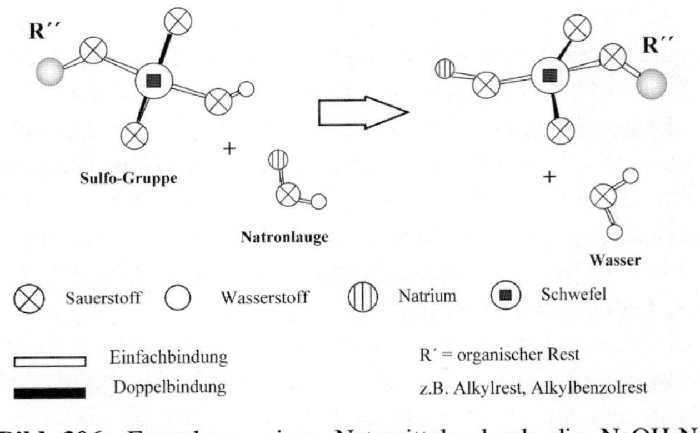

Bild 306: Entstehung eines Netzmittels durch die NaOH-Neutralisation einer Sulfo-Gruppe.

Der Zusatz der Netzmittel erfolgt während des Homogenisierungsprozesses z.B. beim Kneten von Extrusionsmassen (Ziegel). Hierdurch kann in vielen Fällen bei gleichbleibender Plastizität die Anmachwassermenge reduziert, bzw. bei konstantem Wasserzusatz die Plastizität gesteigert werden. Nachteilig wirkt sich die durch den Trocknungsprozeß hervorgerufene Migration des Additivs an die Scherbenoberfläche aus, wodurch ein wasserabweisender Effekt erzielt wird. Aufgrund der

Hydrophobierung ist ein Glasurauftrag nach dem Trocknungsvorgang nur dann bedingt möglich.

Temporäre Bindemittel. In wäßrigen Suspensionen können durch die Zugabe von temporären Bindemitteln adhäsive Kräfte zwischen den Keramikpartikeln herbeigeführt werden, z.B. um eine optimale Bindung zwischen den Teilchen beim Granulataufbau während der Sprühtrocknung zu erreichen. Dies erfolgt nach zwei Prinzipien. Einerseits wird durch filmbildende Eigenschaften, wie z.B. beim Einsatz von Polyvinylalkoholen, ein flächiger Kontakt durch die Ummantelung der Einzelpartikel hergestellt. Andererseits kann durch Zugabe von kolloidal löslichen Polysacchariden ein Punktkontakt aufgebaut werden. Beide Bindungsmechanismen wirken sich auf die Reißdehnung und Reißfestigkeit der Granulate aus. Die Flexibilität der Bindung korreliert mit dem Kornaufbau bzw. der Korngrößenverteilung in der keramischen Masse.

Ein weiteres Auswahlkriterium stellt das Ausbrennverhalten der temporären Binder dar. Darunter ist die Oxidation, d.h. die Verbrennung der organischen Bestandteile, bzw. deren Aufspalten in kurzkettige und damit flüchtige Produkte zu verstehen. Unzureichend zugeführter Sauerstoff läßt eventuell nur eine partielle Pyrolyse zu. Dies führt im keramischen Endprodukt zu Fehlern wie z.B. zur Entstehung größerer Gasaustrittsporen auf der Scherbenoberfläche oder zur Ausbildung von „schwarzen Kernen“. Es kann im Ausbrennverhalten zwischen einer vollständig rückstandsfreien Verbrennung und dem Aufbau eines nichtbinderaktiven Kohlenstoffgerüsts variiert werden. Für spezielle Anwendungsfälle wird durch die Verwendung von Teer, Pech, Phenolharzen, usw. ein binderaktives Kohlenstoffgerüst geschaffen. Tabelle 61 gibt eine Übersicht über das Eigenschaftsspektrum einiger Bindemittel.

Tabelle 61: Eigenschaften temporärer Binder

gut	⟵	**Ausbrennverhalten**			⟶	**schlecht**
PAC	Stärken	PVAc		PVA CMC	Zucker	Ligninsulfonate
hoch	⟵	**Reißdehnung**			⟶	**niedrig**
				⟼ ab hier entstehen spröde Filme		
PVAc	PVA	PAC	Ligninsulfonate	Stärken	CMC	Zucker
hoch	⟵	**Reißfestigkeit**			⟶	**niedrig**
PVA	Stärken		Zucker	Ligninsulfonate		PVAc

Die Polyacrylate zeigen bei der Reißfestigkeit ein Verhalten von hoch bis niedrig entsprechend dem eingestellten Molekulargewicht und dem Einsatz der funktionellen Gruppen. Als temporäre Bindemittel werden Polysaccharide wie Stärken, Zucker, Cellulosederivate und Ligninsulfonate verwendet, wobei die anionenaktiven unter ihnen Na^+, NH_4^+, Ca^{2+} und Mg^{2+} als Kationen enthalten können. Darüber hinaus kommen Polymere auf der Basis von Polyvinylacetaten, Polyvinylalkoholen sowie Polyacrylaten zur Anwendung. Als Beispiel für ein konfektionierbares temporäres Bindemittel wird eine Polyacrylsäure angeführt (Bild 307), welche ihrerseits durch die variable Zusammensetzung (Molekulargewicht, funktionelle Gruppen) unterschiedlichen Anforderungen (Ausbildung der Bindekraft) im technischen Einsatz gerecht wird.

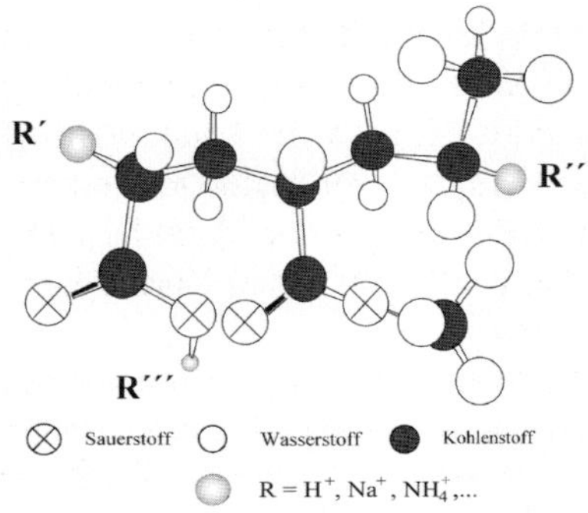

Bild 307: Modell einer copolymeren Polyacrylsäure mit unterschiedlichen funktionellen Gruppen.

Prinzipiell dienen die temporären Binder dem Zweck besserer Formgebungseigenschaften sowohl bei der homogenen Einarbeitung in die wäßrige Phase (Schlickeraufbereitung) als auch als Zusatz zu trocken aufbereiteten Massen z.B. bei der Aufbaugranulation von Preßmassen. Die temporären Bindemittel führen zu einer Festigkeitssteigerung von Grünkörpern und getrockneter Formkörper aus naß geformten Massen. Hierdurch wird die Handhabung beim Transport ebenso wie die Bearbeitbarkeit verbessert. Darüber hinaus werden diese Binder als Zusatz in Glasuren eingearbeitet, wobei einige die Naßzeit regulieren, das Anbinden der Glasur an den Scherben fördern und die Griffestigkeit steigern.

Chemische Bindemittel (anorganische Polymere). Dieser Typ von Hilfsmitteln wird vorzugsweise aus Rohstoffen auf der Basis von Silicaten und Phosphaten hergestellt. Um zu einer chemischen Reaktion und Bindung zu gelangen, ist zunächst die Dissoziation des Zuschlagsstoffes in Wasser oder in der Schmelze notwendig. Im weiteren findet über Ionenaustausch, Polymerisation, Polykondensation und Reaktion mit den keramischen Rohstoffen (z.B. Al_2O_3) eine Umwandlung des eingesetzten Binders statt. Aufgrund der Komplexität einer keramischen Masse ist eine genaue Beschreibung des exakten Reaktionsverlaufs nur schwer möglich. Beispielhaft seien hier die Reaktionen von Monoaluminiumphosphat unter Temperatureinwirkung erwähnt:

bei T = 280°C: $2\,Al(H_2PO_4)_3 \longrightarrow 2\,Al_2(H_2P_2O_7)_3 + 3\,H_2O$ {1}

bei T = 500°C: $n\cdot Al_2(H_2P_2O_7)_3 \longrightarrow [Al(PO_3)_3]_n + H_2O$ {2}

sowie die Reaktion von Na-Polyphosphat mit Magnesia:

$$Na(PO_3)_n + n \cdot H_2O \longrightarrow n \cdot NaH_2PO_4 \quad \{3\}$$
$$2\,NaH_2PO_4 + MgO + H_2O \longrightarrow Mg(H_2PO_4)_2 + 2\,NaOH\,. \quad \{4\}$$

Die chemische Reaktion zwischen den Reaktionspartnern führt zum Einbau von Kationen aus der keramischen Phase in das Kristallgitter des Zuschlagstoffes.

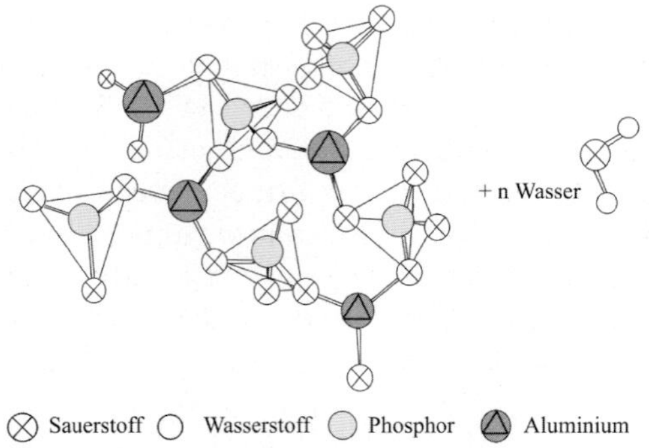

Bild 308: Aufbaus eines $[Al(PO_4)]_n$ –Bindemittels

Für die Herstellung von chemischen Bindemitteln werden Ausgangsrohstoffe aus zwei großen Mineralgruppen verwendet, den Silicaten und den Phosphaten. Bei den Silicaten kommen in der Hauptsache Na-Silicate mit unterschiedlichen Molverhältnissen von Na_2O zu SiO_2 zur Anwendung. Gebräuchlich sind daneben, wenn auch in wesentlich geringerem Umfang, K- und Li-Silicate sowie kolloidale Kieselsäuren. Bei den Phosphaten sind je nach Einsatzzweck Typen mit unterschiedlichen Kationen wie Na^+, Ca^{2+}, Mg^{2+}, B^{3+}, Al^{3+} usw. im Einsatz. Diese stehen entweder in flüssiger mit unterschiedlichen *p*H-Werten oder in Pulverform zur Verfügung. Für viele Anwendungsfälle ist eine Binderkombination (anorganisch-chemisch mit organisch-chemisch) zur Einstellung bestimmter Verarbeitungsparameter notwendig.

Die chemischen Bindemittel werden vorzugsweise im Bereich feuerfester Baustoffe bei der Herstellung geformter als auch ungeformter Erzeugnisse eingesetzt. Als Beispiel für silicatisch gebundene Produkte seien hier basische Spritzmassen für den Konverter und Tundish sowie die Herstellung verarbeitungsfertiger Mörtel und Kitte genannt. Die chemische Bindung über Phosphate findet vielfach Anwendung bei Produkten im System SiO_2-Al_2O_3.

6.3.2 Additive für Formgebungsprozesse

Plastifizierungsmittel. Dieser Additivtypus erhöht aufgrund seiner Quellfähigkeit, wie z.B. bei der Verwendung von Cellulosederivaten, die Bildsamkeit silicatischer als auch oxid- und nichtoxidkeramischer Massen. Plastifizierungsmittel gelangen dann zum Einsatz, wenn aus versatztechnischen Gründen die tonigen Anteile einer Masse nicht weiter erhöht werden können oder die keramischen

Rohstoffe durch einen Zusatz von Tonen eine Minderung der technischen Eigenschaften (z.B. verringerte Feuerfestigkeit) erfahren würden. Wird das im Aufbereitungsprozeß beigemischte Wasser im anschließenden Trocknungsvorgang ausgetrieben, so wirken die meisten Plastifizierungsmittel gleichermaßen als temporäre Binder.
Rohstoffgrundlage sind z.B. Cellulosederivate wie Methylcellulosen, Methylhydroxymethylcellulosen, Ethylcellulosen usw. sowie Polysaccharide wie Stärken und Zucker. Darüber hinaus werden Polyole, Polyethylenglycol sowie Polyethylenaddukte für diesen Zweck verwendet. Die Plastifizierungsmittel werden vorzugsweise in kontinuierlichen Produktionsprozessen eingesetzt, wie z.B. beim Strangpressen von Wabenkörpern, Ziegeln, elektrokeramischen Bauteilen, Al_2O_3-Ofenrollen usw.. Auch bei diskontinuierlichen Fertigungsschritten werden Plastifizierungsmittel eingesetzt, z.B. bei der Herstellung von Steinzeugrohren durch Kolbenpressen oder zur Plastizitätsverbesserung trocken oder halbtrocken gepreßter tonhaltiger und/oder oxid- bzw. nichtoxidkeramischer Produkte. Die Herstellung komplizierter Bauteile in Großserie durch Spritzguß wäre ohne Plastifizierungsmittel nicht möglich.

Preßhilfsmittel. Preßhilfsmittel werden vornehmlich im Prozeßschritt der Aufbereitung in die keramischen Massen eingearbeitet. Durch die Verwendung dieser Additive wird eine Ummantelung der Keramikpartikel erzielt, welche zur Ausbildung von Gleitschichten führt. Die daraus resultierende Reduzierung der inneren Reibung der keramischen Masse beim Preßvorgang führt zu einer homogenen Verdichtung und in vielen Fällen zu einer Steigerung der Gründichte. Mit Wasser mischbare Additive können den über den Sprühturm zu entwässernden Schlickern beigemischt werden, so daß eine homogene Verteilung im Sprühgranulat gewährleistet ist. Nicht wassermischbare Produkte wirken als Trennmittel zwischen Preßling und Formgebungswerkzeug. Die Preßhilfsmittel werden hergestellt aus Rohstoffen auf der Basis von Fettsäuren und Kohlenwasserstoffen wie z.B. Wachsen, Mineralölen oder Petroleum. Darüber hinaus sind auch Ethylenoxid(EO)-Addukte bzw. quaternäre Ammoniumverbindungen als Basisstoffe einsetzbar.

6.3.3 Additive für Dekorationsverfahren

Glasurhilfsmittel. Unter Glasur versteht man einen dünnen, glasartigen i.a. silicatischen Überzug auf einem keramischen Scherben mit funktionellen Eigenschaften, die eine Verbesserung der Einsatzmöglichkeiten des Endprodukts gewährleisten (z.B. Glättung und Verzierung der Oberfläche, erhöhte mechanische Festigkeit, Abriebwiderstand usw.).

Zur Verbesserung der Glasuraufbereitungs- und Auftragseigenschaften dienen Verflüssiger, temporäre Binder, Stellmittel, Verlaufsmittel, Konservierungsmittel und Fixative, wobei das optimierte Mischungsverhältnis der Einzelkomponenten für den jeweiligen Anwendungsfall einzustellen ist. Ihre Wirkung und die eingesetzten Komponenten sind in Tabelle 62 aufgelistet. Prinzipiell gilt für sämtliche Glasurhilfsmittel, daß ein geringer Sauerstoffbedarf im Ausbrand zur Vermeidung von Fehlern im Endprodukt führt. Es wird zudem eine rückstandsfreie Verbrennung ohne die Freisetzung von Schadstoffen gefordert. Gleichermaßen anzustreben sind niedrige Gehalte an organischen Halogenverbindungen und chemischem Sauerstoffbedarf zur Reduzierung stärkerer Abwasserbelastung. Eine geringe Grenzflächenaktivität sorgt zudem für eine Herabsetzung der Schaumbildungsneigung.

Tabelle 62: Komponenten und Funktionen von Glasurmitteln

Glasurhilfsmittel	Funktion	Chem. Komponenten
Verflüssiger	Regulierung der Viskosität, Optimierung der Feststoffkonzentration, Einstellung definierter Thixotropie	organisch-synthetische Acrylate, anorganisch-natürliche Phosphate, Silicate, Huminate
Temporäre Binder	Erhöhung der Haftung und Abriebfestigkeit der ungebrannten Glasur	Polysaccharide, wie Stärken, Zucker und Cellulosederivate; Polymere auf Basis PVAl, PAC, PVAc;
Stellmittel	Antisedimentationsmittel, Verhinderung der Entmischung	Dreischichtminerale (z.B. Bentonit), Salze wie $CaCl_2$
Verlaufsmittel	Erniedrigung der Oberflächenspannung	PAC, PVAc, CMC (niedrigviskos), Tenside (nichtschäumend)
Konservierungsmittel	Unterdrückung der Bakterien-, Pilz- und Hefebildung; Steigerung der Lagerungsfähigkeit der Glasur	Bakterizide, Fungizide
Fixative (Glasurfestiger)	Regulierung der Ansaugzeit, Verzahnung zwischen Scherben und Glasurschicht	Zubereitungen natürlicher und synthetischer Polymere

Glasuren werden im Gegensatz zum Dekor großflächig aufgetragen und besitzen z.T. Schutzcharakter gegenüber dem keramischen Scherben. Die Auswahl der Glasurhilfsmittel innerhalb der Gesamtzusammenstellung steht in direktem Zusammenhang zum Auftragsverfahren. Einige exemplarische Anwendungsfälle sind in Tabelle 63 genannt.

Tabelle 63: Auftragsverfahren von Glasuren

Produkt	Auftragsverfahren
Wand- und Bodenfliesen	Schleudern, Spritzen, Gießen über Wasserfall, Glocke, Kaskade, Aufstreuen (trocken)
Sanitärkeramik	Spritzen und Glasieren von Hand und mit Roboter, Auslaufglasierung (innen);
Geschirr	Tauchen, Spritzen (von Hand und mit Roboter)
Grobkeramik	Tauchen, Spritzen
Zierkeramik	Tauchen, Spritzen

Dekorhilfsmittel. Dekorhilfsmittel werden als Trägermedien zur Dekoration und Veredelung keramischer Gegenstände eingesetzt. Sie sollen es durch ihre variabel einstellbare Thixotropie ermöglichen, Dekore sowohl im Flach- als auch Runddruck in Abhängigkeit der Gewebestärke auf eine Unterlage (keramischer Scherben, Glasur oder eine bereits aufgedruckte Schicht = Teildruck) aufzutragen. Darüber hinaus werden diese Hilfsmittel als Malmedien zur Dekoration auf ungebrannten und gebrannten Scherben und Glasuren eingesetzt [890]. Diese Additivtypen sind oft aus einer Verflüssiger-, Binder- und Trägerkomponente aufgebaut. Hierbei stellt der Binder die Viskosität und Trocknungszeit des Siebdruckmediums ein, während der Verflüssiger das Fließ- bzw. Rheologieverhalten der Paste reguliert. Die Trägerkomponente hat die Aufgabe, ein Eintrocknen der Paste auf dem Sieb zu verhindern und damit einen kontinuierlichen Fertigungsablauf bei wechselnden Fliesentemperaturen von $40 \leq T \leq 100°C$ zu ermöglichen. Bei der Mehrfachdekoration von Fliesen im Siebdruckverfahren kann die notwendige Bindung durch das Medium selbst oder in einem Zwischenschritt durch den Auftrag eines Fixativs erfolgen. Als verflüssigende Komponenten dienen organisch-synthetische Acrylate, Polycarbonsäuren; bindende Komponenten sind Acrylate, Polysaccharide (Cellulosederivate, Stärken); als Trägerkomponente kommen Alkylenoxidaddukte zum Einsatz. Es wird dabei grundsätzlich zwischen zwei Auftragsverfahren unterschieden, dem Direkt- und dem Indirektdruckverfahren. Die Unter- und Aufglasurdekoration im Direktdruckverfahren wird vorzugsweise bei der Wand- und Bodenfliesendekoration oder auch beim Einbrand/Schnellbrand sowie beim Zweitbrand/Schnellbrand eingesetzt. Hierbei kommt der Siebdruck als Flach- oder Runddruck zur Anwendung. Weitere Formen sind die Walzendekoration sowie artverwandte Verfahren. Im Bereich der Geschirrherstellung werden wasserunlösliche Produkte im Indirektdruckverfahren eingesetzt. Die Dekoration erfolgt im Tampondruck, mit thermoplastischem Siebdruck und auch durch Handmalerei.

6.3.4 Additive für die Umwelttechnik

Flockungsmittel. Flockungsmittel werden in der Abwasseraufbereitung verwendet, um die Effizienz von Fest-Flüssigtrennungsschritten zu erhöhen, wertvolle Schwebstoffe zurückzugewinnen, eine Gewässer- und Umweltverschmutzung zu vermeiden oder grundsätzlich einen geschlossenen Brauchwasserkreislauf zu ermöglichen. Prinzipiell können mit Hilfe verschiedener Maßnahmen entweder einzeln oder miteinander kombiniert feste Bestandteile aus einem wäßrigen Medium herausgetrennt werden. Verfahren sind Filtration, Zentrifugierung, Eindikkung und Klärung. Die ersten drei Verfahren werden bei geringen bis mittleren Flüssigkeitsmengen angewendet. Bei großen konstanten Flüssigkeitsmengen läßt sich eine sinnvolle Wasseraufbereitung nur durch Klärung ökonomisch durchführen. Hierbei wurden bisher sog. Primärflocker wie z.B. Kalk, Eisensulfat, Eiweiß und Alginate eingesetzt, die allerdings eine hohe eigene Dosierung erfordern. Hierdurch wird die anfallende Schlammenge in unwirtschaftlicher Weise erhöht. Durch den neueren Einsatz von hochpolymeren, synthetischen Flockungsmitteln, den sog. Sekundärflockern, wird eine wirksamere Ausflockung nach geringer primärer Flockung erzielt, indem sich nahezu sämtliche Feststofftypen bei unterschiedlichen Salzgehalten und *p*H-Werten trennen lassen. Die Stärke der Flockung wird durch die Adsorptionsintensität des Polymers an der Teilchenoberfläche und die mechanische Bewegung des Abwassers während und vor allem nach dem Flockungsvorgang beeinflußt. Eine zu heftige Durchwirbelung der Fällung kann eine Zerstörung der Flockung zur Folge haben. Um den abgesetzten Schlamm aus dem Absetzbecken austragen zu können, muß der Schlamm eine pumpbare Konsistenz aufweisen.

Für den Einsatz als Sekundärflocker werden entweder alleine oder in Kombination Polyacrylamide, Polyethylenimine oder auch Polyalkylenpolyamine eingesetzt. Die Wirksamkeit dieser Flockungsmittel beruht darauf, daß die langen Kettenmoleküle (Molekülgewicht 10^6-10^8) die Schwebstoffe aufgrund unterschiedlicher Ladungen adsorbieren. Je nach Hydrolysegrad und der Anzahl funktioneller Gruppen wird nach schwach und stark ionischen Flockungsmitteln unterschieden. Beim chemischen Aufbau wird zwischen anionischen, nichtionischen und kationischen Flockern unterschieden. Bild 309 zeigt schematisch den typischen Aufbau von Flockungsmittel mit unterschiedlichen funktionellen Gruppen (Carboxy → anionisch; Amin → kationisch; Hydroxy → nichtionisch), um entgegengesetzt geladene Partikel zu größeren Aggregaten zu binden.

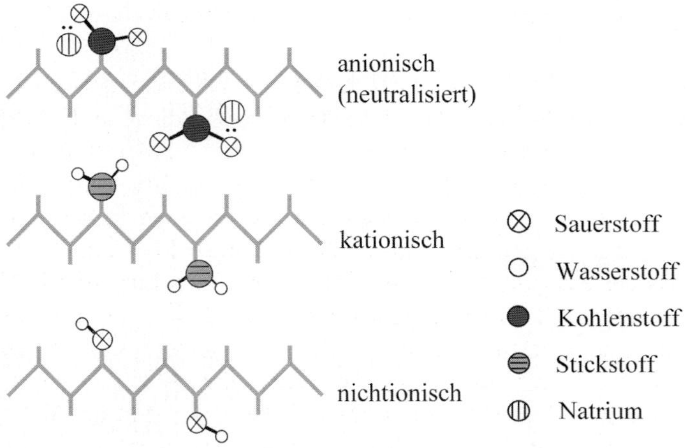

Bild 309: Modell des Aufbaus unterschiedlicher Flockungsmittel

7 Keramische Verfahrenstechnik

Unter *Verfahrenstechnik* versteht man die Lehre von den Gesetzmäßigkeiten der Herstellung geometrisch unbestimmter, also formloser Stoffe. Im Gegensatz hierzu befaßt sich die *Fertigungstechnik* mit der Herstellung von Formteilen (Bauteilen, Werkstücken). Die Verfahrenstechnik läßt sich untergliedern in die chemische Verfahrenstechnik (z.B. Syntheseverfahren), die thermische Verfahrenstechnik (thermische Prozesse ohne Stoffumwandlung, z.B. Trocknen, Schmelzen, Diffundieren) und die in der Keramik besonders bedeutsame mechanische Verfahrenstechnik, die sich z.B. mit der Zerkleinerungtechnik, der Dispergierung und Trennung befaßt, Techniken also, die auch unter dem Begriff „Aufbereitung" erfaßt sind. Das Kapitel 7 wird sich zwischendurch aber auch Formgebungsprozessen widmen und so einen wichtigen Exkurs in die Fertigungstechnik machen.

7.1 Entwicklung und Bedeutung

(Bearbeitet von R. Telle, Aachen)

Die keramische Verfahrenstechnik hat sich historisch aus drei verschiedenen Wurzeln entwickelt, wobei man die „Erfindung" der Keramik sehr dicht an die „Erfindung" des Feuers rückt. Seit dieser Zeit entwickelt sich die *traditionelle Silicatkeramik* nur sehr langsam. Ansätze zur Massenproduktion im Sinne einer Industrialisierung ergeben sich nach der Wiederentdeckung des Porzellans durch Ehrenfried Graf von Tschirnhaus und Johann Peter Böttger 1708 aufgrund des ungeheuren Bedarfs der europäischen Fürstenhäuser für dieses Luxusgut [2240]. Erst mit der Mechanisierung zur Zeit der industriellen Revolution, der Einführung der Massenproduktion auf dem Fließband und zuletzt der Automatisierung ganzer Produktionslinien kommen Entwicklungsschübe in den Industriezweig, die überwiegend von England und Deutschland ausgehen (Tabelle 64). Mit der Verlagerung von Produktionsstätten in Billiglohnländer gehen heute gleichzeitig Bemühungen um eine Online-Qualitätssicherung sowie um 100 %-Recycling und eine Kostenersparnis durch optimale Energie- und Rohstoffnutzung einher.

Die *feuerfesten Werkstoffe* entwickeln sich ab dem 5. Jahrtausend v. Chr. im Zusammenhang mit der Kupfer- und Bronzemetallurgie. Die Technik ist zunächst sehr stark an die Silicatkeramik angelehnt (Verarbeitung feuerfester Tone und Schamotten), gewinnt aber seit Ende des 19. Jahrhunderts durch die Verarbeitung synthetischer Rohstoffe (vor allem ZrO_2 und MgO) rasch ein eigenes Profil. Die Verfahrenstechnik feuerfester Werkstoffe ist heute eine Domäne einer eigenständigen Industrie, die sehr eng mit der Stahl- und Eisen- sowie Nichteisenmetallurgie, ferner mit der Zement-, Glas- und Keramikindustrie, mit der Energietechnik und der thermischen Verfahrenstechnik (z.B. Müllverbrennung) zusammenarbeitet. Die Branche bezieht ihre Prozeßtechnik teilweise aus der Silicatkeramik, teilweise aus der Zementindustrie und in neuerer Zeit auch aus der technischen Keramik.

Mit der zunehmenden Beherrschung der Metalle, die sich in der wissenschaftlich begründeten Metallkunde niederschlägt, kommt es mit der Gibbs'schen Phasenregel seit etwa 1880 zu einem thermodynamischen Verständnis der Metalle und ihrer Reaktionen. Eine wissenschaftlich fundierte Beschreibung von Werkstoffen wird damit möglich und dient als Vorreiter für die Entwicklung synthetischer keramischer Werkstoffe. Mit der Übertragung der Trockenaufbereitung und Formgebung von Pulverpartikeln und ihrer Versinterung gemäß dem keramischen Prozeß entsteht um 1920 die *Pulvermetallurgie*, die die bislang rein keramische Verfahrenstechnik auf metallische Werkstoffe anwendet. Aufgrund der stofflichen Einfachheit von Metallen und ihres thermodynamisch vorhersagbaren Verhaltens beginnt die wissenschaftliche Durchdringung der Sinterwerkstoffe mit der Kinetik der Verfestigung vom Pulver zum Bauteil. Erst ab etwa 1970 entsteht durch Rückführung des pulvermetallurgischen Know-hows in die Keramik die wissensbasierte Verfahrenstechnik der *Hochleistungskeramik*, die auf relativ einfache synthetische Substanzen zurückgreift.

Alle drei Branchen der Keramik haben aufgrund ihrer Entwicklungsgeschichte unterschiedliche Denkweisen und Nomenklaturen hervorgebracht. So sind Begriffsentlehnungen der technischen Keramik aus dem Maschinenbau, der Metallkunde und der Chemie offenkundig. Im Bereich der Silicatkeramik besteht heute immer mehr die Notwendigkeit, Denkweisen der Hochleistungskeramik auf die Prozesse zu übertragen. Insbesondere die Automatisierung verlangt ein vertieftes Verständnis aller Prozeßschritte und Zwischenprodukte mit ihren physikalisch-chemischen Eigenheiten und Wirkungsweisen. Der Übergang vom klassischen Brand (35 bis 45 Stunden) zum Schnellbrand (3 bis 5 Stunden) verlangt ferner das stoffliche Verständnis der komplexen natürlichen Rohstoffe und ihrer chemischen Reaktionen bei hohen Temperaturen.

Tabelle 64: Historische Entwicklung der keramischen Verfahrenstechnik (nach Reh, ergänzt)

Jahr	Verfahren/Aggregat	Anwendung	Ursprungsland
25000 v.Chr.	erster gebrannter Ton	Kultgegenstand	Tschechien
10500 v.Chr.	Terrakottagefäße, Massenproduktion	Geschirr, Kunstgegenstände	Japan: Yomon
7000 v.Chr.	Brennöfen	Geschirrproduktion	China
7000 v.Chr.	Glasur	Geschirrproduktion	China
6000 v.Chr.	Terrakotta-Idole	Kunstgegenstände	Çatal Hüyük
4700 v.Chr.	Terrakottagefäße	Geschirr	Ungarn
4000 v.Chr.	Töpferscheibe	Geschirrproduktion	China, Persien
2200 v.Chr.	Töpferscheibe	Geschirrproduktion	Israel: Lachisch
30 v.Chr.	De architectura libri X	Produktionsanleitung für Baukeramik	Rom: Vitruvius
1709	Kapselbrand	Geschirrherstellung	Deutschland
1715	Porzellan-Schrühbrand	Geschirrherstellung	Deutschland

Jahr	Verfahren/Aggregat	Anwendung	Ursprungsland
1719	Edelmetalldekor	Porzellanherstellung	Deutschland
1725	Aufglasur-Farbpigmente	Porzellanherstellung	Deutschland
1735	Feldspat als Flußmittel	Porzellanherstellung	Deutschland
1850	Trommelmühle	Feinaufbereitung	Deutschland
1855	Schneckenpresse	plastische Formgebung	Deutschland
1856	Ringofen	Ziegelbrand	Deutschland
1873	Tunnelofen	Baukeramik	Deutschland
1892	Acheson-Prozeß	großtechnische SiC-Herstellung	England
1894	Ziegel-Absetzwagen	Baukeramik	Deutschland
1912	Mechanisierte Ziegelei	Baukeramik	Deutschland
1922	Vakuumpresse	Trockenpressen von Fliesen	USA
1952	Sprühtrocknung	Granulation	Dänemark
1956	Ziegel-Tunnelofen	Baukeramik	Deutschland
1965	Keramik-Siebdruck	Fliesendekoration	England, Italien
1965	Rollenofen	Fliesenproduktion	Italien
1967	Düsentrockner	Geschirrherstellung	Deutschland
1969	Speicherwagen	Fliesenproduktion	Italien
1970	Flachstanze	Fliesenproduktion	Niederlande
1971	Porzellan-Schnellbrand	Geschirr	Deutschland
1972	Einschluß-Pigmente	Glasurfarben, Dekore	Deutschland
1972	Keramik-Spritzguß	Technische Keramik	Deutschland
1973	Druckguß	Technische Keramik	Deutschland, Schweiz
1976	Glasier-Roboter	Sanitärproduktion	Deutschland
1980	Isostatpressen von Geschirr	Geschirrproduktion	Deutschland
1981	Heißisostat. Pressen	Hochleistungskeramik	Schweden, USA
1983	Aufbaugranulation	Fliesenproduktion	Niederlande
1985	kontinuierl. Naßmahlen	Fliesenproduktion	Italien
1986	Feuerglasur	Fliesenproduktion	Italien
1987	Rollentrockner	Fliesenproduktion	Italien
1992	Mikrowellensintern	Hochleistungskeramik	
1992	Laserunterstütztes Drehen	spanende Formgebung	Deutschland
1992	Trocken-Siebdruck	Fliesenproduktion	Italien
1992	Isostatmatrizen	Fliesenproduktion	Italien
1993	Rollenofen	Schrühbrand für Geschirr	Deutschland
1993	Mikrowellentrocknung	Silicatkeramik	
1995	Schutzgasdurchschubofen	kontinuierliches Sintern von Si_3N_4	USA
1996	Lasersintern	Rapid Prototyping	USA, Deutschland
2006	Direct Inkjet-Printing	Rapid Prototyping	Deutschland

Im Gegensatz zum metallurgischen Prozeß, bei dem *nach* der Hochtemperaturbehandlung der Metalle durch Einschmelzen und Gießen eine nahezu unbegrenzte Vielfalt an Formgebungsprozessen nachgeschaltet werden kann, die auf der plastischen Verformbarkeit der Metalle beruhen, geschieht beim *keramischen Prozeß* die Formgebung *vor* der Hochtemperaturbehandlung (Sintern, Brennen). Dies bedeutet, daß nach dem Sinterbrand die Gefügeausprägung und die äußere Kontur des Bauteils nahezu irreversibel feststehen, während das Gefüge bei Metallen durch eine Wärmebehandlung (Härten, Lösungsglühen) noch beeinflußt werden kann oder formverändernde oder präzisionssteigernde Umformprozesse (Walzen, Ziehen, Stanzen, Drehen, Fräsen, Schleifen, Kalibrieren) erfolgen können. Bei keramischen Werkstoffen ist die Nachbearbeitung nur noch durch aufwendiges Schleifen bzw. Polieren mit Diamantwerkzeugen („*Hartbearbeitung*") oder – im Falle der klassischen Keramik – durch Glasieren möglich.

Ein weiterer Gegensatz beider Werkstoffklassen besteht im *Recycling*. Metallische Fehlteile oder Reststoffe aus der Formgebung (Stanzabfälle) lassen sich sofort wieder dem Hochofenprozeß zuführen, während einmal gebrannte Keramiken nicht sinnvoll recycelt werden können, wenn man von der Wiederverwendung silicatkeramischer Produkte in zerkleinerter Form als Magerungsmittel (Schamotte) absieht. Dagegen gibt es bei Silicatkeramiken seit jeher eine nahezu vollständige Rückführung der ungebrannten Zwischenprodukte oder Reststoffe innerhalb eines Produktionsprozesses. Ferner sind keramische Reststoffe aufgrund ihrer hohen chemischen Stabilität völlig umweltneutral.

Dementsprechend müssen in allen Synthese-, Aufbereitungs- und Formgebungs- und Nachbearbeitungsprozessen Fehler von vornherein vermieden werden, da sie sich im nachhinein nicht wieder rückgängig machen lassen, im Gegenteil: Durch den Sinterbrand wachsen Formgebungsfehler in Regel noch in ihrer Ausdehnung. Besonders risikoreich ist die Fehlerfortpflanzung bei Hochleistungskeramiken, bei denen die mechanischen Eigenschaften mit Gefügefehlern, insbesondere mit Inhomogenitäten korreliert sind. Der jeweils größte Gefügefehler im elastischen Spannungsfeld einer mechanischen Beanspruchung bestimmt das Versagensverhalten des Bauteils durch Bruch. Einer Wahrscheinlichkeit für die Existenz von Fehlern einer kritischen Größe, Form und Lage steht eine Wahrscheinlichkeit für die Höhe der Bauteilfestigkeit gegenüber. Beide Wahrscheinlichkeitsverteilungen werden näherungsweise durch die sog. Weibull-Statistik beschrieben, die in Kapitel 5.2.2 weiter ausgeführt wird. Soll die Belastbarkeit eines Konstruktionsteils jedoch gewisse Mindestwerte nicht unterschreiten, bedeutet dies bei bekannter Bruchzähigkeit des Werkstoffs unmittelbar eine Begrenzung der maximalen Ausdehnung von Gefügeinhomogenitäten. Andersherum ausgedrückt, bestimmt der größte Fehler die Versagenslast. Es entscheiden also Präzision und Qualität der einzelnen Prozeßschritte über das spätere Anwendungsverhalten. Bild 310 zeigt schematisch die für bestimmte Prozeßschritte typischen Fehlergrößenverteilungen („Fehlerpopulationen") und ihre Ursachen.

Die Rückverfolgung von Prozeßfehlern in keramischen Bauteilen ist äußerst schwierig. Große Inhomogenitäten wie Poren, Risse, Agglomerate und andere Einschlüsse lassen sich ab einer Größe von etwa > 50 µm durch Röntgenfeinfokusuntersuchungen bzw. rasterakustische Mikroskopie sichtbar machen. Zuverlässiger zur Vermeidung von Ausschuß sind bruchmechanische Belastungstests, deren Belastungsniveau über demjenigen des Anwendungsfalls steht (*Proof-Test*). Bauteile, die solche Tests überstehen, sind in der Regel einsatztauglich (Bild 311). Sind Fehler einmal als signifikant erkannt, erfolgt ihre systematische Auswertung mit Hilfe der Rasterelektronenmikroskopie und, wenn möglich, die Eingrenzung des entsprechenden Prozeßschrittes und seine Optimierung.

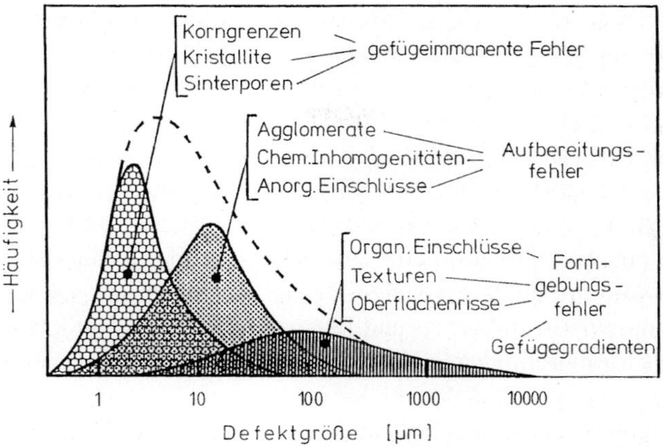

Bild 310: Häufigkeit typischer Gefügefehler nach Ursachen zusammengefaßt.

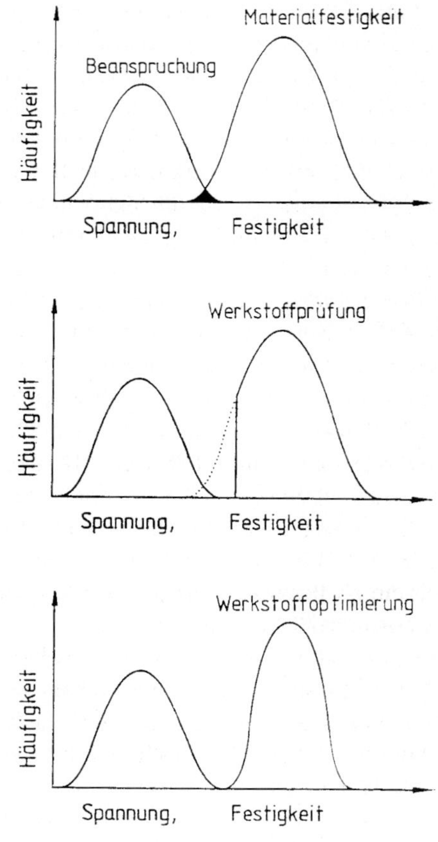

Bild 311: Lastspannungsverteilung im Anwendungsfall und Festigkeitsverteilung einer Produktionsserie eines Bauteils: Überlappende Bereiche bedeuten Versagensrisiko; Prooftest und Werkstoffoptimierung erhöhen die Zuverlässigkeit

Bei der Fehlerbehebung unterscheiden sich die Prozesse für Hochleistungskeramiken und traditionelle Silicatkeramiken stark. Aufgrund der großen natürlichen Schwankung der mineralischen Rohstoffe in Mineralbestand, Korngröße und chemischer Zusammensetzung ist in der Regel in der letzteren Branche eine Verknüpfung von Fehler und Verfahrensschritt zur Zeit noch nicht nachvollziehbar, während in der Hochleistungskeramik durchaus Ursache und Wirkung schnell identifiziert werden können. Dazu muß man aber die einzelnen Prozeßschritte sehr genau kennen und dokumentieren. Während eine prozeßbegleitende Dokumentation bei Hochleistungskeramiken bereits bei vielen Herstellern üblich ist, vor allem bei Zulieferern der Automobil-, Luftfahrt- und Elektronikindustrie, wurde bei der Silicatkeramik erst mit Einführung der DIN ISO 9000ff ein solches Vorgehen als sinnvoll erachtet.

Eine vollständige Prozeßbeschreibung könnte z.B. nach dem *„Phasenmodell der Produktion“* aus der modernen Prozeßleittechnik erfolgen, wie es exemplarisch in Bild 312 für die Weiterbehandlung von Sanitärartikeln nach der Qualitätskontrolle dargestellt ist.

Hierbei bedeuten die grauen Kreise *Rohstoffe, Zwischen- bzw. Endprodukte* und die weißen Kreise Reststoffe, die dem Prozeß wieder zugeführt werden können. Die Kästchen beinhalten *Prozesse*, die die Zwischenprodukte verändern, wobei die horizontalen dicken Pfeile einen *Energiefluß* anzeigen. Von oben nach unten führt also der *Materialstrom*, horizontal der Energiestrom. Alle Prozesse können nach dieser Darstellungsweise beliebig weiter untergliedert und sehr detailliert beschrieben werden, bis auch das kleinste Aggregat und dessen Einzelteile in ihrer Wirkungsweise, Auslegung und dem Energiebedarf beschrieben sind. Solche Prozeßdarstellungen werden in absehbarer Zukunft die Erfassung der einzelnen Betriebsdaten der Aggregate, möglicherweise auch die Abspeicherung der Eigenschaften der Zwischen- und Endprodukte während des Prozesses kontinuierlich erlauben. Hierzu wird selbstverständlich noch eine *On-line-Qualitätskontrolle* der Produkte benötigt, die das schwierigste Stück auf dem Weg zur *ganzheitlichen Prozeßdarstellung* ist. Wie bereits in der chemischen Verfahrenstechnik üblich, lassen sich dann über Datenbusse zentral die Zustände der einzelnen Geräte oder ganzer Anlagengruppen, die Zuverlässigkeit der Produktionsschritte und die Qualitäten der Zwischenprodukte abrufen und innerhalb der zulässigen Toleranzbreiten regeln. Bevor jedoch diese Vision von der Joy-Stick-gesteuerten Fabrik Wirklichkeit wird, müssen die einzelnen Prozesse wesentlich besser als bisher in ihrer ganzen Komplexität verstanden und mit - evtl. unscharfen („fuzzy“) - Algorithmen beschrieben werden. Eigenschaften wie „gut“ und „schlecht“ können dadurch zu z.B. „noch gut (2. Wahl)“ oder „brauchbar (3. Wahl)“ relativiert werden. Aus numerischen Meßdaten werden nicht-numerische Qualitätsmerkmale, die heute bereits durch Computer verarbeitbar sind und über die Prozesse gesteuert werden können.

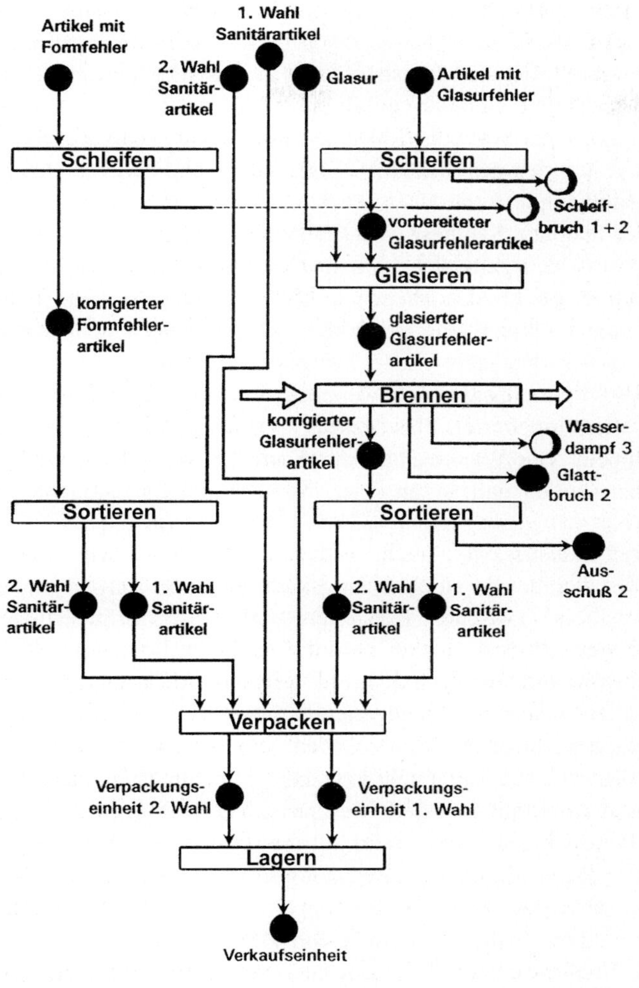

Bild 312: Phasenmodell der Produktion für die Sortierung von Sanitärartikeln

Bei den Hochleistungskeramiken hat die Bemühung um die Herstellung homogener und extrem feinkörniger Gefüge in Zusammenwirken mit der erwarteten hohen Wertschöpfung für mechanisch extrem belastbare Bauteile dazu geführt, daß die Rohstoffherstellung immer mehr zu einem rein chemischen Prozeß geworden ist. Die entsprechenden Syntheseverfahren werden in den Werkstoffkapiteln genauer beschrieben.

In der Tat wird die moderne Hochleistungskeramik in der Literatur immer wieder auch der Chemiebranche zugeschlagen. Nachdem seit etwa 1985 metall- und halbmetallhaltige organische Verbindungen in molekularer Form erfolgreich synthetisiert und über Pyrolyse zu keramischen Werkstoffen umgewandelt werden können, ist eine völlig neue Denkweise entwickelt worden, die mit dem Begriff „*Molecular Engineering*“ belegt ist. Aus monomeren organischen Molekülen wie z.B. dem Dichlordimethylsilan oder dem Trichlormethylsilazan können über Polykondensationsreaktionen in flüssigen Na-K-Metallschmelzen unter Abspaltung von NaCl bzw. KCl kettenförmige beziehungsweise dreidimensional vernetzte Polysilane hergestellt werden, die sich kunststoffähnlich verhalten und gießfähig bzw. spritzgußfähig sind. Solche metallorganischen Vorstufen (*Precursor*) lassen sich bei Temperaturen zwischen 900 bis 1200°C je nach Ausgangszusammensetzungen zu Carbiden und Nitriden des Siliciums, Bors, Titans und anderer Metalle unter Abspaltung von Methan pyrolysieren.

Als anderes Beispiel mag die Synthese von Oxidpulvern aus wässerigen Lösungen durch Fällung von Hydroxidsolen und ihre Umwandlung zu Gelen mit nachfolgender Calcination zu Oxiden dienen (*Sol-Gel-Verfahren*). Auf diese Weise lassen sich auf molekularer Ebene Dotierungsstoffe homogen vermischen. Durch präzise Kenntnis der Wechselwirkung zwischen organischen Molekülen und anorganischen Festkörpern lassen sich weiterhin in einer Pulverdispersion gezielt Komponenten wie Bindemittel, Plastifizierer usw. an die Oberfläche von Keramikpulvern ankoppeln. Die Wissenschaft der Keramik hat also längst ihre engen Bandbreiten überwunden und ist zu einer interdisziplinären Branche geworden.

Wie in jedem anderen Industriezweig auch, bestimmt jedoch der Markt die Anforderungen und Erlöse. Gerade die Hochleistungskeramik ist in Europa immer noch in einen „Teufelskreis" zwischen Hersteller- und Anwenderforderungen gefangen, aus dem sie sich nur sehr schwer befreit. Der Hersteller fordert klare Aussagen über das gewünschte Eigenschaftsprofil, verlangt Rückmeldung über das Anwendungsverhalten sowie Abnahmegarantien von Mindestmengen. Der Anwender fordert Sicherung einer gleichbleibenden, sehr hohen Qualität, eine sehr gute Reproduzierbarkeit und Liefersicherheit bei geringem Preis, was aber nur bei einer Serienproduktion sichergestellt werden kann. Die hohen Entwicklungskosten und die hohen Rohstoffkosten für ultrareine und ultrafeine Pulver verhindern jedoch in der Regel die breite Anwendung von Keramikbauteilen beispielsweise im Maschinen- und Motorenbau. Im doppelt-logarithmischen Maßstab läßt sich eine lineare Relation zwischen Kosten und z.B. der Korngröße finden (Bild 313). Der Druck durch weiterentwickelte Konkurrenzprodukte aus Metallen und Kunststoffen ist enorm, wie das Beispiel des keramischen Ventils beweist. Hinzu kommt bei mechanisch belasteten Bauteilen die aufwendige, zur Eliminierung fehlerhafter Teile erforderliche Prüftechnik. Letztendlich wird durch die fehlende Abnahme von großen Mengen eine wirtschaftlich sinnvolle Serienfertigung verhindert, die zu einer Kostenreduktion führen könnte.

In den folgenden Kapiteln geht es also darum, die verschiedenen Verfahrenstechniken parallel für traditionelle Keramiken und technische Keramiken verständlich zu machen.

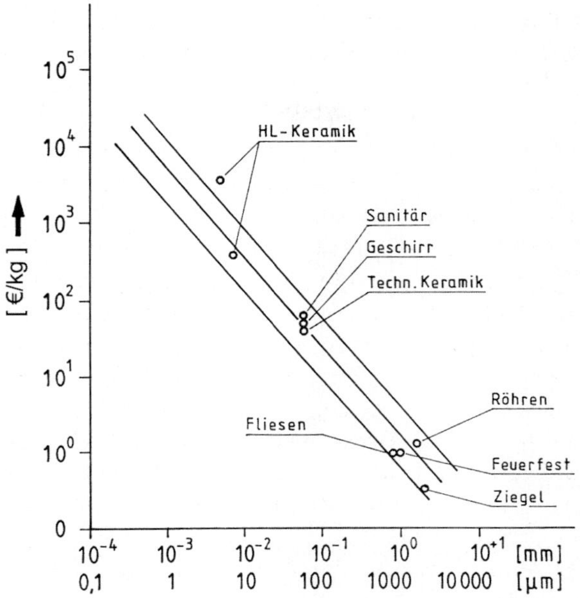

Bild 313: Wertschöpfung keramischer Erzeugnisse: Kilogrammpreis als Funktion der Korngröße.

7.2 Aufbereitung

(Bearbeitet von R. Telle, Aachen)

Unter dem Begriff *Aufbereitung* faßt man all jene Arbeitsgänge zusammen, die zwischen der Rohstoffgewinnung und der Formgebung der Erzeugnisse liegen. Dazu gehören das Reinigen, das Zerkleinern, das Mischen zur keramischen *Masse* und deren weitere Vorbereitung für den eigentlichen Formprozeß. Entsprechend gibt es drei Arten der Rohstoffaufbereitung, einmal die für sprödharte natürliche Rohstoffe, dann die für plastische natürliche Rohstoffe, die bereits sehr kleine Korngrößen aufweisen, ferner die für technische Keramiken, wobei es hier um hochreine und extrem homogene Pulverhaufwerke im Korngrößenbereich deutlich unter einem Mikrometer geht. Verwendete Maschinen, umgesetzte Mengen und Ansprüche an die Homogenität der Verteilung der Korngröße, der Mineralbestandes und der chemischen Zusammensetzung unterscheiden sich entsprechend.

Die Aufbereitung läßt sich allgemein einteilen in die Phasentrennung, die Oberflächenveränderung und die Klassierung (Bild 314). Sie ist ein wesentlicher Schritt zur Erhöhung der Wertschöpfung, da sich Verarbeitungsstufen ergeben, die die Rohstoffe entweder in aufkonzentrierter Form enthalten, einen leichteren Transport ermöglichen oder eine verbesserte Verarbeitbarkeit zeigen. Heute wird in der Keramikindustrie angestrebt, daß der Rohstofferzeuger bereits wesentliche Schritte der Massenkonditionierung in Richtung auf Formgebung oder Sinterfähigkeit unternimmt und durch entsprechende Qualitätssicherungsverfahren Garantien für eine problemlose Produktionstauglichkeit gibt.

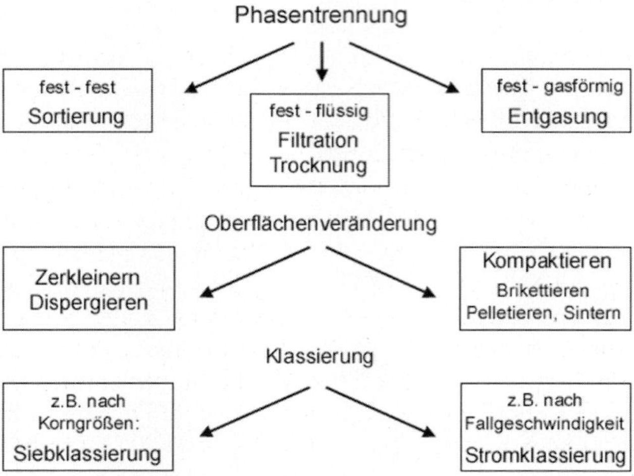

Bild 314: Prinzipien der Aufbereitung

Hieraus folgt für die Silicatkeramik die Notwendigkeit, sog. „standardisierte Massen" zu entwickeln, also durch Mischen unterschiedlicher synthetischer oder natürlicher Komponenten im Hinblick auf die Weiterverarbeitbarkeit und Anwendung „veredelte" Rohstoffe, welche die erforderliche automatische Formbarkeit und Schnellbrandtauglichkeit bei konstanter Qualität versprechen und zertifizierbar sind. Für Hochleistungskeramiken bedeutet dies, daß die meisten Pulver bereits mit organischen Preßhilfsmitteln oder anderen oberflächenaktiven Substanzen, mit sinterfördernden oder kornwachstumshemmenden Dotierungsstoffen versehen sind. Insbesondere die organischen Additive sind aus den Chargenspezifikationen in der Regel nicht zu entnehmen. Eine entsprechende Kennzeichnungspflicht wird zwar vom Kunden gefordert, läßt sich aber aus Wettbewerbsgründen nicht durchsetzen. So werden Massen bereits im Vorfeld auf optimale Verpreßbarkeit und hohe Sinterdichte bei geringen Temperaturen konditioniert, wobei sogar auf spezielle Kundenwünsche eingegangen wird. Damit begibt sich der Hersteller von Bauteilen allerdings auch in die Abhängigkeit der Massenproduzenten und verliert einen wesentlichen Einblick in die Korrelationskette zwischen Rohstoffeigenschaften, Prozeßparametern und Bauteileigenschaften.

7.2.1 Aufbereitung silicatkeramischer Massen

7.2.1.1 Gewinnung und Sortierung

Gewinnung. Die Gewinnung plastischer Rohstoffe erfolgt heute ausnahmslos im *Tagebau.* Die wenigen untertägigen Stollenbauten (z.B. Witterschlick bei Bonn) wurden aus Gründen mangelnder Sicherheit und Rentabilität eingestellt. Aufgrund der geringen Härte und der fehlenden Bruchneigung der bergfeuchten Tone kommen im Tagebau Hochlöffel-, Tieflöffel-, Schürfkübelbagger, Schaufelradbagger und Eimerkettenbagger zur Anwendung. Vor allem die letzteren beiden eignen sich zum vertikalen Abbau ganzer Böschungen unter gleichzeitiger Materialhomogenisierung über die in der Regel horizontal verlaufenden Tonschichten. Mit Löffelbaggern lassen sich dagegen Schichten eben abziehen und damit Lagen geringer Mächtigkeit selektiv gewinnen. In manchen Lagerstätten ist der Abbau witterungsabhängig, da das plastische Verhalten der Tone bei Regen die Gruben unbefahrbar machen kann. Die untertägige Gewinnung erfolgte früher mit dem Preßluftspaten, indem der Ton einfach abgestochen wurde. Nach kurzer Zeit „floß" der überhängende Ton nach, so daß man an der gleichen Stelle weiterarbeiten konnte. Diese personalintensive Tätigkeit ist natürlich heute nicht mehr wirtschaftlich, beträgt doch das Fassungsvermögen eines üblichen Baggerlöffels etwa 3 m^3, die größten umfassen bis zu 100 m^3, was etwa 200 t Rohstoff entspricht. Der Transport der Tonschollen erfolgt über Förderbänder oder Lastwagen zur Probennahme und zu den Bunkern. Tabelle 65 verdeutlicht den technischen Fortschritt bei der Tongewinnung im Westerwald. Im Vergleich dazu betrug die gesamte Tonproduktion der USA in den Jahren 1988-2000 durchschnittlich etwa 41,6 Mio Tonnen pro Jahr.

Tabelle 65: Tongewinnung im Westerwald

Abbau	Jahr	Fördermenge in Tonnen pro Mann und Schicht	Arbeitsgerät
	bis ca. 1960	3-4	Preßluftspaten
	1960-1980	15	Fräslader bzw. Kleinbagger
	1980 bis heute	600-800	Förderbagger
Fördermengen		Jahrestonnen	Anzahl der Betriebe
	1960	20.000	76
	1988	800.000	20
	1994	5.000.000	20, davon 2 mit etwa 50 % des Umsatzes
	2004	3.500.000	

Nach Auflassung eines Gewinnungsfeldes ist eine *Rekultivierung* gesetzlich vorgeschrieben. Üblicherweise wird mit den zuständigen Behörden bereits vor Beginn des Rohstoffabbaus ein Rekultivierungsplan als Voraussetzung zur Abbaugenehmigung erarbeitet, der Aussagen über den Zeitraum, die Art der Anlage, Wiederbepflanzung und Mittelrückstellung umfaßt. So wird z.B. abgetragener Boden separat gelagert und zur Abdeckung einer erschöpften Lagerstätte wiederverwendet. Wegen der wassersperrenden Eigenschaften des Tons ist die Anlage von ruhenden Gewässern besonders interessant. Gelegentlich findet ein Tagebau auch als Deponie für Sonderabfälle weitere technische Verwendung.

Der Abbau von Hartstoffen erfolgt nach den üblichen bergmännischen Verfahren ebenfalls im Tagebau (Steinbruch) oder Tiefbau, wo sich die Wertschöpfung lohnt. Hierüber informiere man sich in der einschlägigen Bergbau- und Lagerstättenkundeliteratur.

Sortieren. Das Sortieren bildet die Übergangsarbeit von der Gewinnung zur Aufbereitung und läßt sich nach Bild 315 in einzelne Verfahren aufteilen.

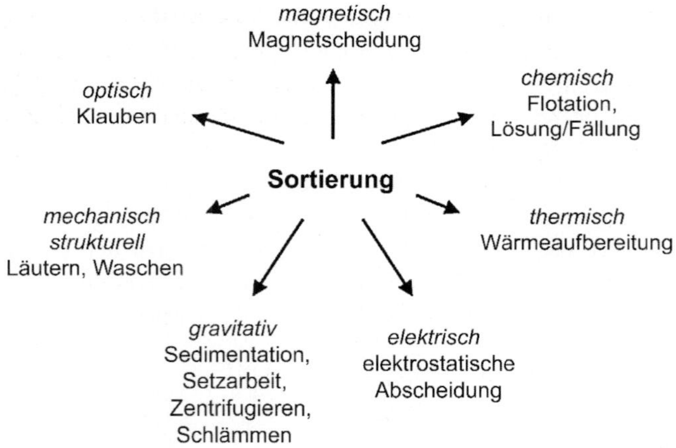

Bild 315: Sortierarbeiten

Die Sortierung ist besonders bei Tonen sehr wichtig, da sich in größeren Tonlagerstätten meist verschiedene Schichten mit wechselnder Zusammensetzung und daher auch wechselnden Eigenschaften vorfinden, die bei der Gewinnung streng auseinandergehalten werden müssen. Das Sortieren besteht in einem sorgfältigen Überprüfen der Eigenschaften (z.B. Farbe, Quarz- oder Organikgehalt) und in einer Trennung und gesonderten Lagerung der sich ergebenden Sorten. Die *Klaubung* nach makro- und mikroskopischen optischen oder mit anderen einfachen Hilfsmitteln erkennbaren Kennzeichen wird angewandt zur Charakterisierung von Sand- und Kieslagerstätten. Zur Abtrennung von Hartstoffen bzw. zur Anreicherung der plastischen Komponenten werden Kaoline in dispergiertem Zustand flotiert. Die *Flotation* basiert auf dem unterschiedlichen Benetzungsverhalten der Rohstoffe mit Wasser oder organischen Agenzien. Dazu werden Rohstoffe unter 0.25 mm Korngröße in einem Becken zu einer Trübe dispergiert. Mit bipolaren Additiven („Sammlern") werden die Kornoberflächen materialspezifisch hydrophobiert. Es handelt sich dabei meistens um schwefelhaltige organische Verbindungen wie z.B. Alkalixanthogenate, Alkyl- und Aryldithiophosphate oder um Carboxylate. Mit „Reglern“ läßt sich diese Moleküladsorption über *p*H-Werteinstellung, Elektrolytzusatz oder Ölzugabe optimieren. Beim Einblasen von Luft binden sich nun die hydrophoben Mineralien an die aufsteigenden Luftblasen und werden an die Oberfläche des Flotationsbeckens getragen. Durch „Schäumer“ wird der Schaum stabilisiert, so daß die angereicherten Teilchen abgezogen werden können, während sich hydrophiles Material in der Trübe anreichert. Eine ausführliche Beschreibung der physikalisch-chemischen Grundlagen der Flotation findet sich z.B. bei Schubert [893].

7.2.1.2 Lagern und Sumpfen

Ein einfaches Verfahren, einen Rohton zu verbessern, ist das *Lagern* über die Wintermonate in offenen Bunkern, was man als *Auswintern* bzw. als *Wintern* bezeichnet. Die Tonhalden werden zeitweise mit Wasser begossen, das im Winter gefriert und durch seine Ausdehnung den Ton auflockert. Während der Lagerung findet ferner durch eine spezielle Reihenfolge und Geometrie des Rohstoffeintrags und das gegensinnige Abziehen zur Weiterverarbeitung eine Homogenisierung des Materials statt. Auch eine Vergleichmäßigung der Feuchte tritt im Laufe der Zeit ein.

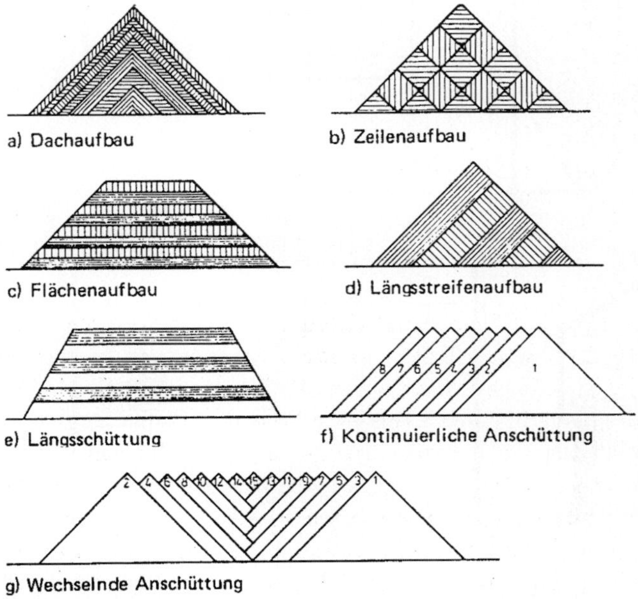

Bild 316: Haldengeometrien und Haldenquerschnitte mit Einlagerungsabfolgen (Quelle: Handbuch für die Ziegelindustrie, W. Bender und F. Händle, Berlin 1982; mit freundlicher Genehmigung)

Bild 316 zeigt einige Haldenformen und ihre Einlagerungsabfolge im Querschnitt. Durch gezieltes Aufhalden und gegensinniges Abziehen läßt sich vorab eine gute Durchmischung des Rohstoffes erreichen.

Neben der Bevorratung dient die Lagerung also der *Massenkonditionierung*. Eine gezielte Lagerung unter definierter Feuchtigkeit wird auch als *Sumpfung* bezeichnet. Sie findet üblicherweise *nach* der mechanischen Zerkleinerung und Homogenisierung statt. Die *Vergleichmäßigung der Feuchtigkeit* unter dem Druck des auflagernden Tonbestandes führt zu einer Erhöhung der Plastizität, da sich das Wasser bevorzugt zwischen den Grenzflächen der einzelnen Tonmineralplättchen anlagert („Tonaufschluß"). Eine Erhöhung der Plastizität wird ferner dem Einfluß von Bakterien, Pilzen und anderen organischen Produkten der Bodenbildung zugeordnet, die ihre Aktivität beim Lagern der Tone entfalten (*Mauken*). Der Einfluß organischer Bestandteile auf die Plastizität ist einerseits unbestritten, andererseits haben langjährige Versuche mit definierten Bakterienstämmen nicht zu dem gewünschten Nachweis des Effektes und zu seiner gezielten Nutzung geführt.

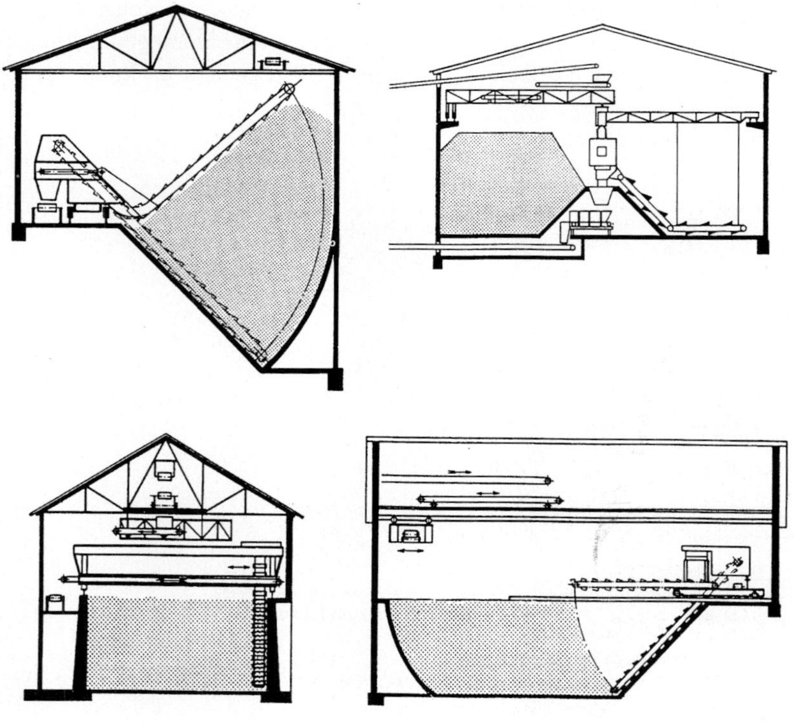

Bild 317: Aufbau von Rohstofflagern, Halden und Einspeichersystemen (Quelle: Handbuch für die Ziegelindustrie, W. Bender und F. Händle, Berlin 1982)

Dennoch werden mancherorts die Tone in sogenannten *Sumpfhäusern* (Bild 317) oder *Mauktürmen* (Bild 318) gelagert, um die Plastizität zu erhöhen. Zumindest erfolgt während der Maukung ebenfalls eine gleichmäßige Durchfeuchtung und Homogenisierung, da die oben kegelförmig beschickten Halden unten radial durch Wendelschrauben bzw. Schnecken abgezogen werden. Die Sumpfung oder Maukung als Konditionierungsschritt nach der Zerkleinerung und Homogenisierung erfordert eine nochmalige kurze mechanische Aufbereitung der gelagerten und daher verklumpten Massen kurz vor der eigentlichen Formgebung.

Mauken. Das Mauken als Verfahren zur Plastifizierung soll auf die chinesische Ming-Zeit (bis 1644) zurückgehen. Die chinesische Methode bestand nach alten Quellen im Vergraben der Tonmasse und ihrer Lagerung unter Luftabschluß für viele Jahrzehnte [919]. Die Römern verfuhren ebenso. Heute wird diese Art der Plastifizierung in Frage gestellt. Als wirksam hat sich die Vermengung von Ton mit Harnstoff, Blut, Fäkalien etc. erwiesen, weshalb zahlreiche Autoren die Anwesenheit von Bakterien für die Plastizitätserhöhung verantwortlich machen. Einerseits wurde die Einlagerung von Harnstoff in die Kristallstruktur des Kaolinits beobachtet [920], andererseits wird die Schleimhülle um Bakterien aus Polysacchariden, die sich an den Basalflächen der Tone und auch an Feldspäte anlagern, als plastizitätsfördernd angesehen [921].

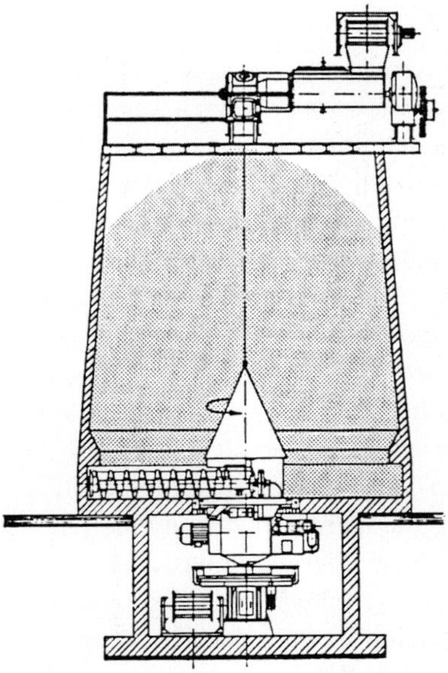

Bild 318: Aufbau eines Maukturmes mit tangentialem Massenaustrag (Quelle: Handbuch für die Ziegelindustrie, W. Bender und F. Händle, Berlin 1982)

Als Mikroorganismen kommen die Bakterien Arthrobacter uratoxydans, Bacillus subtilus, Pseudomonas acidovorans und Thiobacillus thioxidans in Betracht. Glick [922] zählte über 19 verschiedene Arten, die auf einer Tonsorte siedeln. In einer alkalischen Tonmasse wurden nach [923] neun Millionen Bakterien pro Gramm beobachtet, die sich nach zweijähriger Lagerung auf 20 Millionen vermehrten. In einer neutralen Masse wurden demgegenüber nur 4-5 Millionen Bakterien pro Gramm gefunden. Die Ergebnisse mit künstlichen Bakterienansiedlungen sind uneinheitlich. Strukturelle Veränderungen wurden an manchen Montmorilloniten nach Zusatz von Azotobacter croococum bzw. an Ca-Bentoniten nach Behandlung mit Aspergillus niger beobachtet, die bei Illiten ausblieb [924], [925]. In der Regel erfolgt aufgrund der Säurebildung eine Auslaugung von Calcium, gelegentlich auch von Aluminium. Weitere Arbeiten über die Zugabe von Pflanzenresten zeigten, daß die Wirkung sehr stark von der Mineralogie der Tone abhängt und nicht immer positiv ist; auch eine Veränderung der Trockenbruchfestigkeit wird beobachtet [926], [927]. Interessant ist noch die sulfidzersetzende Wirkung des Thiobacillus thioxidans, der Eisensulfide in Sulfate bzw. Schwefelsäure umwandelt. Auch mit Pilzen wurden Versuche durchgeführt; die Mycelschichten wandeln jedoch die Tone in eine krümelige Masse um [928]. Systematische Untersuchungen von Mörtel zeigten erstmals, wie wichtig eine sorgfältige Probenvorbereitung und Versuchsdurchführung für die Aussagekraft der Ergebnisse ist [929]. Generell ist zu bemerken, daß der Umgang mit Bakterien aufgrund der allergenen Wirkung nicht ungefährlich ist und auch wegen der Geruchsbelästigung besonderer Schutzmaßnahmen bedarf.

7.2.1.3 Zerkleinerung und Homogenisierung

Plastische Rohstoffe mit den typischen Kristallitgrößen von wenigen Mikrometern bedürfen eigentlich – abgesehen von Einschlüssen aus Hartstoffen – keiner weiteren Zermahlung. Die Zerkleinerung der anfallenden, oft Dezimeter großen Stücke mit ihren plastischen Eigenschaften erfordert jedoch zum Zwecke der weiteren Homogenisierung und der Mischung verschiedener Komponenten eine ganz andere Verfahrenstechnik. Ausgehend von der natürlichen Bergfeuchte oder witterungsbedingten Feuchte in Freien gelagerter *plastischer Rohstoffe* ist die Methode der *Feuchtaufbereitung* üblich, wobei die fertige Masse direkt einer plastischen Formgebung (z.B. Strangpressen) unterzogen wird. Der Weg der *Naßaufbereitung* wird gewählt, wenn ein Formgebungsverfahren mit Suspensionen (z.B. Schlickerguß) angestrebt wird. *Hartstoffe* werden für diesen Fall in der Regel einer separaten Naßaufbereitung unterzogen und später dem Tonschlicker zugemischt. Schlikker können jedoch durch Filtration oder Sprühgranulation wieder in eine feuchte oder trockne Masse überführt werden. Die *Trockenaufbereitung* wird als Alternativverfahren gewählt, wenn die Ausgangsmassen bereits sehr trocken sind oder der Trocknungsaufwand aus energetischer Sicht zu teuer ist oder das Trokkenpressen als Formgebungsverfahren folgt. In der sogenannten *Hybridaufbereitung* wird ein Teil der bergfeuchten Masse nicht getrocknet, sondern nach mehreren Walzwerksdurchgängen mit einer trocken aufbereiteten Masse im gewünschten Feuchteverhältnis gemischt. Man spart auf diese Weise einen Teil der Trocknung und Wiederanfeuchtung und damit Energie ein. Alle Aufbereitungswege unterscheiden sich in der Art und Folge der benötigten Anlagen und Geräte. Bild 319 zeigt die Prozeßvarianten der Feucht-, Trocken- und Naßaufbereitung in einem Verfahrensfließbild im Vergleich.

Pos. Nr.	Stck.	Benennung
1	2	Kastenbeschicker
2	1	Schuppenbandförderer
3	1	Walzenbrecher
4	1	Schuppenbandförderer
5	1	Trocknungsanlage
6	1	Kastenbeschicker
7	1	Hammermühle
8	2	Gummibandförderer
9	2	Sizer
10	1	Gummibandförderer
11	2	Gummibandförderer
12	1	Becherwerk
13	1	Silo
14	1	Dosierband
15	1	Schnitzelmischer
16	1	Ziegelbruchmahlanlage
17	1	Kastenbeschicker
18	1	Gummibandförderer
19	1	Schuppenbandförderer

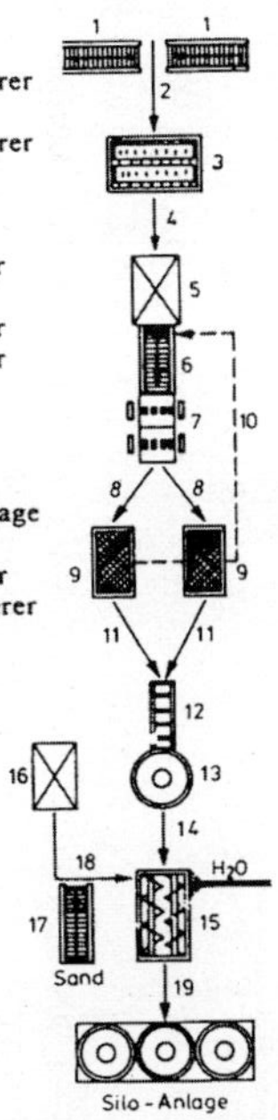

Trockenaufbereitung

Pos. Nr.	Stck.	Benennung
1	2	Kastenbeschicker
2	1	Schuppenbandförderer
3	1	Walzenbrecher
4	1	Schuppenbandförderer
5.1	1	Kollergang
5.2	1	Doppelwellen-Knetraspler
5.3	1	Schlagleistenwalzwerk
6	1	Schuppenbandförderer
7	1	Grobwalzwerk
8	1	Gummibandförderer
9	1	Feinwalzwerk
10	1	Schuppenbandförderer
11	1	Kastenbeschicker
12	1	Schuppenbandförderer
13	1	Schnitzelmischer
14	1	Ziegelbruchmahlanlage
15	1	Kastenbeschicker
16	1	Gummibandförderer
17	1	Schuppenbandförderer

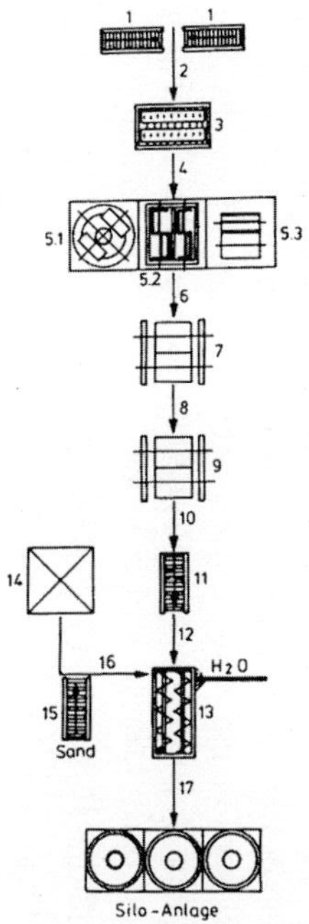

Feuchtaufbreitung

Pos. Nr.	Stck.	Benennung
1	2	Kastenbeschicker
2	1	Schuppenbandförderer
3	1	Walzenbrecher
4	1	Schuppenbandförderer
5	1	Schlämmbecken
6	1	Wasserdosierung
7	1	Elektrolytzuführung
8	1	Siebanlage
9	1	Fremdkörperabzug
10	1	Förderer
11	1	Zerstäubungstrockner
12	1	Becherwerk
13	1	Silo
14	1	Dosierband
15	1	Schnitzelmischer
16	1	Ziegelbruchmahlanlage
17	1	Kastenbeschicker
18	1	Gummibandförderer
19	1	Schuppenbandförderer

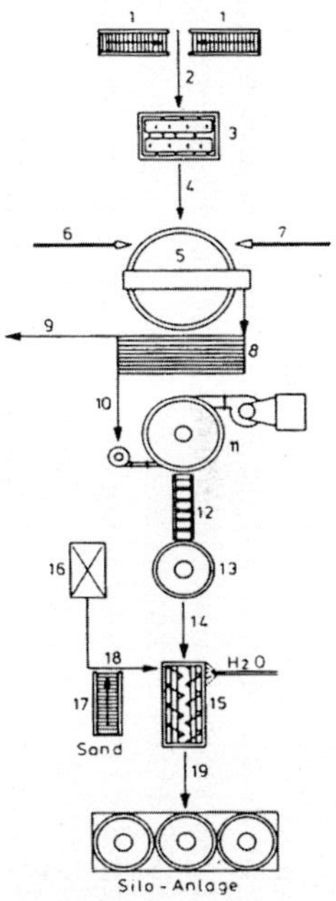

Naßaufbereitung

Bild 319: Fließschema von Trocken-, Feucht-, und Naßaufbereitung (aus: Handbuch der Ziegelindustrie)

7.2.1.3.1 Feuchtaufbereitung

Die Feuchtaufbereitung ist die traditionelle Art der Verarbeitung tonkeramischer Massen. Der Ton wird in bergfeuchtem oder in offenen Bunkern gelagertem Zustand verarbeitet, d.h. mit 17-23 % Feuchtegehalt.

Ein typisches Aggregat der Feuchtaufbereitung ist der *Kollergang*. Seine Wirkung beruht darauf, daß das Mahlgut auf einer als Mahlbahn oder Bodenstein bezeichneten harten Unterlage durch das Überrollen mit den harten, mühlsteinähnlichen Läufern zerdrückt und zerrieben wird (Bild 320). Mahlbahn und Läufer sind für Zwecke der Feinkeramik (Porzellane) aus Granit oder Quarzit hergestellt, um die Rohstoffe nicht durch Eisenteilchen zu verunreinigen, während sonst Hartguß ausreicht. In manchen Fällen ist die Mahlbahn als gitterartiger Rost ausgebildet, durch den das zerkleinerte Mahlgut wie durch ein Sieb hindurchgedrückt wird. Die Läufer der Kollergänge sind meist asymmetrisch angeordnet, um eine breitere Mahlbahn zu erzielen und möglichst viel Scherfläche bereitzustellen. Um die senkrecht stehende Antriebswelle (Königswelle) sind zwei oder vier Läufer angeordnet. In anderen Konstruktionen stehen die Läufer fest und die Mahlbahn rotiert. Die Stoffaufgabe erfolgt in modernen Anlagen zentrisch. Dem Kollergang ähnlich, nur horizontal gebaut und von kleineren Abmessungen ist die *Walzenringmühle*. Drei oder mehr Rollen mit horizontaler Achse werden über Federspannung an die Innenwand einer koaxial umlaufenden Mahltrommel gedrückt und zerreiben so das Mahlgut. Mit einer Lochscheibe versehen, arbeitet auch dieses Aggregat kontinuierlich.

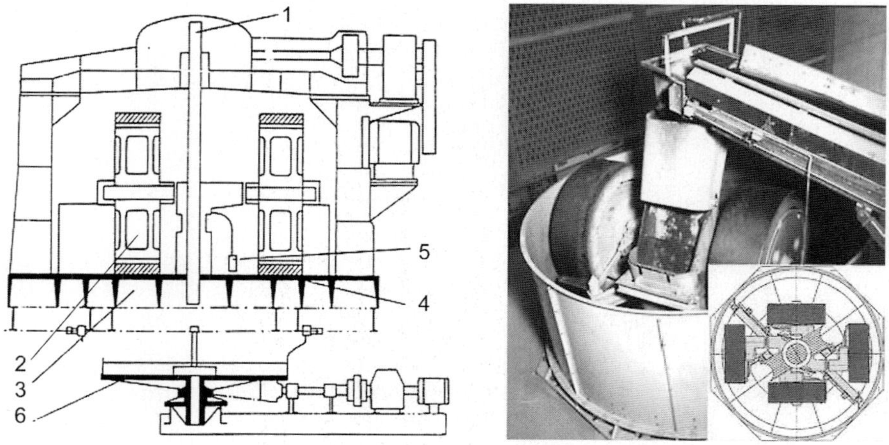

Bild 320: Kollergang (Links: schematischer Querschnitt nach [930], 1: Königswelle, 2: Läufer, 3: volle Mahlbahn, 4: Lochbahn, 5: Abstreifer, 6: Sammelteller. Rechts: Werksfoto Händle, Mühlacker)

Die als *Walzwerk* bezeichneten nachfolgenden Maschinen haben den Zweck, mitunter eingelagerte Steine zu entfernen, den Ton zu zerkleinern und Kalk- und Mergelknollen zu zerdrücken. Ferner ist es erforderlich, Pyrit bzw. Markasit (FeS_2), die gelegentlich in größeren Aggregaten oder Konkretionen im Ton vorkommen, auf < 0.2 mm zu zermahlen und fein zu verteilen, da im Brand ihre Oxidation zu Eisensulfat unter Volumenausdehnung erfolgt und Abplatzungen im Formkörper zur Folge haben kann. Walzwerke bestehen aus koaxialen Walzen mit Hartgußmänteln, die gegensinnig rotieren und das aufgegebene Mahlgut in sich hineinziehen und zerdrücken (Bild 321). Die Walzen sind verschiebbar gelagert, was im Notfall ein Zurückweichen der Achse gestattet. *Steinaussonderungswalzwerke* besitzen auf der Walzenoberfläche flache spiralartige Furchen, die die Steine axial weiterschieben, bis sie an der Seite der Walze ausgeworfen werden. Je nach Spaltweite lassen sich *Brechwalzwerke* und *Glattwalzwerke* bzw. *Feinwalzwerke* unterscheiden, die nacheinander geschaltet werden.

Tabelle 66: Technische Daten von Walzwerken

Walzwerktyp	Aufgabegröße [mm]	Endkorngröße [mm]	Durchsatz [t/h]
Schlagleistenwalzwerk	350 x 250 x 200	50 x 30 x 15	130
Brechwalzwerk 12,0 mm	50 x 30 x 15	< 12	120
Glattwalzwerk 2,5 mm	12	< 2,5	115
Glattwalzwerk 1,0 mm	2.5	< 1,0	88
Feinwalzwerk 0,7 mm	1.0	< 0,7	62
Feinwalzwerk 0,5 mm	0.7	< 0,5	49

Bild 321: Walzwerk (Werksfoto Händle, Mühlacker)

Die zu fladenförmiger Form zerquetschten Massen werden anschließend zu einem *Tonraspler*, auch *Tonhobel* genannt, weiterbefördert. Tonraspler bestehen aus einem horizontal oder vertikal angeordneten, zylindrischen Siebkorb, durch dessen Schlitze bzw. Bohrungen das Aufgabegut mittels Streich- und Knetarmen kontinuierlich auf den außerhalb des Siebkorbes befindlichen Sammelteller oder ein

Förderband gedrückt wird (Bild 322). Dabei erfolgt erneut eine Homogenisierung und Portionierung des Tones zu etwa 5 bis 10 mm dicken und je nach Feuchte 2 bis 8 cm lagen nudelförmigen Tonsträngen. Die Tonstränge werden durch ein umlaufendes Messer vom Sammelteller abgeschabt und der plastischen Formgebung zugeführt.

Da der Tonraspler in der Regel auch als Zerkleinerungsaggregat nach der Sumpfung den nachfolgenden Doppelwellenmischer gleichmäßig befüllt, wird er in seiner vertikalen Ausführung auch als *Siebrundbeschicker* bezeichnet (Bild 323). Von besonderer Bedeutung ist die Geometrie der Streicharme, deren Enden aus gehärtetem Stahl bestehen bzw. mit Hartmetalleinsätzen belegt sind, da die auftretenden Scherkräfte sehr groß werden können. Das Mischvolumen beträgt bis zu 4,5 m^3 und erbringt damit Austragsleistungen von bis zu 5 Tonnen pro Stunde. Das Aggregat dient ferner noch zur Einmischung bzw. Einbindung von Zuschlagsstoffen bzw. Hilfsstoffen wie Wasser, Wasserdampf, Veredlungston, organischer Plastifizierer und anderer Additive.

Bild 322: Tonhobel (Werksfoto)

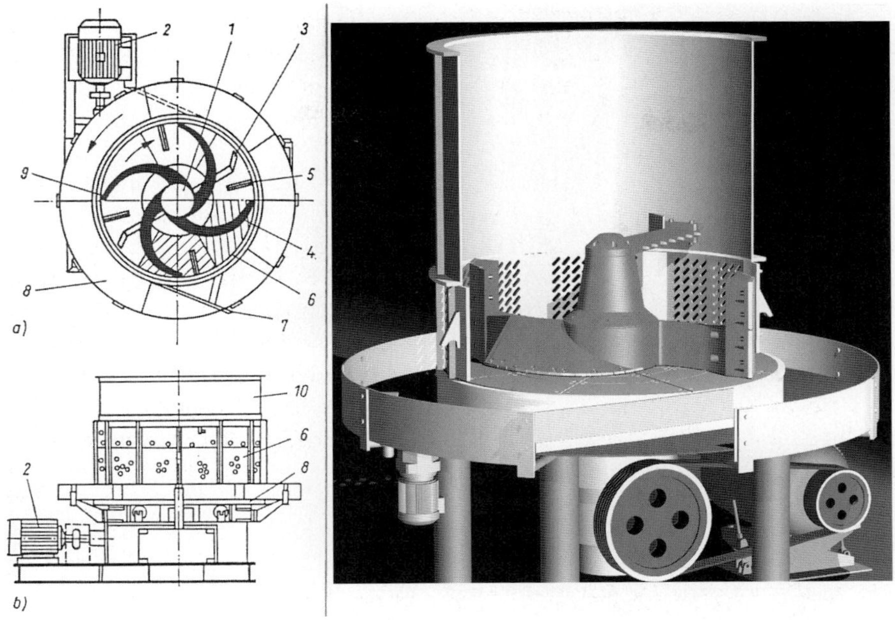

Bild 323: Siebrundbeschicker (links: Schemazeichnung nach [930], rechts: dreidimensionale Ansicht) 1: Welle, 2: Elektromotor, 3: Bodenabstreifer, 4: Abstreifrotor, 5: Randabstreifer, 6. Sieblochung, 7. Tellerabstreifer, 8. Sammelteller, 9. Verschleißschutz, 10. Aufgabetrichter)

Das nachfolgende Aggregat ist der *Doppelwellenmischer*, der aus zwei koaxialen, gegensinnig rotierenden Paddelwellen, Schnecken bzw. Wendeln besteht (Bild 324). Die aus dem Siebrundbeschicker stammenden Tonnudeln werden über einen Fülltrichter in das Aggregat eingezogen, unter Vorschub verdichtet und noch einmal durchgeknetet, bevor die Masse der *Strangpresse* zugeführt wird.

Dieses Aggregat ist unter dem Kapitel 7.3.2.2.2 (Formgebung) nochmals im Zusammenhang mit dem Vorgang des Extrudierens näher beschrieben. Zahlreiche Entwicklungsarbeiten befassen sich mit der Auslegung der Schnecke, je nachdem ob ihre bevorzugte Aufgabe in der Massenförderung, Homogenisierung oder im Druckaufbau besteht. Es werden Vollgewindeschnecken mit konisch verlaufendem Innendurchmesser bzw. Außendurchmesser, feine und grobe Doppelgewindeschnecken sowie Teilgewindeschnecken, bestehend aus band- bzw. paddelförmigen Gewindegängen, eingesetzt (Bild 325).

Besonders wichtig ist die Gleichmäßigkeit des Förderstromes, die Möglichkeit zur Evakuierung bzw. des Transportes heißer Massen. Zu den Nachteilen zählen der hohe Verschleiß, der hohe Kraftbedarf sowie die Verstopfungsgefahr bei mageren bzw. trockneren Massen.

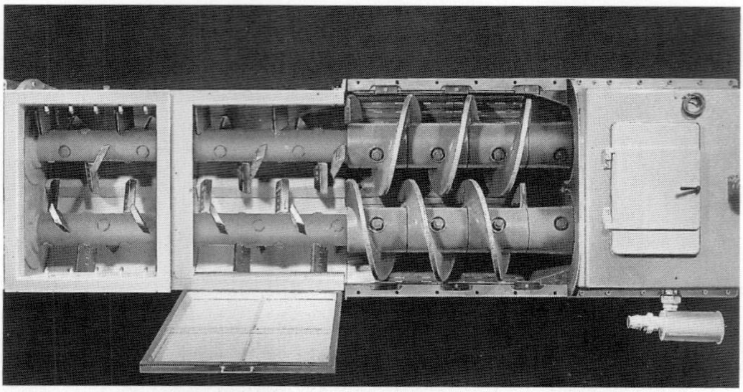

Bild 324: Doppelwellenmischer (Werksfoto Händle, Mühlacker)

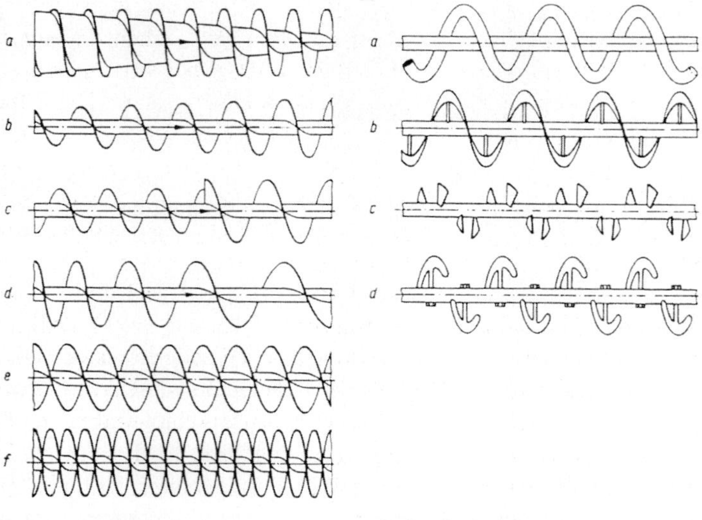

a) innenkonisch
b) außenkonisch
c) mit abgestuftem Außendurchmesser
d) mit abgestufter Gewindesteigung
e) Doppelgewinde grob
f) Doppelgewinde fein

a) Rundstabschnecke
b) Bandschnecke
c) Paddelschnecke
d) Palettenschnecke

Bild 325: Schneckengeometrien für Doppelwellenmischer und Strangpresse (nach [931])

7.2.1.3.2 Naßaufbereitung

Die Naßaufbereitung silicatkeramischer Rohstoffe ist vor allem für die Herstellung von preßfähigen Granulaten oder von Gießschlickern erforderlich. Das Verpressen von Granulaten findet überwiegend in der Fliesenindustrie und zunehmend auch in der Geschirrindustrie Anwendung. Für dieses *Trockenpressen* sind rieselfähige und leicht verformbare kugelige Kornzusammenballungen von etwa 200 μm Durchmesser herzustellen, was in großen Mengen durch Sprühgranulation oder Aufbaugranulation wässeriger Teilchensuspensionen (*Schlicker*) erfolgen kann (siehe Kapitel 7.3.1.3 Granulierung). Die direkte Formgebung aus Schlickern (*Schlickerguß*) wird im Sanitärbereich und in der Geschirrindustrie eingesetzt (siehe Kapitel 7.3.2.1 Gießverfahren). Wie Bild 326 zeigt, kann jedoch auch ein Schlicker durch Filtration wieder zu einer plastisch verformbaren Masse (Filterkuchen) aufkonzentriert werden, die später manuell, durch Feuchtpressen oder durch Rollern und Überformen in Form gebracht wird. So werden gerne Hohlwaren (Tassen, Kannen, Vasen etc.) hergestellt. Auch trockene Granulate können durch Anfeuchten wieder in den plastischen Zustand überführt werden.

Die wesentlichen Aggregate der Naßaufbereitung sind *Trommelmühlen*, in denen das Mahlgut unter Beifügung von Wasser und *Mahlkörpern* kontinuierlich oder diskontinuierlich zerkleinert wird. Unter dem Begriff Trommelmühle sollen sämtliche Zerkleinerungsmaschinen zusammengefaßt werden, für die ein rotierender, horizontal gelagerter, zylindrischer oder zylindrisch-konischer Mahlraum charakteristisch ist (Bild 327). Bei der Drehung der Trommel wird das Gut zusammen mit den Mahlkörpern umgewälzt bzw. gestürzt. Die Zerkleinerungswirkung wird durch den Zusammenprall der Mahlkörper mit dem dazwischen liegendem Mahlgut bzw. durch ihre Scherbewegung während des Rollens hervorgerufen.

Als *Mahlkörper* werden Kugeln oder Zylinder verwendet. Durch die Prall- und Scherwirkung unterliegen die Mahlkörper selbst allerdings auch einem beträchtlichen Verschleiß. Die Auswahl des Mahlkörpermaterials ist daher von ausschlaggebender Bedeutung für die chemische Qualität des Mahlgutes. Für metallische Mahlkörper werden in der Regel Stahl, Hartguß oder Hartmetallegierungen verwendet. Ihr Abrieb trägt nicht unwesentliche Mengen an metallischen Spänen in das Mahlgut ein, insbesondere wenn die Mahlkörper noch neu sind. Nach einer gewissen Laufzeit setzen sich jedoch die keramischen Partikel an der duktilen Metalloberfläche an, so daß eine keramische Hülle entsteht. Eisenabrieb muß über Magnetscheider oder auf chemischen Wege durch Laugung vom Mahlgut abgetrennt werden. Ist Eisenabrieb kritisch – dies ist insbesondere für weißbrennende Keramik der Fall – werden arteigene Kugeln eingesetzt. Hierfür werden große Feuersteine (Flintsteine) natürlichen Ursprungs verwendet, die besonders abrasionsbeständig sind und deren SiO_2-Abrieb der Masse keinen Schaden zufügt. Andere Mahlkörperwerkstoffe sind Hartporzellan oder gesintertes Aluminiumoxid; auch hier verändert der Abrieb nur unwesentlich die chemische Zusammensetzung des Mahlgutes. Der Abrieb an Flintsteinen bei der Mahlung von Quarzsand beträgt etwa 0,5 % pro Stunde bezogen auf das Mahlgut, bei Verwendung von Aluminiumoxidkugeln etwa 0,3 % pro Stunde.

Die Relativbewegung der Mahlkugeln läßt sich durch deren Masse und die Rotationsgeschwindigkeit der Trommel in weiten Bereichen variieren. Bei geringen Drehzahlen werden die Mahlkugeln nur wenig am aufsteigenden Rand der Trommel mitgeführt und rollen dann im Hanggefälle wieder nach unten.

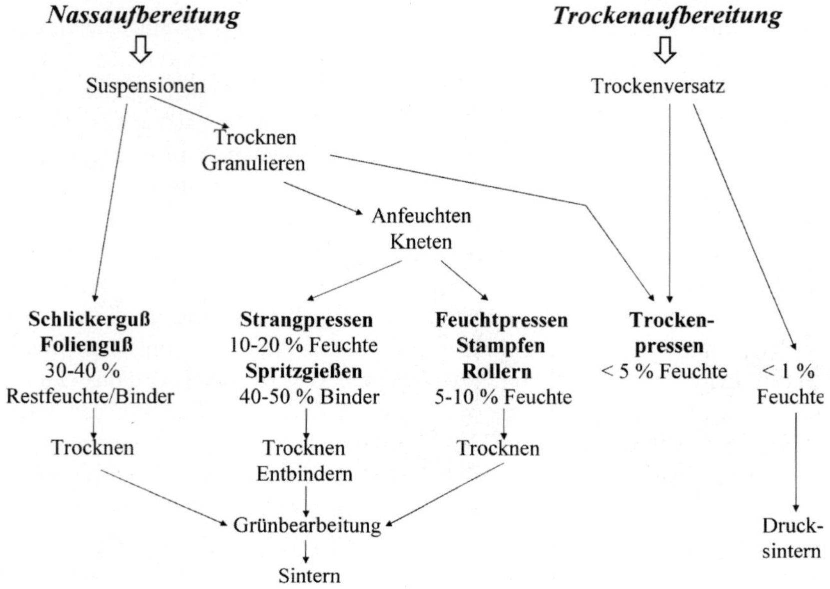

Bild 326: Formgebungsverfahren mit Verarbeitungsfeuchten in Gew. %

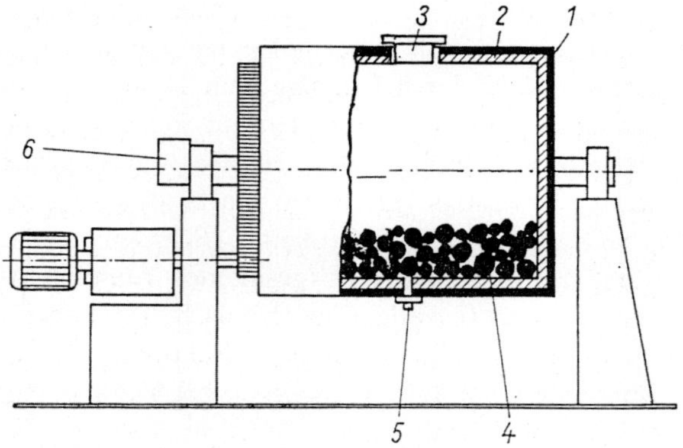

Bild 327: Trommelmühle nach [930]. 1: Mahlbehälter, 2: Innenauskleidung (Verschleißschutz), 3: Stopfen, 4: Mahlkörper, 5: Verankerung der Auskleidung, 6: Welle

Bei höheren Drehzahlen kommt es zu einem weiteren Mitschleppen und Stürzen. Gegenüber der Scherbewegung dominiert nun die Prallwirkung. Die obere Grenze der Drehzahl ist gegeben, wenn die Fliehkraft alle Kugeln an die Trommelwand drückt. Die kritische Drehzahl errechnet sich zu

$$\omega_c = \frac{60}{2\pi}\sqrt{\frac{2g}{D}} = \frac{42,3}{\sqrt{D}} \tag{340}$$

wobei g die Erdbeschleunigung und D den Trommeldurchmesser bedeuten. Eine ausführlichere kinematische Betrachtung der Mahlkörperbewegung findet sich bei Schubert [150] und Krause u. M. [930]

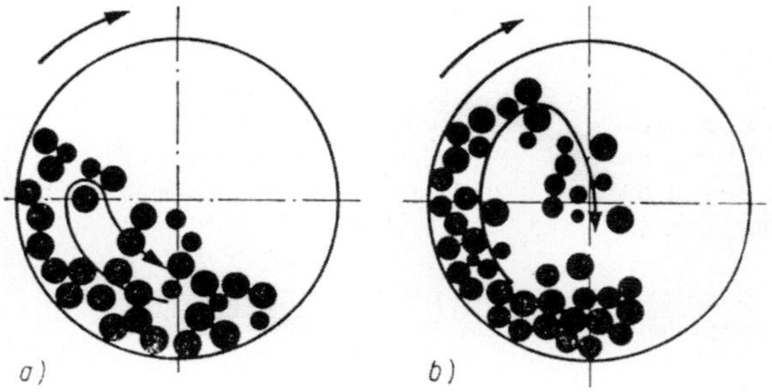

Bild 328: Kinematik der Mahlkörperbewegung in Trommelmühlen nach [930]

Die Dimensionen der Kugelmühlen können je nach Anforderung zwischen dem Labormaßstab zur Aufbereitung von weniger als 1 kg/h bis hin zum Fertigungsmaßstab zur kontinuierlichen Zerkleinerung von einigen 10 t/h variieren. Ein wesentliches Unterscheidungsmerkmal der Mühlentypen ist die Art und Weise des Mahlgutaustrages. Die kleinsten Mühlen arbeiten in der Regel diskontinuierlich; bei ihnen wird die Mahlgutsuspension zusammen mit den Mahlkörpern über einen Stopfen gelehrt (Bild 327). Die Mahlkörper werden abgesiebt und wieder in die Mühle gefüllt. Solche Aggregate werden bis zu einer Tonne Kapazität eingesetzt. Die *Überlaufkugelmühle* arbeitet kontinuierlich und ist durch einen axial angeordneten Austragshohlzapfen gekennzeichnet, der einen etwas größeren Innendurchmesser als der Aufgabehohlzapfen aufweist. Aus dem sich ergebenden geringen Gefälle resultiert ein Trübe-Abfluß der feinkörnigeren Suspension, während die grobkörnigeren Fraktionen am Behälterboden umgewälzt werden. In der *Austragskammermühle* befindet sich am Ende der Trommel eine Sieböffnung, die die Trübe mit der gewünschten Korngrößenfraktion hindurchläßt und durch den Austragshohlzapfen abfließen läßt. Bei der *Siebkugelmühle* (Bild 329) gelangt das zerkleinerte Gut durch Öffnungen in der Mühlenpanzerung auf Siebmäntel, die am Umfang der Mahltrommel angeordnet sind. Diese Art der Trommelmühle kann auch trocken betrieben werden. Überlaufmühlen und Austragskammermühlen können zu mehrkammerigen *Rohrmühlen* erweitert werden. Solche *Verbund-Mehrkammermühlen* bestehen aus nacheinander geschalteten Rohrsegmenten, die durch Siebeinsätze oder entsprechende Austragshohlzapfen von einander getrennt sind. In den einzelnen Mahlsegmenten befinden sich dann Mahlkörper unterschiedlicher Größe bzw. Mischungsverhältnisses. In den Grobmahlkammern gelangen dann Mahlkugeln zwischen 40 und 100 mm Durchmesser zum Einsatz, in den Feinmahlkammern Kugeln zwischen 25 und 40 mm. Die Mahlkörperfüllungen betragen etwa 25 bis 40 Vol.-%. Solche Rohrmühlen werden insbesondere in der Massenfertigung von Fliesen eingesetzt und erreichen einen Durchsatz von 5 bis 20 Tonnen in der Stunde.

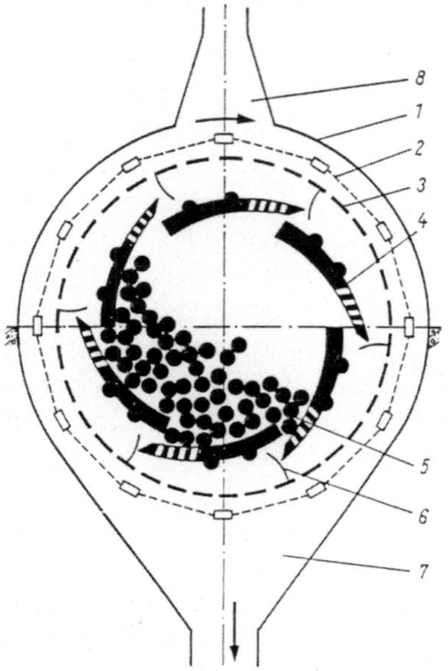

Bild 329: Siebkugelmühle [930]. 1: Gehäuse, 2: Feinsieb, 3: Grobsieb, 4: Prallplatten, 5: Mahlkugeln, 6: Rückführschaufeln, 7: Austrag, 8: Feinstaubabsaugung

Die *Mühlenauskleidungen* sind wie die Mahlkörper ebenfalls einem starken Verschleiß unterworfen. Sie sind daher je nach Anfälligkeit des Mahlgutes gegenüber Abrieb aus Stahl, Gußlegierungen oder Keramik, der Regel aus Aluminiumoxid gefertigt. Bewährt haben sich auch Gummi- oder Polyamidauskleidungen, deren Abrieb aus der Trübe abgezogen werden kann, bzw. beim Sintern ohne Probleme ausbrennt. Gelegentlich ist es zur Mitnahme der Mahlkörper bei der Aufwärtsbewegung erforderlich, besondere wellen- und stufenförmige Erhöhungen in die Mühlenwand einzubringen.

Weitere Mahlaggregate werden im Zusammenhang mit der technischen Keramik besprochen.

Eigenschaftsänderungen von Tonmineralen durch Mahlung. Mehrere Autoren haben sich auch mit dem Einfluß der Mahlung auf Tonminerale befaßt. Wiegmann und Kranz [2289] fanden bei relativ kurzzeitige Naßmahlung von Kaolin keine Änderungen, während bei der Trockenmahlung im Röntgendiagramm die Intensität der Basalflächeninterferenzen 001 deutlich abnahmen. Beim Mahlprozeß werden die einzelnen Schichtpakete des Kaolinitgitters gegeneinander verschoben; es entsteht ein fireclayähnlicher Strukturtyp. Im Verlauf der weiteren Mahlung (bis zu 32 Tagen) tritt auch eine Kornverkleinerung auf. Immer bleiben aber die hkl-Interferenzen, insbesondere 060, nahezu konstant [2289], [2290]. Es ist deshalb bei der quantitativen Tonmineralanalyse günstig, die 060-Interferenzen zu verwenden (Kapitel 2.3.2.3: Nachweis der Schichtsilicate). Verfolgt man die Korngröße durch Adsorptionsmessungen, so findet man bei der Trockenmahlung ein Maximum, weil sich die feinsten Teilchen wieder zu größeren Agglomeraten zusammenballen. Durch sehr intensive trockene Mahlung kann man Kaolinit fast vollständig amorphisieren.

Die Mahlung beeinflußt auch andere Eigenschaften der Tonminerale. So wird die Entwässerungstemperatur stark erniedrigt, weshalb man den endothermen Effekt bei der DTA nach tieferen Temperaturen verschoben findet. Aber auch der exotherme Effekt zeigt eine merkliche Verschiebung zu tieferen Temperaturen. Das Kationenaustauschvermögen nimmt bei der Naßmahlung gering, bei der Trockenmahlung stark zu. Im letzteren Fall durchläuft es ein Maximum, da der vollkommen amorphisierte Zustand ein geringeres Kationenaustauschvermögen als der Fireclayzustand hat. Im amorphisierten Zustand werden auch beträchtliche Anteile HCl-löslich, vor allem an Al_2O_3, was im Hinblick auf die Al-Gewinnung mehrfach untersucht wurde. Petzold u. M. [2291] zeigten, daß die Behandlung von Kaolin in einer Schwingmühle (5 h) die Al_2O_3-Löslichkeit in 3 N HCl von 5 auf 35 % des Al_2O_3-Gehalts ansteigen ließ. Durch geeignete Wahl der Versuchsbedingungen werden über 90 % des Al_2O_3 löslich. Eine wichtige Rolle bei diesen Versuchen spielt auch der Gesamtmineralbestand, indem z.B. beigemengter Quarzanteil die Aktivierung beim Mahlen fördert [2292].

Ferner findet man bei der Naßmahlung von Kaolinen eine Zunahme von Plastizität, Thixotropievolumen und Trockenbiegefestigkeit. Bei der Trockenmahlung zeigen diese Eigenschaften ein Maximum infolge der oben erwähnten Agglomeration bei langer Mahlung. Die Effekte sind bei groben Kaolinen größer als bei sehr feinkörnigen.

Klassieren, Lösen und Reinigen. Im weiteren Prozeß der Naßaufbereitung vor der Weiterverarbeitung der Mahlsuspensionen als Gießschlicker, zum Sprühtrocknen oder zur Filtration erfolgen eine *Klassierung*, das *Mischen* von vor- und feinzerkleinerten plastischen und nichtplastischen Rohstoffen sowie eine weitere Dispersionsbehandlung (*Lösen*). Grundlagen der Naßklassierung sind in Kapitel 2.5.6.2 erläutert. Dort wird auch auf industrielle Aggregate eingegangen wie Naßsiebanlagen oder Hydrozyklone.

Das Homogenisieren von Suspensionen, insbesondere das Zumischen von Hartstoffschlickern zu Tonschlickern erfolgt in großen Behältern (Lösern) unter ständigem Rühren und gegebenenfalls Zugabe von Elektrolyten oder organischen Additiven. Diese Hilfsstoffe verhindern über Veränderung des *p*H-Wertes oder der Ionenkonzentration die Koagulation der Teilchen und damit ihre Sedimentation oder Entmischung. Dies ist besonders wichtig, wenn sogenannte Rückschlicker aus späteren Verarbeitungsprozessen anfallen, die recycelt werden sollen. Hierdurch kann es zu Anreicherungen von Salzen oder organischen Komponenten kommen, die langfristig die Stabilität der Suspensionen beeinträchtigen oder sich im Brennprozeß negativ bemerkbar machen. Die physikalisch-chemischen Grundlagen für die Schlickerstabilisierung sind in Kapitel 7.3.1.1 erläutert.

Den Lösern nachgeschaltet sind *Magnetabscheider*, die in Form von Sieben durchströmt werden. Hierbei wird Eisenabrieb aus den vorhergehenden Prozessen aus der Suspension entfernt. Durch die Mahlung können Verwachsungen von Rohstoffen mit eisenhaltigen Mineralien aufgebrochen und letztere isoliert werden. Sie sind dann einer Abtrennung leichter zugänglich, wie z.B. Krahl u. M. [2293] an granitoiden Gesteinen zeigen. Nach einer Mahlung bis < 0,5 mm konnte der Fe_2O_3-Gehalt von ursprünglich 1,5 Gew.-% durch Magnetscheidung auf 0,2 Gew.-% gesenkt werden, wodurch der Einsatz als Porzellanrohstoff möglich wurde.

7.2.1.3.3 Trockenaufbereitung

Die Trockenaufbereitung toniger Rohstoffe ist kein Routineverfahren. Unter bestimmten Umständen wird sie jedoch immer mehr als kostengünstige Alternative zur Feuchtaufbereitung in Betracht gezogen. Ihre Vorteile liegen in der Bevorratung trockener, rieselfähiger Massen in Silos, was die hohen Investitionen für Winterlager und Sumpfhäuser einspart. Teuer schlagen allerdings die energieintensive Trocknung von der Bergfeuchte sowie die Mahlung zubuche. Die Trokkenaufbereitung ist nach Bilanzrechnungen von Jung u. M. [932] dann vorzuziehen, wenn die Bergfeuchte der Tone unter 10-12 % liegt, der Anteil an Hartstoffen, insbesondere Pyrit, besonders hoch ist oder problematische Rohstoffe zu homogenen Massen verarbeitet werden müssen [933]. Die Massen werden in gasbefeuerten Tunnel- oder Bandtrocknern auf 120-200°C aufgeheizt, wobei die großen Tonbrocken bereits aufgrund der Trockenschwindung zu kleineren Aggregaten zerfallen. Danach durchlaufen sie eine kontinuierlich arbeitende Mühle, z.B. eine *Walzenschüsselmühle* mit eingebautem Sichter (Bild 330). In diesem Aggregat werden die Rohstoffe gleichzeitig fertig getrocknet, zu definierten Korngrößen aufgemahlen, gemischt und in Korngrößenklassen getrennt (*gesichtet*). Störende Begleitstoffe können entweder gleichmäßig verteilt oder ausgeschleust werden [934].

Die Walzenschüsselmühle besitzt eine seitliche Trockengutaufgabe, die zu einem kreisförmigen Läuferbett führt. Unter dem Andruck eines hydropneumatischen Spannsystems wird die Mahlschüssel unter drei oder vier schrägstehenden Läufern hindurchgeführt und das Mahlgut zerquetscht. Von unten eingeblasene Luft wirbelt die entstehenden Körnungen auf, die mit Unterstützung eines saugenden Ventilatorsichters bei Unterschreiten der gewünschten Korngröße nach oben ausgetragen werden, während grobkörniges Material in das Gutbett zurückfällt und erneut aufgemahlen wird. Mit warmer Zuluft kann der Trocknungsprozeß vervollständigt werden. Ein Kostenvergleich mit der Feuchtaufbereitung wurde von Jung u. M. [932] am Beispiel der Dachziegelfertigung veröffentlicht. Ähnliche Berechnungen wurden über die Fliesenfertigung angestellt [935].

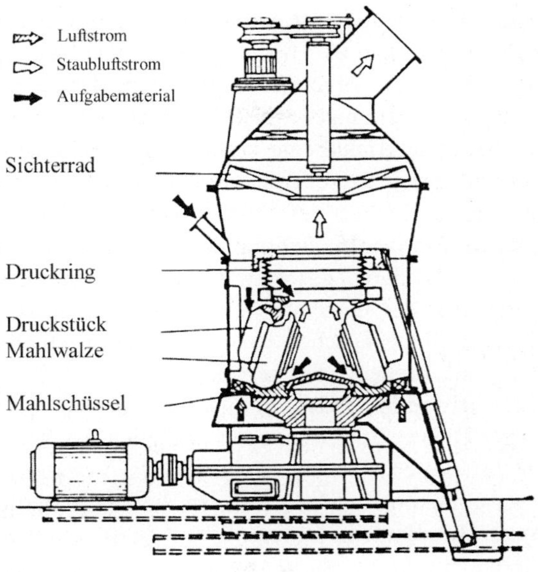

Bild 330: Walzenschüsselmühle

Die trockenen Massen werden in *Tonmehlsilos* zwischengelagert. Vor der plastischen Formgebung müssen die Pulver auf dem Transportband oder in Mischern mit Wasser oder Wasserdampf angefeuchtet werden.

7.2.2 Aufbereitung technischer Keramiken

Im Gegensatz zu Silicatkeramiken sind technische Keramiken, insbesondere Hochleistungskeramiken, mit maßgeschneiderten mechanischen, chemischen, thermischen und elektronischen Eigenschaften nahezu ausschließlich *synthetische Produkte*. Über die Syntheseverfahren gibt Kapitel 6.2 Auskunft. Für die Leistungsfähigkeit solcher speziell entwickelter Produkte sind bezüglich chemischer Zusammensetzung, Phasenbestand und Korngröße homogene und möglichst feinkörnige Ausgangspulver von ausschlaggebender Bedeutung. Einmal eingebrachte Verunreinigungen oder unzerstörte Agglomerate, Grobkorn, lokale Anhäufungen von Sinteradditiven oder organischen Hilfsmitteln führen unweigerlich zu Gefügefehler, die die Bauteileigenschaften nachhaltig verschlechtern.

7.2.2.1 Mischen

Insbesondere das Mischen (*Dispergieren*) mehrphasiger Pulver mit Korngrößen von wenigen Mikrometern, die üblicherweise agglomeriert vorliegen, bereitet enorme Schwierigkeiten, wenn nur geringste Anteile einer weiteren Komponente hinzugemischt werden sollen. Typische Beispiele sind MgO-dotierte Tonerden bzw. Y_2O_3-dotiertes Zirconiumdioxid, die aufgrund dieser Probleme heute nahezu ausschließlich auf naßchemischem Wege durch gemeinsame Fällung aus der Lösung (*Kopräzipitation*) hergestellt werden. So ist gerade im Falle des Zirconiumdioxides eine gleichmäßige Dotierung mit z.B. 3 Mol-% Y_2O_3 erforderlich, um die gewünschten Gefüge und mechanischen Eigenschaften einzustellen. Transmissionselektronenmikroskopische Untersuchungen von Schubert [536] an Pulverhaufwerken haben beispielsweise gezeigt, daß eine vollständig homogene Verteilung nicht einmal an gefällten Pulvern einzustellen ist. Einzelne Zirconiumdioxidpartikel kommen überhaupt nicht in Kontakt mit Yttriumoxid, während andere 8 Mol-% Y_2O_3 und mehr enthalten. Bei der Herstellung neuer Phasen durch Reaktionssintern (siehe Kapitel 4.6), z.B. durch das *Mixed Oxide*-Verfahren, führen Inhomogenitäten in der Verteilung der einzelnen Reaktanden zu unreagierten Restphasen, bzw. die lokale Einstellung falscher Stöchiometrien eventuell sogar zur Schmelzebildung. Pulver mit breiter oder gezielt eingestellter bimodaler Korngrößenverteilung können sich beim Lagern entmischen, ebenso Pulver aus Komponenten unterschiedlicher Dichte. Entmischungen bezüglich der Korngröße führen beispielsweise zu nicht idealen Packungsdichten beim Verpressen und somit zu Dichtegradienten im Grünkörper. Später bei der Sinterung werden darüber hinaus Volumenelemente im Bauteil, die aus überwiegend grobkörnigen Partikeln bestehen, bei höheren Temperaturen zu verdichten beginnen und eine geringere Enddichte erreichen als Bereiche mit überwiegend feinkörnigen Teilchen. Dies führt bei den Bauteilen zum Verzug und zu Porenanreicherungen.

Besonders schwierig ist das Vermischen von Verbundwerkstoffkomponenten, wenn eine Komponente plattenförmig oder faserförmig ausgebildet ist. Hier ist das kinematische Verhalten der Teilchen im Mischbehälter so unterschiedlich, daß neben den zufälligen Platzwechseln auch systematische Verlagerungsvorgänge stattfinden können, die zu Entmischungserscheinungen führen. Dies trifft auch für Kornformen zu, die eine Verhakung mit den Nachbarteilchen ermöglichen bzw. für Kornoberflächen, die zu starker Adhäsion oder zur Ausbildung von Van-der-Waals-Bindungen mit dem nächsten Nachbarn neigen. So kann es bei Mischvorgängen nach Ablauf einer bestimmten Zeit zu einer annähernd optimalen Komponentenverteilung kommen, die bei fortdauernder Prozeßführung aber durch Entmischung wieder zunichte gemacht wird. Zur Vermeidung solcher Entmischungen – auch durch die nachträgliche Lagerung des Pulverhaufwerks – werden dem Mischgut *Stabilisatoren* zugeführt, die gut benetzen und die Reibungskräfte zwischen den Teilchen vermindern sollten, aber keine neuen Bindungskräfte über Kapillarwirkung ausüben dürfen. In Frage kommen Öle oder Alkohole; gerade bei Oxiden wirkt die Zugabe von Wasser agglomeratfördernd.

Die in der Praxis verwendeten *Mischaggregate* lassen sich einteilen in Schwerkraftmischer, Rührwerksmischer und Strömungsmischer, wobei letztere in der Keramik kaum eine Rolle spielen. Zu den *Schwerkraftmischern* gehören solche Aggregate, bei denen das Mischgut durch eine Bewegung des Behälters angehoben und durch Fallen oder Rollen umgewälzt wird. Das einfachste Aggregat ist der *Trommelmischer*, der über einen Motor oder über eine Rollenbank angetrieben wird. Seine Kinematik ist in Kapitel 7.2.1.3.2 (Stichwort Trommelmühle) genauer beschrieben. Da die Rotationsbewegung nur um eine einzige Achse verläuft, ist die Mischwirkung relativ gering, die Agglomerationsneigung aber groß. *Würfel-*

mischer, *Tetraedermischer* und *Taumelmischer* bedienen sich zweier Antriebswellen, die den teilweise recht komplex geformten Mischbehälter über zwei Kreuzgelenke in eine mehrachsige Taumelbewegung versetzen. Die Dispersion des Mischgutes erfolgt durch die dauernd sich ändernde Rollrichtung und kann durch den Einbau von Leitblechen oder Ausstülpungen an den Innenflächen noch gesteigert werden.

Bei der Gruppe der *Rührwerksmischer* wird die Homogenisierung durch eine erzwungene Bewegung des Mischgutes mit Hilfe rotierender Mischwerkzeuge herbeigeführt. Als Werkzeuge kommen Schnecken, Spiralen, Paddel, Schaufeln und Stifte in Frage. Je nach Fließfähigkeit des Mahlgutes und Rührerwerkstoff muß bereits hier auf eventuellen Abrieb vom Werkzeug Rücksicht genommen werden.

Leider sind nahezu alle Mischverfahren nicht imstande, Agglomerate aus feinen Pulverteilchen zu zerstören. Bild 331 und Bild 332 zeigen typische Beispiele: In Bild 331 ist eine REM-Aufnahme eines heißgepreßten Haufwerkes aus ZrO_2-Agglomeraten (weiß), feinkörnigem Aluminiumoxidpulver und tabularem Siliciumcarbid mit 20 bis 40 µm Durchmesser dargestellt. Es ist offensichtlich, daß sowohl das Zirconiumdioxid als auch das SiC nicht dispergiert werden konnten. Durch das axiale Heißpressen haben sich die Zirconiumdioxid-Agglomerate zu fladenförmigen Bereichen deformiert, während das SiC-Haufwerk eine erhöhte Porosität zeigt, da das feinkörnige Aluminiumoxidpulver nicht die Zwischenräume der Platten eindringen konnte. In Bild 332 sind die gleichen Ausgangskomponenten zu sehen. Hier wurde bei geringerem SiC-Plattengehalt eine bessere Dispersion des Zirconiumdioxides erreicht, jedoch liegt nun das Aluminiumoxid in Form von unregelmäßigen Agglomeraten vor (dunkelgraue Flächen). Die besten Dispersionseigenschaften haben daher auch diejenigen Prozesse, die gleichzeitig zerkleinernd wirken.

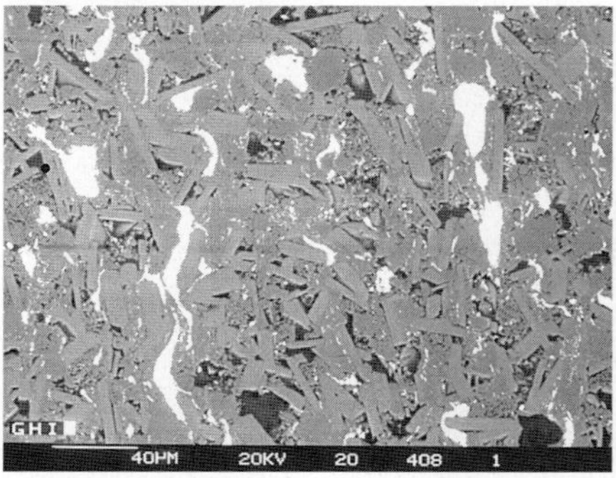

Bild 331: Gefüge einer heißgepreßten ZrO_2-Al_2O_3-SiC-Keramik mit flachgedrückten, undispergierten ZrO_2-Agglomeraten und SiC-Platten; Aufbereitung im Taumelmischer (REM-Aufnahme)

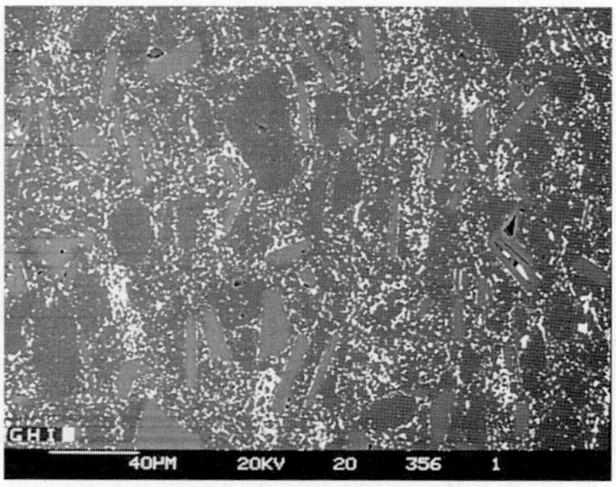

Bild 332: Gefüge einer heißgepreßten ZrO_2-Al_2O_3-SiC-Keramik mit unzerstörten Al_2O_3-Agglomeraten, Aufbereitung im Attritor (REM-Aufnahme)

7.2.2.2 Mahlen

Das Mahlen technischer Keramiken dient nicht nur der Zerkleinerung grobkörniger Rohstoffe sondern auch zur Vergleichmäßigung der Korngrößenverteilung. Daß die Korngrößenverteilung einen wesentlichen Einfluß auf das Sintergefüge ausübt, ist bereits mehrfach betont worden. Ein enges, feinkörniges Kornband führt gleichermaßen zu feinkörnigen, homogenen Gefügen, während eine breite Korngrößenverteilung in der Regel zum Wachstum der Grobfraktion auf Kosten der kleineren führt. Als Inhomogenitäten bleiben Inseln mit kleinen Korngrößen zurück. Bimodale Korngrößenverteilungen führen zu einem selektiven Wachstum der Grobfraktion, was teilweise gezielt ausgenutzt wird. Darüber hinaus erhöht der Mahlprozeß die *spezifische Oberfläche* der Pulver und somit die *Triebkraft* für die Verdichtung.

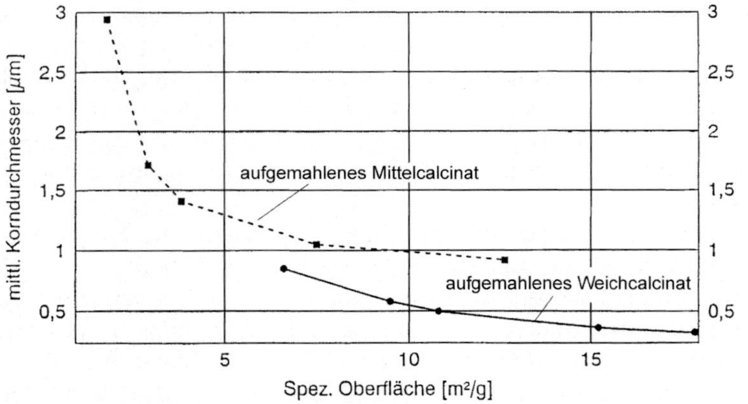

Bild 333: Abhängigkeit der spez. Oberfläche von der Korngröße von Tonerden (nach Hofius, Martinswerk)

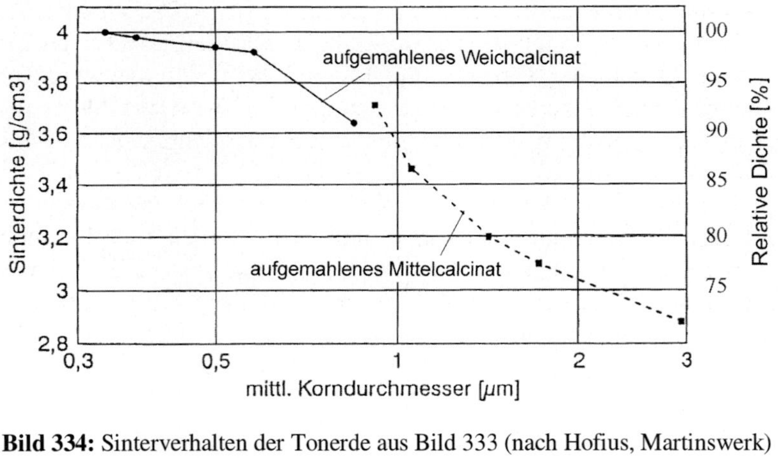

Bild 334: Sinterverhalten der Tonerde aus Bild 333 (nach Hofius, Martinswerk)

Bild 333 und Bild 334 demonstrieren diesen Sachverhalt an Tonerdecalcinaten unterschiedlicher Korndurchmesser. Es ist deutlich, daß die höhere spezifische Oberfläche des Weichcalcinates zu einer nahezu vollständigen Verdichtung bei 1600°C führt.

Beim Mahlen werden nicht nur die einzelnen Körner gebrochen, sondern auch die Struktur der Oberflächenschichten der Partikel verändert. Die mechanisch durch Stoß, Schlag und Scherung eingebrachte Energie führt zu Punktdefekten, Versetzungen, Zwillingen und elastischen Verzerrungen der Struktur bis hin zur völligen Amorphisierung der einzelnen Kristallite, so daß der Fortschritt der Mahlung röntgenographisch verfolgt werden kann. Der Grad der Verformbarkeit keramischer Pulver hängt von der Kristallstruktur und der Gitterenergie der jeweiligen Phasen ab. Zur Verformung neigen insbesondere Strukturen hoher Bruchfestigkeit und relativ hoher Symmetrie, die dicht mit Ionen besetzte Gleitebenen aufweisen. So kann Quarz bei Trockenmahlung verhältnismäßig schnell amorphisiert werden, während sich Steinsalz bei schneller Belastung stets zu noch kleineren Würfeln spalten läßt. Daß Quarz bei Naßmahlung wiederum eher zum Bruch neigt, wird durch die Verringerung der Festigkeit durch Dipolanlagerung an Rißspitzen und folgende Spannungsrißkorrosion (Rehbinder-Effekt, Joffe-Effekt) erklärt. Bedeutsam ist der Grad der Amorphisierung beim Quarz für die Kinetik der displaziven Umwandlungen zu den Hochtemperaturmodifikationen. So wandelt sich ein amorph gemahlenes Quarzmehl bei geringeren Temperaturen und schneller um [41].

Auch bei Aluminiumoxidpulvern sind Gitterverzerrungen als Funktion der Mahldauer gemessen worden. Ebenso wie eine erhöhte spezifische Oberfläche bringen auch Gitterdefekte mit ihrem Inhalt an elastischer Verzerrungsenergie einen Beitrag zur erhöhten Sinteraktivität mit sich. Bild 335 [936] zeigt die Eigenschaften eines vorgeglühten Al_2O_3-Pulvers als Funktion der Mahldauer. Mit zunehmender Mahldauer steigt die spezifische Oberfläche an, strebt aber einem Grenzwert zu, während die röntgenographisch ermittelte Kristallitgröße nach einer Einlaufphase abnimmt und die Gitterverzerrungen nach Erreichen einer Minimalkorngröße deutlich zunehmen. Ein ähnliches Verhalten wird auch an anderen Werkstoffen beobachtet, z.B. bei MgO, bei welchem der Übergang von Zerkleinerung zur Verformung bei einer Korngröße von 45 µm eintritt [937]. Zu erklären ist das spätere Einsetzen der Gitterdeformation dadurch, daß zunächst bei grobem Aufgabegut eine Spaltung der Körner erfolgt, bis eine Minimalkorngröße erreicht ist, die nur noch einer Scherbeanspruchung unterliegt. Kalorische Messungen zeigen, daß die Zunahme der inneren Energie durch das Mahlen um etwa 5 J/mol eine Größenordnung höher als die Zunahme an Oberflächenenergie sein kann. Man nennt dies *mechanische Sinteraktivierung*. Phasen, die keine ausgeprägte Spaltbarkeit besitzen oder eine hohe Härte aufweisen, werden zunächst durch Abrasion zerkleinert (z.B. Borcarbid, Titanborid). Bild 336 zeigt schematisch die jeweils resultierenden charakteristischen Korngrößenverteilungen, wenn von einer monomodalen Verteilung ausgegangen wird.

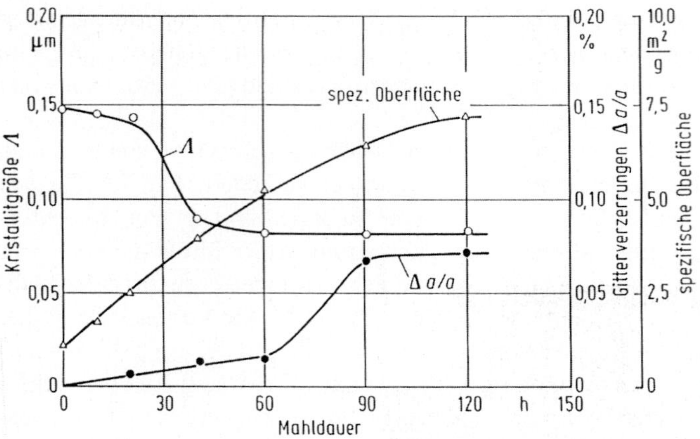

Bild 335: Strukturelle Veränderungen an Al_2O_3 als Funktion der Mahldauer nach Ziegler [936]

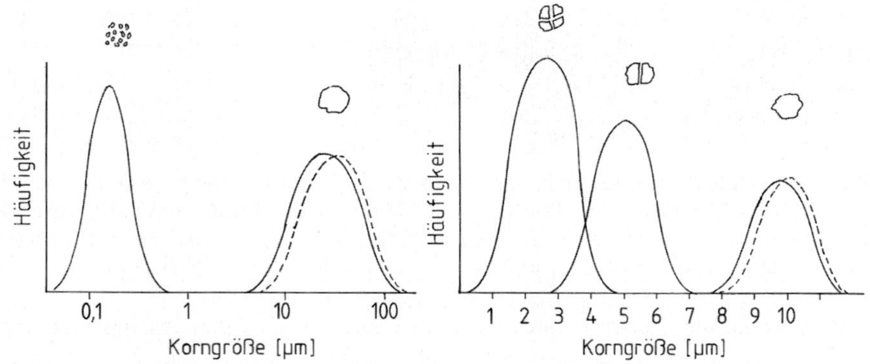

Bild 336: Durch Abrasion (links) oder Spaltung (rechts) erzeugte Korngrößenverteilungen, Ausgangskorngröße jeweils gestrichelt

Eine weitere Möglichkeit zur Beeinflussung der Pulverhaufwerke bietet das *mechanische Legieren.* Beim Mahlen von Metallpulvern kommt es neben der plastischen Verformung der Partikel auch zum Kaltverschweißen der Teilchen und – geht man von mehrkomponentigen Pulvern aus – zur Legierungsbildung. So beschreiben Hashimoto u.M. [2241] die Bildung von TiAl-Pulvern durch Intensivmahlung von Titan- und Aluminiummetallpulvern. Auch bei keramischen Pulvern kann dieser Effekt, wenn auch untergeordnet, in Hochenergiemühlen beobachtet werden, insbesondere wenn eine Komponente leicht zu amorphisieren ist. Li u.M. stellten Nanokomposite aus AlN und SiC her, indem sie die Ausgangspulver bis zu 300 h lang mahlten und so vorlegierte mehrphasige Pulver mit zunehmenden strukturellen Störungen bis hin zur Mischkristallbildung produzierten [2243]. Bild 337 zeigt die Mischkeramiken nach dem heißisostatischen Pressen sowie die röntgenographisch verfolgte Mischung bzw. Verformung der Pulver während des Mahlens. Weiterhin können auf diese Weise Carbide des Aluminiums, Siliciums und der Übergangsmetalle synthetisiert werden [2242]. Unter „mechanischem

Legieren" versteht man jedoch auch den gezielten Eintrag von Dotierungsmitteln über den Abrieb an Mahlkörpern und Rührwerk, wie im Falle der Kugelmühle näher zu beschreiben ist.

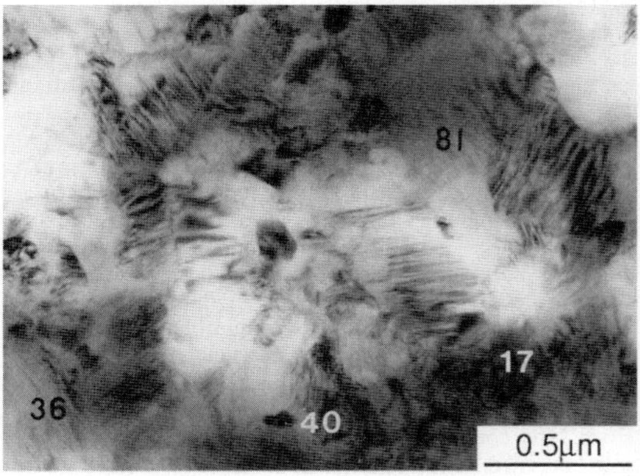

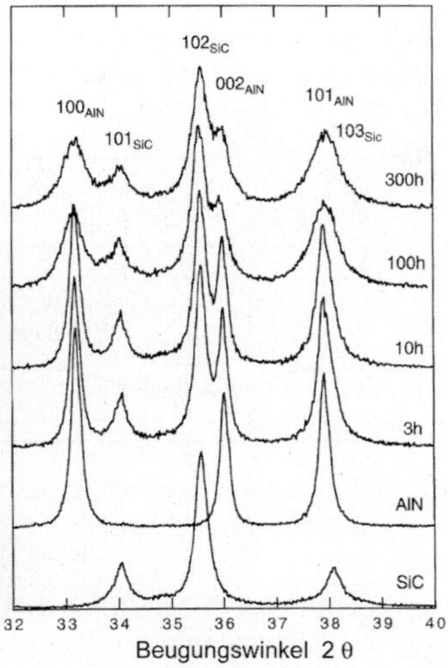

Bild 337: AlN-SiC-Mischkeramik, hergestellt durch Intensivmahlung (100 h) von 25 Mol-% AlN- und 75 Mol-% SiC-Pulvern [2243]. Links: TEM-Aufnahme nach heißisostatischem Pressen; die Körner sind stark verformt; Zahlen geben lokale AlN-Gehalte in Mol.-% an. Rechts: Röntgenaufnahmen der Pulver in Abhängigkeit von der Mahldauer.

In der technischen Keramik finden überwiegend *Kugelmühlen* Anwendung, die naß betrieben werden. Der einfachste Fall der *Trommelmühle* ist bereits unter 7.2.1.3.2 beschrieben worden. Sie kann kontinuierlich und diskontinuierlich betrieben werden. Nach dem Zentrifugalkraftprinzip arbeitet die *Planetenkugelmühle*, bei welcher drei bis sechs rotationssymmetrische Mahlbehälter auf einer Trägerscheibe befestigt sind, die sich über eine Exzenterplatte gegensinnig zu den Mahlbehältern bewegt. In die Mahlbehälter, die meist aus Achat, Porzellan oder aus gehärtetem Stahl bestehen, werden wenige etwa 5 bis 15 mm große Kugeln eingegeben, die durch die Schleuderbewegung zusammen mit dem Mahlgut auf eine Kreisbahn gezwungen werden. Dabei wird das Pulver sehr effektiv zerschert und kann trocken oder feucht auf Größen unter 5 µm zerrieben werden (Bild 338). Der Vorteil der Planetenkugelmühle besteht im hohen Energieeintrag, der über die Rotationsgeschwindigkeit regelbar ist; manche Bauarten verfügen darüber hinaus über evakuierbare bzw. mit Inertgas füllbare Mahlbehälter. Der wesentliche Nachteil ist, daß sie nur chargenweise zu betreiben ist und ein geringes Mahlvolumen von etwa 50-250 cm^3 faßt. Nach einem ähnlichen Prinzip arbeiten *Schwingmühlen*. Sie besitzen trogähnliche Mahlgefäße, die elastisch mit dem Exzenter- oder Wuchtmassenantrieb gekoppelt sind, was das trockene Mahlgut und die Mahlkörper bei vertikaler Amplitude zu einer Wurfbewegung, bei horizontaler Amplitude zu einer Schleuderbewegung anregt. Der Energieeintrag läßt sich durch die Schwingungsfrequenz (1000 bis 1500 min^{-1}) und -amplitude (einige Millimeter) variieren. Die Aufgabekorngröße beträgt < 0.5 mm, die Endkorngröße 1-10 μm, was diese Mühlenbauart zur Glasurherstellung geeignet macht. Im kontinuierlichen Betrieb erreichen sie einen Durchsatz von 1-40 t/h.

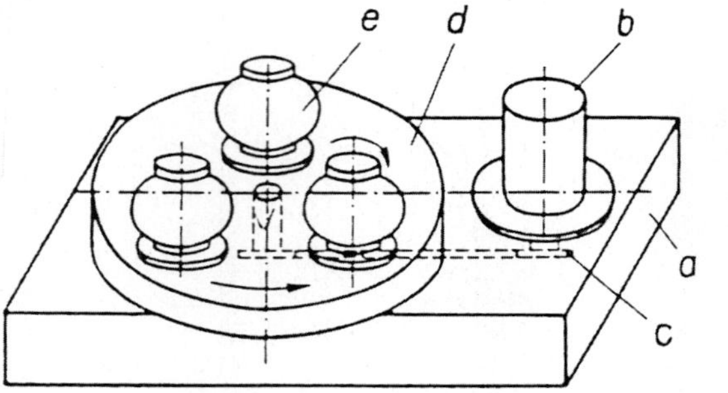

Bild 338: Planetenkugelmühle nach Schatt [156]: a) Grundplatte, b) Motor, c) Welle, d) Tragscheibe, e) Mahlbehälter

Nach dem Prinzip der *Rührwerkskugelmühle* arbeitet der *Attritor*, bei welchem das Mahlgut und die Mahlkörper über einen rotierenden Rührarm, der mit Stiften oder Exzenterscheiben besetzt ist, in eine erzwungene Bewegung gebracht wird. Rührwerkskugelmühlen müssen naß betrieben werden, damit einerseits eine Umwälzung von Mahlkörpern und Mahlgut gewährleistet ist und andererseits die durch die Reibung entstehende Wärme abgeführt werden kann. Bild 339 zeigt den schematischen Aufbau eines Stabrührwerks und eines Exzenterrührwerks. Durch die Rotationsbewegung bei 100 bis 1000 Umdrehungen pro Minute entsteht durch die Lochexzenterscheiben ein Auftrieb, der für eine Umwälzung von Mahlgut und Kugeln sorgt. Von Vorteil ist eine zusätzliche externe Umwälzung, die Mahlgut und Kugeln vom Boden des Behälters absaugt und von oben wieder zuführt. Im Bereich des Bodens und der Wand entstehen nämlich Zonen geringerer Relativbewegung, in denen sich grobe Partikel ablagern können und sich einem weiteren Mahlprozeß entziehen. Zu erkennen ist in den Bildern ebenfalls der zweischalige Aufbau des Gerätes, der einmal zur Entnahme des Mahlbehälters erforderlich ist, zum anderen zur Wasserkühlung. Attritoren gibt es mit Arbeitsvolumina von 0.5 l (Labormaßstab) bis 1000 l (Produktionsmaßstab).

Nach erfolgter Zerkleinerung wird das Mahlgut als Trübe zusammen mit den Kugeln entnommen und abgesiebt. Es ist darauf zu achten, daß dabei auch Mahlkugelbruch abgetrennt wird. Der Schlicker kann nach den üblichen Verfahren getrocknet werden, die Kugeln müssen einer sorgfältigen Reinigung unterzogen werden. Als Mahlkugelmaterialien finden Hartporzellan, Korund, Yttrium-stabilisiertes Zirconiumdioxid, andere verschleißresistente Keramiken, Hartmetall oder Stahl Anwendung. Die Kugelgröße variiert zwischen 1 bis 5 mm. Exzenterscheiben bzw. Stäbe werden üblicherweise aus dem gleichen Material gefertigt. Als Behältermaterialien haben sich neben rostfreiem Stahl Hartporzellan bzw. Polyamid bewährt. Mahlkugeln und Scheiben bzw. Stifte sind durch den hohen Energieeintrag einem ernormen Verschleiß ausgesetzt, der bei der Pulveraufbereitung berücksichtigt werden muß.

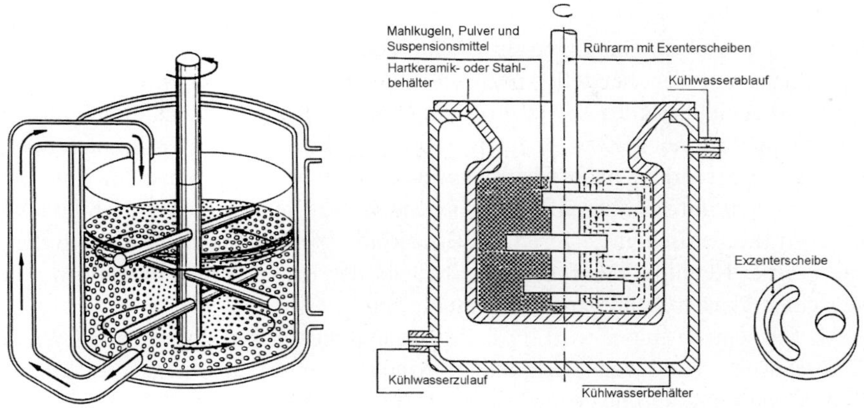

Bild 339: Attritor mit Stiftrührer (links nach [930]) und Exzenterscheiben (Aufriß nach MPI-Metallforschung, Stuttgart).

Zur Vermeidung von Pulverkontaminationen empfiehlt es sich daher, arteigene Mahlkugeln zu verwenden. Stahlabrieb kann gegebenenfalls in einem späteren Laugungsschritt chemisch oder magnetisch aus dem Pulver entfernt werden. Schwieriger zu behandeln ist der Eintrag von Hartmetall, da er neben dem auslaugbaren metallischen Binder (Co, Ni, Fe) schwerlösliche Carbide (WC, TiC, TaC,....) enthält.

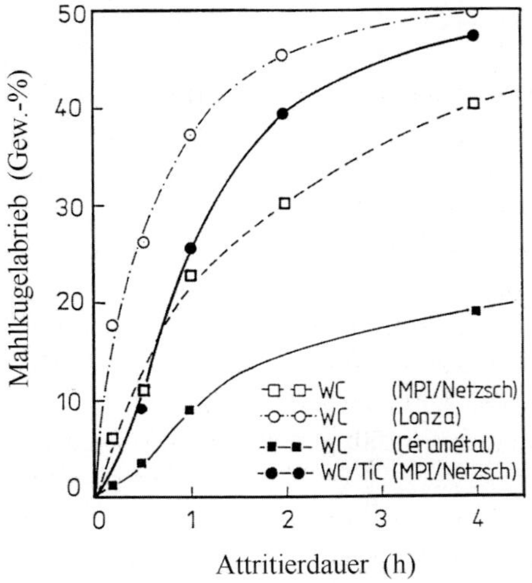

Bild 340: Mahlkugelabrieb bei der Zerkleinerung von Borcarbidpulver mittels Hartmetallkugeln unterschiedlicher Qualität [938]

Bild 340 zeigt die Gewichtszunahme beim Mahlen einer 40g-Charge Borcarbid mit verschiedenen Hartmetallkugelsorten. Die Einlaufphase ist gekennzeichnet durch einen starken Anstieg der Gewichtszunahme, der mit der Zeit abnimmt. Dies ist dadurch zu erklären, daß die Hartmetallkugeln zunächst sehr stark durch Oberflächenabrasion verschleißen und sich später mit einer Schicht aus dem Mahlgut überziehen. Das unterschiedliche Verschleißverhalten der Hartmetallkugeln beruht auf den herstellerspezifischen Verhältnissen von Metallbinder und Übergangsmetallcarbiden sowie ihrer eingesetzten Korngröße. Es empfiehlt sich also vor der routinemäßigen Benutzung von Mahlkugeln einer bestimmten Spezifikation, insbesondere nach Chargenwechsel, zeitabhängige Versuche zum Abriebsverhalten durchzuführen. Im vorliegenden Beispiel wurde der Mahlkugelabrieb zum mechanischen Legieren des Borcarbides verwendet [591]. Dies verlangt eine präzise Kenntnis des Langzeitverhaltens der Kugeln, um innerhalb der gewünschten Phasenzusammensetzung zu bleiben.

Als Suspensionsmittel wird im Falle von Oxidkeramiken überwiegend Wasser eingesetzt, im Falle von Nichtoxiden Alkohole unterschiedlicher Kettenlänge. Wasser führt auf Grund seines Dipolcharakters allerdings beim Trocknen zur Bildung harter Trocknungskuchen bzw. Granalien über Van-der-Waals-Wechselwirkungen, so daß auch bei Oxidkeramiken oft längerkettige alkoholische Suspensionsmittel Verwendung finden. Über das optimale Beschickungsverhältnis von Pulver, Mahlkugeln und Flüssigkeit gibt es zahlreiche Arbeiten. Bild 341 zeigt bei steigendem Verhältnis von Pulver (P) zu Mahlkugeln (MK) einen zunehmenden Mahlkugelabrieb, eine sinkende spezifische Oberfläche, aber eine steigende Klopfdichte.

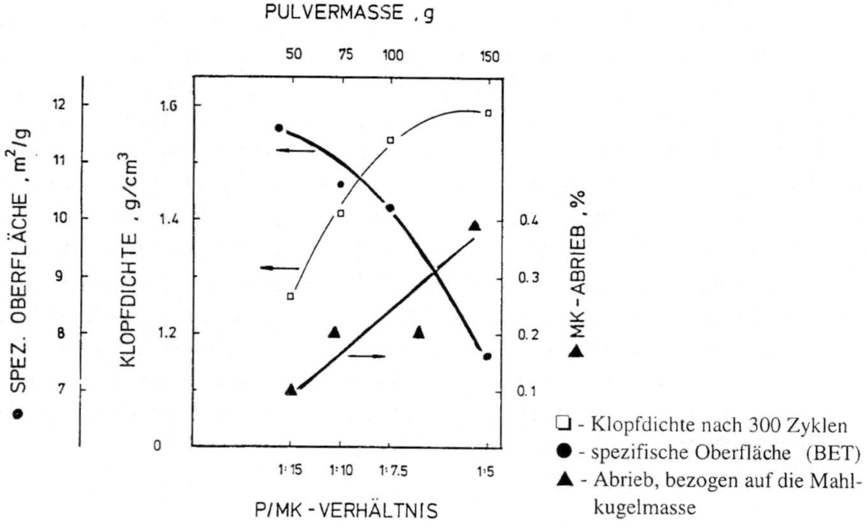

Bild 341: Einfluß der Attritorbeladung auf die Pulvereigenschaften (nach Weißkopf, MPI-Metallforschung, Stuttgart)

In den Versuchen wurde Aluminiumoxid jeweils vier Stunden lang in Isopropanol mit 750 g Al_2O_3-Kugeln bei einer Rotationsgeschwindigkeit von 1000 min^{-1} vermahlen. Die spezifische Oberfläche wurde mit dem BET-Verfahren gemessen, die Klopfdichte nach 300 Zyklen ermittelt. Wie das Bild beweist, führt eine gute Kornfeinung nicht unbedingt zu gut fließfähigen und kompaktierbaren Pulvern. Aber gerade das Attritierverfahren ist sehr gut geeignet, um Korngrößen von 0.1-0.5 µm zu erzeugen. Anfang der 80er-Jahre konnte mit Einführung dieses Mahlverfahrens nahezu jede technische Keramik in ihren bis dahin bekannten Festigkeiten wesentlich verbessert werden.

Eine dem Attritor ähnliche Kugelmühle mit kontinuierlichem Pulveraustrag ist die *Ringspaltmühle*. Sie arbeitet mit stehendem oder liegendem Mahlgefäß, welches einen konusförmig eingepaßten und im Abstand verstellbaren Boden besitzt. Im Betrieb wird das Suspensionsmittel durch diesen Ringspalt umgepumpt, wodurch die entsprechende Kornfraktion ausgetragen und separiert werden kann. Großer Vorteil der Verfahrensweise ist der kontinuierliche Betrieb und die Vermeidung von Überkorngrößen im Haufwerk, die in der Mühle verbleiben.

Eine Weiterentwicklung der Rührwerkskugelmühle ist die *Ankerkugelmühle*, bei welcher ein umlaufender ankerförmiger Rührarm das Mahlgut zusammen mit der Kugel an die Wand des Mahlgefäßes quetscht. Neben der Roll- und Schlagbeanspruchung wird das Mahlgut noch intensivstem Druck und Scherungen ausgesetzt, wobei es strukturell hochgradig geschädigt wird (Bild 342). Dieses Verfahren findet zur *Mechanofusion* von Kompositwerkstoffen Einsatz, da hier die verschiedenen Pulverkomponenten geradezu ineinander gequetscht werden. Es entsteht ein hochreaktives, nanokristallines bis amorphes Pulver, das in sich bereits alle Legierungsbestandteile mechanisch dispergiert enthält.

Ohne Mahlkörper kommen sogenannte *Strahlmühlen* aus, bei denen das trockene Pulverhaufwerk unter hohem Druck entweder gegen eine Prallfläche oder gegen einen entgegengerichteten Pulverstrahl geschleudert wird. Beim *Coldstream-Verfahren* werden die Mahlgutteilchen in einem Hochdruckgasstrom (70-100 bar) durch eine Venturidüse gegen eine Prallfläche geblasen. Dabei erreichen die Teilchen Geschwindigkeiten von mehr als 300 m/s. Dieses Verfahren ist besonders für Metallpulver geeignet, da das Gas durch den Druckverlust sehr stark abkühlt und die Partikel verspröden. In der sogenannten *Jetmühle* oder *Gegenstrommühle* kollidieren die Teilchen im Druckluft– oder Dampfstrom mit einem entgegen gerichteten Teilchenstrahl. Ein nachgeschalteter Windsichter separiert dann die gewünschten Korngrößen (Bild 343). Dieses Verfahren hat ebenso wie das Coldstream-Verfahren den Vorteil, daß es kontinuierlich durchgeführt werden kann und nahezu kontaminationsfrei arbeitet. Es wird als *autogenes Mahlen* bezeichnet.

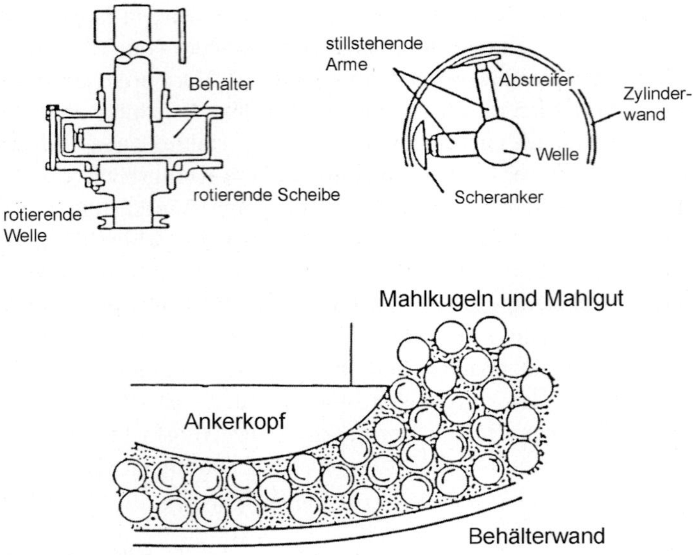

Bild 342: Prinzip der Mechanofusion (nach Lugscheider, Aachen).

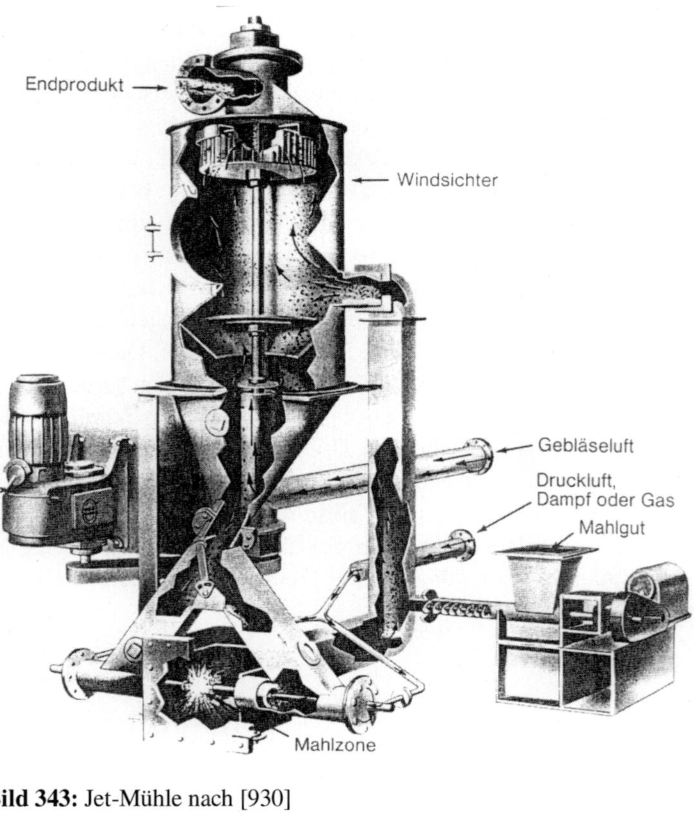

Bild 343: Jet-Mühle nach [930]

Wie bedeutsam der Einfluß der Mahlung auf die Eigenschaften keramischer Bauteile ist, beweist ein Ringversuch der Deutschen Keramischen Gesellschaft [2244], bei welchem ein Aluminiumoxid nach vier verschiedenen Kugelmahlverfahren mit jeweils identischer Dauer behandelt worden ist. Die erhaltenen Korngrößenverteilungen sind einmal eng oder breit, bimodal oder weisen mehr oder minder ausgeprägte Schultern zu größeren Korngrößen hin auf. Dies und die teilweise um den Faktor zwei unterschiedlichen spezifischen Oberflächen verursachen nicht nur deutliche Schwankungen in der nach einer Stunde bei 1600°C erreichten Sinterdichte sondern auch in der Korngrößen– und Porenverteilung. Entsprechend unterschiedlich fallen auch die Biegefestigkeiten und Weibullexponenten aus (Tabelle 67).

Tabelle 67: Eigenschaften von Al_2O_3-Pulvern nach verschiedenen Mahlverfahren A-E und Kenngrößen der daraus hergestellten Keramikkörper (Ringversuch der Deutschen Keramischen Gesellschaft).

Kenngröße/ Verfahren		A	B	C	D	E
Korngrößenverteilung		steil, bimodal	mittel	breit	mittel mit Schulter	mittel mit Schulter
spez. Oberfläche (5 Pkt.-BET)	m^2/g	10	6,7	5,2	14	11
durchschn. Korngröße d_{50}	µm	0,6	0,8	0,95	0,7	0,8
Kontamination (ZrO_2)	%	2,05	0,92	0,23	0,24	0,27
Preßdichte 200 MPa	g/cm^3	2,17	2,00	1,95	2,16	2,10
Sinterdichte bei 1600°C 1h ausgehend von 1,95 g/cm^3 Preßdichte	g/cm^3	3,94	3,92	3,93	3,94	3,88
Biegefestigkeit	MPa	419±96	395±50	429±57	395±34	311±35
Bruchwiderstand K_{Ic}	MPa $m^{1/2}$	3,2	3,8	2,8	4,0	3,6
Weibullexponent m	-	4,4	7,4	7,2	12,3	7,4
Festigkeit σ_0 aus Weibullstatistik	MPa	457	416	454	410	327

7.3 Formgebung

(Bearbeitet von J. Heinrich, Clausthal)

Die Formgebung ist der kritische Schritt im Herstellungsprozeß keramischer Bauteile. Da als Ausgangsstoffe Partikelhaufwerke Verwendung finden, die lediglich über elektrostatische Kräfte, Kapillarkräfte, mechanische Verhakung, mineralische oder organische Binder zusammengehalten werden, gilt es, möglichst fehlerfreie, sicher handhabbare und im Brand formstabile Formkörper, sog. Grünkörper, herzustellen. Die hierfür entwickelten Formgebungsverfahren stammen überwiegend aus der klassischen Keramiktechnologie, aber auch aus der Pulvermetallurgie und der Kunststofftechnik und sind den Erfordernissen des keramischen Prozesses entsprechend angepaßt. Bevor einzelne Formgebungsverfahren besprochen werden, sollen die physikalisch-chemischen Grundlagen für das Verständnis der Oberflächeneigenschaften der Rohstoffteilchen gelegt werden, die für die temporäre Bindung der Partikelpackungen verantwortlich sind.

7.3.1 Grundlegende Betrachtungen

Zur Herstellung keramischer Produkte werden bei fast allen Formgebungsverfahren zunächst Ausgangspulver in Wasser oder organischen Lösungsmitteln dispergiert, gemischt und homogenisiert. Für die Verarbeitung dieser Suspensionen ist das Verständnis der an der Pulverteilchenoberfläche ablaufenden Reaktionen von entscheidender Bedeutung. Bei der plastischen Formgebung sind Begriffe wie Bildsamkeit, Fließgrenze oder Verformung bis zur Rißbildung wichtig. Für die Verpreßbarkeit von Pulvern spielen die Eigenschaften von Granulaten eine wesentliche Rolle.

7.3.1.1 Charakterisierung von Suspensionen

Suspensionen (Schlicker) dienen als Verarbeitungsvorstufe für eine Vielzahl von Prozessen. Einerseits können sie bei geeigneter Aufkonzentration des Feststoffanteiles unmittelbar zur Formgebung über Schlickerguß verwendet werden, andererseits sind flüssige Dispersionsmittel auf wässeriger oder organischer Basis bestens zum Eintrag und homogenen Vermengen von Additiven geeignet, bevor über einen Trocknungsprozeß wiederum rieselfähige, mit allen benötigten Formgebungs- oder Sinterhilfsmitteln versehene Granulate hergestellt werden.

7.3.1.1.1 Partikeloberflächenladung in flüssigen Suspensionen

Keramische Pulver haben üblicherweise eine große spezifische Oberfläche und weisen an dieser in wässrigen Suspensionen elektrische Ladungen auf. Die Entstehung elektrischer Ladungen lassen sich folgendermaßen erklären: Oxide besitzen an ihrer Oberfläche nicht abgesättigte Bindungen, weil die Atome keine vollständige Koordination ihrer nächsten Nachbarn, wie im Innern eines Kristallgitters, aufweisen. Wenn diese oxidischen Oberflächen in Kontakt mit Wasser gelangen, wird die Oberfläche hydratisiert [939].

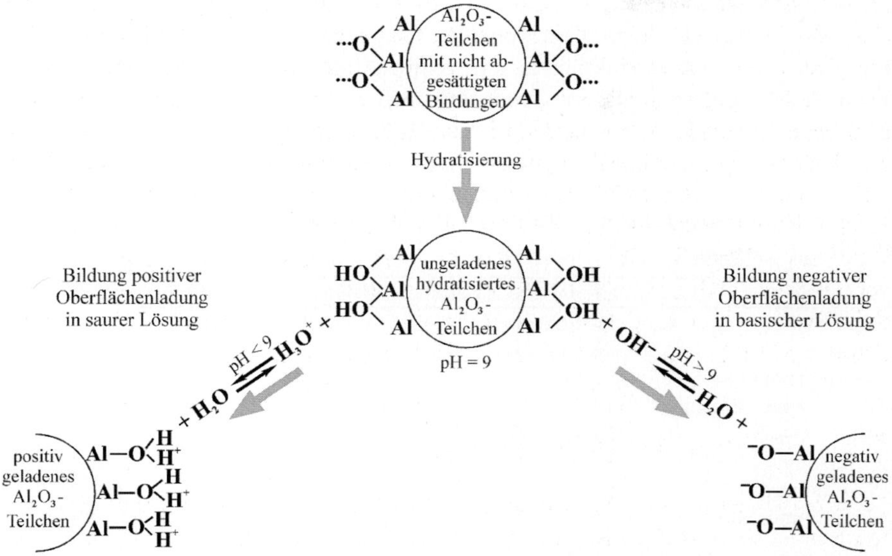

Bild 344: Bildung hydratisierter Al_2O_3-Teilchenoberflächen und deren Reaktionen in saurer und basischer Lösung (schematisch).

Bei diesem Vorgang lagern sich Protonen aus der flüssigen Phase an Sauerstoffionen der Oberfläche an und lassen ein neutrales Teilchen mit OH-Gruppen an der Oberfläche entstehen. Oberflächenladungen entstehen je nach *p*H-Wert der Suspension durch die Adsorption von H^+- oder OH^--Ionen oder durch Dissoziation der oberflächlichen OH-Gruppen. Dieser Mechanismus ist schematisch in Bild 344 dargestellt.

Die Vorgänge an der hydratisierten Oberfläche eines Oxids werden also bestimmt durch die chemischen Reaktionen

$$MeOH_{(Oberfläche)} + H_3O^+_{(Lösung)} \xleftrightarrow{K_1} MeOH_2^+{}_{(Oberfläche)} + H_2O$$

$$MeOH_{(Oberfläche)} + OH^-_{(Lösung)} \xleftrightarrow{K_2} MeO^-_{(Oberfläche)} + H_2O,$$

wobei Me ein Metallion an der Oberfläche darstellt, also z.B. Mg^{2+}, Al^{3+} oder Si^{4+}. Durch die Zugabe von H_3O^+-Ionen wird der *p*H-Wert reduziert, weil die ungeladene Oberfläche Protonen aufnimmt und dadurch positiv geladen wird. Die Zugabe von OH-Ionen spaltet ein Proton von der Oberfläche ab und produziert eine negative Oberflächenladung bei *p*H-Werten, die größer sind als der *Ladungsnullpunkt* (PZC, Point of Zero Charge) an der Oberfläche.

Der Ladungsnullpunkt - häufig auch *isoelektrischer Punkt* (IEP) genannt - der Oberfläche, der den Säure-Base-Charakter wiederspiegelt, ist gegeben durch die beiden *p*K-Werte obiger Reaktionen [940].

$$PZC = \frac{pK_1 + pK_2}{2} \tag{341}$$

Je nach Wertigkeit des Kations und der Koordination der Sauerstoffionen ergibt sich eine unterschiedliche Zahl von Oberflächenladungen und damit eine Verschiebung des Ladungsnullpunkts. Für reines Aluminiumoxid liegt der PZC bei pH = 9. Für andere Oxide mit unterschiedlichen Kristallstrukturen ergeben sich unterschiedliche pH-Werte für den Ladungsnullpunkt (Tabelle 68).

Tabelle 68: Ladungsnullpunkt (IEP) verschiedener Oxide in wässriger Suspension(aus [940])

Material	Chemische Zusammensetzung	pH des IEP
Muskovit	$KAl_3Si_3O_{11}\cdot H_2O$	1
Quarz	SiO_2	2
δ-Manganoxid	MnO_2	2
Natron-Kalk-Silicatglas	1,00 Na_2O·0,58 CaO·3,70 SiO_2	2-3
Albit	$Na_2O\cdot Al_2O_3\cdot 6\ SiO_2$	2
Orthoklas	$K_2O\cdot Al_2O_3\cdot 6\ SiO_2$	3-5
SiO_2 (amorph)	SiO_2	3-4
Zirconiumdioxid	ZrO_2	4-5
Rutil	TiO_2	4-5
Zinnoxid	SnO_2	4-7
Apatit	10 CaO·6 PO_2·2 H_2O	4-6
Zirkon	$SiO_2\cdot ZrO_2$	5-6
Anatas	TiO_2	6
Magnetit	Fe_3O_4	6-7
Hämatit	α-Fe_2O_3	6-9
Goethit	FeOOH	6-7
γ-Eisenoxid	γ-Fe_2O_3	6-7
Kaolinit (Kanten)	$Al_2O_3\cdot SiO_2\cdot 2\ H_2O$	6-7
Chromoxid	α-Cr_2O_3	6-7
Mullit	3 Al_2O_3·2 SiO_2	7-8
γ-Aluminiumoxid	γ-Al_2O_3	7-9
α-Aluminiumoxid	α-Al_2O_3	9-9,5
Aluminiumoxid (Bayer)	Al_2O_3	7-9,5
Zinkoxid	ZnO_2	9
Kupferoxid	CuO	9
Bariumcarbonat	$BaCO_3$	10-11
Yttriumoxid	Y_2O_3	11
Lanthanoxid	La_2O_3	10-12
Silberoxid	Ag_2O	11-12
Magnesiumoxid	MgO	12-13

Die Entstehung von Oberflächenladungen bei Schichtsilicaten, wie z.B. Kaolinit, hat andere Ursachen. In der Tetraederschicht können vierwertige Siliciumionen durch dreiwertige Aluminiumionen, in der Oktaederschicht Aluminiumionen durch zweiwertige Magnesiumionen oder andere Ionen gleicher Wertigkeit ersetzt werden, wobei zum Wertigkeitsausgleich Alkali- oder Erdalkaliionen in das Gitter eingebaut werden. Bei unvollständigem Wertigkeitsausgleich resultieren Ladungen an der Oberfläche der Kaolinitteilchen. Darüber hinaus können die verhältnismäßig locker gebundenen Alkali- oder Erdalkaliionen, die in den Zwischenschichten der Kaolinitstrukturen eingebaut sind, in wäßrigem Medium aufgenommen werden und zusätzliche negative Oberflächenladungen hinterlassen (Bild 345).

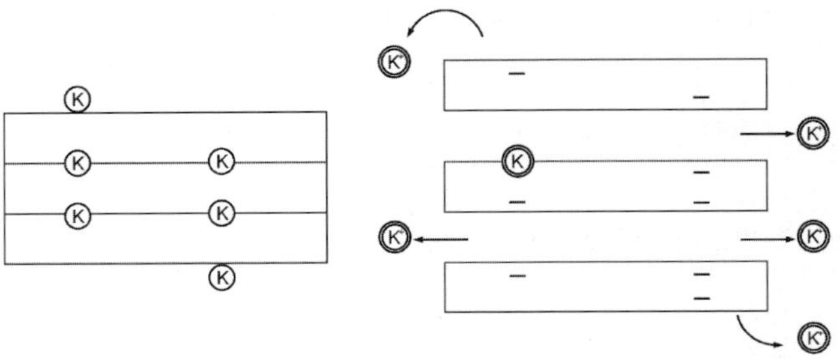

Bild 345: Bildung von Oberflächenladungen an Kaolinit-Teilchen durch Herauslösen von Alkaliionen aus den Zwischenschichten der Schichtsilicate (aus [940], schematisch).

Neben dem Kationenaustauschvermögen gibt es an den Kanten der Kaolinitteilchen auch ein Anionenaustauschvermögen, wodurch sich positiv geladene Oberflächen einstellen. Dies konnte Thiessen [941] nach der Adsorption von negativ geladenen kolloidalen Goldteilchen elektronenmikroskopisch sichtbar machen.

7.3.1.1.2 Elektrische Doppelschicht an Partikeloberflächen

In keramischen Schlickern sind Teilchen mit geladener Oberfläche von Ionen und polaren Molekülen umgeben. Gleichgeladene Ionen werden aufgrund von Coulomb´schen Kräften abgestoßen, entgegengesetzt geladene Ionen und polare Moleküle dagegen angezogen. An der Teilchenoberfläche erhöht sich daher die Konzentration von Gegenionen, und es entsteht ein elektrisches Potential zwischen der Oberfläche und der Suspension (Bild 346).

An der Grenzfläche der Pulverteilchen zum Dispersionsmedium sind die Feststoffteilchen von einer Schicht adsorbierter Ionen umgeben, die relativ fest an der Teilchenoberfläche sitzen. Helmholtz [942] ist davon ausgegangen, daß jede negative Ladung des Teilchens von einem Gegenion abgesättigt ist. Dazu sind die Gegenionen aber aus sterischen Gründen in der Regel nicht in der Lage. Es kommt daher in der weiter entfernten Umgebung der Pulverteilchen zur Ausbildung einer sogenannten diffusen elektrischen Doppelschicht, mit Konzentrationsgradienten von Gegenionen und polaren Molekülen der Flüssigkeit (Bild 346). Die Potentialdifferenz ist nicht scharf begrenzt, da es aufgrund der thermischen Bewegung von Molekülen zu einer Diffusion von Gegenionen kommt.

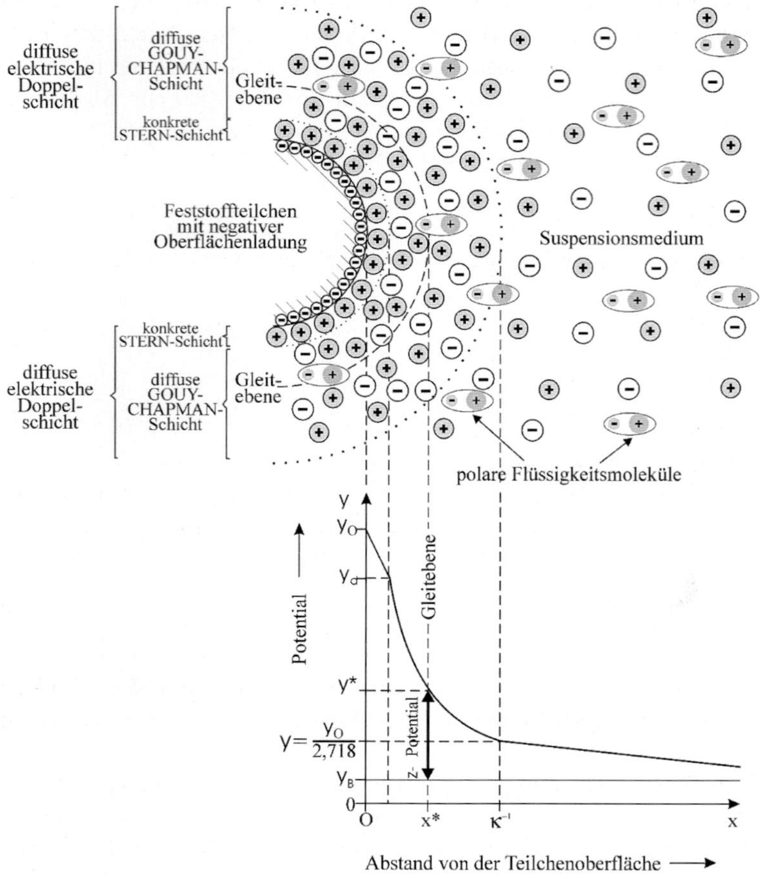

Bild 346: Modellhafte Darstellung der diffusen elektrischen Doppelschicht an einer Feststoffteilchenoberfläche in wässriger Suspension und Verlauf der Potentialdifferenz zwischen Teilchenoberfläche und Suspension.

Die Ausbildung dieser diffusen elektrischen Doppelschicht ist von Stern [943] sowie von Gouy [944] und Chapman [945] diskutiert und modifiziert worden. Der Potentialverlauf in der diffusen Grenzschicht kann danach für eine gleichmäßig geladene Oberfläche sowie eine Lösung mit gleichmäßiger Dielektrizitätskonstante ε_r und Punktladungen berechnet werden. Wenn man annimmt, daß die Ladungsverteilung durch die Boltzmann-Gleichung beschrieben werden kann, ergibt sich die Konzentration von Gegenionen N_i in der diffusen Schicht im Vergleich zur Konzentration der Ionen in der Lösung N_i^0 zu

$$N_i = N_i^0 \exp\left(-\frac{U_i}{k_B T}\right). \tag{342}$$

Die potentielle Energie der Ionen U_i ist eine Funktion der Wertigkeit z_i des Ions, der Elektronenladung e und dem elektrischen Potential ψ an der entsprechenden Position

$$U_i = z_i \, e \, \psi. \tag{343}$$

Bei einem Oberflächenpotential $\psi_0 \leq 100$ mV ist

$$\psi = \psi_0 \exp(-\kappa x), \tag{344}$$

wobei x der Abstand von der Partikeloberfläche ist und κ die Debye-Konstante

$$\kappa = \left(\frac{e^2 \sum N_i^0 z_i^2}{\varepsilon \, k_B \, T} \right)^{1/2}. \tag{345}$$

Das Oberflächenpotential nimmt also in erster Näherung exponentiell mit dem Abstand von der Teilchenoberfläche ab. Wenn $x = \kappa^{-1}$ ist, ist $\psi = \psi_0/2{,}718$ (siehe Bild 346). Mit der Ionenstärke $I = ½ \, \Sigma c_i \, z_i^2$ (c_i = Ionenkonzentration in mol/l) ergibt sich die Dicke der diffusen elektrischen Doppelschicht zu

$$\kappa^{-1} = \left(\frac{2000 \, e^2 \, N_A \, I}{\varepsilon \, k_B \, T} \right)^{1/2}, \tag{346}$$

wobei N_A die Avogadro-Zahl ist. Für Wasser von 25°C errechnet Horn [946] für eine 0,001 molare 1:1-Elektrolytlösung eine Dicke der diffusen elektrischen Doppelschicht von 9,6 nm.

Durch Veränderung der Konzentration oder der Wertigkeit der Gegenionen und durch die Variation der Dielektrizitätskonstante ε_r und der Temperatur der Flüssigkeit kann die Dicke der diffusen elektrischen Doppelschicht variiert werden. Dies ist für die Stabilisierung von keramischen Schlickern von entscheidender Bedeutung.

7.3.1.1.3 Elektrokinetische Eigenschaften und Schlickerstabilität

Elektrisch geladene Teilchen bewegen sich in einem elektrischen Feld mit einer bestimmten Geschwindigkeit, der sogenannten elektrophoretischen Geschwindigkeit. Ein Teil der diffusen elektrischen Doppelschicht wird dabei mit den Teilchen durch die Flüssigkeit transportiert. Innerhalb der diffusen elektrischen Doppelschicht bildet sich daher eine *Gleitebene* aus, in der die oberflächlich angelagerten Ionen oder polaren Moleküle mit durch die Flüssigkeit transportiert werden. In Bild 346 ist ψ_0 das Potential der Partikeloberfläche, ψ_B das Potential der umgebenden Flüssigkeit, ψ_δ das Potential der *Stern-Schicht* und ψ^* das Potential der hypothetischen Gleitebene. Die Potentialdifferenz $\psi^* - \psi_B$ zwischen der Gleitebene und der umgebenden Flüssigkeit bezeichnet man als *elektrokinetisches Potential* oder *Zeta-Potential* ζ. Das Zeta-Potential dispergierter Teilchen kann in einem elektrischen Feld ermittelt werden. Dazu wird eine Küvette mit der sehr verdünnten Suspension bekannter Viskosität zwischen zwei Kondensatorplatten gebracht und die Teilchenwanderungsgeschwindigkeit mittels *Laser-Dopplereffekt* bestimmt. Leider sind aufgrund der anwendungsfernen starken Verdünnung die Aussagen nicht ohne weiteres auf Gießschlicker übertragbar. Nach Reed [940] folgt:

$$\zeta = \frac{f_H \, \eta \, v_e}{\varepsilon_r \, \varepsilon_0 \, E}, \tag{347}$$

wobei η die Viskosität des Elektrolyten darstellt und v_e die elektrokinetische Geschwindigkeit in einem elektrischen Feld E. Das Verhältnis v_e/E ist die elektrophoretische Beweglichkeit. Die Henry-Konstante f_H ist 1, wenn das Verhältnis von Teilchendurchmesser d zur Dicke der elektrischen Doppelschicht κ^{-1} größer ist als 100, und sie ist 3/2, wenn d/κ^{-1}, kleiner ist als 1.

Die Größe des Zeta-Potentials ist abhängig von der Dicke der Doppelschicht κ^{-1} sowie der Gesamtladung der an der Teilchenoberfläche angelagerten Ionen. Die Zugabe von Elektrolyt zu einem Schlicker mit konstantem Wassergehalt führt zunächst zu einer Zunahme der Dicke der Doppelschicht und zu einer Zunahme der Gesamtladung, d.h., das Zeta-Potential wird größer. Wenn die Doppelschicht optimal ausgebildet ist, nimmt das Zeta-Potential wieder ab, da nur noch das Potential der wäßrigen Lösung ψ_B vergrößert wird (Bild 346). Diese Erscheinung beobachtet man sowohl an negativ als auch an positiv geladener Teilchenoberfläche. Der *p*H-Wert, bei dem das Zeta-Potential 0 ist, wird als isoelektrischer Punkt IEP bezeichnet. Den schematischen Verlauf des Zeta-Potentials in Abhängigkeit des *p*H-Wertes zeigt Bild 347.

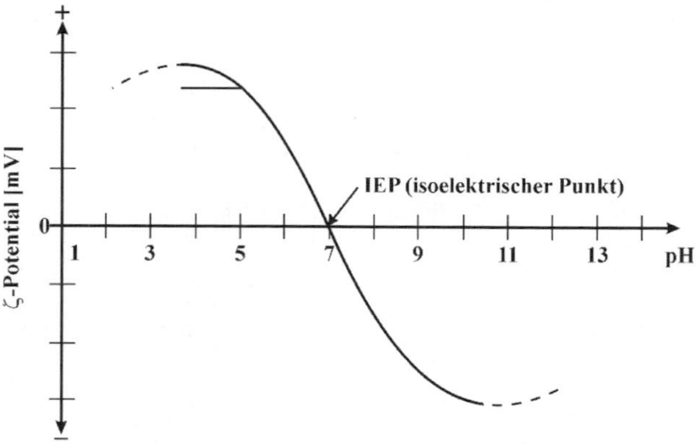

Bild 347: Schematischer Verlauf des Zeta-Potentials in Abhängigkeit vom *p*H-Wert der Lösung. Die Zunahme des Zeta-Potentials sowohl an positiv als auch an negativ geladener Teilchenoberfläche entspricht einer Zunahme der Dicke der diffusen elektrischen Doppelschicht.

Die Wechselwirkung zweier Teilchen mit gleicher Oberflächenladung ist in der sogenannten DLVO-Theorie von Derjaguin und Landau [947] sowie von Verwey und Overbeek [948] beschrieben. Die treibende Kraft zur Koagulation von Teilchen sind van-der-Waals´sche Anziehungskräfte. Für kleine Teilchendurchmesser

d und der Entfernung der Teilchenoberflächen h ergibt sich die potentielle Energie für die Anziehung gemäß

$$U_{anziehend} = \frac{\left(\sqrt{A_2} - \sqrt{A_1}\right)^2 \cdot d}{24 \cdot h}, \tag{348}$$

wobei A_1 und A_2 die Hamaker-Konstanten für Teilchen und Dispersionsmedium darstellen.

Um eine Agglomeration zu vermeiden, müssen der Teilchenanziehung abstoßende Kräfte entgegenwirken. Diese abstoßenden Kräfte können z.B. durch die Wechselwirkung zwischen elektrischen Doppelschichten entstehen. Sie hängen von der Größe und der Gestalt der Teilchen, der Entfernung h zwischen ihren Oberflächen, der Doppelschichtdicke κ^{-1}, dem Potential der Partikeloberfläche ψ_0 und der Dielektrizitätskonstante ε_r des flüssigen Mediums ab. Nach dem Coulomb´schen Gesetz berechnet sich die potentielle Energie der abstoßenden Kräfte für Werte von $d / \kappa^{-1} \ll 1$, also kleine Teilchen mit relativ großer Doppelschicht, zu

$$U_{abstoßend} = \frac{\varepsilon_r \cdot d^2 \cdot \Psi_0^2}{4(h+d)} \cdot \exp\left(-\frac{h}{\kappa^{-1}}\right). \tag{349}$$

Wenn der Teilchendurchmesser sehr viel größer ist als die elektrische Doppelschicht, wie dies bei keramischen Pulverteilchen in wässriger Suspension üblicherweise der Fall ist, also für $d / \kappa^{-1} \gg 1$, gilt

$$U_{abstoßend} = \frac{\varepsilon_r \cdot d \cdot \Psi_0^2}{4} \cdot \ln\left[1 + \exp\left(-\frac{h}{\kappa^{-1}}\right)\right]. \tag{350}$$

Die gesamte potentielle Energie ergibt sich aus der Summe der anziehenden van-der-Waals´schen potentiellen Energie und der abstoßenden potentiellen Energie gemäß

$$U_{gesamt} = U_{anziehend} + U_{abstoßend} \tag{351}$$

Überwiegen die anziehenden Kräfte zwischen Pulverteilchen in einer Suspension (Bild 348a), so koagulieren die Teilchen in einer Suspension.

Überwiegen die abstoßenden Kräfte aufgrund der Ausbildung elektrischer Doppelschichten, so können Suspensionen stabilisiert werden, wie dies in Bild 348b dargestellt ist.

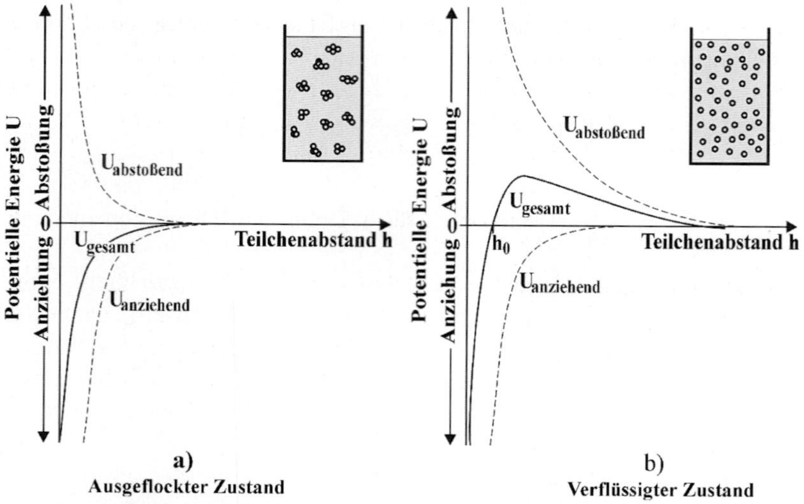

Bild 348: Potentielle Energie und Schlickerstabilität als Ergebnis des Oberflächenzustands von Teilchen in wässriger Suspension.

Die Anlagerung von längerkettigen Molekülen an ein geladenes Teilchen führt darüber hinaus zu einer sterischen Behinderung der Annäherung einzelner Teilchen (Bild 349).

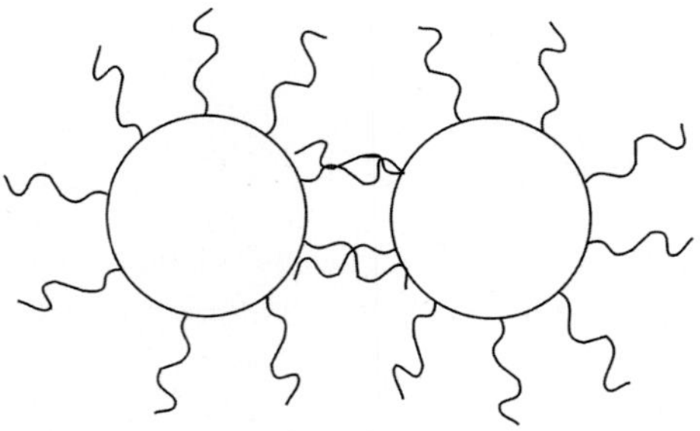

Bild 349: Sterische Behinderung der Annäherung von Pulverteilchen in einer Suspension durch Anlagerung langkettiger Moleküle (schematisch)

Die gesamte abstoßende potentielle Energie ergibt sich dann zu

$$U_{gesamt} = U_{anziehend} + (U_{abstoßend\ elektrostatisch} + U_{abstoßend\ sterisch}). \qquad (352)$$

Die sterische Abstoßung ist proportional zur Dicke der adsorbierten Schicht und zur chemischen Zusammensetzung bzw. der Konzentration der adsorbierten Moleküle. Die Belegung einer Teilchenoberfläche mit langkettigen Molekülen verhindert die direkte Wechselwirkung zwischen zwei benachbarten Partikeln insbesondere dann, wenn die Oberflächenladungen durch die Polymerketten zum Teil abgeschirmt werden. Es bewirkt somit das Gleiche wie eine Zunahme der Doppelschichtdicke κ^{-1}.

Tabelle 69 zeigt einige in keramischen Suspensionen häufig verwendete Dispergiermittel, die in ähnlicher Weise an Pulverteilchenoberflächen ankoppeln können. Die Anlagerung von Oleaten, die häufig zur Verflüssigung keramischer Schlicker verwendet werden, ist in Bild 350 schematisch an Al_2O_3-Oberflächen dargestellt.

Tabelle 69: Dispergiermittel für keramische Suspensionen.

Anorganische Dispergiermittel	X = Na, K, NH_4
Polysilicate	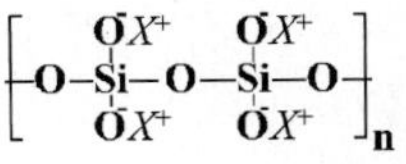
Polyphosphate Weiterhin: Natronlauge, Soda.	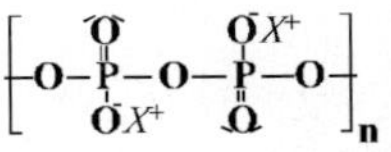
Organische Dispergiermittel	X = Na, K, NH_4; $R=C_kH_{2k+1}$ mit $k = 0,1,2,3,...$
Polycarbonate	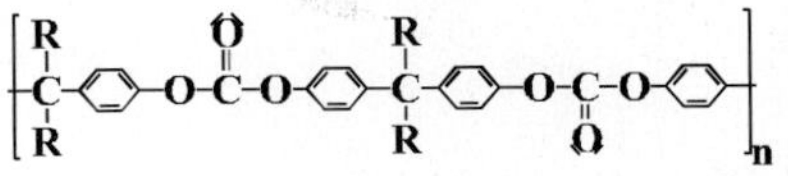
Polyacrylate (k = 0) und –methacrylate (k = 1,2,3,...)	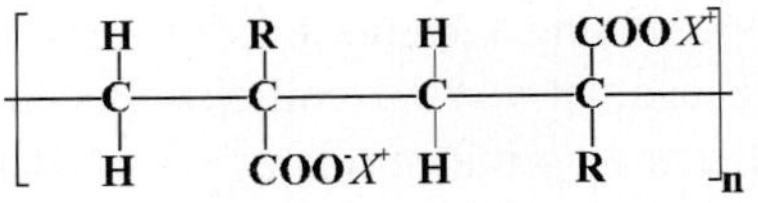
Oxalate	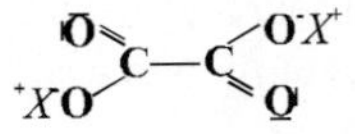
Citrate	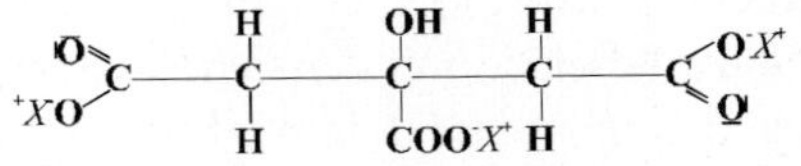
Alkanolamine (Aminoalkohole) Weiterhin: Tartrate, Phosphonate, Cellulosederivate, Lignosulfonate, Styrol-Maleinsäure-Copolymerisate	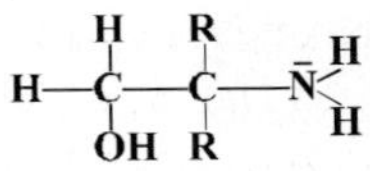

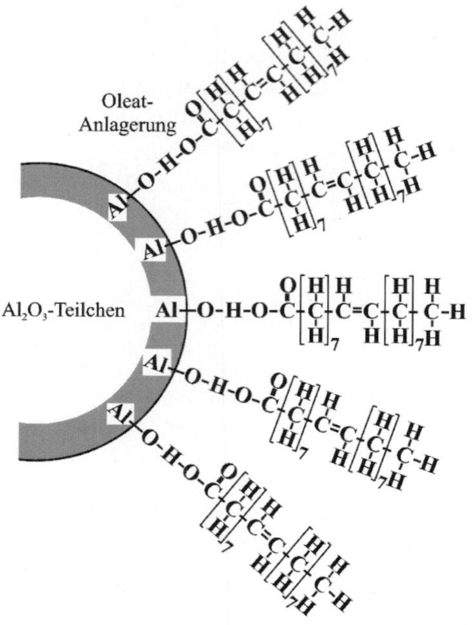

Bild 350: Oleat-Anlagerung an einer Al_2O_3-Oberfläche (schematisch).

7.3.1.1.4 Rheologische Eigenschaften keramischer Suspensionen

Für die Verarbeitung keramischer Suspensionen ist die Kenntnis ihrer rheologischen Eigenschaften von wesentlicher Bedeutung. Das Wissen um das Verhalten dieser Schlicker gegenüber relativ schwachen äußeren Kräften ermöglicht einen Einblick in die Struktur der Suspension und ihre daraus resultierenden Verarbeitungseigenschaften.

Um in einer Flüssigkeit laminare Strömung einzustellen, muß eine Schubspannung (häufig auch Scherspannung genannt) angelegt werden. Ausgehend von einer stationären Schicht (z.B. die Wand einer Schlickerleitung) stellt sich bei Anlegen einer Spannung (z.B. Pumpendruck in einer Schlickerleitung) in der Flüssigkeit ein Geschwindigkeitsgradient dv/dy ein (Bild 351).

Die Geschwindigkeit, mit der sich die Suspension in der Leitung bewegt, ist an der Schlickerleitungswand 0, in der Mitte der Leitung weist sie ein Maximum auf. Die Größe des Geschwindigkeitsgradienten (häufig auch Scherrate, Schergeschwindigkeit oder Geschwindigkeitsgefälle genannt) ist abhängig von der Scherspannung und vom materialabhängigen Faktor Viskosität η.

$$\frac{dv}{dy} = D = \frac{\tau}{\eta} \qquad (353)$$

Die Viskosität ist ein Maß für die innere Reibung von Flüssigkeitsmolekülen, die dem Fließen der Flüssigkeit entgegenwirkt.

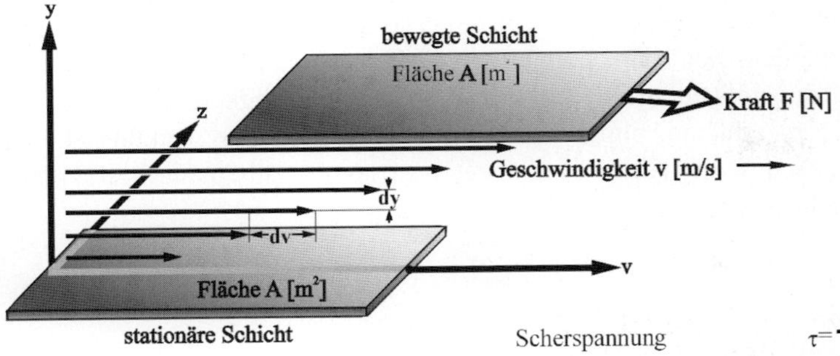

Scherspannung $\tau = \frac{F}{A}$ [Pa]

Schergeschwindigkeit $D = \frac{dv}{dy}$ [s^{-1}]

Viskosität $\eta = \frac{\tau}{D}$ [Pas]

Bild 351: Modell des viskosen Fließens in einer Flüssigkeit und Definition der Scherspannung, der Schergeschwindigkeit und der Viskosität.

Newton´sche Flüssigkeiten (Bild 352) zeigen einen linearen Zusammenhang zwischen Schergeschwindigkeit und Scherspannung.

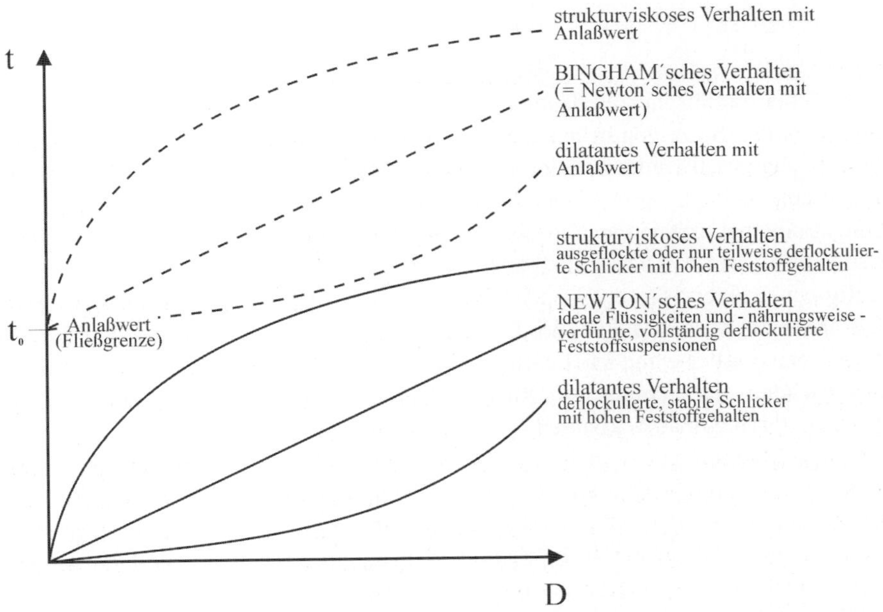

Bild 352: Scherspannung und Schergeschwindigkeit für unterschiedliches Fließverhalten (schematisch).

Wenn Flüssigkeiten große Moleküle enthalten oder in Suspensionen plättchenförmige sich abstoßende Teilchen (z.B. Kaolinitteilchen) vorliegen, können sich diese im laminaren Flüssigkeitsstrom ausrichten. Bei ausgeflockten Schlickern mit hohen Feststoffgehalten können außerdem bei erhöhten Scherspannungen Agglomerate zerstört werden. Beide Erscheinungen reduzieren den Fließwiderstand. Die Scherspannung, die notwendig ist, um die Schergeschwindigkeit um einen bestimmten Betrag zu erhöhen, nimmt dadurch ab. Dies wird als strukturviskoses oder pseudoplastisches Verhalten bezeichnet und kann mathematisch mit dem empirischen Potenzgesetz

$$D = \frac{1}{\eta}\tau^n \tag{354}$$

beschrieben werden. η ist die sich mit zunehmender Scherspannung ändernde scheinbare Viskosität. Im Fall der Strukturviskosität ist $n < 1$. $n > 1$ beschreibt stabile Schlicker mit hohen Feststoffgehalten, bei denen mit zunehmender Scherspannung die Wechselwirkung zwischen den Teilchen und damit die scheinbare Viskosität zunimmt. Dieses Verhalten wird als Dilatanz bezeichnet.

In Suspensionen, in denen Moleküle oder Partikel durch gegenseitige Wechselwirkung (z.B. Wasserstoffbrückenbindung oder elektrostatische Effekte) Überstrukturen aufbauen, müssen diese vor dem Einsetzen der Fließvorgänge erst zerstört werden, was bei Erreichen einer bestimmten Spannung τ_o (der sog. Fließgrenze oder Anlaßwert) geschieht. Dieses sog. Bingham´sche Verhalten kann beschrieben werden mit

$$\tau = \tau_o + \eta \frac{dv}{dy}. \tag{355}$$

Von großer praktischer Bedeutung ist die Zeitabhängigkeit der rheologischen Eigenschaften. So zeigen beispielsweise strukturviskose Schlicker häufig bei konstanter Schergeschwindigkeit eine Abnahme der Scherspannung mit der Zeit oder anders ausgedrückt, die Viskosität des Schlickers (Steigung der Kurven in Bild 353) nimmt bei konstanter Schergeschwindigkeit mit der Zeit ab, der Schlicker wird dünnflüssiger. Dieses thixotrope Verhalten (Thixotropie) beobachtet man häufig bei strukturviskosen Suspensionen, bei denen Überstrukturen im Laufe der Zeit abgebaut werden. Diese Erscheinung ist in der Regel reversibel. Bei einem thixotropen Schlicker mit Fließgrenze erhöht sich manchmal aber auch der Anlaßwert nachdem der Schlicker in Ruhestellung gehalten wurde, weil sich weitere Überstrukturen aufbauen konnten.

Einige Materialien zeigen mit der Zeit eine Zunahme der Scherspannung bei konstanter Schergeschwindigkeit, d.h., der Schlicker wird mit zunehmender Zeit höher viskos (Bild 353). Dieses seltenere Verhalten wird als Rheopexie bezeichnet und beobachtet, wenn durch die Schlickerbewegung zusätzliche Bindungen zwischen Molekülen oder Teilchen ermöglicht werden.

Die Zugabe von organischen Additiven (Binder, Verflüssiger) zu keramischen Suspensionen kann die Fließkurven beträchtlich verändern. Wegen der komplizierten Wechselwirkung der organischen Additive untereinander werden die Schlickereigenschaften in der Praxis üblicherweise empirisch optimiert.

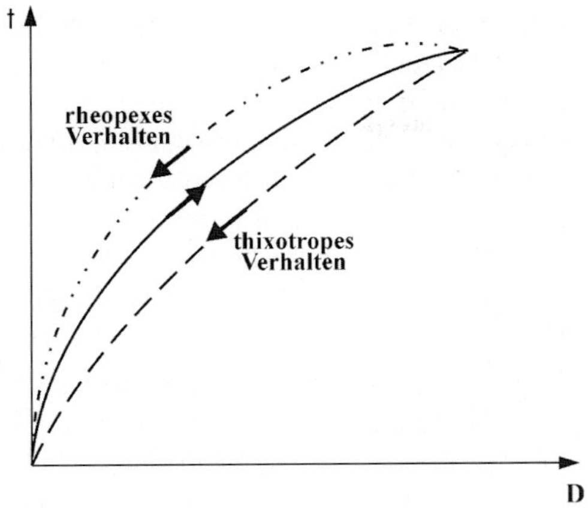

Bild 353: Thixotropes und rheopexes Verhalten strukturviskoser keramischer Schlicker

Mit steigender Temperatur kann die Viskosität von Flüssigkeiten gemäß

$$\eta = A \exp\left(\frac{Q}{\mathrm{R}T}\right) \tag{356}$$

mit A und Q = const. reduziert werden. Üblicherweise werden keramische Schlicker bei Raumtemperatur verarbeitet. Geringe Temperaturschwankungen können aber wegen der exponentiellen Temperaturabhängigkeit der Viskosität schon enorme Veränderungen bei der Verarbeitung bewirken. Temperaturen von 30 bis 35°C können darüber hinaus sehr schnell zum Wachstum von Bakterienkulturen führen, die die Eigenschaften der organischen Additive und damit die rheologischen Eigenschaften der Schlicker massiv verändern. Dieser Erscheinung wird in der Praxis durch Einsatz sog. Konservierungsstoffe entgegengewirkt.

Die Viskosität von Suspensionen ist größer als die Viskosität der Flüssigkeit, das Verhältnis der beiden zueinander wird als relative Viskosität η_r bezeichnet. Für eine Suspension mit Teilchen ohne jegliche Wechselwirkung in einer Newton'schen Flüssigkeit hat Einstein die Viskosität für laminares Fließen berechnet zu

$$\eta_r = \frac{\eta_{Suspension}}{\eta_{Flüssigkeit}} = 1 + 2{,}5\ V_p, \tag{357}$$

wobei V_p der Volumenanteil der dispergierten Partikel ist. Eine empirische Erweiterung für Feststoffkonzentrationen bis 74 Vol.-% findet sich bei Michaels [949]:

$$\eta = \eta_0 \left(1 + \frac{1{,}25\, V_p}{1 - \frac{V_p}{0{,}74}}\right)^2 \quad \text{mit } \eta_0 = \text{Viskosität der Flüssigkeit} \tag{358}$$

In der Praxis sind die Zusammenhänge zwischen Viskosität und Feststoffkonzentration weitaus komplizierter, die Viskosität nimmt aber generell mit steigender Feststoffkonzentration der Suspension zu.

Für die Verarbeitung keramischer Schlicker ist man bestrebt, hohe Feststoffgehalte (geringer Trocknungsaufwand!) einzustellen und die Schlicker optimal zu verflüssigen. Am Beispiel von Aluminiumoxid sind die Zusammenhänge zwischen der Ausbildung der diffusen elektrischen Doppelschicht bzw. dem Zeta-Potential und der Viskosität graphisch dargestellt (Bild 354). Graule et al. [950] ermittelten an Al_2O_3-Schlickern ein Viskositätsminimum im sauren und basischen Bereich (Bild 354). Dies korreliert mit stark ausgeprägter Doppelschicht bzw. großem Zeta-Potential in diesen pH-Bereichen (Bild 354). In *p*H-Bereichen nahe dem IEP, bei dem die geladenen Teilchen nur geringe abstoßende Kräfte entwickeln, steigt die Viskosität an.

Durch Variation der Verflüssigerkonzentration wird also die optimale Doppelschicht ausgebildet und damit das Viskositätsminimum für die Verarbeitung der Schlicker eingestellt.

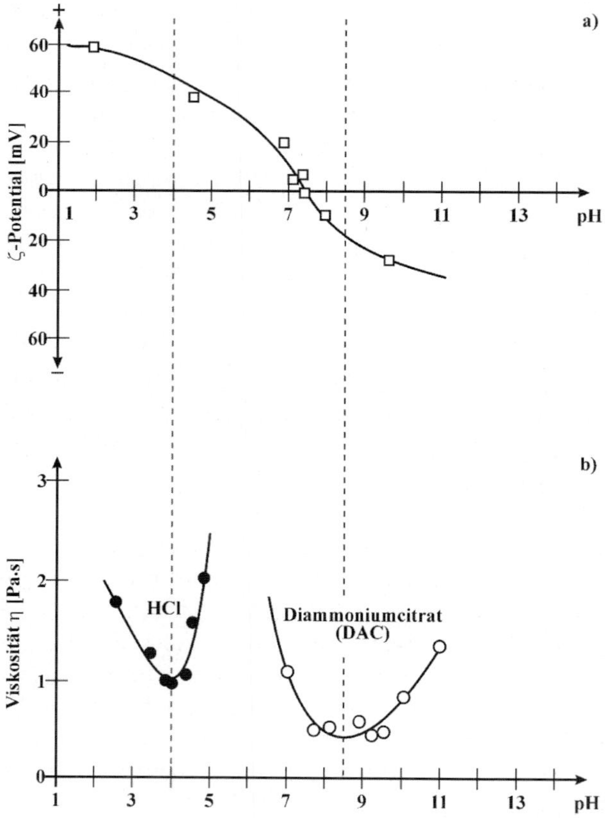

Bild 354: Zeta-Potential und Viskosität von Al_2O_3-Suspensionen (zusammengestellt aus [950] und [951]).

7.3.1.2 Plastizität keramischer Massen

Unter plastischem Verhalten versteht man üblicherweise die Verformbarkeit eines Werkstoffes durch Versetzungsbewegungen, Korngrenzengleiten und Diffusionsvorgänge. In der Keramik wurde dieser Begriff auf heterogene Stoffmischungen mit flüssiger Phase übertragen, die sich nach Überwinden einer Fließgrenze bleibend verformen, ohne daß der Zusammenhalt der die Substanz bildenden Teilchen verloren geht [952]. Man spricht daher auch von Bildsamkeit, die durch das Auftreten von Rissen, für die Maximalspannungen und -verformungen angegeben werden können, begrenzt wird.

Obwohl viele Versuche unternommen wurden, die Begriffe Plastizität bzw. Bildsamkeit zu definieren und mathematisch zu erfassen, gibt es bis heute keine einheitliche meßtechnische Untersuchung dieser Eigenschaft. Für die Bildsamkeit von Bedeutung ist vor allem die Fließgrenze, gemessen als Kraft unter definierten geometrischen Bedingungen bei Verformungsbeginn und die maximal erreichbare Verformung bis zur Rißbildung.

Die *Methode von Pfefferkorn* [953] wird heute immer noch in vielen Betriebslaboratorien wegen ihrer Einfachheit durchgeführt. Bei diesem Versuch fällt eine Scheibe auf einen Massezylinder, die Verformung ist ein Maß für die Bildsamkeit der keramischen Masse. Nach Haase [954] wird im Pfefferkornversuch die kinetische Energie der fallenden Scheibe gleich der geleisteten Verformungsarbeit gesetzt und die Fließgrenze τ_f aus den Pfefferkorn-Werten berechnet zu

$$\tau_f = \frac{m\,H}{2\,V\,\ln\,(h_0\,/\,h)} \tag{359}$$

M = Masse der Pfefferkornscheibe
H = Fallhöhe der Scheibe
V = Volumen des Massezylinders
h_0, h = Höhe des Massezylinders vor und nach dem Stauchversuch

Verwendet man die Pfefferkorn-Methode unter Berücksichtigung der Stauchung bis zur Rißbildung bei langsamer und schneller Versuchsdurchführung und legt für Vergleichszwecke die Eindringgeschwindigkeit eines Stiftes unter bestimmten Bedingungen zugrunde, erhält man mit dem zugehörigen Wassergehalt die Plastizitätszahl nach Dietzel [955].

In verschiedenen weiteren Verfahren wird der Druck, der erforderlich ist, um Massen durch eine Düse zu extrudieren, als Meßgröße proportional zur Fließgrenze ermittelt. Diese Methoden haben u.a. Macey [956], Linseis [957] und Czerch et al. [958] beschrieben. Der extrudierte Strang wird durch die Bestimmung der Zerreißfestigkeit charakterisiert. Mit steigendem Wassergehalt verläuft die Abrißfestigkeit des Tonstranges durch ein Maximum, während der Deformationsdruck stetig abnimmt Bild 355. Nach Haase [952] kann als Maß für die Bildsamkeit der Quotient T aus Zerreißfestigkeit H und Deformationsdruck verwendet werden, wie er in Bild 356 dargestellt ist.

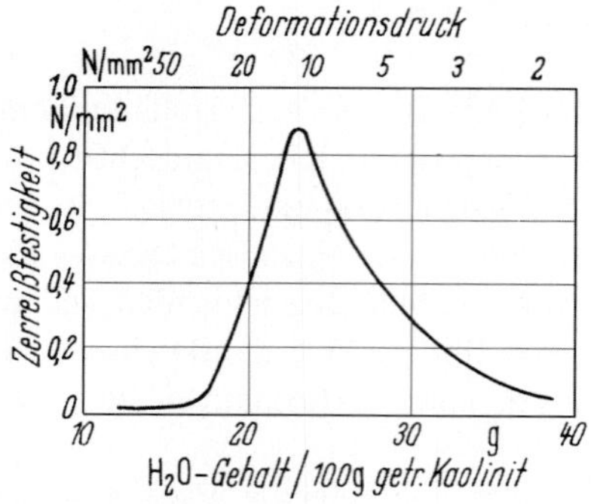

Bild 355: Abhängigkeit der Zerreißfestigkeit und des Deformationsdrucks eines Ca-Kaolinits vom Wassergehalt nach Czerch u. M. [958]

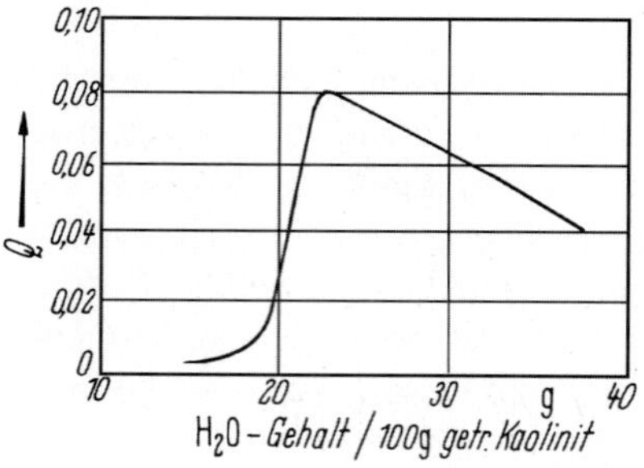

Bild 356: Auswertung der Kurve in Bild 355 nach dem Quotienten *Q* = Zerreißfestigkeit: Deformationsdruck

Verschiedene Autoren, z.B. Händle [959], bestimmen die Eigenschaft extrudierbarer Tonmassen aus dem Drehmoment des Brabender-Gerätes zum Anzeigen bei laufender Wasserzugabe. Diese Methode wird auch für Spritzgußmassen verwendet, bei denen die flüssige Phase aus aufgeschmolzenen Thermoplasten besteht.

Nach Norton [960] kann der Einfluß des Wassergehaltes auf die ohne Rißbildung maximal mögliche Verformung mit dem gegenläufigen Einfluß auf die Fließgrenze durch Produktbildung zu einer Funktion entwickelt werden, die durch ein Maximum bei einem die Masse kennzeichnenden Wassergehalt läuft. Auch mit dieser Methode erhält man jedoch keinen Hinweis auf die Eignung für ein bestimmtes Formgebungsverfahren.

Das Verhalten plastischer keramischer Massen nach Vorgabe einer zyklischen Verformung und die Betrachtung der resultierenden Spannungs-Verformungskurven wurde von Astbury, Hennicke, Kersting, Kienow und Kobayashi [905], [908], [961], [962] ausführlich diskutiert. Bei diesen Torsionswechsellast-Untersuchungen, bei denen die Torsionsspannung zwischen $+\tau$ und $-\tau$ variiert (bei Perioden um 1 min), wird die elastische und die plastische Verformung erfaßt. Die Fläche innerhalb der Spannungs-Dehnungs-Hysterese-Kurven ist ein Maß für die in Wärme umgesetzte Verformungsenergie (Bild 357).

Wenn die Plastizität bzw. Bildsamkeit auch nicht exakt definiert ist, so sollen doch im folgenden die Einflußgrößen kurz diskutiert werden.

Das plastische Verhalten von tonmineralhaltigen Massen wird von der Art und Menge der flüssigen Phase und der Konzentration gelöster Salze, von der Art der festen Phasen, ihrer Partikelgrößenverteilung und -morphologie und der Ionenbelegung der Teilchen bestimmt. Diese Zusammenhänge sind ausführlich in Moore/Hennicke [903] beschrieben.

Wasser hat allgemein eine große Adsorptionsneigung gegenüber oxidischen Oberflächen und Tonmineralen. Bereits 2 mg pro Gramm Kaolin mit einer spezifischen Oberfläche von 13 m^2/g reichen für die Bildung einer monomolekularen Bedeckung und einem Zusammenhalt der Teilchen über Wasserstoffbrückenbindungen aus.

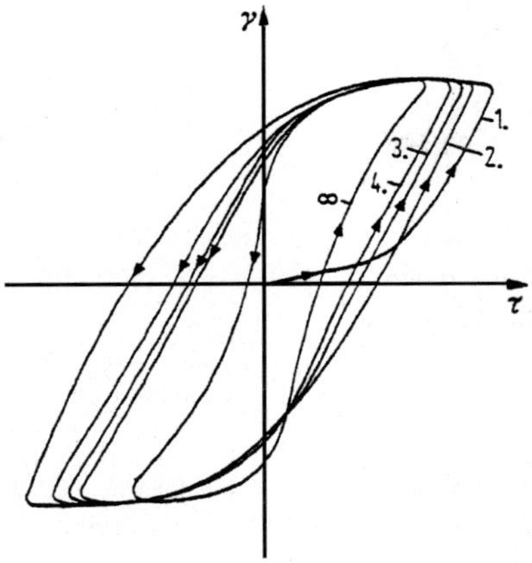

Bild 357: Spannungs-Verformungs-Kurven bei zyklischen Torsionsversuchen nach Astbury [905] (nur 1. bis 4. und Gleichgewichtszyklus gezeichnet)

Dickere Schichten von unorientiertem flüssigen Wasser über 10 nm (etwa 30 H_2O-Schichten) führen zu einer mechanischen Verschiebbarkeit der Teilchen mit immer noch wirkenden Restkräften. Der Zusammenhalt der feinen Festkörperteilchen wird auch durch Grenzflächenkräfte des Wassers in den kleinen Zwischenräumen und Zwickeln bewirkt. Bei noch höheren Wassergehalten wird die Masse flüssig, üblicherweise mit dem nicht-newtonschen Verhalten der Strukturviskosität und verstärkten Auftreten der Thixotropie. Der Wassergehalt ist also für die Bildsamkeit von Tonmineralien von großer Bedeutung und muß für das jeweilige Formgebungsverfahren optimiert werden.

Mit abnehmender Korngröße der anorganischen Pulverteilchen wird sowohl die Zahl der Haftstellen zwischen den Teilchen größer als auch die Wahrscheinlichkeit des Neuhaftens nach einer Verformung erhöht und damit die Bildsamkeit verbessert. Im Hinblick auf die Plastizität verhalten sich plättchenförmige Teilchen (z.B. Kaolinit) günstig, da sie parallel aneinander gelagert ein Gleiten über größere Bereiche ermöglichen, ohne daß der Zusammenhalt verloren geht [963]. Modellbetrachtungen von Wasserschichten zwischen Kugeln oder Platten zeigen nach Mostetzky [964] bei letzteren eine niedrigere zu überwindende Scherspannung und erklären damit den positiven Einfluß auf die Plastizität.

Die Ionenaustauschfähigkeit tonmineralhaltiger Rohstoffe bewirkt eine beschränkte Bindung der Tonminerale an andere feste Massebestandteile, die z.B. als Magerungsmittel (Feldspatteilchen) in gröberen Kornklassen vorliegen. Dieses Einbindevermögen wirkt sich um so stärker aus, je dünner die Plättchen sind. Im Falle des Montmorillonits kann durch dessen Belegung mit Na^+-Ionen nach Hofmann [965] diese Fähigkeit durch die Aufquellung der innerkristallinen Schichten verstärkt und damit der Einfluß auf die Plastizität intensiviert werden.

Fehlen in einer anorganischen Pulvermischung tonmineralhaltige Teilchen, die der Masse ihre Bildsamkeit verleihen (z.B. in oxid- oder nichtoxidkeramischen Massen), so kann die Plastizität durch Zugabe organischer Polymere eingestellt werden. Derartige Massen werden beim Extrudieren und Spritzgießen verarbeitet.

Die Additive, ihre Verarbeitbarkeit und Wirkungsweise sind in Kap. 6.3, 7.3.2.2.2 und 7.3.2.2.3 beschrieben.

7.3.1.3 Granulierung

Bei der Formgebung keramischer Produkte werden, wenn es die Geometrie der Bauteile zuläßt, bevorzugt Preßverfahren eingesetzt, bei denen Pulvergemische im trockenen Zustand verdichtet werden. Da die keramischen Ausgangspulver zur Erhöhung ihrer Sinteraktivität in der Regel bis in den µm-Bereich zerkleinert werden, führen die an den großen Oberflächen wirkenden Anziehungskräfte zu unkontrollierter Agglomeration und schlechter Verarbeitbarkeit. Um die Rieselfähigkeit zu optimieren, die Schüttdichten zu erhöhen oder die Lagerfähigkeit in Silos und Bunkern zu verbessern, werden feingemahlene Pulver daher vor der Weiterverarbeitung granuliert.

7.3.1.3.1 Granulatherstellung

Das in der keramischen Fertigung verbreitetste thermische Granulierverfahren ist die Sprühtrocknung. Die Fließbett- und Sprüh-Gefriergranulierung gehören ebenfalls zu den thermischen Verfahren, haben aber die Bedeutung der Sprühtrocknung bei weitem nicht erreicht.

Neben der Wirbelschicht- und der Preßagglomeration ist die Aufbauagglomeration als mechanisches Granulierverfahren durchaus geeignet, die Sprühgranulation aus wirtschaftlichen Gründen zu verdrängen und soll deshalb ebenfalls ausführlicher dargestellt werden. Eine ausführliche Zusammenstellung der unterschiedlichen Granulierverfahren findet sich bei Capes [966].

Sprühtrocknung. Bei der thermischen Granulierung im Sprühturm erfolgt die Versprühung eines keramischen Schlickers in feine kugelförmige Tropfen und die anschließende Trocknung im Heißgasstrom. Dabei unterscheidet man im wesentlichen die Zentrifugal- und die Düsenzerstäubung, die zu unterschiedlicher Granaliengrößenverteilung führen (Bild 358).

Bei der Zentrifugalzerstäubung wird die Suspension beim Verlassen einer rotierenden Scheibe durch Zentrifugalkräfte und Schwerkraft in Tröpfchen zerteilt. Bei der Düsentrocknung können verschiedene Suspensionen in Mehrstoffdüsen gegen den Heißgasstrom zerstäubt werden. Nach der Trocknung im Heißgasstrom werden die Primärteilchen, wie von Rumpf [967], [968] beschrieben durch chemische Brückenbildung (Bild 359), Grenzflächen und Kapillarkräfte frei beweglicher Flüssigkeitsoberflächen, durch Adhäsions- und Kohäsionskräfte in nicht frei beweglichen Bindemittelbrücken, durch Anziehungskräfte zwischen den Festkörperteilchen und durch formschlüssige Verhakungen zusammengehalten. Granulate enthalten je nach Trocknungszustand unterschiedliche Gehalte an Flüssigkeitsbereichen zwischen den Primärteilchen (Bild 360). Beim freien Fall der Granulate im Heißgasstrom, der mit einer Temperatur von ca. 300°C in den Sprühturm eintritt, verdampft das Wasser in den Hohlräumen der Granulate, sie schwinden und verfestigen bei diesem Vorgang. Damit die Dampfdiffusion aus dem Innern der

Granalien an die Oberfläche gleichmäßig erfolgen kann, muß die Temperatur und die Fallzeit im Trockenturm so gewählt werden, daß die Granalien nicht oberflächlich verkrusten und der Wasserdampftransport verhindert wird.

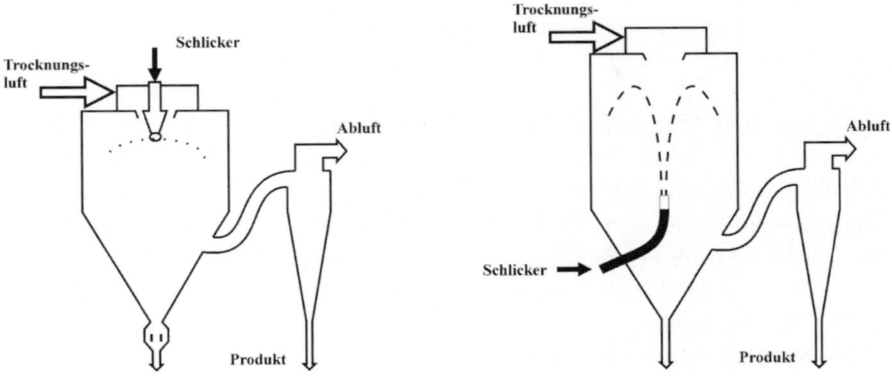

Zentrifugalzerstäubung **Düsenzerstäubung**

Bild 358: Sprühtrockner mit unterschiedlicher Zerstäubungsarten

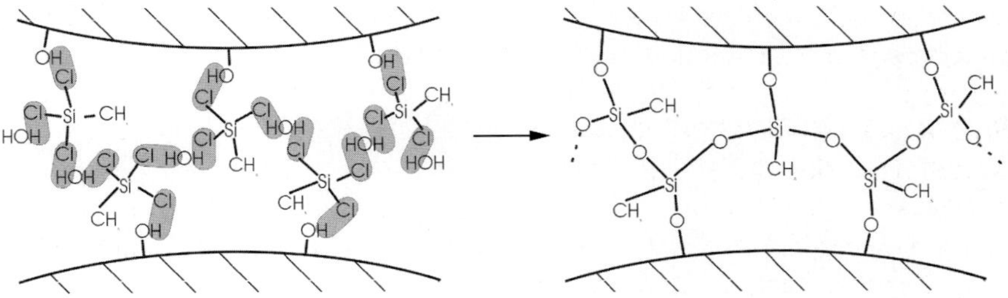

Bild 359: Modell der chemischen Festkörperbrücken am Beispiel des Einsatzes von Trichlormethylsilan bei Sprühkornmassen [969]

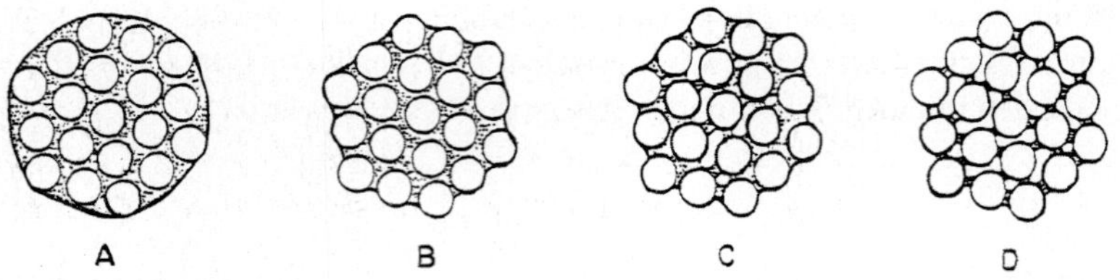

Bild 360: Vier Stadien der vom Wassergehalt am Beispiel des Einsatzes von Trichlormethylsilan abhängigen Agglomeratkornstruktur [970] bei Sprühkornmassen [969] mit nach rechts abnehmendem Wassergehalt.

Um ausreichende Grünfestigkeit nach der Formgebung zu erreichen, enthalten die Suspensionen meist organische Binder. Diese reichern sich beim Trocknungsvorgang an der Oberfläche die Granulate an, weil sie höhere Verdampfungstemperaturen aufweisen als Wasser, und behindern den weiteren Transport von Wasserdampf. Ein gleichmäßiger Wassertransport ist nun nicht mehr möglich, und es kommt zu Hohlraumbildung oder bei zu großem Dampfdruck im Innern der Granalien zu einem Aufplatzen der dünnen Granulatwand (Bild 361). Typische Granalienformen nach Sprühtrocknung sind in Bild 362 dargestellt. Der Feuchtigkeits- und Bindergehalt der Granalien beeinflußt die Verdichtbarkeit beim anschließenden Preßvorgang und muß den jeweiligen Anforderungen angepaßt werden.

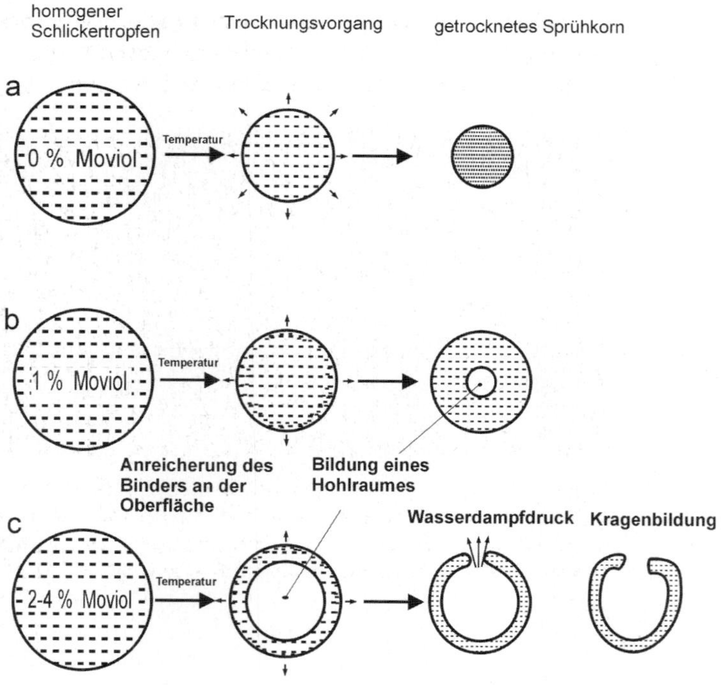

Bild 361: Schematische Darstellung des Trocknungsvorgangs beim Sprühtrocknen [970] mit unterschiedlichen Bindergehalten

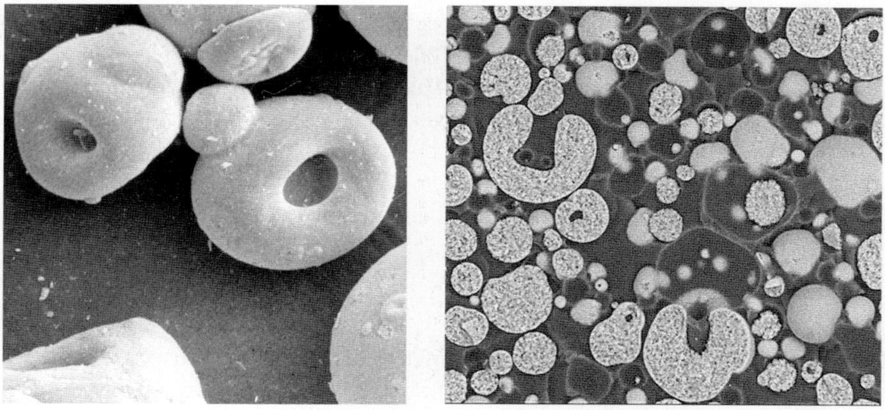

Bild 362: REM-Aufnahmen von Aluminiumoxid-Sprühgranalien. Links: Streupräparat, rechts: Anschliff (RWTH Aachen)

Aufbauagglomeration. Bei der Aufbaugranulation lagern sich feindisperse Pulverteilchen während der Bewegung eines Pulverbettes unter Zugabe von Wasser und organischen Bindern zu Granalien zusammen. Nach der Keimbildung, bei der durch die Bewegung (Mischen, Rühren, Wirbelschicht usw.) des Pulverbettes bei gleichzeitiger Feuchtigkeitszugabe Sekundärkörner entstehen, und der Zusammenlagerung zu größeren Teilchen, bilden sich Agglomerate durch schichtweises Aufwachsen in Form von konzentrischen Ringen (Bild 363).

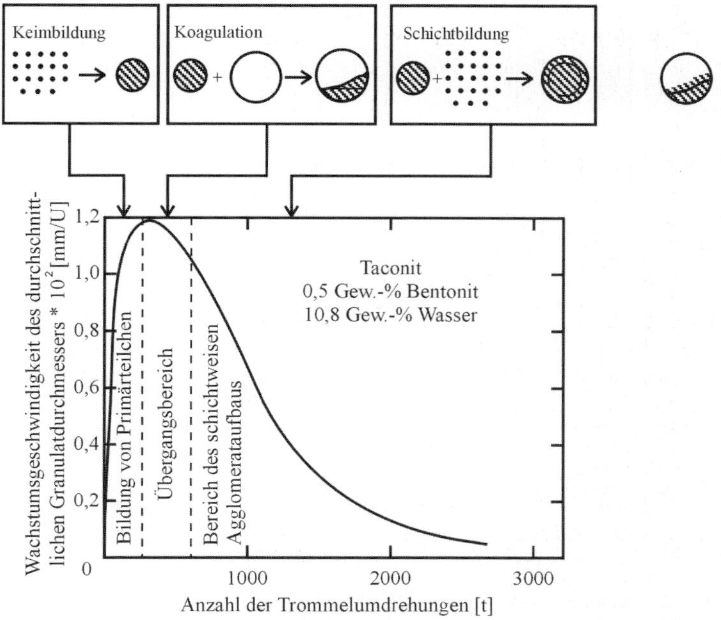

Bild 363: Mechanismen der Korngrößenveränderung und Wachstumsgeschwindigkeit von Granulaten bei unterschiedlicher Granuliertrommeldrehzahl [971]

Im Bereich der Keimbildung steigt die Wachstumsrate der Granalien stark an und erreicht bei der Zusammenlagerung zu größeren Teilchen ein Maximum. In [971] wird für die Wachstumsgeschwindigkeit bei diskontinuierlicher Trommelgranulation folgende Gesetzmäßigkeit beschrieben:

$$\frac{\mathrm{d}D}{\mathrm{d}t} = c_1\ D^3 \exp\left(c_2 t\right) \tag{360}$$

c_i = Konstanten
D = Durchmesser der Granulate
T = Rotationszeit

Im Bereich des schichtweisen Aufbaus sinkt die Wachstumsgeschwindigkeit wieder, die Anzahl der Primärteilchen nimmt ab und weiteres Wachstum ist nur noch durch Anlagerung kleiner Sekundärteilchen und Abrieb möglich. Die weitere Bewegung der Granulate kann wieder zur Zerstörung durch Abrasion führen.

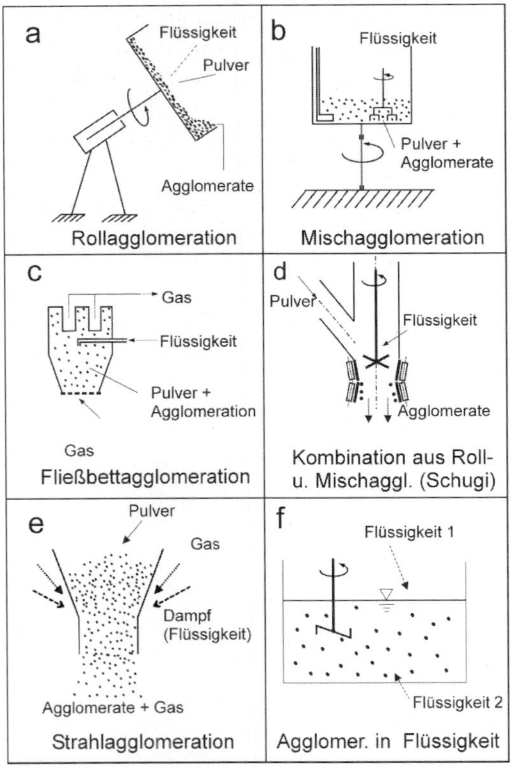

Bild 364: Instantisieren durch Aufbauagglomeration [972]

Die Aufbauagglomeration keramischer Materialien erfolgt in Pelletiertellern, Mischern oder im Fließbett, wie in Bild 364 veranschaulicht. Bei allen Verfahren werden Teilchen relativ zueinander bewegt und durch Stoß angelagert, sofern die Haftkräfte größer sind als die immer vorhandenen Trennkräfte. Beeinflußt werden kann die Agglomeratbildung durch Ausgangskorngröße, Temperatur, Trommeldrehzahl, Gasgeschwindigkeit, Flüssigkeitsmenge und organischen Bindergehalt. Wie bei der Sprühgranulierung beeinflussen diese Größen die Weiterverarbeitbarkeit der Granulate.

7.3.1.3.2 Granulatcharakterisierung

Rieselfähigkeit. Die beiden wichtigsten Granulateigenschaften im Hinblick auf ihre Verarbeitbarkeit sind die Rieselfähigkeit und die Verpreßbarkeit. Für die Füllung von Preßwerkzeugen und das Verhalten in Silos und Bunkern wären monodisperse sphärische Granulate mit glatter Oberfläche und hoher Bruchfestigkeit am günstigsten. Granulate aus keramischen Primärteilchen, agglomeriert durch Sprühtrocknung oder Aufbaugranulation haben hingegen eine relativ breite Kornverteilung, sind porös und besitzen rauhe Oberflächen. Darüber hinaus besitzen sie Restfeuchtigkeit und grenzflächenaktive organische Additive, was die Rieselfähigkeit beeinflußt. Die Ermittlung der Rieselfähigkeit erfolgt häufig durch Messung von Auslaufzeiten aus normierten Gefäßen oder durch Bestimmung der Schüttwinkel von Pulverschüttungen. Ein besseres Verständnis des Einflusses von Adhäsionskräften auf die Rieselfähigkeit erhält man durch die Betrachtung einer abrollenden Granalie auf einer unebenen Oberfläche, wie bei Frisch et. al. [973] beschrieben ist. Die unebene Oberfläche wird aus verdichteten Granulaten des gleichen Typs gebildet.

Entsprechend Bild 365 rollt ein Granulatkorn nach unten, wenn das Moment M_{I} etwas größer ist als M_{II}. Unter Gleichgewichtsbedingungen gilt

$$K_{\mathrm{H}} \cdot r_1 = (K_{\mathrm{N}} + K_{\mathrm{A}}) r_2 \tag{361}$$

bzw.

$$G \sin\alpha \, r_1 = (G \cos\alpha_{\mathrm{r}} + \sigma_{\mathrm{A}} A_{\mathrm{A}}) r_2 \tag{362}$$

mit

K_{H} = Abrollkraft
K_{N} = Normalkraft
K_{A} = Adhäsionskraft
σ_{A} = Adhäsionsspannung
G = Masse der Granalie
α = Abrollwinkel
r_1 = Radius der Granalie
A_{A} = Gleitfläche
r_2 = Radius der Gleitfläche

Nach Frisch et al. ist

$$\sin\alpha = \frac{6\sigma_{\mathrm{A}}\sqrt{f^3}}{\rho} \cdot \frac{1}{r_2} + \sqrt{f \cos\alpha} \tag{363}$$

mit ρ = Granaliendichte und $f = \dfrac{r_2^2}{4\pi \cdot r_1^2}$.

Trotz großer Streuungen läßt sich aus Meßergebnissen an Silicatkeramikgranalien der Zusammenhang zwischen $\sin\alpha$ und $1/r_1$ erkennen (Bild 366). Dabei wurden für Granalien von 200 µm Durchmesser aus Adhäsionskräften von 10^{-6} bis 10^{-7} N, *f*-Werten von 10^{-3} bis 10^{-4} und Gleitflächenradien von 2 bis 3,4 µm, Adhäsionsspannungen zwischen 0,2 und 0,02 N/mm² errechnet.

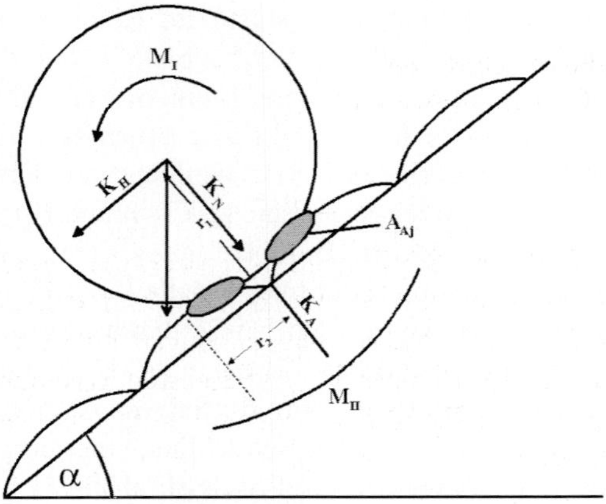

Bild 365: Abrollende Granalie auf einer unebenen Oberfläche (Erläuterungen siehe Text [973])

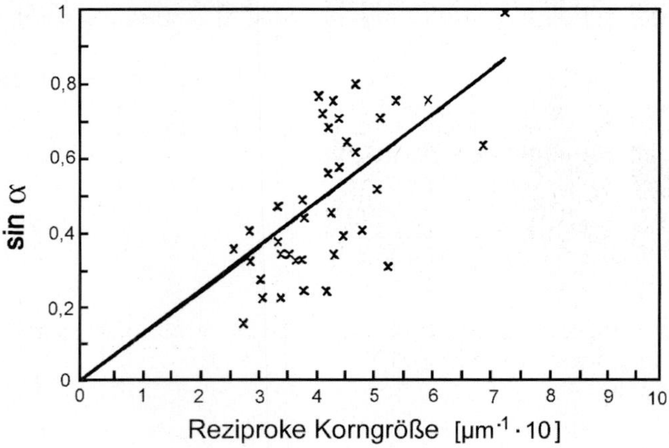

Bild 366: Sinus des Abrollwinkels auf der Oberfläche eines Preßlings in Abhängigkeit von der reziproken Korngröße der Granalien [973]

Einzelgranalienfestigkeit. Eine weitere wichtige Eigenschaft von Granalien sowohl im Zusammenhang mit der Rieselfähigkeit als auch mit der Verpreßbarkeit ist ihre Festigkeit. Bei der Bestimmung der Festigkeit von Einzelgranalien werden diese zwischen zwei Stempeln im Druckversuch bis zum Bruch belastet (Bild 367).

Wenn die Bruchlast F_B auf die Meridianfläche der Kugel bezogen wird [966], ergibt sich unter der Annahme der idealen Kugelform die Bruchspannung oder Granulatfestigkeit σ_g zu [975]

$$\sigma_g = \frac{4 F_B}{\pi \cdot d^2}, \tag{364}$$

mit F_B = Bruchkraft und d = Granaliendurchmesser.
In der Praxis beobachtet man die allgemeine Abhängigkeit

$$F_B = const \cdot d^n \tag{365}$$

wobei n zwischen 1 und 2 liegt.

Diese Schwankungen werden in [966] auf Schalenbildung (n=1) bzw. homogene Verteilung der Kontaktkräfte zwischen den Primärpartikeln über den gesamten Granalienquerschnitt H (n=2) zurückgeführt, Schwankungen im Granalienaufbau und Größenverteilung führen also zu einer breiten Festigkeitsverteilung der Granalien. Dies macht sich auch beim Preßdruck bei der Formgebung bemerkbar und wird unter 7.3.2.3. diskutiert.

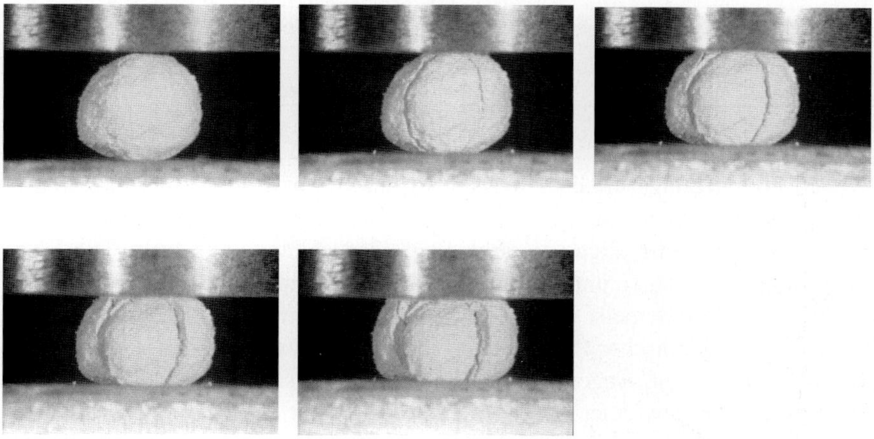

Bild 367: Bestimmung der Festigkeit von Einzelgranalien im Druckversuch (mit freundlicher Genehmigung von R. Oberacker, Karlsruhe [974])

7.3.2. Formgebungsverfahren

Bei der Formgebung werden verflüssigte Schlicker, plastifizierte Massen oder Granulate zu einem „Grünkörper" mit definierter Größe, Form, Dichte und reproduzierbaren Toleranzen verarbeitet. Die geometrischen Abmessungen und die zu fertigenden Stückzahlen bestimmen das anzuwendende Formgebungsverfahren. Von der Schwankung der Gründichte und maßlichen Toleranzen ist die Schwindung beim anschließenden Brand abhängig. Die Reproduzierbarkeit dieser Größen und die Vermeidung von Defekten, die beim anschließenden Sinterbrand meist nicht mehr ausgeheilt werden können, bestimmen neben Investitions- und Personalkosten die Wirtschaftlichkeit des jeweiligen Formgebungsverfahrens. Um eine ausreichende Grünfestigkeit zum Transport der Teile zu erreichen, aber auch um die Verarbeitungseigenschaften der Ausgangsmaterialien für das jeweilige Formgebungsverfahren zu optimieren, werden den keramischen Massen organische Additive zugegeben, die unterschiedlichste Funktionen erfüllen (Tabelle 70).

Tabelle 70: Wirkungsweise verschiedener Komponenten in keramischen Massen

Komponente	Funktion
Keramisches Pulver	Matrix
Sinteradditiv	Verdichtungshilfsmittel
Lösungsmittel	Dispersion
Verflüssiger	Kontrolle von Oberflächenladungen und *p*H-Wert, Dispergierbarkeit
Dispergiermittel	Deagglomeration
Benetzungsmittel	Reduzierung der Oberflächenspannung des Lösungsmittels
Entschäumer	Verhinderung der Blasenbildung
Konservierer	Vermeidung von Bakterien- und Pilzbefall
Binder	Grünfestigkeit
Plastifizierer	Plastizität
Weichmacher	Flexibilität
Trenn- und Gleitmittel	Reduzierung von Haftkräften

Je nach Formgebungsverhalten werden organische (bzw. anorganische) Additive mit unterschiedlichem Molekulargewicht und chemischer Zusammensetzung zur Einstellung der notwendigen Verarbeitungseigenschaften zugegeben. Die Wechselwirkung der Additive untereinander ist äußerst komplex, so daß die Konzentrationen in der Praxis meist empirisch ermittelt werden. Bei der Trocknung bzw. beim Sintern keramischer Produkte zersetzen sich die organischen Additive. Dieser Problematik muß wegen z.T. sehr kritischer Zersetzungsprodukte verstärkte Aufmerksamkeit gewidmet werden. Die Produktivität eines Formgebungsverfahrens ist sehr stark davon abhängig, wie endkonturnah gefertigt werden kann, d.h., wie aufwendig nachbearbeitet werden muß. Ohne Nachbearbeitung liegen die Maßtoleranzen der wichtigsten Formgebungsverfahren innerhalb der in Tabelle 71 angegebenen Werte. Insbesondere bei keramischen Konstruktionswerkstoffen sind häufig sehr viel engere Maßtoleranzen gefordert, die nur durch aufwendige Bearbeitung im gesinterten Zustand mit Diamantwerkzeugen erreichbar sind. Die Bearbeitungskosten sowohl im Grün- als auch im Sinterzustand können ein Vielfaches der sonstigen Herstellungskosten eines keramischen Bauteils ausmachen und sollten nach Möglichkeit vermieden werden.

Tabelle 71: Toleranzen keramischer Bauteile aus Si_3N_4, SiSiC und Al_2TiO_5 nach dem Brennprozeß für verschiedene Formgebungsverfahren

Formgebungsverfahren	Maßtoleranzen in %
Schlickergießen	± 2,0 bis ± 3,0
Spritzgießen	± 0,5 bis ± 1,0
Uniaxiales Trockenpressen	± 0,5 bis ± 1,0
Isostatisches Pressen	± 0,2 bis ± 0,5
Strangpressen	± 1,5 bis ± 2,0

7.3.2.1 Gießverfahren

7.3.2.1.1 Schlickergießen

Beim Schlickergießen wird einer wäßrigen Suspension durch eine poröse, wassersaugende Form (meist aus Gips) Wasser entzogen und so eine feste Schicht gebildet, die als Scherben bezeichnet wird.

Beim Hohlgußverfahren (Bild 368) bildet der Scherben die Innenkontur der Form nach, es können damit sehr komplizierte Bauteilgeometrien hergestellt werden. Beim Vollguß- und beim Kerngußverfahren wird so lange Schlicker nachgefüllt, bis der entwässerte Scherben die Gipsform komplett ausfüllt. Sowohl im Hohlguß- wie auch im Vollgußverfahren lassen sich nur geringe Wandstärken realisieren, da der gebildete Scherben den Wasserdurchtritt zunehmend behindert.

Unter der Annahme eines stationären Zustands ohne Sedimentation mit nicht komprimierbaren Scherben ergibt sich der Zuwachs der Scherbendicke dx zu

$$\mathrm{d}x = \frac{c}{x}\,\mathrm{d}t, \tag{366}$$

wobei der Stoffparameter c die Permeabilität und das Hohlraumvolumen des Scherbens sowie den Feststoffgehalt und die Viskosität berücksichtigt [976].

Durch Integration mit den Anfangsbedingungen $x = 0$ bei $t = 0$ erhält man

$$x = \sqrt{2ct} \tag{367}$$

bzw. die Scherbenbildungsrate

$$\frac{x^2}{t} = const\,. \tag{368}$$

Die Scherbendicke nimmt beim Schlickergießen also nach einem Wurzel-Zeit-Gesetz zu.

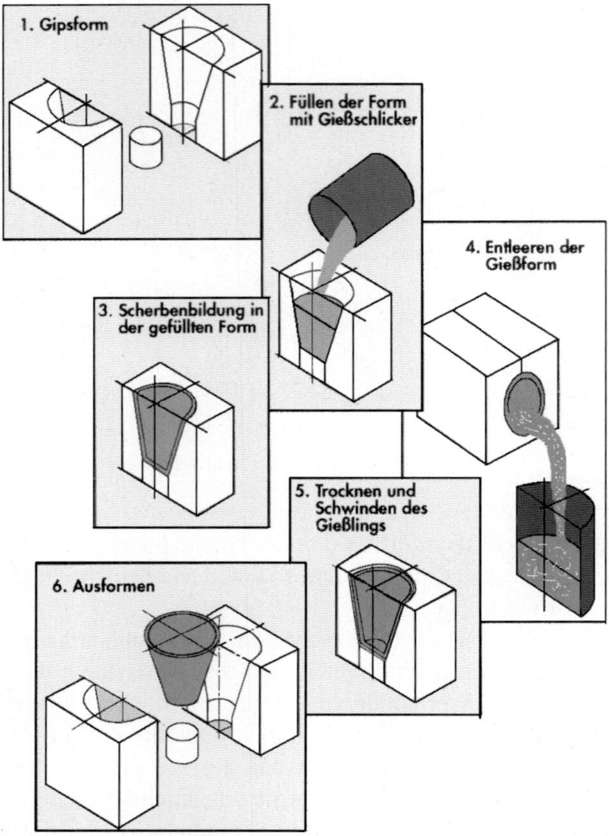

Bild 368: Schematische Darstellung des Hohlgußverfahrens (aus [977])

Um den Trocknungsaufwand zu minimieren, ist man bestrebt, den Wassergehalt eines Schlickers so niedrig wie möglich einzustellen (25-35 Gew.-%). Außerdem soll der Verflüssigungsbereich mit minimaler Viskosität möglichst breit sein, damit betriebliche Schwankungen nicht zu starke Änderungen bewirken. Die Zusammenhänge zwischen Elektrolytgehalt des Schlickers, Scherbenbildungsrate, Gründichte und Grünfestigkeit sind am Beispiel eines Al_2O_3-Schlickers in Bild 369 dargestellt. Während die Scherbenbildungsrate mit zunehmendem Elektrolytgehalt abnimmt, hat die $\sqrt{t}$ -Abhängigkeit der Scherbendicke bei allen Konzentrationen Gültigkeit. Optimale (geringe) Viskosität führt zu hoher Gründichte und geringer Schwindung beim anschließenden Sinterbrand. Die Grünfestigkeit nimmt mit steigendem Verflüssiger- (Binder-)Gehalt zu.

Wichtig für die Verarbeitung in der Praxis ist neben der zeitlichen Veränderung der Schlickereigenschaften (Thixotropie) die Veränderung der organischen Additive bei mechanischer Belastung (z.B. Zerstörung der Molekülketten beim Pumpen) und die damit verbundene Änderung der rheologischen Eigenschaften. Bakterieller Befall von Schlickern bei zu langer Lagerung oder Verarbeitungszeit beeinflußt die Viskosität und damit die Scherbenbildungsrate und letztlich die Schwindung bzw. die Maßtoleranzen der Bauteile.

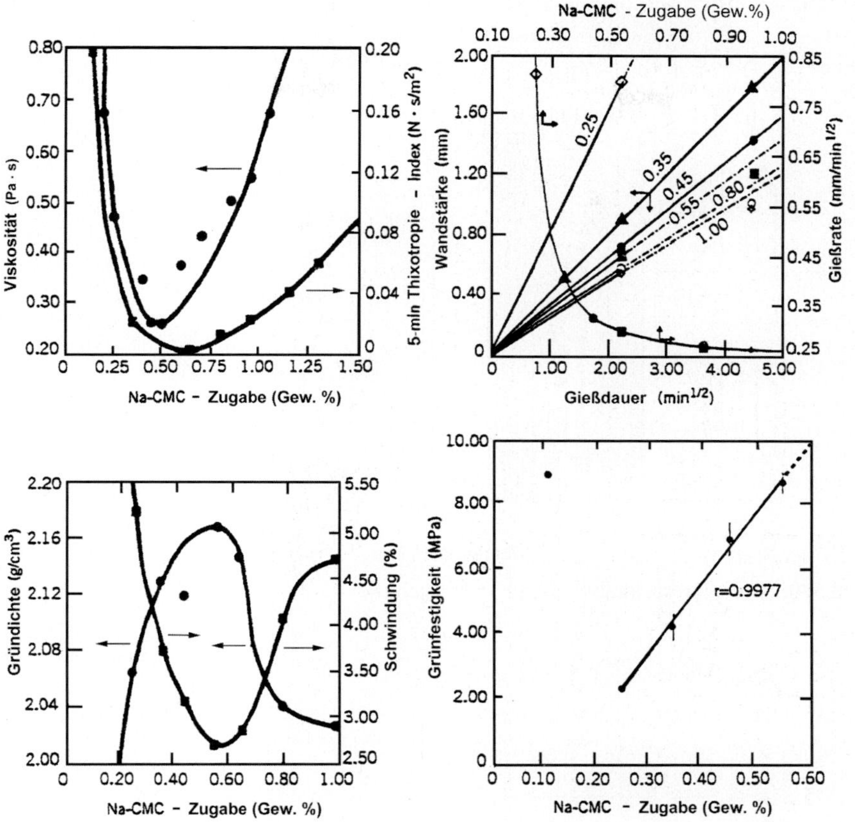

Bild 369: Ergebnisse beim Gießen eines Aluminiumoxidschlickers mit unterschiedlichen Konzentrationen an Na-Carboxymethyl-Cellulose (CMC) als Verflüssiger und Binder: (oben links) Schlickerviskosität und Thixotropie, (oben rechts) Scherbenbildungsrate, (unten links) Dichte und Schwindung des gegossenen Teils, (unten rechts) Festigkeit der gegossenen Probekörper (aus [978])

Konservierungsstoffe (z.B. Antibiotika) verhindern das Wachstum von Bakterienkulturen, müssen aber regelmäßig geändert werden, da Bakterien im Laufe der Zeit resistent werden. Neben der Variation von Konservierungsstoffen ist in Fertigungsstätten die regelmäßige gründliche Reinigung des gesamten Rohrleitungssystems, insbesondere in wärmeren Jahreszeiten, in denen Bakterienkulturen schneller wachsen, besonders wichtig, um Schlickerveränderungen zu vermeiden.

7.3.2.1.2 Druckschlickergießen

Das Druckschlickergießen wurde zunächst für die Sanitärkeramik zur Herstellung dickwandiger großvolumiger Bauteile, wie z.B. Waschbecken, entwickelt [979], später aber auch auf andere keramische Werkstoffe und Bauteile übertragen. Durch Anlegen eines Druckes beim Gießen wird die Gießzeit verkürzt, und im

Vollgußverfahren können unterschiedliche Wandstärken realisiert werden (Bild 370).

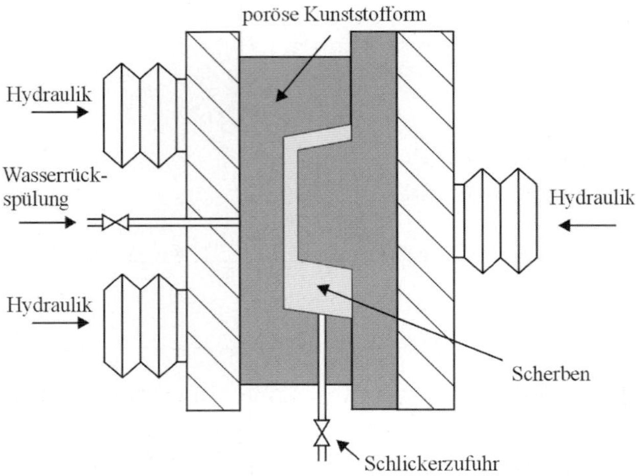

Bild 370: Schlickerdruckgußverfahren (schematisch)

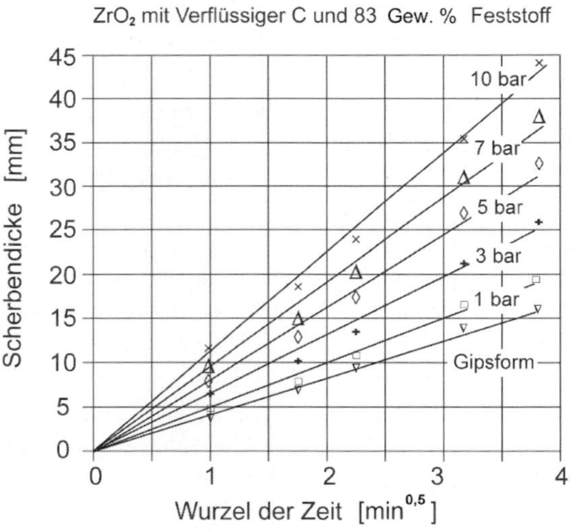

Bild 371: Scherbendicke als Funktion von $\sqrt{t}$ und des Druckes [982]

Als Formenmaterial werden poröse, in der Regel nicht selbstsaugende Kunststoffe eingesetzt. Nach Ausbildung des keramischen Scherbens wird die Form geöffnet, und die poröse Kunststofform wird zum Ablösen des Scherbens von der Rückseite mit Wasser gespült. Das Formenmaterial muß nicht selbstsaugend sein und deshalb auch nicht getrocknet werden.

Für die beim Schlickerdruckguß üblichen Drücke bis etwa 40 bar beschreibt Frassek [980] die Druckabhängigkeit der Scherbendicke x mit folgender Funktion:

$$x = \sqrt{\frac{2\,k_m\,P\,t}{\alpha\eta}} \quad \text{mit } \alpha = \frac{1 - n_s - c}{c} \tag{369}$$

mit
k_m = mittlerer Permeabilitätskoeffizient des gebildeten Scherbens (cm^2)
P = Druckdifferenz (Pa)
T = Zeit (s)
η = Viskosität des Schlickerwassers (mPa·s)
n_s = Hohlraumfaktor des Scherbens (cm^3/cm^3)
c = Volumenkonzentration des Feststoffs im Schlicker (cm^3/cm^3)

Der mittlere Permeabilitätskoeffizient ist nach Akers und Ward [981] druckabhängig gemäß

$$k_m \approx k_0 \cdot P^{-s} \tag{370}$$

mit s = Kompressibilitätskoeffizient und k_o Ausgangspermeabilität. Bei s = 0 ist der Scherben inkompressibel, bei s = 1 ist er vollständig kompressibel.

Aus beiden obigen Gleichungen ergibt sich die Scherbenbildungsrate zu

$$\frac{x^2}{t} = \frac{2k_0 P^{1-s}}{\alpha\eta}. \tag{371}$$

Bei kompressiblen Filterkuchen ($s \rightarrow 1$) nimmt die Scherbenbildungsrate nur wenig mit dem Druck zu. Für die meisten Systeme liegt s zwischen 0,1 und 0,3. Wegen der unterschiedlichen Kompressibilität keramischer Materialien muß die Druckabhängigkeit der Scherbenbildungsrate für jedes System ermittelt werden. Für einen ZrO_2-Schlicker mit 83 Gew.-% Feststoffgehalt ist die Druckabhängigkeit der Scherbendicke beispielhaft in Bild 371 gezeigt.

In einer modernen Gießanlage sind mehrere Polymer-Formen in Reihe miteinander verbunden, so daß je nach Bauteilgeometrie bis zu zehn Formen gleichzeitig gefüllt werden können. Die Polymerformen erlauben je nach verarbeitetem Schlicker bis zu 20.000 Abgüsse. Neben engeren Maßtoleranzen, reduzierten Gießzeiten bei unterschiedlichen und größeren Wandstärken bietet die wesentlich höhere Standzeit der Gießformen erhebliche Vorteile gegenüber dem konventionellen Schlickergießen bei atmosphärischen Bedingungen. Die Entscheidung für das jeweilige Gießverfahren ist letztendlich von den zu fertigenden Stückzahlen und damit verbundenen wirtschaftlichen Überlegungen abhängig.

Weitere druckunterstützte Gießverfahren, die für spezielle Bauteil- und Materialgruppen zum Einsatz kommen, sind die Druckfiltration (Hartferrite), das Vakuumgießen (Faserisolation) und das Zentrifugalgießen (Hochleistungskeramik).

7.3.2.1.3 Foliengießen

Foliengießen ist ein Verfahren zur Herstellung großflächiger dünner keramischer Substrate. Aus Folien mit einer Dicke von 25 µm bis 1,5 mm werden Kondensatoren, piezoelektrische Bauteile, Ferrite und Substrate für elektronische Schaltungen gefertigt [983]. Werden Folien mit aufgedruckten Leiterbahnen sandwichartig übereinander laminiert, entstehen Vielschichtgehäuse für integrierte Halbleiterschaltungen [984]. Durch Stapeln und Wickeln geprägter oder gestanzter Folien entstehen Katalysatorträger oder Wärmetauscher [984], [985].

Zur Herstellung von Bauteilen aus keramischen Folien werden zunächst keramische Pulver in organischen oder wäßrigen Lösungen mit Bindern, Verflüssigern und Plastifizierern dispergiert. Der homogenisierte und entlüftete Schlicker wird über einen Gießschuh auf ein endloses Stahlband (z. T. auch mit Trägerfolie) gegossen, das über zwei Rollen horizontal bewegt wird. Während des Transports zum anderen Ende des Gießbandes strömt warme Luft in Gegenrichtung über die Folie hinweg. Dabei verdampfen die Lösungsmittel, und es kann je nach Binderart und -gehalt eine mehr oder weniger flexible Folie abgenommen werden, die gestanzt, gestapelt oder aufgewickelt werden kann (Bild 372).

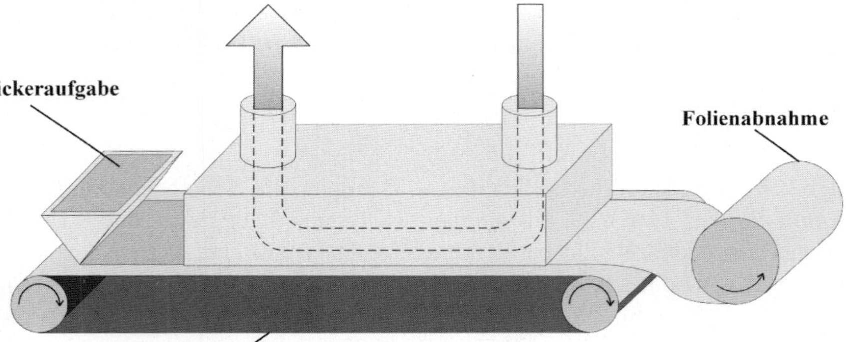

Bild 372: Schematische Darstellung des Foliengießverfahrens (Doctor-Blade-Verfahren)

Die Folienstärke ist im wesentlichen abhängig von geometrischen Gegebenheiten des Gießschuhs, der Bandgeschwindigkeit und von rheologischen Eigenschaften des Gießschlickers. Nach Chou, Ko und Yan [986] ergibt sich für die Höhe H der Folie zu:

$$H = AD_r h_0 (1 + h_0^2 \Delta P / 6\eta_s v L) \tag{372}$$

A = Konstante, abhängig von geometrischen Einflüssen des Gießschuhs
D_r = Verhältnis Schlickerdichte/Dichte der getrockneten Folie
h_0 = Spalthöhe des Gießschuhs
L = Spaltlänge
ΔP = hydrostatischer Druck im Gießschuh
η_s = Schlickerviskosität
v = Bandgeschwindigkeit

Je dünner die Folie wird und je größer die Schlickerviskosität ist (h_0/η_s ist relativ klein), desto geringer wird der Einfluß der Bandgeschwindigkeit (Bild 373).

Je nach verwendetem keramischem Ausgangspulver müssen zur Dispergierung entweder wässrige Lösungen oder aber - im Falle möglicher Reaktionen zwischen Wasser und keramischem Pulver - organische Lösungsmittel verwendet werden. Da Binder, Plastifizierer, Verflüssiger und Benetzungsmittel von verschiedenen Mitteln gelöst werden, müssen die Systeme sehr genau aufeinander abgestimmt sein.

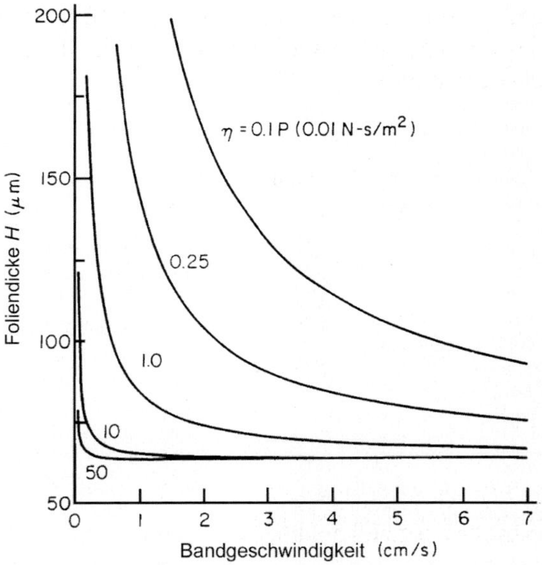

Bild 373: Foliendicke in Abhängigkeit der Ziehgeschwindigkeit für Schlicker mit unterschiedlicher Viskosität (Viskosität in mPa • s) aus [987]

Tabelle 7 gibt eine Zusammenfassung aus der riesigen Auswahl möglicher Systeme für wässrige und nichtwässrige Lösungsmittel. Eine ausführliche Darstellung rheologischer Eigenschaften und der Struktur organischer Substanzen für den Foliengießprozeß findet sich in [987] und [988].

Kriterien für die Auswahl der Komponenten für das Foliengießen sind im wesentlichen die Forderung nach niedrigem Verdampfungspunkt und geringer Viskosität des Lösungsmittels. Es soll sowohl den Binder und den Plastifizierer als auch das Benetzungsmittel und den Verflüssiger lösen. Ein Lösen des keramischen Pulvers oder Reaktionen mit diesem sind jedoch unerwünscht. Häufig ist eine Kombination von Lösungsmitteln von Vorteil, da die unterschiedlichen organischen Additive von verschiedenen Lösungsmitteln gelöst werden. Organische Lösungsmittel mit niedrigen Verdampfungspunkten verhindern zwar die Hydratation keramischer Pulver und lassen sich leicht wieder austreiben, sie fordern allerdings häufig spezielle Vorsichtsmaßnahmen im Hinblick auf Gesundheitsgefährdung und Entzündlichkeit.

Tabelle 72: Einige Additive für das Foliengießen mit wässrigen und nichtwässrigen Schlickern

Lösungsmittel	Binder	Plastifizierer	Verflüssiger	Benetzungs- mittel
Nichtwässrig:				
Aceton Benzol Bromchlor- methan Butanol Diaceton Ethanol Isopropanol Methylisobutyl- keton Toluol Trichlorethylen Xylol	Cellulosebutyrat- acetatwachs Nitrocellulose Petroleum-Wachs Polyethylen Polyacrylatester Polymethyl- methacrylat Polyvinylalkohol Polyvinylbutyral- wachs Polyvinylchlorid	Butylbenzylphtalat Butylstearat Dibutylphtalat Dimethylphtalat Methyladipinat gemischte Phtalatester (Hexanol, Octadecanol) Polyethylenglycol Polyalkylenglycole Polyalkylen- glycolderivate (Triethylengly- colmonohexylether) Trikresylphosphat	Fettsäuren (Glyceryltrioleate, natürliche Fischöle (Menhaden) Synthetische (Benzolsulfon- säuren)	Alkylarylpoly- Etheralkohole Polyethylen- glycolethyl- ether Ethylphenylglycol Polyoxyethylen- acetat Polyoxethylen- ester
wässrig:				
Wasser (mit Entschäumern auf Wachsbasis)	Acrylat Emulsion Ethylenoxid- polymer Hydroxyethylen- cellulose Methylcellulose Polyvinylalkohol Wachsgleitmittel	Butylbenzylphtalat Ethyltoluol- sulfonamid Glycerin Polyalkylenglycol Triethylenglycol Tri-n-butylphos- phat	komplexe glasige Phosphate kondensierte Arylsulfonsäuren natürliches Natriumsalz	Nichtionisches Octylphenoxy- ethanol

Die keramischen Pulver werden mit den Additiven gemahlen, gemischt und entlüftet. Da Aluminiumoxid, das z.B. für die Herstellung von Substraten und mehrschichtigen Gehäusen verwendet wird, sich in Wasser nicht löst oder mit ihm reagiert, kann in diesem Fall ein wässriger Schlicker mit wasserlöslichen Bindern, Plastifizierern, Verflüssigern und Benetzungsmitteln hergestellt werden. Ein typischer Versatzaufbau ist in Tabelle 73 dargestellt.

Tabelle 73: Aufbau einer wässrigen Al_2O_3-Foliengießmasse

Material	Funktion	Gew.-%
Al_2O_3-Pulver	Matrix	40...50
MgO-Pulver	Kornwachstumsinhibitor	0,5...3
destilliertes Wasser	Lösungsmittel	30...50
Polyvinylacetat	Binder	5...10
Polyethylenglykol	Plastifizierer	0,5...3
Dibutylphtalat	Plastifizierer	0,5...3
Acrylschwefelsäure	Verflüssiger	0,1...0,3
Octylphenonoxyethanol	Benetzungsmittel	0,1...0,3

Tabelle 74: Aufbau einer nichtwässrigen SiC-Foliengießmasse

Material	Funktion	Gew.-%
SiC	Matrix	40...50
Trichlorethylen	Lösungsmittel	15...25
Ethylalkohol	Lösungsmittel	15...25
Polyvinylbutyral	Binder	5...10
Polyethylenglykol	Plastifizierer	0,5...3
Octylphtalat	Plastifizierer	0,5...3
Menhaden-Fischöl	Verflüssiger	0,5...3

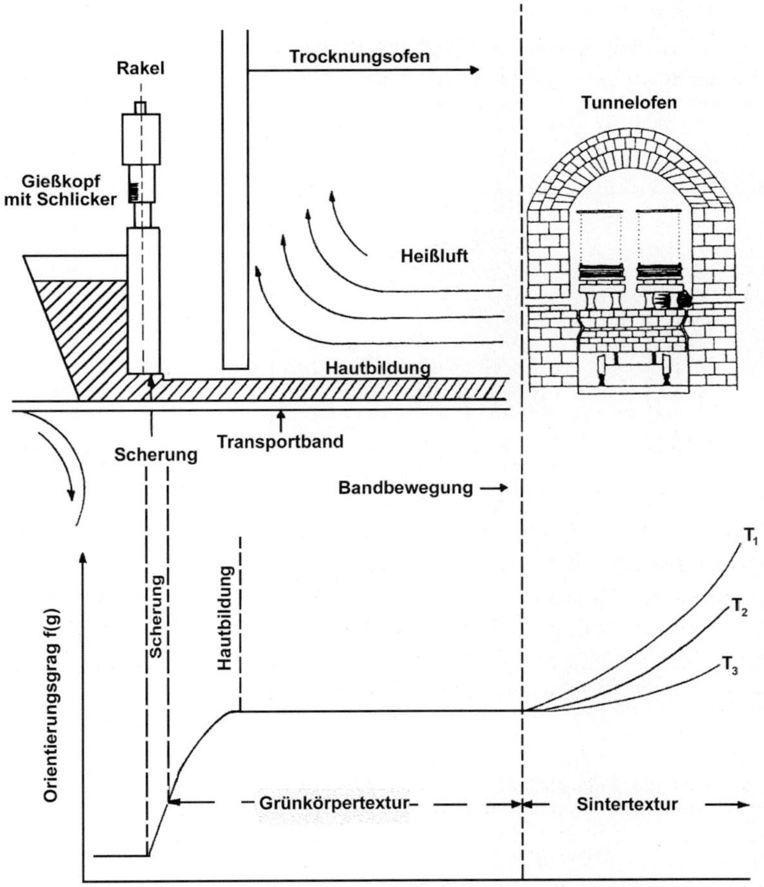

Bild 374: Texturentwicklung bei der Herstellung von Aluminiumoxid-Substraten (schematisch) aus [989].

Viele nichtoxidische keramische Werkstoffe lassen sich in wässrigen Systemen nicht verarbeiten, da sie mit Wasser häufig unter Abspaltung von Wasserstoff reagieren. Dadurch verändert sich einerseits im Laufe der Zeit der *p*H-Wert, andererseits neigen derartige Schlicker zur Blasenbildung. Deshalb sind über einen längeren Zeitraum stabile Schlickereigenschaften nicht gewährleistet. Aus diesem Grunde werden organische Lösungsmittel mit entsprechend abgestimmten Additiven verwendet. Am Beispiel von Siliciumcarbid, das zu Folien verarbeitet, z.B. zur Wärmetauscherproduktion verwendet wird, ist eine typische Massezusammensetzung in Tabelle 74 dargestellt.

Sedimentationsvorgänge beim Foliengießen führen, insbesondere wenn das keramische Pulver aus plättchen- oder stäbchenförmigen Kristalliten besteht, zur Texturbildung innerhalb der Folien, die beim Sintern noch verstärkt wird (Bild 374).

In Vielschichtbauteilen bilden außerdem die Laminierstellen häufig Schwachstellen wegen Porenbildung beim Ausheizen der organischen Bestandteile. Beide Effekte führen zur Richtungsabhängigkeit der Eigenschaften senkrecht und parallel zu den Laminierschichten (Bild 375).

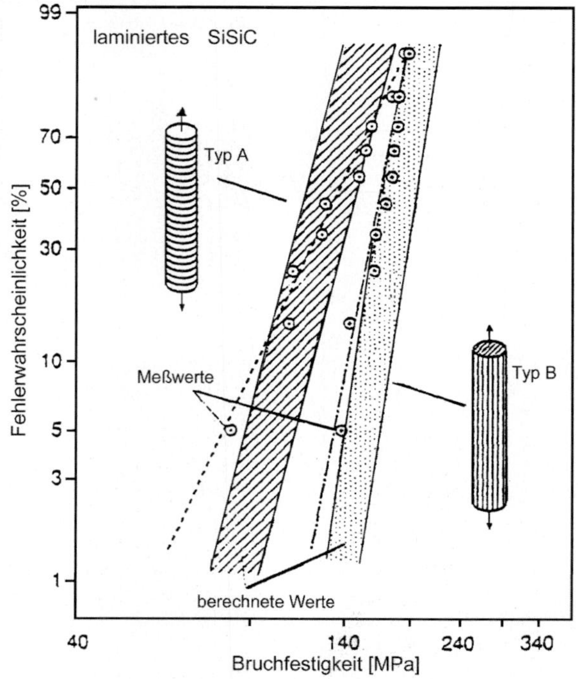

Bild 375: Experimentell ermittelte Zugfestigkeit senkrecht und parallel zur Laminierrichtung von SiSiC-Proben im Vergleich mit berechneten Werten aus 4-Punktbiegeversuchen aus [990]

Eine neue Variante beim Laminieren von Einzelfolien stellt daher die Verwendung präkeramischer Polymere als Laminierpaste dar. Am Beispiel von Polysilazan wird in Bild 376 deutlich, daß im Vergleich zu konventionellen Bindern bei der thermischen Zersetzung nur ein geringer Teil als flüchtige Bestandteile die

Laminierpaste verlassen, über 80 % des Polymers bleiben als kristallines Gerüst in den Laminierstellen zurück. Damit lassen sich in den Laminierschichten Gefüge einstellen, die denjenigen der Folie im gesinterten Zustand entsprechen oder je nach Anforderungsprofil sogar überlegen sind (Bild 377). Richtungsabhängige Eigenschaften sollen damit vermieden werden.

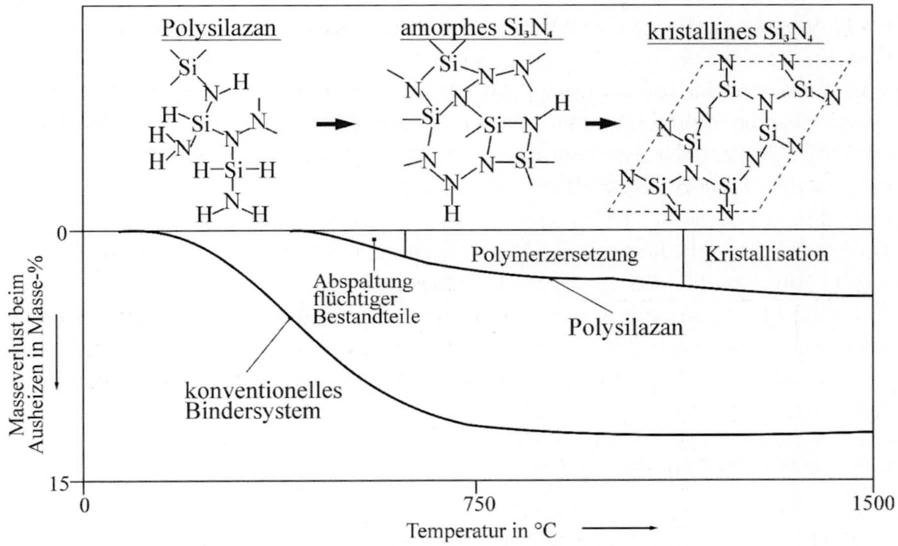

Bild 376: Ausheizverhalten von Polysilazan aus Laminierpasten

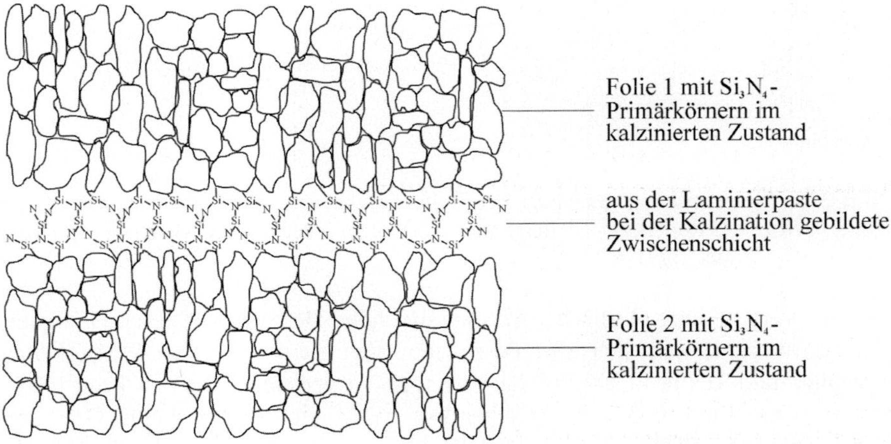

Bild 377: Übergangsbereich zwischen zwei Si_3N_4-Folien im calcinierten Zustand (schematisch)

7.3.2.2 Plastische Formgebung

7.3.2.2.1 Rollerformgebung

Für die Herstellung rotationssymmetrischer Geschirrartikel ist die Rollerformgebung trotz Einführung der Preßtechnik (Kap. 7.3.2.3.2) nach wie vor das dominierende Verfahren. Beim Überformen formt ein metallischer Rollerkopf eine auf eine Form (meistens aus Gips oder Polyurethan) aufgelegte Massescheibe zu einem Rohling, beim Einformen wird der Rollerkopf zur Herstellung von rotationssymmetrischen Hohlgeschirr in die Form hineingeführt (Bild 378). Die Unterseite z.B. eines Tellers wird geprägt durch das Profil des Rollerkopfes, die Oberseite spiegelt die Gipsformoberfläche wieder. Bei Bechern oder Tassen liefert die Gipsform die Außenkontur, der Rollerkopf bestimmt Innenkontur und Wandstärke der Teile. Sobald der Rollerkopf die Masse berührt, wird diese durch Quetschen verformt. Ein Abschneider entfernt die über den Rand der Gipsform hinausgequetschte Masse. Bei der Rollerformgebung werden plastische (bildsame) Massen mit Anlaßwert (Kap. 7.3.1.1.4) verarbeitet, eine Voraussetzung für bleibende Verformung, da sich Formlinge sonst unter ihrem Eigengewicht verformen würden.

Bild 378: Schematische Darstellung der Rollenformgebung. Überformen: Der Fuß des Tellers wird vom Rollerkopf gebildet. Einformen: Die Innenseite des Bechers wird vom Rollerkopf gebildet. ([991]).

Bei der Verarbeitung plastischer Massen sind hohe Deformationsgeschwindigkeiten von Vorteil, weil sich z.B. Porzellanmassen dann wie echte Flüssigkeiten verhalten und Textur und Rißbildung weitgehend vermieden werden kann [992]. Aus diesem Grund strebt man zwischen Rollerkopf und Spindel, die die Gipsform aufnimmt, hohe Differenzgeschwindigkeiten an, wobei sich beide gleichläufig drehen. Beim Überformen sind wegen auftretender Fliehkräfte dieser Forderung Grenzen gesetzt. Typische Drehzahldifferenzen liegen bei Tellern und Schalen mit Durchmessern von 11 bis 24 cm zwischen 80 und 180 min^{-1} [992]. Dadurch ergeben sich Tangentialgeschwindigkeitsdifferenzen an der Telleraußenseite von max. 1,77 m/s (Bild 379). Die Forderung, plastischer Massen mit hoher Scherrate zu verarbeiten, läßt sich am besten beim Einformen realisieren. Dort liegen die Drehzahldifferenzen üblicherweise bei 1000-1200 min^{-1} [992].

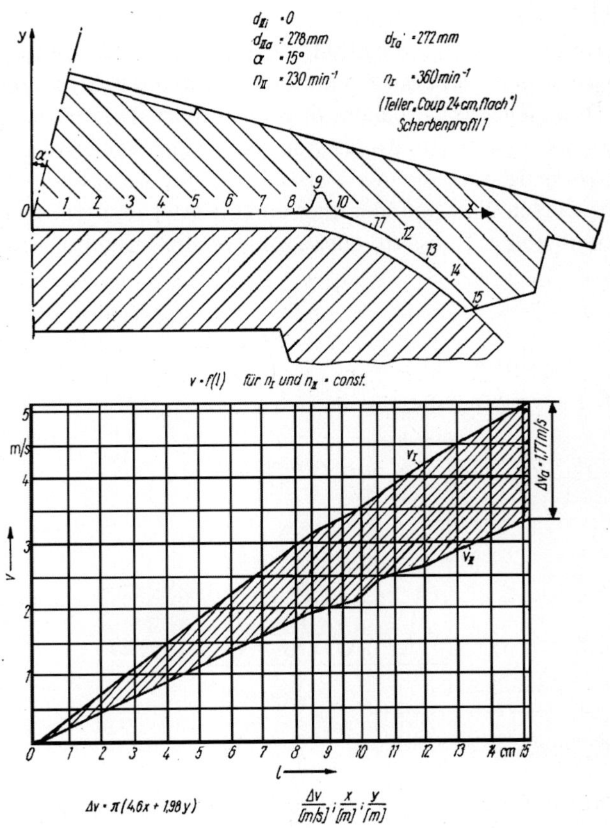

Bild 379: Verteilung der Tangentialgeschwindigkeit auf dem Profil der Tellerunterseite aus [993] v_w = Tangentialgeschwindigkeit des Werkzeuges, v_{sp} = Tangentialgeschwindigkeit der Spindel. (Durchmesser des Werkzeuges = 278 mm, Kippwinkel des Werkzeuges = 15°, Drehzahl des Werkzeuges = 272 min^{-1}, Durchmesser der Form = 272 mm, Drehzahl der Form = 360 min^{-1})

Um ein Ankleben der plastischen Masse an der Rollerschablone zu vermeiden, werden die Rollerköpfe beheizt. Dadurch bildet sich ein Dampffilm zwischen Rollerkopf und Masse, der zusätzlich das Fließverhalten verbessert. Hintergriffige Innenkonturen können gefertigt werden, wenn beim Einformen entweder durch eine Rollerkopf- oder durch eine Spindelverschiebung ein Seitenhub erreicht wird. Eine ausführliche Beschreibung von Maschinenparametern und Einflußgrößen bei der Formgebung finden sich bei Seegerer [991] und Hülsenberg [992].

7.3.2.2.2 Extrudieren

Die Extrusion plastischer keramischer Massen wird zur Herstellung von Bauteilen mit definiertem Querschnitt genutzt, deren Länge durch Abschneiden eines Massestranges bestimmt wird. Die plastische Masse gelangt über einen Aufgabetrichter und die Homogenisierungsschnecke in die Strangpresse. In einer Vakuumkammer wird die Masse evakuiert und von der Förderschnecke durch das Mundstück gefördert (Bild 380). Grundlegende Arbeiten über die Wirkungsweise von Schneckenpressen finden sich in [994] und [995]. Je nach Mundstückgeometrie werden mit diesem Verfahren Massehubel als Vorstufe für die Herstellung von Isolatoren und Geschirrdrehteilen gefertigt oder aber durch Verwendung geeigneter Einsätze Ziegel, Fliesen, Rohre, Substrate oder „Honeycomb"-Katalysatorträgerstrukturen extrudiert.

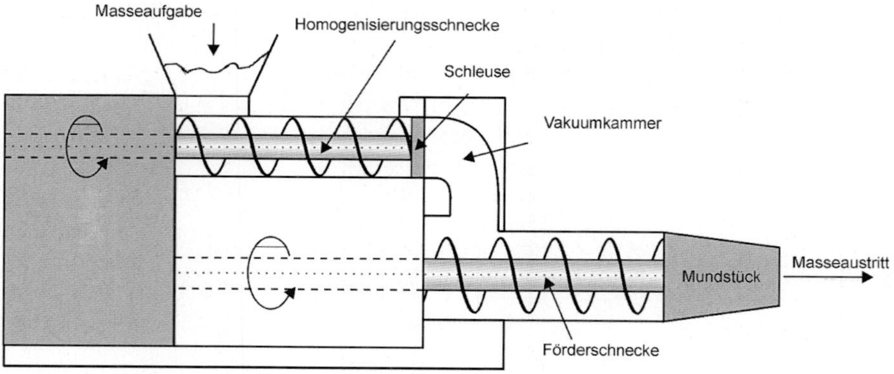

Bild 380: Schematische Darstellung eines Extruders

Die Plastifizierung der Rohstoffe erfolgt bei ton- bzw. kaolinithaltigen Massen durch Wasser und evtl. geringfügige Verflüssigermengen. Oxidische und nichtoxidische keramische Rohstoffe werden durch wässrige und nichtwässrige Bindersysteme plastifiziert. Drei typische Beispiele extrudierfähiger keramischer Massen zeigt Tabelle 75.

Tabelle 75: Zusammensetzung extrudierfähiger keramischer Massen in Vol.-% aus [940].

Siliciumcarbid		Aluminiumoxid		Elektroporzellan	
SiC	50	Al_2O_3	46	Quarz	16
Hydroxyethylcellulose	6	Ball Clay	4	Feldspat	16
Polyethylenglykol	2	Methylcellulose	2	Kaolin	16
H_2O	42	H_2O	48	Ball Clay	16
				$CaCO_3$	<1
				H_2O	36

Für die Praxis von Bedeutung ist der Massedurchsatz und der Druckverlauf im Mundstücksbereich der Presse. Nach Pels-Leusden [996] beträgt der theoretische Durchsatz einer Schneckenpresse

$$\dot{V}_{\mathrm{max}} = \frac{\pi^2 D_{\mathrm{s}}^3}{4}\left(1 - \frac{d_{\mathrm{k}}^2}{D_{\mathrm{s}}^2}\right) n \sin\beta \cos\beta \tag{373}$$

mit

$\dot{V}_{\mathrm{max}}$ = max. theoretischer Durchsatz
D_{s} = Schneckendurchmesser
d_{k} = Nabendurchmesser
β = mittlerer Schneckensteigungswinkel
n = Schneckendrehzahl

Daß in der Praxis nur weniger als 40 % des theoretischen Durchsatzes erreicht werden, hängt mit Relativbewegungen zwischen Masse und Schnecke bzw. Zylinderwand und dadurch entstehenden Schlupf zusammen.

Nach Reed [940] errechnet sich im zylindrischen Teil der Förderschnecke für stationäres laminares Fließen der Masse die Scherspannung bei der radialen Position r zu:

$$\tau = r\left(P_1 - P_2\right)/\,2\,L \tag{374}$$

wobei $\Delta P/L$ die axiale Druckdifferenz für ein Zylindersegment der Länge L darstellt. Die maximale Scherspannung ergibt sich an der Zylinderwand bei $r = R$ zu

$$\tau_{\mathrm{Wand}} = R\Delta P/2L\,. \tag{375}$$

Damit stellt sich das in Bild 381 dargestellte Fließgeschwindigkeitsprofil ein. In der Mitte des Massestranges, wo die Scherspannung kleiner ist als der Anlaßwert der plastischen Masse, ist die Fließgeschwindigkeit konstant, hier tritt keine plastische Verformung auf.

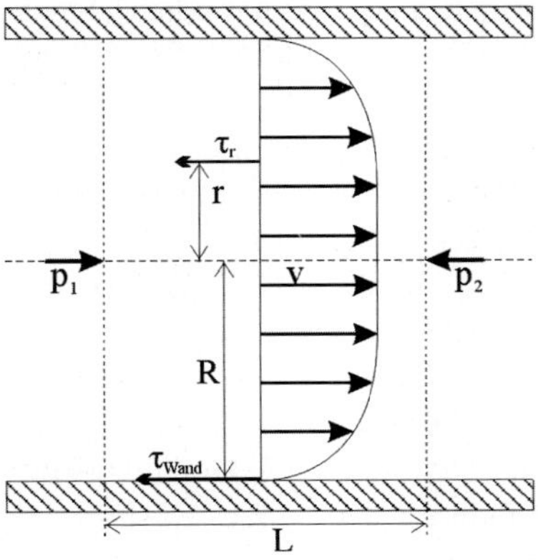

Bild 381: Fließgeschwindigkeitsprofil im zylindrischen Teil der Förderschnecke eines Extruders

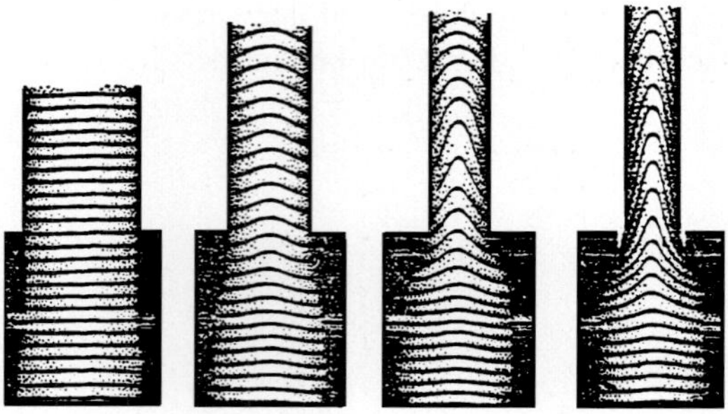

Bild 382: Fließtexturen bei Reduzierung des Strangquerschnittes aus [997]

Der Geschwindigkeitsunterschied zwischen Zylinderwand und Massestrangmitte wird um so größer, je stärker der Strangquerschnitt im Mundstück reduziert wird (Bild 382) [997].

Eine zu starke konische Verjüngung des Mundstückquerschnitts fördert daher die Ausbildung von Texturen im Massestrang.

Bei einer Austrittsgeschwindigkeit v des Massestranges ist eine Druckdifferenz ΔP notwendig, die sich für einen kreisförmigen Querschnitt nach [940] errechnet zu

$$\Delta P = 2\ln(D_0 / D)[\tau_b + k_b(v / D)^n] + (4L / D)(r_f + k_f v^m) \quad (376)$$

mit

D_o = Zylinderdurchmesser
D = Durchmesser am Mundstückaustritt
τ_b = Anlaßwert der Masse
τ_f = Scherspannung an der Mundstückswand
k_b, k_f = Geschwindigkeitskonstanten
n, m = Faktoren für die Strukturviskosität im Innern und an der Wand
L = Länge des betrachteten Segments

Beim Übergang des Schneckenzylinders in das Mundstück stellt sich ein Druckabfall ein, der die Arbeit wiederspiegelt, um das Material auf den kleineren Durchmesser zu deformieren. Der Druckverlust im Mundstück reflektiert die notwendige Arbeit, um Reibungskräfte zum Gleiten der Masse zu überwinden. Der Druckabfall ist abhängig von dem rheologischen Verhalten der Masse und von den geometrischen Verhältnissen des Extruders. Bild 383 zeigt exemplarisch den axialen Druckabfall für verschiedene L/D-Verhältnisse des Mundstücks.

Die komplizierten Druckverhältnisse und Relativbewegungen im Extruder führen zu Texturen in den extrudierten Teilen. Vor allem in tonmineralhaltigen Massen entstehen durch Ausrichtung der Teilchen Mikrotexturen. S-förmige Makrotexturen, die sich korkenzieherartig ziehen (Bild 384), rühren von der Schneckendrehung her und führen meist zu totaler Zerstörung der Bauteile bei der anschließenden Trocknung. Eine für jede Zusammensetzung exakte Abstimmung zwischen rheologischen Eigenschaften der Masse und Maschinenparametern ist daher zur Vermeidung von Herstellungsfehlern notwendig.

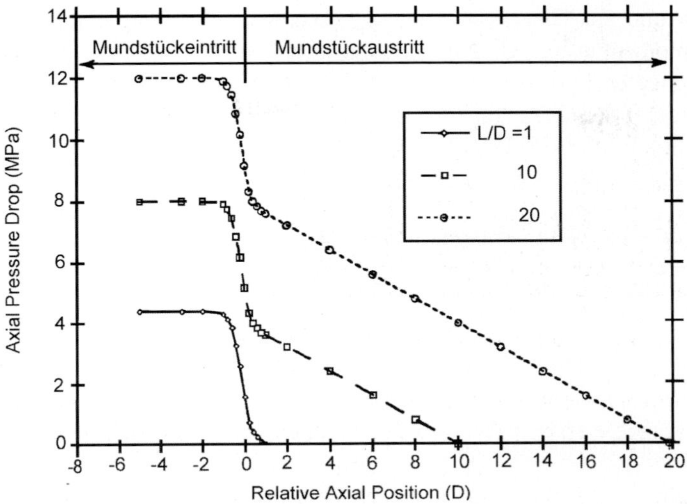

Bild 383: Änderung des Extrusionsdruckes bei unterschiedlichem Längen/Durchmesser-Verhältnis des Mundstückes aus [940]

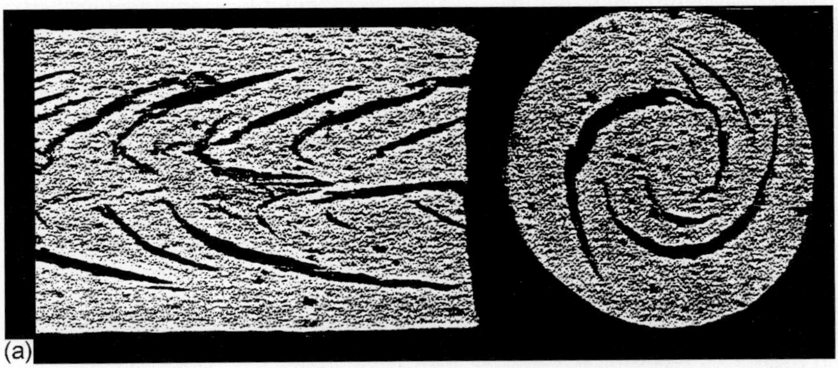

Bild 384: Typische longitudinale (links) und transversale (rechts) Extrusionsfehler in einem extrudierten Massestrang aus [998].

7.3.2.2.3 Spritzgießen

Spritzgießen ist ein Verfahren zur Herstellung kleiner Bauteile mit komplexer Geometrie und geringen Wandstärken in großen Stückzahlen. Typische spritzgegossene Bauteile sind Kerne für die Metallgießerei, Fadenführer, Wendeschneidplatten, Schweißdüsen und Turboladerrotoren. Zur Plastifizierung der Massen werden keramische Pulver mit Bindern, Plastifizierern und Gleitmitteln homogenisiert. Letzteres geschieht in beheizbaren Mischern oder Knetern oberhalb der Schmelztemperaturen der organischen Additive. Die hohen Scherspannungen, die zum Mischen und zur Dispersion von Agglomeraten notwendig sind, führen zu großen Drehmomenten im Mischer und häufig zu deutlichem Abrieb der metallischen Komponenten. Typische Bindersysteme für das Spritzgießen keramischer Massen sind in Tabelle 76 zusammengestellt. Ausführliche Informationen zur Spritzgußtechnik finden sich in [998]-[1003].

Tabelle 76: Bindersysteme für den Spritzgießprozeß

Binder	Plastifizierer	Gleitmittel
Thermoplaste:	Methylethylketon	Stearinsäure
Polyethylen	Ethylenvinylacetat	Ölsäure
Polypropylen	Ethylenacrylsäure	Butylstearat
Polystyrol		
Wachse:		
Paraffin		
Epoxy		
Mikrokristallin		

Die homogenisierte Masse mit bis zu 50 Vol.-% organischen Additiven wird abgekühlt und dabei durch Schnecken oder Sigmarotoren granuliert. Dieses Granulat wird über den Fülltrichter der beheizbaren Spritzgußmaschine zugeführt (Bild 385).

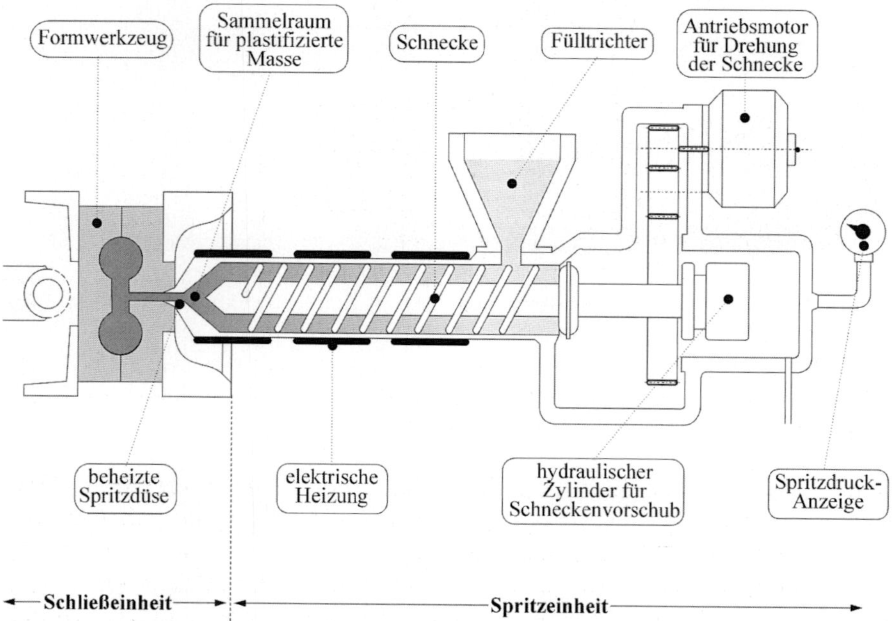

Bild 385: Schematische Darstellung des Spritzgießprozesses

Das vom Aufgabetrichter aufgenommene Granulat wird im beheizten Zylinder plastifiziert und von der als Förder- und Druckorgan wirkenden Schnecke in das formgebende Werkzeug gespritzt. Die Temperaturzonen des beheizbaren Plastifizierzylinders richten sich nach den Tropfpunkten und dem Viskositätsverlauf der verwendeten organischen Komponenten. Sie liegen je nach Fließverhalten der Pulver und dem Gehalt an organischen Bestandteilen zwischen 160 und 240°C.

Die Werkzeugtemperatur liegt unterhalb der Erstarrungspunkte der Kunststoffe, so daß die plastische Masse erstarrt und entformt werden kann. Sie sollte so gewählt werden, daß die Fließfähigkeit der Masse so lange erhalten bleibt, bis die Werkzeugform vollständig gefüllt ist. Durch hohe Werkzeugtemperaturen können somit Inhomogenitäten über den Probenquerschnitt und Preßkegel verhindert werden. Andererseits muß diese Temperatur soweit unterhalb des Erstarrungspunkts der niedrigstschmelzenden organischen Komponente liegen, daß eine Blasenbildung an der Oberfläche der Proben nach dem Entformen verhindert wird. Um diesem Kompromiß gerecht zu werden, liegen die Werkzeugtemperaturen üblicherweise zwischen 40 und 70°C.

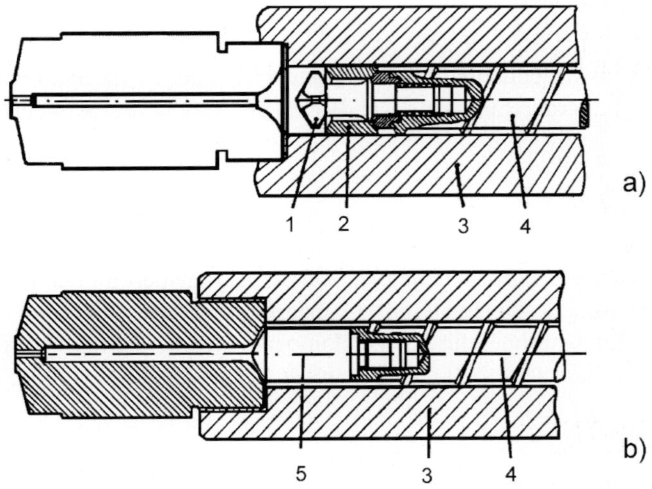

Bild 386: (a) Schneckenspitze mit Rückstromsperre, Zylinder mit offener Düse. (b) Schneckenspitze ohne Rückstromsperre, Zylinder mit offener Düse. 1,5: Schneckenspitze; 2: Rückstromsperre; 3: Zylinder; 4: Schneckenkern.

Je nach Fließverhalten der Masse werden Schnecken mit unterschiedlicher Geometrie verwendet. Bei hohen Kunststoffgehalten und Pulvern mit relativ breiter Kornverteilung können wegen der guten Fließfähigkeit der Gemenge konventionelle Thermoplastschnecken mit Kompressionszone und Rückstromsperre verwendet werden (Bild 386a). In der Kompressionszone im vorderen Teil der Schnecke nimmt deren Kerndurchmesser zu, wodurch eine zusätzliche homogenisierende Wirkung erreicht wird. Die Rückstromsperre verhindert beim Einspritzvorgang, daß das Material nach hinten weggedrückt wird.

Bei der Verwendung von Pulvern mit sehr enger Kornverteilung oder bei sehr niedrigen Kunststoffgehalten werden wegen der schlechten Fließfähigkeit der Gemenge Duromerschnecken ohne Kompressionszone und ohne Rückstromsperre eingesetzt (Bild 386b). Aufgrund der größeren Zwischenräume zwischen Schnekkenkern bzw. Schneckenspitze und Zylinderwand lassen sich auch schlecht fließfähige Pulver verspritzen.

Bei Massen mit schlechtem rheologischen Verhalten erfolgt außerdem das Einspritzen in das Werkzeug nicht senkrecht zur Trennfläche, wie in Bild 385 dargestellt, sondern es wird durch vertikale Anordnung des Plastifizierzylinders in die Trennebene des Werkzeugs gespritzt. Durch diese Anordnung entfallen unnötige Umlenkkanäle im Werkzeug, in denen die Masse zu Entmischungen neigt. Die Homogenität der gespritzten Proben kann weiterhin über die Optimierung der Einspritzgeschwindigkeit und des Einspritzdrucks verbessert werden.

Das Drehmoment, die Drehzahl und die Geometrie der Schnecke beeinflussen den Materialtransport und vermitteln die notwendigen Scherspannungen zur Homogenisierung der Masse. Das Drehmoment M_x für einen bestimmten Schneckendurchmesser D_x kann aus einem bekannten Drehmoment M_0 bei gegebener Drehzahl D_0 berechnet werden [999].

$$M_x = M_0 (D_x / D_0)^{2,7} \tag{377}$$

Der Massedurchsatz ist im wesentlichen von der Ganghöhe h der Schnecke, dem Gangwinkel θ, dem Zylinderdurchmesser D und der Drehzahl N der Schnecke abhängig:

$$Q = \frac{\pi}{2} D^2 N h \sin\theta \cos\theta \tag{378}$$

wobei von diesem Durchsatz ein druckabhängiger Masserücktransport im Schnekkenzylinder und ein gewisser Leckagematerialfluß abgezogen werden muß.

Andererseits nimmt die Scherrate, die für die Homogenisierung wichtig ist, im Einzugsbereich der Schnecke nach [999] nach folgender Beziehung zu:

$$\dot{\gamma} = \frac{DN}{h} \tag{379}$$

mit

$\dot{\gamma}$ = Scherrate
D = Schneckendurchmesser
N = Schneckendrehzahl
H = Ganghöhe

Für niedrigviskose Materialien werden daher, wie bereits erwähnt, geringe Ganghöhen (Kompressionszone), für höherviskose Massen größere Ganghöhen (Duroplastschnecken) gewählt. Der Einfluß der Schneckengeometrie auf den Durchsatz und die Homogenität der Bauteile ist in [999] ausführlich beschrieben. Die Homogenität der gespritzten Bauteile kann weiterhin über die Optimierung der Einspritzgeschwindigkeit und des Einspritzdrucks verbessert werden. Bild 387 zeigt die zu beeinflussenden Parameter beim Spritzgießen.

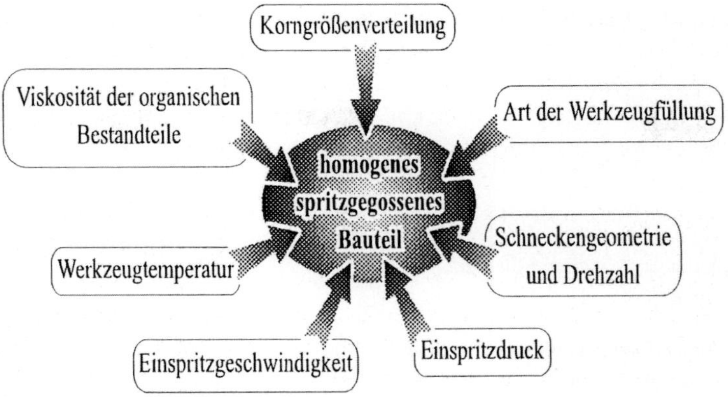

Bild 387: Optimierungsparameter beim Spritzgießen

Ein sehr entscheidender Verfahrensschritt bei der Herstellung spritzgegossener keramischer Bauteile ist das Ausheizen der organischen Additive. Bis zu 50 Vol.-% Binder, Plastifizierer und Gleitmittel müssen aus dem Grünkörper vor dem Sintervorgang ausgetrieben werden. Je nach Wandstärke kann das Austreiben der Additive von einigen Stunden bis zu mehreren Wochen dauern. Im Vakuum (bevorzugt vor allem bei Nichtoxidkeramiken) schätzt German [1000] die Ausheizzeit ab zu

$$t = \frac{22{,}5 H^2 (1 - E^2) PG}{[E^3 D^2 F (P^2 - P_0^2)]} \tag{380}$$

mit
H = Bauteilwandstärke
E = Porenanteil
P = Druck an der Binder-Dampf-Grenzfläche
G = Viskosität des Dampfes
D = Teilchendurchmesser
F = Verhältnis des Volumens des Binders im festen und im gasförmigen Zustand bei einem Druck P
P_0 = externer Gasdruck.

Diese Gleichung beinhaltet mehrere Vereinfachungen, zeigt aber deutlich die quadratische Abhängigkeit zwischen Ausheizzeit t und Bauteilwandstärke H.

Beim Ausheizen flüssiger organischer Bestandteile in einem Pulverbett beeinflussen Kapillarkräfte die Geschwindigkeit des Binderverlustes. Dieses Verfahren bietet sich z.B. beim Einsatz niedrigviskoser Wachse an. Die treibende Kraft für das Austreiben der flüssigen Additive ist die Schwerkraft und Kapillarkräfte gemäß [940]

$$\Delta P = 2\gamma_{LV} (\cos\theta_1 / R_1 - \cos\theta_2 / R_2), \tag{381}$$

mit
γ_{LV} = Oberflächenspannung der organischen Flüssigkeit
θ_1, θ_2 = Benetzungswinkel der Flüssigkeit im Bauteil und Pulverbett
R_1, R_2 = Porenradius im Bauteil und im Pulverbett.

Die Ausheizzeit nach diesem Verfahren wurde wiederum von German [1000] abgeschätzt zu

$$t = 4{,}5\left[\frac{(1-E_{\mathrm{c}})2GH^{2}D_{\mathrm{w}}}{E_{\mathrm{c}}^{3}WD_{\mathrm{c}}(D_{\mathrm{c}}-D_{\mathrm{w}})}\right] \tag{382}$$

mit

E_c = Porenanteil des Bauteils
G = Viskosität der organischen Flüssigkeit
H = Bauteilwandstärke
D_w = Teilchendurchmesser des Pulverbetts
W = Binder-Dampf-Oberflächenenergie
D_c = Teilchendurchmesser im Bauteil.

Das Austreiben der Organik auf diesem Weg geschieht also um so schneller, je größer der Porenanteil im Bauteil, je geringer die Viskosität des Binders und die Wandstärke des Bauteils und je größer die Differenz der Teilchengrößen zwischen Bauteil und Pulverbett ist.

Bei oxidationsempfindlichen Materialien wird zum Austreiben organischer Additive die thermische und oxidative Zersetzung genutzt. Hierbei spielen Verdampfungs-, Diffusions- und Strömungsvorgänge eine Rolle ähnlich dem keramischen Trocknungsprozeß. Mutsuddy [999] beschreibt die Oxidation der Polymere als Serie chemischer Reaktionen gemäß Tabelle 77.

Tabelle 77: Oxidationsverlauf von Polymeren aus [999]

1) RH[a] + IN[b]	→	R*	Startreaktion
2) R* + O	→	ROO*	
3) ROO* + RH	→	ROOH + R*	Hauptreaktion
4) ROOH	→	RO* + HO*	
5) RO* + RH	→	ROH + R*	Kettenverzweigung
6) HO* + RH	→	HOH + R*	
7) ROO* (RO* etc.)	→	inerte Produkte	Endreaktion

a. Polymer
b. Initiator

In einer ersten Reaktion entstehen bei Wärmezufuhr innerhalb des Polymers Radikale (Gleichung 1), die später mit Sauerstoff zu einem Peroxyradikal reagieren (2), das seinerseits mit dem Wasserstoff anderer Polymermoleküle Hydroperoxid und ein weiteres Radikal bildet (3). Dieses zweite Radikal reagiert wiederum gemäß Gleichung (2) und (3). Diese Kettenreaktion kann vielfach wiederholt werden. Hydroperoxid ist unstabil und zerfällt in Radikale (4), die mit Wasserstoff anderer Moleküle nach (5) und (6) neue verzweigte Ketten bilden. Der Prozeß ist beendet, wenn die Radikale in inerte Produkte disproportionieren.

Ein Teil des Binders verläßt das poröse Bauteil über die flüssige Phase, der Rest als gasförmiges Reaktionsprodukt. Treibende Kräfte für das Ausheizen der Binder sind Druckdifferenzen im Fall des Binderaustritts über die flüssige Phase oder Konzentrations- bzw. Dampfdruckdifferenzen und damit Diffusionsprozesse beim Austritt über die Gasphase. In diesem Falle ist die Knudsen-Diffusion in Kapillaren der geschwindigkeitsbestimmende Schritt für das Austreten der gasförmigen Reaktionsprodukte aus dem porösen Formteil.

Experimentelle Untersuchungen haben gezeigt, daß der Porendurchmesser *D*, der sich nach dem Ausheizen der Binder einstellt, abhängig ist vom Teilchendurchmesser *R* der spritzgegossenen Pulver: Nach Wada und Oyama [1001] ist $D = (0{,}3\text{-}0{,}4)\cdot R$ für Siliciumnitrid, und $D = (0{,}2\text{-}0{,}3)\cdot R$ für Siliciumcarbid.

Um Defekte beim Ausheizen zu vermeiden, ist es in der Praxis wichtig, daß Oxidation und Zersetzung der Binder, Plastifizierer und Gleitmittel nicht bei derselben Temperatur beginnen. Der Gewichtsverlust sollte sich möglichst über einen großen Temperaturbereich erstrecken (Bild 388).

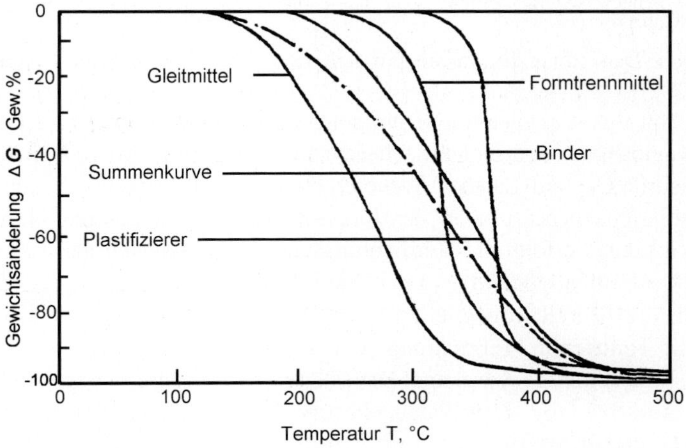

Bild 388: Ausheizverhalten organischer Bestandteile aus spritzgegossenen Bauteilen

7.3.2.3 Preßverfahren

Preßverfahren lassen sich je nach Art der Druckaufbringung in axiale und isostatische Verfahren unterteilen. Die Stabilität des Grünkörpers wird dabei durch eine Restfeuchte < 5 Gew.-%, durch organische Additive oder durch mechanische Verhakung der Pulverteilchen erreicht.

7.3.2.3.1 Uniaxiales Trockenpressen

Unter dem Begriff Trockenpressen wird allgemein die Verdichtung von Pulvern oder Granulaten zwischen zwei Stempeln in gehärteten Metallmatrizen in axialer Richtung verstanden (Bild 389).

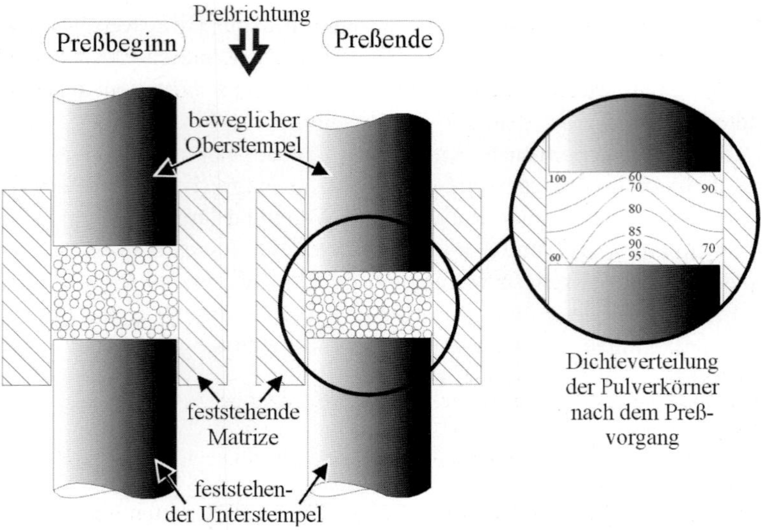

Bild 389: Schematische Darstellung des Trockenpressens

Dieses Verfahren läßt nur vergleichsweise einfache Geometrien zu und wird bei der Herstellung magnetischer und dielektrischer Bauteile, bei Substraten, Wendeschneidplatten, Dichtungen und Lagern, Sensoren, feuerfesten Artikeln, Schleifscheiben, Steatitisolationskörper und in der Fliesenproduktion eingesetzt. Nach dem Füllen des Werkzeugs erfolgt die Verdichtung und das Auswerfen der Teile. Die Verdichtung wird im allgemeinen durch eine Preßdruck-Preßdichte-Kurve beschrieben und in drei Bereiche gegliedert [1004]. Im ersten Bereich der Verdichtung werden die Teilchen in Preßrichtung verschoben, die Verdichtung erfolgt durch Gleit- und Umorientierungsvorgänge. Die Gleitvorgänge werden begünstigt durch organische Additive, sog. Lubrikante, die den Pulvern üblicherweise vor oder während der Granulierung zugegeben werden (Tabelle 78). Die Gesamtkonzentration an Preßhilfsmitteln liegt in der Regel zwischen 1 und 5 Gew.-%.

Tabelle 78: Organische Additive für ein sprühgetrocknetes keramisches Granulat [940]

Additiv	Konzentration (Gew.-%)
Polyvinylalkohol	83,1
Glycerol	8,3
Ethylenglykol	4,1
Verflüssiger	4,1
Benetzungsmittel	0,2
Entschäumer	0,2

Im zweiten Bereich werden Agglomerate zerstört, im dritten kommt es teilweise zu plastischer Deformation. Die Preßdichte nimmt im ersten Bereich fast linear mit dem Preßdruck zu, zeigt dann aber einen stark degressiven Verlauf. Basierend auf den Modellen von Fischmeister und Arzt [1005] und Helle, Easterling und Ashby [1006] haben Oberacker et al. [975] unter Einbeziehung der Bestimmung der Einzelgranulatfestigkeit die Preßdruck-Preßdichte-Kurve mit folgenden Beziehungen beschrieben:

$$P = 3D^2 \frac{(D - D_0)}{(1 - D_0)} \frac{1}{20} [5 + 6(5D - 6D_B)^2] \sigma_{yg} \qquad \text{für } [D_0 < D < 0{,}9] \qquad (383)$$

$$P = \frac{2}{3} \ln\left(\frac{1}{1 - D}\right) \frac{1}{20} [5 + 6(5D - 6D_B)] \sigma_{yg} \qquad \text{für } [0{,}9 < D < 1] \qquad (384)$$

mit

P = Preßdruck

D_o = Ausgangsdichte des Pulverbettes bezogen auf die Ausgangsdichte der Einzelgranalien

D = aktuelle Dichte des Pulverpreßlings bei Druck P bezogen auf die Ausgangsdichte der Einzelgranalien

σ_{yg} = druckabhängige Fließgrenze des Granulats aus der Einzelgranulatprüfung

D_B = Äquivalentdichte beim Granulatbruch

Für ein Al_2O_3-Fließbettsprühgranulat mit Polyvinylalkohol (PVA) und Polyethylenglycol (PEG) als Gleitmittel konnten sie unter Annahme gewisser Vereinfachungen, wie z.B. der Inkompressibilität der Einzelgranalien, zeigen, daß die Preßkurve aus der Einzelgranulatcharakteristik gut vorausberechnet werden kann (Bild 390), wobei sie einmal mit der Granulatfestigkeit σ_g und einmal mit der Einzelgranulat-Druckfließgrenze σ_{yg} ermittelt wurde.

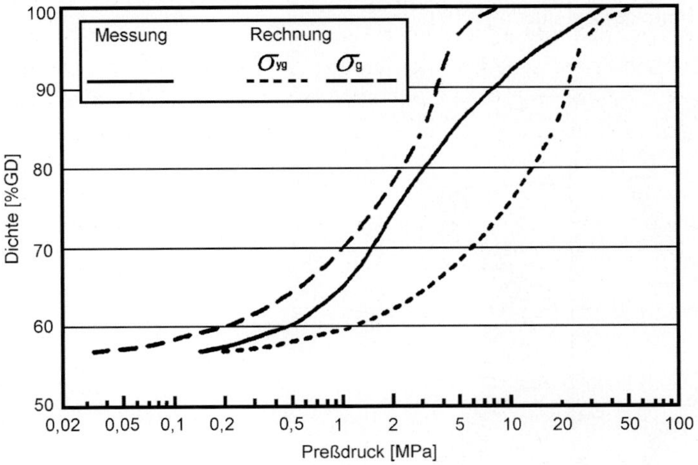

Bild 390: Vergleich der experimentellen Preßkurve mit Rechnungen auf der Basis von Granulatfestigkeit bzw. -Druckfließgrenze (PVA/PEG = 40/60) aus [975]

Alle diese Überlegungen gehen von einer gleichmäßigen Verdichtung des Bauteilquerschnitts aus. In Abhängigkeit vom Verhältnis Durchmesser/Höhe ergeben sich allerdings Dichteverteilungen (Bild 389), die beim Sintern zum Verzug der Bauteile führen. Diese ungleichmäßige Verdichtung ist auf Reibung zwischen den Körnern, Reibung zwischen Pulverteilchen und Matrize sowie unterschiedliche Verdichtungswege einzelner Granalien zurückzuführen. In der Praxis wirkt man diesen Gegebenheiten durch Modifizierung der organischen Additive und aufeinander abgestimmte Bewegung von Ober- und Unterstempel entgegen. Drumm et al. [1007] bestimmen dazu in instrumentierten Preßwerkzeugen mit Druck- und Wegsensoren Radialdrücke sowie Ober- und Unterstempelwege. Darüber hinaus muß bei der Werkzeugauslegung die Rückdehnung trocken gepreßter Artikel in axialer und radialer Richtung berücksichtigt werden.

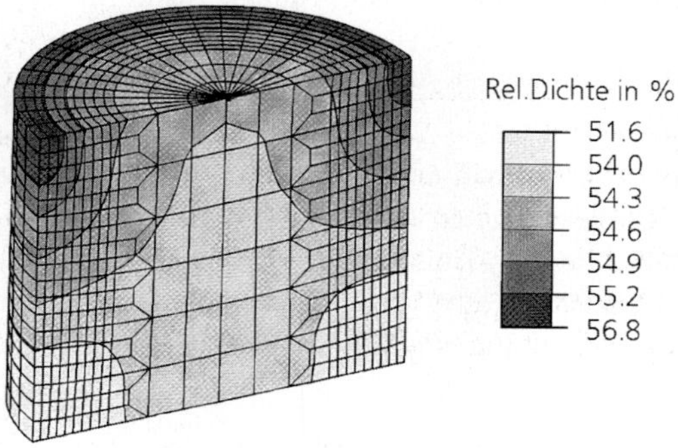

Bild 391: Dichteverteilung in der oberen Hälfte eines trockengepreßten Zylinders (Axialschnitt durch die Mitte des Zylinders) [1007]

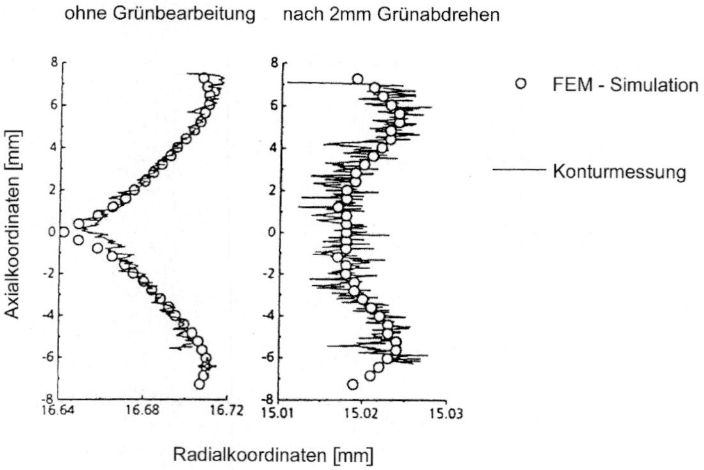

Bild 392: Vergleich der vorhergesagten Kontur eines bearbeiteten und eines unbearbeiteten trockengepreßten und gesinterten Zylinders mit experimentellen Ergebnissen [1007]

Um die Werkzeugauslegung zu beschleunigen, wird heute mit Hilfe der Methode der Finiten Elemente in Verbindung mit geeigneten Werkstoffgesetzen für Pressen und Sintern die Bauteilherstellung simuliert [1008]. Die Kenntnis der Gründichteverteilung ermöglicht unter Berücksichtigung der mathematischen Beschreibung der Sinterkinetik die Berechnung des Sinterverzugs (Bild 391 und Bild 392). Der hohe Zeitaufwand und die hohen Kosten der trial-and-error-Methoden können mit dieser Technik deutlich reduziert werden.

7.3.2.3.2 Isostatisches Pressen

Produkte mit großem Längen/Durchmesserverhältnis, komplizierter Gestalt oder großem Volumen können häufig nicht trockengepreßt werden und müssen daher isostatisch verdichtet werden. Bei diesem Verfahren wirkt der Druck allseitig gleichförmig auf das zu verdichtende Granulat. Als Druckmedium wirken Flüssigkeiten, wobei das zu verdichtende Granulat durch eine elastische Formenhülle (Kapsel) vom Druckmedium getrennt ist. Diese Hülle (meist Gummi oder flexible Polymere) muß den Druck möglichst gleichmäßig übertragen.

Beim *Naßmatrizenverfahren* (Bild 393) werden flexible Formen mit Granulat auf Rütteltischen gefüllt, häufig evakuiert und abgedichtet. Anschließend werden diese Formen in einem mit Flüssigkeit gefüllten Druckbehälter bei Drücken bis 400 MPa verdichtet. Nach der Druckentlastung können die verdichteten Teile entformt werden. Zur Herstellung von Hohlkörpern wird das Granulat auf runde Metallkerne aufgepreßt. Aufgrund der Rückfederung beim Druckentlasten kann das Metallteil, das die Innenkontur des Hohlkörpers bildet, herausgezogen werden.

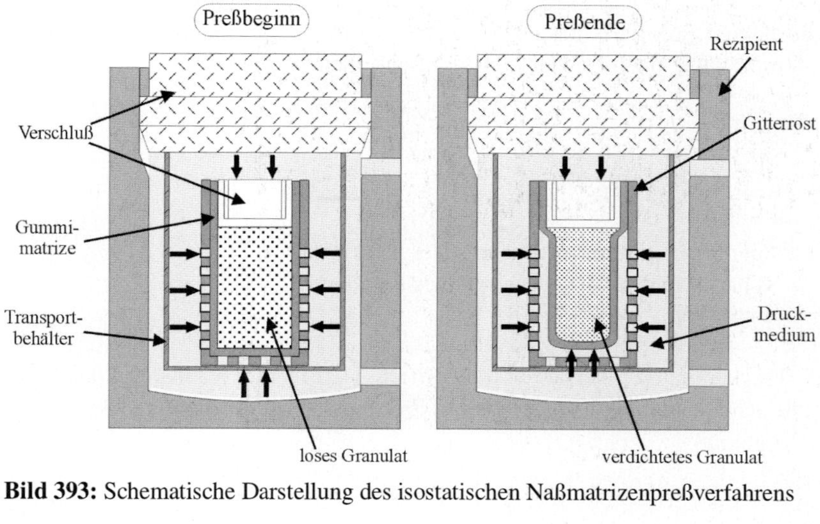

Bild 393: Schematische Darstellung des isostatischen Naßmatrizenpreßverfahrens

Beim *Trockenmatrizenverfahren* (Bild 394) ist die flexible Form fest mit dem Druckgefäß verbunden. Die Füllung der Form mit Granulat erfolgt also in der Presse, der Druck von bis zu 50 MPa wird durch das Druckmedium und die flexible Matrize auf das zu verdichtende Granulat übertragen. Insbesondere bei großen Flachgeschirrteilen kommt diese Art der Preßtechnik dem Trockenpressen sehr nahe. Bei kleinformatigen Artikeln wie Zündkerzenkörpern, Mahlkugeln oder Schmelzsicherungskörpern ist das isostatische Prinzip eher verwirklicht. Eine ausführliche Beschreibung der isostatischen Preßtechnik, ihrer Varianten, den grundlegenden Verdichtungsmechanismen und technologischen Lösungen liefern Schulle [1009] und Hülsenberg [992].

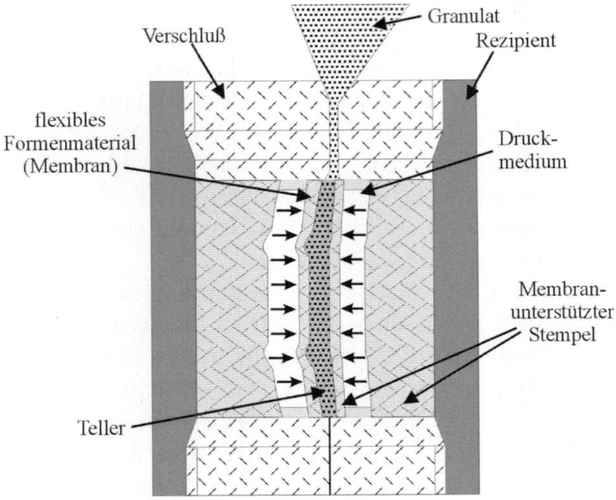

Bild 394: Schematische Darstellung des Trockenmatrizenpreßverfahrens

Bei Preßdrücken > 20 MPa läßt sich für das Naßmatrizenverfahren die druckabhängige Verdichtung nach Hechel [1010] beschreiben zu

$$\ln\left(\frac{V_p}{V_p - V_\infty}\right) = c_1 p + c_2 \quad (385)$$

mit

V_p = Volumen des Preßkörpers beim Druck p

V_∞ = Volumen des Prüfkörpers beim Druck unendlich

c_1, c_2 = Konstanten

Für das Trockenmatrizenverfahren hat Ulrich [1011] die Kawakita-Gleichung [1012], die den Zusammenhang zwischen Preßdruck und Verdichtung beschreibt modifiziert gemäß

$$\frac{p}{c_\mathrm{v}} = \frac{1}{c_3 c_4} + \frac{p}{c_3} \quad (386)$$

wobei $c_v = \dfrac{V_0 - V_p}{V_0}$, mit

V_0 = Volumen der Preßgranulatschüttung
c_3, c_4 = Konstanten

Am Beispiel von Porzellanmassen konnte dieser Zusammenhang bis zu einem Druck von 50 MPa bestätigt werden (Bild 395). Obwohl die Druckverteilung aufgrund der Befestigung der Form beim Trockenmatrizenverfahren nicht rein isostatisch ist, hat es sich für die Serienproduktion von Zündkerzen, Schmelzsicherungen und Flachgeschirr durchgesetzt.

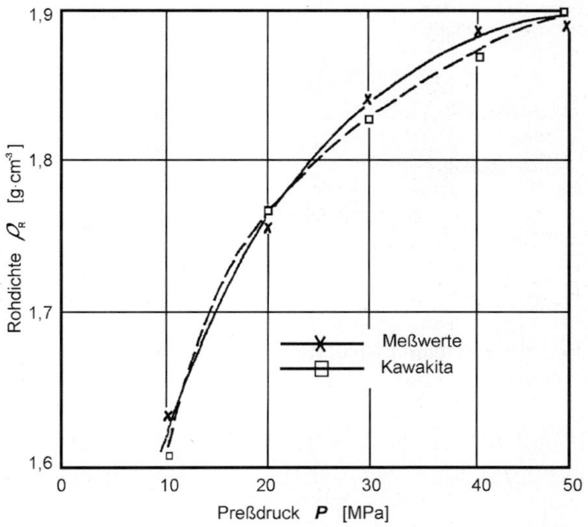

Bild 395: Rohdichte von Porzellanpreßlingen in Abhängigkeit vom Preßdruck für gemessene und berechnete Werte nach der modifizierten Kawakita-Gleichung [1011].

7.3.2.4 Neuentwicklungen

In den vergangenen Jahren wurden einige Formgebungsverfahren entwickelt, die deutliche Vorteile gegenüber den konventionellen Verfahren aufweisen, von denen allerdings noch nicht klar ist, ob sie sich in der Praxis durchsetzen werden.

Thermische Spritzverfahren wurden ursprünglich entwickelt, um metallische Werkstoffe mit keramischen Überzügen zu versehen und sie damit vor thermischen Einwirkungen und vor Korrosion zu schützen. In neuerer Zeit wurden allerdings auch Möglichkeiten entwickelt, ganze Bauteile nach diesen Spritzverfahren herzustellen. Beim *Flammspritzen* von keramischen Werkstoffen werden keramische Pulver oder Stäbe mit Acetylen, Sauerstoff, oder anderen Verbrennungsgemischen zum Schmelzen gebracht und auf den kalten oder leicht vorgewärmten, aufgerauhten Grundwerkstoff aufgespritzt (Bild 396). Eine Flammspritzpistole arbeitet nach dem Gleichdruckprinzip, wobei das Spritzgut aus einem Vorratsbehälter durch Injektorwirkung in die Brennerflamme eingeführt wird.

Das *Plasmaspritzen* wird überall dort eingesetzt, wo Materialien zur Anwendung kommen sollen, deren Schmelzpunkte so hoch liegen, daß die Temperaturen des Flammspritzverfahrens zum Aufschmelzen der Partikel nicht mehr ausreichen. Zwischen einer automatisch nachgeführten stabförmigen Kohlenstoffkathode und einer rotierenden scheibenförmigen Anode entsteht ein Plasma, also ein dissoziiertes und hochionisiertes elektrisch leitendes Gas, das beim Wasserplasmabrenner durch Wasserwirbel zentral stabilisiert wird.

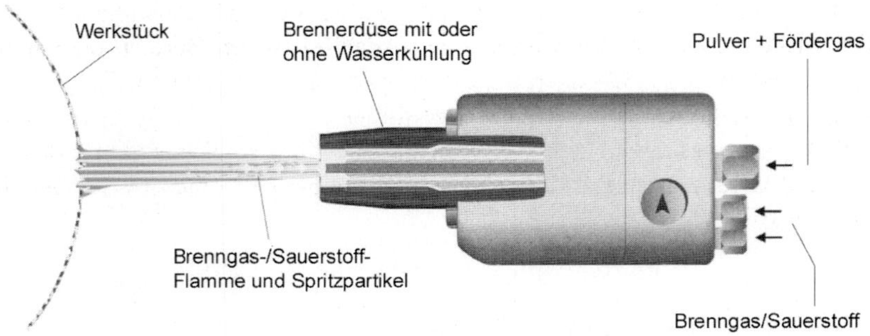

Bild 396: Schematische Darstellung des Hochgeschwindigkeits-Flammspritzens mit Pulver (Werksfoto Linde AG)

Dabei geht ein geringer Teil des Wassers nach Verdampfen und Zerfall in die Atome in ein Wasserstoff-Sauerstoffplasma über, der Hauptteil des Wassers kühlt jedoch das Plasma. Der Wasserplasmabrenner zeichnet sich durch großen Pulverdurchsatz und entsprechend hohe Auftragsraten aus. Zur Bauteilherstellung werden die aufgeschmolzenen Pulver auf erwärmte metallische Grundkörper aufgespritzt. Da die Metalle üblicherweise größere Ausdehnungskoeffizienten als die keramischen Werkstoffe besitzen, ziehen sich diese beim Abkühlen stärker zusammen, so daß zumindest bei einfach geformten Bauteilen die Spritzschicht nach dem Abkühlen abgenommen und die Teile gesintert werden können [1013]. Zur Erhöhung der Partikelgeschwindigkeit und zur Optimierung des Energieeintrages in das zu verarbeitende Pulver wurde das Detonationsspritzen und das Laserspritzen entwickelt [1014], [1015].

Beim **Gelcasting** wird ein keramischer Schlicker verarbeitet, der als organische Additive reaktive Monomere enthält. Monofunktionales Acrylamid ($C_2H_3CONH_2$) wird zusammen mit difunktionalem Methylenebisacrylamid ($(C_2H_3CONH)_2CH_2$) in deionisiertem Wasser gelöst. Bei Anwesenheit eines Initiators wie z.B. Ammoniumpersulfat ($(NH_4)_2S_2O_8$) und einem Katalysator wie z.B. Tetra-methylethylendiamid findet eine Vinylpolymerisation statt, die zu einem elastischen Hydrogel und damit zu einem handhabbaren Bauteil führt. Als Formenmaterial können Glas- oder einfache Metallcontainer verwendet werden [1016]. Nach der Gelierung und der Entnahme der Teile aus der Form wird der Binder wie bei konventionell gegossenen Bauteilen ausgeheizt, und die Produkte können gesintert werden.

Koagulationsgießen ist ein Verfahren, bei dem Schlicker mit Feststoffgehalten von über 60 Vol.-% verarbeitet werden. Nach dem Gießen in ein mehr oder weniger beliebiges Formenmaterial werden die abstoßenden Kräfte an der Teilchenoberfläche eliminiert, um die Suspension zu koagulieren und einen viskoelastischen Festkörper herzustellen. Um die abstoßenden Kräfte zu minimieren, wird der *p*H-Wert mit den in Kap. 7.3.1 beschriebenen Konsequenzen in Richtung des isoelektrischen Punktes verschoben, wodurch es zu einer Koagulation der Teilchen und zur Entstehung eines viskoelastischen Festkörpers kommt [1017].

Die *p*H-Änderung kann erfolgen durch die enzymatische Zersetzung eines Substrats oder durch die langsame Selbstzersetzung organischer Reagenzien (Tabelle 79). Der *p*H-Wert kann damit vom sauren in den basischen Bereich oder umgekehrt verändert werden. Darüber hinaus können die abstoßenden Kräfte durch Erhöhung der Salzkonzentration und damit durch Beeinflussung der Doppelschichtdicke an der Teilchenoberfläche beeinflußt werden. Den Einfluß des *p*H-Werts und der Salzkonzentration auf die Umwandlung in einen viskoelastichen Körper zeigt Bild 397.

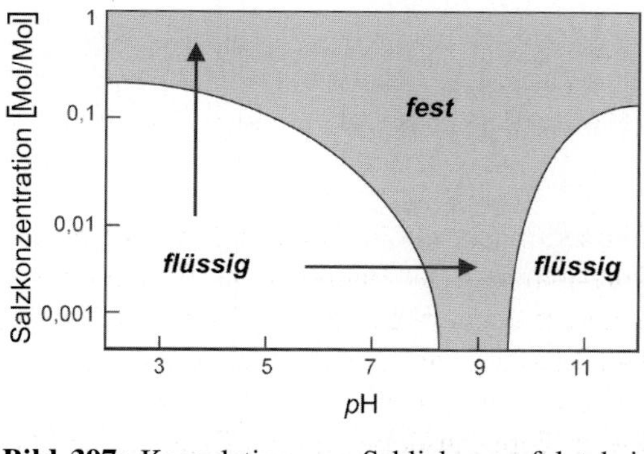

Bild 397: Koagulation von Schlickern erfolgt bei *p*H-Werten im Bereich des isoelektrischen Punkts und bei erhöhten Salzkonzentrationen (Reduzierung der Dicke der elektrischen Doppelschicht an Teilchenoberflächen) [1017].

Tabelle 79: Einige Reaktionen zur Änderung des *p*H-Werts in einer Suspension [1017]

Reaktion	*p*H-Änderung
Autokatalytisch	
Hydrolyse von Harnstoff (>80°C)	3-7
Hydrolyse von Formamid (>60°C)	3-7 oder 12-7
Hydrolyse von Estern	11-7
Hydrolyse von Laktonen	9-4
Enzymatisch	
Hydrolyse von Harnstoff über Urease	4-9 oder12-9
Hydrolyse von Amiden über Amidase	3-7 oder 11-7
Hydrolyse von Estern über Esterase	10-5
Oxidation von Glukose über Glukose Oxidase	10-4

Auch bei diesem Verfahren sind also kompliziert geformte Bauteile in einfachen Metall-, Gummi- oder Glascontainern herstellbar. Selbstsaugendes poröses Formenmaterial oder erhöhter Druck sind selbst zur Herstellung von Bauteilen mit größeren Wandstärken nicht notwendig.

Präkeramische Polymere werden als Ausgangsmaterial für die Herstellung insbesondere nichtoxidkeramischer Werkstoffe diskutiert. Bei der Herstellung von Siliciumcarbid aus Polycarbosilan (Bild 398) kommt es bei der Umwandlung der Polymer-Keramik zu einer Volumenschwindung von mehr als 50 %.

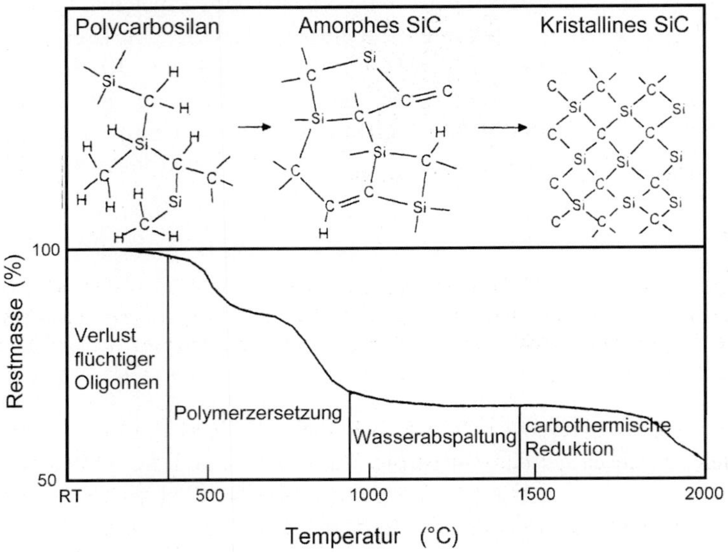

Bild 398: Strukturelle Änderungen bei der thermischen Zersetzung eines präkeramischen Polymers (Polycarbosilan) aus [1018].

Dies führt in der Regel zur Riß- oder Porenbildung bzw. zur Zerstörung des Bauteils. Die Schwindung kann reduziert werden, wenn die Polymermatrix mit anorganischen Pulverteilchen gefüllt wird oder wenn reaktive Füllerteilchen verwendet werden, die während der Reaktion mit Zersetzungsprodukten des Polymers expandieren und die ursprüngliche Schwindung kompensieren. Diese Verhältnisse sind schematisch in Bild 399 dargestellt.

Wenn auch dieses Verfahren noch weit von der Umsetzung in die betriebliche Praxis entfernt ist, so wird doch erwartet, daß ausgehend von präkeramischen Polymeren Eigenschaftsprofile keramischer Bauteile eingestellt werden können, die mit anderen Formgebungsverfahren nicht erreicht werden. Für spezielle Anwendungen wird die Polymerpyrolyse in der Zukunft sicher ihren Platz finden. Kapitel 6.10 informiert über Synthesemethoden und Eigenschaften.

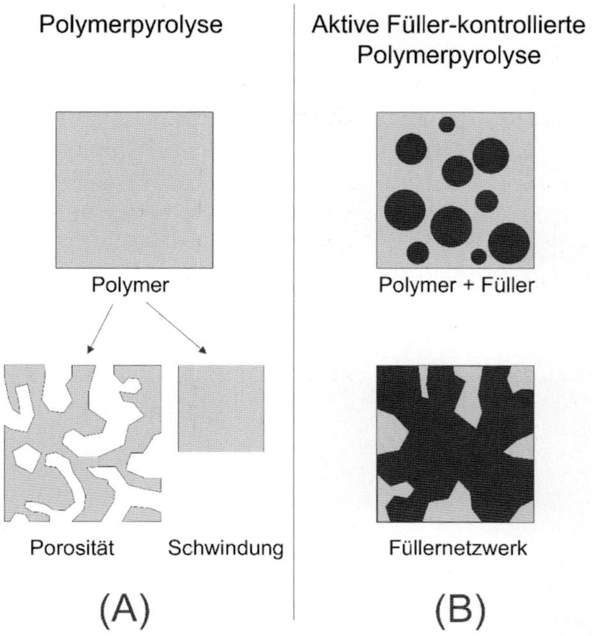

Bild 399: Gefügeveränderungen bei der Polymer-Keramik-Umwandlung: A) Polymerpyrolyse ohne Füller mit Porenbildung und Schwindung und B) Polymerpyrolyse mit aktiven Füllern, die die Schwindung durch Reaktionen mit Zersetzungsprodukten des Polymers kompensieren [1018].

Zur Herstellung von **Prototypen** befinden sich mehrere Techniken in der Entwicklung. Allen Verfahren gemeinsam ist die Konstruktion und die schichtweise Zerlegung von Bauteilen in einer CAD-Anlage. Sie unterscheiden sich dann aber in der Art der Schichtenherstellung und des Bauteilaufbaus aus diesen Schichten.

Abgeleitet von der Stereolithographie, bei der lichtempfindliche Polymere durch einen Laserstrahl polymerisiert und dadurch verfestigt werden, entwickelte sich das *3D-Printing* [1019]. Hierbei wird durch Gelierung aus wäßrigen keramischen Suspensionen ein Bauteil schichtweise aufgebaut. Die *Laminiertechnik* (Layer Manufacturing Technique, LMT) verwendet für den Aufbau von Bauteilen keramische Folien [1020]. Dieses Verfahren ist in der technischen Keramik bereits seit Jahrzehnten bekannt und bildet die Grundlage der Herstellung keramischer Gehäuse für elektronische Anwendungen. Die Folientechnik ist bislang das einzige formenfreie Herstellungsverfahren, das zur Serienreife entwickelt wurde. Beim schichtweisen Aufbau keramischer Bauteile in Extrudiertechnik (*Shape Deposition Manufacturing*, SDM) werden Prototypen aus einer Mischung von keramischen Pulvern und organischen Polymeren, wie sie auch beim Spritzgießen verwendet werden, hergestellt [1021]. Alle bisher genannten Verfahren haben den Nachteil, daß vor dem Sintern die organischen Zusätze ausgeheizt werden müssen. Sehr vielversprechende Ansätze für eine formenfreie Herstellung kompliziert geformter Prototypen ohne organische Additive in den Ausgangspulvern bietet das laserunterstützte Sintern (*Laser Assisted Sintering*, LAS) [1022]. Ein von der CAD-Anlage angesteuerter Laser sintert einzelne Schichten in einem keramischen

Pulverbett und baut das Bauteil sukzessive auf (Bild 400). Dieses Verfahren scheint auch insbesondere für die Herstellung von Prototypen aus Porzellan geeignet zu sein, da man einen glühbrandähnlichen Zustand simuliert. Die so hergestellten Bauteile können konventionell dekoriert und glasiert werden.

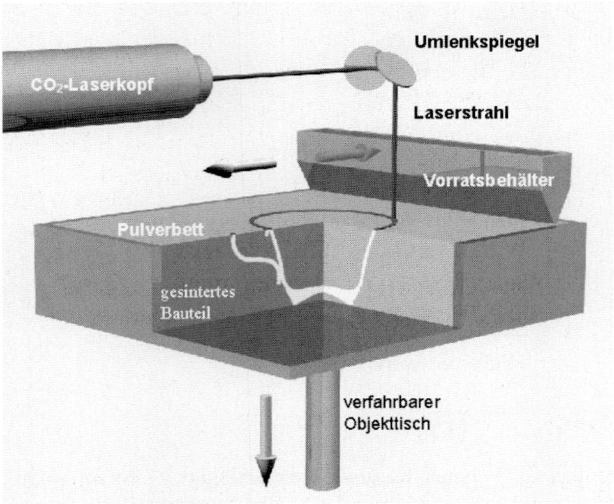

Bild 400: Schematische Darstellung einer Lasersinteranlage

7.4 Trocknung

Die wichtigsten Formgebungsverfahren (Kapitel 7.3) werden mit Massen durchgeführt, die Wassergehalte bis über 30 Gew.-% aufweisen können. Vor dem Brennen muß dieses Wasser entfernt werden, was besondere Sorgfalt erfordert, damit es den Scherben verläßt, ohne ihn zu schädigen. Diese Probleme sind nach den Formgebungsverfahren geringer, die mit niedrigen Feuchtigkeitsgehalten möglich sind, wie z.B. dem Trockenpressen. Die Grundlagen der Trocknung werden in mehreren Werken beschrieben, z.B. von Krischer und Kast [1023] sowie von Kröll [1024] in einer Serie über Trocknungstechnik oder von Keey [1025].

Gelegentlich wird Trocknung vor der Formgebung eingesetzt. Solche Verfahren können hier nur erwähnt werden, vor allem die Sprühtrocknung von aufbereiteten Suspensionen oder bei der Herstellung synthetischer Rohstoffe. Dort ist in einigen Fällen auch die Gefriertrocknung üblich. Wichtig ist dabei, daß während des Trocknens keine Entmischung der verschiedenen Komponenten eintritt.

7.4.1 Feuchtigkeitsabgabe

In keramischen Massen ist die in den Räumen zwischen den Feststoffteilchen enthaltene Feuchtigkeit relativ frei beweglich, was verständlich wird, wenn man bedenkt, daß z.B. 25 Gew.-% H_2O einen Volumenanteil von 45 % ergeben. Stärker gebunden ist das Wasser, das die einzelnen Teilchen unmittelbar umhüllt. Schließlich hat man bei quellfähigen Tonmineralen noch mit dem Zwischenschichtwasser zu rechnen.

Wird nun ein Formkörper einer Atmosphäre ausgesetzt, deren H_2O-Dampfpartialdruck geringer als der des Wassers im Formkörper ist, dann gibt letzterer Wasser an die Atmosphäre ab, der Trocknungsprozeß beginnt. In Bild 401 ist dieser Vorgang schematisch dargestellt. In der Masse sind alle Teilchen von einer Wasserhülle umgeben (a). Mit der Abgabe des Wassers rücken die Teilchen aufgrund von Kapillarkräften näher zusammen, es findet eine Volumenabnahme, die *Trockenschwindung*, statt. Schließlich berühren sich die Teilchen überall (b), so daß die Schwindung einen Endzustand, den *lederharten* Zustand, erreicht. Die weitere Wasserabgabe aus den Zwischenräumen führt zur Bildung von Poren, bei starker Trocknung wird auch noch das adsorbierte und das Zwischenschichtwasser entfernt (c).

Den quantitativen Zusammenhang zeigt an einem Beispiel das *Bourry-Diagramm* der Trocknung in Bild 402. Im Abschnitt I entspricht die Volumenabnahme der abgegebenen Wassermenge, d.h., die Schwindung ist proportional dem Wasserverlust.

Vor Beendigung der Schwindung, entsprechend Bild 401b, beginnt in der Praxis bereits eine Wasserabgabe aus den Zwischenräumen. Dieser II. Trocknungsabschnitt zeigt daher neben einer weiteren Schwindung auch die Bildung von Poren. Im III. Abschnitt ist die Schwindung beendet, durch die restliche Wasserabgabe vergrößert sich aber das Porenvolumen.

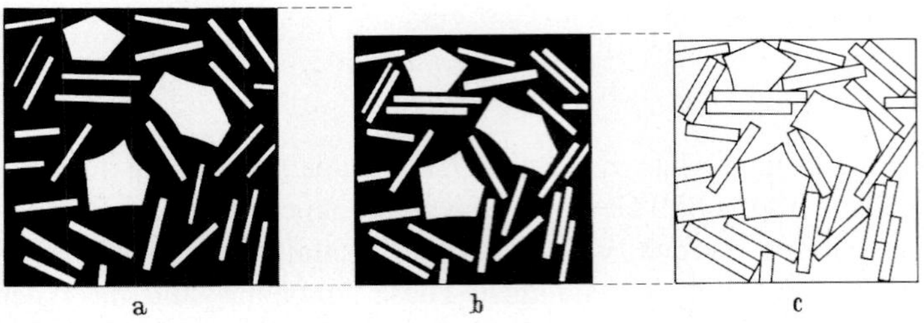

Bild 401: Schematische Darstellung des Trocknungsvorganges einer keramischen Masse

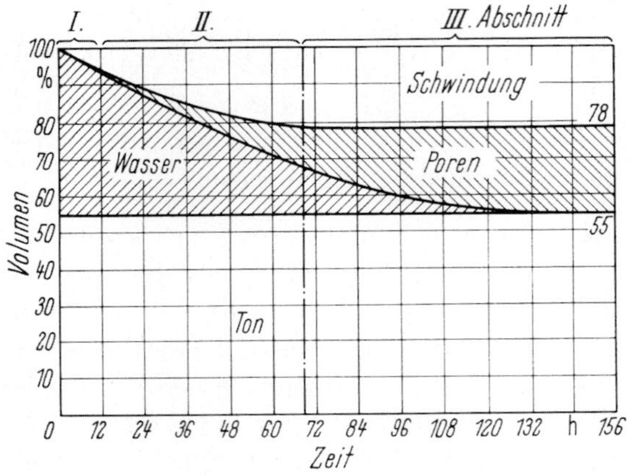

Bild 402: Trocknungsdiagramm für Tonmassen nach Bourry

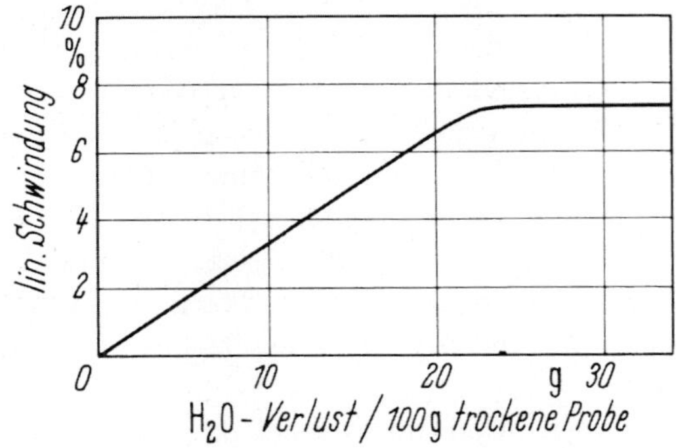

Bild 403: Bigot-Kurve der Trocknung der Masse von Bild 402

Nach dem Bourry-Diagramm beträgt der Wassergehalt am Ende des II. Abschnitts, also bei Beendigung der Schwindung, etwa 10 Gew.-%. Danach dürften trockengepreßte Massen, die maximal 8 Gew.-% H_2O enthalten, keine Trockenschwindung mehr zeigen. Trotzdem hat man noch im III. Abschnitt geringe Schwindungseffekte gefunden, die vom Wassergehalt und der Art der Tonminerale abhängen.

In den *Bigot-Kurven* wird die gemessene Schwindung über dem H_2O-Verlust aufgetragen (Bild 403). Auch aus ihnen kann man meist deutlich den Beginn des schwindungsfreien Abschnittes erkennen. Die Steigung des Anfangsabschnittes der Bigot-Kurven hängt von der Masse ab. Eine flache Steigung bedeutet eine geringere Formänderung, d.h., solche Massen lassen sich leichter trocknen. Die Trockenschwindung nimmt mit steigendem Feuchtigkeitsgehalt der Masse zu. Sie ist weiterhin davon abhängig, wie dicht sich die Teilchen bei der Wasserabgabe anordnen können. Infolgedessen nimmt mit abnehmender Korngröße die Schwindung zu. So zeigen Kaoline eine lineare Trockenschwindung von 3 bis 8 % und Tone von 6 bis 10 %, während sie bei den feinkörnigeren Montmorilloniten 10 bis 25 % beträgt. Bei letzteren trägt aber noch die Abgabe des Zwischenschichtwassers zu diesem hohen Wert bei. Im allgemeinen beobachtet man deshalb bei Kaolinen und Tonen, daß mit steigendem Anmachwassergehalt die Trockenschwindung ansteigt, ebenso wie mit steigendem Kationenaustauschvermögen. Durch Zugabe gröberer Bestandteile, durch *Magern*, kann man die Schwindung verringern. Die Übergänge zwischen den verschiedenen Abschnitten können dann bei anderen Wassergehalten liegen.

Die Trockenschwindung wird besonders dann groß sein, wenn die blättchenförmigen Tonmineralteilchen Gelegenheit haben, sich parallel zu lagern. Das wird bereits bei einigen Formgebungsverfahren vorgebildet, weshalb z.B. bei stranggepreßten Körpern die Schwindung längs des Stranges geringer als senkrecht dazu ist (Tabelle 80). Einen wichtigen Einfluß übt die Kationenbelegung aus. Nach dem früher beschriebenen Mechanismus der Verflüssigung durch Belegung mit Na-Ionen können sich solche Teilchen leichter parallel legen. Na-belegte Tonminerale zeigen deshalb eine größere Schwindung als Ca-belegte.

Tabelle 80: Einfluß der Kationenbelegung auf die Trockenbiegefestigkeit von Zettlitzer Kaolin nach Hofmann u. M. [1026] (stranggepreßte Stäbe, bei 40°C bis zur Gewichtskonstanz getrocknet)

Nr. der Lieferung	Kation	Trockenschwindung Länge %	Trockenschwindung ϕ %	Feststoffgehalt der trockenen Probe Vol.-%	Trockenbiegefestigkeit N/mm²
1	Na^+	4,4	10,2	61,4	4,4
	K^+	5,8	7,6	57,8	2,2
	Mg^{2+}	6,2	6,2	58,3	1,6
	Ca^{2+}	6,2	6,2	58,8	1,9
2	Na^+	4,8	10,0	61,0	3,0
	Ca^{2+}	6,5	8,5	59,1	1,6
	Ba^{2+}	5,9	7,6	57,2	1,0
	La^{3+}	6,6	7,4	54,7	0,8
	H_3O^+	7,4	8,9	55,6	1,4

Bestimmung des Trocknungsverlaufes. Der Trocknungsvorgang kann auf verschiedene Weise verfolgt werden. Am einfachsten ist das Handauflegen, wobei sich noch nasse Stellen durch den Wärmeentzug bei der Verdunstung kalt anfühlen. Ein altes Mittel ist auch das Ritzen mit dem Fingernagel: Bei feuchten Flächen ist der Strich dunkel, bei trockenen weiß bis grau. Weiterhin klingen feuchte Formlinge matt, trockene heller.

Die *Restfeuchte* im Formkörper läßt sich durch verschiedene Methoden bestimmen. Man unterscheidet Trennverfahren, in welchem die Restfeuchte extrahiert und bestimmt wird, und Gleichgewichtsverfahren mit Hilfe von Systemen, die mit dem Trocknungsgut im Gleichgewicht stehen. Letztere werden aber eher in der Bodenkunde eingesetzt und daher hier nicht weiter erläutert. Zu den Trennverfahren gehört die *Wägung* und Trocknung. Die Probe wird feucht gewogen, bis zur Gewichtskonstanz getrocknet und dann erneut gewogen. Die Massendifferenz entspricht der abgegebenen Feuchtigkeit. Dabei ist zu beachten, daß der Eintritt der Gewichtskonstanz nicht einer vollständigen Trocknung, sondern der Gleichgewichtseinstellung zwischen dem Dampfdruck im Formteil und dem Wasserdampfpartialdruck der Umgebung (Trockenraum) entspricht. Die Trocknung erfolgt in der Regel durch Erwärmung auf 105-130°C, damit der Stoffbestand nicht über chemische Vorgänge wie z.B. Verbrennung organischer Bestandteile Phasenumwandlungen verändert wird. Ferner muß eine Wiederaufnahme von Wasser zwischen Trocknung und Wägung z.B. durch gasdichte Probengefäße ausgeschlossen sein. Soll die Probe wirklich wasserfrei sein, d.h., soll auch neben Adsorbatwasser auch Kristallwasser bzw. chemisch gebundenes Wasser ausgetrieben werden, empfiehlt sich die *Glühung* bei 1000-1100°C bis zur Gewichtskonstanz. Oftmals werden chemische Analysen von natürlichen Rohstoffen nach Glühung angegeben. Dabei muß aber auch auf die Carbonatentsäuerung und die Aufoxidation von Sulfiden zu Sulfaten geachtet werden. Gute Aussagen erhält man durch Verfolgung des *Massenverlustes* über die Zeit und Temperatur. Zur Charakterisierung kleiner Proben bedient man sich der *Differentialthermogravimetrie*, mit welcher der Massenverlust auch als Funktion der Aufheizrate bestimmt werden kann. Die Feuchtigkeitsabgabe von großen Formteilen wird in Trockenschränken verfolgt, indem die Teile an einer Waage aufgehängt werden, die außerhalb der Kammer steht. In *Klimakammern* kann neben der Temperatur auch die Luftfeuchtigkeit kontrolliert werden, so daß technische Bedingungen besser simuliert werden können. Beim *Destillationsverfahren* wird eine Probe zusammen mit einer nicht mit Wasser mischbaren Flüssigkeit (Benzin, Benzol, Toluol) erhitzt. Der entstehende Dampf beider Flüssigkeiten wird mit einem Kühler in einem Messgefäß kondensiert. Dieses Verfahren kann auch bei sehr niedrigen Temperaturen ab -37°C eingesetzt werden, ist aber nur bei großen Volumina hinreichend genau. Das *Calciumcarbid-Verfahren* verwendet die Reaktion von CaC_2 mit H_2O zu $Ca(OH)_2$ und C_2H_2 (Acetylen). Die Probe wird in einem geschlossenen Behälter mit Manometer mit CaC_2 in Überschuß versetzt. Da CaC_2 sehr hygroskopisch ist, wird das absorbierte Wasser quantitativ umgesetzt. Das entstehende Acetylengas wird über die Druckerhöhung bestimmt. Mit dem Verfahren sind Wassergehalte ab 1 % mit einer Genauigkeit von 3 % relativ meßbar. Allerdings wird es mit zunehmendem Wassergehalt ungenauer, Voraussetzung ist auch, daß die Massen eine Porosität aufweisen. Die *Karl-Fischer-Methode* basiert auf einer iodometrischen Reaktion:

$$J_2 + SO_2 + 2\,H_2O \rightarrow H_2SO_4 + 2\,HJ \qquad (387)$$

Hierzu wird Iod (49 g) in Methanol (762 g) gelöst, flüssiges Schwefeldioxid (37 g) in Pyridin (152 g). Diese Karl-Fischer-Lösung wird tropfenweise in eine Methanol-Suspension der zu untersuchenden Substanz titriert, bis ein Farbumschlag von gelb nach braun eintritt, der überschüssiges Iod anzeigt. Zur Steigerung der Empfindlichkeit auf 50 µg/kg kann das Titrationsende auch über die elektrische Leitfähigkeit der Lösung bestimmt werden. Mit dem *Block´schen Feuchtesensor* ist eine indirekte Bestimmung des Trocknungsverlaufes möglich [1045], [1046]. Der Meßeffekt beruht darauf, daß die pro Volumeneinheit bestimmte Wärmeeindringfähigkeit $b = \sqrt{c_p \rho \lambda}$ mit c_p = spez. Wärmekapazität, ρ = Dichte und λ = Wärmeleitfähigkeit bei allen untersuchten Materialien mit dem Wassergehalt steigt. Zur Bestimmung der Wärmeeindringfähigkeit wird ein dünner Draht in das Meßgut eingebettet, wenige Sekunden mit konstanter elektrischer Heizleistung beaufschlagt und dabei seine Temperatur bestimmt. Je größer die Wärmeeindringfähigkeit der Umgebung des Sensors ist, um so weniger nimmt seine Temperatur während des Heizpulses zu. Die kurze Erhitzung erfaßt ein Gebiet von nur wenigen Millimetern um den Draht herum und erlaubt somit gezielte lokale Messungen in ausgewählten Bereichen des Formkörpers. Die eingespeiste Wärmemenge ist jeweils so gering, daß die Temperaturerhöhung der Umgebung des Drahtes schon kurze Zeit nach einem Heizpuls vernachlässigt werden kann. Für die Auswertung werden nur zwei charakteristische Werte, $T_a = T(t_a)$ und die Temperaturerhöhung $\Delta T(t_a)$ bis zur Endzeit t_e des Aufheizens, also $\Delta T = T(t_e) - T(t_a)$, verwendet. Um Informationen über die Trocknung zu gewinnen, betrachtet man die gemessene Temperaturdifferenz oder deren Kehrwert $B = 1/\Delta T$ als Funktion der Zeit und Temperatur. Feuchte und damit verbundene Verdampfungs- und Kondensationsprozesse erzeugen eine erhebliche zusätzliche Wärmeeindringfähigkeit, die erst abklingt, wenn der Wasserdampf die Masse verläßt. Über einer rechnerunterstützte Auswertung ergibt sich eine unmittelbare Information über die Feuchte, die es insbesondere erlaubt, das Trocknungsende zuverlässig festzustellen. Quantitative Aussagen lassen sich jedoch nur anhand von Kalibrierungswerten bestimmen. Als Sensoren werden dünne Drähte mit Durchmessern von 0,25 mm und Längen von 150 mm verwendet. Die als Widerstandsdrähte funktionierenden Sensordrähte stellen eine Kombination aus Heizdraht und Temperatur-Messung dar. Dabei wird die Vier-Punkt-Widerstandsmessung angewendet. Dieses ergibt eine erhöhte Genauigkeit, da keine Zuleitungswiderstände zu berücksichtigen sind. Die Drähte werden über keramische Lüsterklemmen und elektrische Leitungen mit der Speicher- und Auswerteeinheit verbunden. Die Ausgangssignale können auch zur Regelung von Brennerständen oder anderen Heizaggregaten herangezogen werden. Das Verfahren hat sich bei der Trocknungsüberwachung von Feuerbeton, schlickergegossenen Sanitärerzeugnissen und Gipsformen bewährt.

Die *lineare Trockenschwindung* wird an vorher eingeritzten Marken abgelesen, während die Volumenschwindung durch Auftriebswägung in Quecksilber bestimmt werden kann. Diese Methode hat den Vorteil, daß unter Normaldruck das Quecksilber nicht in die Poren eindringt. Zur kontinuierlichen Schwindungsmessung kleiner Proben mit zunehmender Temperatur wird auch das *Differentialdilatometer* herangezogen.

Das in Massen befindliche Wasser enthält gelöste Salze, die bei der Wanderung des Wassers mit an die Oberfläche kommen und sich dort anreichern. Salmang [242] hat darauf hingewiesen, daß bei ungleichmäßiger Trocknung an den Stellen der stärksten Wasserabgabe beim Brand ein dichterer Scherben entsteht. Das kann man gut durch Tauchen des Scherbens in 2 %ige $KMnO_4$-Lösung erkennen.

7.4.2 Trocknungsgeschwindigkeit und Schnelltrocknung

Zu Beginn der Trocknung kann das Wasser frei in die Atmosphäre übertreten. Die *Trocknungsgeschwindigkeit* ist dann proportional der Oberfläche und zunächst konstant. Ihre Größe hängt ab vom Feuchtigkeitsgehalt der Atmosphäre und von der Temperatur. Natürlich ist dabei wichtig, daß das verdunstende Wasser immer von der Oberfläche durch geeignete Luftströmung abgeführt wird.

Die Trocknungsgeschwindigkeit ist so lange konstant, wie aus dem Inneren genügend Wasser an die Oberfläche nachgeliefert werden kann. Der Transport erfolgt im wesentlichen durch Kapillarkräfte, ist daher abhängig vom Kapillarsystem und damit von der Art des Feststoffgehaltes. Das Ende dieses Abschnittes ist erreicht, wenn zur Oberfläche hin kein geschlossenes, mit Wasser gefülltes Kapillarsystem mehr besteht. Im Inneren gibt es dann schon viele Poren und enge mit Wasser gefüllte Kapillaren. Dieses Stadium fällt daher meist mit dem Ende der Schwindung zusammen; der Wassergehalt beträgt etwa 10 Gew.-%.

Im weiteren Trocknungsverlauf geht die Wasserkonzentration an der Oberfläche stark zurück. Der Nachtransport erfolgt durch Verdunstung aus dem Innern, dem sich ein immer größer werdender Diffusionswiderstand entgegenstellt. Da außerdem der Dampfdruck des Wassers in den enger werdenden Kapillaren immer geringer wird, beobachtet man einen Abfall der Trocknungsgeschwindigkeit. Meist findet man zwischen dem 1. Trocknungsabschnitt mit konstanter Geschwindigkeit und dem eben beschriebenen 2. Trocknungsabschnitt einen scharfen Knick in der Geschwindigkeit. Im Bourry-Diagramm von Bild 402 haben die dort erwähnten Abschnitte I, II und III eine andere Bedeutung, indem sie auf die Schwindung bezogen sind. Mostetzky [1027] geht näher auf die Trocknungsabschnitte ein, besonders auf den 1. Knickpunkt . Bild 404 bringt die Verhältnisse bei einem Granulat. Diese oft verwendete Art der Darstellung ist von rechts nach links zu lesen. Bis etwa 10 Gew.-% Feuchtigkeit bleibt die Geschwindigkeit konstant, um dann scharf abzufallen. Mit steigender Temperatur steigt die Trocknungsgeschwindigkeit an. Die Grenzen zwischen dem 1. und 2. Trocknungsabschnitt liegen dann auf der in Bild 404 gestrichelt eingezeichneten Knickpunktkurve.

Oft beobachtet man noch einen weiteren Knickpunkt, wie auch in Bild 404 zu erkennen ist. In diesem 3. Trocknungsabschnitt wird das Restwasser entfernt, das in sehr engen Kapillaren sitzt oder als Adsorptionswasser sehr fest gebunden ist.

Das Material wird dann als „hygroskopisch“ bezeichnet, weil es in feuchter Atmosphäre durch Adsorption wieder Wasser aufnimmt. Dies hat jedoch nichts mit der Hygroskopie im chemischen Sinne zu tun. Bei einem Material mit einer spezifischen Oberfläche von 20 m^2/g ergibt die Ausbildung einer monomolekularen H_2O-Schicht bereits einen H_2O-Gehalt von etwa 0,3 Gew.-%.

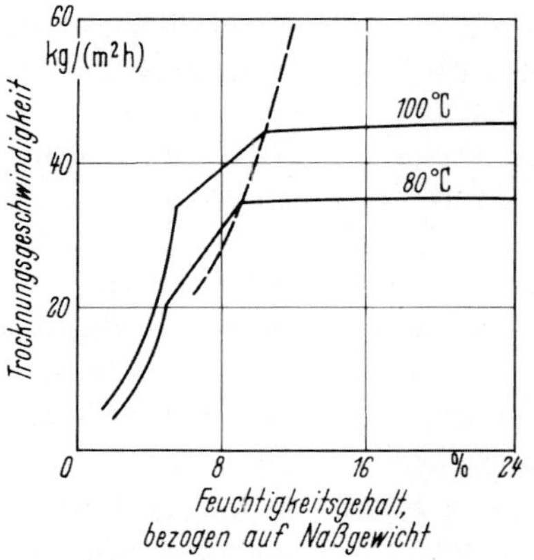

Bild 404: Trocknungsgeschwindigkeit eines durchbelüfteten Granulats einer Fußbodenplattenmasse nach Schrader [1029]

Demgegenüber stellt die Trocknung in den letzteren Abschnitten eine Desorption des H_2O dar. Man kann daher auch durch die Aufnahme von Desorptionskurven das Trocknungsverhalten einer Masse charakterisieren [1030]. Aus den Messungen folgt u.a., daß der sich einstellende Gleichgewichtswassergehalt bei 30°C und 60 % relativer Feuchte in einer Porzellanmasse 1,0 Gew.-% und in einem plastischen Ziegelton 3,0 Gew.-% beträgt.

In der Praxis wird meist nur bis zum Ende des 2. Abschnittes getrocknet. Die in Bild 404 angegebenen Trocknungsgeschwindigkeiten sind durch die besondere Art der Belüftung außergewöhnlich hoch. Bei der üblichen Trocknung liegen die Werte zwischen 0,01 und 1 $kg/(m^2 \cdot h)$. Ein steigender Feinkornanteil verringert die Trocknungsgeschwindigkeit.

Da die Trocknung ein sehr langsamer Vorgang ist, bestimmt sie manchmal die Produktivität ganzer Fertigungsprozesse. Maßnahmen zur Erhöhung der Trocknungsgeschwindigkeit sind aber nach oben begrenzt, wenn beim Trocknen Schäden entstehen, z.B. durch Bildung von Rissen, was durch den Begriff der *Trocknungsempfindlichkeit* beschrieben wird.

Während des Trocknungsvorganges müssen durch die unterschiedlichen Wassergehalte innen und außen und die damit verbundene unterschiedliche Schwindung Spannungen entstehen, denen sich noch thermische Spannungen überlagern können. Da an der Oberfläche der Wassergehalt zuerst abnimmt, tritt dort auch die erste Schwindung ein. Die Oberfläche kommt damit unter Zugspannung, was zur Rißbildung führen kann. Zu Beginn des Trocknungsprozesses ist die Feuchtigkeit im Formling gleich verteilt, am Ende die Restfeuchte ebenfalls. Zwischenzeitlich treten Unterschiede auf, wobei die maximale Feuchtigkeitsdifferenz besonders zu beachten ist. Cooper [1031] und andere haben versucht, diese Vorgänge quantitativ zu erfassen; es fehlen zur endgültigen Lösung jedoch noch weitere Messungen. Inhomogene Massen sind rißempfindlicher, da vorhandene Texturen zu weiteren Spannungen führen können. Die Trocknung darf deshalb nur so schnell erfolgen, daß die Spannungen nicht zu Rißbildungen führen können. Erst wenn der Wassergehalt so weit abgesunken ist, daß insgesamt das Endstadium der Schwindung erreicht ist, kann die Trocknung stark beschleunigt werden. Manchmal werden nach dem Brand im Inneren der Körper Risse beobachtet. Sie können dann entstehen, wenn beim Trocknen die anfänglichen Spannungen in der Oberfläche noch durch plastisches Fließen ausgeglichen werden. Dadurch wird die äußere Schicht stark verfestigt, und beim weiteren Trocknen entstehen im Inneren Spannungen, die nicht mehr abgebaut werden können, da der äußere Rahmen nicht mehr verformbar ist.

Die Trocknungsempfindlichkeit ist um so größer, je steiler die Bigot-Kurve ist, d.h., je größer die Schwindung bei einer bestimmten Wasserabgabe ist, wie bereits in Kapitel 7.4.1 erwähnt wurde. Damit haben plastische Massen eine hohe Trocknungsempfindlichkeit, und durch Magerungsmittel läßt sie sich verbessern. Nach Schmidt [1032] wirkt auch Kalkhydrat in dieser Richtung, da dann größere Zusammenballungen entstehen, die einen besseren Wassertransport ermöglichen. Zur Bestimmung der Trocknungsempfindlichkeit sind mehrere Methoden vorgeschlagen worden, die teils von Bigot-Kurven ausgehen, teils das Feuchtigkeitsverhalten beurteilen, während Hermansson und Carlsson [1033] mit Marken die Schwindung sowohl an der Oberfläche als auch im Innern der Körper messen. Rißempfindlichkeit ist dann vorhanden, wenn die Oberflächenschwindung zu stark voreilt, wozu ball-clay-haltige Massen neigen.

Risse können aber auch nach dem Trocknen auftreten, wenn sehr scharf getrocknet wurde und dann aus der Raumfeuchtigkeit Wasser absorbiert wird, das mit einer Dehnung verbunden ist. Nach Messungen von Hope u. M. [1034] kann die Feuchtigkeitsaufnahme bei 25°C und 95 % relativer Feuchte bis über 3 Gew.-% betragen. Die Dehnung ist dabei fast proportional der Wasseraufnahme und beträgt für 1 Gew.-% H_2O etwa 0,04 % (linear).

Im Betrieb ist man an einer schnellen Trocknung interessiert. Sie kann gerade so schnell durchgeführt werden, daß die auftretenden Spannungen keine Risse ergeben. Es ist daher wesentlich, daß während der Trocknung keine großen Feuchtigkeitsdifferenzen im Formling auftreten. In früheren Jahren hat man deshalb die Trocknung in sehr langen Zeiträumen durchgeführt, die bei dickwandigen Gegenständen, z.B. Glashäfen, bis zu einem Jahr dauerten. In den Anfangsstadien wurden diese zur Vermeidung einer schnellen Wasserabgabe mit feuchten Tüchern abgedeckt.

Die Möglichkeiten zur *Beschleunigung der Trocknung* ergeben sich aus dem bisher behandelten Stoff. Am wirkungsvollsten ist eine Erhöhung der Temperatur, wobei durch Erniedrigung der Viskosität und Oberflächenspannung des Wassers und Erhöhung des Dampfdruckes des Wassers und der Diffusionsgeschwindigkeit des Wasserdampfes mehrere Effekte zur Beschleunigung beitragen. Zur Vermeidung einer anfänglich zu starken Wasserabgabe muß man aber zu Beginn der

Trocknung den Feuchtigkeitsgehalt der Luft hoch halten. Der Verlauf dieses Feuchtluftverfahrens ist in Bild 405 dargestellt. Während der Durchwärmung ist die Luftsättigung sehr hoch. Nach Erreichen der gewählten Trocknungstemperatur wird sie etwas abgesenkt. Ist die Schwindung beendet, kann die Temperatur stark erhöht und die Luftsättigung stark erniedrigt werden. Letztere Werte ergeben sich am einfachsten aus den *h*-*x*-Diagrammen nach Mollier, deren Anwendung in der Keramik Werkmeister [1035] beschreibt (*h* spezifische Enthalpie, *x* Feuchtigkeitsgehalt). Man kann dann für jede Masse eine optimale Trocknungskurve entwikkeln, wie z.B. Weber [1036] für Ziegelmassen zeigt.

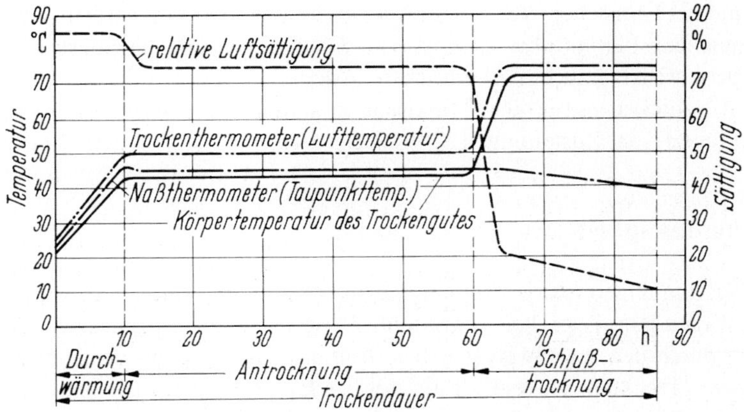

Bild 405: Verlauf der Temperatur und Luftfeuchtigkeit in einer Trockenanlage nach dem Feuchtluftverfahren.

Vorteilhaft für eine schnelle Trocknung ist ein Zusatz von Magerungsmitteln oder die Heißaufbereitung von Massen, da im letzteren Fall die Formlinge bereits auf erhöhter Temperatur sind.

In der betrieblichen Praxis sind die grundsätzlichen Parameter der Trocknung auf der Basis langjähriger Erfahrung bekannt, jedoch selten optimiert. Überwiegend kommt das Prinzip der konvektiven Trocknung mittels Warmluft in Kammertrocknern oder Rollentrocknern zum Einsatz, wobei Abwärme aus den Brennaggregaten genutzt wird [1047]-[1049]. Auch das Verfahren der Lufttrocknung in großen Lagern findet bei traditionellen Ziegeleien noch Anwendung. Zur Vergleichmäßigung der Umgebungsfeuchte und des Wärmeeintrages sind viele Konzepte zur Verbesserung des Besatzes verfolgt worden, die mit strömungsdynamischen Simulationen untermauert worden sind. Neuere Entwicklungen zur Schnelltrocknung von Hochloch-Hintermauersteinen zeigen, daß durch Anblasen oder Umblasen der zu trocknenden Formteile in einer Ebene die Annäherung an die empirisch optimale Trocknungskurve weitestgehend gelingt [1050]. Leider sind diese Ergebnisse noch nicht problemlos auf dickwandige bzw. komplizierter geformte Erzeugnisse der plastischen Formgebung übertragbar.

Die übliche Trocknung hat den Nachteil, daß die Wasserabgabe von außen nach innen fortschreitet, was immer zu Feuchtigkeitsdifferenzen führen muß. Eine einheitliche Trocknung wäre möglich, wenn man die benötigte Energie dem ganzen Formkörper homogen zuführen könnte. Hierzu eignen sich *Mikrowellen*, die praktisch nur vom H_2O-Molekül absorbiert werden [1037]. Die Mikrowellentechnik ist zwar energetisch sehr aufwendig, bietet aber insbesondere zur ersten Durchwärmung der Bauteile eine interessante Möglichkeit des schnellen und gleichmäßigen Wärmeeintrags. Sie kann in Verbindung mit der konvektiven Trocknung durchaus zu erheblicher Zeit- und möglicherweise auch Kosteneinsparung genutzt werden. Gute Erfolge hat man bei dünnen Scherben oder Glasuren mit einer Infrarottrocknung, bei großen Formteilen mit der Mittel- bzw. Hochfrequenztrocknung erzielt. Eine andere Möglichkeit des Wärmeeintrages in das Innere eines Teiles ist das *Heißdrahtverfahren*, bei welchem ein Metalldraht oder ein Graphitband als Ohmscher Widerstand in einen Grünkörper eingebracht wird. Durch Erhitzung des Leiters über eine externe Spannungsquelle lassen sich im Inneren Temperaturen bis zu 600°C erreichen. Allerdings ist ein solcher Prozeß nur bei großen Bauteilen mit großen Wandstärken sinnvoll einsetzbar, z.B. beim Trocknen von feuerfesten Zustellungen.

7.4.3 Trockenfestigkeit

Für die Handhabung ungebrannter Formteile, insbesondere zum Putzen, Umsetzen und Stapeln ist eine gute Festigkeit erwünscht. Diese ist im noch plastischen Zustand zunächst durch den Anlaßwert gegeben. Erst nach Beendigung der Schwindungsphase beim Trocknen ist rein elastisches Verhalten zu erwarten und auch experimentell bestätigt worden. Festigkeiten lassen sich dann nach DIN 51030 bzw. TGL 18882 bestimmen. Die Rohbruchfestigkeit wird meist als Biegefestigkeit gemessen und als *Trockenbiegefestigkeit* bezeichnet. Nach den klassischen Untersuchungen von Kohl [1038] ist sie stark von der Temperatur abhängig, indem sie mit steigender Trocknungstemperatur, d.h. abnehmendem Wassergehalt, zuerst wenig, oberhalb 40°C stärker ansteigt. Trocknungstemperaturen über 250°C führen dann wieder zu einer Abnahme der Festigkeit. In DIN 51030 [1039] wird deshalb empfohlen, die Trockenbiegefestigkeit nach dem Trocknen bei 40°C zu bestimmen. Die Messung muß anschließend sofort vorgenommen werden, weil durch erneute Wasseraufnahme durch Adsorption aus der Feuchtigkeit der Luft die Festigkeit wieder verringert wird. Es bilden sich dabei durch die Kapillarkräfte Flüssigkeitsbrücken zwischen den Berührungsstellen der Teilchen aus, die mit zunehmender Dicke die Anziehungskräfte zwischen diesen Teilchen erniedrigen, wie im Kapitel 4.4.3 Bild 227 gezeigt wurde. Dieser Einfluß macht sich um so stärker bemerkbar, je mehr solcher Stellen vorhanden sind, d.h. je kleiner die Teilchen sind. Er ist also bei tonhaltigen Massen größer als bei kaolinhaltigen Massen. Die Meßwerte hängen stark von stofflichen und herstellungs- bzw. prüftechnischen Einflüssen ab. Zu den ersteren gehören die mineralogische und granulometrische Zusammensetzung, die spez. Oberfläche der Rohstoffe (BET-Wert), die Kationenaustauschkapazität (Art und Konzentration der löslichen Ionen) und der Gehalt an organischen Bestandteilen. Zu den technischen Einflüssen gehört der Verarbeitungszustand, die Formgebung des Prüfkörpers, die Trocknungsbedingungen und die Prüftechnik.

Damit ist bereits eine wichtige Einflußgröße genannt, die Formgebung. Da ganz allgemein gilt, daß eine Probe eine um so höhere Festigkeit zeigt, je größer ihre Rohdichte ist, d.h., je dichter sie gepackt ist, werden stets die Formgebungsverfahren zu größeren Trockenfestigkeiten führen, bei denen die Teilchen dichter gepackt sind. Die Trockenfestigkeiten nehmen daher vom Gießen über das Drehen bis zum Strangpressen zu.

Die Abhängigkeit der Trockenfestigkeit von der Rohdichte erklärt den großen Einfluß der Art der Masse [1026] Da Tone aus kleineren Teilchen bestehen, ist eine bessere Raumerfüllung möglich, und ihre Festigkeit ist größer als die der Kaoline. Diese Tendenz zeigen auch die entsprechenden Werte der Tabelle 80. Darin ist die Einheit N/mm^2 verwendet worden, wie es in diesem Bereich der Keramik üblich ist. Weiterhin ist die Festigkeit um so größer, je dünner die einzelnen Kristallblättchen sind, weil diese leichter biegbar sind und sich besser um andere Teilchen schmiegen können. Mit Montmorillonitzusätzen kann man daher die Trockenfestigkeit erhöhen, besonders wenn diese Na-belegt und damit gut aufgespalten sind.

Hofmann u. M. [1026] konnten zeigen, daß die Trockenfestigkeit mit steigendem Kationenaustauschvermögen zunimmt, da die Kationen die Haftung zwischen benachbarten Teilchen verbessern. Daneben wirkt sich auch die Art der Kationenbelegung auf die Trockenfestigkeit aus. Geht man von dem Grundprinzip aus, daß die Festigkeit mit steigender Zahl der Berührungsflächen zunimmt, dann ist nach dem bekannten Einfluß der Kationen auf die Anordnung der Teilchen zu erwarten, daß Na^+-belegte Kaoline, die sich leicht parallel lagern können, eine höhere Festigkeit ergeben werden als z.B. Ca^{2+}-belegte Kaoline, die eine sperrige Anordnung zeigen. Tabelle 80 zeigt die Abhängigkeit vom Feststoffgehalt, in der aber der K^+-Kaolin eine Ausnahme bildet. Das ist durch die gute Koordinationsmöglichkeit des K-Ions gegenüber Sauerstoff bedingt, wobei eine festere Bindung entsteht.

Diese Abhängigkeiten, die zumeist an Tonen und Kaolinen gewonnen wurden, lassen sich auch auf Massen übertragen. Auch dabei gilt, daß die Trockenfestigkeit mit steigender Packungsdichte wächst. Dies kann man auch erreichen, wenn man langsamer trocknet, falls die Zeit dazu zur Verfügung steht. Mattyasovszky-Zolnay [1040] fand bei Tonen große Unterschiede von Trockenbiegefestigkeiten von 4,0 N/mm^2 bei schneller bis 8,0 N/mm^2 bei langsamer Trocknung. Ein anderer Weg besteht in der Verringerung der Porosität der getrockneten Proben, indem man den Feuchtigkeitsgehalt der Masse senkt [1041]. In dieser Beziehung ist noch zu beachten, daß die in Massen noch enthaltene Luft beim Trocknen eine zusätzliche Porosität bringt. Entlüften erhöht daher die Festigkeit.

Immer wieder wurde versucht, diese Zusammenhänge quantitativ zu verstehen und für eine Festigkeitserhöhung zu nutzen [1051]-[1054]. Als Schlüssel zum Verständnis des Kolloidalcharakters der Kaoline und Tone wird in neuerer Zeit das Kationaustauschvermögen herangezogen, das bereits erfolgreich zur Bestimmung des thixotropen Verhaltens und zur Verbesserung der Trockenbiegefestigkeit feuerfester Massen eingesetzt wurde [1055]. Weitere Zusammenhänge zwischen stofflicher Zusammensetzung und dem Verhalten ungebrannter Formkörper zeigen [1056]-[1066]. Diese Arbeiten weisen auch darauf hin, daß diese Zusammenhänge sowohl für weißbrennende Rohstoffe als auch für Tone und Lehme mit guten Korrelationen formelmäßig faßbar sind. Insbesondere Ratzenberger hat sich der Untersuchung zahlreicher Rohstoffe gewidmet und daraus Mischungspolynome zur Vorhersage der Trockenbiegefestigkeit aus der vereinfachten Rohstoffzusammensetzung vorgeschlagen [1066], [1067].

7.4.4 Gedächtnis der Massen

Schon frühzeitig hat man die Beobachtung gemacht, daß während der Trocknung verformte Gegenstände sich verziehen. Ganz allgemein wurde festgestellt, daß die Formlinge wieder der Gestalt zustreben, die sie vor der letzten Verformung hatten, weshalb man vom Gedächtnis der Massen spricht. Williamson [1042] führt zur Deutung an, daß die Verformung aus einem plastischen und einem elastischen Anteil besteht. Letzterer führt zu einer sofortigen Rückverformung beim Entlasten, während des Trocknens darüber hinaus zu weiterer elastischer Nachwirkung, indem die Teilchen sich energetisch günstigere Lagen suchen, die meist in Richtung des Ausgangszustandes liegen. Die gefundenen Werte sind aber so hoch, daß diese Deutung kaum ausreicht. Immerhin bietet sie einen Anhalt, bis eine weitere Klärung erfolgt sein wird; denn bis jetzt sind quantitative Messungen zu dieser Frage selten. Nach Baudran [1043] beträgt nach einer Torsionsverformung die momentane, elastische Rückdrehung etwa 25 % der Gesamtverformung, der beim Trocknen eine weitere Rückdrehung in der gleichen Größe folgt. Unterschiedliche Massen ergeben verschiedene Werte. Hartmann u. M. [1044] fanden etwa 10 % für elastische und etwa 40 % für die Trockenrückdrehung.

Beim Brennen setzt sich mit Beginn der Brennschwindung die Rückdrehung nur in seltenen Fällen fort, meist beobachtet man im Gegenteil wieder einen Wechsel in der Drehung, also in Richtung der ersten Verformung. Die Größe ist allerdings mit etwa 5 % gering. Steigender Gehalt an Magerungsmitteln vermindert den Effekt. Es muß weiteren Versuchen vorbehalten bleiben, für diese Erscheinungen eine voll befriedigende Deutung zu finden.

7.5 Brand

(Bearbeitet von R. Telle, Aachen)

Der aus keramischen Pulverteilchen geformte Körper wird erst im Brand zum Erzeugnis. Im Gegensatz zum schmelzmetallurgischen Prozeß erfolgt beim *keramischen Prozeß* die Formgebung also bei Raumtemperatur oder relativ geringen Temperaturen und danach die Konsolidierung des Formteils durch eine Hochtemperaturbehandlung. Nach dem Formgebungs- und Trocknungsprozeß besteht zwischen den einzelnen Teilchen des Grünlings nur eine geringe Haftung, weshalb die Trockenfestigkeit relativ gering ist und der Körper sehr vorsichtig gehandhabt werden muß. Eine direkte Bindung und damit eine hohe Festigkeit erhält man erst bei hohen Temperaturen, bei denen der *Sinterprozeß* mit oder ohne flüssiger Phase abläuft. In Kapitel 4 sind bereits die wesentlichen Vorgänge beschrieben worden, wobei aber stets auf chemisch relativ einfache Systeme Bezug genommen wurde, wie sie bei Hochleistungskeramiken oder beim Sintern von Metallpulvern vorliegen. Überschaubar und quantitativ beschreibbar sind die auftretenden Erscheinungen u.a. deshalb, weil überwiegend von definierten synthetischen Rohstoffen ausgegangen wird. Im vorliegenden Abschnitt sollen einige technologische Probleme behandelt werden, die insbesondere auf Silicatkeramiken zutreffen. Die Vorgänge, die sich dabei im einzelnen abspielen, können entsprechend der großen Vielfalt keramischer Massen und aufgrund der verwendeten natürlichen Rohstoffe sehr unterschiedlich und kompliziert sein, weshalb eine konsistente quantitative Behandlung des Themas schwierig ist.

7.5.1 Beurteilung des Brennverhaltens

Durch die Vorgänge beim Brand findet eine Verdichtung der Produkte statt, die sich einmal in einer Volumenabnahme, einer Schwindung, äußert, zum anderen in einer Abnahme der Porosität. Die Bestimmung der Porosität wurde im Kapitel 2.6.4 erörtert, die Bestimmung der Brennschwindung hat Zapp [1068] beschrieben.

Porosität. Die Änderung der Porosität beim Brennen eines Tonsteins und eines Schamottesteins zeigt Bild 406. Man erkennt, daß zunächst die Porosität ansteigt. Die Ursache dafür liegt in der Wasserabspaltung der Tonminerale und dem Ausbrennen organischer Substanzen. Ab 900°C nimmt die Porosität schnell ab. Bild 406 zeigt, daß beträchtliche Unterschiede zwischen Gesamt- und offener Porosität bestehen können, d.h., in Schamottesteinen ist ein beträchtlicher Anteil an geschlossenen Poren vorhanden. Weiterhin erkennt man, daß die Porosität beim Schamottestein langsamer abnimmt als beim Brennen von Ton. Der Grund liegt darin, daß dem Schamottestein bereits totgebranntes Material zugesetzt wurde und daß der Ton einen größeren Anteil an Flußmitteln enthält, die bei höherer Temperatur zu einer Bildung von Schmelzphase führen, die die Abnahme der Porosität begünstigt. Dieser Einfluß der Schmelzphase ist beim Porzellan natürlich noch ausgeprägter, indem die Porosität mit steigender Temperatur weiter abnimmt und einem Minimalwert zustrebt, der von Szibor und Hennicke [1069] bei einem klassischen Quarzporzellan zu 7 Vol.-% gemessen wurde. Durch den großen Anteil an Schmelzphase ist dies nur geschlossene Porosität, wobei die Porenformen zunächst noch unregelmäßig sind und auch Textureinflüsse von der Formgebung her zeigen können, sich dann aber bald abrunden. Brennen bei höheren Temperaturen läßt die Porosität wieder ansteigen, bedingt durch weitere gasabgebende Reaktionen im Scherben, eine Erscheinung, die als *Überbrennen* bezeichnet wird. Oft sind dafür die minimalen Fe_2O_3-Gehalte der Massen verantwortlich.

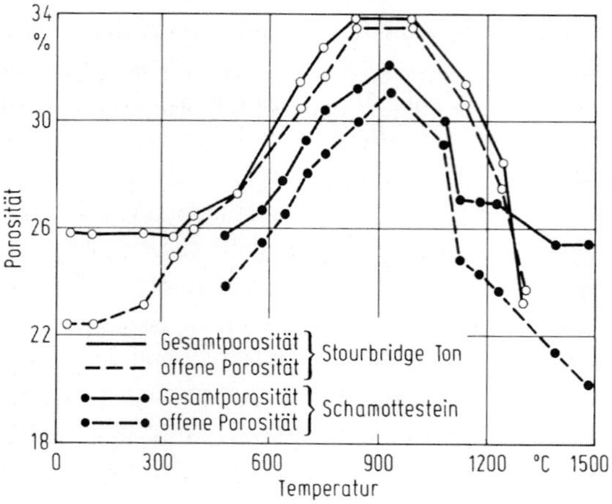

Bild 406: Änderung der Porosität beim Brennen nach Green und Theobald [1070]

Schwindung. Etwa umgekehrt proportional der Porosität ist die Schwindung, die daher mit steigendem Anteil an Schmelzphase, d.h. mit steigendem Alkaligehalt, zunimmt. Ein Kaolingehalt macht sich wenig bemerkbar, während wachsender Quarzgehalt zu einer deutlichen Abnahme der Schwindung bzw. einer Zunahme der Porosität führt. Ähnliche Zusammenhänge gelten auch für die Rohstoffe Kaolin und Ton allein. In Tabelle 57 (Kap 6.1.1.4) sind deren Brennschwindungswerte und Wasseraufnahme-, d.h. Porositätswerte angegeben. Man kann deutlich erkennen, daß in erster Näherung beide Werte gegenläufig sind und die Brennschwindung um so größer ist, je feiner das Ausgangskorn war.

Auf Schwindung und Porosität wirkt sich auch die Geschwindigkeit des Aufheizens und Abkühlens aus. Allerdings kann man hier keine einheitlichen Angaben machen; denn die Einflußgrößen können verschieden sein je nach Art der Masse. Häufig beobachtet man, daß bei schneller Erhitzung die Schwindung größer ist als bei langsamerer Erhitzung. Die Ursache wird darin liegen, daß sich im ersteren Fall zunächst eine relativ reine Feldspatschmelze ausbildet und noch wenig Quarz gelöst ist. Die Viskosität ist damit geringer, und die Schmelze kann leichter in die Zwischenräume zwischen den verschiedenen vorhandenen Kristallphasen eindringen. Langsame Erhitzung führt aber zur gleichzeitigen Auflösung von Quarz, wodurch die Viskosität der Schmelze größer wird. Bei solchen Versuchen ist es wesentlich, bis zu welcher Temperatur man aufheizt. Bei Temperaturen, die nur eine geringe Reaktionsgeschwindigkeit zulassen, wird natürlich die Schwindung bei längeren Haltezeichen bzw. bei langsamerem Aufheizen größer sein als bei schnellem.

Die Schwindung beim Brand kann auch als Sintern mit flüssiger Phase beschrieben werden, was vor allem von Kröckel [562] getan wird. Er leitet damit die Zeit t ab, bei der bei einer Sintertemperatur T_S die maximale Verdichtung erreicht wird. Für ein Quarzporzellan erhielt er folgende Zahlenwertgleichung

$$\ln(t \text{ in h}) = \frac{119000}{T_S \text{ in K}} - 76{,}4. \tag{388}$$

Bei 1300°C benötigt man danach zur maximalen Verdichtung 0,47 h. Aus dieser Beziehung läßt sich auch die Sintertemperatur berechnen, wenn man eine Zeit vorgibt. Hat man 2 h zur Verfügung, dann kann man die Sintertemperatur auf 1270°C senken.

Die Brennschwindung erfordert besondere Beachtung dann, wenn das Endprodukt ganz bestimmte Maße haben soll. Man kann die Brennschwindung durch Zugabe von z.B. Quarz verringern, aber es ist dann schwierig, noch dichte Produkte zu erhalten. Ist letzteres nicht gefordert und werden darüber hinaus nur relativ niedrige Brenntemperaturen eingesetzt, wie z.B. beim Ziegelbrand, dann kann man die Bildung der Schmelzphase verhindern oder verringern, wenn man Massebestandteile zufügt, die schnell mit der Schmelzphase zu neuen festen Phasen reagieren. So konnten Köther u. M. [1071] zeigen, daß ein Zusatz von 15 Gew.-% Kalkmehl zu einem Ziegelton dessen Schwindung bei 1040°C auf null erniedrigte. Als neue Phasen waren Anorthit und Wollastonit entstanden. Ein anderer Weg zu geringer Brennschwindung führt zum Ersatz der wasserreichen Tonminerale durch wasserärmere, z.B. Talk, oder wasserfreie Rohstoffe, wobei man, wenn eine plastische Formgebung gewünscht wird, mit Plastifizierungsmitteln arbeiten muß.

Formbeständigkeit. Die Formbeständigkeit der keramischen Produkte beim Brennen kann nicht allein durch die hohe Viskosität der Schmelzphase erklärt werden. Wesentlich ist noch, wie oben bereits erwähnt wurde, der Anteil an kristalliner Phase in den Produkten. In der Praxis wird die Prüfung der Rohstoffe und Massen durch Bestimmung der Durchbiegung von stäbchenförmigen Proben durchgeführt. Dieses einfache Verfahren hat sich auch bei der Prüfung von feuerfesten Erzeugnissen bewährt. Die bei diesen Produkten sonst noch übliche Messung der Druckfeuerbeständigkeit wird in Kapitel 9.2.1.2 erwähnt. Weitere Aussagen erhält man über das Erweichungsverhalten, wenn man Torsionsmessungen bei höheren Temperaturen durchführt.

Segerkegel. Bei höheren Anteilen an Schmelzphase geht die Standfestigkeit verloren, die Form sackt zusammen. Dieses Erweichungsverhalten keramischer Massen ist praktisch genutzt worden, um den Brennvorgang in einem Ofen kontrollieren zu können. Nach Vorarbeiten anderer Forscher hat Seger 1886 seine bekannten *Segerkegel* (SK) entwickelt. Sie bestehen aus unterschiedlichen Massen, die so eingestellt wurden, daß sie bei bestimmten Temperaturen „fallen“, d.h., daß sie sich nach einer Seite abbiegen. Als Fallpunkt wird nach DIN 51063 [1072] die Temperatur bezeichnet, bei der die Spitze des pyramidenförmigen Kegels, über die kurze Kante fallend, gerade die Ebene des Fußes des Kegels berührt hat. In Tabelle 81 sind diese Temperaturen angeführt.

Tabelle 81: Fallpunktstemperaturen von Segerkegeln nach DIN 51063

Segerkegel	Mittlere Fallpunkte bei einer Aufheizrate von				Segerkegel	Mittlere Fallpunkte bei einer Aufheizrate von				
	2,5 K je Minute		20 K je Stunde			2,5 K je Minute			20 K je Stunde	
	für große SK	für kleine SK	für große SK	für kleine SK		für große SK	für kleine Segerkegel		für große SK	für kleine SK
SK	°C	°C	°C	°C	SK	°C	°C	Bez. nach ISO	°C	°C
022	595	605	580	585	9	1300	1315	–	1255	1270
021	640	650	620	625	10	1320	1330	–	1280	1290
020	660	675	635	640	11	1340	1350	–	1300	1315
019	685	695	655	665	12	1360	1375	–	1330	1340
018	705	715	675	680	13	1380	1395	–	1360	1375
017	730	735	695	695	14	1400	1410	–	1380	1395
016	755	760	720	720	15	1425	1440	–	1400	1420
015a	780	785	740	750	16	1445	1470	–	1425	1445
014a	805	815	780	790	17	1480	1500	150	1445	1465
013a	835	845	840	860	18	1500	1520	152	1470	1480
012a	860	890	860	880	19	1515	1540	154	1495	1505
011a	900	900	880	890	20	1530	1560	156	1515	1530
010a	920	925	900	910	23	1540	–	–	–	–
09a	935	940	920	930	26	1560	1580	158	–	–
08a	955	965	930	940	27	1595	1600	160	–	–
07a	970	975	950	955	$27\frac{1}{2}$	-	1620	162	–	–
06a	990	995	970	980	28	1605	1640	164	–	–
05a	1000	1010	990	1010	29	1635	1660	166	–	–
04a	1025	1055	1015	1035	30	1655	1680	168	–	–
03a	1055	1070	1040	1055	31	1680	1700	170	–	–
02a	1085	1100	1070	1090	32	1695	–	–	–	–
01a	1105	1125	1090	1105	$32\frac{1}{2}$	–	1720	172	–	–
1a	1125	1145	1105	1120	33	1710	–	–	–	–
2a	1150	1165	1125	1135	$33\frac{1}{2}$	–	1740	174	–	–
3a	1170	1185	1140	1150	34	1725	1760	176	–	–
4a	1195	1220	1160	1170	35	1765	1780	178	–	–
5a	1215	1230	1175	1185	36	1790	1800	180	–	–
6a	1240	1260	1195	1210	37	1815	1830	183	–	–
7	1260	1270	1215	1230	38	1840	1860	186	–	–
8	1280	1295	1240	1255	39	–	1880	188	–	–
					40	–	1900	190	–	–
					41	–	1940	194	–	–
					42	–	1980	198	–	–

Neben der früheren Bezeichnung z.B. SK 20 für einen Fallpunkt um 1530°C gelten seit 1973 für höhere Temperaturen die ebenfalls angeführten ISO-Bezeichnungen, die mit 10 multipliziert sofort den Fallpunkt für den kleinen Segerkegel angeben.

Damit ist zugleich angesprochen, daß es kleine (oder Labor-) und große (oder Standard-) Segerkegel gibt. Letztere haben tiefere Fallpunkttemperaturen. Diese sind nach Tabelle 81 darüber hinaus abhängig von der Aufheizgeschwindigkeit, denn bei langsamer Temperatursteigerung bildet sich nicht nur mehr Schmelzphase, sondern für die Verformung, das Fallen, steht auch mehr Zeit zur Verfügung. Diese Zeitabhängigkeit ist bei den einzelnen Segerkegeln unterschiedlich, abhängig von ihrer Zusammensetzung. Je näher diese an einem eutektischen Punkt oder einer definierten Verbindung liegt, desto kürzer ist das Schmelzintervall und desto geringer ist die Differenz der Fallpunkte. Mit Ausnahme dieser Einschränkungen, die meist eine untergeordnete Rolle spielen, haben sich die Segerkegel im keramischen Betrieb sehr bewährt, da die Fallpunkte eine Aussage sowohl über die Maximaltemperatur als auch über die Verweilzeit ergeben.

Den Segerkegeln entsprechen die in Amerika üblichen *Orton-Kegel.* Zur Einschränkung von Fehlermöglichkeiten wird deshalb ein Kegel mit verbreitertem Fuß geschlagen [1073]. Zur Kontrolle des Brandes dienen z.B. in England auch die Buller-Ringe, die aus verschiedenen keramischen Massen bestehen und deren Schwindung als Meßwert dient.

Mit Segerkegeln vergleicht man auch oft das Brennverhalten von keramischen Rohstoffen. Solche Werte sind z.B. für Kaoline und Tone in Tabelle 57 in Kapitel 6.1.1.4 aufgenommen worden. Man erkennt aus dieser Tabelle den Zusammenhang zwischen dem Alkaligehalt der Rohstoffe und den Segerkegelfallpunkten.

7.5.2 Brand silicatischer Massen

Sehr viele Autoren haben die Reaktionen beim Brennen von keramischen Massen untersucht. Aber erst durch neuere Charakterisierungsmethoden war es möglich, die dabei ablaufenden Vorgänge näher zu erfassen. Insbesondere haben die Differentialthermoanalytik, die (Hochtemperatur-)Röntgenbeugung und die Elektronenmikroskopie hierbei sehr viel klären können. In ausführlicheren Arbeiten haben sich u. a. Lundin [599], Brindley u.M. [1074] und Schüller [1075] mit den Vorgängen beim Porzellanbrand befaßt, während z.B. Schmidt [1076], Peters und Iberg [1077] und Cultrone u. M. [1078] die Reaktionen beim Brennen von grobkeramischen Scherben beschreiben. Ersteres Thema soll hier im Vordergrund stehen, zumal man dabei Rückschlüsse auf die Vorgänge bei anderen keramischen Produkten ziehen kann. Danach wird die Entstehung und Einstellung von Brennfarben erläutert. Der Schnellbrand schließt das Kapitel ab. Die prinzipiellen Mechanismen des Sinterns pulverförmiger Rohstoffe sind in Kapitel 4 dargestellt. Weitere Hinweise auf die Beziehung zwischen Masseneigenschaften, Brennparametern und Erzeugniseigenschaften sind in Kapitel 8 angesprochen.

7.5.2.1 Phasenreaktionen

Porzellanmassen bestehen im allgemeinen aus Kaolin, Feldspat und Quarz. Die Vorgänge beim Erhitzen der einzelnen Komponenten wurden bereits in Kapitel 6.1.1.5 erörtert. Erhitzt man eine derartige Masse, dann tritt als erstes die Wasserabspaltung der Tonminerale ein. Bei diesen Temperaturen ist die Masse bzw. der Scherben noch so porös, daß das Entweichen des entstehenden Wasserdampfes keine Schwierigkeiten bereitet. Im Temperaturbereich bis 900°C treten noch weitere gasabgebende Reaktionen ein, so z.B. die Zersetzung von Calciumcarbonat $CaCO_3$ in $CaO + CO_2$. Wichtig ist in diesem Temperaturbereich, daß auch noch eine Oxidation der häufig in den Massen enthaltenen kohlenstoffhaltigen Bestandteile, z.B. der Humusstoffe, stattfindet. Der erste Brennabschnitt ist deshalb oxidierend durchzuführen. Weitere organische Bestandteile können Öle oder Schmiermittel sein, die zum Pressen dienten, oder andere organische Hilfsmittel für die Formgebung durch Schlickerguß.

Beim Erhitzen von tonmineralhaltigen Rohstoffen allein beobachtet man zunächst eine Verdichtung bei nur geringer Festigkeitssteigerung der Proben. Bei der idealen Zusammensetzung des Kaolinits sind bis nahe 1600°C nur Festkörperreaktionen möglich, die relativ langsam verlaufen und damit auch nur langsam eine Festigkeit entwickeln. Beim Brennen der natürlichen Rohstoffe findet jedoch das Sintern schon bei viel tieferen Temperaturen und schneller statt, bedingt durch die in den Rohstoffen enthaltenen Begleitminerale und Verunreinigungen. Untersuchungen von Kromer und Schüller [2257] an mehreren Kaolinen und Tonen haben bestätigt, daß vor allem die Feldspäte als *Flußmittel* und damit als Schmelzphasenbildner wirken, daß aber auch schon sehr kleine Mengen an anderen Bestandteilen, wie z.B. Eisenoxid, eine wesentliche Wirkung zeigen können. Die einfache chemische Analyse auf diese Elemente erlaubt eine nur unvollständige Aussage, denn z.B. die gleichen K_2O-Gehalte wirken besonders sinterfördernd, wenn sie durch Feldspat eingeführt werden, als wenn sie aus dem Illit stammen.

Die Flußmittelwirkung der Feldspäte wird in vielen keramischen Massen gezielt genutzt. Das Verhalten und die Vielfalt der *Feldspäte* wurde in den Kapiteln 2.3.2.4.2, 2.4.2.2, 3.2.2, 3.3.3.1, 3.3.3.2 und 6.1.3 angesprochen. Die Tief-Hoch-Umwandlungen der Feldspäte beim Erhitzen sind für den keramischen Brand ohne Belang. Wichtig ist, daß der reine Kalifeldspat bei 1150°C zu schmelzen beginnt. Im System Natronfeldspat-Kalifeldspat tritt aber die erste Schmelze bereits bei etwa 1090°C auf, was auch beim keramischen Brand beobachtet wird [2258]. Eine Masse aus den reinen Komponenten Kaolinit, Kalifeldspat und Quarz würde entsprechend dem Phasendiagramm K_2O-Al_2O_3-SiO_2 (Bild 130 in Kapitel 3.2.2) die erste Schmelze bei der Temperatur des ternären Eutektikums bei 985°C zeigen. Sobald aber ein gewisser Anteil an Natriumfeldspat vorhanden ist, wie es meist der Fall ist, erniedrigt sich diese eutektische Temperatur um etwa 60 K [599].

Die Gegenwart der Schmelzphase beeinflußt die weiteren Vorgänge wesentlich. Zunächst aber ist die Schmelzphase anteilmäßig so gering, daß sie nur wenig Wirkung ausüben kann. Darüber hinaus ist ihre Viskosität noch sehr hoch, weshalb die Reaktionsgeschwindigkeiten gering sind. Um diese zu erhöhen, muß man die

Temperaturen anheben, wobei der ganze Feldspat in Schmelzphase übergeht. Man kann nach dem Anteil an Schmelzphase den Brennvorgang unterteilen [2259].

Betrachtet man zunächst nur eine *Mischung aus Kaolin und Feldspat,* dann kann man ab etwa 1000°C die erste *Mullitbildung* beobachten. Sie tritt zuerst in den Kaolinitrelikten ein; denn in diese dringt das am leichtesten bewegliche Ion, das Kalium-Ion ein, bildet dort einen geringen Anteil an Schmelzphase und vermittelt so die Mullitbildung. Dabei wird aber in der Feldspatschmelze eine Verringerung des K_2O-Gehaltes bewirkt, wodurch sich die Zusammensetzung im Phasendiagramm in Richtung des Mullitfeldes bewegt, so daß auch in der Feldspatschmelze eine Mullitkristallisation stattfindet. Die Erscheinungsformen der so entstehenden Mullite unterscheiden sich sehr deutlich. Bereits in Kapitel 3.3.2.1 wurde darauf verwiesen, daß bei der ersten Mullitbildung der Habitus der Kaolinitkristalle bewahrt bleibt. Dieser Mullit wird als *Primärmullit* (früher auch *Schuppenmullit*) bezeichnet. In Gegenwart von Schmelzphase findet eine Umkristallisation in den mehr oder weniger nadelförmigen *Sekundärmullit* statt, wozu schon Gehalte unter 1 Gew.-% R_2O oder Fe_2O_3 ausreichen [2260]. Je mehr Schmelzphase vorhanden ist, desto länger und dünner werden die Mullitkristalle. Das Längenwachstum wird besonders durch Fe_2O_3 gefördert, was auf eine Erniedrigung der Oberflächenenergie der wachsenden Kristallflächen durch Fe_2O_3 zurückgeführt wird [2261].

Für die Kinetik der Mullitbildung bei einer Mischung aus Kaolin und Feldspat läßt sich keine einfache Gleichung angeben, da sich dieser Vorgang aus den beiden wesentlichen Teilvorgängen der Mullitbildung in den Kaolinitresten und in der Feldspatschmelze zusammensetzt. Es verbleibt aber die Frage, ob es möglich ist, aus dem Phasendiagramm K_2O-Al_2O_3-SiO_2 die wirklich auftretenden Phasen zu berechnen. Dies setzt voraus, daß der Gleichgewichtszustand erreicht wurde. Man muß aber auch bedenken, daß die normalen Massen nicht allein durch das Dreistoffsystem K_2O-Al_2O_3-SiO_2 repräsentiert werden, sondern daß daneben noch andere Komponenten vorhanden sind, durch die Feldspäte zumindest noch Na_2O. In vielen Fällen hat es sich bewährt, alle Alkali- und Erdalkalioxide zusammenzufassen sowie TiO_2 (aus Rutil, Ilmenit usw.) und ZrO_2 (aus Zirkon) zu SiO_2 zu zählen, während Al_2O_3 konstant bleibt, um damit in das System K_2O-Al_2O_3-SiO_2 hineinzugehen.

Geht man vom pseudobinären System Kaolin-Feldspat zum pseudoternären System *Kaolin-Feldspat-Quarz* über, so findet man, daß der Quarz unterhalb 1200°C nicht nennenswert reagiert. Die Tief-Hoch-Umwandlung des Quarzes bei 573°C hat keinen Einfluß auf die Reaktionen. Grundlegende Versuche stammen von Lundin [599], der, wie auch viele andere Autoren, die Zusammensetzung Kaolin:Feldspat:Quarz = 50:25:25 Gew.-% verwendet hat. Beim Erreichen einer Temperatur von 1200°C kann man annehmen, daß die Feldspatschmelze mit Mullit gesättigt ist. Durch die Quarzauflösung bewegt sich ihre Zusammensetzung in Richtung SiO_2 entlang der entsprechenden Isothermen, bis die Feldergrenze zum SiO_2 erreicht wird. Der Mullitgehalt verändert sich entsprechend dem Phasendiagramm nur wenig. Er wird, wie es die Theorie fordert und auch in der Praxis gefunden wird, nur wenig verringert. Nach dem Auftreffen auf die Feldergrenze müßte sich der restliche Quarz in Tridymit umwandeln, was aber im allgemeinen nicht beobachtet wird, sondern man stellt bei Sättigung fest, daß der Quarz sich in Cristobalit umwandelt. Das wird in der Praxis allerdings erst nach langen Zeiten beobachtet. Cristobalit kann sich erst bilden, wenn die Auflösungsgeschwindigkeit des Quarzes in der Schmelze geringer wird als die Umwandlungsgeschwindigkeit des Quarzes in Cristobalit, was nur selten eintritt. Der manchmal zu beobachtende Cristobalitgehalt von Porzellan entsteht nach [2262] an inneren Gefügeoberflächen des Quarzes, die nicht mit der Schmelze in Berührung kommen.

Die Abnahme des Quarzgehaltes in obiger Mischung zeigt Bild 407 [599]. Für die Kinetik der Quarzauflösung in dieser Mischung leitete Lundin aus einem empirischen Ansatz einen normierten Geschwindigkeitskoeffizienten k ab. Durch Kombination dieses Ansatzes mit den Gleichungen von Jander und Ginstling (Kapitel 3.4.3) erhielten Berens und Hennicke [1203] eine weitere empirische Gleichung, die eine Geradendarstellung der Quarzauflösung ermöglicht.

Auf die Quarzauflösung wirkt sich nicht nur die Korngröße des Quarzes aus, sondern auch dessen mineralische Art [1202]. Tabelle 82 enthält in der letzten Spalte die nach den Messungen von Lundin berechneten relativen Geschwindigkeitskonstanten, die damit einen guten Parameter darstellen, die Reaktionsfreudigkeit einer bestimmten Quarzart zu kennzeichnen.

Die bisher genannten Ergebnisse wurden vorwiegend durch röntgenographische Bestimmungen des Mineralbestandes gewonnen [599], [2268]. Bild 408 zeigt ein Phasensummendiagramm einer Porzellanmasse in Abhängigkeit von der Brenntemperatur. Der hohe Anteil an amorphen Phasen bei den tiefen Temperaturen ergibt sich aus dem teilweise geschmolzenen Feldspat, zum größten Teil aber aus den noch nicht kristallinen Folgeprodukten des Metakaolins. Zunächst schmilzt der Feldspat und ist bei 1130°C vollkommen verschwunden. Gleichzeitig bildet sich Mullit. Erst ab 1130°C verringert sich der Quarzgehalt.

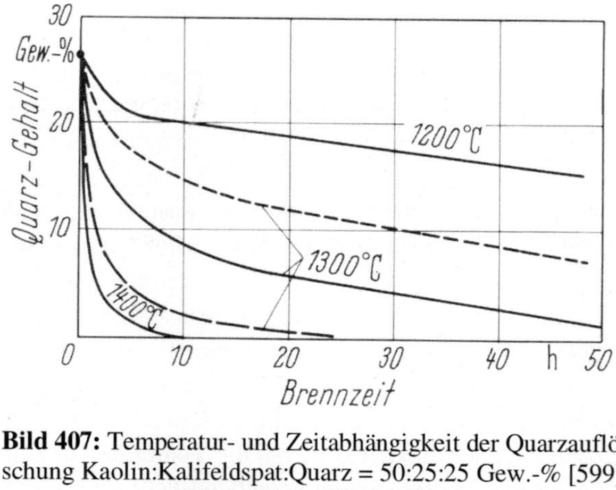

Bild 407: Temperatur- und Zeitabhängigkeit der Quarzauflösung beim Brennen einer Mischung Kaolin:Kalifeldspat:Quarz = 50:25:25 Gew.-% [599]

——— : mittlere Korngröße des Quarzes 6,42 µm

— — — : mittlere Korngröße des Quarzes 13,2 µm

- - - - - - - : mittlere Korngröße des Quarzes 27,5 µm

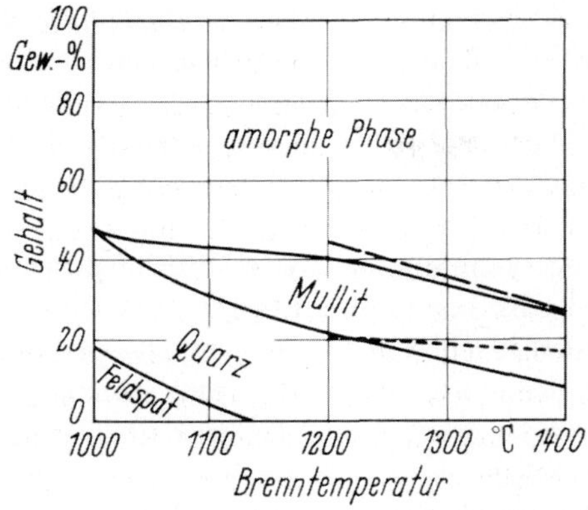

Bild 408: Phasenbestand eines Porzellans aus einer Masse Kaolin:Feldspat:Quarz = 40:30:30 Gew.-% nach Brennen bei verschiedenen Temperaturen und je 2h Haltezeit [174]
-------- : aus der Gesamtzusammensetzung nach dem System K_2O-Al_2O_3-SiO_2 berechneter Mullitgehalt
— — — : berechneter Mullitgehalt unter Berücksichtigung des Restquarzes

Ab 1200°C ist der Mullitgehalt etwa dem theoretischen Gehalt der reagierenden Phasen, also Mullit und Schmelzphase, gleichzusetzen, d.h., das Gleichgewicht zwischen diesen beiden Phasen stellt sich relativ schnell ein. Mit steigender Temperatur nimmt der Quarzgehalt weiter ab, während der Mullitgehalt sich dadurch geringfügig verringert.

Im wesentlichen wird also das Reaktionsverhalten von Porzellanmassen bei höheren Temperaturen durch die Auflösung des Quarzes bestimmt. Damit erklärt sich auch der große Einfluß verschiedener Quarzsorten auf den Porzellanbrand [1202]. Je gestörter das Gefüge der Quarzkörner ist, um so leichter reagieren sie, um so leichter lösen sie sich auf. Das zeigen auch die relativen Geschwindigkeitskonstanten *k* in Tabelle 82.

Tabelle 82: Einfluß der Quarzsorte in einer Porzellanmasse (Kaolin:Feldspat:Quarz = 50:25:25 Gew.-%) auf das Reaktionsverhalten, die Transparenz und die relativen Geschwindigkeitskonstanten *k* der Quarzauflösung (Korngröße des Quarzes 60-88 μm)

Quarzsorte	Dichteabnahme nach dem Brennen 5 h bei 1400°C	Phasenbestand nach Brennen 1 h bei 1400°C Gew.-%			Transparenz	*k*
	g/cm^3	Quarz	Mullit	Glas	%	$\mu m^2/h$
Nordischer Gangquarz	0,270	19	25	56	2,9	29
Quarz aus Pegmatit	0,234	21	28	51	2,2	15
Quarzsand von Hohenbocka	0,234	22	30	48	2,0	10
Quarzsand von Freihung	0,203	23	32	45	1,6	5,9
Quarz-Einkristall	0,198	24	33	43	1,4	3,2

Aus dieser Tabelle kann man auch erkennen, daß unter denselben Brennbedingungen mit steigender Reaktionsfreudigkeit der Quarze die im Porzellan enthaltenen Quarzmengen nach dem Brand abnehmen. Ferner ist aufgezeigt, daß die Abnahme der Dichte durch die Umwandlung von Quarz in Cristobalit um so größer ist, je reaktionsfreudiger die entsprechenden Quarze sind. Dieser Einfluß macht sich auch bei der Transparenz des Porzellans bemerkbar (Kapitel 8.2.2.3).

Auf die Geschwindigkeit des Brennprozesses nimmt auch die Art des Feldspats Einfluß. Mit steigendem Anteil an Na_2O, also beim Übergang vom Kalifeldspat zum Natronfeldspat, verlaufen alle Reaktionen schneller. Als wesentliche Ursache kann man einmal die Erniedrigung der Schmelztemperaturen, zum anderen die Verringerung der Viskosität der Schmelzphase (Kapitel 2.4.2.2) durch die Einführung von Natronfeldspat verantwortlich machen.

Mit röntgenographischen Methoden erhält man zwar die Menge der sich bildenden Phasen, aber keine Aussage über das Gefüge des Scherbens. Die oben erwähnten großen Mullitkristalle sind gerade mit dem Mikroskop feststellbar, für genauere Untersuchungen muß man zu elektronenmikroskopischen Aufnahmen übergehen. Damit gelangten vor allem Lundin [599] und Schüller [1075] zu weiteren Aussagen über die Vorgänge beim Porzellanbrand. Bild 409 bringt einige Aufnahmen von Schüller, der dabei Masseversatz und Brennprogramm variierte.

Bild 409a zeigt die Aufnahme eines quarzreichen Porzellans nach schnellem Brand bei tiefer Temperatur. Neben den beiden eben erwähnten Bereichen erkennt man scharf begrenzte klare Felder, die restlichen Quarzkörner, um die eine SiO_2-reiche Glasphase entstanden ist, die noch frei von Mullit ist. Mit zunehmender Brenntemperatur geht der Quarz in Lösung. In Bild 409b ist nur noch in der Mitte ein restliches größeres Quarzkorn zu sehen. Während der Primärmullit noch erkennbar ist, hat sich der Sekundärmullit weitgehend aufgelöst. Durch die Temperatursteigerung wird nicht nur der Existenzbereich der Schmelze erweitert, sondern durch die Quarzauflösung auch deren Zusammensetzung so geändert, daß entsprechend dem Phasendiagramm eine Abnahme des Mullitgehaltes eintreten muß. Vorzugsweise löst sich dabei der Sekundärmullit auf, da er allseitig von Schmelze umgeben ist, während der Primärmullit in dichten Aggregaten vorliegt, die eine relativ scharfe Grenze gegenüber der Schmelzphase zeigen.

Geht man zu einem langsamen Brennprogramm über, so unterscheiden sich die Verhältnisse bei 1280°C (Bild 409c) nur wenig von denen mit dem schnellen Brennprogramm (Bild 409a). Bei dieser Temperatur hat gerade erst die Quarzauflösung begonnen. Brennt man jedoch mit diesem Programm bei einer höheren Temperatur (Bild 409d), dann hat die SiO_2-reiche Schmelze nicht nur den Sekundärmullit aufgelöst, sondern auch in starkem Maße den Primärmullit angegriffen. Bild 409d zeigt eine relativ homogene Verteilung der jetzt vorhandenen Mullitnadeln, die ihren Ursprung in dem früher sehr kleinen Primärmullit haben und die durch die Gegenwart der Schmelze zu größeren Nadeln kristallisiert sind, aber ein wesentlich geringeres Verhältnis von Länge zu Durchmesser als der Sekundärmullit haben. Man kann hier von einem „Gleichgewichtsporzellan" sprechen. Wirklich erhält man auch unter solchen Bedingungen recht gute Übereinstimmung zwischen experimentell und theoretisch aus dem Phasendiagramm bestimmtem Mullitgehalt.

Einfache Massen, die nur aus Kaolin und Feldspat bestehen (Bild 409e-g), zeigen nur zwei unterschiedliche Gefügebereiche. Deutlich erkennt man die glatten Feldspatbereiche, in die von der Grenzfläche aus viele Mullitnadeln als Sekundärmullit hineingewachsen sind. Die Mullitnadeln werden bis zu 10 µm lang, ihr mittlerer Durchmesser beträgt 0,5 µm. Der aus dem Kaolin direkt entstandene Primärmullit erscheint in diesen Aufnahmen als schuppenartige Bereiche. Seine Korngröße ist wesentlich geringer als die des Sekundärmullits. Mit steigender Brenntemperatur (Bild 409f) und längerem Brennprogramm (Bild 409g) nimmt entsprechend dem Phasendiagramm die Mullitmenge ab. Mit längerer Brennzeit beobachtet man eine Abnahme des Verhältnisses von Länge zu Durchmesser der Mullitnadeln, was nicht nur für Porzellan, sondern allgemein gilt und z.B. auch beim Brennen von Ton zu Schamotte festgestellt wurde.

Bei diesen Betrachtungen wird meist die Glasphase als eine einheitliche Phase behandelt, obwohl man seit langem weiß, daß sie meist inhomogen ist, vor allem wenn noch restliche Quarzkörner vorhanden sind, die einen SiO_2-reichen Hof um sich ausbilden. Bild 2.34a zeigt ein solches Quarzkorn in einem Elektroporzellan, das gegenüber der umgebenden Glasphase umlaufende Rißbildung aufgrund der Quarzumwandlung beim Ankühlen aufweist [1079]. Berger u. M. [2263] unterscheiden daher beim Hartporzellan zwischen der Glasphase I, der Schmelzphase aus dem Kalifeldspat, und der Glasphase II, der eben erwähnten Umgebung um Quarz- oder Cristobalitkörner. Beim Versuch, die röntgenographischen Phasenanalysen mit den entsprechenden rasterelektronenmikroskopischen Aufnahmen zu vergleichen, fanden sie bei letzterer Methode zu wenig Glasphase. Die weiteren Untersuchungen zeigten dann, daß im REM nur ein Drittel der Glasphase zu erkennen ist, da die Hauptmenge der Glasphase, bezeichnet als Glasphase III, sich im Bereich des Primärmullits befindet. Sie hat die mittlere Zusammensetzung (in Gew.-%) 94 SiO_2, 4 Al_2O_3 und 2 K_2O.

Die Aufnahmen in Bild 409 zeigen, daß die Brenntemperatur und auch die Brennzeit wesentlich das Gefüge des Porzellans beeinflussen, was sich natürlich auch auf einige Eigenschaften auswirkt. Besonders wichtig ist dabei die Quarzauflösung, die neben den eben beschriebenen Erscheinungen auch die Standfestigkeit beeinflußt. Diese ist bei tiefen Temperaturen durch den hohen Anteil an kristallinen Phasen gegeben. Mit steigender Temperatur bildet sich Schmelzphase, in die Mullitnadeln wachsen, was die Standfestigkeit weiterhin gewährleistet. Weitere Temperatursteigerung läßt nun nicht nur den Mullitgehalt abnehmen, sondern auch die Viskosität der Schmelzphase sinken. Dem wirkt die Viskositätserhöhung durch den Anstieg des SiO_2-Gehaltes in der Schmelzphase entgegen. Quarzreiche Porzellane haben deshalb eine gute Standfestigkeit beim Brand. Dabei hat nach Breme und Hennicke [2264] die Stützwirkung der Quarzkörner einen wesentlichen Anteil.

Bild 409h zeigt noch ein Porzellan, das in der Masse Tonerde statt Quarz enthielt. Da Tonerde relativ langsam reagiert, sind die Verhältnisse mit den Kaolin-Feldspat-Porzellanen vergleichbar. Man erkennt neben dem Primärmullit dichte Filze von Sekundärmullit, während die Tonerde zu Korund kristallisiert ist. Weitere Untersuchungen zu tonerdereichen Elektroporzellanen bringt [1079].

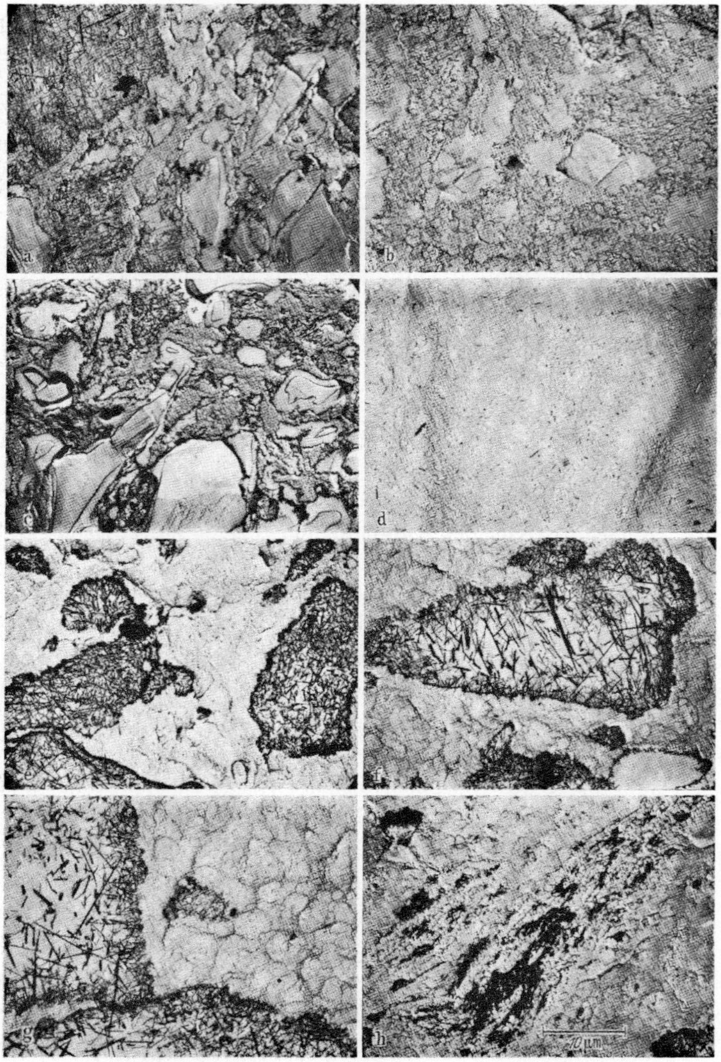

Bild 409: Elektronenmikroskopische Aufnahmen von Porzellanmassen nach Schüller [1075], Vergrößerung jeweils 1200fach.

Bild	Masseversatz Gew.-%				Heizrate K/h	Kühlrate K/h	Maximaltemperatur °C
	Kaolin	Feldspat	Quarz	Tonerde			
a	40	20	40	-	180	350	1280
b	40	20	40	-	180	350	1400
c	40	20	40	-	30	30	1280
d	40	20	40	-	30	30	1400
e	67	33	-	-	180	350	1280
f	67	33	-	-	180	350	1400
g	67	33	-	-	30	30	1400
h	60	30	-	10	30	30	1340

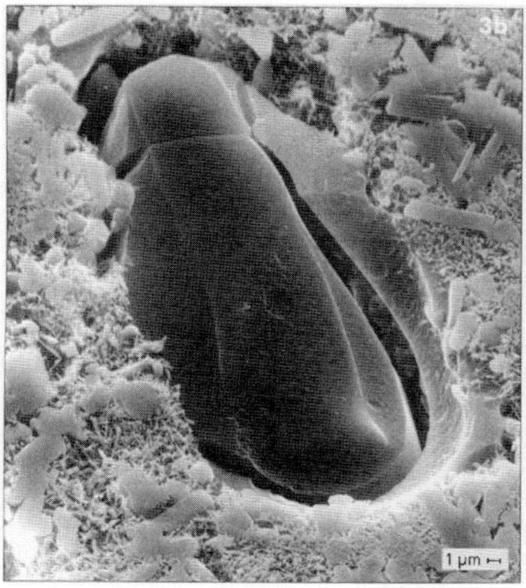

Bild 410: REM-Aufnahme einer Bruchfläche von Elektroporzellan. Quarzkorn mit umlaufendem Riß an der Grenze zur Glasphase, die aus der Quarzauflösung stammt [1079].

Bild 411 und Bild 412 präsentieren die Grenzflächen zwischen Scherben und Glasur eines Meißener Porzellans. In der starken Vergrößerung sind die nadeligen Mullitkristalle aufgrund des Ätzens mit 3 %iger Flußsäure gut zu erkennen und die "Faserverstärkung" der Glasmatrix nachzuvollziehen.

Bild 413 zeigt an einigen Beispielen nochmals die Leistungsfähigkeit des Rasterelektronenmikroskopes bei der Charakterisierung silicatkeramischer Gefüge. Von oben nach unten sind die eingezeichneten Felder jeweils 5fach stärker vergrößert worden. Beim Porzellan (links) erkennt man geschlossene Poren, einen großen Quarz- und viele kleine Mullitkristalle. Die Wandfliese (rechts) zeigt noch die Ausrichtung der Tonmineralteilchen.

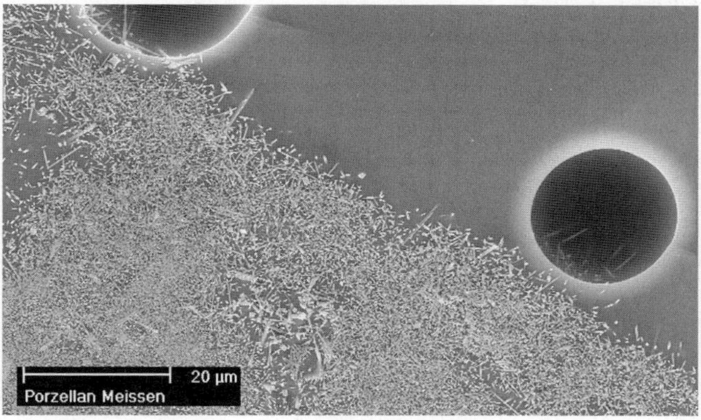

Bild 411: Grenzfläche Scherben-Glasur (mit Poren)

Bild 412: Vergrößerung aus Bild 411; REM-Aufnahmen von Meißener Porzellan, geätzt (mit freundlicher Genehmigung, Ullrich/Freiberg)

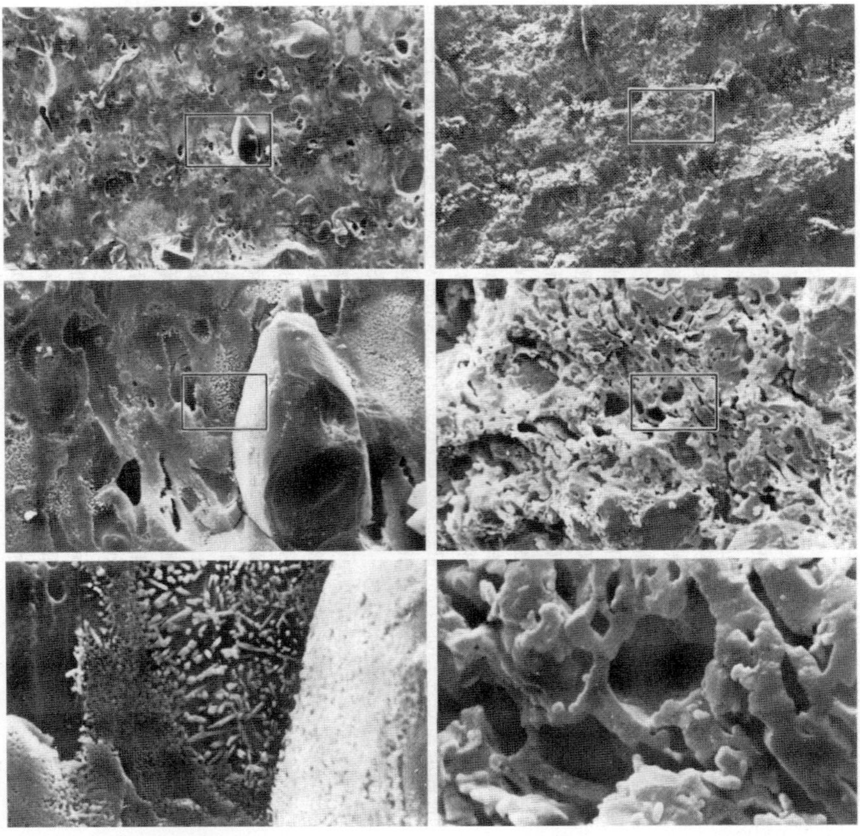

Bild 413: REM-Aufnahme einiger keramischer Werkstoffe in drei verschiedenen Vergrößerungen entsprechend den rechts angegebenen Maßstäben. *Links:* Hartporzellan, Bruchfläche, 90 s mit 10 %iger HF angeätzt. *Rechts:* Steingut, Bruchfläche eines Sprühbandes, Rohdichte = 1,0 g/cm^3

Die Reaktionen beim Brand *kalkhaltiger grobkeramischer* Massen wurden u.a. von Peters und Iberg [1077], Riccardi u. M. [1082] sowie Cultrone u. M. [1078] untersucht. Letztere Autoren verglichen zwei spanische Tone mit 0,6 Gew.-% CaO bzw. 10 % CaO bei etwa gleichem Alkaligehalt von ca. 3,8 % und einem SiO_2/Al_2O_3-Verhältnis von 2,68 bzw. 3,27. Nach dem Zusammenbruch der illitischen bis muskovitischen Schichtsilicatstruktur im Temperaturbereich zwischen 450°C und 900°C (Bild 414a und d) beginnt die Mullitbildung, oberhalb 700°C begleitet von der Entsäuerung des hier vorliegenden Dolomits zu CaO und MgO. Während die Glasbildung bereits bei etwa 800°C beginnt, wenn noch Carbonat präsent ist, scheint die Freisetzung von CaO und MgO die weitere Schmelzebildung bei höheren Temperaturen zu begrenzen. Statt dessen wird an der Grenzfläche Illit-Calcit die Bildung von Gehlenit $Ca_2Al_2SiO_7$ nach Gl. (389) beobachtet, obgleich eigentlich Fassait $(Ca,Mg)(Si,Al)_2O_6$ auftreten müßte [1080]:

$$\begin{aligned} &KAl_2[Si_3AlO_{10}(OH)_2] + 6\,CaCO_3 \rightarrow \\ &3\,Ca_2Al_2SiO_7 + 6\,CO_2 + 2\,H_2O + K_2O + 3\,SiO_2 \end{aligned} \tag{389}$$

Begründet wird dies mit der Schwierigkeit des Aluminium-Ions, in die aus der tetraedrischen in die oktaedrische Koordination zu wechseln, so daß Gehlenit mit seiner reinen Al-Viererkoordination kinetisch bevorzugt ist. An der Grenzfläche Calcit-Quarz entsteht zunächst Wollastonit $CaSiO_3$, möglicherweise auch Larnit Ca_2SiO_4, der jedoch röntgenographisch nicht nachgewiesen wird. In Bild 415b ist ein Dolomitrelikt mit randlichem Wollastonit abgebildet. An Dolomit-Quarz-Korngrenzen bildet sich entsprechend oberhalb 900°C Diopsid $CaMgSi_2O_6$. In diesem Stadium sind die Poren noch kantig, die Schichtsilicatkörner zeigen beginnende Verformung und beginnende Glasbildung (Bild 414b und e). Bei derselben Temperatur entstehen an Berührungspunkten von Rest-Illit bzw. Muskovit, Calcit und Quarz Sanidin und Anorthit (Gl. (390)):

$$\begin{aligned} &KAl_2[Si_3AlO_{10}(OH)_2] + 2\,CaCO_3 + 4\,SiO_2 \rightarrow \\ &2\,KAlSi_2O_8 + 2\,CaAl_2Si_2O_8 + 2\,CO_2 + H_2O \end{aligned} \tag{390}$$

Zwar wird Sanidin in Ziegeln gelegentlich gefunden, er ist jedoch nicht stabil, sondern reagiert bei hohem CaO-Gehalt schnell zu Anorthit weiter bzw. schmilzt auf und trägt zur Mullitbildung bei. Auch der Gehlenit reagiert oberhalb 1000°C weiter zu Wollastonit und Anorthit:

$$Ca_2Al_2SiO_7 + 2\,SiO_2 \rightarrow CaSiO_3 + CaAl_2Si_2O_8 \tag{391}$$

Bild 414c und f zeigen Gefügebilder aus diesem Temperaturbereich. Nachdem die Bildung von Wollastonit und Anorthit den Ziegelmassen eine hohe Festigkeit verleihen, ist eine Temperaturerhöhung über 1000-1100°C zur vermehrten Glasbildung in der Regel nicht erforderlich. Allerdings muß Freikalk CaO vermieden werden, da er beim Abkühlen in feuchter Atmosphäre oder später an Luft hydratisiert und stark quillt.

Die zuvor genannten Reaktionstemperaturen sind natürlich durch die Aufheizraten bestimmt. Thermodynamische Berechnungen im genannten Vielstoffsystem haben Holland und Powell [1081] durchgeführt und kritisch bewertet.

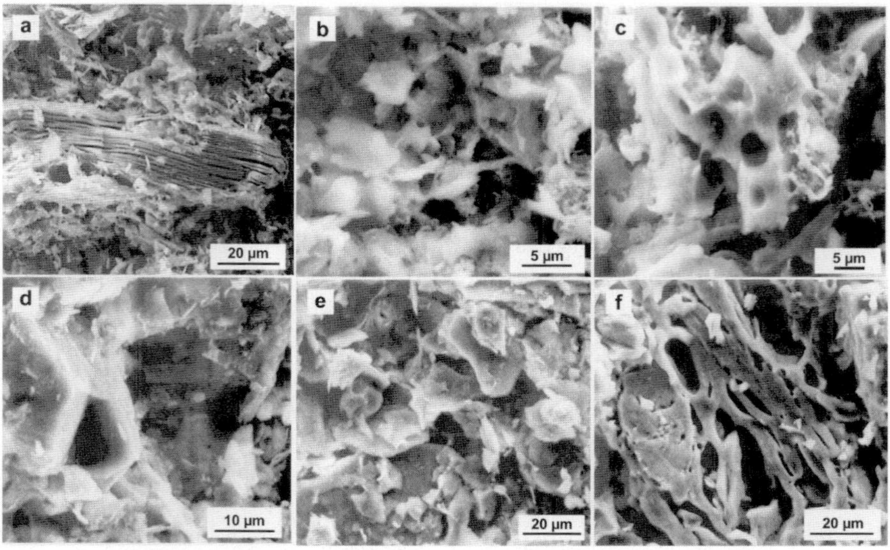

Bild 414: Gefüge von kalkreichen (oben) und kalkarmen (unten) Ziegelmassen mit zunehmender Temperatur (a) 800°C, (b) 1000°C, (c) 1100°C, (d) 700°C, (e) 900°C, (f) 1000°C. REM-Aufnahmen aus Cultrone u. M. [1078] mit freundl. Genehmigung des Verlages.

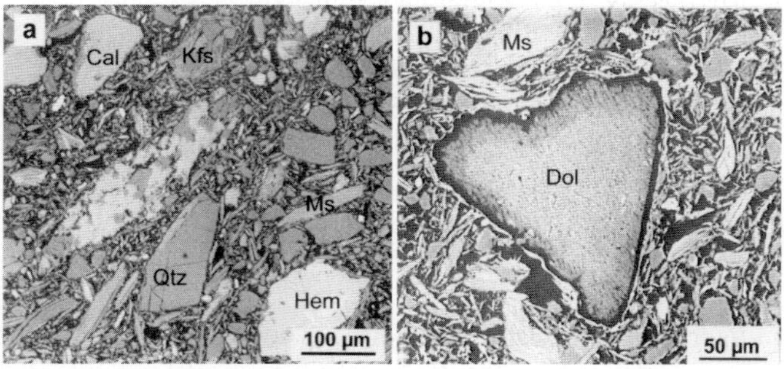

Bild 415: Gefüge von kalkreichen Ziegelmassen, gesintert bei 700°C (a) und 800°C (b). REM-Aufnahmen aus Cultrone u. M. [1078] mit freundl. Genehmigung des Verlages. Cal = Calcitrest, Dol = Dolomitrest, Kfs = Kalifeldspatrest, Qtz = Quarz, Hem = Hämatit, Ms = Muskovit.

Obwohl sich die Mischungen der natürlichen Rohstoffe je nach Zusammensetzung individuell verhalten und zum Charakterisierung der auftretenden Reaktionen, der Entgasung und der Schwindung jeweils DTA-, TG- und Dilatometeruntersuchungen erforderlich sind, sollen zwei Reaktionsschemata gezeigt werden, die die bisher geschilderten Ergebnisse grob zusammenfassen. Die angegebenen Temperaturen stellen entsprechend nur Anhaltswerte dar. Dabei werden zunächst zum Vergleich die Reaktionen der Tonmineralien Kaolinit und Montmorillonit (Formel idealisiert) widergegeben.

Sinterreaktionen von Kaolinit $Al_4[(OH)_8Si_4O_{10}]$

550°C	Kristallwasser entweicht → Metakaolinit + amorpher Rest
950°C	Bildung von γ-Al_2O_3 und von $Al_2O_3 \cdot SiO_2$ mit Spinellstruktur
1010°C	Bildung von Primär-Mullit
1200°C	Bildung von Cristobalit
1300°C	Glasbildung

Sinterreaktionen von Montmorillonit
$Ca_{0.2}[Al_{1.5}Fe_{0.3}Mg_{0.2}(OH)_2][Si_{3.75}\ Al_{0.25}O_{10}]$

400-700°C	Kristallwasser entweicht, Zusammenbruch der Struktur
900°C	Bildung von Hochquarz und Anorthit $CaAl_2Si_2O_8$
1050°C	Bildung von Cristobalit und eutektischer Schmelze mit Anorthit
1150-1250°C	Cordieritbildung $Mg_2Al_3[AlSi_5O_{18}]$ oder Mullitbildung, je nach Mg-Gehalt

Sinterreaktionen einer Kaolinmasse (in Klammern kalkhaltige Masse)

80-120°C	Entweichen des physikalisch gebundenen Wassers
200-400°C	Zersetzen organischer Bestandteile
350°C	Zwischenschichtwasser entweicht
300-700°C	Verbrennen des Kohlenstoffanteils unter CO_2-Abgabe
550°C	Kristallwasser der Tonminerale entweicht: Metakaolinit + amorpher Rest
573°C	Tiefquarz-Hochquarzumwandlung mit Volumensprung
(700-900°C	Karbonatzersetzung unter CO_2-Abgabe, Gehlenit-Bildung C_2AS)
950°C	Bildung von γ-Al_2O_3 und $Al_2O_3.SiO_2$ mit Spinellstruktur
(950-1050°C	Reaktion von Spinell mit CaO zu Gehlenit)
ab 1010°C	Bildung von Primär-Mullit
ab 1050°C	eutektische Feldspatschmelzen, Erweichung
(ab 1050°C	Gehlenit + SiO_2 → Wollastonit + Anorthit)
ab 1200°C	Bildung von Sekundärmullit, Auflösung von Quarz, Viskositätserhöhung der Schmelze, Durchhängen der Teile

Die mikrostrukturellen Vorgänge im Zuge dieser Reaktionen hat Rasch [1083], [1084] vereinfachend veranschaulicht. Bild 416 betont dabei, daß die Reaktionen an Berührungspunkten der jeweiligen Phasen (Körner) beginnen. Nach den Festkörperreaktionen beginnt die Schmelzebildung, die einen beschleunigten Stofftransport bewirkt. Vor allem beim isothermen Sintern erfolgt der Konzentrationsausgleich über die Schmelze, Sättigung und Umkristallisation tritt ein. Feldspat verschwindet völlig, Quarz wird nicht vollständig gelöst. Beim Abkühlen kristallisiert weiterer Mullit, das Glas „friert ein".

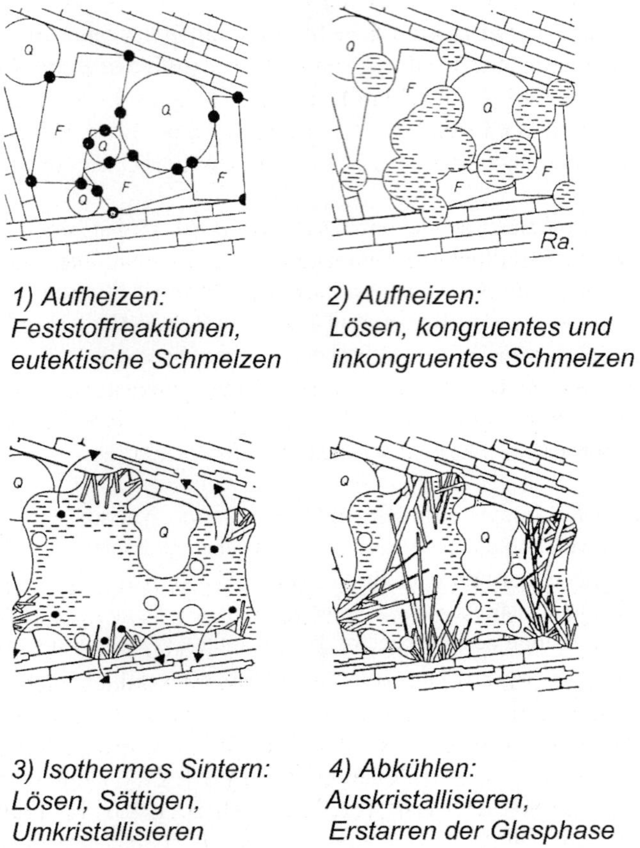

Bild 416: Schematische Darstellung der Gefügeveränderungen während des Brandes. Q = Quarz, F = Feldspat, Tonminerale mit Blocksignatur, nadelig: Mullit; rund: Luftblasen; horizontale Strichelung: Schmelze bzw. Glas mit unterschiedlicher Zusammensetzung. Nach H. Rasch, Höhr-Grenzhausen, mit freundlicher Genehmigung.

Die Vorgänge beim Brand von keramischen Massen hängen also von Masseversatz, Aufheizrate, Brenntemperatur, Brennzeit, Korngröße und chemischer Zusammensetzung und Gefüge der Rohstoffe ab. Darüber hinaus ist noch ein Einfluß der Ofenatmosphäre vorhanden, der im Kapitel 7.5 diskutiert wird. Damit besteht eine außerordentlich große Vielfalt an Möglichkeiten. Die hier erörterten Beispiele lassen im einzelnen die verschiedenen Einflüsse erkennen und zeigen die Wege, durch geeignete Wahl der Bedingungen ein bestimmtes Endprodukt zu erhalten.

Schwiete und Ziegler [2265] haben die zum Brennen von keramischen Scherben benötigte *theoretische Wärmemenge* berechnet, indem sie zunächst die Reaktionswärme der sich abspielenden Reaktionen für 25°C bestimmt und dann die benötigte Wärmemenge zum Erhitzen auf 1400°C berechnet haben. Für ein Hartporzellan aus Kaolin:Feldspat:Quarz = 50:25:25 Gew.-% und ein Endprodukt, das aus Mullit:Glas:Quarz = 25:65:10 Gew.-% besteht, erhielten sie insgesamt einen

Wärmebedarf von 2100 kJ/kg Scherben. Eine ähnliche Berechnung für das Brennen eines Schamottesteins aus feuerfestem Ton bis zu 1500°C mit einer Endzusammensetzung aus Mullit:Glas:Cristobalit = 47:43:10 Gew.-% ergab einen Wärmebedarf von 2550 kJ/kg Scherben. In beiden Fällen ist das Anmachwasser nicht berücksichtigt, also vom trockenen Rohling ausgegangen worden. Etwa 450 kJ/kg Scherben werden dabei für chemische Prozesse verbraucht, d.h., die restliche Menge wird bei der Abkühlung wieder frei.

Die eben erwähnte Abkühlung der gebrannten Werkstücke wird in ihrer Geschwindigkeit begrenzt durch die übliche Temperaturwechselbeständigkeit. Günstig wirkt sich noch vorhandene Schmelzphase aus, die Spannungen schnell abbaut. Eine wichtige Temperatur ist dann deren Übergang in den festen Zustand, d.h. die Glastransformationstemperatur (Kapitel 2.4.2.1). Bei quarz- und/oder cristobalithaltigen Werkstücken sind deren Hoch-Tief-Umwandlungstemperaturen bei 573°C bzw. unterhalb 260°C (Kapitel 2.3.2.4.1 und 9.3.1.1) wegen der dabei auftretenden starken Kontraktionen besonders sorgfaltig zu durchfahren.

7.5.2.2 Glasphase

Während des Brennprozesses enthalten die meisten keramischen Produkte erhebliche Anteile an Schmelzphase, die während der Abkühlung infolge ihrer hohen Viskosität nicht kristallisiert und im Endprodukt als Glasphase erscheint. Da normalerweise die Reaktionen beim Brand von keramischen Produkten nicht zu Gleichgewichten verlaufen, z.B. häufig noch Quarzreste vorhanden sind, ist es natürlich, daß die in keramischen Produkten enthaltene Glasphase nicht homogen ist, sondern sehr stark in ihrer Zusammensetzung schwankt. Auf die Unterteilung in die Glasphasen I, II und III beim Hartporzellan durch Berger u. M. [2263] wurde im vorigen Abschnitt hingewiesen. Die meisten Bestimmungsmethoden ermitteln nur Durchschnittswerte der Glasphase, die dann mit dem Gleichgewichtsdiagramm übereinstimmen, wenn sich z.B. aller Quarz aufgelöst hat oder der Restquarz berücksichtigt wird. Unter bestimmten Vorsichtsmaßnahmen ist es möglich, die Glasphase chemisch durch Herauslösen zu bestimmen, wie es z.B. von Konopicky und Köhler [2266] beschrieben wird. Bei röntgenographischen Phasenbestimmungen von keramischen Produkten wird meist die Ergänzung zu 100 % als Glasphase bezeichnet, aber auch eine direkte röntgenographische Glasbestimmung ist möglich.

Die wichtigste Eigenschaft der Glasphase ist ihre *Viskosität* bei hohen Temperaturen, also im schmelzflüssigen Zustand. Viskositätskurven von Feldspäten wurden schon im Kapitel 2.4.2.2, Bild 63 gezeigt. In diesem Bild sind die sehr hohen Viskositäten bei den üblichen Brenntemperaturen zu erkennen. Ausgehend von diesen Zusammensetzungen wird ein zusätzlicher SiO_2-Gehalt die Viskosität weiter erhöhen, ein zusätzlicher Al_2O_3-Gehalt die Viskosität etwas erniedrigen. Insgesamt werden aber die Unterschiede gering sein. Für das Abkühlungsverhalten ist die Transformationstemperatur dieser Gläser wichtig. Aus Bild 63 kann man entnehmen, daß sie für die Feldspäte je nach Alkaliart zwischen 820 und 920°C liegt. Experimentell findet man für die Transformationstemperaturen der Glasphase von Schamotte, Steinzeug und Porzellan fast übereinstimmend Werte zwischen 800 und 830°C. Sie liegen damit etwas niedriger, was durch die weiteren Bestandteile bedingt sein wird. Bei den Viskositätsbetrachtungen ist noch wesentlich, daß ein Gehalt an CaO die Viskosität der Schmelzphase deutlich erniedrigt.

Für spätere Betrachtungen wird noch der *Ausdehnungskoeffizient* der Glasphase benötigt. Vergano u. M. [2269] haben ihn an Gläsern aus synthetischem Kalifeldspat unterhalb T_g zu $6{,}6 \cdot 10^{-6}$/K bestimmt. Ein Molverhältnis Na_2O: K_2O = 15:85 im Feldspat ergab einen Ausdehnungskoeffizienten von $7{,}0 \cdot 10^{-6}$/K. Gläser aus natürlichem Orthoklas oder Albit besaßen Ausdehnungskoeffizienten bei 7,5 oder $7{,}4 \cdot 10^{-6}$/K. Mit den Faktoren der Tabelle 23 berechnet sich $\alpha_{20/400}$ für Kalifeldspatglas zu $7{,}1 \cdot 10^{-6}$/K und für Natronfeldspatglas zu $6{,}8 \cdot 10^{-6}$/K.

7.5.2.3 Brennfarben

Bereits mehrfach wurde erwähnt, daß die Atmosphäre einen Einfluß auf das Verhalten der keramischen Produkte beim Brand haben kann. In der Masse sind meistens organische Verunreinigungen enthalten. Sie können aus den Rohstoffen, wie z.B. aus den Tonen, kommen oder können auch durch andere organische Hilfsmittel bei den verschiedenen Formgebungsprozessen bedingt sein. Diese müssen in den ersten Stadien des Brennprozesses ausgebrannt werden, d.h. also, die ersten Stadien müssen unter *oxidierenden* Bedingungen durchgeführt werden. Das macht insofern keine Schwierigkeiten, als in diesem Bereich der Scherben noch porös ist, so daß die oxidierenden Gase in den Scherben eindringen können und die Verbrennungsprodukte auch leicht entweichen können. Das Ende dieses Prozesses liegt je nach Porosität des Scherbens, Gehalt an organischen Beimengungen, sowie nach der Aufheizgeschwindigkeit zwischen 500 und 900°C. Im anschließenden Feuer können verschiedene Atmosphären eintreten. Man ist im allgemeinen bemüht, einen Brennstoff so auszubrennen, daß die zugeführte Verbrennungsluft gerade verbraucht wird und kein Luftüberschuß entsteht. Dabei kann aber leicht die Atmosphäre in reduzierende Bedingungen übergehen. Ist noch ein Sauerstoffüberschuß in der Atmosphäre vorhanden, so spricht man von oxidierenden Bedingungen. Genauere Angaben erhält man, wenn man die Atmosphäre durch den jeweiligen Sauerstoffpartialdruck kennzeichnet.

Es wurden viele Untersuchungen durchgeführt, um den Einfluß der Atmosphäre auf die Brenneigenschaften verschiedener Rohstoffe und Massen zu erfassen. Sie ergaben, daß er abhängt von der Kristallart, der Kristallgröße, dem Ordnungszustand der Struktur sowie dem Flußmittelgehalt der Rohstoffe. Deutlich zeigt sich ein großer Einfluß des Wasserdampfes, der die Mullit- und Cristobalitbildung und auch die Quarzabnahme beschleunigt. Weiterhin wurde gefunden, daß in Gegenwart von Wasserdampf die Abnahme der Porosität beschleunigt wird, wobei dieser Effekt mit dem Feldspatgehalt der Masse ansteigt, was auf eine verstärkte Löslichkeit des Wasserdampfes im Feldspatglas bzw. der Feldspatschmelze zurückzuführen ist, wodurch nach Merker u. M. [1085] deren Viskosität erniedrigt wird.

Im Grunde genommen könnte der Brand keramischer Erzeugnisse in oxidierender oder neutraler Atmosphäre zu Ende geführt werden. Häufig wird aber eine

Reduktionsperiode eingeschaltet, die vor allen Dingen mit der Färbung der Produkte zusammenhängt und einen Wertigkeitswechsel der Eisenionen bewirken soll. Der Übergang von Fe_2O_3 in FeO hat aber noch einen weiteren Einfluß, die Verringerung der Viskosität durch FeO in der Schmelzphase. Dadurch wird ebenfalls eine bessere bzw. frühere Verdichtung der Produkte erreicht. Weiterhin bewirkt die reduzierende Atmosphäre eine frühere Zersetzung von Sulfaten. Auf diese Weise ist es möglich, die Sulfate aus dem Scherben zu entfernen, die später zu Ausblühungen (Kapitel 8.1.1.3) neigen könnten.

In reduzierender Atmosphäre können aber auch Reaktionen mit den Hauptbestandteilen der keramischen Masse eintreten. Insbesondere ist das SiO_2 durch Reduktion in das bei diesen Temperaturen gasförmige SiO überführbar, wie bereits im Kapitel 3.1.2 erörtert wurde. An kälteren Stellen des Ofens kann sich dann, wenn genügend Sauerstoff vorhanden ist, das SiO niederschlagen und oxidieren, wobei häufig eine faserige Ausbildung des SiO_2 zu beobachten ist. SiO ist bei tiefen Temperaturen nicht stabil, sondern disproportioniert nach der Gleichung 2 SiO = SiO_2 + Si. Findet dieser Vorgang auf oder in einem keramischen Produkt statt, so kann man das SiO_2 nicht erkennen, aber das abgeschiedene Si führt zu einer Schwarzfärbung des Produktes. Dies ist nicht die einzige Ursache der manchmal auftretenden sog. *schwarzen Kerne.* Oft sind diese durch unvollständig ausgebrannte organische Bestandteile bedingt, besonders dann, wenn durch einen hohen Preßdruck beim Formen der Gasaustausch behindert ist. Eine weitere Ursache nennt der folgende Absatz.

In reduzierender Atmosphäre ist meist CO enthalten. Dieses hat die Eigenschaft, in bestimmten Temperaturbereichen nach dem Boudouard-Gleichgewicht 2 CO $\rightleftarrows$ C + CO_2 zu zerfallen. Bild 417 zeigt die Lage dieses Gleichgewichts in Abhängigkeit von der Temperatur bei einem Gesamtdruck der beiden Gase CO und CO_2 von 1 bar.

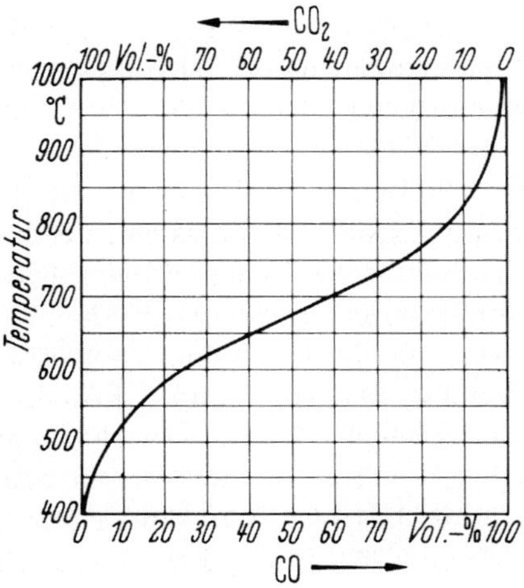

Bild 417: Temperaturabhängigkeit des Boudouard-Gleichgewichts 2 CO $\rightleftarrows$ CO_2 + C

Man kann daran erkennen, daß unterhalb 400°C nur CO_2 stabil ist, während bei 1000°C sich nur noch 0,7 Vol.-% CO_2 im Gleichgewicht befinden. Diese Reaktion des CO geht nur oberhalb 800°C von allein mit der nötigen Geschwindigkeit vonstatten. Unterhalb 800°C benötigt sie im allgemeinen einen Katalysator. Als solcher kann Kohlenstoff wirken, aber auch eine Reihe anderer Verbindungen. Die Wirkung hängt allerdings sehr stark von der Ausbildung ihrer Oberfläche ab. Relativ unabhängig von der Oberfläche fördert Eisenoxid die Gleichgewichtseinstellung der Boudouard-Reaktion. In reduzierender Atmosphäre ist es daher in diesen Temperaturbereichen möglich, daß sich im Scherben Kohlenstoff abscheidet, der ebenfalls zu einer Schwarzfärbung führt. Tritt beim weiteren Brand ein Schließen des keramischen Produktes ein und wechselt die Atmosphäre nach oxidierend, dann wird der Kohlenstoff zu CO_2 oxidiert, was Anlaß zur Blasenbildung sein kann. Dagegen bildet sich bei der Oxidation eines dunklen Belages aus Si nur SiO_2, das unschädlich ist. Finden in keramischen Produkten sehr starke Kohlenstoffablagerungen statt, so können sie zum Zerspringen dieser Produkte führen, was besonders bei Feuerfestmaterialien eintreten kann. Als Katalysator wirken nur die Eisenoxide, aber nicht mehr das silicatisch gebundene Eisen. Brennt man daher ein eisenhaltiges Produkt so hoch, daß alles Eisen in die Schmelzphase oder in silicatische Bindung in Form von Kristallen aufgenommen wird, so ist nicht mehr mit dieser katalytischen Reaktion zu rechnen. Bei Steinzeug treten gelegentlich auch schwarze bis hellgraue Kerne auf, bedingt durch nicht vollständig ausgebrannte organische Substanzen. Nach Fischer und Müller [1086] sind damit unterschiedliche Gefüge und deshalb auch Eigenschaften zwischen Rand und Kern verbunden, wobei es vorkommen kann, daß bei den Ausdehnungskoeffizienten $\alpha_{Kern} > \alpha_{Rand}$ ist, wodurch beim Abkühlen im Rand Druckspannungen entstehen, was die Festigkeit erhöht.

Bei hohen Temperaturen hat auch der Stickstoff in reduzierender Atmosphäre die Neigung, sich chemisch in den Schmelzen zu lösen. Tritt anschließend eine oxidierende Atmosphäre auf, so wird dieser Stickstoff wieder in molekularer Form freigesetzt und führt zur Blasenbildung. Als Oxidationsmittel können auch Fe_2O_3-Verunreinigungen wirken. Führt man den Brand unter neutralen oder reduzierenden Bedingungen durch, wird diese Blasenbildung nicht beobachtet.

Im Abgas von Brennöfen treten neben den bisher erwähnten Komponenten auch noch fluorhaltige Verbindungen auf, die ihre Ursache in der Freisetzung der F-Gehalte der tonmineralhaltigen Rohstoffe haben, bei denen das Fluor im Gitter die OH-Gruppen ersetzt. Thomas u. M. [1087] führen viele entsprechende Analysen an im Mittel beträgt dieser F-Gehalt nur 0,05 Gew.-%, kann aber trotzdem zu hohen F-Werten im Abgas führen. Die Fluoremission ist beim Aufheizen während der Entwässerung der Tonminerale sehr gering und setzt erst ab etwa 700° C ein [1088]. Das Emissionsmaximum liegt zwischen 1000 und 1200°C. Der Mechanismus der Fluoremission besteht im wesentlichen in einer Reaktion mit dem H_2O-Dampf der Ofenatmosphäre unter Bildung von HF. Er ist darüber hinaus abhängig vom An- und Abtransport der reagierenden Komponenten. Es ist deshalb möglich, die F-Emission wesentlich zu reduzieren, indem man den Temperaturbereich der Hauptemission sehr schnell durchfährt bis zum Schließen des Scherbens durch genügend Schmelzphase. Tünker und Schmidt [1089] konnten dadurch bei einem

Steinzeug den Abbrand des Fluors von ursprünglich 40 % auf nur noch 15 % senken.

Die wichtigste Ursache für die meist beobachtete Brennfarbe keramischer Produkte ist die Anwesenheit von *Eisen* in verschiedenen Oxidationsstufen. Bei Raumtemperatur ist das Oxid Fe_2O_3, der Hämatit, stabil. Seine Farbe ist braun bis rot. Mit steigender Temperatur besteht die Tendenz zum Übergang zu niederwertigen Oxiden des Eisens. Der sich dabei über Fe_2O_3 einstellende Sauerstoffpartialdruck ist in Bild 418 zu sehen. Aus diesem Diagramm ist zu erkennen, daß bei 1455°C ein O_2-Partialdruck von 1 bar erreicht wird. Bei 1400°C beträgt der Sauerstoffpartialdruck 0,3 bar. Bei dieser Sauerstoffabgabe geht das Fe_2O_3, zunächst in den Magnetit, Fe_3O_4, über (Spinellstruktur). Bei noch geringeren Sauerstoffpartialdrücken oder bei höheren Temperaturen findet ein Übergang in das zweiwertige Eisen FeO (Wüstit) statt. Bei 1400°C geschieht dies bei einem Sauerstoffpartialdruck von 10^{-6} bar (0,1 Pa). Wird bei dieser Temperatur der Sauerstoffdruck unter 10^{-10} bar (10 μPa) erniedrigt, so bildet sich metallisches Eisen. Fe_3O_4 und FeO sind schwarz gefärbt. Neben diesen Oxiden kennt man weitere Eisenverbindungen; die zweiwertigen sind weiß bis grün bis blau, je nach der Art der Verbindung; die dreiwertigen können farblos sein, meist haben sie aber eine braune Farbe. In keramischen Produkten liegt das Eisen nur teilweise in Form der reinen Oxide vor, teilweise ist es in einigen Verbindungen gebunden oder in der Glasphase als schwach grünlich färbendes Fe^{2+} gelöst. Die Stabilitätsbereiche der verschiedenen Wertigkeitsstufen werden damit geändert. Trotzdem kann man allgemein sagen, daß mit steigender Temperatur an Luft immer die Tendenz des Überganges von der drei- zur zweiwertigen Stufe besteht.

In *oxidierender* Atmosphäre brennen die Kaoline und Tone je nach Eisengehalt meist in gelber bis roter Farbe. Mit steigender Temperatur findet häufig ein Übergang in gelblich bis gelbbraun statt, bei noch höherer Temperatur tritt eine sehr starke Vertiefung der Farbe auf infolge des teilweisen Übergangs in die zweiwertige Stufe, der nach Bild 418 dann auch in oxidierender Atmosphäre eintritt.

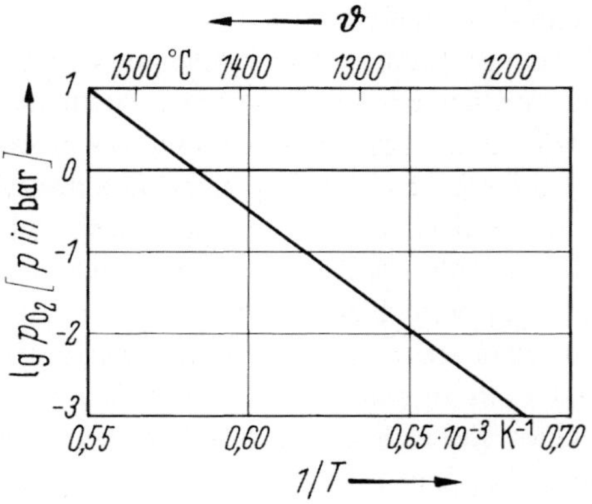

Bild 418: O_2-Partialdrücke über Fe_2O_3

In *reduzierender* Atmosphäre wird häufig eine graue Farbe beobachtet, die bei starker Reduktion in einen violetten oder blauen Farbton umschlagen kann.

Wichtig sind diese intensiven Farben bei der Herstellung von Ziegeln und Klinkern. Klinker, die bei höherer Temperatur gebrannt werden und damit einen wesentlichen Anteil an Schmelzphase besitzen, zeigen meist durch das in dieser Schmelzphase gelöste Eisenoxid einen intensiveren Farbton. Diese Eisengehalte können sich positiv auswirken, denn sie wirken in reduzierender Atmosphäre als Flußmittel und erlauben daher niedrigere Brenntemperaturen [780].

Bei einigen Ziegeltonen beobachtet man beim Brand statt einer Rot- eine Gelbfärbung, obwohl der Eisengehalt so hoch ist, daß normalerweise eine rote Färbung entstehen müßte. Schon frühzeitig erkannte man, daß für diese Gelbfärbung ein bestimmter Gehalt an CaO und teilweise auch an MgO erforderlich ist, der um so höher sein muß, je höher der Gehalt an Fe_2O_3 ist. Für die gelbe Farbe werden meist Calciummagnesiumsilicate verantwortlich gemacht, die Eisen in ihr Gitter eingebaut haben.

Bekanntermaßen erzeugt bei normalen Fenstergläsern das dreiwertige Eisen nur eine schwache Gelbfärbung, dagegen die reduzierte Stufe des zweiwertigen Eisens eine grüne bis blaue Farbe. Im allgemeinen führt man deshalb die Glasschmelze in oxidierender Atmosphäre durch. Bei Porzellanen beobachtet man jedoch, daß bei gleichem Eisengehalt in oxidierender Atmosphäre eine intensive Gelbfärbung auftritt, während beim Brennen in reduzierender Atmosphäre nur ein grünlichblauer Farbton in Erscheinung tritt, der sich aber nicht stark bemerkbar macht. Man bezeichnet beim Porzellanbrand diese gelbliche Farbe, die durch Oxidation bei höheren Temperaturen entstanden ist, als *Luftgelb* oder *Muffelgelb*. Daneben kennt man noch ein *Rauchgelb*, das bei zu starker Reduktion bei porösen Scherben entsteht und durch kolloidalen Kohlenstoff verursacht wird. Nach Rieke und Faust [1090] führen 0,8 Gew.-% Fe_2O_3 im Scherben bei normalem Porzellanbrand mit einer Reduktionsperiode zu einer grauen Färbung. Ist der Fe_2O_3-Gehalt > 1 Gew.-%, tritt eine gelbe Farbe auf. Weißfärbung kann man beim Porzellanbrand nur bei Fe_2O_3-Gehalten < 0,6 Gew.-% erhalten. Bei oxidierendem Brand erscheint eine deutlich gelbe Farbe schon ab 0,35 Gew.-%. Die Glasuren, die der Atmosphäre viel stärker ausgesetzt sind, müssen noch kleinere Fe_2O_3-Gehalte (< 0,25 Gew.-%) haben, um im normalen Porzellanbrand weiß zu bleiben. Die Ursache der Gelbfärbung liegt nach Dietzel [1091] in der geringen Löslichkeit des Fe^{3+} in den Schmelzphasen des Porzellans oder der Glasuren, weshalb es kolloidal als Fe_2O_3 ausgeschieden wird, was eine intensive Färbung bewirkt. Durch die Gegenwart von Titandioxid, das meist ebenfalls in den Rohstoffen enthalten ist, findet eine Vertiefung der Farbwirkung des Eisenoxids statt. Dafür wird die Bildung der Eisentitanate $Fe_2O_3 \cdot TiO_2$ und $FeO \cdot 2TiO_2$ verantwortlich gemacht.

Es ist auch möglich, eine Brennfarbe zu erzeugen, die einen bestimmten Farbton hat. Bei hohen Brenntemperaturen ist allerdings die mögliche Farbskala gering. Blau kann man die Massen durch einen Zusatz von Cobaltoxid färben. Mit geringen Mengen von Cobaltoxid lässt sich übrigens auch ein leichter Gelbton einer anderen Masse kompensieren. Cobaltoxid gemeinsam mit Manganoxid zu einer künstlichen Schwarzfärbung der Masse führen. Grüne Farben erreicht man durch Zugabe von Chromoxid. Chromoxid färbt aber nicht immer grün. In Al_2O_3

z.B. eingebaut ergeben die ersten Beigaben des dreiwertigen Chroms die rote Rubinfärbung, während erst bei höheren Chromgehalten die Farbe ins Grün umschlägt. Hier ist für den Farbwechsel des dreiwertigen Chromions die Art der Koordination im Kristallgitter verantwortlich.

7.5.2.3 Brennfehler

Die Folgen falscher Temperatur-, Zeit- und Atmosphärenführung im Brand für Form, Farbe, Gefüge und Integrität des Erzeugnisses wurden im Kapitel 4 bezüglich genereller Phänomene und Hochleistungskeramik sowie in Kapitel 7.5.2 für Silicatkeramik bereits angesprochen. Weitere Probleme werden in Zusammenhang mit dem Schnellbrand in Kapitel 7.5.2.4 behandelt, da dort abweichend von der bisherigen verfahrenstechnischen Erfahrung des Keramikers Aufheizraten und Temperaturgradienten auftreten, die eine grundlegend neue Betrachtung der Massen und der Sinterkinetik erforderlich machen. Hier sollen nun einige grundsätzliche Fehlerquellen beim Brand angesprochen werden, wobei ebenfalls zwischen Silicatkeramik und Hochleistungskeramik unterschieden werden soll. Dabei muß beachtet werden, daß die genannten Effekte durch Fehler überlagert werden, die bereits in den Rohstoffen, der Aufbereitung und Formgebung begründet sind und Restspannungen im Scherben zur Folge haben.

Verformung. Mit dem Sinterprozeß pulverförmiger Rohstoffe ist stets eine Dimensionsänderung, in der Regel eine *Schwindung*, als Folge von Poreneliminierung, Teilchenumorientierung und Phasenreaktionen verbunden, die im Idealfall zu keiner *Gestaltsänderung* (Formänderung) führen sollte. Dies bedeutet, daß sich zwar die Absolutmaße eines Bauteils verändern (verkleinern), aber die Proportionen erhalten bleiben, damit die Formgebung vor dem Brand schon möglichst nahe an die Endkontur heranreicht. Der Betrag der Schwindung oder ggf. der Expansion muß also zuvor quantitativ bekannt sein und als Aufmaß bei der Formgebung berücksichtigt werden. Die Ermittlung des Aufmaßes erfolgt typischerweise an einfachen Probekörpern mit Hilfe der Dilatometrie, im Praxisfall komplexer Geometrien an Prototypen, die nach dem Brand exakt vermessen werden. Dies ist insbesondere deshalb erforderlich, da zur porenbedingten Schwindung noch ein geometriebedingter *Verzug* des Bauteils hinzukommt.

Theoretisch schwinden alle Pulverformkörper zentrosymmetrisch zum Massenzentrum hin. Für jeden Massenpunkt des Grünkörpers existiert also ein Schwindungsvektor, der Richtung und Betrag der Ortsveränderung des Punktes im Brand kennzeichnet. Für einen kugelförmigen Grünkörper zeigen also alle Vektoren zum Kugelmittelpunkt, der Sinterkörper ist wieder eine (kleinere) Kugel. Schwieriger wird es bereits, wenn eine Kontur Ecken und Kanten aufweist. Hier kommt es zu lokal sehr stark konvergenten Schwindungsvektoren, was örtlich hohe Masseflüsse und damit hohe Schwindungsgeschwindigkeiten zur Folge haben sollte, wenn im Endzustand überall eine gleichmäßige Dichte eingestellt sein soll. Dies ist aber nicht der Fall, da die Sintermechanismen Teilchenumorientierung, Diffusion, Korngrenzengleiten usw. (siehe Kapitel 4) sehr langsam ablaufen und die Triebkräfte relativ klein sind. Damit kommt es an kritischen Stellen zur *Schwin-*

dungsbehinderung, die sich einerseits in der typischen Deformation von Zylindern zu „Elefantenfüßen" äußert, andererseits im Gefüge zu einer erhöhten Porosität im Bereich von Ecken und Kanten. Besonders komplex wird diese Verformung, wenn unregelmäßige (d.h. nicht rotations- oder zentrosymmetrische) Massenanhäufungen oder bewegungsbehindernde Verdickungen, Wandstärkenunterschiede, Stege, Zapfen, Hinterschneidungen, Doppelwände usw. vorhanden sind. In der Praxis, z.B. in der Sanitärindustrie, muß man daher umfangreiche Brenn- und Formgebungsversuche durchführen, um sich schrittweise durch Aufmaßveränderung am Grünteil der gewünschten Endkontur zu nähern. Bild 419 zeigt einige Fälle.

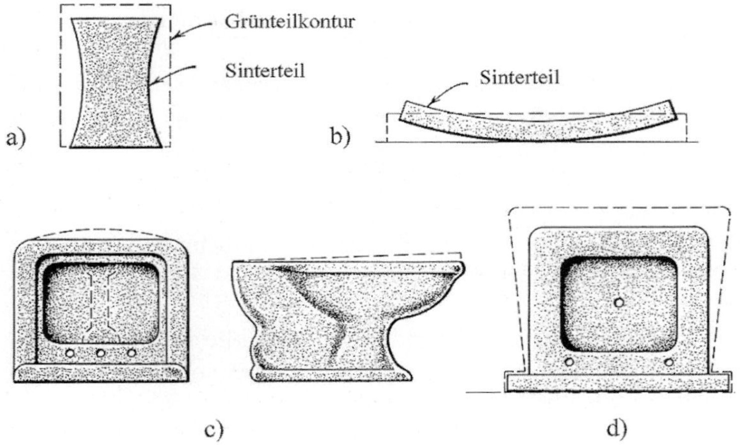

Bild 419: Verformung von Waren im Brand; die gestrichelten Umrisse zeigen die Ausgangsgestalt des Grünkörpers: a) Schwindungsbehinderung an Ecken und Kanten; inhomogene Gründichte; b) Verbiegung durch Temperaturgradient; c) schwerkraftbedingte Verformung; d) Schwindungsbehinderung durch Reibung in der Auflagefläche. Nach Kingery.

Bei schweren und großformatigen Bauteilen kommen weitere Effekte hinzu. So unterstützt die Schwerkraft alle Abwärtsbewegungen während der Schwindung, was insbesondere bei glasphasenhaltigen Erzeugnissen zur Kriech- oder Fließverformung führen kann. Besonders betroffen ist z.B. Geschirr, vor allem Teller, deren Ränder („Fahnen") und Böden während der Erweichungsphase des Glases nach unten klappen bzw. durchhängen [1092]. Gegenmaßnahmen liegen einerseits in der entgegengesetzten Vordeformation der Grünteile, andererseits in der Viskositäts- und Volumenkontrolle der Glasphasen über den Gehalt an Alkalien und die Auflösung des Quarzes. Eine weitere Rolle spielt die Korngröße des Quarzes [2264] bzw. ebenso wenig reaktiver und daher versteifender Bestandteile wie z.B. Korund. Auch die Nadelform des Mullits wirkt formstabilisierend. In Bild 420 ist das Verhalten eines Tellers im Schnellbrand dargestellt. Zu beachten ist dabei auch die Position des Tellers im Stapel und relativ zur Wärmeeinleitung im Ofen. Geringe lokale Temperaturgradienten führen schon zu deutlich voreilender oder nachhinkender Sinterung, Erweichung und Deformation.

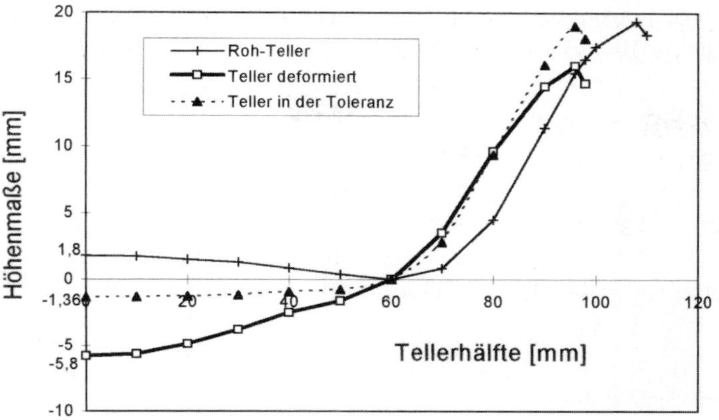

Bild 420: Schnitt durch Tellerhälfte; gemessene Verformung im Schnellbrand, nach Saldsieder, Aachen.

Die Wärmeeinleitung ist auch von besonderer Bedeutung bei Flachwaren wie Fliesen, die auf Unterlagen oder ohne Unterstützung durch den Rollenofen fahren. Hitzeeinstrahlung von oben und Wärmeverluste nach unten führen manchmal zu starken Schwindungsgradienten und damit zu einer konkaven Verkrümmung (z.B. zur Flügeligkeit, Bild 419) oder zu schwarzen Kernen (siehe Kapitel 7.5.2.2). Hochgebrannte Steinzeugfliesen kann man durch kurze Überschreitung der Erweichungstemperatur wieder flachlegen.

Weitere Maßnahmen gegen schwerkraftbedingte Verformung beruhen in der Konstruktion von Abstützungen, die nach dem Brand entfernt werden. Filigrane Zierkeramikfiguren können so verzugsfrei hergestellt werden. Die Schnitt- bzw. Bruchstellen der Stützen müssen ggf. noch nachgeschliffen, glasiert und erneut gebrannt werden, dann allerdings bei geringeren Temperaturen (Bild 421). Eine weitere Möglichkeit zur Vermeidung von Formverzug ist der Einsatz unterstützender *Brennkapseln* und *Kassetten*, an deren Böden und Wänden sich die verformenden Teile anlehnen können. Brennkapseln, die darüber hinaus noch eine Temperaturvergleichmäßigung und eine kontrollierte Atmosphäre bewirken, werden beim Geschirrbrand angewandt, Kassetten dagegen beim Dachziegelbrand, wo sie die Wölbungen und Falze abstützen. Bei Geschirr hilft oftmals eine gekoppelte Lagerung zweier Teile oder die gestürzte Lagerung des Teils (Bild 421).

Eine Schwindung großer Bauteile bedeutet auch eine Verschiebung der Erzeugnisse auf den Brennunterlagen. Mit der Relativbewegung sind nicht unerhebliche Reibungskräfte verbunden, die an der Grenzfläche Brennhilfsmittel-Grünkörper auftreten und durch die Sinterspannungen überwunden werden müssen. Auch hier kommt es zu Verformungen aufgrund der Schwindungsbehinderung. Gegenmaßnahmen sind entweder eine reibungsarme Lagerung auf kleinen keramischen Rollen oder Kugeln (meist Al_2O_3), die allerdings bleibende Abdrücke in der Lagerungsfläche verursachen können, das Sintern im Pulverbett, meist bei Hochleistungskeramiken angewandt, oder eine entsprechende Aufhängung im Ofen, wobei wiederum das Eigengewicht der Schwindung entgegenwirkt. Hängend werden in der Regel lange rotationssymmetrische Teile wie Rollen für Rollenöfen (bis 5,6 m Länge), Stellagen für Brennhilfsmittel und Isolatoren gebrannt (Bild 422).

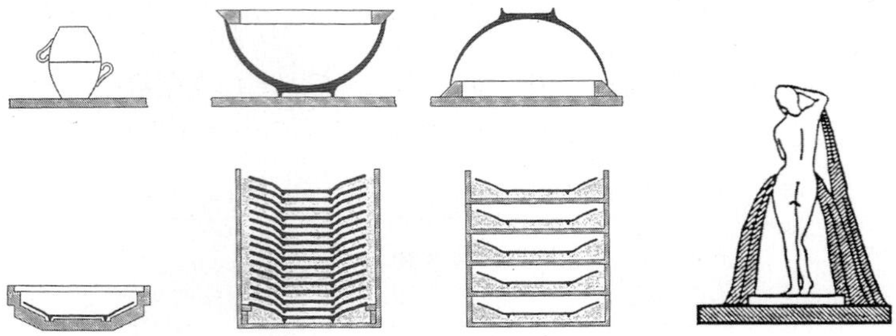

Bild 421: Lagerung und Abstützung von Erzeugnissen für den Brand nach Kingery (1976)

Bild 422: Hängender Brand von Isolatoren. (Quelle: Siemens AG, J. Liebermann)

Risse. Werden die Verformungen während der Schwindung zu groß oder behindert die Reibung die freie Bauteilbewegung vollständig, so kommt es zur Bildung von Rissen. Risse haben aber auch vielfältige andere Ursachen, die auf die verwendeten Rohstoffe selbst, deren fehlerhafte Aufbreitung, Inhomogenitäten oder Schädigungen bei der Formgebung, fehlerhafte Trocknung usw. zurückzuführen sind. Eine weitere Entstehungsursache von Rissen sind Temperaturgradienten während des Aufheizens oder Abkühlens im Brand sowie Phasenumwandlungen wie z.B. der Quarzsprung bei Silicatkeramik oder die Umwandlung tetragonalen ZrO_2 zu monoklinem bei technischer Keramik. Temperaturgradienten entstehen bei ungleichmäßiger Durchwärmung des Brenngutes z.B. über Strahlung oder Konvektion von außen, wenn die Aufheizrate hoch, die Wärmeleitfähigkeit des Scherbens gering und die Wandstärke zu groß ist. Es kommt dann zu typischen Tangentialrissen an der Oberfläche bzw. zu Radialrissen bei der zugbeanspruchten feuerabgewandten Seite des Gutes. Beim zu schnellen Abkühlen sind bevorzugt Radialrisse auf der schnell Wärme abstrahlenden Oberfläche zu finden, wenn der massive Kern des Erzeugnisses noch zu lange Wärme speichert. Es gelten hierbei die Regeln, die aus der Bruchmechanik für die Temperaturwechselbeständigkeit keramischer Werkstoffe abzuleiten sind (siehe Kapitel 5.2.4), so daß maximale Aufheiz- und Abkühlraten berechnet werden können. Insbesondere beim Schnellbrand (Kapitel 7.5.2.4) werden kritische Temperaturgradienten erreicht. Im Falle von Phasenumwandlungen sind entsprechende Haltezeiten einzubeziehen.

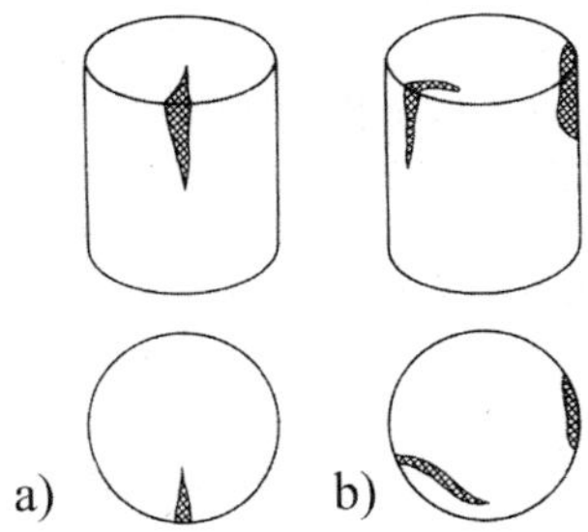

Bild 423: Rißbildung beim Brand. a) Folgen fehlerhaften Aufheizens bzw. b) Abkühlens [2267].

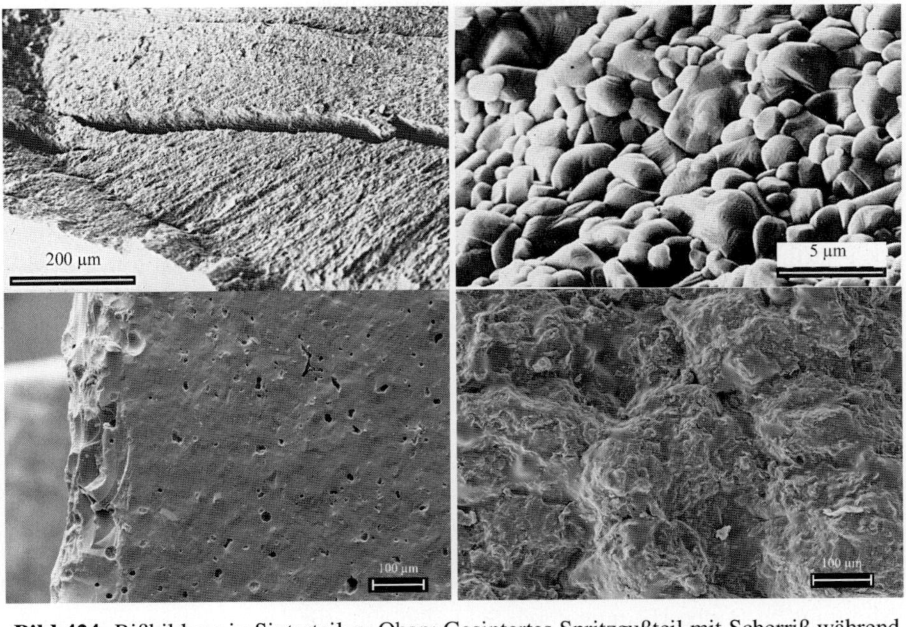

Bild 424: Rißbildung in Sinterteilen: Oben: Gesintertes Spritzgußteil mit Scherriß während der Formgebung, rechts Detailaufnahme. Unten: Raum- (links) und Hochtemperaturbruch (rechts) von Porzellan

Rißursachen lassen sich in vielen Fällen mit Hilfe der Rasterelektronenmikroskopie ausfindig machen. So sind Risse, die bei hohen Temperaturen geöffnet waren, bedingt durch die Oberflächen- und Grenzflächendiffusion meist durch gerundete Körner und eingefurchten Korngrenzen zu erkennen. Bei glashaltigen Gefügen sind die Oberflächen von der Flüssigphase überzogen. Demgegenüber sind Risse, die während des Abkühlens oder nach dem Brand entstanden sind, durch scharfkantige transkristalline oder interkristalline Bruchmoden zu unterscheiden. Bild 424 zeigt das Beispiel eines Raumtemperaturbruchs sowie eines Hochtemperaturbruchs eines Porzellantellers durch Kleben im Stapelbrand sowie eines Scherbruches, der in einem spritzgegossenen Bauteil vor dem Sintern vorlag. Bei glasierten Erzeugnissen ergeben sich weitere wertvolle Hinweise, dadurch daß die Glasur eventuell in den Riß hineingelaufen ist.

Gefügeschädigungen. Zu hohe Brenntemperaturen oder zulange Brennzeiten bei Maximaltemperatur können zum Effekt des *Überbrennens* führen. Darunter versteht man bei Silicatkeramiken eine temperaturbedingte unerwünschte Erhöhung des Glasphasenanteils durch weiteres Aufschmelzen von Quarz sowie die Neubildung von Poren und Pocken. Letztere entstehen einmal durch die Koagulation von Poren in der Glasur, durch fortgesetzte Entgasung poröser Bereiche des Scherbens am Kontakt mit der Glasur, ferner durch eine Erhöhung des CO/CO_2-Dampfdrukkes aus dem Boudouard-Gleichgewicht (siehe Kapitel 7.5.2.2). Auch bei Hochleistungskeramiken ist gelegentlich eine Porenvergröberung durch Übersinterung zu beobachten, auch wenn das Gefüge zuvor eine sehr hohe Dichte erreicht hatte. Der Effekt der Porenneubildung ist einerseits mit der diffusionsgesteuerten Koagulation von Leerstellen in den Körnern zu erklären, andererseits mit der Oxidation von feinsten Kohlenstoffeinschlüssen in den Körnern (z.B. in Al_2O_3 aus zuvor nicht oxidierten Resten organischer Additive). Ferner kann der Zersetzungspunkt keramischer Phasen erreicht werden, wie z.B. bei Calciumphosphat-Keramik (Apatit), die oberhalb von etwa 1200°C beginnt, H_2O und P_2O_5 freizusetzen, oder bei SiC oder Si_3N_4, die unter Normaldruck bei Temperaturen oberhalb 2200°C bzw. 1800°C einen hohen Silicium-Dampfdruck aufweisen. Porenwachstum tritt über Ostwaldreifung oder über den Zusammenschluß von Poren während der Korngrenzenwanderung ein (siehe Kapitel 4.2.2). Ein weiteres Charakteristikum des Übersinterns ist das Riesenkornwachstum, bedingt durch die verbesserte Diffusion bei sehr hohen Temperaturen oder in Anwesenheit von Schmelzphasen.

Simulationsmöglichkeiten von Verformung und Rißbildung. Das Interesse, die Anpassung des Formgebungsverfahrens sowie des Formenbaus an neue Erzeugnisse zu beschleunigen, Kosten zu sparen und den Ausschuß zu minimieren, hat zur Entwicklung rechnerunterstützter Simulationsverfahren zur Vorhersage von Verformung und Schädigung keramischer Bauteile im Brand geführt. Endziel ist das sog. *Near-net-shape-Processing*, also die *endkonturnahe Fertigung* mit einem Minimum an Endbearbeitung durch Schleifen. Die seit den 80er Jahren für Hochleistungskeramiken eingeführter Methoden finden nunmehr auch immer stärker für Silicatkeramiken Anwendung.

Die einfachsten Simulationsverfahren basieren auf der *Methode der Finiten Elemente* (FEM), wobei man einen Schnitt durch ein Bauteil zweidimensional mit einem geometrischen Netz beschreibt, dessen Knoten bestimmten Bewegungs-

und Kopplungsgesetzen gehorchen, um die Gestaltsänderung nachvollziehen zu können. Man benötigt also die tatsächliche Anfangs- und Endkontur und modelliert den Übergang mit Hilfe elementarer Materialeigenschaften wie der Viskosität bzw. mechanischer Eigenschaften. Hierfür müssen Fließ- oder Verformungskurven für die betreffenden Werkstoffe als Funktion der Temperatur, Zeit und Druckes aufgenommen werden. Ergebnis ist die mathematische Beschreibung des Verhaltens der Knotenpunkte des Netzes in Abhängigkeit der Umgebungsparameter. Aus der gewünschten Endkontur lassen sich dann die verformungskompensierenden Aufmaße zurückrechnen. Ergebnis der Rechnungen können bei Verformungsbehinderung auch Spannungen sein, deren Vergleich mit den mechanischen Eigenschaften Anhaltspunkte für das Risiko der Rißbildung oder Hinweise für eine Geometrieoptimierung oder Vermeidung von Temperaturgradienten liefern. Ein Beispiel ist die Berechnung von Spannungen in Tellern beim Stapelbrand, die Ermittlung des Durchhängens der Fahnen und Böden sowie die Optimierung der Aufheizgeschwindigkeiten [1093]. Je nach Position im Stapel wurden dabei Temperaturdifferenzen zwischen Fahne und Boden von 350 K bei einer Aufheizrate von 4 K/min bzw. von 200 K bei 2 K/min bestimmt. Als Folgerung wird der Einlagenschnellbrand empfohlen, bei welchem Temperaturdifferenzen um 30 K liegen. Solche Berechnungen lassen sich auch bei ausreichender Rechnerleistung auch dreidimensional durchführen, falls komplexere Symmetrien zu simulieren sind.

Die Kopplungsgleichungen zwischen den Knoten eines FE-Netzes können aber auch komplexere Zusammenhänge beinhalten. Für das Sintern von Metallpulvern und Hochleistungskeramiken wurden Algorithmen entwickelt, die Zusammenhänge aus der Sintertheorie beschreiben, so. z.B. die Exponentialgleichungen für die Zeitabhängigkeit des Halswachstums und der Schwindung (siehe Kapitel 4.2.1 ff.). Zur quantitativen Beschreibung der Effekte benötigt man dann aber den Beitrag der Teilchenumorientierung, die Diffusionskoeffizienten, Kriechparameter usw., die noch für verhältnismäßig wenig Stoffe verfügbar sind. Dennoch haben sich solche Verfahren für einfache Werkstoffzusammensetzungen außerordentlich gut bewährt und erlauben die Vorhersage der Sinterschwindung in engen Toleranzen. Besondere Anwendungsgebiete sind das Trockenpressen bzw. Heißpressen von Formteilen mit komplexen Stempelsystemen sowie das endkonturnahe heißisostatische Pressen in Kapseln. Im ersteren Fall gilt es, die inhomogene Dichteverteilung auszugleichen (siehe Kapitel 7.3.2.3), im letzteren Fall muß die Schwindungsbehinderung durch Kanteneffekte bzw. durch Kapselmaterial kompensiert werden.

7.5.2.4 Schnellbrand

Die herkömmliche Herstellung keramischer Erzeugnisse enthält mehrere langwierige, zeitabhängige Verfahrensschritte, vor allem das Trocknen und das Brennen. Seit etwa 1970 versucht man aus Gründen der Wirtschaftlichkeit (Reduktion des Umlaufkapitals, Personaleinsparung, geringere Lagerhaltung, schnellere Reaktion auf Kundenwünsche) und aus Gründen der Energieersparnis sowie der Emissionsverringerung die Brennzeiten zu reduzieren. Da die bisher überwiegend empirisch entwickelten langen Brennprogramme aufgrund einer optimalen Gefüge- und Eigenschaftsentfaltung auf der Basis herkömmlich aufbereiteter Rohstoffe erforderlich waren und insbesondere der langsamen Reaktionskinetik vom Grünkörper zum Scherben entsprachen, ist die einfache Beschleunigung der Prozesse ohne begleitende technologische Maßnahmen oder Veränderungen am Produkt nicht möglich. Neben der schrittweisen Einführung einer veränderten Art und Aufbereitung der Rohstoffe und angepasster Formgebungs- und Trocknungsverfahren wurde auch ein tiefer gehendes Verständnis der stofflichen Vorgänge beim Brand erforderlich. Der Innovationsschub, der sich seither in nahezu allen Branchen ergeben hat und sich auch im Bereich der Glasierung und Dekorierung auswirkt, wird als *Schnellbrand* bezeichnet. Harkort [1094] versteht hierunter das Optimum der Wechselbeziehungen aller entsprechenden Einflußgrößen, was aber in der Praxis selten erreichbar ist. Als Optimum gilt eine Verkürzung der Brennzeit, die noch zu keiner Verminderung der Produktqualität führt. Es gibt über den Schnellbrand viele Veröffentlichungen, z.B. von Baudran und Ducarre [1095], Lehnhäuser [1096], Harms [1097], Bull [1098], Rasch [1113] mit mehr allgemeinem Inhalt oder von Gatzke [1099], Hoppe [1100], Schulle und Hintzen [1101], Holmström [1102], Mörtel [1103], Gorn [1104], Bode und Halex [1105], Bittner u.M. [1106], Constantinescu [1108] oder Sladek [1109], die vorwiegend nur einen Werkstoff oder ein Erzeugnis betrachten, z.B. Wandplatten, Porzellan oder Kanalisationssteinzeug o.ä. für das der Schnellbrandprozeß jeweils völlig neu - auch in Abhängigkeit von den jeweiligen Rohstoffen - entwickelt werden muß. Den Verfahrenstechnischen Aspekten widmen sich z.B. Artikel von Kartal und Hennicke [1110], Bittner u. M. [1107], [1111], [1112], die Ofentechnologie und Additive betrachten.

Die Grundlagen zur Beurteilung der Möglichkeiten des Schnellbrandes sind in den vorangegangenen Abschnitten gegeben. Es handelt sich dabei um alle diejenigen Vorgänge, die beim Brennprozeß einen gewissen Zeitbedarf benötigen, dessen Nichteinhaltung zu Erzeugnissen mit Fehlern oder unzureichenden Eigenschaften führt. Hoppe [1100] und Bittner u.M. [1106] haben die Parameter zusammengefaßt, von denen die geschwindigkeitsbestimmenden Schritte der Sinterreaktionen abhängen:

- chemische Zusammensetzung
- mineralogische Zusammensetzung
- Korngrößenverteilung der Einzelkomponenten sowie der Gesamtmasse
- Gründichte
- Brenntemperatur
- Brennatmosphäre

Um diese Zusammenhänge zu verstehen, bedarf es in der Regel zahlreicher Laborversuche wie DTA-, TG-, Dilatometer- und Röntgenbeugungsuntersuchungen. Kommen Glasuren hinzu, sind Erhitzungsmikroskopversuche erforderlich. Auf Versuche im Technikumsmaßstab kann nicht verzichtet werden, da Geometrie, Wärmekapazität und Atmosphärenführung der Produktionsöfen über die Zeiten zur Vorwärmung, Entgasung, Verdichtung und Kühlung entscheiden.

Verfolgt man das Verhalten eines zunächst rohen Werkstücks beim Brand, dann ist zuerst die Restfeuchte zu entfernen. Wichtig hierfür ist die Trocknungsgeschwindigkeit im Endstadium der Trocknung, die um so größer ist, je magerer die Masse eingestellt ist. Die mitgebrachte Restfeuchte sollte höchstens 1 Gew.-% betragen. Um die Trocknungsgeschwindigkeit der Schnellbrandgeschwindigkeit anzupassen und doch schonend, d.h. rißfrei zu trocknen, wurden neue Trocknungsaggregate entwickelt. So haben sich z.B. gasbeheizte Druchlauftrockner bewährt; auch das Vortrocknen mit Mikrowellen wurde diesbezüglich untersucht, um die Wärme möglichst schnell in den Formkörper zu bringen.

Die anschließende Aufheizgeschwindigkeit ist begrenzt durch die Temperaturleitfähigkeit des Scherbens, denn das sich einstellende Temperaturgefälle und die sich dadurch ausbildenden thermischen Spannungen (Kapitel 7.6.2.3) dürfen die Eigenfestigkeit nicht überschreiten. Dünnere Scherben und Scherben mit höherer Wärmeleitfähigkeit, d.h. dichter geformte Werkstücke, verhalten sich hier günstiger. Die Form selbst und die Art der Formgebung haben daher einen großen Einfluß. Die Aufheizgeschwindigkeit ist unter bestimmten Annahmen zu berechnen. Nach Schulle und Hintzen [1101] ergibt sich für eine poröse Wandplatte ein maximaler Wert von 50 K/min, was ähnlich auch für dichte Ware gilt.

Diese Werte gelten nur, wenn nicht andere, langsamere Vorgänge bestimmend werden wie z.B. die gasabgebenden Reaktionen. Mit steigender Temperatur findet zuerst das Ausbrennen von organischen Nebenbestandteilen statt, dann die Entwässerung der Tonminerale und schließlich die thermische Zersetzung von Carbonaten und entsprechenden Komponenten. Geschwindigkeitsbestimmend ist dabei die Diffusion der beteiligten Gase, die um so schneller erfolgt, je größer die Porosität ist. Auf jeden Fall ist darauf zu achten, daß vor Abschluß dieser Reaktionen der Scherben noch keine geschlossene Porosität aufweist. Außerdem gilt, daß man für den Schnellbrand die Anteile der Komponenten, die Gase freisetzen können, möglichst gering halten soll, was unter Umständen die Wahl eines anderen Rohstoffs, Aufbereitungs- oder Formgebungsverfahren zur Folge haben kann.

Mit der Entwässerung des Kaolinits ist eine Schwindung verbunden, die durch die wenig darüber bei 573°C erfolgende Quarzumwandlung überkompensiert wird. Dabei entstehen Spannungen, die zu Rissen führen können. Kröckel u. M. [1114] haben für diesen, beim Porzellanbrand kritischen Temperaturbereich von 400 bis 700°C eine kritische maximale Aufheizgeschwindigkeit von 44 K/min für einen Zylinder mit 20 cm Durchmesser gefunden. Auch bei anderen Massen sind die durch die Brennschwindung auftretenden Spannungen zu beachten.

Im folgenden Temperaturbereich bestimmen die Festkörperreaktionen die Geschwindigkeit. Ist man nur auf diese angewiesen, dann hängt die benötigte Zeit vor allem von der Größe der Reaktionsfläche ab, d.h., sie ist um so geringer, je kleiner die Korngröße der Massekomponenten war. Eine Feinstzerkleinerung der Rohstoffe ist hier hilfreich, Eine wesentliche Beschleunigung der Reaktionen ist aber dann zu erwarten, wenn sich Schmelzphase bildet, da im allgemeinen die Diffusionsgeschwindigkeiten in Schmelzen wesentlich größer als in Festkörpern sind, wobei sie sich näherungsweise umgekehrt proportional zur Viskosität verhalten. Die Massen sollten also so eingestellt sein, daß sich viel Schmelzphase mit geringer Viskosität bildet. Ersteres kann man mit Massen erreichen, deren Pauschalzusammensetzung im entsprechenden Phasendiagramm in der Nähe einer kongruent schmelzenden Verbindung oder eines polynären Eutektikums liegt. Begrenzt wird diese Möglichkeit durch die Standfestigkeit und die notwendige genaue Einhaltung der Brenntemperatur.

Es wird zur frühzeitigen Bildung von Schmelzphase auch der Einsatz von vorgeschmolzenen Fritten oder von gemahlenem Glasbruch vorgeschlagen. Letzteres hat sich bei der Herstellung von Wandplatten seit etwa 1950 bewährt [1099]. Im allgemeinen werden aber vorwiegend erdalkalihaltige Rohstoffe eingesetzt wie Talk, Wollastonit, Diopsid oder Feldspäte mit hohen Anorthitanteilen, die im Vergleich zu den Kalifeldspäten eine geringere Viskosität ergeben.

Die bei der maximalen Brenntemperatur benötigte Haltezeit wird durch die Auflösung von kristallinen Massekomponenten bestimmt, besonders von Quarz, durch die Neubildung von kristallinen Phasen, vor allem von Sekundärmullit, und durch die Ausbildung eines für den späteren Zweck ausreichenden Gefüges. Beim Schnellbrand liegt noch viel Primärmullit vor, und es ist anzunehmen, daß die Glasphase noch inhomogener als üblich ist (Kapitel 7.5.2.2). In ihr sind Poren enthalten, die nach Mörtel [1115] die Festigkeit beeinflussen können. Hahn und Schlegel [1116] empfehlen, in die Masse einen sehr fein gemahlenen Quarz einzuführen, der sich in der kurzen zur Verfügung stehenden Zeit genügend auflösen kann, so daß nur noch kleine Quarzkörner übrig bleiben, die kaum noch Risse bilden [1102], [1103]. Mit Nephelinsyenit anstatt von Feldspat als Flußmittel kann beim Porzellanbrand ein homogeneres Gefüge und eine geringere Porosität erzielt werden [1103].

Die Abkühlgeschwindigkeit kann in Gegenwart von Schmelzphase hoch sein, und eine Sturzkühlung ist möglich. Gefährliche Spannungen können erst beim Unterschreiten der Transformationstemperatur der Glasphase entstehen, also im Bereich um 700°C. Besonders kritisch ist der Bereich der Hoch-Tief-Umwandlung des Quarzes bei 573°C mit dessen starker Schwindung. Dem noch vorhandenen Quarzgehalt muß die Abkühlung angepaßt werden.
Oft werden glasierte Werkstücke dem Schnellbrand unterzogen. Da die Glasuren erst im folgenden Abschnitt behandelt werden, soll hier nur der kurze Hinweis gegeben werden, daß die Glasuren die Entgasung nicht stören dürfen, d.h., sie müssen lange offen bleiben und bei der Maximaltemperatur schnell ausfließen und schließen. Dies erreicht man durch Zusätze zur Erniedrigung der Grenzflächenspannung zwischen Scherben und Glasur und durch Einführung hoher Anteile an Fritte.

Aus all diesen Bedingungen ergibt sich für den Brand ein optimaler Zeit-Temperatur-Verlauf, die *optimale Brennkurve*. Drei der Literatur entnommene Beispiele sind in Bild 425 angeführt. Sie lassen erkennen, daß man erhebliche Zeit- und damit einen Energiegewinn bis zu 50 % erzielen kann. Es wird berichtet, daß man in Schnellbrandöfen pro Kilogramm gebrannter Ware beim Porzellan nur noch 15 MJ und bei Fliesen im Einmalbrandverfahren weniger als 2 MJ benötigt. Natürlich sind dazu die Öfen den neuen Bedingungen angepaßt worden, indem nicht nur Temperatur und Atmosphäre fein regelbar sind, sondern auch eine homogene Temperaturverteilung über den Querschnitt herrscht. Daraus folgt, daß das Stapeln von Ware nur begrenzt möglich ist und daß daher oft nur in einer

Ebene gebrannt wird. Es gibt viele technische Lösungen, z.B. Schubplatten-, Schlitten-, Band-, Hubbalken-, Rollen- oder Luftkissenöfen. Insbesondere der Rollenofen hat wesentlich zum industriellen Einsatz des Schnellbrandes beigetragen [1106], [1111], [1117], [1118].

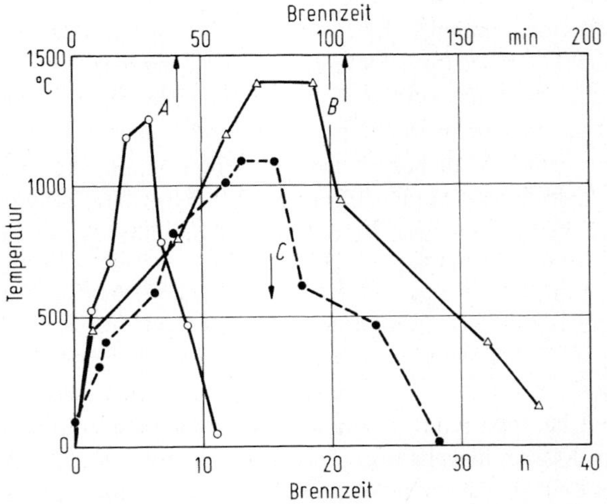

Bild 425: Optimale Brennkurven für Porzellan (A und B) nach Mörtel [1103] und Holmström [1102] und für Lochziegel (C) nach Schmidt [1076]

Für bestimmte Formate und Setzweisen werden Brennhilfsmittel benötigt, an die erhebliche Anforderungen im Hinblick auf Wärmeleitfähigkeit und Temperaturwechselbeständigkeit gestellt werden müssen. Gute Erfahrungen liegen mit solchen auf SiC- oder Cordieritbasis vor; trotzdem stellen sie manchmal die Grenze des Schnellbrandes dar.

7.6 Glasuren und andere keramische Überzüge

Gebrannte keramische Produkte bestehen aus kristallinen Phasen, die meist in eine Glasphase eingebettet sind. Ihr hoher Anteil führt dazu, daß sich Kristalle auch in der Oberfläche der Sinterkörper befinden, wodurch eine bestimmte Rauheit der Oberfläche bedingt ist. Es sind deshalb verschiedene Methoden entwickelt worden, keramische Scherben mit einer glatten Oberfläche zu versehen und dadurch zu dichten oder zu verschönern. Die wichtigste Methode ist das Glasieren.

Im Rahmen dieses Buches können die verschiedenen Glasier-Verfahren nicht behandelt werden, ebenso ist es auch nicht möglich, Rezepte oder Angaben über bestimmte Glasuren oder Glasurfarben zu besprechen. Hierfür sei auf spezielle Bücher verwiesen, z.B. von Lehnhäuser [1119], Parmelee [1120], Shaw [1121] oder Singer und Singer [1122]. Umfangreichere Veröffentlichungen über Glasuren stammen von Inada [1123] und Matejka [1124].

7.6.1 Engoben

Die einfachsten keramischen Überzüge sind die Engoben oder Begüsse, die von dem wichtigsten Rohstoff der Masse ausgehen, der Tonmineralsubstanz. Zur Erzeugung einer einwandfreien Oberfläche ist nicht nur die Auswahl eines Tones mit der gewünschten Brennfarbe notwendig, sondern man muß durch Abschlämmen eine feinkörnige Fraktion gewinnen. Außerdem muß man darauf achten, daß die Schwindung derjenigen des Scherbens angepaßt ist.

Engoben sind nach dem Brand noch porös und zeigen kaum Glanz, obwohl man meist frühsinternde Tone verwendet. Man kann diese Eigenschaften verbessern, wenn bei der Brenntemperatur ein höherer Anteil an Schmelzphase entsteht, also der Gehalt an Alkalien höher ist. Dies ist durch Anwendung illitischer Tone oder Zusatz von Flußmitteln zum Begußschlicker möglich. Auch durch den Einsatz extrem feiner Tone kann man zu Glanzengoben gelangen. Engoben mit weißer Brennfarbe dienen auch zur Abdeckung der Scherbenfarbe für eine danach aufgebrachte übliche Glasur. Solche weißbrennenden Begußtone müssen geringe Fe_2O_3-Gehalte aufweisen.

Eine besonders interessante Engobe ist die *Terra sigillata* der Römer, bei der ebenfalls ein feinster Schlicker aufgetragen wurde, wobei jedoch eine Parallellagerung der Kaolinitteilchen zur Oberfläche erreicht wurde. Diese Lagerung bleibt auch nach dem Brand erhalten und bewirkt den typischen matten Glanz. Nach Willgallis und Heyer [1125] reichern sich beim Schlämmprozeß die feinkörnigen illitischen Tonminerale an, wodurch der K_2O-Gehalt angehoben wird, was die Sinterung erleichtert. Durch den relativ hohen Fe_2O_3-Gehalt des Rohstoffs erhielt man nach oxidierendem Brand einen roten Farbton und einen dichten Überzug, dessen Dicke zwischen 10 und 30 μm schwankt.

7.6.2. Glasuren

Das jetzt meist angewandte Verfahren des Glasierens erzeugt nach dem Brand auf dem Scherben einen glasigen Überzug, steht also der Glasphase der keramischen Scherben näher.

7.6.2.1 Zusammensetzung

Die Forderung nach einer guten Verbindung zwischen Scherben und Glasur während des Brandes, weiterhin nach einer einwandfreien Haftung der Glasur nach dem Brand sowie guten mechanischen und chemischen Eigenschaften, bedingt die Auswahl einer geeigneten chemischen Zusammensetzung der Glasur.

Gläser, und damit auch Glasuren, lassen sich aus vielen Oxiden aufbauen. Wie bei der Besprechung der Gläser (Kapitel 2.4.2) ersichtlich wurde, kann man die Abhängigkeit einer Eigenschaft von der Zusammensetzung besser erkennen, wenn man letztere in Mol-% angibt. Ausgehend von dieser Überlegung hat Seger ein oft verwendetes Formelschema entworfen. Dabei wird der Gehalt an allen basischen Oxiden (z.B. Li_2O, Na_2O, K_2O, MgO, CaO, BaO, ZnO, PbO, FeO, CoO, NiO, Mn_2O_3, Fe_2O_3) so berechnet, daß die Summe der Mol-Teile gerade 1 beträgt. Daneben werden in einer weiteren Spalte die entsprechenden Mol-Teile an Al_2O_3 und Cr_2O_3 und in einer dritten Spalte die an sauren Oxiden (z.B. SiO_2, B_2O_3, SnO_2) angegeben. Die *Segerformel* zeigt also in der linken Spalte die Netzwerkwandler und in der rechten Spalte die Netzwerkbildner, während die mittlere Spalte Oxide von Kationen enthält, die beide Eigenschaften haben können. Einige Autoren haben besonders die letztere Gruppe weiter aufgeteilt, wobei vor allem die Wertigkeit der Kationen berücksichtigt wurde. Einige Beispiele findet man bei Teuchert [1126]. Als Beispiele seien hier die Segerformeln von Glasuren angeführt für eine Glattbrandtemperatur von

950°C (für z.B. Steingut)

$$\left.\begin{array}{l} 0{,}2\ K_2O \\ 0{,}2\ Na_2O \\ 0{,}3\ CaO \\ 0{,}3\ PbO \end{array}\right\} \quad 0{,}3\ Al_2O_3 \quad \left\{\begin{array}{l} 2{,}1\ SiO_2 \\ 0{,}5\ B_2O_3 \end{array}\right.$$

1200°C (für z.B. Steinzeug)

$$\left.\begin{array}{l} 0{,}3\ K_2O \\ 0{,}1\ MgO \\ 0{,}5\ CaO \\ 0{,}1\ ZnO \end{array}\right\} \quad 0{,}4\ Al_2O_3 \quad 3{,}5\ SiO_2$$

und 1430°C (für Hartporzellan)

$$\left.\begin{array}{l} 0{,}2\ K_2O \\ 0{,}2\ MgO \\ 0{,}6\ CaO \end{array}\right\} \quad 1{,}1\ Al_2O_3 \quad 10{,}0\ SiO_2.$$

Der Zusammenhang zwischen Glasstruktur und Glaseigenschaften einerseits und Segerformel andererseits ermöglicht es auch, aus der Segerformel einige Eigenschaften der Glasuren abzulesen. So lassen obige Beispiele erkennen, daß mit steigendem SiO_2-Gehalt die Glattbrandtemperaturen ansteigen, was einen engen Zusammenhang mit der Viskosität anzeigt. Im gleichen Maße steigt der Al_2O_3-Gehalt, wobei das Molverhältnis $Al_2O_3:SiO_2$ meist etwa 1:10 beträgt, während der Gehalt an Alkalioxiden sinkt. Glasuren für tiefe Temperaturen enthalten meist B_2O_3, das die Viskosität von Glasschmelzen stark erniedrigt. Daneben findet man bei diesen Glasuren oft PbO im Versatz.

Anhand der Segerformeln kann man leicht überblicken, daß sich die Glasurversätze für hohe Temperaturen z.B. aus Feldspat, Kreide, Dolomit, Kaolin und Quarzsand zusammenstellen lassen, woraus ein guter Glasurschlicker herstellbar ist. Man bezeichnet solche Glasuren, deren Versatz (auch Rezept genannt) unmittelbar aus den Rohstoffen hergestellt werden kann, als *Rohglasuren*. Bei dem oben angeführten Beispiel für die tiefschmelzende Glasur kann man auf diese Art nicht alle Flußmittel in der für einen Schlicker geforderten wasserunlöslichen Form erfassen. In solchen Fällen werden die Flußmitteloxide, einschließlich B_2O_3, gefrittet, indem sie mit einem Teil des Al_2O_3 und SiO_2 kurz vorgeschmolzen werden. Diese *Fritte* bildet dann zusammen mit dem restlichen Al_2O_3 und SiO_2 als Kaolin den Mühlenversatz dieser Fritteglasuren.

Einige Glasurversätze kann man sowohl mit als auch ohne Fritte aufstellen. Ihr Schmelzverhalten wird dann unterschiedlich sein (siehe unten), d.h., die Segerformeln erfassen das Verhalten einer Glasur nicht vollständig. Eine bestimmte Glasur verhält sich auch unterschiedlich, je nachdem ob sie auf einem rohen Scherben als Einbrandware oder auf einem vorgebrannten Scherben eingesetzt wird. Daraus folgt, daß der Schnellbrand (Kapitel 7.5.2.4) seine eigenen Glasuren benötigt.

Eine besondere Gruppe der Rohglasuren stellen die Erd-, Lehm- oder Gesteinsglasuren dar, die aus niedrig schmelzenden Tonen (Lehmen) bestehen. Meist ergeben sie wegen ihrer hohen Fe_2O_3-Gehalte um 5 Gew.-% eine braune Glasur. Um ausreichendes Schmelzverhalten zu zeigen, soll ihr Alkali- + Erdalkalioxidgehalt > 10 Gew.-% und ihr SiO_2-Gehalt < 70 Gew.-% betragen. Man kann dies durch Zugabe von Flußmitteln, wie z.B. Pegmatit, Nephelin, Kreide oder Glasscherben, erreichen. Matthes [1127] hat gezeigt, daß viele Gesteine sich für solche Glasuren verwenden lassen.

Weitere Glasurtypen sind die *Anflugglasuren*, die später besprochen werden, oder Glasuren für nichtoxidische keramische Werkstoffe [1128]. Bei letzteren sind oft spezielle Behandlungen der zu glasierenden Oberflächen oder Engoben zur Verbesserung der Benetzung dienlich; außerdem ist eine genau angepaßte Wärmedehnung für eine gute Haftung sehr wichtig.

Andere Gliederungen richten sich nach bestimmten Verwendungsarten, z.B. die Einteilung nach bleihaltigen und bleifreien Glasuren.

7.6.2.2 Vorgänge beim Brand

Der feingemahlene Glasurversatz wird auf den vorgebrannten Scherben, das sog. Bikit, aufgetragen, was in der Regel in Form des Glasurschlickers erfolgt. Dessen genaue Einstellung ist wesentlich für das Gelingen des technischen Glasurauftrags, dessen wichtigste Arten das Tauchen, Spritzen, Schleudern oder die Wasserfalltechnik mit der Glasierglocke sind. Daneben gibt es den trockenen Auftrag, bei dem das Glasurgranulat auf die bereits gepreßten Werkstücke aufgesiebt, elektrostatisch abgeschieden oder vor dem Pressen auf die schon eingefüllte Masse aufgetragen und in einem Arbeitsgang verpreßt wird. Auch bei letzteren Techniken zeigt sich ein Einfluß der Aufbereitung. Skuthan [1129] weist darauf hin, daß das Glasurbild davon abhängt, ob die Glasurkomponenten nur trocken gemischt oder mit wenig Wasser gemahlen und sprühgetrocknet wurden.

Für die Viskosität und thixotropen Eigenschaften des Glasurschlickers gelten ähnliche Abhängigkeiten wie beim Gießschlicker (Kapitel 7.3.1.1.4). Die Dicke des Glasurauftrags nimmt mit der Tauchzeit und der Dichte des Schlickers zu. Nach dem Trocknen hat der Glasurauftrag eine Porosität um 35 %.

Während des Brandes der Glasuren spielen sich ähnliche Vorgänge wie beim Brand keramischer Massen ab (Kapitel 2.5.1). Bei den Rohglasuren findet zunächst die Wasserabspaltung aus den Tonmineralen statt. Das Auftreten der ersten Schmelzphase hängt von der Art der Flußmittel ab. In PbO- und B_2O_3-haltigen Glasuren ist damit schon ab 500°C zu rechnen, wo die tiefsten Eutektika im System $PbO\text{-}B_2O_3\text{-}SiO_2$ liegen. Zur Erniedrigung der Einbrenntemperaturen wurde wiederholt die Verwendung von Glasuren mit eutektischen Zusammensetzungen vorgeschlagen. In Glasuren für höhere Temperaturen ist der nächste wesentliche Vorgang die Dissoziation der Carbonate Dolomit und Kalkspat, der sich geringe Festkörperreaktionen anschließen. Mit dem Schmelzen des Feldspats ab etwa 1000°C wird eine starke Abnahme der Porosität der Glasur beobachtet, die mit einer Schwindung verbunden ist, d.h., die Glasur beginnt sich zu schließen. Diese Temperatur ist ein wichtiges Stadium für den Brand; denn damit wird gleichzeitig auch der Scherben abgedichtet. Bei Hartporzellanglasuren liegt diese Temperatur je nach Zusammensetzung bei 1250 bis 1350°C. Bei der weiteren Temperatursteigerung bis zur Glattbrandtemperatur lösen sich die restlichen Versatzkomponenten auf. Während der folgenden Abkühlung verhält sich die Glasur wie eine Glasschmelze, d.h., die Viskosität steigt ständig an, bis beim Erreichen der Transformationstemperatur T_g (Kapitel 2.4.2.1) ein festes Glas entsteht. Diese Temperaturen liegen zwischen 400 und 700°C. Erst nach Unterschreiten von T_g können in der Glasur Spannungen auftreten (siehe unten).

Fritteglasuren bestehen bereits aus Glas. Wenn auch dieses Glas nicht besonders gut durchgeschmolzen ist, so beginnt es doch bereits bei erheblich tieferen Temperaturen zu erweichen. Die Reaktionen mit den Tonmineralen beginnen dann früher, so daß das Schmelzintervall solcher Glasuren stark verbreitert wird.

Mit steigender Brennzeit und -temperatur erreicht man ein besseres Aufschmelzen der Glasur, doch reichen die Bedingungen im praktischen Betrieb nicht aus, eine vollkommen homogene Schmelze zu erreichen. Man kann aber die Vorgänge unterstützen, wenn man die Versatzbestandteile in möglichst geringer Korngröße einführt, weshalb sich eine Feinmahlung in der Kugelmühle empfiehlt. Besondere Anforderungen werden dabei an Glasuren für den *Einmalbrand* gestellt, da diese gleichzeitig mit dem Scherben gargebrannt sein müssen. Das gilt im verstärkten Maße beim Schnellbrand.

Reaktionen in Schmelzen werden durch niedrige Viskositäten beschleunigt. Eine geringe Viskosität begünstigt auch das Auslaufen der Glasurschmelze, was außerdem von deren Oberflächenspannung abhängt. Diese beiden Eigenschaften bestimmen den *Spiegel*, d.h. die glatte Oberfläche der Glasur. Man kann aber nicht durch Temperatursteigerung die Viskosität zu weit verringern, weil dann die Gefahr des Ablaufens der Glasur besteht. Nach Bremond [1130] beträgt die günstigste Viskosität der Glasuren bei der Glattbrandtemperatur etwa 200 Pa·s. Dies gilt für viele Glasuren, doch ist es bei einigen Glasuren zur Vermeidung des Aufstiegs von Blasen empfehlenswert, die Viskosität höher einzustellen.

Eine Methode zur Bestimmung der Viskosität stellt das *Rinnenviskosimeter* dar, mit dem die Fließstrecke einer Glasur in einer Rinne aus keramischem Material unter einem bestimmten Neigungswinkel gemessen wird. Bei Glasuren mit besonderen Effekten, wie z.B. bei den Ausscheidungsglasuren, können nach Beyersdorfer und Eiermann [1131] mit dieser Methode Schwierigkeiten auftreten, weshalb sie zur Qualitätskontrolle die Druckerweichung bei erhöhter Temperatur empfehlen.

Während des Brandes reagiert die sich bildende Schmelze nicht nur mit den ungelösten Versatzbestandteilen, sondern auch mit dem Scherben, der chemisch eine große Verwandtschaft zur Glasur hat. Durch diese Reaktionen entsteht eine innige Verbindung zwischen Glasur und Scherben, die die Voraussetzung für eine gute Haftung ist. Da weiterhin die Scherbenoberfläche nicht eben ist und die Glasur in alle Vertiefungen fließt, kommt zusätzlich eine mechanische Verankerung hinzu.

Glasuren sind flußmittelreicher als Scherben, weshalb sie lösend auf den Scherben wirken. Das Ausmaß dieser Reaktionen hängt ab von der Art der Glasur, der Brenntemperatur, der Zeit und der Art des Scherbens. In rohglasierten Scherben laufen während des Brandes noch alle Reaktionen ab; sie sind deshalb gegenüber der Glasur reaktionsfreudiger als vorgebrannte Scherben.

Die Folge dieser Reaktionen ist die Ausbildung einer *Zwischenschicht,* die in ihrer Zusammensetzung nicht scharf abgegrenzt ist, sondern einen kontinuierlichen Übergang zur Glasur zeigt. Manchmal kann man in sie noch Teile des Scherbens einbeziehen; denn einige Glasurkomponenten dringen auch in diesen ein, während sich umgekehrt die Schmelzphase des Scherbens mit der Glasurschmelze vermischt. Bei diesen Vorgängen ändert sich die Zusammensetzung der Zwischenschicht, und es kann zu Kristallausscheidungen kommen, z.B. von Mullit, Anorthit oder Wollastonit.

Besonders auffallend ist die Anreicherung von Calcium in der Zwischenschicht, die mit der Elektronenstrahlmikrosonde sowohl beim Hartporzellan [1132] als auch beim Hochspannungsporzellan [1133] beobachtet wurde, was zur Anorthitbildung führt. Dadurch wird die Zugfestigkeit der glasierten Körper nicht beeinträchtigt, außer wenn die Glasuren noch Quarz- oder Cristobaliteinschlüsse enthalten.

Die Dicke der Zwischenschicht beträgt meist 10 bis 50 µm und erstreckt sich damit über 1/20 bis 1/4 der Glasur. Im allgemeinen liegen die Eigenschaften der Zwischenschicht zwischen denen der Glasur und des Scherbens, so daß sie zwischen Glasur und Scherben vermittelt. Man beobachtet aber auch deutliche Unterschiede, z.B. bei hochbleihaltigen Glasuren, bei denen Kerstan [1134] eine Verringerung des Ausdehnungskoeffizienten von $7 \cdot 10^{-6}$/K auf $6 \cdot 10^{-6}$/K durch die Scherbenauflösung in der Zwischenschicht fand, so daß der Abstand zum Scherben ($\alpha = 8 \cdot 10^{-6}$/K) noch größer wurde. Daneben gibt es noch weitere Vorgänge beim Glasurbrand, von denen vor allem die *Verdampfung* zu erwähnen ist, die sich vorwiegend bei Glasuren auswirkt, die lange Zeiten bei hohen Temperaturen gebrannt werden. Dabei verdampfen vorwiegend die Alkalioxide, bei tiefer schmelzenden Glasuren auch PbO und B_2O_3. Bei einer Porzellanglasur trat nach 10h bei 1400°C ein so hoher Alkaliverlust ein, daß der Ausdehnungskoeffizient der Glasur sich um $1 \cdot 10^{-6}$/K erniedrigte.

Betrachtet man eine fertige Glasur mit einer Lupe oder unter dem Mikroskop, dann wird man in einigen Typen immer, in anderen oft *Blasen* feststellen (Bild 426). Sind diese Blasen kleiner als 80 µm, dann werden sie vom bloßen Auge nicht bemerkt. Größere Blasen können aber zu Fehlern führen, wobei je nach Aussehen die Glasuroberfläche als *bewölkt*, *eierschalig* oder *nadelstichig* bezeichnet wird. Dieses Aussehen wird durch kleine Grübchen in der Glasuroberfläche hervorgerufen, die manchmal durch den Austritt von Blasen, meist aber durch darunter liegende Blasen bedingt sind. Zahlreiche Untersuchungen galten deshalb diesen Problemen [1135]-[1137].

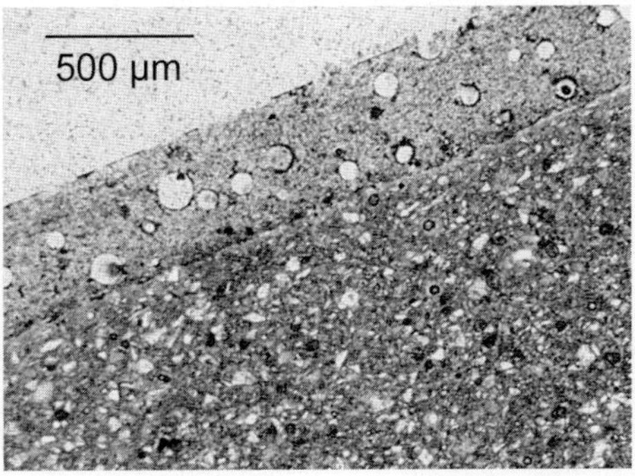

Bild 426: Blasen in einer Porzellanglasur, Dünnschliff

Als Blasenursache sind Glasur, Scherben oder eine Wechselwirkung zwischen beiden in Betracht zu ziehen. Beim Schmelzen von Glasuren allein wird beim Schließen der Glasur Ofenatmosphäre eingeschlossen, was zu kleinen Blasen führt, die wegen der relativ hohen Viskosität bei der Glattbrandtemperatur (siehe oben) nur schwer entweichen können. Oben wurde erwähnt, daß beim Schmelzen von Glasuren viele Gase entweichen. Diese Gase führen aber erst dann zur Blasenbildung, wenn die Glasur sich zu schließen beginnt. Meist sind dann die wichtigsten Zersetzungsreaktionen abgeschlossen, insbesondere die der Tonminerale und Carbonate.

Oft enthalten Glasuren noch weitere Komponenten in geringen Mengen, meist als Verunreinigungen. In Zusammenhang mit der Blasenbildung ist besonders Fe_2O_3 zu erwähnen, das im reinen Zustand nach Bild 418 bei 1455°C einen Dissoziationsdruck an O_2 von 1,013 bar erreicht. Trotz der etwas anderen Dissoziationstemperatur des gebundenen Eisens bildet die O_2-Abspaltung beim Übergang zum zweiwertigen Eisen mit steigender Temperatur eine Blasenquelle, wodurch die Oberfläche ein rauhes Aussehen erhält. Man kann das vermeiden, indem man von reinen Rohstoffen ausgeht oder durch reduzierenden Brand vor dem Schließen der Glasur das dreiwertige Eisen zum zweiwertigen Eisen reduziert. Ein reduzierender Brand hat nach massenspektrometrischen Untersuchungen der Blaseninhalte mit Elstner [1138] auch die Wirkung, daß H_2 in die Blasen diffundiert und dort mit dem O_2 zu H_2O reagiert. Letzteres löst sich leicht in der Glasurschmelze, so daß sich die Blasen an N_2 anreichern. Durch das gelöste Wasser wird die Viskosität der Glasurschmelzen erniedrigt, was die Glasuren glättet und die Blasen leichter austreten läßt.

Eine weitere Ursache liegt im Scherben, der meist porös ist. Da das Schließen der Glasur vor Erreichen der höchsten Brenntemperatur erfolgt, dehnen sich die in Poren befindlichen Gase weiter aus und bilden in der Glasur Blasen. Insbesondere beim Einmalbrand und Schnellbrand sind Glasur- und Scherbenmasse gut aufeinander abzustimmen.

Schließlich sind noch die Reaktionen zwischen Glasur und Scherben zu berücksichtigen. Durch Auflösung des Scherbens können vorher geschlossene Poren geöffnet werden, so daß die dann entweichenden Gase Blasen bilden. Bei diesen Reaktionen wird die Zusammensetzung der Glasur saurer. Dadurch bewegt sich das Fe^{3+}/Fe^{2+}-Gleichgewicht in Richtung Fe^{2+}, was Anlaß zur Blasenbildung in der Zwischenschicht geben kann. Wirklich findet man sehr oft in der Zwischenschicht einen Blasenschleier, wie Bild 426 am Beispiel einer Porzellanglasur zeigt. Diese Blasen können noch vom Einschmelzen herstammen, aber auch Neubildungen beim Ausbilden der Zwischenschicht sein. Sie beeinflussen in dieser Größe das Aussehen der Glasur nicht. Die wahre Ursache kann man durch Gasanalyse erkennen, doch muß man diese sofort nach der Blasenbildung durchführen; denn während des weiteren Brandes ändert sich die Zusammensetzung des Blaseninhalts teils durch die oben erwähnten Reaktionen, teils durch Austausch der Gase mit der umgebenden Atmosphäre durch Diffusion.

Aus Obigem ergibt sich auch, daß man eine Glasur nicht beliebig lange und hoch brennen kann; denn dann treten die Reaktionen mit dem Scherben immer stärker hervor, und die Blasenbildung nimmt zu. Man spricht dann vom *Überbrennen* einer Glasur. Das hat auch die statistische Auszählung von Blasen in Porzellanglasuren [1139], [1140] bestätigt, die zeigt, daß die meisten Blasen sich unmittelbar an der Grenzfläche zum Scherben befinden und daß die Blasenverteilung unabhängig davon ist, ob es sich um eine Ober-, Unter- oder Wandseite handelt. Steigende Brennzeit und -temperatur erhöhen Blasenzahl und -volumen.

Die Ofenatmosphäre übt beim Glasurbrand einen ähnlichen Einfluß auf die *Farbe* aus wie beim Porzellanbrand (Kapitel 7.5.2.2). In der Reduktionsperiode kann es infolge des Boudouard-Gleichgewichts $2\,CO \rightleftharpoons CO_2 + C$ zur Kohlenstoffablagerung kommen. Wird dieser durch die Glasurschmelze eingeschlossen, dann entstehen bei nachträglicher Oxidation Blasen, die oft in der Glasur Nadelstiche erzeugen [1141]. Die Bildung des CO-Einschlusses wird durch Quarzgehalte dann gefördert, wenn diese nicht fein genug sind und sich während des Brandes in viele kleine Cristobalitkristallite umwandeln [1142]. Es wird dann manchmal ein punktförmiger schwarzer Ausschlag beobachtet. Es gibt auch Hinweise, daß mit der CO-Adsorption auch die Pockenbildung beim Inglasurdekorschnellbrand zusammenhängt, verursacht durch bei höheren Temperaturen entweichendes CO.

Die wichtigste *Anflugglasur* ist die für Steinzeug typische *Salzglasur*. Dabei wird kurz vor Erreichen der völligen Sinterung NaCl in den Ofen gestreut oder als wäßrige Lösung eingespritzt. Das NaCl, das bei 1220°C bereits einen Dampfdruck von 130 mbar aufweist, reagiert an den keramischen Oberflächen unter Mitwirkung des in der Ofenatmosphäre enthaltenen H_2O-Dampfes zu HCl und einer Na_2O-Al_2O_3-SiO_2-haltigen Schmelze, die während des Abkühlens glasig mit einer Dicke von 25-50 μm erstarrt. Beste Salzungstemperaturen liegen je nach Masse bei 1150 bis 1300°C [1143]. Die Farbe hängt vor allem vom Fe_2O_3-Gehalt, in geringerem Maße auch vom CaO-Gehalt des Scherbens und von der Ofenatmosphäre ab. Beim oxidierenden Brand kann man hellgelbe bis rotbraune, bei reduzierendem Brand graue Farbtöne erhalten. Andere Farben lassen sich durch Zusatz von anderen flüchtigen Salzen (z.B. $MnCl_2$) zum NaCl erzeugen. Grundsätzlich eignen sich alle die flüchtigen Salze für Anflugglasuren, die mit der Scherbenoberfläche ein Glas zu bilden vermögen. So hat man z.B. mit Zinksalzen ähnliche Effekte erreichen können. Man kann auch bei vorher aufgetragenen Engoben oder Glasuren salzen und damit interessante Farbeffekte erzielen, besonders durch Reduktion während des Brandes [1144]. Das Salzglasieren hat allerdings starke Korrosionserscheinungen im Ofen und der Abgasführung zur Folge.

7.6.2.3 Eigenschaften

Die Ansprüche an Glasuren sind sehr vielseitig, weshalb sie auch nach verschiedenen Methoden untersucht werden. An erster Stelle erwartet man von einer Glasur eine gute Haftung, d.h. weder Abplatzungen noch Risse. Eine Vorbedingung dafür ist durch die Reaktionen zwischen Scherben und Glasur während des Brandes gegeben. Im noch flüssigen Zustand kann sich die Glasur der Kontraktion des Scherbens bei der Abkühlumg leicht angleichen. Nach Unterschreiten der Transformationstemperatur ist aber die Glasur ebenfalls ein Festkörper und ihrer eigenen Kontraktion unterworfen. Ist diese größer als die des Scherbens, also $\alpha_g > \alpha_S$, dann hat die Glasur das Bestreben, sich stärker zusammenzuziehen als der Scherben. Durch die innige Haftung zwischen beiden wird diese Bewegung gehindert, und die Folge sind Zugspannungen in der Glasur. Wird dabei die Zugfestigkeit der Glasur überschritten, entstehen in ihr Risse, die wegen ihres Aussehens als *Haarrisse* bezeichnet werden. Bei entgegengesetztem Verhalten mit $\alpha_g < \alpha_S$ steht die Glasur unter Druckspannung. Da die Druckfestigkeit von Gläsern wesentlich höher als die Zugfestigkeit ist, treten erst bei hohen Druckspannungen Abplatzungen der Glasur auf. Eine weitere wichtige Forderung ist daher ein richtiges Anpassen der *Wärmedehnung* der Glasur an den Scherben, wobei eine geringe Druckspannung aus Gründen der Sicherheit, aber auch zur Verbesserung der Festigkeit erwünscht ist. Eine ideale Anpassung mit genau demselben Ausdehnungsverhalten ist kaum möglich; denn es gibt keine Glasur, die z.B. dem oft vorhandenen Quarzsprung im Scherben folgen könnte.

Im allgemeinen ist es einfacher, zur Anpassung die Zusammensetzung der Glasur zu variieren. Dazu kann man sich der Möglichkeiten der Berechnung der Wärmedehnung aus der Zusammensetzung bedienen, wie es im Kapitel 2.4.2.2 beschrieben ist. Für die im Kapitel 7.6.2.1 angeführte Steingutglasur errechnet sich $\alpha_{20/400}$ zu $7{,}7 \cdot 10^{-6}$/K, für die Steinzeug- und Hartporzellanglasuren ergeben sich 6,5 bzw. $3{,}1 \cdot 10^{-6}$/K. Man kann also große Unterschiede erhalten. Jedoch gelten diese Faktoren nur für homogene durchgeschmolzene Gläser, die man bei Glasuren nicht erreicht. Es können dann Abweichungen auftreten, die Metzel [233] experimentell verfolgt hat. In Bild 427 sind die Ausdehnungskurven von Glasuren, die wie beim späteren Brand im Glattbrandofen erschmolzen wurden, der Ausdehnungskurve eines Hartsteingutscherbens gegenübergestellt. Danach hat Glasur 2 fast dasselbe Verhalten wie der Scherben, während die Dehnung bzw. Kontraktion bei der Glasur 1 größer, bei der Glasur 3 dagegen geringer ist. Mit Glasur 1 müßten daher Zug-, mit Glasur 3 Druckspannungen entstehen, worauf unten nochmals eingegangen wird.

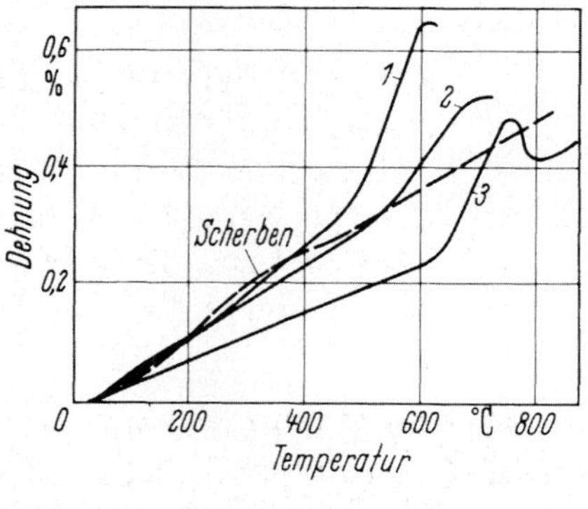

Bild 427: Ausdehnungskurven eines Hartsteingutscherbens (Tonmineralsubstanz: Feldspat: Quarz = 50 : 8,5: 41,54 Gew.- %) und dreier Glasuren

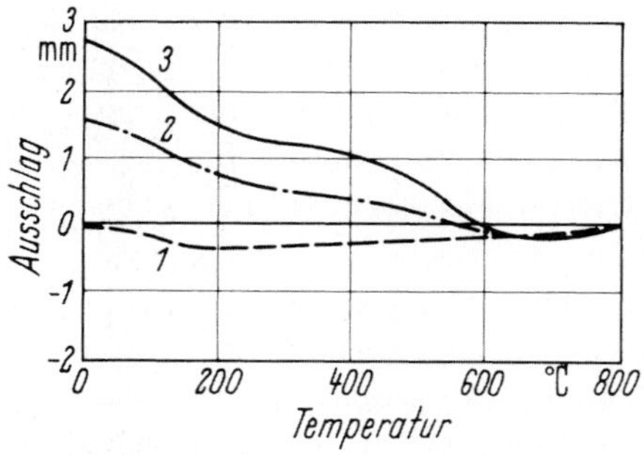

Bild 428: Spannungsprüfung nach Steger an den Glasuren und Scherben von Bild 427

Glasur 1:	0,25 K_2O 0,25 Na_2O 0,25 CaO 0,25 PbO	0,35 Al_2O_3	2,5 SiO_2 0,5 B_2O_3
Glasur 2:	0,095 K_2O 0,095 Na_2O 0,545 CaO 0,265 PbO	0,376 Al_2O_3	2,74 SiO_2 0,19 B_2O_3
Glasur 3:	1,0 CaO	0,2 Al_2O_3	2,0 SiO_2 0,6 B_2O_3

Die sich ausbildenden *Spannungen* zwischen Glasur und Scherben wurden bereits im Kapitel 5.2.1 behandelt. Die dort angegebenen Gln. (214) zeigen, daß die Spannungen um so größer werden, je größer die Differenz der Ausdehnungskoeffizienten und je höher die Transformationstemperatur des Glases ist. Außerdem hängen sie von dem Verhältnis der Schichtdicken Glasur/Scherben ab, indem sie mit Abnehmen dieses Verhältnisses in der Glasur ansteigen und im Scherben absinken. Die Gln. (214) geben die Gesamtspannungen in Glasur bzw. Scherben an. Die Spannungen in der Grenzfläche erhält man, wenn man in diesen Gleichungen d_g bzw. $d_s = 0$ setzt.

Früher wurde gezeigt, daß Porzellan einen Ausdehnungskoeffizienten von $\alpha_S = 3{,}5 \cdot 10^{-6}$/K hat. Setzt man vereinfachend $\Delta T = 600$ K, $\mu_g = \mu_S = 0{,}20$ und $E_g = E_s = 70$ GN/m^2, dann ergibt sich mit $d_g/d_S = 0{,}05$ für eine Glasur mit $\alpha_g = 3{,}1 \cdot 10^{-6}$/K eine Druckspannung in der Glasur von 20 MN/m^2 und eine Zugspannung im Scherben von 1 MN/m^2. Solche Druckspannungen werden von Glasuren vertragen. Ist jedoch $\alpha_s < \alpha_g$, z.B. $\alpha_s - \alpha_g = -\,0{,}4 \cdot 10^{-6}$/K, dann kommt man schon an die Grenze der Zugfestigkeit von Glasuren, besonders wenn noch mit geringen mechanischen Beschädigungen der Oberfläche zu rechnen ist.

Diese Berechnungen gehen davon aus, daß während des Glasurbrandes keine Veränderungen eintreten. Es wurde aber bereits erwähnt, daß sich dabei eine Zwischenschicht ausbildet, die die Eigenschaften der Glasur verändert. Die Zusammensetzung der Glasur nähert sich dadurch meist der des Scherbens, wodurch auch die Spannungen zwischen beiden verringert werden. Dieser Vorgang ist einer Berechnung kaum zugänglich, weshalb man das praktische Verhalten einer Glasur auf einem Scherben am sichersten durch eine Messung feststellt. Zu diesem Zweck hat sich besonders der *Spannungsprüfer nach Steger* bewährt, bei dem ein einseitig glasierter Streifen in einem Ofen erhitzt und abgekühlt wird. Das eine Ende des Streifens, der beidseitig aus dem Ofen herausragt, wird fest eingespannt, während das andere Ende frei beweglich ist. Durch die beim Abkühlen entstehenden Spannungen tritt eine Biegung des Stabes ein, die am freien Ende registriert wird. Bild 428 bringt Messungen von Metzel [1135] mit diesem Spannungsprüfer an dem Scherben und den Glasuren von Bild 427. Solche Diagramme werden bei der Abkühlung gemessen, sind also von rechts nach links zu lesen. Positives Vorzeichen der Ordinate zeigt Druckspannungen, negatives Vorzeichen Zugspannungen an. Von hohen Temperaturen kommend sind diese Glasuren bis 800°C flüssig, so daß keine Spannungen entstehen. Mit sinkender Temperatur wird die Glasur viskoser und beginnt bereits eine Spannung auszubilden. Da aber oberhalb T_g der Ausdehnungskoeffizient der Glasurschmelze etwa dreimal so groß wie unterhalb und damit auch größer als der des Scherbens ist, tritt zunächst in allen Fällen eine geringe Zugspannung auf. Erst unterhalb T_g macht sich dann der Ausdehnungskoeffizient der festen Glasur bemerkbar, der, wie erwartet, bei Glasur 3 zu einer starken Druckspannung führt. Die deutliche Druckspannung bei Glasur 2 und die nur geringe Zugspannung bei Glasur 1 sind die Folge der Veränderung der Glasur beim Aufbrennen.

Druckspannungen in der Glasur sind nicht nur für einen guten Sitz wichtig, sondern erhöhen auch die mechanische Festigkeit des glasierten Körpers. Oben wurde bereits erwähnt, daß *Haarrisse* infolge von Zugspannungen in der Glasur viel häufiger auftreten als Abplatzungen. Zur Vermeidung von Haarrissen muß man die Wärmedehnung der Glasur erniedrigen und/oder die des Scherbens erhöhen. Die Wege zur Beeinflussung der Glasur kann man sofort aus den Faktoren zur Berechnung der Wärmedehnung erkennen: Erhöhung des SiO_2-, Al_2O_3- und (in Grenzen) des B_2O_3-Gehaltes und Ersatz der Flußmitteloxide R_2O und RO mit hohem Molekulargewicht durch solche mit niedrigerem. Bei ein und derselben Glasur kann man durch längeres Brennen ein größeres Angleichen an den Scherben erreichen. Ein besonderes Verhalten zeigen sehr quarzreiche Glasuren, deren Wärmedehnung nach Zapp [1136] um so größer ist, je mehr Restquarz noch vorhanden ist. Längere Brennzeiten und/oder höhere Brenntemperaturen bewirken ein Lösen von SiO_2 und damit eine Abnahme der α-Werte. Schließlich kann man wie bei den Gläsern durch schnelles Abkühlen in der Oberfläche der Glasur eine Druckspannung erzeugen, die den Haarrissen entgegenwirkt.

Bei den masseseitigen Maßnahmen muß man die Art des Scherbens berücksichtigen. Auf jeden Fall erhöht ein steigender Quarzgehalt wegen des Quarzsprunges bei 573°C die Wärmedehnung (für Quarz ist $\alpha_{0/800} = 19 \cdot 10^{-6}$/K). In flußmittelreichen Massen, z.B. Porzellan, nimmt der Quarzgehalt mit der Brennzeit ab. Hier bringt daher eine verkürzte Brennzeit oder gröbere Mahlung (zur Verringerung der Auflösung) eine höhere Wärmedehnung. Anders liegen die Verhältnisse bei flußmittelarmen Massen, z.B. beim Steingut, wo der Quarz beim Brand in Cristobalit übergehen kann, der mit $\alpha_{0/800} = 30 \cdot 10^{-6}$/K eine wesentlich höhere Wärmedehnung hat. Außerdem liegt T_g einiger tiefschmelzender Steingutglasuren unterhalb des Quarzsprunges, so daß sich dessen Einfluß nicht mehr so deutlich auswirkt. Die Haarrissigkeit kann man deshalb durch alle Maßnahmen verringern, die die Quarz-Cristobalit-Umwandlung begünstigen und die Auflösung des Cristobalits verringern, also z.B. feinere Mahlung des Quarzes, Vorbrennen des Quarzes, Einführen von leichter umwandelbaren Quarzrohstoffen, Einführen von bereits Cristobalit enthaltenden Schrühscherben, höhere Schrühbrandtemperaturen und Verringerung des Feldspatgehaltes. Die Maßnahmen zur Vermeidung von Abplatzungen sind sinngemäß entgegengesetzt.

Viele dieser Maßnahmen hat Seger frühzeitig erkannt und zu seinen Regeln zusammengefaßt, die bei der Korrektur von Glasuren auf Scherben vom Steinguttyp gute Dienste leisten. Diese Regeln gelten jedoch nicht uneingeschränkt, wie Mellor [1137] in einer ausführlichen Übersicht gezeigt hat. Sie sind inzwischen von mehreren Autoren in einigen Punkten ergänzt und verbessert worden.

Haarrissigkeit von Glasuren tritt bei porösem Scherben manchmal erst nach einiger Zeit auf. Die Ursache dafür ist die Feuchtigkeitsdehnung des Scherbens, die im Kapitel 8.1.3 erörtert wird. Hier sei nur im Zusammenhang mit den Glasuren auf deren Prüfung auf Haarrißsicherheit hingewiesen. Dazu hat sich das *Harkort-Verfahren* bewährt, bei dem die glasierte Probe bis zum Temperaturausgleich auf 100°C erwärmt und dann in Wasser von 15 bis 20°C abgeschreckt wird. Man erhöht die Temperatur des Ofens dann schrittweise um je 10 K, bis nach dem Abschrecken Haarrisse zu beobachten sind. Liegt der Rißbeginn bei 120°C, dann ist die Haltbarkeit der Glasur gering, bei 150°C beträgt sie 3 bis 4 Monate, bei 160°C etwa 15 Monate, während bei 180°C praktisch unbegrenzte Sicherheit gewährleistet ist.

Eine wichtige Eigenschaft ist der *Verschleiß*. Aus zahlreichen Messungen kann man folgern, daß im allgemeinen die mechanische Verschleißfestigkeit von Glasuren um so höher liegt, je höher ihr SiO_2-Gehalt ist. Es gibt hier jedoch Ausnahmen, indem der Anfangsverschleiß eine andere Abhängigkeit als der Tiefenverschleiß haben kann. Als Untersuchungsinstrument hat sich dafür besonders das Rasterelektronenmikroskop bewährt [1138]. Der Verschleiß läßt sich verringern, wenn man die Glasur durch geeignete Ausdehnungskoeffizienten unter Druckspannung setzt. Solche Druckspannungen sind im Prinzip auch durch Kristalle mit geringer Wärmedehnung in der Glasuroberfläche erreichbar, jedoch ist die praktische Herstellung wegen der üblichen Inhomogenitäten der Glasur kaum realisierbar. Allerdings kann die Verschleißfestigkeit durch eine Volumenkristallisation erhöht werden, wenn diese Kristalle nadeligen Habitus aufweisen und dadurch nicht so leicht ausbrechen. Bewährt hat sich in dieser Beziehung eine Kristallisation von Zirkon, $ZrSiO_4$. Es gelten hier die in Kapitel 11.2 besprochenen Prinzipien der Faserverstärkung.

Wegen der vielen Möglichkeiten, farbige Glasuren zu erhalten, sei auf die eingangs genannten Monographien hingewiesen. Hier sollen noch den transparenten die getrübten Glasuren gegenübergestellt werden. Die *Trübung* wird durch Streuung des Lichtes an Teilchen hervorgerufen, die eine andere Lichtbrechung als die Glasur haben. Maximale Trübung erreicht man, wenn die Teilchengröße im Bereich der Lichtwellenlänge liegt. Man muß also in die Glasur kleinste Teilchen mit möglichst unterschiedlicher Lichtbrechung einbringen. Am einfachsten gelingt das durch Zugabe einer sehr feinkörnigen Komponente, die sich während des Glasurbrandes nicht oder nur wenig in der Glasurschmelze auflöst. Ein wichtiges Trübungsmittel dieser Art ist SnO_2. Man kann auch einen Rohstoff verwenden, der sich zwar in der Glasurschmelze löst, bei tieferen Temperaturen aber wieder auskristallisiert. Die Zirkontrübung arbeitet nach diesem Prinzip, geht jedoch praktisch einen anderen Weg, indem Zirkon $ZrSiO_4$ bei hoher Temperatur zunächst eingefrittet wird. Die abgeschreckte Fritte ist glasig und bildet erst beim Glasurbrand die trübenden $ZrSiO_4$-Kristalle aus, da bei diesen tieferen Temperaturen die $ZrSiO_4$-Löslichkeit in der Schmelze gering ist. Als Keime wirken dabei meist die Oberflächen, weshalb nach Kalinina u. M. [1159] die Trübung um so besser ausfallt, je feiner die Fritte vorher gepulvert wurde. Voraussetzung dabei ist, daß das Einschmelzen nicht zu weit über T_g erfolgt, weil dann viele Teilchen wieder zusammengeschmolzen sind. Große Unterschiede in der Lichtbrechung gegenüber der Glasur haben auch die Gasblasen. Eine Gastrübung ist deshalb oft vorgeschlagen worden, hat sich aber praktisch nicht eingeführt. Dagegen wird zur Trübung auch die Entmischung einiger Schmelzen in zwei flüssige Phasen ausgenutzt, wozu man die Systeme Li_2O-B_2O_3-SiO_2, Li_2O-TiO_2-SiO_2, CaO-TiO_2-SiO_2, PbO-B_2O_3-SiO_2 oder CaO-B_2O_3-SiO_2 verwenden kann.

Während bei der Trübung meist kleine Kristalle notwendig sind, werden manchmal für dekorative Zwecke auch große, bis zu einigen Zentimetern Länge wachsende Kristalle gewünscht. Für solche Zwecke eignen sich ZnO-haltige Glasuren, denn der Willemit Zn_2SiO_4 hat eine ausreichende Kristallisationsgeschwindigkeit und kristallisiert bevorzugt entlang der Oberfläche.

Als weitere wichtige Eigenschaft sei die *chemische Beständigkeit* der Glasuren erwähnt. Da die chemische Beständigkeit mit steigendem Gehalt an Netzwerkbildnern zunimmt und Glasuren durch einen hohen Gehalt an solchen ausgezeichnet sind, ist ihre chemische Beständigkeit sehr gut. Innerhalb der Glasuren kann man mit steigender Glattbrandtemperatur auch eine bessere chemische Beständigkeit feststellen, denn in gleichem Maße erhöht sich auch der Gehalt an Netzwerkbildnern. Umgekehrt nimmt mit steigendem Gehalt an Netzwerkwandlern die chemische Beständigkeit ab.

Zur Prüfung der chemischen Beständigkeit haben sich verschiedene Verfahren eingeführt, die sich an die Anwendung anlehnen. So wird in DIN 51092 [1149] bei glasierten Fliesen und Platten die sichtbare Wirkung, der Glanzverlust und das Verhalten gegenüber Bleistiftstrichen nach der Behandlung mit verschiedenen Prüfflüssigkeiten beurteilt, woraus sich eine Einteilung in fünf Klassen (AA, A, B, C, D) ergibt. Eine direkte Analyse der in Lösung gegangenen Pb- und Cd-Gehalte nach 24stündiger Behandlung mit 4-%iger Essigsäure bei Raumtemperatur beschreibt DIN 51031 [1150], was zur wichtigen Frage der *Bleilässigkeit* der oft PbO-haltigen leichtschmelzenden Glasuren und Schmelzfarben führt. In DIN 51032 [1151] sind die zulässigen Grenzwerte der Pb- und Cd-Abgabe enthalten. In den üblichen Bleikristallgläsern und ähnlichen Glasuren ist das Blei so fest in die Glasstruktur eingebunden, daß die Abgabe gegenüber Lebensmitteln sehr gering und damit unbedenklich ist. Wenn jedoch die Bleigehalte höher werden und wenn bestimmte Farboxide vorhanden sind, dann kann sich die Abgabe überproportional verstärken. Buldini [1152] hat diese Wirkung besonders bei geringer Zugabe an CuO oder Cr_2O_3 festgestellt. Die Abgabe des toxischen Cadmiums wird durch die Gegenwart von Licht offenbar sehr angeregt, bedingt durch die geförderte Oxidation der CdS-Farbpigmente zu $CdSO_4$, das leicht löslich ist [1153]. Cadmium findet man in Glasuren nur als die gelben bis roten Farbkörper der Mischkristallreihe Cd(S,Se).

In Gegenwart von Lebensmitteln tritt dieser Effekt nicht ein, denn einmal sind die meisten Lebensmittel undurchlässig für Licht und zum anderen enthalten sie so viele oxidierbare Bestandteile, daß die oxidierende Wirkung des Lichts abgepuffert wird [1154]. Es stellte sich außerdem heraus, daß der wesentliche Parameter der Pb- und Cd-Lässigkeit der *p*H-Wert ist, wie Bild 429 zeigt, d.h. der Essigsäuretest stellt eine strenge Prüfung dar.

Bleihaltige Glasfritten werden häufig zur Herstellung der *Körper-* oder *Schmelzfarben* verwendet, indem sie mit verschiedenen Farbkörpern vermischt und verschmolzen werden. Sie stellen ein wichtiges Prinzip des *Dekorierens* mit keramischen Farben dar [1155]. Wesentlich dabei ist, daß sich diese Farbkörper beim Glasurbrand nicht auflösen, weshalb man oft stabile Wirtsgitter einsetzt, in die farbgebende Übergangsmetalle eingebaut sind. Solche *Wirtsgitter* sind Korund, Spinelle, Zirkon, SnO_2, usw. Die bei hohen Temperaturen nicht beständigen roten Cd(S,Se)-Mischkristalle lassen sich stabilisieren, wenn man sie als Keimbildner für stabilere Kristalle, z.B. Zirkon, einsetzt, wodurch dann die *Einschlußpigmente* entstehen, die von Kleinschmit [1156] beschrieben werden.

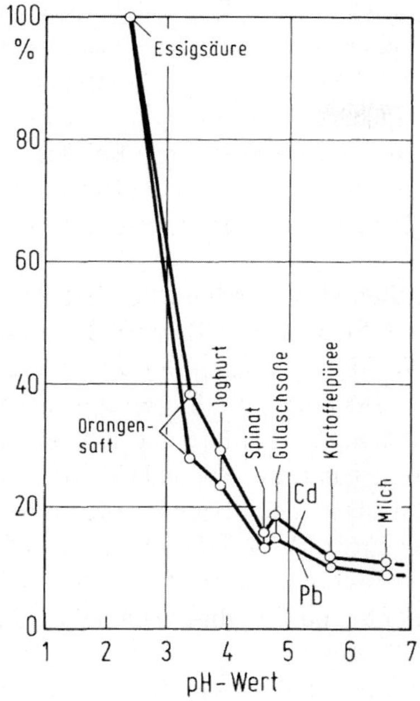

Bild 429: Mittelwerte der relativen Pb- und Cd-Abgaben aus Glasuren und Schmelzfarben in Abhängigkeit von den *p*H-Werten einiger Lebensmittel (bezogen auf 4 %ige Essigsäure ≙ 100 % Abgabe)

Bei der Auswahl muß man auch auf die Dekorart achten. Bei den *Unterglasuren* wird die Farbe unmittelbar auf den Scherben aufgetragen. Die Glasur schmilzt dann darüber, d.h., sie muß den Farbkörper benetzen. Für *Aufglasuren,* meist in einem zweiten Dekorbrand bei 800 bis 850°C aufgebrannt, werden Schmelzfarben eingesetzt, die über 80 Gew.-% Glasfluß enthalten. Beim *Inglasurdekor* ist die Farbe so eingestellt, daß sie beim Brennen in die schmelzende Glasur einsinkt und von ihr überdeckt wird, wodurch eine sehr gute chemische Beständigkeit, vor allem *Spülmaschinenfestigkeit* erreicht wird.

Es gibt noch eine Fülle weiterer Dekoreffekte. Die Kristallglasuren mit großen Kristallen in der Glasuroberfläche wurden oben schon erwähnt. Sind die Kristalle klein, ergeben sich *Mattglasuren.* Einen *Krakelée-Effekt* erzeugt man durch Glasuren mit hoher Wärmedehnung, die beim Abkühlen reißen, und die sog. *Schlangenhaut* wird durch eine hohe Oberflächenspannung der Glasur erzielt. Elektrisch leitende Glasuren erhält man, wenn man entsprechende kristalline Phasen einbaut, die einen Volumenanteil von mindestens 8 % haben sollten. Nach Binns [1157] eignen sich dafür besonders Fe_2O_3-haltige Spinelle. Spezielle Verfahren sind für das Dekorieren mit Edelmetallen notwendig. Dabei wird das feinkörnige Metall in Form einer Paste oder Lösung, versetzt mit Haft- oder Flußmitteln, aufgetragen und eingebrannt. Oft schließt sich eine Politur an. Die Dicken solcher Schichten liegen beim Gold unter 0,5, meist unter 0,1 µm. Paret und Landgraf [1158] beschreiben die verschiedenen Typen: Puder-, Polier- und Glanzgold und analog Silber und Platin.

8 Silicatkeramik

(Bearbeitet von K.-H. Schüller)

Der großen Gruppe der silicatkeramischen Werkstoffe ist gemein, daß sie SiO_2 als wichtige, im allgemeinen sogar vorherrschende chemische Komponente enthält mit Anteilen größer als 20 Gew.-%. Da diese Komponente in der Regel als tonmineralhaltige Rohstoffe in die Massen eingeführt wird, spricht man auch von der Gruppe der tonkeramischen Werkstoffe.

Die hierher gehörigen Werkstoffe lassen sich am besten nach Gefügemerkmalen unterteilen, die am fertigen Werkstoff einfach erkannt werden können. Eine grobe Gliederung unterscheidet zunächst grob- und feinkeramische Erzeugnisse, je nachdem, ob der Scherben mit dem bloßen Auge inhomogen oder homogen erscheint; die Größe unterschiedlicher Gefügeelemente muß etwa 0,1 bis 0,2 mm überschreiten, damit sie als Inhomogenitäten erkannt werden können. Je nach Porosität wird weiter in dichte und poröse Werkstoffe unterteilt; eine zusätzliche Gliederung nach der Farbe des Scherbens kann sich anschließen. Die so unterschiedenen Werkstoffe lassen sich großenteils festen Begriffen zuordnen. Tabelle 83, die sich an einen Vorschlag von Hennicke [12] anlehnt, gibt einen Überblick über die silicatkeramischen Erzeugnisse.

Zwischen den verschiedenen Werkstofftypen gibt es Übergänge, die gelegentlich eine klare Abgrenzung erschweren. Darüber hinaus gibt es weitere Werkstoffe, die nach obiger Definition entsprechend ihrem SiO_2-Gehalt zu den silicatkeramischen Werkstoffen gehören, aber aufgrund ihrer getrennten Entwicklung und Anwendung auch getrennt geführt werden, wozu vor allem die Feuerfestkeramik gehört, die deshalb im Kapitel 9 gesondert behandelt wird.

Das Schema der Tabelle 83 beruht nicht nur auf Beobachtungen, sondern kann auf physikalisch-chemische Grundlagen zurückgeführt werden. Während die Farbe des Scherbens im allgemeinen durch den Fe_2O_3-Gehalt der Rohstoffe bestimmt wird, nimmt die Porosität mit steigendem Flußmittelgehalt der Masse und steigender Brenntemperatur ab. Man kann daher im Dreistoffsystem (Ton oder Kaolin) - Feldspat-Quarz für die verschiedenen Werkstoffe bestimmte Bereiche finden, wie es Bild 430 zeigt, das auf ähnliche Vorschläge früherer Autoren zurückgeht. Bild 430 enthält zusätzlich die umgerechneten Feldergrenzen des Dreistoffsystems K_2O-Al_2O_3-SiO_2. Bis auf die Dentalkeramik liegen alle Massen im Ausscheidungsfeld des Mullits.

Tabelle 83: Silicatkeramische Werkstoffe

	grob		fein			
	porös	dicht	porös		dicht	
Wasseraufnahmefähigkeit (Gew.-%):	>6	<6	>2		<2	
			Tongut		*Tonzeug*	
Scherben	farbig	farbig	farbig	hell bis weiß	farbig bis hell	weiß
			Irdengut	*Steingut* [1]	*Steinzeug* [2]	*Porzellan* [3]
Erzeugnisse: (Beispiele)	Ziegel Tonrohre Terrakotten Schamottesteine Tonsteine Feuertonware	Klinker Spalttplatten säurefeste Steine Baukeramik	Töpferwaren Schmelzwaren	Geschirr Sanitärwaren	Sanitärwaren Fliesen Spaltplatten Kanalrohre	Geschirr technisches Porzellan Isolatoren Dentalporzellan

[1] Mit den Werkstoffen Ton-, Feldspat- und Kalksteingut
[2] Mit den Werkstoffen Feinsteinzeug, Vitreous China und Cordierit
[3] Mit den Werkstoffen Hart- und Weichporzellan, Steatit und Li-Al-Silicate

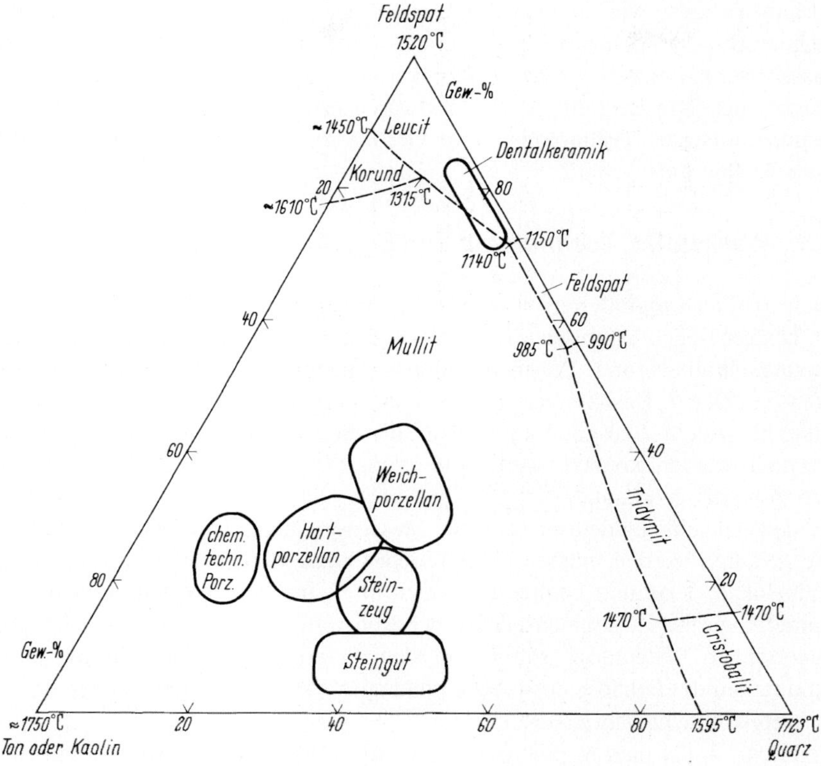

Bild 430: Lage der Massen einiger Werkstoffe im Dreistoffsystem Ton bzw. Kaolin-Feldspat-Quarz mit Feldergrenzen und Schmelztemperaturen des Dreistoffsystems K_2O-Al_2O_3-SiO_2

8.1 Poröse silicatkeramische Werkstoffe

Poröse keramische Produkte entstehen bei geringem Flußmittelgehalt der Massen und niedrigen Brenntemperaturen. Aus dem Bereich der Feinkeramik sind hier Irdengut und Steingut zu nennen. Bei den grobkeramischen Erzeugnissen herrschen die porösen Produkte sogar bei weitem vor. Aus dieser Gruppe werden hier die Ziegelerzeugnisse besprochen. Die ebenfalls hierher gehörigen Schamottesteine, Silicasteine und Forsteritsteine werden im Rahmen der feuerfesten Produkte (Kapitel 9) behandelt.

8.1.1 Ziegel

Ziegel haben ebenso wie Tonwaren einen porösen, bunten Scherben. Der wesentliche Unterschied zwischen beiden Produktgruppen liegt in der Technologie: Ziegelmassen werden mittels der in der Grobkeramik üblichen Verfahren aufbereitet und verarbeitet. Die Herstellung von Tonwaren orientiert sich dagegen mehr an der feinkeramischen Technologie. Die Grenze zwischen den Gefügen beider Gruppen ist aber nicht scharf.

8.1.1.1 Werkstoffe, Technologie und Eigenschaften

Der Begriff Ziegel umfaßt verschiedenartige Erzeugnisse wie Mauerziegel, Dachziegel, Deckenziegel, Drainrohre, Schornsteinziegel sowie Kabelschutzhauben.

Atmungsfähigkeit und Wärmeisolationsvermögen sind wesentliche Eigenschaften der Ziegel. Deshalb wird die weitaus überwiegende Mehrzahl als poröse Produkte hergestellt. Lediglich die Klinker, die ihrem Gefüge nach dem Steinzeug zugerechnet werden können, werden bis zum fast völligen Verschwinden der offenen Porosität gebrannt.

Bei den Ziegeln handelt es sich um Massenprodukte, bei denen die Kosten niedrig gehalten werden müssen. Aus diesem Grund werden als Rohstoffe praktisch nur lokale Tone und Lehme eingesetzt, die keine Frachtkosten verursachen. Die mineralogische Zusammensetzung der Rohstoffe ist demgegenüber nur von untergeordneter Bedeutung, sofern sie den Erfordernissen der Formgebung, Trocknung und des Brandes entsprechen und auch die gewünschten Eigenschaften der Fertigprodukte gewährleisten.

Ziegeltone findet man in praktisch allen Erdformationen vom Karbon bis zum Quartär. In ihrem Mineralbestand sind sie recht heterogen aufgebaut: man findet Kaolinit und Fireclay, Illit und Sericit, Montmorillonit, Chlorit, Quarz, Feldspat, Calcit und als seltenere, aber nicht unwichtige Bestandteile Dolomit, Hämatit und Pyrit. Fireclay, Illit und Quarz sind praktisch immer zugegen; Montmorillonit und Chlorit findet man nur vereinzelt stärker angereichert. Ein stets vorhandener röntgenamorpher Anteil enthält organische Substanzen sowie Feinstanteile unter 0,2 µm, die nach IR-Untersuchungen vornehmlich der Illitfraktion zuzurechnen sind. Tabelle 84 gibt einen Überblick über die Grenzen verschiedener Mineralarten in Mauerziegel- und Dachziegelmassen. Für den Zusammenhang zwischen dem Alter eines Tons und seinem Mineralbestand zeigt Schmidt [1160] folgende Tendenzen auf: Der Anteil an Kaolinit und Fireclay unterliegt zeitlichen Schwankungen ohne eindeutige Tendenz. Illit und Chlorit - letzterer, soweit überhaupt zugegen - scheinen in älteren Tongesteinen reichlicher vorhanden zu sein, Quarz und Montmorillonit umgekehrt in jüngeren. Calcit ist in den Tongesteinen des Jura und der Oberkreide angereichert.

Der Mineralbestand der Tongesteine bestimmt auch wesentlich ihre Eigenschaften bei der Verarbeitung und beim Brennen [1076] ,[1160]. Nach Winkler [1161] ist die Korngrößenverteilung für die Bildsamkeit der Ziegeltone von Bedeutung. Das sog. *Winkler-Diagramm* (Bild 431), das die Ziegeltone nach ihren Anteilen an den Fraktionen < 2µm, 2-20 µm und > 20 µm klassifiziert, wird seither mit gutem Erfolg für die Auswahl der Tone für bestimmte Anwendungsbereiche herangezogen [1162]. Hohe Bildsamkeit, wie sie insbesondere für dünnwandige Deckensteine, Dachziegel und Gittersteine erforderlich ist, wird durch einen Mindestgehalt der Fraktion < 2 µm und einen gleichmäßig polydispersen Kornaufbau erreicht. Nach Befunde von Satli und Urban [1163] lassen sich Ziegeltone jedoch viel besser nach ihrem Mineralbestand optimieren.

Tabelle 84: Mineralbestand (in Gew.-%) von 38 Mauer- und 49 Dachziegelmassen [1160]

Mineralart	Mauerziegelmassen		Dachziegelmassen	
	Vorkommens-grenzen	häufigster Bereich	Vorkommens-grenzen	häufigster Bereich
Kaolinit-Fireclay	< 35	< 15	< 30	5 - 20
Illit (+Serizit)	< 30	10 – 20	8 - 50	10 - 25
Montmorillonit	< 20	< 5	< 25	< 5
Chlorit	< 30	< 5	< 20	< 10
Quarz	20 - 75	30 – 5	15 - 60	30 - 50
Feldspat	< 20	< 13	< 20	< 10
Calcit	< 39	< 10	< 13	< 5
Dolomit+Ankerit	< 10	< 1	< 15	< 3
Goethit	< 5	< 1	–	–
Hämatit	< 5	< 1	< 5	< 3
Pyrit+Markasit	< 4	< 1	–	–
Gips	< 3	< 1	–	–
Hornblende	< 5	< 1	–	–
Augit	< 5	< 1	–	–
Siderit	–	–	< 3	< 1
Röntgenamorpher Anteil	5 - 20	5 - 10	1 - 16	1 - 8

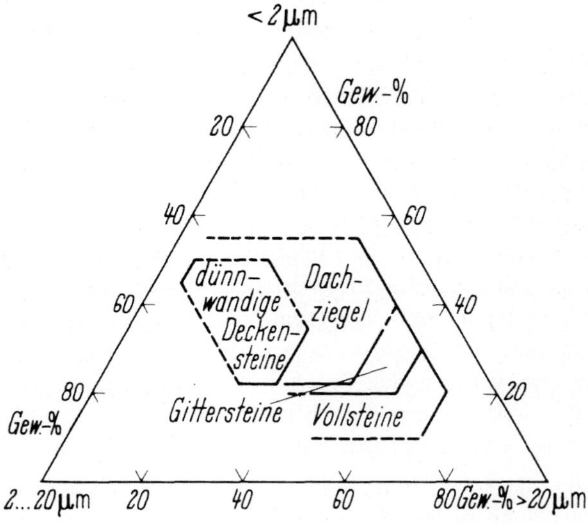

Bild 431: Winkler-Korngrößendiagramm der Ziegeltone

Die Ziegelrohstoffe sind in unbeschränkt und beschränkt verziegelbare Materialien zu unterteilen; letztere können nur unter Mitverwendung hochplastischer Zusatztone verarbeitet werden. Beschränkt verziegelbar sind insbesondere Schiefertone und Tonschiefer, die aus älteren geologischen Formationen stammen und schon eine gewissen Verfestigung durch Diagenese und Metamorphose erfahren haben (siehe Kapitel 6).

Schmidt [1076], [1160] diskutiert ausführlich die Reaktionen beim Brennen. Die Schichtsilicate fördern Bildsamkeit, Bindevermögen und Trockenbiegefestigkeit. Illit, Chlorit und insbesondere Montmorillonit können die Trocknungseigenschaften beeinträchtigen, während die Magerungsmittel - Quarzsand, Feldspat, ggf. Carbonate - hier vorteilhaft wirken; die letzteren beeinflussen auch die Texturanfälligkeit, Aufheizempfindlichkeit und Feuerstandsfestigkeit günstig. Auch in den Eigenschaften des fertigen Scherbens zeigt sich der Einfluß der Rohstoffkomponenten. Die Schichtsilicate bewirken hohe Scherbendichte und führen damit zu einer Verminderung von offenem Porenraum und Wassersaugvermögen. Der Bildung von Anorthit ($CaAl_2Si_2O_8$) während des Brennens wird ein günstiger Einfluß auf Druckfestigkeit und Frostwiderstandsfähigkeit zugeschrieben, während eine Neubildung von Gehlenit ($Ca_2Al_2SiO_7$) in entgegen-gesetzter Richtung wirkt.

Der Porengehalt der Ziegel ist bei den üblichen Brenntemperaturen um 1000°C noch recht hoch; er schwankt je nach Rohstoffen und Brennweise zwischen 10 und 40 Vol.-% mit einem relativen Anteil an offenen Poren von 60 bis 90 %; ein Teil dieser Poren ist als Sackporen nicht durchströmbar. Höhere Brenntemperaturen führen zu dichten Produkten, den Klinkern. Die Porosität hängt auch von der Ofenatmosphäre ab, indem bei reduzierendem Brand das sich bildende FeO als Flußmittel wirkt.

Heute besteht im Hinblick auf die thermische Isolierfähigkeit umgekehrt ein Interesse daran, die Porosität der Ziegel so weit wie möglich zu steigern. Die Senkung der Brenntemperatur bietet kein gangbares Mittel hierfür, da sie mit einer unzuträglichen Einbuße an mechanischer Festigkeit verbunden wäre. Man arbeitet deshalb mit Porosierungsmitteln [1164]. Sägemehl, Papierschlamm und Styropor brennen aus und hinterlassen den gewünschten Porenraum. Ein Zusatz von niedrig calcinierten Tonen zeigt ähnlich gute Porosierungseffekte bei gleichzeitig geringeren Maßabweichungen und höherer Festigkeit des gebrannten Scherbens.

Ein Problem ist oft die Emission von Fluor beim Brennen (Kapitel 7.5.2.1). Es bieten sich im Prinzip mehrere Wege an, um die Emission von Fluor zu begrenzen: Einsatz fluorarmer Rohstoffe und Zusatzstoffe; Verhinderung der Entbindung des Fluors als CaF_2 oder MgF_2 durch ofen- und brenntechnische Maßnahmen; Bindung des Fluors durch Zusätze zur Masse (z.B. von Kalk oder Magnesia); Bindung des in den Ofenabgasen vorliegenden Fluors in Gasreinigungsanlagen. Die letztere Maßnahme ist die wirksamste und auch mit den geringsten Konsequenzen für andere Eigenschaften verbunden, aber mit den höchsten Kosten belastet.

8.1.1.2 Frostbeständigkeit

Ziegel sind bestimmungsgemäß den Witterungsbedingungen und damit auch dem Frost ausgesetzt. Wirkt Frost auf Ziegel ein, deren Poren mit Wasser gefüllt sind, so kann es zu Frostschäden kommen. Die Ursache liegt in der Volumenzunahme des Wassers um 9 % beim Übergang in Eis. Die dabei auftretenden Drücke auf die Porenwände können zu Gefügeschädigungen führen, die sich in einer Festigkeitsminderung und sogar im Abplatzen von Oberflächenpartien äußern.

Das Problem der Frostbeständigkeit ist sehr vielschichtig, und die Ursachen von Frostschäden sind komplex. Zusammenfassende Arbeiten finden sich bei Schneider [1165], Butterworth [1166] und Wiedmann [1167]. Als wichtigste Parameter für die Frostempfindlichkeit lassen sich der Sättigungsgrad der Wassertränkung der Ziegel, der Grad der Unterkühlung des Wassers bis zum Gefrieren, die Porenstruktur und die Porenradienverteilung angeben.

Die Bedeutung der Wassersättigung des Ziegels ergibt sich aus der Überlegung, daß ein Druck des erstarrenden Eises auf die Porenwände überhaupt nur dann wirksam werden kann, wenn sich das Eis nicht in noch vorhandene leere Porenräume hinaus ausdehnen kann. Insofern ist eine Frostschädigung theoretisch nur dann zu erwarten, wenn die Poren zu mehr als 91 % mit Wasser gefüllt sind. Die praktische Erfahrung lehrt allerdings, daß noch bei Sättigungsgraden unter 70 % Frostschäden auftreten können.

Ein Erstarren des Wassers in den Poren tritt nicht sofort beim Unterschreiten der Gefrierpunktstemperatur ein. Verschiedene Beobachter haben eine Unterkühlung des Porenwassers bis zu -25°C festgestellt. Dabei spielt das andersartige Verhalten von Adsorptionswasser im Vergleich zum freien Wasser eine wesentliche Rolle. Die letztere Feststellung hebt die Bedeutung des Porengefüges und der Porengrößenverteilung für die Frostbeständigkeit der Ziegel hervor: Je mehr Mikrokapillaren zugegen sind, desto geringer ist die Frostbeständigkeit [1168]. Die Gegenwart von Sackporen stellt ein Hohlraumvolumen bereit, welches bei der Wassertränkung nicht gefüllt wird und in das hinein sich das Eis beim Erstarren ausbreiten kann.

Bei rascher Abkühlung ist das Fließvermögen des Eises allerdings zu gering, als daß mit einer ausreichenden Druckentlastung durch plastisches Fließen des Eises gerechnet werden könnte [1169].

Für die Bestimmung der Frostwiderstandsfähigkeit liegt eine Reihe von Vorschlägen vor. Bei der hohen Bedeutung der Sättigung des Scherbens mit Wasser wird zunächst der *Sättigungsbeiwert*, kürzer meist *S-Wert* genannt, gemessen als Verhältnis

$$S = \frac{freiwillige\ Wasseraufnahme}{größtmögliche\ Wasseraufnahme} \tag{392}$$

Als Faustregel gilt, daß Ziegel mit $S < 0{,}8$ frostbeständig, solche mit $0{,}8 < S < 0{,}9$ frostgefährdet und Ziegel mit $S > 0{,}9$ nicht frostbeständig sind. Aus den vorstehenden Ausführungen ist aber ersichtlich, daß diese Regel nur ein sehr grobes, keineswegs immer zutreffenden Bild ergibt. Eine etwas bessere Aussage erhält man, wenn man die relative Wasseraufnahme evakuierter Ziegel heranzieht.

Weiterhin werden Ziegel unter definierten Bedingungen vielfachen Frost-Tau-Wechseln unterworfen und hieraus Kennwerte abgeleitet [1170]-[1173].

Aus den Ursachen der Frostempfindlichkeit ergeben sich die Maßnahmen zu ihrer Verringerung: Die Frostbeständigkeit wird durch homogenere Aufbereitung der Masse, durch die Reduzierung von Texturen bei der Formgebung und durch höheren Brand verbessert. Alle diese Maßnahmen führen zu mehr isometrischen Poren, deren mittlerer Durchmesser nach größeren Werten hin verschoben ist; beides verbessert die Frostbeständigkeit [1174]-[1176]. Nach Winkler [1177] kann man die Frostempfindlichkeit durch Erhöhung des Kornanteils mit einem Durchmesser zwischen 10 und 38 μm vermindern, da durch diese Maßnahme der Anteil an Poren > 0,8 μm im gebrannten Scherben ansteigt.

8.1.1.3 Ausblühungen

Manchmal treten auf Ziegeln nach einiger Zeit weiße oder farbige Flecke auf, die als Ausblühungen bezeichnet werden. Sie entstehen durch lösliche Salze, die durch das Porensystem mit dem Wasser an die Oberfläche transportiert werden und dort nach Verdunsten des Wassers auskristallisieren.

Ausblühungen können sich nur dann bilden, wenn lösliche Salze im Ziegel vorhanden sind, sich dort im Laufe der Zeit bilden oder von außen in den Ziegel gelangen. Letzteres ist durch Aufnahme von Bodenwasser oder durch Abgabe aus dem Mörtel möglich, was durch Reaktionen zwischen Ziegel und Mörtel gefördert werden kann. Die Analyse der Ausblühungen ergibt meistens Alkali- und Erdalkalisulfate, seltener die betreffenden Carbonate oder andere Verbindungen.

Schließt man äußere Einflüsse aus, dann können die Sulfate mit den Rohstoffen eingebracht werden, wofür Gips- und Pyritverunreinigungen (letzterer oxidiert leicht zu Sulfat) in Frage kommen. Im allgemeinen erfolgt aber die Sulfatbildung erst während des Brandes. Die meisten Brennstoffe sind schwefelhaltig, so daß sich nach der $CaCO_3$-Zersetzung $CaSO_4$ bildet, das bei den üblichen Temperaturen des Ziegelbrandes stabil ist. Damit ergibt sich, daß durch höheren Brand die Ausblühneigung herabgesetzt werden kann. Gleichzeitig erreicht man damit, daß die Kationen, die lösliche Sulfate bilden können, in stärkerem Maße in silicatische Bindungen überführt und damit unlöslich werden. Die schädliche Wirkung der Sulfate kann man auch durch Zugabe von $BaCO_3$ zur Masse vermeiden, da sich dann das unlösliche $BaSO_4$ bildet.

Während des Gebrauches sind Ziegel oft dem Wetter ausgesetzt, d.h., es findet ein ständiger Wechsel zwischen Bewässern und Austrocknen statt, wodurch sich in den Poren Lösungs- und Kristallisationsvorgänge der löslichen Salze abspielen, die teilweise noch von Übergängen der verschiedenen Hydratstufen überlagert werden. Meist sind damit Volumenänderungen verbunden, die zu einer mechanischen Zerstörung des Scherbens führen können, den *Salzsprengungen*. In manchen Fällen tritt eine Zerstörung in sehr kleine Teile ein, was man mit Abmehlung bezeichnet. Besonders schädlich wirkt sich in dieser Richtung $MgSO_4$ aus, das beim Übergang in das Hydrat $MgSO_4 \cdot 7H_2O$ sein Volumen etwa verdreifacht. Das Magnesium gelangt meist als Carbonat in die Scherben, wo es beim Brand schnell zu MgO zersetzt wird. Im Laufe der Zeit bildet sich durch die Anwesenheit von

$CaSO_4$ das $MgSO_4$, insbesondere wenn durch CO_2-Zufuhr das schwerlösliche $CaCO_3$ entsteht.

Die Prüfung auf *Ausblühneigung* erfolgt nach DIN 51100 [1178] durch Auslaugen im *Perkolator*, indem man durch das gepulverte Material Wasser durchsickern läßt, bis im Durchlauf (Perkolat) kein SO_4^{2-} mehr nachweisbar ist. Wegen der komplexen Ursachen der ausblühfähigen Salze wird hierdurch die Ausblühneigung nur zum Teil erfaßt.

Gelegentlich findet man auch farbige Ausblühungen, die durch Vanadate, in selteneren Fällen auch durch andere Übergangselemente (Fe, Mo, Cr, Ni, Mn) verursacht sind. Vanadium gibt dabei schon in sehr geringen Konzentrationen von 0,01 Gew.-% V_2O_5 Anlaß zur Fleckenbildung. Lösliche Vanadate bilden sich beim Brennen vorzugsweise bei Temperaturen um 900°C. Oberhalb 1000°C wird Vanadium wieder in unlöslicher Form gebunden.

8.1.2 Irdengut und Töpferwaren

Als Sammelname für die feinkeramischen porösen Werkstoffe auf der Basis von Tonen als Rohstoffen hat sich der Begriff *Tongut* eingeführt. Zum Tongut gehören *Irdengut* und *Töpferwaren* mit farbigem Scherben und *Steingut* mit weißem Scherben.

Irdengut und Töpferwaren werden aus ähnlichen Rohstoffen hergestellt wie Ziegelmassen. Eine feinere Aufbereitung führt aber zu einem homogeneren Scherben. Spezielle Erzeugnisse sind Blumentöpfe, Terrakotten, Fayencen und Ofenkacheln. Die beiden letzteren Produktgruppen werden mit einer Glasur überzogen. Die Glasuren sind bleireich, alkali- und kieselsäurearm. Durch eine solche Zusammensetzung erreicht man einen haarrißfreien Sitz der Glasur auf dem Scherben. Weißgetrübte Glasuren kann man durch Zusatz eines Trübungsmittels, vorzugsweise einer Zinnfritte erhalten.

8.1.3 Steingut

Steingut wird aus Kaolinen, weißbrennenden Tonen, Quarz und Flußmitteln hergestellt; manche Versätze enthalten auch Cristobalit oder Schamotte. Wegen des definitionsgemäß porösen Scherbens genügen kleinere Mengen an Flußmitteln. Je nach der Art der verwendeten Flußmittel spricht man von Feldspatsteingut, Kalksteingut oder Mischsteingut; seltener werden Dolomit, Magnesit oder Talk als Flußmittel eingesetzt. Tabelle 85 zeigt die Grenzen der Zusammensetzung der wichtigsten Steingutmassen.

Eine Besonderheit in der Steingutherstellung ist die Brennweise. Der Glühbrand erfolgt vorzugsweise zwischen etwa 1100 und 1250°C. Der nachfolgende Glattbrand nach dem Glasurauftrag wird bei einer etwa um 100 K tieferen Temperatur durchgeführt. Die Glasuren müssen dieser niedrigen Brenntemperatur angepaßt werden.

Die Restporosität des geglühten Scherbens hat Bedeutung für den Glasurauftrag. Bei hohem Glühbrand wird die Porosität des Scherbens vermindert; durch das geringere Saugvermögen wird dann der Glasurauftrag erschwert. Da die Glasur beim Steingut die Funktion einer Abdichtung des Scherbens übernimmt, darf sie bei allseitig glasierten Geschirrteilen an der Auflagefläche nicht abgewischt werden. Um ein Festkleben der Teile an der Brennunterlage zu vermeiden, werden sie auf Spitzen, den sogenannten *Pins* gebrannt. Im Stapelbrand werden die einzelnen Teile durch Wachspapier voneinander getrennt.

Die Notwendigkeit der Abdichtung des Scherbens erfordert, daß die Glasur unter Druckspannung auf dem Scherben aufliegt, so daß sich auch nach langem Gebrauch keine Haarrisse bilden. Die Erzeugung von Druckspannungen in der Glasur wird dadurch erschwert, daß man wegen der gewünschten niedrigen Temperatur des Glattbrandes mit flußmittelreichen Glasuren arbeiten muß. Alkalien erhöhen aber den thermischen Ausdehnungskoeffizienten der Glasur (Kapitel 7.6.2.2). Man muß deshalb Flußmittel verwenden, die bei gleicher Wirkung den Ausdehnungskoeffizienten weniger anheben. Von der Masseseite her sind alle Maßnahmen geeignet, Druckspannungen in der Glasur zu gewährleisten, die die thermische Dehnung des Scherbens erhöhen. In erster Linie kommt hier eine Erhöhung des Quarzanteils in Betracht. Ein geringer Flußmittelanteil im Scherben begünstigt, ebenso wie feine Mahlung, Vorbrennen des Quarzes und höherer Brand, eine Umwandlung in Cristobalit mit seiner noch höheren thermischen Dehnung, den man auch als synthetischen Cristobalit in die Massen einführen kann.

Tabelle 85: Zusammensetzung (in Gew.-%) von Steingutmassen

Rohstoff bzw. Glühbrandtemperatur	Feldspat-steingut	Gemischtes Steingut	Kalk-steingut
Ton und Kaolin	40 bis 55	42 bis 50	40 bis 55
Quarz	42 bis 55	42 bis 48	40
Feldspat	3 bis 5	1 bis 3	–
Kalk	–	5 bis 7	5 bis 20
Glühbrand, SK	7 bis 10	2a bis 6a	07a bis 6a

Die Verwendung von Kalk als Flußmittel im Masseversatz wirkt sich ebenfalls günstig aus. Hierdurch wird nicht nur die Wärmedehnung erhöht, sondern auch die Umwandlung von Quarz in Cristobalit beschleunigt. Außerdem entwickelt sich in kalkhaltigen Scherben eine Zwischenschicht zwischen Glasur und Scherben, die den Glasursitz verbessert. Die völlige Abdichtung des Steingutscherbens hat noch eine zusätzliche Bedeutung: Gelangt Wasser oder Wasserdampf in den porösen Scherben, so verursacht dies eine *Feuchtigkeitsdehnung*, die zwar nur gering ist, jedoch ausreicht, um Zugspannungen in der Glasur zu erzeugen oder zu verstärken. Haarrisse sind die Folge. Seit langem ist bekannt, daß sich Haarrisse manchmal erst nach Jahren bilden können. Die Feuchtigkeitsdehnung (im folgenden mit FD bezeichnet) ist in zahlreichen Arbeiten behandelt worden [1179]-[1183]. Hiernach ist die FD bei allen porösen keramischen Erzeugnissen, wenn auch in unterschiedlichem Ausmaß, zu beobachten. Die FD ist abhängig vom Wasserdampfgehalt der Umgebungsluft und von der Temperatur.

Die Dehnung poröser Scherben nach einem Jahr erreicht Werte bis 0,2 % bei grobkeramischen und bis 0,1 % bei feinkeramischen Produkten. Eine Prüfung von Scherben auf ihre Neigung zur FD ist durch eine Autoklavenbehandlung mit Sattdampf möglich, z.B. 1 h bei 185°C und 10,5 bar. Wenn auch keine strenge Korrelation eines solchen Tests mit dem Langzeitverhalten besteht, so ist er doch allgemein als brauchbare Prüfmethode anerkannt.

Mineralogische und chemische Zusammensetzung haben ebenso wie die Brenntemperatur des Scherbens einen ganz wesentlichen Einfluß auf die FD. Mit steigendem Verhältnis von Erdalkalien zu Alkalien nimmt sie ab [1184]. Die Brenntemperatur äußert sich in einem Maximum der FD beim Brennen um 1000°C (Bild 432). Bei Steingut befindet man sich auf dem absteigenden Ast der Kurven, d.h., mit steigender Brenntemperatur nimmt die FD ab. Entsprechende Untersuchungen haben gezeigt, daß kristalline Phasen nur sehr wenig zur FD beitragen, während amorphe Substanzen, wie sie bei der Tonmineralzersetzung auftreten, und Glasphasen einen starken Beitrag leisten. Die nach Brand bei höheren Temperaturen entstehende Glasphase zeigt darüber hinaus noch Reaktionen mit dem H_2O, indem durch Ionenaustausch, vorzugsweise mit den Alkalien, und durch eine nachfolgende Korrosion die Oberfläche verändert wird. Dieser Glasangriff ist in seinem Mechanismus temperaturabhängig, was erklärt, daß die Autoklavenprüfung nicht immer in ihrer Aussage mit Langzeitversuchen bei Raumtemperatur übereinstimmt. Bei Reaktionen des H_2O mit dem Glas können auch innere Spannungen abgetragen werden, was zur FD beiträgt.

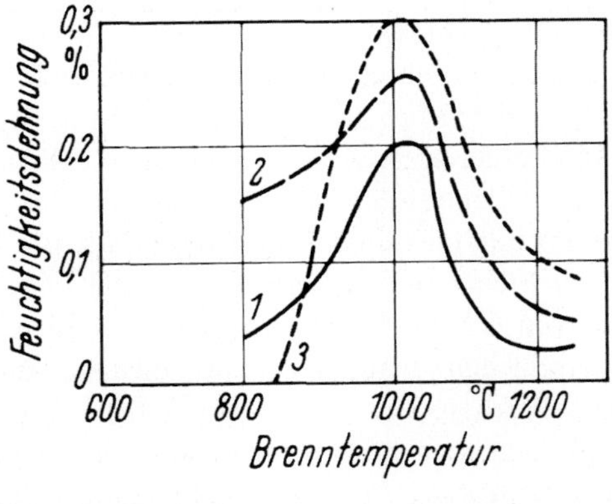

Bild 432: Abhängigkeit der Feuchtigkeitsdehnung eines Dachziegelscherbens von der Brenntemperatur nach Cole [1185]. 1) nach 90 d in 65 % relativer Feuchte; 2) nach 2 h in Sattdampf von 15 bar; 3) nach 30 h in Sattdampf von 15 bar

Eine höhere Brenntemperatur verringert die innere Oberfläche, so daß diese weniger in Wechselwirkung mit der Atmosphäre treten kann. Die geringe FD bei sehr niedrigen Brenntemperaturen ist dadurch zu erklären, daß hier die Einwirkung von Wasserdampf zu einer Rehydratation der Tonminerale führt, die mit einer Kontraktion verbunden ist. Insgesamt zeigt sich, daß die FD komplexe Ursachen hat und auch von wechselnden Umgebungseinflüssen mitbestimmt ist.

8.2 Dichte silicatkeramische Werkstoffe

Zum Dichtsintern silicatkeramischer Massen im Brennbereich bis SK 14 (etwa 1400°C) muß der Anteil an Schmelzphase erhöht werden. Man kann die Menge an Schmelzphase durch Steigerung der Brenntemperatur vermehren. Auf diese Weise gelangt man von den porösen Ziegeln zu den dichten *Klinkern.* Auf der anderen Seite kann man mit flußmittelreicheren Massen arbeiten, z.B. durch Einsatz von illitischen Tonen. Am weitesten verbreitet ist Feldspat als Flußmittel; er ist preiswert und erlaubt, Alkalien in wasserunlöslicher Form in die Massen einzuführen. Noch stärker wirken Nephelinsyenit - aufgrund seines höheren Alkaligehaltes - und Lithiumaluminiumsilicate, z.B. *Petalit* und *Spodumen*, als Flußmittel. Beide sind aber in der Natur weniger weit verbreitet und deshalb weniger preisgünstig. Kalk als Flußmittel wirkt zwar intensiv; wegen einer Einengung des Brennintervalls wird er aber in dichten keramischen Erzeugnissen nur begrenzt verwendet. Auch die Brennatmosphäre trägt zum Dichtbrand bei, indem z.B. eine reduzierende Atmosphäre Eisen(III)oxid in Eisen(II)oxid mit seiner stärkeren Flußmittelwirkung überführt.

Die Entwicklung der Energiekosten begünstigt die Verwendung höherer Flußmittelanteile oder aggressiverer Flußmittel gegenüber einem höheren Brand, soweit die Eigenschaften des fertigen Produkts dem nicht entgegenstehen. Horte u. M. [1186] verwenden Massen, die aus kristallinen und glasigen Komponenten aufgebaut sind und durch Sinterung der Glasphase ohne Reaktion mit den kristallinen Phasen unterhalb 1000°C dichtgebrannt werden. Für diese Werkstoffgruppe schlagen sie die Bezeichnung „*Keramovitrone*" vor.

Die feinkeramischen silicatischen Massen sind in chemischer Hinsicht vielfältig zusammengesetzt. Die Mehrzahl läßt sich mit den Systemen K_2O-Al_2O_3-SiO_2 Bild 130 oder MgO-Al_2O_3-SiO_2 Bild 165 beschreiben. Aus Bild 430 wird ersichtlich, daß Steinzeug und noch mehr die Porzellane flußmittelreicher sind als Steingut. Entsprechend ändert sich auch die Porosität: Während Steingut zu den porösen Werkstoffen zu rechnen ist, soll bei Steinzeug eine offene Porosität von 2 Vol.- % bei den feinkeramischen bzw. von 6 Vol.- % bei den grobkeramischen Varietäten definitionsgemäß nicht überschritten werden. Bei Porzellanen wird sogar, von ganz wenigen Ausnahmen abgesehen, ein völliger Dichtbrand gefordert, so daß das Material für Gase und Flüssigkeiten vollkommen undurchlässig ist (siehe unten). Für die Prüfung der Dichtheit tritt die *Fuchsinprüfung* an die Stelle der Bestimmung der *Wasseraufnahmefähigkeit.* In solchen dichten Werkstoffen findet man noch geschlossene Poren, meist 3 bis 5 Vol.-%, in Ausnahmefallen bis zu 10 Vol.-%.

Die eingezeichneten Grenzen der Zusammensetzung für die verschiedenen Werkstofftypen in Bild 430 sind nur als Richtwerte anzusehen. Wegen der schwankenden Zusammensetzung der Kaoline und Tone ist das Diagramm auch nur in erster Näherung in das übergeordnete Phasendiagramm K_2O-Al_2O_3-SiO_2 einzuordnen. Für eine Zuordnung wendet man in der Praxis häufig eine Methode an, wie sie auch die Petrographen für die Ordnung der Gesteine eingeführt haben: Man berechnet aus der chemischen Analyse einen *„normativen" Mineralbestand* aus bestimmten Normmineralen und ordnet die Massen auf der Basis dieser *„rationellen Zusammensetzung“*. Obwohl eine solche Rechnung mit groben Näherungen auskommen muß, hat sie sich für die Erstellung keramischer Massen in der Praxis als brauchbar erwiesen, auch wenn sie wegen der Vernachlässigung des tatsächlichen Mineralbestandes mit Unzulänglichkeiten behaftet ist.

Ein Problem bei der Darstellung keramischer Massen in Phasendiagramm stellt auch die Zuordnung der nicht erfaßten chemischen Bestandteile dar. Insbesondere werden Erdalkalien und die außerhalb der Feldspäte vorhandenen Alkalien vernachlässigt, obwohl beide schon in kleinen Mengen wesentlich zur Entstehung einer Schmelzphase beitragen. Noch mehr kann die Vernachlässigung des Eisenoxids zu falschen Schlüssen führen [735].

In Bild 430 ist noch der Bereich der Dentalkeramik eingetragen, der wegen seines geringen Tonmineralgehaltes eigentlich nicht zu dieser Werkstoffgruppe gehört, aber hier kurz erwähnt werden soll. Aufgrund der Lage dieser Massen gelingt es schon nach Brennen bei etwa 1250°C, eine glasige Fritte zu erhalten, die anschließend gepulvert, geformt und erneut gebrannt wird. Dabei werden besondere Forderungen an die Transparenz gestellt, auf die in Kapitel 8.2.2.3 eingegangen wird.

8.2.1 Steinzeug

Alle frühen keramischen Produkte waren porös. Es gelang erstmals um 400 v. Chr. in China, einen dichten Scherben herzustellen, der als Steinzeug anzusprechen ist, da er gefärbt und nicht durchscheinend war. Zur Entwicklung dieses Scherbens wird das Auffinden geeigneter Rohstoffe und die Beherrschung höherer Temperaturen beigetragen haben. Ab dem 11. Jh. ist im deutschen Raum das bekannte rheinische Steinzeug entstanden.

Steinzeug wird aus speziellen Tonen, den *Steinzeugtonen* hergestellt. Diese zeichnen sich durch frühe Dichtsinterung zum Teil schon bei 1200°C und durch ein breites Sinterintervall aus; der Segerkegelfallpunkt liegt bei SK 26 bis SK 34 (etwa 1600 bis 1750°C). Die Steinzeugtone sind meist illitreich. In der Bundesrepublik Deutschland werden vor allem Tone aus dem Westerwald, der Pfalz und der Oberpfalz als Steinzeugtone eingesetzt.

Die Steinzeugmassen bestehen im allgemeinen aus mehreren Steinzeugtonen. Durch geeignete Wahl fetter, halbfetter und magerer Tone sowie durch Zusatz unplastischer Komponenten lassen sich die Verarbeitungs-, Brenn- und Gebrauchseigenschaften optimieren. Als zusätzliche Flußmittel können Feldspat, Porphyr oder Basalt eingeführt werden. Ein Schamottezusatz führt zur Magerung zu fetter Massen. Zu Sondermassen werden auch Quarzgut, Schmelzkorund, Siliciumcarbid, metallisches Silicium oder Ferrosilicium zugesetzt, wodurch sich die Eigenschaften, z.B. die Temperaturwechselbeständigkeit, Abriebsfestigkeit oder Wärmeleitfähigkeit, bestimmten Erfordernissen anpassen lassen.

Das Gefüge des Steinzeugs besteht vorzugsweise aus Glasphase, Mullit, Quarz und Cristobalit. Kanalisationssteinzeug besteht aus 25-55 Gew.-% Glasphase, 25-50 Gew.-% Quarz und Cristobalit, 15-35 Gew.-% Mullit. Diese hohen Quarz-

und Cristobalitgehalte erfordern eine sorgfältige Abkühlung im Bereich der Umwandlungstemperatur dieser SiO_2-Modifikationen, besonders bei dickwandigen Produkten. Letztere werden meist grobkeramisch aufbereitet unter Zusatz von bereits vorgebranntem Material, was das Auftreten des Cristobalits begünstigt. Schuster u. M. [1187] weisen auf die besondere Ausbildung des Mullits im Steinzeugscherben hin, die sich aus der Verwendung illitischer Tone erklären läßt: Die Primärmullitaggregate sind mit Schmelzphase durchsetzt.

Die für Steinzeug typische Glasur ist die *Salzglasur* (Kapitel 7.6.2.2). Wegen der Umweltbelastung bei ihrer Erzeugung und der starken korrosiven Schädigung der Öfen finden überwiegend Lehmglasuren Verwendung. Die Farbe des Scherbens ist abhängig vom Fe_2O_3-Gehalt der Masse und von der Atmosphäre. Wird im letzten Brennstadium reduziert, dann entsteht eine graue Farbe, wird oxidiert, dann erhält der Scherben einen gelben bis braunen Farbton.

Die gute chemische Beständigkeit hat dem Steinzeug weite Einsatzgebiete im Abwasserbereich und im chemisch-technischen Bereich erschlossen. Dabei übertrifft die Säurebeständigkeit - außer gegen Flußsäure - die Laugenbeständigkeit. Die Laugenbeständigkeit lässt sich durch Zusatz von Bariumcarbonat zur Masse verbessern [1188].

8.2.2 Porzellan

Die geschichtliche Entwicklung des Porzellans ist vom Steinzeug ausgegangen, indem dessen Scherben immer mehr verbessert wurde. Die ersten porzellanartigen Scherben sind um 500 n. Chr. in China hergestellt worden. Das chinesische Porzellan ist ein typisches Weichporzellan mit einer Brenntemperatur zwischen 1200 und 1300°C.

Die Bemühungen zur Nachentwicklung des Porzellans sind in Europa verschiedene Wege gegangen. Die Nachahmungen in glasierter poröser Ware und in Trübgläsern können nicht den porzellanartigen Stoffen zugerechnet werden. In Frankreich wurden Ende des 17. Jahrhunderts das Frittenporzellan und Vorläufer der Glaskeramik entwickelt. Die eigentliche Geburtsstunde des europäischen Porzellans ist in das Jahr 1708 zu datieren, in dem Tschirnhaus und Böttger erstmalig einen weißen keramischen Scherben auf der Basis von Kaolin, Ton und Kalk herstellten. Hieraus hat sich dann durch Modifikation der Rohstoffe der bekannte Porzellanversatz aus Kaolin, Feldspat und Quarz entwickelt. Voraussetzung hierfür war aber letztendlich die Auffindung und Erschließung entsprechender Kaolin-Lagerstätten. Mit dem Böttger-Porzellan war das Hartporzellan mit einer Brenntemperatur bei etwa 1400°C geboren.

8.2.2.1 Porzellan-Typen

Die Gruppe der Porzellane umfaßt heute eine Reihe von Varianten. Allen gemeinsam ist ein völlig dichter und weißer Scherben. Ein in DIN 40685 [666] genormter Werkstofftyp KER 111 mit einer geringen offenen Restporosität steht an der

Grenze zum Steinzeug und ist eher diesem zuzuordnen; er hat nur in einem begrenzten Anwendungsbereich eine gewisse Bedeutung.

Vielfach wird als Forderung an den Porzellanscherben die Eigenschaft der Transparenz (Kapitel 8.2.2.3) gestellt. Tatsächlich weisen viele Porzellantypen eine gute Transparenz auf. Der Übergang zum nicht transparenten Scherben ist aber fließend und wird auch durch das Design des Gegenstandes wesentlich mitbestimmt. Es erscheint deshalb sinnvoll, die Abgrenzung zum Steinzeug auf der Basis der offenen Restporosität vorzunehmen und die Forderung nach völliger Abwesenheit offener Poren, nachgewiesen im Fuchsintest, als Kriterium für Porzellan in den Vordergrund zu stellen.

Die klassischen Porzellane werden aus einem Versatz aus Kaolin, Feldspat und Quarz hergestellt. Mit Rücksicht auf den angestrebten Dichtbrand bei ausreichender Standfestigkeit im Feuer hat Zapp [1189] die folgenden Grenzen für die Zusammensetzung von Porzellanversätzen festgelegt: Kaolin aus Gründen der Bildsamkeit mindestens 40 Gew.-%, Feldspat 20 bis 35 Gew.-%, Quarz 0 bis 40 Gew.-%. Zur Modifikation der Eigenschaften können weitere Versatzbestandteile hinzukommen.

Hartporzellan mit einem Versatzaufbau aus zwei Gewichtsteilen Kaolin, einem Teil Quarz und einem Teil Feldspat wird im Bereich zwischen SK 13 und SK 16 (etwa 1380°C bis 1460°C) gebrannt. Es ist der in Mitteleuropa vorherrschende Typ des Porzellans.

Weichporzellane werden bei SK 6a bis SK 10 (etwa 1200°C bis 1300°C) gebrannt. Dies erfordert einen höheren Flußmittelgehalt. Die Versätze von Weichporzellanen enthalten deshalb höhere Anteile an Feldspat bis zu 35 oder sogar 40 Gew.-%. Die hiermit verbundene Verminderung des Kaolinanteils beeinträchtigt die Bildsamkeit der Masse. Zum Ausgleich wird ggf. ein Teil des Kaolins durch weißbrennenden Ton ersetzt; eine Beeinträchtigung der Transparenz durch diese Maßnahme ist nicht immer zu vermeiden.

Auf ähnlicher Basis beruht der Versatz des *Vitreous China*, bei dem bis zur Hälfte der plastischen Komponente als Ton eingeführt wird [1190]. Der Brand erfolgt hier nach der beim Steingut üblichen Brennweise, d.h. mit hohem Glühbrand bei etwa 1200 bis 1250°C und niedrigerem Glattbrand. Die Brennweise erlaubt das Aufbringen von Unterglasurdekoren mit einer relativ breiten Palette verschiedener Farben. Versatz, Brennweise und eine verbleibende geringe Restporosität im Scherben weisen das Vitreous China als Übergangsstufe zum Steingut aus; aus diesem ist es ursprünglich auch durch höheren Flußmittelzusatz und höhere Brenntemperatur entwickelt worden.

Eine Herabsetzung der Brenntemperatur im Vergleich zum Hartporzellan läßt sich auch durch Zusatz von *Mineralisatoren* erreichen [1191], [1192]. Auch Gefüge und Eigenschaften können durch die Gegenwart solcher Mineralisatoren wesentlich verändert werden [1193]. Geeignete Zusätze zur Senkung der Brenntemperatur und auch zur Verbesserung der Eigenschaften sind Magnesit, Dolomit, Kreide, Bariumcarbonat, Talk und Speckstein, Zinkoxid, Borphosphat, Calciumphosphate, Apatit, Kryolith, Calciumfluorid, Colemanit (Calciumborat) und Titandioxid. Auf die starke Flußmittelwirkung von Nephelinsyenit und von Lithiumverbindungen wurde schon oben hingewiesen.

Zur Beeinflussung der Eigenschaften dienen auch Änderungen im Quarzgehalt des Porzellans. So ändert sich die Festigkeit des Porzellans mit dem Quarzgehalt und durchläuft etwa beim klassischen Versatz mit 25 Gew.-% Quarz ein Minimum [1194], [1195]. Erhöht man den Quarzgehalt, so läßt sich die Festigkeit erhöhen. Eine Steigerung des Quarzanteils im Versatz über 40 Gew.-% hinaus scheitert aber an den dann enorm wachsenden Brennschwierigkeiten. Größere Verbesserungen in der Festigkeit erreicht man, wenn es gelingt, den Quarz in Cristobalit zu überführen und noch mehr, wenn man den Quarz durch Tonerde ersetzt. Eine zusammenfassende Übersicht über solche *Tonerdeporzellane* hat Wiedmann [1193] gegeben. Auch der Austausch des Quarzes gegen Zirkonsilicat ergibt hochfeste Porzellane.

Eine Erhöhung der Festigkeit gegenüber dem klassischen Versatz ist im Prinzip auch durch Senkung des Quarzanteils möglich. Von dieser Möglichkeit macht man kaum Gebrauch, nachdem man im Zusatz von Tonerde eine noch wirksamere Maßnahme zur Festigkeitssteigerung gefunden hat. Solche quarzarmen Porzellane werden für Kochgeschirre sowie für Anwendung im chemisch-technischen Bereich herangezogen, da sie eine verbesserte Temperaturwechselbeständigkeit aufweisen.

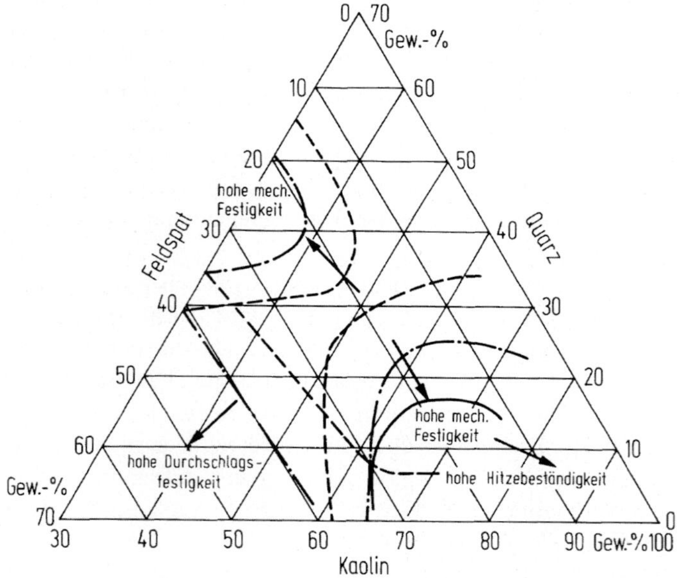

Bild 433: Abhängigkeit einiger Porzellaneigenschaften vom Masseversatz

Die vorstehenden Ausführungen zeigen, daß das klassische, von Gilchrest und Klinefelter [1196] erstellte Diagramm der Eigenschaften von Porzellanen im „Dreistoffsystem“ Kaolin-Feldspat-Quarz einer Ergänzung bedarf (Bild 433), um auch den Anstieg der Festigkeit im quarzarmen Gebiet aufzuzeigen, und daß die Variationsbreite in der Zusammensetzung der Porzellane über das genannte „Dreistoffsystem“ heute weit hinausgeht.

So ist bereits im ausgehenden 18. Jahrhundert in England das *Knochenporzellan* entwickelt worden. Sein Versatz enthält neben Knochenasche, also Calciumphosphat in Form von Apatit (bis zu 50 Gew.-%), noch Kaolin und Feldspatsand. Wegen des relativ geringen Anteils an plastischen Rohstoffen sind die Massen von Knochenporzellanen relativ „kurz“ und deshalb schwieriger zu verarbeiten als herkömmliche Porzellanmassen.

Meist werden Porzellanscherben glasiert. Unglasiertes Porzellan wird für chemisch technische Zwecke verwendet, wobei manchmal die Oberfläche durch Schleifen und Polieren nachbearbeitet wird. Für künstlerische Zwecke kann man ein marmorähnliches Aussehen des unglasierten Porzellans erreichen, wenn man den Kaolingehalt auf 25 bis 40 Gew.-% beschränkt und den ganzen Rest als Flußmittel (Feldspat, Fritten) einführt. Solche Produkte werden als *Parian* bezeichnet.

8.2.2.2 Entwicklung des Gefüges im Brand

Die Reaktionen beim Brennen von Porzellanen wurden schon im größeren Zusammenhang behandelt (Kapitel 7.5.2). Je nach den Brennbedingungen besteht das Porzellan aus Glasphase, Primär- und Sekundärmullit sowie Restquarz in wechselndem Verhältnis. Bei entsprechend hoher Brenntemperatur oder langer Haltezeit im Scharffeuer wird im klassischen Hartporzellan der Restquarz weitestgehend aufgelöst und gleichzeitig der Primärmullit in Sekundärmullit überführt. Quarzite lösen sich schneller auf als Sande. Viele grundlegende Erkenntnisse bringt die Veröffentlichungsreihe von Schüller [1075].

Die im vorherigen Abschnitt aufgezeigten Variationsmöglichkeiten im Versatz bewirken auch erhebliche Änderungen in der Phasenzusammensetzung. Eine Erhöhung des Quarzes behindert die vollständige Auflösung. Es kann dann zu einer Umwandlung in Cristobalit kommen, insbesondere wenn gleichzeitig der Feldspatanteil reduziert wird und damit sich weniger Schmelzphase bei hoher Temperatur bildet [1194]. Bild 434 zeigt eine REM-Aufnahme von HF-geätztem Meißener Porzellan mit einem Cristobalit-Einschluß.

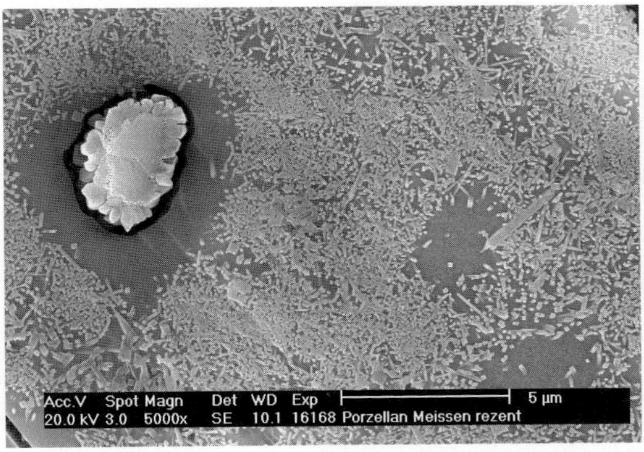

Bild 434: Meißener Porzellan; links: Cristobalit-Aggregat (Ullrich/Freiberg)

Umgekehrt führt eine drastische Verminderung des Quarzanteils oder gar der völlige Verzicht auf Quarz dazu, daß die Umkristallisation von Primär- in Sekundärmullit bei hohem oder langem Brand unterbleibt; in solchen Fällen findet man auch in extrem scharf gebrannten Porzellanen noch erhebliche Mengen an Primärmullit. Dies gilt auch für Tonerdeporzellane, in denen Quarz durch Aluminiumoxid ersetzt ist. Sind allerdings im Versatz merkliche Anteile an Titandioxid zugegen, so führt dies auch beim Fehlen von Quarz wiederum zu einer Umkristallisation von Primär- in Sekundärmullit [1197].

Tonerde verhält sich in Porzellanen ziemlich reaktionsträge. Zwar wird ab 1350°C eine Auflösung der Tonerde gefunden, die mit steigender Temperatur stärker wird und der Haltezeit proportional ist [1198]. Die vorherrschende Feststellung bei der Untersuchung von Tonerdeporzellanen besagt aber, daß die Korundkristalle beim Brennen unter Betriebsbedingungen erhalten bleiben. Es wurden sogar schon Anzeichen für eine Zunahme des Gehaltes an kristallinem α-Al_2O_3 während des Brandes gefunden.

Die Menge des Feldspates im Versatz bestimmt die Menge an Glasphase im gebrannten Scherben, was im Hinblick auf die Transparenz von Interesse sein kann (siehe unten). Höhere Anteile an Schmelzphase bergen aber die Gefahr einer Deformation des Scherbens in sich. Die Auswirkung einer Verringerung des Feldspats auf die Entstehung von Cristobalit wurde schon gestreift.

Im *Knochenporzellan* wird die Gefügeentwicklung von der Gegenwart größerer Mengen an Apatit $Ca_5(PO_4)_3(OH)$ aus der Knochenasche bestimmt [1199]-[1201]. Bis etwa 1000°C spielen sich bei Knochenporzellanmassen, deren Versätze (in Gew.-%) bei 20-35 Ton bzw. Kaolin, 20-45 Knochenasche und 20-45 Feldspatsand liegen, ähnliche Reaktionen wie beim Steingut ab. Ab 1000°C bildet sich aus dem Apatit Tricalciumphosphat $Ca_3(PO_4)_2$, während das frei werdende CaO mit dem Folgeprodukt des Metakaolinits zu Anorthit reagiert. Oberhalb 1200°C beginnt der Quarzgehalt sich zu verringern, und auch der Anorthitgehalt nimmt wieder ab, bis bei 1370°C nur noch Tricalciumphosphat neben Schmelze vorhanden ist.

Knochenporzellan liegt im Vierkomponentensystem CaO-Al_2O_3-SiO_2-P_2O_5, aus dem St. Pierre [1199] das echte ternäre Teilsystem $Ca_3(PO_4)_2$-$CaAl_2Si_2O_8$-SiO_2 untersucht hat. Es besitzt ein ternäres Eutektikum bei 1290°C, in dessen Nähe auch die Zusammensetzung des Knochenporzellans liegt. Beim Brennen von Knochenporzellan entsteht deshalb beim Erreichen der eutektischen Temperatur ein hoher Schmelzphasenanteil, der sich rasch erhöht, da die Liquidustemperaturen der Massen schon bei 1350 bis 1500°C liegen. Das Brennen von Knochenporzellan erfordert daher genaue Einhaltung der Brenntemperaturen, in der Praxis bei 1200 bis 1280°C, da die eutektische Temperatur durch sonstige Bestandteile (z.B. Alkalien) weiter erniedrigt wird. Im abgekühlten Scherben sind als Phasen etwa 40 Gew.-% $Ca_3(PO_4)_2$, 20 % Anorthit und 40 % Glasphase enthalten.

8.2.2.3 Transparenz

Eine hervorstechende Eigenschaft guter Porzellane ist deren hohe Durchlässigkeit für Licht. Trifft Licht auf Porzellan, dann geht zunächst ein Teil durch Reflexion an der Grenzfläche zur Luft verloren (etwa 4 %). Im Porzellan tritt ein weiterer Verlust durch Absorption ein, der aber bei den üblichen niedrigen Fe_2O_3-Gehalten gering ist. Der wesentlichste Intensitätsverlust des Lichtes ist durch die Streuung an den Korngrenzen im Porzellan bedingt. Diese Streuung ist um so größer, je mehr Korngrenzen vorhanden sind und je größer die Differenz der Brechzahlen der beteiligten Phasen ist.

Beträgt die Intensität des einfallenden Lichtstrahles I_0, die des durchtretenden I, dann ergibt sich für deren Abhängigkeit von der Schichtdicke d bei Vernachlässigung der Reflexion

$$I = I_0 \cdot \mathrm{e}^{-\alpha d}, \tag{393}$$

worin α (SI-Einheit 1/m) ein längenbezogener Absorptions- und Streugrad ist. In der Keramik wird diese Beziehung meist auf die Schichtdicke d = 1 mm bezogen und als

$$I = I_0 \cdot \tau^d \tag{394}$$

geschrieben, worin τ der Transmissionsgrad der 1 mm dicken Schicht ist, der auch als Durchlässigkeit oder *Transparenz* bezeichnet wird. Bei Porzellanen liegt τ zwischen 0,02 und 0,1 (2 bzw. 10 %).

Die Transparenz wird um so geringer sein, je höher der Anteil an kristallinen Phasen ist. Bei konstantem Kristallgehalt sinkt sie mit abnehmender Korngröße, da dann die Oberfläche und damit auch die Korngrenzen vermehrt werden. Die Streuung erreicht aus physikalischen Gründen ihr Maximum, wenn die Korngröße des streuenden Teilchens gerade der Wellenlänge des Lichtes entspricht, also im Bereich 0,4 bis 0,8 µm liegt.

Die Brechzahl n der Porzellanglasphase liegt bei 1,49, die von Quarz bei 1,55 und die von Mullit bei 1,65. Bei konstantem Kristallgehalt wird deshalb mit steigendem Mullit:Quarz-Verhältnis die Transparenz stark erniedrigt. Ganz besonders schädlich müssen sich kleine Poren auf die Transparenz auswirken, weil dann Δn = 0,49, also wesentlich höher als zwischen Glas und den Kristallen ist.

Damit ergeben sich die Wege, eine hohe Transparenz des Scherbens zu erzielen. Einen großen Anteil an Glasphase erhält man durch hohen Flußmittelgehalt und hohe Brenntemperaturen. Dabei erreicht man gleichzeitig, daß der Quarz sich auflöst und der Mullit zu größeren Kristallen wächst. Man darf aber nicht überbrennen, weil die damit verbundene Porenbildung die Transparenz stark erniedrigt.

Der Einfluß der Herstellungs- und Brennbedingungen auf die Transparenz wurde in vielen Arbeiten überprüft [1202], [1203]. Große Quarzkörner lösen sich beim Brennen nur langsam, was eine schlechte Transparenz und eine geringe Festigkeit zur Folge hat. Feiner Quarz löst sich bei einem Brand bei 1400°C vollkommen auf. Da hierbei auch Mullit mit in Lösung geht, resultieren hochtransparente Porzellane, wenn der Phasenaufbau beim Abkühlen erhalten werden kann. Bei zu langsamem Abkühlen kommt es zu einer Kristallisation von feinem Mullit und auch von Cristobalit aus der übersättigten Schmelze, wodurch die Transparenz erheblich verschlechtert wird. Will man dies vermeiden, so darf nicht zu feiner Quarz verwendet werden; die optimale Korngröße wird allgemein mit etwa 20 μm angegeben.

Erhebliche Bedeutung für die Transparenz kommt auch der Rohstoffauswahl zu (siehe Tabelle 82): Gangquarze und pegmatitische Quarze lösen sich rascher in der Schmelzphase als Sande; sie erlauben deshalb die Herstellung eines höher transparenten Porzellans. Ihre bessere Zerkleinerung beim Mahlen im Vergleich zu Sanden kommt der besseren Auflösung beim Brennen entgegen. Neben der Lösungsgeschwindigkeit ist die Geschwindigkeit der gleichzeitig ablaufenden Umwandlung in Cristobalit beim Brennen zu beachten. Der hohe Energieaufwand für die Zerkleinerung der Quarzite steht allerdings ihrer verbreiteten Verwendung in Porzellanversätzen entgegen.

Die Schnellbrandtechnik ist nach Mörtel [1204] dann für die Erzielung einer hohen Transparenz günstig, wenn man sehr feinen Quarz verwendet. Er wird beim Brennen vollständig in der Schmelzphase gelöst, und die kurze Brenndauer verhindert die Wiederausscheidung kristalliner Phasen.

Wesentlichen Einfluß auf die Transparenz hat der Versatzaufbau des Porzellans [1205]. Eine Erhöhung des Feldspates bringt eine bessere Transparenz mit sich [787]. Man kann von dieser Maßnahme allerdings nur in dem Maße Gebrauch machen, wie die Standfestigkeit beim Brennen nicht leidet. Eine Verminderung des Quarzgehaltes verhindert die Wiederauflösung des in einem früheren Brennstadium ausgeschiedenen Sekundärmullits und auch die Umkristallisation des Primärmullits in eine zweite Generation von Sekundärmullit; das Porzellan ist bei gleichen Brennbedingungen weniger transparent. Umgekehrt führt aber auch die Erhöhung des Quarzgehaltes oder sein Ersatz durch Tonerde zu weniger transparenten Porzellanen: Im ersteren Fall bildet sich Cristobalit, im letzteren Fall bleibt Korund als kristalline Phase erhalten. Beide bewirken eine vermehrte Lichtstreuung, besonders der Korund mit seiner hohen Brechzahl von $n \approx 1{,}77$. Der klassische Porzellanversatz erweist sich damit als besonders günstig für die Erzielung einer hohen Transparenz.

Große Anforderungen an die Transparenz werden in der Dentalkeramik gestellt, wo bei der Weiterverarbeitung der Fritte die Transparenz um so schlechter ist, je feiner das Korn gemahlen wird. Hier liegt die Ursache in den Poren, die mit abnehmender Korngröße kleiner und zahlreicher werden. Man vermeidet deshalb die Poren durch Brennen im Vakuum und stellt die gewünschte Transparenz durch Zugabe von Trübungsmitteln ein.

Knochenporzellan enthält als kristalline Phasen Anorthit mit einer Brechzahl $n \approx 1{,}58$ sowie Calciumphosphat mit $n \approx (1{,}59\text{-}1{,}62)$. Da die Brechzahl der Glasphase mit $n \approx 1{,}56$ hiervon nur wenig abweicht, zeichnen sich Knochenporzellane durch eine hohe Transparenz aus. Die rasche Bildung eines hohen Schmelzphasenanteils nach Überschreiten der Eutektikumstemperatur (siehe oben) begünstigt dabei die Beseitigung schädlicher Poren.

8.2.2.4 Mechanische Festigkeit

Geht man vom klassischen Porzellan mit (in Gew.-%) 50 Kaolin, 25 Feldspat und 25 Quarz im Versatz aus und ändert den Quarzgehalt, so stellt man fest, daß eine Erhöhung des Quarzanteils die mechanische Festigkeit verbessert (Bild 433). Geht man zu geringeren Quarzanteilen über, dann beobachtet man ebenfalls einen Anstieg der mechanischen Festigkeit. Im Kapitel 5.2.1 sind die Auswirkungen unterschiedlicher Ausdehnungskoeffizienten in mehrphasigen Gefügen aufgezeigt und die Formeln für die Berechnung der auftretenden Spannungen angegeben, womit nach [1194], [1195] dieses Verhalten erklärt werden kann.

Für Quarz und Glasphase im Porzellan lassen sich folgende Werte für den Elastizitätsmodul E, die Poisson-Zahl μ und den thermischen Ausdehnungskoeffizienten α angeben:

	E	μ	$\alpha_{20/600}$
Quarz	90 GN/m^2	0,14	$21{,}0 \cdot 10^{-6}$/K
Glasphase	70 GN/m^2	0,20	$4{,}2 \cdot 10^{-6}$/K

Quarz und Glasphase unterscheiden sich demnach besonders stark in ihrer thermischen Dehnung. Unterstellt man, daß die Temperaturspanne ΔT von der Transformationstemperatur der Glasphase bis zur Raumtemperatur 650 K beträgt, so lassen sich mit Gl. (216) aus Kapitel 5.2.1 die Spannungen zwischen Kristall und umgebender Matrix unter geometrisch vereinfachten Bedingungen berechnen. Kristall und Glasphase unterliegen einer starken radialen Zugspannung, die gleichzeitig auftretenden Scherspannungen äußern sich im Kristall als tangentiale Zugspannungen, in der Glasphase dagegen als tangentiale Druckspannungen. Die Größe der tangentialen Druckspannungen in der Matrix ist jeweils halb so hoch wie die der radialen Zugspannungen. In dem verwendeten Modell dominieren demnach Zugspannungen in der Glasphase als Vorspannungen. Quarz muß sich demnach schädlich auf die Festigkeit auswirken, und zwar zunächst um so mehr, je mehr Quarz vorhanden ist.

Das beschriebene Modell mit einer unendlich ausgedehnten Matrixphase steht im Prinzip für ein System, dessen Quarzgehalt gegen null geht. Erhöht man den Quarzgehalt, ordnet aber nach wie vor jedem Kristall eine in sich abgeschlossene konzentrische Schale der Glasmatrix zu, so läßt sich mit Gl. (216) berechnen, daß die radialen Zugspannungen abnehmen, die tangentialen Druckspannungen in der Glasphase dagegen zunehmen. Im Bild 435 sind die Spannungsverteilungen für zwei Fälle graphisch aufgetragen; $r = \infty$ beschreibt den Fall eines Quarzkristalls in einer unendlich ausgedehnten Glasphase; bei $r = 20$ ist der Radius des Gesamtsystems doppelt so groß wie der des Quarzkristalls, der Volumenanteil des Quarzes demnach 12,5 %. Im Grenzfall einer unendlich dünnen Glasphase, die den Kristall umgibt, gehen die radialen Zugspannungen gegen null, wenn weiterhin die Bedingung zugrundegelegt wird, daß die Radialspannungen an der äußeren Grenze der einem Kristall zugeordneten Matrix null sind; die Scherspannungen bleiben jedoch in diesem Fall endlich.

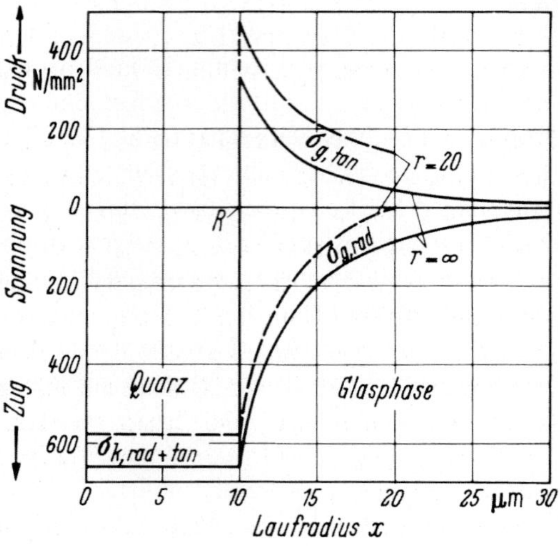

Bild 435: Verlauf der Spannungen um ein Quarzkorn in einer Glasphase

Man kann mit Gl. (216) zeigen, daß rein formal Zug und Scherspannung an der Phasengrenze dem Betrag nach gleich sind, wenn der Volumenanteil des Kristalls 25 % des Gesamtvolumens ausmacht. In quarzreichen Systemen überwiegen demnach die Druckspannungen als Vorspannung, und eine Erhöhung des Quarzanteils muß zu einer Erhöhung der Druckvorspannung, also zu einem mechanisch festeren Porzellan führen. Bei einem mittleren Quarzgehalt muß die Festigkeit ein Minimum durchlaufen.

Qualitativ gibt dieses Modell die Änderung der Festigkeit mit dem Quarzgehalt richtig wieder. Für eine quantitative Berechnung erweist es sich aus folgenden Gründen als zu stark vereinfacht: Der geschilderte Grenzfall des hohen Quarzgehaltes beschreibt nicht mehr ein System, das dem Porzellan gleicht, vielmehr muß man als Grenzfall eine dichte Kugelpackung der Quarzkristalle mit glaserfüllten Zwischenräumen ansehen. In diesem Modell werden aber die radialen Spannungen nicht null, sondern wechseln ihr Vorzeichen, gehen also in Druckspannungen über. Dies ist dadurch zu erklären, daß in diesem Modell die Gesamtschwindung durch die sich berührenden Kugeln der dispergierten Phase bestimmt ist. Ferner kann man selbst dann, wenn sich die Quarzkristalle noch nicht gegenseitig berühren, nicht davon ausgehen, daß sich die Spannungsfelder verschiedener Kristalle nicht überlagern und beeinflussen.

Zur besseren Annäherung an die tatsächlichen Verhältnisse hat Straub [1206] ein Modell durchgerechnet, bei dem in die unendlich ausgedehnte Matrix, die den zentralen kugelförmigen Kristall umgibt, noch eine konzentrische Kugelschale aus dem Material des Zentralkristalls eingelagert ist. In diesem Modell werden die radialen Zugspannungen mit wachsendem Volumenanteil des Quarzes rascher abgebaut, und die errechnete Festigkeitsänderung nähert sich in ihrer Tendenz mehr dem experimentellen Befund. Insbesondere findet man hier eine bessere Übereinstimmung zwischen gefundenem und berechnetem Quarzgehalt im Minimum der Festigkeitskurve.

Noch festere Porzellane erhält man, wenn es gelingt, den Quarz in Cristobalit zu überführen; wegen seiner höheren thermischen Dehnung ruft dieser noch höhere Gefügespannungen hervor, die unter den aufgezeigten Bedingungen die Festigkeit verbessern [1194].

Einen starken Einfluß auf die Festigkeit eines mehrphasigen Werkstoffes hat auch der Elastizitätsmodul dispergierter Phasen. Ein hoher E-Modul erhöht auch den E-Modul des Verbundsystems und damit - wegen der Proportionalität von E-Modul und Festigkeit - auch dessen Festigkeit. Eine besonders hohe Verbesserung bringt die Einlagerung von Korundkristallen in den Scherben hervor, da Korund mit 410 GN/m^2 einen sehr hohen E-Modul aufweist. Gute Verstärkung bewirken auch Zirkon, $ZrSiO_4$, und Mullit. Quarz zeigt dagegen einen E-Modul, der den der Glasphase nur wenig übersteigt; deshalb wirkt Quarz in dieser Hinsicht nur mäßig verstärkend. Zur Herstellung hochfester Porzellane ist daher der Zusatz von Tonerde zum Versatz heute der allgemein übliche Weg. Die für quarzreiche Versätze dargelegten Brennschwierigkeiten lassen sich hier vollkommen umgehen. Allerdings erfordert die hohe Härte des Aluminiumoxids besondere Maßnahmen gegen eine zu starke Abrasion der Aufbereitungs- und Verarbeitungsmaschinen für das Porzellan. Dies wird aber in Kauf genommen, da die Festigkeit der Tonerdeporzellane die anderer Porzellantypen erheblich übertrifft. Von dem an sich ebenfalls guten Einfluß des Zirkons macht man aus Gründen der Verfügbarkeit und des Rohstoffpreises wenig Gebrauch, obwohl Zirkon wegen seines niedrigen thermischen Ausdehnungskoeffizienten von nur $4{,}1 \cdot 10^{-6}$/K die Temperaturwechselbeständigkeit des Porzellanscherbens günstig beeinflußt.

Die Möglichkeiten der Verbesserung der Festigkeit durch dispergierte Kristalle läßt sich nur unter Inkaufnahme einer geringeren Transparenz ausnützen. Für viele Anwendungsgebiete ist diese Unvereinbarkeit der Maximierung beider Eigenschaften ohne Bedeutung. Es wird aber deutlich, daß in Porzellanen außer der Transparenz auch noch andere Gebrauchseigenschaften optimiert werden können.

Die an anderer Stelle (Kapitel 5.2.2) aufgezeigten Einflüsse von Korngröße, Restporen und Mikrorissen sind natürlich auch für Porzellane nicht zu vernachlässigen. Gerade Mikrorisse können im Porzellan leicht entstehen. Ein Beispiel hierfür zeigt Bild 410 in Kapitel 7.5.2.1 [981]. Die Spannungen in der Grenzfläche zwischen Quarzkristallen und Matrix werden zum Teil durch Rißbildung abgebaut.

8.2.3 Steatit

Der Ausdruck Steatit wird in einer zweifachen Bedeutung gebraucht, einmal als Mineralname *Talk* (Speckstein), $Mg_3[(OH)_2Si_4O_{10}]$, ferner als keramischer Werkstoff, der mit Speckstein als dem vorherrschenden Versatzbestandteil hergestellt wird.

Eine zusammenfassende Darstellung von Steatit, seiner Technologie, seinen Eigenschaften und den physikalisch-chemischen Hintergründen ist von Schüller [781], [1207] gegeben worden.

Von den beiden Varietäten des Talks wird der feinkristalline Speckstein aus Gründen der besseren Verarbeitbarkeit als keramischer Rohstoff eingesetzt.

Die geringe Härte des Specksteins - er repräsentiert in der Härteskala nach Mohs die niedrigste Härtestufe 1 - sowie das dichte Gefüge ermöglichen das Herausarbeiten von Formteilen aus dem stückigen Material mittels Drehen, Fräsen oder Bohren. Auch heute noch, wie schon in der ersten Hälfte des 19. Jahrhunderts, dient stückiger Speckstein für die Fertigung von Gasbrennerteilen.

Der Wunsch, die hierbei anfallenden riesigen Mengen an Specksteinmehl zu verwerten, hat Ende des 19. Jahrhunderts zur Entwicklung der Steatitkeramik geführt. Eine Verarbeitung gelang durch Zusatz von Ton als Bindemittel und zur Plastifizierung, sowie von Feldspat als Flußmittel zur Verbreiterung des Brennintervalls, beide in Mengen von jeweils 5 bis 10 Gew.-%. Dieser Versatz für *Feldspat-* oder *Normalsteatit* ist bis heute im Gebrauch, wenn auch die Verwendung von Specksteinabfällen der Brennerfertigung längst vergessen ist. Mit der Einführung von Steatit als Isolierstoff für die Hochfrequenztechnik wurde *Barium-* oder *Sondersteatit* entwickelt, bei welchem der Feldspat durch Bariumcarbonat ersetzt ist. Wegen der besseren mechanischen und elektrischen Eigenschaften ist Bariumsteatit der heute weitaus bevorzugte Typ. In der Fertigung von Großkörpern, z.B. für Hochspannungsisolatoren, bietet der Feldspatsteatit allerdings fertigungstechnisch einige wesentliche Vorteile.

Für die Herstellung von Steatit werden vorzugsweise Specksteine ohne große Anteile an Fremdmineralen eingesetzt. Die zulässigen Mengen an CaO, Al_2O_3 und Fe_2O_3 in der chemischen Zusammensetzung sind begrenzt. Ist man aus Gründen der Reinheit oder Verfügbarkeit auf die Verwendung von Talk angewiesen, so wird dieser teilweise in vorgeglühter Form eingesetzt, um einer zu starken Texturbildung entgegenzuwirken. Für die Formgebung kommen alle üblichen Verfahren in Betracht. Doch eignen sich Steatitmassen ganz besonders gut für eine Formgebung mittels Trockenpressen, wenn die Specksteine passend ausgesucht werden. Der Brand erfolgt bei 1300 bis 1400°C. Das Brennintervall ist mit nur ein bis zwei Segerkegeln relativ eng und erfordert genau regelbare Brennöfen.

Der Reaktionsablauf beim Brennen des Steatits läßt sich vereinfacht im Dreistoffsystem MgO-Al_2O_3-SiO_2 (Bild 165, Kapitel 3.3.3.4) diskutieren. Speckstein wandelt unter Wasser- und Kieselsäureabspaltung oberhalb 900°C in Protoenstatit, die Hochtemperaturmodifikation des $MgSiO_3$, um.

Aus den übrigen Versatzbestandteilen sowie aus der bei der Talkzersetzung freigesetzten Kieselsäure bildet sich eine Schmelzphase, die beim nachfolgenden Abkühlen glasig erstarrt. Der Anteil der Glasphase am Gefüge des fertigen Werkstoffes liegt bei 25 bis 50 % (Bild 436). Die überschüssige Kieselsäure kristallisiert bei Übersättigung der Schmelzphase zu einem geringen Teil als Cristobalit, was wegen der verringerten Temperaturwechselbeständigkeit unerwünscht ist. Vorzugsweise findet man dies in Feldspatsteatiten, weniger in Bariumsteatiten.

In Bariumsteatiten ist das MgO aus dem Speckstein vollständig in den Protoenstatitkristallen gebunden [1208]. Die Menge des Cristobalits nimmt mit steigenden Anteilen an Ton und Bariumcarbonat ab, während umgekehrt die Menge der Glasphase durch diese Versatzbestandteile erhöht wird. Einige Eigenschaften, z.B. thermische Dehnung und dielektrischer Verlustfaktor, lassen sich mit dem Versatzaufbau in Beziehung setzen. E-Modul und Festigkeit stehen dagegen mehr zur Restporosität in Beziehung.

Bild 436: Bruchfläche von Steatit: Protoenstatitkristalle in Glasphase. Mit HF geätzt. REM Aufnahme nach Schüller

Die aus dem Speckstein stammende überschüssige Kieselsäure sowie andere Versatzkomponenten, allen voran Al_2O_3, bewirken eine Stabilisierung der sich bildenden Hochtemperaturphase Protoenstatit; der Übergang beim Abkühlen in den thermodynamisch stabileren Klinoenstatit bei 1260°C sowie in den Orthoenstatit bei 1180°C unterbleibt. Der Protoenstatit erfährt auch im Verlauf von Jahrzehnten keinerlei Änderungen [1209]. In ungünstig aufgebauten Versätzen kann allerdings die Umwandlung in Klinoenstatit eintreten. Wegen der dabei auftretenden Volumenänderung kommt es hierbei zu einer mechanischen Lockerung des Gefüges, die in der Literatur der dreißiger Jahre als *Lagerporosität* oder *Steatitzerfall* beschrieben worden ist. Die Vermeidung der Lagerporosität durch Stabilisierung des Protoenstatits wird seither einwandfrei beherrscht.

Steatit zeichnet sich aus durch hohe mechanische Festigkeit, gutes elektrisches Isoliervermögen und geringe dielektrische Verluste, letztere insbesondere beim Bariumsteatit. Mindestanforderungen sind in DIN 40685 [666] festgelegt, in der Normalsteatit als Typ KER 220 und Sondersteatit als Typ KER 221 beschrieben ist (Tabelle 86). Für Niederspannungsanwendungen wird ferner ein gering poröser Preßsteatit KER 210 hergestellt, für Einbauten in Hochvakuumanlagen ein hochporöser Typ KER 240.

Neben den Steatiten werden aus Speckstein auch andere magnesiumhaltige Werkstoffe hergestellt. Ein Überschuß an MgO im Versatz führt zur Bildung von Forsterit Mg_2SiO_4. Forsteritkeramiken zeichnen sich durch niedrige dielektrische Verluste und durch eine hohe thermische Dehnung auf. Die letztere Eigenschaft ist zwar ungünstig im Hinblick auf die Temperaturwechselbeständigkeit, ermöglicht aber spannungsarme Konstruktionen beim Verbinden mit geeigneten Metallen mittels Hartlöten oder mit Gläsern durch Zusammenschmelzen. Forsteritkeramiken sind in DIN 40685 als Typ KER250 genormt. Größere Bedeutung hat Forsterit als Feuerfestmaterial.

Tabelle 86: Einteilung und Eigenschaften einiger silicatkeramischer Isolierstoffe für die Elektrotechnik (nach DIN 40685, Mindestwerte)

Gruppe		100		200			400	500
Werkstoffart		Porzellan		Steatit			Cordierit	Cordierit
Hauptbestandteil im Scherben		Aluminiumsilicat		Magnesiumsilicat			Cordierit	Cordierit
Typ: KER		110.1	110.2	220	221	250	410	520
Scherben		dicht	dicht	dicht	dicht	dicht	dicht	feinporös
kennzeichnende Eigenschaften		mechanisch und elektrisch gut		kleiner Verlustfaktor mechanisch sehr gut			große Temperaturwechselfestigkeit	
Biegefestigkeit								
unglasiert	N/mm^2	40	80	120	140	140	50	45
glasiert	N/mm^2	60	100	120	140	—	—	—
Wärmeausdehnungskoeffizient $\alpha_{20/600}$,	$10^{-6}/K$	4 bis 6	4 bis 6	7 bis 9	7 bis 9	9 bis 10	2 bis 3	2 bis 4
Wärmeleitfähigkeit bei 20 - 100°C	W/(m·K)	1,2 bis 2,6	1,2 bis 2,6	2,3 bis 2,8	2,3 bis 2,8	3,4 bis 4,2	2,0 bis 2,3	1,3 bis 1,7
1-min-Prüfungspannungen bei 50 Hz	kV	30	30	20	34	30	15	—
Permittivitätszahl		6	6	6	6	6	5	—
Dielektrischer Verlustfaktor: bei 50Hz	10^{-3}	25	25	3	1,5	1,5	20	—
bei 1 bis 10 MHz	10^{-3}	12	12	2,5	1,2	0,5	7	—
Spez. Durchgangswiderstand bei 50 Hz	Ω·cm							
bei 20°C		10^{11}	10^{11}	$5 \cdot 10^{11}$	10^{12}	—	10^{11}	—
bei 600°C		10^{4}	10^{4}	10^{5}	10^{7}	$5 \cdot 10^{7}$	10^{4}	$5 \cdot 10^{5}$
bei 1000°C	—	—	—	10^{5}	10^{5}	—	—	10^{4}

8.2.4 Werkstoffe mit geringer Wärmedehnung

Ein Versatz aus Speckstein und Ton etwa im Verhältnis 1:2 (etwa 13,7 Gew.-% MgO, 34,97 Gew.-% Al_2O_3, 51,47 Gew.-% SiO_2) führt beim Brennen zur Bildung von *Cordierit*, $Mg_2Al_4Si_5O_{18}$. Als Rohstoffe können ferner synthetischer Enstatit, Magnesit, Quarzsand, Kaolin und Tonerde eingesetzt werden. Cordierit zeichnet sich durch einen sehr niedrigen thermischen Ausdehnungskoeffizienten $\alpha_{20\text{-}600}$ von $2 \cdot 10^{-6}$/K aus. Bis 100°C beträgt der WAK nur $2 \cdot 10^{-7}$/K. Cordieritwerkstoffe eignen sich deshalb zur Herstellung temperaturwechselbeständiger Gebrauchsgegenstände, z.B. kochfester Geschirre, und technischer Artikel, besonders für die Elektrowärmetechnik, wo sie hohen Temperaturwechselbeanspruchungen ausgesetzt werden. Die Wabenkörper der *Katalysatorträger* für Fahrzeuge bestehen ebenfalls aus Cordieritkeramik. Auch in Brennhilfsmitteln werden die günstigen thermischen Eigenschaften des Cordierits ausgenützt, sofern nicht eine zu hohe Brenntemperatur seinem Einsatz entgegensteht; Cordierit zersetzt sich bei 1450°C bis 1460°C in Mullit und Schmelze.

Cordieritwerkstoffe besitzen ein sehr enges Brennintervall von nur wenigen Kelvin. Man umgeht die Brennschwierigkeiten, indem man möglichst auf einen Dichtbrand verzichtet und poröse Werkstoffe verwendet. Gegebenenfalls wird das Brennintervall durch Zusatz von Flußmitteln wie Feldspat oder 2-4 Gew.-% Alkalioxide ausgeweitet. Man nimmt hierbei eine gewisse Beeinträchtigung der Temperaturwechselbeständigkeit infolge eines geringfügig angestiegenen thermischen Ausdehnungskoeffizienten, aber auch der elektrischen Isolationsfähigkeit bei hoher Temperatur in Kauf. Die Gegenwart von Feldspat bewirkt die Bildung einer Schmelzphase, die bei hoher Temperatur aus dem Scherben „ausgeschwitzt" wird und eine glasige Oberfläche, eine sog. *Selbstglasur* hervorbringt. Dies wird in bestimmten Anwendungsbereichen, insbesondere für Geschirr, bewußt ausgenutzt, um eine glatte Oberfläche zu erzielen. Eine Glasur im herkömmlichen Sinne läßt sich auf Cordierit nicht aufbringen; es gelingt nicht, deren thermische Dehnung bei der gegebenen Brenntemperatur soweit herabzudrücken, daß die Glasur unter Druckspannungen auf dem Scherben sitzen würde.

In DIN 40685 sind Cordieritwerkstoffe als die Typen KER 410 (dicht) und KER 520 (porös) festgelegt (Tabelle 86). Eine ausführliche Darlegung über Cordieritwerkstoffe, ihre Technologie und ihre Probleme findet sich bei Schüller [1210], Krause [1214] und anderen [1215], [1216].

Einen niedrigen Ausdehnungskoeffizienten weist auch der Bariumfeldspat *Celsian*, $BaAl_2Si_2O_8$, auf. Wegen des geringen Brennintervalls hat er aber noch keine wesentliche Anwendung gefunden. Auch ein Zusatz von Bariumcarbonat zu Steinzeugmassen hat die erhofften Verbesserungen nicht erbracht. Zwar weist der sich bildende *Bariumosumilith*, $BaMg_2Al_3[Si_9Al_3O_{30}]$, eine niedrige Wärmedehnung auf, was die Temperaturwechselbeständigkeit günstig beeinflußt. Die geringe Säurebeständigkeit macht aber eine Anwendung im chemisch-technischen Bereich wenig attraktiv, zumal auch die niedrige thermische Dehnung und damit die gute Temperaturwechselfestigkeit von Cordieritsteinzeug nicht erreicht wird [1211].

Die geringsten thermischen Ausdehnungskoeffizienten erhält man mit keramischen Scherben, die *Lithiumaluminiumsilicate* wie Petalit, Spodumen und Eukrypit enthalten. Smoke [1212] hat im System Li_2O-Al_2O_3-SiO_2 sogar Bereiche gefunden, in denen der Ausdehnungskoeffizient negativ ist (BILD 437). Das Brennintervall solcher Massen ist aber extrem klein. Werkstoffe dieses Typs werden deshalb vorzugsweise nach der Technologie der Glaskeramik durch Kristallisation aus der Schmelze hergestellt (Kapitel 8).

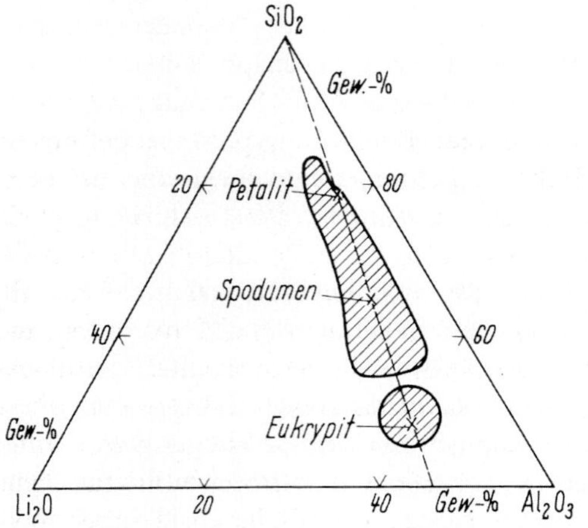

Bild 437: Bereiche negativer Ausdehnungskoeffizienten von Li_2O-Al_2O_3-SiO_2-haltigen Scherben

Sehr geringe, z.T. sogar negative Wärmedehnung im Bereich bis etwa 700°C zeigen auch Al_2TiO_5-Massen, die jedoch als Werkstoff wegen der vorhandenen Porosität nur relativ geringe Festigkeit ergeben. Die Eigenschaften von solchen Werkstoffen beschreiben u.a. Pohlmann u. M. [1213]. Probleme entstehen auch durch die äußerst starke Anisotropie der thermischen Ausdehnungskoeffizienten von -1,4 bis $+20{,}6 \cdot 10^{-6}$/K in verschiedenen Kristallrichtungen der reinen Verbindung Al_2TiO_5, dem *Tialit.* Aufgrund seiner Neigung zur Bildung von Mikrorissen weist Tialit einen niedrigeren E-Modul auf. Er wird daher und wegen seiner schlechten Benutzbarkeit durch Metallschmelzen als Feuerfestmaterial eingesetzt.

9 Feuerfeste Werkstoffe

(Bearbeitet von I. Elstner, Wiesbaden und H. Leistner, Wiesbaden)

9.1 Einführung

Es ist üblich, feuerfeste Werkstoffe durch ihren Erweichungspunkt zu definieren. Liegt der Erweichungspunkt über 1500°C, spricht man von feuerfesten, bei Temperaturen über 1800°C von hochfeuerfesten Erzeugnissen. Der Erweichungspunkt wird hierbei mit dem Segerkegel nach DIN 51063 Teil 1 bestimmt, wie es in der Keramik allgemein üblich ist [1217]. Das hat seine Ursache darin, daß fast alle technischen feuerfesten Materialien keine exakte Schmelztemperatur haben, wie viele andere Stoffe. Die Abgrenzungen nach Tabelle 87 sind durch Übereinkunft entstanden; sie sind vom wissenschaftlichen Standpunkt aus betrachtet willkürlich.

Das Erweichen bei der Segerkegelprüfung tritt ein, wenn bei der betreffenden Temperatur Schmelzphase vorhanden ist. Feuerfeste Werkstoffe wird man daher überall dort finden, wo nach den Phasendiagrammen bei diesen Temperaturen keine oder nur wenig Schmelzphase vorhanden ist. Da in vielen oxidischen Ein- und Mehrstoffsystemen die Liquidustemperaturen höher als 1500°C liegen, sind viele der feuerfesten Werkstoffe oxidischer Natur. Daneben gibt es jedoch auch metallische feuerfeste Werkstoffe, die hier nicht behandelt werden.

Auf die Erzeugnisse der Oxid- und Nichtoxidkeramik wird in den Kapiteln 10.1 und 10.5 eingegangen.

Die *Einteilung* der feuerfesten Werkstoffe kann nach verschiedenen Gesichtspunkten erfolgen. Technologisch sind die Formgebungsverfahren wichtig, bei denen man die Bindung in den Vordergrund stellen kann, die bei Raumtemperatur (mit z.B. Mg-Salzen oder feuerfestem Zement) oder bei hohen Temperaturen (z.B. durch Schmelzphase oder Sintern) erfolgen kann. Meist steht aber die Einteilung nach der chemischen Zusammensetzung im Vordergrund, wie sie Tabelle 88 zeigt. Die ISO-Norm 1109 ist auf dichte geformte Erzeugnisse zugeschnitten, läßt sich aber auf die anderen Produktgruppen übertragen. Hierzu gehören die Feuerleichtsteine, das sind Isolierwerkstoffe, die durch eine Gesamtporosität von mindestens 45 % charakterisiert sind, und die ungeformten Erzeugnisse, deren grundlegendes Kennzeichen das Formgebungsverfahren ist. Bei letzterer Gruppe wird nicht zwischen dichten und isolierenden Erzeugnissen unterschieden.

Tabelle 87: Abgrenzung der feuerfesten Werkstoffe nach Segerkegelfallpunkten nach DIN51060 [1218]

Bezeichnung	kleiner Segerkegel	ISO-Kegel	entspricht
feuerfest	mind. 17	mind. ISO 150	mind. 1500°C
hochfeuerfest	mind. 36	mind. ISO 180	mind. 1800°C

Tabelle 88: Einteilung der feuerfesten Werkstoffe nach ISO-Norm 1109 [1219]

Bezeichnung	Grenzwert des Hauptbestandteils Gew.-%	Einteilungsmerkmale und allgemeine Gesichtspunkte
Tonerdereiche Erzeugnisse, Gruppe 1	$Al_2O_3 \geq 56$	Die vollständige Bezeichnung dieser Erzeugnisse sollte eine Angabe enthalten entweder über den verwendeten Rohstoff oder
Tonerdereiche Erzeugnisse, Gruppe 2	$45 \leq Al_2O_3 < 56$	über den mineralogischen Aufbau des fertigen Erzeugnisses. Im letzten Fall sollte die Methode, die zu diesem Aufbau geführt hat, angegeben werden.
Schamotteerzeugnisse	$30 \leq Al_2O_3 < 45$	
Saure Schamotteerzeugnisse	$10 \leq Al_2O_3 < 30$ $SiO_2 < 85$	
Tondinas-Erzeugnisse	$85 \leq SiO_2 < 93$	
Silicaerzeugnisse	$SiO_2 \geq 93$	Qualitätsspezifikation gemäß Verwendungszweck
Basische Erzeugnisse		Im Hinblick auf die neuesten und möglichen künftigen Entwicklungen können neue Unterteilungen und neue Klassifikationsmerkmale notwendig werden
- Magnesit	$MgO \geq 80$	Erzeugnisse mit Hauptbestandteil Magnesit
- Magnesit-Chrom	$55 \leq MgO < 80$	Erzeugnisse mit den Hauptbestandteilen Magnesit und Chromit
- Chrom-Magnesit	$25 \leq MgO < 55$	Erzeugnisse mit den Hauptbestandteilen Chromit und Magnesit
- Chromit	$Cr_2O_3 \geq 25$ $MgO \leq 25$	Erzeugnisse mit Hauptbestandteil Chromit
- Forsterit		Erzeugnisse mit dem Hauptbestandteil Forsterit
- Dolomit		Erzeugnisse mit dem Hauptbestandteil Dolomit
Sondererzeugnisse		Auf Basis von - Kohlenstoff - Graphit - Zirkonsilicat - Zirconiumdioxid - Siliciumcarbid - Carbide (außer Siliciumcarbid) - Nitride - Boride - Spinelle (außer Chromit) Erzeugnisse auf Basis mehrerer Oxide (außer den basischen Erzeugnissen) Erzeugnisse auf Basis reiner Oxide wie Tonerde, Kieselsäure, Magnesia, Zirconiumdioxid Erzeugnisse hohen Reinheitsgrades

Für den Gebrauch feuerfester Erzeugnisse ist der Kegelfallpunkt von untergeordneter Bedeutung, da bei dieser Temperatur die praktische Anwendungsgrenze überschritten ist. Die Einsatzmöglichkeiten werden bestimmt durch die Erweichung unter Druck und Zug, die Festigkeit bei tiefen bis zu hohen Temperaturen, Wärmetransport in den Steinen, Temperaturwechselbeständigkeit, Raumbeständigkeit und Widerstandsfähigkeit gegen chemischen und mechanischen Angriff. Diese Eigenschaften sollen zunächst behandelt werden, ehe auf die verschiedenen Typen der Werkstoffe eingegangen wird. Ausführlichere Darstellungen findet man z.B. in den Monographien von Chesters [1220], Harders und Kienow [1221] Konopicky [1222], Litvakovskii [1223] oder Searle [1224].

9.2 Eigenschaften feuerfester Werkstoffe

Eine sachgerechte Auswahl der feuerfesten Werkstoffe erfordert es, daß Zusammensetzung und Eigenschaften dieser Werkstoffe den Materialbeanspruchungen während des Betriebes angepaßt sind. Zur Bestimmung der Werkstoffeigenschaften bedient man sich verschiedener genormter und ungenormter Prüfverfahren [1225].

9.2.1 Thermisch-mechanische Eigenschaften

9.2.1.1 Feuerfestigkeit

Zu den ältesten Testmethoden in der Feuerfesttechnik gehört die Prüfung der Feuerfestigkeit der Roh- und Werkstoffe.

Da fast alle feuerfesten Werkstoffe aus einer oder mehreren Komponenten und aus Poren bestehen, haben sie ein recht inhomogenes Gefüge. Daher lassen sich keine hervorstechenden Temperaturpunkte angeben, bei denen sich die Festigkeitseigenschaften auffallend ändern; d.h., feuerfeste Werkstoffe haben keinen fixierten Schmelzpunkt, sondern lassen sich nur durch einen Erweichungsbereich charakterisieren. Bei der Abgrenzung der Feuerfestigkeit nach Tabelle 87 vergleicht man den feuerfesten Werkstoff mit definierten Kegeln, indem aus dem zu prüfenden Stein Kegel gleicher Geometrie herausgeschnitten oder aus der zu untersuchenden Masse geformt werden.

Näheres über Segerkegel und deren Anwendung bringt Kapitel 7.5.1, insbesondere zeigt Tabelle 81 eine Übersicht der Falltemperaturen.

9.2.1.2 Druckfeuerbeständigkeit (DFB), Druckerweichung (DE) und Druckfließen (DFL)

Der Kegelfallpunkt reicht zur Kennzeichnung des Erweichungsverhaltens von feuerfesten Werkstoffen nicht aus, da diese in der Praxis meist unter Belastung stehen und so eine Verformung aufgrund beginnender Erweichung bereits bei tieferen Temperaturen einsetzt.

Unter Druckbelastung kann ein plastisches Fließen der kristallinen Phase eintreten, das aber bei den üblichen Drücken vernachlässigt werden kann. Der Erweichungsbeginn wird daher vom Auftreten von Schmelzphase bestimmt. Die Erweichung ist um so ausgeprägter, je höher der Anteil an Schmelzphase und je geringer deren Viskosität ist. Daneben übt die Ausbildung der kristallinen Phase einen großen Einfluß aus; denn nadelförmige und verfilzte Kristalle geben dem Körper eine größere Standfestigkeit als rundliche Kristalle.

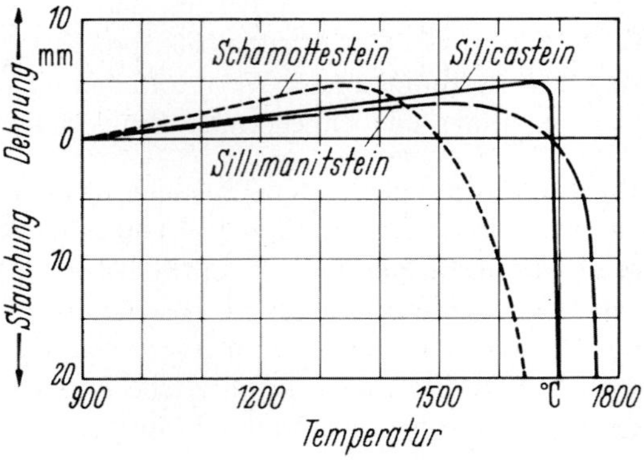

Bild 438: Druckerweichungskurven einiger feuerfester Erzeugnisse (Druck 0,2 N/mm², Höhe 50 mm)

Weiterhin fördert eine höhere Porosität die Erweichung. Außerdem kann auch ein Einfluß der Ofenatmosphäre vorliegen, wenn dadurch der Anteil an Schmelzphase und deren Viskosität geändert wird.

Zur Prüfung der *Druckfeuerbeständigkeit* (DFB) wird nach DIN 51064 [1226] ein zylindrischer Körper mit 50 m Durchmesser und 50 m Höhe unter einer Belastung von 0,2 N/mm² kontinuierlich erhitzt und seine Höhe laufend gemessen. Bild 438 zeigt die Meßergebnisse an einigen feuerfesten Erzeugnissen. Der anfängliche Anstieg ist durch die thermische Ausdehnung bedingt. Der Kurvenverlauf wird durch einige Temperaturen charakterisiert (in der entsprechenden Norm mit kleinem *t* bezeichnet)

t_0 = Temperatur bei größter Ausdehnung
t_a = Temperatur bei Stauchung um 0,3 mm
t_{e10} = Temperatur bei Stauchung um 10 mm

und jeweils vom Punkt der größten Ausdehnung aus bestimmt. Die Indizes a und e sollen den Anfang und das Ende der Erweichung kennzeichnen. Der weitere Index 10 ist nach DIN 51064 vorgeschrieben, da nach der früheren DIN 1064 für die DFB t_e für eine Stauchung von 20 mm galt. Bei Angaben von t_e-Werten ist deshalb auf diese unterschiedliche Bedeutung zu achten. Für den Schamottestein von Bild 438 gelten z.B. folgende Werte: t_0 = 1340°C, t_a = 1380°C, t_{e10}= 1560°C und für die frühere Größe t_e = 1630°C.

Die Differenz t_e - t_a ist um so größer, je größer die Viskosität der Schmelzphase ist und je langsamer der Anteil an Schmelzphase mit steigender Temperatur zunimmt, was aus den Phasendiagrammen abgelesen werden kann. Zusammensetzungen in der Nähe von Eutektika oder von Verbindungen werden deshalb bei Erreichen der betreffenden Temperaturen eine schnelle Erweichung ergeben, wie das Beispiel des Silicasteins in Bild 438 zeigt.

Nach den DFB-Kurven lassen sich die feuerfesten Werkstoffe in solche mit (Typ Schamottestein) und ohne (Typ Silicastein) Erweichungsintervall einteilen. In Tabelle 89 sind die t_a-Punkte einiger feuerfester Steine wiedergegeben.

Da bei der DFB-Prüfung Fehler durch die Eigendehnung der Apparatur auftreten und um in oxidierender Atmosphäre prüfen zu können, ist in DIN 51053 [1227] Teil 1 eine weitere Testmethode zur Bestimmung der Beständigkeit bei steigender Temperatur und konstantem Druck - das *Druckerweichen* (DE) - beschrieben. Zur Kennzeichnung eines Werkstoffes sind darin die Temperaturen $T_{0,5}$, T_1, T_2 und T_5 definiert, die angeben, um wieviel Prozent (0,5, 1, 2 und 5 %) der Körper vom Punkt seiner größten Ausdehnung zusammengedrückt wurde. Als Probekörper werden die gleichen wie bei der DFB benutzt, nur bringt man zusätzlich noch eine Innenbohrung an, um Tastfühler an Ober- und Unterseite befestigen zu können, mit denen man durch eine Differenzmessung die wirkliche Änderung der Probekörperhöhe bestimmen kann.

Tabelle 89: Druckerweichung einiger feuerfester Werkstoffe [1225]

Steintyp	t_a-Punkt
Schamottesteine	1300 – 1550°C
Chrommagnesiasteine	> 1550°C
Chromitsteine	> 1600°C
Zirkonsilicatsteine	> 1660°C
Korundsteine	1600 – 1750°C
Silicasteine	> 1660°C
Chrommagnesia-Hochbrandsteine	> 1700°C
Dolomitsteine	> 1700°C
Mullitsteine	> 1750°C
Magnesiasteine (eisenarm u. C_2S-gebunden)	> 1750°C
Zirconiumdioxidsteine	> 1750°C

Mit dieser „wahren DFB“ läßt sich nach Konopicky [1228] z.B. bei Schamottesteinen die erste Erweichung schon ab 800°C erkennen, bedingt durch die Erweichung der Glasphase in diesen Steinen. Die mit dieser Apparatur bestimmten t_a-Werte liegen daher bis zu 200 K tiefer als nach DIN 51064, während die t_e-Werte nahezu übereinstimmen.

Werden nach DIN 51053 Teil 2 die Probekörper der DE-Prüfung mit konstanter Geschwindigkeit unter vorgegebener Last aufgeheizt und nach Erreichen der gewählten Prüftemperatur zwischen 10 und 50 Stunden bei dieser Temperatur gehalten, so erhält man Aussagen über das *Druckfließverhalten* (DFL) der feuerfesten Werkstoffe. Als Maß wird hier die Stauchung der Probe nach Erreichen der maximalen Ausdehnung in Abhängigkeit von der Prüfzeit angegeben. In Bild 439 sind DFL-Kurven einiger Steintypen wiedergegeben.

Bei diesen Prüfungen ist der Druck mit 0,2 N/mm^2 vorgeschrieben worden. Mit höherer Belastung wird das Erweichungsverhalten beschleunigt, woraus man weitere Rückschlüsse auf die Eigenschaften der Probe ziehen kann. Steigert man den Druck bis zum Bruch der Körper, kommt man zur *Heißdruckfestigkeit*, die manchmal zur Beurteilung des Werkstoffverhaltens bei der Gebrauchstemperatur herangezogen wird und als Normentwurf (DIN 51067 Teil 3) vorliegt. Dabei wird oft ein ausgeprägtes Maximum der Festigkeit beobachtet, das bei Schamottesteinen bei 1000°C liegt. Diese Verfestigung ist durch die bei dieser Temperatur sehr viskose Schmelzphase bedingt, wobei der Einfluß um so größer ist, je geringer der Al_2O_3-Gehalt der Schamottesteine ist. Solche Versuche werden aber stark durch das Formgebungsverfahren beeinflußt; denn steigender Formdruck erhöht die Anfangsfestigkeit und läßt die Erscheinung der Verfestigung zurücktreten.

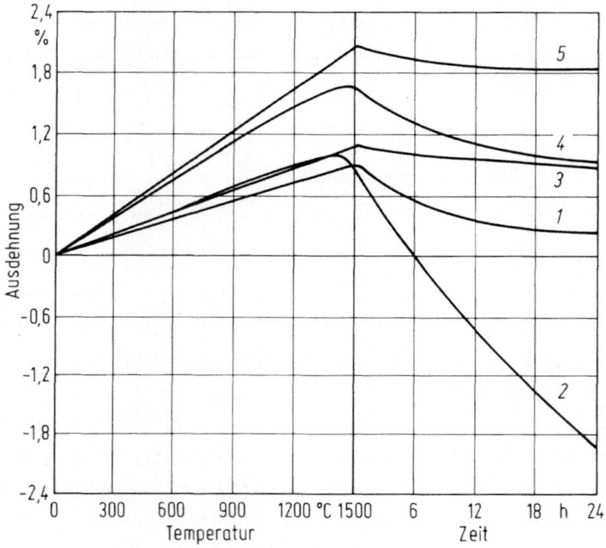

Bild 439: Druckfließverhalten von feuerfesten Steinen bei 1550°C. *1* tonerdereicher Stein mit etwa 65 Gew.-% Al_2O_3 (Rohstoff: Sillimanit), *2* tonerdereicher Stein mit 85 Gew.-% Al_2O_3 (Rohstoff: Bauxit + Ton) , *3* hochgebrannter Korundstein mit etwa 98 Gew.-% Al_2O_3, *4* hochgebrannter Magnesiachromstein mit etwa 10 Gew.-% Cr_2O_3, *5* eisenarmer Magnesiastein mit etwa 95 Gew.-% MgO [1225]

9.2.1.3 Heißbiegefestigkeit (HBF)

Mit dieser Kenngröße soll Aufschluß über das Verformungsverhalten der feuerfesten Erzeugnisse bei hohen Temperaturen gewonnen werden. Stabförmige Prüfkörper werden bei konstanter Temperatur in einem elektrisch beheizten Kammerofen einer steigenden Biegebeanspruchung nach der 3-Punkt-Methode bis zum Bruch ausgesetzt.
Diese Prüfmethode wird in DIN 51048 [1229] Teil 1 genauer beschrieben. Tabelle 90 enthält die HBF-Werte einiger Steinqualitäten bei verschiedenen Temperaturen.

9.2.1.4 Thermische Ausdehnung

Die Wärmeausdehnung feuerfester Werkstoffe ist von Bedeutung, da beim Aufbau einer Feuerfest-Zustellung dem Wachsen der Baustoffe mit der Temperatur durch die Anbringung von Dehnfugen Rechnung zu tragen ist. Das Prüfverfahren ist in DIN 51045 [596] beschrieben. Charakterisiert wird das thermische Ausdehnungsverhalten durch den linearen Ausdehnungskoeffizienten α, der durch die Gleichung $\alpha = 1/l_0(\mathrm{d}l/\mathrm{d}T)$ definiert ist. Die SI-Einheit des Ausdehnungskoeffizienten ist also K^{-1}, praktischer ist 10^{-6}/K. Weiteres zu den Grundlagen ist in Kapitel 5.1.1 enthalten.

Tabelle 90: Heißbiegefestigkeitswerte einiger feuerfester Werkstoffe [1225]

Prüftemperatur	1200°C	1400°C	1500°C
eisenarme Magnesiasteine	> 14	11	8 – 12
eisenreiche Magnesiasteine	> 12	5	0,5 – 1
Magnesiachrom-Hochbrandsteine	> 10	5	3
hochtonerdehaltige Steine (75 Gew.-% Al_2O_3)	> 25	18	7
Zirconiumdioxid-Steine	> 25	> 25	> 18

In Bild 440 sind die Ausdehnungskurven verschiedener feuerfester Materialien wiedergegeben. Daraus ergibt sich, daß diese Werkstoffe bis ca. 1400°C ein Wachsen zwischen 1 und 2 % zeigen. Während aber bei vielen feuerfesten Steinen die Länge ziemlich gleichmäßig mit der Temperatur zunimmt, zeigen Silicasteine aufgrund der Modifikationsänderungen der SiO_2-Phasen bis ca. 600°C eine sehr starke Ausdehnung. Bei höheren Temperaturen ist der Ausdehnungskoeffizient sehr gering und teilweise negativ. Aus diesem Grund besitzen Silicasteine im Temperaturbereich über 600°C ein ausgezeichnetes Temperaturwechselverhalten.

Von der reversiblen Ausdehnung ist in der Feuerfestkunde die irreversible Längen- bzw. Volumenänderung mit der Temperatur zu unterscheiden, das *Nachwachsen* oder *Nachschwinden*. Zu diesen Erscheinungen kommt es durch unvollständige Sinterung (Schwachbrand), Phasenumwandlungen oder chemische Reaktionen.

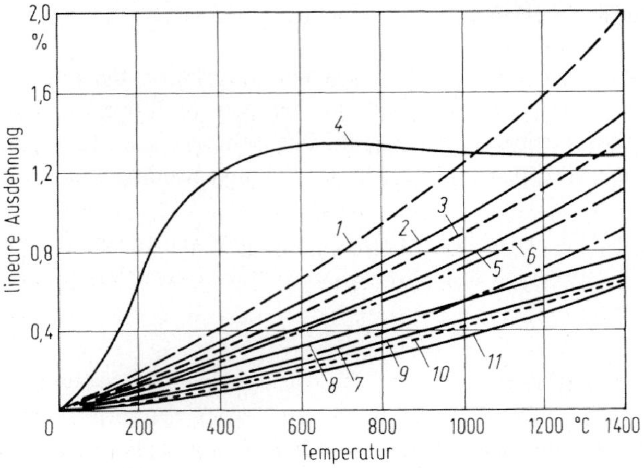

Bild 440: Wärmedehnung von feuerfesten Steinen: *1* Magnesia, *2* Chrommagnesia, *3* Chromit, *4* Silica, *5* Zirconiumdioxid (vollstabilisiert), *6* Korund 99, *7* Korund 90, *8* Schamotte, *9* Sillimanit, *10* Zirkon, *11* Siliciumcarbid [1225]

Starkes Nachschwinden führt zu einer Fugenöffnung, so daß sich das Mauerwerk lockert und instabil wird. Kommt es dagegen an feuerfesten Steinen zu einem Nachwachsen, kann eine Auskleidung durch das Auftreten hoher Druckspannungen zerstört werden. Aus diesem Grund muß es das Ziel einer jeglichen Steinproduktion sein, die feuerfesten Werkstoffe recht nahe an den Gleichgewichtszustand bei der Einsatztemperatur zu bringen.

Die Prüfmethode zur Bestimmung des Nachschwindens und Nachwachsens wird in DIN 51066 [1230] Teil 1 (Steine mit Gesamtporosität bis 45 %), Teil 2 (über 45 %) näher beschrieben. Ein Probekörper wird mit vorgegebener Geschwindigkeit aufgeheizt und die Prüftemperatur 12 Stunden bei oxidierenden Bedingungen gehalten. Nach dem Abkühlen auf Raumtemperatur wird an den Prüfkörpern die Längenänderung festgestellt. Bei Feuerleichtsteinen und Faserwerkstoffen dient diese Prüfmethode gleichzeitig zur Festlegung der *Klassifikationstemperatur*. Das ist die Temperatur, bei der diese Werkstoffe ein Nachschwinden von 2 % zeigen.

9.2.1.5 Temperaturwechselbeständigkeit (TWB)

Feuerfeste Produkte sind häufig starken Temperaturschwankungen ausgesetzt. Da der Temperaturausgleich in einem Stein eine endliche Zeit benötigt, treten große Temperaturunterschiede und damit wegen der Wärmedehnung auch mechanische Spannungen im Volumen auf, die, wenn sie die Festigkeit des Materials übersteigen, zum Bruch führen.

Die Thermoschockempfindlichkeit ist für feuerfeste Werkstoffe eine der wesentlichsten Eigenschaften, da von ihr vor allem in periodischen Schmelz- und Ofenaggregaten in hohem Maße die Haltbarkeit abhängt. Liegt eine hohe Empfindlichkeit gegen Temperaturwechsel vor, kommt es bei wiederholten thermischen Belastungen zur Zermürbung des Steingefüges, das schließlich zur Rißbildung oder schichtweisem Abplatzen führt.

Oft kann das Thermoschockverhalten der feuerfesten Werkstoffe über physikalische Eigenschaften durch die Berechnung der Wärmespannungsparameter abgeschätzt werden. Obwohl solche theoretischen Überlegungen nicht immer mit den praktischen Erfahrungen übereinstimmen, dienen sie jedoch zum besseren Verständnis der Vorgänge bei thermischer Wechselbeanspruchung (Kapitel 5.2.4). Anhand dieser Wärmespannungsparameter wird deutlich, daß die TWB vom E-Modul, vom thermischen Ausdehnungskoeffizienten, der Temperaturleitfähigkeit $\lambda/(c_p \cdot Q)$ (c_p spezifische Wärmekapazität, Q Rohdichte), dem Wärmeübergangskoeffizienten, der Bruchfestigkeit und den Werkstückabmessungen abhängt.

Die TWB wird nach DIN 51068 [653] in der Weise bestimmt, daß Prüfkörper der zu untersuchenden Werkstoffe in einem Ofen auf 950°C erwärmt, dann schnell herausgenommen und mit kaltem Wasser (*Wasserabschreckverfahren*) oder mit Druckluft (*Luftabschreckverfahren*) abgekühlt werden. Diese Prüfungen werden bis zur Zerstörung des Probekörpers wiederholt. Tritt eine Zerstörung bei 30 Wechseln nicht auf, so wird diese Prüfung abgebrochen. Auf diese Weise ergeben sich folgende Abschreckzahlen bei der Prüfung nach dem Wasserabschreckverfahren:

saure Schamottesteine	> 5	Abschreckungen
plastisch geformte Schamottesteine	>10	Abschreckungen
trocken geformte Schamottesteine	>15	Abschreckungen
Korundsteine	>15	Abschreckungen
Mullitsteine	>20	Abschreckungen
Siliciumcarbidsteine	>30	Abschreckungen

und bei der Prüfung nach dem Luftabschreckverfahren (für Steinqualitäten mit Hydratationsgefahr):

eisenreiche Magnesiasteine	bis 10	Abschreckungen
einsenarme Magnesiasteine	> 25	Abschreckungen
Chrommagnesiasteine	> 25	Abschreckungen

9.2.2 Thermische Eigenschaften

9.2.2.1 Wärmeleitfähigkeit

Als weiterer wichtiger Vorgang bei feuerfesten Werkstoffen ist der Wärmetransport zu nennen. Für diesen ist vor allem die Wärmeleitung verantwortlich. Bei höheren Temperaturen ist daneben die Wärmestrahlung zu berücksichtigen. Der Beitrag der Konvektion kann im allgemeinen vernachlässigt werden. Die Grundlagen des Wärmetransports findet man im Kapitel 5.1.2. Zusammenfassende Darstellungen unter besonderer Berücksichtigung der feuerfesten Werkstoffe haben u.a. Schwiete und Westmark [1231] und Koltermann [1232] gegeben, wo auch die wichtigsten Meßmethoden erwähnt werden.

Die Wärmeleitfähigkeit λ ist ein stoffabhängiger Koeffizient in der Beziehung

$$Q = \lambda A \Delta T t / d, \tag{395}$$

worin Q die Wärmemenge ist, die in der Zeit t unter dem Einfluß einer Temperaturdifferenz ΔT durch eine Wandfläche A der Dicke d fließt. Die SI-Einheit von λ ist J/(m·K·s) = W/(m·K).

Außer von der Temperatur hängt die Wärmeleitfähigkeit von der chemischen Zusammensetzung der Rohstoffe, dem mineralogischen Aufbau der Steinmasse, der Gesamtporosität und Porengröße, der Brenntemperatur, dem Kornaufbau und der umgebenden Atmosphäre ab. Steinsorten mit überwiegendem Gehalt an kristallinen Phasen zeigen mit steigender Temperatur eine Abnahme, solche mit hohem Gehalt an Glasphase oder röntgenamorpher Substanz eine Zunahme der Wärmeleitfähigkeit.

Die Abhängigkeit der Wärmeleitfähigkeit von der Porosität hat Loeb [1233] näher untersucht. Er konnte zeigen, daß bei kleinen Poren der Beitrag der Wärmestrahlung gering ist, daß dieser aber mit steigender Porengröße wächst, vor allem, wenn längliche Poren in Richtung des Wärmeflusses liegen. Diese Folgerungen sind experimentell mehrfach bestätigt worden. In extremen Fällen kann der Wärmetransport in porösen Körpern größer als in dichten Körpern werden. Aus diesem Grunde muß man bei Feuerleicht- und Isoliersteinen vor allem auf die Porengröße achten.

Gemessen wird die Wärmeleitfähigkeit heute üblicherweise nach dem *Plattenverfahren* nach Poensgen [1234], dem *Heißdrahtverfahren* nach DIN 51046 [602] oder einer Vergleichsmethode nach Klasse u. M. [1235].

Einen Überblick über die Wärmeleitfähigkeit verschiedener feuerfester Werkstoffe gibt Bild 250.

9.2.2.2 Spezifische Wärmekapazität

Die spezifische Wärmekapazität (kurz: spez. Wärme) c_p spielt vor allem bei periodisch betriebenen Ofenaggregaten eine Rolle. Gemessen wird diese temperatur- und stoffabhängige Energiegröße in verschiedenen Kalorimetern. Wie Tabelle 91 zeigt, steigt der c_p-Wert mit zunehmender Temperatur an. In Anbetracht der Schwierigkeiten, die in der genauen Bestimmung der Temperaturverteilung des feuerfesten Materials liegen, ist es kein großer Fehler, wenn man bei den feuerfesten Steinsorten für die spezifische Wärme den Wert 1,0 J/(kg·K) einsetzt, da fast sämtliche Werte um diese Zahl herum liegen und äußerstenfalls von 0,7 bis 1,2 schwanken. Im allgemeinen erniedrigt sich die spezifische Wärme bei feuerfesten Werkstoffen mit zunehmendem Porengehalt bis zu einem Minimum bei 37 bis 38 %, um bei noch höherer Porosität wieder anzusteigen [1236].

Tabelle 91: Mittlere spezifische Wärmekapazität in kJ/(kg·K) einiger feuerfester Werkstoffe [1225]

	20 bis 200	400	600	800	1000°C
Silicasteine	0,85	0,91	0,94	0,96	0,97
Schamottestein	0,90	0,96	1,00	1,03	1,04
Korundstein (99Al_2O_3)	0,93	1,01	1,07	1,10	1,13
Zirconiumdioxidstein	0,56	0,61	0,65	0,68	0,70
Siliciumcarbidstein	0,95	0,98	1,03	1,07	1,12
Magnesiastein	1,01	1,05	1,09	1,12	1,16
Chromitstein	0,79	0,83	0,86	0,88	0,89
Forsteritstein	0,93	0,97	1,01	1,05	1,08

9.2.2.3 Volumenbezogene Wärmekapazität und Temperaturleitfähigkeit

Die volumenbezogene Wärmekapazität ist das Produkt aus der spezifischen Wärme c und der Rohdichte Q_R. Für die in einer Fläche A einer feuerfesten Ofenwand der Dicke d gespeicherte Wärmemenge Q ergibt sich bei einer Innentemperatur T_i und einer Außentemperatur T_a sowie einer Lufttemperatur T_l

$$Q = Q_R \cdot c \cdot d \cdot A\left(\frac{T_i + T_a}{2} - T_l\right) \tag{396}$$

Bei periodischem Wärmefluß, z.B. in Gitterungen, interessiert nicht nur die Wärmeleitfähigkeit der feuerfesten Werkstoffe, sondern das Verhältnis von Wärmeleitfähigkeit zur spez. Wärmekapazität, das für das Fortschreiten der Temperaturänderung maßgebend ist und als Temperaturleitfähigkeit a bezeichnet wird (siehe Kapitel 5.1.2).

9.2.3 Mechanische Eigenschaften

9.2.3.1 Kaltdruckfestigkeit (KDF)

Im allgemeinen werden bei feuerfesten Materialien keine hohen Anforderungen an die mechanische Festigkeit gestellt. Dies verdeutlicht z.B. eine ca. 30 m hohe Winderhitzerauskleidung, die nur durch eine Druckspannung von etwa 0,6 N/mm^2 auf die untersten Steine beansprucht wird, während die Kaltdruckfestigkeit handelsüblicher Feuerfeststeine zwischen 10 (plastisch geformte Schamottesteine), 30 bis 150 (Magnesiasteine) und über 300 N/mm^2 (Zirconiumdioxidsteine) liegt.

Gewisse Bedeutung kommt der mechanischen Festigkeit zu, wenn ein Verschleiß durch Abrieb vorliegt, wie er z.B. im Hochofen oder Drehrohrofen aus der Bewegung des Brenngutes resultiert. Sieht man von begleitenden chemischen Angriffen auf die feuerfesten Werkstoffe ab, so zeigt sich hier nämlich, daß die Abriebfestigkeit in erster Näherung mit der Kaltdruckfestigkeit zunimmt.

Bestimmt wird die KDF eines feuerfesten Steines nach DIN 51067 [1237] bei Raumtemperatur. Ansteigende Brenntemperatur erhöht im allgemeinen die Festigkeit handelsüblicher feuerfester Werkstoffe, da sie sehr stark vom Gefüge, d.h. den Texturen, Poren und der Kornverwachsung abhängt. Die KDF gibt also Aufschluß über die Güte der Bindung im Stein. Sie soll in den Fällen nicht zu hoch sein (Schamottesteine), wo diese durch Verglasung entsteht, da sie dann die TWB ungünstig beeinflußt. Hohe Kaltdruckfestigkeit deutet aber nicht in allen Fällen auf schlechte TWB hin (z.B. nicht bei den Zirconiumdioxidsteinen).

Einige Werte zusammen mit elastischen Konstanten bringt Tabelle 92. Man erkennt die Tendenz, daß die Festigkeit mit dem Elastizitätsmodul ansteigt. Abweichungen sind u.a. durch unterschiedliche Porosität bedingt, die in Tabelle 92 durch die Gasdurchlässigkeit gekennzeichnet ist.

Tabelle 92: Elastische Konstanten, Kaltdruckfestigkeit und Gasdurchlässigkeit einiger feuerfester Erzeugnisse nach Wohlleben und Konopicky [1238]

Erzeugnis	E-Modul GN/m²	Schubmodul GN/m²	μ	Kaltdruckfestigkeit N/mm²	Gasdurchlässigkeit nPM
Silicastein	13	5,2	0,25	15 – 50	1 – 12
Schamottestein	26 – 36	9,3 – 13,7	0,22 – 0,44	12 – 70	1 – 13
Korundstein	28 – 36	11,7 – 14,6	0,22 – 0,25	35 – 80	0,5 – 10
Feuerleichtstein	6,6 – 8,4	2,8 – 3,8	0,12 – 0,17	2,5 – 12,5	–
Magnesitstein	115 – 140	45 – 54	0,27 – 0,3	50 – 110	6 – 12
Magnesitchromstein	56 – 61	21 – 4,5	0,24 – 0,3	30 – 70	–
Chrommagnesitstein	43 – 59	16 – 3	0,28 – 0,32	15 – 45	8 – 25
Chromitstein	62 – 90	24 – 36	0,2 – 0,3	30 – 70	< 10
Forsteritstein	44 – 52	18 – 2	0,2 – 0,22	20 – 40	< 15

Mit steigender Temperatur werden unterschiedliche Änderungen der elastischen Konstanten gefunden. In Al_2O_3-Einkristallen haben Wachtman und Lam [641] eine lineare Abnahme des Elastizitätsmoduls von 38 GN/m^2 bei 0°C auf 28 GN/m^2 bei 1650°C gefunden. Feuerfeste Werkstoffe zeigen dagegen zunächst meist eine geringe Zunahme des Elastizitätsmoduls mit steigender Temperatur, der bei Ausbildung von viel oder niedrig viskoser Schmelzphase deutlich absinkt, was bei Schamottesteinen bei etwa 1000°C erfolgt. Der Schubmodul bleibt bei letzteren dagegen bis etwa 800°C konstant und zeigt schon bei der Ausbildung der ersten Schmelzphase den Abfall [1239].

Zur Beurteilung des Verhaltens bei Gebrauchstemperatur wird neben der Kaltdruckfestigkeit manchmal die noch nicht genormte Heißdruckfestigkeit ermittelt.

9.2.3.2 Elastizitäts- und Verformungsmodul

Bei thermischen Beanspruchungen, die oft mit physikalisch-chemischen Veränderungen durch Infiltrationen verbunden sind, kommt es im feuerfesten Mauerwerk zu Spannungen, die zu Bruch- und Rißbildungen in den Steinen führen können.

Um die Größe der Bruchspannungen zu kennzeichnen, wird die Widerstandskraft gegen Verformung durch Biegebeanspruchung, d.h. die Biegefestigkeit gemessen.

Feuerfeste Steine verhalten sich nur in einem kleinen Verformungsbereich rein elastisch. Steigen die Spannungen an, kommt es zu irreversiblen Verformungen. Die Ursache dafür ist in dem inhomogenen Gefüge dieser Werkstoffe zu suchen. Es wird hier keine gleichmäßige Spannungsverteilung mehr erreicht, und örtliche Spannungsspitzen führen z.B. im Feinkornbereich zu Stellen stärkerer Deformation.

Der Elastizitätsmodul (E-Modul) E ist definitionsgemäß gleich dem Quotienten Spannung σ durch reversible Verformung ε: $E = \sigma/\varepsilon$. Bestimmt wird der E-Modul heute meist durch eine Ultraschall- oder Resonanzfrequenz-Messung.

Wird die Verformung bis zum Bruch gesteigert, so verläßt man sehr bald den rein elastischen Bereich der feuerfesten Werkstoffe. Die hervorgerufenen Deformationen werden im Verhältnis zu den angelegten Spannungen erheblich größer und schließlich wird das Gefüge so stark aufgelockert, daß es zum Bruch kommt.

Ein Maß für die Verformbarkeit feuerfester Werkstoffe stellt der Verformungsmodul V nach Kienow und Hennicke [1240] dar; er ist gleich dem Verhältnis aus Bruchspannung σ_{Br} und Bruchverformung ε_{Br}: $V = \sigma_{Br}/\varepsilon_{Br}$.

Im Spannungs-Dehnungs-Diagramm hängt V von der Neigung der Verbindungsgeraden zwischen Nullpunkt und Bruchpunkt ab; d.h., der V-Modul ist bei feuerfesten Werkstoffen kleiner als der E-Modul. Je kleiner der V-Modul wird, um so inhomogener ist das Steingefüge und um so größer ist der Einfluß der Deformation im Feinkornbereich. Im Betriebseinsatz zeigt dieser Werkstoff eine geringere Neigung zur Rißbildung.

Die Bestimmung des V-Moduls kann gleichzeitig mit der Biegefestigkeit an einem Prüfstab ermittelt werden. Dazu werden Prüfkörper mit rechteckigem Querschnitt auf zwei Schneiden gelegt und in der Mitte zunehmend bis zum Bruch belastet. Die ansteigende Spannung wird mit einem Dehnungsmeßstreifen erfaßt. Die Verformung wird bis zum Bruch fortgesetzt und während des Versuches die Spannungs-Verformungs-Kurve ermittelt.

9.2.3.3 Porosität und Dichte

Die Porosität ist eine wichtige kennzeichnende Größe feuerfester Werkstoffe, da sie chemische Beständigkeit, Festigkeit, Wärmeleitfähigkeit und Temperaturwechselbeständigkeit beeinflußt. Unter Porosität wird der Anteil (in Prozent) des Volumens verstanden, der von Hohlräumen gebildet wird. Allgemeine Grundlagen sind in Kapitel 2.6.4 behandelt.

Aus der Dichte Q und der Rohdichte Q_R ergibt sich die Gesamtporosität P_{ges} eines Werkstoffes nach der Beziehung $P_{ges} = 1\text{-}Q_R/Q$. Von der Gesamtporosität unterscheidet man die offene oder scheinbare Porosität P_0 . Sie wird nach DIN 51056 [231] durch Tränken des Werkstoffes in Wasser und anschließende Gewichtsbestimmung ermittelt:

$$P_0 = \frac{G_f - G_{tr}}{G_f - G_w} \qquad (397)$$

P_0 offene Porosität,
G_f Gewicht des mit Wasser getränkten Körpers,
G_{tr} Trockengewicht,
G_w Gewicht des Körpers unter Wasser.

Mit dem Verfahren zur Bestimmung der offenen Porosität werden nur die Porenräume bestimmt, die von außen zugängig sind. Erfaßt werden also nur durchtränkbare Poren sowie einseitige Sackporen. Nicht erfaßt werden alle geschlossenen Poren. Bei vielen feuerfesten Werkstoffen besteht kein großer Unterschied zwischen der Gesamt- und der offenen Porosität. Die Differenz liegt oft bei 2 Vol.-%.

Die Dichte Q eines feuerfesten Werkstoffes nach DIN 51057 [1241] charakterisiert die mittlere Dichte der festen Phasen. Sie wird an feingemahlenem Material im Pyknometer bestimmt.

Die Rohdichte eines Werkstoffes ist der Quotient aus Masse und Volumen einschließlich des Porenraumes. Die Bestimmung erfolgt an Probekörpern oder Bruchstücken nach DIN 51065 Teil 1 mit der hydrostatischen Waage, dem Quecksilber-Verdrängungsverfahren oder durch Wägen und Ausmessen. Feuerfeste Steine haben sehr unterschiedliche Rohdichten, wie Tabelle 93 zeigt.

Von besonderem Interesse ist in speziellen Fällen die Bestimmung der Porenarten und der Porengrößenverteilung, die das Verhalten feuerfester Werkstoffe gegen Schlacken-, Glasschmelzen-, Gas- oder Dampfangriff beeinflussen. Eine schnellere Methode stellt die Bestimmung der Gasdurchlässigkeit nach DIN 51058 [232] dar (s. auch Kapitel 2.6.4). Sie gibt einen qualitativen Hinweis auf die mittlere Porengröße, von der die Verschlackungsbeständigkeit feuerfester Werkstoffe abhängt.

Tabelle 93: Rohdichten einiger feuerfester Werkstoffe [1225]

	g/cm^3		g/cm^3
Zirkonsteine	3,5 – 3,7	Sillimanitsteine	2,6 – 2,7
Chrommagnesiasteine	3,0 – 3,2	Hartschamottesteine	2,9 – 2,3
Korundsteine ($90Al_2O_3$)	3,0 – 3,2	Quarzgutsteine	2,0
Magnesiasteine	2,9 – 3,1	Schamottesteine, plast. gef.	1,9 – 2,0
Zirkoncristobalitsteine	2,6 – 2,8	Silicasteine	1,8 – 1,9
Forsteritsteine	2,7 – 2,8	Isoliersteine	< 1,5

9.2.4 Chemische Beanspruchung

9.2.4.1 Chemische Zusammensetzung

Feuerfeste Werkstoffe werden nach ihrem Verhalten bei Kontaktreaktionen in drei Stoffgruppen unterteilt, wie Tabelle 94 zeigt.

Nach dieser Tabelle dürfen nur Werkstoffe einer Gruppe miteinander vermauert und Temperaturen über 1600°C ausgesetzt werden, ohne daß Kontaktreaktionen zu beobachten sind. Werden dagegen Steine der sauren Gruppe mit solchen der basischen Gruppe in Kontakt gebracht, treten Reaktionen auf, die zur vorzeitigen Zerstörung des Mauerverbandes führen können. Eine Sonderstellung nehmen Werkstoffe der kontaktindifferenten Gruppe ein. Solche Steine können sowohl mit basischen als auch sauren Steinen vermauert werden, ohne daß Kontaktreaktionen den Einsatz solcher Werkstoffe bei Temperaturen über 1600°C behindern.

Öfen sind meist aus verschiedenem Steinmaterial zugestellt. Nicht immer sind dann bei der Gebrauchstemperatur zwei feste Phasen in Berührung, sondern zum einen zeigen einige feuerfeste Erzeugnisse bei hohen Temperaturen Schmelzphase und zum anderen können sich an den Berührungsflächen eutektische Schmelzen ausbilden. Dann treten Kontaktreaktionen auf, deren Ausmaß Steinhoff [1242] an der Stauchung von Probeplättchen unter einer Belastung von 25 kN/m^2 in 2h bei 1600°C festgestellt hat. Man findet zwischen diesen Werten und den betreffenden eutektischen Temperaturen einen klaren Zusammenhang [1243], obwohl auch die Kontaktreaktionen von der Viskosität der sich bildenden Schmelze abhängen.

Tabelle 94: Einteilung feuerfester Werkstoffe nach ihrem Verhalten bei Kontaktreaktionen

saure Gruppe	basische Gruppe	kontaktindifferente Gruppe
Quarzgut 99 Gew.-% SiO_2	Sinterdolomitsteine	Kohlenstoffsteine
Silicasteine 94-97 Gew.-% SiO_2	Magnesiasteine	tonerdereiche Steine
Siliciumcarbidsteine	Chrommagnesiasteine	
Zirkoncristobalitsteine		
Zirkonsteine	Forsteritsteine	Chromitsteine

9.2.4.2 Verschlackungsbeständigkeit

Neben der früher erwähnten mechanischen Korrosion kann bei feuerfesten Erzeugnissen eine chemische *Korrosion* eintreten, die häufig als *Verschlackung* bezeichnet wird. Die Möglichkeiten von chemischen Reaktionen lassen sich aus dem Phasendiagramm der beteiligten Komponenten erkennen [2248]. Danach kann man ermitteln, welche Abhängigkeit von der Zusammensetzung des Steins, des angreifenden Mediums und der Temperatur besteht. Die Phasendiagramme zeigen aber nur die zu erwartenden Gleichgewichte an, während in der Praxis meist die Frage der Reaktionsgeschwindigkeit wichtiger ist. Festkörperreaktionen laufen langsam ab, so daß zwischen festen Komponenten nur schwache Reaktionen eintreten. Der Angriff von Schmelzen ist deutlich stärker und wird noch erhöht, wenn auch im Stein Schmelzphase vorliegt. Dabei ist die Verschlackung um so größer, je geringer die Viskositäten der beteiligten Schmelzphasen sind. Voraussetzung dafür ist eine gute Benetzung von Schlacke und Stein, die aber bei oxidischen Systemen praktisch immer gegeben ist. Der Umfang dieser Umsetzung hängt von der Oberfläche ab, weshalb mit steigender Porosität der Angriff zunimmt. Über Ursachen und Erscheinungsformen der Korrosion informiert Kapitel 5.6.

Oft befindet sich im Betrieb der Stein in einem Temperaturgefälle, wodurch sich hinter der Kontaktzone im Stein ein zonaler Aufbau mit Anreicherungen einzelner Komponenten in bestimmten Bereichen ausbildet, wie man es u.a. bei Silica- und Schamottesteinen beobachtet hat. Die Gründe dafür liegen in einem komplizierten Wechselspiel zwischen Eindringen der Schmelze, Diffusion einzelner Komponenten und Einstellung der Gleichgewichtsphasen im Temperaturfeld. Insgesamt sind es viele Parameter, die die Verschlackung beeinflussen, so daß eine einheitliche Darstellung der einzelnen Vorgänge nicht ohne weiteres möglich ist.

Kienow [1244] unterscheidet drei Korrosionsfälle:

Fall 1: Die feuerfesten Steine reagieren mit den angreifenden Agenzien zu dünnflüssigen Reaktionsprodukten. Die Folge davon ist ein relativ schnelles Abschmelzen der Wand.

Fall 2: Die Reaktionsprodukte bilden eine hochviskose Schutzschicht an der Steinoberfläche, die Diffusion und Konvektion weiterer angreifender Agenzien behindert, und so den Korrosionsfortschritt verlangsamt.

Fall 3: Der Steinangriff ist so langsam, daß flüssige Teilschmelzen in die Poren der Werkstoffe eindringen und Infiltrationszonen bilden. Die Geschwindigkeit der Infiltration nimmt dabei mit zunehmender Oberflächenspannung und sinkender Viskosität der Schmelze zu. In den Poren reagiert die infiltrierte Schmelze mit dem Steinmaterial. Da in jedem Fall das temperaturabhängige Gleichgewicht erreicht wird, können hier folgende Varianten unterschieden werden:

1. Die Viskosität der Schmelze wird durch das gelöste Steinmaterial erhöht bzw. erniedrigt.
2. Die Steinphasen entziehen der Schmelze Komponenten, die in fester Lösung aufgenommen werden. In den meisten Fällen kann hierdurch eine Ansteifung der Schmelze beobachtet werden.
3. Kohlenstoffhaltige Substanzen im Stein reduzieren Schmelzkomponenten zu Metallen und bewirken dadurch einen Viskositätsanstieg sowie eine Abnahme der Infiltrationstiefe.

Da diese Vorgänge auch zu Volumenänderungen führen, wurden von Kienow [1244] die Bezeichnungen *Schlackenschwindung* bzw. *Schlackendehnung* vorgeschlagen.

Neben den Schmelzen können auch Gase und Dämpfe feuerfestes Material angreifen. In dieser Beziehung sind besonders reduzierende Gase schädlich, die über die Reduktion des SiO_2 Steine zermürben können. Alkalidämpfe führen zu einer verstärkten Verschlackung, da sie als Dampf tief in den Stein eindringen können.

Geprüft wird die Verschlackungsbeständigkeit nach DIN 51069 [1245] nach dem Tiegel- (Teil 2) und Aufstreu-Verfahren (Teil 1) oder dem Fingertest. Beim *Tiegelverfahren* wird aus dem zu untersuchenden Werkstoff ein Tiegel gebohrt, der mit einer festgelegten Menge Schlacke, Glas usw. gefüllt und eine bestimmte Zeit 100 K über der Schlackenschmelztemperatur gehalten wird. Nach der Abkühlung erfolgt eine diagonale Durchtrennung des Tiegels so, daß die Achse der Ausbohrung in der Schnittebene liegt. Die erste Auswertung erfolgt über den Vergleich der Tiegelhälften. Durch Besichtigen wird die Reihenfolge der einzelnen Tiegel in Bezug auf ihren Widerstand gegen den Angriff festgelegt. Gegebenenfalls kann zur Beurteilung die Lösungsfläche bzw. die Tränkungsfläche innerhalb der Schnittebene ausplanimetriert werden. Die Hauptfehler dieses Verfahrens liegen darin, daß die Schlackenmenge, bezogen auf das Steinvolumen, zu gering ist. Während im Betrieb die Schlackenmenge immer wieder erneuert wird, stellt sich im Tiegel meist das thermodynamische Gleichgewicht ein. Die chemischen Reaktionen kommen dadurch bald zum Stillstand. Weiter fehlt beim Tiegelverfahren das im Betrieb vorhandene Temperaturgefälle sowie die Schlackenbewegung.

Beim *Aufstreuverfahren* wird Schlackenpulver nach und nach auf einen zylindrischen Probekörper gestreut, der sich auf Prüftemperatur befindet. Nach dem Versuch werden Gewichts- und Volumenverlust bestimmt und das Aussehen beurteilt.

Eine weitere Testmethode stellt der *Fingertest* dar. Ein aus dem feuerfesten Stein herausgeschnittener Stab rotiert hier bei der Prüftemperatur in einem größeren Platin- oder Feuerfesttiegel. Die Rotation des Stabes soll dabei die Konvektionsströme in der Schmelze simulieren. Am Ende des Versuches wird hier die Dicke der aufgelösten Schicht im Bereich des Schlackenangriffs bestimmt. Vorteile dieses Verfahrens sind das Temperaturgefälle im Prüfkörper, die Bewegung des Schlackenbades sowie die große Schlackenmenge.

Um das Verhalten feuerfester Werkstoffe gegenüber dem Angriff von Dämpfen und Gasen abschätzen zu können, werden Steinstücke oder körnige Rohstoffe in einem Röhrenofen dem Angriff eines entsprechenden aggressiven Gasstroms ausgesetzt.

9.3 Feuerfeste Werkstoffe

9.3.1 Dichte geformte feuerfeste Erzeugnisse

9.3.1.1 Silicasteine

(Bearbeitet von F. Brunk, Bochum)

Silicasteine sind durch einen SiO_2-Gehalt von ≥ 93 Gew.-% gekennzeichnet [1246]. Im allgemeinen liegt der SiO_2-Gehalt zwischen 95 und 97 Gew.-%. Der Rest setzt sich zusammen aus (in Gew.-%): < 2 Al_2O_3, < 2,5 Fe_2O_3, < 0,2 TiO_2, < 4 CaO, < 0,35 $Na_2O + K_2O$. Eine weitere Unterteilung mit Festlegung von spezifischen Eigenschaftsgrenzwerten erfolgt anwendungsbezogen [1247], [1248].

Hauptrohstoff für die großtechnische Silicasteinherstellung sind chemisch reine Quarzite mit SiO_2-Gehalten über 97 Gew.-%. Aluminiumoxid und insbesondere Alkalien wirken als starke Flußmittel. Ihr Gesamtgehalt bezogen auf die Anforderungen an die gewünschte Steinqualität sollte daher zwischen ca. 0,2 und 1,8 Gew.-% liegen, wobei der Alkaligehalt in der Regel 0,3 Gew.-% nicht überschreiten sollte. Bezüglich der Genese aus quarzreichen Sanden differenziert man im allgemeinen zwischen zwei Quarzittypen: dem überwiegend tektonisch verfestigten grobkristallinen Felsquarzit und dem ausschließlich durch Ausscheidung kolloidal gelöster Kieselsäure verfestigten, vorwiegend feinkristallinen Zementquarzit. Der Übergang zwischen diesen beiden Typen ist stetig.

Quarzite bestehen aus der Tieftemperaturmodifikation α-Quarz (gemäß internationaler Nomenklatur). Dieser durchläuft beim Erhitzen reversible und irreversible Modifikationsänderungen verbunden mit mehr oder weniger intensiven Dichteänderungen (Kapitel 2.3.2.4.1). Die Gesamtporosität hochwertiger Quarzite nimmt daher beim Brennen von 1-3 Vol.-% auf ca. 14 Vol.-% zu. Für die Silicasteinproduktion ist hierbei von übergeordneter Bedeutung, daß die Kinetik der Quarzumwandlung neben den Brennbedingungen abhängig ist von der Kristallgrößenverteilung und der Anwesenheit von Mineralisatoren. Zementquarzite wandeln aufgrund ihrer höheren spezifischen Oberfläche und der hauptsächlich entlang der Kristallgrenzen fein verteilten Mineralisatoren schneller um als die grobkristallinen Felsquarzite. Spontan umwandelnde Quarzite sind für die Steinproduktion aufgrund eines hohen Brennbruches ungeeignet.

Zur Herstellung einer rieselfähigen Trockenpressmasse werden die gewaschenen Quarzite auf die gewünschte Korngröße von kleiner 3,5 mm zerkleinert und klassiert. Anteilig finden auch gemahlene Quarzsande Verwendung. Den gekörnten Rohstoffen werden beim Mischen ca. 1,5 bis 4 Gew.-% gelöschter Kalk als Bindemittel und Mineralisator für die Umwandlung von Quarz in Cristobalit bzw. Tridymit zugesetzt. Das $Ca(OH)_2$ reagiert oberhalb ca. 800°C mit dem SiO_2 über metastabile Zwischenphasen unter Bildung von hochfeuerfestem Pseudowollastonit ($CaO \cdot SiO_2$) als Bestandteil der Bindephase. Eine zusätzliche Verwendung von Eisenoxid (< 1,5 Gew.-%) fördert die Quarzumwandlung und wirkt sich positiv auf die Steinfestigkeit aus. Zwingende Zusätze an organischem Bindemittel (meist

Ligninsulfonat) wirken als Preßhilfsmittel und verleihen den Rohlingen nach der Trocknung die erforderliche Festigkeit.

Beim Steinbrand überführt man weitestgehend das in den Rohstoffen vorliegende Mineral α-Quarz irreversibel in die beiden Hochtemperaturmodifikationen α-Cristobalit und α-Tridymit. Wie bereits erwähnt, ist dieser Vorgang aufgrund des polymorphen Verhaltens des SiO_2 mit extremen Volumenveränderungen verbunden (Tabelle 95).

Tabelle 95: Volumenänderungen bei Modifikationswechsel des SiO_2

Modifikationsänderung ↔ reversibel → irreversibel			Temperatur in °C	Volumenänderung in %
α	↔	β-Quarz	573	0,8-1,3
β-Quarz	→	α-Cristobalit	1250	17,4
β	↔	α-Cristobalit	≈ 260	2,0-2,8
β-Quarz	→	α-Tridymit	≈ 870	14,4
γ	↔	α-Tridymit	117-163	0,5
α-Tridymit	→	α-Cristobalit	1470	–

Tridymit ist eine durch Fremdsubstanzeinlagerung, insbesondere Alkalien, entstandene fehlgeordnete Abart des Cristobalits. Die Tridymitbildung setzt ab 870°C ein, die des Cristobalit erst oberhalb 1250°C. Beim Brand bildet sich aber dennoch Cristobalit, weil die Umwandlung des β-Quarzes zum Cristobalit wesentlich schneller abläuft als zum Tridymit. Zunehmende Brennzeiten und unreine Rohstoffe begünstigen die Tridymitbildung. Der über den sehr komplexen Brennprozeß steuerbare Umwandlungsgrad ist vom Versatzaufbau sowie Steinformat abhängig und liegt in der Regel bei über 94 % des ursprünglich in der Rohmischung vorhandenen α-Quarzes. Aufgrund der schnell auftretenden reversiblen Umwandlungen muß langsam abgekühlt werden, um eine Rißbildung zu vermeiden. Silicasteine zeigen bei den üblichen Brenntemperaturen von 1420 bis 1480°C und einer steinformatabhängigen Gesamtbrenndauer von 1 bis 3 Wochen ein lineares *Brennwachsen* von etwa 4 bis 5 %. Der Restquarzgehalt als kennzeichnende Größe und Qualitätsmerkmal für den Umwandlungsgrad wird röntgendiffraktometrisch genau bestimmt. Eine Beschreibung der Prüfmethode geben Majdič u. M. [1249]. Die früher übliche Dichtebestimmung wurde hierdurch verdrängt.

Die kristallinen Hauptbestandteile gebrannter Silicasteine γ-Tridymit und β-Cristobalit schwanken rohstoff- und herstellungsbedingt in weiten Gehaltsbereichen. Die durchschnittliche mineralogische Zusammensetzung beträgt (in Gew.-%) 0,5-3 Gew.-% α-Quarz, ca. 5 % Pseudowollastonit, ca. 4-8 % röntgenamorpher Phase (überwiegend stark fehlgeordnete SiO_2-Modifikationen), 40-50 % Tridymit und 35-45 % Cristobalit.

Charakteristikum für Silicasteine ist der Verlauf der thermischen Dehnung, der durch die reversiblen Umwandlungen der drei SiO_2-Modifikationen geprägt wird. Bis 600°C zeigen Silicasteine einen steilen Dehnungsanstieg; bei 800 bis 1000°C ist das Maximum von ca. 1,2 % bis 1,5 % erreicht. Der Maximalwert wird dabei weitgehend vom Verhältnis Tridymit zu Cristobalit bestimmt. Auf einen zusätzlichen Einfluß der Mikrostruktur weisen Panda und Goswami hin [1250]. Quasi restquarzfreie Steine weisen zu sehr hohen Temperaturen hin eine vom Tridymitgehalt abhängige, reversible Schwindung von bis zu 0,3 % auf [1251]. Im Gegensatz hierzu besitzen schlecht umgewandelte Steine mit Restquarzgehalten über 10 Gew.-% oberhalb 1300°C eine beachtliche Nachdehnung. Das Ausmaß dieser irreversiblen Umwandlung ist nach Untersuchungen von Majdic u. M. [1252] außer vom Restquarzgehalt stark vom eingesetzten Quarzitrohstofftyp abhängig. Bei gleichem Restquarzgehalt ist der Nachdehnungsbetrag bei Temperaturen bis zu 1650°C bei feinkristalliner Rohstoffbasis signifikant höher als bei grobkristalliner (Bild 441).

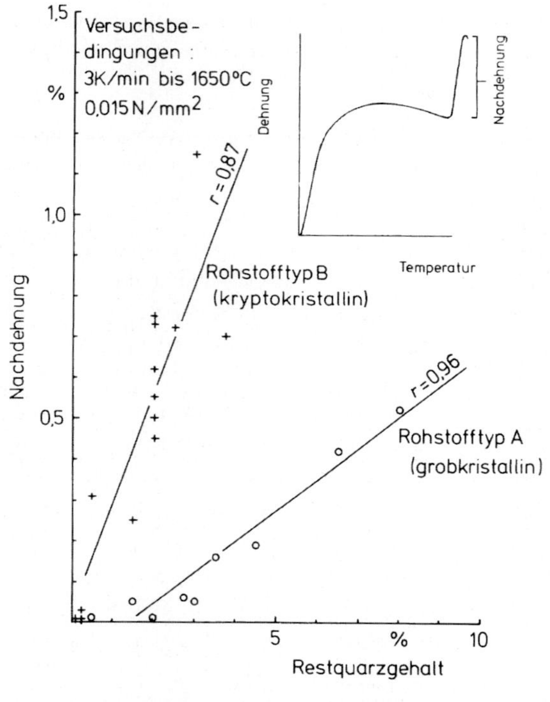

Bild 441: Nachdehnung in % verschiedener Silicasteine mit unterschiedlicher Rohstoffbasis in Abhängigkeit vom Restquarzgehalt bei einer Aufheizgeschwindigkeit von 3 K/min bis 1650°C und Belastung von 0,015 MPa nach Majdič u. M. [1252]

Eine Herabsetzung der Aufheizgeschwindigkeit und/oder Druckbelastung erhöhen die Nachdehnung. Die negative Wärmedehnung des Tridymits kann so durch einen definierten, aber niedrigen Restquarzgehalt kompensiert werden (Bild 442).

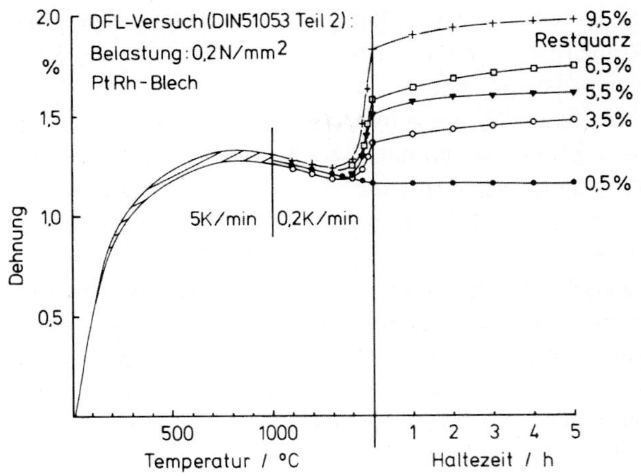

Bild 442: Dehnungsverhalten von verschiedenen Silicasteinen (grobkristalline Rohstoffbasis) bis 1500°C in Abhängigkeit vom Restquarzgehalt bei einer Aufheizgeschwindigkeit von 0,2 K/min ab 1000°C und einer Belastung von 0,2 MPa nach Majdič u. M. [1252]

Nach Lepère u. a. [1253] zeigen Silicasteine auf grobkristalliner Rohstoffbasis mit mittleren Restquarzgehalten von etwa 2 bis 3 Gew.-% für verschiedene Anwendungen ein besseres Einsatzverhalten. Diese Zusammenhänge spiegeln sich in einer nach dem Quarzitrohstoff differenzierten Normung des maximal zulässigen Restquarzgehaltes wieder [1248].

Silicasteine können im Einsatz unter günstigen Bedingungen aufgrund des geringen Glasphasenanteiles bis nahe an den Schmelzpunkt beansprucht werden. Charakteristisch ist bei der Druckfeuerbeständigkeitsprüfung eine geringe Differenz von etwa 10 K zwischen beginnendem und vollständigem Erweichen. Der von Mackenzie [1254] im Dreistoffsystem $CaO–Al_2O_3–SiO_2$ errechnete Anteil an Schmelzphase liegt bei 1600°C zwischen 10 und 20 % und nimmt erst oberhalb 1650°C stark zu.

Die offene Porosität der Silicasteine variiert zwischen 17 und 25 Vol.-%, der Anteil an geschlossenen Poren ist kleiner 1 Vol.-%. Entsprechend hierzu korrelieren die Rohdichtewerte im Bereich von 1,75 bis 1,93 g/cm³. In der Grobkeramik allgemeingültige Körnungsrichtlinien zur Erzielung dichter Steine sind nur bedingt anwendbar. Der Grund hierfür ist der überlagernd wirkende Einfluß einer korngrößenabhängigen Volumenzunahme. Zunehmender Grobkornanteil führt in der Regel zu einem höheren Wachsmaß. Zu beachten ist eine zusätzliche, rohstoffabhängige Kornporositätsentwicklung beim Steinbrand. Dichte Silicasteine werden durch Auswahl geeigneter Quarzitrohstoffe kombiniert mit hoher Pressdruckbeaufschlagung bei der Formgebung hergestellt. Für die Produktion sehr dichter, hochwärmeleitender Spezialsorten werden Siliciumnitrid (Si_3N_4) und/oder Siliciumcarbid (SiC) als feinkörnige Versatzzugaben (in der Regel 0,5-10 Gew.-%) vorgeschlagen [1255], [1256]. Durch Oxidation während des Brandes bildet sich hieraus oberhalb ca. 1200°C unter Volumenzunahme kristallines SiO_2, welches die intergranularen Porenräume ausfüllt. Bei unzureichender Oxidation erfolgt im betrieblichen Einsatz bei hohen Temperaturen eine weitere Umwandlung mit dem Nachteil einer möglichen Steinzermürbung. Die Wärmeleitfähigkeit bei 1200°C ist mit etwa 2,6 W/m·K um ca. 15 % höher als die der ohne Zusatz hergestellten, höher verdichteten Silicasteine.

Silicasteine zeigen bei 800 bis 900°C ein schwach ausgeprägtes Maximum der Heißbiegefestigkeit. Die Druckfestigkeit nimmt hingegen nach Untersuchungen von Jeschke u. M. [1257] mit steigender Prüftemperatur ab. Eine Zusammenstellung der Eigenschaften verschiedener Silicaerzeugnisse findet sich bei Schulle [1258] sowie Mohanty u. a. [1259].

Die Korrosionsbeständigkeit der Silicasteine ist gegenüber den meisten Schmelzen und Gasen gut. Alkalihaltige Dämpfe verursachen jedoch intensive Korrosion durch Bildung von Alkalisilicatschmelzen. Nach Laborversuchen von Bieler [1260] ist die Korrosionsrate in NaOH-Gas deutlich höher als beim Einsatz von Na_2CO_3. Siliciumdioxid wird bei hohen Temperaturen und reduzierender Atmosphäre in Anwesenheit von Wasserdampf und H_2 zu gasförmigem SiO reduziert. Die Folge sind Gefügezerrüttung und schließlich Zerstörung des Silicamaterials. In reduzierender Atmosphäre ist der Silicastein bis ca. 1600°C widerstandsfähig gegenüber Kohlenstoff. Bei Einsatz in einem Temperaturgefälle bilden sich durch thermische und korrosive Belastungen zonare Gefüge aus, ohne das Betriebsverhalten negativ zu beeinflussen. Diese Zonenbildung ist auf Um- und Rekristallisationsvorgänge sowie Migration von Eigen- und Fremdbestandteilen zurückzuführen. Nach Lach [1261] wandeln die zunächst im Silicastein vorhandenen, unterschiedlichen SiO_2-Modifikationen einheitlich ohne nennenswerte Volumenänderung zwischen etwa 1300 und 1450°C in Tridymit und oberhalb 1450°C in Cristobalit um. Diese Gefügeveränderungen bedingen die in der Literatur [1256], [1262], [1263] beschriebene Verbesserung anwendungsbezogener Eigenschaften in den thermisch am höchsten beanspruchten Zonen.

Die Einsatzbereiche der Silicaerzeugnisse resultieren primär aus der wärmedehnungsbedingten, hervorragenden Temperaturwechselbeständigkeit oberhalb etwa 600°C und der außerordentlich guten Dauerstandsfestigkeit im Hochtemperaturbereich. Wichtige Anwendungsgebiete sind daher Koks- und Gasöfen, Oberbau von Glasschmelzwannen und Winderhitzer (Besatzsteine). Aufgrund der extrem starken Wärmedehnung bis 600°C ist allerdings besondere Vorsicht beim Aufheizen der Aggregate geboten.

9.3.1.2 Schamottesteine

(Bearbeitet von F. Brunk, Bochum)

Aus Sicht ihrer chemischen Zusammensetzung sind Schamottesteine in grober Annäherung dem binären Oxidsystem Al_2O_3-SiO_2 (Kapitel 3.3.2.1) zuzuordnen. Der Al_2O_3-Gehalt liegt im Bereich von 10 bis 45 Gew.-%, der SiO_2-Gehalt zwischen 50 bis 85 Gew.-%. Weitere chemische Bestandteile sind (in Gew.-%): Fe_2O_3 bis ca. 3, TiO_2 bis ca. 3, CaO+MgO < 1 und Na_2O+K_2O < 3,5, wobei in der Regel der K_2O-Gehalt deutlich überwiegt.

Eine Unterteilung der Schamottesteine erfolgt nach dem Al_2O_3- und/oder SiO_2-Gehalt.

Tabelle 96: Klassifizierung der Schamottesteine [1246]

Gruppe	Gehalte als Massenanteil in %	
FC 40	$40 \leq Al_2O_3 < 45$	
FC 35	$35 \leq Al_2O_3 < 40$	
FC 30	$30 \leq Al_2O_3 < 35$	
LF 10	$10 \leq Al_2O_3 < 30$	$SiO_2 < 85$

FC = fireclay, LF = low alumina fireclay

Weitere Unterteilungskriterien sind das Formgebungsverfahren und der Anwendungszweck mit spezifischen Eigenschaftsgrenzwerten, wobei die Bezeichnung der einzelnen Sorten unterschiedlich ist [1264]-[1268]. Tondinas- bzw. Semi-Silica-Erzeugnisse, charakterisiert durch einen SiO_2-Gehalt von ≥ 85 und < 93 Gew.-%, schließen die Lücke zwischen den Silicasteinen und aluminiumoxidarmen Schamottesteinen.

Feuerfester Ton als Ausgangsrohstoff für die Schamotteerzeugnisse zeigt eine starke Trocken- und Brennschwindung. Zur Herstellung maßhaltiger und volumenstabiler Steine wird daher dem Ton gekörnte Schamotte, ein bei ca. 1200 bis 1500°C gebranntes Produkt aus feuerfesten Tonen, zugegeben. Anteilig finden auch andere unbildsame Rohstoffkomponenten Verwendung, wie z.B. Porzellanbruch, Quarzsand und Tonerde. Eine Zusammenstellung mit Eigenschaften verschiedener Schamotten gibt Harries-Rees [1269]. Beurteilungskriterien sind primär der Chemismus und die als Indiz für den Brenngrad dienende Änderung des Kornraumgewichtes [1270] nach Temperaturbehandlung.

Zur Herstellung einer formbaren Masse wird die Schamotte in der Regel auf eine Korngröße kleiner 4 mm zerkleinert, in bis zu drei Kornbänder klassiert und unter Wasserzugabe mit Bindeton gemischt. In Abhängigkeit von der Bindetonmenge und Wasserzugabe erfolgt die Formgebung der Steine plastisch, halbtrokken, trocken oder in einem geringen Umfang auch durch Schlickergießen (Tabelle 97). Hohe Bindeton- und Wassergehalte erfordern speziell angepaßte Trocknungsverfahren, um eine Rißbildung zu vermeiden.

Tabelle 97: Herstellungsverfahren und charakteristische Merkmale von Schamotteerzeugnissen

Herstellungsart	Bindeton Gew.-%	Feuchtigkeit Gew.-%	Schwindung % linear	Maßhaltigkeit	Formgebung
plastisch gepresst	35–60	12–20	5–8	mäßig	Strangpressen, Nachpressen oder Handstampfen
halbtrocken gepresst	20–40	3– 7	0–3	gut	Hochdruckpressen
trocken gepreßt	5–15	3– 5	0–0,6	sehr gut	Hochdruckpressen, Stampfen, Rütteln (+ < 1 % Ligninsulfonat)
schlicker-gegossen	25–50	10–20	4–8	mäßig bis gut	Gießformen (+ < 0,3 % Verflüssiger)

Beim Steinbrand entstehen durch die Zersetzung der Tonrohstoffe oberhalb ca. 1100°C merklich Mullit und Cristobalit, erste Schmelzen treten bereits um 1000°C auf. Grobkörniger Quarz, als Bestandteil SiO_2-reicher Tone oder als Zusatz, reagiert bis ca. 1300°C kaum. Eine Mullitbildung durch Reaktion von zugesetzter calcinierter Tonerde mit SiO_2 erfolgt bei Temperaturen oberhalb etwa 1350°C. Die Menge des sich ausbildenden Mullits steht in direkter Korrelation zum Al_2O_3-Gehalt der verwendeten Rohstoffe. Der Gehalt an freiem SiO_2 wird neben den Brennbedingungen primär vom Flußmittelgehalt bestimmt. Nur bei sehr alkaliarmen Zusammensetzungen ist Cristobalit bei 1500°C noch beständig. Mit zunehmender Brenntemperatur und -zeit wachsen die Mullitkristalle, wobei sich der Habitus von nadelförmig in gedrungen ändert. Nach Routschka und Konopicky [1271] lagert der Mullit reversibel einen erheblichen Anteil an Fe- und Ti-Ionen in sein Gitter ein, deren Menge mit zunehmender Temperatur abnimmt und somit der Flußmittelgehalt der Schmelzphase erhöht wird. Pitak [1272] weist auf den Einfluß der Atmosphäre hin, wobei ein reduzierender Brand höhere Gehalte an Schmelzphase bedingt. Beim Abkühlvorgang beginnt Cristobalit unterhalb etwa 1350°C aus der Schmelze zu rekristallisieren.

Die Brenntemperaturen liegen rohstoffabhängig im allgemeinen zwischen 1250 und 1500°C, wobei die trocken geformten Sorten in der Regel oberhalb 1400°C gebrannt werden. Bevorzugtes Brennaggregat ist der Tunnelofen.

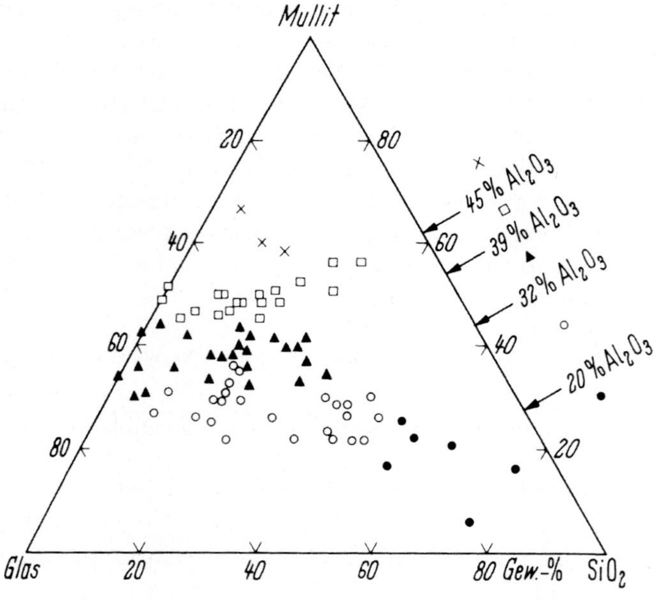

Bild 443: Phasenbestand von Schamottesteinen mit unterschiedlichen Al_2O_3-Gehalten

Nach dem Brand bestehen Schamottesteine aus 3/2-Mullit, Cristobalit und Glasphase. SiO_2-reiche Steine enthalten auch restlichen Quarz. Die mineralogische Zusammensetzung variiert rohstoff- und herstellungsbedingt sehr stark. Bild 443 zeigt die röntgenographisch und chemisch ermittelten Werte für Mullit, Glasphase und Cristobalit + Quarz nach Analysen von Konopicky [1273].

Bei Einsatz der Schamottesteine ist in der Regel ein deutliches Wachsen der Mullitkristalle zu beobachten. Bei Temperaturen oberhalb 1400 bis 1500°C und langer Temperatureinwirkung ändert sich die mineralogische Zusammensetzung feuerseitig in Richtung Mullit und zähviskoser Schmelze (Gleichgewichtszustand). Diese enthält im Vergleich zur primären Glasphase mehr SiO_2, TiO_2 und Fe_2O_3 [1271]. Aussagen über die thermische Beständigkeit des Mullit leitet Konopicky [1274] rechnerisch aus dem Dreistoffsystem K_2O-Al_2O_3-SiO_2 ab, wonach bis etwa 1500°C der Mullitgehalt mit zunehmender Temperatur kaum und mit steigendem K_2O-Gehalt wenig abnimmt. Eine zusammenfassende Darstellung der Eigenschaften des Mullit geben Skoog und Moore [1275]. Bei zyklischer Temperaturbeanspruchung im Betrieb kann beim Abkühlen Cristobalit aus der Schmelze kristallisieren. Bei Langzeiteinsatz kann sich in Schamottesteinen Tridymit auf Kosten des Cristobalit- und Quarzgehaltes bilden.

Neben dem kristallinen Phasenaufbau bestimmen der Anteil an Glasphase und deren Zusammensetzung die thermomechanischen Eigenschaften von Schamottesteinen. Charakteristische Größen sind das Druckerweichen (DE) und das Druckfließen (DFL), die im Vergleich zur Druckfeuerbeständigkeit (DFB) exaktere Aussagen über den Grenzbereich der Beanspruchung durch Temperatur geben. Bei der DFB- bzw. DE-Prüfung zeigen Schamottesteine aufgrund der hohen Viskosität der entstehenden Schmelze ein großes Erweichungsintervall. Nach Untersuchungen von Hennicke u. M. [1276] geben Schalllaufzeitmessungen während des Druckerweichungsversuchs Hinweise auf den Beginn einer Schmelzphasenbildung ab 800°C. Schamottesteine zeigen ein Maximum der Heißbiegefestigkeit (HBF) zwischen 1000 und 1100°C. Routschka u. M. [652] zeichnen die stark unterschiedliche thermische Dehnung von Cristobalit und Mullit, die zu Verspannungen im Steingefüge führt, hierfür verantwortlich. Nach Miller und Davies [1277] ist ein Heißfestigkeitsmaximum charakteristisch für einen mehrphasigen Gefügeaufbau, insbesondere wenn Glasphase vorhanden ist. Das Erweichen ist nach Konopicky [1278] ebenfalls abhängig vom Habitus der Mullitkristalle in der Bindephase, wobei es bei um so höherer Temperatur liegt, je größer die nadelförmigen Kristalle sind und je ausgeprägter ihre Verfilzung ist. Dieser Zustand stellt sich in Abhängigkeit von der chemischen Zusammensetzung bei unterschiedlichen Brennbedingungen ein. Ein gedrungener Mullithabitus wirkt sich negativ auf das Erweichungsverhalten aus. Zu beachten ist, daß eine brennschwindungsbedingte Porositätsabnahme ebenfalls die thermomechanischen Eigenschaften der Schamottesteine verbessern kann [652]. Bakunov [1279] hat das Kriechen von Schamottesteinen mit unterschiedlicher Rohstoffbasis zwischen 1200 und 1400°C untersucht. Die Aktivierungsenergie bei den Al_2O_3-reichen Steinen (40 und 44 Gew.-% Al_2O_3) lag zwischen 370 und 420 KJ/mol (2 MPa Druckspannung), die eines flußmittelarmen SiO_2-reichen Steines (22 Gew.-% Al_2O_3) betrug unter 0,6 MPa Druckspannung 580 KJ/mol.

Die Eigenschaften der Schamottesteine werden grundsätzlich beeinflußt durch die Art der Formgebung bei der Herstellung. Eine weitere Einflußgröße ist das aus dem Kornaufbau resultierende Gefüge (Bild 444).

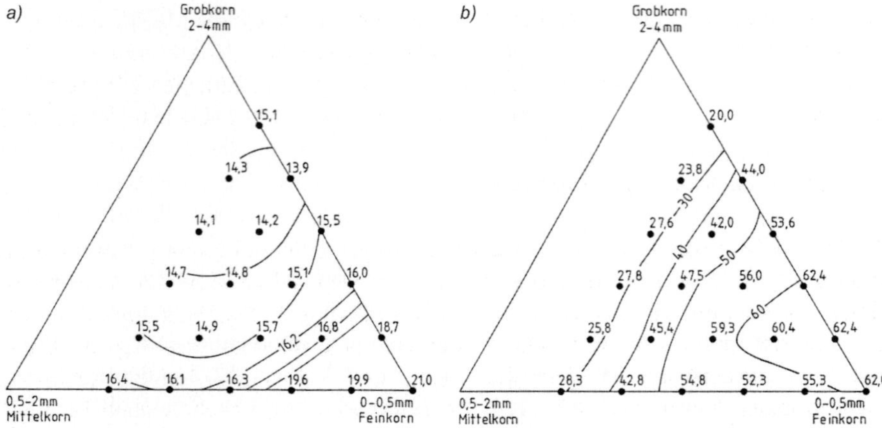

Bild 444: Einfluß des Kornaufbaues auf die Eigenschaften trocken verpreßter Schamottesteine (Al_2O_3-Gehalt = 44 Gew.-%, 10 Gew.-% Bindeton als Feinkorn). a) offene Porosität in Vol.-%, b) Druckfestigkeit bei Raumtemperatur (KDF) in MPa.

Den Einfluß der Herstellungsparameter Preßdruck, Brand und Kornaufbau auf das Porengefüge (30 Gew.-% Bindetonanteil) beschreiben Konopicky und Lohre [1280]. Mit steigendem Preßdruck tritt parallel zu einer Porositätsabnahme eine Verfeinerung des Porengrößenaufbaues ein, woraus ein günstigeres Infiltrationsverhalten abgeleitet werden kann.

Schamottesteine haben im allgemeinen eine gute Temperaturwechselbeständigkeit (TWB), besonders abschreckfest sind trocken gepreßte Al_2O_3-reiche Sorten. Grobkörnige Steine mit niedriger Druckfestigkeit bei Raumtemperatur (KDF) zeigen in der Regel eine bessere TWB als Steine mit einem feinkörnigen Gefügeaufbau und entsprechend hoher KDF. Neumann u. M. [1281] schließen aus Untersuchungen zum Temperaturwechselverhalten (Luftabschreckung) unter Einbeziehung der Schallemissionsanalyse, daß bei der untersuchten Schamottesteinsorte (35 Gew.-% Al_2O_3) nicht die Rißbildung, sondern der Rißfortschritt die entscheidende Rolle für das Bruchverhalten darstellt.

Unter stark reduzierenden Atmosphären in Anwesenheit von Koks und Temperaturen oberhalb ca. 1100°C zeigen Schamottesteine nach langem Einsatz einen mehr oder weniger ausgeprägten Substanzverlust an den SiO_2-haltigen, ursprünglichen Steinbestandteilen Glas, Cristobalit und Mullit. Als stabiles kristallines Reduktionsendprodukt wurde Korund nachgewiesen [1282]. In CO-haltigen Ofenatmosphären bedingt ein hoher Gehalt an nicht silicatisch gebundenem Eisenoxid (Fe_2O_3 > 1,5 Gew.-%) bei Temperaturen zwischen 400 bis 600°C eine Ausscheidung von Kohlenstoff unter Volumenzunahme, die zur Zermürbung des Steingefüges führt. Hohe SiO_2-Gehalte verbessern die Beständigkeit gegenüber alkalihaltigen Dämpfen (geringere Neigung zu Alkalibursting) und Säuren (Ausnahme Flußsäure). Gegenüber dem Angriff von Na_3AlF_6/NaF-haltigen Schmelzen zeigen Schamottesteine mit hohem SiO_2-Gehalt ebenfalls ein günstigeres Korrosionsverhalten [1283].

Schamottesteine werden wegen ihrer im Verhältnis zum Preis günstigen Eigenschaften vielseitig eingesetzt, wobei die Beanspruchung sehr unterschiedlich sein kann. Für spezielle Einsatzzwecke werden Sorten mit angepaßten anwendungsbezogenen Eigenschaften gefertigt. Haupteinsatzgebiete für Schamottesteine sind Feuerungsbau, Ofenanlagen der Nichteisenmetallindustrie, Hochöfen, Winderhitzer, Stahlwerksgießereien, Koks- und Gasöfen sowie Glas- und Zementindustrie.

9.3.1.3 Tonerdereiche Steine

Die tonerdereichen Steine gehören ebenso wie die Schamottesteine zum System SiO_2-Al_2O_3 (Bild 150). Infolge der mit zunehmenden Al_2O_3-Gehalten steigenden Liquidustemperatur nimmt die Feuerfestigkeit allerdings entsprechend zu, und es eröffnen sich erweiterte Anwendungsmöglichkeiten. Hieraus resultiert die Charakterisierung der tonerdereichen Werkstoffe nach dem Al_2O_3-Gehalt. Nach der internationalen Norm ISO 1109 [1277] wird dabei in die tonerdereichen Erzeugnisse der Gruppe 1 (45 bis 56 Gew.-% Al_2O_3) und der Gruppe 2 (>56 Gew.-% Al_2O_3) unterteilt (Tabelle 87). Neben der zweiten Hauptkomponente SiO_2 sollen die rohstoffbedingten Verunreinigungen - vor allem TiO_2, Fe_2O_3 und Alkalien - den Grenzwert von 6 Gew.-% nicht überschreiten. Entsprechend der Definition der tonerdereichen Werkstoffe sind für deren Herstellung *Rohstoffe* mit Al_2O_3-Gehalten über 45 Gew.-% erforderlich. Hierzu bietet sich eine ganze Reihe von Mineralen und Gesteinen an, wobei aber zwischen natürlich vorkommenden und synthetisch herzustellenden Rohstoffen unterschieden werden muß. Die in Frage kommenden Rohstoffe sind in Tabelle 98 zusammengestellt.

Die drei Minerale *Kyanit*, *Sillimanit* und *Andalusit* (Al_2SiO_5) unterscheiden sich wesentlich durch ihre Dichte (Kapitel 2.3.2.1). Da sie beim Brand alle in Mullit und SiO_2 (Dichte der Mischung ca. 3,0 g/cm^3) umwandeln, ist beim Sillimanit (ρ = 3,23-3,27 g/cm^3) und vor allem Kyanit (ρ = 3,53-3,65 g/cm^3) ein Vorbrand notwendig. Andalusit (ρ = 3,13-3,16 g/cm^3) wird meist ungebrannt verarbeitet. Die dabei auftretende Volumenvergrößerung streut zwischen 3 und 15 %. Nach Untersuchungen von Patzak und Konopicky [1284] erfolgt bei allen drei Modifikationen die Umwandlung ohne Zwischenphasen direkt in Mullit und Schmelze bzw. Cristobalit. Die notwendige Reaktionstemperatur liegt für Andalusit und Kyanit bei 1300 bis 1500°C, während Sillimanit zur vollständigen Umwandlung Temperaturen über 1500°C erfordert.

Das Verwitterungsprodukt *Bauxit* besteht überwiegend aus den Tonerdehydraten Diaspor und Gibbsit. Neben Kieselsäure weisen Bauxite noch Verunreinigungen von Fe_2O_3 und TiO_2 auf. Sofern Bauxit unmittelbar als Rohstoff eingesetzt wird, werden hoher Al_2O_3-Gehalt und geringe Fe_2O_3-Verunreinigung verlangt. Ein Vorbrand zur Dehydratisierung ist erforderlich.

Basis für die synthetischen Rohstoffe ist ebenfalls Bauxit, wobei aber die Reinheit eine untergeordnete Rolle spielt. Im chemischen Aufschluß wird fast reines $Al(OH)_3$ erzeugt und dieses durch Calcinieren und Sintern bzw. Schmelzen zu den entsprechenden Produkten weiterverarbeitet. Sinter- und Schmelzmullit erhält man aus geeigneten Mischungen von Ton- oder Quarzsand und calcinierter Tonerde bzw. Bauxit.

Tabelle 98: Rohstoffe für die Herstellung tonerdereicher Erzeugnisse

Rohstoffe	
natürliche	synthetische
Kyanit (Disthen)	Sintermullit
Sillimanit	Schmelzmullit
Andalusit	calcinierte Tonerde
Bauxit	Sinterkorund
Schieferton	Schmelzkorund

Beim *Brand* der tonerdereichen Erzeugnisse bildet sich meist nur ein geringer Gehalt an Schmelzphase aus. Wesentliche Bindephase ist Mullit. Dabei weist der Mullit keine konstante Zusammensetzung auf, sondern bildet, abhängig von der Brenntemperatur, Mischkristalle mit Al_2O_3-Gehalten von 72 ($3Al_2O_3 \cdot 2SiO_2$) bis 78 Gew.-% ($2Al_2O_3 \cdot SiO_2$) aus. Einzelheiten hierüber finden sich in Kapitel 3.3.2.1.

Daneben gewinnt mit zunehmendem Al_2O_3-Gehalt die Direktbindung der Korundkörner an Bedeutung. Die unterschiedlichen Bindungsarten schlagen sich in der DFL nieder. In Bild 439 sind die Kurven für verschiedene tonerdereiche Werkstoffe dargestellt. Zum einen zeichnet sich eine Abhängigkeit vom Al_2O_3-Gehalt ab, andererseits spielt auch der eingesetzte Rohstoff, bei gleichem Chemismus, eine Rolle. Letzteres ist durch den unterschiedlichen Schmelzanteil bedingt. Der Sillimanitstein mit seiner vorgegebenen homogenen Verteilung von SiO_2 und Al_2O_3 führt zu einem relativ einheitlichen Gefüge, das dem Gleichgewichtszustand sehr nahe kommt. Ein Stein mit derselben oxidischen Zusammensetzung, aus Schamotte und Korund aufgebaut, reagiert aber viel langsamer und hat daher meist einen wesentlich höheren Gehalt an Glasphase. Der hohe Glasanteil spiegelt sich im Druckfließverhalten wieder.

Die Morphologie der Mullitkristalle haben Schulle u. M. [1285] untersucht. Bei identischer Zusammensetzung nimmt das Längen-Breiten-Verhältnis nach Brand bei 1680°C von im Mittel 2,5 nach Brand bei 1750°C bis auf 4,0 zu, und fällt bei höheren Temperaturen wieder ab. Für andere Rohstoffgemische und Brennkurven ist eine Verschiebung dieses Maximumbereiches zu erwarten. Eine wahrscheinliche Korrelation zwischen Kristallänge der Mullite und Heißbiegefestigkeit (HBF) fanden Schulle u. M. [1286], wobei die HBF um so größer war, je länger die Mullitkristalle waren. Allerdings nahm gleichzeitig die Porosität ab, so daß eine sichere Interpretation schwierig ist.

Die Brenntemperatur der tonerdereichen Werkstoffe wird von den eingesetzten Rohstoffen bestimmt. Bei den natürlichen Rohstoffen reichen Temperaturen von ca. 1550°C im allgemeinen aus, während bei den reinen synthetischen Ausgangsstoffen der Sinterbrand meist über 1700°C liegt.

Bei *chemisch gebundenen Steinen*, hierfür kommt vor allem Monoaluminiumphosphat (MAP) in Frage, reduziert sich die Brenntemperatur auf ca. 1300°C. Nach Bechtel und Ploss [1287] wird durch geringe MAP-Zusätze die Rohbruch- und Kaltdruckfestigkeit erhöht. Eine Erniedrigung der Heißfestigkeiten ist nur in geringem Maße gegeben.

Wie bereits mehrfach angesprochen, werden die *Eigenschaften* der tonerdereichen Werkstoffe neben dem Al_2O_3-Gehalt wesentlich durch die Wahl des Rohstoffes beeinflußt. Beispielsweise treten Unterschiede bei der Verwendung von Bauxit und Korund auf. Bezüglich der Heißfestigkeit zeigt der Korund ein besseres Verhalten, da er nach Baumgart [1288] an seiner Oberfläche sägezahnartige Ansätze von Mullit bildet, während aus dem Bauxit nur feine Korundkörner entstehen. Die DFB und die Torsionserweichung sind deshalb beim Korundstein wesentlich günstiger als beim Bauxitstein. Ebenfalls abweichendes Verhalten fanden Majdič u. M. [1289] zwischen Sinter- und Schmelzmullit-Werkstoffen. Bei gleicher Porosität und weitestgehend identischem Kornaufbau ermittelten die Autoren bei Sintermullitsteinen eine höhere Schallgeschwindigkeit als bei Schmelzmullitsteinen. Die entsprechenden Differenzen der E-Moduli (Bild 445) führen sie auf die höhere Reaktivität des Feinanteiles beim Sintermullit zurück.

Basierend auf vergleichenden Untersuchungen verschiedener Werkstoffe fordert Granitzki [1290] für einen hochwertigen Mullitstein einen synthetischen Rohstoff, bestehend aus gleichmäßigen feinen Kristalliten. Durch einen hochtemperierten Sinterbrand sollen Unterschiede zwischen primär eingesetztem und sekundär gebildetem Mullit egalisiert werden, so daß ein homogenes Gefüge entsteht.

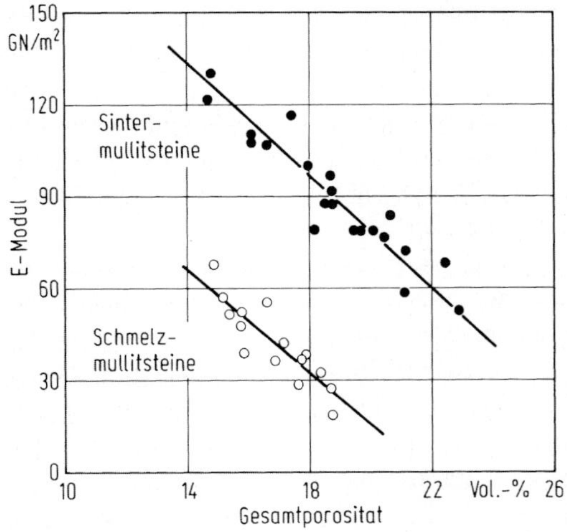

Bild 445: Abhängigkeit des E-Moduls von der Gesamtporosität bei Sinter- und Schmelzmullitsteinen.

Wird der tonerdereiche Werkstoff u. a. auf Abrieb beansprucht, so bietet sich als Al_2O_3-Träger Schmelzkorund an. Sinterkorund bringt dagegen gute Heißeigenschaften, da die Tonerde aktiver ist und eine stärkere keramische Bindung auszubilden vermag. Bauxitsteine sind u.a. durch eine meist gute TWB charakterisiert.

Für den Einsatzbereich Eisen- und Stahlindustrie sind die Eigenschaften der tonerdereichen Werkstoffe nach Rohstoffgruppen in einem Werkstoffblatt [1291] zusammengefaßt.

Die Beständigkeit der tonerdereichen Werkstoffe ist gegen Schlacken- und Glasangriff sehr gut. Dies gilt aber nicht für basische Schlacken mit einem CaO/SiO_2-Verhältnis über 1,6. Empfindlich reagieren die Steine gegenüber Alkalien. Bei der Gruppe 1 der tonerdereichen Erzeugnisse mit relativ hohem SiO_2-Gehalt bilden sich niedrigschmelzende Feldspäte. Bei den Al_2O_3-reicheren Steinen mit entsprechend weniger SiO_2 (Gruppe 2) kristallisieren bei Alkaliangebot *Feldspatvertreter* aus, und es kommt dabei zu Bursting-Erscheinungen durch Volumenausdehnung, dem sog. *Alkalibursting.*

Bei Al_2O_3-Gehalten über 70 Gew.-% erfolgt die Zerstörung bei Alkaliangriff durch Bildung von β-Aluminat. Dies ist ebenfalls mit einer Volumenvergrößerung verbunden und führt zur Zermürbung des Gefüges. Eine Ausnahme bilden Steine mit Al_2O_3-Gehalten über 95 Gew.-%, da einerseits in der Bindephase zu wenig SiO_2 für die Bildung der Feldspatvertreter zur Verfügung steht und andererseits der Korund infolge der hohen Brenntemperatur zu reaktionsträge ist. Bei Al_2O_3-Gehalten unter 95 Gew.-% läßt sich eine Erhöhung der Alkalibeständigkeit durch Phosphattränkung erzielen. Majdič u. M. [1289] untersuchten das Verhalten von Mullit- und Sinterkorundsteinen gegenüber verschiedenen Glasschmelzen. Danach wirkt sich eine geringe Porosität, feinporiger Aufbau und ein homogenes Gefüge mindernd auf die Korrosion aus.

Die Beständigkeit gegenüber Eisen- und Stahlschmelzen ist im allgemeinen gut. Eine weitere Verbesserung läßt sich durch Cr_2O_3-Gehalte erreichen. Ebenfalls wird häufig eine Erhöhung der Haltbarkeiten durch Teer- oder Pechtränken erreicht.

Die tonerdereichen Werkstoffe werden in vielen Bereichen eingesetzt. Ein wichtiges Gebiet ist die Stahl- und Eisenindustrie. *Hauptanwendungsgebiet* für Bauxitsteine sind Elektroofendeckel und Pfannen, da sie bei entsprechender Herstellung auf das gewünschte Nachwachsen eingestellt werden können.

Raumbeständige Bauxitsteine werden in Transport- und Mischergefäßen für Roheisen, Sillimanit-Werkstoffe in Winderhitzern eingesetzt. In der Stahlgießtechnik gewinnt der Einsatz von Schieberplatten (häufig teergetränkt) aus tonerdereichen Werkstoffen zunehmend an Bedeutung. Weitere Industriezweige, in denen tonerdereiche Erzeugnisse benötigt werden, sind Nichteisenmetalle, Zement und Glas. Die Glasindustrie bevorzugt dabei wegen der hohen Anforderungen an Reinheit und Lebensdauer Werkstoffe aus synthetischen Rohstoffen, z.B. Mullitsteine.

Eine zusammenfassende Übersicht über Feuerfestigkeit und Anwendungsgrenztemperaturen von feuerfesten Steinen im System SiO_2-Al_2O_3 gibt Bild 446. Daraus wird der entscheidende Einfluß des Al_2O_3-Gehaltes auf die Hochtemperatureigenschaften der Werkstoffe ersichtlich.

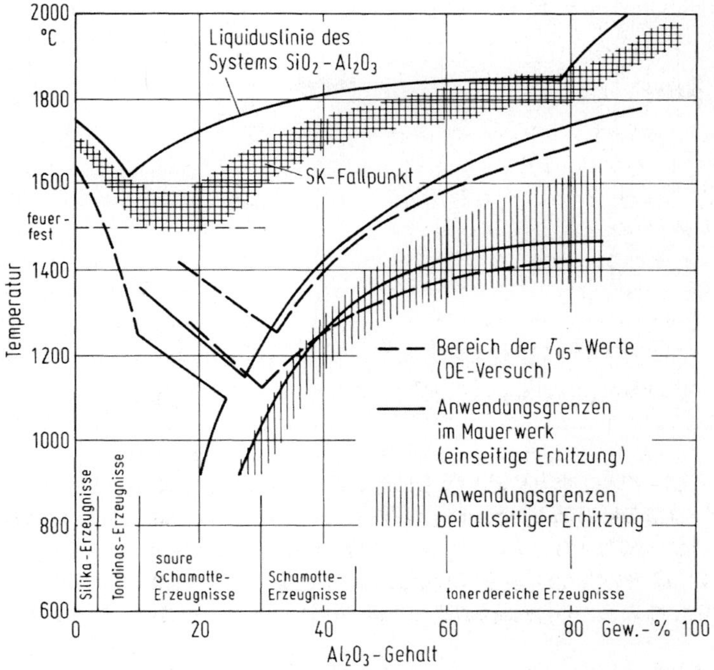

Bild 446: Feuerfestigkeit von Werkstoffen im System SiO_2-Al_2O_3 nach Routschka [1292]

9.3.1.4 Basische Steine

Von den vielen weiteren hochschmelzenden Oxiden haben sich in der Praxis besonders Produkte mit MgO, CaO und Cr_2O_3 als Hauptkomponenten eingeführt. Wenn die Summe dieser Oxide dominiert, spricht man von basischen Erzeugnissen. Zu dieser Gruppe gehören somit Magnesia-, Chrommagnesia- und Sinterdolomitsteine sowie die den basischen Erzeugnissen zugeordneten Forsterit- und Spinellsteine. Im Entwurf des Stahl-Eisen-Werkstoffblattes für basische Steine [1293] ist eine Unterteilung in folgende Steingruppen vorgesehen: Magnesia, Magnesia-Kohlenstoff, Magnesia-Chrom, Chrommagnesia, Chromit, Magnesia-Dolomit, Dolomit-Magnesia, Dolomit, Forsterit und Spinell ($MgO \cdot (Al,Cr)_2O_3$).

Neben die charakterisierenden MgO-, CaO- und Cr_2O_3-Gehalte können als weitere Komponenten Fe_2O_3, Al_2O_3 und SiO_2 treten. Letztere kommen auch als Verunreinigungen vor, was auch für CaO bei Magnesitsteinen gilt. Das Mengenverhältnis von CaO und SiO_2 spielt dabei in Magnesia- und Chrommagnesiasteinen eine entscheidende Rolle, da deren Verhältniswert die möglichen Bindephasen bestimmt.

Die chemische Vielfalt der basischen Steine erfordert *Rohstoffe* unterschiedlicher chemischer Zusammensetzung. Die Primärrohstoffe und die daraus resultierenden natürlichen und synthetischen Rohstoffe sind in Tabelle 99 zusammengestellt.

Tabelle 99: Rohstoffe für basische Erzeugnisse

Primär-Rohstoff	Mg^{2+} aus Seewasser oder Salzlaugen	Magnesit $MgO \cdot CO_2$	Dolomit $CaO \cdot MgO \cdot 2CO_2$	Chromit $(Mg,Fe)O \cdot (Cr,Al,Fe)_2O_3$	Olivin $2(Mg,Fe)O \cdot SiO_2$
Aufbereitung	Fällung und chem. Aufbereitung, Calcinieren	Decarbonatisierung und Sinterbrand		Säuberung und Klassierung	
Natürlicher Rohstoff		Sinter-magnesia MgO	Sinter-dolomit CaO, MgO	Chromit	Forsterit
Weiter-verarbeitung	Sintern und Schmelzen (+ Al_2O_3 → Spinell)	Schmelzen			
Synthetischer Rohstoff	Sinter-, Schmelz-magnesia; Spinell	Schmelz-magnesia	Schmelz-dolomit	Schmelz-chromit + MgO	

In Europa hat der Magnesit - in spätiger oder dichter Form - noch eine etwas größere Bedeutung bei der MgO-Herstellung als die MgO-Gewinnung aus Seewasser, sog. *Seewasser-Magnesia.* Der Magnesit muß vorgebrannt werden, wobei er im Bereich von 350 bis 580°C CO_2 abspaltet und in einem anschließenden Brand oberhalb 1700°C dichtsintert. In den USA und Japan überwiegt die Gewinnung aus dem Meerwasser. Dabei wird das im Wasser gelöste $MgCl_2$ mit gebranntem oder gelöschtem Kalk oder auch Dolomit als schwerlösliches $Mg(OH)_2$ ausgefällt. Der anfallende Schlamm wird entwässert, brikettiert und anschließend bei Temperaturen bis 2000°C gesintert. Nach Petric und Petric [1294] hat dabei die Art der Fällung, unter- oder überstöchiometrisch, nicht nur Einfluß auf den Sedimentationsprozeß des $Mg(OH)_2$, sondern auch auf Chemismus und Sinterverhalten des resultierenden MgO-Sinters.

Für spezielle Anwendungen wird aus dem MgO-Kauster ein fast porenfreies Schmelzkorn hergestellt. Ebenso wird für Magnesiachrom- und Dolomitsteine ein dichtes Korn erschmolzen.

Neben Magnesiasinter werden auch große Mengen Sinterdolomit eingesetzt. Die Decarbonatisierung des Dolomits verläuft über Zwischenstufen und ist erst oberhalb 900°C abgeschlossen. Beim anschließenden Sinterbrand (1800 bis 2000°C) sinkt die Porosität auf unter 10 %. Das theoretische MgO/CaO-Verhältnis des Dolomits beträgt 41,7 zu 58,3 Gew.-%. Als Verunreinigungen treten MnO und FeO (im Dolomitgitter eingebaut) sowie SiO_2 und Al_2O_3 (in Silicatphasen) auf. Entsprechendes gilt auch für Magnesit, wobei allerdings noch CaO hinzutritt. Der Fe_2O_3-Gehalt eisenarmer, natürlicher und synthetischer Sinter liegt unter 1 Gew.-%.

Ein wichtiges Kriterium bei der Beurteilung von Magnesia-Rohstoffen ist das CaO/SiO_2-Verhältnis, da hierdurch die silicatische und ferritische Bindephase festgelegt wird. Die neben MgO noch möglichen Minerale sind in Tabelle 100 aufgelistet, und Tabelle 101 gibt die sich bildenden Minerale in Abhängigkeit vom CaO/SiO_2-Verhältnis wieder. Die niedrigschmelzenden Phasen Monticellit (CMS) und Dicalciumferrit (C_2F) begünstigen zwar das Sinterverhalten bei der Sintermagnesia-Herstellung, erniedrigen aber gleichzeitig die Heißfestigkeit der daraus gefertigten Steine. Ziel der Sinterherstellung ist daher, Fremdoxide nach Möglichkeit auszuschalten oder durch Zusätze in die hochfeuerfesten Phasen Forsterit (M_2S) oder Dicalciumsilicat (C_2S) zu überführen. Ferrite bilden sich nur in eisenoxidreichen MgO-Rohstoffen, sofern das CaO/SiO_2-Verhältnis 1,86 deutlich überschreitet. Zu beachten ist, daß sich bei Dolomitsintern nur Ca-Silicate bilden, da SiO_2 zuerst mit CaO reagiert.

In Seewasser-Magnesia können erhöhte B_2O_3-Gehalte auftreten. Das Bor reichert sich beim Sinterbrand in den Silicatphasen an und erniedrigt deren Schmelzpunkt. Nach Naefe [1295] sind jedoch B_2O_3-Gehalte $\leq$ 0,06 Gew.-% unkritisch. Mit den heutigen Herstellungsverfahren können solche niedrigen B_2O_3-Gehalte erreicht werden.

Die Rohstoffe Olivin und Chromerz werden direkt eingesetzt. Der Chemismus der Chromerze hängt stark von der Genese ab und ist daher von Lagerstätte zu Lagerstätte unterschiedlich. Je höher der Cr_2O_3-Gehalt liegt, um so wertvoller ist der Rohstoff für die Feuerfest-Industrie. Demgegenüber ist der Chemismus der

Olivine (Mischkristalle zwischen Forsterit, Mg_2SiO_4, und Fayalit, Fe_2SiO_4) wesentlich konstanter. Üblicherweise werden nur Olivine mit FeO-Gehalten unter 8 Gew.-% eingesetzt. Für Forsteritsteine kommen als Rohstoff noch wasserhaltige Magnesiumsilicate wie Serpentin und Talk in Frage, die aber vorgebrannt werden müssen.

Tabelle 100: In Magnesiasteinen mögliche Silicate und Ferrite

Name des Minerals	Formel	abgekürzte Schreibweise	Schmelz-Temperatur [°C]
Periklas	MgO	M	2800
Forsterit	$2MgO{\cdot}SiO_2$	M_2S	1890
Monticellit	$CaO{\cdot}MgO{\cdot}SiO_2$	CMS	1495
Merwinit	$3CaO{\cdot}MgO{\cdot}2SiO_2$	C_3MS_2	1575
Dicalciumsilicat	$2CaO{\cdot}SiO_2$	C_2S	2130
Magnesiumferrit	$MgO{\cdot}Fe_2O_3$	MF	1750
Dicalciumferrit	$2CaO{\cdot}Fe_2O_3$	C_2F	1435

Tabelle 101: Abhängigkeit der Silicat- und Ferritphase vom CaO/SiO_2-Verhältnis in Magnesiasteinen

CaO/SiO_2	Silicate	Ferrite
< 0,94	M_2S + CMS	MF
0,94	CMS	MF
0,94 – 1,40	CMS + C_3MS_2	MF
1,40	C_3MS_2	MF
1,40 – 1,87	C_3MS_2 + C_2S	MF
1,87	C_2S	MF
> 1,87	C_2S, (C_3S)	C_2F, MF

Eine eingehende Beschreibung der primären basischen Rohstoffe sowie deren Sinter- und Schmelzprodukte geben Trojer u. M. [1296].

Beim *Brand der Magnesiasteine* bildet sich eine dem CaO/SiO_2-Verhältnis der Rohstoffe entsprechende Bindephase aus. Das gewünschte Verhältnis läßt sich durch geeignete Rohstoffmischungen einstellen. Die Versinterung bzw. Verfestigung beim Brand läuft dabei über Rekristallisationsvorgänge. Die Intensität wird analog der Sintermagnesia-Herstellung durch niedrigschmelzende Silicate oder Ferrite gefördert.

Die beim Brand entstehende Schmelzphase wird im wesentlichen durch das System MgO-CaO-SiO_2 bestimmt. Die Viskositäten dieser Schmelzen sind sehr niedrig, so daß die Schmelzen beim Abkühlen rasch kristallisieren. Magnesiasteine weisen daher im kalten Zustand, im Gegensatz zu Werkstoffen im System SiO_2-Al_2O_3, keine Glasphase auf.

Gebrannt werden Magnesiasteine überwiegend in Tunnelöfen bei über 1500°C. Mit steigender Reinheit der eingesetzten Rohstoffe benötigen Sinter- und Schmelzmagnesia für die Rekristallisation steigende Brenntemperaturen, so daß

Hochtemperaturbrände bei 1800°C erforderlich werden. Parallel dazu gewinnt die Direktbindung der Periklase an Bedeutung.

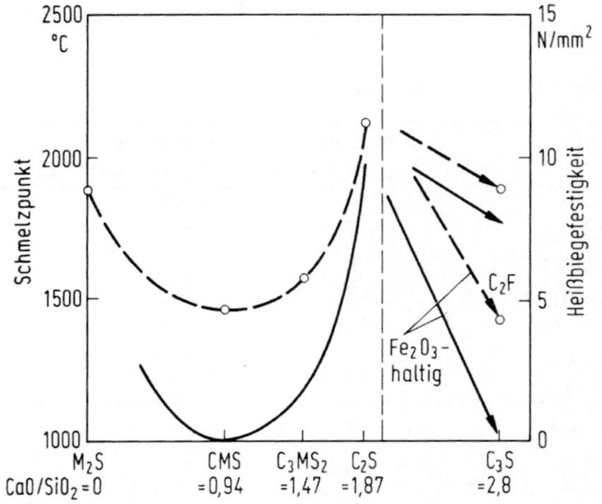

Bild 447: Schmelzpunkte der Silicatbindephasen (gestrichelt) in Magnesiasteinen und die resultierenden Heißbiegefestigkeiten HBF (ausgezogen) nach Naefe und Schulte [1297]

Wichtige *Eigenschaften* der Magnesiasteine sind in erster Linie Porosität, Kalt- und Heißfestigkeiten. Porosität und Kaltdruckfestigkeit zeigen im allgemeinen ein gegenläufiges Verhalten. Wichtigstes Regulativ für die Porosität sind dabei Kornaufbau und Preßdruck bei der Steinherstellung sowie der Steinbrand. Die Heißfestigkeit, z.B. die Biegefestigkeit, wird, wie bereits erwähnt, wesentlich durch die silicatische und ferritische Bindephase festgelegt. Die Prinzipskizze in Bild 447 weist die schwächende Wirkung von Monticellit (CMS) als Bindephase aus. Aber auch zu hohe CaO-Gehalte erniedrigen die HBF, besonders in Gegenwart von Fe_2O_3. Neben Art und Menge der Silicate ist aber auch die Brenntemperatur der Steine von Bedeutung. Die Heißbiegefestigkeit eines bei ca. 1600°C gebrannten eisenarmen Steines liegt nach Bild 448 bei der Prüftemperatur 1500°C um ca. 3 N/mm^2 niedriger als bei einem Hochbrandstein (Brenntemperatur ca. 1800°C). Bei einer Prüftemperatur von 1600°C erhöht sich die Differenz auf 5 N/mm^2. Dies gilt aber nur für die reine C_2S-Bindung. Wird etwa die Hälfte der C_2S-Phase durch C_3MS_2 ersetzt, so ist bei beiden Steinen C_3MS_2 bei 1600°C bereits aufgeschmolzen und die Festigkeit geht verloren.

Die Temperaturwechselbeständigkeit der Magnesiasteine ist generell nicht sehr gut. Ursache ist die hohe Wärmedehnung, die bei 1400°C bereits 2 % erreicht. Verbesserungen lassen sich durch Variation des Kornaufbaues, des Verdichtungsgrades oder durch Zusätze (z.B. Spinell, Chromerz) erreichen.

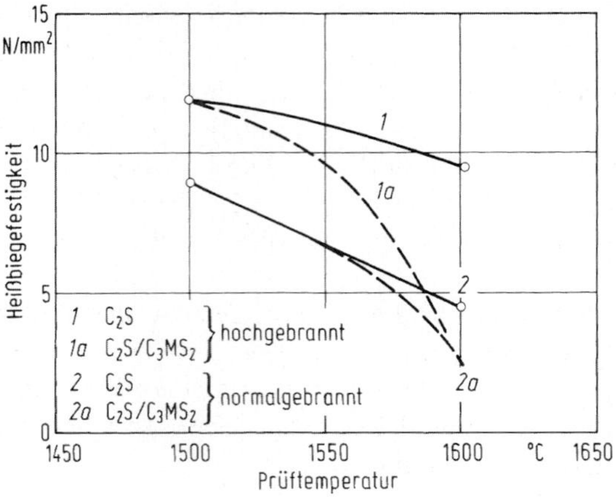

Bild 448: Einfluß von Brenntemperatur und silicatischer Bindephase auf die Heißbiegefestigkeit von Magnesiasteinen nach Naefe [1295]

Eine große und zunehmende Bedeutung haben *teer- oder pechgebundene Magnesiasteine* gewonnen. Neben der Energieeinsparung - es ist nur noch eine Wärmebehandlung bei ca. 400°C notwendig - wird u.a. die Temperaturwechselbeständigkeit dieser Steine verbessert. Gleichzeitig wird gegenüber teerfreien Steinen die Schlackenresistenz erhöht, da Kohlenstoff von metallischer Schlacke weniger benetzt wird. Beim Aufheizen der Steine im Einsatz Bindung. Ein völliges Ausbrennen des Kohlenstoffes führt aber zur Zerstörung der Steine. Die dabei ablaufende Veränderung des Kohlenstoffes wurde von Barthel u. M. [1298] untersucht.

Hieraus resultiert als Voraussetzung für den Einsatz kohlenstoffhaltiger Magnesiasteine eine möglichst sauerstoffarme Umgebung. Dies ist gegeben in Konvertern, Elektroöfen oder auch Stahlpfannen. Ein weiterer Anwendungsbereich der Magnesiasteine ist die Nichteisenmetall-Industrie und Glasindustrie. Zu erwähnen ist auch der Einsatz als Wärmespeicherstein, da hier sowohl hohe Dichte als auch hohe Wärmeleitfähigkeit und spezifische Wärme von Vorteil sind.

Eine weitere wichtige Gruppe der basischen Erzeugnisse sind die Dolomit-, besser *Sinterdolomitsteine*. Keramisch gebundene Steine werden im Tunnelofen bei 1600 bis 1700°C gebrannt. Infolge der meist niedrigen SiO_2-Gehalte beruht die Bindung überwiegend auf Rekristallisation und Brückenbildung von CaO und MgO. Silicate und Ferrite sind nur in geringem Maße an der Bindung beteiligt.

Die starke Neigung des CaO zur Hydratbildung erfordert besondere Vorsichtsmaßnahmen beim Herstellungsgang. Charakteristisch ist das völlige Fehlen von Wasser oder Wasserdampf während der Aufbereitung und Formgebung. Die gebrannten Steine werden zum Schutz vor Hydratation meist teergetränkt. Die größere Menge der Sinterdolomitsteine ist teer- oder pech-gebunden. Der Herstellungsgang entspricht dem pechgebundener Magnesiasteine. Trotz einer merklichen Verbesserung der Hydratationsbeständigkeit gebrannter Sinterdolomitsteine gegenüber pechgebundenen kann hohe Luftfeuchtigkeit auch zur Zerstörung der gebrannten Steine führen.

Die physikalischen *Eigenschaften* der Dolomitsteine entsprechen, bei vergleichbarem Reinheitsgrad, denen der Magnesiasteine. Die Korrosionsbeständigkeit gegenüber basischen Schlacken ist gut, aber bei Fe_2O_3-haltigen Schlacken sind sie den Magnesiasteinen deutlich unterlegen. Während Eisenoxid mit MgO zu hochschmelzendem Spinell reagiert, bildet sich mit CaO das bereits bei 1435°C schmelzende Dicalciumferrit (C_2F) aus. So wird MgO vom Eisen-, Mangan-, Silicium- und Phosphoroxid der Schlacke erst angegriffen, wenn bereits das gesamte CaO reagiert hat [1299].

Hauptverbraucher für Sinterdolomitsteine sind die Stahl-, Zement- und Kalkindustrie. Während die Stahlwerke bevorzugt pechgebundene, getemperte Steine einsetzen, machen in der Zement- und Kalkindustrie gebrannte Steine den Hauptanteil aus. Ein wesentlicher Vorteil der Sinterdolomitsteine gegenüber den Magnesiasteinen ist - zumindest in Europa - der geringere Preis.

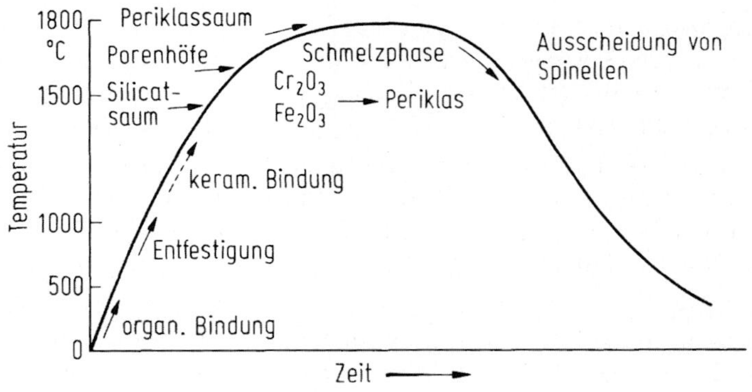

Bild 449: Entstehung der Direktbindung bei Magnesia-Chromerz-Steinen nach Naefe [1295]

Mit dem Einsatz von *Chromerz* in Magnesiasteinen wurde ein hochwertiger basischer Stein entwickelt. Beim Brennen bilden sich, wie in Bild 449 dargestellt, je nach Temperatur unterschiedliche Bindungen aus. Mit Einsetzen der keramischen Bindung legt sich um die Erzkörner eine silicatische Schmelzphase. Steigt die Temperatur, wird die Schmelze von der Matrix aufgenommen, und es bilden sich Porenringe um die Erzkörner. Die Direktbindung setzt erst oberhalb von 1700°C ein. Periklassäume legen sich um die Erzkörner, und MgO-Sinterhälse wachsen zwischen Magnesiasinter und Chromerz. Gleichzeitig bildet das MgO unter Einbau von Fe_2O_3 und Cr_2O_3 Mischkristalle.

Beim Abkühlen kristallisiert Spinell zunächst in der Matrix aus, entmischt später aber auch aus dem Periklas. Dabei wird die silicatische Restschmelze in Zwickel zurückgedrängt, und die Direktbindung dominiert. Mit zunehmender Direktbindung steigt die Festigkeit, wie Bild 450 zeigt.

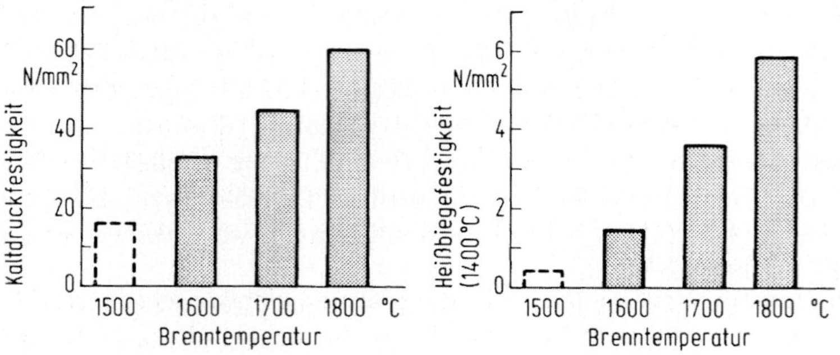

Bild 450: Einfluß der Brenntemperatur auf Kaltdruck- und Heißbiegefestigkeit bei direktgebundenen Magnesia-Chromerz-Steinen.

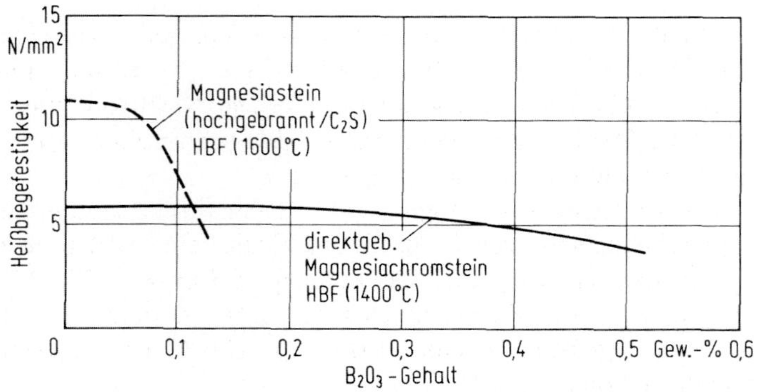

Bild 451: Einfluß des B_2O_3-Gehaltes auf die Heißbiegefestigkeit bei Magnesiasteinen und direktgebundenen Magnesia-Chromerz-Steinen nach Naefe [1295]

Die gebildeten Silicatphasen haben - abhängig von ihrem Schmelzpunkt - einen gewissen Einfluß auf die Heißfestigkeiten. Noch deutlicher wird die Differenz bei B_2O_3-Gehalten. Nach Bild 451 fällt die HBF von Magnesiasteinen bei Gehalten über 0,06 Gew.-% stark. Bei einem direktgebundenen Magnesiachromstein macht sich ein geringer Einfluß auf die HBF erst ab 0,3 % bemerkbar. Weitere hervorzuhebende Eigenschaften sind gute Temperaturwechselbeständigkeit und eine hohe Resistenz gegenüber basischen Schlacken.

Hauptsächliches Einsatzgebiet war vor allem der Siemens-Martin-Ofen. Weitere *Anwendungsbereiche* bei der Stahlherstellung sind Lichtbogenofen und Stahlpfanne. In der Nichteisenmetallurgie werden Magnesiachromsteine bevorzugt bei der Kupferherstellung eingesetzt. Bei insgesamt abnehmender Tendenz der Magnesiachromprodukte ist heute der Hauptanwendungsbereich die Sinter- und Übergangszone in Zementdrehrohröfen. Ferner sind die Kalkindustrie und, von untergeordneter Bedeutung, die Glasindustrie zu nennen.

Die *Forsteriterzeugnisse* gehen auf zahlreiche Patente und Veröffentlichungen von V.M. Goldschmidt aus den Jahren 1925 bis 1943 zurück. Als Rohstoffe dienen Olivine mit bis zu höchstens 10 Gew.-% Fayalitanteil (Bild 119). Beim oxidierenden Brand zersetzt sich der Mischkristall ab 800°C unter Bildung von Fe_2O_3 und amorphem SiO_2 [1300]. Durch geeignete Zugabe von MgO muß man dafür sorgen, daß sich beim weiteren Brand $MgO{\cdot}Fe_2O_3$ und $2MgO{\cdot}SiO_2$ bilden. Das gilt auch, wenn man von den Rohstoffen Serpentin oder Talk ausgeht.

Die Eigenschaften der Forsteritsteine sind mit denen der übrigen basischen Steinen vergleichbar. Deutlich schlechter ist allerdings die Temperaturwechselbeständigkeit. Eine Verbesserung läßt sich durch Spinellzusätze erreichen, da das Gefüge dadurch elastischer wird.

Ein großer Vorteil der Forsteritsteine ist die gute Beständigkeit gegenüber SO_3 und Alkalien. Das hauptsächliche Einsatzgebiet der Steine liegt daher im Bereich der Alkalisulfat-Kondensationszone in Regeneratoren von Glaswannen. Weiterhin finden Forsteritsteine Anwendung in Wärmetauschern von Zementdrehrohröfen.

9.3.1.5 Sondererzeugnisse

Neben den bisher behandelten dichten feuerfesten Steinen existiert noch eine ganze Reihe von feuerfesten Werkstoffen mit speziellen Eigenschaften und Anwendungsbereichen. Eine grobe Unterteilung ist in Oxide und Nichtoxide möglich. Letztere werden im Kapitel 10.5 behandelt, weshalb hier nur auf einige spezifische Anwendungen im Feuerfestbereich eingegangen wird.

Bei den Nichtoxiden hat Kohlenstoff (Kapitel 10.5.1) eine große praktische Bedeutung. Mit einem Schmelzpunkt von ca. 3570°C besitzt er eine extrem gute Feuerbeständigkeit. Dem steht allerdings die Verbrennung zu CO bzw. CO_2 bei Sauerstoffangebot gegenüber. Der Verbrennungsprozeß setzt beim amorphen Kohlenstoff ab 400°C ein, liegt beim Graphit oberhalb von 750°C und benötigt beim Diamant Temperaturen von ca. 850°C.

Kohlenstoffsteine bestehen aus einer Mischung von amorphem Ruß und Graphit. Herausragende Eigenschaft dieser Steine ist ihre geringe Wärmedehnung und sehr gute Wärmeleitfahigkeit, wobei allerdings ein hoher Graphitisierungsgrad Voraussetzung ist. Infolge der Oxidationsgefahr ist bei hohen Temperaturen ein Einsatz nur bei fehlendem oder sehr geringem Sauerstoffangebot möglich. Dies ist im Hochofen gegeben, wo Kohlenstoffsteine im Boden, Gestell und Rast eingesetzt werden.

Graphit wird häufig anderen Werkstoffen zugesetzt, mit dem Ziel, die Temperaturwechselbeständigkeit und Schlackenresistenz zu verbessern. Die zugesetzten Mengen bewegen sich meist zwischen 5 und 30 Gew.-%. Der Brand der Steine erfolgt im Koksbett. Wesentliches Einsatzgebiet ist die stahlerzeugende Industrie, wo graphithaltige Werkstoffe beim Vergießen des Stahles benötigt werden.

Ein weiterer nichtoxidischer Werkstoff ist Siliciumcarbid (Kapitel 10.5.2). SiC–Steine werden mit verschiedenartiger Bindung hergestellt. Überwiegend kommen Bindephasen im System SiO_2-Al_2O_3 zur Anwendung. Daneben ist aber auch eine arteigene oder nitridische Bindung möglich. Die SiC-Gehalte der gebräuchlichen Steine liegen zwischen 40 und 90 Gew.-%. Beim Brand, der bei Temperaturen von 1400 bis 1600°C - überwiegend oxidierend - durchgeführt wird, wandelt das SiC oberflächlich um. Das entstehende SiO_2 legt sich als Schutzschicht um das verbleibende SiC-Korn und wirkt oxidationshemmend, sofern es nicht mit der Bindephase reagiert. Interessante Eigenschaften der SiC-Werkstoffe sind hohe Heißbiegefestigkeiten, gute Wärmeleitfähigkeit und geringe Wärmedehnung mit der daraus resultierenden ausgezeichneten Temperaturwechselbeständigkeit. Hieraus ergeben sich die wesentlichen Einsatzgebiete im Ofenbau mit indirekter Beheizung und als Brennhilfsmittel. Ein Einsatz in oxidierender Atmosphäre ist bis ca. 1600°C, und in neutraler bis schwach reduzierender Atmosphäre bis 1700°C möglich. Gegen den Angriff von Nichteisenmetallen wie Zink, Aluminium, Kupfer und Blei ist SiC sehr beständig und wird in Kontakt mit diesen Schmelzen eingesetzt.

Bei den *Sondererzeugnissen* haben Werkstoffe auf der Basis *Zirconiumsilicat* ($ZrSiO_4$, Mineralname Zirkon) und *Zirconiumdioxid* (ZrO_2, Mineralname Baddeleyit) große Bedeutung erlangt. Vor allem der Einsatz der hochwertigen ZrO_2-Werkstoffe zeigt zunehmende Tendenz. Zirconiumsilicat ist ein natürlicher Rohstoff, der als Sand mit einer maximalen Körnung von 0,5 mm abgebaut wird.

Baddeleyit fällt weltweit nur in einer einzigen abbauwürdigen Lagerstätte in Südafrika als Nebenprodukt an. Synthetisch läßt sich ZrO_2 auch aus $ZrSiO_4$ gewinnen.

Zwischen ZrO_2 und $ZrSiO_4$ bestehen bezüglich der Feuerbeständigkeit deutliche Unterschiede. Als reines Oxid schmilzt ZrO_2 erst bei 2715°C, während sich $ZrSiO_4$ bereits ca. 1000 K vorher in ZrO_2 und SiO_2-Schmelze zersetzt. Die Dissoziation des $ZrSiO_4$ kann allerdings - je nach Art und Menge der Begleitkomponenten - schon bei deutlich niedrigerer Temperatur einsetzen (Kapitel 3.3.2.4). Der Brand der $ZrSiO_4$-Steine (ca. 1600°C) erfolgt unterhalb der Dissoziationstemperatur. Eine zusätzliche Bindephase ist nicht notwendig, da $ZrSiO_4$ eine hohe Rekristallisations- und Sammelkristallisationskraft aufweist. Infolge der geringen Wärmedehnung ist $ZrSiO_4$ relativ gut temperaturwechselbeständig.

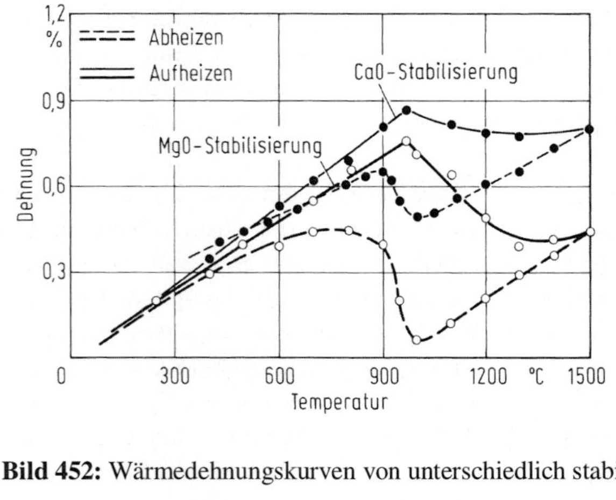

Bild 452: Wärmedehnungskurven von unterschiedlich stabilisiertem ZrO_2

Anwendung finden $ZrSiO_4$-Werkstoffe in der Glasindustrie, wo sie hauptsächlich in Borosilicat- und Opalglaswannen eingesetzt werden. Zu erwähnen ist auch die gute Beständigkeit gegen V_2O_5-Angriff. Ein weiteres Einsatzgebiet ist die Stahlindustrie. Neben Pfannenauskleidung finden $ZrSiO_4$-Werkstoffe vor allem Verwendung als Gießdüsen beim Strangguß.

ZrO_2-Werkstoffe werden als feuerfestes Material erst seit relativ kurzer Zeit verwendet, gewinnen aber zunehmend an Bedeutung. ZrO_2 wird mit seinen Modifikationen und deren Stabilitätsverhalten im Kapitel 10.1.3 besprochen. Die unterschiedlichen Stabilisierungsarten bedingen ein verschiedenes Wärmedehnungsverhalten [1301]. In Bild 452 sind die Wärmedehnungskurven eines MgO- und eines CaO-teilstabilisierten ZrO_2-Werkstoffes gegenübergestellt. Die geringere Gesamtwärmedehnung der MgO-Stabilisierung verbessert die Temperaturwechselbeständigkeit, die bei ZrO_2 allgemein niedrig ist.

ZrO_2-Werkstoffe werden häufig, von einem sehr feinen Primärkorn ausgehend, bei hohen Temperaturen (z.T. über 1800°C) gebrannt. Diese Bedingungen, kombiniert mit einer chemischen Reinheit von über 98 Gew.-% ZrO_2, führen zu einer starken Kornvergröberung. Die einzelnen Körner versintern ohne Bindephase direkt miteinander. Das Ergebnis sind sehr hohe Kalt- und Heißfestigkeiten bei feinkeramischen ZrO_2-Werkstoffen. Dadurch eignet sich Zirconiumdioxid als sehr widerstandsfähiger Werkstoff bei starker mechanischer und hoher Temperaturbelastung. Hinzu kommt eine sehr gute Korrosionsbeständigkeit gegenüber sauren und vor allem basischen Schlacken. Leistner und Elstner [1302] führen dies auf die chemische Beständigkeit des ZrO_2 zurück. Weiterhin laufen nach ihren Untersuchungen die Destabilisierung durch das SiO_2 der sauren Schlacken und die Vollstabilisierung durch das MgO und CaO der basischen Schlacken langsam ab, da es sich um Festkörperreaktionen handelt. Eine weitere Verbesserung der Korrosionsbeständigkeit kann durch Cr_2O_3-Zusätze erreicht werden.

Eingesetzt werden feuerfeste ZrO_2-Werkstoffe hauptsächlich im Stahlgießbereich. Neben der Verwendung für Gießdüsen gewinnt ZrO_2 als Werkstoff für Schiebeverschlüsse ständig an Bedeutung. Bedingt durch die hohe mechanische und chemische Beständigkeit können daraus nicht nur Pfannenschieber, sondern auch Ofenschieber am Elektroofen und Konverter hergestellt werden. Damit werden neue Technologien im Stahlguß ermöglicht.

9.3.1.6 Schmelzgegossene Erzeugnisse

Die bisher behandelten feuerfesten Erzeugnisse werden nach den üblichen keramischen Formgebungsverfahren, meistens durch Pressen, hergestellt. Eine andere Technologie bedient sich der Eigenschaft, daß Oxidschmelzen bei hohen Temperaturen (>2000°C) genügend elektrische Leitfähigkeit zeigen, so daß sie im Widerstands- oder Lichtbogenofen geschmolzen werden können. Als Ofenfutter dient dabei die außen erstarrte Schmelze. Die Formgebung erfolgt durch Gießen der Schmelze in vorbereitete Formen. Der Vorteil dieses Verfahrens ist die geringe Porosität solcher Steine, deren offene Porosität praktisch null ist und die auch nur geringe geschlossene Porosität zeigen, wenn durch geeignete Maßnahmen die Bildung von Lunkern unterdrückt werden kann. Demzufolge haben diese Erzeugnisse eine sehr gute Korrosionsbeständigkeit. Nach dem Gießen ist eine geregelte Kühlung erforderlich, damit sich ein möglichst einheitliches Kristallgefüge aufbauen kann. Schmelzgegossene Erzeugnisse haben sich vor allem beim Einbau in Glasschmelzwannen bewährt.

Die Entwicklung ist von den schmelzgegossenen Mullitsteinen ausgegangen. Aus Tabelle 102, die eine Übersicht über einige Typen bringt, kann man erkennen, daß in den Mullitsteinen neben einem hohen Korundgehalt auch ein großer Gehalt an Glasphase vorhanden ist.

Tabelle 102: Beispiele der Zusammensetzung von schmelzgegossenen Erzeugnissen

Erzeugnis	Zusammensetzung Gew.-%						Mineralbestand Gew.-%				
	SiO_2	ZrO_2	Al_2O_3	Fe_2O_3	RO	R_2O	Mullit	α-Al_2O_3	β-Aluminat	ZrO_2	Glas
Mullitstein	18–21	–	72–9	2–4	< 1	1,5	50	20–25	–	–	20
Aluminium-Zirconium-dioxidstein	11	34	52	0,8	< 1	2	–	40–45	–	27–35	25–30
Korundstein	< 1	–	98	0,2	< 1	< 1	–	38	60	–	2
β-Aluminatstein	–	–	≈ 95	–	–	≈ 5	–	–	≈ 99,5	–	–

Von den Mullitsteinen ging die Entwicklung zu den jetzt meist üblichen Aluminiumoxid-Zirconiumdioxidsteinen über, die als wesentliche weitere Komponente ZrO_2 enthalten. Nach Bild 453, das das von Greca, Emiliano und Segadães [2249] aufgestellte, aber etwas modifizierte System Al_2O_3–ZrO_2–SiO_2 enthält, liegen die eutektischen Temperaturen sehr hoch. Die vom binären System SiO_2-Al_2O_3 bei 1828°C bzw. bei 1840°C ausgehenden Schmelzrinnen sind bedingt durch die jeweilige Annahme, Mullit bilde mit Cristobalit ein Eutektikum oder zersetze sich peritektisch in Korund und Schmelze (siehe auch Kapitel 3.3.2.1).

Durch den immer vorhandenen Alkaligehalt ist aber ein deutlicher Gehalt an Glas- bzw. Schmelzphase in den Steinen vorhanden. Diese enthält bei Raumtemperatur durch die Auskristallisation des ZrO_2 als Baddeleyit kein ZrO_2, wohl sind aber in der Schmelzphase bei 1500°C nach Untersuchungen mit Mulfinger [1303] neben dem ganzen SiO_2 und R_2O noch 4 Gew.-% ZrO_2 gelöst, nach Schmid [1304] bei 1700°C sogar 13 Gew.-%. Diese Schmelzphase hat bei 1500°C die relativ geringe Viskosität von ca. 300 Pa·s ($\lg\eta$ in dPa·s = 3,3) und neigt daher zum Aussaigern, vor allem wenn das Kristallgefüge grob ist. Zum Vergleich sei erwähnt, daß bei derselben Temperatur die Viskosität der Schmelzphase der Schamottesteine um den Faktor 103 höher liegt.

Ein interessantes Produkt stellen die Erzeugnisse dar, die nach Tabelle 102 praktisch nur aus dem alkalihaltigen β–Aluminat, $(Na,K)_2O \cdot 11Al_2O_3$ bestehen. Solche Steine sind sehr beständig gegen Alkalidämpfe, neigen aber in alkalifreier Atmosphäre zur Abgabe des Alkali und dann zur Umwandlung in α–Al_2O_3. Durch die damit verbundene Volumenabnahme (Kapitel 3.3.1.2) kann es zur Zermürbung kommen. Umgekehrt wachsen Steine aus reinem Korund in alkalihaltiger Atmosphäre durch die Bildung von β-Aluminat.

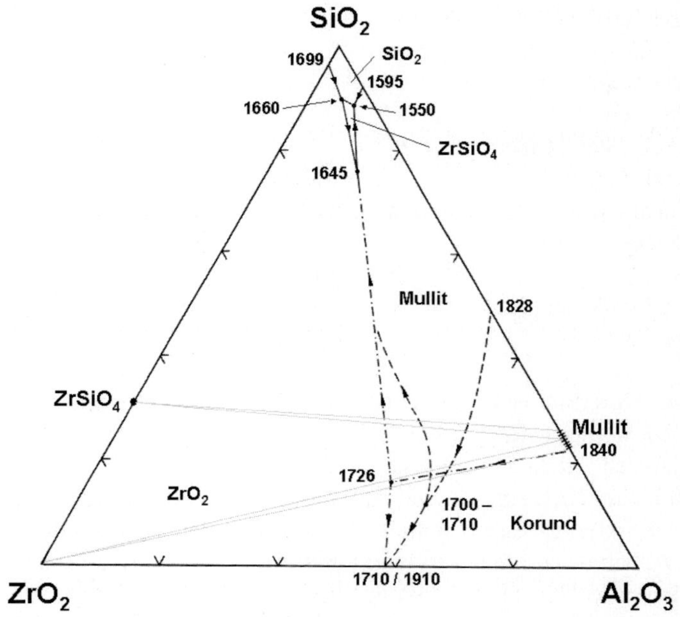

Bild 453: System Al_2O_3–ZrO_2–SiO_2 modifiziert nach [2249]

9.3.2 Ungeformte feuerfeste Erzeugnisse

Neben den geformten feuerfesten Erzeugnissen - den Steinen - haben die ungeformten Erzeugnisse zunehmend an Bedeutung gewonnen. Ungeformte Erzeugnisse bestehen aus einem Gemenge von feuerfesten Rohstoffen und Bindemitteln. Formgebung und Temperaturbehandlung erfolgen erst am Einsatzort. Eine umfassende ökonomische Betrachtung des Einsatzes von Feuerbetonen hinsichtlich des Zusammenspiels von technologischen Parametern, Produktions- und Installationskosten, Zeit und Umweltaspekten wurde von Petzold und Ulbricht [1305] und Krebs [1306] vorgenommen.

Chemische Zusammensetzung und Rohstoffe der ungeformten Erzeugnisse sind gleich denen feuerfester Steine. Ihre Einteilungsprinzipien sind aber nicht der Chemismus, sondern Verwendungszweck, Verarbeitungsart, Bindungsart bzw. Bindergehalt. Unterteilt wird in Erzeugnisse:

- für monolithische Konstruktionen und Reparaturen (Baumassen und Reparaturmassen)
- zum Verlegen und Verfugen (Feuermörtel und Feuerkitte) und
- für Anstriche und Oberflächenschutz.

Krebs [2250] unterscheidet gemäß Produktart und Einbaumethode:
- Feuerbeton
  - Herkömmliche Feuerbetone
  - Verflüssigte Feuerbetone
  - Chemisch gebundene Feuerbetone
- Spritzmassen
- Formbare feuerfeste Massen
  - plastische Massen
  - Ramm-Massen (Stampfmassen)
- Feuerfeste Mörtel
- Sonstige ungeformte feuerfeste Erzeugnisse
  - Trockenmassen
  - Einpreßmassen
  - Massen für Oberflächenschutz
  - Stichlochmassen

Ein weiteres wichtiges Kriterium ist die Bindungsart der ungeformten Erzeugnisse nach der europäischen Vornorm ENV 1402-1. Eine Zusammenstellung der verschiedenen Bindungstypen geben [1307] und Tabelle 103. Anhand der Tabelle wird ersichtlich, daß letztendlich - genau wie bei den Steinen - immer eine keramische Bindung durch Sinterprozesse resultiert. Allerdings besteht kein nahtloser Übergang zwischen Abbau der primären Bindung und Einsetzen der keramischen Bindung. Daher durchlaufen die Festigkeitswerte mit zunehmender Temperatur (Bild 454) im allgemeinen ein Minimum. Neuentwicklungen zielen darauf ab, den schwach gebundenen Bereich völlig zu vermeiden oder doch zumindest stark zu verkleinern oder den Bindergehalt zu minimieren. So versteht man unter MCC (engl.: medium cement castables) Feuerbetone mit > 2,5 Gew.-% CaO-Binderanteil, LCC (low cement castables) solche mit > 1,0 und < 2,5 Gew.-%, ULCC (ultra low cement castables) solche mit > 0,2 und < 1,0 Gew.-% und NCC (no cement castables) Feuerbetone mit < 0,2 % CaO-Anteil.

Tabelle 103: Bindungsarten und Temperaturbereich der Wirksamkeit bei ungeformten Erzeugnissen nach Gelsdorf und Schellberg [1308]

Bindungsart	Temperatur der Wirksamkeit Beginn ca. °C	Ende ca. °C	Zustand nach Verfestigungsende
Keramisch	1000	1200 – 1500	–
Hydraulisch	20	500 – 600	über 1000°C keramisch
Organisch-chemisch	50	250	über 100°C keramisch
Anorganisch-chemisch	200 – 250	1000 – 1450	über 1000°C auch keramisch
Anorganisch-organisch-chemisch	50	1000 – 1450	über 1000°C auch keramisch

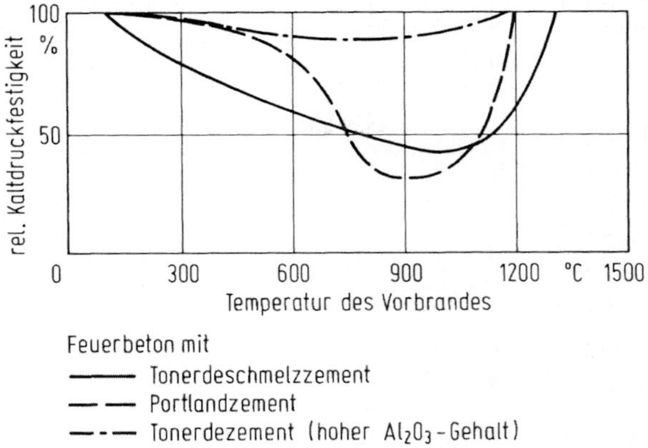

Bild 454: Relative Kaltdruckfestigkeit von Feuerbetonten in Abhängigkeit vom Vorbrand bezogen auf die Festigkeit nach dem Trocknen bei 110°C nach Gelsdorf [1308]

Keramische Bindemittel. Die keramische Bindung wird meist durch *Bindetonzusätze* erreicht. Die Festigkeiten bei niedrigen Temperaturen sind entsprechend gering. Aktiviert wird die keramische Bindung erst oberhalb 1000°C, sie kann durch Verunreinigungen oder Sinterzusätze dem jeweiligen Anwendungsfall angepaßt werden. Eine bei relativ niedrigen Temperaturen einsetzende Versinterung schlägt sich allerdings auch in einer geringen maximalen Einsatztemperatur nieder.

Hydraulische Bindemittel. Hydraulische Binder bestehen aus CaO-, SiO_2- und Al_2O_3-Verbindungen (*Zementen*) variabler Zusammensetzung. Neben Calciumsilicatzementen, wie dem schlackehaltigen Hochofenzement (HOZ) und dem Portlandzement (PZ), finden Tonerdeschmelzzemente (TSZ) sowie Hochtonerdezemente (HTZ) ihren Einsatz. Durch Wasserzugabe erhärten die Mischungen bei Raumtemperatur unter Ausbildung wasserhaltiger Minerale. Der Al_2O_3-Gehalt dieser Zemente und der Gehalt an Verunreinigungen entscheidet über ihre Einsatztemperatur. Eine Übersicht der gebräuchlichen Zemente gibt Tabelle 104.

Portlandzement gibt zwischen 500 und 600°C sein Kristallwasser ab und verliert dabei deutlich an Festigkeit (Bild 454). Durch den CaO-Gehalt besteht bei einem zwischenzeitlichen Abkühlen der Masse die Gefahr, daß freies CaO hydratisiert wird.

Tonerdeschmelzzemente werden aus den Rohstoffen Bauxit und Kalkstein in Schacht-, Drehrohr- oder Elektroöfen produziert [1309]. Ihre Hauptverunreinigungen bestehen aus SiO_2, Fe_2O_3 und TiO_2 und ihre Anwendungsgrenztemperatur liegt bei ca. 1500°C. Sie gewinnen ihre Festigkeit beim Abbinden durch Bildung von Ca-reichen Hydroaluminaten oder $Al(OH)_3$. Beim Aufheizen verlieren sie wiederum durch Dehydratation ihre Festigkeit. Der Festigkeitsverlust geht mit steigendem Al_2O_3-Gehalt aber stark zurück (Bild 454).

Tabelle 104: Chemische Zusammensetzung der bei ungeformten Erzeugnissen gebräuchlichen Zemente (in Gew.-%)

	Calcium-silicatzement	Tonerdereiche Zemente				
Chemischer Bestandteil	Portland-zement	Tonerdeschmelzzemente 1	2	3	Tonerdezemente A	B
SiO_2	19 – 24	3,5 – 4,5	6,0 – 7,0	6,0 – 9,0	0,1	0,1
Al_2O_3	4 – 9	38 – 40	50 – 51	46 – 50	70 – 72	79
TiO_2	0,3 – 0,8	1,5 – 2,0	1,5 – 2,0	0,7 – 1,2	–	–
Fe_2O_3	1,5 – 0,6	13 – 17	2,5 – 3,5	0,5 – 1,0	0,1	0,3
CaO	60 – 67	37 – 39	35 – 38	37 – 42	26 – 27	18 – 19
MgO	0,5 – 3,0	0,5 – 1,0	0,5	1,5 – 2,0	–	0,4
MnO	0 – 1,0	–	–	0,3	–	–
K_2O+Na_2O	0,5 – 1,5	0,1 – 0,3	0,2	0,1 – 0,3	0,3	0,5
SO_3	1 – 3	–	–	0,4	–	–
Segerkegel	12	10	14	15	30	35
Haupt-Mineral-phasen	C_3S, C_2S, C_3A, C_4AF	CA, $C_{12}A_7$, C_2S, C_4AF, C_2AS	CA, $C_{12}A_7$, α–A, C_2AS, C_2S	CA, C_2AS, $C_{12}A_7$	CA, CA_2	CA, α–A, CA_2

C = CaO, S = SiO_2, A = Al_2O_3, F = Fe_2O_3

Höhere Feuerfestigkeit erzielen die Tonerdezemente mit Al_2O_3-Gehalten ≥ 70 Gew.-%, die wesentlich geringere Verunreinigungen aufweisen. Dies hat seinen Ursprung im Herstellungssinterprozess mit synthetischen Rohstoffen. Im Brennprozess, der überwiegend in Drehrohröfen erfolgt, bilden sich zunächst mit Calcium angereicherte Calciumaluminate, die dann mit Tonerde zu aluminiumreichen Calciumaluminaten reagieren. Nach dem Brennprozess enthalten die Tonerdezemente CA, CA_2 und $C_{12}A_7$, im Falle von Al_2O_3-Gehalten ≥ 80 Gew.-% noch α-Al_2O_3.

Bei der *Hydratation* der Tonerdezemente bilden sich Calciumaluminathydrate, die für die Bindewirkung dieser Zemente verantwortlich sind [1310]. Mit zunehmendem CaO-Anteil steigt die Hydratationsgeschwindigkeit und die Reaktivität der Calciumaluminate. In Tonerdezementen mit CA als Hauptmineralphase erhöht die Nebenphase $C_{12}A_7$ die Hydratationsgeschwindigkeit von CA und CA_2.

Die Temperaturabhängigkeit der Abbindereaktionen sowie die Volumenabnahmen, bezogen auf das gebildete CAH_{10}, zeigt Tabelle 105. Zusätzlich ist der Wasserbedarf der Calciumaluminat-Phasen in Mischungen aus Tonerdezement und tabularer Tonerde angegeben.

Unterhalb von 20°C findet zunächst die Bildung von metastabilem, hexagonalem CAH_{10} statt, das nach längerer Zeit oder Temperaturerhöhung auf 21-35°C gemäß der folgenden Gleichung reagiert:

$$2\ CAH_{10} \rightarrow C_2AH_8 + AH_3 + 9\ H \qquad (398)$$

Tabelle 105: Temperaturabhängigkeit, Dichte, Volumenänderung und Wasserbedarf für vollständige Hydratation der Hydratationsprodukte von Tonerdezementen [1311], [1309]

Abbinde-temperatur	Hydratations-produkt	Dichte	Volumen-änderung	Wasserbedarf für vollständige Hydratation		
			Bezug: CAH_{10}	Zementgehalt: 100 %	30 %	20 %
[°C]		[g/cm³]	[%]		[%]	
<21	CAH_{10}	1,72		58	17,4	11,6
21 - 35	C_2AH_8 ; AH_3	1,95 ; 2,42	-37	32	9,6	6,4
>45	C_3AH_6 ; AH_3	2,52 ; 2,42	-53	23	6,9	4,6

Das gebildete C_2AH_8 liegt metastabil und hexagonal vor, das AH_3 ist gelförmig. Die Umwandlung von CAH_{10} in C_2AH_8 ist mit einer erheblichen Dichtezunahme und einer Schwindung des Hydrates sowie der Freisetzung von Wasser verbunden (vgl. Tabelle 105). Bei Temperaturerhöhung > 45°C bildet sich kubisches C_3AH_6 und kristallines AH_3:

$$3\ C_2AH_8 \rightarrow 2\ C_3AH_6 + AH_3 + 9\ H \quad (399)$$

Nach der Hydratation bilden sich in Abhängigkeit von der Temperatur und dem Verhältnis von Wasser und Zement unterschiedliche Mikrostrukturen im Beton aus, deren Einflüsse nach Trocknungs- und Brennprozess noch verstärkt werden [1312]. Temperaturen unter 21°C sollten wegen der Schwindung und den damit verbundenen Festigkeitsverlusten vermieden werden. Günstig wirken sich Abbindetemperaturen > 27°C aus, da anstelle des gelförmigen AH_3 Gibbsit gebildet wird. Somit wird die Permeabilität des Gefüges erhöht und die Gefahr einer explosiven Ausdehnung beim Aufheizen verringert.

Die temperaturabhängigen Phasenumwandlungen der Hydratation und während des Aufheizvorgangs sind für einen Korundfeuerbeton in Bild 455 dargestellt. Zwischen 200°C und 350°C zersetzen sich die Hydratphasen und $C_{12}A_7$ sowie Al_2O_3 und geringe Mengen freies CaO werden gebildet. Diese reagieren im Temperaturbereich von 600-1000°C zu CA, oberhalb 1000°C bildet sich aus diesem CA und der noch nicht reagierten Tonerde CA_2. Oberhalb 1200°C setzt die Reaktion des CA_2 mit dem Zuschlagstoff Korund ein und es wird CA_6 gebildet.

Verflüssigte *zement- und ultrazementarme Feuerbetone* wurden in den 70er Jahren mit technologischen Eigenschaften entwickelt, die traditionellen feuerfesten Materialien in einigen Bereichen überlegen waren. Ein fortschreitender Wechsel von konventionellen Feuerbetonen und geformten Erzeugnissen zu zement- und ultrazementarmen Feuerbetonen hat nicht zuletzt durch verbesserte Zustelltechnologien von ungeformten Erzeugnissen wie die *Trockenspritz-* und die *Shotcasttechnologie* stattgefunden.

Verbesserte Eigenschaften hängen von der Reinheit der Rohstoffe und Zusätze, dem Kornaufbau und der ausgebildeten Mikrostruktur ab. So können Spuren von SiO_2 (max. 0,09 Gew.-%) oder Eisenoxiden (10-50 ppm, max. 200 ppm) die CO-Beständigkeit von Tabulartonerdefeuerbetonen deutlich verschlechtern [1313], [2252].

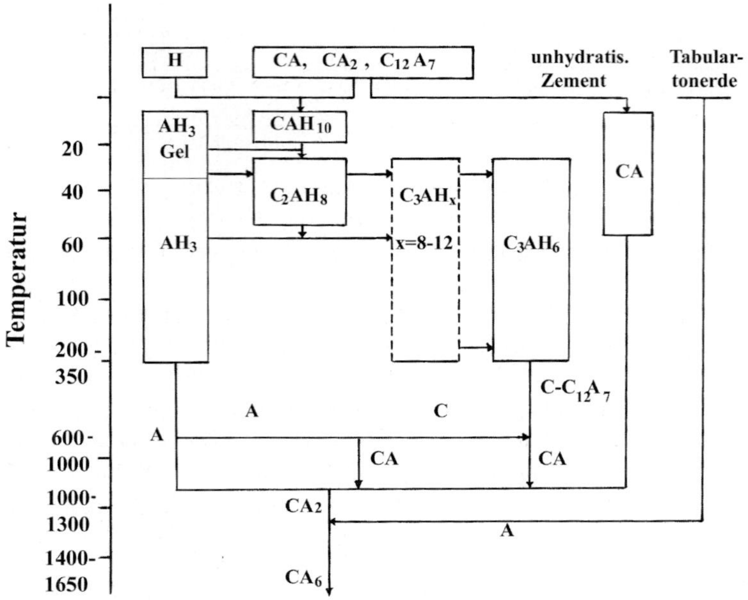

Bild 455: Phasenausbildung eines Korundfeuerbetons bei Hydratation und Aufheizvorgang [1312]

Ferner nehmen Typ und Gehalt des Bindemittels, die Korngrößenverteilung der Feinkornfraktion unter 45 μm sowie die Vorbrandtemperatur als Einflussfaktoren eine besondere Stellung ein. Konventionelle Feuerbetone mit einem Zementanteil bis zu 30 Gew.-% erreichen eine ausreichende Frühfestigkeit, der mit 7-10 Gew.-% hohe Anmachwasserbedarf resultiert jedoch in geringen Festigkeiten bei der Einsatztemperatur. Eine Erhöhung des Anmachwassergehaltes um 1 % ergibt eine höhere Porosität der getrockneten und gebrannten Feuerbetone von 3 %. Der Widerstand gegen Infiltration von Schmelzen, Schlacken oder Heißgasen sinkt deutlich. Eine Optimierung der Korngrößenverteilung im Bereich der Feinkörner und die Substitution von Zementanteilen durch feuerfeste Oxide, Carbide oder Nitride mit Korngrößen von 1 bis 10 μm verringert den benötigten Zementanteil und den Anmachwasserbedarf. Einsatz von ultrafeinen Partikeln mit einer Korngröße ≤ 1μm und die Abstimmungen von Körnungen im Feinstkornbereich sorgen für eine Auffüllung der Feinstporen, was zu einer weiteren Reduzierung des Zementgehaltes und des Anmachwasserbedarfs führt [1314].

Dispergiermittel bewirken eine gleichmäßige Verteilung von Zementpartikeln und Feinstkörnern und beeinflussen die Fließeigenschaften des Systems positiv. Günstige Eigenschaften hinsichtlich der Kornform, der spezifischen Oberfläche, der Dispergierbarkeit in wässrigen Lösungen und der Reaktionsfähigkeit mit feuerfestem Zement weisen u.a. amorphes SiO_2, Al_2O_3, Aluminiumsilicate, $Al(OH)_3$, MgO, Forsterit, Cr_2O_3, ZrO_2, Kohlenstoff und SiC auf [1311], [1315]-[1317].

Als reaktivster Bestandteil der Matrix des Versatzes sind die feinkörnigen Komponenten wichtig für die Phasenzusammensetzung bei höheren Temperaturen und nehmen somit Einfluß auf Feuerfestigkeit, thermomechanische und thermochemische Eigenschaften bei einer korrosiven Beanspruchung [1307].

Die vermehrte Verwendung von zementarmen und ultrazementarmen Feuerbetonen liegt an den folgenden verbesserten Eigenschaften [1305]:

- Kein Festigkeitsabfall durch Schwächung des Matrixgefüges im Temperaturbereich des Übergangs von hydraulischer zu keramischer Bindung.
- Kein Festigkeitsminimum bei höheren Temperaturen aufgrund der geringeren Entwässerung.
- Geringere Porosität durch eine bessere Verfüllung der Hohlräume mit Mikrofüllern und Bindematrixsystemen und durch einen niedrigeren Anmachwasserbedarf.
- Höhere Korrosionsbeständigkeit. Durch Erzielung höherer Dichte, geringerer Porosität und höherer Festigkeit sind selbstfließende und Vibrier-Feuerbetone höherwertig einzustufen als Stampfmassen.
- Verbesserte Abriebfestigkeit wegen hoher Kornpackungsdichte aufgrund der Mikrofüller.
- Verbesserte Temperaturwechselbeständigkeit.
- Höhere Heißbiegefestigkeit bei ULCC.
- Höhere Erweichungstemperatur T_0 von ULCC.

Organische Bindemittel. Zusätze von organischen Bindern, z.B. Sulfitablauge, Zellulosederivaten, aber auch von Teer oder Pech, können die Bindung im Temperaturbereich bis ca. 250°C erheblich verbessern. Beim Trocknen scheiden sich die im Wasser gelösten Bindemittelzusätze ab und verkleben die Körner. Beim Aufheizen brennen die organischen Bestandteile jedoch frühzeitig aus, so daß eine relativ große Festigkeitslücke bis zum Einsetzen der keramischen Bindung besteht. Die organischen Binder werden daher meist mit anorganisch-chemischen Bindern kombiniert.

Chemische Bindemittel. Bei der chemischen Bindung werden vor allem Aluminiumphosphat, Alkaliphosphat, Phosphorsäure und Wasserglas eingesetzt. Ihre Beständigkeit, und daraus resultierend die Festigkeit der Massen, reicht bis zu relativ hohen Temperaturen. Zusätze von Phosphorsäure und von Aluminiumphosphaten zu Massen aus dem System SiO_2-Al_2O_3 führen zu einer wirksamen Verfestigung ab 200 bis 250°C. Sie vermindern nicht die Feuerfestigkeit der Zuschläge und werden daher als chemische Bindemittel für solche Massen eingesetzt, die auch hohen Temperaturen widerstehen müssen. Dies sind hauptsächlich Massen mit einem Tonerdegehalt von über 60 Gew.-%. Die Bindung mit Aluminiumphosphat verläuft über Polykondensation bei etwa 180°C zu $Al_n(PO_3)_{3n}$ und dessen chemischer Umsetzung mit Tonerde aus der Masse bis zur Bildung des hochfeuerfesten $AlPO_4$. Dabei wird die chemische Bindung durch eine keramische ergänzt oder ersetzt.

Tabelle 106: Klassifikation der ungeformten feuerfesten Erzeugnisse nach ISOR 1927 [1318]

Klasse	Bezeichnung	Grenzwert der Hauptoxide Gew.-%
I	tonerdereiche Erzeugnisse	$Al_2O_3 \geq 45$
II	Schamotte-Erzeugnisse	$10 \leq Al_2O_3 < 45$
III	saure Erzeugnisse	$85 \leq SiO_2$ $Al_2O_3 < 10$
IV	basische Erzeugnisse: Magnesia, Chromit, Forsterit, Dolomit, andere Erdalkalioxide	
V	Sondererzeugnisse: Kohlenstoff, Carbide, Nitride, Zirconiumsilicat u.a. und deren Mischungen untereinander	
VI	Mischerzeugnisse: Mischungen aus Bestandteilen der Klassen I – V mit einem Hauptbestandteil der Klassen I – IV	
VII	Sondermischerzeugnisse: Mischungen aus Bestandteilen der Klassen I – V mit einem Hauptbestandteil der Klasse V	

Wasserglas zersetzt sich in Gegenwart von sauer reagierenden chemischen Substanzen unter Bildung von reaktionsfähigen Kieselsäuren und wirkt bei der Kondensation zu Polykieselsäuren verfestigend. Mit Wasserglas versetzte feuchte Massen erhärten unter Luftabschluß nicht. Erst durch die Reaktion mit CO_2 aus der Luft wird die Zersetzung des Wasserglases unter gleichzeitigem Erhärten der Masse eingeleitet.

Basische Massen und Mörtel enthalten immer freies MgO, das mit sauren chemischen Bindemittelzusätzen wie Magnesiumchlorid- und Magnesiumsulfat-Lösung sowie Schwefelsäure unter Bildung von $Mg(OH)_2$ und komplizierten Magnesiumoxyverbindungen unter Erhärten reagiert. Massen mit solchen Magnesia-Bindern erreichen zunächst hohe Festigkeit, die aber mit steigender Temperatur im Bereich von 600 bis 1200°C stark abfällt und erst bei noch höheren Temperaturen durch keramische Versinterung wieder erreicht werden kann.

Wie bereits erwähnt, ist der Chemismus der ungeformten Erzeugnisse dem der Steine vergleichbar. Die Klassifikation der Massen nach dem Chemismus zeigt Tabelle 106. Die größere Bedeutung für die Baumassen haben die tonerdereichen, Schamotte- und sauren Erzeugnisse. Die wesentlichen Vorteile der ungeformten Erzeugnisse sind Einfachheit und Schnelligkeit bei Verarbeitung und Einbau, so z.B. die Möglichkeit zur Vorfertigung von Teilen komplexer Form (*Monolithe*) und die Verfüllbarkeit von Hohlräumen.

9.3.2.1 Ungeformte Erzeugnisse für monolithische Konstruktionen und Reparaturen (Massen)

Vom Chemismus und den Rohstoffen her weisen die Massen dasselbe Spektrum wie die feuerfesten Steine auf. Sie zeichnen sich aber durch einfacheres Einbringen in die Aggregate aus, und zudem können auch heiße Aggregate zugestellt werden. Da die Massen aber erst nach dem Einbringen verfestigen und versintern, bildet sich durch das Temperaturgefälle zwischen Feuerseite und Wandung auch ein entsprechendes Versinterungsgefälle aus.

Tabelle 107: Unterteilung der Massen und deren wichtige Merkmale

Massetyp	Untergliederung	Wasser-gehalt bei Verarbeitung Gew.-%	Verfestigungsart	Verfestigungs-beginn bei Temperaturen
Rammassen	Trockenstampfmassen (Frittenmassen)	0 – 1	keramisch	ca. 1000°C
	erdfeuchte, krümelige Ramm- und Stampf-massen	3 – 6	chemisch oder/und keramisch	110°C/ ca. 1000°C
Plastische Massen	plastische Krümelmassen	5 – 8	chemisch oder/und keramisch	110°C/ ca. 1000°C
	plastische Batzenmassen	6 – 10		
Feuerbetone	dichte Feuerbetone	6 – 12	hydraulisch	Raum-temperatur
	Feuerleichtbetone	10 – 50	u.U. chemisch	
Spritz-und Schleuder-massen	erdfeuchte, krümelige Stampfmassen dichte Feuerbetone Feuerleichtbetone	5 – 50	chemisch hydraulisch keramisch	abhängig von der Art der Bindung

Zum Einbringen der Massen in die Aggregate werden verschiedene Techniken, wie Schütten, Vibrieren, Stampfen, Spritzen oder Schleudern angewandt. Eine Zusammenstellung dieser Techniken und deren wesentliche Merkmale zeigt Tabelle 107. Beim Zustellen großer Flächen müssen zwar Dehnungsfugen vorgesehen werden, doch ist deren Anzahl deutlich geringer als bei Steinzustellungen. Da die Korrosion von feuerfesten Erzeugnissen verstärkt an Fugen wirksam wird, ist es vorteilhaft, die Anzahl der Fugen zu reduzieren.

Die Verdichtung der eingebrachten Massen liegt unter der Gründichte gepreßter Steine. Entsprechend höher ist die Porosität der Massen. Daraus resultiert eine bessere Wärmedämmung. Gleichzeitig weisen die Massen im allgemeinen eine gute Temperaturwechselbeständigkeit auf, da ein lockeres Gefüge vorliegt. Die hohe Porosität bedingt aber auch eine verstärkte Infiltration von Schmelzen und Schlacken.

Die meisten Massen werden auf der Basis Tonerde-Kieselsäure hergestellt. Die Einsatzgebiete entsprechen denen der korrespondierenden feuerfesten Steine. Für Reparaturzwecke im Lichtbogen-Ofen, Konverter usw. werden basische Massen aus Magnesia, Chromerz und Sinterdolomit verwendet.

9.3.2.2 Verlege- und Verfugungsmaterialien (Mörtel, Kitte, Kleber)

Haltbarkeit und Betriebssicherheit von feuerfestem Mauerwerk hängen nicht nur von der richtigen Auswahl der feuerfesten Steine ab, sondern auch ganz erheblich davon, daß sie mit feinkörnigen Materialien verlegt und verfugt werden, die hinsichtlich ihrer chemischen und physikalischen Eigenschaften auf die Steine abgestimmt sind. Somit wird verständlich, daß es zu jeder Steingruppe auch den entsprechenden Mörtel oder Kitt gibt.

Tabelle 108: Merkmale feuerfester Mörtel, Kitte und Anstriche nach [1225]

	Ungeformte feuerfeste und feuerbeständige Materialien zum *Verlegen und Verfugen* von geformten Erzeugnissen		Ungeformte feuerfeste und feuerbeständige Materialien *zum Versiegeln* von geformten und ungeformten Erzeugnissen	
	Feuermörtel	Feuerkitte	Spachtel Verputze	Anstriche (Coating)
Anmachflüssigkeit/ Wasser in Gew.-%	10 – 25	12 – 30	15 – 30	30 – 60
Bindungsart	chemisch hydraulisch keramisch	chemisch	chemisch hydraulisch keramisch	chemisch

Für die Verarbeitbarkeit der *Mörtel* und Kitte ist die Konsistenz der Masse wichtig. Die Beurteilung erfolgt nach der Einfalltiefe. Ein weiteres Kriterium ist das Wasserhaltevermögen. Miteinander vermörtelte Steine sollen nach ca. 5 Minuten den Mörtel soweit entwässert haben, daß sie nicht mehr verrutscht werden können. In Tabelle 108 sind die wesentlichen Merkmale der Feuermörtel und -kitte angegeben.

Während die Mörtel meist erst bei hohen Temperaturen durch keramische Bindung verfestigen, sollen *Feuerkitte* sowohl bei niedrigen als auch bei hohen Temperaturen einen dichten und festen Mauerwerksverband gewährleisten. Entsprechend können Kitte, im Gegensatz zu keramisch abbindenden Mörteln, eine wesentlich bessere Resistenz gegen korrosiven Angriff, z.B. Schlackenangriff, haben. Die Resistenz kann sogar besser als die von Steinmaterial sein, so daß die Fugen keinen voreilenden Verschleiß zeigen.

Mit zunehmender Verwendung von Fasermatten und anderen Isoliermaterialien gewinnen die *Kleber* an Bedeutung; mit ihnen können Isolierstoffe auf Blechwänden oder Mauerwerk befestigt werden. Kleber enthalten eine sehr feinkörnige Grundsubstanz und ein chemisches Binde- oder Klebemittel, das je nach Art bereits bei Raumtemperatur aushärtet.

Eingesetzt werden Verlege- und Verfugungsmaterialien in sämtlichen Bereichen, in denen auch Steine zum Einsatz kommen. Eine Ausnahme sind natürlich fugenlos verlegte Steine, wie z.B. Kohlenstoffsteine im Hochofenboden. Mengenmäßig spielen Mörtel, Kitte und Kleber im Vergleich zu den Massen eine untergeordnete Rolle.

9.3.2.3 *Materialien für Anstriche und Oberflächenschutz*

Die Materialien für den Oberflächenschutz von geformten und ungeformten Erzeugnissen werden wegen ihrer speziellen Verarbeitungstechnik wie Streichen, Spritzen und Spachteln im Anmachflüssigkeitsgehalt höher eingestellt als Feuermörtel. Sie dienen z.B. dazu, Stahlteile gegen frühzeitige Korrosion und Verzunderung zu schützen, feuerbeständige Auskleidungen gegen korrosive Gase und Stäube abzuschirmen und in Leitungen mit hohen Gasgeschwindigkeiten durch glattere Oberflächen Ansätze und Wirbel zu verhindern.

Die verschiedenen Verarbeitungstechniken erfordern einen unterschiedlichen Wassergehalt (Tabelle 108) für die zwei Gruppen Spachtel und Verputze, bzw. Anstriche.

9.3.3 Feuerleicht- und Isoliersteine

Feuerfeste Steine werden als Feuerleicht- oder Isoliersteine bezeichnet, wenn sie eine Gesamtporosität von $\geq$ 45 Vol.-% besitzen. Beide dienen der Wärmeisolation von Ofen- und Feuerungswänden. Liegen die Anwendungsgrenztemperaturen über 1000°C, spricht man in Deutschland allgemein von Feuerleichtsteinen, bei Einsatztemperaturen unter 1000°C von Isoliersteinen.

Beide Dämmwerkstoffe zeichnen sich durch eine geringe Wärmeleitfähigkeit und Wärmespeicherung aus. Diese Eigenschaften stehen mit der Gesamtporosität des Werkstoffes im Zusammenhang. Da diese Dämmstoffe eine hohe Porosität besitzen, wird in den Poren ein hoher Anteil an Luft eingeschlossen, die als „ruhende“ Luft eine sehr geringe Wärmeleitfahigkeit besitzt.

Die Wärmeleitfähigkeit eines Dämmwerkstoffes ist andererseits nicht nur durch den Porenanteil bestimmt. Bei gleicher Porosität hängt sie deutlich von der Porengröße und der Steinmatrix ab. Feinporige Steine isolieren besser als grobporige, da bei großen Poren schon ab 500°C ein deutlicher Wärmeaustausch durch Konvektion gegeben ist. Erst oberhalb 1000°C überwiegt der Strahlungsanteil den Konvektionsanteil. Den generellen Einfluß von Korngrenzen beschreiben Smith u.M. [1319].

9.3.3.1 *Feuerleichtsteine*

Zur Herstellung der Feuerleichtsteine werden die gleichen Rohstoffe wie zur Fertigung dichter feuerfester Erzeugnisse eingesetzt. Die Nomenklatur wird daher auf die Haupteinteilung dichter geformter Erzeugnisse gestützt, wie sie Tabelle 87 wiedergibt.

Anders als bei den dichten feuerfesten Werkstoffen wird die niedrigere Rohdichte durch Hinzugabe von porösen Rohstoffen und Ausbrenn- oder Aufschäummitteln erhalten. Als poröse Rohstoffe kommen z.B. in Frage Hohlkugelkorund,

Blähton usw. Zu den Ausbrennstoffen zählen Sägemehl, Styropor, Korkmehl, Braunkohle u.a.

Zur Charakterisierung der Feuerleichtsteine dient die *Anwendungsgrenztemperatur*. Sie ist als die Temperatur definiert, bei der der Werkstoff innerhalb von 12 Stunden um nicht mehr als 2 % nachschwindet.

Feuerleichtsteine können aufgrund ihrer hohen Feuerfestigkeit (1500°C und höher) und Abriebfestigkeit häufig in Ofenwänden direkt dem Feuer ausgesetzt werden, wenn weder mit Flugstaub- noch Schlackenangriff zu rechnen ist. Es empfiehlt sich dann allerdings, die Betriebstemperatur im Ofen 50 bis 100 K unter die Anwendungsgrenztemperatur zu legen, da das Nachschwinden der Feuerleichtsteine erst nach ca. 250 h abgeschlossen ist.

Einen Überblick über einige Feuerleichtsteine auf der Basis von Schamotte, Sillimanit, Hohlkugelkorund und Quarzit gibt Tabelle 109.

Tabelle 109: Eigenschaften einiger Feuerleichtsteine

		Feuerleichtsteine aus Schamotte			Sillimanit	Hohlkugelkorund	Quarzit
Klassifikations-temperatur	°C	1300	1350	1400	1550	1870	1550
Rohdichte	g/cm^3	0,8–0,9	1,0–1,1	1,0–1,3	1,2	1,44	1,2
KDF	N/mm^2	3	4	6	7	20	3,5
Wärmeleitfähigkeit W/(m · K) bei Mitteltemperatur							
	400°C	0,30	0,33	0,42	0,62	1,30	0,50
	800°C	0,37	0,39	0,47	0,65	1,18	0,60
	1200°C	0,44	0,48	0,53	0,74	1,11	0,90

9.3.3.2 Isoliersteine

Isoliersteine können aufgrund ihrer geringen Feuerfestigkeit und Festigkeit nur als Hintermauerung eingesetzt werden. Die gute Wärmedämmung erhalten sie durch poröse Rohstoffe wie Kieselgur, Molererde und Wollastonit sowie geblähten Vermikulit oder Perlit. Gebunden werden diese Rohstoffe mit Zement oder keramisch. Tabelle 110 bringt die Eigenschaften einiger Isoliersteine.

Tabelle 110: Eigenschaften einiger Isoliersteine

Klassifikations-temperatur	°C	950	900	900
Rohdichte	g/cm^3	0,45	0,6	0,8
KDF	N/mm^2	1,0	2,5	7,0
Wärmeleitfähigkeit W/(m · K) bei Mitteltemperatur				
	200°C	0,10	0,14	0,20
	400°C	0,12	0,16	0,21
	800°C	0,19	0,21	0,24

9.3.4 Keramische Faserwerkstoffe

Unter dem Druck ansteigender Energiekosten haben sich in der Hochtemperaturtechnik keramische Fasern auf Basis von Aluminiumsilicaten und -oxiden einen bedeutenden Platz erobert. Zum Einsatz kommen die verschiedensten Produktformen wie Wolle, Matten, Filze, Schichtblöcke oder Module, Platten und Formteile sowie Papiere, Schnüre und Gewebe.

Je nach Einsatzort und Anwendungstemperatur werden dazu die Fasern mit kolloidaler Kieselsäure und Tonerde sowie Bindetonen, Monoaluminiumphosphat oder hydraulischen Bindemitteln gebunden und damit Zustelltechnik und Lebensdauer dieser Faserwerkstoffe beeinflußt.

Gegenüber anderen feuerfesten Werkstoffen zeichnen sich diese Faserwerkstoffe durch eine sehr niedrige Rohdichte und volumenbezogene Wärmekapazität sowie geringe Wärmeleitfähigkeit und eine ausgezeichnete Temperaturwechselbeständigkeit aus. Die Anwendungstemperaturen liegen zwischen 1200 und 1600°C. Aufgrund ihrer geringen Festigkeit können Faserwerkstoffe jedoch nur in Ofenbereichen mit geringen mechanischen und erosiven Beanspruchungen eingesetzt werden.

Der Einsatz von Fasern zur Verstärkung keramischer Werkstoffe wird im Kapitel 11.2 behandelt.

Tabelle 111: Chemismus und Mineralbestand keramischer Fasern

	Nr.	1	2	3	4	5
Klassifikationstemperatur in °C		1260	1400	1400	1550	1600
SiO_2-Gehalt	in Gew.-%	53	45	55	15	5
Al_2O_3-Gehalt	in Gew.-%	47	55	41	85	95
Cr_2O_3-Gehalt	in Gew.-%	–	–	4	–	–
Struktur		röntgenamorph			kristallin	
Mineralbestand bei Anlieferung		Glas	Glas	Glas	A_3S_2 α–A δ–A	A_3S_2 α–A δ–A ϑ–A
Mineralbestand nach Vorbrand in Gew.-%						
Mullit		65	75	57	54	18
Cristobalit		35	25	43	–	–
Tonerde		–	–	–	46	82

9.3.4.1 Keramische Fasertypen

Zum Einsatz kommen in erster Linie fünf handelsübliche Faserarten, die sich in Chemismus und Mineralbestand unterscheiden, wie Tabelle 111 nach Eschner [1320] zeigt.

Bei den Fasertypen 1 bis 3 handelt es sich um Aluminiumsilicatfasern (sog. RCF: refractory ceramic fiber) mit Al_2O_3-Gehalten zwischen 40 und 55 Gew.-%.

Sie werden aus Kaolin, Schamotte oder Mischungen von Quarzsand und reiner Tonerde hergestellt. Die Rohstoffe werden dazu im Lichtbogenofen bei Temperaturen von ca. 2000°C geschmolzen, und ein kontinuierlich austretender Schmelzstrahl wird durch Schleudern (Zentrifugieren) oder Zerblasen abgekühlt. Durch die Schleppwirkung der Zentrifugalkräfte sowie der Luft- oder Dampfströme werden dabei die viskosen Schmelzen zerfasert. Durch die starke Abkühlung beim Schleudern oder Zerblasen erstarrt die Al_2O_3-SiO_2-Schmelze zu Fasern mit Durchmessern zwischen 0,5 und 7 µm (mittlerer Faserdurchmesser ca. 3 µm) und Längen von 5 bis 25 cm sowie einem Anteil von 30 bis 65 Gew.-% unzerfaserter Teilchen in Tropfen- oder irregulären Formen (sog. *Shot-Gehalt*) mit Durchmessern von über 50 bis 100 µm.

Aluminiumsilicatfasern mit Al_2O_3-Gehalten über etwa 60 bis 70 Gew.-% lassen sich nach diesem Verfahren nicht mehr produzieren, da hier Viskosität und Oberflächenspannung dieser Schmelzen zu stark abfallen.

Die Fasertypen 4 und 5 werden bei niedrigen Temperaturen aus wäßrigen Aluminiumsalzlösungen [1321] erzeugt, die mit hochmolekularen organischen Spinnhilfsmitteln zur Steuerung des Fließverhaltens versetzt sind. Durch Wasserabscheidung werden in den Lösungen Einheiten über Al-OH-Al- und Al-O-Al-Brükken gebildet, die sich über Ecken verknüpfen und zu komplizierten und teilweise gallertartigen Verbindungen führen (*Sol-Gel-Prozeß*). Die Ausformung der Fasern erfolgt nach bekannten Zieh- oder Blasverfahren. Durch eine nachfolgende mehrstufige thermische Behandlung bis zu 1350°C werden die organischen Bestandteile ausgebrannt und die vorliegenden instabilen Tonerdemodifikationen (η, γ, δ, ϑ) teilweise in die stabile α-Al_2O_3-Modifikation überführt. Die Aluminiumsalzlösungen enthalten geringe Anteile an SiO_2, um das Kristallwachstum bei Temperaturbehandlung zu hemmen. Die Fasertypen 4 und 5 liegen also im Gegensatz zu den Fasertypen 1 bis 3 bei Anlieferung als polykristalline keramische Fasern vor und sind frei von unzerfaserten Partikeln. Die Faserdurchmesser liegen zwischen 1 und 8 µm (mittlerer Faserdurchmesser ca. 3,5 µm) bei Faserlängen zwischen 0,5 und 10 cm.

9.3.4.2 Hochtemperaturverhalten keramischer Fasern

Infolge *thermischer Beanspruchung* zeigen die keramischen Fasern Änderungen in der Faserstruktur, die sich in einem deutlichen *Nachschwindverhalten* äußern. Die glasartigen Fasern vom Typ 1 bis 3 beginnen bei Temperaturen von 980°C [1322] zu rekristallisieren. Als *Rekristallisationsprodukt* läßt sich Mullit nachweisen. Quantitative Messungen des Phasengehaltes in Abhängigkeit von der Temperatur zeigen [1323] eine lineare Zunahme des Mullitgehaltes bis etwa 1300°C, der dann bis ca. 1600°C konstant bleibt. Zwischen 1250°C und 1300°C setzt die Bildung von Cristobalit ein. Die Cristobalitmenge wächst bis 1450°C an, um durch erneutes Aufschmelzen danach wieder abzunehmen. Bei 1600°C ist Cristobalit nicht mehr nachweisbar. Bild 456 zeigt Fasern im Anlieferungszustand und nach Hochtemperatureinsatz.

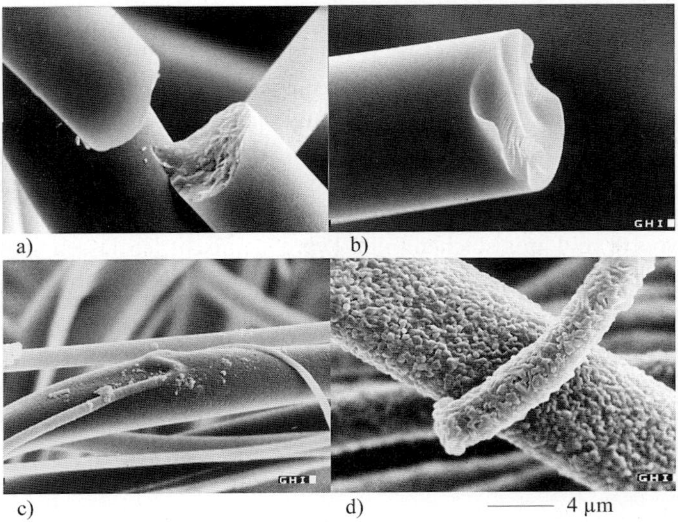

Bild 456: Keramikfasern: a) polykristalline Al_2O_3-Faser im Anlieferungszustand (Bruchfläche), b) AS-Faser (52 % Al_2O_3, 48 % SiO_2) im Anlieferungszustand (Bruchfläche), c) RCF 1400 (54,9 % Al_2O_3, 45,1 % SiO_2) nach 24 bei 1450°C (partielle Erweichung), d) wie c) nach 480 h bei 1450°C mit deutlicher Rekristallisierung (Cristobalit/Mullit) (Quelle: Dietrichs, Tonnesen, Aachen)

Mit fortschreitender Kristallinität wird gleichzeitig eine Zunahme der Faserdichte und eine Abnahme der elastischen Eigenschaften beobachtet. Aus Vergleichen von Gefügedaten weiß man [1324], daß die Änderung der Dichte (Schwindung) in Abhängigkeit von der Temperatur bis 1250°C im wesentlichen der Temperaturabhängigkeit des Mullitgehalt folgt, während die Faserversprödung durch die Cristobalitbildung beeinflußt wird; d.h., keramische Fasern verlieren erst oberhalb 1200°C ihre hohe Elastizität. Zunehmende Rekristallisation und Anstieg des Kristallwachstums verspröden die Fasern danach so stark, daß ein völliger Faserzerfall möglich wird, der Einsatztemperatur und Lebensdauer keramischer Fasern begrenzt.

Fasern vom Typ 3 ähneln in ihrem Hochtemperaturverhalten denen von Typ 2 trotz ihres geringeren Al_2O_3-Gehaltes. Der Grund dafür ist in dem Cr_2O_3-Gehalt von 4 Gew.-% zu sehen, der das Kristallwachstum und das Sintern der Fasern an den Berührungsstellen zweier Fasern verzögert [1325]. Bei Langzeiteinsätzen dieser Fasern bei hohen Temperaturen wird in Abhängigkeit von der Zeit durch Oxidationsverdampfung ein linearer Abfall des Cr_2O_3-Gehaltes festgestellt, so daß sich das Hochtemperaturverhalten der Fasern vom Typ 3 langsam dem von Typ 1 nähert.

Bei polykristallinen keramischen Fasern vom Typ 4 und 5 treten Rekristallisationsprozesse, wie sie bei den Fasern vom Typ 1 bis 3 mit Glasstruktur zu beobachten sind, nicht auf. Entsprechende Untersuchungen [1324] zeigen vielmehr, daß zunächst bei Temperaturen zwischen 1100°C und 1200°C Phasenumwandlungen der instabilen Übergangstonerden zu α-Al_2O_3 einsetzen, die bei 1350°C abgeschlossen sind. Nach der α-Al_2O_3-Bildung kommt es an den Kornoberflächen der Korundkristalle zur Mullitbildung, die das weitere Wachstum der Korundkristalle behindert. Mullit ist aber nur bis ca. 1500°C beständig, und die Korundkristalle können bereits bei dieser Temperatur Abmessungen der Faserdurchmesser erreichen. Bei 1600°C liegen nur noch α-Korund und Schmelzphase nebeneinander vor, d.h., die Faserstruktur ist bei dieser Temperatur weitgehend zerstört. Aus diesen Untersuchungen wird aber verständlich, daß die Anwendungstemperaturen für Fasertypen 4 und 5 deutlich über denen der Fasertypen 1 bis 3 liegen.

Werden Fasern vom Typ 1 mit solchen vom Typ 5 gemischt, so lassen sich hierdurch Fasergemische herstellen, die sich durch ein sehr gutes Hochtemperaturverhalten auszeichnen.

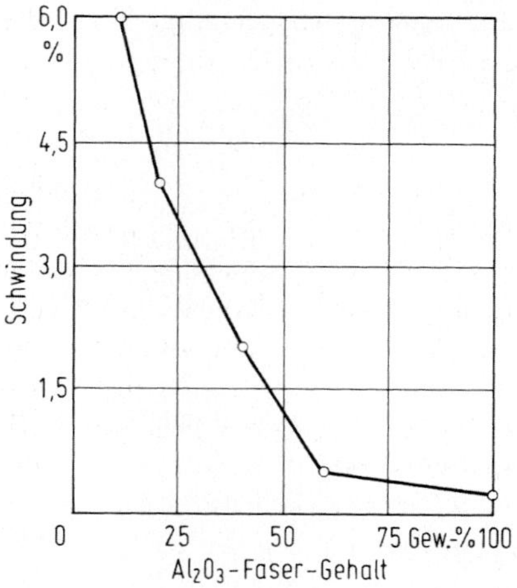

Bild 457: Schwindungsverhalten von Mischfasern bei 1400°C in Abhängigkeit vom Gehalt an Al_2O_3-Fasern nach Symes [1321]

Der Vorteil derartiger Mischungen liegt gegenüber reinen Fasern vom Typ 5 vor allem in einer Reduzierung der Rohstoffkosten. Das günstige Hochtemperaturverhalten derartiger Mischfasern wird in einem SiO_2-Transport von der Faser vom Typ 1 zur Faser vom Typ 5 gesehen. An den Kontaktstellen beider Fasertypen wird Mullit gebildet. Durch Entzug von SiO_2 aus der Faser vom Typ 1 werden die Mullitkristalle hier stabilisiert. Bild 457 zeigt deutlich, wie bei Temperaturen über 1400°C die Hochtemperaturschwindung stark herabgesetzt wird.

Unter dem Einfluß korrosiver Medien in der Ofenatmosphäre wird sich das Hochtemperaturverhalten keramischer Fasern infolge der *chemischen Beanspruchung* stark verändern. Liegt keine oxidierende oder neutrale Atmosphäre vor, so werden Zusammensetzung, Keimbildung und Kristallwachstum durch die Einwirkung reduzierender Gaskomponenten, wie H_2, CO, NH_3 und CH_4, verändert und führen dann zu einer Herabsetzung der Anwendungstemperaturen.

Keramische Fasern (Al_2O_3-Gehalt < 60 Gew.-%) zeigen in einer CO-Atmosphäre im Vergleich zu einer oxidierenden Atmosphäre ab 1150°C einen deutlich höheren *Rekristallisationsgrad* [1326]. Dieser Prozeß verstärkt sich bei höheren

Temperaturen und führt zum Abbau des Cristobalit-Gehaltes in der Faser. Bereits bei Temperaturen von 1350°C läßt sich Cristobalit röntgenographisch nicht mehr nachweisen. Ein Einfluß der CO-Atmosphäre auf die Lebensdauer ist auch bei Fasern mit Al_2O_3-Gehalten ab 85 bis 95 Gew.-% zu beobachten. Bereits bei Temperaturen von 1250 und 1350°C entspricht hier das Kristallwachstum der Mineralphasen Korund und Mullit einer Faserprobe aus oxidierender Atmosphäre bei Temperaturen von 1450 bis 1500°C. Gleichzeitig geht der Mullitgehalt in diesen Fasern merklich zurück. Eine CO-Atmosphäre reduziert nach diesen Untersuchungen die Anwendungstemperaturen keramischer Fasern mit Al_2O_3-Gehalten unter 60 Gew.-% um ca. 150 K und solche mit Al_2O_3-Gehalten ab 85 bis 95 Gew.-% um ca. 100 K.

Neben Änderungen im Rekristallisationsverhalten keramischer Fasern wird durch die reduzierenden Gase CO und H_2 auch ein verstärkter Angriff auf die SiO_2-Komponenten in den Fasern erwartet. SiO_2 läßt sich bei Betriebstemperaturen über 1000°C zu SiO reduzieren (Kapitel 3.1.2 und 5.6) und führt dann zur Zerstörung der Faserstruktur [1327].

Spezifische korrosive Veränderungen wurden an keramischen Fasern in Glasier-, Aluminium- und Ziegelbrennöfen festgestellt [1326]. Bei Temperaturen zwischen 800 und 1100°C reagieren Alkalien mit den Fasern unter Bildung von Leucit oder Orthoklas. Fluoride oder Sulfate können Noselit, Elapsolith oder Kaliumsulfate bilden. An der kalten Faserseite im Bereich des Taupunktes (80 bis 100°C) entstehen in Gegenwart von Wasser AlF_3 und $AlF_3 \cdot 3H_2O$. Vermutet wird auch, daß Fluoride mit dem SiO_2 in den Fasern zu der flüchtigen Verbindung SiF_4 reagieren und damit den SiO_2-Gehalt der Fasern reduzieren.

9.3.4.3 Bauteile aus keramischen Fasern

Für alle Fasererzeugnisse ist die *lose Rohfaser* (*Faserwolle*, bulk fiber) der Ausgangsrohstoff. Faserwolle wird als Füll- und Stopfisolierung für Dehnfugen, Flansche und Dichtungen verwendet.

Ein sehr großer Teil keramischer Fasern kommt als vernadelte *Fasermatte* (*Blanket*) auf den Markt. Diese Blankets werden aus relativ langen Fasern ohne zusätzliche Bindemittel hergestellt. Leicht angepreßte Fasern durchlaufen ein doppelseitiges Nadelbrett, das sich in vertikaler Richtung bewegt. Eine mechanische Verkettung der Einzelfasern wird dadurch erreicht, daß die Nadeln an der Spitze Widerhaken tragen, die die Fasern nach dem Eintauchen in die Fasermatte von der unteren Seite als Schlingen nach oben ziehen. Diese Faser-matten sind in unterschiedlichen Dicken, Rohdichten und Klassifikationstemperaturen auf dem Markt und finden Verwendung in Glüh-, Tunnel- und Herdwagenöfen sowie Kesseln und Hauben. Befestigt werden die Fasermatten an den Wänden und Decken mit Metall- oder keramischen Stiften.

Durch Faltung und Schichtung von Fasermattenstücken werden unter leichter Verdichtung sog. *Fasermodule* hergestellt, die einen Systembaustein für Ofenauskleidungen darstellen. Zusammengehalten werden die vorgefertigten Packungen keramischer Fasermatten durch Hilfsmittel, wie Wachsstreifen, Kunststoffäden oder grobmaschige Textilgewebe, die beim Aufheizen des Ofens verbrennen.

Dabei können sich die Fasermatten wieder so weit ausdehnen, daß ein fugenloser Übergang zwischen den einzelnen Elementen entsteht. Die Befestigung dieser Wandelemente erfolgt mittels spezieller Halteanker in angepaßten Längen. Dadurch kann sichergestellt werden, daß ein Verzundern oder Erweichen der Anker sowohl beim Einsatz in einer Wand als auch einer Deckenkonstruktion nicht vorkommt. Auch keramische Anker sind im Einsatz.

Zur Herstellung von *Faserplatten und -formteilen* wird die Rohfaser zusammen mit organischen und/oder anorganischen Bindemitteln zunächst zu einer wäßrigen Aufschlämmung verarbeitet. Dann taucht die gewünschte Form in diese Aufschlämmung ein, und ein Vakuum saugt die Masse an die Form. Die Dicke der so hergestellten Platten oder Formteile wird durch die Dauer der Vakuumeinschaltung bestimmt. Eine nachträgliche Bearbeitung auf unterschiedliche Dicken, Bohrungen, Ausschnitte usw. ist möglich. Je nach Höhe der angestrebten Anwendungstemperaturen werden als Binder Polymere, Harze, Stärken, Bindetone, kolloidale Kieselsäure oder Tonerde sowie Monoaluminiumphosphat eingesetzt.

Diese Faserwerkstoffe weisen gegenüber Faserbahnen ohne Zusatz von Bindemitteln eine höhere Widerstandsfähigkeit gegen mechanische und erosive Beanspruchung bei annähernd gleicher Wärmeleitfahigkeit auf.

Das Gebiet vakuumgeformter Platten und Formteile weitet sich ständig aus. Für spezielle Anwendung mit hohen Stückzahlen werden laufend neue Verfahren und entsprechende Versatzmischungen entwickelt, um bestmögliche Produkte liefern zu können.

Faserpapiere können unter Verwendung flexibler keramischer Fasern und erprobter Binder mit hoher Reißfestigkeit gefertigt werden. Sie sind weich und biegsam und werden in Dicken von 0,6 bis 2 µm geliefert. Anwendung finden Faserpapiere als Fugendichtung, Auskleidungen von Gießrinnen, Formen und Laboröfen sowie als *Asbestersatz.*

Faserschnüre werden aus Packungen langer Aluminiumsilicatfasern oder Blanketstreifen gefertigt, die mit dünnen, hitzebeständigen Drähten oder griffigen, dichtgewebten Glasfaserhemden überzogen sind. Verwendung finden sie in erster Linie als Dichtungselemente. Schnüre für hohe Anwendungstemperaturen werden aus langen keramischen Fasern dreisträngig verzwirnt hergestellt und enthalten zum Teil organische Trägerfasern.

Fasergewebe, -bänder und -schläuche auf der Basis keramischer Fasern sind für hohe Temperaturen geeignet und finden in der Industrie einen weiten Anwendungsbereich. Beim Verspinnen werden 15 bis 20 Gew.-% organische Trägerfasern eingearbeitet. Aus vorgesponnenen Strängen wird Garn gefertigt und dann zu Tüchern oder Bändern verwebt.

Zum Erreichen maximaler Festigkeiten bei hohen Temperaturen können Gewebe mit Einlagen aus legiertem Stahldraht geliefert werden. Ist Stahldraht ungeeignet, z.B. bei elektrischer Isolation, so finden hier Glasfaserverstärkungen Anwendung.

Unter Zusatz von speziellen Bindern (Stärke, Tylose usw.) sowie Tonen, Tonerden, Kieselsäure, Tonerdezementen und Feuerfest-Bindern können aus keramischen Fasern auch gieß-, spritz- und strangpreßfähige *Fasermassen* hergestellt werden. Durch entsprechendes Trocknen, Brennen und Nachbearbeiten finden stranggepreßte Faserbauteile zunehmend Anwendungen in der Aluminium-Industrie als Düsen, Schwimmer, Gießrinnen und Verteilerauskleidungen.

9.3.4.4 Wärmeleitfähigkeit keramischer Faserwerkstoffe

Feuerfeste Werkstoffe haben allgemein einen Porenanteil von 20 Vol.-%, Feuerleichtsteine von etwa 45 bis 80 Vol.-% und Faserwerkstoffe über 90 Vol.-%. Damit zeichnen sich die Faserwerkstoffe durch ein sehr großes Luftvolumen aus, bei dem Konvektion und Strahlungsdurchlässigkeit durch das Fasergerüst reduziert sind und sich somit die Wärmeleitfähigkeit dieser „eingebundenen" Luft der der „ruhenden" Luft annähert (Bild 458).

Einflußgrößen der Wärmeleitfähigkeit keramischer Faserwerkstoffe sind daher:

- Gesamtporenvolumen,
- Porengrößenverteilung,
- Art und Orientierung der Poren,
- Durchmesser der Fasern,
- Anzahl der Faserkontakte untereinander,
- Lage der Fasern zur Wärmestromrichtung und
- Gaszusammensetzung in den Poren.

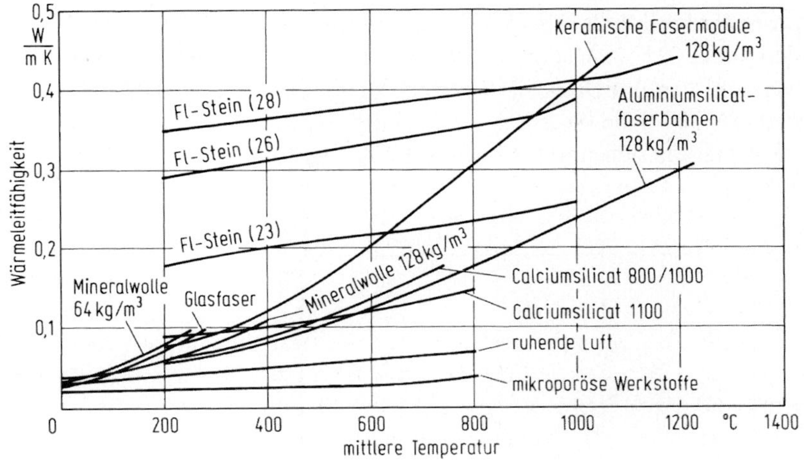

Bild 458: Wärmeleitfähigkeit verschiedener Baustoffe nach Dietrichs und Krönert [1325]

Untersuchungen von Schupp [1327] haben gezeigt, daß die Wärmeleitfähigkeit der Faserwerkstoffe um so kleiner ist, je kleiner Faser- und Porendurchmesser sind. Da mit steigender Rohdichte das Porenvolumen abnimmt, fällt die Wärmeleitfahigkeit bis zu einer Rohdichte von 200 kg/m³ (Bild 459). Nach diesem Minimum steigt die Wärmeleitfähigkeit aufgrund höherer Wärmeleitung über das Fasergerüst und aufgrund zunehmender Kontaktstellenanzahl wieder an.

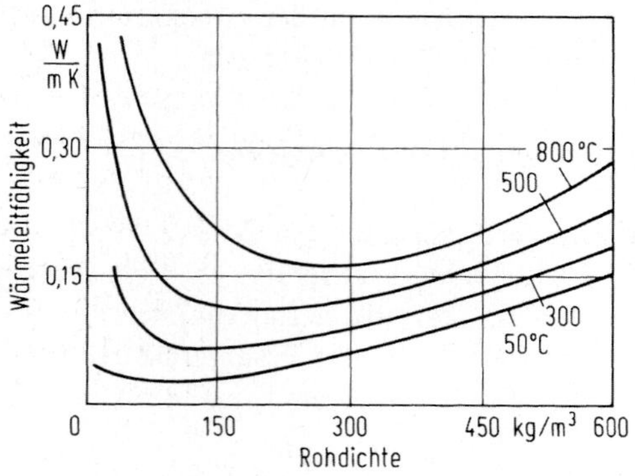

Bild 459: Wärmeleitfähigkeit von Fasermatten in Abhängigkeit von Rohdichte und Temperatur

Die Wärmeleitfähigkeit der Faserwerkstoffe wird weiterhin bestimmt durch den Wärmetransport infolge Leitung, Strahlung und Konvektion. Da der Leitungsanteil in Faserwerkstoffen gering ist, wird die Wärmeleitfähigkeit hier fast ausschließlich durch die Strahlung und Konvektion in den Hohlräumen bestimmt. Bei Temperaturen über 800°C überwiegt der Strahlungsanteil, wie Bild 460 wiedergibt.

Die Wärmeleitfähigkeit der Faserwerkstoffe wird schließlich auch durch die Orientierung der Fasern zur Wärmestromrichtung und die Zusammensetzung der Ofenatmosphäre beeinflußt. Messungen haben gezeigt, daß die Wärmeleitfähigkeitszahlen um ca. 25 % ansteigen, wenn der Wärmestrom parallel zu den Faserbahnen verläuft. Um das Drei- bis Vierfache steigt die Wärmeleitfähigkeit, wenn die Ofenatmosphäre hohe Anteile an Wasserstoff besitzt, da die Wärmeleitfähigkeit des Wasserstoffs siebenmal so hoch ist als die der Luft.

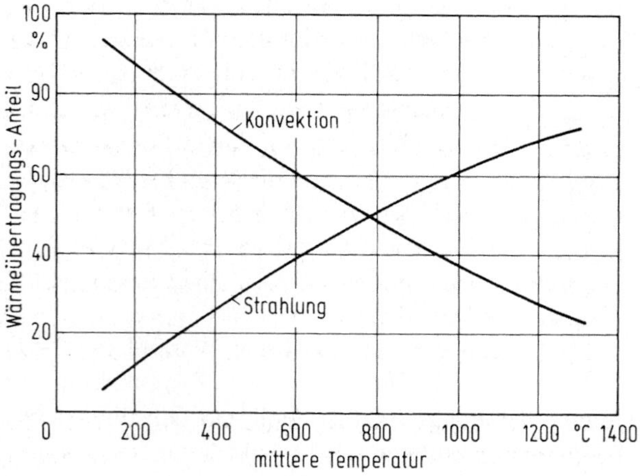

Bild 460: Anteil von Strahlung und Konvektion an der Wärmeleitfähigkeit von Fasermodulen

9.3.4.5 Umgang mit Keramikfasern

Aufgrund der krebserregenden Wirkung von bestimmten Asbesten und einkristallinen Keramikfasern (Whiskern) haben alle faserförmigen Erzeugnisse das Interesse der Arbeitsmediziner erregt. Wenn von keramischen Faserprodukten überhaupt eine gesundheitliche Gefährdung ausgeht, so beruht diese nicht auf den Produkten aus Keramikfasern selbst, sondern auf der möglichen Freisetzung von Faserstaub, überwiegend im rekristallisierten Zustand. Diese Freisetzung sollte auf ein Minimum reduziert werden, weshalb eine Reihe von Schutzmaßnahmen anzuwenden sind. Aus diesem Grunde sollte das Arbeiten mit Keramikfasern vorbeugend besonders nach Hochtemperaturanwendung, also beim Ausbau von gebrauchten Faserzustellungen, mit großer Sorgfalt geschehen. Eine Reihe von empfohlenen Schutzmaßnahmen wird im folgenden aufgelistet. Die Basis dafür sind allgemeine Anforderungen an den Arbeitsschutz vor krebserregenden Stoffen am Arbeitsplatz:

- *Gefährdungsanalyse am Arbeitsplatz*: Überprüfung der Keramikfaser-Anwendungen hinsichtlich einer potentiellen Freisetzung von Faserstaub.
- *Luftüberwachung*: Bewertung der Faserstaubkonzentration in der Luft. Hierfür stehen zertifizierte Meßstellen zur Verfügung.
- *Überwachung der Staubkonzentration*: In Bereichen, in denen eine Staubemission nicht vermieden werden kann, ist diese auf ein Minimum zu beschränken. Absaugungen sind ggf. zu installieren, emissionsintensive Bereiche sind abzuschirmen.
- *Arbeitsorganisation*: Die Arbeitsprozesse sollten so gegliedert sein, daß eine Reduzierung der Exposition des Anwenders gewährleistet ist.
- *Arbeitsgewohnheiten*: Die Anwender sollten in sicherer und sauberer Arbeitsweise geschult sein.
- *Persönliche Schutzausrüstung*: Es muß eine geeignete Schutzausrüstung (z.B. Staubmaske, Schutzanzug) bereitgestellt werden, der Umgang damit bedarf einer Schulung.

Bisher hat weltweit keine Studie Gesundheitsschäden durch Keramikfasern beim Menschen aufgezeigt [1328], [1329], [2251]. Über derzeit gültige Grenzwerte, Einstufungen und Schutzmaßnahmen unterrichten objektiv die Berufsgenossenschaft, Fachstelle für Gefährliche Arbeitsstoffe und die entsprechenden Fachorganisationen wie ECFIA (European Ceramic Fiber Association) oder DKFG (Deutscher Verband der Hersteller und Verarbeiter von Hochtemperaturwolle).

10 Technische Keramik

Mit dem Begriff der Technischen Keramik werden üblicherweise solche Keramiken gekennzeichnet, die ausschließlich oder überwiegend für technische Anwendungsfälle entwickelt worden sind. Dies soll von den „Gebrauchskeramiken" wie Geschirr, Sanitärartikeln oder Kunsthandwerk abgrenzen, ebenso von Baukeramiken mit den Ziegeln, Fliesen usw. Bereits hier sind die Grenzen fließend, da das Baugewerbe auch einer technischen Branche zugeordnet werden kann. Ignoriert man solche Details, dann fallen unter die Technischen Keramiken zunächst alle Hochleistungskeramiken. Manchmal wird dies in Statistiken zum Umsatz auch so gehandhabt. Dabei wird jedoch übersehen, daß auch stofflich „klassische" Keramiken wie Porzellan durchaus wichtige Technische Keramiken darstellen wie z.B. in Hochspannungs- oder Niederspannungsisolatoren oder in der Chemietechnik. Ferner gibt es traditionell entwickelte Oxidkeramiken wie Al_2O_3, aus denen z.B. Zündkerzen, Schleifscheiben, Verschleißteile usw. hergestellt werden, ohne daß man solche Werkstoffe sogleich zu den Hochleistungskeramiken zählen muß. Gerade bei Umsatzzahlen spielen solche Zuordnungen jedoch eine ausschlaggebende Rolle. Es wird daher zur Unterscheidung das nachfolgende Schema vorgeschlagen.

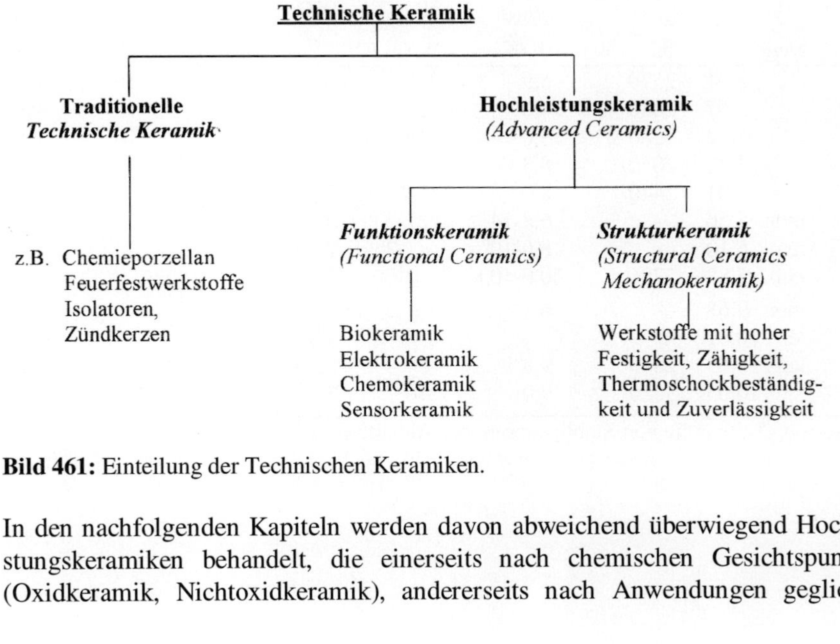

Bild 461: Einteilung der Technischen Keramiken.

In den nachfolgenden Kapiteln werden davon abweichend überwiegend Hochleistungskeramiken behandelt, die einerseits nach chemischen Gesichtspunkten (Oxidkeramik, Nichtoxidkeramik), andererseits nach Anwendungen gegliedert sind (Elektrokeramik, Biokeramik usw.). Dies erscheint gerechtfertigt, da im Kapitel 8 auf die gesamte Silicatkeramik mit all ihren Aspekten gesondert eingegangen wird.

10.1 Oxidkeramik

Keramische Oxidwerkstoffe basieren entweder auf dem Oxid eines einzigen Elements (z.B. Al_2O_3, ZrO_2, MgO) oder enthalten in ihrem Kristallgitter neben Sauerstoffionen mehrere Kationen verschiedener Elemente (z.B. $MgAl_2O_4$, $BaTiO_3$, $ZnFe_2O_4$). Man spricht dann von Komplexoxiden oder Mischoxiden. Neben der zusammenfassenden Formel gibt es auch die Schreibweise mit „Malpunkt", wobei dann die Einzeloxide sichtbar werden, ohne daß allerdings eine strukturelle Ähnlichkeit mit diesen bestehen muß, z.B. $MgO{\cdot}Al_2O_3$, $BaO{\cdot}TiO_2$. Silicate sind zwar auch Komplexoxide mit SiO_2 als Partner, jedoch werden sie aufgrund ihrer chemischen Besonderheiten separat unter den Silicatkeramiken geführt. Zusammenfassende Darstellungen, z.T. auch in Verbindung mit anderen oxidischen Werkstoffgruppen findet man bei Alper [1330], Campbell und Sherwood [1331] und Cockayne und Jones [1332]. In Tabelle 112 sind die Eigenschaften einiger Oxide zusammengestellt.

Tabelle 112: Eigenschaften hochschmelzender Oxide

Oxid	Dichte	Schmelzpunkt	Ausdehnungskoeffizient $\alpha_{20/1000}$	Wärmeleitfähigkeit bei 100°C	1000°C	Elastizitätsmodul bei 25°C	Spez. elektr. Widerstand bei 225°C	1000°C
	g/cm³	°C	10^{-6}/K	W/(m·K)		GN/m²	Ω·cm	
BeO	3,01	2570	8,9	210	20	390	10^{14}	10^{8}
MgO	3,57	2840	14,0	35	7	310	10^{14}	10^{7}
CaO	3,32	2580	13,0	14	7	–	10^{14}	10^{6}
Al_2O_3	3,99	2050	8,3	25	7	410	10^{14}	10^{8}
Y_2O_3	5,01	2440	8,0	14	3	180	–	–
ZrO_2	mon. 5,56	-.-	6,8-14[a]	1-2	2			
	tetr. 6,10	-.-	8,0-10[b]	1-2	2	240-320[b]	10^{11}[b]	10[b]
	kub. 5,80	2706	10,0-10,8[b]	2[a]	2[a]			
HfO_2	mon. 9,68	-.-	6,3	–	–	246	–	–
	tetr. 10,01	-.-						
	kub. 10,03	2840	9,8[b]					
ThO_2	10,05	3220	9,0	10	3	240	10^{14}	10^{5}

[a] anisotrop, [b] abhängig von Stabilisatoren, nur Anhaltswerte

10.1.1 Aluminiumoxid

(Bearbeitet von R. Telle, Aachen)

Aluminiumoxid ist der oxidkeramische Werkstoff, der in der Technik die breiteste Anwendung gefunden hat. Daher ist es auch nicht erstaunlich, daß für Al_2O_3 die meisten Informationen über die Herstellung des Rohstoffs, sein Sinterverhalten und die Eigenschaften des Sinterprodukts vorliegen. Es gibt daher auch viele zusammenfassende Darstellungen [805], [1333]-[1337]. Auch in diesem Buch ist Al_2O_3 in vielen Kapiteln als Beispiel vertreten.

Die Werkstoffe auf der Basis von Aluminiumoxid werden nach ihrem Gehalt an Al_2O_3 in verschiedene Gruppen eingeteilt. Man unterscheidet Produkte mit einem Al_2O_3-Gehalt von 80 bis 90 Gew.-% (KER 706), 90 bis 99 Gew.-% (KER 708) und über 99 Gew.-% (KER 710). Die Werkstoffe mit einem niedrigeren Al_2O_3-Gehalt enthalten größere Mengen an SiO_2, CaO und MgO in Form von Silicaten und Spinellen. Beispiele für die Zusammensetzung handelsüblicher Aluminiumoxidkeramik sind in Tabelle 113 gegeben.

Tabelle 113: Zusammensetzung (in Gew.-%) handelsüblicher Aluminiumoxid-Keramik nach Richards

Proben-Nr.	1	2	3
Al_2O_3	87,8	95,0	99,7
SiO_2	7,0	3,3	0,1
TiO_2	0,2	0,02	0,01
Fe_2O_3	0,3	0,2	0,05
Mn_3O_4	0,01	0,03	0,01
CaO	1,5	0,1	0,07
MgO	1,3	1,2	0,04
K_2O	0,3	0,04	0,01
Na_2O	0,6	0,01	0,02
Cr_2O_3	1,0[a]	0,01	0,02

[a] nicht charakteristisch

10.1.1.1 Rohstoffe

Aluminiumoxid kommt in der Natur als *Korund* (α-Al_2O_3), seltener in seiner β- und γ-Form vor. Korund entsteht magmatisch in tonerdereichen und kieselsäurearmen Tiefengesteinen wie Korundsyeniten oder Anorthositen, ferner metasomatisch am Kontakt zwischen Kalken und Eruptivgesteinen sowie metamorph aus Tonmineralien durch Sammelkristallisation unter hohem Druck und Temperaturen zwischen 500 und 1500°C. Die ersteren Vorkommen liefern teilweise abbauwürdige Kristalle in Edelsteinqualität (Indien, Burma), das metamorphe Vorkommen demgegenüber meist dichte, kristalline Schiefer, deren Korundmassen als *Schmirgel* (auch Smirgel) bezeichnet werden. Verwittern die Primärgesteine, kommt es zur relativen Anreicherung der freigelegten losen Korundkörner in Flußschottern und Sanden in Form von Schwermineral-*Seifen*. Blau gefärbter Korund wird als *Saphir* bezeichnet und enthält Titan im Gitter gelöst, teilweise auch in Form von orientiert ausgeschiedenen Rutil-Nadeln (Sternsaphir); rötlicher Korund heißt *Rubin.* Er erhält seine Farbe durch Chromoxid. Mischkristalle mit 0,2-0,3 Gew.-% Cr_2O_3 sind bereits deutlich rosa gefärbt. Synthetische Korunde (meistens Rubine oder Saphire) werden nach dem *Verneuil-Verfahren* durch Aufschmelzen von Tonerdepulver in einer H_2/O_2-Flamme hergestellt, indem die Schmelztropfen auf einen Keimkristall gesprüht werden. Der Einkristall wächst durch Verdickung in seiner typischen Birnenform zu bis 10-20 cm breiten und flachen oder 2-3 cm dicken und bis 8-10 cm langen Kristallen heran.

Primäre Korundlagerstätten sind für keramische Zwecke nur von untergeordneter Bedeutung. Der Korund wird dann zermahlen und direkt als Schleifmittel verwendet (*Naturkorund*) oder im Elektrolichtbogenofen aufgeschmolzen, abgekühlt und gebrochen (*Elektrokorund, Schmelzkorund*).

Die wichtigste Rohstoffquelle für Tonerden ist der *Bauxit*, ein Gemisch verschiedener Aluminiumoxidhydrate, das mit Eisenhydroxiden, Silicaten und Titanverbindungen verunreinigt ist. Es lassen sich dabei „junge“ Bauxite, die überwiegend aus wasserreichem γ-$Al(OH)_3$ (Gibbsit, Hydrargyillit) bestehen, und „alte“, bereits teilentwässerte Bauxite mit überwiegend α- und γ-Al(OOH) (Böhmit und Diaspor) unterscheiden.

Bauxite sind Gesteine aus Rückstandslagerstätten (*Residuallagerstätten*), die durch die relative Anreicherung von Bestandteilen durch Entfernung der Hauptbestandteile im Zuge der chemischen Verwitterung entstehen (siehe auch Kapitel 6.1.1.2). In tropischen Klimabereichen mit hohen Niederschlägen kommt es zur Bodenbildung, wobei lösliche Elemente ausgewaschen sind und sich schwerlösliche Hydroxide des Eisens und Aluminiums anreichern (sog. *Laterite*). Die Bauxite werden entweder nach ihrem topographischen Vorkommen oder nach ihrem Mineralgehalt eingeteilt. So unterscheidet Grubb [1338] gibbsitische *Plateaubauxite* (engl.: uplands) als bis zu 30 m mächtige Decken auf vulkanischen oder plutonischen Ausgangsgesteinen (Indien, Queensland/Australien, Ghana, Guinea) mit Relikten der Primärmineralien, ferner böhmitische *Tieflandbauxite* (engl.: peneplain-type) fluviatiler oder mariner Entstehung entlang von Küstengebieten (Südamerika, Westaustralien, Malaysia) sowie *Karstbauxite*, die in Karstkalken mulden- oder linsenförmig eingelagert sind. Diese sind insbesondere im Mittelmeerbereich vertreten (Les Baux, Provence, und Umgebung, Jugoslawien, Türkei, Griechenland, überwiegend böhmitisch), aber auch in Westindien, Jamaika und Haiti (gibbsitisch). Unter *Schwemmbauxiten* versteht man durch Erosion abgetragene und an anderer Stelle wieder sedimentierte, also umgelagerte Bauxite. Die Unterteilung nach *Silicatbauxiten* und *Kalkbauxiten* beruht auf der mineralogischen Zusammensetzung [1339]. Eine moderne genetische Deutung der Bauxite liefern Bárdossy u. M. [1340], [1341].

Der Wert eines Bauxit-Vorkommens hängt von seinen Verunreinigungen ab. Generell sollte der Fe_2O_3-Gehalt < 2 Gew.-%, der TiO_2-Gehalt < 4 % und der SiO_2-Gehalt < 6 % liegen. Dabei ist Quarz als Gemengteil weniger schädlich als SiO_2 in silicatisch gebundener Form. Aufgrund seiner Entstehungsweise enthalten insbesondere Karstbauxite neben Tonmineralien noch Kalk. Eisen kommt in Form von fein verteiltem Limonit, Lepidokrokit und Goethit, seltener Hämatit vor und verleiht dem Bauxit die typische rote Farbe.

Ein weiteres Ausgangsgestein für die Tonerdegewinnung ist der *Anorthosit*, ein plagioklasreiches Tiefengestein (siehe Kapitel 6.1.3) mit etwa 29 Gew.-% Al_2O_3. Ferner werden vor allem in Ländern, die über keinen Bauxit verfügen wie z.B. Rußland, auch *Kaolinit* $Al_4(OH)_8[Si_4O_{10}]$, *Alunit* $KAl_3[(OH)_6/(SO_4)_2]$ und *Leucit* $KAlSiO_4$ zur Aluminiumgewinnung verhüttet.

10.1.1.2 Tonerdegewinnung

Die Gewinnung von Aluminiumhydroxiden und -oxiden (Tonerden) aus den oben genannten Rohstoffen basiert prinzipiell auf der relativ hohen Löslichkeit in stark sauren oder stark basischen wässerigen Lösungen und der geringen Löslichkeit zwischen *p*H 4,5 und 7,5 (siehe Kapitel 3.3.2.5, Bild 161). Durch einen entsprechenden sauren oder basischen Aufschluß lassen sich demnach Silicate, Eisen- u.a. Metallverunreinigungen abtrennen. Verfahrenstechnisch kann nach „trockenen" Aufschlüssen (Sinteraufschluß) und wässerigen Aufschlüssen unterschieden werden. Nicht-bauxitische Rohstoffe werden dabei bevorzugt durch Sintern oder in Säuren behandelt, bauxitische dagegen eher im basischen Bereich oder durch Elektroschmelzverfahren. Ziel der Aufschlüsse ist neben der Abtrennung der störenden Verunreinigungen in allen Fällen auch die Herstellung einer Lösung oder löslicher Salze, die weiteren Reinigungsprozessen oder Fällungsprozessen unterzogen werden. Bild 462 zeigt ein generelles Verfahrensschema.

Bayer-Prozeß. Der weitaus größte Teil der in der Keramik verwendeten Al_2O_3-Rohstoffe wird nach dem Bayer-Prozeß aus Bauxit hergestellt. Karl-Joseph Bayer hat das Verfahren 1887 patentiert. Der auf < 1 mm gemahlene Bauxit mit einem Al_2O_3-Gehalt von 55 bis 60 Gew.-% wird in einem Autoklaven mit Natronlauge behandelt, wobei die Aluminiumhydroxide als Natriumaluminat in Lösung gehen. Junge Bauxite benötigen bei ca. 140-180°C einen Druck von 10 bar und eine Laugenkonzentration von 15 %, alte Bauxite dagegen 250°C und 40 bar und eine Laugenkonzentration von 25 % für eine optimale Ausbeute von 98 bzw. 90 %. Eisenhydroxide, Quarz und Titandioxid bleiben ungelöst und werden als sog. *Rotschlamm* abgetrennt. Der Rotschlamm ist stark alkalisch und muß heute auch nach Neutralisierung sicher deponiert oder einer Verwertung als färbender Zuschlagsstoff zugeführt werden. Die Natriumaluminatlauge besteht aus einem Natrium-Aquohydroxo-Komplex der Formel $Na^+[Al(OH)_4 \cdot 2H_2O]^- \cdot 8H_2O$. In Lösung gehen weitere Bestandteile der Silicate, darunter auch Kieselsäure, die jedoch weiter reagiert und unter Verringerung der Ausbeute an Tonerde einen Hydroxyl-Sodalith, $3Na[AlSiO_4] \cdot 2NaOH$, bildet, der ausfällt und mit dem Rotschlamm ausgetragen wird. Pro Gramm gelösten SiO_2 werden so dem Prozeß 2 g Al_2O_3 und 0,7 g Na_2O entzogen. Die Lauge wird in Wärmetauschern abgekühlt und dann in großen Rührbehältern nach dem Verdünnen mit Wasser mit feinverteiltem Aluminiumhydroxid als Kristallisationskeimen versetzt. Das $Al(OH)_3$ wird in Form von *Bayerit* (orthorhombisches α-$Al(OH)_3$) aus der Aluminatlauge abgeschieden und über Trommeldrehfilter abfiltriert. Dabei wächst der Bayerit auf den Keimkristallen auf, bis die gewünschte Kristallitgröße erreicht ist, die abgezogen wird.

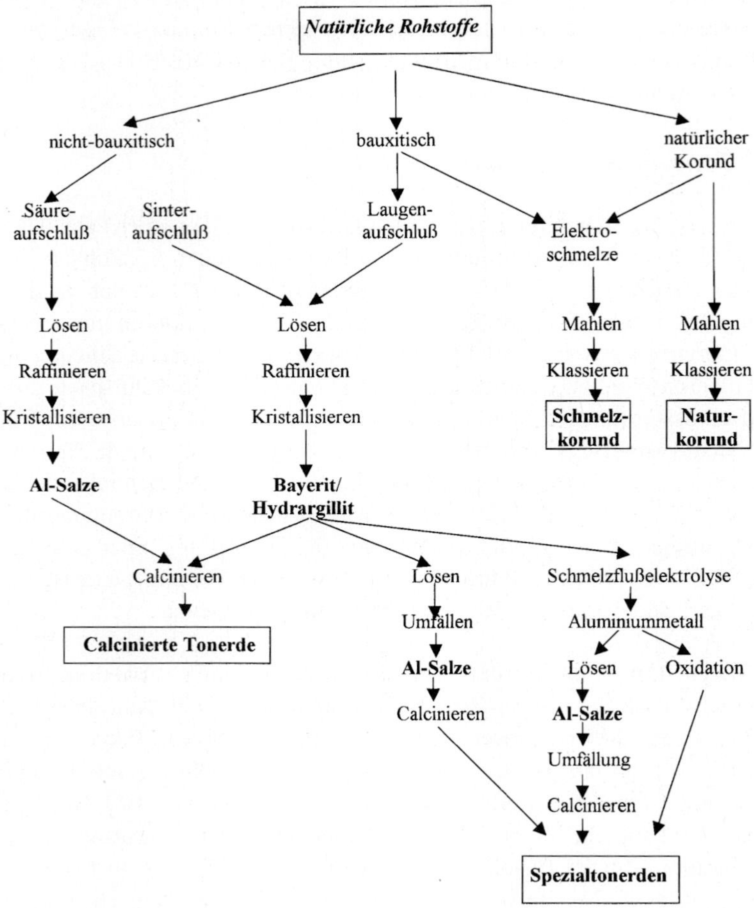

Bild 462: Verfahrensschema zur Herstellung von Tonerde aus verschiedenen Rohstoffe in Anlehnung an; nach [1336].

Die Bedingungen während der Fällung beeinflussen bereits die Hydroxid-Qualität und damit die technologischen Eigenschaften der Pulver: Eine schnelle Abkühlung liefert kleine Kristallaggregate, eine langsame Abkühlung große; eine hohe Ausgangstemperatur der Lauge führt zu einem hohen Na_2O-Gehalt im Kristallit, eine geringe entsprechend zu reineren Kristallisaten. Der Natriumgehalt kann durch nachträgliches Waschen der Fällungsprodukte noch reduziert werden.

Unter Eindickung wird das restliche Aluminat weitgehend ausgefällt und dient zur Erzeugung neuer Keimkristalle, die umgepumpt und dem Prozeß wieder zugeführt werden. Da die Restlauge zum Aufschluß wiederverwendet wird und sich Verunreinigungen bis zur Sättigung anreichern können, erfolgt nach einer Zeit eine Entsalzung durch Eindampfung. Dabei fällt Soda, Na_2CO_3, an, aus der durch

Zuführung von Kalkmilch, $Ca(OH)_2$, das NaOH unter Fällung von $CaCO_3$ zurückgewonnen wird (*Naßkaustifizierung*). Zuvor werden gefällte Silicate, Vanadate und Schwermetallhydroxide entfernt. Die eingedickte Natronlauge wird über die Wärmetauscher erneut erhitzt und zur Bauxitlösung angewandt.

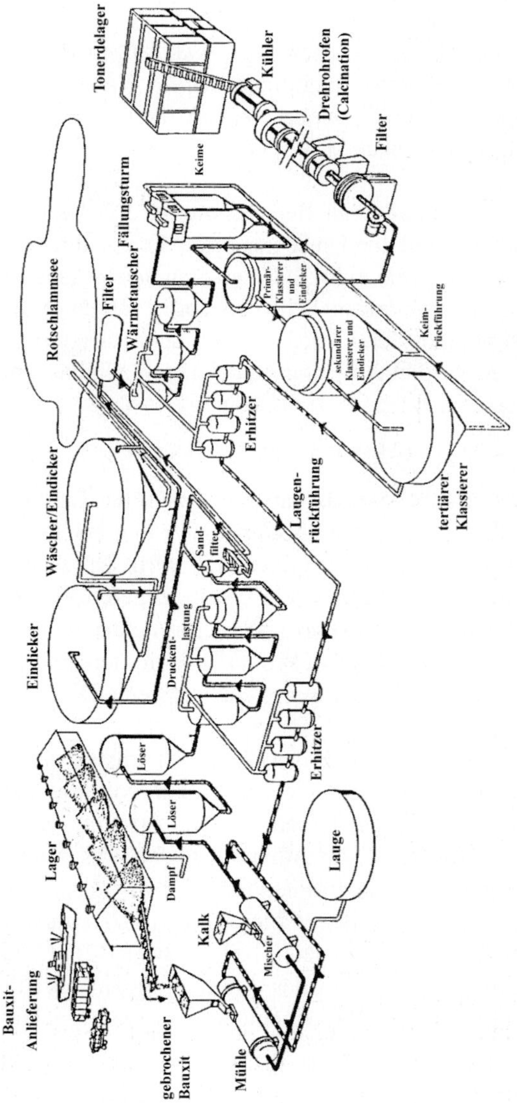

Bild 463: Schematisches Flußdiagramm des Bayer-Prozesses [804].

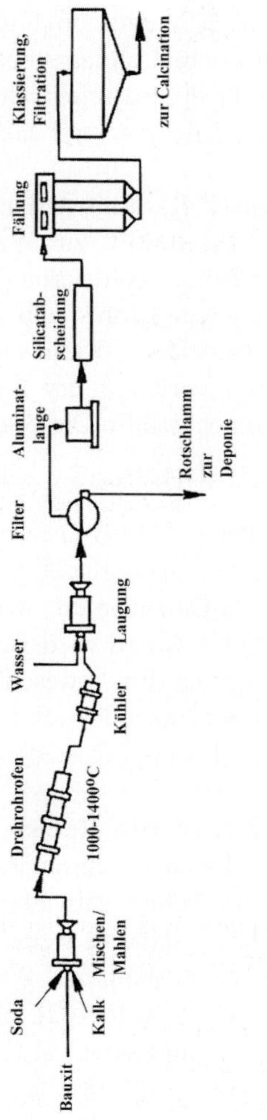

Bild 464: Verfahrensschema des Kalk-Soda-Aufschlusses [1342]

Kalk-Soda-Aufschluß. Frische oder aufbereitete Soda aus dem Bayer-Prozeß oder auch Natriumsulfat werden für den Sinteraufschluß von Bauxit oder nichtbauxitischen Rohstoffen wie Kaolinit, Anorthit, Alunit usw. verwendet. Hierbei werden die Rohstoffe in einem Drehrohrofen bei 1100-1400°C behandelt, wobei jeweils wasserlösliches Natriumaluminat entsteht:

$$2\ Al(OH)_3 + Na_2CO_3 \rightarrow 2\ NaAlO_2 + CO_2 + 3\ H_2O \uparrow \qquad (400)$$

$$2\ Al(OH)_3 + Na_2SO_4 + C \rightarrow 2\ NaAlO_2 + SO_2 \uparrow + CO \uparrow + 3\ H_2O \uparrow \qquad (401)$$

Je nach Verunreinigungen wird dem Drehrohrprozeß noch Kalk zugegeben, um unlösliche Calciumsilicate zu bilden. Das Natriumaluminat wird in Wasser gelöst, das Hydroxid durch CO_2-Einleitung ausgefällt, wobei Na_2CO_3 zurückgewonnen wird. Bild 464 zeigt das Verfahrensschema nach [1342].

Saurer Kaolinit-Aufschluß. Vor der chemischen Behandlung wird der Kaolinit erst bei 1000°C zur Wasserabspaltung und zur Umsetzung zu Metakaolinit bzw. zur Teilamorphisierung im Drehrohrofen calciniert. Die Laugung erfolgt dann bei Umgebungsdruck und geringen Temperaturen in Schwefelsäure, Salzsäure oder Salpetersäure. Kieselsäure bleibt ungelöst und wird als Schlamm ausgetragen. Eisen wird aus der Lösung durch Verdünnung und Zugabe von aliphatischen Aminen gefällt. Das Aluminium geht nach Gl. (402) in Lösung:

$$Al_4(OH)_8[Si_4O_{10}] + 12\ HCl \rightarrow 4\ AlCl_3 \cdot 6H_2O + 4\ SiO_2 + 4\ H_2O, \qquad (402)$$

wobei $AlCl_3 \cdot 6H_2O$ formal ein wasserlösliches Salz darstellt, das durch Eindampfen der Lösung gefällt wird. Die Kristalle werden abzentrifugiert und bei 1200°C zu Al_2O_3 calciniert, wobei HCl-H_2O-Dampf zurückgewonnen wird. Durch Kondensation wird wiederum Salzsäure hergestellt und dem Prozeß zugeführt [1343]. Aufgrund der Abwesenheit von Alkalien sind solche Tonerden mitunter reiner als die des Bayer-Prozesses. Allerdings ist Wirtschaftlichkeit wegen der teilweise um 50 % höheren Kosten gering, vor allem wegen der Korrosionsproblematik.

Synthese von Reinst-Aluminiumoxid. Da die Bayer-Tonerden immer geringe Anteile an Verunreinigungen enthalten, sind weitere Verfahren zur Synthese hochreiner Pulver entwickelt worden. In der Regel lassen sich im Anschluß an die Hydroxidfällung weitere Raffinationsprozesse durchführen, die im wesentlichen auf der Lösung und Wiederausscheidung (*Umkristallisation*) von Al-Salzen beruhen (siehe Bild 462). In Frage kommen neben dem Chlorid $AlCl_3 \cdot 6H_2O$ auch das Aluminiumsulfat $Al_2(SO_4)_3 \cdot 18H_2O$, Ammoniumalaun $NH_4Al(SO_4)_2 \cdot 12H_2O$ und andere, die ihrerseits wieder durch Calcination in das Aluminiumoxid überführt werden. Nach dem *Alum-Verfahren* wird der Bayerit mit Schwefelsäure gelaugt, das Sulfat mit wasserfreiem Ammoniak versetzt, wobei das Ammoniumalaun entsteht, das ebenfalls mehrmals umkristallisiert und calciniert wird. Das so hergestellte Al_2O_3 besitzt 99,99 % Reinheit.

Als Vorlage für Lösungs- und Wiederausscheidungsprozesse finden auch metallorganische Verbindungen wie das Aluminiumisopropylat $Al(OC_3H_7)_3$ Anwendung, die in wasserfreiem Isopropanol angesetzt werden. Nach Einleiten von Wasser geliert feinstes Hydroxid, das wiederum calciniert wird (*Isopropyl-Prozeß*).

Ähnlich verlaufen *Sol-Gel-Prozesse* mit anderen Alkoholaten, Sulfaten oder Natriumaluminat, die durch Hydrolyse oder *p*H-Wert-Änderungen zu Aluminiumhydroxid-Sol und dann zu Gel polykondensiert werden. Eine Trocknung bei 200-500°C führt schließlich je nach Bedingungen zu unterschiedlichsten Hydroxiden wie Böhmit, Bayerit, Gibbsit und Nordstrandit, die zu Al_2O_3 getempert werden. Diese Vorgänge wurden bereits in Kapitel 6.2.5 diskutiert. Einen ganz anderen Weg geht der *Iwatani-Prozeß*. Pellets aus metallischem Aluminium beliebigen Reinheitsgrades werden in einem Lichtbogenofen unter Reinstwasserdampf geschmolzen und verdampft. Dabei entsteht ebenfalls $Al(OH)_3$-Pulver höchster Reinheit. Aluminium-Metallpulvertröpfchen können aber auch direkt zu Al_2O_3 aufoxidiert werden. Durch direkte Oxidation von $AlCl_3 \cdot 6H_2O$-Pulver in Stoßwellen von gepulsten Mikrowellenplasmen lassen sich bei 5.000-15.000°C ebenfalls hochreine Al_2O_3-Pulver herstellen, allerdings mit Durchmessern von 10-25 nm. Die Pruduktionsrate beträgt aber auch nur 100-500 g/h.

Calcination. Der Begriff der Calcination stammt vom Kalkbrennen her, wo man durch eine Wärmebehandlung das Calciumcarbonat durch Abspalten von CO_2 in CaO umwandelt. Generell versteht man heute unter Calcination einen Wärmebehandlungsprozeß von Pulvern bei > 400°C, bei dem nach Trocknung je nach Material die Abspaltung gebundenen Wassers (Kristallwasser, OH-Gruppen) oder anderer gasförmiger Spezies wie CO_2, SO_2, NH_3, P_2O_5 erfolgt, gewollte Phasenumwandlungen eintreten, amorphe oder schlecht kristallisierte Phasen ggf. rekristallisieren und sogar erste Kornwachstums- und Sinterprozesse auftreten. Die Calcination wird im Drehrohrofen oder in Wirbelschichtanlagen durchgeführt.

Die Calcination von Tonerden wurde in Kapitel 3.3.1.2 schon kurz in Bezug auf die dabei auftretenden Al_2O_3-Modifikationen behandelt. Zuvor kommt es jedoch zur Wasserabspaltung der Ausgangshydroxide. Es sind über 25 verschiedene Aluminiumhydroxid-Modifikationen bekannt. Leider ist die Nomenklatur bezüglich der griechischen Bezeichnungen nicht einheitlich; viele Firmen verwenden eigene Benennungen. Dies gilt auch für die unterschiedlichen Aluminiumoxide. Im folgenden werden die international anerkannten kristallographischen Bezeichnungen benutzt.

Beim Aufheizen von Gibbsit (Hydrargillit), γ-$Al(OH)_3$, von Bayerit, α-$Al(OH)_3$, oder amorphen Hydroxiden aus Sol-Gel-Prozessen entsteht zunächst Böhmit, γ-AlO(OH) [1333], [1334]. Je nach Ausgangsstoff und Aufheizrate tritt die Abspaltung des ersten Wassermoleküls bei Temperaturen zwischen 120 und 250°C ein. Dabei kann der Bayerit auch unter Abspaltung aller OH-Gruppen direkt in das η-Al_2O_3 übergehen, feinkörniger Gibbsit bei 280-300°C in das χ-Al_2O_3, welches bei etwa 750°C in κ-Al_2O_3 umwandelt und bei 1020°C in Korund übergeht. Ebenso kann der Diaspor zwischen 400°C und 550°C direkt in den Korund umwandeln. Beim Bayerit tritt ansonsten üblicherweise bei etwa 220-270°C die Reaktion zu den wasserfreien metastabilen Al_2O_3-Modifikationen, den sog. *Übergangstonerden* ein, die bei 450-500°C abgeschlossen ist.

Diese ersten Umwandlungen erfolgen ohne besondere Schwindung oder Formänderung der Ausgangskristallite. Es entstehen sehr poröse, feinkörnige Aggregate der Übergangstonerden, die meist eine gleichsinnige innere Kristallitorientierung aufweisen und von ihrer Form her *Pseudomorphosen* nach der Ausgangsphase bilden. Eine Zerkleinerung dieser lockeren Aggregate führt zu nanokristallinem γ-Al_2O_3, das eine sehr hohe spezifische Oberfläche von bis zu 400 m^2/g aufweisen kann und als Katalysator- bzw. Füllermaterial oder zur Herstellung nanokristalliner Keramiken verwendet wird. Ab etwa 750°C entsteht δ-Al_2O_3, gefolgt von θ-Al_2O_3 bei etwa 800-920°C. Oberhalb 900-950°C, sicher ab 1020°C setzt die α-Al_2O_3-Bildung ein, so daß bei höheren Temperaturen nur noch Korund stabil ist, aber dennoch ein gewisser Anteil an restlichen Übergangstonerden erhalten bleiben kann. Bis zu diesen Temperaturen haben die spezifischen Oberflächen der Calcinate abgenommen, d.h. die Korngrößen zugenommen; die Kristallinität der Körner ist gestiegen [1344], [1345]. Dieser Vorgang kann durch SiO_2-, B- oder F-haltige *Mineralisatoren* unterstützt werden, die auch die Umwandlungstemperaturen erniedrigen.

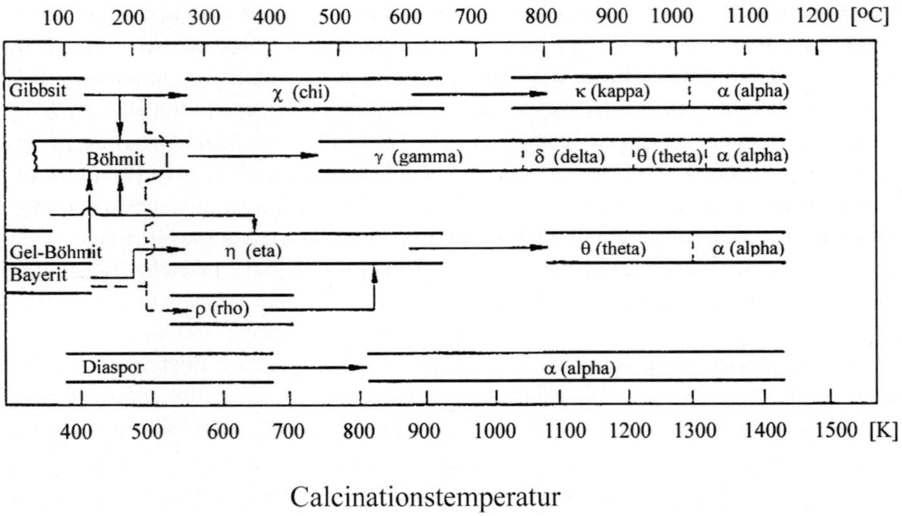

Bild 465: Temperaturabfolge der Übergangstonerden während der Calcination nach [805]

Mit fortschreitender Temperatur ist teilweise eine Versinterung zu Aggregaten eingetreten, so daß diese wieder aufgemahlen werden müssen, um leicht formbare und sinterfähige Pulver zu erhalten. Tonerden, die bei 1000-1050°C calciniert worden sind, werden als *Smelter Grade* bezeichnet, da sie typischerweise für die Aluminium-Schmelzflußelektrolyse Verwendung finden. Tonerden für keramische Zwecke werden - abgesehen von Nanowerkstoffen - je nach Anforderungen bei Temperaturen zwischen 1200°C und 1650°C calciniert. Die spezifischen Oberflächen belaufen sich dann auf etwa 4-40 m^2/g für die Niedertemperaturcalcinate bzw. 0,1-1 m^2/g für Hochtemperaturcalcinate. Aufgrund der fortgeschrittenen Versinterung und Härtung der Aggregate werden diese Pulvertypen auch als *Weichcalcinate* bzw. *Hartcalcinate* bezeichnet. Bei hohen Temperaturen zerfallen dann auch die Bayerit-Pseudomorphosen vollständig und es tritt ein typisches tafelförmiges Kornwachstum ein, das durch bestimmte Additive noch gesteigert werden kann. Für Feuerfestanwendungen, aber auch zur Verstärkung feinkörniger Oxidkeramiken wird solche *Tabulartonerde* bei Temperaturen bis zu 1950°C in Schachtöfen calciniert. Sie ist in Korngrößen von 50-200 µm lieferbar. Bild 465 zeigt die Temperaturabfolge der Hydroxide und Übergangstonerden zusammenfassend [805].

Für die verschiedenen Werkstofftypen werden Al_2O_3-Rohstoffe mit bis zu 99,7 Gew.-% Al_2O_3 und unterschiedlichem Gehalt an Verunreinigungen, hauptsächlich SiO_2, Fe_2O_3 und Na_2O und unterschiedlicher Pulvercharakteristik, wie z.B. spezifischer Oberfläche, Korngrößen- und Kristallitgrößenverteilung angeboten. Eine besondere Rolle spielen die Verunreinigungen an Na_2O, bedingt durch die Laugung im Bayer-Prozeß. Sie können sich an den Kornoberflächen anreichern und nach dem Sintern entsprechend an den Korngrenzen der Keramik angereichert sein. Fehlen weitere Verunreinigungen, so reagiert Na_2O mit Al_2O_3 zu β-Natriumaluminat $Na_2O \cdot 11Al_2O_3$ weiter, das eine schlechte Korrosionsbeständigkeit bedingt. Ist SiO_2 aufgrund von Mahlabrieb oder restlicher Mineralisatoren anwesend, so bilden sich dünne amorphe Korngrenzenphasen aus, die sich ebenfalls negativ auf die Korrosionsbeständigkeit, aber auch auf die Kriechbeständigkeit auswirken. Ferner sorgt eine Flüssigphase während des Sinterns für ein schnelles Kornwachstum, was wegen der sinkenden Festigkeit ebenfalls unerwünscht ist. Der Alkaligehalt der Tonerden bestimmt daher maßgeblich die Anwendungseigenschaften und damit den Wert eines Pulvers. Für transparentes Aluminiumoxid werden Ausgangspulver bis zu einer Reinheit $\geq$ 99,95 Gew.-% eingesetzt, die daher vielfach durch Zersetzung von Ammonium-Aluminiumsulfat oder über andere Aluminiumsalze hergestellt werden.

10.1.1.3 Sinterverhalten

Beim Sintern von Tonerde kann je nach Zusammensetzung des Rohstoffversatzes eine Festkörper- oder Flüssigphasensinterung eintreten. Bei den Werkstoffen mit niedrigem Al_2O_3-Gehalt werden dem Aluminiumoxidrohstoff Ton oder Kaolin sowie Erdalkalicarbonate und -silicate zugesetzt. Bei Werkstoffen mit einem Al_2O_3-Gehalt über 99,5 Gew.-% verwendet man als Sinterhilfsmittel 0,1 bis 0,5 Gew.-% Magnesiumoxid oder andere Magnesiumverbindungen, die sich bei höherer Temperatur zum Oxid zersetzen. Im Vergleich zum MgO ist das Verhalten anderer Sinteradditive nur wenig untersucht worden [1347]. Der Einfluß der Mahlbehandlung bzw. der Korngröße auf die Sinteraktivität wurde bereits in Kapitel 7.2.2.2 (Bild 333-Bild 335) beschrieben.

Bei der Untersuchung des Einflusses der Sinteratmosphäre fand Coble [1348], daß Aluminiumoxid, welches 0,25 Gew.-% MgO enthält, in Wasserstoff oder Sauerstoff bis zur theoretischen Dichte gesintert werden kann, jedoch nicht an Luft, in Stickstoff oder Argon. Er begründet dies mit unterschiedlichen Löslichkeiten der Gase in Al_2O_3. Vollkommen dichte Produkte können nur dann erhalten werden, wenn die in den Poren befindlichen Gase eine genügend große Diffusionsgeschwindigkeit haben. N_2 als reaktionsträges Gas diffundiert sehr langsam, dagegen haben O_2 und H_2 wegen ihrer chemischen Löslichkeit eine höhere Diffusionsgeschwindigkeit. Zur kontrollierten Entgasung der Poren am Ende des zweiten Sinterstadiums wurde daher von Palmour das schwindungskontrollierte Sintern (Kapitel 4.2.2) entwickelt. Hinsichtlich der ablaufenden Prozesse beim Drucksintern sei auf die Arbeit von Harmer und Brook [1349] hingewiesen.

Wirkung von MgO-Zusatz. Durch MgO-Dotierung wird ein unerwünschtes diskontinuierliches Kornwachstum unter Bildung von sehr großen Kristallen unterdrückt, die zur Festigkeitsverminderung führen. Verwendet man sehr reine Rohstoffe und sintert unter MgO-Zusatz im Vakuum oder in Wasserstoff, so erhält man durch das Verschwinden aller Poren einen transluzenten Werkstoff. Obwohl der Einfluß von geringen Mengen MgO auf die Unterdrückung des diskontinuierlichen Kornwachstums von Coble [1350], [1351] schon 1961 veröffentlicht wurde, wird der zugrundeliegende Mechanismus auch heute noch immer wieder diskutiert. Es wurde ursprünglich angenommen, daß sich beim Zusatz von MgO an den Korngrenzen Spinellteilchen $MgAl_2O_4$ ausscheiden, die die Korngrenzen verankern und während der Endphase des Sinterns ein diskontinuierliches Kornwachstum verhindern (siehe auch Kapitel 4.4.2, Bild 215, Bild 220). Im Gegensatz hierzu nahmen Jorgensen und Westbrook [1352] aufgrund ihrer Untersuchungsergebnisse eine Entmischung an den Korngrenzen an, die ebenfalls das diskontinuierliche Kornwachstum unterdrücken sollte. Johnson und Coble [1353] setzen sich neben anderen nochmals kritisch mit der Fragestellung auseinander und kommen zur Feststellung, daß durch die Bildung eines Mischkristalls von Al_2O_3 mit MgO die Sinterkinetik und damit das Kornwachstum und die Porenelirninierung geändert werden. Die Diskussion um die Rolle des MgO dauert allerdings bis heute an, insbesondere da heute hochreine Rohstoffe und hochauflösende Elektronenmikroskopie mit chemischer Analytik verfügbar sind. So sind z.B. Kim u. M. [1354] der Meinung, daß MgO das Kornwachstum sogar über Kanten- und Grenzflächeneffekte beschleunigt, aber dies für alle Partikel so gleichmäßig bewerkstelligt, daß das Kornwachstum durch gegenseitige Behinderung schnell zum Stillstand kommt. Auf weitere Wirkungen von MgO wird weiter hinten unter dem Stichwort „Flüssigphasensintern“ nochmals eingegangen.

Wirkung von Verunreinigungen. Bae, Baik u. M. haben untersucht, unterhalb welcher Verunreinigungsgehalte echtes Festphasensintern von Al_2O_3 stattfindet. Demnach scheint das diskontinuierliche Kornwachstum keine intrinsische Eigenschaft des Al_2O_3 zu sein, da es bei Verwendung hochreiner Pulver mit maximal 10 ppm Fremdkationen bezogen auf Aluminium-Ionen (entsprechend > 99,998 Gew.-% Al_2O_3) nicht auftritt [1355]. Das diskontinuierliche Kornwachstum findet erst nach folgenden Zudotierungen statt (jeweils in Oxidform): 300 ppm Si, 200 ppm Si + 10 ppm Ca, 150 ppm Si + 20 ppm Ca oder 30 ppm Ca. Die maximale Löslichkeit für SiO_2 in Al_2O_3 liegt unter Berücksichtigung des umgebenden Sauerstoff-Koordinationspolyeders bei 0,0350 Gew.-%, entsprechend 300 ppm Si, bei 1600°C. Die Ergebnisse wurden daher so interpretiert, daß diskontinuierliches Kornwachstum in Al_2O_3 auftritt, sobald die Verunreinigungen durch SiO_2 und CaO ihre Löslichkeiten überschreiten und einen Flüssigphasenfilm auf den Korngrenzen bilden. Die Tatsache, daß für CaO mit 30 ppm Ca, entsprechend 0,0033

Gew.-% CaO ein deutlich niedrigerer Grenzwert gefunden wird, wird damit erklärt, daß das Calciumion deutlich größer als das Aluminiumion ist und somit sein Einbau in das Korundgitter beschränkt ist. In einer späteren Arbeit korrigieren Bae, Baik u. M. die SiO_2-Löslichkeit auf 100 ppm Si und die von CaO auf 20 ppm Ca nach unten [1356]-[1358] und zeigen, daß eine kritische Korngröße und damit eine kritische Korngrenzenschichtdicke von 3,7 nm für Calciumalumosilicatglas bzw. von 0,35 nm für Calciumhexaluminatglas erforderlich ist, bevor diskontinuierliches Kornwachstum beginnt. Dieser Wert wird mit der in der Literatur diskutierten Gleichgewichtsdicke für Glasphasenfilme auf Korngrenzen gleichgesetzt.

Da sich verschiedene Verunreinigungen bzw. Dotierungsstoffe unterschiedlich auf die kritische Korngröße auswirken, wird die Charakterisierung von Al_2O_3-Rohstoffen mittlerer Reinheit (99,9 bis 99,99 Gew.-%) anhand einer einzigen Größe vorgeschlagen [1359]. Zur Ermittlung der sogenannten äquivalenten SiO_2-Konzentration werden zunächst die kritischen Korngrößen, bei denen diskontinuierliches Kornwachstum beginnt, experimentell gemessen. Unter Nutzung des Zusammenhangs zwischen kritischer Korngröße und Si-Gehalt in dem ansonsten nahezu verunreinigungsfreien System wird die äquivalente SiO_2-Konzentration abgeleitet, die zur Festlegung der Dotierungsmenge an MgO dient, die zur Unterdrückung des diskontinuierlichen Kornwachstums erforderlich ist.

Bae und Baik zeigten aber, daß MgO das Kornwachstum von Al_2O_3 nur beim Flüssigphasensintern hemmt [1360]. Wird MgO zu hochreinem Al_2O_3 (>99,999 %) dotiert, steigt die Korngröße mit zunehmender MgO-Konzentration (durchgeführt bis 200 ppm). Dieses Ergebnis steht zwar im Widerspruch zu anderen entsprechenden Untersuchungen [1361], [439], jedoch ist davon auszugehen, daß bei diesen Arbeiten schon die geringen Verunreinigungsgehalte überschritten wurden, die zum Flüssigphasensintern führen. Die Anwesenheit von Verunreinigungen in handelsüblichen Tonerdepulvern hoher Reinheit (99,7 bis 99,98 Gew.-%), die durch die Synthese, die Aufbereitung oder Handhabung bedingt sein können, findet also schon Flüssigphasensintern statt. Die resultierenden Gefüge sind dann nicht mehr von irregulär geformten, äquiaxialen Körnern geprägt (z.B. Bild 221 und Bild 222 in Kapitel 4.2.2), sondern von facettierten Kristallen mit meist tafelförmigem Habitus (Bild 242 und Bild 243 in Kapitel 4.4.5). Daher wurde die Kristalltracht als Funktion von Dotierungen, Temperatur und Sinterzeit vielfach untersucht.

Diskontinuierliches und anisotropes Kornwachstum. Typische Erscheinungen beim Al_2O_3 sind daher das diskontinuierliche und das anisotrope Kornwachstum. Beim diskontinuierlichen Kornwachstum wachsen einzelne Kristallite deutlich schneller als die anderen. Dies führt, wenn der Vorgang abgebrochen wird, zu bimodalen Korngrößenverteilungen, d.h., einzelne große Kristallite (> 100 µm) befinden sich in einer feinkörnigen Matrix. Bei ausreichenden Sinterzeiten kann das Gefüge auch rein aus diskontinuierlich gewachsenen Kristalliten bestehen [1356]. Das diskontinuierliche Kornwachstum geht mit der Trennung von Poren und Korngrenzen einher, so daß die „Riesenkörner" eine intragranulare Porosität enthalten (Bild 466, siehe auch Bild 215 in Kapitel 4.2.2).

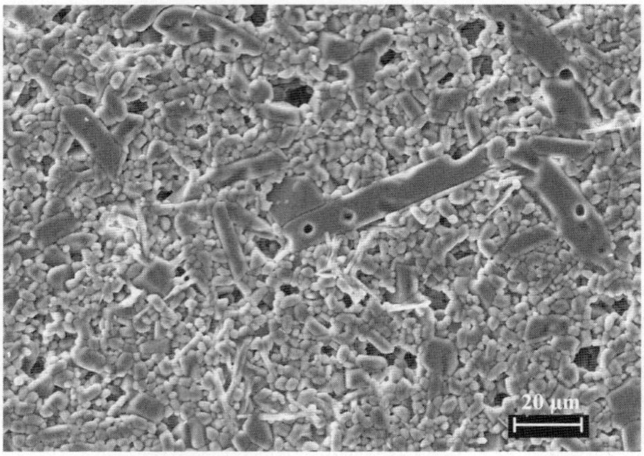

Bild 466: Diskontinuierliches anisotropes Kornwachstum: Korund-Platten in feinkörniger Matrix. La_2O_3-Dotierung; Glasphase herausgeätzt; REM-Aufnahme RWTH Aachen, Maßstab 20 µm

Da sich Al_2O_3 sehr gut als Modellwerkstoff eignet, wurden Kornwachstum, Korngrenzeninfiltration sowie die Veränderung der Kornform in zahlreichen Arbeiten untersucht. Beim anisotropen Kornwachstum findet die Ausbreitung der verschiedenen kristallographischen Ebenen unterschiedlich schnell statt. Beim trigonalen Korund (das Sauerstoffuntergitter ist hexagonal) weisen die Basalebenen {0001} im Vergleich zu den Rhomboeder- und Prismenflächen die langsamste Wachstumsgeschwindigkeit auf. Also entstehen beim Korund gestreckte bis plättchenförmige Kristallite, deren Habitus von den Basalflächen geprägt ist. Bei der Anschliffpräparation werden die Plättchen nur selten parallel zu den Basalebenen angeschnitten, so daß sie im zweidimensionalen Gefügebild üblicherweise als langgestreckte Leisten erscheinen, deren Längen-zu-Dickenverhältnis zur Charakterisierung der Anisotropie und der Morphologie herangezogen wird [435]. Anisotropes und diskontinuierliches Kornwachstum können getrennt voneinander auftreten, was aber selten zu beobachten ist. Diskontinuierlich und isometrisch gewachsene Kristallite finden sich bei [1355], [1359], [1362]. Ein Beispiel hierfür ist auch die sog. *Lucalox*-Keramik, die aufgrund ihrer hohen Dichte und Korngröße transluzent ist (Bild 467). Üblicherweise treten aber beide Effekte gemeinsam auf, d.h. es bilden sich große Plättchen in der feinkörnigen, isometrischen Matrix. Kann dieser Prozeß bei gezielten Plättchengehalten gestoppt werden, so kann er zur In-situ-Plättchenverstärkung dienen [1363].

Zwei weitere Untersuchungsgegenstände von Korundgefügen sind die Korngrenzenkrümmung und die Dihedralwinkel an Tripelpunkten. Es sind Beispiele für Gefüge mit häufigerer und stärkerer Krümmung der Korngrenzen sowie Gefüge mit überwiegend ebenen Korngrenzen zu finden. Mit zunehmender Sinterzeit und durch MgO-Dotierung werden bevorzugt ebene Korngrenzen gebildet [434]. Beim Auftreten von großen Plättchen oder beim Hineinwachsen von Einkristallen in Polykristalle stellen sich bei den nicht-basalen Kristallflächen Krümmungen einstellen, die der Wachstumsrichtung des großen Kristalliten bzw. des Einkristalls entsprechen, während die Basalflächen eben bleiben. Trotz der fehlenden Krümmung der Korngrenze zwischen der ebenen Basalfläche und den angrenzenden kleinen Kristalliten wächst der große Kristallit oder der Einkristall in die feinkörnige Matrix [434]. Die auftreffenden Korngrenzen der kleinen Kristallite zeigen dann meist einen Dihedralwinkel um 180°, obwohl sie eigentlich keine Niederenergiekorngrenzen darstellen [1364]. Von breiten Dihedralwinkelverteilungen, die auch Winkel um 180° aufweisen, zu engen Verteilungen bei 120° gelangt man ebenfalls durch die Dotierung mit MgO [1364].

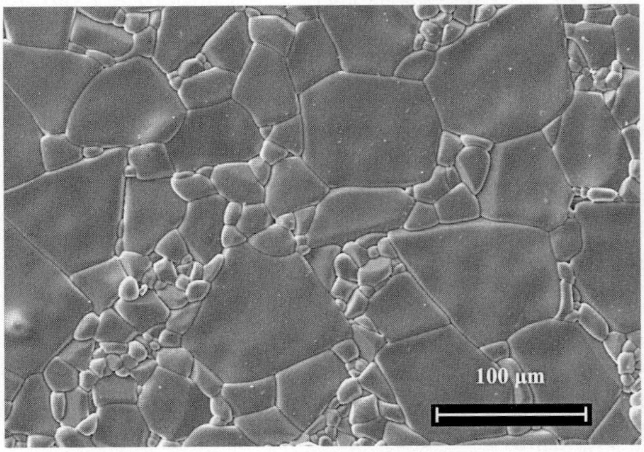

Bild 467: Diskontinuierliches isometrisches Kornwachstum in Aluminiumoxidkeramik; thermisch geätzter Anschliff einer Natrium-Dampflampenröhre, REM-Aufnahme, RWTH Aachen.

Wie oben beschrieben, werden die Verunreinigungen des hier behandelten Reinheitsbereiches nicht im Al_2O_3 gelöst. Die beim Sintern entstehenden Flüssigphasen, in denen auch Al_2O_3 gelöst wird, bilden dünne Filme zwischen den Kristalliten bzw. etwas größere, im Zweidimensionalen dreieckig erscheinende Ansammlungen an Tripelpunkten [1365], [560], [1366]. Die Flüssigphasenfilme und -taschen erstarren bei den üblichen Abkühlgeschwindigkeiten von 5 K/min weitgehend glasartig. Eine nachfolgende Kristallisation ist wie bei Si_3N_4-Keramik nur durch lange Temperung möglich.

Die Dicke des Glasphasenfilms liegt im Bereich von wenigen Nanometern, z.B. werden bei [1365], [560], [1367] 1,4; 1,2 bzw. 3 nm gemessen. Dagegen erreichen die Glasphasentaschen Seitenlängen zwischen 100 und 500 nm [560], [1366]. Die Glasphase wird daher nur im Transmissionselektronenmikroskop gut sichtbar.

Während die Glasphasenfilme in der bisher zitierten Literatur als dünne Schicht zwischen den parallel verlaufenden Grenzflächen der Kristallite erscheinen, tritt eine sogenannte Facettierung an solchen Grenzflächen in Erscheinung, die aufgrund ihrer kristallographischen Orientierung eine hohe Grenzflächenenergie aufweisen. Die Grenzfläche zeigt dann periodisch stufenförmig angeordnete Kristallflächen. Dies ist zwar mit einer Vergrößerung der Grenzfläche verbunden, jedoch wird die absolute Grenzflächenenergie minimiert, da es sich bei den Facetten um Niederenergiegrenzflächen handelt. Dieser Effekt entspricht dem *Wulff*-

schen Theorem (Kapitel 3.4.5 und 4.4.4) im mikroskopischen Maßstab, wenn die makroskopische Orientierung der Grenzfläche durch andere Bedingungen festgelegt ist [435], [442], [560], [561], [1368], [1369].

TEM-Untersuchungen an verunreinigten Al_2O_3-Keramiken haben aber auch ergeben, daß nicht alle Korngrenzen Glasphasenfilme aufweisen. Es handelt sich dann um niederenergetische Korngrenzen, die nicht benetzt werden. Bei solchen „sauberen" Korngrenzen treten meist besondere Orientierungsbeziehungen zwischen den angrenzenden Kristalliten auf [442], [560], [1370]-[1373]. Mischformen von benetzten und „sauberen" Korngrenzen können dann auftreten, wenn die Anisotropie von Korngrenzenenergie und Phasengrenzenenergie fest/flüssig groß sind.

Flüssigphasensintern. Im vorangestellten Abschnitt wurde gezeigt, daß beim Al_2O_3 üblicherweise von einem Flüssigphasensintern auszugehen ist, da sich schon minimale Verunreinigungen als Flüssigphasenfilm auf den Korngrenzen sammeln. Das Flüssigphasensintern von Al_2O_3 läßt sich in zwei Arten unterteilen, einmal das zuvor diskutierte ungewollte Flüssigphasensintern bei Rohstoffreinheiten zwischen 99,7 und 99,98 Gew.-% Al_2O_3, was den üblichen kommerziellen Pulvern entspricht, ferner das gewollte Flüssigphasensintern mit bewußt zugegebenen Komponenten, die eine Schmelzphase mit Al_2O_3 bilden (1-5 Gew.-%). Aus den genannten beiden Gründen wird in der Praxis oft erst bei diesem hohen Fremdoxidgehalt vom Flüssigphasensintern gesprochen. Die Gefüge zeigen dann auch deutliche Korngrenzenphasen im Lichtmikroskop.

Ein höherer Glasphasenanteil im Gefüge wirkt sich nachteilig auf die mechanischen Eigenschaften bei allen Anwendungstemperaturen, die Korrosionsbeständigkeit und den elektrischen Widerstand aus. Bei Anwendungen, für die die erzielbaren Eigenschaften ausreichen, lassen sich allerdings durch das Flüssigphasensintern mit höherem Fremdoxidgehalt Kosten einsparen. Da die Flüssigphase die Sinterrate erhöht, also zu einer beschleunigten Verdichtung beiträgt, können niedrigere Sintertemperaturen als bei reineren Korundkeramiken benutzt werden [1374]-[1376]. Es können zusätzlich billigere Rohstoffe geringerer Reinheit zum Einsatz kommen. Alternativ können gröbere, ebenfalls billigere, Al_2O_3-Pulver mit Flüssigphasenbildnern zum Ausgleich ihrer geringeren Sinteraktivität versetzt werden. Ein weiteres Verfahren, das zu Gefügen mit einem hohen Glasphasenanteil führt, ist die Infiltration von Glas in einen Sinterkörper, der nur das erste Sinterstadium durchlaufen hat, also eine hohe offene Porosität aufweist. Es wird z.B. zur günstigen Herstellung von Zahnersatzteilen angewendet, da aufgrund der fehlenden Schrumpfung direkt ein endabmessungsnahes Bauteil erzielt wird [1377].

In Korundgefügen mit höheren Fremdoxidgehalten werden häufiger weitere kristalline Phasen als Ausscheidungen in den größeren Glasphasentaschen gefunden. In Systemen mit SiO_2, MgO und CaO treten nach dem Abkühlen von Sintertemperatur β-Al_2O_3, Spinell und Calciumhexaluminat auf [1378]. Bei gezielter Kristallisationsauslagerung unterhalb der Sintertemperatur kommen einige weitere Phasen hinzu, so z.B. Cordierit, Anorthit und Gehlenit [1379], [1380].

Die Aussagen über die Wirkung von Fremdoxiden in flüssigphasengesintertem Al_2O_3 in der Literatur sind vielfältig und z.T. widersprüchlich. Wie zuvor gezeigt, bewirken SiO_2 und CaO allein und in Kombination ab gewissen Grenzkonzentrationen ein diskontinuierliches Kornwachstum. Im Gegensatz dazu wurde durch die Dotierung mit 0,25 Gew.-% MgO ein deutlich feineres Korn und fast die theoretische Dichte erreicht. Weitere Oxide wurden jeweils zu 0,3 % zugefügt, was bei SrO und BaO zu leicht geringeren Korngrößen und bei CaO, Y_2O_3, und ZrO_2 zu erhöhten Korngrößen, jeweils im Vergleich zur undotierten Probe, aber stets mit isometrischer Form führte [1381]. Beachtenswert sind noch Arbeiten zum anisotropen Kornwachstum durch Dotierung mit Fe_2O_3 [1382] bzw. TiO_2 [1363].

Wie beim Festphasensintern auch, kommt dem MgO beim Flüssigphasensintern eine positive Rolle zu. Die umfangreichen experimentellen Untersuchungen lassen sich in Analogie zur oben geführten Diskussion in folgenden Erklärungsmöglichkeiten hierfür zusammenfassen [1383]:

- MgO bewirkt in fester Lösung eine Erniedrigung der Korngrenzenmobilität.
- MgO bewirkt eine höhere Löslichkeit der anderen Oxide in Al_2O_3.
- Der Flüssigphasenfilm wirkt selbst mobilitätsverringernd auf die Korngrenzen. Dabei soll im undotierten Fall die Flüssigphase nur die Basalflächen benetzen, was deren langsame Migration erklärte, während das MgO die Benetzung aller Korngrenzen und ein entsprechendes langsames, isotropes Kornwachstum bewirken soll.
- Die Hemmung des Stofftransports könnte von weiteren kristallinen Phasen bewirkt werden, die sich aufgrund der MgO-Anwesenheit bilden wie z.B. Spinell oder Cordierit.
- Eine Erhöhung der Viskosität der Flüssigphase durch MgO könnte den Stofftransport bei der Lösung und Wiederausscheidung behindern.
- MgO könnte die Fest-flüssig-Grenzflächenreaktion bei der Lösung und Wiederausscheidung behindern.

Mit der Frage, ob beim Al_2O_3 die Diffusion oder die Grenzflächenreaktion geschwindigkeitsbestimmend ist, befassen sich [440] und [435]. Aus der kinetischen Betrachtung des Verdichtungsverhaltens, abhängig von verschiedenen Gehalten an MgO-SiO_2-Al_2O_3- bzw. CaO-SiO_2-Al_2O_3-Glas, wird das Ergebnis gewonnen, daß die Lösung und Wiederausscheidung durch die Grenzflächenreaktion bestimmt wird.

Erzeugung texturierter Gefüge. Die vorhergehenden Aussagen ergeben die Möglichkeit, mit Hilfe von Flüssigphasen und unter Nutzung der Orientierungsbeziehungen anisotrop gewachsener Kristallite texturierte Gefüge herzustellen. Technische Anwendung können anisotrope Aluminiumoxidkeramiken dort finden, wo z.B. besondere thermische Eigenschaften gefordert sind, auch wird der Bruchwiderstand durch die Plättchenverstärkung verbessert; weiterhin steigt die Infiltrationsbeständigkeit solcher Werkstoffstoffe, insbesondere wenn die Grenzflächen überwiegend niederenergetischer Natur sind. Die wichtigste und eleganteste Methode zur Erzeugung starker Texturen ist das Einbringen nicht-isometrischer, grobkörniger, durch den Formgebungsprozeß ausgerichteter Keime in eine feinkörnige Matrix. Die Keime wachsen beim Sintern auf Kosten der Matrix anisotrop, bis sie zusammenstoßen und eine Textur bilden, die ihrer ursprünglichen Ausrichtung entspricht. Dies wurde u.a. an Al_2O_3 [1384]-[1386] demonstriert und von Messing als *„templated grain growth“* bezeichnet. Die Ausrichtung der Keime kann durch die Formgebungsverfahren Foliengießen, Schlickerguß, Zentrifugalguß und Extrudieren erfolgen. Bei [1387] werden SiC-Plättchen durch den sogenannten sequentiellen Schlickerguß ausgerichtet, d.h. es werden mehrere dünne Schichten, jeweils nach Verfestigung der vorigen, übereinandergegossen, um die Ausrichtung der Plättchen entlang komplexer dreidimensionaler Strömungslinien zu vermeiden. Die Arbeiten mit Al_2O_3 verwenden das Foliengießen, wobei die Korund-Plättchen in einem Spalt bis ca. einem Millimeter Dicke im *Doctor-Blade-Verfahren* (Kapitel 7.3.2.1.3) durch Scherung mit hoher Präzision ausgerichtet werden. Um dickere Proben herzustellen, werden mehrere Folienlagen durch das Filterpressen miteinander verbunden. Bei den gleichen Literaturstellen wurde das *Gelgießverfahren* (Kapitel 7.3.2.4) angewandt, bei [1386] zusätzlich der *RBAO-Prozeß* (Kapitel 11.1.4), bei dem zusätzlich metallisches Aluminium eingebracht wird, um durch dessen Oxidation die Sinterschrumpfung auszugleichen. Um eine möglichst feinkörnige Matrix mit einer engen Korngrößenverteilung als Ausgangssituation zu haben, wird bei [1385] ein Böhmit-Sol (γ-AlOOH) eingesetzt, das durch feinkörnige Al_2O_3-Keime kontrolliert in Korund umgewandelt wird.

Verschiedene Gefügevarianten werden von [1385] präsentiert. Prinzipiell wachsen die Al_2O_3-Plättchen anisotrop, bis sie sich gegenseitig im Wachstum behindern. Durch Einstellung wichtiger Parameter, wie des Plättchenanteils und der Plättchengröße, wird eine enge Korngrößenverteilung erzielt, die wie Mauersteine parallel aufeinander liegen. Der Effekt der parallelen Ausrichtung wird durch die Zugabe von CaO und SiO_2 verstärkt, da sich die Basalflächen im Kontakt mit der dadurch entstehenden Flüssigphase eben ausbilden (Bild 468). Ein anderes Verfahren nutzt den Rotationsschlickerguß, um korrosionsresistente Tiegel aus texturierter Aluminiumoxidkeramik herzustellen [1388].

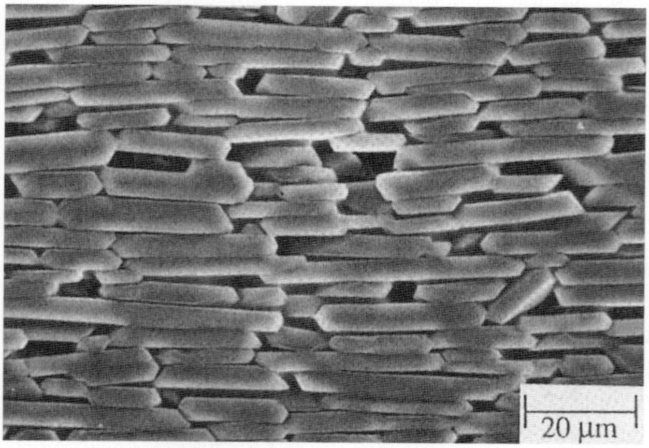

Bild 468: Texturierte Aluminiumoxidkeramik, gesintert bei 1600°C, 4 Gew.-% Plättchen, 5 Gew.-% ($CaO+SiO_2$) [1385]; Korngrenzenphase herausgeätzt.

10.1.1.4 Eigenschaften

Thermische Eigenschaften. Der *Wärmeausdehnungskoeffizient* von Al_2O_3-Keramiken (Tabelle 112) sinkt mit abnehmendem Gehalt an Al_2O_3 im Werkstoff infolge der Änderung der Zusammensetzung bzw. der Anwesenheit anderer Phasen. Für reines Aluminiumoxid gilt zwischen 0 und 2000°C $\alpha(T) = 7{,}58 \cdot 10^{-6} + 1{,}1191 \cdot 10^{-9} T - 6{,}03 \cdot 10^{-2} T^2$ [1389]. Der Einfluß der Zusammensetzung der technischen Aluminiumoxidqualitäten auf die spezifische Wärmekapazität dürfte dagegen nicht sehr groß sein. Die *Wärmeleitfähigkeitswerte* von Aluminiumoxidwerkstoffen unterschiedlicher Zusammensetzung und unterschiedlicher Porosität sind in Bild 469 dargestellt. Die Wärmeleitfähigkeit von Al_2O_3 fällt schon bei niedrigen Temperaturen stark ab und durchläuft ein Minimum im Temperaturbereich von 1100 bis 1300°C, wobei sie bei hohen Temperaturen wieder leicht ansteigt, was auf die verstärkte Wärmeübertragung durch Strahlungseffekte zurückzuführen ist. Einen sehr starken Einfluß üben Porosität und Zusammensetzung aus, wobei mit zunehmender Porosität und abnehmendem Aluminiumoxidanteil im Werkstoff die Wärmeleitfähigkeit sinkt. Bei der Verdampfung von Al_2O_3 findet man bei hohen Temperaturen die Spezies Al_2O, AlO, Al und O in der Gasphase.

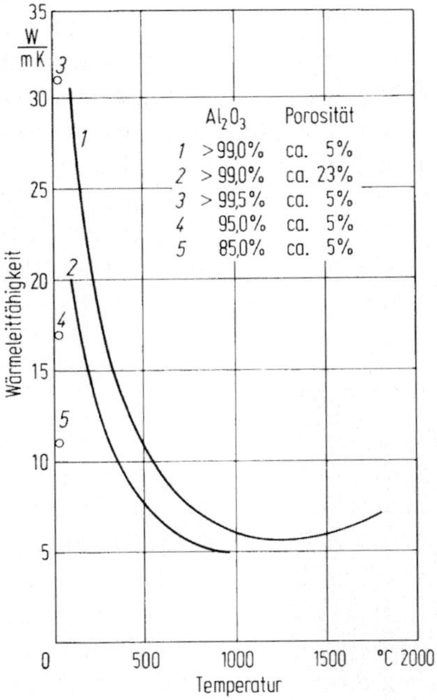

Bild 469: Wärmeleitfähigkeit von Al_2O_3-Werkstoffen

Mechanische Eigenschaften. In Tabelle 115 sind Eigenschaftswerte technischer Al_2O_3-Werkstoffe zusammengestellt. Dabei hängen die mechanischen Eigenschaften stark von der Zusammensetzung und vom Werkstoffgefüge ab, das seinerseits wieder von den verfahrenstechnischen Parametern bei der Herstellung beeinflußt wird. Wegen der Komplexität dieser Zusammenhänge und des Mangels an Untersuchungsergebnissen mit genauer Charakterisierung des Mikrogefüges ist es nicht erstaunlich, daß in der Literatur zahlreiche Widersprüche existieren. Zur Klärung hat die Deutsche Keramische Gesellschaft einen langjährigen Ringversuch gestartet, der die Abhängigkeit der mechanischen Eigenschaften von der Pulveraufbereitung, der Formgebung und der Sinterparameter klären soll. Tabelle 67 in Kapitel 7.2.2.2 macht deutlich, daß bei ähnlichen Sinterdichten die Festigkeit und insbesondere der Weibull-Modul (ein Maß für die Bruchwahrscheinlichkeit) von der Homogenität des Gefüges und von der Vermeidung aufbereitungs- und formgebungsbedingter Defekte abhängen.

Eine umfangreiche Diskussion über die Abhängigkeit der mechanischen Eigenschaften vom Gefüge keramischer Werkstoffe stammt von Rice [1390]. Auf der Grundlage dieser Arbeiten sollen hier kurz die Verhältnisse beim Aluminiumoxid beschrieben werden.

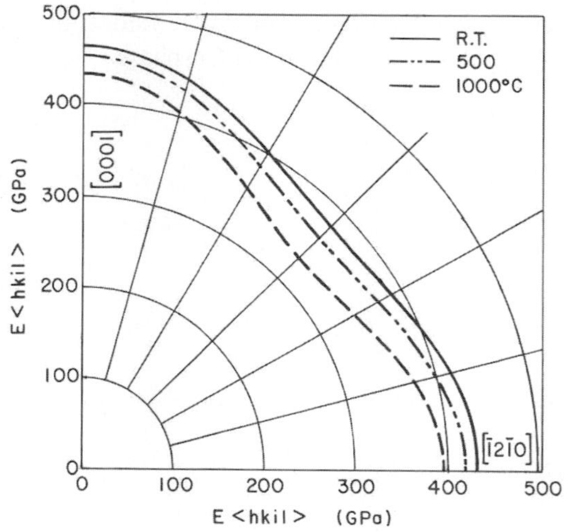

Bild 470: Anisotropie des E-Moduls von einkristallinem Al_2O_3 [1392]

Elastizitätsmodul. Die Abhängigkeit des *Elastizitätsmoduls* von der Porosität folgt im allgemeinen dem exponentiellen Gesetz $E = E_0 \cdot e^{-bP}$ (P Porosität), mit b = 3,5, obwohl Größe, Form und räumliche Verteilung der Poren einen Einfluß haben können. Der Einfluß von Verunreinigungen oder von Zusätzen hängt davon ab, ob sie in fester Lösung oder als zweite Phase vorhanden sind, wobei besonders bei höherer Temperatur dem Verhalten einer zweiten Phase Aufmerksamkeit bei den Messungen zu schenken ist. Lindner und Thoma [1391] stellten bei der Messung des E-Moduls deutliche Unterschiede zwischen einer 99-%igen und 96-%igen Al_2O_3-Keramik im Temperaturbereich bis 1400°C fest, wobei der E-Modul der 96-%igen Qualität durch Erweichen der Bindephase im Bereich 1000 bis 1400°C stärker absank.

Bezüglich der Eigenschaften eines einzelnen Korns muß berücksichtigt werden, daß der E-Modul ebenso wie die Wärmedehnung eine richtungsabhängige Größe ist (Anisotropie). Dies ist besonders wichtig für die quantitative Beschreibung von Eigenspannungen nach dem Abkühlen von Sintertemperatur. Bild 470 beschreibt anhand eines Polardiagramms die Veränderung als Funktion des Drehwinkels zwischen den Prismenflächen [1000] und [$\bar{1}2\bar{1}0$] für drei Temperaturen.

Viele Autoren haben systematisch die Temperaturabhängigkeit des E-Moduls beschrieben. Bild 471 zeigt das Verhalten für verschiedene Porositäten. Unabhängig von dieser sind die elastischen Eigenschaften bis etwa 1100-1200°C unverändert, zu höheren Temperaturen hin sinkt der E-Modul stark ab. Entsprechendes gilt für die Härte (Bild 472).

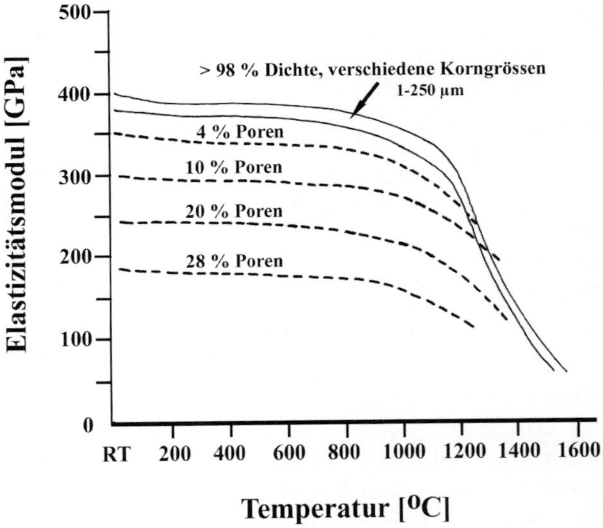

Bild 471: Abhängigkeit des Elastizitätsmoduls von der Temperatur nach Messungen von Coble und Schwartz

Härte. Die Härte als Maß für den Widerstand gegen plastische Verformung durch einen Eindringkörper hängt von der Porosität, dem Elastizitätsmodul und den aktivierbaren Verformungsmechanismen ab. Sie ist somit über die Versetzungsdichte und die freie Weglänge für mobile Versetzungen mit der Korngrenzenfläche korreliert. Es zeigt sich, daß die Härte für Korngrößenintervall oberhalb etwa 1,5 μm annähernd der *Hall-Petch-Beziehung* gehorcht [1393]. Bei kleineren Korngrößen bleibt bei Al_2O_3 die Härte konstant oder nimmt leicht ab, da die Verfestigung an Korngrenzen eine Sättigung erreicht und damit alle weiteren Vorgänge eigentlich korngrößenunabhängig sind [1394]. Verformung findet dann über Korngrenzengleiten statt.

In Bild 472 ist der Verlauf der Hochtemperaturhärte für verschiedene Dotierungen und Korngrößen im Vergleich zu einkristallinem Saphir dargestellt. Messungen von z.B. [1395]-[1397] zeigen, daß die Härte nahezu linear mit steigender Temperatur abfällt. Die Raumtemperaturhärte von etwa 18-20 GPa sinkt bis 1000°C bereits auf etwa 8 GPa und erreicht bei 1500°C nur noch 2-3 GPa.

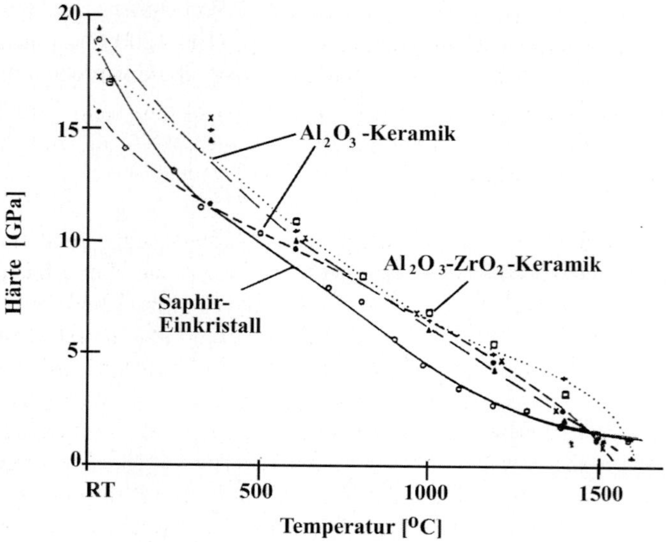

Bild 472: Abhängigkeit der Härte von der Temperatur nach Krell und Bakun

Ursachen hierfür sind einerseits die weiter unten besprochenen Kriecheffekte über Korngrenzengleiten, andererseits wurden sowohl in Modellversuchen an Einkristallen als auch in der Umgebung der Härteeindrücke plastische Verformungen durch Versetzungsbewegungen und Zwillingsbildung nachgewiesen. Diese Mechanismen sind auch an zugbeanspruchten Saphir-Einkristallen bereits mehrfach beschrieben worden [646], [1398]-[1401]. Mit zunehmender Temperatur werden nacheinander unterschiedliche Gleitmechanismen aktiviert, so daß oberhalb 1700°C fünf unabhängige Gleitsysteme vorliegen (Tabelle 114).

Tabelle 114: Temperaturabhängigkeit der Gleitmechanismen in Al_2O_3

	Verformungsmechanismen		
Temperatur	Ebene	Richtung	System
900°C	{0001}	$<11\overline{2}0>$	basales Gleiten
1100°C	{0001}		basale Zwillinge
1200°C	{0001}	$<10\overline{1}1>$	basales Gleiten
> 1420°C	$\{10\overline{1}1\}$		rhomboedrische Zwillinge
> 1500°C	$\{1\overline{1}02\}$	$<10\overline{1}0>$	Prismengleiten
1700°C	$\{1\overline{1}02\}$	$<10\overline{1}1>$	drei rhomboedrische Gleitsysteme

Andere Untersuchungen an polykristallinem, grobkörnigem, aber reinem Al_2O_3 zeigen, daß auch hier Zwillingsbildung und bei Temperaturen oberhalb 1420°C Versetzungsmechanismen initiierbar sind [1402]. An feinkörnigerem Material konnten bei 1700°C Dehnungen über 10 % beobachtet werden, wobei allerdings bereits einsetzende Diffusionsprozesse für den Abbau von Versetzungsaufstauungen sorgen. Im Gegensatz zu den untersuchten relativ grobkörnigen Keramiken konnte mit abnehmender Korngröße (10 bis 1 µm) ein zunehmender Beitrag an nichtviskosem Korngrenzengleiten beobachtet werden [1403]. Weniger reines Material zeigt unter entsprechenden Bedingungen viskoses Korngrenzengleiten über die Glasphase sowie vermehrte Zwillingsbildung, die ebenfalls auf im Gitter gelöste Verunreinigungen zurückgeführt wurde. Unter hydrostatischem Druck reagiert Aluminiumoxidkeramik bei Temperaturen zwischen 600°C und 1000°C mit Prismengleiten und rhomboedrischer Zwillingsbildung [1404].

Bruchenergie und Festigkeit. Die Bruchenergie nimmt erwartungsgemäß mit steigender Porosität ab. Bei Anwendung einer Formel mit exponentieller Abhängigkeit, wie im Falle des E-Moduls, ergeben sich *b*-Werte zwischen 3 und 19 bei verschiedenen Untersuchungen, was auf die unterschiedliche Porencharakteristik und -verteilung zurückgeführt wird. Typische Werte für die Bruchenergie von Al_2O_3 liegen zwischen 20 und 30 J/m^2. Die Abhängigkeit der Bruchenergie von der Korngröße des gesinterten Materials ist nicht klar, auch ist ein Einfluß des Meßverfahrens nachgewiesen worden [1405]. Der Einfluß von Zusätzen oder Verunreinigungen hängt wie beim E-Modul davon ab, ob sie in fester Lösung oder als zweite Phase vorhanden sind. Klassisch sind in diesem Zusammenhang die von Claussen [1406], [1407] durchgeführten Arbeiten, die zeigen, daß die Bruchzähigkeit von Al_2O_3 durch ZrO_2 in der Al_2O_3-Matrix stark erhöht werden kann (Bild 119 in Kapitel 5.2.2); die Erhöhung wird auf die Anwesenheit von energieabsorbierenden Mikrorissen zurückgeführt, die durch die tetragonal-monokline Umwandlung des ZrO_2 entstehen.

Tabelle 115: Mechanische Eigenschaften von Al_2O_3-Werkstoffen

Al_2O_3-Gehalt (Gew.-%)		85	95	>99,5
Elastizitätsmodul	GN/m^2	200	400	400
Druckfestigkeit	N/mm^2	2000	3000	4000
Biegefestigkeit	N/mm^2	250	300	400
Zugfestigkeit	N/mm^2	120	240	320
Vickershärte	N/mm^2	$1{,}5 \cdot 10^4$	$1{,}9 \cdot 10^4$	$12{,}3 \cdot 10^4$

Der Zusammenhang zwischen Bruchenergie, Bruchfestigkeit, Porosität und *Korngröße* kann in vielen Fällen ebenfalls in exponentieller Form dargestellt werden [619]. In verschiedenen Untersuchungen konnte gezeigt werden, daß große Körner in einer feinkörnigen Matrix festigkeitsmindernd wirken, da sie bei Abwesenheit anderer größerer Defekte zur versagensauslösenden Fehlergröße werden. Das Verhalten von Al_2O_3 verschiedener Korngröße bei höheren Temperaturen scheint generell durch einen Festigkeitsabfall mit steigender Temperatur gekennzeichnet zu sein. Feinkörnige Proben haben zwar eine höhere Festigkeit als grobkörnige, der Festigkeitsabfall ist jedoch stärker ausgeprägt. Bild 2d zeigt die Abhängigkeiten als Trend, wobei die Bruchenergie aus dem Meßwert des kritischen Spannungsintensitätsfaktors K_{Ic} zurückgerechnet wurde [1408]. Es muß jedoch betont werden, daß es schwierig ist, klare Aussagen zu bekommen, da der Einfluß von Verunreinigungen oder Zusätzen ein ganz entscheidender Faktor ist, der sich in vielen Fällen bei hohen Temperaturen stärker auswirkt. Eine silicatische Glasphase an den Korngrenzen führt infolge Erweichung zu einem Abfall der Festigkeit. Ein steiler Anstieg der Festigkeit kurz vor dem Abfall wird oft beobachtet und für einen Werkstoff mit 95 Gew.-% Al_2O_3 in [625] beschrieben. Dieser Anstieg wird damit erklärt, daß durch die Viskosität der erweichenden Glasphase ein Spannungsabfall in der Nähe der kritischen Rißspitze hervorgerufen wird.

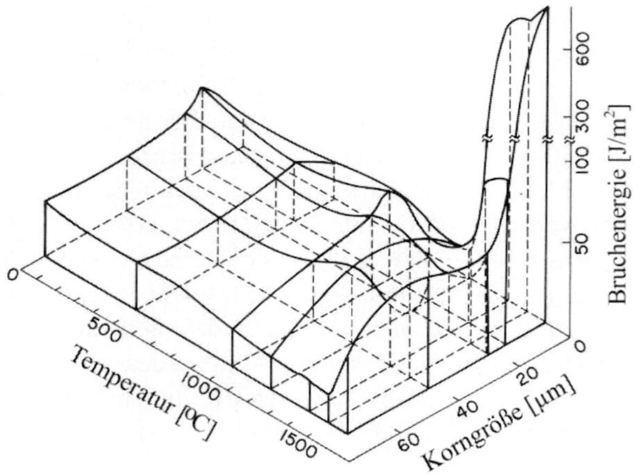

Bild 473: Bruchenergie von Al_2O_3 in Abhängigkeit von Korngröße und Temperatur [1408].

Betrachtet man wieder einzelne Kristallite, so fällt auf, daß transkristallin gebrochene Körner einerseits einen glasähnlichen Bruch (*Konkoidalbruch*) aufweisen können, andererseits aber auch *Spaltbruch* auftritt, der sich in treppenartig gestuften Oberflächen bemerkbar macht und fast immer den Rhomboederflächen folgt (Bild 474). Es wurden aber auch die Basalebene, Prismenflächen und höher indizierte Pyramidalflächen als Spaltebenen gefunden, vor allem bei höheren Temperaturen [1409]-[1411]. Insofern besitzen die einzelnen Netzebenen des Korundes unterschiedliche Bruchenergien bzw. Bruchzähigkeiten, deren Temperaturabhängigkeit auch verschieden ist Bild 475.

Bild 474: Bruchverlauf in Al_2O_3-Körnern: links: Konkoidalbruch; rechts Spaltbruch nach den Rhomboederflächen, REM-Aufnahmen

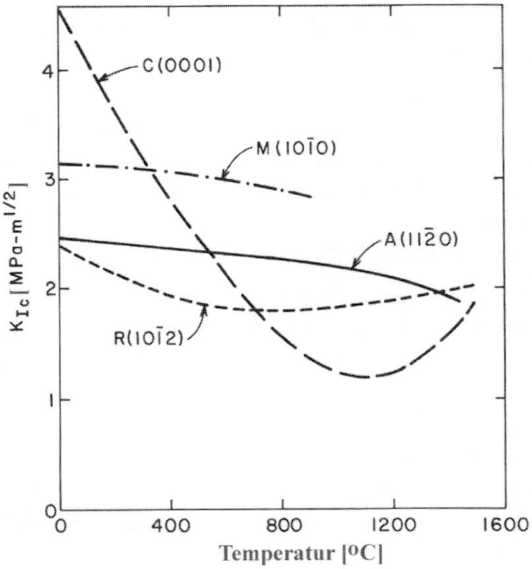

Bild 475: Anisotropie der Bruchenergie bei einkristallinem Korund. C = Basalfläche, M = Prismenfläche, A = Rhomboederfläche parallel zu *c*, R = Rhomboederfläche parallel zu a_2 [1412]

Hochtemperaturverformung. Zahlreiche Arbeiten beschäftigen sich mit dem *Hochtemperaturkriechen* von Aluminiumoxid, wobei die meisten Autoren auf das Nabarro-Herring- oder das Coble-Modell zur Erklärung des Kriechmechanismus zurückgreifen (Kapitel 5.2.3). Cannon und Sherby [1413] haben das Kriechen von Al_2O_3 unter Druckspannung zwischen 1600 und 1700°C untersucht, wobei unterschiedliche Korngrößen des Materials durch Dotierung mit verschiedenen Konzentrationen an MgO (100 bis 5000 ppm) erzielt wurden. Die Kriechrate von Al_2O_3 mit einer Korngröße von 14 bis 30 µm folgte der Beziehung $\dot{\varepsilon} \sim \sigma^{1,2} / d^2$ (σ Spannung, *d* Korngröße), während das Verhalten von Al_2O_3 mit 65 µm Korngröße durch $\dot{\varepsilon} \sim \sigma^{2,6}$ beschrieben werden konnte. Korngrenzgleiten lieferte einen ungewöhnlich hohen Beitrag zur Verformung infolge eingetretenen Kornwachstums, es wurde jedoch angenommen, daß die Kriechgeschwindigkeit hierdurch nicht stark beeinflußt würde.

Umfangreiche Untersuchungen über den Festigkeitsabfall von Aluminiumoxid nach Temperaturwechselbeanspruchung (Kapitel 5.2.4) wurden von Hasselman [1414] und Gupta [1415] durchgeführt, wobei letzterer für die von ihm untersuchten Al_2O_3-Proben einen linearen Zusammenhang zwischen Korngröße und der relativen Festigkeit nach der Temperaturwechselbeanspruchung feststellte. Die Temperaturwechselbeanspruchung von Al_2O_3 wird durch eingelagerte tetragonale ZrO_2-Teilchen bis zu einem Volumenanteil von 15 % infolge ihrer martensitischen Umwandlung in die monokline Phase und dem damit verbundenen Auftreten von Mikrorissen erhöht, was auf den Anstieg der Bruchenergie zurückzuführen ist. Dies führt zu einer Erhöhung der kritischen Temperaturdifferenz, oberhalb derer ein Festigkeitsabfall eintritt und zur Erhaltung einer ausgezeichneten Festigkeit oberhalb ΔT_c [1416].

Informationen über das Ermüdungsverhalten von Aluminiumoxid sind bei [1417] und [1418] zu finden.

Optische Eigenschaften. Bei der Verwendung von *transluzentem* Aluminiumoxid für lichttechnische Zwecke spielt die Lichtdurchlässigkeit eine äußerst wichtige Rolle. Peelen [711] diskutiert die Einflußgrößen auf die Lichtdurchlässigkeit von polykristallinem Al_2O_3; die Restporosität wird als hauptsächlicher Grund für die Lichtverluste durch Streuung betrachtet. Eine genauere Analyse der Frage, welchen Beitrag die Korngrenzen bzw. Poren zur Streuung leisten, erfolgte durch Apetz und van Bruggen [1419] mit Hilfe der Rayleigh-Gans-Debye-Streuungstheorie, die sie auf grobkörniges und nanokristallines Al_2O_3 anwandten. Sowohl die Reflexion und Brechung als auch Streuung an Korngrenzen verhielt sich vernachlässigbar aufgrund der geringen Anisotropie der Brechungsindizes von $\Delta_{max}n = 0.008$. Die Lichtdurchlässigkeit in Primärstrahlrichtung erreicht nach der Rechnung bei porenfreien grobkörnigen Keramiken mit 86 % nahezu die Einkristallwerte. Demgegenüber sank die Durchlässigkeit auf 1 %, wenn auch nur 0,1 Vol.-% Restporosität in der Größenordnung der Lichtwellenlänge anwesend war.

Hing [1420] untersuchte den Einfluß verfahrenstechnischer Parameter und stellte fest, in welcher Weise die optimale Transmission von in Wasserstoff gesintertem Al_2O_3 vom MgO-Gehalt, der Mahldauer, dem Preßdruck und der Sintertemperatur abhängt. Die Färbung von Al_2O_3 ist Gegenstand zahlreicher Untersuchungen. Endl und Hausner [1421] haben den Einfluß von Spurenverunreinigungen und der Sinteratmosphäre auf die Farbe von polykristallinem, gesintertem Al_2O_3 untersucht und die Grenzkonzentrationen für das Auftreten einer Färbung bestimmt. Schon bei Metalloxidkonzentrationen von 100 ppm können in Abhängigkeit von Art, Wertigkeit und Kombination der vorliegenden Farbionen Färbungen auftreten.

Die Herstellung richtig *transparenter* Aluminiumoxidkeramik gelang jedoch erst mit der Beherrschung nanokristalliner Pulver. Ausgehend von Pulverkorngrößen < 10 nm gelang die Herstellung dichter Keramikkörper mit durchschnittlicher Korngröße von 50-550 nm, die Lichtdurchlässigkeiten von bis zu 56 % aufwiesen

[1422]-[1425] bei gleichzeitig hoher Härte und Festigkeit (800-880 MPa Dreipunktbiegefestigkeit). Obwohl diese Werkstoffe in ihrer Korngröße unterhalb der Wellenlänge sichtbaren Lichtes liegen, haben diese Entwicklungen aber generell bestätigt, daß weniger die Korngröße selbst einen Einfluß auf die Lichtdurchlässigkeit ausüben als vielmehr die Restporosität.

Elektrische Eigenschaften. In einer großen Anzahl von Messungen an einkristallinem und polykristallinem Aluminiumoxid wurde die *elektrische Leitfähigkeit* untersucht. Im allgemeinen bestehen große Unterschiede in den Ergebnissen und zwar sowohl in der Größenordnung der Leitfähigkeit als auch in der Aktivierungsenergie. Neben den Unterschieden, die durch die unterschiedliche Reinheit des Ausgangsmaterials hervorgerufen werden, spielen auch stark abweichende Untersuchungsbedingungen eine Rolle. Aluminiumoxid ist ein Werkstoff mit einer relativ niedrigen elektrischen Leitfähigkeit, sogar bei hohen Temperaturen. So beträgt der spezifische Widerstand von hochreinem Al_2O_3 bei Raumtemperatur 10^{15} bis 10^{15} $\Omega \cdot cm$, bei 1400°C noch 10^6 $\Omega \cdot cm$. Technische Aluminiumoxidqualitäten mit über 99,5 Gew.- % Al_2O_3 zeigen um etwa zwei Größenordnungen niedrigere Werte [1421]. Der elektrische Widerstand nimmt mit abnehmendem Al_2O_3-Gehalt weiterhin ab.

Die Permittivitätszahl von Al_2O_3 liegt bei 9; der elektrische Verlustfaktor bei Raumtemperatur und bei einer Meßfrequenz von 50 Hz ist $2 \cdot 10^{-4}$, wobei die Zusammensetzung eine Rolle spielen kann.

Die Durchschlagfestigkeit liegt über 10 kV/mm. In [1426] wird über die elektrische Durchschlagfestigkeit bei erhöhter Temperatur berichtet.

Chemische Eigenschaften. Aluminiumoxid ist sehr beständig gegen Säuren und Laugen. Die Beständigkeit hängt von der Porosität und der Zusammensetzung ab und kann durch die Anwesenheit von Zweitphasen bei Werkstoffen mit niedrigerem Al_2O_3-Gehalt verändert werden. Reckziegel hat darauf hingewiesen, daß insbesondere die Lage von Verunreinigungsanreicherungen im Gefüge von Bedeutung ist [1427]. So kann das beim Bayerprozeß (Kapitel 10.1.1.2) eingebrachte Na_2O auf der Oberfläche der Pulverkörner angelagert werden und gelangt damit beim Sintern zusammen mit aufbereitungsbedingten weiteren Verunreinigungen in silicatischer Form in die Korngrenzen, oder es wird im Korund gelöst bzw. bildet bei Überschreiten der Löslichkeitsgrenze *β-Na-Aluminat* als intrakristalline Ausscheidungen im Korund. Im Gegensatz zu durchgehenden Korngrenzenphasen sind solche Werkstoffe wesentlich korrosionsbeständiger und zeigen auch die höheren Restfestigkeiten nach einer Langzeitbeanspruchung [1428]. Genthe und Hausner haben den Massenabtrag bei Auslagerungen in zahlreichen Laugen und Säuren als Funktion der Temperatur und der Aluminiumoxidreinheit untersucht [1429]. Der Schädigungsprozeß läuft dabei in allen Fällen über ein Herauslösen der nichtkristallinen Korngrenzenphase und ein nachfolgendes Herausspülen (Erosion) der Korundkörner ab. Der Massenverlust gehorcht in der Regel einem parabolischen Zeitgesetz. Hochreines Al_2O_3 ist gegen viele Metall- oder Glasschmelzen beständig, weshalb es auch als amphoteres Material häufig in Feuerfestanwendungen eingesetzt wird (Kapitel 9). Bei Anwesenheit von Alkalien bilden sich jedoch leicht lösliche Aluminate; mit Erdalkalien reagiert Korund zu Spinellen und verwandten Komplexoxiden. Zusammen mit dreiwertigen Ionen wie Cr^{3+} oder Fe^{3+} entstehen Sesquioxid-Mischkristalle. Eine Chromdotierung führt beispielsweise zu einer Verbesserung der Korrosionsbeständigkeit. In [1333] sind ausführliche Angaben zu finden.

10.1.1.5 Verwendung

Die Anwendung von Aluminiumoxid reicht vom Einsatz als verschleißfester Werkstoff im Maschinen- und Anlagenbau, als Schneidwerkstoff, als korrosionsfestes Material in der chemischen Industrie und Lebensmittelindustrie, über die Verwendung als Isoliermaterial in der Elektrotechnik und Elektronik oder als Hochtemperaturwerkstoff in der Wärmetechnik, der Energietechnik, in der Metallurgie, Glas- und Keramikherstellung bis zu speziellen Einsatzzwecken in der Lichttechnik oder der Medizin. Generell hängen die Anwendungsmöglichkeiten von den Verunreinigungen, der Restporosität, Korngröße sowie der hiermit erzielbaren mechanischen, thermischen oder elektrischen Eigenschaften ab. Auch muß der Preis der Rohstoffe dem Umsatz und den Eigenschaften gerecht werden. Die Tabelle 116 zeigt einige Anwendungsbeispiele in Abhängigkeit von der Reinheit. Wegen Einzelheiten sei hier auf [1333] verwiesen.

Tabelle 116: Anwendungen von Aluminiumoxidkeramik

Gehalt an Al_2O_3 in Gew.-%	Anwendung
ca. 85 %	einfache elektrische und mechanische Anwendungen, großvolumige Bauteile: Isolatoren, Verschleißschutz (Zyklonzustellungen, Auskleidungen, Mahlbehälter)
ca. 90 %	Zündkerzen, Fadenführer, Papierbelege
ca. 94 %	Substrate und Gehäuse für elektrische Baugruppen
ca. 95 %	metallurgische Anwendungen: Tauchausgüsse; Feuerbeton für Rinnen, Pfannenzustellungen, Aggregate
ca. 96 %	Chipträger, Dickfilmsubstrate
ca. 98 %	Biowerkstoffe: Hüftgelenksprothesen, Zahnimplantate
ca. 99 %	Dünnfilmtechnik, kritische mechanische Anwendungen mit hohen Festigkeitsanforderungen mechanische Hochtemperaturanwendungen, Korrosionsschutz
99,6 %	Dünnfilmsubstrate für elektronische Anwendungen: Multilayersubstrate
99,7 %	Hochtemperatureinsatz unter korrosiven Medien: Pumpenteile, Dichtungen, Ventile, Schieberelemente, Lager Spezielle metallurgische Anwendungen: Funktionselemente, Hüllrohre Laborkeramik: Tiegel, Schiffchen, Ofenteile, Thermoelementhüllrohre Schneidkeramik: Wendeschneidplatten, Fräserköpfe
99,8	Spezielle feinstrukturierte Konstruktionskeramiken
99,98 %	Transluzente Keramik: Natrium- und Quecksilberdampflampen, Uhrengläser, Ausgangsmaterialien für Einkristalle; spezielle elektronische Komponenten
> 99,99%	Bauteile extrem hoher Zuverlässigkeit bezüglich mechanischer und korrosiver Eigenschaften

Die oben gemachten Angaben beziehen sich alle auf Werkstoffe mit hohem Aluminiumoxidgehalt und gegebenenfalls einer sichtbaren, meist silicatischen Korngrenzenphase. In der Hochleistungskeramik hat Al_2O_3 darüber hinaus in mehrphasigen Keramiken (*Dispersionskeramiken*) häufige Anwendung als mechanisch hoch belastbarer Werkstoff gefunden. So sind z.B. Al_2O_3 mit ZrO_2 in Festigkeit und Bruchwiderstand um ein Vielfaches verstärkbar. Die besten Eigenschaften zeigt hier AZ15, eine Mischkeramik mit 15-16 Vol.-% ZrO_2 (Bild 490). Auf die Mechanismen der zugrunde liegenden Umwandlungsverstärkung wird in Kapitel 10.1.3 eingegangen. Weitere Mischkeramiken enthalten auch Nichtoxide als zweite Komponente, z.B. der Hartstoff Al_2O_3-TiC, der als Schneidwerkstoff zur Metallzerspanung Anwendung findet und Bruchwiderstandswerte von 5,5-6,5 $MPam^{1/2}$ und Biegefestigkeiten von 660-700 MPa bei 25-35 Vol.-% TiC zeigt (z.B [1430]). Verstärkend wirkt hier ein Rißablenkungsmechanismus, der ebenfalls bei der Einlagerung von SiC- oder ZrB_2-Partikeln u.a. zweiter Phasen mit unterschiedlicher Wärmeausdehnung und E-Modul wirkt. Andere erfolgreiche Verbundwerkstoffe wurden mit eingelagerten SiC-Fasern entwickelt, wobei die Fasern sowohl als Whisker (einkristalline Kurzfasern) als auch als Langfasern eingesetzt wurden (siehe Kapitel 11.2).

10.1.2 Berylliumoxid, Magnesiumoxid und Calciumoxid

10.1.2.1 Berylliumoxid

Berylliumoxid, BeO, wird trotz ausgezeichneter Eigenschaften, besonders der hohen Wärmeleitfähigkeit, infolge der Giftigkeit von Berylliumverbindungen nur vereinzelt verwendet. Lediglich als Neutronenmoderator oder Absorber wurde BeO und andere Berylliumverbindungen in Kernkraftwerken und nuklearen Forschungsanlagen bzw. als hochwärmeleitendes Material in der Elektronikindustrie für eine großtechnische Anwendung in Betracht gezogen. Aus dieser Zeit stammt die meiste Literatur. Ferner ist BeO immer noch als Sinteradditiv für z.B. SiC von Interesse. Zusammenfassende Darstellungen über BeO sind in [1431] und [1432] zu finden.

Berylliumoxid kristallisiert in der Wurtzit-Struktur mit hexagonal dichtester Packung der Sauerstoffionen. Dieses Tief-BeO zeigt bei etwa 2050°C eine Modifikationsänderung, die mit einer Volumenzunahme von 5 % verbunden ist und daher auf die Anwendungsgrenze einen Einfluß hat. Beim Übergang in Hoch-BeO wandert die Hälfte der Be-Ionen in benachbarte Tetraederlücken, so daß eine tetragonale Struktur vom Rutiltyp entsteht, bei der sich aber die Be-Ionen in tetraedrischen Lagen befinden.

Rohstoffe. Berylliumminerale kommen nur selten in abbauwürdigen Konzentrationen vor. Als Ausgangsmaterial für die Gewinnung von Berylliumoxid dient der *Beryll*, $Be_3Al_2Si_6O_{18}$. Beryll kommt zusammen mit Lithium-Mineralien (z.B. Spodumen, Lepidolith, Petalit), Bor-Mineralien (Turmalin), anderen Edelsteinen, Schwermetallmineralien und Feldspäten in Pegmatiten vor. Die Beryllkristalle sind, abgesehen von Verwachsungen, meist sehr rein und können Abmessungen von mehreren Metern Länge erreichen (z.B. New South Wales, Australien; Minas Gerais, Brasilien). Der Beryll wird entweder selektiv abgebaut oder aus dem Ausbruch durch Flotation separiert und gemahlen. Bei der Extraktion von $Be(OH)_2$ unterscheidet den alkalischen und den sauren Aufschluß. Bei beiden Prozessen ist die Endstufe die Calcinierung des Hydroxids zum BeO. Steele u. M. [1433] beschreiben Herstellung und Charakterisierung eines für keramische Zwecke geeigneten BeO-Pulvers.

Sinterverhalten. Aitken [1434] beschäftigt sich mit dem Frühsinterstadium und dem Einfluß verschiedener Prozeßparameter, wobei sich ein geringer Zusatz von MgO positiv auf das Sinterverhalten auswirkt, während Wasserdampf in der Sinteratmosphäre zu einer Verringerung der Sintergeschwindigkeit führt. Felten [1435] führt Sinterversuche zwischen 1500 und 2100°C in Wasserstoff durch, wobei oberhalb 1700°C die Dichtezunahme nur noch sehr gering ist. CaO, SrO und TiO_2 führen zum Auftreten einer flüssigen Phase an den Korngrenzen, die zu einer stärkeren Verdichtung, jedoch auch zur Zunahme des Kornwachstums führt. Die Sinterkinetik von BeO wird von Clare [1436] untersucht, der die Verdichtung auf Volumendiffusion zurückführt. Duderstadt und White [1437] geben Hinweise über die Sinterdichte und Korngröße von BeO als Funktion der Sinterzeit, wobei auch der Einfluß von MgO und ZrO_2 einbezogen wird. Die Verwendung von 0,5 Gew.- % MgO erhöhte die Sintergeschwindigkeit, ZrO_2-Zusätze wirkten wachstumshemmend. Sjodahl und Westbrook [1438] stellen anhand von Härtemessungen fest, daß sich solche Zusätze an Korngrenzen ausscheiden. Bhat und Moorthy [1439] finden, daß sogar schlecht sinterfähige Berylliumoxidpulver bis zu 90 % der theoretischen Dichte bei 1500°C gesintert werden konnten, wenn 1 Gew.-% Fe_2O_3 als Sinterhilfsmittel zugesetzt wurde.

Thermische Eigenschaften. Berylliumoxid zeichnet sich durch eine sehr gute Wärmeleitfähigkeit aus, welche höher ist als bei allen anderen keramischen Oxiden (Tabelle 112), bei hohen Temperaturen allerdings sehr rasch abfallt. Taylor [1440] bestimmte die Wärmeleitfähigkeit im Bereich von 350 bis 2200°C. Bis maximal 1700°C wurde ein 1/T-Verhalten beobachtet. Der Wärmeausdehnungskoeffizient beträgt zwischen 20 und 1500°C $9{,}8\cdot10^{-6}$ K^{-1}. BeO besitzt bei 2000°C einen Dampfdruck von etwa 10^{-6} bar und schmilzt bei 2570°C.

Mechanische Eigenschaften. Die in [1432] angegebene Biegefestigkeit für einen BeO-Werkstoff mit 99,5 Gew.-% BeO beträgt bei 20°C 320 N/mm^2, bei 1500°C 80 N/mm^2. Die von Gutshall und Gross [1441] gemessene Bruchenergie für einen Werkstoff mit einer theoretischen Dichte über 98 %, mit weniger als 100 ppm an Verunreinigungen (in der Hauptsache MgO) und mit einer Korngröße zwischen 2 und 8 µm betrug 32 J/m^2. Der Elastizitätsmodul beträgt 400 GPa, die Dichte 3.01 g/cm^3. Mit dem Hochtemperaturkriechen von BeO haben sich insbesondere Barmore und Vandervoort [1442] bis zu einer Temperatur von 2050°C befaßt. Im unteren Temperaturbereich kontrolliert ein Nabarro-Herring-Mechanismus den Kriechvorgang, während bei höherer Temperatur eine Versetzungswanderung der bestimmende Faktor sein soll. Allerdings wird hier auch ein Einfluß unterschiedlicher Probencharakteristik nicht ausgeschlossen.

Die hohe Wärmeleitfähigkeit des BeO führt zu einer relativ guten Temperaturwechselbeständigkeit, die in [1443] im Vergleich zu Al_2O_3 untersucht wurde.

Elektrische Eigenschaften. Die elektrische Leitfähigkeit von BeO ist sehr niedrig. In [1432] wird ein spezifischer Widerstand von 10^{17} Ω cm bei 20°C und von 105 Ω cm bei 1500°C angegeben. Die Leitfähigkeit beruht nach Messungen von Cline u. M. [1444] im Bereich von 1200 bis 1700°C auf Ionenleitung. Die Permittivitätszahl bei 20°C und 1 MHz ist 6,5, der dielektrische Verlustfaktor $\tan\delta = 5 \cdot 10^{-4}$.

Chemische Eigenschaften. BeO reagiert mit Wasserdampf bei hohen Temperaturen, so daß über 1000°C ein beachtlicher Gewichtsverlust infolge der Bildung von flüchtigem $Be(OH)_2$ eintritt [1444]. Dicht gesintertes BeO wird relativ wenig von Säuren und Laugen bei Raumtemperatur angegriffen. Es löst sich in Alkalischmelzen, in Flußsäure und Phosphorsäure. Gegen geschmolzene Alkalimetalle ist es bei 800°C beständig. Gleichgewichtsreaktionen mit SiO_2 und Si_3N_4 sind zum Zwecke der Entwicklung von Hochleistungskeramiken von Huseby u.M. untersucht worden [1445].

Verwendung. Wie schon erwähnt, wird Berylliumoxid aufgrund seiner hohen Giftigkeit wenig verwendet. Inhalierte Stäube können auch noch nach langer Inkubationszeit in der Lunge eine spezifische Krebserkrankung, die sog. *Beryllose*, hervorrufen. Die maximale Arbeitsplatzkonzentration darf 2 µg/m^3 Luft betragen. Die Verarbeitung hat daher unter Unterdruck in Handschuhboxen ohne direkten Haut- oder Atemwegskontakt zu erfolgen. Interessant ist BeO für die elektronische Industrie aufgrund seines guten Isolationsvermögens gekoppelt mit der hohen Wärmeleitfähigkeit [1446]. Zeitweise wurde es infolge der günstigen kernphysikalischen Eigenschaften als Moderator in der Nukleartechnik in Betracht bezogen. Auch seine relativ hohe Steifigkeit bei gleichzeitig geringe Dichte macht Berylliumoxid zu einem interessanten Konstruktionswerkstoff.

10.1.2.2 Magnesiumoxid

Magnesiumoxid (Periklas), MgO, kristallisiert kubisch-flächenzentriert im Natriumchloridgitter. Mit seinem Schmelzpunkt von 2840°C wäre es eigentlich ein ganz hervorragendes keramisches Material. Relativ hohe Dampfdrücke erschweren jedoch seine Verdichtung zu einem keramischen Werkstoff. Demgegenüber ist seine Bedeutung für die Feuerfestindustrie wesentlich größer. Insbesondere im Bereich der Metallurgie von Eisen und Stahl wird von MgO-basierten Werkstoffen aufgrund der sehr hohen Korrosionsbeständigkeit gegenüber basischen Schlacken stark Gebrauch gemacht (Kapitel 9.3.1.4). Im folgenden sollen die keramischen Eigenschaften und Anwendungen näher beschrieben werden.

Rohstoffe. *Periklas* kommt in der Natur nur sehr selten in kleinen Kristallen in vulkanischen Tuffen und Aschen vor. Hauptsächliche Ausgangsminerale für die Herstellung von MgO sind daher *Magnesit*, $MgCO_3$, Dolomit, $MgCa(CO_3)_2$, und Carnallit, $KCl \cdot MgC_{12} \cdot 6H_2O$. Die meisten Magnesitsorten sind nicht rein genug, um hieraus nur durch Glühung, d.h. ohne einen Lösungs- und Fällungsprozeß Rohstoffqualitäten mit einem Gehalt > 99 Gew.-% MgO herzustellen. MgO kann aus den Endlaugen der Kalisalzverarbeitung, die das Magnesium hauptsächlich als $MgCl_2$ enthalten, durch Fällung von Magnesiumhydroxid mit $Ca(OH)_2$ und Glühen des Hydroxids erhalten werden. Auf ähnliche Weise kann aus Seewasser MgO gewonnen werden (*Seewassermagnesia*, siehe Kapitel 9.3.1.4). Auch durch Glühen von gefälltem basischem Magnesiumcarbonat, das sehr rein hergestellt werden kann, erhält man MgO. Für die oxidkeramische Verarbeitung wird in manchen Fällen auch im Lichtbogenofen geschmolzenes MgO verwendet.

Sinterverhalten. Allison u. M. [1447] untersuchen den Einfluß einer Glühbehandlung auf die Sinterfähigkeit von technischen, sehr reinen MgO-Pulvern. Dequenne [1448] verwendet für seine Sinterversuche MgO-Pulver, welche aus basischem Magnesiumcarbonat hergestellt worden sind und hebt die Wichtigkeit der Calcinationstemperatur und der Morphologie des MgO-Pulvers hervor, um Dichten bis zu 98 % der theoretischen Dichte zu erzielen. Erwartungsgemäß beschäftigt sich eine große Anzahl von Untersuchungen mit der Wirkung von Sinterzusätzen bzw. Verunreinigungen. LiF und andere Lithiumhalogenide wirken verdichtungsfördernd [1449], was wahrscheinlich auf der Bildung einer festen Lösung beruht, während Verbindungen des Natriums, das einen größeren Ionenradius hat, die Sinterung verlangsamen [1450]. Einen positiven Einfluß auf die Sinterung zeigen 0,01 Gew.-% Vanadium, was mit dem Auftreten einer flüssigen Phase bei 1200 bis 1300°C erklärt wird [1451].

Über die Wirkung von B_2O_3 finden sich bei einer Arbeit von Miyagawa u.M. [1452] Angaben, daß ein Zusatz von B_2O_3 bei 1500°C das Kornwachstum stark beschleunigt. Die größte Schwindung finden die Autoren bei einem Zusatz von 2 bis 3 Gew.-% B_2O_3, während bei steigenden Gehalten eine Porositätszunahme beobachtet wird. Zur Herstellung von transparentem MgO durch Vakuumsinterung wird der Zusatz von MgF_2 oder $MgCl_2$ bzw. HF und HCl empfohlen [1453].

Leipold und Nielsen [1454] berichten über das Drucksinterverhalten von MgO. In [1455] wird über die Herstellung von transparentem MgO durch Heißpressen mit 2 Gew.-% LiF bei 285°C und anschließender Wärmebehandlung bei 1300°C berichtet; als Verdichtungsmechanismen werden Partikelumlagerung, Flüssigphasensintern und Verdampfung der flüssigen Komponenten angenommen. Isostatisches Drucksintern wird in [1456] verwendet. Pampuch u. M. [1457] stellen durch Drucksintern von $Mg(OH)_2$ bei 500 bis 700°C transparentes MgO her.

Thermische Eigenschaften. Die Wärmeleitfähigkeit von MgO beträgt nach Porositätskorrektur gemäß $K_s = K_p/(1\text{-}P)$ für Material mit einer mittleren Korngröße von 8 µm bei 100°C ca. 50 W/(m·K), bei 800°C ca. 9,6 W/(m·K) [1458]. Kleine Mengen an Verunreinigungen können die Wärmeleitfähigkeit bei gut leitenden Werkstoffen im niedrigen Temperaturbereich jedoch beeinflussen. Der Wärmeausdehnungskoeffizient beträgt zwischen 20 und 1500°C $15 \cdot 10^{-6}$ K^{-1} und ist damit gegenüber allen anderen Keramiken sehr hoch.

Eine ausführliche Arbeit über die Verdampfung von MgO und anderen Magnesium ent-haltenden Oxiden wurde von Sata u. M. [1459] durchgeführt. Der Dampfdruck beträgt bei 2000°C etwa 10^{-4} bar, was die Sinterung bzw. Anwendung von MgO oberhalb 1700°C erschwert. Die Verdampfung von MgO in einer wasserdampfhaltigen Atmosphäre wird durch die Bildung von gasförmigen Hydroxidverbindungen erhöht. MgO schmilzt bei etwa 2840°C.

Mechanische Eigenschaften. Der Elastizitätsmodul und die Biegefestigkeit von reinem, dichtem, heißgepreßtem Magnesiumoxid wurde im Temperaturbereich von 30 bis 1500°C und als Funktion der Korngröße (1 bis 190 µm) von Vasilos u.M. [1460] bestimmt. Der E-Modul war praktisch unabhängig von der Korngröße über den gesamten Temperaturbereich und betrug ca. 300 GN/m^2 bei Raumtemperatur und ca. 83 GN/m2 bei 1500°C. Bei niedrigen Temperaturen betrug die Biegefestigkeit 296 N/mm^2 für die feinkristallinen Proben (1 bis 3 µm) und 124 N/mm^2 für die grobkristallinen (170 bis 190 µm). Oberhalb von 600°C begann bei allen Proben ein Festigkeitsabfall, der Einfluß der Korngröße war dann weniger ausgeprägt. Zumindest bei hohen Temperaturen ist das Vorliegen von Versetzungsmechanismen nachgewiesen. Aufgrund der kubisch flächenzentrierten Struktur sind genügend unabhängige Gleitsysteme vorhanden, um das von-Mises-Kriterium zu erfüllen. Daher wird MgO als Keramik oder in Form synthetischer Einkristalle gerne als Modellsubstanz für die plastische Verformung herangezogen. Informationen über den Einfluß des Gefüges finden sich in [1461] und [1462].

Vasilos u. M. [1463] untersuchen das Kriechverhalten von polykristallinem MgO. Die ermittelten Aktivierungsenergien lassen darauf schließen, daß dem Kriechvorgang ein diffusionskontrollierter Mechanismus zugrundeliegt. Die lineare Abhängigkeit der Verformungsgeschwindigkeit von der angelegten Spannung läßt vermuten, daß Nabarro-Herring-Kriechen oder ein Korngrenzen-Diffusionsprozeß vorliegt. Es ist interessant, daß die Aktivierungsenergie für das Kriechen, das Drucksintern und das Kornwachstum in dichtem MgO gut mit der Aktivierungsenergie für die Selbstdiffusion von Magnesiumionen übereinstimmt. Passmore u. M. [1464] fanden jedoch, daß die Kriechgeschwindigkeit höher ist als aufgrund der Diffusionskoeffizienten für Magnesium oder Sauerstoff angenommen werden kann und nahmen zusätzlich einen Fehlstellenbildungsmechanismus an. Tagai und Zisner [1465] untersuchten den Einfluß von gleichzeitigem Kornwachstum während des Kriechvorgangs und den Einfluß von Zusätzen. Sie kamen zu dem Schluß, daß vorwiegend ein Nabarro-Herring-Mechanismus (Kationendiffusion) mit einem geringen Anteil plastischer Verformung (Versetzungsbewegung) vorhanden ist.

Elektrische Eigenschaften. Der spezifische Widerstand bei Raumtemperatur beträgt ca. 10^{14} $\Omega \cdot cm$. Über den Charakter des Leitfähigkeitsmechanismus bestehen wie beim Aluminiumoxid noch unterschiedliche Meinungen.

Chemische Eigenschaften. MgO ist in alkalischen Lösungen oder in Schmelzen beständig, wird jedoch von Säuren schon bei Raumtemperatur angegriffen. Bei hohen Temperaturen reagieren SiO_2 oder Silicate mit MgO zu Forsterit, Enstatit oder komplexeren Silicaten. Mit Al_2O_3 bildet MgO Spinell. Diese Reaktion ist Grundlage für viele die Synthese vieler feuerfester Werkstoffe bzw. für die keramische Bindung von Feuerbetonen (Kapitel 9.3.1 und 9.3.2) genutzt. Sie ist ferner als Modell für Festkörperreaktionen von Schmalzried ausführlich analysiert worden [401]. Ferner wird MgO bei hohen Temperaturen durch Kohlenstoff reduziert; aus diesem Grunde findet schon bei 1700°C in reduzierender Atmosphäre eine beträchtliche Verdampfung statt.

Verwendung. Der größte Teil keramischer Werkstoffe auf MgO-Basis wird in Form von Magnesia- oder Chrommagnesiasteinen als feuerfestes Material verwendet (siehe Kapitel 9.3.1.4). Feinkeramische Werkstoffqualitäten, die mit einem MgO-Gehalt von 98 bis 99 Gew.-% hergestellt werden, werden im Vergleich zu Aluminiumoxid nur im beschränkten Umfang verwendet. Neben dem Einsatz als Hochtemperaturwerkstoff findet MgO infolge seines hohen spezifischen Widerstandes hauptsächlich in der Elektrotechnik Verwendung. Ferner ist MgO ein typisches Additiv für Al_2O_3-Keramik, da es dort das Kornwachstum beim Sintern behindert (Kapitel 10.1.1.3).

10.1.2.3 Calciumoxid

CaO kristallisiert wie MgO im NaCl-Gitter. Reines Calciumoxid hat infolge seiner großen Reaktionsfähigkeit mit Wasser und Kohlensäure fast keine Anwendung als keramischer Werkstoff gefunden, obwohl sein hoher Schmelzpunkt von 2580°C es für manche Anwendungen interessant erscheinen läßt. Aus diesem Grunde sollen hier nur einige Arbeiten kurz gestreift werden.

Die Herstellung von reinem CaO-Pulver kann durch Glühung von gefälltem Calciumcarbonat erfolgen. Über die Herstellung von gesintertem Material mit einer theoretischen Dichte von 98 % wird in [1466] berichtet. Rice [1467] beschreibt die Herstellung von druckgesintertem Material sowohl ohne Zusätze als auch mit Additiven von NaF oder LiF, wobei Temperaturen von 1000 bis 1200°C angewendet und Dichtewerte über 99 % der theoretischen erzielt werden. Die Herstellung von transparentem CaO durch Drucksintern von CaO unter Zusatz von CaF_2 wird in [1468] mitgeteilt. Das Sinterverhalten wurde von Brown [1469] untersucht.

Informationen über Eigenschaften von gesintertem CaO sind [1467] zu entnehmen. Hinsichtlich des Korrosionsverhaltens an Luft wird in [1466] berichtet, daß hochdichtes Material sehr widerstandsfähig gegen Luftfeuchtigkeit sein soll. Cutler u. M. [1470] bringen durch einen diffusionskontrollierten Prozeß $CaCO_3$ auf der Oberfläche von dichtgesintertem CaO auf. Die Schicht verlangsamt die Hydratation, ohne sie jedoch vollkommen unterbinden zu können.

Die Verwendung von CaO in hydraulischen Bindemitteln bzw. Feuerbetonen sowie die Abbindereaktionen sind in Kapitel 9.3.2 genauer beschrieben.

10.1.3 Zirconiumdioxid

(Bearbeitet von G. Schneider, Hamburg, und R. Telle, Aachen)

Zirconiumdioxid (ZrO_2, umgangssprachlich: Zirkonoxid, engl.: Zirconia) wird schon seit Ende des 19. Jahrhunderts im Feuerfestbereich eingesetzt, heute z.B. für Schieber im Stahlguß oder als Palisadensteine in der Glaswanne (siehe Kapitel 9.3.1.5). Seit etwa 1975 wird ZrO_2 zunehmend sowohl als Konstruktions- als auch als Funktionswerkstoff entwickelt [1471]-[1476]. Bei den Funktionsanwendungen steht dabei die hohe Beweglichkeit von Sauerstoffanionen in dotiertem ZrO_2 im Vordergrund, die einen Einsatz als Sauerstoffsensor und Sauerstoffionenleiter ermöglicht. Bei mechanisch belasteten Komponenten wird hingegen die Volumenänderung beim Phasenwechsel zwischen tetragonaler (t) und monokliner (m) Phase ausgenutzt, die bei entsprechend eingestellten Gefügen spannungsinduziert während der Belastung erfolgt. Durch diese Umwandlung können die Eigenschaften von ZrO_2-haltigen Werkstoffen gezielt gesteuert werden (*Umwandlungsverstärkung*; engl: Transformation Toughening).

10.1.3.1 Kristallstruktur, Rohstoffe und Herstellungsverfahren

ZrO_2 tritt in drei Strukturmodifikationen auf. Reines ZrO_2 liegt bei Raumtemperatur monoklin (m) vor und wandelt bei T~1170°C in die tetragonale (t) und bei T~2370°C in die kubische (c) Modifikation (CaF_2-Struktur) um. Die Hochtemperaturmodifikationen sind dabei auf thermisch bedingte Leerstellen auf Sauerstoffgitterplätzen zurückzuführen.

Die Änderung der Kristallsymmetrie kommt durch eine geringfügige Auslenkung der Sauerstoffionen aus ihrer idealen Lage zustande (Bild 476), wobei der Übergang vom kubischen CaF_2-Gitter zur tetragonalen Modifikationen mit einer Streckung der Elementarzelle in *c*-Richtung um 0.3 % verbunden ist, der Übergang vom tetragonalen zum monoklinen Gitter zusätzlich mit einer Scherung um etwa 9° [1477]-[1479]. Alle Umwandlungen sind reversibel und displaziv, d.h. es sind keine Diffusionsvorgänge erforderlich (*martensitische Umwandlung*). Der Schmelzpunkt von ZrO_2 wird in der Literatur oft von 2680 bis 2710°C angegeben. Thermodynamischen Berechnungen zufolge liegt er bei 2706- 2710°C.

Bei einer Dotierung mit Oxiden allovalenter Kationen wie CaO, MgO, Y_2O_3, Ce_2O_3, etc., die Position von Zr^{4+} im Kristallgitter einnehmen und so Sauerstoffleerstellen bedingen, kann die (t) und (c) Modifikation auch bei Raumtemperatur stabilisiert werden.

Die monokline Raumtemperaturmodifikation kommt als *Baddeleyit* in der Natur vor. Die Gitterkonstanten und einige physikalische Eigenschaften der drei Modifikationen sind in Tabelle 117 aufgelistet.

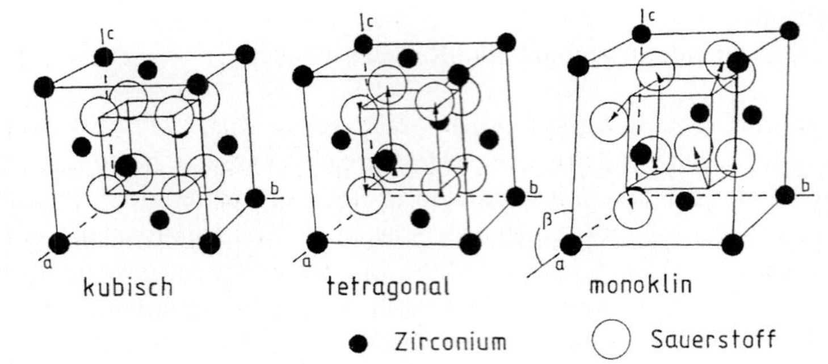

Bild 476: Kristallstrukturen der ZrO_2-Modifikationen nach [1480]

Tabelle 117: Gitterparameter und physikalische Eigenschaften der ZrO_2-Modifikationen. ([1477], [1481]-[1484])

		monoklin: Baddeleyit	tetragonal	kubisch
Raumgruppe		$P2_1/c$	$P4_2/nmc$	$Fm\bar{3}m$
Gitterparameter [pm, °]				
a_o	undotiert	514.5-516.9	364.4[1)] bei 1250°C	525.7[1)] bei 2400°C
	9.4 Mg-PSZ	511.7	= √2 · 515.3[4)]	
	8.4 Ca-PSZ	515.6	507.7	508.0 bei 20°C
	12 Ce-TZP	519.3	509.4	513.2 bei 20°C
	4.5 Y-PSZ	-.-	513.2	-.-
	3 Y-TZP	-.-	511.6	513.0 bei 20°C
			510.2	-.-
b_o	undotiert	520.7-523.2	-.-	-.-
	9.4 Mg-PSZ	511.7	-.-	-.-
	8.4 Ca-PSZ	519.1	-.-	-.-
	12 Ce-TZP	520.4	-.-	-.-
	4.5 Y-PSZ	-.-	-.-	-.-
	3 Y-TZP		-.-	-.-
c_o	undotiert	531.1-534.1	527.4	-.-
	9.4 Mg-PSZ	530.3	518.3	-.-
	8.4 Ca-PSZ	530.4	518.0	-.-
	12 Ce-TZP	536.2	522.8	-.-
	4.5 Y-PSZ	-.-	515.7	-.-
	3 Y-TZP	-.-	517.6	-.-
β	undotiert	99.15-99.25°	-.-	-.-
	9.4 Mg-PSZ	98.91	-.-	-.-
	8.4 Ca-PSZ	98.8	-.-	-.-
	12 Ce-TZP	98.8	-.-	-.-
Stabilitätsbereich[1)] [°C]		< 950...1170	1170 - 2370	2370 - 2706
Dichte[2)] [g/cm³]		5.56	6.10	5.68 - 5.91
Wärmeausdehnung 25 - 1000 °C [10^{-6}/K]		6.8 - 8.4 ‖ *a*-Achse	7[3)], 8 - 10[2)] ‖ *a*-Achse	10.8 (vollstab.)
		1.1 - 3.0 ‖ *b*-Achse	-.-	
		12 - 14 ‖ *c*-Achse	15[3)], 13-10.5[2)] ‖ *c*-Achse	
Wärmeleitfähigkeit[2)] [W/mK]		1-2	1- 2	1.675 100 °C
				2.094 1300 °C

1) reines ZrO_2, ohne Dotierungsstoffe; 2) in Abhängigkeit vom zunehmenden Gehalt an Dotierungsstoffen; 3) aus Messungen für dotiertes Material auf reines extrapoliert; 4) Nach kristallographischer Aufstellung besitzt die tetragonale Elementarzelle in *a*-Richtung die 1/√2-fache Abmessung der monoklinen Zelle.

Für die mechanischen Eigenschaften ist die t→m-Umwandlung von großer Bedeutung. Sie ist mit einer Volumenänderung von 5-8 % verbunden und zeigt die Besonderheit, daß der Übergang der monoklinen Modifikation in die tetragonale bei Temperatur*erhöhung* unter Volumen*kontraktion* erfolgt, entsprechend verläuft die Rückumwandlung der tetragonalen Modifikation in die monokline Phase beim *Abkühlen* unter Volumen*expansion*. Schon 1929 interpretierten Ruff und Ebert [1485] diese Umwandlung als Ursache für die Zerstörung Zirconiumdioxidhaltiger Feuerfestprodukte bei Temperaturwechseln.

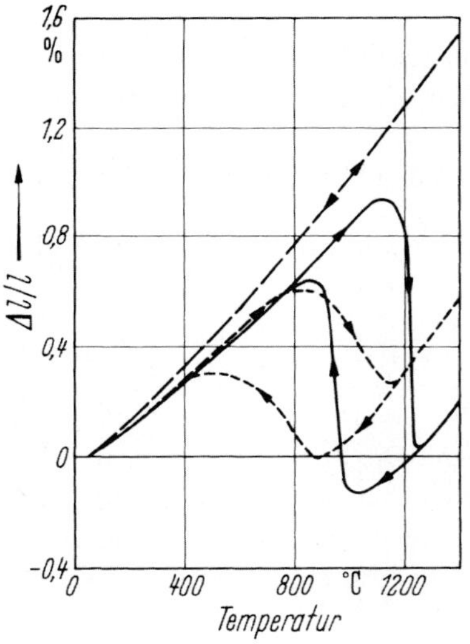

Bild 477: Dilatometerkurven von ZrO_2 nach Curtis [1486]. Durchgezogene Linie: reines ZrO_2; fein gestrichelte Linie: 5 Mol.-% CaO-Dotierung; grob gestrichelt: 19,8 Mol.-% CaO.

Die Volumenänderung macht sich in einer Dilatometerkurve bemerkbar, wobei der Vergleich zwischen Aufheiz- und Abkühlzyklus eine deutliche *Hysterese* ähnlich der martensitischen Umwandlung beim Stahl ergibt (Bild 477). Beim Aufheizen erfolgt die m→t-Umwandlung bei ~ 1170°C, beim Abkühlen die t→m-Umwandlung bei 950°C. Da bei polykristallinen Keramiken jedes unter Volumenausdehnung umwandelnde Teilchen eine Volumenarbeit gegen seine Umgebung leisten muß, hängt die individuelle Umwandlungstemperatur und damit die Breite der Hysterese vom Spannungsfeld in der Umgebung der Kristallite, von der Teilchengröße und eventuellen Dotierungsstoffen ab. Für die verzögerte, d.h. unterkühlte t→m-Umwandlung sind ferner Keimbildungsschwierigkeiten der monoklinen Phase verantwortlich [1481], [1487]-[1490].

Rohstoffe. Baddeleyit kommt in der Natur nur sehr selten vor. Die bedeutendsten Lagerstätten liegen in Phalaborwa (Südafrika), wo Baddeleyit aus einer magmatischen Carbonatitlagerstätte zusammen mit Apatit und Kupfer abgebaut wird, und in Khibine (Kola/Rußland), wo er aus Nephelinsyenit gewonnen wird, ferner in

Brasilien, Australien und Sri Lanka [1491]. Wichtigster ZrO_2-Rohstoff ist daher $ZrSiO_4$ (Zirkon), der abbauwürdig vor allem als Zirkonsand in alluvialen Schwermineralseifen zu finden ist. Die größten Lagerstätten befinden sich in Australien (z.B. Strände vor Sydney) und Südafrika, aber auch in den GUS, Indien, Sri Lanka, Madagaskar, Ägypten, Südamerika und den USA werden große Mengen abgebaut.

Beide Rohstoffe enthalten neben einer Reihe weiterer Verunreinigungen auch 1-3 % Hafnium, das auf Grund seiner hohen Ähnlichkeit mit Zirconium nur schwer abgetrennt werden kann. Häufig führt das ebenfalls im Kristallgitter in Spuren gelöste Thorium zu einer geringen, aber nachweisbaren Radioaktivität (siehe auch Kapitel 10.1.4.4).

Die natürlichen Sande enthalten in der Regel ferner Magnetit, Rutil, Ilmenit, Monazit, Xenotim und andere Schwermineralien, die mittels Magnetscheidung oder chemisch abgetrennt werden müssen. Die ZrO_2-Synthese erfolgt durch thermische Zersetzung von $ZrSiO_4$ bei 2000°C in einer Plasmaflamme nach der Gl. (403)

$$ZrSiO_4 \rightarrow ZrO_2 + SiO_2 \qquad (403)$$

bzw. in Anwesenheit von Kohlenstoff nach

$$ZrSiO_4 + C \rightarrow ZrO_2 + SiO\uparrow + CO\uparrow \qquad (404)$$

oder durch alkalischen Aufschluß mit Natronlauge. Die Zersetzung unter reduzierenden Bedingungen hat den Vorteil, daß das entstehende SiO_2 nicht durch Laugung entfernt werden muß, sondern in Form des flüchtigen Suboxides abgetrennt wird. Das Roh-ZrO_2 wird nach Gl. (405) mittels PCl_5 in ein sublimierbares Doppelsalz überführt

$$ZrO_2 + PCl_5 \rightarrow 3\ ZrCl_4 \times 2\ POCl_3, \qquad (405)$$

welches über fraktionierte Destillation gereinigt wird. Die Umsetzung mit Wasser ergibt eine Zirconiumoxichlorid nach Gl. (406)

$$3\ ZrCl_4 \times 2\ POCl_3 + H_2O \rightarrow ZrOCl_2 \cdot 8\ H_2O + H_3PO_4 \qquad (406)$$

Das sublimierende $ZrCl_4$ kann auch durch Chlorierung von $Zr(CN)_4$ und anschließende Reinigung durch fraktionierte Destillation hergestellt werden:

$$ZrO_2 + 4\ C + 2\ N_2 \rightarrow Zr(CN)_4 \qquad (407)$$
$$Zr(CN)_4 + 4\ HCl \rightarrow ZrCl_4 + 6\ HCN\uparrow \qquad (408)$$

Besonders reine ZrO_2-Pulver werden durch die Chlorierung von Zirkon in Gegenwart von Kohlenstoff bei Temperaturen von 800-1200°C erzeugt.

$$ZrSiO_4 + 3C + 4\ Cl_2 \rightarrow ZrCl_4\uparrow + SiCl_4\uparrow + 4CO\uparrow \qquad (409)$$

Aus den dabei entstehenden Chloriden wird das bei 150-180°C sublimierende $ZrCl_4$ während der Kondensation abgetrennt. $ZrCl_4$ wird anschließend in Gegenwart von Wasser entweder als $ZrCl_4 \cdot 2H_2O$ kristallisiert und zur Reinigung mehrmals umgefällt und danach zu ZrO_2 calciniert oder aus der Zirconiumoxiddichloridlösung ($ZrOCl_2$) alkalisch als $ZrO(OH)_2$ ausgefällt und dann calciniert.

Durch kontrollierte Calcination können anschließend extrem feine ZrO_2-Pulver hoher Reinheit hergestellt werden. Darüber hinaus können bei diesem Verfahren Dotierungen zugegeben werden, die beim letzten Schritt mit ausgefällt werden (*Kofällung*) und daher äußerst homogen verteilt sind [536].

Die Gefügestruktur und die daraus resultierenden Eigenschaften können bei Keramiken auf ZrO_2-Basis in weiten Bereichen variiert werden; eine Übersicht gibt Claussen [1472]. Technische Bedeutung haben insbesondere PSZ- (Partially Stabilized Zirconia) und TZP- (Tetragonal Zirconia Polycrystals) Werkstoffe erreicht. Durch den Einbau von ZrO_2-Teilchen kann die Umwandlungsverstärkung auch bei anderen Keramiken aktiviert werden [1508]; bekanntestes Beispiel ist ZrO_2 verstärktes Al_2O_3 (engl.: Zirconia Toughened Alumina, ZTA).

10.1.3.2 PSZ-Keramiken

PSZ-Keramiken weisen eine kubische Matrix mit feinen tetragonalen Ausscheidungen auf, die durch eine Temperung beim Abkühlen erzeugt werden. Für die Synthese wird dem ZrO_2 ein Stabilisator zugegeben, dessen optimaler Anteil je nach verwendetem Oxid (CaO, MgO, Y_2O_3, etc.) differiert. Zunächst erfolgt ein Sintern im Stabilitätsbereich des kubischen Mischkristalls in der Regel bei einer Temperatur knapp oberhalb der Phasengrenze. Dabei bilden sich grobe Gefüge mit Korngrößen im Bereich 30-100 µm. Eine vollständige Verdichtung mit weitgehender Eliminierung von Poren oder Defekten ist dabei entscheidende Voraussetzung für eine erfolgreiche Verstärkung, da die spannungsinduzierte Umwandlung eine gewisse Grundfestigkeit des Gefüges voraussetzt. Beim Abkühlen von der Sintertemperatur wird der Prozeß dann so geführt, daß tetragonale Ausscheidungen definierter Größe und homogener Verteilung in den Körnern der kubischen Matrix gebildet werden und eine deutliche Zersetzung der kubischen Matrix vermieden wird.

Ältestes Beispiel ist calciumstabilisiertes PSZ (Ca-PSZ), bei dem auch zum ersten Mal die Umwandlungsverstärkung beobachtet wurde [1492]. Größere technische Bedeutung hat jedoch Mg-stabilisiertes PSZ (Mg-PSZ) erreicht, bei dem die gewünschte Mikrostruktur einfacher eingestellt werden kann.

Bild 478 zeigt das quasibinäre System ZrO_2-MgO. Das kubische ZrO_2 wird durch MgO als $(Zr_{1-x}Mg_x)O_{2-x}$-Mischkristall zu niedrigeren Temperaturen hin stabilisiert, bis es unter Gleichgewichtsbedingungen am sog. *Eutektoidpunkt* mit ca. 13.5 Mol-% MgO bei 1400°C in t-ZrO_2 und MgO zerfällt. Thermodynamische Berechnungen im System ZrO_2-MgO-Y_2O_3 wurden von Du et al. [1493] durchgeführt und reproduzieren gut die experimentellen Ergebnisse. Diese Berechnungen beziehen allerdings nicht das als metastabil angesehene Magnesiumzirkonat $Mg_2Zr_5O_{12}$ (δ-Phase) ein, welches bei 1120°C zerfällt. Mittels PVD-Beschichtungen kann es jedoch leicht erzeugt werden.

Der optimale Stabilisatorgehalt liegt bei MgO im Bereich von 8-10 Mol-% (Bild 479). Um im kubischen Einphasenfeld zu sintern, sind daher Temperaturen von 1700-1800°C erforderlich.

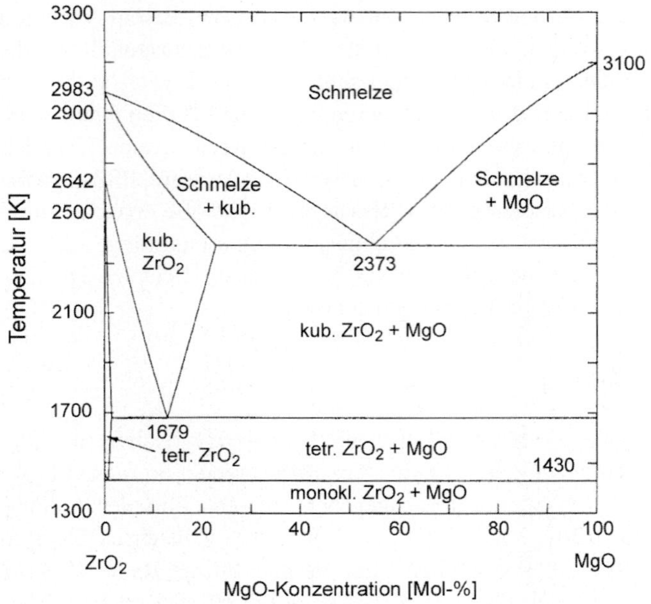

Bild 478: Das quasibinären System ZrO_2-MgO nach [1494].

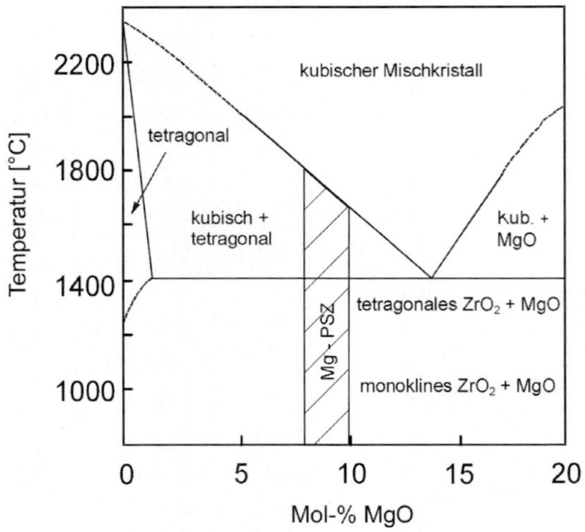

Bild 479: ZrO_2-reiche Seite des Phasensystems ZrO_2-MgO [1495].

Für die Bildung der tetragonalen Ausscheidungen wird Mg-PSZ schnell von der Sintertemperatur auf eine Temperatur von 1400°C abgekühlt und dann bei dieser Temperatur getempert. Bei der schnellen Abkühlung mit ca. 500-1000 K/h werden 30-60 nm große t-ZrO_2-Ausscheidungen gebildet, die bei isothermer Haltezeit diffusionskontrolliert wachsen, da eine Phasenseparation in c-ZrO_2 mit hohem und in t-ZrO_2 mit niedrigem Stabilisatorgehalt erfolgen muß. Als günstig haben sich Haltezeiten von ca. 5 h bei 1400°C erwiesen, die zu linsenförmigen Ausscheidungen mit einer Längsachse von ~200 nm führen. In technischen Prozessen werden häufig langsamere Abkühlraten verwendet, bei denen schon ein merkliches Wachstum der Ausscheidungen während des Abkühlens auftritt. Die isotherme Haltezeit muß dann entsprechend verkürzt werden [1496].

Die tetragonalen Ausscheidungen sind typischerweise linsenförmig und parallel zu den Hauptachsen des kubischen Wirtskristalls ausgerichtet (Bild 480).

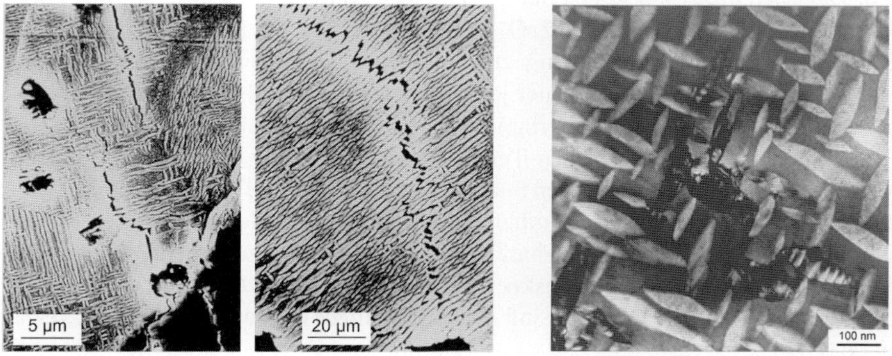

Bild 480: TEM-Aufnahme von tetragonalen ZrO_2-Ausscheidungen in einer kubischen Mg-PSZ-Matrix. Ein Teil der linsenförmigen Körner hat bereits weiter in die monokline Modifikation umgewandelt, was an den charakteristischen Zwillingslamellen erkennbar ist (rechts) (Quelle: MPI-Metallforschung, Stuttgart).

Durch subeutektoides Tempern bei ca. 1100°C kann eine weitere Optimierung erfolgen. Dabei bildet sich das Magnesium-Zirconat $Mg_2Zr_5O_{12}$ (δ-Phase) im Bereich der Grenzfläche t-Ausscheidung/c-Matrixkorn, das auf Grund der unterschiedlichen Wärmedehnung und der Fehlpassung der Kristallgitter zu lokalen Spannungszentren im Bereich der Grenzfläche führt und damit das t→m- Umwandlungsverhalten begünstigt [1497]. Die unerwünschte Zersetzung von kubisch stabilisiertem ZrO_2 zu m-ZrO_2 und MgO, die an den Korngrenzen beginnt, ist bei der subeutektoiden Temperung auf Grund der kurzen Haltezeit von 2-8h in der Regel vernachlässigbar. Bei Hochtemperaturanwendungen von Mg-PSZ-Werkstoffen muß diese Instabilität jedoch berücksichtigt werden. Bei Temperaturen unterhalb von 900°C ist die Ionenbeweglichkeit jedoch so gering, daß die Zersetzung nur bei hohen Anforderungen an die Standzeit in Betracht gezogen werden muß [1474].

Für die Synthese von PSZ-Keramiken werden häufig auch nicht-ultrahochreine Rohstoffe eingesetzt. So wird zur Förderung der Sinterbarkeit gelegentlich SiO_2 bei Ca- bzw. Mg-PSZ [1498] und Al_2O_3 bei Ca-PSZ [1499] zugegeben, die bei inhomogener Verteilung zur Bildung von Korngrenzenphasen führen können. Nach Drennan et al. [1500] kann aber der ungünstige Effekt von SiO_2-Verunreinigungen auf das Umwandlungsverhalten und die mechanischen Eigenschaften durch Zusatz von SrO minimiert werden.

Eine gute Übersicht über die Korrelation von Gefüge und Eigenschaften von Mg-PSZ liefern Swain et al. [1494].

10.1.3.3 TZP-Keramiken

In TZP-Keramiken besteht das Gefüge fast ausschließlich aus (meta-) stabilen t-Körnern, die im Bereich eines Spannungsfeldes umwandeln können. Der Anteil an m- oder c-Phase wird bei diesem Werkstofftyp gezielt minimiert. Als Stabilisatoren werden Y_2O_3 und CeO_2 eingesetzt, die eine hohe Löslichkeit in ZrO_2 aufweisen. Das System ZrO_2-Y_2O_3 ist durch zahlreiche Autoren untersucht worden (Bild 481); ähnlich wie das System ZrO_2-MgO werden die tetragonale und kubische Phase durch Mischkristallbildung zu niedrigeren Temperaturen hin stabilisiert. Von technischer Bedeutung ist hier jedoch nur der Bereich bis 8 Mol-% Y_2O_3. Zu höheren Yttriumgehalten hin dominiert die Zirconiumyttriat $Zr_3Y_4O_{12}$ (δ-Phase). Bild 482 zeigt den ZrO_2-reichen Teil des Systems, wobei die unterschiedlichen Meinungen über den Verlauf der Stabilitätsbereiche auf die geringen Diffusionskoeffizienten der Ionen zurückzuführen sind. Längere Auslagerungszeiten führen somit zu einer vollständigeren Phasentrennung und damit zu engeren Einphasengebieten. Der Volumendiffusionskoeffizient von Zr^{4+} liegt bei 1000°C z.B. etwa bei 10^{-25} cm^2/s. Gleichgewichte sind daher noch nicht einmal nach Monaten realisierbar.

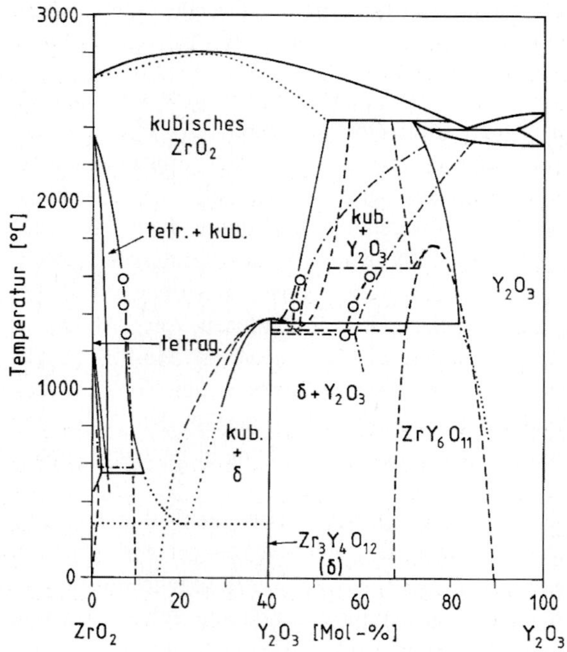

Bild 481: Das System ZrO_2-Y_2O_3 nach Yoshimura [1483]

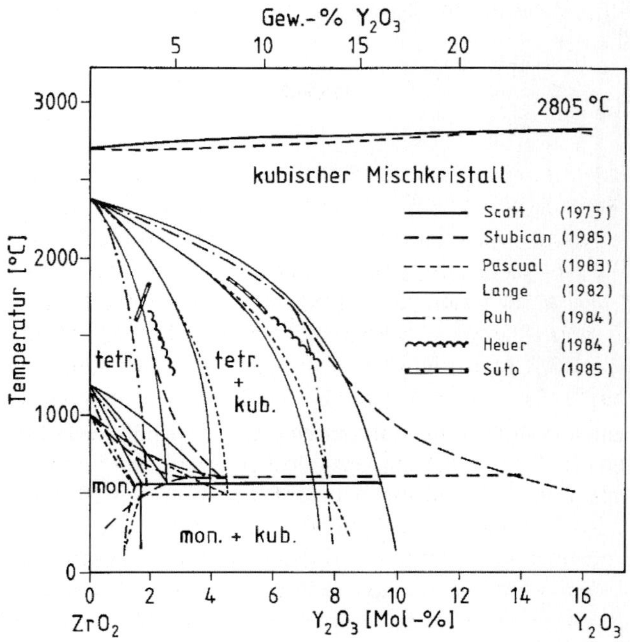

Bild 482: Die ZrO_2-reiche Ecke des Systems ZrO_2-Y_2O_3 [1483]

Y-TZP-Keramiken werden in der Regel aus hochreinen und feinen Pulvern (Partikelgröße < 100 nm) durch druckloses Sintern im tetragonalen Phasenfeld hergestellt; typische Sintertemperaturen liegen im Bereich von 1400-1500°C. Durch die gezielte Abstimmung von Korngröße und Stabilisatorgehalt wird dabei das System so eingestellt, daß die nach dem Sintern in der tetragonalen Modifikation vorliegenden Körner bei mechanischer Belastung in die monokline Modifikation umwandeln können. Typische Stabilisatorgehalte und Korngrößen für Y-TZP sind 2,5-3,5 Mol-% und 0,3 - 0,5 µm.

Ein typisches Gefüge des handelsüblichen 3Y-TZP besteht aufgrund der korngrößenabhängigen Neigung zur spontanen Umwandlung aus Teilchen mit einer engen Korngrößenverteilung von < 0,5 µm (Bild 483). Die Abhängigkeit der kritischen Korngröße für die Umwandlung von der Dotierung ist nach Watanabe et al. in Bild 484 dargestellt [1501].

Fast immer ist an den Korngrenzen eine SiO_2-reiche Glasphase variierender Dicke nachzuweisen, die auf die auch bei hochreinen Rohstoffen unvermeidlichen SiO_2-Anteile zurückzuführen sind. Die übrigen Verunreinigungen sind jedoch vernachlässigbar niedrig, so daß TZP auch als Werkstoff für Humanimplantate einsetzbar ist [1502]. Feinkörnige Y-TZP-Werkstoffe können bei hohen Temperaturen (> 1200°C) ohne Defektbildung erheblich verformt werden. Auf Grund der möglichen Zugdehnungen von > 800 % bei Umformraten von < 10^{-4} s^{-1} spricht man auch von superplastischer Umformbarkeit, die unter Umständen sogar für einen Hochtemperaturformgebungsprozeß nutzbar ist [1503].

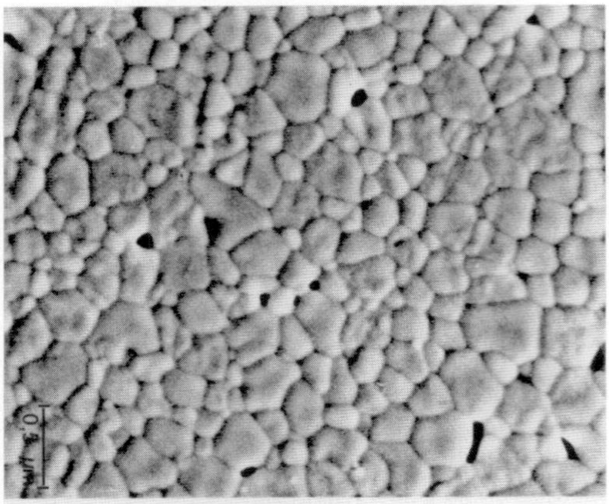

Bild 483: REM-Aufnahme eines 3Y-TZP-Gefüges, thermisch geätzt. Korngröße etwa 100-200 nm (Quelle: MPI Stuttgart)

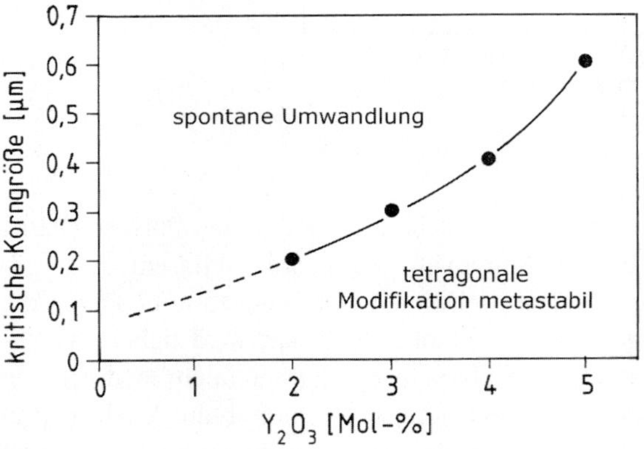

Bild 484: Korngrößen- und Dotierungsabhängigkeit der t→m-Umwandlung nach 300 h Auslagerung bei 1000°C [1501]

Entscheidender Mechanismus der Hochtemperaturverformung ist ein durch Diffusionsprozesse akkumuliertes Korngrenzengleiten. Y-TZP-Werkstoffe sind bei Raumtemperatur gegenüber Laugen und Säuren gut beständig. Bei hoher Luftfeuchte und erhöhter Temperatur (~200-300°C) tritt jedoch an der Oberfläche eine Rißbildung auf, die auf die Destabilisierung der t-Phase bei der Bildung von $Y(OH)_3$ zurückgeführt wird [1504]. Durch Verringerung der Korngröße und Erhöhung des Stabilisatorgehalts kann dieser Effekt minimiert werden.

Neben Y_2O_3 wird auch CeO_2 für die Stabilisierung von TZP-Keramiken eingesetzt; übliche CeO_2-Gehalte liegen bei 12 Mol-%. Die Synthese erfolgt ebenso wie bei TZP-Werkstoffen über feinstkörnige Pulver und Sintern im kubischen Einphasenfeld bei Temperaturen um 1500-1600°C. Die typischen Korngrößen gesinterter Ce-TZP-Werkstoffe liegen zwischen 2 und 8 µm. Im Vergleich mit Y-TZP bietet Ce-TZP eine höhere Beständigkeit in wasserhaltigen Atmosphären. Bei mechanischer Belastung bilden sich in Ce-TZP früh Scherbänder im belasteten Bereich aus, die das mechnaische Verhalten bestimmen [1505].

10.1.3.4 Umwandlungsverstärkung

Die im Vergleich zu anderen Keramiken bei ZrO_2 festgestellten außergewöhnlich hohen Festigkeiten und Bruchzähigkeiten (siehe Tabelle 118) basieren im wesentlichen auf der beim Rißwachstum auftretenden tetragonalen/monoklinen Phasenumwandlung. Diese durch die hohen Spannungen in der Nähe der Rißspitze induzierte Phasenumwandlung ist mit einer Volumenzunahme von ca. 5-8 % verbunden. Dadurch bildet sich bei Rißwachstum um den Riß herum eine sogenannte Umwandlungszone (*Prozeßzone*) aus, die unter Druckspannung steht und dadurch den Riß gegen äußere Spannungen abschirmt (Bild 485).

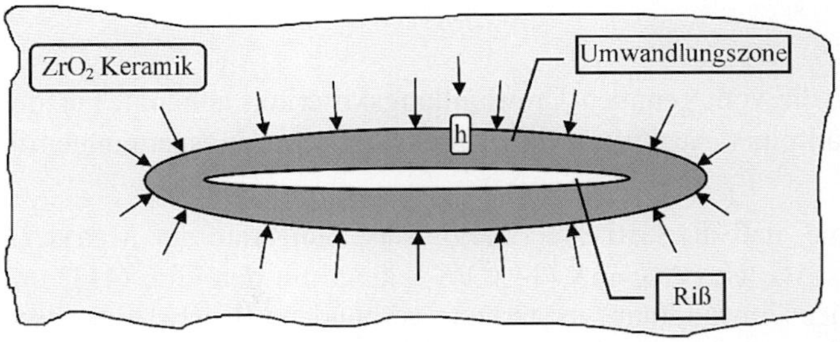

Bild 485: Schematische Darstellung eines Risses, der von einer Umwandlungszone umgeben ist. Die in der Matrix induzierten inneren Spannungen setzen die Umwandlungszone unter Druckspannungen.

Wenn beim Bruch spröder Materialien Prozesse ablaufen, die einen Teil der zum Rißfortschritt benötigten elastischen Energie verbrauchen, führen diese zu einer Erhöhung der Bruchzähigkeit K_c.

Die bei ZrO_2-Werkstoffen auftretende, *spannungsinduzierte Umwandlungsverstärkung* führt zu inelastischen Deformationen um die Rißspitze.

Ausgenutzt wird der durch die Herstellung gezielt erzeugte, metastabile Zustand der tetragonalen ZrO_2-Teilchen [1506], [1507]. Die Aktivierungsenergie zur Umwandlung tetragonaler Teilchen in die monokline Form wird dabei von den an der Rißspitze anliegenden sehr hohen mechanischen Spannungen geliefert. Die in der Regel irreversibel verbrauchte Arbeit ΔA pro Teilchenvolumen ΔV läßt sich unter der Annahme einer ausschließlich dilatanten Volumendehnung bei der Umwandlung exakt berechnen:

$$\frac{\Delta A}{\Delta V} = \sigma_c e^T \qquad (410)$$

Dabei ist σ_c die mittlere hydrostatische kritische Umwandlungsspannung (1/3 der Spur des Spannungstensors) und e^T die bei der ungeklemmten, d.h. freien t→m Phasenumwandlung auftretende Volumendehnung (Spur des Dehnungstensors). Geht man davon aus, daß um den Riß innerhalb einer 2 h (siehe Bild 485) breiten

Zone der Volumenanteil f von metastabilen ZrO_2-Teilchen spannungsinduziert t→m umwandelt, ergibt sich aus der dabei verbrauchten Energie bei Rißverlängerung Δa eine Zunahme der kritischen Energiefreisetzungsrate ΔG_c:

$$\Delta G_c = 2hf\sigma_c e^T \tag{411}$$

Da die bei Rißverlängerung im Abstand r von der Rißspitze herrschenden Spannungen von der Bruchzähigkeit, K_c, abhängen (Ort der Spannungen σ_{ij} in Polarkoordinaten),

$$\sigma_{ij}(r) = \frac{K_c}{\sqrt{r}} \sum\nolimits_{ij}(\theta) \tag{412}$$

läßt sich die Breite h der Umwandlungszone abschätzen:

$$h = m\left(\frac{K_c}{\sigma_c}\right)^2 \tag{413}$$

m ist eine Konstante, die vom genauen Umwandlungskriterium abhängt. Für den oben verwendeten Fall einer Auslösung durch hydrostatische Zugspannungen ist $m = (1+\nu)^2/(4\sqrt{3}\,\pi)$.

Unter der Annahme, daß die kritische Energiefreisetzungsrate der Matrix G_0 wesentlich kleiner als ΔG_c ist ($\Delta G_c = \Delta K_c(1-\nu^2)/E$), kann mit den Gln. (411) und (413) direkt die mit der Umwandlungsverstärkung verbundene Bruchzähigkeitserhöhung ΔK_c bestimmt werden:

$$\Delta K_c = 2f\sqrt{m}E\sqrt{h}e^T/(1-\nu^2) \tag{414}$$

Im „hydrostatischen" Fall ergibt sich $\sqrt{m} = 0{,}11\cdot(1+\mathrm{n})$. Die Breite h der Umwandlungszone reicht von wenigen Mikrometern bei Y-TZP oder ZTA bis zu etwa einem Millimeter bei Mg-PSZ. Die kritischen Umwandlungsspannungen variieren dementsprechend zwischen 100-1000 MPa. Die große Variationsbreite von σ_c hängt mit den unterschiedlichen Aktivierungsenergien der t→m Phasenumwandlung in den unterschiedlichen Werkstoffgefügen zusammen.

Da der Mechanismus der Umwandlungsverstärkung erst bei Rißverlängerung wirkt, ergibt sich daraus ein Anstieg der Bruchzähigkeit während des Rißwachstums, ein sogenanntes *R-Kurven-Verhalten*. Die vorherigen Betrachtungen beziehen sich auf den sogenannten stationären Fall, bei dem die R-Kurve ihren Plateauwert erreicht hat, d.h., K_c ist wieder rißlängenunabhängig. Eine sehr verständliche Zusammenfassung aller Effekte bringt Claussen [1508].

10.1.3.5 Mechanische Eigenschaften

Die mechanischen Eigenschaften von ZrO_2-Werkstoffen werden durch die Wechselwirkung von Defektgröße, Gefügestruktur und Umwandlungsverhalten bestimmt. Erfolgt der t→m Phasenwechsel erst bei einer hohen Umwandlungsspannung, so ist in der Regel die Bruchzähigkeit niedrig und die maximal erreichbare

Festigkeit wird durch die kritische Defektgröße bestimmt. Bei einer niedrigen Schwelle für die t→-m-Umwandlung setzt hingegen die Scherbandbildung früh ein und es werden hohe Bruchzähigkeiten erzielt. Auf Grund des *R*-Kurven-Effekts und der Mikrorißbildung ist hier jedoch die Festigkeit nicht mehr durch den ursprünglichen Fehler, sondern durch die Umwandlung kontrolliert (Bild 486).

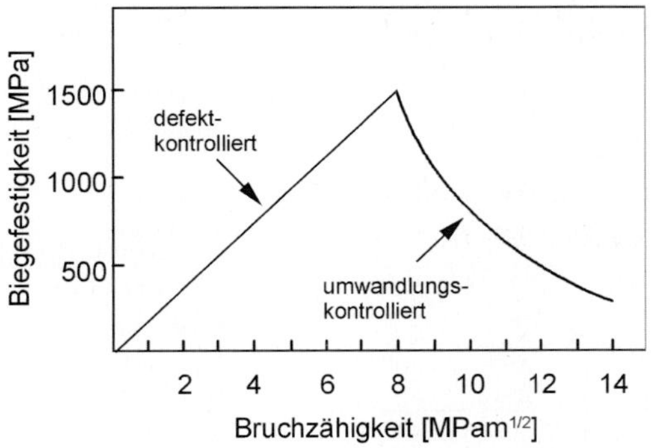

Bild 486: Schematische Darstellung des Zusammenhangs zwischen Festigkeit und Bruchzähigkeit umwandlungsverstärkter Keramiken (nach [1509])

Y-TZP zeigt typischerweise ein fehlerkontrolliertes und Ce-TZP ein umwandlungskontrolliertes Bruchverhalten. Bei Mg-PSZ-Werkstoffen kann durch den Stabilisatorgehalt und die Syntheseparameter das Verhalten gezielt gesteuert werden.

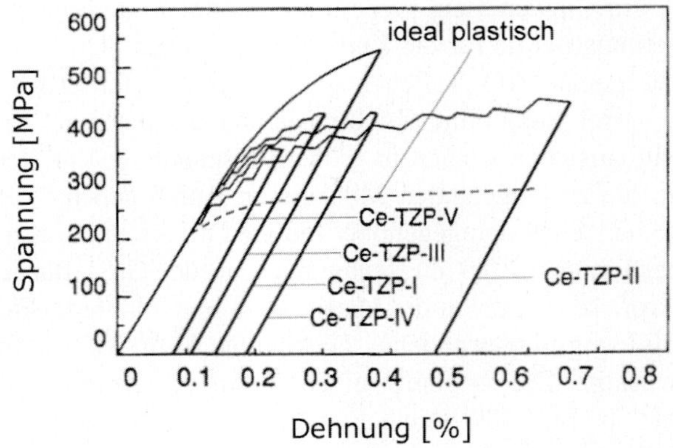

Bild 487: Spannungs-Dehnungskurve von Ce-TZP unterschiedlicher Sintertemperatur nach Grathwohl und Liu [1512]

Eine gute Zusammenfassung über die mechanischen Eigenschaften von TZP-Keramik haben Nettleship und Stevens publiziert [1510]. Den dynamischen Eigenschaften von Y-TZP und Ce-TZP widmen sich Grathwohl und Liu [1511], [1512], die die hohen Bruchwiderstandswerte des Ce-TZP von 10-16 MPam$^{1/2}$ auf eine besonders große Prozeßzone von über 200 µm Breite zurückführen. Bereits relativ kleine Spannungen lösen die t→m-Umwandlung in einem großen Volumen aus, verbunden mit einer bleibenden Dehnung von 0.45 % (Bild 487). Dadurch ist allerdings die Festigkeit mit maximal 570 MPa nicht mehr fehlerkontrolliert, sondern ergibt sich aus den Prozeßzoneneffekten. Autokatalytische Umwandlungserscheinungen führen ferner zu einer deutlichen Ermüdung unter dynamischer Belastung.

In Tabelle 118 sind einige typische Kennwerte für ZrO_2-Keramiken zusammengefaßt:

Tabelle 118: Typische Eigenschaften von ZrO_2-Werkstoffen

	Mg-PSZ	3Y-TZP	12Ce-TZP	ZTA 16% Al_2O_3
Festigkeit* MPa	400-80	800-1600	500-800	580-800...1200
Bruchzähigkeit $MPam^{1/2}$	7-15	5-6	10-17	8-10...15
E-Modul GPa	200	210	80-110	350-380
Vickershärte $HV_{0,5}$ GPa	7-17	12-13		16-18

*gemessen in 4-Punkt-Biegung

Wenn Zirconiumdioxid als Zweitphase in andere keramische Matrices eingelagert wird, kommen aufgrund der unterschiedlichen Wärmedehnung noch weitere verstärkende Mechanismen hinzu, die allerdings im Vergleich zur Umwandlungsverstärkung einen geringeren Beitrag zur Steigerung des Bruchwiderstandes leisten. Da der thermische Ausdehnungskoeffizient des ZrO_2 in der Regel höher ist als der der Matrixkeramiken, ergeben sich beim Abkühlen von Sintertemperatur radiale Zugspannungen an der Grenze Matrix/ZrO_2-Teilchen, die insbesondere bei größeren Teilchen eine *spontane* t→m-Umwandlung herbeiführen können oder zumindest die erforderliche Aktivierungsenergie für die Keimbildung senken [1513]. In der Regel wandelt sich das tetragonale ZrO_2-Teilchen so um, daß die erforderliche Volumenarbeit minimal ist, wobei monokline Zwillingslamellen entstehen. An deren einspringenden Winkeln entstehen wiederum große Zugspannungen an der Grenzfläche Teilchen/Matrix, die zu tangentialen Mikrorissen Anlaß geben. Auf der gegenüberliegenden Seite herrschen demgegenüber radiale Druckspannungen. Die senkrecht darauf stehenden tangentialen Zugspannungen an der Grenzfläche Matrix lösen hier radiale Mikrorisse aus, die in die Matrixphase hineinlaufen. Bild 488 zeigt ein unter Zwillingsbildung umgewandeltes Teilchen in Al_2O_3-Matrix im Transmissionselektronenmikroskop. Die bogenförmigen Kontraste deuten auf Spannungen in der Matrix hin. In Bild 489 ist ein Randbereich mit Mikrorissen höher aufgelöst dargestellt.

Neben der eigentlichen Umwandlungsverstärkung führen solche Mikrorisse zu einer erhöhten Elastizität, zur *Rißspitzenabschirmung* vor Lastspannungen sowie in Verbindung mit den bleibenden Gefügespannungen zu Rißablenkung und Rißverzweigung. Evans [1514] hat diesen Beitrag zur K_{Ic}-Erhöhung auf 2-6 $MPam^{1/2}$ abgeschätzt.

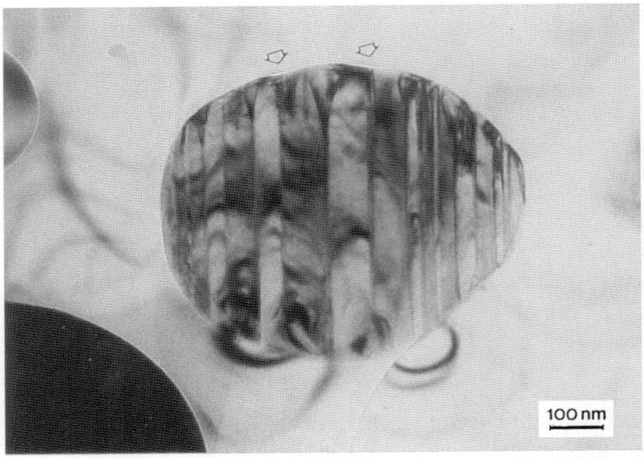

Bild 488: In die monokline Phase umgewandeltes ZrO_2-Teilchen in Al_2O_3-Matrix mit Zwillingslamellen, Mikrorissen (Pfeile) und Spannungskonturen (dunkle Bögen). TEM-Aufnahme, Max-Planck-Institut für Metallforschung, Stuttgart.

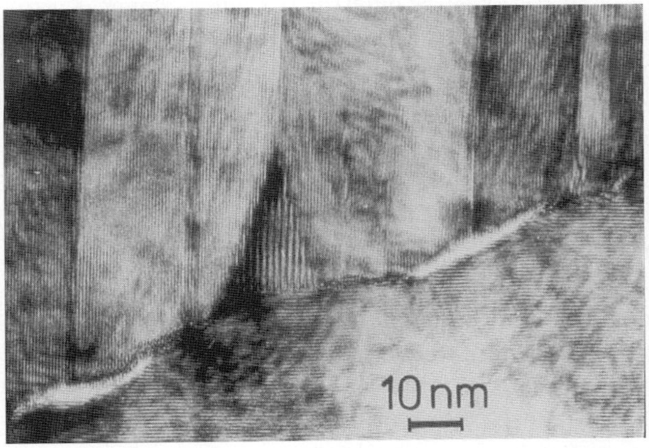

Bild 489: Hochauflösende TEM-Aufnahme von monoklinen Zwillingen mit Mikrorissen, Max-Planck-Institut für Metallforschung, Stuttgart.

Claussen u. M. haben hierfür heterogene Gefüge entwickelt, die aus rißanziehenden ZrO_2/Al_2O_3-Agglomeraten mit hoher ZrO_2-Konzentration bestanden, die in eine ZrO_2/Al_2O_3-Matrix mit geringerer ZrO_2-Konzentration eingelagert sind (*Duplex-Gefüge*) [1515]. Eine typische Al_2O_3-ZrO_2-Dispersionskeramik (ZTA) mit dem optimalen Anteil von 15-16 Vol.-% ZrO_2 ist in Bild 490 gezeigt.

Die bei mehrphasigen Keramiken erzielten mechanischen Eigenschaften hängen in erster Linie vom Anteil an umwandelbaren tetragonalen ZrO_2-Teilchen, von dem Wärmeausdehnungskoeffizienten der Matrix und der Homogenität des Gefüges ab [1508]. So erklärt sich die relativ große Bandbreite der Eigenschaften der ZTA-Keramiken in Tabelle 118.

Bild 490: Al_2O_3-ZrO_2-Dispersionskeramik, thermisch geätzt; REM-Aufnahme Max-Planck-Institut für Metallforschung, Stuttgart.

ZrO_2-Keramik findet aufgrund seiner herausragenden Festigkeit und Zähigkeit breiten Einsatz in der technischen Keramik, so als in der Textilindustrie als Fadenführer, als verschleißbeständige Lager- und Dichtungssysteme, als Ziehkonus bei der Drahtherstellung. Wegen seines hohen Schmelzpunktes und seiner Korrosionsbeständigkeit ist es als Tiegelmaterial zum Erschmelzen bestimmter Sondermetalle geeignet. Die mengenmäßig bedeutendste Anwendung liegt allerdings im Feuerfestbereich in schmelzgegossener oder vollstabilisierter Form für die Auskleidung von Glasschmelzwannen bzw. als Funktionsteilen zum Strangguß von Stahl und Eisen.

10.1.3.6 Elektrische Eigenschaften

Bei der Dotierung mit zwei- oder dreiwertigen Kationen werden zur Ladungskompensation im ZrO_2-Gitter Sauerstoffleerstellen gebildet, die zu einer hohen Beweglichkeit von Sauerstoffionen im Feststoff führen. Für CaO und Y_2O_3 ergibt sich z.B. in der Kröger-Vink-Darstellung (Kapitel 2.2.4):

$$\begin{aligned} CaO &\xrightarrow{ZrO_2} Ca_{Zr''} + V_{\ddot{O}} + O_O \\ Y_2O_3 &\xrightarrow{ZrO_2} 2Y_{Zr'} + V_{\ddot{O}} + 3O_O \end{aligned} \qquad (415)$$

Die aus dem Transport von Sauerstoffionen resultierende Leitfähigkeit hängt jedoch nicht linear von der Anzahl an zugegebenen Dotierungskationen ab; in der Regel wird ein Maximum der Ionenleitfähigkeit an der ZrO_2-reichen Grenzen des kubischen Phasengebietes beobachtet. Ursache hierfür sind komplexe Wechselwirkungen zwischen Leerstellen und Dotierungskationen im Kristallgitter, die den freien Transport von Sauerstoffionen einschränken. Als eine Ursache wird in der Literatur häufig die Bildung von Stabilisator-Leerstellen- Komplexen genannt. Solche Komplexe werden auf abstoßende Kräfte im Bereich von Sauerstoffleerstellen und anderen positiv geladenen Defekten bzw. auf anziehende Kräfte zu negativ geladenen Defekten hin zurückgeführt. Die experimentell beobachteten Abhängigkeiten zwischen Leitfähigkeit und Stabilisatorgehalt sind jedoch nicht vollständig aus dieser einfachen Erklärung ableitbar. Eine Übersicht über die

Wechselwirkungen insbesondere in Y_2O_3- stabilisiertem ZrO_2 gibt [1516]. Die maximal erreichbare Leitfähigkeit wird in der Praxis stark durch das verwendete Dotierungselement bestimmt. Die höchste Leitfähigkeit wird bei Sc_2O_3 beobachtet, gefolgt von Yb_2O_3, Gd_2O_3, Y_2O_3, CaO, etc. [1516], [1480]. Die normierte Abhängigkeit zwischen Dotierungsmenge und Leitfähigkeit ist jedoch für die verschiedenen Dotierungselemente in der Regel ähnlich.

Der Temperatureinfluß auf die Leitfähigkeit kann vereinfacht über eine Arrheniusabhängigkeit ($\sim e^{-Ea/RT}$) abgeschätzt werden, d.h. die Leitfähigkeit steigt exponentiell mit der Temperatur an.

ZrO_2 ist nach [1518] unterhalb von 700°C primär ein *Ionenleiter* und von 700 bis 1000°C ein Elektronenleiter im Sauerstoffpartialdruckbereich von 10^{-22} bis 1 bar. Beim Einbau von niedrigerwertigen Kationen, wie es beim stabilisierten ZrO_2 der Fall ist, kommt man zu reinen Ionenleitern.

Bei sehr hohen Betriebstemperaturen können jedoch Alterungseffekte auftreten, die auf Umordnungen im Kristallgitter zurückzuführen sind. Die Alterungseffekte sind dabei von der Dotierung, der thermischen Behandlung und der Temperatur abhängig. In der Regel wird jedoch unterhalb einer kritischen Temperatur keine Alterung beobachtet [1480].

In technischen Systemen wird die Ionenleitfähigkeit von Zirconiumoxid vor allem zur Bestimmung von Sauerstoffpartialdrücken (*Lambda-Sonden*) genutzt. Der zu Grunde liegende Zusammenhang wurde von Nernst schon im vergangenen Jahrhundert für einen idealen Elektrolyten aufgestellt. Für die Spannungsdifferenz ΔU, die zur Signalverbreitung gemessen wird, gilt:

$$\Delta U = \mathrm{R}T / 4\mathrm{F} \cdot \ln p'_{\mathrm{O}_2} / p''_{\mathrm{O}_2}, \qquad (416)$$

mit F = Faraday-Konstante.

Dabei wird der freie Sauerstoff im Probenraum im Vergleich zu einem Referenzraum (p'_{O_2}) bestimmt. Da Verbrennungsprozesse (z.B. im Kraftfahrzeug) in der Regel unvollständig ablaufen, sind katalytisch wirkende Platin-Beschichtungen auf der Oberfläche des ZrO_2-Feststoffelektrolyts für eine exakte Messung notwendig. Die Verbrennungsregelung erfolgt dann über den *sog. Lambda-Faktor (Luftzahl).*

Weiterhin werden intensiv *Brennstoffzellen* entwickelt, bei denen ein ZrO_2-Sauerstoffionenleiter zentrales Bauteil ist (Kapitel 10.2.3.1). Um eine ausreichende Ionenleitfähigkeit zu erzielen, müssen diese Brennstoffzellen bei sehr hoher Temperatur (~1000°C) betrieben werden. Vorteile gegenüber anderen Verfahren zur Energieerzeugung ist das günstige Schadstoffverhalten und die hohe Leistungsdichte pro Bauteilvolumen, die selbst einen Einsatz im Kraftfahrzeug als denkbar erscheinen läßt.

10.1.4 Yttriumoxid, Ceriumoxid, Hafniumoxid und Thoriumoxid
(Bearbeitet von R.Telle, Aachen)

Oxide der Nebengruppenelemente Yttrium, Cerium, Hafnium und Thorium sind nicht nur als Sinteradditive für Zirconiumdioxid, als Kornwachstumsbehinderer für andere Oxidkeramiken oder als Komponenten mehrphasiger Keramiken auf der Basis von Aluminiumoxid von Bedeutung, sondern besitzen selbst interessante Eigenschaften. So sind Yttriumoxid, Ceriumoxid, Hafniumoxid und Thoriumoxid außerordentlich hochschmelzend (Tabelle 119) und korrosionsbeständig; einige von ihnen besitzen darüber hinaus eine sehr hohe Sauerstoffionenleitfähigkeit und besondere optische Eigenschaften.

Tabelle 119: Kristallstrukturen und physikalische Daten von Yttriumoxid, Ceriumoxid, Hafniumoxid und Thoriumoxid

Oxid	Struktur Typ	Gitterkonstante [pm]	Umwandlungen bei [°C]	Schmelzpunkt [°C]	Dichte [g/cm³]
Y_2O_3	kubisch	$a_o = 1060{,}4$			5,01-
	hexagonal	$a_o = 381\text{-}401$	2330±20: rekonstruktiv	2410-2440	5,03
		$c_o = 608$			
CeO_2	kubisch Fluorit	$a_o = 540{,}2$	-.-	2500	7,3
HfO_2	monoklin	$a_o = 511\text{-}512$,		2840	9,68
		$b_o = 517$			
		$c_o = 529$	martensitische Hysterese:		
		$\beta = 99°18'\text{-}70'$	Aufheizen: 1830±10		
	tetragonal		Abkühlen: 1720±10		10,01
	1720-2000°C	$a_o = 514\text{-}517$			
		$c_o = 525\text{-}532$			
	kubisch		martensitisch: 2520±30		10,30
	Fluorit	$a_o = 511\text{-}530$			
ThO_2	kubisch Fluorit	$a_o = 560$	-.-	3220	10,05

10.1.4.1 Yttriumoxid

Yttriumoxid hat in den vergangenen Jahren zunehmendes wissenschaftliches Interesse gefunden, seitdem es gelungen war, es bis zur völligen Porenfreiheit zu sintern und damit ein transparentes Material zu erzielen. Aus preislichen Gründen ist eine kommerzielle Verwendung im weitesten Rahmen zur Zeit nicht realisierbar. In Sonderfällen ist ein Einsatz denkbar.

Y_2O_3 kommt in einer kubischen und oberhalb 2327-2341°C hexagonalen Modifikation vor. Mittels Laserbestrahlung soll eine weitere kubische Modifikation mit Fluorit-Struktur herstellbar sein [1519]. Diese Modifikation ist neueren thermodynamischen Berechnung zufolge jedoch fraglich [1520].

Herstellung. Yttriumoxid kann zusammen mit anderen Seltenerd-Oxiden nach dem Aufschluß von Yttriummineralen (Yttererden: Xenotim YPO_4, Euxenit (Y,Ce,Ca...)$(Nb,Ta,Ti)_2O_6$, Bastnäsit (Ce,La,Y...)$(CO_3)F$, Yttrofluorit $(Ca,Y)F_2$, u.a.) und einem sich anschließenden Ionenaustauschverfahren durch Glühen des gefällten Oxalats erhalten werden. Sehr sinteraktive nanokristalline Pulver werden durch Eindampfung von Yttriumnitrat-Hexahydrat ($Y(NO_3)_3{\cdot}6H_2O$)-Lösung in Wasser bei Anwesenheit von Zitronensäure und anschließender Calcination des erhaltenen Gels synthetisiert. Zu ähnlichen Ergebnissen führt das aufwendigere elektrostatisch unterstützte Pyrolysieren von Yttriumnitrat-Pentahydrat ($Y(NO_3)_3{\cdot}5H_2O$)-Lösungen in Propanol [1521].

Sinterverhalten. Der Einfluß verschiedener Pulvercharakteristika auf das Sinterverhalten wurde von Furlong und Domingues [1522] sowie Sordelet und Akinc [1523] untersucht. Jorgensen und Anderson [1524] erhalten durch Zusatz von ThO_2 zu Y_2O_3 ein vollkommen porenfreies Material. Durch eine höhere Konzentration von gelöstem ThO_2 an den Korngrenzen, wie aus Härtemessungen und Gitterparametermessungen abgeleitet wird, soll das Kornwachstum unterdrückt und eine starke Fehlstellendiffusion von den Poren zu den Korngrenzen ermöglicht werden, was zu einer Sinterung bis zur theoretischen Dichte führt. Greskovich und Woods [1525] untersuchen in diesem Zusammenhang den Einfluß der Pulverherstellung. Weitere quantitative Angaben zum Kornwachstum und der Sinterkinetik machen Chen und Chen [1526].

Da Yttriumoxid bei Sintertemperaturen bei 1600°C zu starkem Kornwachstum (20-100 μm) neigt, neigt die Keramik zur Verformung unter Druck durch Versetzungskriechen oberhalb 1200°C. Die Übergangstemperatur von sprödem zu plastischem Verhalten kann anhand von Spannungs-Dehnungsdiagrammen auf etwa 1100°C abgeschätzt werden [1527]. Feinkörnigere dichte Keramiken werden durch Heißisostatisches Pressen bei 1250°C (Verdichtung) und nachfolgendes zwei Stunden langes Auslagern bei 1500°C (Ausheilen von Sauerstoffleerstellen) erzeugt [1528]. Diese Werkstoffe weisen Korngrenzen von 0.6-2 μm auf und kriechen ebenfalls ab etwa 1200°C, allerdings über Korngrenzengleiten. Borovkova u. M. [1529] stellen transparentes Material unter Zusatz von ZrO_2 her. Rhodes [1530] sowie Cook u.M. [1531] sintern Zusammensetzungen auf der Basis Y_2O_3-La_2O_3 zur theoretischen Dichte, wobei die Sinterung in einem Temperaturbereich erfolgt, in dem zwei feste Phasen vorhanden sind, um ein Kornwachstum zu verhindern. Anschließend erfolgt die Wärmebehandlung bei niedrigerer Temperatur im Einphasengebiet.

Eigenschaften. Die optischen Eigenschaften von Yttriumoxid, vor allem die Transparenz im infraroten Bereich, beschreiben Donald und McMillan [1532]. Die Angaben über mechanische Eigenschaften sind je nach Sinterdichte und Korngröße sehr unterschiedlich. Reines Y_2O_3 besitzt nach [1531] eine Dreipunktbiegefestigkeit von 240 MPa, einen Bruchwiderstand K_{Ic} von 0.8-1,1 $MPam^{1/2}$ und einen Elastizitätsmodul von 175 GPa. Die Querkontraktionszahl beträgt 0,3, die Vickershärte $HV_{0,5}$ etwa 7 GPa. Der Bruchwiderstand läßt sich durch La_2O_3-Dotierung nur geringfügig auf 1,5 $MPam^{1/2}$ steigern, was auf die dann vorliegende hexagonale Struktur zurückzuführen ist. Thermische Eigenschaften werden von Curtis [1533] präsentiert.

In letzter Zeit sind die chemischen Hochtemperatureigenschaften von Yttriumoxid im Hinblick auf seine Korrosionsbeständigkeit als eigenständigen Werkstoff, aber auch als Additiv für ZrO_2, Si_3N_4, SiC u.a. untersucht worden [1534], [1535]. So reagiert Y_2O_3 mit Al_2O_3 zu einem Yttrium-Aluminium-Granat (YAG), $Y_3Al_5O_{12}$, mit Eisenoxid, Molybdänoxid, Wolframoxid und Vanadiumoxid zu $FeYO_3$, YFe_2O_4, $Y_3Fe_5O_{12}$ (Yttrium-Eisen-Granat, YIG), Sequioxid-Mischkristallen wie z.B. $(Y,Fe,Mo,W)_2O_3$ und niedrig schmelzenden Komplexoxiden wie $Y_2Mo_3O_{12}$, $Y_2Mo_4O_{15}$, $Y_2Mo_2WO_{12}$, $(Y,Fe,Cr)WO_4$, YVO_3 und YVO_4, die über Eutektika im Bereich von etwa 800-1300°C miteinander verbunden sind. Im System Y_2O_3-SiO_2 existieren die Verbindungen Y_2SiO_5 und $Y_2Si_2O_7$. Yttriumoxid reagiert nicht mit MgO, CaO und ThO_2 [1533].

10.1.4.2 Ceriumoxid

Ceriumoxid kommt aufgrund der beiden Wertigkeitsstufen sowohl als Ce_2O_3 als auch als CeO_2 vor. Der Übergang zwischen beiden Oxiden ist nicht einfach zu beschreiben, da offensichtlich zahlreiche Defektstrukturen auftreten, die je nach Ordnungsgrad als eigene Phasen angesehen werden können. Strukturbestimmungen mit Hilfe der Neutronenbeugung ergeben z.B. u.a. eine Phase der Stöchiometrie Ce_7O_{12}, die bei etwa 1000°C in σ-$Ce_2O_{3+\delta}$ und α-$CeO_{2-\delta}$ disproportioniert [1536].

In der Natur kommt Ceriumoxid als Mischkristall mit Thoriumoxid als Cerianit $(Ce,Th)O_2$ in Selten-Erd-Pegmatiten oder Schwermineralseifen vor. Cerium ist ferner Bestandteil einer Reihe von Silicaten wie Cerit $(Ca,Mg)_2(Ce,La,Nd...)_8[SiO_4]_7 \cdot 3H_2O$ oder Perrierit $Ce_4(Fe,Ti)_5[O_4/Si_2O_7]$. Die technisch wichtigsten Cerium-Erze sind aber der *Monazit* $Ce[PO_4]$ und der *Bastnäsit* $(Ce,La,Y...)(CO_3)F$, die ebenfalls weitere Seltene Erden im Gitter enthalten. Monazit und Bastnäsit treten als Spurenmineralien in vielen Graniten, angereichert in Pegmatiten auf; nach Verwitterung der Ausgangsgesteine konzentrieren sie sich in Schwermineralseifen zu gewinnbarer Menge auf, z.B. im Ural, in Australien, Brasilien und Sri Lanka. Nach dem Aufschluß und einem Ionenaustauschverfahren wird Ceriumoxalat erhalten, das durch Glühen zum Oxid calciniert wird.

Das Oxid des vierwertigen Ceriums, CeO_2, ist aufgrund seiner hohen Ionenleitfähigkeit und der gegenüber ZrO_2 geringeren Kosten ein interessantes Festkörperelektrolytmaterial für keramische Brennstoffzellen. Die höchste Ionenleitfähigkeit erhält man mit Dotierungen von 10-20 Mol-% Sm_2O_3, Gd_2O_3 oder Y_2O_3. Im Gegensatz zu dotiertem ZrO_2 tritt eine technisch nutzbare Leitfähigkeit bereits bei Temperaturen von 500-700°C ein [1480], [1537]-[1540]. Die Abhängigkeit der Ionenleitfähigkeit yttriumdotierter CeO_2-Keramiken vom Gefüge und somit von den Sinterbedingungen diskutieren Tian und Chan [1541], die insbesondere auf die Rolle der Korngrenzenphasen hinweisen.

Eine Möglichkeit zur Synthese bereits auf molekularer Ebene vorgemischter Pulver von dotiertem CeO_2 besteht in der *Verbrennungssynthese* (siehe Kap.

6.2.8) durch die Umsetzung einer wässerigen Ceriumnitrat-Hexahydrat-Lösung mit Polyvinylacetat bei 200-230°C [1542]. Nach Calcination bei 400-600°C wird ein agglomeriertes Pulver mit einer Kristallitgröße von etwa 15 nm erhalten. Auch durch Ko-Fällung aus Lösungen bzw. über die Sol-Gel-Methode werden sehr feinkörnige Mischoxidpulver erhalten [1543]-[1545].

Die konventionelle Methode zur Herstellung von dotierten Keramiken beruht auf dem *Mixed-Oxide-Prozeß* (siehe Kap. 6.2.2), in welchem einfach Oxide oder Salze der Einzelkomponenten genügend lange geglüht werden, bis eine Verdichtung und Mischkristallbildung unter Diffusion eingetreten ist. Allerdings ist CeO_2 als hochschmelzendes Oxid nicht leicht zu verdichten. So hat sich CoO als Additiv bewährt, das bereits bei Mengen von 0,25 Gew.-%, zugegeben als $CoSO_4$, die Sintertemperaturen von > 1500°C auf 1300°C reduziert und zu Dichten von 99 % der theoretischen Dichte bei einer durchschnittlichen Korngröße von 10-12 µm führt [1546]. Undotiertes CeO_2 läßt sich unter diesen Bedingungen lediglich auf 87 % verdichten, zeigt aber Korngrößen von < 1 µm ausgehend von 0,4 µm Pulverkorngröße. Für die positive Wirkung als Sinteradditiv wird der Wertigkeitswechsel von Co^{2+} zu Co^{3+} bei 850°C und schließlich zu Co^{4+} bei 950°C verantwortlich gemacht, was nach längerer Haltezeit bei > 1500°C nicht nur zu starkem Kornwachstum des CeO_2 führt (bis etwa 30 µm), sondern auch zu Entgasungsporen aufgrund der Sauerstofffreisetzung. Ähnliche Ergebnisse wurden mit 1 Gew.-% MnO- oder Fe_2O_3-Dotierung erzielt [1547].

Die gute Ionenleitfähigkeit von CaO-dotiertem CeO_2 wird auch in Sauerstoffsensoren genutzt, wobei hier ebenfalls die geringe erforderliche Arbeitstemperatur von Vorteil ist [1548].

Weitere Einsatzmöglichkeiten von Ceriumoxidkeramik liegen aufgrund seiner Korrosionsbeständigkeit und seines hohen Schmelzpunktes im Feuerfestbereich als Tiegelmaterial sowie in der Nukleartechnik. Die chemische Reaktionsfähigkeit von CeO_2 gegenüber Metallen und Metallschmelzen wurde von Guo u.M. untersucht [1549]. Es zeigte sich, daß Cerium unter Luftzutritt mit Legierungselementen des Stahls zu komplexen Ceriummolbydaten, -wolframaten und -vanadaten reagiert, kaum aber mit Eisen selbst. In Anwesenheit von Silicium bildet sich Ceriumsilicat. Unter Schutzgas unterbleiben solche Schlackenreaktionen.

Die Rolle von CeO_2 als Additiv für ZrO_2-Keramiken wird in Kapitel 10.1.3.3 erläutert. Bei Dotierungen im Bereich von 12 Mol-% lassen sich die bisher höchsten Zähigkeiten keramischer Werkstoffe von 16-17, im Extremfall bis 30 $MPam^{1/2}$ erreichen. Das Umwandlungsverhalten des ZrO_2 in Abhängigkeit von der Dotierung wird u.a. von Funkenbusch u.M. untersucht [1550]. Ein Risiko für die Langzeitstabilität solcher Keramiken besteht allerdings im Wertigkeitswechsel des Ceriums, was unter reduzierenden Bedingungen zur Destabilisierung des ZrO_2 führen kann. Andererseits zeigen Hasegawa und Ozawa [1551], daß eine oberflächliche Reduktion von CeO_2-stabilisierten ZrO_2-Proben bei 800°C in H_2 sogar zu einer Erhöhung der Härte von 8,5 auf 12,8 GPa sowie der Biegefestigkeit von 550 MPa auf 740 MPa führt.

Ceriumoxid-Körnungen finden als Abrasivstoff zur Politur von Glas weitverbreitete Anwendung.

10.1.4.3 Hafniumoxid

Hafniumoxid spielt vom wirtschaftlichen Standpunkt her keine Rolle als keramischer Werkstoff; seine Ähnlichkeit mit ZrO_2 hat jedoch zu verschiedenen Untersuchungen Anlaß gegeben. Eine Übersicht ist bei Lynch [1552] zu finden.

HfO_2 hat wegen der großen Verwandtschaft des Hf^{4+}-Ions mit dem Zr^{4+}-Ion dieselbe Struktur wie ZrO_2 mit a_0 = 512 pm, b_0 = 517 pm, c_0 = 529 pm und β = 99°11`. Die Umwandlung der monoklinen in die tetragonale Modifikation erfolgt allerdings bei höheren Temperaturen, nach Wolten [1553] bei 1540 bis 1650°C, während die Rückwandlung bei 1590 bis 1500°C eintritt (siehe auch Tabelle 119). Die Hysterese ist also schmaler, was vielleicht dadurch bedingt ist, daß beim HfO_2 die Volumenänderung geringer ist, so daß weniger Spannungen im Gefüge auftreten.

In der Natur ist Hafnium mit Zirconiummineralien vergesellschaftet, wobei Baddeleyit und Zirkonsilicat zwischen 1,5 und 3 Gew.-% Hf, bezogen auf den Zr-Gehalt enthalten können. Das Mineral *Hafnon* $HfSiO_4$ ist isotyp mit Zirkon $ZrSiO_4$. Es ist sehr selten und daher als Rohstoff nicht verwertbar. Hafnium wird daher technisch aus der Zirkonaufbereitung gewonnen. Taranukha und Karaulov [1554] beschreiben die Herstellung von Y_2O_3- und CaO-stabilisiertem Hafniumoxid, wobei Y_2O_3 die Mischkristallbildung besser als CaO förderte. Tallan u. M. [1555] bestimmten elektrische Eigenschaften und die Defektstruktur; es liegen ähnliche Verhältnisse wie beim ZrO_2 vor.

Probleme bei der Herstellung dichter keramischer Prüfkörper zur Ermittlung de mechanischen Eigenschaften macht die o.g. martensitische Umwandlung, da nach dem Abkühlen von Sintertemperatur Mikrorisse auftreten können. Als Stabilisatoren der kubischen Phase kommen Er_2O_3, Y_2O_3 und Gd_2O_3 in Frage. Dole u.M. haben Keramiken mit verschiedenen Gehalten an Additiven durch Heißpressen bei 1400 bis 1600°C hergestellt und die elastischen Konstanten als Funktion der Temperatur durch Extrapolation auf 0 % Porosität ermittelt [1556]. So beträgt der E-Modul bei Raumtemperatur etwa 246 GPa, sinkt aber bis 1000°C auf 197 GPa ab. Der durchschnittliche Wärmeausdehnungskoeffizient bis 1200°C ist mit $9{,}8 \cdot 10^{-6}$/K für die kubische Phase größer als der für die monokline mit $6{,}3 \cdot 10^{-6}$/K. Funkenbusch und Plovnick haben die Umwandlungsverstärkung an ZrO_2-CeO_2-HfO_2-Mischkristallen erprobt [1550]. Die Mischkristalle mit bis zu 30 Mol-% HfO_2 konnten tetragonal stabilisiert werden. Die Zugabe von HfO_2 bewirkte eine Erhöhung der Rückumwandlungstemperatur und steigerte den allerdings geringen Bruchwiderstand nur CeO_2-dotierter Keramiken um das Dreifache. Die Umwandlung läuft jedoch sehr vehement ab und ist wenig kontrollierbar.

10.1.4.4 Thoriumoxid

Thoriumoxid spielt zwar in der Nukleartechnik eine sehr wichtige Rolle, wird aber sonst als Hochtemperaturwerkstoff nur vereinzelt eingesetzt. Infolge der Bedeutung als nuklearer Brutstoff ist relativ viel über Thoriumoxid gearbeitet worden. Thoriumoxid kristallisiert kubisch-flächenzentriert im CaF_2-Gitter und ist das höchstschmelzende Oxid mit einem Schmelzpunkt von 3220°C.

Das hauptsächliche Vorkommen von Thorium ist der durch Verwitterung entstandene Monazitsand, in dem das Mineral Monazit (Ce,Th)(P,Si)O_4 angereichert ist. Sinterfähige Pulver stellt man nach einem Aufschluß durch Fällung als Oxalat oder Hydroxid her, die man zum Oxid verglüht, oder man wandelt Salze direkt in das Oxid um.

Johnson und Curtis [1557], [1558] sinterten ThO_2 unter Zusatz von 0,5Gew.-% CaO bei 1800°C zu 99,5 % der theoretischen Dichte. Es bildet sich eine feste Lösung von CaO in ThO_2. Untersuchungen über eine Reihe weiterer Sinterzusätze, u.a. Erdalkalifluoride wurden von Arenberg u.M. [1559] durchgeführt. Der Einfluß der Calcinationstemperatur auf Oberfläche, Kristallitgröße, Verdichtbarkeit und Sinterverhalten von Thoriumoxidpulvern, die aus dem Oxycarbonat, Chlorid, Nitrat oder Oxalat hergestellt waren, wurde von Harada u.M. [1560] untersucht. ThO_2, das aus dem Oxycarbonat hergestellt worden war, zeigte die größte Sinteraktivität. Jorgensen und Schmidt [1561] sinterten mit einem Gehalt von 2 Mol-% CaO Thoriumoxid zur theoretischen Dichte, wobei dieser Gehalt die Löslichkeitsgrenze übersteigt. Als Modell für die Dichtsinterung unter gleichzeitiger Vermeidung von diskontinuierlichem Kornwachstum wurde die Verhinderung der Korngrenzbewegung infolge der Ausscheidung einer zweiten Phase angenommen. Über den Einfluß von Metalloxiden, wie NiO, auf das Sinterverhalten berichten Halbfinger und Kolodney [1562].

Basierend auf den Messungen verschiedener Autoren sind in [1563] einige Eigenschaften von Thoriumoxid zusammengestellt.

10.2 Elektrokeramische Werkstoffe

(Bearbeitet von R. Waser, Aachen)

Die elektrischen und magnetischen Eigenschaften von Festkörpern werden von ihrer Zusammensetzung, ihrer Kristallstruktur, ihrer Gitterfehlordnung und ihrem Gefüge bestimmt. Die vielfältigen Variationsmöglichkeiten dieser Größen bei oxidischen Verbindungen stellen die Grundlage für eine große Anzahl von unterschiedlichen Werkstoffen und außerordentlich vielseitigen Anwendungsfeldern dar [669], [670], [1564], [1565]. Die wichtigsten Typen werden in diesem Kapitel beschrieben.

Die für das Verständnis elektrokeramischer Werkstoffe relevanten Grundlagen sind in Kapitel 5.3 skizziert. Die Gliederung des umfangreichen Stoffgebietes erfolgt im vorliegenden Abschnitt nach Werkstoffeigenschaften und Bauelementfunktionen. Alternativ ist eine Unterteilung nach Größenskalen der aktiven Bereiche in den Bauelementen und den entsprechenden Fertigungstechnologien möglich. In Bild 491 ist dies für dielektrische Keramiken in Kondensatorbauelementen illustriert. Bild 491a zeigt einen klassischen keramischen Plattenkondensator, wie er seit den 50er Jahren als Massenprodukt durch Sintern von vorverdichteten Pulvern gefertigt wurde.

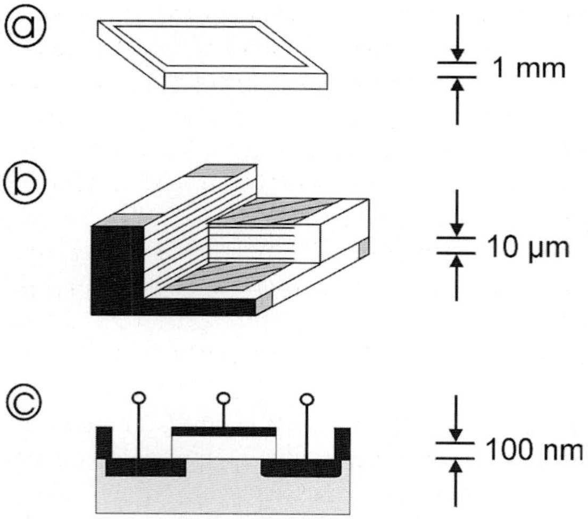

Bild 491: Illustration der Entwicklung keramischer Technologien anhand dielektrischer Keramiken in Kondensatorbauelementen in Richtung auf eine fortschreitende Miniaturisierung der dielektrischen Funktion. (a) Platten oder Zylinder als Volumenbauelemente; (b) Monolithische Vielschichtkondensatoren; (c) Integrierte und strukturierte keramische Dünnschichten auf Halbleiterchips. Die Markierung gibt die Größenordnung der dielektrische Dicke in den Bauelemente an.

Die Dicke des Dielektrikums liegt in der Größenordnung von 1 mm. In den 70er Jahren wurden keramische Vielschichtkondensatoren als Massenprodukte eingeführt (Bild 491b). Ihre Herstellung beruht auf der Fertigung von grünen Folien aus pulverbasierten Suspension, auf der Siebdrucktechnik für die metallischen Innenelektroden und dem gemeinsamen Sintern des laminierten Stapels. Heutige Vielschichtkondensatoren haben dielektrische Schichtdicken in der Größenordnung von etwa 10 µm. Seit Beginn der 90er Jahre wird an der Einführung von Dünnschichtkondensatoren (Bild 491c) auf integrierten Halbleiterschaltungen gearbeitet. Die Dünnschichttechnologien basieren nicht mehr auf keramischen Ausgangspulvern, sondern auf chemischen bzw. physikalischen Verfahren, die auf der Zersetzung von Molekülen oder der Ausscheidung von Ionen beruhen. Dünnschichtkondensatoren werden mit typischen Schichtdicken gefertigt, die in der Größenordnung von 100 nm liegen.

10.2.1 Dielektrische Keramiken

10.2.1.1 Kondensatoranwendungen

Kondensatoren stellen das stückzahlmäßig bedeutendste Bauelement auf der Basis elektrokeramischer Werkstoffe dar. Zahlreiche Anwendungen beruhen auf der Tatsache, daß Kondensatoren für elektrischen Gleichstrom nicht durchlässig sind, während sie für Wechselströme eine endliche Impedanz bilden. In Siebkondensatoren (auch: Abblockkondensatoren) nutzt man ihre Ladungsspeicherfähigkeit, d.h. sie stabilisieren Gleichspannungsversorgungen, indem sie Wechselspannungsanteile, die als Restwelligkeit oder Rauschen von den Versorgungseinheiten herrühren oder durch den Betrieb in der Schaltung selbst entstehen, kurzschließen. In Kombination mit Bauelementen wie Widerständen, Spulen und aktiven Komponenten sind Kondensatoren Bestandteile von frequenzbestimmenden Filtern. Die Fähigkeit, von Kondensatoren Ladungen zu speichern und – schneller als Batterien – wieder abzugeben, wird beispielsweise in den Blitzlichteinheiten von Photoapparaten und in der Hochenergiephysik ausgenutzt. In der Mikroelektronik basieren die dynamischen Arbeitsspeicher mit wahlfreiem Zugriff (DRAM = Dynamic Random Access Memory) auf der Ladungsspeicherfähigkeit kleiner, integrierter Kondensatoren.

Die industriell wichtigste Bauform wird durch den keramischen Vielschichtkondensator (Bild 491) repräsentiert [1566]. Die verwendeten keramischen Dielektrika sind nach nationalen und internationalen Normen (z.B. DIN, CECC) in Klassen und Typen unterteilt, die in erster Linie auf dem Temperaturkoeffizienten der Kapazität und der Fertigungstoleranz beruhen. Die *Klasse 1* umfaßt Dielektrika mit definiertem (positivem, negativem oder ausgeglichenem) und über einen weiten Temperaturbereich annähernd konstanten Temperaturkoeffizienten. Der Typ NP0 in der Klasse 1 bezeichnet Keramiken, deren nominell temperaturunabhängige ε_r-Werte im zulässigen Toleranzbereich von +/- 30 ppm/K liegen. Da neben definierten Temperaturkoeffizienten eine hohe Stabilität der Kapazitätswerte, niedrige Verlustfaktoren, hohe Isolationswiderstände und kein Spannungseinfluß auf die Kapazität gefordert sind, kommen ausschließlich *nicht-ferroelek-*

trische Keramiken als Klasse-1-Materialien in Frage. Die ε_r-Werte dieser Materialien liegen typischerweise zwischen 10 und 100.

Die *Klasse 2* beschreibt Dielektrika mit großen Dielektrizitätszahlen ε_r (> 1000), die in der Regel nur durch *ferroelektrische* Materialien erreicht werden können. Hierbei wird die eigentliche ferrolektrische Eigenschaft – die ferroelektrische Hysterese, s. Kapitel 5.3 – nicht genutzt, sondern lediglich die Tatsache, daß in einigen ferroelektrischen Materialien sehr hohe ε_r-Werte auftreten. Die in diesen Materialien starke, nichtlineare Abhängigkeit des ε_r-Wertes von der Temperatur wird durch eine zusätzliche Spezifikation der Kondensatortypen festgelegt [1567]-[1569]. Ein dielektrischer Werkstoff des Typs Y5V beispielsweise ist für Anwendungen im Temperaturbereich von -30°C bis +85 C spezifiziert und ändert seinen ε_r-Wert in diesem Bereich um nicht mehr als +22 % / -82 %, bezogen auf den Wert bei 25°C. Materialien vom Typ X7R müssen eine engere Toleranz von +/- 15 % in dem erweiterten Temperaturbereich von -55°C bis +125°C aufweisen. Als klassisches Basismaterial dient seit mehreren Jahrzehnten Bariumtitanat $BaTiO_3$, welches durch homogene bzw. heterogene Mischphasenbildung mit geeigneten Additiven und die Steuerung der Korngröße an den gewünschten Kondensatortyp angepaßt wird. Eine Substitution von Ti durch Zr führt beispielsweise zu einer Verschiebung des ε_r-Maximums bei der Curietemperatur T_C Kapitel 5.3 zu niedrigeren Temperaturen und gleichzeitig zu einer weiteren Erhöhung des Maximums bis zu einem Zr-Gehalt von 13 at.-% (Bild 492).

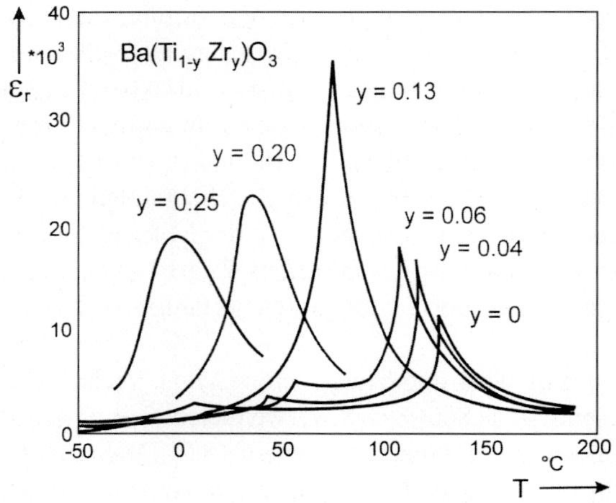

Bild 492: Temperaturabhängigkeit der relativen Dielektrizitätszahl für Vertreter der Mischkristallreihe $Ba(Ti_{1-y}Zr_y)O_3$ [1568].

Ursache ist eine graduelle Verschiebung des paraelektrisch-ferroelektrischen Phasenübergangs 1. Ordnung in Richtung auf einen Übergang 2. Ordnung [1570]. Mit abnehmender Korngröße wird die Temperaturabhängigkeit von ε_r geringer und der mittlere ε_r-Wert steigt bis zu einer kritischen Korngröße an. Für reines $BaTiO_3$ liegt die kritische Korngröße bei etwa 0,8 µm (Bild 493).

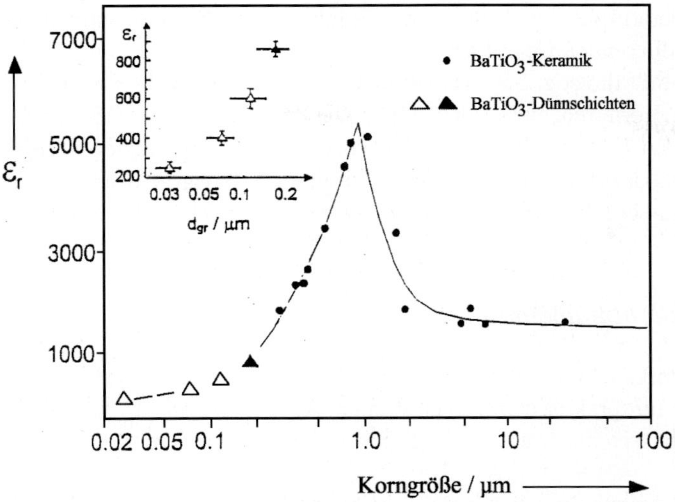

Bild 493: Korngrößenabhängigkeit der relativen Dielektrizitätszahl von $BaTiO_3$-Keramik bei Raumtemperatur. Gefüllte Kreise: Volumenkeramiken [1567]. Dreiecke: Polykristalline Dünnschichten, die über CSD-Verfahren (CSD = Chemical Solution Deposition) hergestellt wurden [1571].

Unterhalb dieses kritischen Wertes fällt der ε_r-Wert deutlich ab [693]. Dieser Zusammenhang gilt nicht nur für Keramiken, die über pulverbasierte Mischoxidrouten hergestellt werden, sondern läßt sich für naßchemisch präparierte, nanokristalline Dünnschichten weiterverfolgen [1571]. Durch die erwähnte Mischphasenbildung und die Einstellung einer geeigneten Korngröße lassen sich Keramiken vom Y5V-Typ mit ε_r-Werten von über 10.000 bei Raumtemperatur erreichen [1572]. Noch höhere ε_r-Werte bis 25.000 weisen sog. Relaxor-Ferroelektrika auf, die auf komplexen Perowskiten der Zusammensetzung $Pb(B^1,B^2)O_3$ mit B1 = Mg, Zn, Ni, Fe, Sc und B2 = Nb, Ta, W beruhen [1573], [1574].

Die im Vergleich zum Y5V-Typ engere Toleranz der X7R-Materialien wird durch eine gezielte intra- und intergranulare Heterogenität erreicht [1575]-[1577]. Über feinkörnige $BaTiO_3$-Pulver mit Zusätzen von Nb_2O_5 und Co_3O_4 werden Keramiken gesintert, die auf der Mikrometerskala aus reinen $BaTiO_3$–Bereichen und solchen mit einer starken Co-/Nb-Substitution der Ti-Plätze bestehen. Die relativ flache Temperaturcharakteristik des heterogenen Materials läßt sich als eine Mischung des Temperaturverhaltens der Einzelmaterials gemäß der Mischungsregel nach Lichtenecker beschreiben. Für X7R-Keramiken werden ε_r-Werte von etwa 3.500 erreicht.

Akzeptordotierungen bzw. Ko-Dotierungen mit ausgewählten Akzeptoren und Donatoren im Titanat werden für Vielschichtkondensatoren mit Innenelektroden aus Ni eingesetzt. Ni wird aus Kostengründen zunehmend anstelle von Edelmetallelektroden (z.B. Pd oder Ag/Pd) verwendet, erfordert jedoch ein Sintern in reduzierenden Atmosphären, um eine Oxidation zu vermeiden. Die Dotierungen in der dielektrischen Keramik verhindern aufgrund der Verschiebung der defektchemischen Hochtemperaturgleichgewichte eine Reduktion der Keramik und damit den Verlust ihres isolierenden Charakters.

Die *Klasse 3* umfaßt die sog. Sperrschichtmaterialien. Durch halbleitende Körner und isolierende Korngrenzen werden sehr hohe effektive Dielektrizitätswerte erreicht, allerdings auf Kosten niedriger Isolationswiderstände und hoher Verluste [1567]. Die Materialklasse wurde vorwiegend eingesetzt, bevor Vielschichtkondensatoren (mit Klasse-2-Materialien) als preiswerte Massenprodukte erhältlich wurden.

10.2.1.2 Mikrowellenbauelemente

Dielektrische Keramiken bilden heute die Grundlage für miniaturisierte Mikrowellenbauelemente für praktisch alle technischen Anwendungen [1578]-[1582]. Diese Materialien müssen drei wesentliche Eigenschaften aufweisen:

- eine möglichst hohe relative Dielektrizitätszahl ε_r zur Reduktion der Baugröße (der Durchmesser *D* eines dielektrische Resonators verhält sich in erster Näherung proportional zur Quadratwurzel aus ε_r)
- einen kleinen Temperaturkoeffizienten TK_ε für eine weitgehend temperaturunabhängige Resonatorfrequenz, sowie
- geringe dielektrische Verluste, d.h. möglichst hohe Güten für eine hohe Frequenzselektivität.

Die Signaleinkopplung erfolgt über das sich in den Außenraum ausdehnende elektromagnetische Feld der Resonatoren und das Feld, welches die Leiter auf dem Substrat umgibt. Es gibt sehr unterschiedliche Bauformen von Mikrowellenresonatoren und viele Einbaukonfigurationen, die im Hinblick auf die gewünschten Schaltungseigenschaften optimiert werden.

Die Materialauswahl richtet sich u.a. nach der Einsatzfrequenz und der gegenläufigen Tendenz bei den ε_r-Werten und den Güten *Q* der Werkstoffe. Bei niedrigen Mikrowellenfrequenzen (etwa < 3 GHz) achtet man auf möglichst hohe ε_r-Werte, um die Abmessungen der Resonatorbauelemente nicht zu groß werden zu lassen und muß dabei mäßige Q-Faktoren akzeptieren. Als Materialien kommen die Mischsysteme $BaO\text{-}SE_2O_3\text{-}TiO_2$ (SE = Seltenerdelement) mit ε_r-Werten zwischen 60 und 80 bzw. $BaO\text{-}PbO\text{-}SE_2O_3\text{-}TiO_2$ mit ε_r-Werten bis 100 in Frage. Die zugehörigen Güte-Frequenzprodukte liegen zwischen 5.000 und 10.000 GHz. Im hohen Mikrowellenfrequenzbereich (> 30 GHz) sind geringere ε_r-Werte (etwa < 25) gefragt, da die Abmessungen von Resonatoren für diese Frequenzen ohnehin klein sind und hier sehr hohe Güten benötigt werden. Es werden Materialsysteme wie $Ba(Zr,Zn,Ta)O_3$ (ε_r ca. 30), $Ba(Sn,Mg,Ta)O_3$ (ε_r ca. 25) oder $(Mg,Ca)TiO_3$ (ε_r ca. 21) eingesetzt. Die Güte-Frequenzprodukte für diese Systeme liegen zwischen 50.000 und 200.000 GHz. Die gewünschten Temperaturkoeffizienten TK_ε werden durch die Optimierung der Mischphasenzusammensetzung eingestellt.

10.2.1.3 Substrate

Dielektrische Keramiken werden in vielfältiger Form als Substrate zur Montage und Verbindung von aktiven und passiven Bauelementen eingesetzt [1583]-[1586]. Es treten Materialanforderungen wie eine gute mechanische Stabilität und eine hohe Wärmeleitfähigkeit zur Ableitung der in den montierten Bauelementen (insbesondere Leistungsbauelementen und schnelle Prozessoren) erzeugten Wärme in den Vordergrund. Zudem werden in der Regel kleine Dielektrizitätszahlen angestrebt. Dies ist notwendig, da die Laufzeit der Signale auf den Leiterbahnen, die im oder auf dem Substrat verlegt sind, sich proportional zur Wurzel von ε_r verhält.

Als Substrate für die reine Oberflächenmontage werden überwiegend kompakte Keramikscheiben von 1 bis 100 cm^2 Fläche und 0,1 bis 1 mm Dicke verwendet. Als Substratmaterial wird meist Al_2O_3 bzw. für besonders hohe Anforderungen an die Wärmeleitfähigkeit das viele teurere AlN eingesetzt. Die Schaltungsfunktionen werden auf dem Substrat durch

- Dick- und Dünnschichttechnik (Leiterbahnen, Widerstände, Kondensatoren),
- SMT = Surface Mount Technology (aktive und passive Bauelemente; Klebe- und Löttechnik) und
- Bonden (integrierte Schaltungen; Klebe- und Feindraht-Bonding)

aufgebracht.

In Vielschichtsubstraten oder Multichip-Modulen (MCM) werden Verdrahtungsebenen in das Substrat eingebaut, um durch die Nutzung der 3. Dimension Fläche auf dem Substrat zu sparen. Dies ist insbesondere bei hochkomplexen Digitalschaltungen notwendig. Die Herstellung erfolgt über das Siebdrucken der einzelnen Verdrahtungsebenen auf grünen Keramikfolien, Stanzen und Füllen der Verbindungslöcher zwischen den Ebenen, Laminieren der Folien und Sintern. Die Technik ist auch unter dem Namen Low Temperature Cofired Ceramics (LTCC) bekannt.

In einer weitergehenden Entwicklung wird versucht, unterschiedliche passive Funktionen (Widerstände, Kondensatoren, Spulen) in das Substrat selbst einzubauen, indem die Lagen des Substrats aus unterschiedlichen Materialien (Ferrite, Dielektrika mit hohem ε_r, etc.) aufgebaut werden.

10.2.2 Ferroelektrische Keramiken

Ferroelektrische Materialien [1587]-[1591] stellen eine Untergruppe der polaren Materialien dar. Die Schwerpunkte der Anionen- und Kationenteilgitter sind in der Elementzelle gegeneinander verschoben, so daß auch ohne ein äußeres elektrisches Feld eine elektrische Polarisation P vorliegt. In ferroelektrischen Materialien ist die Richtung dieser spontanen Polarisation durch große äußere Felder veränderbar, so daß eine ferroelektrische Hysterese resultiert (Bild 272). Das Auftreten einer ferroelektrischen Phase durch Abkühlen aus einer kubischen (d.h. unpolaren) Hochtemperaturphase ist mit einer Verzerrung der Elementarzelle (Bild 273 und Bild 274) und damit mit einer spontanen Deformation verbunden. Keramiken bestehen aus statistisch ausgerichteten Körnern, die sich gegenseitig „einklemmen" und aufgrund dieser Tatsache die spontane Deformation behindern. Der Abbau der inneren elastischen Energie sowie der Abbau des elektrischen Depolarisationsfeldes erfolgt durch eine Aufspaltung in Domänen, also in Bereiche unterschiedlicher Orientierung bezüglich der Polarisation und der Deformation (Bild 494).

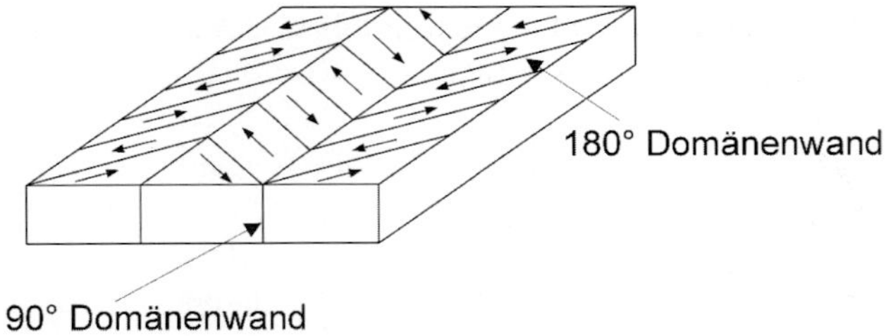

Bild 494: Schematische Darstellung der Bildung ferroelektrischer Domänen. Es ist eine typische lamellenartige Bandstruktur von 180°- und 90°-Domänen skizziert.

Bild 495: REM-Aufnahme von Blei-Zirconium-Titanat-Keramik mit Domänenstruktur (Labitzke, MPI-Metallforschung, Stuttgart)

Aufgrund der Kristallperiodizität in den einzelnen Körnern sind in Abhängigkeit von der Kristallstruktur nur bestimmte Winkel zwischen zwei Polarisationsorientierungen möglich. Tetragonale Strukturen zeigen 90°- und 180°-Domänen, während rhomboedrische Strukturen 71°-, 109°- und 180°-Domänen aufweisen. Domänenwände lassen sich durch äußere elektrische Felder verschieben. Dabei ist zwischen der reversiblen Verschiebung durch Kleinsignalanregungen und irreversiblen Anteilen bei Großsignalanregungen zu unterscheiden [1592]. Die Bewegung von Nicht-180°-Domänenwänden führt zu mechanischen Verzerrungen in den Körnern und damit zu einer geometrischen Deformation der Keramik (*inverser piezoelektrischer Effekt*). Werden Nicht-180°-Domänenwände durch den Einfluß mechanischer (Druck-, Zug- oder Scher-) Spannungen σ_M bewegt, so ändert sich andererseits die elektrische Polarisation (*direkter piezoelektrischer Effekt*).

Die Bewegung von 180°-Domänenwänden verursacht keine Änderung der elastischen Spannung und nimmt demgemäß nicht am piezoelektrischen Effekt teil. Details sind in [1593]-[1596] beschrieben.

Aufgrund der statistischen Verteilung der Körner in der Keramik, liegt zunächst keine makroskopische Polarisation vor. Es muß zunächst die „Neukurve" der ferroelektrischen Hysterese (Bild 272) durchlaufen werden, um eine remanente Polarisation im keramischen Körper zu erzeugen (sog. *Polungsprozess*). Bild 496 zeigt die ferroelektrische Hysterese $P(E)$ und die Deformationskurve $S(E)$, wobei eine relative Längenänderung $S = \Delta l/l$ darstellt. Aufgrund ihrer charakteristischen Form wird $S(E)$ auch „Schmetterlingskurve" genannt.

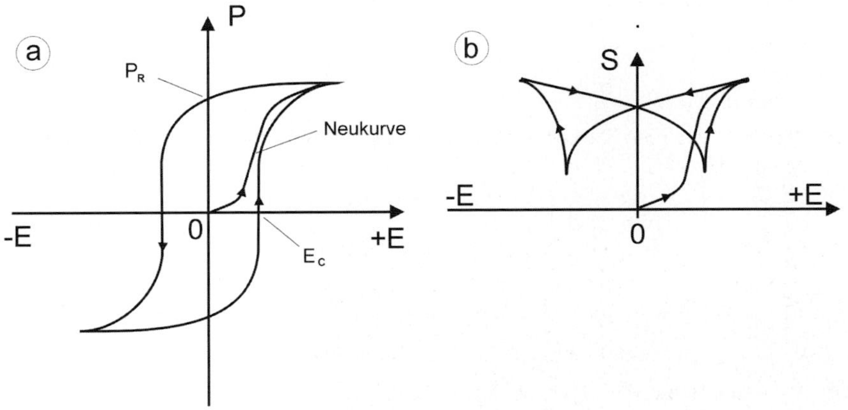

Bild 496: Ferroelektrische und piezoelektrische Hysterese. (**a**) Polarisation P und (**b**) relative Längenänderung S als Funktion des elektrischen Feldes.

10.2.2.1 Piezoaktoren und –sensoren

Werden auf Materialien Elektroden aufgebracht, so läßt sich die Flächenladungsdichte auf den Elektrodenplatten durch die sog. dielektrische Verschiebung D ausdrücken (Kapitel 5.3). Im Falle von piezoelektrischen Materialien tritt neben dem dielektrischen Beitrag des Materials εE (mit $\varepsilon = \varepsilon_0 \varepsilon_p$) aufgrund eines angelegten elektrischen Feldes E ein zusätzlicher piezoelektrischer Beitrag $d^E \sigma_M$ durch die Wirkung mechanischer Spannungen σ_M (direkter piezoelektrischer Effekt) auf:

$$D = \varepsilon^{\sigma} E + d^E \sigma_M \tag{417}$$

In dieser Gleichung ist d der piezoelektrische Koeffizient und die hochgestellten Indizes repräsentieren konstant gehaltene Größen.

In analoger Weise muß das Hooke´sche Gesetz der elastischen Deformation des Materials $S = s\sigma_M$ durch einen Beitrag des inversen piezoelektrischen Effekts ergänzt werden:

$$S = s^E \sigma_M + d^\sigma E \qquad (418)$$

Der Koeffizient s stellt die *elastische Nachgiebigkeit* des Materials dar.

Die Gleichungen (417) und (418) werden als piezoelektrische Grundgleichungen bezeichnet. Im allgemeinen Fall sind D und E Vektoren, S und ε Tensoren 2. Stufe, d ein Tensor 3. Stufe und s ein Tensor 4. Stufe. Die tensorielle Darstellung läßt sich für die uniaxiale Symmetrie einer gepolten Keramik stark vereinfachen [N1]. Diese Keramiken besitzen in der Ebene senkrecht zur Polungsachse eine ∞-fache Symmetrie. Es ist üblich, eine abkürzende Schreibweise für die mechanischen Koeffizienten einzuführen. Dabei werden die Normalkomponenten in den drei Raumrichtungen mit den Indizes 1, 2 und 3 bezeichnet und die Scherkomponenten mit 4, 5 und 6 (Bild 497).

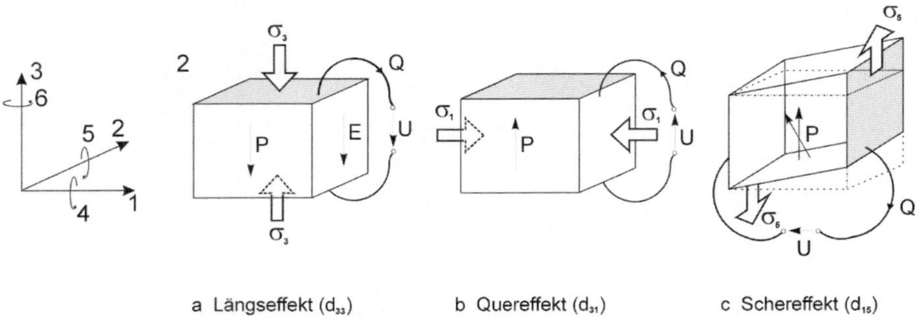

Bild 497: Anordnung der Polarisationsrichtung, der Richtung des äußeren elektrischen Feldes im Betrieb und der mechanischen Spannung für die wichtigsten piezoelektrische Effekte an gepolter ferroelektrischer Keramik.

Durch eine Konvention wird die Achse 3 als Polungsrichtung festgelegt. Die piezoelektrischen Koeffizienten lassen sich durch d_{ij} darstellen, wobei der Koeffizient i (i = 1...3) die Richtung des elektrischen Feldes im Betrieb darstellt, und der Koeffizient j (j = 1...6) die Richtung der mechanischen Komponente repräsentiert. Es läßt sich zeigen [N1], daß für die einfache Symmetrie gepolter Keramiken lediglich drei unterschiedliche piezoelektrische Koeffizienten d_{33}, d_{31} und d_{15} zu unterscheiden sind (Bild 497): d_{33} verknüpft ein elektrisches Feld und eine Längenänderung in Richtung der polaren Achse (Längseffekt), während d_{31} bei gleicher Richtung des elektrischen Feldes einer Längenänderung senkrecht dazu entspricht (Quereffekt). d_{15} beschreibt den Schereffekt, wenn ein elektrisches Feld senkrecht zur polaren Achse angelegt wird. Der piezoelektrische Kopplungsfaktor k ergibt sich aus den Materialkoeffizienten gemäß

$$k = \frac{d}{\sqrt{s^E \varepsilon^\sigma}} \qquad (419)$$

und erlaubt in erster Näherung die Berechnung des Wirkungsgrades der Umwandlung zwischen elektrischer und mechanischer Energie. Die exakte Berechnung ist von der Form der piezokeramischen Bauelemente abhängig.

Die Koeffizienten in den piezoelektrischen Grundgleichungen sind naturgemäß nur dann (in guter Näherung) Konstanten, wenn die Anregungsamplituden klein bleiben (fette Linien in Bild 496). Im Großsignalfall werden sind alle Koeffizienten stark abhängig von der Amplitude des Anregungssignals und der Vorgeschichte.

Die größte technische Bedeutung hat das Bleizirkonattitanat-System $Pb(Zr_xTi_{1-x})O_3$ (kurz: PZT). Das Stabilitätsdiagramm der einzelnen Modifikationen ist in Bild 498 dargestellt.

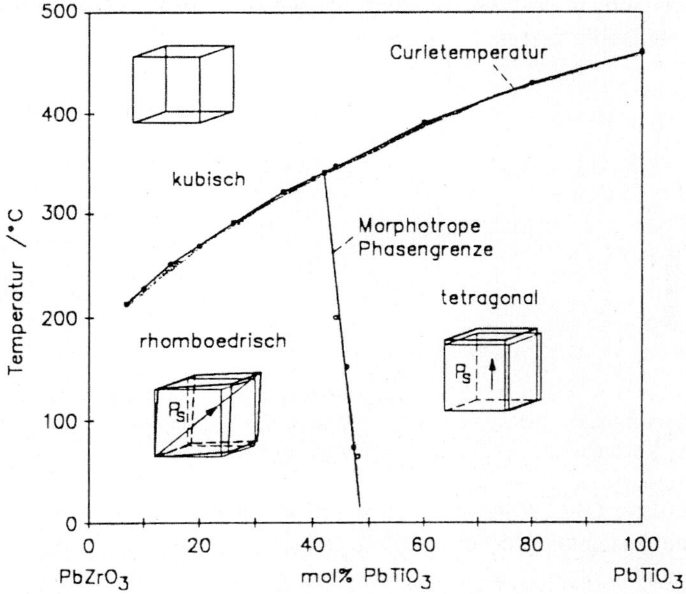

Bild 498: Stabilitätsdiagramm des Systems Bleizirkonat-Bleititanat $Pb(Zr_xTi_{1-x})O_3$ [1588]

Unterhalb der Curietemperatur ist das System auf der Zr-reichen Seite rhomboedrisch und auf der Ti-reichen Seite tetragonal. Die Phasengrenze zwischen der tetragonalen und der rhomboedrischen Phase wird als morphotrop bezeichnet. Diese Grenze ist nicht als abrupter Übergang aufzufassen. Vielmehr gibt es einen gewissen Zusammensetzungsbereich, in dem eine Koexistenz von tetragonaler und rhomboedrischer Struktur auftritt. Die Breite dieses Bereiches hängt u. a. von den Präparationsbedingungen der Keramik ab. Die Bedeutung des PZT resultiert in erster Linie aus den außergewöhnlich hohen Kopplungsfaktoren *k*, die in der Nähe der morphotropen Phasengrenze erreicht werden und elektrisch-mechanische Energieumwandlungen mit einem Wirkungsgrad von bis zu 50 % erlauben.

Piezokeramische Werkstoffe werden in folgenden Hauptanwendungsgebieten eingesetzt [1587], [1597]-[1599]:

- Die *Erzeugung von hohen elektrischen Spannungen* erfolgt durch mechanisch-elektrische Energiewandlung, z.B. in piezoelektrischen Zündanlagen. Der Vorteil gegenüber konventionellen elektromagnetischen Lösungen liegt in der Einsparung aufwendiger Hochspannungstransformatoren.

- Die Detektion *statischer und dynamischer mechanischer Kräfte* wird in Druck- und Kraftsensoren sowie in Verbindung mit seismischen Massen in Beschleunigungssensoren eingesetzt. Im dynamischen Betrieb lassen sich hochempfindliche Sensoren für mechanische Schwingungen realisieren, die u. a. zur Überwachung von Maschinen genutzt werden.
- Aktuatoren basieren auf der Umwandlung von elektrischer in mechanische Energie. Sie werden in automatisch fokussierenden Kameras, in Tintenstrahldruckern, Hochleistungs-Stellgliedern, Rastersondenmikroskopen und für die Kraftstoffeinspritzung in der Automobiltechnik genutzt. Bild 499 zeigt die zwei wichtigsten Grundanordnungen.

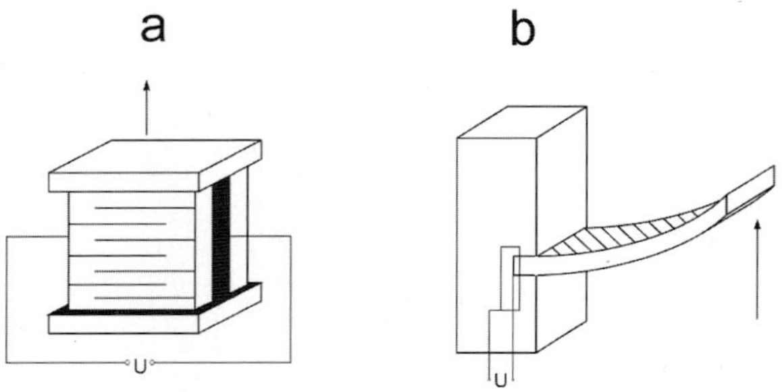

Bild 499: Grundanordnungen piezoelektrischer Aktoren. (a) axialer Aktuator in Vielschichtbauweise zur Verringerung der Betriebsspannung; (b) Biegeaktuator.

Im axialen Aktuator (Bild 499a) wird der d_{33}-Effekt genutzt. Es werden lediglich sehr kleine Auslenkungen von < 0,1 % erreicht, allerdings in Verbindung mit außerordentlich hohen Kräften. Zur Verringerung der für den Betrieb erforderlichen Spannung werden axiale Aktuatoren häufig als Vielschichtaktuatoren gefertigt. Bild 499b zeigt einen Bimorph-Aktuator, der auf dem „Bimetall"-Prinzip beruht. Der Biegeschwinger ist aus (mindestens) zwei geschichteten piezoelektrischen Platten aufgebaut. Durch Nutzung des d_{31}-Effektes (Quereffekt) wird im Betrieb über eine unterschiedliche Polarisation oder eine gegengerichtete Spannung eine Verlängerung der einen Platte und eine Verkürzung der anderen Platte bewirkt. Aufgrund der Hebelwirkung werden große Auslenkungen (> 5 %) bei allerdings nur geringen Kräften erreicht.

- Die piezoelektrische *Erzeugung akustischer Schwingungen* wird in *Ultraschallwandlern* und in Lautsprechern genutzt.

In Aktuatoren finden auch elektrostriktive Keramiken Verwendung, obwohl die Effekte im allgemeinen deutlich kleiner sind als in piezoelektrischen Keramiken. Materialien mit sehr hohen Dielektrizitätszahlen wie Relaxoren (z.B. $Pb(Mg,Nb)O_3$) zeigen jedoch außergewöhnlich große elektrostriktive Deformationen, die diejenigen von PZT noch übertreffen können.

Durch geeignete Strukturierungen des keramischen Materials im Bauelement und durch geeignete Kraftübersetzungen lassen sich piezoelektrische und elektrostriktive Effekte erheblich verstärken [1600].

10.2.2.2 Ferroelektrische Datenspeicher

Ein Kondensator mit einem ferroelektrischen Dielektrikum kann als digitaler Datenspeicher genutzt werden. Die beiden Polarisationsrichtungen des remanenten Zustandes (s. Bild 272 u. Bild 500b) repräsentieren die logische Information („0“ oder „1“).

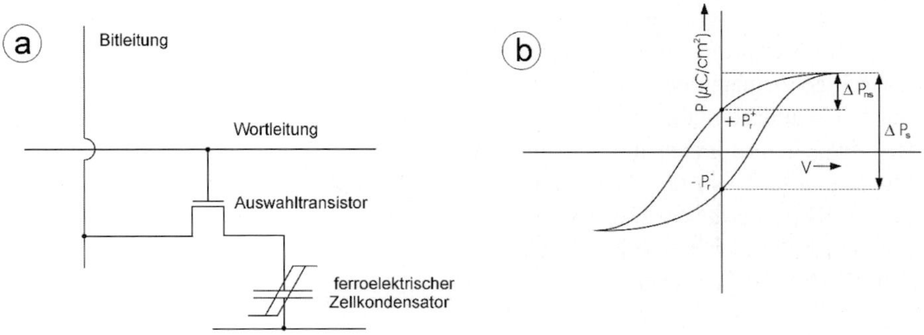

Bild 500: Arbeitsweise ferroelektrischer Datenspeicher. (a) Matrixelement eines FeRAM-Speichers mit einem Auswahltransistor und einem Kondensator mit ferroelektrischem Dielektrikum. (b) Auslesen der Information durch Bestimmung der Ladung beim Aussteuern mit positiver Spannung (siehe Text).

Im Gegensatz zu den üblichen RAM-Speichern (RAM = Random Access Memory; Arbeitsspeicher) von Computern ist ein ferroelektrischer RAM-Speicher (FeRAM) nicht flüchtig, d.h., er hält die Information auch ohne eine äußere Betriebsspannung. Aufgrund dieser Eigenschaft vereinen FeRAM die Vorteile von RAM-Speichern und Massenspeichern wie z.B. Festplatten.

Die einzelnen Speicherkondensatoren im FeRAM sind matrixförmig angeordnet, d.h. in einer Matrix aus sog. Bitleitungen und Wortleitungen sitzen an jedem Kreuzungspunkt ein als Schalter dienender Auswahltransistor und ein (sehr kleiner) ferroelektrischer Kondensator (Bild 500a). Zum Schreiben der Information in eine Speicherzelle wird die Information in Form einer positiven oder negativen Spannung auf die Bitleitung gelegt. Anschließend wird über die Wortleitung der Auswahltransistor kurzzeitig geöffnet, so daß der ferroelektrische Kondensator in die positive bzw. negative Sättigung der Hysteresekurve ausgesteuert wird. Nach dem Schreibimpuls befindet sich das Ferroelektrikum in der positiven bzw. negativen remanenten Polarisation, $-P_r$ bzw. $+P_r$. Zum Auslesen der Information muß das Ferroelektrikum mit einer vorgegebenen Polarität in die Sättigung ausgesteuert werden (z.B. durch eine positive Spannung). Die bei diesem Vorgang fließende Ladung hängt nun davon ab, ob sich das Ferroelektrikum in der negativen oder in der positiven Remanenz befunden hat. Aus dem Zustand $-P_r$ ist eine Umpolarisation des Ferroelektrikums notwendig, so daß die Ladung $\Delta Q_s = \Delta P_s \cdot A_{FE}$ deutlich größer ist, als wenn aus dem Zustand $+P_r$ in die positive Sättigung ausgesteuert wird (Der Index s deutet hier das „Schalten" des Ferroelektrikums an; A_{FE} ist die Elektrodenfläche des Kondensators). Da im letzteren Fall lediglich die dielektrische Polarisation des Materials wirksam wird, ist die Ladung $\Delta Q_{ns} = \Delta P_{ns} \cdot A_{FE}$ entsprechend kleiner (s. Bild 500b). Aus der Größe der Ladung, ΔQ_s bzw. ΔQ_{ns}, kann mit Hilfe der integrierten Ausleseschaltung auf die logische Information geschlossen werden. Nach dem Lesen befindet sich der Zellkondensator in jedem Falle im Zustand $+P_r$, d.h. die ursprüngliche Information ist zerstört. Sie muß nach dem Lesevorgang durch einen unmittelbar anschließenden Schreibvorgang zurückgeschrieben werden.

FeRAM-Schaltungen werden auf integrierten Halbleiterchips realisiert. Ferroelektrische Dünnschichten aus z.B. $Pb(Zr,Ti)O_3$ oder $SrBi_2Ta_2O_9$ werden durch geeignete Verfahren in Schichtdicken von etwa 100 nm auf dem Siliciumchip abgeschieden, nachdem die Transistoren und die periphere Logik auf den Chips mit den Standardmethoden der Halbleitertechnik integriert wurden. Durch geeignete Zwischenschichten müssen Interdiffusionsprozesse während der Hochtemperaturbehandlung bei der Abscheidung der ferroelektrischen Schichten verhindert werden. Die laterale Strukturierung der ferroelektrischen Schichten und der Elektroden erfolgt üblicherweise durch Trockenätzprozesse. Details der Integration sind in [1601] beschrieben.

10.2.2.3 Pyroelektrische Infrarotdetektoren

Die spontane Polarisation polarer Stoffe ist in aller Regel temperaturabhängig [1602]. Setzt man polare Stoffe als Dielektrikum in Kondensatoren ein, so lassen sich Temperaturänderungen ΔT aufgrund der Änderung des Wertes der spontanen Polarisation ΔP als Ladungen im äußeren Stromkreis detektieren [1603], [1604]:

$$\Delta P = p_{py}\,\Delta T$$

p_{py} repräsentiert den pyroelektrischen Koeffizienten. In Temperatursensoren und Infrarotstrahlungsdetektoren, die auf dem pyroelektrischen Effekt beruhen, werden häufig aus Kostengründen Keramiken anstelle von Einkristallen eingesetzt. Um in der polykristallinen Keramik bei statistischer Ausrichtung der Kristallite eine makroskopische Polarisation zu erreichen, müssen ferroelektrische Materialien eingesetzt werden, die einem geeigneten Polungsprozess unterworfen werden. Das Material wird in Form dünner Plättchen oder als Dünnschicht mit Elektroden versehen und thermisch isoliert montiert. Häufig werden pyroelektrische Detektoren als Bewegungsmelder zur Raumüberwachung eingesetzt. Sie detektieren in diesem Anwendungsmodus die Infrastrahlung die vom menschlichen Körper ausgeht. Um den Einfluß von Raumtemperaturänderungen auszuschließen, werden meist zwei pyroelektrische Kondensatoren mit antiparalleler Polarisation elektrisch in Reihe geschaltet (Bild 501).

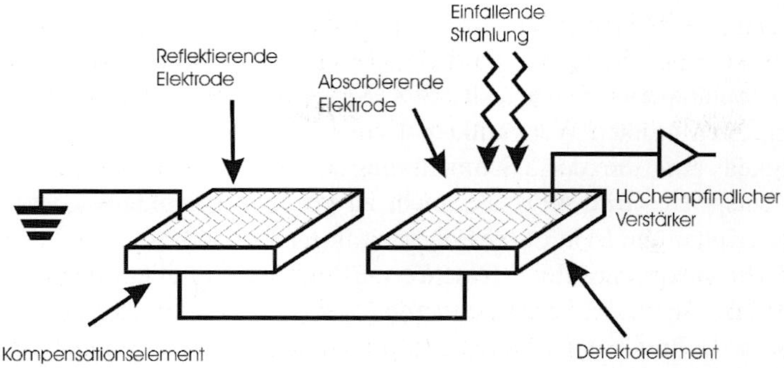

Bild 501: Pyroelektrischer Infrarotstrahlungsdetektor. Zwei pyroelektrische Kondensatoren sind hinsichtlich ihrer Polarisationsrichtung antiseriell geschaltet, um Umgebungstemperaturänderungen zu kompensieren.

Nur einer der beiden Kondensatoren wird dem Strahlungsfeld ausgesetzt. Eine Änderung der Raumtemperatur führt zu einer gleichmäßigen Erwärmung beider Kondensatoren, deren Signale sich aufgrund ihrer antiparallelen Schaltung kompensieren. Eine weitere Empfindlichkeitssteigerung erfolgt über die Selektion des Frequenzbereiches, in dem sich die Bewegung von Personen im Sichtfeld abspielt (ca. 0,1 bis 10 Hz). Es können auf diesem Wege noch Temperaturänderungen von nur 10^{-6} K aufgelöst werden.

Als ferroelektrische Keramiken für pyroelektrische Anwendungen werden u. a. $(Pb,Ca)TiO_3$, $(Pb,La)TiO_3$ und $Pb(Sc,Ta)O_3$ eingesetzt. Neben klassischen Volumenkeramiken, die mit Läpp- und Poliertechniken zu dünnen Plättchen ausgebildet werden, nimmt die Entwicklung von integrierten Dünnschichtbauelementen zunehmend größeren Raum ein. Über diesen Weg werden 1- und 2-dimensionale Arrays auf Halbleiterchips realisiert, die in Infrarotkameras eingesetzt werden können [1603], [1605], [1606].

10.2.2.4 Elektrooptische Bauelemente

Voraussetzung für die Nutzung elektrooptischer Effekte in Keramiken ist die optische Transparenz. Diese kann erreicht werden, wenn (1) das Material im Bereich des sichtbaren Lichts keine signifikante Absorption aufweist, (2) die Korngrenzen in dem Gefüge keine Beiträge zur Beugung und Streuung leisten und (3) das Gefüge porenfrei ist. Anisotrope Materialien wie z.B. polare Werkstoffe zeigen neben einer richtungsabhängigen Dielektrizitätskonstante auch eine Richtungsabhängigkeit des Brechungsindex, die sog. Doppelbrechung. Die Doppelbrechung wird in der Regel genutzt, um die Polarisationsebene von polarisiertem Licht zu drehen. Läßt sich die Amplitude des Unterschiedes im Brechungsindex Δn elektrisch steuern, so spricht man von *elektrooptischen* Materialien [1607]-[1611].

Man unterscheidet zwei Modi:

- Der lineare elektrooptische Effekt (*Pockels*-Effekt) tritt in polaren Materialien einschließlich polarisierter, ferroelektrischer Keramiken auf. Die Doppelbrechung Δn zeigt den größten Wert senkrecht zur polaren Achse und weist eine Feldabhängigkeit auf, die der „Schmetterlingskurve" der piezoelektrischen Auslenkung entspricht (Bild 496). Bei nicht zu großen Auslenkungen verhält sich die Abhängigkeit $\Delta n(E)$ in erster Näherung linear.
- Der quadratische elektrooptische Effekt (*Kerr*-Effekt) kann in allen Materialien mit hoher Dielektrizitätszahl induziert werden, d.h. auch in isotropen Materialien. Die für das Auftreten einer Doppelbrechung notwendige Anisotropie wird hier durch ein äußeres elektrisches Feld erzeugt. Die Doppelbrechung erreicht auch in diesem Fall die maximale Amplitude senkrecht zur (elektrisch induzierten) polaren Achse. Da durch das elektrische Feld die Doppelbrechung erst induziert wird, zeigt $\Delta n(E)$ in erster Näherung eine quadratische Abhängigkeit.

Keramiken, die die o. g. Voraussetzungen für optische Transparenz aufweisen und zugleich große elektrooptische Koeffizienten besitzen, basieren häufig auf dem $(Pb,La)(Ti,Zr)O_3$-System. Durch die Wahl des La-Gehaltes läßt sich eine ferroelektrische bzw. eine dielektrische Phase mit einer hohen Dielektrizitätskonstante einstellen, so daß der lineare oder der quadratische Effekt genutzt werden können. Elektrooptische Materialien werden in schnellen optischen Schaltern, als Teil von Lichtleitstrecken in Mach-Zehnder-Modulatoren, in Displays u.v.a.m. eingesetzt.

10.2.3 Elektronen- und ionenleitende Keramiken

Die elektrische Leitfähigkeit elektrokeramischer Materialien variiert um viele Größenordnungen. Sie läßt sich durch die Materialzusammensetzung, die Herstellungsbedingungen und das Gefüge zwischen hochisolierenden Eigenschaften und supraleitenden Eigenschaften einstellen. Man unterscheidet prinzipiell und im Hinblick auf die Anwendungen zwischen elektronisch leitenden Stoffen, in denen Elektronen bzw. Löcher die Ladungsträger sind, und ionisch leitenden Stoffen (sog. Festelektrolyte), in denen sich Ionen über Leerstellen im Gitter oder über das Zwischengitter bewegen. In der Mehrzahl der Anwendungen werden Sauerstoffionenleiter eingesetzt. Die Grundlagen des Ladungstransports in Keramiken sind in Kapitel 5.3.1 dargestellt. Details zu Grundlagen und Anwendungen sind in [1612]-[1615] zu finden.

10.2.3.1 Gassensoren und Hochtemperatur-Brennstoffzellen

Werden zwei Gasräume mit unterschiedlichem Sauerstoffpartialdruck Po_2 durch einen Sauerstoffionenleiter getrennt, so läßt sich mit Hilfe elektronisch leitender Elektroden auf den beiden Seiten des Ionenleiters eine *elektrochemische Zelle* bilden (Bild 502).

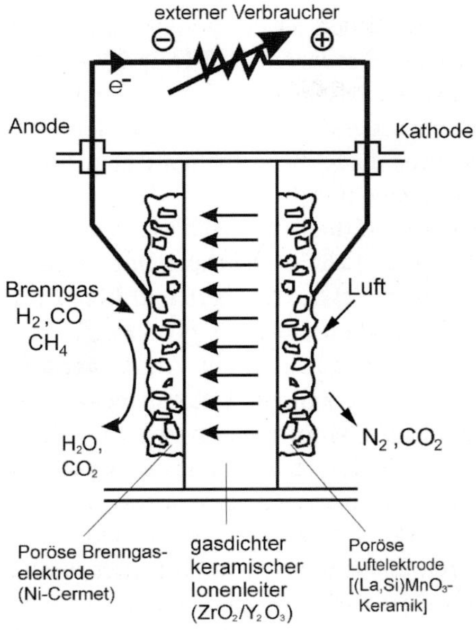

Bild 502: Prinzipdarstellung einer Hochtemperatur-Brennstoffzelle.

An den Elektroden der Zelle kann die Nernst-Spannung

$$U = \frac{RT}{4F} \ln\left(\frac{pO_2'}{pO_2''}\right) \tag{420}$$

abgegriffen werden. In der Nernst-Gleichung stellt F die Faraday-Konstante und pO_2' bzw. pO_2'' die Sauerstoffpartialdrucke in den beiden Gasräumen dar.

Elektrochemische Zellen auf der Basis von sauerstoffionenleitenden Festelektrolyten werden in großem Umfang als Gassensoren und zunehmend auch in Hochtemperatur-Brennstoffzellen eingesetzt. Gassensoren beruhen auf der Bestimmung eines Sauerstoffpartialdruckes über die Nernstspannung. Voraussetzung ist, daß der Sauerstoffpartialdruck auf der anderen Seite der Zelle bekannt ist. Hier dient häufig Luft als Referenzgas. In der Kfz-Technik werden Sauerstoffsensoren (sog. *Lambda-Sonden*) als hochtemperaturfeste und langzeitstabile Bauelemente zur Regelung der Verbrennung genutzt, um eine optimale Kraftstoffnutzung und einen optimalen Wirkungsgrad des Abgaskatalysators einzustellen. Details zur Arbeitsweise von elektrochemischen Gassensoren sowie weitere Typen keramischer Gassensoren werden in [1616]-[1627] behandelt.

Hochtemperatur-Brennstoffzellen beruhen auf der Nutzung von Festelektrolytzellen als Gleichspannungsquellen. Durch die kontrollierte, elektrochemische „Verbrennung“ läßt sich im Prinzip eine vollständige Umwandlung der chemischen Energie in elektrische Energie erreichen, im Gegensatz zur Dampfturbine, deren Wirkungsgrad selbst im Idealfall durch den Umweg über die thermische Energie nach Carnot begrenzt ist.

Beide Seiten der Festelektrolytmembran (Bild 502) sind mit porösen Elektroden versehen. Bei geschlossenem Stromkreis werden an der Sauerstoffelektrode (Kathode) Sauerstoffmoleküle zu Sauerstoffionen reduziert ($1/2\ O_2 + 2e^- \rightarrow O^{2-}$). Diese Sauerstoffionen werden durch die Festelektrolytmembran zur Brenngasseite transportiert. Als Festelektrolyt wird meist hoch akzeptordotiertes ZrO_2 eingesetzt, dessen hohe Sauerstoffleerstellenkonzentration und –beweglichkeit eine hinreichend große Ionenleitfähigkeit im Betriebstemperaturbereich zwischen 800 und 1000° C gewährleistet. An der Brenngasseite (Anode) oxidieren die Sauerstoffionen das Brenngas (z.B. $CO + O^{2-} \rightarrow CO_2 + 2e^-$) . Die entstehenden Elektronen werden im äußeren Stromkreis zur Kathode zurücktransportiert und können an einer externen Last Arbeit verrichten. Die Kathode besteht aus gemischt elektronisch-ionisch leitenden Perowskiten wie z.B. $(La,Sr)MnO_3$. Die Anode wird aus einem Cermet, d.h. aus einem Gemisch einer keramischen Komponente (hier ZrO_2:Y_2O_3) und einer metallischen Komponente (Nickel) hergestellt. Der Zusatz des Festelektrolytmaterials ist erforderlich, um einerseits den Ausdehnungskoeffizienten der Anodenschicht an den der Festelektrolytmembran anzupassen und andererseits die Mikrostruktur und die Porosität der Ni-Phase zu stabilisieren.

Zentrale Fragestellungen in der weiteren Entwicklung von Hochtemperatur-Brennstoffzellen sind die Verringerung der elektrischen Verluste durch den Elektrolytwiderstand und die Elektrodenwiderstände sowie eine Erhöhung der Langzeitbeständigkeit aller Komponenten und Materialverbindungen.

10.2.3.2 Varistoren

Varistoren (engl. *Variable resistor)* sind keramische Bauelemente, die einen spannungsabhängigen Widerstand aufweisen. Diese Eigenschaft wird u. a. genutzt, um Geräte vor Überspannungen zu schützen. Unterhalb der Durchbruchsfeldstärke sind Varistoren hochohmig. Beim Erreichen der Durchbruchfeldstärke gehen sie reversibel und nahezu ohne Verzögerung in einen gut leitenden Zustand über (Bild 503).

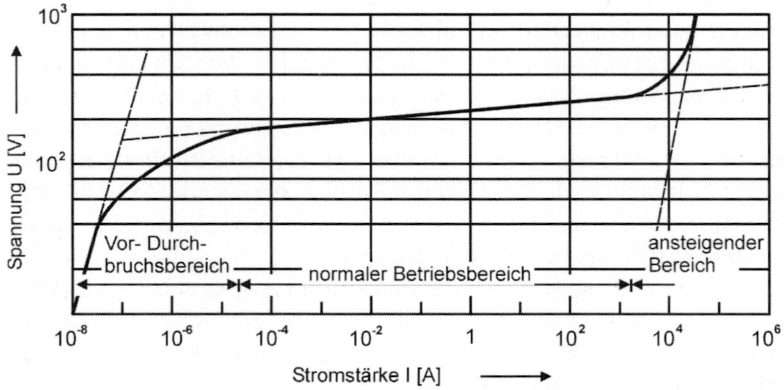

Bild 503: Strom-Spannungskennlinie eines ZnO-Varistors

Im Durchbruchsbereich läßt sich die Strom-Spannungskennlinie durch ein Potenzgesetz $I = I_0\ U^{\alpha}$ beschreiben. Der Nichtlinearitätskoeffizient α liegt für kommerzielle Varistoren zwischen 30 und 70. Dies erklärt den Anstieg der Leitfähigkeit von bis zu 10 Größenordnungen (!) bei einem nur geringfügigen Überschreiten der Durchbruchspannung.

Varistoren werden heute aus ZnO-Keramik gefertigt [1628]. Die ZnO-Körner sind donatordotiert und damit halbleitend. Die Keramik enthält ferner Bi_2O_3, welches die Korngrenzen dekoriert und zu einer lokalen Überkompensation durch Sauerstoffionen führt. Die zusätzlichen Sauerstoffionen stellen *negative* Korngrenzladungen dar, die aufgrund ihrer elektrostatischen Abstoßung von Elektronen in den Körnern zu einer Raumladungsverarmungszone und damit zur Ausbildung einer Potentialbarriere entlang der Korngrenzen führen. Diese Raumladungszone hat eine Breite von etwa 50 nm und ist für den isolierenden Charakter der Keramik unterhalb der Durchbruchspannung verantwortlich. Weitere Zusätze sind MnO_2 und Co_3O_4, die als tiefe Donatoren die Raumladungszone stabilisieren, sowie SiO_2 und TiO_2, die zur Steuerung des Kornwachstums benötigt werden. Der Varistoreffekt kommt durch den Abbau der Potentialbarriere an den Korngrenzen unter hohen Feldern zustande. In ZnO ist dieser Effekt besonders stark ausgeprägt, da die Elektronen bei Überqueren der Korngrenzbarriere eine hohe Energie aufnehmen können und beim Überschreiten von etwa 3,7 V pro Korngrenze eine Elektronen-Loch-Paarbildung anregen. Die Löcher driften in die Korngrenze zurück und kompensieren die negative Korngrenzladung, so daß die Potentialbarriere zusammenbricht.

Die Details des Mechanismus sind in [1629]-[1638] ausführlich dargestellt und in [1612] zusammengefaßt.

10.2.3.3 Temperaturabhängige Widerstände

Temperaturabhängige Widerstände werden unterteilt *Kaltleiter*, die einen positiven Temperaturkoeffizienten (PTC = Positive Temperature Coefficient) aufweisen, und *Heißleiter* mit einem negativen Temperaturkoeffizienten (NTC = Negative Temperature Coefficient) [1639]-[1650].

Bild 504 zeigt den Temperaturverlauf des spezifischen Widerstandes einer PTC-Keramik, die aus donatordotiertem $BaTiO_3$ besteht. Im Kaltwiderstandsbereich, der sich bis zur Curie-Temperatur T_C von ferroelektrischen $BaTiO_3$ erstreckt, zeigt das Material einen für halbleitende Titanatkeramiken typischen, niedrigen spezifischen Widerstand. Im PTC-Bereich steigt der Widerstand um 5 bis 7 Größenordnungen an. Es werden Temperaturkoeffizienten von über 100 %/K erreicht. Oberhalb von T_{max} schließt sich ein NTC-Bereich an, in dem der spezifische Widerstand wie bei jedem thermisch aktivierten Ladungstransportprozess mit der Temperatur abnimmt. Die Curie-Temperatur T_C und damit die PTC-Kennlinie kann durch Mischkristallbildung auf der Temperaturachse verschoben werden. Substitution von Ba in $BaTiO_3$ führt zu einer Anhebung, Sr-Substitution zu einer Senkung der Curie-Temperatur (s. Bild 275).

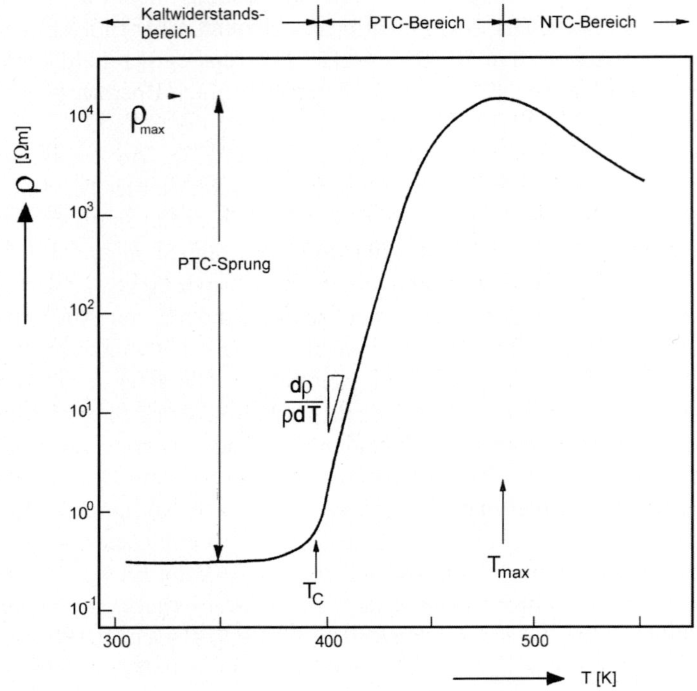

Bild 504: Temperaturabhängigkeit des spezifischen Widerstandes für eine PTC-Keramik auf der Basis von donatordotiertem $BaTiO_3$.

Ähnlich dem Varistor-Effekt in ZnO-Keramiken beruht der PTC-Effekt auf einem Korngrenzenphänomen. Die Körner in donatordotiertem $BaTiO_3$ sind n-halbleitend. An den Korngrenzen liegen negativ geladene Zustände vor, die durch die Anreicherung von Eigen- und Fremdakzeptoren verursacht sind. Dies führt zu der Ausbildung von Raumladungsverarmungszonen und Potentialbarrieren. Im NTC-Bereich ist die Keramik aus diesem Grunde sehr hochohmig. Mit abnehmender Temperatur und Annäherung an T_C steigt die Dielektrizitätszahl gemäß

$$\varepsilon_r = \frac{C}{T - T_0} \tag{421}$$

dem *Curie-Weiss-Gesetz*, wobei C die Curie-Weiss-Konstante und T_0 die Curie-Weiss-Temperatur darstellt. In $BaTiO_3$ liegt T_0 etwa 10 K unterhalb der Phasenumwandlungstemperatur T_C. Da die Amplitude der Potentialbarriere an den Korngrenzen Φ eine reziproke Abhängigkeit von ε_r zeigt, sinkt die Barrierenhöhe mit Annäherung an T_C deutlich ab, und die Korngrenzen sind infolgedessen durch Elektronen leichter zu überwinden. Dies ist die Grundlage des Verhaltens im PTC-Bereich. Im Kaltleiterbereich ist die Keramik ferroelektrisch. Da die ferroelektrischen Domänen häufig auf den Korngrenzen enden, können die Polarisationsladungen die negativen Korngrenzladungen (zumindest zum Teil) kompensieren und damit die Barrieren in einem Teil jedes Korns unterdrücken. Dies führt zu dem niedrigen spezifischen Widerstand, der in diesem Temperaturbereich beobachtet wird.

NTC-Widerstände sind vorwiegend aus gemischten Übergangsmetalloxiden wie z.B. Mn-, Fe-, Ni-, Co-Oxid in Spinellstruktur AB_2O_4 aufgebaut, wobei die A-Plätze und/oder die B-Plätze mit Kationen *gemischter Valenz* besetzt sind. Sie zeigen einen spezifischen Widerstand, der mit der Temperatur annähernd exponentiell abnimmt. Aufgrund der gemischtvalenten Kationen liegen hohe elektronische Ladungsträgerdichten vor. Die Ladungsträger bewegen sich in Form sog. kleiner Polaronen, d.h. Elektronen bzw. Löcher, die an eine Verzerrung des umgebenden Kristallgitters gekoppelt sind. Die Bewegung von kleinen Polaronen ist thermisch aktiviert, und die Aktivierungsenergie bestimmt den exponentiellen Abfall des spezifischen Widerstandes mit der Temperatur. Der Effekt liegt in der gesamten Keramik vor, an den Korngrenzen bildet sich aufgrund der hohen Ladungsträgerkonzentration keine Potentialbarriere aus.

10.2.3.4 Keramische Supraleiter

Stichworte zu den Eigenschaften von Hochtemperatur-Supraleitern (HTSL) sind in Kapitel 5.3.1 aufgeführt. Als Anwendungsfelder von keramischen HTSL kommen (1) die Energietechnik, (2) die Elektronik, (3) die Sensorik und (4) die Informationstechnik in Frage [1651]-[1660]. Die möglichen Anwendungen haben der Tatsache Rechnung zu tragen, daß die Supraleitungseigenschaften in diesen Materialien stark anisotrop sind, daß Korngrenzen meist Barrieren darstellen, welche die kritische Stromdichte stark verringern und daß keramische Materialien spröde sind. Die Vorteile gegenüber herkömmlichen Supraleitern liegen in der deutlich einfacheren Kyrostat- und Kühlkreislauftechnik sowie in den erheblich geringeren Betriebskosten. Um 1 W Wärmeleistung bei 4,2 K abzuführen, ist ein um den Faktor 20 bis 40 höherer elektrischer Energieaufwand nötig als bei 77 K.

Für die Handhabung sehr großer Kurzschlußströme in elektrischen Netzen werden *Kurzschlußstrombegrenzer* auf der Basis supraleitender Materialien entwikkelt, die auf der Strombegrenzung durch Übergang in den normalleitenden Zustand nach Überschreiten des kritischen Stromes beruhen. Für supraleitende *Energieübertragungskabel* zeigen Abschätzungen der Investitions- und Betriebskosten, daß ein deutlicher Kostenvorteil gegenüber den herkömmlichen, wassergekühlten und ölisolierten Kabeln bei Leistungen oberhalb von etwa 1000 MVA erreicht werden kann. Supraleitende *magnetische Energiespeicher* (SMES) nutzen die Tatsache aus, daß in supraleitenden Spulen Gleichstrom nahezu beliebig lange verlustfrei fließen kann, und lassen sich damit als sehr schnelle Speicher für elektrische Energie einsetzten.

In der Mikrowellenelektronik werden dielektrische Resonatoren entwickelt (s. Kapitel 6.1.1.2), die in geeigneten Hohlräumen montiert werden. Die Güte dieser Systeme läßt sich erheblich verbessern, wenn die Innenwände des Hohlraums mit supraleitenden Materialien beschichtet werden. Mit diesen Komponenten ließe sich der Energieverbrauch eines Satelliten verringern sowie die Eigenschaften von Basisstationen in der Mobilfunktechnik sowie in der Radartechnik verbessern.

Mit Hilfe supraleitender Materialien und geeigneter Kopplungsstellen (sog. Josephson-Junctions) lassen sich Quanteninterferometer bauen, die als extrem empfindliche Magnetfeldsensoren eingesetzt werden können (sog. SQUIDs = Superconducting Quantum Interference Devices). Die extreme Empfindlichkeit der SQUIDs erlaubt es, in der Medizintechnik magnetische Signale der Herz- und Hirnaktivität des Menschen zu messen.

Die Verarbeitungsgeschwindigkeit von Logikbausteinen in der Informationstechnik ist häufig durch die sog. RC-Zeiten der Einzelelemente bestimmt (R = Widerstand, C = Kapazität). Der Einsatz von supraleitenden Verdrahtungen auf dem Halbleiterchip könnte die Verarbeitungsgeschwindigkeit deshalb deutlich steigern. Darüber hinaus wird an Logikelementen gearbeitet, die die spezifischen Eigenschaften von Josephson-Junctions unmittelbar nutzen.

10.3 Magnetokeramik

(Bearbeitet von V.A.M. Brabers, Eindhoven)

Magnetokeramika bestehen im allgemeinen aus gemischten Oxidkristallen, wobei Eisenoxide den Hauptbestandteil bilden. Die starke indirekte magnetische Wechselwirkung zwischen Fe^{3+} Ionen via Sauerstoff-Ionen für große Fe^{3+}-O^{2-}-Fe^{3+} Winkel (>120°) verursacht in diesen gemischten Eisenoxid-Kristallen eine ferrimagnetische Ordnung mit Curie-Temperaturen, die weit höher als Raumtemperatur liegen, und mit beträchtlichen Sättigungsmagnetisierungen. Dadurch sind diese Verbindungen für den Einsatz als magnetische Materialien geeignet. Aufgrund ihres Gehaltes an Eisenionen und ihrer ferrimagnetischen Ordnung werden diese Materialien Ferrite genannt.

In der Magnetokeramik unterscheidet man zwei Werkstoffgruppen, die weichmagnetischen und die hartmagnetischen Materialien. Zu welcher Gruppe ein Magnetwerkstoff gehört, hängt hauptsächlich von der magnetischen Kristallanisotropie ab.

Die hexagonalen Ferrite (auch „Hexaferrite“) weisen eine hohe uniaxiale Anisotropie in der c-Richtung auf und bilden die Grundkomponente für die *hartmagnetischen* Materialien, d.h. Ferrite mit M,W,X und Z-Strukturen (s. Kapitel 5.4). Die ersten kommerziell genutzten keramischen Permanentmagnete, auch bekannt unter der Bezeichnung „Vectolite“, basierten jedoch auf $Co_xFe_{3-x}O_4$ Mischkristallspinellen [1661]. Mit dem Aufkommen von hexagonalen Ferriten wurden diese Materialien als Permanentmagnete vom Markt verdrängt. Die magnetische Härte in Cobalt-Ferriten stammt von der induzierten Anisotropie, die durch langsame Kühlung von 300°C in einem magnetischen Feld herrührt, das die Ordnungseinstellung des hochgradig anisotropen Cobalt-Ions beeinflußt. Heute werden Cobalt-Ferrite in der Form von γ-Fe_2O_3–$CoFe_2O_4$ Mischkristallen als Kristallite in Polymere eingebettet und in dieser Form als Bandspeichermedium für Audio- und Videoanwendungen eingesetzt.

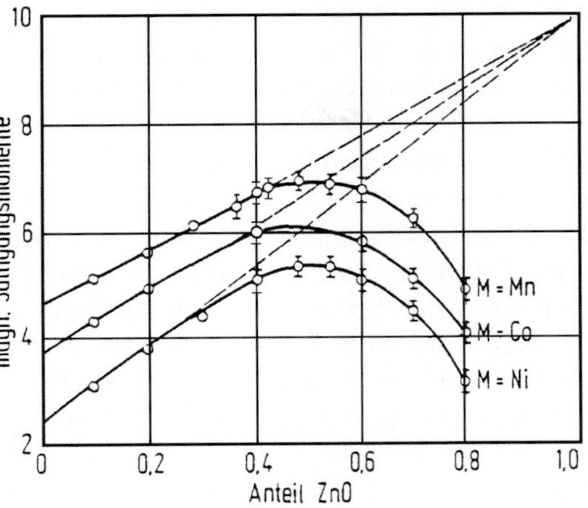

Bild 505: Magnetische Sättigungsmomente M_s von MFe_2O_4 bei Ersatz von M durch Zn.

Hexagonale Ferrite mit Y-Struktur besitzen eine Ebene leichtester Magnetisierung, senkrecht zu der *c*-Richtung, die diese Materialien *weichmagnetisch* macht. Sie sind dadurch besonders für Hochfrequenzanwendungen geeignet [1662]-[1663]. Die wichtigsten weichmagnetischen keramischen Werkstoffe sind solche, die in der kubischen Spinellstruktur kristallisieren. Bei Mikrowellenanwendungen jedoch werden auch Ferrite mit der Granatstruktur ($R_3Fe_5O_{12}$, wobei R ein Selten-erd-Ion oder Y^{3+} bezeichnet) und in der Form von Dünnschichten oder Einkristallen [1664]-[1666] genutzt. Die Orthoferrite mit der Zusammensetzung $RFeO_3$ kristallisieren zu einer orthorhombischen verformten Perowskitstruktur und waren die ersten Werkstoffe, mit denen man Prototypen von *bubble devices* konstruierte, welche auf der Bildung von beweglichen zylindrischen magnetischen Domänen basieren [1667].

In Kapitel 5.4 werden die physikalischen und kristallographischen Grundlagen der magnetischen Eigenschaften von Magnetokeramika erläutert und Referenzen zu Übersichtsartikeln gegeben. Weitere entsprechende Darstellungen haben Beer [1668], Krupicka [1669]-[1670], Sugimoto [1671], Slick [1672], Nicolas [1673], Gilleo [1674], Kojima [1675], Stäblein [1676], Snelling [1677], Goldman [1678] und Brabers [1679] gegeben.

10.3.1 Weichmagnetische Ferrite

Die in der Technik wichtigsten weichmagnetischen Ferrite sind solche, die in der Spinellstruktur kristallisieren. Sie können durch die chemische Formel $M_{3-x}Fe_xO_4$ beschrieben werden, wobei x von der Größenordnung 2 ist und M eines oder mehrere der Metalle Mn, Ni, Zn, Co, Cu, Mg und Li darstellt. Die Spinellstruktur besteht aus einer kubisch dichtesten Packung von Sauerstoff mit Metallionen auf tetraedrischen (A-Plätze) und oktaedrischen (B-Plätze) Zwischengitterplätzen. Die magnetische Struktur in diesen Ferriten ist eines der ersten Beispiele für die Anwendung von Néel's Modell des Ferrimagnetismus [699], das auf zwei unterschiedlich besetzten Untergittern beruht. Die Theorie der Superaustauschwechselwirkung [1680]-[1683] sagt eine maximale antiparallele Wechselwirkung bei einer 180°-Metallion-Sauerstoffion-Metallion-Konfiguration für bestimmte *3d*-Übergangsmetallionen voraus (Fe^{3+} inbegriffen). Bei einer 90°- Konfiguration wird die Wechselwirkung minimal. Weiterhin nimmt die Wechselwirkung mit zunehmendem Abstand Metallion-Sauerstoffion ab. Infolgedessen verursacht die in der Spinellstruktur vorliegende -125°-Winkel-Konfiguration eine antiparallele Anordnung der beiden Untergittermagnetisierungen, was zu einer Sättigungsmagnetisierung führt, die der Differenz der beiden Untergittermagnetisierungen entspricht (Kapitel 5.4). Die meisten in der Technik benutzten Ferrite basieren auf $MnFe_2O_4$ und $NiFe_2O_4$, wobei die Mn^{2+}- und Ni^{2+}-Ionen teilweise durch Zn^{2+}-Ionen ersetzt werden, die vorzugsweise die Tetraederplätze besetzen. Da die Zink-Ionen keine paramagnetischen Spin-Momente besitzen, nimmt die Magnetisierung des A-Untergitters ab, so daß die Sättigungsmagnetisierung, d.h. die Differenz zwischen dem A- und B-Untergitter erheblich vergrößert wird.

In Bild 505 ist das magnetische Sättigungsmoment, extrapoliert auf 0 K, als Funktion des ZnO-Gehaltes dargestellt [700], [1684]. Die magnetischen Momente der verschiedenen Ferrite nehmen zunächst mit steigendem Zn-Gehalt zu. Bei 45 Mol-% ZnO wird ein Maximum erreicht. Die gestrichelten Linien geben den hypothetischen Verlauf der Magnetisierung für den Fall an, wenn die A- und B-Magnetisierungen antiparallel bleiben. Bei höheren Zn-Gehalten auf den A-Plätzen wird diese antiparallele Konfiguration jedoch durch die abnehmende Anzahl von A-B-Superaustauschwechselwirkungen gestört, wodurch die A-A- und B-B-Wechselwirkungen wirkungsvoller werden und es zur Bildung einer nicht-kolinearen Spin-Struktur mit einer niedrigeren Sättigungsmagnetisierung [1685] kommt.

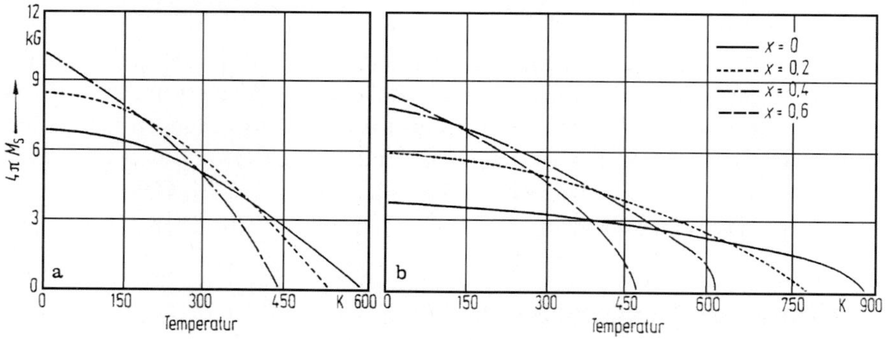

Bild 506: Temperaturabhängigkeit des Einflusses der Zn-Substitution auf die magnetischen Sättigungsmomente M_s. (a) $Mn_{1-x}Zn_xFe_2O_4$ nach Guillaud und Crevaux [1686], (b) $Ni_{1-x}Zn_xFe_2O_4$ nach Pauthenet [1687]

Reines $ZnFe_2O_4$ mit Fe^{3+}Ionen auf B-Plätzen ist unterhalb von 10 K antiferromagnetisch und bei Raumtemperatur paramagnetisch. Dadurch, daß die Wechselwirkung zwischen den A- und B-Plätzen bei zunehmender Substitution der Zn-

Ionen abnimmt, wird auch die Curie-Temperatur herabgesetzt, wie aus der Temperaturabhängigkeit der Sättigungsmagnetisierung (Bild 506) [1686]-[1688] zu ersehen ist.

Aus dem Vorhergesagten wird deutlich, daß nicht nur die chemische Zusammensetzung die Eigenschaften der Ferrite bestimmt. Beispielsweise hat man für $MnFe_2O_4$ festgestellt, daß sowohl die Curie-Temperatur [1689] als auch die Temperaturabhängigkeit der Magnetisierung [1688] von der Verteilung der Mn- und Fe-Ionen auf die A- und B-Plätze abhängt. Zu einem großen Teil bestimmt auch das Gefüge die elektrischen und magnetischen Eigenschaften. Ferrite haben den Vorteil, daß die elektrische Leitfähigkeit geringer ist als bei den metallischen Magnetwerkstoffen. Zur Herstellung von Mn-Zn-Ferriten mit besonders hoher Permeabilität werden $M_{1-x}Fe_{2+x}O_4$-Zusammensetzungen mit Eisenüberschuß ausgewählt. Der Überschuß an Eisen liegt als Fe^{2+} vor, was die magnetische Anisotropie und Magnetostriktion auf Null setzt und somit ein zweites hohes Maximum der Permeabilität verursacht [1690]. Die unterschiedliche Wertigkeit der Eisen-Ionen verursacht jedoch auch eine erhöhte elektronische Leitfähigkeit. Durch eine geeignete, keramische Verarbeitung lassen sich die Korngrenzen oxidieren und damit der Transport von Ladungsträgern durch die Korngrenzen verringern. Dies führt zu einer Absenkung der Leitfähigkeit für Gleichstrom und niedrige Frequenzen [1691].

Das Gefüge bestimmt ebenfalls die magnetische Anfangspermeabilität. Globus [1692] führt die lineare Korngrößenabhängigkeit der Permeabilität auf Domänenwanddurchbiegungen innerhalb der Körner zurück und nimmt an, daß die Domänenwände an der Peripherie der Körner verankert sind. In Bild 507 ist ein typisches Beispiel für die vorhergesagte lineare Abhängigkeit bei MnZn-Ferriten [1693]-[1696] dargestellt.

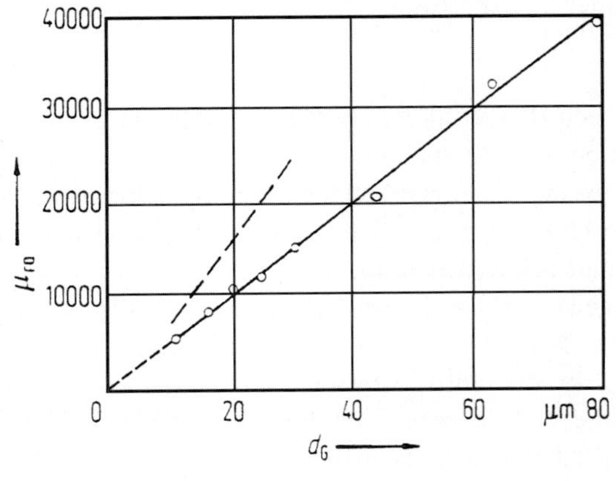

Bild 507: Abhängigkeit der Anfangspermeabilität μ_{ra} vom mittleren Korndurchmesser d_G nach Messungen von Roess u. a. [1693]-[1695] (ausgezogene Gerade) und Perduijn und Peloschek [1696] (gestrichelte Gerade).

Bei Ferriten mit geringer Anisotropie ist insbesondere bei kleinen magnetischen Feldern der Domänenwandbeitrag zur Permeabilität jedoch niedrig. Die Permeabilität wird hauptsächlich durch Rotation der Magnetisierung in den Domänen verursacht [1697]-[1698]. Dennoch wird bei diesen Ferriten eine große Korngrößenabhängigkeit der Permeabilität gefunden. Johnson und Visser [1699] erklärten diesen Effekt damit, daß Körner mit hohen Permeabilitäten von Korngrenzen mit niedrigen magnetischen Permeabilitäten umgeben sind – bedingt durch die Oxidation der Korngrenzen oder durch Segregation von Sekundärphasen. Die Arbeit von Johnson und Visser stellt eine Vereinfachung des Modells von Rikukawa [1700] dar. Dieser hatte die scheinbare Permeabilität einer polykristallinen Matrix berechnet und war dabei von geschlossenen Poren sowie von Korngrenzen als Ursache der Entmagnetisierung ausgegangen. Qualitativ hochwertige Ferrite haben jedoch alle eine geringe Porosität, was bedeutet, daß die Korngrenzzusammensetzung und das Kornwachstum die entscheidenden Faktoren bei der Herstellung von Ferriten mit hohen Permeabilitätswerten sind [1701]-[1702].

10.3.1.1 Ferritherstellung

Die konventionellen Herstellungsverfahren von Weichferriten umfaßt folgende Prozeßschritte:
- Mischen der Ausgangssubstanzen, entweder durch Naß- oder Trockenmahlung
- Vorsintern (Kalzinieren) des gemischten Gutes bei Temperaturen, die 100-300°C unter der endgültigen Sintertemperatur liegen.
- Naßmahlung des Vorsintergutes, bis Korngrößen von 1 μm erreicht sind.
- Granulieren oder Sprühtrocknung, um ein preßbares Pulver zu erhalten; hierzu werden organische Verbindungen zugefügt, um der gepreßten Masse Stabilität zu geben.
- Pressen des Pulvers in die gewünschte Form (durch axiales Pressen in einer Matrix, isostatisches Pressen oder Strangpressen.
- Sintern der Preßkörper

Während des Sinterns reduziert sich das Volumen des Sintergutes um 10-25 %. Durch eine sorgfältige Kontrolle bei der Bearbeitung können die Toleranzen von 1-2 % für Preßkörper und ± 3 % für die stranggepreßten Teile eingehalten werden. Falls die geforderten Toleranzen nicht erreicht werden können, ist eine zusätzliche Endbearbeitung durch Schleifen und Schneiden nötig.

Als Rohstoffe werden in den meisten Fällen Fe_2O_3-Pulver und die anderen Substanzen in Form von Karbonaten, Sulfaten oder Chloriden verwendet, die sich während des Vorsinterprozesses in die entsprechenden Oxide zersetzen. Ursprünglich wurden Eisenoxide, die als Nebenprodukt bei der Anilinherstellung anfielen, verwendet, heutzutage werden aber meistens Eisenoxide genutzt, die bei der Regenerierung der Beizsäuren in den Stahlwerken durch einen Sprühtrockenvorgang gewonnen werden [1703]-[1705]. Die wichtigsten Merkmale der Rohstoffe sind die Form und die Korngrößenverteilung sowie die chemische Zusammensetzung, die zum größten Teil die weitere Bearbeitung und die Endeigenschaften der Ferrite bestimmen [1706]-[1709].

Damit ein möglichst gleichmäßiges Produkt entsteht, muß das Mischen der Ausgangsmaterialien sehr sorgfältig durchgeführt werden. Dies geschieht in Kugelmühlen und Attritoren, wobei auch eine Verringerung der Partikelgrößen erreicht wird. Eine Wasser-Naßmahlung erhöht den Mischeffekt und kann bis zu 12 Stunden dauern. Die Wasser-Pulver-Suspension wird meist mit Hilfe einer Filterpresse entwässert. Die verbleibende Substanz wird in einem Ofen getrocknet, gepreßt oder in Blöcke gebrochen, um sie dann zu kalzinieren.

Das Vorsintern der naßgemahlenen Rohstoffe in Form von Schlicker oder vorzugsweise als Granulat, das durch Sprühtrocknen gewonnen wurde, erfolgt meist in Drehrohröfen. Der Vorsinterprozeß findet bei Temperaturen von 900 bis 1200°C an Luft statt. Heute wird häufig das von Ruthner [1703]-[1705], [1710], [1711] entwickelte Sprühcalcinationsverfahren eingesetzt, um hochwertigere Ferrite herzustellen [1712], [1713]. Hierbei wird eine Wasser-Pulver-Suspension in einem Ofen bei Temperaturen zwischen 900 und 1100°C versprüht. Die Reaktionsabläufe während des Vorsinterns der verschiedenen Ferrite werden im Wesentlichen durch den sogenannten Wagner-Diffusionsmechanismus bestimmt [1714], [1715].

Das durch das Vorsintern teilweise agglomerierte und aggregierte Material wird nochmals gemahlen, wobei die erzielte Korngröße und die Korngrößenverteilung für das Feingefüge des Endprodukts und damit auch für die magnetischen Eigenschaften wesentlich sind [1695], [1709]. Das fein zerkleinerte Pulver (ca. 1 µm), das man normalerweise durch Naßmahlen gewinnt, muß zu einem preßbaren Pulver verarbeitet werden. Dies geschieht durch Granulieren oder durch Sprühtrocknen. Bei diesem Vorgang wird ein organischer Binder hinzugefügt, der das anschließende Pressen erleichtert. Die meisten granulierten Pulverferrite sind trockengepreßt. Beim Trockenpressen treten allerdings Dichtegradienten auf, welche durch die Reibung des Pulvers an der Wand [1716], [1717] hervorgerufen wird. Dieses Problem kann mit Hilfe von Schmiermitteln, wie z.B. Zink-Stearat reduziert werden. Es läßt sich ganz verhindern, wenn isostatisches Pressen angewandt werden kann. Bei kaltem isostatischen Pressen wird der Druck durch ein flüssiges Mittel gegen eine Latexumhüllung ausgeübt, die schon ungefähr die gewünschte Form hat. Weitere formgebende Methoden für Ferrite sind Heißpressen [1715], [1718] und heißes isostatisches Pressen. Bei dem ersten Vorgang erfolgt das Pressen und Sintern gleichzeitig, wohingegen beim zweiten Vorgang die gesinterten Teile in einer Argonatmosphäre erneut erhitzt werden. Beide Techniken werden bei der Herstellung von dichten Mikrowellen-Ferriten und Ferriten für Tonköpfe angewandt. Die Extrusion (Strangpressung) wird eingesetzt zur Formgebung bei Stäben und Röhren, während der Schlickerguß, der besonders in der Keramikindustrie verbreitet ist, bei der Fertigung von Ablenkungsjochen für Fernseher angewandt wird.

Der Sinterprozeß, bei dem die Preßkörper durch eine Wärmebehandlung im Bereich von 1150–1300°C verdichtet werden, ist entscheidend für die erzielbaren magnetischen Eigenschaften. Wichtige Parameter, die das Gefüge bestimmen, sind das Temperaturprogramm (d.h. die Sintertemperatur und -zeit sowie die Auf- und Abheizgradienten) und die Sinteratmosphäre während des gesamten Vorgangs. Ein typisches Beispiel gibt Rikukawa [1719], der die Wirkung des Sauerstoffpartialdrucks auf das Kornwachstum und die Dichte von Mn-Zn-Ferriten untersucht hat.

Unkonventionelle keramische Herstellungsverfahren von Ferriten umfassen u. a. die Herstellung von Pulvern mit Hilfe von naßchemischen Verfahren, wie z.B. der Kopräzipitation [1720], den Einsatz organischer Ausgangsmaterialien [1721], Sol-Gel-Synthesen [1722] sowie das bereits erwähnte Ko-Sprührösten (s. Kapitel 6.2.5, 6.2.7 und 6.2.8). Das letztgenannte Herstellungsverfahren bringt erhebliche Vorteile wie z.B. geringere Kosten, eine erhöhte Homogenität des Endprodukts, die Eliminierung des Vorsinterprozesses sowie verbesserte magnetische Eigenschaften.

10.3.1.2 Einfluß der Rohstoffe und der Herstellbedingungen

Die wesentlichen Eigenschaften von Weichferriten sind solche, die die magnetische Antwort eines Ferrits auf ein magnetisches Wechselfeld beschreiben, wobei die Energieverluste aufgrund von Hysterese, Wirbelstrom und der Restverluste so gering wie möglich sein sollten. Daher sind die folgenden Eigenschaften von Bedeutung: die magnetische Sättigungspolarisation J_S, die Anfangspermeabilität μ_a, der Verlustfaktor tan δ/μ (der aufgrund der Wirbelströme teilweise auch von der elektrischen Leitfähigkeit der Ferrite bestimmt wird), der Temperaturkoeffizient α/μ und die Desakkommodation. Unter Desakkommodation ist die Zeitabhängigkeit der Änderungen der Anfangspermeabilität nach der Entmagnetisierung durch ein abnehmendes magnetisches Wechselfeld zu verstehen [1723]. Dieser magnetische Alterungseffekt wird durch eine Wanderung von Fe^{2+}-Kationen über Oktaederleerstellen verursacht [1724] und ist ein unerwünschter Effekt, da er im Laufe der Betriebszeit zu Änderungen der Bauelementeparameter führt und damit Störungen in elektronischen Schaltungen hervorrufen kann.

Durch Anpassung des *Sauerstoffdrucks* während des Sinterprozesses und besonders während des Abkühlvorgangs kann die Wertigkeit der Kationen gesteuert und die Leerstellenkonzentration minimiert werden. Auf diesem Wege kann in dichten, hochpermeablen Ferriten mit Zusammensetzungen nahe des stöchiometrischen Kationen-Sauerstoffverhältnisses 3:4 die Desakkommodation weitgehend vermieden werden. Wenn allerdings niedrige Verluste benötigt werden, ist eine Unterdrückung der elektrischen Leitfähigkeit aufgrund der unterschiedlichen Eisenwertigkeiten erforderlich. Dazu müssen höhere Sauerstoffdrucke angewandt werden, um die Fe^{2+} Ionen zu oxidieren, was zu einer Zunahme der Leerstellenkonzentration und damit des Desakkommodationsproblems führt. Das ist hauptsächlich bei Mn-Zn-Ferriten der Fall, bei denen ein größerer Eisenüberschuß benötigt wird, um eine höhere Permeabilität durch die Kompensation der Anisotropie [1725] zu erreichen. Ein Kompromiß wird dadurch erreicht, daß durch Zugabe von CaO und SiO_2 vor dem Sintern die Bildung von dünnen isolierenden Schichten an Korngrenzen gefördert wird. Diese isolierenden Schichten bestehen aus amorphen Sekundärphasen. Ebenso kann eine Teiloxidation der Korngrenzen während des Abkühlvorgangs zu einer Schicht mit hohem Widerstand zwischen den Körnern führen. Ein weiterer wichtiger Effekt der Sauerstoffatmosphäre während des Sintervorgangs ist der Einfluß auf die Korngröße und Dichte [1719].

Wichtig ist auch, daß über einen falsch gewählten Sauerstoffdruck sich Risse im gesinterten Material bilden können und damit die mechanische Festigkeit der Komponenten beeinflußt wird [1726].

Für verschiedene Anwendungen von Weichferriten sind bestimmte physikalische Eigenschaften notwendig, die wiederum Anforderungen an die Zusammensetzung und die Mikrostruktur stellen. Die Wahl der Zusammensetzung eines Ferrits für eine spezifische Anwendung ist relativ einfach im Hinblick auf die inhärenten, d.h. mikrostrukturunabhängigen Werkstoffeigenschaften, da die relevanten Materialdaten bekannt sind. Gleichzeitig muß jedoch das Gefüge eines Ferrits durch einen geeigneten Prozeßvorgang optimiert werden. Dies ist insbesondere in einer industriellen, kostenbestimmten Produktion meist schwer durchführbar [1727]. Ein gleichmäßiges Gefüge ist die Voraussetzung für Ferrite von guter Qualität. Gleichmäßige Korngrößen (zwischen 1 und 30 μm) werden angestrebt; sie sind abhängig von dem Anwendungsgebiet der Ferrite. Weitere wichtige mikrostrukturelle Parameter sind Porosität einschließlich der Intra-Kornporosität, sowie Einschlüsse, ausgedehnte Gitterfehlstellen, Risse, Sekundärphasen und zu guter Letzt die Natur der Korngrenzen. Ein großer Teil dieser Parameter wird bereits durch die Auswahl der Ausgangsmaterialien beeinflußt. Um z.B. eine gleichmäßige Verteilung der Kationen im Ferrit zu erreichen, muß die Durchschnittskorngröße des Eisenoxids als Hauptbestandteil größer als die der anderen Bestandteile wie Mangan-, Zinkkarbonat oder Nickeloxid sein [1707], [1709], [1728]. Aufgrund des großen Einflusses auf Kornwachstum und Verdichtung ist darüber hinaus der Verunreinigungsgrad wichtig. In einigen Fällen werden Additive bewußt hinzugegeben [509], [1729], [1730], um die Korngröße, die Porosität und die Korngrenzzusammensetzung zu beeinflussen [1679]. Der Zinkgehalt der Ferrite stellt ein weiteres Problem dar. Schon wegen der relativ hohen Sintertemperatur und der Flüchtigkeit von ZnO kann eine Zink-Verarmung der Korngrenzen auftreten, die einen Einfluß auf die Dicke der isolierenden Korngrenze hat [1731]. Zinkmangel kann ferner unerwünschtes diskontinuierliches Kornwachstum [1732] bewirken und zu der sogenannten Duplexkornstruktur führen, die aus großen Körnern in einer Matrix von feinen Körnern besteht. In Bild 507 ist der lineare Zusammenhang zwischen Permeabilität und Korngröße dargestellt, der nur bei sehr dichten Ferriten auftritt, oder wenn sich die Poren an den Korngrenzen befinden.

Poren innerhalb der Körner wirken als Verankerungszentren für Domänenwände, die die effektive Strecke für Wandbewegungen reduziert und damit auch die Permeabilität [1733], [709].

Intragranulare Poren findet man oft in großen, sehr stark gewachsenen Körnern, die aufgrund von diskontinuierlichem Kornwachstum entstehen. Ein solches Gefüge mit sehr ungleichen Korngrößen ist für Ferrite mit hohen Permeabilitäten und niedrigen Verlusten unerwünscht.

Es ist nicht einfach, beim Sintern Korngröße und Dichte unabhängig voneinander zu steuern: Wenn hohe Dichtewerte verlangt sind, werden relativ hohe Sintertemperaturen erforderlich, was das Kornwachstum fördert. Durch Heißpressen jedoch können hohe Dichten bei kleinen Korngrößen erreicht werden. Es sind Ni-

Zn-Ferrite mit Dichten größer als 99 % und einer mittleren Korngröße zwischen 0,3 und 18 μm mit Hilfe dieser Technik hergestellt worden sind [1734], [1735].

10.3.1.3 Zusammensetzung der Weichferrite und Einfluß von Zusätzen

Die Zusammensetzung eines Weichferrits wird zunächst einmal durch die Frequenz und die Leistungsdichte bestimmt, bei dem das Material in der gewünschten Anwendung eingesetzt werden soll. Mn-Zn-Ferrite sind geeignet für Frequenzbereiche bis zu 1 MHz und einem breiten Bereich von Leistungsdichten. Für den Bereich 100 kHz bis 1 MHz jedoch ist die Feinabstimmung der niedrigen Verluste und der Permeabilität durch die Veränderung des Gefüges recht kompliziert und muß bei der Verarbeitung des Materials optimiert werden. Infolge der fehlenden Fe^{2+}-Ionen und des daraus resultierenden, höheren elektrischen Widerstandes ist das Ni-Zn-Ferrit-System für einen verlustarmen Betrieb oberhalb 1 MHz besser geeignet. Für Mikrowellenbereiche (GHz) muß die elektrische Leitfähigkeit sehr niedrig sein, so daß Mikrowellenferrite in den Ni-Al-Ferriten, Mg-Mn-Ferriten und Granatsystemen zu finden sind. Ferrite für TV-Ablenkungsjoche sind ein anschauliches Beispiel dafür, daß die Auswahl der Ferritzusammensetzung für eine spezifische Anwendung von der Frequenz bestimmt wird. Aufgrund der höheren Auflösung und der höheren Ablenkfrequenz in HDTV-Receivern und größeren CAD-Monitoren, werden die ursprünglich benutzten Mn-Zn-Ferrite allmählich durch höher resistive Ferrite wie Mg-Zn-Mn- [1736]-[1738] und Ni-Zn-Cu-Ferrite [1739], [1740] ersetzt. Eine weitere neue Entwicklung bei Weichferriten sind die mehrschichtigen Ferrit-Chip-Induktoren, die aus dünnen Ferritschichten zwischen Silberbändern bestehen. Letztere bilden die innere Wicklung des Ferritschicht-Induktors. Da die Ferritschichten und die Silberbänder gemeinsam gesintert werden, sind niedrige Sintertemperaturen erforderlich, was diese Technik auf Ni-Zn-Cu-Ferrite beschränkt [1738], [1741].

Die Grundzusammensetzung, die nur die Hauptkomponenten der Ferrite umfaßt, kann durch mehrere Arten von Zusätzen ergänzt werden, um eine Fein-Einstellung der Endeigenschaften zu erreichen. Die Zusätze können entsprechend ihrer Wirkung in drei Arten unterteilt werden:

Die erste Art von Zusätzen sind solche, die die Hauptkomponenten ersetzen und die intrinsischen magnetischen Eigenschaften, wie z.B. magnetische Sättigung, Curie-Temperaturen, Magnetostriktion, magnetische Anisotropie und elektrische Leitfähigkeit beeinflussen. So ist z.B. das Vorhandensein von einigen Fe^{2+}-Ionen in hoch-permeablen Mn-Zn-Ferriten nötig, um die magnetische Anisotropie völlig zu unterdrücken. Um die elektrische Leitfähigkeit gleichzeitig mit dem Zusatz von Fe^{2+}-Ionen zu reduzieren, müssen zur Kompensation vierwertige Ionen wie Ti und Ge substituiert werden [1742], [1743]. In Ni-Zn-Ferriten wird die Anisotropie durch die Substitution von zweiwertigem Co [1735], [1744] kontrolliert.

Zweitens gibt es Zusätze, die Ausscheidungen an den Korngrenzen bilden, wie z.B. Si, Ca, Zr und Ta, um die Korngrenzwiderstände zu erhöhen und Wirbelstromverluste zu reduzieren [1690], [1731], [1745]-[1747]. Ca und Si sind in den

Rohmaterialen oft schon als Verunreinigungen vorhanden. Zusätzlich zu der Bildung von hochresistiven Korngrenzen wird durch die Zugabe von CaO und SiO_2 der Sinterprozess der polykristallinen Ferrite gefördert. Es bildet sich eine glasartige Sekundärphase an den Korngrenzen, so daß der Sinterprozess bei niedrigen Temperaturen ausgeführt werden kann, um so unerwünschtes Kornwachstum zu verhindern.

Die dritte Gruppe von Additiven sind solche, die Kornwachstum fördern oder verhindern. Yan und Johnson [1730] untersuchten die Wirkung einiger Zusätze auf das Kornwachstum in MnZn-Ferriten bei Temperaturen von 1300°C. Das Kornwachstum wurde erhöht durch Zugaben von CaO, SrO, V_2O_5, Nb_2O_5, Sb_2O_5, PbO und Cu_2O aufgrund der Bildung von flüssigen Phasen mit den Ferriten. TiO_2 und SiO_2 unterstützen ebenfalls das erhöhte Wachstum ohne eine flüssige Phase; diese Wirkung auf das Kornwachstum kann durch die Bildung von Kationen-Leerstellen und die Diffusion von TiO_2 und SiO_2 in die Körner erklärt werden. Durch Zugabe von geringen Mengen (50 ppm) B_2O_3 kann bereits eine hohe Wirkung bei Mn-Zn-Ferriten auf das Kornwachstum erzielt werden; diese Wirkung kann jedoch in Kombination mit MoO_3 und Na_2O aufgehoben werden. Ta_2O_5 und ZrO_2 hemmt das Kornwachstum [1748], [1749]. Bei Temperaturen über 1250°C jedoch wird Ta_2O_5 in das Spinellgitter eingebaut, was zu einem erhöhten Kornwachstum [1749] führt. Ähnliches Verhalten ist ebenfalls bei BaO festgestellt worden. BaO und Fe_2O_3 bilden niedrig schmelzende Eutektika unterhalb 1370°C, wodurch das Kornwachstum in $MnFe_2O_4$ bei 1375°C wesentlich gefördert wird [1750]. Ba-dotierte Ni-Zn(Co)-Ferrite, die bei Temperaturen von 1240°C gesintert wurden, zeigten Ba-Ausscheidungen an den Korngrenzen, die ein Kornwachstum während des Sintervorgangs [1751] unterdrückten. An diesen Beispielen wird deutlich, daß die Wirkungen der einzelnen Zusätze je nach Sintertemperatur und Atmosphäre sehr unterschiedlich sein kann.

Der Gebrauch von Additiven, die sich an den Korngrenzen abscheiden, hat noch einen weiteren Vorteil. Er verbessert die mechanische Festigkeit, wie für ZrO_2-dotierte Ni-Zn-Ferrite [1745] und Na_2O-, CaO- und ZrO_2-dotierte Mn-Zn-Ferrite [1752] gezeigt wurde.

10.3.2 Dauermagnetische Ferrite

Seit Beginn der fünfziger Jahre haben die oxidischen Dauermagnete, die in der internationalen Norm IEC/TC 68-404-1 als *Hartferrite* bezeichnet werden, eine hervorragende technische Bedeutung gewonnen.

10.3.2.1 Gitteraufbau und magnetische Eigenschaften

Die chemische Zusammensetzung dieser Hartferrite wird durch die Formel $MO \cdot 6Fe_2O_3$ beschrieben, worin M für die Elemente Barium, Strontium und/oder Blei steht. Bis zu 40 % kann Calcium diese Elemente ersetzen. Diese Verbindungen kristallisieren in der hexagonalen Magnetoplumbit-Struktur [1753], die durch die Raumgruppe $P6_3/mmc$ (D^4_{6h}) [1754] gekennzeichnet ist. Die Verbindungen sind unter der Bezeichnung M-Ferrite bekannt. Die Abmessungen der Elementarzelle, die zwei Formeleinheiten enthält, sowie die theoretische Dichte sind in Tabelle 120 aufgeführt.

Tabelle 120: Kristallographische und intrinsische magnetische Eigenschaften von M-Ferriten bei Raumtemperatur

Eigenschaft	BaM	SrM	PbM
Gitterkonstante			
a_0 [pm]	589 [1758]	586 [1753]	588 [1753]
c_0 [pm]	2318 [1757]	2303 [1753]	2302 [1753]
Theoretische Dichte ρ [g/cm^3]	5,30	5,14	5,66
Sättigungspolarisation J_S [mT]	478 [1758]	478 [1758]	402 [1759]
Anisotropiekonstante K_I [kJm^{-3}]	325 [1758]	357 [1758]	220 [1759]
Curie-Temperatur T_c [K]	740 [1758]	750 [1758]	725 [1759]
Anisotropiefeldstärke H_A [kA/m]	1360	1495	1095

Ähnlich wie bei den weichmagnetischen Ferriten bilden die Sauerstoffionen das Grundgitter – hier ein hexagonales mit dichtester Kugelpackung. In jeder fünften Schicht ist eines der vier die Schicht bildenden O-Ionen durch ein Ion der oben genannten Elemente ersetzt. Die Einheitszelle erstreckt sich über 10 Ebenen der Sauerstoffionen, d.h. daß in nur zwei Ebenen die O-Ionen zu 25 % durch Ba ersetzt sind. Die 24 Fe-Ionen, die in einer Elementarzelle anwesend sind, befinden sich auf Zwischengitterplätzen. Es sind fünf nicht äquivalente Zwischengitterplätze vorhanden, die teilweise auch unterschiedliche Koordinationsverhältnisse haben. Fe-Ionen auf nicht äquivalenten Gitterplätzen koppeln entsprechend den Gesetzmäßigkeiten der Superaustauschwechselwirkung untereinander [1755], [1756]. Die magnetischen Momente von 16 Fe-Ionen haben eine positive Ausrichtung, während die magnetischen Momente von 8 Fe-Ionen negativ ausgerichtet sind. Daraus ergibt sich ein magnetisches Moment pro Elementarzelle von 8 Fe-Ionen, oder 4 Fe-Ionen pro Formeleinheit.

Entsprechend ihrer ferrimagnetischen Natur haben die Hartferrite nur eine relativ niedrige magnetische Sättigungspolarisation J_S ,wie in Tabelle 120 dargestellt. Es gab zahlreiche Versuche, ähnlich wie in den Weichferriten, die Sättigungspolarisation durch Substitution mit diamagnetischen Ionen zu erhöhen. Der Erfolg blieb jedoch weitgehend aus, da die Substitution gleichzeitig auf den positiv wie aus den negativ ausgerichteten Untergittern stattfindet. Eine kleine Verbesserung der Sättigungspolarisation von 4 % wurde durch La-Zn-Substitution in $SrFe_{12}O_{19}$ erreicht [1760]. Durch B_2O_3-Substitution in $BaFe_{12}O_{19}$ wurde eine Erhöhung um 13 % erzielt, andererseits nahm die Koerzitivfeldstärke gleichzeitig ab [1761]. Es ist jedoch gerade die große Koerzitivfeldstärke $_JH_C$ der M-Ferrite, die diese für den Einsatz als Dauermagnete attraktiv macht. Koerzitivfeldstärken bis zu 350 kA/m wurden in der Herstellung von ferritischen Dauermagneten realisiert. Die große Koerzitivfeldstärke beruht auf der Kristallanisotropie. Den Höchstwert für die Koerzitivfeldstärke der magnetischen Polarisation $_JH_C$ stellt die Anisotropiefeldstärke H_A dar, die durch die Gleichung $H_A = 2K/J_S$ gegeben ist. Darin bedeutet

K die Anisotropiekonstante der Hartferrite. Für die drei wichtigsten M-Ferrite sind diese intrinsischen Eigenschaften als Raumtemperaturwerte in Tabelle 120 aufgeführt.

Der Unterschied zwischen den theoretisch möglichen Werten der Koerzitivfeldstärke $_JH_C$ und den praktisch verwirklichten ist dadurch bedingt, daß die Ummagnetisierungsvorgänge nicht nur durch Drehprozesse der magnetischen Spins sondern auch durch Blochwand-Verschiebungen erfolgen. Letztere erfordern weit weniger Energie, so daß durch ihr Vorhandensein die $_JH_C$-Werte deutlich erniedrigt werden. Blochwände entstehen dann in den Hartferriten, wenn die hexagonalen Pulverteilchen, aus denen die Hartferrite aufgebaut sind, größer als ein Weißscher Bezirk (auch Einbereich genannt, etwa 1 µm lineare Ausdehnung oder kleiner) und/oder wenn Gitterfehler in den Pulverteilchen vorhanden sind.

Die Einbereichsgröße kann auch überschritten werden, wenn die einzelnen Pulverteilchen noch kleiner sind, die Dichte der Magnete aber so groß ist, daß eine magnetische Wechselwirkung zwischen benachbarten Körnern auftritt [1762].

Die Existenz der Koerzitivfeldstärke ist zweifellos ein kompliziertes Phänomen. Die Keimbildung der Bloch-Wände und damit die Absenkung von $_JH_C$ wird durch die Anwesenheit von Fehlstellen begünstigt. Kools [1763] unterscheidet zwei Arten der Magnetisierungsumkehr in M-Ferriten. Die Keimbildung und das Wachstum umgekehrter Domänen in den Kristalliten liefern dabei einen bedeutenden Beitrag. Ähnlich verläuft dieser Prozeß in isolierten Teilchen [1764], in denen die Keimbildung der Blochwände der begrenzende Faktor ist [1764], [1765].

Gitterfehler werden beim Herstellen der Hartferrite bei verschiedenen Fertigungsstufen erzeugt. Es handelt sich dabei im wesentlichen um Sauerstoffleerstellen und mechanische Gitterfehler, wie Esper und Kaiser [1766], sowie Heimke [1767] bzw. Richter [1768] gezeigt haben. Durch eine Wärmebehandlung können sie teilweise wieder beseitigt werden, wodurch die $_JH_C$-Werte wieder erhöht werden.

Die Größe des Weißschen Bezirks ist temperaturabhängig, da die wesentlichen Parameter K_I und I_s, welche seine Größe bestimmen, ihrerseits von der Temperatur abhängen [1769]. Die Größe der Weißschen Bezirke nimmt um den Faktor 2 ab, wenn man einen Magneten von 400°C auf -150°C abkühlt.

Auch die Koerzitivfeldstärke der magnetischen Polarisation $_JH_C$ ist temperaturabhängig mit einem Maximum bei ca. 300°C. Wie Bild 508 zeigt, ist $_JH_C$ eine Funktion der Sintertemperatur. Im technisch interessanten Bereich der Sintertemperaturen ist sie umgekehrt proportional zu T_s. Der Temperaturkoeffizient von $_JH_C$ variiert zwischen 0,15 %/K und 0,4 %/K.
Die Abnahme von $_JH_C$ mit abnehmender Temperatur ist irreversibel, d.h., durch Abkühlen kann ein Magnet irreversibel geschwächt werden. Diese Tatsache ist bei der Auslegung von Magnetsystemen zu beachten [698].

Die Remanenzflußdichte der Hartferrite ist eine Funktion der Sättigungsmagnetisierung, der Ausrichtung der Magnetteilchen und der Sinterdichte. Bei völlig isotroper Anordnung der Magnetteilchen beträgt die Remanenzflußdichte etwa die Hälfte der Sättigungsmagnetisierung, nämlich 200 bis 220 mT.

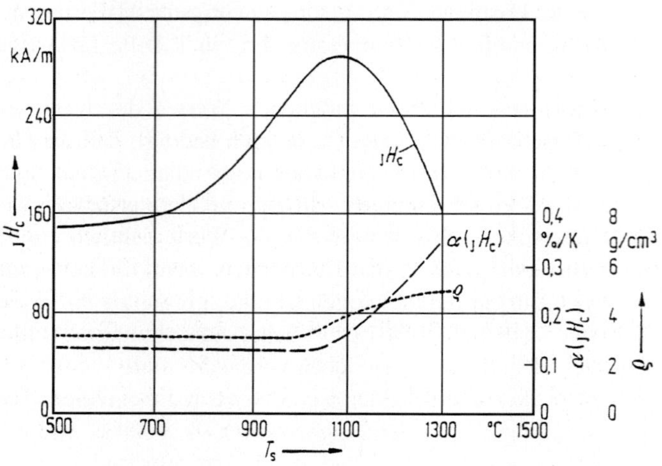

Bild 508: Koerzitivfeldstärke $_JH_C$, deren Temperaturkoeffizient $\alpha(_JH_C)$ und Dichte ρ von getemperten Bariumferritproben als Funktion der Sintertemperatur T_s.

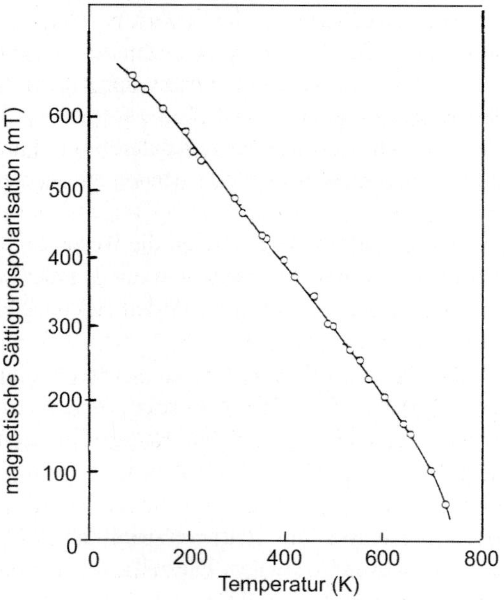

Bild 509: Magnetische Sättigungspolarisation von $BaFe_{12}O_{19}$ als Funktion der Temperatur [1758]

Der erreichbare Höchstwert ist die Sättigungsmagnetisierung, die aber nur bei völliger Ausrichtung aller Teilchen und bei einer Sinterdichte gleich der Festkörperdichte erreicht wird. Die Sinterdichte der Ferrite muß aber immer kleiner als die Festkörperdichte sein, damit eine hohe Koerzitivfeldstärke erreicht wird. Infolgedessen liegen die höchsten Werte der Remanenzflußdichte etwas unter dem Wert der Sättigungsmagnetisierung. Mit 430 mT kommen sie aber schon sehr nahe an die theoretisch mögliche Grenze heran.

Die magnetische Sättigungspolarisation J_S der Hartferrite, wie z.B. Bild 509 für $BaFe_{12}O_{19}$ zeigt, nimmt mit zunehmender Temperatur ab. Der Temperaturkoeffizient beträgt 0,2 %/K und ist damit um eine Größenordnung größer als der der bekannten AlNiCo-Magnete. Die Curie Temperatur der Hartferrite, die Temperatur, bei der die Ausrichtung der magnetischen Momente und damit die Magnetisierung durch die thermische Energie völlig aufgehoben wird, beträgt 450°C. Die Abnahme der magnetischen Remanenzflußdichte mit zunehmender Temperatur und damit des magnetischen Flusses in einem Magnetkreis, der mit einem Hartferrit ausgelegt ist, ist reversibel, wenn der Magnet nicht über 350°C hinaus erwärmt wird.

10.3.2.2 Einfluß von Zusätzen

Ein Dauermagnet mit möglichst hoher Qualität muß eine hohe Remanenzflußdichte B_r und eine hohe Koerzitivfeldstärke der magnetischen Polarisation $_JH_c$ haben. Um die hohe Remanenzflußdichte zu erreichen, muß – wie oben schon angegeben – die Sinterdichte der Hartferrite möglichst nahe an die Feststoffdichte herankommen. Das Erreichen einer hohen Sinterdichte ist normalerweise mit einem Kornwachstum und der magnetischen Wechselwirkung zwischen benachbarten Körnern verbunden. Damit wird der Einbereichscharakter der Körner in vielen Fällen aufgehoben, d.h., die Koerzitivfeldstärke $_JH_C$ wird vermindert.

Qualitativ hochwertige Hartferrite ohne die oben geschilderten Nachteile können durch Zusätze erreicht werden, die den Sintervorgang beschleunigen und die ein Kornwachstum und die magnetische Wechselwirkung wenigstens teilweise unterdrücken. In mehreren Arbeiten werden die Wirkungen dieser Zusätze beschrieben, z.B. von Heimke [698], Bongers u.M. [1701] und Harada [1769]. Als Zusätze in dieser Hinsicht haben sich SiO_2, CaO, Bi_2O_3 bzw. H_3BO_3 u.a. bewährt. Wesentlich ist nach Bongers, daß auch ein Überschuß an Erdalkalioxiden vorhanden ist. SiO_2 wirkt als Kornwachstumshemmer, wenn es nicht mit anderen Verunreinigungen und dem überschüssigen Erdalkalioxid während des Sinterns eine flüssige Phase bildet, sondern als feste Ausscheidung auf den Korngrenzen die Bewegung der Korngrenzen behindert [1770], [1771].

Die Zugabe von CaO unterstützt in erster Linie das Wachstum senkrecht zur *c*-Achse. Dies ist vorteilhaft für die einheitliche Ausrichtung der Kristallite [1772]. Es muß darauf geachtet werden, daß der Anteil übermäßig gewachsener Körner gering bleibt. Dies wird durch eine Kombination von Zusätzen wie La_2O_3 [1772] und CaO [1773] oder durch die Verwendung von Pulvern enger Teilchengrößenverteilung erreicht [1774]. Durch die Zugabe von ZrO_2 läßt sich die mechanische Bruchfestigkeit bis zu 50 % verbessern [1775].

Die während des Sinterns entstehenden Phasen wurden an mehreren Stellen eingehend untersucht. Die wohl fundiertesten Ergebnisse haben Haberey [1776] und Kools u. M. [1777] geliefert. Die Wirkung der einzelnen Zusätze ist unterschiedlich, je nachdem, ob die Zugabe vor oder nach dem Vorsintern - im zweiten Falle meistens während des Zerkleinerns des Vorsintergutes - erfolgte. Die Menge der Zusätze beeinflußt ebenfalls ihre Wirkung, wobei auch der Zeit-Temperatur-Verlauf beim Vorsintern und Sintern von Einfluß ist. Diese Parameter müssen entsprechend den verwendeten Rohstoffen variiert werden.

Andere Zusätze – wie Al_2O_3, Cr_2O_3, Ga_2O_3 - erhöhen die Koerzitivfeldstärke ${}_JH_C$ dadurch, daß sie auf die Gitterplätze der Fe^{3+}-Ionen wandern, wobei nach Van den Broek und Struijts [1778] vornehmlich die Plätze mit den größten Besetzungszahlen substituiert werden. Durch diese Substitution wird die magnetische Sättigungspolarisation verringert, was sich gemäß obiger Beziehung in einer Erhöhung von H_A und damit von ${}_JH_C$ bemerkbar macht [1779]. Durch Zusätze von 1 bis 2 Gew.-% Al_2O_3 wird ${}_JH_C$ auf über 400 kA/m angehoben, ohne daß die magnetische Sättigungspolarisation merklich verschlechtert wird. Eine weitere Erhöhung des Al_2O_3-Zusatzes führt zu ${}_JH_C$-Werten über 500 kA/m, wobei J_S unter 300 mT absinkt. Um eine weitere Abnahme des J_S durch steigende Al_2O_3-Zusätze zu vermeiden, schlagen Turilli et al. [1780] eine neue Methode vor, in der lediglich die Oberfläche der vorgesinterten Pulver mit Al_2O_3 belegt wird. Anschließend folgt eine Sinterung bei relativ niedrigen Temperaturen (900-1000°C).

Eine Reihe von Untersuchungen galt dem Ziel, den großen Temperaturkoeffizienten der magnetischen Sättigungspolarisation zu ändern. So versuchten Heimke [698] sowie Esper und Kaiser [1781] die Temperaturabhängigkeit der magnetischen Sättigungspolarisation durch Substitution von Fe-Ionen auf bestimmten Gitterplätzen durch nicht magnetische Metallionen (Ti- bzw. Sb-Ionen) zu verändern. Die Substitution mit Sb-Ionen bewirkt, daß im Bereich von -273°C bis +100°C die magnetische Sättigungspolarisation praktisch konstant bleibt. Die Substitution wirkt sich jedoch auf die Anisotropiekonstante nachteilig aus, so daß die Koerzitivfeldstärke der magnetischen Polarisation drastisch verringert wird. Auch andere Substitutionen, wie die Kombination von Cu mit Nb oder Ge führten nicht zu dem gewünschten Hartferrit mit temperaturstabiler magnetischer Sättigungspolarisation und hoher Koerzitivfeldstärke [1772].

Albanese [1782] hat weitere Substitutionselemente in Hartferrite eingebaut. Er hat den Einfluß auf die Gitterstruktur sowie auf die magnetischen Eigenschaften untersucht und eine Reihe von Daten über die Hartferrite zusammengetragen.

10.3.2.3 Herstellungsverfahren

Ausgehend von α-Fe_2O_3 und den Oxiden der Erdalkalielemente Ba und Sr bzw. ihren Verbindungen, die durch Zersetzung leicht in die entsprechenden Oxide überführt werden können, erhält man durch intensives Mischen und eine anschließende Wärmebehandlung - oftmals als Vorsintern oder Calcinieren bezeichnet - die ferrimagnetische Phase $MO{\cdot}6Fe_2O_3$. Die Vorsintertemperaturen liegen je nach der Qualität, die hergestellt werden soll, zwischen 1100 und 1300°C. Das Vorsintergut wird auf eine Korngröße von unter 1 µm trocken, in vielen Fällen auch naß aufgemahlen. Das Mahlgut wird granuliert und zu den gewünschten Formen verpreßt. Der Sinterprozeß wird im Temperaturbereich von 1150 bis 1250°C durchgeführt, wobei man Kornwachstum verhüten soll. Es ist auch wichtig, daß Vor-

und Fertigsintern in oxidierender Atmosphäre durchgeführt werden, da sonst die Sauerstoffleerstellen die Koerzitivfeldstärke verringern.

Die Reaktionen beim Vorsintern können durch das Vorhandensein von Wasserdampf beschleunigt werden. Die Bildung der magnetischen Phase $MO{\cdot}6Fe_2O$ geschieht über verschiedene Zwischenstationen und ist für Ba- und Sr-Ferrit etwas unterschiedlich [1783], [1784].

Die magnetische Anisotropie der Hartferrit-Teilchen gestattet die Herstellung von anisotropen Hartferritmagneten durch eine besondere Preßtechnik. In einer Wasser-Pulversuspension haben die hexagonalen Pulverteilchen eine genügende Beweglichkeit, so daß sie sich mit der *c*-Achse in Richtung eines Magnetfeldes ausrichten, in dem sich das Preßwerkzeug befindet. Hierdurch wird die Remanenzflußdichte erhöht. Durch Verfeinerung der Herstelltechnik ist es gelungen, die Remanenzwerte bis auf etwa 5 % an den theoretischen Höchstwert, die magnetische Sättigungspolarisation, heranzubringen.

Für verschiedene Anwendungsfälle wird auch für die Herstellung von anisotropen Hartferriten das Trockenpreßverfahren angewendet. Dazu bedarf es aber einer speziellen Pulveraufbereitung. Die magnetische Qualität dieser Ferrite ist sowohl hinsichtlich Remanenzflußdichte als auch Koerzitivfeldstärke geringer als die der naßgepreßten Magnete.

Entsprechend der späteren Anwendung werden die verschiedenen Hartferritqualitäten entweder mit besonders hoher Remanenz oder Koerzitivfeldstärke hergestellt. Die Übergänge zwischen den beiden Extrema sind fließend [1785].

Während des Sinterns schrumpfen die Preßkörper. Bei isotropen Magneten beträgt die Schrumpfung 10 bis 20 %, während anisotrope Hartferrite in der magnetischen Vorzugsrichtung bis zu 25 % schrumpfen. Dagegen ist die Schrumpfung in den beiden anderen Richtungen immer um 5 bis 8 % kleiner.

Die gesinterten Hartferrite werden in den meisten Fällen durch Schleifen mit Diamantscheiben nachbearbeitet, um die geforderten maßlichen Toleranzen zu erreichen.

Neben den gesinterten Hartferriten gibt es die *kunststoffgebundenen Magnete* [1676]. Dabei wird das feingemahlene Ferritpulver mit einem Kunststoff gemischt. Das Volumenverhältnis Kunststoff:Ferritpulver liegt bei etwa 30:70. Entsprechend dem geringeren Anteil an Magnetwerkstoff ist auch die Remanenzflußdichte dieser Magnete niedriger als die der gesinterten Hartferrite. Vor dem Verarbeiten muß das Ferritpulver nochmals einer Wärmebehandlung unterzogen werden. Hierdurch wird die Koerzitivfeldstärke der magnetischen Polarisation wieder auf die notwendige Höhe gebracht, die durch das Zerkleinern des Vorsintergutes drastisch gesenkt wurde [1786].

Als Kunststoff werden neben Duroplasten auch Elastomere verwendet. Die Verarbeitung geschieht durch Spritzgießen oder Pressen bei Einsatz von Duroplasten, durch Kalandrieren oder Strangpressen bei gummigebundenen Hartferriten [1787] [1788]. Die kunststoffgebundenen Magnete werden als isotrope und anisotrope Qualitäten hergestellt. Die Ausrichtung der Ferritteilchen geschieht bei den anisotropen Qualitäten durch die Einwirkung eines Magnetfeldes oder wegen der Plättchenform der Ferritteilchen auch auf mechanischem Wege, z.B. im Walzspalt beim Kalandrieren.

10.3.2.4 Eigenschaften

In Tabelle 121 sind die wichtigsten mechanischen und thermischen Eigenschaften der Ferrite, in Tabelle 122 die magnetischen Werte für einige wichtige Hartferritqualitäten zusammengestellt.

Tabelle 121: Typische mechanische und thermische Eigenschaften von Ferriten

	Isotrope Ferrite	Anisotrope Ferrite	
Eigenschaft		// Vorzugsrichtung	⊥ Vorzugsrichtung
Elastizitätsmodul E [kN·mm^{-2}]	130-200	150-180	210-320
Zugfestigkeit σ_t [Nmm^{-2}]	5-55	30-40	65-80
Druckfestigkeit σ_e [Nmm^{-2}]	600	700	
Biegebruchfestigkeit σ_b [Nmm^{-2}]	30-80	80-140	
thermischer Ausdehnungskoeffizient α [10^{-6}K^{-1}]	10-12	11-16	8-12
Wärmeleitfähigkeit λ [Wm^{-1}K^{-1}]	ca 5		
spez. Wärmekapazität c_p [J·g^{-1}K^{-1}]	ca 0,8		
spez. elektr. Widerstand [Ω·cm bei 20°C]	>10^4		

Tabelle 122: Typische magnetische Eigenschaften einiger Ferritqualitäten

Qualität	max. Energieprodukt $(BH)_{max}$ [kJ/m^3]	Remanenzflußdichte B_r [mT]	Koerzitivfeldstärke der magn. Polarisation ${}_JH_C$	Induktion ${}_BH_C$ [kA/m]	Dichte ρ [g/cm^3]
7/25	7	210	250	150	4,8-5,0
25/16	25	400	160	140	4,9-5,1
27/27	27	410	270	200	4,8-5,0
25/33	25	380	330	280	4,7-4,8

Die mechanischen Festigkeitswerte der Hartferrite sind typisch für keramische Werkstoffe, die auf Druck belastbar, aber gegenüber Zugbeanspruchung sehr empfindlich sind.

Die Qualität eines Dauermagneten wird hauptsächlich nach den vier Größen B_r, ${}_BH_C$, ${}_JH_C$ und $(BH)_{max}$ beurteilt. B_r bedeutet die Remanenzflußdichte, die nach Aufmagnetisieren bis zur Sättigungsmagnetisierung und Abschalten des äußeren Magnetfeldes gemessen wird. ${}_BH_C$ ist die Koerzitivfeldstärke der magnetischen Flußdichte. Sie gibt gemäß der Formel $B = J + \mu H$ an, bei welcher Gegenfeldstärke der magnetische Fluß in einem Magneten gleich Null wird. ${}_JH_C$ bedeutet die Koerzitivfeldstärke der magnetischen Polarisation und bezeichnet die Gegenfeldstärke, die die magnetische Polarisation eines Magneten zu Null macht. $(BH)_{max}$ ist das maximale Energieprodukt und stellt den Betrag der magnetischen Energie dar, der maximal in der Volumeneinheit eines Dauermagneten vorhanden ist. In Bild 510 sind die Zusammenhänge zwischen der Entmagnetisierungskurve der magnetischen Flußdichte und der magnetischen Polarisation für den Werkstoff 27/27 dargestellt.

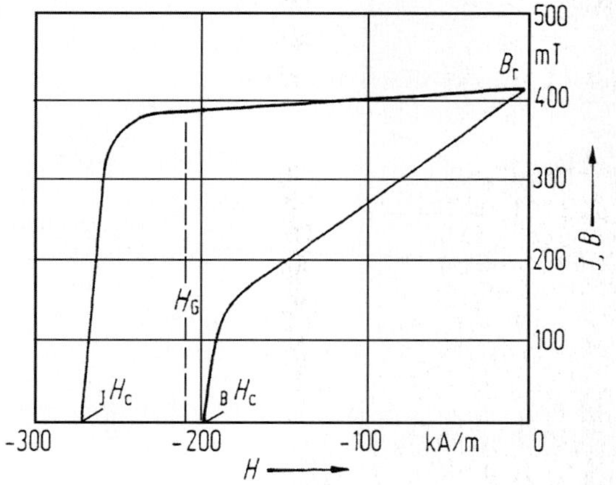

Bild 510: Entmagnetisierungskurven für Hartferrit 27/27.

Die Qualitätsbezeichnung nach DIN 17410 bzw. Doc. IEC/TC68-404-1 bedeutet in der ersten Stelle das $(BH)_{max}$ –Produkt und in der zweiten Stelle 0,1 $_JH_C$. Die Qualität 7/25 ist die isotrope Qualität, die also keine magnetische Vorzugsrichtung besitzt. Die übrigen drei Qualitäten sind anisotrop.
Zwischen den magnetischen Eigenschaften – ausgedrückt durch die Entmagnetisierungskurve – und dem Gefüge bestehen enge Beziehungen, wie aus Bild 511 hervorgeht. Rechts unten ist das Gefüge eines isotropen Hartferrits dargestellt. Die Anordnung der Ferritteilchen ist vollkommen willkürlich. Die übrigen Gefügebilder stammen von anisotropen Hartferriten. Die beiden Bilder rechts oben geben das Gefüge eines Sr-Ferrits wieder, dabei liegt die Schnittebene einmal senkrecht zum magnetischen Richtfeld, zum anderen parallel dazu.

Man erkennt deutlich den geordneten Kristallaufbau. Die beiden Gefügebilder zeigen den Zusammenhang zwischen Korngröße und Koerzitivfeldstärke auf. Der Hartferrit mit dem feineren Kornaufbau hat die größere Koerzitivfeldstärke. In beiden Fällen haben die Entmagnetisierungskurven eine rechteckige Form, die auf den gleichmäßigen Kornaufbau in beiden Gefügen zurückzuführen ist. Demgegenüber zeigt das Gefüge in der Mitte einen heterogenen Aufbau hinsichtlich der Korngröße, was sich in einer Abrundung der Entmagnetisierungskurve bemerkbar macht.

Für verschiedene Anwendungsfälle muß die Entmagnetisierungskurve ganz rechteckig sein, um den Magneten bis zu möglichst hohen Gegenfeldstärken ausnutzen zu können. Da weder Remanenzflußdichte noch Koerzitivfeldstärke der magnetischen Polarisation einzeln noch gemeinsam die Rechteckigkeit der Entmagnetisierungskurve eindeutig beschreiben, wurde die Grenzfeldstärke H_G (siehe Bild 510) eingeführt, die angibt, bis zu welchen Gegenfeldern der Magnet belastet werden kann, ohne daß eine bleibende Entmagnetisierung zu erwarten ist.

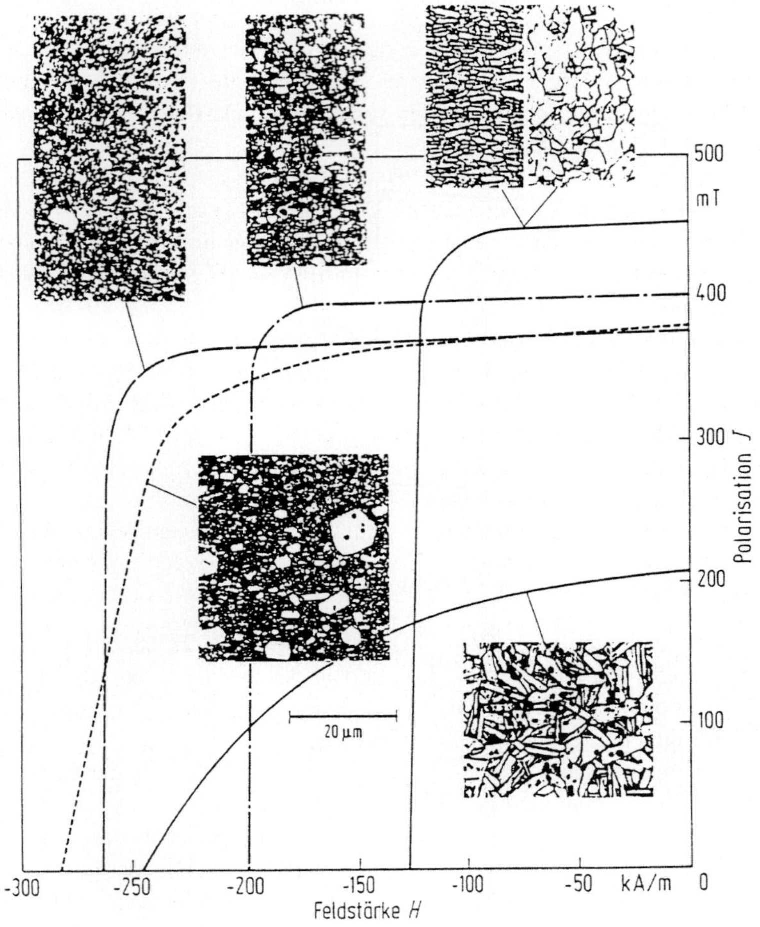

Bild 511: Entmagnetisierungskurven verschiedener Dauermagnetferrite mit deren charakteristischen Gefügebildern [1785].

10.2.3.5 Anwendungen

Entsprechend ihrer hohen Koerzitivfeldstärken der magnetischen Polarisation werden die Hartferrite hauptsächlich bei Anwendungen eingesetzt, die bisher den Dauermagneten verschlossen waren. In einigen Fällen substituieren die Hartferrite auch andere bisher verwendete Dauermagnete – z.B. die AlNiCo-Magnete in Lautsprechersystemen, weil sie eine dem Bauteil besser angepaßte Bauform haben und zudem wesentlich wirtschaftlicher herzustellen sind als die AlNiCo-Magnete.

Entsprechend den spezifischen magnetischen Eigenschaften müssen die Bauformen der Hartferrite ausgelegt werden. Da die Hartferrite eine relativ niedrige

Remanenzflußdichte – verglichen mit den metallischen Dauermagneten – aufweisen, müssen sie einen großen Querschnitt haben, damit der benötigte Magnetfluß in den entsprechenden Magnetkreisen vorhanden ist. Wegen der hohen Koerzitivfeldstärke der magnetischen Polarisation kann aber die Magnetlänge, d.h. der Abstand der Magnetpole, klein gehalten werden. Die Hartferrite haben daher im wesentlichen eine flache Form.

Segmentmagnete werden in Gleichstrommotoren und –generatoren eingebaut. Hier ersetzen sie das elektromagnetische Erregerfeld. Da es in den letzten Jahren gelang, die Koerzitivfeldstärke der magnetischen Polarisation bei gleichbleibender Remanenz wesentlich zu erhöhen, werden immer mehr Elektromotoren mit Hartferriten ausgerüstet.

So können mit diesem Magneten auch Netzspannungsmotoren besonders wirtschaftlich ausgerüstet werden. Der remanenzbetonte Anteil – typische Magnetwerte B_r = 410 mT, $_JH_C$ = 300 kA/m – liefert den nötigen Magnetfluß, während der koerzitivfeldstärkebetonte Anteil des Magneten – typische Magnetwerte B_r = 370 mT, $_JH_C$ = 450 kA/m – den entmagnetisierenden Feldern des Ankers, der sog. Ankerrückwirkung, Widerstand leistet.

Weitere Anwendungsmöglichkeiten sind in elektromechanischen Wandlern, Relais, Separatoren, Haftsystemen, Transporteinrichtungen, Lautsprecher und Fernsehgeräten gegeben. Wichtige Vorteile der Ferritmagnete sind die chemische Stabilität und der hohe elektrischen Widerstand, wodurch Anwendungen bei hohen Frequenzen möglich sind. Für metallische Magnete sind die Wirbelströme die bedeutsamste Beschränkung. Wegen des großen Temperaturkoeffizienten der Sättigungsmagnetisierung scheiden Anwendungen aus, bei denen es auf möglichst gute Temperaturkonstanz des Magnetflusses ankommt. Deshalb können Hartferrite nicht in Meßinstrumenten mit höherer Genauigkeit verwendet werden.

10.4 Biokeramik

(Bearbeitet von H. Fischer, Aachen)

Der Begriff Biokeramik umfaßt die nichtmetallischen anorganischen Werkstoffe, die für medizintechnische Anwendungen verwendet werden. Im englischen Sprachgebrauch schließt der Begriff bioceramics nicht die bioglasses (Biogläser) ein. Im weiteren soll jedoch die im deutschen Sprachgebrauch übliche, umfassende Definition von Biokeramik verstanden werden.

10.4.1 Biokeramik-Anwendungsbeispiele

Haupteinsatz finden biokeramische Werkstoffe in Form von medizinischen Prothesen und Implantaten. Diese werden praktisch im gesamten Körper eingesetzt. Der Mund ist der Bereich für die meisten Anwendungsmöglichkeiten von Biokeramik. Keramiken werden im dentalen Bereich verwendet als Kronen, Brücken (Bild 512), Onlays und Inlays (Glaskeramiken, Aluminiumoxid, Zirconiumdioxid und Glas-Aluminiumoxid-Verbundwerkstoffe) [1789], [1790].

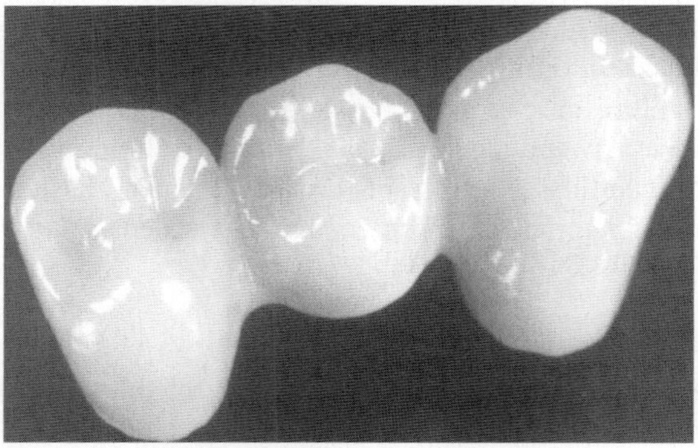

Bild 512: Vollkeramische Zahnkrone

Sie werden benutzt als Zahnwurzelstifte (Zirconiumdioxid) zum Aufbau eines Stiftzahns [1791], [1792], als sogenannte *Abutments* (Aluminiumoxid und Zirconiumdioxid), um eine keramische Dentalkrone mit einem Implantat zu verbinden [1793], als Werkstoff für Zahnspangen (Aluminiumoxid), sog. *Brackets* [1794] und bis vor kurzem auch als Dentalimplantate (Aluminiumoxid) [1795]. Ein anderer Bereich, in dem Biokeramiken zum Einsatz kommen, ist das Mittelohr. Künstliche Gehörknöchelchen können aus bioinerter (Aluminiumoxid) oder bioaktiver Keramik (Hydroxylapatit) hergestellt werden [1796], [1797]. Kleine sog. *Osteosyntheseplatten* zur Ausrichtung und Fixierung gebrochener Schädelknochensegmente können seit kurzem ebenfalls aus Keramik (Zirconiumdioxid, Aluminiumoxid und Siliciumnitrid) gefertigt werden. Komponenten für künstliche Gelenke werden aus Biokeramik (Aluminiumoxid und Zirconiumdioxid) hergestellt; z.B. die Kugel eines Hüftgelenks (Bild 513) [1798].

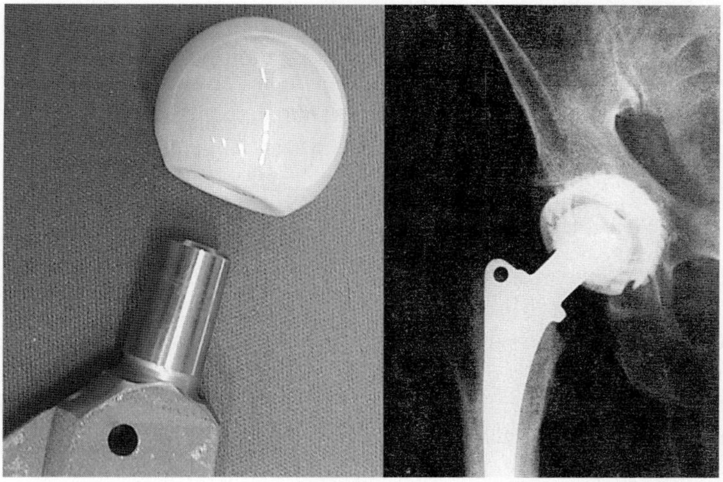

Bild 513: Hüftgelenksimplantat. Links: Kugel aus Aluminiumoxid, Titanschaft; rechts: implantierter Zustand (Röntgenaufnahme)

Zur Unterstützung der Osseointegration an metallische Implantatoberflächen, d.h. damit Knochengewebe stärker an die künstliche Oberfläche heranwächst und sich mit ihr verbindet, werden z.B. metallische Hüftgelenksschäfte mit bioaktiven keramischen Beschichtungen versehen [1799]. Schließlich bestehen die Flügel mechanischer Herzklappen aus keramischen Werkstoffen (pyrolytischer Kohlenstoff und Zirconiumdioxid) [1800].

10.4.2 Anforderungsprofil biokeramischer Werkstoffe

Werkstoffe, die für Prothesen und Implantate verwendet werden sollen, müssen in Bezug auf ihre biologischen, chemischen und physikalischen Eigenschaften hohen Anforderungskriterien genügen. Ein Versagen eines Biowerkstoffs ist ein Risiko für die Gesundheit und für das Leben des Patienten. Dazu kommt, daß medizinische Implantate in der Regel unter Vollnarkose in einer Operation mit den einhergehenden prinzipiellen Risiken eingesetzt werden. Dies zeigt, daß ein hoher Standard für Implantatwerkstoffe sinnvoll und notwendig ist. Neben den allgemein für keramische Komponenten geltenden Anforderungen der mechanischen Zuverlässigkeit, Bearbeitbarkeit, Handhandhabbarkeit, Verfügbarkeit und Wirtschaftlichkeit werden von Biokeramiken zusätzlich gefordert: Bioverträglichkeit, Sterilisierbarkeit und Ästhetik (Dentalprothetik).

Als bioverträglich wird ein Werkstoff eingestuft, wenn er nicht kanzerogen (krebserregend), mutagen (erbgutschädigend), sensibilisierend (allergieauslösend), systemisch toxisch (z.B. Abriebpartikel wirken vergiftend), pyrogen (fieberverursachend), entzündungsverursachend oder reizend wirkt.

10.4.3 Eigenschaftsprofil von Biokeramik

Keramische Werkstoffe sind aufgrund ihrer ausgezeichneten Bioverträglichkeit als Komponenten für medizinische Implantate und Prothesen von besonderem Interesse. Bioverträgliche Werkstoffe können in drei Gruppen eingeteilt werden: *bioinerte*, *biotolerante* und *bioaktive* Werkstoffe. Die meisten Keramiken weisen ein bioinertes Verhalten auf. Bioinert bedeutet, daß zwischen künstlichem Material und der biologischen Umgebung keine biochemische Interaktion auftritt. Grund für das bioinertes Verhalten der meisten Keramiken ist die hohe Bindungsenergie aufgrund der keramiktypischen Mischbindung aus ionischer und kovalenter Bindung. Die hohe Bindungsstärke bedingt, daß Ionenaustauschprozesse und damit biochemische Interaktionen unter den Bedingungen des Körpermilieus (37°C) weitgehend unterbunden werden.

Zu den bioaktiven Keramiken zählt der *Hydroxylapatit*, welcher z.B. als Beschichtung auf Hüftgelenksschäfte oder Zahnimplantate aufgebracht wird. Durch die bioaktive Oberfläche wird die körpereigene Hartsubstanz (Knochen) zum Wachstum angeregt [1799]. Ziel ist ein schnelleres und effizienteres Einwachsen des Implantates in das knöcherne Lager. Das gleiche Ziel wird mit bioaktiven Gläsern verfolgt. Diese wirken ebenfalls stimulierend auf das Biosystem. Deshalb werden sie z.B. bei Knochendefekten eingesetzt. Sie sollen den Knochen zum Wachstum anregen. Gleichzeitig werden sie kontinuierlich vom Körper resorbiert. Angestrebt wird, daß die sich über einen Zeitraum von Wochen und Monaten erstreckenden Prozesse Glasresorption und Knochenneubildung in gleicher Intensität und Geschwindigkeit stattfinden [1801]. Da die Kinetik des Stoffwechsels von Mensch zu Mensch individuell verschieden ist, geht das Konzept der bioaktiven Gläser nicht immer in gleicher Weise auf.

Neben der hervorragenden Bioverträglichkeit der meisten keramischen Werkstoffe zeichnet sich diese Werkstoffklasse für den Einsatz als Prothese- und Implantatkomponenten aufgrund der ausgezeichneten *Abrasionsbeständigkeit* aus. Diese wird insbesondere bei aneinander reibenden (artikulierenden) Implantatoberflächen in künstlichen Gelenken (Knie und Hüfte) und bei dentalprothetischen Restaurationen (Zahnkronen und Zahnbrücken) genutzt. Ebenfalls positiv in diesem Zusammenhang ist die Fähigkeit von Keramik, hohe Kontaktspannungen zu ertragen. Ein hoher Widerstand gegen Kontaktspannungen ist günstig bei punktförmigen Belastungen. Punktförmige Belastungen treten an der keramischen Kugel eines prothetischen Hüftgelenkes und beim Kauvorgang an Dentalrestaurationen auf [1802], [1803].

Abgesehen von der hervorragenden Bioverträglichkeit und der hohen Abrasionsbeständigkeit sind insbesondere die glaskeramischen Biowerkstoffe wegen ihrer hervorragenden *Ästhetik* für den dentalprothetischen Bereich besonders geeignet. Dentalkeramische Werkstoffe, vor allem Feldspatkeramiken, die für Dentalkronen, Brücken, Onlays und Inlays verwendet werden, können so hergestellt werden, daß sie von ihrem optischen Eindruck her kaum mehr von der natürlichen Zahnhartsubstanz zu unterscheiden sind. Eine solches Nachempfinden der Ästhetik des natürlichen Zahnes kann weder mit metallischen Werkstoffen noch mit Polymeren in vergleichbarer Qualität erreicht werden [1804].

Biokeramiken besitzen im Vergleich zu biologischen Strukturen einen hohen Elastizitätsmodul, d.h. eine hohe Steifigkeit. Während körpereigene Strukturen Elastizitätsmoduli bis maximal 20 GPa aufweisen (kortikaler Femur und Zahnschmelz), bewegt sich der Elastizitätsmodul von Biokeramiken im Bereich zwischen 50 und 500 GPa. Die hohe Steifigkeit von Biokeramik ist für den Einsatz im Körper Vor- und Nachteil zugleich. Der hohe E-Modul ist für Implantate und Prothesen wünschenswert, da er eine hohe Formstabilität auch unter höherer Belastung sicherstellt. Auf der anderen Seite ist der große Steifigkeitsunterschied zwischen biologischer Struktur und biokeramischem Werkstoff ungünstig in Bezug auf die mechanische Spannungsverteilung. Es tritt an der Kontaktstelle ein hoher Spannungsgradient auf. Dieser ist aber ungünstig für eine stetige Kraftübertragung und nachteilig in Bezug auf die Verbundfestigkeit.

Von den bekannten problematischen mechanischen Eigenschaften keramischer Werkstoffe ist in Bezug auf die Biokeramiken vor allem die ausgeprägte *unterkritische Rißausbreitung* zu nennen [1805]. Da sich keramische Implantat- und Prothesekomponenten beim Einsatz im Körper ständig in einem feuchten Milieu befinden, wird dieser Effekt durch Herabsetzung der Energie von Wassermolekülen an der Rißspitze verstärkt. Ein keramikspezifischer Effekt, der sich im Biobereich hingegen positiv auswirkt, ist der *Größeneffekt*. Aufgrund der im Vergleich zu technischen Anwendungen überwiegend kleinvolumigen Bauteile bei Implantaten und Prothesen, führt der Größeneffekt im Biobereich zu einer Steigerung der Beanspruchbarkeit. Bild 514 zeigt, daß die Bruchspannung eines keramischen Zahnwurzelstiftes (Länge ca. 20 mm, Durchmesser 1,7 mm) aus 3Y-PSZ bei ca. 1350 MPa liegt. Die an Normstäbchen üblicher Dimension ermittelte Referenzfestigkeit desselben Werkstoffs liegt bei nur 950 MPa.

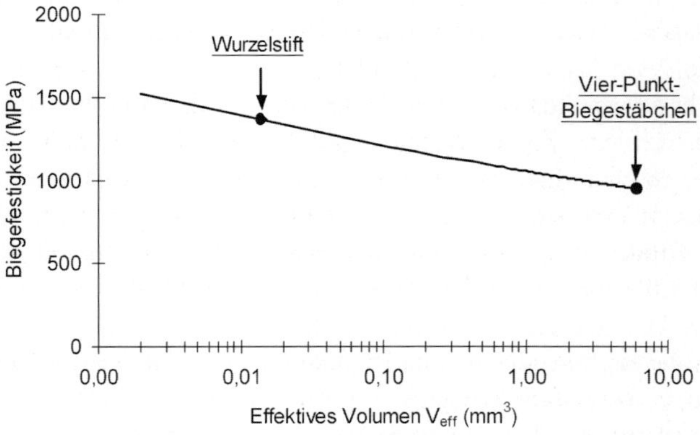

Bild 514: Steigerung der Beanspruchungsgrenze biokeramischer Bauteile durch Größeneffekt

10.4.4 Ausgewählte Biokeramiken

Glaskeramik. Einen wesentlichen Anteil im dentalen Bereich nehmen die glaskeramischen Werkstoffe ein. Diese können hinsichtlich des optischen Eindrucks (Ästhetik) individuell an das Restgebiß angepaßt werden. Hauptvorteile dentaler Glaskeramiken sind in diesem Zusammenhang die abstimmbare Opazität (Kristallisationsgrad) und die Einfärbbarkeit (mittels Metallionen). Die überwiegende Mehrheit dentaler Glaskeramiken enthält Leucit als kristalline Phase [1806].

Die meisten der heutigen dentalen Glaskeramiken sind in Bezug auf ihre chemische Zusammensetzung auf der Grundlage des nach seinem Erfinder benannten Weinstein-Patentes entwickelt worden [1807]. Die in diesem Patent festgelegte Zusammensetzung zeigt Tabelle 123.

Tabelle 123: Chemische Zusammensetzung einer Glaskeramik nach dem Patent von Weinstein [1807]

Oxid	Anteil Gew.-%
SiO_2	63,40
Al_2O_3	16,70
K_2O	14,19
Na_2O	3,41
CaO	1,50
MgO	0,80

Eine weitere Differenzierung der dentalen Glaskeramiken kann auf der Grundlage des dominanten kristallinen Phasentyps vorgenommen werden. Danach lassen sich diese Werkstoffe unterteilen in Feldspat-, Lithiumsilicat- und Glimmerkeramiken, sowie glaskeramische Verbundwerkstoffe mit zusätzlichen Aluminiumoxid- und Zirconiumdioxidanteilen.

Dentalkeramische Werkstoffe wurden aufgrund ihrer begrenzten Festigkeit anfangs ausschließlich zur Verblendung von metallischen Substraten verwendet. Auf diesen Anwendungsbereich war das „Weinstein-Patent" auch ausgerichtet. Ein typisches Bauteil in diesem Zusammenhang ist die sogenannte Verbund-Metall-Keramik-Krone (VMK-Krone). Bei dieser Restauration wird auf einen metallischen Unterbau eine abschließende keramische Schicht aufgebracht. Diese dient in erster Linie der Ästhetik. Erst als um 1985 mechanisch stabilere Keramiksysteme entwickelt wurden, konnte bei den sogenannten vollkeramischen Restaurationen auf metallische Stützgerüste verzichtet werden.

Trotzdem ist das mechanische Verhalten glaskeramischer Dentalkeramiken noch deutlich ausbaufähig. Eine typische, gut etablierte Feldspatkeramik (z.B. *Empress 1*, Fa. Ivoclar, Schaan, Liechtenstein) besitzt eine Biegefestigkeit von ca. 100 MPa bei einem Weibullmodul von weniger als 10. Die Bruchzähigkeit liegt mit K_{Ic} = 1,2 $MPam^{0,5}$ kaum oberhalb derer von Natron-Kalk-Glas [1808].

Zukunftsweisend sind demgegenüber die beiden Keramiksysteme *In-Ceram Alumina* (Vita, Bad Säckingen) und *Empress 2* (Ivoclar, Schaan, Liechtenstein).

Bei *In-Ceram Alumina* handelt es sich um eine offenporös gesinterte, hochreine Aluminiumoxidkeramik, die anschließend in einem Reaktionsbrand mit einem Lanthanglas infiltriert wird [1809]. Dadurch erreicht diese Keramik eine Rißzähigkeit von ca. 5 $MPam^{0,5}$. *Empress 2* ist eine Lithium-Disilicatkeramik (Bild 515). Die ca. fünf Mikrometer langen und ein Mikrometer im Durchmesser betragenden Kristallite schaffen eine Gitterstruktur, die gegenüber dem leucitverstärkten Werkstoff-Vorgänger (*Empress 1*) eine deutlich erhöhte Bruchzähigkeit bewirkt (K_{Ic} = 2,5 $MPam^{0,5}$).

Bild 515: Gefügestruktur der dentalen SiO_2-Li_2O-Keramik *Empress 2* nach Anätzen der Glasphase für 90 sec in 2 % HF, 20 % H_2SO_4.

Calciumphosphatkeramik. Unter den bioaktiven Keramiken sind insbesondere der *Hydroxylapatit* [HAP, $Ca_{10}(PO_4)_6(OH)_2$] sowie der *Fluorapatit* [FAP, $Ca_{10}(PO_4)_6F_2$] zu nennen. Die Herstellung von HAP erfolgt durch Fällungsreaktion in einer $Ca(OH)_2$-Lösung, in die H_3PO_4 zutitriert wird. Analog läßt sich FAP aus einer wässrigen Suspension aus gefälltem HAP und CaF_2 herstellen. Beide Apatite weisen ein Ca/P-Verhältnis von 1,67 auf. Hydroxylapatit zersetzt sich bei ca. 1300°C. Die Schmelztemperatur von Fluorapatit liegt bei ca. 1660°C. Die charakteristisch offenporöse Struktur dieser bioaktiven Keramiken begünstigen das Einwachsverhalten von Knochenzellen (*Osteoblasten*). Die Festigkeit ist aufgrund der Struktur jedoch vergleichsweise gering (deutlich unter 100 MPa), die Bruchzähigkeit liegt im Bereich des entsprechenden Wertes von Glas (0,9 $MPam^{0.5}$). Daher werden die Apatite nicht als lasttragende Prothese- und Implantatkomponenten, sondern nur in Form von Beschichtungen und als Füllstoffe (bei Knochendefekten) eingesetzt.

Oxidkeramik. Die wichtigsten Vertreter der Hochleistungskeramiken unter den Biowerkstoffen sind Aluminiumoxid (Al_2O_3) und teilstabilisiertes Zirconiumdioxid (PSZ). Aluminiumoxid wird im medizinischen Bereich seit über 30 Jahren eingesetzt. Das Haupteinsatzgebiet ist die keramische Kugel beim Hüftgelenksersatz. Aber auch als Ersatz von Mittelohr-Gehörknöchelchen und vereinzelt bei Restaurationen im dentalprothetischen Bereich findet Al_2O_3 Anwendung (z.B.

Dentalabutments). Zirconiumdioxid hat in den letzten Jahren aufgrund seiner hervorragenden mechanischen Eigenschaften besonders für den dentalprothetischen Bereich zunehmend an Bedeutung gewonnen. Im Bereich des Gelenkersatzes wird Zirconiumdioxid seit kurzem sehr kritisch gesehen. Durch Energiezufuhr, z.B. infolge einer bearbeitungsbedingten thermischen Belastung oder auch aufgrund der im Körper allgemeingegenwärtigen Feuchte kann sich der Stabilisator eines teilstabilisierten Zirconiumdioxides in der Körperflüssigkeit lösen und damit die Umwandlung in die monokline Phase auslösen. Aus diesem Grund wird Zirconiumdioxid seit einigen Jahren praktisch nicht mehr als Werkstoff für Hüftgelenkskugeln in der Endoprothetik verwendet, da im Laborversuch gezeigt worden ist, daß Zirconiumdioxid keine hydrothermale Stabilität besitzt [1810]. Ob dieser Effekt die mechanische Zuverlässigkeit keramischer Hüftgelenkskugeln beim Einsatz im Körper des Patienten maßgeblich reduzieren kann, ist jedoch nicht geklärt [1502], [1811], [1812]. Eine neuere Studie an einer 3Y-TZP-Biokeramik deutet eher darauf hin, daß die heutigen modernen Zirconiumdioxid-Biokeramiken in Bezug auf die physiologischen Bedingungen hydrothermal stabil sind [1813].

Ein Argument, das auch gegen die Verwendung von Zirconiumdioxid als Biowerkstoff in die Diskussion eingebracht wird, ist seine *Radioaktivität.* Die heute für biomedizinische Anwendungen eingesetzten Rohstoffe werden zwar von ihren radiochemischen Verunreinigungen im wesentlichen befreit. Radioaktive Spuren sind in jeder ZrO_2-Keramik jedoch aufgrund des natürlichen Thoriumgehaltes stets vorhanden [1502]. Ob diese radioaktiven Spuren zu einer Wechselwirkung mit dem umliegenden Gewebe führen können, ist ebenfalls noch nicht geklärt. Eine karzinogene Wirkung aufgrund radioaktiver Spuren in Zirconiumdioxid-Biokeramik konnte bisher nicht nachgewiesen werden. Dies erscheint auf der Grundlage der folgenden Größenabschätzung auch eher unwahrscheinlich.

Tabelle 124: Anforderungen an die physikalischen und chemischen Eigenschaften von Yttriumoxid-stabilisiertem Zirconiumdioxid (Y-TZP) als Werkstoff für Implantate [nach ISO/DIS 13356.2, 1996]

Eigenschaft	Anforderung	Einheit
Rohdichte	≥ 6,00	g/cm^3
Chemische Zusammensetzung		Gew.-%
$ZrO_2+HfO_2+Y_2O_3$	> 99,0	
Y_2O_3	4,5 bis 5,4	
Hf_2O_3	≤ 5	
Al_2O_3	< 0,5	
andere Oxide	< 0,5	
Mikrostruktur		
Mittlerer linearer Korngrößenabstand	≤ 0,6	μm
Festigkeit		MPa
Biaxiale Festigkeit oder	≥ 500	
Vier-Punkt-Biegefestigkeit	≥ 800	
Radioaktivität		
Summe aus U^{238}, Ra^{226} und Th^{232}	< 200	Bq/kg

Ein typisches als Biowerkstoff eingesetztes Zirconiumdioxid weist eine Radioaktivität von ca. 8 Bq/kg auf [1814]. Die im entsprechenden ISO-Standard festgelegte Obergrenze liegt derzeit bei 200 Bq/kg [1815] (vgl. Tabelle 124). Für Dentalkeramiken ist sogar eine Obergrenze von 1000 Bq/kg in Bezug auf U^{238} zugelassen [1816]. Als Vergleich strahlt konventionelle, homogenisierte Kuhmilch z.B. mit ca. 2000 Bq/kg und normale Wurst mit ca. 500 Bq/kg [Cales und Peille, 1990]. Diese Gegenüberstellung wirft die Frage auf, ob die Diskussion über eine mögliche schädigende Wirkung der Spuren von Radioaktivität in Zirconiumdioxid-Biokeramik seriös ist.

10.4.5 Zulassung von Biowerkstoffen

Biowerkstoffe unterliegen dem Medizinproduktegesetz [1817] als Umsetzung der europäischen Richtlinien 90/365/EWG und 93/42/EWG. Die Entscheidung über die Zulassung eines Werkstoffs für eine Implantat- oder Prothesekomponente ist in den Richtlinien geregelt. Maßgeblich für die Kriterien ist die Klassifizierung des Endproduktes. Unterschieden werden vier Produktklassen: I, IIa, IIb und III. Je höher die Produktklasse, desto höher sind die Anforderungen, die an das entsprechende Produkt gestellt werden, damit es für den klinischen Einsatz zugelassen wird. Unter Klasse I fallen alle nichtinvasiven Medizinprodukte. Klasse II beinhaltet insbesondere die kurzzeitig in den Körper eingebrachten Komponenten (z.B. Katheter). Die Klasse IIb deckt die meisten Biokeramik-Anwendungen ab, denn diese Klasse beinhaltet die chirurgisch invasiven Produkte (z.B. Zahnimplantat, künstl. Gehörknöchelchen u. a.). Handelt es sich bei dem chirurgisch invasiven Produkt um ein aktives Bauteil, so fällt dieses unter Klasse III. Aktiv bedeutet im Zusammenhang mit Biokeramik z.B. eine vom Knochen resorbierbare Beschichtung (z.B. Hydroxylapatit). Auch Implantate, die in direktem Kontakt zum zentralen Nervensystem stehen, sind der Klasse III zugeordnet. Entsprechend der Produktklasse werden verschiedene Tests für das Produkt gefordert. Insbesondere müssen an neuen Biowerkstoffen umfangreiche Verträglichkeitsuntersuchungen (Zellkultur- und ggf. Tierversuche) durchgeführt werden. Darüber hinaus muß die Funktionalität (z.B. mechanische Zuverlässigkeit) nachgewiesen werden. Nach Erteilung des CE-Kennzeichens durch die Zulassungsstelle wird vor Markteinführung eines Biowerkstoffs in der Regel noch eine kontrollierte prospektive klinische Studie durchgeführt.

10.5 Nichtoxidkeramik

Die Entwicklung nichtoxidischer keramischer Werkstoffe ist in den vergangenen Jahren sehr stark vorangetrieben worden. In dieser Stoffklasse existiert eine große Anzahl von Verbindungen; es haben jedoch nur diejenigen stärkeres Interesse gefunden, die sich durch besondere Eigenschaften auszeichnen, wobei gute Hochtemperaturfestigkeit und große Härte im Vordergrund stehen. Da gleichzeitig eine gute chemische Beständigkeit gefordert wird, engt sich der Kreis der technisch interessanten Stoffe noch weiter ein. Im folgenden werden nur solche Stoffe besprochen, die aufgrund technischer Gesichtspunkte eine größere Rolle spielen. Es soll jedoch betont werden, daß auch bei einer Reihe weiterer nichtoxidischer Verbindungen viele Erscheinungen auftreten und untersucht wurden, die eng mit keramischen Problemen zusammenhängen. Als extremes Beispiel seien nur die Untersuchungen am NaCl erwähnt.

Tabelle 125 bringt eine Auswahl der Eigenschaften nichtoxidischer Stoffe. Viele Angaben findet man in der Serie „Special Ceramics“ [1818], [1819], zusammenfassende Darstellungen einzelner Stoffe bzw. Stoffklassen in den Büchern von Kieffer und Benesovsky [1820], Storms [1821] und Toth [1822], seither leider nur noch in Übersichtsartikeln oder Beiträgen zu Tagungsbänden oder Enzyklopädien, z.B. [7], [1823]-[1827]. Die Zahlenangaben zu den Eigenschaften zeigen teilweise große Schwankungsbereiche; dies ist durch die unterschiedlichen Gefügezustände und Meßverfahren bedingt. Eine neuere Übersicht über den Stand der Literaturdaten, die auch das Dilemma widerspiegelt, wird von Riedel gegeben [1827]. So führt schon eine geringe Porosität zu einem geringeren E-Modul. Auf die Angabe von Festigkeits- und Härtewerten wurde aus diesen Gründen ganz verzichtet. Spuren von Verunreinigungen beeinflussen die elektrische Leitfähigkeit und die Wärmeleitfähigkeit, Texturen die Wärmedehnung. Die Daten sind daher nur Eckwerte. Anisotropien sind mit Schrägstich gekennzeichnet. Die Symbole für senkrecht und parallel beziehen sich dann auf die Hauptachse c der Struktur.

Die Mehrzahl der in Tabelle 125 angegebenen Stoffe weist eine Schmelz- bzw. Zersetzungstemperatur von über 2000°C auf. Auch diese Angaben in schwanken bedingt durch Verunreinigungen, Meßverfahren (gerade bei sehr hohen Temperaturen) oder Berechnungsgrundlage. Die höchstschmelzenden Stoffe überhaupt werden von Carbiden bzw. carbidischen Mischkristallen gebildet (HfC: 3890°C, 4TaC·HfC: 3930°C). Daneben haben viele der angeführten Verbindungen eine Vickershärte deutlich über 20 GPa; aus diesem Grunde wurde für diese Gruppe auch der Name *Hartstoffe* geprägt. Da ein Teil dieser Verbindungen metallähnliche Eigenschaften zeigt, hat man zwischen metallischen und nichtmetallischen Hartstoffen unterschieden, obwohl es nicht möglich ist, scharfe Grenzen zu ziehen. Kieffer und Benesovsky [1820] definieren als *metallische Hartstoffe* die Carbide, Nitride, Boride und Silicide der Übergangselemente der vierten bis sechsten Gruppe des Periodensystems (Ti, Zr, Hf, V, Nb, Ta, Cr, Mo, W). Sie zeichnen sich durch eine metallische elektrische Leitfähigkeit, einen Metallglanz und eine sehr hohe Wärmeleitfähigkeit aus. Metallphysikalisch betrachtet könnten sie auch zu den interstitiellen Verbindungen gezählt werden, die durch die Einlagerung von

B, C oder N in ein Metallgitter zu beschreiben sind. Diesem steht jedoch die starke kovalente Bindung innerhalb des Nichtmetalluntergitters entgegen, die auch für den hohen Schmelzpunkt, die hohe Härte und den hohen E-Modul verantwortlich ist. Auch weisen solche Verbindungen deutliche ionische Bindungsanteile zwischen den beiden Untergittern auf. Zu den *nichtmetallischen Hartstoffen* rechnet man von den nichtoxidischen Stoffen Diamant, SiC, Si_3N_4, B_4C und BN, alles stark kovalent gebundene Materialien, die Nichtleiter oder Halbleiter sind.

Die Nitride sind im allgemeinen bei hohen Temperaturen weniger beständig als die Carbide und zersetzen sich bei niedrigeren Temperaturen aufgrund des hohen Stickstoffpartialdrucks. Ihre Oxidationsbeständigkeit ist eigentlich nicht sehr hoch; in manchen Fällen wird aber eine oxidische Schutzschicht ausgebildet, die die weitere Oxidation stark verlangsamt (siehe Kapitel 5.6).

Tabelle 125: Eigenschaften einiger nichtoxidischer Substanzen

Substanz		Kristall-system	Schmelzpunkt/ Zersetzungspunkt °C	Dichte bei 20°C g/cm³	Ausdehnungs-koeffizient $\alpha_{25/1000}$ 10^{-6}/K	Elastizitäts modul bei 20°C GN/m²	Wärmeleitfähigkeit bei 20°C W(m·k)	spez. elektr. Widerstand bei 20°C Ω·cm
Kohlenstoff	Diamant	kubisch	metastabil	3,52	1,0	910-1250	>900 (2000)	10^{12}
	Graphit	hexagonal	3527	2,26	-1,5/+28,6	1000/35	>400/<8	$0{,}5\cdot10^{-4}/1$
Carbide	Be_2C	kubisch	2150	2,26	7,4	350	21	10^{-3}
	B_4C	rhomboedrisch	2450	2,52	6,0	450	20-35	400
	SiC	hexagonal	Zersetzung 2300-2830 2545 (berechnet)	3,21	5,0	480	43-145	>5
	TiC	kubisch	3067-3140	4,93	7,4	410-510	21-29	$6\text{-}7\cdot10^{-5}$
	ZrC	kubisch	3420	6,6	6,7	350-440	19-20	$4\text{-}6\cdot10^{-5}$
	HfC	kubisch	3928	12,3	6,4	400-510	13-20	$3\text{-}4\cdot10^{-5}$
	TaC	kubisch	3950	14,5	6,3	290-560	21-22	$2\text{-}3\cdot10^{-5}$
	α-WC	hexagonal	2785 Zersetzung	15,7	5,2	620-730	117	$2\cdot10^{-5}$
	β-WC_{1-x}	kubisch	2780					
Nitride	BN	kubisch (cBN)	metastabil	3,43	4,9	300-650	<750	10^{10}
	BN	hexagonal (hBN)	3000 Zersetzung	2,34	=0,4/⊥7,2; $\overline{\alpha}$ =3,8	=47/⊥73	28-33	$=10^{12}\text{-}10^{15}$ $\perp10^{10}\text{-}10^{12}$
	AlN	hexagonal	<2200 Zersetzung	3,16	6,0	315-350	180->220	10^5
	Si_3N_4	hexagonal	1900 Zersetzung	3,2	2,8	260-330	25-36	$10^{12}\text{-}10^{14}$
	TiN	kubisch	2920	5,39	9,4	250-260	19-38	$2\text{-}3\cdot10^{-5}$
	ZrN	kubisch	2980	7,32	6,5-7,4	397	19-20	$0{,}7\text{-}2\cdot10^{-5}$
Boride	TiB_2	hexagonal	3225	4,52	⊥6,6/=8,6	560	24-27	$2\cdot10^{-5}$
	ZrB_2	hexagonal	3040	6,09	⊥6,8/=5,9	490	23-24	$9\cdot10^{-5}$
Silicide	$MoSi_2$	tetragonal	2030-2050	6,2	8,5	380	31-50	$2\cdot10^{-5}$
	Ti_5Si_3	hexagonal	2130	4,32	⊥7,0/=15,6	156	—	$5\cdot10^{-5}$
Sulfide	BaS	kubisch	>2200	4,3	12	—	—	10^6
	CeS	kubisch	2450	5,9	—	—	21	$6\cdot10^{-5}$
	ThS	kubisch	>2200	9,5	10,2	—	—	$2\cdot10^{-5}$
Fluoride	CaF_2	kubisch	1360	3,18	25	150	8	$>10^{15}$

10.5.1 Kohlenstoff

(Bearbeitet von H. Hausner, Garmisch-Partenkirchen)

10.5.1.1 Diamant und Graphit

Kohlenstoff kommt in der Natur in mehreren Modifikationen vor und zwar als kubisch kristallisierender Diamant (Diamantgitter ≡ Zinkblendegitter, metastabil), als hexagonaler *Lonsdaleit* (≡ Wurtzitgitter, metastabil) und als hexagonaler *Graphit* (stabil). Bild 516 zeigt das *p,T*-Diagramm des Kohlenstoffs, im wesentlichen basierend auf den Angaben von Bundy [1828].

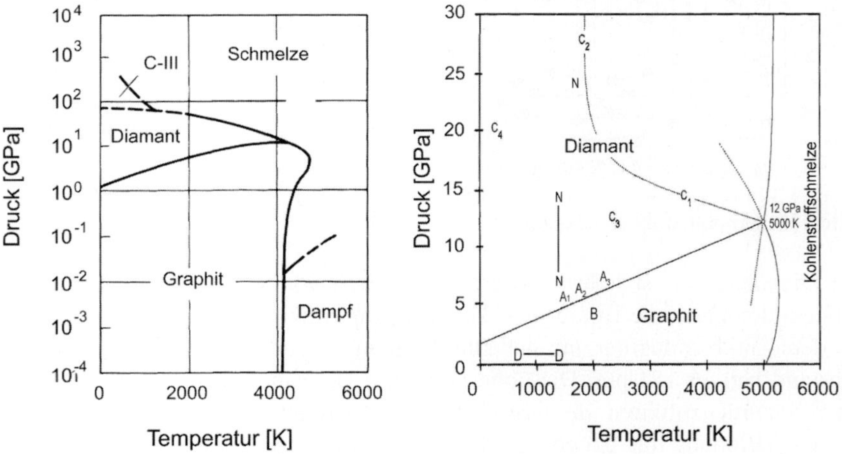

Bild 516: *p,T*-Phasendiagramm des Kohlenstoffs nach Bundy (links) und ergänzt nach Davies [1834]. Das Gebiet A bezeichnet die Syntheseparameter von Diamant aus Graphit mit Ni-Fe-basierten Katalysatoren (A_1), mit Cu-, Zn-, Ge-Katalysatoren (A_2) und mit Metallsalzen bzw. –silicaten (A_3). Im Bereich B wird Phenolharz und Co verwendet. Bereich C: direkte Umwandlung in Diamant: C_1-C_2 Übergang von Graphit beim schnellen Aufheizen; C_3 Übergang von Kohlenwasserstoffen; Bereich C_4 Fullerenumwandlung; Bereich D: Diamantsynthese durch mikrowellenunterstützte Plasmaabscheidung (Niederdrucksynthese); N: natürliche Diamantbildung

Die Umwandlung von Diamant in Graphit verläuft, unter Luftabschluß erst sehr langsam bei Temperaturen oberhalb 800°C, schneller dann bei 1500-1700°C [1829]. Die Umkehrung des Prozesses, die Diamantsynthese, gelang im Februar 1953 zuerst in Schweden durch ASEA AB, dann im Dezember 1954 bei General Electric Co. und wird heute zur Gewinnung von Industriediamanten im technischen Maßstab durchgeführt [1830]-[1832]. Zur Synthese sind Drücke von 60 kbar (6 GN/m^2) erforderlich, wobei zur Erzielung einer genügend großen Reaktionsgeschwindigkeit Temperaturen von etwa 1400 bis 1500°C und Zusätze von Metallkatalysatoren, z.B. Ni bzw. Ni-Fe-Legierungen benötigt werden. Über Kristallisationskinetik, Anlagen und Methoden informiert ausführlich [1833]. Bei sehr hohen Drücken müßte eine weitere Phasenumwandlung in die Modifikation C-III eintreten, deren Dichte etwa 15 bis 20 % größer sein soll und bei der mit metallischen Eigenschaften zu rechnen wäre. Eine experimentelle Bestätigung fehlt jedoch [1834].

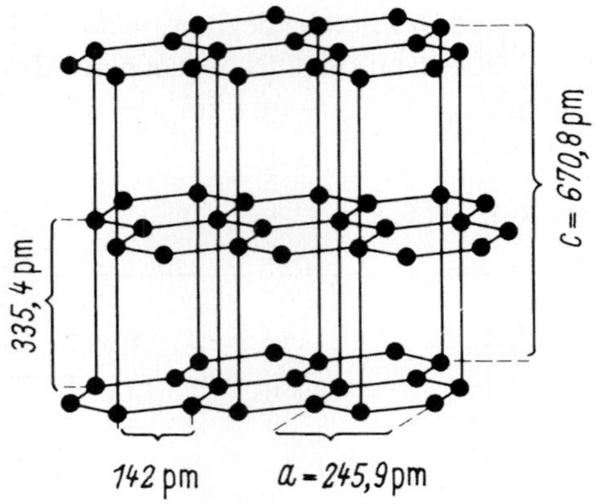

Bild 517: Graphitstruktur (hexagonal)

Im Diamantgitter ist jedes C-Atom tetraedrisch von vier weiteren Kohlenstoffatomen umgeben, die Bindung ist kovalent. Im Prinzip entspricht das Diamantgitter dem Zinkblendegitter, nur daß alle Plätze mit C-Atomen besetzt sind. Der C-C-Abstand beträgt 154 pm. Die hohe Härte des Diamanten ist auf die hohe Gitterenergie zurückzuführen, die ihre Ursache in der relativ großen Bindungsenthalpie der C-C-Bindung hat. So beträgt die Aktivierungsenergie für die Graphitisierung der {110}-Flächen 728±50 kJ/Mol. Nach seinem optischen Verhalten im UV- und IR-Bereich wird der Diamant in drei Gruppen eingeteilt. Die Ursache der Absorptionsbanden sind in das Gitter eingebaute Fremdatome (z.B. B, Al, N), die dem Diamant auch Halbleitereigenschaften verleihen können.

Graphit kristallisiert in einem hexagonalen Schichtgitter (Bild 517). Jedes C-Atom ist durch drei σ-Bindungen unter Ausbildung eines sp^2-Hybrids kovalent mit den nächsten Nachbarn verbunden. Die restlichen vierten Valenzelektronen treten als π-Elektronen auf. Normalerweise ist der Packungsrhythmus der Schichten ABAB..., wie in Bild 517. Durch gleitende Verformung kann nach Boehm und Hofmann [1835] teilweise die Schichtenfolge ABCA... und damit eine rhomboedrische Form entstehen, die jedoch nicht stabil ist. Überhaupt kann bei den Werkstoffen auf Graphitbasis der Ordnungsgrad der Kohlenstoffebenen relativ zueinander in weiten Grenzen variieren. Diese können nicht nur bis in einem bestimmten Maß gegeneinander verschoben, sondern auch verdreht sein; man spricht dann von einer *turbostratischen Struktur*. Die Abweichungen vom idealen Gitter kann man durch einen Ordnungsparameter (*Graphitierungsgrad*) beschreiben. Während der C-C-Abstand von 142 pm im Graphiteinkristall und bei allen künstlich hergestellten Graphiten fast gleich ist, variiert der Schichtebenenabstand je nach Graphitierungsgrad von 335,4 pm im Einkristall bis zu 344 pm im turbostratischen Gefüge. Die stark gestörten Strukturen lassen sich im allgemeinen durch eine thermische Behandlung nachordnen. Es gelingt auch, andere Ionen wie O^{2-}, OH^-, K^+, Na^+ oder H_3O^+ an die π-Elektronen zu binden und damit in Richtung der c-Achse eine erhöhte Bindungsstärke einzustellen. Infolge der ausgeprägten Schichtstruktur sind die Eigenschaften des Graphiteinkristalls stark richtungsabhängig (Tabelle 125), was mit Art und Festigkeit der chemischen Bindung direkt zusammenhängt. Parallel zu den Ebenen sind Elastizitätsmodul, elektrische Leitfähigkeit und Wärmeleitfähigkeit wesentlich größer als senkrecht dazu. Der Wärmeausdehnungskoeffizient parallel zu den Schichten ist sogar negativ, während er senkrecht dazu einen sehr hohen positiven Wert hat. Die Härte ist sehr aufgrund der Plättchenstruktur sehr gering, weshalb Graphit auch als Schmiermittel eingesetzt wird.

Die starke Richtungsabhängigkeit der Eigenschaften, die beim Einkristall oder an gut ausgebildeten Naturgraphitplättchen vorhanden ist, wird bei den künstlich hergestellten Elektrographiten durch unterschiedliche Orientierung der einzelnen Kristallite sowie durch intra- und interkristalline Porosität verwischt. Andererseits ist bei manchen modernen Werkstoffen auf Kohlenstoffbasis die Eigenschaftsanisotropie stark ausgeprägt.

10.5.1.2 Herstellung und Eigenschaften

Wie schon erwähnt, kann bei Werkstoffen auf Kohlenstoff- und Graphitbasis die Lage und Anordnung der Kohlenstoffebenen zueinander stark unterschiedlich sein und durch eine Wärmebehandlung beeinflußt werden. Das Kristallitwachstum bei der thermischen Behandlung ist in starkem Maße von der Vorordnung dieser Schichtebenen in den Rohstoffen abhängig. Man unterscheidet daher bei der Herstellung klassischer Graphitwerkstoffe gut und schlecht graphitierende Kohlenstoffsorten. Zur ersten Gruppe gehören Petrol- und Pechkokse, zur letzteren Steinkohlekoks, Flammruße und Holzkohlen. Die Herstellung der Formteile geschieht durch hydraulisches Pressen, Strangpressen, Stampfen oder Rütteln einer in heizbaren Knetern hergestellten Mischung aus verschiedenen Kornfraktionen des Primärkokses und dem Bindemittel (Pech, Teer). Je nach Art des Primärkokses und des Bindemittels können Werkstoffe mit den unterschiedlichsten Eigenschaften hergestellt werden; so ergibt z.B. ein gut graphitierendes Primärkokskorn einen Werkstoff mit höherer elektrischer und thermischer Leitfähigkeit, jedoch geringerer Druck- und Abriebfestigkeit als ein schlecht graphitierender Primärkoks. Nach der Formgebung erfolgt ein erster Brand in Ringöfen bei 1000 bis 1200°C, wobei der größte Teil des Bindemittels verkokt und die sogenannten *Hartbrandkohlen* entstehen. Die Graphitierung, d.h. die fortschreitende Bildung größerer, gut geordneter Kristallitbereiche erfolgt dann bei Temperaturen von 2600 bis 3000°C in Öfen mit direktem Stromdurchgang. Vor der Graphitierung kann eine *Pechimprägnierung* des gebrannten Körpers und eine weitere Glühbehandlung vorgenommen werden, um im Endprodukt höhere Dichtewerte zu erreichen, siehe auch Kapitel 11.2.3.3.

Die Rohdichte dieser Werkstoffe liegt zwischen 1,5 und 1,8 g/cm^3, die Porosität beträgt 20 bis 30 %. Werte für die Druckfestigkeit umfassen den Bereich 20 bis 50 N/mm^2, die Biegefestigkeit liegt bei 30 bis 50 %, die Zugfestigkeit bei 15 bis 20 % der Druckfestigkeit. Im allgemeinen nimmt die Festigkeit mit zunehmendem Graphitierungsgrad ab. Bis 2500°C tritt Sprödbruch und erst oberhalb 2500°C Verformungsbruch auf. Die Festigkeit steigt bei allen heterogen aufgebauten Kunstgraphiten mit der Temperatur an und hat ein Maximum bei ca. 2500°C. Die Werte für den Elastizitätsmodul liegen zwischen 5 und 13 GN/m^2. Für den Wärmeausdehnungskoeffizienten ergeben sich im Temperaturbereich von 20 bis 1200°C Werte zwischen 1,6 und 4,0 10^{-6}/K. Der unterschiedliche Graphitierungsgrad macht sich ebenfalls stark im spez. elektrischen Widerstand (z.B. ca. $60 \cdot 10^{-4}$ $\Omega \cdot$cm bei Kohlenstoff- und ca. $8 \cdot 10^{-4}$ $\Omega \cdot$cm bei Graphitqualitäten) und noch mehr bei der Wärmeleitfahigkeit (3,5W/(m·K) bei Kohlenstoff- und bis zu 180 W/(m·K) bei Graphitqualitäten bei 20°C) bemerkbar. Wenn man noch berücksichtigt, daß sich aufgrund der Anisotropie des Werkstoffs unterschiedliche Werte senkrecht und parallel zur Verformungsrichtung bei der Herstellung der Formkörper ergeben, wird die Komplexität der Zusammenhänge zwischen Rohstoffcharakteristik, Gefüge und Eigenschaften noch deutlicher.

Bei der Herstellung von dichten Werkstoffen für den chemischen Apparatebau wird nach der Graphitierung eine *Kunstharzimprägnierung* vorgenommen. Diese Imprägnierung führt nicht nur zur Schließung der offenen Poren, sondern hat auch eine Festigkeitserhöhung um den Faktor 1,5 bis 3 infolge des Schließens von Mikrorissen zur Folge.

Graphit hat eine sehr gute Korrosionsbeständigkeit gegen viele anorganische sowie organische Säuren und Salzlösungen. Oberhalb von 800 bis 1000°C erfolgt mit vielen Metallen die Bildung von Carbiden, gegen niedrigschmelzende Metalle wie Pb, Zn, Bi, Ga usw. ist Graphit jedoch beständig. Der größte Nachteil der Werkstoffe auf Kohlenstoff- und Graphitbasis ist ihre geringe Oxidationsbeständigkeit; je nach Werkstoffqualität kann eine Oxidation an Luft schon bei ca. 350 bis 400°C beginnen.

Die Verwendung der soeben beschriebenen Werkstoffqualitäten erfolgt als Elektrodenmaterial bei der Schmelzflußelektrolyse von Metallen in Lichtbogenöfen, in der Elektroindustrie, als Werkstoff im Chemieapparatebau sowie in der Feuerfest- und Nukleartechnik. Hinsichtlich zusammenfassender Darstellungen über Herstellung, Eigenschaften und Verwendung der bis jetzt besprochenen Graphitwerkstoffe sei auf [1836] und [1837] verwiesen.

Spezielle Herstellungstechnologien haben zu einer Reihe vollkommen neuer Werkstoffe geführt [1838], [1839], dem Pyrokohlenstoff oder Pyrographit, den Graphit-folien und -membranen, dem glasartigen Kohlenstoff, dem Schaumkohlenstoff und den Fasermaterialien aus Kohlenstoff. *Pyrokohlenstoff* entsteht bei der Zersetzung gas- oder dampfförmiger Kohlenstoffverbindungen an heißen Oberflächen bei Temperaturen von 1200 bis 1300°C und findet in Form von Schutzschichten bei der Herstellung der beschichteten Brennstoffteilchen für Hochtemperaturreaktoren Anwendung. Als Reaktionsgase können Methan, Propen, Buten und Ethin zusammen mit einem Trägergas (Argon) verwendet werden. Das Gefüge und damit die Eigenschaften der pyrolytischen Schichten hängen von der Art des Kohlenwasserstoffs, dessen Konzentration im Trägergas und der Pyrolysetemperatur ab. Eine umfassende Darstellung geben Delle u.M. [1840]. Pyrokohlenstoff-Schichten können auch auf Elektrographit-Formkörpern aufgebracht werden, wobei eine glatte, gasdichte Oberfläche entsteht. Formkörper aus pyrolytischem Kohlenstoff werden mit möglichst geringer Aufwachsgeschwindigkeit hergestellt; das Material ist turbostratisch, durch eine Wärmebehandlung bei 3000°C wird eine stärkere kristalline Ordnung auch senkrecht zu den Kohlenstoffebenen hervorgerufen. Die Anisotropie eines solchen Pyrographit-Formkörpers ist sehr hoch (Tabelle 126).

Die Herstellung von Graphitfolien erfolgt über das Graphitoxid, bei dem sich zwischen den Kohlenstoffschichten Sauerstoff- und Hydroxylgruppen befinden. Diese Verbindung wird bei hohen Temperaturen unter starker Aufweitung des Graphitgitters zersetzt, und unter Anwendung von mechanischem Druck werden gasdichte, flexible Folien hergestellt. Auch dieses Material ist stark anisotrop.

Glasartigen Kohlenstoff erhält man durch pyrolytische Zersetzung von dreidimensional vernetzten Kunstharzen, die schlecht graphitierende Kohlenstoffe ergeben [1841]. Die Kristallite in diesem Material, dessen Namen von seinem glasähnlichen Bruchverhalten stammt, haben auch nach einer Hochtemperaturbehandlung nur geringe Abmessungen; kleine graphitähnliche Bereiche sind über eine große Anzahl vernetzender C-Atome verbunden, was zu einem isotropen Werkstoff führt, der gasdicht ist und nur geschlossene submikroskopische Poren enthält.

Poröse Kohlenstoffkörper bis zu 75 Vol.-% offener Poren können durch Carbonisierung von mikrokristalliner Cellulose, solche mit einer Porosität > 90 Vol.-% durch Carbonisieren geschäumter Kunstharze hergestellt werden. Die Eigenschaften dieser neuen Werkstofftypen sind, basierend auf [1838], in Tabelle 126 zusammengestellt.

Kohlenstoff-Fasern [1842] können durch thermischen Abbau von Cellulose, voroxidiertem Polyacrylnitril sowie von anderen langkettigen organischen Verbindungen hergestellt werden (siehe auch Kapitel 11.2.2.3). Auf ähnliche Weise erhält man auch Kohlenstoff-Filze, -Wolle und -Gewebe mit einem ausgezeichneten thermischen Isolationsvermögen (Wärmeleitfähigkeit λ = 0,06 bis 0,12 W/(m·K)). Durch eine Verstreckung von Kohlenstoff-Fäden bei hohen Temperaturen können hochfeste Fäden gefertigt werden, die zur Herstellung von Verbundwerkstoffen Verwendung finden. Durch die Verstreckung wird eine weitgehende Orientierung der Kohlenstoffebenen parallel zur Faserachse und damit ein sehr hoher Elastizitätsmodul erzielt.

Tabelle 126: Eigenschaften von Sonderwerkstoffen auf Kohlenstoffbasis

Werkstoff		Dichte	Ausdehnungskoeffizient	Elastizitätsmodul	Druckfestigkeit	Wärmeleitfähigkeit bei 30°C	Spez. elektr. Widerstand
		g/cm^3	$\alpha_{20/200}$ $10^{-6}/K$	GN/m^2	N/mm^2	$W/(m \cdot K)$	$\Omega \cdot cm$
Pyrographit-Formkörper	‖ Oberfläche	2,2	-0,8	25	100	407	$5 \cdot 10^{-4}$
	⊥ Oberfläche		+25	—	390	0,9	0,7
Kohlenstoff-Folien	‖ Oberfläche	1,0	—	—	—	174	$8 \cdot 10^{-3}$
	⊥ Oberfläche		—	—	—	3,5	4
Glasartiger Kohlenstoff		1,55	3,5	25	410	4,7	$5 \cdot 10^{-3}$
Schaum-kohlenstoff (95 % Porosität)		0,08	2,7	0,12	>0,5	0,08	0,25

10.5.2 Siliciumcarbid

(Bearbeitet von R. Telle, Aachen)

Siliciumcarbid, SiC, ist neben Siliciumnitrid der wichtigste nichtoxidische Keramikwerkstoff. Sehr viele Informationen über verschiedenste Teilgebiete sind in den Tagungsbänden von O'Connor und Smiltens [1843] sowie Marshall u.M. [1844] zu finden. Wecht [1845] behandelt in einer Monographie speziell Probleme, die mit der Verwendung von Siliciumcarbid als feuerfestem Baustoff in verschiedenen Industriezweigen auftreten. Umfassende Abhandlungen über Strukturen, Herstellung, Sinterkinetik und Eigenschaften stammen von Kriegesmann [1846], Schwetz [1847] und Telle [1848].

Siliciumcarbid kommt in der Natur in Spuren als Bestandteil extraterrestrischer Himmelskörper vor, so z.B. neben Diamant als Ausscheidung in Eisen-Nickel-Meteoriten vom Typ Canyon Diablo, ferner in Eruptivgesteinen des unteren Erdmantels wie in sibirischen Kimberliten und böhmischen Brekzien. Der Mineralname der hexagonalen α-Modifikation ist *Moissonit*, benannt nach dem französischen Chemiker H. Moisson. Die kubische β-Phase ist aus dem Green-River-District in den USA bekannt. Die erste Synthese von SiC gelang zu Beginn des 19. Jahrhunderts und ist vermutlich Berzelius zuzuschreiben, der 1810 darüber berichtete. Die technische Bedeutung wurde erst später von Cowless u. M. (1885) [1849] Moisson (1891) [1850] erkannt, die SiC aus den Elementen herstellten. Acheson (1892) und Schützenberger (1893) entwickelten großtechnische Syntheseverfahren, indem sie Quarzsand mit Kohle umsetzten [1851]-[1853] bzw. SiC aus übersättigtem, Si-angereichertem Grauguß kristallisierten [1854]. Aufgrund der hohen Härte des Materials im Glauben, er habe eine Mischung aus Kohlenstoff und Korund produziert, nannte Acheson seinen Werkstoff „*Carborundum*“.

10.5.2.1 Struktur und Phasenbeziehungen

Siliciumcarbid tritt in einer kubischen Modifikation als β-SiC und einer hexagonalen als α-SiC auf. Aufgrund der häufigen Beobachtung, daß sich β-SiC bei ca. 2100°C in α-SiC umwandelt, wird die kubische Phase gerne als Tieftemperaturmodifikation bezeichnet, die hexagonale Phase als Hochtemperaturmodifikation. Diese Zuordnung ist jedoch fraglich, da die Umwandlung irreversibel ist und unter bestimmten Voraussetzungen (Druck, Atmosphäre, Verunreinigungen) auch eine $\alpha \rightarrow \beta$-Umwandlung mit zunehmender Temperatur eintreten kann. Es ist daher möglich, daß auch die $\beta \rightarrow \alpha$-Umwandlung kinetisch bedingt ist und Verunreinigungen sowie Gasatmosphäre und Gasdruck eine wesentliche Rolle spielen. Im Phasendiagramm wird daher das hexagonale α-SiC als die einzige thermodynamisch stabile Phase angegeben.

Kristallstruktur. Die Struktur des SiC wird durch die sp^3-Hybridisierung der Atomorbitale beider Elemente und den hohen Anteil an kovalenter Bindung bestimmt, die eine tetraedrische Koordination sowohl um das Silicium (SiC_4-Tetraeder) als auch um den Kohlenstoff (SiC_4-Tetraeder) bewirken. Die einzelnen Tetraeder sind über Ecken miteinander verknüpft, wobei die Spitzen aus der Ebene herausragen und die Verbindung zur nächsten Schicht bilden. Die Stapelfolge dieser Tetraederschichten kann in weiten Grenzen variieren, was zu einer *Polytypie* des Siliciumcarbids führt. Betrachtet man den Packungsrhythmus der in der Struktur vorhandenen Silicium-Kohlenstoff-Doppelschichten, so kommt man bei der Stapelfolge ABCABC... zum kubischen β-SiC mit *Zinkblendestruktur*; die Stapelfolge ABAB... führt zur hexagonalen *Wurtzitstruktur*. Die Stapelfolge ABACABAC... führt ebenfalls zu einer hexagonalen Symmetrie, die nach der *Ramsdellschen Nomenklatur* als *4H*-Struktur bezeichnet wird [1855]. Hierbei geben die Zahl die Anzahl der Schichten in der [0001]-Richtung bis zur Identität und der Buchstabe das Kristallsystem an. Die Zinkblendestruktur wird daher auch mit *3C* bezeichnet, die Wurtzitstruktur mit *2H*. Da die Tetraederspitzen etwas exzentrisch relativ zur Basisfläche verkippt sind, entstehen oft Zwillingskristalle.

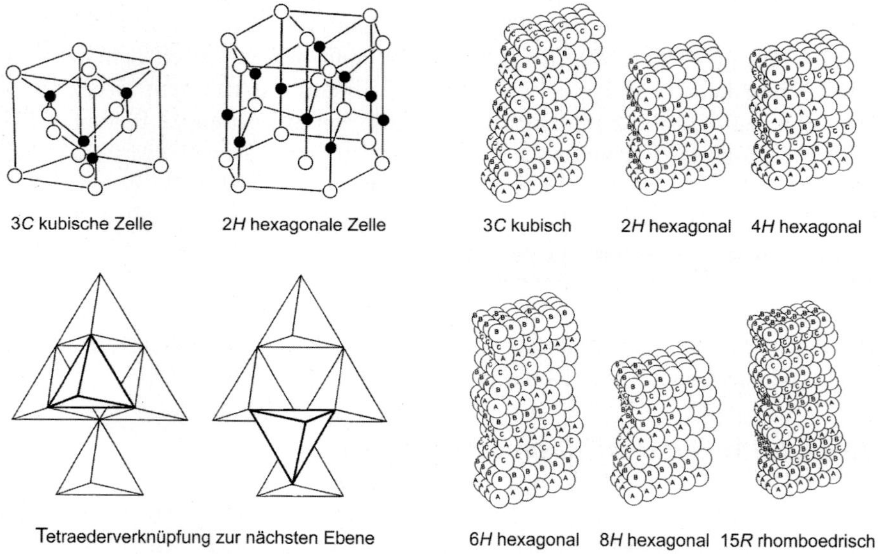

Bild 518: Elementarzellen, Tetraederverknüpfung und Polytypen des SiC; Kugelmodell nach [1856].

Ferner können Schichten relativ zueinander rotiert sein. So führt ein Wechsel der jeweils 5. und 6. Schicht zu einer hexagonalen Struktur mit einer Identitätsperiode von 6 (*6H*), während ein Wechsel in der 4. und 5. Schicht in der kubischen Struktur mit einer Identitätsperiode von 15 eine rhomboedrische Struktur ergibt, die mit dem Buchstaben *R* bezeichnet wird (*15R*). Weitere Strukturen haben Identitätsperioden von z.B. 10, 21, 51, 87 oder mehr. Bis auf die 10er-Struktur, die hexagonal ist, sind sie alle rhomboedrisch [1856], [1857]. Zusätzlich kann durch unregelmäßige Fehler in der Stapelfolge eine zweidimensionale Fehlordnung eintreten. Es sind ca. 180 Polytypen des SiC bekannt, von denen *4H*, *6H* und *15R* die wichtigsten sind. Sie sind alle röntgenographisch [1858] oder mittels hochauflösender Transmissionselektronenmikroskopie unterscheidbar. α-SiC ist im allgemeinen eine Mischung verschiedener Polytypen. Die Verknüpfungsmöglichkeiten der Tetraeder und der Aufbau der einfachsten Polytypen ist in Bild 518 gezeigt.

Da alle Strukturvarianten aus denselben Baueinheiten bestehen und diese dicht gepackt sind, unterscheiden sich deren physikalischen Eigenschaften nur sehr wenig. So beträgt die Dichte einheitlich 3,21 g/cm^3. Ebenso sind die Differenzen der Bildungsenthalpie so gering, daß daraus keine Rechtfertigung für die Einteilung nach Tief- und Hochtemperaturmodifikationen abgeleitet werden kann [1859], [1860]. Nach quantenmechanischen Ab-initio-Rechnungen sollte reines β-SiC sogar bei keiner Temperatur stabil sein, ist jedoch als einzige Struktur stabil, falls Spurenelemente als Elektronendonatoren vorhanden sind [1861]. Die Existenzbereiche der Polytypen werden zusammen mit dem Gefüge nochmals in Kapitel 10.5.2.4 aufgegriffen.

Phasendiagramm. Aufgrund des hohen Dampfdrucks von Si über SiC ist das Phasendiagramm Si-C experimentell nur schwer zugänglich. Das Siliciumcarbid SiC ist die einzige intermediäre Verbindung. Seine Zusammensetzung beträgt 70,05 Gew.-% Si und 29,95 Gew.-% C. Bei sehr hohen Temperaturen wurde von Prochazka [462] aufgrund der Bildung von C-Leerstellen eine geringfügige Unterstöchiometrie beobachtet, die zu einer scheinbar erhöhten Löslichkeit von Si in SiC von 2 at.-% führt. Andere Arbeiten zeigen einen Si-Verlust und damit eine erhöhte C-Konzentration.

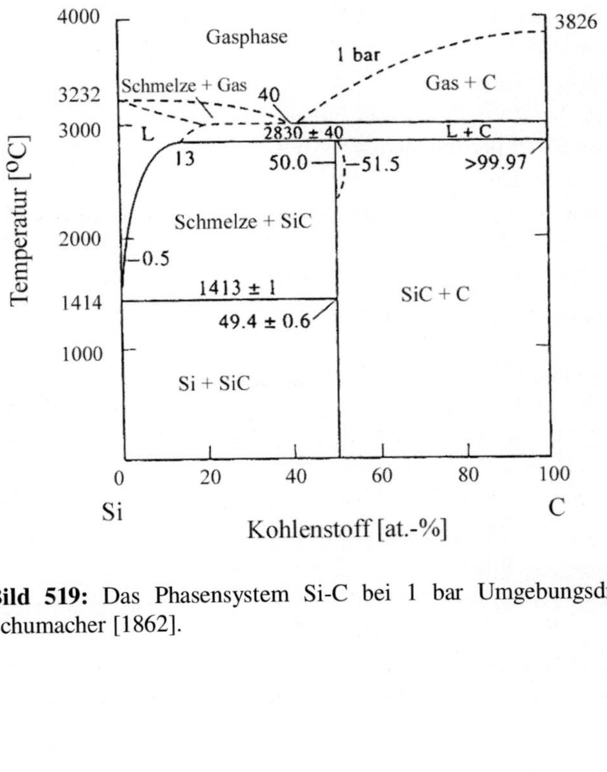

Bild 519: Das Phasensystem Si-C bei 1 bar Umgebungsdruck nach Kleykamp und Schumacher [1862].

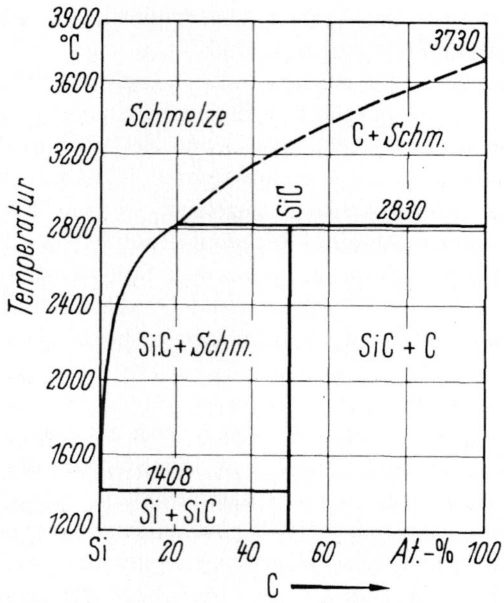

Bild 520: Das System Si-C unter Ar-Druck von 35 bar nach Scace und Slack [1863].

In einem geschlossenen System bei 1 bar Druck zersetzt sich Siliciumcarbid inkongruent bei 2830±40°C in eine C-reiche Si-Schmelze mit 13 at.-% C und Graphit. In einem offenen System erfolgt jedoch schon ab etwa 2300°C eine Dissoziation in Si-Dampf und Restkohlenstoff. SiC und festes Si bilden ein degeneriertes Eutektikum bei 1413°C und 0,02 at.-% C. Bild 519 zeigt das Phasendiagramm gemessen bei 1 bar Umgebungsdruck [1862]. Dies ist nicht zu verwechseln mit anderen Abbildungen, die die Verhältnisse bei höheren Umgebungsdrücken wiedergeben und somit zu einfachen peritektischen Systemen führen (Bild 520). Nach thermodynamischen Berechnungen bei 1 bar liegt das degenerierte Eutektikum bei 1404±5°C, der inkongruente Schmelzpunkt von SiC bei 2545±40°C. Die C-reiche Si-Schmelze soll sich bei etwa 3600°C in Dampf und Graphit zersetzen [1864].

10.5.2.2 Herstellung und Verarbeitung

Acheson-Verfahren. Die technische Darstellung von SiC erfolgt nach dem *Acheson-Verfahren* aus Quarzsand und Petrolkoks bei Temperaturen von 2000 bis 2400°C über eine *carbothermische Reduktion* gemäß der Gleichung

$$SiO_2 + 3C \rightarrow SiC + 2\,CO - 618\ \text{kJ/mol SiC} \qquad (422)$$

Die erforderliche elektrische Energie von theoretisch 4.28 kWh/kg und praktisch 6-7 kWh/kg wird über wassergekühlte Kupferleitungen und Blockelektroden einem Graphit-Heizleiter von 10 bis 60 Metern Länge zugeführt. Um diesen Heizleiter herum wird die Reaktionsmischung in Form einer Schüttung (Korngröße 2-10 mm) aus homogen vermengtem Quarzsand (58-65 Gew.-%), Graphit, Petrolkoks oder aschearmem Anthrazit (35-42 Gew.-%), ferner werksspezifischen Additiven wie Chloriden, Fluoriden oder Boraten (1-2 Gew.-%) und Holzspänen (0,5-1 Gew.-%) aufgehäuft. Höhe und Durchmesser der Schüttung schwanken in modernen Produktionsöfen zwischen drei und fünf Metern. Darüber wird eine Isolierschüttung aufgetragen, die entweder aus vermengten Rohstoffen oder aus bereits teilweise vorreagiertem bzw. minderwertigem Siliciumcarbidmaterial früherer Ofenreisen besteht. Neben einer thermischen Isolation des Reaktors besteht der Zweck dieser Isolierschicht auch in der Kondensation von Alkalien bzw. Siliciummonoxid während des Abkühlungsprozesses der Prozeßgase. Die Holzspäne verbrennen im Prozeß und dienen zur Erzeugung von Porenraum für die Entgasung der anfallenden CO-Mengen.

Der Detailaufbau der Acheson-Öfen unterscheidet sich von Werk zu Werk bezüglich der Lage der Elektroden, der Sicherung der Wände und der Prozeßgasabfuhr und -aufbereitung. So können beispielsweise die Elektroden als lineare Schwebeelektroden ausgebildet werden, die mit der Reaktionsschüttung ummantelt werden, oder aber als Bodenelektroden, die in einer Grube unterfüttert und überschichtet werden. Letztere Bauweise erfordert eine gasdurchlässige Bodenschicht unterhalb der Reaktionsmasse, was durch eine Kies-Schüttung realisiert wird. Die Seitenwände ergeben sich entweder als natürliche Böschung der aufgehäuften Isoliermasse oder aber durch feuerfeste Seitenkonstruktionen mit einer Stahlgerüstunterstützung (Bild 521).

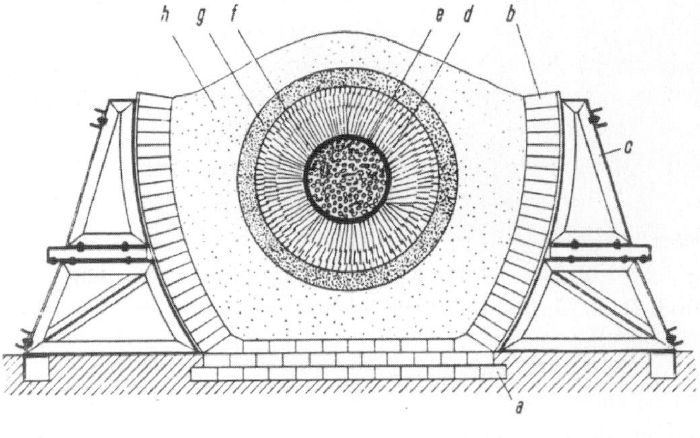

Bild 521: Schematischer Querschnitt durch einen Acheson-Ofen nach Oel u.M. [2270]: Freilandofen mit seitlicher Zustellung. a) Feuerfeste Bodenplatte, b) Feuerfeste Seitenzustellung, c) Stahlgerüst, d) innere Reaktionsschicht (hochreines SiC), e) Graphit-Seele, f) mittlere Reaktionsschicht (schwarzes SiC), g) Mantelzone mit feinkörnigem SiC, Quarz, Cristobalit, h) unreagierte Mischung, Isolierschicht.

Je nach Reaktionsvolumen, angestrebter Endtemperatur und Verfügbarkeit der elektrischen Energie beträgt die Dauer der Hochtemperaturphase bei 1600-2500°C zwischen fünf und zehn Tagen. Danach erfolgt die Abkühlphase, während der die Isolierschicht mit Sprühwasser gekühlt wird. Ist die Isolierschicht außen auf Temperaturen unter etwa 400°C abgekühlt, kann mit dem Abtragen der Isolierschüttung mit Radladern begonnen werden. Dieser Prozeß wird durch weitere Abkühlphasen unterbrochen, bis schließlich die Reaktionszone, die sogenannte „Walze", freigelegt ist (Bild 522). Der Mantel der Reaktionszone ist von der Isolierschicht sehr gut zu unterscheiden. Er besteht aus einem sehr feinkörnigen, aber bereits versinterten Gemisch aus Niedertemperaturkondensat (Alkalisilicatglas, faserförmiges SiC, feinkörniges kristallines SiC) sowie aus unreagierten Quarzresten, die in Tridymit oder Cristobalit ungewandelt sind. Diese sehr innige Verwachsung von Siliciumoxiden und –carbiden wird auch als *Siloxikon* bezeichnet. Anfang der zwanziger bis in die fünfziger Jahre hinein wurde die Existenz einer „Siloxikon"-Phase mit der Zusammensetzung Si_2C_2O oder ähnlicher Stöchiometrie diskutiert. Mit der Rasterelektronenmikroskopie beobachtet worden ist statt dessen eine oberflächliche Oxidation von SiC-Kristallen und die Ausbildung einer sehr dünnen glasigen SiO_2-Schicht, die in der Analyse eine Si-O-C-Verbindung vortäuscht.

Bild 522: Freigelegte SiC-„Walze" vor dem Abbruch. Die Person links im Bild gibt einen Größenvergleich (Bild: Telle, Aachen, mit freundlicher Genehmigung des Elektroschmelzwerks Delfzijl, Niederlande).

Aufgrund der höheren Dichte der Walze ist eine weitere Abkühlung unter Besprühung erforderlich. Zur SiC-Gewinnung wird die Walze mit schwerem Gerät zerlegt, abtransportiert, gebrochen, nach Qualität sortiert, gemahlen, getempert, gewaschen, gelaugt, klassiert und versandfertig verpackt. Die Siliciumcarbid-Ausbeute einer Ofenreise besteht aufgrund der sehr hohen Temperaturen ausschließlich aus α-SiC und beträgt zwischen 200 und 400 Tonnen; das entspricht etwa 10 % der gesamten Reaktormasse inklusive der Isolierschicht. Je nach Prozeßführung und Abbau können unterschiedliche Qualitäten bezüglich Reinheit, Korngröße und Kornform gewonnen werden. Das in Kernnähe entstandene Material ist wesentlich reiner (hellgrün, selten sogar völlig farblos, Reinheit > 99,8 %) als das in größerer Entfernung (dunkelgrün, 99 %, bis schwarz, 98,5 %).

Die Verunreinigungen, vor allem Fe, Mg und Ca, sind an Korngrenzen oder in Poren, aber auch als Punktdefekte im Kristallgitter angereichert.

Der in Gl. (422) dargestellte Brutto-Reaktionsablauf ist in Wirklichkeit jedoch wesentlich komplizierter. Es handelt sich um keine reine Festkörperreaktion, sondern es laufen auch Zwischenreaktionen infolge der Anwesenheit von gasförmigen Silicium- und Kohlenstoffverbindungen und Si-Schmelze ab [1865]-[1869], [1845]. Die Reduktion von SiO_2 geschieht nach Laboruntersuchungen bereits bei Temperaturen zwischen 1540 und 1750°C, bei Verwendung von amorphem SiO_2 und sehr feinkörnigen, reinen Ceylon-Graphit sogar bereits zwischen 1450 und 1475°C. Nach Untersuchungen von Baukloh und Durrer [1870] sind hierfür oberflächliche Gasphasenreaktionen ausschlaggebend. Eine technisch signifikante Bildung vom amorphem SiC setzt bei Temperaturen zwischen 1540 und 1600°C ein. Zur Beschleunigung der Reaktionskinetik muß jedoch deutlich über diese Minimaltemperatur hinaus geheizt werden. Damit nimmt der Volumenanteil an gebildeter Gasphase zu, die nunmehr die SiC-Bildung, zahlreiche Zwischenreaktionen und letztendlich auch die SiC-Zersetzung kontrolliert:

$$SiO_2 + 3C \xrightarrow{1540\text{-}1750°C} SiC + 2CO \quad (423)$$

$$SiO_2 + CO \longrightarrow SiO(g) + CO_2 \quad (424)$$

$$CO_2 + C \longleftrightarrow 2CO \quad (425)$$

$$SiO(g) + 2C \xleftrightarrow{1527°C} SiC + CO \quad (426)$$

$$2SiO_2 + SiC \xrightarrow{1625\text{-}1900°C} 3SiO(g) + CO \quad (427)$$

$$SiO_2(1) + Si(1) \xrightarrow{1823°C} 2SiO(g) \quad (428)$$

$$SiO(g) + SiC \xrightarrow{1980°C} 2Si(g) + CO \quad (429)$$

$$SiC \xrightarrow{>2050...2200...2830°C} Si(g) + C \quad (430)$$

Die Abtrennung von unerwünschten Verunreinigungen erfolgt über die zugegebenen Halogenide bzw. Borate, die leichtflüchtige Verbindungen bilden und abdampfen. Auch der Übergang des SiO_2 in die Gasphase SiO trägt zur Reinigung bei, indem nach lokaler SiO-Abdestillation SiC aus der Reaktion mit Kohlenstoffträgern gebildet wird. Gasförmiges SiO reagiert beim Entweichen aus dem Kernbereich in kühleren Mantelbereichen sowohl mit Kohlenstoff als auch mit SiC und wird dadurch wieder gebunden. Alkalien in Form von Hydroxiden oder Halogeniden oder Silicatgläsern werden ebenfalls als Kondensat im Mantelbereich gefunden. Die Reaktionsgase, die nach einem weiteren Abkühlen übrig bleiben, enthalten CO, CO_2, Methan, Kohlenwasserstoffe und Schwefelverbindungen aus dem Petrolkoks.

Sortiert man die Reaktionen nach beteiligten Spezies und unterteilt man in Reaktionen, die mit zunehmender Temperatur ablaufen, also prograden Reaktionen, und solchen, die mit sinkenden Temperaturen vonstatten gehen (retrograde Reaktionen), so ergeben sich zwei Familien von Gasphasenreaktionen, die wesentlich die Qualität des entstehenden Acheson-SiC beeinflussen:

- Der *CO-Kreislauf* bedingt über das Boudouard-Gleichgewicht (Gl. (425)) einen Verzehr an primärem Kohlenstoff, trägt aber später möglicherweise als Partner einer retrograden Reaktion zur sekundären Bildung hochreinen Siliciumcarbides bei, indem eine Reaktion mit Siliciumdampf eintritt.
- Der *SiO-Kreislauf* überführt den Rohstoff SiO_2 in die Gasphase, wobei sich Verunreinigungen separieren; ferner liefert die Reaktion von gasförmigem SiO mit Kohlenstoff das primäre Siliciumcarbid bei relativ geringen Temperaturen. Bei höheren Temperaturen kann SiO mit SiC weiterreagieren, wobei Siliciumdampf freigesetzt wird. Letzteres initiiert den 3. Gaskreislauf.
- Im *Si-Kreislauf* reagiert Siliciumdampf mit Kohlenstoff oder mit Kohlenmonoxid zu sekundärem, hochreinem SiC weiter, was aber schon Teil einer retrograden Reaktion ist, wenn der Kohlenstoff aus der SiC-Zersetzung stammt. Gelangt das elementare Silicium in größere Bereiche des Reaktors, kann es auch mit primärem Kohlenstoff zu SiC reagieren, ferner mit flüssigem SiO_2 zu Siliciummonoxid-Gas.

Ein wichtiges Zwischen- und Restprodukt ist also Kohlenmonoxid, das seinerseits als Reduktionsmittel für SiO_2 wirkt, ferner das flüchtige Siliciummonoxid SiO sowie flüssiges und dampfförmiges elementares Silicium. Ebenso ist Kohlenstoff in diesen „selbstreinigenden" Kreislauf eingebunden. So wird Acheson-Graphit selektiv gewonnen und als Kernmaterial wieder eingesetzt bzw. für Elektrodengraphit verwendet. Nach dem Prozeß des Elektroschmelzwerk Kemptens (*ESK-Prozeß*) wird darüber hinaus CO aufgefangen und als Generatorgas zur Stromgewinnung im eigenen Turbinenkraftwerk verbrannt. Hierzu werden die Öfen mit einer Kunststoff-Plane überzogen, die sich im Prozeß aufbläht und das Gas Sammelleitungen zuführt. Mehrwald hat hierzu Bilder veröffentlicht [1871].

Als oberste Temperaturgrenze für den Prozeß wird von manchen Anlagenbetreibern die Temperatur der beginnenden SiC-Zersetzung nach Gleichung (430) angesehen. Üblicherweise herrschen im Hauptvolumen des Reaktors Prozeßtemperaturen von 1900-2050°C, zur Erzeugung von hochreinem SiC auch über 2200°C.

General-Electric-Prozeß. Kubisches β-SiC wird überwiegend über den sog. *General-Electric-Prozeß* aus einer wässerigen Zuckerlösung und Silica-Gel hergestellt [1872]. Die Ausgangsstoffe sorgen für eine sehr gleichmäßige molekulare Verteilung des Kohlenstoffs und der Siliciumverbindungen. Nach der Trocknung der Mischung erfolgt die elektrothermische Reduktion bei 1800°C. Besonders feine Pulver mit spezifischen Oberflächen von 10-20 m^2/g kann man bei noch geringeren Temperaturen aus einer Mischung von Tetraethylsilicat und Zucker bzw. geschäumtem amorphem SiO_2 und Zucker erhalten [1873], [1874].

Syntheseverfahren für hochreines SiC. Siliciumcarbid kann auch in hochreiner Form aus den Elementen, über Gasphasenreaktionen aus Siliciumhalogeniden und Kohlenwasserstoffen oder durch Zersetzung von Methyl- oder Methylchlorsilanen bzw. anderen *metallorganischen Verbindungen* hergestellt werden, wobei meist das β-SiC entsteht:

(a) Synthese aus den Elementen über Fest- oder Flüssigphasenreaktion oder Sublimation in Schutzgasatmosphäre:

$$Si(s,l) + C \xrightarrow{>1300°C} \beta\text{-}SiC \quad (431)$$

$$Si(g) + C \xrightarrow{>2500°C} \beta\text{-}SiC \quad (432)$$

(b) Synthese durch Gasphasenreaktion mit Methan bzw. Silanen in Wasserstoffatmosphäre:

$$Si(g) + CH_4 \xrightarrow{\text{Elektrolichtbogen}} SiC + 2H_2 \quad (433)$$

$$SiH_4 + \text{Kohlenwasserstoffe} \longrightarrow SiC \quad (434)$$

(c) Synthese aus Siliciumtetrachlorid mit z.B. Toluen, Methan, Hexan oder Chloroform in Wasserstoff:

$$SiCl_4 + C_6H_5\text{-}CH_3 \xrightarrow{1200\text{-}1800°C} SiC + 4HCl\ (+nC, CH_4, H_2) \quad (435)$$

(d) Synthese aus metallorganischen Vorstufen („*Precursors*“, eingedeutschter englischer Begriff, vom lateinischen praecursores abgleitet), siehe auch Kap. 6.2.10: Hierbei werden in ihrer Stöchiometrie möglichst gut definierte monomere Si-C-Verbindungen bei relativ niedrigen Temperaturen im Vakuum, unter Wasserstoff oder Inertgas durch *Pyrolyse* zu SiC umgesetzt. Von Bedeutung ist hierbei die restlose Austreibung von Halogenen sowie die Vermeidung von überschüssigem Kohlenstoff. Beispiele für diese heute umfangreich entwickelte Prozeßroute ist die Pyrolyse von Dichlormethylsilan bzw. Trichlormethylsilan:

$$CH_3SiHCl_2 \xrightarrow{1000\text{-}1500°C} SiC + 2HCl + H_2 \quad (436)$$

$$CH_3SiCl_3 \xrightarrow{>1100\text{-}1900°C} SiC + 3HCl + H_2 \quad (437)$$

Unterhalb 1400°C können auf diesem Wege Pulver oder Schichten abgeschieden werden, oberhalb dieser Temperatur ist die Darstellung von Einkristallen oder Fasern möglich [855], [856]. Weitere Herstellungsverfahren von Fasern und Beschichtungen haben Fitzer u.M. zusammengestellt [857]. Als metallorganische Vorstufen mit größerem Molekulargewicht kommen Diphenyldipropenylsilan, Triphenylsilan, Triphenylvinylsilan, Phenyltrimethylsilan usw. in Frage. Seit etwa 1974 wurden die Synthese, Formgebungsverfahren und Pyrolysebedingungen sehr genau untersucht und führten zu neuen Verfahrenswegen zur Herstellung von SiC-Monolithen auf „nichtkeramischem“ Wege, indem die Monomere durch Umsetzung z.B. in metallischen Natrium-Kaliumschmelzen zu Polymeren zwei- oder dreidimensional zu z.B. Polycarbosilanen oder Polycarbosiloxanen so vernetzt werden, daß sie im zähflüssigen Zustand durch Gießen, Strangpressen oder Spritzguß geformt werden können. Gelingt die Pyrolyse schwindungsarm, z.B. durch inerte Füllerpartikel oder mittels metallischer Additive, die den Restkohlenstoff binden oder eine kontrollierte H_2-Abfuhr erlauben, so entstehen unmittelbar keramische Formkörper mit guter Annäherung an die Endkontur. Je nach Prozeßführung und Ausgangszusammensetzung der Polymere sind diese Körper noch amorph und können bei sehr hohen Temperaturen (> 1800°C) kristallisiert werden. Auf diese Weise kann die Korngröße gezielt eingestellt werden. Pyrolyseprodukte, die neben Kohlenstoff auch noch Stickstoff und Sauerstoff molekular verteilt enthalten, befinden sich teilweise bei Temperaturen > 2100°C noch in einem glasähnlichen Zustand.

Nachteilig ist die relative geringe Stoffausbeute des Precursor-Verfahrens, da sich die eingebrachten Verbindungen nur zu 15-70 % wie gewünscht umsetzen. Pyrolyseprodukte wie Methan, Wasserstoff, Salzsäure, Ammoniak usw. verflüchtigen sich und tragen ggf. zur Porosität bzw. Rißbildung in den Formkörpern bei. In Kapitel 6.2.10 werden die Prinzipien der Synthesen ausführlich behandelt und weiterführende Literaturstellen zitiert.

Als natürlicher organischer Rohstoff für die SiC-Synthese hat sich auch Reis-Stroh bewährt. Das Silicium stammt hierbei aus den feinen, an der Oberfläche der Spreu anhaftenden Quarz-Kristallen, die bis zu 20 Gew.-% ausmachen können. Nach der Pyrolyse der organischen Komponenten folgt im Prinzip eine carbothermische Reduktion [1875], [1876].

Über die Herstellung von SiC-Partikeln mit besonderen Korngrößen und Kornformen wie Platten, Fasern und faserförmigen Einkristallen (*Whisker*) gibt Schwetz eine gute Übersicht [1847].

10.5.2.3 Sintermöglichkeiten und Werkstofftypen

Siliciumcarbid ist aufgrund seines hohen Anteils an kovalenter Bindung schwer zu sintern, da eine spürbare Volumendiffusion erst bei Temperaturen auftritt, bei denen bereits elementares Silicium aus dem Werkstoff abdampft. Es bedarf daher einigen Aufwandes, um SiC zu dichten Formkörpern zu verarbeiten. Hieraus leiten sich verschiedene Werkstofftypen ab, die ganz spezifische Eigenschaften und Anwendungsmerkmale aufweisen, die im folgenden genauer behandelt werden sollen. Die Abkürzungen stammen jeweils aus dem Englischen.

SSiC	drucklos gesintertes SiC – sintered silicon carbide
LPSSiC	flüssigphasengesintertes SiC – liquid phase sintered
HPSiC	heißgepreßtes SiC – hot pressed
HIPSiC	heißisostatisch gepreßtes SiC – hot isostatically pressed
CBSiC	keramisch gebundenes SiC – ceramically bonded
NBSiC	nitridgebundenes SiC – nitride-bonded
RSiC	rekristallisiertes SiC – re-crystallised
RBSiC	reaktionsgebundenes SiC – reaction-bonded
SiSiC	Siliciuminfiltriertes SiC – silicon infiltrated

Drucklos gesintertes SiC – SSiC. Wie andere kovalent gebundene Stoffe auch sintert SiC nicht ohne Additive. Wie bereits erwähnt, ist hierfür die geringe Neigung zur Volumendiffusion verantwortlich. Statt dessen wird die zur Verdichtung benötigte Oberflächen- und Grenzflächenenergie, gegeben durch die hohen spezifischen Oberflächen der Pulverteilchen, durch Oberflächendiffusion sowie Verdampfung und Wiederkondensation verbraucht (vgl. Kap. 4.2.1). Diese Mechanismen führen zwar zu einem Sinterhalswachstum, aber zu keiner Kornannäherung, sondern nur zu einer Partikelverschlankung, die nicht zur Schwindung beiträgt [1877]. Andererseits sind an Luft alle SiC-Körner von einer wenige Nanometer dicken SiO_2-Schicht überzogen, die das Sintern ebenfalls behindert.

Eine Grundvoraussetzung für das drucklose Sintern ist die Verwendung möglichst kleiner Korngrößen und Sinterhilfsmittel, die die Triebkräfte für das Sintern erhöhen. Als Additive haben sich die Elemente Al, B und C und deren Verbindungen bewährt. Sie brauchen nur in sehr geringen Mengen von 0,2 bis 3,0 Gew.-% eingesetzt zu werden. Prochazka [1878], [516]-[518] zeigte an β-SiC und Coppola und McMurtry [1879] an α–SiC, daß die gleichzeitige Zugabe von 0,3 Gew.-% B und 0,2 Gew.-% C zu feinem Pulver bei 2040°C in He-Atmosphäre bereits zu 95-99 % der theoretischen Dichte führt. Für die verbesserte Volumendiffusion machte Prochazka eine Substitution des nominell vierbindigen Kohlenstoffs bzw. Siliciums durch das dreibindige Bor verantwortlich, was zu einer Erhöhung der Leerstellenkonzentration im jeweiligen anderen Untergitter führen könnte und so die Volumendiffusion erleichtert [1880], [1881]. Die geringe erforderliche Zugabemenge entspricht der Löslichkeit von Bor in *6H*-SiC von 0,2 Mol-% [1882], [1883]. Daten zu den Diffusionskoeffizienten von α- und β-SiC finden sich u.a. bei Hong u. M. [1884], Hon u. M.. [1885] und Birnie [1886]. Allerdings reicht diese Erklärung nicht aus, um den großen Einfluß der Additive zu erklären. Einer anderen Überlegung zufolge sollte für einen Porenschluß das Verhältnis von Korngrenzenenergie zu Oberflächenenergie möglichst klein sein [519], [475]. Der Effekt der Kohlenstoffzugabe könnte also auf der Erhöhung der Oberflächenenergie von SiC beruhen, da so die SiO_2-Schicht zu flüchtigem SiO und CO sowie sekundärem SiC reduziert wird, während die Segregation von Bor an der Korngrenze deren Energie verringert. Diese Hypothese fand Unterstützung in der Beobachtung, daß SiO_2 und Si ihrerseits das Sintern von B-dotiertem SiC behinderten [517]. Demgegenüber ergaben hochaufgelöste Gefügeuntersuchungen widersprüchliche Ergebnisse, nämlich daß sich Bor keineswegs an den Korngrenzen anreichert [522]-[525] bzw. daß Bor und Kohlenstoff, aber auch BN oder B_4C tatsächlich dort zu finden sind [520], [521]. Zahlreiche weitere Arbeiten bestätigen aber unter Berücksichtigung der Herstellungsparameter und der Gefüge den von Prochazka vermuteten Sintermechanismus [1887]-[1889]. Betrachtet man das Dreistoffsystem B-C-Si [547], [1890] und geht von der technischen Gegebenheit aus, daß 0,3 % Bor nicht völlig homogen in einem SiC-Pulver verteilt werden können, so muß lokal der Löslichkeitsbereich von SiC für B überschritten werden, was zur Bildung einer Schmelze bei Temperaturen oberhalb 1380°C führt. Lange und Gupta [1891] nehmen daher an, daß die Verdichtung über einen Flüssigphasensinterprozeß abläuft. Tatsächlich weisen viele Gefüge idiomorphe, d.h. facettierte SiC-Kristalle auf, die offensichtlich mit einem sehr dünnen Schmelzfilm umgebenden sind und durch Lösung und Wiederausscheidung gewachsen sind [1891], [528], [1881], vgl. auch Kap. 4.4.4.

Bor kann auch in Form seiner Verbindungen wie B_4C, BN, BP, AlB_4 oder SiB_6 als Additiv eingesetzt werden bzw. als $LiBH_4$-C- oder H_3BO_3-C-Mischungen, die sich bei geringen Temperaturen zersetzen. Kohlenstoff kann in Form von Ruß oder als organische Verbindung wie Phenolharz, Novolak verwendet werden, während Graphit aufgrund seiner schlechten Dispergierbarkeit nicht geeignet ist.

In Verbindung mit B und C erweisen sich auch ≤ 2,0 Gew.-% Al als gutes Dotierungsmittel [527]-[530], [532], [1892]. Es kann in elementarer Form oder als AlN, Al_4C_3, AlB_2, AlP und Al_4SiC_4 zugegeben werden und führt bei Sintertemperaturen zwischen 2050 und 2250°C zu Dichten > 97 %, wobei es bevorzugt den 4*H*-Polytyp stabilisiert. Die Erniedrigung der Sintertemperatur während der kombinierten Zugabe aller drei Additive wird wiederum auf das Auftreten einer Schmelze zurückgeführt, die zu einer schnellen Kornvergröberung führt (Bild 523, Bild 524).

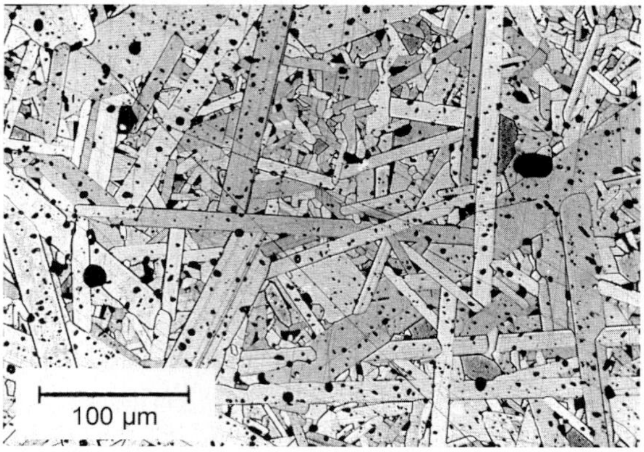

Bild 523: Drucklos gesintertes α-SiC mit idiomorphen Riesenkörnern. Schwarz: Poren (Quelle: MPI Metallforschung, Stuttgart)

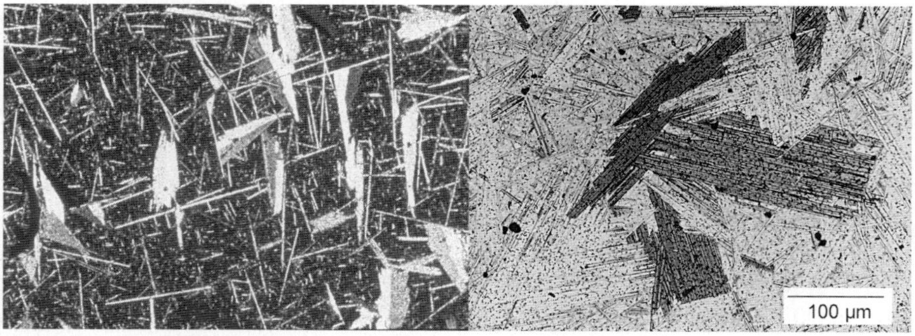

Bild 524: Drucklos gesintertes β-SiC mit bäumchenförmigen α-Körnern. Links: Durchlichtmikroskopaufnahme im polarisierten Licht: schwarz: β-SiC-Matrix, hell: durch β-α-Umwandlung gewachsene Körner. Rechts: Auflichtmikroskopaufnahme nach vollständiger Umwandlung; nur noch α-SiC-Zwillinge und Polytypen; die Graukontraste kommen durch Orientierungsunterschiede zustande; schwarze Punkte: Poren und Sinteradditive. Maßstab rechts und links identisch. Quelle: MPI Metallforschung, Stuttgart.

Diese kann erfolgreich unterdrückt werden, indem der Additivgehalt unter deren Löslichkeitsgrenze im SiC-Mischkristall gebracht wird (B ≤ 0.5 Gew.-%, Al ≤ 0.3 Gew.-%) und von β-SiC ausgegangen wird [475], [1893]-[1898]. Zusammenfassende Betrachtungen über den Stand des Sinterns kovalent gebundener Stoffe sind bei Greskovich und Rosolowski [475] sowie bei Thümmler [1898] zu finden.

Flüssigphasengesintertes SiC – LPSSiC. Bereits 1956 gab es erste Ansätze, den für die Verdichtung von Si_3N_4 erfolgreichen Flüssigphasensinterprozeß auch bei SiC anzuwenden. Alliegro u.M. untersuchten Al_2O_3 als Zusatz für das Heißpressen [1899]. Das drucklose Sintern mit einer eutektischen Schmelze, die durch Al_2O_3-Y_2O_3-Zugabe erzeugt wurde, gelang erstmals Cutler and Jackson [1900], wobei nach Temperung bei geringeren Temperaturen aus der erstarrten Glasphase ein *Yttrium-Aluminium-Granat* (YAG, $Y_3Al_5O_{12}$) kristallisierte. Im Vergleich zu Si_3N_4 kann SiC mit einem geringeren Schmelzphasenanteil bei höheren Temperaturen gesintert werden [1901]-[1905]. Wird mit Y_2O_3-AlN dotiert, so muß unter 5-20 bar Stickstoff oder Argon gasdruckgesintert werden, um eine Zersetzung der Nitridphasen zu vermeiden [1906]-[1909]. Die Gefüge sind sehr feinkörnig und homogen, erreichen durchschnittlich 95 %, gelegentlich > 99,8 % der theoretischen Dichte Bild 525 und aufgrund der kleinen Korngröße sehr gute mechanische Eigenschaften Tabelle 127. Sigl und Kleebe [1910] beschreiben den Sinterprozeß als Ostwaldreifung durch Lösung und Wiederausscheidung. Demzufolge weisen die SiC-Körner im Sintergefüge eine *Kern/Mantel-Struktur* auf. Während der Kern aus Ausgangs-SiC besteht, stellt der Mantel einen Mischkristall aus (Si,Al)(C,O,N) dar, für den der Begriff *SiCAlON* geprägt worden ist.

Im Vergleich zum festphasengesinterten SiC mit (B,C)-Dotierung besitzt das LPS-SiC einen um 40-100 % höheren Bruchwiderstand. Als wichtigster Mechanismus für die Bruchwiderstandserhöhung wurde die Mikrorißbildung an der Phasengrenze zwischen SiC und YAG nachgewiesen. Der überwiegende Teil der SiC-Begleitphase besteht aus YAG, der aus der Schmelze beim Abkühlen der Sinterkörper auf Tripelpunkten auskristallisiert. An den SiC-SiC-Korngrenzen sind mittels Transmissionselektronenmikroskopie 1 nm dünne amorphe Sekundärphasen oder Al- und O-reiche Segregationsfilme gefunden worden, die für das ausgeprägtere Kriechverhalten und die noch mangelhafte Hochtemperaturfestigkeit verantwortlich gemacht werden.

Durch eine Auslagerung bei geringeren Temperaturen läßt sich ein Wachstum der SiC-Körner anregen [1908], [1911], [1912]. Hierbei wird durch einen zweistufigen Sinterprozeß bzw. eine an die Sinterung anschließende Temperung der Sinterkörper ein Gefüge mit plättchenförmigen SiC-Körnern (Länge $\geq$ 5 μm) gebildet. Aufgrund des anisotropen Kornwachstums von α-SiC bei Temperaturen oberhalb der Sintertemperatur findet ein Umlösen der globularen, 1 μm großen Körner zu plattenförmigen Kristallen statt, deren Streckungsgrad durch Variation des α/β-SiC-Gehalts im Ausgangspulver beeinflußt werden kann. Die langgestreckten Plättchen, die in hoher Ausbeute insbesondere ausgehend von β-SiC-Pulver mit nur wenig α-Keimen (1-5 %) erhalten werden, rufen bruchmechanische Effekte wie Rißablenkung, Rißüberbrückung und Pull-Out hervor, die zu einem starken Anstieg der Bruchzähigkeit führen. Izhevskyi et al. [1913] untersuchten ausgehend von α/β-SiC-Pulvermischungen und Sinteradditiven auf Basis 11 Gew.-% Y_2O_3 und 3 Gew.-% AlN den Einfluß verschiedener Sinteratmosphären (Argon, Stickstoff) auf das Ergebnis der Drucklos- sowie Gasdrucksinterung. Dabei ergab sich, daß mit Argon sowohl drucklos als auch unter Gasdruck (zweistufiges *Sinter-HIP-Verfahren*: 2-15 bar, 1950°C) höhere Sinterdichten als mit Stickstoff zu erzielen waren. Aus dilatometrischen Messungen der Sintergeschwindigkeit war zu entnehmen, daß unter Stickstoff die Dichtsinterung um 150 K zu höheren Temperaturen verschoben wird. Die Sinterkörper wurden nach der Dichtsinterung zur In-situ-Platelet-Verstärkung und β/α-Phasentransformation 8 bis 16 Stunden unter Stickstoff bei 1900 bzw. 1950°C getempert. In der Literatur sind Zähigkeitssteigerungen bis zu einem Wert von 9 $MPam^{1/2}$ verzeichnet [1914]. Dieses Verfahren zur Gefügeverstärkung von LPSiC hat sich aber aufgrund der Rohstoffkosten (kubisches β-SiC) und der vergleichsweise hohen Prozeßkosten (lange Temperzeiten) noch nicht in der Technik durchsetzen können.

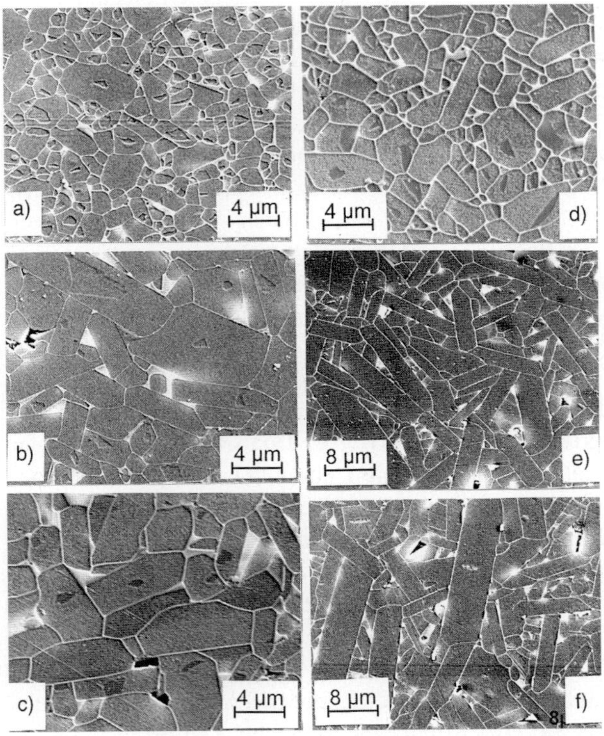

Bild 525: Kornwachstum bei flüssigphasengesintertem SiC, unterschiedliche Pulverqualitäten ausgelagert bei 2050°C in 20 bar Ar und verschiedenen Zeiten; a)-c) α-SiC-Sorte „Extra", jeweils 1h, 4h, 8h; d)-f): α-SiC „Grün", jeweils 1h, 4h, 8h; REM-Aufnahmen, Gefüge zur Hervorhebung der Korngrenzenphase plasmageätzt (Quelle: Schäfer, Elektroschmelzwerk Kempten/RWTH Aachen).

Heißgepreßtes und heißisostatisch gepreßtes SiC – HPSiC/HIPSiC. Aufgrund der geringen Neigung zur Volumendiffusion und der Probleme mit der Verdampfung von Si bei hohen Temperaturen kann reines SiC nur in Syntheseanlagen für Diamanten bei Drücken von 2 GPa und Temperaturen oberhalb 2100°C verdichtet werden [1915]. Wie auch beim drucklosen Sintern führen jedoch geringe Anteile von Sinterhilfsmitteln zu einer Erniedrigung der erforderlichen Temperaturen (Bild 526). So kann β-SiC mit 0,4 Gew.-% B bei 1950°C unter 69 MPa nach 30 min zu einer Dichte > 99,4 % gepreßt werden [1899], [516]. Zwar ist der Unterschied dieser Verfahrensparameter zum drucklosen Sintern nicht besonders groß, bedingt durch die kürzere Verweildauer bei hohen Temperaturen ist jedoch das Kornwachstum geringer, und die Polytypenumwandlungen können besser kontrolliert werden. Ein weiterer Unterschied besteht auch in der Anwesenheit von dünnen SiO_2-Korngrenzenfilmen, da die Reduktionsreaktion wegen des schnellen Porenschlusses und der behinderten CO- und SiO-Entgasung nicht vollständig ablaufen kann [1881].

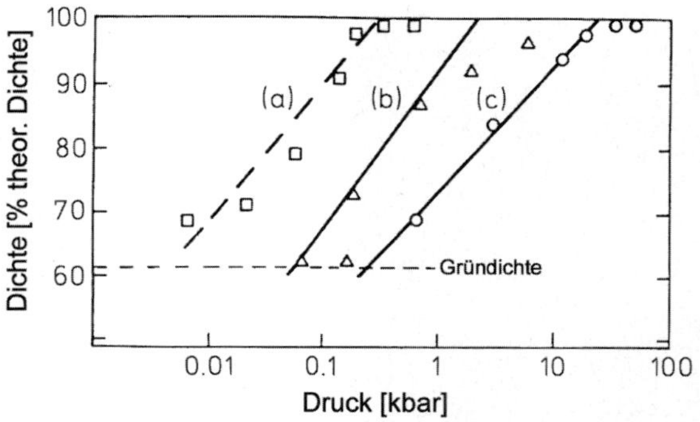

Bild 526: Heißpressen von SiC, a) 5 µm-Pulver mit 1 Gew.-% Bor, b) reines 5 µm-Pulver, c) Versuche von Nadeau mit grobem, hochreinem Pulver [1915], [1881].

Das Heißpressen mit Graphitmatrizen ist zur Herstellung einfacher Bauteile mit hohen Festigkeitsansprüchen heute das gängigste Verfahren. Das heißisostatische Pressen unter allseitigem Druck erfordert demgegenüber eine spezielle Kapselungsmethode, um eine Reaktion zwischen SiC und Containermaterial zu vermeiden. Meistens wird das Grünteil mit einer Bornitridschicht versehen. Larker u.M. [1916] verdichteten SiC-Pulver von 1-3 µm Korngröße bei 1900°C 160 MPa Druck innerhalb 1 h zu 95,6 % der theoretischen Dichte. Korngrößen < 1 µm brachten es bereits zu 99,4 %. Eine Bor-Dotierung von 1,0 Gew.-% senkte die Temperatur auf 1750°C. Als Sinterhilfsmittel dient aber auch die natürlicherweise auf den Pulveroberflächen vorhandene SiO_2-Schicht, die aufschmilzt und die Teilchenumorientierung erleichtert. Die erzielten Gefüge zeichnen sich durch sehr geringe Korngrößen aus. Eine Kombination von drucklosem Sintern und isostatischen Nachverdichten stellt der *Post-HIP-Prozeß* dar. Die Bauteile werden zu geschlossener Porosität vorgesintert und dann ohne Kapselung bei geringfügig höheren Temperaturen, typischerweise bei 2050-2200°C, 100-200 MPa und 30-120 min, isostatisch nachverdichtet. Im sog. *Sinter-HIP-Prozeß* kann das Vorsintern unter Vakuum und das Nachverdichten unter Argon-Gasdruck in einem Ofen durchgeführt werden (z.B. [1917], [1918]).

Keramisch gebundenes Siliciumcarbid – CBSiC bzw. KSiC. Dieser Werkstofftyp besteht aus SiC-Körnern, die über eine silicatische Matrix versintert sind. Zur Herstellung wird gewöhnlich eine Mischung aus Siliciumcarbid und 5 bis 20 Gew.-% Ton zu Formkörpern verarbeitet und bei ca. 1400°C gebrannt. Andere keramische Bindungen bestehen aus Oxiden wie Al_2O_3 oder SiO_2. Beim sogenannten *nitridgebundenen Siliciumcarbid* wird eine Bindephase aus Siliciumnitrid oder Siliciumoxynitrid eingesetzt, die mittels Al_2O_3-Zugabe versintert wird. Man kann aber auch elementares Si hinzumischen und dann eine Bindung über einen *Nitridierungsprozeß* durchführen (siehe Kap. 10.5.3.2). Die meist groben SiC-Körner sind auf diese Weise nur locker versintert oder über Glasphasen verbunden, ferner beträgt die Restporosität 12-20 Vol.-%. Typische Anwendungen dieser wenig festen Formkörper sind Schleifscheiben, feuerfeste Baustoffe (siehe Kap. 9.3.1.5). Bild 527 zeigt das Gefüge von Si_3N_4-gebundenem SiC im Anschliff.

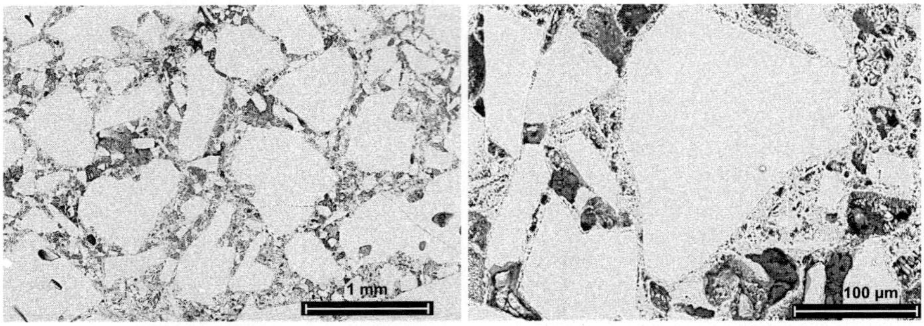

Bild 527: Gefüge von Nitrid-gebundenem SiC. Die groben SiC-Körner werden durch Si_3N_4-Sinterbrücken verbunden.

Rekristallisiertes SiC – RSiC. Große Bauteile aus SiC mit mehreren Metern Länge können über einen nahezu schwindungsfreien Sinterprozeß hergestellt werden, bei dem Pulver mit bimodalen Korngrößenverteilungen aufbereitet werden [1919], [1920]. Die Mischungen werden meistens über Schlickerguß oder Strangpressen geformt und dann einer Wärmebehandlung von 2100-2500°C in Elektroöfen ausgesetzt. Bei diesen Temperaturen nutzt man den sonst schädlichen Mechanismus der Verdampfung und Wiederkondensation (Kap. 4.2.1), bei dem die feine Kornfraktion (< 2-5 µm) aufgrund der großen Oberflächenenergie durch Verdampfung aufgezehrt wird und als Materiallieferant für das Halswachstum der Grobkornfraktion (> 20-50 µm) dient. Es wird angenommen, daß dabei nicht nur der ansteigende Si-Partialdruck über SiC eine Rolle spielt, sondern auch Gastransportreaktionen, bei denen SiO, Si und CO beteiligt sind, wie das auch vom *Acheson-Prozeß* her bekannt ist:

$$2SiO_2 \rightarrow 2SiO_{gas} + O_2 \qquad (438)$$

$$SiC + SiO_{gas} \rightleftarrows 2Si_{gas} + CO \qquad (439)$$

Da unter diesen Bedingungen noch kaum Grenzflächendiffusion oder Volumendiffusion stattfinden, werden die großen Körner lediglich über die Kondensation von Material an den Sinterhälsen und Schraubenversetzungen sowie über Oberflächendiffusion gebunden [1921]; Schwindung setzt also kaum ein. Die Gefüge sind also charakterisiert durch Verbände aus Körnern zwischen 20 und 200 µm Größe, die üblicherweise facettiert sind (Bild 528). Die erzielte Dichte entspricht etwa der

Gründichte je nach Formgebungsprozeß, sollte also schon anfangs je nach Anwendung möglichst hoch sein.

Bedingt durch die hohen Temperaturen und die Gasphasenreaktionen sind die Formkörper sehr rein, da Verunreinigungen wie Al, Fe oder Alkalien abdampfen. Die Formkörper weisen entsprechende eine hohe elektrische und thermische Leitfähigkeit auf.

Der Begriff der „Rekristallisation“ hat sich zwar eingebürgert, ist in der Keramik aber leider ungünstig verwendet, da er sich eigentlich auf ein Kornwachstum bei Metallen bezieht, bei welchem einzelne Kristallite in stark verformten Gefügen wachsen und dabei Versetzungen und andere Gitterdefekte ausheilen. Hierbei handelt es sich also um eine Verschiebung der Korngrenzen (Kornwachstum) zum Abbau der gespeicherten Defektenergie.

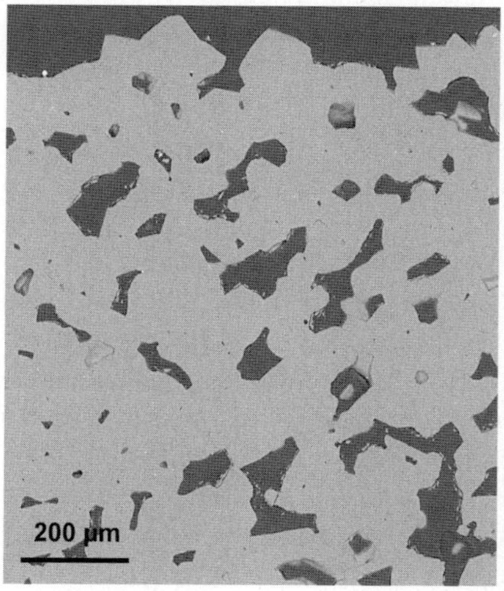

Bild 528: Gefüge von rekristallisiertem SiC. REM-Bild eines Anschliffs einer SiC-Rolle; siehe hierzu auch Bild 194, bei welchem die Kornfacettierung deutlicher wird.

Reaktionsgebundenes SiC – RBSiC. Ausgangsmaterial für reaktionsgebundenes SiC sind Formkörper aus Mischungen von α-SiC und Kohlenstoff, wobei als Kohlenstoffträger Graphit, Ruß, Polyphenylacetylen, Polysaccharide, Epoxy- oder Phenolharze oder Crackprodukte langkettiger organischer Moleküle bzw. Wachse verwendet werden können [1922], [1923]. Die Herstellung der Formkörper geschieht üblicherweise durch Strangpressen, Spritzguß und Trockenpressen unter Einsatz organischer Binder. Beim Schlickerguß kommen entweder beschichtete SiC-Pulver zum Einsatz oder pulverförmige Kohlenstoffträger werden über anziehende Zeta-Potentiale auf den SiC-Pulvern gebunden. Auf diese Weise können sehr große und komplexe Bauteile hergestellt werden, z.B. Brennhilfsmittel, Wärmetauscher, Brennerrohre und Heizelemente. Die Reaktionsbindung erfolgt über eine Infiltration von flüssigem elementarem Silicium bzw. Siliciumverbindungen wie Polycarbosilanen (LPI-SiC, liquid phase infiltrated) bzw. durch Gasinfiltration mittels Si-Dampf, SiH_4, $SiCl_4$, Dichlordimethylsilan oder anderer flüchtiger Spezies (CVI-SiC, chemical vapor infiltrated).

Wird flüssiges Silicium verwendet (Schmelzpunkt 1414°C), so wird die Infiltration in einem Vakuum- oder Schutzgasrezipienten bei Temperaturen zwischen 1450 und 1700°C durchgeführt. Aufgrund der hervorragenden Benetzung (Benetzungswinkel Si auf C ≈ 0°) und der resultierenden Kapillarkräfte durchdringt die Schmelze den porösen Formkörper schnell. Die Si-Viskosität bei 1500°C beträgt nach [1924] 0,45 Pa·s. Das Silicium reagiert mit der Kohlenstoffkomponente exotherm gemäß Si + C → β-SiC. Aufgrund der Temperaturerhöhung können jedoch Si und SiO (aus Oxidschichten) verdampfen und den Benetzungswinkel vergrößern. Ebenso muß die Bildung eines SiC-Films auf nicht vollständig reagiertem Kohlenstoff vermieden werden, da nachströmendes Si das SiC schlechter benetzt (Benetzungswinkel Si auf SiC ≈ 30-40°). Die Si-Zufuhr muß also gut gesteuert werden, da die Infiltration sonst innerhalb weniger Sekunden abläuft (theoretisch in 0,01-0,1 Sekunden pro Kubikzentimeter) und in den Poren Gase eingeschlossen werden können oder die Reaktion nur unvollständig abläuft. Man verwendet daher einen C- oder SiC-Docht, in welchem die Schmelze aus einem Vorratstiegel in das Bauteil steigt. Nach einem anderen Verfahren wird festes SiC auf die Oberfläche des Formkörpers aufgebracht und infiltriert großflächig nach dem Aufschmelzen [1925], [1846].

Da die Bildung des sekundären β-SiC mit einer Volumenzunahme um das 1,8- bis 2,5fache verbunden ist, muß das Ausgangsporenvolumen des Formkörpers größer sein, damit die Infiltrationswege nicht durch die SiC-Neubildung verstopft werden. Dies ist besonders von Bedeutung, wenn mit gasförmigen Spezies infiltriert wird. Sind Porenvolumen und Kohlenstoff- bzw. Si-Gehalt ausgewogen, so verändert der Formkörper seine Abmessungen während der Reaktionsbindung nicht. Sein Gefüge besteht aus groben α-SiC-Körnern, die mit einem sekundären β-SiC-Rand versehen sind, der meist epitaktisch aufgewachsen ist und die Sinterhälse zum nächsten Kornverband bildet. Die Restporosität liegt zwischen 5 und 15 Vol.-%, ein geringer Restkohlenstoffgehalt von 0,1-0,3 % ist möglich, ebenso kann bis zu 1 % unreagiertes Si im Formkörper verbleiben. Aufgrund der hohen Reinheit des SiC sind die Bauteile sehr korrosionsbeständig und gut elektrisch wie thermisch leitend. Wegen der Restporosität sind die Festigkeiten zwar gering, bleiben dafür jedoch bis zu hohen Temperaturen nahezu unverändert.

Werden andere flüssige Si-Verbindungen verwendet wie z.B. *Polycarbosilane*, so sind die höheren Viskositäten zu berücksichtigen. Auch muß der Prozeß zur Abreaktion von z.B. Chlor unter Wasserstoffatmosphäre durchgeführt werden. Beim Gasphasenreaktionsverfahren erfolgt die Infiltration in mehreren Iterationsschritten, um ein vorzeitiges Verstopfen der Poren zu vermeiden. So sind auch Faserverbundwerkstoffe herstellbar [1926]-[1928]. Auf solche Verfahren wird in Kapitel 12.2 genauer eingegangen.

Siliciuminfiltriertes SiC – SiSiC. Das SiSiC ist eigentlich nur eine Variante des RBSiC. Hierbei wird jedoch mit überschüssigem Si gearbeitet, so daß alle Poren vollständig gefüllt sind. Die Formkörper enthalten also 8-15 Vol.-% elementares Silicium, die Dichte beträgt 100 % (Bild 529). Das Verfahren ist besonders geeignet, um Verbundwerkstoffe aus Kohlefasern (sog. C/SiC) oder aus SiC-Fasern (sog. SiC/SiC) durch Infiltration herzustellen. Im ersten Fall reagiert Si mit der Oberflächenschicht der Kohlefaser zu SiC, was die Haftung zwischen Matrix und Faser verstärkt. Fitzer und Gadow [1923], Pampuch u.M. [1929] u.a. haben diese Umsetzung gründlich untersucht und die physikalischen und thermodynamischen Grundlagen sowie die erreichten mechanischen Eigenschaften dargestellt [857], [1930]. Je nach Geometrie der Fasergewebe, nach Oberflächenbeschaffenheit, Kristallinität und chemischer Zusammensetzung kann die Infiltrationskinetik stark variieren [1931], [1932]. Kapitel 12.2 vertieft die Verfahrenstechnik und Eigenschaften solcher Verbundwerkstoffe. Ihre Anwendung liegt insbesondere in der Luft- und Raumfahrt als Düsen, Brennkammern und Leitwerken sowie anderen thermisch und mechanisch hochbelasteten Leichtbauteilen.

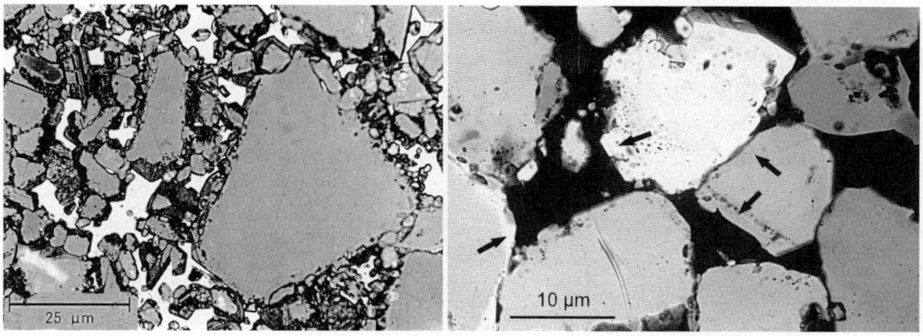

Bild 529: Gefüge von SiSiC. Links: Anschliff im Auflichtmikroskop. Weiß: Silicium. Rechts: Dünnschliff im Durchlichtmikroskop; schwarz: opakes Silicium. Die Kerne der SiC-Körner bestehen aus α-Polytyp, die Pfeile markieren die β-SiC-Ränder.

Generell weisen SiSiC-Werkstoffe aufgrund der hohen Dichte eine höhere Festigkeit und größere Oxidationsbeständigkeit auf als das poröse RBSiC. Die Anwesenheit elementaren Siliciums beschränkt jedoch die Anwendungstemperaturen des SiSiC auf 1410°C, also bis knapp an den Schmelzpunkt von Si, da ein Aufschmelzen die Festigkeit des Materials stark beeinträchtigt (Bild 533) [1933]-[1935]. Ferner ist freies Silicium unbeständig gegenüber Laugen. Es wurde daher versucht, Legierungen von Silicium mit Übergangsmetallen zu entwickeln, die mit Si-Überschuß die Porenräume infiltrieren und danach hochschmelzende Silicide (z.B. $MoSi_2$, Ti_xSi_y) bilden [1936]-[1941]. Eine Schwierigkeit hierbei liegt in der Vermeidung einer vorzeitigen Silicid-Ausscheidung aus der Schmelze, was zu Verstopfung der Infiltrationswege führt, sowie in den erforderlichen hohen Schmelztemperaturen von 1800-2000°C. Mit Legierungen aus Si, Ti, Cr, Al und B kann man zwar die Schmelztemperatur von $MoSi_2$ auf 1600°C erniedrigen, allerdings müssen dann nach erfolgter Infiltration auch diese Bestandteile zu geeigneten hochtemperaturstabilen und oxidationsbeständigen Carbiden und Siliciden weiterreagieren, ohne restliches Silicium zu hinterlassen. Auch sind die günstigen Silicide sehr spröde, was die Festigkeit und Bruchzähigkeit des Verbundwerkstoffs beeinträchtigt oder zumindest nicht verbessert. Meier u.M. haben Legierungen auf der Basis von Molybdän-Titan-Siliciden entwickelt, die sehr gut infiltrieren und dann $MoSi_2$ und Ti_xSi_y bilden; die erzielten mechanischen Eigenschaften erfüllten jedoch noch nicht die Erwartungen [2271].

Eine weitere Entwicklung bezieht sich auf die zu infiltrierenden kohlenstoffhaltigen Formkörper. Anstelle von Grünkörpern aus Pulvermischungen können auch Pyrolysate von kohlenstoffhaltigen Formkörpern z.B. aus Holz, Papier oder Pappe verwendet werden. Die Mikrostruktur des Verbundwerkstoffes ist dann durch die natürliche Faserstruktur vorgeben. So haben Greil u. M. [1942]-[1949] gezeigt, daß *biomimetische Werkstoffe* herstellbar sind, indem Holz nach der Trocknung bei 1800°C in Stickstoff 4h lang pyrolysiert wird und die Holzkohle-Vorform entweder bei 1600°C mittels Siliciumdampf in Vakuum oder Silicium-Schmelze unter Argon innerhalb von 4h infiltriert wird. Überschüssiges Silicium kann durch Laugung entfernt werden. Man erhält dann einen RB-SiC-Körper mit entsprechenden Poren- und Faserstrukturen, wobei auch kleinste mikrostrukturelle Details durch die Keramisierung nachgezeichnet werden. Je nach Textur und Restporosität liegen die Festigkeiten bei Hölzern als Ausgangsmaterial zwischen 120-150 MPa (2-3 % Restporosität) und 170-220 MPa (1-2 % Restporosität). An Pappen, insbesondere Wellpappen, wurde eine Si-Al-Polymerinfiltration und –vernetzung mit nachfolgender Pyrolyse bei 1450°C erprobt, wobei das Pyrolyseprodukt je nach verwendeter Atmosphäre zu Si-Al-O-C- oder Si-Al-N-C-Keramiken umgesetzt werden konnte. Durch entsprechende metallische Füller ist auch die Einlagerung von Übergangsmetallcarbiden bzw. Oxidation die Bildung biomimetischer Oxidkeramiken denkbar.

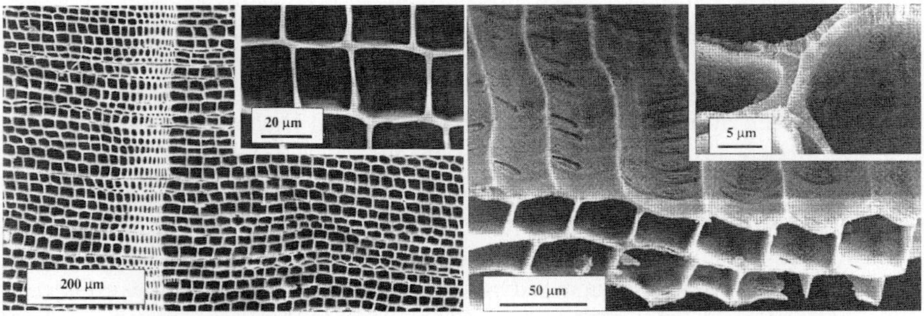

Bild 530: Biomimetisches RBSiC bzw. SiSiC aus pyrolysiertem Pinienholz (Quelle: Greil, Erlangen)

10.5.2.4 Polytypentransformation und Gefügeentwicklung beim Sintern

Über den Stabilitätsbereich der einzelnen SiC-Polytypen gibt es nur experimentelle Aussagen, die sich nur auf die jeweilige Pulverqualität und Sinterbedingungen beziehen. So scheint reines *2H* unterhalb 1400°C stabil zu sein, *3C* zwischen 1400 und 1600°C, *4H* zwischen 1600 und 2100°C, *6H* oberhalb 2100°C und 15*R* oberhalb 2200°C [1950], [1847]. Beim Sintern technischer Pulvermischungen spielen jedoch Dotierungsmittel eine wichtige Rolle und können nicht nur den Existenzbereich der Polytypen, sondern auch die Gefügeausbildung stark beeinflussen.

Geht man vom kubischen β-SiC aus, so kommt es oberhalb 2000°C zu einer teilweisen Umwandlung in die hexagonale α-Form, meistens in die 6*H*-, 4*H*- und 15*R*-Strukturen. Die hexagonale Modifikation ist daher auch – wahrscheinlich zu unrecht – als Hochtemperaturmodifikation angesehen worden (siehe Kap. 10.5.2.1). Bild 531 zeigt experimentelle Umwandlungsgrenzen als Funktion des Druckes, der Temperatur und der Zeit nach Ryan [1856].

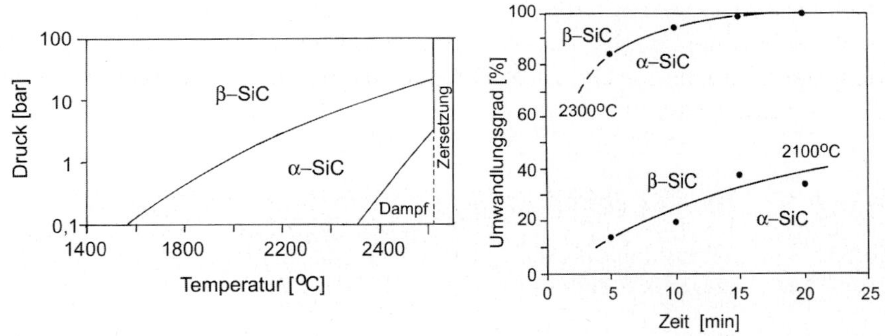

Bild 531: β→α-Polytypenumwandlung als Funktion des Druckes, der Temperatur und der Zeit [1856]

Die β→α-Umwandlung ist von einem starken Kornwachstum begleitet, die plattenförmigen Kristallite können mehrere hundert Mikrometer groß werden, was für besonders kriechbeständige Hochtemperaturwerkstoffe oder zur In-situ-Plättchenverstärkung genutzt wird. Die Umwandlung kann durch geringfügige Zugabe von α-Phase zum β-Pulver beschleunigt werden. Dabei wachsen die α-Teilchen kohärent innerhalb der β-SiC-Kristalle [1951]-[1953]. Bei Temperaturen oberhalb 2100°C beschleunigt die β-α-Umwandlung (Bild 531). Wird Bor-dotiertes β-SiC bei noch höheren Temperaturen (>2200°C) gesintert, wachsen federförmige Kristalle bis zu einigen Millimetern Größe (Bild 524), die aus Stapelungen verschiedener α-Polytypen in der (1120)-Ebene bestehen, meistens aus *6H, 4H* und 15*R*. Einige Arme der Federkristalle bilden Durchdringungszwillinge entlang sehr hoch indizierter Ebenen und Richtungen [1895], [1897]. Cahn [1888] vermutet, daß die Zwillingsbildung zum Spannungsabbau während der Umwandlung dient. Johnson und Prochazka [1955], Suzuki and Hase [1888] sowie Greil und Stutz [1956] fanden, daß kleine Mengen von Al diese spezielle Kornform fördern. Dem gegenüber führt eine kombinierte Zugabe von Al und C bei 2100°C zu einem homogenen Gefüge aus etwa 5 µm großen, elongierten Körnern aus 3*C*- und 4*H* Polytypen [1957]. Systematische Polytypenuntersuchungen von undotiertem, B-C- und Al-B-C-dotiertem β-SiC stammen von Williams u.M. [1958] und Shinozaki u.M. [1959]. Demnach steuert Al besonders die β→α-Transformation. 15*R* und 4*H* sind die ersten Umwandlungsprodukte bei 1850°C, es folgt 6*H* oberhalb 1950°C, während 15*R* und 6*H* wieder verschwinden. 4*H* ist der vorherrschende Polytyp oberhalb 2100°C (Bild 529).

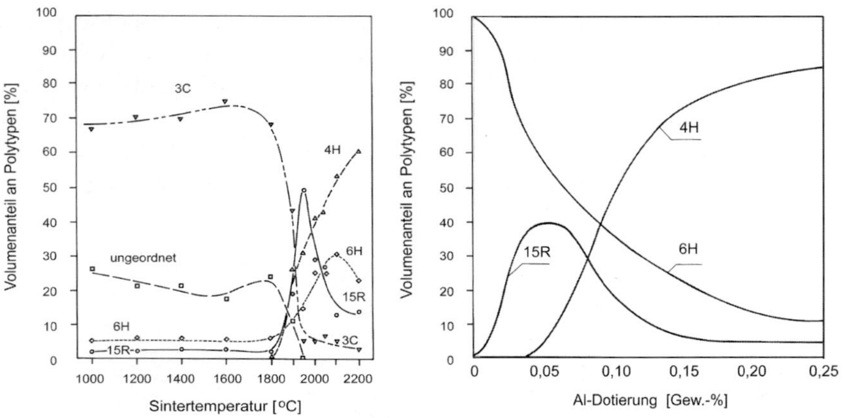

Bild 532: Links: Transformation von Al-B-C-dotiertem β-SiC zu α-SiC [1958], [1959]. Rechts: Umwandlungen in α-SiC als Funktion der Al-Dotierung [1960].

In gesinterten α-SiC-Keramiken wird die Teilchenmorphologie vom B/C-Verhältnis bestimmt [1961]. Bei 2060°C bewirkt ein B/C-Verhältnis von 0,125 eine feine, gleichmäßige Mikrostruktur aus äquiaxialen Körnern, wogegen B/C-Verhältnis von 0,33 zum Wachstum facettierter Plättchen gleichmäßiger Korngrößenverteilung führt. Steigt das B/C-Verhältnis auf 0,8, so wird das Plattenwachstum stark beschleunigt; es entstehen mehrere hundert Mikrometer große Körner. Sintern von B-dotiertem α-SiC oberhalb 2100°C induziert ebenfalls ein Riesenkornwachstum des 6*H*-Polytyps. Prochazka [519] stellte eine Kornwachstumsgeschwindigkeit von 3 mm/h fest, die für Einschlüsse von Poren, Siliciden und ungelöstem Borcarbid verantwortlich war. Oberhalb 2200°C tritt eine 6*H*→4*H*-Umwandlung ein [1962]. Al-Zugaben zu α-SiC-Pulver unterdrückten das schnelle Kornwachstum sogar bei Temperaturen bis 2300°C. Das gleichmäßige, feinkörnige Gefüge aus facettierten Kristalliten wird dem bevorzugten Bildung des 4*H*-Polytyps zugeschrieben, der durch Aluminium stabilisiert wird, siehe Bild 529 [1960], [1963].

10.5.2.5 Eigenschaften und Verwendung

Siliciumcarbid-Werkstoffe zeichnen sich durch eine hohe Härte, eine gute Wärmeleitfähigkeit und eine gute Hochtemperaturfestigkeit aus. Da die Zusammensetzung und das Gefüge der einzelnen Werkstoffqualitäten sehr voneinander abweichen, sind die Eigenschaften entsprechend unterschiedlich. In Tabelle 127 sind Übersichtswerte zusammengestellt. Bild 533 zeigt die Biegefestigkeit in Abhängigkeit von der Temperatur. Die mechanische Festigkeit der Siliciumcarbidwerkstoffe wird durch die Art der Bindephase und durch das Gefüge (Porosität, Korngröße) bestimmt. Das keramisch gebundene Material weist eine relativ niedrige Festigkeit auf, die mit steigendem Gehalt an Siliciumcarbid zunimmt. Das rekristallisierte SiC zeigt schon höhere Festigkeitswerte, jedoch hat die noch vorhandene Porosität einen entscheidenden Einfluß. Reaktionsgesintertes Material mit einem Gehalt an freiem Silicium besitzt wiederum verbesserte Festigkeitswerte, der Festigkeitsabfall bei Temperaturen um 1400°C wird durch die Anwesenheit von metallischem Silicium hervorgerufen, das einen Schmelzpunkt von 1414°C hat. Drucklos gesintertes und heißgepreßtes SiC haben mit die höchsten Festigkeitswerte dieser Werkstoffklasse; Unterschiede können hier auf unterschiedliche Korngrößen und/oder Korngrenzenzusammensetzungen zurückgeführt werden.

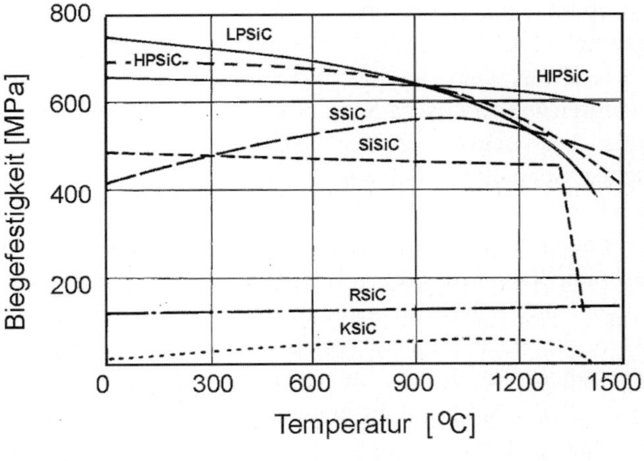

Bild 533: Biegefestigkeit von SiC-Werkstoffen

Eine Übersicht über die mechanischen Eigenschaften von Siliciumcarbid, in der auch Angaben über Bruchzähigkeit, Rißfortschrittsgeschwindigkeit usw. gemacht werden, ist von Edington u. M. [1964] veröffentlicht worden. Über Kriechversuche an unterschiedlichen SiC-Sorten berichten u.a. Schnürer u. M. [1965]. Aus Versuchen im Vakuum ließ sich ableiten, daß das Verhalten von heißgepreßtem SiC durch *Coble-Kriechen* über Korngrenzendiffusion beschrieben werden kann, während das Verhalten des Si-infiltrierten Siliciumcarbids durch die Anwesenheit von freiem Silicium an den Si-Korngrenzen bestimmt wird. Entsprechend verformt sich LPSiC über Korngrenzengleiten und viskoses Fließen, sobald die Glasphase erweicht.

Reines SiC ist farblos, die technischen Produkte sind grün bis schwarz gefärbt. Die Färbungen werden durch den Einbau von Fremdatomen in das SiC-Gitter hervorgerufen; gleichzeitig wird SiC hierdurch zum *Halbleiter*. Der Einbau von Stickstoff ergibt Elektronenleitung (n-Leitung) und die Farbe wird je nach Konzentration gelb bis grün. Der Einbau von dreiwertigen Elementen (B, Al) führt zur sog. *Löcherleitung* (p-Leitung) und zu einer blauen bis schwarzen Farbe. Die Angaben über die elektrische Leitfähigkeit schwanken stark, da der Gehalt an Verunreinigungen sehr unterschiedlich ist. In Tabelle 125 ist ein relativ hoher Wert für den spezifischen Widerstand angegeben.

Das chemische Reaktionsverhalten von SiC ist für verschiedene Anwendungszwecke sehr wichtig. Obwohl thermodynamische Berechnungen zeigen, daß SiC an Luft oxidiert, ist ein Einsatz in oxidierender Atmosphäre möglich, da sich an der Oberfläche eine SiO_2-Schutzschicht ausbildet. Die Diffusion des Sauerstoffs durch diese Schicht wird dann geschwindigkeitsbestimmend für die Reaktion. Die Gegenwart von H_2O erhöht die Reaktionsgeschwindigkeit. Bei sehr hohen Temperaturen und/oder niedrigem Sauerstoffpartialdruck kann SiC mit der SiO_2-Schicht unter Bildung von gasförmigem SiO reagieren.

Diese starke Reduktionswirkung des SiC kann man auch in manchen Fällen bei Siliciumcarbidkapseln beobachten, die besonders bei den ersten Bränden gasförmiges SiO entwickeln, das sich auf dem Brenngut zu Si + SiO_2 disproportioniert und eine Schwarzfärbung (Kapitel 7.5.2.2) hervorruft. Hinsichtlich des Oxidations- und Heißkorrosionsverhaltens von SiC sei auf das Kapitel 5.6.2 verwiesen. SiC reagiert mit Metallen wie Fe, Ni, Co, welche mit Silicium Legierungen oder Silicide bilden. Gegen zahlreiche metallische Schmelzen (Al, Cu, Pb, Zn, Sn, Cd) ist SiC dagegen beständig. Auch gegen saure Schlacken ist SiC beständig, es löst sich jedoch in alkalischen Schmelzen. Die feuerfesten Eigenschaften sind in Kapitel 9.3.1.5 geschildert.

Neben dem Einsatz als Schleifscheibenmaterial wird Siliciumcarbid seit langer Zeit als feuerfester Hochtemperaturwerkstoff, z.B. bei der Herstellung verschiedenster Metalle, verwendet. Eine weitere Anwendung sind die Brennhilfsmittel in der keramischen Industrie, die einen rationelleren Besatz der Tunnelöfenwagen ermöglichen. Ebenso bestehen die Rollen für Hochtemperaturrollenöfen aus stranggepreßtem RSiC oder SSiC. Aufgrund der hohen Reinheit und der Restporosität sind diese Werkstoffe besonders gut wärmeleitend und thermoschockbeständig. Ferner ist der Einsatz von SiC als Heizelemente und Wärmetauscher bis zu Temperaturen von 1450 bis 1500°C und höher zu erwähnen.

Tabelle 127: Eigenschaften von Siliciumcarbid-Werkstoffen (Richtwerte)

Typ	Kurzbezeichnung	SiC-Gehalt Gew.-%	Dichte g/cm^3	offene Porosität/ Gesamtporosität Vol.%	Wärmeausdehnungskoeffizient $\alpha_{30/1500}$ 10^{-6}/K	Elastizitätsmodul GPa	Biegefestigkeit bei 20°C MPa	Biegefestigkeit bei 1400°C MPa	Bruchwiderstand K_{Ic} MPam$^{1/2}$	Härte HV_1 GPa	Wärmeleitfähigkeit bei 600°C W/(m·K)
Keramische Bindung	KSiC	90-95	2,55	15/20	5,8	100	30	20	1-2	-	16
Oxynitrid-Bindung	NSiC	85	2,60	15/20	5,0	100				-	21
Rekristallisiertes SiC	RSiC	99-100	2,60	16/20	4,8-5,0	250	100-120	100	1-2,5	-	28
Reaktionsgebundenes SiC	RBSiC	97-100	2,60	5-15/5-20	5,0	250	250	250	1,5-2,5	-	25
Siliciuminfiltriertes SiC	SiSiC	85-98	3,12	0	4,3	400	350-370	200	3-4,7	20-22	60
Gesintertes SiC	SSiC	98-99	3,15	< 2	4,9	410	430	450	2,5-4,7	23-24	50
Flüssigphasen-gesintertes SiC	LPSiC	95	3,21	< 1	4,5	420	600-800	400	4-6 (8)	22-23	50
Heißgepreßtes SiC	HPSiC	98-99	3,20	< 0,1	4,5	440	500-650	500-650	3-4	22-25	55-60
Heißisostatisch gepresstes SiC	HIPSiC	> 99,5	3,21	0	4,5	450	650	600	3-4	25-27	75
Heißisostatisch nachverdichtetes SSiC	HIPSSiC	98-99	3,19	0	4,8	430	450	450	3-4	25-27	55

Die hochdichten und hochfesten Siliciumcarbidwerkstoffe waren für den Einsatz im Motoren- und Gasturbinenbau vorgesehen. So sind sowohl Turbolader als auch Gasturbinenrotoren für den KfZ-Bau zur Serienreife entwickelt worden. Dank der herausragenden tribologischen Eigenschaften findet heißgepreßtes SiC als Dicht- und Lagerscheiben im Maschinen- und Apparatebau weit verbreitete Anwendung. Restkohlenstoff erlaubt gute Notlaufeigenschaften beim Aussetzen der Schmierung auch bei hohen Temperaturen. Eine sehr gute Zusammenfassung der umfangreichen Literatur zu den Verschleißeigenschaften des SiC gibt Schwetz [1847]. Aufgrund der hohen Steifigkeit des Materials ist LPSiC für Compact-Disk-Speicher entwickelt worden.

Weitere Anwendungsmöglichkeiten ergeben sich im Verbund mit anderen keramischen oder metallischen Werkstoffen. So sind SiC-TiB_2-Dispersionskermiken für Papierbelege oder aufgrund ihrer Thermoschockbeständigkeit in Verbindung mit der guten elektrischen Leitfähigkeit als Elektrodenmaterial im Einsatz. Einen Überblick hierzu geben [1848], [1847].

10.5.3 Siliciumnitrid

(Bearbeitet von M. Hoffmann, Karlsruhe)

Siliciumnitrid-Keramiken zeichnen sich gegenüber anderen Hochleistungskeramiken durch eine Kombination von guten Raumtemperatur- und Hochtemperatureigenschaften aus. Die Eigenschaften können in weiten Bereichen variiert und für den jeweiligen Anwendungsbereich optimiert werden und hängen entscheidend vom Herstellungsverfahren, der Zusammensetzung der Sinteradditive und der Qualität der Rohstoffe ab.

Eine zusammenfassende Darstellung neuerer Entwicklungen sind in [1966]-[1969] wiedergegeben.

Natürliches α- und β-Si_3N_4 ist als Seltenheit als Einschluß in chondritischen Meteoriten in Form von 0,2x0,4 mm großen Leisten gefunden worden und wird als *Nierit* bezeichnet [1970].

10.5.3.1 Struktur und Phasenbeziehungen

Siliciumnitrid ist überwiegend kovalent gebunden und besitzt eine Kristallstruktur, die aus leicht verzerrten SiN_4-Tetraedern aufgebaut ist. Durch die unterschiedliche Verknüpfung der Tetraeder resultieren zwei kristallographische Modifikationen: α-Si_3N_4 mit der Stapelfolge *ABCD*, das in der trigonalen Raumgruppe P31c kristallisiert, und β-Si_3N_4 mit der Stapelfolge *ABAB* und der hexagonalen Raumgruppe $P6_3$. Durch die unterschiedlichen Stapelfolgen entstehen im β-Si_3N_4 parallel zur *c*-Achse Kanäle mit einem Durchmesser von 0,15 bzw. 0,09 nm, während α-Si_3N_4 große Gitterhohlräume aufweist (Bild 534, Bild 535). Die Gitterkonstanten a_0 sind für beide Modifikationen ungefähr gleich groß ($a_{0\alpha}$ = 781,8 pm, $a_{0\beta}$ = 759,5 pm), während c_0 für α-Si_3N_4 mit 580,3 pm ungefähr doppelt so groß ist wie für β-Si_3N_4 (290,2 pm) [1971]. Die α-Modifikation, die als Hauptphase bei der Herstellung von Si_3N_4-Pulvern entsteht, ist möglicherweise metastabil und wandelt bei höheren Temperaturen in Anwesenheit von Verunreinigungen, insbesondere von Sauerstoff, in β-Si_3N_4 um. Die Umwandlung erfolgt relativ langsam und ist wahrscheinlich irreversibel; eine genaue Umwandlungstemperatur ist nicht bekannt. In Analogie zu vielen anderen Nitriden und Carbiden besitzt Si_3N_4 bei Normaldruck keinen Schmelzpunkt, sondern einen Zersetzungspunkt bei 1877°C [1972].

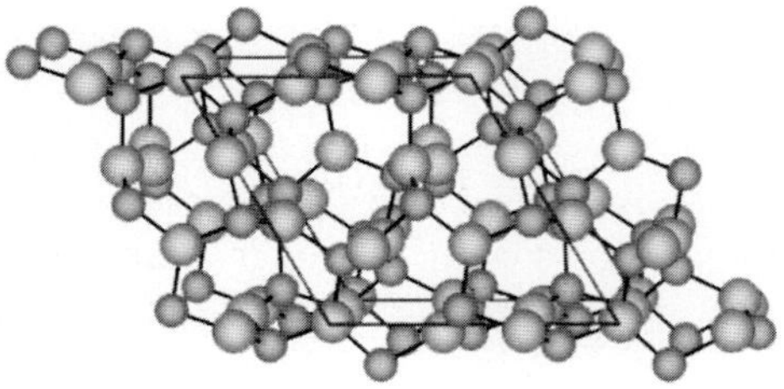

Bild 534: Struktur von α-Si_3N_4

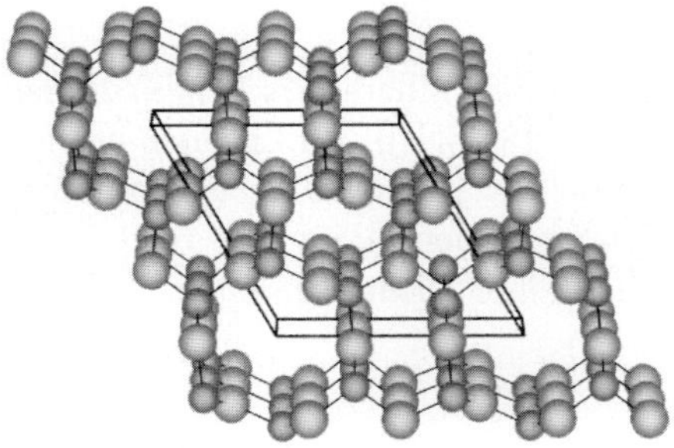

Bild 535: Struktur von β-Si_3N_4

Beide Modifikationen bilden mit den Oxiden von Al, Be, Ga und Ge Substitutionsmischkristalle; technisch bedeutend sind aber nur Mischkristalle zwischen Si_3N_4 und Al_2O_3, die als Sialone (SiAlON) bezeichnet werden. β-Sialone haben die allgemeine Summenformel $Si_{6-x}Al_xO_xN_{8-x}$ mit $x < 4.2$ [1973]. Das Kationen-Anionenverhältnis von 3:4 ist konstant. Die von der α-Struktur abgeleiteten α-Sialone sind ebenfalls aus $(Si,Al)(O,N)_4$-Tetraedern aufgebaut. Im Vergleich zu den β-Sialonen gibt es jedoch zwei Gitterhohlräume pro Elementarzelle, die mit weiteren Metallkationen (Me) besetzt werden können. Detaillierte Untersuchungen zeigten Löslichkeiten für Me = Ca, Mg, Y, Li, Mn und Seltene Erden. Der entsprechende Ladungsausgleich erfolgt über das Verhältnis von Stickstoff zu Sauerstoff. Die allgemeine Summenformel von α-Sialonen

$$Me^{n+1}Si_{12-(nx+y)}Al_{(nx+y)}O_yN_{16-y}$$

zeigt die große Variabilität der chemischen Zusammensetzung. Im Gegensatz zum wahrscheinlich metastabilen α-Si_3N_4 sind α-Sialone auch bei höheren Temperaturen stabil und zeigen keine Umwandlung. Grundlegende Untersuchungen der Phasenbeziehungen wurden u.a. von Jack [1973], Gaukler et al. [1974] und Tien et al. [1975] durchgeführt. Die Phasendiagramme werden in Kapitel 3.3.4.2 erläutert.

Zerr et al. haben durch Hochdrucksynthese eine kubische Si_3N_4-Modifikation bei Drücken zwischen 15 und 30 GPa und Temperaturen bis zu 2800 K in einer Diamantzelle hergestellt. Sie kristallisiert in der kubischen Spinellstruktur (Raumgruppe $Fd\bar{3}m$, $Z = 8$, Bild 536).

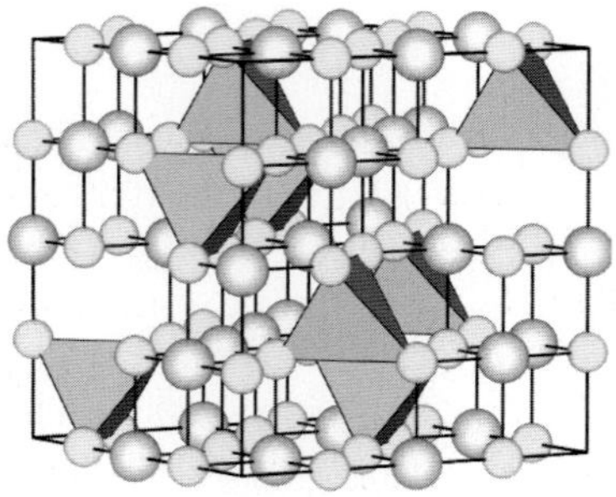

Bild 536: Kubische Hochdruckmodifikation des Si_3N_4 **[1976]**

Si tritt neben der aus der α- und β-Si_3N_4 bekannten tetraedrischen Koordination zusätzlich in der Koordinationszahl 6 auf ($Si^{IV}[Si^{VI}{}_2N_4]$). An Luft und unter Normaldruck bleibt die kubische Si_3N_4-Modifikation bis 700 K metastabil erhalten. Bemerkenswert ist die mit 300–340 GPa extrem hohe Härte, die rund 20–30 % über den Werten von α- und β- Si_3N_4 liegt; ihre Dichte beträgt ca. 3.93 g/cm^3 [1976].

10.5.3.2 Herstellung

Aus der großen Bindungsstärke der Si–N-Bindung mit einem kovalenten Anteil > 70 % resultiert ein niedriger Selbstdiffusionskoeffizient der N-Atome im Kristallgitter. Unter der Annahme, daß die Diffusion des Stickstoffs beim Sintern von Si_3N_4 den geschwindigkeitsbestimmenden Schritt darstellt, kann Si_3N_4 über eine reine Festkörperreaktion praktisch nicht verdichtet werden. Für die Herstellung von Keramiken aus Si_3N_4 gibt es zwei prinzipiell unterschiedliche Verfahren: Bei der Gruppe der reaktionsgebundenen Si_3N_4-Werkstoffe (RBSN) wird ein Formkörper aus elementarem Silicium nitridiert. Der Vorteil dieser Methode ist die geringe Schrumpfung von < 1 % während der Nitridierung; der Nachteil besteht in der hohen Restporosität von 10 bis 30 %, die eine geringe Festigkeit (< 400 MPa) zur Folge hat. Beim zweiten Herstellungsprozeß wird sehr feines Si_3N_4-Pulver (< 1 μm) mit Additiven vermischt und anschließend gesintert. In Abhängigkeit vom maximalen Prozeßdruck wird zwischen drucklosem Sintern (SSN, 0,1 MPa), Gasdrucksintern (GPSN, bis zu 10 MPa) und heißisostatischem Pressen (HIPSN, bis zu 200 MPa) unterschieden. Außerdem gibt es noch die Möglichkeit einer Verdichtung unter einem uniaxialen mechanischen Druck (HPSN, Heißpressen). Bei allen vier Prozeßvarianten erfolgt die Verdichtung über Flüssigphasensintern, wobei der notwendige Materialtransport über die aus den Additiven gebildete schmelzflüssige Phase abläuft. Durch die Kombination beider Herstellungsmethoden können die Nachteile der RBSN-Werkstoffe (hohe Restporosität, geringe Festigkeit) eliminiert werden, indem die mit Sinteradditiven vermischten Si-Formkörper im Anschluß an die Nitridierung gesintert (SRBSN) oder heiß isostatisch gepreßt (HIPRBSN) werden. Bei allen Herstellungsverfahren erfolgt die Formgebung des Si- bzw. Si_3N_4-Ausgangspulvers durch gebräuchliche keramische Formgebungsverfahren (Trockenpressen, Strangpressen, Spritzgießen, isostatisches Pressen, Schlickerguß).

Reaktionsgebundenes Siliciumnitrid (RBSN). Bei der Herstellung von reaktionsgebundenem Siliciumnitrid erfolgt im Temperaturbereich zwischen 1200 und 1400°C eine Umsetzung von Stickstoff und dem elementaren Silicium des Grünkörpers (*Nitridierung*). In manchen Fällen führt man die Nitridierung in einem ersten Schritt nur bis zu einem bestimmten Grad durch, bringt dann die Formkörper durch mechanische Bearbeitung auf die gewünschten Abmessungen und führt anschließend die Nitridierung vollständig zu Ende. Bei der Nitridierung handelt es sich um eine Reaktion zwischen einem Festkörper und einem Gas, deren Ablauf man sich modellmäßig folgendermaßen vorstellt [1977]: Der erste Schritt ist eine Chemisorption von Stickstoff an der Oberfläche der Siliciumkörner und die nachfolgende Bildung von Siliciumnitridkeimen. Das Keimwachstum bewirkt eine Verarmung der Umgebung dieser Keime an chemisorbiertem Stickstoff, so daß um die Keime herum eine Zone entsteht, wo die Stickstoffkonzentration für weitere Keimbildung zu niedrig ist. Die Keime wachsen hauptsächlich seitwärts, wobei der Stickstoff durch Chemisorption und Oberflächendiffusion und das Silicium ebenfalls durch Oberflächendiffusion bzw. durch einen Verdampfungs-Kondensations-Mechanismus geliefert wird. Im weiteren Verlauf der Reaktion entstehen Absenkungen der noch freien Siliciumoberflächen durch den Verbrauch von Si für das Nitridwachstum, wobei die Keime wachsen um die Ecken der entstehenden Einschnitte herumwachsen. Die gebildeten Siliciumnitridkeime überlappen sich schließlich. Hierbei können vor dem endgültigen Schließen der Kanäle neue Keime im Innern der gebildeten Poren entstehen. Hat sich eine Schicht von Siliciumnitrid gebildet, erfolgt die weitere Reaktion durch Diffusionsprozesse oder durch die Zufuhr von Stickstoff über Porenkanäle. Beim Ablauf der Nitridierung unter technischen Bedingungen spielen zusätzlich noch andere Vorgänge eine Rolle, wie z.B. die Bildung von SiO bei Anwesenheit von Sauerstoff im Siliciumpulver oder im Nitridiergas. Ferner wirken sich auch Verunreinigungen metallischer Art stark auf den Ablauf der Nitridierung aus.

Die wichtigsten verfahrenstechnischen Parameter bei der Nitridierungsreaktion sind die Reaktionstemperatur und -zeit, die Pulver- und Preßkörpercharakteristik und die Zusammensetzung des Siliciums sowie des Nitridiergases [1978]. Die Bildung von Si_3N_4 erfolgt nach einem parabolischen Zeitgesetz, wobei eine Volumen- und Korngrenzendiffusion des einen oder beider Reaktionspartner durch die Reaktionsschicht hindurch erfolgen kann. Eine gleiche Abhängigkeit würde sich allerdings auch ergeben, wenn der geschwindigkeitsbestimmende Schritt eine

Gasdiffusion durch Mikroporen wäre. Der Einfluß der Korngröße auf die Nitridierung wurde von Heinrich [1979] untersucht, wobei die Unterschiede in der Pulvercharakteristik über das Gefüge die Eigenschaften des Produktes beeinflussen. Der Einfluß der Preßkörpercharakteristik auf die Eigenschaften des nitridierten Produkts wird von Evans und Davidge [1980] gezeigt. Verunreinigungen im Siliciumpulver können eine bedeutende Auswirkung auf die Nitridierkinetik haben, wobei die Reaktionsgeschwindigkeit sowohl erhöht als auch erniedrigt werden kann. Der Zusatz von 1-2 Masse-% Eisen wurde besonders eingehend untersucht [1981], da er die Nitridierung signifikant beschleunigt. Der Grund hierfür wird von Boyer und Moulson [1982] darin gesehen, daß Eisen sehr schnell die SiO_2-Schicht entfernt, die sich normalerweise auf den Siliciumnitridkörnern befindet. Andere Autoren vertreten die Ansicht, daß sich $FeSi_x$-Phasen bilden und die Nitridierung über eine flüssige Phase abläuft. Der Sauerstoffpartialdruck des Nitridiergases kann, wahrscheinlich über eine SiO-Bildung, die Nitridierungskinetik und die Zusammensetzung verändern [1983]. Auch die beschleunigende Wirkung von Wasserstoff oder von NH_3 im Nitridiergas dürfte sich über eine Änderung im Sauerstoffpartialdruck auswirken [1984]. Eine zusammenfassende Darstellung dieser Fragen wurde von Moulson gegeben [1985].

Gesintertes Siliciumnitrid. Die Herstellung von gesinterter Si_3N_4-Keramiken durch Verwendung schmelzbildender Additive wurde erstmals 1961 von Deeley [1986] gezeigt. Die heute am häufigsten verwendeten Sinterhilfsmittel sind binäre Oxide wie Y_2O_3, Seltene Erden, Al_2O_3 und MgO [1987]-[1989]. Über die Phasenbeziehungen informiert Kapitel 3.3.4.2. Beim Aufheizen des Grünkörpers bilden diese Oxide mit dem auf den Si_3N_4-Pulverteilchen vorhandenen SiO_2 zunächst silicatische Schmelzen, deren Zusammensetzung durch Lösung von Si_3N_4 mit steigender Temperatur zu oxinitridischen Schmelzen verändert wird. Während der Verdichtung findet bei der Verwendung von α-reichen Si_3N_4-Pulvern durch Lösung und Wiederausscheidung eine Phasenumwandlung statt. Aufgrund der hexagonalen Kristallsymmetrie der β-Modifikation wachsen die Kristallite bevorzugt in Richtung der kristallographischen c-Achse (Bild 537). Die damit verbundene Ausbildung eines nadelförmigen Gefüges wird oft als In-situ-Verstärkung bezeichnet [1990].

Die Gefügebildung kann prinzipiell in zwei unterschiedliche Sinterstadien eingeteilt werden: Das erste Stadium bezeichnet das Lösen der α-Phase und die Wiederausscheidung der β-Phase. Obgleich dieser Vorgang bei korrekter Betrachtung die zwei Phasenübergänge α-Si_3N_4 $\rightarrow$ Schmelze $\rightarrow$ β-Si_3N_4 beinhaltet, ist er insgesamt als „Phasenumwandlung" im Sprachgebrauch der Keramikforschung etabliert. Das zweite Stadium bezeichnet das Kornwachstum der β-Phase, bei dem kleinere β-Kristallite aufgelöst werden und durch die Abscheidung auf den überkritischen großen β-Kristalliten deren Kornwachstum ermöglichen. Dieser Wachstumsprozeß, dessen Triebkraft letztlich durch die Abnahme der Oberflächenenergie gegeben ist, wird manchmal im Sprachgebrauch auch als Ostwald-Reifung bezeichnet, was nicht korrekt ist, da die Ostwald-Reifung strenggenommen aus Erscheinungen in hochverdünnten Lösungen abgeleitet wurde.

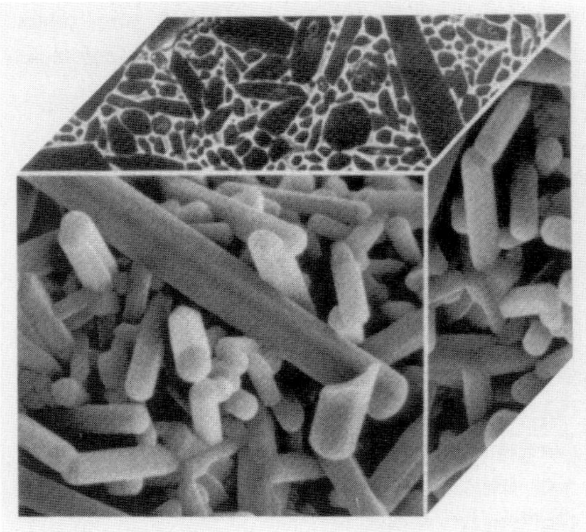

Bild 537: Schematische dreidimensionale Ansicht des β-Si_3N_4-Gefüges (Max-Planck-Institut für Metallforschung, Stuttgart) [1969]

Die meisten Untersuchungen wurden mit den Additivsystemen MgO/Al_2O_3 und Y_2O_3/Al_2O_3 durchgeführt. Wötting u. Ziegler [1991] nahmen an, daß sowohl geringe Additivgehalte als auch hohe Viskositäten der Schmelzphase zu einer hohen Stickstoffübersättigung in der Schmelze führen, so daß idiomorphe β-Kristalle wachsen können. Hwang und Tien [1992] stellten bei einer Erhöhung des Additivgehaltes und der Viskosität der Schmelzphase ein zunehmend idiomorphes Kornwachstum fest und führten dies auf eine abnehmende sterische Behinderung zurück (Bild 538).

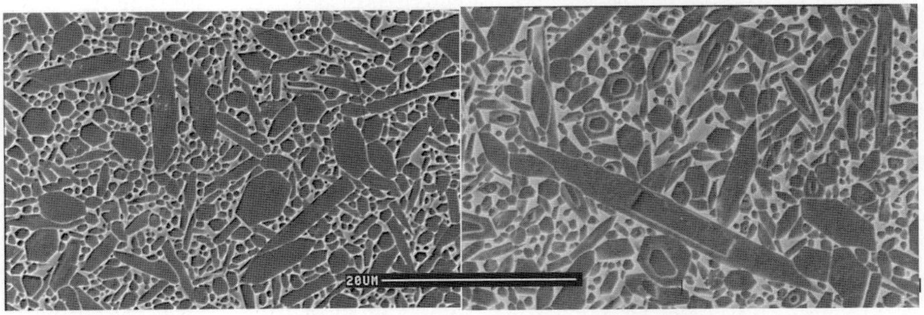

Bild 538: Si_3N_4 mit 5 (links) und 10 (rechts) Vol.-% Y-Al-Glasphase. Durch Plasmaätzung wird das zonare Wachstum der β-Stengel sichtbar (Max-Planck-Institut für Metallforschung, Stuttgart)

Neuere Untersuchungen zeigen, daß der α/β-Anteil und die Größenverteilung der β-Teilchen im Si_3N_4-Ausgangspulver einen entscheidenden Einfluß auf die Gefügeentwicklung haben [1993], [1994]. Bei Verwendung von reinem β-Si_3N_4-Pulver entstehen feinkörnige, globulare Gefüge während beim Einsatz α-reicher Pulver ein Gefüge mit nadelförmigen Kristallen vorherrscht. Das Bild 539 zeigt rasterelektronenmikroskopische Aufnahmen von Si_3N_4-Gefügen, die mit einem α-reichen Ausgangspulver und einem β-reichen hergestellt wurden.

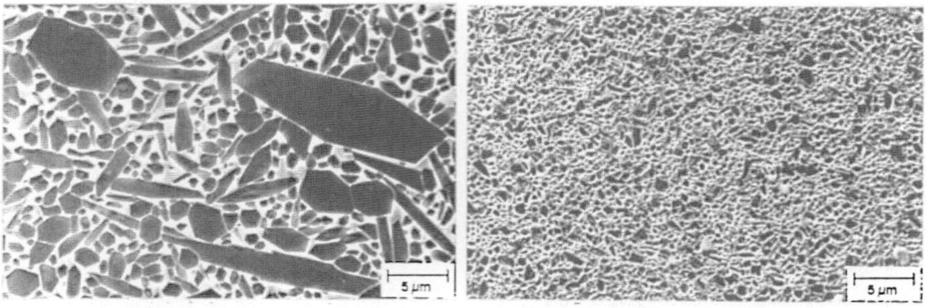

Bild 539: REM-Aufnahme eines plasmageätzten Si_3N_4-Gefüges aus einem α-reichen (links) und einem β-reichen Ausgangspulver (rechts). (Bild: Max-Planck-Institut für Metallforschung, Stuttgart)

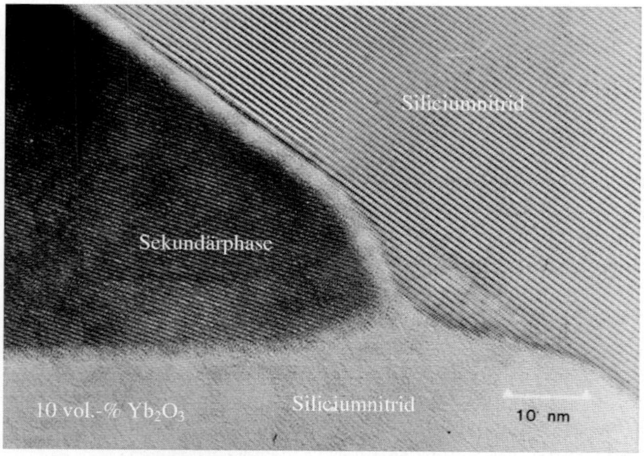

Bild 540: Hochauflösende TEM-Aufnahme eines glasphasenhaltigen Tripelpunktes in Si_3N_4-Keramik mit Al-Yb-Oxynitrid-Glasphase (Max-Planck-Institut für Metallforschung, Stuttgart)

In den plasmageätzten Anschliffen sind zwei Phasen zu erkennen: Die meist idiomorph ausgebildeten Si_3N_4-Kristalle werden vollständig von der hell erscheinenden Korngrenzenphase benetzt. Der größte Teil der Sinteradditive bildet nach der vollständigen Verdichtung eine amorphe oder teilkristalline Korngrenzenphase [1995]. Die Korngrenzenbereiche werden in kristallisierbare Tripelpunkte bzw. -kanäle (zwischen drei und mehr Si_3N_4-Körnern) und nicht kristallisierbare Korngrenzenfilme (Kontaktbereich zwischen zwei Si_3N_4-Körnern) eingeteilt. Mit Hilfe der hochauflösenden und analytische Transmissionselektronenmikroskopie kann gezeigt werden, daß die Dicke dieser Korngrenzenfilme innerhalb eines Werkstoffes konstant ist und nur von der Additivzusammensetzung abhängt [1996]. Die Filmdicken liegen in der Regel zwischen 1 und 2 nm (Bild 540).

10.5.3.3 Eigenschaften und Anwendung

Die Eigenschaften von Siliciumnitrid-Keramiken sind sowohl abhängig vom Si_3N_4-Basispulver, der Additivmenge und deren Zusammensetzung als auch vom Verdichtungsverfahren und der Gefügeausbildung. Um die große Variabilität der Eigenschaften auszudrücken, wird zunehmend auch von Siliciumnitrid-Legierungen gesprochen. Die Dichte wird von der Menge der zugesetzten Oxide bestimmt; sie liegt zwischen 3,2 g/cm³ und 3,6 g/cm³. Die Wärmeleitfähigkeit liegt zwischen 10 und 30 W/mK und wird ebenfalls von der chemischen Zusammensetzung der Sinteradditive bestimmt. Außerdem besitzen Si_3N_4-Keramiken eine gute Thermoschockbeständigkeit aufgrund der geringen thermischen Ausdehnung von 3 bis $3.2 \cdot 10^{-6}$ K^{-1} in Verbindung mit einer hohen Festigkeit. Die wichtigsten mechanischen Kennwerte für dichtgesinterte Si_3N_4-Keramiken und RBSN sind in Tabelle 128 zusammengefaßt:

Tabelle 128: Mechanische Eigenschaften von Si_3N_4-Keramiken

Typ	E-Modul [GPa]	Biegefestigkeit (RT) [MPa]	Biegefestigkeit (1400°C) [MPa]	Bruchzähigkeit [$MPam^{1/2}$]
SSN	310 - 320	600 - 1000	100 - 300	5 - 7
GPSN	310 - 320	800 - 1300	100 - 300	5 - 10
HIPSN	310 - 320	800 - 1500	200 - 400	5 - 7
HIPSN*	310 - 320	500 - 800	300 - 500	2 - 4
HPSN	310 - 320	1000 - 1700	200 - 400	5 - 7
RBSN	100 - 150	200 - 400	200 - 400	2 - 3

* HIPSN für Anwendungen im Temperaturbereich > 1200°C

Das reaktionsgesinterte Material (RBSN) hat aufgrund seiner hohen Restporosität eine relativ niedrige Festigkeit, die jedoch bis ca. 1400°C konstant bleibt [1997]. Im Gegensatz dazu weisen die gesinterten Werkstoffe teilweise sehr hohe Festigkeiten bei Raumtemperatur auf, die aber zwischen 1100 und 1400°C signifikant abfallen [1995]. Die Raumtemperatureigenschaften werden sowohl von der Morphologie und Größe der Si_3N_4-Kristalle als auch von der Korngrenzenphase bestimmt. Werkstoffvarianten mit Additivgehalten > 5 Vol.-%, die mit Druckunterstützung verdichtet wurden, haben meist Gefüge mit ausgeprägten nadelförmigen Kristallen. Ihre hohen Festigkeiten bei Raumtemperatur korrelieren mit hohen Bruchzähigkeiten, wenn die Grenzfläche zwischen zwei Si_3N_4-Körnern relativ schwach ist, so daß energieverzehrende Verstärkungsmechanismen, wie Kornüberbrückung, Rißablenkung, etc. ausgelöst werden [1998].

Der Festigkeitsverlust bei hohen Temperaturen ist auf die Erweichung der amorphen Korngrenzenphase zurückzuführen. Wenn sich niedrigviskose Schmelzphasen bilden, wie beispielsweise in MgO-haltigen Werkstoffen, dann kann der

Festigkeitsabfall bereits bei 800°C einsetzen. Die amorphen Korngrenzenbereiche können durch eine Wärmebehandlung nach dem Sintern teilweise auskristallisiert werden. Je nach Additiven entsteht z.B. ein Yttrium-Aluminium-Granat, sog. YAG ($Y_3Al_5O_{12}$). Diese Maßnahme führt aber nicht notwendigerweise zu einer Verbesserung der Hochtemperatureigenschaften, da wenig oxidationsbeständige Sekundärphasen entstehen können oder niedrigviskose Zusammensetzungen des Restglases [1995]. Für eine gezielte Wärmebehandlung ist deshalb die Kenntnis des entsprechenden Phasendiagrammes notwendig [1999].

Druckunterstützte Sinterverfahren führen in der Regel zu einer Verbesserung der mechanischen Eigenschaften: Beim Gasdrucksintern und heißisostatischen Pressen (HIP) wird unter einem erhöhten Stickstoffdruck gesintert, so daß die Zersetzung von Si_3N_4 zu höheren Temperaturen hin verschoben wird. Dies ermöglicht höhere Sintertemperaturen und damit ein gezieltes Kornwachstums, aber auch eine Reduzierung der Additivmenge [2000]. Ein weiterer positiver Effekt ist die Möglichkeit zur Eliminierung von Grünkörperdefekten. Werden nur geringe Mengen (2-3 Vol.-%) refraktärer Oxide zur Verdichtung eingesetzt, können sich Korngrenzen mit einer hohen Festigkeit ausbilden, was zu einer relativ niedrigen Bruchzähigkeit und Festigkeit bei Raumtemperatur führt. Werkstoffe mit „starken“ Korngrenzen haben aber ausgezeichnete Hochtemperatureigenschaften (Oxidation, Kriechen, HT-Festigkeit), wodurch Einsatztemperaturen für Si_3N_4 von bis zu 1400°C möglich sind [2001].

Anwendungen. Reaktionsgebundenes Si_3N_4 hat nur noch eine sehr geringe wirtschaftliche Bedeutung. Demgegenüber gibt es bei gesinterten Si_3N_4-Werkstoffen ein stetig wachsendes Interesse als Konstruktionswerkstoff im Maschinen-, Motoren- und Turbinenbau [2002]. Für die Bearbeitung von Graugußteilen werden seit langem schon Schneidkeramiken aus gesintertem Siliciumnitrid eingesetzt. Der Vorteil gegenüber Hartmetallen ist die höhere Schnittgeschwindigkeit und die bessere Oberflächenqualität. Ein stetig wachsender Markt sind Gleit- und Wälzlager aus Si_3N_4; die Anwendungsbereiche liegen vor allem in der Lebensmittelindustrie und chemischen Industrie, wo aufgrund der Umgebungsbedingungen nur eine medieneigene Schmierung eingesetzt werden kann. In Japan werden im Bereich des Motorenbaus bereits seit Jahren keramische Turbolader serienmäßig in Automobile eingebaut. Der Vorteil von Si_3N_4 gegenüber metallischen Werkstoffen liegt hier im geringen spezifischen Gewicht und in der geringen Wärmedehnung; die entstehende thermische Belastung ist vergleichsweise gering. Aufgrund der enormen wissenschaftlichen und technologischen Fortschritte der letzten Jahre ist zu erwarten, daß Produkte aus Si_3N_4 in den nächsten Jahren weitere Märkte erschließen. So konnte beispielsweise gezeigt werden, daß keramische Ventile aus Si_3N_4 den hohen Anforderungen der Automobilindustrie genügen, auch wenn sie schließlich nicht zum Serieneinsatz gekommen sind. Ein wesentliches Entscheidungskriterium bei der Substitution metallischer Komponenten durch keramische dürften nämlich die Herstellungskosten sein, so daß sich derzeitige Entwicklungsvorhaben insbesondere preisgünstigen Rohstoffen, dem kontinuierlichen Sintern und der rationellen Schleifbearbeitung widmen.

10.5.4 Borcarbid und Übergangsmetallboride

(Bearbeitet von R. Telle, Aachen)

Borverbindungen werden seit vielen Jahrzehnten aufgrund ihrer besonderen elektrischen und mechanischen Eigenschaften intensiv untersucht, die auf den ungewöhnlichen, teilweise sehr komplizierten Kristallstrukturen beruhen. So zeichnen sie sich grundsätzlich durch eine extreme Härte, sehr hohe Schmelzpunkte, hohe Wärmeleitfähigkeit sowie teilweise metallische elektrische Leitfähigkeiten oder zumindest gute Halbleitereigenschaften aus. Dies macht Borcarbid und Übergangsmetallboride, vor allem die Diboride TiB_2, ZrB_2, TaB_2, zu interessanten verschleißbeständigen Hartstoffen oder zu Werkstoffen für elektrische Komponenten. Aufgrund der bezogen auf die hohe Härte sehr guten, aber im Vergleich zu anderen Keramiken doch geringen Bruchzähigkeit und ihrer Oxidationsanfälligkeit bei hohen Temperaturen ist allerdings eine weit verbreitete Anwendung z.B. als Konstruktionswerkstoff außer in bestimmten Nischen noch nicht gegeben. Über Borcarbid informieren zahlreiche Artikel von Schwetz [812], [2003], [2004], Thevenot [2034], [2133], Bouchacourt [2134] und Telle [2005], [1848], [938], über Boride allgemein das Buch von Matkovich [2007], Übersichtsartikel von Aronsson und Lundström [2008]-[2011], die sich vor allem den Bindungsverhältnissen und Kristallstrukturen widmen, über Boridkeramik der bereits genannte Artikel von Telle [938], der auch auf Verbundwerkstoffe (Cermets) mit metallischen Matrixmaterialien näher eingeht.

10.5.4.1 Chemische Bindung borhaltiger Werkstoffe

Die chemische Bindung in borhaltigen Materialien wird durch die sog. Zwei-Elektronen-Drei-Zentren-Bindung bestimmt, d.h., drei Boratome teilen sich zwei gemeinsame Bindungselektronen, die entsprechend delokalisiert sind. Diese sp^2-Hybridisierung des Bors bedingt ebene B_3X_3-Sechsecke als Hauptbauelemente der Strukturen von BN, B_2O_3, H_3BO_3 und verwandter Verbindungen bzw. das gleichseitige B_3-Dreieck als Teil der für Borverbindungen typischen Ikosaeder, die die strukturelle Grundlage der Modifikationen des elementaren Bors oder der Borane und abgeleiteter hochborhaltiger Verbindungen bilden. Diese Baueinheiten besitzen somit zwar sehr starke kovalente Bindungen, aber auch einen Elektronenmangel, der ganz oder teilweise durch andere Elemente kompensiert wird. Entsprechend existieren weiche und elektrisch isolierende Verbindungen wie hexagonales BN, B_2O_3 und H_3BO_3 oder salzähnliche bis halbmetallische (CaB_6, B_4C, SiB_{4-x}...) oder metallische Verbindungen (TiB_2, ZrB_2, TaB_2...) mit sehr hohem Schmelzpunkt und hoher Härte.

Systematisiert man die verschiedenen Strukturtypen nach Inseln, Gruppen, Bändern, Netzen und Gerüsten, so ergibt sich eine starke Ähnlichkeit mit den Silicaten [2010], [2012], [2013]. Die technisch wichtigen Verbindungen der Diboride besitzen eine Schichtstruktur aus alternierenden Bor-Sechserringen und Metall-Sechserringen, die sog. Höheren Boride mit einem Verhältnis von B:Metall > 6 bauen auf B_{12}-Einheiten auf, die kuboktaedrisch oder ikosaedrisch koordiniert sein können. Matkovich and Economy [2014] und Aronsson u. M. [2008], [2009] erstellten eine genaue strukturelle Systematik, wobei sie auch auf die strukturelle Ähnlichkeit zu Siliciden und Phosphiden hinwiesen.

10.5.4.2 Borcarbid

Borcarbid wurde erstmals 1883 von Joly synthetisiert und 1899 von Moisson als B_6C analysiert. Die heute gebräuchliche Formel B_4C wurde von Ridgeway 1934 eingeführt. Tatsächlich besitzt Borcarbid einen großen Löslichkeitsbereich für Bor. Die Grenzen der Zusammensetzung liegen zwischen $B_{4,3}C$ (entsprechend 19,2 at.-% C) und $B_{10,4}C$ (entsprechend 8,8 at.-% C). Die Zusammensetzung mit dem höchsten Schmelzpunkt (2450°C) liegt bei $B_{6,5}C$ (18,8 at.-% C, 20,2 Gew.-% C), weshalb Borcarbid nominell als $B_{13}C_{2\pm x}$ bezeichnet werden sollte. Technisch in großem Maßstab hergestelltes Borcarbid liegt jedoch in seiner Zusammensetzung an der kohlenstoffreichen Grenze und enthält darüber hinaus sogar noch Spuren von freiem C, weshalb wiederum die Formel B_4C gerechtfertigt erscheint.

Kristallstruktur und Zweistoffsystem. B_4C kristallisiert trigonal-rhomboedrisch in der Raumgruppe $R\bar{3}m$ Die Einheitszelle kann vereinfacht als ein in der Raumdiagonale gestrecktes primitives kubisches Gitter beschrieben werden, in dessen Ecken sich B_{12}-Ikosaeder befinden. Parallel zur Raumdiagonale, die bei einer hexagonalen Aufstellung der Elementarzelle zur *c*-Achse wird, spannt sich eine lineare Kette mit drei Atompositionen, die teilweise mit Kohlenstoffatomen besetzt ist (Bild 541).

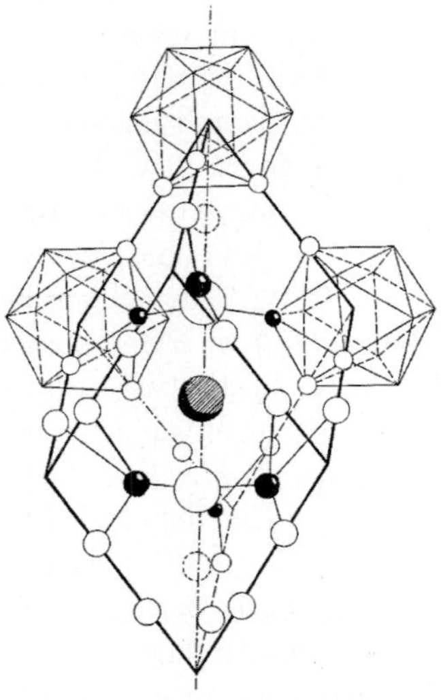

Bild 541: Kristallstruktur von Borcarbid. Kleine weiße Kugeln: Bor; schwarze Kugeln: Bor oder Kohlenstoff; große Kugeln: Lineare Kette aus Bor, Kohlenstoff oder zentraler Leerstelle (schwarz, schraffiert); weitere Leerstellen gestrichelt.

Bei voller Besetzung mit C resultiert im Grenzfall die Stöchiometrie $B_{12}C_3$. Zahlreiche Autoren beschäftigten sich mit der Bor-Substitution in der linearen Kette zur Klärung der Variation der Stöchiometrie des Borcarbides [881], [2015]-[2026], was zur Deutung der elektrischen und thermischen Transporteigenschaften von Bedeutung ist. Generell wird die Abfolge C-B-C als am wahrscheinlichsten angesehen (Stöchiometrie $B_{13}C_2$), zusätzlicher Kohlenstoff ersetzt auch bevorzugte Plätze im Ikosaeder und dient als Elektronendonator [2026]-[2028] für die B_{12-x}-Ikosaeder. In der linearen Kette können Fremdatome aufgenommen werden; neben Al und Si als wichtigsten sind P, As und O zu nennen. Al sitzt auf dem zentrosymmetrischen Platz, alle anderen Elemente bilden Zweier-Ketten und eine Leerstelle, d.h., die Struktur kann als B_{12}(XVX) beschrieben werden. Wird für X ebenfalls Bor eingesetzt, so resultiert die Struktur des α-rhomboedrischen Bors.

Das Zweistoffsystem B-C enthält nur Borcarbid als intermediäre Verbindung, welches einen großen, temperaturabhängigen Homogenitätsbereich zwischen 8,8 und etwa 20,0 at.-% Kohlenstoff aufweist (Bild 542). Borcarbid schmilzt bei einer Zusammensetzung von 18,5 at.-% C kongruent bei 2450°C [2029]. Auf der borreichen Seite besteht bei 0,2 at.-% C ein entartetes Eutektikum mit elementarem Bor, welches bei 2092°C schmilzt. Auf der C-reichen Seite besteht ebenfalls ein Eutektikum mit Kohlenstoff. Die Grenzen der Kohlenstofflöslichkeit in Borcarbid sind noch unklar. Beauvy [2030] vermutet einen mit der Temperatur kontinuierlich ansteigenden C-Gehalt von 21,4 at.-% (20°C) auf 23,1 at.-% (2375°C). Schwetz und Karduck [2031] zeigten jedoch an erschmolzenen Mischungen, daß im Gleichgewicht mit Graphit nur 19,2 at.-% C im Borcarbid gelöst sind ($B_{4.3}C$), bei 1000°C nur noch 18,5 at.-%. Das Eutektikum mit Kohlenstoff liegt bei 2375±5°C und 29-31 at.-% C, was in guter Übereinstimmung mit thermodynamischen Berechnungen ist [2032], [2033].

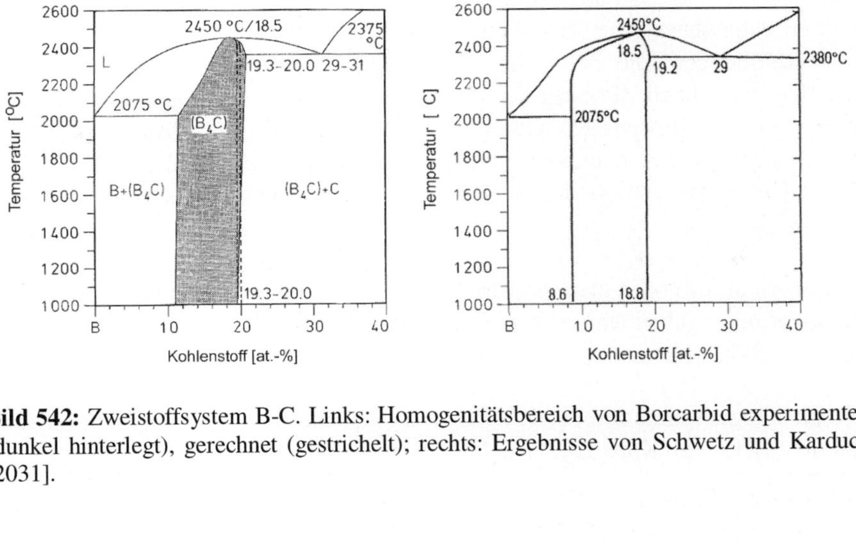

Bild 542: Zweistoffsystem B-C. Links: Homogenitätsbereich von Borcarbid experimentell (dunkel hinterlegt), gerechnet (gestrichelt); rechts: Ergebnisse von Schwetz und Karduck [2031].

Herstellung. Borcarbid-Pulver wird großtechnisch mittels *carbothermischer Reduktion* von Boroxid mit Petrolkoks hergestellt, im Prinzip also nach dem *Acheson-Prozeß*, der zur SiC-Erzeugung dient (Kap. 10.5.2.2):

$$2\ B_2O_3 + 7\ C \rightarrow B_4C + 6\ CO \uparrow \qquad (440)$$

Die Synthese findet in großen Elektrolichtbogenöfen oder widerstandsbeheizten Öfen statt. Die Reaktion beginnt oberhalb 1500°C und führt bei 2500°C zu guten Ausbeuten. Sie ist stark endotherm und benötigt 1812 kJ/mol B_4C, also 9,1 kWh/kg [808], [809]. Es entstehen etwa 2,3 m^3 Kohlenmonoxid je Kilogramm B_4C. Verdampfendes Boroxid und CO treten während der Reaktion in eine Gasphasenreaktion, die zu einer inneren Reinigung führt und das Verdampfen von Verunreinigungen fördert:

$$B_2O_3 + 3\ CO \rightarrow 2\ B + 3\ CO_2 \qquad (441)$$
$$2\ CO \rightarrow CO_2 + C \qquad (442)$$
$$4\ B + C \rightarrow B_4C \qquad (443)$$

Der Schmelzkern enthält blockiges Borcarbid von > 99,5 % Reinheit, abgesehen von Restkohlenstoff, der über Laugungsprozesse abgetrennt wird. Der Ofenausbruch wird weiter zerkleinert und gemahlen.

Hochreines Borcarbid definierter Stöchiometrie und einer Korngröße von 0,5-5 µm wird bei Temperaturen von 1600-1800°C aus Borsäure und Acetylen-Ruß, hochreinem Zucker oder Ethylenglykol in einem Rohrofen gewonnen [810]:

$$4\ H_3BO_3 + 7\ C \rightarrow B_4C + 6\ H_2O + 6\ CO \qquad (444)$$

Weiterhin kann Boroxid mittels exothermer *magnesiothermischer Reduktion* mit Ruß bei 1000-1800°C zu Borcarbid umgesetzt werden [811]:

$$2\ B_2O_3 + 6\ Mg + C \rightarrow B_4C + 6\ MgO \qquad (445)$$

Das MgO wird durch Laugung mit Salzsäure oder Schwefelsäure entfernt, gelegentlich enthalten solche Pulver aber immer noch deutliche Mengen an Magnesiumverbindungen, die beim Sintern als Kornwachstumshemmer wirken. Die Reaktion wird durch Zündung der Rohstoffmischung in Gang gebracht und läuft aufgrund der Wärmeentwicklung von selbst weiter (*Thermit-Prozeß*) oder wird unter Wasserstoff in einem beheizten Rohrofen durchgeführt [812], [813].

Die Gesamtproduktion der westlichen Welt an Borcarbid betrug 1990 etwa 500-600 t.

Im Labormaßstab oder kleinindustriellen Maßstab lassen sich hochreine Borcarbidpulver oder -schichten aus den Elementen oder über Halogenidreaktionen darstellen [2034]:

(a) Lichtbogenschmelzen bei 2500°C oder gezündete selbsterhaltende Feststoffreaktion (SHS, vgl. Kap. 6.2.2) bei 1100°C:

$$4\ B + C \rightarrow B_4C \qquad (446)$$

(b) Gasphasenreaktion von Bortrichlorid mit Kohlenstoff in Wasserstoffatmosphäre:

$$4\ BCl_3 + 6\ H_2 + C \rightarrow B_4C + 12\ HCl \qquad (447)$$

(c) Pyrolyse von Bortrihalogeniden mit Methan oder Kohlenstofftetraiodid in Hochfrequenzöfen [880], [881], [2035]:

$$4\ B(Cl,Br)_3 + CH_4 + 4H_2 \xrightarrow{900\text{-}1800°C} B_4C + 12\ HCl\ (HBr) \qquad (448)$$

$$4\ BI_3 + CI_4 \xrightarrow{900\text{-}1100°C} B_4C + 8\ I_2 \qquad (449)$$

Generell sind Borcarbidpulver mit hoher spezifischer Oberfläche sehr oxidationsanfällig, enthalten also immer eine Oxidschicht; Submikrometer-Pulver sind geradezu pyrophor, d.h., sie verbrennen bei Luftkontakt spontan.

Sinterverhalten. Aufgrund des hohen Anteils an kovalenter Bindung tritt beim Borcarbid eine Grenzflächen- und Volumendiffusion erst bei sehr hohen Temperaturen auf. Zuvor jedoch wird Material von den Pulveroberflächen verdampft. Verdampfung und Wiederkondensation sowie Oberflächendiffusion tragen als Sintermechanismen zwar zur Sinterhalsbildung und zum Kornwachstum bei, fördern aber nicht die Schwindung. Erschwerend kommen bei Borcarbid die hohen Dampfdrücke von Boroxid und Borsuboxiden hinzu. Folgende Redox-Reaktion fördert insbesondere die Teilchenverschlankung [2036] und erschwert die Verdichtung oberhalb 1500°C:

$$5\ B_2O_{3\ Gas} + B_4C_{fest} \leftrightarrow 14\ BO_{Gas} + CO_{Gas} \qquad (450)$$

Je nach Sauerstoffpartialdruck sind weitere Borsuboxide wie B_2O_2 und B_2O an der Reaktion beteiligt.

Infolge dessen sind für das *drucklose Sintern* Additive förderlich, die Oxidschichten auf den Borcarbidpulvern reduzieren wie z.B. Kohlenstoff in Form von Graphit, Ruß oder organischer Harze; ferner werden feine Pulver (« 3 µm) benötigt, hohe Sintertemperaturen, typischerweise 2250-2350°C und eventuell Preßdruck. Die Zugabe von Aluminium, Al_4C_3, Al_2O_3, AlF_3, SiC oder anderer derartiger Verbindungen fördert ebenfalls die Schwindung und bremst das Kornwachstum [2037]-[2039]. So werden 95-99,2 % der theoretischen Dichte beim Sintern bei 2100-2200°C mit 3-15 %, am besten < 1 % Al erzielt [2040]. Das einzige technisch bedeutsame Additiv bleibt jedoch Kohlenstoff [2041], [2042], [1887], von welchem 1-6 Gew.-% ausreichen, um nahezu die theoretische Dichte zu erhalten. Schwetz und Grellner [2043] verwendeten Phenolharz, Bougoin u.M. [2044] Novolak entsprechend einem Kohlenstoffgehalt von 1-3 Gew.-% und sinterten Submikron-B_4C bei 2150°C zu > 98 % Dichte. Bleiben die Gefüge bei 2200°C mit 1-5 µm durchschnittlicher Korngröße noch einigermaßen feinkörnig, so beginnt bei 2230°C ein starkes Wachstum auf 10-30 µm, bei 2250°C letztendlich setzt Riesenkornwachstum ein, das zu stark verzwillingten Körnern von 200-500°C Größe führt [2037], [2045], was auf ein Flüssigphasensintern bedingt durch Verunreinigungen zurückgeführt wurde. Daß es weniger auf die Menge oder Art des Kohlenstoffs ankommt, sondern eher auf die Verteilung im Pulver zeigten Matje, Sigl und Schwetz [2046], indem sie amorphen Kohlenstoff optimal dispergierten und unter 10 mbar Ar nach 2h bei Temperaturen zwischen 2050 und 2175°C dieselben Dichten erzielten wie bei Verwendung organischer Kohlenstoff-Lieferanten.

Da drucklos gesintertes Borcarbid aufgrund der Grobkörnigkeit und der Restporosität keine besonders guten mechanischen Eigenschaften aufweist (σ_b < 300 MPa, K_{Ic} < 3 MPa·m$^{1/2}$), wird üblicherweise das Heißpressen, Heißisostatpressen oder heißisostatische Nachverdichten vorgesinterter Körper angewandt. Diese Verfahren fördern die Teilchenumorientierung, spannungsinduzierte Zwillingsbildung mit nachfolgender Rekristallisation und – bei hohen Temperaturen – auch Volumendiffusion [2047]-[2049]. Temperaturen zwischen 2100 und 2200°C, Preßdrücke von 25-40 MPa und Haltezeiten von 15-20 min reichen aus, um in Argon oder Vakuum Dichten von > 95 % zu erzielen. Geeignete Additive für das *Heißpressen* sind neben Kohlenstoff [2043] auch Bor [2050], [2051], das die Festigkeit nahezu verdoppelt, auch Mg, Al, Si, Ti, V, Cr, Fe, Ni, and Cu [547], [2050], [2052]-[2054]. Kombinationen aus B und Si bzw. B, Si und Ti schmelzen auf und fördern die Kornumorientierung über einen flüssigen Korngrenzenfilm, bevor sie mit B_4C zu SiC und TiB_2 weiterreagieren [591]. Mit einem Reaktionssinterverfahren konnte Borcarbid drucklos mit TiC verdichtet werden. Dabei entstand TiB_2 und freier Kohlenstoff [2055], die kornwachstumshemmend und diffusionsfördernd wirkten. Wird Wolframcarbid als Reaktand verwendet, so entsteht W_2B_5. Eine Mischung mit TiC, WC und elementarem Bor zur Kompensation des freien Kohlenstoffs führt zu einer sehr feinkörnigen Dispersionskeramik, die nach dem Heißpressen bzw. Heißisostatpressen bei 1700-1800°C 800 bzw. 1000 MPa Biegefestigkeit aufweist. Aufgrund der Mehrphasigkeit besitzen solche Mischkeramiken Bruchzähigkeiten von 4-6 MPam$^{1/2}$ [287], [2056]. Ein typisches Gefüge einer einphasigen B_4C-Keramik ist in Bild 543 gezeigt.

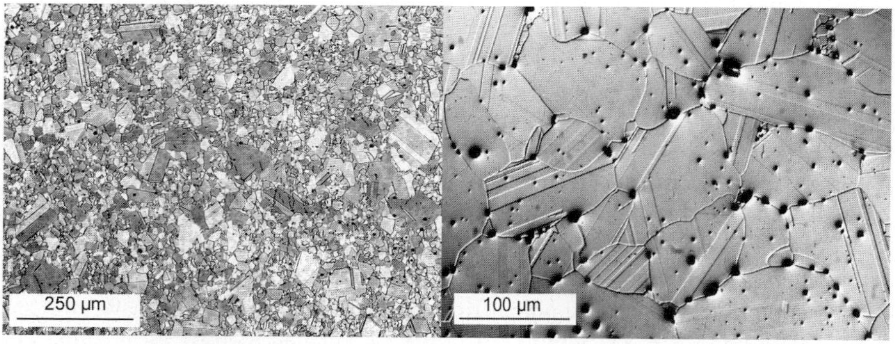

Bild 543: Gefüge von Borcarbid, heißgepreßt, Bor-dotiert; links: 2100°C, beginnendes diskontinuierliches Kornwachstum; rechts 2150°C. Auflichtpolarisationsmikroskopische Aufnahme, rechts mit Nomarski-Prisma. Streifungen: Zwillinge.

Das *heißisostatische Pressen* erfordert besondere Behälterwerkstoffe oder dichtende Beschichtungen des Grünkörpers, die nicht mit Borcarbid reagieren. So wurde von Larker u.M. eine spezielle Boroxidglasfritte verwendet, die nach der Entgasung des Grünkörpers verdichtete und als schlecht benetzende Schmelze den externen Gasdruck auf den mit hexagonalem Bornitrid beschichteten Grünkörper übertrug [1916]. Bereits nach 60 min wurden bei 1700°C und 200 MPa Druck 100 % Dichte erreicht. Die Biegefestigkeit solcher Keramiken lag bei 700 MPa, die Bruchzähigkeit des sehr feinkörnigen Materials war mit K_{Ic} = 2,5-3,2 MPa·$m^{1/2}$ allerdings gering. Demgegenüber erbringt eine heißisostatische Nachbehandlung von drucklos vorgesinterten C-dotierten Formkörpern bei 2000°C immerhin > 99.6 % Dichte, jedoch nur 470-485 MPa Biegefestigkeit, nach dem Nachverdichten bei 2150°C ergaben sich allerdings 560-580 MPa [2057], [2058].

Eigenschaften und Anwendung. Die physikalischen und chemischen Eigenschaften von Borcarbid sind von Lipp, Thevenot, Bouchacourt und Schwetz ausführlich dargestellt worden [808], [813], [2004], [2034], [2059]. Besondere Probleme bei der Interpretation der Daten ergeben sich aufgrund des großen Homogenitätsbereiches der Borcarbidphase und der oft unterschiedlichen erreichten Sinterdichte und Korngröße. Seine Eigenschaften sind in Tabelle 129 zusammengefaßt.

Bedingt durch die hohe Härte ist Borcarbid in erster Linie als verschleißresistenter Werkstoff im Einsatz. Bei Raumtemperatur sind nur noch das hexagonale Bornitrid und Diamant härter (Bild 266). Wegen der Umwandlung dieser Hochdruckmodifikationen oberhalb 500-600°C und der folgenden Erweichung ist Borcarbid bei Temperaturen oberhalb 1100°C in nichtoxidierender Umgebung das härteste bekannte Material überhaupt. Sein Schwachpunkt ist, wie oben schon geschildert wurde, seine geringe Bruchzähigkeit. Mechanische Anwendungsbereiche sind Auskleidungen für Mörser, Kugelmühlen, als Sandstrahldüsen sowie für leichte Panzerungen für den Personen- und Objektschutz, insbesondere für Hubschrauber. Wegen seiner chemischen Reaktivität mit Metallen ist seine Anwendung als Schneidwerkstoff sehr beschränkt. Nur in Kombination mit anderen Übergangsmetallboriden ist eine erfolgreiche Zerspanung von z.B. Al-Basislegierungen möglich. In Form von Körnungen dient Borcarbid als Schleifmittel, in gesinterter Form in Schleifscheiben und Abrichtsteinen.

Weiterhin ist Borcarbid ein Hochtemperatur-*p*-Halbleiter mit einer Bandlücke von 0,8 eV. Mit 0,1-100 Ωcm liegt der elektrische Widerstand in der Größe von SiC. Borcarbid zeigt je nach Dotierung einen hohen elektrothermischen Wirkungsgrad [2060] und wird in Paarung mit Graphit als Thermoelement bis 2300°C eingesetzt. Borcarbid ist deshalb auch als Stromerzeuger zur direkten Umwandlung thermischer in elektrische Energie in unbemannten Raumfahrzeugen in Betracht gezogen worden. Seine thermischen, optischen und elektrischen Eigenschaften wurden daher in Abhängigkeit der atomaren Bindungsverhältnisse seit etwa 1980 in zahlreichen Arbeiten untersucht (z.B. [2023], [2025], [2044], [2061], [2062]).

Eine weitere interessante Eigenschaften ist die Absorptionsfähigkeit für thermische Neutronen; Borcarbid wurde daher in Kernreaktoren zur Moderierung der Neutronenstrahlung angewandt. Auch könnte Borcarbid als sog. Erste Wand in Fusionsreaktoren eingesetzt werden.

Tabelle 129: Physikalische Eigenschaften von B_4C -Keramiken

Eigenschaft	Einheit	großer C-Gehalt		geringer C-Gehalt	
Formel	-.-	$B_{4.3}C$		$B_{10.5}C$	
Zusammensetzung B, C	[at.-%]	81,1; 18,9		91,3; 8,7	
Dichte	[g/cm^3]	2,52		2,465	
Gitterkonstante a_0, c_0	[pm]	560,7; 120,95		565,1; 121,96	
Wärmeausdehnungs-koeffizient α	[10^{-6}/K]	$2.6 + 4.5 \cdot T$ (25-800°C)			
		4,5	(600°C)		
		4,6	(25-800°C)		
		$3{,}016+4{,}3\cdot10^{-3}T–9{,}18\cdot10\text{-}7T^2$			
Wärmeleitfähigkeit λ		35	(25 °C)	4.0	(20 °C)
		28	(200 °C)	4,7	(200 °C)
		23	(400 °C)	5-7	(400 °C)
		19	(600 °C)	5-6,9	(600 °C)
		16	(800 °C)	5-6,7	(800 °C)
Wärmediffusivität α	[cm^2 s^{-1}]	$1{,}0\cdot10^{-1}$	(400 K)		
		$3{,}0\cdot10^{-2}$	(600 K)	$1\cdot10^{-2}$	(600 K)
		$2{,}1\cdot10^{-2}$	(800 K)	$0{,}8\cdot10^{-2}$	(800 K)
Elektrischer Widerstand ρ	[Ωcm]	0,1-100			
Temperaturkoeffizient der elektrischen Leitfähigkeit	[K^{-1}]	$3{,}2\cdot10^{-5}$			
Seebeck-Koeffizient der thermoelektrischen Kraft	[µV/K]	100	(400 K)	220	(400 K)
		140	(750 K)	233	(750 K)
		196	(1000 K)	256	(1000 K)
		225	(1300 K)		
Diffusionskoeffizient Bor	[cm^{-2}]	$5{,}18\cdot10^{-10}$ (1000°C)			
Neutronenabsorptions-querschnitt	[barn]	400-750 at 0,025 eV			
Bruchenergie γ_s	[mJ]	5,45 ± 0,44			
Härte $HK_{0.1}$	[kp/mm^2]	2950			
Festigkeit (Vierpunktbiegung)	[MPa]	450-550			
Bruchzähigkeit K_{Ic} (Brückenmethode)	[MPam$^{1/2}$]	2,5-3 für <2 µm Korngröße 3,5-4 für >2 µm Korngröße			
Elastizitätsmodul E	[GPa]	440-460	(25°C)		
		430	(250°C)		
		420	(500°C)		
		415	(750°C)		
		400	(1000°C)		
Porositätsabhängigkeit des Elastizitätsmoduls	[GPa]	$E_p = E_o[(1\text{-}P)/(1+2{,}999P)]$, E_o = 460 GPa			
Poissonzahl	-.-	0,15			

Chemisch gesehen zeigt Borcarbid eine ausgesprochene Resistenz gegenüber Säuren und Laugen. Es reagiert nur langsam mit HF-H_2SO_4- oder HF-HNO_3-Mischungen, also in stark oxidierenden Medien. Mit geschmolzenen Alkalien reagiert es zu Boraten. Ein Nachteil ist seine Affinität zu Metallen, mit denen sich Metallboride und -carbide bzw. freier Kohlenstoff als Reaktionsprodukte bilden.

Borcarbid wird daher auch zur Herstellung von Metallboriden aus den Metalloxiden herangezogen.

An Luft überzieht sich Borcarbid innerhalb von Sekunden mit einer B_2O_3-Schicht, bei höherer Luftfeuchtigkeit mit einer H_3BO_3-Schicht [534], [2036]. Eine signifikante Oxidation beginnt bei Temperaturen von 500-600°C und beschleunigt bei 800-1000°C [287], [2036], [2063]. Hierbei hängt die Kinetik stark von der Luftfeuchtigkeit ab. Da sowohl Borsäure als auch Boroxid leicht verdampfen, ist die Oxidation stets stark aktiv, d.h., es kommt zu einem Massenverlust.

10.5.4.3 Übergangsmetallboride

Von den zahlreichen Boriden sollen im folgenden exemplarisch nur die Übergangsmetalldiboride (Titanborid, Zirconiumdiborid) behandelt werden, da sie ein hohes Potential als keramische Struktur- oder Schneidwerkstoffe, aber auch als sehr gute hochtemperaturbeständige elektrische Leiter aufweisen. Daneben existieren eine Reihe weiterer Boride, die als Elektronenemitter (z.B. LaB_6) oder zur Neutronenbeugung (z.B. YB_{66}) verwendet werden. Auch ternäre Boride von Typ $M^I{}_2M^{II}B_2$ oder $M^IM^{II}B$ sind in Form von Cermets mit metallischer Matrix zur Anwendungsreife entwickelt worden, wobei M^I ein Schwermetall (W, Mo, Ta...) bedeutet und M^{II} ein Eisengruppenelement (Fe, Ni, Co, Cr...) darstellt [2064]-[2068]. Ferner gewinnen Diboride der Übergangsmetalle als Bestandteil in Dispersionskeramiken zur Rißablenkung oder Mikrorißbildung an Bedeutung und sind in Form von B_4C-TiB_2-, SiC-TiB_2-, SiC-ZrB_2- oder BN-AlN-TiB_2-Mischkeramiken bereits im Einsatz. Ein Übersichtsartikel zu den zahlreichen Boriden, ihren Strukturen, Phasengleichgewichten und technischen Eigenschaften stammt von Telle, Sigl und Takagi [938].

Kristallstrukturen. Die Diboride der Elemente der Gruppen IVa, Va, VIa, der Actiniden und Lanthaniden kristallisieren wie auch MgB_2 in der hexagonalen AlB_2-Struktur mit der Raumgruppe P6/*mmm*. Sie besteht aus alternierenden Schichten dicht gepackter Metall-Sechserringe und primitiv gepackter Bor-Sechserringe (Bild 544). Die Metallschichten sind in der Stapelfolge *A-A-A* angeordnet und führen zu einer basiszentrierten Elementarzelle. Die Boratome liegen jeweils im Zentrum der trigonalen Metallprismen in *H*-Position. Die resultierende Stapelfolge *AHA-HAH*... erinnert an die Graphitstruktur. Die Bindungen innerhalb der Borschichten sind stark kovalent, diejenigen innerhalb der Metallschichten stark metallisch, was die Kombination von hohem Elastizitätsmodul, hoher Härte, dem hohen Schmelzpunkt und der sehr guten elektrischen und thermischen Leitfähigkeit bis hin zur Supraleitung beim MgB_2 erklärt. Da das Boruntergitter jedoch einen Elektronendefizit aufweist, findet ein Ladungsübertrag vom Elektronengas des Metalluntergitters zum Boruntergitter statt, so daß ein deutlicher Anteil an ionischer Bindung zwischen beiden Teilgittern resultiert. So werden beim ScB_2 2,28 Elektronen und beim MnB_2 1,09 Elektronen pro Elementarzelle an die Borschichten abgegeben [2070]. Infolgedessen weist die Struktur stark anisotrope Eigenschaften auf wie z.B. einen in den Gitterrichtungen unterschiedlichen Wärmeausdehnungskoeffizienten.

Von der AlB_2-Struktur können auch andere Stöchiometrien von Übergangsmetallen abgeleitet werden, so z.B. das W_2B_{5-x} und das Mo_2B_{5-x}, indem zusätzliche Borschichten mit weiteren, nur teilweise besetzten Borlagen in unterschiedlicher Stapelfolge, z.B. *K*, eingeführt werden wie z.B. *AHAK-BHBK-CHCK*...(„Mo_2B_5"-Typ), *AHAK'-BHBK'*... („W_2B_5"-Typ) oder *AH'AK'-BH'BK'*... (Ru_2B_3-Typ) and AK'BK'...(ReB_2-Typ) [2009], [2071]-[2074].

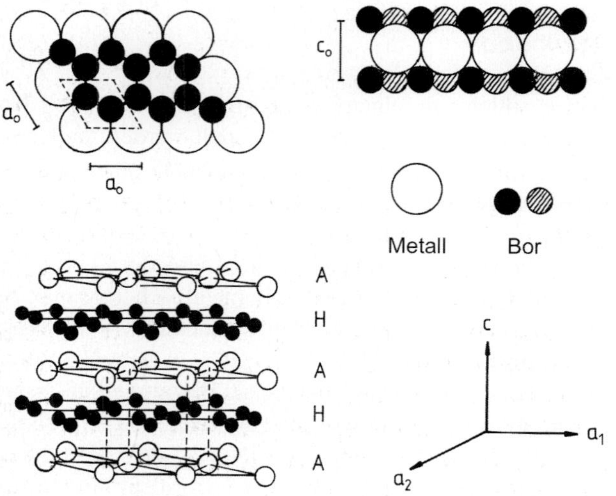

Bild 544: Kristallstruktur der Diboride.

Zweistoffsysteme. Die Zweistoffsysteme der Übergangsmetalle mit Bor weisen im allgemeinen mehrere Borverbindungen auf, von denen die Diboride meistens die höchstschmelzenden sind. Die Schwierigkeit, das leichte Element Bor neben den schweren Übergangsmetallen quantitativ nachzuweisen, hat zu den unterschiedlichsten Ansichten über die Phasendiagramme geführt, ebenso das Problem der sicheren Temperaturbestimmung oberhalb 2000°C. Intensive Forschungsarbeit stammt z.B. von Rudy und Windisch [2075]-[2077], Duschanek u. M. [2078], [2079], Spear u. M. [2135], [2136], [2082] sowie Guillermet und Grimvall [2080], [2081]. Viele Systeme sind auch inzwischen durch thermodynamische Berechnungen erschlossen.

Im Falle des Systems Ti-B treten neben TiB_2 mit einem Schmelzpunkt von 3225±25°C die Phasen Ti_3B_4 und TiB auf, die sich peritektisch zersetzen (Bild 545). Im System Zr-B existiert neben ZrB_2 (Schmelzpunkt 3245±18°C) noch die Phase ZrB_{12}, während ZrB oder Zr_3B_4 trotz der chemischen Ähnlichkeit von Zr und Ti fehlen. Spear diskutiert solche Abweichungen sowie systematische Ähnlichkeiten für alle bekannten Zweistoffsysteme mit Bor auf der Basis der elektronischen Verhältnisse in den Kristallgittern [2082].

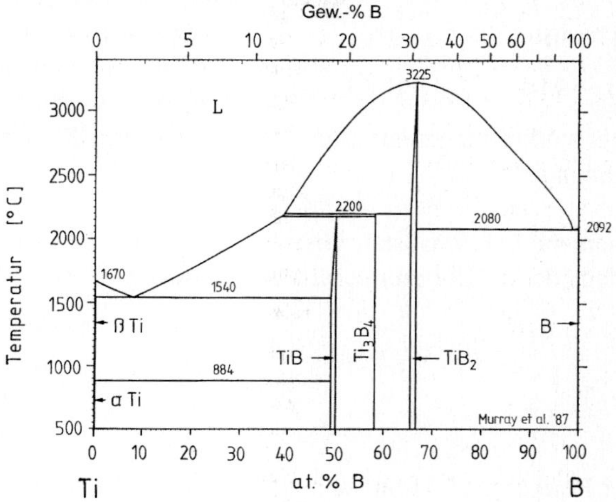

Bild 545: Zweistoffsystem Ti-B nach Murray u.M. [2083]

Herstellung. Die industrielle Herstellung von Metallboriden geschieht üblicherweise in Elektroöfen nach folgenden Verfahren:

(a) Carbothermische *Reduktion* der Metalloxid mit Graphit oder Ruß; die Pulver sind mit einem Restkohlenstoffgehalt < 3 Gew.-% verunreinigt; dies ist das häufigste Syntheseverfahren für TiB_2, ZrB_2 und auch CaB_6:

$$MO_2 + B_2O_3 + 5\,C \rightarrow MB_2 + 5\,CO \qquad (451)$$

(b) Reduktion der Metalloxide mit Borcarbid mit oder ohne Anwesenheit von Kohlenstoff (*Borcarbid-Prozeß*):

$$2\,MO_2 + B_4C + 3\,C \rightarrow 2\,MB_2 + 4\,CO \qquad (452)$$
$$M_2O_3 + 3\,B_4C \rightarrow MB_6 + 3\,CO \qquad (453)$$

Diese Methode kann auch mit Mischungen aus Metallcarbiden, Metallhydriden, Boroxid, Borcarbid und Ruß durchgeführt werden. Die Pulver enthalten dann geringe Reste von Ruß oder Borcarbid, jedoch keine Metalle. Die Reaktion findet in Tunnelöfen in Wasserstoffatmosphäre oder in Vakuum bei 1600-2000°C statt:

$$3\,MO_2 + B_4C + B_2O_3 + 8\,C \rightarrow 3\,MB_2 + 9\,CO\uparrow \qquad (454)$$
$$MC + MO_2 + B_4C \rightarrow 2\,MB_2 + 2\,CO\uparrow \qquad (455)$$

Eine weitere Reinigung erfolgt durch eine Hochtemperaturbehandlung im Vakuum; zur Kompensation von Stöchiometriefehlern kann nochmals Metall oder Borcarbid hinzugegeben werden. Das Erzeugnis wird gebrochen und gemahlen und kommt als „Vakuum-Qualität“ auf den Markt.

(c) *Aluminothermische, silicothermische bzw. magnesiothermische Reduktion* von Metalloxid-Borsäuremischungen:

$$MO_2 + B_2O_3 + Al\ (Si, Mg) \rightarrow MB_2 + Al_2O_3\ (SiO_2, MgO) \qquad (456)$$

Das Erzeugnis ist in der Regel stärker verunreinigt und bedarf einer anschließenden Laugung bzw. Vakuumglühung.

(d) Reinste Pulver erhält man im Labormaßstab über Festkörpersynthesen aus den Elementen, deren Hydriden oder durch *borothermische Reduktion*:

$$M + 2\,B \rightarrow MB_2 \qquad (457)$$
$$MH_2 + 2\,B \rightarrow MB_2 + H_2 \qquad (458)$$
$$MO_2 + 4\,B \rightarrow MB_2 + B_2O_2 \uparrow \qquad (459)$$

(e) Die Umsetzung mit einer Festkörperreaktion kann auch während des Sinterns bzw. Heißpressens erfolgen. Der Vorteil hierbei ist, daß man die chemische Triebkraft zur Reaktion gleichzeitig als Triebkraft für die Verdichtung verwenden kann. Ferner sorgt die Wärmeentwicklung im Bauteil für teilweise sehr hohe Temperaturen, weshalb die Verdichtung nach wenigen Minuten abgeschlossen ist (siehe Kap. 4.6):

$$MC + 2\,B \rightarrow MB_2 + C \qquad (460)$$
$$MC + 6\,B \rightarrow MB_2 + B_4C \qquad (461)$$
$$2\,MC + B_4C \rightarrow 2\,MB_2 + 3\,C \qquad (462)$$

(f) Hochreine Pulver sowie Mischkristallpulver lassen sich ferner nach dem Hilfsmetallbadverfahren (engl.: auxiliary bath method) herstellen, indem die Ausgangselemente in Metallschmelzen aus Al, Cu, Sn oder Pb gelöst werden und beim Abkühlen langsam ausfallen. Nach dem Laugen des Hilfsmetalls wird das Pulver in Form von kleinen Einkristallen am Boden des Tiegels gewonnen (siehe Kap.6.2.9).

(g) Zur Abscheidung nanokristalliner Pulver wird das CVR-Verfahren (Chemical Vapor Reaction) angewandt (siehe Kap. 6.2.11). Ausgangsstoffe sind Metallhalogenide und Borane, die in einem Wasserstoffstrom unter Plasmabedingungen miteinander reagieren. Der Produkte variieren allerdings bezüglich Stöchiometrie und Kristallinität.

Sinterverhalten. Wie alle hochschmelzenden Verbindungen sind auch die Metallboride schwierig zu sintern. Sie neigen wie Borcarbid zur Verdampfung und Oberflächendiffusion; Grenzflächen- und Volumendiffusion treten erst bei sehr hohen Temperaturen auf. TiB_2 benötigt Sintertemperaturen von 1800-2300°C, um > 95 % Dichte zu erreichen. Unter diesen Bedingungen setzt dann aber bereits abnormes Kornwachstum ein [2084], [2085], das aufgrund der anisotropen Wärmedehnung zu Spannungsrissen beim Abkühlen führt. Ist das Pulver mit Oxidschichten belegt, so bewirken Verdampfung und Kondensation von Borsuboxiden ein facettiertes Kornwachstum, so daß eine Kartenhausstruktur von tafeligen Kristallen entsteht, die kaum noch zu verdichten ist. Selbst Sintertemperaturen von 1900-2500°C führen nur noch zu Dichten um 90 % (z.B. [2086], [2087]).

Erst Baumgartner und Steiger gelang es ausgehend von hochreinen Nanopulvern aus der Umsetzung von $TiCl_4$ und BCl_3, bei Sintertemperaturen von 2000-2100°C Dichten von 98,4-99,4 % und relativ feinkörnige Gefüge mit 1-18 μm durchschnittlicher Korngröße zu erreichen, wobei Einschlüsse von TiC und TiO das Kornwachstum behinderten [2088]. Auf den negativen Einfluß von Oxiden wiesen Baik und Becher hin, die beim Heißpressen von Submikronpulvern zwischen 1400 und 1700°C eine Kornvergröberung durch Verdampfung und Wiederkondensation von B_2O_3 feststellten [2089]. Sie empfahlen daher die Verwendung von Pulvern mit < 0,5 Gew.-% O_2 oder reduzierende Additive wie Kohlenstoff.

Als weitere Sinteradditive wurden Übergangsmetalle wie Fe, Ni, Co, Cr, Pt und deren Halogenide in Anteilen von 0,3-3 Gew.-% erfolgreich erprobt, deren Wirkungsweise in einer Beschleunigung der Volumendiffusion und einer Behinderung der Verdampfung gesehen wird [2090], [2091].

Eine weitere erfolgreiche Methode zur Verdichtung stellt die Hochtemperaturreaktionssynthese (SHS) dar (siehe Kap. 4.6 und 6.2.2), die von den Elementen ausgeht oder zu Mischkeramiken aus Boriden und Carbiden führt (vgl. Gln. (457) u. (461)). So konnten TiB_2, ZrB_2, NbB_2 und TaB_2 synthetisiert und gleichzeitig verdichtet werden [582]-[584], [587], [2092]. Auch Oxidmischungen auf der Basis von $Al\text{-}TiO_2\text{-}B_2O_3$ wurden auf diese Weise zu $TiB_2\text{-}Al_2O_3$-Keramiken umgesetzt, siehe Bild 247 und Bild 248 [585].

Besonders erfolgreiche Sintersysteme für Boride sind diejenigen, bei denen eine Schmelze auftritt, die die Porenräume infiltriert – gute Benetzungsverhältnisse vorausgesetzt – und die Lösungs- und Wiederausscheidungsvorgänge bewirkt. So konnten z.B. durch Zugabe anderer Diboride und geringen Mengen an Metallen mehrphasige Keramiken bei Temperaturen zwischen 1500 und 1800°C sowohl durch druckloses Sintern als auch durch Heißpressen zu Dichten > 95 % gebracht werden. Die geringen Sintertemperaturen haben eine relativ feine Korngröße von < 5 μm zur Folge, die sich günstig auf die Festigkeit auswirkt (Bild 546 und Bild 547). So erreicht man mit Pulvermischungen aus $TiB_2\text{-}M^{I}B_2\text{-}M^{II}$ mit M^{I} = Hf, V, Nb, Ta, Mo oder Mn und M^{II} = Co und Ni Biegefestigkeiten von 850-1000 MPa [2093]-[2096]. Das Sintern von TiB_2 in reiner Eisenschmelze führte zu Cermets mit herausragenden mechanischen Eigenschaften [2097]-[2113]. Diese Entwicklung war sehr aufwendig, da erst Benetzungsschwierigkeiten durch eine geeignete Wahl an Sinteradditiven bzw. durch Vermeidung von Verunreinigungen und Stöchiometrieabweichungen beseitigt werden mußten.

Weitere Hinweise auf das Sinterverhalten und die mechanischen Eigenschaften mehrphasiger Boridkeramiken finden sich bei [2069], [2114]. Auch eine Verstärkung von TiB_2 unter Nutzung der Phasenumwandlung des ZrO_2 wurde bereits untersucht. Die erhaltenen Festigkeiten liegen bei 800-1200 MPa, die Bruchzähigkeitswerte erreichen 8-10 $MPam^{1/2}$ [591], [2069], [2115]-[2119].

Generell wird das drucklose Sintern von Metallboridkeramik in elektrischen Widerstandsöfen mit Graphit-, Wolfram- oder Tantalheizrohren oder in Hochfrequenzöfen in Argon oder Wasserstoff durchgeführt. Bei der Verwendung von

Graphittiegeln bedarf es einer Diffusionsbarriere aus hexagonalem Bornitrid, um eutektische Schmelzen zu vermeiden. Pastor empfiehlt, im Pulverbett zu sintern, um Verdampfungsverluste an Bor oder borhaltigen Spezies zu verringern [2120]. Pastor gibt in diesem Artikel auch Hinweise auf weitere Sinteradditive und Bedingungen und behandelt Formgebungsverfahren. Das Heißpressen von wird in hBN-beschichteten Graphitmatrizen durchgeführt.

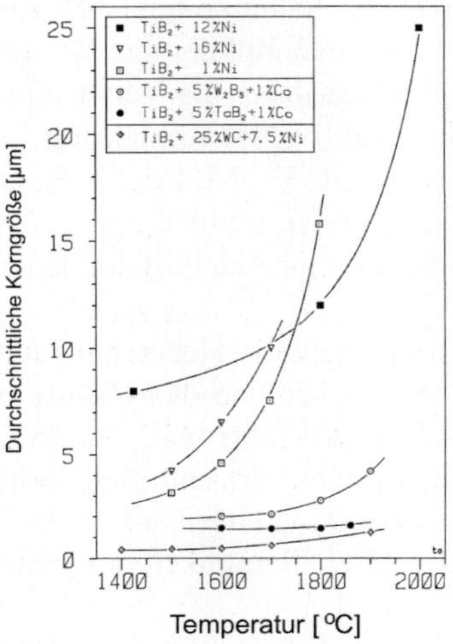

Bild 546: Kornwachstum von TiB_2 als Funktion der Sintertemperatur. Die Zugabe von WC führt zu wachstumshemmenden ternären Phasen.

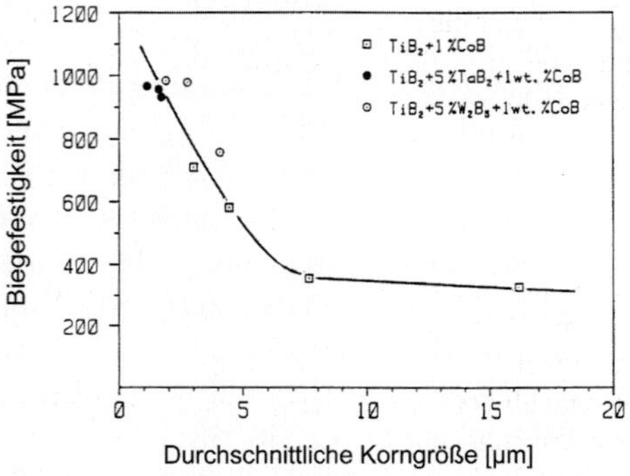

Bild 547: Biegefestigkeit in Abhängigkeit von der Korngröße. Erst Korngrößen < 5-7 µm erbringen hohe Festigkeiten.

Eigenschaften und Anwendungen. In der Zeit um 1950-1965 wurden einphasige, heißgepreßte TiB_2-Keramiken für die Kerntechnik als hitzebeständige Neutronenmoderatoren entwickelt, während heute eher mehrphasige Werkstoffe für Verschleißzwecke untersucht werden. Die Übergangsmetallboride sind ferner wegen ihrer elektrischen und thermischen Leitfähigkeit von Interesse, so z.B. als Elektrodenmaterialien für die Aluminiumschmelzflußelektrolyse und für Verdampferschiffchen.

Die physikalischen Eigenschaften der Metallboride wurden in zahlreichen Veröffentlichungen behandelt wie z.B. [2121]-[2123]. Die erwähnten Daten variieren allerdings stark in Abhängigkeit von Dichte, Korngröße und Reinheit. Insbesondere die mechanischen Eigenschaften sind bedingt durch eine intensive Mikrorißbildung beim Abkühlen von Sintertemperatur. Die Anisotropie der Wärmedehnung [287], [2124], [2125] führt bei TiB_2-Keramiken mit Korngrößen > 5 µm zu einem erheblichen Festigkeitsabfall (Bild 547).

Tabelle 130: Physikalische Eigenschaften von TiB_2 und ZrB_2

Eigenschaft	Einheit	TiB_2		ZrB_2	
Dichte	[g/cm^3]	4,52		6,09-6,17	
Gitterkonstante a_0, c_0	[pm]	302,8; 322,8		316,7; 352,9	
Bildungsenthalpie	[kJ/mol]	279,49		308,78	
Schmelzpunkt	[°C]	3225±20		3245±18	
Wärmeausdehnungskoeffizient, α_0	[10^{-6}/K] 25-1600°C	$5{,}107+1{,}997\cdot10^{-3}\ T$		$3{,}1637 + 1{,}391\cdot10^{-5}\ T + 7{,}109\cdot10^{-9}\ T^2$	
c_0		$7{,}443+2{,}261\cdot10^{-3}\ T$		$3{,}5259 + 1{,}651\cdot10^{-5}\ T + 7{,}386\cdot10^{-9}\ T^2$	
Wärmeleitfähigkeit λ		24-59		23-24	
Debye-Temperatur ϑ	[K]	807-820		585	
Elektrischer Widerstand ρ	[μΩcm]	20,4	(25°C)	9,2	(25°C)
		26	(200°C)	10	(200°C)
		36	(400°C)	11	(400°C)
		46	(700°C)	13,5	(700°C)
		56	(1000°C)	17	(1000°C)
		68	(1300°C)	20	(1300°C)
Temperaturkoeffizient der elektrischen Leitfähigkeit	[K^{-1}]	$4{,}76\cdot10^{-3}$		$6{,}32\cdot10^{-3}$	
Neutronenabsorptionsquerschnitt	[barn]	400-750 bei 0,025 eV			
Bruchenergie γ_s	[mJ]	5,45 ± 0,44			
Härte $HK_{0,1}$, Dichte > 95 %	[kp/mm^2]	2600	(25°C)	2100	(25°C)
		2400	(200°C)	1850	(200°C)
		1800	(400°C)	1000	(400°C)
		1050	(600°C)	900	(600°C)
		700	(1000°C)	800	(1000°C)
Festigkeit (Vierpunktbiegung)	[MPa]	450-650		400-500	
Bruchzähigkeit K_{Ic} (Brückenmethode)	[MPam$^{1/2}$]	5-6		4-5	
Elastizitätsmodul E	[GPa]	560		490	
Schermodul G	[GPa]	490		220	
Poissonzahl ν	-.-	0,327		0,3	

Die elektrischen Eigenschaften von Metallboriden wurden eingehend von Rahman u.M. sowie Billehaug und Øye in Bezug auf die Verwendung in Hall-Hérould-Zellen für die Schmelzflußelektrolyse von Aluminium untersucht [2126], [2127], da insbesondere TiB_2 sehr resistent gegen die aggressive Aluminium-Kryolith-Schmelze ist und eine gute elektrische Leitfähigkeit aufweist. Als Problem erweist sich die mangelnde Thermoschockbeständigkeit sowie die Infiltration von Schlacken in die Korngrenzen, da sich dort Verunreinigungen aufhalten. Sørlie und Øye bevorzugen daher TiB_2–Schichten auf Graphit [2128]. Zusammen mit BN und AlN wird die gute elektrische und thermische Leitfähigkeit von TiB_2 und anderen Diboriden für widerstandsbeheizte Verdampferschiffchen für Aluminium, Kupfer und anderer Metalle verwendet. Das Korrosionsverhalten von Metalldiboriden wird von Bannister und Swain geschildert [2129]. Eine Zusammenfassung der Eigenschaften ist in Tabelle 130 gegeben. Zirconiumdiboridhaltige Werkstoffe als einphasiges Material oder im Verbund mit ZrN bzw. Cr_2O_3 werden wegen ihrer sehr guten Korrosionsbeständigkeit und elektrischen Leitfähigkeit als feuerfeste Zustellung für Induktionstiegelöfen für Stähle oder Sondermüllverbrennungsanlagen entwickelt [2130]-[2132].

11 Verbundwerkstoffe

Unter Verbundwerkstoffen versteht man Kombinationen von zwei oder mehr unterschiedlichen Materialien mit erkennbarer Grenzfläche. Dies können Kombinationen aus andersartigen Metallen, Metallen und Keramiken, Keramiken und Kunststoffen usw. sein. Solche „zusammengesetzten“ Werkstoffe werden auch als *Komposite* bezeichnet. Der amerikanische Begriff der composites umfaßt demgegenüber meistens nur Verbundwerkstoffe auf der Basis von Kunststoffen.

Die Kombination unterschiedlicher Materialien zielt in der Regel auf eine Verbesserung der mechanischen Eigenschaften ab. Insbesondere wird eine hohe Steifigkeit oder eine gute Hochtemperaturbeständigkeit zusammen mit einem geringen spezifischen Gewicht angestrebt, z.B. in der Luft- und Raumfahrt. Metall-Keramik- oder Keramik-Keramikfaser-Verbundwerkstoffe kommen hierfür in Frage. Man muß allerdings berücksichtigen, daß nicht nur die guten Eigenschaften miteinander kombiniert werden. So verlieren Keramik-Metall-Verbundwerkstoffe ihre Korrosionsbeständigkeit oder auch – je nach Metall – ihre gute Kriechbeständigkeit. Entsprechend der Gefügeausprägung gehorcht also die Korrelation zwischen den Eigenschaften und den Volumenanteilen an beteiligten Phasen besonderen Mischungsregeln. Eine besondere Beachtung kommt auch der Phasengrenze zu, die für die Transportvorgänge zwischen den Phasen sowie für die Übertragung mechanischer Lasten verantwortlich ist.

11.1 Metall-Keramik-Werkstoffsysteme

(Bearbeitet von R. Janßen, Hamburg)

In den vergangenen Jahren wurden zahlreiche Werkstoffsysteme entwickelt, bei denen metallische und keramische Komponenten gleichzeitig verwendet werden. Metall-Keramik-Kombinationen können entweder direkt in einem Syntheseverfahren, nachträglich durch Fügen oder mittels Oberflächenmodifizierung metallischer bzw. keramischer Substrate hergestellt werden. Eine Sonderstellung nehmen hier Systeme ein, bei denen Werkstoffe mit keramischer Matrix mittels gezielter Umsetzung metallischer bzw. metallhaltiger Precursorsysteme synthetisiert werden; dabei können neben Metall-Keramik-Verbundwerkstoffen auch rein keramische Endprodukte hergestellt werden.

11.1.1 Metall-Keramik-Verbundwerkstoffsysteme

Metall-Keramik-Verbundwerkstoffe können in vier verschiedene Bereiche eingeteilt werden, bei denen die spezifischen Vorteile der beiden Komponenten gezielt miteinander kombiniert werden.

Metall-Matrix-Verbundwerkstoffe mit geringem Anteil (0-10 Vol.-%) an keramischen Partikeln. Durch die Dispersion feiner keramischer Teilchen (*Dispersionshärtung*) soll die Beweglichkeit von Versetzungen im Metall behindert werden, wodurch eine deutliche Erhöhung der Fließspannung bei Raumtemperatur und der Kriechbeständigkeit erreicht werden. Dabei hat sich insbesondere der Einbau von Oxidpartikeln in Superlegierungen und intermetallischen Legierungen bewährt (*sog. ODS-Legierungen* = Oxide Dispersion Strengthened) [2137], [2138]. Aufgrund der Entmischungsneigung von Keramik und Metall kann eine Herstellung nur über pulvermetallurgische Verfahren erfolgen; unter Gravitationsbedingungen ist eine Herstellung durch Erstarrung aus dem flüssigen Zustand nicht möglich.

Metall-Matrix-Verbundwerkstoffe mit mittlerem bis hohem Anteil an keramischen Partikeln. Diese Werkstoffe werden in der Regel als *Cermets* (Ceramic and Metal) bezeichnet, obwohl dieser Begriff nicht eindeutig definiert ist (siehe auch Petzow u.M. [2139]). Für die meisten Cermets ist charakteristisch, daß die spröde keramische Phase in der duktilen metallischen dispergiert ist. Durch Verpressen von metallbeschichteten keramischen Teilchen lassen sich beispielsweise Verbundstrukturen realisieren, bei denen bis zu 98 Vol.-% keramischer Partikel in der keramischen Matrix dispergiert sind. Die Herstellung erfolgt wie bei den ODS-Legierungen über pulvermetallurgische Verfahren, wobei häufig druckunterstützte Sinterverfahren für eine vollständige Verdichtung notwendig sind. Prinzipiell sind verschiedenste Metall-Keramik-Kombinationen möglich [2139]-[2141]; große technische Bedeutung haben jedoch nur die sog. *Hartmetalle* erlangt, bei denen carbidische Teichen in eine Co- oder Ni-Matrix eingelagert sind. Bei den übrigen Kombinationen kommt es in der Regel zu einer ungünstigen Eigenschaftskombination, d.h. zu hoher Sprödigkeit und niedriger Festigkeit. Weitere Systeme, bei denen Funktionseigenschaften im Vordergrund stehen, sind in [2139], [2140] dargestellt. Neuere Entwicklungen konzentrieren sich insbesondere auf Metall-Matrix-Systeme, die schmelzmetallurgisch hergestellt werden können. Neben der Dispersion von keramischen Partikeln in der Schmelze ist dabei die Infiltration von keramischen Fasergelegen von besonderer Bedeutung [2142]. Auf Grund der mangelnden Stabilität der Fasern in den Metallschmelzen müssen die Prozeßparameter bei jedem System gezielt optimiert werden, um einen möglichst günstigen Kompromiß in Hinblick auf die Verbundeigenschaften zu erzielen.

Metall-Keramik-Verbundwerkstoffe mit Durchdringungsgefüge. Bei diesen Verbundwerkstoffen bilden beide Komponenten eine zusammenhängende Matrix, wobei der resultierende Verbundwerkstoff in der Regel ein linear-elastisches Verhalten aufweist. Das mechanische Verhalten kann vereinfacht über die für Faserverbundwerkstoffe mit keramischer Matrix entwickelten Verstärkungstheorien betrachtet werden, wobei in diesem Fall jedoch nicht elastische Fasern, sondern duktile metallische *Ligamente* zu zusätzlichen Rißschließkräften führen [2143],

[2144]. Auf Grund der geometrischen Einschränkung der Metallverformung können dabei die Ligamente im Vergleich zu frei verformbaren Metallfasern sehr hohe Schließkräfte entwickeln [2145]. Voraussetzung dafür ist eine feste Haftung zwischen beiden Partnern, die zum Beispiel durch Grenzflächenreaktionen zwischen Metall und Keramik gezielt kontrolliert werden kann. Bei derartigen Systemen kann die Metallkomponente außerdem den Effekt von Gefügeinhomogenitäten minimieren, wodurch die Festigkeit überproportional gesteigert wird [2144]. Die Herstellung derartiger Verbundwerkstoffe kann entweder durch die (Druck-) Infiltration poröser keramischer Vorkörper [2146]-[2148] oder über *In-situ-Synthesen* erfolgen (Kapitel 4.6 und 11.1.4). Bekanntestes Beispiel für druckloses Infiltrieren ist das Silizieren von kohlenstoffhaltigen Vorkörpern, das bei der Herstellung von SiSiC (siehe Kapitel 10.5.2.2) ausgenutzt wird. Bei entsprechendem Restsiliciumgehalt kann im Vergleich zum siliciumfreien Werkstoff nahezu eine Verdopplung von Festigkeit und Bruchzähigkeit erzielt werden. Alternativ können auch Al-SiC-Verbundwerkstoffe über eine drucklose Infiltration hergestellt werden (*Primex,* [2148]), die günstige Eigenschaften in Hinblick auf Wärmeleitfähigkeit und Verschleißbeständigkeit bieten. Die Infiltration oxidischer Vorkörper erfordert jedoch auf Grund des ungünstigen Benetzungsverhaltens druckunterstützte Infiltrationsverfahren [2146].
Keramische Verbundwerkstoffe mit metallischen Einlagerungen. Ebenso wie bei den Verbundstrukturen mit Durchdringungsgefüge können auch dispergierte metallische Teilchen für eine Steigerung der Bruchzähigkeit genutzt werden [2149]. Größere technische Bedeutung haben diese Werkstoffe bisher jedoch nicht.

11.1.2 Fügen von Metall- und Keramikbauteilen

Metallische und keramische Bauteile können entweder kraft- bzw. form- oder stoffschlüssig miteinander verbunden werden, wobei für maximale Haftfestigkeit häufig eine Kombination notwendig ist. Bei den kraft- und formschlüssigen Verbindungen (Schrumpfen, Klemmen, Schrauben, Pressen, Eingießen, Stecken usw.) wird die Haftung durch die Konstruktion festgelegt, wobei allerdings Zugbeanspruchungen der Keramikkomponente möglichst vermieden oder minimiert werden sollten. Stoffschlüssige Verbindungen können durch Kleben, Löten, Diffusions-, Reib- und Ultraschallschweißen hergestellt werden [2150]-[2153]. Die Haftung wird dabei durch mechanische Verzahnung und chemische Bindungen in der Fügeschicht bestimmt. Klebverbindungen für Glas und Keramik basieren auf Epoxydharzen, Polyvinylbutyrale, Polymethacrylate, Polyamide u.a.; sie sind auf Anwendungstemperaturen unterhalb von 200°C begrenzt. Beim Lötverbindungen sind die Anwendungstemperaturen durch das Erweichen des Lotwerkstoffs begrenzt. Generell kann zwischen dem *Löten* metallisierter Keramik und dem direkten Aktivlöten unterschieden werden. Beim Löten metallisierter Keramik werden nach der Metallisierung (Kapitel 11.1.3.2) zunächst Cu- oder Ni-Schichten zur Verbesserung der Benetzung aufgetragen. Nach dieser Behandlung kann die endgültige Verbindung über Hartlote (z.B. Ag-Cu-Eutektikum) aufgebaut werden.

Typischerweise wird dabei das Lot in Form einer Folie zwischen die beiden Fügepartner gebracht und die Lötung im Hochvakuum innerhalb weniger Minuten durchgeführt. Der Prozeßaufwand ist bei diesem Verfahren sehr hoch. Alternativ können die Fügepartner auch direkt aktiv gelötet werden, wenn das Lot grenzflächenaktive Metalle, d.h. stark benetzungsfördernde Elemente wie Ti, Zr, Be enthält. Die besten Ergebnisse werden mit Ti-haltigen Aktivloten (Ti-Ag, Ti-Cu-Ag, Ti-Cu-Be u.a.) erhalten, wobei ein gezielte Anpassung von Lotzusammensetzung an die zu verbindenden Fügepartner eine entscheidende Voraussetzung für eine gute Haftung ist. Beim *Diffusionsschweißen*, das verfahrenstechnisch dem Heißisostatpressen ähnlich ist, kommt die Verbindung über eine reine Festkörperdiffusion in der Fügefläche zustande, die zu hochbelastbaren und zuverlässigen Verbindungen führt. Voraussetzung dafür ist eine genaue Passung der beiden Partner sowie ein hoher Druck während der Hochtemperaturbehandlung, wodurch das Fügen größerer, komplex geformter Bauteile erschwert wird. Gleiches gilt für das Diffusionslöten, bei dem zwischen die Fügepartner ein Zusatzstoff (z.B. in Form einer Lotfolie) eingebracht wird. Im Vergleich zum Löten können hier aber auch schlechter benetzende Lote eingesetzt werden. Für rotationssymmetrische Bauteile bietet sich das *Reibschweißen* an, bei der mittels einer hohen Relativbewegung und einer entsprechenden Preßkraft Reibungswärme in der Fügeschicht erzeugt wird. Die Verformung des metallischen Partners erfolgt dabei im festen Zustand; aufgrund der Stauchung der Metallkomponente während des Reibschweißens ist jedoch häufig eine Nachbearbeitung notwendig. Für kleine Bauteile kann die für den Schweißvorgang erforderliche Wärme auch durch Ultraschallschwingungen erzeugt werden.

11.1.3 Beschichtungen

11.1.3.1 Keramik auf Metall

Die Aufgaben keramischer Überzüge sind sehr vielseitig. Man erwartet von ihnen einen Schutz des Metalls gegen Oxidation oder Korrosion, Erosion oder Abrieb, sowie thermische und elektrische Isolierung. Je nach Anwendungszweck stehen eine oder mehrere dieser Funktionen im Vordergrund.

Das älteste Verfahren ist die *Emaillierung*, bei der Glasschmelzen auf einen metallischen Grundkörper aufgetragen werden [2154], [2155]. Die Email-Mischungen, auch als *Fritten* bezeichnet, enthalten einen hohen Anteil an Oxiden, insbesondere SiO_2; die Herstellung erfolgt meist über pulvermetallurgische Aufbereitung. Die metallischen Substrate werden durch Tauchen oder Aufsprühen beschichtet, anschließend werden die Emails bei Temperaturen zwischen 700 und 900°C aufgeschmolzen. Für Spezialanwendungen werden Hochtemperaturemails mit Zusätzen aus Cr_2O_3, Al, Si, Si_3N_4, SiAlON oder AlN eingesetzt, die Einsatztemperaturen bis zu 1000°C ermöglichen [2156]. Bei den konventionellen Porzellanemails wird häufig ein Grundemail verwendet, bei dem CoO oder NiO die Haftung zu Stahl durch eine Aufrauhung der Grenzschicht mittels selektiver Korrosion erhöht. In der Praxis können Abplatzungen (*Fischschuppen*) auftreten, die auf eine Rekombination von aus dem Stahl herausdiffundierenden Wasserstoff in der Grenzschicht zurückgeführt werden.

Hochtemperaturbeschichtungen können über thermische Spritzverfahren [2157]-[2159] hergestellt werden, bei denen pulverförmige (meist granulierte Keramikmassen, Agglomeratgröße ca. 30-100 µm) Beschichtungsmassen im teilweise oder vollständig geschmolzenen Zustand mit hoher Geschwindigkeit auf die Substrate aufgetragen werden. Die Haftung der Beschichtung auf dem Substrat wird im allgemeinen durch die mechanische Verankerung der aufgespritzten Schichten bestimmt; im Einzelfall können jedoch auch chemische Reaktionen zur Haftung beitragen. Man unterscheidet zwischen *Flammspritzen* (Verwendung von Brenngasen) oder *Plasmaspritzen* (Erzeugung eines teilweise ionisierten Gases im Lichtbogen), wobei beim Plasmaspritzen auf Grund der sehr viel höheren Temperaturen (im Plasma bis zu 30.000 K) auch hochschmelzende Materialien vollständig aufgeschmolzen werden können. Als Beschichtungswerkstoff können z.B. komplexe Mischungen wie TiC-TiN-$MoSi_2$-Cr_3C_2 oder auch Al_2O_3 oder ZrO_2 eingesetzt werden. Neben Beschichtungen können über thermisches Spritzen auch monolithische keramische Bauteile hergestellt werden, wobei auf Grund der direkten Endkonturformgebung auch großformatige Bauteile (> 1 m) möglich sind [2160], die durch schichtweisen Materialauftrag auf einen gekühlten Kern hergestellt werden.

Weiterhin können keramische Schichten auch über physikalische (*PVD* = Physical Vapor Deposition) oder chemische (*CVD* = Chemical Vapor Deposition) Gasphasenabscheidung aufgetragen werden, wobei die thermische Belastung des Substrats im Vergleich zu anderen Beschichtungsverfahren sehr niedrig ist [2161]-[2163]. PVD wird als Sammelbegriff für reaktives Verdampfen (*Ionenplatieren*), Kathodenzerstäubung (*Sputtern*) und Bogenentladungszerstäuben mit anschließender Abscheidung über *Glimmentladung* verwendet, wobei auch mehrere Targets als Materiallieferanten gleichzeitig verwendet werden können. Dichte Hartstoffschichten können mittels PVD schon ab 300°C hergestellt werden. Kolumnare PVD-ZrO_2-Schichten werden beispielsweise zur thermischen Isolation hochbeanspruchter Flugzeugturbinenschaufeln eingesetzt. Beim CVD-Verfahren werden ein oder mehrere Reaktanden in einer Gasatmosphäre umgesetzt und bei Temperaturen von ca. 600 bis 1000°C auf dem Substrat abgeschieden. Bei einer inneren Beschichtung poröser Vorkörper spricht man auch von chemischer Gasphasenfiltration (*CVI*, Chemical Vapor Infiltration). Bekannte Beispiele sind die CVD/CVI-Synthese von SiC über $SiCl_4/CH_4$ oder CH_3SiCl_3, die beispielsweise für die Herstellung von großformatigen HT-Faserverbundwerkstoffen mit SiC-Matrix genutzt wird, und die CVD-Abscheidung von diamantähnlichen Schichten [2164].

In Sonderfällen kann das Sol-Gel-Verfahren zur Beschichtung metallischer Substrate eingesetzt werden, wodurch auch eine Beschichtung mit sehr komplexen Verbindungen wie z.B. keramischen Hochtemperatursupraleitern möglich wird.

11.1.3.2 Metall auf Keramik

Mittels metallischer Schichten (*Metallisierung*) können keramische Komponenten mit leitfähigen Schichten versehen werden, die insbesondere in der Elektrotechnik von Bedeutung sind [2165]. Die Metallschicht wird entweder direkt über PVD-Verfahren oder über metallisches Suspensionen aufgetragen, die nach dem Trocknen noch getempert werden müssen. Metallisierte Keramiken werden auch in der Fügetechnik eingesetzt, wobei die metallisierte Keramik durch Hartlöten mit verschiedenen Metallen kombiniert werden kann. Für die Metallisierung von Al_2O_3 technischer Qualität wird dabei häufig das Molybdän-Mangan-Verfahren eingesetzt, bei dem zunächst MoO_2 und Mn bzw. MnO mit einem organischen Binder aufgetragen werden. Anschließend erfolgt zwischen 1000 und 1800°C eine Temperbehandlung in einer feuchten H_2/N_2-Atmosphäre, wobei eine Glasphase aus dem Manganoxid und der Korngrenzphase des Al_2O_3 gebildet wird. Je nach Zusammensetzung der Metallschicht und der Al_2O_3-Keramik muß dabei die Brenntemperatur so angepaßt werden, daß eine ausreichende Benetzung gesichert ist.

11.1.4 Reaktionsverfahren

Seit langem sind Reaktionssynthesen bekannt, bei denen metallhaltige Precursorsysteme in Endprodukte mit keramischer Matrix überführt werden. Bekanntestes Beispiel ist das Reaktionsbinden von Siliciumnitrid (*RBSN* = Reaction Bonded Silicon Nitride), bei dem Si-Grünkörper durch Glühen in einer Stickstoffatmosphäre zu Si_3N_4 umgesetzt werden [1985] (Kapitel 10.5.3.2). Das Reaktionsprodukt ist metall- und glasphasenfrei und weist daher eine hohe Korrosionsbeständigkeit auf. Auf Grund der prozeßbedingten Restporosität von 15-30 % sind die mechanischen Eigenschaften für technische Anwendungen in der Regel nicht ausreichend. Hauptanwendungsfeld ist heute die Metallurgie.

Mitte der 80er Jahre wurden von den nordamerikanischen Firmen Lanxide und Alcan die Schmelzoxidation von Aluminium entwickelt, die auch als *DMO* (Directed Metal Oxidation) bezeichnet wird. Dieses Verfahren basiert auf einer Reaktion von flüssigem Aluminium mit Sauerstoff bei Temperaturen um 1000°C, wobei eine feste Reaktionsschicht aus Al/Al_2O_3 auf der Schmelze aufwächst [2166]. Das Matrixwachstum kann in den freien Raum oder in vorgeformte Füllkörper erfolgen, so daß ein weites Spektrum an Materialzusammensetzungen erzeugt werden kann. Die Reaktionsprodukte weisen einen Restmetallanteil von 10-30 Vol.-% auf, der für eine Einstellung der mechanischen Eigenschaften (siehe Kapitel 11.1.1) genutzt werden kann. Mit dem Verfahren ist eine direkte Endkonturherstellung möglich, da das Oxidschichtenwachstum durch das Aufbringen sogenannter Stoppermaterialien an der Außenkontur (Ca-haltige Verbindungen wie CaO oder $CaSiO_4$) beendet werden kann. Voraussetzung für das Matrixwachstum ist in jedem Fall eine Dotierung der Al-Schmelze mit Elementen wie z.B. Mg oder Li, die das Wachstum initiieren und aufrechterhalten. Als besonders günstig haben sich Al-Mg-Legierungen erwiesen, bei denen das Wachstum über eine $MgO/MgAl_2O_4$-Duplexschicht erfolgt [2167]-[2168].

Bei dem *RBAO-Verfahren* (*RBAO* = Reaction Bonded Aluminium Oxide) werden hingegen Pulverformkörper aus Al und Al_2O_3 durch Glühen an Luft zu einem rein keramischen Endprodukt umgesetzt [2169]. Auf Grund der durch Feinstmahlung erzeugten geringen Größe der Al-Partikel (< 1 µm) beginnt die Oxidation schon bei ~300°C und ist bei ~900°C abgeschlossen. Das Oxidationsprodukt weist i.d.R. eine Porosität von 20-30 Vol.-% auf, die jedoch durch einen anschließenden Sinterprozeß (T_{max} = ~1550°C) vollständig eliminiert werden kann. Das Endprodukt ist dann eine dichte α-Al_2O_3-Keramik ohne Restmetall. Die Umsetzung von Al zu Al_2O_3 erfolgt bei diesem Verfahren über Fest-Gas- und Flüssig-Gas-Reaktionen ohne Zusatz an Dotierungselementen, so daß auch phasenreine Al_2O_3-Werkstoffe möglich sind. In der Regel werden aber geringe Menge an ZrO_2 zugesetzt, die das Kornwachstum beim Sintern einschränken. Durch Zusätze wie z.B. Na_2CO_3, SiC, Nb/Nb_2O_5 kann das Verfahren u.a. auch zur Herstellung von β'/β''-Al_2O_3, Mullit oder $AlNbO_4$-Werkstoffen modifiziert werden [2170].

Das 3A-Verfahren (*3A* = Alumina-Aluminide Alloys) basiert ebenfalls auf reaktiven Al-haltigen Pulvermischungen, bei denen allerdings als Keramikkomponente ein Oxid mit im Vergleich zu Al_2O_3 geringerer thermodynamischer Stabilität eingesetzt wird [2170]. Beim einer thermischen Behandlung in inerten Atmosphären (Vakuum oder Schutzgas) kommt es zu einer *aluminothermischen Reduktion* dieses Oxids mit gleichzeitiger Bildung des entsprechenden Aluminids entsprechend dem Reaktionsschema $Al + Me_aO_b \rightarrow Al_2O_3 + Me_xAl_y$. Prinzipiell können mit diesem Verfahren alle bekannten Aluminide synthetisiert werden. Die Bildung der Aluminide ist bei Erreichen der Al-Schmelztemperatur (660°C) weitgehend abgeschlossen, nur im Ausnahmefall liegt bei höheren Temperaturen noch freies Al vor. Die endgültige Verdichtung erfolgt durch druckloses Sintern bei Temperaturen von 1300 bis 1600°C. Mit diesem Verfahren können Verbundwerkstoffe mit bis zu 50 Vol.-% Aluminidphase hergestellt werden, die dann ebenso wie die Al_2O_3-Matrix ein kontinuierliches Netzwerk bildet. Ähnliche Verbundwerkstoffe können auch über poröse Al_2O_3-Me_aO_b Vorkörper hergestellt werden, die anschließend mit Al infiltriert werden. Während der Infiltration erfolgt dann die oben beschriebene Reaktionsumsetzung.

Bei der Pyrolyse siliciumorganischer Precursoren können metallische Zusätze wie z.B. Ti oder Zr zugesetzt werden, die dann während des Prozesses mit den Pyrolysespaltprodukten zu den entsprechenden Carbiden reagieren. Durch den Zusatz dieser reaktiven Füllstoffe wird die Ausbeute des Prozesses erhöht und die Schwindung minimiert, so daß dichte Endprodukte auch mit einem einzelnen Pyrolyseschritt möglich sind (*AFCOP* = Active Filler Controlled Pyrolysis) [1018] (Kapitel 6.2.10.1 und 7.3.2.4).

Neben der direkten Umsetzung der Metallkomponente werden auch Austauschreaktionen zwischen Metall und Keramik für Synthesen von keramischen Werkstoffen genutzt. In den USA wurden beispielsweise Reaktionsinfiltrationsverfahren entwickelt, bei denen dichte SiO_2-haltige Körper mit flüssigem Al reagieren und $Al(Si)/Al_2O_3$-Verbundwerkstoffe bilden (C^4 = Co-Continuous Ceramic Composite [2171], *RMP* = Reactive Metal Penetration [2172]). Besonderer Vorteil dieses Verfahrens ist die direkte, maßgenaue Umsetzung auch komplex geformter Quarzglas-Bauteile zu $Al(Si)/Al_2O_3$.

11.2 Faserverbundwerkstoffe

(Bearbeitet von R. Janßen, Hamburg)

Das ausgeprägte Sprödbruchverhalten keramischer Werkstoffe kann zu einem plötzlichen Totalversagen eines Bauteils führen. Die fehlende Sicherheitsreserve, die beispielsweise bei Metallen durch eine plastische Verformung gegeben ist, verhinderte daher häufig den Einsatz von Keramiken im klassischen Maschinenbau. Die mechanischen Eigenschaften, insbesondere der Widerstand gegen die Rißausbreitung, können jedoch durch die Einlagerung einer zweiten Phase gesteigert werden. Insbesondere die Verstärkung mit hochfesten keramischen Langfasern, die auf den Erfahrungen mit faserverstärkten Kunststoffen beruht, kann zu einer beträchtlichen Steigerung des Bruchwiderstands oder der Festigkeit führen [985]. Einen historischen Überblick über die Anfänge langfaserverstärkter Keramiken (engl.: Ceramic Matrix Composites, CMCs) gibt beispielsweise Phillips [2173].

11.2.1 Verstärkungsmechanismen

Der Begriff „Faserverstärkung" wird für alle Verbundwerkstoffe benutzt, bei denen die Einlagerung von Fasern zu einer Verbesserung der mechanischen Eigenschaften führt. Prinzipiell werden dabei zwei unterschiedliche Konzepte verfolgt.

Bei Matrixmaterialien, die als monolithisches Material nur eine geringe Festigkeit und einen niedrigen Elastizitätsmodul besitzen (z.B. Kohlenstoff, Mullit), kann durch eine *Lastübertragung* auf die Verstärkungsfasern die mechanische Belastbarkeit gesteigert werden. Für eine maximale Lastübertragung müssen die Fasern fest in die Matrix eingebunden sein [985].

Bei Matrices mit guten mechanischen Eigenschaften können die Festigkeits- und Steifigkeitswerte nur in geringem Maße weiter erhöht werden. Bei diesen Verbundwerkstoffen sollen die Fasern in erster Linie das Sprödbruchverhalten der Keramik verbessern. Im Idealfall wird ein schadenstolerantes Verhalten erreicht, bei dem innere Fehler oder äußere Beschädigungen unter Belastung nicht zu einem plötzlichen Totalversagen des Bauteils führen [985]. Bei diesem Konzept werden mehrere Mechanismen genutzt (Bild 548). Wichtigste Voraussetzung ist eine ausreichend schwache Grenzfläche, die eine Ablösung der Fasern von der Matrix (engl.: Debonding) erlaubt. Alle mit einer Faser/Ablösung verbundenen Mechanismen entziehen dem Riß Energie, da neue Oberflächen geschaffen werden müssen.

Durchläuft nun ein Riß den Werkstoff, so wird er an der Faser bzw. an der Grenzfläche abgelenkt und umläuft die Verstärkungsfaser (*Rißablenkung* und *Rißverzweigung*).

Die teilweise abgelöste, aber noch intakte Faser kann den Riß *überbrücken* und zusätzliche *Rißschließkräfte* auf die Rißflanken ausüben. Die Rißöffnung und damit auch der Rißfortschritt wird so erschwert. Durch eine partielle Lastübertragung auf die Fasern kann die Matrix auch unmittelbar vor der Rißspitze entlastet werden. Diese sogenannte *Rißabschirmung* kann die Rißausbreitung weiter verlangsamen. Dieser Mechanismus ist insbesondere wirksam, wenn der Elastizitätsmodul der Fasern wesentlich höher ist als der der Matrix.

Bei stärkerer Rißöffnung kommt es zum Bruch einzelner Fasern, wobei die Bruchstelle auf Grund der Fehlerverteilung in der Faser nicht in der Rißebene liegen muß. Das freie Faserende wird nun aus der Matrix herausgezogen. Bei diesem *Faser-Pull-Out* wird durch Reibung zusätzlich Energie verbraucht, die dem Riß für eine weitere Ausbreitung nicht mehr zur Verfügung steht.

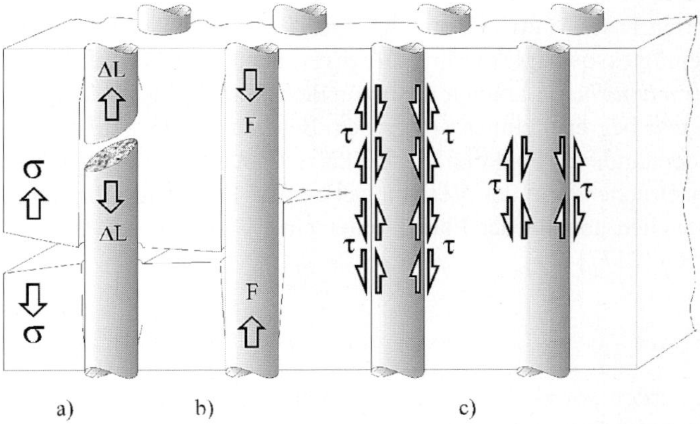

Bild 548: Verstärkungseffekte in langfaserverstärkten CMC-Werkstoffen: Debonding und Faser-Pull-Out, Rißüberbrückung, Rißverzweigung und Rißspitzenabschirmung.

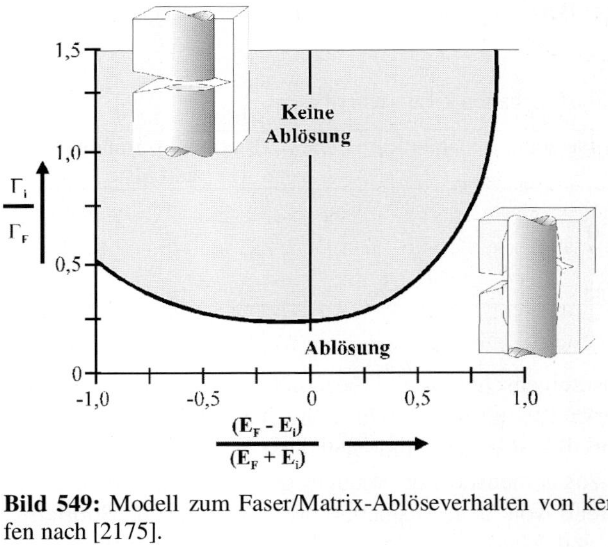

Bild 549: Modell zum Faser/Matrix-Ablöseverhalten von keramischen Verbundwerkstoffen nach [2175].

Das Faser/Matrix-Ablöseverhalten kann anhand der Berechnungen von He und Hutchinson über das Verhältnis der E-Moduli und Bruchenergien von Faser (E_F, Γ_F) und Grenzschicht (*Interface*, E_i, Γ_i) abgeschätzt werden (Bild 549) [2174],

[2175]. Bei $\Gamma_i / \Gamma_F \leq 0{,}25$ ist generell ein günstiges Ablöseverhalten zu erwarten. Bei einer höheren Bruchenergie der Grenzschicht ist nicht auszuschließen, daß der Riß direkt in die Faser eingeleitet wird. Bei zahlreichen Faser/Matrix-Systemen sind daher zusätzliche Zwischenschichten erforderlich, um die Anforderungen an die Grenzschichteigenschaften zu erfüllen [2176].

Neben der Bruchenergie kann auch die Scherfestigkeit der Grenzfläche (τ_i) als Kenngröße für das Verbundwerkstoffverhalten herangezogen werden. Damit die Fasern bei einem Pull-Out nicht vorzeitig versagen, sind je nach Werkstoffsystem Grenzflächenfestigkeiten von $\tau_i \leq 100$ MPa anzustreben [2176].

Bei einer optimierten Faser/Matrix-Grenzfläche zeigt der keramische Verbundwerkstoff ein ausgeprägtes quasiplastisches Bruchverhalten. Die Verfahren der *linear elastischen Bruchmechanik* können dann zur Beschreibung des Versagensverhaltens nur noch sehr begrenzt eingesetzt werden. Besser geeignet sind z.B. die Messung des Rißwiderstands als Funktion der Rißlänge (*R-Kurvenverhalten*) oder die Bestimmung der Bruchenergie des Verbundwerkstoffs. Diese kann beispielsweise aus Bruchversuchen anhand der Fläche unter einer Spannungs-Dehnungs-Kurve ermittelt werden [2177].

11.2.2 Fasern

Keramische Fasern werden sowohl für Isolationszwecke im Feuerfestbereich als auch zur Verbesserung der Eigenschaften von polymeren, metallischen und keramischen Werkstoffen eingesetzt. Im folgenden werden nur diejenigen Fasern behandelt, die für Verbundwerkstoffe mit keramischer Matrix von Bedeutung sind. Die zur Zeit zur Verfügung stehenden Fasern können anhand ihrer Hochtemperatureigenschaften in drei Bereiche unterteilt werden (Tabelle 131).

Tabelle 131: Hochtemperatureigenschaften keramischer Fasern.

	Kriechwiderstand	Stabile Korngröße	Thermische Stabilität an Luft
Oxidische Fasern	–	–	++
Nichtoxidische Fasern	0	–	0
C-Fasern	++	++	– –

Bei dem Vergleich der Fasereigenschaften muß beachtet werden, daß für die Herstellung keramischer Werkstoffe teilweise sehr hohe Temperaturen notwendig sind. Durch Reaktionen zwischen Fasern und Matrix, sowie Veränderungen der Fasermorphologie oder -zusammensetzung können die Fasereigenschaften im Verbundwerkstoff gravierend von den Ausgangswerten abweichen. Sorgfältige Kombination von Fasern und Matrix, schützende Faserbeschichtungen oder die Wahl geeigneter Herstellungsverfahren sind daher unabdingbar für einen keramischen Verbundwerkstoff mit verbesserter Schadenstoleranz.

Tabelle 132: Eigenschaften einiger Verstärkungsfasern für CMC-Werkstoffe.

Fasertyp	Hersteller	Zusammensetzung [%]	∅ [µm]	E [GPa]	σ_f [GPa]	ρ [g/cm³]
T300	Toray	C (Precursor: PAN)	8	230	3,5	1,76
T1000	Toray	C (Precursor: PAN)	8	294	7,0	1,82
FT 700	Tonen	C (Precursor: Pech)	5-6	690	3,2	2,17
Nicalon 202	Nippon Carbon	49 SiC, 23 Si-O-C, 28 C	≈ 14	190	2	2,55
Hi-Nicalon	Nippon Carbon	65 SiC, 35 C	≈ 14	263	2,6	2,74
Tyranno Lox-E	Ube Chemical	55 Si, 37 C, 6 O, 2 Ti	≈11	199	2,9	2,39
SiBN(C)	Bayer	$SiBN_3C$, amorph	8-14	200-400	3	1,8-1,9
Nextel 440	3M	70 Al_2O_3, 28 SiO_2, 2 B_2O_3	10-12	190	2	3,05
Nextel 610	3M	Al_2O_3	10-12	373	2,9	3,88
Nextel 720	3M	85 Al_2O_3, 15 SiO_2	10-12	260	2,1	3,4
Saphir	Saphikon	Al_2O_3, einkristallin	125±25	435	3,4	3,97

11.2.2.1 Oxidische Fasern

Alumosilicatfasern aus Al_2O_3 und SiO_2 besitzen die wohl größte Verbreitung. Fasern mit hohem Al_2O_3-Anteil werden entweder aus Pulversuspensionen oder aus der Lösung gezogen oder durch einen Sol-Gel-Spinnprozeß hergestellt [2178]. Bei diesen Fasern wird die Bildung von *Mullit* aus Al_2O_3 und SiO_2 bei hohen Temperaturen an Luft ausgenutzt. Fasern mit einer Korngröße von ca. 0,1 - 0,5 µm weisen bis ca. 1200°C eine sehr gute Kriechbeständigkeit und Festigkeit auf.

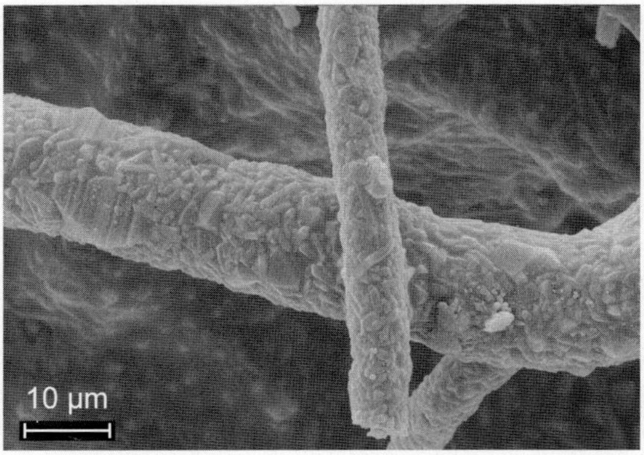

Bild 550: Alumosilicatfaser nach Einsatz bei 1500°C. Die Kristallisation von Mullit führt zu einer Aufrauhung der Oberfläche; (Quelle: Tonnesen, Aachen)

Al_2O_3-Fasern weisen höhere Festigkeiten und E-Moduli als Aluminosilicatfasern auf. Bei Filamentdurchmessern von ca. 8-20 µm und Korngrößen von ca. 0,3-1 µm werden Raumtemperaturfestigkeiten um 2 GPa erreicht. Bei hohen Temperaturen führt eine starke Kornvergröberung, das Erweichen glasiger Korngrenzpha-

sen und das Wachstum von Poren zu einem deutlichen Festigkeitsverlust und einem ausgeprägten Kriechen. Die Temperatur für Langzeitanwendungen ist daher auf ca. 900-1100°C beschränkt [2179].

Wesentlich bessere Hochtemperatureigenschaften besitzen einkristalline Al_2O_3-Fasern (*Saphirfasern*). Die aus einer Schmelze gewonnenen Fasern (Edge-defined Film fed Growth, EFG- oder Laser-Heated Floating Zone, LHFZ-Prozeß [2180], [2181]) weisen Festigkeiten von >3 GPa auf und können bis ca. 1600°C eingesetzt werden. Auf Grund ihres hohen Preises und des verfahrensbedingt großen Durchmessers finden sie bislang nur für Sonderfälle in der Technik oder als Modellmaterial in der Forschung Verwendung.

Neben diesen weitverbreiteten Oxidfasern können Fasern aus ZrO_2, YAG (Yttrium-Aluminium-Granat, $Y_3Al_5O_{12}$), Spinell ($MgAl_2O_4$) oder aus Mischungen dieser Komponenten hergestellt werden. Diese Sonderformen haben jedoch bislang keine große Verbreitung gefunden, da sowohl die mechanischen Eigenschaften als auch die Temperaturbeständigkeit nicht wesentlich besser als bei den anderen oxidischen Fasertypen sind.

11.2.2.2 Nichtoxidische Fasern

Fasern aus *Siliciumcarbid* (SiC) können als einer der wichtigsten Fasertypen für CMC-Werkstoffe angesehen werden. Die kommerzielle Herstellung von polykristallinen SiC-Fasern erfolgt in der Regel durch Verspinnen von Polycarbosilanen oder Polytitanocarbosilanen und anschließender Pyrolyse in Stickstoff [2182], [2183]. Mit diesen Verfahren können dünne Fasern (Durchmesser 8-15 µm) synthetisiert werden, die hohe Festigkeiten (2-3 GPa) und eine günstige Verarbeitbarkeit (Weben von Fasergelegen) aufweisen. Bei Einsatz in sauerstoffhaltigen Atmosphären bilden diese Fasern SiO_2-Schutzschichten auf der Oberfläche, die auf Grund der geringen Sauerstoffdiffusion durch SiO_2 zu einer erhöhten Oxidationsbeständigkeit führen. Durch die Rekristallisationsneigung der feinkristallinen Pyrolyseprodukte und der prozeßbedingten Sauerstoffverunreinigung ist die Einsatzgrenze dieser Fasern auf Temperaturen <1300°C beschränkt.

SiC-Fasern können auch über eine Gasphasenabscheidung auf einen Bor-, Wolfram-, oder Kohlenstoffkern oder durch Extrusion von SiC-Pulversuspensionen hergestellt werden. Diese Verfahren führen jedoch zu Fasern mit einem Durchmesser >50 µm, die für eine Verstärkung von keramischen Werkstoffen nur bedingt geeignet sind [2184].

Bei Einsatz von Polyborosilazan als metallorganische Ausgangskomponente können *andere Nichtoxid-Fasern* im System Si-B-N-C hergestellt werden, deren amorphe Struktur bis zu Temperaturen von 1800°C erhalten bleibt. Dadurch wird ein Festigkeitsverlust auf Grund von Kornwachstumsprozessen vermieden. Während einer thermischen Auslagerung bilden diese Fasern ebenso wie die SiC-Fasern Oxidationsschutzschichten [801].

11.2.2.3 C-Fasern (Kohlefasern)

Zur Verstärkung keramischer Verbundwerkstoffe werden derzeit am häufigsten Kohlenstoffasern (C-Fasern) verwendet. Dies ist letztendlich darauf zurückzuführen, daß C-Fasern bis zu maximalen Anwendungstemperaturen von 2800°C einsetzbar und somit für Hochtemperaturanwendungen prädestiniert sind. Der Hauptnachteil der C-Fasern stellt deren Oxidationsempfindlichkeit dar. Die oxidative Schädigung beginnt je nach Fasertyp und Herstellbedingungen ab Temperaturen von 320°C für carbonisierte bzw. ab 450°C für graphitierungsgeglühte C-Fasern.

Erste Kohlenstoffasern wurden bereits 1878 von Thomas Edison [2185] als Glühfäden für elektrische Lampen aus natürlichen Cellulosefasern durch Carbonisierung gefertigt. Die industrielle Herstellung von C-Fasern als Verstärkungsfasern für Verbundwerkstoffe erfolgte jedoch erst zwischen 1960 und 1970, bedingt durch Leichtbauanforderungen im Flugzeugbau. Heute sind unterschiedlichste Kohlenstoffasertypen in allen textilen Formen kommerziell verfügbar. Diese kommerziell erhältlichen C-Fasern werden, basierend auf drei verschiedenen Precursor-Materialien, unterteilt in: Rayonfasern, PAN-Fasern (Polyacrylnitril (PAN)) und Pechfasern (Pitch).

C-Fasern auf Rayonbasis. C-Fasern auf Rayonbasis besitzen heute keine großen Marktanteile. Dies ist darauf zurückzuführen, daß der Herstellungsprozeß ausgehend von der Rayonfaser über Stabilisierung/Oxidation (bei ca. 300°C bis 500°C) und Carbonisierung (bis ca. 1400°C) zu relativ niedrigen Festigkeiten von ca. 1 GPa und Steifigkeiten von 41 GPa führt. Deshalb wurden diese C-Fasern hauptsächlich zur Verstärkung von Hitzeschutz-Materialien (sog. ablative Materialien) in der Raumfahrt und Militärtechnik eingesetzt.

Bessere mechanische Eigenschaften (σ bis 1 GPa, E bis 500 GPa) sind nur dann erreichbar, wenn während des Herstellprozesses vor der Stabilisierung (oxidativ) bis zur Graphitierungsglühung die Fasern zusätzlich verstreckt werden. Die notwendige Verstreckung führt jedoch oft zum Faserstrangbruch und damit zu Ausschuß, so daß diese Verfahrenstechnik im Vergleich zu C-Fasern auf PAN-Basis heute nicht mehr wettbewerbsfähig ist. Die verstreckten C-Fasern unterscheiden sich jedoch morphologisch (höhere Oberflächenrauhigkeit, Fibrillenstruktur) und hinsichtlich der physikalischen Eigenschaften (geringere thermische Leitfähigkeit senkrecht zur Faserachse) von C-Fasern auf PAN- und Pechbasis, so daß sie für spezielle Anwendungen weiterhin interessant sind.

C-Fasern auf PAN- Basis (Polyacrylnitril-Fasern). Nach Glasfasern sind heute C-Fasern auf PAN-Basis die am häufigsten eingesetzten Verstärkungsfasern für Hochleistungsverbundwerkstoffe. Die Entwicklung dieser C-Fasern erfolgte praktisch parallel zur C-Faserherstellung aus Rayon, wobei bereits früh die technologischen Vorteile, insbesondere die Synthese hochfester C-Fasern auch ohne Hochtemperaturverstreckung, nachgewiesen werden konnte [2186]-[2189]. Die Herstellung aus PAN gliedert sich in drei Verfahrensschritte:

- die Stabilisierung und Oxidation der verstreckten PAN-Fasern zu unschmelzbaren Fasern,
- deren Carbonisierung bis ca. 1450°C maximal und
- eine abschließende Graphitierungsglühbehandlung unter Inertgas bis ca. 2500°C bei der Herstellung von Hochmodulfasern

Die Orientierung der sogenannten Leiterpolymere erfolgt bereits während des Oxidations- und Stabilisierungsschrittes bei Temperaturen < 300°C [2190], so daß dieser Prozeßschritt einen gravierenden Einfluß auf die mechanischen C-Fasereigenschaften hat, die dabei über die Prozeßparameter sehr stark variiert werden können (siehe Tabelle 132).

Der Einsatz unterschiedlicher Precursor, deren Reinheit, die Fadenfeinheit sowie unterschiedliche Graphitierungsglühbehandlung erweitern die Fülle an unterschiedlichen C-Fasertypen :

- HT-C-Fasern („high tensile" oder „high tenacity") mit Festigkeiten zwischen 3,3 und 4,0 GPa bei einem E-Modul von 235-240 GPa,
- HM-C-Fasern (Hochmodul-C-Fasern) mit Festigkeiten von 2,0-3,3 GPa und E-Moduli von 350-400 GPa,
- IM-C-Fasern („intermediate modulus") mit Steifigkeitswerten von 290-300 GPa bei Festigkeiten > 3,00 GPa, auch als UHT-C-Fasern („ultra high tensile" oder „ultra high tenacity") bezeichnet, mit Faserfestigkeiten bis zu 7,1 GPa bei einem E-Modul von etwa 290-300 GPa.
- UHM-C-Fasern („ultra high modulus") mit Zugsteifigkeiten bis zu 600 GPa bei Festigkeiten bis zu 4,0 GPa.

Die maximal erreichbaren Steifigkeitswerte hängen von der kristallographischen Orientierung der Graphitschichten in axialer und radialer Faserwicklung, d.h. on dem Wachstum der Mikrokristallite ab. Extrem hohe C-Fasersteifigkeiten können daher nur erzielt werden, wenn in Analogie zu den C-Fasern auf Rayonbasis bei der Graphitierungsglühung eine zusätzliche Verstreckung durchgeführt wird.

Die Durchmesser der Standard-C-Fasern auf PAN-Basis liegen bei ca. 8 μm, während der Durchmesser von UHT- und UHM-C-Fasern etwa 5-6 μm beträgt. Handelsüblich sind Stränge bis zu 12.000 Filamenten.

C-Fasern auf Pechbasis. C-Fasern, aus isotropen Pechen (d.h. einer Polyaromatenmischung) weisen nur sehr geringe Festigkeiten (ca. 1 GPa) bei Fasersteifigkeiten von ca. 40 GPa auf. Diese C-Fasern werden über Schmelzspinnverfahren hergestellt und sind relativ preiswert, so daß sie bevorzugt als Füllermaterialien in Polymerverbundwerkstoffen, als Filze oder als Rißstoppermaterialien in Keramiken, Beton und Calciumsilicatwerkstoffen genutzt werden. Bei C-Fasern auf Pechbasis unterscheidet man zwei verschiedene Typen:

- isotrope Pechfasern, hergestellt aus Steinkohlenteer- oder Petrolpechen und
- anisotrope Pechfasern auf der Basis von Mesophasenpech.

Behandelt man isotrope Pechmischungen thermisch, so zeigen sie bei ca. 400°C unter Dehydrierung Kondensationsreaktionen, die zur Bildung einer stabilen

Phase eines Flüssigkristalls der sogenannten Mesophase führen. Bei Mesophasengehalten > 40 % in der Pechmischung erfolgt eine Phaseninversion, wobei die anisotrope Mesophase zur kontinuierlichen Phase wird [2191] und isoliert werden kann.

Die Mesophasenpeche wurden im Schmelzspinnprozeß verarbeitet, wobei die thermoplastische Faser nach Verlassen der Spinndüse oxidativ vernetzt werden muß, um sie unschmelzbar zu machen. Die Schmelzspinnprozeßparameter hängen von der jeweiligen Mesophase ab und sind technisch schwer beherrschbar. Dies hat dazu geführt, daß trotz preiswertester Ausgangsmaterialien (Peche) C-Fasern auf Pechbasis vom Preis her mit C-Fasern auf PAN-Basis nicht wettbewerbsfähig sind. Ein weiterer kostenintensiver Schritt stellt die Reinigung der Mesophase vor dem Schmelzspinnprozeß dar.

Trotzdem werden C-Fasern auf Pechbasis für faserverstärkte Verbunde eingesetzt, da sie durch entsprechende Graphitierungsglühbehandlungen auf Steifigkeitswerte erreichen können, die mit 880 GPa nahezu dem Wert des Graphitwhiskereinkristalls von 1020 GPa entsprechen. UHM-Fasern auf Mesophasenpechbasis besitzen Wärmeleitfähigkeiten > 600 W/mK und sind damit allen UHM-Fasern auf PAN-Basis deutlich überlegen.

11.2.3 Matrixsysteme - Herstellungsverfahren und mechanische Eigenschaften

Bei pulvermetallurgischen Herstellungsverfahren (Pressen und Sintern) wird die Verdichtung der keramischen Matrix durch eingelagerte Fasern behindert, da im Gegensatz zur schrumpfenden Matrix die Fasern ihre Form während der Werkstoffsynthese beibehalten. Die Verdichtungsbehinderung ist besonders stark ausgeprägt, wenn die Fasern ein zwei- oder dreidimensionales Netzwerk im Verbundwerkstoff bilden. Im Gegensatz zu unidirektional verstärkten Werkstoffen (1D) sind derartige Strukturen in der Ebene (2D) oder im Raum (3D) mechanisch isotrop und somit für viele Anwendungen anzustreben. Für die Herstellung von Faserverbundwerkstoffen sind daher Verfahren notwendig, bei denen die Matrix in die Fasergelege infiltriert und/oder *in situ* im Körper über Reaktionsprozesse gebildet wird. Im folgenden werden die wichtigsten Matrixsysteme erläutert; jedoch ohne Anspruch auf Vollständigkeit.

11.2.3.1 Oxidische Matrixsysteme

Auf Grund des hohen Eigenschaftspotentials wird die Faserverstärkung von oxidischen Gläsern und Glaskeramiken seit den 70er Jahren intensiv untersucht [2173]. Als Verstärkungsfasern werden vor allem C- und SiC-Fasern eingesetzt, die zusammen mit schwachen C- oder BN-Zwischenschichten [2192] zu schadenstoleranten Werkstoffen hoher Festigkeit führen (1D-Faserausrichtung: >1 GPa, 2D-Fasergelege >400 MPa). Für die Herstellung werden mit Glasspulver beschichtete Fasern verwendet, die zu Vorkörpern verarbeitet und anschließend in Heißpressen aufgeschmolzen und verdichtet werden. Durch die relativ geringe Viskosität der

Glasschmelzen können auch 2D-Fasergelege beim Heißpressen vollständig mit Matrix gefüllt werden, so daß homogene, defektfreie Verbundkörper möglich sind. Faserverstärkte Gläser zeichnen sich neben einer hohen Festigkeit insbesondere durch hohen Verschleißwiderstand, hohe Temperaturwechselbeständigkeit und gute chemische Beständigkeit aus. Beispielsweise werden Bauteile aus faserverstärkten Durangläsern für das Heißglashandling hergestellt. Neben Gläsern werden auch (teil-) kristalline Glaskeramiken als Matrix eingesetzt, um die thermische Einsatzgrenze zu erhöhen.

Eine weitere Steigerung der Einsatzgrenze ist bei Verwendung von polykristallinen Oxidmatrices möglich. Hier fehlen jedoch bisher massentechnisch erprobte Fertigungsverfahren. Untersuchungen zeigen, daß beispielsweise poröse CMCs mit polykristalliner oxidischer Matrix noch über konventionelle keramische Verfahren herstellbar sind [2193], während dichte Verbundwerkstoffe Reaktionssyntheseverfahren (siehe Kapitel 11.1.4) erfordern. Die notwendige Einstellung der Grenzflächenfestigkeit erfordert darüber hinaus neuartige Faser/Matrix-Beschichtungen z.B. auf Basis von Lanthanphosphaten ($LaPO_4$) [2194]. Auf Grund des hohen Potentials für die in vielen technischen Anwendungen geforderte Langzeitstabilität in sauerstoffhaltigen Atmosphären werden oxidische CMCs zur Zeit weltweit intensiv untersucht und weiterentwickelt.

11.2.3.2 SiC-Matrices

Faserverbundwerkstoffe mit SiC-Matrix können über verschiedene Prozeßrouten hergestellt werden. Das bekannteste Verfahren ist die *Flüssigsilizierung*, bei der Vorkörper aus Kohlenstoffasern und Kohlenstoff (C_f/C) mit flüssigem Silicium zu C_f/SiC-Verbundwerkstoffen umgesetzt werden. Die Herstellung der Vorkörper erfolgt dabei über die Pyrolyse faserverstärkter Polymere (z.B. CFK). Durch die Porenstruktur der Vorkörper und die damit verbundene Kapillarwirkung gelangt, ähnlich wie beim *siliciuminfiltrierten SiC (SiSiC)* (siehe Kapitel 10.5.2.3), flüssiges Silicium bei Temperaturen > 1500°C in die Vorkörper. Die exotherme Reaktion zwischen der Si-Schmelze und der Kohlenstoffmatrix wird durch die Diffusion des flüssigen Si durch die sich bildende SiC-Matrix kontrolliert. Diese Reaktion ist mit einer Volumenzunahme verbunden, so daß die Schwindung bei der Pyrolyse weitgehend kompensiert werden kann. Bei einer Verstärkung mit C-Fasern muß der Prozeß so geführt werden, daß die Fasern bei der Silizierung nicht oder nur minimal geschädigt werden [2195]. Das Endprodukt weist häufig einen Restanteil an C in der Matrix auf, der nicht umgesetzt wurde (C_f/C-SiC) [2196]. Das Verfahren der Flüssigsilizierung kann insbesondere zur Herstellung größerer, komplex geformter Bauteile genutzt werden, da entsprechende Formkörper schon im Grünzustand zur endgültigen Bauteilgestalt verbunden werden können. Das maximale Bauteilvolumen ist vor allem durch den Silizierungsofen beschränkt. Prozeßbedingt weisen die so hergestellten Verbundwerkstoffe größere Gefügeinhomogenitäten auf, die die maximale Festigkeit einschränken. Typische Zugfestigkeiten von C_f/C-SiC liegen im Bereich von ≈100 MPa. Die geringe offene Porosität (<5 %) schränkt jedoch den Oxidationsangriff ein und ermöglicht Einsatztemperaturen >1400°C.

Hochreine C_f/SiC-Werkstoffe können über die Gasphaseninfiltration (Chemical Vapor Infiltration, CVI) hergestellt werden, bei der innerhalb der Fasergelege Si- und C-haltige Gase, z.B. Methyltrichlorsilan (CH_3SiCl_3), zu SiC umgesetzt werden [2195]. Auf Grund der geringen Prozeßtemperaturen von 800-1200°C ist bei diesem Verfahren auch ein Einsatz von SiC-Fasern möglich, ohne daß prozeßbedingte Faserschädigungen auftreten. Zur Vermeidung von Dichtegradienten und zur Erhöhung der Matrixverdichtung (*„in pore"-Abscheidung*) muß der Infiltrationsprozeß in der Regel bei möglichst niedrigen Temperaturen erfolgen, die zu extremen Prozeßzeiten (mehrere Monate) führen können. Eine Verkürzung der Herstellungszeiten ist durch kontrollierte Druck- und Temperaturgradienten bei der SiC-Abscheidung möglich. C_f/SiC und SiC_f/SiC-Verbundwerkstoffe, die über die Gasphaseninfiltration hergestellt werden, weisen prozeßbedingt einen hohen Anteil an offenen Poren auf ($\approx$ 10 %). Bei einer Verstärkung mit C-Fasern sind daher häufig Oxidationsschutzschichten für die Bauteile erforderlich. Trotz der Restporosität werden hohe Festigkeiten von ca. 300 - 400 MPa erreicht.

Bei der Synthese von CMCs über die *Polymerpyrolyse* (siehe Kapitel 6.2.10) werden Si-haltige Precursoren verwendet, die unter Schutzgas bei hohen Temperaturen zu den gewünschten Endprodukten „zersetzt" werden. Die Ausgangsstoffe werden dabei zunächst mit den Fasern entweder über eine Prepreg-Technologie oder durch eine Infiltration in Fasergelege zu Vorkörpern verarbeitet. Bei der anschließenden thermischen Auslagerung wird je nach Zusammensetzung des Polymers und der Reaktionsatmosphäre SiC, Si-O-C oder Si-O-N-C gebildet. Da die Polymerpyrolyse mit einer Schwindung verbunden ist, sind in der Regel mehrere Infiltrations- und Pyrolyse-Schritte notwendig. Durch Verwendung von Ausgangsstoffen (*Precursor*) mit hoher keramischer Ausbeute (Massenumsetzung Polymer$\rightarrow$Keramik) und durch Zusatz von aktiven Füllstoffen kann die Volumenbilanz soweit erhöht werden, daß Restporositäten <10 % möglich sind [2196], [2197]. Die niedrigen Pyrolysetemperaturen ermöglichen bei diesem Verfahren auch den Einsatz von SiC-Fasern.

11.2.3.3 CFC-Verbundwerkstoffe

Kohlenstoffaserverstärkte Kohlenstoffe, CFC oder C/C („Carbon/Carbon") stellen die am weitesten verbreiteten CMC-Werkstoffe dar. Diese Hochtemperaturwerkstoffe können bei Erhalt der mechanischen Eigenschaften bis zu Temperaturen von ca. 3000°C unter nicht oxidativen Bedingungen eingesetzt werden.

Neben exzellenten mechanischen Hochtemperatureigenschaften besitzen C/C-Werkstoffe einstellbare thermische und elektrische Leitfähigkeiten, geringe Ausdehnungskoeffizienten und eine herausragende Thermoschockbeständigkeit. Als weitere Vorteile dieser Werkstoffe sind die gute chemische Beständigkeit, ein sehr gutes Reib-, Gleit- und Verschleißverhalten auch bei hohen Temperaturen, Biokompatibilität, Formstabilität und ein gutmütiges Versagensverhalten - ein sogenanntes „pseudoplastisches" Bruchverhalten - zu nennen. Deshalb werden C/C-Werkstoffe bevorzugt für Bremsen z.B. in Flugzeugen und Rennwagen, als Hitzeschilde für Wiedereintrittsflugkörper, als Raketendüsen, im Hochtemperaturanlagenbau z.B. in Öfen und in der Halbleitertechnik eingesetzt.

Eine wesentliche Erweiterung des Anwendungsspektrums erhofft man sich von der Entwicklung oxidationsgeschützter C/C-Verbunde durch Oxidationsschutzmaßnahmen des Matrixmaterials bei gleichzeitiger Verwendung von äußeren Oxidationsschutzschichten, z.B. auf der Basis von CVD-SiC-Schichten.

CFC-Herstellung durch CVI-Verfahren. Hochreine C/C-Verbunde mit geringsten Eigenspannungen können über die CVI-Technik (Chemical Vapor Infiltration), einer Gasphaseninfiltration, hergestellt werden. Als Prozeßgas wird in der Regel Methan und Wasserstoff eingesetzt. Die Gasphasenabscheidung in der Faser-Preform erfolgt bei ca. 1100°C [2198], [2199]. Die Abscheideraten sind sehr gering, so daß der Gesamtprozeß etwa vier Wochen dauert. Wenn bei der Gasphaseninfiltration die Porenhälse beim Infiltrieren zuwachsen, müssen die C/C-Teile aus dem Beschichtungsofen entnommen, überschliffen und zur Weiterbeschichtung wieder in die CVI-Anlage eingebracht werden. Es verbleibt stets eine offene Porosität von 12-15 % [2200].

„Rapid CVI-Techniken“ stellen die neuesten Verfahrensvarianten dar [2200]. Diese Techniken erlauben durch die Verwendung von Plasma- oder Mikrowellenverfahren CVI-Verdichtungszyklen von wenigen Stunden, wobei die CFC-Teile bis auf Enddichten von ca. 1,95 g/cm^3 bei Porositäten von ca. 5 % verdichtet werden können.

CFC-Herstellung über die Polymerroute. Die Polymerroute stellt heute das am häufigsten angewendete Verfahren für die CFC-Herstellung dar, damit eine Bauteilherstellung auf Basis der CFK-Technologie erfolgen kann.

Als Precursor werden hauptsächlich Phenol- und Furanharze mit C-Ausbeuten bis zu 60 % eingesetzt. Ähnlich hohe C-Ausbeuten haben isotrope Peche, die als thermoplastische Ausgangsmatrix durch Schwefel oder Sauerstoff vernetzt und damit unschmelzbar gemacht werden müssen.. Andere Hochtemperaturthermoplaste wie PEEK (Polyetheretherketon), PEI (Polyetherimid) und Polysulfon weisen zwar auch sehr gute C-Ausbeuten nach der Vernetzung auf; sie werden jedoch aus Kostengründen und wegen ihrer geringen Verarbeitungsviskositäten kaum eingesetzt. Ähnliches gilt für die duromeren Matrixsysteme Polyimide (60 % C-Ausbeute), Polybenzimidazole (73 % C-Ausbeute) und Polyphenylene (bis zu 90 % C-Ausbeute).

Bei den Phenolharzen werden zwei Typen unterschieden: sogenannte Resolharze, aus Phenol mit Formaldehydüberschuß und Novolakharze, hergestellt aus Formaldehyd mit Phenolüberschuß. Die Resolharze weisen freie Methylolgruppen auf, die thermisch beim Härteprozeß vernetzt werden können. Novolake werden mit Hexamethylentetramin als Härter meist in wäßrigen, alkoholischen oder ketonischen Lösungen verarbeitet.

Die CFC-Herstellung erfolgt über die Verfahrensschritte Imprägnieren (Wickeln, Prepreg oder Vakuum/Druckimprägnierung), Formgebung und Carbonisierung des CFK-Verbundes. Dies führt je nach Kohlenstoffausbeute der Polymeren zu mehr oder weniger porösen Körpern (offene Porosität bis zu 30 %), die durch mehrere Reimprägnierungs- und Recarbonisierungszyklen auf die gewünschte Enddichte gebracht werden müssen (siehe Bild 551).

Normalerweise resultiert bei Verwendung von Duromeren wie Phenol- und Furanharzen ein Glaskohlenstoff als Matrix, der hart, spröde, chemisch nicht sehr beständig und mechanisch wenig belastbar ist. Durch die sog. Graphitierungsglühung bei Temperaturen bis 3000°C, gelingt es, diesen Matrixkohlenstoff lokal zu graphitieren, so daß über die Mikrostruktur thermische und elektrische Eigenschaften maßgeschneidert werden können. Verbunde können mit dieser Technik auf weniger als 5-7 % Restporosität verdichtet werden.

Eine Maximierung der thermischen und elektrischen Leitfähigkeiten von polymerabgeleiteten CVF ist nur bei Verwendung von Pechen als Matrix möglich, da sie gut graphitierbar sind. Die Peche lagern sich beim Imprägnieren und Schrumpfen an die Porenwände bzw. die Fasern an und schrumpfen - analog dem Vorgang bei der Gasphaseninfiltration - auf diese auf, während die C-Matrices aus Phenol- und Furanharzen von den Oberflächen wegschrumpfen [2201]. Deshalb können C-Matrices auf Pechbasis bei der nachfolgenden Graphitierungsglühbehandlung epitaktisch auf die C-Fasern aufwachsen, d.h., die Graphitbasalebenen orientieren sich parallel zur Faserlängsachse und erhöhen somit die Leitfähigkeitswerte und auch die Steifigkeit der CFC-Verbunde.

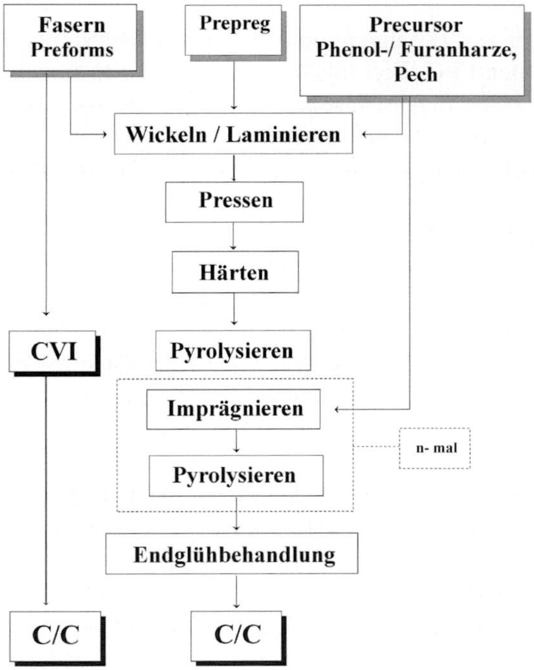

Bild 551: Herstellschema für CFC-Verbundwerkstoffe

Durch die unterschiedlichen Wärmeausdehnungskoeffizienten von Faser und Matrix entstehen allerdings beim Abkühlen nahezu äquidistante Schrumpfrisse in der Matrix senkrecht zur Faserverstärkung. Diese Schrumpfrisse, auch Segmentierungsrisse genannt [2202], schließen sich jedoch bei hohen Anwendungstemperaturen der CFC-Werkstoffe wieder, erhöhen damit die Reibungskräfte an den Rissflanken und daher auch die Festigkeitswerte der CFC-Werkstoffe bei Anwendungstemperaturen größer 800°C.

Da die Polymerroute immer zu höheren Eigenspannungen im Bauteil als die CVI-Technik führt, werden Verfahren kombiniert z.B. Bauteil- und Preformstabilisierung über CVI-Techniken, Nachverdichtungen über die Polymerroute und Endverdichtungen wiederum über CVI-Verfahren.

Eine weitere Verfahrensvariante der Polymerroute stellt z.B. die Druckcarbonisierung bei bis zu 100 bar dar, mit der eine Erhöhung der C-Ausbeuten möglich wird. Diese wird besonders bei Reimprägnierungen mit Pechen angewandt, um C-Ausbeuten von ca. 55 % auf 65 % zu erhöhen. Eine Weiterentwicklung dieses Verfahrens ist das heißisostatische Pressen (HIP), wobei in einem Verfahrensschritt bei 1000 bis 2000 bar Carbonisierung und Graphitierungsglühbehandlung durchgeführt wird. Diese Verfahren werden bevorzugt bei Pechen und Mesophasenpechen als Matrix-Precursor eingesetzt, wobei dann entsprechende katalytische Vernetzungshilfsmittel für die thermoplastische Pechmatrix zugegeben werden müssen. Eine vereinfachte Variante dieser teueren Technik ist das einstufige Heißpressen von mesophasenpechhaltigen CFC-Verbunden bei ca. 600°C bis 650°C unter atmosphärischen Bedingungen ohne Nachverdichtungszyklen mit C-Ausbeuten bis zu 90 %.

Die aufgeführten Möglichkeiten zur Erzeugung einer Kohlenstoffmatrix sind die Ursache dafür, daß es nicht *einen* CFC-Werkstoff, sondern *eine CFC-Familie* an Werkstoffen mit unterschiedlichsten Eigenschaftsprofilen gibt. Dies erschwert die Auswahl für den Anwender und läßt eine vergleichbare Betrachtung und Wertung der Werkstoffeigenschaften nur zu, wenn gleiche Herstellparameter gewählt wurden.

Anhang

1 Das internationale Einheitensystem (SI)

SI-Basiseinheiten

Physikalische Größe		Einheit	
Name	**Symbol**	**Name**	**Symbol**
Länge	l	Meter	m
Masse	m	Kilogramm	kg
Zeit	t	Sekunde	s
Elektrische Stromstärke	I	Ampere	A
Thermodynamische Temperatur	T	Kelvin	K
Lichtstärke	I_v	Candela	cd
Stoffmenge	n	Mol	mol

Gebräuchliche abgeleitete Einheiten

Physikalische Größe		Einheit		
Name	**Symbol**	**Name**	**Symbol**	**Definition**
Frequenz	v	Hertz	Hz	s^{-1}
Kraft	F	Newton	N	$kg\ m\ s^{-2} = J\ m^{-1}$
Druck, mechanische Spannung	p	Pascal	Pa	$kg\ m^{-1}\ s^{-2} = N\ m^{-2}$
Energie	E	Joule	J	$kg\ m^2 s^{-2}$
Leistung	P	Watt	W	$kg\ m^2\ s^{-3} = J\ s^{-1}$
Elektrische Ladung	Q	Coulomb	C	A s
Elektrische Potentialdifferenz	U	Volt	V	$kg\ m^2\ s^{-3}\ A^{-1} = J\ A^{-1}\ s^{-1}$
Elektrischer Widerstand	R	Ohm	Ω	$kg\ m^2\ s^{-3}\ A^{-2} = V\ A^{-1}$
Elektrischer Leitwert	G	Siemens	S	$kg^{-1}\ m^{-2}\ s^3\ A^2 = \Omega^{-1}$
Elektrische Kapazität	C	Farad	F	$kg^{-1}\ m^{-2}\ s^4\ A^2 = C\ V^{-1}$
Magnetischer Fluß	Φ	Weber	Wb	$kg\ m^2\ s^{-2}\ A^{-1} = V\ s$
Induktivität	L	Henry	H	$kg\ m^2\ s^{-2}\ A^{-2} = V\ A^{-1}\ s$
Magnetische Flußdichte	B	Tesla	T	$kg\ s^{-2}\ A^{-1} = V\ s\ m^{-2}$
Lichtstrom	F	Lumen	lm	Cd sr
Beleuchtungsstärke	E	Lux	lx	$Lm\ m^{-2} = cd\ rs\ m^{-2}$
Radioaktivität		Bequerel	Bq	s^{-1}
Absorbierte Dosis		Gray	Gy	$J\ kg^{-1} = m^2\ s^{-2}$

Definitionen der SI-Basiseinheiten (mit dem Jahr der letzten Revision).

Meter: Ein Meter ist die Länge der Strecke, die da Licht im Vakuum in der Zeitspanne von (1/299.792.458) Sekunden zurücklegt. (1983)

Kilogramm: Das Kilogramm ist die Einheit der Masse; sie ist gleich der Masse des internationalen Kilogramm-Prototyps. (1901)

Sekunden: Eine Sekunde ist das 9.192.631.770fache der Periodendauer der Strahlung, die beim Übergang zwischen den zwei Hyperfeinstruktur-Niveaus des Grundzustands des Caesium^{133}-Atoms emittiert wird. (1967)

Ampere: Ein Ampere ist die Stärke des konstanten Stroms, der durch zwei im Vakuum im Abstand 1 m parallel angeordnete, geradlinige unendlich lange Leiter von vernachlässigbarem Querschnitt fließt und zwischen diesen Leitern je 1 m Leiterlänge eine Kraft von $2x10^{-7}$ Newton hervorruft. (1948)

Kelvin: Das Kelvin ist die Einheit der thermodynamischen Temperaturen; dies ist (1/273,16) der thermodynamischen Temperatur des Tripelpunkts des Wassers. (1967)

Candela: Ein Candela ist – in einer gegebenen Richtung – die Lichtstärke einer Lichtquelle, die monochromatische Strahlung mit der Frequenz $540x10^{12}$ Hertz emittiert und in dieser Richtung eine Strahlungsintensität von (1/683) Watt pro Radiant hat. (1979)

Mol: Ein Mol ist die Stoffmenge eines Systems, das sich aus ebenso vielen Elementar-Individuen zusammensetzt, wie in 0,012 kg des Nuklids Kohlenstoff^{12} an Atomen enthalten sind. Die Elementar-Individuen müssen bezeichnet werden und können Atome, Moleküle, Ionen, Elektronen, andere Teilchen oder Gruppierungen solcher Teilchen sein. (1971)

Dezimale Teile und Vielfache

Zehnerpotenz	Präfix	Symbol	Zehnerpotenz	Präfix	Symbol
10^{-1}	dezi	d	10^{1}	deka	da
10^{-2}	zenti	c	10^{2}	hekto	h
10^{-3}	milli	m	10^{3}	kilo	k
10^{-6}	mikro	µ	10^{6}	mega	M
10^{-9}	nano	n	10^{9}	giga	G
10^{-12}	piko	p	10^{12}	tera	T
10^{-15}	femto	f	10^{15}	peta	P
10-18	atto	a	10^{18}	exa	E
10-21	zepto	z	10^{21}	zetta	Z
10-24	yocto	y	10^{24}	yotta	Y

Numerische Präfixe

	Griechisch	Lateinisch	IUPAC-Name des Elements*	IUPAC-Symbol des Elements*
0			nil	n
½	hemi	semi		
1	mono	uni	un	u
1 ½		sesqui		
2	di	bi	bi	b
3	tri	ter	tri	t
4	tetra	quadri, quater	quad	q
5	penta	quinque, quin	pent	p
6	hexa	sexi	hex	h
7	hepta	septi	sept	s
8	octa	octa	oct	o
9	ennea	nona	emn	e
10	deca	deci		
viel	poly	multi		

*Für Elemente mit Ordnungszahlen über 100, z.B. Unnilennium (Une) für Elemente 109.

2 Grundlegende Konstanten (Revision 1986)

Die Zahlen in Klammern sind die Unsicherheiten der letzten Stellen und beziehen sich auf die einfache Standardabweichung

Name	**Symbol**	**Wert**
Avogadro-Konstante	N_A	6,0221367 (36) x 10^{23} mol^{-1}
Faraday-Konstante	F	96485,309 (29) C mol^{-1}
Elementarladung	e	1,60217733 (49) x 10^{-19} C
Ruhemasse des Elektrons	m_e	9,1093897 (54) x 10^{-31} kg
Ruhemasse des Protons	m_p	1,6726231 (10) x 10^{-27} kg
Ruhemasse des Neutrons	m_n	1,6749286 (10) x 10^{-27} kg
Atomare Masseneinheit	M_u = 1 u	1,6605402 (10) x 10^{-27} kg
(1/12 der Masse eines C^{12}-Atoms)		
Planck-Konstante	h	6,6260755(40) x 10^{-34} J s
	$\hbar = h/2\pi$	1,05457266(63) x 10^{-34} J s
Lichtgeschwindigkeit im Vakuum	c_0	2,99792458 x 10^8 m s^{-1}
Magnetische Feldkonstante im Vakuum	μ_0	4π x 10^{-7} kg m s^{-2} A^{-2}
Elektrische Feldkonstante im Vakuum	$\varepsilon_0 = \mu_0^{-1}\ c_0^{-2}$	8,854187816 x 10^{-12} kg^{-1} m^{-3} s^4 A^2
Bohr-Radius	$a_0 = \varepsilon_0 h_2/\pi m_e e^2$	5,29177249(24) x 10^{-11} m
Hartree-Energie	$E_h = h^2/m_e a_0^2$	4,3597482 (26) x 10^{-18} J
Rydberg-Konstante	$R_\infty = m_e e^4/8\varepsilon_0^2 h^3 c_0$	1,0973731534(13) x 10^7 m^{-1}
Rydberg-Konstante (Wasserstoff)	$R_H = R_\infty/(1+m_e/m_p)$	1,0967758307(13) x 10^7 m^{-1}
Bohr-Magneton	$\mu_B = eh/4\pi\ m_e$	9,2740154(31) x 10^{-24} A m^2
Gaskonstante	R	8,314510(70)J K^{-1} mol^{-1}
		0,08205783(70) L atm K^{-1} mol^{-1}
		82,05783(70) cm^3 atm K^{-1} mol^{-1}
		1,987216(17) cal K^{-1} mol^{-1}
Boltzmann-Konstante	k	1,380658(12) x 10^{-23} J K^{-1}
Volumen von 1 mol eines idealen Gases bei 1 atm, 0°C	V_m	22,41410(19) L mol^{-1}
bei 1 bar, 0°C		22,71108(19) L mol^{-1}
bei 1 atm, 25°C		24,46554(21) L mol^{-1}
Standard-Gravitationsbeschleunigung Auf der Erde	g_n	$9,80665\cdot10^{-11}$ m s^{-2}
Basis des natürlichen Logarithmus	e	2,718282
	ln x	2,30259 log x
	π	3,141592653

3 Wichtige Umrechnungsfaktoren

Energie

	J	cal	erg	cm^3atm	eV
1 J	1	0,2390	10^7	9,869	6,242 x 10^{18}
1 cal	4,184	1	4,184 x 10^{-7}	41,29	2,612 x 10^{19}
1 erg	10^{-7}	2,390 x 10^{-8}	1	9,869 x 10^{-7}	6,242 x 10^{11}
1 cm^3atm	0,1013	2,422 x 10^{-2}	1,013 x 10^6	1	6,325 x 10^{17}
1 eV	1,602 x 10^{-19}	3,829 x 10^{-20}	1,602 x 10^{-12}	1,581 x 10^{-18}	1

Energieäquivalente

	J mol^{-1}	cal mol^{-1}	erg $Molekül^{-1}$
Wellenzahl von 1 cm^{-1}	11,96	2,859	1,986 x 10^{-16}
1 Elektronenvolt (eV) pro Molekül	9,649 x 10^4	2,306 x 10^4	1,602 x 10^{-12}

Druck

	Pa	atm	mm Hg (Torr)	bar	dyn cm^{-2}	lbf in^{-2} (psi)
1 Pa	1	9,869 x 10^{-6}	7,501 x 10^{-3}	10^{-5}	10	1,450 x 10^{-4}
1 atm	1,013 x 10^5	1	760,0	1,013	1,013 x 10^6	14,70
1 mm Hg (Torr)	133,3	1,316 x 10^{-3}	1	1,333 x 10^6	1333	1,934 x 10^{-2}
1 bar	10^5	0,9869	750,1	1	10^6	14,50
1 dyn cm^{-2}	10^{-1}	9,869 x 10^{-7}	7,501 x 10^{-4}	10^{-6}	1	1,450 x 10^{-5}
1 lbf in^{-2} (psi)	6,895	6,805 x 10^{-2}	51,71	6,895 x 10^{-2}	6,895 x 10^4	1

Umrechnung in andere Maßsysteme

Größe	Umrechnungsfaktor	
Länge	1 m	= 100 cm = 10^{10} Å = 39,75 inch = 3,281 feet = 1,0936 yards = 0,6214*10^{-3} miles
Fläche	1 m²	= 1.550 sq inch = 10,764 sq feet = 1.196 sq yards
Volumen	1 m³	= 1.000 l = 61.023 cu inch = 35,314 cu feet = 2.114 US pints = 1.760 UK pints = 264,2 US gallons = 8,386 US barrels = 6,11 UK barrels = 28,37 US bushels = 27,51 UK bushels = 4,13 US quarters = 3,44 UK quarters = 0,3532 reg tons
Masse	1 kg	= 1.000 g = 15.432 grains (gr) = 35,273 ounces = 2,2046 pounds (lbs) = 1,102*10^{-3} US short tons = 0,9842*10^{-3} UK tons (US long tons) = 0,0220 US cwt = 0,197 UK cwt
Dichte	1 kg/m³	= 0,001 g/cm³ = 0,10197 kp s²/m^4 = 0,6242 lbs/cu ft. = 0,01002 lbs/UK gallon= 0,08344 lbs/US gallon = 436,994 gr/cu ft
Kraft	1N	= 1 kg m/s² = 10^5 g cm/s² (dyn) = 0,10197 kp = 7,233 poundal (pdl) = 0,2248 poundweight (lb wt, lbf)
Größe	Umrechnungsfaktor	

Druck	1 Pa (N/m²)	= 1 kg/m s² = 10^{-5} bar = 0,10197 kp/m² (mm WS) = 10 g/cm s² (dyn/cm²) = 0,10197*10^{-4} at (techn.) = 0,09694*10^{-4} atm (phys.) = 750,1*10^{-5} Torr (mm QS) = 1,4504*10^{-4} lbf/sq inch (psi)
	1 at	= 10.000 kp/m² (mm WS) = 735,6 Torr = 14,22 lbf/sq inch = 28,96 inch Hg
Arbeit, Energie	1 J	= 1 Nm = 1 Ws = 1 kg m²/s² = 107 g cm²/s² (erg) = 0,10197 kp m = 2,3844 10-4 kcal = 0,27778*10-6 kWh = 9,4782*10^{-4} BTU = 0,37767*10^{-6} PSh = 34,12*10^{-12} t SKE (Steinkohleneinheiten)
	1 kcal	= 4.186,8 J = 426,94 kpm = 3,968 BTU
	1 kWh	= 859,85 kcal = 1,3596 PSh = 3.411 BTU
	1 SKE	= 29,3 MJ = 7.000 kcal
Leistung	1 W	= 1 J/s = Nm/s = 1 kg m²/s³ = 10^{7} erg/s = 0,10197 kp m/s = 1,3596*10^{-3} PS = 1,3775*10^{-3} HP
	1 PS	= 735,5 W = 75 kp m/s = 632,3 kcal/h = 0,987 HP
Dynamische Viskosität	1 Ns/m²	= 1 Pa s = 1 kg/m s = 10 g/cm s (Poise) = 0,10197 kp s/m² = 0,6721 lbs/ft. s = 0,020885 lbf/sq. ft
	1 m Pa s	= 1 cP (Centipoise)
Kinematische Viskosität	1 m²/s	= 10^{4} cm²/s (Stokes) = 10,764 sq. ft/s
Heizwert, Umwandlungswärme	1 J/kg	= 1 Ws/kg = 1m²/s² = 2,3884*10^{-4} kcal/kg= 4,30*10^{-4} BTU/lb
Spezifische Wärme	1 J/kgK	= 1 m²/s²K = 2,3884*10^{-4} kcal/kg grd = 2,3884*10-4 BTU lb. °F
Wärmeleitzahl	1 W/mK	= 1 kg m/s³K = 0,859824 kcal/m h grd = 6,934 BTU inch/sq. ft. hr. °F
Wärmeübergangszahl Wärmedurchgangszahl	1 W/m²K	= 1 kg/s³K = 0,859824 kcal/m²h K= 0,1754 BTU/sq ft hr °F
Temperatur	X [K]	= 273,15 + X [°C]
	X [°F]	= 32 + 1,8 X [°C]

4 Das griechische Alphabet

Buchstabe		Name	Transkription	Buchstabe		Name	Transkription
Α	α	Alpha	a	Ν	ν	Ny	n
Β	β	Beta	b	Ξ	ξ	Xi	x
Γ	γ	Gamma	g	Ο	ο	Omikron	o
Δ	δ	Delta	d	Π	π	Pi	p
Ε	ε	Epsilon	e	Ρ	ρ	Rho	r
Ζ	ζ	Zeta	z	Σ	σ	Sigma	s
Η	η	Eta	e	Τ	τ	Tau	t
Θ	θ	Theta	th	Υ	υ	Ypsilon	u
Ι	ι	Iota	i	Φ	φ	Phi	ph, f
Κ	κ	Kappa	k	Χ	χ	Chi	ch
Λ	λ	Lambda	l	Ψ	ψ	Psi	ps
Μ	μ	My	m	Ω	ω	Omega	o

5 R-Sätze (Gefahrenhinweise)

Diese Gefahrenhinweise wurden von der HSC (Health and Safety Commission) bestätigt und entsprechen den Festlegungen von CHIP 96. Sie sind zudem im Anhang I der EU-Richtlinie 675/548 für gefährliche Substanzen enthalten, die in der Europäischen Union seit dem 1.9.1996 in Kraft ist.

R-Sätze

1	In trockenem Zustand explosionsgefährlich
2	Durch Schlag, Reibung, Feuer oder andere Zündquellen explosionsgefährlich
3	Durch Schlag, Reibung, Feuer oder andere Zündquellen besonders explosionsgefährlich
4	Bildet hochempfindliche explosionsgefährliche Metallverbindungen
5	Beim Erwärmen explosionsfähig
6	Mit und ohne Luft explosionsfähig
7	Kann Brand verursachen
8	Feuergefahr bei Berührung mit brennbaren Stoffen
9	Explosionsgefahr bei Mischung mit brennbaren Stoffen
10	Entzündlich
11	Leichtentzündlich
12	Hochentzündlich
14	Reagiert heftig mit Wasser
15	Reagiert mit Wasser unter Bildung hochentzündlicher Gase
16	Explosionsgefährlich in Mischung mit brandfördernden Stoffen
17	Selbstentzündlich an der Luft
18	Bei Gebrauch Bildung explosionsfähiger / leichtentzündlicher Dampf-Luft-Gemische möglich
19	Kann explosionsfähige Peroxide bilden
20	Gesundheitsschädlich beim Einatmen
21	Gesundheitsschädlich bei Berührung mit der Haut
22	Gesundheitsschädlich beim Verschlucken
23	Giftig beim Einatmen
24	Giftig bei Berührung mit der Haut
25	Giftig beim Verschlucken
26	Sehr giftig beim Einatmen
27	Sehr giftig bei Berührung mit der Haut
28	Sehr giftig beim Verschlucken
29	Entwicklung bei Berührung mit Wasser giftige Gase
30	Kann bei Gebrauch leicht entzündlich werden
31	Entwickelt bei Berührung mit Säure giftige Gase
32	Entwickelt bei Berührung mit Säure sehr giftige Gase
33	Gefahr kumulativer Wirkung
34	Verursacht Verätzungen
35	Verursacht schwere Verätzungen
36	Reizt die Augen
37	Reizt die Atmungsorgane
38	Reizt die Haut
39	Ernste Gefahr irreversiblen Schadens
40	Irreversibler Schaden möglich
41	Gefahr ernster Augenschäden
42	Sensibilisierung durch Einatmen möglich
43	Sensibilisierung durch Hautkontakt möglich
44	Explosionsgefahr bei Erhitzen unter Einschluß
45	Kann Krebs erzeugen
46	Kann vererbbare Schäden verursachen
48	Gefahr ernster Gesundheitsschäden bei längerer Exposition

49	Kann Krebs erzeugen beim Einatmen
50	Sehr giftig für Wasserorganisation
51	Giftig für Wasserorganismen
52	Schädlich für Wasserorganismen
53	Kann in Gewässern längerfristig schädliche Wirkung haben
54	Giftig für Pflanzen
55	Giftig für Tiere
56	Giftig für Bodenorganismen
57	Giftig für Bienen
58	Kann längerfristig schädliche Wirkungen auf die Umwelt haben
59	Gefährlich für die Ozonschicht
60	Kann die Fortpflanzungsfähigkeit beeinträchtigen
61	Kann das Kind im Mutterleib schädigen
62	Kann möglicherweise die Fortpflanzungsfähigkeit beeinträchtigen
63	Kann das Kind im Mutterleib möglicherweise schädigen
64	Kann Säuglinge über die Muttermilch schädigen

Kombinationen von R-Sätzen

14/15	Reagiert heftig mit Wasser unter Bildung hochentzündlicher Gase
15/29	Reagiert mit Wasser unter Bildung giftiger und hochentzündlicher Gase
20/21	Gesundheitsschädlich beim Einatmen und bei Berührung mit der Haut
20/21/22	Gesundheitsschädlich beim Einatmen, Verschlucken und bei Berührung mit der Haut
20/22	Gesundheitsschädlich beim Einatmen und Verschlucken
21/22	Gesundheitsschädlich beim Berührung mit der Haut und beim Verschlucken
23/24	Giftig beim Einatmen und bei Berührung mit der Haut
23/24/25	Giftig beim Einatmen, Verschlucken und bei Berührung mit der Haut
23/25	Giftig beim Einatmen und Verschlucken
24/25	Giftig bei Berührung mit der Haut und beim Verschlucken
26/27	Sehr giftig beim Einatmen und bei Berührung mit der Haut
26/27/28	Sehr giftig beim Einatmen, Verschlucken und bei Berührung mit der Haut
26/28	Sehr giftig beim Einatmen und Verschlucken
27/28	Sehr giftig bei Berührung mit der Haut und beim Verschlucken
36/37	Reizt die Augen und die Atmungsorgane
36/37/38	Reizt die Augen, die Atmungsorgane und die Haut
36/38	Reizt die Augen und die Haut
37/38	Reizt die Atmungsorgane und die Haut
39/23	Giftig: ernste Gefahr irreversiblen Schadens durch Einatmen
39/23/24	Giftig: ernste Gefahr irreversiblen Schadens durch Einatmen und durch Berührung mit der Haut
39/23/24/25	Giftig: ernste Gefahr irreversiblen Schadens durch Einatmen, durch Berührung mit der Haut und durch Verschlucken
39/23/25	Giftig: ernste Gefahr irreversiblen Schadens durch Einatmen und durch Verschlucken
39/24	Giftig: ernste Gefahr irreversiblen Schadens durch Berührung mit der Haut
39/24/25	Giftig: ernste Gefahr irreversiblen Schadens durch Berührung mit der Haut und durch Verschlucken
39/25	Giftig: ernste Gefahr irreversiblen Schadens durch Verschlucken
39/26	Sehr giftig: ernste Gefahr irreversiblen Schadens durch Einatmen
39/26/27	Sehr giftig: ernste Gefahr irreversiblen Schadens durch Einatmen und durch Berührung mit der Haut
39/26/27/28	Sehr giftig: ernste Gefahr irreversiblen Schadens durch Einatmen, durch Berührung mit der Haut und durch Verschlucken
39/26/28	Sehr giftig: ernste Gefahr irreversiblen Schadens durch Einatmen und durch Verschlucken
39/27	Sehr giftig: ernste Gefahr irreversiblen Schadens durch Berührung mit der Haut
39/27/28	Sehr giftig: ernste Gefahr irreversiblen Schadens durch Berührung mit der Haut und durch Verschlucken
39/28	Sehr giftig: ernste Gefahr irreversiblen Schadens durch Verschlucken

40/20	Gesundheitsschädlich: Möglichkeit irreversiblen Schadens durch Einatmen
40/20/21	Gesundheitsschädlich: Möglichkeit irreversiblen Schadens durch Einatmen und durch Berührung mit der Haut
40/20/21/22	Gesundheitsschädlich: Möglichkeit irreversiblen Schadens durch Einatmen, durch Berührung mit der Haut und durch Verschlucken
40/20/22	Gesundheitsschädlich: Möglichkeit irreversiblen Schadens durch Einatmen und durch Verschlucken
40/21	Gesundheitsschädlich: Möglichkeit irreversiblen Schadens durch Berührung mit der Haut
40/21/22	Gesundheitsschädlich: Möglichkeit irreversiblen Schadens durch Berührung mit der Haut und durch Verschlucken
40/22	Gesundheitsschädlich: Möglichkeit irreversiblen Schadens durch Verschlucken
42/43	Sensibilisierung durch Einatmen und durch Hautkontakt möglich
48/20	Gesundheitsschädlich: Gefahr ernster Gesundheitsschäden bei längerer Exposition durch Einatmen
48/20/21	Gesundheitsschädlich: Gefahr ernster Gesundheitsschäden bei längerer Exposition durch Einatmen und durch Berührung mit der Haut
48/20/21/22	Gesundheitsschädlich: Gefahr ernster Gesundheitsschäden bei längerer Exposition durch Einatmen, durch Berührung mit der Haut und durch Verschlucken
48/20/22	Gesundheitsschädlich: Gefahr ernster Gesundheitsschäden bei längerer Exposition durch Einatmen und durch Verschlucken
48/21	Gesundheitsschädlich: Gefahr ernster Gesundheitsschäden bei längerer Exposition durch Berührung mit der Haut
48/21/22	Gesundheitsschädlich: Gefahr ernster Gesundheitsschäden bei längerer Exposition durch Berührung mit der Haut und durch Verschlucken
48/22	Gesundheitsschädlich: Gefahr ernster Gesundheitsschäden bei längerer Exposition durch Verschlucken
48/23	Giftig: Gefahr ernster Gesundheitsschaden bei längerer Exposition durch Einatmen
48/23/24	Giftig: Gefahr ernster Gesundheitsschaden bei längerer Exposition durch Einatmen und durch Berührung mit der Haut
48/23/24/25	Giftig: Gefahr ernster Gesundheitsschaden bei längerer Exposition durch Einatmen, durch Berührung mit der Haut und durch Verschlucken
48/23/25	Giftig: Gefahr ernster Gesundheitsschaden bei längerer Exposition durch Einatmen und durch Verschlucken
48/24	Giftig: Gefahr ernster Gesundheitsschaden bei längerer Exposition durch Berührung mit der Haut
48/24/25	Giftig: Gefahr ernster Gesundheitsschaden bei längerer Exposition durch Berührung mit der Haut und durch Verschlucken
48/25	Giftig: Gefahr ernster Gesundheitsschaden bei längerer Exposition durch Verschlucken
50/53	Sehr giftig für Wasserorganismen, kann in Gewässern längerfristig schädliche Wirkungen haben
51/53	Giftig für Wasserorganismen, kann in Gewässern längerfristig schädliche Wirkungen haben
52/53	Schädlich für Wasserorganismen, kann in Gewässern längerfristig schädliche Wirkungen haben

6 S-Sätze (Sicherheitsratschläge)

1	Unter Verschluß aufbewahren
2	Darf nicht in die Hände von Kindern gelangen
3	Kühl aufbewahren
4	Von Wohnplätzen fernhalten
5	Unter ... aufbewahren (geeignete Flüssigkeit vom Hersteller anzugeben)
6	Unter ... aufbewahren (inertes Gas vom Hersteller anzugeben)
7	Behälter dicht geschlossen halten
8	Behälter trocken halten
9	Behälter an einem gut gelüfteten Ort aufbewahren

12	Behälter nicht gasdicht verschließen
13	Von Nahrungsmitteln, Getränken und Futtermittel getrennt fernhalten
14	Von ... fernhalten (inkompatible Substanzen vom Hersteller anzugeben
15	Vor Hitze schützen
16	Von Zündquellen fernhalten – Nicht rauchen
17	Von brennbaren Stoffen fernhalten
18	Behälter mit Vorsicht öffnen und handhaben
20	Bei der Arbeit nicht essen oder trinken
21	Bei der Arbeit nicht rauchen
22	Staub nicht einatmen
23	Gas/Rauch/Dampf/Aerosol nicht einatmen (geeignete Bezeichnung(en) vom Hersteller anzugeben)
24	Berührung mit der Haut vermeiden
25	Berührung mit den Augen vermeiden
26	Bei Berührung mit den Augen sofort gründlich mit Wasser ausspülen und Arzt konsultieren
27	Beschmutzte, getränkte Kleidung sofort ausziehen
28	Bei Berührung mit der Haut sofort abwaschen mit viel ... (vom Hersteller anzugeben)
29	Nicht in die Kanalisation gelangen lassen
30	Niemals Wasser hinzugießen
33	Maßnahmen gegen elektrostatische Aufladungen treffen
35	Abfälle und Behälter müssen in sicherer Weise beseitigt werden
36	Bei der Arbeit geeignete Schutzkleidung tragen
37	Geeignete Schutzhandschuhe tragen
38	Bei unzureichender Belüftung Atemschutzgerät anlegen
39	Schutzbrille/Gesichtsschutz tragen
40	Fußboden und verunreinigte Gegenstände mit ... reinigen (Material vom Hersteller anzugeben)
41	Explosions- und Brandgase nicht einatmen
42	Bei Räuchen/Versprühen geeignetes Atemschutzgerät anlegen (geeignete Bezeichnung(en) vom Hersteller anzugeben)
43	Zum Löschen ... (vom Hersteller anzugeben) verwenden (wenn Wasser die Gefahr erhöht, anfügen: „Kein Wasser verwenden“)
45	Bei Unfall oder Unwohlsein sofort Arzt hinzuziehen (wenn möglich dieses Etikett vorzeigen)
46	Bei Verschlucken sofort ärztlichen Rat einholen und Verpackung oder Etikett vorzeigen
47	Nicht bei Temperatur über ... °C aufbewahren (vom Hersteller anzugeben)
48	Feucht halten mit ... (geeignetes Mittel vom Hersteller anzugeben)
49	Nur im Originalbehälter aufbewahren
50	Nicht mischen mit ... (vom Hersteller anzugeben)
51	Nur in gut gelüfteten Bereichen verwenden
52	Nicht großflächig für Wohn- und Aufenthaltsräume zu verwenden
53	Exposition vermeiden – vor Gebrauch besondere Anweisungen einholen
56	Diesen Stoff und seinen Behälter der Problemabfall-Entsorgung zuführen
57	Zur Vermeidung einer Kontamination der Umwelt geeigneten Behälter verwenden
59	Information zur Wiederverwendung/Wiederverwertung beim Hersteller/Lieferanten erfragen
60	Dieser Stoff und sein Behälter sind als gefährlicher Abfall zu entsorgen
61	Freisetzung in die Umwelt vermeiden. Besondere Anweisungen einholen/ Sicherheitsdatenblatt zu Rate ziehen
62	Bei Verschlucken kein Erbrechen herbeiführen. Sofort ärztlichen Rat einholen und Verpackung oder dieses Etikett vorzeigen

Kombination von S-Sätzen

1/2	Unter Verschluß und für Kinder unzugänglich aufbewahren
3/7	Behälter dicht geschlossen halten und an einem kühlen Ort aufbewahren
3/9/14	An einem kühlen, gut gelüfteten Ort, entfernt von ... aufbewahren (die Stoffe, mit denen Kontakt vermieden werden muß, sind vom Hersteller anzugeben)
3/9/14/49	Nur im Originalbehälter an einem kühlen, gut gelüfteten Ort, entfernt von ... aufbewahren (die Stoffe, mit denen Kontakt vermieden werden muß, sind vom Hersteller anzugeben)
3/9/49	Nur im Originalbehälter an einem kühlen, gut gelüfteten Ort aufbewahren
3/14	An einem kühlen, von ... entfernten Ort aufbewahren (die Stoffe, mit denen Kontakt vermieden werden muß, sind vom Hersteller anzugeben)
7/8	Behälter trocken und dicht geschlossen halten
7/9	Behälter dicht geschlossen an einem gut gelüfteten Ort aufbewahren
7/47	Behälter dicht geschlossen und nicht bei Temperaturen über ...°C aufbewahren (vom Hersteller anzugeben)
20/21	Bei der Arbeit nicht essen, trinken oder rauchen
24/25	Berührung mit den Augen und der Haut vermeiden
29/56	Nicht in die Kanalisation gelangen lassen. Diesen Stoff und seinen Behälter der Problemabfall-Entsorgung zuführen
36/37	Bei der Arbeit geeignete Schutzhandschuhe und Schutzkleidung tragen
36/37/39	Bei der Arbeit geeignete Schutzkleidung, Schutzhandschuhe und Schutzbrille/ Geschichtsschutz tragen
36/39	Bei der Arbeit geeignete Schutzkleidung und Schutzbrille/Gesichtsschutz tragen
37/39	Bei der Arbeit geeignete Schutzhandschuhe und Schutzbrille/Gesichtsschutz tragen
47/49	Nur im Originalbehälter und nicht bei Temperaturen über ...°C (vom Hersteller anzugeben) aufbewahren

7 DIN-EN-Normen zur Prüfung keramischer Erzeugnisse

7.1 Allgemeine Definitionen

DIN 40680-1 (08.83)	Keramische Werkstücke für die Elektrotechnik; Allgemeintoleranzen für Maße
DIN 40680-2 (08.83)	Keramische Werkstücke für die Elektrotechnik; Allgemeintoleranzen für Form
DIN 40686-1 (08.83)	Oberflächen dichter keramischer Werkstücke für die Elektrotechnik; Allgemeines
DIN 40686 Beiblatt 1 (08.83)	Oberflächen dichter keramischer Werkstücke für die Elektrotechnik; Angabe in Zeichnungen
DIN 40686 Beiblatt 2 (08.83)	Oberflächen dichter keramischer Werkstücke für die Elektrotechnik; Messungen der Rauheit
DIN 40686-4 (08.83)	Oberflächen dichter keramischer Werkstücke für die Elektrotechnik; Prüfung von weichlötbaren Metallbelägen
DIN 40686-5 (08.83)	Oberflächen dichter keramischer Werkstücke für die Elektrotechnik; Prüfung von hartlötbaren Metallbelägen
DIN 40686-6 (08.83)	Oberflächen dichter keramischer Werkstücke für die Elektrotechnik; Hoch- und Niederspannungs-Isolatoren
DIN 40686-7 (08.83)	Oberflächen dichter keramischer Werkstücke für die Elektrotechnik; Isolierteile
DIN EN 12212 (12.02)	Hochleistungskeramik – Einheitliches Verfahren zur Klassifizierung
DIN V ENV 14232 (05.02)	Hochleistungskeramik – Begriffe, Definitionen und Abkürzungen
DIN EN ISO 13565-1 (04.98)	Geometrische Produktspezifikationen (GPS) – Oberflächenbeschaffenheit: Tastenschnittverfahren – Oberflächen mit plateauartigen funktionsrelevanten Eigenschaften – Teil 1: Filterung und allgemeine Messbedingungen
DIN EN ISO 13565-2 (04.98)	Geometrische Produktspezifikationen (GPS) – Oberflächenbeschaffenheit: Tastenschnittverfahren – Oberflächen mit plateauartigen funktionsrelevanten Eigenschaften – Teil 2: Beschreibung der Höhe mittels linearer Darstellung der Materialanteilkurve
DIN EN ISO 13565-3 (08.00)	Geometrische Produktspezifikationen (GPS) – Oberflächenbeschaffenheit: Tastenschnittverfahren – Oberflächen mit plateauartigen funktionsrelevanten Eigenschaften – Teil 3: Beschreibung der Höhe von Oberflächen mit der Wahrscheinlichkeitsdichtekurve
DIN EN 60672-1 (05.96)	Keramik- und Glasisolierstoffe – Teil 1: Begriffe und Gruppeneinteilung, identisch mit IEC 60672-1
DIN EN 60672-2 (10.00)	Keramik- und Glasisolierstoffe – Teil 2: Prüfverfahren, identisch mit IEC 60672-2
DIN EN 60672-3 (02.99)	Keramik- und Glasisolierstoffe – Teil: Anforderungen für einzelne Werkstoffe - identisch mit IEC 60672-3

DIN ISO 1101 (08.95)	Technische Zeichnungen; Form- und Lagetolerierung; Form-, Richtungs-, Orts- und Lauftoleranzen; Allgemeines, Definitionen, Symbole, Zeichnungseintragungen
DIN ISO 2768-1 (06.91)	Allgemeintoleranzen; Toleranzen für Längen- und Winkelmaße ohne einzelne Toleranzeintragung
DIN ISO 2768-2 (04.91)	Allgemeintoleranzen; Toleranzen für Form und Lage ohne einzelne Toleranzeintragung
DIN ISO 286-1 (11.90)	ISO-System für Grenzmaße und Passungen; Grundlagen für Toleranzen, Abmaße und Passungen
DIN ISO 286-2 (11.90)	ISO-System für Grenzmaße und Passungen; Tabellen der Grundtoleranzgrade und Grenzabmaße für Bohrungen und Wellen
DIN EN ISO 1302 (06.02)	Geometrische Produktspezifikation (GPS) – Angabe der Oberflächenbeschaffenheit in der technischen Produktdokumentation
ISO 9000 (05.90)	Qualitätsmanagement und Qualitätssicherungsnormen; Leitfaden zur Auswahl und Anwendung
ISO 15165 (10.01)	Hochleistungskeramik; Klassifizierungssystem
DVS 3102 (02.93)	Herstellen von Keramik-Keramik- und Keramik-Metall-Verbindungen durch Aktivlöten
VDI/VDE 2603 (09.90)	Oberflächen-Messverfahren; Messung des Flächentraganteils
VDI/VDE 2604 (06.71)	Oberflächen-Messverfahren; Rauheitsuntersuchung mittels Interferenzmikroskopie

7.2 Prüfverfahren für Pulver

DIN EN 725-1 (06.97)	Bestimmung von Verunreinigungen in Aluminiumoxidpulver
DIN EN 725-2 (03.94)	Bestimmung des Gehalts von Verunreinigungen in Bariumtitanat
DIN EN 725-3 (06.97)	Bestimmung des Sauerstoffgehalts in Nichtoxidpulvern mittels Trägergasheißextraktion
DIN EN 725-5 (03.96)	Bestimmung der Teilchengrößenverteilung
DIN EN 725-6 (06.97)	Bestimmung der spezifischen Oberfläche
DIN EN 725-7 (01.96)	Bestimmung der absoluten Dichte
DIN EN 725-8 (05.97)	Bestimmung der Klopfdichte
DIN EN 725-9 (05.97)	Bestimmung der Schüttdichte
DIN EN 725-10 (04.97)	Bestimmung der Verdichtungseigenschaften
DIN V ENV 725-11 (11.93)	Bestimmung des Verdichtungsverhaltens bei natürlichem Sinterbrand
DIN EN 725-12 (06.01)	Chemische Analyse von Zirkoniumoxid
DIN V ENV 14226 (07.02)	Bestimmung von Calcium, Magnesium, Eisen und Aluminium in Siliciumnitrid mittels Flammen-Atomabsorptionsspektroskopie (FAAS) oder Atomemissionspektroskopie mit induktiv gekoppeltem Plasma (ICP-AES)
DIN V ENV 14273 (09.02)	Bestimmung der kristallinen Phase in Zirkoniumoxid
DIN 51079-1 (04.91)	Chemische Analyse von Siliciumcarbid als Rohstoff und als Bestandteil von Werkstoffen; Soda-Borsäure-Aufschluss
DIN 51079-2 (03.98)	Chemische Analyse von Siliciumcarbid als Rohstoff und als Bestandteil von Werkstoffen; Säure-Druck-Aufschluss

DIN V 51079-3 (03.98)	Chemische Analyse von Siliciumcarbid als Rohstoff und als Bestandteil von Werkstoffen; Aufschluss des freien Kohlenstoffs durch nasschemische Oxidation
Pr DIN 51082 (06.01)	Bestimmung des *p*H-Werts von Suspensionen nichtwasserlöslicher Pulver
ISO 14703 (03.00)	Probenvorbereitung zur Bestimmung der Teilchengrößenverteilung von keramischen Pulvern

7.3 Prüfverfahren für monolithische Keramik

DIN EN 623-1 (04.95)	Allgemeine und strukturelle Eigenschaften; Prüfung auf Anwesenheit von Oberflächenfehlern durch Farbstoffeindringtests
DIN EN 623-2 (11.93)	Allgemeine und strukturelle Eigenschaften; Bestimmung von Dichte und Porosität
DIN EN 623-3 (04.93)	Allgemeine und strukturelle Eigenschaften; Bestimmung der Korngröße
DIN EN 623-4 (11.93)	Allgemeine und strukturelle Eigenschaften; Bestimmung der Oberflächenrauheit
DIN EN 623-5 (10.02)	Allgemeine und strukturelle Eigenschaften; Bestimmung des Volumenanteils von Phasen durch Auswertung von Mikrogefügeaufnahmen
DIN V ENV 820-1 (02.94)	Thermomechanische Eigenschaften; Bestimmung der Biegefestigkeit bei erhöhten Temperaturen
DIN EN 820-2 (11.92)	Thermomechanische Eigenschaften; Bestimmung der Verformung unter Eigengewicht
DIN V ENV 820-3 (02.94)	Thermomechanische Eigenschaften; Bestimmung der Thermoschockbeständigkeit mit dem Wasserabschreckversuch
DIN V ENV 820-4 (12.01)	Thermomechanische Eigenschaften; Bestimmung der Kriechverformung unter Biegebeanspruchung bei erhöhten Temperaturen
DIN EN 821-1 (04.95)	Thermophysikalische Eigenschaften; Bestimmung der thermischen Längenänderung
DIN EN 821-2 (08.97)	Thermophysikalische Eigenschaften; Messung der Temperaturleitfähigkeit mit dem Laserflash- (oder Wärmeimpuls-) Verfahren
DIN V ENV 821-3 (11.93)	Thermophysikalische Eigenschaften; Bestimmung der spezifischen Wärme
DIN EN 843-1 (04.95)	Mechanische Eigenschaften bei Raumtemperatur; Bestimmung der Biegefestigkeit
DIN V ENV 843-2 (02.96)	Mechanische Eigenschaften bei Raumtemperatur; Bestimmung des E-Moduls
DIN V ENV 843-3 (11.96)	Mechanische Eigenschaften bei Raumtemperatur; Bestimmung der Parameter des unterkritischen Risswachstums aus Biegefestigkeitsprüfungen mit konstanter Spannungsrate
DIN V ENV 843-4 (10.94)	Mechanische Eigenschaften bei Raumtemperatur; Härteprüfung nach Vickers, Knoop und Rockwell
DIN V ENV 843-5 (01.97)	Mechanische Prüfung bei Raumtemperatur; statistische Auswertung
DIN V ENV 1006 (04.93)	Richtlinien zur Probenahme und Entnahme von Proben

DIN V ENV 12923-1 (02.98)	Monolithische Keramik; Allgemeines zur Durchführung von Korrosionsprüfungen
DIN V ENV 12923-2 (05.02)	Monolithische Keramik; Oxidationsprüfung
DIN EN 50324-1 (12.02)	Piezoelektrische Eigenschaften von keramischen Werkstoffen und Komponenten; Begriffe
DIN EN 50324-2 (12.02)	Piezoelektrische Eigenschaften von keramischen Werkstoffen und Komponenten; Messverfahren – Kleinsignal
DIN EN 50324-3 (04.01)	Piezoelektrische Eigenschaften von keramischen Werkstoffen und Komponenten; Messverfahren – Großsignal
DIN prEN 50359-1-1 (07.01)	Hochleistungskeramik; elektrische Eigenschaften; Verfahren zur Prüfung der Durchschlagfestigkeit, Kurzzeitverhalten
DIN prEN 50359-1-2 (07.01)	Hochleistungskeramik; elektrische Eigenschaften; Verfahren zur Bestimmung des spezifischen Oberflächen- und Durchgangswiderstands im Temperaturbereich 20°C bis 800°C
DIN 51069-2 (11.72)	Prüfung keramischer Roh- und Werkstoffe; vergleichende Prüfung des Verhaltens feuerfester Werkstoffe gegen den Angriff fester und flüssiger Stoffe bei hoher Temperatur, Tiegelverfahren
DIN 51110-3 (09.93)	Prüfung von keramischen Hochleistungswerkstoffen; 4-Punkt-Biegeversuch; statistische Auswertung; Ermittlung der Weibull-Parameter
DIN IEC 60483 (04.88)	Leitfaden zur Bestimmung der dynamischen Eigenschaften von piezoelektrischer Keramik mit hohem elektromechanischen Koppelfaktor
DIN IEC 60642 (04.88)	Piezoelektrische Vibratoren und Resonatoren für Frequenzstabilisierung und -selektion; Normwerte und Bedingungen; Mess- und Prüfverfahren
DIN 51045-2 (10.76)	Bestimmung der Längenänderung fester Körper unter Wärmeeinwirkung; Prüfung gebrannter feinkeramischer Werkstoffe
DIN 51045-3 (10.76)	Bestimmung der Längenänderung fester Körper unter Wärmeeinwirkung; Prüfung ungebrannter feinkeramischer Werkstoffe
ISO 14704 (08.00)	Bestimmung der Biegefestigkeit von monolithischer Keramik bei Raumtemperatur
ISO 14705 (03.00)	Test method for hardness of monolithic ceramics at room temperature
ISO 15490 (07.00)	Prüfverfahren zur Bestimmung der Zugfestigkeit von monolithischer Keramik bei Raumtemperatur
prISO/DIS 15732 (06.99)	Prüfverfahren zur Bestimmung der Bruchzähigkeit von monolithischer Keramik bei Raumtemperatur an einseitig gekerbten Biegeproben (SEPB-Verfahren)
ISO 17532 (10.01)	Prüfverfahren zur Bestimmung der linearen Wärmedehnung von monolithischer Keramik bei Raumtemperatur mittels Schubstangentechnik
prISO 17565 (10.01)	Prüfverfahren zur Bestimmung der Biegefestigkeit von monolithischer Keramik erhöhten Temperaturen

prISO/DIS 18756 (05.02)	Determination of fracture toughness of monolithic ceramics at room temperature by the surface-crack-inflexure-method (SCF)
prISO/DIS 20509 (05.02)	Determination of oxidation resistance of nonoxide monolithic ceramics
ASTM C 768 (1999)	Bestimmung der Beständigkeit von feuerfesten Steinen gegen schmelzflüssige Schlacke
ASTM C 874 (1999)	Prüfung der Verschlackungsbeständigkeit von feuerfesten Stoffen

7.4 Prüfverfahren für Verbundwerkstoffe

DIN EN 658-1 (01.99)	Eigenschaften von keramischen Verbundwerkstoffen bei Raumtemperatur – Teil 1: Bestimmung der Eigenschaften unter Zug
DIN V ENV 658-2 (05.93)	Eigenschaften von keramischen Verbundwerkstoffen bei Raumtemperatur – Teil 2: Bestimmung der Druckfestigkeit
DIN V ENV 658-3 (02.93)	Eigenschaften von keramischen Verbundstoffen bei Raumtemperatur – Teil 3: Bestimmung der Biegefestigkeit
DIN V ENV 658-4 (02.93)	Eigenschaften von keramischen Verbundwerkstoffen bei Raumtemperatur – Teil 4: Bestimmung der Scherfestigkeit unter Druckbelastung von gekerbten Proben
DIN V ENV 658-5 (02.93)	Eigenschaften von keramischen Verbundwerkstoffen bei Raumtemperatur – Teil 5: Bestimmung der Scherfestigkeit im 3-Punkt-Biegeversuch mit kurzem Auflagerabstand
DIN V ENV 658-6 (02.93)	Eigenschaften von keramischen Verbundwerkstoffen bei Raumtemperatur – Teil 6: Bestimmung der Scherfestigkeit im Doppelscherdurchstoßversuch
DIN V ENV 1007-1 (04.93)	Keramikfasern für keramische Verbundwerkstoffe – Teil 1: Bestimmung des Schlichtegehaltes;
DIN V ENV 1007-2 (04.93)	Keramikfasern für keramische Verbundwerkstoffe – Teil 2: Bestimmung der Feinheit
DIN V ENV 1007-3 (11.93)	Verfahren zur Prüfung der Faserverstärkungen – Teil 3: Bestimmung des Faserdurchmessers
DIN V ENV 1007-4 (05.94)	Verfahren zur Prüfung der Faserverstärkungen – Teil 4: Bestimmung der Zugeigenschaften von Fasern bei Raumtemperatur
DIN EN 1007-5 (05.02)	Verfahren zur Prüfung der Faserverstärkungen – Teil 5: Bestimmung der Verteilung von Zugfestigkeit und Zugdehnung von Fasern im Faserbündel bei Raumtemperatur
DIN V ENV 1159-1 (11.93)	Thermophysikalische Eigenschaften; Bestimmung der thermischen Ausdehnung
DIN V ENV 1159-2 (11.93)	Thermophysikalische Eigenschaften; Bestimmung der Temperaturleitfähigkeit
DIN V ENV 1159-3 (11.93)	Thermophysikalische Eigenschaften; Bestimmung der spezifischen Wärmekapazität
DIN V ENV 1389 (06.94)	Physikalische Eigenschaften; Bestimmung der Dichte und Porosität
DIN V ENV 1892 (07.96)	Mechanische Eigenschaften von keramischen Verbundwerkstoffen bei hoher Temperatur in inerter Atmosphäre; Bestimmung der Eigenschaften unter Zug

DIN V ENV 1893 (07.96)	Mechanische Eigenschaften von keramischen Verbundwerkstoffen bei hoher Temperatur in Luft bei Atmosphärendruck; Bestimmung der Eigenschaften unter Zug
DIN V ENV 1894 (07.96)	Mechanische Eigenschaften von keramischen Verbundwerkstoffen bei hoher Temperatur inerter Atmosphäre; Bestimmung der Scherfestigkeit durch Druckbeanspruchung von gekerbten Proben
DIN V ENV 12289 (10.96)	Mechanische Eigenschaften von keramischen Verbundwerkstoffen bei Raumtemperatur; Bestimmung der Schereigenschaften in der Ebene
DIN V ENV 12290 (10.96)	Mechanische Eigenschaften von keramischen Verbundwerkstoffen bei hoher Temperatur in inerter Atmosphäre; Bestimmung der Eigenschaften unter Druck
DIN V ENV 12291 (10.96)	Mechanische Eigenschaften von keramischen Verbundwerkstoffen bei hoher Temperatur an Luft bei Atmosphärendruck; Bestimmung der Eigenschaften unter Druck

7.5 Prüfverfahren für Schichten

DIN EN 1071-2 (12.02)	Verfahren zur Prüfung keramischer Schichten; Bestimmung der Schichtdicke mit dem Kalottenschleifverfahren
DIN V ENV 1071-3 (06.94)	Verfahren zur Prüfung keramischer Schichten; Bestimmung der Haftung mit dem Ritztest
DIN V ENV 1071-4 (06.95)	Verfahren zur Prüfung keramischer Schichten; Bestimmung der chemischen Zusammensetzung
DIN V ENV 1071-5 (04.95)	Verfahren zur Prüfung keramischer Schichten; Bestimmung der Porosität´
IN V ENV 1071-6 (09.02)	Verfahren zur Prüfung keramischer Schichten; Bestimmung des Abriebwiderstands von Schichten durch eine Mikroabriebprüfung
DIN EN 1071-12 (12.02)	Verfahren zur Prüfung keramischer Schichten; Bestimmung der Schichtdicke mit einem Kontaktprofilometer
DVS 2301 (06.01)	Thermische Spritzverfahren für metallische und nichtmetallische Werkstoffe
DVS 2307-4 (01.97)	Arbeitsschutz beim Plasmaspritzen

7.6 Anwendungesrelevante Normen

DIN 43724 (02.79)	Messen, Steuern, Regeln; elektrische Thermometer, keramische Schutzrohre und Halteringe für Thermoelemente
DIN 48108-1 (08.83)	Keramische Werkstücke für die Elektrotechnik; Fassungsstellen für Isolierkörper; Riffelung
DIN 48108-2 (08.83)	Keramische Werkstücke für die Elektrotechnik; Fassungsstellen für Isolierkörper; Splitterung
DIN 48108-3 (08.83) ´	Keramische Werkstücke für die Elektrotechnik; Fassungsstellen für Isolierkörper; Wellenprofil

DIN 58835-1 (07.79)	Chirurgische Implantate; Keramische Werkstoffe, Aluminiumoxid
DIN VDE 0466-2 (03.71)	Bestimmungen für Isolatoren für Freileitungen, Fahrleitungen und Fernmeldeleitungen; Teil 2: Bestimmungen für Isolatoren für Starkstrom-Freileitungen und Fahrleitungen bei 1.000 V sowie Fernmelde-Freileitungen
VDI/VDE 3717 Blatt (07.93)	Technische Liefervorschriften; Aluminiumoxidsubstrate für Dickschichtschaltungen

7.7 Produktionstechnik, Fügetechnik, Korrosion und Verschleiß

DIN 8589 (09.03)	Fertigungsverfahren Spanen (13 Teile)
DIN 8505-1 (05.79)	Löten; Allgemeines, Begriffe
DIN 8505-2 (05.79)	Löten; Einteilung der Verfahren, Begriffe
DIN 8505-3 (01-83)	Löten; Einteilung der Verfahren nach Energieträgern, Verfahrensbeschreibungen
DIN 50900-2 (06.02)	Korrosion der Metalle – Begriffe – Teil 2: elektrochemische Begriffe
DIN 50320 (1979)	Verschleiß; Begriffe, Systemanalyse von Verschleißvorgängen, Gliederung des Verschleißgebiets
DIN 50321 (1979)	Verschleißmessgrößen
DIN 50323-1 (1988)	Tribologie; Begriffe
DIN 50323-3 (1993)	Tribologie; Reibung; Begriffe, Arten, Zustände, Kenngrößen

8 Tabelle wichtiger Akronyme für die Materialcharakterisierung

Abkürzung	Verfahrensbezeichnung	Erläuterung	Anwendungen
AAS	Atomabsorptionsspektroskopie	Verdampfen von Lösungen in einer Flamme und Bestimmung von Elementen anhand ihrer spezifischen Licht-Absorptionsbanden	Quantitative chemische Analyse von Elementen, auch im Spurenbereich, Rohstoff-, Werkstoff- und Umweltanalytik
AEAPS	Auger Electron Apperance Potential Spectroscopy	siehe Auger-Elektronenspektroskopie (AES)	siehe Auger-Elektronenspektroskopie (AES)
AEM	Analytisches Elektronenmikroskop (Analytical Electron Microscopy)	Bei der Beugung monochromatischer Elektronen an den Atomen eines Kristalls entsteht ein Beugungsbild, das die fouriertransformierte Kristallstruktur darstellt. Bei Rücktransformation des Beugungsdiagramms aus dem reziproken Raum in den Ortsraum erhält man Informationen über die Kristallstruktur. Mittels spektroskopischer Methoden kann die inelastische Streuung eines Teils der Elektronen zur chemischen Analyse benutzt werden.	Ermittlung der Kristallstruktur selbst kleinster Bereiche und der Elektronenverteilung. Bestimmung der vorliegenden Elemente oft gekoppelt mit EDX, WDX.
AEM	Augerelektronenmikroskopie	siehe Augerelektronenspektroskopie (AES)	siehe Augerelektronenspektroskopie (AES)
AES	Atomemissionsspektroskopie	Anregung der Lichtemission von Elementen durch Erhitzen, Bestimmung der Emissionsbanden	Quantitative chemische Analyse von Elementen, auch im Spurenbereich, Rohstoff-, Werkstoff- und Umweltanalytik, oft gekoppelt mit AAS
AES	Augerelektronenspektroskopie (Auger Electron Spectroscopy)	Bestimmung der kinetischen Energie von abgestrahlten Auger-Elektronen nach der Anregung der Probe durch einen 1-10 keV-Elektronenstrahl; Ultrahochvakuum erforderlich (10^{-10} mbar), Kalibrierung schwierig; Informationstiefe 0,5-5 nm.	Mikroanalyse von Oberflächen; Analyse der Elemente und ihrer Bindungsverhältnisse, Tiefenprofilanalyse durch Oberflächenabtrag; Bruchflächenanalyse durch In-Situ-Biegeeinrichtungen; Ortsauflösung ca. 100-200 nm.
AFM	Rasterkraftmikroskopie (Atomic Force Microscopy)	Abbildung einer Oberfläche durch Messung der elektrostatischen Wechselwirkung zwischen den Oberflächenatomen und denen einer atomar spitzen Abtastnadel; Lateralauflösung: atomar; Tiefeninformation: eine Atomlage.	Aufnahme der Oberflächentopographie von Einkristallen, Gläsern, Flüssigkeiten, Molekülen, auch von isolierenden Werkstoffen; Erkennung von Nahordnungen und Strukturen.
AFS	Atomfluoreszenzspektroskopie	siehe RFA	siehe RFA
AMS	Beschleuniger-Massenspektroskopie (Accelerator Mass Spectroskopy)	siehe MS	siehe MS
APFIM	Atom Probe Field Ion Microscopy)	siehe FIM	siehe FIM

Abkürzung	Verfahrensbezeichnung	Erläuterung	Anwendungen
APMS	Atomsonden-Massenspektroskopie (Atom Probe Mass Spectroscopy)	siehe MS	siehe MS
ARRM	Akustische Reflexions Rastermikroskopie	Auf Schallreflexion basierende Mikroskopiemethode, bei der über einen Radiofrequenzimpuls ein akustischer Impuls in der akustischen Linse (fehlerfreier Saphireinkristall) erzeugt wird, mit dessen Hilfe die Probenoberfläche abgerastert wird.	Abbildung von Oberflächenstrukturen
ARUPS	Winkelaufgelöste Ultraviolett-Photoelektronenspektroskopie (Angle-Resolved Ultraviolet Photoelectron Spectroscopy)	siehe UPS, Empfindlichkeit des Verfahrens wird durch Polarisationseffekte erhöht.	siehe UPS
ASM (SAM)	Akustische Rastermikroskopie (Scanning Acoustic Microscopy)	Mit Schallschwingern (Sonotroden) eingebrachte akustische Wellen werden an Inhomogenitäten (Poren, Risse, Einschlüsse; Auflösung $\geq 50 \mu m$) einer festen Probe gestreut. Auswertung erfolgt über Laufzeitmessungen; eine Ortsauflösung ist über Interferenzeffekte mit seitlich oder vom Probenboden eingestrahlten Wellen möglich.	Abbildung von Oberflächenstrukturen und inneren Inhomogenitäten
ASW	Acoustic Surface-Wave Measurements	siehe ASM	siehe ASM
ATM	Atomic Tunneling Microscopy (Rastertunnelmikroskopie)	siehe RTM	siehe RTM
ATR	Attenuated Total Reflexion	siehe FTIR	siehe FTIR
ATR FTIR	Gedämpfte Totalreflexions FTIR (Attenuated Total Reflectance FTIR)	siehe FTIR, Reflexion von IR-Wellen.	siehe FTIR, Bei Benutzung von polarisiertem Licht Informationen über die Orientierung von Oberflächen oder Absorbaten.
ATR-IR-S	Attenuated Total Reflexion Infrared Spectroscopy	siehe FTIR, Reflexion von IR-Wellen.	siehe FTIR, Bei Benutzung von polarisiertem Licht Informationen über die Orientierung von Oberflächen oder Absorbaten.

Abkürzung	Verfahrensbezeichnung	Erläuterung	Anwendungen
BA	Bildanalyse	Meßverfahren für die Datenbeschaffung zur Kennzeichnung der Gefügegeometrie, unterteilt in Flächen-, Linear- und Punktanalyse; halbautomatische (interaktive) und vollautomatische Bildanalysesystem; digitale Bildverarbeitung vom Lichtmikroskop, REM und TEM; direkte Gefügeauswertung von Lichtmikroskop und REM; statistische Auswertung (z.B. Histogramm oder Verteilungskurven)	Quantitative Gefügeanalyse; Ermittlung der auantitativen Phasenzusammensetzung, der Phasenverteilung und der Orientierung von Körnern. (Texturen).
BSE	Rückstreuelektronen (Back Scattered Electrons)	Nach Elektroneneinstrahlung von einer Oberfläche rückgestreute Elektronen; liefern Informationen über Oberflächentopographie; siehe REM	siehe REM
CARS	Coherent Anti-Stokes Spectroscopy-	siehe RS	siehe RS
CDS	Corona Discharge Spectroscopy	Spektoskopische Betrachtung von Plasmen; Bestimmung von Ladungsdifferenzen im Plasma.	Betrachtung des Energie- und Partikeltransports in einem Plasma.
CE	Kapillarelektrophorese (Capillary Electrophoresis)	siehe HPLC; Elektrophoresische Trennmethode aufgrund ihrer verschiedenen elektrophoresischen Mobilitäten. Diese resultieren aus dem Masse-Ladungsverhältnis. Je kleiner die Masse und je größer die Ladung, desto größer ist die Beschleunigung durch das elektrische Feld.	siehe HPLC; Insbesondere qualitative und quantitative Bestimmung von Aminosäuren, kleineren Peptiden bis hin zu Proteinen und Biopolymeren.
CL	Chathodo Luminescence (Kathodenluminiszenzspektroskopie)	Probenoberflächen werden durch Elektroneneinstahlung aus Kathodenentladungen zur charakteristischen Lichtemission angeregt. Die Wellenlängen sind Phasenstabil und reagieren sehr empfindlich auf Verunreinigungen.	Gefüge- und Phasenanalyse in Geowissenschaften meist gekoppelt am ein Auflichtmikroskop. Nachweis von Spurenelementen und Kristalldefekten
CM	Conductance Measurement	Messung der Potentialdifferenz zwischen zwei in einem Elektrolyten eingetauchten Elektroden.	Bestimmung der spezifischen Ionenleitfähigkeit von in Wasser gelösten Stoffen (z.B NaCl).
DC	Dünnschicht-Chromatographie	Mikromethode der Adsorptionschromatographie (Flachbettmethode); Trennverfahren basierend auf unterschiedlicher Adsorption von Molekülen an kondensierter Phase. Trennschicht allg. Kieselgel oder Aluminiumoxid aber auch Schicht- und Lösungsmittelgradienten; Schichtdicke: 250-300µm; Substratmenge 1-3g; Trennzeiten 30-60min	Trennung von flüssigen Substanzen

Abkürzung	Verfahrensbezeichnung	Erläuterung	Anwendungen
DL	Dilatometer	Bestimmung der Längenänderung eines Körpers in Abhängigkeit von der Temperatur oder Zeit. Als Vergleichskörper wird ein Material bekannter Wärmedehnung (z.B. Saphir) verwendet, das im vorgegebenen Temperaturbereich keine Phasenumwandlung durchläuft. Die Längenmessung erfolgt mit einem Stempel oder optisch.	Bestimmung der absoluten und relativen Längenänderung eines Materials, Bestimmung des Sinterverhaltens, des Wärmeausdehnungskoeffizienten oder elastischen/plastischen Verformungen
DLTS	Deep Level Transient Spectroscopy	Nach elektrischer Aufladung der tieferen Ebenen eines Halbleiters emittieren diese Elektronen. Die Emissionsrate ist temperaturabhängig und charakteristisch für den vorliegenden Defekttyp.	Bestimmung von Defektstellen in den tieferen Ebenen von Halbleitern.
DSC	Differential Scanning Calorimetrie	Mittels Thermospannungsdifferenzen zwischen zwei Meßpunkten (Probe/Referenz) werden Energieaufnahme bzw. -abgabe bei ablaufenden Reaktionen als Temperaturänderung registriert. Die DSC ist empfindlicher als die DTA	In Abhängigkeit von der Temperatur und Zeit werden exotherme und endotherme Reaktionen registriert. Die Meßkurve zeigt Reaktionsbeginn bzw. -ende. Die Reaktionswärme kann quantitativ bestimmt werden ebenso die Wärmekapazität.
DTA	Differential-Thermoanalyse	Mittels Thermospannungsdifferenzen zwischen zwei Meßpunkten (Probe/Referenz) werden Energieaufnahme bzw. -abgabe bei ablaufenden Reaktionen als Temperaturänderung registriert.	In Abhängigkeit von der Temperatur und Zeit werden exotherme und endotherme Reaktionen registriert. Die Meßkurve zeigt Reaktionsbeginn bzw. -ende.
DTG	Differential-Thermogravimetrie	Mit einer Waage wird die Massenänderung einer Substanz in Abhängigkeit von der Temperatur und Zeit registriert	Die Massenänderung deutet auf Reaktionen bei der jeweiligen Temperatur hin, bei der eine Gewichtsabnahme (z.B. Verdampfung) oder Ggewichtszunahme (z.B. Oxidation) registriert wird.
EA	Elementaranalyse	Gesamtheit der Verfahren zur Ermittlung der Bruttoformel einer organischen Verbindung	Ermittlung der Bruttoformel einer organischen Verbindung
EBIC	Electron-Beam-Induced Current Measurement		
ED	Electron Diffraction (Elektronenbeugung)	Beugung von monochromatischen Elektronen bei Durchstrahlung eines Kristallgitters (ähnl. Röntgenbeugung). Erhalten wird eine Abbildung des reziproken Gitters.	Strukturanalyse; oft gekoppelt an TEM

Abkürzung	Verfahrensbezeichnung	Erläuterung	Anwendungen
EDX (EDS)	Energiedispersive Röntgenspektroskopie (Energy Dispersive X-ray Spectroscopy)	Die Anhebung eines Innenelektrons auf die äußere Schale durch einen Elektronenstoß und das anschließende Wiederzurückspringen erzeugt Röntgenstrahlung mit einer charakteristischen Wellenlänge. Die Summe der Röntgenquanten verschiedener Energie aus einer Probe wird mit einem Zählrohr gemessen und nach Energie sortiert. Anhand der charakteristischen Wellenlänge der Röntgenstrahlung wird ermittelt, welche Elemente an der untersuchten Stelle vorliegen.	Qualitative und quantitative chemische Analyse von Randschichten (Nachweisgrenze 1000 ppm, laterales Tiefenauflösungsvermögen 1µm); Untersuchung der Phasentrennung an inneren Grenzflächen. Durch Fokussierung und Auslenkung des Elektronenstrahls lassen sich Linienanalysen durchführen.
EELS	Elektronenenergieverlustspektroskopie (Electron Energy Loss Spectroscopy)	Zusatzeinrichtung am TEM: Spektroskopie des Energieverlustes der Elektronen nach elastischer Streuung am Dünnschliff; sehr gute Analyse leichter Elemente; mit selektiver Filterung bestimmter Energiebereiche ist eine Elementverteilungsabbildung zusammen mit Hochauflösung möglich; Lateralauflösung: atomar bis nm; Nachweisgrenze: Atomsäule.	Charakterisierung von Ausscheidungen, Einschlüssen, Gitterdefekten, Korngrenzen, Oxidationszustand von Elementen, insbesondere von leichten Elementen.
EL	Electro Luminiscence	spezielles Verfahren der Photoluminiszenz (PL): Luminiszenzanregung mit elektrischen Strom (z. B. PIN-Dioden).	siehe PL
ELEED	Elastic LEED	siehe LEED	siehe LEED
ELL (ELLI)	Ellipsometrie	Bestimmung des Verhältnisses der Reflexionskoeffizienten eines Festkörpers für zwei orthogonale lineare Polarisationsrichtungen in Abhängigkeit des Einfallswinkels und der Lichtwellenlänge.	Bestimmung des Polarisationszustandes von reflektiertem Licht. Bestimmung der Dicke, der Brechungsindizes, der Absorptionsindizes und der optischen Leitfähigkeit dünner Schichten.
EM	Elektronenmikroskopie	siehe REM, TEM, AEM	siehe REM, TEM, AEM
EMA	Electron Microprobe Analysis (Elektronenmikrosondenanalyse)	siehe ESMA	siehe ESMA
ENDOR	Electron Nuclear Double Resonance Spectroscopy	siehe ESR	siehe ESR
EPMA	Elektronenstrahlmikrosonde (Electron Probe Micro-Analysis)	siehe ESMA	siehe ESMA
EPR	Electron Paramagnetic Resonance Spectroscopy	siehe ESR	siehe ESR

Abkürzung	Verfahrensbezeichnung	Erläuterung	Anwendungen
EPXMA	Elektronenstrahlmikrosonde (Electron Probe X-ray Micro-Analysis)	siehe ESMA	siehe ESMA
ERD (ERDA)	Elastische Rückstoßanalyse (Elastic Recoil Detection Analysis)	Analyse leichter Elemente durch Detektion des vorwärts gestreuten Lichtes einer mit Hochenergieionen ($^4He^+$ mit 3-30 MeV) bestrahlten Probe. Lateralauflösung: mm, Tiefenauflösung: Monolage bis µm	Tiefenprofile für H, C, N, O
ESCA/ XPS	Elektronenspektroskopie für die chemische Analyse/Röntgen-Photoelektronen-Spektroskopie (Electron Spectroscopy for Chemical Analysis/X-ray Photoelectron Spectroscopy)	Herausschlagen von Elektronen kernnaher Schalen mittels Röntgenstrahlung und Bestimmung ihrer kinetischen Energie, woraus sich Element und Bindungszustand ableiten lassen; detektiert werden Elemente ab $Z > 2$; Nachweisgrenze: < 0,1 Atom-%; Informationstiefe: 10 nm (oberflächensensitive Meßtechnik).	Nachweis von Änderungen in der chemischen Zusammensetzung und Bindungszuständen in den äußersten Atomlagen; Oberflächenmodifizierungsverfahren; Korrosionsuntersuchungen; Mikrostrukturtechnik und Mikroelektronik; Beschichtungsverfahren; spezielle Verfahren; Adhäsionsuntersuchungen; spezielle Verfahren; Restgasanalyse zum Nachweis flüchtiger Desorptionsprodukte parallel zur XPS; Tiefenprofilaufnahmen durch Kombination von XPS mit gleichmäßiger Abtragsmethode (z.B. Ionensputtern).
ESEM	Enviromental Scanning Electron Microscopy (Atmosphärisches REM)	Spezielles REM bei dem Proben bei relativ hohen Drucken von 10^3 MPa untersucht werden können. In der Regel findet die Untersuchung in einer Wasserdampfatmosphäre statt und dient zur Charakterisierung feuchter Proben. Das Wasser wird dabei an der Probenoberfläche kondensiert.	Gefüge- und Oberflächencharakterisierung feuchter bzw. wasserhaltiger Proben.
ESMA	Elektronenstrahlmikrosonde	Anregung charakteristischer Röntgenfluoreszenzstrahlung mittels Elektronenstrahl (5-50 keV, 1-100 nm Durchmesser), Detektion mit EDX und WDX; Laterale Auflösung: 1-5 µm, Tiefeninformation: 1-8 µm; Nachweisgrenzen 1 % rel. bei 10^{-3} bis 10^{-5}.	Quantitative Elementanalyse von Oberflächen und Bruchflächen; Elementverteilungskarten (Dot-Mapping), Linienprofile (Line-Scans); Routineverfahren für die Werkstoffcharakterisierung, meist zusammen mit REM.
ESR	Elektronenspinresonanz (Electron Spin Resonance)	siehe NMR; Unterschied: 1000mal höhere Resonanzfrequenz (kleinere Masse, größeres Magneton, paramagnetische Elektronenresonanz).	siehe NMR; ESR tritt nur bei Stoffen mit Elektronen-Paramagnetismus auf (Atome mit ungerader Elektronenzahl oder unaufgefüllten inneren Schalen (Übergangsmetalle), freien Radikalen, Metallen, Halbleitern, Gitterdefekten)

Abkürzung	Verfahrensbezeichnung	Erläuterung	Anwendungen
EXAFS	Röntgenabsorptionskanten-Feinstrukturspektrometrie (Extended X-ray Absorption Fine Structure Spectroscopy)	Absorption von monochromatischen Röntgenstrahlen aus Synchrotronquellen; Analyse der Feinstruktur der Absorptionskanten auf Nahordnungsstrukturen. Laterale Auflösung: 10-20 µm; Tiefenauflösung: 1-10 µm.	Bestimmung der lokalen Nahordnung (Kristallstruktur oder Glasstruktur), Bindungslängen und -winkel, strukturelle Verteilung der Elemente; Mischkristalle, Entmischungen, Überstrukturen, Domänen.
FE-SEM (FEM, FES)	Field Emission SEM	Rasterelektronenmikroskopie mit Feldemissionskathode (siehe FIM); Verfahren wie REM; Auflösung 10 nm.	siehe REM
FIAP	Field Ionization Atom Probe	siehe FIM	siehe FIM
FIM (APFIM)	Feldionenmikroskopie (Atom Probe Field Ion Microscopy)	Ionisierung eines „Abbildungsgases“ dicht über der Probenoberfläche und sofortige Radialbeschleunigung der positiven Ionen durch ein elektrisches Hochspannungsfeld. Wandlung des Ionenstrahls in verstärkte Sekundärelektronenkaskaden, die eine vergrößerte Abbildung auf einem Fluoreszenzschirm erzeugen.	Strukturuntersuchung von höherschmelzenden Metallen und Ermittlung der Kinetik des Kristallaufbaus (Auflösung einzelner Atome / Punktdefekte, atomare Korngrenzenstruktur).
FIMS	Feldionen-Massenspektrometrie	siehe FIM; Identifizierung des Spezies durch Massenspektroskopie	siehe FIM
FT	Fourier-Transformation	Überführung periodischer Funktionen in trigonometrische Reihen (Fourierreihen)	Quantitative Interpretation von Spektren aller Art
FT-IRM	Fourier-Transformierte Infrarotmikroskopie	IR-Absorption mit interferometrischer Spektrenaufnahme; Laterale Auflösung: 10 µm; Tiefenauflösung: 1-10 µm.	Molekulare und strukturelle Mikroanalyse; Untersuchung von Schwingungsbanden in Molekülen.
FT-IRS (FT-IR)	Fourier-Transformierte Infrarotspektroskopie (Fourier-Transformed Infrared-spektroskopy)	siehe FT-IRM	siehe FT-IRM
FT-Raman	Fourier-Transformationsraman-spektroskopie	siehe NIR	siehe NIR
GC	Gas-Chromatographie	Chromatographische Methode mit gasförmiger mobiler Träger-Phase. Nachweis getrennter Komponenten durch diverse Detektoren, die sich je nach physikalischem Meßprinzip in Empfindlichkeit und Selektivität unterscheiden. Meßwertanzeige: Zeitdifferential; Probenmenge: 1-10 µl (Flüssigkeiten), 1-10 ml (Gase); Nachweisgrenze: 10^(-15) g Substanz.	Analyse gasförmiger oder unzersetzt bzw. reproduzierbar zersetzt verdampfbarer Stoffgemische; Charakterisierung organischer Moleküle nach Molmasse oder funktionellen Gruppen. Erkennung von Zersetzungsreaktionen.

Abkürzung	Verfahrensbezeichnung	Erläuterung	Anwendungen
GSC	Gas-Solid-Chromatography (Gas-Adsorptions-Chromatographie / Gas-Fest-Chromatographie)	siehe GC; stationäre Phase ist ein aktiver fester Stoff, der auf inertem festen Trägermaterial fixiert ist (Unterschied GLC). Stationäre Phasen: Kieselgel, Aluminiumoxid, Aktivkohle, Molekularsiebe oder poröse Polymere; Körnung: 0,1-0,2 mm bzw. 0,2-0,3 mm	siehe GC
GLC	Gas-Liquid-Chromatography (Gas-Verteilungs-Chromatographie / Gas-Flüssig-Chromatographie)	siehe GC; stationäre Phase ist eine Flüssigkeit, die auf inertem festen Trägermaterial fixiert ist (Unterschied GSC). Trägermaterial: gekörnt auf Kieselgur- bzw. Tonerdebasis; Stationäre Phasen: Trennflüssigkeiten abgestufter Polarität, unterschiedlicher Selektivität und verschiedener thermischer Stabilität.	siehe GC
GDMS	Lichtbogen-Massenspektroskopie; Glimmentladungs Massenspektroskopie (Glow Discharge Mass Spectroscopy)	Oberflächenabtrag durch Ar-Plasma aus einem Lichtbogen; Ionisation von Oberflächenatomen und nachfolgende Massenspektroskopie; Laterale Auflösung: mm; Tiefenauflösung: 10-100 nm; Nachweisgrenze im ppt- bis ppb-Bereich.	Extrem empfindliche chemische Analyse von bevorzugt nadelförmigen Proben.
GDNS	Glimmentladungsneutalteilchen Spektroskopie (Glow Discharge Neutral Spectrometry)	Funktionsweise wie GDMS; die entsprechenden Teilchen sind jedoch ungeladen.	siehe GDMS
GDOES (GDOS)	Optische Emissionsspektroskopie im Lichtbogen, Optische Glimmentladungs Spektroskopie (Glow Discharge Optical Emission Spectroscopy)	Elementanalyse wie GDMS, jedoch im UV- und sichtbaren Wellenlängenbereich; gehört zu der Gruppe der atomspektroskopischen Verfahren für die Bestimmung der chem. Analyse kompakter Materialien und Schichten einer Dicke zwischen 100 nm und 50 µm; grundsätzlich alle Elemente im Ordnungszahlbereich von 1(H) und 92(U) bestimmbar; Konzentrationsbereich: einige ppm bis einige %; Tiefenauflösung: 0,1-1 µm; Tiefenprofilanalyse elektrisch leitfähiger Schichten: bis 10 nm Tiefenauflösung.	Routineverfahren für die Charakterisierung von Oberflächen in der Metallurgie; Bestimmung chem. Zusammensetzung kompakter metallischer Werkstoffe (besonders bezüglich Neben- und Spurenbestandteile; Bestimmung der Zusammensetzung pulverförmiger keramischer Materialien; qualitative (quantitative) Tiefenprofilanalyse elektr. leitfähiger Schichten; spezielle Verfahren: Glimmentladungsmassenspektroskopie (verbesserte Nachweisgrenze 2-3 Größenordnungen im Vgl. zu OES).
HEED	High Energy Electron Diffraction	Elektronenbeugung mit Energien > 1 MeV; als Strahlungsquellen dienen Hochleistungs-TEM`s oder Teilchenbeschleuniger.	Durchstrahlung dicker oder stark absorbierender Proben; Strukturanalyse mit sehr hoher Auflösung; Elementaranalyse (siehe EELS) mit besserer Genauigkeit.

Abkürzung	Verfahrensbezeichnung	Erläuterung	Anwendungen
HEIS (RBS)	Hochenergie-Ionenstreuungsspektroskopie (High-Energy Ion Scattering Spectroscopy)	siehe RBS; Charakterisierung von Oberflächen (chem. Zusammensetzung und Struktur) durch winkelabhängig eingestrahlte Ionen.	siehe RBS; Analyse der ersten Monolagen von Oberflächen; Klärung der Atomnachbarschaften.
HPLC	Hochdruckflüssigkeitschromatographie	siehe DC; Verwendung von Adsorbenzien mit kleinerem Korngrößenbereich ⇒ wesentliche Verringerung der Trennstufenhöhe; Auftrennung der flüssigen Phasen unter Hochdruck.	Analyse gasförmiger oder unzersetzt bzw. reproduzierbar zersetzt verdampfbarer Stoffgemische; Charakterisierung organischer Moleküle nach Molmasse oder funktionellen Gruppen. Erkennung von Zersetzungsreaktionen; Trennung von Substanzen.
HPTLC	Hochleistungsdünnschichtchromatographie (High Performance Thinlayer Chromatography)	siehe DC; Verkleinerung der chromatographischen Parameter (Trennstufenhöhe, Analysezeit) um rund eine Zehnerpotenz.	Analyse gasförmiger oder unzersetzt bzw. reproduzierbar zersetzt verdampfbarer Stoffgemische; Charakterisierung organischer Moleküle nach Molmasse oder funktionellen Gruppen. Erkennung von Zersetzungsreaktionen; Trennung von Substanzen.
HRBS	Hochauflösende Ionenrückstreu Spektroskopie (High Resolution Rutherford Backscattering Spectroscopy)	siehe RBS	siehe RBS
HREELS	Hochauflösende EELS (High Resolution EELS)	siehe EELS; atomar ortsauflösende chem. Analyse im TEM.	siehe EELS; Abbildung elementspezifischer Atomsäulen oder einzelner Oberflächenatome; Defektaufklärung in Kristallstrukturen.
HR-SEM	High Resolution SEM	siehe HREM	siehe HREM
HRTEM	Hochaufgelöste Transmissionselektronenmikroskopie	Direkte Abbildung von Kristallnetzebenen bzw. Atomsäulen im TEM; Auflösung ≤ 1 Å	Struktur- und Phasenanalytik, Aufklärung von Defekten und Korngrenzenstrukturen. Zusammen mit EELS und EDX chem. Analytik möglich.
HTXRD	Hochtemperatur-Röntgenbeugung	siehe RBA; die Probe wird während der Messung geheizt.	Informationen über die Kristallstruktur und die Gitterparameter; Insbesondere Ermittlung von Hochtemperaturphasen, Phasenübergängen und Wärmedehnung.
HVEM	Hochspannungs-Elektronenmikroskopie (High Voltage Electron Microscopy)	siehe TEM, AEM; Abgrenzung weil mit Beschleunigungsspannungen ≥ 500 kV gearbeitet wird.	Wegen der hohen Energien ist die Durchstrahlung dickerer Proben möglich als beim konventionellen TEM.

Abkürzung	Verfahrensbezeichnung	Erläuterung	Anwendungen
IC	Ionenchromatographie	Variante der Ionenaustauschchromatographie, bei der der störende Elektrolytuntergrund der mobilen Phase durch eine Nachsäulenderevatisierung zurückgedrängt wird. Es wird zwischen An- und Kationenchromatographie unterschieden.	Naßchem. Routineanalytik, Ionen-/Ionenkonzentrationsbestimmungen in Wasser über Abwasser bis hin zu organischen Matrizes (Blut,Urin) im % bis mg/t Bereich möglich. Messung der Leitfähigkeit oder der UV- Absorption gegen Zeit.
ICP	Induktiv gekoppeltes Plasma (Inductively coupled plasma)	Plasmaunterstützte AAS bzw. AES; Drei konzentrisch angeordnete Quarzglasrohre, innerstes Rohr mit aerosolbeladenem Gasstrom (Analysenprobe), mittleres mit Plasmagas (meist Ar), äußeres mit Kühlstrom umgeben, Brennermündung, bei Energieübertragung von Frequenzgenerator (27 MHz) bildet flammenförmiges Plasma aus (Kerntemperatur bis 10000 K)	Plasmaerzeugung (kontaminationsfrei, lange Probenverweilzeiten im Plasma); chem. Analyse von wässrigen Lösungen im ppm-Bereich; auch Verdampfung von Festkörpern.
ICP-MS	Massenspektrometrie mit induktiv gekoppelter Plasmaionisation	Versprühen der Probenlösung im Nebulizer und Transport des entstandenen Aerosols (mit Argon) in die Plasmaionenquelle, wo es verdampft und ionisiert wird; die aus Plasma extrahierten Ionen werden im Massenspektrometer nach Masse-/Ladungsverhältnis aufgetrennt und registriert.	Spuren-/Ultraspurenanalyse wäßriger Lösungen; simultane Multielementanalyse (wenige Minuten/Probe); semiquantitative Übersichtsanalyse von Probenlösungen (rel. Standardabweichung: 20%); Isotopenverhältnisbestimmung; Isotopenverdünnungsanalyse.
ICP-OES	Plasma angeregte Optische Spektralanalyse	siehe ICP; ICP-MS; Auswertung von optischen Emissionsspektren.	siehe ICP; ICP-MS
IMS (IMS-MS)	Ionendrift-Spektrometrie Massenspektometrie	Gas-Elektrophorese; Messung der Driftzeit organischer Ionen in einem elektrischen Feld, Massenspektrometrie.	Spurenanalyse organischer Verbindungen in Gasen, Flüssigkeiten und Feststoffen.
IR-S	Infrarot-Spektroskopie	Mit Hilfe von Nernst-Stiften werden die Atome zur Schwingung angeregt. Gemessen werden die infraroten Schwingungsbanden der Atomrümpfe und Atomgruppen gegeneinander, die Valenz- und Deformationsschwingungen. Die gemessenen Absorptionsspektren werden mit Standards verglichen.	Einsatz in der organischen Chemie zur Bestimmung von Anionenkomplexen; Quantitative Analytik von Wasser oder OH^--Gruppen enthaltenden organischen Stoffen (z.B. Tone, Hydroxilapatit).
IRAS (IRRAS)	Infrarot-Reflexions-Absorptions-Spektroskopie (Infrared Reflectance Absorption Spectroscopy)	siehe IR-S	siehe IR-S

Abkürzung	Verfahrensbezeichnung	Erläuterung	Anwendungen
ISS (LEIS)	Ionenrückstreuspektroskopie (Ion Scattering Spectroscopy)	Elementanalyse und Tiefenprofilanalyse mit Ionenstrahlen geringer Energie (z.B. α oder $^4He^+$ mit 0.2 - 0.6 keV); gemessen wird die Energieverteilung rückgestreuter Teilchen; siehe RBS.	siehe RBS, nur Monolagen
LAMMA	Laser-Ablation-Mikrosonden-Massenanalyse (Laser Ablation Microprobe Mass Analysis)	Verdampfung von Oberflächenatomen mit Laserstrahlung; Identifizierung des Spezies durch Massenspektroskopie; siehe LIMS jedoch geringere Ortsauflösung (>1000 μm^2)	Empfindliche Oberflächenanalyse (ppm, ppb) mit hoher Ortsauflösung; siehe LIMS.
LAMMS (LAS)	Laser-Ablation-Mikrosonden-Massen-Spektroskopie (Laser Ablation Spectroscopy)	siehe LAMMA	siehe LAMMA
LC	Flüssigkeitschromatographie (Liquid Chromatography)	siehe DC und HPLC; nach dem Aggregatzustand sind im allg. folgende Trennphasenkombinationen möglich: Flüssig-Fest-Chromatographie (LSC), Flüssig-Flüssig-Chromatographie (LLC), Gas-Fest-Chromatographie (GSC), Gas-Flüssig-Chromatographie (GLC). Entsprechend der geometrischen Gestaltung der Trennstrecke unterscheidet man Säulen-, Schicht- und Flachbettchromatographie.	siehe DC
LEED	Niederenergie-Elektronenbeugung (Low Energy Electron Diffraction)	Elektronenbeugung im Reflektionsmodus unter streifenden Strahleinfall; Elektronenenergie < 1-5 keV; Tiefenauflösung: Monolagen.	Oberflächenuntersuchungen, Analyse der geometrischen Anordnung der Oberflächenatome; z.B. Oxidschichten auf Metallen; Bestimmung von Gitterkonstanten; Überstrukturen bei Absorptionsexperimenten.
LEIS (ISS)	Niedrigenergie- Ionenrückstreuspektroskopie (Low Energy Ion Scattering Spectroscopy)	Elementanalyse und Tiefenprofilanalyse mit Ionenstrahlen geringer Energie (z.B. α oder $^4He^+$ mit 0.2 - 0.6 keV); gemessen wird die Energieverteilung rückgestreuter Teilchen; wie ISS, siehe ISS, RBS.	siehe ISS; RBS, nur Monolagen
LIMI	Lichtmikroskopie	siehe LM	siehe LM
LIMS	Laserionisationsmassenspektrometrie (Laser Ionization Mass Spectroscopy)	Probenmaterial wird per fokussierter Laserstrahlung im Laserplasma verdampft und ionisiert; gebildete positiv geladene Ionen werden in doppelfokussierendem Massenspektrometer beschleunigt und nach Energie-/Ladungsverhältnis getrennt und über eine ionenempfindliche Photoplatte detektiert; siehe LAMMA.	Simultane Konzentrationsbestimmung (außer Edelgase) im Bereich 100 % bis 1 ppb; Bulk-, Spuren- und Ultraspurenanalyse (Metalle, Legierungen, Halbleiter, vorzugsweise: Keramik, Isolatoren; Nachweisgrenze 10-100 ppb; Isotopenanalyse; Isotopenverdünnungsanalyse (stabiler Tracer); Elementaranalyse dicker Schichten (> 1 μm); Mikrobereichsanalyse.

Abkürzung	Verfahrensbezeichnung	Erläuterung	Anwendungen
LLC	Flüssig-Flüssig-Chromatographie (Liquid -Liquid Chromatographie)	siehe LC; DC	siehe LC; DC
LM	Lichtmikroskopie	Eine Objektiv genannte Linse (bzw. Linsensystem) entwirft ein reelles, vergrößertes Bild des Objekts, das mittels einer zweiten Linse weitervergrößert dargestellt wird. Unterschieden wird zwischen Auflichtmikroskopie, bei der der Lichtstrahl auf einer undurchstrahlbaren Probenoberfläche reflektiert wird und Durchlichtmikroskopie bei der der Lichtstrahl eine etwa 30 µm dicke Probe durchstrahlt. Eine Polarisierung des Lichtes ist bei der Betrachtung der Probe hilfreich.	Auflicht: Gefügecharakterisierung, Betrachtung von Phasengrenzen, Korngrenzen. Durchlicht: Gefügecharakterisierung, Betrachtung von Phasengrenzen, Korngrenzen, Mineralbestimmung, Bestimmung der optischen Eigenschaften wie Doppelbrechung, Brechungsindex, Spannungsanalytik, Texturbestimmung.
LMA (LSM)	Laser Raster Microscopy (Laser Microbe Analysis)	siehe REM; LSM	Abbildung von Oberflächenstrukturen.
LNRI-SIMS	Laser Non-Resonance Ionisation SIMS	siehe SIMS; Multiphotonen Ionisation mit einem UV-Laserstrahl ($\geq 10^9$ Wcm^{-2}) einer Atomwolke; Lateralauflösung 1000 nm.	siehe SIMS; Detektion im µg/g Bereich.
LRI-SIMS	Laser Resonance Ionisation SIMS	siehe SIMS; Selective Ionisation einer Atomsorte in einer Atom Wolke durch doppelte oder dreifache Photonenabsorption; Komplexer Meßaufbau; Lateralauflösung 1000 nm.	siehe SIMS; Spurenanalyse im ppb Bereich.
LSC	Flüssig-Fest-Chromatographie (Liquid-Solid Chromatography)	siehe LC, DC	siehe LC, DC
LRMA	Laser-Raman-Mikroanalyse (Laser Raman Microanalyis)	Inelastische Photonenstreuung; Laterale Auflösung: 1 µm; Tiefenauflösung: 0.1 µm.	Molekulare und strukturelle Mikroanalyse
LSM	Laser-Raster-Mikroskopie (Laser Scanning Microscopy)	siehe REM; LMA	siehe REM; LMA
MEIS	Mittelenergie-Ionenrückstreuspektroskopie (Medium Energie Ion Scattering Microscopy)	Elementanalyse und Tiefenprofilanalyse mit Ionenstrahlen mittlerer Energie (z.B. 200-600 keV α oder $^4He^+$; gemessen wird die Energieverteilung rückgestreuter Teilchen; siehe RBS.	siehe RBS
MIP	Mikrowelleninduzierte Plasmaemissionsspektroskopie	Spektroskopie des durch Mikrowellen erzeugten Plasmas; Mikrowellenplasmen: gewöhnlich 2,45 GHz : mit induktiver Ankopplung.	

Abkürzung	Verfahrensbezeichnung	Erläuterung	Anwendungen
MO	Magnetooptische Spektroskopie	Änderung des Polarisationszustands linear polarisierten Lichtes, das auf einen magnetisierten Probekörper fällt; wird wellenlängenabhängig entweder in Reflexion (Kerr-Effekt) oder Transmission (Faraday-Effekt) analysiert; (Kerr- bzw. Faradayrotation).	Hysteresekurven hoher Auflösung bei konstanter Wellenlänge; Magnetisierungsbestimmung dünner Schichten in situ mit Monolagenempfindlichkeit; Untersuchung spinpolarisierter elektronischer Übergänge in Festkörpern.
MS	Massenspektrometrie (Mass Spectroscopy)	Ionisierte Teilchen werden durch ein elektrisches Feld geschossen. Am Grad der Ablenkung der Teilchen in dem elektrischen Feld kann bestimmt werden, um welches Element es sich handelt. Die Intensitäten der getrennten Teilchen werden auf einer photographischen Platte oder in einem Vielkanalspektrometer registriert.	Bestimmung der qualitativen Elementzusammensetzung einer gasförmigen Probe in Verbindung mit DTA, TGA, DSC, LAS.
NEXAFS	Kantennahe Röntgenabsorptionskanten-Feinstrukturspektrometrie (Near Edge EXAFS)	Absorption von monochromatischen Röntgenstrahlen aus Synchrotronquellen; Analyse der Feinstruktur der Absorptionskanten auf Nahordnungsstrukturen. Laterale Auflösung: 10-20 µm; Tiefenauflösung: µm.	Bestimmung der lokalen Nahordnung von winzigsten Ausscheidungen; Untersuchung der Keimbildung und des Keimwachstums, Bildung von Korngrenzen.
NIR-(S)	(Spektroskopie des) nahen Infrarotbereiches	siehe NIR-FTRS	siehe NIR-FTRS
NIR-FT-RS	Fouriertransformierte Raman-Spektroskopie im nahen Infrarot (Near Infrared Fourier Transform Raman Spectroscopy)	Inelastische Photonenstreuung im IR-Bereich; Laterale Auflösung: 1 µm; Tiefenauflösung: 0.1 µm; 10^6 mal empfindlicher als LRMA, siehe auch RS.	Molekulare und strukturelle Mikroanalyse.
NIS	Neutron Inelastic Scattering		
NMR	Kernresonanz-Spektroskopie (Nuclear Magnetic Resonance)	Verfahren der Hochfrequenz-Spektroskopie. Senkrechte Einbringung eines HF-Magnetfeldes zu einem konstanten starken Magnetfeld, in dem sich die Atomkerne der Probe ausgerichtet haben. Bewirkt Umklappen der magnetischen Momente. Auch Untersuchung auf Impulsbasis (Spin-Echo-Verfahren) möglich.	Ermittlung von Resonanzkurven; präzise Daten über magnetische Momente, Bestimmung der inneren Struktur von Molekülen, Festkörpern und Flüssigkeiten; Art des Teilcheneinbaus; Bindungszustand.
NQR	Nuclear Quadrupole Resonance	siehe NMR	siehe NMR
NRA	Kernreaktions-Analyse (Nuclear Reaction Analysis)	siehe NMR	siehe NMR

Abkürzung	Verfahrensbezeichnung	Erläuterung	Anwendungen
OBIC	Optical-Beam-Induced-Current		
OES	Optische Emissionsspektroskopie	siehe GDOES	siehe GDOES
PARUPS	Polarisation and Angle Resolved UPS	siehe UPS	siehe UPS
PEEM	Photoemission-Elektronenmikroskopie (Photo Emission Electron Microscopy)		Bestimmung unterschiedlicher Austrittsarbeiten unterschiedlich orientierter Körner.
PES	Photoelektronenspektroskopie (Photo Emission Spectroscopy)	Spin und winkelaufgelöste Photoelektronenspektroskopie zur Untersuchung von Materialien mit spinpolarisierter elektronischer Struktur (z.B. Ferro-, Antiferro- und Ferrimagnete).	Untersuchung ultradünner, ferromagnetischer Einzelschichten und Schichtsysteme, bestehend aus ferro- und paramagnetischen Schichten, deren elektronische Struktur im wesentlichen zweidimensional ist.
PL	Photoluminiszenz (Photoluminiscence)	Beobachtung der Luminiszenzanregung durch Einstrahlung kurzwelligen Lichts ($h\nu$<Bandlückenenergie) in Halbleiterprobe; erzeugte Elektron-Loch-Paare relaxieren bis an die Bandkanten und können von Störstellen gebunden werden; Rekombination unter Lichtaussendung mit Hilfe von Rekombinationszentren.	Rekombination gebundener Ladungsträger (Art des Bindungszentrums, Lichtintensität, rel. Konz. von Bindungszentren); Gesamtintensität (rel. Dichte der Rekombinationszentren); Halbleiterheterostrukturen: Bandlücken von Legierungshalbleitern, Quantisierungsenergie niederdimensionaler Heterostruktur-Systeme (Quantentöpfe, -drähte, -punkte), Grenzflächenrauhigkeit von Heteroübergängen in Quantentopfstrukturen; spezielles Verfahren: Elektroluminiszenz (EL),
PM	Porosimetrie	Summe der Verfahren zur Untersuchung von Porenstrukturkennwerten, z.B. Quechsilberdruckporosimetrie (Poreneingangsgradientenverteilungen, offene Porosität, innere Oberfläche (erfaßter Radienbereich: je nach Gerätetyp: 2-250 nm)), Gasdurchlässigkeitsprüfungen (Äquivalenzradien, Tortuosität), Sorptions-Methoden (BET-Oberflächen, Porenradienverteilungen <100 nm).	Porositätskennwerte; Messung von Porengrößen und Porengrößenverteilungen; Bestimmung von inneren spezifischen Porenoberflächen, Äquivalenzradien, Vernetzungsparametern.
ProMet	Profilmetrie	Mikroraster wird während der Messung mit konstanter Geschwindigkeit über Probenoberfläche geführt; vertikal bewegliche Diamantspitze tastet Oberflächenprofil ab; Wandlung der Auslenkung in elektrische Signale.	Ermittlung von Mittenrauhwert, gemittelter Rauhtiefe, max. Rauhtiefe, gemittelter Glättungstiefe; spezielle Verfahren: Messung mit angepaßter Grenzwellenlänge.

Abkürzung	Verfahrensbezeichnung	Erläuterung	Anwendungen
RBA	Röntgenbeugungsanalyse	Durch Beugung eines Röntgenstrahls an den Atomen einer Netzebene treten Reflexe gemäß des Bragg`schen Beugungsgesetzes bei bestimmten Winkeln auf. Die Reflexe sind characteristisch für ein bestimmtes Kristallgitter. Die Messung erfolgt an Pulvern $\leq 63\ \mu m$ oder an Oberflächen; Informationstiefe 10 nm - 10 µm; Geringste nachweisbare Menge: 10^{-4} g; Geringste nachweisbare Konzentration: 0,1-5 Massen%.	Liefert Informationen über die Kristallstruktur und die Gitterparameter. Die ermittelten Reflexe können mit Hilfe der JCPDS-Kartei (ASTM-Standard) einer Phase mit bestimmter Kristallstruktur zugeordnet werden. Durch Drehen und Kippen von Festkörperproben können im Reflexionsfall Spannungen gemessen werden.
RBS (HEIS)	Rutherford-Rückstreuelektronenspektroskopie (Rutherford Backscattering Spectroscopy; High Energy Ion Scattering Spectroscopy)	Elementanalyse und Tiefenprofilanalyse mit hochenergetischen Ionenstrahlen (z.B. $^4He^+$ mit 1-2 MeV); gemessen wird die Energieverteilung rückgestreuter Teilchen; Proben sind bevorzugt Einkristalle; Gitterrichtungen und Gitterfehler sind bestimmbar, Verunreinigungen im ppm-Bereich. Laterale Auflösung: mm, Tiefenauflösung: 10 nm - 1 µm.	Grundlagenuntersuchungen an Einkristallen; Gitterdefekte, Erkennung von Strahlenschäden, Dotierungen (Halbleiterherstellung), Oxidschichten, Monolagen; zerstörungsfreie Tiefenprofilanalyse
RD	Röntgen-Diffraktometrie	siehe RBA	siehe RBA
REELS	Reflection EELS	siehe EELS	siehe EELS
REM (SEM)	Rasterelektronenmikroskopie (Scanning Electron Microscopy)	Aufzeichnung und digitale bildhafte Darstellung von Rückstreu- und Sekundärelektronen aus Oberflächen während Elektronenstrahleinwirkung; Laterale Auflösung: 50 nm, Tiefenwirkung: 3-7 µm.	Routinewerkzeug zur Oberflächencharakterisierung (Topographie, chemische Zusammensetzung); Phasenidentifizierung; evtl. mit Heiz- oder Kryohalter.
RFA (RFS)	Röntgenfluoreszenzspektroskopie (Röntgenfluoreszensspektroskopie)	Mit einem Röntgenstrahl werden die Elemente einer Probe zur Emission ihrer charakteristischen Strahlung angeregt. Das so entstandene Spektrum wird an einem Analysatorkristall gebeugt, wobei der von der Wellenlänge abhängige Beugungswinkel gemessen wird; geringste nachweisbare Konzentration für $Z \geq 11$ ist 10 ppm; geringste nachweisbare Masse ist 10^{-8}g.	Qualitative Ermittlung von Elementen mit $Z \geq 5$.
RHEED (RED)	Reflektions-Hochenergie-Elektronenbeugung (Reflection High Energy Electron Diffraction)	Elektronenbeugung im Reflektionsmodus; Elektronenenergie > 10 keV; Tiefenauflösung: mehrere Monolagen.	Oberflächenuntersuchungen, Analyse von Oberflächenstrukturen; z.B. Einkristalle, Adsorptions- und Segregationsschichten.
RKM	Rasterkraftmikroskopie (Scanning Force Microscopy)	Abbildung einer Oberfläche durch Messung der elektrostatischen Wechselwirkung zwischen den Oberflächenatomen und denen einer atomar spitzen Abtastnadel; Lateralauflösung: atomar; Tiefeninformation: eine Atomlage; Nachweisgrenze je nach Verfahren: atomar.	Aufnahme der Oberflächentopographie von Einkristallen, Gläsern, Flüssigkeiten, Molekülen, auch von isolierenden Werkstoffen; Erkennung von Nahordnungen und Strukturen.

Abkürzung	Verfahrensbezeichnung	Erläuterung	Anwendungen
RS	Raman Spektroskopie	Detektion von inelastisch gestreutem Licht; neben elastisch gestreutem Rayleigh Licht; auch Seitenbanden beobachtbar, deren energetische Lage um die Energie der Elementanregungen verschoben ist; Frequenzlage , Signalintensität, Polarisationsabhängigkeit und Linienform des Signals lassen Aussagen über verschiedeneMaterialeigenschaften zu.	Bestimmung von Verspannungen, Kristallstörungen, Dotierungen; Identifizierung von Materialien anhand der Eigenfrequenz; Analyse bei binären und ternären Verbindungshalbleitern; Kristallachsenbestimmung, spezielle Verfahren: Mikro-Ramanspektroskopie; Messungen unter Ultra Hochvakuum (bis 700°C)
RTM (STM)	Raster-Tunnelmikroskopie (Scanning Tunneling Microscopy)	Abbildung einer Oberfläche durch Messung der Dichteverteilung elektrischer Oberflächenzustände mittels einer atomar spitzen Abtastnadel; Lateralauflösung: mm; Tiefeninformation: eine Atomlage; Nachweisgrenze je nach Verfahren: atomar.	Aufnahme der Oberflächentopographie von Einkristallen, Gläsern, Molekülen, bevorzugt von elektrisch leitenenden Werkstoffen; Erkennung von Nahordnungen und Strukturen.
SAD	Feinbereichsbeugung (Selected Area Diffraction)	Arbeitsmodus im TEM: Durch Blenden wird ein Probenteil eingegrenzt und mit feinfokussierendem Elektronenstrahl im Beugungsbild betrachtet.	Phasen- und Strukturanalytik kleinerer Körner und Einschlüsse, Phasen- und Korngrenzen.
SAM	Raster AES (Scanning Auger Microscopy)	siehe AES	siehe AES
SAM	Scanning Acoustic Microscopy	siehe ASM	siehe ASM
SE (S) (SEE)	Sekundärelektronen-Spektroskopie (Secondary Electron Emission)	nach Elektroneneinstrahlung von einem Volumen unter einer Oberfläche emittierte Elektronen; liefern Informationen über die Elementzusammensetzung (Massenkontrast); siehe REM.	siehe REM; Phasen- und Gefügeanalytik; die Informationen stammen aus einem Volumen von 2-3 µm Breite und bis zu 7 µm Tiefe.
SEM	Rasterelektronenmikroskop (Scanning Electron Microscope)	Siehe REM	siehe REM
SERS	Oberflächen-Raman-Spektroskopie (Surface Enhanced Raman Spectroscopy)	Inelastische Photonenstreuung; Laterale Auflösung: 1 µm; Tiefenauflösung: 0.1 µm; 10^6 mal empfindlicher als LRMA, optimiert für die Elemente Cu, Ag, Au als Substrate.	Molekulare und strukturelle Mikroanalyse.
SEXAFS	Oberflächen- Röntgenabsorptionskanten- Feinstrukturspektrometrie (Surface-EXAFS)	Absorption von monochromatischen Röntgenstrahlen aus Synchrotronquellen an Oberflächen; Analyse der Feinstruktur der Absorptionskanten auf Nahordnungsstrukturen. Laterale Auflösung: 10-20 µm; Tiefenauflösung: 1-10 nm.	Bestimmung der lokalen Nahordnung an Oberflächen (Kristallstruktur oder Glasstruktur), Bindungslängen und -winkel, strukturelle Verteilung der Elemente.
SFM	Scanning Force Microscopy	siehe RKM	siehe RKM

Abkürzung	Verfahrensbezeichnung	Erläuterung	Anwendungen
SIMS	Sekundärionenmassenspektroskopie (Secondary Ion Mass Spectroscopy)	Materialabtrag von Oberflächenatomen mittels Ionenbestrahlung (Absupttern) mit N^+ ,Ar^+, O^+_2, O^- u.a. und nachfolgender massenspektroskopischen Untersuchung der verdampften und ionisierten Atome; Lateralauflösung: mm (statisch), 100-1000 nm (dynamisch); Tiefenauflösung: Monolage bis nm.	Oberflächenuntersuchungen an Katalysatoren, Oxidationsschichten, Segregationen, Verunreinigungen; Aufnahme von Diffusionsprofilen mit radioaktiven Isotopen (Bestimmung von Diffusionskoeffizienten); Tiefenprofilanalyse; laterale Elementverteilungen; Mikrobereichsanalyse; Isotopenhäufigkeitsanalyse; Bulk-/Spurenelementanalyse im ppb Bereich.
SNOM	Optische Rasternahfeldmikroskopie (Scanning Near-Field Microscopy)	Beleuchtung des Festkörpers uber Apertur, die viel kleiner als die Wellenlänge des Lichtes ist; Rasterung der Apertur über die Oberfläche im optischen Nahfeldbereich (wenige nm); Ergebnis: simultan optisches Bild des Festkörpers als auch Topographieinformationen (Abstandssignal); Lateralauflösung 1000 nm.	Optische Mikroskopie im nm-Bereich an organischen und anorganischen Materialien; Korrelation von strukturellen und optischen Eigenschaften im nm-Bereich; Abbildung magnetischer Strukturen im nm-Bereich.
SNMS	Neutralteilchenmassenspektroskopie (Sputtered Neutral Mass Spectroscopy)	Massenspektroskopie sekundär ionisierter, ursprünglich neutraler Teilchen im HF-Plasma oberhalb der Probenoberfläche; Laterale Auflösung: µm, Tiefenauflösung: 1-5 Atomlagen; Nachweisgrenze: 10^{-6} .	wie SIMS
SPA-LEED	Spot Profile Analysis-LEED	siehe LEED	siehe LEED
SP-LEED	Spin Polarized-LEED	siehe LEED	siehe LEED
SPM	Rastersonden-Mikroskopie (Scanning Probe Microscopy)	siehe REM und ESMA	Quantitative 3-dimensionale Bild- und Oberflächenmessung.
SSMS	Funkenquellenmassensenspektrometrie (Spark Source Mass Spectometry)	Probenmaterial wird im Plasma einer Vakuumentladung (meist hochfrequente Wechselapannung: 10^4 bis 10^5 V) verdampft und ionisiert; im Funkenplasma gebildete positive Ionen werden in einem doppelfokussierenden Massenspektrometer beschleunigt und nach Energie-/Ladungs- bzw. Masse-/Ladungsverhältnis getrennt und mit einer ionenempfindlichen Photoplatte detektiert.	Simultane Konzentrationsbestimmung (außer Edelgase); Konzentrationsbereich 100% bis 1ppb; Bulk-, Spuren- und Ultraspurenanayse leitender Probenmaterialien (Nachweisgrenze 1-100 ppb); Isotopenanalyse; Isotopenverdünnungsanalyse.
STEM	Raster-Transmissionselektronenmikroskop (Scanning Transmission Electron Microscopy)	Digitale Darstellung von Elektronenwellen über eine Kamera hinter unter der Probe (Durchstrahlungsmodus im Rasterbetrieb); Elektronenenergie: 100-600 keV, Lateralauflösung: nm; Tiefeninformation: einige Atomlagen; Nachweisgrenze je nach Verfahren: atomar bis %.	siehe TEM

Abkürzung	Verfahrensbezeichnung	Erläuterung	Anwendungen
STM	Raster-Tunnelmikroskopie (Scannung Tunneling Microsopy)	Abbildung einer Oberfläche durch Messung der Dichteverteilung elektronischer Oberflächenzustände mittels einer atomar spitzen Abtastnadel; Lateralauflösung: atomar; Tiefeninformation: eine Atomlage; Nachweisgrenze je nach Verfahren: atomar.	Aufnahme der Oberflächentopographie von Einkristallen, Gläsern, Molekülen, bevorzugt von elektrisch leitenenden Werkstoffen; Erkennung von Nahordnungen und Strukturen.
STS	Scanning Tunneling Spectroscopy	siehe STM	siehe STM
TEM	Transmissionselektronenmikroskopie (Transmission Electron Microscopy)	Flächenhafte Darstellung von Elektronenwellen auf einem Leuchtschirm unter der Probe (Durchstrahlungsmodus); Elektronenenergie: 100-2000 keV, Lateralauflösung: atomar; Tiefeninformation: einige Atomlagen; Nachweisgrenze je nach Verfahren: atomar bis %.	Gefüge- und Phasenanalytik von durchstrahlbaren Präparaten; Hochauflösung mit atomarer Analytik in Verbindung mit EELS; Strukturanalytik mit Beugung, Spannungsanalytik; Gitterfehler, Phasengrenzen, Korngrenzen.
TG	Thermogravimetrie	siehe DTG	siehe DTG
THEED	Transmissions-Hochenergie-Elektronenbeugung (Tranmission High Energy Electron Diffraction)	Elektronenbeugung im Durchstrahlungsmodus, siehe TEM; Elektronenenergie > 150 keV.	Abbildung des Reziproken Gitters, Kristallstrukturbestimmung, kristallographische Untersuchungen, Ortsauflösung 20 nm.
TOF-MS	Time Of Flight Mass Spectrometer	siehe LRI-SIMS	siehe LRI-SIMS
UPS	Ultraviolett-Photoelektronenspektroskopie (Ultraviolet Photo Electron Spectroscopy)	Spektroskopie der kinetischen Energie von emittierten Photo-(Bindungs-)elektronen aus der Probe nach Absorption von monochromatischen UV-Strahlen; Anregung über Edelgasentladungslampe oder Synchrotronstrahlung; Laterale Auflösung: mm, Tiefenauflösung: 5-10 Atomlagen; Informationen über Bindungszustand; Tiefenprofile in Verbindung mit Sputtereinheit zum Oberflächenabtrag.	Untersuchung der Bindungszustände in Molekülen (Gase und Festkörper); Unterscheidung von Schwingungsanregungen; Chemisoroptionseffekte an Oberflächen, Adsorption an Katalysatoren; Ultrahochvakuum erforderlich.
UV UV-VIS	Spektroskopie im ultravioletten und sichtbaren Bereich	Als Strahlungsquelle werden zur Anregung der Atome für das UV-Gebiet und für den sichtbaren Bereich Gasentladungslampen mit H_2, D_2, Xe in besonderen Fällen auch mit Na oder Hg verwendet.	Nachweis von Elementen

Abkürzung	Verfahrensbezeichnung	Erläuterung	Anwendungen
WDX (WDS)	Wellenlängendispersive Röntgenspektroskopie (Wavelength Dispersive X-ray Spectroscopy)	Die Anhebung eines Innenelektrons auf die äußere Schale durch einen Elektronenstoß und das anschließende Wiederzurückspringen erzeugt Röntgenstrahlung mit einer charakteristischen Wellenlänge. Die Summe der Röntgenquanten verschiedener Energie aus einer Probe wird mit einem Zählrohr gemessen und nach Energie sortiert. Anhand der charakteristischen Wellenlänge der Röntgenstrahlung wird ermittelt, welche Elemente an der untersuchten Stelle vorliegen.	Anhand der charakteristischen Wellenlänge der Röntgenstrahlung wird ermittelt, welche Elemente an der untersuchten Stelle vorliegen. Quantitative Elementanalyse.
XAES	X-ray Induced AES	siehe AES	siehe AES
XANES	X-ray Absorption Near-Edge Structure	siehe EXAFS	siehe EXAFS
XAS	Röntgenabsorptionsspektroskopie (X-ray Absorption Spectroscopy)	Teil der Röntgenspektroskopie; mißt die beim Durchgang von Röntgenstrahlung durch eine Probe auftretende Intensitätsabnahme.	Qualitativer und quntitativer Nachweis von chemischen Elementen.
XMA	Röntgenstrahl-Microbereichsanalyse (X-ray Microarea Analysis)	Hochauflösende EDX-Elementanalyse mit 1 µm Ortsauflösung und Nachweisgrenze um 10^{-20} g; nicht für leichte Elemente geeignet:	Identifizierung von Ausscheidungen
XNA	Röntgen-Nanoanalyse (X-ray Nano-Analysis)	Hochauflösende EDX-Elementanalyse mit 1 nm Ortsauflösung und Nachweisgrenze um 10^{-20} g; nicht für leichte Elemente geeignet:	Identifizierung von Ausscheidungen und Segregationen an Korngrenzen
XPS	Röntgenstraheninduzierte Photoelektronenspektroskopie (X-ray Photo Electron Spectroscopy)	Spektroskopie der kinetischen Energie von emittierten Photo-(Bindungs-)elektronen aus der Probe nach Absorption von monochromatischen Röntgenstrahlen; Laterale Auflösung: < 100 µm, Tiefenauflösung: 5-10 Atomlagen; Nachweisgrenze ca. 0.1 Gew.-%; Informationen über Bindungszustand; Tiefenprofile in Verbindung mit Sputtereinheit zum Oberflächenabtrag:	Quantitative Elementanalytik an Oberflächen, Oxidations- und Korrosionsschichten, Adsorptions- und Segregationsschichten; Phasenidentifizierung über die Bindungszustände der Elemente; gut geeignet für leichte Elemente (OH-Gruppen, Si-O-Bindungen etc.); in Verbindung mit In-Situ-Biegevorrichtung, REM und AES:
XRD	Röntgenbeugungsanalyse (X-ray Diffraction)	siehe RBA	siehe RBA
XRF	Röntgenfluoreszenzanalyse (X-ray Fluorescence Analysis)	siehe RFA	siehe RFA
VA	Voltamperometrie	Aufnahme der Strom-Spannungskurve, dabei Reduktion der Elemente an einer Quecksilberelektrode	Bestimmung der Metallkationen in Flüssigkeiten oder bei gelösten Feststoffen.

Literaturverzeichnis

[1] Eitel, W.: Silicate science (8 Bände). New York. London: Academic Press: 1964-1976

[2] Hinz, W.: Silikate: Grundlagen der Silikatwissenschaft und Silikattechnik. Bd. 1: Die Silikate und ihre Untersuchungsmethoden; Bd. 2: Die Silikatsysteme und die technischen Silikate. Berlin: Verlag für Bauwesen 1970; 1971

[3] Kingery, W.D.; Bowen, H.K.: Uhlmann, D.R.: Introduction to ceramics. 2. Aufl. New York: Wiley 1976

[4] Hench, L.L.; McEldowney, B.A.: A bibliography of ceramics and glass. Columbus (Ohio): American Ceramic Society 1976

[5] Kriegesmann, J. (Hrsg.): Technische keramische Werkstoffe. Dtsch. Keram. Ges. und Deutscher Wirtschaftsdienst (Lose-Blatt-Sammlung (1991ff)

[6] Bloor, D.; Brook, R.J. u. M. (Hrsg.): Encyclopedia of Advanced Materials, Pergamon Press, Cambridge (1994)

[7] Cahn, R.W.; Haasen, P.; Kramer, E.J. (Hrsg.): Materials Science and Technology, Verlag Chemie, Weinheim (1992-1994)

[8] Heuschkel, H.; Heuschkel, G.; Muche, K.: ABC-Keramik, 2. Auflage, VEB Deutscher Verlag für Grundstoffindustrie Leipzig (1989)

[9] Reh, H. (Hrsg.): Das Keramiker Jahrbuch, jährlich erscheinender Sonderband der Berichte der Deutschen Keramischen Gesellschaft/Ceramic Forum International, Bauverlag, Freiburg (1997-2000), Göller-Verlag Baden-Baden (seit 2001)

[10] Hausberg, J.; Meyer, F.M.; Happel, U.: Constraints on the global availability of bauxite reserves, in: Applied Mineralogy in Research, Economy, Technology, Ecology and Culture, Vol. 1, D. Rammlmair, J. Mederer, Th. Oberthür, R.B. Heimann, and H. Pentinghaus (Hrsg.) A.A. Balkema, Rotterdam, Proc. 6th Int. Conf. on Appl. Mineralogy (ICAM) 2000, Göttingen, 17.-19. Juli 2000, (2000) 341-344.

[11] Haase, Th.: Keramik. 2. Aufl. Leipzig: Deutscher Verlag für Grundstoffindustrie 1968

[12] Hennicke, H.W.: Zum Begriff Keramik und zur Einteilung keramischer Werkstoffe. Ber. Dtsch. Keram Ges. 44 (1967) 209-211

[13] Pauling, L.: Die Natur der chemischen Bindung. Weinheim: Verlag Chemie 1962

[14] Shannon, R.D.; Prewitt, C.T.: Effective ionic radii in oxides and fluorides. Acta Crystallogr. Sect. B 25 (1969) 925-946

[15] Flörke, O.W: Zur Kristallchemie hochschmelzender Oxide. Ber. Dtsch. Keram. Ges. 40 (1963) 451-459

[16] Cooley, R.F.; Reed, J.S.: Equilibrium cation distribution in $NiAl_2O_4$, $CuAl_2O_4$ and $ZnAl_2O_4$ spinels. J. Am. Ceram. Soc. 55 (1972) 395-398

[17] Ganguli, D.: Crystal chemical aspects of olivine structures. N.Jb. Mineral Abh. 130 (1977) 303-318

[18] Žagar, L.: Über die Gitterenergie von keramischen Oxyden. Sprechsaal 93 (1960) 153-154
[19] Slaughter; M.: Chemical binding in silicate minerals. Geochim. Cosmochim. Acta 30 (1966) 299-339
[20] Gruehn, R; Mertin W.: Die hochauflösende Transmissionselektronenmikroskopie: Eine noch junge Untersuchungsmethode der Festkörperchemie. Angew. Chem. 92 (1980) 531-546
[21] Recnik, A.; Bruley, J.; Mader, W.; Kolar, D.; Rühle, M.: Structural and spectroscopic investigation of (111) twins in barium titanate. Phil. Mag. B 70(5) (1994) 1021-1034
[22] Pauling, L.: The nature of silicon-oxygen bonds. Am. Miner. 65 (1980) 321-323
[23] Hill, V.G; Roy, R.: Silica structure studies. Trans. Brit. Ceram. Soc. 57 (1958) 496-510
[24] Smith, J.V; Bailey, S.W.: Second review of Al-O and Si-O tetrahedral distances. Acta Crystallogr. 16 (1963) 801-811
[25] Jones, J.B: Al-O and Si-O tetrahedral distances in aluminosilicate framework structures. Acta Crystallogr., Sect. B 24 (1968) 355 -358
[26] Stishov, S.M.; Popova, S.V.: New dense polymorphic modification of silica. Geochemistry (USSR) 1961, 837-839
[27] Spackman, M.A., Hill, R.J., Gibbs, G.V., Exploration of structrure and bonding in stishovite with fourier and pseudoatom refinement methods using single crystal and powder diffraction data. Phys. Chem. Minerals 14 (1987) 139-150.
[28] Weiss, Ar.; Weiss, Al.: Zur Kenntnis der faserigen Siliziumdioxydmodifikation. Z. anorg. allg. Chem. 276 (1954) 95-112
[29] Liebau, F.: Fortschritte auf dem Gebiet der Kristallchemie der Silikate. Opladen: Westdeutscher Verlag 1978
[30] Machatschki, F.: Zur Frage der Struktur und Konstitution der Feldspate. Zbl. Mineral. Geol. Paläontol. Abt. A 1928, 97-104
[31] Bragg, W.L.: The structure of silicates. Z. Kristallogr. 74 (1930) 237-305
[32] Zoltai, T.: Classification of silicates ant other minerals with tetrahedral structures. Am. Miner. 45 (1960) 960-973
[33] Liebau, F.: Die Systematik der Silikate. Naturwissenschaften 49 (1962) 481-491
[34] Belov, N.V.: Chapter B of the crystal chemistry of silicates. Fortschr. Mineral. 38 (1960) 4-6
[35] Burnham, C.W.: Refinement of the crystal structure of sillimanite. Z. Knstallogr. 118 (1963) 127-148
[36] Burnham, Ch.W., Buerger, M.J.: Refinement of the crystal structure of andalusite, Z. für Kristallographie 115 (1961) 269-290
[37] Winter, J.K; Ghose, S.: Thermal expansion and high-temperature crystal chemistry of the Al_2SiO_5 polymorphs. Am. Miner. 64 (1979) 573-586
[38] Taylor, W.H.: The structure of sillimanite and mullite. Z. Kristallogr. 68 (1928) 503-521
[39] Cameron, W.E.: Mullite: A substituted alumina. Am. Miner. 62 (1977) 747-755
[40] Saalfeld, H.: A modification of Al_2O_3 with sillimanite structure. Trans. VIII. Internat. Ceram. Congr. Copenhagen 1962. 71-74

[41] Scholze, H.: Zum Sillimanit-Mullit-Problem. Ber. Dtsch. Keram. Ges. 32 (1955) 381-385
[42] Saalfeld, H.: The domain structure of 2:1-mullite($2Al_2O_3 \cdot 1SiO_2$). N. Jb. Mineral. Abh. 134 (1979) 305-316
[43] Hildmann, B.; Schneider, H.: Heat Capacity of Mullite: New Data and Evidence for a High-Temperature Phase Transformation. J. Am. Ceram. Soc. 87 [2] (2004) 227-234
[44] Durovic, S.: Isomorphism between sillimanite and mullite. J. Am. Ceram. Soc. 45 (1962) 157-161
[45] Tarte, P: Etude des silicates par spectrometric infra-rouge. Resultats actuels et perspectives d'avenir. Bull. Soc. Franc. Ceram. 1963 Nr. 58 13-34
[46] Cameron, W.E.: Composition and cell dimensions of mullite. Am. Ceram. Soc. Bull. 56 (1977) 1003-1007, 1011
[47] Saalfeld, H.: Struktur und Ausdehnungsverhalten von Li-Al-Silikaten. Ber. Dtsch. Keram. Ges. 38 (1961) 281-286
[48] Tolliday, J.: Crystal structure of β -wollastonite. Nature (182) (1958) 1012-13
[49] Jasmund, K.: Die silikatischen Tonminerale. Weinheim: Verlag Chemie 1955
[50] Lagaly G.; Köster, H.M.: Tone und Tonminerale. In: K. Jasmund und G. Lagaly (Hrsg.), Tonminerale und Tone, Struktur, Eigenschaften, Anwendung und Einsatz in Industrie und Umwelt. Steinkopf, Darmstadt (1993) 1-32
[51] Grim, R.F.: Clay mineralogy. 2. Aufl. New York: McGraw-Hill 1968
[52] Grimshaw, R.W.: The chemistry and physics of clays and other ceramic materials. 4. Aufl. New York: Wiley-Interscience 1971
[53] Kromer, H.; Schüller, K.-H.: Eigenschaften von Kaolinen für die Keramik und als Füllstoff. Ber. Dtsch Keram. Ges 50 (l973) 15-19, 39-41
[54] Bailey, S.W.: Cation ordering and pseudosymmetry in layer silicates. Am. Miner. 60 (1975) 175-187
[55] Pauling, L.: Structure of micas and related minerals. Proc. Nat. Acad. Sci. 16 (1930) 123-129
[56] Serratosa, J.M.; Hidalgo, A.; Vinas, J.M.: Infrared study of the OH groups in kaolin minerals. In: Rosenquist, I.Th.; Graff-Petersen P. (Hrsg.): International clay conference 1963. Oxford: Pergamon Press 1963. 17-26
[57] Wieckowski, T., Wiewiora, A.: New approach to the problem of the interlaver bonding in kaolinite. Clays and Clay Minerals 24 (1976) 219-223
[58] Giese, R.F.: Interlayer bonding in kaolinite, dickite and nacrite. Clays and Clay Minerals 21 (1973) 145-149
[59] Bailey, S.W.: Polymorphism of the kaolin minerals. Am. Miner. 48 (1963) 1196-1209
[60] Neal, M.; Worrall, W.E.: Mineralogy of Fireclays. Trans. J. Brit. Ceram. Soc. 76 (1977) 57-68
[61] Weiss, Ar.: Über das Kationenaustauschvermögen der Tonminerale. Z. anorg. allg. Chem. 297 (1958) 232-268; 299 (1959) 92-120
[62] Weiss, Ar.; Russow, J.: Über die Lage der austauschbaren Kationen bei Kaolinit. In: I. Th. Rosenqvist and P. Graff-Petersen (Hrsg.): Internat. Clay Conf 1963. Vol. 1 (1963) 203-213. Oxford: Pergamon Press 1965
[63] Weiss, Ar.; Mehler, A.; Koch, G.; Hofmann, U.: Über das Anionenaustauschvermögen der Tonmineralien. Z. anorg. allg. Chem. 284 (1956) 247-271

[64] Churchman, G.J.; Carr, R.M.: The definition and nomenclature of halloysites. Clays and Clay Minerals 23 (1975) 382-388

[65] Jagodzinski, H.; Kunze, G.: Die Röllchenstruktur des Chrysotils. N. JB. Mineral. Mh. 1954. 95-108, 113-130, 137-150

[66] Kunze, G.: Antigorit: Strukturtheoretische Grundlagen und ihre praktische Bedeutung für die weitere Serpentinforschung. Fortschr. Mineral. 39 (1961) 206-324

[67] Hofmann, U.; Endell, K.; Wilm, D.: Kristallstruktur und Quellung von Montmorillonit. Z. Kristallographie 86 (1933) 340-348

[68] Edelman; C.H.; Favejee, J.Ch.L.: On the crystal structure of montmorillonite and halloysite. Z. Kristallogr. 102 (1940) 417-431

[69] Grim, R.F.; Kulbicki, G.: Montmorillonite: High temperature reactions and classification. Am. Miner. 46 (1961) 1329-1369

[70] Hofmann, U.: Aus der Chemie der hochquellfähigen Tone (Bentonite). Angew. Chem. 68 (1956) 53-61

[71] Sawhney, S.L.: Selective sorption and fixation of cations by clay minerals: A review. Clays and Clay Minerals 20 (1972) 93-100

[72] Rayner, J.H.; Brown, G.:The crystal structure of talc. Clays and Clay Minerals 21 (1973) 103-114

[73] Theng, B.K.G.: The chemistry of clay: Organic reactions. New. York: Halsted 1974

[74] Lagaly, G.; Weiss, A.: Neue Methoden zur Charakterisierung und Identifizierung quellungsfähiger Dreischichtminerale. Z. Pflanzenernähr. Bodenkunde 130 (1971) 9-24

[75] Weiss, A.; Thielepape, W.; Göring, G.; Ritter, W.; Schäfer, H.: Kaolinit-Einlagerungs-Verbindungen. In: I. Th. Rosenqvist and P. Graff-Petersen (Hrsg.): Internat. Clay Conf 1963. Vol. 1 (1963) 287-305. Oxford: Pergamon Press 1965

[76] Weiss, Ar.; Russow, J.: Über das Einrollen von Kaolinitkristallen zu halloysitähnlichen Röhren und einen Unterschied zwischen Halloysit und röhrchenförmigem Kaolinit. In: I. Th. Rosenqvist and P. Graff-Petersen (Hrsg.): Internat. Clay Conf 1963. Vol. 2, 69-74. Oxford: Pergamon Press 1965

[77] Brindley, G.W.; Kurtossy, S.S.: Quantitative determination of kaolinite by X-ray diffraction. Am. Miner. 46 (1961) 1205-1215

[78] Scott, P.W.: Phase analysis of clays by X-ray diffraction. Trans. J. Brit. Ceram. Soc. 72 (1973) 269-278

[79] Flehmig, W.; Kurze, R.: Die quantitative infrarotspektroskopische Phasenanalyse von Mineralgemengen. N. Jb. Miner. Abh. 119 (1973) 101-112

[80] Hlavay, J; Jonas, K.; Elek, S.; Inczedy, J.: Charakterisation of the particle size and the crystallinity of the certain minerals by infrared spectrophotometry and other instrumental methods. Clays and Clay Minerals 25 (1977) 451-456

[81] Scholze, H.: Zur Frage der Unterscheidung zwischen H_2O-Molekeln und OH-Gruppen in Gläsern und Mineralen. Naturwissenschaften 47 (1960) 226-227

[82] Graham, J.; Walker, G.F.; West, G.W.: Nuclear magnetic resonance study of interlayer water in hydrated layer silicates. J. Chem. Physics 40 (1964) 540 550

[83] Jefferson, D.A.; Tricker, M.J.; Winterbottom, A.P.: Electron-microscopic and Mössbauer spectroscopic studies of iron-stained kaolinite minerals. Clays and Clay Minerals 23 (1975) 335-36O

[84] Frondel, C.: The system of mineralogy. Vol. 3: Silica minerals. New York: Wiley 1962

[85] Sosman, R.B.: The phases of silica. New Brunswick (N.J.): Rutgers Univ. Press 1965

[86] Flörke, O.W: Die Modifikationen von SiO_2. Fortschr. Mineral. 44 (1967) 181-230

[87] Heanney, P.J., Post, J.E., Prewitt, C.T., Gibbs, G.V. (Hrsg.): Reviews in mineralogy, Vol. 29: Silica, Mineral. Soc. Am.: Washington (1994).

[88] Flörke, O.W., Silicon dioxide - SiO_2 - Minerals, Mitt. Österr. Miner. Ges. 140 (1995) 9-34

[89] Iler, R.K.: The chemistry of silica. New York: Wiley 1979

[90] Ackermann, R.J., and Sorrell, C.A., Thermal Expansion and the High-Low Transformation in Quartz, I. High-Temperature X-ray Studies, J.Appl. Cryst. 7 (1974) 461-467; II. Dilatometric Studies, 468-473

[91] Leadbetter, A.J.; Wright, A.F.; Smith, T.W.: The α-β-transition in the cristobalite phases of SiO_2 and $AlPO_4$. Philos. Mag. 33 (1976) 105-119

[92] O´Keeffe, M.; Hyde, B.G.: Cristobalites and topologically-related structures. Acta Crystallogr. Sect. B 23 (1976) 2923-2936

[93] Hua, G.L., Welberry, T.R., Withers, R.L., Thompson, J.G.: An Electron Diffraction and Lattice-Dynamical Study of the Diffuse Scattering in β-Cristobalite, SiO_2. J. Appl Cryst. 21 (1988) 458-465

[94] Yeganeh-Haeri, A., Weidner, D.J., Parise, J.B., Elasticity of α-Cristobalite: A Silicon Dioxide with a Negative Poisson´s Ratio. Science 257 (1992) 650-651

[95] Gibbs, R L.: The polymorphism of silicon dioxide and the structure of tridymite. Proc. Roy. Soc. A 113 (1927) 351-368

[96] Kihara, K.:Thermal change in unit-cell dimensions; and a hexagonal structureol tridymite. Z. Kristallogr. 148 (1978) 237-253

[97] Flörke, O.W.: Strukturannomalien bei Tridymit und Cristobalit. Ber. Dtsch. Keram. Ges. 32 (1955) 369-381

[98] Hill, V.G; Roy, R.: Silica structure studies. Trans. Brit. Ceram. Soc. 57 (1958) 496-510

[99] Konnert, J.H.; Appellman, D.E.: The crystal structure of low tridymite. Acta Crystallogr Sect. B 34 (1978) 391-403

[100] Dollase, W.A.: The ceystal structure at 220°C of orthorhombic high tridymite from the Steinbach meteorite. Acta Crystallogr. 23 (1967) 617-623

[101] Nukui, A.; Nakazawa, H.; Akao, M.: Thermal changes in monoclinic tridymite. Am. Miner. 63 (1978) 1252 1259

[102] Zoltai, T., und Buerger, M.J.: The crystal structure of coesite, the dense, high-pressure form of silica. Z. für Kristallographie 111 (1959) 129-141

[103] Shropshire, J., Keat, P.P., Vaughan, P.A., The Crystal Structure of Keatite, A New Form of Silica. Z. für Kristallographie, 112 (1959) 409-413

[104] Liu, L.: New high-pressure modifications of GeO_2 and SiO_2. J. Geophys. Res. 83 (1978) 2301-2305

[105] Kamb, B.: A clathrate crystalline form of silica. Science 148 (1965) 232-234

[106] Roy, R.; Shafer, E.C.; Shafer, M.W.: Silica structure studies. J. Am. Ceram. Soc. 39 (1956) 330-336; Z. Kristallogr. 108 (1956) 263-275; Z. physik. Chem 11 (1957) 30-40

[107] Kosten, K.; Arnold. H.: Die III-V-Analoga des SiO_2. Z. Kristallogr. 152 (1980) 119-133

[108] Wright, A.F.; Leadbetter, A.J.: The structures of the β-cristobalite phases of SiO_2 and $AlPO_4$. Philos. Mag. 31 (1975) 1391-1401
[109] Flörke, O.W.: The structures of $AlPO_4$ and SiO_2. Science of Ceramics 3 (1967) 13-27
[110] Horn, W.F.; Hummel, F.A.: Progress report on the system BPO_4-SiO_2. Trans. Brit. Ceram. Soc. 78 (1979) 77-80
[111] Goldschmidt, V.M.: Geochemische Verteilungsgesetze der Elemente. Skrifter Norske Videnskaps Akad. (Oslo), I. Math.-naturwiss. Kl. 1926, Nr. 8
[112] Bambauer H. u.M.: Bull. Soc. franc. Mineral. Crist. 94 (1974) 313
[113] Smite, J., J.Geol., 80 (1972) 505
[114] Smith, J.V: Feldspar minerals. Vol. 1 Crystal structures and physical properties: Vol. 2. Chemical and textural properties Berlin. Heidelherg. New York: Springer 1974
[115] Buerger, M.J.: The stuffed derivatives of the silica structures. Am. Miner 39 (1954) 600-614
[116] Coombs, D.S.; Alberti, A.; Armbruster, T. et al.: Recommended nomenclature for zeolithe minerals: Report of the subcommittee on zeolites of the International Mineralogical Association, Commission on New Minerals and Mineral Names. Can. Miner. 35 (1997) 1571-1606
[117] Armbruster, T.: Natural Zeolithes: Mineralogy and applications. In: Applied Mineralogy, Rammlmair et al. (Hrsg.), Balkema, Rotterdam (2000) 13-16
[118] Collela, C.; De´Gennaro, M.; Langella, A.; Pansini, M.: Cadmium Removal from wastewaters using chabazite and phillipsite. In: Natural Zeolites ´93: Occurrence, Porperties, Use, D.W. Ming und F.A: Mumpton (Hrsg.), Brookport (1995) 377-384
[119] Smith, J.V.: Topochemistry of zeolites and related materials. 1: Topography and geometry. Chem. Rev. 88 (1988) 149-182.
[120] Armbruster, T.; Gunter, M.: Crystal structures of natural zeolites. In: Reviews in Mineralogy, Vol. 41, Natural Zeolites: Mineralogy, Petrology and Geochemistry. Mineralogical Soc. Am., Washington (2000).
[121] Stolz, J.; Yang, O.; Armbruster, T.: Cd-exchanged heulandite: Symmetry lowering and site preference. Microporous Mesoporous Mater. (2000).
[122] Roy, R.: Classification of non-crystalline solids. J. Non-Cryst. Solids 3 (1970) 33-40
[123] Dislich, H.: Darstellung von Mehrkomponentengläsern ohne Durchlaufen der Schmelzphase. Glastech. Ber. 44 (1971) 1-8
[124] Weyl, W.A.; Marboe, E.Ch.: Formation of amorphous solids and characterization of their structures by energy profiles. J. Soc. Glass Technol. 43 (1959)191-210 T.
[125] DIN 52324: Prüfung von Glas. Bestimmung der Transformationstemperatur. Dez. 1960
[126] Zachariasen, W.H.: Die Struktur der Gläser. Glastech. Ber. 11 (1933) 120 123
[127] Warren, B.E.: Summary of work on atomic arrangement in glass. J. Am. Ceram. Soc. 24 (1941) 256-261
[128] Kühne, K.; Skatulla, W.: Physikalische und chemische Untersuchungen an Gläsern des ternären Systems SiO_2 B_2O_3-Na_2O im Bereich der Gläser vom Vycor-Typ. Silikattechnik 10 (1959) 105-119
[129] Scholze, H.: Glas: Natur, Struktur und Eigenschaften. 2. Aufl. Berlin, Heidelberg, New York: Springer 1977

[130] Appen, A.A.: Berechnungen der Ausdehnung von Silikatglas, Glasuren und Emails. Steklo i Keram. 10 (1953) 7-10

[131] Wawra, H.H.: Freie Oberflächenenergie fester Verbindungen, insbesondere von Oxiden, im unrelaxierten Zustand in Abhängigkeit von der Temperatur. Radex-Rundschau (1973) 602-621

[132] Parikh, N.M.: Effect of atmosphere on surface tension of glass. J. Am. Ceram. Soc. 41 (1958) 18-22

[133] Benedicks, C.: Wetting effect; liquostriction; a method for determining surface tensions of solids. In: Proc. Intern. Symp. Reactivity of solids, Gothenburg, 1952. Göteborg: Elanders 1954, 477-488

[134] Jebsen-Marwedel, H.: Dynaktive Flüssigkeitspaare. Kolloid.-Z. 137 (1954) 118-120

[135] Brückner, R.: Zur Kinetik des Stoffaustausches an den Grenzflächen zwischen Silikatglas- und Salzschmelzen und des Stofftransportes in Silikatglasschelzen unter besonderer Berücksichtigung des Verhaltens von Na_2SO_4 und seinen Zersetzungsprodukten. Glastechn. Ber. 34 (1061) 438-456, 515-528; 35 (1962) 93-105

[136] White, J.: Phase distribution in ceramics. In: Fulrath, R.M.; Pask, J.A. (Hrsg.): Ceramic microstructures: Their analysis, significance, and production. New York: Wiley 1968, 728-762

[137] Rhee, S.K.: Theoretical base and experimental techniques for determination of surface energies of ceramic materials. J. Am. Ceram. Soc. 58 (1975) 441-446

[138] Brunauer, St.; Emmett, P.H.; Teller, E.: Adsorption of gases in multimolecular layers. J. Am. Chem. Soc. 60 (1938) 309-319

[139] DIN 66131: Bestimmung der spezifischen Oberfläche von Feststoffen durch Gasadsorption nach Brunauer, Emmet und Teller (BET), Grundlagen. Okt. 1973

[140] Boehm, H.P.; Gromes, W.: Bestimmung der spezifischen Oberfläche hydrophiler Sroffe aus der Phenol-Adsorption. Angew. Chem 71 (1959) 65-69

[141] Harkins, W.D.; Jura, G.: Surfaces of solids. J. Am. Chem. Soc. 66 (1944) 1362-1366

[142] Niesel, K.: External surface of powders from permeability measurements: A review. Silic. Ind. 38 (1973) 69-76

[143] Gregg, S.J.; Sing, K.S.W.: Adsorption, surface area and porosity. London, New York: Academic Press 1967

[144] Orr, C: Der derzeiteg Strand der Methoden zur Bestimmung der Pulveroberflächen. Chem.-Ing.-Tech 48 (1976) 680-689

[145] Batel, W.: Einführung in die Korngrößenmeßtechnik. 3.Aufl. Berlin, Heidelberg, New York: Springer 1971

[146] Irani, R.R.; Callis, C.F.: Particle size: Measurement, interpretation, and application. New York: Wiley 1963

[147] Stockham, J.D.; Fochtman, E.G. (Hrsg.): Particle size analysis. 2. Aufl. Ann Arbor (Mich.): Ann Arbor Science Publ. 1978

[148] Rumpf. H.; Alex, W.; Johne, R; Leschonski, K.: Korngrößenanalyse feiner Teilchen, eine kritische Betrachtung der Methoden. Ber. Bunsenges. 71 (1967) 253-270

[149] Leschonski, K.; Alex, W; Koglin, B.: Teilchengrößenanalyse. Chem.-Ing.-Tech. 46 (1974) 23-26 mit 11 Fortsetzungen bis 47 (1975) 21-24

[150] Schubert, H.: Aufbereitung fester mineralischer Rohstoffe, Band 1, VEB Deutscher Verlag für Grundstoffindustrie, Leipzig, 4. Aufl. (1989), 363 S.

[151] DIN 66141: Darstellung von Korn-(Teilchen-)größenverteilungen; Grundlagen. Febr. 1974

[152] DIN 66143: Darstellung von Korn-(Teilchen-)größenverteilungen; Potentnetz. März 1974

[153] DIN 66144: Darstellung von Korn-(Teilchen-)größenverteilungen; Logarithmisches Normalverteilungsnetz. März 1974

[154] DIN 66145: Darstellung von Korn-(Teilchen-)größenverteilungen; RRSB-Netz. April 1976

[155] DIN 4188: Drahtsiebböden für Amanlysensiebe. Okt. 1977

[156] Schatt, W., und Wieters, K.-P.: (Hrsg.), Pulvermetallurgie – Technologien und Werkstoffe, VDI-Verlag, Düsseldorf, 1994

[157] Zwickler, J.D.: Sieve analysis to below two microns using micromesh sieves. Am. Ceram. Soc. Bull. 45 (1966) 716-719

[158] Fautz, M.: Eine Meßmethode für Teilchengrößenanalysen im Durchmesserbereich zwischen 10μm und 0,05μm. Chem.-Ing.-Tech. 50 (1978) 47

[159] Harkort, H.: Die Bestimmung der Teilchengröße durch die Schlämmanalyse. Glas-Email-Keramo-Tech. 3 (1952) 165-168, 222-224, 256-258

[160] DIN 51033: Bestimmung der Korngrößedurch Siebung und Sedimentation. Verfahren nach Andreasen. Aug. 1962 (Blatt 1)

[161] Lehmann, H: Beiträge zur genaueren und schnelleren Korngrößenanalyse nach Andreasen. Tonind.-Ztg. 78 (1954) 326-331

[162] DIN 66111: Sedimentationsanalyse im Schwerefeld; Grundlagen Nov. 1973

[163] DIN 66115: Sedimentationsanalyse im Schwerefeld; Pipette-Verfahren. Nov. 1973

[164] DIN 66116: Sedimentationsanalyse im Schwerefeld; Sedimentationswaage. Nov. 1973

[165] Roosen, A.; Hausner, H.: Korngrößenbestimmung von Aluminiumoxidpulvern durch Sedimentation. im Zentrifugalfeld. Ber. Dtsch. Keram. Ges. 55 (1978) 72-75

[166] Bril, J.; Dinet, A.: Le compteur coulter: Etude pratique de son utilisation. Bull. Soc. Franc. Ceram. 69 (1965) 3-21

[167] Berg, R.H.: Powder Metallurgy Intern. 3 (1992), 194

[168] Endter, F.; Gebauer, H.: Ein einfaches Gerät zur statistischen Auswertung von mikroskopischen bzw. elektronenmikroskopischen Aufnahmen. Optik 13 (1956) 97-101

[169] Stiegelschmitt, A.; Tomandl, G.: Elektronenmikroskopische Teilchengrößenanalyse von keramischen Pulvern. Ber. Dtsch. Keram. Ges. 55 (1978) 76-78

[170] Tomandl, G.: Determination ol the crystallite-size distribution in ceramic materials from X-ray line broadening. Science of Ceramics 8 (1976) 145-158

[171] Käs, H.H.; Brückner, R.: Elektrooptische Bestimmung der Teilchengrößenverteilung im Feinkornbereich. Ber. Dtsch. Keram. Ges. 47 (1970) 358-363, 737-738

[172] Fulrath, R.M.; Pask, J.A. (Hrsg.): Ceramic microstructures: Their analysis, significance, and production. New York: Wiley 1968

[173] Ondracek, G.: Zum Zusammenhang zwischen Eigenschaften und Gefügestruktur mehrphasigerWerkstoffe. Z. Werkstofftech. 8 (1977) 240-246, 280-287; 9 (1978) 31-36, 96-100, 140-147

[174] van Vlack, L.H.: Introduction: Ceramic microstructures In: Fulrath, R.M.; Pask, J.A. (Hrsg.): Ceramic microstructures: Their analysis, significance, and production. New York: Wiley 1968, 1-21

[175] White, J.: Phase equilibrium and the interpretation of microstructure in complex oxide systems of technological importance. Proc. Brit. Ceram. Soc. 28 (1979) 195-223

[176] Hornbogen, E.; Skrotzki, B.: Werkstoffmikroskopie, 2. Auflage, Springer-Verlag, Berlin, Heidelberg (1993), 230 S.

[177] Exner, H.E.; Hougardy, H.P.: Einführung in die quantitative Gefügeanalyse, DGM Informationsgesellschaft Verlag Oberursel (1986), 254 S.

[178] Willmann, G.: Keramographie. Ber. Dtsch. Keram. Ges. 56 (1979) 151-154, 181-184

[179] Petzow, G.: Metallographisches, keramographisches, plastographisches Ätzen, 6. Auflage, Gebr. Borntraeger, Berlin, Stuttgart (1996), 298 S.

[180] Insley, H; Frechette, V.D.: Microscopy of ceramics and cements. New York: Academic Press 1955

[181] Freund, H. (Hrsg): Handbuch der Mikroskopie in der Technik, Bd. IV:Mikroskopie der Silikate Frankfurt/Main: Umschau Verlag, Tl. 1 (1955), Tl. 3 (1965), Tl. 4 (1964)

[182] Telle, R.; Petzow, G.: Light Microscopy. In: Materials Science and Technology, R.W.Cahn, P.Haasen, E.J.Kramer (Hrsg.), Band 2A, Kapitel 5, Verlag Chemie, Weinheim (1992) 357-422

[183] Amelinckx, S., Van Dyck, D., Van Landuyt, J., Van Tendeloo, G. (Hrsg.): Handbook of Microscopy, Band 1 (Methods I), Verlag Chemie, Weinheim (1997), 536 S., Band 2 (Methods II) (1997), Band 3 (Application) (1997), 833 S.

[184] Schüller, K.: Neuere Fortschritte in der Keramik durch Anwendung mineralogischer Methoden. Fortschr. Mineral. 40 (1963) 198-260

[185] Fischer, R.; Franz, E.-D.; Telle, R.: Gefügeuntersuchungen an Spritzgußkeramiken mit der Methode der Durchlichtpolarisationsmikroskopie. Sprechsaal 125 (12) (1993) 797-804

[186] Clinton, D.J.; Morell, R.; McNamee, M.: Textures in high-alumina engineering ceramics. Brit. Ceram. Trans. J. 85 (1986) 175-79

[187] Tröger, W.E.: Optische Bestimmung der gesteinsbildenden Minerale, Teil 1, 4. Auflage 1971, Teil 2 hrsg. von O. Braitsch, Stuttgart: E. Schweitzerbart´sche Verlagsbuchhandlung Nägele und Obermiller (1969); keine Neuauflage.

[188] von Philipsborn, H.: Tafeln zum Bestimmen der Minerale nach äußeren Kennzeichen, Stuttgart: E. Schweitzerbart´sche Verlagsbuchhandlung Nägele und Obermiller (1967).

[189] Pichler, H.; Schmitt-Riegraf, C.: Gesteinsbildende Minerale im Dünnschliff. Stuttgart, Enke-Verlag (1987)

[190] Barber, D.J.: Microscopy of Rocks and Minerals, in: Handbook of Microscopy, S. Amelinckx, D. van Dyck, J. van Landuyt, G. van Tendeloo (Hrsg.), VCH Weinheim (1997) 111-144

[191] MacKenzie, W.S.; Guilford, C.: Atlas of rock-forming minerals in thin section. London: Longman (1980)

[192] Berek, M.: Centralblatt für Mineralogie, Abteilung A (6) (1931) 198-209

[193] Berek, M.: Neues Jahrbuch für Mineralogie, Abhandlungen, Beil. 64, Abteilung A, (1931) 123-136

[194] Berek, M.: Optical measuring methods under polarized illumination especially for the determination of ore minerals with a theory of the optics of absorbing crystals. I. Microscopic methods at normal incidence. Fortschritte der Mineralogie 22 (1937) 1-104

[195] Schneiderhöhn, H.: Erzmikroskopisches Praktikum. Stuttgart: E. Schweitzerbart´sche Verlagsbuchhandlung Nägele und Obermiller (1952)

[196] Cameron, E.N.: Ore microscopy. New York: John Wiley and Sons (1961)

[197] Ramdohr, P.: Die Erzmineralien und ihre Verwachsungen. Berlin: Akademie-Verlag (1960)

[198] Galopin, R.; Henry, N.F.M.: Microscopic Study of Opaque Minerals. Cambridge: W. Heffer and Sons (1972)

[199] Carle, V.; Schäfer, U.; Täffner, U.; Predel, F.; Telle, R.; Petzow, G.: Keramographie von Hochleistungskeramiken - Werkstoffbeschreibung, Präparation, Ätztechniken und Gefügebeschreibung, Teil I: Keramographisches Ätzen. Z. Praktische Metallographie 28 (1991) 359-377

[200] Carle, V.; Schäfer, U.; Täffner, U.; Predel, F.; Telle, R.; Petzow, G.: Keramographie von Hochleistungskeramiken - Werkstoffbeschreibung, Präparation, Ätztechniken und Gefügebeschreibung, Teil II: Siliciumcarbid. Z. Praktische Metallographie 28 (1991) 420-434

[201] Carle, V., Schäfer, U.; Täffner, U.; Predel, F.; Schubert H.; Petzow, G.: Keramographie von Hochleistungskeramiken - Werkstoffbeschreibung, Präparation, Ätztechniken und Gefügebeschreibung, Teil III: Zirconiumdioxid. Z. Praktische Metallographie (28) 1991 468-483

[202] Predel, F.; Bazin, J.P.; Carle, V.; Schäfer, U.; Täffner, U.; Telle, R.; Petzow, G.: Keramographie von Hochleistungskeramiken - Werkstoffbeschreibung, Präparation, Ätztechniken und Gefügebeschreibung, Teil IV: Aluminiumnitrid (AlN). Z. Praktische Metallographie 28 (1991) 513-526

[203] Carle, V., Schäfer, U.; Täffner, U.; Predel, F.; Hoffmann, M.; Petzow, G.: Keramographie von Hochleistungskeramiken - Werkstoffbeschreibung, Präparation, Ätztechniken und Gefügebeschreibung, Teil V: Siliciumnitrid. Z. Praktische Metallographie (28) 1991 592-610

[204] Carle, V., Schäfer, U.; Täffner, U.; Predel, F.; Majewski, P.; Petzow, G.: Keramographie von Hochleistungskeramiken - Werkstoffbeschreibung, Präparation, Ätztechniken und Gefügebeschreibung, Teil VI: Hochtemperatur-Supraleiter $YBa_2Cu_3O_7$. Z. Praktische Metallographie (28) 1991 633-648

[205] Predel, F.; Telle, R.; Carle, V.; Schäfer, U.; Täffner, U.; Petzow, G.: Keramographie von Hochleistungskeramiken - Werkstoffbeschreibung, Präparation, Gefügebeschreibung, Teil VII: Borcarbid (B_4C). Z. Praktische Metallographie 31(5) (1994) 218-233

[206] Carle, V.; Trippel, B.; Täffner, U.; Schäfer, U.; Predel, F.; Telle, R.; Petzow, G.: Keramographie von Hochleistungskeramiken - Werkstoffbeschreibung, Präparation, Ätztechniken und Gefügebeschreibung: Teil VIII, Aluminiumoxid (Al_2O_3). Z. Praktische Metallographie 32 (2) (1995) 54-76

[207] Telle, R.; Carle, V.; Predel, F.; Schäfer, U.; Täffner, U.; Petzow, G.: Keramographie von Hochleistungskeramiken: Teil IX: Poren und Ausbrüche. Z. Praktische Metallographie 32 (9) (1995) 440-466

[208] O´Meara, C.; Nilsson, P.; Dunlop, G.L.: The Evaluation of β-Si_3N_4 Microstructures Using Plasma-Etching as a Preparative Technique, J. de Physique, Colloque C1, Supplement No. 2, Tome 47 (1986) C1-297

[209] Täffner, U., Hoffmann, M., Krämer, M.: Ein Vergleich zwischen verschiedenen physikalisch-chemischen Ätzverfahren für Siliziumnitridkeramiken. Z. Praktische Metallographie 27 (1990) 385

[210] Joy, D.C.: Scanning Electron Microscopy, in: Materials Science and Technology, R.W.Cahn, P.Haasen, E.J.Kramer (Hrsg.), Band 2A, Kapitel 2, Verlag Chemie, Weinheim (1992) 221-250

[211] Amelinckx, S.: Electron Diffraction and Transmission Electron Microscopy, in: Materials Science and Technology, R.W.Cahn, P.Haasen, E.J.Kramer (Hrsg.), Band 2A, Kapitel 1, Verlag Chemie, Weinheim (1992) 1-146

[212] Hall, E.L.: Analytical Electron Microscopy, in: Materials Science and Technology, R.W.Cahn, P.Haasen, E.J.Kramer (Hrsg.), Band 2A, Kapitel 5, Verlag Chemie, Weinheim (1992) 357-422

[213] Rühle, M.: Microscopy of Structural Ceramics, in: Handbook of Microscopy, S. Amelinckx, D. van Dyck, J. van Landuyt, G. van Tendeloo (Hrsg.), VCH Weinheim (1997) 253-292

[214] Rühle, M.: Neuere Beiträge der Elektronenmikroskopie zum Verständnis von Werkstoffeigenschatten in Metallen und Keramiken. Radex-Rundschau 1980 66-75

[215] Williams, D.B.: Practical Analytical Electron Microscopy in Materials Science, Philips Electronic Instruments, Inc., Mahwah, NJ (1987)

[216] Goldstein, J.I.; Yakowitz, H.: Practical Scanning Electron Microscopy, Plenum Press, New York, London, 2. Auflage (1976) 582 S.

[217] Murata, K., Matsukawa, T.; Shimizu, R.: Jap. J.Appl. Phys. 10 (1971) 678

[218] Williams, D.B.; Carter, C.B.: Transmission Electron Microscopy, A Textbook for Materials Science, Vol. I: Basics, Vol. II: Diffraction, Vol. III: Imaging, Vol. IV Spectrometry, Plenum Press, New York, London (1996)

[219] Reimer, L.: Transmission electron microscopy: physics of image formation and microanalysis, Springer series in optical sciences; Vol. 36, Heidelberg (1997) 584 S.

[220] Reimer, L.: Elektronenmikroskopische Untersuchungs- und Präparationsmethoden, 2. Auflage, Springer-Verlag, Heidelberg (1967) 598 S.

[221] Dudek, H.J.: Einführung in die mikrostrukurellen und mikroanalytischen Verfahren der Werkstoff-Forschung. Materialwissenschaft und Werkstofftechnik 21 (1990) 48-61

[222] Underwood, E.E.: Quantitative Metallography, in: Metals Handbook Vol. 9, Am. Soc. Mat., Metals Park, OH, (1987) 123-134

[223] Exner, H.E.; Hougardy, H.P.: Einführung in die quantitative Gefügeanalyse, DGM Informationsgesellschaft Verlag, Oberursel 1986, 254 S.

[224] Underwood, E.E.: Quantitative stereology. Reading (Mass.): Addison-Wesley 1970

[225] Ondracek, G.: Zur quantitativen Beschreibung des stereometrischen Aufbaus mehrphasiger Werkstoffe. Science of Ceramics 6 (1973) Nr. 3, 1-44

[226] Gahm, J.: Die Mikroskopische Bildanalyse in der Mineralogie. Fortschr. Mineral. 53 (1975) 79-128

[227] Gregg, S.J.; Sing, K.S.W.; Stoeckli, H.F. (Hrsg.): Characterisation of porous solids. London: Society of Chemical Industry 1979

[228] Unger, K.: Hohlraumstruktur poröser Adsorbetien. Angew. Chem. 84 (1972) 331-343

[229] Boucher, E.A.: Porous materials: Structure, properties and cappilllary phenomena. J. Mater. Sci. 11 (1976) 1734-1750

[230] Žagar, L.: Oberfläche und Porosität. Sprechsaal 113 (1980) 264-274

[231] DIN 51056: Bestimmung des offenen Porenraums. Sept. 1959

[232] DIN 51058: Bestimmung der Gasdurchlässigkeit feuerfester Steine. Juni 1963

[233] Žagar, L.: Ermittlung der Größenverteilung von Poren in feuerfesten Baustoffen. Arch. Eisenhüttenw. 26 (1955) 561-562 ; 27 (1956) 657-663

[234] Ritter, H.L.; Drake, L.C.: Pore-size distribution in porous materials: Pressure porosimeter and determination of complete macropore-size distribution. Ind. Eng. Chem., Anal. Ed. 17 (1945) 782-786

[235] Sing, K.S.W.: The characterization of porous solids by gas adsorption. Ber. Bunsenges. 79 (1975) 724 730

[236] Everett, D.H.: Capillary condensation. In: Gregg, S.J.; Sing, K.S.W.; Stoeckli, H.F. (Hrsg.): Characterisation of porous solids. London: Society of Chemical Industry 1979, 229-251

[237] Lippens, B.C.; DeBoer, J..H.: Studies on pore systems in catalysts: V. The t method. J. Catalysis 4 (1965) 319-323

[238] Mikhail, R.Sh.; Brunauer, St.; Bodor, E.E.: Investigations of a complete pore structure analysis. J. Colloid Interface Sci. 26 (1968) 45-61

[239] Dubinin, M.M.: Adsorption in micropores. J. Colloid. Interface Sci. 23 (1967) 487-499

[240] Dubinin, M.M: Microporous structures of carbonceous adsorbents. In: Gregg, S.J.; Sing, K.S.W.; Stoeckli, H.F. (Hrsg.): Characterisation of porous solids. London: Society of Chemical Industry 1979, 1-11

[241] Unger, K.; Doeller, St.; Krebs, K.F.: Comparitive study of the porosity of supports by means of adsoprtion, mercury penetration and fluid displacement methods. In: Gregg, S.J.; Sing, K.S.W.; Stoeckli, H.F. (Hrsg.): Characterisation of porous solids. London: Society of Chemical Industry 1979, 291-299

[242] Salmang, H.: Das Gefüge des keramischen Scherbens. Ber. Dtsch. Keram. Ges. 30 (1953) 247-251

[243] Dietzel, A.; Saalfeld, H.: Gefügeuntersuchungen an porösen Stoffen. Ber. Dtsch. Keram. Ges. 34 (1957)

[244] Astbury, N.F.: Neues Verfahren zur Untersuchungen der Porengrößenverteilung. Ber. Dtsch. Keram. Ges. 49 (1972) 52-57

[245] Žagar, L.: Ermittlung des Anteils von durchgehenden Porenkanälen in feinporigen keramischen

[246] Halasz, I.; Martin, K.: Porengrößen von Festkörpern. Angew. Chem. 90 (1978) 954-961

[247] Mcedlov-Petrosjan, O.P.: Thermodynamik der Silikate. 2. Aufl. Berlin: Verlag Bauwesen 1966

[248] Kubaschewski, O.; Evans, E.L.: Metallurgische Thermochemie. Berlin: Verlag Technik 1959

[249] Schmalzried, H.; Navrotsky, A: Festkörperthermodynamik: Chemie des festen Zustandes. Weinhein: Verlag Chemie 1975

[250] Kingery, W.D.; Wygant, J.F: Thermodynamics in ceramics. Am. Ceram. Soc. Bull. 31 (1952) 165-168 213-217, 251-255, 294-297, 344-347, 386-388

[251] Hennicke, H.W.: Thermodymisches Rechnen in der Keramik. In: Handbuch der Keramik. Freiburg: Schmid 1973, Gruppe III M 1-8

[252] Sörensen, O.T.: Thermodynamics and structure of nonstoichiometric binary oxides. In: Alper, A.M. (Hrsg.): Phase diagrams: Materials, science and technology. New York, London: Academic Press 1970-1978, Vol. 5, 75-125

[253] Stull, D.R.; Prophet, H.: JANAF thermochemical tables. 2. Autl. Washington: National Bureau of Standards 1971
[254] Barin, I.; Knacke, O.: Thermochemical properties of inorganic substances. Berlin, Heidelberg, New York: Springer 1973; 1977 (Supplement)
[255] Schick, H.L.: A thermodynamic analysis of the high-temperature vaporization properties of silica. Chem. Reviews 60 (1960) 331-362
[256] Colquhoun, I.; Wild, S.; Grieveson, P.; Jack, K.H.: Thermodynamics of the silicon-nitrogen oxygen system. Proc. Brit. Ceram. Soc. 22 (1973) 207-227
[257] Singhal, S.C.: Thermodynamic analysis of the high-temperature stability of silicon nitride and silicon carbide. Ceram. Internat. 2 (1976) 123-130
[258] Findlay, A.: Die Phasenregel. Weinhehn: Verlag Chemie 1958
[259] Eitel, W.: Die heterogenen Schmelzgleichgewichte silikatischer Mehrstoffsysteme. Leipzig: Barth 1945
[260] Alper, A.M. (Hrsg.): Phase diagrams: Materials, science and technology. Vol 1: Theory, principles, and techniques of phase diagrams . Vol 2: The use of phase diagrams in metal, refractory, ceramic, and cement technology. Vol. 3: The use of phase diagrams in electronic materials and glass technology. Vol 4: The use of phase dagrams in technical materials. Vol 5: Crystal chemistry stoichiometry, spinodal decomposition, properties of inorganic phases. New York, London: Academic Press 1970-1978
[261] Rao, Y.K.: Thermodynamics of phase diagrams. In: Alper, A.M. (Hrsg.): Phase diagrams: Materials, science and technology. Vol 1: Theory, principles, and techniques of phase diagrams. New York, London: Academic Press 1970-19781-43
[262] Petzow, G.; Claussen, N.; Henig, E.-Th.: f = n + 2 - r: Hundert Jahre Phasenregel. Z. Metalkkde. 68 (1977) 515-522
[263] Rooymams, C.J.M.: The effect of very high pressures on ceramic systems. Science of Ceramics 4 (1968) 133-149
[264] Macchesney, J.B.; Rosenberg, P.E.: The methods of phase equilibria determination and their associated problems. In: Alper, A.M. (Hrsg.): Phase diagrams: Materials, science and technology. Vol 1: Theory, principles, and techniques of phase diagrams. New York, London: Academic Press 1970-1978, 113-165
[265] Levin, E.M.; Robbins, C.R.; McMurdie, H.F: Phase diagrams for ceramists. Columbus (Ohio): American Ceramic Society 1964; Supplements 1969; 1975
[266] Yeh, H.C.: Interpretation of phase diagrams. In: Alper, A.M. (Hrsg.): Phase diagrams: Materials, science and technology. Vol 1: Theory, principles, and techniques of phase diagrams. New York, London: Academic Press 1970-1978, 167-197
[267] Tiller, W.A: The use of phase diagrams in solidification. In: Alper, A.M. (Hrsg.): Phase diagrams: Materials, science and technology. Vol 1: Theory, principles, and techniques of phase diagrams. New York, London: Academic Press 1970-1978, 199-244
[268] Berard, M.F.; Wilder, D.R.: Fundamentals of Phase Equilibria in Ceramic Systems, TechBooks, 1990
[269] Hummel, F.A.: Introduction to phase equilibria in ceramic systems, New York: Marcel Dekker, Inc. 1984
[270] Bergeron, C.B.: Introduction to phase equilibria in ceramics, The American Ceramic Society, 1984
[271] Rath, R.: Mineralogische Phasenlehre. Stuttgart: Ferdinand Enke (1990)

[272] Knapp, W.J.: Use of free energy data in the construction of phase diagrams. J. Am. Ceram. Soc. 36 (1953) 43-47

[273] Reichelt, W.; Gross, B.: Melhoden zur Berechnung von Schmelzdiagrammen binärer Oxidsysteme. Chem.-Ing.-Tech. 39 (1967) 1175-1179

[274] Barron, L.M.: Thermodynamic multicomponent silicate equilibrium phase calculations. Am.Miner. 57 (1972) 809-823

[275] Kracek, F.C.; Bowen, N.L.; Morey, G.W.: Eqilibrium relations and factors influencing their determination in the system K_2SiO_3-SiO_2. J. Physic. Chem. 41 (1937) 1183-1193

[276] Cahn, J.W.: The metastable liquidus and its effect on the crystallization of glass. J. Am. Ceram. Soc. 52 (1969) 118-121

[277] Levin, E.M.: Liquid immiscibility in oxide systems. In: Alper, A.M. (Hrsg.): Phase diagrams: Materials, science and technology. New York, London: Academic Press 1970-1978, Vol. 3, 143-236

[278] Jantzen, C.M.F.; Herman, H.: Spinodal decomposition: Phase diagram representation and occurrence. In: Alper, A.M. (Hrsg.): Phase diagrams: Materials, science and technology, Vol 5: Crystal chemistry stoichiometry, spinodal decomposition, properties of inorganic phases. New York, London: Academic Press 1970-1978, 127-184

[279] Seward, T.P.; Uhlmann, D.R.; Turnbull, D.: Phase separation in the system BaO-SiO_2. J.Am. Ceram. Soc 51 (1968) 278-285

[280] Schairer, J.F.; Bowen. N.L: The system K_2O-Al_2O_3-SiO_2. Am. J. Sci. 253 (1955) 681-746

[281] Tamas, F.: The equilibrium index: Its principle and applications. Science of Ceramics 3 (1967) 165-178

[282] Henig, E.-Th.; Kattner, U.; Petzow, G.: Calculation and Representation of Phase Equilibria in Multicomponent Systems, Ber. Bunsengesellschaft Phys. Chem. 87 (1983) 769-776

[283] Ellingham, H.J.T.: Reducibility of Oxides and Sulfides in Metallurgical Processes, J. Soc. Chem. Ind., 63, (1944) 125-33

[284] Wagner, C.: Passivity During the Oxidation of Silicon at Elevated Temperatures, J. Appl. Phys. 29 (1958) 1295

[285] Lou, V.L.K.; Mitchell, T.E.; Heuer, A.H.: Review-Graphical Displays of the Thermodynamics of High-Temperature Gas-Solid Reactions and Their Application to Oxidation of Metals and Evaporation of Oxides. J.Am.Ceram.Soc., 68[2] (1985) 49-58.

[286] Scheil, E.: Representation of ternary systems. Archiv f. Eisenhüttenwes. 9 (1935) 571-73

[287] Telle, R.: Ceramics for High-Tech Applications, Material Science, European Concerted Action COST 503 Powder Metallurgy - Powder Based Materials, Vol. V, Valente, T. Directorate-General, Science, Research and Development (Hrsg.), Brüssel (1997), ISBN 92-827-9816-X, 296 S.

[288] Heuer, A.H.; Lou, V.L.K.: Volatility Diagrams for Silica, Silicon Nitride, and Silicon Carbide and Their Application to High-Temperature Decomposition and Oxidation. J. Am. Ceram. Soc. 73 (10) (1990) 2789-2802

[289] Dietzel, A.: Glasstruktur und Glaseigenschaften. Glastech. Ber. 22 (1948) 41-50, 81-86, 212-224

[290] Dietzel, A.: Die Kationenfeldstärken und ihre Beziehungen zu Entglasungsvorgängen, zur Verbindungsbildung und zu den Schmelzpunkten von Silikaten, Z. Elektrochemie 48 (1942) 9-23

[291] Newnham, R.E.: Phase diagrams and crystal chemistry. In: Alper, A.M. (Hrsg.): Phase diagrams: Materials, science and technology, Vol. 5: Crystal chemistry stoichiometry, spinodal decomposition, properties of inorganic phases. New York, London: Academic Press 1970-1978, 1-73

[292] Donnay, G.; Allmann R.: How to recognize O^{2-}, OH^- and H_2O in crystal structures determined by x-rays. Am. Min. 55 (1970) 1003-1014

[293] Brown, I.D.; Shannon, R.D.: Empirical bond-strength-bond-length curves for oxides. Acta Crystallogr. A29 (1973) 266-282

[294] Brown, I.D.; Altermatt D.: The automatic search for chemical bonds in inorganic crystal structures. Acta Cryst. B41 (1985) 240-244

[295] Brown, I.D.: Determination of the bonding and valence distribution in inorganic solids by maximum entropy method. Acta Cryst. B54 (1998) 221-230

[296] Hunter, B.A.; Howard, C.J.: Bond Valence Analysis of Tetragonal Zirconias. J. Solid State Chemistry (146) (1999) 363-368

[297] Schön, Chr.; Jansen, M.: Auf dem Weg zur Syntheseplanung in der Festkörperchemie: Vorhersage existenzfähiger Strukturkandidaten mit Verfahren zur globalen Strukturoptimierung. Angew. Chemie (108) (1996) 1358-1377

[298] Schön, Chr.; Jansen, M.: Determination, prediction, and understanding of structures, using the energy landscapes of chemical systems, Part I, Z. Kristallographie (216) (2001) 307-325; Part II: 361-383.

[299] Hobbs, L.W.: Network topology in aperiodic networks, J. Non-crystalline solids (192/193) (1995) 79-91

[300] Van Laar, J.J.: Melting-point and freezing-point curves in binary systems, when the solid phase is a mixture (amorphous solid solution or mixed crystals) of both components. Z. Phys. Chem. 63 (1908) 216, 64 (1908) 257

[301] Kaufman, L.; Bernstein, H.: Computer calculations of phase diagrams, Academic Press, New York (1970)

[302] Chart, G.; Counsell, J.F.; Jones, G.P.; Slough, W.; Spencer, P.J.: Provision and use of thermodynamic data for the solution of high-temperature practical problems. Int. Metall. Review 20 (1975) 57-82

[303] Pelton, A.D.; Thompson, W.T.: Ber. Bunsengesellschaft Phys. Chem. 87 (1983) 183

[304] Hillert, M.: Calculation of phase equilibria. in: Phase Transformations, Am. Soc. Met. (Hrsg.), Metals Park, Ohio (1970) 181-218

[305] Lukas, H.L.; Henig, E.-Th.; Zimmermann, B.: Optimization of phase diagrams by a least squares method using simultaneously different types of data. CALPHAD 1 (1977) 225-36

[306] Eriksson, G.: Thermodynamic studies of high-temperature equilibriums. XII. SOLGASMIX, a computer program for calculation of equilibrium compositions in multiphase systems. Chem. Scripta 8 (1975) 100-103

[307] Spencer, P.J.; Barin, I.: Computer-generated phase diagrams. Mater. Eng. Appl. 1 (1979) 167-179

[308] Petzow, G.; Effenberg, G.: Ternary Alloys, A Comprehensive Compendium of Evaluated Constitutional Data and Phase Diagrams. Ständig erweiterte Serie, z. Zt. 15 Bände von Ag-Al-Au (1988) bis Li-V-Zr (1995); Weinheim: Wiley-VCH

[309] Margules, M.: Sitzungsber. Akad. Wiss. Wien, Mathem. Naturw. Kl. 11a, 104 (1895) 1243

[310] Borelius, G.: Theory of transitions of metallic mixed phases. Ann. Phys. Ser. 5, 20 (1934) 57-74

[311] Redlich, O.; Kister, A.T.: Thermodynamics of nonelectrolyte solutions, x-y-t relations in a binary system. Ind. Eng. Chem. 40 (1948) 341-345

[312] Bale, C.W.; Pelton, A.D.: Mathematical representation of thermodynamic properties in binary systems and solution of Gibbs-Duhem equation. Metall. Trans. 5 (1974) 2323-37

[313] Kubaschewski, O.; Knacke, O.; Hesselmann, K.: Thermochemical Properties of Inorganic Substances, 2 Bände, 2. Ed., Springer-Verlag , 1991

[314] Gurvich, L.V.; Veyts, I.V.; Alcock, C.B.: Thermodynamic Properties of Individual Substances: O, H, F, Cl, Br, I, He, Ne, Ar, Kr, Xe, Rn, S, N, P and Their Compounds, 4. ed., Hemisphere Pub., 1989

[315] Gurvich, L.V.; Veyts, I.V.; Alcock, C.B.: Thermodynamic Properties of Individual Substances: C, Si, Ge, Sn, Pd and their Compounds, 4. ed., Hemisphere Pub., 1990

[316] Barin, I.: Thermochemical Data of Pure Substances / Band I :Ag-Kr, Band II :La-Zr, 2. Ed., Weinheim, Verl. Chemie, 1993

[317] Saxena, S.K.; Chatterjee, N.; Fei, V; Shen, G.: Thermodynamic Data on Oxides and Silicates: An Assessed Data Set Based on Thermochemistry and High Pressure Phase Equilibrium, Springer Verlag, 1993

[318] Chase, M.W.: National Institute of Standards & Technology Staff, NIST-JANAF Thermochemical Tables, 4. ed., 1998, American Institute of Physics

[319] Sundman, B.; Jansson, B.; Andersson, J.-O.: The Thermo-Calc Databank System, Calphad. 9 (1985) 153-190

[320] Pelton, A.D.; Baldner, M.: Thermodynamic Analysis of Ordered Liquid Solutions by a Modified Quaschemical Approach-Application to Silicate Slags. Met.Trans. B, 17B (1986) 805-815

[321] Eriksson, G.; Hack, K.: ChemSage - A Computer Program for the Calculation of Complex Chemical Equilibria. Met. Trans. B., 21B (1990) 1013-1023

[322] Patzak, I.: Quantitative röntgenographische Phasenanalyse von Quarz, Cristobalit, Tridymit und Glas in Silikasteinen. Tonind.-Ztg. 96 (1972) 291-297

[323] Arnold, H.: Diffuse Röntgenbeugung und Kooperation bei der α-β-Umwandlung von Quarz. Z. Kristallogr. 121 (1965) 145-157

[324] Arnold, H.: Gitterdynamik und die die α-β-Umwandlung des Quarzes. Tonind.-Ztg. 101 (1977) 81-82

[325] Mackenzie, J.D.: Fusion of quartz and cristobalite. J. Am. Ceram. Soc. 43 (1960) 615-620

[326] Scherer; G.; Vergano, P.J.; Uhlmann, D.R.: A study of quartz melting. Phys. Chem. Glasses 11(1970) 53-58

[327] Mitra, S.: Kinetics of quartz-cristobalite transformation. Trans. J. Brit. Ceram. Soc. 76 (1977) 71-74

[328] Leko, V.K.; Komarova, L.A.: Temperature dependence of the induction period of the quartz cristobalite transition. Inorg Mater. 10 (1974) 1332-1333

[329] Flörke, O.W: Über die Röntgen-Mineralanalyse und die thermische Ausdehnung von Cristobalit und Tridymit und über die Zusammensetzung von Silikamassen. Ber. Dtsch. Keram. Ges. 34 (1957) 343-353

[330] Wright, A.F.: Irreversibility of the initial $\beta \rightarrow \alpha$ transition in cristobalite and its relevance to ceramic bodies. Am. Ceram. Soc. Bull. 56 (1977) 718-719, 723

[331] Flörke, O.W.; Müller-Vonmoos, M: Displazive Tief-Hoch-Umwandlung von Tridymit. Z. Kristallogr. 133 (1971) 193-202

[332] Patzak, I.; Konopicky, K.: Studien an Tridymiten. Ber. Dtsch. Keram. Ges. 39 (1962) 168-174

[333] Fenner, D.N.: The stability relations of the silica minerals. Am. J. Sci. 36 (1913) 331-384

[334] Holmquist, S.B.: Conversion of quartz to tridymite. J. Am. Ceram. Soc. 44 (1961) 82-86

[335] Wollast, R.: Diskussion über "The structures of $AlPO_4$ and SiO_2" von O. Flörke. [129] Science of Ceramics 3 (1967) 29-31

[336] Flörke, O.W.: Über das Einstoffsystem SiO_2. Naturwissenschaften 43 (1956) 419 420

[337] Cohen, L.H.; Klement, W.; Adams, H.G.: Yet more observations on the high-low quartz inversion: Thermal analysis studies to 7 kbar with single crystals. Am. Miner. 59 (1974) 1099-1104

[338] Cohen, L.H.; Klement, W.: Differential thermal analysis investigation of the high-low cristobalite in inversion under hydrostatic pressure to 7 kbar. J. Am. Ceram. Soc. 58 (1975) 206-208

[339] Weaver, J.S.; Chipman, D.W.; Takahashi, T.: Comparison between thermochemical and phase stability data for the quartz-coesite-stishovite transformations. Am. Miner. 64 (1979) 604-614

[340] Flörke, O.W: Der Einfluß der Alkali-Ionen auf die Kristallisation des SiO_2. Fortschr. Miner. 32 (1953) 33-35

[341] DeKeyser, W.L.; Cypres; R.: Beitrag zum Studium der Bildung des Tridymits. Mineralisolatorwirkung von Feldspat und Kaolin auf die Umwandlung des Quarzes. Ber. Dtsch. Keram. Ges. 38 (1961) 303-308

[342] Mackenzie, K.J.D.: Oxides of Aluminum Other than Al_2O_3. J. Br. Ceram. Soc. 5 [2] (1968) 183-193

[343] Gitlesen, G.; Herstadt, O.; Motzfeld, V.: in: Selected Topics in High Temperature Chemistry, Oslo (1966) 180-196

[344] Ho, P.; Burns, R.P.: A Mass Spectroscopy Study of the Aluminum Dioxide Molecule. High-Temp. Sci. 12 (1980) 31-39

[345] Wefers, K.: Nomenclature, Preparation, and Properties of Aluminum Oxides, Oxide Hydroxides, and Trihydroxides. In: Alumina Chemicals: Science and Technology Handbook, Band 1: Aluminum Oxide, L.D. Hart (Hrsg.), Westerville, Ohio, USA: The Am. Ceram. Soc. (1990) 13-22

[346] Cook, L.P.: Phase Equilibria of Alumina. In: Alumina Chemicals: Science and Technology Handbook, Band 1: Aluminum Oxide, L.D. Hart (Hrsg.), Westerville, Ohio, USA: The Am. Ceram. Soc. (1990) 49-71

[347] Cannon, J.H.; White, J.: Some rate processes in ceramics. Trans. Brit. Ceram. Soc. 55 (1956) 82-111

[348] Steiner, C.J.-P; Hasselman, D.P.H.; Spriggs, R.M.: Kinetics of the gamma-to-alpha alumina phase transformation. J. Am. Ceram. Soc. 54 (1971) 412-413

[349] McPherson, R.: Formation of metastable phases flame- and plasma-prepared alunima. J. Mater. Sci. 8 (1973) 851-858

[350] DeVries, R.C.; Roth, W.L.: Critical evaluation of the literature data on beta alumina and related phases. J. Am. Ceram. Soc. 52 (1969) 364-369

[351] Luck, W.: Wasser und Elektrolytlösungen. Colloid Polymer Sci. 65 (1978) 6-28

[352] Franks, F. (Hrsg.): Water:A comprehensive treatise. NewYork, London: Plenum Press,ab 1972 mehrere Bande

[353] Hagler, A.T.; Scheraga, H.A.; Nemethy. G.; Lentz, B R.: Owicki, J.C.: Structure of liquid water. J. Physic. Chem. 76 (1972) 3229-3243; 78 (1974) 1531-1550: 79 (1975) 2352-2361

[354] Rice, S.A.: Conjectures on the structure of amorphous solid and liquid water. Fortschr. Chem. Fortsch. 60 (1975) 109-200

[355] Rennie, G.K.; Clifford, J.: Melting of ice in porous solids. 3. Chem. Soc. Faraday. Trans. I 73 (1977) 680-689

[356] Fripiat, J.J.; Jelli, A.; Poncelet, G.; Andre, J.: Thermodynamic properties of adsorbed water molecules and electrical conduction in montmorillonites and silicas. J. Physic. Chem. 69 (1965) 2185-2197

[357] Müller-Hesse, H.: Entwicklung und Stand der Untersuchungen über das System Al_2O_3-SiO_2. Ber. Dtsch. Keram. Ges. 40 (1963) 281-285

[358] Bowen, N.L.; Greig, J.W.: The system Al_2O_3-SiO_2. J. Am. Ceram. Soc. 7 (1924) 238-254

[359] Toropov, N.A.; Galakhov, F.Ya.: Neue Ergebnisse über das System Al_2O_3-SiO_2. Dokl. Akad Nauk SSSR 78 (1951) 299-302

[360] Aramaki, S.; Roy, R.: Revised phase diagrams for the system Al_2O_3-SiO_2. J.Am. Ceram. Soc. 45 (1962) 229-242

[361] Aksay, I.A.; Pask, J.A.: Stable and metastable equilibria in the system SiO_2-Al_2O_3. J.Am. Ceram. Soc. 58 (1975) 507-512

[362] Galakhov, F.Ya.:The character of melting of mullite $3Al_2O_3 \cdot 2SiO_2$. Inorg. Mater. (USSR) 16 (1980) 201-204

[363] Risbud, S.H.; Pask, J.A.: SiO_2-Al_2O_3,metastable phase equilibrium diagram without mullite. J. Mater. Sci. 13 (1978) 2449-2454

[364] MacDowell, J.F.; Beall, G.H.: Immiscibility and crystallization in Al_2O_3-SiO_2. J.Am.Ceram. Soc. 52 (1969) 17-25

[365] Risbud, S.H.; Pask, J.A.: Calculated thermodynamic data and metastable immiscibility in the system SiO_2-Al_2O_3. J. Am. Ceram. Soc. 60 (1977) 418-424

[366] Galakhov, F.Ya.; Averyanov, V.I.; Vavilonova, V.T.; Areshev, M.P.: The metastable liquation region in the Ga_2O_3-Al_2O_3-SiO_2 and Al_2O_3-SiO_2 systems. Sov. J. Glass Phys. Chem. 2 (1976) 127-132

[367] McPherson, R.: Evidence for a metastable miscibility. gatp in the system mullite-alumina. J. Am. Ceram. Soc. 63 (1980) 110-112

[368] Grofcsik, J.: Mullite. Budapest: Akademiai Kiado 1961

[369] Kromer, H; Schüller, K.-H.: Primärer und sekundärer Mullit: Versuch einerAbgrenzung. Keram. Z. 27 (1975) 625-627

[370] Schwab, R.G.: Die Phasenbeziehungen der Pyroxene im System $CaMgSi_20_6$-$CaFeSi_2O_6$-$MgSiO_3$-$FeSiO_3$. Fortschr. Mineral 46 (1969) 188-273

[371] Wendtland, H.G.; Glemser, O.: Untersuchungen über die Reaktion von oxyden mit Wasser bei höheren Drucken und Temperaturen. Angew. Chem. 75 (1963) 949-957

[372] Kennedy, G.C.; Wasserburg, G.J.; Heard, H.C.; Newton, R.C.: The upper three-phase region in the system SiO-H_2O. J. Am. Sci. 260 (1962) 501-521

[373] Volosev, A. et al.: Geochem. Intern. 9 (1972) 362

[374] Freund, F.: Zur thermischen Stabilität von Hydroxiden. Fortschr. Chem. Forsch 10 (1968) 347-373

[375] Freund, F.; Hösen, R.: Proton conductivity and thermoelectric effect in magnesium hydroxide. Ber. Bunsenges 81 (1977) 39-43
[376] Saalfeld, H.: Strukturen des Hydargillitis und der Zwischenstufen beim Entwässern. N. Jb. Mineral. Abh. 95 (1960) 1-87
[377] Perkins, D.; Essene, E.J.; Westrum, E.F.;Wall, V.J.: New thermodynamic datafor diaspore and their application to the system Al_2O_3-SiO_2-H_2O. Am. Miner. 64 (1979) 1080-1090
[378] Franz, E.-D.: Das System Al_2O_3-H_2O bei 25°C und 1 atm Druck im pH-Bereich 5-13. N. Jb. Mineral Abh. 125 (1975) 80-90
[379] Frisch, B.: Die Hydratation von α-Aluminiumoxid. Ber. Dtsch. Keram. Ges. 42 (1965) 149-160
[380] DeBoer, J.H.: Changes in pore systems associated with sintering. Proc. Brit. Ceram. Soc. 5 (1965) 5-19
[381] Ramsay, J.D.F.; Avery, R.G.: Formation and characteristics of microporosity in dehydrated microcrystalline gibbsite. In: Gregg, S.J.; Sing, K.S.W.; Stoeckli, H.F. (Hrsg.): Characterisation of porous solids. London: Society of Chemical Industry 1979, 117-125
[382] Wilson, S.J.: Phase transformation and development of microstructure in boehmite-derived transition aluminas. Proc. Brit. Ceram. Soc. 28 (1979) 281-294
[383] Schairer, J.F.; Bowen. N.L: The system Na_20-Al_2O_3-SiO_2. Am. J. Sci. 254 (1956) 129-195
[384] Kleiner, R.N.; Buljan, S.T.: The use of phase diagrams in development of silicates for thermal shock resistant applications. In: Alper, A.M. (Hrsg.): Phase diagrams: Materials, science and technology, New York, London: Academic Press 1970-1978, 287-321
[385] Osborn, E.F.; Muan, A.: System MgO-Al_2O_3-SiO_2 (Phase equilibrium diagrams of oxide systems, Plate 3) Am. Ceram. Soc. 1960
[386] Gugel, E.; Vogel, H: Grenzen der Anwendbarkeit von cordierithaltigen keramischen Werkstoffen. Ber. Dtsch. Keram. Ges. 41 (1964) 197-205
[387] Lippmann, F.: Stabilitätsbeziehungen derTonminerale. N.Jb. Mineral. Abh. 136 (1979) 287-309
[388] Noll, W.: Synthese des Kaolins. Naturwissenschaften 20 (1932) 366
[389] LeChatelier, H.: De l'action de la chaleur sur les argiles. Bull. Soc. Franc. Miner. 10 (1887) 204-211
[390] Brindley, G.W.; Nakahira, M.: The Kaolinite-mullite reaction series. J. Am. Ceram. Soc. 42 (1959) 311-324
[391] von Gehlen, K.: Die orientierte Bildung von Mullit aus Al-Si-Spinell in der Umwandlungsreihe Kaolinit→Mullit. Ber. Dtsch. Keram. Ges. 39 (1962) 315-320
[392] Ünal, N.; Krönert, W.: Untersuchungen zur orientierten thermischen Umwandlung von Talk und Kaolin mit Hilfe eines Röntgen-Texturgoniomesters. Keram. Z. 31 (1979) 569-572, 619-623
[393] Fripiat, J.J.; Toussaint, F.: Dehydroxylation of kaolinite. J. Physic. Chem. 67 (1963) 30-36
[394] Range, K.J.; Russow, J.; Oehlinger, G.; Weiss, A.; Hartl, K.: Neue Untersuchungen zum thermischen Abbau von Kaolinit. Ber. Dtsch. Keram. Ges 47 (1970) 545-549; 48 (1971) 11-14, 107-110
[395] Freund, F.; Gentsch, H.: H.-Abspaltung bei der Entwässerung von $Mg(OH)_2$, $Al(OH)_3$ und Kaolinit-Einkristallen Ber. Dtsch. Keram. Ges. 44 (1967) 51-58

[396] Chakraborty, A.K.: Formation of silicon-aluminum spinel. J. Am. Ceram. Soc. 62 (1979) 120-124

[397] Percival, H.J.; Duncan. J.F.; Foster, P.K.: Interpretation of the kaolinite-mullite reaction sequence from infrared absorbtion spectra. J. Am. Ceram. Soc. 57 (1974) 57-61; 61 (1978) 90-92

[398] Bulens, M.; Leonard, A.; Delmon, B.: Spectroscopic investigations of the kaolinite-mullite reaction sequence. J. Am. Ceram. Soc. 61 (1978) 81-84

[399] Saalfeld, H.: Hydrothermale Bildungen aus Metakaolin. Naturwissenschaften 41 (1954) 372-373

[400] Hennicke, H.W.; Niesel, K.: Zur Kenntnis der Entwässerung des Pyrophyllis. Tonind.-Ztg. 89 (1965) 496-503

[401] Crowley, M.S.; Roy, R.: Equilibrium and pseudo equilibrium low-temperature dehydration of montmorillonoids. J. Am. Ceram. Soc. 42 (1959) 16-20

[402] Mackenzie, R.C.: Hydratationseigenschaften von Montmorillonit. Ber Dtsch Keram. Ges. 41 (1964) 696-708

[403] Bricker, O.P.; Nesbitt, H.W.; Gunter, W.D.: The stability of talc. Am. Miner. 58 (1973) 64-72

[404] Brindley, G.W.: Crystallographics aspects of some decomposition and recrystallization reactions. In Burke, J.E. (Hrsg): Progress in ceramic science. Oxford, London: Pergamon Press, Vol 3 (1963) 1-55

[405] Koltermann, M.: Der thermische Zerfall von Talk. N. Jb. Mineral. Mh. 1964, 97-106

[406] Koltermann, M.: Der thermische Zerfall der wasserhaltigen Magnesiumsilikate. Ber. Dtsch. Keram. Ges. 42 (1965) 373-384

[407] Kedesdy, H.: Elektronenmikroskopische Untersuchungen über den Brennvorgang von Talk und Speckstein. Ber. Dtsch. Keram. Ges. 24 (1943) 201-232

[408] Lindemann, W.; Wögerbauer, R.: Die Phasenbeziehungen natürlicher Mg-Metasilikate (mit Ausblick auf Syntheseprodukte), dargestellt am Brennverhalten von Talk. Radex-Rundschau 1979, 1169-1180

[409] Koltermann, M.; Müller. K.-P.: Kristallchemie und thermisches Verhalten von Sepiolith, Hectorit, Saponit, Bergleder und Anthophyllit. Tonind.-Ztg. 89 (1965) 406-411

[410] Gauckler, L.J.; Lukas, H.L.; Henig E.-Th.; Petzow, G.: Representation of Phase Equilibria in Systems with a Double Exchange Reaction, CALPHAD 2 (1978) 349-356

[411] Kaiser, A.; Telle, R.; Hermann, M.; Richter, H.J.; Hermel, W.: Phasengleichgewichte und Kongrenzenphasen für Siliziumnitridkeramiken im System Nd-Si-Al-O-N, Proc. Werkstoffwoche 98: Band 7: Keramik/Simulation Keramik, Heinrich, J.; Ziegler, G.; Hermel, W.; Riedel, H. (Hrsg.), VCH-Wiley (1999) 363-368

[412] Kingery, W.D. (Hrsg): Kinetics of high-temperature processes. NewYork:Wiley London: Chapman & Hall 1959

[413] Haller, W.: Concentration-dependent diffusion coefficient of water in glass. Phys. Chem. Glasses 4 (1963) 217-220

[414] Matano, C.: On the relation between the diffusion-coefficients and concentrations of solid metals. Jap. J. Phys. 8 (1933) 109-113

[415] Schmalzried, H.: Festkörperreaktionen. Weinheim: Verlag Chemie 1971

[416] Cooper, A.R.; Heuer, A.H. (Hrsg.): Mass transport phenomena in ceramics. Mater. Sci. Res. 9 (1975)

[417] Frischat, G.H.: Materietransport in Festkörpern. Angew. Chem. 86 (1974) 428 442

[418] Frischat, G.H.: Ionic diffusion oxide glasses. Aedermannsdorf: Trans. Tech. Publications 1975

[419] Freer, R.: Self-diffusion and impurity diffusion in oxides. J. Mater. Sci. 15 (1980) 803-824

[420] Gray, T.J; Frechette, V.D. (Hrsg.): Kinetics of reactions in ionic systems. Mater. Sci. Res. 4 (1969)

[421] Schmalzried, H.: The role of phase boundaries in heterogeneous solid state reactions. Ber. Bunsenges. 82 (1978) 273-282

[422] Sharp, J.H.; Brindley, G.W.; Narahari Achar, B.N.: Numerical data for some commonly used solid state reaction equations. J. Am. Ceram. Soc 49 (1966) 379-382

[423] Hancock, J.D.; Sharp, J.H.: Method of comparing solid-state kinetic data and its application to the decomposition of kaolinite, brucite and $BaCO_3$. J. Am. Ceram. Soc. 55 (1972) 74-77

[424] Brindley, G.W.; Sharp, J.H.; Patterson, J.H.; Narahari, B.N.: Kinetics and mechanism of dehydroxylation process. Am. Miner 52 (1967) 201-211

[425] Jacobs, P.W.M.: Kinetics of the thermal decomposition of solids. In: Gray, T.J; Frechette, V.D. (Hrsg.): Kinetics of reactions in ionic systems. Mater. Sci. Res. 4 (1969) 37-52

[426] Wiedemann, H.G. (Hrsg): Thermal analysis. Vol. 1. Basel, Boston, Stuttgart: Birkhäuser 1980

[427] Hemminger, W. (Hrsg): Thermal analysis. Vol. 2. Basel, Boston, Stuttgart: Birkhäuser 1980

[428] Stookey, S.D.: Catalyzed crystallization of glass in theory and practice. Glastech. Ber. 32 K (1959) V/1-8

[429] Kossel, W.: The theory of crystal growth. Nachr. Ges. Wiss. Göttingen, Mathemat.-physikal. Klasse (1927) 135-143

[430] Stranski, I.N.: The theory of crystal growth. Z. Physikal. Chemie (A) 136 (1928) 259-278

[431] Schatt, W.: Einführung in die Werkstoffwissenschaft, Leipzig: VEB Deutscher Verlag für Grundstoffindustrie (1981)

[432] Hockey, B.J.; Wiederhorn, S.M.; Handwerker, C.A. u.a.: Equilibrium shape of internal cavities in sapphire. J. Am. Ceram. Soc. 80 (1997) 62-68

[433] Tasker, P.W.: "Surfaces of magnesia and alumina" in: Advances in Ceramics, Vol 10, Structure and properties of MgO and Al_2O_3 ceramics, Kingery, W.D. (Hrsg.) (1984)

[434] Rödel, J.; Glaeser, A.M.: Anisotropy of grain growth in alumina. J. Am. Ceram. Soc. 73 (1990) [11] 3292-3301

[435] Song, H.; Coble, R.L.: Morphology of platelike abnormal grains in liquid-phase-sintered alumina. J. Am. Ceram. Soc. 73 (1990) [7] 2086-2090

[436] Song, H.; Coble, R.L.: Origin and growth kinetics of platelike abnormal grains in liquid-phase-sintered alumina. J. Am. Ceram. Soc. 73 (1990) [7] 2077-2085

[437] Shaw, T.M.; Duncombe, P.R.: Forces between aluminium oxide grains in a silicate melt and their effect on grain boundary wetting. J. Am. Ceram. Soc. 74 (1991) [10] 2495-2505

[438] Seabaugh, M.M.; Kerscht, I.H.; Messing, G.L.: Texture development by templated grain growth in liquid-phase-sintered α-alumina. J. Am. Ceram. Soc. 80 (1997) [5] 1181-1188

[439] Kaysser, W.A.; Spriessler, M.; Handwerker, C.A.; Blendell, J.E.: Effect of a liquid phase on the morphology of grain growth in alumina. J. Am. Ceram. Soc. 70 (1987) [5] 339-343

[440] Kwon, O.-H.; Messing, G.L.: Kinetic analysis of solution-precipitation during liquid-phase sintering of alumina. J. Am. Ceram. Soc. 73 (1990) [2] 275-281

[441] Handwerker, C.A.; Morris, P.A.; Coble, R.L.: Effects of chemical inhomogeneities on grain growth and microstructure in Al_2O_3. J. Am. Ceram. Soc. 72 [1] (1989) 130-136

[442] Kim, D.-Y.; Wiederhorn, S.M.; Hockey, B.J.; Handwerker, C.A.; Blendell, J.E.: Stability and surface energies of wetted grain boundaries in aluminium oxide. J.Am. Ceram. Soc. 77 (1994) [2] 444-453

[443] Mallamaci, M.P.; Carter, C.B.: Faceting of the interface between Al_2O_3 and anorthite glass. Acta mater. 46 (1998) [8] 2895-2907

[444] Bennison, S.J.; Harmer, M.P.: Effect of MgO Solute on the Kinetics of Grain Growth in Al_2O_3. J. Am. Ceram. Soc. 66(5) (1983) C-90-C92

[445] Brook, R.J.: Developments in the sintering of ceramics. Science of Ceramics 9 (1977) 57-66

[446] Burke, J, E.: Role of Grain Boundaries in Sintering. J. Am. Ceram. Soc. 40 (3) (1957) 80-85

[447] Coble, R.L.: Initial sintering of alumina and hematite. J. Am. Ceram. Soc. 41 (1958) 55-62

[448] Coble, R.L.: Sintering crystalline solids. J. Appl. Physics 32 (1961) 787-799

[449] Coble, R.L.; Burke, J.E.: In: Reactivity of Solids, De Boer, H.D., (Hrsg.), Amsterdam/London/New York/Princeton: Elsevier Publishing Company (1961) 38

[450] Exner, H.E.: Grundlagen von Sintervorgängen. Berlin, Stuttgart: Borntraeger 1978

[451] Geguzin, Ja.E.: Physik des Sinterns. Leipzig: Deutscher Verlag für Grundstoffindustrie 1973

[452] German, R.M.: Sintering Theory and Practice. New York, Chichester, Brisbane: John Wiley and Sons, Inc. (1996) 550 S.

[453] Kaysser, W.A., Sintern mit Zusätzen. Materialkundlich-technische Reihe Band 11, Gebr. Bornträger, Science Publishers, Berlin, Stuttgart (1992) 206 S.

[454] Kingery, W.D.: Sintering in the presence of liquid phase. In: Kingery, W.D.: Ceramic Fabrication Processes. John Wiley & Sons, Inc., New York, Chapman & Hall, Limited, London, (1958) 131-143

[455] Kuczynski, G.C.: Statistical approach to the theory of sintering. Mater. Sci. Res. 10 (1975) 325-337

[456] Harmer, M.P.: Use of Solid-Solution Additives in Ceramic Processing. In: Advances in Ceramics 10, Structure and Properties of MgO and Al_2O_3 Ceramics, Kingery, W. D., (Hrsg.), (1984) 679-695

[457] Oel, H.J.; Tomandl, G.: Das Sintern in der Keramik. Erlangen: Inst. f Werkstoffwiss. III 1978

[458] Palmour III, H.; Huckabee, M.L.; Hare, T.M.: Rate Controlled Sintering: Principles and Practice, in: Sintering - New Developments, M.M. Ristić (Hrsg.), Amsterdam: Elsevier Science Publ.

[459] Petzow, G.; Huppmann, W.J.: Flüssigphasensintern: Verdichtung und Gefügeausbildung. Z. Metallkde. 67 (1976) 579 590

[460] Huppmann, W.J.; Petzow, G.: The elementary mechanism of liquid phase sintering. Mater. Sci. Res. 13 (1980) 189-201

[461] Petzow, G.; Exner; H.E.: Particle rearrangement in solid state sintering. Z. Met. 67 (1976) 611-618

[462] Prochazka, S.: Why Is It Difficult to Sinter Covalent Substances? General Electric Corp. Res. and Dev. Center Technical Information Series, Report No. 89CRD025, Schenectady, NY.: General Electric Inc. (1989)

[463] Schatt, W.: Sintervorgänge – Grundlagen; Düsseldorf: VDI-Verlag (1992)

[464] Thümmler, F.; Thomma, W.: The sintering process. Metallurg. Rev. 115 (1967) 69-108

[465] White, J.: Sintering: An assessment. Proc. Brit. Ceram. Soc. 3 (1965) 155-176

[466] Kuczynski, G.C. (Hrsg.): Sintering and related phenomena. Mater. Sci. Res. 6 (1973). - Sintering and catalysis. Mater. Sci. Res. 10 (1975). - Sintering processes. Mater. Sci. Res. 13 (1980)

[467] Palmour, H.; Davis, R.F.; Hare, T.M.: Processing of crystalline ceramics. Mater. Sci. Res. 11 (1978)

[468] Onoda, G.Y.; Hench, L.L. (Hrsg.): Ceramic processing before firing. New York: Wiley 1978

[469] Ristić, M.M. (Hrsg.): Sintering: New developments. Amsterdam: Elsevier 1979

[470] Johnson, D.L.: Fundamentals of the sintering of ceramics. Mater. Sci. Res. 11 (1978) 137-149

[471] Exner, H.E.; Petzow, G.: A critical evaluation of shrinkage equations. Mater. Sci. Res. 13 (1980) 107-120

[472] German, RM.; Lathrop, J.F.: Simulation of spherical powder sintering by surface diffusion. J. Mater. Sci. 13 (1978) 921-929

[473] Burke, J.E.: Recrystallization and Sintering in Ceramics, In: Ceramic Fabrication Process, W.D. Kingery (Hrsg.), Cambridge, MA, MIT Press (1985) 120-131

[474] DeHoff, R.T.; Rummel, R.A.; LaBuff, H.P., Rhines, F.N.: The Relationship Between Surface Area and Density in the Second-Stage Sintering of Metals. In: Modern Development in Powder Metallurgy: Hausner, H. H. (Hrsg.). New York: Plenum (1966) 310-330.

[475] Greskovich, C.; Rosolowski, J.H.: Sintering of covalent Solids. Am. Ceram. Soc. 59(7/8) (1976) 336-343.

[476] Coblenz, W.S.; Dynys, J.M.; Cannon, R.M.; Coble, R.L.: Initial stage solid state sintering models: A critical analysis and assessment. Mater. Sci. Res. 13 (l980) 141-157

[477] Herrmann, G.; Gleiter, H.; Bäro, G.: Investigations of Low Energy Grain Boundaries in Metals by a Sintering Technique. Acta Met. 24 (1976) 353-359

[478] Sautter, H.; Gleiter, H.; Bäro, G.: The Effect of Solute Atoms on the Energy and Structure of Grain Boundaries. Acta Met. 25 (1977) 467-473

[479] Erb, U.; Gleiter, H.; Schwitzgebel, G.: The Effect of Boundary Structure (Energy) on Interfacial Corrosoion. Acta Met. 30 (1982) 1377-1380

[480] Shewmon, P.G.: In: Recrystallization, Grain Growth and Textures, Metals Park, Ohio: The Am. Soc. Metals (1966) 165

[481] Shumaker, C.B.; Fulrath, R.M.: Initial Stages of Sintering of Copper and Nickel. In: Sintering and Related Phenomena, G.C. Kuczynski (Hrsg.), New York, London: Plenum Press (1973) 191-199

[482] Gessinger, G.; Lenel, F.V.; Ansell, G.S.: Rate of Rotation of Spherical Particles under the Influence of Grain Boundary Torque. Scripta Met. 2 (1968) 547-549

[483] Young, W.S.; Cutler, I.B.: Initial sintering with constant rates of heating. J. Am. Ceram. Soc. 53 (1970) 659-663

[484] Woolfrey, J.L.; Bannister, M.J.: Non isothermal techniques for studying initial stage sintering. J. Am. Ceram. Soc. 55 (1972) 390-394

[485] Budworth, D.W.: Theory of pore closure during sintering. Trans. J. Brit. Ceram. Soc 69 (1970) 29-31

[486] Coleman, S.C.; Beere, W.: The Sintering of Open and Closed Porosity in UO_2. Phil. Mag. 31 (1975) 1403-1413

[487] Wong. B.; Pask, J.A.: Experimental anaiysis of sintering of MgO compacts. J. Am. Ceram. Soc. 62 (1979) 141-146

[488] Uskokovič, D.; Petrovič; V.; Ristić, M.M.: Interdependence of thr porosity, grain size and pore size during intermediate stage of sintering. Mater. Sci. Res 13 (1980) 471-477

[489] Oel, H.J.: Crystal growth in ceramic powders. Mater. Sci. Res. 4 (1969) 249-272

[490] Tomandl, G.; Stiegelschmitt, A.: Mechanismus des Sinterns bei Ein- und Mehrstoffsystemen unter Berücksichtigung der wichtigsten technologischen Einflußgrößen. Ber. Dtsch. Keram. Ges. 55 (1978) 169-173

[491] Johnson, D.L.: A general model for the intermediate stage of sinterintg. J. Am. Ceram. Soc. 3 (1970) 574-577

[492] Exner, H.E.: Solid-State Sintering: Critical Assessment of Theoretical Concepts and Experimental Methods. Powder Metallurgy 4 (1980) 203-209

[493] Rayleigh, Lord J. W. S.: On the instability of jets. Rayleigh: Proc. London Math. Soc. 10 (1879) 4-13

[494] Nichols, F.A.; Mullins, W.W.: Morphological Changes of a Surface of Revolution due to Capillarity-Induced Surface Diffusion. J. Appl. Phys. 36(6) (1965) 1826-1835

[495] Nichols, F.A.; Mullins, W.W.: Surface-(Interface-) and Volume-Diffusion Contributions to Morphological Changes Driven by Capillarity. Trans. AIME 233(10) (1965) 1840-1848

[496] Rödel, J.; Glaeser, A.M.: J. Production of Controlled-Morphology Pore Arrays: Implications and Opportunities. Am. Ceram. Soc. 70 (1987) C172-C175

[497] Huckabee, M.L.; Palmour III, H.: Rate Controlled Sintering of Fine Graines Alumina, Am. Ceram. Soc. Bull. 51(7) (1972) 574-576

[498] Palmour III, H.; Huckabee, M.L.: Rate Controlled Sintering, Proc. Int. Symp. Factors in Densification and Sintering of Oxide and Non-Oxide Ceramics, Somiya, S. (Hrsg.), Tokyo: Tokyo Inst. Techn. (1978) 278-297

[499] Hare, T.M.; Palmour III, H.: Process Optimizsation and its Effect on Properties of Alumina under Rate Control. In: Ceramic Processing before Firing, Onoda jr., G.Y., and Hench, L.L., Hrsg., New York: John Wiley and Sons (1978) 307-320

[500] Coble, R.L.; Burke, J.E.: Sintering in ceramics. In Burke, J.E. (Hrsg): Progress in ceramic science. Oxford, London: Pergamon Press, Vol 3 (1963) 197-251

[501] Kuzenkova, P.S.; Kislyi, P.S.; Grabchuk, B.L.: Structure and Properties of Sintered Boron Carbide. Powder Metallurgy International 12 (1) (1980) 11-13

[502] Zhao, J.; Harmer, M.P.: Effect of Pore Distribution on Microstructure Development. II. First and Second Generation Pores. J. Am. Ceram. Soc. (71) (1988) 530-539

[503] Harmer, M.; Roberts, E.W.; Brook, R.J.: Rapid sintering of pure and doped α-Al_2O_3. Trans. J. Brit. Ceram. Soc. 78 (1979) 22-25

[504] Kuczynski, G.C.: A note about so-called „activated“ sintering. In: Ristić, M.M. (Hrsg.): Sintering: New developments. Amsterdam: Elsevier (1979) 245-256

[505] Hornstra, J.: Dynamic properties of gain boundaries. In: Stewart, G.H.. (Hrsg): Science of Ceramics. London: Academic Press: Vol. 2 (1965) 191-202

[506] Kingery, W.D.: Francois, B.: Grain growth in porous compacts. J. Amer Ceram. Soc. 48 (1965) 546-547

[507] Claussen, N.; Wagner, R., Gauckler, L.J., Petzow, G.: Nitride-Stabilized Cubic Zirconia. J. Am. Ceram. Soc. 61 (7-8) (1978) 369-370

[508] Deacon, R.F.; Miskin, S.F.A.; Ladell, B.J.: Gas entrapment during the sintering of magnesia in argon. Trans. Brit. Ceram. Soc 65 (1966) 585-601

[509] Brook, R.J.: Pore-Grain Boundary Interactions and Grain Growth. J. Am. Ceram. Soc. 52(1) (1969) 56-57

[510] Uematsu, K.; Cannon, R.M.; Bagley, R.D.; Yan, M.F.; Chowdhry, U.; Bowen, H.K.: In: Proc. Int. Symp. of Factors in Densification and Sintering of Oxide and Non-Oxide Ceramics, Sõmiya, S., and Saito, S., (Hrsg.), Tokyo: Gakujutsu Bunken Fukyu-Kai (1979) 109-205

[511] Yan, M.F.: Microstructural Control in the Processing of Electronic Ceramics. Mater. Sci. Eng. 48 (1981) 53-72

[512] Bennison, S.J.; Harmer, M.P.: J. Am. Ceram. Soc., 73(4) (1990) 833

[513] Bennison, S.J.; Harmer, M.P.: A history of the role of magnesia in the sintering of α -alumina.
Ceram. Transactions 7 (1990) 13-49

[514] Heuer, A.H.: The role of magnesia in the sintering of alumina. J. Am. Ceram. Soc., 62(5-6) (1979) 317

[515] Heuer, A.H.: The role of magnesium oxide in the sintering of alumina. Reply to comments. J. Am. Ceram. Soc., 63(3-4) (1980) 230

[516] Prochazka, S.: in Ceramic for High-Performance Applications, Proc. 2nd Int. Army Mater. Techn. Conf., Hyannios, MA, 13-14 November 1973: Burke, I.J.; Gorum, A.E.; Katz, R.N. (Eds.). (1973) Chap. 12, pp. 239-252.

[517] Prochazka, S.: Investigation of Ceramics for High-Temperature Turbine Vanes, General Electric Corp. Res. and Dev. Center Technical Information Series, Special Report No. SRD-74-040, Schenectady, NY., (1973)

[518] Prochazka, S.: The Role of Boron and Carbon in the Sintering of Silicon Carbide, General Electric Corp. Res. and Dev. Center Technical Information Series, Report No. 74CRD186, Schenectady, NY. (1974)

[519] Prochazka, S.: Sintering of Dense Silicon Carbide, General Electric Corp. Res. and Dev. Center Technical Information Series, Report No. 74CRD067, Schenectady, NY. (1974)

[520] Rühle, M.; Petzow, G.: in: Surfaces and Interfaces in Ceramic and Ceramic-Metal Systems 14: Pask, J.; Evans, E. (Eds.) New York: Plenum Press, (1981) 167.

[521] Browning, R.; Smialek, J.L.; Jacobson, N.S.: Multielement Mapping of α-SiC by Scanning Auger Microscopy. Adv. Ceram. Mater. 2 (1987) 773

[522] Hamminger, R.; Grathwohl, G.; Thümmler, F.: Microstructural Investigation of Sintered SiC. Part 1: Bulk Material and Inclusions. J. Mater. Sci. 18 (1983) 353

[523] Hamminger, R.; Grathwohl, G.; Thümmler, F.: Microstructural Investigation of Sintered SiC. Part 2: Studies of the Grain Boundaries of Sintered SiC by High-Resolution Auger Electron Spectroscopy. J. Mater. Sci. 18 (1983) 3154

[524] More, K.L.; Carter, C.H. Jr.; Bentley, J.; Wadlin, W.H.; LaVanier, L.; Davis, R.F.: Occurrence and Distribution of Boron-Contaibning Phases in Sintered α-Silicon Carbide. J. Am. Ceram. Soc. 69 (1986) 695.

[525] Carter, W.D.; Holloway, P.H.; White, C.; Clausing, R.: Boron Distribution in Sintered Silicon Carbide. Adv. Ceram. Mater. 3 (1988) 62.

[526] Böcker, W.; Hausner, H.: Herstellung von sinteraktiven SiC-Pulvern. In: BMFT-Zwischenbericht Nr. 4, Techn. Universität Berlin, Vorhaben 01ZC026, 1.7.78-31.12.78

[527] Billington, W.R.; Chown, J.; White, A.E.S.: in: Special Ceramics: Popper, P. (Ed.). London: Academic Press (1965) 19-34.

[528] Böcker, W.; Hausner, H.: The Influence of Boron and Carbon Additions on the Microstructure of Sintered Alpha Silicon Carbide. Powder Metall. Int. 10(2) (1978) 87-89

[529] Böcker, W.; Landfermann, H.; Hausner, H.: Sintering of alpha-Silicon Carbide with Additions of Aluminum. Powder Metall. Int. 11(2) (1979) 83-85.

[530] Schwetz, K.A.; Lipp, A.: The Effect of Boron nd Aluminum Sintering Additives on the Properties of Dense Sintered alha-Silicon Carbide. Sci. Ceram. 10 (1980) 149-158

[531] Cutler, L.B.; Miller, P.D.; Rafaniello, W.; Pask, H.K.; Thompson, D.P.; Jack, K.H.: Materials in the Si-C-Al-O-N and Related Systems. Nature 275 (1978) 434

[532] Inomata, Y.; Tanaka, H.; Inoue, Z.; Kawabata, H.: Phase Relations in SiC-Al_4C_3-B_4C at 1800°C. Yogyo Kyokai Shi 88 (1980) 49

[533] Heuberger, M.; Telle, R.; Petzow, G.: Modification of Ceramic Powders by Ion Beam Treatment. In: Proc. 1990 Int.Conf.Powder Met., Wimbley 2.-6. Juli 1990, Brookfield, VT, USA: The Institute of Metals, (1990) 457-467

[534] Heuberger, M.; Telle, R.; Petzow, G.: Modification of Ceramic Powders by Ion Beam Treatment. In: Powder Metallurgy 35(2) (1992) 125-132

[535] Heuberger, M.; Telle, R.; Petzow, G.: Defect Generation and Healing in SiC-Powder Subjected to Ar Implantation, Nuclear Instruments and Methods in Physics Research, B80/81 (1993) 1040-1044

[536] Schubert, H.; Petzow, G.: Microstructural Investigations on the Stability of Yttria-Stabilized Tetragonal Zirconia. Advances in Ceramics 24: Science and Technology of Zirconia III, Westerville, OH, The Am. Ceram. Soc. Inc. (1988) 21-28

[537] German, R.M.: Liquid Phase Sintering, New York, London: Plenum Press (1985)

[538] Frenkel, J.: Viscous flow of crystalline bodies under action of surface tension. Z. Tech. Fiz. (USSR) 9 (1945) 305

[539] Kuczynski, G.C.: Study of sintering of glass. J. Appl. Physics 20 (1949) 1160-1163

[540] Kuczynski, G.C.; Zaplatynskyj,. I.: Sintering of glass. J. Am. Ceram. Soc. 39 (1956) 349-350

[541] Oel, H.J.: Das Sintern von Gläsern als Auswirkung von Zähigkeit und Oberflächenspannung. Ber. Dtsch. Keram. Ges. 37 (1960) 424-428

[542] Mackenzie, J.K.; Shuttleworth, R.: A phenomenological theory of sintering. Proc. Phys. Soc. (London) B 62 (1949) 833-852

[543] Exner, H.E.; Petzow, G.: Shrinkage and rearrangement during sintering of glass spheres. Mater. Sci. Res. 10 (1975) 279-293

[544] Cutler, I.B.: Effect of water vapor on the sintering of glass powder compacts. J. Am. Ceram. Soc 52 (1969) 11-13

[545] Cahn, J.W.; Heady, R.B.: Analysis of capillary forces in liquid-phase sintering of jagged particles. J. Am. Ceram. Soc. 53 (1970) 406-409

[546] Huppmann, W.J.; Riegger, J.H.; Kaysser, W.A.; Smolej, V.; Pejovnik, S.: The elementary mechanisms of liquid phase sintering. I. Rearrangement. Z. Metallkunde 70 (1979) 707-13

[547] Telle, R.; Petzow, G.: Mechanisms in the Liquid Phase Sintering of Boron Carbide with Silicon Based Melts. In: High Tech Ceramics C.P.Vincenzini (Hrsg.), Amsterdam (1987) 961-973

[548] Sivaraman, K.; Griffo, A.; German, R.M.; Takagi, K.: in: Development of ternary boride cermet for high wear resistant applications. Proc. Int. Conf. Powder Metallurgy PM´96, Toronto (1996) 11/67-11/80

[549] Takagi, K.: in: Proc. 11th Int. Symp. Boron, Borides and Related Compounds, Tsukuba 1993, JJAP Series, Uno, R.; Higashi, I. (Eds.), Publication Office, Jap. J. Applied Physics, Tokyo (1994) 200-203

[550] Huppmann, W.J.; Riegger, J.H.; Petzow, G.: Liquid phase sintering of the model system tungsten-nickel. Science of Sintering 10 (1978) 45-52

[551] Kaysser, W.A.; Huppmann, W.J.; Petzow, G.: Analysis of dimensional changes during sintering of Fe-Cu. Powder Metallurgy 23 (1980) 86-91

[552] Petzow, G.; Kaysser, W.A.: Liquid Phase Sintering. In: Science of Ceramics, Band 10, Hausner, H. (Hrsg.), Köln: Dtsch. Keram. Ges. (1980) 269

[553] Price, G.H.S.; Smithells, C.J.; Williams, S.V.: Sintered alloys. I. Copper-nickel-tungsten alloys sintered with a liquid phase present. J. Inst. Metals 62 (1938) 289

[554] Schmitt, T.; Schreiner, M.; Ettmayer, P.; Lassner, E.; Lux, B.: Solution-reprecipitation processes during liquid-phase sintering of tungsten carbide-cobalt hard alloys. International Journal of Refractory & Hard Metals 2 (1983) 78-83

[555] Kingery, W.D.; Niki. E.; Narasimhan, M.D.: Sintering of oxide and carbide-metal compositions in presence of a liquid phase. J. Am. Ceram. Soc. 44 (1961) 29-35

[556] Yoon, D.N.; Huppmann, W.J.: Grain Growth and Densification During Liquid Phase Sintering of W-Ni. Acta Met. 27 (1979) 693-698

[557] Yoon, D.N.; Huppmann, W.J.: Chemically Driven Growth of Tungsten Grains During Sintering in Liquid Nickel. Acta Met. 27 (1979) 973-977

[558] Kang, S.J.L.; Kaysser, W.A.; Petzow, G.; Yoon, D.N.: Growth of molybdenum grains around aluminum oxide particles during liquid phase sintering. Acta Metall. 33 (1985) 1919-1926

[559] Kaysser, W.A.: Ceramic Transactions Vol. 1 Part B: Ceramic Powder Science, Westerville, OH: The Am. Ceram. Soc. (1988) 955

[560] Hansen, S.C.; Philips, D.S.: Grain boundary microstructures in a liquid-phase sintered alumina (α-Al_2O_3), Phil. Mag. A 47 [2] (1983) 209-234

[561] Simpson, Y.K.; Carter, C.B.: Faceting behaviour of alumina in the presence of a glass. J. Am. Ceram. Soc. 73 (1990) [8] 2391-2398

[562] Kröckel, O.: Das Temperatur-Zeit-Verhalten der Sinterung. Silikattechnik 31 (1980) 142-144

[563] Kingery, W.D.: Densification during sintering in the presence of a liquid phase. I. Theory. J. of Appl. Physics 30 [3] (1959) 301-306

[564] Humenik, M.; Parikh, N.M.: Cermets: I, fundamental concepts related to micro-structure and physical properties of cermet systems, J. Am. Ceram. Soc. 39 [2] (1956) 60-63

[565] Parikh, N.M.; Humenik, M.: Cermets: II, wettability and microstructure studies in liquid-phase sintering. J. Am. Ceram. Soc. 40 [9] (1957) 315-320

[566] Huppmann, W.J.; Petzow, G.: The Role of Grain and Phase Boundaries in Liquid Phase Sintering. Ber. Bunsenges. Phys. Chem. 82 (1978) 308-312

[567] Huppmann, W.J.: The Elementary Mechanisms of Liquid Phase Sintering, II. Solution – Reprecipitation. Z. Metallkunde 70 [12] (1979) 792-797

[568] Takajo, S.; Kaysser, W.A.; Petzow, G.: Analysis of particle growth by coalescence during liquid phase sintering, Acta metallurgica 32 [1] (1984) 107-113

[569] Rankin, J.: In situ TEM heating of nanosized ZrO_2, J. Am. Ceram. Soc. 82 [6] (1999) 1560-1564

[570] Pohl, A.; Telle, R.; Petzow, G.: Growth Behaviour and Subgrain Structure of W_2B_5. Z. Metallkunde 86 (2) (l995) 148-151

[571] Coble, R.L.: Diffusion models for hot pressing with surface energy and pressure effects as driving forces. J. Appl. Physics 41 (1970) 4798-4807

[572] Beere, W.: Diffusional flow and hot-pressiong: A study on MgO. J.Mater. Sci. 10 (1975) 1434-1440

[573] Notis, M.R.; Spriggs, R.M.: Emerging areas in hot pressing. In: Ristić, M.M. (Hrsg.): Sintering: New developments. Amsterdam: Elsevier (1979) 295-306

[574] Wilkinson. D.S.; Ashby, M.F: The development of pressure sintering maps. Mater. Sci. Res. 10 (1975) 473-492

[575] Peelen, J.G.J.; Metselaar, R.: Light scattering by pores in polycrystalline materials: Transmission properties of alumina. J. Appl. Physics 45 (1974) 216-220

[576] Rice, R.W.: The effect of gaseous impurities on the hot pressing and behaviour of Mgo, CaO and Al_2O_3. Proc. Brit. Ceram. Soc. 12 (1969) 99-123

[577] Franz, E.-D.; Telle, R.: Darstellung von Fluorapatit $Ca_5F(PO_4)_3$ als dentalkeramischer Werkstoff durch Reaktionssintern. Sprechsaal 118(10) (1985) 928-932

[578] Telle, R.; Franz, E.-D.: Reaction Hot Pressing of Fluorapatite for Dental Implants. In: Ceramics in Clinical Applications, Mat.Sci.Monographs 39, P.Vincenzini (Ed.), Amsterdam 1987, 31-41

[579] Schmalzried, C.; Telle, R: Microstructure of Boride Ceramics in the Ternary System TiB_2-WB_2-CrB_2. In: Ceramics - Processing, Reliability, Tribology and Wear; Proc. Euromat 99, Vol. 12, Dtsch. Gesellschaft für Materialkunde (Hrsg.), Weinheim: Wiley-VCH (2000) 40-44

[580] Rice, R.W.; Richardson, G.Y.; Kunetz, J.M., Schroeter, T.; McDonough, J.: Effects of Self-Propagating Synthesis Reactant Compact Character on Ignition, Propagation and Resultant Microstructure. In: Proc. 10th Ann. Conf. Composites and Advanced Ceramic Materials, Cocoa Beach, FL, Jan. 19-24 (1986): Messier, D. R. (Ed.). Westerville (OH): Am. Ceram. Soc., (1986) 737-750

[581] Munir, Z.A., Anselmi-Tamburini, U.: Self-Propagating High-Temperature Synthesis of Hard Materials. In. Handbook of Ceramic Hard Materials, Riedel, R., (Hrsg.), Weinheim: Wiley-VCH (2000) Vol. 1, Kap. 2, 322-373

[582] Krylov, Yu.I.; Bronnikov, V.A.; Krysina, V.G.; Prislavko, V.V.: Possibilities of Producing Thermite Mixtures Based on B_4C-Metal and SiC-Metal Composites, Sov. Powder Metall. Met. Ceram. 15 (1976) 1000-1003.

[583] Munir, Z.A.: Synthesis of High-Temperature Materials by Self-Propagating Combustion Methods. Am. Ceram. Soc. Bull. 67(2) (1988) 342-349.

[584] McCauley, J.W.; Corbin, N.D.; Resetar, T.; Wong, P.: Simultaneous Preparation and Self-Sintering of Materials in the System Ti-B-C. In: Proc. 10th Ann. Conf. Composites and Advanced Ceramic Materials, Cocoa Beach, FL, Jan. 19-24 (1986): Messier, D. R. (Ed.). Westerville, OH: Am. Ceram. Soc., (1986) 538-554.

[585] Richardson, G.Y.; Rice, R.W.; McDonough, W.J.; Kunetz, J.M.; Schroeter, T.: Hot Pressing of Ceramics Using Self-Propagating Synthesis. In: Proc. 10th Ann. Conf. Composites and Advanced Ceramic Materials, Cocoa Beach, FL, Jan. 19-24 (1986): Messier, D. R. (Ed.). Westerville, OH: Am. Ceram. Soc., 760-770

[586] Yamada, O.; Miyamoto, Y.; Koizumi, M.: High Pressure-Self-Combustion Sintering of Silicon Carbide. Am. Ceram. Soc. Bull. 64(2) (1985) 319-321.

[587] Holt, B.; Kingman, D.D.; Bianchi, G.M.: Kinetics of Combustion Synthesis of TiB_2. Mater. Sci. Eng. 71 (1985) 321-327

[588] Dunmead, S.D.; Munir, Z.A.; Holt, J.B.: Temperature profile analysis in combustion synthesis: II. experimental observations. J. Am. Ceram. Soc. 75 (1992) 180-188

[589] Hofmann, H.; Petzow, G.: Structure and Properties of Reaction Hot-Pressed B_4C-TiB_2-W_2B_5 Materials. J. Less-Common Met. 117 (1986) 121.

[590] Telle, R.; Petzow, G.: Strengthening and Toughening of Boride and Carbide Hard Material Composites. Mat.Sci.Eng. A 105/196 (1988) 97-104

[591] Telle, R.; Meyer, S.; Petzow, G.; Franz, E.-D.: Sintering Behaviour and Phase Reactions of TiB_2 with ZrO_2 Additives. Mat.Sci.Eng. A 105/196 (1988) 125-129

[592] Franz, E.-D.; Tumback, M.; Telle, R.: Reaktionssintern von TiO_2 mit ZrB_2 - Ein neuer Weg zur Herstellung ZrO_2-verstärkter TiB_2-Mischkeramiken, Sprechsaal 125(1/2) (1992) 55-61

[593] Tumback, M.; Franz, E.-D.; Telle, R.: Sinterverhalten und mechanische Eigenschaften reaktionsgesinterter TiB_2-ZrO_2-Mischkeramiken, Sprechsaal 125 (7) (1992) 415-420

[594] Di Rupo, E.; Anseau, M.R.; Brook, R.J.: Reaction sintering: Correlation between densification and reaction. J. Mater. Sci. 14 (1979) 2924-2928

[595] Claussen, N.; Jahn, J.: Mechanical Properties of Sintered, In Situ-Reacted Mullite Zirconia Composites. J. Am. Ceram. Soc. 63 (3-4) (1980) 228-229

[596] DIN 51045: Bestimmung der Längenänderung fester Körper unter Wärmeeinwirkung. Okt. 1976

[597] Bayer, G.: Thermal expansion anisotropy of oxide compounds. Püroc. Brit. Ceram. Soc. 22 (1973) 39-53

[598] Taylor, D.: The thermal expansion beehviour of the frame work silicates. Mineral. Mag. 38 (1972) 593-604

[599] Lundin, S.T.: Studies on triaxial whiteware bodies. Diss. Royal Inst. Techn., Stockholm (1959) 197 S.

[600] Kingery, W.D.: The thermal conductivity of ceramic dielectrics. In: Burke, J.E. (Hrsg): Progress in ceramic science. Oxford, London: Pergamon Press, Vol 2 (1962) 182-235

[601] Flynn, D.R.: Thermal conductivity of ceramics. In: Wachtman, J.B. (Hrsg.): Mechanical and thermal properties of ceramics. Spec. Publ. 303, Washington: National Buraeau of standarts (1969) 63-123

[602] DIN 51046: Bestimmung der Wärmeleitfähigkeit bei Temperaturen bis 1600°C nach dem Heizdraht-Verfahren. Aug. 1976

[603] DeBoer, J.H.; Butter, J.; Großkopf, B.; Jeschke P.: Hot wire technique fot determining high thermal conductivities. Refract. J. [5] (1980) 22-28

[604] Parker, W.J.; Jenkins, R.J.; Butler, C.P.; Abbott, G.L.: Flash method of determinig thermal diffusivity, heat capacity, and thermal conductivity. J. Appl. Physics 32 (1961) 1679-1684

[605] Provost, G.: Conductivite thermique: Rappel de donnees theoriques resume d'essais comparatifs, conclusions pratiques. Bull. Soc. Franc. Ceram. 1973, Nr. 99, 17-23

[606] Lee, D.W.; Kingery, W.D: Radiation energy transfer and thermal conductivity of ceramic oxides. J Am. Ceram Soc 43 (1960) 594-607

[607] Eucken, A.: Die Wärmeleitfähigkeit kermischer feuerfester Stoffe: Ihre Berechnung aus der Wärmeleitfähigkeit der Bestandteile. Forschungsh. Nr. 353. Ausg. B. Berlin: VDI-Verlag 1932

[608] Schwiete, H.E.; Granitzki, K.E., Karsch K.H.: Wärmeleitfähigkeit feuerfester Materialien des Systems Al_2O_3-SiO_2 zwischen 200 und 1600°C. Ber. Dtsch. Keram. Ges. 38 (1961) 529 534

[609] Le Doussal, H.; Bisson, G.: Influence de la micro et de la macrostructure sur les caracteristiques intrinseques d'isolation thermique des materiaux refractaires isolants. Bull. Soc. Franc. Ceram. 1980, no. 127, 3-29

[610] Hashin, Z.: Elasticity of ceramic systems. In: Fulrath, R.M.; Pask, J.A. (Hrsg.): Ceramic microstructures: Their analysis, significance, and production. New York: Wiley (1968) 313-341

[611] Wachtman, J.B. (Hrsg.): Elastic deformation of ceramics and other refractory materials. In: Wachtman, J.B. (Hrsg.): Mechanical and thermal properties of ceramics. Spec. Publ. 303, Washington: National Buraeau of standarts (1969) 139-168

[612] Rice, RW.; Donahue, T.J.: Effect of inhomogeneous porosity distribution on elastic moduli of ceramics. J. Am. Ceram. Soc. 62 (1979) 306-307

[613] Duckworth, W.: Discussion of Ryshkewitch paper . J. Am. Ceram. Soc. 36 (1953) 68

[614] Kröckel, O.: Beitrag zum Festigkeitsverhalten keramischer Werkstoffe. Hermsdorfer Tech. Mitt. 12 (1972) 1039-1052

[615] Biswas, D.R.; Fulrath, R.M.: Strength of porous polycrystalline ceramics. Trans. J. Brit. Ceram. Soc. 79 (1980) 1-5

[616] Knudsen, F.P: Dependence of mechanical strength of brittle polycrystalline specimens on porosity and grain size. J. Am. Ceram. Soc. 42 (1959) 376-387

[617] Rice, RW.: Strength grain-size effects in ceramics. Proc. Brit. Ceram. Soc. 20 (1972) 205-257

[618] Singh, J.P.; Virkar, A.V.; Shetty, D.K.; Gordon, R.S.: Strength-grain size relations in polycrystalline ceramics. J. Am. Ceram. Soc. 62 (1979) 179-183

[619] Passmore, E.M.; Spriggs, R.M.; Vasilos, T.: Strength-grain size-porosity relations in alumina. J. Am. Ceram. Soc. 48 (1965) 1-7

[620] Mordfin, L.; Kerper, M.J: Strength testing of ceramics: A survey. In: Wachtman, J.B. (Hrsg.): Mechanical and thermal properties of ceramics. Spec. Publ. 303, Washington: National Buraeau of standarts (1969) 243-262

[621] Pabst, R.F.: Neuere Methoden der Festigkeitsprüfung keramischer Werkstoffe. Z. Werkstoff-tech. 6 (1975) 17-29

[622] Pabst, R.F.: Konventionelle Festigkeitsbetrachtungen bei keramischen Werkstoffen und deren Fehlermöglichkeiten. Ber. Dtsch. Keram. Ges. 54 (1977) 392-395

[623] Skarbye, H.: Influence of glaze on strength of high tension porcelain. Abh. X. Internat. Keram. Kongr. Stockholm 1966. 167 188

[624] Kirchner, H.P.; Gruver, R.M.; Walker, R.E.: Chemically strengthened, leached alumina and spinel. J. Am. Ceram. Soc. 50 (1967) 169-173

[625] Davidge, R.W.: Mechanical behaviour of ceramics. Cambridge: Cambridge Univ. Press 1979

[626] Batdorf, S.B.; Sines, G.: Combining data for improved Weibull parameter estimation. J.Am. Ceram. Soc 63 (1980) 214-218

[627] Lange, F.F.: Origin and use of fracture mechanics. In: Bradt, R.C.; Hasselmann, D.P.H.; Lange, F.F. (Hrsg.): Fracture mechanics of ceramics. Vol 1: Concepts, flaws, and fractography: New York: Plenum Press 1974, 3-15

[628] Hennicke, H.W.: Grundelemente der- Festigkeit und des Bruchverhaltens keramischer Werkstoffe. In: Handbuch der Keramik. Freiburg: Schmid 1974. Gruppe III Kl. 1-14

[629] Wachtman, J.B. (Hrsg.): Highlights of progress in the science of fracture of ceramics and glass. J. Am. Ceram. Soc. (1974) 509-519

[630] Evans, A.G.: Fracture mechanics determinations. In: Bradt, R.C.; Hasselmann, D.P.H.; Lange, F.F. (Hrsg.): Fracture mechanics of ceramics. Vol 1: Concepts, flaws, and fractography. New York: Plenum Press 1974, 17-48

[631] Kirchner, H P.; Ragosta, J.M.: Crack growth from small flaws in larger grains in alumina. J. Am. Ceram. Soc. 63 (1980) 490-495

[632] Petzow, G.; Claussen, N.: Zähigkeitsverbesserung von Sonderkeramiken. Radex-Rundschau 1977, 110-116

[633] Claussen, N: Erhöhung des Rißwiderstanades von Keramiken durch gezielt eingebrachte Mikrorisse. Ber. Dtsch. Keram. Ges. 4 (1977) 420-423

[634] Pabst, R.F.: Möglichkeiten zur Charakterisierung der langsamen Rißausbreitung bei keramischen Werkstoffen Ber. Dtsch. Keram. Ges. 57 (1980) 1-5

[635] Wiederhorn, S.M.: Subcritical crack growth in ceramics. In: Bradt, R.C.; Hasselmann, D.P.H.; Lange, F.F. (Hrsg.): Fracture mechanics of ceramics. Vol 2: Microstructure, materials, and applications. New York: Plenum Press (1974) 613-646

[636] Richter, H.: Unterkritische Rißausbreitung in keramischen Werkstoffen. Ber. Dtsch. Ker. Ges 54 (1977) 405-409

[637] Pabst, R.F.; Bognar, I.; Zwissler, J.B.: Ergebnisse zur statischen, dynamischen und zyklischen Ermüdung bei keramischen Werkstoffen. Ber. Dtsch. Keram. Ges. 57 (1980) 13-16

[638] Jakus K.; Coylle, D.C.; Ritter, J.E.:Analysis of fatigue data for life time predictions for ceramic materials. J. Mater. Sci. 13 (1978) 2071-2080

[639] Richter, H.: Langsame Rißausbreitung und Lebensdauerbestimmung. Vergleich zwischen Rechnung und Experiment. Ber. Dtsch. Keram. Ges. 5 (1980) 10-12

[640] Ritter, J.E.; Oates, P.B.; Fuller, E.R.; Wiederhorn, S.M.: Proof testing of ceramics. J. Mater. Sci. 15 (1980) 2275-2295

[641] Wachtman, J.B. (Hrsg.); Lam, D.G.: Young´s modulus of various refractory materials as a function of temperature. J. Am. Ceram. Soc. 42 (1959) 254-260

[642] Wilshire, B.; Watkins, B.: Factors affecting the stress dependence of creep of polycrystalline ceramics. 1. Mater. Sci 12 (1977) 2135-2138

[643] Terwilliger, G.R.; Radford, K.C.: High temperature deformation of ceramics. Am. Ceram. Soc. Bull. 53 (1974) 172-179, 465-472

[644] Gorum, A.E.; Parker, E.R.; Pask, J.A: Effect of surface conditions on room-temperature ductility of ionic crystals. J. Am. Ceram. Soc. 41 (1958) 161-164

[645] Stokes, R.J.; Li, C.H.: Dislocations and the tensile strength of magnesium oxide. J. Am. Ceram. Soc. 46 (1963) 423-434

[646] Kronberg, M.L.: Dynamical flow properties of single crystals of sapphire. J. Am. Ceram. Soc. 45 (1962) 274-279

[647] Ashby, M.F.: A first report on deformation mechanism maps. Acta Metall. 20 (1972) 887-896

[648] Langdon, T.G.: Deformation mechanism maps for applications at high temperatures. Ceram. Internat. 6 (1980) 11-18

[649] Cannon, R.M.; Rhodes, W.H.; Heuer, A.H.; Tighe, N.J.: Plastic deformation of fine-grained alumina (Al_2O_3). J. Am. Ceram. Soc. 63 (1980) 46-58

[650] Coble, R.L.; Kingery, W.D.: Effect of porosity on physical properties of sintered alumina. J . Am. Ceram. Soc. 39 (1956) 377-385

[651] Vishnewskii, I.I.: Dependence of creep on porosity in ceramic products. Inorg. Mater. 15 (1979) 998-1000

[652] Routschka, G.; Hagemann, L.; Majdič, A.: Die Heißfestigkeit von feuerfesten Tonerdesilikatsteinen in Ahhängigkeit vom Mineralaufbau und der thermischen Vorgeschichte. Sprechsaal 109 (l976) 211-223

[653] DIN 51068: Bestimmung des Widerstandes gegen schroffen Temperaturwechsels; Wasser- bzw. Luftabschreckungsverfahren für feuerfeste Steine. Mai 1976 (Teil 1) , Mai 1980 (Teil 2)

[654] Hennicke, H.W.; Kersting, R.: Temperaturwechselbeständigkeit keramischer Werkstoffe. In: Handbuch der Keramik. Freiburg: Schmid 1970 Gruppe IV B2i, 1-8

[655] Nakayama, J.: Thermal shock resistance of ceramic materials. In: Bradt, R.C.; Hasselmann, D.P.H.; Lange, F.F. (Hrsg.): Fracture mechanics of ceramics. Vol 2: Microstructure, materials, and applications. New York: Plenum Press (1974) 759-778

[656] Hasselman, D.P.H.: Rolle der Bruchzähigkeit bei der Tenperaturwechselbeständigkeit feuerfester Erzeugnisse. Ber. Dtsch. Keram. Ges. 54 (1954) 195-201

[657] Buessem, W.R.: Die Ternperaturwechselbeständigkeit keramischer Massen. Sprechsaal 93 (1960) 137-141

[658] Kingery, W.D.: Factors affecting thermal stress resistance of ceramic materials. J. Am. Ceram. Soc. 38 (1955) 3-15

[659] Hasselman, D.P.H.: Figures-of-merit for the thertmal stress resistance of high-temperature brittle materials: A review. Ceram. Internat. 4 (1978) 147-150

[660] Coble, R.L.; Kingery, W.D.: Effect of porosity on thermal stress fracture. J. Am. Ceram. Soc. 38 (1955) 33-37

[661] Hasselman, D.P.H.: Approximate theory of thermal stress resistance of brittle ceramics involving creep. J. Am. Ceram. Soc. 50 (1967) 454-457

[662] Hashin, Z.: Unified theory of thermal shock fracture initiation and crack propagation in brittle ceramics. J. Am. Ceram. Soc. 52 (1969) 600-604

[663] Hashin, Z.; Badaliance, R.; McKinney, K.R; Kim, C.H.: Failure prediction of the thermal fatigue resistance of a glass. J. Mater. Sci. 11 (1976) 458-464
[664] Kamiya,N.; Kamigaito, O.: Prediction of thermal fatigue life of ceramics. Mater. Sci. 14(1979) 573-582
[665] Bock, P.P.: Temperaturwechselbeanspruchung keramischer Werkstoffe durch Luftabschreckung. Ber. Dtsch. Keram. 51 (1974) 252-255
[666] DIN 40685: VDE-Bestimmung für keramische Isolierstoffe. Einteilung, Anforderungen, Typen, Prüfverfahren. Sept. 1974
[667] Schillalies, H.; Storch, W.; Scholze, H.: Bestimmung der Temperaturwechselbeständigkeit von Sinterkorund mit der Schallemissionsanalyse. cfi/Ber. Dtsch. Keram. Ges. 58 (1981) 25-30
[668] Lawn, B.R.; Evans, A.G.; Marshall, D.B.: Elastic/plastic indentation damage in ceramics: The median/radial crack system. J. Am. Ceram. Soc. 63 [9-10] (1980) 574-581
[669] Schaumburg, H.: Keramik. Bd. 5, B.G. Teubner Stuttgart, 1994
[670] Moulson, A.J.; Herbert, J.M.: Electroceramics. Chapman and Hall, London, 1990
[671] Kennedy, J.H.: The β-aluminas. In Geller, S.: Solid electrolytes. Berlin, Heidelberg, New York: Springer (1977) 105-141
[672] Rickert, H.: Feste Ionenleiter: Grundlagen und Anwendung. Angew. Chem. 90 (1978) 38-48
[673] Bradley , J.N.; Greene, P.D.: Solids with high ionic conductivity in group 1 halide systems. Trans. Faraday Soc. 63 (1967) 424-430
[674] Steele, B.C.H.: Ion conducting ceramics. Science of Ceramics 10 (1980) 655-668
[675] Mahan, G.D.; Roth, W. (Hrsg.): Superionic conductors. New York: Plenum Press 1976
[676] West, A.R.: Basic Solid State Chemistry. John Wiley & Sons 2. Aufl. 1999, 480 S.
[677] Tretyakov, Y.D.: Chemistry of solid phase materials with high ionic conductivity. Inorg. Mater. 15 (1979) 798-801
[678] Rickert, H.: Einführung in die Elektrochemie fester Stoffe. Berlin, Heidelberg, New York: Springer 1973
[679] Geller, S.: Solid electrolytes. Berlin, Heidelberg, New York: Springer 1977
[680] Kitazawa, K.; Coble, R.L.: Electrical conduction in single-crystal and polycrystalline Al_2O_3 at high temperatures. J. Am. Ceram. Soc. 57 (1974) 245-250
[681] Fischer, W.A.; Ackermann, W.: Der Leitungsmechanismus im Aluminiumoxyd bei hohen Temperaturen. Arch. Eisenhüttenwes. 39 (1968) 273-276
[682] Janke D.; Fischer, W.A.: Elektrische Eigenschaften oxidkeramischer Festelektrolyte bei Stahlschmelztemperaturen. Arch. Eisenhüttenwes. 48 (1977) 311-318
[683] Yoo, H-I., Song, Ch.-R., Thermoelectricity of $BaTiO_{3+\delta}$. J. Electroceramics 6 [1] (2001) 61-71
[684] Tallan, N.M. (Hrsg.): Electrical conductivity in ceramics and glass. Teile A, B. New York: Marcel Dekker 1974
[685] Buckel, W.; Kleiner, R.: Supraleitung. 6. Auflage, Wiley-VCH, Weinheim: 2004, 479 S.

[686] Kresin, V.Z.; Wolf, St.A.: Fundamentals of Superconductivity. Plenum Press, New York: 1990

[687] Bednorz, J. G., and K. A. Müller: Possible high T_c superconductivity in the barium-lanthanum-copper-oxygen system. Z. Physik B: Condensed Matter 64(2) (1986) 189-93

[688] Hecht, A: Elektrokeramik. 2. Aufl. Berlin, Heidelberg, New York: Springer 1976

[689] Blumenthal, R.N.; Seitz, M.A.: Experimental techniques. In: Tallan, N.M. (Hrsg.): Electrical conductivity in ceramics and glass. New York: Marcel Dekker 1974, Teil A, 35-178

[690] McQuarrie, M.: Barium titanate and other ceramic ferroelectrics. J. Am. Ceram. Soc 34 (1955) 169-172, 225-23O. 256-260, 295-297, 328-331

[691] Jonker, G.H.: Optimale keramische Struktur für verschiedene Anwendungen von Bariumtitanat. Ber. Dtsch. Keram. Ges. 44 (1967) 265-266

[692] Heywangg, W: Zusammenhänge zwischen Gefüge und elektrischen Eigenschaften ferroelektrischer Werkstoffe Ber. Dtsch. Keram. Ges. 47 (1970) 674-679

[693] Arlt, G.; Hennings, D.; de With, G.: J. Appl. Phys. 58 (1985)1619-25

[694] Smit, J.; Wijn, H.P.J.: Ferrite; Eindhoven Philips 1962

[695] Blasse, G.: Properties of magnetic compounds in connection with their crystal chemistry. In: Burke, J.E. (Hrsg): Progress in ceramic science. Oxford, London: Pergamon Press, Vol 4 (1966) 134-193

[696] Brockmann, F.G.: Magnetic ceramics: A review and status report; Am. Ceram. Soc. Bull. 47 (1968) 186-194

[697] Standley, K.J: Oxide magnetic Materials. 2 Aufl. London: Oxford Univ. Press 1972

[698] Heimke, G: Keramische Magnete. Wien, New York: Springer 1976

[699] Neel, L.: Propriétés magnétiques des ferrites: Ferrimagnétisme et antiferromagnétisme. Ann. Phys. 3 (1948) 137-198

[700] Guillaud, C.: Propriétés magnétiques des ferrites. J. Phys. Rad. 12 (1951) 239-284

[701] Jonker, G.H.; van Santen, J.H.: Ferromagnetic compounds of manganese with perovskite structure. Physica 16 (1950) 337-349

[702] Bertraud, F.; Forret, F.: Structure des ferrites ferrimagnétiques des terres rares. C.R. hebd. Séances Acad. Sci 242 (1956) 382-384

[703] Geller, S. (Hrsg.); Gilleo, M.A.: Crystal structure;and ferrimagnetism of yttrium-iron garnet, $Y_3Fe_2(FeO_4)_3$. J. Phys. Chem. Solids 3 (1957) 30-36

[704] Went, J.J.; Rathenau, G.W.; Gorter, E.W.; van Oosterhout, G.W.: Ferroxdure, eine Gruppe neuer Werkstoffe für Dauermagnete. Philips tech. Rundschau 13 (1951/52) 361-376

[705] Jonker, G.H.; Wijn., H.P.J.; Braun, P.B: Ferroxplana, hexagonale ferromagnetische Eisenoxidverbindungen für sehr hohe Frequenzen. Phillips Tech. Rundsch. 18 (1956/57) 249-258

[706] Jonker, G.H.: Microstructure and physical properties of electro- and magneto-ceramic materials. Ber. Bunsenges 82 (1978) 321-323

[707] Röss, E.; Hanke, I.: Die Mikrostruktur hochpermeabler Ferrite und ihr Einfluß auf die magnetischen Eigenschaften. Z. angew. Phys. 29 (197) 225-234

[708] Stuijts, A.L.: Microstructural condsiderations in ferromagnetic ceramics. In: Fulrath, R.M.; Pask, J.A. (Hrsg.): Ceramic microstructures: Their analysis, significance, and production. New York: Wiley 1968, 443-474

[709] Igarashi, H.; Okazaki, K.: Effects of porosity and grain size on the magnetic properties of NiZn ferrite. J. Am. Ceram. Soc. 60 (1977) 51-54

[710] Endl, H.; Hausner, H.: Optical properties of pure and doped aluminium oxide. Science of Ceramics 10 (1980) 697-702

[711] Peelen, J.G.J.: Relation between microstructure and optical properties of polycrystalline alumina. Science of Ceramics 6 (1973) Nr. 17, 1-13

[712] Peelen, J.G.J.: Transparent hot pressed alumina. Ceram. Internat. 5 (1979) 70-75, 115-119

[713] Smethurst, E.; Banerjee, M.; Budworth, D.W: The preparation of transparent magnesia bodies. Trans. J. Brit. Ceram. Soc. 71 (1972) 45-53

[714] Haertling, G.H.; Land, C.E.: Hot-pressed (Pb, La)(Zr, Ti)O_3 ferroelectric ceramics for electrooptic applications. J. Am. Ceram. Soc. 54 (1971) 1-11

[715] Doerbecker, K.; Oel, H.J.: Optische Eigenschaften keramischer Glasuren. Ber. Dtsch. Keram. Ges. 45 (1968) 116-121, 478 482

[716] Chase, M.W.; Davies, C.A.; Downey, J.R.; Frurip, D.J.; McDonald, R.A.; Syverud, A.N.: „JANAF Thermochemical Tables“, Journal of Physical and Chemical Reference Data · New York 1985

[717] Knacke, O.; Kubaschewski, O.; Hesselmann, K.: „Thermochemical Properties of Inorganic Substances“, 2. Ed., Springer Verlag Berlin - Heidelberg - New York - London - Paris - Tokyo, Verlag Stahleisen, 1991

[718] Eriksson, G.; Hack, K.: "ChemSage - A Computer Program for the Calculation of Complex Chemical Equilibria", Met. Trans. B 21 B (1990) 1013-1023

[719] Nickel, K.G.; Quirmbach, P.: Gaskorrosion nichtoxidischer keramischer Werkstoffe. In: Technische Keramische Werkstoffe, Verlag Dtscher Wirtschaftsdienst Köln 1991, Kap. 5.4.1.1.

[720] Deal, B.E.; Grove, A.S.: General Relationship for the Thermal Oxidation of Silicon. J. Appl. Phys. 36 [12] (1965) 3770-3778

[721] Turkdogan, E.T.; Grieveson, P.; Darken, L.S.: Enhancement of Diffusion Limited Rates of Vaporization of Metals, J. Phys. Chem. **67** [8] (1963) 1647-1654

[722] Wagner, C.: Passivity during the Oxidation of Silicon at Elevated Temperatures. J. Appl. Phys. 29 [9] (1958) 1295-1297

[723] Tressler, R.E.; McNallan, M.: Corrosion and Corrosive Degradation of Ceramics, The American Ceramic Society Inc. Westerville, OH 1990

[724] Fehlner, F.P.: Low-Temperature Oxidation - The Role of Vitreous Oxides, John Wiley & Sons Inc. New York Chichester Brisbane Toronto Singapore 1986

[725] Blachere, J.R.; Pettit, F.S.: High Temperature Corrosion of Ceramics, Noyes Data Corp. Park Ridge, NJ 1989

[726] Gogotsi, Y.G.; Lavrenko, V.A.: Corrosion of High-Performance Ceramics, Springer-Verlag Berlin Heidelberg New York 1992

[727] Cark, D.E.; Zoitos, B.K.: Corrosion of Glass, Ceramics and Ceramic Superconductors - Principles, Testing, Characterization and Applications, Noyes Publications Park Ridge, NJ 1992

[728] Telle, R.; Quirmbach, P.: Korrosion und Verschleiß von keramischen Werkstoffen, Deutsche Keramische Gesellschaft e.V. Köln 1994

[729] Frischat, G.H.: Korrosion. In: Handbuch der Keramik, Verlag Schmid Freiburg i. Br. 1974, III P 1-8

[730] Quirmbach, P.; Schäfer, U.; Nickel, K.G.; Petzow, G.: Destruktionsmechanismen bei der Hochtemperaturgaskorrosion von SSiC. In: Sonderbände der Praktischen Metallographie 25, Carl Hanser Verlag München 1994

[731] McCauley, R.A.: Corrosion of Ceramics, Marcel Dekker Inc. · New York · Basel · Hong Kong 1995

[732] Nickel, K.G.: Corrosion of Advanced Ceramics - Measurement and Modelling, Kluwer Academic Publishers,· Dordrecht Boston London 1994

[733] Stentiford, M.J.: Die Rolle organischer Substanzen in Ball Clays. Keram. Z. 32 (1980) 264-266

[734] Kranz, G.; Horte, C.-H.; Wiegmann, J.: Struktureller Aufbau, Zusammensetzung und morphologische Ausbildung von Glimmer-Smectit-Wechsellagerungsmineralen aus Kaolinen des Kemmlitzer Reviers. Silikattechnik 29 (1978) 323-326

[735] Schüller, K.-H.: Die Bedeutung untergeordneter Bestandteile bei technologischen Prozessen. Fortschr. Mineral. 58 (1980) 79-105

[736] Gruner, E.: Zur Kenntnis der in den Tonen enthaltenen organischen Substanz. Ber. Dtsch. Keram. Ges. 32 (1955) 169-172,199-203

[737] Rundschreiben des Bundesverbandes Keramische Rohstoffe: Dioxin in Tonen – Sachstandsbericht, Koblenz, 21.9.1999

[738] Mannheim, D.: Dioxine durch Vulkanausbrüche. IHK-Journal der Industrie- und Handelskammer Koblenz, (10) (1999) S. 24

[739] Millot, G.: Geology of Clays, Springer, New York, Heidelberg, Berlin (1970)

[740] Jasmund, K.: Bildung und Umbildung von Tonmineralien. In: K. Jasmund und G. Lagaly (Hrsg.): Tonminerale und Tone, Struktur, Eigenschaften, Anwendung und Einsatz in Industrie und Umwelt. Steinkopf, Darmstadt (1993) 168-192

[741] Gardner, L.R.: Models for incongruent feldspar dissolution. Sci Geol. Mem. 71 (1983) S. 55-62

[742] Barshad, I.: The effect of variation in precipitation on the nature of clay mineral formation in soils from acid and basic igneous rocks. In: Heller, L.; Weiss, Ar. (Hrsg.): Proc. Intern. Clay Conf. Vol. I, (1966), Jerusalem Program for Scientific Translation, S. 167-173.

[743] Boettcher, A.L.: Vermiculite, hydrobiotite and biotite in the rainy creek igneous complex near Libby, Montana. Clay Mineralogy 6 (1966) 283-296

[744] Fanning D.S.; Keramidas, V.Z.: Micas in mineral and soil environments. In. D.C. Dinauer (Hrsg.), Soil Science Society of America, Madison, USA, (1977) 195-258

[745] Banfield, J.F.; Eggleton, R.A.: Analytical transmission electron microscope studies on plagioclase, muscovite and K-feldspar weathering. Clays and Clay Minerals 38 (1990) 77-89.

[746] Jeans, C.V.: The neoformation of clay minerals in brackish and marine environment. Clay Min. 9 (1971) 209-217

[747] Hower, J.: Some factors concerning the nature and origin of glaukonite. Am. Min. 46 (1961) 313-334

[748] Lanson, B.; Champion, D.: The I/S-to-illite reaction in the late stage diagenesis. Am. J. Sci. 291 (1991) 473-506.

[749] Hower, J.; Eslinger, E.V.; Hower, M.E.; Perry, E.A.: Mechanism of burial metamorphism of argillacious sediment. C. Mineralogical and chemical evidence. Bull. Geol. Soc. Am. (1976) 725-737.

[750] Störr, M.: Lagerstätten von Tonrohstoffen. In: K. Jasmund und G. Lagaly (Hrsg.), Tonminerale und Tone, Struktur, Eigenschaften, Anwendung und Einsatz in Industrie und Umwelt. Steinkopf, Darmstadt (1993) 193-211

[751] Schwertmann U.; Niederbudde, E.-A.: Tonminerale in Böden. In : K. Jasmund und G. Lagaly (Hrsg.), Tonminerale und Tone, Struktur, Eigenschaften, Anwendung und Einsatz in Industrie und Umwelt. Steinkopf, Darmstadt (1993) 212-265.

[752] Heim, D.: Tone und Tonminerale: Grundlagen der Sedimentologie und Mineralogie, Enke, Stuttgart (1990)

[753] Ernst, Th.; Forkel, W.; von Gehlen, K.: Vollständiges Nomenklatursystem der Tone. Ber. Dtsch. Keram. Ges. 36 (1959) 11-18

[754] Kromer, H.; Schüller, K.-H.: Die Anwendung des Nomenklatursystems nach Ernst, Forkel und von Gehlen auf keramische tonige Rohstoffe unter Würdigung der Bedeutung scheinbar untergeordneter Mineralphasen. Ber. Dtsch. Keram. Ges. 52 (1975) 345-349

[755] Fripiat, J.J. (Hrsg.): Advanced techniques for day mineral analysis. Amsterdam: Elsevier Scientific 1982

[756] Wilson, M.J.: A handbook of determinative methods in clay mineralogy. Blackie, Glasgow, London (1987)

[757] Köster, H.M.; Schwertmann, U.: Beschreibung einzelner Tonminerale. In: K. Jasmund und G. Lagaly (Hrsg.), Tonminerale und Tone, Struktur, Eigenschaften, Anwendung und Einsatz in Industrie und Umwelt. Steinkopf, Darmstadt (1993) 32-88

[758] Kohler, E.; Wewer, R.: Gewinnung reiner Tonmineralkonzentrate für die mineralogische Analyse. Keram. Z. 32 (1980) 250-252

[759] Schüller, K.-H.: Möglichkeiten und Grenzen der Elektronenmikroskopie bei der Untersuchung keramischer Roh- und Werkstoffe. Fortschr. Mineral. 45 (1968) 281-312

[760] Noble, F.R.; Rowse, J.B.; Golley, C.R.L.: Studies on themineralogy of ceramic clays. Proc. Brit. Ceram. Soc. 28 (1979) 117-126

[761] Hofmann, U.; Weiss, Ar.: Röntgenographischer Nachweis der Tonminerale und der begleitenden Minerale. In: Handbuch der Keramik. Freiburg: Schmid 1968, GruppeIV B1e, 1-4

[762] Moore, D.M.; Renolds, R.C.: X-ray diffraction and the identification and analysis of clay minerals. Oxford University Press, New York (1989)

[763] Brindley, G.W.; Brown, B.: Crystal structures of clay minerals and their X-ray identification. Mineral Society, London (1980)

[764] Flehming, W.; Kurze, R.: Die quantitative infrarotspektroskopische Phasenanalyse von Mineralgemengen. Neues Jahrbuch für Mineralogie (1973) Abh. 119, 101

[765] Radczewski, O.E.; Rath, R.: Zur Bestimmung des Mineralbestandes von Tonen mit Hilfe der thermischen Analyse (Entwässerungskurven). Ber. Dtsch. Keram. Ges. 29 (1952) 247-252

[766] Zwetsch, A.: Dilatometrische Messungen an keramischen Rohstoffen. Ber. Dtsch. Keram. Ges.32 (1955) 63-69

[767] Hofmann, U.; Haacke, H.: Ermittlung des Gehaltes an Kaolinit und Glimmer in einem Ton oder Kaolin. Ber. Dtsch. Keram. Ges. 39 (1962) 41-43

[768] Kallauner, O.; Matejka, J.: Beitrag zu der rationellen Analyse. Sprechsaal 47 (1914) 423

[769] Schmidt, K.G.: Der Phosphorsäureaufschluß zur Bestimmung des Gehaltes an freier Kieselsäure. Ber. Dtsch. Keram. Ges. 31 (1954) 402-404

[770] Hirsch, H.; Dawihl, W.: Die Einwirkung von Phosphorsäure auf keramische Rohstoffe sowie gebrannte Erzeugnisse und ein neues Verfahren der rationellen Analyse von Tonen. Ber. Dtsch. Keram. Ges. 13 (1932) 54-60

[771] Urban, H.: Eine Methode zur rechnerischen Bestimmung von Illit und Kaolinit in Tonen und keramischen Massen. Tonind.-Ztg. 102 (1978) 595-600

[772] Sokoloff, A.M.: Zur Frage des molekularen Zerfalles des Kaolinits im Anfangsstadium des Glühens. Tonind.-Ztg. 36 (1912) 1107-1110

[773] Colegrave, E.B.; Rigby, R.G.: The decomposition of kaolinite by heat. Trans. Brit. Ceram. Soc.51 (1952) 355-367

[774] Mitra, N.K.; Das, D.; Mandal, R.K.: Solubility - firing temperature relationship of clay minerals in relation to exchangeable cations. Trans. J. Brit. Ceram. Soc. 76 (1977) 108-113

[775] Keeling, P.S.; Kirby, E.C.; Robertson, R.H.S: Moisture adsorption and specific surface area. Trans. J. Brit. Ceram. Soc. 79 (1980) 36 40

[776] White, D.; Michael, G.P.: A proposed method for the determination of small amounts of smectites in clay mineral mixtures. Proc. Brit. Ceram. Soc. 28 (1979) 137-145

[777] Enslin, H.: Über einen Apparat zur Messung der Flüssigkeitsaufnahme von quellbaren und porösen Stoffen und zur Charakterisierung der Benetzbarkeit. Chem. Fabrik 6 (1933) 147-148

[778] Lehmann, H.; Koltermann, M.: Untersuchungen mit dem Enslin-Gerät. Ber. Dtsch. Keram. Ges. 39 (1962) 222-226

[779] Mostetzky, H.: Die Wasseraufnahme von Schüttgütern im Enslingerät. Tonind.-Ztg. 100 (1976) 62-68

[780] Kromer, H.; Schüller, K.-H.: Farbigbrennende Tone als keramische Rohstoffe. Keram. Z. 32 (1980) 574-578

[781] Schüller, K.-H.: Untersuchungen an Talken und Specksteinen. Sprechsaal 104 (1971) 421-426

[782] Schüller, K.-H.: Nachweis und Bestimmung von Begleitmineralen im Speckstein. Stemag-Nachr. 1959, H. 27, 742-750

[783] Weiss, R.: Prüfverfahren für SiO_2-Rohstoffe: eine Übersicht. Sprechsaal 114 (1981) 823-827; 115 (1982) 617-620, 964-970, 1006-1017

[784] Weiss, R.: Zur Situation auf dem Gebiet der SiO_2-Rohstoffe für die keramische Industrie. Ber. Dtsch. Keram. Ges. 55 (1978) 82-91

[785] Deer; Howie; Zussman: Rock Forming Minerals. Wiley, New York (1963)

[786] Barth, T.F.W.: Feldspars. Wiley-Interscience (1969)

[787] Schüller, K.-H.; Jäger, H.: Chemismus und Eigenschaften von Feldspaten und deren Auswirkungen in Porzellan. Ber. Dtsch. Keram. Ges. 56 (1979) 29-35

[788] Meyer, H.: Über den Einfluß von stickstoffhaltigen Verbindungen in Feldspaten auf die Blasenbildung. Ber. Dtsch. Keram. Ges. 42 (1965) 248-250

[789] Wiegmann, J.: Sintering of dense ceramic materials at temperatures below 1000°C using waste glass as a raw material. In: Energy and ceramics. Vincenzini, P. (Hrsg.). Amsterdam: Elsevier Scientific 1980, 347-359

[790] Lyng, St.; Gamlem, K.: Anorthosite as a ceramic raw material. Trans. J. Brit. Ceram. Soc.73 (1974) 133-142

[791] Schwiete, H.E.; Höfgen, H.; Bleckmann, H.: Untersuchung über die Verwendungsmöglichkeit von Hochofenschlacke als Rohstoff in der keramischen Industrie. Keram. Z. 23 (1971) 263-266

[792] Inzenhofer, A.: Die chemische Herstellung von Rohmaterialien für die Keramik. Sprechsaal 108 (1975) 484-490; 109 (1976) 224-228, 451-454
[793] Hausner, H.: Synthetische keramische Rohstoffe. Ber. Dtsch. Keram. Ges. 55 (1978) 194-197
[794] Joger, A.: Die Herstellung keramischer Roh- und Werkstoffe durch naßchemische Verfahren. Silikattechnik 30 (1979) 242-245
[795] Mazdiyasni, K.S.: Powder synthesis from metal-organic precursors. Ceram. Internat.8 (1982) 42-56
[796] Gopalakrishnan, J.; Uma, S.; Kattsthuri Rangan, K.; Bhuvanesh, N.S.P.: Soft-chemical routes to synthesis of solid oxide materials. Proc. Indian Acad. Sci. (Chem. Sci.) 106 [3] (1994) 609-619
[797] Yoshimura, M.: Importance of soft processing fort advanced inorganic materials. J. Mater. Res. 13 [4] (1998) 796-802
[798] Segal, D.: Soft Chemistry Route to Zirconia Ceramics. Key Engineering Materials Bd. 153-154 (1998) 241-250
[799] Corriu, R.J.P.: Keramiken und nanostrukturierte Materialien aus molekularen Vorstufen. Angew. Chem. 112 (2000) 1432-1455
[800] Bill, J.; Aldinger, F.: Progress in Materials Synthesis. Z. Metallkunde 87 [11] (1996) 827-840
[801] Baldus H.-P.; Jansen, M.: Moderne Hochleistungskeramiken - amorphe organische Netzwerke aus molekularen Vorläufern. Angew. Chem. 109 (1997) 338-354
[802] Feige, R.; Dams, R.; Winkhaus, G.: Calciniertes Aluminiumoxid als synthetischer keramischer Rohstoff. Ber. Dtsch. Keram. Ges. 55 (1978) 198-201
[803] Dörre, E.; Hübner H.: Alumina. Heidelberg, Springer-Verlag (1987)
[804] Reed, J.S.: Principles of ceramic processing. New York, John Wiley & Sons (1987)
[805] Hart, L.D.: Alumina Chemicals - Science and Technology Handbook. The Am. Ceram. Soc., Columbus (OH) (1990)
[806] Hübner, G.: Natural and synthetic materials for technical ceramics. Eur. J. Mineral. 3 (1991) 811-814
[807] Petzold, A.; Ulbricht, J.: Aluminiumoxid - Rohstoff - Werkstoff - Werkstoffkomponente. Deutscher Verlag für Grundstoffindustrie, Leipzig (1991)
[808] Lipp, A.: Tech. Rundschau 57 [14] (1965) 5; 57 [28] (1965) 19; 57 [33] (1965) 5.
[809] Lipp, A.: Tech. Rundschau 58 [7] (1966) 3.
[810] Dufek, G.; Wruss, W.; Vendl, A.; Kieffer, R.: A contribution to the production of fine boron carbide powder. Planseeberichte für Pulvermetallurgie 24 (1976) 280-83
[811] Gray, E.G.: Eur. Patent Application 1 152 428 (1980)
[812] Schwetz, K.A.; Lipp, A.: in: Ullmanns Encyclopedia of Industrial Chemistry A4 Verlag Chemie, Weinheim (1985) 295-307.
[813] Thevenot, F.: Boron carbide - a comprehensive review. J. Eur. Ceram. Soc. 6 (1990) 205.
[814] Hennige, V.D.; Ritzhaupt-Kleissl, H.-J.; Haußelt J.: Manufacturing process for non-shrinking $ZrSiO_4$-ceramics. Keram. Zeitschr. 50 (1998) 262-265
[815] Stuijts, A.L.: New fabrication methods for advanced electronic materials. Science of Ceramics 5 (1970) 335-362

[816] Koppens, L.: The decomposition of organometallic precursors for ferrite powders. Science of Ceramics 8 (1976) 101-109

[817] Johnson, D.W.; Gallagher, P.K.: Reactive powders from solution. In: Ceramic processing before firing. Onoda, G.Y.; Hench, L.L. (Hrsg.). New York: Wiley 1978, 125-139

[818] Schnettler, F.J.; Monforte, F.R.; Rhodes, W.W.: A cryochemical method for preparing ceramic material. Science of Ceramics 4 (1968) 79-90

[819] Oren, E.E.; Tas, A.C.: Hydrothermal Synthesis of Dy-Doped $BaTiO_3$ Powders. Metall. Met. Transact. 30B [12] (1999) 1089-1093

[820] Dias, A.; Buono, V.T.L.; Ciminelli, V.S.T.; Moreira, R.L.: Hydrothermal Synthesis and Sintering of Electroceramics. J. Eur. Ceram. Soc. 19 (1999) 1027-1031.

[821] Łencka, M.M.; Riman, R.E.: Thermodynamic Modeling of Hydrothermal Synthesis of Ceramic Powders. Chem. Mat. 5[1] (1993) 61-70

[822] Łencka, M.M.; Anderko, A.; Riman, R.E.: Hydrothermal Precipitation of Lead Zirconate Titanate Solid Solutions: Thermodynamic Modeling and Experimental Synthesis. J. Am. Ceram. Soc. 78 [10] (1995) 2609-2618

[823] Bradley, D.C.; Mehrotra, R.C.; Gaur, D.P.: Metal Alkoxides, Academic Press, New York (1978)

[824] Livage, J.; Henry, M.; Sanchez, C.: Sol-gel chemistry of transition metal oxides. Prog. Solid State Chem. 18 (1988) 259-341

[825] Corriu, R.; Leclercq, D.; Vioux, A.; Pauthe, M.; Phalippou, J.: in: Ultrastructure Processing of Advanced Ceramics, J. D. Mackenzie, D. R. Ulrich (Hrsg.), Wiley, Chichester (1988) 113

[826] Hammett, L.P.; Deyrup, A.J.: A series of simple basic indicators. I. The acidity functions of mixtures of sulfuric and perchloric acids with water. J. Am. Chem. Soc. 54 (1932) 2721

[827] Szweda, A.; Hendry, A.; Jack, K.H.: The preparation of silicon nitride from silica by sol-gel processing. Proc. Brit. Ceram. Soc. 31 (1981) 107-118

[828] Yoldas, B.E.: Alumina sol preparation from alkoxides. Am. Ceram. Soc. Bull. 54 (1975) 289 290

[829] Dislich, H.: Neue Wege zu Mehrkomponentengläsern. Angew. Chem. 83 (1971) 428-435

[830] Mendonca, A.M.R.; Ferreira, J.M.F.; Salvado, M.I.M.: Mullite-alumina composites prepared by sol-gel. J. Sol-Gel Sci. Techn. 13 [1-3] (1998) 201-205

[831] Brinker, C.J.; Scherer, G.W.: The Physics and Chemistry of Sol-gel Processing, Academic Press, San Diego, (1990)

[832] Sakka, S.; Kamiya, K.: Glasses from metal alcoholates. J. Non-Cryst. Solids 42 (1980) 403-21

[833] Klein, L.C.: Sol-gel processing of silicates. Annual Review of Materials Science 15 (1985) 227-48

[834] Hench, L.L.; West, J.K.: The sol-gel process. Chem. Rev. 90 (1990) 33-72

[835] Chandler, C.D.; Roger, C.; Hampden-Smith, M.J.: Chemical aspects of solution routes to perovskite-phase mixed-metal oxides from metal-organic precursors. Chem Rev. 93 (1993) 1205-41

[836] Yoshimura, M.: Importance of soft solution processing for advanced inorganic materials. J. Mater. Res. 13 [4] (1998) 796-802

[837] Ghosal, S.; Emami-Naeini A.; Harn, Y.-P.; Draskovich, B.S.; Pollinger, J.P.: A physical model for the drying process of gelcast ceramics. J. Am. Ceram. Soc. 83 [3] (1999) 513-520

[838] Ravindranathan, P.; Komarneni, S.; Roy, R.: Synthesis of Lithium Aluminate, Mullite, and Coloured Zirconia by a Combustion Process. J. Mater. Sci. Letters 12 (1993) 369-371
[839] Zhang, Y.; Stangle, G.C.: Preparation of Fine Multicomponent Oxide Ceramic Powder by a Combustion Synthesis Process. J. Mater. Res. 9 [8] (1994) 1997-2004
[840] Muthuraman, M.; Arul Dhas, N.; Patil, K.C.: Preparation of Zirconia-Based Color Pigments by the Combustion Route. J. Mater. Synthesis and Processing 4 [2] (1996) 115-120
[841] Fumo, D.A.; Morelli, M.R.; Segadães, A.M.: Combustion Synthesis of Calcium Aluminates. Mater. Res. Bull. 31 [10] (1996) 1243-1255
[842] Fumo, D.A.; Jurado, J.R.; Segadães, A.M.; Frade, J.R.: Combustion Synthesis of Iron-Substituted Strontium Titanate Perovskites. Mater. Res. Bull. 32 [10] (1997) 1459-1470
[843] Segadães, A.M.; Morelli, M.R.; Kiminami, R.G.A.: Combustion Synthesis of Aluminum Titanate. J. Eur. Ceram. Soc. 18 [7] (1998) 771-781
[844] Jain, S.R.; Adiga, K.C.; Pai Verneker, V.R.: A New Approach to Thermochemical Calculations of Condensed Fuel-Oxidizer Mixtures. Combustion and Flame 40 (1981) 71-79
[845] Sigmund, W.; Roy, S.; Aldinger, F.: Synthese von nanokristallinem Y_2O_3 via Zitrat-Nitrat.Gel-Prozess, Werkstoffwoche `96, Symposium 9: Neue Werkstoffkonzepte, H. Schmidt, R.F. Simon (Hrsg.), DGM Informationsgesellschaft Verlag, Frankfurt (1997) 87-91
[846] Roy, S.; Sigmund, W.; Aldinger, F.: Nanostructured yttria powder via gel combustion. J. Mat. Res. (1999) 1524-1531
[847] Narendar, Y.; Messing, G.L.: Kinetic analysis of combustion synthesis of lead magnesium niobate from metal carboxylate gels, J. Am. Ceram. Soc. 80 [4] (1997) 915-924
[848] Verbeek, M.; Winter, G.: Chem. Abstr. 81 (1974) 50911
[849] Yajima, K.; Hayashi, J.; Omori, M.: Continuous silicon carbide fiber of high tensile strength. Chem. Letters (1975) 931-934
[850] Yajima, S.; Okamura, K.; Hayashi, J.; Omori, M.: Synthesis of continuous silicon carbide fibers with high tensile strength. J. Am. Ceram. Soc. 59 (1976) 324-327
[851] Yajima, S.; Hasegawa, Y.; Hayashi, J.: Synthesis of continuous silicon carbide fiber with high tensile strength and high Young's modulus. Part 1. Synthesis of polycarbosilane as precursor. J. Mater. Sci. 13 (1978) 2659-76
[852] Yajima, S.; Okamura, K.; Hasegawa, Y.; Iwai, T.; Yamamura, T.: Synthesis of a polytitanocarbosilane and its conversion into inorganic compounds. J. Mater. Sci. 16 (1981) 1349-55
[853] Wynne, K.J.; Rice, R.W.: Ceramics via Polymer Pyrolysis. Ann. Rec. Mater. 14 (1984) 297-334
[854] Fritz, G.; Matern, E.: Carbosilanes, Springer-Verlag, Berlin (1986)
[855] Brenner, W.: in: Silicon Carbide, A High Temperature Semiconductor: O'Connor, J. R., Smiltens, J. (Eds.). Oxford: Pergamon, (1960) 110-114.
[856] Bonnke, M.; Fitzer, E.: Pyrolytic silicon carbide. Ber. Dtsch. Keram. Ges. 43(2) (1966) 180-187
[857] Fitzer, E.; Fritz, W.; Gadow, R.: Possibilities of Fibre Reinforcement of Silicon Carbide. Advanced Ceramics, Somiya, S. (Hrsg.), Terra Scientific Publ. Co, Tokyo (1987) 80-130

[858] Carlsson, D.J.; Conney, J.D.; Gauthier, S.; Worsfold, D.J.: Pyrolysis of Silicon-Backbone Polymers to Silicon Carbide, J. Am. Ceram. Soc. 73 [2] (1990) 237-241

[859] Boury, B.; Carpenter, L.; Corriu, R.: New route to silicon carbide ceramic precursors via catalytic synthesis of a preceramic polymer. Angew. Chemie 108 (1990) 818-20

[860] Laine, R.M.; Babonneau, F.: Preceramic polymer routes to silicon carbide. Chem. Mater. 5 (1993) 260-79

[861] Boury, B.; Corriu, R.; Douglas, W.E.: Poly(carbosilane) precursors of silicon carbide: the effect of cross-linking on ceramic residue. Chem. Mater. 3 (1991) 487-89

[862] Harrod, J.F.: in: Inorganic and Organometallic Polymers with Special Properties, R.M. Laine (Hrsg.), Kluwer Academic Publishers, Dordrecht (1992) 87

[863] R. Riedel, G. Passing, R. J. Brook, „Producing monolithic non-oxide ceramics using organo-metallic precursor which is transformed into non-fusible reticular form prior to pyrolysis“, EP-507678-A2, 7.10.1992

[864] Erny, T.; Seibold, M.; Jarchow, O.; Greil, P.: Microstructural Development of Oxycarbide Composites during Active-Filler-Controlled Polymer Pyrolysis (1993). J. Am. Ceram. Soc. 76 [1] (1993) 207-213

[865] Seyferth, D.; Bryson, N.; Workman, D.P.; Sobon, C.A.: Preceramic Polymers as "Reagents" in the Preparation of Ceramics, J. Am. Ceram. Soc. 74 [10] (1991) 2687-2689

[866] Corriu, R.; Gerbier, P.; Guérin, C.; Henner, B.: Thermal transformation of poly[silylenediacetylene]-metal oxide composites: a new path to β -silicon carbide-metal carbide ceramics. Angew. Chemie 104 (1992) 1228-30

[867] Corriu, R.; Gerbier, P.; Guérin, C.; Henner, B.: in: Applications of Organometallic Chemistry in the Preparation and Processing of Advanced Materials, J.F. Harrod, R.M. Laine (Hrsg.), Kluwer Academic Publisher, Dordrecht (1995) 203

[868] Verbeek, W.: U.S. Patent 3 853 567 (1974)

[869] Seyferth, D.; Wiseman, G.H.; Prud'hommes, C.: A Liquid Siliazane Precursor To Silicon Nitride, J. Am. Ceram. Soc. 66 (1983) C13-C14

[870] Seyferth, D.; Wiseman, G.H.: Ultrastructure Processing of Ceramics, Glasses, and Composites, Proc. Int. Conf. (1984) 265-271

[871] Wannagat, U.; Schervan, A.; Jansen, M.; Baldus, H.P.; Eiling, A.: Chem. Abstr. 117 (1992) 93153 ; Silicon diimide, its manufacture, and silicon nitride manufactured therefrom. Eur. Pat. Appl. (1992)

[872] Riedel, R.; Passing, G.; Schönfelder, H.; Brook, R.J.: Synthesis of dense silicon-based ceramics at low temperatures. Nature 355 (1992) 714-17

[873] Riedel, R.; Schaible, S.; Klingebiel, U.; Noltemeyer, M.; Werner, E.: Bis(dichloro-N-trimethylsilyl)cycloaminoalane - crystal structure and thermal decomposition to aluminum nitride. Z. Anorg. Allg. Chemie 603 (1991) 119-27

[874] Rüssel, C.: Zahneisen, R.: Electrochemically prepared precursors for the formation of non-oxides. J. Electrochem. Soc. 139 (1992) 2424-2428

[875] Distler, P.; Rüssel, C.: Aluminum nitride ceramics prepared by a pyrolytic route. J. Mater. Sci. 27 (1992) 133-38

[876] Baldus, H.P.; Wagner, O.; Jansen, M.: New materials in the system Si-(N,C)-B and their characterization. Key Eng. Mater. 89 (1994) 75-80

[877] Walker, B.E.; Rice, R.W.; Becher, P.F.; Bender, B.A.; Coblenz, W. S.: Preparation and properties of monolithic and composite ceramics produced by polymer pyrolysis. Ceram. Bull. 62(8) (1983) 916-23

[878] Thévenot, F.; Doche, C.; Mongeot, H.; Guilhon, F.; Miele, P.; Bonnetot, B.: Boron Nitride Obtained from Molecular Precursors: Aminoboranes Used as a BN Source for Coatings, Matrix, and Si_3N_4-BN Composite Ceramic Preparation. J. Solid State Chem. 133 (1997) 164-168

[879] Riedel, R.; Klingebiel, U.; Kienzle, A.; Schaible, S.: Synthese keramischer Materialien durch Pyrolyse ketten- und ringförmiger Silazanverbindungen. In: Hochleistungskeramiken - Herstellung, Aufbau, Eigenschaften, Petzow, G.; Tobolski, J.; Telle, R. (Hrsg.), Deutsche Forschungsgemeinschaft und Verlag Chemie, Weinheim (1996) 12-23

[880] McKinnon, I.M.; Reuben, B.G.: Synthesis of boron carbide in an RF [radio frequency] plasma. J. Electrochem. Soc. 122(6) (1975) 806-11

[881] Ploog, K.: Vapor deposition of binary boron-carbon phases at substrate temperatures of 900-1800.deg.. I. Tetragonal and orthorhombic boron carbide. / II. Rhombohedral boron carbide. J. Less-Common Met. 25 (1974) 115-45

[882] Wedemeyer, R.: Spritzgießen unplastischer keramischer Werkstoffe, Sprechsaal 109 [6] (1976) 347-351

[883] Shanefield, D.J.: Organic Additives and Ceramic Processing, Kluwer Academic Publishers, Boston, Dordrecht, London 1995

[884] Kunz, W.: Einsatz von Polymeren in der keramischen Industrie. Sprechsaal 109 [6] (1976) 340-342

[885] Weiand, W.; Hölzgen, M.; Geis, W.; Bast, R.: Additive für die keramische Industrie. cfi/Ber. Dtsch. Keram. Ges. 66 [10] (1989) 453-455

[886] Roosen, A.: Organische Additive in der keramischen Fertigung, cfi/Ber. Dtsch. Keram. Ges. 68 [10/11] (1991) 519-527

[887] Weiand, W.: Verflüssigung auf Huminatbasis für Porzellan- und elektrokeramische Massen, Sprechsaal 109 [6] (1976) 332-338

[888] Bast, R.: Organische Additive für Trockenpressverfahren. Keramische Zeitschrift 42 [3] (1990) 155-156

[889] Guski, B.; Weiand, W.: Hilfsmittel für isostatische Pressmassen. Sprechsaal 112 [9] (1979) 640-642

[890] Guski, B.: Die gebräuchlichsten Dekorverfahren in der keramischen Industrie und ihre Hilfsmittel. Sprechsaal 109 [6] (1976) 343-346

[891] Becker, C.; Dohrmann, R.: Environmental Scanning Electron Microscopy (ESEM) – A new method in Clay Science. In: Appl. Miner., Rammlmair et al. (Hrsg.) Balkema, Rotterdam (2000) 719-722

[892] Brückner, R.: Die zu Erosionen an Modellsubstanzen und feuerfesten Stoffen führenden Grundmechanismen der Grenzfächenkonvektion. Glastechnische Berichte 40 (12) (1967) 451-462

[893] Schubert, H., Aufbereitung mineralischer Rohstoffe, Band II, Sortierprozesse, 4. Auflage, Deutscher Verlag für Grundstoffindustrie, Leipzig 1996, 580 S., 353 Abbildungen

[894] Dokumentation Rheologie. Hrsg. Bundesamt für Materialprüfung Berlin und Deutsche Rheologische Gesellschaft, jährlich erscheinend

[895] Rheology: Theory and applications. Eirich, F.R. (Hrsg.). NewYork: Academic Press, Vol. I (1965) bis Vol.5 (1969)

[896] Reiner, M.: Rheologie in elementarer Darstellung. 2. Aufl. München: Hanser 1970

[897] DIN 1342: Viskosität newtonscher Flüssigkeiten (Dez. 1971)

[898] DIN 13342: Nicht-newtonsche Flüssigkeiten; Begriffe, Stoffgesetze (Juni 1976; Dez. 1978 (Ergänzung))

[899] Hennicke, H.W.: Anelastizität und innere Reibung keramischer Werkstoffe. In: Handbuch der Keramik. Freiburg: Schmid 1978, Gruppe III K3, 1-13

[900] Elastische und viskose Eigenschaften von Werkstoffen: Grundlagen und Begriffe. Oberst, W. (Hrsg.). Berlin: Beuth 1963

[901] Faurel, X.; Le Bris, Ch.; Champion, P.: Classification générale des anomalies de viscosité. Ind. Céram. (1982) 203-208

[902] Pels Leusden, C.O.: Zusammenhänge zwischen rheologischen Eigenschaften plastischer, keramischer Stoffe und technischen Daten bei ihrer Verformung. Ber. Dtsch. Keram. Ges. 44 (1967) 506-512

[903] Moore, F.; Hennicke, H.W.: Rheologie in der Keramik. Goslar: Hübner 1967

[904] Astbury, N.F.: A plasticity model. Trans. Brit. Ceram. Soc. 62 (1963) 1-18

[905] Astbury, N.F.; Moore, F.; Lockett, J.A.: A cyclic torsion test for the study of plasticity. Trans. Brit. Ceram. Soc. 65 (1966) 435-462

[906] Hennicke, H.W.; Kersting, R.: Electronic analogue models for the mechanical behaviour of heterogeneous materials in ceramics. Science of Ceramics 5 (1970) 263-280

[907] Hennicke, H.W.; Kienow, E.: Organische Plastifizierungsmittel für feinkeramische Werkstoffe. Ber. Dtsch. Keram. Ges. 56 (1979) 67-71, 95-102

[908] Kobayashi, T. u.a.: Rheological properties of plastic clay body: An examination on the Astbury's cyclic torsion test method. J. Ceram. Soc. Japan 80 (1972) 64-74

[909] Jenckel, E.: Zur Verwendung von Modellen für das plastisch-elastische Verhalten. Kolloid-Z. 134 (1953) 47-64

[910] Haase, Th.: Versuch einer allgemeinen Theorie der Bildsamkeit keramischer Massen. Silikattechnik 3 (1952) 265-267

[911] Li, H.; Bradt, R.C.: The Microhardness (ISE) in Hard Ceramic Materials. J. Hard Materials 3 [3-4] (1992) 403-419

[912] Bouchacourt, M.; Thevenot, F.; Ruste, J.: Etudes sur la Carbure de Bore, I. Métallographie et Microdurité Knoop du Carbure de Bore. J. Less-Common-Metals 59[2] (1978) 119

[913] Cohen, M.L.: Theory of Bulk Moduli of Hard Solids. Mater. Sci. Eng. A105/106 (1988) 11-18

[914] Roberts, S.G.; Warren, P.D.; Hirsch, P.B.: Hardness Anisotropies: A New Approach, Mater. Sci. Eng. A105/106 (1988) 19-28

[915] Cohen, M.L.: Atomic Theory of Hard Crystals. J. Hard Materials 2 [1-2] (1991) 13-27

[916] Telle, R.; Park, S.-H.: Spanbildungsmechanismen und Randzonenschädigung bei der Hartbearbeitung von Al_2O_3-Keramiken mit variierter Korngröße, in: Hochleistungskeramiken - Herstellung, Aufbau, Eigenschaften, Petzow, G.; Tobolski, J.; Telle, R. (Hrsg.), Verlag Chemie Weinheim im Auftrag der Deutschen Forschungsgemeinschaft (1996) 574-588

[917] Anstis, G.R.; Chantikul, P.; Lawn, B.; Marshall, D.B.: A critical evaluation of indentation techniques for measuring fracture toughness: I. Direct crack measurements. / II. Strength method. J. Am. Ceram. Soc. 64 [9] (1981) 533-43

[918] Guilloch, M.-O.; Henshall, J.L.; Hooper, R.M.; Carter, G.M.: Indentation Fracture Analysis, and its Application to Zirconia, Silicon Carbide and Silicon Nitride Ceramics, J. Hard Materials 3 [3-4] (1992) 421-434

[919] Beurdeley, M.: Porzellan aus China, Compagnie des Indes, Bruckmann-Verlag, München 1962]

[920] Weiss, Ar.: Ein Geheimnis des chinesischen Porzellans; Z. Angewandte Chemie 75(16), 1963, 755-762

[921] Oberlies, F.; Pohlmann, G.: Über die Einwirkung von Mikroorganismen auf Ton, Feldspat und Kaolin; Abh. d. VI. Internat. keram. Kongresses, Wiesbaden 1958, Verlag DKV e.V., 1958, 149-168

[922] Glick, D.P.: The Microbiology of Aging Clays, J. Am. Ceram. Soc., 6 (1936) 169-174

[923] Brémont, P.: Récherche sur le pourrissage des argile, La Céramique Nr. 583 (1936)

[924] Völsgen, F.: Abschlußbericht zum DFG-Vorhaben „Untersuchung der Wechselbeziehungen zwischen Mikroorganismen bzw. deren Metaboliten und Tonmineralien (Biolaugung von Tonmineralien)“, Ernst-Moritz-Arndt-Universität Greifswald, 1995

[925] Groudev, S.N.; Groudeva, V.J.: Biological Leaching of aluminium from clays. In: Biotechnolog. Bioeng. Symp. (Biotechnol. Min. Met.-Refin. Fossil Fuel Process Ind.) 16 (1986) 91-99

[926] Seki, K.; Miyazaki, T.; Nakano, M.: Effects of microorganisms on hydraulic conductivity decrease in infiltration, Eur. J. of Soil Science, 49(6), 1998, 231-236

[927] D'Acqui, L.P.D.; Daniele, E.; Fornasier, F.; Radaelli, L.: Interaction between clay microstructure, decomposition of plant residue and humification, Eur. J. Soil Science, 49(12)m 1998, 579-587

[928] Köhler, M.; Völsgen, F.: Geomikrobiologie - Mikroorganismen in der Biophäre, Wiley-VCH, Weinheim 1998, 1-29

[929] LÖSCHEN

[930] Krause E.; Berger, I.; Schulle, W.; Plauel, T.: Technologie der Keramik Band 2: Mechanische Prozesse, Verlag für Bauwesen, Berlin 1988

[931] Schubert, H.: Aufbereitung fester mineralischer Rohstoffe, Band III: Löse- und Laugeverfahren u.a., VEB Deutscher Verlag für Grundstoffindustrie, Leipzig 1972. Neuauflage in Vorbereitung

[932] Jung, O.; Bissot, R.; Schnabel, U.: Entscheidungskriterien für die Trockenaufbereitung vonkeramischen Rohstoffen und betriebswirtschaftlicher Vergleich mit dem plastischen Aufbereitungsverfahren; Ziegel-Zeitschrift 4(6) (1999) 413-417

[933] Bissot, R.; Schnabel, U.: Trockenaufbereitung in der Ziegellindustrie; Ziegelindustrie Int. 49(3) (1996) 173-178

[934] Sillem, H.; Schnabel, U.: Trockenaufbereitung keramische Rohstoffe für die Grob- und Feinkeramik, cfi/Ber. DKG 76 (3) (1999) 12-14

[935] Nassetti, G.; Brighenti, G.; Schnabel, U.: Innovatives Verafhren zur Trockenaufbereitung von Pulvern für rote und weiße Fliesenmassen; cfi/Ber. DKG 70(1/2) (1993) 10-13

[936] Ziegler, G.: Strukturelle Änderungen beim Mahlen von Aluminiumoxidpulvern. Keram Z. 33 (1981) 602-605

[937] Schrader, R.; Kneschke, G.: MechanischeAktivierung von Magnesiumoxid für die Sinterung. Silikattechnik 19 (1968) 172-175

[938] Telle, R.; Sigl, L.S.; Takagi, K.: Boron-based Hard Materials in: Hard Materials, Band III, Kapitel 4, Riedel, R. (Hrsg.), Wiley-VCH, Weinheim, (2000), 802-943

[939] Parks, G.A.; de Bruyn P.L. (1962): The Zero Point of Charge of Oxides, J. Phys. Chem. 66 967-973

[940] Reed, J.: Introduction to the Principles of Ceramic Processing. John Wiley & Sons, New York (1988)

[941] Thiessen, P.A.: Wechselseitige Adsorption von Kolloiden. Z. Elektrochem. 48 (1942) 675-681

[942] Helmholtz, H.: Studien über elektrische Grenzschichten. Annalen der Physik und Chemie 7 (1879) 337-382

[943] Stern, O: Zur Theorie der elektrischen Doppelschicht. Z. Elektrochem. 30 (1924) 508-516

[944] Gouy, G.: Sur la Constitution de la Charge Électrique à la Surface d´un Électrolyte. J. Physique 9 (1910) Nr 4; 457-469

[945] Chapman, D.L.: A Contribution to the Theory of Electrocapillarity. Phil. Mag. 25 (1913) 475-481

[946] Horn, R.G.: Particle Interactions in Suspensions: In: R.A. Terpstra, P.P.A.C. Pex, A.H. de Vries: Ceramic Processing. Chapman & Hall, London (1995)

[947] Derjaguin, B.; Landau, L.: Theory of the Stability of Strongly Charged Lyophobic Sols and of the Adhesion of Strongly Charged Particles in Solutions of Electrolytes. Acta. Physicochim. 14 (1941) 633

[948] Verwey, E; Overbeck, Th.G.: Theory of the Stability of Lyophobic Colloids., Elsevier Amsterdam (1948)

[949] Michaels, A.S.: Rheological Properties of Aqueous Clay Systems. In: Kingery, W.D.: Ceramic Fabrication Processes. John Wiley & Sons, Inc., New York, Chapman & Hall, Limited, London, (1958)

[950] Graule, T.F; Baader, F.H.; Gauckler, L.J.: Enzyme Catalysis of Ceramic Forming. J. Mat. Educ. 16 (1994) 243-267

[951] Heinrich, J.: Herstellung von keramischen Portlinern für Kolbenmotoren im Schlickergießverfahren. Keram. Z. 44 (1992) 822-826

[952] Haase, T.H.: Untersuchungen zur Bildsamkeit keramischer Massen. Silikattechnik 3 (1952) 265-267

[953] Pfefferkorn, K.: Ein Beitrag zur Bestimmung der Plastizität in Tonen und Kaolinen. Sprechsaal 57 (1924) 297-299

[954] Haase, Th.: Der Pfefferkorn-Apparat als absolutes Meßgerät. Ber. Dtsch. Keram. Ges. 43 (1966) 593-594

[955] Dietzel, A.: Messung der Plastizität. Ber. Dtsch. Keram. Ges. 45 (1968) 63-66

[956] Macey, H.H.: Experiments on plasticity. Trans. Brit. Ceram. Soc. 43 (1944) 5-28; 47 (1948) 183-190, 259-267, 291-326

[957] Linseis, M.: Beiträge zur Plastizitätsmessung unter Berücksichtigung praktischer Erfordernisse. Ber. Dtsch. Keram. Ges. 29 (1952) 35-37

[958] Czerch; W.; Frühauf, K.; Hofmann, U.: Über die Ursachen der Verflüssigung des Kaolins. Ber. Dtsch. Keram. Ges. 37 (1960) 255-265

[959] Händle, F.: Beitrag zur sogenannten Plastizität von Ton-Wasser-Systemen. Ziegelindustrie 31 (1978) 472-476

[960] Norton, F.H.: An instrument for measuring the workability of clays. J. Am. Ceram. Soc. 21 (1938) 33-36

[961] Hennicke, H.W.; Kersting, R.: Electronic analogue models for the mechanical behaviour of heterogeneous materials in ceramics. Science of Ceramics 5 (1970) 263-280

[962] Hennicke, H.W.; Kienow, E.: Organische Plastifizierungsmittel für einkeramische Werkstoffe. Ber. Dtsch. Keram. Ges. 56 (1979) 67-71, 95-102

[963] Wilson, E.O.: The plasticity of finely ground minerals with water. J. Am. Ceram. Soc. 19 (1936) 115-120

[964] Mostetzky, H.: Zwei Modellelemente für die Bildsamkeit keramischer Massen. Tonind.-Ztg. 98 (1974) 287-288

[965] Hofmann, U.: Über die Grundlagen der Plastizität der Kaoline und Tone. Ber. Dtsch. Keram. Ges. 26 (1949) 21-32

[966] Capes, C.E.: Particle Size Enlargement. In: J.C. Williams; T. Allen (Editor): Handbook of Powder Technology Volume 1 Elsevier Scientific Publishing Comp. (1980)

[967] Rumpf, H.: Grundlagen und Methoden des Granulierens. Chemie-Ing. Techn. 30 (1958) Nr. 3, 144-158

[968] Rumpf, H.: Particle Adhesion. In: K.V.S. Sastry (Editor): Agglomeration 77, AIME New York (1977) 97-129

[969] Frisch; B.; Thiele, W.-R.: Adhesion Effects of Intermediate Layers on the Densification of Ceramic Powders. Journal Adhesion, 22 (1987) 81-95

[970] Schulz, P.; Pfaff, E.; Zografou, C.: Der Einfluß des Bindergehaltes auf Bildung und Eigenschaften von Sprühgranulat. Keram. Z. 34 (1982) 561-564

[971] Claussen, N.; Petzow, G.: Wachstum und Festigkeit kugeliger Agglomerate aus Pulvern hochschmelzender Werkstoffe, High Temperatures - High Pressures., Vol. 3 (1971) 467-485

[972] Schubert, H.: Grundlagen des Instantisierens und Dispergierens von Pulvern. cfi Beiheft: Granulate in der Keramik (1995) 55-74

[973] Frisch, B.; Hör, Th.; Thiele, W.R.; Klemm, U.; Sobeck, D.; Stolle, W.: Characterization of Ceramic Dry Pressed Bodies - Measurement Techniques and Evaluation. cfi/Ber. Dtsch. Keram. Ges. (1994) 24-33

[974] Oberacker, R.: Persönliche Mitteilung

[975] Oberacker, R.; Agniel, Y.; Thümmler, F.: Bedeutung der Einzelgranulateigenschaften beim Verpressen von aufbaugranulierten Feinpulvern. In: H. Kolaska: Fortschritte bei der Formgebung in Pulvermetallurgie und Keramik. VDI Verlag (1991) 185-208

[976] Mostetzky, H.: Formgebung in der Keramik. Handbuch der Keramik, Gruppe I D1, Verlag Schmid GmbH Freiburg i. Brg. (1978) 1-12

[977] Kolaska, H.; Schulz, P.: Pulvermetallurgie der Hartmetalle. Vorlesungsreihe Fachverband Pulvermetallurgie, Hagen (1992)

[978] Ruys, A.J.; Sorrel, C.C.: Slip Casting of High-Purity Alumina Using Sodium Carboxymethylcellulose as Deflocculant/Binder. Am. Ceram. Soc. Bull. 69 (5) (1990) 828-832

[979] Nürnberger, G.: Entwicklung und Einführung des Druckgießverfahrens in der Sanitärkeramik. Keram. Z. 40 (1988) 227-232

[980] Frassek, L.; Hennicke, H.W.: Einige Aspekte zum Schlickerdruckgießen von tonfreien Suspensionen. cfi/Ber. Dtsch. Keram. Ges. Beiheft: Moderne Formgebungsverfahren in der Keramik (1989) 61-72

[981] Akers, R.J.; Ward, A.S.: Liquid filtration theory and filtration pretreatment Filtration; Principles and Practices. Part I ed. by Orr et al. Chem. Proc. Eng. Vol. 10, Marcel Dekker Inc. New York, Basel (1979) 169 ff.

[982] Frassek, L.: Formgebung über tonfreie Schlicker in der Keramik. Dissertation TU Clausthal (1988)

[983] Mistler, R.E.; Shanefield, D.J.; Runk, R.B.: Tape Casting of Ceramics In: G.Y. Onada, Jr.; L.L. Hench: Ceramic Processing Before Firing. John Wiley and Sons, Inc. New York, Chichester, Brisbane, Toronto (1978) 411-448

[984] Heinrich, J.: Foliengießen oxidischer und nichtoxidischer keramischer Pulver. Keram. Z. 38 (1986) 79-82

[985] Richerson, D.W.: Modern Ceramic Engineering. Marcel Dekker, Inc. New York, Basel 1982

[986] Chou. Y.T.; Ko, Y.T.; Yan, M.F.: Fluid Flow Model for Ceramic Tape Casting. J. Am. Ceram. Soc. 70 (10) (1987) C280-C282

[987] Williams, J.C.: Doctor-Blade Process. In: F.F.Y. Wang: Treatise on Materials Science and Technology. Vol. 9, Academic Press., New York, San Francisco, London (1976) 173-197

[988] Onada, G.Y. Jr.: The Rheology of Organic Binder Solutions. In: G.Y. Onada, Jr.; L.L. Hench: Ceramic Processing before Firing. John Wiley and Sons, Inc. New York, Chichester, Brisbane, Toronto (1978) 236-251

[989] Böcker, A.; Bunge, H.J.; Huber, J.; Krahn, W.; Ruska, J.: Texture and of α-Al_2O_3 Substrates. Textures and Microstructures 24 (1995) 167

[990] Kleer, G.; Goller, R.; Döll, W.; Heinrich, J.; Rosenfelder, O.: Strength and Crack Propagation Behaviour of Anisotropic Laminated SiC. Proc. Euro-Ceramics II, Ziegler, G.; Hauser, H. (Hrsg.): Dtsch. Keram. Ges. e.V. Köln (1991) 1067-1071

[991] Segerer, H.: Rollerformgebung. Handbuch der Keramik, Gruppe I D2.3. Verlag Schmidt GmbH. Freiburg i. Brg. (1985) 1-6

[992] Hülsenberg, D.; Krüger, H.-G.; Steiner, W.: Keramikformgebung. VEB Deutscher Verlag für Grundstoffindustrie, Leipzig (1987)

[993] Bayer, B.: Untersuchung eines neuen Formgebungswerkzeugs zur Herstellung von Flachgeschirr. Silikattechnik 19 (1968) 386-392

[994] Hallmann, E.: Strangpressenberechnung für keramische Stoffe. Sprechsaal 116 (1983) 1, 25-27; 8, 653-662; 10, 895-898; 12, 1075-1077

[995] Pels-Leusden, C.O.: Ablauf und Beeinflussung der Texturbildung während der Formgebung. Ziegelindustrie 38 (1985) 390-405

[996] Pels-Leusden, C.O.: Über die Betriebsweise der Arbeitszone einer Schneckenpresse bei der Förderung einiger grobkeramischer Rohstoffe. Dissertation TH München (1965)

[997] Händle, F.: Formgebung, Sonderdruck aus Ziegelindustrie International Nr. 1/82 14-22

[998] Janney, M.A.: Plastic forming of ceramics: Extrusion and injection moulding. In: R.A. Terpstra, P.P.A.C. Pex, A.H. de Vries: Ceramic Processing, Chapman & Hall London (1995)

[999] Mutsuddy, B.C., Ford, R.G.: Ceramic Injection Molding. Chapman & Hall, London (1995)

[1000] German, R.M.: Theory of Thermal Debinding. J. Powder Med. Am Powder Met. Inst. 23 (4) (1987) 237-245

[1001] Wada, S.; Oyama, Y.: Thermal Extraction of Binder Components from Injection Molded Bodies. Toyota Central Res. and Dev. Labs., Nagakute, Aichi Japan (1989) 480-11

[1002] Edirisinghe, M.J.; Evans, J.R.G.: Review: fabrication of engineering ceramics by injection molding. I. Materials selection. Int. J. High Technol. Ceram. 2 (1986) 1-31

[1003] Edirisinghe, M.J.; Evans, J.R.G.: Review: fabrication of engineering ceramics by injection molding. II. Materials selection. Int. J. High Technol. Ceram. (1986) 2, 249-78

[1004] Frisch, E.; Thiele, W.R.; Peter, M.: Zum Einfluß von Zwischenschichten auf Preßverdichtung und Scherbeneigenschaften feinkeramischer Massen. Ber. Dtsch. Keram. Ges. 54 (1977) 7, 224-229 und 8, 259-263

[1005] Fischmeister, H.F.; Arzt, E.: Densification of Powders by Particle Deformation, Powder Met. 26 (1983) 82-88

[1006] Helle, A.S.; Easterling, M.F.; Ashby, K.E.: Hot-Isostatic Pressing Diagrams: New Developments. Acta Metall. 33 (1985) 2163-2174

[1007] Zipse, H.: Finite-Element Simulation of the Die Pressing and Sintering of a Ceramic Component. J. Eur. Cer. Soc. 5 (1997)

[1008] Drumm, R.; Frisch, B.; Hör, T.; Martin, J.; Thiele, W.R.: Mechanische Eigenschaften von Einzelsekundärkörnern und das Axial-Radialdruckverhalten von keramischen Preßkörpern. cfi Ber. DKG 68 (1991) 332-337

[1009] Schulle, W.: Die halbisostatische Preßformgebung in der Keramik. Handbuch der Keramik, Gruppe I D3.3. Verlag Schmid GmbH Freiburg i.Brg. (1991) 1-16

[1010] Heckel, R.W.: Density-pressure relationship in powder compaction. Trans. of Mat. Soc. AIME 221 (1961) 671-675

[1011] Ullrich, R.: Untersuchungen zum Preß- und Verdichtungsverhalten dünnwandiger feinkeramischer Formlinge nach dem isostatischen Trockenmatrizenverfahren. Dissertation Bergakademie Freiberg (1985)

[1012] Kawakita, K.; Lüdde, K.-H.: Some Considerations on Powder Compression Equations. Powder Technol 4 (1970/71) 61-68

[1013] Schindler, S.; Schultze, W.: Plasma Generated Oxide Ceramic Components. Interceram 37 (1988) (2) 39-42

[1014] Borisow, S.Yu.; Astakhov, E.A.; Klimenko, V.S.: Detonationsspritzen: Anlagen, Werkstoffe, Anwendungen, DVS-Berichte Band 130 (1990), ISBN

[1015] Herziger, G.; Loosen, P.: Werkstoffbearbeitung mit Laserstrahlung. Carl Hanser Verlag, München, Wien, 1993

[1016] Young, A.C.; Omatete, O.O.; Janney, M.A.; Menchhofer, P.A.: Gelcasting of Alumina. J. Am. Ceram. Soc. 24 (1991) 612-618

[1017] Graule, T.J.; Baader, F.H.; Gauckler, L.J.: Casting uniform ceramics with direct coagulation. Am. Chem. Soc. (1995) 31-37

[1018] Greil, P.: Active-Filler-Controlled Pyrolisis of Preceramic Polymers. J. Am. Ceram. Soc. 78 (1995) 835-848

[1019] Teng, W.D.; Edirisinghe, M.J.: Development of continous direct ink jet printing of ceramics. Brit. Ceram. Trans. 97 (1998) 169-173

[1020] Cawley, J.D.; Heuer, A.H.; Newman, W.S.; Mathewson, B.B.: Computer-aided manufacturing of laminated engineering materials. Am. Ceram. Soc. Bull. 75 (1996) 75-79

[1021] Argawala, M.K.; Jamalabad; V.R.; Langrana, N.A.; Safari, A.; Whalen, P.J.; Danforth, S.C.: Structural Quality of Parts Processed by Fused Deposition. Rapid Prototyping Journal 2 (1996) 4-19

[1022] Heinrich, J.G.; Ries, C.; Görke, R.; Krause, T.: Lasersintern keramischer Werkstoffe. In: J. Heinrich, G. Ziegler, W. Hermel, H. Riedel (Hrsg.): Keramik. Werkstoffwoche 1998, DGM Informationsgesellschaft mbH, Verlag der Deutschen Gesellschaft für Materialkunde e.V., Frankfurt

[1023] Krischer, O.; Kast, W.: Trocknungstechnik. Band 1: die wissenschaftlichen Grundlagen der Trocknungstechnik. 3. Aufl. Berlin, Heidelberg, New York: Springer 1978

[1024] Kröll, K.: Trocknungstechnik. Band 2: Trockner und Trocknungsverfahren. 2. Aufl. Berlin Heidelberg, New York: Springer 1978

[1025] Keey, R.B.: Drying: Principles and practice. New York: Pergamon 1972

[1026] Hofmann, U. u.a.: Die Trockenbiegefestigkeit von Kaolinen und Tonen. Ber. Dtsch. Keram Ges. 44 (1967) 131-140

[1027] Mostetzky, H.: Trocknung keramischer Rohlinge. Ber. Dtsch. Keram. Ges. 56 (1979) 119-122

[1028] Mostetzky, H.: Geschwindigkeit der Kapillarwasserbewegumg und kritischer Kapillarradius am 1. Knickpunkt der Trocknungskurve. cfi/Ber. Dtsch. Keram. Ges. 59 (1982) 284 288

[1029] Schrader, A.: Ermittlung optimaler Trocknungsbedingungen bei der Trocknung keramischer Massen. Ber. Dtsch. Keram. Ges. 36 (1959) 64-71

[1030] Bálint, P. u.a.: Equilibrium moisture diagrams for the drying of clays. Ceram. Internat. 7 (1981) 35-38

[1031] Cooper, A.R.: Quantitative theory of cracking and warping during the drying of clay bodies. In: Ceramic processing before firing. Onoda, G.Y.; Hench, L.L. (Hrsg.). New York: Wiley 1978, 261-276

[1032] Schmidt, H.: Hinweise zur Vermeidung von Trockenrissen. Ziegelindustrie 32 (1979) 399-408

[1033] Hermansson, L.; Carlsson, R.: An empirical method of measuring the drying sensitivity of ceramic bodies. Trans. J. Brit. Ceram. Soc. 78 (1979) 98-102

[1034] Hope, I.C.; Gabriel, J.; McDowall, I.C.: Moisture movement and readsorption pheno-mena in dried clay articles. J. Am. Ceram. Soc. 43 (1960) 553-560

[1035] Werkmeister, G.: Das h,x-Diagramm und seine Anwendung in der Trocknungstechnik. Ber. Dtsch. Keram. Ges. 57 (1980) H. 4/5 und 9/10, GW1-GW16

[1036] Weber, H.-B.: Ziegeltrocknung mit Hilfe der optimalen Trockenkurve. Ziegelindustrie 26 (1973) 46-54

[1037] Hallier, B.: Trocknen und Verfestigen feinkeramischer Geschirrmassen durch Mikrowellen. Keram. Z. 28 (1976) 125-126

[1038] Kohl, H.: Zur Trockenfestigkeit der Tone. Ber. Dtsch. Keram. Ges. 11 (1930) 325-333

[1039] DIN 51030: Prüfung keramischer Roh- und Werkstoffe; Bestimmung der Trockenbiegefestigkeit (Dez. 1954)

[1040] Mattyasovszky-Zolnay, T.: Der Einfluß der Trocknungsgeschwindigkeit auf die Eigenschaften von getrockneten Formlingen. Tonind.-Ztg. 101 (1977) 111-112

[1041] Bartusch, R.; Schulle, W.; Kröckel, O.: Porenraumänderung und Volumenschwindumg von stranggepreßten Formkörpern bei der Trocknung. Silikattechnik 32 (1981) 100-103

[1042] Williamson, W.O.: Oriented aggregation, differential drying-shrinkage and recovery from deformation of a kaolinite-illite clay. Trans. Brit. Ceram. Soc. 54 (1955) 413-442

[1043] Baudran, A.: Die Plastizität und ihre Bedeutung für die keramische Industrie. Ber. Dtsch. Keram. Ges. 40 (1963) 625-634

[1044] Hartmann, J.; Gugel, E.; Wiedenhorn, G.: Untersuchungen zum Gedächtnis keramischer Massen. Ber. Dtsch. Keram. Ges. 43 (1966) 595-599

[1045] Block, F. R.: Temperatur- und Trocknungsüberwachung bei der Herstellung monolithischer Bauteile und bei der feuerfesten Zustellung metallurgischer Gefäße. 37th Int. Colloquium of Refractories, Aachen, Stahl und Eisen Special (1994) 210-216

[1046] Tonnesen, Th.; Telle, R.: Effective Drying of Pre-Formed Shapes, Proc. 44th Int. Colloquium of Refractories - Refractories in Steelmaking, Aachen, Stahl und Eisen Special (2001) 7-10

[1047] Cullati, M.: Kraft-Wärmekopplung - eine rationelle Alternative für die Ziegelindustrie, Ziegelindustrie 11 (1992) 581-585

[1048] Schroth, H.-H.: Kraft-Wärmekopplung und Abwärmenutzung in Ziegelwerken, Ziegelindustrie 5 (1992) 255-258

[1049] Bender, W.: Die Projektierung grobkeramischer Anlagen/Das Ziegelwerk im Jahr 2000, in: Handbuch für die Ziegelindustrie, Kapitel 27, Bauverlag GmbH, (1982)

[1050] Junge, K.: Erhöhung der Rohlingstemperatur zur Verminderung der Trockenrissgefährdung, in: Ziegeleitechnisches Jahrbuch 1993, Bauverlag, (1993) 11-22

[1051] Glasson, N.P.: Benefits of non-chemical refined ball clay. Int. Ceramics Journal (1998) 39-42

[1052] Kim, U.; Carty, W.M.: The effects of clay substitution on the plasticy of a typical whiteware body, Ceram. Eng. Sci. Proc. 19 (1998) 39-47

[1053] Sevagen, A.: Une nouvelle gamme d'argiles cohésives. L'industrie céramique & verrière 968 (2001) 141-144

[1054] Glasson, N.P.; Forbes, N.R.: Clay systems for improved performance. cfi 78 (2001) E22-E27

[1055] Petzold, J.: Formgebung feuerfester Massen durch Nutzung der Thixotropie. Keramische Zeitschrift 50 (1998) 627-629

[1056] Biehl, N.: Die Mineralanalyse, ein wichtiges Hilfsmittel zur Kennzeichnung der materialbedingten Trocknungsempfindlichkeit grobkeramischer Rohstoffe. Silikattechnik 14 (1963) 250-254

[1057] Störr, M.; Schwerdtner, G.: Mineralogische und technologische Untersuchungen des Kaolins Seilitz bei Meißen. Silikattechnik 18 (1967) 150-156

[1058] Balint, P.; Todt, K.: Analyse einer Vielzahl von Ziegelton-Kenndaten durch Datenverarbeitung mittels Computer. Tonindustrie Ztg. 97 (1973) 122-125

[1059] Ratzenberger, H.: Studie über Anwendungsmöglichkeiten von Industrieabprodukten bei der Herstellung bau- und grobkeramischer Erzeugnisse. Wiss.-technische Information Bau und Grobkeramik 1976 (1976) 5-7

[1060] Wiegmann, J. u. M.: Beziehung zwischen den petrologischen Charakteristika und den keram-technischen Eigenschaften von Kaolinen mit nennenswerten Gehalten an Illit-Smektit-Wechsellagerungensmineralien. Silikattechnik 29 (1978) 263-267

[1061] Wiegmann, J. u. M.: Ermittlung von Beziehungen zwischen den allgemeinanalytischen Eigenschaften und den technischen Verarbeitungseigenschaften keramischer Rohstoffe, AdW, Institut für Silikatforschung, Fu.E.-Abschlußarbeit (1979)

[1062] Störr, M.: Kaolinlagerstätten der DDR, Akademieverlag Berlin (1983), 171-174

[1063] Vertesffy, K.; Verdes, S.: Zusammenhang zwischen Trocknung und den Eigenschaften keramischer Rohstoffe und Massen. Keramische Zeitschrift 39 (1987) 780-784

[1064] Marx, E.: Untersuchungen zur Korrelation von Trockenbiegefestigkeit und Kationenaustauschkapazität. Silikattechnik 38 (1987) 49-51

[1065] Ratzenberger, H.; Strauß, J.: Einfluss unterschiedlicher maschineller Formgebungsarten auf Prüfkörper plastisch verformter toniger Materialien. Silikattechnik 40 (1989) 187-190

[1066] Ratzenberger, H.; Vogt, S.: Die Bedeutung der Röntgenphasenanalyse für die Vorausberechnung des Formgebungs-, Trocknungs- und Brennverhaltens tonkeramischer Rohmaterialien. Fortschrittsberichte der DKG 8 (1993) 13-23

[1067] Ratzenberger, H.; Vogt, S.: Möglichkeiten zur Vorausberechnung des Formgebungs-, Trocknungs- und Brennverhaltens grobkeramischer Tone und Massen. ZI-Jahrbuch (1993) 70-111

[1068] Zapp, F.: Richtlinien und Vorschläge des Materialprüfungsausschusses Feinkeramik der DKG nach dem Stand vom 19.12.1956. Ber. Dtsch. Keram. Ges. 34 (1957) 12-17

[1069] Szibor, H.; Hennicke, H.W.: Zum Zusammenhang von Gefügedaten und mechanischen Eigenschaften von Porzellanwerkstoffen. cfi/Ber. Dtsch. Keram. Ges. 58 (1981) 263-269

[1070] Green, A.T.; Theobald, L.S.: An investigation of the changes taking place during the industrial burning of fireclay bricks. Trans. Brit. Ceram. Soc. 24 (1925) 124-158

[1071] Köther, W.; Hilker, E.; Hesse, E.: Möglichkeiten zur Verringerung der Brennschwindung und Anhebung der Scherbenfestigkeit durch Massezusätze. Ziegelindustrie 12 (1980) 566-574

[1072] DIN 51063: Prüfung keramischer Roh- und Werkstoffe; Segerkegel (SK). (Sept. 1972)

[1073] Fronk, D.A.; Vukovich, M.: Deformation behavior of pyrometric cones and the testing of selfsupporting cones. Am. Ceram. Soc., Bull. 53 (1974)156-158

[1074] Brindley, G.W.; Udagawa, S.; Maroney, D.M.: High-temperature reactions of clay mineral mixtures and their ceramic properties. J. Am. Ceram. Soc. 43 (1960) 59-65, 511-516; 44 (1961) 42-47

[1075] Schüller, K.-H.: Untersuchungen über die Gefügeausbildung im Porzellan. Ber. Dtsch. Keram. Ges. 38 (1961) 150-157, 208-211, 241-246, 40 (1963) 320-326, 41 (1964) 527-531, 42 (1965) 299-307, 47 (1970) 478-484, 614-621

[1076] Schmidt, H.: Chemische und physikalische Reaktionen in grobkeramischen Scherben beim Brennen. Ziegelindustrie 34 (1981) 387-397, 431-442

[1077] Peters, T.; Iberg, R.: Mineralogical chances during firing of calcium-rich brick clays. Ceram. Bull. 57 (1978) 503-509

[1078] Cultrone, G.; Rodriguez-Navarro, C.; Sebastian, E.; Cazalla, O.; De La Torre, M.J.: Carbonate and silicate phase reactions during ceramic firing. Eur. J. Mineral. 13 (2001) 621-634

[1079] Liebermann, J.: Über den wichtigen Zusammenhang von Gefügeeigenschaften und Produktqualität bei festigkeitsbeanspruchten Hochspannungsisolatoren - Regeln und Richtwerte für Hersteller und Anwender, Teil I: Keram. Z. 54 (2002) 858-861, Teil II: Keram. Z. 54 (2002) 944-950

[1080] Dondi, M.; Ercolani, G.; Fabbri, B.; Marsigli, M.: An approach to the chemistry of pyroxenes formed during the firing of Ca-rich silicate ceramics. Clay Minerals 33 (1998) 443-452

[1081] Holland, T.J.B.; Powell, R.: An internally consistent thermodynamic dataset with uncertainties and correlations: 2. Data and results. J. metamorphic Geology 3 (1985) 343-370

[1082] Riccardi, M.P.; Messiga, B.; Duminuco, P.: An approach to the dynamics of clay firing. Appl. Clay Sci. 15 (1999) 393-409

[1083] Rasch, H.: Maßschneidern von Gefügen für den Schnellbrand. Ber. Dtsch. Keram. Ges./cfi 74 (1997) 639-647

[1084] Rasch, H.: Feldspat als Flussmittel in keramischen Scherben. Ber. Dtsch. Keram. Ges. Beilagen: Grundwissen für die Praxis dargestellt. 54 (1977) 4 (GW1-GW4), 5 (GW5-GW8), 7 (GW9-GW12)

[1085] Merker, L.; Scholze, H.: Der Einfluß des Wassergehaltes von Silikatgläsern auf ihr Transformations- und Erweichungsverhalten. Glastech. Ber. 35 (1962) 37-43

[1086] Fischer, P.; Müller, H.A.: Reduktionskerne in Steinzeugrohren. Ber. Dtsch. Keram. Ges. 49 (1972) 47-51

[1087] Thomas, J. u.a.: Fluoride content of clay minerals and argillaceous earth materials. Clays and Clay Minerals 25 (1977) 278-284

[1088] Schmidt, H.; Scholze, H.; Tünker, G.: Mechanismen der Fluor-Abspaltung beim Brand keramischer Produkte. Science of Ceramics 11 (1981) 333-339

[1089] Tünker, G.; Schmidt, H.: Lösung eines betrieblichen Fluoremissionsproblems bei der Steinzeugherstellung. cfi/Ber. Dtsch. Keram. Ges. 58 (1981) 388-393

[1090] Rieke, R.; Faust, W.: Die Ursachen gelber Verfärbungen von Porzellan. Ber. Dtsch. Keram. Ges. 10 (1929) 567-576

[1091] Dietzel, A.: Über die "Weiße" von Porzellan. Ber. Dtsch. Keram. Ges. 46 (1969) 467-468

[1092] Thiede, D.: Formstabilität von Porzellanmassen im Schnellbrand. Keram. Z. 50 (1998) 249-255

[1093] Schulz, K.; Schulle, W.; Bittner, H.-G.: Vorteile des Einlagenbrandes gegenüber dem Stapelbrand beim Glühbrand von Porzellan. Gaswärme International 43 (1994) 399-407

[1094] Harkort, D.: Vorteile, Grenzen und Zukunftsaspekte des keramischen Schnellbrands. Glas-Email-Keramo-Tech. 22 (1971) 15-22

[1095] Baudran, A.; Ducarre, R.: Les compositions de céramique fine adaptées aux nouvelles tendances technologiques. Bull. Soc. Franç. Céram. 99 (1973) 3-10

[1096] Lehnhäuser, W.: Probleme und Erkenntnisse beim Schnellbrand. Keram. Z. 39 (1987) 227-228

[1097] Harms, W.: Der Schnellbrand von Geschirr aufgrund neuerer Erfahrungen. Keram. Z. 28 (1976) 638-640

[1098] Bull, A.C.: Bodies, glazes and colours for fast firing. Trans. J. Brit. Ceram. Soc. 81 (1982) 69-74

[1099] Gatzke, H.: Die Entwicklung der KERA-Schnellbrenntechnik für Wandfliesen und andere keramische Produkte. Keram. Z. 18 (1966) 333-336

[1100] Hoppe, A.: Herstellung von Fußbodenfliesen mittels Schnellbrand. Baustoffindustrie 2 (1987) 56-58

[1101] Schulle, W.; Hintzen, U.: Betrachtungen zum Schnellbrand von Außenwandkeramik. Silikattechnik 31 (1980)100-103

[1102] Holmström, N.G.: Fast-firing of triaxial porcelain. Am. Ceram. Soc., Bull. 60 (1981) 470-473

[1103] Mörtel, H.: Schnellbrandporzellan: Möglichkeiten und Grenzen. cfi/Ber. Dtsch. Keram. Ges. 59 (1982) 289-298

[1104] Gorn, F.: Schnelleres Brennen von Kanalisationssteinzeug. Sprechsaal 115 (1982) 515-24

[1105] Bode, H.J.; Halex, G.: Schnellbrand von Geschirr, cfi/Ber. Dtsch. Keram. Ges. 65 (1988) 155-160

[1106] Bittner, H.-G.; Weber, H. u.a.: Moderner Schnellbrand bei baukeramischen Erzeugnissen. Ziegelindustrie International 45 (1992) 374-382

[1107] Bittner, H.-G.; Halex, G.; Kobras, U.: Moderner Schnellbrand bei feinkeramischen Erzeugnissen. cfi/Ber. Dtsch. Keram. Ges. 69 (1992) 481-492

[1108] Constantinescu, D.; Alten, Th.: Porzellan-Schnellbrand im Rollenofen, Erkenntnisse und Entwicklungen. Keram. Z. 44 (1992) 376-382

[1109] Sladek, R.: Gegenwärtiger Stand der Technik im Brennverfahren für sanitärkeramische Produkte. Keram. Z. 47 (1995) 267-270

[1110] Kartal, A.; Hennicke, H.W.: Gefügebeeinflussung von Glasurschichten im Porzellanschnellbrand. cfi/Ber. Dtsch. Keram. Ges. 66 (1989) 349-356

[1111] Bittner, H.-G.; Halex, G.; Alten, Th.: Moderne Methoden zur Auslegung von Ofenanlagen. Keram. Z. 43 (1991) 315-317

[1112] Bittner, H.-G.; Bartusch, R.; Petersohn, B.: Abstimmung der Bindertypen isostatisch gepreßter Artikel für den Schnellbrand. cfi/Ber. Dtsch. Keram. Ges. 70 (1993) 455-462

[1113] Rasch, H.: Maßschneidern von Gefügen für den Schnellbrand. Ber. Dtsch. Keram. Ges./cfi 74 (1997) 639-647

[1114] Kröckel, O. u.a.: Der Aufheizvorgang beim Sintern von Porzellan im Bereich des Kaolinitzerfalls. Silikattechnik 29 (1978) 329-331

[1115] Mörtel, H.: Influence of the batch composition on the reaction behaviour and properties fast-fired (2h) porcelain. Science of Ceramics 9 (1977) 84-91

[1116] Hahn, Ch.; Schlegel, R.: Vergleichende Untersuchungen zur Gefügeausbildung von Porzellan herkömmlicher Brennweise und Schnellbrandporzellan im Hinblick auf Unterschiede in den Scherbeneigenschaften. Ber. Dtsch. Keram. Ges. 55 (1978) 56-58

[1117] Gatzke, H.: Schnellbrand: Voraussetzungen, Möglichkeiten, Grenzen. Keram. Z. 21 (1969) 219-224

[1118] Planz, E.: Schnellbrandöfen in der keramischen Fliesenindustrie. cfi/Ber. Dtsch. Keram. Ges. 58 (1981) 10-23

[1119] Lehnhäuser, W.: Glasuren und ihre Farben. 2. Aufl. Düsseldorf: Wilhelm Knapp 1973

[1120] Parmelee, C.W.: Ceramic glazes. 3. Aufl. Boston: Cahners Books 1973

[1121] Shaw, K.: Ceramic glazes. Amsterdam: Elsevier Scientific 1971

[1122] Singer, F.; Singer, S.S.: Industrielle Keramik. Band 2: Massen, Glasuren, Farbkörper, Herstellungsverfahren. Berlin, Heidelberg, New York: Springer 1969

[1123] Inada, H.: Studies on the glaze fitness of porcelain ware. J. Ceram. Soc. Japan 86 (1978) 76-85, 107-114, 170-174, 208-213, 284-291, 299-308, 345-351, 392-397, 458-467

[1124] Matejka, J.: Porzellanglasuren (Tschechisch). Sklár a Keram. 21 (1971) 4-9, 37-41, 151-153, 22 (1972) 177-179, 24 (1974) 17-22, 26 (1976) 188-190

[1125] Willgallis, A.; Heyer, H.: Die Glanztonschicht römischer Terra Sigillata. Untersuchungen mit der Elektronenstrahlmikrosonde. Ber. Dtsch. Keram. Ges. 53 (1976) 241-244

[1126] Teuchert, K.: Grundlagen für den Aufbau und die Zusammensetzung keramischer Glasuren. Keram. Z. 32 (1980) 724-727, 33 (1981) 161-163, 757-760

[1127] Matthes, W.E.: Versuche und Erfahrungen mit Gesteins- und Lehmglasuren. Keram. Z. 30 (1978) 645-646, 703-704

[1128] Hennicke, H.W.; Bertram, F.; Mansour-Gadalla, L.: Haftung silicatischer Glasuren auf nichtoxidischen keramischen Werkstoffen. Ber. Dtsch. Keram. Ges. 54 (1977) 299-302

[1129] Skuthan, R.: Einfluß der Aufbereitung von Glasuren und ihr Auftragsverfahren auf das Glasurbild. Keram. Z. 32 (1980) 735-736

[1130] Bremond, P.: La viscocité des couvertes, glaçures et émaux céramiques à leur temperature de cuisson. Bull. Soc. Franç. Céram. 11 (1951) 4-13

[1131] Beyersdorfer, K.; Eiermann, K.: Methoden zur Qualitätskontrolle von Glasurfritten. Ber. Dtsch. Keram. Ges. 46 (1969) 475-480

[1132] Scholze, H.; Müller, J.; Hildebrandt, U.: Bildumg der Zwischenschicht Glasur/Scherben und Änderung der Glasurzusammensetzung beim Porzellanbrand. Ber. Dtsch. Keram. Ges. 47 (1970) 45-49

[1133] Haberko, M.; Haberko, K.: Effect of glaze on strength of high-tension porcelain. Ceram. Internat. 1 (1975) 28-32

[1134] Kerstan, W.: Reaktionen zwischen Scherben und Glasur. Keram. Z. 34 (1982) 584-588

[1135] Williamson, W.O.: Bubbles and associated structures in fired glazes Hypotheses and microscopical observations. Trans. Brit. Ceram. Soc. 59 (1960) 455-478

[1136] Blin, C.: Etat de connaissances actuelles sur le bullage des émaux céramiques. Ind. Céram. 1964, Nr.560, 75-82; Nr.561, 139-143

[1137] Scholze, H.: Blasen in Glasuren. Ber. Dtsch. Keram. Ges. 44 (1967) 59-63

[1138] Elstner, I.; Scholze, H.: Massenspektrometrische Untersuchungen zum Einfluß der Brennatmosphäre auf die Blasenbildung in Porzellanglasuren. Ber. Dtsch. Keram. Ges. 49 (1972) 357-362

[1139] Scholze, H.; Lowsky, W.: Blasenverteilung in Porzellanglasuren. Keram. Z. 20 (1968) 777-778

[1140] Herrmann, R.: Die Veränderung des Blasenanteils von Porzellanglasuren beim Dekorbrand. Keram. Z. 24 (1972) 590

[1141] Lehmann, H.; Kolkmeier, H.: Der Einfluß von Rauchgasen auf das Schmelzverhalten von Porzellanglasuren. Tonind.-Ztg. 80 (1956) 33-38, 69-76

[1142] Teuchert, K.; Thomas, R.; Kötzner, J.: Der Glasurbildungsprozeß und die Ursache einiger spezieller Glasurfehler auf Hartporzellan. cfi/Ber. Dtsch. Keram. Ges. 59 (1982) 142-148

[1143] Elstner, I.: Allgemeine Betrachtungen zur Wiederentdeckung der Salzglasurtechnik. Keram. Z. 25 (1973) 348-349

[1144] Matthes, W.E.: Reduktionsglasuren im Salzbrand. Sprechsaal 112 (1979) 617-619

[1145] Metzel, H.: Wärmeausdehnungen an gefritteten Steingutglasuren: Einfluß einer verschiedenartigen Prüfkörperherstellung. Ber. Dtsch. Keram. Ges. 31 (1954) 179-188

[1146] Zapp, F.: Wärmeausdehnung von Porzellanmassen und Glasuren in Abhängigkeit von der Brennhöhe. Ber. Dtsch. Keram. Ges. 48 (1971) 337-342

[1147] Mellor, J.W.: Das Rissigwerden und Abrollen von Glasuren. Sprechsaal 69 (1936) 386, 401, 417, 429, 441, 457, 471, 486, 499, 515, 531, 547

[1148] Hennicke, H.W.; Gollisch-Szibor, H.: Mechanische Eigenschaften glasierter keramischer Oberflächen. Ber. Dtsch. Keram. Ges. 54 (1977) 33-37

[1149] DIN 51092: Prüfung keramischer Roh- und Werkstoffe; Bestimmung der chemischen Beständigkeit der Glasur von glasierten Fliesen und Platten für Wand- und Bodenbelag (Entwurf März 1976)

[1150] DIN 51031: Prüfung von Keramik, Glas und Email; Bestimmung der Abgabe gesundheitlich bedenklicher Stoffe aus Bedarfsgegenständen (Dez. 1976)

[1151] DIN 51032: Keramik, Glas, Email; Grenzwerte für die Abgabe gesundheitlich bedenklicher Stoffe aus Bedarfsgegenständen; Kaltextraktion (Dez. 1977)

[1152] Buldini, P.L.: Influence of coloring oxides on heavy metals release from ceramic glazes. Am. Ceram. Soc. Bull. 56 (1977) 1012-1014

[1153] Halpin, M.K.; Carroll, D.M.: Light sensitivity of tests for cadmium on ceramic tableware. Nature 247 (1974) 197

[1154] Frey, E.; Scholze, H.: Blei- und Cadmiumlässigkeit von Schmelzfarben, Glasuren und Emails in Kontakt mit Essigsäure und Lebensmitteln und unter Lichteinwirkung. Ber. Dtsch. Keram. Ges. 56 (1979) 293-297

[1155] Beyersdorfer, K.: Dekorieren mit keramischen Farben. In: Handbuch der Keramik. Freiburg: Schmid 1981, GruppeI G2, 1-7

[1156] Kleinschmit, P.: Einschlußpigmente: Farbkörper nach einem neuen Prinzip. Keram. Z. 30 (1978) 688

[1157] Binns, D.B.: Conducting glazes. Trans. Brit. Ceram. Soc. 70 (1971) 253-263, 73 (1974) 7-17

[1158] Paret, G.; Landgraf, G.: Einführung in die wichtigsten Methoden der Dekoration keramischer Oberflächen mit Edelmetallen, die Herstellung der entsprechenden Präparate und deren Anwendung. In: Handbuch der Keramik. Freiburg: Schmid 1981, Gruppe I G3, 1-4

[1159] Kalinina, A.M.; Tugucheva, I.Ya.; Filipovich, V.N.: Dependence of the crystallization kinetics of $ZrSiO_4$ on the degree of disperseness of the particles of the original glass of a zircon glaze. Sov. J. Glass Phys. Chem. 7 (1981) 212-217

[1160] Schmidt, H.: Neuere Erkenntnisse über den Einfluß des Mineralbestandes auf die stofflichen Eigenschaften von grobkeramischen Massen und Erzeugnissen. Fortschr. Mineral. 59 (1981) 227-266

[1161] Winkler, H.G.F.: Bedeutung der Korngrößenverteilung und des Mineralbestandes von Tonen für die Herstellung grobkeramischer Erzeugnisse. Ber. Dtsch. Keram. Ges. 31 (1954) 337-343

[1162] Balint, P.; Mattyasovsky-Zsolnay, T.: Anwendung des Winkler'schen Dreieckdiagramms zur Qualitätsbeurteilung von Tonen und Massen. Sprechsaal 111 (1978) 558-564

[1163] Satli, R.; Urban, H.: Mineralbestand, technologische Eigenschaften und Brennverhalten einiger Ziegeltone. Sprechsaal 113 (1980) 15-22

[1164] Mackedanz, J.: Einfluß von Magerungs- und Porosierungsmitteln auf die Eigenschaften von Ziegeln. Sprechsaal 113 (1980) 658-662

[1165] Schneider, H.: Über den Frostwiderstand von Dachziegeln und seine Prüfung. Ziegelind. 15 (1962) 227-238, 283-294, 391-402, 413-424, 485-495

[1166] Butterworth, B.: The frost resistance of bricks and tiles. J. Brit. Ceram. Soc. 1 (1964) 203-236

[1167] Wiedmann, T.: Untersuchungen zur Wasseraufnahme und dem Frostverhalten glasierter Spaltplatten. Keram. Z. 22 (1970) 219 (in mehreren Fortsetzungen) bis 24 (1972) 85

[1168] Ravaglioli, A.: Evaluation of the frost resistance of pressed ceramic products based on the dimensional distribution of pores. Trans. J. Brit. Ceram. Soc. 75 (1976) 92-95

[1169] Blachere, J.R.; Young, J.E.: Failure of capillary theory of frost damage as applied to ceramics. J. Am. Ceram. Soc. 57 (1974) 212-216

[1170] Sandford, F.; Fredholm, H.: Rapid method for determining the frost resistance of bricks. Trans. Chalmers Univ. Technol., Gothenburg, 1969, Nr.237

[1171] Trojer, F.; Breslmair, G.: Methode zur Bestimmung des Frostwiderstandes von Dachziegelscherben. Ber. Dtsch. Keram. Ges. 48 (1971) 205-209

[1172] Brüning, H.: Über die Frostwiderstandsfähigkeit von keramischen Baustoffen: Ein neues Prüfverfahren. Ziegelindustrie 30 (1977) 138-150

[1173] Kolkmeier, H.: Frostprüfverfahren für Dachziegel nach DIN 52251 (Aussagewert- Eigen- und Fremdüberwachung). Ziegelindustrie 32 (1979) 281-285

[1174] Grätz, R.: Der Einfluß der Aufbereitung auf die Frostfestigkeit. Keram. Z. 27 (1975) 65-69

[1175] Schmidt, H.; Piltz, G.: Über die Erhöhung der Frostfestigkeit von Dachziegeln und Verblendern. Ziegelindustrie 30 (1977) 458-461

[1176] Stefanov, S.: Die Frostbeständigkeit keramischer Scherben. Ziegelindustrie 31 (1978) 370-377

[1177] Winkler, H.G.F.: Das Problem der Frostbeständigkeit von Dachziegeln. Ber. Dtsch. Keram. Ges. 36 (1959) 327-332

[1178] DIN 51100: Prüfung keramischer Roh- und Werkstoffe; Bestimmung der löslichen Salze (Perkolatorverfahren) (Apr. 1957)

[1179] Schurecht, H.G.: Methods for testing crazing of glazes caused by increases in size of ceramic bodies. J. Am. Ceram. Soc. 11 (1928) 271-277

[1180] Schurecht, H.G.; Pole, G.R.: Effect of water on expanding ceramic bodies of different compositions. J. Am. Ceram. Soc. 12 (1929) 596-604

[1181] Schurecht, H.G.; Pole, G.R.: Method of measuring strains between glazes and ceramic bodies. J. Am. Ceram. Soc. 13 (1930) 369-375

[1182] Schneider, H.; Zeus, K.: Literaturauswertung über die Feuchtigkeitsdehnung von keramischen Fliesen und Platten. Fliesen und Platten 23 (1973) H. 20, 9-18; H. 21, 5-14

[1183] Schmidt, H.: Zur Feuchtedehnung von baukeramischen Erzeugnissen. Keram. Z. 33 (1981) 21-25

[1184] Lehmann, H.; Nicoletti, N.J.: Feuchtigkeitsdehnung und Mineralbestand keramischer Werkstoffe. Tonind.-Ztg 98 (1974) 205-210

[1185] Cole, W.F.: Moisture-expansion characteristics of a fired kaolinite-hydrous mica-quartz clay. J. Am. Ceram. Soc. 45 (1962) 428 434

[1186] Horte, C.-H. u.a.: Neuartige dichte keramische Werkstoffe mit Sintertemperaturen unter 1000°C. Hermsdorfer Techn. Mitt. 17 (1977) 1486-1490, 1495

[1187] Schuster, P.; Gugel, E.; Hennicke, H.W.: Untersuchungen zum Gefüge und zu den Eigenschaften von Steinzeug. II: Erscheinungsform und Entstehumg von Mullit im Steinzeugscherben. Ber. Dtsch. Keram. Ges. 49 (1972) 291-294

[1188] Gugel, E.; Vogel, H.; Osterried, O.: Untersuchungen zur Herstellung eines laugen-beständigen Steinzeugs. Ber. Dtsch. Keram. Ges. 43 (1966) 587-592

[1189] Zapp, F.: Kennzahlen zum Dreistoffsystem Kaolin-Feldspat-Quarz. Keram. Z.15 (1963) 685-687

[1190] Reh, H.H.: Vitreous-China-Geschirrmassen in Literatur und Praxis. Sprechsaal 99 (1966) 784-794, 863-871, 975-978

[1191] Naumann, G.: Brenntemperatursenkung bei Hartporzellan von 1390°C auf 1300°C durch Einsatz von Mineralisatoren. Silikattechnik 25 (1974) 193-194

[1192] Chaudhuri, S.P.: Influence of mineralizers on the constitution of hard porcelain. Am. Ceram. Soc. Bull. 53 (1974) 169-171, 251-254

[1193] Wiedmann, T.: Hochfestporzellane. Sprechsaal 99 (1966) 428 (in mehreren Fortsetzungen) bis 102 (1969) 958

[1194] Schüller, K.-H.: Hochfeste Porzellane auf Quarz- und Cristobalitbasis. Ber. Dtsch. Keram. Ges. 44 (1967) 212-223, 284-293, 387-391

[1195] Schüller, K.-H.; Stärk, K.: Zur Theorie der Gefügespannungen im Porzellan. Ber. Dtsch. Keram. Ges. 44 (1967) 458-462

[1196] Gilchrest, G.I.; Klinefelter, T.A.: Experimental investigation of porcelain mixtures. Electr. J. (London) 15 (1918) 77

[1197] Schüller, K.-H.: TiO_2 als Mineralisator in Porzellanen. Keram. Z. 23 (1971) 38-42

[1198] Stabenow, R.; Hennicke, H.W.: Untersuchungen zum Phasenaufbau, Gefüge und mechanischen Eigenschaften von Tonerdeporzellanen. Keram. Z. 28 (1976) 227-229, 287-290

[1199] St. Pierre, P.D.S.: Constitution of bone china. J. Am. Ceram. Soc. 37 (1954) 243-258, 38 (1955) 217-222, 39 (1956) 147-150

[1200] Franklin, C.E.L.; Forrester, A.J.: The development of bone china. Trans. J. Brit. Ceram. Soc. 74 (1975) 141-145

[1201] Taylor, D.: A study of some of the changes in bone china and whiteware during firing. Trans. J. Brit. Ceram. Soc. 78 (1979) 43-47

[1202] Dietzel, A.; Padurow, N.N.: Einfluß verschiedener Rohstoffsorten auf die mineralische Zusammensetzung und die Transparenz von Porzellan. Ber. Dtsch. Keram. Ges. 31 (1954) 7-18

[1203] Berens, L.W.; Hennicke, H.W.: Über Einflüsse der Korngröße der Hartmaterialien auf den Porzellanscherben. Tonind.-Ztg. 88 (1964) 245-258

[1204] Mörtel, H.: Porcelain for fast firing. Ceram. Internat. 3 (1977) 65-69

[1205] Mörtel, H., Schüller, K.-H.: Reacties bij het stoken van fijnkeramiek. Klei/Glas/ Keramiek 3 (1982) 36-41, 56-59

[1206] Straub, F.: Überlegungen zur Festigkeit keramischer Werkstoffe. Ber. Dtsch. Keram. Ges. 46 (1969) 299-308

[1207] Schüller, K.-H.: Steatit. In: Handbuch der Keramik. Freiburg: Schmid 1967, Gruppe II J2, 1-10

[1208] Stabenow, R.; Hennicke, H.W.: Gefüge und Eigenschaften von Steatitwerkstoffen. Science of Ceramics 8 (1976) 173-185

[1209] Schüller, K.-H.: Untersuchungen an einem 40 Jahre alten Steatit-Isolator. Stemag-Nachr.1968, H. 41, 1115-1118
[1210] Schüller, K.-H.: Keramische Werkstoffe für die Elektrowärmetechnik. In: Handbuch der Keramik. Freiburg: Schmid 1968, Gruppe II J3, 1-6
[1211] Gugel, E.; Vogel, H.; Osterried, O.: Untersuchungen zur Verwendung von Bariumoxid enthaltenden keramischen Massen als Steinzeug für chemisch-technische Zwecke. Ber. Dtsch. Keram. Ges. 41 (1964) 520-526
[1212] Smoke, E.J.: Ceramic compositions having negative linear thermal expansion. J. Am. Ceram. Soc. 34 (1951) 87-90
[1213] Pohlmann, H.J.; Schricker, K.; Schüller, K.-H.: Untersuchungen an Werkstoffen im System Al_2O_3-TiO_2-SiO_2. Ber. Dtsch. Keram. Ges. 52 (1975) 179-183
[1214] Krause, O.: Wärmeausdehnung einiger specksteinhaltiger Massen des Systems Mg6-Al_2O_3-SiO_2., Sprechsaal 67 (1934) S.509-511, 525-528, 543-544
[1215] Löffler, W.; Petermann, K.: Dichte, weißbrennende Cordieritkeramik als Werkstoff für flammenfestes Geschirr. Silikattechnik 19 (1968) 54-57
[1216] Koschlig, H.J.: Untersuchungen zum Verhalten cordierithaltigen Brennhilfsmittel beim Einsatz in der Produktion von baukeramischen Erzeugnissen. Ber. DKG 54 (1977) 273-276
[1217] DIN 51063: Segerkegel (SK). Sept. 1972
[1218] DIN 51060: Feuerfeste keramische Roh- und Werkstoffe; Begriffe feuerfest - hochfeuerfest. Dez. 1975
[1219] ISO 1109: Klassifikation dichter gefoter feuerfester Erzeugnisse. 1978
[1220] Chesters, I.H.: Steelplant refractories. Sheffield: United Steel Co. 1957
[1221] Harders, F.; Kienow, S.: Feuerfestkunde. Berlin, Göttingen, Heidelberg: Springer 1960
[1222] Konopicky, K.: Feuerfeste Baustoffe. Düsseldorf: Verlag Stahleisen 1957
[1223] Litvakovskii, AA.: Fused cast refractories. Moskau 1959. Engl. Übers.: Washington: Nat. Sci. Found. 1961
[1224] Searle, A.B.: Refractory materials. London: Charles Griffin 1953
[1225] Didier Feuerfest Technik: Feuerfeste Baustoffe und ihre Eigenschaften. Wiesbaden: Didier-Werke 1974
[1226] DIN 51064: Bestimmung der Druckfeuerbeständigkeit (DFB) an feuerfesten Steinen. Juni 1981
[1227] DIN 51053: Bestimmung des Erweichungsverhaltens in Abhängigkeit von Temperatur und Druck. Jan. 1973
[1228] Konopicky, K.: Untersuchungen zur Prüfung auf Druckfeuerbeständigkeit (DFB). Ber. Dtsch. Keram. Ges. 41 (1964) 27-37
[1229] DIN 51048: Bestimmung der Biegefestigkeit von feuerfesten Erzeugnissen. Aug. 1980
[1230] DIN 51066: Bestimmung der bleibenden Längenänderung gebrannter feuerfester Steine - Nachschwinden oder Nachwachsen (NS/NW) ohne Druckbelastung. Febr. 1976
[1231] Schwiete, H.E.; Westmark, H.: Die Wärmeleitfähigkeit feuerfester Steine im Spiegel der Literatur. (Forschungsber. d. Landes Nordrh.-Westf., 689) Köln, Opladen: Westdeutscher Verlag 1959
[1232] Koltermann, M.: Die Wärmeleitfähigkeit keramischer Werkstoffe. Tonind.-Ztg. 85 (1961) 399-407
[1233] Loeb, A.L.: Thermal conductivity: A theory of thermal conductivity of porous materials. J. Am. Ceram. Soc. 37 (1954) 96-99

[1234] Poensgen, R.: Forschung auf dem Gebiet des Ingenieurwesens. Heft 130, VDI-Verlag 1912

[1235] Klasse, F.; Heinz, A.; Hein, J.: Vergleichsverfahren zur Ermittlung der Wärmeleitfähigkeit keramischer Werkstoffe. Ber. Dtsch. Keram. Ges. 34 (1957) 183-189

[1236] Kingery, W.D. u.a.: Thermal conductivity: Data for several pure oxide materials corrected to zero porosity. J. Am. Ceram. Soc. 37 (1954) 107-110

[1237] DIN 51067: Bestimmung der Druckfestigkeit bei Raumtemperatur (KDF) an feuerfesten Werkstoffen. Mai 1977

[1238] Wohlleben, K.; Konopicky, K.: Elastische Konstanten und Gasdurchlässigkeit feuerfester Erzeugnisse. Chem.-Ing.-Tech. 37 (1965) 1273

[1239] Konopicky, K.; Wohlleben, K.: Untersuchungen zum Gang des Torsionsmoduls von Schamottesteinen mit der Temperatur. Glastech. Ber. 33 (1960) 357-363

[1240] Kienow, S.; Hennicke, H.W.: Elastizitäts- und Verformungsmodul bei feuerfesten Steinen. Tonind.-Ztg. 90 (1966) 575-577

[1241] DIN 51057: Bestimmung der Dichte körniger und pulverförmiger Stoffe mit dem Pyknometer. Nov. 1969

[1242] Steinhoff, E.: Korrosionsvorgänge an feuerfesten Steinen in Chemieöfen. Chem.-Ing.-Techn. 32 (1960) 267-278

[1243] Scholze, H.: Ergänzende Versuche zum Kontaktverhalten von feuerfesten Baustoffen. Ber. Dtsch. Keram. Ges. 41 (1964) 484-486

[1244] Kienow, S.: Die mechanische und chemische Beanspruchung feuerfester Baustoffe. Klepzig Fachber. 78 (1970) 28-33

[1245] DIN 51069: Vergleichende Prüfung des Verhaltens feuerfester Werkstoffe gegen den Angriff fester und flüssiger Stoffe bei hoher Temperatur. Nov. 1972

[1246] prEN 12475: Klassifizierung dichter geformter feuerfester Erzeugnisse, Teil 1: Alumina-Silika-Erzeugnisse. Juli 1996 (Entwurf)

[1247] ASTM C 416-84:Standard classification of silika refractory brick

[1248] DIN 1089, Teil 1: Feuerfeste Werkstoffe für Koksöfen; Silikasteine, Anforderungen und Prüfung. Febr. 1995

[1249] Majdič, A.; Schneider, H.; Wohlleben, K.: Röntgendiffraktometrische Bestimmung von Restquarz in Silikasteinen. cfi/DKG 63 (1986) 4/5, S. 176-189

[1250] Panda, J.D.; Goswami, G.: Thermal expansion of silica refractories with respect to different SiO_2-polymorhps. Unitecr' 91 congress (1992), 553-557

[1251] Patzak, I.; Konopicky, K.: Untersuchungen über den Aufbau, das Umwandlungs- und Ausdehnungsverhalten von Tridymit. Forschungsberichte des Landes Nordrhein-Westf., Nr. 2775, 1972

[1252] Majdič, A.; Hagemann, L.; Maercker, G.; Overkott, E.; Suckow, A.: Das Wärmedehnungsverhalten von Silikasteinen für den Koksofenbau. Keramische Zeitschrift 34 (1982) 89-92

[1253] Lepère, K.E.; Overkott, E.; Beckmann, R.; Escher, L.: Requirements with respect to silica bricks as building material for the next coke oven generation. Cokemaking International 1 (1992) 28-32

[1254] Mackenzie, J.: Low-alumina silica bricks: Properties and performance. Trans. Brit. Ceram. Soc. 51 (1952) 136-171

[1255] Naruse, Y.; Hoshino, Y.; Tanaka, T.: Silica bricks for coke oven. Taikabutsu Overseas 2 (1982) 110-120

[1256] Koschlig, H.J.: Refractory materials for modern large-capacity coke oven batteries. In: UNITECR '89 Proceedings Vol. 1, 1989, 242-262
[1257] Jeschke, P. u.a.: Super dense silica bricks for modern coke ovens. In: UNITECR '89 Proceedings Vol. 1, 1989, 263-283
[1258] Schulle, W.: Verbesserte Silikasteine auf Basis von Flint. Neue Hütte 10 (1965) 280-287
[1259] Mohanty, P.N.; Singh, P.N.; Singh, C.D.: Silica - a critical study. Refrac. J. (1982) 10-17
[1260] Bieler, B.H.: Corrosion of AZS, zircon, and silica refractories by vapors of NaOH and of Na_2CO_3. Am. Ceram. Soc. Bull. 61 (1982) 746-749
[1261] Lach, V.: Einfluß von Mineralisatoren auf die Umwandlung von Quarziten. Sprechsaal 123 (1990) 811-813
[1262] Suenga, Y.; Tabuchi, H.; Uemura, H.: On silica brick for glass tank crown. Shinagawa Techn. Report 24 (1980) 1-6
[1263] Brunk, F.; Weßling, W.: Verhalten von Silika-Gewölbesteinen in Glaswannen. In: XXXVI. Int. Feuerfest-Koll. 1993, feuerf. Werkst. i. Glasind. (1993) 20, 23-26
[1264] ASTM C 27-84: Standard classification of fireclay and high-alumina refractory brick
[1265] Stahl-Eisen-Werkstoffblatt 914 (Dez. 1984): Saure Schamottesteine für Roheisen- und Stahlpfannen. Verlag Stahleisen mbH, Düsseldorf
[1266] Stahl-Eisen-Werkstoffblatt 915 (Dez. 1984): Schamottesteine für Hochöfen und Winderhitzer. Verlag Stahleisen mbH, Düsseldorf
[1267] Stahl-Eisen-Werkstoffblatt 917 (Dez. 1984): Schamottesteine für allgemeine industrielle Einsatzzwecke. Verlag Stahleisen mbH, Düsseldorf
[1268] DIN 1089, Teil 2: Feuerfeste Werkstoffe für Koksöfen; Schamottesteine, Anforderungen und Prüfung. Febr. 1995
[1269] Harries-Rees, K.: Calcined refractory clays, high grade for export. Industrial Minerals (1993) 59-65
[1270] DIN 51065, Teil 2: Bestimmung der Rohdichte an körnigem Gut. Jan. 1976
[1271] Routscka, G.; Konopicky, K.: Zusammensetzung des Mullits in Schamotte und Schamottesteinen in Abhängigkeit von der Temperatur. Ber. DKG 44 (1967) 540-546
[1272] Pitak, N.V.: Sintering of aluminosilicate pressings in various gas media. Refractories and Industrial Ceramics 37 (1996) 29-32
[1273] Konopicky, K.: Allgemeines zum Aufbau der Schamottesteine. Ber. DKG 36 (1959) 367-371
[1274] Konopicky, K.: Zur Theorie der Schamotte-Erzeugnisse I. Ber. DKG 32 (1955) 257-261
[1275] Skoog, A.J.; Moore, R.E.: Refractory of the past for the future: mullite and its use as a bonding phase. Am. Ceram. Soc. Bull. 67 (1988) 1180-1185
[1276] Hennicke, H.W.; Konopicky, K.; Routschka, G.; Visser, R.; Waasdrop, A.: Zum Vergleich der Ergebnisse verschiedener Heißprüfungen feuerfester Steinqualitäten. Tonind.-Ztg. 93 (1969) 169-178
[1277] Miller, E.D.; Davies, B.: Modulus of rupture of alumina-silica refractories of elevated temperature. Am. Ceram. Soc. Bull. 45 (1966) 710-713
[1278] Konopicky, K.: Über den Einfluß der Ausbildung des Mullits auf die Erweichungs-eigenschaften von Schamottesteinen. Ber. DKG 40 (1963) 327-329

[1279] Bakunov, V.S.: High-temperature creep of refractory ceramics. Refractories 35 (1994) 353-359

[1280] Konopicky, K.; Lohre, W.: Beeinflussung des Porengefüges feuerfester Steine durch technologische Maßnahmen. Abh. VI Intern. Keram. Kongreß, Wiesbaden 1958, 329-340

[1281] Neumann,G.; Kienow, S.; Hennicke, W.: Zusammenhang zwischen Gefüge und Rißkinetik und ihr Einfluß auf das Ermüdungsverhalten feuerfester keramischer Werkstoffe. Ber. DKG 56 (1979) 123-127 , 160-166

[1282] Brunk, F.: Corrosion and behaviour of fireclay bricks used in flues of open anode baking furnaces. Light Metals (1995) 641-646

[1283] Brunk, F.: Corrosion and behaviour of fireclay bricks of varying chemical composition used in the bottom lining of reduction cells. Light Metals (1994) 477-482

[1284] Patzak, I.; Konopicky, K.: Das Umwandlungsverhalten der verschiedenen Minerale der Zusammensetzung Al_2O_3 SiO_2. Tonind.-Ztg. 93 (1969) 43-49

[1285] Schulle, W.; Grünwoldt, W.; Verworner, O.: Gefügemerkmale und Heißeigenschaften von Mulliterzeugnissen in Abhängigkeit von den Sinterbedingungen. Silikattechmk 20 (1969) 343-348

[1286] Schulle, W.; Klein, G.; Bundt, M.: Vergleichende Qualitätsuntersuchungen an hochtonerdehaltigen Steinerzeugnissen für Lichtbogenofendeckel. Silikattechnik 31 (1980) 270-273

[1287] Bechtel, H.; Ploss, G.: Über die Abbindung von keramischen Rohstoffen mit Monoaluminiumphosphatlösung (Feuerfestbinder 32). Ber. Dtsch. Keram. Ges. 40 (1963) 399-408

[1288] Baumgart, W.: Probleme zur Klassifizierung hochtonerdehaltiger Steine. Ber. Dtsch. Keram. Ges. 42 (1965) 209-212

[1289] Majdič, A. u.a.: Studien an Mullit- und Sinterkorundsteinen. Keram. Z. 31(1979) 494 497, 547-550, 32 (1980) 85-89, 200-204

[1290] Granitzki, K.-E.: Hochtemperatureigenschaften von Mullitsteinen. Tonind.-Ztg. 92 (1968) 241-245

[1291] Stahl-Eisen-Werkstoffblätter des Vereins Deutscher Eisenhüttenleute; Werkstoffblatt 912: Tonerdereiche Steine. 1978

[1292] Routschka, G.: Die feuerfesten Rohstoffe zur Herstellung von Schamotte- und tonerdereichen, feuerfesten Erzeugnissen: Ein Überblick. Ziegelindustrie 34 (1981) 690-699

[1293] Stahl-Eisen-Werkstoffblätter des Vereins Deutscher Eisenhüttenleute; Werkstoffblatt 913: Basische Steine: Klassifikation, Bezeichnung und Anforderungen. Entwurf 1982

[1294] Petric, B.; Petric, N.: Eigenschaften und Gefüge von Sintermagnesia aus Meerwasser. cfi/Ber. Dtsch. Keram. Ges. 59 (1982) 7-11

[1295] Naefe, H.: Magnesia- und Chrommagnesiasteine: Aufbau, Eigenschaften und Anwendung. VDEh-Seminar Feuerfeste Baustoffe für die Eisen- und Stahlindustrie, 1980

[1296] Trojer, F.; Obst, K.-H.; Münchberg, W.: Mineralogie basischer Feuerfest-Produkte. Wien, New York: Springer 1981

[1297] Naefe, H.; Schulte, K.: Weiterentwicklung basischer Steinsorten für Gitterwerke von Natronkalkglaswannen. Sprechsaal 107 (1974) 883-892

[1298] Barthel, H.; Libal, W.; Hausner, R.: Die Ausbildung des Kohlenstoffs in teergetränkten Magnesitsteinen nach ihrem Einsatz in Sauerstoffblasgefäßen. Ber. Dtsch. Keram. Ges. 47 (1970) 532-537

[1299] Weisweiler, W.; Serry, M.A.: Angriff basischer Schlacke auf Dolomit/Magnesit-Mischsteine, untersucht mit der Elektronenstrahl-Mikrosonde. Ber. Dtsch. Keram. Ges. 56 (1979) 342-346

[1300] Koltermann, M.; Maaß, K.E.: Herstellung, Verwendung und Prüfung von Forsteritsteinen. Ber. Dtsch. Keram. Ges. 41 (1964) 429-437

[1301] Elstner, I. u.a.: Einsatz von Zirkonoxid-Werkstoffen im Stahlwerksbereich der Eisen-und Stahlindustrie. Stahl und Eisen 100 (1980) 1457-1462

[1302] Leistner, H.; Elstner, I.: Korrosionsverhaltenfeinkeramischer ZrO_2-Al_2O_3-Cr_2O_3-Werkstoffe gegenüber sauren und basischen Schlacken. Sonderbände der Praktischen Metallographie 13 (1981) 371-383

[1303] Scholze, H.; Mulfinger, H.O.: Zur Frage der schmelzflüssigen Phase in Corhart-Zac-Steinen. Glastech. Ber. 34 (1961) 37-38

[1304] Schmid, O.: Über die Glasphase in schmelzflüssig gegossenen Aluminium-Zirkonoxydsteinen. Glastechn. Ber. 38 (1965) 200-206

[1305] Petzold, A.; Ulbricht, J.: Feuerbeton und betonartige feuerfeste Massen und Materialien. Deutscher Verlag für Grundstoffindustrie, Leipzig, Stuttgart (1994) 322 S.

[1306] Krebs, R.: State of the Art of the Standardization of Unshaped Refractories in Europe. CN-Refractories 6 (1999) 72-76

[1307] Tomšu, F.; Ulbricht, J.: Entwicklungstrends der stofflichen Zusammensetzung hochbeanspruchter Feuerbetone. Keram. Z. 50 (1998) 724-731

[1308] Gelsdorf, G.: Gliederung, Klassifikation und Prüfung von Feuerbetonen. Keram. Z. 34 (1982) 478-481; 35 (1983) 19-21

[1309] Kopanda, J.E.; MacZura, G.: Production Processes, Properties and Applications for Calcium Aluminate Cements. In: Alumina Chemicals, Science and Technology Handbook, edited by L.D. Hart, The American Ceramic Society, S. 171-183, 1990

[1310] Parker, K.M.; Sharp, J.H.: Refractory Calcium Cements. Trans. British Ceramic Society 81 (1982) 35-45

[1311] Schuhmacher, U.: Untersuchung an zementarmen und ultrazementarmen Korundfeuerbetonen. Dissertation, RWTH Aachen, 1988

[1312] Givan, G.Y.; Hart, L.D.; Heilich, R.P.; MacZura, G.: Curing and Firing High Purity Calcium Aluminate Bonded Tabular Alumina Castables. American Ceramic Society Bulletin 54 (1975) 710-713

[1313] Wöhrmeyer, C.; Kreuels, N.; Parr, C.; Bier, T.: The Use of Calcium Aluminate Solutions in the Aluminium Industry. Proc. Unitecr'99, S. 386-388, 1999

[1314] Myrhe, B.; Hundere, A.: On the Influence of Superfines in High Alumina Castables. 39. Int.-Feuerfest-Kolloquium, Stahl und Eisen Special, S. 184-188, 1996

[1315] MacZura, G.: Production Processes, Properties and Applications for Tabular Alumina Refractory Aggregates. In: Alumina Chemicals, Science and Technology Handbook, edited by L.D. Hart, The American Ceramic Society, S. 109-170, 1990

[1316] Unterberg, F.: Untersuchungen an Bindersystemen basischer Feuerbetone für die Sekundärmetallurgie. Dissertation, RWTH Aachen, 1992

[1317] Bunt, N.: Additives in Calcium Aluminate Cement Containing Castables. Proc. Unitecr'97, S. 1347-1354, 1997

[1318] ISOR 1927: Klassifikation der ungeformten feuerfesten Erzeugnisse. Entwurf 1982

[1319] Smith, D.S.; Fayette, S.; Grandjean, S.; Martin, C.; Telle, R.; Tonnesen, Th.: Thermal Resistance of Grain Boundaries in Alumina Ceramics and Refractories, J. Am. Ceram. Soc. 86 (2003) 105-111

[1320] Eschner, A.: Keramische Fasern mit einem Aluminiumoxidgehalt von 45 bis 95 % und ihre Hochtemperatureigenschaften. Gas Wärme Internat. 30 (1981) 357-362

[1321] Symes, W.R.: Polykristalline Aluminiumoxidfasern als feuerfestes Material zur Hochtemperaturisolierung von Industrieöfen bis 1600°C. Gas Wärme Internat. 30 (1981) 371-378

[1322] Gaodu, A.N. u.a.: Crystallization in heated alumino-silicate fibers. Inorg. Mater. 13 (1977) 1802-1804

[1323] Ganz, R.; Krönert, W.: Crystallisation behaviour of high temperature ceramic fibers of the Al_2O_3 -SiO_2 system. Interceram 31 (1982) 136-144

[1324] Ganz, R.: Untersuchungen zur Anwendungsgrenztemperatur von keramischen Hochtemperaturfasern des Systems Al_2O_3-SiO_2. Dissertation RWTH Aachen 1982

[1325] Dietrichs, P.; Krönert, W.: Eigenschaften, Hochtemperaturverhalten und Einsatz-bedingungen keramischer Fasern. Gas Wärme Internat. 30 (1981) 338-350

[1326] Dietrichs, P.; Krönert, W.: The effect of different gas-atmospheres on ceramic fiber materials. Interceram 31 (1982) 293-306

[1327] Schupp, M.: Eigenschaften und Anwendungen keramischer Fasern bis etwa 1200°C Anwendungstemperatur. Gas Wärme Internat. 30 (1981) 350-356

[1328] Class, Ph.; Brown, R.C.: Exposition gegenüber künstlichen Mineralfasern. In: Gefahrstoffe - Reinhaltung der Luft 62 (2002)

[1329] NN, Eine quantitative Risikobewertung für Keramikfasern. In: ECFIA Action No. 3, 8.9.1999, Hrsg.: European Ceramic Fiber Association, 3 rue de Colonel Moll, F-75017 Paris

[1330] Alper, A.M.: High temperature oxides. Part 1: Magnesia, lime, and chrome refractories. Part 2: Oxides of rare earths, titanium, zirconium, hafnium, niobium, and tantalum. Part 3: Magnesia, alumina, beryllia ceramics: Fabrication, characteriazation, and properties. Part 4: Refractory glasses, glass-ceramics, and ceramics. New York: Academic Press 1970-1971

[1331] Campbell, I.E.; Sherwood, E.M.: High-temperature materials and technology. New York: Wiley 1967

[1332] Cockayne, B.; Jones, D.W.: Modern oxide materials. London: Academic Press 1972

[1333] Gitzen, W.H.: Alumina as a ceramic material. Columbus (Ohio): American Cerarmic Society 1970

[1334] Wefers, K.; Bell, G.M.: Oxides and hydroxides of aluminum. Technical Paper No.19 (1972) Alcoa Research Laboratories

[1335] Schüller, K.-H.: Aluminiumoxid. In: Handbuch der Keramik. Freiburg: Schmid 1970, Gruppe II J4a, 1-8

[1336] Petzold, A.; Ulbricht, J.: Aluminiumoxid. Deutsche Verlagsgesellschaft, Leipzig (1991)

[1337] Hudson, L.K.; Misra, C.; Wafers, K.: Aluminum Oxide. Ullmans Encyclopedia of Industrial Chemistry Vol. A1, Verlag Chemie, Weinheim, 5. Aufl. (1988) 557

[1338] Grubb, P.L.C.: High-level and Low-level Bauxitization: A Criterion for Classification. Mineral. Sci. Engng. 5 (1973) 219-231

[1339] Schneiderhöhn, H.: Erzlagerstätten, Gustav-Fischer-Verlag, Stuttgart, 4. Auflage (1962) 371 S.

[1340] Bárdossy, G.: Karst Bauxites: Bauxite Deposits on Carbonate Rocks. Developments in Economic Geology 14, Elsevier, Amsterdam (1982) 441 S.

[1341] Bárdossy, G.; Aleva, G.J.J.: Lateritic Bauxites. Developments in Economic Geology 27, Elsevier, Amsterdam (1990) 624 S.

[1342] Musselman, L.L.: Production Processes, Properties, and Applications for Aluminum-Containing Hydroxides. In: Hart, L.D., Alumina Chemicals - Science and Technology Handbook. The Am. Ceram. Soc., Westerville, Ohio, (1990) 75-92

[1343] Bengston, K.B.: Kaiser Aluminum Corp., Trav. Com. Int. Etude Bauxites, Alumina, Aluminum 16 (1981) 109-132

[1344] Feige, R.: Sintereigenschaften von Aluminiumoxid in Abhängigkeit von seiner thermischen und mechanischen Vorbehandlung. Ber. Dtsch. Keram. Ges. 48 (1971) 390-393

[1345] Fratzscher, R.; Storm, W.: Der Einfluß der mechanischen und thermischen Vorbehandlung von Tonerde auf das Dichtbrandverhalten. Silikattechnik 27 (1976) 165-166

[1346] Kruse, B.-D.; Hausner, H.: Einfluß verschiedener Calcinierbedingungen auf das Sinterverhalten von Tonerden. Ber. Dtsch. Keram. Ges. 56 (1979) 155-159, 192-196

[1347] Felten, R.P.: Einfluß von Zuschlägen auf die Eigenschaften von Aluminiumoxid: Eine Literaturübersicht. Sprechsaal 104 (1971) 1088-1099

[1348] Coble, R.L.: Sintering alumina: Effect of atmospheres. J. Am. Ceram. Soc. 45 (1962) 123-127

[1349] Harmer, M.P.; Brook, R.J.: The effect of MgO additions on the kinetics of hot pressing in Al_2O_3. J. Mater. Sci. 15 (1980) 3017-3024

[1350] Coble, R.L.: Transparent alumina and method of preparation. U.S. Patent 3026210 (1962)

[1351] Sintering crystalline solids. J. .Appl. Physics 32 (1961) 787-799

[1352] Jorgensen, P.J.; Westbrook, J.H.: Role of solute segregation at grain boundaries during final-stage sintering of alumina. J. Am. Ceram. Soc. 47 (1964) 332-338

[1353] Johnson, W.C.; Coble, R.L.: Test of the second-phase and impurity-segregation models for MgO-enhanced densification of sintered alumina. J. Am. Ceram. Soc. 61 (1978) 110-114

[1354] Kim, B.-K.; Hong, S.-H.; Lee, S.-H.; Kim, D.-Y.: Alternative Explanation for the Role of Magnesia in the Sintering of Alumina Containing Small Amounts of a Liquid Phase. J. Am. Ceram. Soc. 86 (2003) 634-639

[1355] Bae, S.I.; Baik, S.: Determination of critical concentration of silica and/or calcia for abnormal grain growth in alumina. J.Am. Ceram. Soc. 76 (1993) 1065-1067

[1356] Bae, I.-J.; Baik, S.: Abnormal grain growth of alumina. J.Am. Ceram. Soc. 80 (1997) 1149-1156

[1357] Jung, J.; Baik, S.: Abnormal Grain Growth of Alumina: CaO Effect. J. Am. Ceram. Soc. 86 (2003) 644-649

[1358] Altay, A.; Gülgün, M.A.: Microstructural Evolution of Calcium-Doped α-Alumina. J. Am. Ceram. Soc. 86 (2003) 623-29

[1359] Yoo, J.H.; Nam, J.C.; Baik, S.: Quantitative evaluation of glass-forming impurities in alumina: Equivalent Silica concentration (ESC). J.Am. Ceram. Soc. 82 (1999) 2233-2238

[1360] Bae, S.I.; Baik, S.: Critical concentration of MgO for the prevention of abnormal grain growth in alumina. J.Am. Ceram. Soc. 77 (1994) 2499-2504

[1361] Bennison, S.J.; Harmer, M.P.: Grain-growth kinetics for alumina in the absence of a liquid phase. J.Am. Ceram. Soc. 68 (1985) C22-C24

[1362] MacLaren, I.; Cannon, R.M.; Gülgün, M.A. u.v.m.: Abnormal Grain Growth in Alumina: Synergistic Effects of Yttria and Silica. J. Am. Ceram. Soc. 86 (2003) 650-659

[1363] Horn, D.S.; Messing, G.L.: Anisotropic grain growth in TiO_2-doped alumina. Materials Science and Engineering A195 (1995) 169-178

[1364] Handwerker, C.A.; Dynys, J.M.; Cannon, R.M.; Coble, R.L.: Dihedral angles in magnesia and alumina: Distributions from surface thermal grooves, J. Am. Ceram. Soc. 73 (1990) 1371-1377

[1365] Marion, J.E.; Hsueh, C.H.; Evans, A.G.: Liquid-phase sintering of ceramics. J.Am. Ceram. Soc. 70 (1987) 708-713

[1366] Powell-Dogan, C.A.; Heuer, A.H.; O'Bryan, H.M.: Devitrification of the grain boundary glassy phase in a high-alumina ceramic substrate. J.Am. Ceram. Soc. 77 (1994) [10] 2593-2598

[1367] Brydson, R.; Chen, S.-C.; Riley, F.L.; Milne, S.J.; Pan, X.; Rühle, M.: Microstructure and chemistry of intergranular glassy films in liquid-phase-sintered alumina. J.Am. Ceram. Soc. 81 (1998) 369-379

[1368] Saylor, D.M.; Rohrer, G.S.: Measuring the influence of grain-boundary misorientation on thermal groove geometry in ceramic polycrystals. J.Am. Ceram. Soc. 82 (1999) 1529-1536

[1369] Blendell, J.E.; Carter, W.C.; Handwerker, C.A.: Faceting and wetting transitions of anisotropic interfaces and grain boundaries. J.Am. Ceram. Soc. 82 (1999) 1889-1900

[1370] Phillips, D.S.; Shiue, Y.R.: "Grain-boundary microstructures in alumina ceramics", in "Structure and Properties of MgO and Al_2O_3 ceramics (Advances in ceramics, Volume 10)", Kingery, W.D., Am. Ceram. Soc. (Herausgeber) (1984) 357-367

[1371] Carter, C.B.; Morrissey, K.J.: "Grain-boundary structure in Al_2O_3", in "Structure and Properties of MgO and Al_2O_3 ceramics (Advances in ceramics, Volume 10)", Kingery, W.D., Am. Ceram. Soc. (Herausgeber) (1984) 303-323

[1372] Gemming, Th.; Nufer, S.; Kurtz, W.; Rühle, M.: Structure and Chemistry of Symmetrical Tilt Grain Boundaries in α-Alumina: I, Bicrystals with "Clean" Interfaces. J. Am. Ceram. Soc. 86 (2003) 581-589

[1373] Hockey, B.J.; Wiederhorn, S.; Blendell, J.E.; Lee, J.-S.; Kang, M.-K.: Structure of Sapphire Bicrystal Boundaries Produced by Liquid-Phase Sintering. J. Am. Ceram. Soc. 86 (2003) 612-622

[1374] Riedel, G.; Schiller, W.: Korundkeramik mit niedriger Sintertemperatur. Keramische Zeitschrift 42 (1990) 168-173

[1375] Kostič, E.; Boskovič, S.; Kiss, S.J.: Reaction sintering of Al_2O_3 in the presence of the liquid phase. Ceramics International 19 (1993) 235-240

[1376] Nakajima, A.; Messing, G.L.: Liquid-phase sintering of alumina coated with magnesium aluminosilicate glass. J.Am. Ceram. Soc. 81 (1998) 1163-1172

[1377] Hornberger, H.; Marquis, P.M.; Christiansen, S.; Strunk,H.P.: Microstructure of a high strength alumina glass composite. J. of Materials Research 11 (1996) 855-858

[1378] Powell-Dogan, C.A.; Heuer, A.H.: Microstructure of 96% alumina ceramics: I, characterisation of the as-sintered materials. J. Am. Ceram. Soc. 73 (1990) 3670-3676

[1379] Powell-Dogan, C.A.; Heuer, A.H.: Microstructure of 96% alumina Ceramics: II, crystallisation of high-magnesia boundary glasses. J. Am. Ceram. Soc. 73 (1990) 3677-3683

[1380] Powell-Dogan, C.A.; Heuer, A.H.: Microstructure of 96% alumina Ceramics: III, crystallisation of high-calcia boundary glasses. J. Am. Ceram. Soc. 73 (1990) 3684-3691

[1381] Rossi, G.; Burke, J.E.: Influence of additives on the microstructure of sintered Al_2O_3. J. Am. Ceram. Soc. 56 (1973) 654-659

[1382] Tartaj, J.; Messing, G.L.: Anisotropic grain growth in α-Fe_2O_3-doped alumina. J. Eur. Ceram. Soc. 17 (1997) 719-725

[1383] Bateman, C.A.; Bennison, S.J.; Harmer, M.P.: Mechanisms for the role of magnesia in the sintering of alumina containing small amounts of a liquid phase. J. Am. Ceram. Soc. 72 (1989) 1241-1244

[1384] Carisey, T.; Levin, I.; Brandon, D.G.: Microstructure and mechanical properties of textured Al_2O_3. J. Eur. Ceram. Soc. 15 (1995) 283-289

[1385] Seabaugh, M.M.; Kerscht, I.H.; Messing, G.L.: Texture development by templated grain growth in liquid-phase-sintered α-alumina. J.Am. Ceram. Soc. 80 (1997) 1181-1188

[1386] An, L.; Wu, S.; Chan, H.M., Harmer, M.P.; Brandon, D.G.: Alumina platelet reinforced reaction bonded aluminium oxide composites: Textured and random, Journal of Materials Research 12 (1997) 3300-3306

[1387] Sacks, M.D.; Scheiffele, G.W.; Staab, G.A.: Fabrication of textured silicon carbide via seeded anisotropic grain growth. J. Am. Ceram. Soc. 79 (1996) 1611-1616

[1388] Adam, J.; Telle, R.: The Use of Coalescence in Microstructural Design, Ceramics - Processing, Reliability, Tribology and Wear; Proc. Euromat 99, Vol. 12, Deutsche Gesellschaft für Materialkunde (Ed.), Wiley-VCH Weinheim (2000) 35-39

[1389] Aldebert, P.; Traverse, J.P.: Al_2O_3: A high-temperature thermal expansion standard. High Temperatures, High Pressure 16 (1984) 127-1385

[1390] Rice, R.W.: Microstructural dependence of mechanical behavior of ceramics. In: Treatise on materials science and technology, Vol. 11. McCrone, R.K. (Hrsg.). NewYork: Academic Press, 1977, 199-379

[1391] Lindner, H.A.; Thoma, H.-J.: Charakterisierung der mechanischen Hochtemperatur-eigenschaften keramischer Werkstoffe durch dynamische Elastizitätsmodulmessungen bis 1400°C. Ber. Dtsch. Keram. Ges. 55 (1978) 515-517

[1392] Bradt, R.C.; Scott, W.D.: Mechanical Properties of Alumina. In: Hart, L.D. (Hrsg.), Alumina Chemicals, Science and Technology Handbook. The American Ceram. Soc., Westerville, Ohio, (1990) 23-39

[1393] Rice, R.W.: Machining of Ceramics, in: Ceramics for High-Performance Applications, J.J.Burke, A.E.Gorum, and R.N.Katz (Eds.), Brook Hill Publ.Co., Chestnut Hill, MA, pp. 287-343

[1394] Skrovanek, S.D.; Bradt, R.C.: Microhardness of a Fine-Graine-Size Al_2O_3. J. Am. Ceram. Soc. 62 (1979) 215-216

[1395] Krell, A.; Bakun, O.V.: High-Temperature Hardness of Al_2O_3-Base Ceramics. Acta Met. 34(7) (1986) 1315-1319

[1396] Alpert, Ch.P.; Chan, H.M.; Bennison, St.J.; Lawn, B.R.: Temperature Dependence of Hardness of Alumina-Based Ceramics. J. Am. Ceram. Soc. 71 (1988) C371-373

[1397] Kollenberg, W.: Plastic Deformation of Al_2O_3 single crystals by indentation at temperatures up to 750°C. J. Mat.Sci. 23 (1988) 3321-3325

[1398] Kronberg, M.L.: Plastic Deformation of Single Crystals of Sapphire: Basal Slip and Twinning. Acta Met. 5 (1957) 507-525

[1399] Gulden, T.D.: On the Nature of Dislocation Loops in Neutron Irradiated Sapphire. Mat. Res. Bull. 2 (1967) 49-53

[1400] Hockey, B.J.: Plastic Deformation of Aluminum Oxide by Indentation and Abrasion, J. Am. Ceram. Soc. 54(5) (1971) 223-231

[1401] Becher, P.F.: Deformation Substructure in Polycrystalline Alumina, J. Mat. Sci 6 (1971) 275-280

[1402] Becher, P.F.: Surface Hardening of Sapphire and Rutile Associated with Machining. J. Am. Ceram. Soc. 57 (1974) 107-108

[1403] Heuer, A.H.: Deformation Twinning in Corundum. Phil. Mag. 13(122) (1966) 379-393

[1404] Slip and Twinning in Polycrystalline Alumina (α-Al_2O_3) Deformed unter Hydrostatic Pressure between 600°C and 1000°C. J. Am. Ceram. Soc. 86 (2003) 566-573

[1405] Mussler, B.; Swain, M.V.; Claussen, N.: Dependence of Fracture Toughness of Alumina on Grain Size and Test Technique. J. Am. Ceram. Soc. 65 (1982) 566-571

[1406] Claussen, N.: Fracture toughness of Al_2O_3 with an unstabilized ZrO_2 dispersed phase. J. Am. Ceram. Soc. 59 (1976) 49-51

[1407] Claussen, N.; Steeb, J.; Pabst, R.F.: Effect of induced microcracking on the fracture toughness of ceramics. Am. Ceram. Soc. Bull. 56 (1977) 559-562

[1408] Hayashi, K.; Tatewaki, Y.; Ozaki, S.; Nishikawa, T.: Grain Size Dependence of Fracture Energy in Polycrystalline Alumina. J. Jpn. Ceram. Soc. 96 (1988) 532-538

[1409] Shappel, M.D.: Cleavage of Ionic Minerals. Am. Mineral. 21 (1936) 75-102

[1410] Wiederhorn, S.M.: Fracture of Sapphire. J. Am. Ceram. Soc. 52 (1969) 485-491

[1411] Iwasa, M.; Ueno, T.; Bradt, R.C.: Fracture Toughness of Quartz and Sapphire Crystals at Room Temperature. J. Jpn. Soc. Mater. Sci. 20 (1981) 1001-1004

[1412] Iwasa, M.; Bradt, R.C.: The Fracture Toughness of Single Crystal Alumina. In: Structure and Properties of MgO and Al_2O_3 Ceramics. The Am. Ceram. Soc., Columbus, OH. (1984) 767-779

[1413] Cannon, W.R.; Sherby, O.D.: Creep behavior and grain-boundary sliding in polycrystalline Al_2O_3. J. Am. Ceram. Soc. 60 (1977) 44-47

[1414] Hasselman, D.P.H.: Strength behavior of polycrystalline alumina subjected to thermal shock. J. Am. Ceram. Soc. 53 (1970) 490-495

[1415] Gupta, T.K.: Microstructural dependence of fracture in alumina subjected to thermal shock. Science of Ceramics 7 (1973) 71-86

[1416] Becher, P.F.: Transient thermal stress behavior in ZrO_2-toughened Al_2O_3. J. Am. Ceram. Soc. 64 (1981) 37-39

[1417] Krohn, D.A.; Hasselman, D.P.A.: Static and cyolic fatigue behavior of a polycrystalline alumina. J. Am. Ceram. Soc. 55 (1972) 208-211

[1418] Jakus, K.; Service, T.; Ritter, J.E.: High-temperature fatigue behavior of polycrystalline alumina. J. Am. Ceram. Soc. 63 (1980) 4-7

[1419] Apetz, R.; van Bruggen, M.P.B.: Transparent Alumina: A Light-Scattering Model, J. Am. Ceram. Soc. 86 (2003) 480-486

[1420] Hing, P.: The influence of some processing parameters on the optical and microstructural properties of sintered aluminas. Science of Ceramics 8 (1976) 159-172

[1421] Endl, H.; Hausner, H.: Einfluß von Spurenverunreinigungen und Sinteratmosphäre auf optische und elektrische Eigenschaften von Aluminiumoxid. Ber. Dtsch. Keram. Ges. 57 (1980) 121-134

[1422] Hayashi, K.; Kobayashi, O.; Toyoda, S.; Morinaga, K.: Transmission Optical Properties of Polycrystalline Alumina with Submicron Grains; Mater. Trans. JIM. 32 (1991) 1024-1029

[1423] Krell, A.; Blank, P.; Ma, H.; Hutzler, T.; van Bruggen, M.P.B.; Apetz, R.: Transparent Sintered Corundum with High Hardness and Strength; J. Am. Ceram. Soc. 86 (2003) 12-18

[1424] Krell, A.; Blank, P.; Ma, H.; Hutzler, T.; Nebelung, M.: Processing of High-Density Submicrometer Al_2O_3 for New Applications, Am. Ceram. Soc. 86 (2003) 546-553

[1425] Noda, H.; Kim, H.J.: Dependence of Optical Properties on Annealing Process of Transparent Nano-Structured γ-Al_2O_3 Ceramics, J. Ceram. Soc. Japan 110 (2002) 1062-1066

[1426] Esper, F.J.; Friese, K.H.: Elektrische Durchschlagfestigkeit von Aluminiumoxid-Keramik bei erhöhten Temperaturen. Ber. Dtsch. Keram. Ges. 55 (1978) 522-525

[1427] Reckziegel, A.: Beständigkeit von Hochleistungskeramik gegen Flüssigkeitskorrosion. in: Korrosion und Verschleiß von keramischen Werkstoffen, Kombinierte Belastungsfälle als Anwendungsgrenze, Telle, R.; Quirmbach, P. (Hrsg.), Dtsch. Keram. Ges., Köln (1994) 93-97

[1428] Hoppert, H.; Rasch, H.; Litzow, E.: Vergleich von Untersuchungsmethoden zur Charakterisierung des Korrosionsverhaltens von Al_2O_3-Keramiken, in: Korrosion und Verschleiß von keramischen Werkstoffen, Kombinierte Belastungsfälle als Anwendungsgrenze, Tagungsband des DKG-Symposiums „Korrosion und Verschleiß", Aachen, März 1994, Telle, R.; Quirmbach, P. (Hrsg.), Dtsch. Keram. Ges., Köln (1994) 98-106

[1429] Genthe, W.; Hausner, H.: Korrosionsverhalten von Aluminiumoxid in Säuren und Laugen, cfi/Berichte der Deutschen Keramischen Gesellschaft 67 (1990) 6-10

[1430] Wahi, R.P.; Ilschner, B.: Fracture behaviour of composites based on Al_2O_3-TiC. J. Mat. Sci. 15 (1980) 875-885

[1431] Rothman, A.J.: Beryllium oxide. In: Ceramics of advanced technologies. Hove, J.E., Riley, W.C. (Hrsg.). New York: Wiley 1965, 107-142

[1432] Schüller, K.-H.: Berylliumoxid. In: Handbuch der Keramik. Freiburg: Schmid 1973, Gruppe II J4b, 1-4

[1433] Steele, B.R. u.a.: Preparation and characterization of ceramic grade BeO. J. Nucl. Mater. 14 (1964) 310-314

[1434] Aitken, E.A.: Initial sintering kinetics of beryllium oxide. J. Am. Ceram. Soc. 43 (1960) 627-633

[1435] Felten, E.J.: Sintering behavior of beryllium oxide. J. Am. Ceram. Soc. 44 (1961) 251-255
[1436] Clare, T.E.: Sintering kinetics of beryllia. J. Am. Ceram. Soc. 49 (1966)159-165
[1437] Duderstadt, E.C.; White, J.F.: Sintering BeO to variable densities and grain sizes. Am. Ceram. Soc. Bull. 44 (1965) 907-911
[1438] Sjodahl, L.H.; Westbrook, J.H.: Solute-induced grain boundary hardening and the sintering of BeO. J. Am. Ceram. Soc. 48 (1965) 478-480
[1439] Bhat, R.; Moorthy, V.K.: Sintering of beryllium oxide: Influence of minor additions of iron oxide and sintering atmosphere. Trans. Indian Ceram. Soc. 35 (1976) 7-15
[1440] Taylor, R.E.: Thermal conductivitiy and expansion of beryllia at high temperatures. J. Am. Ceram. Soc. 45 (1962) 74-78
[1441] Gutshall, P.L.; Gross, G.E.: Fracture energy of polycrystalline beryllium oxide. J. Am. Ceram. Soc. 51 (1968) 602
[1442] Barmore, W.L., Vandervoort, R.R.: High-temperature creep and dislocation etch pits in polycrystalline beryllium oxide. J. Am. Ceram. Soc. 50 (1967) 316-320
[1443] Krohn, D.A.; Larson, D.R.; Hasselman, D.P.H.: Comparison of thermal-stress resistance of polycrystalline Al_2O_3 and BeO. J. Am. Ceram. Soc. 56 (1973) 490-491
[1444] Cline, C.F.; Carlberg, J.; Newkirk, H.W.: Ionic conductivity in BeO. J. Am. Ceram. Soc. 50 (1967) 55-56
[1445] Huseby, I.C.; Lukas, H.L.; Petzow, G.: Phase Equilibria in the System Si_3N_4-SiO_2-BeO-Be_3N_2. J. Am. Ceram. Soc. 58 [9-10] (1975) 378-380
[1446] Fleischner, P.L.: Beryllia ceramics in microeletronic applications. Solid State Technol. 20 (1977) 25-30
[1447] Allison, A.G. u.a.: Sintering of high-purity magnesia. J. Am. Ceram. Soc. 39 (1956) 151-154
[1448] Dequenne, J.: Application de la méthode des plans d'expérience au frittage de l'oxyde de magnesium. Bull. Soc. Franç. Céram. 115 (1977) 33-38
[1449] Atlas, L.M.: Effect of some lithium compounds on sintering of MgO. J. Am. Ceram. Soc. 40 (1957) 196-199
[1450] Layden, G.K.; McQuarrie, M.C.: Effect of minor additions on sintering of MgO. J. Am. Ceram. Soc. 42 (1959) 89-92
[1451] Brown, R.A.: Sintering in very pure magnesium oxide and magnesium oxide containing vanadium. Am. Ceram. Soc. Bull. 44 (1965) 483-487
[1452] Miyagawa, S.; Hirano, S.; Somiya, S.: Phase relations in the system MgO-B_2O_3 and effects of boric oxide on grain growth of magnesia. Yogyo Kyokai Shi 80 (1972) 53-63
[1453] Ikegami, T.; Matsuda, S.; Suzuki, H.: Effect of halide dopants on fabrication of transparent polycrystalline MgO. J. Am. Ceram. Soc. 57 (1974) 507
[1454] Leipold, M.H.; Nielsen, T.H.: Hot-pressed high-purity polycrystalline MgO. Am. Ceram. Soc. Bull. 45 (1966) 281-285
[1455] Benecke, M.W.; Olson, N.E.; Pask, J.A.: Effect of LiF on hot-pressing of MgO. J. Am. Ceram. Soc. 50 (1967) 365-368
[1456] Leipold, M.H.; Nielsen, T.H.: Fabrication and characterization of isostatisally hot-pressed MgO. J. Am. Ceram. Soc. 51 (1968) 94-97
[1457] Pampuch, R.; Tomaszewski, H.; Haberko, K.: Hot-pressing of active magnesia. Ceram. Internat. 1 (1975) 81-86

[1458] Charvat, F.R.; Kingery, W.D.: Thermal conductivity: XIII. Effect of microstructure on conductivity of single-phase ceramics. J. Am. Ceram. Soc. 40 (1957) 306-315

[1459] Sata, T. u.a.: Vaporization processes for magnesia materials. Rev. Int. Hautes Temp. Réfract. 15 (1978) 237-248

[1460] Vasilos, T.; Mitchell, J.B.; Spriggs, R.M.: Mechanical properties of pure, dense magnesium oxide as a function of temperature and grain size. J. Am. Ceram. Soc. 47 (1964) 606-610

[1461] Sweeting, T.B.; Pask, J.A.: Effect of processing on microstructure and mechanical behavior of magnesium oxide. J. Am. Ceram. Soc. 59 (1976) 226-228

[1462] Crampon, J.; Escaig, B.: Mechanical properties of fine-grained magnesium oxide at large compressive strains. J. Am. Ceram. Soc. 63 (1980) 680-686

[1463] Vasilos, T.; Mitchell, J.B.; Spriggs, R.M.: Creep of polycrystalline magnesia. J. Am. Ceram. Soc. 47 (1964) 203-204

[1464] Passmore, E.M.; Duff, R.H.; Vasilos, T.: Creep of dense polycrystalline magnesium oxide. J. Am. Ceram. Soc. 49 (1966) 594-600

[1465] Tagai, H.; Zisner, T.: High-temperature creep of polycrystalline magnesia. J.Am. Ceram. Soc. 51 (1968) 303-314

[1466] Hepworth, M.A.; Rutherford, J.: Fabrication of high-density calcium oxide ceramics. Am. Ceram. Soc. Bull. 43 (1964) 18

[1467] Rice, R.W.: CaO: Fabrication, characterization, properties. J. Am. Ceram. Soc. 52 (1969) 420-436

[1468] Gupta, T.K.; Rossing, B.R.; Straub, W.D.: Fabrication of transparent polycrystalline CaO. J. Am. Ceram. Soc. 56 (1973) 339

[1469] Brown, R.A.: Sintering in calcium oxide and calcium oxide containing strontium. Am. Ceram. Soc. Bull. 44 (1965) 693-695

[1470] Cutler, I.V.; Felix, R.L.; Caywood, L.P.: Inoreasing hydration resistance of calcia. Am. Ceram. Soc. Bull. 49 (1970) 531-533

[1471] Science and Technology of Zirconia I, ed. by Heuer, A.; Hobbs, L.W.: Advances in Ceramics Vol. 3, American Ceramic Society 1981

[1472] Science and Technology of Zirconia II, ed. by Claussen, N.; Rühle, M.; Heuer, A.; Advances in Ceramics Vol. 12, American Ceramic Society 1983

[1473] Science and Technology of Zirconia III, ed. by Somiya, S.; Yamamoto, N.; Yanagida, H.: Advances in Ceramics Vol. 26 A+B, American Ceramic Society 1986

[1474] Stevens, R.: An Introduction to Zirconia", publ. by Magnesium Elektron 1986. Deutsche Übersetzung in: Handbuch der Keramik, Kap. 4.2.2.0, Deutscher Wirtschaftsdienst

[1475] Zirconia Engineering Ceramics: Old Challenges -New Ideas, ed. by E. H. Kisi, TransTech Publications, Key Engineering Materials, Vol. 153-4 1998

[1476] Hannink, R.H.J.; Kelly, P.M.; Muddle, B.C.: Transformation Toughening in Zirconia-Containing Ceramics. J. Am. Ceram. Soc. 83 (2000) 461-487

[1477] Teufer, G.: The crystal structure of tetragonal ZrO_2. Acta Crystallogr. 15 (1962) 1187

[1478] Wolten, G.M.: Direct, high-temperature single crystal observation of orientation relationship in zirconia phase transformation. Acta Crystallogr. 17 (1964) 763-765

[1479] Smith, D.K.; Newkirk, H.W.: The crystal structure of baddeleyite (monoclinic ZrO_2) and its relation to the polymorphism of ZrO_2. Acta Crystallogr. 18 (1965) 983-991

[1480] Badwal, S.F.: Ceramic Superionic Conductors. Materials Science and Technology Vol. 11, ed. by M. Swain, 568-627, 1994

[1481] Smith, D.K.; Cline C.F.: Verification of existence of cubic zirconia at high temperature. J. Am. Ceram. Soc. 45 (1962) 249-250

[1482] Rühle, M.; Heuer, A.H.: Phase Transformations in ZrO_2-Containing Ceramics: II. The Martensitic Reaction in t-ZrO_2. Advances in Ceramics Vol. 12, Science and Technology of Zirconia II, ed. by Claussen, N.; Rühle, M.; Heuer, A.; S.14-32, American Ceramic Society 1984

[1483] Yoshimura, M.: Phase Stability of Zirconia. Ceram. Bull. 67 (1988) 1950-1955

[1484] Heuer, A.H.: Transformation Toughening on ZrO_2-Containing Ceramics. J. Am. Ceram. Soc. 70 (1987) 689-698

[1485] Ruff, O.; Ebert, F.: Beiträge zur Keramik hochfeuerfester Stoffe. Z. Anorg. Allg. Chem. 180 (1929) 19-41

[1486] Curtis, C.E.: Development of zirconia resistant to thermal shock. J. Am. Ceram. Soc. 30 (1947) 180-196

[1487] Krauth, A.; Meyer, H.: Über Abschreckmodifikationen und ihr Kristallwachstum in Systemen mit Zirkondioxid. Ber. Dtsch. Keram. Ges. 42 (1965) 61-72

[1488] Cyprés, R.; Wollast, R.; Raucq, J.: Beitrag zur Kenntnis der polymorphen Umwandlungen des reinen Zirkonoxids. Ber. Dtsch. Keram. Ges. 40 (1963) 527-532

[1489] Bailey, J.E. u.a.: Phase transformations in milled zirconia. Trans. J. Brit. Ceram. Soc. (1972) 25-30

[1490] Garvie, R.C.: Stabilization of the tetragonal structure in zirconia microcrystals. J. Physic. Chem. 82 (1982) 218-224

[1491] Giambogi, G.M.: Zirconium Minerals. American Ceramic Society Bulletin 77(6) (1998) 129-132

[1492] Garvie, R.C.; Hannink, R.H.J.; Pascoe, R.T.: Ceramic Steel?. Nature 258 (1975) 703-704

[1493] Du, Y.; Jin, Z.; Huang, P.: Thermognamic Calculation of the ZrO_2-$YO_{1.5}$-MgO System. J. Am. Ceram. Soc. 74 (1991) 2107-2112

[1494] Swain, M.V.; Hughan R.R.; Hannink, R.H.J.; Garvie, R.C.: Magnesia-Partially-Stabilized Zirconia (Mg-PSZ) – Microstructure and Properties. Advanced Ceramics, S. Somiya (Hrsg.), Terra Scientific Publ. Co. Tokyo (1987) 233-254

[1495] Grain, C.F.: Phase Relations in the ZrO_2-MgO-System. J. Am. Ceram. Soc. 50 (1967) 288-290

[1496] Hughan, R.R.; Hannink, R.H.J.: Precipitation During Controlled Cooling of Magnesia-Partially-Stabilized Zirconia. J. Am. Ceram. Soc. 69 (1986) 556-563

[1497] Hannink, R.H.J.; Howard, C.J.; Kisi, E.H.; Swain, M.V.: Relationship between Fracture Toughness and Phase Assemblage in Mg-PSZ. J. Am. Ceram. Soc. 77 (1994) 571-579

[1498] Shackelford, J.F.; Nicholson, P.S.; Smeltzer, W.W.: Influence of SiO_2 on sintering of partially stabilized zirconia. American Ceramic Society 1981

[1499] Takagi, H.; Kuwabara, H.; Matsumoto, H.: Effects of alumina on sintering zirconia stabilized with calcia. Sprechsaal 107 (1974) 584-588

[1500] Drennan, J.; Hannink, R.: Effect of SrO Addition on the Grain-Boundary Microstructure and Mechanical Properties of Magnesium-Partially Stabilized Zirconia. J. Am. Ceram. Soc. 69 (1986) 541-546

[1501] Watanabe, M.; Iio, S.; Fukuura, I.: Ageing behaviour of Y-TZP. Advances in Ceramics Vol. 12, Science and Technology of Zirconia II, ed. by Claussen, N.; Rühle, M.; Heuer, A., S. 391, American Ceramic Society 1984

[1502] Burger, W.: Zirkonoxid in der Medizintechnik. In: Technische Keramische Werkstoffe, Losebl.-Ausg., Kap. 8.7.2.0, Kriegesmann J (Hrsg.). Fachverlag Deutscher Wirtschaftsdienst, Köln (1996)

[1503] Chen, I.-W.; Xue, L.A.: Development of Superplastic Structural Ceramics. J. Am. Ceram. Soc. 73 (1990) 2585-2609

[1504] Lange, F.F.; Dunlop, G.L.; Davis, B.I.: Degradation During Aging of Transformation-Toughened ZrO_2-Y_2O_3 Materials at 250°C. J. Am. Ceram. Soc. 69 (1986) 237-240

[1505] Hannink, R.H.J.; Swain, M.V.: Metastability of the Martensitic Transformation in a 12 mol-% Ceria-Zirconia alloy: I, Deformation and fracture Observations. J. Am. Ceram. Soc. 72 (1989) 90-98

[1506] Evans, A.G.; Cannon, R.M.: Toughening of Brittle Solids by Martensitic Transformations. Acta metall. 34 (1986) 761-800

[1507] Becher, P.F.; Rose, L.R.F.: Toughening Mechanisms in Ceramic Systems. Materials Science and Technology Vol. 11, ed. by M. Swain, 568-627, 1994

[1508] Claussen, N.: Umwandlungsverstärkte keramische Werkstoffe. Z. Werkstofftechnik 13 (1982) 138-147

[1509] Swain, M.V.; Rose, L.R.F.: Strength Limitations of Transformation-Toughened Zirconia Alloys. J. Am. Ceram. Soc. 69 (1986) 511-518

[1510] Nettleship, I.; Stevens, R.: Tetragonal Zirconia Polycrystals (TZP) – A Review. Int. J. High Technology Ceramics 3 (1987) 1-32

[1511] Grathwohl, G.; Liu, T.: Crack Resistance and Fatigue of Transforming Ceramics I, Matrials in the ZrO_2-Y_2O_3 System. J. Am. Ceram. Soc. 74 (1991) 318-325

[1512] Grathwohl, G.; Liu, T.: Crack Resistance and Fatigue of Transforming Ceramics II, CeO_2-Stabilized Tetragonal ZrO_2. J. Am. Ceram. Soc. 74 (1991) 3028-3034

[1513] Rühle, M.; Claussen, N.; Heuer, A.H.: Transformation and Microcrack Toughening as Complementary Process in ZrO_2-Toughened Al_2O_3. J. Am. Ceram. Soc. 69(1986) 195-197

[1514] Evans, A.G.: Toughening Mechanisms in Zirconia Alloys. Advances in Ceramics Vol. 12, Science and Technology of Zirconia II, ed. by Claussen, N.; Rühle, M.; Heuer, A.; American Ceramic Society 1984, S.193-212

[1515] Claussen, N.: Microstructural Design of Zirconia-Toughened Ceramics (ZTC), Advances in Ceramics Vol. 12, Science and Technology of Zirconia II, ed. by Claussen, N.; Rühle, M.; Heuer, A.; American Ceramic Society 1984, S. 325-351.

[1516] Baumard, J.F.; Abelard, P.: Defect Structure and Transport Properties of ZrO_2-Based Solid Elektrolytes. Advances in Ceramics Vol.12, ed. by N. Claussen, M. Rühle, A. Heuer, 555-571, 1983

[1517] Badwal, S.F.: Ceramic Superionic Conductors. Materials Science and Technology Vol. 11, ed. by M. Swain, 568-627, 1994

[1518] Kumar, A.; Rajdev, D.; Douglass, D.L.: Effect of oxide defect structure on the electrical properties of ZrO_2. J. Am. Ceram. Soc. 55 (1972) 439-445

[1519] Katagiri, S.; Ishizawa, N.; Marumo, F.: A new high temperature modification of face-centered cubic yttrium oxide (Y_2O_3). Powder Diffraction 8 (1993) 60

[1520] Gröbner, J. u.M.: Re-Assessment of the Y-O Binary System. Z. Metallkunde 87 (1996) 88-91

[1521] Rulison, A.J.; Flagan, R.C.: Synthesis of Yttria Powders by Electrospray Pyrolysis, J. Am. Ceram. Soc. 77 (1994) 3244-3250

[1522] Furlong, L.R.; Domingues, L.P.: Sintering of yttrium oxide. Am. Ceram. Soc. Bull. 45 (1966) 1051-1054

[1523] Sordelet, D.J.; Akinc, M.: Sintering of Monosized, Spherical Yttria Powders, J. Am. Ceram. Soc. 71 (1998) 1148-1153

[1524] Jorgensen, P.J.; Anderson, R.C.: Grain-boundary segregation and final-stage sintering of Y_2O_3. J. Am. Ceram. Soc. 50 (1967) 553-558

[1525] Greskovich, C.; Woods, K.N.: Fabrication of transparent ThO_2-doped Y_2O_3. Am. Ceram. Soc. Bull. 52 (1973) 473-478

[1526] Chen, P.-L.; Chen, I.-W.: Sintering of Fine Oxide Powders: I, Microstructural Evolution. J. Am. Ceram. Soc. 79 (1996) 3129-3141

[1527] Ünal, Ö.; Akin, M.: Compressive Properties of Yttrium Oxide. J. Am. Ceram. Soc. 79 (1996) 805-808

[1528] Besson, J.-L.; Murat, D.; Rouxel, T.: Compressive Creep of a Fine-Grained Polycrystalline Yttria. J. Am. Ceram. Soc. 79 (1996) 773-776

[1529] Borovkova, L.B.; Lukin, E.S.; Glazachev, V.S.: Production of a transparent ceramic based on yttrium oxide (Russ.). Steklo i Keram. 5 (1977) 25-27

[1530] Rhodes, W.H.: Controlled transient solid second-phase sintering of yttria. J. Am. Ceram. Soc. 64 (1981) 13-19

[1531] Cook, R.F.; Pascucci, M.R.; Rhodes, W.H.: Lateral Cracks and Microstructural Effects in the Indentation Fracture of Yttria. J. Am. Ceram. Soc. 73 (1990) 1873-1878

[1532] Donald, I.W.; McMillan, P.W.: Review: Infra-red transmitting materials. J. Mater. Sci. 13 (1978) 1151-1176

[1533] Curtis, C.E.: Properties of Yttrium Oxide Ceramics, J. Am. Ceram. Soc. 40 (1957) 274-278

[1534] Kolitsch, U.; Seifert, H.J.; Ludwig, T.; Aldinger, F.: Phase Equilibira and Crystal Chemistry in the Y_2O_3-Al_2O_3-SiO_2 system. J. Mater. Res. 14 (1999) 447-455

[1535] Guo, Y.; Meyer, S.; Telle, R.; Long, S.: High Temperature Reactions between ZrO_2 Dopants and Alloying Elements of Steel. In: Eco Refractories for the Earth, Proc. Unitecr03 Osaka, 8th Biennial Worldwide Conference of Refractories, Osaka, October 19th-22nd 2003, SL-5, Technical Association of Refractories, Japan (Hrsg.), Osaka (2003) 18-21

[1536] Knappe, P.; Eyring, L.: Preparation and electron microscopy of intermediate phases in the cerium oxide interval Ce_7O_{12}-$Ce_{11}O_{20}$. J. Solid State Chem. 58 (1985) 312-324

[1537] Inada, H.; Tagawa, H.: Ceria-based solid electrolytes. Solid State Ionics 83 (1996) 1-16

[1538] Zheng, K.; Steele, B.C.; Sahibzada, M.; Metcalfe, I.S.: Solid State Fuel Cells on $Ce(Gd)O_{2-x}$ Electrolytes. Solid State Ionics 86-88 (1996) 1241-1248

[1539] Christie, G.M.; van Berkel, F.P.E.: Microstructure-ionic conductivity relationships in ceria-gadolinia electrolytes. Solid State Ionics 83 (1996) 17-27

[1540] Steele, B.C.H.: Appraisal of $Ce_{1-y}Gd_yO_{2-y/2}$ electrolytes for IT-SOFC operation at 500° C. Solid State Ionics 129 (2000) 95-100

[1541] Tian, Ch.; Chan, S.-W.: Ionic conductivities, sintering temperatures and microstructure of bulk ceramic CeO_2 doped with Y_2O_3. Solid State Ionics 134 (2000) 89-102

[1542] Rocha, R.A.; Muccillo, E.N.S.: Preparation of nanocrystalline gadolinia doped ceria powders by combustion synthesis process. British Ceram. Transactions 102 (2003) 216-218

[1543] Chen, P.-L.; Chen, I.-W.: Reaktive Cerium(IV) Oxide Powders by Homogeneous Precipitation Method. J. Am. Ceram. Soc. 76 (1993) 1577

[1544] Chen, C.C.; Nasrallah, M.M.; Anderson, H.U.: Synthesis and characterization of $(CeO_2)_{0.8}(SmO_{1.5})_{0.2}$ thin films from polymeric precursors. J. Electrochem. Soc. 140 [12] (1993) 3555-60

[1545] Nakane, S.; Tachi, T.; Yoshinaka, M.; Hirota, K.; Yamaguchi, O.: Characterization and sintering of reactive cerium(IV) oxide powders prepared by the hydrazine method. J. Am. Ceram. Soc. 80 (1997) 3221-24

[1546] Zhang, T.; Hing, P.; Huang, H.; Kilner, J.: Sintering and grain growth of CoO-Doped CeO_2 Ceramics. J. Eur. Ceram. Soc. 22 (2002) 27-34

[1547] Zhang, T.; Hing, P.; Huang, H.; Kilner, J.: Sintering and Densification Behavior of Mn-Doped CeO_2. Mater. Sci. and Eng. B83 (2001) 235-241

[1548] Dirstine, R.T.; Gentry, W.O.; Blumenthal, R.H.; Hammetter, W.: Calcia-Doped Ceria Ceramic Tubes for Low Temperature Oxygen Sensors. Ceramic Bulletin 58[8] (1979) 778-783

[1549] Guo, Y.; Telle, R.; Long, Sh.: High Temperature Reactions and Phase Formation at CeO_2/Metal Interfaces. In: Stahl und Eisen Special: Refractories for Industrials - Proc. 46th Int. Colloquium on Refractories, Aachen Nov. 12th-13th, 2003, Verlag Stahleisen, Düsseldorf (2003) 13-15

[1550] Funkenbusch, E.F.; Plovnick, R.H.; Becher, P.F.: Properties of Zirconia-Ceria-Hafnia-Alloys. J. Am. Ceram. Soc. 76 [6] (1993) 1531-1536

[1551] Hasegawa, H.; Ozawa, M.: Strengthening Mechanism of Ceria-Doped Tetragonal Zirconia Polycrystals by Heat Treatment in Reducing Atmospheres. J. Ceram. Soc. Japan 111 [4] (2003) 252-256

[1552] Lynch, C.T.: Hafnium oxide. In: High temperature oxides, Part II. Alper, A.M. (Hrsg.). New York: Academic Press 1970, 193-216

[1553] Wolten, G.M.: Diffusionless phase transformations in zirconia and hafnia. J. Am. Ceram. Soc. 46 (1963) 418-422

[1554] Taranukha, N.M.; Karaulov, A.G.: Preparation of dense heat-resistant ceramics from hafnium oxide (Russ.). 1 Ogneupory (1979) 35-40

[1555] Tallan, N.M.; Tripp, W.C.; Vest, R.W.: Electrical properties and defect structure of HfO_2. J. Am. Ceram. Soc. 50 (1967) 279-283

[1556] Dole, S.L.; Hunter, O.; Calderwood, F.W.: Elastic Properties of Stabilized HfO_2 Compositions. J. Am. Ceram. Soc. 63 [3-4] (1980) 136-139

[1557] Johnson, J.R.; Curtis, C.E.: Note on sintering of ThO_2. J. Am. Ceram. Soc. 37 (1954) 611

[1558] Curtis, C.E.; Johnson, J.R.: Properties of thorium oxide ceramics. J.Am. Ceram. Soc. 40 (1957) 63-68

[1559] Arenberg, C.A. u.a.: Thoria ceramics. Am. Ceram. Soc. Bull. 36 (1957) 302-306

[1560] Harada, Y.; Baskin, Y.; Handwerk, J.H.: Calcination and sintering study of thoria. J. Am. Ceram. Soc. 45 (1962) 253-257

[1561] Jorgensen, P.J.; Schmidt, W.G.: Final stage sintering of ThO_2. J. Am. Ceram. Soc. 53 (1970) 24-27

[1562] Halbfinger, G.P.; Kolodney, M.: Activated sintering of ThO_2 and ThO_2-Y_2O_3 with NiO. J. Am. Ceram. Soc. 55 (1972) 519-524

[1563] Reaktorwerkstoffe, Teil 2. Gebhardt, E., Thümmler, F., Seghezzi, H. D. Stuttgart: Teubner 1969, 44

[1564] Buchanan R.C.: Ceramic Materials for Electronics. (2. Aufl.), Marcel Dekker, New York, 1991

[1565] Merz, W.J.: Phys. Rev., 76, 1221 (1949); Jaffe, B.; Cook, W.R.; Jaffe, H.: Piezoelectric Ceramics, Academic Press, London, New York, 1971

[1566] Klein Wassing, R.J.; Vedder, H.J.: The attachement of leadless electronic components to printed boards. Philips Techn. Review 40, (1992) 342

[1567] Waser, R.; Hennings, D., Baiatu, T.: Dielektrische Keramiken. Keramik, Kap. VII, H. Schaumburg, B.G. Teubner Stuttgart, 1994

[1568] Goodman, G.; Buchanan, R.C.; Reynolds, T.G.: Ceramic Materials for Electronics, (2. Aufl.), Marcel Dekker, New York, 1991

[1569] Jonker, G.H.: Kondensator-Materialien mit hoher Dielektrizitätskonstante, Philips Techn. Rundschau, 17 (1955) 129-37

[1570] Hennings, D.; Schnell, A.; Simon, G.: Diffuse ferroelectric phase transitions in barium (titanium zirconium) oxide ($Ba(Ti_{1-y}Zr_y)O_3$) ceramics. J. Am. Ceram. Soc. 65 (1982) 539-44

[1571] Waser, R.; Hoffmann, S.: Microstructure Properties Relationsship of $(Ba,Si)TiO_3$ Thin Films, J. Korean Phys. Soc. 32 (1998) 1340-1343

[1572] Hennings, D.; Schreinemacher, H.: Temperature dependence of the segregation of calcium titanate from solid solutions of (barium, calcium)(titanium, zirconium) trioxide and its effect on the dielectric properties. Mat. Res. Bull. 12 (1977) 1221-26

[1573] Shrout, T.R.; Huebner, W.; Randall, C.A.; Hilton, A.D.: Aging mechanisms in lead magnesium niobate ($Pb(Mg_{1/3}Nb_{2/3})O_3$)-based relaxor ferroelectrics. Ferroelectrics 93 (1989) 361-72

[1574] Harmer, M.P.; Chen, J.; Peng, P.; Chan, H.M.; Smyth, D.M.: Control of microchemical ordering in relaxor ferroelectrics and related compounds. Ferroelectrics 97 (1989) 263-74

[1575] Hennings, D.; Rosenstein, G.: Temperature-stable dielectrics based on chemically inhomogeneous barium titanate(IV). J. Am. Ceram. Soc. 67 (1984) 249-54

[1576] Rawal, B.S.; Kahn, M.; Buessem, W.R.: Grain core-grain shell structure in barium titanate-based dielectrics. Adv. in Ceramics 1 (1981) 172-88

[1577] I. Burn: Temperature-Stable Barium Titanate Ceramics Containing Niobium Pentoxid. Electrocomponent Sci. Technol. 2 (1976) 241-47

[1578] Kolar, D.; Stadler, Z.; Gaberscek, S.; Suvurov, S.: Ceramic and dielectric properties of selected compositions in the barium oxide-titanium dioxide-neodymium oxide system. Ber. Dtsch. Keram. Ges. 55 (1978) 346-8

[1579] Wersing, W.: in "Electronic Ceramics", Elsevier Applied Science, 1991

[1580] Wakino, K.: Recent development of dielectric resonator materials and filters in Japan, Ferroelectrics, 91 (1989) 69-86

[1581] Lütteke, G.; Hennings, D.: Philips Techn. Rev. 43 (1986) 35
[1582] Galasso, F.; Pyle, J.: Ordering in compounds of the $A(B'_{0.33}Ta_{0.67})O_3$ type. Inorg. Chem. 2 (1963) 482-4
[1583] Aldinger, F.: in "High-Tech Ceramics", Viewpoints and Perspectives, p. 161, Academic Press, 1989
[1584] Gilbert, B.K.; Schwab, D.J.; Samson, M.L.: Proceed. of the VHSIC Packaging Workshop, Naval Surface Wapons Center, Silver Spring, USA, 1985
[1585] Aldinger, F.; Günther, S.: in "Interconnection Technology in Electronics", 56, DVS-Verlag, Düsseldorf, 1988
[1586] Utsumi, K.; Shimada, Y.; Ikeda T.; Takamizawa, H.: Monolithic multicomponents ceramic (MMC) substrate. Ferroelectrics 68 (1986) 157-79
[1587] Böttger, U.; Ruschmeyer, K.: in „Keramik“, Kap. VIII Piezoelektrische Keramiken, H. Schaumburg (Hrsg.), B.G. Teubner Stuttgart, 1994
[1588] Jaffe, B.; Cook, W.R.; Jaffe, H.: Piezoelectric Ceramics, Academic Press, London and New York, 1971
[1589] Härdtl, K.H.: Physics of ferroelectric ceramics used in electronic devices. Ferroelectrics 12 (1976) 9-19
[1590] Lines, M.E.; Glass, A.M.: Principles and Applications of Ferroelectrics and Related Materials, Oxford University Press, Oxford, 1977
[1591] Xu, Y: Ferroelectric Materials and their Applications, North-Holland, Amsterdam, 1991
[1592] Lohse, O.; Bolten, D.; Grossmann, M.; Waser, R.; Hartner, W.; Schindler, G.: Reversible and irreversible contributions to the polarization in SBT ferroelectric capacitors, Proceed. MRS Fall Meeting, 1997
[1593] Arlt, G.: Twinning in ferroelectric and ferroelastic ceramics: stress relief. J. Mat. Sci. 25 (1990) 2655
[1594] Arlt, G.; Dederichs, H.; Herbiet, R.: 90^0-Domain wall relaxation in tetragonally distorted ferroelectric ceramics. Ferroelectrics 74 (1987) 37
[1595] Thomann, H.: Stabilization effects in piezoelectric lead titanate zirkonate ceramics. Ferroelectrics 4 (1972) 141
[1596] Arlt, G.; Neumann, H.: Internal bias in ferroelectric ceramics: origin and time dependence. Ferroelectrics 87 (1988) 109
[1597] Fleischer, M.; Meixner, H.: Ultraschallmotoren mit piezoelektrischem Antrieb. Physik in unserer Zeit 4 (1991) 169
[1598] Uchino, K.; Kato, K.; Tohda, M.: Ultrasonic linear motors using a multilayered piezoelectric actuator. Ferroelectrics 87 (1988) 331
[1599] Schafft, H.: Wide range audio transducer using piezoelectric ceramic. Ferroelectrics 10 (1976) 121
[1600] Newnham, R.E.: Ferroelectric Sensors and Actuators: in N. Setter and E.L. Colla „Ferroelectric Ceramics“, Birkhäuser Verlag, Basel 1993
[1601] Ramesh, R.: Thin Film Ferroelectric Materials and Devices, Kluwer, 1997
[1602] Lang, S.B.: Pyroelectricity: A 2300 Year History. Ferroelectrics 7 (1974) 231
[1603] Pankert, J.: in „Keramik“, Kap. IX Pyroelektrische Keramiken, H. Schaumburg (Hrsg.), B.G. Teubner Stuttgart, 1994
[1604] Nagel, J.: Pyroelektrische Infrarot-Detektoren, Valvo (Philips GmbH), (Dr. Alfred Hüthig Verlag, Heidelberg, 1987)
[1605] Whatmore, R.W.; Osbond, P.C.; Shorrocks, N.M.: Ferroelectric Materials for Thermal IR Detectors. Ferroelectrics 76 (1987), 351

[1606] Ichinose, N.; Hirao, Y.; Nakamoto, M.; Yamashita, Y.: Pyroelectric Infrared Sensor using Modified $PbTiO_3$ and its Application, Jap. Journ. Appl. Phys. 24 (1985) 178

[1607] Schmitt, H.: in „Keramik", Kap. X Elektrooptische Keramik, H. Schaumburg (Hrsg.), B.G. Teubner Stuttgart, 1994

[1608] Haertling, G.H.: PLZT electrooptic materials and applications - a review. Ferroelectrics 75 (1987) 25-55

[1609] Land, C.: Optical information storage and spatial light modulation in PLZT ceramics. Optical Engineering 17 (1978) 317-26

[1610] Land, C.; Smith, W.: Electrooptic ceramic materials and devices. IEDM Tech. Digest, 356, Washington DC, 1974

[1611] Cutchen, J.T.: PLZT thermal/flash protective goggles: device concepts and constraints. Ferroelectrics 27 (1980) 173-78

[1612] Waser, R.: in „Keramik", Kap. III Lineare und nicht-lineare Widerstände, H. Schaumburg (Hrsg.), B.G. Teubner Stuttgart, 1994

[1613] Tuller, H.L.: Highly Conductive Ceramics, in R.C. Buchanan (Hrsg.) „Ceramic Materials for Electronics", Marcel Dekker, New York (1986)

[1614] Hill, D.C.; Tuller, H.L.: Ceramic Sensors: Theory and Practive, in R.C. Buchanan (Hrsg.) „Ceramic Materials for Electronics", Marcel Dekker, New York (1986)

[1615] Bowen, H.K.: Ceramics as Electronic Materials, in M. Grayson (Hrsg.) „Encyclopedia of Semiconductor Technology", J. Wiley and Sons, New York (1984)

[1616] Härdtl, K.H.: in „Keramik", Kap. IV Keramische Gassensoren, H. Schaumburg (Hrsg.), B.G. Teubner Stuttgart, 1994

[1617] Wiedenmann, H.M.: Aufbau und Funktion von Lambda-Sonden für mageres Abgas, VDI Berichte 578, S-129-150, VDI-Verlag Düsseldorf 1985

[1618] Soejima, S.; Mase, S.: Multi-layered Zirconia Oxygen Sensor for Lean Burn Engine Application, Society of Automotive Engineers (SAE)-Report 850378 (1985) 53-59

[1619] Iwahara, H.; Uchida, H.; Tanaka, S.: High Temperature Type Proton Conductor Based on $SrCeO_3$ and its Application to Solid Electrolyte Fuel Cells. Solid State Ionics 9/10 (1983) 1021-1026

[1620] Weppner, W.: Surface Modification of Solid Electrolytes for Gas Sensors. Solid State Ionics 40/41 (1990) 369-374

[1621] Chan, N.H.; Sharma, R.K.; Smyth, D.M.: Nonstoichiometry in $SrTiO_3$. J. Electrochem. Soc. 128 (1981) 1762

[1622] Schönauer, H.: Dickschicht-Sauerstoffsensoren auf der Basis keramischer Halbleiter. Technisches Messen tm 56 (1989) 260-263

[1623] Schönauer, U.: Response Times of Resistive Thick-Film Oxygen Sensors. Sensors and Actuators B4 (1991) 431-436

[1624] Tragut, Ch.; Härdtl, K.H.: Kinetic Behaviour of Resistive Oxygen Sensors. Sensors and Actuators B4 (1991) 425-429

[1625] Gerblinger, J.; Meixner, H.: Fast Oxygen Sensors Based on Sputtered Strontium Titanate. Sensors and Actuators B4 (1991) 99-102

[1626] Riegel, J.; Härdtl, K.H.: Ein PTC-Pellistor-System zur Erkennung brennbarer Gase. VDI-Berichte 677, (1988) S.441-444, VDI-Verlag Düsseldorf

[1627] Riegel, J.: Untersuchungen zur Gasanalyse mit Mikrokalorimetern auf der Basis keramischer PTC-Widerstände, Dissertation, Universität Karlsruhe 1989

[1628] Matsuoke, M.: Jap. J. Appl. Phys. 10, 736 (1971)

[1629] Stucki, F.; Brüesch, P.; Greuter, F.: Electron spectroscopic studies of electrically active grain boundaries in zinc oxide. Surf. Sci. 189/190, (1987) 294-299

[1630] Kanai, H.; Imai, M.; Takahashi, T.: A high-resolution transmission electron microscope study of a zinc oxide varistor. J. Mat. Sci. 20 (1985) 3957-66

[1631] Gupta, T.K.: Application of zinc oxide varistors. J. Am. Ceram. Soc. 73 (1990) 1817-40

[1632] Sukkar, M.H.; Tuller, H.L.: Defect equilibria in zinc oxide varistor materials. Adv. Ceramics 7 (1983) 71-90

[1633] Einzinger, R.: Grain-Boundary Phenomena in ZnO Varistors, in H.J. Leamy, G.E. Pike and C.H. Seager (Hrsg.) „Grain Boundaries in Semiconductors", Elsevier, New York 1982)

[1634] Blatter, G.; Greuter, F.: Electrical breakdown at semiconductor grain boundaries. Physical Review B: Condensed Matter and Materials Physics B34 (1986) 8555-72

[1635] Pike, G.E.: Electronic properties of zinc oxide varistors: a new model. Mater. Res. Soc. Proc. 5 (1982) 368-79

[1636] Pike, G.E.; Kurtz, S.R.; Gourley, P.L.; Philipp, H.R.; Levinson, L.M.: Electroluminescence in zinc oxide varistors: evidence for hole contributions to the breakdown mechanism. J. Appl. Phys. 57 (1985) 5512-18

[1637] Mahan, G.D.; Levison, L.M.; Philipp, H.R.: Theory of conduction in zinc oxide varistors.
J. Appl. Phys. 50 (1979) 2799-812

[1638] Pike, G.E.; Gourley, P.L.; Kurtz, S.R.: Impact ionization near gallium arsenide grain boundaries, App. Phys. Lett. 43 (1983) 939-41

[1639] Sachse, H.B.: Semiconducting Temperature Sensors and Their Applications, Wiley, New York, 1975

[1640] Macklen, E.D.: Thermistors, Electrochemical Publications, Ayr, Scotland, 1979

[1641] Desu, S.B.; Payne, D.A.: Interfacial Segregation in Perovskites: III, Microstructure and Electrical Properties. J. Am. Ceram. Soc. 73 (1990) 3407-15

[1642] Ihrig, H.: PTC effect in barium titanate as a function of doping and 3d elements, J. Am. Ceram. Soc. 64 (1981) 617-20

[1643] Kulwicki, B.M.: PTC materials technology, 1955-1980. Adv. Ceramics 1 (1983)138

[1644] Jonker, G.H.: Equilibrium barriers in PTC thermistors. Adv. Ceramics 1 155 (1981) 155-66

[1645] Ihrig, H.; Puschert, W.: A systematic experimental and theoretical investigation of the grain-boundary resistivities of n-doped barium titanate(IV) ceramics. J. of Appl. Phys. 48 (1977) 3081-8

[1646] Ihrig, H.; Klerk, M.: Visualization of the grain-boundary potential barriers of PTC-type barium titanate(IV) ceramics by cathodoluminescence in an electron probe microanalyzer. Appl. Phys. Lett 35 (1979) 307-09

[1647] Daniels, J.; Wernicke, R.: Defect chemistry and electrical conductivity of doped barium titanate ceramics. Part V. New aspects of an improved PTC model. Philips Res. Repts. 31 (1976) 544-59

[1648] Wernicke, R.: Defect chemistry and electrical conductivity of doped barium titanate ceramics. Part IV. The kinetics of equilibrium restoration in barium titanate ceramics. Philips Res. Repts 31 (1976) 526-43

[1649] Daniels, J.; Härdtl, K.H.; Wernicke, R.: The PTC effect of barium titanate. Philips Tech. Rev. 38 (1979) 73-82

[1650] Jonker, G.H.: Some aspects of semiconducting barium titanate. Solid-State Electronics 7 (1964) 895-903

[1651] Peuckert, M.; Peuckert, D.: in „Keramik", Kap. V Supraleitende Keramiken, H. Schaumburg (Hrsg.), B.G. Teubner Stuttgart, 1994

[1652] Bednorz, J.G.; Müller, K.A.: Perovskite-type oxides - the new approach to high-Tc superconductivity. Angew. Chem. 100 (1988) 757-70

[1653] Müller, J.; Olsen, J.L.: Proceedings of the International Conference On High Temperature Superconductors and Materials and Mechanisms of Superconductivity, Pt. 2. [1988; Interlaken, Switz. In: Physica C (Amsterdam), 1988; 153-155 (Pt. 2)]. (1988), 752 pp.

[1654] Peng, J. L.; Shelton, R. N.; Radousky, H. B. Superconductivity and magnetic scattering in the neodymium cerium copper oxide ($Nd_{2-x}Ce_xCuO_{4-\square}$) compounds. Physica C 89-90 (1989) 162-164(Pt. I)

[1655] Freyhardt, H.C.; Flükiger, R.; Peuckert, M.: High-Temperature Superconductors, Materials Aspects, DGM Informationsgesellschaft Oberursel (1991)

[1656] Dimos, D.; Chaudhari, P.; Mannhart, J.; LeGoues, F.K.: Orientation dependence of grain-boundary critical currents in yttrium barium copper oxide ($YBa_2Cu_3O_{7-\square}$) bicrystals. Phys. Rev. Lett. 61 (1988) 219-22

[1657] Togano, K.; Kumakura, H.; Dietderich, D.R.; Maeda, H.; Kase, J.; Morimoto, T.; Ullmann, B.; Freyhardt, H.C.: in Lit. /4/ S. 165

[1658] Müller, G.; Klein, N.; Brust, A.; Chaloupka, H.; Hein, M.; Orbach, S.; Piel, H.; Reschke, D.: Survey of microwave surface impedance data of high-Tc superconductors - evidence for nonpairing charge carriers. J. Superconductivity 3 (1990) 235-42

[1659] Komarek, P.: Proceed. European Forum on Industrial Applications of Superconductivity (EISANS ´89), Caen, Sept. 21-22, 1989, S. 63

[1660] Krauth, H.; Heine, K.; Tenbrink, J.: in Lit. /4/ S. 29

[1661] Kato, Y.; Takei, T.: Permanent oxide magnet and its characteristics, J. Inst. Electr. Engrs Japan 53 (1933) 408

[1662] Jonker, G.H.; Wijn, H.P.J.; Stuijts, A.L.: Ferroxpalana, hexagonal ferromagnetic iron-oxide compounds for very high frequencies. Philips Tech. Rev. 37 (1956-1957) 145-154

[1663] Neckenburger, E.; Severin, H.; Vogel, J.K.; Winkler, G.: Ferrite hexagonaler Kristallstrustur mit hoher Grenzfrequenz. Z. Angew. Phys. 18 (1964) 65

[1664] Davis, L.E.: Status of microwave ferrite technology in Europe 1993 IEEE MTT-S International Microwave Symposium, Atlanta, Digest 1 (1993) 199-202

[1665] Webb, D.C.: Status offerrite technology in the United States. 1993 IEEE MTT-S International Microwave Symposium, Atlanta, Digest 1 (1993) 203-206

[1666] Murakami, Y.: Microwave ferrite technology in Japan: current status and future expectations. 1993 IEEE MTT-S International Microwave Symposium, Atlanta, Digest 1 (1993) 207-210

[1667] Bobeck, A.H.; Della Torre, E.: Magnetic bubbles. Series of monographs on selected topics in solid state physics, vol. 14, Wohlfarth, E.P. (Hrsg), Amsterdam: North Holland 1975

[1668] Beer, A.: Magnetkeramik. In: Handbuch der Keramik. Freiburg: Schmid 1972, Gruppe II J6, 1-7

[1669] Krupicka, S.: Physik der Ferrite und verwandter magnetischer Oxide. Braunschweig: Vieweg 1973
[1670] Krupicka, S.; Novak, P.: Oxide spinels. In: Ferromagnetic materials: A handbook on the properties of magnetically ordered substances, Vol. 3, Chapter 4, 189-304, Wohlfarth, E.P. (Hrsg) Amsterdam: North Holland 1982
[1671] Sugimoto, M.: Properties of ferroxplana-type hexagonal ferrites. In: idem ref. 10, vol. 3, chapter 6 (1982) 393-440
[1672] Slick, P.I.: Ferrites for non-mivrowave applications In: Ferromagnetic materials: A handbook on the properties of magnetically ordered substances, vol. 2, chapter 3 (1980) 189-241
[1673] Nicolas, J.: Microwave Ferrites In: Ferromagnetic materials: A handbook on the properties of magnetically ordered substances, vol. 2, chapter 4, (1980) 243-295
[1674] Gilleo, M.A.: Ferromagnetic insulators: Garnets In: Ferromagnetic materials: A handbook on the properties of magnetically ordered substances, vol. 2 chapter 1, (1980) 1-54
[1675] Kojima, H.: Fundamental properties of hexagonalferrites with magnefoplumbite structure In: Ferromagnetic materials: A handbook on the properties of magnetically ordered substances, vol. 3 (1982) 305-392
[1676] Stäblein, H.: Hardferrites and plastoferrites In: Ferromagnetic materials: A handbook on the properties of magnetically ordered substances, vol. 3 (1982) 441-602
[1677] Snelling, E.C.: Softferrites: properties and applisations 2nd edition, London: Butterworth 1988
[1678] Goldman, A.: Modernferrite technology New York: Van Nostrand Reinhold 1990
[1679] Brabers, V.A.M.: Progress in spinelferrite research. In: Handbook of magnetic materials, vol. 8, chapter 3, 189-324 Buschow, K.H.J. (Hrsg) Amsterdam: Elsevier Science 1995
[1680] Kramers, H.A.: L'interastion entre les atoms magnefogenes dans un cristal paramagnetique. Physica 1 (1934) 182-192
[1681] Anderson, P.W.: Antiferromagnetism. Theory of superexchange interastion Phys. Rev. 79 (1950) 350-356
[1682] Anderson, P.W.: New approach to the theory of superexchange interastions. Physical Review 115 (1959) 1-12
[1683] Anderson, P.W.: Exchange in Insolators In: Magnetism, vol. 1, 25-86, Rado, G.T.; Suhl, H. (Hrsgs) New York und London: Academic Press 1963
[1684] Gorter, E.W.: Saturation magnetization and crystal chemistry offerrimagnetic oxides II Philips Res. Repts 9 (1954) 321-365
[1685] Yafet, Y.; Kittel, C.: Antiferromagnetic arrangements inferrites. Phys. Rev. 87 (1952) 290-294
[1686] Guillaud, C.; Creveaux, H.: Proprietes ferromagnetiques des ferrites mixte de cobalt et de zinc et de manganese et de zinc. Compt. Rend. Acad. Sci. (Paris) 230 (1950) 1458-1460
[1687] Pauthenet, R.: Aimantation spontanee des ferrites Ann. de Phys. (Paris) 7 (1952) 710-747
[1688] Dionne, G.F.: Molecular-field coefficients of $MnFe_2O_4$. J. Appl. Phys. 63 (1988) 3777-3779
[1689] Brabers, V.A.M.: Comment on "Size-dependent Curie temperatures in nanoscale $MnFe_2O_4$ partisles. Phys. Rev. Lett. 68 (1992) 3133

[1690] Stijntjes, Th.G.W.; Roelofsma, J.J.: Low-loss powerferrites for frequencies up to 500 kHz. Advances in Ceramics 16 (1986) 493-499

[1691] Koops, C.G.: Dispersion of resistivity and dielectric constant of some semiconductors at audio-frequencies. Phys. Rev. 83 (1951) 121-124

[1692] Globus, A.: Some Physical considerations about the domain wall size theory of magnetization mechanisms J. de Physique Colloq. C1, 38 (1977) 1-15

[1693] Ross, E.; Hanke, J.; Moser, E.: Mangan-Zink-Ferrite mit Anfangspermeabilitäten bis über 20.000 and ihr Gefüge. Z. f. Angew. Physik 17 (1964) 504-508

[1694] Beer, A.; Schwarz, J.: Neue Ergebnisse über den Einfluss der Sinterbedingungen auf die Eigenschaften Don Mn Zn-Ferrites IEEE Trans. Magn. MAG-2 (1966) 470-472

[1695] Ross, E.: Magnetic properties and microstructure of high-permeability Mn-Znferrites In: Ferrites: Proceeding of the International Conference, Kyoto (1970) 203-209 Baltimore-London-Tokyo: University Park Press 1971

[1696] Perduijn, D.J.; Peloschek, H.P.: Manganese-zinsferrites with very high permeabilities. Proc. Brit. Ceram. Soc. 10 (1968) 263-273

[1697] Visser, E.G.; Roelofsma, J.J.; Aaftink, G.J.M.: Domain wall loss and rotational loss in highfrequency powerferrites. In: Proceedings of the 5th Int. Conf. on Ferrites, Bombay (1989) In: Crystal Properties and Preparation 27-30 (1989) 605-609

[1698] Knowles, J.E.: Permeability mechanisms in manganese-zinsferrites. J. de Physique, Colloq. C1, 38 (1977) 27-30

[1699] Johnson, M.T.; Visser, E.G.: A coherent model for the complex permeability in polycrystalline ferrites. IEEE Trans. Magn. MAG-26 (1990) 1987-1989

[1700] Rikukawa, H.: Relationship between microstructure and magnetic properties of ferrites containing closed pores. IEEE Trans. Magn. MAG-18 (1982) 1535-1537

[1701] Bongers, P.F.; den Broeder, F.J.A.; Damen, J.P.M.; Franken, P.E.C.; Stacey, W.T.: Defects, grain boundery segregation and secondary phases in relation to the magnetic properties. In: Ferrites. Proceedings of the ICF3, Kyoto (1980), 265-266. Dordrecht: Reidel Publishing Co. 1982

[1702] Sundahl, R.C.; Ghate, B.B.; Holmes, R.J.; Pass, C.E.: The grain boundery chemistry and magnetic properties of $Mn_{0,5}Zn_{0,42}Fe_{2,08}O_4$. In: Grain boundery phenomena in electronic ceramics, Adv. Ceram. 1 (1981) 502-602

[1703] Ruthner, M.J.; Richter, H.G.; Steiner, I.L.: Spray-roasted iron oxide for the production of ferrites In: Ferrites. Proceedings of the International Conference, Kyoto (1970) 75-78. Baltimore-London-Tokyo: University Park Press 1971

[1704] Ruthner, M.J.:The importance of hydrochloric acid regeneration prosesses for the industrial production offerric oxides and ferrite powders. In: Ferrites: Proceedings of the International Conference on Ferrites, Kyoto (198O)64-67. Dordrecht: Reidel Publishing Co. 1982

[1705] Ruthner, M.I.: Spray roasted iron oxides: the nature of minor impurities. Advances in Ceramics 15 (1985) 103-107

[1706] Wagner, U.: Aspects of the correlation between raw material and ferrite properties. Pt I, J. Magn. Magn. Mat. 4 (1977) 116-119 and Pt II, 23 (1981) 73-77

[1707] König, U.: Eisen (III) oxid als Rohstoff für magnetische Werkstoffe. Ber. Dtsch. Keram. Ges. 55 (1978) 220-223

[1708] Ries, H.B.: Modern mixing, grinding, pelletizing and extrusion procedures for the production of ferrites In: Ferrites. Proceedings of the International Conference on Ferrites (ICF6), Tokyo and Kyoto (1992) 146-152. Tokyo: The Japan Society of powder and powdermetallurgy 1992

[1709] Chol, G.:Influence of milled powder particle size distribution on the microstructure and electrical properties of Mn-Zn ferrites. J. Am. Ceram. Soc. 54 (1971) 34-39

[1710] Ruthner, M.J.:Fast reaction sintering prosess for the production of ferrites. J. de Physique, con C-1, 38 (1977) 311-315

[1711] Ruthner, M.J.: Microstrustural development of presintered ferrite powders using a short thermal treatment within a vertical furnace. In: Ferrites. Proceedings of the International Conference on Ferrites (ICF 6) Tokyo and Kyoto (1992) 40-44. Tokyo: The Japan Society of Powder and Powder Metallurgy 1992

[1712] Ochiai, T.; Okutarni, K.: Ferrites for high frequency power supplies. Advances in Ceramics 16 (1985) 447-456

[1713] Sato, T.; Morita, A.; Matsukawa, A.: A new power ferrite for high frequency switching power supplies. In: Proceedings of the 5th Int. Conf. on Ferrites, Bombay (1989).In: Crystal Properties and Preparation 27-30 (1989) 595-603

[1714] Wagner, C.: Fehlordnungerscheinungen in Ionengittern als Grundlage für Ionen- und Elektronenleitungen. Z. Tech. Physik 16 (1935) 327-331

[1715] Stuyts, A.L.: Control of microstrustures in ferrites. In: Ferrites: Proceedings of the International Conference, Kyoto (1970) 108-114. Baltimore: University Park Press 1970

[1716] Broese van Groenou, A.: Pressing of ceramic powders: a review of resent work powder Metallurgy. Int. 10 (1978) 206

[1717] Strijbos, S.: Phenomena at the powder-wall boundery during die compaction of a fine powder. Ceramurgia Int. 6 (1980) 119

[1718] Hirota, K.; Sugimura, M.; Hirota, E.:Hot-press ferrites for magnetic recording heads. Ind. Eng. Chem. Prod. Res. Dev. 23 (1984) 323

[1719] Rikukawa, H.; Sasaki, I.: On the sintering atmosphere of Mn-Zn ferrites Advances in Ceramics 15 (1985) 215-219

[1720] a) Akashi, T.; Sugano, I.; Kenmoko, Y.: Shinma, Y.; Tsuji, T.: Low-loss and high-stability Mn-Zn ferrites. In: Ferrites: Proceedings of the International Conference, Kyoto (1970) 183-186 Baltimore: University Park Press (1971)
b) Takada, T.; Kiyama, M.: Preparation of ferrites by wet method. In: Ferrites: Proceedings of the International Conference, Kyoto (1970) 69-71, Baltimore: University Park Press (1971)

[1721] a) Hirano, S.; Watanabe, J.; Naka, S.: Synthesis and properties of $CoFe_2O_4$ by hydrolysis of metal acetylasetonates. Advances in Ceramics 15 (1985) 65-71
b) Suwa, Y.; Tsutsuki, M.; Hirano, S.; Naka, S: Mössbauer spectra and cation distribution in manganese ferrite prepared by hydrolysis of metal acetylacetonates. Advances in Ceramics 16 (1985) 159-167

[1722] Jha, V.; Banthia, A.K.: Composites based on waste-ferrites as microwave absorber In: Proceedings of the 5th Int. Conf. on Ferrites, Bombay (1989). In: Crystal properties and preparation 27-30 (1989) 961-965

[1723] Kronmüller, H.: Nachwirkungen in Ferromagnetica. Berlin-Heidelberg-New York: Springer

[1724] Walz, F.; Brabers, V.A.M.; Kronmüller, H.: Analysis of magnetite and related ferrites by means of magnetic after-effect-spectra. J. de Physique IV, 7 coll. C1 (1997) 569-573

[1725] Broese van Groenou, A.; Bongers, P.F.; Stuyts, A.L.: Magnetism, microstructure and crystal chemistry of spinel ferrites. Mater. Sci. Eng. 3 (1968-69) 317

[1726] König, U.; u.a.: Weichmagnetische Ferrite mit besonderen Eigenschaften. Bericht BMFT-F-B T 77-16. Bonn: Bundesministerium für Forschung und Technology 1977

[1727] Röss, E.: Manufacturing problems and quality assurance in the production of soft ferrites. Advances in Ceramics, 15 (1985) 39-49

[1728] Chol, G.; Aubaille, J.P.: Influence of the mixing methods and duration on the Physical and electrical properties of high quality manganese zinc ferrite. In: Ferrites. Proceedings of the International Conference on Ferrites, Kyoto (1970) 203-209. Baltimore: University Park Press 1971

[1729] Carpay, F.M.S.: Discontinuous grain growth and pore drag. J. Am. Ceram. Soc. 60 (1977) 82-83

[1730] Yan, M.F.; Johnson, D.W.: Impurity-indused exaggerated grain growth in Mn-Zn ferrites. J. Am. Ceram. Soc. 61 (1978) 342-349

[1731] Drofenik, M.; Znidarsic, A.; Zajc, I.: Highly resistive grain bounderies in doped Mn-Zn ferrites for high frequency power supplies. J. Appl. Phys. 82 (1997) 333-340

[1732] Drofenik, M.; Besenicar, S.; Limpet, M.; Gardasevic, V.: Influence of the dimensions of Mn-Zn ferrite samples on their microstructural and magnetic properties. Advances in Ceramics 15 (1985) 229-236

[1733] Guillaud, C.: The properties of manganese-zins ferrites and the physical processes governing them. Proc. Inst. El. Eng. 104 B (1957) 165-173

[1734] De Lau, J.G.M.: Influence of chemical composition and microstructure on high frequency properties of Ni-Zn-Co ferrites Phil. Res. Repts Suppl. No 6 (1975) 1-117

[1735] De Lau, J.G.M.; Broese van Groenou, A.: High-frequency properties of Ni-Zn-Co ferrites in relation to iron content and microstructure. J. de Phys. Coll. C1, 38 (1977) 17-22

[1736] Heynes, D.W.; Dawson, W.M.: The effect of Fe on magnetic and mechanical properties of Mg-Zn ferrites In: Digests of the Sixth International Conference on Ferrites, Tokyo (1992) 100. Tokyo: The Japan Society of Powder Metallurgy 1992

[1737] Ikegami, K.; Masuda, H.; Maeda, T.: Low loss Mg-Mn-Zn ferrite for deflection yoke. J. de Physique IV, 7, Colloque C1 (1997) 145-146

[1738] Ohiai, T.: Current status of soft ferrites in Japan. J. de Physique IV, 7 Colloque C1 (1997) 27-31

[1739] Araki, T.; Morinaga, H.; Kobayashi, K-I.; Oomura, T.; Sato, K.: Low loss Ni-Zn-Cu ferrite for deflection yoke. In: Ferrites: Proceedings of the Sixth International Conference on Ferrites Tokyo-Kyoto (1992) 1185-1188. Tokyo: The Japan Society of Powder and Powder Metallurgy 1992

[1740] Kobayashi, K-I.; Morinaga, H.; Araki, T.; Naka, Y.; Oomura, T. Low loss Ni-Zn-Cu ferrite for deflection yoke. J. Magn. Magn. Mat. 104-107 (1992) 413-414

[1741] Nomura, T.; Nakano, A.: New Evolution of multilayer chip components. In: Ferrites: Proceedings of the Sixth International Conference on Ferrites Tokyo-Kyoto (1992) 1198-1201.Tokyo: The Japan Society of Powder and Powder Metallurgy 1992

[1742] Stijntjes, Th.G.W.; Klerk J.; Broese van Groenou, A.: Permeability and conductivity of Ti-substituted MnZn-ferrites. Philips Res. Repts 25 (1970) 95-107

[1743] Gallagher, P.K.; Gyorgy, E.M.; Johnson, D.W.; Robbins, M.; Vogel, E.M.: Preparation of Mn-Zn ferrites haring a low temperature coefficient of permeability. Comm. Am. Ceram. Soc. 66 (1983) 110-111

[1744] Vogel, E.M.; Gyorgy, E.M.; Johnson, D.W.; Sherwood, R.C.: The dependence of the critical field on the indused anisotropy in Ni-Zn-Co ferrites. Advances in Ceramics 16 (1986) 131-138

[1745] Besenicar, S.; Drofenik, M.; Kosmac, T.; Krasevec, V.: Magnetic and mechanical properties of ZrO_2 doped NiZn ferrites. IEEE Trans. Magn. MAG 24 (1988) 1838-1840

[1746] Otsuki, E.: Nanostructures and magnetic properties of Mn-Zn ferrites In: Ferrites: Proceedings of the Sixth International Conference on Ferrites, Tokyo-Kyoto (1992) 59-64 Tokyo: The Japan Society of Powder and Powder Metallurgy 1992

[1747] Mochizuki, T.: Relations between microstructures and core loss in Mn-Zn ferrites for power applications. In: Ferrites: Proceedings of the Sixth International Conference on Ferrites, Tokyo Kyoto (1992) 53-58. Tokyo: The Japan Society of Powder and Powder Metallurgy 1992

[1748] Ishino, K.H.; Satoh, Y.; Takahashi, K.; Iwasaki, K.; Obata, N.:A low-loss ferrite for high frequency switching power supplies. In: Ferrites: Proceedings of the Sixth International Conference on Ferrites. Tokyo-Kyoto (1992) 1173-1176. Tokyo: The Japan Society of Powder and Powder Metallurgy 1992

[1749] Znidarsic, A.; Limpel, M.; Drazic, G.; Drofenik, M.: Microstructural control in low-loss power ferrites. In: Ferrites: Proceedings of the Sixth International Conference on Ferrites Tokyo-Kyoto (1992) 333-336. Tokyo: The Japan Society of Powder and Powder Metallurgy 1992

[1750] Paulus, M.; Hamelin, A.:Croissance des cristaux de ferrite de manganese. J. Cryst. Growth 3-4 (1968) 500-503

[1751] Drofenik, M.; Besenicar, S.; Kolar, F.: Influence of BaO additions on the microstructure and magnetic properties of Co-Ni, Zn ferrites. Bull. Am. Ceram. Soc. 63 (1984) 699-70

[1752] Hirota, K.; Fujimoto, Y.; Watanabe, K.; Sugimura, M.: Hig-B Mn-Zn ferrite with improved mechanical strength. Advances in Ceramics 15 (1986) 385-392

[1753] Aderskööld, V.: X-ray studies on magneto-plumbite $Pb_{0,6}Fe_2O_3$, and other substances resembling "beta alumina" Na_2O Al_2O_3. Ark. Kemi Mineral. Geol. 12A (1938) 29: 1-9

[1754] Gerber, R.; Simsa, Z., Jensovsky, L.: A note on the magnetoplumbite crystal structure. Czechoslovak J. of Phys. 44 (1994) 937-940

[1755] Gorter, E.W.: Saturation magnetization of some ferrimagnetic oxides with hexagonal crystal structures. Inst. El. Eng. 104B, suppl. 5 (1957) 257-260

[1756] Isalgue, A.; Labarta, A.; Tejada, J.; Obradors, X.: Exchange interactions in $BaFe_{12}O_{19}$. Appl. Phys. A39 (1986) 221-225

[1757] Obradors, X.; Collomb, A.; Pernet, M.; Samaras, D.; Joubert, J.C.: X-ray analysis of the structural and dynamic properties of $BaFe_{12}O_{19}$ hexagonal ferrite at room temperature. J. Solid State Chem. 56 (1985) 171-181

[1758] Shirk, B.T.; Buessem, W.R.: Temperature dependence of M_s and K_1 of $BaFe_{12}O_{19}$ and $SrFe_{12}O_{19}$ single crystals. J. Appl. Phys. 40 (1969) 1294-1296

[1759] Pauthenet, R.; Rimet, G: Variations thermiques des constantes d'anisotropie et de l'aimantation spontanee de la magnetoplombite. Compt. Rend. Acad. Sci. (Paris) 249 (1959) 1875-1877

[1760] Taguchi, H.; Takeishi, T.; Sawa, K.; Masuzawa, K.; Minachi, Y.:High energy ferrite magnets. J. de Physique IV, 7 colloque C1, 38 (1997) 311-312

[1761] Ram, S.: Crystallization of $BaFe_{12}O_{19}$ hexagonal ferrite with an aid of B_2O_3 and the effects on microstructure and magnetic properties useful for permanent magnets and magnetic recording devices. J. Magn. Mat. 82 (1989) 129-150

[1762] Craik, D.J.; Hill, E.W.: Coercivity mechanisms in oxide magnets. J. de Physique, Coll. C1, 38 (1977) 39-41

[1763] Kools, F.: Factors governing the coersivity of sintered anisotropic M-type ferrite. J. de Physique, Coll. C6, 38 (1985) 349-354

[1764] Schippan, R.; Hempel, K.A.: Measurements on microscopic Barium ferrite single crystals using a vibrating reed magnetometer. J. Appl. Phys. 53 (1982) 7867-7869

[1765] Schippan, R.; Hempel, K.A.: The influence of micro structural properties on the coersivity of presintered strontium ferrite. Advances in Ceramics 16 (1985) 579-584

[1766] Esper, F.J.; Kaiser, G.: Gitterfehlstellen und Koerzitivfeldstärke von Hartferriten. Ber. Dtsch. Keram. Ges. 55 (1978) 294-295

[1767] Heimke, G.: Verfolgung der Mahlwirkung verschiedenen Mühlentypen durch magnetische Messungen. Ber. Dtsch. Keram. Ges. 39 (1962) 326-330

[1768] Richter, H.G.: Über den Einfluss der Feinzerkleinerung auf die Koerzitivfeldstärke von Ba- und Sr-Ferrit. DEW-Tech. Ber. 8 (1968) 192-208

[1769] Harada, H.: Magnetic properties of hard ferrite including boric acid and silica. In: Ferrites. Proceedings of the ICF 3, Kyoto (1980) 354-355. Dordrecht: Reidel Publishing Co. 1982

[1770] Kools, F.: Mechanism of grain growth impediment in strontium hexaferrite with silica addition. Advances in Ceramics 15 (1985) 177-185

[1771] Chien, Y.; Ko, Y.: The effect of silica characterization on the microstrusture of $BaFe_{12}O_{19}$ ferrites. J. Mat. Sci. 25 (1990) 1711-1714

[1772] Kojima, H.; Goto, K.; Miyakawa, C.: A few experimental results on M-type hexaferrite. In: Ferrites. Proceedings of the ICF 3, Kyoto (1980) 335-340. Dordrecht: Reidel Publishing Co 1982

[1773] Kaneko, Y.; Kitajama, K.; Takusagawa, N.: Effects of CaO and SiO_2 addition on microstruture and instrinsic coersivity of sintered Sr-ferrite. J. Ceramic Soc. of Japan 100 (1992) 1435-1459

[1774] Benicar, S.; Drofenik, M.; Kolar, D.: Sintering and microstructure development of Sr hexaferrites. In: Proceedings of the 5th Int. Conf. on Ferrites, Bombay (1989). In: Crystal Properties and Preparation 27-30 (1989) 163-168

[1775] Benicar, S.; Kosmac, T.; Drofenik, M.: Influence of ZrO_2 additions on magnetic and mechanical properties of Sr-ferrite. British Ceramic Trans. and Journal 86 (1987) 44-46

[1776] Haberey, F.: Glasbildung durch SiO_2-Zusatz bei der Herstellung von Ba- und Sr-hexaferrites. Ber. Dtsch. Keram. Ges. 55 (1978) 297-301

[1777] Kools, F.; Klerk, J.; Franken, P.E.C.; den Broeder, F.J.A.; Haberey, F.: The effects of silica addition on the microstructure of $SrFe_{12}O_{19}$ ferrites. Science of Ceramics 10 (1980)

[1778] van den Broek, C.A.M.; Stuijts, A.L.: Ferroxdure. Philips Technical Review 37 (1977) 157-175

[1779] Haneda, K.; Kojima, H.: Intrinsic coercivity of substituted $BaFe_{12}O_{19}$. Jap. J. Appl. Phys. 12 (1973) 355

[1780] Turrilli, G.; Paoluzi, A.; Lucenti, M.: Surface doping with Al in Ba Hexaferrite powders. J. Magn. Magn. Mat. 97 (1991) 338-342

[1781] Esper, F.J.; Kaiser, G.: Verringerte Temperaturabhängigkeit der Sättigungsmagnetisierung bei Oxid-magneten. Int. J. Magnetism 3 (1972) 189-195

[1782] Albanese, G.: Resent advances in hexagonal ferrites by use of nuclear spectroscopic methods. J. de Physique, Colloq. C1, 38 (1977) 85-94

[1783] Stäblein, H., Einfluss von Siliziumdioxid auf das Gefüge von $BaO{\cdot}nFe_2O_3$-Magneten. cfi/Ber. Dtsch. Keram. Ges. 55 (1978) 292-293

[1784] Wullkopf, H.:Einflussgrössen auf die Reaktionskinetik von Strontiumhexaferrit. Ber. Dtsch. Keram. Ges. 55 (1978) 69-72

[1785] Esper, F.J.: Microstructure of hard ferrites and their magnetic properties. J. de Physique, Coll. C1 38 (1977) 69-72

[1786] Heimke, G.: Die Koezitivfeldstärke von Bariumferritpulvern. Z. Angew. Phys. 15 (1963) 271-272

[1787] Ebeling, R.; Krause, A.: Koerox, P. Ein kunststoffgebunderner Dauermagnetwerkstoff. Techn. Mitt. Krupp 40 (1982) 93-98

[1788] Esper, F.J.; Kaiser, G.: Hartferrit-Dauermagnete. Bosch Techn. Ber. 4 (1977) 308-314

[1789] Marx, R.: Moderne keramische Werkstoffe für ästhetische Restaurationen - Verstärkung und Bruchzähigkeit. Dtsch. Zahnärztl. Z. 48 (1993) 229-236

[1790] Richter, E.-J.; Spiekermann, H.: Prothetische Versorgung. In: Praxis der Zahnheilkunde, Bd. 13: Implantologie, Koeck B., Behneke A. (Hrsg.). Urban und Schwarzenberg, München (1996), S. 221-263

[1791] Haessler, D.; Foitzik, C.; von Mallinckrodt, D.: Orthograder Wurzelkanalverschluß mit Keramikstiften aus Zirconoxid. Dtsch. Zahnärztl. Z. 42 (1987) 1035-1038

[1792] Edelhoff, D.; Yildirim, M.; Fischer, H.; Spiekermann, H.; Rübben, A.: Wurzelstifte und individuelle Stiftaufbauten aus Keramik - Erste klinische Erfahrungen mit dem CosmoPost-System. Quintessenz 49 (1998) 257-265

[1793] Yildirim, M.; Hanisch, O.; Spiekermann, H.: Simultaneous hard and soft tissue augmentation for implant-supported single-tooth restoration. The Implant Report 9 (1997) 1023-1032

[1794] Bishara, S.E.; Fehr, D.E.: Ceramic brackets: something old, something new, a review. Sem. Orthodont 3 (1997) 178-188

[1795] Spiekermann, H.: Zahnärztliche Implantalogie. Stuttgart: Thieme (1994)

[1796] Jahnke, K.: Neue Keramik-Imlantate zur Rekonstuktion der Gehörknöchelchen-Kette. Laryngo-Rhino-Otologie 71 (1992) 1-4

[1797] Geyer, G.: Materialien zur Rekonstruktion des Schalleitungsapparats. HNO 47 (1999) 77-91

[1798] Allain, J.; Le Mouel, S.; Goutallier, D.; Voisin, M.C.: Poor eight-year survival of cemented zirconia-polyethylene total hip replacements. J Bone Joint Surg 81-B (1999) 835-842

[1799] Willmann, G.: Medical grade hydroxyapatite: state of the art. British Ceram Trans 95 (1996) 212-216

[1800] Graf, T.; Fischer, H.; Reul, H.; Rau, G.: Cavitation potential of mechanical heart valve prostheses. Int J Artif Org 14 (1991) 169-174

[1801] Hench, L.L.; Wilson, J.: An introduction to bioceramics. World Scientific (1993), Singapore

[1802] Willmann, G.: Überlebensrate und Sicherheit von keramischen Kugelköpfen für Hüftendoprothesen. Materialwiss Werkst 29 (1998) 595-604

[1803] Körber, K.H.; Ludwig, K.: Maximale Kaukraft als Berechnungsfaktor zahntechnischer Konstruktionen. Dent. Labor 31 (1983) 55-60

[1804] Kelly, J.R.; Nishimura, I.; Campbell, S.D.: Ceramics in dentistry: Historical roots and current perspective. J Prosthet Dent 75 (1996) 18-32

[1805] Marx, R.; Tinschert, J.; Fischer, H.: Subcritical crack growth of dental ceramic materials. In: Stallforth H, Revell P (eds.), Materials for Medical Engineering, Vol. 2. Wiley-VCH, Weinheim (2000), pp. 116-119

[1806] Denry, I.L.; Rosenstiel, S.F.; Holloway, J.A.: Characterization of crystalline leucite in feldspatic dental porcelains. J. Dent. Res. 73 (1994) 369

[1807] Weinstein, M.; Katz, S.; Weinstein, A.B.: Fused porcelain-to-metal teeth. US Patent No. 3 052 983 (1962)

[1808] Fischer, H.; Marx, R.: Mechanische Eigenschaften von Empress 2. Acta Med. Dent. Helv 4 (1999) 141-145

[1809] Claus, H.: Vita In-Ceram, ein neues Verfahren zur Herstellung oxidkeramischer Gerüste für Kronen und Brücken. Quintessenz Zahntech. 16 (1990) 35

[1810] Yashimura, M.: Phase stability of zirconia. Bull. Amer. Ceram. Soc. 67 (1988) 1950-1955

[1811] Drouin, J.M.; Cales, B.; Chevalier, J.; Fantozzi, G.: Fatigue behavior of zirconia hip joint heads: experimental results and finite element analysis. J. Biomed. Mater. Res. 34 (1997) 149-155

[1812] Willmann, G.: Y-TZP Zirconia: Some references. MT-W Bericht CeramTec. CeramTec AG, Plochingen (1999)

[1813] Hulm, B.J.; Evans, W.J.: Evaluation of cyclic fatigue life of 3-mol%-yttria-stabilized zirconia bioceramic using biaxial flexion. J. Am. Ceram. Soc. 83 (2000) 321-328

[1814] Cales, B.; Peille, C.N.: Radioactive properties of ceramic hip joint heads. In: Bioceramics, Heimke G (Hrsg.). DKG, Köln (1990)

[1815] ISO/DIS 13356.2 (1996). Implants for surgery - Ceramic materials based on yttria-stabilized tetragonal zirconia (Y-TZP). International Organisation for Standardization

[1816] ISO 4824 (1997). Dentistry - Ceramic denture teeth. International Organization for Standardization, Genf

[1817] NN (1994). Gesetz über Medizinprodukte (Medizinproduktegesetz MPG). BGBl I S. 1963 vom 02.08.1994

[1818] Special Ceramics, Vol. 1-6. Popper, P. (Hrsg.). London: Academic Press; Stoke-on-Trent: British Ceramic Society 1960-1975

[1819] Special Ceramics, Vol. 7. Taylor, D; Popper, P. (Hrsg.). Stoke-on-Trent: British Ceramic Society, Proc. Nr. 31 (1981)

[1820] Kieffer, R.; Benesovsky, F.: Hartstoffe. Wien: Springer 1963

[1821] Storms, E.K.: The refractory carbides. London: Academic Press 1967

[1822] Toth, L.E.: Transition metal carbides and nitrides. London: Academic Press 1971

[1823] Almond, E.A.; Brookes, C.A.; Warren, R. (Hrsg.): Science of Hard Materials, Proc. Intern. Conf. Sci. Hard Materials 2, Rhodos, 23.-28. September 1984, Inst. of Physics Conf. Series No. 75, Adam Hilger, Bristol, Boston (1986), 1091 S.

[1824] Freer, R., (Hrsg.): The Physics and Chemistry of Carbides, Nitrides and Borides, NATO ASI Series E: Applied Sciences, Vol. 185, Kluwer Academic Publ., Dordrecht, Boston, London (1990), 734 S.

[1825] Sarin, V.K. (Hrsg.): Science of Hard Materials, Proc. Intern. Conf. Sci. Hard Materials 3, Nassau, 9.-13. November 1987, Elsevier Applied Science, London, New York (1987), 584 S.

[1826] Brookes, C.A.; Warren, R. (Hrsg.): Intern. Conf. Sci. Hard Materials 1991, ICSHM4, Madeira, 11.-15. November 1991, Inst. of Physics Publ., Bristol, Philadelphia (1994), 742 S.

[1827] Riedel, R. (Hrsg.): Handbook of Ceramic Hard Materials, Wiley-VCH, Weinheim (2000)

[1828] Bundy, F.P.: Direct conversion of graphite to diamond in static pressure apparatus. J. Chem. Physics 38 (1963) 631-643

[1829] Davies, G.J.: Diamond, Adam Hilger, Bristol (1984) Chapter 4

[1830] Bundy, F.P.: Diamond synthesis with nonconventional catalyst-solvents. Nature 241 (1973) 116-118

[1831] Davies, G.J.; Evans, T.: Proc. Royal Soc. Lond., A 328 (1984) 413-427

[1832] Strong, H.M.: Early diamond making at General Electric. Am. J. Phys. 57 (1989) 794-802

[1833] Sigalas, I.; Caveney, R.J. (Hrsg.): Diamond Materials and their Applications, in: Riedel, R., (Hrsg.) Handbook of Ceramic Hard Materials, Vol. 2, Chapter 1, Wiley-VCH, Weinheim (2000) 479-520

[1834] Davies, G.J.: The Crystallization of Diamond, in: Riedel, R., (Hrsg.) Handbook of Ceramic Hard Materials, Vol. 2, Chapter 1.2, Wiley-VCH, Weinheim (2000) 485-510

[1835] Boehm, H.P.; Hoffmann, U.: Die rhomboedrische Modifikation des Graphits. Z. Aorg. Alg. Chem. 278 (1955) 58-77, 299

[1836] Jeitner, F.; Nedopil, E.; Vohler, O.: Elektrographit, seine Herstellung und Eigenschaften. Ber. Dtsch. Keram. Ges. 41 (1964) 135-142

[1837] Jeitner, F.; Nedopil, E.; Vohler, O.: Elektrographit, ein keramischer Werkstoff. Ber. Dtsch. Keram. Ges. 41 (1964) 166-177

[1838] Vohler. O.; u.a.: Neuartige Kohlenstoffe. Angew. Chem. 82 (1970) 401-412

[1839] Böder, H.: Kohlenstoffprodukte aus unschmelzbaren Polymeren. Sprechsaal 114 (1981) 104-109

[1840] Delle, W.; Koizlik, K.; Nickel, H.: Graphitische Werkstoffe für den Einsatz in Kernreaktoren, Teil 1: Pyrolytisch abgeschiedener Kohlenstoff. München: Thiemig 1979

[1841] Lersmacher, B.; Lydtin H.; Knippenberger, W.F.: Glasartiger Kohlenstoff. Chem.-Ing.-Tech. 42 (1970) 659-669

[1842] Böder, H. u.a.: Kohlenstoffasern: Herstellung, Eigenschaften, Verwendung. Z. Werkstofftech. 11 (1980) 659-669

[1843] O´Connor, J.R.; Smiltgens, J. (Hrsg.): Silicon carbide. Oxford: Pergamon 1960

[1844] Marshall, R.C.; Faust, J.W.; Ryan, C.E. (Hrsg.): Silicon Carbide (1973). Columbia: University of South Carolina Press 1974

[1845] Wecht, E.H.P.: Feuerfest-Siliziumcarbid (Applied Mineralogy, 11). Wien, New York: Springer 1977

[1846] Kriegesmann, J.: Siliciumcarbid. In: Technische keramische Werkstoffe, Kapitel 4.3.2.0, Dtsch. Keram. Ges. und Deutscher Wirtschaftsdienst (Hrsg.) (Lose-Blatt-Sammlung), 4.Erg.Lfg. (1991) 1-47

[1847] Schwetz, K.A.: Silicon Carbide Based Hard Materials, Chapter 5 in: Riedel, R., (Hrsg.) Handbook of Ceramic Hard Materials, Wiley-VCH, Weinheim (2000) 683-748

[1848] Telle, R.: Boride and Carbide Ceramics, Chapter 4 in: Cahn, R.W.; Haasen, P.; Kramer, E.J,. (Hrsg.), Material Science and Technology – A Comprehensive Treatment, Vol. 11: Structure and Properties of Ceramics, Swain, M.V. (Band-Hrsg.), Verlag Chemie Weinheim (1994) 173-266

[1849] Cowless, A.H.; Cowless, E.H.: U.S. Patent 319 945, (1885)

[1850] Moisson, H.: C. R. Acad Sci. 118, 556, (1899)

[1851] Acheson, E.G.: Br. Patent 17911, (1892)

[1852] Acheson, E.G.: U.S. Patent 402767, (1893)

[1853] Acheson, E.G.: J. Franklin Inst., 9 (1893) 278–289

[1854] Schützenberger, P.: C. R. Acad. Sci. 92, 1508; 114, 1089, (1893),

[1855] Ramsdell, L.S.: Silicon Carbide.Am. Min. 32 (1947) 64-82

[1856] Ryan, C.E.; Marshall, R.C.; Hawley, J.J.: (1968), in: Anisotropy in single-crystal refractory compounds 1, Proc. Int. Symp. 13-15 June, 1967, Dayton OH: Vahldiek, F. E., Mersol, S. A. (Eds.). New York: Plenum, pp. 177-195

[1857] Jagodzinski, H.: Fehlordnungserscheinungen und ihr Zusammenhang mit der Polytypie des SiC. N. Jb. Mineral. Mh. (1954) 49-65

[1858] Ruska, J.; Gauckler, J.L.; Lorenz, J.; Rexer, H.U.: The quantitative calculation of silicon carbide polytypes from measurements of x-ray diffraction peak intensities. J. Mater.Sci. 14 (1979) 2013-17

[1859] Bind, J.M.: Contribution of the ionic bonding to the thermal stability of SiC polytypes. Mat. Res. Bull. 14 (1979) 1173-1179

[1860] Verma, A.J.; Krishna, P.: Polymorphism and Polytypism in Crystals. New York: Wiley (1966)

[1861] Heine, V.; Cheng, Ch.; Needs, R.J.: The preference of silicon carbide for growth in the metastable cubic form. J. Am. Ceram. Soc. 74 (1991) 2630-33

[1862] Kleykamp, H., Schumacher, G.: The constitution of the silicon-carbon system. Ber. Bunsengesellschaft für Physikalische Chemie 97 (1993) 799-805

[1863] Scace, R.I.; Slack, G.A.: The Si-C and Ge-C phase diagrams. In: 87-159, 24-30

[1864] Massalski, T.B. (Ed.): Binary Alloy Phase Diagrams, Vol. 1: Alloys; Vol. 2: Phase Diagrams. Materials Park, OH: ASM Int. (1990)

[1865] Poch, W.; Dietzel, A.: Die Bildung von Siliziumkarbid aus Siliziumdioxid und Kohlenstoff. Ber. Dtsch. Keram. Ges. 39 (1962) 413-426

[1866] Müller, M.B.; Olsen, S.E.; Tuset, J.Kr.: Heat and mass transfer in the ferrosilicon process. Scand. J. Metall. 1 (1972) 145-155

[1867] Miller, P.D.; Lee, J.G.; Cutler, I.B.: The reduction of silica with carbon and silicon carbide. J. Am. Ceram. Soc. 62 (1979) 147-149

[1868] Schei, A., Larsen, K.: A stoichiometric model of the ferrosilicon process. Electr. Furn. Conf. Proc. 39 (1981) 301-9

[1869] Filsinger, D.H.; Bourrie, D.B.: Silica to silicon: key carbothermic reactions and kinetics. J. Am. Ceram. Soc. 73 (1990) 1726-32
[1870] Baukloh, W.; Durrer, R.: Primary reaction of metallic oxides with solid carbon. Z. Anorgan. Chemie (1935) 189-200
[1871] Mehrwald, K.-H.: History and economic aspects of industrial silicon carbide manufacture. Ceram. Forum Int./Ber. Dtsch. Keram. Ges. 69 (1992) 72-81
[1872] Prener, J.S.: US Patent 3085863 (1960)
[1873] Prochazka, S.: Final Report SRD 72-171, General Electric, Schenectady NY (1972)
[1874] Schwetz, K.-A.; Lipp, A.: Herstellung und Eigenschaften unltrafeiner ß-SiC-Sinterpulver. Radex-Rundschau 2 (1978) 479-498
[1875] Lee, J.G.; Cutler, I.B.: Formation of silicon carbide from rice hulls. Am. Ceram. Soc. Bull. 54 (1975) 195-198
[1876] Krishnarao, R.V., Godkhindi, M. M., Mukunda, P. G. I., Chakraborty, M.: Direct pyrolysis of raw rice husks for maximization of silicon carbide whisker formation. J. Am. Ceram. Soc. 74 (1991) 2869-75
[1877] Popper, P.; Davies, D.G.S.: The preparation and properties of self-bonded silicon carbide. Powder Met. 8 (1961) 113-27
[1878] Prochazka, S.: Sintering of silicon carbide. In: Ceramics for high performance applications. Burke, J.J.; Gorum, A.E.; Katz, R.N. (Hrsg.). Chestnut Hill (Mass.): Brook Hill 1974, 239-252
[1879] Coppola, J.A.; McMurtry, C.H.: Substitution of ceramics for ductile materials in design. National symposium on „Ceramics in the service of man". Washington, D.C.: Carnegie Institution 1976
[1880] Prochazka, S.: Sintering of silicon carbide. Mater. Sci. Res. 9 (1975) 421-431
[1881] Prochazka, S.: The Sintering Process for Silicon Carbide: A Review, General Electric Corp. Res. and Dev. Center Technical Information Series, Report No. 81CRD314, Schenectady, NY (1981)
[1882] Shaffer, P.T.B.: Silicon carbide phase in the system silicon carbide-boron carbide-carbon
Mater. Res. Bull. 4 (1969) 213-219
[1883] Vodakohov, Y.A., Mokhov, K.N.: in: Proc. 3rd Int. Conf. Silicon Carbide, Miami, FL, Sept. 1973: Westerville, OH: Am. Ceram. Soc
[1884] Hong, J.D.; Hon, M.H.; Davis, R.F.: Self-diffusion in alpha and beta silicon carbide. Ceramurgia Int. 5 (1979) 155-160
[1885] Hon, M.H.; Davis, R.F.; Newbury, D.E.: Self-diffusion of silicon-30 in polycrystalline β -silicon carbide. J. Mater. Sci. 15 (1980) 2073-80
[1886] Birnie III, D.P.: A Model for Silicon Self-Diffusion in Silicon Carbide : Anti-Site Defect Motion. J. Am. Ceram. Soc. 69 (1986) C-33-C35
[1887] Suzuki, H.; Hase, T.: in: Proc. Conf. Factors in Densification of Oxide and Nonoxide Ceramics, Japan (1979): Somiya, S., Saito, S. (Eds.). p. 345
[1888] Suzuki, H.; Hase, T.; Maruyama, T.: Effect of carbon on sintering of boron carbide. Yogyo Kyokai Shi 87 (1979) 430-33
[1889] Wroblewska, G.H.; Nold, E.; Thümmler, F.: The role of boron and carbon additions on the microstructural development of pressureless sintered silicon carbide. Ceram. Int. 16 (1990) 201-209
[1890] Telle, R.: (1990) in: The Physics and Chemistry of Carbides, Nitrides, and Borides, Proc. NATO Adv. Res. Workshop, Manchester 18-22 Sept. 1989, NATO ASI Series E, Applied Science, Vol. 185: Freer, R. (Ed.). Dordrecht: Kluwer, pp. 249-268

[1891] Lange, F.F.; Gupta, T.K.: Sintering of SiC with boron compounds. J. Am. Ceram. Soc. 59 (1976) 537-538

[1892] Böcker, W.; Landfermann, H.; Hausner, H.: Sintering of alpha silicon carbide with additions of aluminum. Powder Metall. Int. 10 (1978) 83-85

[1893] Tajima, Y.; Kingery, W.D.: Grain-boundary segregation in aluminum-doped silicon carbide. J. Mater. Sci. 17 (1982) 2289-97

[1894] Tajima, Y.; Kingery, W.D.: Solid solubility of aluminum and boron in silicon carbide. J. Am. Ceram. Soc. 65 (1982) C27-C29

[1895] Lancin, M.: Phase transformation $\beta \rightarrow \alpha$ in sintered silicon carbide involving feathers formation. Part 1. Microstructure. J. Mater. Sci. 19 (1984) 4077-86

[1896] Stutz, D.H.; Prochazka, S.; Lorenz, I: Sintering and microstructure formation of □ -silicon carbide. J. Am. Ceram. Soc. 68 (1985) 479-82

[1897] Lancin, M.; Anxionnaz, F.; Thibault-Desseaux, J.; Stutz, D.; Greil, P.: $\beta \rightarrow \alpha$ Phase transformation in sintered silicon carbide involving feather formation. Part 2. Microstructure of hot-pressed SiC. J. Mater. Sci. 22 (1987) 1150-56

[1898] Thümmler, F.: Sintering and high temperature properties of Si_3N_4 and SiC. Mater. Sci. Res. 13 (1980) 247-277

[1899] Alliegro, R.A.; Coffin, L.B. Jr.; Tinklepaugh, J.R.: Pressure-sintered silicon carbide. J. Am. Ceram. Soc. 39 (1956) 386-89

[1900] Cutler, R.A.; Jackson, T.B.: in: Proc. 3rd Int. Symp. Ceramic Materials Components for Engines: Tennery, K. J. (Ed.). Westerville, OH: Am. Ceram. Soc. Inc., pp. 309-318 (1988)

[1901] Omori, M.; Takei, H.: Pressureless sintering of SiC. J. Am. Ceram. Soc. 65 (1982) C-92

[1902] Kostič, E., Sintering of SiC in the presence of oxide additions. Powder Met. Int. 20 (1988) 28-29

[1903] Böcker, W.; Hamminger, R.: High performance ceramics - advancements in sintering of covalent high-performance ceramics. Interceram 40 (1991) 520-525

[1904] van Dijen, F.K.; Mayer, E.: Liquid phase sintering of silicon carbide. J. Eur. Ceram. Soc. 16 (1996) 413-420

[1905] Wolf, C.; Hübner, H.; Adler, J.: Mechanical behaviour of pressureless sintered SiC at high temperatures. 3rd Euro-ceramics, Vol. 3, Duran, P., and Fernandez, J.F., (Hrsg.), Faence Editrice Iberica, Castellon, Spanien(1993) 465-470

[1906] Chia, K.Y., Lau, S.K., High toughness silicon carbide. Ceram. Eng. Sci. Proc. 12 (1991) 1845-1861

[1907] Wiedmann, I.; Nader, M.; Hoffmann, M.; Aldinger, F.: in: Werkstoffwoche ´96, Symposium 7: Materialwissenschaftliche Grundlagen, Aldinger, F.; Mughradbi, H. (Hrsg.), DGM Informationsges., Oberursel (1997) 515-520

[1908] Padture, M.P.: In situ toughened SiC. J. Am. Ceram. Soc. 77 (1994) 519-523, 2518-2522

[1909] Rixecker, G.; Wiedmann I.; Aldinger, F.: Flüssigphasensintern von SiC mit oxinitridischen Zusätzen, in: Keramische Werkstoffe", 61. Erg.Lfg., J.Kriegesmann (Hsgb.), DKG-Deutscher Wirtschaftsdienst (2001), Kap. 4.3.2.2, 1-19

[1910] Sigl, L.A.; Kleebe, H.J.: Core/rim structure of liquid-phase-sintered silicon carbide. J. Am. Ceram. Soc. 76 (1993) 773-776

[1911] Lee, S.K.; Kim, C.H.: Effects of α-SiC versus ß-SiC starting powders on microstructure and fracture toughness of SiC sintered with Al_2O_3–Y_2O_3 additives. J. Am. Ceram. Soc. 77 (1994) 1655-1658

[1912] Schwetz, K.A.; Schäfer, E.; Telle, R.: Einfluß der Pulvereigenschaften auf die *In-situ*-Plateletverstärkung von LPS-SiC. cfi/Berichte der Deutschen Keramischen Gesellschaft, 80[3] (2003) E40-E45

[1913] Izhevskyi, V.A.; Genova, L.A.; Bressiani, A.H.A.; Bressiani, J.C.: Liquid-phase sintered SiC based ceramics with AlN–Y_2O_3 and AlN–La_2O_3 additives, in: Ceramic Materials and Components for Engines (J.G. Heinrich u. F. Aldinger, Hsg.), Wiley-VCH (2001) 593-598

[1914] Cao J.J. et al.: In situ toughened SiC with Al–B–C additions. J.Am.Ceram.Soc. 79 (1996) 461-469

[1915] Nadeau, J.: Very high pressure hot pressing of silicon carbide. Am. Ceram. Soc. Bull. 52(1973) 170-174

[1916] Larker, H.T.; Hermansson, L.; Adlerborn, J.: Hot Isostatic Pressing and its Applicability to Silicon carbide and Boron carbide. Ind. Ceram. 8 (1988) 17-20

[1917] Hunold, K.: Sinter/HIP of SiC, Proc. Adv. Mat. Technology Ceramic Workshop No. 4, Advances in Materials, Processing and Manufaturing Science, Nagoya, Japan, 3.-4. März 1988, Japan Fine Ceramic Center (1988) 49-62

[1918] Oberacker, R.; Kühne, A.; Thümmler, F.: Powder Metall. Int. 19 (1989) 43-50

[1919] Fitzgerald, F.A.I.: U.S. Patent 650234 (1899)

[1920] Kriegesmann, J.: Recrystallized silicon carbide: processing aspects and sintering behavior. Keram. Z. 42 (1990) 481-84

[1921] Kriegesmann, J.; Kraus, M.; Gros, A.: Gefügeausbildung von rekristallisiertem SiC. Cfi/Ber. Dt. keram. Ges. 75[4] (1998) 83-88

[1922] Kennedy, P.; Shannan, J.V.: Assessment of the performance of Refel silicon carbide under conditions of thermal stress. Proc. British Ceram. Soc. 22 (1973) 67-87

[1923] Fitzer, E.; Gadow, R.: in: Proc. 4th Int. Carbon Conf:, Baden-Baden, F. R. G., 30.6.-4.7.1986: Bad Honnef: Dtsch. Keram. Ges..

[1924] Turovskii, B.M.; Ivanova, I.I.: Izv. Akad. Nauk. SSSR, Neorg. Mater. 10(12), 2108. Vander Voort, G.F.: Metallography – Principles and Practice, McGraw-Hill Book Company (1974)

[1925] Whalen, T.J.; Anderson, A.T.: Wetting of silicon carbide, silicon nitride, and carbon by silicon and binary silicon alloys. J. Am. Ceram. Soc. 58 (1975) 396-99

[1926] Hillig, W.B.; Mehan, R.L.: General Electric Technical Information Series 74CRD282. Schenectady, NY: General Electric (1974)

[1927] Hillig, William B.; Mehan, R. L.; Morelock, C. R.; DeCarlo, V. J.; Laskow, William. : Silicon/silicon carbide composites. American Ceramic Society Bulletin 54 (1975) 1054-6

[1928] Naslain, R.; Hagenmüller, P.; Christin, F.; Heraud, L.; Choury, J.J.: The carbon fiber-carbon and silicon carbide binary matrix composites. A new class of materials for high temperature applications. Adv. Compos. Mater. 2 (1980) 1084-97

[1929] Pampuch, R.; Bialoskorski, J.: Reaction Mechanism in Carbon-Liquid Silicon Systems at Elevated Temperatures. Ceram. Intern. 12 (1986) 217-227

[1930] Goller, R.: Einfluß der Silizierung auf die mechanischen Eigenschaften eines dreidimensional-faserverstärkten Kohlenstoff-Verbundwerkstoffes (3D-C/C) unter Weinbeziehung unterschiedlicher keramischer Faserbeschichtungssysteme. Dissertation TU Ckausthal 1996

[1931] Gern, F.H.; Kochendörfer, R.: Liquid Silicon Infiltration: Description of Infiltration Dynamics and Silicon Carbide Formation. Composites A 28[4] (1997) 355-364

[1932] Pyzalski, M.; Bialoskorski, J.; Walasek, E.: Reaction Between Carbon Fibres and Molten Silicon. Heat Determination Using DTA. J. Thermal Anal. 31 (1986) 1193-1196

[1933] Gadow, R.; Fitzer, E.: Fiber-Reinforced Silicon Carbide. Am. Ceram. Soc. Bull. 65 (1987) 339-342

[1934] Forrest, C.W.; Kennedy, P.; Shennan, J.V.: The Fabrication and Properties of Self-Bonded Silicon Carbide Bodies. Special Ceramics 5 (1972) 99-123

[1935] Trantina, G.G.; Mehan, R.L.: High-Temperature Time-Dependent Strength of an Si/SiC Composite. J. Am. Ceram. Soc. 90 (1977) 177-178

[1936] Messner, R.P.; Chiang, Y.: Processing of Reaction-Bonded Silicon Carbide without Residual Silicon Phase. Ceram. Eng. Sci. Proc. 9 (1988) 1052

[1937] Messner, R.P.; Chiang, Y.: Liquid Phase Reaction Bonding of Silicon Carbide Using Alloyed Silicon-Molybdenum Melts. J. Am. Ceram. Soc. 73 (1990) 1193-2000

[1938] Schmid, W.; Fleischer, R.; Wruss, W.: Herstellung und Eigenchaften von Si-SiC-$TiSi_x$-Verbundwerkstoffen. Cfi/Ber. Dt. keram. Ges. 67 (1990) 135

[1939] Schmid, W.; Wruss, W.; Stroh, R.; Ekström, T.; Lux, B.: Herstellung und Eigenchaften von Si-SiC-$MoSi_2$-Verbundwerkstoffen. Cfi/Ber. Dt. keram. Ges. 67 (1990) 245

[1940] Heinrich, J.; Huber, J.; Schwandner B.: Siliciumkarbid-Verbundwerkstoff und Verfahren zu seiner Herstellung. EP 0528 416 A1 (1992)

[1941] Lee, J.I.; Hecht, N.L.; Mah, T.I.: In Situ Processing of SiC/$MoSi_2$ Nanocomposites. J. Am. Ceram. Soc. 81 (1998) 421-424

[1942] Greil, P.; Lifka, T.; Kaindl, A.: Biomorphic Silicon Carbide Ceramics from Wood: I and II. J. Eur. Ceram. Soc. 18 (1998) 1961

[1943] Sieber, H.; Greil, P.: Herstellung strukturierter Verbundkeramiken aus biologischen Vorformen. In: Verbundwerkstoffe und Werkstoffverbunde, K. Schulte und K.U. Kainer (Hrsg.), DGM/Wiley-VCH, Weinheim (1999) 393-398

[1944] Friedrich, H., Sieber, H., Greil, P., Herstellung von keramischen Laminatstrukturen durch Pyrolyse von Polymer-Füllstoff infiltriertem Papier. In: Verbundwerkstoffe und Werkstoffverbunde, K. Schulte und K.U. Kainer (Hrsg.), DGM/Wiley-VCH, Weinheim (1999) 399-404

[1945] Hoffmann, C.; Sieber, H.; Greil, P.: Biomorphe Verbundkeramiken mit zellularer Mikrostruktur. In: Verbundwerkstoffe und Werkstoffverbunde, K. Schulte und K.U. Kainer (Hrsg.), DGM/Wiley-VCH, Weinheim (1999) 307-312

[1946] Sieber, H.; Hoffmann, C.; Kaindl, A.; Greil, P.: Biomorphic Cellular Ceramics. Adv. Eng. Mater. 2 (2000) 105

[1947] Sieber, H.; Kaindl, A.; Werner, J.P.; Greil, P.: Light-weight Cellular Ceramics from Biological Derived Preforms. Cfi/Ber. Dt. keram. Ges. 77 (2000) 21

[1948] Sieber, H.; Schwarze, D.; Kaindl, A.; Friedrich, H.; Greil, P.: Ceramic Lightweight Structures from Paper Derived Composites. Ceramic Transactions 108 (Innovative Processing and Synthesis of Ceramics, Glasses and Composites III), J.P. Singh, N.P. Bansal, K. Niihara (Hrsg.), The Am. Ceram. Soc. (2000) 571

[1949] Vogli, E.; Mukerji, J.; Hoffmann, C.; Kladny, R.; Sieber, H.; Greil, P.: Conversion of Oak to Cellular Silicon Carbide by Vapor Phase Reaction with SiO. J. Am. Ceram. Soc. 84 (2001) 1236

[1950] Inomata, Y.; Inoue, Z.; Mitomo, M.; Suzuki, H.: Relation between the growth temperature and the structure of silicon carbide crystals grown by the sublimation method. Yogyo-Kyokai-Shi 76 (1968) 313-319

[1951] Shinozaki, S.; Kinsman, R.R.: in: Processing of Crystalline Ceramics, Mat. Sci. Res. 11, Palmour, H. (Eds.). New York: Plenum Press, p. 60 (1978)

[1952] Heuer, A.H.; Fryberg, C.A.; Ogbudji, L.U.; Mitchell, T.E.; Shinozaki, S.: The $\beta \rightarrow \alpha$ transformation in polycrystalline silicon carbide: I. Microstructural aspects. J. Am. Ceram. Soc. 61 (1978) 406-12

[1953] Mitchell, T.E.; Ogbuji, L.U.; Heuer, A.H.: The $\beta \rightarrow \alpha$ transformation in polycrystalline silicon carbide: II. Interfacial energetics J. Am. Ceram. Soc. 61 (1978) 412-13

[1954] Cahn, R.W.: Adv. Phys. 3, 363 (1954)

[1955] Johnson, C.A.; Prochazka, S.: in: Ceramic Microstructures 76: Fulrath, R. M., Pask, J. A. (Eds.). Westview Press, pp. 367-378 (1977)

[1956] Greil, P.; Stutz, D.: in: Advanced Ceramics: Somiya, S. (Ed.) Tokyo: Terra Scientific, pp. 49-56 (1987)

[1957] Stutz, D.: Verdichtungsverhalten von Siliziumkarbid beim drucklosen Sintern mit bor- und aluminiumhaltigen Zusätzen (1983). Diplomarbeit, Universität Erlangen-Nürnberg, veröffentlicht unter: Stutz, D.H.; Prochazka, S.; Lorenz, I.: Sintering and microstructure formation of β -silicon carbide. J. Am. Ceram. Soc. 68 (1985) 479-82

[1958] Williams, R.M.; Juterbock, B.N.; Shinozaki, S.S.: Effects of sintering temperatures on the physical and crystallographic properties of β -silicon carbide. Bull. Am. Ceram. Soc. 64 (1985) 1385-89

[1959] Shinozaki, S.; Williams, R.M.; Juterbock, B.N.: Microstructural developments in pressureless-sintered β -silicon carbide materials with aluminum, boron, and carbon additions. Bull. Am. Ceram. Soc. 64 (1985) 1389-93

[1960] Lundquist, D.: Crystal structure of silicon carbide and its content of impurities. Acta Chem. Scand. 2 (1948) 177-191

[1961] Boecker, W.; Landfermann, H.; Hausner, H.: Sintering of alpha silicon carbide with additions of aluminum. Powder Met. Int. 11 (1979) 83-5

[1962] Williams, Robert M.; Juterbock, Barbara N.; Peters, Charles R.; Whalen, Thomas J.: Forming and sintering behavior of B- and C-doped α - and β - silicon carbide. J. Am. Ceram. Soc. 67 (1984) C62-C64

[1963] Knippenberg, W.F.; Verspui, G.: Mater. Res. Bull. 4, 545 (1965)

[1964] Edington, J.W.; Rowcliffe, D.J.; Henshall, J.L.: The mechanical properties of silicon nitride and silicon carbide (I , II). Powder Metall. Int. 7 (1975) 82-96, 136-147

[1965] Schnürer, K.; Grathwohl, G.; Thümmler, F.: Kriechverhalten verschiedener SiC-Werkstoffe. Science of Ceramics 10 (1980) 645-652

[1966] Kurtz, W.; Schröder, F. (Hrsg.): Gmelin Handbook of Inorganic and Organometallic Chemistry, Supplement Volume B5b1, Silicon Nitride: Mechanical and Thermal Properties; Diffusion, Springer-Verlag, Berlin 1996

[1967] Wei Chen, I.; Becher, P.F.; Mitomo, M.; Petzow, G.; Yen, T.-S. (Hrsg.): Silicon Nitride Ceramics - Scientific and Technological Advances, MRS Symp. Proc., Vol. 287 (1993)

[1968] Hoffmann, M.J.; Petzow, G. (Hrsg.): Tailoring of Mechanical Properties of Si_3N_4 Ceramics, NATO ASI Series, Series E: Applied Sciences, Kluwer Academic Publishers, Dordrecht, Vol. 276 (1994)

[1969] Petzow, G.; Hermann, M.; Silicon Nitride Ceramics, in: Structure and Bonding Vol. 102, Springer Verlag Berlin-Heidelberg (2002) 47-166

[1970] Lee, M.R.; Russell, S.S.; Arden, J.W.; Pellinger, C.T.: Nierite (Si_3N_4), a new mineral from ordinary and enstatite chondrites, Meteoritics 30 (1995) 387-398

[1971] Grün, R.: The Crystal Structure of β-Si_3N_4; Structural and Stability Considerations between α- and β-Si_3N_4, Acta Cryst. 35 (1979) 800

[1972] Nickel, K.G.; Hoffmann, M.J.; Greil, P.; Petzow, G.: Thermodynamic Calculations for the Formation of SiC-Whisker Reinforced Si_3N_4, Advanced Ceramic Materials 3 (1988) 557

[1973] Jack, K.H.: Sialons and related nitrogen ceramics, J. Mater. Sci. 11 (1976) 1135

[1974] Gaukler, L.J.; Lukas, H.L.; Petzow, G.: Contribution to the Phase Diagram Si_3N_4-AlN-Al_2O_3-SiO_2, J. Am. Ceram. Soc. 58 (1975) 346

[1975] Tien, T.S.; Sun, W.Y.: Phase Relationship Studies of Silicon Nitride System - A Key to Materials Design, in: I-Wei Chen et al. (Hrsg.) "Silicon Nitride Ceramics - Scientific and Technological Advances", MRS Symp. Proceedings, Vol. 287, (1993) 39

[1976] Zerr, A.; Miehe, G.; Serghiou, G.; Schwarz, M.; Kroke, E.; Riede, R.; Fueß, H.; Boehler, R.; Kroll, P.: Synthesis of Cubic Silicon Nitride, Nature 400 (1999) 340-342

[1977] Atkinson, A.; Moulson, A.J.; Roberts, E.W.: Nitridation of high-purity silicon. J. Am. Ceram. Soc. 59 (1976) 285

[1978] Gugel, E.; Hauck, N.; Flörke, O.W.: Reaktionsablauf beim Nitridieren von Silicium. Ber. Dtsch. Keram. Ges. 56 (1979) 10

[1979] Heinrich, J.: Einfluß der Ausgangskorngröße von Silicium auf das Gefüge und die mechanischen Eigenschaften von reaktionsgesintertem Siliciumnitrid. Ber. Dtsch. Keram. Ges. 55 (1978) 238

[1980] Evans, A.G.; Davidge, R.W.: The strength and oxidation of reaction sintered silicon nitride. J. Mater. Sci. 5 (1970) 10

[1981] Messier, D.R.; Wong, Ph.: Kinetics of nitridation of Si powder compacts, J. Am. Ceram. Soc., 56 (1973) 480

[1982] Boyer, S.M.; Moulson, A.J.: A mechanism for the nitridation of Fe-contaminated silicon, J. Mater. Sci. 13 (1978) 1637

[1983] Elias, D.P.; Lindley, M.W.: Reaction sintered silicon nitride, J. Mater. Sci. 13 (1976) 1278

[1984] Lindley, M.W. et al.: The influence of hydrogen in the nitriding gas on the strength, structure and composition of reaction-sintered silicon nitride. J. Mater. Sci. 14 (1979) 70-85

[1985] Moulson, A.J.: Reaction-bonded silicon nitride: its formation and properties. J. Mater. Sci., 14 (1979) 1017

[1986] Deeley, G.C.; Herbert, J.M.; Moore, N.C.: Dense Silicon Nitride. Pow. Met. 8 (1961) 145
[1987] Terwillinger, G.R.; Lange, F.F.: Pressureless Sintering of Si_3N_4. J. Mater. Sci. 10 (1975) 1169
[1988] Mitomo, M.: Pressure Sintering of Si_3N_4. J. Mater. Sci. 11 (1976) 1103
[1989] Negita, K.: Ionic radii and electronegativities of effective sintering aids for Si_3N_4 ceramics. J. Mater. Sci. Letters, 4 (1985) 417
[1990] Krämer, M.; Hoffmann, M.J.; Petzow, G.: Growth Kinetics of Si_3N_4 During α/β-Transformation. Acta Metall. Mater. 41 (1993) 2939
[1991] Wötting, G.; Ziegler, G.: Microstructural Development of Sintered, Hot-Pressed and Hot-Isostatic Pressed Silicon Nitride, in: S. Somiya and E. Kanai (Hrsg.), "Proc. Int. Symp. on Ceramic Components for Engines", KTK Scientific Publishers, Tokyo (1983) 412
[1992] Hwang, C.J.; Tien, T.Y.: Microstructural Development in Silicon Nitride Ceramics, in: T.Y. Tien and D. Bonell (Hrsg.), "Materials Science Forum, Vol. 47", Trans Tech Publications, Schweiz, (1989) 84
[1993] Hoffmann, M.J.; Petzow, G.: Tailored microstructures of silicon nitride ceramics. Pure & Appl. Chem. 66 (1994) 1807
[1994] Dressler, W.; Kleebe, H.-J.; Hoffmann, M.J.; Rühle, M.; Petzow, G.: Model Experiments Concerning Abnormal Grain Growth in Silicon Nitride. J. Euro. Ceram. Soc. 16 (1996) 3
[1995] Hoffmann, M.J.: High-Temperature Properties of Si_3N_4 Ceramics. MRS-Bulletin 2 (1995) 28
[1996] Kleebe, H.J.; Hoffmann, M.J.; Rühle, M.: Influence of Secondary Phase Chemistry on Grain-Boundary Film Thickness in Silicon Nitride. Z. Metallkde. 83 (1992) 610
[1997] Haggerty, J.S. et al.: Oxidation and Fracture Strength of High-Purity Reaction-Bonded Silicon Nitride. J. Am. Ceram. Soc. 72 (1989) 1675
[1998] Becher, P.F.; Hwang, S.-L.; Hsueh, C.-H.: Using Microstructure to Attack the Brittle Nature of Silicon Nitride Ceramics. MRS-Bulletin 2 (1995) 23
[1999] Hoffmann, M.J.: Relationship Between Microstructure and Mechanical Properties of Silicon Nitride Ceramics. Pure & Appl. Chem., Vol. 67, 6 (1995) 939
[2000] Kühne, A.; Oberacker, R.; Grathwohl, G.: Role of Sintering Parameters on Microstructure Development and Mechanical Properties of Sinter/HIP Silicon Nitride, in: I-Wei Chen et al. (Hrsg.) "Silicon Nitride Ceramics - Scientific and Technological Advances", MRS Symp. Proceedings, Vol. 287, (1993) 417
[2001] Geyer, A.; Oberacker, R.; Hoffmann, M.J.: Potential des Sinter-HIP-Verfahrens zur Herstellung von Si_3N_4-Werkstoffen für Hochtemperaturanwendungen. Ber. Dtsch. Keram. Ges. 12 (1997) 83
[2002] Kurtz, W.; Schröder, F. (Hrsg.): Gmelin Handbook of Inorganic and Organometallic Chemistry, Supplement Volume B5e: Si_3N_4 Applications, Springer-Verlag, Berlin (1994)
[2003] Schwetz, K.-A.; Reinmuth, K.; Lipp, A.: Herstellung und industrielle Anwendung refraktärer Borverbindungen. Radex-Rundschau 1981, 568-585
[2004] Schwetz, K.A.: Boron Carbide, Boron Nitride, and Metal Borides, in: Ullmann´s Encyclopedia of Industrial Chemistry, 6th Edition on CD-ROM, Wiley-VCH, Weinheim (1999)

[2005] Telle, R.: in: Materials Science and Technology, Cahn, R.W.; Haasen, P.; Kramer, E,.J. (Hrsg.), Vol. 11, Chapter 4, Verlag Chemie, Weinheim (1993) 175-266

[2006] Telle, R.: Phase Relations in Multi-Component Boride Systems – The key to the Development of ceramic Hard materials. Ceramic Forum International 71(6) (1994) 309-316

[2007] Matkovich, V.I. (Hrsg.) Boron and Refractory Borides. Berlin: Springer (1977)

[2008] Aronsson, B.; Lundström, T.; Rundqvist, S.: Borides, Silicides and Phosphides, A critical review of their preparation, properties and crystal chemistry. London: Methuen; New York; Wiley (1965).

[2009] Aronsson, B.; Lundström, T.; Engström, I.: in: Anisotropy in Single Crystal Refractory Compounds, Vol. 1. New York: Plenum Press (1968) 3-22.

[2010] Lundström, T.: Preparation and crystal chemistry of some refractory borides and phosphides. Arkiv Kemi 31(19) (1969) 227-66

[2011] Lundström, T.: in: Boron and Refractory Borides: Matkovich, V.I. (Hrsg.). Berlin: Springer (1977) 351-376.

[2012] Kiessling, R.: Borides of some transition elements. Acta Chem. Scand 4 (1950) 209-27

[2013] Andersson, S.; Lundström, T.: Crystal structure of CrB_4. Acta Chem. Scand. 12 (1968) 3103-10.

[2014] Matkovich, V.I.: Economy J. in: Boron and Refractory Borides: Matkovich, V.I. (Hrsg.). Berlin: Springer (1977) 77-94

[2015] Clark, H.K.; Hoard, J.L.: The crystal structure of B_4C. J. Am. Ceram. Soc. 65 (1943) 2115-19

[2016] Allen, R.D.J.: The solid-solution series, boron - boron carbide. Am. Chem. Soc. 75 (1953) 3582-83

[2017] Neidhard, H.; Mattes, R.; Becher, H.J.: Preparation and structure of an aluminum-containing boron carbide. Acta Crystallogr. Sec. B 26B (1970) 315-17

[2018] Will, G.; Kossobutzki, K.H.: An x-ray diffraction analysis of boron carbide, $B_{13}C_2$. J. Less-Common Met. 47 (1976) 43-48

[2019] Kirfel, A.; Gupta, A.; Will, G.: Preparation and structure of an aluminum-containing boron carbide. Acta Crystallogr. B35 (1979) 1052-59

[2020] Werheit, H.; de Groot, K.: Metal-insulator transition in boron carbide. Phys. Status Solidi 97 (1980) 229-38

[2021] Conard, J.; Bouchacourt, M.; Thevenot, F.; Hermann, G.: Carbon-13 and boron-11 nuclear magnetic resonance investigations in the boron carbide phase homogeneity range: a model of solid solution. J. Less-Common Metals 117 (1986) 51-60

[2022] Tallant, D.R.; Aselage, T.L.; Campbell, A.N.: Boron carbide structure by Raman spectroscopy. Phys. Rev. B 40 (1989) 5649-56

[2023] Aselage, T.L.; Emin, D.; Wood, C.: in: Trans. 6th Symp. Space Nuclear Power, Albuquerque, NM, Jan. 8-12, 1989, Albuquerque (NM) (1989) 430-433.

[2024] Aselage, T.L.; Tallant, D.R.; Gieske, J.H.; Van Deusen, S.B.; Tissot, R.G.: in: The Physics and Chemistry of Carbides, Nitrides, and Borides. Proc. NATO Adv. Res. Workshop, Manchester 18-22 Sept. 1989, NATO ASI Series E, Applied Science, Vol. 185: Freer, R. (Hrsg.). Dordrecht: Kluwe (1990) 97-112.

[2025] Aselage, T.L., Emin, D.: in: Boron-Rich Solids. Proc. 10th Int. Symp. Boron, Borides, and Related Compounds, Albuquerque, NM, 26-30 August 1990, AIP Conf. Proc. 231: Emin, D., Aselage, T. L., Switendick, A. C., Morosin, B., Beckel, C. L. (Hrsg.), Albuquerque (1991) 177-185

[2026] Morosin, B.; Aselage, T.L.; Emin, D.: in: Boron-Rich Solids, Proc. 10th Int. Symp. Boron, Borides, and Related Compounds, Albuquerque NM, 26-30 August 1990, AIP Conf. Proc. 231 Emin, D., Aselage, T. L., Switendick, A. C., Morosin, B., Beckel, C. L. (Hrsg.). New York: Am. Inst. Phys. (1991) 193-196

[2027] Armstrong, D. R.; Bolland, J.; Perkins, P. G.; Will, G.; Kirfel, A. : The nature of the chemical bonding in boron carbide. IV. Electronic band structure of boron carbide, $B_{13}C_2$, and three models of the structure $B_{12}C_3$. Acta Crystallographica, Section B: Structural Science B39 (1983) 324-9

[2028] Emin, D.: in: Boron-Rich Solids, AIP Conf. Proc: Emin, D.; Aselage, T.L.; Beckel, C.L.; Howard, I.A.; Wood, C. (Hrsg.). New York: Am. Inst. Phys. (1986) 189-205

[2029] Elliott, R.P.: in: Constitution of Binary Alloys, First Supplement. New York: McGraw-Hill (1965)

[2030] Beauvy, M.: in: Conf. Abstract, 8th Int. Symp. Boron, Borides, Carbides and Related Compounds: Tsagareishvili, G. V. (Hrsg.). Tbilisi: Acad. Sci. Georg. S.S.R., (1984) 25

[2031] Schwetz, K.A.; Karduck, P.: in: Boron-Rich Solids, Proc. 10th Int. Symp. Boron, Borides, and Related Compounds, Albuquerque, NM, 26-30 August 1990, AIP Conf. Proc. 231: Emin, D.; Aselage, T.L.; Switendick, A.C.; Morosin, B.; Beekel, C.L. (Hrsg.). New York: Am. Inst. Phys. (1991) 405-413

[2032] Lukas, H.L.: in: Constitution of Ternary Alloys 3: Petzow, G.; Effenberg, G. (Hrsg.). Weinheim: VCH (1990) 140-146

[2033] Kasper, B.: Dissertation, Universität Stuttgart (1996)

[2034] Thevenot, F.: in: The Physics and Chemistry of Carbides, Nitrides, and Borides, Proc. NATO Adv. Res. Workshop, Manchester 18-22 Sept. 1989, NATO ASI Series E, Applied Science, Vol. 185: Freer, R. (Hrsg.). Dordrecht: Kluwer (1990) 87-96

[2035] Knudsen, A.K.: Laser-driven synthesis and densification of ultrafine boron carbide powders. Adv. Ceram. 21 (1987) 237-47

[2036] Matje, P.; Schwetz, K.A.: Proc. 2nd Int. Conf. on Ceramic Powder Processing Science, Hausner, H.; Messing, G.L.; Hirano, S. (Hrsg.), Dtsch. Keram. Ges., Köln, (1989) 377-384

[2037] Dole, S.L.; Prochazka, S.: in: Ceramic Engineering and Science Proc. 6(7/8): Smothers, W.J. (Hrsg.). Westerville, OH: Am. Ceram. Soc. (1985) 1151-1160.

[2038] Lange, R.G., Munir, Z.A.; Holt, J.B.: Sintering kinetics of pure and doped boron carbide. Mater. Sci. Res. 13 (1980) 311-20

[2039] Kanno, Y.; Kawase, K.; Nakano, K.: Additive effect on sintering of boron carbide. J. Ceram. Soc. Jap. 95 (1987) 1137-40

[2040] Kriegesmann, J.: Dtsch. Patent DE 37 11 871 C2 (1989)

[2041] Schwetz, K.A., Vogt, G. (1977, 1980), Dtsch. Patent 2 751 998 (1977); U.S. Patent 4 195 066 (1980).

[2042] Henney, J.W.; Jones, J.W.S.: Br. Patent Application 2014193A. (1978)

[2043] Schwetz, K.A.; Grellner, W.: The influence of carbon on the microstructure and mechanical properties of sintered boron carbide. J. Less-Common Met 82 (1981) 37-47

[2044] Bouchacourt, M.; Thevenot, F.: The correlation between the thermoelectric properties and stoichiometry in the boron carbide phase B_4C-$B_{10.5}C$. J. Mat.Sci. 20 (1985) 1237-1247

[2045] Dole, S.L.; Prochazka, S.; Doremus, R.H.: Microstructural coarsening during sintering of boron carbide. J. Am. Ceram. Soc. 72 (1989) 958-66

[2046] Sigl, L.S.; Schwetz, K.A.: Euro-Ceramics II (1) (1991) 517-521

[2047] Brodhag, C.; Bouchacourt, M.; Thevenot, F.: in: Ceramic Powders, Material Science Monographs 16: Vincenzini, P. (Hrsg.). Amsterdam: Elsevier (1983) 881-890.

[2048] Beauvy, M.; Angers, R.: Mechanisms of hot pressing of boron carbide powders. Sci. Ceram. 10 (1980) 279-86

[2049] Bouchacourt M.; Brodhag, C.; Thevenot, F.: The hot pressing of boron and boron-rich compounds: boron suboxide (B_6O), and boron carbides ($B_{10.5}C$-B_4C). Sci. Ceram. 11 (1981) 231-36

[2050] Ekbom, L.B.; Amundin, C.O.: Microstructural evaluation of sintered boron carbides with different compositions. Sci. Ceram. 10 (1981) 237-43

[2051] Champagne, B.; Angers, R.: Mechanical properties of hot-pressed boron-boron carbide (B_4C) materials. J. Am. Ceram. Soc. 62 (1979) 149-53

[2052] Glasson, D.R.; Jones, J.A.: Formation and reactivity of borides, carbides, and silicides. I. Review and introduction. J. Appl. Chem. 19(5) (1969) 125-37

[2053] Janes, S.; Nixdorf, J.: Production of sintered bodies from boron carbide and boron nitride. Ber. Dtsch.. Keram. Ges. 43 (1966) 136-45

[2054] Stibbs, D.; Brown, C.G.; Thompson, R.: U.S. Patent 3 749 571 (1973)

[2055] Sigl, L.S.; Kleebe, H.-J.: Microcracking in B_4C-TiB_2 composites. J. Am. Ceram. Soc. 78(9) (1995) 2374-80

[2056] Telle, R.; Petzow, P.: Wear Resistant Materials Based on Boron Carbide and Borides. In: Proc. 9th Int.Symp.Boron, Borides and Related Compounds, Duisburg 1987, H.Werheit (Hrsg.), Duisburg (1988) 234-245

[2057] Schwetz, K.A.; Grellner, W.; Lipp, A.: in: Science of Hard Materials, Proc. 2nd Int. Conf. Science of Hard Materials, Rhodos, Greece (1984): Almond, E.A.; Brookes, C.A.; Warren, R. (Hrsg.). Inst. Phys. Conf. Series, London: Elsevier (1986) 415-426.

[2058] Schwetz, K.A.; Sigl, L.S.; Pfau, L.: Mechanical properties of injection molded B_4C-C ceramics.
J. Solid State Chemistry 133 (1997) 68-76

[2059] Bouchacourt, M.; Thevenot, F.J.: The melting of boron carbide and the homogeneity range of the boron carbide phase. J. Less-Common Met. 67 (1979) 327-31

[2060] Werheit, H.; de Groot, K.; Malkemper, W.: On the metal-insulator transition of boron carbide. J. Less-Common Metals 82 (1981) 153-62

[2061] Werheit, H.: Optical properties of the crystalline modifications of boron and boron-rich borides.
Prog. Crystal Growth and Charact., 16 (1988) 179-223

[2062] Wood, Ch.; Emin, D.; Gray, P.E.: Thermal conductivity of boron carbides. Physical Review B 31(10) (1985) 6811-6814

[2063] Telle, R.: in: Boron-Rich Solids, Emin, D. et al. (Hrsg.), American Institute of Physics Conference Proceedings 231, Proc.10th Int.Symp. Boron, Borides, and Related Compounds, Albuquerque, NM, 26.-30.August 1990, New York (1991) 553-560

[2064] Takagi, K.; Ohira, S.; Ide, T.: in: Modern Developments in Powder Metallurgy, Vol. 16: Ferrous and Non-ferrous Materials, Proc. 1984 Int. Powder Metall. Conf., Toronto, Canada, 17-22 June 1984: Aqua, E.N., Whitman, C.I. (Hrsg.). MPI & APMI Publ. (1984) 153- 166.

[2065] Takagi, K.; Ohira, S.; Ide, T.; Watanabe, T.; Kondo, Y.: Met. Powder Report 42 (1987a) 483

[2066] Takagi, K.; Komai, M.; Ando, T.: in: Sintering '87, Vol. 2, Proc. 4th Int. Symp. Science and Technology of Sintering, Tokyo, 4 6 November (1987): Somiya, S., Simada, M. (Hrsg). Amsterdam: Elsevier (1988) 1296-1301.

[2067] Komai, M.; Yamasaki, Y.; Takagi, K.; Watanabe, T.: in: Properties of Emerging P/M Materials, Advances in Powder Metallurgy and Particulate Materials 8. Princeton, NJ: Metal Powder Industries Federation (1992) 81-88.

[2068] Takagi, K.; Yamasaki, Y.; Komai, M.: in: Proc. 12th Int. Symp. Boron, Borides and Related Compounds, Wien 1997, J. Solid State Physics 133 (1997) 243-248

[2069] Telle, R., Sigl, L.S., Takagi K., Boron-based Hard Materials, Kapitel 4 in: Hard Materials, Part III, R.Riedel (Hrsg.), Wiley-VCH, Weinheim (2000) 802-943

[2070] Armstrong, D.R.: in: Proc. 9th Int. Symp. on Boron, Borides, and Related Compounds, Duisburg, Germany, September 21-25 (1987): Werheit, H. (Hrsg.). Duisburg: University Press, pp. 125-131.

[2071] Lundström, T.: Arkiv Kemi 30(11) (1969) 115.

[2072] Higashi, I.; Takahashi, Y.: Crystal structure of molybdenum boride (MoB_2). J. Less-Common Met. 123 (1986) 277-83

[2073] Okada, S.; Sato, M.; Atoda, T.: Preparation of α -WB and W_2B_5 single crystals using molten aluminum flux. Nippon Kagaku Kaishi (1985) 685-91

[2074] Okada, S.; Atoda, T.; Higashi, I.; Takahashi, Y.: Preparation of single crystals of MoB_2 [molybdenum boride] by the aluminum-flux technique and some of their properties. J. Mater. Sci. 22 (1987) 2993-99

[2075] Rudy, E., Windisch, S.: Ternary Phase Equilibria in Transition Metal-Boron-Carbon-Silicon Systems, Part I. Related Binary System Vol. Vll, Ti-B System, Technical Report No. AFML-TR-65-2, Wright Patterson Air Force Base, OH (1966)

[2076] Rudy, E.: Ternary Phase Equilibria in Transition Metal-Boron-Carbon-Silicon Systems Vol. V, Compendium of Diagram Data. U.S. At. Energy Comm. Publ. AFML-TR-65-2, Wright Patterson Air Force Base, OH (1969)

[2077] Rudy, E.: Experimental Phase Equilibria of Selected Binary, Ternary, and Higher Order Systems. Part V. The Phase Diagram WB-C, Air Force Materials Laboratory, Wright-Patterson Air Force Base OH, Rep. No AFML-TR-69-117 Part V (1969)

[2078] Duschanek, H.; Rogl, P.; Lukas H.L.: A critical assessment and thermodynamic calculation of the boron-carbon-titanium (B-C-Ti) ternary system. J. Phase Equilibria 16(1) (1995) 46-60

[2079] Duschanek, H.; Rogl, P.: Critical assessment and thermodynamic calculation of the binary system boron-tungsten (B-W). J. Phase Equilibria 16(2) (1995) 150-161

[2080] Guillermet, A.F; Grimvall, G.: Homology of interatomic forces and Debye temperatures in transition metals. Phys. Rev. B40 (1989) 1521-27

[2081] Grimvall, G.; Guillermet, A.F.: Boron-Rich Solids. Proc. 10th Int. Symp. Boron, Borides, and Related Compounds, Albuquerque, NM, 26-30 August 1990, AIP Conf. Proc. 231: Emin, D.; Aselage, T.L.; Switendick, A.C.; Morosin, B.; Beckel, C.L. (Hrsg.). New York: Am. Inst. Phys. (1990) 423-430.

[2082] Spear, K.E.: in: Application of Phase Diagrams in Metallurgy and Ceramics, Proc. Workshop, Gaithersburgh 10.-12. Jan. 1977: Gaithersburgh: National Bureau of Standards Special Publication SP-496 (1977) 744-762.

[2083] Murray, J.L.: in: Binary Alloy Phase Diagrams, Vol. 1, Am. Soc. Met., T.B. Massalski et al. (Hrsg.) (1986) 1118.

[2084] Coble, R.L., Hobbs, H.A.: in: Investigation of Boride Compounds for Very High Temperature Applications: Kaufman, L., Clougherty, E. V. (Hrsg.). N.T.I.S. Report AD 428006. Springfield, VA: Clearinghouse for Federal Scientific and Technical Information (1973) 82- 120.

[2085] Kislyi, P.S.; Zaverukha, O.V.: Poroshkovaya. Metallurgiya 7 (1970) 32. (in Russisch, engl. Übersetzung in: Sov. Powder Metall. Met. Ceram. 7 (1970) 549

[2086] Binder, F.: Refraktäre metallische Hartstoffe. Radex-Rundschau 4 (1975) 53

[2087] Fitzer, E.: Klassisches Sintern, Reaktionssintern und Heißpressen von hochschmelzenden AB_2-Hartstoffen, Archiv f. Eisenhüttenwesen 44(9) (1973) 703-709

[2088] Baumgartner, H.R.; Steiger, R.A.: Sintering and properties of titanium diboride made from powder synthesized in a plasma-arc heater. J. Am. Ceram. Soc. 67(3) (1984) 207-12

[2089] Baik, S.; Becher, P.: Effect of oxygen contamination on densification of TiB_2. J. Am. Ceram. Soc. 70 (1987) 527-530

[2090] Čech, R.; Oliveirus, P.; Seijbal, J.: Sintering of ZrB_2 with activating additions. Powder Metall. 8(15) (1965) 142-51

[2091] Rasskazov, N.I.: in: Proc. 3rd Int. Powder Metallurgy Conf. 2, Karlovy Vary, Czechoslovakia (1970) 228-238.

[2092] Ouabdesselam, M.; Munir, Z.A.: The sintering of combustion-synthesized titanium diboride. J. Mater. Sci. 22 (1987) 1799-807

[2093] Watanabe, T.; Kouno, S.: Mechanical Properties of TiB_2-CoB-Metal Boride Alloys. Am. Ceram. Bull. 61 (1982) 970

[2094] Watanabe, T.: Lattice strain in titanium diboride related to initial-stage sintering of titanium diboride powder and titanium diboride-nickel mixed powder under high pressure. J. Am. Ceram. Soc. 60 (1977) 176-77

[2095] Watanabe, T.: Nickel-phosphorus binder for titanium diboride-based cermets. Am. Ceram. Soc. Bull. 59 (1980) 485-86

[2096] Petzow, G.; Telle, R.: in: Advanced Ceramics: Somiya, S. (Hrsg.). Tokyo: Terra Scientific Publ. Co (1987) 131-144

[2097] Federov, T.F.; Kuzma, Y.B.: Izvest. Akad. Nauk SSR-Neorg. Mater. 3 (1967) 1489-1499

[2098] Shurin, A.K.; Panarin, V.E.: Phase equilibriums and structure of iron-titanium diboride, iron-zirconium diboride, and iron-hafnium diboride alloys. Izvest. Akad. Nauk. SSSR-Metally 4 (1974) 235-239

[2099] Smid, I.; Kny, E.: Evaluation of binder phases for hardmetal systems based on titanium diboride. Int. J. Refractory Metals and Hard Materials 8 (1988)135-138

[2100] Sigl, L.S.; Jüngling, Th.: Effects of carbon and oxygen species on the sintering of titanium diboride-iron cermets. J. Hard Materials 3 (1992) 39-51

[2101] Sigl, L.S.; Schwetz, K.A.: in: Boron Rich Solids, Proc. 10th Int. Symp. Boron, Borides, and Related Compounds, Albuquerque, NM, 26-30 August 1990, AIP Conf. Proc. 231: Emin, D.; Aselage, T.L.; Switendick, A.C.; Morosin, B.; Beckel, C.L. (Hrsg.) New York: AIP (1991) 468-472

[2102] Funke, V.F.; Yudkovskii, S.I.; Samsonow, G.V.: Alloys of the system B, Ti, and Fe. Russ. J. Appl. Chem. 34 (1961) 973

[2103] Funke, V.F.; Yudkovskii, S.I.: High-temperature oxidation of alloys of titanium boride with metals of the iron group. Zhur. Fiz. Khim. 37 (1963) 1557 (in Russisch, engl. Übersetzung in: Russ. J. Appl. Chem. 37 (1963) 835).

[2104] Yuriditsky, B.Y.: Titanium boride (TiB2)-based cermets. Refractory Mater. Hard Mater. 3 (1990) 32-35

[2105] Sigl, L.S.; Schwetz, K.A.: Titanium diboride-based cemented borides: a new generation of hardmetals. Powder Metall. Int. 23(4) (1991) 221-223

[2106] Jüngling, T.; Oberacker, R.; Thümmler, F.; Sigl, L.S.; Schwetz, K.A.: Milling of titanium diboride and titanium diboride-iron alloys: a comparison between planetary ball-milling and attrition milling. J. Hard Mater. 2 (1991) 183-88

[2107] Jüngling, T.; Oberacker, R.; Thümmler, F.; Sigl, L.S.: in: Sintering and properties of TiB_2-hardmetals. Proc. Int. Conf. Advances in Hard Materials Production (1992) 15/1-15/14

[2108] Ottavi, L.; Chaix, J.M.; Allibert, C.; Pastor, H.: Thermodynamic guidelines for the liquid phase sintering of titanium diboride cermets. Solid State Phenomena 25/26 (1992) 543-50

[2109] Ottavi, L.; Saint-Jours, C.; Valignant, N.; Allibert, C.: Phase equilibria and solidification of iron-titanium-boron alloys in the region close to iron-titanium diboride. Z. Metallkd. 83 (1992) 80-83

[2110] Ghetta, V.; Gayraud, N.; Eustathopoulos, N.: Wetting of iron on sintered titanium diboride. Solid State Phenomena 25/26 (1992) 105-14

[2111] Pastor, H.; Allibert, C.H.; Ottavi, M.L.; Albajar, M.; Castro, F.: Franz. Patent 91 08030 (1991)

[2112] Pastor, H. et al.: in: HMP´92 - Advances in Hard Materials Production, Proc. 4th Int. Conf., Bonn, May 4-5th, MPR Publishing Services, Bellstone, UK, (1992) 23/1-23-11

[2113] Sánchez, J.M.; Barandika, M.G.; Gil-Sevillano, J.; Castro, F.: Consolidation, microstructure and mechanical properties of newly developed titanium diboride-based materials. Scripta Metall. Mater. 26 (1992) 957-962

[2114] Telle, R.; Brook, R.J.; Petzow, G.: Ion beam modification, reaction sintering, precursor pyrolysis, clean-room processing and mechanical testing - challenges in the processing of ceramic hard materials. J. Hard Mater. 2 (1991) 79-114

[2115] Telle, R.; Meyer, S.; Petzow, G.; Franz, E.D.: Sintering behavior and phase reactions of titanium diboride with zirconia additives. Mater Sci. Eng. A105/106 (1988) 125-29

[2116] Watanabe, T.; Shobu, K.: Mechanical Properties of Hot-Pressed TiB_2-ZrO_2 Composites. J. Am. Ceram. Soc. 68 (1985) C34-C35

[2117] Shobu, K.; Watanabe, T.; Drennan, J.; Hannink, R.H.J.; Swain, M.V.: in: Proc. 4th Int. Conf. Sci. Techn. Zirconia Advanced Ceramics, "Zirconia 86" 24B, Tokyo 1986. Westerville, OH: Am. Ceram. Soc. (1987) 1091-1099.

[2118] Swain, M.: Strategies for strengthening and toughening very hard materials. J. Hard Mater. 2(1/2) (1991) 139-154

[2119] Basu, B.; Vleugels, J.; van der Biest, O.: ZrO_2-Al_2O_3 composites with tailored toughness. J. Alloys and Compounds 365 (2004) 266-270

[2120] Pastor, H.: in: Boron and Refractory Borides: Matkovich, V.I. (Hrsg.). Berlin: Springer (1977) 457-493

[2121] Clougherty, E.V.; Pober, R.L.: Physical and Mechanical Properties of Transition Metal Diborides, Nucl. Met. 10 (1964) 422-443

[2122] Samsoner, G.V.; Korenskaya, B.A.: The Nature of the chemical bond in Borides, in: Boron and Refractory Borides [2058] Matk77 S19-30

[2123] Castaing, J.; Costa, P.: Properties and uses of diborides. In: Boron and Refractory Borides, Springer-Verlag, V.I. Matchkovich, (Hrsg.), Heidelberg, Berlin (1977) 390-412

[2124] Lönnberg, B.: Thermal Expansion Studies on the Group IV-VII Transition Metal Diborides. J. Less-Common Metals 141 (1988) 145-156

[2125] Fendler,E.; Babushkin, O.; Lindbäck, T.; Telle, R.; Petzow, G.: in: Proc. Int. Symp. Ceramic Materials and Components for Engines, Göteborg, Schweden, 10.-12.Juni 1991, Dtsch. Keram. Ges. (Hrsg.), Köln (1991)

[2126] Rahman, M.; Wang, C.C.; Chen, W.; Akbar, S.A.: Electrical resistivity of titanium diboride and zirconium diboride. J. Am. Ceram. Soc. 78 (1995) 1380-1382

[2127] Billehaug, K.; Øye, H.A.: Inert cathodes for aluminum electrolysis in Hall-Heroult cells (I). Aluminium 56 (1980) 642-648

[2128] Sørlie, M.; Øye, H.A.: Cathodes in Aluminium Electrolysis, 2nd Ed., Aluminium-Verlag, Düsseldorf, Germany (1994)

[2129] Bannister, M.K.; Swain, M.V.: A preliminary investigation of the corrosion of a titanium diboride/boron nitride/aluminum nitride composite during aluminum evaporation. Ceramics International 15 (1989) 375-382

[2130] Kuwabara, K.; Sakamoto, S.; Kida, O.: Corrosion Resistance and Electrical Resistivity of ZrB_2 Monolithic Refractories. In: Eco Refractories for the Earth, Proc. Unitecr03 Osaka, 8th Biennial Worldwide Conference of Refractories, Osaka, October 19th-22nd 2003, Technical Association of Refractories, Japan (Hrsg.), Osaka (2003) 205-208

[2131] Zhao, H.; Wang, J.; Qiu, W.; Wang. J.; Pan, W.: Synthesis of In-Situ ZrB_2/ZrN Composite. In: In: Eco Refractories for the Earth, Proc. Unitecr03 Osaka, 8th Biennial Worldwide Conference of Refractories, Osaka, October 19th-22nd 2003, Technical Association of Refractories, Japan (Hrsg.), Osaka (2003) 62-64

[2132] Kinoshita, Sh.; Miyagishi, Y.; Ono, Y.: Application of Zirconium Diboride Materials to Waste Melting Furnace. In: Eco Refractories for the Earth, Proc. Unitecr03 Osaka, 8th Biennial Worldwide Conference of Refractories, Osaka, October 19th-22nd 2003, Technical Association of Refractories, Japan (Hrsg.), Osaka (2003) 205-208

[2133] Thevenot, F.; Bouchacourt, M.: Le carbure de bore: matériau industriel performant. Ind. Céram. (1979) 655-661, 811-814.

[2134] Bouchacourt, M.; Thevenot, F.: The Properties and Structure of the Boron Carbide Phase. J. Less-Common Metals 82 (1981) 219-226

[2135] Spear, K.E.: Chemical bonding in aluminum diboride-type borides. J. Less-Common Met. 47 (1976) 195-201

[2136] Spear, K.E., in: *Phase Diagrams: Materials Science and Technology, Vol. IV, Chapter 11:* Alper, A. M. (Hrsg.). New York: Academic Press (1976) 91-159

[2137] Kazimierak, B.; Prignon, M.; Lecomte-Mertens, C.: Fe-base ODS Alloys with Improved Strength. pmi 23 (1991) 41-44

[2138] Rösler, J.; Arzt, E.: A New Model-Based Creep Equation for Dispersion Strengthened Materials. Acta Metall. 38 (1990) 671-683

[2139] Petzow, G.; Claussen, N.; Exner, H.E.: Aufbau und Eigenschaften von Cermets. Zeitschrift für Metallkunde 59 (1968) 170-179

[2140] Kiefer, R.; Eipeltauer, E.; Gugel, E.: Neue Entwicklungen auf dem Gebiet der Cermets. Ber. DKG 46 (1969) 486-492

[2141] Ravichandra, K.S.: Fracture Toughness of Two Phase WC-Co Cermets. Acta Met. et Mat. 42 (1990) 143-150

[2142] Cyne,T.; Withers, P.S.: An Introduction to Metal Matrix Composites. Cambridge University Press (1995)

[2143] Claussen, N.; Knechtel, M.; Prielipp, H.; Rödel, J.: Metcers - A Strong Variant of Cermets. cfi/Ber. DKG 71 (1994) 301-304

[2144] Prielipp, H.; Knechtel, M.; Claussen, N.; Streiffer, S.K.; Müllejans, H.; Rühle, M.; Rödel, J.: Strength and Fracture Toughness of Aluminium/Alumina Composites with Interpenetrating Networks. Mat. Sci. and Eng. 197 (1995) 19-30

[2145] Ashby, M.F.; Blunt, F.J.; Bannister,M.: Flow Characteristics of Highly Constrained Metal Wires. Acta Metall. 11 (1989) 3001-3006

[2146] Prielipp, H.; Geerken, M.; Rödel, J.; Claussen, N.: Gas-Pressure Infiltration of Porous Ceramic Preforms. in Hot Isostatic Pressing, ed. by Y. Miamoto, Elesevier Sci. Publ. (1992) 401-406

[2147] Lange, F.F.; Velamakami, B.V.; Evans, A.G.: Processing Metal-Reinforced Ceramic Composites. J. Am. Ceram. Soc. 73 (1990) 388-393

[2148] Urquhart, A.W.: Novel Reinforced Ceramic and Metals: A Review of Lanxide´s Composite Technologies. Mat. Sci. and Eng. A 144 (1991) 75-82

[2149] Chou, W.B.; Tuan, W.H.: Toughening and Strengthening Alumina with Silver Inclusions. J. Eur. Ceram. Soc. 15 (1995) 291-295

[2150] Dorn, L.; Munasinghe, N.; Neuhof, U.: Löten von Keramik-Keramik und Keramik-Metall Verbindungen. VDI Verlag Reihe 2 Band 317(1994)

[2151] Boretius, M.; Lugscheider, E.; Tillmann, W.: Fügen von Hochleistungskeramik. VDI Verlag Reihe 2 Band 317 (1995)

[2152] Nicholas, M.G.: Joining of Ceramics. Chapmann and Hall 1990

[2153] Horn, H.; Grünauer, H.: Herstellung von Metall-Keramik-Verbindungen durch Reibschweißen. VDI Berichte 734 (1989) S.393-404

[2154] Petzold, A.; Pöschmann, H.: Email und Emailliertechnik. Leipzig-Stuttgart: Deutscher Verlag für Grundstoffindustrie 1992

[2155] Dietzel, A.: Emaillierung. Berlin, Heidelberg, New York: Springer 1981

[2156] Padel, A: Emaillierungen für Verwendung bei gesteigerten Temperaturen (Hochtemperaturemails). VDI Verlag, Reihe 5, Band 197 (1990)

[2157] Lugscheider, E.; Eschnauer, H.; Müller, U.; Weber, Th.: Quo Vadis, Thermal Spray Technology pmi 23 (1991) 33-39

[2158] Smith, R.W.; Novak, R.: Advances and Applications in US Thermal Spray Technology. pmi 23 (1991) 147-155

[2159] Mateijko, D.; Benko, B.: Plasma Spraying of Metallic and Ceramic Materials. John Wiley & Sons 1989

[2160] Lutz, E.: Plasmakeramik. in Technische Keramische Werkstoffe, Hrsgb. J. Kriegesmann, Deutscher Wirtschaftsdienst, Kapitel 3.4.9.1

[2161] König, U.; van den Berg, H.; Kolaska, H.: CVD und PVD. in Technische Keramische Werkstoffe, Hrsgb. J. Kriegesmann, Deutscher Wirtschaftsdienst, Kapitel 3.8.6.0

[2162] Pulker, H.K.: Wear and Corrosion Resistant Coatings by CVD and PVD. Ehningen: Expert 1989

[2163] Pierson, H.O.: Handbook of Chemical Vapor Deposition. Park Ridge: Noyes Publications 1992

[2164] Spear, K.E.; Desmukes, J.P.: Synthetic Diamond Emerging CVD Science and Technology. NY : John Wiley & Sons 1994

[2165] Ferckel, S.; Fenner, E.: Metallisierungsverfahren für Elektrokeramik. Keram. Z. 20 (1968) 779-784

[2166] Newkirk, M.S.; Urquhart, A.W.: Prepartion of Lanxide™ Ceramic Composite Materials. J. Mater. Res. 1 (1986) 81-86

[2167] Nagelberg, A.S.; Antolin, S.; Urquhardt, A.W.: Formation of Al_2O_3/Metal Composites by the Directed Oxidation of Molten Aluminum-Magnesium-Silicon Alloys: Part II, Growth Kinetics. J. Am. Ceram. Soc. 75 (1992) 455 - 462

[2168] Sindel, M.; Travitzky, N.A.; Claussen, N.: Influence of Magnesium-Aluminum-Spinell on the Directed Oxidation of Molten Al Alloys.. J. Am. Ceram. Soc 73 (1990) 2615-2618

[2169] Holz, D.; Wu, S.; Janssen, R.; Claussen, N.: Das RBAO-Verfahren. in Technische Keramische Werkstoffe, Hrsgb. J. Kriegesmann, Deutscher Wirtschaftsdienst, Kapitel 3641

[2170] Claussen, N.; Janssen, R.; Holz, D.: Reaction Bonding of Aluminum Oxide - Science and Technology. J. Ceram. Soc. Jpn. 103 [8] (1995) 749-758

[2171] Breslin, M.C.; Ringnalda, J.; Seeger, J.; Marasco, M.S.; Daehn, G.S.; Fraser, H.L.: Alumina/Aluminum Co Continuos Ceramic Composites Produced by Solid/Liquid Displacement Reactions: Processing, Kinetics and Microstructures. Ceram. Eng. and Sci. Proc. 15 (1994) 104-112

[2172] Loehman, R.E.; Ewsuk, K.; Tomsia, A.P.: Synthesis of Al_2O_3/Al Composites by Reactive Metal Penetration. J. Am. Ceram. 79 (1996) 27-32

[2173] Phillips, D.C.: Fibre Reinforced Ceramics, Handbook of Composites: Fabrication of Composites, ed. by A. Kelly and S.T. Mileiko, Vol.4, 1983, 373-428

[2174] Evans, A.G.; Zok, F.W.: Review: The Physics and Mechanics of Fibre-Reinforced Brittle Matrix Composites. J. Mater. Sci. 29 (1994) 3857-3896

[2175] He, M.Y.; Hutchinson, J.W: Crack Deflection at an Interface Between Dissimilar Elastic Materials. Int. Solids Structures 25 (1989) 1053-1067

[2176] Davis, J.B.; Löfvander, J.P.A.; Evans, A.G.: Fiber Coating Concepts for Brittle-Matrix Composites. J. Am. Ceram. Soc. 76 (1993) 1249-1257

[2177] Sakai, M.; Ichikawa, H.: Work-of-Fracture of Brittle Materials with Microcracking and Crack Bridging. Int. J. of Fracture 55 (1992) 65-69

[2178] Cooke, Th.F.: Inorganic Fibers - A Literature Review, J. Am. Ceram. Soc. 74 (1991) 2959-2978

[2179] Lavaste, V.; Berger, M.H.; Bunsell, A.R.: Microstructure and Mechanical Characteristics of Alpha-Alumina-Based Fibres. J. Mater. Sci. 30 (1995) 4215-4225

[2180] LaBelle, H.M. Jr.: EFG, The Invention and Application to Sapphire Growth. J. Cryst. Growth 50 (1980) 8-17

[2181] Sigalovsky, J.; Haggerty, J.S.; Sheehan, J.E.: Growth of Spinel Single Crystal Fibers by the Laser-Heated Floating-Zone Technique and Their Characterization as High Temperature Reinforcements. J. Cryst. Growth 134 (1993) 313-324

[2182] Simon, G.; Bunsell, A.R.: Creep Behaviour and Structural Characterisation at High Temperature of Nicalon SiC-Fibre, J. Mat. Sci. 19 (1984) 3658-3670
[2183] Yamamura, T.; Ishikawa, T.; Shibuya, M.; Hisayuky, T.; Okamura, K.: Development of a New Continous Si-Ti-C-O Fibre Using an Organometallic Polymer Precursor. J.Mat. Sci. 23 (1988) 2589-2594
[2184] Fitzer, E.; Schlichting, J.: Anorganische Fasern, Herstellung, Eigenschaften und Verwendung. Zeitschrift für Werkstofftechnik, 11 (1980) 330-341
[2185] Edison, T.: US Patent 223, 1880, 898
[2186] Shindo, A.: Rept covt. Ind. Res. Inst., Osaka, 1961, 317
[2187] Shindo, A.: Carbon, 1, 1964, 391
[2188] Watt, W.; Philips, L.N.; Johnson, W.: The Engineer, 221, 1966, 815
[2189] Standage, A.E.; Prescott, R.: Nature, 211, London, 1966, 169
[2190] Fitzer, E., Müller, D.J.: Influence of oxygen on the chemical reactions during stabilization of pan as carbon fiber precursor. Carbon 13 (1975) 163
[2191] Singer, L.S.: US Patent 4,005,183, 1977
[2192] Brennan, J.J.; Nutt, S.R.; Sun, E.Y.: Interfacial Microstructure and Stability of BN Coated Nicalon Fiber/Glass-Ceramic Matrix Compsites. Ceramic Transactions 58 (1995) 53-64
[2193] Tu, W.C.; Lange, F.F.; Evans, A.G.: Concept for a Damage Tolerant Ceramic Composite with "Strong" Interfaces. J. Am. Ceram. Soc. 79 (1996) 417-424
[2194] Morgan, P.E.D.; Marshall, D.B.: Ceramic Composites of Monazite and Alumina. J. Am.Ceram. Soc. 70 (1995) 1553-1556
[2195] Fitzer, E.; Gadow, R.: Fiber Reinforced Silicon Carbide. Am. Ceram. Bull. 65 (1986) 326-335
[2196] Kochendörfer, R.; Krenkel, W.: CMC Intake Ramp for Hypersonic Porpulsion Systems. Ceramic Transactions 57 (1995) 13-22
[2197] Ziegler. G.; Hapke, J.; Lucke, J.: Processing of CMC´s from Organimetallic Precursors, Ceramic Transactions 58 (1995) 13-22
[2198] Kotlensky, W.V.: Deposition of pyrolytic carbon in porous solids. Chem. Phys. Carbon 9, (1973) 173-262
[2199] Mc Allister, L.E.; Taverna, A.R.: 10th Biennal Conf. on Carbon, Pa, Paper No. FV-40, Bethlehem, 1971
[2200] Vaidyaraman, S.; Lackey, W.J.; Agrawal., P.K.; Miller, M.A.: Carbon/carbon processing by forced flow-thermal gradient chemical vapor infiltration using propylene. Carbon 34, 3, 1996, 347-362
[2201] Savage, G.: Carbon/Carbon-Composites. Chapman & Hall, London, 1993
[2202] Wanner, A.: Gefüge- und mechanische Eigenschaften des C/C-Verbundes CF 222, Dissertation am MPI für Metallforschung der Universität Stuttgart, 1991
[2203] Keesom, W.H.: Die van der Waalsschen Kohäsionskräfte, Physikalische Zeitschrift 22 (1921) 129-141
Keesom, W.H.: Die Berechnung der molekularen Quadrupolmomente aus der Zustandsgleichung, Physikalische Zeitschrift 23 (1922) 225-228
[2204] Debye, P.: Die van der Waalsschen Kohäsionskräfte. Physikalische Zeitschrift 21 (1920) 178-187;
Debye, P.: Molekularkräfte und ihre elektrische Deutung, Physikalische Zeitschrift 22 (1921) 302-308
[2205] London, F.: The general theory of molecular forces. Transaction Faraday Soc. 33 (1937) 8-26

[2206] Kitaura, K.; Morokuma, K.: A new energy decomposition scheme for molecilar interactions within Hartree-Fock approximation, Int. J. Quantum Chem. 10 (1976) 325

[2207] Pearson, R.G.: Hard and Soft Acids and Bases. Dowden, Hutchinson and Ross, Stroudsburg, PA (1973)

[2208] Hoppe, R.: Die Koordinationszahl: Ein "anorganisches Chamäleon". Angew. Chem. 82 (1970) 7-16

[2209] Schubert, H.: Handbuch der Mechanischen Verfahrenstechnik, Wiley-VCH, Weinstein (2002), 1200 S.

[2210] Geller, R.F.; Yavorsky, P.J.: Effect of some Oxide Additions on Thermal-Length Changes of Zirconia, Ceramic Abstracts 24 (1945) 191

[2211] Washburn, E.W.; Libman, E.E.: Approximate determination of melting point diagram of zirconia-silica. Izv. Akad. Nauk SSSR, Otd. Khim. Nauk 2(1920) 153-156

[2212] Zhirnowa, N.: Melting diagram of system ZrO_2-SiO_2. Z. Anorg. Allgem. Chem. 218 (1934) 193-200

[2213] Curtis, C.E.; Sowman, H.G.: Investigations of the Thermal Dissocciation, Reassociation and Synthesis of Zircon. J. Am. Ceram. Soc. 36 (1953) 190-198

[2214] Cocco, A.; Schromek, H.G.: Stability of $ZrSiO_4$ at high temperatures. Ceramica (Milan) 12 (1958) 45-48

[2215] Butterman, W.C.; Forster, W.R.: Zircon Stability and the ZrO_2-SiO_2 Phase Diagram. Am. Mineral. 52 (1967) 880-885

[2216] Anseau, M.R.; Biloque, J.P.; Fierens, P.: Some Studies on the Thermal Stability of Zircon. J. Mater. Sci. 11 (1976) 578-582

[2217] Klute, R.: Phasenbeziehungen im System Al_2O_3-Cr_2O_3-ZrO_2-SiO_2 unter besonderer Berücksichtigung des korundhaltigen Bereiches, Diplomarbeit RWTH Aachen (1982)

[2218] Kanno, Y.: Thermodynamic and crystallographic discussion of the formation and dissociation of zircon, Journal of Materials Science 24 (1989) 2415-2420

[2219] Pavlik, R.S.; Holland, H.J.: Thermal decomposition of zircon refractories. J. Am. Ceram. Soc. 84 (2001) 2930-2936

[2220] Telle, R.; Kaiser, A.; Kemper, M.; Lobert, M.; Kocyan, T.: Investigation of the phase reaction $ZrSiO_4 \leftrightarrow ZrO_2 + SiO_4$ and its influence on the corrosion of Refractories, Stahl und Eisen Special: Refractories for Industrials - Proc. 46th Int. Colloquium on Refractories, Aachen Nov. 12th-13th, 2003, Verlag Stahleisen, Düsseldorf (2003) 35-43

[2221] Kaiser, A.; Kemper, M.; Kocyan, T.; Lobert, M.; Telle, R.: Studies on the Thermal Stability of $ZrSiO_4$ and its Corrosion Resistance to Alkaline and Alkaline-Earth Oxides, Stahl und Eisen Special, 48th International Colloquium on Refractories, Aachen 28 and 29 September 2005 to be published

[2222] Geller R.F.; Lang S.M.: J. Am. Ceram. Soc. 32 (1949) Supplement 157

[2223] McPherson, R.; Rao, R.; Shafer, B.V.: The reassociation of plasma dissociated zircon. J. Mater. Sci. 20 (1985) 2597-2602

[2224] Mori, T.; Yamamura, H.; Kobayashi, H.; Mitamura, T.: Formation mechanism of $ZrSiO_4$ powders. J. Mater.Sci. 28 (1993) 4970-4973

[2225] Tartaj, P.; Serna, C.J.; Moya, J.S.; Requena, J.; Ocana, M.; De Aza, S.; Guitian, F.: The formation of zircon from amorphous $ZrO_2 \cdot SiO_2$ powders., J. Materials Science 31 (1996) 6089 – 6094

[2226] Reynen, P.; Bastius, H.; Faizullah, M.; Von Kamptz, H.: Wet chemical method for the preparation of synthetic raw materials and homogeneous powders for physicochemical studies. Ber. Dt. Keram. Ges. 54 (1977) 63-68)

[2227] Mursic, Z.; Vogt, T.; Frey, F.: High-temperature neutron powder-diffraction study of $ZrSiO_4$ up to 1900 K. Acta Cryst. B 48 (1992) 584-590

[2228] Ellison, A.J.G.; Navrotzky, A.: Enthalpie of Formation of Zircon, J. Am. Ceram. Soc. 75 (1992) 1430-1433

[2229] Mursic, Z.: Entwicklung von Hochtemperaturneutronenstruöfen und Strukturuntersuchungen an $ZrSiO_4$ und ZrO_2 bei Temperaturen bis 2300K; Dissertation Ludwig-Maximillians-Universität München 1992

[2230] Colombo, M.; Chrosch, J.; Biagini, R.; Memmi, I.: An IR analysis of the role of SiO_4 tetrahedra annealed $ZrSiO_4$. Neues Jahrbuch Mineralogie Monatshefte 1999 (1999) 113-122

[2231] Skaar, I.M., Tonnesen, T., Telle, R.: An approach of determining thermal conductivity and thermal diffusivity in refractory materials with the hot-wire method. In: Stahl und Eisen special, 43. Int. Feuerfestkolloquium, Aachen (2000) 75-78

[2232] Brown, I.D.; Wu K.K.: Empirical Parameters for Calculating Cation-Oxygen Bond Values. Acta Cryst. B32 (1976) 1957-1959

[2233] Keller, P.: Kristallchemie der Phosphat- und Arsenatminerale Teil I und II. Neues Jahrbuch für Mineralogie Abh. 117 (1972) 217-252

[2234] Ziolkowski, J.; Dziembaj, L.: Empirical relationship between individual cation-oxygen bond length and bond energy in crystals and in molecules. J. Solid State Chem. 57 (1985) 291-99

[2235] Hoppe, Rudolf; Voigt, Stephan; Glaum, Holger; Kissel, Juergen; Mueller, Hans Peter; Bernet, Kirsten: A new route to charge distributions in ionic solids. J. Less-Common Met. 156 (1989) 105-122

[2236] Nespolo, M.; Ferraris, G.; Ohashi, H.: Charge distribution as a tool to investigate structural details: meaning and application to pyroxenes. Acta Cryst. B55 (1999) 902-916

[2237] Brown, I.D.: Acta Cryst. B53 (1997) 381-393

[2238] Brown, I.D.: The bond-valence method: An approach to chemical bonding and structure. In: Structure and Bonding in Crystals; Ed.: M. O´Keefe & A. Navrotsky, Vol. II, 1-30. Academic Press, New York, 1981

[2239] Wahler,W.: Eine neue Prüfsiebmaschine nach dem Luftstrahlprinzip für beliebig viele Fraktionen. Tonind. Ztg. 84 (1960) 93-95

[2240] Schulle, W.: Verfahrenstechnische Gesichtspunkte der Porzellanherstellung zur Böttgerzeit. Cfi/Berichte der Deutschen Keramischen Gesellschaft 70 (1993) 190-194

[2241] Hashimoto, H.; Abe, T.; Sun, Zh.-M.: Nitrogen-induced powder formation of titanium aluminides during mechanical alloying. Intermetallics 8 (2000) 721-728

[2242] Matteazzi, P., Le Caër, G., Room-Temperature Mechanosynthesis of Carbides by Grinding of Elemental Powders. J. Am. Ceram. Soc. 74 [6] (1991) 1382-1390

[2243] Li, J.-F.; Kawasaki, A.; Watanabe, R.: Hot Isostatically Pressed SiC-AlN Powder Mixtures: Effect of Milling on Solid-Solution Formation and Related Properties. J. Am. Ceram. Soc. 81 [6] (1998) 1445-1452

[2244] Grathwohl, G.: Universität Bremen; in Vorbereitung

[2245] Pötschke, J.; Deinert, T.: The Corrosion of Refractory Castables. Interceram, Refractories Mannual (2005) 6-10

[2246] Pötschke, J.; Simmat, R.: The wear of refractories by glass melts due to marangoni convection. Stahl und Eisen special; Proc. 49th Int. Colloq. Refractories, September 2005. Verlag Stahleisen (2005) 113-117

[2247] Geßwein, H.; Binder, J.R.; Ritzhaupt, H.-J.; Haußelt, J.: Fabrication of net shape reaction bonded oxide ceramics. J. Eur. Ceram. Soc. 26 (2006) 697-702

[2248] Ford, W.F.: Phase equilibrium principles in the corrosion of acid refractories. Glass Technol. 1 (1960) 17-24

[2249] Greca, M.C.; Emiliano, J.V.; Segadães, A.M.: Revised Phase Equilibrium Relationships in the System Al_2O_3-ZrO_2-SiO_2. J. Eur. Ceram. Soc. 9 (1992) 271-283

[2250] Krebs, R.: Ungeformte feuerfeste Erzeugnisse; Handbuch der Keramik, Verlag Schmidt, Freiburg i.Br., Gruppe II F 2.1.1 (Folge 397), Keram. Z. 54 (2002) 1-5

[2251] Wimmer, H.: Hochtemperaturwolle – Vernachlässigte Innovation im Feuerfestbau. Gaswärme International 53 (2004) 273-278

[2252] Schnabel, M.: Ungeformte feuerfeste Erzeugnisse für den Einsatz unter CO- und Abriebbeanspruchung, 40. Int. Feuerfest-Kolloquium, Stahl und Eisen Special (1997), S. 185-189

[2253] Kruithof, A.M.; Zylstra, A.L.: Different breaking strength phenomena of glass objects. Glastech. Ber. 32 K (1959) III/1-6

[2254] Singh, J.P.; Thomas, J.R.; Hasselmann, D.P.H.: Analysis of effect of heat-transfer on thermal stress resistance of brittle ceramics measured by quenching experiments. J. Am. Ceram. Soc. 63 (1980) 140-144

[2255] Ziegler, G.; Hasselmann, D.P.H.: Effect of data scatter on apparent thermal stress failure mode of brittle ceramics. Ceram. Internat. 5 (1979) 126-128

[2256] Bailey, S.W.; Brindley, G.W.; Johns, W.D.; Martin, R.T.; Ross, M.: Summary of national and international recommendations on clay mineral nomenclature. Clays and Clay Minerals 19 (1971) 129-132

[2257] Kromer, H.; Schüller, K.-H.: Sintervorgänge bei Kaolinen umd Tonen. N. Jb. Mineral. Abh. 122 (1974) 145-185

[2258] Sundius, N.: The temperature at which glass formation begins in feldspathic poroelain. Trans. Brit. Ceram. Soc. 59 (1960) 87-89

[2259] Kröckel, O.: Eine phenomenologische Theorie des Sinterprozesses von Quarzporzellan. Silikattechnik 29 (1978) 268-272

[2260] Schüller, K.-H.: Kristallisation von Sekundärmullit beim Brennen von Kaolinen unterschiedlicher Reinheit. Ber. Dtsch. Keram. Ges. 55 (1978) 52-55

[2261] Johnson, S.M.; Pask, J.A.: Role of impurities on formation of mullite from kaolinite and Al_2O_3-SiO_2 mixtures. Am. Ceram. Soc. Bull. 61 (1982) 838-842

[2262] Mields, A.; Zografou, C.: Cristobalit als Gefügebestandteil im Porzellan. Ber. Dtsch. Keram. Ges. 44 (1967) 453-457

[2263] Berger, I.; u.a.: Veränderungen im Phasenbestand bei der Sinterung von Porzellan und Kaolin. Silikattechnik 30 (1979) 364-366

[2264] Breme, Y.; Hennicke, H.W.: Zur Standfestigkeit von Steinzeugmassen in Abhängigkeit vom Mineralgehalt. cfi/Ber. Dtsch. Keram. Ges. 58 (1981) 163-171

[2265] Schwiete, H.E.; Ziegler, G.: Berechnung der Nutzwärme von keramischen Scherben. Ber. Dtsch. Keram. Ges. 33 (1956) 184-194

[2266] Konopicky, K.; Köhler, E.: Beitrag zur Ermittlung des Mullits und des Glasanteils in keramischen Erzeugnissen. Ber. Dtsch. Keram. Ges. 35 (1958) 187-193

[2267] Krause, E.; Berger, I.; Kröckel, O.; Maier, P.: Technologie der Keramik, Band 3, Thermische Prozesse, VEB Verlag für Bauwesen, Berlin (1985), 255 S.

[2268] Brindley, G.W.; Ougland, R.M.: Quantitative studies of high-temperature reactions of quartzkaolinite-feldspar mixtures. Trans. Brit. Ceram. Soc. 61 (1962) 599-614

[2269] Vergano, P.J.; Hill, D.C.; Uhlmann, D.R.: Thermal expansion of feldspar glasses. J. Am. Ceram. Soc. 50 (1967) 59-60

[2270] Oel, H.J.; Tomandl, G.; Mörtel, H.; Ederer, E.: Keramik – Leitfaden zur Vorlesung Glas und Keramik, Selbstverlag, Friedrich-Alexander-Universität Erlangen-Nürnberg (1990)

[2271] Meier, S.; Heinrich, J.G.: Processing - microstructure - properties relationships of $MoSi_2$/SiC- composites. J. Eur. Ceram. Soc. 22 (2002) 2357-2363

[2272] Gribble, G.W.: Diversity of naturally occuring organohalogen compounds. Cosmosphere 52 (2003) 289

[2273] Gribble, G.W.: Umweltgifte vom Gabentisch der Natur. Spektrum der Wissenschaft Juni (2005) 38-45

[2274] Mortimer, Ch.E.: Chemie – Das Basiswissen der Chemie in Schwerpunkten; übersetzt von P. Jacobi und J. Schweizer, Georg Thieme, Stuttgart (1973)

[2275] Burke, J.E. (Hrsg): Progress in ceramic science. Oxford, London: Pergamon Press, Vol 1 (1961), Vol 2 (1962), Vol 3 (1963), Vol 4 (1966)

[2276] Stewart, G.H.. (Hrsg): Science of Ceramics. London: Academic Press: Vol. 1 (1962). Vol. 2 (1965), Vol. 3 (1967)

[2277] Wachtman, J.B. (Hrsg.): Mechanical and thermal properties of ceramics. Spec. Publ. 303, Washington: National Buraeau of standards (1969) 63-123

[2278] Radt, R.C.; Hasselmann, D.P.H.; Lange, F.F. (Hrsg.): Fracture mechanics of ceramics. Vol 1: Concepts, flaws, and fractography: Vol 2: Microstructure, materials and applications; Vol 3: Flaws and testing; Vol 4: Crack growth and microstructure. New York: Plenum Press 1974 (Vols 1, 2); 1978 (Vols 2, 3)

[2279] Wiederhorn, S.M.: Fracture surface energy of glass. J. Amer. Ceram. Soc. 52 (1969) 99-105

[2280] Charles, R.J.: Static fatigue of glass. J. appl. Physics 29 (1958) 1549-1560

[2281] Bartenev, G.M.: The structure and mechanical properties of inorganic glasses. Groningen: Wolters-Nordhoff 1970

[2282] Bradt, R.C.; Hasselmann, D.P.H.; Lange, F.F. (Hrsg.): Fracture mechanics of ceramics. Vol 1: Concepts, flaws, and fractography; Vol. 2: Microstructure, materials, and applications; Vol. 3: Flaws and testing; Vol. 4: Crack growth and microstructure. New York: Plenum Press 1974 (Vols. 1, 2); 1978 (Vols. 3, 4)

[2283] Kerkhof, F.: Bruchvorgänge in Gläsern. Frankfurt: Deutsche Glastech. Ges. 1970

[2284] Charles, R.J.: A review of glass strength. In: Burke, J.E. (Hrsg): Progress in ceramic science. Oxford, London: Pergamon Press, Vol 1 (1961), 1-38

[2285] Wiederhorn, S.M.: Stength of glass: A fracture mechanics approach. Tenth International Congress on Glass. Ceramic Society of Japan 1974, No. 11, 1-15

[2286] Reumann, O.: Eigenschaften der keramischen Rohstoffe. In: Handbuch der Keramik. Freiburg: Schmid 1968, Gruppe I A3, 1-32

[2287] Singer, F., Singer, S.S.: Industrielle Keramik. Band 1: Die Rohstoffe. Berlin, Göttingen, Heidelberg, New York: Springer 1964

[2288] Worrall, W.E.: Ceramic raw materials. 2. Aufl. Oxford: Pergamon 1982

[2289] Wiegmann, J., Kranz, G.: Einige Beobachtungen über die Veränderungen des Kaolinits beim Mahlen. Silikattechnik 8 (1957) 520 523

[2290] Köhler, E., u.a.: Über den Einfluß der Mahlung auf Kaolin und Bentonit. Ber. Dtsch. Keram. Ges. 37 (1960) 493 503

[2291] Petzold, A., Ung, L., Hennek, H.: Tonerdelösbarkeit aus Kaolin. Silikattechnik 28 (1977) 110 111

[2292] Huhn, H.-J., Müller, A., Ludwig, G.: Einfluß von Mineralbestand, Körnungsaufbau und Ordnungsgrad auf strukturelle Veränderungen bei mechanischer Beanspruchung von kaolinitischen Tonen. Silikattechnik 31 (1980) 267-269

[2293] Krahl, K., u.a.: Grundlagen und technische Möglichkeiten zum Einsatz granitoider Gesteine als Flußmittel für feinkeramische Massen. Silikattechnik 33 (1982) 99-101

Sachverzeichnis

Periodensystem der Elemente

Benennung mit Haupt- und Nebengruppen
IUPAC – Empfehlung
Von Chemical Abstracts Service bis 1986 verwendet

Legende	
Relative Atommasse [Massenzahl des langlebigsten Isotops]	243,0614
Künstliches Element	*
Elektronenkonfiguration	$[Rn]5f^{7}7s^{2}$
Ordnungszahl / Elementsymbol	$_{95}$Am
Oxidationszahlen (**häufigste fett gedruckt**)	**3**,4,5,6
Schmelzpunkt [°C] / Elektronegativität	994 ~1.2
Siedepunkt [°C] / Erste Ionisierungsenergie [eV]	2607 6.0
Elementname	Americium

Kursives Elementsymbol = kein stabiles Isotop bekannt

	1 1. Hg IA	2 2. Hg IIA	3 3. Ng IIIB	4 4. Ng IVB	5 5. Ng VB	6 6. Ng VIB	7 7. Ng VIIB	8 8. Ng VIII	9 8. Ng VIII
1	**1,00794** $1s^{1}$ $_{1}$H -1,**1** -259 2.2 -253 13.6 Wasserstoff								
2	**6,941** $[He]2s^{1}$ $_{3}$Li **1** 181 1.0 1317 5.4 Lithium	**9,012182** $[He]2s^{2}$ $_{4}$Be **2** 1278 1.5 2970 9.3 Beryllium							
3	**22,989770** $[Ne]3s^{1}$ $_{11}$Na **1** 98 1.0 892 5.1 Natrium	**24,3050** $[Ne]3s^{2}$ $_{12}$Mg **2** 649 1.2 1107 7.6 Magnesium							
4	**39,0983** $[Ar]4s^{1}$ $_{19}$K **1** 64 0.9 774 4.3 Kalium	**40,078** $[Ar]4s^{2}$ $_{20}$Ca **2** 839 1.0 1487 6.1 Calcium	**44,955910** $[Ar]\ 3d^{1}4s^{2}$ $_{21}$Sc **3** 1539 1.2 2832 6.5 Scandium	**47,867** $[Ar]\ 3d^{2}4s^{2}$ $_{22}$Ti 3,**4** 1660 1.3 3260 6.8 Titan	**50,9415** $[Ar]\ 3d^{3}4s^{2}$ $_{23}$V 0,2,3,4,**5** 1890 1.5 3380 6.7 Vanadium	**51,9961** $[Ar]3d^{5}4s^{1}$ $_{24}$Cr 0,2,**3**,6 1857 1.6 2482 6.8 Chrom	**54,938049** $[Ar]3d^{5}4s^{2}$ $_{25}$Mn -1,0,**2**,3,4,6,7 1244 1.6 2097 7.4 Mangan	**55,845** $[Ar]3d^{6}4s^{2}$ $_{26}$Fe -2,0,2,**3**,6 1535 1.6 2750 7.9 Eisen	**58,93320** $[Ar]3d^{7}4s^{2}$ $_{27}$Co -1,0,**2**,3 1495 1.7 2870 7.9 Cobalt
5	**85,4678** $[Kr]5s^{1}$ $_{37}$Rb **1** 39 0.9 688 4.2 Rubidium	**87,62** $[Kr]5s^{2}$ $_{38}$Sr **2** 769 1.0 1384 5.7 Strontium	**88,90585** $[Kr]4d^{1}5s^{2}$ $_{39}$Y **3** 1523 1.1 3337 6.4 Yttrium	**91,224** $[Kr]4d^{2}5s^{2}$ $_{40}$Zr **4** 1852 1.2 4377 6.8 Zirconium	**92,90638** $[Kr]4d^{4}5s^{1}$ $_{41}$Nb 3,**5** 2468 1.2 4927 6.9 Niobium	**95,94** $[Kr]4d^{5}5s^{1}$ $_{42}$Mo 0,2,3,4,5,**6** 2617 1.3 5560 7.1 Molybdän	**[98]** $[Kr]4d^{6}5s^{1}$ $_{43}$*Tc* **7** 2172 1.4 5030 7.3 Technetium	**101,07** $[Kr]4d^{7}5s^{1}$ $_{44}$Ru -2,0,2,**3**,**4**,6,8 2310 1.4 3900 7.4 Ruthenium	**102,90550** $[Kr]4d^{8}5s^{1}$ $_{45}$Rh 0,**1**,2,**3**,4,5 1966 1.5 3727 7.5 Rhodium
6	**132,90545** $[Xe]6s^{1}$ $_{55}$Cs **1** 28 0.9 690 3.9 Cäsium	**137,327** $[Xe]6s^{2}$ $_{56}$Ba **2** 725 1.0 1640 5.2 Barium	57 – 71 La-Lu Lanthanoide	**178,49** $[Xe]4f^{14}5d^{2}6s^{2}$ $_{72}$Hf **4** 2150 1.2 5400 7.0 Hafnium	**180,9479** $[Xe]4f^{14}5d^{3}6s^{2}$ $_{73}$Ta **5** 2996 1.3 5425 7.9 Tantal	**183,84** $[Xe]4f^{14}5d^{4}6s^{2}$ $_{74}$W 0,2,3,4,5,**6** 3407 1.4 5927 8.0 Wolfram	**186,207** $[Xe]4f^{14}5d^{5}6s^{2}$ $_{75}$Re -1,2,4,6,**7** 3180 1.5 5627 7.9 Rhenium	**190,23** $[Xe]4f^{14}5d^{6}6s^{2}$ $_{76}$Os -2,0,2,3,**4**,6,8 3045 1.5 5027 8.7 Osmium	**192,217** $[Xe]4f^{14}5d^{7}6s^{2}$ $_{77}$Ir -1,0,**1**,2,3,**4**,6 2410 1.6 4130 9.1 Iridium
7	**[223]** $[Rn]7s^{1}$ $_{87}$*Fr* **1** 27 0.9 677 4.0 Francium	**[226]** $[Rn]7s^{2}$ $_{88}$*Ra* **2** 700 1.0 1140 5.3 Radium	89 –103 *Ac-Lr* Actinoide	**[261]** * $[Rn]5f^{14}6d^{2}7s^{2}$ $_{104}$*Rf* Rutherfordium	**[262]** * $[Rn]5f^{14}6d^{3}7s^{2}$ $_{105}$*Db* Dubnium	**[263]** * $[Rn]5f^{14}6d^{4}7s^{2}$ $_{106}$*Sg* Seaborgium	**[264]** * $[Rn]5f^{14}6d^{5}7s^{2}$ $_{107}$*Bh* Bohrium	**[265]** * $[Rn]5f^{14}6d^{6}7s^{2}$ $_{108}$*Hs* Hassium	**[268]** * $[Rn]5f^{14}6d^{7}7s^{2}$ $_{109}$*Mt* Meitnerium

6	**138,9055** $[Xe]5d^{1}6s^{2}$ $_{57}$La **3** 920 1.1 3454 5.6 Lanthan	**140,116** $[Xe]4f^{2}6s^{2}$ $_{58}$Ce **3**,4 798 1.1 3257 5.5 Cer	**140,90765** $[Xe]4f^{3}6s^{2}$ $_{59}$Pr **3**,4 931 1.1 3212 5.4 Praseodym	**144,24** $[Xe]4f^{4}6s^{2}$ $_{60}$Nd **3** 1010 1.1 3127 5.5 Neodym	**[145]** $[Xe]4f^{5}6s^{2}$ $_{61}$*Pm* **3** 1080 1.1 2730 5.6 Promethium	**150,36** $[Xe]4f^{6}6s^{2}$ $_{62}$Sm 2,**3** 1072 1.1 1778 5.6 Samarium	**151,964** $[Xe]4f^{7}6s^{2}$ $_{63}$Eu 2,**3** 822 1.0 1597 5.7 Europium
7	**[227]** $[Rn]6d^{1}7s^{2}$ $_{89}$*Ac* **3** 1047 1.0 3197 6.9 Actinium	**[232]** $[Rn]6d^{2}7s^{2}$ $_{90}$*Th* **4** 1750 1.1 4787 7.0 Thorium	**[231]** $[Rn]5f^{2}6d^{1}7s^{2}$ $_{91}$*Pa* 4,**5** 1554 1.1 4030 - Protactinium	**[238]** $[Rn]5f^{3}6d^{1}7s^{2}$ $_{92}$*U* 3,4,5,**6** 1132 1.2 3818 6.1 Uran	**[237]** $[Rn]5f^{4}6d^{1}7s^{2}$ $_{93}$*Np* 3,4,**5**,6 640 1.2 3902 Neptunium	**[244]** $[Rn]5f^{6}7s^{2}$ $_{94}$*Pu* 3,**4**,5,6 641 1.2 3327 5.8 Plutonium	**[243]** * $[Rn]5f^{7}7s^{2}$ $_{95}$*Am* **3**,4,5,6 994 ~1.2 2607 6.0 Americium

Mit freundlicher Genehmigung für „Salmang, Scholze, Telle: Keramik" zum Druck freigegeben.

http://www.pse-online.de